李红霞　主编

耐火材料手册

（第二版）

NAIHUO CAILIAO SHOUCE

（DI-ER BAN）

北　京
冶　金　工　业　出　版　社
2023

内容提要

本书共6篇31章,分别介绍了耐火材料物理化学基础,耐火材料的分类及性能,耐火材料矿物相组成、显微结构分析和热分析,耐火材料结构与性能设计,铝硅系耐火原料,碱性耐火原料,轻质耐火原料,其他耐火原料,用后耐火材料和废渣资源化利用,耐火材料用结合剂与外加剂,耐火材料的生产工艺及生产装备,耐火材料生产的环境保护,铝硅系耐火制品,碱性耐火制品,炭质和含碳耐火材料,特种耐火材料,功能耐火材料,不定形耐火材料,节能耐火材料,熔铸耐火材料制品,耐火材料在不同行业中的应用,耐火材料的化学分析及物理性能测试等。

本书可供耐火材料专业技术人员使用,也可供冶金、化学、轻工、建材和窑业等专业技术人员,以及大专院校有关专业师生参考。

图书在版编目(CIP)数据

耐火材料手册/李红霞主编.—2版.—北京:冶金工业出版社,2021.1 (2023.11重印)

ISBN 978-7-5024-8767-6

Ⅰ.①耐… Ⅱ.①李… Ⅲ.①耐火材料—手册 Ⅳ.①TQ175.79-62

中国版本图书馆CIP数据核字(2021)第047269号

耐火材料手册 (第二版)

出版发行 冶金工业出版社　**电　　话** (010)64027926
地　　址 北京市东城区嵩祝院北巷39号　**邮　　编** 100009
网　　址 www.mip1953.com　**电子信箱** service@mip1953.com

责任编辑 于昕蕾 张 丹 美术编辑 彭子赫 版式设计 孙跃红
责任校对 王永欣 责任印制 禹 蕊
北京捷迅佳彩印刷有限公司印刷
2007年1月第1版,2021年1月第2版,2023年11月第2次印刷
787mm×1092mm 1/16;68.25印张;1694千字;1050页
定价298.00元

投稿电话 (010)64027932 投稿信箱 tougao@cnmip.com.cn
营销中心电话 (010)64044283
冶金工业出版社天猫旗舰店 yjgycbs.tmall.com
(本书如有印装质量问题,本社营销中心负责退换)

编辑委员会

参加编写单位

中钢集团洛阳耐火材料研究院有限公司

武汉科技大学

中冶焦耐（大连）工程技术有限公司

宝山钢铁股份有限公司中央研究院（技术中心）

北京科技大学

西安建筑科技大学

中钢洛耐科技股份有限公司

辽宁科技大学

瑞泰科技股份有限公司

辽宁青花耐火材料股份有限公司

郑州振中电熔新材料有限公司

山东耐火材料集团有限公司

湖南新天力科技有限公司

郑州远东耐火材料有限公司

山东耐材集团鲁耐窑业有限公司

第二版前言

耐火材料是高温工业安全高效运行的重要支撑，是国民经济发展的重要基础材料。钢铁、有色金属、机械、建材、化工、环保及航空航天等国民经济重要支柱产业的发展都与耐火材料技术的发展息息相关。

我国高温工业的快速发展和技术进步，推动了耐火材料的发展迈向新阶段，不仅表现在我国是世界耐火材料第一生产和消耗大国，更体现在耐火材料工业技术水平的全面提升。特别是近十年来随着我国高温工业的产品高端化、节能减排及绿色发展，高温新技术不断出现，对耐火材料性能、功能及寿命等提出了更高的要求，这极大地推动了耐火材料研究方法、工艺技术和材料体系的创新，我国耐火材料已经实现了从跟跑到并跑甚至领跑的跨越，发展出许多结构功能化、绿色化、长寿化新产品，一些耐火原料、技术和产品达到了国际先进或领先水平。

《耐火材料手册》（第一版）出版于 2007 年。经过 10 多年的发展，手册中有些内容已经过时、陈旧，使用过程中也发现一些不够系统完善的地方需要修正，更为重要的是，新知识、新技术、新工艺以及新发展理念急需补充，因此，手册的再版刻不容缓。

为了全面总结我国耐火材料工业的技术进步，更好地推动耐火材料创新链与产业链的升级，在广大行业同仁的期盼下，受冶金工业出版社之邀，在编者单位的大力支持下，组织同行业专家和学者编写了《耐火材料手册》（第二版）。第二版体现了“耐火材料为高温行业发展绿色制造，耐火材料行业本身也要绿色发展”的发展理念，主要呈现了耐火原料、制品、制备工艺、技术方法、装备及应用领域等方面 10 多年来的技术进步，并从章节架构的合理性，文字表述的科学性、严谨性和规范性等方面进行了进一步的提升和修改。

《耐火材料手册》（第二版）共分 6 篇 31 章，其中基础篇 4 章，分别介绍了耐火材料物理化学基础，耐火材料的分类及性能，耐火材料矿物相组成、显微结构分析和热分析，耐火材料结构与性能设计；原料篇 6 章，分别介绍了铝硅系耐火原料，碱性耐火原料，轻质耐火原料，其他耐火原料，用后耐火材料和废渣资源化利用，耐火材料用结合剂与外加剂；工艺与装备篇 3 章，分别介绍了耐火材料的生产工艺，耐火材料生产装备，耐火材料生产的环境保护；制品篇8章，分别介绍了铝硅系耐火制品，碱性耐火制品，炭质和含碳耐火材料，特种耐火材料，功能耐火材料，不定形耐火材料，节能耐火材料，熔铸耐火材料制品；应用篇4章，分别介绍了钢铁工业用耐火材料，有色冶金工业用耐火材料，建材工业窑炉用耐火材料，其他窑炉用耐火材料；检验与检测篇6章，分别介绍了耐火材料产品质量验收、仲裁和鉴定，耐火材料检测试样制备方法，耐火材料化学分析，耐火材料制品物理性能检测方法，耐火纤维制品物理性能检测方法，无损检测在耐火材料中的应用。

在《耐火材料手册》（第一版）的基础上，《耐火材料手册》（第二版）的编写吸收了更多的中青年科技专家参加。第1章由陈肇友、张军战编写，第2章由柴俊兰、王守业、王秀芳编写，第3章由黄振武、卫晓辉、常亮、曹迎楠、任刚伟编写，第4章由李红霞、杨文刚、王刚、曹喜营编写，第5章由王战民、石干编写，第6章由张国栋、田凤仁、张玲编写，第7章由王战民、陈卢编写，第8章由徐利华、胡宝玉、李勇编写，第9章由田守信、赵惠忠编写，第10、19章由李再耕、曹喜营编写，第11章由尹洪峰编写，第12、13章由吴运广、尹高编写，第14章由李勇、刘雄章、赵会敏、薄钧、张效峰、雷其针、郭晓伟、辛桂艳、王玉霞、王晗编写，第15章由高心魁、潘波编写，第16章由赵惠忠、王周福编写，第17章由胡宝玉、徐延庆、王金相、王刚、吴吉光、孙红刚、耿可明、张琪编写，第18章由李红霞、杨彬、刘国齐、杨文刚编写，第20章由林育炼、王刚、张伟编写，第21章由徐宝奎、宋作人、赵建国、李群编写，第22章由田守信、徐延庆、甘菲芳、高广震、张继国、蔡国庆、王文学、薄钧、郑德胜、刘勇、王玉霞编写，第23章由李勇、刘雄章、赵会敏、薄钧、赵洪波、王继宝、张利新、王玉霞、曹喜营、黄志刚编写，第24章由袁林、王杰曾、王俊涛编写，第25章由赵会敏、胡宝玉、聂建华、薄钧、郑德胜、刘勇、王玉霞、郭小军、王晗、吴吉光、邓承继、祝洪喜、余超、丁军、张美杰、刘文涛、金胜利、谭俊峰编写，第26章由彭西高、陈伟编写，第27章由王秀芳编写，第28章由梁献雷、郭红丽、曹海洁编写，第29章由赵建立、章艺编写，第30章由王秀芳、唐新洛、张亚静编写，第31章由卫晓辉、黄振武编写。全书邀请了行业专家杨彬、薛群虎、石干负责审稿。

在《耐火材料手册》（第二版）的编写工作中，洛耐院的高振昕、方正国、卜有康、王战民、王文武、柴俊兰、袁波、敖平等做了很好的推动和组织工作；杨彬、薛群虎、石干三位老教授认真负责，以他们渊博的知识和高水平的科学素养为手册严把质量关；柴俊兰、敖平一丝不苟，做了大量的汇总、整理等工作。《耐火材料手册》（第二版）的编写出版工作，得到了中钢集团洛阳耐火材料研究院有限公司（简称洛耐院）、武汉科技大学、中冶焦耐（大连）工程技术有限公司、宝山钢铁股份有限公司中央研究院（技术中心）、北京科技大学、西安建筑科技大学、中钢洛耐科技股份有限公司、辽宁科技大学、瑞泰科技股份有限公司、辽宁青花耐火材料股份有限公司、郑州振中电熔新材料有限公司、山东耐火材料集团有限公司、湖南新天力科技有限公司、郑州远东耐火材料有限公司、山东耐材集团鲁耐窑业有限公司等单位的大力支持。洛耐院的精心组织，上述单位的诚挚合作与大力支持，为第二版的编制奠定了很好的基础；在手册的编制过程中，全体作者态度科学，认真负责，保证了手册的内容质量。

在《耐火材料手册》（第二版）出版之际，谨向全体作者、参加单位以及对第二版编写出版工作给予支持的朋友表示最诚挚的谢意，感谢大家为第二版手册出版付出的辛勤劳动和智慧。

《耐火材料手册》（第二版）虽然经过反复讨论和修改，但全书工作量过于庞大，且限于作者的学识水平和精力，书中难免存在缺点或不足，敬请使用本书的广大读者不吝指正。

李红霞

2020 年 12 月于洛阳

第一版前言

耐火材料是高温技术工业不可缺少的基础材料，钢铁工业、有色金属工业、机械工业、建材工业、化学工业等国民经济重要支柱产业的发展都与耐火材料工业的发展息息相关。耐火材料工业的发展已成为国民经济发展的基础条件之一。

科学技术、高温工业特别是冶金工业的快速发展，带动了我国耐火材料工业的迅猛发展，这不仅表现在我国迅速成为世界耐火材料第一生产和消耗大国，还表现在我国耐火材料工业技术水平的全面提升，推动了我国耐火材料新工艺技术的广泛采用和新品种的不断开发。为了全面总结我国耐火材料工业的技术进步，更好地推动耐火材料品种、质量的升级，我们受冶金工业出版社之邀，在作者单位的大力支持下，组织同行业的专家、学者编写了《耐火材料手册》(以下简称《手册》)。

《手册》共分6篇30章，其中基础篇3章，分别介绍了耐火材料物理化学基础、耐火材料的分类及性质、耐火材料显微结构；原料篇5章，分别介绍了铝硅系耐火原料、碱性耐火原料、隔热耐火原料、其他耐火原料、耐火材料用结合剂与外加剂；工艺与装备篇2章，分别介绍了耐火材料生产工艺、耐火材料生产装备；制品篇9章，分别介绍了铝硅系耐火制品、碱性耐火制品、含碳耐火材料、特种耐火材料、功能耐火材料、含锆耐火制品、不定形耐火材料、隔热耐火材料、熔铸耐火材料制品；应用篇4章，分别介绍了钢铁工业用耐火材料、有色冶金工业用耐火材料、建材工业窑炉用耐火材料、其他窑炉用耐火材料；检验与检测篇7章，分别介绍了国家监督抽查和生产许可证制度与产品质量仲裁检验和产品质量鉴定、耐火材料产品抽样验收规则和外观检查及检测试样制备方法、耐火材料化学分析、无损检测及在耐火材料中的应用、定形耐火材料制品物理性能检测方法、不定形耐火材料检测方法、耐火陶瓷纤维制品物理性能检测方法。此外，为了方便读者查阅，使用有关标准，附录中列出了相关标准目录。

《手册》第1章由陈肇友编写，第2章由柴俊兰、王守业编写，第3、27章由黄振武、卫晓辉编写，第4、6章由王战民编写，第5章由张国栋、田凤仁编写，第7章由徐利华、胡宝玉编写，第8、17章由李再耕编写，第9章由尹洪峰编写，第10章由吴运广等编写，第11、21章由李勇、刘雄章、赵会敏编写，第12章由高心魁编写，第13章由赵惠忠、王周福编写，第14章由胡宝玉、徐延庆、吴吉光编写，第15章由李红霞、杨彬编写，第16章由王金相编写，第18章由林育炼编写，第19章由徐宝奎、宋作人编写，第20章由田守信、徐延庆编写，第22章由袁林、王杰曾编写，第23章由赵会敏、胡宝玉、聂建华、邓承继、祝洪喜、张美杰、金胜利、谭俊峰编写，第24、25、26、28、29、30章由彭西高、王秀芳、梁献雷、赵建立、郭红丽、唐新洛、张亚静编写，附录由王效瑞编写。全书由陈肇友、李楠、李再耕三位专家负责审稿。

《手册》的编写出版工作，得到了中钢集团洛阳耐火材料研究院（简称洛耐院）、武汉科技大学、中冶焦耐工程技术有限公司、宝钢集团公司研究院、北京科技大学、西安建筑科技大学、中钢集团洛阳耐火材料集团公司、鞍山科技大学、北京瑞泰高温材料科技股份有限公司、营口青花集团、郑州振中电熔锆业有限公司等单位的大力支持。几次编写工作会议，洛耐院精心组织，得到了全体作者以及上述单位派出的代表很好的合作，大家认真地讨论，为保证《手册》的内容质量奠定了很好的基础；作者们负责的写作以及反复的修改，特别是《手册》的酝酿和启动工作，冶金工业出版社的同志，洛耐院的老院长王金相教授、高振昕教授、徐延庆教授、王守业教授等做了很好的推动工作和组织工作；陈肇友、李楠、李再耕三位老教授认真负责的审读工作，徐延庆教授、柴俊兰教授的汇总、整理、组织工作等，大家付出了辛勤的劳动和智慧。值此《手册》出版之际，谨向上述单位和作者以及为《手册》编写出版工作给予支持的朋友表示最诚挚的谢意。

《手册》虽然经过反复讨论和修改，但限于编者水平，加之大部分作者均是本单位各方面的骨干，承担有繁重的科研、生产和管理工作，时间仓促，在内容和编排上可能会有不妥之处，敬请广大读者批评指正。

李红霞

2006年7月于洛阳

目　录

第一篇　基　础

第二篇 原　料

第三篇 工艺与装备

第四篇　制　　品

第五篇　应　　用

第六篇　检验与检测

Contents

Part One　Foundation

Part Two Raw Materials

Part Three Process and Equipment

Part Four Products

Part Five Application

Part Six Testing and Inspection

第一篇 基 础

1 耐火材料物理化学基础

耐火材料是指物理和化学性质适宜于在高温环境下使用的无机非金属材料,但不排除某些产品中含有一定量的金属材料,是冶金、水泥、玻璃、陶瓷、机械、动力以及石油化工等工业的重要基础材料。

耐火材料的生产和性质与化学热力学、化学动力学以及物质结构有关,遵循化学热力学、化学动力学与物质结构中的基本原理与规律。

作为高温窑炉等热工设备的结构材料以及工业用的高温容器和部件,耐火材料承受高温下的各种物理、化学及机械作用,显示出的一些使用性能,如抗侵蚀、抗渗透、耐冲刷、抗蠕变、抗热剥落与结构剥落等性能。耐火材料的使用性能与其基本物理化学性质,如组元的熔点、蒸气压、物相变化以及质点迁移性(如扩散速度)等有关,也是耐火材料与环境介质相互作用的综合结果。因此,物理化学是耐火材料的基础。

1.1 耐火材料物理化学基础

1.1.1 物质的熔点与蒸气压

耐火材料是一个多相、多组元的复杂体系。作为耐火材料主要组元的氧化物或非氧化物的首要物理化学性质就是在高温使用条件下不能熔化为液态,即熔点要高。各种耐火氧化物、非氧化物及有关物质的熔点见表 1-1。蒸气压也是耐火氧化物的基本性质,图 1-1 与图 1-2 示出了一些氧化物的蒸气压与温度的关系。

表 1-1 一些耐火氧化物、非氧化物及有关物质的熔点

物质	熔点/℃	物质	熔点/℃	物质	熔点/℃
Al	660	$CaO \cdot Al_2O_3$	1605	$2MgO \cdot SiO_2$	1898
Al_2O_3	2045	$CaO \cdot 6Al_2O_3$	1903(异分熔融)	$2MgO \cdot TiO_2$	1732
Al_4C_3	2156(分解)	$3CaO \cdot P_2O_3$	约 1800	$MoSi_2$	2030
AlN	2630(p_{N_2}=101325Pa)	$2CaO \cdot Fe_2O_3$	1450	SiO_2	1723
$9Al_2O_3 \cdot 2B_2O_3$	1965	$CaO \cdot ZrO_2$	2340	SiC	2760(分解)
$AlPO_4$	2000	CeO_2	>2600	Si_3N_4	1900(分解)
$3Al_2O_3 \cdot 2SiO_2$	1850	Cr_2O_3	约 2400	SnO_2	1630
$Al_2O_3 \cdot TiO_2$	1860	FeO	1371	TiO_2	1870
B_2O_3	450	Fe_3O_4	1597	TiB_2	3225
B_4C	2470	$FeO \cdot Al_2O_3$	1780	TiN	2950
BN	2730(升华)	HfO_2	2900	Y_2O_3	2420
C	4100(蒸气压达 101325Pa)	La_2O_3	2320	ZnO	1970
CaO	2600	MgO	2825	ZrB_2	3245
$2MgO \cdot SiO_2(\alpha)$	2130	$MgO \cdot Al_2O_3$	2135	ZrO_2	2677
CaF_2	1418	$MgO \cdot Cr_2O_3$	2350	$ZrO_2 \cdot SiO_2$	1676(分解)

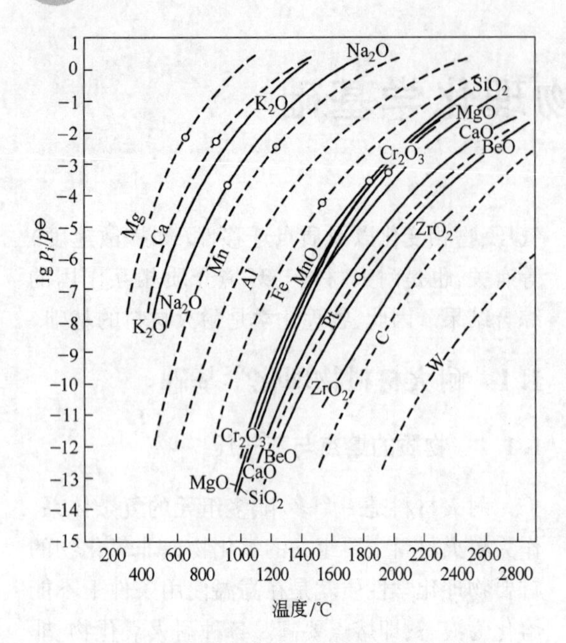

图 1-1 各种氧化物(实线)与金属元素(虚线)的蒸气压与温度的关系

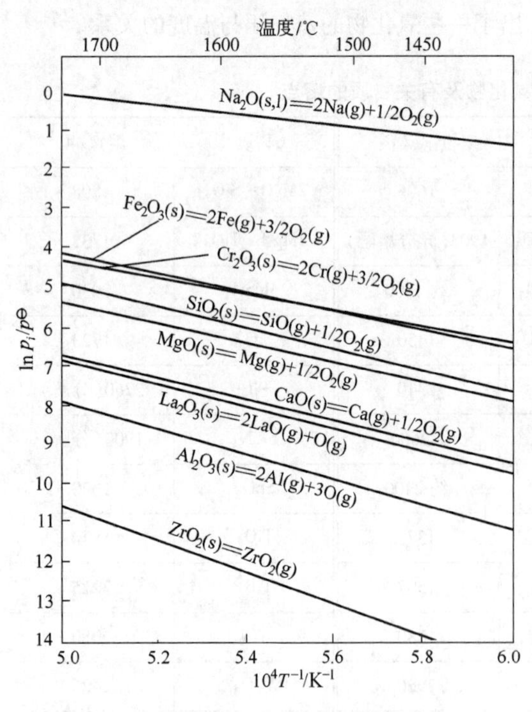

图 1-2 各种氧化物在高温下的蒸气压

1.1.2 化学反应的吉布斯自由能变化

耐火材料在生产与使用时,各组元以及与环境介质之间可能发生一些化学反应,这就需要化学热力学的知识。由单质与化合物的热力学性质(即热力学函数),通过热力学计算可以判断在这一复杂体系中发生的反应。例如:

$$\nu_A A(s) + \nu_B B(g) = \nu_C [C] + \nu_D (D)$$

式中 A(s)——A 以固相存在;

B(g)——B 以气相存在;

[C]——C 在金属熔体中;

(D)——D 在熔渣中;

ν_i——组分 i 在化学反应中的摩尔数。

在温度 T 时,上述反应的吉布斯自由能变化 ΔG 为

$$\Delta G = \Delta G^\ominus + RT\ln \frac{a'^{\nu_C}_{[C]} a'^{\nu_D}_{(D)}}{a'^{\nu_A}_A (p'_B/p^\ominus)^{\nu_B}} \quad (1-1)$$

式中 $\Delta G^\ominus$——标准状态下的吉布斯自由能变化;

a'_A——给定条件下,A 的活度;

p'_B——给定条件下,气相中 B 的分压;

$a'_{[C]}$——给定条件下,C 在金属熔体中的活度;

$a'_{(D)}$——给定条件下,D 在熔渣中的活度;

R——气体常数。

式 1-1 称为化学反应等温方程式。

在温度 T 与标准状态下,上述反应的标准吉布斯自由能变化 $\Delta G^\ominus$ 为

$$\Delta G^\ominus = (\nu_C \Delta_f G^\ominus_C + \nu_D \Delta_f G^\ominus_D) - (\nu_A \Delta_f G^\ominus_A + \nu_B \Delta_f G^\ominus_B) \quad (1-2)$$

式中 $\Delta_f G^\ominus_i$——在温度 T 时,组分 i 的标准生成吉布斯自由能。

一些化合物的标准生成吉布斯自由能与温度的关系见表 1-2。

由于 A 物质在上述反应中是以纯固态存在,若以纯固态 A 为标准态,则 $a'_A = 1$。于是式 1-1 则可改写为

$$\Delta G = \Delta G^\ominus + RT\ln \frac{a'^{\nu_C}_{[C]} a'^{\nu_D}_{(D)}}{(p'_B/p^\ominus)^{\nu_B}} \quad (1-3)$$

当反应达平衡时,$\Delta G = 0$,于是

$$\Delta G^\ominus = -RT\ln \frac{a^{\nu_C}_{[C]} a^{\nu_D}_{(D)}}{(p_B/p^\ominus)^{\nu_B}} \quad (1-4)$$

式中 p_B——反应达平衡时,气相中 B 的平衡分压;

$a_{[C]}$——反应达平衡时，金属熔体中 C 的活度；

$a_{(D)}$——反应达平衡时，熔渣中 D 的活度。

由于

$$\frac{a_{[C]}^{\nu_C} a_{(D)}^{\nu_D}}{(p_B/p^{\ominus})^{\nu_B}} = K^{\ominus} \quad (1-5)$$

式中　$K^{\ominus}$——标准平衡常数。

于是

$$\Delta G^{\ominus} = -RT\ln K^{\ominus} \quad (1-6)$$

若计算结果得出式 1-3 的 ΔG 值为负值，即 $\Delta G<0$，表示该反应将自发地由左向右进行；若 $\Delta G=0$，表示该反应已达平衡；若 $\Delta G>0$，表示反应不能自发地由左向右进行，而会由右向左进行。

各种物质的 $\Delta_f G^{\ominus}$ 以及高温熔体中组元的活度值等可从热力学数据书或一些文献中查出。若无，则需要利用其他数据与方法来计算出。

若从化学热力学得出一个反应是不能进行的，就没有必要去研究其反应的动力学。若此反应是可能进行的，再从化学动力学角度研究如何实现，加快或控制其反应速度。

表 1-2　一些化合物的标准生成吉布斯自由能 $\Delta_f G^{\ominus}$ 与温度 T 的关系（$\Delta_f G^{\ominus}=A+BT$ 方程式）

反　应	$\Delta_f G^{\ominus}$/J·mol^{-1}	温度/℃
$4Al(l)+3C(s)=Al_4C_3(s)$	$-266520+96.23T$	660~2200
$Al(l)+0.5N_2(g)=AlN(s)$	$-326477+116.40T$	660~2000
$2Al(l)+1.5O_2(g)=Al_2O_3(s)$	$-1682900+323.24T$	660~2042
$2Al(l)+1.5O_2(g)=Al_2O_3(l)$	$-1574100+275.01T$	2042~2494
$B(s)+0.5N_2(g)=BN(s)$	$-253969+91.42T$	25~2030
$2B(s)+1.5O_2(g)=B_2O_3(l)$	$-128800+210.04T$	450~2043
$C(s)+0.5O_2(g)=CO(g)$	$-114400-85.77T$	500~2000
$C(s)+O_2(g)=CO_2(g)$	$-395350-0.54T$	500~2000
$Ca(s)+0.5O_2(g)=CaO(s)$	$-633876+100.63T$	25~850
$Ca(l)+0.5O_2(g)=CaO(s)$	$-639733+105.85T$	850~1484
$Ca(g)+0.5O_2(g)=CaO(s)$	$-778850+184.93T$	1484~2614
$2Cr(s)+1.5O_2(g)=Cr_2O_3(s)$	$-1120266+255.42T$	25~1903
$Fe(s)+0.5O_2(g)=FeO(s)$	$-259615+62.55T$	25~1371
$Fe(s)+0.5O_2(g)=FeO(l)$	$-220705+38.91T$	1371~1536
$Fe(l)+0.5O_2(g)=FeO(l)$	$-229702+43.73T$	1536~1727
$3Fe(s)+2O_2(g)=Fe_3O_4(s)$	$-1091186+312.96T$	25~1536
$2Fe(s)+1.5O_2(g)=Fe_2O_3(s)$	$-810859+255.43T$	25~1536
$H_2(g)+0.5O_2(g)=H_2O(g)$	$-247500+55.86T$	25~2000
$2K(l)+0.5O_2(g)=K_2O(s)$	$-363200+140.35T$	63~764
$Mg(g)+0.5O_2(g)=MgO(s)$	$-714420-193.72T$	1090~2850
$Mn(l)+0.5O_2(g)=MnO(s)$	$-401875+85.77T$	1244~1781
$2Na(l)+0.5O_2(g)=Na_2O(s)$	$-421600+141.34T$	98~1132

续表 1-2

反 应	$\Delta_f G^{\ominus}$/J·mol^{-1}	温度/℃
$Si(s)+C(s)=SiC(s)$	$-63764+7.15T$	1227~1412
$Si(l)+C(s)=SiC(s)$	$-114400+37.2T$	1412~1727
$3Si(s)+2N_2(g)=Si_3N_4(s)$	$-722836+315.01T$	25~1412
$3Si(l)+2N_2(g)=Si_3N_4(s)$	$-874456+405.01T$	1412~1700
$2Si(l)+N_2(g)+0.5O_2=Si_2N_2O(s)$	$-951651+290.57T$	1412~2000
$Si(s)+O_2(g)=SiO_2(s)$	$-904760+173.38T$	25~1412
$Si(l)+O_2(g)=SiO_2(s)$	$-946350+197.64T$	1412~1723
$Si(l)+O_2(g)=SiO_2(l)$	$-921740+185.91T$	1723~3241
$Ti(s)+0.5N_2(g)=TiN(s)$	$-336300+93.26T$	25~1670
$Ti(s)+O_2(g)=TiO_2(s)$	$-935120+173.85T$	25~1670
$Zr(s)+2B(s)=ZrB_2(s)$	$-328000+23.4T$	25~1850
$Zr(s)+O_2(g)=ZrO_2(s)$	$-1092000+183.7T$	25~1850

1.1.3 固相参加下的反应动力学

由于热力学函数只取决于状态，是状态函数，具有线性组合，可以利用已有一些物质的热力学数据去计算尚未进行过研究或研究困难的一些反应，判断其是否可能进行。但化学动力学就不同了，不同的反应过程其动力学规律与机理就不一定相同。因此，常常需要分别单独对其进行研究。

耐火材料的烧结或使用过程中所发生的反应可能涉及固-固、固-液或固-气多相反应。例如：固-固烧结或析晶，耐火材料与 O_2、CO 或 N_2 的固-气反应，耐火材料在熔渣、玻璃熔体、卤化物或硫化物熔体中的溶解则是固-液相间反应。一般来说，多相反应要经过下列几个步骤。

(1)反应分子扩散到界面；

(2)分子在界面发生吸附作用；

(3)被吸附的分子在界面处(或边界层)进行反应；

(4)产物从界面脱附；

(5)产物离开界面扩散出去。

对于由许多步骤构成的反应过程，当过程达到稳定态时，可以推导得出过程的宏观总速度 J 为

$$J=\frac{1}{\frac{1}{(J_1)_{\max}}+\frac{1}{(J_2)_{\max}}+\cdots+\frac{1}{(J_i)_{\max}}+\cdots}=\frac{1}{\sum\frac{1}{(J_i)_{\max}}} \tag{1-7}$$

式中 $(J_i)_{\max}$——第 i 个步骤的最大可能速度。

因此，当反应过程达到稳定态时，其宏观总速度主要取决于分母中 $(J_i)_{\max}$ 数值最小的一个，即速度最慢的一个步骤或阻力最大的一个环节。这就是说，在多相反应的各个步骤中，最慢的步骤或环节对反应速度起决定作用。

在高温下，一般来说最慢的步骤是扩散。当扩散速度最慢时，称过程处于扩散速度控制范围或扩散范围。耐火材料在高温熔体中的溶解过程，一般就是处于扩散范围。在扩散范围时，溶质在界面(边界层)处的浓度会达到饱和。因此，溶解过程的总速度等于最大可能的扩散速度，即

$$J=(J_{扩})_{\max}=\beta(C_S-C_0)=\frac{D}{\delta_D}(C_S-C_0) \tag{1-8}$$

式中　β——溶质的传质系数；

C_S——界面(边界层)处溶质的饱和浓度；

C_0——熔体中溶质的浓度；

δ_D——边界层厚度；

D——溶质的扩散系数。

当过程中化学反应速度比扩散速度慢得多时，过程受化学反应步骤控制，称过程处于化学动力学控制范围或化学动力学范围。在化学动力学范围时，边界层处溶质的浓度就等于熔体中溶质的浓度 C_0。因此，过程的总速度等于化学反应速度，即

$$J=(J_{化})_{max}=kC_0^n \tag{1-9}$$

式中　k——化学反应速度常数；

n——反应的级数。

当扩散速度与化学反应速度相当时，称过程处于过渡速度范围。

当过程处于不同步骤控制范围时，其动力学特征是不相同的，遵循的动力学规律和各种因素对过程速度的影响也是不相同的。例如，耐火材料在熔体中的溶解，处于扩散控制范围时，其溶解速度与熔体的搅动程度有明显的关系；而当过程处于化学动力学控制范围时，由于化学活化能一般比扩散活化能大得多，因此温度对过程速度的影响较大，而熔体的搅动程度对其几乎无影响。

1.1.3.1　耐火材料溶解动力学

耐火材料在熔体中的溶解过程多是处于扩散速度控制范围，因此溶解速度遵从式1-8。

若为圆柱体试样，当溶解速度以单位时间内圆柱体半径的减少来表示，而浓度以质量分数表示时，式1-8则为

$$J=\frac{\beta\rho_0}{100\rho}(w_S-w_0) \tag{1-10}$$

式中　w_S——边界层处溶质的质量分数；

w_0——熔体中溶质的质量分数；

ρ——耐火材料的密度；

ρ_0——熔体的密度。

在强制对流情况下，当重力影响可以忽略时，根据相似原理或量纲分析可得出扩散过程中准数之间的关系为

$$Sh=C(Re)^a(Sc)^b \tag{1-11}$$

式中　Sh——舍伍德(Sherwood)数，$Sh=\frac{\beta d}{D}$；

Re——雷诺(Reynolds)数，$Re=\frac{du\rho_0}{\eta}$；

Sc——施米特(Schmidt)数，$Sc=\frac{\eta}{D\rho_0}$；

d——旋转圆柱体的直径；

u——线速度，$u=\pi dn$；

n——圆柱体的转速；

η——熔体的黏度。

艾森伯格(Eisenberg)等通过研究旋转苯甲酸与肉桂酸圆柱体在水中的溶解，得出在湍流(紊流)条件下

$$Sh=0.0791(Re)^{0.7}(Sc)^{0.356} \tag{1-12}$$

或

$$\delta_D=12.6d(Re,d)^{-0.7}(Sc)^{-0.356} \tag{1-13}$$

式中　δ_D——扩散边界层厚度。

若耐火材料的溶解速度、熔体的黏度与密度以及耐火材料在边界层的浓度已知，则由式1-10与式1-12或式1-13可算出耐火材料的传质系数、扩散系数与扩散边界层厚度等一系列有用的动力学数据。

1.1.3.2　固-固烧结

单一组成的耐火材料在低于其熔点或熔融温度下进行烧结时，能在 $0.3T_{熔}\sim0.8T_{熔}$ 温度下进行烧结，并不发生化学反应。这主要是由于粉体表面积大，存在晶格缺陷、晶格畸变或无定形化等，表面能驱动及原子热振动而导致的烧结致密化。常用固相物质的晶界能 σ_{GB} 和表面能 σ_{SV} 之比值来衡量物质烧结的难易。σ_{GB}/σ_{SV} 越小，越容易烧结；反之则难烧结。

一些离子键氧化物的 σ_{GB} 与 σ_{SV} 相差不大，较易烧结。而一些共价键化合物，如 SiC、Si_3N_4、AlN 等，由于共价键强烈的方向性，σ_{GB} 大，而表面易被空气氧化使 σ_{SV} 降低，因而 σ_{GB}/σ_{SV} 高，不易烧结。

1.1.3.3　固-固反应

MgO 与 Al_2O_3 反应生成镁铝尖晶石($MgAl_2O_4$)可作为固-固相反应的典型例子。MgO 与 Al_2O_3 首先在接触的界面上反应形成 $MgAl_2O_4$，逐渐形成的 $MgAl_2O_4$ 产物层将 MgO 与

Al_2O_3 分隔开来。反应要继续进行,反应物就需通过产物层 $MgAl_2O_4$ 进行扩散。由于氧离子的扩散系数远比金属离子小,因此氧离子可以看作是不动的,于是扩散的离子只有 Mg^{2+} 和 Al^{3+} 离子,它们通过产物层做相对扩散,如图 1-3 所示。

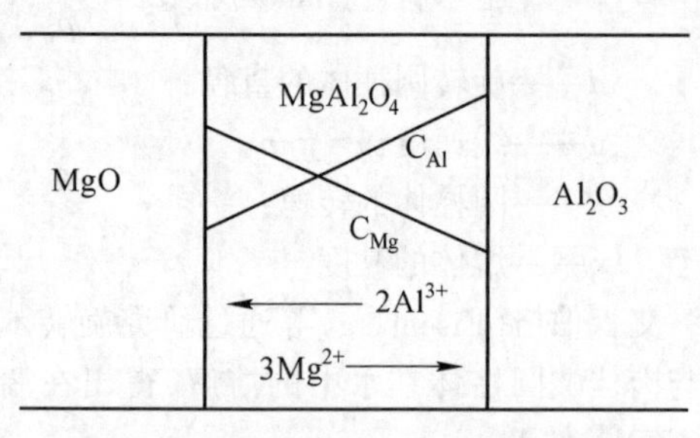

图 1-3 $MgAl_2O_4$ 尖晶石的生成机理

在界面上的反应如下:

$$2Al^{3+} + 4MgO \longrightarrow MgAl_2O_4 + 3Mg^{2+}$$

$$3Mg^{2+} + 4Al_2O_3 \longrightarrow 3MgAl_2O_4 + 2Al^{3+}$$

$MgAl_2O_4$ 的生成过程主要受扩散速度的控制。设反应界面为平面,则反应产物的增厚速率与厚度 x 成反比。即

$$\frac{dx}{dt} = \frac{k}{x}$$

积分上式,得

$$x^2 = 2kt \qquad (1-14)$$

即产物层厚度 x 与时间 t 的关系为抛物线关系。

1.1.3.4 结构剥落与熔体渗透深度

耐火材料在使用过程中,熔体(熔渣)会沿耐火材料的气孔与裂缝通道渗入耐火材料内部,并与之相互作用形成与耐火材料本体结构和性质不同的变质层。当温度发生剧烈变化时,由于变质层与本体的化学矿物组成、线膨胀系数不同,变质层将发生崩裂、剥落,这种剥落称为结构剥落。熔体(熔渣)渗入越深,变质层越厚,结构剥落层越厚,造成的危害越严重。结构剥落往往是间断式生产设备,如钢的二次精炼炉、铜或镍吹炼炉等炉衬损毁的主要原因。

熔体(熔渣)向耐火材料渗入的深度可由下式估算

$$x = \sqrt{\frac{r\sigma\cos\theta}{2\eta}\tau} \qquad (1-15)$$

式中 x——渗入深度;

σ——熔体(熔渣)的表面张力;

θ——熔体(熔渣)在耐火材料上的接触角;

η——熔体(熔渣)的黏度;

r——耐火材料孔隙通道的半径;

τ——时间。

从式 1-15 可以看出,减小耐火材料孔隙通道半径,增大接触角(即熔渣对耐火材料润湿性越差),增加熔渣的黏度,降低熔渣的表面张力,可以减少熔渣渗入耐火材料中的深度,从而提高耐火材料的抗结构剥落性。

在镁质或氧化铝制品中加入石墨制成的 MgO-C 或 Al_2O_3-C 制品,由于熔渣不润湿石墨,接触角大于 90°,因此这类耐火材料能抑制或减小熔渣的渗入深度,从而抗热剥落与结构剥落性较好。在 1550℃、CO 气氛下,质量分数为 46.3% 的 CaO、36.7% 的 SiO_2、12.0% 的 Al_2O_3、5.0% 的 MgO 的熔渣与石墨的接触角为 131°~134°。

从耐火材料在熔渣中的溶解速度(式 1-10 ~ 式 1-13)以及熔渣在耐火材料渗入深度(式 1-15)来看,熔渣的黏度对耐火材料的侵蚀有很大的影响。SiO_2、B_2O_3 的黏度与温度的关系如图 1-4、图 1-5 所示。熔渣 FeO-SiO_2、MnO-SiO_2、CaO-SiO_2-FeO、CaO-SiO_2-Cr_2O_3、CaO-Al_2O_3-CaF_2 的黏度与渣中 SiO_2 含量的关系如图 1-6~图 1-10 所示。

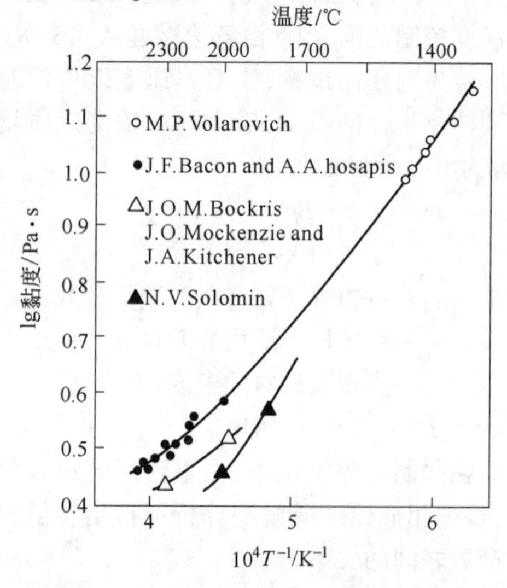

图 1-4 SiO_2 的黏度与温度的关系

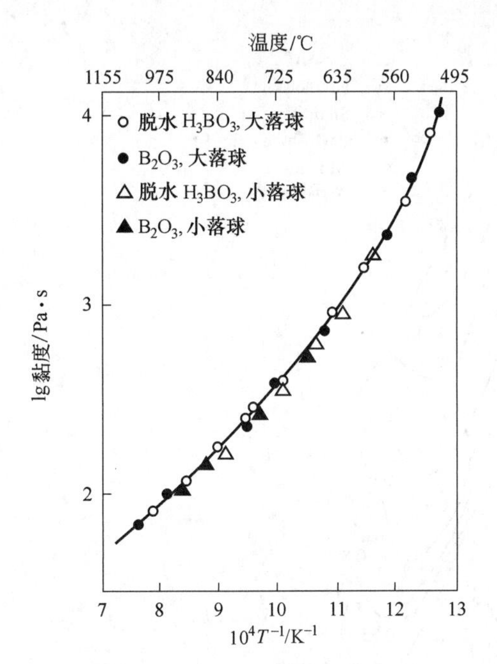

图 1-5 B_2O_3 的黏度与温度关系

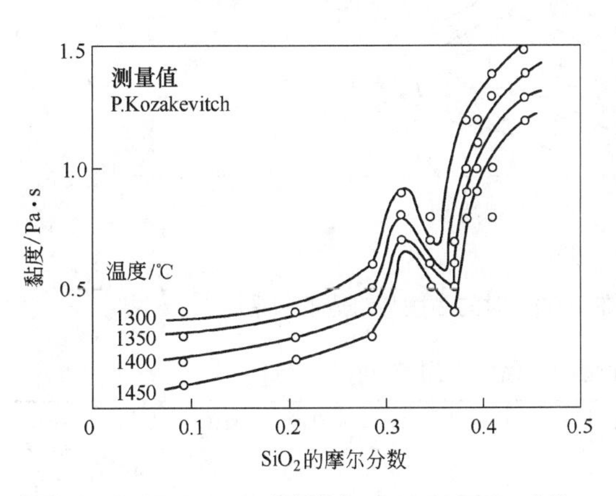

图 1-6 $FeO-SiO_2$ 系熔渣在 1300~1450℃时的黏度与渣中 SiO_2 含量的关系

如果熔体与耐火材料作用后，能形成高熔点化合物析出晶体，堵塞渗透通道，或形成高黏滞性物质，或形成致密保护层，皆可减少熔体的渗入深度，减轻结构剥落的危害。

硅酸盐熔体的表面张力近似地遵循下面的加和性规律：

$$\sigma = \sum x_i F_i \qquad (1-16)$$

式中 x_i——组元 i 的摩尔分数；

F_i——组元 i 的表面张力因子。

各种氧化物的表面张力因子见表 1-3。

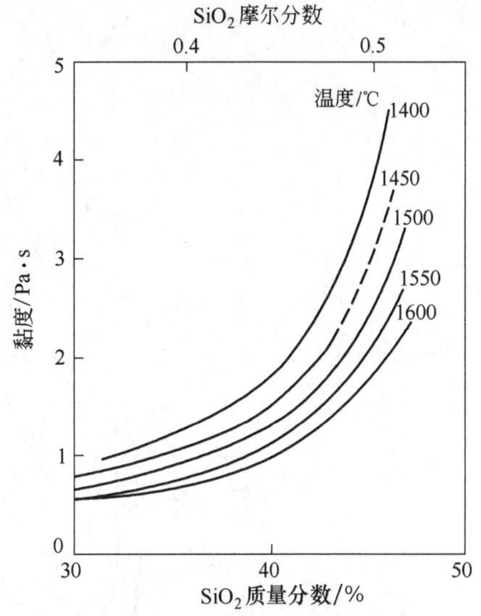

图 1-7 $MnO-SiO_2$ 系熔渣在 1400~1600℃时的黏度与渣中 SiO_2 含量的关系

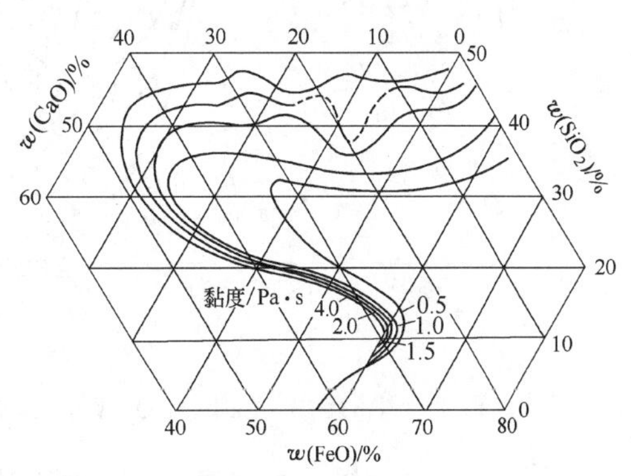

图 1-8 $CaO-SiO_2-FeO$ 熔渣在 1400℃时的黏度与组成的关系

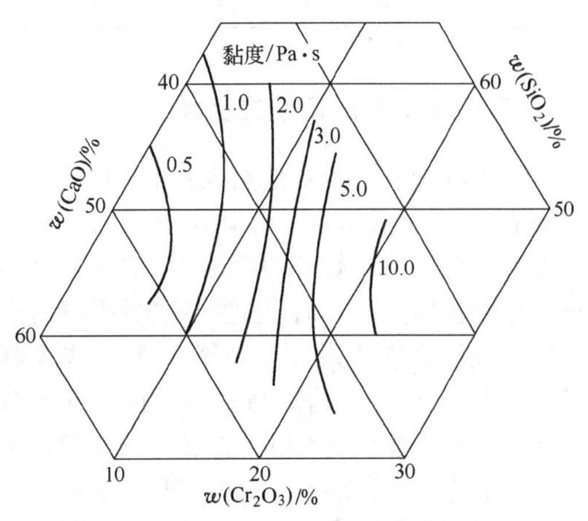

图 1-9 $CaO-SiO_2-Cr_2O_3$ 熔渣在 1550℃时的黏度与组成的关系

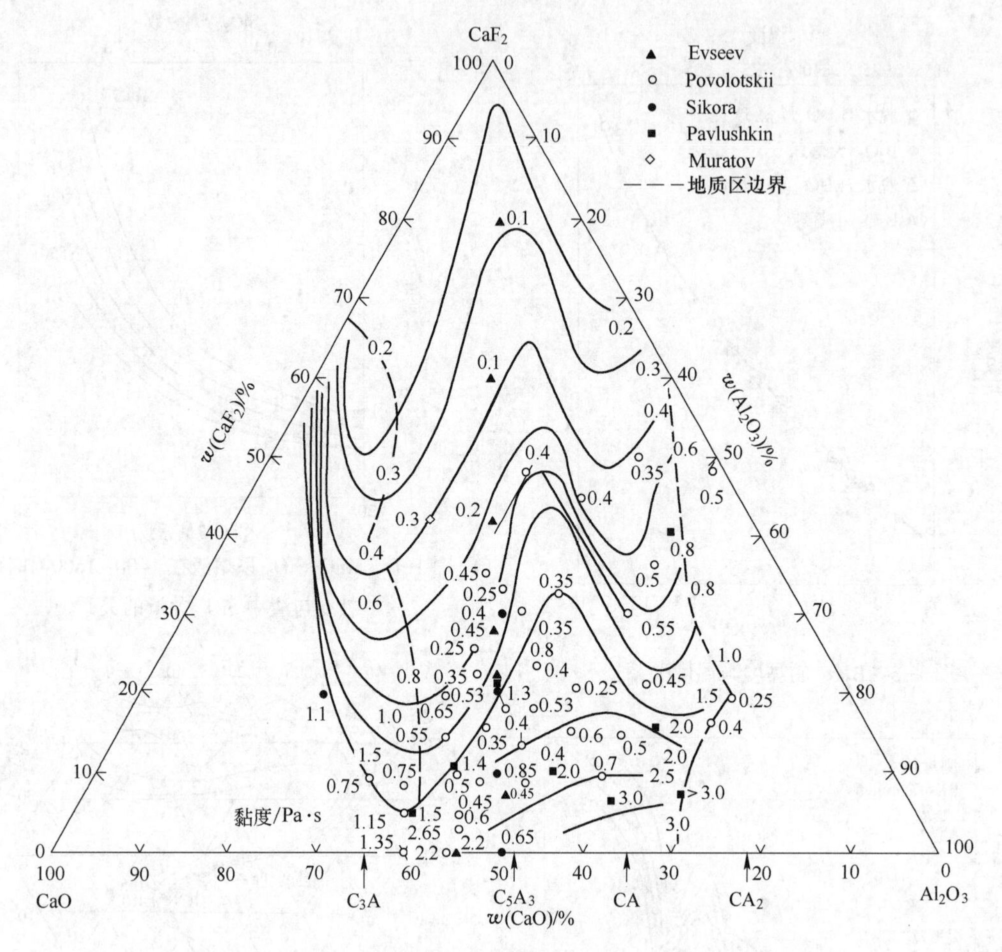

图 1-10 $CaO-Al_2O_3-CaF_2$ 系熔渣在 1600℃时的黏度与组成的关系

表 1-3 1400℃时氧化物的表面张力因子

氧化物	K_2O	Na_2O	PbO	MnO	ZnO	FeO	CaO	MgO	ZrO_2	TiO_2	Al_2O_3	B_2O_3	SiO_2
$F_i/N\cdot m^{-1}$	156	297	140	653	540	570	608	512	470	380	640	96	285

1.1.4 熔体与晶粒间的二面角

耐火材料中若含有低熔点氧化物杂质，高温烧成时，由于低熔点氧化物所形成的熔体与耐火氧化物颗粒有较好的润湿性，往往会将耐火氧化物包覆。冷却时，这些熔体凝固将耐火氧化物颗粒胶结，制品的致密性与常温强度都较好。但是，这种结构对高温使用性能却十分不利。如果能够改变为由耐火氧化物晶粒直接结合形成连续相，而杂质熔体凝固相充填于颗粒孔隙以孤岛存在，形成间断相，就可显著改善制品的高温使用性能，这就涉及固-固及固-液界面能大小或二面角的大小。

如图 1-11 所示，当一种物质的晶粒与液相共存，达平衡时其界面张力（界面能）之间遵循下面关系：

$$\sigma_{SS} = 2\sigma_{SL}\cos\frac{\phi}{2} \tag{1-17}$$

或

$$\cos\frac{\phi}{2} = \frac{\sigma_{SS}}{2\sigma_{SL}} \tag{1-18}$$

式中 ϕ——二面角；

σ_{SS}——固-固界面能；

σ_{SL}——固-液界面能。

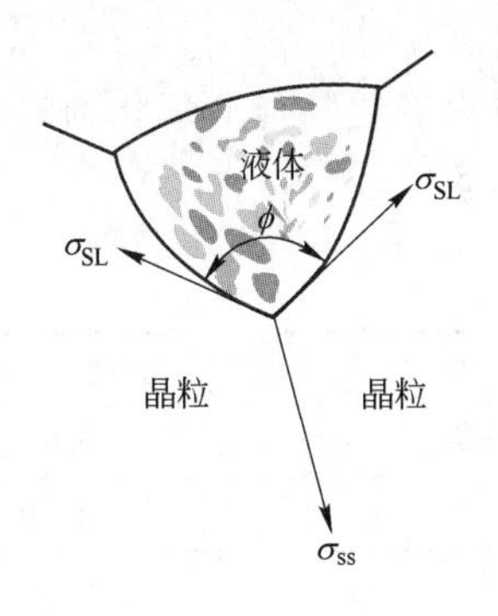

图 1-11　二面角与界面张力

虽然固-固界面能与固-液界面能测定困难,但二面角却是可以测量的。因此,可以根据二面角大小来计算 $\sigma_{SS}/2\sigma_{SL}$ 的值。

从式 1-18 可知,固-固界面能越小,固-液界面能越大,$\cos\dfrac{\phi}{2}$ 值越小,二面角 ϕ 越大,液相越不能渗入晶界,晶粒直接结合就越好。图 1-12 示出了晶粒直接结合以及二面角不同时液相存在的形态。

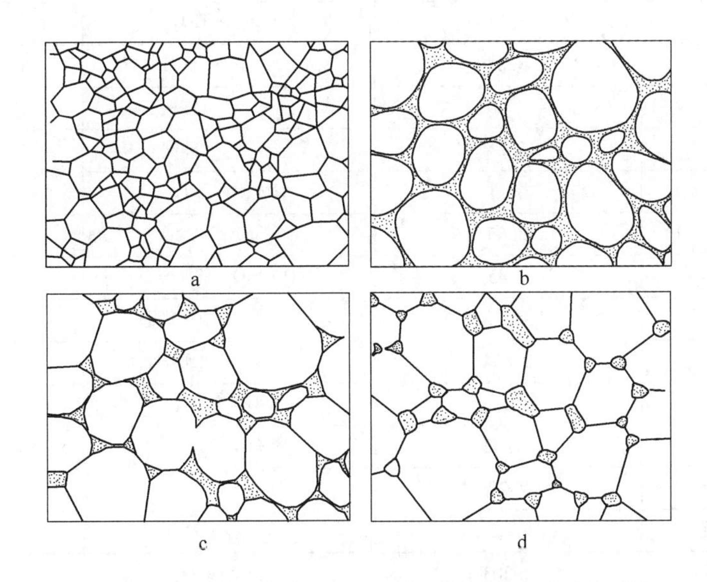

图 1-12　晶粒直接结合以及二面角不同时液相存在的形态

a—晶粒直接结合;b—$\phi=0°\sim45°$;c—$\phi=90°$;d—$\phi=135°$

1.2　耐火材料相关的晶型转变

耐火材料由一种或多种高熔点化合物构成。在这些化合物中,有的具有同质多晶现象,即同一化合物有多种晶体结构(晶型)。当条件变化时,会发生由一种晶型转变为另一种晶型。

一种化合物若有几种晶型,在一定温度与压力下,只有自由能(或蒸气压)最低的一种晶型能稳定存在。例如,一化合物有晶型Ⅰ与晶型Ⅱ两种,在常压下其自由能与温度的关系如图 1-13 所示。当温度低于 T_c 时,只有晶型Ⅰ能稳定存在;当温度为 T_c 时,则发生晶型Ⅰ与晶型Ⅱ之间的转变;当温度高于 T_c 时,只有晶型Ⅱ能稳定存在。

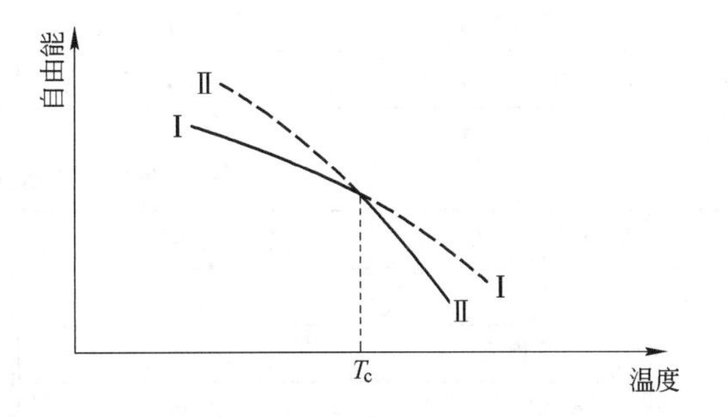

图 1-13　可逆性晶型转变自由能与温度的关系

由于晶型转变常伴随有体积、密度与其他性质的变化,因此,当耐火材料中发生晶型转变时,就可能发生开裂、疏松或粉化现象,从而影响产品质量与使用性能。例如:SiO_2、ZrO_2 与硅酸二钙($2CaO \cdot SiO_2$)等都有晶型转变,因此在生产与使用硅砖、ZrO_2 材料与含有大量 $2CaO \cdot SiO_2$ 的材料时,要特别注意它们的晶型转变问题。

一些耐火氧化物与非氧化物的密度见表1-4与表1-5。

表 1-4 一些耐火氧化物的密度

耐火氧化物	密度/$g \cdot cm^{-3}$	耐火氧化物	密度/$g \cdot cm^{-3}$
$\alpha-Al_2O_3$	3.99	ZrO_2 单斜	5.826
$\delta-Al_2O_3$	2.40	四方	6.10
CaO	3.37	立方	6.27
CeO_2	7.13	$3Al_2O_3 \cdot 2SiO_2$	3.03
Cr_2O_3	5.21	$Al_2O_3 \cdot TiO_2$	3.702
FeO	5.87	$Al_2O_3 \cdot SiO_2$ 蓝晶石	3.53~3.65(3.60)
Fe_3O_4	5.20	红柱石	3.13~3.16
Fe_2O_3	5.24	硅线石	3.23~3.27(3.23)
La_2O_3	6.51	$2MgO \cdot SiO_2$	3.22
MgO	3.65	$2FeO \cdot SiO_2$	4.32
NiO	7.45	$MgO \cdot SiO_2$ 原顽辉石	3.10
SiO_2 α-石英	2.533	顽火辉石	3.21
β-石英	2.554	斜顽辉石	3.19
α-鳞石英	2.228	$MgO \cdot Al_2O_3$	3.548
β-鳞石英	2.242	$FeO \cdot Al_2O_3$	4.392
α-方石英	2.29	$MgO \cdot Cr_2O_3$	4.429
β-方石英	2.30~2.34	$FeO \cdot Cr_2O_3$	5.088
石英玻璃	2.203	$MgO \cdot Fe_2O_3$	4.506
TiO_2 板钛矿	4.00~4.23	$ZrSiO_4$	4.60~4.70
锐钛矿	3.87	$CaO \cdot ZrO_2$	5.11
金红石	4.25	$2MgO \cdot 2Al_2O_3 \cdot 5SiO_2$ 堇青石	2.12~2.42
ZnO	5.66		

表 1-5 一些耐火非氧化物的密度

耐火非氧化物	密度/$g \cdot cm^{-3}$	耐火非氧化物	密度/$g \cdot cm^{-3}$
C 石墨	2.27	SiC	3.217
金刚石	3.51	$\alpha-Si_3N_4$	3.184
α-BN	2.25	$\beta-Si_3N_4$	3.187
β-BN	3.45	TiN	5.44
AlN	3.27	TiB_2	4.53
B_4C	2.517	ZrB_2	6.09
CaB_6	2.64	ZrC	6.66
$MoSi_2$	6.24		

1.2.1 SiO_2 晶型转变

SiO_2 存在的晶型比较多,外界条件改变时,会发生由一种晶型向另一种晶型转变。在常压下,SiO_2 与含有杂质离子的 SiO_2,其相关系如图 1-14 所示。

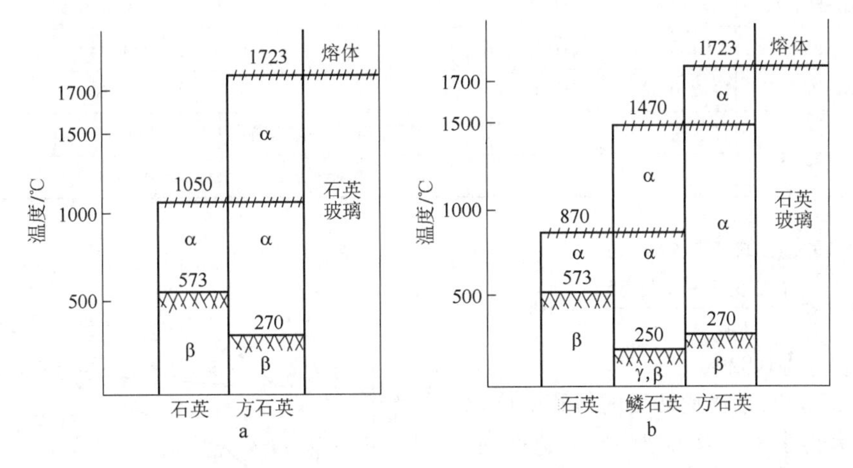

图 1-14 SiO_2 相关系图

a—纯 SiO_2;b—杂质离子(K^+、Na^+、Ca^{2+}等)

图 1-14a 表明在纯 SiO_2 的相关系中,只有石英和方石英两种,其转变温度为 1050℃,而没有鳞石英相。在图 1-14b 中有杂质离子(K^+、Na^+、Ca^{2+}等)存在时,才有鳞石英相出现。石英存在高、低温型两种石英,即 α-石英与 β-石英。方石英也存在高、低温型两种方石英,即 α-方石英与 β-方石英。鳞石英有 α、β、γ 三种晶型。

SiO_2 晶型转变可分为两类:一类是位移型转变,另一类是重建型转变。位移型转变不必打开结合键,只是原子的位置发生位移和 Si—O—Si 键角的微小变化。位移型转变在一定温度时突然发生,而且是在整个结晶体同时发生骤然转变,转变速度快,且是可逆的,转变时体积效应不大。石英及方石英的高、低温型之间的转变,鳞石英的 α、β 与 γ 晶型之间的转变都属于这一类。重建型转变时要建立新结构,势垒高,转变速度慢,往往是从晶体表面开始逐渐向内部推进,转变时伴随有较大的体积效应。石英、鳞石英与方石英之间的相互转变就属这一类。图 1-15 为 SiO_2 相变与温度的关系,图中,双箭头表示位移型转变,单箭头表示重建型转变。

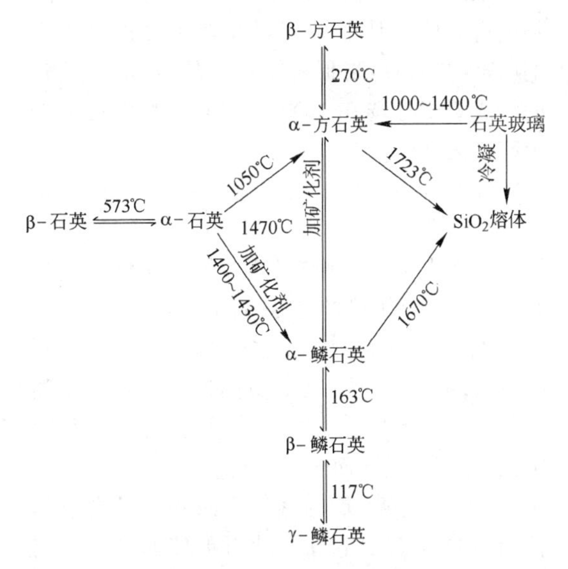

图 1-15 SiO_2 相变与温度的关系

根据 SiO_2 各相的密度可以计算出各相间转变时的体积效应,如表 1-6 所示。例如:β-石英→α-石英。

表 1-6 SiO_2 变体转化伴生的体积效应

位移型转化	温度/℃	体积变化/%	重建型转化	温度/℃	体积变化/%
β-石英→α-石英	573	+0.82	α-石英→α-鳞石英	1000	+16.0
γ-鳞石英→β-鳞石英	117	+0.2		870	+12.0
β-鳞石英→α-鳞石英	163	+0.2	α-石英→α-方石英	1000	+15.4
β-方石英→α-方石英	270	+2.8		1200~1350	+17.4
			α-鳞石英→α-方石英	1470	+4.7
			石英玻璃→α-方石英	1000	-0.9

在 573℃转变时的体积效应为

$$\frac{\Delta V}{V} \times 100\% = \frac{1/2.533 - 1/2.554}{1/2.554} \times 100\%$$
$$= + 0.82\%$$

由表 1-6 可知,重建型转变的体积效应比位移型转变大得多。但因重建型转变速度慢、时间长,因此体积效应产生的影响不显著。而位移型转变虽然体积效应小,但由于转变速度快,易造成开裂,影响产品质量与使用寿命。在各种 SiO_2 变体的高低温型转变中,鳞石英之间转变的体积效应比方石英之间转变要小得多,前者为 0.2%,后者为 2.8%。此外,鳞石英具有矛头双晶相互交错的网络结构,对提高硅砖的强度有好处。因此,在硅砖生产中要加入矿化剂(FeO 与 CaO)来促进鳞石英的生成,且硅砖的烧成温度也选在 1400~1430℃,为鳞石英稳定存在区域。

SiO_2 各相的蒸气压与温度关系如图 1-16 所示。由图 1-16 可见,在 573℃以下,只有 β-石英在热力学上是稳定的。因此,在自然界或在低温时最常见到的是 β-石英。对于纯 SiO_2,图中无石英转变为鳞石英的过程,只有 1050℃时 α-石英转变为 α-方石英的过程。α-方石英在 1723℃开始熔融。冷却时,因熔融 SiO_2 黏度很大,很容易过冷而成为石英玻璃。由图 1-16 可知,由于石英玻璃的蒸气压曲线总是高于其他结晶的蒸气压曲线,因此石英玻璃是不稳定的。由于结构上的巨大阻力,石英玻璃析晶困难,因此它又可以长期存在。但是,石英玻璃在 1000℃以上长时间受热,就会发生析晶现象。

SiO_2 除在常压下存在上述变体外,在高压下还存在一些结构紧密的变体,例如:柯石英

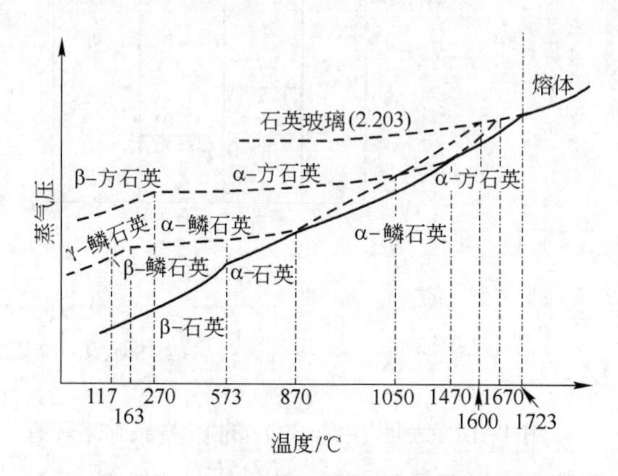

图 1-16 SiO_2 系统的蒸气压-温度示意图

(Coesite)、超石英(Stischowit)以及杰石英(Keatite)等。

1.2.2 ZrO_2 晶型转变

ZrO_2 有三种晶型:单斜 ZrO_2($m-ZrO_2$,Monoclinic zirconia)、四方 ZrO_2($t-ZrO_2$,Tetragonal ZrO_2)和立方 ZrO_2($c-ZrO_2$,Cubic ZrO_2)。其晶型转变温度如下:

$$m - ZrO_2 \underset{950 \sim 1000℃}{\overset{1100 \sim 1200℃}{\rightleftharpoons}}$$

$$t - ZrO_2 \overset{约 2370℃}{\rightleftharpoons} c - ZrO_2 \overset{2680℃}{\rightleftharpoons} 液相$$

加热时,$m-ZrO_2$ 向 $t-ZrO_2$ 转变的温度通常在 1100~1200℃之间。冷却时,四方相转变为单斜相,由于新相晶核形成困难,因此转变温度有滞后现象,为 950~1000℃。

四方 ZrO_2 与单斜 ZrO_2 之间的晶型转变是位移式转变。由于这一转变与碳素钢中发生的奥氏体与马氏体(Martensitic)相变极为相似,所以 ZrO_2 的这一相变常称为马氏体相变。马氏体相变可因所受应力、应变或形成固溶体而被

加强或抑制。

m-ZrO_2、t-ZrO_2 与 c-ZrO_2 三种晶型的密度分别为 5.826g/cm^3、6.10g/cm^3 和 6.27g/cm^3。t-ZrO_2与 m-ZrO_2 之间转变的体积效应为

$$\frac{\Delta V}{V} \times 100 = \frac{1/5.826 - 1/6.10}{1/6.10} \times 100 = +4.7\%$$

冷却时，由 t-ZrO_2 转变为 m-ZrO_2 时伴随有较大体积膨胀，同时由于这种位移式转变的速度很快，会导致开裂。因此，含 ZrO_2 材料的生产与使用将涉及 t-ZrO_2 与 m-ZrO_2 之间的晶型转变问题。对于含 ZrO_2 的电熔与熔铸材料，由于 ZrO_2 晶粒发育较大，四方相与单斜相间的转化无法抑制。为了避免材料开裂，可以使材料中形成的一定量玻璃相来缓冲相变造成的应力。加入 MgO、CaO、Y_2O_3、CeO_2 或 La_2O_3 等到 ZrO_2 中，由于与 ZrO_2 形成固溶体，可避免制品开裂。

在抑制 ZrO_2 晶型转变的稳定剂中，以 Y_2O_3 为最好。从 ZrO_2 - Y_2O_3 相图可以看出，ZrO_2 - Y_2O_3 形成立方固溶体的稳定区域很大，ZrO_2 中溶解 12%(摩尔分数)的 Y_2O_3，其形成的立方固溶体一直到 300℃ 还能稳定存在，如图 1-17 所示。

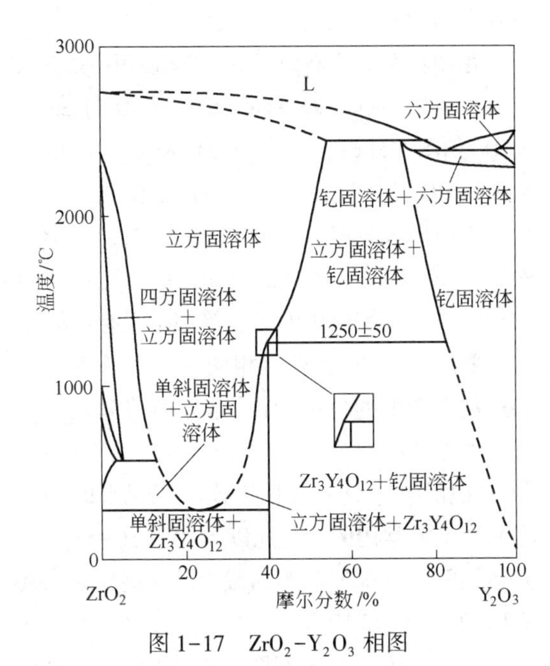

图 1-17 ZrO_2-Y_2O_3 相图

当 ZrO_2 晶粒足够细小，而且弥散在其他陶瓷基体内(如稳定立方 ZrO_2、刚玉或莫来石)，使其受到周围基体的束缚时，ZrO_2 的相变也受到抑制，使马氏体相变温度 t_{MS} 向低温方向移动。调整周围基体的性质，有可能使四方 ZrO_2 保持到室温，以介稳态存在下来。这种在基体中受到抑制的四方 ZrO_2，可以对材料呈现出显著的增韧效果，并能有效提高材料的抗热震性，这种增韧常称为相变增韧(Toughening of transformation)。采用 ZrO_2 进行相变增韧的重要条件是保证材料中可相变的四方相有足够高的体积分数，且四方 ZrO_2 和基体间线膨胀系数之差尽可能小。

1.2.3 C_2S($2CaO \cdot SiO_2$)晶型转变

C_2S 有 5 种晶型：α、α'_H、α'_L、β 和 γ 型。其中，α′-C_2S 有高温型 α'_H-C_2S 与低温型 α'_L-C_2S。5 种晶型的转变次序与转变温度如下

$$\gamma\text{-}C_2S \xrightleftharpoons{725℃} \alpha'_L\text{-}C_2S \xrightleftharpoons{1160℃} \alpha'_H\text{-}C_2S$$

$$\alpha'_L\text{-}C_2S \xrightleftharpoons{670℃} \beta\text{-}C_2S \xrightarrow{525℃} \gamma\text{-}C_2S$$

$$\xrightleftharpoons{1420℃} \alpha\text{-}C_2S \xrightleftharpoons{2130℃} 液相$$

β-C_2S 是一种介稳态。β-C_2S 与 γ-C_2S 之间的转变是不可逆(单向)的转变，即只能由 β-C_2S 转变为 γ-C_2S，而 γ-C_2S 不能直接转变为 β-C_2S。β-C_2S 在 525℃(有的认为是 600℃)开始转变为 γ-C_2S。α'_L-C_2S 平衡冷却时在 725℃可以转变为 γ-C_2S；但通常是过冷到 670℃左右转变为 β-C_2S。这是由于 α'_L-C_2S 与 β-C_2S 结构和性质非常相近，而与 γ-C_2S 相差较大所致。α'_L-C_2S、β-C_2S 与 γ-C_2S 的密度分别为 3.14g/cm^3、3.20g/cm^3 与 2.94g/cm^3。由于密度相差较大，因此晶型转变时，会引起较大的体积效应。由 β-C_2S 转变为 γ-C_2S 时，体积膨胀约 12%，从而发生粉化。

C_2S 及其多晶转变，对碱性耐火材料、硅酸盐水泥的性能有重要影响。例如，在镁砂生产中，通常希望镁砂中的杂质 SiO_2 与 CaO 能以高熔点化合物 C_2S 或 C_3S 相存在，要求其 CaO 与

SiO_2 摩尔比大于 2。但在生产与使用高钙镁砂、镁白云石、白云石或石灰等耐火材料时，若 C_2S 生成量较多，则会因 C_2S 的晶型转变而发生粉化。再如，由于 β-C_2S 具有胶凝性，而 γ-C_2S 无胶凝性，因此在硅酸盐水泥生产中不希望发生 β-C_2S 转变为 γ-C_2S。为防止上述晶型转变，目前采用两种途径。一种途径是烧制熟料时，采用急冷，使 β-C_2S 来不及转变为 γ-C_2S，而以 β-C_2S 保持下来；另一种途径是采用加入少量稳定剂，如 P_2O_5（或磷酸钙）、V_2O_5、Mn_2O_3、Cr_2O_3、BaO 等，使之溶入 β-C_2S 或 α'-C_2S 中形成固溶体，阻止发生晶型转变。

1.2.4 Al_2O_3 晶型转变

Al_2O_3 的晶型有 α、γ、η、δ、θ、κ、χ、ρ 等。外界条件改变时，Al_2O_3 会发生晶型转变。在 Al_2O_3 这些变体中，只有 α-Al_2O_3（刚玉）是稳定的，其他晶型都是不稳定的，加热时都将转变成 α-Al_2O_3。α-Al_2O_3 晶体结构中，氧离子做六方最紧密排列，铝离子规则地填充在氧离子空隙中，质点间距小，结构牢固，不易被破坏。α-Al_2O_3 的密度为 3.99g/cm^3。

除刚玉外，常见的 Al_2O_3 晶型为 γ-Al_2O_3。γ-Al_2O_3 为面心立方晶格，属于有缺陷的尖晶石结构，即某些四面体的空隙没有被充填，因而 γ-Al_2O_3 的密度较刚玉小，γ-Al_2O_3 的密度为 3.65g/cm^3。$Al(OH)_3$ 加热脱水时，约在 450℃ 形成 γ-Al_2O_3。γ-Al_2O_3 加热到较高温度转变为刚玉，但这种转变要在 1000℃ 以上时，转化速度才比较大。

氧化铝的其他一些不稳定晶型也都是 $Al(OH)_3$加热脱水时，在不同条件下形成的。

ρ-Al_2O_3 是 Al_2O_3 变体中结晶最差的，为无定形态，但也有人认为它是介于无定形与晶态之间的过渡态。ρ-Al_2O_3 是在常温下唯一能发生自发水化的 Al_2O_3 变体，比表面积大，表面能高，活性大。ρ-Al_2O_3 与水发生下列反应：

$$\rho - Al_2O_3 + 3H_2O \longrightarrow Al_2O_3 \cdot 3H_2O \text{（三羟铝石）}$$

$$\rho - Al_2O_3 + (1\sim2)H_2O \longrightarrow Al_2O_3 \cdot (1\sim2)H_2O \text{（勃姆石凝胶）}$$

生成三羟铝石和勃姆石凝胶，从而产生结合作用。但用单一 ρ-Al_2O_3 结合的浇注料，因在中温阶段水化物发生脱水，使结构破坏，强度会下降。因此，采用 ρ-Al_2O_3 作为结合剂时，最好同时加入能提高中温强度的辅助结合剂。

β-Al_2O_3 不是纯 Al_2O_3，其化学式为 $R_2O \cdot 11Al_2O_3$（R 代表 K^+、Na^+ 等离子），密度为 3.31g/cm^3。由于 β-Al_2O_3 被发现时忽视了 Na_2O、K_2O 等的存在，而被误认为是 Al_2O_3 的一种变体，因此采用了 β-Al_2O_3 这一名称，并沿用至今。当 Al_2O_3 处于高温，且有碱金属氧化物存在的条件下，刚玉即可转变成 β-Al_2O_3。β-Al_2O_3 在高温下也会逸出碱金属氧化物而转化为刚玉。

1.3 耐火材料相关相图

多相体系的平衡状态随温度、压力、组成（浓度）变化的几何图形称为状态图或相图。由相图可以分析体系在常压下某一指定组成与温度达平衡时，哪些相是稳定的、可以共存的，以及它们的相对数量。

相图在耐火材料研发、生产与使用中都非常重要。例如，SiO_2、SiO_2-FeO、SiO_2-CaO 与 SiO_2-Al_2O_3 相图在硅砖生产中，MgO-Al_2O_3 与 MgO-Al_2O_3-SiO_2 相图在镁铝尖晶石、镁铝质与铝镁质耐火材料及陶瓷生产与使用中，MgO-CaO-SiO_2-Al_2O_3 四元系相图对 MgO-CaO 耐火材料在钢的二次精炼渣中的熔蚀等都是很有用的。

要应用相图，必须对相图的一些基本原理和规则有清晰的理解，有关这方面的知识可参阅一些相图的专著。

在相图应用中，杠杆定律与三元系的等温截面图是最常用的。在此以 MgO-CaO-SiO_2 三元系相图在 1600℃ 的等温截面图为例来说明其应用，如图 1-18 所示。

绘制出的等温截面图是否正确，可以根据“状态区域接触规律”来判断，即在三元系的等

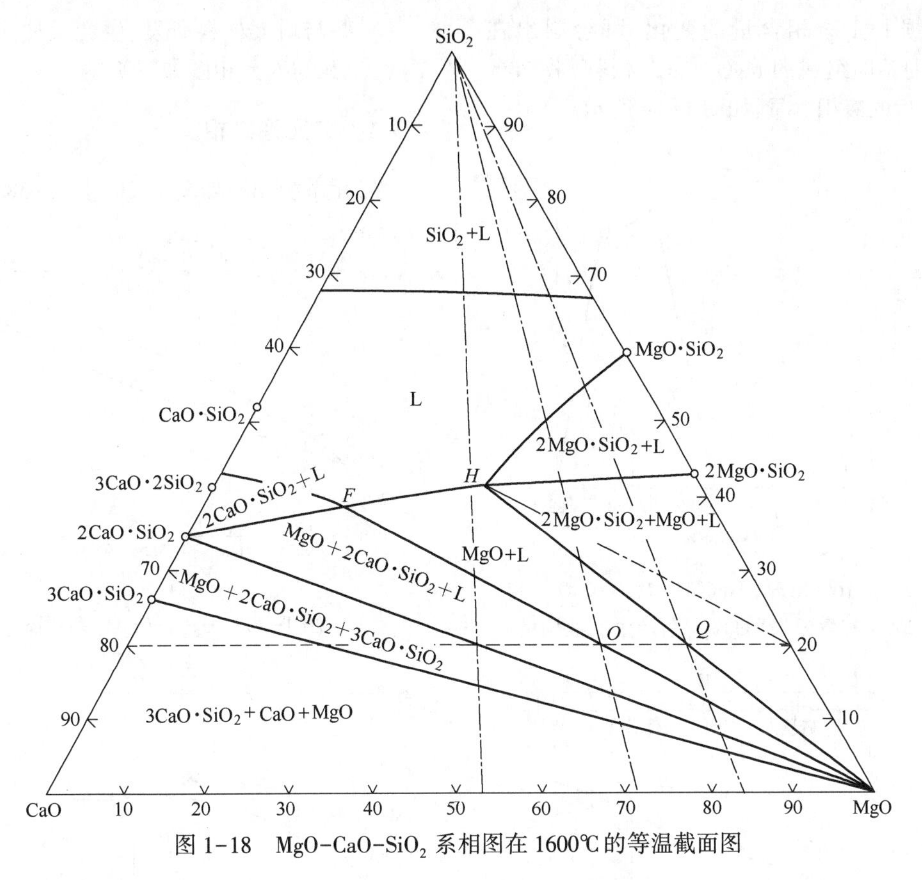

图 1-18 MgO-CaO-SiO_2 系相图在 1600℃的等温截面图

温截面图中，直接相邻的状态区域之间应只有一相不同。

下面用杠杆定律，计算不同组成的 MgO-CaO 材料吸收 20%(质量分数)的 SiO_2 后，形成的液相量。

在 1600℃的 MgO-CaO-SiO_2 等温截面图上，于 SiO_2 为 20%处画一直线(图中虚线)。在此直线上任一点组成的 SiO_2 含量皆为 20%。由图 1-18 可知，当 MgO-CaO 体系中 CaO 含量大于 47%(即 MgO 含量小于 53%)时，即使吸收 20%的 SiO_2 也不会出现液相，因为在此组成范围内体系处于固相(CaO+MgO+3CaO·SiO_2 或 MgO+3CaO·SiO_2+2CaO·SiO_2)共存区。当 MgO-CaO 体系中 CaO 含量小于 47%(即 MgO 含量大于 53%)时，吸收 20%的 SiO_2 后体系开始进入固-液(MgO+2CaO·SiO_2+L)共存区。组成在三角形 2CaO·SiO_2-MgO-F 内时，液相组成一直保持在 F 点，固相组成则沿 2CaO·SiO_2-MgO 线变化。液相的含量从零开始按杠杆定律

液相量 × (F - O 线长度)

= 固相量 × (O - MgO 线长度)

升至：

$$液相含量 = \frac{O - MgO\ 线长度}{F - MgO\ 线长度} \times 100\% = 52.5\%$$

当 MgO-CaO 体系中 MgO 含量在 71%～84%之间时，总组成 O-Q 在 F-MgO-H 的三角形内，即 MgO+L 区域内。固相组成为纯 MgO，而液相组成是沿 F-H 线变化。液相的含量由 52.5%变为

$$液相含量 = \frac{Q - MgO\ 线长度}{H - MgO\ 线长度} \times 100\% = 48.5\%$$

当 MgO 含量大于 84%时，则 MgO-CaO 体系吸收 20%的 SiO_2 后总组成进入 2MgO·SiO_2+MgO+L 共存区；固相由 MgO+2MgO·SiO_2 构成，组成是变化的，而液相组成固定在 H 点。液相的含量由 48.5%降为 0，因按杠杆定律：

$$液相含量 = \frac{0}{H - 20\ 线长度} \times 100\% = 0$$

根据上面液相含量的变化，可绘制出在1600℃时不同组成的 MgO-CaO 材料吸收 20%的 SiO_2 后的液相含量，如图 1-19 所示。

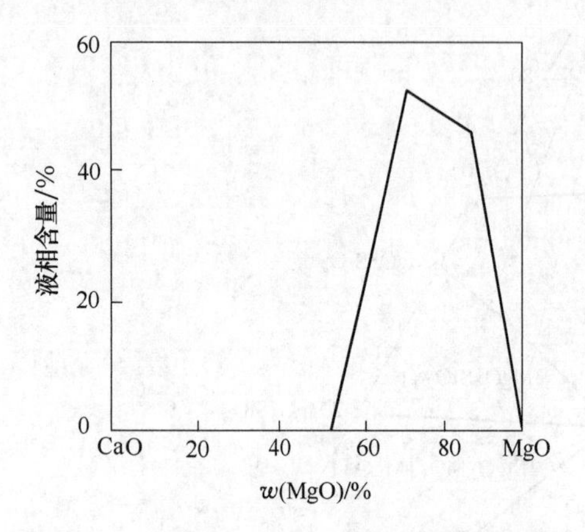

图 1-19 在 1600℃时，不同组成 MgO-CaO 材料吸收 20%（质量分数）的 SiO_2 后产生的液相量

一些与耐火材料研发、生产及使用有关的二元、三元与四元相图如下所述。

1.3.1 二元系统相图

二元系统相图如图 1-20～图 1-58 所示。

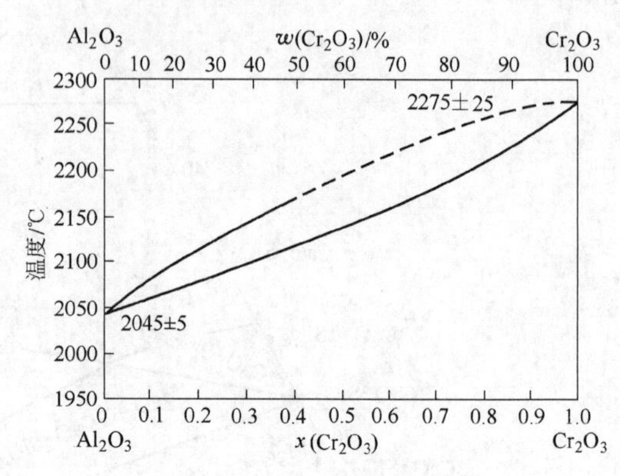

图 1-20 Al_2O_3-Cr_2O_3 系相图

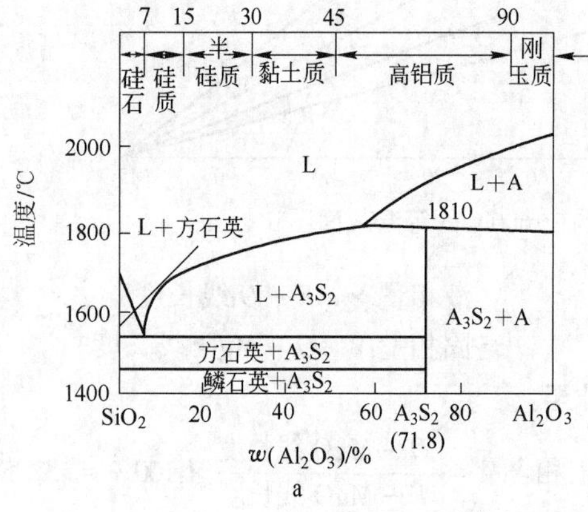

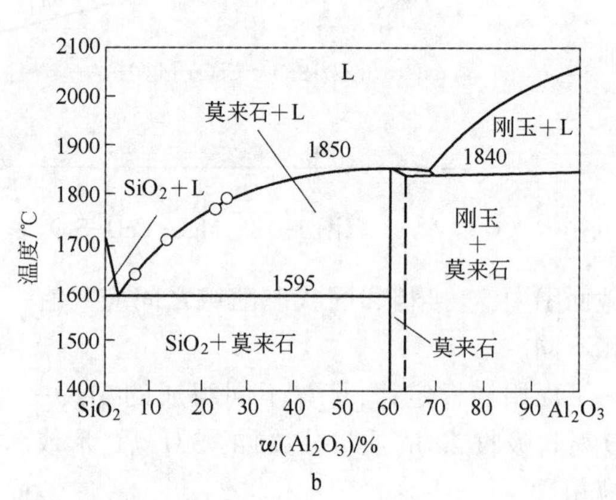

图 1-21 Al_2O_3-SiO_2 系相图

a—莫来石为不一致熔融化合物；b—莫来石为一致熔融化合物

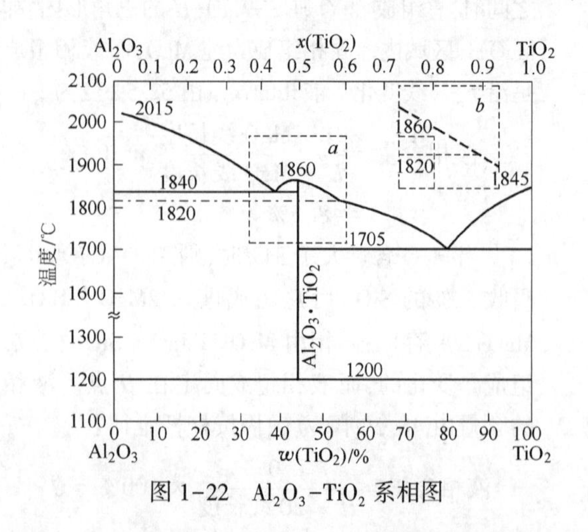

图 1-22 Al_2O_3-TiO_2 系相图

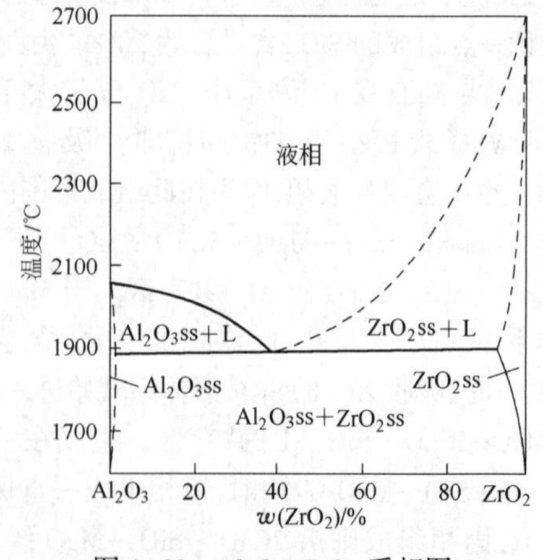

图 1-23 Al_2O_3-ZrO_2 系相图

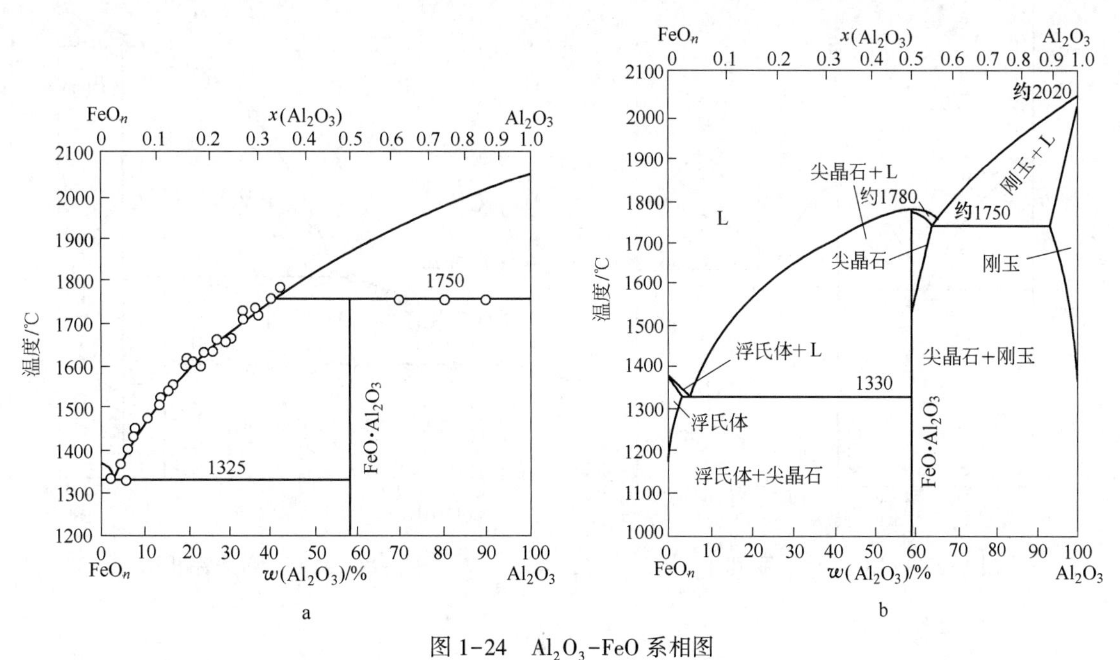

图 1-24 Al_2O_3-FeO 系相图

a—Olesen & Heynert, 1955; b—Fischer & Hoffman, 1956

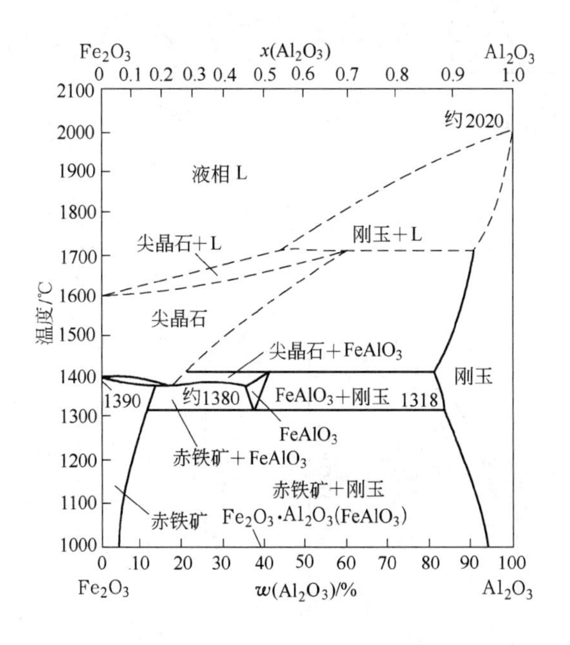

图 1-25 Al_2O_3-Fe_2O_3 系相图

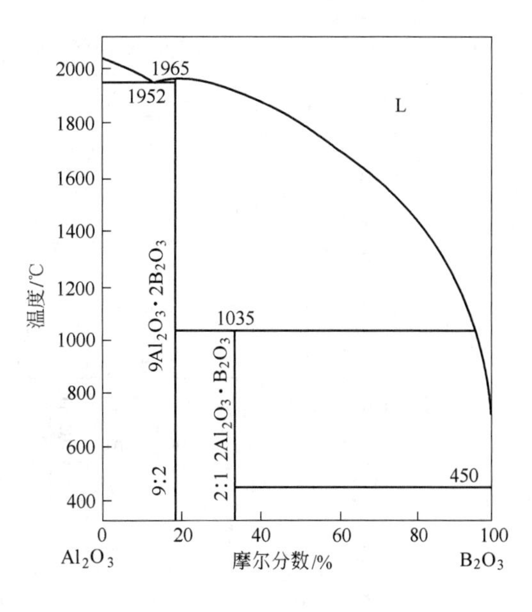

图 1-26 Al_2O_3-B_2O_3 系相图

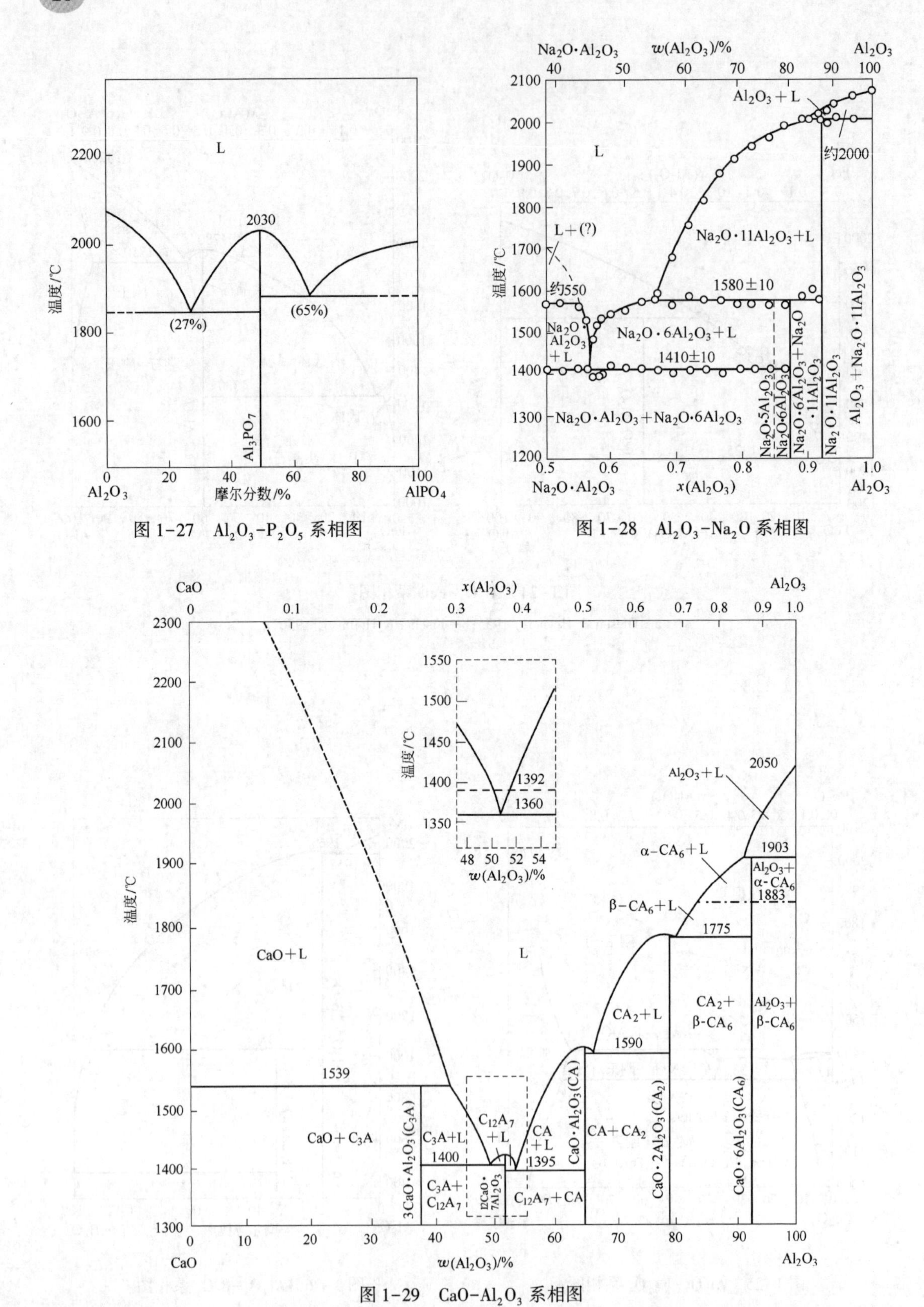

图 1-27 $Al_2O_3-P_2O_5$ 系相图

图 1-28 $Al_2O_3-Na_2O$ 系相图

图 1-29 $CaO-Al_2O_3$ 系相图

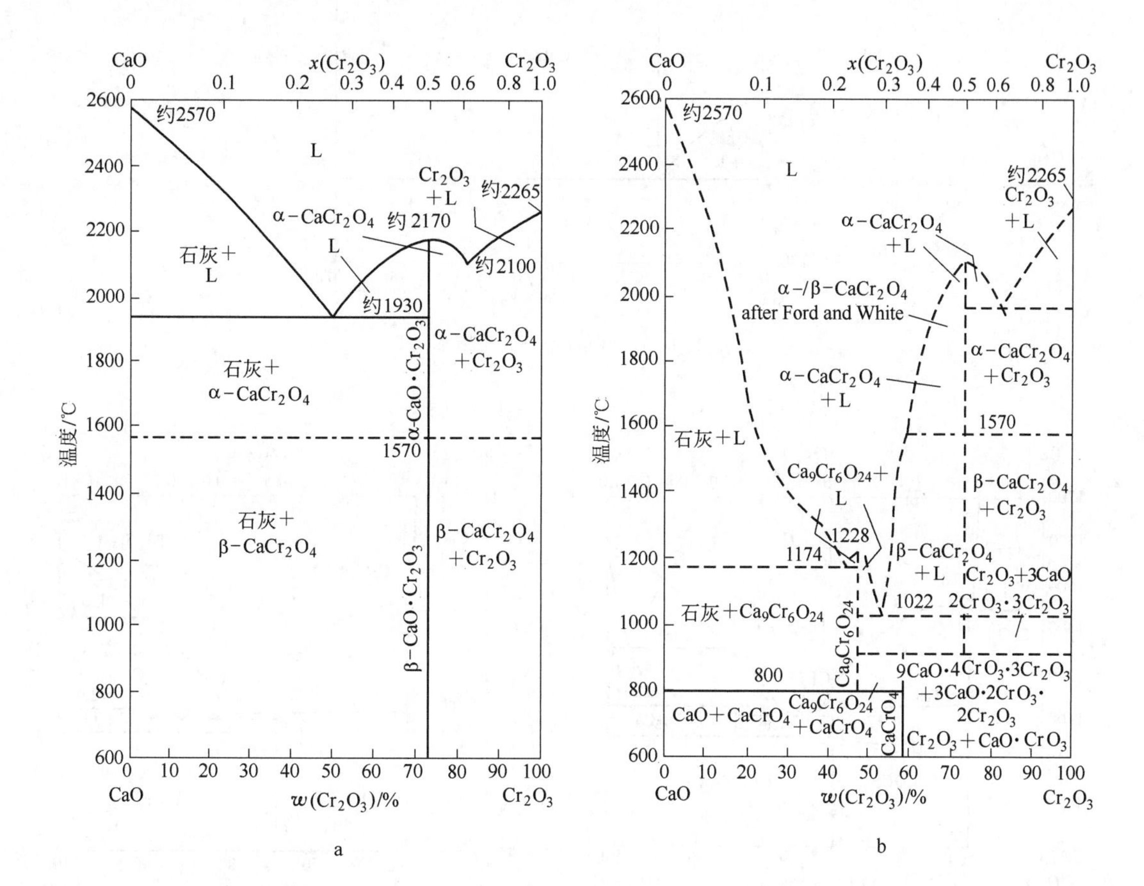

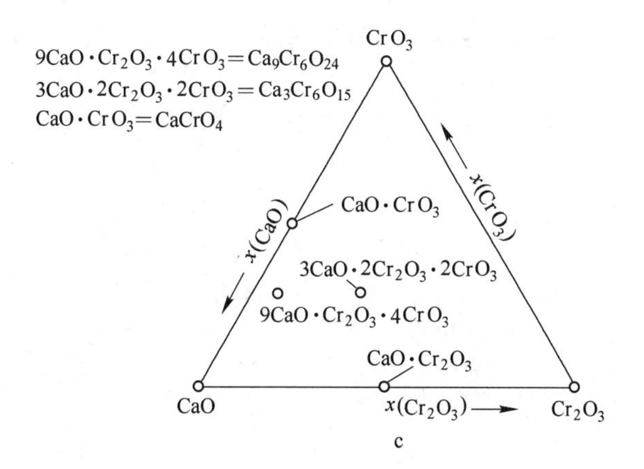

图 1-30 CaO-Cr_2O_3 系相图

a—在中性气氛中；b—在空气中；c—CaO-Cr_2O_3-CrO_3 示出图 b 中化合物的位置

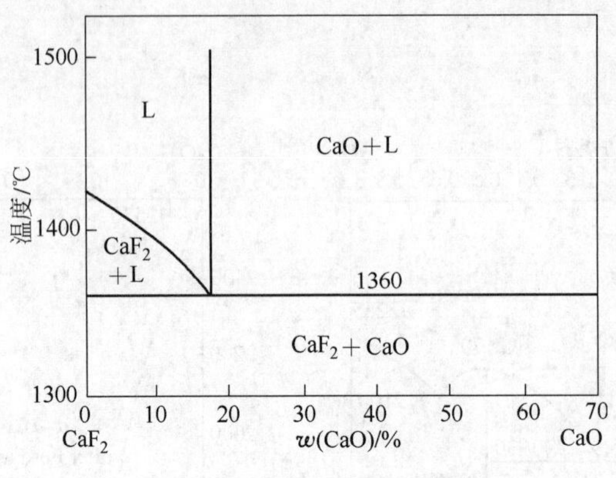

图 1-31 $CaO-CaF_2$ 系相图

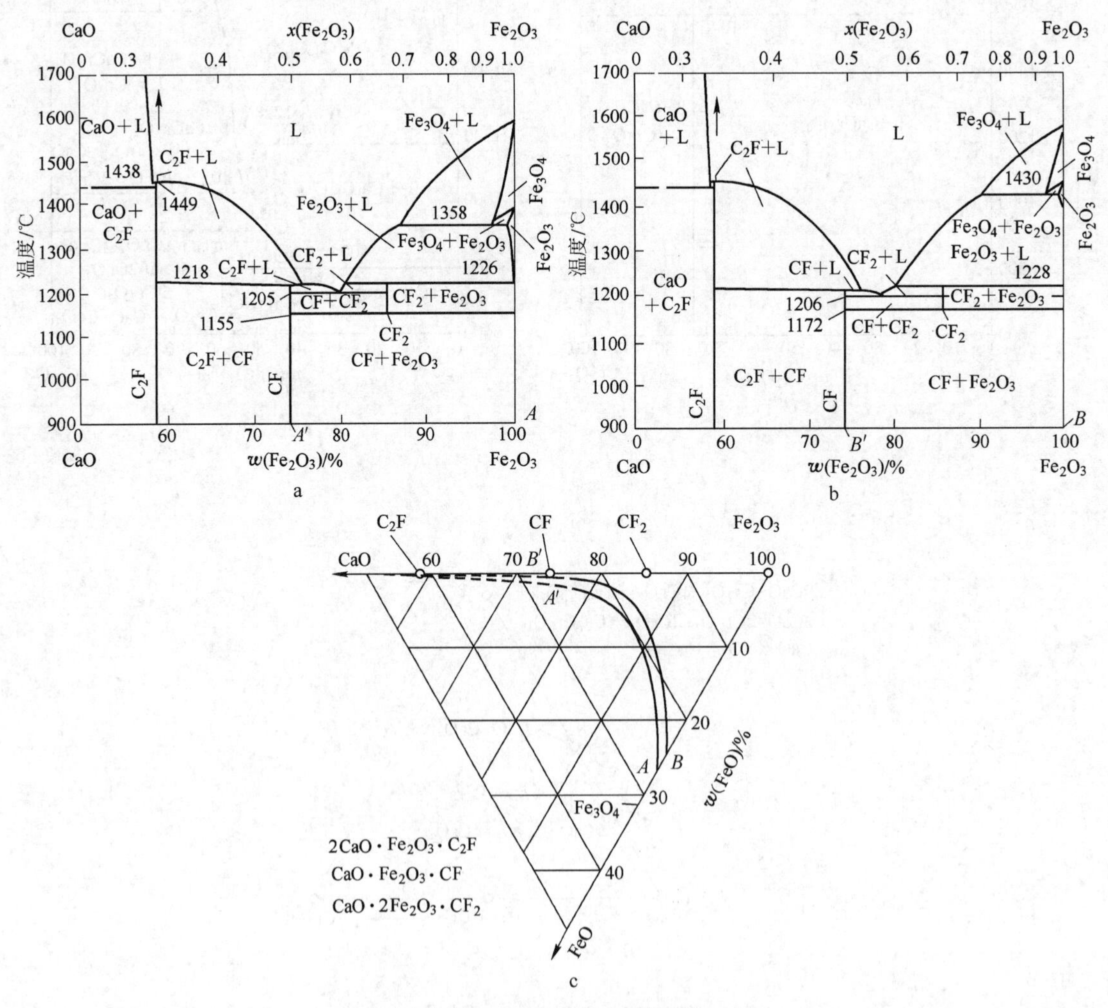

图 1-32 $CaO-Fe_2O_3$ 系相图

a—在空气中；b—在 0.1MPa(1atm)O_2 中；c—AA′与 BB′曲线表示熔体在浓度三角形的组成

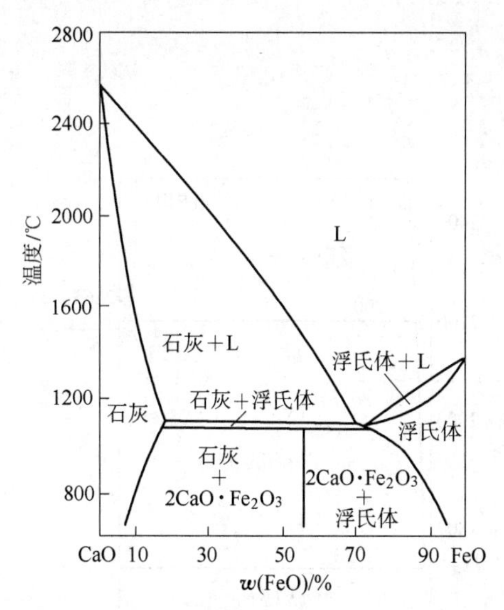

图 1-33 在与金属接触下的 CaO-FeO 系相图

（由于不同价态铁之比是变化的，因此不是二元系）

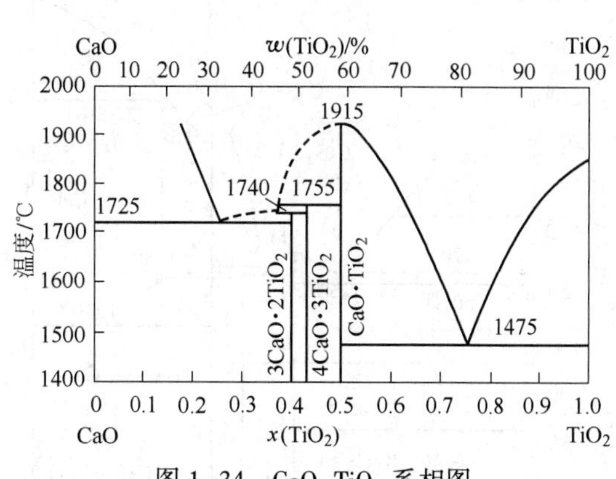

图 1-34 CaO-TiO_2 系相图

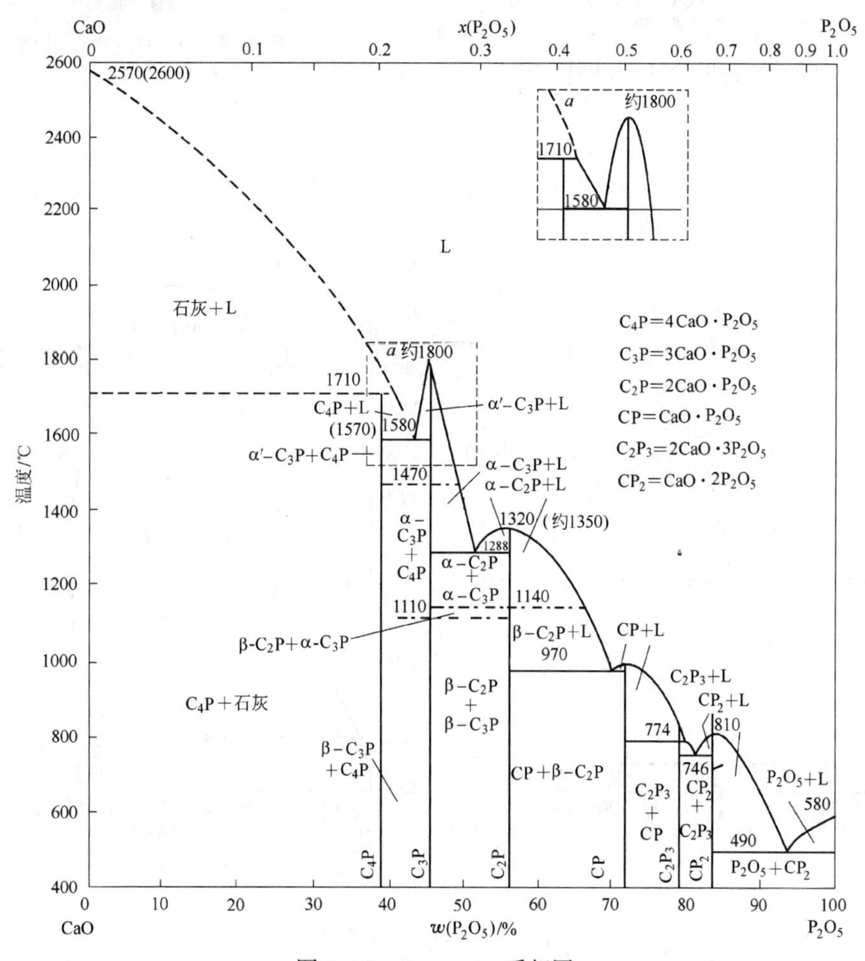

图 1-35 CaO-P_2O_5 系相图

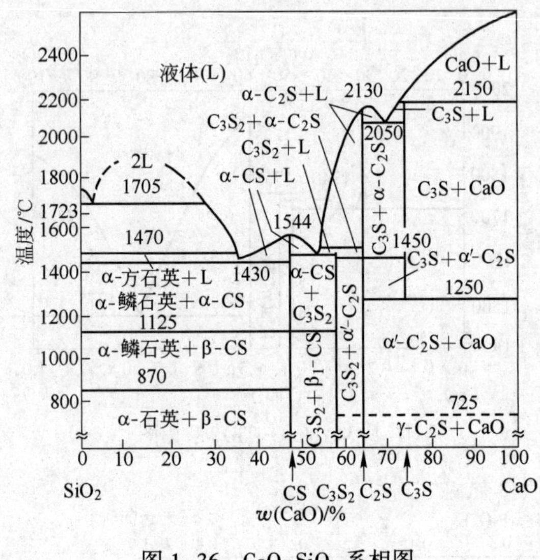

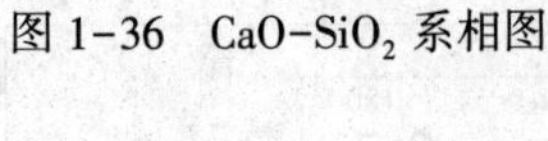
图 1-36 CaO-SiO₂ 系相图

图 1-37 Cr_2O_3-SiO_2 系相图

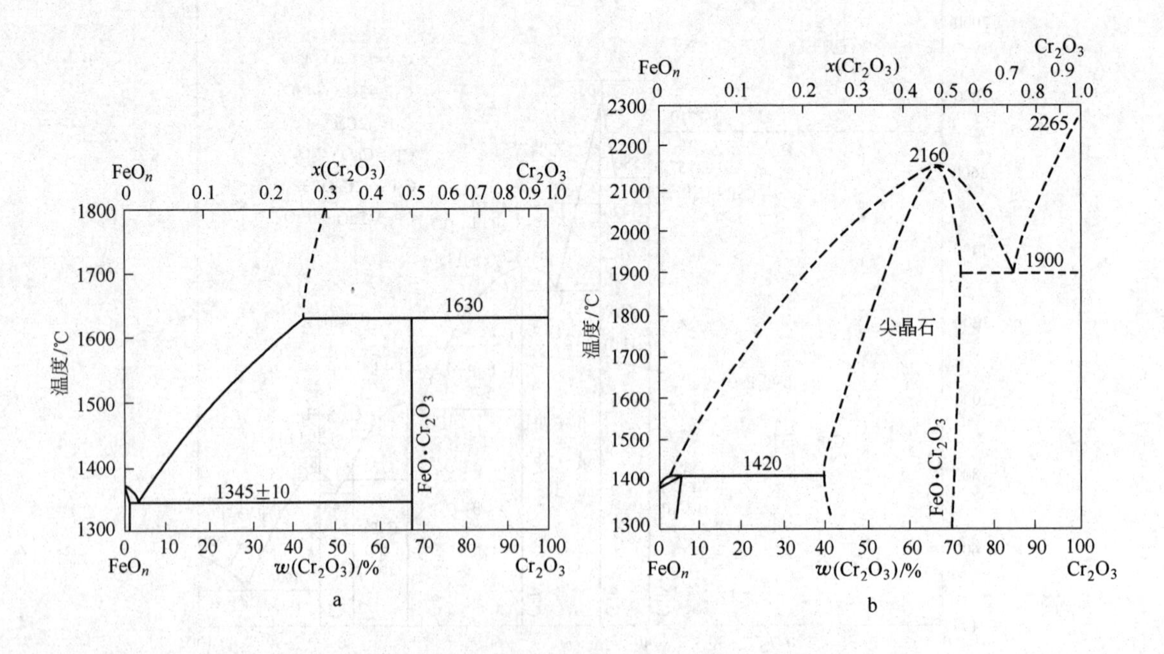

图 1-38 Cr_2O_3-FeO 系相图

a—根据 Hoffmann；b—根据 Riboud 与 Muan 以及 Belov 等

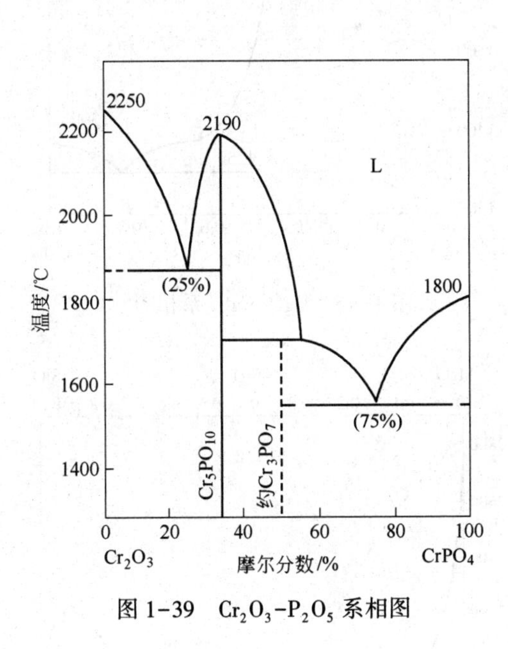

图 1-39　$Cr_2O_3-P_2O_5$ 系相图

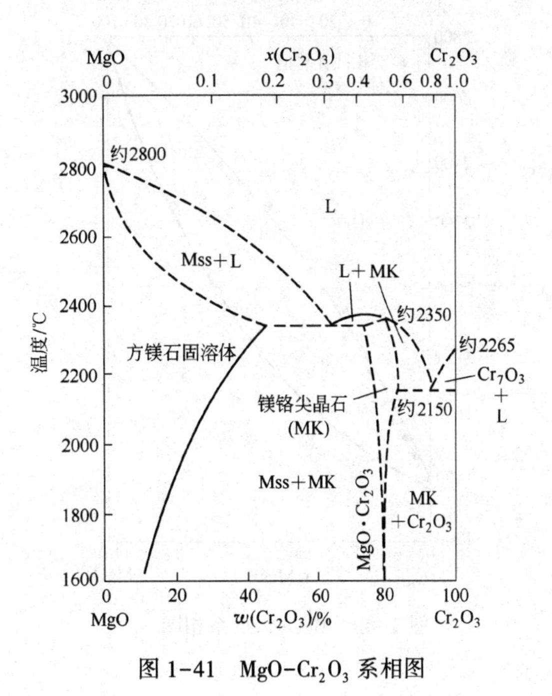

图 1-41　$MgO-Cr_2O_3$ 系相图

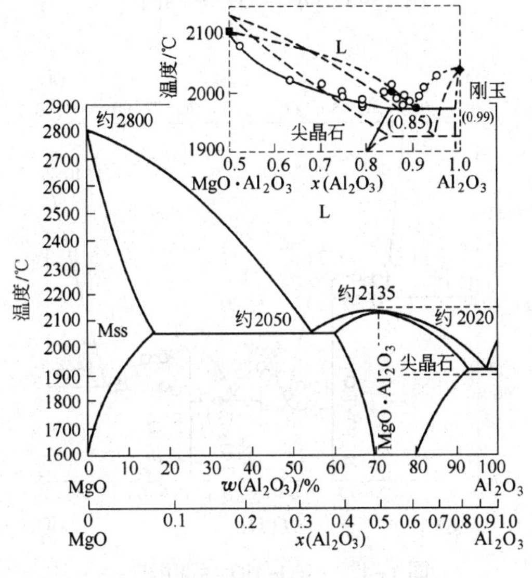

图 1-40　$MgO-Al_2O_3$ 系相图

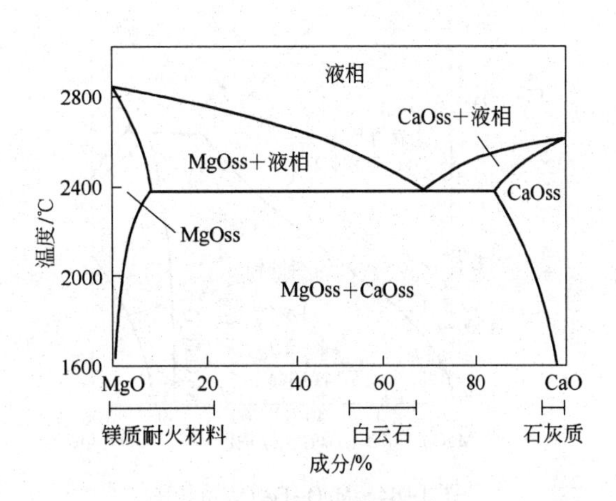

图 1-42　MgO-CaO 系相图

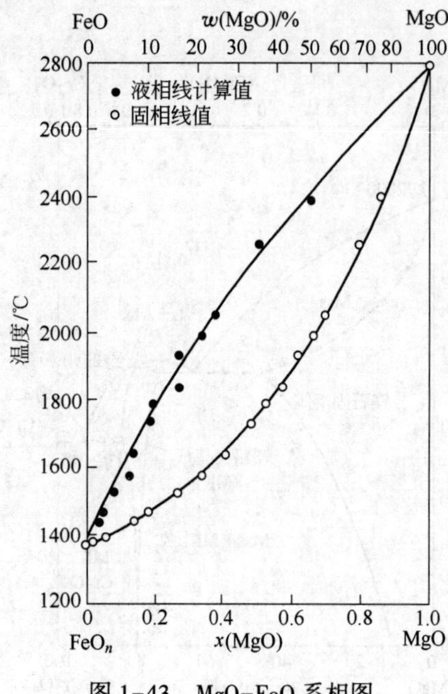

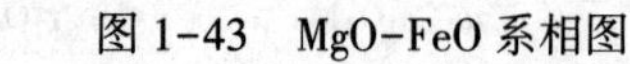
图 1-43　MgO-FeO 系相图

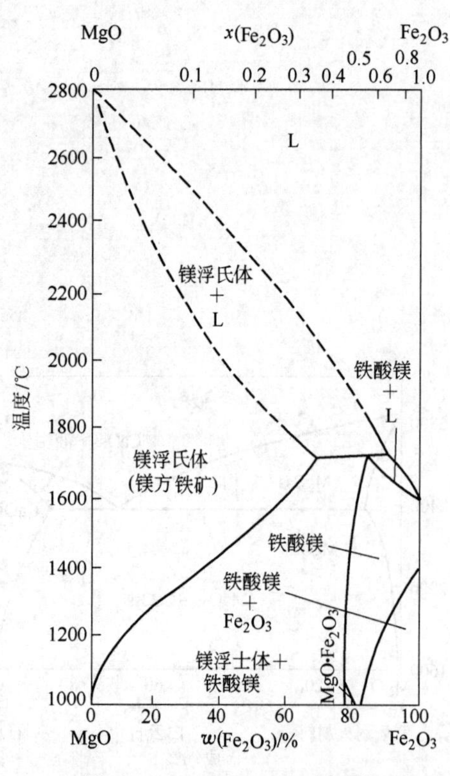

图 1-44　$MgO-Fe_2O_3$ 系相图

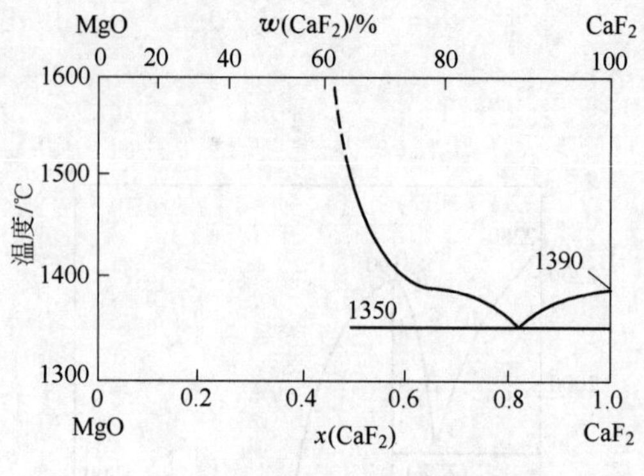

图 1-45　$MgO-CaF_2$ 系相图

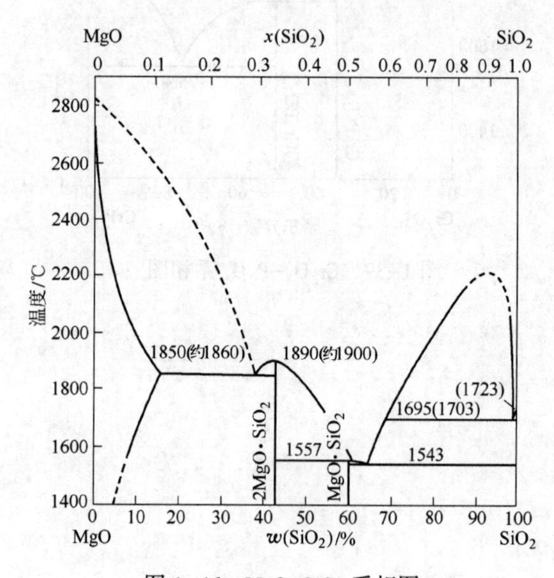

图 1-46　$MgO-SiO_2$ 系相图

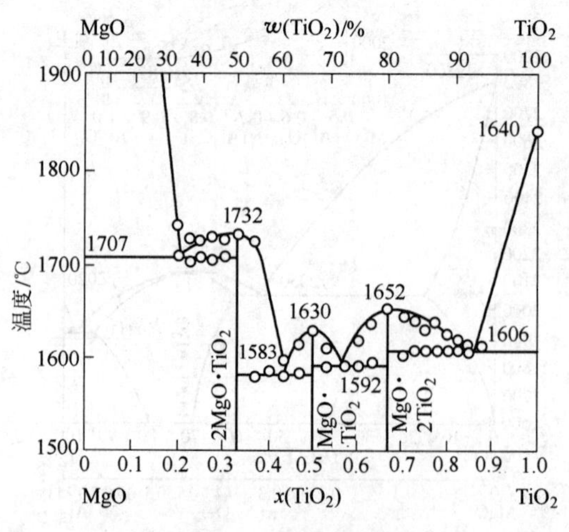

图 1-47　$MgO-TiO_2$ 系相图

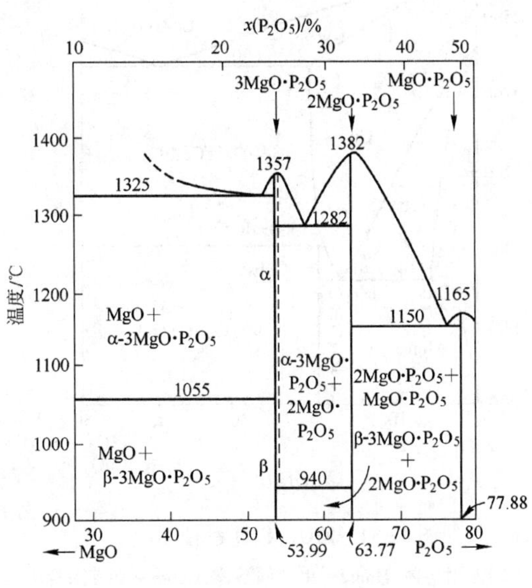

图 1-48　$MgO-P_2O_5$ 系相图

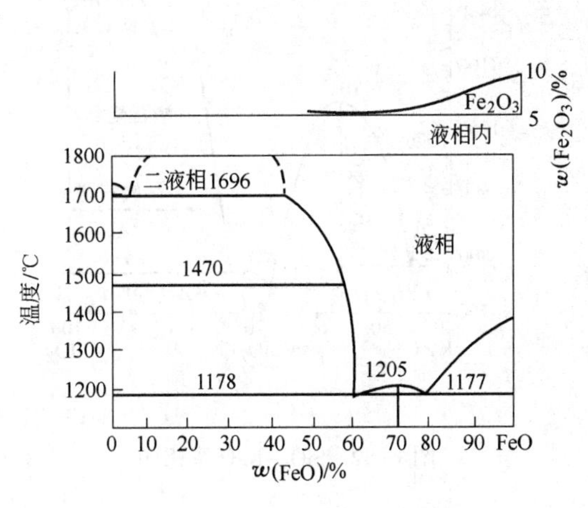

图 1-50　SiO_2-FeO 系相图

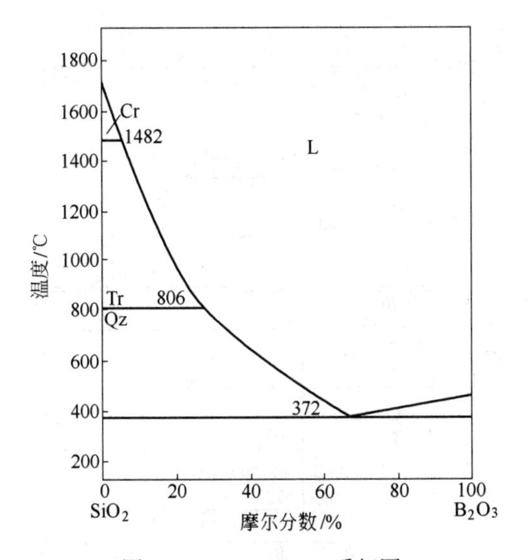

图 1-49　$SiO_2-B_2O_3$ 系相图

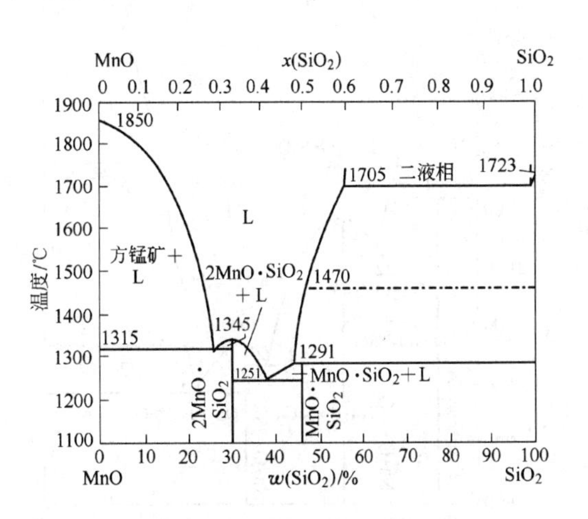

图 1-51　$MnO-SiO_2$ 系相图

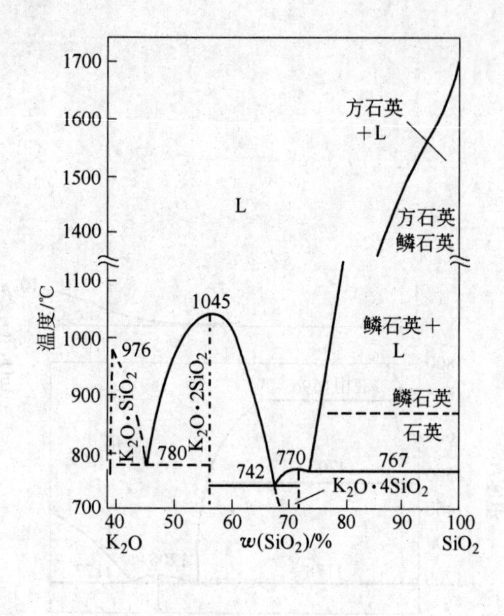

图 1-52 SiO_2-K_2O 系相图

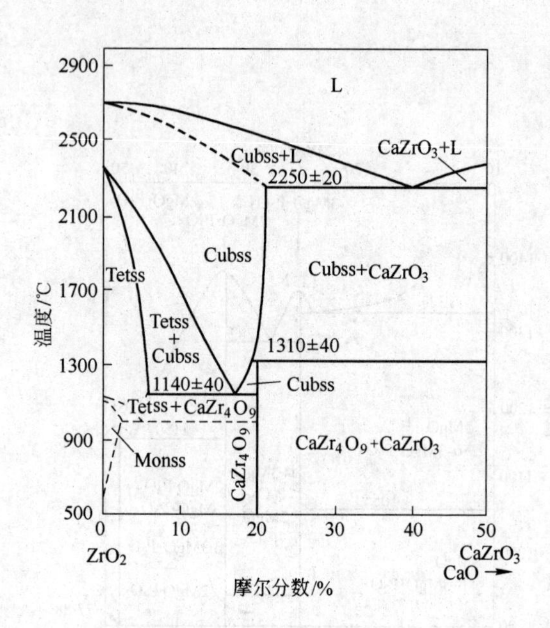

图 1-54 ZrO_2-CaO 系相图

Tetss—四方固溶体；Monss—单斜固溶体；Cubss—立方固溶体

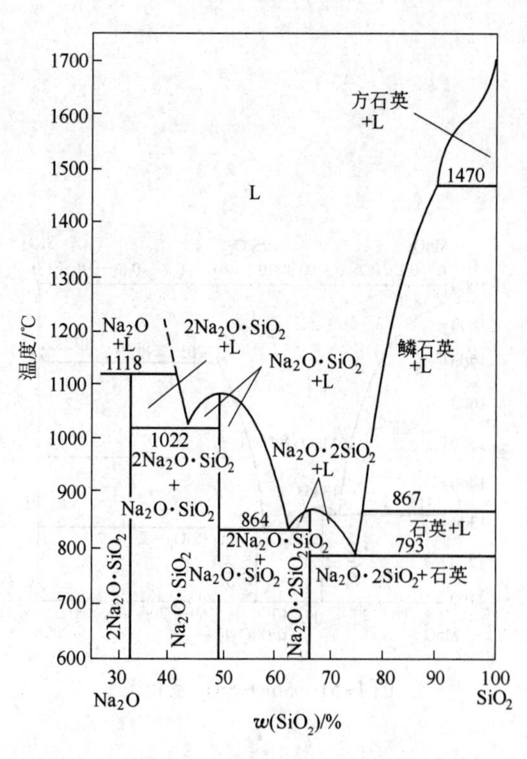

图 1-53 SiO_2-Na_2O 系相图

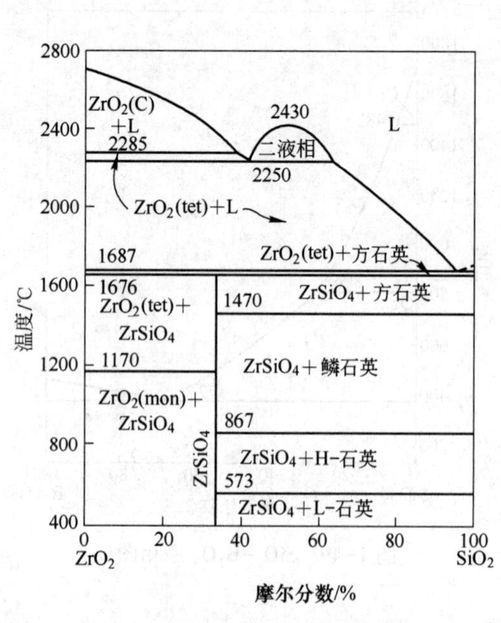

图 1-55 ZrO_2-SiO_2 系相图

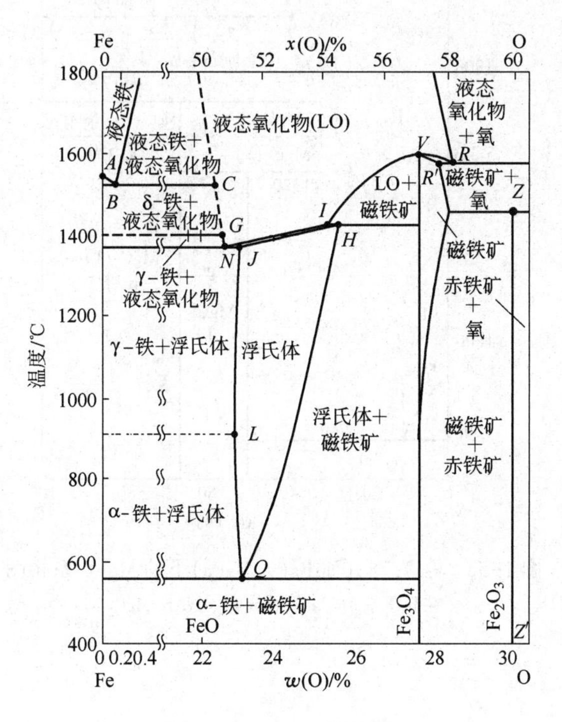

图 1-56 Fe-O 系相图

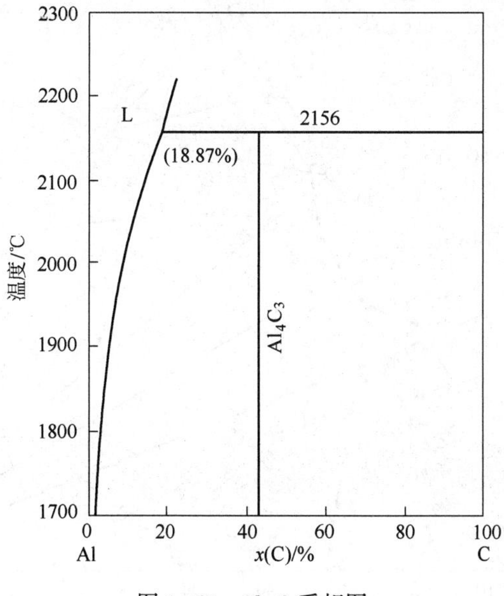

图 1-57 Al-C 系相图

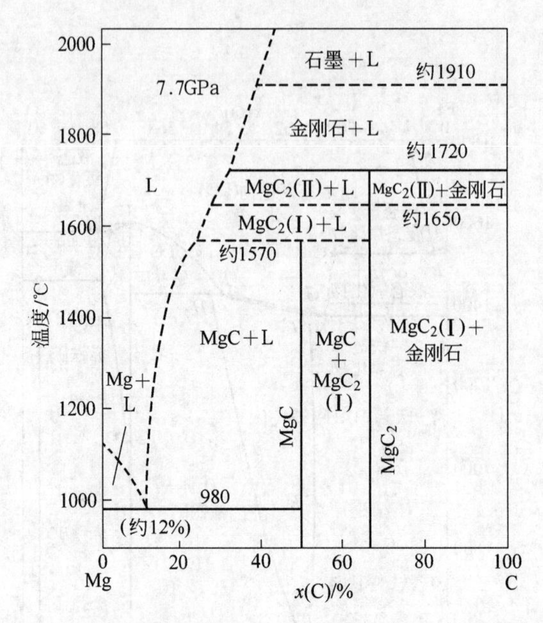

图 1-58 在 7.7×10^3MPa(7.7GPa)下的 Mg-C 系相图

(在高压 7.7GPa 下形成的 MgC 与 MgC_2)

1.3.2 三元系统相图

三元系统相图如图 1-59~图 1-88 所示。

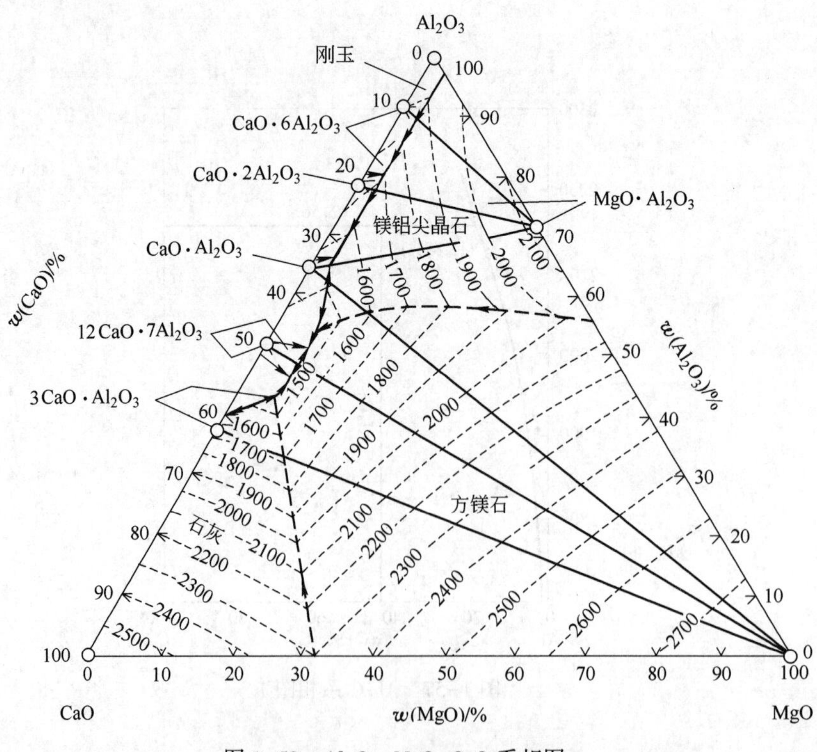

图 1-59 Al_2O_3-MgO-CaO 系相图

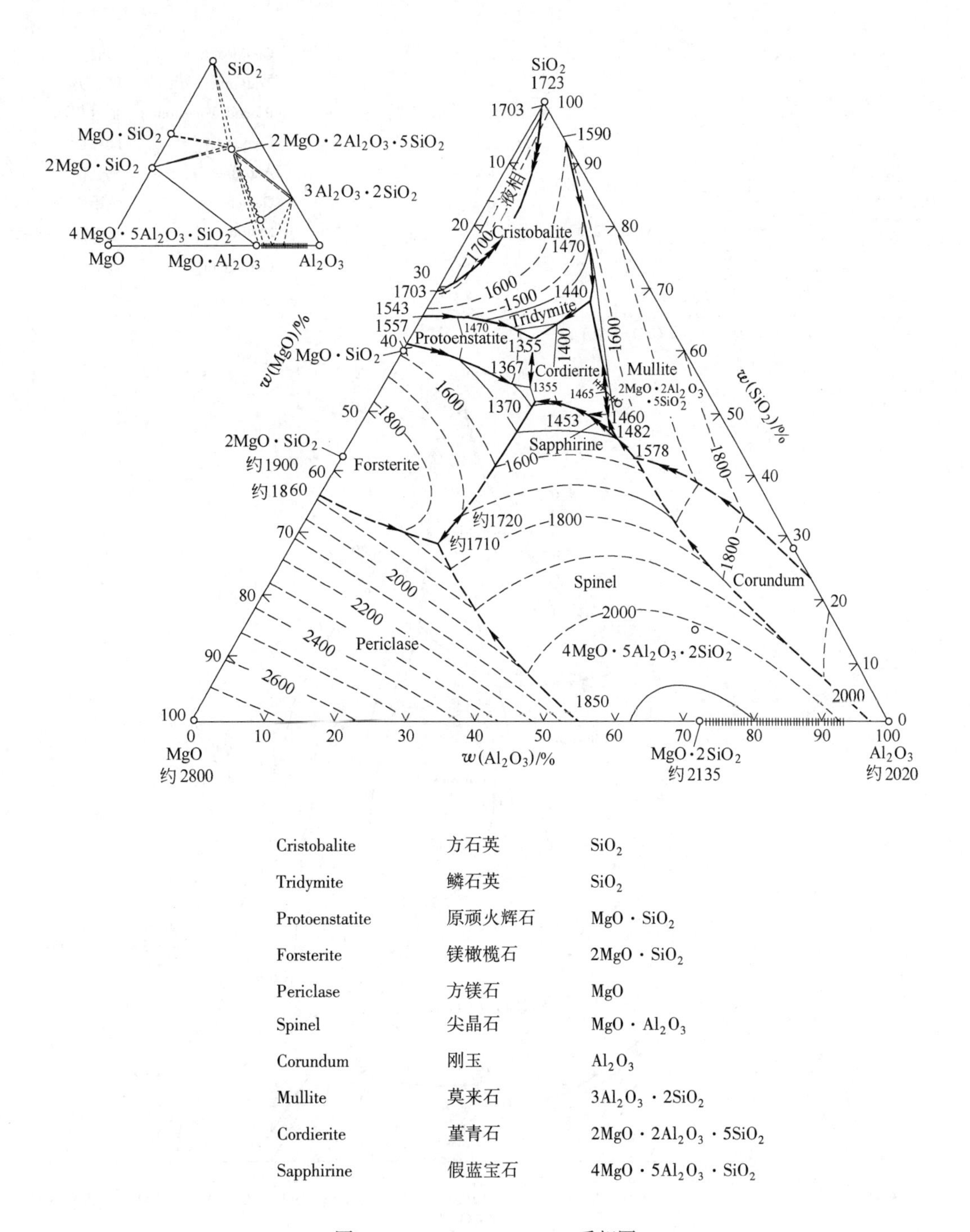

Cristobalite	方石英	SiO_2
Tridymite	鳞石英	SiO_2
Protoenstatite	原顽火辉石	$MgO \cdot SiO_2$
Forsterite	镁橄榄石	$2MgO \cdot SiO_2$
Periclase	方镁石	MgO
Spinel	尖晶石	$MgO \cdot Al_2O_3$
Corundum	刚玉	Al_2O_3
Mullite	莫来石	$3Al_2O_3 \cdot 2SiO_2$
Cordierite	堇青石	$2MgO \cdot 2Al_2O_3 \cdot 5SiO_2$
Sapphirine	假蓝宝石	$4MgO \cdot 5Al_2O_3 \cdot SiO_2$

图 1-60 Al_2O_3-MgO-SiO_2 系相图

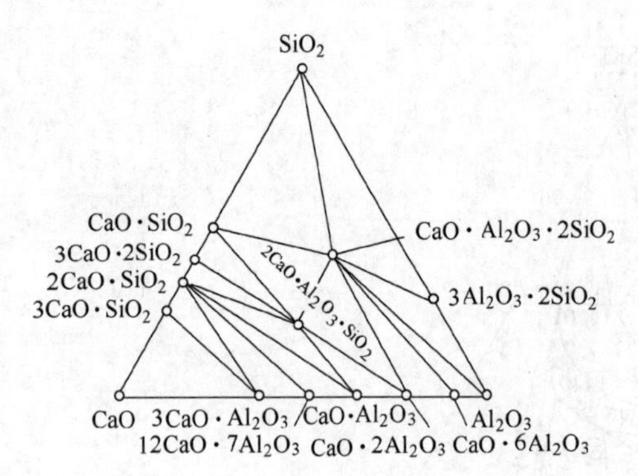

Cristobalite	方石英
Tridymite	鳞石英
Pseudo-wollastonite	假硅灰石
Rankinite	硅钙石
Anorthite	钙长石
Gehlenite	钙铝黄长石
Mullite	莫来石
Corundum	刚玉
Lime	石灰

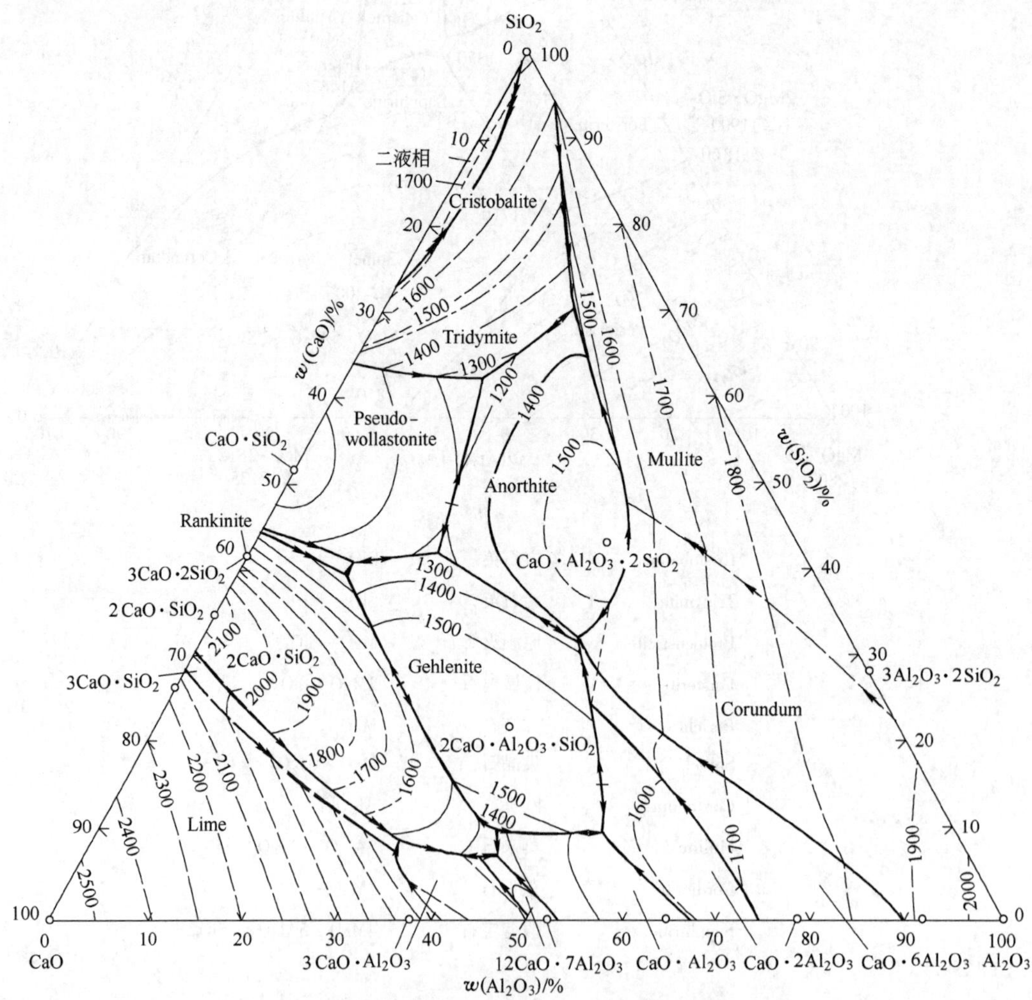

图 1-61 Al_2O_3-CaO-SiO_2 系相图

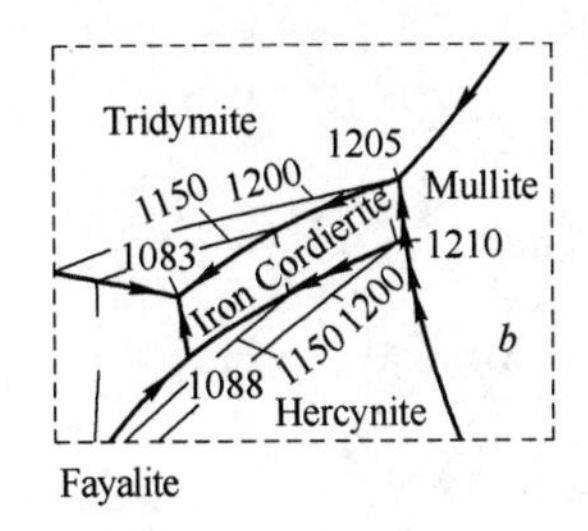

Cristobalite	SiO_2	方石英
Tridymite		鳞石英
Fayalite	$2FeO \cdot SiO_2$	铁橄榄石
Wüstite	“FeO”	浮士体
Hercynite	$FeO \cdot Al_2O_3$	铁尖晶石
Corundum	Al_2O_3	刚玉
Mullite	$2Al_2O_3 \cdot 2SiO_2$	莫来石
Iron Cordierite	$2FeO \cdot 2Al_2O_3 \cdot 5SiO_2$	铁堇青石

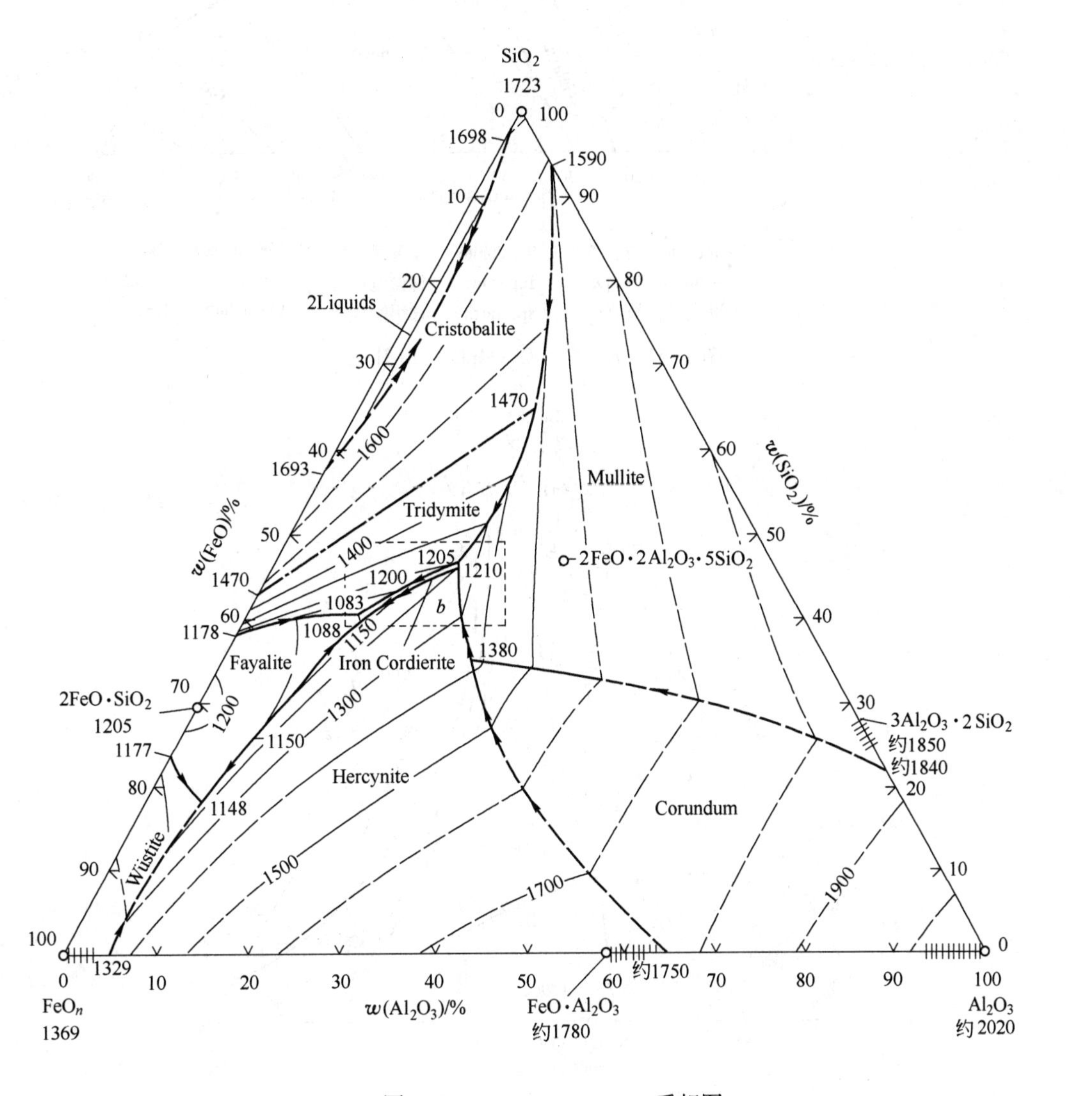

图 1-62　Al_2O_3-SiO_2-FeO 系相图

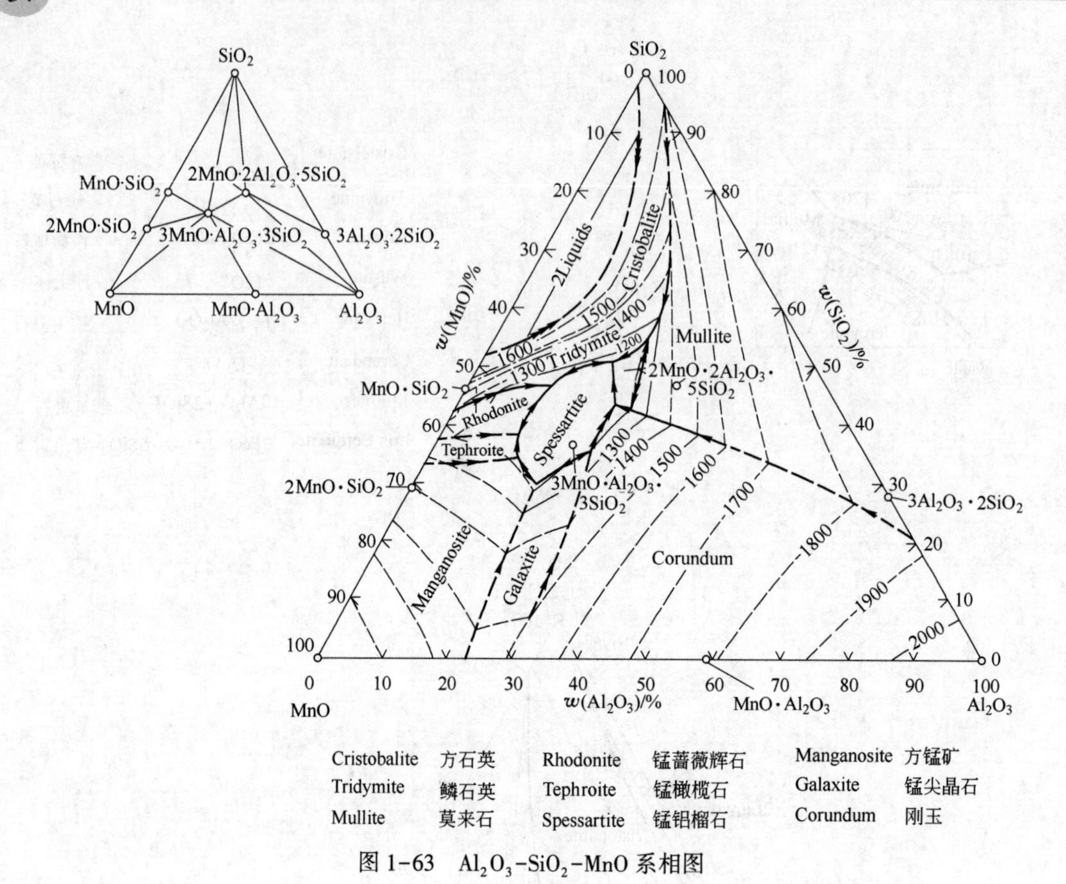

图 1-63 Al_2O_3-SiO_2-MnO 系相图

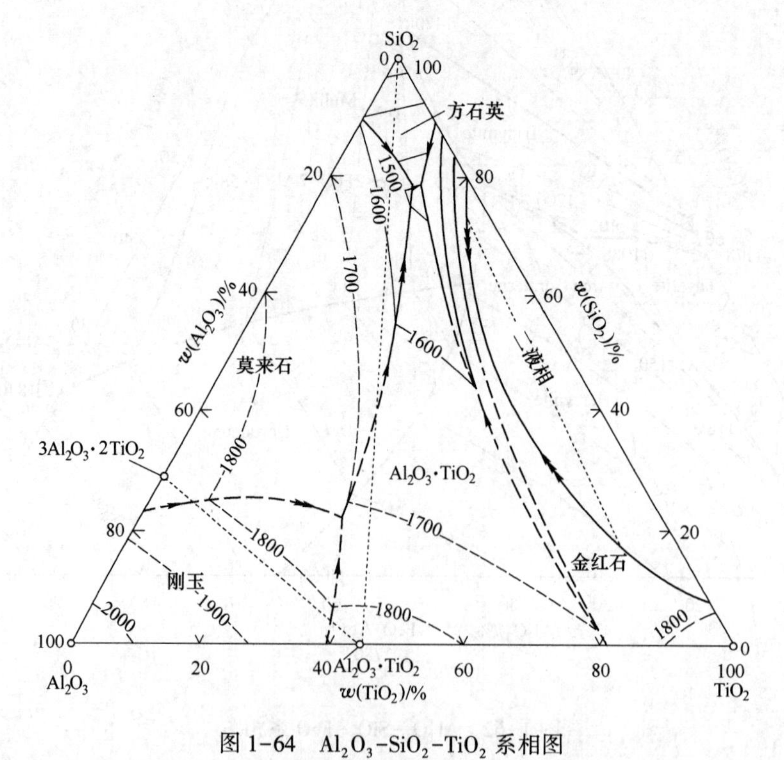

图 1-64 Al_2O_3-SiO_2-TiO_2 系相图

Cristobalite	SiO_2	方石英
Tridymite		鳞石英
Quartz		石英
Corundum	Al_2O_3	刚玉
Mullite	$3Al_2O_3 \cdot 2SiO_2$	莫来石
Potash Feldspar	$K_2O \cdot Al_2O_3 \cdot 6SiO_2$	钾长石
Leucite	$K_2O \cdot Al_2O_3 \cdot 4SiO_2$	白榴石
	$K_2O \cdot Al_2O_3 \cdot 2SiO_2$	钾霞石

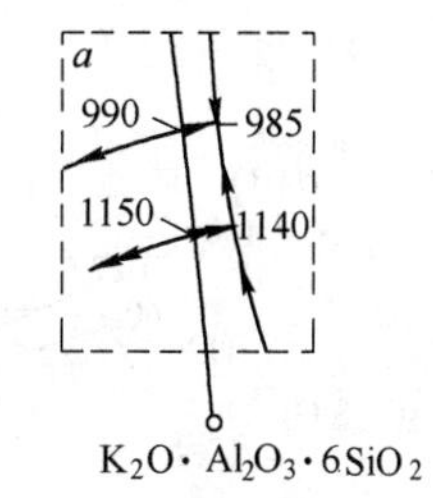

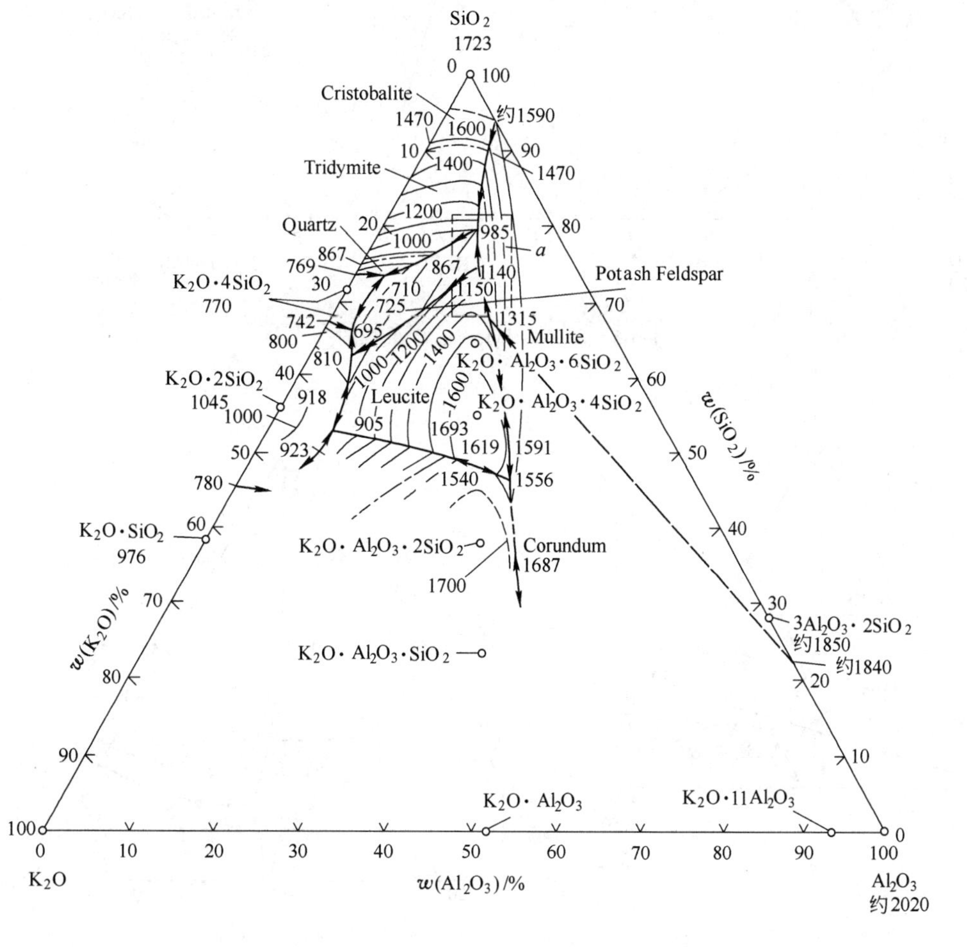

图 1-65 Al_2O_3-SiO_2-K_2O 系相图

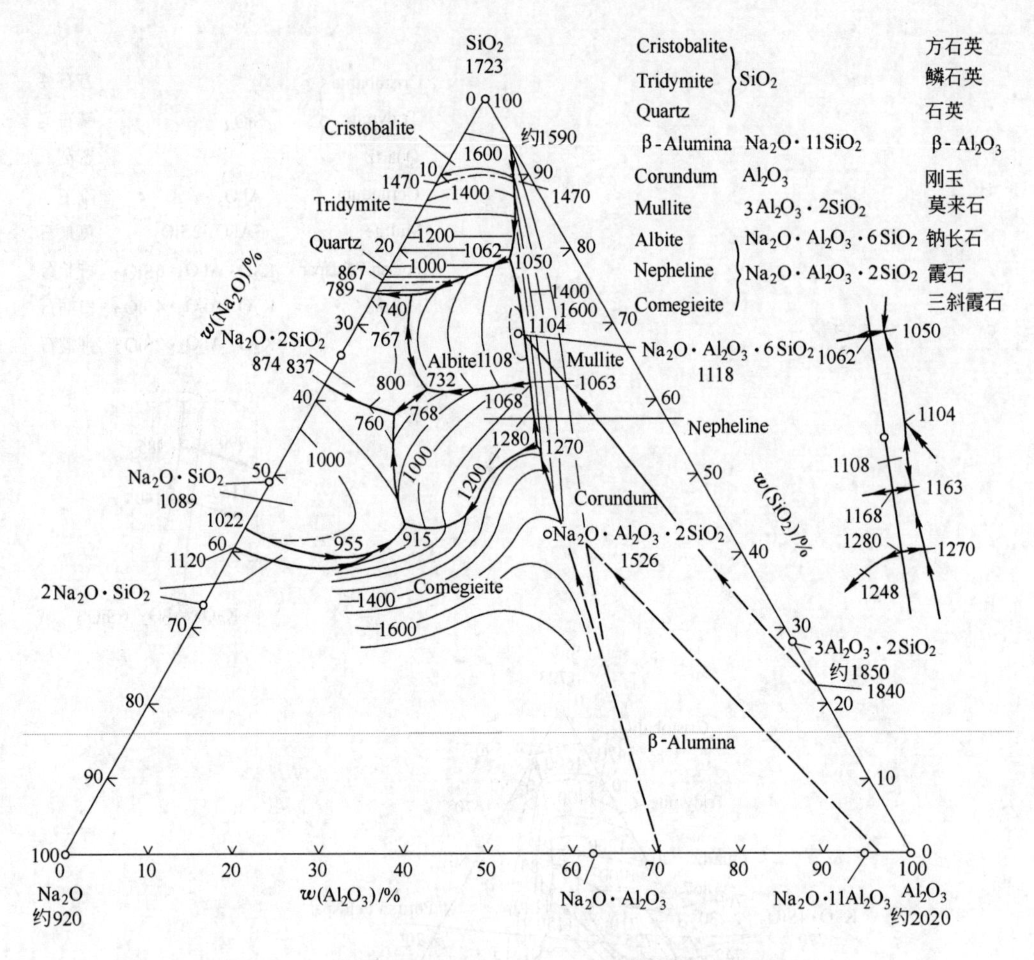

图 1-66 Al_2O_3-SiO_2-Na_2O 系相图

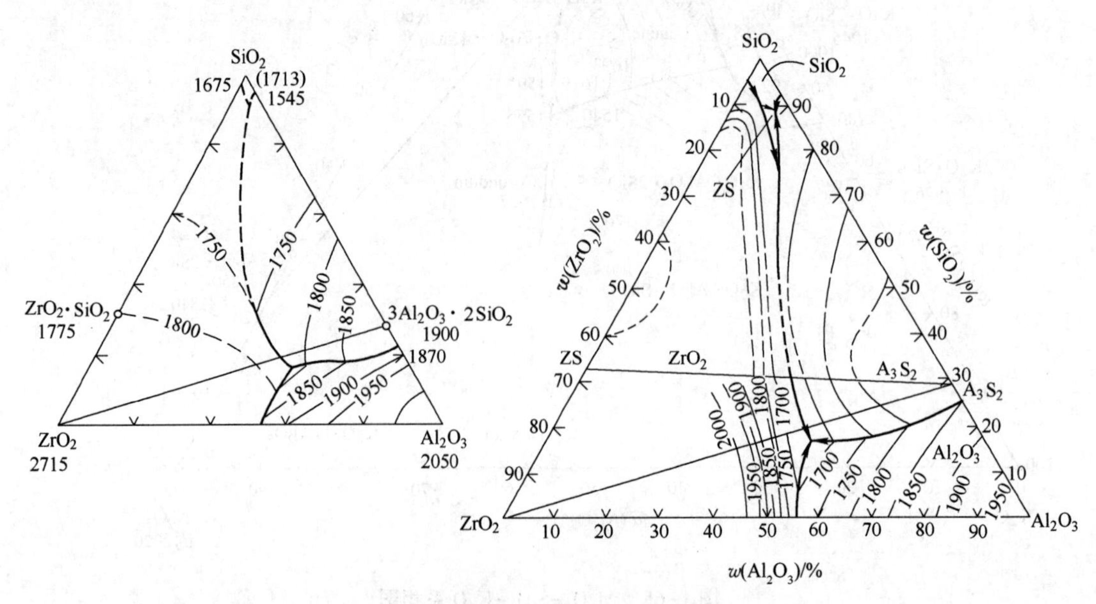

图 1-67 Al_2O_3-ZrO_2-SiO_2 系相图

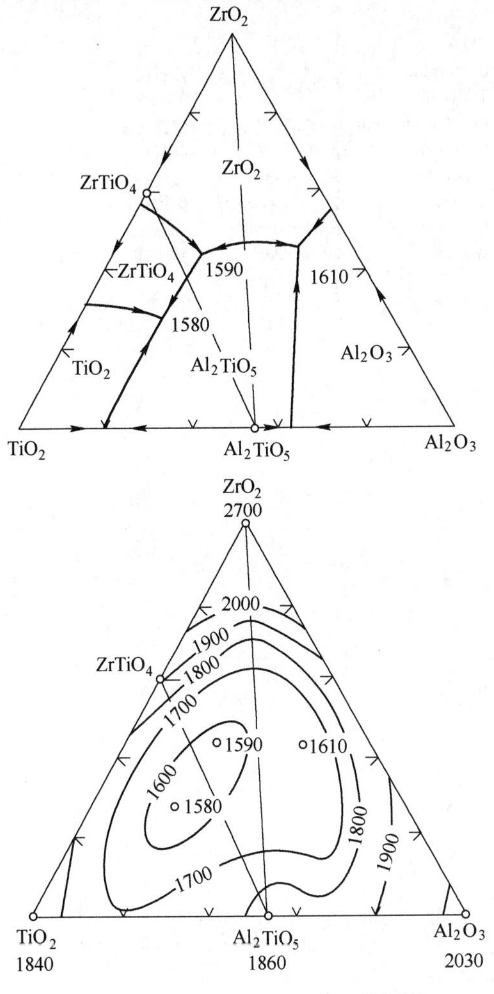

图 1-68　Al_2O_3-ZrO_2-TiO_2 系相图

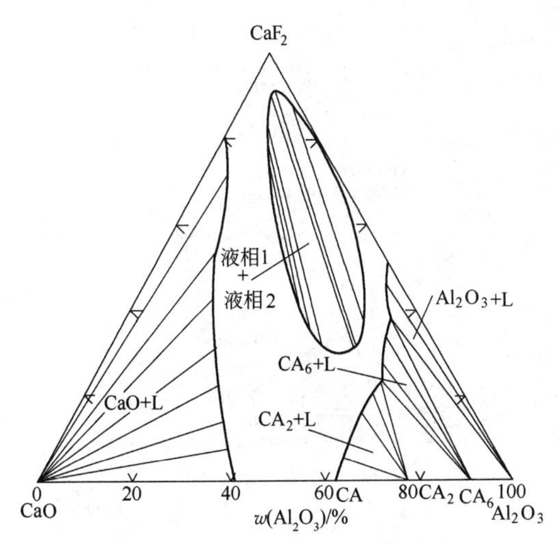

图 1-69　CaO-Al_2O_3-CaF_2 系相图

（在 1600℃等温截面）

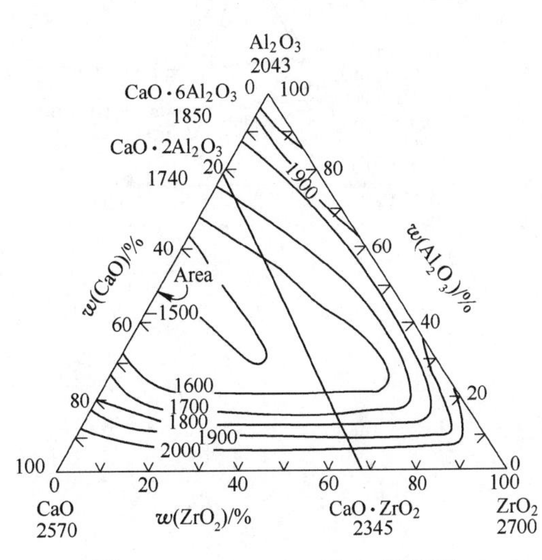

图 1-70　CaO-ZrO_2-Al_2O_3 系相图

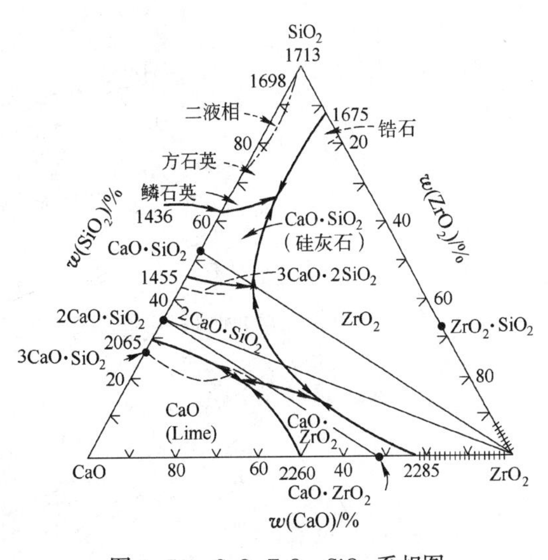

图 1-71　CaO-ZrO_2-SiO_2 系相图

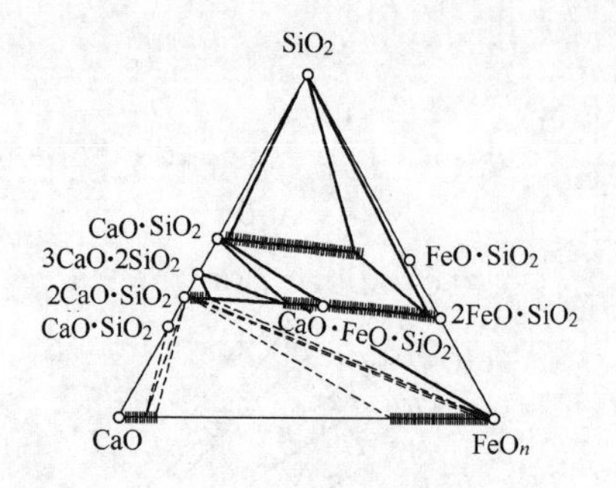

Cristobalite	SiO_2	方石英
Tridymite		鳞石英
Pseudowollastonite	$\alpha-CaO\cdot SiO_2$	假硅灰石
Wollastonite	$\beta-(Ca,Fe)O\cdot SiO_2$	硅灰石
Rankinite	$3CaO\cdot 2SiO_2$	硅钙石
Olivine	$2(Fe,Ca)O\cdot SiO_2$	橄榄石
Lime	(Ca,Fe)O	石灰
Wüstite	“(Ca,Fe)O”	浮士体

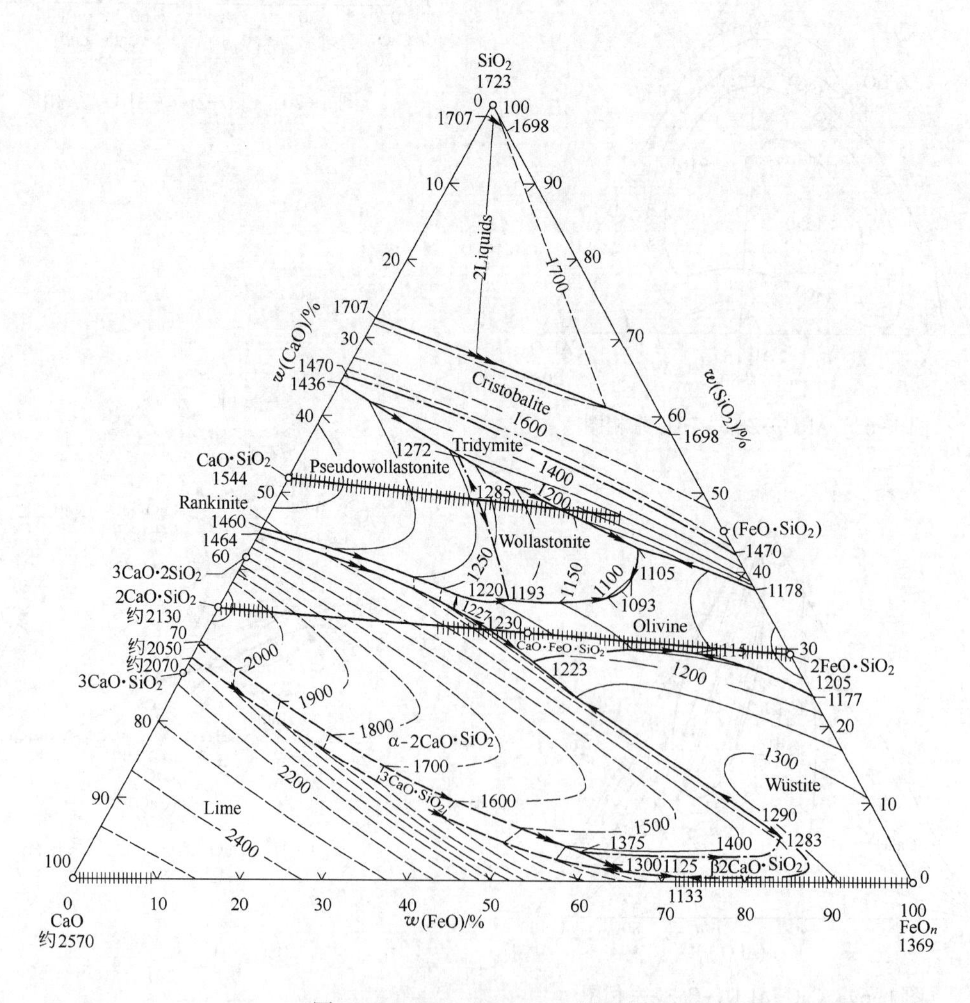

图 1-72 $CaO-SiO_2-FeO$ 系相图

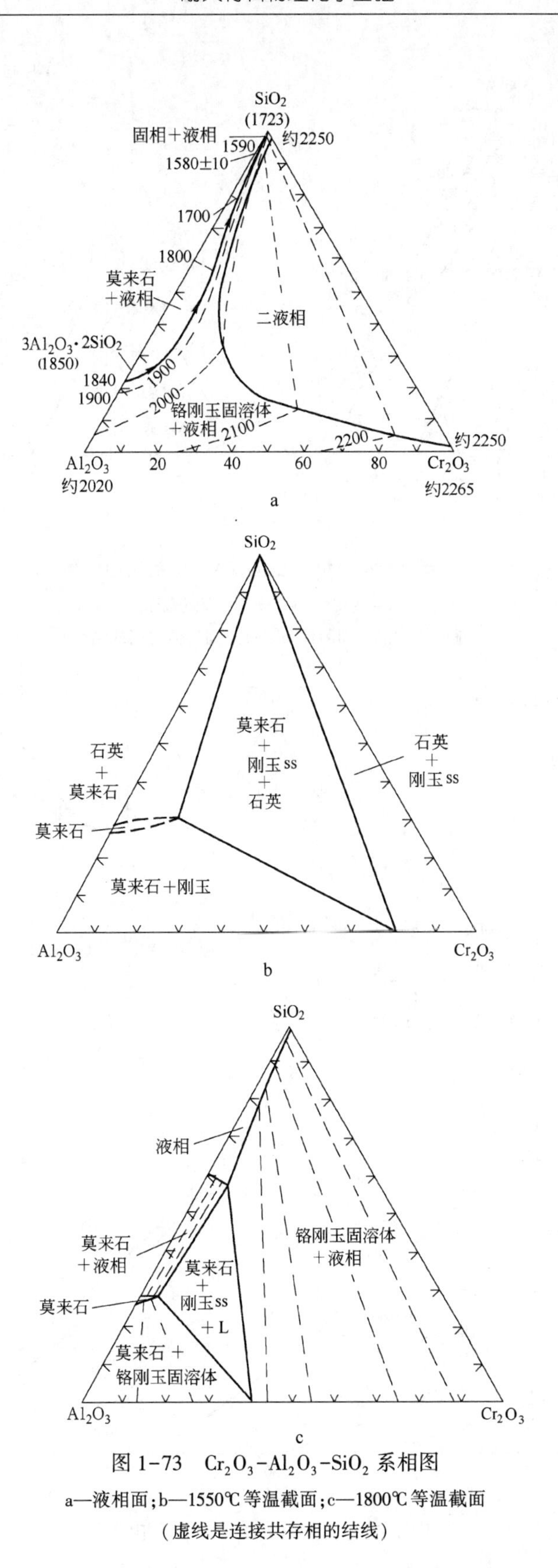

图 1-73　Cr_2O_3-Al_2O_3-SiO_2 系相图

a—液相面；b—1550℃等温截面；c—1800℃等温截面

（虚线是连接共存相的结线）

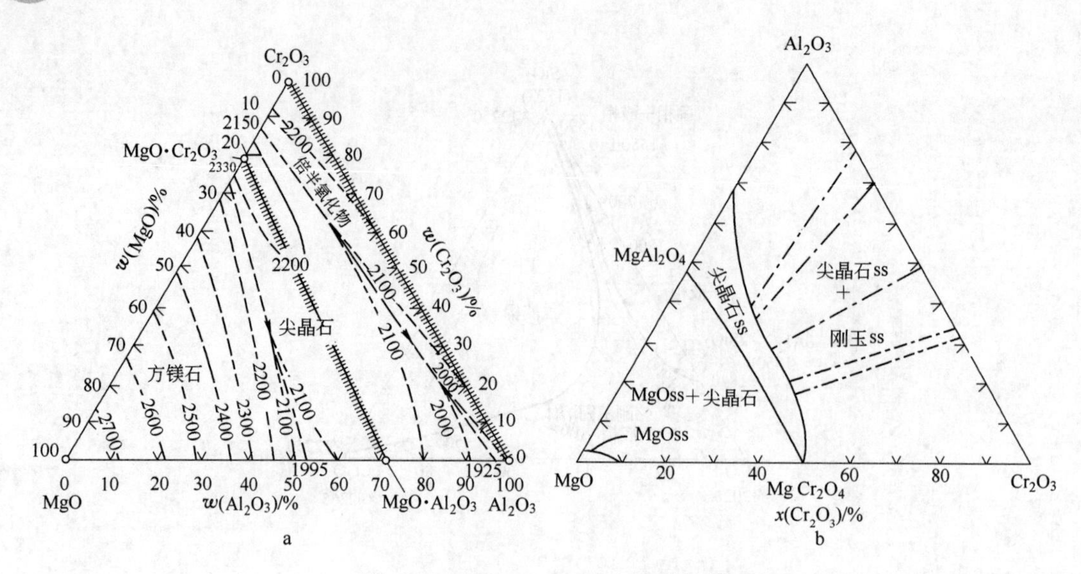

图 1-74 $MgO-Cr_2O_3-Al_2O_3$ 系相图

a—液相面；b—1700℃等温截面

（虚线为尖晶石固溶体与铬刚玉固溶体之间的结线）

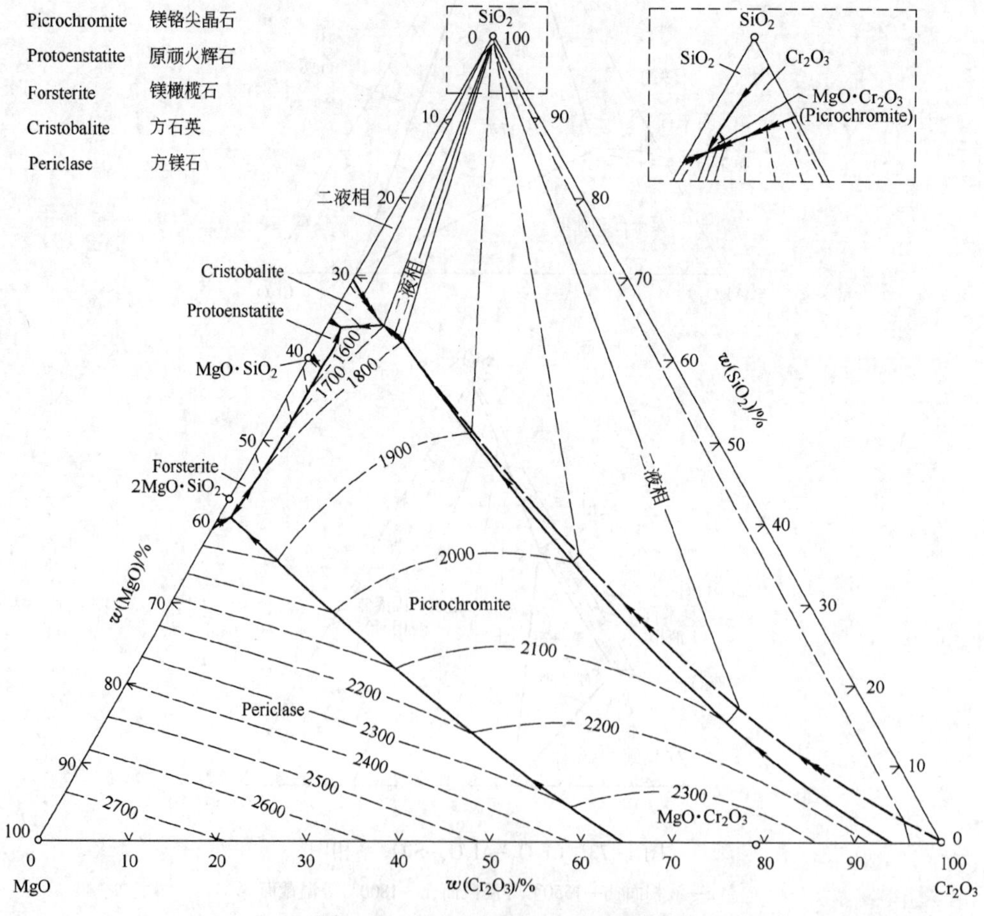

图 1-75 $MgO-Cr_2O_3-SiO_2$ 系相图

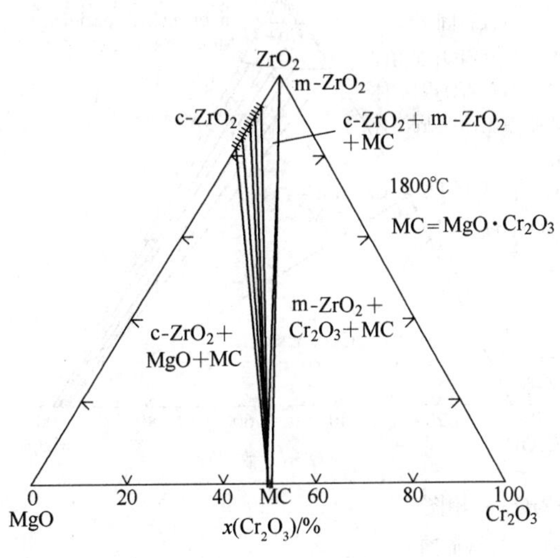

图 1-76 MgO-Cr$_2$O$_3$-ZrO$_2$ 系相图

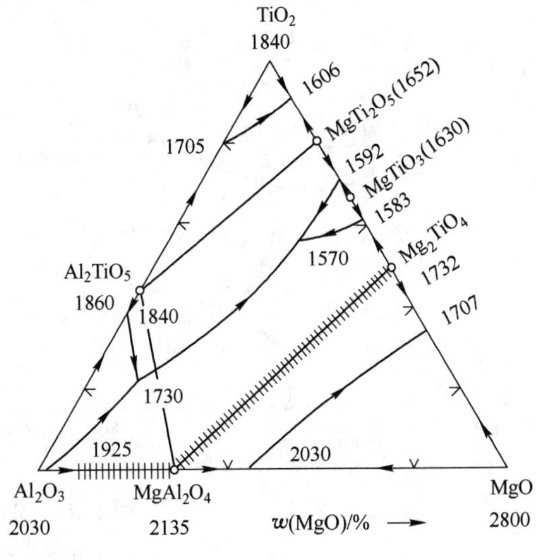

图 1-77 MgO-Al$_2$O$_3$-TiO$_2$ 系相图

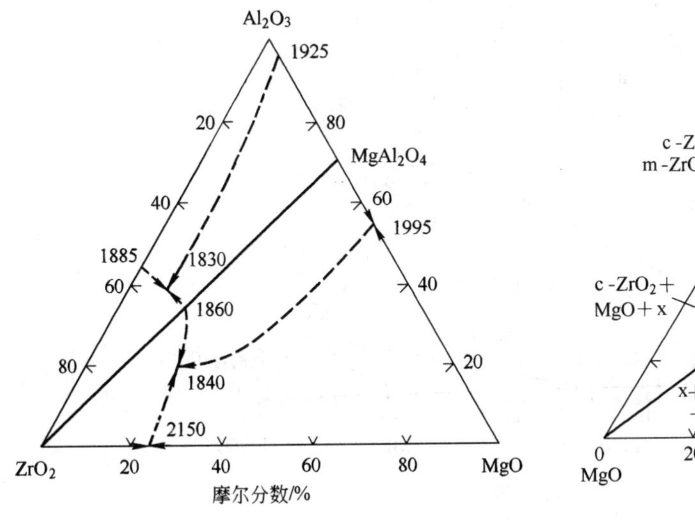

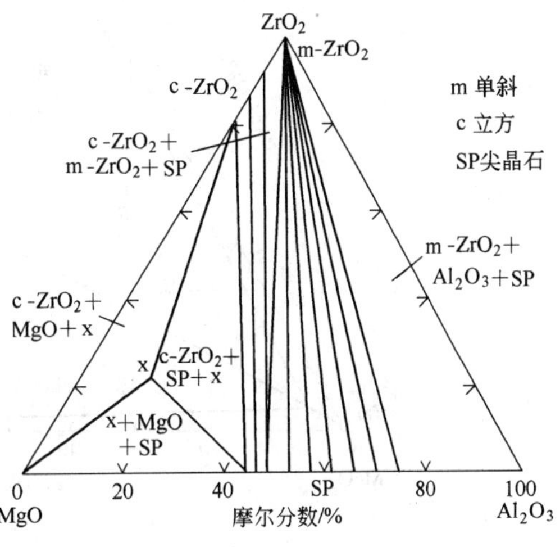

图 1-78 MgO-Al$_2$O$_3$-ZrO$_2$ 系相图

a—液相线投影；b—1800℃等温截面图

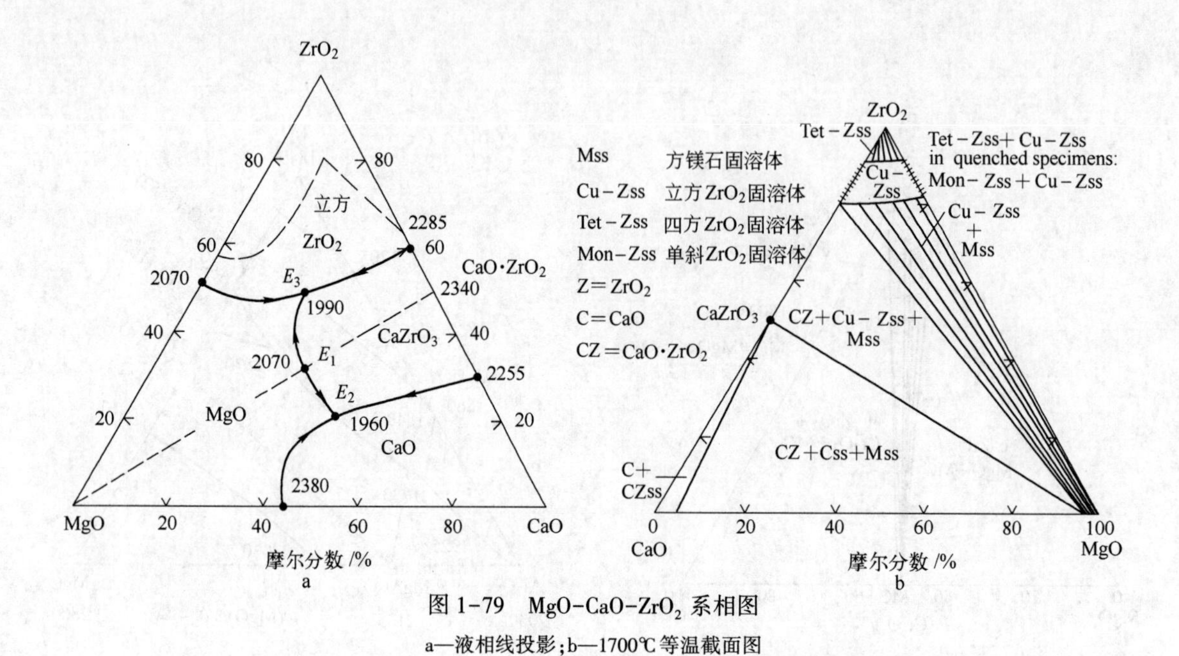

图 1-79 $MgO-CaO-ZrO_2$ 系相图

a—液相线投影;b—1700℃等温截面图

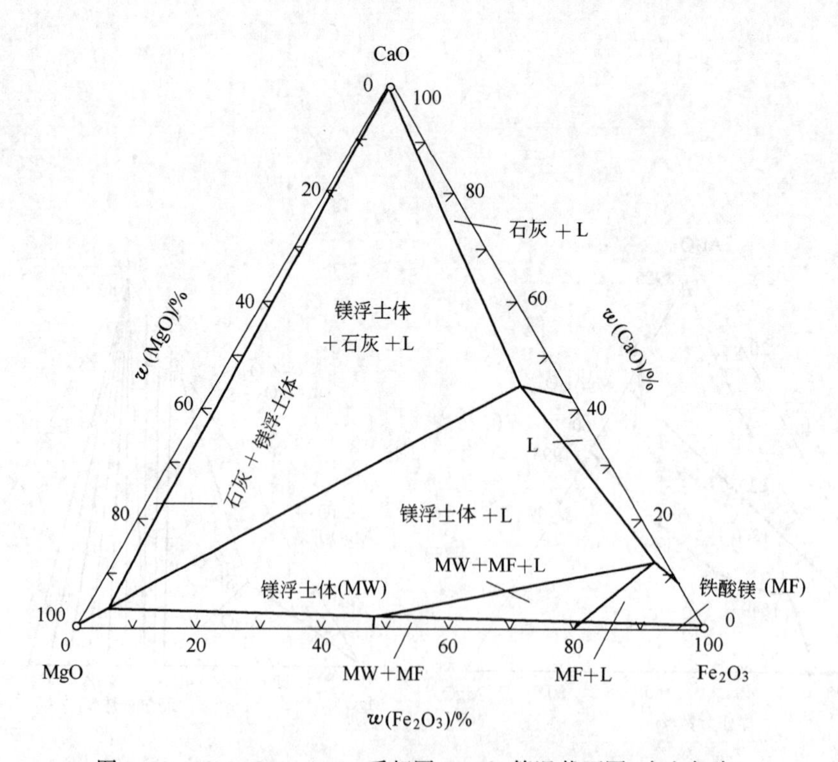

图 1-80 $MgO-CaO-Fe_2O_3$ 系相图 1500℃等温截面图(在空气中)

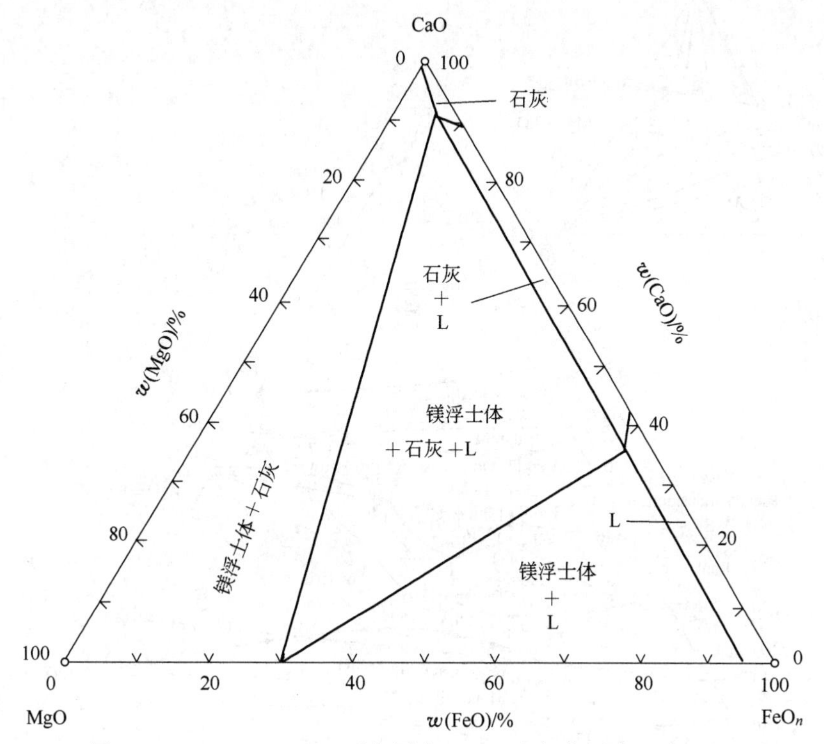

图 1-81 MgO-CaO-FeO 系相图在 1500℃和氧分压为 10^{-9}atm 下
(1atm=101325Pa)

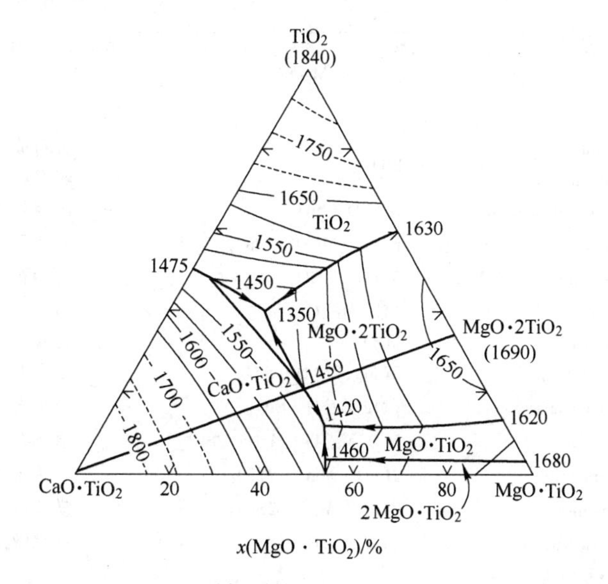

图 1-82 $MgO-CaO-TiO_2$ 系相图的 $MgO\cdot TiO_2-CaO\cdot TiO_2-TiO_2$ 部分相图

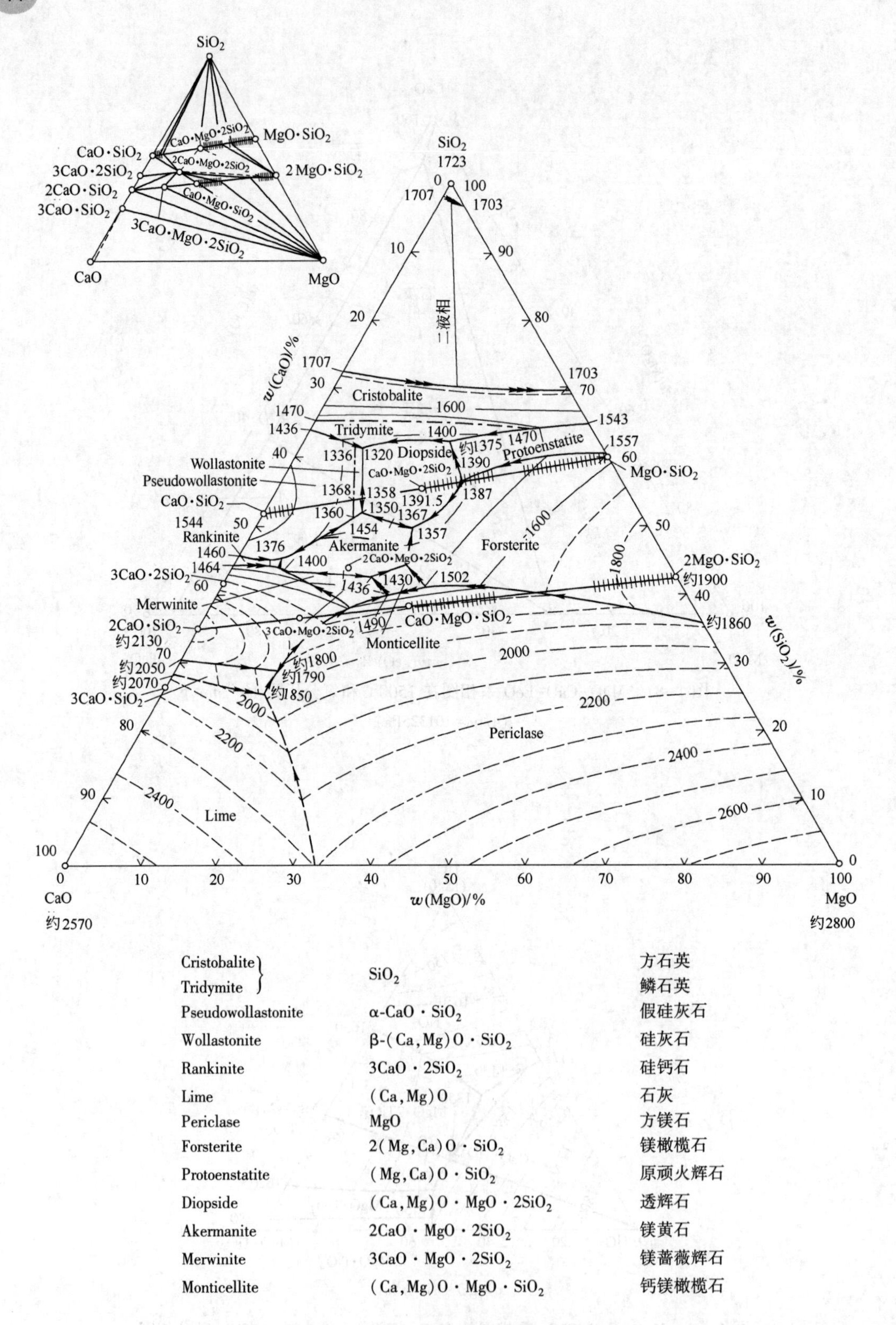

Cristobalite	SiO_2	方石英
Tridymite	SiO_2	鳞石英
Pseudowollastonite	α-$CaO \cdot SiO_2$	假硅灰石
Wollastonite	β-$(Ca,Mg)O \cdot SiO_2$	硅灰石
Rankinite	$3CaO \cdot 2SiO_2$	硅钙石
Lime	$(Ca,Mg)O$	石灰
Periclase	MgO	方镁石
Forsterite	$2(Mg,Ca)O \cdot SiO_2$	镁橄榄石
Protoenstatite	$(Mg,Ca)O \cdot SiO_2$	原顽火辉石
Diopside	$(Ca,Mg)O \cdot MgO \cdot 2SiO_2$	透辉石
Akermanite	$2CaO \cdot MgO \cdot 2SiO_2$	镁黄石
Merwinite	$3CaO \cdot MgO \cdot 2SiO_2$	镁蔷薇辉石
Monticellite	$(Ca,Mg)O \cdot MgO \cdot SiO_2$	钙镁橄榄石

图 1-83　MgO-CaO-SiO_2 系相图

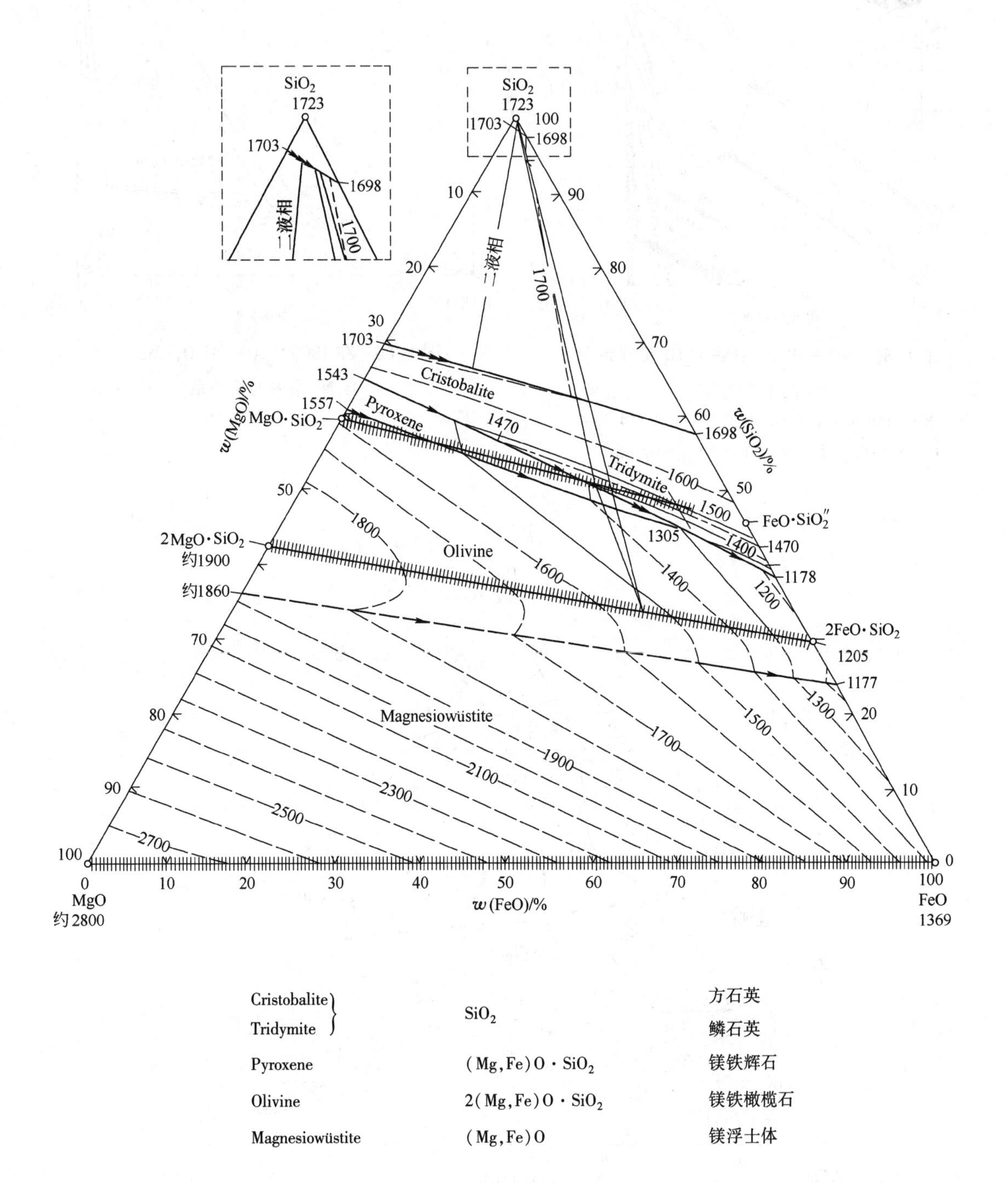

图 1-84 $MgO-SiO_2-FeO$ 系相图

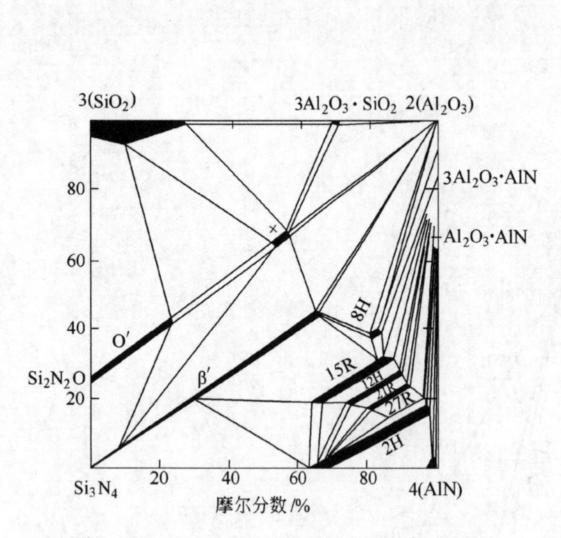

图 1-85　SiO_2-Si_3N_4-AlN-Al_2O_3 交互系图（约 1750℃）

β′—SiAlON 化学式 $Si_{6-z}Al_zO_zN_{8-z}$（$0 \leq z \leq 4.2$）；

O′—SiAlON 化学式 $Si_{2-x}Al_xO_{2-x}N_{1+x}$（$0 \leq x \leq 0.3$）

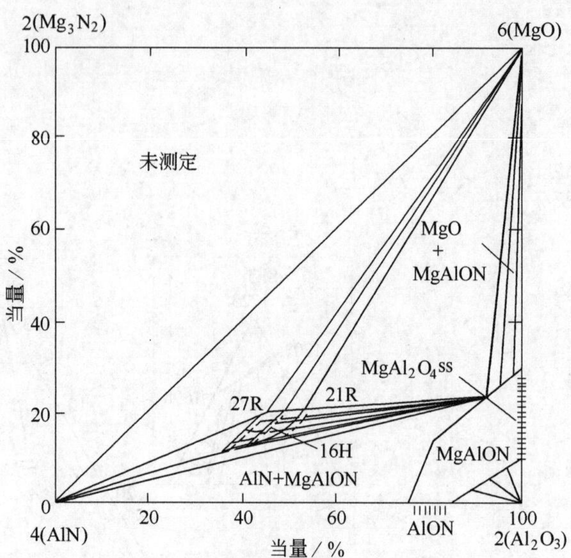

图 1-86　在 1800℃ AlN-Al_2O_3-MgO-Mg_3N_2 系内的相关系

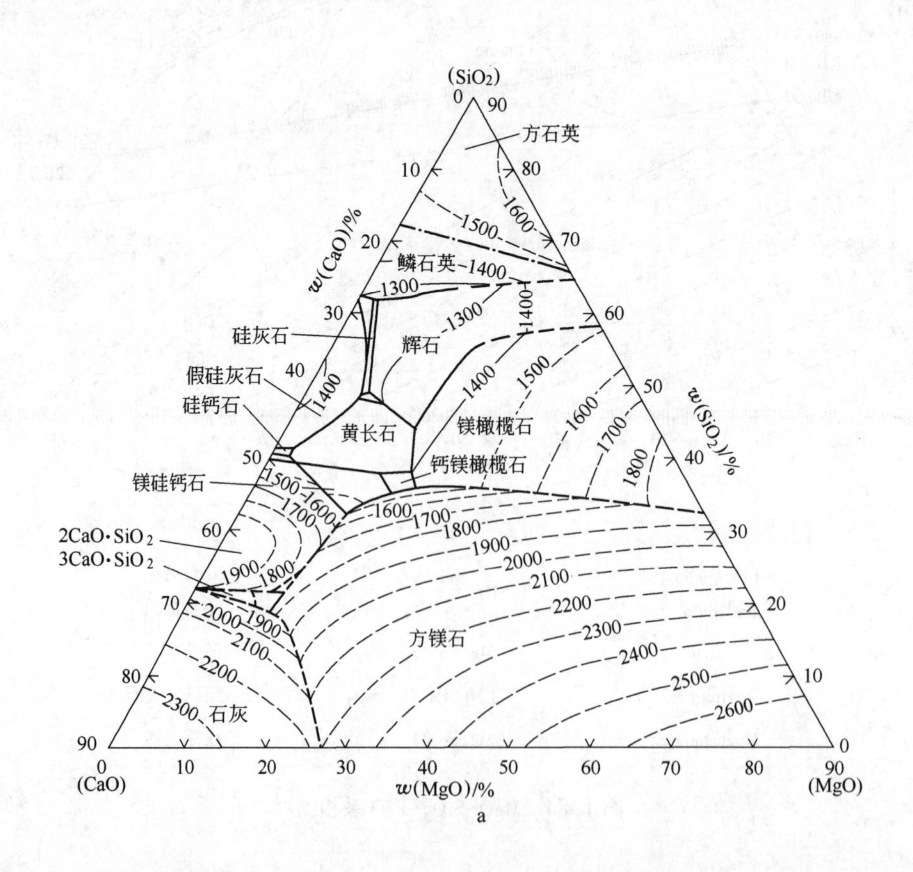

a

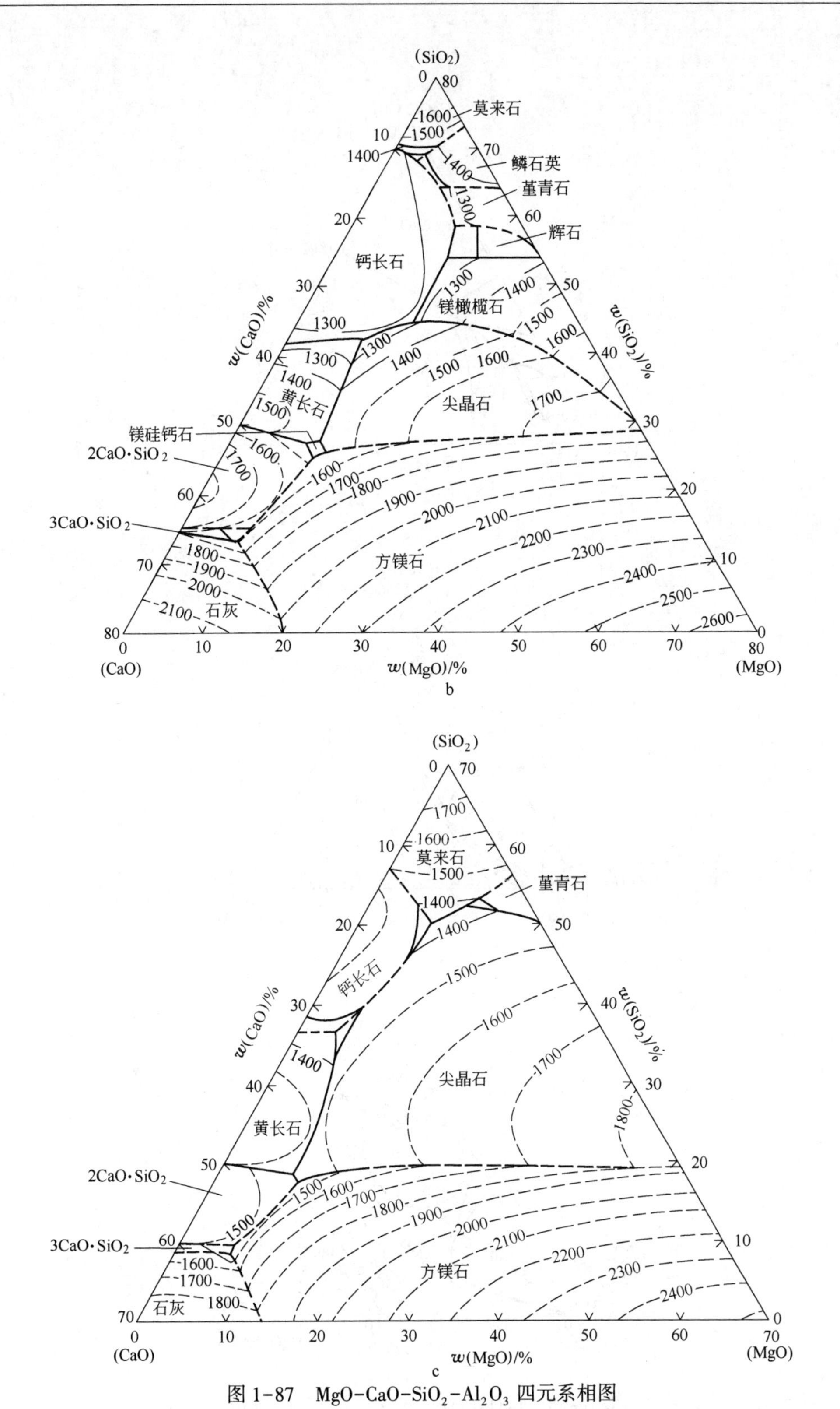

图 1-87 $MgO-CaO-SiO_2-Al_2O_3$ 四元系相图

a，b，c—分别为 $MgO-CaO-SiO_2$ 组成中加入 10%、20%、30%（质量分数）Al_2O_3 时的相图

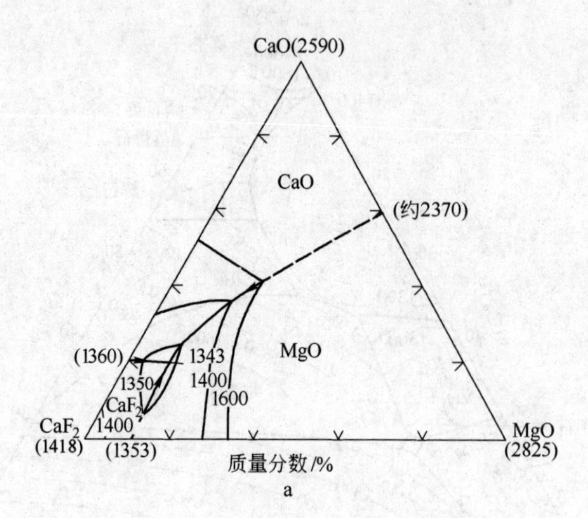

a

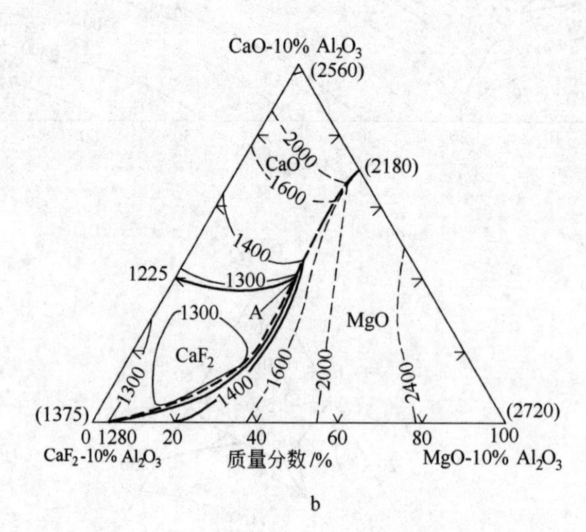

b

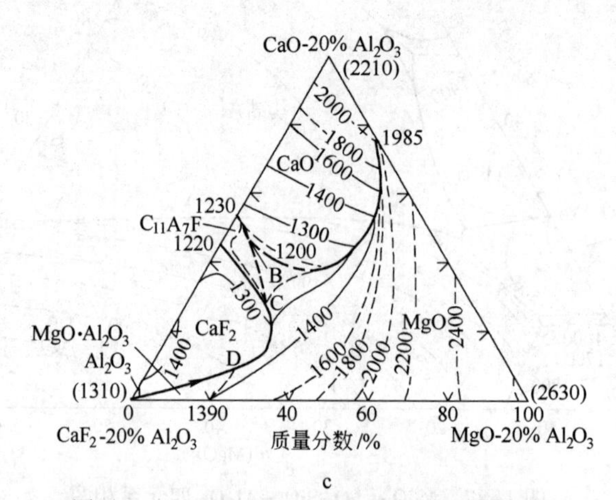

c

图 1-88 $MgO-CaO-CaF_2-Al_2O_3$ 四元系相图

a,b,c—分别为 $MgO-CaO-CaF_2$ 组成中加入 0%、10%与 20%(质量分数)Al_2O_3 时的相图

2 耐火材料的分类及性能

根据我国国家标准 GB/T 18930—2002，耐火材料是指“物理和化学性质适宜于在高温环境下使用的非金属材料，但不排除某些产品可含有一定量的金属材料”。关于耐火材料的定义，各国的标准不尽相同。按照国际标准（ISO 836，107），耐火材料是“化学与物理性质允许其在高温环境下使用的非金属材料或制品（但不排除含有一定比例的金属）”；美国标准（ASTM C71）定义耐火材料为“根据其化学和物理性质可以用它来制作暴露于温度高于 1000℉（538℃）环境中的结构与器件的非金属材料”；按照日本标准（JIS R2001），耐火材料定义为“能在 1500℃以上温度下使用的定形耐火材料以及使用温度为 800℃以上的不定形耐火材料、耐火泥浆与耐火隔热砖”。尽管各国对耐火材料的定义不尽相同，但有一点是相同的，即耐火材料是用作高温窑、炉或高温容器等热工设备的内衬结构材料，也可用作高温装置中的元件、部件等，它应该具有很好的耐高温性能、一定的高温力学性能、良好的体积稳定性及抗侵蚀性能等。

2.1 耐火材料的分类

2.1.1 按化学矿物组成分类

耐火材料按化学矿物组成可分为如下几类：（1）硅质材料；（2）硅酸铝质材料；（3）镁质材料；（4）白云石质材料；（5）刚玉尖晶石质材料；（6）铬质材料；（7）炭质材料；（8）锆质材料；（9）其他材料。

耐火材料的化学矿物组成分类见表 2-1。

表 2-1 耐火材料的化学矿物组成分类

分类	类别	主要化学成分	主要矿物成分
硅质	硅砖	SiO_2	鳞石英、方石英
	石英玻璃	SiO_2	石英玻璃
	熔融石英制品	SiO_2	玻璃相、石英
硅酸铝质	半硅砖	SiO_2、Al_2O_3	莫来石、方石英
	黏土砖	SiO_2、Al_2O_3	莫来石、方石英
	高铝砖	Al_2O_3、SiO_2	莫来石、刚玉
镁质	镁砖（方镁石砖）	MgO	方镁石
	镁铝砖（尖晶石砖）	MgO、Al_2O_3	方镁石、镁铝尖晶石
	镁铬砖	MgO、Cr_2O_3、Al_2O_3、FeO	方镁石、尖晶石
	镁硅砖	MgO、SiO_2	方镁石、镁橄榄石
	镁炭砖	MgO、C	方镁石、石墨（或无定形碳）
白云石质	白云石砖	CaO、MgO	方钙石、方镁石
刚玉尖晶石质	刚玉尖晶石砖	Al_2O_3、MgO	刚玉、尖晶石
铬质	铬砖	Cr_2O_3、FeO	铬铁矿
	铬镁砖	MgO、Cr_2O_3	铬尖晶石、方镁石
炭质	炭砖	C	石墨、碳（或无定形碳）
	石墨制品	C	石墨

续表 2-1

分类	类别	主要化学成分	主要矿物成分
锆质	锆英石砖	ZrO_2、SiO_2	锆英石
	锆刚玉	ZrO_2、Al_2O_3	斜锆石、刚玉
	锆莫来石	ZrO_2、Al_2O_3、SiO_2	莫来石、斜锆石
其他	高纯氧化物制品	Al_2O_3、ZrO_2、CaO、MgO、TiO_2	刚玉、高温型 ZrO_2、方钙石、方镁石、金红石
	碳化物	SiC、B_4C	
	氮化物	Si_3N_4、BN、AlN、TiN、ZrN	
	硅化物	$MoSi_2$	
	硼化物	ZrB_2、TiB_2	
	氧氮化物	AlON、MgAlON、Si_2ON_2、SiAlON	
	金属陶瓷等		

按化学矿物组成分类可以较好地反映出耐火材料的材质及性质特征，所以这是目前应用最广泛的分类方法。

2.1.2 按化学特性分类

耐火材料按化学特性可分为[1]：

(1)酸性耐火材料。酸性耐火材料是指以 SiO_2 为主要成分的耐火材料。在高温下易与碱性耐火材料、碱性渣、高铝质耐火材料或含碱的化合物发生化学反应。硅砖是典型的酸性耐火材料，另外还有半硅砖、黏土制品、锆英石制品等。

(2)中性耐火材料。中性耐火材料是指在高温下与酸性耐火材料、碱性耐火材料、酸性或碱性渣或熔剂不发生明显化学反应的耐火材料。中性耐火材料主要是指以 R_2O_3(Al_2O_3、Cr_2O_3)和原子键结晶矿物(SiC、C、B_4C、BN、Si_3N_4)为主要成分的耐火材料，如刚玉制品、炭质制品、碳化硅制品、碳化硼质耐火材料、氮化硼质耐火材料、氮化硅质耐火材料等。

(3)碱性耐火材料。碱性耐火材料是指在高温下易与酸性耐火材料、酸性渣、酸性熔剂或氧化铝发生化学反应的耐火材料。碱性耐火材料主要以 RO(CaO、MgO)为主要成分，包括镁质耐火材料、氧化钙质耐火材料、白云石耐火材料等。$MgO-Al_2O_3$、$MgO-Cr_2O_3$、$MgO-SiO_2$ 系耐火材料属于偏碱性耐火材料，如镁铝制品、镁铬制品、镁铝尖晶石制品、镁橄榄石制品等。

2.1.3 按生产工艺分类

耐火材料按生产工艺可分为：(1)烧成制品；(2)不烧制品；(3)不定形耐火材料；(4)熔融(铸)制品。

2.1.4 按形状和尺寸分类

耐火材料按形状可分为两大类：定形耐火材料和不定形耐火材料。其中的定形耐火材料又分为：(1)标型制品；(2)普型制品；(3)异型制品；(4)特型制品；(5)其他，如坩埚、皿、管等。

2.1.5 按用途分类

耐火材料还可按用途划分为钢铁行业用耐火材料、有色金属行业用耐火材料、石化行业用耐火材料、建材行业(玻璃窑、水泥窑、陶瓷窑等)用耐火材料、电力行业(发电锅炉)用耐火材料、废物焚烧熔融炉用耐火材料、其他行业用耐火材料等。

2.2 耐火材料的化学与矿物组成

耐火材料是由多种不同化学成分及不同结构矿物组成的非均质体。耐火材料的性质与其化学组成、物相组成及分布以及各相的特性密切相关。

2.2.1 耐火材料的化学组成

耐火材料的化学组成是耐火材料的最基本特性之一。通常将耐火材料的化学组成按成分含量和其作用分为主成分、杂质成分和添加成分,即占绝对多量、对其性能起决定作用的基本成分——主成分、原料中伴随的杂质成分、在生产过程中为达到某种目的而特别加入的添加成分(加入物)。

2.2.1.1 主成分

主成分是耐火材料中构成耐火基体的成分,是耐火材料的特性基础。它的性质和数量对耐火材料的性质起决定作用。主要成分可以是氧化物,也可以是非氧化物。因此,耐火材料可以是由耐火氧化物构成,也可以是由耐火氧化物与碳或其他非氧化物构成,还可以是全由耐火非氧化物构成。氧化物耐火材料按其主成分的化学性质可分为酸性、中性和碱性三类。

此种分类对了解耐火材料的化学性质、窑炉的设计和选材有着重要意义。

2.2.1.2 杂质成分

耐火材料的原料绝大多数是天然矿物,因此在耐火材料中常含有一定量的杂质。这些杂质会使耐火材料的某些耐火性能降低,例如镁质耐火材料中的主成分是 MgO,其他氧化物如二氧化硅、氧化铁等属于杂质成分。杂质成分越多,高温时形成的液相量越多。

耐火材料中的杂质成分直接影响材料的高温性能,如耐火度、荷重变形温度、抗侵蚀性、高温强度等。其有利的方面是杂质可降低制品的烧成温度,促进制品的烧结等。

2.2.1.3 添加成分

在耐火材料特别是不定形耐火材料的生产或使用中,为改善耐火材料的物理性能、成型或施工性能(作业性能)和使用性能而加入少量的添加剂。添加剂的加入量随其性质、功能而不同,为耐火材料组成总量的万分之几到百分之几。

添加剂按其目的和作用不同分为以下几种:(1)改变流变性能类,包括减水剂(分散剂)、增塑剂、胶凝剂、解胶剂等;(2)调节凝结、硬化速度类,包括促凝剂、缓凝剂等;(3)调节内部组织结构类,包括发泡剂(引气)、消泡剂、防缩剂、膨胀剂等;(4)保持材料施工性能类,包括抑制剂(防鼓胀剂)、保存剂、防冻剂等;(5)改善使用性能类,包括助烧结剂、矿化剂、快干剂、稳定剂等。这些添加成分,除可烧掉的成分外,它们都会留在材料的化学成分中。

通过化学组成分析,按所含成分的种类和数量,可以判断制品或原料的纯度和特性。借助于有关相图可大致估计制品的矿物组成和其他有关性能。

2.2.2 耐火材料的矿物组成

耐火材料的矿物组成取决于它的化学组成和工艺条件。化学组成相同的材料,由于工艺条件的不同,所形成矿物相的种类、数量、晶粒大小和结合情况会有差异,其性能也可能有较大差别。例如 SiO_2 含量相同的硅质制品,因 SiO_2 在不同工艺条件下可能形成结构和性质不同的两类矿物鳞石英和方石英,使制品的某些性质会有差别。即使材料的矿物组成一定,但由于矿相的晶粒大小、形状和分布情况的差别,也会对材料的性能有显著的影响。

耐火材料的矿物组成可以从所用原料的加热相变化、生产过程中各原料间的相互作用、生成的化合物或相变化来判定,从而确定耐火材料的生产工艺、制品质量以及该材料在何种条件使用较为合适。

耐火材料的矿物组成一般可分为结晶相和玻璃相两大类,其中结晶相又分为主晶相和次晶相[2]。主晶相是指构成材料结构的主体且熔点较高的晶相。主晶相的性质、数量和结合状态直接决定着材料的性质。次晶相又称第二晶相或第二固相,是指耐火材料中在高温下与主晶相和液相并存、数量较少和对材料的高温性能影响较主晶相小的第二种晶相。常见耐火材料制品的主晶相见表 2-2[3]。

表 2-2 常见耐火材料制品的主要化学成分及主晶相

类 别	主要化学成分	主 晶 相
硅 砖	SiO_2	鳞石英、方石英
半硅砖	SiO_2、Al_2O_3	莫来石、方石英
黏土砖	SiO_2、Al_2O_3	莫来石、方石英
Ⅱ、Ⅲ等高铝砖	Al_2O_3、SiO_2	莫来石、刚玉
Ⅰ等高铝砖	Al_2O_3、SiO_2	莫来石、刚玉
莫来石砖	Al_2O_3、SiO_2	莫来石
刚玉砖	Al_2O_3、SiO_2	刚玉
电熔刚玉砖	Al_2O_3	刚玉
铝镁砖	Al_2O_3、MgO	刚玉、镁铝尖晶石
镁 砖	MgO	方镁石
镁硅砖	MgO、SiO_2	方镁石、镁橄榄石
镁铝砖	MgO、Al_2O_3	方镁石、镁铝尖晶石
镁铬砖	MgO、Cr_2O_3	方镁石、镁铬尖晶石
铬镁砖	MgO、Cr_2O_3	镁铬尖晶石、方镁石
镁橄榄石砖	MgO、SiO_2	镁橄榄石、方镁石
镁钙砖	MgO、CaO	方镁石、方钙石
镁白云石砖	MgO、CaO	方镁石、方钙石
白云石砖	CaO、MgO	方钙石、方镁石
锆刚玉砖	Al_2O_3、ZrO_2、SiO_2	刚玉、莫来石、斜锆石
锆莫来石砖	Al_2O_3、SiO_2、ZrO_2	莫来石、单斜锆
锆英石砖	ZrO_2、SiO_2	锆英石
镁炭砖	MgO、C	方镁石、石墨(或无定形碳)
铝炭砖	Al_2O_3、C	刚玉、莫来石、石墨(或无定形碳)

基质是指耐火材料中大晶体或骨料间结合的物质。基质对材料的性能起着很重要的作用。在使用时,往往是基质首先受到破坏,调整和改变材料的基质可以改善材料的使用性能。

2.3 耐火材料的性能划分

定形耐火材料的主要性能见表 2-3。不定形耐火材料的性能详见第 19 章。

表 2-3 耐火材料的主要性能

结构性能	力学性能	热学和电学性能	使用性能
气孔率	耐压强度	热容	耐火度、荷重软化温度
吸水率	抗折强度	热膨胀性	高温蠕变性
体积密度	抗拉强度	导热性	高温体积稳定性
真密度	高温抗扭强度	温度传导性	抗热震性
透气性	弹性模量	导电性	抗侵蚀性
气孔孔径分布	耐磨性		抗氧化性、抗水化性、耐真空性

2.4 耐火材料的结构性能

耐火材料的结构性能包括气孔率、吸水率、体积密度、真密度、透气度、气孔孔径分布等。它们是评价耐火材料质量的重要指标。耐火材料的结构性能与该材料所用原料和其制造工艺,包括原料的种类、配比、粒度和混合、成型、干燥及烧成条件等密切相关。

2.4.1 气孔率

耐火材料中的气孔大致可分为3类[4](图2-1):(1)封闭气孔,封闭在制品中不与外界相通;(2)开口气孔,一端封闭,另一端与外界相通,能被流体填充;(3)贯通气孔,贯通材料两面,流体能够通过。

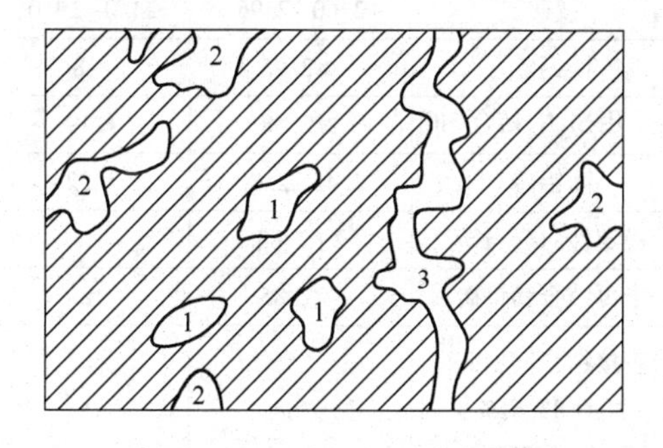

图2-1 耐火材料中气孔类型
1—封闭气孔;2—开口气孔;3—贯通气孔

贯通气孔对耐火材料使用过程中被外界介质侵入的影响最大,从而加速材料损坏;开口气孔次之;封闭气孔影响很小。

通常将上述3类气孔合并为两类,即开口气孔(包括贯通气孔)和封闭气孔。一般来说,开口气孔占总气孔体积的多数,封闭气孔的体积很少。

相应地,气孔率有3种,包括显气孔率、闭气孔率和真气孔率。显气孔率是耐火材料中开口气孔的体积与其总体积之比,%;闭气孔率是耐火材料封闭气孔的体积与其总体积之比,%;真气孔率是耐火材料中的开口气孔和封闭气孔的体积之和与总体积之比,%。

由于封闭气孔的体积难于直接测定,因此,材料的气孔率指标常用开口气孔率,也即显气孔率来表示。

$$真气孔率(总气孔率) = \frac{V_1 + V_2}{V_0} \times 100\% \tag{2-1}$$

$$显气孔率(开口气孔率) = \frac{V_1}{V_0} \times 100\% \tag{2-2}$$

式中 V_0——总体积,cm^3;
V_1——开口气孔体积,cm^3;
V_2——封闭气孔体积,cm^3。

气孔率是多数耐火材料的基本技术指标,它几乎影响耐火材料的所有性能,尤其是强度、热导率、抗侵蚀性、抗热震性等。一般来说,气孔率增大,强度降低,热导率降低,抗侵蚀性降低。但气孔率对抗热震性的影响比较复杂。耐火材料性能与气孔率的关系如图2-2[5]所示。

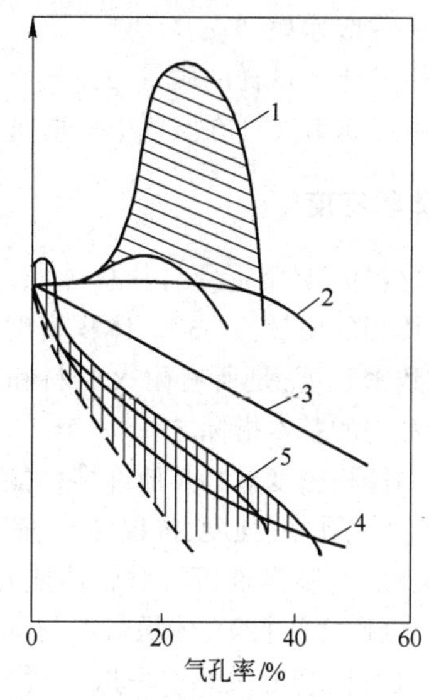

图2-2 耐火材料性质和气孔率的关系
1—抗热震性;2—线膨胀系数;3—体积密度;
4—热导率;5—耐压强度

耐火材料的气孔率受所用原料、工艺条件等多种因素的影响,一般来说,选用致密的原料,按照最紧密堆积原理并采用合理的颗粒级配,选用合适的结合剂,物料充分混练,高压成型,提高烧成温度和延长保温时间均有利于降低材料的气孔率。

致密定形耐火制品的显气孔率按照中国国家标准GB/T 2997—2015(修改采用ISO 5017:

2013)进行测定。致密耐火制品的显气孔率一般为10%~28%,隔热耐火材料的真气孔率大于45%。

2.4.2 吸水率

带有气孔的干燥材料中所有开口气孔所吸收水的质量与其干燥材料的质量之比,以%表示,它实质上反映了材料中的开口气孔量。

在耐火原料生产中,习惯上用吸水率来鉴定原料的煅烧质量,原料煅烧得越好,吸水率应越低。一般应小于5%。

对颗粒状(粒度大于2.0mm)耐火材料的吸水率的测定,按照中国国家标准GB/T 2999—2016进行,吸水率按下式计算:

$$\omega_a = \frac{m_3 - m_1}{m_1} \times 100\% \qquad (2-3)$$

式中 ω_a——吸水率,%;

m_1——干燥试样的质量,g;

m_3——饱和试样在空气中的质量,g。

2.4.3 体积密度

耐火材料的干燥质量与其总体积之比,即材料单位体积的质量,g/cm³。体积密度表征耐火材料的致密程度,是所有耐火原料和耐火制品质量标准中的基本指标之一。

材料的体积密度对其其他许多性能都有显著的影响,如气孔率、强度、抗侵蚀性、荷重软化温度、耐磨性、抗热震性等。对轻质隔热材料,如隔热砖、轻质浇注料等,体积密度与其导热性和热容量也有密切的关系。一般来说,材料的体积密度高,对其强度、抗侵蚀性、耐磨性、荷重软化温度有利。

材料的体积密度,受所用原料、生产工艺等因素的影响,控制所用原料的体积密度、压制砖坯的压力和制定合理的烧成制度,均能有效控制最终制品的体积密度。

对于不同的材料,体积密度的检测方法也不同。

(1)对于致密定形耐火制品的体积密度,按照中国国家标准GB/T 2997—2015(修改采用ISO 5017:2013)进行测定。

(2)对于定形隔热耐火制品的体积密度,按照中国国家标准GB/T 2998—2015(修改采用ISO 5016:1997)进行测定。

(3)对于颗粒状(粒度大于2.0mm)耐火材料的体积密度,按照中国国家标准GB/T 2999—2016进行,采用称量法和滴定管法两种方法测定。

部分耐火材料的体积密度和显气孔率见表2-4。

表2-4 部分耐火材料的体积密度和显气孔率

材料名称	体积密度/g·cm^{-3}	显气孔率/%
普通黏土砖	1.8~2.0	30.0~24.0
致密黏土砖	2.05~2.20	20.0~16.0
高致密黏土砖	2.25~2.30	15.0~10.0
硅砖	1.80~1.95	22.0~19.0
镁砖	2.60~2.95	24.0~19.0
镁钙砖	≥2.95	≤8
高炉用Si_3N_4结合SiC	≥2.58	≤19
高铝砖	2.45~2.80	≤22
稳定性白云石砖	约2.83	15
半再结合镁铬砖	≥2.85	18
直接结合镁铬砖(MgO 82.61%,Cr_2O_3 8.72%)	3.08	15
熔铸刚玉砖(Al_2O_3>93%)	3.54	3~4
熔铸锆莫来石砖	2.85~2.95	
熔铸氧化锆砖(ZrO_2 94%)	>5.35	0.8
熔铸镁铬砖(MgO 50%~60%,Cr_2O_3 15%~20%)	>3.7(真密度)	5~15
刚玉再结合砖(Al_2O_3>98%)	2.95	<21
烧结刚玉砖(Al_2O_3>98.5%)	2.95	14~16
锆刚玉砖(AZS33,AZS40)		1
高炉用碳化硅砖(Si_3N_4,SiAlON,β-SiC结合)	2.65~2.75	<16

2.4.4 真密度

真密度是耐火材料中的固体质量与其真体积(耐火材料中固体部分的体积)之比,单位为 g/cm^3。真比重是材料的真密度除以4℃时水的密度,两者在数值上可视为相同。现在国际上已基本不再使用真比重这个概念,但日本耐火材料技术协会编辑出版的《耐火材料手册》一书,还在使用真比重。

在耐火材料中,硅砖的真密度是衡量石英转化程度的重要技术指标。由 SiO_2 组成的各种不同矿物的真密度不同,鳞石英的真密度最小,方石英次之,石英最大。在研究多相材料的相转变时,在化学组成一定时,可根据真密度的数据来判断材料的物相组成。

对于耐火原料、耐火制品及不定形耐火材料的真密度,可按中国国家标准 GB/T 5071—2013(修改采用 ISO 5018:1983)进行测定。

2.4.5 透气性

耐火材料允许气体在一定的压差下通过的性能,通常用透气度来表示。

由于气体是通过材料中贯通气孔透过的,透气度与贯通气孔的大小、数量、结构和状态有关,并随耐火制品成型时的加压方向而异。它和气孔率有关系,但无规律性,并且又和气孔率不同。

对某些耐火材料,透气度是非常关键的指标,直接影响其抗侵蚀介质如熔渣、钢液、铁水及各种气体(蒸汽)的侵蚀性、抗氧化性、透气功能等。对某些材料,如用于隔离火焰或高温气体或直接接触熔渣、熔融金属的制品,要求其具有很低的透气度;而有些功能材料,则又必须具有一定的透气度。

耐火材料的透气度直接受其生产工艺的影响,通过控制颗粒配比、成型压力及烧成制度可控制材料的透气度。

对致密定形耐火制品的透气度,按照中国国家标准 GB/T 3000—2016(修改采用国际标准 ISO 8841:1991)进行测定。

2.4.6 气孔孔径分布

孔径分布是不同孔径下的孔容积分布频率。

致密耐火制品中的气孔主要为毛细孔,孔径多为 1~30μm;气孔微细化的铝碳制品和致密高铝砖的平均孔径为 1~2μm;熔铸或隔热耐火制品的气孔孔径可大于 1mm,称为缩孔或大气孔。

气孔孔径分布对材料的抗侵蚀性、强度、热导率、抗热震性等有一定的影响。

耐火材料的孔径分布也直接受原料、颗粒级配、粉料和微粉、结合剂、成型和烧成制度等的影响。

中国黑色冶金行业标准 YB/T 118—1997 采用压汞法测定耐火材料的开口气孔的孔径分布、平均孔径、气孔的孔容积百分率。测试孔径范围为 0.006~360μm。

2.5 耐火材料的热学和电学性能

耐火材料的热学性能包括热容、导热性、温度传导性、热膨胀性等。它们是衡量制品能否适应具体热过程需要的依据,是工业窑炉和高温设备进行结构设计时所需要的基本数据。耐火材料的热学性能与其制造所用原料、工艺,化学组成、矿物组成及显微结构等都密切相关。

耐火材料的电学性能主要是其导电性。

2.5.1 热容

材料温度升高 1K 所吸收的热量即是它的热容;比热容是单位质量(1g 或 1kg)的材料温度升高 1K 所吸收的热量,又称质量热容,单位为 J/(g·K)。耐火材料的热容直接影响所砌筑炉体的加热和冷却速度。耐火材料比热容主要用于窑炉设计中的热工计算。蓄热室格子砖采用高热容的致密材料,以增加蓄热量和放热量,提高换热效率。

耐火材料的热容与其化学矿物组成和所处的温度有关。常用耐火材料的比热容与温度的关系如图 2-3[6] 所示。常见耐火材料的比热容见表 2-5[7]。

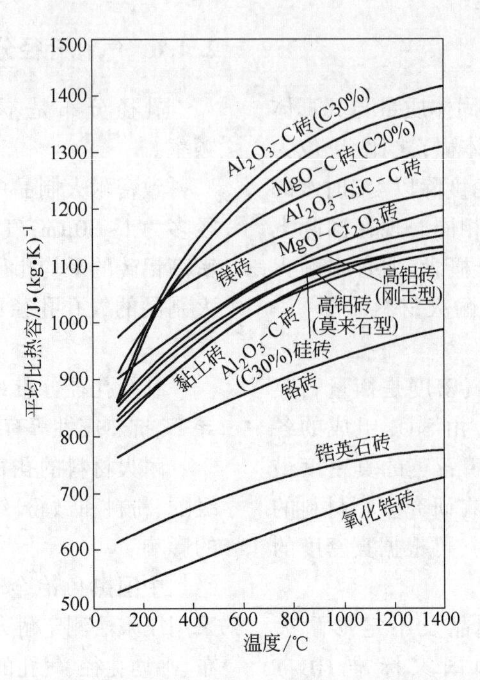

图 2-3 典型耐火砖的平均比热容与温度的关系

表 2-5 常见耐火材料的比热容[7] [J/(g·K)]

砖种	密度/g·cm^{-3}	温度/℃						
		200	400	600	800	1000	1200	1400
黏土砖	2.4	0.875	0.946	1.009	1.063	1.110	1.156	1.235
硅砖	1.8	0.913	0.984	1.043	1.097	1.135	1.168	1.193
镁砖	3.0	0.976	1.047	1.086	1.126	1.164	1.210	—
碳化硅砖	2.7	0.795	0.942	1.017	1.026	0.971	0.938	—
硅线石砖	2.7	0.842	0.959	1.030	1.068	1.080	1.101	1.122
刚玉砖	3.1	0.904	0.976	1.026	1.063	1.093	1.118	1.139
炭砖	1.6	0.946	1.172	1.327	1.432	1.516	1.578	1.616
铬砖	3.1	0.745	0.812	0.854	0.883	0.909	0.929	1.365
锆英石砖	3.6	—	0.749	0.682	0.712	0.745	0.775	0.808
镁橄榄石砖	2.7	—	1.047	1.068	1.084	1.105	1.122	—

比热容的检测采用量热计法，按下式计算：

$$c_p = \frac{Q}{m(t_1 - t_0)} \tag{2-4}$$

式中 c_p——耐火材料的等压比热容，kJ/(kg·℃)；

Q——加热试样所消耗的热量，kJ；

m——试样的质量，kg；

t_0——试样加热前的温度，℃；

t_1——试样加热后的温度，℃。

2.5.2 热膨胀系数

热膨胀的程度常用线膨胀率和平均线膨胀系数，或者体膨胀率和体膨胀系数来表征。线膨胀率是指由室温至试验温度间，试样长度的相对变化率，用%表示；平均线膨胀系数 α 是指在某个温度区间内，试样随温度升高的长度变化量与初始长度和温差的比值，单位为℃$^{-1}$（K^{-1}）。相应地，体积膨胀用体积膨胀率（$\Delta V/V_0$）或体积膨胀系数 β 来表示，$\beta=\Delta V/(V_0\times\Delta T)$。

耐火材料的热膨胀性取决于其化学组成、矿物组成及微观结构，同时也随温度区间的变化而不同。热膨胀系数实际上并不是一个恒定值，它随温度的变化而变化，平常所说的热膨胀系数都具有在指定的温度范围内的平均值的概念，应用时应注意它适用的温度范围。

耐火材料的热膨胀对其抗热震性及体积稳定性有直接的影响，是生产（制定烧成制度）、使用耐火材料时应考虑的重要性能之一。对于热膨胀大的以及存在多晶转变的耐火材料，在高温下使用时由于膨胀大，为抵消热膨胀造成的应力，要预留膨胀缝。线膨胀率和线膨胀系数是预留膨胀缝和砌体总尺寸结构设计计算的关键参数。

耐火材料的线膨胀率或平均线膨胀系数按照中国国家标准 GB/T 7320—2018 进行（顶杆法和示差法）。试验原理：以规定的升温速率将试样加热到指定的试验温度，测定随温度升高试样长度的变化值，计算出试样随温度升高的线膨胀率和指定温度范围的平均线膨胀系数。

常用耐火制品的平均线膨胀系数见表 2-6，常用耐火浇注料的线膨胀系数见表 2-7。

表 2-6 常用耐火制品的平均线膨胀系数

材料名称	黏土砖	莫来石砖	莫来石刚玉砖	刚玉砖	半硅砖
平均线膨胀系数（20~1000℃）/℃$^{-1}$	$(4.5\sim6.0)\times10^{-6}$	$(5.5\sim5.8)\times10^{-6}$	$(7.0\sim7.5)\times10^{-6}$	$(8.0\sim8.5)\times10^{-6}$	$(7.0\sim7.9)\times10^{-6}$
材料名称	硅 砖	镁 砖	锆莫来石熔铸砖	锆英石砖	重结晶 SiC 砖
平均线膨胀系数（20~1000℃）/℃$^{-1}$	$(11.5\sim13.0)\times10^{-6}$	$(14.0\sim15.0)\times10^{-6}$	6.8×10^{-6}	4.6×10^{-6}（1100℃）	$(4.5\sim5.0)\times10^{-6}$（20~1500℃）

表 2-7 耐火浇注料的平均线膨胀系数

结合剂种类	骨料品种	测定温度/℃	平均线膨胀系数/℃$^{-1}$
矾土水泥	高铝质 黏土质	20~1200	$(5.0\sim6.5)\times10^{-6}$ $(4.5\sim6.0)\times10^{-6}$
磷 酸	高铝质 黏土质	20~1300	$(4.5\sim6.5)\times10^{-6}$ $(4.0\sim6.0)\times10^{-6}$

各种耐火砖的热膨胀曲线如图 2-4[2] 所示。

2.5.3 热导率（导热系数）

热导率是在单位时间内，在单位温度梯度下，沿热流方向通过材料单位面积传递的热量，W/(m·K)。

耐火材料的热导率是耐火材料最重要的热物理性能之一，是在高温热工设备的设计中不可缺少的重要数据，也是选用耐火材料时需要考虑的一个很重要的参数。对于那些要求隔热性能良好的轻质耐火材料和要求导热性能良好的隔焰加热炉结构材料，其热导率尤为重要。采用热导率小的材料砌筑热工窑炉的内衬可以减少厚度或热损失，节约能源；采用热导率大的材料作为隔焰板和换热器，可以提高炉膛温度和传热效率。

耐火材料热导率的大小直接决定其用途，也影响其抗热震性、抗剥落性及抗侵蚀性。

影响耐火材料热导率的因素较多，也很复杂。首先，材料的热导率与其化学组成、矿物（相）组成、致密度（气孔率）、微观组织结构有

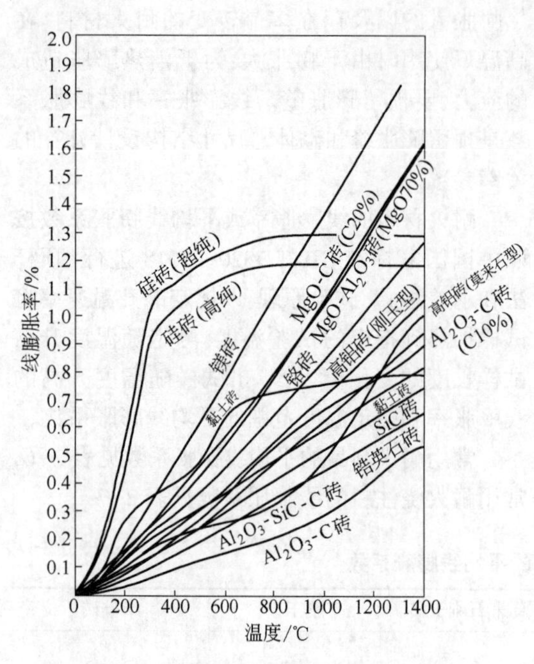

图2-4 典型耐火材料的热膨胀曲线[8]

密切的关系。不同化学组成的材料,其热导率也有差异。耐火材料的化学成分越复杂,其热导率降低越明显。晶体结构复杂的材料,热导率也低。对于非等轴晶系的晶体,热导率也存在各向异性。耐火材料中的气孔多少、形状、大小、分布均影响其热导率。由于气孔内的气体热导率低,因此气孔增多会降低材料的热导率。在一定的温度以内,气孔率越大,热导率越低。相应地,耐火材料越致密,气孔率越低,其热导率应越高。其次,温度是影响耐火材料热导率的外在因素。

多数耐火材料的热导率在1~6W/(m·K)之间,但SiC制品属于高热导率的材料。隔热材料的热导率在0.02~1.0W/(m·K)之间,且随温度的升高而增大。

由于影响耐火材料热导率因素的复杂性,实际耐火材料的热导率通常靠试验来测定。中国国家标准 GB/T 5990—2006《耐火材料 导热系数试验方法(热线法)》,包括十字热线法和平行热线法,前者适用于测量温度不高于1250℃、热导率小于1.5W/(m·K)、热扩散率不大于$10^{-6}m^2/s$的耐火材料,后者适用于测量温度不高于1250℃、热导率小于25W/(m·K)的耐火材料;GB/T 36133—2018《耐火材料 导热系数试验方法(铂电阻温度计法)》,适用于测量温度不高于1500℃、不含碳、不导电及导热系数不大于15W/(m·K)的耐火材料;GB/T 37796—2019《隔热耐火材料 导热系数试验方法(量热计法)》,适用于耐火纤维及其制品、隔热定形制品等隔热耐火材料导热系数的测定。中国黑色冶金行业标准 YB/T 4130—2005《耐火材料 导热系数试验方法(水流量平板法)》,适用于热面温度在200~1300℃、导热系数在0.03~2.00W/(m·K)的耐火材料。

一些典型耐火砖的热导率与温度的关系如图2-5[9]所示。

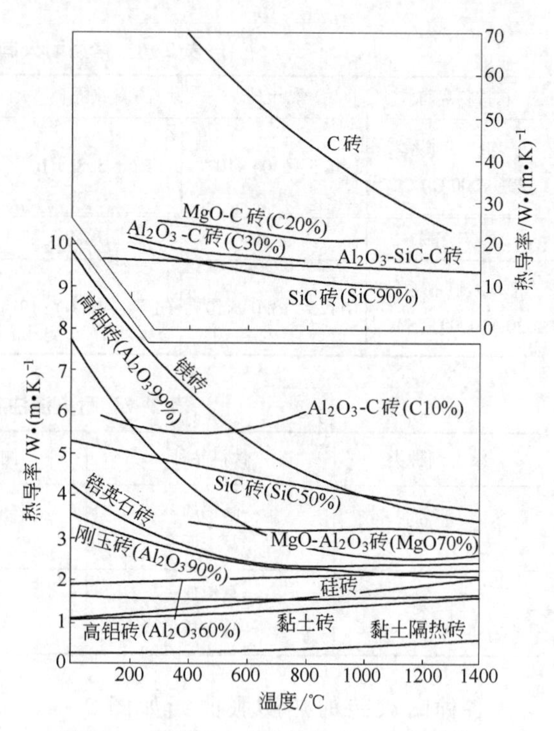

图2-5 典型耐火砖的热导率与温度的关系

2.5.4 温度传导性

温度传导性是材料在加热或冷却过程中,各部分温度倾向一致的能力,即温度的传递速度。温度传导性用热扩散系数(也称导温系数)来表示。

热扩散系数是耐火材料的导热系数与其单位体积热容之比,用α表示。

耐火材料的α值越高,则在同样的外部加

热或冷却条件下,材料内部温度的传播速度越高,各处的温差也就越小,因此它决定材料急冷急热时内部温度梯度的大小。

材料的热扩散系数是分析和计算不稳定传热过程的重要参数,间歇式窑炉墙体温度分布和蓄热量的计算,隧道窑窑车蓄热量的计算等都要用到热扩散系数。

材料的热扩散率与其导热性和体积密度有关。现行的耐火材料中国国家标准中还没有测定热扩散系数的试验方法。

2.5.5 导电性

导电性是指材料导电的能力。通常用比电阻(又称电阻率或电阻系数)来表示,它表示电流通过材料时,材料对电流产生阻力大小的一种性质,以 ρ 表示。材料的比电阻越大,则导电性能越低。

比电阻与温度的关系为

$$\rho = Ae^{B/T} \tag{2-5}$$

式中,ρ 为比电阻;T 为绝对温度;A、B 为与材料特性有关的常数。

在常温下,一般耐火材料(含碳耐火材料除外)是电的不良导体。随着温度的升高,电阻减小,导电性增强。耐火材料中的杂质、气孔及所处的气氛,均对其导电性有影响。耐火材料的比电阻随气孔率的增高而增大,气孔率高,导电性下降。但在高温下,气孔率对电阻的影响会减弱甚至消失。

石墨具有良好的导电性,导电耐火材料主要是指以石墨作为导电物质的含碳耐火材料,主要有 MgO-C 质、MgO-CaO-C 质、Al_2O_3-C 质等。在含碳耐火材料中,石墨的加入量与粒度均对材料的比电阻有影响。在 MgO-C 砖中,当石墨的加入量在 5%~12%之间时,随石墨加入量的增大,比电阻急剧下降;而当石墨的加入量在 12%~20%之间时,比电阻降低的幅度较小;选用粒度小于 0.147mm 的石墨更有利于改善其导电性。另外,由于石墨导电性能的各向异性及其分布的定向性造成了 MgO-C 砖导电性能的各向异性,所以在成型及使用(筑炉)含石墨耐火材料时应注意砖中石墨的方向性[10]。

测量含碳耐火制品的常温比电阻按照中国黑色冶金行业标准 YB/T 173—2000 的试验方法进行,其原理是采用直流双臂电桥直接测出试样电阻,按试样长度和平均截面积计算比电阻。

2.6 耐火材料的力学性能

耐火材料的力学性能是指耐火材料在外力作用下,抵抗变形和破坏的能力。耐火材料在使用和运输过程中会受到各种外力如压缩力、拉伸力、弯曲力、剪切力、摩擦力或撞击力的作用而变形甚至损坏,因此检验不同条件下耐火材料的力学性能,对于了解它抵抗破坏的能力、探讨它的损坏机理、寻求提高制品质量的途径具有重要的意义。耐火材料的力学性能指标主要有耐压强度、抗折强度、抗拉强度、抗扭强度、弹性模量、耐磨性等。

2.6.1 耐压强度

耐火材料在一定温度下,按照规定条件加压,发生破坏前单位面积上所能承受的极限压力。耐火材料的耐压强度分为常温耐压强度和高温耐压强度。

常温耐压强度:指耐火材料在室温下,按照规定条件加压,发生破坏前单位面积上所能承受的极限压力。常温耐压强度能够表明材料的烧结情况,以及与其组织结构相关的性质,另外,通过常温耐压强度可间接地评判其他性能,如耐磨性、耐冲击性等。

耐火材料的常温耐压强度与材料本身的材质有关,但生产工艺对它也有很大的影响。高的常温耐压强度表明材料的生坯压制质量及砖体烧结情况良好。常温耐压强度与其体积密度和显气孔率有关,体积密度越大,气孔率越低,其常温耐压强度也应越高,因此,能够提高材料体积密度的生产工艺,对提高常温耐压强度也是有利的,如采用烧结良好、致密的原料,合理的颗粒级配,高压成型,高温烧成并适当延长保温时间等。

高温耐压强度:指在高温下,以规定的条件加压,试样破碎或其高度压缩为原来的(90±

1)%时,试样单位面积上所能承受的压力。高温耐压强度数值能够反映材料在高温下结合状态的变化,尤其对于不定形耐火材料,由于加入了一定数量的结合剂,温度升高,结合状态发生变化,更需测定其高温耐压强度。

检测致密和隔热耐火材料的常温耐压强度,按照中国国家标准 GB/T 5072—2008《耐火材料 常温耐压强度试验方法》进行,其做法是:在规定条件下,对已知尺寸的试样以恒定的加压速度施加荷载直至破碎或者压缩到原来尺寸的 90%,记录最大载荷。根据试样所承受的最大载荷和平均受压截面积,计算常温耐压强度。

耐火材料高温耐压强度的测定按照中国国家标准 GB/T 34218—2017《耐火材料 高温耐压强度试验方法》进行,其原理是:以规定的升温速率加热试样到试验温度并保温至试样温度均匀,然后对试样以规定的加荷速率施加荷载直至破碎或者压缩到原来尺寸的(90±1)%,记录最大荷载。根据试样所承受的最大载荷和受压截面面积,计算高温耐压强度。

常见耐火材料制品的高温耐压强度如图 2-6 所示[11]。

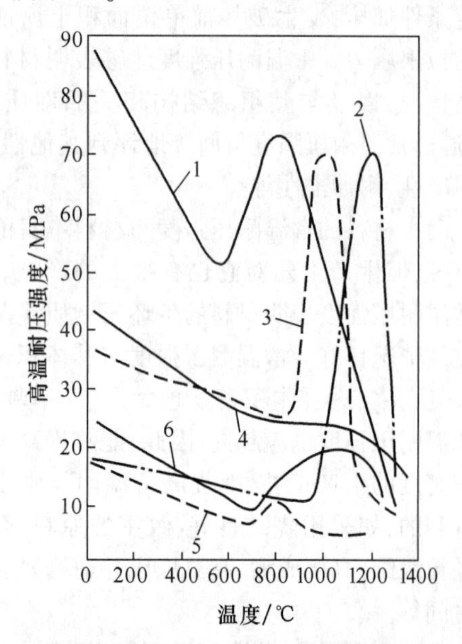

图 2-6 常见耐火制品的高温耐压强度

1—刚玉砖;2—黏土砖;3—高铝砖;4—镁砖;5,6—硅砖

2.6.2 抗折强度

抗折强度为具有一定尺寸的耐火材料条形试样,在三点弯曲装置上所能承受的最大应力,又称抗弯强度、断裂模量,表明材料抵抗弯矩的能力,单位为 MPa。耐火材料的抗折强度分为常温抗折强度和高温(热态)抗折强度。室温下测得的抗折强度称为常温抗折强度;耐火材料在规定的高温条件下(一定的温度及保温时间)所测得的抗折强度值称为该温度下的高温抗折强度。

材料的化学组成、矿物组成、组织结构、生产工艺等对材料的抗折强度尤其是高温抗折强度有决定性的影响。通过选用高纯原料、控制砖料合理的颗粒级配、加大成型压力、使用优质结合剂及提高制品的烧结程度,可提高材料的抗折强度。

中国国家标准 GB/T 3001—2017 规定了耐火材料(包括定形和不定形)常温抗折强度的试验方法。其原理是:在室温下,以恒定的加荷速率对试样施加应力直至断裂。

中国国家标准 GB/T 3002—2017 规定了耐火材料(包括定形和不定形)高温抗折强度的试验方法。其原理是,加热试样到试验温度,保温至规定的温度分布,以恒定的加荷速率对试样施加应力,直至试样断裂。

2.6.3 抗拉强度

抗拉强度是在一定的温度下,以恒定的速率对试样进行拉伸,试样发生破坏时单位面积上所能承受的极限拉力。抗拉强度包括常温抗拉强度和高温抗拉强度。

常温抗拉强度的测定按照中国国家标准 GB/T 34219—2017 进行。该标准适用于致密定形和致密不定形耐火材料常温抗拉强度的测定。隔热定形和隔热不定形耐火材料可以参考使用。测试原理是:在常温条件下,以恒定的拉伸速率对耐火材料试样施加荷载直至破坏,测量试样在破坏时单位面积上所能承受的最大荷载。

耐火材料高温抗拉强度的测定按照中国国

家标准 GB/T 34220—2017 进行。测试原理是：在高温条件下，对规定尺寸的试样以恒定速率施加拉力直至断裂，根据试样断裂前所承受的最大拉力和截面面积计算出高温抗拉强度。

2.6.4 高温抗扭强度

高温抗扭强度：在高温下，以规定的加荷速率给试样施加扭矩，试样发生破坏时所能承受的极限剪切应力。它表征材料在高温下抵抗剪切应力的能力。由于砌筑窑炉的耐火砖在加热或冷却时承受着复杂的剪切应力，因此，高温抗扭强度是判别其质量好坏的一项重要性质。高温抗扭强度取决于材料的性质和结构特征。耐火材料高温抗扭强度的测定按照中国国家标准 GB/T 34217—2017 进行。原理是：在设定的温度下，对规定尺寸的试样以恒定的速率施加扭矩直至断裂，即试样不能够再承受进一步增大的剪切应力。根据试样断裂时所承受的扭矩和截面尺寸计算出高温抗扭强度。

2.6.5 弹性模量

弹性模量是指材料在外力作用下产生的应力与伸长或压缩弹性形变之间的关系，亦称杨氏模量。其数值为试样横截面所受正应力与应变之比。它表征材料抵抗变形的能力，与材料的强度、变形、断裂等性能均有关系，是材料的重要力学参数之一。

材料的弹性模量受其化学矿物组成、显微组织结构的影响，尤其是主晶相的性能、基质的性能及两者的结合情况。另外，温度也对其有重要的影响，一般随着温度的升高，弹性模量下降。研究耐火材料的弹性模量和温度的关系可以帮助判断其基质软化、液相形成和由弹性变形过渡到塑性变形的温度范围，确定材料内的晶型转变及其他结构变化。

材料的弹性模量与其抗热震性、抗折强度和耐压强度均有一定的关系。在材料其他性质相同的情况下，弹性模量与抗热震性有着反比关系；同类材料的弹性模量与其抗折强度、耐压强度大致呈正比关系。

耐火材料常温动态杨氏模量的测定按照中国国家标准 GB/T 30758—2014（等同采用 ISO 12680-1：2005）进行，高温动态杨氏模量的测定按照中国国家标准 GB/T 34186—2017 进行。

2.6.6 耐磨性

耐火材料抵抗运动固体的机械作用对材料表面磨损的能力，可用来预测耐火材料在磨损及冲刷环境中的适用性。通常用经过一定研磨条件和研磨时间研磨后材料的体积损失或质量损失来表示。

耐火材料的耐磨性取决于矿物组成、组织结构和材料颗粒结合的牢固性，以及本身的密度、强度。因此，生产时骨料的硬度、泥料的粒度组成、材料的烧结程度等工艺因素均对材料的耐磨性有影响。常温耐压强度高、气孔率低、组织结构致密均匀、烧结良好的材料总是有良好的常温耐磨性。

耐火材料的常温耐磨性的测定可按中国国家标准 GB/T 18301—2012《耐火材料　常温耐磨性试验方法》（修改采用 ISO 16282：2007）进行，原理是：用 450kPa 的压缩空气将 1000g 具有规定粒度级别的碳化硅砂通过喷砂管垂直喷射到试样的平坦表面，测定试样的磨损体积。耐火材料的高温耐磨性可按照国际标准 ISO 16349：2015（E）检测。

常用耐火材料的常温耐磨性指标见表 2-8[12]。

表 2-8　常用耐火材料的常温磨损量

耐火材料材质类型	耐火材料名称	体积密度/$g \cdot cm^{-3}$	气孔率/%	磨损量/cm^3
碳化硅质材料	Si_3N_4 结合 SiC 砖	2.68	13	0.6~2.5
	黏土结合 SiC 砖	2.57	17	3.9~4.5
	SiAlON 结合 SiC 砖	2.69	14	2.9

续表 2-8

耐火材料材质类型	耐火材料名称	体积密度/g·cm^{-3}	气孔率/%	磨损量/cm^3
刚玉质/刚玉莫来石质材料	电熔再结合刚玉砖 1*	3.18	19	7.5
	刚玉砖 2**	3.25	18	4
	刚玉莫来石砖	2.92	19	8
	莫来石砖	2.6~2.5	—	6~8
	铬刚玉砖	3.21	18	4.6
	塑性相结合(棕)刚玉砖	3.13	10	2.5
高铝材料	高铝砖	2.75~2.59	19~22	4.5~6
	磷酸盐结合高铝砖	2.47	23	6~7
	三级高铝砖($w(Al_2O_3)=58\%$)	2.53	19	7~9
	高铝耐磨浇注料	2.90	17	2~3
	高铝浇注料 B	2.80	20	4~5
	高铝浇注料 C	2.65	21	10
高铝碳化硅质材料	硅莫砖	2.64~2.76	18~20	3~4
	高铝碳化硅浇注料($w(SiC)=20\%\sim80\%$)	2.66~2.85	17~15	2.5~4.5
含碳材料	铝碳滑板(低碳)	3.15	2	2.5
	铝碳化硅炭砖	2.83	4	15
碱性材料	镁砖	3.08	14	16
	(电熔)镁铬砖	3.18	16	8~9
	镁尖晶石砖	3.02	19	14
	镁锆砖	3.14	17	10
黏土材料	黏土砖($w(Al_2O_3)=51\%$)	2.36	18	10
	黏土砖($w(Al_2O_3)=40\%$)	2.19	25	34
	黏土浇注料	2.35	15	5~6
硅质材料	硅砖	约 2.2	18~20	11~17

* 刚玉砖 1 为以白刚玉为原料制备；

** 刚玉砖 2 为以烧结刚玉为原料制备。

2.7 耐火材料的使用性能

耐火材料的使用性能是指耐火材料在高温下使用时所具有的性能。包括耐火度、荷重软化温度、体积稳定性、抗热震性、抗侵蚀性、抗氧化性、抗水化性、高温蠕变性等。其中，抗侵蚀性是指抵抗各种侵蚀介质侵蚀的能力，包括抗熔体侵蚀性、抗气体侵蚀性，重点介绍抗渣性、耐酸性、抗碱性、抗 CO 侵蚀性、耐真空性等。

2.7.1 耐火度

耐火度是指耐火材料在无荷重的条件下，抵抗高温而不熔化的特性。耐火度的意义不同于熔点，熔点是纯物质的结晶相与其液相处于平衡状态下的温度。由于耐火材料一般是由多种矿物组成的多相固体混合物，其熔化是在一定的范围内进行的。

耐火材料的化学组成、矿物组成及各相分

布、结合状况对其耐火度有决定性的影响。各种杂质成分特别是有强熔剂作用的杂质成分，会严重降低材料的耐火度。因此，提高原料纯度、严格控制杂质含量是提高材料耐火度的一项非常重要的工艺措施。

由于耐火材料在实际使用中，除受高温作用外，还受到各种荷载的作用及各种侵蚀介质的侵蚀，服役环境非常复杂，所以耐火度不能作为耐火材料使用温度的上限。

耐火材料的耐火度通常都用标准测温锥的锥号表示。各国标准测温锥规格不同，锥号所代表的温度也不一致。世界上常见的测温锥有德国的塞格尔锥（Segerkegel，缩写为 SK）、国际标准化组织的标准测温锥（ISO）、中国的标准测温锥（WZ）和苏联的标准测温锥（ПК）等。其中 ISO、WZ、ПК 是一致的，采用锥号乘以 10 即为所代表的温度。

测温锥的中国锥号 WZ、苏联锥号 ПК 和德国塞格锥号 SK 对照见表 2-9[13]。

几种常用的耐火制品的耐火度见表 2-10。

表 2-9　测温锥的 WZ、ПК 和 SK 锥号对照

中温部分					高温部分				
中国锥号 WZ	苏联锥号 ПК	德国塞格锥号 SK	德国标准 /℃	美国标准 /℃	中国锥号 WZ	苏联锥号 ПК	德国塞格锥号 SK	德国标准 /℃	美国标准 /℃
110	110	1	1100	1160	158	158	26	1580	1595
112	112	2	1120	1165	161	161	27	1610	1605
114	114	3	1140	1170	163	163	28	1630	1615
116	116	4	1160	1190	165	165	29	1650	1640
118	118	5	1180	1205	167	167	30	1670	1650
120	120	6	1200	1230	169	169	31	1690	1680
123	123	7	1230	1250	171	171	32	1710	1700
125	125	8	1250	1260	173	173	33	1730	1745
128	128	9	1280	1285	175	175	34	1750	1760
130	130	10	1300	1305	177	177	35	1770	1785
132	132	11	1320	1325	179	179	36	1790	1810
135	135	12	1350	1335	182	182	37	1820	1820
138	138	13	1380	1350	185	185	38	1850	1835
141	141	14	1410	1400	188	188	39	1880	
143	143	15	1430	1435	192	192	40	1920	
146	146	16	1460	1465	196	196	41	1960	
148	148	17	1480	1475	200	200	42	2000	
150	150	18	1500	1490					
152	152	19	1520	1520					
154	154	20	1540	1530					

注：升温速度规定，塞格尔锥每小时 600℃，美国标准锥中温部分每小时 15℃，高温部分每小时 1000℃。

表 2-10 常用耐火制品的耐火度

名 称	耐火度/℃	名 称	耐火度/℃
硅 砖	1690~1730	镁 砖	>2000
半硅砖	1630~1650	白云石砖	>2000
黏土砖	1610~1750	熔铸刚玉砖(Al_2O_3>93%)	>1990
高铝砖	1750~2000	刚玉再结合砖(Al_2O_3>98%)	>1790
莫来石砖	>1825	烧结刚玉砖(Al_2O_3>98.5%)	>1790

耐火度的测定方法按照中国国家标准 GB/T 7322—2017《耐火材料 耐火度试验方法》[14]（修改采用国际标准 ISO 528:1983）进行测定，其原理是，将耐火材料的试验锥与已知耐火度的标准测温锥一起栽在锥台上，在规定的条件下加热并比较试验锥与标准测温锥的弯倒情况来表示试验锥的耐火度。试锥在不同熔融阶段的弯倒情况如图 2-7 所示。

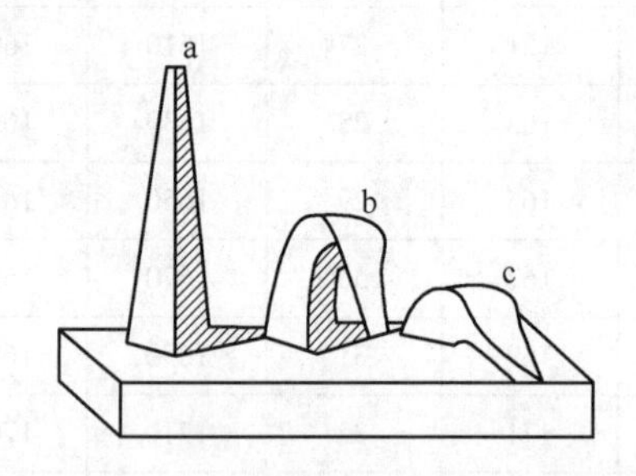

图 2-7 试锥在不同熔融阶段的弯倒情况
a—熔融开始以前；b—在相当于耐火度的温度下；
c—在高于耐火度的温度下

2.7.2 荷重软化温度

荷重软化温度是指耐火材料在规定的升温条件下，承受恒定荷载产生规定变形时的温度。它表示了耐火材料同时抵抗高温和荷重两方面作用的能力。

影响耐火材料荷重软化温度的内在因素是材料的化学、矿物组成和显微结构，具体包括：

（1）构成材料的主晶相、次晶相及基质的种类与特性，各物相间的结合情况。若晶相和基质的高温性能好，耐高温结晶相形成网络骨架，结合紧密，材料的荷重软化温度就高。

（2）晶相和基质的数量，高温下材料内形成液相的数量及黏度。材料内晶相多，高温下形成液相的数量少、黏度大，材料的荷重软化温度就高。

（3）晶相与液相的相互作用情况。

耐火材料的荷重软化温度与其气孔率也有着较明显的关系，一般致密、气孔率低的材料开始变形温度较高。

影响耐火材料荷重软化温度的工艺因素是原料的纯度、配料的组成及制品的烧成温度。因此，通过提高原料的纯度以减少低熔物或熔剂的含量（如减少黏土砖中的 Na_2O，硅砖中的 Al_2O_3，镁砖中的 SiO_2 和 CaO），配料时添加某种成分以优化制品的结合相，调整颗粒级配及增加成型压力以提高砖坯密度，适当提高烧成温度及延长保温时间以提高材料的烧结及促进各晶相晶体长大和良好结合，可以显著提高制品的荷重软化温度。

测定耐火材料荷重软化温度的方法有示差升温法和非示差升温法两种。中国国家标准 GB/T 5989—2008《耐火材料 荷重软化温度试验方法（示差升温法）》（等同采用 ISO 1893:2005）规定了示差法测定致密和隔热定形耐火材料在恒定压力下按照规定的制度升温而产生变形（荷重软化温度）的方法。本试验最高温度可进行到 1700℃。测试原理是：圆柱体试样在规定的恒定荷载和升温速率下加热，直到其产生规定的压缩形变，记录升温时试样的形变，测定在产生规定形变量时的相应温度。试样变形量相对于试样初始高度为 0.5%、1.0%、2.0%和 5.0% 的对应点，即相对应荷重软化 $T_{0.5}$、T_1、T_2 和 T_5 的温度。

值得注意的是，由于测定时所加荷载和升温速率的不同，即便是同一种材料，其荷重软化温度也会不同。因此，比较不同材料的荷重软化温度，应确认是在同一种测试条件下进行的。

几种耐火制品的荷重变形曲线如图2-8[15]所示。几种耐火制品的0.2MPa荷重变形温度见表2-11。

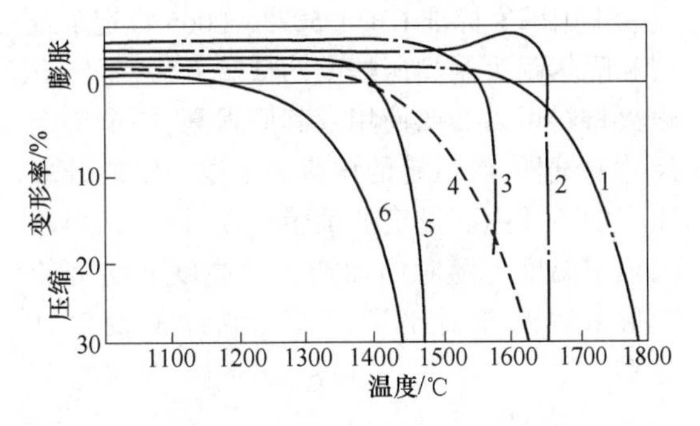

图2-8 几种耐火材料的荷重变形曲线

1—高铝砖（$Al_2O_3$70%）；2—硅砖；3—镁砖；4，6—黏土砖；5—半硅砖

表2-11 几种耐火制品的0.2MPa荷重变形温度（℃）

砖 种	0.6%变形温度（T_H）
硅砖（耐火度1730℃）	1650
玻璃窑硅砖	1650~1680
半硅砖（叶蜡石砖）	约1490
一级黏土砖（$Al_2O_3$40%）	1400
三级黏土砖	1250
莫来石砖（$Al_2O_3$70%）	1600
刚玉砖	≥1700
镁砖	1600
高纯镁砖	≥1750
直接结合镁铬砖	1680
熔铸镁铬砖	>1700
镁白云石砖	>1700（2%变形）
镁橄榄石砖	1640~1680（2%变形）
烧结刚玉砖（Al_2O_3>98.5%）	>1700
熔铸刚玉砖（Al_2O_3>93%）	>1750
刚玉再结合砖（Al_2O_3>98%）	>1700
铝铬渣砖	1700~1730

2.7.3 高温体积稳定性

高温体积稳定性是耐火材料在使用过程中，由于受热负荷的作用，其外形体积或线性尺寸保持稳定不发生变化（收缩或膨胀）的性能。材料的高温体积稳定性通常用加热永久线变化来表示。

加热永久线变化是指耐火材料在无外力作用下，加热到规定的温度，保温一定时间，冷却到常温后所残留的线膨胀或收缩。正号“+”表示膨胀，负号“-”表示收缩。加热永久线变化是评定耐火材料质量的一项重要指标。对判别材料的高温体积稳定性，从而保证砌筑体的稳定性，减少砌筑体的缝隙，提高其密封性和抗侵蚀性，避免砌筑体整体结构的破坏，都具有非常重要的意义。

对于烧成耐火制品来说，其在烧成的过程中，由于内部的物理化学变化一般都没达到烧成温度下的平衡，另外可能会由于各种原因存在烧成不充分，在制品以后的长期使用过程中，受高温的作用，一些物理化学变化或烧成变化会继续进行，从而使制品产生不可逆的收缩或膨胀。因此，此项指标可以作为评价耐火制品烧结程度的一个参考依据。烧结不良的制品，此项指标必然较大。

为了控制烧成制品的加热永久线变化在标准之内甚至达到更小值，适当提高烧成温度和延长保温时间是有效的工艺措施。但也不宜过高，否则会引起制品的变形，组织玻璃化，降低材料的抗热震性。

不定形耐火材料的加热永久线变化与其化学组成及加热处理条件密切相关，通过选用合适的原料或添加某种外加剂、制定合理的烘烤制度，可以避免或抑制产生较大体积变化的化学反应或晶型转变或抵消一些体积变化，从而降低不定形材料的永久线变化率。

中国国家标准GB/T 5988—2007规定了耐火材料加热永久线变化的试验方法。原理是：将已知长度或体积的长方体或圆柱体试样，置于试验炉内，按规定的升温速率加热到试验温度，保温一定时间，冷却到室温后，再次测量其长度或体积，并计算其加热永久线变化率或体积变化率。

常用耐火制品的加热永久线变化率指标见表2-12。

表 2-12　常用耐火制品的加热永久线变化率指标

材　质	品　种	测试条件	指标值/%
黏土质	N-1	1400℃,2h	+0.1,-0.4
	N-2a	1400℃,2h	+0.1,-0.5
	N-2b	1400℃,2h	+0.2,-0.5
	N-3a,N-3b,N-4,N-5	1350℃,2h	+0.2,-0.5
硅　质	JG-94	1450℃,2h	≤0.2
高铝质	LZ-75,LZ-65,LZ-55	1500℃,2h	+0.1,-0.4
	LZ-48	1450℃,2h	+0.1,-0.4
镁及镁硅质	MZ-91	1650℃,2h	≤0.5
	MZ-89	1650℃,2h	≤0.6

2.7.4　高温蠕变性

高温蠕变性是指材料在高温下受应力作用随着时间变化而发生的等温形变。因施加外力的不同,高温蠕变性可分为高温压蠕变、高温拉伸蠕变、高温弯曲蠕变和高温扭转蠕变等。常用高温压蠕变来表征材料的高温蠕变性。

无论何种形式的蠕变,都是变形量与温度、应力和时间的函数关系。在应力和温度不变的情况下,根据对变形-时间关系曲线的分析,耐火材料的蠕变可分为3个阶段,即减速蠕变(初期蠕变)、匀速蠕变(黏性蠕变、稳态蠕变)和加速蠕变。

耐火材料的高温蠕变性除与其化学矿物组成、显微结构有关外,还与使用过程中的外界因素有关,如使用温度、压力、气氛,使用过程中烟尘、熔融金属、熔渣等对耐火材料的侵蚀等。

为了改善耐火材料的蠕变性,重要的是改善其化学矿物组成及显微结构。可采取提高原料的纯度、制定合理颗粒级配、加大成型压力、适当提高烧成温度、延长保温时间等措施。

通过测定耐火材料的蠕变,可以研究耐火材料在高温下由于应力作用而产生的组织结构的变化,检验制品的质量和评价生产工艺。此外,通过测定耐火制品在不同温度和荷重下的蠕变曲线,可以了解制品发生蠕变的最低温度、不同温度下的蠕变速率和高温应力下的变形特征,从而为窑炉设计时预测耐火制品在实际应用中承受负荷的变化、评价制品的使用性能提供依据。

中国国家标准 GB/T 5073—2005 规定了致密和隔热耐火制品压蠕变的试验方法,不定形耐火材料可以参照使用。其原理是,一个给定尺寸的试样,在恒定的压应力下以一定的升温速率加热并达到设定的试验温度,记录试样在该恒定温度下随时间而产生的高度方向上的变形量以及相对于试样原始高度的变化百分率。

2.7.5　抗热震性

抗热震性是指耐火材料抵抗温度急剧变化而不损坏的能力,也称热震稳定性、抗热冲击性、抗温度急变性、耐急冷急热性等。耐火材料的抗热震性是其力学性能和热学性能在温度变化条件下的综合表现。

耐火材料在使用过程中,经常会受到使用温度急剧变化的作用。如转炉、电炉等炼钢时的加料、冶炼、出钢或停炉中的炉温变化,其他间歇式高温窑炉或容器在间歇过程中,由于温度急剧变化,导致炉衬耐火材料产生裂纹、剥落甚至溃坏。此种破坏作用限制了制品和窑炉的加热和冷却速度,限制了窑炉操作的强化,是窑炉耐火材料损坏的主要原因之一。

影响耐火材料抗热震性的因素是非常复杂的。根据材料抗热震断裂和抗热震损伤的有关理论,材料的力学性能和热学性能,如强度、断裂能、弹性模量、热膨胀系数、热导率等是影响其抗热震性的主要因素。一般来说,耐火材料的热膨胀系数小,抗热震性就越好;材料的热导率(或热扩散率)高,抗热震性就越好。但对于强度、断裂能、弹性模量对抗热震性的影响,则与材料原来是否已存在微裂纹和裂纹的扩展等有关。此外,耐火材料的颗粒组成、致密度、气孔是否微细化、气孔的分布、制品形状等均对其抗热震性有影响。材料内存在一定数量的微裂纹和气孔,有利于其抗热震性;制品的尺寸大且结构复杂,会导致其内部严重的温度分布不均和应力集中,恶化其抗热震性。

基于以上对抗热震性影响因素的分析,改善材料的抗热震性可采取以下工艺措施:(1)原料及外加剂的选择:尽量选用热膨胀系数低、热导率高的原料,在不影响材料其他性能的情况下,加入热膨胀系数低、热导率高的外加剂;(2)材料微观结构的优化:如在材料中引入第二相或第二种材料(氧化锆),利用其相变产生微裂纹达到增韧的目的;(3)在满足使用条件的情况下,尽量制造尺寸小、形状简单的制品。

中国国家标准 GB/T 30873—2014 规定了耐火材料的抗热震性试验方法。其原理是:在规定的试验温度和冷却介质下,一定形状和尺寸的试样,在经受急冷急热的温度突变后,根据其破损程度确定耐火材料的抗热震性。该标准包括三个试验方法,分别是(1)水急冷法,直形砖试样 230mm×114mm×65/75mm;(2)水急冷法,小试样 50mm×50mm 圆柱体或 40mm×40mm×160mm 的长方体;(3)空气急冷法。

2.7.6 抗侵蚀性

抗侵蚀性是指耐火材料在高温下抵抗各种侵蚀介质侵蚀和冲蚀作用的能力。这些侵蚀介质包括各种炉渣(高炉、电炉、转炉、精炼炉、有色金属冶炼炉、煅烧炉、反应炉等)、燃料、灰分、飞尘、铁屑、石灰、水泥熟料、氧化铝熟料、垃圾、液态熔融金属、玻璃熔液、酸、碱、电解质液、各种气态物质(煤气、CO、硫、锌及碱蒸汽)等。

抗侵蚀性是衡量耐火材料抗化学侵蚀和机械磨损的一项非常重要的指标,对于制定正确的生产工艺,合理选用耐火材料具有重要的意义。

影响耐火材料抗侵蚀性的因素有内在因素和外在因素。内在因素主要包括耐火材料的化学、矿物组成,耐火材料的组织结构等;外在因素主要有侵蚀介质的性质、使用条件(温度、压力等)以及侵蚀介质与耐火材料在使用条件下的相互作用等。

(1)耐火材料的化学、矿物组成。不同化学组成的材料其抗侵蚀性不同,酸性耐火材料对酸性侵蚀介质有较好的抗侵蚀性,而碱性耐火材料抵抗酸性侵蚀介质侵蚀的能力就很弱。

耐火材料是多相聚集体,由主晶相、次晶相和基质组成。主晶相的耐火度高、晶粒大、晶界少,抗侵蚀性相对好一些;若基质中杂质含量高,则易于形成液相,若形成的液相黏度低,对材料的抗侵蚀性不利。

(2)耐火材料的组织结构。主要指耐火材料中各物相的分布与结合情况以及气孔的数量、大小、形状及分布状况等。

(3)耐火材料的一些物理性能。耐火材料的体积密度、显气孔率、抗热震性、抗氧化性、高温体积稳定性等对其抗侵蚀性影响很大。体积密度高、气孔率低的致密材料相对疏松的材料有较好的抗侵蚀性;抗热震性差的材料受到热冲击的时候,会出现裂纹或开裂剥落,从而使侵蚀介质进入材料内部,导致其抗侵蚀性降低;抗氧化性差的含碳耐火材料,表面氧化后形成脱碳层,结构疏松易脱落,使抗侵蚀性降低;高温体积稳定性差的材料,一般也会使其抗侵蚀性变差。

(4)侵蚀介质的影响。主要指侵蚀介质的化学组成、酸碱性、黏度、温度、流动速度(静态还是动态),压力和气氛(对气态侵蚀介质,还有氧化性、还原性等)等。

(5)耐火材料与侵蚀介质的相互作用。耐火材料与侵蚀介质发生反应形成高熔点或高黏度物相,有利于降低对材料的侵蚀。

(6)使用条件的影响。主要包括使用温度的高低及波动情况、压力、气氛、接触时间及面积等。温度高并且波动大,压力大或真空,气氛侵蚀性强,接触时间长、面积大,对材料的侵蚀就严重。

基于以上分析,改进耐火材料的抗侵蚀性可采取如下措施:(1)提高原料的纯度,改善制品的化学矿物组成,尽量减少低熔物及杂质的含量。(2)注意耐火材料的选材,尽量选用与侵蚀介质的化学组成相近的耐火材料;另外,耐火材料在使用中,还应该注意到所用材料之间化学特性应相近,防止或减轻在高温条件下所用材料之间的界面损毁反应。(3)选择适宜的生产工艺,获得具有致密而均匀的组织结构的制品。

由于侵蚀介质的多样性和复杂性,因此研究耐火材料抗侵蚀性的试验方法也应该不同。这里仅介绍抗渣性、抗酸及碱性、抗玻璃熔液侵蚀、抗 CO 侵蚀性、耐真空性等的试验方法。

2.7.6.1 抗渣性

抗渣性是耐火材料在高温下抵抗熔渣渗透、侵蚀和冲刷的能力。各种炉渣、燃料、灰分、飞尘、铁屑、石灰、水泥熟料、氧化铝熟料、垃圾、熔融金属等可广义地称为熔渣,因此,这里的抗渣性包含的内容很广。

耐火材料的抗渣性按照中国国家标准 GB/T 8931—2007 测定。该标准包括以下四个方法:

(1)静态坩埚法。该方法适用于各种炉渣对耐火材料抗渣侵蚀性能的比较试验。其原理是:将装有炉渣的坩埚状耐火材料试样置于炉内,按照一定升温速率升温至试验温度并保温一定的时间,炉渣与坩埚试样发生反应。以炉渣对试样剖面的侵蚀量(深度、面积及面积百分率)和渗透量(深度、面积及面积百分率)评价材料抗渣性的优劣。

(2)静止试样浸渣通气法。该方法更适合于高炉用耐火材料的抗渣性试验。其试验原理是:将试样置于动态的渣液中,经过一定时间后,以试样试验前后的质量变化率评价其抗渣性。

(3)转动试样浸渣通气法。该方法较适用于高温下,熔融的动态炉渣对耐火材料的冲刷、侵蚀性试验(如炼钢用耐火材料)。其试验原理是:在通氮气搅动的熔融炉渣中,试样按照规定的转速正反转动。经过一定的时间后,测定试样被炉渣侵蚀的深度和面积。

(4)回转渣蚀法。该方法较适用于高温下,熔融的动态炉渣对耐火材料的渗透、冲刷性试验。试验原理是:用试样组成断面呈多边形的试验镶板,作为回转圆筒炉内衬。加热到试验温度,并按规定时间让内衬承受炉渣的侵蚀与冲刷作用。测量试验前后试样的厚度变化,以比较其抗渣性的优劣。

2.7.6.2 耐酸性

耐酸性是耐火材料抵抗酸侵蚀的能力。通常以材料在规定的酸中侵蚀后质量损失的百分数来表示。测定耐火制品耐酸性的方法一般选用硫酸作为侵蚀介质。中国国家标准 GB/T 17601—2008(修改采用国际标准 ISO 8890:1988)规定了耐火制品耐硫酸侵蚀性试验方法。其他形式的耐火材料耐硫酸侵蚀试验也可以参照使用。试验要点是:将按规定方法制备的试样(0.63~0.80mm 的颗粒),放入质量分数为 70%的沸腾的硫酸中侵蚀 6h,然后测定其质量损失量,以试样侵蚀后的质量损失量与初始质量之比的百分数表示耐硫酸侵蚀率。

2.7.6.3 抗碱性

抗碱性是耐火材料在碱性环境中抵抗损毁的能力。测定耐火材料抗碱性方法,通常以无水 K_2CO_3 为侵蚀介质,有混合侵蚀法和直接接触熔融侵蚀法两种。

中国国家标准 GB/T 14983—2008 规定了耐火材料抗碱性试验方法。该标准方法包括下面三个方法:

(1)碱蒸气法。该方法适用于定形耐火制品抗碱性的测定。试验原理是,在 1100℃下,K_2CO_3 与木炭反应生成碱蒸气,对耐火材料试样发生侵蚀作用,生成新的碱金属的硅酸盐和碳酸盐化合物,使耐火材料性能发生变化。对试验结果可以采用目测判定、强度判定及显微结构判定。

(2)熔碱坩埚法。该方法适用于普通耐火材料抗碱性的测定。试验原理是,将一定量的 K_2CO_3 放入试样内,在高温下碱与试验材料反应产生体积膨胀,观察试样的破坏程度。以侵蚀试验后试样表面的裂纹宽度评定材料抗碱性的优劣。

(3)熔碱埋覆法。该方法适用于具有强耐碱性耐火材料(如赛隆结合、氮化硅结合碳化硅耐火材料等)的抗碱性测定。试验原理是:通过试样在熔融碱液中浸泡,测定试样侵蚀前后质量的变化,以侵蚀后的质量变化率 m_r 评定材料的抗碱侵蚀能力。

m_r 按下式计算:

$$m_r = [(m_1 - m)/m] \times 100\% \quad (2-6)$$

式中 m_r——抗碱试验后试样的质量变化率,%;

m——抗碱试验前试样的质量,g;

m_1——抗碱试验后试样的质量,g。

2.7.6.4 抗玻璃液侵蚀

抗玻璃液侵蚀是玻璃窑用耐火材料抵抗玻璃液侵蚀、冲刷的能力。中国建材行业标准JC/T 806—2017规定了玻璃熔窑用耐火材料静态下抗玻璃液侵蚀的试验方法。该方法适用于测定耐火材料在静态、等温条件下抗玻璃液侵蚀的性能。

耐火材料与玻璃液接触时,在接触面会发生物理化学反应,从而在材料的表面留下明显的凹痕。该试验方法就是通过测量试样凹痕的深度来表示耐火材料在规定条件下抗玻璃液侵蚀的能力。

2.7.6.5 抗一氧化碳性

抗一氧化碳性是指耐火材料在一定的温度和CO气氛中抵抗一氧化碳破坏的能力。耐火材料在400~700℃遇到强烈的CO气氛时,由于CO分解,游离C就会沉积在材料上含铁点的周围,使材料崩裂损坏。降低材料的气孔率及其氧化铁含量,可以提高其抗一氧化碳破坏的能力。

中国国家标准GB/T 29650—2013规定了耐火材料抗一氧化碳性的试验方法。试验原理是:将试样暴露于试验温度下特定的一氧化碳气氛中,经过一定的时间,观察试样的破坏程度。

2.7.6.6 耐真空性

耐火材料的耐真空性是指其在真空和高温下使用时的耐久性。耐火材料在高温减压下使用时,其中一些组分易挥发,材料中组分与介质间的反应容易进行;另外,在真空下,熔渣沿材料中毛细管渗透的速度明显加快。所以,许多材料在真空下使用时,耐久性降低。当耐火材料使用于真空熔炼炉和其他真空处理装置时,必须考查其耐真空性。

提高耐火材料的耐真空性,应选择蒸气压低和化学稳定性好的化合物来构成材料,另外提高材料的致密度也有利于其耐真空性的改善。

各国均没有制定标准试验方法测定耐火材料的耐真空性,现多采用的方法是:将耐火材料置于一定真空度的条件下,经过一定的时间,计算其质量损失或质量损失速度,以此衡量其耐真空性。

2.7.7 抗氧化性

抗氧化性是指耐火材料在高温和氧化气氛中抵抗氧化的能力。

由于碳很难被熔渣侵蚀,具有良好的导热性和韧性,加入碳后,显著改善了材料的使用性能,如抗渣侵蚀性及抗热震性。但是碳在高温下易氧化,这是含碳耐火材料损坏的重要原因。

提高含碳耐火材料的抗氧化性,可采取以下措施:

(1)选择抗氧化能力强的炭素材料;

(2)改善制品的结构特征,增强制品致密程度,降低气孔率;

(3)添加抗氧化剂,主要是金属(Si、Al、Mg、Zr、Ca等)、合金(Al-Si、Al-Mg、Si-Ca)以及非氧化物化合物(SiC、Si_3N_4、B_4C、BN)等;

(4)采用石墨表面涂层法,石墨表面涂层法是用物理或化学方法在石墨表面覆盖一层具有良好的润湿性的氧化物、金属、碳化物、氮化物等。

中国国家标准GB/T 17732—2008中规定了含碳耐火材料的抗氧化性试验方法:原理是,将试样置于炉内,在氧化气氛中按照规定的加热速率加热至试验温度,并在该温度下保持一定时间,冷却至室温后将试样切成两半,测量其脱碳层的厚度。升温速率从室温至1000℃为8~10℃/min,从1000℃至试验温度(1400℃)为4℃/min。

2.7.8 抗水化性

抗水化性是碱性耐火材料在大气中抵抗水化的能力。碱性耐火材料中的CaO、MgO,特别是CaO,在大气中极易吸潮水化,生成氢氧化物,使制品疏松破坏。

提高碱性耐火材料的抗水化性,通常采用下列方法:(1)高温烧成法。提高烧成温度使其死烧。(2)加入少量添加物法。作为助烧结剂,提高烧结密度,或添加物与CaO或MgO反应生成低熔相将CaO或MgO颗粒包裹起来与环境隔绝,或生成稳定的不易水化的化合物等;通常加入稀土氧化物、Fe_2O_3、Al_2O_3、TiO_2 等。(3)表面改性处理:碳酸化表面处理是利用 CO_2 气体在一定条件下对镁钙砂进行处理,使其表面生成碳酸盐薄膜,达到抗水化的目的;另外,还可用磷酸或聚磷酸盐溶液对 CaO 质材料进行表面处理,使经过表面处理的镁钙砂颗粒表面形成磷酸盐包裹层,以提高熟料颗粒的抗水化性能[16]。(4)改善包装法:加保护层(密封包装)减少与大气接触。

对于耐火材料抗水化性的检测,熟料颗粒及制品使用不同的检测方法。美国的 ASTM C492(2003)《死烧粒状白云石水化性试验方法》可用于测定熟料颗粒的抗水化性;美国的 ASTM C456《碱性砖抗水化性试验方法》规定了测定制品水化性的方法。

参考文献

[1] 李楠,顾华志,赵惠忠. 耐火材料学[M]. 北京:冶金工业出版社,2010:2.

[2] 李红霞. 耐火材料手册[M]. 北京:冶金工业出版社,2007:50.

[3] 李红霞. 耐火材料手册[M]. 北京:冶金工业出版社,2007:52.

[4] 薛群虎,徐维忠. 耐火材料[M].2 版. 北京:冶金工业出版社,2018:15.

[5] 李红霞. 耐火材料手册[M]. 北京:冶金工业出版社,2007:53.

[6] 李红霞. 耐火材料手册[M]. 北京:冶金工业出版社,2007:56.

[7] 胡宝玉,徐延庆,张宏达. 特种耐火材料实用技术手册[M]. 北京:冶金工业出版社,2004:10.

[8] 李红霞. 耐火材料手册[M]. 北京:冶金工业出版社,2007:58.

[9] 李红霞. 耐火材料手册[M]. 北京:冶金工业出版社,2007:59.

[10] 蒋久信,张国栋,李纯,等. 石墨对 MgO-C 耐火材料的导电性能的影响[J].耐火材料,2002,36(3):329~332.

[11] 武志红,丁冬海. 耐火材料工艺学[M]. 北京:冶金工业出版社,2017:24.

[12] 石干,张伟. 耐火材料耐磨性的研究[J]. 耐火材料,2019,53(1): 71~75.

[13] 许晓海,冯改山. 耐火材料技术手册[M]. 北京:冶金工业出版社,2000:35.

[14] 全国耐火材料标准化技术委员会,中国标准出版社. 耐火材料标准汇编[M].6 版. 北京:中国标准出版社,2020:263~270.

[15] 薛群虎,徐维忠. 耐火材料[M].2 版. 北京:冶金工业出版社,2018:30.

[16] 侯冬枝,张文杰,顾华志,等. 聚磷酸盐表面处理提高镁钙砂的抗水化性能[J].耐火材料,2002,36(1):16~17.

3 耐火材料矿物相组成、显微结构分析和热分析

在制备耐火材料的过程中，通过原料选取、配比、成型和烧成等一系列工序最终得到了具有一定相组成和结构的耐火产品。耐火产品的各项性能指标取决于其化学矿物相组成和显微结构。因此相组成和显微结构的分析作为一种重要的手段广泛应用于耐火材料性能的预测评价、产品服役后的分析改进和产品预设计等方面。相分析是通过 X 射线衍射仪，考察材料的结晶相组成和大致含量。显微结构分析是通过电子显微镜和光学显微镜来观察耐火材料组成和各相之间的相互赋存关系，目前主要采用电子显微镜分析观察。热分析主要用于研究耐火材料内部伴随有吸放热过程的晶型转变、分解、化学反应以及熔融等。本章主要介绍了 X 射线衍射仪的工作原理和在耐火材料矿物组成分析中的应用；简要介绍了耐火材料的显微结构分析，并列举了常见的 SiO_2、$Al_2O_3-SiO_2$、$MgO-CaO$、$MgO-Cr_2O_3$、$SiC-Si_3N_4$ 及含 C 系耐火材料的显微结构；最后对热分析的各种方法及应用进行了论述。

3.1 矿物相分析

矿物相分析是指耐火材料内部的各种结晶相组成和含量的分析。化学组成相同的耐火材料可能具有不同的矿物相组成，因而具有完全不同的各项性能。矿物相组成主要采用 X 射线物相分析来进行，X 射线物相分析是以 X 射线衍射效应为基础的。其中由于 X 射线衍射仪操作简便，测量灵敏度高，近代以来得到了飞速的发展和普及。目前，绝大多数 X 射线物相分析工作都在 X 射线衍射仪上进行。具体到耐火材料，其所应用的 X 射线衍射仪多采用粉末衍射。

3.1.1 X 射线衍射仪的工作原理

X 射线的波长和晶体内部原子面之间的间距相近，晶体可以作为 X 射线的空间衍射光栅，即一束 X 射线照射到物体上时，受到物体中原子的散射，每个原子都产生散射波，这些波互相干涉，结果就产生衍射。衍射波叠加的结果使射线的强度在某些方向上加强，在其他方向上减弱。分析衍射结果，便可获得晶体结构[1]。以上是 1912 年德国物理学家劳厄（M. von Laue）提出的一个重要科学预见，随即被实验所证实。1913 年，英国物理学家布拉格父子（W. H. Bragg, W. L. Bragg）在劳厄发现的基础上，不仅成功地测定了 NaCl、KCl 等晶体结构，还提出了作为晶体衍射基础的著名公式——布拉格方程：$2d\sin\theta=n\lambda$。

对于晶体材料，当待测晶体与入射束呈不同角度时，那些满足布拉格衍射的晶面就会被检测出来，体现在 XRD 图谱上就是具有不同的衍射强度的衍射峰。对于非晶体材料，由于其结构不存在晶体结构中原子排列的长程有序，只是在几个原子范围内存在着短程有序，故非晶体材料的 XRD 图谱为一些漫散射馒头峰[1]。

X 射线衍射仪是利用衍射原理，精确测定物质的晶体结构、织构及应力，精确地进行物相分析、定性分析、定量分析。广泛应用于冶金、石油、化工、科研、航空航天、教学、材料生产等领域[1]。

3.1.2 粉末衍射用样品的制备

通常将测试试样压放在圆柱状或四方形的样品槽内。对脆性样品可先将其破碎，然后研磨成粉。所得到的粉状样品要通过 250~325 目的筛孔，因为当粉末颗粒过大时，参加衍射的晶粒数少，会使衍射线条起毛甚至不连续，再有就是容易产生择优取向；但粉末颗粒过细（小于 10^{-5}cm），又会使衍射线条变宽，这些都不利于后期的图谱分析工作。在筛选两相以上的粉末样品时，必须让研磨的全部样品通过筛孔，决不能只取先通过筛孔的细粉作为测试样品，而将

粗粉丢掉,因为材料中各相脆性及研磨难易程度不同,有的组分较易磨细而先通过筛孔,这样取得的样品与原样品的组分是不同的。对于采用锉削或碾磨等机械方法得到的金属粉末,因其具有很大的内应力(会导致衍射线条变宽),还须在真空或保护性气氛中退火以消除内应力。如果需要对材料中某些微量的相进行分析时,需采用富集的办法尽量将这些微量相单独分离出来测试[1]。

3.1.3 X 射线衍射仪的主要组成

X 射线衍射仪的英文名称是 X-ray diffractometer,简写为 XRD。其形式多种多样,用途各异,但其基本构成很相似,主要部件包括 4 部分。

(1)高稳定度 X 射线发生器:提供测量所需的 X 射线,改变 X 射线管阳极靶材质可改变 X 射线的波长,调节阳极电压可控制 X 射线源的强度。现多为 Cu、Co 材质。

(2)测角仪:测角仪是 X 射线衍射仪的核心组成部分,试样台位于测角仪的中心,测角仪一端为 X 射线发生器,另一端为射线检测器,在测角仪上安装有一系列的狭缝光阑和梭拉光阑。

(3)射线探测器:检测衍射强度或同时检测衍射方向,通过仪器测量记录系统或计算机处理系统可以得到多晶衍射图谱数据。

(4)衍射图的处理分析系统:现代 X 射线衍射仪都附带安装有专用衍射图处理分析软件的计算机系统,它们的特点是自动化和智能化。

3.1.4 粉末衍射测试参数的设置

计数测量工作中的一个重要问题是合理地选择测试参数,其中影响较大的是狭缝光阑、扫描速度和工作电流电压等。

(1)狭缝光阑的选择:在衍射光路中,包括发散狭缝、接收狭缝和防散射狭缝三个狭缝光阑,发散狭缝用来限制射线与测角仪平面平行方向上的发散角,它决定入射线在试样上照射面积和强度。接收狭缝对衍射线峰高度、峰背比及峰的积分宽度有明显影响。防散射狭缝只影响峰背比。

(2)扫描速度的选择:随着扫描速度的加快,会导致峰高下降,线形畸变,峰顶向扫描方向漂移。因此,为了得到较高的测量精度,应选用较低的扫描速度。

(3)工作电流电压:电流电压增大,峰的强度变大,有利于物相的定量分析;但太大会对 X 射线发生器的使用寿命造成不利影响。

3.1.5 物相定性分析

任何一种晶体物质,都具有特定的结构参数(包括晶体结构类型、晶胞大小、晶胞中原子、离子或分子数目的多少以及它们所在的位置等),它在特定波长的 X 射线辐射下,将呈现出该物质特有的多晶体衍射图谱(衍射线条的位置和强度)。因此,多晶体衍射图谱就成为晶体物质的特有标志。多相物质的衍射图谱是各相衍射图谱的机械叠加,彼此独立无关;各相的衍射图谱表明了该相中各元素的化学结合状态。根据多晶体衍射图谱与晶体物质所特有的对应关系,将待测物质的衍射图谱与各种已知物质的衍射图谱进行对比,借以对物相做定性分析[1]。

3.1.5.1 物相定性分析的步骤

物相分析的重要前提是获得完整准确的衍射数据,为此,在制备试样时要严格遵循前文所述的样品制备方法,其次在测试含 Fe、Co、Ni 等容易被 X 射线激发荧光的样品时,还要选择合适的辐射条件,使荧光辐射降到最低。

在获得衍射图谱后,标定出衍射线条的位置和晶面间距 d 值,现在的软件分析系统可方便实施,而不需要像过去那样去测量和计算。但需要注意的是一些微弱的和峰形宽化的衍射峰无法自主标定出来,而这些恰恰可能是那些未完全反应相或是刚刚生成相的特征谱线,这就需要人工标定出来。如图 3-1 所示,45.588°及 67.068°这两个衍射峰由于宽化在自动寻峰时标不出来,但这两条宽化的谱线恰恰是 δ-Al_2O_3 的重要特征谱线。

根据得出的图谱,按照三强线原则逐步比对标准物质卡片,从而得出物相的定性分析。对于其中的主晶相,计算机软件检索索引一般

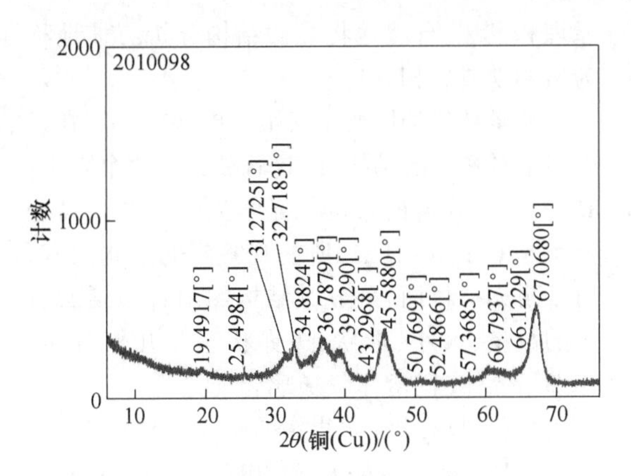

图 3-1　轻烧氧化铝的衍射图谱

可自动完成，但对于其中的微量相可能检索不出来，还需要人工比对。

3.1.5.2　定性分析的注意事项

在实际工作中会发现待测物相的晶面间距 d 值往往与标准物质卡片上的 d 值不完全一样，相对强度 I/I_1 有时符合程度更差。这时必须注意：晶面间距 d 值比相对强度 I/I_1 更重要，在待测样品图谱与标准图谱对比时，d 值必须相当符合，一般只能小数点后第二位有差异，从方程式 $\Delta d/d=-\cos\theta\cdot\Delta\theta$ 可知，低角度衍射线条的 d 值误差比高角度衍射线条的 d 值误差要大些。至于相对强度，由于实验条件的差异，其一致性可能会更差些[1]。

多相混合物的衍射线条很可能有重叠现象，如果三强线有重叠，分析会比较麻烦，还需考虑其他的谱线，避免出现误判漏判。当混合物中某相含量很少时，其晶面反射能力会很弱，它的衍射线条可能难以出现或者淹没在背底之中，因此就无法确定其是否存在。所以 X 射线定性分析只能肯定某相的存在，而不能断定某相肯定不存在。

3.1.6　物相定量分析

定量分析的基本任务是确定混合物中各相的相对含量。随着科学技术的发展，迫切需要知道原材料、成品中各物相的含量，而其他手段（化学相分析、电子显微镜等）由于种种原因，对于很多样品无法进行定量分析，因而促进了 X 射线衍射定量分析的进一步发展。

衍射强度理论指出，各相衍射线条的强度随着该相在混合物中相对含量的增加而增强。但是衍射强度还与混合物的总吸收系数有关，因此一般来说，强度和相对含量之间的关系并非线性关系[2]。目前已知的各种定量相分析方法有很多，比如内标法、外标法、增量图解法、理论计算参考强度比法、无标样法、K 值法、RIR 值计算法，以及通过峰的强度和积分面积相比较进行计算的方法等，这些方法各有优缺点。目前，X 射线衍射仪上物相分析软件应用最多的是 RIR 值计算法以及在此基础上通过对图谱的进一步拟合、精修而得到的修正结果。

3.1.7　X 射线衍射仪在一些材料相分析中的典型应用

随着基础理论、分析方法及试验技术的发展，X 射线衍射仪在科学研究和生产领域得到了广泛的应用。下面介绍用 X 射线衍射仪解决一些物相分析的实例，其中有些类型恰恰是其他手段无法解决的。

（1）同素异构体。这些样品中各物相的元素组成相同，但各物相的晶体结构不同。由于各物相的元素组成相同，它们的化学性质非常相似，所以用化学相分析的方法无法将它们分开，但由于它们的结构不同，因此各物相的衍射图谱也不相同，用 X 射线衍射仪可以方便地测定它们的含量[3]。例如 α 和 β 类型的 Si_3N_4 的定量相组成分析如图 3-2 所示，标记为矩形的谱线为 β-Si_3N_4 的谱线，标记为圆形的谱线为 α-Si_3N_4 的谱线；文石、方解石、白云石等 $CaCO_3$ 同素异构体的含量的测定；立方和四方晶系 ZrO_2 的定量；α 和 γ、δ、η、θ、χ 等 Al_2O_3 的同素异构体含量的测定；硅线石、蓝晶石和红柱石含量的测定；硅砖中方石英、鳞石英、石英的含量测定等。对于这一类样品，应用 X 射线衍射仪进行相组成定量分析是最好的分析手段。

（2）结构相同但组成元素的含量略有差异的物相定量分析。这种结构相同但组成元素的含量略有差异的样品最易出现在合金材料中，同一样品在不同的热处理状态下某一物相固溶的元素含量有变化，导致晶体的点阵常数发生变化，而这对

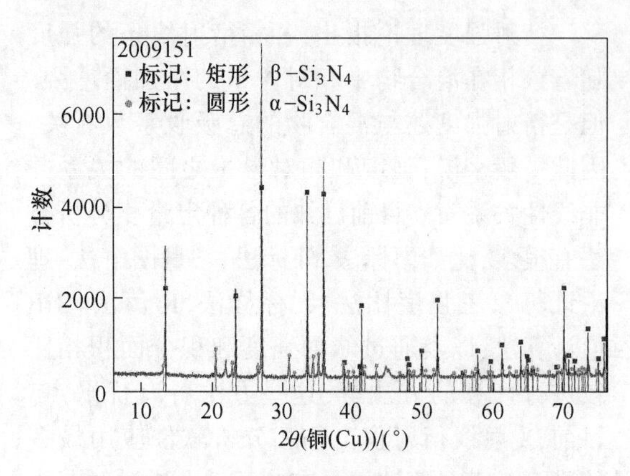

图 3-2 氮化硅铁的衍射图谱

合金的性能是有显著影响的。目前这类样品的物相定量分析只能依靠 X 射线衍射手段[3]。

(3)价态分析。样品中某些物相是由完全相同的元素组成的不同分子式化合物，比如 FeO、Fe_2O_3、Fe_3O_4 各个物相含量的测定，以及 α-FeOOH 和 γ-FeOOH 的分析等，这些无机分析化学中的难题之一(元素的价态分析)用 X 射线衍射法可以方便解决[3]。

(4)由部分相同元素组成的各种物相分析。这些矿物中的几个物相含有共同的元素或原子团，例如黏土中高岭石、云母、绿泥石、蒙脱石的定量分析，$CaCO_3$ 中 CaO 的分析，碱性炉渣中 CaO 和 $Ca(OH)_2$ 的分析，尖晶石中游离氧化镁的测定等。如果通过成分分析测出样品中各元素的含量，然后再推算各物相的含量是很困难的，甚至是不可能的，但是通过 X 射线衍射法可以直接测出各个物相的含量[3]。

(5)异素异构体。这类样品中各物相的组成元素不同，结构也不同，比如水泥中的铁酸盐、铝酸盐、硅酸盐的分析；白色颜料中 TiO_2、$CaCO_3$、$BaSO_4$、锌钡白等物相分析等[3]。对于以上这类样品，利用 X 射线衍射仪进行物相分析要比成分分析速度快、手续简单。

3.2 显微结构分析

3.2.1 显微结构的定义

无机非金属材料的显微结构分析已有百余年的历史。早年的分析工作是沿袭了岩相学的原理和方法，自然地将显微结构分析习惯地称为岩相学或岩相分析。

显微结构的原始定义很简单，就是指“在显微镜下观察到的结构”。这就提到了两个限定：其一，所能分辨的尺度。光学显微镜的最高分辨率是 0.2μm；其二，所能观察到的结构内容。对于耐火材料而言，显微结构的内容包括所有相的数量、大小、形状、边界状态和几何分布。相即指晶体(固溶体)、玻璃和气孔[4]。

众所周知，电子显微镜的点分辨率可以达到 0.3nm，高分辨率透射电镜(HRTEM)可以观察到晶格像。至于微观结构所研究的尺度应是在晶胞尺寸以下。许多的陶瓷结构，包括各种复合材料的相界分析，常观察到 1~2nm 的二次晶间析晶或玻璃相，依然称其为显微结构。可见，对于显微结构的定义和尺度界定，应以现代仪器分辨率的提高而扩展，不能拘泥于原始概念。过去曾依据仪器的测量尺度划分结构类型：大结构、显微结构和微观结构，比较难界定的是显微结构的范畴。按原始定义，显微结构的下限尺度是 0.2μm，换算成纳米则为 200nm；而按现代概念(HRTEM)应为 0.3nm，进入了微观尺度。

现在看来，既然显微结构分析也利用电子显微镜，于是显微结构的定义便可完善为：“在光学和电子显微镜下分辨出的试样中所含有相的种类及各相的数量、形状、大小、分布取向和它们相互之间的关系，称为显微结构[5,6]。”

3.2.2 显微结构的图像研究方法

根据显微结构的定义，可将其分解为相组成分析——形貌观察及结构参数两部分内容。研究工具主要是各种光学显微镜和电子显微镜，还有其他测试仪器，研究方法也有图像分析法和非图像分析法之分[7]。图像分析法包括扫描电子显微镜、透射电子显微镜、微区分析仪和光学显微镜等；非图像分析法包括化学分析、热谱分析、光谱分析和 X 射线分析等。

相组成分析可借非图像分析法完成，也可借图像分析法完成。前者是显微结构研究的辅助方法，其中 XRD 分析也能完成部分显微结构特征的鉴定，如织构和晶粒尺寸的测量。

图像分析法是显微结构研究的主要表现形式，包括对相的形貌特征和相的分布状态（结构参数）的测量两个方面。

光学显微镜（包括电镜观察显微光片）观察到的基本是2D切面，将诸多2D切面综合分析，建立起3D形貌概念。扫描电子显微镜既可以对显微光片进行观察分析，又可以直接观察断口试样，这样可以更直接观察各种晶体的3D形貌。例如，SiAlON或Si_3N_4结合SiC材料，无论是用光学显微镜还是用扫描电镜做光片观察分析，均得不到晶体的3D形貌，但用断口试样在扫描电镜下观察分析，就可以非常快捷方便地获得SiAlON或Si_3N_4的3D形貌图像。图3-3为SiAlON结合SiC材料中，利用SEM于断口试样中拍到的自形发育的六方柱状SiAlON。图3-4为Si_3N_4结合SiC材料中，于断口试样的孔洞内拍到的纤维状Si_3N_4晶体。再比如$MgO-Al_2O_3$或$MgO-Cr_2O_3$材料在光片下观察（用OM或SEM），仅能获得尖晶石的2D切面，为多边粒状（图3-5），但用扫描电镜观察断口试样，就可以获得完整的尖晶石八面体析晶的3D形貌（图3-6）。

图3-3　SiAlON结合SiC材料中自形发育的六方柱状SiAlON晶体

图3-4　Si_3N_4结合SiC材料中孔洞内的纤维状Si_3N_4晶体

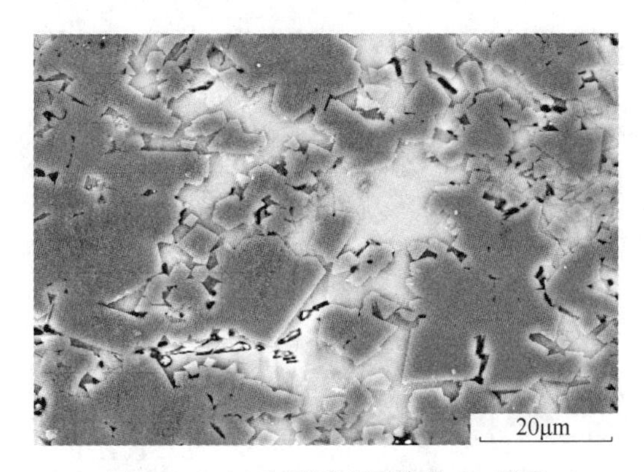

图3-5　MA尖晶石八面体的2D切面

图3-6　MA尖晶石八面体的3D形貌

反射光显微镜显示反射率差较明显的相间结构、固溶体脱溶和浓度梯度互扩散现象，效果良好。扫描电镜利用背散射电子像也可以清晰地显示出固溶体脱溶和浓度梯度互扩散现象，并且附带还可以进行微区的成分分析。图3-7为电熔镁铬颗粒中，方镁石基晶内含大量粒状二次尖晶石脱溶相以及晶间填充薄膜状尖晶石的显微结构。图3-8为陶瓷辊棒基质的显微结构（电镜照片），它清晰地显现出了5个相：液相析晶的自形柱状莫来石，其构成了连续的骨架结构；晶间填充少量玻璃相（已被HF酸腐蚀掉）；晶内包裹微粒状残存刚玉；分散分布的亮白色小粒子为ZrO_2；黑色相为气孔。与显微镜观察无任何区别。

总之，在绝大多数情况下，对显微光片进行观察分析，获得的信息量比断口试样更宏观全

图 3-7 方镁石基晶内含大量粒状二次尖晶石脱溶相以及晶间填充薄膜状尖晶石的显微结构

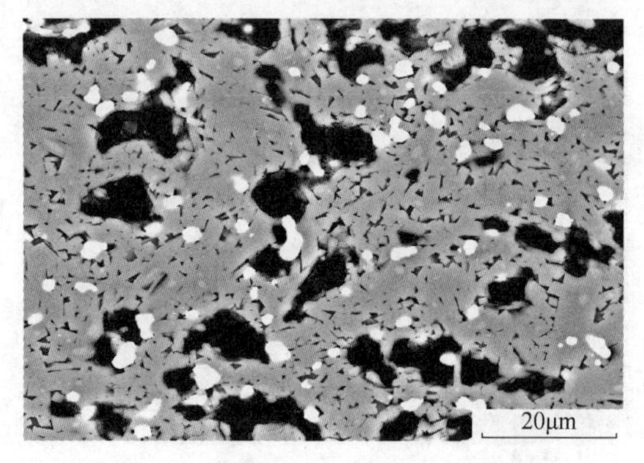

图 3-8 陶瓷辊棒基质的显微结构

面,适合于观察材料的颗粒组成和相组成、气孔分布、整体烧结状态等。断口试样更适合于观察材料的局部反应烧结状态、晶体形貌和各种相的互相作用状态。与光学显微镜相比,扫描电镜的优势主要体现在直接观察断口试样和进行微区成分分析上。光学显微镜在显微结构分析中,还是有它的优势和独到之处。例如,对耐火原料(硅石、生矾土等)、硅砖和含碳制品的分析,特别是对有关结合剂残碳的分布状态、结合形式、石墨化程度等的分析方面,扫描电镜是无能为力的,只能依靠光学显微镜。总之,采取何种分析手段及方法,这要针对不同的样品和重点关注的内容做出合理的选择。

3.2.3 硅砖的显微结构

在通常情况下,硅砖的相组成为:亚稳方石英、鳞石英、残存石英和硅酸盐相(玻璃)。硅酸盐相可能是橄榄石、辉石和硅辉石等,但都不是化学计量的纯相,而多为复杂的固溶体。硅砖相组成的波动范围较大,在通常生产条件下,相组成大致为:石英 0%~35%,鳞石英 20%~80%,亚稳方石英 10%~50%,硅酸盐相(玻璃)4%~15%。影响相组成的主要因素是原料的种类、粒度组成、石英晶体尺寸、矿化剂种类和加入量以及烧成制度等。

图 3-9~图 3-12 和图 3-13~图 3-16 分别为两种牌号硅砖的显微结构对比照片,其具有相似的结构——大颗粒亚稳方石英化(鳞片状裂纹),颗粒表面局部鳞石英化与基质形成紧密结合;基质中鳞石英形成连续的骨架结构,晶间填充硅酸盐相(玻璃)。不同之处是:第一个牌号烧结好,结构明显致密一些,基质中硅酸盐相亦较多。借助于光学显微镜观察,可发现许多大颗粒的中心部位均有残余石英存在。

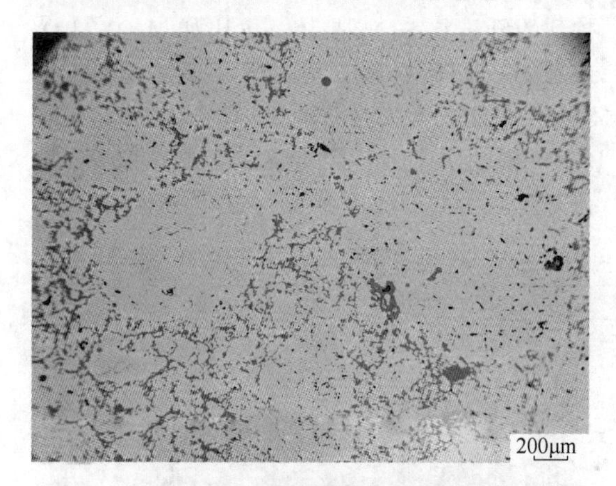

图 3-9 硅砖低倍显微结构

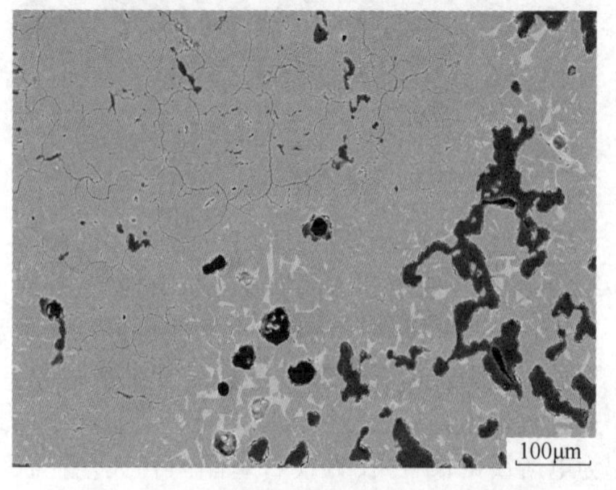

图 3-10 石英颗粒内部亚稳方石英化及表面磷石英化的显微结构

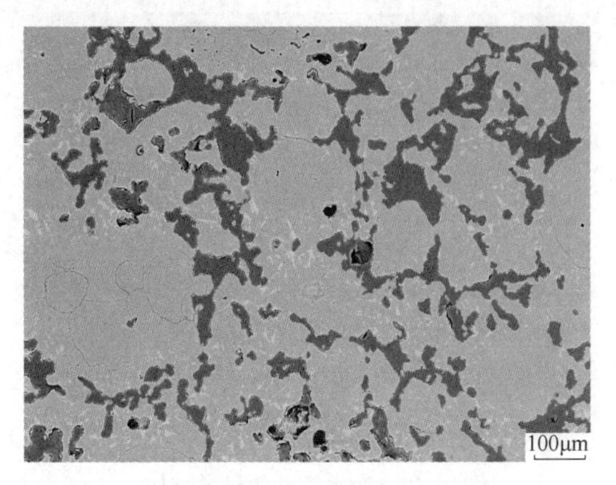

图 3-11 基质呈现为较致密的网络状结构

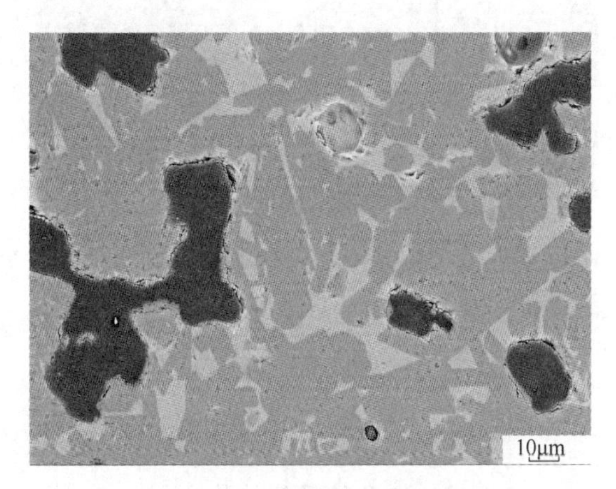

图 3-12 基质中磷石英形成骨架结构及晶间填充玻璃相的显微结构

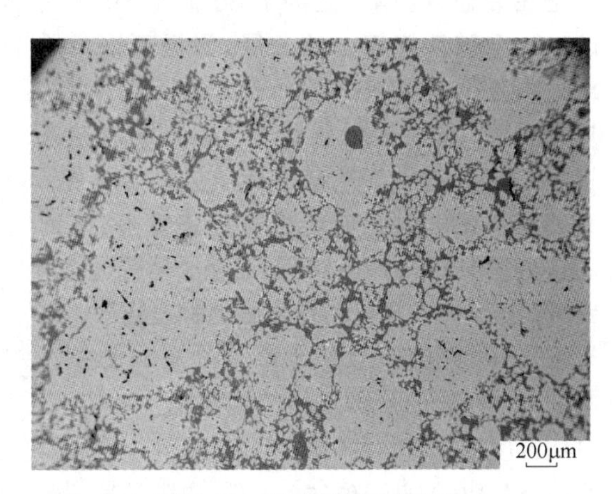

图 3-13 硅砖低倍显微结构

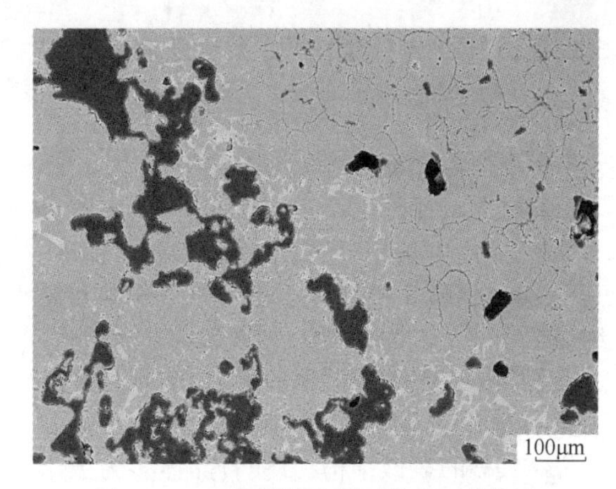

图 3-14 石英颗粒内部亚稳方石英化及表面磷石英化的显微结构

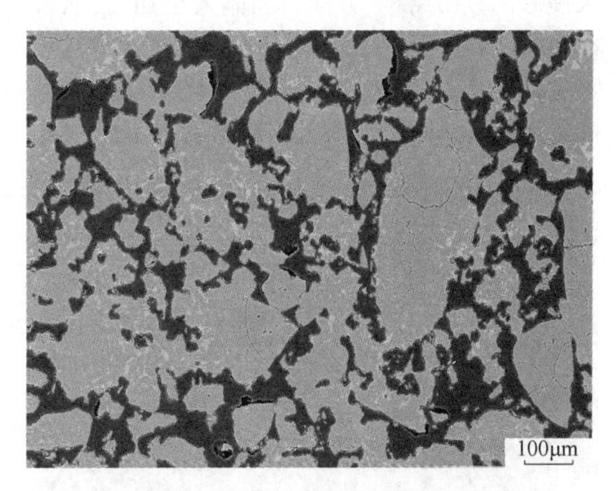

图 3-15 基质呈现为疏松的网络状结构

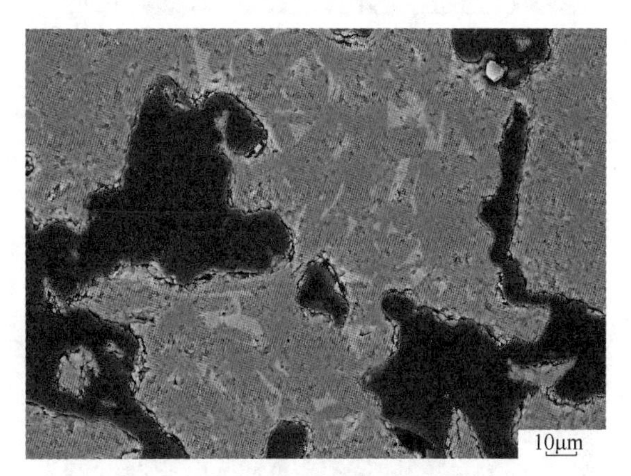

图 3-16 基质中磷石英形成骨架结构及晶间填充玻璃相的显微结构

3.2.4 镁质(包括含镁质)原料及制品的显微结构

3.2.4.1 镁砂的显微结构

镁砂原料根据生产工艺不同,可以大致分为如下三种:电熔镁砂、烧结镁砂和海水镁砂。其中,烧结镁砂又可细分为普通烧结镁砂和高纯烧结镁砂。图3-17为电熔镁砂的显微结构,方镁石晶体达数百微米,硅酸盐相(多为CMS和C_3MS_2)呈薄膜状填充于方镁石晶间。图3-18为烧结镁砂的显微结构,方镁石晶体多为数十微米(有些可达100μm以上),晶间亦填充薄膜状硅酸盐相(多为CMS和M_2S)。图3-19为海水镁砂的显微结构,方镁石晶体大小均匀,通常在30~50μm,晶间及晶内多封闭式微孔,几乎不见硅酸盐相。图3-20为高纯烧结镁砂的显微结构,方镁石晶间多微孔,硅酸盐相很少。

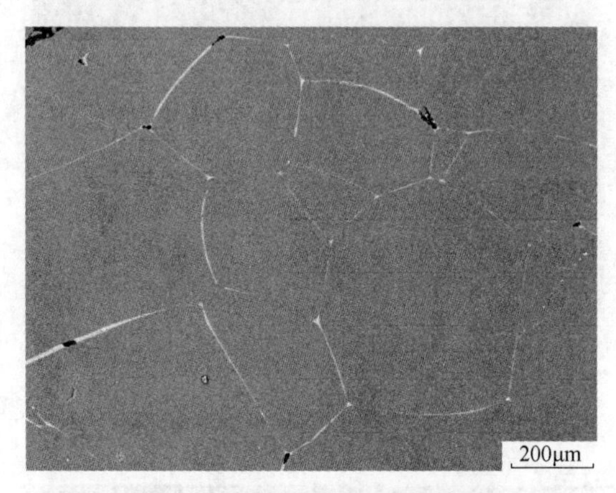

图3-17 电熔镁砂的显微结构

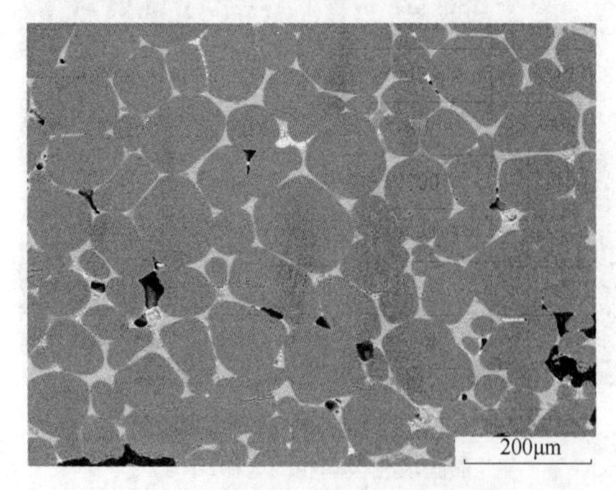

图3-18 普通烧结镁砂的显微结构

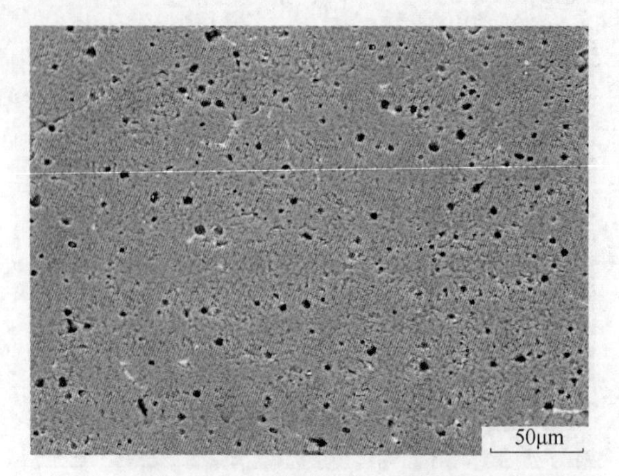

图3-19 海水镁砂的显微结构

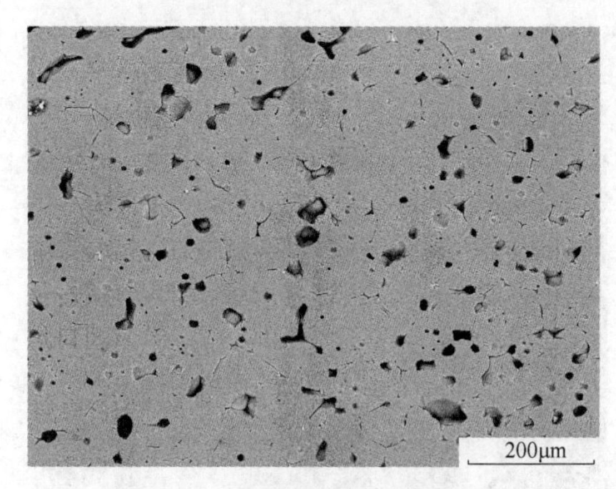

图3-20 高纯烧结镁砂的显微结构

3.2.4.2 镁砖的显微结构

镁砖是应用很广泛的碱性耐火材料,尤其是在冶金熔炉上,促进了20世纪30年代以后的全碱性炼钢炉的发展,为提高钢材质量做出了重大贡献。但由于镁砖明显偏高的热膨胀性、脆性和低强度,在许多场合越来越多地被MgO-C砖、镁铬砖或方镁石-尖晶石砖所取代。但在玻璃熔窑蓄热室上,高纯度镁砖因其价格低廉,仍然是格子体首选的重要材料。镁砖的显微结构实际上就是各种镁砂显微结构的有机组合,图3-21~图3-24分别为两种品牌镁砖的低倍显微结构和基质结构,骨料均采用电熔镁砂和烧结镁砂。第一种镁砖基质硅酸盐相少,直接结合程度高;而第二种镁砖基质中硅酸盐相多,直接结合程度低,方镁石多通过硅酸盐相(以CMS为主)胶结在一起。

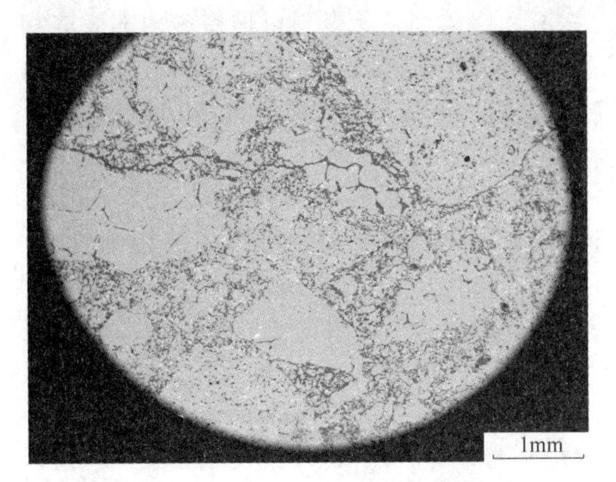

图 3-21　镁砖的低倍显微结构

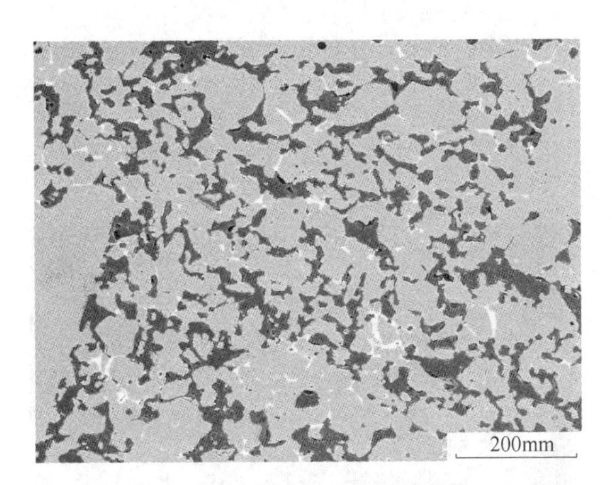

图 3-22　镁砖基质的显微结构

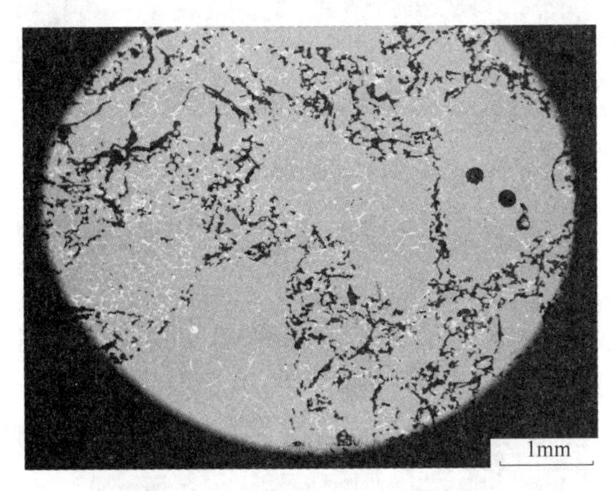

图 3-23　镁砖的低倍显微结构

图 3-24　镁砖基质的显微结构

3.2.4.3　MgO-CaO 系材料的显微结构

MgO-CaO 系材料曾在历史上作为炼钢转炉炉衬主材料被广泛应用。20 世纪 80 年代后，转炉耐火材料逐渐被 MgO-C 砖所取代，但随着水泥窑无铬化的要求以及钢的二次精炼的发展，使得 MgO-CaO 系制品受到越来越多的关注和重视。在国内，生产使用最多的品种为烧成镁白云石砖。烧成镁白云石砖的显微结构基本上是所用原料显微结构的有机组合。图 3-25~图 3-27 为某品牌 MgO-CaO 砖的低倍及基质显微结构，骨料和细粉均为合成镁钙砂。基质结构均匀致密，呈现为良好的烧结状态，方钙石形成了连续的基质结构，方镁石被方钙石所包裹，局部有聚团现象，硅酸盐相（主要为 C_2S、C_3S 和 C_3MS_2）填充于方钙石和方镁石晶间。图 3-27 重点揭示方钙石包裹方镁石以及硅酸盐相呈填隙状填充于方钙石和方镁石晶间的结构。

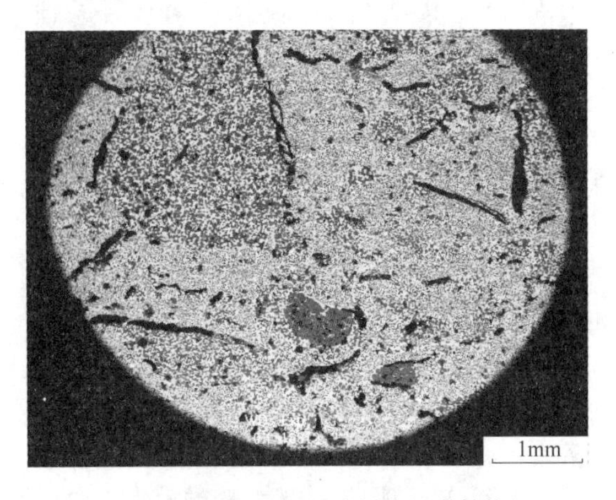

图 3-25　MgO-CaO 砖低倍显微结构

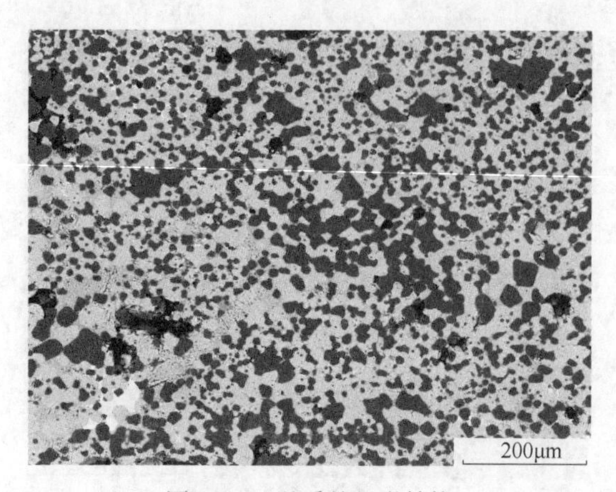

图 3-26 基质的显微结构

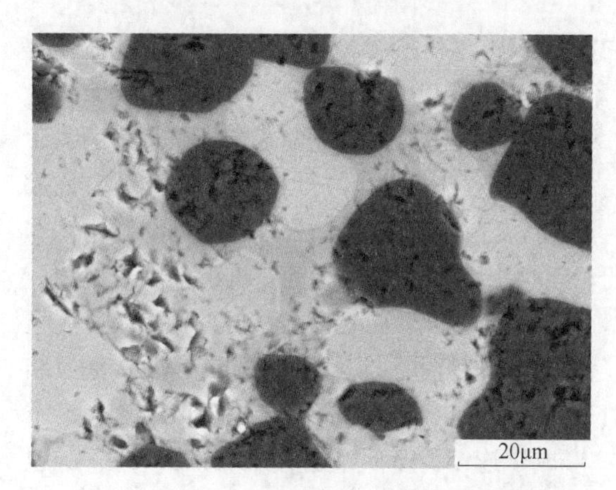

图 3-27 基质的高倍显微结构

3.2.4.4 镁铬质材料的显微结构

以镁砂和铬矿为原料制造的镁铬系耐火材料广泛应用于钢铁、有色、玻璃、水泥、化工等行业，成为重要的碱性耐火材料品种。制造镁铬砖所用原料是多种多样的，除铬矿外，还包括电熔料和烧结料两大类。(1)电熔料：电熔镁砂和电熔合成镁铬砂；(2)烧结料：烧结镁砂和烧结合成镁铬砂（亦称共同烧结料）。

镁铬系耐火材料依据所采用的生产工艺方法和原料种类不同，大致分为如下几类：(1)普通镁铬砖；(2)共同烧结（预反应）镁铬砖；(3)电熔再结合镁铬砖；(4)熔铸镁铬砖。

图 3-28 和图 3-29 为普通镁铬砖的显微结构，骨料为电熔镁砂和铬矿，基质为方镁石和铬矿细粉。骨料电熔镁砂内部脱溶相呈梯度分布（边缘浓度高），基质方镁石晶内有大量的粒状二次尖晶石脱溶相，铬矿与方镁石形成了紧密结合。图 3-30 和图 3-31 为共同烧结镁铬砖的显微结构，骨料为镁铬共同烧结料，基质则为共同烧结料细粉、方镁石和铬矿细粉等，呈现为较均匀的致密化结构。图 3-32 和图 3-33 为电熔再结合镁铬砖的显微结构，骨料和细粉均为镁铬熔块，可能添加了少量镁砂和铬矿细粉（或微粉）。整体结构均匀，不管是骨料还是粉料，镁铬熔块内部均匀分布大量的粒状二次尖晶石脱溶相，相互间形成了紧密结合。

熔铸镁铬砖因制造难度大、价格昂贵，而且制品的抗热震性极差，实际使用中未获得广泛的应用，越来越多地被电熔再结合制品所取代。

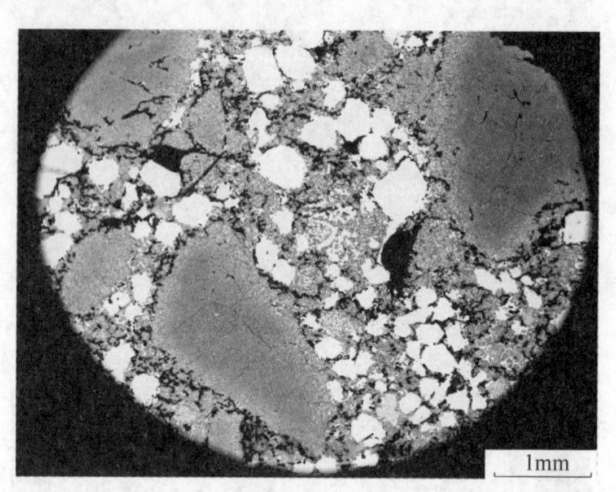

图 3-28 普通镁铬砖的低倍结构

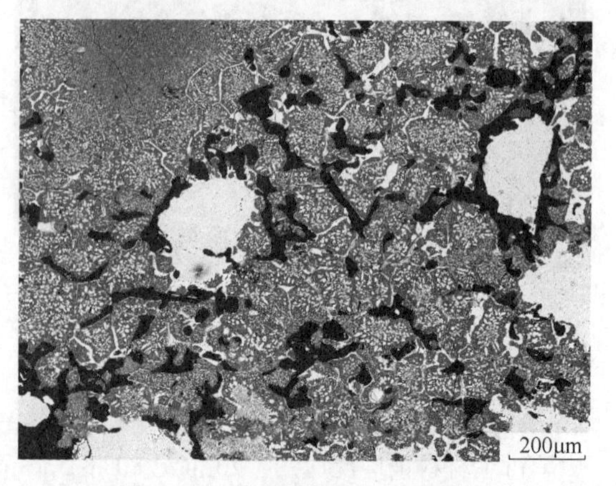

图 3-29 普通镁铬砖的基质结构

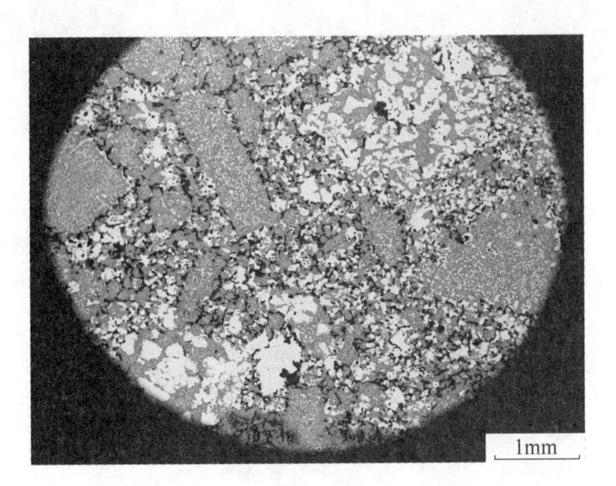

图 3-30 共同烧结镁铬砖的低倍结构

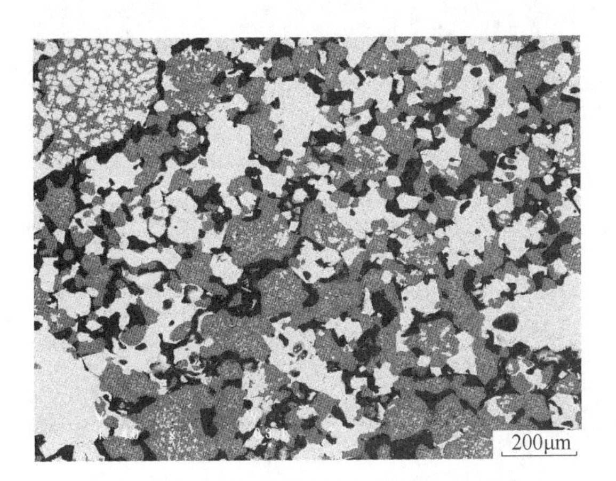

图 3-31 共同烧结镁铬砖的基质结构

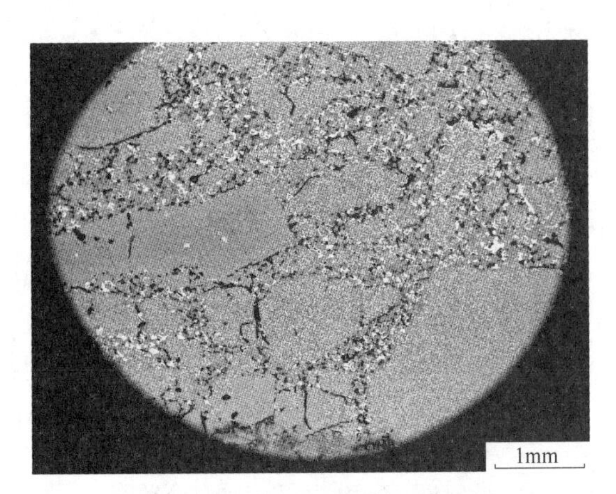

图 3-32 电熔再结合镁铬砖的低倍结构

图 3-33 电熔再结合镁铬砖的基质结构

3.2.5 氧化铝质(包括含铝质)原料及制品的显微结构

3.2.5.1 氧化铝质(包括含铝质)原料的显微结构

氧化铝质(包括含铝质)原料品种繁多,比较常见的有:板状刚玉、电熔白刚玉、电熔棕刚玉、烧结合成莫来石、电熔莫来石、莫来凯特、电熔锆-莫来石和电熔锆-刚玉等。图 3-34~图 3-43 分别为具有代表性的各种原材料的典型显微结构。

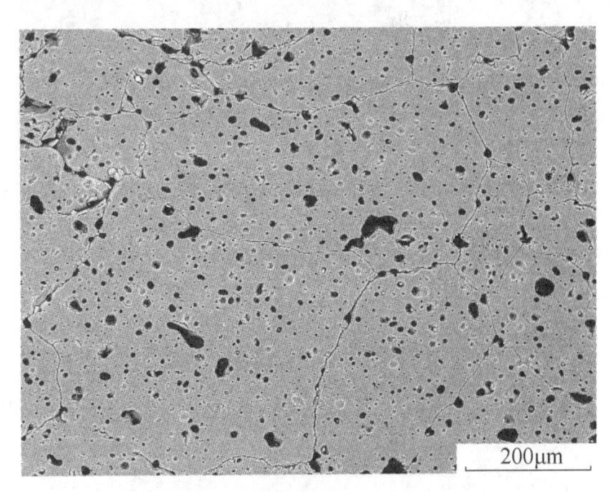

图 3-34 板状刚玉的显微结构

3.2.5.2 99 级氧化铝砖的显微结构

99 级氧化铝砖主要应用于石化行业,要求制品具有尽量低的 SiO_2 含量和气孔率,以及较高的抗热震性。骨料采用电熔白刚玉,细粉则采用烧结氧化铝和活性氧化铝微粉。图 3-44 和图 3-45 为 99 级氧化铝砖的显微结构。

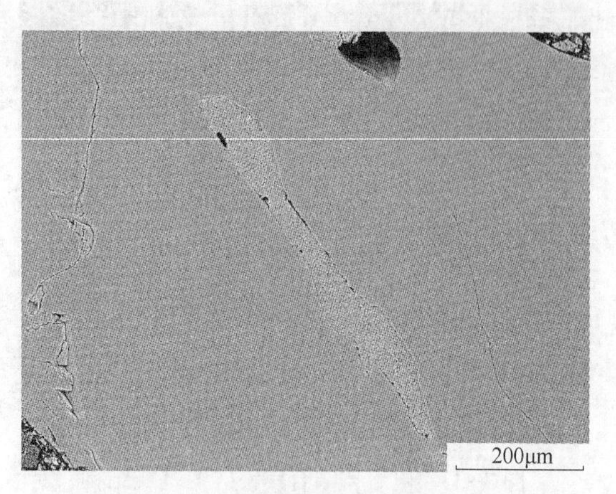

图 3-35 电熔白刚玉的显微结构

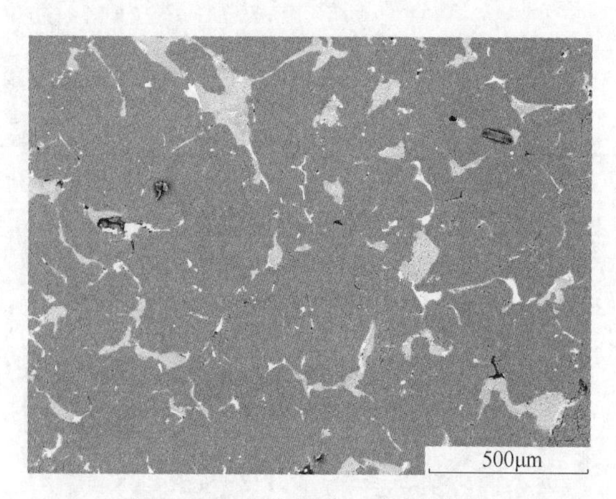

图 3-36 电熔棕刚玉的显微结构

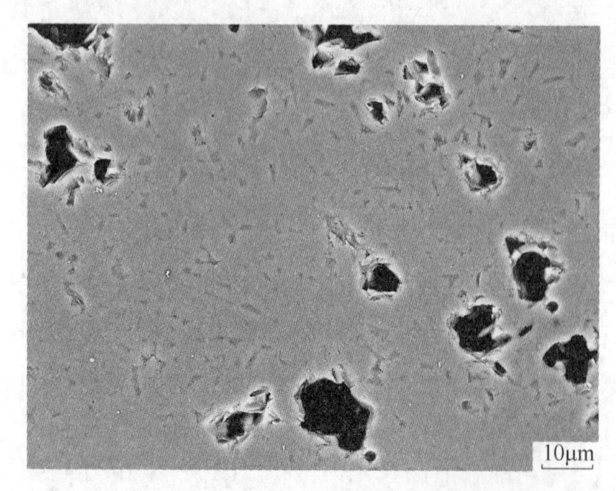

图 3-37 烧结合成莫来石的显微结构

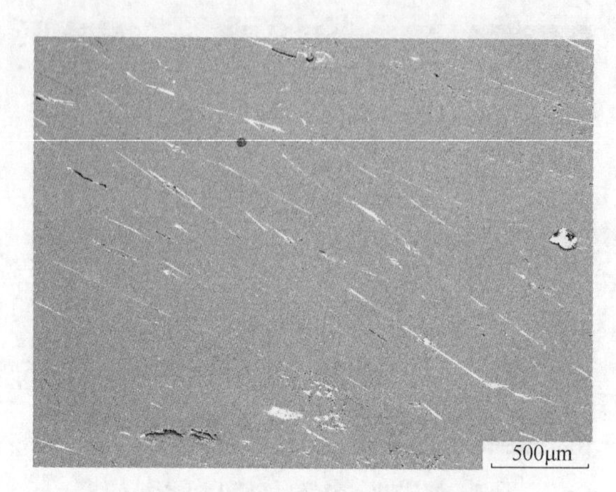

图 3-38 电熔莫来石的显微结构

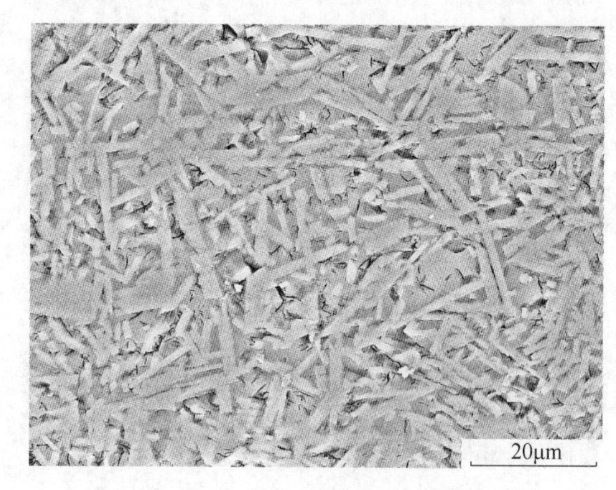

图 3-39 莫来凯特的显微结构

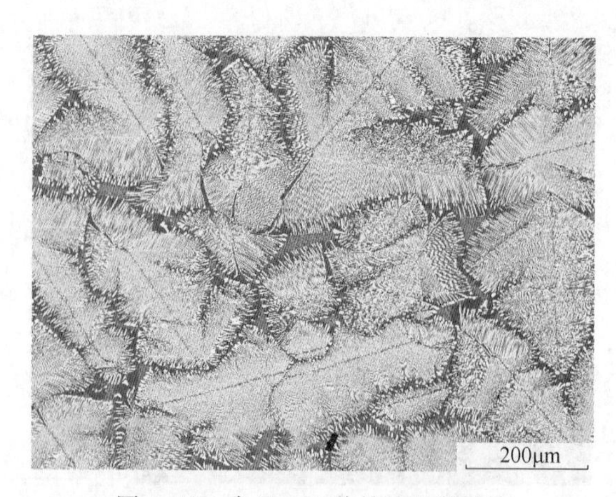

图 3-40 全(M+Z)共晶的显微结构

图 3-41 含线性连生初晶 ZrO_2 的(M+Z)共晶结构

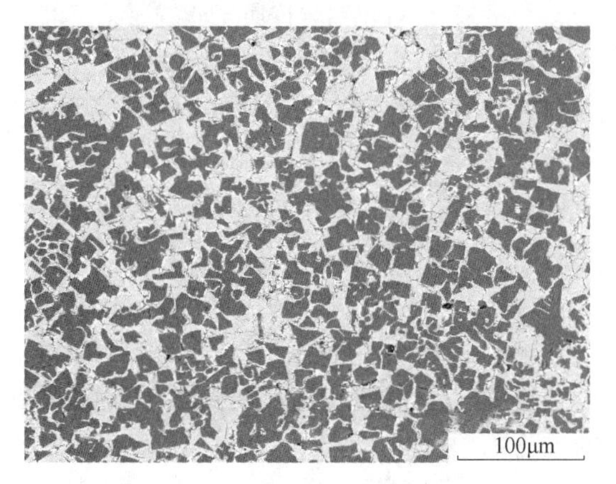

图 3-42 含初晶刚玉的(C+Z)共晶结构

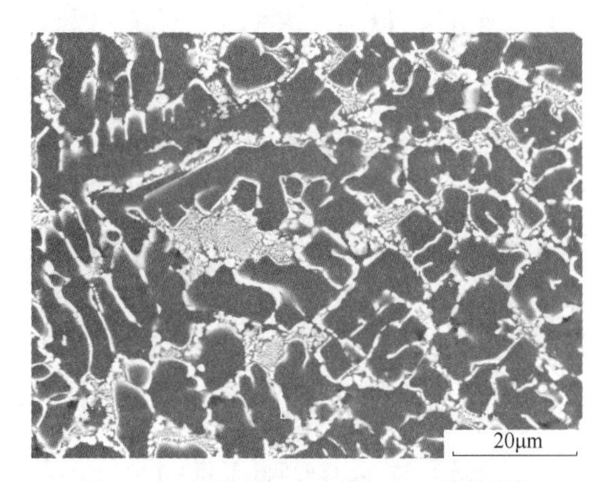

图 3-43 初晶刚玉为主的(C+Z)共晶结构

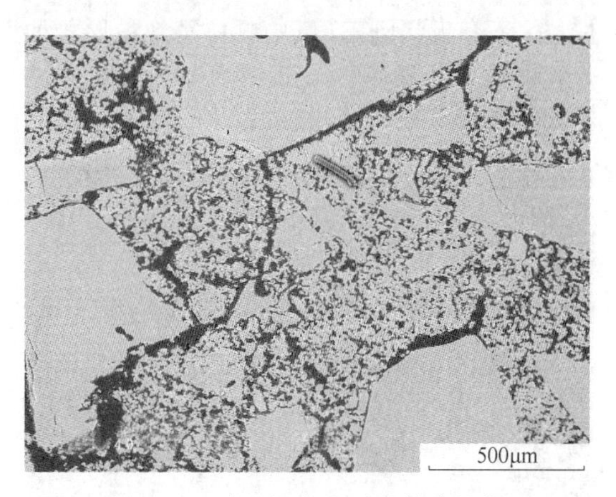

图 3-44 白刚玉与基质的结合状态

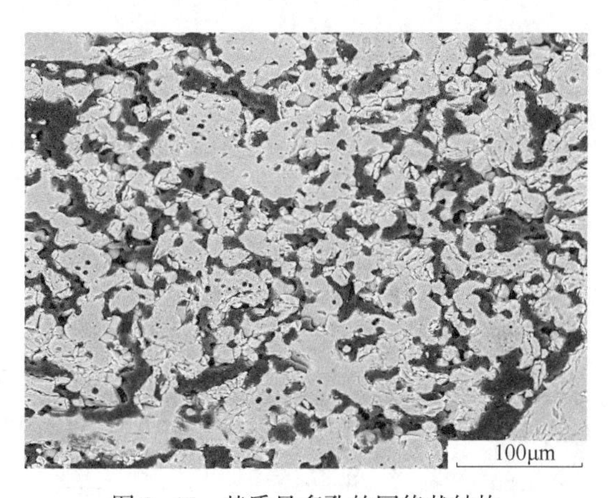

图 3-45 基质呈多孔的网络状结构

3.2.5.3 刚玉-莫来石质窑具(推板、承烧板等)的显微结构

刚玉-莫来石质材料具有优良的高温强度、抗蠕变性、抗热震性和较高的使用温度(1650℃)下化学稳定性良好,不易与所承烧的产品发生反应,特别适用于烧成软磁(铁氧体)材料和电子绝缘陶瓷等。目前,烧成高温瓷件的推板窑常采用刚玉-莫来石质窑具。

采用电熔莫来石与刚玉(电熔白刚玉或板状刚玉)为复合骨料,以电熔白刚玉、电熔莫来石、板状刚玉细粉及氧化铝微粉为基质,硅铝凝胶等为结合剂,于1600~1700℃烧成制得刚玉-莫来石质高温窑具。图 3-46~图 3-49 为某品牌刚玉-莫来石质推板的显微结构,骨料为电熔莫来石和板状刚玉(以中颗粒及细粉形式加入),基质为电熔莫来石、板状刚玉、$\alpha-Al_2O_3$ 微粉和 SiO_2 质结合剂(已莫来石化)。

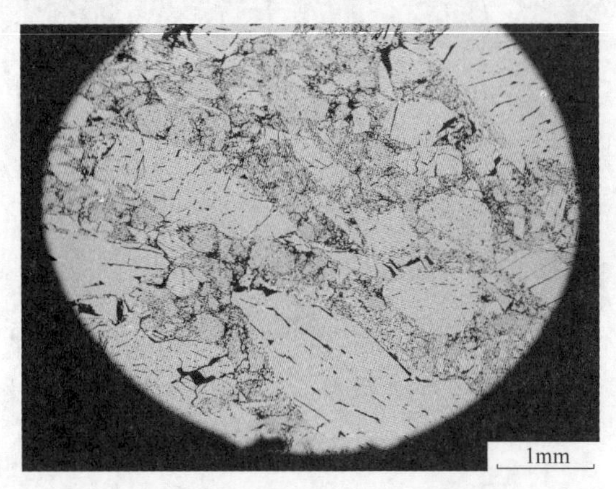

图 3-46 推板的低倍显微结构

图 3-47 电熔莫来石及板状刚玉中、小颗粒的分布状态

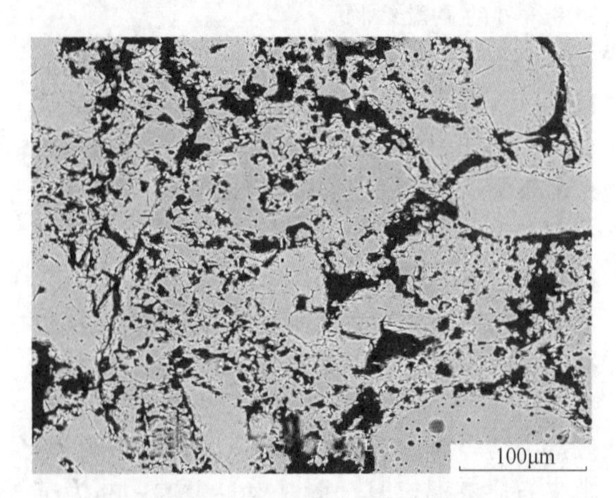

图 3-48 基质的显微结构

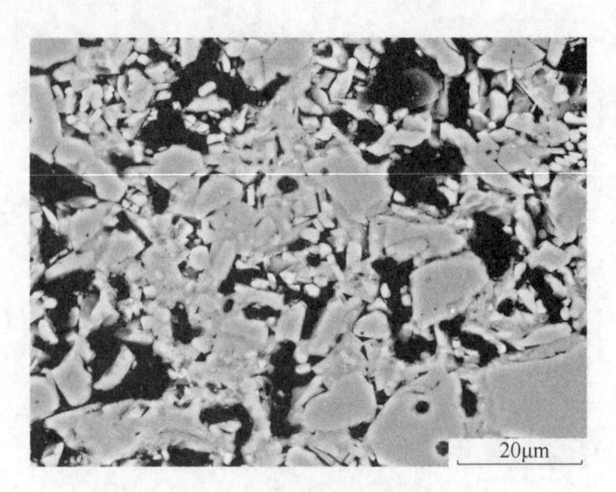

图 3-49 基质的刚玉和莫来石两相复合结构(属于明显的富铝状态)

3.2.5.4 氧化铝辊棒的显微结构

严格来讲,氧化铝辊棒属于陶瓷工艺范畴,广泛应用于电子、机械、化工、冶金、纺织、电力等行业。比较常见的为玻璃、陶瓷工业中的辊道窑,陶瓷辊棒用于传输陶瓷或玻璃产品。氧化铝辊棒的显微结构是均匀、致密的,这是由其细粒级的级配所决定的。骨料一般用电熔白刚玉和(或)板状刚玉,粒度控制在 0.1~0.3mm,基质配料则为氧化铝微粉、黏土和锆英石微粉,烧成反应后得到最终制品的相组成为:刚玉、莫来石、ZrO_2 和玻璃相。图 3-50~图 3-53 为某品牌氧化铝辊棒的显微结构,结构均匀、致密,自形发育的柱状莫来石形成连续的骨架结构,ZrO_2 微粒分散分布于基质中。

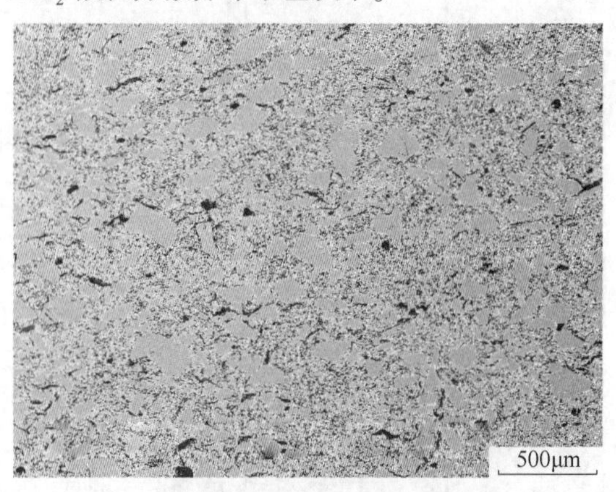

图 3-50 辊棒的低倍显微结构

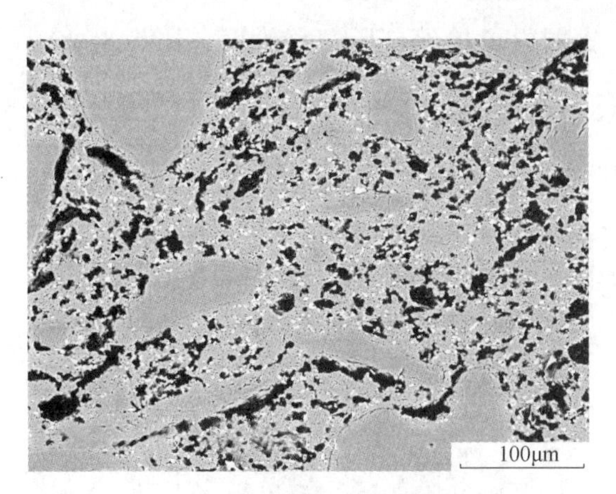

图 3-51 基质呈较致密的网络状结构

图 3-52 液相析晶的自形柱状莫来石

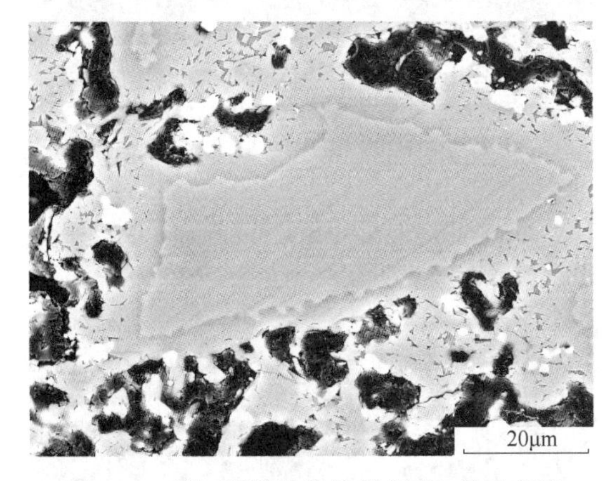

图 3-53 刚玉颗粒边缘的莫来石包晶反应环

3.2.5.5 $Al_2O_3-Cr_2O_3$ 系材料的显微结构

铬铝砖是为适应大型合成氨装置气化炉炉衬的特殊要求应运而生的砖种。气化炉的工作温度虽然不高（1350～1450℃），但气压很高（3.1～8.5MPa）和强还原气氛（$CO+H_2+H_2O$）以及承受高速气流（10m/s）的冲蚀，还有酸性灰分的化学侵蚀作用。尤其是水煤浆气化炉对耐火材料的要求更严格。

目前，应用于水煤浆气化炉的铬铝砖，Cr_2O_3 含量高达 85%～90%，俗称高铬砖。高铬砖采用电熔氧化铬为骨料，细粉为电熔氧化铬、$\alpha-Al_2O_3$ 微粉、Cr_2O_3 微粉（铬绿）和 ZrO_2 微粉，磷酸盐做结合剂，于 1650～1750℃ 高温烧成。图 3-54～图 3-57 为国产某品牌高铬砖的显微结构，骨料为电熔氧化铬，基质氧化铬细粉相互烧结在一起形成了连续的骨架结构，Al_2O_3 已完全固溶于氧化铬中形成 $Al_2O_3-Cr_2O_3$ 固溶体，ZrO_2 微粒于基质中分散分布。磷酸盐结合剂部分分解后挥发掉，残余的部分以磷酸铝（固溶少量 Cr）的形式聚团出现或填充于基质的孔隙中。

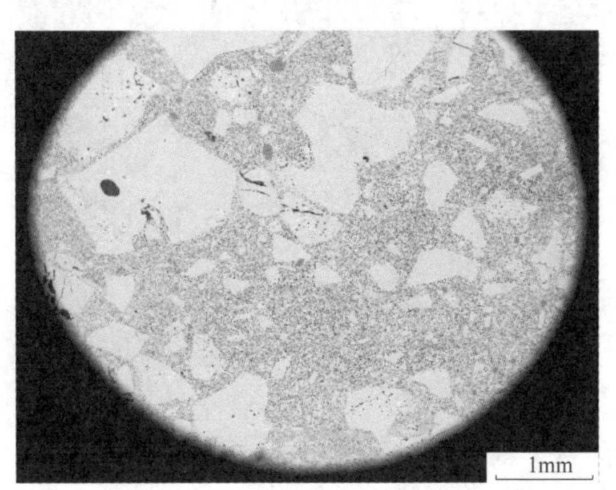

图 3-54 高铬砖的低倍显微结构

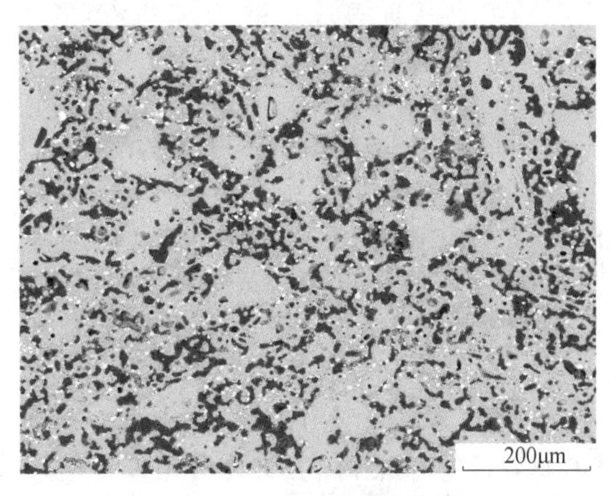

图 3-55 基质的显微结构

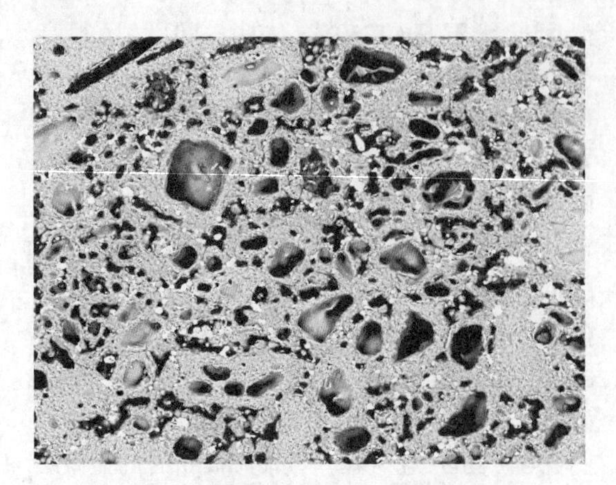

图 3-56 基质中 Al_2O_3-Cr_2O_3 固溶反应后形成环状结构和气孔

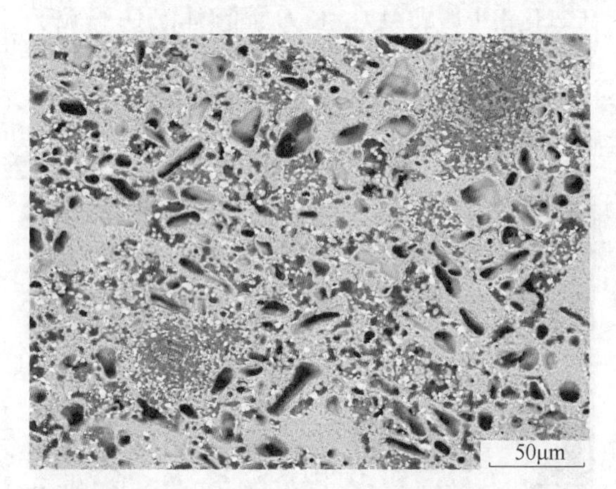

图 3-57 残余磷酸盐结合剂的分布状态

3.2.6 SiC-SiAlON 系制品的显微结构

SiC 制品以其结合方式可分为 SiO_2 结合、黏土结合、重结晶结合和 Si_3N_4-SiAlON 结合等。图 3-58 和图 3-59 为 SiO_2 结合 SiC 的低倍及基质显微结构，显示颗粒与基质的均匀分布状态，以及结合相（SiO_2）将 SiC 细粉紧密结合在一起，气孔呈封闭式圆孔。图 3-60～图 3-62 为 Si_3N_4 结合 SiC 材料的显微结构，SiC 颗粒与基质形成了紧密结合，于断口试样的气孔中可拍摄到纤维状 Si_3N_4 晶体。图 3-63 和图 3-64 为重结晶结合 SiC 的显微结构，呈现为均匀的多孔状结构。图 3-65～图 3-67 为 SiAlON 结合 SiC 材料的显微结构，基质自身呈致密化结构，与 SiC 颗粒形成紧密结合，于断口试样的孔洞内可拍到自形发育的六方柱状 SiAlON 晶体。

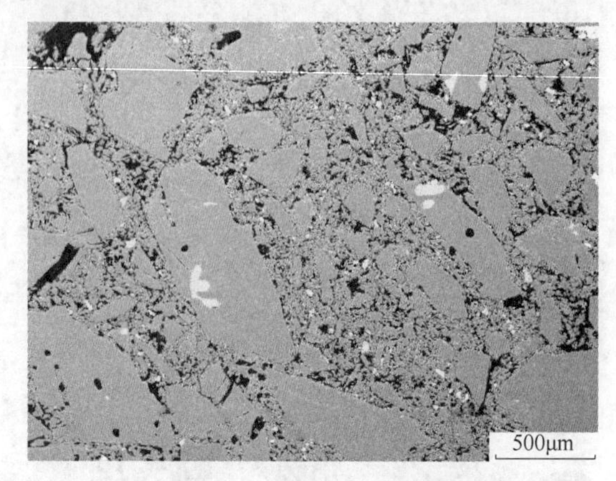

图 3-58 SiO_2 结合 SiC 的低倍结构

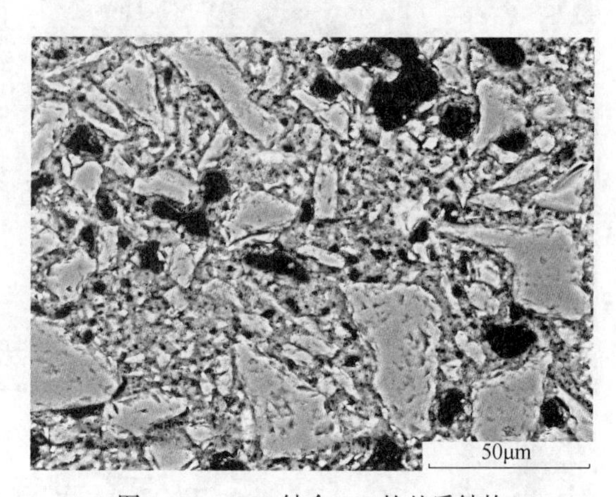

图 3-59 SiO_2 结合 SiC 的基质结构

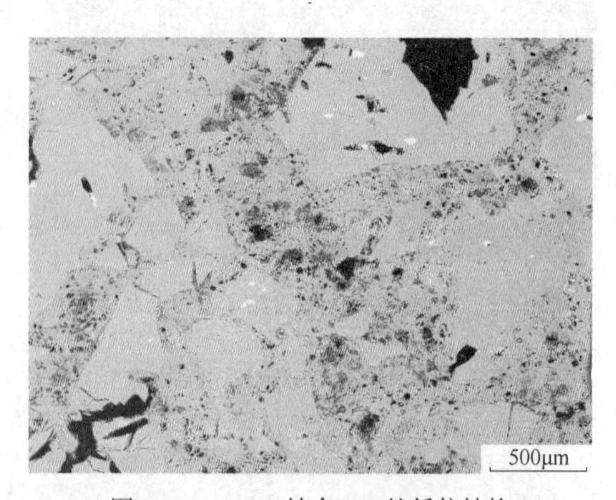

图 3-60 Si_3N_4 结合 SiC 的低倍结构

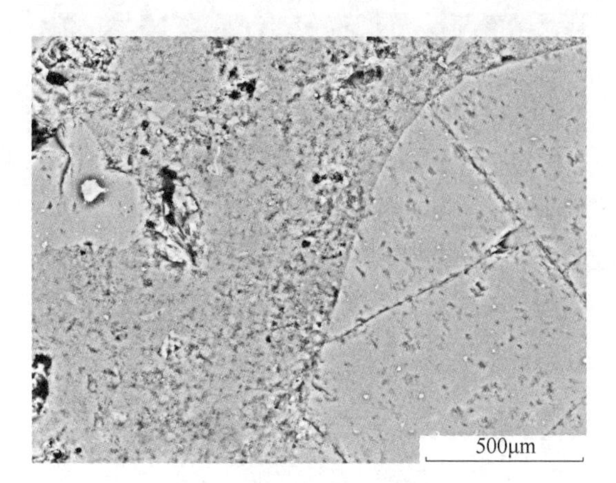

图 3-61　SiC 颗粒与基质的紧密结合状态

图 3-62　基质气孔中的纤维状 Si_3N_4 晶体

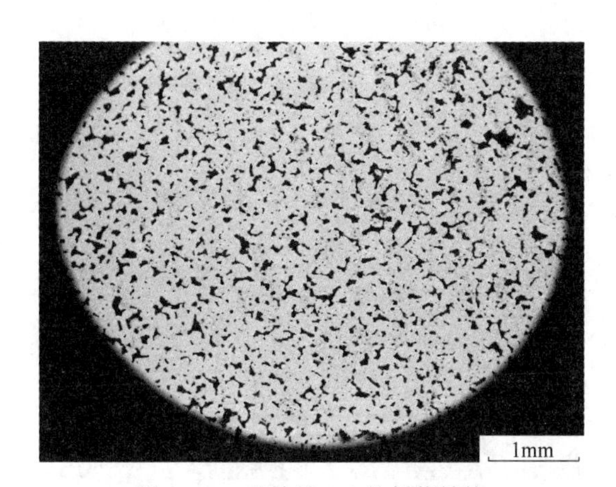

图 3-63　重结晶 SiC 的低倍结构

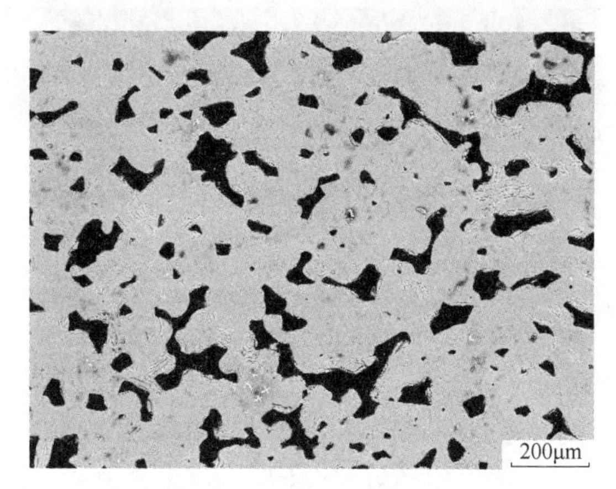

图 3-64　重结晶 SiC 的高倍结构

图 3-65　SiAlON 基质与 SiC 形成紧密结合

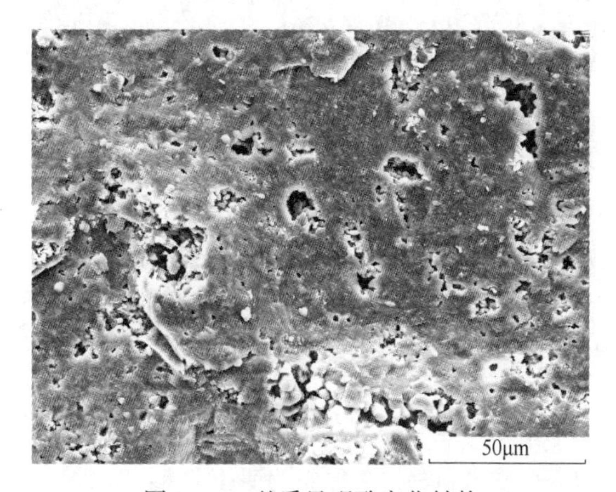

图 3-66　基质呈现致密化结构

图 3-67 基质气孔中的六方柱状 SiAlON 晶体

图 3-69 基质的显微结构

3.2.7 含碳系耐火材料的显微结构

3.2.7.1 MgO-C 砖的显微结构

MgO-C 砖是以镁砂、石墨为主,添加少量抗氧化剂,并以树脂为结合剂经低温处理后获得强度的一种含碳耐火制品。

MgO-C 砖主要用做炼钢用转炉、电弧炉的内衬和钢包的渣线等部位。图 3-68 和图 3-69 为一种 MgO-C 砖的低倍和基质显微结构,骨料为电熔镁砂,细粉为电熔镁砂和鳞片状石墨,添加少量金属铝(图中灰白色相)和金属硅(图中亮白色相)做抗氧化剂。

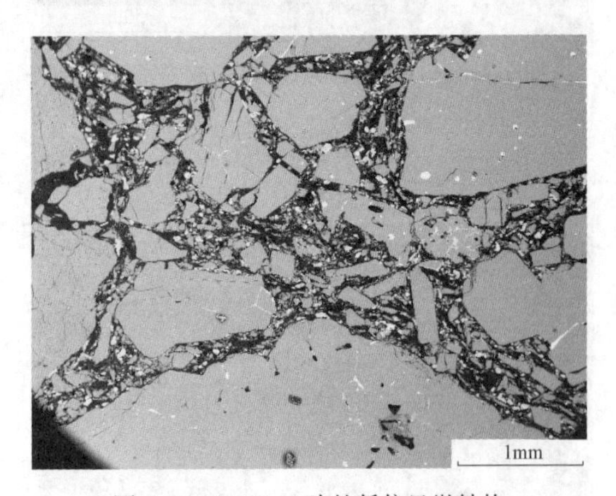

图 3-68 MgO-C 砖的低倍显微结构

3.2.7.2 Al_2O_3-MgO-C 砖的显微结构

Al_2O_3-MgO-C 砖是主要用于钢包壁和钢包底的炉衬材料。主原料为矾土熟料、棕刚玉、各种档次镁砂和鳞片状石墨,添加少量抗氧化剂,以树脂为结合剂。

图 3-70 和图 3-71 为 Al_2O_3-MgO-C 砖的低倍和基质显微结构,骨料为矾土熟料、电熔棕刚玉和电熔镁砂,粉料为矾土熟料、电熔棕刚玉、电熔镁砂和鳞片状石墨,添加少量金属铝(灰白色相)和金属硅(亮白色相)做抗氧化剂。

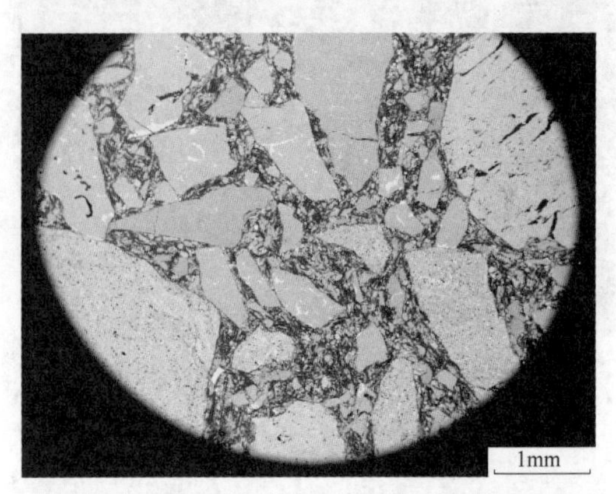

图 3-70 铝镁炭砖的低倍显微结构

图 3-71 基质的显微结构

3.2.7.3 Al_2O_3-C 系制品的显微结构

本节主要介绍用于滑板和连铸三大件方面的 Al_2O_3-C 制品。

铝碳滑板根据档次不同可采用板状刚玉、白刚玉、棕刚玉或矾土等做颗粒，加入少量硅、碳化硅、碳化硼等做抗氧化剂，微量石墨或者炭黑。硅对于烧成滑板的强度提高作用很大，大量纤维状碳化硅的生成可以起到强化结合的作用(图 3-72)。图 3-73 为烧成铝碳滑板内部生成的 SiC 纤维和鳞片状石墨的形貌。

图 3-72 烧成铝碳滑板中生成的 SiC 纤维

图 3-73 烧成铝碳滑板内的 SiC 纤维和鳞片石墨

近年来又出现了适用于高氧钢、钙处理钢及高锰钢用的低温处理滑板，这种滑板加入大量的金属铝，采用树脂做结合剂，有较好的抗氧化性，结构致密，强度较高，使用时铝氧化形成各种碳氧铝化合物和氧化铝致密层。图 3-74 和图 3-75 为该类滑板的低倍和基质显微结构，骨料为板状刚玉和电熔白刚玉，粉料为板状刚玉和电熔白刚玉，加有大量的金属铝做抗氧化剂。或许加有少量炭黑。因处理温度较低，金属铝形态变化不大。

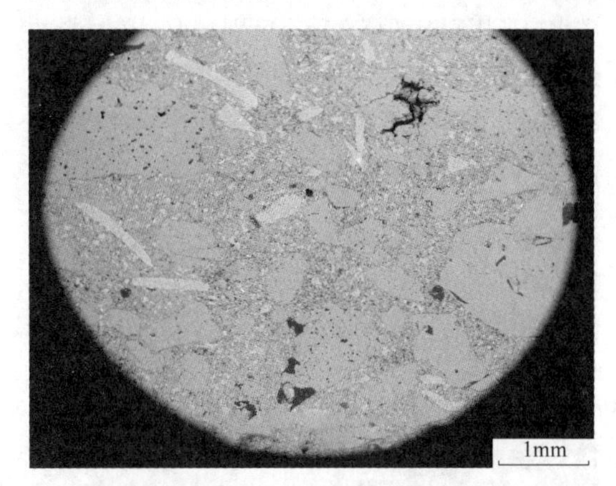

图 3-74 铝碳不烧滑板的低倍显微结构

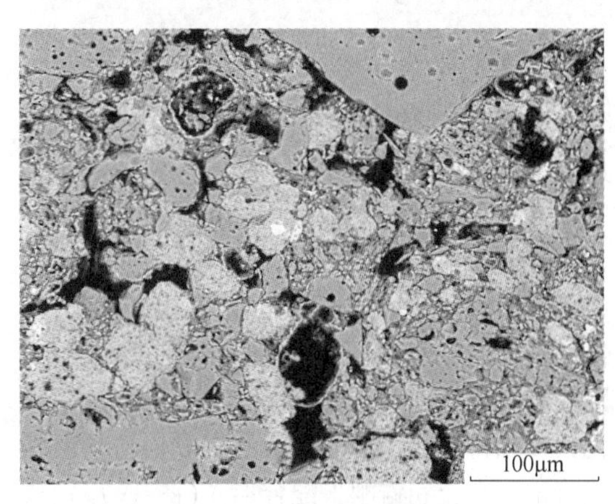

图 3-75 基质的显微结构

长水口、浸入式水口和塞棒的本体多为铝碳质材料。图 3-76 和图 3-77 为典型的铝碳水口的

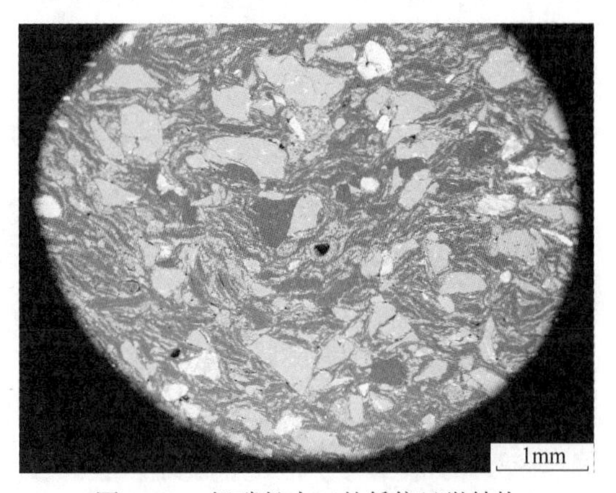

图 3-76 铝碳长水口的低倍显微结构

显微结构，骨料为电熔棕刚玉和电熔锆莫来石（少量），基质细粉除刚玉和较多的鳞片石墨外，还加有少量金属硅和碳化硼等做抗氧化剂。不同的铝碳水口所用原料的档次稍有区别。为改善材料的热震稳定性，有时还加有少量低熔玻璃相[8]。

图 3-77 铝碳浸入式水口本体的显微结构

3.2.7.4 Al_2O_3-ZrO_2-C 系制品的显微结构

Al_2O_3-ZrO_2-C 系制品是在 Al_2O_3-C 系制品的基础上，引入电熔锆-莫来石、电熔锆-刚玉和氧化锆等锆质原料而制成的。主要用于水口和滑板。

对于炉外精炼真空处理的 LF 用滑板来说，锆莫来石的分解不可避免（图 3-78），多采用锆刚玉和氧化锆原料，锆刚玉的粒度一般较大，氧化锆以细粉形式引入。其余的烧成铝锆碳滑板或将锆莫来石和锆刚玉配合加入（图 3-79），或单独加入锆莫来石。含有较多共晶结构的锆刚玉和锆莫来石结构均匀，具有较好的抗渣性和抗莫来石分解能力。

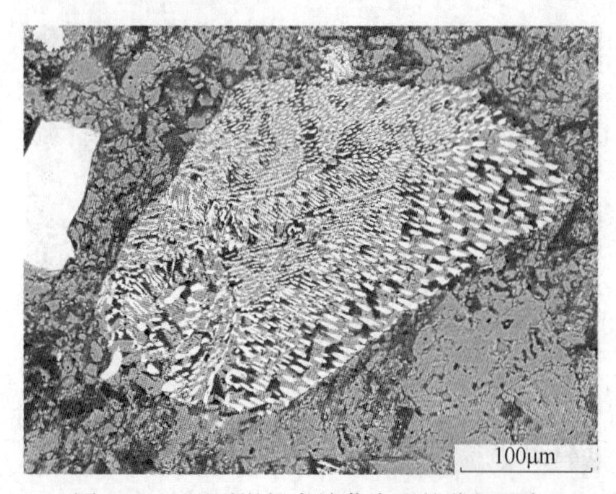

图 3-78 用后滑板中锆莫来石的分解现象

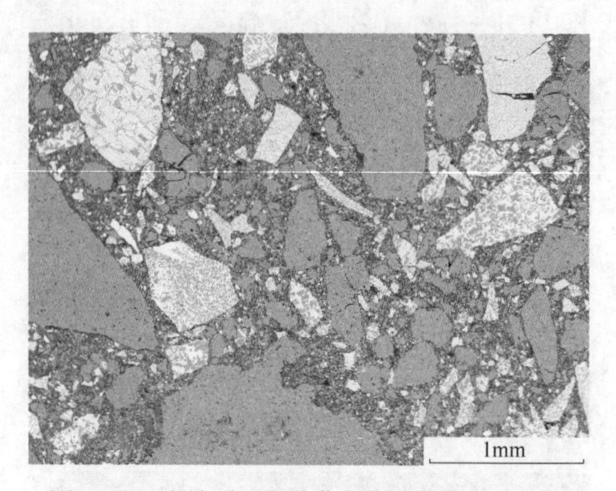

图 3-79 含锆刚玉和锆莫来石滑板的显微结构

图 3-80 所示为烧成铝锆碳滑板基质部分的显微结构，图中黑色颗粒为碳化硼，碳化硼旁边颗粒为金属硅。滑板中金属硅的反应程度和烧成温度有关，图 3-81 所示为未反应完全的残余金属硅颗粒。

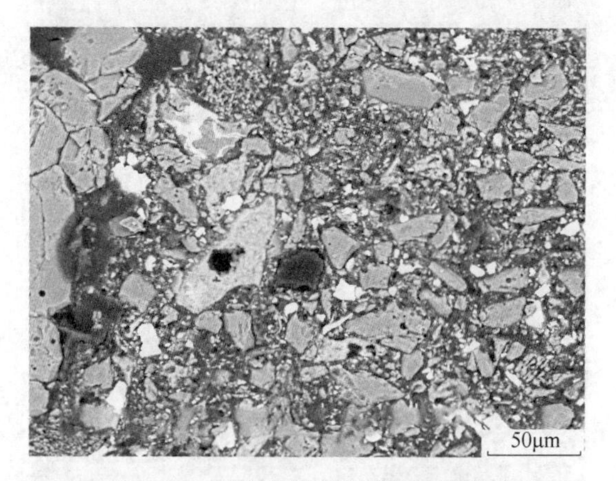

图 3-80 铝锆碳滑板基质的显微结构

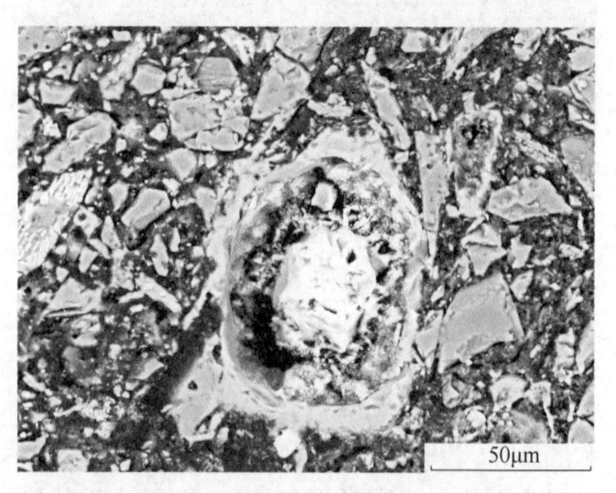

图 3-81 铝锆碳滑板中金属硅部分反应

3.2.7.5　ZrO_2-C 系制品的显微结构

ZrO_2-C 系制品主要用于浸入式水口的渣线部位,抗侵蚀性良好。以电熔氧化锆和鳞片状石墨为主原料,树脂为结合剂,有些添加少量碳化硅、金属硅等抗氧化剂。图 3-82 和图 3-83 为某品牌 ZrO_2-C 水口渣线的显微结构,骨料为电熔氧化锆(CaO 稳定)和鳞片状石墨,粉料亦为电熔氧化锆(CaO 稳定),SiC 少量。

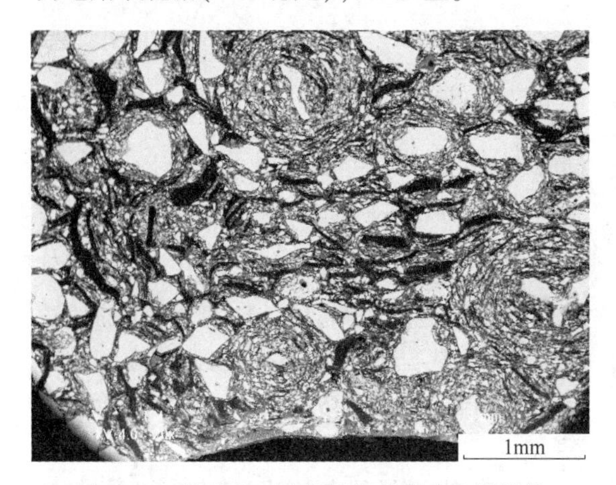

图 3-82　锆碳水口渣线部位的低倍显微结构

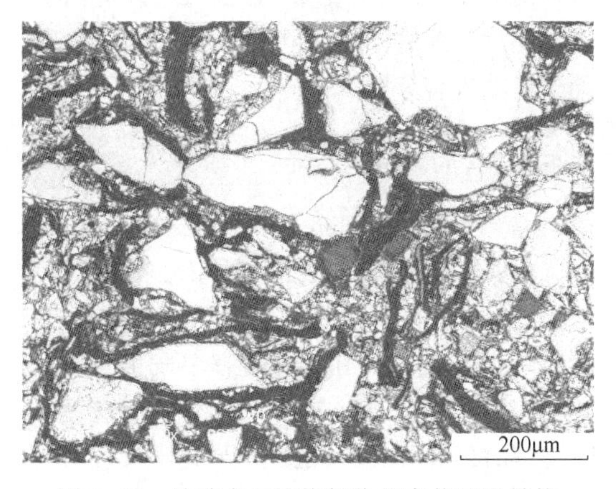

图 3-83　锆碳水口渣线部位的高倍显微结构

3.2.8　显微结构分析的注意事项

显微结构的图像研究方法是通过肉眼、OM、SEM、TEM 等各种仪器完成的,应该说,它和 XRD、DTA 等的分析结果一样,是客观的、可信的。但图像研究有一个从肉眼到大脑思维的判读过程,在此过程中需要将大脑中储存的预知识应用到图像的识别中去。预知识越多,对图像内容的理解就越充分、准确。换言之,图像分析的准确性取决于分析者的学识水平和工作经验,这就是所谓的主观因素。同一样品,在同一仪器下分析,不同的人会得出不同的鉴定结论,有时甚至是矛盾的,遇此情况就需要其他手段的补充鉴定。

3.2.9　图像法分析结果的描述

图像法分析结果基本上由文字描述、结构参数和图像(显微照片)3 部分组成。其中,文字描述和显微照片的表示结果容易出现差异。首先是观察者的洞察力,如有些微量相和结构细节是否被发现并理解到其意义。往往少量组分对材料性能起到关键的作用,如少量组分是析晶、固溶或是形成液相,其结果是迥然不同的。再者,材料中晶体发育良好、晶体大、呈自形或半自形,并不是优良结构的特征;而晶形发育不完善,不显清晰的边界,却表征晶间紧密结合的固相或近固相烧结的结构特征。这一点不熟悉显微结构的应用者,容易出现误解。

3.3　热分析技术

热分析技术(Thermal analysis)是在程序控制温度的条件下研究物质在加热或冷却过程中发生某些物理变化和化学变化的技术[9]。常用的热分析方法有:差示热分析法(DTA)、热重法(TGA)、差示扫描量热法(DSC)和热膨胀分析(TD),具体见表 3-1。

表 3-1　常用的热分析技术[9]

名称	研究内容	特　征
热重分析(TG)	质量	在温度可控的条件下,记录试样的质量随温度或时间的变化而变化的曲线,称为热重曲线,纵轴表示试样质量的变化
差热分析(DTA)	温度	把试样和参比物(热中性体)置于相同的升温条件下,测定两者温度差对温度或时间的曲线,称为差热曲线

续表 3-1

名称	研究内容	特 征
差示扫描量热法(DSC)	热量	把试样和参比物置于相同加热条件,在程序控温下,测定试样与参比物的温度差保持为零时,所需要的能量随温度或时间而变化的曲线,称为示差扫描量热曲线
热机械分析(TMA)	形变	在程序控温环境中测定试样尺寸变化随温度或时间而变化的曲线,纵轴表示试样尺寸变化,称热膨胀曲线

热分析技术较宽的温度范围内,采用各种控温程序对样品进行研究;其对样品无特殊要求,用量很少;并且仪器的使用灵敏度高,与其他技术联合使用可获取多种信息。鉴于上述优点,热分析技术常用于研究物质的晶型转变、融化、升华、吸附等物理现象,以及脱水、分解、氧化、还原等化学现象[10]。

3.3.1 热重分析

样品在升温过程中会发生化学反应,比如合成或者分解,其质量可能会发生相应的改变,热重分析是在不同的加热条件下对样品的质量变化进行测量的动态表征,获得的曲线,称热重曲线(或 TG 曲线)[11]。TG 曲线以质量为纵坐标,以温度(或时间)为横坐标。热重曲线(TG 曲线)记录的是过程的失重累积量。从热重曲线可得到热分解温度和热分解动力学等有关数据。由 TG 可以派生出微商热重法(derivative thermo-gravimetry,简称 DTG),它是 TG 曲线对温度(或时间)的一阶导数。微商热重曲线表示的是试样质量变化率与温度或时间的关系,主要用于研究不同温度下试样质量的变化速率,以确定分解反应的开始温度和最大反应速率时的温度。常用的热重曲线如图 3-84 所示。

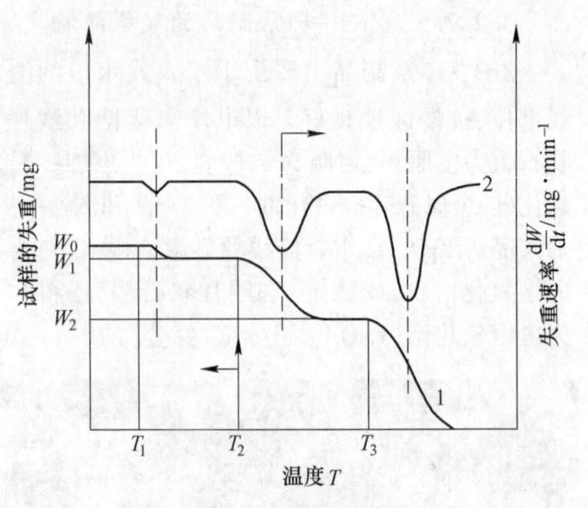

图 3-84 典型的热谱图[11]

1—试样的失重曲线; 2—试样质量的失重速率

DTG 曲线的峰顶 $d^2W/dt^2=0$,即失重速率的最大值,它与 TG 曲线的拐点相对应,DTG 曲线中峰的个数和 TG 曲线的台阶数一致,峰面积与失重量成正比,因此,可从 DTG 的峰面积算出失重。在热重法中,DTG 曲线比 TG 曲线更有用,因为它与 DTA 曲线相类似,可在相同的温度范围进行对比和分析,从而得到有价值的信息。

影响 TG 曲线的主要因素有气氛、试样量及试样的粒度。因此,在做 TG 曲线时,因严格控制反应气氛及试样粒度,尽可能使用少的试样,便于后期进行分析。

3.3.2 差热分析

差热分析法(differential thermal analysis, DTA)是在程序控制温度的条件下,来测量物质与参比物之间的温度差与温度变化的关系的一种技术[11]。当样品在升温过程中发生相变、熔化、结晶、氧化还原反应、断裂与分解反应、脱氢反应、晶格破坏以及其他一系列化学反应时,会发生热效应,从而导致温度发生改变。在实验过程中,将样品与参比物的温差作为温度或时间的函数连续记录下来,就得到了差热分析曲线[11,12](示意图见图 3-85)。参比物是热中性体,即整个测量温度范围内不发生任何热效应;被测样产生热变化,则在差热电偶的两焊点间形成温度差,产生温差电动势为

$$E_{AB}=\frac{k}{e}(T_1-T_2)\ln\frac{n_{eA}}{n_{eB}} \quad (3-1)$$

式中　E_{AB}——温差电动势，eV；

k——玻耳兹曼常数；

e——电子电荷；

T_1,T_2——差热电偶两焊点温度 K；

n_{eA},n_{eB}——两金属 A、B 中的自由电子数。

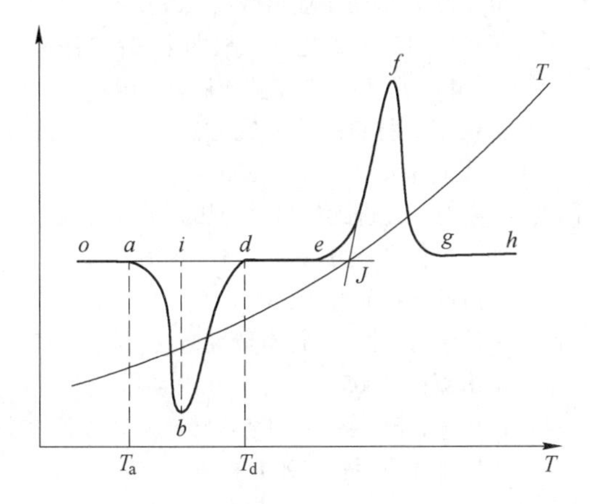

图 3-85　差热曲线示意图[9,13]

当电炉在程序控制下均匀升温时，如果试样无任何物理化学变化，则 $T_1=T_2$，$E_{AB}=0$。

记录仪上为一条平行于横轴的直线，称为基线。如果试样发生吸热反应时，$T_1<T_2$，$E_{AB}<0$，出现吸热峰。试样发生放热反应时，$T_1>T_2$，$E_{AB}>0$，出现放热峰。过程中吸收或释放的热量越多，在差热曲线上形成的峰的面积则越大。

通过分析差热曲线中的出峰温度、峰谷数目、形状和大小，并结合试样的其他分析资料，可鉴定出原料或产品中的矿物、相变等[14]。差热曲线的分析关键就是解释差热曲线上每一个峰谷产生的原因。

影响差热曲线的因素大致分为内因和外因两方面。内因是指试样本身的热特性，如晶体结构、组成、阳离子电负性、离子的半径和电价等。外因是由仪器结构、操作及实验条件等引起的，比如试样因素（试样的形状和粒度），操作因素（试样的称量及装填、加热速度、压力和气氛等）。

实际工作中，差热分析通常是用来研究物质在高温过程中的物理化学变化，如胶凝材料的水化产物，各种天然矿物的脱水、分解、相变过程，高温材料如水泥、玻璃、陶瓷、耐火材料等的形成规律。主要为原材料利用和新材料研制提供参考数据。

3.3.3　差示扫描量热法

差示扫描量热法（differential scanning calorimetry，DSC）是在程序控温下，测量输给试样和参比物的能量差（功率差或热流差）随温度或时间变化的一种分析方法[9]。试样由于热效应会发生一定的能量变化，而为了保证试样与参比物之间温度保持相同，需要对其进行及时的能量补偿；当两者之间无温差、无热传递时，系统的热损失小，从而使得检测信号的灵敏度和精度大大提高，可进行定量分析。

DSC 曲线是以能量为单位记录反应热量的曲线，横坐标为温度（或时间），纵坐标为样品与参比物间温差为零所需供给的热量。曲线的峰谷面积可表征吸热或放热反应焓变，反应热焓与 DSC 曲线上的峰谷面积成正比。DSC 能直接测量等温或变温状态下的反应热，常用于热焓、熔点的测定，其测温范围常为 800℃以下[11,14]。

DTA 是测量 ΔT-T 的关系，而 DSC 是测定 ΔH-T 的关系，两者最大的区别是 DTA 只能定性或半定量，测温范围较大；而 DSC 的结果可用于定量分析，测温范围略小。

影响 DSC 曲线的因素主要有：(1) 样品的性质、粒度及参比物的性质；(2) 升温速率的快慢，升温速率越大，峰温越高，峰面积越大、峰形越尖锐；(3) 炉内气氛类型和气体性质，若使用的气体或气氛不同，则曲线中峰的起始温度等都会不同[13]。

差示扫描量热法可应用于试样纯度的测定、比热容的测定，以及反应动力学的研究。

3.3.4　综合热分析的应用

综合热分析技术的应用有 DTA-TG、DSC-TG、DSC-TG-DTG、DTA-TMA、DTA-TG-TMA 等，也可以与气相色谱、质谱、红外光谱等综合使用，从而获取更多的热分析信息。将多种分析技术集中在一个仪器上，使用更为方便，并能减少误差。

参考文献

[1] 李树棠．金属X射线衍射与电子显微分析技术[M].北京:冶金工业出版社,1980.

[2] 裴光文,等．单晶、多晶和非晶物质的X射线衍射[M].济南:山东大学出版社,1989.

[3] 许顺生．X射线衍射学进展[M].北京:科学出版社,1986.

[4] 高振昕,等．耐火材料显微结构[M].北京:冶金工业出版社,2002.

[5] 高振昕,翁臻培．显微结构的核心作用[J].玻璃与搪瓷,1982,2:24~29.

[6] Corman B P, Anderson H U. Synthesis and microstructural characterization of unsupported nanocrystalline zirconia thin films [J]. JACS, 2001,4:890~892.

[7] 王世中,臧鑫士．电子显微术基础[M].北京:北京航空学院出版社,1987.

[8] 杨彬．连铸三大件使用失效分析和研究[C].耐火材料研讨会,2005,洛阳．

[9] 朱和国,杜宇雷,赵军．材料现代分析技术[M].北京:国防工业出版社,2012.

[10] 张颖,任耘,刘民生．无机非金属材料研究方法[M]. 北京:冶金工业出版社,2011.

[11] 常铁军．材料现代研究方法[M].哈尔滨:哈尔滨工程大学出版社,2005.

[12] 于惠梅．先进无机材料的热分析-质谱以及脉冲热分析定量方法研究[D].上海:中国科学院上海硅酸盐研究所,2006.

[13] 王培铭,许乾慰．材料研究方法[M].北京:科学出版社,2005.

[14] 于伯龄,姜胶东．实用热分析[M].北京:中国纺织工业出版社,1990.

4 耐火材料结构与性能设计

耐火材料在高温多相耦合复杂环境服役，对寿命和功能要求都高。随着科技的发展，新的研究分析工具、方法等促进了耐火材料的创新和性能提升。综合考虑耐火材料的服役性能，利用数值模拟、流场模拟和热场模拟等研究方法，辅助材料开发和研究；借助先进陶瓷制备技术、纳米技术等获得性能优异的材料，最终实现耐火材料服役性能的协同提升。

4.1 耐火材料温度场与应力场的数值模拟应用

随着计算机技术的发展以及工业技术的进步，数值模拟技术已成为当前工业生产中，优化生产工艺、简化中间实验过程和降低成本、提高产品质量的实用技术。借助于计算机数值模拟，可以对使用中的窑炉内衬和各种高温部件进行结构分析，得到它们在不同工况下的温度分布和应力分布，并可通过大幅度调整各种影响参数的取值范围，使新设计的效果、优缺点在实施前就被充分理论论证，从而可而减少初级和中间实验环节，缩短为获得理想方案所花费的时间，进而达到节约资金、降低消耗、提高企业经济效益的目的。此外，计算机模拟还可对设计过程中不易进行试验的课题进行深入的探讨。目前，有限元分析技术在耐火材料领域得到了广泛的应用[1,2]。

有限元方法或有限元分析，是求取复杂微分方程近似解的一种非常有效的工具，是现代数字化科技的一种重要基础性原理。其基本思想是将整个求解对象离散为次区间，即为一组有限元且按一定的方式互相联结在一起的单元组合体，以此作为整个对象的解析模拟。根据求解对象的结构和所处的场，用一假设的简单函数来表示该区域内之应力或应变分布及变化，假设函数需要尽可能表征其对象的特点，并保证计算结果的连续性、收敛性和稳定性。有限元方法被广泛用于模拟真实的工程场景，在许多领域都有较好的应用[1,2]。

有限元法的引入，为耐火材料的发展注入了新的动力，但目前还有许多问题需要研究解决。耐火材料热力学性能的分析与其性能、结构和工作环境有关，因而其各组分物性参数（如杨氏模量、泊松比、线膨胀系数、导热系数等），特别是高温下物性参数的测量就显得至关重要。但由于耐火材料是多组分、多相材料，组分、结构和性能的关系十分复杂，因而其物性参数不易获得，这给耐火材料热应力的计算带来了很大困难[3]。

耐火材料大多为非均质脆性材料，为典型的颗弥散多相复合结构，而在有限元计算中，一般将耐火材料作为均质材料处理，采用宏观性能作为材料性能的唯一表征。用宏观断裂模型分析耐火材料的热应力，仅能在一定精度下解决工程问题，无法提示耐火材料结构、组分和性能之间的关系。

耐火材料具有三维结构，所以有关它们的力学问题和传热问题都是三维的。然而为了研究方便，在对耐火材料的应力场和温度场进行研究时，一般可简化为平面问题或二维轴对称问题。下面以连铸功能耐火材料中的长水口为例，介绍数值模拟分析在耐火材料设计中的应用[4]。

4.1.1 计算流程

4.1.1.1 模型的建立和简化

以长水口结构为主体，将各部分材料理想化为均质体，不同耐火材料间无滑移，仅考虑弹性应变。因长水口为对称体，可以进行对称简化处理，降低计算的工作量，提升计算速度。

4.1.1.2 物性参数的确定

进行热应力计算时需要确定材料的热物性参数包括热导率、弹性模量、线膨胀系数、体积密度、比热容和泊松比。由于在高温下使用,不同温度下材料的物性参数也不是保持恒定,因此获得长水口各部位材料在不同温度下的物性参数十分必要。

热导率表示材料的导热能力,对于耐火材料可以根据热导率的大小选择热线法、平板导热法或激光闪射法进行测量不同温度下耐火材料的热导率。如含碳耐火材料热导率较高,可以采用 ASTM E1461 标准以激光闪射法测量热导率。

弹性模量是表示物质弹性的一个物理量,即单向应力状态下产生单位应变所施加的应力。材料的热应力是由于其热膨胀发生不均匀应变而产生的,所以材料的弹性模量对其抗热震性能的影响极大,因此需要对功能耐火材料的弹性模量进行准确的测量。国内关于致密耐火材料弹性模量测量的标准 GB/T 30758 在 2014 年发布,采用激振脉冲法进行测量,该方法也可测量不同温度下耐火材料的弹性模量。

可根据 GB/T 7320 标准测量功能耐火材料在不同温度下的线膨胀系数。体积密度较容易获得,一般采用阿基米度法测量。

比热容是单位质量物体改变单位温度时的吸收或释放的能量。由于无机材料的比热容与结构几乎无关,一般可以根据材料的化合物组成进行加和计算,也可利用热分析法测量。

泊松比是材料在单向受拉或受压时,横向正应变与轴向正应变的绝对值的比值(横向应变与纵向应变之比值),也叫横向变形系数,它是反映材料横向变形的弹性常数,一般耐火材料泊松比取值为 0.15~0.20。

4.1.1.3 边界条件的确定

在与钢水接触的部位应设置为对流换热条件,但对流系数难以获得,一般假设为在很短的时间内升到钢水温度,随后保持恒定。

暴露在空气中的部位与周围空气发生较复杂的热传递作用,有辐射和对流。周围空气一般流动性较好,可认为环境温度保持为恒定不变。根据传热学知识,此部位可视为无限空间中的自然对流换热问题来处理。根据自然对流条件,可根据 $GrPr$ 确定该部位周围空气流动状态,已知公式:

$$Gr = g\frac{2}{T_w + T_f}\Delta T\left(\frac{l_0^3}{\nu^2}\right) \quad (4-1)$$

$$GrPr = g\frac{2}{T_w + T_f}\Delta T\left(\frac{l_0^3}{\nu^2}\right)Pr \quad (4-2)$$

式中 g——重力加速度,取 9.81m/s^2;
T_w——部位外表面温度,K;
T_f——空气温度,K;
l_0——部位长水口长度,m;
ν——空气黏度,取 $15.06\times10^{-6}\text{m}^2/\text{s}$;
Pr——空气普朗特数,取 0.71;
Gr——格拉晓夫数。

当 T_w 在 20~1600℃ 之间时,$10^9 < GrPr < 10^{12}$,因此空气为湍流流动。因此,空气的自然对流系数公式为

$$\alpha_1 = \frac{\lambda}{l_0}A(GrPr)^n$$

其中,$A=0.13$,$n=\frac{1}{3}$。

辐射换热公式为

$$\alpha_2 = \frac{\omega C_0}{T_w - T_f}\left[\left(\frac{T_w}{100}\right)^4 - \left(\frac{T_f}{100}\right)^4\right] \quad (4-3)$$

式中,C_0 为黑体辐射系数,等于 5.669 $\text{W/(m}^2\cdot\text{K}^4)$;$\omega$ 为此部位的黑度,取 0.9。

将两者合并简化可得对流辐射换热系数为

$$\alpha = \alpha_1 + \alpha_2 \quad (4-4)$$

此外,在实际操作过程中,长水口还受到外力、支撑或限制的情况,可考虑对应的条件施加载荷。

4.1.2 隔热层对长水口抗热震性的影响[4~8]

当前国内钢厂多采用免烘烤型长水口,它的抗热震性是连铸功能耐火材料中要求最高的,当浇铸开始时,其内表面温度瞬间升至钢液温度,从而在材料内部产生较大的热应力,容易使水口产生纵向裂纹、横向断裂等。为保证长水口具有良好抗热震性能,主要从以下两个方面着手:

(1)材料设计。提高材料中石墨的含量,并加入低膨胀系数的熔融石英、锆莫来石等,以降低材料的热膨胀率和弹性模量。然而,石墨

含量的增加会降低材料的抗钢液冲刷和侵蚀性，其加入量应适宜。熔融石英则容易与 MnO 或 FeO 反应生成低熔点物质，同样会降低材料的抗侵蚀和抗冲刷性能。另外过多的二氧化硅和碳也容易溶解到钢水中，造成钢水的增硅、增碳，不利于超低碳钢等高品质钢的浇铸。

（2）结构设计。保持本体的铝碳材质不变，仅在内部复合不超过 10mm 隔热材料，不仅可以大大提升长水口的抗热震性能，提升长水口性能的调控空间，而且还能根据不同的冶金环境，调整内衬材料组成使之适应多钢种冶炼。如毕研虎[9]利用刚玉石英复合内衬和铝碳本体结合，制造出了免烘烤长水口。刘辉敏等[10]开发出了以 ZnO 为添加剂和酚醛树脂作结合剂的内衬材料，在热处理过程中酚醛树脂与 ZnO 相互反应，生成 CO_2 和 Zn，这两者都能挥发产生气孔，从而开发了气孔分布均匀的多孔隔热内衬，且具有良好的抗冲刷和侵蚀性能。李书成等[11]在长水口内壁复合了两层内衬，分别是以熔融石英为主要骨料的防炸裂内衬和以白刚玉、高纯石墨及防氧化剂制成的防穿钢中间层，这样既能提高热震稳定性，又能提高抗冲刷、抗侵蚀和炸裂性能。刘大为等[12]利用电熔莫来石、熔融石英和氧化铝空心球等为内衬原料开发出了热震稳定性特别好的免预热长水口。杨彬等[13]利用 Al_2O_3-MgO-TiO_2 合成料外加金属铝粉或硅粉及结合剂研发了不含碳内衬，热导率低，线膨胀系数小，与本体在力学性能上的差异还能起到抑制裂纹的作用。

接下来，通过数值模拟，对复合结构长水口的工作原理，以及内衬材料、本体材料性能、复合厚度等影响热应力大小的因素进行了详细介绍。长水口基本结构如图 4-1 所示，物性参数见表 4-1。

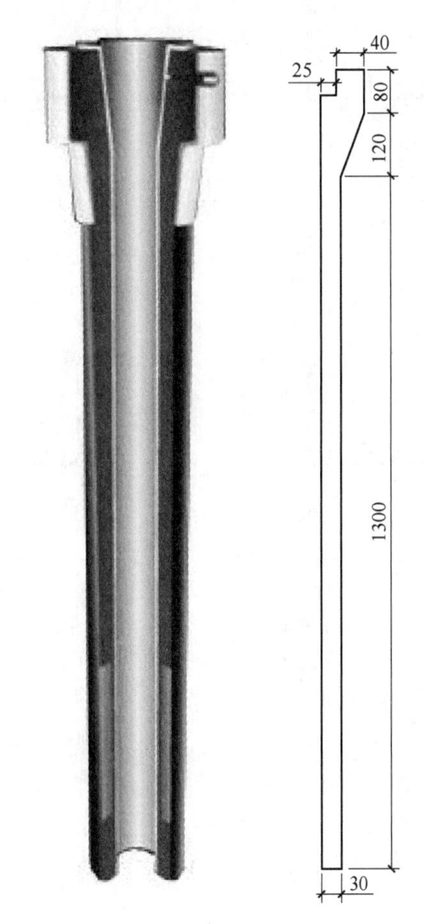

图 4-1 长水口结构示意图

表 4-1 复合长水口材料的基本参数测定

类别	体积密度 /g·cm^{-3}	弹性模量 /GPa	热导率 /W·(m·K)$^{-1}$	线膨胀系数 /K^{-1}	比热容 /J·(kg·K)$^{-1}$	泊松比
铝碳材料	2.66	7.8	18	0.45×10^{-5}	840	0.15
内衬	2.26	2.4	0.78	0.30×10^{-5}	780	0.15

4.1.2.1 最大热应力随时间的变化

图 4-2 是不同时刻无内衬长水口热应力云图，发现当最大热应力增加到 3MPa 左右时，最大热应力点出现在长水口颈部，并在之后的时间内固定在此处。同时，长水口的实际使用经验也证明颈部是最易受热冲击破坏的。因此，选取长水口最脆弱的颈部位置作为分析点，研究不同因素对长水口热应力的影响。

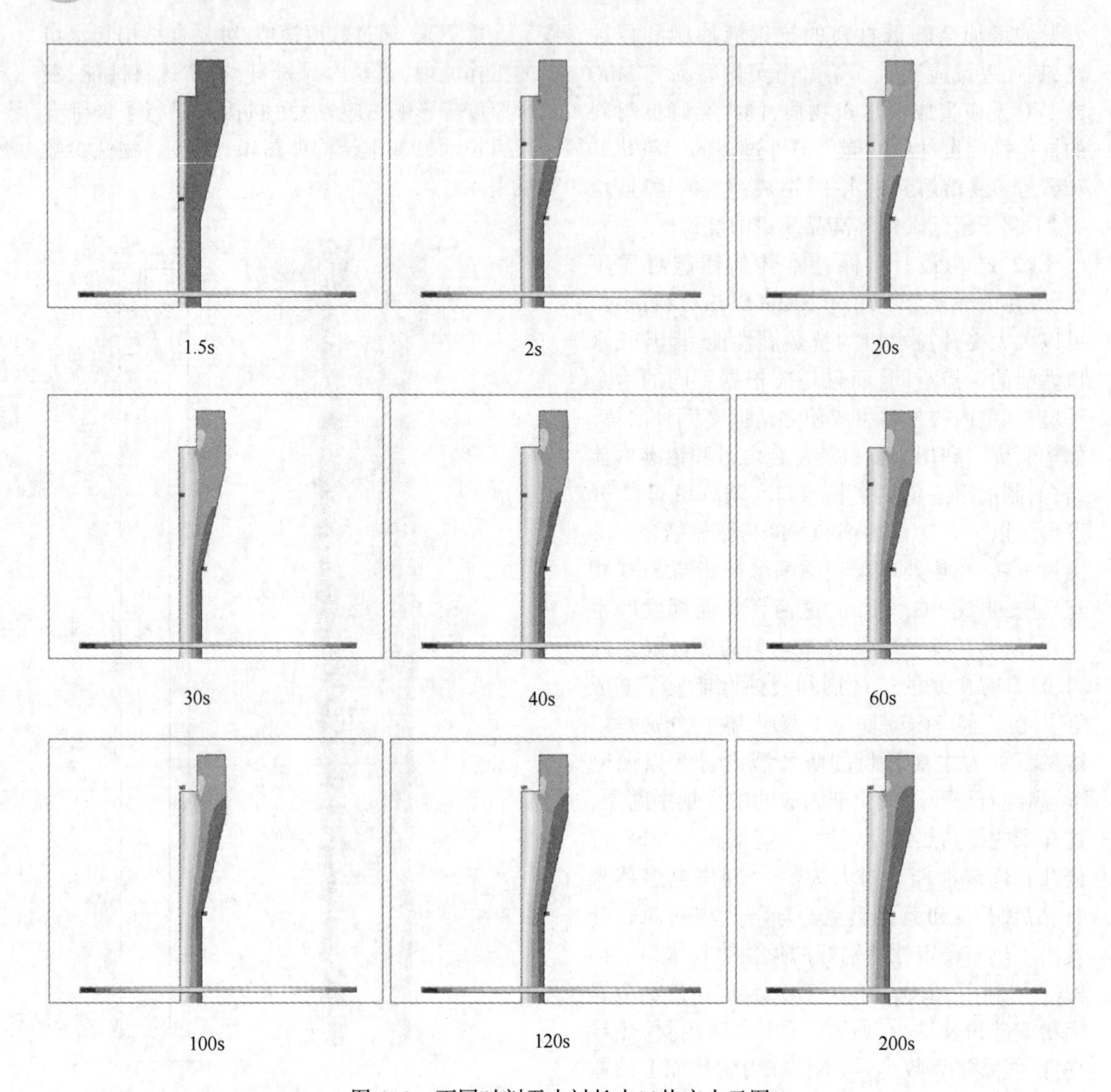

图 4-2 不同时刻无内衬长水口热应力云图

图 4-3 是热冲击过程中无内衬长水口颈部温度及热应力随时间的变化。由于长水口是带台阶的圆柱体，为此将长水口热应力分解为三个方向，轴向（axial）、周向（circumferential）和径向（radial），其中轴向表示沿长水口轴线方向，轴向拉应力大容易导致长水口断裂；周向是绕长水口体轴线方向（垂直于轴线，同时垂直于截面半径），周向拉应力大容易导致长水口纵裂；径向是沿长水口截面半径方向（垂直于轴线）。由图 4-3 可以看出周向应力值最大，轴向应力次之，而径向应力最小。另外三者仅是在应力大小上有所差别，而随时间的变化趋势是相同的，在时间为 30s 处，颈部应力达到峰值，随后减小并趋于稳定。颈部温度在 200s 内升至 1000℃左右，随后趋于平稳。

图 4-4 是热冲击过程中复合内衬长水口颈部温度及热应力随时间的变化。可以发现，与无内衬时相似，周向应力值最大，轴向应力次之，而径向应力最小，复合长水口最大热应力出现的时间为 50s。相对于无内衬时，最大热应力出现的时间延长，最大热应力显著降低，如最大周向拉应力由 5.9MPa 降低到 3.1MPa，降低幅度达 47%，对提高长水口的抗热冲击性非常有效。此时，长水口外壁的温度在 200℃以下。另

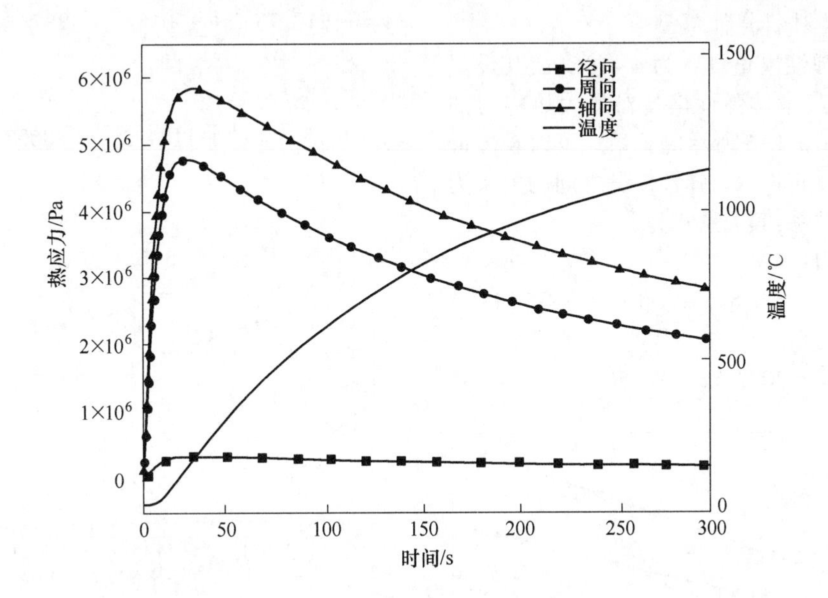

图 4-3　热冲击过程中无内衬长水口颈部温度及热应力随时间的变化

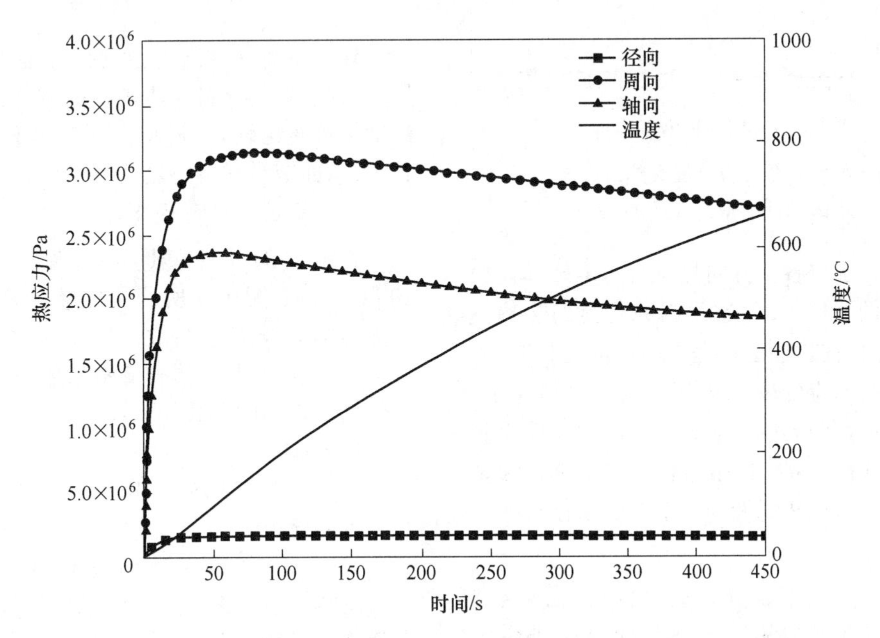

图 4-4　热冲击过程中复合内衬长水口颈部温度及热应力随时间的变化

外三者仅是在应力大小上有所差别，而随时间的变化趋势是相同的，在 3s 内，应力值急剧增加；之后增加速度稍有减小，但仍保持比较大的增长速度，到 50s 时应力增加到最大值；在 50s 后热应力开始降低，但降低速度缓慢；到 150s 之后，应力降低速度更加缓慢。

由上可以看出，当长水口内复合隔热内衬后，减少了向外的热传导，使得受热冲击时最大热应力显著降低，达到最大热应力的时间延长，长水口外壁温度显著降低。

4.1.2.2　材料性能对最大热应力的影响

弹性模量、热传导、线膨胀系数是影响热应力大小的关键因素，下面分别就本体和内衬材料性能的变化对最大热应力的影响进行了分析。

A 本体材料弹性模量

将本体弹性模量设置为4~10GPa,共设置5个梯度,观察本体弹性模量对最大热应力的影响,得到如图4-5所示的关系。可以看出最大热应力与复合长水口弹性模量之间的关系为完全的线性关系,其关系式为

周向应力:

$$y = 278455x + 10^5 \quad (4-5)$$

轴向应力:

$$y = 202775x - 940566 \quad (4-6)$$

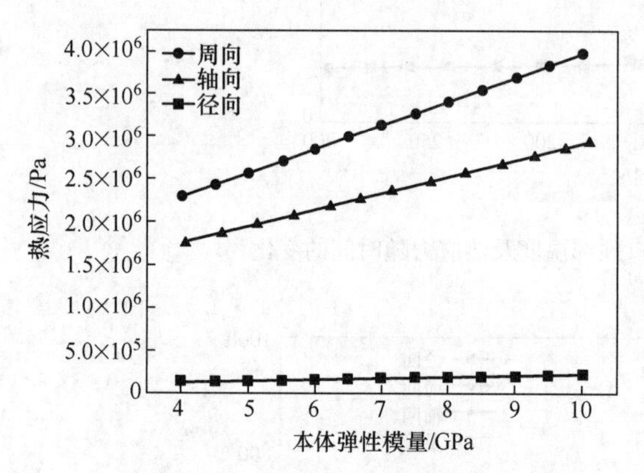

图4-5 复合长水口最大热应力与本体弹性模量之间的关系

复合长水口各个方向热应力与本体弹性模量呈完全的线性关系,这是因为材料的热物理性能一定时,在热冲击过程中的温度场相同,由温度场引起的应变场ε也相同,应力公式为$\sigma = E\varepsilon$,因此最大热应力应与本体材料的弹性模量呈完全的线性关系。降低本体材料的弹性模量是提高长水口抗热震性的一个有效途径。

B 本体热导率

将本体热导率设置为10~24W/(m·K),模拟计算不同本体热导率下的本体最大应力值,可得到如图4-6所示的关系。可以看出,复合长水口的最大热应力与本体的热导率呈负相关,不呈线性关系。利用多项式对数据点进行拟合,可得到如下公式:

周向应力:

$$y = -287.09x^3 + 19896x^2 - 513624x + 7 \times 10^6 \quad (4-7)$$

轴向应力:

$$y = -217.75x^3 + 15015x^2 - 388783x + 6 \times 10^6 \quad (4-8)$$

径向应力:

$$y = -15.858x^3 + 1104.2x^2 - 28608x + 405802 \quad (4-9)$$

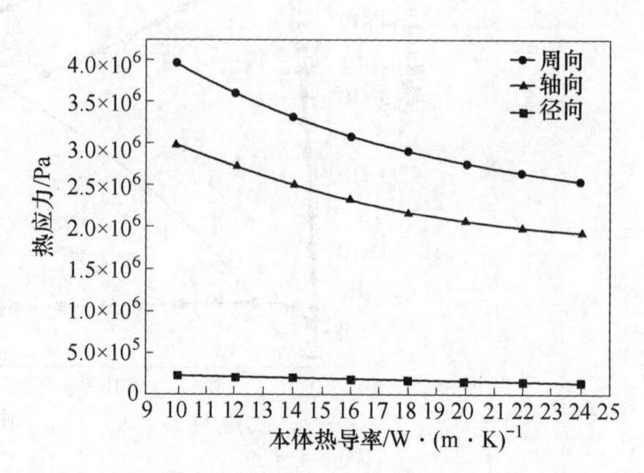

图4-6 复合长水口最大热应力与热导率之间的关系

导热系数是材料对温度传导能力的度量,导热系数越大,材料导热能力越强,在同一时刻温度场分布越均匀,材料内部产生的温度梯度越小,从而减小材料由热膨胀引起的内应力。

C 本体线膨胀系数

将本体的弹性模量设置为1×10^{-6}~$8\times10^{-6}K^{-1}$,得到图4-7所示的复合长水口最大热应力与本体线膨胀系数之间的关系。可以看出,最大热应力与本体线膨胀系数呈正相关,拟合数据所得到的公式如下:

周向应力:

$$y = 3.67364 \times 10^{11}x + 2 \times 10^2 \quad (4-10)$$

轴向应力:

$$y = 2.6899 \times 10^{11}x + 10^6 \quad (4-11)$$

材料受热冲击的应变场ε仅是其温度场T和线膨胀系数α的函数,$\varepsilon = T\alpha$,因此本体线膨胀系数与其最大应力也是线性关系。

D 内衬弹性模量

设置其他参数不变,弹性模量在1~9GPa之间的变化,通过模拟计算复合长水口颈部的最大应力,可得到图4-8所示的线性关系。内衬弹性模量并不影响本体的温度场,故由温度引起的本体应力保持不变,而内衬通过应变施加给本体的作用力与其弹性

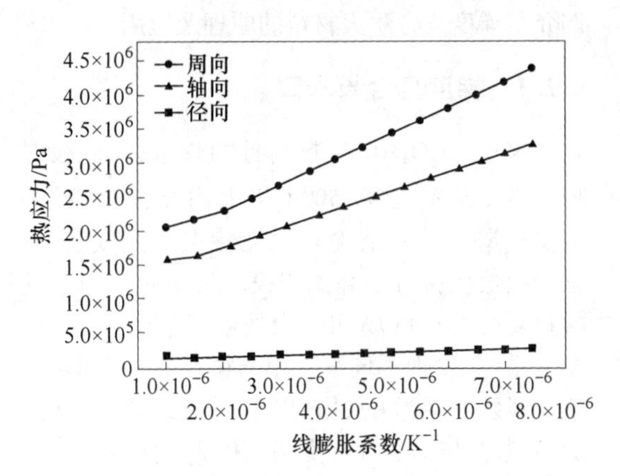

图 4-7 复合长水口最大热应力与本体膨胀系数之间的关系

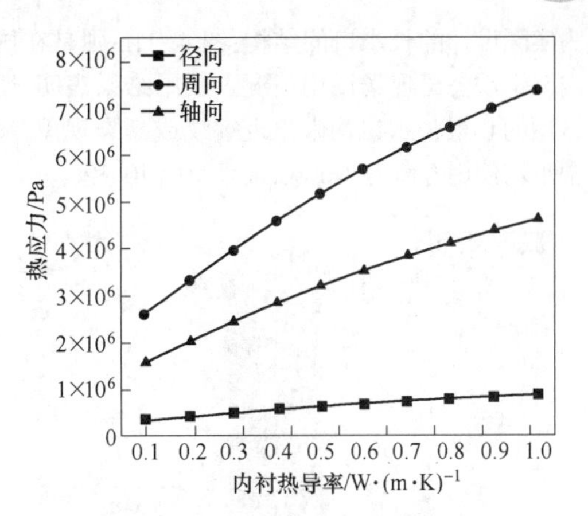

图 4-9 复合长水口最大热应力与内衬热导率之间的关系

模量呈线性关系，引起总应力的增大。图中的线性关系表明，内衬弹性模量对长水口最大应力影响比较小，一般实际生产中内衬弹性模量的变化范围不大，对长水口最大应力的影响并不明显。

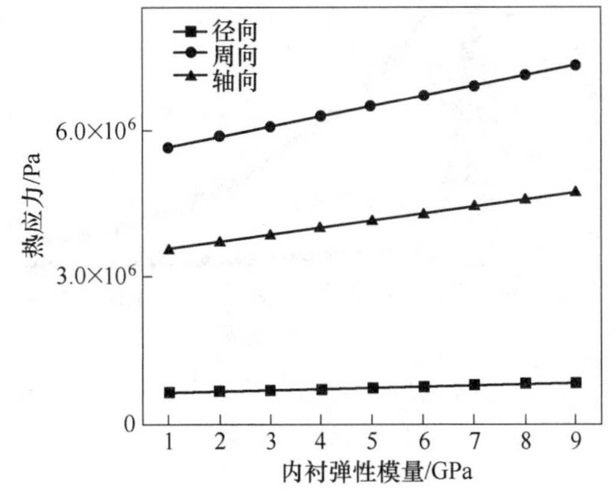

图 4-8 复合长水口最大热应力与内衬弹性模量之间的关系

E 内衬热导率

设置长水口内衬的导热系数为 0.1～1.0W/(m·K)，其他参数保持为基础参量不变进行计算。图 4-9 所示为三个方向应力随内衬导热系数变化情况，可以看出随着内衬导热系数的增加，复合长水口的颈部最大应力会增加。低热导的内衬材料有很强的热阻作用，对本体材料的最大热应力有着较大影响。

F 内衬线膨胀系数

设置内衬线膨胀系数变化范围为 10^{-6}～10^{-5} K^{-1}，其他条件不变，研究内衬的线膨胀系数对长水口颈部热应力的影响，可得到如图 4-10 所示的关系。图中数据结果表明，随着内衬的线膨胀系数增大，最大热应力呈线性增大。内衬线膨胀系数的变化并不影响长水口的温度场，因此由本体温度场梯度产生的应力保持不变，而温度场相同的条件下，热应变场与温度场呈线性关系。所以，总应力与内衬的线膨胀系数呈线性关系。

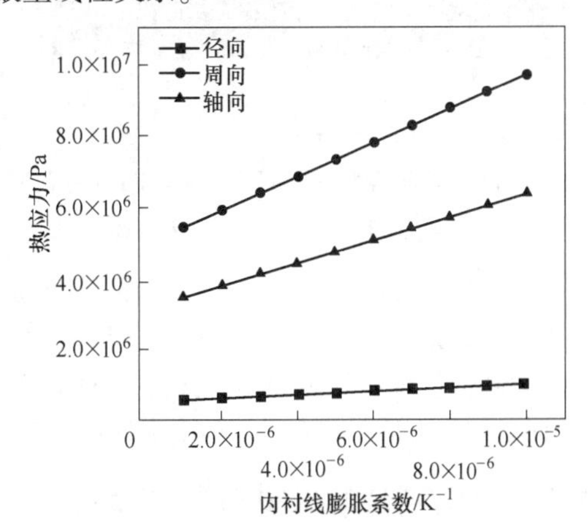

图 4-10 复合长水口最大热应力与内衬线膨胀系数之间的关系

4.1.3 应用

某厂在制备免预热长水口时，最初将其设计成普通结构，结果在浇铸初期，其颈部附近经常出现裂纹。后来，借助有限单元法对裂纹形成原因进行了分析，并设计出复合结构长水口。图 4-11a

为实际设计的长水口的结构;图 4-11b 则是在国内某钢铁公司现场试用情况。试用结果表明,所试用的 6 根长水口均未出现裂纹或断裂现象,每根平均使用寿命为 7.6 次,最高使用 10 次[5]。

a

b

图 4-11 复合结构长水口及其在生产中的应用
a—复合结构长水口;b—长水口在现场应用照片

如前所述,复合结构长水口在浇钢初期具有较小的热应力,这使得其出现裂纹或断裂的可能性大大降低。现场的试验结果充分证明了这一点,而这同时也证明了本次计算结果的正确性。

4.2 梯度复合耐火材料原理及应用

由于在高温下使用,耐火材料频繁受到热冲击,优良的服役性能是保证材料安全使用的前提条件。梯度复合耐火材料是根据耐火材料的使用特点和要求,从工程和结构的角度对耐火材料进行的材料配置、组合、组成、性能的一体化设计,赋予耐火材料优化的材料设计、结构设计和性能设计,以有效解决耐火元件的关键性能要求和共性要求。以下以功能耐火材料为例介绍梯度复合耐火材料的原理及应用。

4.2.1 梯度复合长水口

采用 Al_2O_3-C 材料制备的长水口,服役时瞬间经受从室温到 1500℃以上钢液的强烈热冲击。根据各材料结构和服役特点及失效行为,采用数值模拟分析高温服役环境下长水口不同材料复合的温度场和应力场响应、热应力与应变关系等,发现不同气孔率与微结构、不同热导率与线膨胀系数的材料以不同形式复合,在经受强烈热冲击时的温度场随时间响应不同,与高温钢液接触的水口内腔复合厚 3~5mm 的高气孔率低热导率材料能显著优化受钢瞬间温度场分布,最大热应力降低 47%,如图 4-12 和图 4-13 所示。多层复合改变了应力应变关系及

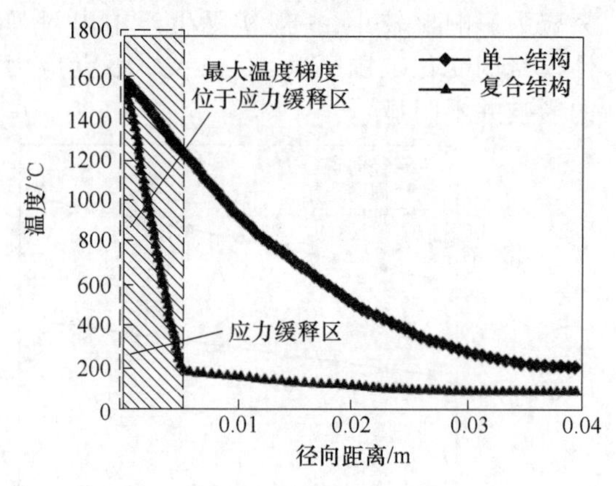

图 4-12 长水口单一结构和复合结构径向温度对比

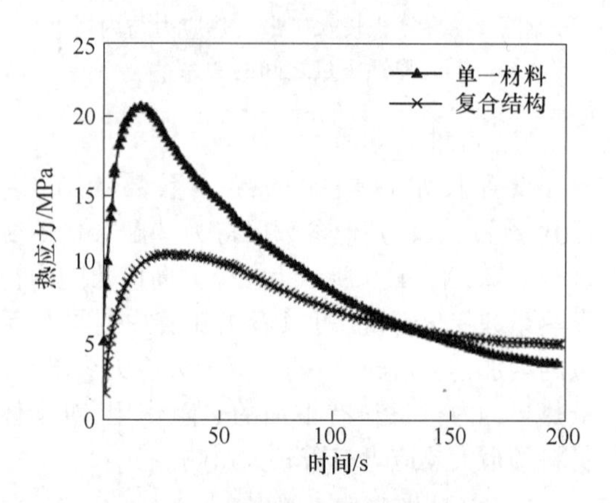

图 4-13 长水口单一结构和复合结构热应力随时间的变化

在材料中的应力分布，改善了材料的抗热震性能。因此设计了碳含量不同的梯度多层复合材料。为了不污染钢液，与钢液接触的内层材料采用高气孔率（20%～30%）、低热导率的低碳材料（C质量分数1%～3%），以降低瞬间受热冲击时温度梯度和最大热应力；受高温钢液冲蚀或熔渣侵蚀严重的部位，采用气孔率较低、纤维增强的中碳材料（C质量分数6%～24%），保证抗侵蚀性的同时减少钢液增碳，材料蚀损速率可下降30%以上；本体采用高碳材料（C质量分数26%～32%），赋予材料足够强度保证长水口的结构性能（图4-14）。梯度多层复合设计实现了材料抗热震性与抗侵蚀性及功能性的协同提升。

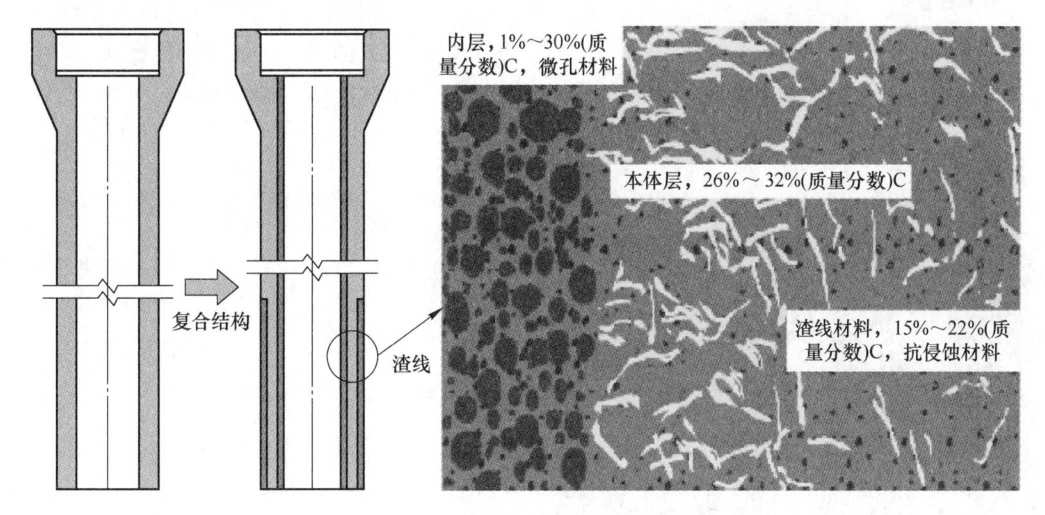

图4-14　长水口结构功能复合示意图

4.2.2　梯度复合透气元件

透气元件服役时除受高温钢液侵蚀外，常因炉次循环、吹气及清洗等造成的热应力导致热剥落、断裂，进而渗钢导致服役失效。优良的抗热震是提高吹通率和寿命的关键。通过数值、高温热场模拟透气元件1100～1600℃热循环服役环境，结构流场模拟吹气搅拌效果，优化设计出功能分区的具有最佳吹气搅拌效率、低热应力的陶瓷芯板组合气道结构作为工作区[14]；中下部不直接与钢液接触，采用起预热冷态气体和安全标识作用的高温弥散透气陶瓷；本体采用尖晶石质浇注料确保透气元件的力学性能（图4-15）。与传统整体狭缝式结构相比，梯度复合结构的新型透气元件，热应力降低了64%，高温热场模拟试验表明无裂纹、无断裂，陶瓷芯板抗侵蚀性好，实现了材料抗热震性与抗侵蚀及功能性的协同提升。

4.2.3　梯度复合整体塞棒

在连铸工艺中，整体塞棒主要作用是控制钢水从中间包到结晶器的流量，棒头是塞棒最关键的部位，决定着塞棒控流功能和使用寿命。依据浇注钢种不同，棒头材料有MgO-碳材料、尖晶石-碳材料、Al_2O_3-碳材料、ZrO_2-碳材料。为了提高整体塞棒的耐冲刷性，塞棒棒头材料碳含量一般较低，但材料本身线膨胀系数大、抗热震性差，导致在使用过程棒头易开裂、剥落，严重影响了连铸过程的安全可靠和连续性。为了提高棒头抗热震性，采用梯度功能复合原理设计了复合棒头结构，外层为低碳材料、内层为普通材料，在提高抗热震的同时提高耐冲刷性。普通塞棒及梯度复合塞棒结构、材料性能分别如图4-16和表4-2所示[15]。

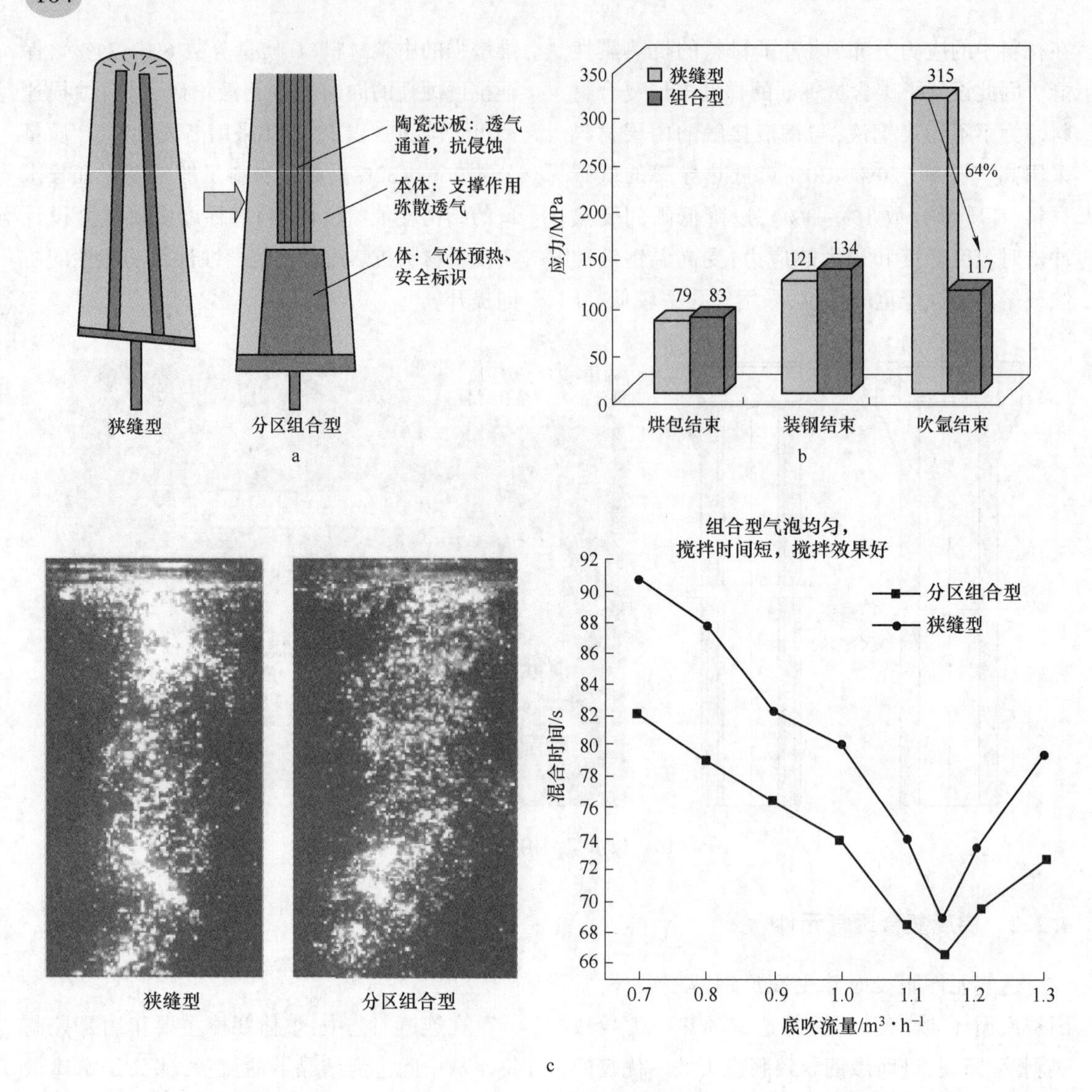

图 4-15 透气元件结构设计

a—示意图；b—热应力；c—搅拌效果对比

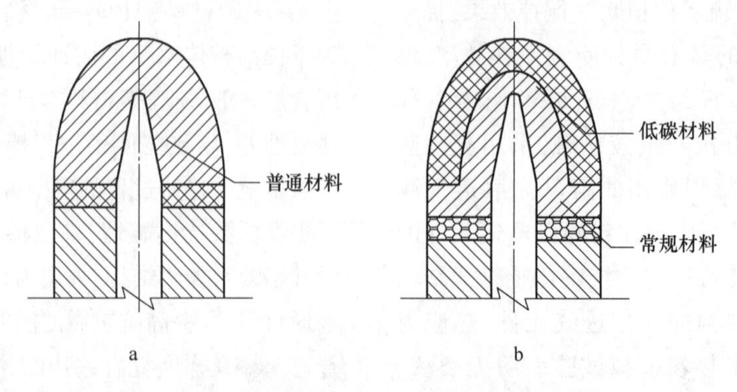

图 4-16 整体塞棒结构

a—普通塞棒棒头；b—梯度复合塞棒棒头

表 4-2　整体塞棒材料性能

名称	材料	化学组成(质量分数)/%			显气孔率/%	抗折强度/MPa
		氧化物	C	外加剂		
普通	普通材料	78	14	6	14.5	8.2
梯度复合	低碳材料	84	8	6	16.0	6.7
	常规材料	74	18	6	15.2	7.4

注:氧化物指 MgO、ZrO_2、$MgO-Al_2O_3$ 等。

普通整体塞棒和新型复合整体塞棒在钢厂上进行了对比使用,在浇注普碳钢时梯度复合整体塞棒使用寿命 26h 以上,远大于普通塞棒 18~20h 的使用寿命;在提注 HRB300 时梯度复合整体塞棒使用寿命 20h 以上,远大于普通塞棒 16~17h 的使用寿命。与普通塞棒相比,梯度复合整体塞棒使用过程控流效果较好且用后侵蚀较轻,用后照片如图 4-17 所示,因此新型整体塞棒具有高使用可靠性和高使用寿命。

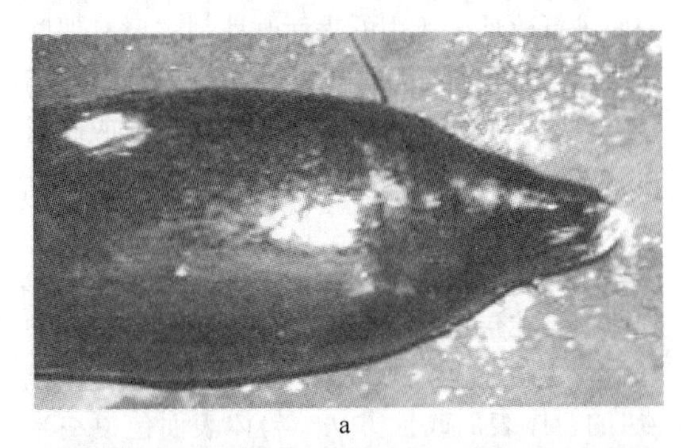

a

b

图 4-17　用后塞棒对比
a—普通塞棒;b—梯度复合塞棒

4.2.4　梯度复合浸入式水口

浸入式水口是连铸工艺中最关键的功能耐火材料,和结晶器、保护渣并称为连铸工艺的三大关键辅助技术。在满足抗热震性的前提下,提高浸入式水口使用寿命的关键是提高渣线锆碳材料的抗侵蚀性。浸入式水口渣线材料抗侵蚀性与氧化锆含量、质量、粒度组成有关,增加氧化锆含量可以抗侵蚀性,但是降低渣线抗热震性。因此,为了保证浸入式水口抗热震性且提高渣线材料抗侵蚀性,采用梯度复合原理设计浸入式水口渣线:内腔为无碳材料、外层低碳锆碳材料。普通浸入式水口和新型浸入式水口材料及性能见表 4-3。

表 4-3　浸入式水口性能

项目名称	普通浸入式水口		梯度复合浸入式水口		
	基体	渣线	基体	内衬	渣线
刚玉	75		75	92	
氧化锆		82			86
石墨	20	14	20		10
添加剂	3		3	7	
气孔率/%	14.1	14.4	14.1	30.4	15.2
体积密度/$g \cdot cm^{-3}$	2.56	3.65	2.56	2.56	3.71
强度/MPa	8.4	7.6	8.4	5.6	6.4

梯度复合浸入式水口无碳内衬材料具有较高气孔率及较低的热导率,可以提高制品抗热震性,保证使用安全可靠性,低碳锆碳材料具有优异抗渣侵蚀性,可提高制品使用寿命。普通浸入式水口和梯度复合浸入式水口在钢厂上进行了对比使用,同样条件下,结果如图 4-18 所示。与普通浸入式水口相比,梯度复合浸入式水口抗热冲击性较好,没有发生热震开裂现象且用后渣线残余厚度较厚,具有较高的使用寿命。

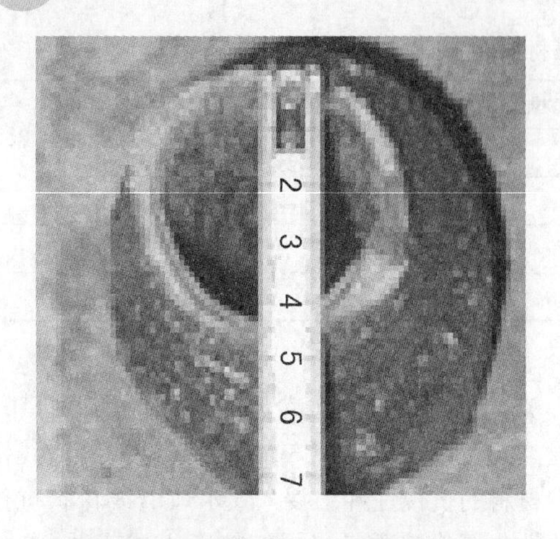

a

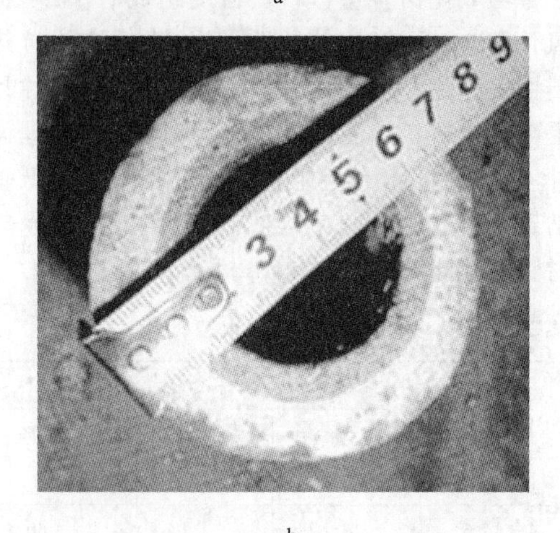

b

图 4-18 浸入式水口用后对比
a—普通浸入式水口；b—梯度复合浸入式水口

4.3 耐火材料的改性

耐火材料的表面改性可分为耐火原料的改性和耐火材料的改性两大部分，其中耐火原料的改性又可分为耐火原料粉料的改性和耐火原料骨料的改性。耐火材料表面改性的方法很多，根据现有分类方法分别介绍耐火原料粉体改性方法、耐火原料骨料改性方法以及耐火材料的改性方法。

4.3.1 耐火材料表面改性的分类和方法

材料表面改性就是指在保持材料或制品原性能的前提下，采用物理、化学、机械等方法，根据应用需要有目的赋予其表面新的性能，如亲水性、生物相容性、抗静电性能、染色性能等，以满足现代新材料、新工艺和新技术发展的需求。耐火材料表面改性是指在耐火原料、制品或者结合剂表面赋予新的性能，使其更加有利于发挥其在耐火材料中固有的功能。

4.3.2 耐火原料粉料的改性

在耐火材料生产制备的过程中，经常会存在粉体的团聚、与颗粒料以及不同的粉体之间不润湿等现象而无法使粉体均匀分散于耐火材料体系中，从而影响耐火材料制品的性能。解决这一问题比较有效的方法就是对粉体原料进行改性。在实际生产中常用的粉体表面改性方法有有机包覆、沉淀反应包覆、机械力化学、插层改性及复合法等。

表面有机包覆改性是目前最常用的无机粉体表面改性方法，它利用有机表面改性剂分子中的官能团在颗粒表面吸附或化学反应对颗粒表面进行改性。所用的表面改性剂主要有偶联剂（硅烷、钛酸酯、铝酸酯、有机配合物、磷酸酯等）、高级脂肪酸及其盐、高级胺盐、硅油或硅树脂、有机低聚物及不饱和有机酸、水溶性高分子等。

沉淀反应包覆是利用化学沉淀反应将表面改性物沉淀包覆在被改性颗粒的表面，是一种“无机/无机包覆”或“无机纳米/微米粉体包覆”的粉体表面改性方法。粉体表面包覆纳米 TiO_2、ZnO 、$CaCO_3$等无机物的改性，就是通过沉淀反应实现的，如云母粉表面包覆 TiO_2制备珠光云母；钛白粉表面包覆 SiO_2和 Al_2O_3，以及硅藻土和煅烧高岭土表面包覆纳米 TiO_2和 ZnO；硅灰石粉体表面包覆纳米碳酸钙和纳米硅酸铝。

机械力化学改性是利用粉体超细粉碎及其他强烈机械力作用有目的地激活颗粒表面，使其结构复杂或表面无定形化，增强它与有机物或其他无机物的反应活性。以机械力化学原理为基础发展起来的机械融合技术，是一种对无机颗粒进行复合处理或表面改性（如表面复合、包覆、分散）的方法。

插层改性是指利用层状结构的粉体颗粒晶体层之间结合力较弱（如分子键或范德华键）

或存在可交换阳离子等特性,通过离子交换反应或特性吸附改变粉体性质的方法。用于插层改性的粉体通常具有层状晶体结构,如石墨、蒙脱土、蛭石、高岭土等。

复合改性是指综合采用多种方法(物理、化学和机械方法等)改变颗粒的表面性质以满足应用需要的改性方法。目前应用的复合改性方法主要有有机物理/化学包覆、机械力化学/有机包覆、无机沉淀反应/有机包覆等。

4.3.3 耐火原料骨料的改性

众所周知,耐火材料的构成,骨料占主要部分,骨料自身的特性,其与基质的相互作用,很大程度上影响了耐火制品的整体性能,然而其没有得到应有的重视,因此有必要针对耐火骨料进行整体的设计和加工,以期改善制品的性能。近年来,随着工程化骨料理念[16,17]的提出,对耐火骨料的形状、结构和化学组成进行特定的设计和制造,使耐火材料朝着高效、稳定、绿色的方向发展受到了行业的密切关注,使人们对于耐火材料研究不仅仅着眼于体系的开发、组成的变化、基质的配比。

多数耐火骨料颗粒为多相多晶物料,因此耐火骨料颗粒形状既与材料本身的各相晶体结构、结晶习性和杂质含量有关,也与材料的加工处理方法有关。如采用电熔法制得的莫来石,因莫来石是从熔体中析出来的,多为自形晶,故按莫来石的结晶习性,多呈柱状多晶聚集体,破碎时是沿着结合力较差的长度方向晶界断裂,破碎后的颗粒也多为柱状多晶颗粒。另一方面,破碎后的耐火骨料颗粒形态还与材料本身的致密度和破碎方式有关。如对特致密和高致密的高铝矾土熟料而言,如果采用冲击式的或挤压式的破碎方式,破碎出来的骨料颗粒多呈片状或棱角状;如果采用研磨式的破碎方式,则多呈不规则的粒状或近圆球状。

耐火骨料的颗粒形状对不定形耐火材料的施工性能有较大的影响。片状、柱状、针柱状、棱角状、锯齿状等不规则形状的颗粒,配制成的泥料流变性能较差,而近圆球状和圆球状的颗粒配制成的泥料流变性能较好,有利于改善泥料的流变性、提高触变性,从而有利于提高体积密度[18]。如图 4-19 所示,以圆球状骨料为例,可以有不同的改进方法。

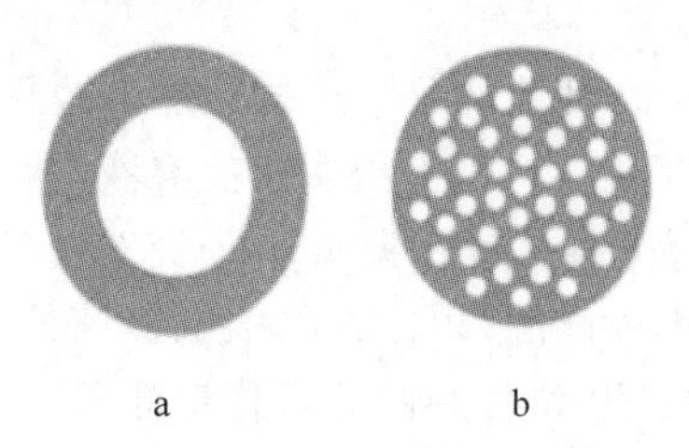

图 4-19 几种球形骨料示意图[16]
a—空心球形骨科;b—多孔球形骨科

(1)空心球形骨料。与传统的隔热保温骨料相比,空心球内部具有封闭的气孔会有较好的隔热保温效果。该类骨料在耐材中早有应用,20 世纪 80 年代,已有人将氧化铝空心球制品应用在高温隧道窑的顶部和化工窑炉上,并取得较好的工作性能和节能效果。

(2)多孔球形骨料。该型骨料与空心球相比,可以看做是把空心球中的大气孔相对微细化,并相对均匀地分散于骨料内部,同时原本致密的孔壁也会多孔化效果,这样可以在不影响材料气孔率的前提下,有效提高骨料在成型时的抗压能力[19]。另外,均匀分散的多孔结构骨料相比空心球有更好的隔热保温效果,并且还能保持较高的强度和抗渣侵蚀性,降低结构热应力。

(3)糙面球形骨料。该种骨料既可以为空心球,亦可做成实心或多孔球形。在耐火浇注料中实际应用表明,相比光面球形骨料,使用糙面球形料的试样强度得到明显提高。这是因为球粗糙的外表面改善了骨料的嵌合性能,有利于骨料间、骨料和基质的结合。

(4)芯和外壳化学成分不同的球形骨料。利用内外化学成分的差异,可以实现将骨料中易水化、易氧化或者其他易于外界起反应的物质包裹在球内部,以防止骨料在储存过程中性能的破坏。以上类型骨料实际已有应用研究,并在某些方面取得良好的效果。

覃显鹏、李远兵等[20]在莫来石球状骨料对高铝浇注料性能影响中发现,随着莫来石球的加入的增多,显著改善浇注料的流动性,减少了加水量,并且提高了强度以及减小了试样的烧结收缩等,均有利于提高材料的施工性能和力学性能。

对骨料性能的化学结构性能的改性,有学者研究了用板状刚玉浸渍镁盐溶液,然后热处理使其表层生成镁铝尖晶石,研究对刚玉-尖晶石浇注料性能的影响,结果表明,浸渍处理对刚玉-尖晶石质浇注料的热震稳定性与抗渣性均有明显改善。证明了骨料表面化学组成的变化可以最终影响浇注料的使用性能。

对耐火原料适当的设计、制备可以有效地优化耐火材料的性能,也具有技术的可行性和生产的经济性。可以预期,随着耐火材料技术的进步,将有越来越多新的技术手段被应用。

4.3.4 耐火材料表面的改性

耐火材料表面改性方法和种类很多,总体可以归结为两类:涂层法和聚合物纳米复合材料法。其中涂层法又可以分为溶胶-凝胶涂层法、有机溶液涂层法、熔盐涂层法、金属-氧化物原位催化涂层法和其他涂层法。聚合物纳米复合材料法耐火材料改性是指从分子结构层面对材料进行改性,最常见的就是对酚醛树脂的改性。

在耐火材料行业,常采用具有特殊功能(如防氧化、抗侵蚀等)的涂料,通过涂刷、喷涂或浸渍等方式,在耐火制品或耐火原料表面形成均匀的保护性涂层,来提高耐火制品或耐火原料的使用性能。随着鳞片石墨、纳米炭黑、纳米碳纤维、碳纳米管等的广泛应用,以及含碳耐火材料、镁钙质耐火材料(或原料)或其他功能性耐火材料应用工况的日趋恶劣,采用传统的涂料喷涂方式已不能满足要求。基于此,国内外对耐火材料或原料的涂层改性方法做了大量研究,除了直接喷涂涂料法以外,又涌现出一些新型的涂层改性方法。

A 溶胶-凝胶涂层法

溶胶-凝胶法就是将金属盐类化合物经过溶液、溶胶、凝胶阶段后固化,再经热处理合成氧化物或其他化合物成分的方法[21]。由于容易制取且价格适中,溶胶-凝胶涂层法已成为目前对耐火材料或原料进行表面涂层改性的最常用方法,并且可以根据耐火材料或原料的材质与性能要求而任意选取合适的溶胶成分。选择并制备溶胶时,要遵循以下规则:溶胶材料在基体材料上能够均匀附着;凝胶热处理后所得产物的线膨胀系数与基体材料的要相近,并且对氧的扩散速率越低越好。经常选用的溶胶有热处理后所得产物为氧化铝、镁铝尖晶石、莫来石、铝酸钙、ZrO_2、HfO_2 等的溶胶。

为改善鳞片石墨表面的水润湿性和抗氧化性,在廉价的硝酸铝溶液中通入少量 NH_3 制成 Al_2O_3 先驱体溶胶后对鳞片石墨进行 Al_2O_3 包覆改性,改性后的鳞片石墨的水润湿性提高,抗氧化性增强,可以有效减少浇注料中抗氧化剂的加入量。

为了保持涂层的完整性,Ansar 等[22] 以仲丁醇铝和硝酸镁制备尖晶石先驱体溶胶,采用正硅酸乙酯(TEOS)和硝酸铝制备莫来石先驱体溶胶,并用这些溶胶对耐火材料用石墨进行涂覆。研究发现:对于这两种溶胶而言,尖晶石晶体形成的温度(600℃)比莫来石晶体形成的温度(1200℃)低,尖晶石涂层和莫来石涂层改性石墨的水润湿性和抗氧化性明显提高。

为了改善出铁沟浇注料的抗氧化性,张国锬等[23]对 Al_2O_3-SiC-C 质浇注料试样预处理后,采用氧化锆先驱体溶胶对试样进行喷涂处理。结果表明:喷涂一次氧化锆先驱体溶胶并经 300℃热处理后的试样,其表面形成了均匀的涂层,浇注料的抗氧化性提高,抗渣侵蚀性也得到改善。

采用溶胶-凝胶法进行耐火材料表面改性,热处理后所得产物是耐火度较高的氧化物或复合氧化物,因此溶胶-凝胶涂层法可显著提高耐火材料在高温下的使用性能。溶胶-凝胶涂层法简便易行,不仅适用于耐火原料,而且适合用于耐火制品,在高温行业具有广阔的应用前景。

B 有机溶液涂层法

有机溶液涂层法是以有机溶剂为介质,利用其兼容性和附着性将一些具有特殊性能的无机成分涂覆到耐火制品或耐火原料表面的方法。该方法的关键在于有机溶剂和分散剂的选择以及无机成分的分散工艺。所选有机溶剂在基体材料上要有良好的铺展性和化学相容性。为了改善鳞片石墨的水润湿性以及镁砂原料的抗水化性，并将它们用于制备浇注料，Kumark等[19]开发了一种以有机溶剂甲醛、乙二醇、乙醇或呋喃甲醇为介质，添加$R-O-(CH_2CH_2O)-CH_2COONa$、$C_{18}H_{35}O(CH_2CH_2O)_{12}CH_2COONa$或Pigment Black为分散剂，添加丙烯酸酯树脂、丙二醇、单体苯乙烯或丙烯酸为表面活性剂，制备了含纳米炭黑(N220)的悬浮液，然后涂覆到鳞片石墨、镁砂骨料、氧化铝骨料或耐火制品表面，形成了均匀稳定的纳米碳涂层。纳米碳涂层具有与鳞片石墨相似的亚晶结构，可有效改善耐火原料或制品的抗氧化性和抗水化性，提高材料的整体使用寿命。

Kumark等[19]用高效分散剂制得含粒度小于0.3μm的活性石墨(石墨烯)的悬浮液。该悬浮液在耐火材料表面的附着力强，可有效提高材料的抗渣侵蚀性和耐磨性，使钢包内衬的寿命提高10%，使刚玉质热电偶保护套管的寿命提高3倍以上。

有机溶液涂层法由于价格便宜，工艺简单，是一种适用于耐火原料和耐火制品的非常有前途的涂层改性方法。对于耐火制品，该方法比较适合用于中低温或还原气氛下服役的耐火制品。

C　熔盐涂层法

熔盐涂层法(MSS)是在高温下以金属盐(如NaCl和NaF等)介质制成含涂层先驱体(金属或金属氧化物等)熔盐对基体进行涂层改性的方法。对于熔盐涂层法，所选的涂层先驱体在熔盐中的溶解度对涂层有重要影响。因此，该方法的关键是涂层先驱体和熔盐的选择，熔盐配比和温度也至关重要。可选择的先驱体有金属(如Si、Ti或Zr等)粉或金属氧化物(如WO_3等)等。

碳原料的水润湿性和分散性较差，限制了其在浇注料中的用量和应用效果。溶胶-凝胶涂层法改性的碳原料，存在涂层薄、涂层与基体结合较弱，搅拌过程中容易脱落等不足之处。为了使碳原料表面形成高质量的稳定涂层，Ye等[25]采用熔盐法对炭黑表面进行SiC涂层改性研究。以二元盐NaCl-NaF为熔盐介质，将Si粉和炭黑以Si、C物质的量比为1/12~1/2预混后加入NaCl-NaF中，在1100℃保温6h处理后，在炭黑表面形成了均匀稳定的SiC涂层。在NaCl-NaF二元盐中，NaF的合适加入量(质量分数)为2.5%～5%；通过控制Si与C的物质的量比，可以控制涂层的厚度和改性炭黑的密度。改性后的炭黑在水中具有更好的分散性与流动性。

刘诚等[26]采用两步熔盐法于900~1000℃下在C/C复合材料表面制备$MoSi_2$-SiC复合涂层，即在含仲钼酸铵的熔盐中制备Mo_2C涂层，然后通过熔盐渗硅生成$MoSi_2$-SiC复合涂层，测试涂层在1500℃下的抗氧化性能和抗热震性能。结果表明：涂层整体致密，与基体结合良好，均匀地包覆在整个基体表面，厚度约为100μm。涂层样品在1500℃的静态空气中氧化42h后，涂层表面仍保持完整，质量损失率仅为2.79%。1500℃下经历30次热震实验后，样品的质量损失率为1.96%，涂层具有良好的抗氧化和抗热震性能。

熔盐涂层法是在高温下进行的，工艺相对较复杂，目前仅适用于碳质耐火原料；但其所涂覆的涂层具有很高的稳定性，并且涂层厚度可通过一些工艺参数进行控制，属于比较高端的涂层方法。

D　金属-氧化物原位催化涂层法

金属-氧化物原位催化涂层法是以金属-氧化物为催化剂，在高温下使合适的气体源(CO或CH_4)分解沉积成碳纤维(或碳纳米管)，并在碳纤维或碳纳米管表面形成氧化物涂层的方法。可选用的金属催化剂通常有Mg、Fe、Co、Ni、Zn等金属粉，可选用的氧化物催化剂通常是MgO、Al_2O_3、NiO、RuO_2、CaO等或它们的复合。

为了催化炭纤维原位生长纳米炭纤维/纳米碳管，研究纳米炭纤维/纳米碳管在炭/炭复合材料中的应用，采用KOH-浸渍-还原法在炭纤维上制备纳米催化剂颗粒。王占锋等[27]首先用 KOH 处理炭纤维改变其形貌,然后将炭纤维在硝酸镍催化剂前驱体溶液中浸渍,干燥,再用 H_2 气还原制得催化剂颗粒,最后催化热解 CO 在炭纤维上原位生长纳米炭纤维/纳米碳管。结果表明:KOH 处理能使炭纤维表面变得凹凸不平,有效地阻止了催化剂前驱体液体的流动,使涂层均匀;浸渍-还原法能获得粒径小、均匀、适合纳米炭纤维生长的金属颗粒。

与其他涂层改性方法相比,金属-氧化物原位催化涂层法目前只适合于高性能碳质原料的合成与改性,应用范围有很大的局限性。

E 其他改性方法

a 自上釉法

自上釉材料在陶瓷工业中比较常见,而且技术比较成熟。一些耐火产品(如 SiC 质耐火坩埚)的组成中也含有一些可以自上釉的成分。含碳耐火材料的防氧化十分重要,因此开发含碳耐火材料的自上釉技术意义重大。Al_2O_3-C 质整体塞棒被用于钢水浇铸,使用期间由于抗氧化性差,容易引起表面开裂和釉面缺陷,从而导致耐火材料的结构和性能变差。Roungos 等[28]研究了 Al_2O_3-C 质整体塞棒自上釉技术的可行性。Al_2O_3-C 质整体塞棒烧成后,表面形成了以刚玉、莫来石和硼酸铝($Al_4B_2O_7$)为相组成的釉层。该釉层相当致密,厚度约几百微米,与碳基体黏附较好,改善了 Al_2O_3-C 材料的抗氧化性、抗热震性和抗渣侵蚀性。

但是由于自上釉法中添加的成釉原料(如 SiO_2 和 $Na_2B_4O_7$ 等)会降低耐火材料的耐火度,因此对自上釉法还需做进一步的研究和优化。

b 电镀法

电镀法是利用电解原理在某些金属表面上镀一层金属膜,从而起到防止金属氧化、提高耐磨性等作用,属于金属材料领域常用的涂层工艺。在耐火材料领域,也有借助电镀工艺对含碳制品进行表面改性或形成保护涂层的,以提高制品的抗渣侵蚀性。

王慧华等[29]以氧化铝、二氧化硅、碳酸钙、氧化镁和氟化钙为原料配制熔渣粉(碱度为 0.9~4.0),加热至 1550 ~1650℃熔融后,将待处理的耐火材料和石墨分别作为正极和负极浸入熔渣中,以钼棒为引线连接直流电源(电压为 6~12V),通电 15 ~30 min 即在耐火材料表面形成了钙镁铝酸盐涂层。该涂层能够大幅延长镁炭砖的服役寿命,并且简单、易操作,具有较高的生产实用价值。

c 化学反应法

化学反应法是将耐火材料首先通过化学反应的方式进行表面处理,从而达到表面改性的目的。这种方法主要是应用在镁钙系耐火材料的表面改性处理。通过在 CO_2 气氛下对镁钙系耐火熟料进行加热处理,使熟料表面的游离 CaO 与 CO_2 发生下列反应:

$$CaO + CO_2 = CaCO_3$$

把表面游离 CaO 转变为稳定的 $CaCO_3$,从而在熟料表面形成一层碳酸钙薄膜。碳酸钙薄膜的形成降低了内部 CaO 与外界水分接触的机会,因此大大提高了熟料的抗水化性能。

d 激光改性法

激光材料表面处理技术充分利用了激光能量密度高,对材料的加热和冷却速度快、可控性好、工艺简单等特点,可在对基材性能影响极小的前提下有效地提高材料的表面性能,如耐磨性、抗蚀性、抗疲劳性等。

激光束具有能量密度高的特点,能短时间内有效地熔化高熔点陶瓷材料,在快速冷却作用下形成一层致密的陶瓷凝固层。该技术的独有特性确保了在对耐火材料的表面改性时,既不影响耐火材料的基材结构(包括相组成以及气孔的组成和分布形态),又能在其表面形成一层与基材料成分相同的致密层,且工件的大小不受限,处理过程简单。近年来的研究表明,耐火材料的激光表面处理能有效地封闭表面气孔,克服 CVD 和等离子喷涂等技术存在的一些缺陷,显著改善耐火材料的抗侵蚀性能。

e 浸渍法

通过将耐火制品浸入特定的溶液、溶胶当中,在真空或高压的条件下,是含有特定粒子的溶液(胶)浸入耐火制品的结构缝隙(显气孔)中,经烘干处理后可在耐火制品中留下特定固体粒子,不仅可以是析出的固体粒子填充到耐火制品的结构缺陷处，进而提高致密度；同时，留下的固体粒子可对高温下的实际应用当中的耐火制品的某些性能产生影响，从而达到改善耐火制品性能的目的。

邓勇跃等[30]研究了使用化学法制备的 $Cr(OH)_3$溶胶（平均粒径为50nm）和 $Mg(OH)_2$-$Cr(OH)_3$ 混合溶胶真空浸渍对镁铬砖性能的影响。结果表明：浸渍后，试样中孔径大于12μm的孔隙百分率由原来的88.5%分别降低至40.6%和58.9%。孔隙的中位径由浸渍前的17.45μm分别降低至9.56μm和12.24μm，镁铬砖的抗水化性能明显提升，抗渣性能也得到提高。于仁红等[31]研究了硫酸镁溶液浸渍对镁铬砖抗水化性能的影响，结果也表明：浸渍硫酸镁溶液后可显著改善镁铬砖的抗水化性能。

f 聚合物纳米复合材料法

随着含碳耐火材料的出现，酚醛树脂已经成为重要的耐火原料，无论是镁炭砖还是铝碳砖都可采用酚醛树脂作为结合剂。其主要原因是该树脂具有残炭率高、热硬性好、干燥强度大、环境污染小等优点。但酚醛树脂中含有酚羟基，其在树脂碳化过程中一般以 H_2O 的形式放出，使碱性耐火材料的组分水化，导致耐火材料强度降低。因此对酚醛树脂进行改性，减少或彻底消除其在碳化过程中生成的 H_2O，对提高耐火材料的性能，特别是含 CaO 组分耐火材料的性能具有重要意义。

聚合物纳米复合材料是以聚合物为基体，将填充粒子以纳米尺度均匀分散于基体中的新型高分子复合材料。通过纳米粒子的小尺寸效应、量子尺寸效应、表面效应以及宏观量子隧道效应，使纳米粒子与酚醛树脂发生物理或化学结合，从而使其在分子尺度上增强粒子与酚醛树脂基体的界面结合，对酚醛树脂起到了增强、增韧和提高热稳定性的作用。应用于耐火材料领域中的纳米材料改性酚醛树脂复合材料主要有：纳米二氧化硅改性酚醛树脂复合材料、纳米碳素材料改性酚醛树脂复合材料、蒙脱土改性酚醛树脂复合材料以及纳米二氧化钛改性酚醛树脂复合材料等。

廖庆玲等[32]采用有机硅溶胶-凝胶法原位生成纳米二氧化硅粒子的方法合成改性酚醛树脂，并把改性后的酚醛树脂替代传统的酚醛树脂作为镁炭砖的结合剂使用。结果表明，当改性酚醛树脂中纳米二氧化硅的加入量为2%时，可以有效降低镁炭砖的显气孔率，提高体积密度和常温耐压强度。纳米二氧化硅粒子与酚醛树脂发生物理或化学结合，一方面可以提高酚醛树脂的热稳定性，减少分子物质的释放量，使显气孔率减少、体积密度增加；另一方面可增加纳米二氧化硅粒子与酚醛树脂的结合面积。当材料受到冲击时，纳米改性酚醛树脂会吸收更多的冲击能量，从而阻止裂纹进一步扩展，提高抗冲击强度。

杨学军等[33]研究了添加纳米炭黑对酚醛树脂力学性能的影响，在一定含量范围内，炭黑/酚醛树脂纳米复合材料的弯曲强度和压缩强度随纳米炭黑含量的增加而增大，添加25%的纳米炭黑的炭黑/酚醛树脂纳米复合材料的弯曲强度和压缩强度比未添加时提高了1倍。

陈林[34]以蒙脱土/酚醛树脂纳米复合材料为结合剂制备耐火砖，测试结果表明，耐火砖的常温耐压强度以及中温耐压强度均有较大提高，如以热固性蒙脱土/酚醛树脂结合的制品在常温、500℃以及600℃处理后其耐压强度分别比普通酚醛树脂提高约11.66%、41.69%和42.30%。钱春香等[35]将纳米 TiO_2 粒子加入到硼酚醛树脂中，大幅度提高了树脂在450～700℃的残炭率。

采用纳米方法对现有酚醛树脂结合剂进行改性，可以有效提高酚醛树脂的热分解温度、抗氧化性能以及残炭率等，是提高含碳耐火材料性能的有效方法之一，具有广阔的应用前景。

4.4 TRIZ 创新方法在耐火材料中的应用

技术创新需要方法，而 TRIZ 理论是目前广泛使用的一种创新方法。本节简要介绍 TRIZ 创新方法在耐火材料行业上如何发现问题，产品设计、生产和应用等环节上的应用。

TRIZ 意译为发明问题解决理论,由俄罗斯学者根里奇·阿奇舒勒(G. S. Altshuller)和其同事通过对上万份专利的分析,于 1946 年提出一套体系化的、实用的解决发明问题的理论方法体系,以协助人们创造性地获得发明问题的有效解[36~39]。在阿奇舒勒看来,人们在解决发明问题过程中,所遵循的原理一定是客观存在的。如果能掌握这些原理,不仅可以提高发明的效率,也能使发明问题的解决更具有可预见性。通过对大量专利的研究发现,大量发明所面临的基本问题是相同的,其所采用的发明原理也是相同的。只有 20%左右的专利称得上是真正的创新,其他的许多专利技术早已在其他产业或领域中出现并被应用过。这些被反复运用的原理,只是被用在不同的技术领域而已。因此,他将那些已有的专利文献和自然科学知识进行了整理和重组,形成了一套系统化的理论,即 TRIZ 理论。这一创新理论的诞生,在某种程度上使人类找到了创新的规律,为后来的发明和创造提供指导。

TRIZ 理论体系既包括创新的思维,也包括创新的基础理论和方法,其涵盖的内容主要包括 8 大技术系统进化法则,最终理想解,技术矛盾和 40 个发明原理,物理矛盾与 4 大分离原理,物质-场分析和 76 个标准解法,ARIZ 发明问题解决算法和科学原理知识库等。

TRIZ 解决问题的思路为:首先将此问题转换并表达为一个 TRIZ 问题,然后利用 TRIZ 体系中的理论和工具来进行 TRIZ 问题的解决,从而获得 TRIZ 问题的标准解,最后将 TRIZ 问题的标准解与具体问题相对照,考虑实际条件的限制,转化为具体问题的解,并在实际设计中加以实现,最终获得具体问题的实际解。图 4-20 示出了 TRIZ 解决问题的流程。

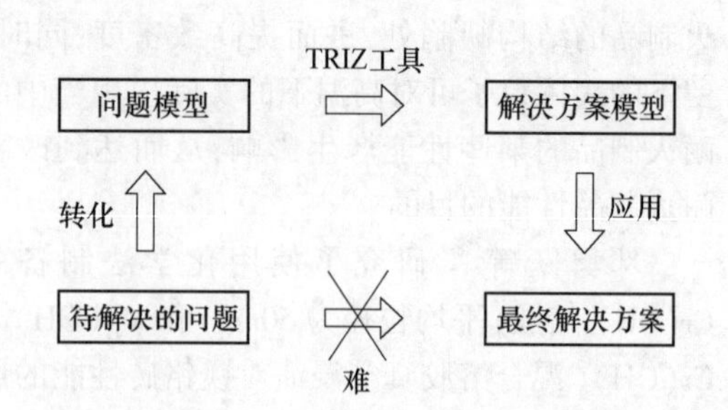

图 4-20 TRIZ 解决问题流程

TRIZ 创新方法在机械制造等行业应用较为成熟,在耐火材料行业中的应用刚刚开始。下面简要介绍 TRIZ 创新方法在耐火材料行业中的几个典型应用案例。

4.4.1 案例 1 不脆耐火材料

脆性材料指在外力作用下(如拉伸、冲击等)仅产生很小的变形即破坏断裂的材料。耐火材料属于陶瓷材料的一种,由于其内部多数呈共价键特征,普遍具有脆性。与韧性材料相比,脆性材料对抵抗冲击荷载和承受震动作用是相当不利的。在保持一定强度的同时提高韧性一直是耐火材料改进的方向之一。目前常用的提高耐火材料韧性的方法有纤维增韧、颗粒增韧、微裂纹增韧等,但对韧性的增加程度有限。

矛盾理论和分离原理可用于不脆耐火材料的设计开发。从矛盾理论分析,我们希望耐火材料既硬又软,即强度高,同时柔韧性又好。这时一个典型的物理冲突,可以用 4 大分离原理(空间分离、时间分离、条件分离、系统级别分离)来解决。

4.4.1.1 空间分离

空间分离是将矛盾双方在不同的空间上分离。当关键子系统矛盾的双方在某一空间只出现一方时,可以进行空间分离。

梯度复合材料:将耐火材料和陶瓷纤维材料做成梯度复合材料,一侧是耐火材料,具有高强度,另一侧是纤维材料(纤维毡或毯等),具有柔性,实现性能的空间分离。因此,该梯度复合材料是既强又韧的材料。

4.4.1.2 时间分离

时间分离是指矛盾双方在不同的时间段上分离,以降低解决问题的难度。当关键子系统矛盾双方在某一时间段上只出现一方时,可以进行时间分离。

可更换耐火材料:设想某高温窑炉对炉衬耐火材料的刚性要求和韧性要求不在同一时间段。在需要较高强度的时候,采用刚性耐火材料;在需要韧性的时候,更换成韧性耐火材料,如纤维毡等。如此循环往复,满足刚性和柔性两方面的要求。

4.4.1.3 条件分离

条件分离是将矛盾双方在不同的条件下分离,以降低解决问题的难度。当关键子系统矛盾双方在某一条件下只出现一方时,可以进行条件分离。

不同速度下的水射流:水射流慢速下可以用来淋浴,高速下可以用来进行金属切割。水射流既是硬物质,又是软物质,取决于水射流的速度。

不同温度下的水:不同温度下水的状态是不一样的。0~100℃乃至100℃以上以液态水或水蒸气的形式存在,可以认为是软物质。0℃以下以固体冰的形式存在,可以认为是硬物质。水既是硬物质,又是软物质,取决于水的温度。

不同温度下的耐火材料:不同温度下耐火材料的状态也是不一样的。低于耐火度(或者荷重软化温度),耐火材料是刚性物质。高于耐火度(或者荷重软化温度),耐火材料呈现一定的可变形性。耐火材料既是硬物质,又是软物质,取决于耐火材料的温度。

4.4.1.4 系统分离

系统分离是将矛盾双方在不同的层次分离,以降低解决问题的难度。当矛盾双方在关键子系统层次只出现一方,而该方在子系统、系统或超系统层次内不出现时,可以进行系统级别分离。

弹簧或自行车链条:弹簧或自行车链条微观层面上是刚性的,宏观层面上是柔性的。弹簧或自行车链条既刚又柔,微观刚性,宏观柔性。

不脆陶瓷[40,41]:根据陶瓷材料加工去除的原理,通过设计相应的组分复合和热处理工艺,控制和调整陶瓷的显微结构及晶界应力,使陶瓷内部产生弱结合面来实现可加工性。这方面的例子有云母陶瓷玻璃、h-BN陶瓷、多孔氮化物陶瓷、SiC及其复合陶瓷、$M_{n+1}AX_n$化合物、可加工氧化物陶瓷等。以云母玻璃陶瓷为例,该材料是研究较早的一种可加工陶瓷,它是由片状或针状结晶云母和玻璃相形成的复相材料。云母属于层状结构,层与层之间结合很弱,易发生解理。由于加工引入的裂纹相互交错,微晶粒子被抑制而难以长大,因而使得云母基玻璃陶瓷具有较好的可加工性。不脆陶瓷既刚又柔,微观刚性,宏观柔性。耐火材料也可以加以借鉴。

此外,生物界也有许多既硬又软的物质,如木材、动物体肌肉等,也可以进一步发掘其科学原理用于不脆耐火材料的设计。

4.4.2 案例2 梯度场制备梯度耐火材料

机压成型是耐火材料制备过程中的关键工艺,由成型机压头对坯料施加压力,依托模具使坯料成为一定尺寸、形状和强度的坯体。压力在坯料的传递过程中随着粉料厚度增加逐渐减小。一般越远离压头的部分,坯体致密性越低。这样就造成了坯体存在密度差,产品质量受到影响。

众所周知,梯度材料由于其优异的抗热震性能等而受到越来越多的关注和应用,其设计原理如图4-21所示,但其制备工艺复杂,影响其在耐火材料行业中的推广应用。梯度场(或渐变场)可以用于梯度耐火材料的制备,如上述机压成型所产生的压力梯度实际上就可以用于梯度耐火材料的制备。其他类似的梯度场还包括重力沉降梯度场、离心力梯度场、浸渍(渗透)梯度场、梯度温度场等。

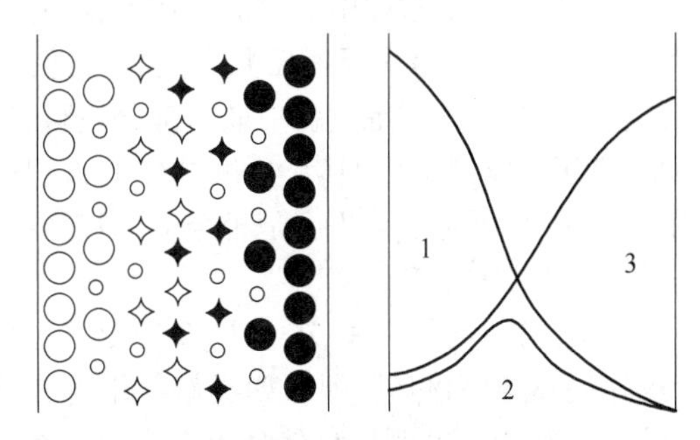

图4-21 梯度功能材料的结构图

◯:陶瓷;●:金属;✧✦:纤维;○:微孔

1—超耐热性能;2—降低热应力功能;3—机械强度

表4-4列出了场的分类。场是系统中的能量,使物质完成某个过程的能力。原则上所有

的场都可形成梯度场，从而单独或相互复合用于制备梯度耐火材料。

表 4-4　场的分类[42]

符号	名称	实　例
G	重力场	重力
ME	机械场	压力、惯性力、离心力
P	流体场	流体静力、流体动力
A	声场	声、超声
T	热场	热存储、热传导、热绝缘、热膨胀、双金属效应
C	化学场	燃烧、氧化、腐蚀
E	电场	静电、电感应、电容
M	磁场	静磁、铁磁
O	光场	光、反射、折射
R	辐射场	X 射线、不可见电磁波
B	生物场	发酵、腐烂
N	核能场	α、β、γ 射线束，中子，电子

4.4.3　案例 3　混料状态在线监测技术

混练是定型耐火材料的一个重要工序，该过程是将各种原料按一定比例，加入水或其他液体结合剂在混练机经过一定的时间混练而制成坯料。混练程度将直接影响到成型的难易以及后续制品的性能。混练程度目前普遍根据经验判定，即在混练过程中取出部分坯料，经专业人员或操作人员手掌握捏后判定是否合适；也有定量判定的，即混练过程中取出部分坯料，经实验室压力成型机成型后，检测试样的体积密度等指标，以判定混练程度是否合适，但需要一定的时间，影响生产效率。

TRIZ 创新方法中的 76 个标准解专门有一类解用于检测和测量，即第四类解。结合专业分析，认为“No. 50 利用自然现象。应用自然现象和物理效应”可用于该问题的解决。

具体可采用的技术路线为：通过在线测量混料过程中的阻力变化、噪声的声强或频率变化和坯料温度变化等，判定坯料的混练程度。

例如，目前已经有实验室对耐火浇注料加水混合过程中的扭矩变化进行在线测量（图 4-22），以判断浇注料合适的混合时间，在保证浇注料混合质量的同时，减少不必要的混合时间[43]。

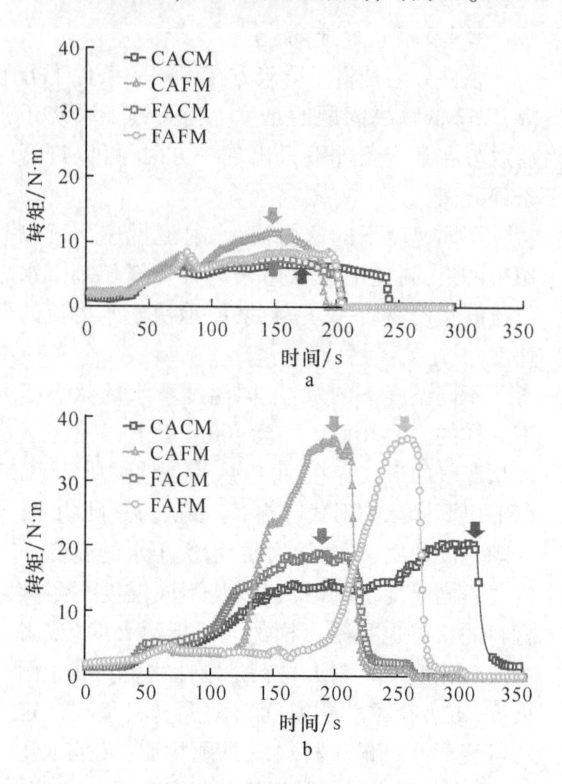

图 4-22　耐火浇注料加水混合过程中扭矩的变化
a—一次加水；b—二次加水

4.4.4　案例 4　耐火材料自保护技术[44]

耐火材料在服役过程中经受高温，高温熔体或熔渣的侵蚀和渗透，高温介质的冲刷和磨损等作用，会逐渐损毁。通过耐火材料材质和结构上的优化等可以提高使用寿命，但程度有限。TRIZ 创新理论中的“发明原理 25　自服务原理”可以为耐火材料的保护提供方法支持。发明原理 25（自服务原理）体现在两个方面：（1）使物体具有自补充和自恢复功能以完成自服务；（2）利用废弃的资源、能量或物资。其原理如图 4-23 所示。

基于自服务的原理，提出了耐火材料自保护技术的原理，即：

（1）必须依靠一个作用力将环境介质约束到耐火材料表面，这个作用力可以为物理黏附

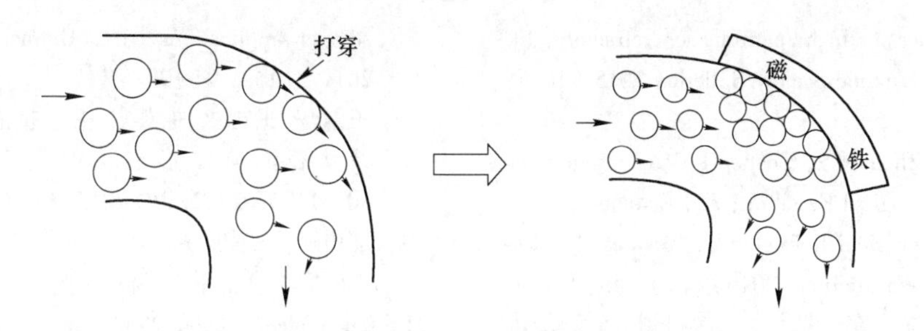

图 4-23 输送钢珠管道的自保护技术

力、化学结合力、重力、电场力等。

(2)被约束的环境介质必须稳定存在,并与周围环境介质相互交换以保持长期相对稳定。附着在耐火材料表面被约束的介质形成双层结构:底层为固态稳定层,牢固附着在耐火材料表面,基本不发生变化;表层为液态黏滞流动层,和周围环境介质不断交换,但维持相对稳定。被约束的介质表层必须和环境介质交换,即表层环境介质的附着和脱离必须达到一个平衡,否则要么自保护不足,被保护耐火材料较早损坏;要么自保护过度,产生其他的负面作用。

(3)被约束介质(保护层)一旦损毁乃至消除,耐火材料在高温作用和环境介质(熔体或熔渣)的侵蚀或磨损下,加上耐火材料内部温度梯度产生的热应力,可以导致耐火材料急剧损毁。

(4)采用自保护技术并不能无限期延长耐火材料的使用寿命。在采用耐火材料自保护技术的同时,还要注意其带来的负面影响。如在耐火材料自保护技术中经常采用水冷技术,由于水冷能够使接触工作层的熔体或熔渣温度降低而凝固到工作层表面,从而达到自防护的效果,但还普遍带来能耗增加、安全隐患增大等负面作用。

耐火材料自保护技术能极大地延长耐火材料的使用寿命,目前已在储铁式出铁沟、水泥窑烧成带挂窑皮保护和煤气化炉炉衬的“以渣抗渣”等领域得到应用。

参考文献

[1] 周昌玉,贺小华. 有限元分析的基本方法及工程应用[M]. 北京:化学工业出版社,2006.

[2] 冷纪桐,赵军,张娅. 有限元技术基础[M]. 北京:化学工业出版社,2007.

[3] 许鑫华,叶卫平. 计算机在材料科学中的应用[M]. 北京:机械工业出版社,2003.

[4] 刘辉敏. 连铸用功能耐火材料热应力有限元分析[D]. 北京: 北京科技大学,2010.

[5] 李红霞. 现代冶金功能耐火材料[M]. 北京:冶金工业出版社,2019.

[6] 刘辉敏,李红霞,孙加林,等. 复合结构长水口热应力有限元分析[J]. 硅酸盐学报,2009,37(12): 2000~2006.

[7] 涂闪. 复合长水口抗热冲击性的模拟和预测[D]. 洛阳: 洛阳耐火材料研究院,2016.

[8] 刘辉敏,李红霞,孙加林,等. 复合结构长水口热应力有限元分析[J]. 硅酸盐学报,2009,39(12):2000~2006.

[9] 毕研虎. 一种免烘烤型长水口:201120186903. 5[P]. 2012-02-01.

[10] 刘辉敏, 郭献军, 李建伟, 等. 一种免预热复合结构长水口内衬材料:201310416346. 5 [P]. 2014-01-01.

[11] 李书成, 李伟峰, 王英杰, 等. 长寿命铝碳质长水口及其生产工艺:201210040773. 3 [P]. 2012-07-04.

[12] 刘大为, 任永曾, 李轼保, 等. 非预热铝碳质长水口:02100631. 8 [P]. 2003-06-18.

[13] 杨彬, 李红霞, 杨金松, 等. 免预热复合结构长水口: 201822204280. 4 [P]. 2006-07-05.

[14] 宋艳艳. 气道结构对钢包透气元件功能的影响[D]. 河南: 中钢集团洛阳耐火材料研究院,2012.

[15] Yang Wengang, Liu Guoqi, Li Hongxia, et al. Thermal stress distribution in stopper by finite element analysis [C]// The Unified International Technical Conference on Refractories. Victoria, British Columbia, Canada, 2013:827~831 .

[16] Shi S Z, Zhou N S. Engineering aggregates—The

next frontier for high-performance refractory[J]. American Ceramic Society Bulletin, 2015,94(7): 24~25.

[17] Shi S Z, Zhou N S, Cooper J. Considerations on the Technological Feasibility and Economical Viability of Spherical Refractory Aggregates[J]. Refractories Worldforum, 2016, 8(2): 59~65.

[18] 肖泽辉，冀运东，罗吉荣. 涂料耐火骨料级配测试仪的研制[J]. 中国铸造装备与技术, 2004(3):45~47.

[19] Kumark, Singhrk, Datta R. Water wettable graphite through nanotechnology and its application in refractories[J]. Interceram, 2017, 66(1/2): 30~35.

[20] 覃显鹏,李远兵,李亚伟, 等. 莫来石球状骨料对高铝浇注料性能的影响[C]//2007 年全国不定型耐火材料学术会议论文集. 2007:184~189.

[21] 陈光华,邓金祥. 纳米薄膜技术与应用[M]. 北京: 化学工业出版社,2004: 43~44.

[22] Ansar S A, Bhattacharya S, Dutta S, et al. Development of mullite and spinel coatings on graphite for improved water-wettability and oxidation resistance[J]. Ceram Int, 2010, 36(6): 1837~1844.

[23] 张国锬,聂建华,逯久昌,等. ZrO_2 喷涂层对 Al_2O_3-SiC-C 浇注料性能的影响[J]. 硅酸盐通报, 2015,34(10): 3010~3014.

[24] Кашеев И Д, Земляной К Г, Кормина И В, et al. Surface active agents(SAA) influence on the properties of alumina - silica refractories[J]. НовыеОгнеупоры,2011(3): 139~146.

[25] Ye J K, Zhang S W, Lee W E. Molten salt synthesis and characterization of SiC coated carbon black particles for refractory castableapplications [J]. J Eur Ceram Soc, 2013, 33(10): 2023~2029.

[26] 刘诚, 冉丽萍, 周文艳, 等. 熔盐法制备 C/C 复合材料表面 $MoSi_2$-SiC 涂层的结构与性能[J]. 粉末冶金材料科学与工程, 2016(2):347~352.

[27] 王占锋, 廖寄乔, 周建伟, 等. KOH-浸渍-还原法在炭纤维表面制备不同金属纳米催化剂涂层及其应用[J]. 炭素, 2007(2):43~47.

[28] Roungos V, Aneziris C G. Prospects of developing self glazing Al_2O_3-C refractories for monobloc stopper applications[J]. Refract Worldforum, 2011,3(1): 94~98.

[29] 王慧华,王德永,徐英君,等. 抗渣侵耐火材料及其表面原位形成抗渣侵涂层的方法: 201511016023.2[P]. 2015-12-30.

[30] 邓勇跃,汪厚植,赵惠忠. 溶胶浸渍对镁铬砖性能的影响[J]. 耐火材料,2005,39(6):401~404.

[31] Yu Renhong, Zhou Ningsheng, Meng Qingxin, et al. Influence of magnesium sulfate solution impregnation on hydration resistance of magnesia-chrome bicks[C]//Proc. of UNITECR'2009. Salvador, Brazil, 2009:211.

[32] 廖庆玲, 李轩科, 雷中兴. 镁碳砖用纳米 SiO_2 改性酚醛树脂的研究[J]. 化工技术与开发, 2009, 38(9):15~18.

[33] 杨学军, 丘哲明, 胡良全. 纳米炭黑对酚醛树脂力学性能的影响[J]. 宇航材料工艺, 2016, 33(4):34~38.

[34] 陈林. 有机蒙脱土改性酚醛树脂应用于含碳耐火材料的研究[D]. 武汉: 武汉科技大学, 2005.

[35] 钱春香, 赵洪凯, 熊佑明. 纳米 TiO_2 粒子改性硼酚醛树脂的热性能分析[J]. 功能材料, 2006(7):98~101.

[36]《创新方法教程》编辑委员会. 创新方法教程: 初级[M]. 北京:高等教育出版社,2012.

[37]《创新方法教程》编辑委员会. 创新方法教程: 中级[M]. 北京:高等教育出版社,2012.

[38]《创新方法教程》编辑委员会. 创新方法教程: 高级[M]. 北京:高等教育出版社,2012.

[39] 韩德超,郭凯,汪莉,等. 创新方法概论[M]. 郑州:河南科学技术出版社,2015.

[40] 周延春. 寻找不脆陶瓷方法:从 MAX 相到 MAB 相[R]//先进耐火材料国家重点实验室学术报告. 洛阳,2018.

[41] 郑秋菊,王昕. 可加工陶瓷结构设计及研究进展[J]. 现代技术陶瓷,2008(1):18~22.

[42] 檀润华. TRIZ 及应用:技术创新过程与方法[M]. 北京:高等教育出版社,2010.

[43] 张佳科. 混合对耐火浇注料流变性的影响[J]. 国外耐火材料,2002,27(1):57~63.

[44] 曹喜营,柳军. 耐火材料自保护技术[C]//第十四届全国耐火材料青年学术报告会论文集. 耐火材料,2014,48(增刊1):1~3.

第二篇 原 料

5　铝硅系耐火原料

耐火材料所采用的原材料有天然的,也有人工合成的。按化学组成来分,主要分为由氧化铝和氧化硅组成的铝硅系原料、由以氧化镁和(或)氧化钙为主要组成的碱性原料以及非氧化物原料等,下面几章分别做介绍。首先介绍铝硅系耐火原料。

在各类耐火原料中铝硅系耐火原料所占比例最大,约占耐火原料的60%以上,年用量超过1500万吨。根据《中国矿产资源报告2018》,我国相关的耐火原料资源条件如下,硅石资源储量88.75亿吨,高岭土34.74亿吨,膨润土30.62亿吨,铝土矿50.89亿吨。铝硅系耐火原料具体包括硅质、半硅质、黏土质、高铝质、氧化铝质等。本章主要介绍铝硅系原料的各类原料类型、典型物理和化学性能、生产方法、用途等内容。

5.1　硅质与半硅质耐火原料

耐火材料所用的硅质与半硅质原料主要是指二氧化硅含量较高的原料。硅质原料包括硅石、熔融石英、SiO_2微粉等,半硅质原料包括蜡石质、半硅黏土、次生石英岩等。

5.1.1　硅石

硅石原料分为结晶硅石和胶结硅石,主要化学成分为SiO_2,是典型的酸性耐火原料。结晶硅石外观一般呈乳白色、灰白色、淡黄色以及红褐色,带有锐利棱角,硬度、强度都很大。胶结硅石外观有白色、灰白色、黄灰色、黑色、红色等,断面致密,呈贝壳状,没有明显的粒状组织结构,断面的锐棱不明显。硅石原料主要应用于陶瓷、玻璃以及耐火材料等工业领域。

5.1.1.1　*硅石的分类*

硅石的分类法有很多,可以按结晶状态、结构致密度、晶型转化速度、热膨胀程度和用途等进行分类。

(1)按结晶状态可以分为胶结硅石和结晶硅石两类。

(2)按晶型转化速度,又可以分为快速转化的硅石、中速转化的硅石、慢速转化的硅石以及极慢速转化的硅石。

(3)按结构致密度分为极致密(气孔率<1.2%),致密(气孔率1.2%~1.4%),比较多孔(气孔率4.0%~10.0%),多孔(气孔率>10.0%)。

(4)按热膨胀程度又分为低热(<1150℃)稳定,中热(1150~1225℃)稳定,高热(>1225℃)稳定。

(5)按用途分为玻璃用硅石、耐火材料用硅石和铁合金用硅石等。

硅石依其成因和结晶状态分类见表5-1[1]。

表5-1　硅石的分类及特性

分类	岩石分类	主要产地	颜色	矿物组成	化学组成	石英晶粒/mm	转化速度	制砖适应性
结晶硅石	脉石英	吉林江密峰	乳白色	石英为主,质地纯净,有的夹有红色或黄褐色水锈	SiO_2约99%	>2	特慢	转化困难,制砖废品率高
	石英岩	河南铁门,辽宁石门	灰白、浅灰色	石英为主,含有黏土、云母、绿泥石、长石、金红石赤铁矿、褐铁矿等	SiO_2>98%	0.15~0.25	特慢	可生产各种硅砖和作为不定形耐火材料添加剂

续表 5-1

分类	岩石分类	主要产地	颜色	矿物组成	化学组成	石英晶粒/mm	转化速度	制砖适应性
胶结硅石	石英砂岩		淡黄、淡红色	石英为主，有少量长石、云母，胶结物为硅质	SiO_2>95%，Al_2O_3 1%~3%，R_2O 1%~2%	粗粒 1~0.5，细粒 0.25~0.1	快速转化	制造一般硅砖
	燧石岩	山西五台山	赤白、青白	基质为玉髓，含有脉石英晶粒，也含有氧化铁、石灰石、绿泥石	SiO_2>95%	0.005~0.01	快速	可生产各种硅砖
硅砂	石英砂	广东珠海	黄褐色	石英为主，含有少量长石等矿物(5%)	SiO_2>90%，Al_2O_3<5%，Fe_2O_3<1%	较大 0.5~0.15		多用于捣打料，可制一般硅砖

5.1.1.2 硅石的性能

硅石用作耐火原料时，要考虑其化学组成、耐火度、致密度以及其存在的晶体类型和显微结构。耐火材料用硅石原料一般可套用耐火制品用硅石原料的技术指标，见表5-2。我国有丰富的硅石资源，不同产地典型硅石的理化性能见表5-3[1]。

表 5-2 耐火材料用硅石的理化指标

牌号	化学成分/%				耐火度/℃	吸水率/%
	SiO_2	Al_2O_3	Fe_2O_3	CaO		
GS-98.5	≥98.5	<0.3	<0.5	<0.15	≥1750	<3.0
GS-98	≥98.0	<0.5	<0.8	<0.20	≥1750	<4.0
GS-97	≥97.0	<1.0	<1.0	<0.30	≥1730	<4.0
GS-96	≥96.0	<1.3	<1.3	<0.40	≥1710	<4.5

表 5-3 不同产地典型硅石的理化性能

类型	产地	化学成分/%							物理性能				特征
		SiO_2	Al_2O_3	Fe_2O_3	CaO	MgO	R_2O	IL	耐火度/℃	气孔率/%	吸水率/%	真密度/g·cm^{-3}	
脉石英	吉林江密峰	98.48	0.06	0.38	0.07	0.05	0.02	1.00	1770	1	2.63	2.59	质纯、致密
	河北邢台	99.60	微	微	微	微	—	—	1770	0.8	0.30	2.65	质纯
结晶硅石	河南铁门	99.03	0.41	0.03	0.012	0.013	0.11	0.17	1750	1.6~2.1	0.66~0.80	2.56	质纯、致密
	湖北	98.86	0.72	0.04	0.06	0.20	0.19	—	1730~1750	0.78	0.30	2.36	质纯
	内蒙古都拉哈拉	97.78	1.32	0.20	微	0.20	—	—	1750	0.30	0.10	—	杂质多，分布不均
	山东王村	97.07	0.51	0.82	0.07	0.37	—	0.39	1750				
	湖南湘乡	98.78	0.28	0.28	—	0.02	—	—	1730~1750	2.2	0.90		质纯，杂质集中
胶结硅石	山西五台山	98.43	0.36	0.30	0.14	—	0.32	0.20	—	1.9	—	2.46	

5.1.2 熔融石英

熔融石英是由高纯硅质原料熔炼后形成的无定形硅质玻璃相材料，外形如图 5-1 所示。其主要特点是具有极低的线膨胀系数（0~1000℃）0.54×10^{-6}℃$^{-1}$，良好的热震稳定性且耐火度很高，热导率低和极好的抗侵蚀性能；具有耐火、耐磨、耐高温、线膨胀系数小等特点，因而被用于陶瓷窑具，坩埚等；也应用于精密铸造、高级玻璃制品等方面。

图 5-1 熔融石英的产品外形

按照熔融石英的透明程度可分为透明熔融石英和不透明熔融石英；不透明熔融石英含有大量微小气泡等散射质点，使玻璃体呈不透明或半透明状。通常以纯净的石英砂为原料，用碳棒电阻炉或电弧炉熔制，SiO_2 含量通常在 99.5%以上，热导率较透明熔融石英的低。典型熔融石英的物理性质见表 5-4。

表 5-4 熔融石英的物理性质

体积密度/g·cm^{-3}	2.22
线膨胀系数/℃$^{-1}$	0.54×10^{-6}
折射率	1.4585
耐压强度/MPa	204.62
热导率/W·(m·K)$^{-1}$	1.4~2.0
反玻璃化温度/℃	1000~1200
莫氏硬度	5~7
弹性模量/GPa	70~78

5.1.3 SiO_2 微粉

SiO_2 微粉又叫烟尘硅、硅微粉或硅灰，是生产耐火材料尤其是不定形耐火材料的关键性原料。陶瓷和耐火材料工业所用的 SiO_2 微粉主要是微米级的[2]。

SiO_2 微粉的品种很多，其中性能最佳、应用最广的为铁合金厂和单晶硅厂生产中除尘而得的副产品[3]。在电弧炉内，石英约于 2000℃下被碳还原成单质硅，同时也产生了 SiO 气体，随烟气逸出炉外。SiO 气体遇到空气时被氧化成 SiO_2，即凝聚成非常微小且具有活性的 SiO_2 微粒，经收尘装置收集得到 SiO_2 微粉。SiO_2 微粉由气相 SiO 气体氧化后沉淀而成，属于无定形 SiO_2（非晶态），结晶 SiO_2 的含量很少，一般小于 1%。SiO_2 微粉颗粒极细，平均粒径为 0.15~0.4μm，比表面积为 15~30m^2/g，具有极高的反应活性。国外有专业厂家生产的专供不定形耐火材料使用的高品质 SiO_2 微粉。图 5-2 示出了典型 SiO_2 微粉的显微结构照片。图 5-3 示出了无定形 SiO_2 微粉与结晶较好的天然石英的 XRD 图谱。

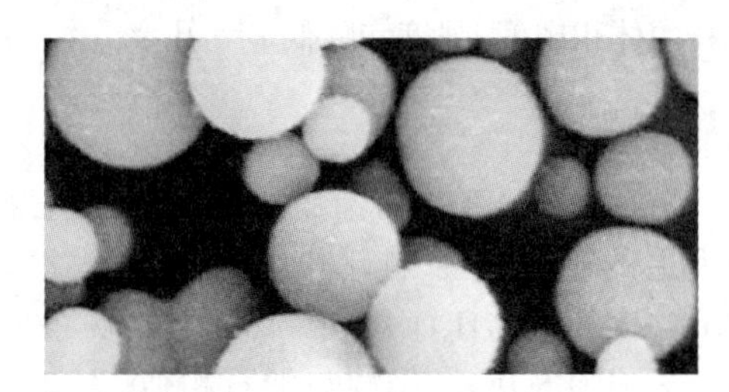

图 5-2 典型 SiO_2 微粉的显微结构照片

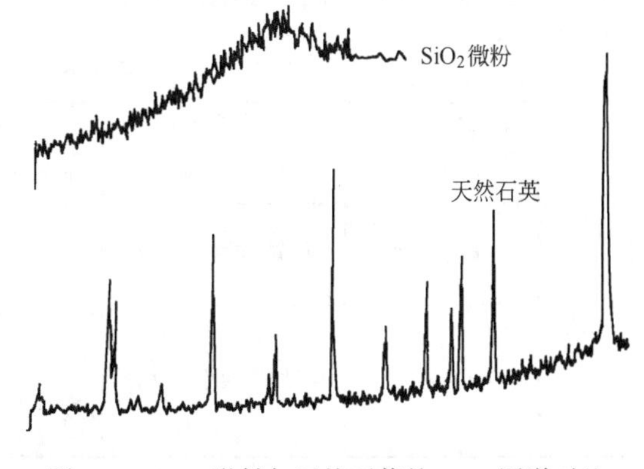

图 5-3 SiO_2 微粉与天然石英的 XRD 图谱对比

部分 SiO_2 微粉的性能见表5-5。国内 SiO_2 微粉的 SiO_2 含量一般在88%~97%的范围内。挪威高牌号的 SiO_2 含量高达98%。国内 SiO_2 含量偏低的微粉一般呈弱碱性，与其碱性氧化物含量高有关；SiO_2 含量较高的接近于中性，SiO_2 含量达96%~97%的微粉pH值为6~7，个别的显酸性。

表5-5 典型 SiO_2 微粉的性能

项目	化学成分/%									灼减/%	中值直径/μm	pH值
	SiO_2	Al_2O_3	Fe_2O_3	MgO	CaO	K_2O	Na_2O	P_2O_5	F. C			
A厂	97.62	0.11	0.053	0.14	0.19	0.53	0.05			0.99		5.8
B厂	96.65	0.15	0.05	0.18	0.22	0.59	0.07			1.33		6.0
湖北	92.46	0.46	0.19	0.57	1.67	1.00	0.19	0.08		2.29	0.42	9.4
贵州遵义	92.27	1.08	2.09	1.01	0.45	0.38	0.088	0.15	1.72	2.73	0.43	7.6
青海西宁	88.27	0.65	1.58	1.71	0.73	1.46	0.55	0.22	1.90	3.31	0.36	8.5
挪威983	98.3	0.20	0.05	0.07	0.20	0.25	0.04	0.06	0.40	0.60	0.30	5.4
挪威971	97.50	0.4	0.1	0.1	0.2	0.3	0.1	0.1	0.5	0.6	0.30	5.9

硅微粉在耐火浇注料中的作用机理较复杂，一般认为是填充作用和凝聚结合的共同作用。传统耐火浇注料的耐火骨料和粉料级配，有众多的孔隙被水填充；当采用硅微粉后，这些孔隙被硅微粉填充，较少量的微孔被水填满。加入硅微粉可降低拌和用水量，同时能提高浇注料的体积密度、强度和降低显气孔率。

5.1.4 蜡石

蜡石质原料系指有滑腻感的、以叶蜡石矿物为主的半硅质原料。叶蜡石的化学式为 $Al_2O_3 \cdot 4SiO_2 \cdot H_2O$，其中 Al_2O_3 28.3%，SiO_2 66.7%，H_2O 5.0%。结构与滑石相似，为2：1二八型层状结构。当加热至600℃开始脱水，在700℃以上体积稍有膨胀，但膨胀率低，一般在1.2%~2.1%之间。因含结构水少，脱水过程缓慢，至1000℃结构保持不变，无收缩现象；约1100℃开始分解生成莫来石和方石英[4,5]。

$$Al_2O_3 \cdot 4SiO_2 \cdot H_2O(\text{叶蜡石}) \xrightarrow{500\sim900℃} Al_2O_3 \cdot 4SiO_2(\text{脱水叶蜡石}) + H_2O\uparrow$$

$$3(Al_2O_3 \cdot 4SiO_2)(\text{脱水叶蜡石}) \xrightarrow{1200℃} 3Al_2O_3 \cdot 2SiO_2(\text{莫来石}) + 10SiO_2(\text{方石英})$$

一般蜡石原料的方石英化从1100℃左右开始，1200℃以上方石英化程度比较剧烈。因此，为了保持蜡石耐火材料中的大量残存石英，保证制品的质量，其热处理温度一般不应超过1200℃。蜡石耐火材料中对 SiO_2 相变的运用显然与硅砖不同。表5-6示出了蜡石的矿物类型。

表5-6 蜡石的矿物类型

矿石类型		叶蜡石-石英	叶蜡石	叶蜡石-高岭石	叶蜡石-水铝石
矿物组成	主要矿物	叶蜡石约80%	叶蜡石90%~95%	高岭石约70%	叶蜡石约70%
	次要矿物	石英、玉髓约20%	—	叶蜡石约20% 水云母约10%	水铝石约30%
	微量矿物	褐铁矿、次生碳酸盐	玉髓、硅线石、水铝石、褐铁矿、含水氧化铁	含水氧化铁、褐铁矿	蓝晶石、金红石等

续表 5-6

矿石类型		叶蜡石-石英	叶蜡石	叶蜡石-高岭石	叶蜡石-水铝石
典型化学成分/%	SiO_2	75.10	65.80	50.95	48.02
	Al_2O_3	19.95	28.19	36.25	42.16
	Fe_2O_3	0.53	—	0.47	—
	CaO	0.11	0.18	0.26	0.13
	TiO_2	0.35	微量	0.15	0.23
	K_2O	0.20	—	1.04	微量
	LOI	3.77	5.32	9.35	9.80
其他	真密度/g·cm^{-3}	—	2.79	2.75	2.95
	耐火度/℃	—	1710	1710~1730	1750~1770

我国的叶蜡石矿物主要分布在福建、浙江一带。天然蜡石族矿物又分为铝质蜡石、叶蜡石和硅质蜡石3种。含有水铝石、高岭石矿物的蜡石原料为铝质蜡石；含有石英等硅质原料的蜡石为硅质蜡石。叶蜡石和硅质蜡石可以用作不定形耐火材料的骨料，一般可直接使用。

5.2　黏土质耐火原料

黏土是一种含结晶水铝硅酸盐矿物，一种广泛分布的胶态有黏性的土，潮湿时是可塑的，焙烧后是坚硬的，其基本矿物组成是高岭土等矿物。

凡是蕴藏高铝矾土的矿山一般都埋藏有耐火黏土，也通常与煤炭伴生。除在古地层石炭纪和二叠纪外，在新生代地层中也大量埋藏。我国黏土矿点的分布较广，山东（淄博焦宝石）、山西、河北、贵州、四川以及广西（广西白泥）、江苏（苏州高岭土）、辽宁（紫木节）、吉林（水曲柳）、河南等地都是我国不同品位黏土的产地。我国是耐火黏土四大出口国（中国、美国、法国和德国）之一。

5.2.1　黏土

黏土的主要化学组成为 Al_2O_3 和 SiO_2，主要矿物组成为高岭石，其化学式为 $Al_2O_3 \cdot 2SiO_2 \cdot 2H_2O$，其理论组成中 Al_2O_3 39.5%、SiO_2 46.5%、H_2O 14%[6,7]。当 Al_2O_3/SiO_2 值越接近高岭石矿物的理论值0.85时，说明此类黏土的纯度越高。Al_2O_3/SiO_2 值越大，黏土的耐火度就越高，黏土的烧结熔融范围也就越宽；其值越小，则相反。黏土的杂质含量影响其烧结温度，杂质含量尤其是含碱性氧化物越少时，烧结范围越宽。通常，耐火黏土要求耐火度大于1580℃。

耐火黏土按可塑性可分为硬质黏土和软质黏土。硬质黏土可塑性较差，多属于原生黏土；软质黏土因其颗粒细，粒度在微米级约占60%以上，分散度大，故可塑性大，多属于次生黏土。

5.2.1.1　软质黏土

软质黏土又称结合黏土，主要用作结合剂或增塑剂。软质黏土又分为两种：一是可塑性黏土或软质黏土；二是弱可塑性黏土或半软质黏土。

软质黏土中杂质含量较高，致使其外观颜色变化较大，有灰色、深灰色和黑色，也有白色、灰白色、淡红色和米黄色。软质黏土的矿物组成因产地不同而不同，根据其主要矿物可分为两类：（1）一般为高岭石或无序高岭石、多水高岭石和白云母等，少量的石英、蒙脱石、伊利石、云母等。（2）以蒙脱石为主矿物的膨润土。蒙脱石具有颗粒微细、吸水性强、离子交换能力大、可塑性好和干燥强度大等优点，但烧后收缩也较大；伊利石具有可塑性差、干燥强度低、烧后收缩小等特点。

不同产地黏土的矿物组成不同，广西的黏土除高岭土外，伴生石英和蒙脱石；宜兴、永吉黏土伴生石英、伊利石矿，河南焦作黏土伴生石英和云母矿。

软质黏土多呈土状，是可塑性很强的细分散黏土，Al_2O_3 含量通常不超过35%，在不定形耐火材料中通常用作结合剂或增塑剂。我国优质软质黏土主要分布在苏州、广西维罗、吉林水曲柳、湖南湘潭等地。耐火材料用软质及半软质黏土的技术要求见表5-7。部分产地黏土的化学组成见表5-8。

表5-7 耐火材料用软质及半软质黏土的技术要求

类 型	等级	化学成分(质量分数)/%		耐火度/℃	灼减/%	可塑性指数
		Al_2O_3	Fe_2O_3			
软质黏土	特级品	≥33	≤1.5	≥1710	≤15	≥4.0
	一级品	≥30	≤2.0	≥1670	≤16	≥3.5
	二级品	≥25	≤2.5	≥1630	≤17	≥3.0
	三级品	≥20	≤3.0	≥1580	≤17	≥2.5
半软质黏土	一级品	≥35	≤2.5	≥1690	≤17	≥2.0
	二级品	≥30	≤3.0	≥1650	≤17	≥1.5
	三级品	≥25	≤3.5	≥1610	≤17	≥1.0

表5-8 部分产地黏土的化学组成 （质量分数，%）

黏土实例	化学成分					灼减
	SiO_2	Al_2O_3	Fe_2O_3	TiO_2	R_2O	
广西白泥	48.95	33.41	1.60	1.83	0.32	13.94
山西黏土	47.03	35.67	1.38	1.92	0.48	14.76
吉林水曲柳	55~60	26~30	1.6~2.3	1.21	约1	9.5
河南黏土	55.96	28.54	1.72	1.13	1.25	10.98
陕西黑毛土	61.62	22.24	1.80	1.26	1.82	10.17

膨润土是以蒙脱石为主要成分（可达85%~90%）的另一种软质黏土，又称斑脱岩、膨土岩，在地质年代中由天然的火山灰变质而成。由于蒙脱石晶胞形成的层状结构存在某些阳离子 Ca^{2+}、Mg^{2+}、Na^+、K^+等，这些阳离子与蒙脱石晶胞的作用不稳定，易被其他离子交换。根据蒙脱石可交换阳离子的种类、含量和层电荷大小，将膨润土划分为钠基膨润土、钙基膨润土、漂白土3种。其中钙基膨润土包括钙钠基、钙镁基等膨润土。

膨润土属于铝硅酸盐族，具有极强的吸水性、阳离子交换能力、膨胀性、可塑性和结合能力[4]。蒙脱石是以 Al_2O_3 的含水硅酸盐为主体的黏土矿物，成分复杂。其化学通式简写为 $mAl_2O_3\text{-}nSiO_2\text{-}xH_2O$，或进一步简写为 $Al_2O_3 \cdot 4SiO_2 \cdot nH_2O$。

膨润土中常含少量伊利石、高岭石、埃洛石、绿泥石、沸石、石英、长石、方解石等。它一般为白色、淡黄色，因含铁量变化又呈浅灰、浅绿、粉红、褐红、砖红、灰黑色等，具有蜡状、土状或油脂光泽。蒙脱石矿物属单斜晶系，有的松散如土，也有的致密坚硬。硬度为1~2，密度为2~3g/cm^3。膨润土具有强的吸湿性和膨胀性，可吸附8~15倍于自身体积的水量，体积膨胀可达几倍至十几倍；膨润土的典型化学成分如表5-9所示。

表 5-9 膨润土的典型化学成分 （质量分数,%）

化学成分								灼减
SiO_2	Al_2O_3	Fe_2O_3	TiO_2	MgO	CaO	K_2O	Na_2O	
65.92	20.72	1.70	0.31	2.66	0.14	1.14	0.32	6.7

河南信阳上天梯膨润土矿石为钙基膨润土,性能略差于钠基膨润土,主要矿物成分是钙质蒙脱石,含量为40%~70%;其他伴生杂质矿物主要为方石英,含量为20%~30%;另外还有少量的方解石、伊利石、菱铁矿和有机质。钙质蒙脱石晶粒比较细小,多为1~3μm。主要杂质矿物方石英的粒度为0.1~0.5μm,分布较均匀,与蒙脱石的共生关系比较密切。与理想蒙脱石结构成分相比,SiO_2 和 Si∶Al 分子比都明显偏高,而 Al_2O_3 则相对偏低,即有过剩的 SiO_2 存在。

可塑性是软质黏土的一个重要的工艺性能指标,它是指黏土与适量水混练制成泥球,在外力作用下产生变形而不开裂,解除外力后却能保持原形状的能力。黏土可塑性的好坏,主要取决于黏土的矿物组成、颗粒的细度、液体的性质等。可塑性指数指变形力 p 与试样试验前泥球直径 d 和试验后(至第一条裂纹开始出现时)的高度差的乘积。可塑性指数(s)计算公式:

$$s = (d - b)p$$

式中 d——试验前的泥球直径,cm;

b——试验后的泥球高度,cm;

p——泥球出现裂纹时承受的载荷,kg。

软质黏土在水中具有较好的分散性,并能形成悬浮液,其用水量有一定限度。所谓塑限是指黏土由固体状态进入塑性状态时的含水量;液限是指黏土由流动状态进入塑性状态时的含水量;塑限与液限之差称为可塑性指数。实际生产中,增加黏土可塑性的一般方法有:(1)选料以去除非可塑性杂质,如石英。(2)细磨以增加其分散度。因为分散度的提高,增加了与液相的接触,可塑性也随之增强。(3)加入适量塑性结合剂,如亚硫酸纸浆废液。(4)泥料真空处理。(5)对于手工成形的黏土制品,常采用困料的方法以提高其可塑性。

软质黏土还具有的烧结性是指烧结温度及其温度范围,一般是通过测试显气孔率、体积密度、线收缩率和吸水率等性能来表征的。在烧结过程中,黏土发生复杂的物理化学变化。当加热至某温度并出现液相时,液相填充在黏土颗粒之间,由于表面张力的作用,使其颗粒间距变小。随着温度的升高和液相量的增加,致使显气孔率降低、体积密度增大,线收缩率和吸水率变小。当显气孔率降低到最小值而体积密度增大到最大值时,其对应的温度为烧结开始温度。

5.2.1.2 硬质黏土

硬质黏土属于沉积矿床。由于水、风等外力作用,常使次生黏土渐次重叠成层状,在长期地压和地热作用下被压实,一部分又成为板岩或页岩状的黏土,这即为硬质黏土。其外观颜色一般呈灰白色、灰色至深灰色,易风化碎裂成碎块。硬质黏土在水中不易分散,可塑性较低,真密度波动于2.62~2.65g/cm³之间。山东淄博地区的硬质黏土含有较低的杂质,称为焦宝石(现在泛指黏土熟料)。

硬质黏土常含的杂质为 Fe_2O_3、TiO_2、K_2O、Na_2O、CaO、MgO 以及 FeS 等。硬质黏土按不同杂质含量分为低铁质、高铁质、高钛质、高碱质和高硫质等。其中,低铁硬质黏土为优质原料经煅烧后,常用以制作高炉砖和玻璃窑大砖;高铁硬质黏土(Fe_2O_3 大于3.5%),Fe_2O_3 较高将降低原料的耐火性能和抗侵蚀性,并且也影响产品外观质量。

5.2.2 黏土熟料

硬质黏土经煅烧后成为黏土熟料(或称为焦宝石)。主要物相为莫来石,少量方石英和玻璃相。黏土熟料呈白色或接近白色,并夹杂有淡黄色。高钛硬质黏土(TiO_2 大于4.5%)中因含有少量钛矿物可降低烧结温度,利于烧结,而 TiO_2 较高则严重影响其高温荷重性能;高碱硬质黏土(K_2O+Na_2O 大于 1%)在原料煅烧过程中产生的玻璃相会显著降低烧结温度,缩小烧结范围,当烧成时,过烧出现瓷化,欠烧则产生过大的残余收缩;高硫硬质黏土,因大多以黄铁矿、白铁矿球状集中存在,煅烧后会制品出现熔洞、鼓泡现象。

黏土熟料组织结构十分致密,硬度较大,没有层理,一般适合用作黏土耐火材料的骨料。我国这类原料的蕴藏量极为丰富,产地分布很广,如山东淄博、山西北部、内蒙古、河南焦作、安徽淮北等。各地矿藏的成分及性质均有不同。高质量的黏土熟料分布在山东、山西、内蒙古等几个省份。黏土熟料主要采用块法燃气竖窑、回转窑煅烧生产。黏土熟料的技术要求列于表 5-10[8]。表 5-11 为一些地区黏土熟料的性能指标。

表 5-10　硬质黏土熟料的技术要求

牌　号	化学成分/%		耐火度/℃	体积密度/g·cm^{-3}
	Al_2O_3	Fe_2O_3		
YNS-45	45~50	≤1.0	≥1780	≥2.55
YNS-44	44~50	≤1.3	≥1760	≥2.50
YNS-43	43~50	≤1.5	≥1760	≥2.45
YNS-42	42~50	≤2.0	≥1740	≥2.40
YNS-40	40~50	≤2.5	≥1720	≥2.35
YNS-36	36~42	≤3.5	≥1680	≥2.30

表 5-11　黏土熟料的性能指标

项　目		山西 1	山西 2	山东淄博	安徽淮北	河南焦作	内蒙古 M47
化学成分/%	Al_2O_3	46.01	45.31	45.09	45.33	43.56	47.62
	SiO_2	52.84	51.70	52.27	52.55	51.38	49.02
	TiO_2	0.46	0.89	0.68	0.71	0.82	1.70
	Fe_2O_3	0.54	1.26	1.13	0.76	1.69	0.66
	CaO	0.10	0.18	0.22	0.21	0.42	0.18
	MgO	0.02	0.06	0.56	0.05	0.09	0.13
	R_2O	0.23	0.26	0.43	0.30	1.23	0.25
体积密度/g·cm^{-3}		2.50	2.41	2.53	2.56	2.38	2.65

另外,还有一类合成原料,以硬质黏土为主要原料,配入软质黏土,经细磨、挤泥(或压坯)成型、干燥、高温煅烧来制备,市场上称为 M45、M47 原料。M 代表莫来石,后面数字表示原料的氧化铝含量。该原料的物相组成为 50%~60%莫来石、少量方石英和玻璃相。另一种类似的合成料,其氧化钾含量约 1.5%,较高的氧化钾含量促使原料中更多的氧化硅转化为玻璃相,合成料中莫来石和玻璃相各约 50%,几乎没有方石英相。该原料仍具有较高的耐火度,同时具有较低的线膨胀系数,用于制备窑具耐火材料等。

5.3　高铝质耐火原料

高铝质耐火原料是指 Al_2O_3 含量 48%以上的 $Al_2O_3-SiO_2$ 系耐火原料,主要包括高铝矾土、莫来石、硅线石族矿物等几类,是生产高铝质耐火材料的主体原料。

5.3.1 高铝矾土

高铝矾土是指煅烧后氧化铝含量在48%以上、氧化铁含量较低的天然铝土矿，是生产高铝质耐火材料的主要原料。我国是耐火材料工业用铝矾土熟料三大生产国（中国、圭亚那和巴西）之一。

我国高铝矾土矿（又称铝土矿）床赋存于二叠纪或石炭纪地层中，呈似层状或透镜状，为沉积型铝土矿。据国家矿产资源报告，截至2017年我国铝土矿资源储量50.89亿吨。国内铝土矿集中分布在山西、河南、贵州、广西等。

5.3.1.1 分类

根据铝矾土的矿物组成，铝矾土可分为两个基本类型：一水铝矾土（$Al_2O_3 \cdot H_2O$）和三水铝矾土（$Al_2O_3 \cdot 3H_2O$）。一水铝矾土又分为一水硬铝石型和一水软铝石型（勃姆石）。一水硬铝石为斜方晶系，颜色为白色、灰绿色、灰白色、淡紫色或黄褐色，硬度为6～7，密度为3.3～3.5g/cm^3。我国绝大部分地区的铝矾土属于一水硬铝石。根据其中的含水铝硅酸盐和杂质矿物的种类又可以分为以下五类：（1）一水硬铝石-高岭石型（Diaspore-Kaolinite）（D-K型），（2）一水硬铝石-叶蜡石型（Diaspore-Pyrophyllite）（D-P型），（3）勃姆石-高岭石型（Boehmite-Kaolinite）（B-K型），（4）一水硬铝石-伊利石型（Diaspore-Illite）（D-I型），（5）一水硬铝石-高岭石-金红石型（Diaspore-Kaolinite-Rutile）（D-K-R型）。其中D-K型、D-P型、B-K型铝矾土为主要产地矾土的基本类型，质地良好，适于制造各种耐火材料[9~12]。D-I型含R_2O较多，故耐火度较低，对耐火材料的高温性能和使用效果影响较大。对于D-K-R型铝矾土，如SiO_2含量低和杂质少的适用于制造莫来石结合刚玉-钛酸铝型耐火材料；SiO_2含量较高、杂质含量较多时则只能生产低档产品。铝矾土的分类及主要产地见表5-12。我国铝矾土主要为水铝石-高岭石型。

表5-12 铝矾土的分类及主要产地

基本类型	亚类型	主要分布地区
一水铝矾土	（1）水铝石-高岭石型（D-K型）	山西、山东、河北、河南、贵州
	（2）水铝石-叶蜡石型（D-P型）	河南
	（3）勃姆石-高岭石型（B-K型）	山东、湖南、山西
	（4）水铝石-伊利石型（D-I型）	河南
	（5）水铝石-高岭石-金红石型（D-K-R型）	四川
三水铝矾土	三水铝矾土（G型）	福建、广西

铝矾土的组织结构差别很大，除将铝矾土按矿物组成分类外，也可以根据铝矾土的宏观特征，将其分为粗糙状，致密状，豆、鲕状，多孔状4类。（1）粗糙状铝矾土，矿石表面粗糙，略显疏松，但均匀，硬度3～5；常见的颜色有灰色、灰白色、浅黄色等。矿物的主要组成为水铝石和高岭石，两者含量相近。（2）致密状铝矾土，矿石表面光滑，致密坚硬，很脆，断口呈贝壳状。颜色多为灰色、青灰色，局部为浅红色。组成矿物或以水铝石（细晶质到隐晶质）为主，或以高岭石（或叶蜡石）为主。（3）豆、鲕状铝矾土，表面呈鱼子状或豆状。胶结物主要为粗糙状铝矾土矿，次为致密状铝矾土矿。颜色多为灰色、深灰色、灰绿色、红褐色或灰白色。由于豆粒或鲕粒在矿石中所占比例各地不一，所以颗粒核心组成也不同，大致可以分为：1）鲕粒全为水铝石，如山西铝土矿，水铝石或为粗大晶体或为隐晶质；2）鲕粒核心为高岭石或叶蜡石，边缘为水铝石；3）鲕状具有2～7层的同心结构，水铝石与高岭石相间分布；4）鲕粒中心为水云母，如河南铝矾土矿；5）鲕粒中心为勃姆石，如广西铝矾土矿。（4）多孔状铝矾土，这类铝矾土多为纯水铝石构成，结构十分疏松。水铝石结晶一般都较粗大，有时在孔洞中填有外力作用下的矿

物，如金红石、石英等。主要矿物为三水铝石的铝矾土也有多孔状。

5.3.1.2 分级及化学成分

根据我国铝矾土大多为水铝石-高岭石型的特点，结合行业的分级标准、高铝耐火材料的生产条件和制品的结构组成要求，将铝矾土分级如表5-13所示。根据冶金部原标准（YB/T 327—63），按 Al_2O_3、Fe_2O_3、CaO 含量以及耐火度的不同矾土原生矿石分为5个等级，其中特级品要求 Al_2O_3 大于75%、Fe_2O_3 小于2.0%、CaO 小于0.5%、耐火度大于1770℃。用于铝工业的铝矾土（铝工业称铝土矿）按照 Al_2O_3/SiO_2 比划分等级（GB/T 24483—2009），对氧化铁等杂质含量没有严格要求。

表5-13 铝矾土的技术条件

级别	化学成分（质量分数）/%			耐火度/℃
	Al_2O_3	Fe_2O_3	CaO	
特等	>75	<2.0	<0.5	>1770
一级	70~75	<2.5	<0.6	>1770
二级	60~70	<2.5	<0.6	>1770
三级	55~60	<2.5	<0.6	>1770
四级	45~55	<2.0	<0.7	<1770

我国矾土中 Al_2O_3 含量一般在45%~80%之间，其中的 Al_2O_3 和 SiO_2 含量呈此消彼长变化趋势。铝矾土中的杂质有 TiO_2、Fe_2O_3、FeO、CaO、MgO、K_2O 和 Na_2O 等。TiO_2 含量一般为1.5%~4%，随 Al_2O_3 含量增多而增长的趋势。Fe_2O_3 一般为1%~2.5%。CaO 和 MgO 的含量均较低。K_2O 和 Na_2O 含量一般小于1%，但也有部分地区的含量大于1%。

高铝矾土的烧失物绝大部分为铝的氢氧化物、高岭石矿物和铁矿物中的结构水。我国硬水铝石型的铝矾土的灼减在12%~14.5%，三水型铝矾土的灼减一般为20%~29%。铝矾土的化学成分见表5-14。

表5-14 铝矾土的化学成分

产地	等级	化学成分（质量分数）/%								LOI
		Al_2O_3	SiO_2	Fe_2O_3	TiO_2	CaO	MgO	K_2O	Na_2O	
山西阳泉	特级	75.56	5.32	0.87	3.03	0.09	0.13	0.23	0.02	14.46
	一级	72.19	8.59	0.84	3.25	0.12	0.19	0.16	0.03	14.70
	二级	67.17	14.42	0.87	2.53	0.12	0.15	0.23	0.06	14.69
	三级	59.11	21.90	1.23	2.21	0.13	0.22	0.21	0.04	15.44
	四级	48.19	33.84	1.22	2.42	0.09	0.18	0.24	0.05	14.40
湖南辰溪	二级	57.70	22.96	0.94	1.44	0.12	0.35	0.10	0.03	15.24
	二级	59.86	21.82	0.25	1.52	0.04	0.18	0.23		15.02
河南焦作	三级	59.31	22.74	1.28	3.23	0.28	0.33	0.66	0.07	11.69
	四级	51.69	23.80	1.34	1.99	0.29	0.07	0.43	0.08	9.79
贵阳小山坝	特级	78.68	1.81	1.22	3.45	0.43	0.18	0.25	0.08	14.45
	一级	74.47	6.92	0.91	2.82	0.09	0.09	0.35	0.08	14.46
	二级	63.22	18.87	0.82	2.62	0.38	0.10	0.70	0.10	13.67

5.3.2 矾土熟料

铝矾土矿石经过竖窑、回转窑等高温煅烧后成为矾土熟料。

铝矾土(DK 型)煅烧时的加热变化可以分为 3 个阶段:分解阶段(包括高岭石的加热分解反应和水铝石的分解),二次莫来石化阶段和重结晶烧结阶段。(1)分解阶段。400~1200℃温度范围为铝矾土的分解阶段。在该阶段,铝矾土中的水铝石和高岭石在 400℃时开始脱水,至 450~600℃脱水反应剧烈,700~800℃完成。水铝石脱水后形成刚玉假相,此种假相仍保持原有水铝石的外形,但边缘模糊不清,折射率较水铝石低,在高温下逐步转变成刚玉。高岭石脱水后形成偏高岭石,大于 950℃时偏高岭石转变为莫来石和非晶态 SiO_2,后者在高温下转变为方石英。(2)二次莫来石化阶段。在 1200~1400℃时,由水铝石分解生成的 $\alpha-Al_2O_3$,可以与高岭石转化为莫来石过程析出的游离 SiO_2 继续发生反应生成莫来石。伴随二次莫来石的生成,产生较大的体积膨胀,达到 10%左右,致使烧成的原料疏松,气孔率增大,这也是铝矾土难烧结的原因。(3)重结晶烧结阶段。发生在 1400~1500℃的温度段。在二次莫来石化阶段,由于液相的形成,已经开始发生烧结,但进程缓慢。当二次莫来石化完成后,重结晶烧结作用开始迅速进行。在 1400~1500℃及以上,由于液相的作用,气孔率降低,物料迅速趋向致密,刚玉和莫来石晶体长大。

矾土烧结的难易程度和 Al_2O_3/SiO_2 的比值有密切关系。当 Al_2O_3/SiO_2 比值接近于 2.55,即莫来石的组成区时最难烧结。不同等级铝矾土的烧结情况见表 5-15。

表 5-15 不同等级矾土的烧结情况

等级	Al_2O_3/%	烧结情况	烧结温度	与二次莫来石化有关的原因
四级	45~55	最易烧结	1500℃左右	因高岭石多,水铝石少,二次莫来石化程度弱
三级	55~60	易烧结	1500~1600℃	二次莫来石化程度增多
特级	>75	不易烧结	约 1600℃	水铝石多,高岭石少,二次莫来石化很弱
一级	70~75	难烧结	1600℃以上	二次莫来石化减弱
二级	60~70	最难烧结	1700℃以上	二次莫来石化强烈

铝矾土矿石煅烧而得的矾土熟料的主要矿物相为 $\alpha-Al_2O_3$ 相、莫来石和玻璃相,它们的含量与原料中的 Al_2O_3/SiO_2 比值有一定关系。在特级矾土和一级矾土中还可能有钛酸铝相($Al_2O_3 \cdot TiO_2$)。图 5-4 示出了矾土熟料的相组成。由图 5-4 可以看出不同 Al_2O_3 含量的矾土熟料其对应的相组成及其相对比例。

耐火材料使用的矾土熟料的等级标准分类和性能要求示于表 5-16。表 5-17 示出了部分铝矾土熟料的化学组成和体积密度。

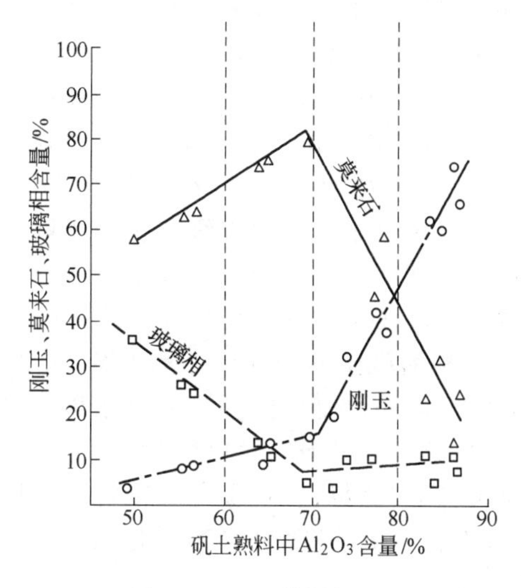

图 5-4 矾土熟料的相组成

5.3.3 矾土均化料

矾土均化料(又称均质料)是指铝矾土矿石经过破碎、细磨、配料、成型和煅烧工艺生产的组成均匀的矾土熟料。

表 5-16 耐火材料用矾土熟料的分类和性能

牌号	化学成分(质量分数)/%					体积密度 /g·cm^{-3}	吸水率/%
	Al_2O_3	Fe_2O_3	TiO_2	$CaO+Na_2O$	K_2O+Na_2O		
GL-90	≥89.5	≤1.5	≤4.0	≤0.35	≤0.35	≥3.35	≤2.5
GL-88A	≥87.5	≤1.6	≤4.0	≤0.4	≤0.4	≥3.20	≤3.0
GL-88B	≥87.5	≤2.0	≤4.0	≤0.4	≤0.4	≥3.25	≤3.0
GL-85A	≥85	≤1.8	≤4.0	≤0.4	≤0.4	≥3.10	≤3.0
GL-85B	≥85	≤2.0	≤4.5	≤0.4	≤0.4	≥2.90	≤5.0
GL-80	>80	≤2.0	≤4.0	≤0.5	≤0.5	≥2.90	≤5.0
GL-70	70~80	≤2.0	—	≤0.6	≤0.6	≥2.75	≤5.0
GL-60	60~70	≤2.0	—	≤0.6	≤0.6	≥2.65	≤5.0
GL-50	50~60	≤2.5	—	≤0.6	≤0.6	≥2.55	≤5.0

表 5-17 铝矾土熟料的性能指标

产地	等级	化学成分(质量分数)/%								体积密度 /g·cm^{-3}
		SiO_2	Al_2O_3	Fe_2O_3	TiO_2	CaO	MgO	K_2O	Na_2O	
山西阳泉	GL-88	4.87	88.69	1.63	4.08	0.26	0.08	0.19	0.05	3.33
	GL-80	15.09	78.63	1.42	3.54	0.53	0.10	0.30	0.03	2.98
	GL-70	19.76	73.48	1.94	2.86	0.44	0.15	0.29	0.14	2.62
	GL-60	29.16	64.51	2.31	2.83	0.36	0.17	0.45	0.30	2.58
河南博爱	GL-50	35.78	57.47	1.46	2.42	0.34	0.40	0.33	0.09	2.52
贵州	GL-88	8.91	87.1	1.56	3.30	0.21	0.12	0.40	0.08	
圭亚那	GL-88	6.43	88.0	1.30	3.50	0.10	0.06	0.10	0.03	3.20

块法煅烧矾土熟料存在以下问题:(1)碎矿利用问题。矾土煅烧以块料进行窑炉煅烧,回转窑煅烧大于10mm的块料,倒焰窑和竖炉煅烧大于40mm的块料,碎矿没有被利用。另外一些结构疏松的松体料不易煅烧致密。(2)混级严重。通常氧化铝含量为70%、80%、85%的矾土料混级严重。严重的混级现象使得用户不得不在使用前进行再拣选分级等,以减缓原料混级对制砖性能的影响。(3)高铝矾土熟料质量不够稳定,影响使用性能,也是致使其售价低于国外产品售价的原因之一。铝矾土均化料以"成分均一、结构稳定"为特色,均质合成原料对于提高资源综合利用率和促进熟料质量稳定具有重要意义。

过去矾土均化料主要有美国CE公司和英国ECC公司生产,如美国CE公司主要利用Georgia州当地和附近的铝矾土,采用湿法生产高铝矾土均化料,即湿法挤压成型、烘干、回转窑煅烧,产品的Al_2O_3含量约为47%、60%和70%(产品牌号Mulcoa);美国CE公司生产Al_2O_3含量约为90%的均质料(产品牌号α-star)是利用中国高铝矾土,经湿法挤压成型、烘干、倒焰窑煅烧的工艺制备。

2016年发布《矾土基耐火均质料》国家标准(GB/T 32832—2016)。均化料按氧化铝含量(50%~88%)分为6个牌号,其中FNJ-70、FNJ-60牌号相当于氧化铝含量对应的矾土基莫来石。市场上以FNJ-88、FNJ-85、FNJ-80这三个牌号均化料为主体。矾土均化料生产厂家主要集中在山西、河南、贵州、山东等地。均化料的性能指标见表 5-18。

矾土均化料生产工艺主要有两种。(1)半干法工艺:矿石分级、检验、分级入库、配料、破碎、湿磨、除铁、浆池均化、喷雾干燥、均化料仓、机压成型、坯体干燥、隧道窑烧成、破碎、粒度分级、磁选、包装。(2)湿法工艺:湿磨之前的工序相同,后面的工序有脱水、真空挤压成坯、坯体干燥、(隧道窑或回转窑)高温烧成、破碎、筛分、磁选、包装。

表 5-18 矾土均化料的性能指标

项 目		牌号/产地					
		FNJ-80/山西	FNJ-85/山西	FNJ-88/山西	FNJ-88/河南	a-star/美国	CCB/美国
化学成分/%	Al_2O_3	78.17	86.25	90.22	88.30	89.5~90.3	85.0~88.5
	SiO_2	16.06	7.81	1.88	4.46	3.9	6.2
	TiO_2	3.46	3.68	4.83	3.85	3.90~4.00	3.5
	Fe_2O_3	1.69	1.67	1.81	1.67	1.40~1.75	1.3~2.0
	CaO	0.35	0.21	0.18	0.50	0.13	
	MgO	0.08	0.18	0.03	0.23	0.12	
	K_2O+Na_2O	0.26	0.16	0.17	0.56	0.26~0.43	—
体积密度/$g \cdot cm^{-3}$		3.26	3.31	3.50	3.41	3.40~3.56	3.2~3.3
气孔率/%				3	2	2.7	—

注:CCB 指美国 CE 公司煅烧中国高铝矾土的熟料。

5.3.4 莫来石

莫来石化学式为 $3Al_2O_3 \cdot 2SiO_2$,理论组成中 Al_2O_3 71.8%,SiO_2 28.2%,是 Al_2O_3-SiO_2 二元系中唯一稳定的化合物[13]。其熔点为(1890±90)℃,以斜方晶型成晶,晶体结构是以铝氧八面体共用[AlO_6]平行于 *C* 轴方向发展,横向则以[$(Si,Al)O_4$]四面体与[AlO_6]八面体共用棱而连接起来的链状硅酸盐矿相。由于 Al^{3+} 可不同程度地取代 Si^{4+},电荷可以下式平衡:

$$2Si^{4+} \rightleftharpoons 2Al^{3+} + V_o^{2+}$$

随 Al^{3+} 含量的增加,将在晶格中产生更多的氧空位 V_o^{2+},因而莫来石是一种不饱和的、氧化铝有序分布的网络结构;其结构中空隙大,比较疏松,如图 5-5 所示。

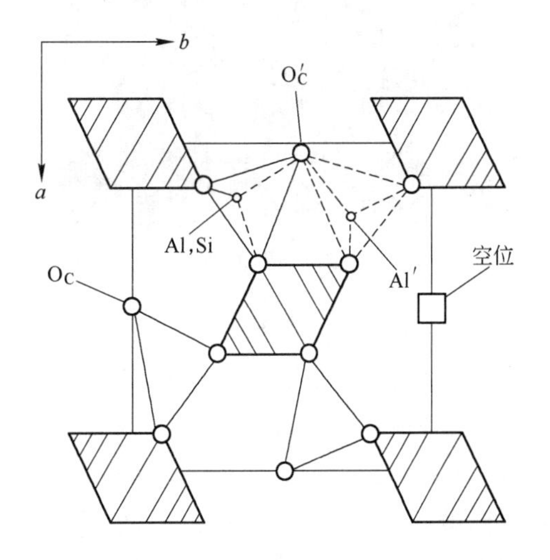

图 5-5 莫来石垂直向结构(001)

正是莫来石这种异乎寻常的链状排列结构,使其 C 轴延伸长成柱状、针状。在耐火材料中,这些针状莫来石互相穿插构成坚固的骨架,使其具有一系列良好的性能,如热态强度和荷重软化温度高,热震稳定性优良等,另外还具有高温蠕变量小,线膨胀系数小,抗化学侵蚀性强等优点。工业生产的莫来石一般在 800℃时的线膨胀率约为 0.4%。一般耐火材料中通过烧结或反应生成的析晶,莫来石晶体形貌如图 5-6 所示。

耐火材料工业用莫来石原料一般系人工合成,有价值的天然莫来石矿很少。合成莫来石一般采用烧结法和电熔法。合成莫来石的分类如表 5-19 所示。

表 5-19 合成莫来石的分类

合成莫来石	合成方法	主要成分(质量分数)/%			矿物相含量(质量分数)/%	
		Al_2O_3	SiO_2	ZrO_2	莫来石	其他
M60 莫来石	烧结法	58~62	33~37	—	75~82	玻璃相
M70 莫来石		70~76	22~28	—	85~95	刚玉、玻璃相
矾土基电熔莫来石	电熔法	60~70	25~35	—	80~93	玻璃相
高纯电熔莫来石		70~76	22~28	—	85~96	玻璃相
锆莫来石		42~47	16~20	30~37	50~55	斜锆石、玻璃相、刚玉

图 5-6 合成莫来石的典型晶体形貌

5.3.4.1 *烧结莫来石*

烧结法合成莫来石是以硅石、高岭石、高铝矾土和工业氧化铝等为原料，按莫来石组成配料，经充分混合和磨细，制成泥条或砖坯，在回转窑或隧道窑中于1650~1750℃煅烧而成。其中以高铝矾土为主要原料合成的莫来石称为矾土基莫来石，其 Fe_2O_3、TiO_2 含量分别为1%~2%，杂质含量较高；其 $Al_2O_3+SiO_2$ 合量为94%~95%。以工业氧化铝为主要原料合成的属于高纯的莫来石，$Al_2O_3+SiO_2$ 合量为98%以上，Fe_2O_3、TiO_2 等杂质含量低。

制取烧结莫来石时应注意：

(1) Al_2O_3/SiO_2 的比值。根据莫来石的理论组成，合成莫来石配料组成应该在 Al_2O_3 为71.8%，SiO_2 为28.2%，即 Al_2O_3/SiO_2 质量比值约为2.55。生产企业控制其莫来石产品的 Al_2O_3/SiO_2 比值在1.8~3.5之间，根据莫来石产品的氧化铝含量分为M60、M70、M75几个牌号。

(2)原料的活性。烧结法合成莫来石主要是通过固相反应来完成的，因而原料的活性对其有重要影响。氧化铝是合成莫来石的常用原料，$\gamma-Al_2O_3$ 用于合成莫来石时效果比 $\alpha-Al_2O_3$ 好，在 $\gamma-Al_2O_3$ 转变为 $\alpha-Al_2O_3$ 的温度区间，反应速度显著增加。$\gamma-Al_2O_3$ 结构与尖晶石结构很相近，是有缺陷的尖晶石结构，且在煅烧过程中伴随13%的体积收缩，足以抑制高岭土(或铝矾土)中二次莫来石化所产生的体积膨胀，有利于烧结。

(3)原料的混磨方式与细度。通常采用湿法磨细使颗粒之间的接触面积增大，研磨效率高。粒度越细，其结构缺陷越多，越有利于莫来石化的固相反应发生。

(4)烧成温度和保温时间。合成莫来石一般在1200℃即开始生成莫来石，到1600℃完成为第一阶段；1600~1700℃莫来石含量变化不大，此时，熟料的显气孔率最低，体积密度最大，实际是有液相参与的第二阶段。

评价莫来石原料质量水平的关键指标是莫来石相的含量和致密度。表5-20和表5-21给出了烧结合成莫来石性能的实例。

表 5-20 烧结合成莫来石理化性能

项 目		山西		湖南	河南			山东		
		M60	M70	M70	M70	M60	M60（高纯）	SM-65	SM-72	M-75（高纯）
化学成分/%	Al_2O_3	61.30	74.09	68.47	71.72	57~62	60.56	66.73	73.15	76.04
	SiO_2	31.80	21.17	25.64	22.76	33~39	37.60	27.88	21.87	22.77
	TiO_2	2.79	1.97	2.90	2.79	1.6~2.2	0.58	1.79	1.73	0.43
	Fe_2O_3	1.17	1.14	1.65	1.29	1.2~1.7	0.48	1.68	1.25	0.53
	CaO	0.23	0.43	0.22	0.59	0.2~0.8		0.296	0.22	0.23
	MgO	0.18	0.38	0.35	0.35	0.1~0.7		0.07	0.06	0.08
	R_2O	0.21	0.16	0.15	0.23	0.2~0.4	0.36	0.15	0.25	0.27
体积密度/$g \cdot cm^{-3}$		2.62	2.71	2.74	2.68	2.5~2.7	2.67	2.84	2.91	2.94~2.96
显气孔率/%		7	11	3	12			0.85	2.91	2.07~2.35
吸水率/%		3	4	1	4	<3.5	≤3.8	0.30	1.00	0.7~0.8

表 5-21 国外烧结合成莫来石理化性能

项 目		日本		英国		美国
		M-70	M-73	S	I	
化学成分/%	Al_2O_3	70.26	72.18	67.7	72.3	67.6
	SiO_2	27.57	25.78	28.4	25.2	28.7
	TiO_2	0.29	0.22	1.28	0.12	1.17
	Fe_2O_3	1.09	1.02	1.28	0.62	1.28
	CaO	0.15	0.18	0.25	0.19	0.53
	MgO	0.16	0.17	0.33	0.25	0.15
	R_2O	0.55		0.75	0.84	0.46
灼减/%		0.09	0.06			
体积密度/$g \cdot cm^{-3}$		2.83	2.73	2.52	2.69	2.66
显气孔率/%		2.8	5.8	1.44	10.0	11.7

5.3.4.2 电熔莫来石

电熔莫来石是将配好的物料混合后装入电弧炉中,经熔融合成而制得。主要原料为工业氧化铝、煅烧优质矾土、高纯硅石等。按原料及工艺的不同分为高纯电熔莫来石和矾土基电熔莫来石。前者是用工业氧化铝作为主要原料,而后者则用天然矾土作为主要原料。

电熔莫来石常呈集束状多晶结构,晶体柱长达数毫米,数量不等的玻璃相填充在柱面之间。从图 5-7 可以看出,Al_2O_3 含量较高时,电熔莫来石晶间只有很少量的玻璃相,反之则玻璃相较多。图中 Al_2O_3 与 SiO_2 的比值为分子比。

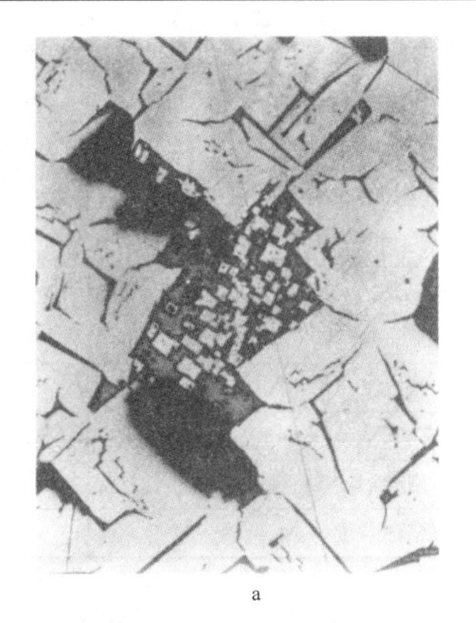

a

b

图 5-7 不同组成电熔莫来石的显微结构(200×)

a—Al_2O_3 : SiO_2 = 3 : 2 的电熔莫来石;

b—Al_2O_3 : SiO_2 = 2 : 1 的电熔莫来石

电熔合成莫来石时,配料中 Al_2O_3/SiO_2 比值(质量比)决定着电熔莫来石的矿物相以及莫来石的晶体形状,见表 5-22。电熔莫来石是由熔体结晶制得的,其过程类似于 $Al_2O_3-SiO_2$ 系相图的冷却析晶过程。在电熔莫来石时,Al_2O_3 含量大于 79% 时仍未出现刚玉相,这主要是 Al_2O_3 固溶于莫来石中形成 β-莫来石的结果。电熔莫来石的主要性能指标如表 5-23 所示。表 5-24 列出了电熔莫来石产品的理化性能。

表 5-22 Al_2O_3/SiO_2 比值与电熔莫来石矿物组成的关系

Al_2O_3/SiO_2 比值	矿物相	莫来石晶形
2.2~2.5	莫来石、玻璃相	圆形粗粒结构
2.7~3.2	莫来石、玻璃相	片状、短针状、短柱状等
>3.2	莫来石、玻璃相、刚玉	针状

表 5-23 电熔莫来石的一般性能指标

项 目	Al_2O_3/%	SiO_2/%	莫来石相/%	玻璃相/%	体积密度/$g \cdot cm^{-3}$	气孔率/%
高纯电熔莫来石	72~79	19~27	≥90	≤5	≥3.00	≤4
矾土基电熔莫来石	66~79	20~28	≥75	<10	2.90	≤6

表 5-24 典型电熔莫来石产品理化性能

项 目		高纯电熔莫来石			矾土基电熔莫来石		
		A	B	C	A	B	C
化学成分/%	Al_2O_3	72.60	72.40	78.10	67.42	71.70	75.50
	SiO_2	25.57	26.00	20.09	27.97	22.00	21.00
	Fe_2O_3	0.01	0.13		0.99	0.65	0.46
	TiO_2	0.01	0.04	0.02	2.70	2.81	2.84
	CaO	0.17	0.17	0.12	0.01	0.15	0.13
	MgO	0.08	0.05	0.62	0.31	0.20	0.25
	R_2O	0.20	0.04	0.02	0.25	0.24	0.23
体积密度/$g \cdot cm^{-3}$		3.02	2.78	2.94	2.93	2.84	2.82
显气孔率/%		2.1	11.0	6.7	5.0	9.40	10.0
耐火度/℃		>1790				>1790	>1790
莫来石含量/%		95.46	93.59	97.55	91.84	93.60	83.10
刚玉含量/%							12
玻璃相含量/%		4.54	6.41	2.45	8.16	6.40	4.90

5.3.5 硅线石族原料

硅线石族原料包括蓝晶石、硅线石和红柱石，分子式均为 $Al_2O_3 \cdot SiO_2$，其中 Al_2O_3 为 62.92%，SiO_2 为 37.08%，它们属于同质异构体，即化学成分相同，晶体结构不同；其晶型结构和性能区别如表 5-25 所示[9]。

蓝晶石、硅线石、红柱石不仅其矿物性质不同，而且其加热后的物理化学变化也不同，如表 5-26 所示[14]。

表 5-25 硅线石族矿物性质

矿物	蓝晶石	红柱石	硅线石
晶系	三斜	斜方	斜方
晶格常数	$a=7.10\times10^{-10}$m，$\alpha=90°05$ $b=7.74\times10^{-10}$m，$\beta=101°02'$ $\gamma=105°44$	$a=7.78\times10^{-10}$m $b=7.92\times10^{-10}$m $c=5.57\times10^{-10}$m	$a=7.44\times10^{-10}$m $b=7.59\times10^{-10}$m $c=5.75\times10^{-10}$m
硅酸盐结构	岛状	岛状	链状
晶形	柱状、板状或长条状集合体	柱状或放射状集合体	长柱状、针状或纤维状集合体
颜色	青色、蓝色	红色、淡红色	灰色、白色
密度/$g \cdot cm^{-3}$	3.53~3.69	3.13~3.29	3.10~3.24
硬度	异向性 $\parallel C$ 轴 5.5，$\perp C$ 轴 6.5~7	7.5	6~7.5
解理	{100}解理完全	解理完全	解理完全
折射率	$N_g=1.719\sim1.734$ $N_m=1.714\sim1.723$ $N_p=1.704\sim1.718$	$N_g=1.638\sim1.653$ $N_m=1.633\sim1.644$ $N_p=1.629\sim1.642$	$N_g=1.673\sim1.683$ $N_m=1.658\sim1.662$ $N_p=1.654\sim1.661$
光性	〈-〉	〈-〉	〈+〉
比磁化系数 K	1.13	0.23	0.29~0.03
电泳法零电点(pH 值)	7.9	7.2	6.8
加热性质	高温(1300℃左右)下转变为莫来石	1400℃左右转变为莫来石	1500℃左右转变为莫来石

表 5-26 硅线石族矿物高温转化性能比较

矿物	硅线石	红柱石	蓝晶石
开始转化温度	高(约 1545℃)	中(约 1400℃)	低(1300~1350℃)
转化速度	慢	中	快
转化所需时间	长	中	短
转化体积膨胀	中	小	大
莫来石结晶过程	在整个颗粒发生	在颗粒表面开始渐入内部	在颗粒表面开始渐入内部
莫来石结晶形态及大小	短，针状(长约 3μm)	中，针状(长约 20μm)	长，针状(长约 35μm)
莫来石结晶方向	平行于原硅线石晶面	平行于原红柱石晶面	平行于原蓝晶石晶面

硅线石族矿物的耐火度高达1830℃,抗化学腐蚀性强,其成品有较好的耐磨性和较高的机械强度,荷重软化温度高,耐急冷急热性好,因此是耐火材料用优质原料。硅线石和红柱石因加热时体积变化小,可直接制砖或用作耐火骨料。蓝晶石加热时体积变化大。利用蓝晶石高温一次永久性的膨胀特性,将其直接加入到不定形耐火材料(浇注料、可塑料、火泥等)中作高温膨胀剂,可以提高其荷重软化温度、耐压强度以及消除浇注料在高温下产生的收缩裂纹、剥落。

我国硅线石族矿资源丰富。蓝晶石精矿产地有河南、江苏和河北;硅线石精矿产地有河北、黑龙江;红柱石精矿产地有新疆、陕西、甘肃。

精矿产品的化学成分直接影响其耐火度、膨胀性和其他性质。为了保证硅线石族矿物在高温下具有良好的性能,现行国家行业标准YB 4032—2010对精矿的化学成分进行分类和分级,部分牌号见表5-27。表5-28列出典型硅线石族矿物的理化性能。

表5-27 蓝晶石、硅线石、红柱石理化指标

项目		蓝晶石		硅线石		红柱石		
		LJ-56	LJ-54	GJ-57	GJ-54	HZ-58	HZ-55	HZ-52
化学成分/%	Al_2O_3	≥56	≥54	≥57	≥54	≥58	≥55	≥52
	Fe_2O_3	≤0.7	≤0.8	≤0.8	≤1.1	≤0.8	≤1.3	≤1.8
	TiO_2	≤1.6	≤1.7	≤0.5	≤0.6	≤0.4	≤0.6	≤0.8
	K_2O+Na_2O	≤0.4	≤0.5	≤0.5	≤0.7	≤0.5	≤0.8	≤1.2
灼减/%		≤1.5						
耐火度/℃		≥1800	≥1800	≥1800	≥1780	≥1800	≥1780	≥1760

表5-28 硅线石族的矿物典型理化性能

品名		蓝晶石			硅线石		红柱石	
产地		美国	河南南阳		印度	河北灵寿	南非	新疆库尔勒
产品粒度/mm		<0.5	<0.2	<0.2	<0.2	<0.15	<4	<3
化学成分/%	Al_2O_3	56.41	54.50	52.90	59.02	55.03	61.49	55.82
	SiO_2	41.20	38.47	40.92	34.87	40.92	36.91	39.55
	Fe_2O_3	0.63	0.45	0.69	0.61	0.67	0.65	1.27
	TiO_2	1.08	1.38	1.40	0.17	0.64	0.21	0.42
	CaO	0.12	0.27	0.05	0.21	0.48	0.10	0.24
	MgO	0.12	0.13	0.59	0.04	0.36	0.09	0.08
	R_2O	0.10	0.66	0.20	0.05	0.38	0.31	0.35

5.4 氧化铝质耐火原料

氧化铝有多种晶体形态,表5-29示出了不同形态氧化铝的性能。

氧化铝质耐火原料系指由煅烧、烧结或电熔而制成的、以$\alpha-Al_2O_3$为主晶相的、含Al_2O_3较高的材料。$\alpha-Al_2O_3$属三方晶系。因结构中阴离子O^{2-}作六方最紧密堆积,质点排列紧密,距离小,所以结构牢固,不易被破坏,硬度大(莫氏硬度9),熔点为2050℃,性脆,无解理。线膨胀系数稍大,20~1000℃时,$\alpha=8.0\times10^{-6}℃^{-1}$。其化学性能稳定,对酸和碱均有良好的抵抗能力。

表 5-29 不同形态氧化铝的性能

形态	δ	χ	γ	κ	θ	α	β	ξ	λ
晶系	四方	六方	立方	六方	单斜	三方	六方	等轴	等轴（假六方）
晶格常数	—	—	$a=$ 0.791nm	—	a=0.840nm c=1.365nm z=8 分子	a=0.475nm c=0.649nm z=2 分子	a=0.556nm c=2.255nm z=12 分子	a=0.791nm	a=0.763nm b=0.763nm c=0.289nm z=14 分子
体积/$cm^3 \cdot mol^{-1}$	27.93	27.12	27.77	27.41	27.63	25.55	—	—	—
折射率 n	—	1.63~1.65	1.690~1.695	1.67~1.69	1.66~1.67	⊥C 轴:1.760 ∥C 轴:1.768	1.635~1.650 1.665~1.702	1.736	
密度/$g \cdot cm^{-3}$	3.65	3.76	3.66	3.72	3.69	3.99	2.25~3.37	3.60	—
线膨胀系数/℃$^{-1}$	—	—	5.9×10^{-6}	—	7.9×10^{-6}	5.7×10^{-6}	—	—	—
转变为 α-Al_2O_3 转化热/$kJ \cdot mol^{-1}$	-11.3	-42.0	-21.3	-15.1	—	—	—	—	—
铝原子占据位置	四面体	八面体	八面体	四面体	四面体	八面体	—	—	—
化学式	Al_2O_3	Al_2O_3	Al_2O_3	Al_2O_3	Al_2O_3	Al_2O_3	$Na_2O \cdot 11Al_2O_3$ $K_2O \cdot 11Al_2O_3$	Al_2O_3 含 Li_2O	$3NiO \cdot 5Al_2O_3$

5.4.1 工业氧化铝

工业氧化铝是将矾土原料经过化学处理，除去硅、铁、钛等的氧化物而制得，是纯度很高的氧化铝原料，Al_2O_3 含量一般在 99.47%~99.64%。工业氧化铝的矿物相是由 40%~76% 的 γ-Al_2O_3 和 24%~60% 的 α-Al_2O_3 组成。21 世纪市场上工业氧化铝的 γ-Al_2O_3 占 90% 以上。γ-Al_2O_3 在 950~1200℃ 可转变为刚玉（α-Al_2O_3），同时发生显著的体积收缩。

从铝土矿或其他含铝原料提取氧化铝的方法很多，大致有碱法、酸法、酸碱联合法与热法 4 类。碱法又分为拜耳法、烧结法以及拜耳-烧结联合法等多种流程。世界上 95%的氧化铝是由拜耳法生产的，少数采用烧结法或联合法。我国拜耳法生产比例占 97%以上。

拜耳法是 1889~1892 年奥地利化学家K. J. 拜耳发明的生产氧化铝的方法。它是直接用含有大量游离 NaOH 的循环母液处理铝矿石来溶出其中的氧化铝，获得铝酸钠溶液，并加晶种分解的方法。它使溶液中的氧化铝成为 $Al(OH)_3$ 结晶析出，部分母液经蒸发后返回用于浸出铝土矿。

表 5-30 规定了工业氧化铝的技术条件。由于工业氧化铝煅烧后的体积收缩，不宜直接作为耐火材料的原料使用。

表 5-30 工业氧化铝技术条件

级别	代号	Al_2O_3 含量/%	杂质/%			
			SiO_2	Fe_2O_3	Na_2O	灼减
一级	Al_2O_3-1	≥98.6	≤0.02	≤0.03	≤0.50	≤0.8
二级	Al_2O_3-2	≥98.5	≤0.04	≤0.04	≤0.55	≤0.8
三级	Al_2O_3-3	≥98.4	≤0.06	≤0.04	≤0.60	≤0.8
四级	Al_2O_3-4	≥98.3	≤0.08	≤0.05	≤0.60	≤0.8
五级	Al_2O_3-5	≥98.2	≤0.10	≤0.05	≤0.60	≤1.0
六级	Al_2O_3-6	≥97.8	≤0.15	≤0.06	≤0.70	≤1.2

5.4.2 氧化铝微粉

高温煅烧氧化铝粉体是以工业氢氧化铝或工业氧化铝为原料，在适当的温度（1200～1600℃）下煅烧成晶型稳定的α-型氧化铝产品。以煅烧α-型氧化铝为原料，经过球磨制成的氧化铝微粉。

$\alpha-Al_2O_3$ 粉是工业氧化铝煅烧后的产物，其主要矿物相为 $\alpha-Al_2O_3$。经过粉磨工艺，其粒度中值直径可达1～4μm，且活性好，是耐火材料常用的微粉原料。工业氧化铝煅烧时于1000℃开始转变为 $\alpha-Al_2O_3$，但 $\gamma-Al_2O_3$ 全部转变为 $\alpha-Al_2O_3$ 还要有一个过程。图5-8示出工业氧化铝随加热温度密度的变化[15]。

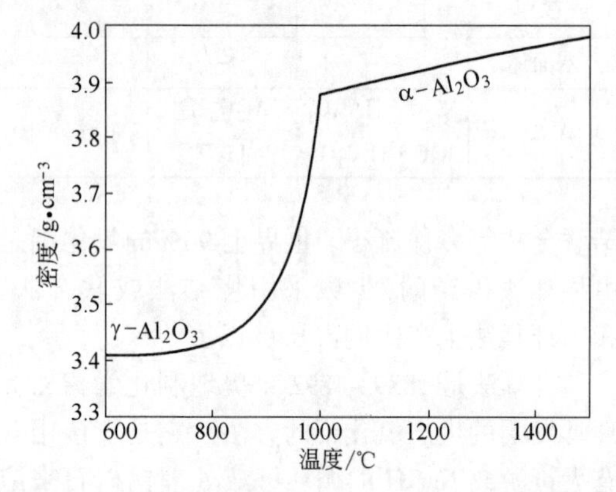

图5-8 工业氧化铝加热在不同温度下密度的变化

根据不同的使用需求，煅烧氧化铝微粉可分为以下几个系列：(1)干压、等静压工艺系列，其粒径分布合理，颗粒流动性好、晶粒间结合疏松，易烧结，是制造特种陶瓷的理想原料；(2)热压铸、注浆成型系列，其原晶粒径较大，成型性能好，制品收缩小，可用于各种耐高温瓷件、耐磨瓷件、电子基片等；(3)耐火材料系列，晶型稳定，适合定形和不定形耐火材料；(4)氧化铝结构陶瓷造粒粉系列，满足精密陶瓷快速干压成型的工艺需求，是生产电子陶瓷、结构陶瓷构件的理想原料。

用于耐火材料的氧化铝微粉又细分为煅烧氧化铝微粉和活性氧化铝微粉。煅烧氧化铝微粉的中值粒径 d_{50} 为2～6μm，通常其比表面积小于1.5m²/g。与煅烧氧化铝微粉比较，活性氧化铝微粉的晶粒尺寸更小，d_{50} 为0.5～3μm；其粒度尺寸接近于原晶尺寸；其比表面积更大，其值大于1.5m²/g。为了更好地满足各种耐火浇注料的流动性，市场上有了粒度分布具有双峰组成的氧化铝微粉（表5-31和图5-9）。

氧化铝微粉在耐火材料中的作用主要是：(1)填充性。填充于细小微米尺寸的空隙中，以获得更致密的耐火材料，由此提高材料的常温和高温强度、抗侵蚀性等。(2)增加反应活性，如浇注料中与铝酸钙水泥的反应、与氧化硅

表5-31 氧化铝微粉的性能

项 目		A厂	B厂	C厂
化学成分/%	Al_2O_3	99.7	99.7	99.68
	Na_2O	0.1	0.04	0.13
	Fe_2O_3	0.01	0.03	0.015
	MgO	0.01	0.02	—
	SiO_2	0.03	0.07	0.05
	CaO	0.02	0.03	0.31
$BET/m^2\cdot g^{-1}$		3	3.71	0.95
d_{50}/μm		2.12	1.12	4.3
d_{90}/μm		6.46	2.80	
粒度分布特征		双峰	双峰	单峰

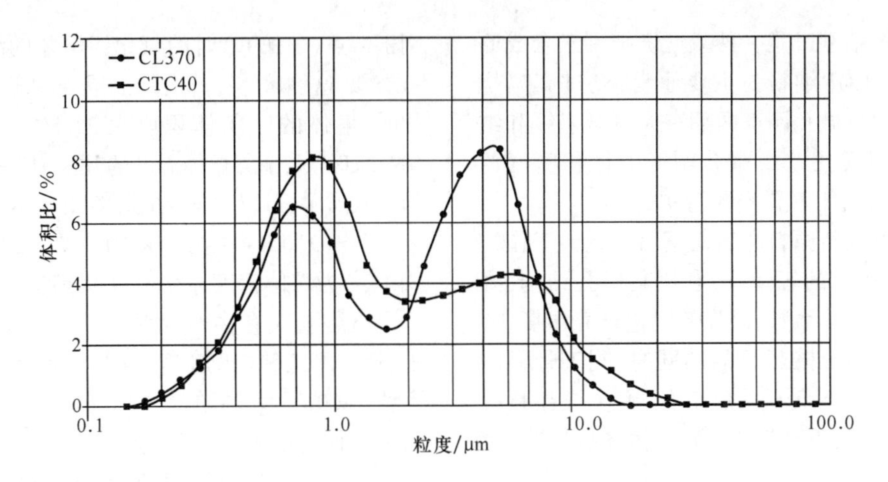

图 5-9 活性氧化铝粒度分布

微粉形成莫来石的反应等。(3)增加材料烧结性,相对于细粉微粉的比表面积大,增加烧结动力,降低烧结温度。(4)增加浇注料的流动性,改善施工性能;活性氧化铝促进水泥水化反应,缩短浇注料的施工时间。

5.4.3 烧结刚玉

通常用人工合成方法制备刚玉。耐火材料用刚玉主要包括烧结刚玉和电熔刚玉[16,17]。烧结刚玉(商业上又称板状刚玉)系指用烧结法制得的刚玉,竖窑法生产煅烧温度约1900℃。电熔刚玉是由铝矾土或工业氧化铝在2000~2400℃的电弧炉中熔炼而制得。随着对耐火材料性能要求的不断提高,刚玉在耐火材料中的使用比例在增加。

耐火材料中所使用的烧结刚玉多指用工业氧化铝作原料,在高温下烧结而成的氧化铝烧结刚玉。其 Al_2O_3 含量在99.3%~99.7%,真密度大于3.9g/cm³,体积密度为3.45~3.62g/cm³、气孔率为3%~5%。烧结刚玉具有高纯、致密,抗热震性和耐侵蚀性好、单颗粒强度高等优点。图5-10示出烧结刚玉的显微结构,图中含有微米级封闭气孔,刚玉晶粒尺寸为15~100μm。烧结刚玉原料的物相除刚玉外,还含有少量β-Al_2O_3。表5-32为几种典型烧结刚玉产品的理化指标。烧结刚玉的产地主要分布在山东、江苏、浙江等地。

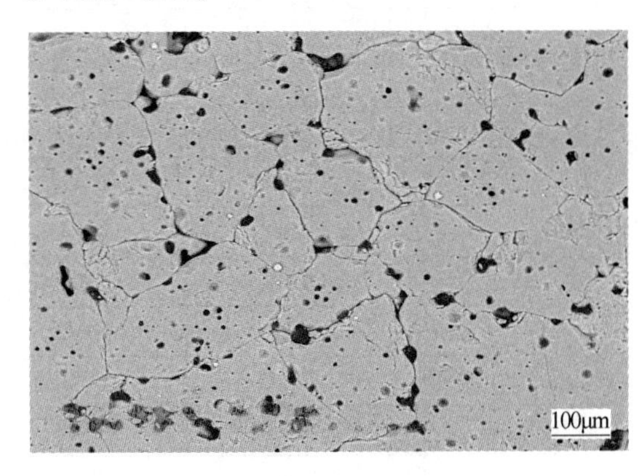

图 5-10 烧结刚玉的显微结构

表 5-32 烧结刚玉的理化性能指标

产地	化学成分/%							体积密度/g·cm⁻³	显气孔率/%
	Al_2O_3	Na_2O	K_2O	SiO_2	CaO	MgO	Fe_2O_3		
山东1	99.34	0.30	0.05	0.11	0.04	0.001	0.05	3.55	3
山东2	99.53	0.35	—	0.06	0.022	0.003	0.07	3.62	2
江苏	99.34	0.26	—	0.12	0.03	—	0.05	3.52	5

微孔烧结刚玉是一种新型烧结刚玉合成原料。采用 Al_2O_3 细粉为主要原料，经过高温烧结制备而成。微孔刚玉内部有大量微米级和纳米级的封闭气孔[18]。微孔刚玉的体积密度约为 3.35g/cm^3，闭气孔率约为 9%。

微孔刚玉新原料产品期望用于钢包工作衬等，实现工作衬的轻量化；利用其微孔结构，降低浇注料的导热系数，以降低钢包外壳温度；使浇注料达到节能降耗目的的同时，刚玉骨料的抗侵蚀性至少不低于基质部分，整个浇注料缓慢均衡地蚀损，不降低浇注料整体的抗渣性能。

5.4.4 电熔刚玉

电熔刚玉是以氧化铝或铝矾土等为原料在电炉中熔融后冷却固化的产物。因电熔刚玉品种的不同，熔炼过程中加入不同的还原剂。接近刚玉熔点（2100℃）时的氧化铝熔体的结构与刚玉类似，这种熔体冷却时结晶成为刚玉。刚玉熔化时，熔体的摩尔体积增大 23.5%，熔化热为 109.2kJ/mol，随着熔体温度的升高，其密度降低，如下式所示，可以根据该式计算出熔体的密度。

$$d = (3.00 \sim 1.15) \times 10^{-3}(T - 2325)$$

式中，d 为熔体密度，g/cm^3；T 为熔体温度，K。

电熔刚玉有多个品种，如白刚玉、致密刚玉、亚白刚玉和棕刚玉等，它是由片状或棒状的大约 1000μm 大的单晶体构成的。表 5-33 示出了各种电熔刚玉的性能。

电熔刚玉晶粒粗大，密度高，抗侵蚀、抗蠕变性能优良。烧结刚玉晶粒相对较小，有高的反应活性，烧结强度高，具有优良的抗热震性。电熔刚玉和烧结刚玉各有千秋。表 5-34 总结了烧结刚玉与白刚玉的性能对比[19]。

表 5-33 各种电熔刚玉的性能比较

项目		白刚玉	致密刚玉	棕刚玉	亚白刚玉	青刚玉
原料		工业氧化铝	工业氧化铝	矾土熟料、无烟煤、铁屑		
产品外观、颜色		白色	灰白色	棕褐色	灰色 灰白色	青色
化学成分/%	Al_2O_3	99.46	99.29	95.25	97.86	>75
	SiO_2	0.02	0.48	1.84	0.43	10~13
	Fe_2O_3	0.09	0.06	0.29	0.21	8~11
	TiO_2	0.01	0.02	2.67	1.03	—
	CaO	0.027	0.043	0.25	0.16	—
	Na_2O	0.25	0.14	0.03	0.05	—
体积密度/g·cm^{-3}		3.55	3.89	3.89	3.86	3.7~3.9

表 5-34 烧结刚玉与白刚玉的性能比较

项目	烧结刚玉	白刚玉
化学组成均匀性	均匀	细粉的 Na_2O 含量高
平均孔径/μm	0.75	44
气孔/%	3~4	5~6
体积密度/g·cm^{-3}	3.5~3.6	3.4~3.6
蠕变性/%	0.88	0.04，优
烧结活性	高	低

续表 5-34

项目	烧结刚玉	白刚玉
强度、抗热震性	高	低
磨损量/cm^3	4.4	8.7

5.4.4.1 白刚玉

通常所说的“熔融氧化铝”一般是指白刚玉。它是以工业氧化铝或煅烧氧化铝为原料，在电弧炉内高温熔化而成，其 Al_2O_3 含量一般大于98.5%，呈白色，晶体巨大，多孔，显气孔率为6%～10%，主晶相为α-Al_2O_3，晶体为长条形和菱形，是制作高档耐火材料的重要原料，也广泛应用于磨料行业。

虽然工业氧化铝的 Al_2O_3 含量为98.5%以上，但还有少量的 Na_2O、SiO_2 和微量的 Fe_2O_3。其中，Na_2O 与 Al_2O_3 在熔融状态下生成β-Al_2O_3($Na_2O \cdot 11Al_2O_3$)，且生成量随着 Na_2O 含量的增加而增大。由于β-Al_2O_3 的熔点低、密度小，因此，熔块冷却结晶时偏析于熔块的中上部。虽然通过碎选可以剔除，但仍然会有少量残存在刚玉熔体中，影响刚玉的耐火性能。

图5-11示出了电熔白刚玉不规则排列和无取向性的台阶生长群，表现为清晰的堆砌形貌。熔融氧化铝黏度大，包裹的气体不易排出，熔液冷凝后形成许多圆形封闭气孔。多封闭气孔是电熔白刚玉的特点，导致其体积密度稍偏低，体积密度为3.45～3.55g/cm³。

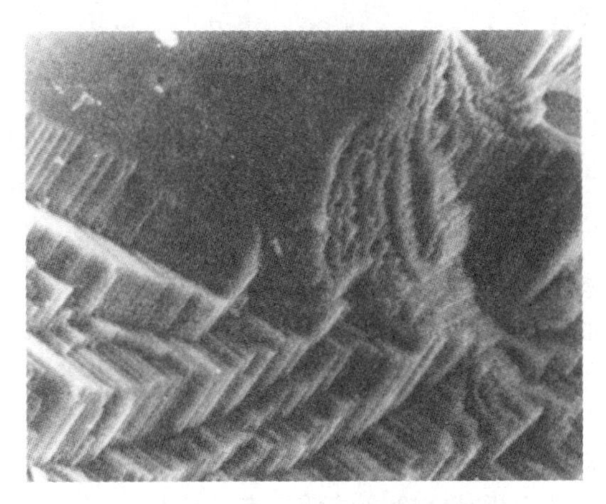

图5-11 电熔白刚玉典型析晶习性

5.4.4.2 致密刚玉

致密刚玉是以工业氧化铝为原料，加入外加剂后在电弧炉中熔融而成的。其外观呈灰色、灰白色，Al_2O_3 含量不小于98.5%，显气孔率较电熔白刚玉低，一般不大于4%，体积密度不小于3.8g/cm³。其主晶相为α-Al_2O_3，有微量的 $FeTiO_3$、$CaAl_{12}O_9$、$Ca_3Si_8O_9$、TiN、Ti_4O_7 等。致密刚玉是一种高级耐火材料，耐酸、耐碱、高温下体积稳定，具有颗粒致密、气孔率低等特点。表5-35示出电熔致密刚玉的典型理化性能。

表5-35 电熔致密刚玉的典型理化性能

项目		规格值	河南某厂	陕西某厂	日本某公司
化学成分/%	Al_2O_3	≥98.5	98.94	98.88	99.14
	SiO_2	≤1.0	0.37	0.68	0.53
	Fe_2O_3	≤0.3	0.08	0.06	0.05
	TiO_2			0.10	0.02
	CaO		0.11	0.08	0.06
	MgO			0.10	0.01
	K_2O		0.008	0.01	0.01
	Na_2O	≤0.1	0.07	0.09	0.13
	T.C	≤0.08	0.12	0.11	0.14
烧失量/%				+0.14	+0.18
体积密度/g·cm⁻³		≥3.90	3.92	≥3.81	3.82
显气孔率/%			1.2	3.5	3.8

由于操作技术和精炼时间不合理，在工业氧化铝熔炼时则可能使 Al_2O_3 过还原，生成碳化物，反应式如下：

$$2Al_2O_3 + 3C \longrightarrow Al_4O_4C + 2CO\uparrow$$

$$Al_2O_3 + 3C \longrightarrow Al_2OC + 2CO\uparrow$$

$$2Al_2O_3 + 9C \longrightarrow Al_4C_3 + 6CO\uparrow$$

碳化物是刚玉熔块中的有害杂质，遇水或在潮湿的空气中存放会发生水解反应放出甲烷(CH_4)，从而使刚玉颗粒粉化；与酸作用又会发生酸解。因此，用含有碳化物的刚玉原料制成的浇注料或捣打料在烘烤时就会开裂。

电熔刚玉中的碳化物与水的反应如下：

$$Al_4C_3 + 12H_2O \longrightarrow 3CH_4\uparrow + 4Al(OH)_3$$

$$Al_2OC + 5H_2O \longrightarrow CH_4\uparrow + 2Al(OH)_3$$

$$Al_4O_4C + 8H_2O \longrightarrow CH_4\uparrow + 4Al(OH)_3$$

以 Al_4C_3 为例，在与水反应时生成物是 $Al(OH)_3$ 及 CH_4。Al_4C_3 及 $Al(OH)_3$ 的真密度分别为2.36g/cm³和2.42g/cm³，反应后体积膨胀近1.1倍。$Al(OH)_3$ 在受热(300～450℃)后又发生如下反应：

$$4Al(OH)_3 \longrightarrow 2Al_2O_3 + 6H_2O$$

此时 Al_2O_3 的真密度为 3.65g/cm^3。生成的 H_2O 又会参与碳化铝的水解反应。同时 Al_4C_3 在氧化气氛中加热（400~600℃）也会发生如下反应，生成大量气体：

$$Al_4C_3 + 9O_2 \longrightarrow 4Al_2O_3 + 6CO\uparrow$$

上述反应使体积发生一胀一缩的变化，再加上放出大量的气体必然使砌体在烘烤或加热时开裂和粉化。因此，在使用电熔致密刚玉时，要控制其总的碳含量不能超过 0.14%。

致密刚玉主要用于炼铁高炉的刚玉-碳化硅-碳铁沟料。

5.4.4.3 亚白刚玉

亚白刚玉又称矾土基电熔刚玉或高铝刚玉。它是在还原气氛和控制条件下由轻烧的特级或一级铝矾土松体料在电弧炉内熔融时加入还原剂（碳）、沉降剂（铁屑）以及脱碳剂（铁鳞），脱除 SiO_2、Fe_2O_3 和 TiO_2 等杂质，熔炼后得到的一种刚玉材料。其理化指标与致密电熔刚玉接近，颜色也相近，Al_2O_3 含量一般在 97.0% 以上，显气孔率小于 4%；刚玉结晶一般为粒状，尺寸为 1~15mm；主要杂质矿物为六铝酸钙（CA_6）、金红石、钛酸铝及其固溶体；是仅次于电熔白刚玉和电熔致密刚玉的耐火原料。表 5-36 列出了部分电熔亚白刚玉产品的理化性能指标。

表 5-36 电熔亚白刚玉的理化性能

产地		规格值	郑州	洛阳	登封
化学成分/%	Al_2O_3	≥97.0	97.69	97.96	98.40
	SiO_2	≤1.0	0.79	0.66	0.38
	TiO_2	≤1.5	0.56	0.68	0.75
	Fe_2O_3	≤0.5	0.06	0.05	0.05
	CaO		0.37	≤0.40	0.40
	MgO		0.29	≤0.40	0.23
	K_2O		0.11	≤0.20	0.03
	Na_2O		0.02	≤0.05	0.018
	T.C	≤0.13	0.18	0.11	0.10
体积密度/g·cm^{-3}		≥3.80	3.84	3.90	≥3.85

在冶炼亚白刚玉时因要尽可能将 Al_2O_3 以外的其他氧化物除去，尤其是将矾土杂质中相对比较稳定、还原温度较高的 TiO_2 还原成金属 Ti 分离出去，为此就必须加入过量的碳，而过量的碳会发生如下反应：

$$2Al_2O_3 + 9C \longrightarrow Al_4C_3 + 6CO\uparrow$$

生成的 Al_4C_3 是刚玉熔块中的有害杂质，如 5.4.4.2 节所述，Al_4C_3 或碳化物遇水或在潮湿的空气中会发生水解反应放出甲烷气体从而使刚玉颗粒粉化。由于电熔亚白刚玉所用矾土原料中的杂质远比工业氧化铝的要高，所以在冶炼过程中就要加入更多的还原剂，这样生成有害杂质 Al_4C_3 的可能性更大。如果电熔工艺控制不当，电熔亚白刚玉比电熔致密刚玉在使用时更容易出问题。

实际操作中，在冶炼后期要进行脱碳处理，如加入脱碳剂（铁鳞），使熔体中的碳与脱碳剂反应生成 CO 气体逸出；也可以通过吹氧使熔体中的碳生成 CO 或 CO_2 逸出；还有在冶炼后期加入高纯硅石粉，也能减少和限制碳化物的生成，降低刚玉中碳的含量。其反应式如下：

$$Al_4C_3 + 3Fe_2O_3 \longrightarrow 2Al_2O_3 + 6Fe + 3CO\uparrow$$

$$Al_4C_3 + 9FeO \longrightarrow 2Al_2O_3 + 9Fe + 3CO\uparrow$$

$$2Al_4C_3 + 9SiO_2 \longrightarrow 4Al_2O_3 + 9Si + 6CO\uparrow$$

5.4.4.4 棕刚玉

棕刚玉是以天然高铝矾土轻烧料和炭材料加少量铁屑于 2000℃ 左右在电弧炉内熔炼脱除 SiO_2 和 Fe_2O_3 等杂质后得到的棕色刚玉材料。棕刚玉呈棕褐色，其 Al_2O_3 含量一般为 94.5%~97%，主要杂质为 TiO_2 以及少量的 K_2O、CaO 和 MgO 等，这些杂质多生成相应的铝盐后析晶或冷凝成低熔点玻璃相。有害杂质为 Al_4C_3 的固溶体，因其易水化而导致材料强度降低甚至粉化。使用中常以电熔棕刚玉遇水时有无臭鸡蛋味来初步判定是否能够使用。

棕刚玉矿物组成以 α-Al_2O_3 为主，还有六铝酸钙、钙斜长石、尖晶石、金红石等次晶相以及玻璃相、铁合金。电熔棕刚玉晶体呈长板状，最粗大晶粒呈骸状片晶，其颜色在很大程度上取决于制品中的氧化钛含量。

电熔棕刚玉可用作中档耐火材料的原料。国产电熔棕刚玉理化性能见表 5-37。

表 5-37　电熔棕刚玉理化性能

产地		规格值	贵阳	郑州	登封
化学成分/%	Al_2O_3	≥94.5	96.30	95.43	95.40
	SiO_2	≤1.2	0.60	1.35	
	TiO_2	≤3.5	3.00	2.63	2.50
	Fe_2O_3	<0.5	0.13	0.11	0.03
	CaO		0.10	0.17	
	MgO		0.17	0.13	
	K_2O			0.18	
	Na_2O			0.14	
	T. C	≤0.04		0.07	
体积密度/$g \cdot cm^{-3}$		≥3.80	3.98	3.86	3.95

5.4.4.5　电熔刚玉的粉化实验

对于亚白刚玉、棕刚玉或致密刚玉的成品，由于熔炼过程中工艺控制不当，碳化物过高，使用时易出现粉化问题。因此，在使用这些原料时，要进行一些检验。

A　粉化率的测定

取电熔刚玉段砂，取筛后粒度在 2~3mm 之间的为实验用样品。将其置入烘箱中烘干 16h 后，用天平称取约为 100g 的样品，记为 M_0。

将称好并已记录质量的样品装入表面皿内，放入已有少量水的高压釜的箅上。加热高压釜并观察压力。当压力升至 0.5MPa 时开始计时，保压 3h。然后断电，逐渐放气。从釜内取出表面皿，置入烘箱内再烘干 16h，取出冷却后，过 1mm 筛网，筛下料用天平称其质量，记为 M_1。

用筛下料除以保压前的质量，再乘以 100%，即可计算出该样品的粉化率。粉化率 P 的计算如下式所示：

$$P = \frac{M_1}{M_0} \times 100\%$$

电熔刚玉的粉化率一般要求小于 0.2%。

B　水化实验

碳化物水化时均产生有刺激性气味的气体。取刚玉熔块有代表性的部位，并破碎成 1.5mm 的颗粒，除去磁性物质，取样 20~30g，用热水浸泡 30min，不产生刺激性气味者即为合格品。

C　酸碱反应实验

各碳化物遇到酸时，以 H_3PO_4 为例有如下反应：

$$Al_4C_3+4H_3PO_4 \longrightarrow 4AlPO_4+3CH_4\uparrow$$

$$Al_2OC+2H_3PO_4 \longrightarrow 2AlPO_4+CH_4\uparrow+H_2O$$

$$Al_2C_6+2H_3PO_4 \longrightarrow 2AlPO_4+3C_2H_2\uparrow$$

$$Al_4O_4C+4H_3PO_4 \longrightarrow 4AlPO_4+CH_4\uparrow+4H_2O$$

所以，实际实验时，分别取与水不发生反应的大于 1mm 的刚玉颗粒 20~30g，小于 1mm 的刚玉颗粒 20~30g，置于玻璃瓶内或玻璃板上，用 50%的磷酸（或 20%的盐酸）覆盖、搅拌。大于 1mm 的在常温下不发生反应，不产生刺激性气味的为合格；小于 1mm 的细粉，加入酸后，有轻微气味而不发泡（如发酵状），并在约 1.5h 后气味消失的为合格。

D　煅烧粉化实验

取 5~8mm、3~5mm、1~3mm 三种粒度的电熔刚玉颗粒，在氧化气氛中烧至 800℃ 保温 30min 测定粉化状况。其中，用 1~3mm 颗粒测定粉化率；用 5~8mm、3~5mm 颗粒测定颜色变化。

小于 1mm 的质量增加量为粉化率，应小于 0.2%。

上述样品烧至 800℃ 然后冷却至常温，应基本上保持烧前的外观颜色，不得变白；个别变白者，其比例应小于 1%。

E　pH 值的测定

将刚玉颗粒料浸入水中，水应高出料面 2 倍，然后将物料剧烈搅拌 2min，把水和料分离后，将石蕊试纸沾于物料上，观察石蕊试纸的颜色变化，颜色介于 pH 值 7~8 之间的为合格。

参考文献

[1] 钱之荣，范广举．耐火材料实用手册[M].北京：冶金工业出版社，1992.
[2] 李晓明．微粉与新型耐火材料[M].北京：冶金工业出版社，2004.
[3] 韩行禄．不定形耐火材料[M].北京：冶金工业

出版社,1994.
[4] 邢守渭,等. 中国冶金耐火全书. 耐火材料卷[M].北京:冶金工业出版社,1997.
[5] 任国斌,君汝珊,张海川,等. $Al_2O_3-SiO_2$ 系实用耐火材料[M].北京:冶金工业出版社,1988.
[6] 林彬荫,吴清顺. 耐火矿物原料[M].北京:冶金工业出版社,1989.
[7] 尹汝珊,冯改山,张海川,等. 耐火材料技术问答[M].北京:冶金工业出版社,1994.
[8] 山东中齐耐火材料有限公司,等. YB/T 5207—2005 硬质粘土熟料[S].北京:中国标准出版社,2020.
[9] 郭海珠,余森. 实用耐火原料手册[M].北京:中国建材工业出版社,2000.
[10] 许晓海,冯改山. 耐火材料技术手册[M].北京:冶金工业出版社,2000.
[11] 高振昕,平增福,张战营,等. 耐火材料显微结构[M].北京:冶金工业出版社,2002.
[12] 王守业,孙庚辰. 我国耐火原料的现状与发展[C]//中国耐火材料工业全面、协调、可持续发展战略研讨会论文集. 2005:1~19.
[13] 王战民. 莫来石/Y,Ce-TZP 复相陶瓷材料的研究[D].天津:天津大学,1990.
[14] 林彬荫,等. 蓝晶石 红柱石 硅线石[M].北京:冶金工业出版社,1998.
[15] 胡宝玉,徐延庆,张宏达. 特种耐火材料实用技术手册[M].北京:冶金工业出版社,2004.
[16] 徐平坤,魏国钊. 耐火材料新工艺技术[M].北京:冶金工业出版社,2005.
[17] 徐平坤,董应榜. 刚玉耐火材料[M].北京:冶金工业出版社,1999.
[18] 顾华志,黄奥,张美杰,等. 微孔刚玉的制备及其对铝镁浇注料性能的影响[J].耐火材料,2014,48(1):9~12.
[19] Sebastian K, Mation S, Andreas B. Perception and characteristics of fused and sintered refractory aggregates[C]// Proc of the 59th ICR, Aachen, Germany, 2017:213~218.

6 碱性耐火原料

本章涉及的碱性耐火原料，系指制造镁（MgO）质、MgO－CaO 质、石灰（CaO）质、MgO－SiO_2 质、MgO－ZrO_2 质、MgO－尖晶石质等耐火制品所用的原料。含天然和人工合成原料。涵盖各种碱性耐火原料的分类、化学及矿物组成、特性、主要产地，商用碱性耐火原料的典型性能指标，天然原料的加热特性，合成原料的制备工艺，各种碱性耐火原料在使用过程中发生的物理化学变化及需要注意的事项，碱性耐火原料的应用等。

6.1 镁质耐火原料

镁质耐火原料简称镁质原料，主要由天然菱镁矿石经高温热处理或高温煅烧制取，或自海水、盐湖中提取富含 MgO 的高纯原料。

6.1.1 天然菱镁矿石

天然菱镁矿石常称菱镁石、镁石，它的基本成分是菱镁矿（$MgCO_3$）。人们对菱镁矿的认识，对它的开发和利用总要追溯一下它的来源即成因。

6.1.1.1 *菱镁矿矿床的成因*

人们对菱镁矿矿床的研究、对成因的认识概括起来有三种，即沉积变质型矿床、风化残积型矿床和热液交代型矿床。

A *沉积变质型菱镁矿矿床*

沉积变质型菱镁矿矿床，是我国菱镁矿成矿的主要类型矿床。按沉积变质成因学说，有两种观点。一种观点认为，原岩沉积时含镁较高，后来受酸性或基性岩浆侵入活动，富镁热液沿白云岩或石灰岩裂缝，或层间交代充填成矿。因此，矿体多呈似层状或同岩层产状一致的透镜状。其后，又有滑石、白云石脉等形成。该类型矿床层位固定、厚度大、分布面积广，构成巨大的菱镁矿床。其成矿反应为

$$\underset{\text{白云石}}{CaMg(CO_3)_2}+\underset{\text{含镁热液}}{Mg(HCO_3)_2}\longrightarrow \underset{\text{菱镁矿}}{2MgCO_3}+\underset{\text{溶液}}{Ca(HCO_3)_2} \tag{6-1}$$

另一种观点则认为，海盆地水体中，当 Mg^{2+} 的总浓度很大时，且 CO_2 分压（p_{CO_2}）大于 0.2kPa，介质的 pH 值大于 7，温度大于 22℃时，菱镁矿可以直接在水中沉积。在沉积过程中白云石首先析出，使海水中的 Mg^{2+}/Ca^{2+} 比值进一步提高，直至最后大量的纯菱镁矿从海水中析出，这一条件的重复出现，产生了菱镁矿与白云石的互层。这种由沉积作用产生的菱镁矿（成岩期菱镁矿）及白云岩，约在 1900 万年前遭受了区域变质作用，在变生热液的作用下，又形成了晚期次生菱镁矿。

此类矿床在成矿过程中，因各处成矿环境的差异，使菱镁矿形成薄层状、致密块状、放射状和条带状不同结构构造状态的矿体。其中薄层状矿体，菱镁矿结晶时受层理控制，沿层理发育，往往在层理上有滑石或炭质薄膜；致密块状矿体，菱镁矿结晶时在较大空间，形成细、中粒结晶，致密坚硬，有时可见缝合线和叠层面；放射状矿体菱镁矿结晶环境好，结晶程度好，晶体粗大，晶面有条纹，晶体集成放射状和菊花状，多为粗粒和巨粒菱镁矿，品位高；条带状矿体在成矿过程中，受围岩和热液的影响生成条带状构造；各带黑白相间，白条带由菱镁矿及少量白云石组成，宽 1～5mm，黑色条带由菱镁矿、绿泥石及炭质组成，宽在 0.2～1mm，品位较低。前述几种结构状态，有时在同矿体中不同程度存在。

这类矿床规模宏大，我国最大的菱镁矿矿床，辽宁海城－大石桥菱镁矿矿床就属此类。此外，山东莱州、河北大河、甘肃肃北、四川甘洛及西藏等地区也有此类矿床。

B *风化残积型菱镁矿矿床*

这类矿床是由橄榄岩、蛇纹岩等含镁较高

的岩体经风化和地表水淋滤沉积作用形成的菱镁矿矿床。即空气中的 CO_2 溶于地表水，生成碳酸，具有强烈溶解能力的碳酸使橄榄岩，蛇纹岩溶解淋滤出菱镁矿，并大量沉积形成矿体。其成矿反应为：

$$2Mg_2[SiO_4]+2H_2O+CO_2 \longrightarrow$$

镁橄榄石

$$MgCO_3+Mg_3[Si_2O_5](OH)_4 \quad (6-2)$$

菱镁矿 蛇纹石

$$Mg_3[Si_2O_5](OH)_4+2H_2O+3CO_2 \longrightarrow$$

蛇纹石

$$3MgCO_3+2SiO_2+4H_2O \quad (6-3)$$

菱镁矿

这类矿床，矿体多呈近水平分布，透镜状及似层状。矿石为非晶质菱镁矿，微晶 1~2μm，块状，网脉状及网格状，矿石中常伴生玉髓、蛋白石等杂质组分。我国内蒙古、甘肃、陕西、青海、新疆等省区发现有这种非晶质菱镁矿矿床，矿床距地表深度一般为 10~20m，矿床规模较小。

C 热液交代型菱镁矿矿床

该类矿床是由含镁的热水溶液对超基性岩石、石灰石或白云岩交代而成，一般产于沿原岩层或断裂附近，矿体呈似层状、透镜状及不规则团块状，矿体与围岩呈渐变状接触。矿石矿物以晶质菱镁矿为主，次要矿物有白云石、石英等。矿床规模中小型，我国四川、甘肃、新疆等地分布有这类矿床。

以上菱镁矿床接成矿条件不同，菱镁矿分为晶质和非晶质两种，后者在我国成矿极少，是潜在菱镁矿资源的研究对象，而前者晶质菱镁矿则是我国菱镁矿的主要类型。

6.1.1.2 菱镁矿床的矿物组成与分布

菱镁矿床的矿物组成取决于成矿时的原生岩体性质及侵入含镁热液的成分，以及成矿时的其他环境和条件。因此，各菱镁矿床的矿物组成有所不同，但基本组分相近。现以我国最大菱镁矿产区辽宁海城-大石桥矿带晶质菱镁矿床矿物组成为例说明。

A 镁矿床的矿物组成

辽宁海城-大石桥矿带晶质菱镁矿矿床的矿物组成见表 6-1。

表 6-1 海城-大石桥菱镁矿带晶质菱镁矿床矿物组成

矿石矿物	脉石矿物		
	主要矿物	次要矿物	微量矿物
菱镁矿：$MgCO_3$	白云石：$CaMg(CO_3)_2$ 滑石：$3MgO \cdot 4SiO_2 \cdot H_2O$	透闪石：$2CaO \cdot 5MgO \cdot 8SiO_2 \cdot H_2O$ 斜绿泥石：$(Mg \cdot Fe)_{4.75}[Al_{1.25}Si_{2.75}O_{10}][OH]$ 角闪石：$(Mg \cdot Fe)_7[Si_4O_{11}]_2[OH]_2$ 石英：SiO_2 褐铁矿：$Fe_2O_3 \cdot nH_2O$	绢云母：$K_2O \cdot 3Al_2O_3 \cdot 6SiO_2 \cdot 2H_2O$ 海泡石：$2MgO \cdot 3SiO_2 \cdot 2H_2O$ 赤铁矿：Fe_2O_3 黄铁矿：FeS_2 菱铁矿：$FeCO_3$

在菱镁矿床中有用矿物是晶质菱镁矿，其他脉石矿物都是有害矿物。其中尤以白云石中 CaO 和滑石中 SiO_2 对有用矿物菱镁矿的品位和性能影响最大。

a 菱镁矿 $MgCO_3$

菱镁矿属碳酸盐类，方解石族，菱镁矿种。化学式为 $MgCO_3$，化学组分（质量分数）中：MgO 47.81%，CO_2 52.19%。菱镁矿晶体属三方晶系，$\bar{3}m$ 对称型，菱面体晶胞；$a=0.562$nm，$\alpha=48°10'$。由于成矿条件，实际矿物晶体呈菱面体很少见，常为致密块状集合体。菱镁矿视其成因，常与白云石、滑石、方解石等矿物共生。呈无色或白色，有时微带浅黄色、浅灰色或因其他杂质的影响呈浅粉红色；玻璃光泽，莫氏硬度为 3.5～5，密度为 2.95～3.10g/cm^3。加热700℃左右分解，是制造镁质耐火材料的主要原料，也可以用于提炼金属镁、冶金熔剂、隔热保温、隔声等建筑材料。

b 白云石 $CaMg(CO_3)_2$

白云石是与菱镁矿同类、同族矿物。化学式为 $CaCO_3 \cdot MgCO_3$，化学组分（质量分数）中：CaO 30.41%，MgO 21.87%，CO_2 47.72%。白云石多在菱镁矿体与围岩交界处出现，在矿体中多以包体和岩脉状出现。自然界的白云石无色或白色，含铁呈黄褐色或褐色，含锰显浅红色；玻璃光泽，莫氏硬度为 3.5～4，密度为 2.85g/cm^{3}左右。该矿物中的 CaO 直接影响菱镁矿的品位，是重要的有害矿物之一。

c 滑石 $3MgO \cdot 4SiO_2 \cdot H_2O$

滑石是硅酸盐类，第四亚族，滑石族矿物。化学式为 $3MgO \cdot 4SiO_2 \cdot H_2O$，化学成分（质量分数）：MgO 31.47%，$SiO_2$ 63.52%，H_2O 4.76%。滑石属三斜晶系，自然界晶体少见，通常为片状、鳞片状或致密块状集合体在菱镁矿体边缘出现，在菱镁矿体中则以岩脉或包体、浸染体形式出现。质纯者为白色，常因含杂质被染成浅黄、浅褐、浅绿和粉红色等。条痕白色，玻璃光泽，解理面珍珠光泽并显晕彩，致密块状呈贝壳状断口，手触有滑感，莫氏硬度为 1，密度为 2.5～2.83g/cm^3。矿物中的 SiO_2 直接影响菱镁矿品位，是菱镁矿中另一重要有害矿物。

B 菱镁矿矿石中镁元素及杂质元素的分布

自海城–大石桥菱镁矿床矿带中采集的代表高纯菱镁矿石、普通菱镁矿石、镁质白云石矿石，对其中的镁元素和杂质元素的分布特征用电子探针进行分析，各种元素的存在形式列于表 6–2。

表 6–2 菱镁矿矿石中镁元素及杂质元素的存在形式

元素	矿物的基本组成	类质同象混入物	细微机械包体
Mg	菱镁矿、白云石、滑石、透闪石	绿泥石	
Ca	白云石	菱镁矿、透闪石	菱镁矿晶体中含白云石包体
Fe	菱铁矿、褐铁矿	菱镁矿、绿泥石	
Si	滑石、石英、透闪石、绿泥石、云母		
Al	绿泥石	绢云母、绿泥石、方柱石	

由表 6–2 可知，有害元素 Ca 的存在形式有三种。在高纯菱镁矿石中，Ca 以星点状呈有限固溶体形式或以显微包体形式存在于菱镁矿晶体中，或以白云石 $CaMg(CO_3)_2$ 组分形式存在，在镁质白云石矿石中，Ca 以白云石的组分形式存在。以有限固溶体形式和显微包体形式存在的 Ca，用机械方法不能除去。

另一最有害元素 Si，则是以矿物的基本组成元素存在于滑石中，也分布在透闪石、绿泥石、绢云母等脉石矿物中。Si 元素这种相对集中分布在含 Si 矿物中，表明它的选除相对较为容易。

从上述菱镁矿石的元素分布还可知，矿石中在以氧化物计量的化学组成中，主成分是 MgO，主要的杂质成分是 CaO、SiO_2、Fe_2O_3、Al_2O_3。而在菱镁矿石中，菱镁矿物的多少，决定了 MgO 成分的高低，白云石、透闪石等矿物的含量决定了矿石中 CaO 成分的高低；滑石、绿泥石、石英等矿物的含量决定了矿石中 SiO_2 成分的高低，同样，含铁矿物、含铝矿物、其他杂质矿物含量也直接决定了矿石中 Fe_2O_3、Al_2O_3 和其他杂质成分的高低。

6.1.1.3 菱镁矿矿石分类和工业指标

菱镁矿矿物的工业利用价值，是通过对自然界菱镁矿矿石的利用来实现的。因此，对菱镁矿矿石进行分类并确定工业指标十分重要。

A 按矿物组合构造分类

把菱镁矿矿石的自然类型按矿物组合及镁、钙、硅的构造形态划分为纯镁型、硅镁型和钙镁型，见表 6–3。这种分类有利于矿体开采中对各品级菱镁矿石赋存部位有较准确的判定。

表 6-3 晶质菱镁矿矿石的自然类型划分

类型		亚类
菱镁矿	纯镁型	致密块状,中、细粒菱镁矿矿石:多为 M-46 级、M-45 级或 M-47 级菱镁矿石; 粗粒或巨晶菱镁矿矿石:多为 M-46 级或 M-47 级菱镁矿石
	硅镁型	滑石化菱镁矿矿石:多为 M-44 级矿石,少数为 M-45 级或 M-44 级,级外品矿石; 方柱石假象滑石化菱镁矿矿石:多为 M-44 级矿石,少数为 M-45 级或 M-44 级,级外品矿石; 透闪石菱镁矿矿石:多为 M-44 级矿石,少数为 M-45 级或 M-44 级,级外品矿石; 绿泥石(化)菱镁矿矿石:多为 M-44 级矿石,少数为 M-45 级或 M-44 级,级外品矿石; 炭质条带状菱镁矿矿石:多为 M-45、M-44 级矿石
	钙镁型	白云石菱镁矿矿石:多为 M-41 级矿石; 含钙质结核菱镁矿矿石:多为 M-41 级矿石
风化矿石		风化菱镁矿矿石:风化菱镁矿矿石(可按不同风化程度综合利用)

B 按菱镁矿晶体结晶程度分类

由于成矿条件不同菱镁矿晶体结晶程度不同,按矿物晶体颗粒大小分为细粒、中粒、粗粒和巨粒四种,见表 6-4。这一分类对菱镁矿矿石分类进行高温热处理(煅烧)有指导意义。

表 6-4 菱镁矿矿石按矿物晶粒大小分类

矿石名称	菱镁矿晶体粒级	晶体颗粒尺寸/mm
细粒菱镁矿矿石	细粒级	<5
中粒菱镁矿矿石	中粒级	5~10
粗粒菱镁矿矿石	粗粒级	10~50
巨粒菱镁矿矿石	巨粒级	>50

C 菱镁矿矿石的工业标准

在工业生产中,不同的使用目的对菱镁矿矿石的化学组成有着不同的要求,为科学、合理、经济地利用矿产资源,满足工业需求,2016 年 7 月国家工业和信息化部重新确立了菱镁矿矿石的工业标准,见表 6-5,为开发利用菱镁矿矿石资源提供了依据。

表 6-5 菱镁石的牌号及化学成分
(YB/T 5208—2016)

牌号	化学成分(质量分数)/%				
	MgO	CaO	SiO_2	Fe_2O_3	Al_2O_3
M47A	≥47.30		≤0.15	≤0.25	≤0.10
M47B	≥47.20		≤0.25	≤0.30	≤0.10
M47C	≥47.00	≤0.60	≤0.60	≤0.40	≤0.20
M46A	≥46.50	≤0.80	≤1.00		
M46B	≥46.00	≤0.80	≤1.20		
M46C	≥46.00	≤0.80	≤2.50		
M45	≥45.00	≤1.50	≤1.50		
M44	≥44.00	≤2.00	≤3.00		
M41	≥41.00	≤6.00	≤2.00		
M33	≥33.00		≤4.00		

6.1.1.4 菱镁矿石资源分布及储量

A 中国和世界菱镁矿分布和储量

截止到 2015 年,全球已探明的菱镁矿资源量达 120 亿吨,储量达 24 亿吨。蕴藏丰富的国家包括:俄罗斯(6.5 亿吨,占总量 27%);中国(5 亿吨,占总量 21%);朝鲜(4.5 亿吨,占总量 18.8%)。主要分布在以下十几个国家和地区,见表 6-6。

表 6-6 菱镁矿主要分布国家和地区 (亿吨)

国家和地区	储量	国家和地区	储量
中国	5.00	斯洛伐克	0.35
朝鲜	4.50	印度	0.20
俄罗斯	6.50	奥地利	0.15
澳大利亚	0.95	美国	0.10
巴西	0.86	西班牙	0.10
希腊	0.80	其他国家	3.90
土耳其	0.49	全球总量	24.0

由表 6-6 可知，我国是世界菱镁矿储量最多的国家之一，主要分布在辽宁和山东两省，其次是西藏、新疆、甘肃、河北、四川、安徽、青海等省区。我国菱镁矿的储量和分布见表 6-7。

表 6-7 我国菱镁矿储量及分布情况

地区	矿区数	已利用矿区数	累计探明储量/万吨			MgO 含量/%
			合计	A+B+C	D	
辽宁	12	10	269240	125451	143789	>46
山东	4	2	28154	16792	11362	>43
西藏	1		5710		5710	44.02
新疆	1		3110		3110	45.37
甘肃	2	1	3083		3083	44.05
河北	2	1	1413	931	482	>38
四川	3	1	712	104	608	38~43
安徽	1		333		333	
青海	1		82	50	32	38.45
全国	27	15	311837	143328	168509	

续表 6-7

B 我国菱镁矿资源的特点

我国菱镁矿资源集中，矿床巨大，如辽宁省海城-大石桥菱镁矿带的矿体长 50km，宽 2~6km，矿体厚度一般为 80~200m，肥厚矿体可达 300~500m，埋藏浅，易于露天开采，有用矿物——菱镁矿品位高，杂质少，工业利用价值高。我国菱镁矿的主要化学成分及结晶特征见表 6-8。

表 6-8 我国各地菱镁矿主要化学成分及其结晶特征

产地			化学成分/%						I·L=0 MgO/%	其他
			I·L	SiO_2	Fe_2O_3	Al_2O_3	CaO	MgO		
辽宁	海城	下房身	51.46	0.38	0.38	0.07	0.55	47.06	97.15	中晶粒
		金家堡	51.01	0.40	0.53	0.11	0.54	47.35	96.65	
		桦子峪	51.66	0.60	0.29	0.17	0.62	46.65	96.52	
	大石桥	青山怀	50.66				0.73	46.19		
		高庄	40.70	2.96	0.33	0.21	0.08	46.68	95.95	
			50.97	1.13			0.33	47.14		
		平二房		1.79			0.60	45.95		
	海城孤山子		50.86	0.56	0.28	0.05	0.60	47.42	96.95	
			50.46	0.63	0.27	0.10	0.77	47.42	96.40	
	岫岩王家堡			0.72			0.84	46.75		
	凤城大阳沟			0.63	0.25	0.03	1.17	46.89	95.75	
	宽甸坦甸子			0.22	0.20	0.04	1.31	47.02	96.37	
	庄河			0.30	0.26	0.02	0.63	47.53	97.51	
	抚顺佟家街上年马洲			1.74		0.53	1.46	44.95	96.31	
				0.99	0.73	0.03	1.99	45.22		
四川	甘洛		49.99	0.24	0.29	0.08	4.30	44.41	89.61	
	桂贤		50.50	0.80	0.50	0.19	1.89	46.63	93.24	
河北	邢台、大河		50.69	0.36	2.17	0.13	2.26	44.19	89.94	
山东	莱州		49.99	1.88	0.70	0.54	0.56	46.55		
				6.50	0.85		1.85	40.02		

续表 6-8

产地 \ 性能		化学成分/%						I·L=0 MgO/%	其他
		I·L	SiO_2	Fe_2O_3	Al_2O_3	CaO	MgO		
内蒙古		48.55	4.15	0.85	0.13	3.96	42.48	88.48	隐晶质
陕西	大要（水镁石）	28	6.38			痕量	67.34		纤维状

由表 6-8 可知，在我国的菱镁矿资源中，辽宁省具有优势，约占全国总储量的 85%，世界总储量的 1/5，其特征见表 6-9。

表 6-9 辽宁省菱镁矿储量及其分布

编号	矿产区		矿石含量/%		储量级别	保有储量/t	累计探明储量/t	勘查阶段	利用情况
			MgO	CaO					
辽宁省菱镁矿总量					A+B+C	1137375	1243398		
					A+B+C+D	2576763	2691717		
1	海城镁矿	下房身矿段	46.56	0.74	A+B+C	85287	123145	详查	开采矿区
					A+B+C+D	258151	286009		
2	海城镁矿	金家堡子矿段	46.33	0.99	A+B+C	131520	193639	详查	开采矿区
					A+B+C+D	347887	355986		
3	海城镁矿	王家堡子矿段	46.45	0.81	A+B+C	79637	79637	详查	推荐近期利用
					A+B+C+D	241925	241925		
4	海城镁矿	杨家堡子矿段	46.0	0.78	A+B+C	2164	2947	详查	停采矿区
					A+B+C+D	4448	5231		
5	大石桥镁矿	海城桦子峪镁矿	44.56	1.1	A+B+C	317164	335009	详查	开采矿区
					A+B+C+D	764137	781982		
6	大石桥镁矿	大石桥青山怀镁矿	41.61	5.5	A+B+C	198504	239962	详查	开采矿区
					A+B+C+D	362554	404012		
7	海城矿山公司祝家菱镁矿		46.26	0.97	A+B+C	89394	90339	详查	开采矿区
					A+B+C+D	199812	200757		
8	抚顺县佟家街菱镁矿		44.95	1.46	A+B+C			详查	近期利用
					A+B+C+D	2081	2762		
9	抚顺县上年马洲菱镁矿		45.22	1.99	A+B+C	223	1340	初查	开采矿区
					A+B+C+D	223	1340		

注：A 为开采储量即矿山生产准备采出的储量；B、C 为设计储量，即企业设计和建设所依据的储量；D 为远景储量，是作为进一步布置地质勘探工作和矿山建设这里总体规划所依据的储量；A+B+C 级储量又称工业储量，A+B+C+D 级储量也称预测储量。

6.1.1.5 菱镁矿石提纯

提高矿石主成分 MgO 含量，降低 SiO_2、CaO、Fe_2O_3、Al_2O_3 等有害杂质含量，是提高矿石品位、改善原料使用性能的前提条件。根据矿石中脉石杂质性质，可分别采用手选、热选、浮选、光电选、磁选、重选以及化学选等方法。

我国现在主要采用的是热选法、浮选法和手选法。

菱镁矿热选提纯原理是利用菱镁矿石在热处理过程中,主矿物与杂质矿物的强度变化差异、易磨性不同的特点,在细磨中按粒度分级实现提纯目的。表 6-10 列出了菱镁矿、白云石、滑石受热过程的强度变化,利用这一特点,将矿石轻烧(<1100℃)菱镁矿强度降低,变成易磨细的疏松状物料,而滑石等杂质矿物强度明显提高,不易磨细,形成粗粒,通过边磨细边风选的方法,可将矿石中高硅的颗粒分离出去。

表 6-10 菱镁矿、白云石、滑石受热过程强度变化

温度/℃	强度/MPa		
	菱镁矿	白云石	滑石
100	103.07	197.41	
300	97.87	194.17	
500	85.31	195.74	9.81~24.52
600	74.04	196.43	
700	30.79	178.28	
800	4.12	140.24	
900	2.65	97.38	
1000	1.47	29.22	
1100	0.98	19.02	
1200	1.67	18.53	49.08
1300	1.47	20.30	
1400	1.47	24.61	

菱镁矿的浮选原理是利用矿物润湿性的差异。滑石不易被水润湿,属疏水矿物,极易浮起,而菱镁矿、白云石表面离子键能强,易润湿则不易浮起。可以利用化学药剂表面活性剂对矿物颗粒表面进行改性来改变其润湿性,实现分选的目的。基于我国菱镁矿的矿物构成特点,实践证明,浮选法除硅、铝效果明显,而除铁、钙效果有限。用浮选方法处理三级和级外矿时,不仅能得到高纯菱镁矿精矿粉,而且级外矿的尾矿精选后还可以得到滑石精矿粉,实现了资源的综合利用。对于规模小,在开采过程中混入肉眼可分辨的白云石、滑石等脉石矿物可以采用手选分离的方法。此外,还有化学提纯方法,可以用酸溶解菱镁矿、水镁石,经过滤、水解,制得化学纯氧化镁;也可以将粉碎轻烧氧化镁用氯化铵溶液处理,经过滤、水解,制得高纯氧化镁。化学方法可除去菱镁矿中 Ca、Fe、Si、Al 等杂质,技术可行,但成本高[1]。

6.1.2 轻烧镁粉

轻烧镁粉亦称苛性苦土、活性镁砂,是一种由天然菱镁矿石、海水、盐湖中提取的镁[$Mg(OH)_2$],经 700~1100℃ 温度下煅烧(轻烧)所获得的活性氧化镁。

6.1.2.1 轻烧镁粉的化学反应活性

轻烧镁粉质地疏松,具有很高的比表面积,化学活性很大,常温下就易与水反应,水化物 $Mg(OH)_2$ 在空气中硬化。轻烧镁粉的性质见表 6-11。作为比较,表中同时给出了烧结镁砂的相应特性。

表 6-11 轻烧镁粉与烧结镁砂的性质对比

项目	轻烧氧化镁	烧结镁砂
煅烧温度/℃	<1000(或<1100)	>1600
颜色	淡黄,淡褐	褐色
外形	方镁石不定形	立方体或八面体结晶
粒度/μm	方镁石粒度很小(<3)	方镁石晶粒较大(>20)
密度/$g \cdot cm^{-3}$	3.07~3.22	3.58~3.65
体积收缩/%	10	23
坚硬程度	松脆	硬脆
化学活性	易与水作用	难与水作用
CO_2 含量/%	一般 3~5	<0.8
折射率	1.68~1.70	1.73~1.74
晶格常数/nm	$a=0.4212$	$a=0.4201$
用途	做生产镁砂的原料。有黏结能力,作镁质水泥	致密,做镁质耐火原料

在轻烧镁粉的诸性质当中，人们特别关注的是它的化学反应活性。轻烧镁粉的应用价值也主要在于它的化学反应活性。轻烧镁粉的化学反应活性，主要来自其中的活性 MgO。轻烧镁粉中 MgO 的结构及水化反应活性与煅烧温度有很大关系。天然菱镁石的水化反应活性很小，只有将其磨至相当细时，才能在室温下与水缓慢作用。但 450～700℃煅烧并经细磨的 MgO，在常温下数分钟内就完全水化生成 $Mg(OH)_2$。这是因为 $MgCO_3$ 加热分解逸出 CO_2 后形成的 MgO，当煅烧温度低时，其晶格较大，晶粒间存在较大的空隙和相应庞大的内比表面积，与水反应接触面积大，反应速度快。如果提高煅烧温度或延长煅烧时间，则晶格尺寸减小，晶粒间趋于密实，将大大延缓其反应活性。所以，选择煅烧方式，控制轻烧温度，是使轻烧镁粉获取反应活性的重要手段。图6-1为 $MgCO_3$ 和 $Mg(OH)_2$ 经不同温度煅烧所获 MgO 的晶格常数变化的情况；表 6-12 和表 6-13 分别表示用 $MgCO_3$ 经不同煅烧温度制取的 MgO 水化速度（用水化程度百分率表示）和 $Mg(OH)_2$在不同煅烧制度下获得的 MgO 的分散度，表明随煅烧温度提高，MgO 的内比表面积显著减少。当温度大于 1000℃，MgO 重结晶速度加快，分散度急剧降低，活性差。这些都从不同侧面反映了轻烧镁粉的反应活性与煅烧制度的关系。

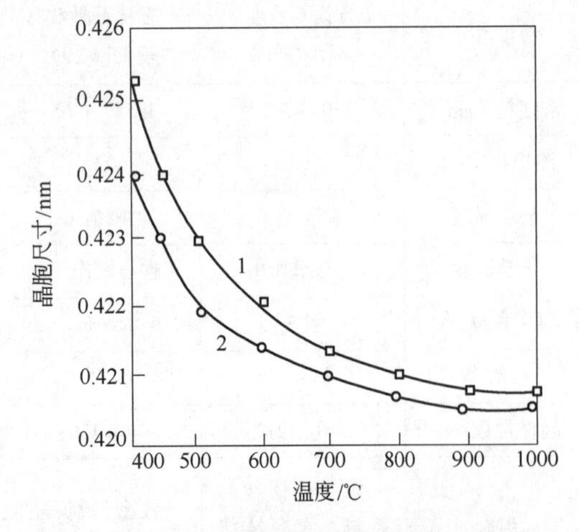

图 6-1 MgO 的晶格常数与煅烧温度的关系
1—碳酸镁；2—氢氧化镁

表 6-12 MgO 水化速度与煅烧温度关系

水化时间/d	煅烧温度/℃		
	800	1200	1400
1	74.5	6.5	4.7
3	100.0	23.4	9.3
30		94.8	32.8
360		97.6	

表 6-13 MgO 比表面积与 $Mg(OH)_2$ 煅烧温度关系

煅烧温度/℃	煅烧时间/h	比表面积/$m^2 \cdot g^{-1}$
450	5	125
680	4	32
1000	3	15
1300	2	3

在相同温度下轻烧镁粉的煅烧方式和煅烧设备也是影响其活性的重要因素。如采用多层炉、沸腾炉、悬浮炉旋流炉等窑炉煅烧粉状菱镁石，使其在瞬间迅速分解快速回收，可获得具有最大活性的轻烧镁粉；而采用隧道窑、反射窑烧大块的方式，煅烧时间长，往往会使表面过烧而内部生烧，都将使轻烧镁粉的活性降低，采用回转窑煅烧粒状菱镁石，情况介于上述两者之间，也能使获得的轻烧镁粉保持较好的活性。

轻烧镁粉除作为耐火材料生产高纯镁砂、中档镁砂以及电熔大结晶镁砂的原料外，炼钢工业可以用轻烧氧化镁球代替白云石做造渣剂，轻烧氧化镁和氢氧化镁在中和处理酸性废水、脱除废水中的重金属离子以及烟气脱硫方面也有较好的应用，可以做阻燃剂，做建筑材料领域的胶凝材料也是一个重要应用方面。

6.1.2.2 轻烧镁粉的胶凝性质

A 氧化镁-水体系

将轻烧镁粉与水拌和后，其中的活性氧化镁按下式反应：

$$MgO + H_2O \longrightarrow Mg(OH)_2 \quad (6-4)$$

$Mg(OH)_2$ 的胶凝性质，即氧化镁浆体的水化过程和结构强度的发展过程与活性 MgO 的分散度有密切关系。图 6-2 表示不同内比表面积的 MgO 浆体的水化速度。MgO 的比表面积越大,其水化速度越快。

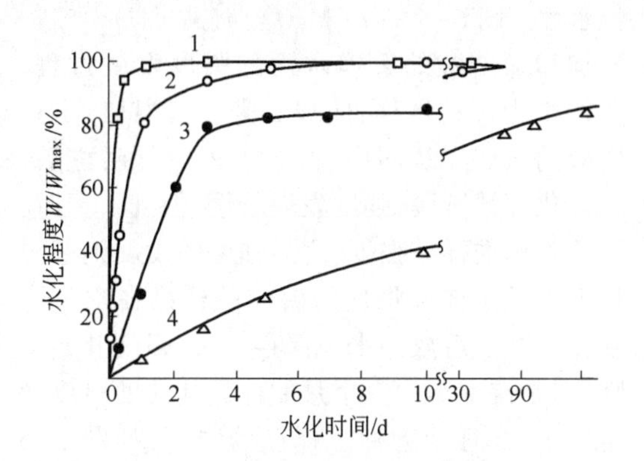

图 6-2 不同分散度的 MgO 的水化速度

1—125m²/g;2—32m²/g;3—15m²/g;4—3m²/g

但是与之对应的内比表面积越大的 MgO 浆体,其最终的结构强度却越小。如图 6-3 所示。内比表面积大的 MgO,其水化速度快,强度发展也快,这是作为胶凝材料应有的基本特性。但其最终的结构强度却很低,这成为胶凝材料一大弱点。研究表明,产生这种情况的原因与 MgO 溶液的过饱和度特别高有关。实验证明,轻烧镁粉在常温下水化时,MgO 的最大浓度达 0.8~1.0g/L。而其水化产物 $Mg(OH)_2$ 在常温下的平衡溶解度仅为 0.01g/L 左右,所以其相对过饱和度为 80~100。这与其他胶凝材料相比是相当大的。而过大的过饱和度会产生结晶应力,使形成的结晶结构网受到破坏,强度降低。

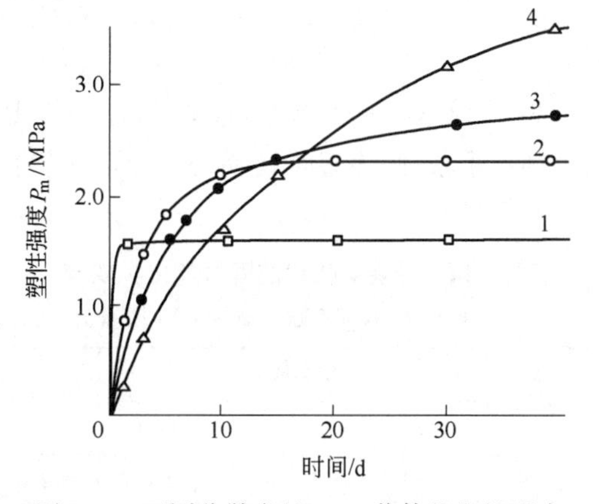

图 6-3 不同分散度的 MgO 浆体的塑性强度

1—125m²/g;2—32m²/g;3—15m²/g;4—3m²/g

上述结果使得氧化镁-水体系胶凝材料在应用上产生两个问题。一是由于 MgO 的溶解度本来就比较小,如果提高煅烧温度,降低比表面积,其溶解速度和溶解度会更低,水化过程就很慢,虽然经过长时间的硬化,浆体可以得到较高的强度,但过长时间的硬化周期是无应用价值的;二是如果提高 MgO 的内比表面积,相应地增大 MgO 的溶解速度和溶解度,加快水化过程,但其过饱和度太大,会产生很大的结晶应力,导致胶凝体结构破坏,强度降低。这两个问题都是轻烧镁粉应用上的障碍。寻求凝结时间较快而强度又高的镁质胶凝材料,人们通过科学实践研究,找到了一些途径,这些途径基本是围绕降低过饱和度和提高溶解度而采取的技术措施。其中 $MgO-MgCl_2-H_2O$ 体系则是最具应用价值的一个。

B 氧化镁-氯化镁-水体系

a 氯化镁在氧化镁浆体中的作用

为了有效地使用镁质胶凝材料,要解决两个问题:一是要加速 MgO 的溶解;二是要降低体系的过饱和度。而降低过饱和度的有效途径是提高水化产物的溶解度或迅速形成复盐。

用 $MgCl_2$ 溶液代替水来调制 MgO 时,可以加速其水化速度,并能与之作用形成新的水化物相。这种新的水化物相的平衡溶解度比 $Mg(OH)_2$ 高,因此其过饱和度也相应地降低。相关研究表明,在 $MgO-MgCl_2-H_2O$ 体系中存在的水化物相,主要是 $Mg(OH)_2$、$Mg_3(OH)_5Cl \cdot 4H_2O$、$Mg_2(OH)_3Cl \cdot 4H_2O$。这些水化物相的形成和转变根据该体系中 $n(MgO)/n(MgCl_2)$ 比的不同而变化当 $n(H_2O)/n(MgO)=2$,$n(MgO)/n(MgCl_2)<4$ 时,开始形成的水化物相主要为 $Mg_3(OH)_5Cl \cdot 4H_2O$ 和少量剩余的 $MgCl_2$,但随时间延长,$Mg_3(OH)_5Cl \cdot 4H_2O$ 转变为 $Mg_2(OH)_3Cl \cdot 4H_2O$,这种转变速度随 $n(MgO)/n(MgCl_2)$ 比的降低而提高。

当 $4<n(MgO)/n(MgCl_2)<6$ 时,形成的水化物相 $Mg_3(OH)_5Cl \cdot 4H_2O$ 是稳定的。

当 $n(MgO)/n(MgCl_2)>6$ 时,形成 $Mg(OH)_2$ 和 $Mg_3(OH)_5Cl \cdot 4H_2O$,在这种情况下,$Mg_3(OH)_5Cl \cdot 4H_2O$ 是不稳定的,将转变

为$Mg_2(OH)_3Cl \cdot 4H_2O$。

上述 $MgO-MgCl_2-H_2O$ 体系中水化物相的转变过程，提供了一个十分重要的信息，这就是要合理控制 $n(MgO)/n(MgCl_2)$ 比，使之在4~6之间，才能获得比较稳定的水化物相，如果小于或大于这个比例范围都会随着硬化过程的进行发生相的转变。这种转变将导致胶凝体结构网的局部破坏和强度降低。

b 镁质胶凝材料硬化体的强度和抗水性

图6-4为在干燥条件下，用轻烧镁粉配制的氯镁水泥与硅酸盐水泥强度发展的对比。曲线1和曲线2分别表示氯镁水泥和硅酸盐水泥强度发展的过程。图中表明，在干燥条件下硬化的氯镁水泥比硅酸盐水泥的强度发展快，强度也较高。但曲线1在24h时出现了一次强度下降，这主要是由内应力引起的。由于氯镁水泥过饱和持续时间长，所以在以后的时间里结晶结构仍然能恢复和发展。而其强度也能得到相应的恢复和发展[2]。

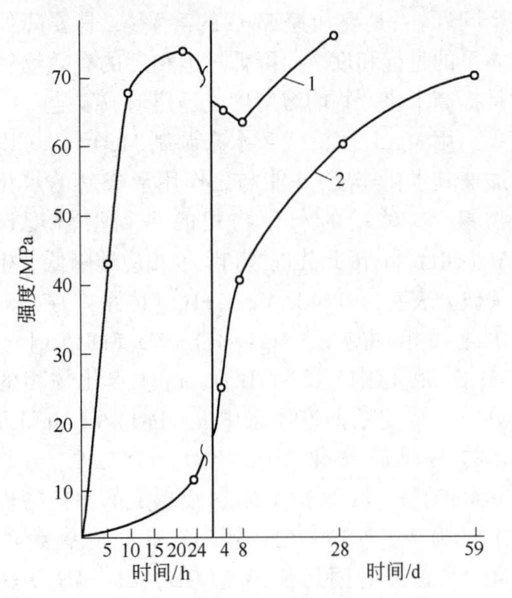

图6-4 氯镁水泥(1)与硅酸盐水泥(2)强度发展的对比

镁质胶凝材料的抗水性差是人们共知的，其原因主要是氯盐的吸湿性大，结晶接触点的溶解度高，所以在潮湿条件下要引起硬化结构网的破坏，为了提高抗水性，可以采取各种途径，常采用的办法是掺入某些外加剂，如加入少量的磷酸或磷酸盐，可以在一定程度上提高其抗水性。图6-5为 $n(MgO)/n(MgCl_2)=5.7$，不加和加磷酸的氯镁水泥的强度发展过程。曲线1为标准试样，曲线2为在其中加入1%磷酸的试样。从图中看出，加入少量磷酸后，在硬化开始阶段，强度发展较慢，但到7天时，可达到标准样品强度，之后强度的发展则超过标准样品。如果将加入磷酸的样品在空气中硬化一个月后放到水中保存一天，强度开始下降，但是浸在水中3个月的样品其强度可以稳定下来，并且接近标准样品的强度，如图6-5中曲线3所示。

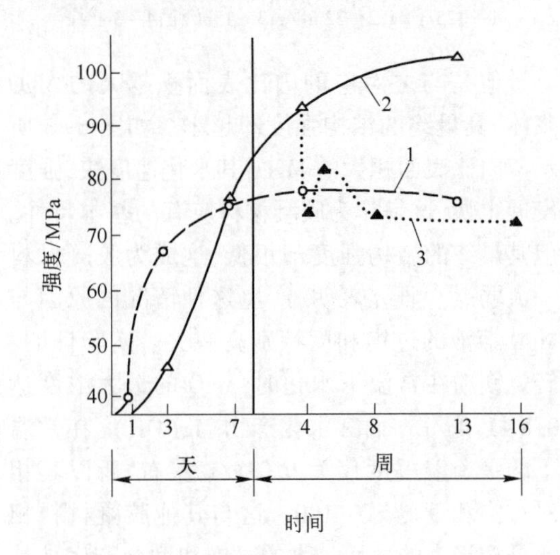

图6-5 氯镁水泥掺1%H_3PO_4(2)与不掺(1)时的强度发展

6.1.2.3 轻烧镁粉的工业标准和应用领域

表6-14为原冶金部于2004年制定的轻烧镁粉的技术条件，为轻烧镁粉的工业应用提供了技术依据。

表6-14 轻烧氧化镁的牌号及化学成分

(YB/T 5206—2004) (质量分数,%)

牌号	化学成分				灼减 LOI
	MgO	SiO_2	CaO	Fe_2O_3	
CBM96	≥96.0	≤0.5	—	≤0.6	≤2.0
CBM95A	≥95.0	≤0.8	≤1.0	—	≤3.0

续表 6-14

牌号	化学成分				灼减 LOI
	MgO	SiO_2	CaO	Fe_2O_3	
CBM95B	≥95.0	≤1.0	≤1.5	—	≤3.0
CBM94A	≥94.0	≤1.5	≤1.5	—	≤4.0
CBM94B	≥94.0	≤2.0	≤2.0	—	≤4.0
CBM92	≥92.0	≤3.0	≤2.0	—	≤5.0
CBM90	≥90.0	≤4.0	≤2.5	—	≤6.0
CBM85	≥85.0	≤6.0	≤4.0	—	≤8.0
CBM80	≥80.0	≤8.0	≤6.0	—	≤10.0
CBM75	≥75.0	≤10.0	≤8.0	—	≤12.0

轻烧镁粉是一种具有中度碱度及化学活性的工业原料，除作为耐火材料和胶凝材料外，还应用于其他工业领域，见表 6-15。另外，近年来，转炉炼钢溅渣护炉技术的发展，进一步扩展了轻烧镁粉的应用范围。目前，溅渣护炉技术多将轻烧镁粉成球后使用，有轻烧镁粉球、含碳轻烧镁粉球和含碳含钙轻烧镁粉球。其化学成分见表 6-16。

表 6-15 轻烧 MgO 的技术应用

1. 醋酸纤维素	7. 炼油添加剂
2. 钻探泥浆	8. 药学工业
3. 阻火充填剂	9. 橡胶和塑料工业
4. 烟气脱硫	10. 制糖工业
5. 皮革制造	11. 铀工业
6. 镁化合物 无机的 有机的	12. 废水处理 pH 值控制 重金属沉淀

表 6-16 轻烧镁粉球的化学成分

（质量分数，%）

类 别	MgO	C（碳）	CaO
轻烧镁粉球	>70		
含碳轻烧镁粉球	55~65	5~15	
含碳含钙轻烧镁粉球	50~60	5~15	8~12

6.1.3 烧结镁砂

将天然菱镁石或轻烧镁粉在回转窑或竖窑中于 1500~2300℃ 温度范围内煅烧，通过一系列物理化学变化，使 MgO 通过晶体长大和致密变化，转变为几乎为惰性的烧结镁砂，亦称重烧镁砂。烧结镁砂是生产镁质制品的重要原料。

6.1.3.1 菱镁石煅烧过程中的物理化学变化

菱镁石在煅烧过程的物理化学变化，概括起来包括：原生矿物主要是菱镁矿分解；方镁石（MgO）晶体长大；在高温作用下杂质氧化物间或杂质氧化物与 MgO 间互相反应形成新矿物；液相产生，体积收缩，趋于致密化，见表 6-17。

表 6-17 菱镁矿石在煅烧过程中各种物相及其变化

温度/℃	主要物相及变化	次要物相
500~600	菱镁矿晶粒出现裂纹，沿裂纹出现均质的氧化镁	
600~800	于 650~700℃ 菱镁矿结构完全破坏，氧化镁局部呈现非均质性 CF 逐渐转变成 C_2F，并转变成含 Ca 的硅酸盐	
800~1100	C_2S 和部分 CMS	镁铁矿 MF
1100~1200	方镁石小颗粒和在方镁石中形成微小的 MF	
>1200	CMS 和 M_2S	固溶体
1400~1700	1350℃ 进入液相烧结阶段，由杂质 CaO、Fe_2O_3、SiO_2 形成的物相已经完毕，1400~1700℃ 仅是结晶相的长大过程	

菱镁石中主要矿物 $MgCO_3$ 在煅烧时，在 350~400℃ 时开始分解，逸出 CO_2，生成 MgO，其反应为：$MgCO_3 \rightarrow MgO+CO_2$。温度达 550~650℃ 时，反应激烈，至 1000℃ 时分解完全。生成轻烧 MgO，质地疏松，化学活性很大。在 800~1700℃ 升温过程中，氧化镁逐渐烧结为结晶状态方镁石，晶体长大活性减少，体积收缩，密度增加。在由 $MgCO_3$ 到轻烧 MgO 直至方镁石（MgO）的演变过程中，其晶格常数由 0.548nm 到 0.4212nm 再

到0.4201nm，如图6-6所示。其密度由2.95~3.10g/cm^3到3.07~3.22g/cm^3再到3.56~3.65g/cm^3。同时菱镁石中脉石矿物分解产物CaO、SiO_2、Fe_2O_3、Al_2O_3等杂质氧化物间并与MgO逐步生成低熔点化合物和少量硅酸盐液相（玻璃相），最终产物即为以方镁石为主要矿物组成的烧结镁砂。菱镁石的最终烧结温度取决于原料的结晶特征，杂质的种类和数量。一般在1450~1700℃可以达到烧结状态，只有纯净的镁石，要在2000℃以上才能烧结。

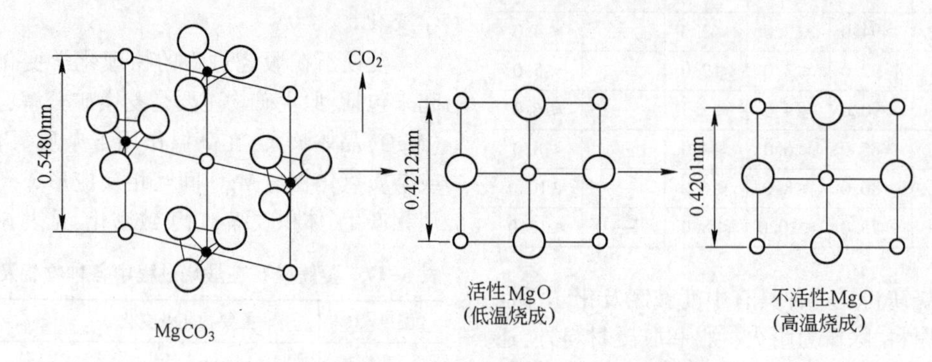

图6-6 由$MgCO_3$分解生成MgO的晶格变化

菱镁矿石在煅烧过程中另一个重要现象就是母盐假象。即$MgCO_3$分解后形成方镁石的微晶聚合体，但仍残留着母体菱镁矿的结晶构造，并存有大量CO_2逸出后形成的空隙。母盐假象是阻碍镁砂烧结的一个重要因素。氧化镁烧结性能之间的差异在很大程度上取决于具有母盐假象的结构和受热过程的稳定性。加热过程，假象颗粒内方镁石微晶之间的空隙，随着方镁石晶粒长大，趋于减少，最后成为较为致密的整体。然而，假象颗粒间残存的空隙，却难以消除，致使进一步致密化很困难。母盐假象比较明显的物料，其颗粒体积密度明显减少。

采用轻烧细磨破坏假象晶格、高压压球（坯）和提高煅烧温度及引入微量添加物等工艺措施，有助于消除母盐假象的影响，促进煅烧产物致密化、稳定化，促进烧结，实现充分烧结状态。这对镁质制品的生产有重要意义。

6.1.3.2 烧结镁砂的组成及性质

A 烧结镁砂的化学矿物组成

由天然菱镁矿石的组成和煅烧过程中的变化可知，烧结镁砂中可能存在的氧化物，应该是主成分MgO和主要的杂质成分CaO、SiO_2。因此，烧结镁砂主要为MgO-CaO-SiO_2三元系。三元系中与MgO共存的矿物，随$n(CaO)/n(SiO_2)$比不同而改变，具体变化规律见MgO-CaO-SiO_2三元相图（图1-83）。

如果考虑矿石中的次要杂质Fe_2O_3和Al_2O_3，则烧结镁砂应属于MgO-CaO-Fe_2O_3-Al_2O_3-SiO_2五元系。五元系中与MgO共存的矿物随$n(CaO)/n(SiO_2)$比的变化规律列于表6-18。

表6-18 MgO-CaO-Fe_2O_3-Al_2O_3-SiO_2系与MgO共存的矿物

组合	$\frac{n(CaO)}{n(SiO_2)}$	共存矿物	化学式	缩写	熔点或分解温度/℃
(1)	<1.0	方镁石	MgO	M	2800
		镁橄榄石	$2MgO \cdot SiO_2$	M_2S	1890
		钙镁橄榄石	$CaO \cdot MgO \cdot SiO_2$	CMS	1498分解
		铁酸镁	$MgO \cdot Fe_2O_3$	MF	1720分解
		镁铝尖晶石	$MgO \cdot Al_2O_3$	MA	2135

续表 6-18

组合	$\frac{n(CaO)}{n(SiO_2)}$	共存矿物	化学式	缩写	熔点或分解温度/℃
(2)	1.0~1.5	方镁石	MgO	M	1575 分解
		钙镁橄榄石	CaO·MgO·SiO$_2$	CMS	
		镁硅钙石	3CaO·MgO·2SiO$_2$	C$_3$MS$_2$	
		铁酸镁	MgO·Fe$_2$O$_3$	MF	
		镁铝尖晶石	MgO·Al$_2$O$_3$	MA	
(3)	1.5~2.0	方镁石	MgO	M	2130
		镁硅钙石	3CaO·MgO·2SiO$_2$	C$_3$MS$_2$	
		硅酸二钙	2CaO·SiO$_2$	C$_2$S	
		铁酸镁	MgO·Fe$_2$O$_3$	MF	
		镁铝尖晶石	MgO·Al$_2$O$_3$	MA	
(4)	2.0	方镁石	MgO	M	
		硅酸二钙	2CaO·SiO$_2$	C$_2$S	
		铁酸镁	MgO·Fe$_2$O$_3$	MF	
		镁铝尖晶石	MgO·Al$_2$O$_3$	MA	

注：对 $n(CaO)/n(SiO_2)>2$ 的相组合，将在白云石一节中讨论。

由表 6-18 可知，烧结镁砂中 MgO、CaO、Fe$_2$O$_3$、Al$_2$O$_3$、SiO$_2$ 五元组分所形成的共存矿物，为方镁石（MgO）、镁橄榄石（M$_2$S）、钙镁橄榄石（CMS）、镁硅钙石（C$_3$MS$_2$）、硅酸二钙（C$_2$S）、铁酸镁（MF）和镁铝尖晶石（MA）。如果 $n(CaO)/n(SiO_2)>2$，还可能有硅酸三钙等，情况较为复杂，烧结镁砂中也少见，将在白云石一节中讨论。这些矿物的性质和组合方式是决定烧结镁砂性质的基本因素。

B 烧结镁砂中各矿物相的性质

a 方镁石（MgO）

方镁石属立方晶系，典型 NaCl 型结构，Fm3m 空间群，晶胞常数 $a=0.4201$nm。单胞内有四个 MgO“分子”，Mg^{2+} 和 O^{2-} 离子各自形成面心立方格子，配位数为 6，Mg^{2+} 和 O^{2-} 离子的半径分别为 $r^{Mg^{2+}}=0.086$nm，$r^{O^{2-}}=0.126$nm，Mg^{2+}—O^{2-} 间距为 0.212nm，MgO 的晶格能 E 约为 3.6×10^6J/mol，为典型的离子晶体，单晶沿（100）面完全解理，外观通常呈立方体。

方镁石与杂质氧化物 CaO、Fe$_2$O$_3$（FeO）、Al$_2$O$_3$、SiO$_2$ 等形成固溶体，对其性质产生一定影响。CaO 对 MgO 的最大固溶量在 2370℃ 为 7.8%，MgO 晶格固溶 CaO 后，使晶格常数由 $a_0=0.4212$nm 增加至 $a_0=0.4248$nm；Al$_2$O$_3$ 对 MgO 的固溶量由 1300℃ 的 0.01% 增加到 1995℃ 时的最大固溶量 18%，随着 Al$_2$O$_3$ 固溶量的增加 MgO 晶格常数减少，并产生阳离子空位：

$$Al_2O_3 \xrightarrow{MgO} 2Al^{\cdot}_{Mg}+V''_{Mg}+3O_O \qquad (6-5)$$

固溶 Fe$_2$O$_3$ 也会产生类似的阳离子空位；纯方镁石无色，而 MgO-FeO 形成连续固溶体，颜色发生了变化，见表 6-19。SiO$_2$ 对 MgO 的最大固溶量为 1850℃ 约 12%，但实际烧结体中，SiO$_2$ 的固溶量一般不超过 0.01%。MgO 的理论密度为 3.581g/cm^3，由于固溶体的形成，使其密度波动在 3.56~3.65g/cm^3，固溶 SiO$_2$，CaO 密度减小，固溶铁氧，密度增加。方镁石的摩氏硬度为 5.5，熔点为 2800℃，但在 1800~2400℃ 显著挥发：

$$MgO(s) \longrightarrow Mg(g)+1/2O_2(g) \qquad (6-6)$$

方镁石线膨胀系数较大，0~1500℃ 为 $(14\sim15)\times10^{-6}$℃$^{-1}$，并随温度升高而增加；100℃ 时导热系数为 34.3W/(m·K)，1000℃ 时为 6.7W/(m·K)，随温度升高而降低；弹性模量大，$E=2.1\times10^5$MPa。这些都是其抗热震性差的重要因素。

表 6-19 MgO-FeO 固溶体折射率和颜色

MgO 含量/%	FeO 含量/%	折射率	颜色
100	0	1.736±0.002	无色
90	10	1.738±0.002	淡黄、浅黄
75	25	1.822±0.003	黄色
50	50	1.948±0.05	褐色
22	78	2.12±0.01	褐色-黑色

方镁石对含 CaO 和铁氧的碱性渣有很强的抵抗性，如 1600℃在 $CaO-FeO-Fe_2O_3$ 系熔融物不超过 10%的区域只有 2.3%，而 $MgO-FeO-Fe_2O_3$ 系竟达 79.1%；充分结晶的方镁石晶体在常温下与 H_2O 反应很弱，但高温水汽会使它挥发：

$$MgO(s) + H_2O(g) \longrightarrow Mg(OH)_2(g) \tag{6-7}$$

总之，方镁石熔点高，化学稳定性好，纯 MgO 制品，将有更大的安全使用范围。烧结镁砂中，与 MgO 共存的其他矿物相，必将对其产生不同的影响。

b 硅酸盐相

烧结镁砂中的硅酸盐相如前所述，随 $n(CaO)/n(SiO_2)$ 比变化，可能有镁橄榄石 (M_2S)、钙镁橄榄石 (CMS)、镁硅钙石 (C_3MS_2)、硅酸二钙(C_2S)和硅酸三钙(C_3S)。

镁橄榄石(M_2S)：针状结晶，晶格强度大，熔点为 1890℃，与 MgO 的共熔温度为 1850℃，高温强度高，对含铁碱性渣稳定性好。但它的再结晶能力差，烧结较困难。

钙镁橄榄石(CMS)：1498℃不一致熔融，钙、硅同时进入液相，CMS 晶体受热膨胀各向异性(沿 X 轴为 $1.365\times10^{-5}℃^{-1}$，Y 轴为 $1.20\times10^{-5}℃^{-1}$，Z 轴为 $0.76\times10^{-5}℃^{-1}$)，温度波动时易产生内应力。因此，它的存在使镁质耐火材料高温强度偏低，抗熔渣侵蚀性变差，热震稳定性变坏，但有利于烧结作用。

镁硅钙石(C_3MS_2)：1575℃不一致熔融，它的存在既不具有 M_2S 等的抗侵蚀性和高温强度，也不如 CMS 的易烧结性，它在材料中基本无可取之处。

硅酸二钙(C_2S)：尖棱状结晶，晶格强度大，高温下可塑变形小。熔点为 2130℃，高温下形成的液相黏度高。但 C_2S 在低温度 850℃以下，有 $\alpha-C_2S\rightarrow\gamma-C_2S$ 的晶型转化，密度由 $3.31g/cm^3$ 降至 $2.97g/cm^3$，伴随有 10%~12%的体积膨胀效应，这一效应可以通过引入少量 P_2O_5、Cr_2O_3 等外加物得到稳定。C_2S 的存在使镁质材料抗熔渣侵蚀性和高温强度提高，但材料的烧结困难。

硅酸三钙(C_3S)：C_3S 稳定存在的温度范围为 1250~2070℃，温度低于 1250℃，分解为 C_2S+CaO，而在 2070℃则发生 $C_3S\rightarrow CaO+L$ 反应。因此，存在 C_3S 的材料性能应该与 C_2S 类似。但由于游离 CaO 的存在，它的水化效应给材料的制造和使用带来一个新的问题。

荷重软化温度是以烧结镁砂为原料制造的镁质制品一个重要的性能指标，表 6-20 为不同硅酸盐相结合的镁质制品的荷重软化温度，从中可以大体领略它们对材料性能的影响。

表 6-20 不同硅酸盐相结合的镁质制品的荷重软化温度

制品名称	化学成分			C/S	荷重软化
	MgO	CaO	SiO_2	(摩尔比)	温度/℃
普通镁砖	92.9	1.19	3.16	0.41	1550
镁硅砖	87.8	1.50	8.0	0.20	1640
C_2S 结合镁砖	84.46	7.74	3.4	2.44	1900
C_3S 结合镁砖	85.22	8.31	2.88	3.10	1840

c 铁的氧化物

铁的氧化物视温度高低和气氛的变化，将可能以 FeO、Fe_2O_3 不同形式存在。

(1) FeO。FeO 熔点为 1370℃，由于其与 MgO 结构类型相同(同属 NaCl 型结构)，半径相近 $\Delta r<15\%$(6.9%)阳离子电价相等，类型相同，电负性相近，相互间可以等价置换，形成连续固溶体，称镁富氏体(Mg,Fe)O 或(M,F')O。FeO 甚至可以透过包裹 MgO 晶粒的硅酸盐相，形成固溶体。因此，FeO 可促进 MgO 烧结，又不产生新相，MgO 中即使溶入 30%的 FeO，体系出现液相的温度也在 2000℃以上，但 FeO 会降

低 MgO 晶体塑性和高温强度。

(2)Fe_2O_3。Fe_2O_3 与 MgO 接触通过固相扩散 550℃开始反应,形成铁尖晶石($MgFe_2O_4$-MF),亦称铁酸镁 1200℃反应完全,温度升高又会转变为(Mg·Fe)O。当两者通过固相扩散形成一层尖晶石时,在 Fe_2O_3-MF 界面将发生失氧,逸出气相相当于晶格中从 Fe_2O_3 除去部分氧;而 MF-MgO 界面却将从气相取得氧,增加的氧则相当于增加到尖晶石晶格的那一部分,这个界面反应可以表示为

在 Fe_2O_3-尖晶石(MF)界面:

$$3Fe_2O_3 + 2Mg^{2+} = 2MgFe_2O_4 + 2Fe^{2+} + 1/2O_2 \tag{6-8}$$

在尖晶石(MF)-MgO 界面:

$$2Fe^{2+} + 3MgO + 1/2O_2 = MgFe_2O_4 + 2Mg^{2+} \tag{6-9}$$

这样,在富 Fe_2O_3 侧界面形成的尖晶石将约为富 MgO 侧的二倍之多。富 Fe_2O_3 侧形成的尖晶石的体积大于富 MgO 侧形成的尖晶石体积,前者的界面面积也就大于后者,所以由前者逸出一定数目的氧离子的位移比此同数目的氧离子进入后者时位移要小,这一差异使得烧结含 Fe_2O_3 粒子的 MgO 压块时有膨胀效应。

MF 能部分溶解到 MgO 中形成有限固溶体,其溶解度随温度升高急剧增加,由 1000℃左右开始到 1720℃达 70%,大量 MF 溶解到 MgO 晶格中去,温度降低时又沉析于 MgO 晶粒表面和解理裂纹中,这种溶解—沉析和溶解度随温度波动的特征,有助于 MgO 晶格活化,产生阳离子空位:

$$Fe_2O_3 \xrightarrow{MgO} 2Fe^{\cdot}_{Mg} + V''_{Mg} + 3O_O \tag{6-10}$$

Fe_2O_3 溶解量为 2.5%~10%时,空位浓度可达到 0.63%~2.6%,较 MgO 本身空位浓度还要大,促进 MgO 晶体长大和烧结,这个效应在 1500℃以上更为突出。

MF 的形成过程:MF 与 MgO 形成有限固溶体,溶解度随温度变化的剧烈波动现象,与气氛的变化效应一样,都伴有氧离子的逸出或吸收,铁离子的还原氧化 $Fe^{2+}\rightarrow Fe^{3+}$,体积的膨胀或收缩,并降低 MgO 塑性,是影响材料抗热震性的一个重要因素。

d　镁铝尖晶石

烧结镁砂中 Al_2O_3 在 800~1000℃,与 MgO 开始形成镁铝尖晶石(MgO·Al_2O_3-MA),1400℃极为显著,到 1550℃已基本完成。只是 MA 聚集再结晶作用较弱,生成时有体积膨胀效应,尤其以 α-Al_2O_3 更为突出,约有 6.9%的膨胀。

镁铝尖晶石结构稳定,且结构中 Al—O 键和 Mg—O 键均为较强的离子键,结合牢固,硬度大,熔点高(2135℃),化学稳定性好,且高温下具有较强的吸收铁氧化物的能力。与 MgO 相比,MA 线膨胀系数低(100~1100℃为 9.2×10^{-6}℃$^{-1}$),并能与 MF 形成连续固溶体,转移 MgO 中的 MF,改善 MgO 塑性。因此,MA 还具有改善镁质制品热震稳定性的作用。

但由于烧结镁砂中 Al_2O_3 含量一般较低,形成的尖晶石数量有限,高温下在 CaO、SiO_2 等的作用下,其基本进入硅酸盐低熔物中,增加熔体流动性,致使其许多良好性能丧失。因此,烧结镁砂中的 Al_2O_3 还是应加以限制为好。

烧结镁砂中,当 $n(CaO)/n(SiO_2)>3$ 时,还可能存在游离 CaO,有关 CaO 的性质[3]。

总之,烧结镁砂中,如果将少量铁的氧化物视为在高温下与方镁石形成镁富氏体固溶体(Mg·Fe)O 或简写成(M,F′)O,烧结镁砂高温下的相组成随 $n(CaO)/n(SiO_2)$ 比的变化,将有如表 6-21 所示的变化规律。

表 6-21　烧结镁砂高温下的相组合

$\frac{n(CaO)}{n(SiO_2)}$	<1.0	1.0~1.5	1.5~2.0	2.0
固相组合	(M,F′)O	(M,F′)O	(M,F′)O	(M,F′)O
	M_2S	CMS	C_3MS_2	C_2S
	CMS	C_3MS_2	C_2S	MA
	MA	MA	MA	
开始共熔温度/℃	1380	1336	1387	1417

C 烧结镁砂的性质

通过对烧结镁砂化学矿物组成的分析,关于烧结镁砂的性质应该有一个基本的认识,这里只简要做些综合的评价。概括起来,应该从纯度与 $n(CaO)/n(SiO_2)$ 比、烧结程度、显微组织结构特征等方面来认识烧结镁砂的性质,评价其质量优劣。

a 烧结镁砂的纯度与 $n(CaO)/n(SiO_2)$ 比

烧结镁砂中主成分 MgO 与杂质氧化物 CaO、SiO_2、Fe_2O_3、Al_2O_3 等相对含量高低,是决定其主晶相方镁石含量和结合分布的基本因素,由此,将烧结镁砂分为高档(高纯)镁砂($w(MgO) \geqslant 97\%$),中档镁砂($w(MgO) \geqslant 95\% \sim 96\%$)和低档镁砂($w(MgO) < 95\%$)。

烧结镁砂在主成分 MgO 相同的情况下,杂质氧化物的分布特别是 $n(CaO)/n(SiO_2)$ 比又是决定烧结镁砂性质的一个重要因素。由表 6-18 可知,$n(CaO)/n(SiO_2)$ 摩尔比在 1~1.5 之间的烧结镁砂,主要结合相为低熔点的 CMS 和 C_3MS_2,这类镁砂制得的制品,高温结构强度、耐侵蚀性、抗热震性都较差;而 $n(CaO)/n(SiO_2) < 1$ 或 > 2 的烧结镁砂,其结合相为高熔点的 M_2S、C_2S 和 C_3S,则使制成品有较高的高温结构强度和耐侵蚀性。另外,还应该注意的是由于高温下 CaO 对 MgO 有一定的溶解度(图 1-42),这就可能使低熔点的 C_3MS_2、CMS 相在更大的 $n(CaO)/n(SiO_2)$ 比范围内出现,这一点对高纯低钙低硅含量镁砂影响更为敏感。因此为避免低熔点硅酸盐相的出现,往往希望这类镁砂的 $n(CaO)/n(SiO_2) > 2$。烧结镁砂中硅酸盐相对制品某些性能的影响概括为表 6-22。

表 6-22 烧结镁砂中硅酸盐相对制品性能的影响

矿物相	熔点或分解温度/℃	对镁质制品性能影响			其他
		烧结	荷重软化温度	常温耐压强度	
M_2S	1890	不利	提高	高	
CMS	1498 分解	促进	降低	高	
C_3MS_2	1575 分解	差	降低	偏低	
C_2S	2130	很差	提高	晶型转变低	抗渣性好
C_3S	2070 分解	很差	提高		

b 致密程度

烧结镁砂的致密程度,表征其烧结程度的好坏。前已叙及,菱镁石煅烧过程,自 CO_2 分解轻烧 MgO 生成,至高温下达到死烧即充分烧结的一个重要变化,即主晶相方镁石的晶体长大,体积收缩,晶格常数降低,真密度提高,抗水化性能增强,见表 6-23。

表 6-23 煅烧温度对真密度、结晶大小和水化性影响

温度范围/℃	真密度/$g \cdot cm^{-3}$	结晶尺寸/mm	水汽中加热5h 增重率/%
1300	3.494	0.01~0.03	8.91
1400	3.496	0.01~0.03	7.36
1500	3.539	0.01~0.03	1.91
1600	3.544	0.03~0.04	1.13
1650	3.551	0.04~0.05	1.06
1650 保温 30min	3.565	0.04~0.05	1.04

以前常用烧结镁砂的真密度和水化增重率来表征其烧结程度即致密性。但由于镁砂的真密度不只与烧结程度相关还受其化学矿物组成影响,因此改用镁砂颗粒体积密度来衡量镁砂的致密程度,认为这比用真密度能更确切反映出镁砂的烧结程度。烧结镁砂的颗粒体积密度见表 6-24。

表 6-24 一些国家的镁砂性能

原料	国别	化学成分/%					B_2O_3	CaO/SiO_2	体积密度 /g·cm^{-3}
		MgO	CaO	SiO_2	Fe_2O_3	Al_2O_3			
结晶质菱镁矿石	中国	97.46	1.03	0.82	0.54	0.13		1.25	3.32
		98.01	1.02	0.28	0.56	0.12		3.64	3.33
		95.28	1.54	2.31	0.65	0.19		0.38	3.29
		92.37	1.35	3.50	1.2	1.50		0.36	3.20
		90.13	1.85	4.96	1.4	1.60		0.37	3.15
	朝鲜	95.10	1.60	1.20	1.3	0.60		1.30	3.25
		91.90	1.80	4.00	1.10	0.70		0.45	3.15
	巴西	94.50	0.80	1.30	2.7	0.8		0.60	3.35
	奥地利	90.00	3.00	1.00	5.00	1		3.00	3.35
	希腊	91.00	2.40	0.50	5.70	0.20	<0.01	4.80	3.30
	俄罗斯	92.00	1.60	2.15	4.10				
		90.57	2.73	3.42	2.00	0.86			
隐晶质菱镁矿石	希腊	97.00	1.85	0.50	0.60	0.03	<0.01	3.70	3.42
		95.70	2.20	1.30	0.64	0.06	<0.01	1.70	3.45
		95.50	1.60	2.6	0.08	0.12	<0.01	0.60	3.35
		91.50	2.00	5.5	0.15	0.25	<0.01	0.36	3.30
	土耳其	96.60	1.50	1.25	0.35	0.04		1.20	3.40
	南斯拉夫	95.50	2.0~1.3	1.70	0.60	0.20		1.20	3.35
	印度	92.00	2.0~2.6	5.50	0.20	0.20		0.40	3.30

c 显微结构

显微结构指镁砂中主晶相方镁石粒径大小、形状与分布、结合相包括玻璃相的分布特征。它对材料的高温结构强度、耐侵蚀性和抗热震性等都有重要影响。烧结镁砂的显微结构有两种典型类型，如图 6-7 所示。图 6-7a 的特征是主晶相方镁石晶粒呈浑圆状，粒径一般在 0.04~0.9mm 之间，粒间为以 CMS、M_2S 和少量

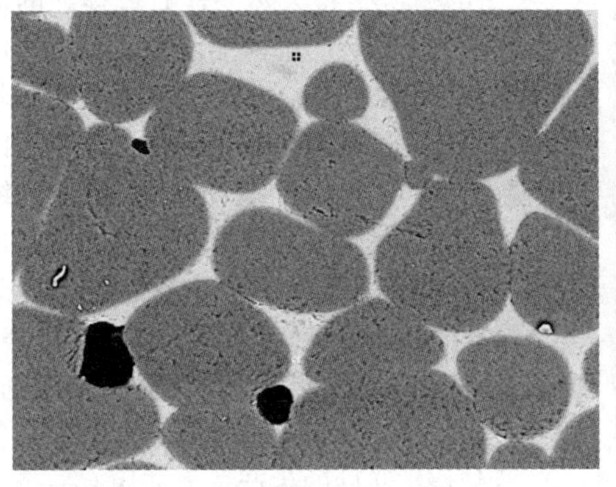

a

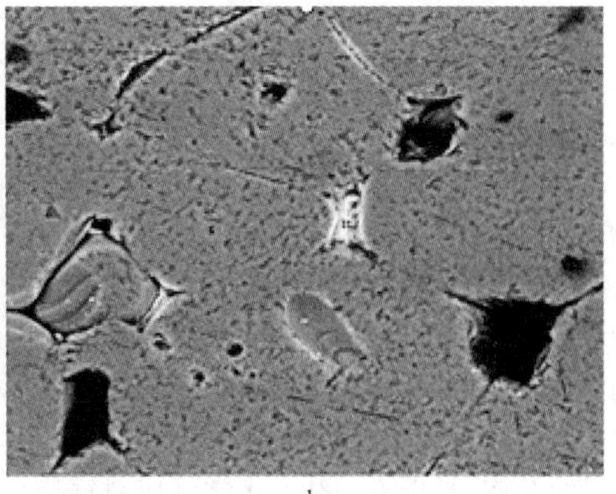

b

图 6-7 烧结镁砂的显微结构

a—普通烧结镁砂的显微结构；b—高纯烧结镁砂的显微结构

玻璃相组成的胶结物结合；图 6-7b 中主晶相方镁石晶粒边界趋笔直，晶体主要呈具有较规则几何外形的多边形粒状，结合相包括气孔处于方镁石晶粒交界处呈孤立状，主晶相晶粒呈直接结合。后一种被认为是烧结镁砂的一种理想显微结构。

那么烧结镁砂显微结构为什么会有这种差异或者说如何实现烧结镁砂直接结合的显微结构？据有关研究，可做如下解释：镁砂在烧结温度下（通常都在 1600℃以上），硅酸盐结合相等基本上都处于熔融状态，即这时可视烧结镁砂为主晶相方镁石和液相两相组成体，而次要相即液相的分布取决于异相间界面和同相晶粒间晶界交接处的表面张力的几何平衡，如图 6-8 所示。

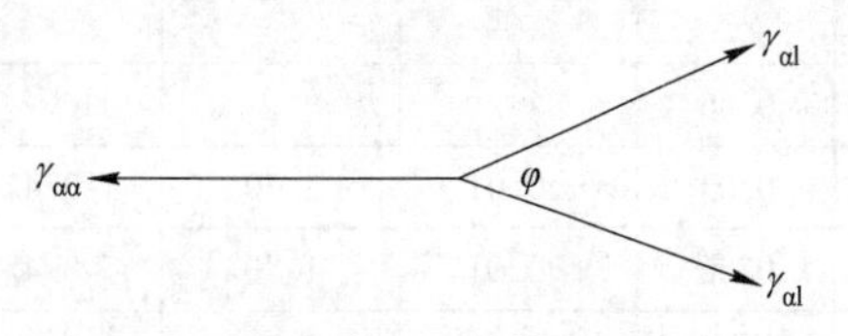

图 6-8 晶界固液相间表面张力的几何平衡

特别是液相能在晶相晶粒间完全渗透，即在晶粒周围形成连续薄膜的条件为：

$$\gamma_{\alpha\alpha} \geqslant 2\gamma_{\alpha l} \qquad (6-11)$$

式中，$\gamma_{\alpha\alpha}$ 为固相晶界的表面张力；$\gamma_{\alpha l}$ 为固液界面的表面张力。

当

$$\gamma_{\alpha\alpha} < 2\gamma_{\alpha l} \qquad (6-12)$$

时，则不发生完全渗透；而在

$$\gamma_{\alpha\alpha} = 2\gamma_{\alpha l}\cos\frac{\varphi}{2} \qquad (6-13)$$

的条件下达到各力的平衡。式中，φ 为在 α-l 交界面之间测得的平衡二面角。该角是按正交于 α-l 界面与 α-α 晶界相遇处的边界线的方向测得。研究指出，当 φ 从零开始增大时，l 在 α 晶粒间的渗透将减弱，但直至 60°，液相应能沿这样的二晶粒边界渗透，形成结合相连续穿插的结构，见图 6-13a。当 φ>60°时，第二相将在晶粒交接处形成孤立的包裹体，形成晶粒间直接结合结构，见图 6-13b。化学组成对镁质耐火材料结构中 φ 角的影响较大，在方镁石-硅酸盐二相结构中，固相和液相两者的组成差别增大，会使 $\gamma_{\alpha l}$ 增大，固相在饱和液相中的饱和浓度降低时，φ 增大。因此，φ 随硅酸盐相中 $n(CaO)/n(SiO_2)$ 比增加而增大，这可由 MgO-CaO-SiO_2 系统相图（图 1-83）看出，被 MgO 饱和的液相中，MgO 的浓度随硅酸盐相中 $n(CaO)/n(SiO_2)$ 比的增大而呈降低趋势。在这种二相结构中，Fe_2O_3、Al_2O_3 会使 φ 降低，而 Cr_2O_3 则使 φ 增大。Cr_2O_3 能使 φ 增大的一种解释是，Cr_2O_3 在液体硅酸盐中的饱和溶解度几乎全是低的，由此，方镁石中的 Cr^{3+} 可能倾向于从方镁石-硅酸盐界面处析出（析晶）。析晶、晶粒长大时所获得和保持的几何结构总是趋于接近最低能量状态，它可能在降低方镁石晶粒间晶界能的同时提高了界面能 $\gamma_{\alpha l}$，从而使 φ 增大。有关 Cr_2O_3 对碱性材料的性能影响，将在尖晶石原料一节中进一步讨论。烧结镁砂的一些基本性质见表 6-24。

6.1.3.3 烧结镁砂的生产工艺和技术条件

根据原料的烧结特性和镁砂产品技术要求不同，在镁砂生产工艺上可采用一步煅烧或二步煅烧工艺。

一步煅烧法：具有一定粒度的菱镁石，在竖窑或回转窑内，使用焦炭，无烟煤或无灰燃料煅烧，煅烧温度一般在 1600℃以上，烧后产品经过检选即为烧结镁砂。这种烧结镁砂由于受焦炭等燃料灰分影响，往往使烧结镁砂中增加 2%左右的 SiO_2。低档镁砂通常采用这种生产工艺。

二步煅烧法：将天然菱镁石或提纯的菱镁矿精矿粉，于回转窑、悬浮焙烧炉、多层炉、沸腾炉或反射窑内经 1000℃左右温度轻烧得到轻烧镁粉，再经过细磨，压球或压坯，在竖窑或回转窑，隧道窑 1700℃以上温度煅烧，制得烧结镁砂。二步煅烧法的优点是原料经精选细磨压球过程，成分得到纯化均化，母盐假象被破坏，经半干或干法压球（坯）致密化，经高温煅烧，可制得高纯度、高致密度的优质烧结镁砂，通常，高档镁砂均采用这种方法生产。

为使烧结镁砂的生产选择使用有一个科学合理的依据，国家按照镁砂的理化指标划分成不同等级牌号，烧结镁砂的技术条件见表 6-25。

表 6-25 烧结镁砂理化指标

型号	化学成分/%			灼减/%	CaO/SiO_2摩尔比	颗粒体积密度/g·cm^{-3}
	MgO	SiO_2	CaO			
NS98A	≥97.7	≤0.3		≤0.3	≥3	≥3.4
NS98B	≥97.7	≤0.4		≤0.3	≥2	≥3.35
NS98C	≥97.5	≤0.4		≤0.3	≥2	≥3.3
NS97A	≥97	≤0.5		≤0.3	≥2	≥3.4
NS97B	≥97	≤0.6		≤0.3	≥2	≥3.35
NS97C	≥97	≤0.8		≤0.3		≥3.3
NS96A	≥96	≤1		≤0.3		≥3.3
NS96B	≥96	≤1.5		≤0.3		≥3.25
NS95A	≥95	≤2	≤1.6	≤0.3		≥3.25
NS95B	≥95	≤2.2	≤1.6	≤0.3		≥3.2
NS93A	≥93	≤3	≤1.6	≤0.3		≥3.2
NS93B	≥93	≤3.5	≤1.6	≤0.3		≥3.18
NS90A	≥90	≤4	≤1.6	≤0.3		≥3.2
NS90B	≥90	≤4.8	≤2	≤0.3		≥3.18
NS87	≥87	≤7.8	≤2	≤0.5		≥3.2
NS84	≥84	≤9	≤2	≤0.5		≥3.2
NS88	≥88	≤4	≤5	≤0.5		
NS83	≥83	≤5	≤5	≤0.8		

注:MS88 及 MS83 牌号为冶金用烧结镁砂。

6.1.4 电熔镁砂

电熔镁砂又称电熔氧化镁,除作为耐火材料高技术产品的原料外,还应用于电力工业、航天工业和核工业等。

电熔镁砂和烧结镁砂相比,烧结镁砂中的一些相变规律对电熔镁砂也适用,只是电熔镁砂多选用较纯净的天然镁石,轻烧镁粉,在高温电弧炉内加热熔融,熔体自然冷却,主晶相方镁石首先自熔体中自由析晶,结晶长大,晶粒发育良好,晶体粗大,直接结合程度高,结构致密,而少量硅酸盐和其他结合矿物相呈孤立状分布。这一结构特点使电熔镁砂比烧结镁砂更耐高温,在氧化气氛中,能在2300℃以下保持稳定,高温结构强度,抗渣性和常温下抗水化性均较烧结镁砂优越。纯净粗大方镁石晶体还具有特殊的光学性质。因此说,电熔镁砂能更充分地发挥出方镁石的一些优越性能。几种典型电熔镁砂的性能见表 6-26。

表 6-26 各国电熔镁砂的性能

项目		生产国				
		中国	加拿大	法国	奥地利	日本
化学成分/%	MgO	97.32	97.06	97.81	97.36	98.58
	CaO	0.94	1.68	1.29	1.08	0.99
	Fe_2O_3	0.57	0.63	0.25	0.27	0.08
	Al_2O_3	0.28	0.17	0.75	0.65	0.08
	SiO_2	0.47	0.47	0.31	0.20	0.27
$n(CaO)/n(SiO_2)$		2.10	3.57	4.30	5.40	3.67
体积密度/g·cm^{-3}		3.42	3.54	3.53	3.58	3.51
平均晶体直径/μm		272	454	222	235	530

为便于电熔镁砂的生产和选择使用,国家对电熔镁砂按理化指标化分成不同等级,其技术条件见表 6-27。

表 6-27 电熔镁砂的技术条件(ZBD 52001—90)

牌号	化学成分/%			颗粒体积密度/g·cm^{-3}
	MgO	SiO_2	CaO	
DMS-98	≥98	≤0.6	≤1.2	≥3.50
DMS-97.5	≥97.5	≤1.0	≤1.4	≥3.45
DMS-97	≥97	≤1.5	≤1.5	≥3.45
DMS-96	≥96	≤2.2	≤2.0	≥3.45

6.1.5 海水和卤水镁砂

海水镁砂的生产始于 1855 年,近年来又获得快速发展,产量、质量和生产工艺都有很大改善。海水用之不尽,其产品纯度高,MgO 含量均在 95%以上,化学成分易于调节,体积密度高达 3.30~3.49g/cm^3。在缺少天然菱镁石资源的地方,是获取优质 MgO 的重要途径。

6.1.5.1 海水镁砂的生产工艺

海水中金属元素除钠外,镁是最丰富的。海水的化学成分见表 6-28。

表 6-28 海水化学成分

成分	密度为 1.024 的海水/$g \cdot L^{-1}$	备注
NaCl	27.319	
$MgCl_2$	4.176	
$MgSO_4$	1.668	
$MgBr_2$	0.076	
$CaSO_4$	1.268	
$Ca(HCO_3)_2$	0.178	
K_2SO_4	0.869	
B_2O_3	0.029	我国连云港近海海水的 B_2O_3 含量为 0.012~0.02g/L
SiO_2	0.008	
铁及铝氧化物 R_2O_3	0.022	

从海水中提取 MgO，主要经过如下步骤：

（1）制取消石灰。

$$CaMg(CO_3)_2 \xrightarrow{950℃左右} MgO+CaO+2CO_2\uparrow \quad (6-14)$$

$$CaO+H_2O \longrightarrow Ca(OH)_2 \quad (6-15)$$

（2）将消石灰加入海水中，与 $MgCl_2$、$MgSO_4$ 作用生成 $Mg(OH)_2$ 沉淀。

$$MgCl_2+Ca(OH)_2 \longrightarrow Mg(OH)_2\downarrow +CaCl_2 \quad (6-16)$$

$$MgSO_4+Ca(OH)_2 \longrightarrow Mg(OH)_2\downarrow +CaSO_4 \quad (6-17)$$

由于 $Mg(OH)_2$ 在水中的溶解度很低，形成沉淀物被回收。

（3）将提取的 $Mg(OH)_2$ 在 1600~1850℃ 高温下煅烧，即得到海水镁砂。

$$Mg(OH)_2 \xrightarrow{\triangle} MgO+H_2O \quad (6-18)$$

图 6-9 示出了制备海水镁砂的工艺流程。

我国西北和西南地区不少盐湖中含有水氯镁石（$MgCl_2 \cdot 6H_2O$），其为提取钾盐的副产品，加热至 600~800℃ 脱水后得到 MgO，再经高温煅烧即可得到盐湖镁砂：

$$MgCl_2 \cdot 6H_2O \xrightarrow{600\sim800℃} MgO+2HCl+5H_2O \quad (6-19)$$

无论海水镁砂还是盐湖镁砂，均属优质镁砂，但其共同弱点是都有约 0.5% 的强熔剂 B_2O_3，因此降硼是生产这类镁砂的关键性技术之一。海水镁砂中，B_2O_3 的含量最好低于 $[(CaO+SiO_2)含量]^2/100$。目前高纯海水镁砂 B_2O_3 含量小于 0.1%。降硼的技术措施一是减少氢氧化镁对硼的吸附量，二是高温煅烧脱硼。

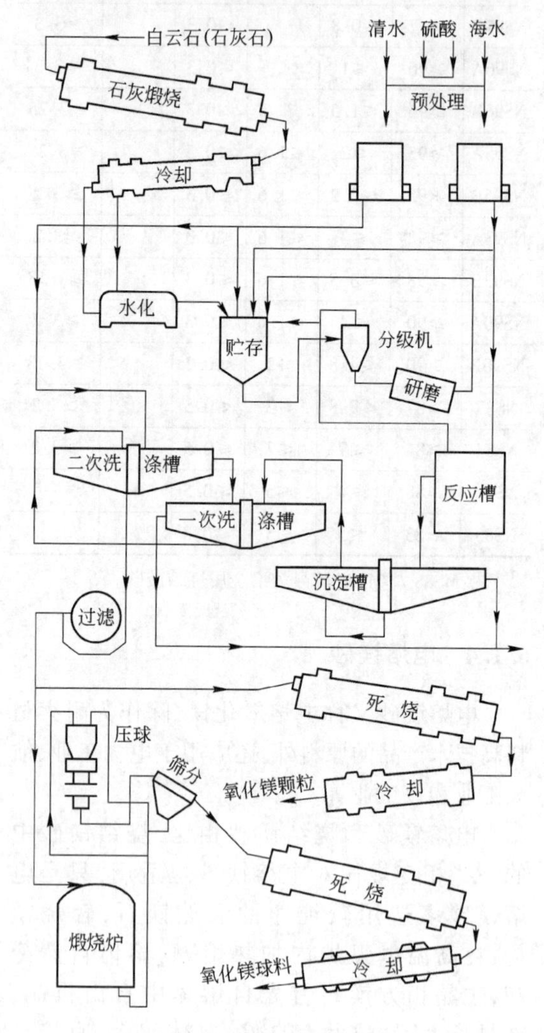

图 6-9 海水镁砂的工艺流程

6.1.5.2 海水镁砂的性质

海水镁砂除主成分 MgO 外，杂质有 CaO、SiO_2、Fe_2O_3、Al_2O_3、B_2O_3 等。前四种杂质主要来源于沉淀剂白云石或石灰中，主要由于消石灰中的不溶物会混入$Mg(OH)_2$沉淀中，因此原始碳酸盐的来源有一定重要性。B_2O_3来自海水，它的强熔剂作用主要表现在，B_2O_3分布主要聚集在方镁石晶粒周围的硅酸盐中，在方镁石晶粒中也有少量的固溶硼。硅酸盐相中的硼，会提高其对方镁石的润湿程度，从而降低方镁石晶粒间直接结合程度，极大地降低了海水镁砂的高温抗折强度、高温蠕变等性能。如海水镁砂中即使B_2O_3含量为千分之几，也足以使它在1200~1250℃的抗蠕变性能降低。对海水镁砂高温强度的影响，B_2O_3与Al_2O_3、Cr_2O_3、Fe_2O_3等氧化物相比，其危害性比率依次为70：11：3：1。所以降硼和除钙是提取海水镁砂的关键性技术[4]。海水镁砂的性能见表6-29。

表6-29 各国海水镁砂的性能

国家	化学组成/%						体积密度
	MgO	CaO	SiO_2	Fe_2O_3	Al_2O_3	B_2O_3	/g·cm^{-3}
英国	97.0	1.9	0.40	0.20	0.20	0.05	3.43
美国	98.0	0.7	0.60	0.20	0.20	0.08	3.32
墨西哥	99.0	0.7	0.10	0.10	0.09	0.008	3.40
爱尔兰	96.8	2.3	0.60	0.20	0.20	0.04	3.44
意大利	96.8	2.3	0.55	0.15	0.20	0.05	3.42
日本	96.8	0.8	0.80	0.05	0.06	0.05	3.40

6.1.6 镁锆砂

将ZrO_2引入镁砂中制得$MgO-ZrO_2$复合的耐火原料——镁锆砂。镁锆砂与镁砂相比，其制品的高温结构强度、热震稳定性、抗渣浸及渗透能力等都得到改善。在20世纪90年代以来，成为耐火材料工作者关注的研究课题之一。

6.1.6.1 镁锆砂中的相分布

ZrO_2熔点约2750℃引入镁砂中对镁砂性能的影响，应主要与ZrO_2与镁砂中的主成分MgO和主要杂质成分CaO、SiO_2等之间的熔融关系和相关系密切相关。研究表明，ZrO_2能改变烧结镁砂中相结构和相分布。首先，在$MgO-ZrO_2$二元系中，不存在任何化合物，两者的最低共熔温度高达2070℃。高温下MgO可以部分固溶到ZrO_2中，形成稳定的立方ZrO_2固溶体；而在富含MgO的材料中，ZrO_2即使在高温下也很少进入MgO中形成固溶体。因此，镁锆砂中的ZrO_2通常总是作为第二固相孤立于方镁石晶粒之间能降低方镁石晶粒间晶界能，提高界面液相二面角，使得硅酸盐相不会像无第二固相存在时那样地将方镁石包裹起来，而变得更为孤立，有助于实现方镁石晶粒间的直接结合。众所周知，ZrO_2自身对熔渣的润湿性也很差，在方镁石晶粒之间也成为抵御熔渣向晶粒间渗透的“卫士”。其次，在$CaO-ZrO_2$二元系中，按$n(CaO)/n(ZrO_2)=1:1$形成一化合物锆酸钙$CaZrO_3$，熔点在2300℃以上，高熔点$CaZrO_3$的出现改变了硅酸盐相的构成，使得CaO的熔剂作用受到限制，以至于无足轻重，而即使少量ZrO_2进入液相，也使液相变得更具黏弹性，这些都有助于改善镁砂的高温结构强度、抗热震性和抗渣性。最后，在ZrO_2-SiO_2二元系中，有一化合物$ZrSiO_4$(锆英石)。锆英石本身为一天然化合物，熔点为2340~2550℃，但它在1500~1650℃之间分解($ZrSiO_4 \rightarrow ZrO_2+SiO_2$)，分解产物$ZrO_2$为单斜晶相，$SiO_2$为无定形玻璃相，冷却又会形成锆英尖石。但如果在系统中有CaO存在时，在$MgO-CaO-ZrO_2-SiO_2$体系中，开始出现液相温度为1485℃，因此，在$MgO-ZrO_2$体系中，CaO、SiO_2共存依然是有害的。

在$MgO-ZrO_2$砂中，ZrO_2的赋存状态，如果仅考虑$MgO-ZrO_2-CaO-SiO_2$四元系，依然取决于材料的CaO/SiO_2比。其变化规律见表6-30。

表 6-30 $MgO-ZrO_2-CaO-SiO_2$ 系中以 MgO 为主晶相的相组合

项目	相组合					
	1	2	3	4	5	6
矿物组成	MgO	MgO	MgO	MgO	MgO	MgO
	ZrO_2	ZrO_2	ZrO_2	$CaO \cdot ZrO_2$	$CaO \cdot ZrO_2$	$CaO \cdot ZrO_2$
	$2MgO \cdot SiO_2$	$CaO \cdot MgO \cdot SiO_2$	$CaO \cdot ZrO_2$	$3CaO \cdot MgO \cdot 2SiO_2$	$2CaO \cdot SiO_2$	$3CaO \cdot SiO_2$
	$CaO \cdot MgO \cdot SiO_2$	$3CaO \cdot MgO \cdot 2SiO_2$	$3CaO \cdot MgO \cdot 2SiO_2$	$2CaO \cdot SiO_2$	$3CaO \cdot SiO_2$	CaO
固化温度/℃	1485	1470	1475	1555	1710	1740

6.1.6.2 镁锆砂的生产方法与性质

镁锆砂按 ZrO_2 的存在状态,大体可以分为 $MgO-ZrO_2$ 系、$MgO-ZrO_2-CaO \cdot ZrO_2$ 系、$MgO-CaO \cdot ZrO_2$ 系三种类型。由表 6-30 可知,当 $n(CaO)/n(SiO_2) \leqslant 1.5$ 时,ZrO_2 基本上不会同材料内 CaO 和 SiO_2 反应生成任何其他化合物,而是全部以独立的 ZrO_2 相存在于材料中,即表 6-30 中的组合 1 和 2,此属于 $MgO-ZrO_2$ 系镁锆砂料。当 $n(CaO)/n(SiO_2)>1.5$ 时,有两种可能性:在 CaO 含量较少时,组成中 CaO、MgO、SiO_2 除结合 $3CaO \cdot MgO \cdot 2SiO_2$ 外,剩余 CaO 可与 ZrO_2 生成 $CaO \cdot ZrO_2$,即表 6-30 中组合 3 和 4,此属于 $MgO-ZrO_2-CaO \cdot ZrO_2$ 系镁锆砂;当 CaO 含量较高时,即 $n(CaO)/n(SiO_2)>2$ 或 >3 时,ZrO_2 基本上可以与 CaO 生成 $CaO \cdot ZrO_2$,即表 6-30 中的组合 5 和 6。此属于 $MgO-CaO \cdot ZrO_2$ 系镁锆砂原料。

镁锆砂是由 MgO 和 ZrO_2(或其化合物)构成的两相复合材料。复合材料中,当 ZrO_2 含量较少时,ZrO_2 晶粒弥散分布于 MgO 晶界间;随着 ZrO_2 含量增加,逐渐向 ZrO_2 晶粒集合体和 MgO 晶粒集合体交错分布的结构过渡。同时,MgO 晶粒尺寸明显减小。而且这种第二相抑制晶粒长大效应随其量的增加而加强。

由表 6-30 可知,镁锆砂中,$MgO-ZrO_2$ 系和 $MgO-ZrO_2-CaO \cdot ZrO_2$ 系材料液相最初出现的温度为 1470~1550℃,会对材料的高温性能产生危害。但由于第二固相 ZrO_2 的存在,如前所述,它会使硅酸盐相趋于孤立存在而不包裹 MgO 晶粒表面,会提高它们之间的固-固结合,并能保证在使用温度下第二相的持续存在,这就消除了普通镁砂制品在使用时生成的液相能够在方镁石晶粒间渗透的致命弱点,提高材料的结构强度、热稳定性和抗蚀能力。

对于 $MgO-CaO \cdot ZrO_2$ 系镁锆砂,由于在 1700℃以下不会形成液相,因而会有较多的 $MgO-CaO \cdot ZrO_2$ 直接结合,晶粒间难以被液相熔蚀渗透,是优良的 $MgO-ZrO_2$ 复合材料。

镁锆砂可以通过烧结法和电熔法制得。表 6-31 为三种高纯电熔镁锆砂的性质。

表 6-31 电熔 $MgO-ZrO_2$ 砂及三种电熔镁砂的性能

项目		1	2	3	电熔 MgO
ZrO_2 加入量/%		3.0	6.0	9.0	0
化学组成/%	MgO	97.26	96.27	93.97	99.05
	ZrO_2	2.10	3.47	5.66	<0.01
	CaO	0.12	<0.01	0.08	0.50
	Fe_2O_3	0.18	0.13	0.13	0.08
假密度/$g \cdot cm^{-3}$		3.62	3.62	3.64	3.58
体积密度/$g \cdot cm^{-3}$		3.49	3.52	3.52	3.47
显气孔率/%		3.6	2.4	3.1	3.0
晶粒尺寸/μm		190	124	71	500
矿物组成	MgO 衍射峰	特强	特强	特强	特强
	ZrO_2 衍射峰	稍强	稍强	强	

6.2 镁钙质耐火原料

镁钙质耐火原料的基本特征是组成中除 MgO 外,还含有游离 CaO。原料的许多重要性质就与 MgO、CaO 数量及其比例以及它们与其他杂质氧化物之间的共存关系相关联。这类原料包括用天然白云石煅烧的白云石砂、人工合成镁白云石砂、高钙镁砂、镁钙铁砂等。

6.2.1 白云石

白云石是碳酸钙（$CaCO_3$）与碳酸镁（$MgCO_3$）的复盐，分子式为[$CaMg(CO_3)_2$]。白云石的理论组成（质量分数）：CaO 30.41%、MgO 21.87%、$CO_2$47.72%，$w(CaO)/w(MgO)=1.39$，密度 2.85g/cm^3，硬度 3.5~4。纯净的白云石呈乳白色，自然界存在的白云石，常混有类质同象的 Fe、Mn，有时与滑石、菱镁矿、石灰岩和石棉等伴生，并夹有石英碎屑、黄铁矿等，使天然白云石呈乳白色、淡灰色、深灰色等。

依 $w(CaO)/w(MgO)$ 比值不同，白云石原料可分为白云石、钙质白云石、白云石质灰岩、镁质白云石和高镁白云石，见表 6-32。

表 6-32 白云石按 $w(CaO)/w(MgO)$ 比值的分类

$w(CaO)/w(MgO)$	名称	煅烧后 MgO 含量（质量分数）/%
1.39	白云石	35~45
>1.39	钙质白云石	
≫1.39	白云石质灰岩	8~30
<1.39	镁质白云石	50~65
≪1.39	高镁白云石	70~80

我国白云石分布广泛，蕴藏量大，原料较纯净，$w(CaO)$ 不小于 30%，$w(MgO)$ 大于 19%，$w(CaO)/w(MgO)$ 比波动在 1.40~1.68 之间，杂质含量低。白云石的结晶特征、杂质含量及分布情况对烧结有很大影响，一般纯度越高，杂质越少，烧结越难。表 6-33 和表 6-34 分别为我国一些地区产白云石的性能和国家对白云石原料的技术要求。

表 6-33 白云石原料性能

产地	化学成分（质量分数）/%					灼减/%	总量/%	$w(CaO)/w(MgO)$	特征
	CaO	MgO	SiO_2	Al_2O_3	Fe_2O_3				
大石桥	30.28	21.72	0.32	0.39	0.89	47.08	100.68	1.39	晶粒 0.1~0.5mm，易烧结（1650℃），杂质 Fe，Mn 分布均匀
固阳拉草山	30.10	19.48	1.53	0.14	0.75	46.13	98.13	1.54	原生白云石
乌龙泉	31.75	20.02	0.03	0.05	0.34	47.10	99.34	1.58	高纯度、难烧结（>1700℃），矿石中有石英夹层，影响开采使用
玉田	30.52	21.91	0.27	0.10	0.03	46.80	99.63	1.39	晶粒尺寸为 0.01~0.25mm，质纯，难烧结
周口店	29.06	21.93	0.55	0.08	0.16	46.24	98.02	1.38	质纯，难烧结，杂质少（<2%），但分布均匀
宿县	31.04	19.10	1.50	1.95	0.45	44.63	99.08	1.60	
镇江	30.80	21.16	1.17	0.37	0.18	47.07	100.73	1.46	
太原	31.32	21.03	0.17	0.38	0.44	47.03	100.37	1.48	
幕府山	31.15	20.06	0.84	1.84	1.84	45.15	99.04	1.55	红色
渡口大水井	30.83	21.40	0.38	0.24	0.25	47.14	100.24	1.44	结晶，质较纯，杂质少，难烧结（1750℃）以上
邢台大河	30.17	20.65	0.16	0.88	1.27	46.59	100.72	1.54	较易烧结（1650~1700℃），Fe_2O_3 含量高

续表 6-33

产地	化学成分(质量分数)/%					灼减/%	总量/%	$\frac{w(CaO)}{w(MgO)}$	特 征
	CaO	MgO	SiO_2	Al_2O_3	Fe_2O_3				
水城堰塘	31.23	20.91	0.28	0.29	0.22	47.12	100.05	1.49	质纯杂质少,难烧结,一般为 0.01~0.08mm
河北遵化	32.70	23.36	1.04	0.24	0.24	42.67	100.01	1.39	质纯,灰黑色,并带有白色花纹,灰黑色为细晶
河北三河	31.00	22.72	0.20	0.02	0.018	45.99	100.09	1.37	0.04~0.18mm,白色为粗晶(0.40~0.65mm)
福建武平	30.81	21.23	0.40	8.00	0.09			1.45	
陕西镇安	30.00	21.00	1.90	0.20	0.70			1.36	
甘肃安西	29.33	20.86	3.58	0.58	0.58			1.40	白色或灰色,细晶质

表 6-34 中国白云石分级技术条件
(ZBD 52002—90)

级别		$w(MgO)$/%	$w(Al_2O_3+Fe_2O_3+SiO_2+Mn_3O_4)$/%	$w(SiO_2)$/%
特级	Ⅰ	≥20	≤2	≤1.0
	Ⅱ	≥20	≤3	≤1.5
一级品		≥19		≤2.0
二级品		≥19		≤3.5
三级品		≥17		≤4.0
四级品		≥16		≤5.0

6.2.2 白云石砂

白云石砂也叫烧结白云石是生产 MgO-CaO 制品和冶金补炉料等的重要原料,由煅烧天然白云石制得。

6.2.2.1 *白云石在加热过程中的物理化学变化*

白云石在加热过程中发生的主要变化:一是主体矿物分解;二是新生矿物的形成,晶体长大和烧结。

A *白云石的加热分解*

白云石在加热过程中分解,逸出 CO_2。分解作用分两段进行,反应过程基本如下:

$$CaMg(CO_3)_2 \xrightarrow{730\sim760℃} MgO+CaCO_3+CO_2\uparrow \quad (6-20)$$

$$CaCO_3 \xrightarrow{880\sim940℃} CaO+CO_2\uparrow \quad (6-21)$$

由于原料的化学组成、晶体结构和岩石构造上的差异,各种白云石的分解温度不完全一致。在 900~1000℃之间分解产物 CaO、MgO 呈游离态,晶格缺陷较多,发育不完全,结构松弛,密度较低,仅为 1.45g/cm³ 左右,气孔率较大(大于 50%),外观呈白色粉块,化学活性很高,在大气中极易水化。通常称这种产品为轻烧白云石或苛性白云石。

B *白云石的烧结*

白云石的烧结过程首先是随着温度升高,主晶相方钙石(CaO)、方镁石(MgO)晶格缺陷得到校正,晶体发育长大。由于聚集再结晶,致密度大大提高,当温度达到约 1600℃时,气孔率从原来的 50%以上降至 15%左右,体积密度达 3.3g/cm³。煅烧温度达 2000℃以上时,密度可达 3.4~3.5g/cm³。同时,两者的活性也都明显下降。煅烧白云石的耐压强度、体积密度和水化能力随温度变化的特征见图 6-10。

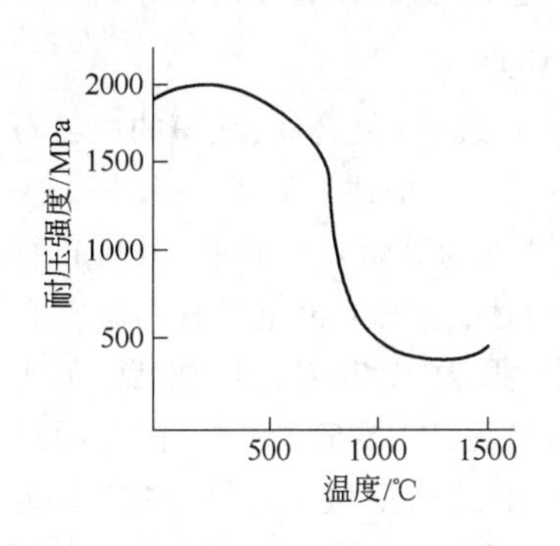

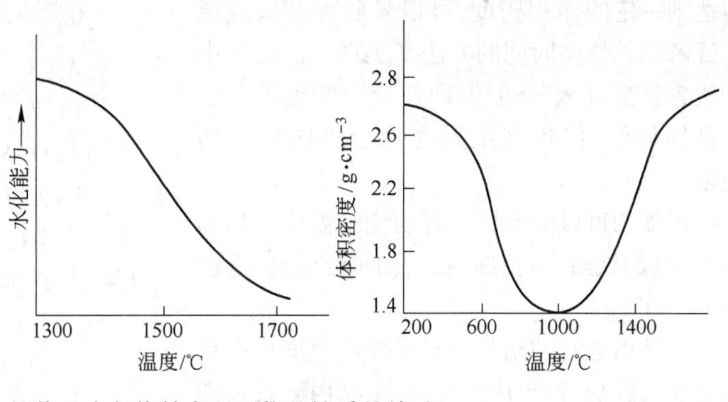

图 6-10 煅烧温度与烧结白云石物理性质的关系

白云石在 1700~1800℃温度下煅烧后,最大限度增大方钙石、方镁石晶粒尺寸,使体积稳定,密度提高,一般可达 3.0~3.4g/cm^3,有抗水化能力。

其次,天然白云石煅烧过程中产生的杂质氧化物 SiO_2、Al_2O_3、Fe_2O_3 等与 CaO 反应,形成一系列含钙化合物,并随温度升高伴有液相产生,最终实现天然白云石在液相参与下的烧结。

烧结白云石最终可能存在的矿物及它们的熔融或分解温度列于表 6-35。

表 6-35 烧结白云石的矿物组成

矿物名称	化学式	熔点或分解温度/℃
方钙石	CaO	2570
方镁石	MgO	2800
硅酸三钙	C_3S	2070(分解)
铁铝酸四钙	C_4AF	1415
铝酸三钙	C_3A	1545(分解)
铁酸二钙	C_2F	1436
硅酸二钙	C_2S	2130

6.2.2.2 烧结白云石的性质

烧结白云石的性质可以通过其化学组成和烧结程度来评价。白云石的化学组成与其制品的性能有密切关系。其中 $w(CaO)/w(MgO)$ 比在 40~20/60~80 范围内能获得好的使用效果。化学组成对制品性能影响主要表现在以下几个方面:

(1)杂质的种类。杂质中形成低熔点矿物相组分和数量增多,其本身的自熔性增强,耐高温、抗侵蚀性变差。

(2)杂质的数量。杂质数量低,低熔矿物相组分含量少,烧结白云石结构中可实现 CaO-CaO、MgO-MgO 和 CaO-MgO 晶粒间的直接结合,提高其制成品的高温强度,减少炉渣侵蚀和渗透能力,提高其使用寿命。化学纯度对白云石液相量(计算值)的影响示于表6-36。

表 6-36 白云石的化学纯度对其液相量(计算值)影响

化学组成(质量分数)/%			计算的液相量(质量分数)/%			
SiO_2	Al_2O_3	Fe_2O_3	1400℃	1500℃	1600℃	1700℃
1.0	0.3	1.5	4.3	4.7	5.8	7.0
1.0	0.3	2.0	5.4	5.9	7.3	7.8
1.0	0.6	2.0	6.2	6.8	8.4	8.5
1.5	0.3	1.5	4.3	4.7	5.8	8.9
1.5	0.3	2.0	5.4	5.9	7.3	9.7
1.5	0.6	2.0	6.2	6.8	8.4	10.4
2.0	0.3	1.0	4.3	4.7	5.8	10.8
2.0	0.3	2.0	5.4	5.9	7.3	11.6
2.0	0.6	2.0	6.2	6.8	8.4	12.3

由上述分析可知,白云石中 Al_2O_3、Fe_2O_3 应是最有害的杂质成分,它们基本都形成低熔点的矿物相,尤其是 Al_2O_3。当然,这些低熔点矿物质在游离 CaO 表面形成保护膜可以提高烧结白云石的抗水化能力。

白云石的烧结程度取决于煅烧温度和烧结时间,也与其所含杂质的种类和数量相关联。

为达到一定的体积密度，可以采取提高煅烧温度或者延长烧结时间的方法来实现。白云石中杂质含量高时，煅烧温度即使低一些也可以达到良好烧结，但提高杂质含量会影响原料的纯度。

添加物可以降低白云石的烧结温度。例如加入3%的铁鳞，可使纯白云石的烧结温度降低150~200℃。

天然白云石的结晶状态对烧结程度也有重要影响，在原矿物组成相近时，粗晶白云石较细晶白云石难烧结。

死烧白云石的制取有两个途径：一是将天然白云石直接在高温窑炉内煅烧，即一步煅烧法；二是将轻烧白云石经粉碎和高压成球后再经高温煅烧，即二步煅烧法。二步煅烧法比一步煅烧法的烧结温度可降低150~200℃。例如，原矿白云石压球料在1850~1920℃的烧结程度，如果使用由800~1200℃轻烧的原料制取的白云石压球料，在1600~1800℃就可以达到同样的烧结状态。

烧结白云石主晶相是方镁石（MgO）含量（质量分数）在30%~65%和方钙石（CaO）含量（质量分数）在25%~60%，它们均是高熔点氧化物，两者含量（质量分数）在90%~97%，其他低熔矿物如C_4AF、C_3A等总量（质量分数）在5%~15%，优质白云石的杂质总量在5%以下。

目前，烧结白云石的水化问题尚无有效的技术措施，还难以贮存和运输，基本都是使用厂家就地煅烧使用。国家也未对其技术指标做出相应规定，只对其原料提出了技术要求（表6-34）。

6.2.3 合成镁白云石砂

合成镁白云石砂是在充分分析白云石化学组成$CaO-MgO-Fe_2O_3-Al_2O_3-SiO_2$五元系高温下的相关系与熔融关系基础上，针对各矿物相的特点和制造与使用中的作用，通过优化原料，人工控制其组成与结构而开发的一种白云石砂。实践表明，合成镁白云石砂与普通白云石砂相比，有许多优越性。

6.2.3.1 合成镁白云石砂的相分析

A CaO-MgO 系

白云石为CaO、MgO复合物，纯净的白云石可用CaO-MgO二元系描述。见图1-42。

CaO与MgO均为高熔点氧化物，其各自特征上一节已有叙述，这里不再重复。两者复合后，其共熔温度为2370℃，组成点位于$w(MgO)/w(CaO)$比约33/67之处。在此温度下CaO在MgO中的固溶度（质量分数）约为7%，而MgO在CaO中的固溶度约为17%，温度降低，彼此固溶度下降，在1620℃时，分别降至0.9%和2.6%。这种固溶作用降低了高温下的$w(CaO)/w(SiO_2)$比值，会引起相组成变化，使低熔点硅酸盐相在更宽的$w(CaO)/w(SiO_2)$比范围内出现。

上述表明纯净白云石任何$w(MgO)/w(CaO)$比材料均有很高的熔融温度。但制成品中CaO对SiO_2的稳定性和吸收金属液中非金属夹杂物的功能较MgO优越，而MgO对Fe_2O_3(FeO)的稳定性比CaO好。因此，根据冶金炉渣中SiO_2、Fe_2O_3(FeO)的变化规律及不同的使用要求，应合理选择合成砂$w(MgO)/w(CaO)$比。

B $CaO-MgO-SiO_2$、$CaO-MgO-Al_2O_3$及$CaO-MgO-Fe_2O_3$(FeO)系

由$CaO-MgO-SiO_2$系（图1-83）可知，在白云石（MgO-CaO）材料中引入SiO_2，会使熔点急剧下降，但只要SiO_2的数量不超过$MgO-C_3S$连线，在含有游离CaO的组成范围内，仍具有较高的耐高温性能；$CaO-MgO-Al_2O_3$系（图1-59）表明，在白云石材料中加入Al_2O_3，熔融温度将从2400℃缓慢降至1700℃。但如果$w(MgO)/w(CaO)$比向富MgO侧移动，如对于$w(MgO)/w(CaO)=80/20$的组成物，熔融温度将由约2700℃降至1950℃。$CaO-MgO-Fe_2O_3$(FeO)系1500℃等温截面图如图1-80和图1-81所示。由图可知，对于一个$w(MgO)/w(CaO)=50/50$的白云石材料，吸收约22%w(FeO)(A)而不出现液相，而对于$w(Fe_2O_3)$吸收3%(B)便开始熔融。这说明对于白云石材料受到铁氧侵蚀

时,维持还原条件可能有助于保护它,在制造白云石制品时引入碳,自然会促进这种保护作用。另外在富 CaO 熔体中 Fe_2O_3 活性降低,将使 Fe_2O_3 在 MgO 中的溶解度由1700℃约70%降低至只有约2%,CaO 转移了固溶到 MgO 中的铁氧,将有助于改善材料的热震稳定性。镁钙材料在冶金炉上的应用较镁质材料热震稳定性为好,这是否是理由之一。

C　$CaO-MgO-Fe_2O_3-Al_2O_3-SiO_2$ 五元系

用 $CaO-MgO-Fe_2O_3-Al_2O_3-SiO_2$ 五元系来描述镁质和白云石质耐火材料的相组成更接近于实际。对于镁质耐火材料,$w(CaO)/w(SiO_2)$ 比在 0~1.87,相组合比较简单,用 $w(CaO)/w(SiO_2)$ 或 $m(CaO)/m(SiO_2)$ 比便可判断。而对于白云石质材料,$w(CaO)/w(SiO_2)>1.87$,情况较为复杂。因为 CaO 的数量相对较多,除与 SiO_2 反应生成硅酸盐相外,还有剩余的游离 CaO。而 CaO 与 MgO 相比,与 Al_2O_3、Fe_2O_3 等的反应活性更强,会生成一些相应的铝酸钙盐和铁酸钙盐,这时相组合还与 $w(Al_2O_3)/w(Fe_2O_3)$ 比有关。这种情况可能出现的新的矿物有铁酸二钙(C_2F)、铁铝酸四钙(C_4AF)、铝酸一钙(CA)、七铝酸十二钙($C_{12}A_7$)和铝酸三钙(C_3A)等。但相关研究表明,CA、$C_{12}A_7$ 很少能在白云石材料中出现,只在水泥工艺铝领域中重要。因此,把 $CaO-MgO-Fe_2O_3-Al_2O_3-SiO_2$ 五元系相组合归纳为表6-37。它们的相应矿物组成计算列于表6-38。

表6-37　$CaO-MgO-Fe_2O_3-Al_2O_3-SiO_2$ 五元系平衡矿物相

$w(CaO)/w(SiO_2)$			$w(CaO)/w(SiO_2)>1.87$				
0~0.93	0.93~1.40	1.40~1.87	CaO较少	0.67<石灰饱和系数 KH<1		石灰饱和系数 KH>1	
				Al_2O_3/Fe_2O_3 <0.64	Al_2O_3/Fe_2O_3 >0.64	$\frac{w(Al_2O_3)}{w(Fe_2O_3)}<0.64$	$\frac{w(Al_2O_3)}{w(Fe_2O_3)}>0.64$
MgO	MgO	MgO	MgO	MgO	MgO	MgO	MgO
MA	MA	MA	MA	C_2F	C_4AF	C_2F	C_4AF
MF	MF	MF	MF	C_4AF	C_3A	C_4AF	C_3A
M_2S	CMS	C_3MS_2	C_4AF	C_2S	C_2S	C_3S	C_3S
CMS	C_3MS_2	C_2S	C_2S	C_3S	C_3S	CaO	CaO
(1)	(2)	(3)	(4)	(5)	(6)	(7)	(8)

表6-38　$CaO-MgO-Fe_2O_3-Al_2O_3-SiO_2$ 系平衡矿物组成计算公式

组别	条　件	与 MgO 平衡的矿物组成计算公式
(1)	$0<w(C)/w(S)<0.93$	MA=1.40A;MF=1.25F;CMS=2.80C; M_2S=2.34(S-1.07C)
(2)	$0.93<w(C)/w(S)<1.40$	MA=1.40A;MF=1.25F;CMS=2.52(3S-2.14S); C_3MS_2=2.73(2.14C-2S)
(3)	$1.40<w(C)/w(S)<1.87$	MA=1.40A;MF=1.25F;C_3MS_2=2.73(4S-2.14C); C_2S=2.87(2.14C-3S)
(4)	0<C<1.87,S<1.40F 及2.20A	MA=1.40(A-0.21C4AF);MF=1.25F-0.33C4AF; C_4AF=2.16(C-1.87S);C_2S=2.87S
(5)	$w(A)/w(F)<0.64$ 0.67<KH<1	C_2F=1.70(F-1.57A);C_4AF=4.77A; C_2S=8.61(1-KH)S;C_3S=3.80(3KH-2S)
(6)	$w(A)/w(F)>0.64$ 0.67<KH<1	C_4AF=3.04F;C_3A=2.65(A-0.64F); C_2S=8.61(1-KH)S;C_3S=3.80(3KH-2)S

续表 6-38

组别	条 件	与 MgO 平衡的矿物组成计算公式
(7)	$w(A)/w(F)>0.64$ $KH>1$	$C_4AF=4.77A$; $C_2F=1.70(F-1.57A)$; $C_3S=3.80S$; $CaO=C-2.20A-2.8S-0.41C_2F$
(8)	$w(A)/w(F)>0.64$ $KH>1$	$C_4AF=3.04F$; $C_3A=2.65(A-0.64F)$; $C_3S=3.80S$; $CaO=C-1.40F-2.8S-0.42C_3A$

注:表中 M 为 MgO,A 为 Al_2O_3,S 为 SiO_2,F 为 Fe_2O_3,C 为 CaO。

表 6-37 和表 6-38 中 KH 称石灰饱和系数,表示系统中全部 Fe_2O_3、Al_2O_3 都结合 C_4AF、C_2F 或 C_3A 剩余 CaO 对 SiO_2 的饱和情况。其计算方法为

当 $w(Al_2O_3)/w(Fe_2O_3)<0.64$ 时:

$$KH=(C-0.7F-1.1A)/2.8S \quad (6-22)$$

当 $w(Al_2O_3)/w(Fe_2O_3)>0.64$ 时:

$$KH=(C-0.35F-1.65A)/2.8S \quad (6-23)$$

现举一例说明对表 6-38 的运用:某合成镁质白云石砂的化学分析结果为 MgO 72.40%、CaO 25.60%、Al_2O_3 0.10%、Fe_2O_3 1.05%、SiO_2 0.43%、灼减 0.56%,计算其各平衡矿物数量。

显然此砂组成中 $w(CaO)/w(SiO_2)>1.87$ 而 $w(Al_2O_3)/w(Fe_2O_3)=0.10/1.45<0.64$,$KH=(C-0.7F-1.1A)/2.8S=24.83/1.2>1$,属于表 6-38中第(7)组,代入公式各矿物相的数量为

$$C_4AF=4.77A=4.77\times0.1=0.477=0.48\%$$

$$C_2F=1.70(F-1.57A)=1.70(1.05-1.57\times0.10)=1.50\%$$

$$C_3S=3.80S=3.80\times0.43=1.63\%$$

$$CaO=C-2.20A-2.8S-0.41C_2F=23.67\%$$

$$MgO=72.40\%$$

实际情况往往未必达到完全平衡状态,与计算结果可能会有差异,但差别不会太大,对实际观察分析,仍可作为重要参考依据[5]。

6.2.3.2 合成镁白云石砂的生产工艺与性能

A 制造工艺要点

依据对白云石相组成特征分析,首先确立合成镁白云石砂 $w(MgO)/w(CaO)$ 比和杂质总量。针对我国原料资源的情况,一般按 $w(MgO)/w(CaO)=(75\pm2)/(20\pm2)$,杂质 Fe_2O_3、Al_2O_3、SiO_2 总量<2.5%或 3.5%(质量分数)级别,选取原料,采用二步煅烧工艺制造合成砂,其典型的工艺流程如图 6-11 所示。

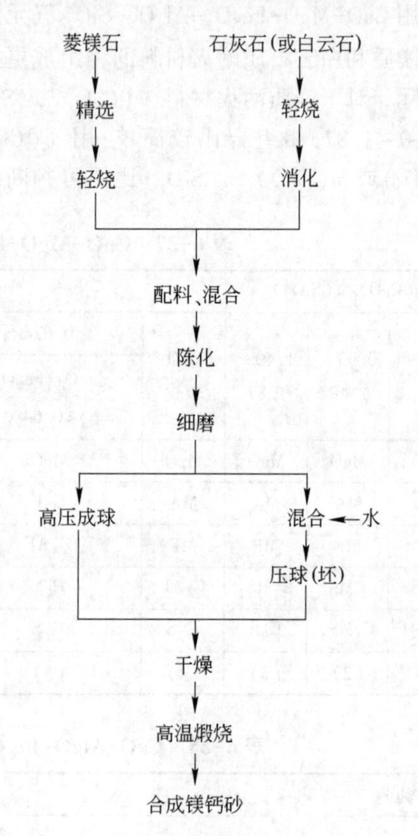

图 6-11 合成镁钙砂的工艺流程

在上述工艺流程中,菱镁石原料是否精选或选择哪种精选方法(浮选、热选等),应视原料的纯度和对合成砂的化学成分要求而定。菱镁石、石灰石或白云石的轻烧温度,应视原料产地不同而异,依据各地实践,有如下经验表达式:

菱镁石轻烧温度=原料分解温度+(250±20)℃

石灰石轻烧温度=原料分解温度+(100±20)℃

一般菱镁石在 900～1000℃轻烧，而石灰石、白云石在 1000～1100℃轻烧，能保持较好的活性。

对轻烧粉的消化与陈化，起到了热化学破碎作用。经轻烧后的 MgO、CaO 晶粒在 1～3μm，遇水消化将进一步细化。再经细磨，将大大提高其分散度。这是二步煅烧化烧结的关键之一。辽南某企业采用这种工艺制得 MgO+CaO 合量大于 97%、CaO 含量在 20%～25%的合成砂。经防水化处理可以在空气中保存 1 年不粉化。为进一步提高镁钙砂防水化性能，可以采取添加剂和表面处理方法。

高压压球（坯）和高温煅烧也很关键。压球（坯）密度一般在 1.85～2.10g/cm^3 之间，最高可达 2.35g/cm^3。煅烧可以在回转窑、竖窑和隧道窑内进行，目前国内主要采用后两种窑炉煅烧，煅烧温度被动在 1650～1700℃，制得合成砂的颗粒体积密度在 3.28～3.35g/cm^3。如果采用回转窑煅烧，还可以进一步提高合成砂的煅烧温度，如果能将煅烧温度提高至 1800℃以上，可能制得抗水化型的优质合成镁白云石砂。

合成镁白云石砂也可以采用一步煅烧工艺，即将高纯镁精砂，与消石灰或白云石进行超细磨，-320 目含量在 90%以上，成型压力达 137MPa 以上，煅烧温度为 1650～1700℃，制得颗粒体积密度大于 3.3g/cm^3 的高纯合成镁白云石砂。

B　合成镁白云石砂的性能

应该说，白云石砂的许多优越性，合成镁白云石砂都基本具备。但由于合成镁白云石砂原料经优化，组成更合理，成分更均匀，制造工艺更科学合理，因此，它的许多性质更优越。

首先，合成砂化学纯度高 $w(MgO)/w(CaO)$ 比合理（通常控制在 75/20），矿物组成更加理想，主晶相方镁石（MgO）、方钙石（CaO）合量都在 90%以上，纯度高者在 95%以上。而基质相以高熔点的硅酸三钙（C_3S 2070℃分解）为主，低熔点的 C_4AF 和 C_2F 一般含量均较少。

其次，显微结构好。由于合成砂原料经轻烧充分混合细磨和煅烧温度高，使得方镁石、方钙石结晶发育良好，方镁石晶粒间直接结合程度高，连成网络，方钙石分布在方镁石基底之中，均匀充填在方镁石晶间空隙内，为其所包围。基质相 C_3S 粒状或不规则状晶体多集聚出现。少量 C_4AF 和 C_2F 分布在上述晶体之间。呈不规则孤立状。表 6-39 表明煅烧温度对方镁石、方钙石晶粒大小的影响。

表 6-39　MgO、CaO 在不同煅烧温度下的结晶粒度　（μm）

项目	温度/℃			
	1350	1650	1750	1800
方镁石（MgO）	6～12	7～15	18～24	21～32
方钙石（CaO）	3～7	6～10	7～13	8～14

表 6-39 表明，合成镁白云石砂中方镁石、方钙石晶粒随煅烧温度的提高而增加，但方钙石的增长速率不如方镁石。

图 6-12 为合成镁白云石砂一典型显微结构照片。从图中可以看出，方镁石与方钙石分布均匀，后者为前者包围，还可以看到方钙石小粒方体脱溶相沉积于方镁石晶体之内，说明 CaO 在高温下固溶于 MgO 之中，而冷却过程中沉析出来的情景。

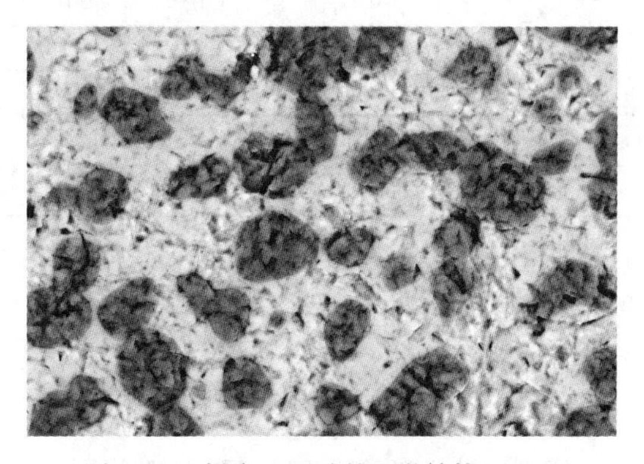

图 6-12　镁白云石砂的显微结构（SEM）

合成镁白云石砂化学矿物组成和显微组织结构的特点，决定了它在性能上的第三特点：耐高温、高温强度高。抗转炉渣侵蚀能力强。抗水化性能好。二主晶相 MgO（熔点 2800℃）CaO（熔点 2570℃）和主要基质相 C_3S（2070℃分解为 CaO 和液相）均为高熔点矿物，决定了材料具有较高的耐高温性能，较高的煅烧温度使方镁石晶粒发育成多角形，直接结合程度增强，其强度相应提高，见表 6-40。

表 6-40 温度对合成镁白云石砂强度的影响

原 料	烧成温度/℃	常温耐压强度/MPa
合成镁白云石砂 MgO 75.21% CaO 22.98% $\Sigma(S+A+F)=1.56\%$	1650,6h	46
	1750,6h	52
	1800,6h	74

以合成镁白云石砂为原料制造的镁钙炭砖作为转炉炉衬的优质材料,其良好的抗渣性能是主要特性之一。这除与合成砂具有直接结合的显微结构有关外,还与合成砂 $w(MgO)/w(CaO)$ 比的设计更适应于转炉炼钢过程造渣制度的变化所关联。转炉冶炼过程,初渣呈酸性,制品中 CaO 首先与渣中 SiO_2 反应,生成高熔点 C_2S 和 C_3S,使渣黏度升高,渗透性变差,成为制品与炉渣接触的防御层,阻碍和减缓了炉渣与制品中方镁石反应。随着冶炼过程,中后期渣中铁氧含量迅速增加,成为对炉衬侵蚀的主导因素,而此时,制品中的 MgO 无论对 FeO 或 Fe_2O_3 都能形成固溶体,适应能力很强。研究表明,镁白云石炭砖对铁氧含量小于 20% 的终渣均有较好的抗侵蚀能力。

最后,镁白云石砂中易水化的 CaO 由于其均匀充填在 MgO 晶间的空隙内或被包裹在 MgO 晶粒内,在一定程度上屏蔽了 CaO 的水化通道,提高了合成砂的抗水化性能。表 6-41 为国内外合成镁白云石砂的理化性能。

表 6-41 国内外合成镁白云石砂理化性能

项 目		中国			日本		英国
		辽宁海城	山东镁矿		黑崎	品川	
化学成分(质量分数)/%	MgO	69.63	76.42	78.12	73.71	73.60	76.29
	CaO	23.41	20.16	19.39	24.23	24.00	21.19
	SiO_2	2.01	1.50	0.99	0.93	0.70	0.82
	Al_2O_3	1.07	0.40	0.27	0.31	0.40	0.31
	Fe_2O_3	2.21	1.11	1.17	0.92	0.80	1.21
	灼减			0.55			
体积密度/$g \cdot cm^{-3}$			3.31	3.36	3.37	3.32	3.34
气孔率/%					1.7		

6.2.4 镁钙铁砂

镁钙铁砂也称含 $2CaO \cdot Fe_2O_3$ 的合成镁砂或 $2CaO \cdot Fe_2O_3$ 胶结镁砂。

镁钙铁砂在欧洲应用较早,也比较广泛。我国在 20 世纪 70 年代开发,80 年代应用到电炉炼钢熔池,现已推广到铁合金电炉,取得了良好的技术经济效果。

6.2.4.1 镁钙铁砂的生产工艺与性能

A 生产工艺

镁钙铁砂的生产工艺非常简单,只要将天然菱镁石或轻烧品,白云石或轻烧品或其他含 CaO 原料、含 Fe_2O_3 原料按一定比例配合(满足烧后化学矿物组成要求),经细磨、压球(坯),在竖窑、回转窑或隧道窑内高温煅烧即制得镁钙铁砂。

B 理化性能

镁钙铁砂也属于 $MgO-CaO-Fe_2O_3-Al_2O_3-SiO_2$ 五元系。五元系中的相组成变化规律也适合于镁钙铁砂。由于砂的组成中 $n(CaO)/n(SiO_2)>2$,$n(Fe_2O_3)/n(Al_2O_3)>1$,砂中主晶相为 MgO,主要结合相为 $2CaO \cdot Fe_2O_3$。而 Al_2O_3、SiO_2 则为这种砂中最有害的夹杂成分。

上述组成特点,决定了镁钙铁砂在性能上与其他碱性原料的不同点。镁钙铁砂配料组成中的 CaO 和 Fe_2O_3 煅烧过程中结合为 $2CaO \cdot Fe_2O_3$,$2CaO \cdot Fe_2O_3$ 的热力学稳定性主要由 PO_2 决定,PO_2 较高时,$2CaO \cdot Fe_2O_3$ 于 1436℃

一致熔融，而当 PO_2 较低时，$2CaO \cdot Fe_2O_3$ 分解熔融，即 $2Ca \cdot Fe_2O_3 \rightarrow CaO+L$。由于这种砂出现液相温度较低，非常容易烧结；而 $2CaO \cdot Fe_2O_3$ 的生成使 CaO 得到稳定，抗水化性好；$2CaO \cdot Fe_2O_3$ 高温分解出高熔点的 CaO，而进入液相中的 Fe_2O_3 又非常容易通过液相扩散，为 MgO 吸收，形成方镁石固溶体(Mg·Fe)O 和 CaO 二固相，因此它具有 MgO-CaO 系富 MgO 侧材料的特点和性能。作为捣打料、喷补料、补炉料在冶金炉料中具有很高的耐用性[6]。表 6-42和表 6-43 分别是镁钙铁砂的性能和我国对镁钙铁砂的技术要求。

表 6-42　镁钙铁砂的理化性能

国家		中国			奥地利	
编号		1	2	3	4	5
化学成分（质量分数）/%	MgO	84.17	86.71	85.75	82.30	81.79
	CaO	7.12	6.56	7.29	8.11	8.32
	Fe_2O_3	5.71	4.75	4.99	7.62	7.95
	SiO_2	1.25	0.98	1.04	0.96	1.01
	Al_2O_3	0.61	0.25	0.20	0.50	0.42
	I. L	0.43	0.40	0.50	0.43	0.51
矿物组成（质量分数）/%	方镁石(MgO)	84.1	87.7	87.20	82.6	81.3
	$2CaO \cdot Fe_2O_3$	8.1	7.4	8.0	11.6	12.4
	$4CaO \cdot Al_2O_3 \cdot Fe_2O_3$	2.9	1.2	0.9	2.4	2.0
	$2CaO \cdot SiO_2$	3.3	3.7	3.9	3.5	3.6
	方钙石(CaO)			0.7		
散装密度/$g \cdot cm^{-3}$		2.4	>2.5	>2.5	2.4	2.4
烧结强度/MPa	1200℃，3h	10.2	10	14.5	10	11
	1600℃，3h	29.5	56	59.5	30	29
烧后线变化率/%	1200℃，3h	-0.4	-0.0	-0.15	-0.3	-0.4
	1600℃，3h	-3.0	-1.8	-2.0	-2.0	-2.1
最高使用温度/℃		1750	1900	1900	1750	1750

表 6-43　镁钙铁砂理化指标(YB/T 101—1997)

项　目		指标
化学成分（质量分数）/%	MgO	≥81
	CaO	6~9
	Fe_2O_3	5~9
	SiO_2	≤1.5
耐压强度/MPa	1300℃，3h	≥10
	1600℃，3h	≥25
线收缩率/%	1300℃，3h	≥0.5
	1600℃，3h	≥3.0
颗粒体积密度/$g \cdot cm^{-3}$		≥3.25
粒度范围/mm		0~5

6.2.4.2　镁钙铁砂的显微结构

镁钙铁砂在不同热处理条件下的显微结构有些变化，它可以提供这种合成砂在高温下结构状态的一些确切信息。

图 6-13 为镁钙铁砂在不同热处理条件下的显微结构。其中图 6-13a 为正常处理条件下的典型显微结构。暗灰色浑圆粒为主晶相 MgO，晶间白色连续胶结物为 $2CaO \cdot Fe_2O_3$ 等结合相，无游离 CaO 存在。图 6-13b 为 1300℃保温 3h 缓冷样品显微结构。

主晶相为含少量 $MgO \cdot Fe_2O_3$ 脱溶相的方镁石固溶体(Mg·Fe)O，胶结相亦为 $2CaO \cdot Fe_2O_3$ 等，与图 6-13a 无太大差异。图 6-13c 和

d 为 1300℃保温 3h 水冷样品，图中浅灰色浑圆粒为（Mg · Fe）O，内部白点或白条为 MgO。Fe_2O_3，晶间暗灰色为 CaO，白色为刚刚显露没有发育成形的 $2CaO \cdot Fe_2O_3$ 雏晶（图 6-13c）或呈线形连续闭合状连晶（或称皮膜）形式将一部分 CaO 包起来（图 6-13d）。

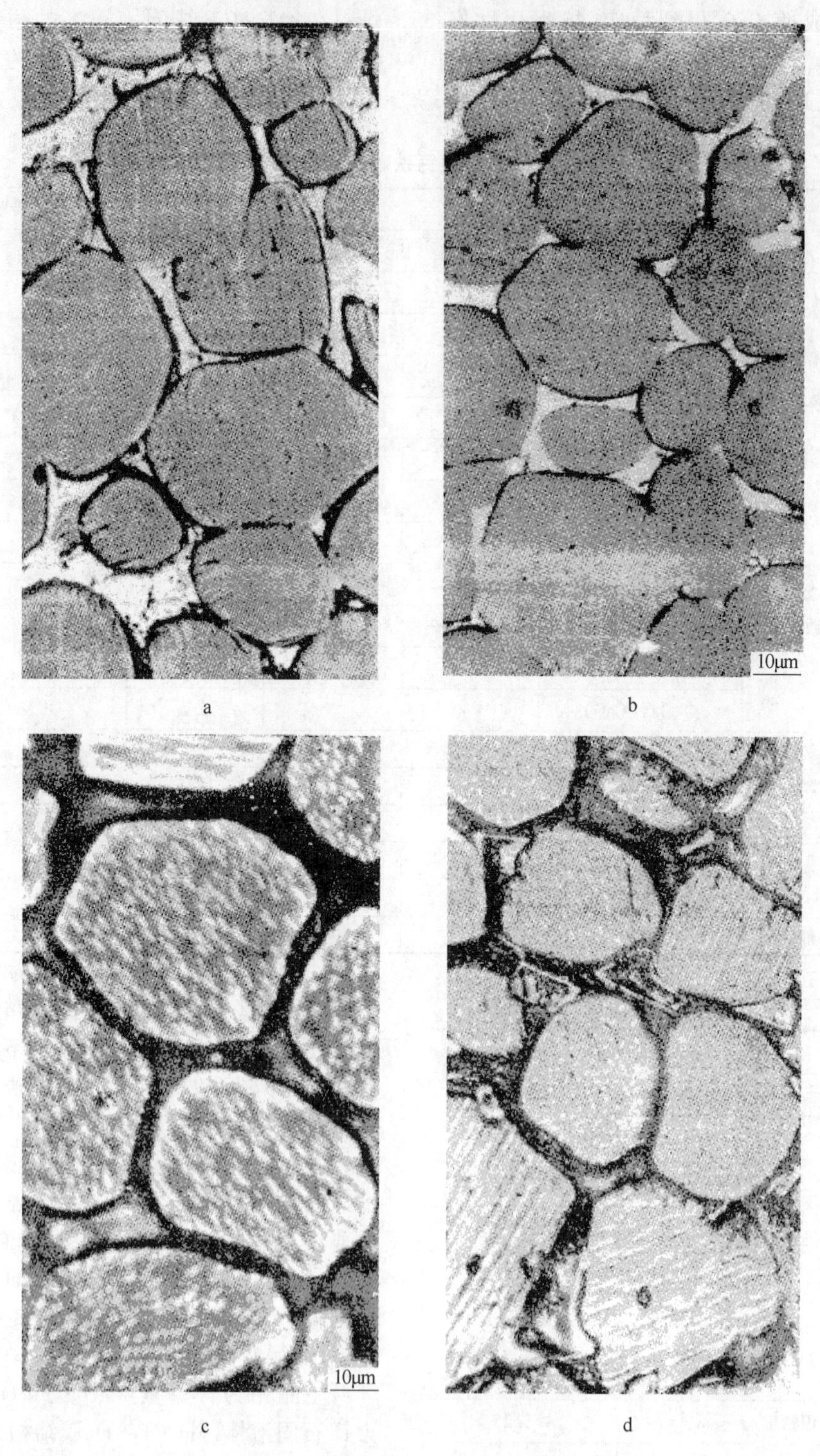

图 6-13　镁钙铁砂的显微结构

上述显微结构特点揭示，镁钙铁砂中 CaO 被 Fe_2O_3 稳定，不易水化；并赋予了材料高的烧结性。快冷试样的显微结构表明，在 1300℃ 保温 3h 的条件下，$2CaO \cdot Fe_2O_3$ 已分解消失了。这可解释为在升温过程中或在高温下 Fe^{2+}/Fe^{3+} 比升高，Fe_2O_3 失去 O^{2-} 转化为 FeO，并扩散进入 MgO 内形成(Mg·Fe)O，CaO 则主要滞留在(Mg·Fe)O 之间形成胶结相。其过程可表示为

$$2CaO \cdot Fe_2O_3 + MgO \longrightarrow (Mg \cdot Fe)O + CaO + O_2 \uparrow \quad (6-24)$$

因此说，镁钙铁砂在高温下主要有(Mg·Fe)O 和 CaO 两个高熔点固相。

自然冷却的显微结构表明，在温度降低过程中，Fe^{2+}/Fe^{3+} 比降低，这意味着 FeO 获取 O^{2-} 转化为 Fe_2O_3，并在(Mg·Fe)O 内的固溶度下降，FeO 在缓慢降温的条件下能较完全转化为 Fe_2O_3，从(Mg·Fe)O 内析出并与主晶相间 CaO 反应生成 $2CaO \cdot Fe_2O_3$ 连续胶结相(图 6-13a、b)，若降温速度比较快，部分 Fe_2O_3 来不及析出就以 $MgO \cdot Fe_2O_3$ 脱溶相形式赋存于(Mg·Fe)O 内，而析出的部分 Fe_2O_3 则与 CaO 反应形成 $2CaO \cdot Fe_2O_3$ 胶结相，并包在未反应完的剩余 CaO 周围(图 6-13c、d)。当冷却速度特别快时，(Mg·Fe)O 中的 FeO 来不及转化为 Fe_2O_3 而仍以(Mg·Fe)O 形式保留下来，主晶相(Mg·Fe)O 间将为 CaO 所结合。可以预想这种镁钙铁砂的抗水化性下降。

总之，在制作工艺合理的情况下，镁钙铁砂中 CaO 为 Fe_2O_3 所稳定形成 $2CaO \cdot Fe_2O_3$ 胶结构相，抗水化性能好；而高温下主要为(Mg·Fe)O 胶结构和 CaO 二高熔点固相，具有 MgO-CaO 系材料的特点，主晶相(Mg·Fe)O 熔点高，发育良好，耐火性能高，而结合相 CaO 能捕捉钢液中夹杂物，净化钢水。作为电炉内衬材料，镁钙铁砂取得了良好的使用效果。

6.3 石灰质耐火原料

6.3.1 方解石与石灰石

方解石的主要成分为碳酸钙 $CaCO_3$，理论组成(质量分数)为 CaO 56%，CO_2 44%，常会混入物镁、铁、锰、锌等。属于此组成的还包括冰洲石、石灰石、石笋、钟乳石、白垩、大理石、霰石等。

方解石属三方晶系，菱面体结晶，有时也呈粒状和板状。一般为白色，常因混入不同杂质而呈灰、黄、浅红、绿、蓝、紫和黑色等。玻璃光泽，解理面为珍珠光泽，性脆，硬度为 3，相对密度为 2.6~2.8。在冷稀盐酸中极易溶解并急剧起泡。将方解石加热至 850℃ 左右开始分解，放出 CO_2 气体，900℃ 左右反应激烈。

石灰石是石灰岩的俗称，为方解石微晶或潜晶聚集块体，无解理，多呈灰白色、黄色等。质坚硬，纯度一般较方解石差[7]。我国常用方解石的化学组成见表 6-44。

表 6-44 方解石的化学组成

产地		化学成分(质量分数)/%					
		CaO	CO_2	MgO	Fe_2O_3	Al_2O_3	SiO_2
辽宁岫岩	(1)	55.76	42.86	痕量	0.04	0.10	0.64
	(2)	54.21	42.85	1.29	0.16	0.05	0.74
辽宁本溪		55.28	43.30	0.10	0.08	0.62	1.28
四川泸州		54.56	43.62	0.88			
贵州贵阳		56.29	42.17				1.00
陕西陇县		55.87	43.28	0.27	0.09	0.10	0.38

6.3.2 钙砂

6.3.2.1 *石灰石的煅烧过程*

石灰石在煅烧过程中，发生如下反应：

$$CaCO_3 \longrightarrow CaO + CO_2 \uparrow \quad (6-25)$$

上述反应在 550℃ 开始，但分解压力很低，很容易达到平衡，因此分解速度很小。800~850℃ 分解加快，到 989℃ 时，分解压与大气压平衡，通常就把这个温度作为 $CaCO_3$ 的分解温度。分解后所获 CaO 具有很大内比表面积，极易与水反应生成 $Ca(OH)_2$，是一种胶凝材料。获得 CaO 充分结晶的钙砂，需要在更高的温度下煅烧。相关研究指出，无论原始原料如何，碳酸钙在煅烧过程中要经历三个变化阶段：

(1)碳酸钙分解，形成具有碳酸钙假晶的 CaO。这时产物仍保持着 $CaCO_3$ 的晶格，Ca^{2+} 和

O^{2-}均保持在原来晶格位置上。因此把它称为亚稳 CaO。

(2)亚稳 CaO 晶体再结晶成更稳定的 CaO 晶体,这时其内比表面积达到最高点,无论何种原始原料,都得到面心立方 CaO 晶格。

(3)再结晶的 CaO 烧结,内比表面降低。实际上 CaO 烧结在第二阶段已经开始了,只是这阶段主要是亚稳 CaO 再结晶,因此内比表面积增加。到了第三阶段,CaO 的烧结为主,因此内比表面减少。

为进一步说明 CaO 烧结过程机理,以方解石为例,对其做进一步描述。

方解石的结构如图 6-14 所示。从图中可以看到,在 $CaCO_3$ 的结晶格子中可以区分为阳离子 Ca^{2+}和阴离子团 CO_3^{2-}。$CaCO_3$ 的分解是由 CO_3^{2-} 的离子团分解引起的,它依下式进行:

$$CO_3^{2-} \longrightarrow CO_2 + O^{2-} \tag{6-26}$$

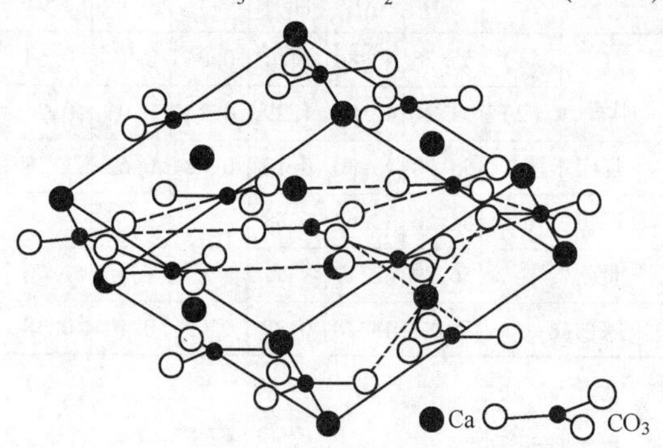

图 6-14 $CaCO_3$ 的结构

分解后的 CO_2 气体分子向外逸出,Ca^{2+}和 O^{2-}仍停留在 $CaCO_3$ 原来的位置上,形成前述的假晶 CaO。这便是煅烧过程的第一阶段。接着 Ca^{2+}与 O^{2-}化合形成新相 CaO,晶格为 a=0.48nm 的面心立方体,这便是煅烧的第二阶段,即具有假晶的 CaO 再结晶。对 a=0.48nm 的面心立方体,当其晶格紧密排列,其密度达 3.34g/cm^3,如图 6-15 所示。随着温度升高 CaO 晶体长大。如 900℃ 时 0.5~0.6μm,1000℃时 1~2μm,1100℃时 2.5μm,1200℃时 6~13μm,开始烧结。这时单个晶体互相连生在一起,难以确定它们的大小。到 1400℃或更高,经长时间恒温煅烧就能得到完全烧结的、密度接近真密度(3.346g/cm^3)的"死烧"钙砂,也就完成了烧结过程的第三阶段。烧结钙砂中的 CaO 晶体称为方钙石。图 6-16 显示了方钙石在煅烧过程中的变化情况。

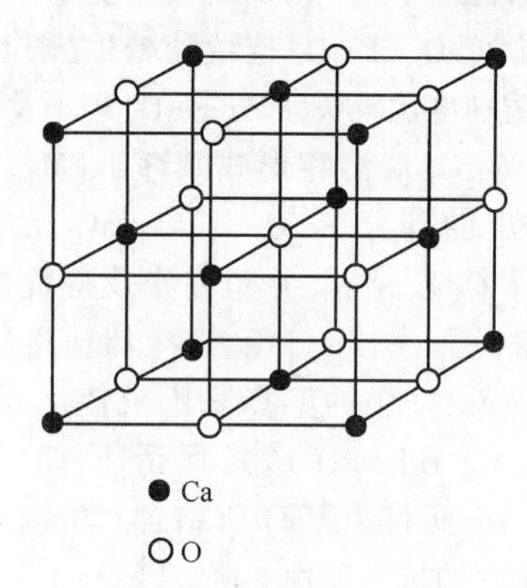

图 6-15 CaO 的晶格

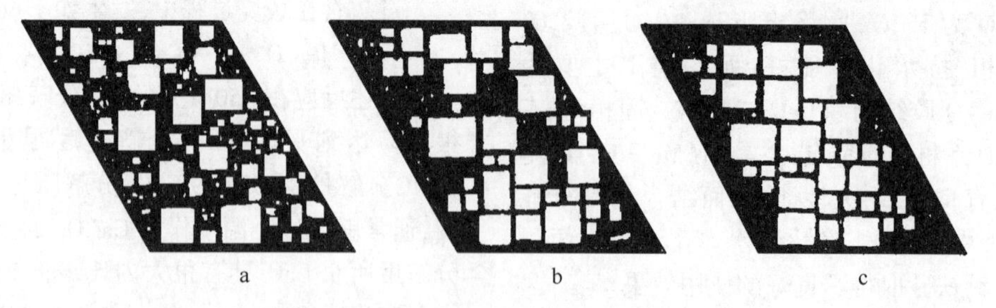

图 6-16 CaO 晶体在已煅烧的方解石中的分布情况

a—中等煅烧的石灰;b—强烈煅烧的石灰;c—死烧的石灰

6.3.2.2 钙砂的性质

A 方钙石(CaO)的性质

方钙石(CaO)与方镁石(MgO)结晶构造相同。同属立方晶系,NaCl 型结构,Fm3m 空间群。但由于 Ca^{2+}离子半径大(0.100nm)在充填氧离子密堆体八面体空隙时,将空隙撑松晶格常数比 MgO 大，$a=0.48nm$，结构较松弛，不稳定，常温下极易与水反应：$CaO+H_2O \rightarrow Ca(OH)_2$，密度由 CaO 的 $3.346g/cm^3$ 降至 $Ca(OH)_2$ 的 $2.343g/cm^3$，体积膨胀 97.92%，组织松散，结构破坏，这是含游离 CaO 材料在制造和使用中的一个困难。

CaO 熔点为 2570℃，高温下极为稳定，特别对 SiO_2，反应生成高熔点的 C_2S 和 C_3S，高温强度高，即使进入液相，黏度也很大，抗酸性熔渣、抗热冲击能力都强于 MgO。但抵抗含铁熔渣的侵蚀能力不如 MgO。CaO 吸收铁氧将生成低熔点的 C_2F（熔点 1436℃）和 C_4AF（熔点 1415℃）。

CaO 由于有吸收金属液中 P、S 和 Al_2O_3、SiO_2 等夹杂物的作用，含方钙石耐火材料的开发与利用倍受重视。纯 CaO 坩埚也是熔炼铀的材料。

B 钙砂

以石灰石为原料获取相对稳定的氧化钙砂或称钙砂有两种方法：一种方法是像烧结镁砂那样，高温煅烧或电熔，使 CaO 结晶充分长大，致密化，具有一定的耐水化性；另一种方法是在 CaO 颗粒表面形成覆盖膜，防止其水化，即引入外来添加剂的方法。下面简要介绍第二种方法。

众所周知，在烧制钙砂时引入 Fe_2O_3，可以显著提高其抗水化性。但由于产物 C_2F 为低熔物，不耐侵蚀，往往都不再采用这种方法。国外如日本采用引入 TiO_2 的方法煅烧钙砂。如配料 90%CaO、10%TiO_2 在 1650℃温度下烧成，能促进 CaO 结晶长大，可获得在 CaO 颗粒周围生成 $3CaO \cdot 2TiO_2$（1725℃分解熔融）薄膜层的钙砂，具有较强的抗水化性。近年来又趋向于制取低 TiO_2 含量的钙砂。这种钙砂在配料时加入不大于 3%（质量分数）TiO_2，1650℃煅烧 2h，就获取致密的抗水化性钙砂。这种钙砂的性质见表 6-45。用这种钙砂作碱性熔炼炉的捣打料，其耐侵蚀性、抗热震性都很好。

表 6-45 引入 TiO_2 烧结钙砂的性质

化学成分(质量分数)/%		物理性质	
CaO	94.94	真密度/$g \cdot cm^{-3}$	3.6
TiO_2	2.11	体积密度/$g \cdot cm^{-3}$	3.08
SiO_2	1.67	气孔率/%	7.2
Al_2O_3	0.45	吸水率/%	2.1
Fe_3O_3	0.19	线膨胀率(1000℃)/%	1.2~1.4
MnO	0.10	抗水化性(残留率)/%	95.0
MgO	0.57		

我国辽南地区有用电熔方法熔制钙砂，结晶发育良好，CaO 晶粒粗大。但这种砂抗水化性仍不理想，空气中存放也很快就粉化了。所以，开发抗水化性耐侵蚀性的钙砂仍是耐火材料工作者一个重要课题[8]。

6.4 镁硅质耐火原料

镁硅质耐火原料是指制造镁橄榄石 $2MgO \cdot SiO_2(M_2S)$ 耐火制品使用的天然原料，包括镁橄榄岩、蛇纹岩纯橄榄岩、滑石等。

6.4.1 橄榄岩

橄榄岩属超基性岩浆岩，主要矿物成分是橄榄石。橄榄石是镁橄榄石 $2MgO \cdot SiO_2$ 和铁橄榄石 $2FeO \cdot SiO_2$ 的固溶体 $2(Mg \cdot Fe)O \cdot SiO_2$。作为耐火原料，要求组成中 $2MgO \cdot SiO_2$ 含量越高越好。

6.4.1.1 主成分镁橄榄石 $2MgO \cdot SiO_2$ 的晶体结构与性质

镁橄榄石 $2MgO \cdot SiO_2$ 结构式写成 $Mg_2[SiO_4]$ 属斜方晶系，晶格常数 $a=0.467nm$，$b=1.020nm$，$c=0.598nm$。每个晶胞中有 4 个 $Mg_2[SiO_4]$"分子"，故可以写成 $Mg_8[Si_4O_{16}]$。在镁橄榄石结构中负离子配位多面体分别为 $[SiO_4]$ 四面体和 $[MgO_6]$ 八面体。两个阳离子的静电键强度分别为 $S_{SiO_2}=1$，$S_{MgO}=1/3$，故每个 O^{2-} 都与一个 Si^{4+} 和 3 个 Mg^{2+} 相键连，相当于 1 个 $[SiO_4]$ 与 3 个 $[MgO_6]$ 共用一个顶点连接。其结构如图 6-17 所示。在这个结构中，O^{2-} 接

近按 ABAB…六方密堆，密堆层平行于(100)面，Si^{4+}充填 O^{2-}密堆体的 1/8 四面体空隙，Mg^{2+}充填 1/2 O^{2-}密堆体的八面体空隙，每个$[SiO_4]$为$[MgO_6]$隔开，呈孤岛状，结构稳定。

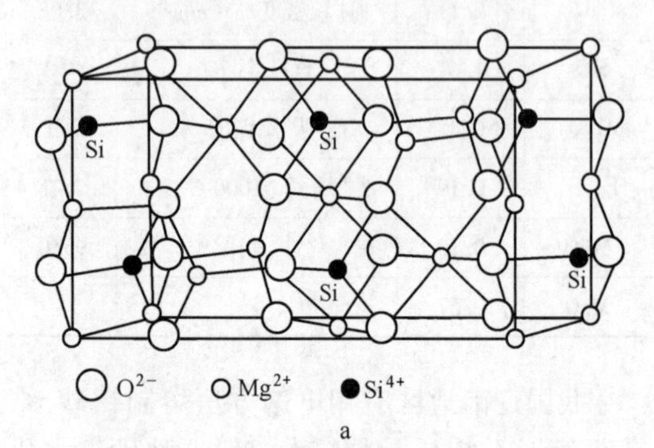

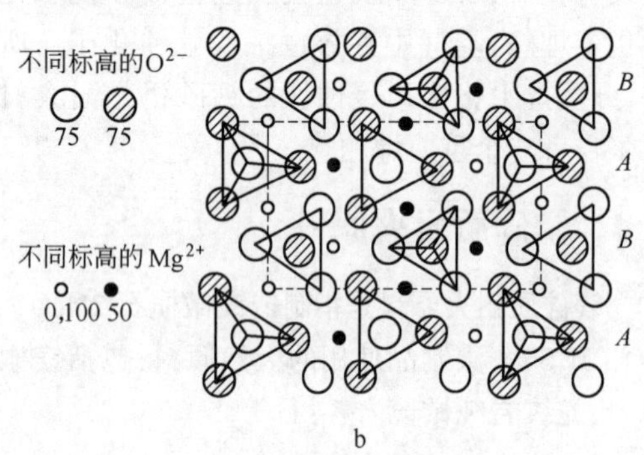

图 6-17 镁橄榄石结构图
a—立体图；b—平面图

镁橄榄石结构紧密，稳定，静电键强，晶格能高(约 17573J/mol)。熔点为 1890℃，是碱性耐火材料中一个良好的组成矿物，特别对制品的高温结构强度贡献突出。但它的线膨胀系数偏大，1000℃时 $\alpha=12.0\times10^{-6}$℃$^{-1}$，不利于制品的热震稳定性。

镁橄榄石中，由于 Mg^{2+} 与 Fe^{2+} 半径和其他结构因素都很相近，因此，Fe^{2+} 可以任意取代 Mg^{2+}，形成连续固溶体$(Mg\cdot Fe)_2[SiO_4]$(图 6-18)。镁橄榄石中的 Mg^{2+} 也可能为 Ca^{2+} 取代，形成低熔点的钙镁橄榄石$(Ca\cdot Mg)_2SiO_4$(1498℃不一致熔)。

6.4.1.2 橄榄岩的物理性质及加热变化

A 物理性质

自然界中的橄榄岩，除主成分橄榄石外，有时还含有少量角闪石、尖晶石、磁铁矿、铬铁矿

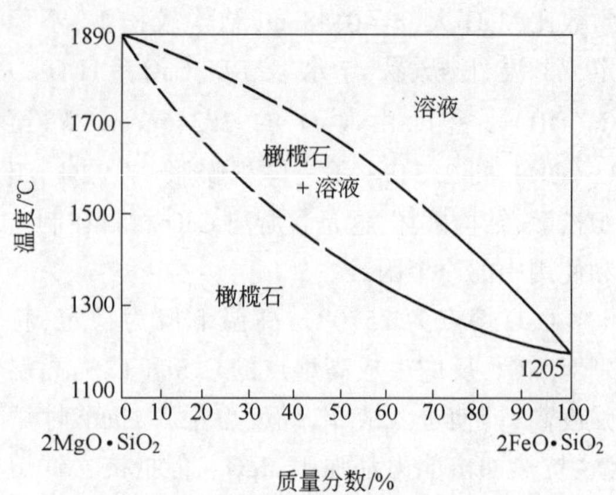

图 6-18 $2MgO\cdot SiO_2-2FeO\cdot SiO_2$ 系

等。颜色为橄榄绿色、黄色，含铁越多，颜色越深，有时呈墨绿色、灰色、灰黑色。它是不含水硅酸盐。硬度为 6~7，密度为 3.0~4.0g/cm³。橄榄岩受风化作用，转变成蛇纹岩及含蛇纹岩橄榄岩。

橄榄岩中主要成分 Mg_2SiO_4 是 $MgO-SiO_2$ 系统中唯一稳定耐火物相(图 6-19)，但由于它常固溶有 Fe_2SiO_4(熔点 1205℃)，强烈地影响橄榄岩的高温性能。因此，用作耐火材料的橄榄岩中，铁橄榄石含量不应过多。一般认为以 FeO 计超过 10%(质量分数)的橄榄岩，不宜用作耐火材料。

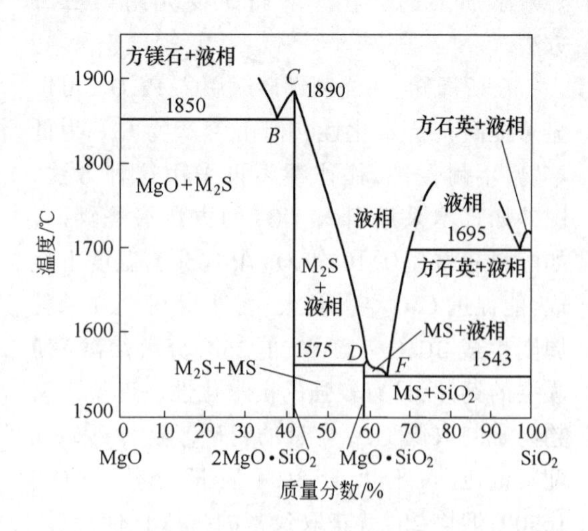

图 6-19 $MgO-SiO_2$ 系

橄榄岩的加热收缩和灼减量都很小，采用橄榄岩作耐火原料生产橄榄石制品，一般可不经预

烧直接使用。但橄榄岩在加热过程中的一些变化,能够为制造镁橄榄石制品提供一些重要信息。

B 橄榄岩的加热变化

在空气中加热橄榄岩时,800℃左右,铁橄榄石 $2FeO \cdot SiO_4$ 首先被破坏,其中的 FeO 沿颗粒晶界和解理裂纹析出,氧化成 Fe_2O_3。随着温度升高,于1100~1300℃,部分 Fe_2O_3 转变成磁铁矿(Fe_3O_4),呈细小粒状结晶分布于橄榄石颗粒间或其表面;另一部分 Fe_2O_3 与 $Mg_2[SiO_4]$ 作用生成低熔点的偏硅酸镁 $MgSiO_3$(顽火辉石1575℃分解)和铁酸镁 $MgO \cdot Fe_2O_3$。在这个变化中,由于各种铁氧的密度不一(FeO 为 5.6g/cm³;Fe_2O_3 为 5.26g/cm³;Fe_3O_4 为 4.96~5.20g/cm³),将伴有较大的体积效应,会使制成品松散,烧结困难。因此,作为耐火原料的橄榄岩,铁氧化物应加以限制。并适当控制烧成时的升温速度,适应其相变过程。

橄榄岩中的镁橄榄石 Mg_2SiO_3 在加热过程中(1150~1480℃以上)只是发生重结晶和再结晶作用。

上述橄榄岩在加热过程中的变化终极产物为镁橄榄石 Mg_2SiO_4、铁酸镁 $MgFe_2O_4$、磁铁矿 Fe_3O_4 和顽火辉石 $MgSiO_3$ 等。其中 Fe_3O_4 和 $MgSiO_3$ 为低耐火物相(加热蛇纹岩、纯橄榄石和滑石等也有类似的情况)。为改善其高温性能,视原料组成特点应加入一定数量的镁石配料,在加热配有镁石的橄榄岩物料时,过程中还将伴有下列反应:

$$MgSiO_3+MgO \longrightarrow Mg_2SiO_4 \quad (6-27)$$

$$2Fe_3O_4+3MgO+1/2O_2 \longrightarrow 3(MgFe_2O_4) \quad (6-28)$$

如果加热产物中有 SiO_2(如滑石),还有

$$SiO_2+2MgO \longrightarrow Mg_2SiO_4 \quad (6-29)$$

上面镁橄榄石 Mg_2SiO_4 的形成反应在1450℃已基本完成,但其晶体长大和烧结都进行得很缓慢,为保证镁橄榄石的再结晶过程并形成粗大的镁橄榄石骨架,应在更高的温度1650~1700℃下烧制。

我国橄榄岩耐火原料资源丰富,分布广泛,见表6-46。

表 6-46 我国各地橄榄岩原料性质

产地	化学成分/%						灼减/%	密度 /g·cm⁻³	耐火度/℃
	SiO_2	MgO	Fe_2O_3	Al_2O_3	CaO	Cr_2O_3			
湖北宜昌	32.29	48.05	9.46	0.40	0.66	1.00	2.64	3.11	>1770
陕西	37.84	42.49	9.81	0.13	1.17	1.86	5.90	2.98~3.10	1730~1750
内蒙古	32.40	41.68	5.33	3.52	0.63	0.63~0.7	15.61	2.58	1710
河北承德	34.70	41.38	8.03	0.28	0.11	60.23	14.77		1690~1730

6.4.2 烧结镁橄榄石

工业上以橄榄岩为主要原料,添加轻烧镁或菱镁矿,经高温煅烧合成烧结镁橄榄石原料,其性能指标见表6-47。烧结橄榄石原料主要用于中间包干式料、涂料等。

表 6-47 烧结橄榄石原料理化指标(YB 4449—2014)

牌号	化学成分/%					灼减/%	颗粒体积密度 /g·cm⁻³
	MgO	SiO_2	CaO	Fe_2O_3	Al_2O_3		
F45	≥45.0	≤42.0	≤2.0	≤10.0	≤2.0	≤3.0	≥2.35
F48	≥48.0	≤40.0	≤1.0	≤9.0	≤1.0	≤1.0	≥2.40
F50	≥50.0	≤39.0	≤1.0	≤8.0	≤1.0	≤1.0	≥2.55
F53	≥53.0	≤38.0	≤1.0	≤8.0	≤1.0	≤1.0	≥2.65

6.4.3 蛇纹岩

蛇纹岩是由超级性岩的橄榄岩、纯橄榄岩及一部分辉岩经过自变质或区域变质作用形成的变质岩。主要矿物组成为蛇纹石，次要矿物有磁铁矿、钛铁矿、铬铁矿、绿泥石、水镁石、碳酸镁及残余的橄榄石、辉石等。呈绿色、暗绿色及黑中带绿等似蛇皮状颜色。致密块状，油脂光泽，略具滑感。蛇纹岩可作为镁硅质耐火材料原料。

6.4.3.1 蛇纹石

蛇纹石是蛇纹岩中主要矿物成分，化学式为 $3MgO \cdot 2SiO_2 \cdot 2H_2O$，结构式为 $Mg_3[Si_2O_5](OH)_4$。其理论组成（质量分数）：MgO 43.0%，SiO_2 44.1%，H_2O 12.9%。

蛇纹石有3种变种：叶状蛇纹石、纤维蛇纹石和胶蛇纹石。它们都可以用作耐火材料。蛇纹石的颜色有暗绿色、灰色、浅黄色以至黑色，油脂或蜡状光泽，密度为 2.5～2.6g/cm^3，硬度为3～4。由于蛇纹石含有13%～19%（质量分数）结构水，因此，用它作原料时必须预先煅烧。

6.4.3.2 蛇纹岩煅烧过程的变化

蛇纹岩煅烧过程将发生如下一些变化。

400～500℃，蛇纹石脱水，至700℃完毕。形成镁橄榄石和非晶质 $MgSiO_3$，其反应如下：

$$\underset{\text{蛇纹石}}{Mg_3[Si_2O_5](OH)_4} \longrightarrow \underset{\text{镁橄榄石}}{Mg_2SiO_4} + \underset{\text{非晶质}}{MgSiO_3} + 2H_2O \quad (6-30)$$

1000℃左右，非晶质 $MgSiO_3$ 变成顽火辉石，随着温度升高，变为斜顽辉石：

$$\underset{\text{非晶质}}{MgSiO_3} \longrightarrow \underset{\text{顽火辉石}}{MgSiO_3} \quad (6-31)$$

1300～1400℃，物料发生激烈收缩，收缩程度视蛇纹岩中蛇纹石的含量，即蛇纹石化程度。如我国四川彭县蛇纹岩煅烧收缩为20%～25%，而河北承德蛇纹岩只有10%～12%的体积收缩。

1400～1500℃，物料完全烧结。单纯蛇纹岩煅烧最终产物为镁橄榄石 Mg_2SiO_4、斜顽辉石 $MgSiO_3$ 和磁铁矿、尖晶石包裹体等。如橄榄岩一样，蛇纹岩煅烧后的低耐火物相 $MgSiO_3$ 也可以通过引入镁石而改变，即

$$\underset{\text{蛇纹石}}{3MgO \cdot 2SiO_2 \cdot 2H_2O} + MgO \longrightarrow \underset{\text{镁橄榄石}}{2(2MgO \cdot SiO_2)} + 2H_2O \quad (6-32)$$

表6-48为我国部分地区产蛇纹岩的性能。

表6-48 我国各地蛇纹岩原料性能

产地	化学成分（质量分数）/%						灼减/%	耐火度/℃	外观
	SiO_2	MgO	Fe_2O_3	Al_2O_3	CaO	Cr_2O_3			
四川彭县	32.02	36.02	3.96	1.95	7.48	0.35	19.51	1620	灰黑色、硬块
辽宁岫岩	44.55	42.76	1.00	0.03	微		12.77	1500	白中带绿、半透明
河北承德	34.44	41.60	9.60	0.55	0.60		14.21		
陕西大安	37.16	38.18	4.59	2.61	1.74		13.74	1410	
河北密云	36.15	35.93	13.72	1.60		0.79	12.21	1490	浅灰绿色、致密
江西戈阳	38.08	36.65	7.48	1.11	1.12		13.30		
福建莆田	36.95	37.31	7.27	0.67	0.65				叶片状

另外，一种处于橄榄岩向蛇纹岩转变过程中的中间矿物叫钝橄榄岩，两种矿物的比例波动很大，其中橄榄岩波动在20%～75%之间，兼有两种矿物的特征。不过作为耐火材料原料，希望其中的蛇纹石化程度越小，铁氧化物含量越少越好。表6-48中河北承德的橄榄岩即为纯橄榄岩。

6.4.4 滑石

滑石为层状硅酸盐矿物。其化学式为 3MgO·

$4SiO_2 \cdot H_2O$,结构式为 $Mg_3[Si_4O_{10}](OH)_2$。理论组成(质量分数):MgO 31.7%,SiO_2 63.5%,H_2O 4.8%。滑石属单斜晶系,硬度为 1.0~1.5,密度为 2.7~2.8g/cm³,呈片状或鳞片状结构。滑石颜色多变,有白色,也有微带浅绿、浅红、紫色、烟灰色、黑色、浅褐等色。但其成分相近(表 6-49)具有滑感。加热至 870℃开始脱水,950℃脱水完毕,熔点 1550℃。滑石通常含有少量的铁、锰、镍等低价氧化物和碳酸镁等。对生产耐火材料碳酸镁是有益的。以滑石为原料生产镁硅制品,更应引入 MgO,以完成 $MgSiO_3$ 和 SiO_2 的镁橄榄石化。其反应为

$$3MgO \cdot 4SiO_2 \cdot H_2O + 5MgO \longrightarrow 4(2MgO \cdot SiO_2) + H_2O\uparrow \quad (6-33)$$

总之,作为镁硅质耐火原料,不论是哪一种,都希望其中的主成分 MgO 和 SiO_2,尤其是 MgO 含量越高越好。杂质成分,特别是 CaO、Al_2O_3 为最有害部分,CaO 主要以钙镁橄榄石形式存在,而 Al_2O_3 在多元组分中,约 1300℃就出现共熔液相。因此它们都将显著降低原料耐火性。其含量(质量分数)都应分别限制在 1.5%~2.0%以下。

表 6-49 我国某地滑石化学成分 (质量分数,%)

滑石按颜色分类	化学成分						灼减	总计
	SiO_2	MgO	Fe_2O_3	Al_2O_3	P_2O_5	CaO		
白色	62.34	32.46	0.102	0.042	0.022	0.07	4.90	100.26
深粉红色	62.74	31.19		0.019	0.053	0.09	4.85	99.99
肉红色	61.13	32.47	0.086	0.023	0.478	0.14	5.23	99.01
棕色	62.56	32.52	0.050	0.021		0.003	4.95	100.01
青褐色	62.32	32.36	0.096	0.024	0.060	0.11	4.95	99.39
浅青褐色	62.26	32.46	0.016	0.007	0.062	0.13	4.96	99.02
棕黄色	62.64	32.40	0.034		0.019	0.05	4.77	99.96

6.5 尖晶石质耐火原料

尖晶石质耐火原料主要包括天然铬矿和以铬矿、菱镁石、矾土或工业氧化铝为原料经烧结或电熔法所制的一类尖晶石族矿物原料。其通式为 AB_2O_4,A、B 分别代表二价和三价阳离子。狭义的尖晶石即镁铝尖晶石($MgAl_2O_4$)只是这族矿物中一个典型代表。

6.5.1 铬铁矿

天然铬铁矿一般由铬矿颗粒和脉石矿物两种组分构成。脉石通常为镁硅酸盐,如蛇纹石、橄榄石等。其数量在 2%~40%范围内变动,其他可能存在的矿物有硅石、长石和方解石等,脉石为铬矿中的有害成分,而含 CaO 的矿物尤甚。

铬矿颗粒是一个由多种尖晶石组成的固溶体,其通式为 AB_2O_4。其中 A 为二价离子 Mg^{2+}、Fe^{2+};B 为三价阳离子 Cr^{3+}、Al^{3+}、Fe^{3+}。应该注意到,铬铁矿这个词,虽然往往指铬矿,应为铁铬尖晶石 $FeCr_2O_4$,但自然界并无此矿物的纯品存在,而常伴有镁铬矿 $MgCr_2O_4$、尖晶石 $MgAl_2O_4$、铁尖晶石 $FeAl_2O_4$ 等共生为一多种尖晶石组成的固溶体。铬矿晶体常呈块状、糖粒状和糜棱状。其中块状、粗晶状最适宜制砖。值得注意的是铬矿中有许多晶粒看上去是大结晶,实际上经常是由少量脉石分割的较小晶粒集合体,这种裂隙结构的铬矿高温下很不稳定。铬矿多呈黑色、条痕褐色,硬度为 5.5~6.5,无解理,性脆,密度为 4.2~4.8g/cm³,线膨胀系数(100~1000℃)为 $8.2\times10^{-6}℃^{-1}$,具有弱磁性。

还须指出的是,铬矿在制造和使用过程中,或因温度或因气氛的变化而出现碎裂现象,当矿石的原始含铁量高时,碎裂就特别普遍。对这种在交替气氛中有碎裂倾向的,在其矿石中配入一定数量的菱镁石制成团块煅烧或电熔,可显著得到改善。

我国西藏、新疆、吉林、宁夏、内蒙古等地出产铬矿。世界上希腊铬矿结晶颗粒大,类似电熔镁的结晶颗粒。而土耳其、古巴、印度的矿石晶粒较小,其他如南非、菲律宾、苏联等都出产铬矿。表 6-50 为世界一些国家铬矿的成分分析。

表 6-50 世界一些国家铬矿的典型化学分析 (%)

化学成分	土耳其	希腊	伊朗	津巴布韦	菲律宾		中国
					块矿	精选	
SiO_2	3.52	5.52	3.25	3.48	4.43	2.96	9.16
TiO_2	0.24	0.17	0.37	0.37	0.22	0.26	—
Al_2O_3	22.48	19.42	12.84	13.45	27.16	28.99	11.12
FeO	14.62	17.59	14.23	21.00	14.71	14.40	15.12
Cr_2O_3	40.79	34.94	51.34	43.42	33.64	34.96	43.04
CaO	0.39	0.84	0.32	痕迹	0.14	0.05	—
MgO	17.02	18.15	16.68	16.68	18.38	17.99	15.81

6.5.2 镁铬尖晶石

镁铬尖晶石是指以天然含镁原料菱镁石、轻烧镁粉或烧结镁砂与铬铁矿为原料,按设计要求配比,经细磨,压球,高温煅烧或经电熔合成的镁铬尖晶石砂。

耐火材料所用的铬矿属于铝铬铁矿 (MgFe)(CrAl)$_2$O$_4$ 型,一般含 Cr_2O_3 为 30%~60%,铁的氧化物(按 Fe_2O_3 计)含量要求小于 14%,SiO_2、CaO 等杂质含量应尽量少,以减少铁尖晶石类和铁铝酸四钙($4CaO \cdot Al_2O \cdot Fe_2O_3$)等低熔矿物的生成。人工合成的镁铬尖晶石砂矿物组成较为复杂,其性能变化也很大。

6.5.2.1 烧结法合成镁铬尖晶石

烧结法合成镁铬尖晶石,以高纯轻烧 MgO 和铬精矿混磨、压球(压坯)、入高温油竖窑(回转窑)煅烧而成。选择含镁原料要求 MgO 含量高,SiO_2、Al_2O_3、Fe_2O_3 等含量要低。铬矿应精选,使 SiO_2 含量降低到 2.5%以下。合成镁铬尖晶石的质量与选用的初始原料纯度、配比、细磨粒度、压球密度、煅烧温度(1700~1900℃)等因素有关。表 6-51 为世界一些国家合成镁铬尖晶石的性能。

表 6-51 烧结合成镁铬尖晶石的理化性能

国别	化学成分/%						体积密度 /g·cm^{-3}	粒度 /mm
	SiO_2	Al_2O_3	Fe_2O_3	CaO	Cr_2O_3	MgO		
英国	1.0	2.5	4.0	0.8	4.5	86.0	3.43	
美国	1.3	14.0	8.0	0.8	15.0	61.0	3.40	
奥地利	1.5~2.0	8.0	-12.0	1.0	20.0	60~65	3.35~3.40	0~20
苏联	3~8	2.3	5.8	2.5	11.4	75.2	14.6% *	10~8

* 14.6%为气孔率。

6.5.2.2 电熔法合成镁铬尖晶石

电熔法合成镁铬尖晶石是将含镁原料与铬铁矿按要求配料,在电弧炉内熔炼而成。生产中按原料的特点,其配料方式有,将菱镁石和铬铁矿块料直接混合入炉;轻烧镁粉、铬铁矿细粒,以卤水为结合剂,混合压制成球(坯),经干燥后入炉;轻烧镁粉与铬铁矿均匀混合后直接入炉。

为了防止 Fe_2O_3、Cr_2O_3 被还原,应采用长弧氧化法电熔工艺。当 Cr_2O_3 和 Fe_2O_3 含量高时,还原反应更易发生。标准 YB/T 132—2007 规定了 Cr_2O_3 含量分别大于 15%、18%、20%、25%和30%的电熔镁铬砂的理化性能,并强调在外观检查时,不允许夹杂铬铁合金,合金的存在往往是再结合镁铬烧成时产生开裂废品的重要原因。

博陶德(Bortand,1961)和格罗利尔-马罗恩(Grller-Baron,1963)曾报道过弧长和成品氧化态的关系。采用电弧炉埋弧熔化的材料,一般都得到还原的产品;采用长弧氧化法熔化的材料,电弧越短,石墨电极与氧化物熔体越近,产品的还原程度越大;增大电压,电极与熔池液面之间的距离变大,电弧变长,产品的还原程度降低,可得到较为氧化的产品。观察同样组成的配料(55% MgO-45%德兰士瓦铬矿)同样冷却速率但弧长不同的电熔镁铬砂的显微结构,发现最重要的变化是尖晶石相的分布和游离金属的含量:在较氧化的样品中,大多数尖晶石为散布的沉析包裹体;而在还原样品中,尖晶石主要呈现为大的自形或半自形晶体。

我国辽南、洛阳等地一些厂家有工业化生成电熔镁铬尖晶石。电熔镁铬尖晶石的原料性能见表 6-52。

我国和世界一些国家生产的电熔镁铬尖晶石的性能见表 6-53 和表 6-54,表 6-55 为我国对电熔镁铬尖晶石的技术要求(YB/T 132—1997)。

表 6-52 电熔镁铬尖晶石用原料化学成分 (质量分数,%)

原料	I. L	SiO_2	CaO	MgO	Fe_2O_3	Al_2O_3	Cr_2O_3
特级镁石	51.57	0.21	0.56	47.29	0.30	0.06	
浮选精矿	51.88	0.07	0.44	47.38	0.24	0.05	
轻烧镁粉(A)	2.72	0.42	1.09	95.04	0.65	0.08	
轻烧镁粉(B)	1.65	0.29	0.76	96.62	0.44	0.09	
南非铬精矿(A)		0.67	0.14	10.15	25.42	14.47	47.10
南非铬精矿(B)	1.23	1.19	0.52	14.47	27.30	7.60	47.57
西藏铬矿	0.81	2.14	0.84	16.48	14.68	0.86	55.96

表 6-53 我国生产电熔镁铬尖晶石的化学成分

牌号	化学成分/%					
	SiO_2	Al_2O_3	Fe_2O_3	CaO	MgO	Cr_2O_3
K35	0.93	7.40	18.50	0.56	36.74	35.07
K30	0.24	10.29	20.40	0.74	36.51	30.97
K20A	0.96	6.47	12.70	0.78	58.16	20.89
K20B	0.56	5.20	12.20	0.64	60.53	20.40
K17	0.88	2.34	4.36	0.70	75.24	16.48

表 6-54 国外电熔镁铬尖晶石的性能

项目	化学成分/%							体积密度
	MgO	Cr_2O_3	Al_2O_3	Fe_2O_3	FeO	CaO	SiO_2	$/g \cdot cm^{-3}$
俄罗斯	86.86	5.83	2.26	1.13	1.20	1.51	1.08	3.60
	86.93	8.37	0.99	1.13	0.13	1.43	0.78	3.52
	68.45	19.28	4.32	1.79	3.10	1.09	1.60	3.58
	61.90	25.00	4.20	8.00		0.50	1.90	3.74

续表 6-54

项目	化学成分/%							体积密度/g·cm^{-3}
	MgO	Cr_2O_3	Al_2O_3	Fe_2O_3	FeO	CaO	SiO_2	
美国	56.50	20.00	20.00		10.05	0.50	2.5+1.5*	3.10~3.20
	64.00	13.90	13.90	6.90		0.95	1.42	3.80
日本	56.20	20.40	10.50	10.20		0.92	0.92	3.89**
	70.00	19.20	1.30	3.80		0.96	0.96	3.75**
	50.00	19.00	17.30	9.70		1.69	1.69	3.81**

* TiO_2。

** 真密度。

表 6-55 我国电熔镁铬尖晶石的行业标准

牌号	化学成分/%					颗粒体积密度/g·cm^{-3}
	MgO	SiO_2	CaO	Fe_2O_3	Cr_2O_3	
FMCS-15A/B	≥68	≤1.0	≤1.0	≤7/9	≥15	≥3.60
FMCS-18A/B	≥65	≤1.1	≤1.1	≤8/10	≥18	≥3.70
FMCS-20A/B	≥60	≤1.2	≤1.2	≤8/11	≥20	≥3.70
FMCS-25A/B	≥50	≤1.3	≤1.3	≤10/13	≥25	≥3.75
FMCS-30A/B	≥42	≤1.4	≤1.4	≤11/14	≥30	≥3.75

注:各牌号按 Fe_2O_3 含量分 A、B 两级。

6.5.3 镁铝尖晶石

镁铝尖晶石具有良好的性能,但天然产量极少,工业用镁铝尖晶石砂多为人工合成法制取。用含 MgO 和 Al_2O_3 原料合成镁铝尖晶石砂的方法有烧结法和电熔法,当尖晶石在制品中的含量(质量分数)不超过 15%时,也可以按尖晶石的组成和在制品中的含量配料,在制品的烧成过程中直接形成尖晶石。

6.5.3.1 *烧结法合成镁铝尖晶石砂*

烧结法合成镁铝尖晶石的含 Al_2O_3 原料可以是氢氧化铝、烧结氧化铝、板状氧化铝和铝矾土等;含 MgO 原料则可以采用碳酸镁、氢氧化镁、轻烧镁粉和烧结氧化镁等。

将原料按要求组成配料,共同细磨,压球(坯),于 1750℃以上的回转窑或竖窑中高温煅烧,即得烧结合成镁铝尖晶石。

另外,将压制的合成尖晶石生料球在 1200~1300℃的低温下煅烧,可制得活性尖晶石,与烧结尖晶石不同,活性尖晶石中含未反应的 Al_2O_3 10%~15%,MgO 5%~10%。

烧结法合成镁铝尖晶石,由于合成原料总含量有些 SiO_2、CaO、Fe_2O_3 等杂质,所以在合成砂中除主晶相 $MgAl_2O_4$ 外,常含有 Mg_2SiO_4、$CaMgSiO_4$ 等矿物和多余的 Al_2O_3(富铝)或 MgO(富镁)。

烧结镁铝尖晶石和活性镁铝尖晶石的性质见表 6-56 和表 6-57。表 6-58 则为烧结镁铝尖晶石的国家黑色冶金行业标准(YB/T 131—1997)。

表 6-56 烧结镁铝尖晶石的性质

原料类型		化学组成/%						体积密度/g·cm^{-3}
		Al_2O_3	MgO	Na_2O	Fe_2O	SiO_2	CaO	
烧结镁铝尖晶石	JMA66	65.36	33.45	0.17	0.21	0.25	0.36	3.26
	JMA78	77.16	21.57	0.25	0.18	0.29	0.35	3.26
	JMA90	89.76	9.32	0.29	0.09	0.21	0.18	3.35

续表 6-56

原料类型		化学组成/%						体积密度/g·cm^{-3}
		Al_2O_3	MgO	Na_2O	Fe_2O	SiO_2	CaO	
电熔镁铝尖晶石	MA66	68.17	30.44	0.08	0.46	0.33	0.46	
	MA75	75.97	23.2	0.10	0.35	0.44	0.37	
	MA85	84.12	14.70	0.14	0.32	0.31	0.31	

表 6-57 活性尖晶石理化性能

种类	化学组成/%						比表面/m^2·g^{-1}	1700℃煅烧后		
	MgO	Al_2O_3	SiO_2	Fe_2O_3	CaO	Na_2O		灼减/%	收缩/%	体积密度/g·cm^{-3}
富 MgO	30.3	68.5	0.3	0.4	1.0	0.3	7	1.5	17	3.45
富 Al_2O_3	24.4	74.2	0.3	0.4	0.4	0.3	7	1.0	17	3.45

表 6-58 烧结镁铝尖晶石理化指标(YB/T 131—1977)

牌号	化学组成/%			体积密度/g·cm^{-3}	粒度组成
	Al_2O_3	MgO	SiO_2		
HMAS-75	74~76	22~24	≤0.20	≥3.25	0~30mm,其中小于 1mm 者不超过 5%
HMAS-65	64~66	32~34	≤0.25	≥3.20	
MAS-58	58~62	28~32	≤4.00	≥3.00	
MAS-54	54~56	34~36	≤3.50	≥3.15	
HMAS-50	49~51	47~49	≤0.35	≥3.25	

6.5.3.2 电熔法合成镁铝尖晶石

电熔法合成尖晶石,可以选用各种纯度的含铝含镁原料。在合成尖晶石的配料中 MgO 含量一般在 35%~50%范围内选定。MgO 过高或过低对合成砂的熔化都不利,由于黏度高而使熔体难以浇注。而加入铬矿则对熔体的熔化和浇注都有益。

配制的混合料可以在倾动式电炉或旋涡熔化炉中熔化。旋涡式熔化炉可以熔制各种配方的电熔尖晶石,它是将选定比例的混合料在该炉内加热到高于熔化温度 150~250℃(熔池内的极限温度为 2300℃),所以可熔炼熔点不高于 2100~2150℃的材料。电熔块的不同位置,其结构是不同的,一般在上部和周边的蜂窝形气孔数量多,其中符合尖晶石理论组成的熔块气孔率最大,但含有过量的 MgO 或加 Cr_2O_3(以铬矿形式加入)熔块的气孔率较低。因此,生产电熔尖晶石的工艺关键是如何获得具有均匀结构的产品,同时适当排除气孔以减少产品的气孔率偏析。另外,加入 Cr_2O_3 还可以提高熔融材料的耐高温性能。

尖晶石熔块的尖晶石含量在 80%~90%以上,其余为硅酸盐和玻璃状物质。尖晶石熔块中,高于最低共熔点温度下结晶的无杂质尖晶石称为一次尖晶石;而在低于最低共熔点温度下析出的尖晶石(有方镁石夹杂)固溶体称二次尖晶石。通常二次尖晶石在熔块上部结晶,而一次尖晶石则主要在熔块下部结晶。

无 Cr_2O_3 电熔尖晶石的晶格参数同正常尖晶石相近,加 Cr_2O_3 时则发现晶格明显畸变,表明 Cr_2O_3 按置换型固溶体溶于尖晶石晶格之中。

通过控制出炉体的冷却速度,可以制得结晶程度不同的电熔尖晶石。用结构缺陷较高的尖晶石生产镁尖晶石制品时可以保证在烧成时具有所要求的烧结活性。

电熔镁铝尖晶石的组成和性质见表 6-59。

表 6-59 电熔镁铝尖晶石的组成和性质

级别	化学组成/%								体积密度 /g·cm^{-3}	气孔率 /%
	MgO	Al_2O_3	SiO_2	Fe_2O_3	CaO	Na_2O	TiO_2	其他		
A 级高	41.61	56.52	0.93	0.15	0.53	0.21			3.52	0.96
B 级中	34.68	57.36	4.38	0.14	0.55	0.07	1.67		3.38	5.25
A 级	25~26	72.00	<1.50					<1.50	3.30	4~6
A 级	36.0	60~62	<2.00					<2.00	3.30	4~6
B 级	23~24	65~68	<5.50					<4.00	3.30	4~8
B 级	28~29	60~62	<5.50					<4.00	3.25	4~8

注:A 级以工业氧化和轻烧镁粉为原料;B 级以高铝钒土和轻烧氧化镁为原料。

6.5.4 铁铝尖晶石

铁铝尖晶石的分子式为 $FeAl_2O_4$ 或 $FeO\cdot Al_2O_3$,理论组成(质量分数)为:FeO 41.23%,Al_2O_3 58.62%,熔点为 1800~1820℃[1],1750℃以下稳定存在[2]。理论密度为 4.39g/cm^3,莫氏硬度为 7.5,线膨胀系数为 $(8.2\sim9.0)\times10^{-6}$℃$^{-1}$,多呈八面体结晶。铁铝尖晶石具有尖晶石材料的基本特性,耐高温、抗侵蚀、耐热震以及耐磨损等。铁铝尖晶石自然界存在很少,一般需要通过人工合成制取。

铁铝尖晶石中的 FeO 和 Al_2O_3 容易与水泥熟料反应形成 C_4AF 相,而 C_4AF 是良好的窑皮结合相,将铁铝尖晶石引入镁砖中,能够显著地提高其挂窑皮性能,并且可以改善其高温柔韧性,非常适合做水泥回转窑内衬材料,近年来采用铁铝尖晶石制备的方镁石-铁铝尖晶石砖在水泥回转窑高温带使用,取得了良好的使用效果,是取代水泥回转窑用镁铬砖的一种理想的耐火材料[9]。

6.5.4.1 烧结法合成铁铝尖晶石

烧结法合成铁铝尖晶石含 FeO 的原料可以是铁鳞、铁红、高铁镁砂等,含 Al_2O_3 原料可以是工业氧化铝、α-氧化铝微粉、白刚玉、镁铝尖晶石和铝矾土等;为了控制气氛,通常加入适量的石墨或通入氮气。研究表明以工业氧化铝为氧化铝源合成铁铝尖晶石的合成率高,晶体发育完整,晶格常数接近理论值 0.8148nm。

将原料按要求组成配料,共同细磨,压球(坯),于 1540℃以上的高温电炉或隧道窑高温煅烧,即得烧结合成铁铝尖晶石。

以工业氧化铝、铁磷铝钙石、石墨粉为原料,隧道窑内反应烧结合成高纯度铁铝尖晶石的最佳条件是窑炉气氛 $V(O_2):V(CO)$ 为 0.3,煅烧温度为 1540℃,保温时间为 5h。在最佳条件下合成的铁铝尖晶石结晶性好、外形规则,粒径约为 6μm,含量可达到 98.26%。

TiO_2 和 MgO 对合成的铁铝尖晶石有一定的影响。TiO_2 参与铁铝尖晶石的结晶、长大,TiO_2 会进入铁铝尖晶石的晶格,以复合尖晶石的形式存在,使晶格常数增大,TiO_2 的量大于 3%时,铁铝尖晶石发生分解。MgO 参与铁铝尖晶石的合成,并以 Mg^{2+} 的形式进入铁铝尖晶石的晶格,Mg^{2+} 占据铁铝尖晶石中四面体和八面体的位置,造成铁铝尖晶石晶格常数变大,MgO 含量大于 5%时,铁铝尖晶石的衍射峰的偏移出现拐点,结晶形貌发生明显变化。

SiO_2 的存在没有进入铁铝尖晶石的晶格,而是以 $FeO-Al_2O_3-SiO_2$ 三元系统组分的非晶态形式存在于铁铝尖晶石晶间。

烧结法合成铁铝尖晶石的性质和理化指标见表 6-60。

表 6-60　烧结法和电熔法合成铁铝尖晶石的基本特点

项目		烧结法合成		电熔法合成	
控制方式		控制碳量（掺加或埋入石墨中）	通入惰性气体（氮气或氩气）	真空中	控制碳量（掺石墨）
所用原料		铁鳞、刚玉、特级矾土、石墨	Fe_2O_3 粉、Al_2O_3 粉、石墨及少量 MgO	Fe_2O_3 微粉、Al 微粉、活性 Al_2O_3 微粉	铁鳞、Al_2O_3 粉、石墨及少量 MgO
合成温度/℃		1550	1450~1550		
化学组成（质量分数）/%	FeO		-41	-41	45~50
	Al_2O_3		-58	-58	45~50
	MgO		1~5		1~5
	其他		<1	<1	<3
物相		$(Fe_{0.807}Al_{0.193})\cdot(Al_{1.807}Fe_{0.193})O_4$、$Fe_2O_3$、$\alpha-Al_2O_3$	$FeO\cdot Al_2O_3$ 和少量 $Mg(Fe\cdot Al)_2O_4$	$FeO\cdot Al_2O_3$	$FeO\cdot Al_2O_3$、$MgO\cdot Al_2O_3$、Mg(Fe)O 等为主的复合固溶体
优点		工艺简单，成本低	能合成纯相铁铝尖晶石	能合成纯相铁铝尖晶石；不需要控制气氛，工艺易控制；能耗低	工艺易控制；能合成质量分数高达 97% 的铁铝尖晶石
缺点		气氛难控制；铁铝尖晶石含量低，最高达 80%~90%（质量分数）	工艺较复杂，成本高	纯固相反应，要求原料足够细且混合均匀	效率低，能耗高，成本高

6.5.4.2　电熔法合成铁铝尖晶石

电熔法合成铁铝尖晶石的原料为 Fe_2O_3 粉（Fe_2O_3 含量≥90%）或铁鳞、工业氧化铝（Al_2O_3 含量≥98.5%）和轻烧氧化镁粉（MgO 含量≥90%）。配料时氧化铝比理论值稍微过量，如图 6-20 所示，其中图 6-20a 为不足量，图 6-20b 为稍有增加。采用石墨电极营造弱还原气氛，引入氧化镁活化 FeO 和 Al_2O_3 晶格，促进铁铝尖晶石的生成[9~18]。

电熔法合成铁铝尖晶石的性质和理化指标见表 6-60。

适宜的电流和电压下，熔炼多采用半敞弧方式，适合快速冷却工艺。慢冷熔块的上、中、下部的化学成分及矿相是有很大差异的，见表 6-61。

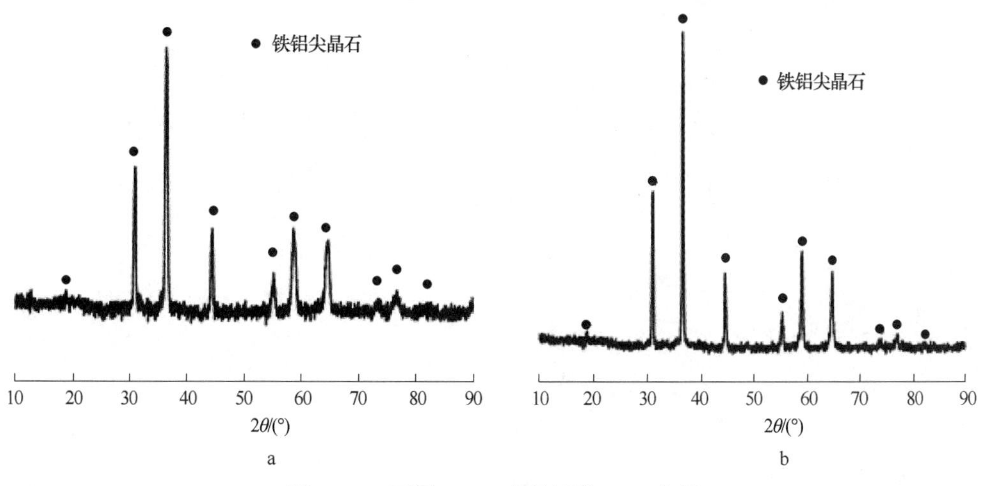

图 6-20　不同 Al_2O_3 含量试样 XRD 分析

a—Al_2O_3 48.32%；b—Al_2O_3 54.21%

表 6-61 熔块上、中、下部的成分

位置	规格	化学成分(质量分数)/%		
		Al_2O_3	SiO_2	Fe_2O_3
上	块	54.65	0.14	42.25
中	块	43.24	0.29	55.06
下	块	53.24	0.15	43.85

参考文献

[1] 王恩慧．菱镁耐火材料[M]．沈阳:辽宁科学技术出版社,1999.

[2] 袁润章．胶凝材料学[M]．北京:中国建筑工业出版社,1980.

[3] 阿尔珀 A M. 碱性耐火材料[M]．李广平,译. 北京:冶金工业出版社,1980.

[4] 切斯特斯 J M. 耐火材料生产和性能[M]．毛东森,等译．北京:冶金工业出版社,1982.

[5] 王维邦．耐火材料工艺学[M].2 版．北京:冶金工业出版社,1994.

[6] 吉木文平．耐火物工学[M]．东京:技报堂,昭和 37 年．

[7] 林彬荫,吴清顺．耐火矿物原料[M]．北京:冶金工业出版社,1989.

[8] 田凤仁,等．96 国际耐火材料学术会议论文集[C]．海口,1996.

[9] 廖玉超,刘百宽,张巍,等．铁铝尖晶石的组成和结构[J]．耐火材料,2014,48(5):348~351.

[10] 陈肇友,柴俊兰,李勇．氧化亚铁与铁铝尖晶石的形成[J]．耐火材料,2005,69(3):207~210.

[11] 张艳利,谢朝晖,李志刚,等．铁铝尖晶石的合成及应用研究进展[J]．耐火材料,2014,48(6):471~474.

[12] 陈俊红,封立杰,孙加林,等．铁铝尖晶石的合成及镁铁铝尖晶石砖的性能与应用[J]．耐火材料,2011,45(6):457~461.

[13] 李森,封立杰,王前,等．隧道窑反应烧结合成铁铝尖晶石[J]．非金属矿,2016,39(2):53~55.

[14] 陆兆鑫,李志坚,吴峰,等．不同氧化铝源对合成铁铝尖晶石的影响[J]．人工晶体学报,2015,44(5):1320~1324.

[15] 陈俊红,闫明伟,宿金栋,等．含 Mg^{2+} 铁铝尖晶石晶体结构的研究[J]．人工晶体学报,2015,44(11):3119~3123.

[16] 陈俊红,闫明伟,刘东方,等．TiO_2 含量对铁铝尖晶石晶体结构影响的研究[J]．人工晶体学报,2016,45(2):346~349.

[17] 陈俊红,闫明伟,宿金栋,等．反应烧结法合成铁铝尖晶石中二氧化硅的赋存状态[J]．硅酸盐学报,2015,43(3):340~344.

[18] 陈德亮,张长喜,朴永林．电熔铁铝尖晶石的工业生产及产品特性与应用[C]．新形势下全国耐火原料发展战略研讨会,山西太原,2014:192~196.

7 轻质耐火原料

隔热耐火原料是指可以起到隔热作用的天然的或人工的耐火原料，又称轻质保温材料。它使用的目的主要是用来降低热工窑炉的能耗，减轻炉体质量，减少蓄热。其中，天然轻质原料有硅藻土、蛭石、珍珠岩等；人工制造的原料有漂珠、空心球、耐火纤维、矿棉以及六铝酸钙等。隔热耐火原料按使用温度分为低温（<900℃）隔热材料，如硅藻土、矿棉、蛭石、珍珠岩等；中温（900～1200℃）隔热材料，如漂珠、石英纤维、硅酸铝纤维等；高温（>1200℃）隔热材料，如高铝纤维、氧化铝纤维、莫来石纤维、氧化铝空心球、六铝酸钙等[1~4]。中高温所用的耐火纤维详见第20章。表7-1列出了耐火材料常用轻质原料的使用温度和堆积密度。

表7-1 常用轻质原料的使用温度和堆积密度[1,4]

名称	一般使用温度/℃	堆积密度/kg·m^{-3}
浮石	<500	500～600
蛭石	800～1000	80～150
陶粒	<1000	400～1000
膨胀珍珠岩	<800	50～400
漂珠	<1000	250～600
轻质砖砂	<1200	400～1300
黏土质多孔熟料	<1300	800～1000
氧化铝空心球	<1750	450～1000
莫来石球形骨料	<1500	700～1000
微孔刚玉	<1700	3200～3400
六铝酸钙	<1600	700～950
氧化锆空心球	<2000	1600～3000

7.1 天然轻质原料

7.1.1 硅藻土

硅藻土（Diatomite）是一种成因于生物的硅质沉积岩，硅藻壳5～400μm，含有大量的微小气孔，孔隙率达80%～90%，有良好的隔热性能。硅藻土颜色多为白色或灰白色，颗粒细小（0.5mm左右），多孔质轻，堆积密度在160～720kg/m^{3}之间，热导率很小。堆积密度是评价硅藻土质量好坏的一个重要指标，堆积密度越小，原土质量越好。SiO_2是硅藻土的主要成分，通常在80%以上，最高可达94%。硅藻土中SiO_2含量达到60%以上即可列入开采、利用的范围。SiO_2含量越高质量越好[5]。

硅藻土矿产品按粒径分为粉矿（≤0.25mm，即A类矿）和块矿（≥0.25mm，即B类矿）。粉矿具体分为≤0.25mm、≤0.15mm、≤0.106mm、≤0.075mm、≤0.045mm等5种规格。

硅藻土矿产品按质量分别分为一级品、二级品、三级品。

产品代号举例：DA-2-150中DA表示硅藻土A类产品，2表示二级品，150表示粒径小于0.150mm。

硅藻土的外观质量见表7-2。

表7-2 硅藻土的外观质量[6]

产品代号	外观要求
DA-1	白色、松散，不允许有外来夹杂物
DA-2	白色或接近白色、松散，不允许有外来夹杂物
DA-3	颜色无具体要求、松散
DB-1	白色，不允许有外来夹杂物
DB-2	白色或接近白色，不允许有外来夹杂物
DB-3	颜色无具体要求，不允许有明显夹杂物

纯硅藻土的耐火度一般可达1730℃，但当加热到1000℃以上时，硅藻壳即转化为方石英，发生显著收缩而破坏硅藻壳，失去保温作用。因此，当使用硅藻土作隔热材料时，一般最高使用温度只限于900℃。硅藻土的矿物组成见表7-3。由于硅藻土的吸水性强，故多用于捣打成型的轻质填充料。表7-4列出了硅藻土的一般性质。表7-5列出了不同产地硅藻土的理化性能。

表 7-3 硅藻土的矿物组成[5]

名称	矿物组成				
	硅藻	碎屑矿物	黏土类矿物	铁质物	有机物
白土	50%左右	20%左右,主要是石英,钾长石次之,斜长石少量	30%左右,主要为蒙脱石、绢云母,少量高岭石、多水高岭石	氧化铁微量	微量
蓝土	50%左右	10%~15%,主要为石英、钾长石,斜长石少量	20%~25%,主要为高岭石、多水高岭石,绢云母次之,蒙脱石少量	10%左右菱铁矿	少量

表 7-4 硅藻土的一般性质

化学成分(质量分数)/%					LOI/%	热导率/W·(m·K)$^{-1}$			
SiO_2	Al_2O_3	Fe_2O_3	CaO	MgO					
63~90	3~20	1~4	0~2	0~1.5	4~8	0.251(50℃)	0.276(100℃)	0.310(200℃)	0.326(300℃)

表 7-5 不同产地硅藻土的理化性能[5]

产地	化学成分/%								LOI/%	体积密度/g·cm^{-3}	孔体积/cm^3	比表面积/m^2·g^{-1}
	SiO_2	Al_2O_3	Fe_2O_3	CaO	MgO	TiO_2	K_2O	Na_2O				
吉林长白	87.31	4.34	1.27	0.46	0.32	0.28	0.57	0.49	4.96	0.34	0.43	20.6
吉林临江	86.43	4.57	1.17	0.30	0.40	0.31	0.54	0.57	5.83	0.34	0.45	20.3
吉林敦化	73.36	11.76	3.87	1.17	1.28	0.51	0.67	0.73	7.97	0.58	1.21	47.7
云南寻甸	70.28	13.41	4.96	1.31	1.17	0.41	0.72	0.63	7.03	0.60	1.26	50.7
云南腾冲	86.71	4.32	1.32	0.40	0.36	0.21	0.62	0.54	5.86	0.33	0.46	23.5
浙江县	71.46	12.81	4.31	1.27	1.07	0.43	0.78	0.65	6.32	0.58	6.40	45.8
山东临朐	75.89	9.87	4.01	1.21	0.94	0.25	0.36	0.47	6.71	0.41	0.91	63.8
四川米易	71.82	13.24	3.71	1.91	0.87	0.41	0.57	0.62	6.21	0.62	0.63	37.6
美国 1	86.30	4.50	1.57	1.43	0.10	0.20	—	—	4.00	—	—	—
美国 2	73.60	7.80	1.80	5.60	0.30	—	—	—	3.80	—	—	—

7.1.2 蛭石

蛭石(Vermiculite)是由黑云母、金云母等矿物组成的层状硅酸盐矿物。颜色为褐色、黄色、金黄、青铜黄色,硬度为 1~1.5,密度为 2.4~2.7g/cm^3,熔点为 1300~1370℃。蛭石的结构式一般为 $(Mg,Fe^{2+},Fe^{3+})_2[(Si,Al)_4O_{10}](OH)_2 \cdot 4H_2O$,化学成分波动较大,主要取决于其中云母的成分,一般 MgO 14%~23%,Fe_2O_3 1%~3%,SiO_2 37%~42%,Al_2O_3 10%~13%,H_2O 8%~18%以及 5%以下的 K_2O[4]。我国常见蛭石和其他一些国家蛭石的化学成分见表 7-6。

蛭石加热到 200℃时开始发生体积膨胀,密度开始降低至 600~900kg/m^3,呈银白色或黄色,有金属光泽。完全灼烧后,密度可降低至 100~130kg/m^3,热导率也很小,为 0.05~0.06W/(m·K)。膨胀蛭石是一种良好的隔热材料,但由于强度太低且不能防水,不适宜用于对强度有要求的地方。蛭石的使用温度最高可达 1100℃,一般可用作轻质浇注料的骨料及涂料、填料等。表 7-7 示出了我国膨胀蛭石的主要技术指标。

表 7-6 蛭石的化学成分[4] (%)

产地		化学成分								LOI
		SiO_2	Al_2O_3	Fe_2O_3	FeO	MgO	CaO	TiO_2	R_2O	
中国	河南	42.46	18.16	6.97		20.04	0.90			3.35
	内蒙古	42.23	17.59	3.47		21.61	0.78			12.15
	山东	43.27	18.37	6.49		18.78	2.55			5.67
	河北	38.41	14.57	23.42		11.15	0.89			5.67
日本福岛		37.61	16.98	17.32	1.03	7.81	0.91	2.48	5.28	6.69
美国巴尔的摩		36.12	13.90	4.24	0.68	24.84	0.18	0.24		18.98
肯尼亚		35.66	12.48	7.47	0.48	21.51		1.81	1.66	18.64
加拿大蒙特利尔		46.5	3.3	0.4	25.9					22.6

表 7-7 膨胀蛭石的技术指标[4]

级别	一级	二级	三级
体积密度/$g \cdot cm^{-3}$	0.1	0.2	0.3
允许工作温度/℃	1000	1000	1000
热导率/$W \cdot (m \cdot K)^{-1}$	0.046~0.058	0.052~0.063	0.058~0.069
粒径/mm	2.5~20	2.5~20	2.5~20
颜色	金黄	深灰	暗黑

7.1.3 珍珠岩

珍珠岩(Perlite)是一种火山喷发的酸性熔岩,经急速冷却而成的玻璃质岩石,因其具有珍珠裂隙结构而得名。珍珠岩经 400~500℃ 预热,在 1180~1350℃ 高温下膨胀(1300℃ 时膨胀 7~30 倍),就形成了富含闭口和开口气孔的膨胀珍珠岩,它是一种无毒无味、耐酸、耐碱的非金属球状空心珠。膨胀珍珠岩密度小,为 40~200kg/m^3,热导率低,200~500℃ 时为 0.028~0.048W/(m·K),吸湿性小,安全使用温度一般为 800℃。

7.1.3.1 矿物性质

A 物理性质

珍珠岩矿包括珍珠岩、黑曜岩和松脂岩。三者的区别在于珍珠岩具有因冷凝作用形成的圆弧形裂纹,称珍珠岩结构,含水量为 2%~6%;松脂岩具有独特的松脂光泽,含水量为 6%~10%;黑曜岩具有玻璃光泽与贝壳状断口,含水量一般小于 2%。珍珠岩的主要物理性质见表 7-8。

表 7-8 珍珠岩的主要物理性质

颜 色	外 观	莫氏硬度	密度/$g \cdot cm^{-3}$	耐火度/℃	折光率	膨胀倍数
黄白、肉红、暗绿、灰、褐棕、黑灰等色,其中以灰白-浅灰为主	断口呈参差状、贝壳状、裂片状,条痕白色,碎片及薄的边缘部分透明或半透明	5.5~7	2.2~2.4	1300~1380	1.483~1.506	4~25

B 化学成分

珍珠岩矿石的一般化学成分见表 7-9。从化学成分上看,珍珠岩属于酸性耐热保温原料。但由于其较高的 K_2O 和 Na_2O 含量,导致其耐火度降低。因此，不管是珍珠岩或者膨胀珍珠岩都不是严格意义上的耐火材料。但由于膨胀珍珠岩极低的体积密度和热导率，因此它是很好的保温材料，如珍珠岩保温砖、珍珠岩保温浇注料等。表 7-10 示出了我国部分产地珍珠岩的化学成分。

表 7-9 珍珠岩矿石的一般化学成分 (%)

SiO_2	Al_2O_3	Fe_2O_3	CaO	K_2O	Na_2O	MgO	H_2O
68~74	约 12	0.5~3.6	0.7~1.0	2~6	2~5	0.3	2.3~6.4

表 7-10 我国部分产地珍珠岩、松脂岩、黑曜岩的化学成分[6]

类型	产地	SiO_2	Al_2O_3	TiO_2	CaO	MgO	Fe_2O_3	FeO	K_2O	Na_2O	MnO	H_2O^+	H_2O^-	LOI
珍珠岩	福建政和	72.33	12.42		0.67	0.15	1.00		4.40	4.02		4.88		
	浙江缙云	71.76	11.68		0.68	0.36	1.00	0.48	3.87	3.60	0.19	5.57		
	安徽宣城	71.13	12.60	0.07	1.26	0.18	0.60	0.40	4.21	1.90		6.08	1.16	
	湖北鄂城	70.13	13.95		0.79	0.57	1.35	0.40	3.20	4.36		4.02	1.56	3.65
	山东莱阳	71.94	12.63		1.55	0.19	0.55	0.36	1.96	4.12		6.44		
	河南信阳	72.93	12.90	0.05	0.76	0.16	0.53	0.18	5.30	2.57	0.06			4.97
	河南罗山	71.20	12.53		0.72	0.10	0.72	0.39	5.04	3.36		4.97	0.64	4.78
	河北张家口	70.68	12.67	<0.3	0.88	痕量	2.26		3.08	3.77		5.28		5.50
	河北平泉	71.28	11.90	0.05	0.75	0.07	0.49	0.33		4.75	2.75			7.51
	辽宁凌源	72.73	12.39	痕量	0.69	0.33	0.88	0.38	4.18		痕量	5.20		4.15
松脂岩	浙江天台	70.52	12.15		1.97	0.12	1.02		1.97	3.85		8.75		
	浙江半坑	71.91	11.50	0.13	3.76	0.19	1.00		2.16	1.92		6.81		
	湖北鄂城	68.16	14.08		1.22	0.52	0.98	0.38	2.32	3.85		7.88	2.69	7.91
	河北平泉	71.28	11.90	0.05	0.75	0.07	0.49	0.38	4.75	2.75		6.42	1.27	7.51
黑曜岩	河北张家口	72.36	12.76	0.94	0.60	0.10	3.36	0.30	4.49	3.34	0.17		2.25	

7.1.3.2 *矿石类型、分级*

珍珠岩、松脂岩和黑曜岩三种类型的岩石均具有在瞬时高温条件下膨胀的特性。珍珠岩的矿石类型见表 7-11。珍珠岩矿石的品级划分见表 7-12。质量分级标准见表 7-13。影响珍珠岩膨胀性能的因素见表 7-14。

表 7-11 珍珠岩的矿石类型

矿石类型	矿物组成	矿石特征	构造特征	含水量/%
珍珠岩	主要成分为块状、多孔状、浮石状珍珠岩，含少量透长石、石英的斑晶、微晶及各种形态的雏晶、隐晶质矿物、角闪石等	圆弧形裂纹，断口呈参差状，珍珠光泽，风化后为油脂光泽，条痕白色	流动构造发育	2~6
松脂岩	主要成分为松脂岩，水解松脂岩和水化松脂岩，含少量透长石和白色凝灰物质，呈不规则分布	断口呈贝壳状，松脂光泽，条痕白色	流动构造发育	6~10
黑曜岩	主要成分为黑曜岩，黑曜斑岩和水化黑曜岩，含少量石英、长石斑晶，极少量不透明的磁铁矿、刚玉等	断口平坦或呈贝壳状，部分参差状，玻璃光泽，风化后为油脂光泽，条痕白色	流动构造发育	<2

表 7-12 珍珠岩矿石品级划分

类 型	膨润土含量/%	膨胀倍数	矿石品级
珍珠岩	<10	≥15	一级品
脱玻化珍珠岩	10~40	7~15	二、三级品
强脱玻化珍珠岩	>40~65	<7	夹石

表 7-13 质量分级标准

等级	膨胀倍数 K_0	外观特征	折光率	Fe_2O_3/%
一级（优质矿石）	>20	具有明亮的玻璃光泽或松脂光泽，碎片透明	一般<1.5	一般<1.0
二级（中等矿石）	10~20	具有玻璃光泽或松脂光泽	一般>1.5	一般>1.0
三级（劣等矿石）	<10	光泽较晦暗，有的局部呈土色光泽；碎片不透明，有的呈角砾构造或显著流纹		

表 7-14 影响珍珠岩膨胀性能的因素[7]

影响因素	膨胀性能
玻璃质透明度和结构发育程度	玻璃质由透明、半透明至不透明，珍珠岩结构由极发育、较发育至不发育，膨胀倍数相应地由大变小
透长石及石英斑晶含量	玻璃质中透长石及石英斑晶的存在不利于矿石的膨胀；具有斑晶的珍珠岩膨胀后，其气孔相互连通，造成孔隙过大，影响绝热性能
铁含量	矿石铁含量过高，影响产品的颜色，且有降低膨胀效果的趋势
含水量	矿石含水量是影响产品质量的因素之一

7.1.3.3 主要用途

珍珠岩矿砂在烧制过程中，由于加工工艺和烧制温度不同，生成的产品性能有所不同，膨胀倍率不同，产品可分为闭孔膨胀珍珠岩、开口膨胀珍珠岩、玻化微珠等三类。闭孔膨胀珍珠岩克服了传统开口膨胀珍珠岩吸水率大、流动性差、强度低、施工难度大和导热系数高等缺陷[8]。表 7-15 列出了闭孔珍珠岩和传统开口珍珠岩的性能指标。

表 7-15 闭孔珍珠岩和开口珍珠岩典型理化性能

性能指标	闭孔珍珠岩	传统开口珍珠岩
粒度/mm	0.1~1	0.15~3
容重/$kg \cdot m^{-3}$	100~200	70~250
热导率/$W \cdot (m \cdot K)^{-1}$	0.045~0.058	0.047~0.074
成球率/%	70~90	0
闭孔率/%	>95	0
吸水率（真空抽滤法测得）/%	50~85	360~480
筒压强度（1MPa 压力下的体积损失率）/%	38~46	76~83
耐火度/℃	1280~1360	1250~1300
使用温度/℃	<800	<800

决定珍珠岩原料是否有工业价值，主要是它们经高温焙烧后的膨胀倍数和产品容重。下面为珍珠岩的主要工业考核指标。

(1)膨胀倍数 K_0>5 倍。

(2)堆积密度不大于 200kg/m³。

一般质量要求为：

(1)玻璃质纯洁，透明度好，颜色浅的多属优质。

(2)没有或有轻微脱玻璃化作用；脱玻璃化作用严重的属劣质。

(3)化学成分：SiO_2 约 70%，H_2O 4%～6%；Fe_2O_3 小于 1%的为优质，Fe_2O_3 大于 1%的为中劣质。

膨胀珍珠岩是珍珠岩焙烧后的产品，具有容重轻、热导率低、耐火度高、隔声性能好、孔隙细微、化学性能稳定和无毒无味等性质，广泛应用于工业领域。膨胀珍珠岩的主要用途见表 7-16。

表 7-16 膨胀珍珠岩的主要用途

应用领域	主要用途
建筑工业	混凝土骨材；质轻、保温的隔热吸声板；防水屋面和轻质防冻、防震、防火和防辐射等高层建筑工程墙体的填料、灰浆等建筑材料；各种工业设备的管道绝热层；各种冷库的内壁；低沸点液体、气体的贮罐内壁和运输工具的内壁等
助滤剂和填料	制作分子筛，用作过滤剂、去污剂；用于酿酒、制作果汁、饮料、糖浆、糖、醋等食品加工制造过程中过滤微细颗粒、藻类、细菌等；化工塑料、喷漆去毒、净化废油、石油脱蜡、分馏烷、烃；作为搪瓷、釉、塑料、树脂和橡胶业的充填剂；化学反应中的催化剂以及油井灌浆混合剂
农林园艺	土壤改造，如：调节土壤板结，防止农作物倒伏，控制肥效和肥度，以及作为杀虫剂和除草剂的稀释剂和载体
机械、冶金、水电、轻工业	作各种隔热、保温玻璃，矿棉、陶瓷等制品的辅料
其他	精细物品及污染物品的包装材料，宝石、彩石、玻璃制品的磨料，炸药密度调节剂以及污水处理

7.2 合成轻质原料

7.2.1 空心球

空心球是指将氧化铝或氧化锆等原料熔化成液态，以一定的速度流出，用压缩空气将高温熔融液体吹成小液滴，在表面张力和离心力的作用下形成一个个空心小球。主要材质有氧化铝质、莫来石质、铝镁质、铝铬质、铬质和锆质等。国内目前常见的主要有氧化铝质和氧化锆质。

氧化铝质和氧化锆质空心球是不定形耐火材料中应用最多的空心球原料，因其使用温度分别可达 1800℃和 2200℃，所以常用作高温炉衬，可直接与火焰接触。但是由于其壁薄易碎，所以不宜捣打成型，以振动成型较佳。氧化铝空心球是制造高档隔热耐火材料的优质原料。氧化铝空心球的壁厚和密度对由其所制成的隔热制品的体积密度和导热系数有直接影响，它们取决于制球时的氧化铝纯度和吹制工艺。表 7-17 列出了空心球原料的典型理化性能。

表 7-17 空心球原料的典型理化性能

项目		国外			国内	
		铝质	锆质	铝镁质	铝质	锆质
物理性质	晶型	α-Al_2O_3	立方 ZrO_2 为主		α-Al_2O_3	立方 ZrO_2 70%～80%
	堆积密度/kg·m^{-3}	500～800	1600～3000		500～900	1200～2500
	熔点/℃	2040	2550	2300		
	热导率/W·(m·K)$^{-1}$	(热面温度1100℃)1.67	(热面温度1000℃)1.09			

续表 7-17

项目		国外			国内	
		铝质	锆质	铝镁质	铝质	锆质
化学成分/%	Al_2O_3	99.2	0.4~0.7	60~80	99.76	0.17
	SiO_2	0.7	0.5~0.8	<0.1	0.22	1
	Fe_2O_3	0.03	0.2~0.4	<0.2	0.05	0.04
	CaO		3~6	<0.5		3.78
	ZrO_2		92~97			96.1
	MgO			20~40		
	Na_2O	0.14		0.2		
	TiO_2		0.2~0.4			
最高使用温度/℃		2000	2430	1900	1800	2300

7.2.2 轻质莫来石骨料

天然轻质耐火原料最高使用温度一般不超过1200℃，而莫来石轻质骨料使用温度高达1200~1500℃，扩宽了轻质耐火材料的使用温度区间，可与火焰或金属熔体直接接触，用于部分窑炉的内衬。

合成莫来石轻质骨料所采用的原料有铝矾土、高岭土、工业氧化铝、煅烧氧化铝、硅石粉、复合矿化剂等，通过破碎、共磨、配料、混料、成型、干燥后，再经1500~1700℃高温煅烧，促使充分莫来石化。

轻质骨料内部分布大量的微米尺度的封闭气孔，成孔方法主要有可燃物烧尽法和颗粒堆积法。在微孔轻质骨料中，莫来石一般呈针状或短柱状结晶，并形成网状编织结构，赋予耐火制品较高的强度。另外，网架状多孔隙结构使轻质骨料具有较高的气孔率。由于刚玉呈圆粒状结晶，填充在莫来石骨架中，难于形成较多的孔隙，因此，骨料中刚玉相不宜过高[9]。

以铝矾土为主要原料，经过破粉碎后加水搅拌制成浆体，将料浆输送到喷雾塔，在高压驱动下雾化喷出，沉降过程中鼓入热空气干燥成型，于回转窑中高温烧结，经筛分后可制备成不同粒度的轻质莫来石球形骨料[9]。

轻质莫来石球形骨料的物相主要为莫来石相和少量玻璃相。颗粒表面的突起或尖角处，由于化学位差异的影响，优先溶解，发生黏滞流动，使固相颗粒表面光滑化和球化，修补颗粒表面由于内部烧失物的挥发而形成的孔道，促进球形颗粒表面致密化。球形莫来石骨料外表面光滑致密，可降低浇注料的成型加水量，减小气孔对抗渣性的不利影响。球形骨料还可以减少物料间的摩擦力，提高流动性。球体内部为蜂窝网络状多孔结构，与莫来石致密骨料相比，显著降低了导热系数，800℃下导热系数小于0.3W/(m·K)。受到热冲击时，由于固相颗粒产生的热膨胀可以优先填充微气孔，弥合裂纹，有利于缓解温度变化而产生的热应力，提高材料的热震稳定性[9,10]。轻质莫来石骨料典型理化指标见表7-18。

表 7-18 轻质莫来石球形骨料典型理化性能

检测项目		M45	M70
化学成分/%	Al_2O_3	43~46	68~72
	Fe_2O_3	≤1.5	≤1.2
堆积密度/$g \cdot cm^{-3}$		0.70~1.00	0.70~1.00
体积密度/$g \cdot cm^{-3}$		1.35~1.55	1.45~1.65
显气孔率/%		40~50	40~50

7.2.3 六铝酸钙

六铝酸钙($CaAl_{12}O_{19}$，简写为CA_6)是$CaO-Al_2O_3$系中Al_2O_3含量最高的铝酸钙相，理论密度为3.79g/cm^3，熔点高于1875℃，在铁熔渣中的溶解度低，在还原气氛(CO)中的稳定性高，碱性环境中的化学稳定性好，且对熔融金属和熔渣(钢铁和有色金属)的润湿性低[11]。人工

合成 CA_6 内部晶粒呈各向异性生长,晶粒沿基面优先生长,具有板片状结晶形貌。微孔孔径集中在 1~5μm,25~1400℃时的热导率为 0.15~0.5W/(m·K)。六铝酸钙(CA_6)隔热耐火材料热导率从室温至 1500℃均保持在较低水平。

六铝酸钙的合成方法主要有反应烧结法,电熔法和熔盐法[12,13]。目前仅反应烧结法实现了工业化生产。反应烧结法制备高纯 CA_6 轻质骨料的钙源多采用 $CaCO_3$ 或纯铝酸钙水泥,铝源可采用工业 $\gamma-Al_2O_3$、$\alpha-Al_2O_3$ 微粉或工业 $Al(OH)_3$,合成温度与原料煅烧特性、反应活性有关,一般为 1500~1600℃。当加入 $CaCO_3$ 时,受热分解,产生 CO_2,引入了大量气孔,为 CA_6 的晶体发育提供了空间。CA_6 的微观形貌与成型压力有关,当压力较小时,内部有足够的自由空间使 CA_6 发育成板片状,当压力较大时,因周围空间较小,CA_6 的生长受到抑制,CA_6 可发育成近似等轴状晶体[14]。

CA_6 合成料的典型理化指标见表 7-19。

表 7-19 CA_6 轻质骨料典型理化性能[15]

项 目		典型值	最小值	最大值
化学成分/%	Al_2O_3	91	90	
	CaO	8.5		9.2
	Na_2O	0.4		0.5
	SiO_2	0.07		0.2
	Fe_2O_3	0.04		0.1
物理性能	体积密度/$g \cdot cm^{-3}$	0.80		0.95
	相组成	CA_6 为主晶相,CA_2,$\alpha-Al_2O_3$ 为次晶相		
	粒度规格/mm	3~6, 1~3, <1		

因为兼具优异的隔热性能、高温体积稳定性、热震稳定性、抗渣性能,轻质 CA_6 材料广泛应用于钢铁、有色、陶瓷及石化等行业。在钢铁行业中,CA_6 隔热耐火材料具有良好的热震稳定性和隔热性能,成为钢包预热器和加热炉用耐火纤维制品的替代材料。在炼铝工业中,CA_6 可替代矾土和焦宝石配制轻质隔热浇注料。在陶瓷行业中,用 CA_6 轻质浇注料砌筑的窑车内衬,具有更低的热导率和更高的热震稳定性,寿命高于传统窑车。在石化行业中,因为 CA_6 能在剧烈的还原气氛下保持稳定,可取代空心球,用于与还原性气体 H_2 和 CO 相接触的炉体内衬部位。能源形势日趋紧张,轻质 CA_6 材料将具有更为广阔的应用前景。

7.2.4 漂珠

漂珠是指能浮于水面上的粉煤灰空心微珠。它是从燃烧的煤粉锅炉中排放出来的粉煤灰中分离出来的,多呈灰白色。漂珠的化学组成随所用煤的不同波动较大。漂珠的耐火度随其化学成分的变化而不同,一般波动在 1610~1700℃。粒度多为 20~250μm,比表面积为 3000~3200cm^2/g,真密度为 2.10~2.20g/cm^3,堆积密度为 250~400kg/m^3。漂珠的开始析晶温度为 1100℃,明显析晶温度为 1200~1250℃[6]。漂珠的典型化学成分和物理性能分别列于表 7-20 和表 7-21。

表 7-20 漂珠的典型化学成分 (%)

SiO_2	Al_2O_3	Fe_2O_3	CaO	MgO	K_2O	Na_2O	TiO_2	LOI
55~59	30~36	2~4	1.0~1.5	约 1.0	1.0~1.5	约 0.5	0.7	0.3

表 7-21 漂珠的典型物理性能[7]

Al_2O_3 含量/%	25~30	30~34	35~40
耐火度/℃	1610~1650	1650~1690	1690~1730
热面温度/℃	500	1000	1100
热导率 /W·(m·K)$^{-1}$	0.515	0.653	

由于漂珠的热导率小，保温性能好，耐火度高，常用于各种耐火材料和不定形耐火材料中，是降低耐火材料容重的良好加入物。

7.2.5 陶粒

陶粒是用低熔点黏土、页岩、粉煤灰或煤矸石等原料，经过煅烧而成的球形多孔颗粒[16]。它表面光滑而坚硬，类似熔融或瓷化后颗粒，内部呈蜂窝状，有互不连通的微细气孔。陶粒的特点是容重小，热导率低，强度高，是一种优良的人造轻质原料，在耐火材料中主要用作轻质骨料。

陶粒按所用原料分为黏土陶粒、页岩陶粒、粉煤灰陶粒和煤矸石陶粒等。按颗粒形状和大小分为粗颗粒（粒径大于 5mm）和陶粒砂（粒径不大于 5mm），堆积密度分别小于 900kg/m^3 和小于 1000kg/m^3，筒压强度大于 1.4MPa。

耐火材料一般使用页岩陶粒，化学成分为 Al_2O_3 19% ~ 22%，SiO_2 58% ~ 62%，Fe_2O_3 7% ~ 8%，IL 0.8%~1.2%；筒压强度 2.5MPa，含泥量 0.04%~0.10%，耐火度 1290℃。原皮页岩陶粒的颗粒大小和其对应堆积密度见表 7-22。

表 7-22 原皮页岩陶粒的颗粒大小和堆积密度

粒径/mm	10~5	5~3	3~1	1.2~0.3
堆积密度 /kg·m^{-3}	400	440	480	510

7.2.6 岩棉

岩棉系以精选的玄武岩为主要原料，经高温熔融制成的人造无机纤维。它具有质轻、导热系数小、吸声性能好、不燃、化学稳定性好等特点；是一种新型的保温、隔热、吸声材料。岩棉制品除具有一般岩棉所具有的特点之外，还具有防水、绝热、隔冷等性能，有一定的化学稳定性，即使在潮湿情况下长期使用也不会发生潮解。根据 GB/T 10299 方法试验，其憎水率在 98%以上。由于其制品不含氟、氯，对设备无腐蚀作用，是建筑物、管道、储罐、蒸馏塔、锅炉、烟道、热交换器、风机和车船等工业设备优良的保温、绝热、隔冷、吸声的理想材料。

岩棉主要采用玄武岩、安山岩，按一定比例的颗粒，掺入少量的白云石、矿渣和焦炭，并投入冲天炉内在 1500℃ 的高温下熔化[17]。熔化后的熔融物从炉内流出，经高速四辊离心机的离心辊旋转的切向离心力将熔流分散牵引，形成很细的纤维（纤维直径为 4~7μm），借助高压风的风力将纤维吹入集棉室。

根据生产工艺不同岩棉可分为摆锤法岩棉和沉降法岩棉。摆锤法岩棉将集棉与铺棉工序分开，集棉时将纤维与渣球分离并形成低密度的薄层棉，再通过铺棉时摆动带的往复摆动迭铺，同时调节传送带速度（自动称重反馈），形成均匀分布的高弹性、高强度的岩棉制品。沉降法岩棉采用沉降室收铺棉技术，纤维流股随时间变化，沉降室负压配置不均匀，很难形成沿长度方向纤维密度的均匀分布[18]。

摆锤法岩棉制品叠层多，纤维方向性强，不易分层脱落。20℃时其热导率在 0.035W/(m·K) 左右；在温度 50℃，相对湿度 95%条件下暴露 96h，吸湿率小于 0.2%。抗拉强度、抗沉陷性能及热震稳定性优于沉降法岩棉制品。

现在，国内绝大多数岩棉生产厂家只能用沉降法生产岩棉。其中质量好的岩棉制品加入了憎水剂，吸湿率可降至 0.33%以下。岩棉的主要性能指标见表 7-23。

表 7-23 岩棉的主要性能指标

技术性能	典型指标	国家标准 GB/T 11835—89	备注
纤维平均直径/μm	4~9	≤7.0	
渣球含量/%	4~1	≤12.0	颗粒直径 >0.25mm
酸度系数	≥1.5		$\frac{SiO_2+Al_2O_3}{CaO+MgO}$

续表 7-23

技术性能	典型指标	国家标准 GB/T 11835—89	备注
容重/kg·m^{-3}	≤30	≤30	
热导率 /W·(m·K)$^{-1}$	0.026~0.035	≤0.044	(70±5)℃时

我国的岩棉产业分布较广,除西藏、海南外,全国各地都能生产、加工岩棉产品,但在一些地区相对集中。规模大的企业多数分布在华北(河北)、华东(上海、江苏、浙江)、华南(广东)地区。到2004年底,我国岩棉产业(含岩棉生产和制品)的地区格局已形成[18]。

矿物棉是岩棉、玻璃棉和矿渣棉的统称。以高炉渣、粉煤灰等为原料熔融生产的纤维棉为矿渣棉。

超细玻璃棉系以玻璃为主要原料,用火焰喷吹法生产,其平均直径为3~4mm。玻璃棉制品密度和导热系数一般低于岩棉制品。玻璃棉制品适用于空调风管保温,兼有吸声功能。

岩棉与矿渣棉的组成比较见表7-24。它们组成的差别主要为CaO、Fe_2O_3和Na_2O的含量不同。矿渣棉中的Fe_2O_3大部分已经被还原,炼铁造渣工艺引入了较多的CaO,因而矿渣棉中含有较高的CaO和较低的Fe_2O_3。采用岩棉与矿渣棉制成的保温板的热导率随温度的变化见图7-1。图中表明随着温度的升高,热导率增大,但两者的热导率是相近的。

表 7-24 岩棉和矿渣棉主要化学成分[4]

(质量分数,%)

化学成分	岩棉	矿渣棉
SiO_2	40~50	30~40
Al_2O_3	2~15	5~20
Fe_2O_3	5~15	<2
CaO	10~20	40~50
MgO	5~20	2~10
Na_2O	2~15	—

岩棉和矿渣棉主要用作保温材料,通常制作成岩棉或矿渣棉的制品,如保温管壳、保温毯或保温板等。随着节能和环保技术的不断发展,将不断扩大岩棉类产品的应用领域。

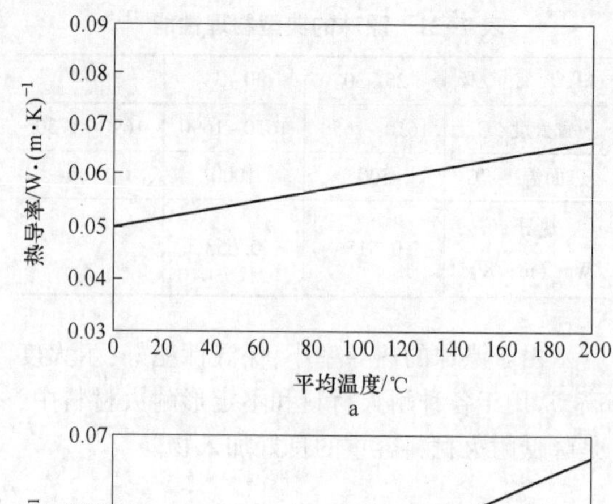

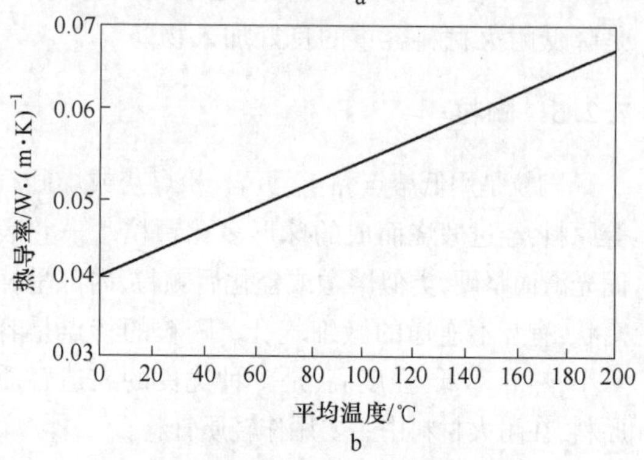

图 7-1 岩棉与矿渣棉制成的保温板的热导率随温度的变化[4]

a—岩棉保温板;b—矿渣棉保温板

参考文献

[1] 钱之荣,范广举. 耐火材料实用手册[M]. 北京:冶金工业出版社,1992.

[2] 张凤亮. 耐火材料购销应用知识大全[M]. 河南:全国冶金产品博览会河南办事处,1995.

[3] 尹汝珊,冯改山,张海川,等. 耐火材料技术问答[M]. 北京:冶金工业出版社,1994.

[4] 邢守渭,等. 中国冶金耐火全书·耐火材料卷[M]. 北京:冶金工业出版社,1997.

[5] 郭海珠,余森. 实用耐火原料手册[M]. 北京:中国建材工业出版社,2000.

[6] 许晓海,冯改山. 耐火材料技术手册[M]. 北京:冶金工业出版社,2000.

[7] 任国斌,君汝珊,张海川,等. Al_2O_3-SiO_2系实用耐火材料[M]. 北京:冶金工业出版社,1988.

[8] 杨晓华,陈传飞,杨博,等. 玻化微珠与闭孔膨胀珍珠岩的性能比较[J]. 新型建筑材料,

2009,36(4):42~44.

[9] 章荣会,黄文生,姚文雷,等. 多孔莫来石骨料及高强轻质莫来石浇注料的研制和应用[J]. 工业炉,1997(1):12~16.

[10] 赵鹏达,赵惠忠,张德强,等. 莫来石轻质球形料结构与性能[J]. 人工晶体学报,2017,46(11):2154~2158.

[11] 陈肇友,柴俊兰. 六铝酸钙材料及其在铝工业炉中的应用[J]. 耐火材料,2011,45(2):122~125.

[12] 陈冲,陈海龚,王俊,等. 六铝酸钙材料的合成、性能和应用[J]. 硅酸盐通报,2009,28(S1):201~205.

[13] 李天清,李楠,李友胜. 反应烧结法制备六铝酸钙多孔材料[J]. 耐火材料,2004(5):309~311.

[14] 李有奇,李亚伟,金胜利,等. 六铝酸钙材料的合成及其显微结构研究[J]. 耐火材料,2004(5):318~323.

[15] 裴春秋,石干,徐建峰. 六铝酸钙新型隔热耐火材料的性能及应用[J]. 工业炉,2007(1):45~49.

[16] 徐平坤,魏国钊. 耐火材料新工艺技术[M]. 北京:冶金工业出版社,2005.

[17] 杨铧. 高效利用高炉熔渣显热的一步法矿棉生产技术[J]. 新型建筑材料,2003(3):54~55.

[18] 张德信. 我国岩矿棉产业的现状和发展趋势[C]//2005年绝热隔音材料轻质建筑板材新技术新产品论文集. 中国绝热隔音材料协会,2005:4.

8 其他耐火原料

本章主要介绍了碳质原料和非氧化物耐火原料。碳质原料主要包括石墨、焦炭、无烟煤等。含碳耐火材料耐火度高、导热性和导电性好、荷重软化温度高、高温强度优异、耐磨性好、抗渣性和抗热震性好且不易被熔渣、铁水侵蚀，但有易氧化的缺点。非氧化物原料大多为难熔化合物，主要有：(1)金属难熔化合物，即金属与非金属结合的化合物，如金属的硼化物、碳化物、氮化物、硅化物等；(2)非金属难熔化合物，即非金属与非金属之间结合的化合物，如碳化硅、氮化硅、氮化硼、碳化硼和其他多组员化合物等；(3)金属间互相结合的金属化合物，如铝、铍等系统的金属互化物，钴-铬-钨系统的金属互化物。本章主要介绍一些与耐火材料密切相关的非氧化物耐火原料，如碳化物、氮化物、硼化物、硅化物、赛隆、阿隆和镁阿隆等。

8.1 碳质原料

天然开采得到的碳有三种同素异构体，分别为金刚石、石墨和无定形碳(各种煤炭)。碳的种类与结构见表8-1。金刚石和石墨是结晶型碳，具有晶体的特征；而各种煤炭则无结晶特征，为无定形碳，木炭、炭黑、活性炭、焦炭等也属于无定形碳。在无定形碳和结晶型碳中间还有过渡态碳。

表8-1 碳的种类与结构[1]

碳的种类		键型	晶系	晶格常数/nm	相对密度	外观
晶形碳	金刚石	sp^3 杂化轨道 4个共价键	立方	$a_0=0.3567$	3.51	常呈八面体，无色透明
	石墨	sp^2 杂化轨道 3个共价键 1个金属键	六方	$a_0=0.2461$ $c_0=0.6708$	2.27	鳞片状或土状，银灰色或淡灰色
			三方	$a_0=0.2461$ $c_0=1.0062$	2.29	
无定形碳		微晶小，无取向，各向同性，如煤炭、焦炭、木炭等				

碳化学性质不活泼，常温下稳定，在3652~4857℃升华，沸点为4827℃；热导率很高，石墨的热导率甚至比某些金属的热导率还高，且具有良好的导电性；线膨胀系数低，抗热冲击性强，化学性质不活泼，不为大多数熔融金属所润湿，耐磨和耐腐蚀。此外，石墨还有较高的强度。碳的这些性质使其在工业上有着广泛的应用。

除了大量的碳用作燃料外，碳和石墨还是重要的工业原料，如电动机电刷、吸附活性炭、电极、特殊结构型材、鼓风炉衬里、还原剂、石墨芯棒、石墨坩埚等[2]。

无定形碳和石墨可作为含碳质耐火材料的生产原料。这类材料耐火度高，导热性和导电性好，荷重软化温度和高温强度优异，耐磨性好，抗渣性和抗热震性好，不易被熔渣、铁水侵蚀，高温体积稳定，但有易氧化的缺点[3,4]。

8.1.1 石墨

石墨是石墨耐火制品(主要品种为石墨黏土制品，另外，还有石墨碳化硅制品等其他耐火制品)的主要原料和主要组成成分。

8.1.1.1 基本性质

石墨由于其特殊的晶体结构而具有一系列特殊性质。

（1）耐高温：石墨的熔点极高，在真空中为（3850±50）℃，升华温度为 2200℃。温度升高时，石墨的强度增高，在 2500℃时石墨的抗拉强度是室温时的两倍。

（2）导电性、导热性：在石墨晶体中，六角网状平面中的碳有剩余电子，在层间形成电子云，使石墨具有良好的导热性与导电性。与一般金属材料不同，石墨在室温下有很高的导热系数，但随着温度的升高，导热系数不断下降，直至达到一定温度时成为热的绝缘体。

（3）抗热震性：由于各向异性，在温度急剧变化的情况下，石墨的体积变化不大，再加上良好的导热性能，使其具有优良的抗热震性能。

（4）润滑性：石墨层间结合力为范德华力，结合强度低，因此沿层面方向具有完整的解理性，易于滑动，具有良好的润滑性。

（5）化学稳定性和抗侵蚀能力：常温下具有很好的化学稳定性，不受任何强酸、强碱及有机溶剂的侵蚀；碳原子间共价键结合十分牢固，使石墨的表面能很低，不为熔融炉渣所浸润，抗侵蚀能力强。但在高温氧化气氛下，石墨易氧化，在碳复合耐火材料的应用中应采取措施防止碳的氧化，如添加抗氧化剂。

8.1.1.2 石墨的分类

在工业应用中，石墨可分为天然石墨和人造石墨两大类。人造石墨是以石油焦、沥青焦等为主要原料，经过 2000℃以上的高温热处理[5]，从而使无定形碳转化为石墨，但结晶程度不如天然鳞片石墨，并且生产工艺比较复杂。碳结合耐火材料中大量使用的是天然鳞片石墨。

全世界的天然石墨储量约为几百兆吨（$\times 10^8$t），它的结晶度很高。中国是世界上天然石墨产量最大的国家，在朝鲜半岛、澳大利亚、墨西哥的索诺拉、马达加斯加、印度、斯里兰卡、加拿大的安大略省以及美国纽约州等地都有高储量的天然石墨矿[6]。

根据石墨的结晶状态，国际上通常将天然石墨分为三类：鳞片状石墨、块状石墨和无定形石墨，见表 8-2。

表 8-2 天然石墨工业分类[1]

中国分类	国际分类	结晶状况	排列方式	特征
土状石墨（晶体直径<1μm）	无定形石墨	结晶极小，晶粒直径为 0.01~1μm	微晶集合体	矿石量大，品位较高，一般含石墨 75%~89%，可选性差
晶质石墨（晶体直径>1μm）	鳞片状石墨	薄片或叶片状，鳞片直径为 0.5~5mm	定向排列	矿石量大，但品位不高，一般含石墨 3%~5%或 10%~25%
	块状石墨	结晶明显，粒度大于 0.1mm	杂乱无章	矿石量大，品位较高，一般含石墨 60%~65%，可达 80%~90%

鳞片状石墨以鳞片状形式存在，分布较广，主要存在于片麻岩或大理岩等一类变质岩中，是由富碳沉积物变质形成的，目前国际市场上的主要的鳞片状石墨供应国有加拿大、巴西、中国、马达加斯加、俄罗斯、德国和南非。中国的鳞片状石墨的主要产地有山东南墅、黑龙江柳毛和内蒙古兴和等[1]。

块状石墨是一种极为纯净的石墨，它主要存在于由岩浆固化形成的成层岩（如石灰石和板岩）中，具有很强的制模能力。斯里兰卡是最著名的块状石墨产地。

无定形石墨（土状石墨或隐晶质石墨）其实也是由石墨晶体构成[7]，只是由于结晶太小，从宏观上看为极细的粉末，其主要用途是制造耐火材料、涂料和润滑剂。其矿石按产出形态可分为两种：分散状土状石墨矿石和致密块状土状石墨矿石。无定形石墨的主要供应国有墨西哥、中国、韩国、意大利和奥地利。中国的无定形石墨主要分布在湖南、吉林、福建等地[1]。

天然石墨矿可采用露天或地下开采，由于矿石中含有大量的杂质，根据含碳量对石墨矿料进行破粉碎、选矿、富集和分级等工序。

浮选法为最典型的富集方法[4]，其基本原理是石墨表面不易被水润湿。主要可用于处理鳞片状石墨矿料，所得产品的含碳量在70%~97%。

纯度较高(>95%)的石墨则需采用化学方法和热工方法进行处理以提高纯度。化学方法通常采用湿法工艺，利用酸或碱溶液溶解杂质，可得到含碳量99%~99.5%的石墨。热工法是利用石墨化炉加热到2500℃以上的高温，使氧化物杂质分解挥发，提高纯度。一般来说，温度越高，所得产品纯度越高。

无定形石墨颗粒极小，常与伴生矿物均匀分散，因此浮选工艺比较复杂，且成本较高。通常采用煤油作捕集剂，柴油、樟油、松油作发泡剂，碳酸钠为调整剂，水玻璃和氟硅玻璃为抑制剂。由于无定形石墨的品位很高，很多时候也可将矿石粉碎磨粉，直接加以利用。

8.1.1.3 耐火材料常用石墨性能指标

天然鳞片石墨是含碳耐火材料用的主要碳质原料，常见粒度有100目(0.147mm)、-100目(-0.147mm)、-200目(-0.074mm)等，固定碳含量多数在90%~97%，其理化指标见表8-3。

表8-3 耐火材料常用石墨理化指标

项目	牌号			
	-189	-192	-195	-296
固定碳含量/%	88.68	91.54	94.49	95.67
灰分含量/%	9.90	6.34	3.66	2.88
Al_2O_3 含量/%	11.06	12.69	13.79	13.86
SiO_2 含量/%	62.24	57.90	55.65	51.87
Fe_2O_3 含量/%	10.00	14.54	18.38	32.17
CaO 含量/%	10.12	8.32	5.62	7.12
MgO 含量/%	1.13	1.29	0.50	0.81
R_2O 含量/%	1.94	1.62	2.06	2.34
粒度/目	-100	-100	-100	-200

8.1.2 炭素材料

含碳耐火材料中使用的碳质原料除石墨外，还有其他一些炭素材料，如焦炭、无烟煤。各种炭素原料特征对比见表8-4。

表8-4 各种炭素原料特征对比[8]

原料种类	制造方法	主要特征
冶金焦	配煤焦化(焦炉法)	灰分含量较高，挥发分较低，不易石墨化
石油焦	石油重质渣油的热解(延迟焦化法和釜式焦化法等)	灰分含量低，易石墨化，制品具有一定的机械强度和良好的导电传热性，制品线膨胀系数小
沥青焦	煤沥青焦化(焦炉法和延迟焦化法)	低灰，低硫，低挥发分，石墨化性能不如石油焦，制品机械强度较大及耐磨性好，但比电阻较高，润滑性差
无烟煤	古代植物经地质变质作用转化	结构致密，机械强度较高，气孔少而小，灰分含量较高，不易石墨化

8.1.2.1 焦炭

焦炭是一种无定形碳，在工业生产中，是利用烟煤或某些含碳量高的物质(如石油沥青或渣油、煤沥青)在高温下隔绝空气加热使之焦化的产物。烟煤焦化后的产物为冶金焦，石油沥青或渣油焦化后的产物为石油焦，煤沥青焦化后的产物为沥青焦。

(1)冶金焦。冶金焦是几种炼焦煤按照一定比例在焦炉中高温(>1200℃)干馏焦化而成的一种固体产物。主要用作高炉燃料和炼铁还原剂，也是生产各种炭块、炭素电极的主要原料。冶金焦的灰分含量较高，一般为10%~15%，挥发分含量为1%[8]，难于石墨化。对于炭砖的生产来说，应该要求其灰分尽可能少，强度尽可能高，气孔率及含硫量低。

(2)石油焦。石油焦是利用石油蒸馏后的渣油、残渣或石油沥青在500~700℃通过焦化反应得到的，它是炼油工业的副产品。石油焦灰分含量一般小于1%，高温下易于石墨化。其质量可用灰分、硫分、挥发分和煅后焦真密度来衡量。

根据焦化工艺的不同，石油焦可以分为延迟焦(延迟焦化法生产)和釜式焦(釜式焦化法生产)。目前采用得较多的是延迟焦。延迟焦化法生产效率和机械化水平较高,但由于成焦温度低,且采用高压水出焦,因此所得延迟焦含水量高,结构疏松,挥发分含量高。

(3)沥青焦。沥青焦是利用煤沥青在高温下通过热解缩聚反应得到的,是一种高含碳量、低灰分、低硫量的优质焦炭。

8.1.2.2 无烟煤

煤炭是千百万年前的植物埋入地下,通过高温高压的长时间作用变质碳化形成的。根据碳化程度的高低,可分为泥煤、褐煤、烟煤和无烟煤。煤炭不仅是一种重要的能源,而且也是非常重要的工业原料。我国是煤炭大国,储量十分丰富,主要煤炭产地有山西、河北、内蒙古、黑龙江、山东、河南、贵州、陕西、宁夏等省(自治区)[9]。

无烟煤是碳化程度最高的煤炭,碳含量较高,一般在80%以上,挥发分含量小于10%,结构紧密,机械强度较高。

无烟煤是生产炭砖、炭素电极以及各种电极糊、底部糊的重要原料,也是碳化硅生产中的重要原料。

8.2 非氧化物耐火原料

非氧化物原料往往兼具多种不同的功能。如多数的金属难熔化合物不但熔点高、硬度大、化学稳定性好,而且具有高的导电性和导热性,有的还具有半导体的性质;非金属难熔化合物往往具有半导性,在室温下有高的电阻,并且化学稳定性极高。许多非氧化物材料比传统的氧化物材料具有更高的熔点、更好的力学性能,因此,将来一定会取得很好的发展。

与耐火材料密切相关的非氧化物耐火原料有碳化硅、氮化硅、氮化硅铁、碳化硼、硼化锆等。

8.2.1 碳化硅

天然碳化硅(碳硅石)很少,工业上用的多为人工合成的原料,俗称金刚砂。碳化硅是耐火材料领域最常使用的非氧化物耐火原料之一。以碳化硅为原料生产的黏土结合碳化硅、氧化物结合碳化硅、氮化物结合碳化硅、重结晶碳化硅、反应烧结渗硅碳化硅等制品以及不定形耐火材料广泛应用于冶金工业的高炉、炼锌炉,陶瓷工业的窑具等。

碳化硅折射率非常高,在普通光线下为2.6767~2.6480。各种晶型的碳化硅相对密度一般为3.217。碳化硅的莫氏硬度为9.2,且线膨胀系数不大。碳化硅还具有很高的导热系数。常温下工业碳化硅是一种半导体。

碳化硅陶瓷具有耐高温、耐腐蚀、抗冲刷、耐磨、质量轻等特点,可以作为耐磨构件、热交换器、防弹装甲板、大规模集成电路底板及火箭发动机燃烧室喉衬和内衬材料等。

8.2.1.1 碳化硅原料的合成[1,10]

大规模生产碳化硅所用的方法有艾奇逊法和ESK法。所用的原料主要是以SiO_2为主要成分的脉石英和石英砂,以及以C为主成分的石油焦,低档次的碳化硅也有以灰分低的无烟煤为原料的。辅助原料有木屑和食盐。

碳化硅有黑、绿两个品种。冶炼绿碳化硅时要求硅质原料中SiO_2含量尽可能高,杂质含量尽可能低;而生产黑碳化硅时,硅质原料的SiO_2含量可以稍低些。

对石油焦的要求是固定碳含量尽可能高,灰飞含量小于1.2%,挥发分小于12.0%。石油焦的粒度通常控制在2mm或1.5mm以下。

木屑用来调整炉料透气性能。食盐仅在冶炼绿碳化硅时采用。

硅质原料(石英砂或脉石英)与石油焦在2000~2500℃的电阻炉中通过下列反应合成碳化硅:

$$SiO_2+3C \longrightarrow SiC+2CO\uparrow -125.86kcal$$

CO气体透过炉料排出。加入食盐可与Fe、Al等杂质反应生成氯化物而挥发掉;木屑使物料形成多孔烧结体,便于CO气体排出。

碳化硅形成的特点是不通过液相,其过程如下:

(1)约从1700℃开始,硅质原料由砂粒变为熔体,进而变为蒸汽(白烟);

(2)SiO_2熔体和蒸气钻进碳质材料的气孔,渗入碳的颗粒,发生生成碳化硅的反应;

(3)温度升高到1700~1900℃时,生成了β-SiC;

(4)温度再升高到1900~2000℃时,细小的β-SiC转变为α-SiC,α-SiC晶体逐步长大和密实(一直到2500℃);

(5)炉温再上升到2500℃左右,SiC开始分解,变为硅蒸气和石墨:SiC → Si↑+C,硅蒸气在合适温度区间与碳可再生成新的SiC。

8.2.1.2　耐火材料用碳化硅性能指标

碳化硅原料的理化指标见表8-5。

表8-5　碳化硅原料的理化指标

型号	名称	特征	化学成分/%			体积密度/g·m^{-3}
			SiC	F.C	Fe_2O_3	
SiC-98	高级碳化硅耐火砂	黑色粗结晶	≥98	≤0.5	≤0.5	≥3.12
SiC-97			≥97	≤0.6	≤0.7	≥3.12
SiC-90	碳化硅耐火砂	黑色粗结晶和细结晶	≥90	≤2.5	≤2.0	≥3.12
SiC-88			≥88	≤3.0	≤2.0	≥3.0
SiC-85	普通碳化硅耐火砂	黑色细结晶	≥85	≤6.0	≤2.5	≥3.0
SiC-83			≥83	≤7	≤2	≥3.0
SiC-60	经济型碳化硅耐火砂	黄绿色细结晶	≥60	≤14	≤3.5	—
SiC-50			≥50	≤15	≤3.5	—
SiC-42			≥42	≤15	≤2	—

8.2.2　氮化硅

氮化硅(Si_3N_4)中Si与N之间以强的共价键结合,所以Si_3N_4硬度高、熔点高,结构稳定。氮化硅属于高温难熔化合物,且导热性好,线膨胀系数低。

氮化硅陶瓷具有优良的力学性能和可加工性能,耐高温、耐腐蚀、耐磨、绝缘及自润滑性等特点,制成的轴、套,被广泛应用于磁力泵、化工泵、沙浆泵、柱塞泵等;制成的密封圈,可用于工业泵用机械密封;还特别适合于制成高速、高温、耐腐蚀、绝缘、绝磁、长期运行无法定期人工润滑场合使用的陶瓷球混合轴承的滚动体。

氮化硅的合成方法如下:

(1)硅直接氮化法。将纯净的硅粉在氮气(或氨气)中加热,通过N_2向硅粉粒子内部扩散,化合生成Si_3N_4。反应方程式为

$$3Si + 2N_2 \longrightarrow Si_3N_4$$

Si与N_2在常温下基本上不反应,600~900℃反应明显,1100~1320℃反应剧烈进行,到1400℃时结束。反应初期生成物为α-Si_3N_4,随着氮化温度的升高、氮化时间的延长,α相与β相按一定的比例关系生长,到1350℃时,α相与β相Si_3N_4的生成比例在1∶1.5~1∶9.0之间。1200~1300℃时,α-Si_3N_4的含量较高。

该法是合成氮化硅的普遍方法,不仅可以制得氮化硅粉体,还可以把硅粉成型后再与氮气化合,直接获得氮化硅制品。此法一般在间歇式封闭电炉内进行,也有用连续式隧道窑来生产的。

(2)二氧化硅还原碳化法。将二氧化硅粉与炭粉混合后通氮气加热,反应方程式为

$$3SiO_2 + 6C + 2N_2 \longrightarrow Si_3N_4 + 6CO$$

反应是二氧化硅首先被炭粉还原为硅,然后被氮气氮化,生成氮化硅。该法所用原料价格便宜,但反应速度慢,生成物中常常混有未反应的二氧化硅和炭粉。

(3)气相反应法。利用不同的含硅原料与氨气(NH_3)或(氨气+氢气)发生化学气相反应来合成Si_3N_4。气相反应法合成速度快,适于合成高纯度的氮化硅粉末,Si_3N_4通常呈α相和无定形相。

常用原料组合有:

1)硅的卤化物($SiCl_4$、$SiBr_4$等)或硅的氢卤

化物($SiHCl_3$、SiH_2Cl_2 等)与氨气或者(N_2+H_2)反应生成 Si_3N_4:

$$3SiCl_4 + 4NH_3 \longrightarrow Si_3N_4 + 12HCl$$

反应一般在 1400℃进行。减少供氮量,反应也可在 1000℃进行,生成无定形 Si_3N_4。经 1500℃,1h 的热处理可以使无定形转化为 α-Si_3N_4。

2)硅烷(SiH_4)与氨或者联氨(N_2H_2)发生气相反应生成 Si_3N_4,反应方程式为

$$3SiH_4 + 4NH_3 \longrightarrow Si_3N_4 + 12H_2$$

$$3SiH_4 + 2N_2H_2 \longrightarrow Si_3N_4 + 8H_2$$

(4)热分解法。亚氨基硅 $Si(NH)_2$ 或者 $Si(NH_2)_4$在 1000~1600℃之间加热分解,也可以制得单纯 α-Si_3N_4 粉末。反应方程式为

$$3Si(NH)_2 \longrightarrow Si_3N_4 + 2NH_3$$

$$3Si(NH_2)_4 \longrightarrow Si_3N_4 + 8NH_3$$

加热温度低、时间短可以获得较细的 Si_3N_4 粉末,随温度提高,Si_3N_4 粉末粒度会成倍增加。

8.2.3 氮化硅铁

氮化硅铁(Fe-Si_3N_4)是近些年来出现的一种新型合成原料,其含有的主要元素为 Si、Fe、N、O 及微量的 Al、Ca、Mn、Ti、Cr。主要物相为 β-Si_3N_4(59%)、α-Si_3N_4(23%)、SiO_2(3%)、Fe_3Si(15%)。

氮化硅铁因其含有 Si_3N_4 相而具有较高的耐火度、良好的抗侵蚀性、高的力学强度、良好的抗热震性、较低的线膨胀率和较高的抗氧化性等一系列优点,又因其含有塑性相 Fe 而具有良好的烧结性能[11]。近年来,氮化硅铁不仅成为我国大型钢厂高炉炮泥中不可或缺的重要组分,在铁沟浇注料中应用时也大大提升了其使用性能,此外,氮化硅铁原料还被广泛地应用于水泥窑窑口、鱼雷车用 Al_2O_3-SiC-C 砖、Fe-Si_3N_4-SiC 复合材料、RH 精炼用耐火材料等领域。

8.2.3.1 氮化硅铁的合成

氮化硅铁的合成方法主要有直接氮化法、碳热还原氮化法、自蔓延高温燃烧合成法和闪速燃烧合成法等。合成方法及工艺不同,氮化硅铁的物相组成和结构也不尽相同。

(1)直接氮化法。直接氮化法是直接采用硅铁粉在高温下进行直接氮化反应,它是一种传统的制备方法,具有工艺简单,所需设备少,反应温度较低,是氮化反应方法中比较简单易行并广为采用的一种试验手段。但是其所需反应时间长,一般先采用机械化学法对原料进行预处理。

(2)闪速燃烧合成法。闪速燃烧合成法,又叫立式连续燃烧合成法,是近年来在金属氮化领域发展起来的新型工艺。该工艺是将粒度为 74μm 的 $FeSi_{75}$合金原料由闪速炉炉顶连续加入到 1400~1600℃氮气(N_2 的体积分数为 99.99%)炉中,$FeSi_{75}$合金在高温氮气中边下降边闪速燃烧,生成的氮化硅铁受重力作用落入产物池中。

闪速燃烧合成法制备出的氮化硅铁物相中除含有柱状结晶的 β-Si_3N_4,微小圆形颗粒的 α-Si_3N_4 和 Fe_3Si 外,仅含有少量的 SiO_2,不含 Si_2N_2O 和游离 Si;微观结构中大量柱状氮化硅晶体的长径比较高,铁相材料以 Fe_3Si 和 α-Fe 两种形式存在,并分布于柱状 Si_3N_4 结晶所包裹材料的内部;外观结构疏松,活性较强。此工艺能在低压(0.01~3MPa)下连续、大规模和低成本地合成氮化硅铁,生产成本相比其他生产方式大幅度降低,仅相当于其他生产方式生产成本的 1/10~1/3。

(3)自蔓延高温燃烧合成法。自蔓延高温合成,又称燃烧合成,是一种利用反应物之间高化学反应热的自加热和自传导过程来合成材料的一种新技术。自蔓延高温燃烧合成法制备出的氮化硅铁,物相中除含有 β-Si_3N_4 和 α-Si_3N_4 外,还含有大量的 Si_2N_2O 和 Fe_xSi 等,其中未完全氮化的 Fe_xSi 含量较多。

此工艺具有生产成本低和更适于工业化生产等优点,但其操作工艺严格,工艺复杂,氮化反应难于控制,且存在氮化压力高,对设备要求苛刻,难以连续生产和产量低等缺点。

(4)碳热还原氮化法。碳热还原氮化法是一种以碳为还原剂对石英粉、铁矿粉等原料进行还原氮化制备氮化硅铁的方法。该方法具有原料价格低廉、能量消耗少的优点,但是合成产

物中存在杂质。同时该方法对温度和配碳量的要求均比较严格,不合适的还原温度和配碳量会造成氮化不完全或生成 β-SiC。目前该方法合成的氮化硅铁粉体只适用于炮泥耐火材料,在其他方面的应用还有待研究[12]。

8.2.3.2 耐火材料用氮化硅铁理化指标

氮化硅铁理化指标见表 8-6。

表 8-6 氮化硅铁的理化指标

化学成分/%				
Si_3N_4	N	Si	Fe	Al+Ca
75~80	30~33	49~53	12~16	<2.5

8.2.4 碳化硼

在耐火材料行业,碳化硼主要用作添加物,如添加到碳结合耐火材料中起抗氧化剂的作用,添加到不定形耐火材料中提高坯体的强度和耐侵蚀性等。

工业上,碳化硼常采用碳热还原法合成,即用过量的炭黑还原硼酐。反应方程式为

$$2B_2O_3 + 7C \longrightarrow B_4C + 6CO\uparrow$$

反应器可以选择电阻炉或者电弧炉。在电阻炉合成时,在低于碳化硼的分解温度下加热硼酐 B_2O_3 和炭黑的混合物,即可得到含有少量游离碳的 B_4C。

电弧炉碳热还原法是制取廉价碳化硼粉的主要工业方法。但在电弧炉中合成时,由于电弧温度过高,生成的 B_4C 又会分解为碳和硼,硼在高温下挥发而造成产物中含有大量的游离碳,所得的 B_4C 质量较差。

一般当选择用电弧炉合成时,原料通常选用硼酸、人造石墨和石油焦。将配好的三种原料在球磨机中混合,放入电弧炉中在 1700~2300℃下还原、碳化即可。

8.2.5 硼化锆[13]

硼化锆是硼化物中比较主要和常见的一种材料。在硼-锆体系中存在三种组成的硼化锆:一硼化锆、二硼化锆和十二硼化锆。工业上制得的硼化锆多为二硼化锆。二硼化锆具有高熔点、高硬度、高稳定性、良好的导电性、导热性和良好的抗腐蚀等特点。

以二硼化锆为主要成分的陶瓷具有熔点和硬度高,导电导热性好,良好的中子控制能力等特点而在高温结构陶瓷材料、复合材料、耐火材料、电极材料以及核控制材料等领域中得到人们的重视并得到应用[14]。

工业上合成硼化锆的方法主要使用氧化锆还原硼化的方法,还原剂用碳或者碳化硼,一般用碳化硼,其效果好,可以合成硼化锆的单相产物,反应方程式为

$$ZrO_2+B_2O_3+5C \longrightarrow ZrB_2+5CO\uparrow$$

$$2ZrO_2+B_4C+3C \longrightarrow 2ZrB_2+4CO\uparrow$$

$$3ZrO_2+B_4C+8C+B_2O_3 \longrightarrow 3ZrB_2+9CO\uparrow$$

由于碳化硼不易挥发,从而可以正确配方,工艺稳定,出料率也高。该反应约在 1700℃开始生成硼化锆,1800℃可得到大量的硼化锆,到 1900℃基本上完成。

8.3 含氧化锆原料

8.3.1 锆英石

锆英石是一种重要的非金属矿产资源,具有许多特殊性能,是岛状构造的正硅酸盐类矿物,化学式为 $ZrO_2 \cdot SiO_2$ 或 $ZrSiO_4$,理论组成含 $ZrO_2$67.2%、$SiO_2$32.8%,是 ZrO_2-SiO_2 二元系中唯一的化合物。锆英石颜色不一,有棕色或浅灰色、红色、黄色、绿色等,属四方晶系,短柱状晶体,具有金属或玻璃光泽,且不容于酸、碱,由于含 Hf、Th、铀等而有放射性。锆英石的密度通常为 4.6~4.7g/cm^3,莫氏硬度为 7~8,具有极低的热导率(室温下为 5.1W/(m·K),1000℃时为 3.5W/(m·K))和极高的线膨胀系数(25~1400℃时为 4.1×10^{-6}℃$^{-1}$)[1]。

锆英石应用在耐火材料上已有五十多年的历史。纯锆英石(理论上)熔点为 2430℃,耐火度略低于熔点,因此可以作高级耐火材料,但随着杂质含量的增加,耐火度相应降低。采用锆英石作耐火骨料时,一般应选用 $w(ZrO_2)$ 大于 64%的锆英石精矿。目前世界上 80%以上的锆英石都是从砂矿中获得的,尤其是海滨沙矿更

为重要。从地域上看,锆英石生产相当大部分集中于南半球如澳大利亚和南非,其中澳大利亚是世界上最大产出国,其产量约占世界的一半[15]。我国约有100个锆矿床,目前开发的锆矿床主要是海滨砂矿,也有部分冲击砂矿,在广东、山东、台湾各省沿海一带都有锆英石的砂积矿床。目前锆英石是作为钛铁矿和独居石副产品回收,但中国锆英石砂的开发因矿贫和放射性高而困难较多。

8.3.1.1 锆英石原料的选矿

天然锆英砂的纯度较低,除与钛铁矿或金红石共生外,还伴生有斜锆石、锐钛矿、烧绿石、独居石、磷钇石、锡石、铌铁矿等,锆英石海滨砂矿中脉石矿物和其他伴生矿物占绝大部分,用作耐火材料时必须选出锆英石(精矿)。因此将锆英砂提纯尤为重要。

锆英石的伴生矿物的性质不同(表8-7),要分别采取不同的选矿方法加以提纯,主要有磁选、浮选、重选、电选等方法。

表8-7 锆英石及伴生矿物的性质[1]

矿物	石英	钛铁矿	金红石	锆英石	独居石
相对密度	2.6	4.2~4.4	4.2	4.6~4.7	—
磁性	无	强	无	无	轻微
导电性	无	有	强	无	无

对于含不同伴生物质的砂矿,应根据成分的不同选择不同的选矿方法。例如,对于伴生的有益矿物是锆英石、金红石、独居石、钛铁矿等时,由于钛铁矿的磁性最强,独居石次之,金红石和锆英石都是非磁性矿物,但金红石的导电性比锆英石好,应采用磁选—电选流程。砂矿首先经过过筛得到重选的合适尺寸,因为重矿物都在3.0mm以下,通常大于2.0mm的粗颗粒被剔除掉,再利用钛铁矿的强磁性经过高强磁选机将其分离,然后利用三者导电性的差别经过高压选矿机分离除金红石,剩下的是锆英石和独居石,最后利用独居石的弱磁性反复通过磁选机可得到锆英石精矿。工艺流程如图8-1所示。

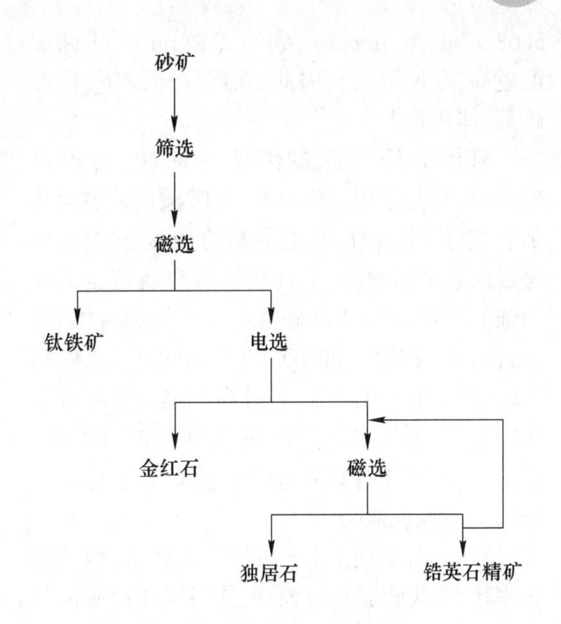

图8-1 锆英石精矿提纯流程图

8.3.1.2 锆英石原料理化指标

锆英石精矿产品分为6个品级,干矿品位见表8-8。

表8-8 锆英石精矿的技术条件(YB 834—1987)

品级	化学成分(质量分数)/%					
	$(Zr+Hf)O_2$	杂质				
		TiO_2	Fe_2O_3	P_2O_5	Al_2O_3	SiO_2
特级品	65.50	≤0.30	≤0.10	≤0.20	≤0.80	≤34.00
一级品	65.00	≤0.50	≤0.25	≤0.25	≤0.80	≤34.00
二级品	65.00	≤1.00	≤0.30	≤0.35	≤0.80	≤34.00
三级品	63.00	≤2.50	≤0.50	≤0.50	≤1.00	≤33.00
四级品	60.00	≤3.50	≤0.80	≤0.80	≤1.20	≤32.00
五级品	55.00	≤8.00	≤1.50	≤1.50	≤1.50	≤31.00

8.3.2 氧化锆

自然界中有两种含锆矿石,即斜锆石和锆英石,氧化锆就是从含锆矿石中提炼出来的。在不同的温度范围内,氧化锆有三种晶型:单斜型、四方型和立方型。它在不同温度下呈现出不同的晶体结构:从室温到1170℃为单斜结构,1170~2370℃为四方结构,2370~2706℃为立方结构。这三种结构的氧化锆,密度分别为

5.68g/cm^3、6.10g/cm^3 和 6.27g/cm^3。可见温度越高,密度越大。因此,在同样质量下,温度越低,体积越大。

氧化锆具有许多优良的特性,熔点高(2700℃),化学稳定性良好,对酸碱或玻璃熔体都有很好的化学惰性,具有高的金属稳定性,不易被液态金属润湿,对许多熔融金属甚至活性很强的第Ⅳ、Ⅴ、Ⅵ族金属均有良好的抗蚀性,而且高温强度大,2000℃荷重200kPa,能保持0.5~1h才能产生变形,另外高温蒸汽压和分解压均较低,具有比 Al_2O_3 和 MgO 低的挥发性。由于 O^{2-} 离子在有氧势差的两相间移动,稳定的 ZrO_2 具有脱氧能力[16]。

然而,由于氧化锆有可逆多晶转变,但其热导率较低,线膨胀系数较高,使得氧化锆制品的抗热震性很差,在生产与使用过程中容易产生裂纹,这一缺陷大大限制了它的使用寿命。因此工艺上采用稳定或部分稳定的氧化锆可使氧化锆的抗热震稳定性大大提高。

稳定的氧化锆(CSZ)是加入适量与 Zr^{4+} 半径相近的金属离子在氧化锆晶格中形成稳定的立方型固溶体,经冷却后得到从室温直至2000℃都稳定的氧化锆固溶体,避免了体积效应和防止开裂。常用的稳定剂有 CaO、MgO、Y_2O_3、NbO 和 Ce_2O_3 等[16]。

部分稳定氧化锆(PSZ)是指稳定剂添加不足,形成具有单斜、四方、立方三相或其中两相的混合物,通常以立方型为连续相,单斜和四方相分布在立方相中。也可以通过对立方相氧化锆进行热处理,析出另外两相得到部分稳定氧化锆。部分稳定氧化锆与稳定氧化锆相比,具有更好的热震稳定性,提高了断裂韧性和强度。由此可以得到启发,相变可以作为改善耐火材料韧性的手段[1]。

8.3.2.1 氧化锆的制备

世界上氧化锆大部分从锆英石中提炼而来,其提炼方法有电熔法、化学法和等离子体法等。

A 电熔法[1]

锆英石在电弧炉中还原,分解成液态二氧化锆和二氧化硅,同时二氧化硅分解为气态 SiO 和 O_2。反应方程式如下:

$$ZrSiO_4 \longrightarrow ZrO_2 + SiO_2$$

$$2SiO_2 \longrightarrow 2SiO + O_2\uparrow$$

要获得氧化锆,必须使二氧化硅分解为气态 SiO 和 O_2 反应向右进行,可加入还原剂不断消耗氧气,从而降低氧气的分压,一般采用加入碳作为还原剂。另外碳还可以与熔体中的杂质反应,如与 TiO_2、Fe_2O_3 反应生成 Fe、Ti 等,并与 Si 形成硅铁合金沉于炉底,与炉中富锆熔体分离。反应方程式如下:

$$2SiO_2 + 3C \longrightarrow SiO\uparrow + 3CO\uparrow + Si$$

$$TiO_2 + 2C \longrightarrow Ti + 2CO\uparrow$$

$$Fe_2O_3 + C \longrightarrow 2Fe + 3CO\uparrow$$

电熔法制备稳定氧化锆有一次电熔和二次电熔两种方法。一次电熔法是将锆英石砂、石墨粉和稳定剂共同混磨后熔融,电熔好的氧化锆经过急冷后,再在1700℃下煅烧,得到稳定氧化锆。二次电熔法是先将锆英石砂和石墨粉混合后熔融,经急冷后煅烧(1400℃左右),再加入稳定剂混磨,进行二次熔融,急冷后得到稳定氧化锆。

二次熔融比一次熔融后的产物纯度高、稳定性好,因为一次电熔过程中,稳定剂会与二氧化硅发生反应,影响产物的纯度,而二次电熔法中,二氧化硅在第一次电熔过程中已挥发掉,不会引入杂质。

电熔法工艺简单,成本低廉,易于建立规模化、机械化工业生产线,能够满足耐火材料行业的需求。

B 化学法

a 碱熔法[1]

锆英石与苛性钠和纯碱熔融,得到锆酸钠,然后加水浸析,锆酸钠不溶于水,以固相形式存在,加入盐酸处理固相渣,生成水溶性 $ZrOCl_2$,过滤除去酸不溶物,再加氨水反应生成 $Zr(OH)_4$,经焙烧得到 ZrO_2 产物,反应方程式如下:

$$ZrSiO_4+4NaOH \longrightarrow Na_2SiO_3+Na_2ZrO_3+2H_2O$$

$$Na_2ZrO_3+4HCl \longrightarrow ZrOCl_2+2NaCl+2H_2O$$

$$ZrOCl_2+2NH_4OH+(n+1)H_2O \longrightarrow Zr(OH)_4 \cdot nH_2O+2NH_4Cl$$

$$Zr(OH)_4 \longrightarrow ZrO_2+2H_2O$$

碱熔法原料成本较高,设备投资大,操作复

杂,整个工艺技术未能在国内工业化推广使用[17]。

b 石灰烧结法[18]

控制锆精矿与石灰比 1 : (116~117),混料烧结时,加入适量的矿化剂,锆英石转化率可达96%~98%。烧结块先用5%~10%稀盐酸冷处理,使过量石灰及部分可溶性杂质除去,然后加浓盐酸在70~80℃进行浸取,锆以 $ZrOCl_2$ 形式进入溶液,同时烧结形成的硅酸钙分解成硅酸,通过加絮凝剂使之沉淀分离,溶液降温结晶析出 $ZrOCl_2 \cdot 8H_2O$,洗涤煅烧得 ZrO_2 产品。石灰烧结法与传统烧碱法相比,石灰石成本低、锆回收率高、原料来源广泛。

c 直接氯化法[19]

将锆英石与炭混合后压制成块,在1100℃左右连续氯化,得到 $ZrCl_4$ 和 $SiCl_4$。$ZrCl_4$ 气化温度较高,可通过控制冷凝温度使之同 $SiCl_4$ 分离,冷凝所得的 $ZrCl_4$ 再经升华、净化、水解和降温结晶析出 $ZrOCl_2 \cdot 8H_2O$,煅烧得 ZrO_2。直接氯化法产品纯度较高,但需解决稀盐酸和氯化硅出路问题,另外对设备材质要求比较高,制约了其发展。

C 等离子体法

通过高频电流在两电极间引燃电弧,惰性气体在此间形成温度可达8000~15000℃的等离子体火焰,加热锆英石细粉,可分离出氧化锆和二氧化硅,二氧化硅被蒸发与氧化锆分离。等离子体法除具有纯度高、污染小、工艺简单等优点外,超高温下形成的氧化锆具有很高的活性,适于制造高性能制品。

8.3.2.2 氧化锆理化指标

电熔氧化锆的理化指标见表8-9。

表 8-9 氧化锆理化指标(GB/T 26563—2011)

牌号	化学成分/%								真密度 /g·cm^{-3}	稳定化率 /%	总比活度 /Bq·kg
	$(Zr+Hf)O_2$	Al_2O_3	SiO_2	Fe_2O_3	TiO_2	CaO	MgO	Y_2O_3			
Z-1	≥99	≤0.10	≤0.20	≤0.05	≤0.15				≥5.6		≤7.0×10^3
Z-2	≥98.5	≤0.40	≤0.40	≤0.08	≤0.20				≥5.6		≤7.0×10^3
Z-3	≥98	≤0.60	≤0.60	≤0.10	≤0.25				≥5.6		≤7.0×10^3
PCZ-1	余量	≤0.10	≤0.20	≤0.10	≤0.10	2.7~4.5	0~1	0~3	≥5.7	75~85	≤7.0×10^3
PCZ-2	余量	≤0.40	≤0.40	≤0.10	≤0.20	2.7~4.5	0~1	0~3	≥5.7	70~90	≤7.0×10^3
PCZ-3	余量	≤0.60	≤0.60	≤0.15	≤0.25	2.7~4.5	0~1	0~3	≥5.6	70~95	≤7.0×10^3
PMZ-1	余量	≤0.10	≤0.20	≤0.10	≤0.10	0~1	2.8~4	0~3	≥5.7	75~85	≤7.0×10^3
PMZ-2	余量	≤0.40	≤0.40	≤0.10	≤0.20	0~1	2.8~4	0~3	≥5.6	70~90	≤7.0×10^3
PMZ-3	余量	≤0.60	≤0.60	≤0.15	≤0.25	0~1	2.8~4	0~3	≥5.6	70~90	≤7.0×10^3
PYZ-1	余量	≤0.10	≤0.20	≤0.10	≤0.10	0~0.5	0~0.5	0~3	≥6.0	75~85	≤7.0×10^3
PYZ-2	余量	≤0.40	≤0.40	≤0.10	≤0.20	0~0.5	0~0.5	7~9	≥6.0	70~90	≤7.0×10^3
PYZ-3	余量	≤0.60	≤0.60	≤0.15	≤0.25	0~0.5	0~0.5	7~9	≥5.9	70~95	≤7.0×10^3

8.4 含氧化铬原料

氧化铬(铬绿、Cr_2O_3)是一种重要的工业原料,铬盐工业的主要产品之一,它具有耐蚀、耐光、耐磨、耐化学等优点,其最重要和最有价值的用途是作颜料,大量用于涂料、油漆、塑料、橡胶、化纤、纺织、陶瓷、彩色水泥等领域,新的用途还在不断增加,如化妆品、磁带、食品、黏合剂、静电复印等方面[20,21]。由于 Cr_2O_3 具有较高的熔点,因此也广泛地被用作耐火材料。

Cr_2O_3 属三方晶系,它是两性氧化物,微溶于水,可以溶于酸且溶于强碱而形成亚铬酸盐,但经过灼烧的 Cr_2O_3 不溶于酸和碱,外观呈暗绿色,蜂窝状,结构松散,长时间用水浸泡,水溶液略呈淡黄绿色[20]。Cr_2O_3 具有 $\alpha-Al_2O_3$ 结构,这种刚玉型晶体是由氧离子密堆积而 M^{3+} 离子填充这些密堆积所形成的八面体空隙构成的,如图 8-2 和图 8-3 所示。

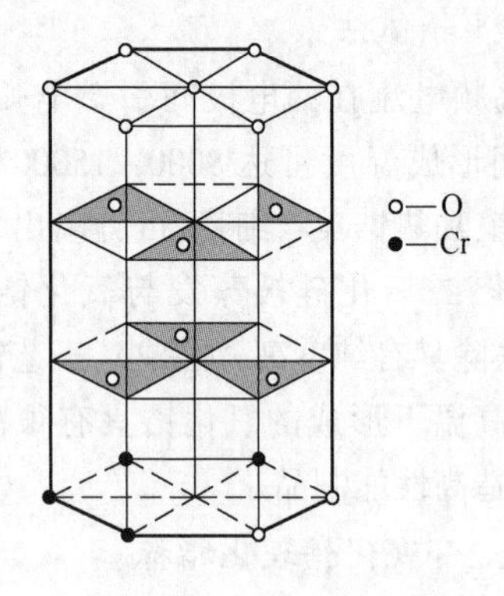

图 8-2 氧化铬的晶胞结构

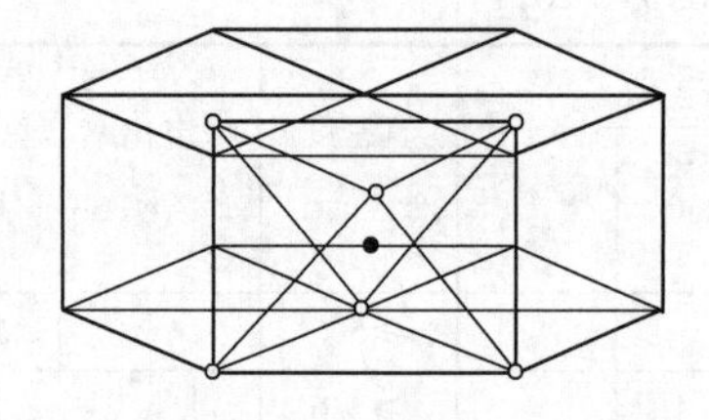

图 8-3 氧化铬晶胞中的八面体

工业化生产氧化铬粉末的主要方法是电熔粉碎法[20],具有粉末成分均匀、结构致密、质量稳定、产量大及制备工艺较简单和成本较低等特点。

8.4.1 氧化铬绿

铬绿的生产中应用较多的还有以下几种工艺:

(1)还原法。用重铬酸钠(或重铬酸钾)与硫黄混合,还原熔烧制得。用这种方法生产的 Cr_2O_3,绿中带有灰色调,虽成本较低,但工艺复杂,且环境污染较严重。

(2)热分解法。用重铬酸酐或铬酐加热分解。这种方法生产的铬绿质量受燃料种类和铬酐转化率影响较重。

(3)含铬废液制取铬绿。此种方法虽不能大规模生产,但对环境治理有一定的作用。

此外,还有由水溶性三价铬盐经氢氧化铬 $Cr(OH)_3$ 或羟氧化铬 CrOOH 制氧化铬;利用含铬废料(如铝泥、铬酸铬)制氧化铬或复合氧化 $Cr_2O_3-Al_2O_3$;由非颜料级氧化铬制颜料级氧化铬;用铝热法或硅热法直接制熔喷氧化铬等,还有将氧化铬热风干式离心分级得到形状均一氧化铬,或实际为球形、粒径 0.03~0.3μm 研磨剂用微细氧化铬[21]。国内某公司生产的氧化铬理化指标见表 8-10。

表 8-10 氧化铬绿理化指标

项目	化学成分/%					
	Cr_2O_3	Fe_2O_3	Na_2O	K_2O	MgO	CaO
国内公司 1	99.50	0.07	0.03	0.01	0.08	0.12

铬的冶炼和应用过程中产生的废水和废渣对环境的污染较大[22],因为废水和废渣中含有对生物有剧毒的 Cr^{6+},Cr^{6+} 对人体有致癌的作用,在生产应用中必须对其进行处理,以降低其对环境的污染和对人体的危害。

8.4.2 电熔氧化铬

电熔氧化铬的性能指标见表 8-11。

表 8-11 电熔氧化铬性能指标

项目	化学成分/%						
	Cr_2O_3	Fe_2O_3	SiO_2	Na_2O	K_2O	MgO	CaO
国内公司 1	99.65	0.06	0.05	0.08	<0.01	0.04	0.08

8.4.3 铝铬渣

铝铬渣是添加铁合金作为脱氧剂和合金元素在炼钢过程中产生的废渣。随着我国钢产量走高,铝铬渣的产量也不断增加,生产过程中渣铁质量比高达 1.4∶1,导致大量铬铁废渣无序排放,污染环境。铬铁废渣的化学成分见表 8-12。因熔炼合金的种类不同,渣的成分也有些差异,但主要成分为 Al_2O_3、Cr_2O_3、SiO_2、MgO 等,耐火度在 1600℃ 以上,有的达 1790℃,密度不小于 $3.25g/cm^3$,显气孔率不大于 1%。

表 8-12 铝铬渣的性能指标

项目	化学成分/%							
	Al_2O_3	Cr_2O_3	Fe_2O_3	SiO_2	Na_2O	K_2O	MgO	CaO
国内公司 1	80.04	13.88	0.14	0.11	1.88	0.01	0.45	1.80
国内公司 2	82.76	13.42	0.13	0.12	1.04	0.01	0.21	0.09

20 世纪 80 年代,湖南、湖北有些企业就采用铝铬渣为主要原料,按高铝砖生产工艺,机压成型,1400~1500℃烧成,制备铝铬渣砖。这种制品在烧制耐火材料或陶瓷的隧道窑或有色冶金的锌浸出渣回转挥发窑使用,其寿命比高铝砖高 2 倍,比镁砖高 1 倍。

参考文献

[1] 郭海珠,余森. 实用耐火原料手册[M]. 北京:中国建材工业出版社,2000.

[2] 蔡作乾,王琏,杨根. 陶瓷材料词典[M]. 北京:化学工业出版社,2002.

[3] 张文杰,李楠. 碳复合耐火材料[M]. 北京:科学出版社,1990.

[4] 曾刚,唐兴智. 碳质耐火材料在高炉上的应用[J]. 鞍钢技术,1998(3):16~20.

[5] 郑大志,贾鸿雁,徐亚平. 石墨电极碎出口中存在的问题[J]. 黑龙江对外经贸,1996(5):11~12.

[6] 孙家跃,杜海燕. 无机材料制造与应用[M]. 北京:化学工业出版社,2001.

[7] 马萌. 石墨烯、介孔金属氧化物及其复合材料的制备与气敏性质研究[D]. 银川:宁夏大学,2014.

[8] 童芳森,许斌,李哲浩. 炭素材料生产问答[M].北京:冶金工业出版社,1991.

[9] 王庆一. 中国能源[M]. 北京:冶金工业出版社,1988.

[10] 李克芬. 重钢 1350m^3 高炉无水炮泥性能研究与应用实践[D]. 重庆:重庆大学,2008.

[11] 徐勇. 氮化硅铁及其在耐火材料中应用的研究进展[J]. 耐火材料,2015,49(4):306~312.

[12] 赵瑞,张子英,刘爱红. 氮化硅铁的性能、制备及其在耐火材料中的应用[J]. 耐火材料,2015,49(1):72~76.

[13] 方舟,王皜,傅正义. 二硼化锆陶瓷材料及其制备技术[J]. 陶瓷科学与艺术,2002(3):32~35.

[14] 蔺锡柱,王艳艳,刘瑞祥,等. 浅谈 ZrB_2 陶瓷的制备[J]. 中国陶瓷工业,2012,19(1):18~22.

[15] 汪镜亮. 锆英石及其应用[J]. 矿产综合利用,1997(3):43~49.

[16] 王威. 提高水泥窑用 MgO-MgO · Al_2O_3 制品挂窑皮性能的研究[D]. 鞍山:辽宁科技大学,2007.

[17] 孙亚光,余丽秀. 二氧化锆制备及发展趋势[J]. 化工新型材料,2000,28(4):28~30.

[18] 王星明,段华英,张碧田,等. 二氧化锆的制备及其应用进展[J]. 现代化工,2000,20(7):17.

[19] 章亚飞,等. 铬绿(Cr_2O_3)的制作与使用体会[J]. 陶瓷工程,1994,27(1):11~13.

[20] 杨丽君. 氧化铬晶体的结构及制备和用途[J]. 渝西学院学报(自然科学版),2003,2(4):9~11.

[21] 杨丽君. 氧化铬绿性状特征分析及量子化学研究[D]. 重庆:重庆大学,2003.

[22] 冯彦琳,王靖芳,高育强. 从含铬(Ⅵ)废水制备三氧化二铬[J]. 有色金属,2000(2):75~76.

9 用后耐火材料和废渣资源化利用

本章主要介绍了用后耐火材料及废渣的资源化利用情况。

9.1 用后耐火材料资源化利用

近年来,中国耐火材料产量达到了每年2000万~3000万吨,所用的原料主要来自矿产资源和部分合成原料,用后耐火材料的残余量高达50%以上,即每年用后耐火材料达1000万吨以上[1,2]。如果用后耐火材料能够作为耐火原料被利用,这将是一个巨大的资源,对耐火材料行业有举足轻重的影响。长期以来,用后耐火材料被大家忽略和废弃,废弃物的存放还占据大量的土地,这是资源的极大浪费。用后耐火材料是一个十分重要的耐火原料来源,对其进行研究利用具有重要意义。

9.1.1 基本概况

我国每年产生1000多万吨用后耐火材料,运输和处理这些废弃物不但需要花费大量的人力和物力,还占据土地资源,也对环境产生污染。这些用后耐火材料若能作为二次资源得到充分的利用,具有良好的经济效益、社会效益和环境效益。国外有些钢厂用后耐火材料的再生利用已经达到了80%,欧洲也已经达到了近60%[3],我国用后耐火材料的资源化利用近年来也得到了快速发展。

对用后耐火材料再生利用的途径或方法有:(1)就地再使用,即哪里消耗就近使用,如钢铁厂用后镁炭砖,就近破粉碎后,作为冶金辅料而钢厂直接使用。用后永久层镁砖,只要没有破损,可以再次使用。这样也减少了装卸和运输费用。(2)初步利用。主要是经过破粉碎等粗略加工后作为二次原料使用。如镁炭砖,经过破粉碎加工成不同的颗粒后,添加到镁炭砖配料的生产过程中。用后耐火材料破粉碎后作为铺路材料和冶金辅料等。(3)精加工成优质原料,如再生优质镁炭砖等。(4)经过精加工和处理,使之成为优质的高附加值的材料,如微粉生产和合成新材料等。(5)修复使用,如钢铁生产的用后滑板的修复再利用。总之,用后耐火材料可能应用的范围是脱硫剂、炉渣改质剂(造渣剂)、溅渣护炉添加剂、铝酸钙水泥的原料、耐火混凝土骨料、铺路料、陶瓷原料、玻璃工业原料、屋顶建筑用粒状材料、磨料、土壤改质剂、再生原来的耐火产品等[4]。

用后耐火材料种类很多,要把用后耐火材料变成耐火原料并得到充分利用是一项非常复杂的工作,必须经过认真拣选分类、除杂、提纯等处理过程。用后耐火材料的分类见表9-1。

表9-1 用后耐火材料分类

类别	来源	分类	级 别
用后铝硅系耐火材料	各行业的各种热工窑炉设备	刚玉质用后耐材	按密度分成高密度、中密度、轻质
			按制备所用原料分成白刚玉、致密刚玉、棕刚玉和亚白刚玉
		莫来石质用后耐材	按密度分成高密度、中密度和轻质
			按制备所用的原料分成电熔莫来石、合成高纯莫来石和天然莫来石
		高铝质用后耐材	按密度分成高密度、中密度、轻质
			按制备所用的原料分成特级矾土、一级矾土、二级矾土和三级矾土
		黏土质用后耐材	按密度分成高密度、中密度、轻质
			按化学成分(Al_2O_3含量)分为≥40%、≥35%和≥30%

续表 9-1

类别	来源	分类	级别
用后铝硅系耐火材料	各行业的各种热工窑炉设备	硅质用后耐材	按密度分为轻质和重质
			按化学成分(SiO_2 含量)分为≥98%、≥96%和≥93%
		熔融石英材料	太阳能坩埚、棍棒、水口等 SiO_2≥99%
用后含碳耐火材料	高炉、铁包、转炉、电炉、钢包等各种冶金窑炉热工设备	用后镁炭砖	分成 9 个牌号:MT-10A、MT-10B、MT-10C、MT-14A、MT-14B、MT-14C、MT-18A、MT-18B、MT-18C、低碳镁炭砖
		用后铝炭砖	按用途分为塞棒、浸入式水口、长水口、滑板、高炉铝炭砖
		用后镁铝炭砖	按所用原料分为电熔原料生产的铝镁炭砖、烧结高纯原料生产的铝镁炭砖和一般铝矾土镁炭砖
			按化学成分(MgO 含量)分为≥50%、≥30%和≥10%
		铝碳化硅碳材料	铁水包和鱼雷车用铝碳化硅炭砖、出铁场用铝碳化硅碳浇注料、捣打料等
		用后镁钙炭砖	按所用原料分为电熔镁钙炭砖、高纯镁钙炭砖、普通镁钙炭砖
			按化学成分(CaO 含量)分为≥50%、≥30%、≥20%和≥10%
用后镁质耐火材料	玻璃窑蓄热体、冶金炉衬永久层等	用后镁砖和镁质散装耐火材料	按所用原料分为电熔镁耐材、高纯镁耐材、中档镁耐材、普通镁耐材
			按化学成分(MgO 含量)分为≥98%、≥95%、≥90%和≥85%
用后镁钙系耐火材料	冶金精炼炉、水泥窑衬等	用后镁钙砖	按所用原料分为电熔镁钙耐材、高纯镁钙耐材、普通镁钙耐材
			按化学成分(CaO 含量)分为≥50%、≥30%、≥20%和≥10%
用后镁铝系耐火材料	水泥窑、窑炉衬和精炼炉衬等	用后 Al_2O_3-MgO 系耐火材料	按所用原料分为电熔镁铝耐材、高纯镁铝耐材、普通镁耐材
			按化学成分(Al_2O_3 含量)分为≥50%、≥30%、≥20%和≥10%
用后锆质耐火材料	玻璃窑炉、冶金水口	用后氧化锆耐材	用后氧化锆耐材
		用后 ASZ 耐材	用后锆莫来石耐材、用后锆刚玉耐材
		用后锆英石耐材	用后锆英石耐材
用后镁铬质耐火材料	水泥、包括冶金窑炉内衬和有色冶炼窑炉	用后镁铬砖	按所用原料分为电熔再结合镁铬耐材、预反应高纯镁铬耐材和普通镁铬耐材
			按化学成分(Cr_2O_3 含量)分为≤10%、10%~15%、15%~20%、20%~30%和≥30%
用后非氧化物耐火材料	电解铝槽、高炉衬、陶瓷等热工设备	碳化硅砖	黏土结合碳化硅砖、氮化硅结合碳化硅砖、二氧化硅结合碳化硅砖、赛隆结合碳化硅砖、重结晶碳化硅砖、自结合碳化硅砖
		炭砖	石墨砖、半石墨砖、普通炭砖
		用后氮化硼制品	用后氮化硼制品
		用后硅化钼	用后硅化钼
用后铬质耐火材料	石油化工、有色冶炼	用后铬质耐火材料	按化学成分(Cr_2O_3 含量)分为 70%~80%、80%~90%、≥90%、25%~35%和≤25%

耐火材料使用后,有很多侵蚀介质进入耐火材料里,在拆炉和运输过程中也带入很多尘土和杂质,特别是混级现象的发生。在一座使用耐火材料的高温窑炉里,不同位置用的是不

同的耐火材料。这些不同的耐火材料性质差别很大,在拆炉和运输过程中,它们又混合在一起,这是影响其再生的主要原因之一。

9.1.2 用后耐火材料的资源化过程

9.1.2.1 用后耐火材料的回收

耐火材料用在热工窑炉上,当窑炉达到一定的使用寿命时,就要拆除。在拆除窑炉的过程中,最好按设备逐层拆除,并且把用后耐火材料分门别类地堆放,不要把周围的泥土、杂物混到或粘到用后耐火材料里去,然后根据颜色、密度、硬度、强度和砖的尺寸形状的不同进行鉴别、拣选,以免影响用后耐火材料的质量。

9.1.2.2 用后耐火材料的处理方法

用后耐火材料除少部分(如永久层及一些非主要部位)损坏很少,可直接应用到其他非主要或更安全的部位外,其余的需经一定处理后再利用。

A 去除泥土、灰尘和掺杂物

对于分类过的用后耐火材料,表面粘有灰尘、泥土和掺杂了一些夹杂物。必须除去。由工人把掺杂物拣出,并且水冲洗,洗去表面的泥土和灰尘。通过水洗和拣选,把用后耐火材料里的掺杂物、黏附的泥土和灰尘等影响用后耐火材料性能的有害物质去除,使用后耐火材料向纯化前进了一步。

B 去除渣层和渗透层

一般情况下用后耐火材料表面沾有一层炉渣等窑内的侵蚀介质,往往窑内的侵蚀介质还扩散渗入耐火材料炉衬内部,并与耐火材料发生反应形成变质层。渣层和变质层都影响了用后耐火材料的性能,影响到再生产品的高温性能和使用寿命。因此,必须先除去这些有害的成分后才能进行破粉碎加工。去除的方法有:(1)人工敲击法。用锤头敲击渣层,把渣层和渗透层敲下来,与用后耐火材料分离。(2)切割法。不同的用后耐火材料表面黏附的渣层和渗透层的厚度不同,粘接强度不同。粘接强度低时可以敲击下来,粘接强度高时,应采用机械切割的方法去除。

C 破粉碎

当用后耐火材料去除了非金属夹杂物和表面黏附的粉尘等杂物后,可以进行破粉碎加工。加工是在各种破粉碎设备中进行的:颚式破碎机进行粗碎,然后经过圆锥破碎机、对辊破碎机等进行中碎,球磨机细磨制粉。

D 除铁

用后耐火材料内含有金属夹片铁和铁屑,用后耐火材料在破粉碎加工过程中,由于机械的磨损和撞击,也会使用后耐火材料内增加铁。因此,必须在破粉碎过程中采用磁选方法把金属铁从用后耐火材料里除去。对有特殊要求的后续也可进行酸洗除铁。

E 均化

用后耐火材料来源复杂,同一用户甚至同一窑炉,不同部位所用的耐火材料不一样,要把它完全分门别类地分辨开来是相当困难的。这样就会使用后耐火材料质量波动性很大,可能出现不同批次的处理用后耐火材料的质量不同,这给使用或再生优质产品带来很大的困难。除了加强拣选分类外,应采用均化处理,使处理出来的用后耐火材料均匀,这样能够做到再生出来的产品性能稳定。耐火材料的均化处理已经是成熟的技术,应用到用后耐火材料上是非常合适的。

F 分离

利用破粉碎加工来的用后耐火材料直接作为原料而不能得到较高质量的产品,主要是因为它们由很多不同材料的颗粒组成了假颗粒,并且还含有一些有害成分,只有把这些有害成分除去或转化和把颗粒团聚体或假颗粒解除才能提高原料的内在质量,才能制造出好的产品。因此,对于破粉碎的用后耐火材料颗粒应该进一步加工处理,分离出用后耐火材料的不同成分,这样的用后耐火材料才能成为更有价值的原料,制造出的产品的质量才会更高。

a 碾磨法

把破粉碎后的用后耐火材料进一步碾磨,机械地破粉碎再加工,将颗粒和细粉分离。这样可有三方面的用途:一是破坏颗粒的团聚体,使之还本来面目,提高产品的性能;二是粉末化，使之成为微粉，提高产品附加值；三是改变组成。不同颗粒大小的材料硬度不同，可以分离出来，起到提纯和分离的作用。假颗粒是有耐火材料配料时多种材料组成的团聚体，内有很多气孔，因此，密度很低。而破掉假颗粒后，颗粒内气孔就很少了，颗粒密度也就高起来了。经过碾压破假颗粒前后的颗粒形貌如图 9-1 所示，这两种镁碳颗粒的密度由假颗粒的 2.92g/cm^3，增加到 3.32g/cm^3，这对提高产品的性能是非常有促进作用的。

a

b

图 9-1　用后耐火材料颗粒处理前后形貌[8]

a—处理前；b—处理后

b　烧失法

烧失法主要应用于含碳耐火材料，用后的含碳耐火材料内含有碳，直接作为原料应用会使浇注料加水量增加，产品性能下降，难以做出较高质量的产品。利用石墨在 1000℃以上易氧化的原理[5]，把用后镁炭砖料中的碳高温烧掉，从而得到电熔镁砂，可作为电熔镁砂原料使用。这种方法提取的电熔镁砂与用菱镁矿直接电熔得来的电熔镁砂相比，具有成本较低和能就地加工的优点。但该方法的缺点是用后镁炭砖只能部分利用，有价值的石墨没有利用。

c　浸渍法[6,7]

用后耐火材料经过破粉碎得到的颗粒表面有很多气孔率，颗粒密度也很低，它严重影响了再生产品的致密度和增加了浇注料的加水量。消除这个不利因素的方法之一就是浸渍。即把用后含碳颗粒料经过氧化处理后，用磷酸、金属盐溶液、硅溶胶、金属有机物进行真空浸渍，使浸渍剂进入颗粒气孔里，然后固化或高温处理，使颗粒内气孔减少和颗粒强度提高。用它作为喷补料的原料，加入量小于 30%。加水量 26% 与不含废料的喷补料相当，抗侵蚀性、气孔率和附着性等都相当。而没有经过这样处理的，会导致喷补料的性能显著降低。对于不含碳的刚玉废料，经过浸渍处理，使表面层气孔变小，干燥后，作为浇注料的原料，加入量为 5%～30%。加水量 6% 与不含废料的浇注料相当，抗侵蚀性、气孔率和强度等都相当。而没有经过这样处理的，会导致浇注料的性能显著降低。因此，经过浸渍处理的用后耐材会使之制成的产品致密度高和显气孔率低等性能得到显著改善。

d　选矿法

利用用后耐火材料复合成分的密度不同，可以采用重液选矿法将密度不同的原料区分开来，这对于密度差较大的复合用后耐火材料是合适的。如铝炭砖等用后含碳耐火材料，其主要成分是石墨、刚玉及矾土熟料，石墨的密度只有 2.23g/cm^3 左右，而刚玉等密度都在 3.0g/cm^3 以上，这样就可以通过重液选矿法把石墨和刚玉等分离出来。

e　化学反应去除杂质法和转化法

(1)化学反应去除杂质法。

通过化学反应把用后耐火材料里的某些杂质转化成可溶解的化合物，用水洗涤而除去。这里有代表性的例子是用后耐火材料里的金属铁。如果不除去会对再生制品产生很坏的影响。对于一般耐火材料可以通过磁选去除，但对于再生优质原料，要求铁的含量极低，并且很细颗粒的铁分布在细粉里，就很难除去。这种情况下，要用稀盐酸冲洗，使铁与 HCl 反应生成氯化铁，氯化铁溶解于水中，经过冲洗而除之。这对于用后刚玉材料和用后碳化硅材料是非常合适的。

(2)化学转化法。

用后耐火材料里含有某些有害成分，经过某些化学反应使用化学转化法使之变成无害物质，从而改善用后耐火材料性能。目前有下列例子：1)用后镁炭砖等用后含碳耐火材料里含有 Al_4C_3、AlN，它们像 CaO 一样，特别容易与水发生水化反应，并伴有很大的体积膨胀。如果制造产品前不把它除去，就会使再生产品经过高温时水化膨胀而出现裂纹、粉化报废。因此，含 Al_4C_3 的用后耐火材料要预先经过水化处理转化成氢氧化铝。2)用后镁铬砖特别是靠近工作面 Cr^{6+} 含量较高，严重超过环保指标标准。Cr^{6+} 是严重危害人类健康的，遇水溶解，污染环境和地下水源，必须进行处理才能排放。日本介绍了去除 Cr^{6+} 的两种方法。第一方法是水泥窑拆窑前，从 1350℃→500℃ 3h 降温过程中，通入氩气+5% H_2 或在 CO 气氛下，可将 Cr^{6+} 转化为 Cr^{3+}，这时的用后镁铬砖就可以按照正常处理工艺制作出合格的原料进行利用。第二种是还原煅烧法，把用后镁铬砖在 1200℃ 埋碳处理，这时砖中的 Cr^{6+} 由 380μg/g 降到 2.6μg/g。

9.1.3 用后耐火材料的再利用实例

9.1.3.1 *初级处理或降级使用法*

这里把用后耐火材料经过简单的拣选和破粉碎加工成不同颗粒料就使用的方法叫做初级使用。它一般是以少量加入质量较高的产品生产过程中，即使这样，也显著降低了产品的质量。也有添加较高比例的用后耐火材料到冶金辅料等附加值不高的产品中。因此，产生的附加值也很低，即用后耐火材料的初级使用产生的企业效益和社会效益较低，但是它解决了环保问题，即避免了环境污染。这里列举几个具体的例子。

(1)中国台湾中钢在环境政策的强烈压力下，2001 年开始不允许用后耐火材料被废弃。因为政府不允许废弃耐火材料，因此他们的做法是把用后耐火材料收集起来，经过拣选和破粉碎加工成不同的颗粒，一部分强制供应耐火材料的厂商收回，以换取下次的订单，中钢称之为“环保订单”。中钢也有一部分留下来自己直接作为造渣剂等冶金辅料使用。

(2)韩国浦项是自己统一加工回收，把夹杂的金属、渣和用后耐火材料分离开来，分离出来的用后耐火材料加工成颗粒，直接作为冶金造渣剂或建筑铺路材料等。

(3)意大利 Officine Meccaniche di Ponzano Venetto 公司回收各种炉子、中间包、铸锭模和钢包内衬的用后耐火材料，经处理后直接喷吹入炉以保护炉壁。回收用后耐材的具体步骤是：1)通过破碎机将用后耐材破碎至 8~10mm 的细颗粒；2)回收细颗粒中的含铁物质作为废钢铁回炉；3)将颗粒细小的耐材存入储料仓；4)根据要求将这些耐火材料颗粒通过安装在电炉炉顶的喷嘴吹入炉中。有些颗粒是在熔炼开始时向炉内喷吹以直接保护炉壁。

(4)国内把用后镁炭砖经过初步拣选和破粉碎成不同颗粒后，在生产镁炭砖时，以 5%~20% 比例混入新的镁炭砖配料中使用，有时也直接加入溅渣护炉料里。以用后镁炭砖料为原料，还可制成中间包干式料、转炉大面修补料和炼钢改质剂等。

(5)有些耐火材料生产厂家在生产较低档次的耐火浇注料等散装料时，添加一定量用后耐火材料的颗粒料。如用后镁炭砖料和或镁铬砖颗粒料添加到电弧炉出钢口的 EBT 填料里，自开率达到了 98%，不次于原始填料的自开率。

(6)初级破粉碎的用后耐火材料颗粒制成各种轻质的耐火材料，作为保温使用。

(7)用后白云石砖代替轻烧白云石作为 LF 的造渣料，对于钢水沸腾和渣化性脱硫速度方面不影响精炼能力，白云石也可以作为土壤的改质剂，以改良酸性土壤。

(8)日本钢铁工业用后的耐火材料主要用作造渣剂，也可作为型砂的替代物，A-MA 浇注料回收后做修补料和喷补料。

(9)玻璃窑用后 AZS 砖和钢铁加热炉 AZS 砖，经过破碎、磁选、干燥等处理，作为原料，进入电弧炉将其熔化，再熔铸成 AZS 砖。这样降低了 AZS 砖的生产成本[8]。

(10)用后 AZS 砖和用后滑板作为滑板耐火材料的原料。即把玻璃窑用后 AZS 砖和用后滑板，经过拣选、破粉碎处理、除铁等处理后，作为滑板原料，按照一般生产滑板的工艺，生产出滑板，与新的滑板一样。这些用后耐火材料甚至是无价值的废料，这样得到再利用后，价值大大提高。

(11)用后滑板破碎后，并经过进一步处理后以40%~60%比例加入 Al_2O_3-SiC-C 浇注料里，这样制成的喷枪使用寿命达到了 482 次。而以30%加入滑板里取得了与新滑板相同的使用结果。

(12)再生优质铝镁炭砖。用后铝镁炭钢包砖经过拣选、颗粒加工、除铁等处理，按照优化的铝镁炭砖生产工艺技术制备再生铝镁炭砖。再生的铝镁炭砖的理化指标见表 9-2。

表 9-2 再生铝镁炭砖的性能[2]

项目	指标
$w(Al_2O_3)$/%	69
$w(MgO)$/%	14
$w(C)$/%	8.5
体积密度/$g \cdot cm^{-3}$	3.01
显气孔率/%	8.7
耐压强度/MPa	44.5
再生原料加入量/%	>90

9.1.3.2 深加工使用

把用后耐火材料经过简单的拣选和破粉碎加工成不同颗粒料后，不停留在这初级阶段，而是更进一步进行破碎复合颗粒、物理化学加工和处理，使用后耐火材料更接近原始原料水平。以这样的用后耐火材料再生产品的方法称为中级使用法。中级处理后生产产品的质量进一步提高，有些性能达到原始产品的性能和使用结果。因此产生了较高的附加值，给企业和社会带来了更大的效益，同时也解决了环保问题。下面举几个例子。

(1)滑板的再利用。用后滑板往往只是中间孔周围的一小部分被侵蚀或损坏，可以把损坏部分切除，补浇或镶嵌一块新的，再经过磨平和处理，这样的修复式滑板与新的使用效果一样[9]。

(2)再生优质镁炭砖。用后镁炭砖经过拣选、除铁、水化、颗粒加工等处理，以此为原料，加入量达到了 97%，制备的镁炭砖的理化指标达到了新镁炭砖 A 级的水平，它的性能见表 9-3。4 号再生镁炭砖在宝钢 300t 钢包渣线上使用，其使用寿命达到了 82 次(其中有 20 次 LF)，侵蚀损耗速度仅为 1.28mm/次。残砖形貌如图 9-2 所示。把研制的再生镁炭砖用到 120t 钢包上，达到了 120 炉次的使用寿命，达到了 MT-14A 的实际使用水平。

表 9-3 研制的再生镁炭砖[10]

产品编号	1 号	2 号	3 号	4 号
$w(MgO)$/%	80	76	80	77
$w(C)$/%	12	14	11	14
耐压强度/MPa	60	52	60	52
体积密度/$g \cdot cm^{-3}$	3.04	3.01	3.08	3.04
显气孔率/%	3	2	3	2
热态抗折强度(1400℃,0.5h)/MPa	13	12	13	12
废砖使用量/%	97	97	80	80

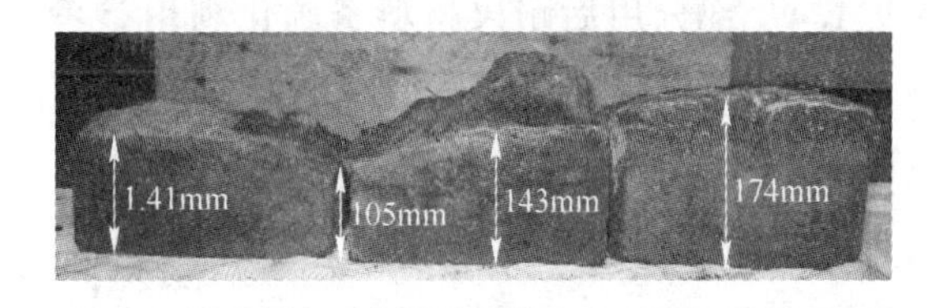

图 9-2 再生镁炭砖用后残砖形貌

(3)高炉出铁场使用的刚玉碳化硅碳浇注料，经破粉碎、湿磨和酸洗处理，根据原料的不同特点，人工拣选出刚玉。用该再生原料可以制造出很好的出铁场浇注料、捣打料等刚玉质耐火材料，也可以加工成不同的颗粒作为磨料使用[2]。

(4)再生优质铝碳化硅炭砖和浇注料。把优质的高炉主沟用后的刚玉碳化硅碳浇注料进行拣选除渣、破粉碎加工和除铁，再对颗粒进行处理。以此为原料再生 ASC 砖，其理化指标达到了价值很高的优质 ASC 砖的水平，再生的 ASC 浇注料和捣打料的性能也达到或优于相应实际使用产品的水平。这些材料的理化指标见表 9-4[11]。

用后耐火材料资源化利用流程如图 9-3 所示。

表 9-4 利用废弃铁沟料再生 ASC 质耐火材料的性能

项 目		浇注料	捣打料	ASC 砖
化学成分（质量分数）/%	SiC	10.2	11	10.7
	C	2.2	4.0	11.3
	Al_2O_3	83	81	83
低温热处理后	体积密度/$g\cdot cm^{-3}$	2.89	2.89	3.00
	显气孔率/%	16	12	6.3
	耐压强度/MPa	11.4	56.2	40.6
1450℃，3h 碳化	体积密度/$g\cdot cm^{-3}$	2.92	2.86	3.01
	显气孔率/%	17.3	17.7	13
	耐压强度/MPa	119.1	41.4	38.7
用途		出铁沟、沟盖、鱼雷车	出铁沟、铁水包	鱼雷车、混铁炉、高炉

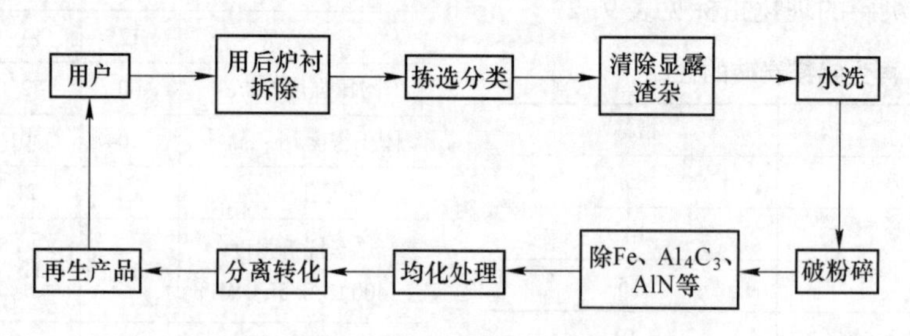

图 9-3 用后耐火材料资源化利用流程

9.1.4 部分用后耐火材料资源化利用参考性能指标

目前，我国用后耐火材料资源化利用还处于发展阶段，尚未形成统一的技术规范及标准。表 9-5～表 9-12 给出了某耐火材料公司部分用后耐火材料资源化利用指标。

表 9-5 再生镁碳原料

分类	颗粒尺寸/mm	混级/%	w(MgO)/%	w(F.C.)/%	w(水分)/%	颗粒密度/$g\cdot cm^{-3}$
A	5～1	≤8	≥90	≤6	≤0.15	≥3.25
	1～0.15	≤8	≥80	≤12	≤0.15	
	≤0.15	≤5	≥58	≥20	≤0.15	
B	5～1	≤8	≥85	≤8	≤0.15	≥3.20
	1～0.15	≤8	≥75	≤13	≤0.15	
	≤0.15	≤5	≥57	≥18	≤0.15	
C	5～1	≤8	≥80	≤10	≤0.15	≥3.10
	1～0.15	≤8	≥70	≤15	≤0.15	
	≤0.15	≤5	≥55	≥15	≤0.15	

表 9-6　再生 $MgO-Al_2O_3-C$ 系原料

分类	颗粒尺寸/mm	混级/%	$w(MgO+Al_2O_3)$/%	$w(Al_2O_3)$/%	w(F. C.)/%	w(水分)/%	颗粒密度/$g \cdot cm^{-3}$
A	5~1	≤8	≥88	≤5	≤5	≤0.15	≥3.25
	1~0.15	≤8	≥78	≤15	≤10	≤0.15	
	≤0.15	≤5	≥60	≤20	≥20	≤0.15	
B	5~1	≤8	≥88	≤10	≤5	≤0.15	≥3.20
	1~0.15	≤8	≥78	≤20	≤10	≤0.15	
	≤0.15	≤5	≥60	≤30	≥20	≤0.15	
C	5~1	≤8	≥88	≤20	≤10	≤0.15	≥3.20
	1~0.15	≤8	≥78	≤30	≤15	≤0.15	
	≤0.15	≤5	≥60	≤40	≥20	≤0.15	

表 9-7　再生 $Al_2O_3-MgO-C$ 系原料

分类	颗粒尺寸/mm	混级/%	$w(MgO+Al_2O_3)$/%	$w(MgO)$/%	w(F. C.)/%	w(水分)/%	颗粒密度/$g \cdot cm^{-3}$
A	5~1	≤8	≥88	≤5	≤5	≤0.15	≥3.20
	1~0.15	≤8	≥78	≤15	≤10	≤0.15	
	≤0.15	≤5	≥60	≥20	≥15	≤0.15	
B	5~1	≤8	≥88	≤10	≤5	≤0.15	≥3.20
	1~0.15	≤8	≥78	≤20	≤10	≤0.15	
	≤0.15	≤5	≥60	≥30	≥15	≤0.15	
C	5~1	≤8	≥88	≤10	≤10	≤0.15	≥3.20
	1~0.15	≤8	≥78	≥30	≤10	≤0.15	
	≤0.15	≤5	≥60	≥40	≥15	≤0.15	

表 9-8　再生铝碳原料

颗粒尺寸	假颗粒含量/%	$w(Al_2O_3)$/%	w(F. C.)/%	w(水分)/%	备注
≤1	≤15	≥65	≥20	≤0.2	来源于连铸三大件

表 9-9　再生铝碳化硅碳原料

分类	颗粒尺寸/mm	混级/%	$w(Al_2O_3)$/%	w(SiC+C)/%	w(F. C.)/%	w(水分)/%	$w(Fe_2O_3)$/%
A	5~1	≤8	≥75	≤10	≤5	≤0.2	≤2.0
	1~0.15	≤8	≥65	≥15	≤10	≤0.2	≤2.0
	≤0.15	≤5	≥50	≥20	≥15	≤0.2	≤2.0
B	5~1	≤8	≥70	≤10	≤5	≤0.2	≤2.0
	1~0.15	≤8	≥60	≥15	≤10	≤0.2	≤2.0
	≤0.15	≤5	≥50	≥20	≥10	≤0.2	≤2.0

表 9-10 再生 Al_2O_3-SiO_2 原料

分类	颗粒尺寸/mm	混级/%	$w(Al_2O_3)$/%	$w(Fe_2O_3)$/%	w(水分)/%	颗粒密度/$g \cdot cm^{-3}$
A	5~1	≤8	≥85	≤2.5	≤0.2	≥3.15
	1~0.15	≤8	≥85	≤2.0	≤0.2	
	≤0.15	≤5	≥85	≤2.0	≤0.3	
B	5~1	≤8	≥60	≤2.5	≤0.2	≥2.75
	1~0.15	≤8	≥60	≤2.5	≤0.2	
	≤0.15	≤5	≥60	≤2.5	≤0.3	
C	5~1	≤8	≥35	≤2.5	≤0.2	≥2.2
	1~0.15	≤8	≥35	≤2.5	≤0.2	
	≤0.15	≤5	≥35	≤2.5	≤0.3	

表 9-11 再生镁钙原料

分类	颗粒尺寸/mm	混级/%	w(MgO+CaO)/%	w(CaO)/%	w(水分)/%	颗粒密度/$g \cdot cm^{-3}$
A	5~1	≤8	≥95	≥10	≤0.2	≥3.20
	1~0.15	≤8	≥92	≥10	≤0.2	
	≤0.15	≤5	≥90	≥10	≤0.3	
B	5~1	≤8	≥95	≥20	≤0.2	≥3.20
	1~0.15	≤8	≥92	≥20	≤0.2	
	≤0.15	≤5	≥90	≥20	≤0.3	
C	5~1	≤8	≥95	≥30	≤0.2	≥3.20
	1~0.15	≤8	≥92	≥30	≤0.2	
	≤0.15	≤5	≥90	≥30	≤0.3	
D	5~1	≤8	≥95	≥50	≤0.2	≥3.20
	1~0.15	≤8	≥92	≥50	≤0.2	
	≤0.15	≤5	≥90	≥50	≤0.3	

表 9-12 再生镁铬原料

分类	颗粒尺寸/mm	混级/%	$w(MgO+R_2O_3)$/%	$w(Cr_2O_3)$/%	w(水分)/%	颗粒密度/$g \cdot cm^{-3}$
A	5~1	≤8	≥87	≤12	≤0.2	≥3.25
	1~0.15	≤8	≥87	≤12	≤0.2	
	≤0.15	≤5	≥87	≤12	≤0.3	
B	5~1	≤8	≥70	12~25	≤0.2	≥3.25
	1~0.15	≤8	≥70	12~25	≤0.2	
	≤0.15	≤5	≥70	12~25	≤0.3	
C	5~1	≤8	≥85	≥30	≤0.2	≥3.25
	1~0.15	≤8	≥85	≥30	≤0.2	
	≤0.15	≤5	≥85	≥30	≤0.3	

9.2　废渣的资源化利用

废渣是工业化生产过程中的一种废弃物，可采取回收、加工等措施，使其转化成为二次资源进行再利用。废弃物资源化的前提是废弃物的资源价值，并直接体现于资源的利用和经济价值。

不是所有的工业废渣都可以对其进行耐火材料资源化的。本节所述的废渣是以铝热法采用炉外冶炼技术，生产 Cr、Ti、Mn、Mo 等金属单质或生产铬铁、钛铁和锰铁等合金过程中排出的渣为原料，在电弧炉中经重熔、还原、除杂、脱碳等工艺处理而成的一类再生耐火资源。

9.2.1　钛铁渣利用

钛铁渣是生产钛铁合金时的一种炉渣，其量是钛铁合金的 1～1.25 倍，主要成分为 Al_2O_3、TiO_2 和 CaO，另含少量的 MgO、SiO_2 和 Fe_2O_3 等。

钛铁渣可通过一定的工艺进行物理和化学处理，消除其中的 SiO_2 和 Fe_2O_3 等杂质，获得含有六铝酸钙和钛铝酸钙为主要物相的“钛铝酸钙”再生耐火原料。或通过改善合金冶炼工艺，结合重熔技术，获得刚玉和三氧化二钛为主晶相的“钛刚玉”。钛铁渣资源化制备再生耐火材料原料工艺线路如图 9-4 所示。

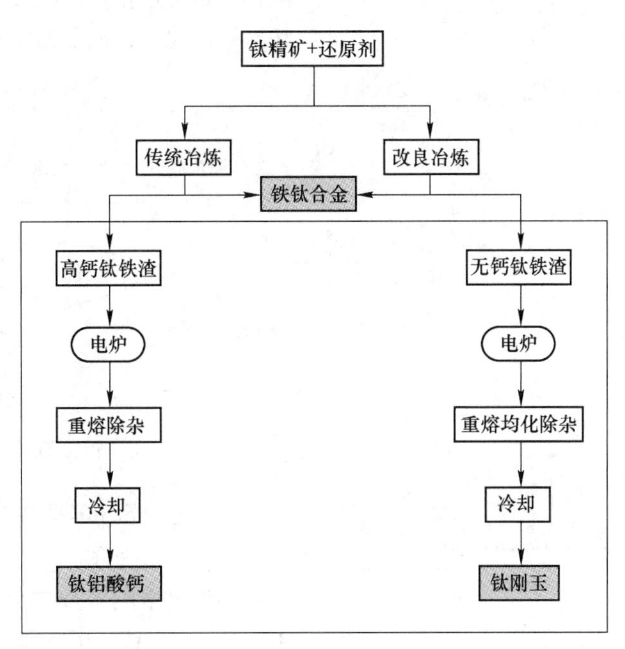

图 9-4　钛铁渣资源化制备再生耐火材料原料工艺线路图

9.2.1.1　钛铝酸钙及钛刚玉的基本性能

A　外观及理化指标

破碎后常温下呈结晶状，与黑 SiC 相近，化学性质稳定，不与空气和水发生反应，质地坚硬。表 9-13 为钛铝酸钙与钛刚玉的典型化学组成和物理指标。

表 9-13　钛铝酸钙及钛刚玉的理化指标

项目	品种	
	钛铝酸钙	钛刚玉
$w(Al_2O_3)/\%$	≥74.0	≥80.0
$w(TiO_2)/\%$	≥12.5	≥16.0

续表 9-13

项目	品种	
	钛铝酸钙	钛刚玉
$w(CaO)/\%$	≥9.0	≤0.6
$w(MgO)/\%$	≤2.0	≤0.8
$w(SiO_2)/\%$	≤0.5	≤0.3
$w(Fe_2O_3)/\%$	≤0.4	≤0.3
$w(K_2O)/\%$	≤0.05	≤0.01
$w(Na_2O)/\%$	≤0.10	≤0.01
体积密度/$g \cdot cm^{-3}$	≥3.30	≥3.80
显气孔率/%	≤9	≤1
莫氏硬度	8	9

B 物相组成

图 9-5 是钛铝酸钙和钛刚玉的 XRD 图谱。由图 9-5 可见，钛铝酸钙中的主要物相为六铝酸钙和钛铝酸钙，存在少量二铝酸钙和刚玉相；钛刚玉中主要物相为刚玉和三氧化二钛。

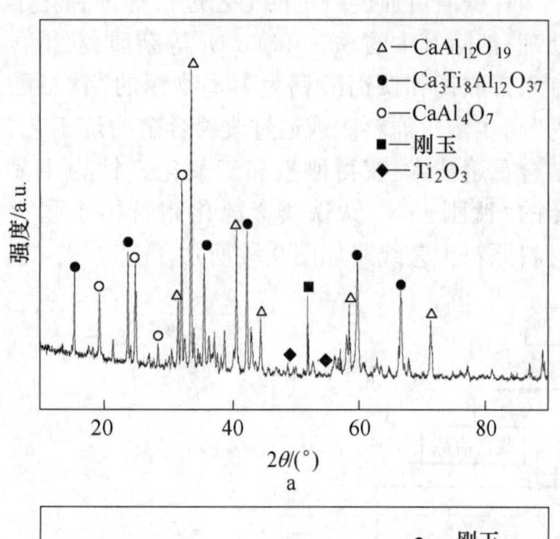

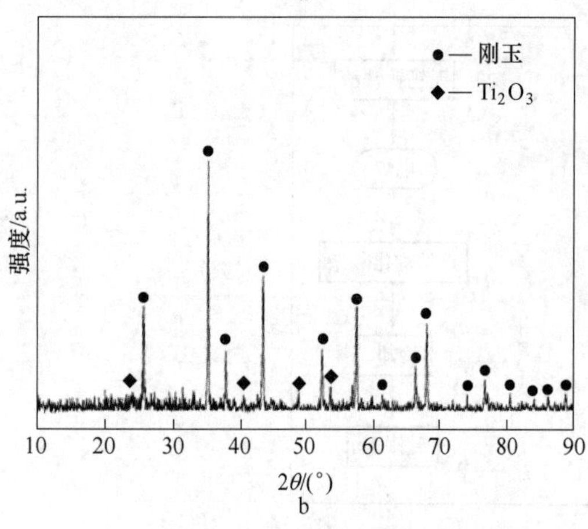

图 9-5 钛铝酸钙和钛刚玉的 XRD 图谱

a—钛铝酸钙；b—钛刚王

钛铝酸钙和钛刚玉中均存在三氧化二钛，Ti^{3+} 离子同时具有氧化性和还原性。三氧化二钛在氧化气氛下的反应趋势为

$$Ti_2O_3+O_2+Al_2O_3 = TiO_2+Al_2TiO_5$$

三氧化二钛在高温还原气氛下（如高炉），可生成 TiC、TiN、Ti(C,N) 等高温相非氧化物，降低体系的 N_2 分压，形成耐火炉衬的保护层。

9.2.1.2 钛铝酸钙应用

钛铝酸钙和钛刚玉，作为一种复合相的再生高铝原料，可用在钢包、铁水包、中间包、铁沟、炮泥等高温窑炉的内衬[12,13]。

9.2.2 铝铬渣的利用

铝铬渣是以铝热法生产金属 Cr 单质或生产铬铁合金过程中排出的渣。其主要成分为 Al_2O_3、Cr_2O_3，另有少量金属铬、MgO、CaO、SiO_2、Fe_2O_3 和碱金属氧化物。经过熔融、均化、还原提纯、除杂精炼等工艺后，可得三种再生高温耐火原料：再生电熔刚玉、再生电熔铝铬固溶体（俗称铬刚玉）和三碳化七铬。再生电熔刚玉、再生电熔铝铬固溶体可作为耐火材料原料，三碳化七铬可用作含炭耐火材料的抗氧化剂。铝铬渣资源化工艺流程如图 9-6 所示。

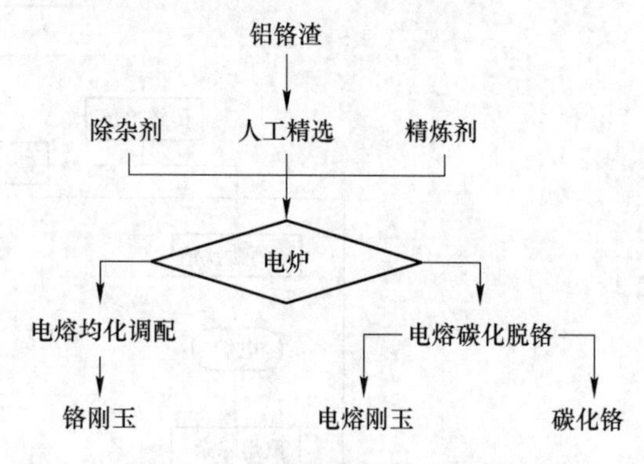

图 9-6 铝铬渣资源化工艺流程

9.2.2.1 再生电熔刚玉与铬刚玉的性能

A 理化指标

再生电熔刚玉按主成分（$Al_2O_3+Cr_2O_3$）的不同分为 RFA98、RFA97 和 RFA96 三个牌号，见表 9-14。

表 9-14 再生电熔刚玉的理化指标

项目	牌号		
	RFA98	RFA97	RFA96
$w(Al_2O_3)$/%	≥97.5	≥96.5	≥95.0
$w(Cr_2O_3)$/%	≤0.6	≤1.0	≤1.3
$w(Na_2O)$/%	≤0.10	≤0.15	≤0.20
$w(C)$/%	≤0.05	≤0.10	≤0.15
体积密度/$g \cdot cm^{-3}$	≥3.75	≥3.75	≥3.70
真密度/$g \cdot cm^{-3}$	≥3.80	≥3.80	≥3.80
显气孔率/%	≤4		

注：RFA 是 Regenerated Fusion Alumina（再生电熔氧化铝）三个英文单词首字母。

再生电熔铬刚玉按主成分（$Al_2O_3+Cr_2O_3$）的不同分为RFCA8、RFCA10和RFCA12三个牌号，其理化指标见表9-15。

表9-15 再生电熔铬刚玉的理化指标

项目	牌号		
	RFCA8	RFCA10	RFCA12
$w(Cr_2O_3)$/%	6~8	8~10	10~12
$w(Al_2O_3+Cr_2O_3)$/%	≥97		
$w(Na_2O)$/%	≤0.1		
$w(Fe_2O_3)$/%	≤0.25		
$w(CaO)$/%	≤3.5		
体积密度/$g\cdot cm^{-3}$	≥3.75		
显气孔率/%	≤5		
耐火度/℃	≥1790		

注：RFCA是Regenerated Fusion Chromium Alumina四个英文单词的首字母。

B 物相组成

再生电熔刚玉中的主要物相为刚玉，而再生电熔铬刚玉的主要物相是铝铬固溶体，如图9-7所示。

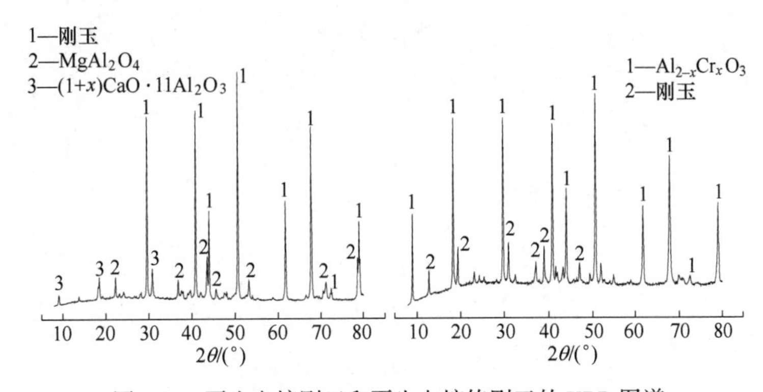

图9-7 再生电熔刚玉和再生电熔铬刚玉的XRD图谱

9.2.2.2 再生电熔刚玉与铬刚玉的应用

目前，这两种再生耐火原料已大量应用于奥斯麦特炉、炼铜转炉、炼锌挥发窑和炼锌转炉等有色冶金炉窑的内衬，也广泛应用于铁沟浇注料、炮泥、钢包内衬浇注料、透气砖、欧冶炉CGD管及围管等钢铁冶金领域，同时也在炭黑反应炉、垃圾焚烧炉等高温设备上应用[14,17]。

参考文献

[1] 田守信．用后耐火材料的再生利用和发展[C]//2004全国耐火材料学术年会论文集，2004.

[2] 田守信．用后耐火材料的再生利用[J]．耐火材料，2002，36(6)：339~341.

[3] Axel E. ECO-Management of refractory in Europe [C]. Proc of UNITECR'03, Osaka, Japan, 2003: 5~12.

[4] Kendall T. Recycling of refractories[J]. Industrial Minerals，1994(8)：32~40.

[5] 王永利．用废旧镁碳砖生产电熔镁砂：98114035.1[P]．1998-11-11.

[6] 用后含碳耐材生产修补料的制造方法：特开平9-278548[P]．1997-10-28.

[7] 用刚玉废料制造浇注料的方法：特开平10-130066[P]．1998-05-19.

[8] 李起胜．再生熔铸耐火砖的制造方法：89109578[P]．1990-07-25.

[9] Junichirou Y. Recycling technology for SG plate [J]．耐火物，2004(1)：24~25.

[10] 田守信．用后耐火材料的再生利用[J]．耐火材料，2006，40(增刊)：237~245.

[11] 韩君昌．一种利用后耐火材料制备SiC材料的方法：CN201410478636.7[P].2016-04-13.

[12] 王立锋．钛铝酸钙的性能及其应用基础研究

[D].武汉:武汉科技大学,2016.

[13] Chen Jianwei, Zhao Huizhong, Zhang Han, et al. Effect of partial substitution of calcium alumino-titanate for bauxite on the microstructure and properties of bauxite-SiC composite refractories[J]. Ceramics International, 2018, 44: 2934~2940.

[14] 赵鹏达. 铝铬渣资源化及无害化应用基础研究[D].武汉:武汉科技大学,2020.

[15] 何晴. Ausmelt 炉内衬用铬刚玉质耐火材料的研究与制备[D].武汉:武汉科技大学,2017.

[16] Zhao Pengda, Zhao Huizhong, Yu Jun, et al. Crystal structure and properties of Al_2O_3-Cr_2O_3 solid solutions with different Cr_2O_3 contents[J]. Ceramics International, 2018, 44:1356~1361.

[17] Zhao Pengda, Zhang Han, Gao Hongjun, et al. Separation and characterisation of fused alumina obtained from aluminium-chromium slag[J]. Ceramics International, 2018, 44:3590~3595.

10 耐火材料用结合剂与外加剂

耐火材料用结合剂指能将由一定颗粒度组成的耐火材料集料(骨料和粉料)胶结在一起,并产生足够的常温或高温结合强度的物质。结合剂不但要求具有足够的结合强度,而且要求具有良好的作业性能和高温使用性能。结合剂分为无机结合剂和有机结合剂,按硬化条件又分为水硬性、气硬性和热硬性结合剂。无机结合剂分为以下几类:(1)硅酸盐,包括硅酸盐水泥、水玻璃和结合黏土;(2)铝酸盐,包括铝酸钙水泥、铝酸钡水泥和含尖晶石铝酸钙水泥;(3)磷酸盐;(4)硫酸盐;(5)氯化物;(6)溶胶及超细粉等。有机结合剂分为两类:(1)天然有机物,包括淀粉、糊精、阿拉伯树胶、海藻酸钠、糖蜜、木质磺酸盐、蒽油、焦油和沥青等;(2)合成有机物,包括甲阶酚醛树脂、线型酚醛树脂、环氧树脂、聚胺酯树脂、脲醛树脂、聚醋酸乙烯酯、聚苯乙烯、硅酸乙酯、聚乙烯醇、呋喃树脂等。

外加剂指能改善耐火材料作业性能、物理性能和使用性能的添加物,掺入量一般为耐火材料组成物总量的万分之几到百分之几。外加剂分为无机物和有机物两大类,按作用功能分,有以下几种:(1)改善流变性能和作业性能类,包括减水剂、增塑剂、胶凝剂、解胶剂、润湿剂等;(2)调节凝结、硬化速度类,包括有促凝剂、缓凝剂、闪速絮凝剂、迟效促凝剂等;(3)调整内部组织结构类,包括发泡剂、消泡剂、防缩剂、矿化剂等;(4)保持材料施工性能类,包括酸抑制剂、保存剂、防冻剂、防沉剂、保水剂等;(5)改善使用性能类,包括助烧结剂、快干剂、防爆剂、防氧化剂、抗润湿剂等。

10.1 耐火材料用结合剂

耐火材料用结合剂是指能将由一定颗粒度组成的耐火材料集料(骨料和粉料)胶结在一起,并产生足够的常温或高温结合强度的物质,也称胶结剂或黏结剂。与其他材料用的结合剂不同,耐火材料用的结合剂,不但要求具有足够的结合强度,而且要求具有良好的作业性能和高温使用性能。

10.1.1 分类、结合机理及选用原则

10.1.1.1 分类

耐火材料用的结合剂,随被胶结的材料的性质和使用条件不同而异,种类繁多。一般是按结合剂的化学性质和硬化条件进行分类。按结合剂化学性质分有两大类:无机结合剂和有机结合剂。

(1)无机结合剂按化合物性质又可分为以下几类:

第一类为硅酸盐,包括硅酸盐水泥、水玻璃(硅酸钠、硅酸钾水玻璃)和结合黏土。

第二类为铝酸盐,包括普通铝酸钙水泥(也称矾土水泥、高铝水泥)、纯铝酸钙水泥(有铝-70、铝-75 和铝-80 水泥)、铝酸钡水泥和含尖晶石铝酸钙水泥。

第三类为磷酸盐,包括磷酸、磷酸二氢铝、磷酸镁、磷酸二氢铵、铝铬磷酸盐、三聚磷酸钠、磷酸钠、钙钠磷酸盐(NC_2P)等。

第四类为硫酸盐,包括硫酸铝、硫酸镁、硫酸铁等。

第五类为氯化物,包括氯化镁(卤水)、氯化铁、聚合氯化铝(又称碱式氯化铝)等。

第六类为溶胶及超细粉(微粉、纳米级微粉),如硅溶胶、铝溶胶、硅铝溶胶、ρ-氧化铝、SiO_2 微粉(烟尘硅)等。

(2)有机类结合剂按制取方法也可分为两大类:

第一类为天然有机物,系从天然有机物中分离提取的,包括淀粉、糊精、阿拉伯树胶、海藻酸钠、糖蜜、木质磺酸盐、蒽油、焦油和沥青等。

第二类为合成有机物,即通过化学反应或

缩聚反应而合成的，包括甲阶酚醛树脂、线型酚醛树脂、环氧树脂、聚胺酯树脂、脲醛树脂、聚醋酸乙烯酯、聚苯乙烯、硅酸乙酯、聚乙烯醇、呋喃树脂等。

有机结合剂按其亲水性能又可分为水溶性的（主要由碳、氢、氧构成，相对分子质量较低）和非水溶性的（亲油性，主要由碳、氢构成，相对分子质量较高）。水溶性有机结合剂在加热过程中会分解和挥发，为暂时结合剂；而非水溶性有机结合剂大多数高温分解，残留有碳，可形成碳结合相，一般是相对分子质量越高，其残碳率也越高。

按结合剂硬化条件分类有水硬性、气硬性和热硬性结合剂。

1）水硬性结合剂：与散状耐火集料混合后，加水混练并成型后，在常温潮湿条件下养护，经水化反应能产生凝结与硬化，如硅酸盐水泥、铝酸钙水泥。

2）气硬性结合剂：与散状耐火集料混合成型后，在常温自然干燥条件下养护即可发生凝结与硬化。但这类结合剂使用时一般要加促凝（硬）剂方可发生凝结与硬化，如水玻璃结合剂加氟硅酸钠促凝剂，磷酸二氢铝结合剂加氧化镁或铝酸钙水泥促凝剂。

3）热硬性结合剂：与散状耐火集料混合成型后，需经加热烘烤（一般为105～350℃）方可发生凝结与硬化，如甲阶酚醛树脂，或线型酚醛树脂加乌洛托品在加热时发生缩聚反应而产生硬化。

10.1.1.2 结合机理

耐火材料用的结合剂随其化学性质不同，其结合机理也不同，可分为如下几种结合机理：

（1）水化结合：在常温下通过结合剂（一般为水泥类结合剂）与水发生水化反应生成水化物后产生结合作用。如铝酸钙水泥（$CaO\cdot Al_2O_3$、$CaO\cdot 2Al_2O_3$）加水混合后，发生水解和水化反应，析出六方片状或针状水化物 $CaO\cdot Al_2O_3\cdot 10H_2O$（$CAH_{10}$）和 $2CaO\cdot Al_2O_3\cdot 8H_2O$（$C_2AH_8$），或立方粒状 $3CaO\cdot Al_2O_3\cdot 6H_2O$（$C_3AH_6$）水化物和氧化铝凝胶体（$Al_2O_3$gel），形成凝聚结晶网而产生结合。

又如反应性氧化铝（$\rho-Al_2O_3$），加水混合时，会发生水化反应而生成单斜板状、纤维状或粒状三水铝石（Bayrite、$Al_2O_3\cdot 3H_2O$）和斜方板状勃姆石（Boehmite、$Al_2O_3\cdot(1\sim2)H_2O$）而产生结合作用。

（2）化合结合：借助于结合剂与硬化剂（促凝剂），或结合剂与耐火粉料之间在常温下发生反应，或加热时发生化学反应生成具有结合作用的新物相而产生结合。如硅酸钠（水玻璃）结合剂加氟硅酸钠硬化剂时，发生如下反应：

$$2(Na_2O\cdot nSiO_2)+Na_2SiF_6+2(2n+1)H_2O \longrightarrow 6NaF+(2n+1)Si(OH)_4 \quad (10\text{-}1)$$

反应结果生成硅溶胶 $SiO_2\cdot nH_2O$，经脱水形成硅氧烷（—Si—O—Si—）网络状结构，从而产生较强的结合强度。

又如磷酸二氢铝加 MgO 硬化剂时，在常温下会发生脱水和交联反应而产生较高的结合强度。

（3）缩聚结合：借助于加催化剂或交联剂使结合剂发生缩聚反应形成不溶不熔的网络状结合物而产生结合强度，如甲阶酚醛树脂加酸作催化剂或加热时，可产生缩聚反应而产生较高的结合强度。又如线型酚醛树脂加六亚甲基四胺（乌洛托品），在加热时也会发生交联反应，缩聚形成不溶不熔的网络状结构而产生较好的结合强度。

（4）陶瓷结合：系指通过烧结而产生的结合，烧结有固-固间烧结和固-液间烧结。定形耐火制品的烧结既有固-固之间的烧结，又有固-液间的烧结。而不定形耐火材料的烧结，基本上是依靠加入助烧结剂，在较低温度下通过固-液之间的反应而烧结，如在刚玉质干式料中加入少量的硼酐，硼酐在450～550℃生成黏性液相可将耐火集料黏附在一起，随后与 $\alpha-Al_2O_3$ 发生固-液间反应，生成具有更高熔融温度的化合物，如 $2Al_2O_3\cdot B_2O_3$（约在1035℃一致熔融），或 $9Al_2O_3\cdot 2B_2O_3$（在1930℃一致熔融），而将刚玉集料结合在一起。同样在硅质干式料中加入硼酸或硼酸钠作为助烧结剂时，在500～1000℃范围内可促进烧结形成陶瓷结合。这类依靠加入低、中温助烧结剂的干式料广泛应用作各种工频感应炉内衬和出钢口填充料。

(5)黏着(黏附)结合:指借助如下几种物理化学作用之一或几种作用叠加而产生的结合。其一是吸附作用,包括物理吸附和化学吸附。物理吸附是以分子间引力(范德华引力)相互吸引而产生黏附,而化学吸附是以化学键力相互作用而产生黏附。但也有两种吸附同时发生的黏着结合;其二是扩散作用,即黏结剂与被黏结物在其分子的热运动作用下,发生相互扩散和渗透作用,在界面上形成扩散层,从而形成牢固的结合;其三是静电作用,即黏结物与被黏结物的界面上存在着双电层,由双电层的静电引力作用而产生结合。

产生黏附结合的结合剂多数为有机结合剂,其中有的为暂时性结合剂,即在常温下或低温下起结合作用,经中温和高温热处理后会燃烧掉,如糊精、羧甲基纤维素、木质素磺酸盐、糖蜜、阿拉伯树胶等;有的为半永久性结合剂,经中、高温热处理后,除部分挥发性物质分解挥发外,残留下的碳可形成碳网结合,如沥青、酚醛树脂、环氧树脂等高残碳的有机结合剂,但这类结合剂只适合于在还原性条件下使用。有些无机结合剂也具有好的黏附结合,如磷酸二氧铝、水玻璃、硅溶胶等。

(6)凝聚结合:是指在粉体-水体系悬浮液中,加入凝聚剂,或调节 pH 值而使微粒子(胶体粒子)发生凝聚而产生结合。根据 DLVO 理论,胶体粒子之间存在着范德华引力,当粒子在相互接近时,会因粒子表面双电层的重叠而产生排斥力,胶体溶液(悬浮液)的稳定性与凝聚性就取决于粒子之间的吸引力和排斥力的相对大小。此两种作用力合成的总势能曲线如图 10-1 中的实线所示。当胶体粒子相互靠近越过垫垒 V_{max}后,由引力起主导作用,粒子就会发生凝聚。因此要使粒子发生凝聚,就必须克服粒子表面双电层重叠时产生的排斥力。要降低排斥力,可往胶体溶液中加入电解质,这样就会有更多的反离子进入双电层中的扩散层。由于电性中和作用,扩散层厚度变薄,排斥力下降。当扩散层变薄(压缩)到与紧密层叠合时,ζ 电位为零(等电点),粒子因范德华引力作用而发生凝聚。据此,在由耐火材料粉料与水调成的悬浮液中,加入适当的电解质,使粒子表面的 ζ 电位降至零来取得凝聚结合。凡胶体类结合剂和由超细(微)粉制备成的浆体结合剂均具有这种结合机理。

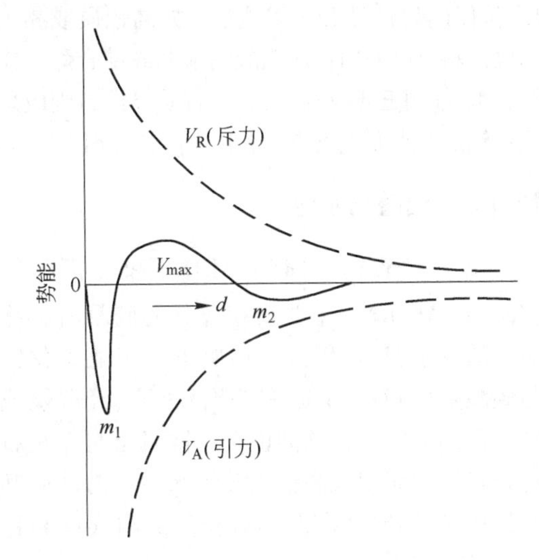

图 10-1 质点的势能与质点间距离的关系

10.1.1.3 选用原则

耐火制品,尤其是不烧耐火制品和不定形耐火材料,它们的力学强度(结构强度)主要是靠结合剂提供的。但耐火材料用的结合剂种类繁多,结合机理也不尽相同。因此在实际生产和使用中应根据耐火材料材质,成型或施工方法,以及使用条件等来选用合适的结合剂。选用原则如下:

(1)结合剂的性质必须与被结合的耐火材料性质相适应。酸性、中性耐火材料可选用酸性、中性和弱碱性结合剂。而碱性耐火材料则不可直接使用酸性结合剂,只能采用中性或碱性结合剂。若在还原性条件下使用,也可选用高残碳的有机类结合剂。

(2)选用的结合剂要与材料的成型方法或作业性能(施工性能)相适应。烧成耐火制品一般采用暂时结合剂(如木质素磺酸盐等),而不烧耐火制品一般采用化学结合剂(如磷酸二氢铝、水玻璃等);浇注耐火材料应选用在常温下能产生凝结与硬化的结合剂,如水化结合、化学结合(加硬化剂)、凝聚结合(加凝聚剂)的结合剂；捣打料和可塑料可选用黏着结合、化学结合和陶瓷结合的结合剂；而喷射耐火材料可选用与浇注耐火材料相似的结合剂。

(3)选用的结合剂必须与材料的高温使用性能相适应，不应降低或少降低材料的高温结构强度、抗侵(腐)蚀性和抗渗透性。如高铝质或黏土质浇注料可以采用普通铝酸钙水泥或结合黏土作结合剂，而刚玉质或刚玉-尖晶石质浇注料则应采用纯铝酸钙水泥或反应性氧化铝作结合剂。

10.1.2 铝酸钙水泥

以一铝酸钙($CaO \cdot Al_2O_3$)和二铝酸钙($CaO \cdot 2Al_2O_3$)为主要物相成分的胶凝材料称为铝酸钙水泥，是用天然铝矾土或工业氧化铝与碳酸钙(石灰石)按一定比例配合，经煅烧或电熔而制成的。在欧洲也有用铁矾土与石灰石配合经熔融而制成高铁铝酸钙水泥。与硅酸钙水泥比较，铝酸钙水泥具有较高的耐火度和稳(安)定性，因此被广泛用作不定形耐火材料的结合剂。

10.1.2.1 化学成分与物相组成

铝酸钙水泥有普通铝酸钙水泥和纯铝酸钙水泥之分。普通铝酸钙水泥的化学成分波动较大，$w(Al_2O_3)$为53%~70%，$w(CaO)$为21%~35%，$w(SiO_2)$为3%~7%。此外还含有少量的TiO_2、Fe_2O_3和MgO等杂质，其化学成分处于图10-2所示的阴影区内。从图10-2看出，当化学组成处于以下区域：

(1)$CA-C_2AS$连线的右侧时，其可能有的物相为CA($CaO \cdot Al_2O_3$)、CA_2($CaO \cdot 2Al_2O_3$)和C_2AS($2CaO \cdot Al_2O_3 \cdot SiO_2$)；

(2)处于$CA-C_2AS$连线和$CA-C_2S$连线之间时，物相为CA、C_2AS和C_2S($2CaO \cdot SiO_2$)；

(3)处于$CA-C_2S$连线左侧时为CA、$C_{12}A_7$($12CaO \cdot 7Al_2O_3$)和C_2S。但一般普通铝酸钙水泥的化学组成是处在$CA-C_2AS$连线和CA_2-C_2AS连线之间，因此其主要物相组成为CA、CA_2和C_2AS。我国用烧结法生产的普通铝酸钙水泥中的物相含量为CA 40%~50%、CA_2 20%~35%、C_2AS 20%~30%。此外，物相中还含有由Fe_2O_3、TiO_2、MgO等杂质生成的物相C_2F($2CaO \cdot Fe_2O_3$)、C_4AF($4CaO \cdot Al_2O_3 \cdot Fe_2O_3$)和CT($CaO \cdot TiO_2$)等。当煅烧反应不平衡时还会有$C_{12}A_7$存在。而纯铝酸钙水泥由于杂质含量很少，因此主要物相为CA和CA_2，只是CA和CA_2含量比例随Al_2O_3含量不同而不同。

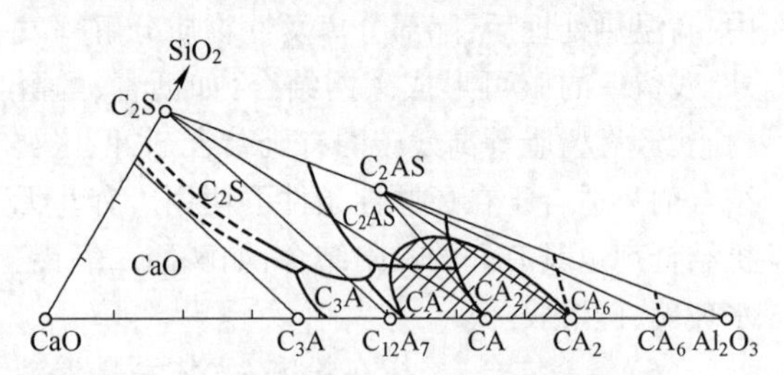

图10-2 $CaO-Al_2O_3-SiO_2$系局部相关系

表10-1为铝酸钙水泥的化学成分与物相组成。

表10-1 铝酸钙水泥化学成分与物相组成

类型		化学成分(质量分数)/%				物相组成(主要物相)
		SiO_2	Al_2O_3	CaO	Fe_2O_3	
低铁型铝酸钙水泥	普通型	5~7	53~56	33~35	<1.0	CA、CA_2、C_2AS
	早期型	4~5	50~55	34~36	≤3.0	CA、CT、C_2AS
	高强型	3~4	64~66	22~24	<2.0	CA_2、CA、C_2AS
高铁型铝酸钙水泥	一般型	4~5	48~49	36~37	7~10	CA_2、C_4AF、C_2AS
	超高铁型	3~4	40~42	38~39	12~16	CA_2、C_4AF、C_2AS
纯铝酸钙水泥	A-70型	<0.1	69~71	26~28	<0.1	CA、CA_2
	A-75型	<0.1	75~76	21~23	<0.1	CA_2、CA
	A-80型	<0.1	79~81	16~18	<0.1	CA、$\alpha-Al_2O_3$、$C_{12}A_7$

10.1.2.2 铝酸钙物相特性

铝酸钙水泥中可能存在的物相有：一铝酸钙、二铝酸钙、七铝酸十二钙、铝方柱石、铁铝酸四钙等，它们的特性如下：

(1)一铝酸钙($CaO \cdot Al_2O_3$)：属单斜(或斜方)晶系，体积密度为 2.981g/cm^3，具有很高的水化活性，其特点是凝结速度适中，而硬化速度快，即凝结与硬化之间的时间差较短，是铝酸钙水泥强度的主要来源。CA 物相水化后的强度发展较快，因此含 CA 较高的水泥，早期强度高，而后期(养护 7 天后)强度增长不显著。CA 的结晶形态与煅烧工艺和冷却条件等有关。用烧结法慢冷所得到的 CA 多呈矩形或不规则的板状，颗粒尺寸一般为 5～10μm。CA 常与 CF($CaO \cdot Fe_2O_3$)、Fe_2O_3 及铬、锰的氧化物形成固溶体，故折光率变化较大。

(2)二铝酸钙($CaO \cdot 2Al_2O_3$)：属单斜晶系，体积密度为 2.9g/cm^3。其水化速度比 CA 物相慢，水化反应的同时还会析出氧化铝溶胶，因此其硬化速度慢，早期强度较低，但后期强度较高。CA_2 含量过高的铝酸钙水泥，会影响其硬化速度。CA_2 的耐火度比 CA 要高约 150℃(CA 的熔化温度约为 1600℃，而 CA_2 熔化温度约为 1770℃)。

(3)七铝酸十二钙($12CaO \cdot 7Al_2O_3$)：有稳定型和不稳定型之分，稳定型属等轴晶系，体积密度为 2.7g/cm^3，不稳定型属斜方晶系，体积密度为 3.10～3.15g/cm^3，并固溶有其他氧化物(Fe_2O_3、FeO、SiO_2、MgO)，呈多色性。七铝酸十二钙晶体结构中，铝和钙的配位极不规则，晶体具有大量的结构孔洞，因此水化速度很快，凝结迅速，而强度不高。铝酸钙水泥中 $C_{12}A_7$ 含量大时(大于 10%)，常常会引起快凝，而无法使用。

(4)铝方柱石($2CaO \cdot Al_2O_3 \cdot SiO_2$)：属四方晶系，体积密度为 3.04g/cm^3，晶体形状多呈柱状，也有呈长方、正方、板状或不规则形状。此物相晶格中原子配位对称性好，因此活性很差，不发生水化反应，属非水硬性物相。普通铝酸钙水泥中含有的 SiO_2 主要生成 C_2AS，由于生成 C_2AS 要消耗 CaO 和 Al_2O_3，使活性物相相对减少，水泥强度下降。因此生产普通铝酸钙水泥(尤其是早强型和高强型水泥)要尽可能限制原料中的 SiO_2 含量。

(5)铁铝酸四钙($4CaO \cdot Al_2O_3 \cdot Fe_2O_3$)：为 C_2F 与 C_6A_2F 固溶系列中的一个组分，属斜方晶系。C_4AF 具有水化性能，有凝固性并能产生一定的强度，能加速铝酸钙水泥的硬化速度。

10.1.2.3 铝酸钙水泥的水化

在铝酸钙水泥中，能发生水化反应生成水硬性水化物的物相是 CA、CA_2、$C_{12}A_7$ 和 C_4AF。它们的凝结与硬化速度按如下次序递减：$C_{12}A_7$>C_4AF>CA>CA_2。但一般铝酸钙水泥中 $C_{12}A_7$ 和 C_4AF 含量很小，甚至不含。尤其是纯铝酸钙水泥中，基本不含 C_4AF。因此铝酸钙水泥的水化与硬化过程就是 CA 和 CA_2 的水化及其水化物的结晶生长过程。

铝酸钙水泥水化时生成的水化物是随养护条件不同而异，在 21℃以下养护时生成的水化物主要是 $CaO \cdot Al_2O_3 \cdot 10H_2O$($CAH_{10}$)和铝溶胶 AH_3，21～35℃养护时主要生成 $2CaO \cdot Al_2O_3 \cdot 8H_2O$($C_2AH_8$)和 AH_3，而 30℃以上养护时主要生成 $3CaO \cdot Al_2O_3 \cdot 6H_2O$($C_3AH_6$)和 AH_3。在湿热环境中，CAH_{10}和 C_2AH_8 都会转变成 C_3AH_6 和 AH_3，水化反应如下：

(1)21℃：

$$CaO \cdot Al_2O_3+10H_2O \longrightarrow CaO \cdot Al_2O_3 \cdot 10H_2O \tag{10-2}$$

$$CaO \cdot 2Al_2O_3+13H_2O \longrightarrow CaO \cdot Al_2O_3 \cdot 10H_2O+Al_2O_3 \cdot 3H_2O \tag{10-3}$$

(2)21～35℃：

$$2(CaO \cdot Al_2O_3)+11H_2O \longrightarrow 2CaO \cdot Al_2O_3 \cdot 8H_2O+Al_2O_3 \cdot 3H_2O \tag{10-4}$$

$$2(CaO \cdot 2Al_2O_3)+14H_2O \longrightarrow 2CaO \cdot Al_2O_3 \cdot 8H_2O+3(Al_2O_3 \cdot 3H_2O) \tag{10-5}$$

(3)30～50℃：

$$3(CaO \cdot Al_2O_3 \cdot 10H_2O) \longrightarrow 3CaO \cdot Al_2O_3 \cdot 6H_2O+2(Al_2O_3 \cdot 3H_2O)+18H_2O \tag{10-6}$$

$$3(2CaO \cdot Al_2O_3 \cdot 8H_2O) \longrightarrow 2(3CaO \cdot Al_2O_3 \cdot 6H_2O)+Al_2O_3 \cdot 3H_2O+9H_2O \tag{10-7}$$

上述水化物中，CAH_{10}和C_2AH_8都属六方晶系，晶体是片状、针状结晶，并相互交错，重叠形成网络结构。铝胶AH_3填充于晶体间的空隙内，形成比较致密的结构，因此具有较高的机械强度。C_3AH_6属立方晶系，不能形成如针状、片状晶体那样相互交错的结构，因此结合强度不高，对水泥石的强度贡献不大。

在铝酸钙水泥的水化物中，在常温下只有C_3AH_6是稳定相。C_2AH_8和CAH_{10}均为亚稳相，随着养护温度的升高或时间的延长，它们均会转化为C_3AH_6。这种转化会引起水泥石的强度下降（又称为强度倒退），其原因是：(1)CAH_{10}和C_2AH_8为六方晶系针状或片状水化物，而C_3AH_6为立方晶系粒状水化物，因而C_3AH_6结合强度不如CAH_{10}和C_2AH_8；(2)CAH_{10}、C_2AH_8和C_3AH_6的真密度分别为$1.72g/cm^3$、$1.95g/cm^3$和$2.53g/cm^3$，因此CAH_{10}转化为C_2AH_8和C_3AH_6时胶结物相中空隙率增大，物相之间结合面积下降，而导致强度降低；(3)氧化铝凝胶AH_3转变为结晶相也会因密度提高，空隙率增大而使强度降低。但用铝酸钙水泥作结合剂时，一般都在养护3~7天（或1~2天）就进行烘烤，而使水化中止，所产生的强度是热处理后强度，因此不考虑后期强度倒退问题。

铝酸钙水泥的凝结和硬化速度与养护温度有关。CA_2物相是随养护温度的提高，凝结与硬化速度加快。而CA物相不同，在20℃左右较快，到30℃之前变慢，升高到30℃又变快，如图10-3所示。

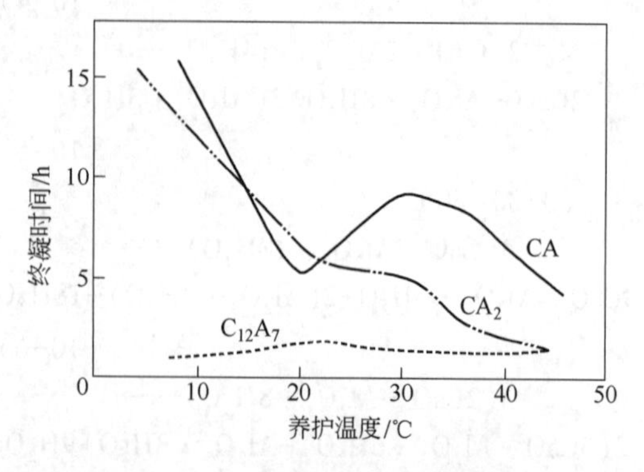

图10-3 养护温度与终凝时间

铝酸钙水泥水化时有放热现象，不同的物相其一周内的放热量为：$CaO \cdot Al_2O_3$ 384.7J/g，$CaO \cdot 2Al_2O_3$ 414.0J/g，$12CaO \cdot 7Al_2O_3$ 752.7J/g，$4CaO \cdot Al_2O_3 \cdot Fe_2O_3$ 543.6J/g。因此采用含有快凝物相的铝酸钙水泥作结合剂时，应采取适当的降温措施，尤其是在夏季时节，以防止因发热过分集中，而影响铝酸钙水泥结合浇注料的内在和表面质量。但以CA_2为主要物相的水泥则相反，因凝速变慢，尤其是在冬季，可以采用蒸汽养护，以促进水化、加速凝结与硬化速度。现在，一般可采用促凝剂或缓凝剂来调节铝酸钙水泥的凝结与硬化速度，而不依赖温度来控制其凝结硬化速度。

10.1.2.4 水化物相的加热相变

铝酸钙水泥水化物加热过程会发生如图10-4所示的相变过程。加热到300~350℃时，C_3AH_6水化物会脱水并分解成CaO、$C_{12}A_7$，而铝胶则脱水成无定形Al_2O_3，部分在常温下来不及转化的CAH_x（x小于10）脱水成CA。加热到600℃以上时，部分无定形Al_2O_3会与CaO反应生成CA。进一步加热到940℃以上时，余下部分Al_2O_3与$C_{12}A_7$反应生成CA或(CA_2)。如果用铝酸钙水泥作结合剂的浇注料中含有游离的Al_2O_3，则在高温下（大于1000℃），CA或CA_2还会与Al_2O_3反应生成CA_6。

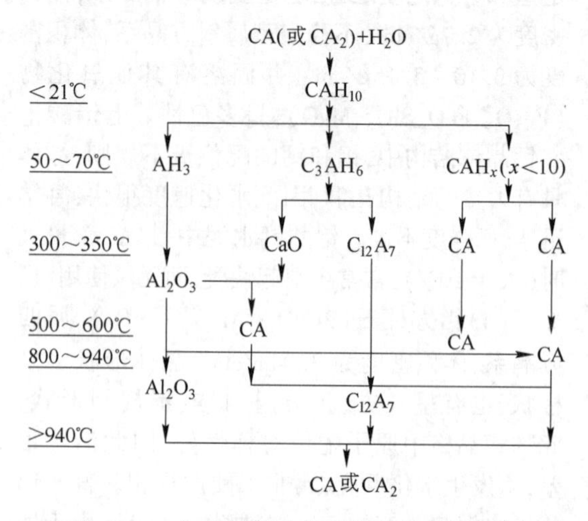

图10-4 加热过程中铝酸钙水化物的相变

由于铝酸钙水化物在加热过程中要发生脱水和相变过程，其水合键被破坏，同时由低密度水化物转化成高密度水化物，摩尔体积缩小，空隙增大，因此经中温热处理后的铝酸钙水泥结合的浇注料强度出现明显下降。只有加热到高温时，材料发生烧结，产生陶瓷结合后，强度才又重新提高。

10.1.2.5 技术性能与应用

对普通铝酸钙水泥的技术性能要求主要有两点：(1)合适的凝结时间，以保证具有充分的作业时间，一般要求初凝大于0.5h，终凝小于6h，初凝与终凝之间的时间间隔越短越好；(2)足够的早期强度，即养护一天即能达到该水泥标号指定强度的60%～70%，养护三天能达到90%以上。而对纯铝酸钙水泥除上述两点外，还要求具有一定的耐火度和良好的作业性能，以满足施工要求和高温使用要求。表10-2～表10-4为铝酸盐水泥的各项理化指标[1]。

表10-2 铝酸盐水泥的化学成分 (%)

类型	Al_2O_3 含量	SiO_2 含量	Fe_2O_3 含量	碱含量 $[w(Na_2O)+0.658w(K_2O)]$	S(全硫)含量	Cl^- 含量
CA50	≥50 且<60	≤9.0	≤3.0	≤0.50	≤0.2	≤0.06
CA60	≥60 且<68	≤5.0	≤2.0	≤0.40	≤0.1	
CA70	≥68 且<77	≤1.0	≤0.7			
CA80	≥77	≤0.5	≤0.5			

表10-3 铝酸盐水泥的凝结时间 (min)

类型		初凝时间	终凝时间
CA50		≥30	≤360
CA60	CA60-Ⅰ	≥30	≤360
	CA60-Ⅱ	≥60	≤1080
CA70		≥30	≤360
CA80		≥30	≤360

表10-4 铝酸盐水泥各龄期强度指标 (MPa)

类型		耐压强度				抗折强度			
		6h	1d	3d	28d	6h	1d	3d	28d
CA50	CA50-Ⅰ	≥20*	≥40	≥50	—	≥3*	≥5.5	≥6.5	—
	CA50-Ⅱ		≥50	≥60	—		≥6.5	≥7.5	—
	CA50-Ⅲ		≥60	≥70	—		≥7.5	≥8.5	—
	CA50-Ⅳ		≥70	≥80	—		≥8.5	≥9.5	—
CA60	CA60-Ⅰ	—	≥65	≥85	—	—	≥7.0	≥10.0	—
	CA60-Ⅱ	—	≥20	≥45	≥85	—	≥2.5	≥5.0	≥10.0
CA70		—	≥30	≥40	—	—	≥5.0	≥6.0	—
CA80		—	≥25	≥30	—	—	≥4.0	≥5.0	—

*用户要求时，生产厂家应提供试验结果。

铝酸钙水泥主要用作耐火浇注料和喷射料的结合剂。中、低档耐火浇注料，如黏土质和高铝质等浇注料采用普通铝酸钙水泥(CA50、CA60)作结合剂。高档耐火浇注料，如刚玉质、莫来石质、含铬刚玉质和刚玉-尖晶石质等浇注料采用纯铝酸钙水泥(CA70、CA80)作结合剂。普通耐火浇注料铝酸钙水泥加入量为10%~20%,低水泥耐火浇注料加入量为5%~7%,超低水泥浇注料加入量小于3%。

采用铝酸钙水泥作耐火浇注料的结合剂时应当注意的事项是,耐火浇注料成型后,浇注料表面要用塑料膜覆盖,以防水分蒸发过快,残留有未水化的水泥,导致表面出现粉状层或发生起皮现象;也可防止浇注料内部已溶于水中的Na^+离子(来自分散剂)和Ca^{2+}离子(来自水泥)随水迁移到浇注料表面,并与大气中含有的CO_2气体反应生成碳酸盐时,导致浇注料表层出现"白霜"或起皮而破坏表层整体结构。

10.1.2.6 温度不敏感铝酸钙水泥[2]

由于含水的物料体系对温度比较敏感,如结合剂的硬化性能、添加剂的活性等受到环境温度的影响,因此环境温度就成为影响不定形耐火材料施工的一个关键参数。针对铝酸盐水泥结合的耐火浇注料来说,温度较高(如大于35℃)和较低时(小于5℃)浇注料凝结硬化时间相差较大,甚至出现速凝或不硬化的现象。针对这种情况,国内外开发出了对环境温度不敏感的铝酸盐水泥,在一定的温度范围内(5~35℃),浇注料的凝结硬化时间变化较小,并且不会出现低温不硬化的情况。如采用国外该产品,20℃时浇注料硬化开始时间为1.5~2.5h,5℃时浇注料硬化开始时间为7~10h。

10.1.2.7 抗老化铝酸盐水泥[3]

"老化"是浇注料干混料在保存期间,水泥、浇注料原料以及保存环境氛围之间相互作用,对水泥反应以及浇注料性能影响的通称。老化导致浇注料施工性能变化,如硬化和脱模时间延长。根据铝酸盐水泥老化机理的研究,某水泥厂家在原铝酸钙水泥的基础上开发了新型铝酸钙水泥。这种新的水泥基本性能同原铝酸钙水泥相当,但能够有效抵抗老化,为低水泥浇注料提供一个稳定的施工性能,延长浇注料的保存期。

10.1.2.8 铝镁酸钙水泥[4]

铝镁酸钙水泥(CMA)是钢包浇注料的新型结合剂,其化学成分和主晶相见表10-5。CMA具有水硬性,在浇注料基质中能阻止钢包渣的渗透和侵蚀。CMA中的微晶铝镁尖晶石均匀地分散在可水化的铝酸钙晶相间,应用于浇注料中可以使浇注料基质中充满分布均匀的、独特的微晶尖晶石相。对氧化铝-尖晶石质浇注料的研究表明,同样的CaO含量下,由于CMA水泥中微晶尖晶石的高活性,CMA水泥相对于铝酸钙水泥+尖晶石(电熔尖晶石或烧结尖晶石)的配比,烘后强度相当,但烧后强度较高。当应用于铝镁浇注料中时,CMA水泥的应用可以降低镁砂的加入量,从而改善浇注料的流变性,降低烘烤过程中由于水镁石的产生而导致的爆裂或开裂风险。此外,较少的MgO晶相也使原位尖晶石的生成较少,导致较低的永久膨胀率。二氧化硅(用于调整线变化率)的降低也导致浇注料热机械性能的提高。但需注意的是,尽管添加了CMA水泥和较少的MgO含量,基质中仍然需要少量的SiO_2来降低烘烤过程中镁砂的水化和裂纹的形成。

表10-5 普通铝酸盐水泥(CAC)和铝镁酸钙水泥(CMA)的化学成分和主晶相

化学成分	Al_2O_3	CaO	MgO	SiO_2
CAC水泥	68.7~70.5	28.5~30.5	<0.5	0.2~0.6
CMA水泥	69~71	8~11	16~22	<1.0
矿相	CA	CA2	MA	C2AS
CAC水泥	63~67	33~37	0	<1
CMA水泥	18~22	8~12	68~72	<1

10.1.3 水玻璃

水玻璃是一类水溶性的碱金属硅酸盐,又称泡花碱。其化学通式为$R_2O \cdot nSiO_2 \cdot mH_2O$,$R_2O$指碱金属氧化物,如$Na_2O$、$K_2O$、$Li_2O$;$n$指$SiO_2$物质的量;$m$指所含$H_2O$物质的量。这类碱金属硅酸盐溶于水中会水解而形成溶胶。溶胶具有良好的胶结性能,因此在工业上被广泛用作无机材料胶结剂,在耐火材料工业作为结合剂用相当广泛。

(1)水玻璃分类与模数。按碱金属硅酸盐

中碱的种类不同,水玻璃可分为硅酸钠水玻璃、硅酸钾水玻璃、硅酸锂水玻璃、硅酸季胺水玻璃和钾钠硅酸盐水玻璃。但除硅酸钠水玻璃得到大量应用外,其他品种水玻璃用量很小。

硅酸钠水玻璃又可按 SiO_2 与 Na_2O 的摩尔比(其比值称为水玻璃模数 M)不同加以分类:比值 M 不小于 3 的称为中性水玻璃;M 小于 3 的称为碱性水玻璃,但这只是一种习惯上的称呼。实际上无论是中性还是碱性水玻璃,其水解液均呈碱性(pH 值=11~12)。

(2)水玻璃的制造。水玻璃的生产方法有干法和湿法之分。干法是用石英粉与碳酸钠或硫酸钠按一定比例混合之后,在熔融炉内 1350~1500℃下经过熔融反应制得的固体熔合物,其反应如下:

$$Na_2CO_3+nSiO_2 \longrightarrow Na_2O \cdot nSiO_2+CO_2\uparrow \tag{10-8}$$

或

$$2Na_2SO_4+C+2nSiO_2 \longrightarrow 2(Na_2O \cdot nSiO_2)+2SO_2\uparrow+CO_2\uparrow \tag{10-9}$$

湿法是用硅石微粉或非晶质硅质原料与苛性碱(NaOH)直接反应而制得,其反应如下:

$$2NaOH+nSiO_2 \longrightarrow Na_2O \cdot nSiO_2 \cdot H_2O \tag{10-10}$$

但目前几乎都采用干法制造。

从 $Na_2O \cdot SiO_2$ 二元相图(图 10-5)可知,随 Na_2O 与 SiO_2 摩尔比的不同,Na_2O 与 SiO_2 可以生成 3 种二元化合物:$2Na_2O \cdot SiO_2$(正硅酸钠)、$Na_2O \cdot SiO_2$(偏硅酸钠)和 $Na_2O \cdot 2SiO_2$(二硅酸钠)。但一般熔融而得硅酸钠固体熔合物大都是 $2Na_2O \cdot SiO_2$、$Na_2O \cdot SiO_2$、$Na_2O \cdot 2SiO_2$ 组成的混合物。而有实用价值的水玻璃其模数 M 为 2.0~3.0。

工业上用的液状水玻璃是用熔融反应制得固体熔合物装入蒸压釜内,用热蒸汽使其溶解于水中便形成液体水玻璃。水玻璃除以溶液状态供使用外,还有将液态水玻璃经过雾化脱水后制成粉末状固态水玻璃供使用,此种固态水玻璃极易溶于水,因而可以直接以粉末状态加入散状耐火材料中配制成不定形耐火材料使用。

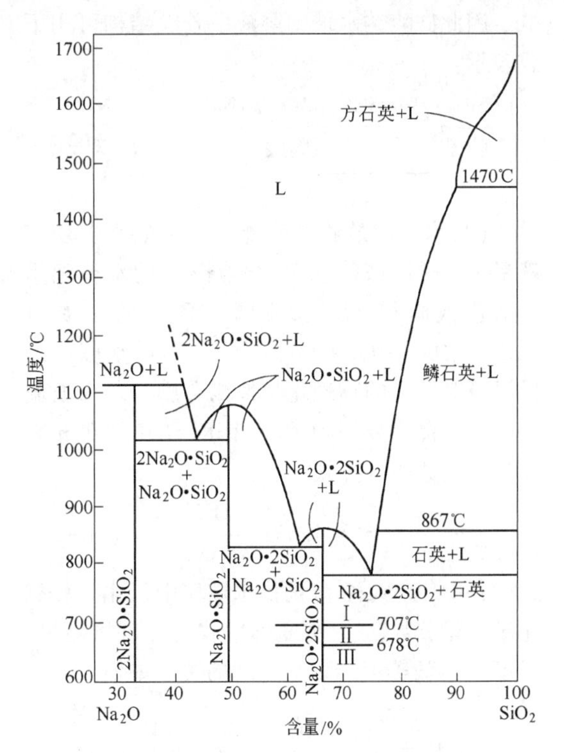

图 10-5 Na_2O-SiO_2 二元系统相图

(3)水玻璃的水解。水玻璃为强碱弱酸盐,在水中易产生水解,其水解过程不同于普通无机电解质的溶解过程,是一个复杂的水解反应过程。水玻璃遇水时首先生成化学组成不固定的水合物:$Na_2O \cdot nSiO_2+mH_2O \rightarrow Na_2O \cdot nSiO_2 \cdot mH_2O$;水合物进一步溶解变成胶体溶液,溶解的难易及完全与否取决于水玻璃中的 SiO_2 含量,SiO_2 含量越高,溶解度越小。$Na_2O \cdot nSiO_2 \cdot mH_2O$ 的水解会产生游离的苛性碱(NaOH),而 NaOH 又会进一步电离成 Na^+、OH^-,从而使水玻璃溶液呈碱性。而水玻璃中(特别是 M 大于 2 时)复杂的复合物分解而生成的 SiO_2 又会被 NaOH 胶溶。同时硅酸钠溶液也会电离生成简单离子和复杂离子。

水玻璃溶液实际上是胶体溶液,其胶核是由二氧化硅聚集体构成,胶核又会吸附溶液中被电离出的 n 个 SiO_3^{2-},同时硅酸钠中也有 $2n$ 个 Na^+ 电离出来,其中也会有 $2(n-x)$ 个 Na^+ 离子被吸附在 SiO_3^{2-} 周围。胶核所吸附的 SiO_3^{2-} 和部分 Na^+ 形成吸附层。而另有部分 Na^+ 离子扩散到吸附层外,形成扩散层,这样使胶粒带负电。因此硅酸钠水玻璃溶液中胶粒结构可用下式表示：

$$\underbrace{[\underbrace{(SiO_2)_m}_{胶核} \cdot \underbrace{nSiO_3^{2-} \cdot 2(n-x)Na^+}_{吸附层}]^{2x-}}_{胶粒} \cdot \underbrace{2xNa^+}_{扩散层}$$

(4)水玻璃的物理性能。较纯的水玻璃溶液呈无色透明或浅灰色，含有杂质的水玻璃呈浅蓝色或暗黑色。水玻璃中含有的杂质有 CaO、Fe_2O_3、Al_2O_3 和 MgO 等，它们对水玻璃的质量及其制品的物理化学性能有影响。水玻璃的物理性能主要以模数 M、密度 D 和黏度 η 来衡量。模数的计算式如下：

$$M = 1.032 \frac{SiO_2}{Na_2O} \quad (10-11)$$

式中，SiO_2 和 Na_2O 分别指水玻璃中氧化硅和氧化钠质量分数，%。密度可用波美计直接测量，密度 D 与波美度(°Be″)之间的关系如下：

$$D = \frac{145}{145 - °Be''} \quad 或 \quad °Be'' = 145 - \frac{145}{D} \quad (10-12)$$

用水玻璃溶液作耐火材料的结合剂时，其作业性能(指成型性能)主要取决于黏度，而黏度则随水玻璃的密度与模数而变，其关系如图 10-6 所示。在密度相同的情况下，模数越高黏度越大。模数大的水玻璃溶液，随着密度的增大，黏度增大越剧烈。而模数小的水玻璃溶液，其黏度随密度的变化越缓慢。这是与水玻璃溶液中胶态二氧化硅含量有关。模数越高，胶态二氧化硅含量也越多，水玻璃溶液的胶体性质也就越强。相反，模数越低时，胶态二氧化硅含量也越低，整个体系表现出的非胶体性质也就越强。故黏度随密度变化趋于缓和。硅酸钾水玻璃的黏度与模数和密度的关系与硅酸钠水玻璃相似，其关系如图 10-7 所示。

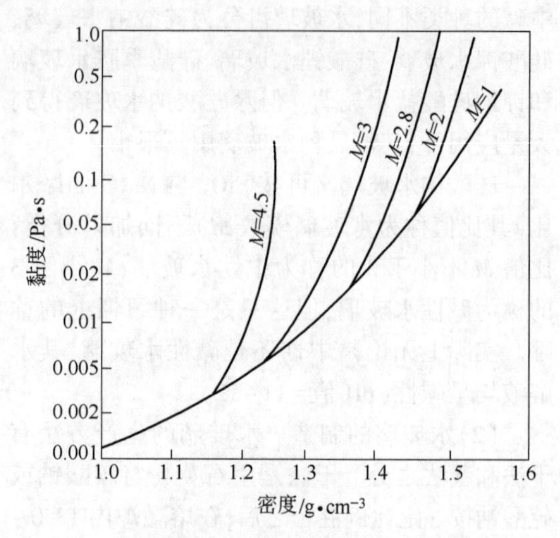

图 10-6 硅酸钠水玻璃黏度与密度及模数的关系

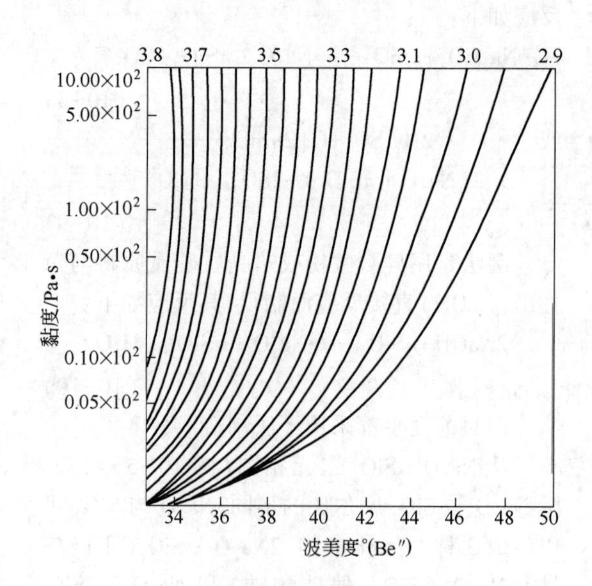

图 10-7 硅酸钾水玻璃黏度与密度及模数的关系

水玻璃溶液的黏度还与温度有关，其黏度是随温度升高而降低。表 10-6 为硅酸钠水玻璃溶液的黏度与温度的关系。

表 10-6 水玻璃溶液黏度与温度的关系

模数 M	密度 D /g·cm⁻³	波美度 (°Be″)	不同温度下的黏度/Pa·s						
			18℃	30℃	40℃	50℃	60℃	70℃	80℃
2.74	1.502	48.0	0.828	0.495	0.244	0.159	0.097	0.071	0.053
2.64	1.458	45.7	0.183	0.099	0.061	0.042	0.028	0.021	0.016

水玻璃溶液可以与水按任何比例混合，通过加水稀释或蒸发浓缩可以调整其黏度和密度，以适应使用要求。而水玻璃的模数也可以加入苛性碱（NaOH）来调整，加入苛性碱会降低其模数，也会降低其黏度。用作不定形耐火材料结合剂的水玻璃模数一般为2.3～3.0，体积密度为1.25～1.40g/cm^3。

（5）水玻璃的化学性质。水玻璃溶液呈碱性，因此它能同无机酸（如硫酸、盐酸、磷酸等）和有机酸（柠檬酸、醋酸、丙酸、丁酸和酒石酸等）发生置换反应。在反应过程中，溶液中存在的游离钠离子及二氧化硅胶粒表面吸附的钠离子会与带相反电荷的酸根离子发生作用，从而使胶粒失去电性，使溶胶失去稳定性，二氧化硅溶胶便发生絮凝作用，形成凝胶体，如与盐酸作用时反应如下：

$$Na_2O \cdot nSiO_2+2HCl+(2n+1)H_2O = 2NaCl+nSi(OH)_4 \quad (10-13)$$

反应结果二氧化硅溶胶最后以凝胶体沉淀离析出来。

水玻璃与碱金属氢氧化物（如NaOH或KOH）作用时，溶液中SiO_2胶体的稳定性不变，只是碱度增大，使水玻璃模数降低，加入的苛性碱越多，模数降低越大。

水玻璃与碱土金属氢氧化物（$Mg(OH)_2$、$Ca(OH)_2$）等作用时，也容易发生絮凝作用，析出白色凝胶沉淀，如与$Ba(OH)_2$作用时发生如下反应：

$$Na_2O \cdot nSiO_2+Ba(OH)_2+6H_2O = 2NaOH+(n-1)SiO_2+BaSiO_3 \cdot 6H_2O \quad (10-14)$$

反应生成的水合硅酸钡为凝胶体。同样，与氢氧化钙、氢氧化锶、氢氧化镁作用也会发生类似的反应现象。与氢氧化铵反应时，也会出现凝胶现象。

（6）水玻璃的凝结与硬化。用水玻璃作耐火材料结合剂时，其凝结与硬化方式有两种：

其一是采取自然干燥方法，或加热烘烤方法使硅酸溶胶脱水，导致发生凝胶化而起结合作用，其反应为：

$$-\overset{|}{\underset{|}{Si}}-O\boxed{H+HO}-\overset{|}{\underset{|}{Si}}- \longrightarrow -\overset{|}{\underset{|}{Si}}-O-\overset{|}{\underset{|}{Si}}-+H_2O \quad (10-15)$$

最后形成立体型网络结构而具有较好的结合强度。用水玻璃作不烧砖，耐火泥浆，喷补料和捣打料的结合剂时，靠干燥或加热烘烤使其发生凝结与硬化作用。

其二是借助于加入促硬剂，促硬剂与硅酸钠溶胶发生化学反应而产生凝结与硬化作用，如用作耐火浇注料的结合剂时，可加入氟硅酸钠（Na_2SiF_6）作为促硬剂，加入的氟硅酸钠遇水后发生水解，生成的氟化氢与水玻璃溶液中产生的NaOH中和而生成NaF，这样使水玻璃溶液中的硅酸不断析出并发生凝聚，从而产生硬化。其总反应式如下：

$$2(Na_2O \cdot nSiO_2)+Na_2SiF_6+2(2n+1)H_2O \longrightarrow 6NaF+(2n+1)Si(OH)_4 \quad (10-16)$$

除氟硅酸钠外，可用作水玻璃促凝剂的物质很多。凡具有一定酸性或能与水玻璃反应生成二氧化硅凝胶或难溶硅酸盐的化合物均可使水玻璃硬化，如含氟盐类（氟硅酸、氟硼酸、氟钛酸的碱金属盐）、酸类（无机酸和可溶性有机酸）、酯类（乙酸乙酯）、金属氧化物（铅、锌、钡等的氧化物）、易水解的氟化物（如氟化铝）以及CO_2气体等。但一般最常用的是氟硅酸钠。

氟硅酸钠在水中的溶解度较小，它与水玻璃的反应缓慢并逐渐进行，这不但对施工有利（有足够的作业时间），而且硬化物的致密性和强度都较高，因此它是一种较理想的促凝剂。用作水玻璃促凝剂的氟硅酸钠的技术条件见表10-7。

表10-7 氟硅酸钠的技术条件[5]

（质量分数，%）

项　目	指标		
	Ⅰ型		Ⅱ型
	优等品	一等品	
氟硅酸钠（Na_2SiF_6）	≥99.0	≥98.5	≥98.5（以干基计）
游离酸（以HCl计）	≤0.10	≤0.15	≤0.15
干燥减量	≤0.30	≤0.40	≤8.0
氯化物（以Cl计）	≤0.15	≤0.20	≤0.20

续表 10-7

项目	指标		
	Ⅰ型		Ⅱ型
	优等品	一等品	
水不溶物	≤0.40	≤0.50	≤0.50
硫酸盐(以 SO_4 计)	≤0.25	≤0.50	≤0.45
铁(Fe)	≤0.02	—	—
五氧化二磷(P_2O_5)	≤0.01	≤0.02	≤0.02
重金属(以 Pb 计)	≤0.01	—	—

(7)水玻璃的应用。水玻璃在耐火材料中用途广泛,既可作酸性耐火材料(如硅质、蜡石质)和中性耐火材料(如黏土质、高铝质)的结合剂,又可作碱性耐火材料(如镁质、镁铝质、镁铬质等)的结合剂;既可作定形耐火制品的结合剂,又可作不定形耐火材料的结合剂。

耐火材料工业用的液态水玻璃模数一般为2.3~3.0,体积密度为1.25~1.40g/cm^3,可根据使用要求来选择。现在工业上出售的水玻璃有液态水玻璃和固态水玻璃(速溶固态水玻璃),其性能分别见表10-8和表10-9。一般制造定形耐火制品,捣打料等可直接使用液态水玻璃,而制备耐火浇注料、喷射料(喷涂和喷补料)时既可用液态水玻璃,又可用固态水玻璃,但使用固态水玻璃时,必须使用速溶型固态水玻璃。

表 10-8 液态水玻璃的技术条件[6]

指标项目	液-1			液-2			液-3			液-4		
	优等品	一等品	合格品	优等品	一等品	合格品	优等品	一等品	合格品	优等品	一等品	合格品
铁(Fe)/%	≤0.02	≤0.05	—	≤0.02	≤0.05	—	≤0.02	≤0.05	—	≤0.02	≤0.05	—
水不溶物/%	≤0.10	≤0.40	≤0.50	≤0.10	≤0.40	≤0.50	≤0.20	≤0.60	≤0.80	≤0.20	≤0.80	≤1.00
密度/g·mL^{-1}(20℃)	1.336~1.362			1.368~1.394			1.436~1.465			1.526~1.559		
氧化钠(Na_2O)/%	≥7.5			≥8.2			≥10.2			≥12.8		
二氧化硅(SiO_2)/%	≥25.0			≥26.0			≥25.7			≥29.2		
模数	3.41~3.60			3.10~3.40			2.60~2.90			2.20~2.50		

表 10-9 固态水玻璃(速溶型)的技术条件[7]

项目	Ⅰ	Ⅱ	Ⅲ	Ⅳ	Ⅴ
模数	2.00±0.10	2.30±0.10	2.85±0.10	3.00±0.10	3.30±0.10
$w(Na_2O)$/%	25.0~28.0	23.0~26.0	20.0~23.0	19.0~22.0	18.0~21.0
$w(SiO_2)$/%	48.0~54.0	51.0~58.0	55.0~64.0	55.0~64.0	56.0~65.0
溶解速度	≤90	≤90	—	—	—
堆密度/g·mL^{-1}	0.35~0.80	0.50~0.80	0.50~0.80	0.50~0.80	0.50~0.80
筛余物*(150μm 筛)/%	≤5	≤5	≤5	≤5	≤5
白度	≥85	—	—	—	—

*用户对筛余物另有要求时可按照协议要求。

用水玻璃作耐火材料的结合剂时,由于水玻璃中含有 Na_2O,它会与耐火氧化物高温反应生成低熔物相而降低耐火材料的使用温度,因此必须根据使用条件和使用温度酌情采用。

10.1.4 磷酸及磷酸盐

磷酸及许多磷酸盐(如酸性正磷酸盐和缩聚磷酸盐)具有很好的胶结性能,用它们作为耐火材料的结合剂具有较好的低、中、高温机械强度、抗热震性、耐磨性和高温韧性等，同时又不降低耐火材料的耐火度和使用温度，因此被广泛用作不烧耐火制品、不定形耐火材料的结合剂。

10.1.4.1 组成、结构与分类

(1)磷酸：磷可以形成各种磷酸，表10-10为各种磷酸的性质。3种磷酸的结构式分别如下：

```
        OH              OH    OH
        |               |     |
  HO—P—O          O=P—O—P=O
        |               |     |
        OH              OH    OH
```

正磷酸：H_3PO_4　　焦磷酸：$H_4P_2O_7$

```
         O
  HO—P<
         O
```

偏磷酸：HPO_3

表10-10 各种磷酸的性质

名称	分子式	相对分子质量	密度/$g \cdot cm^{-3}$	熔点/℃	沸点/℃
正磷酸	H_3PO_4	98.00	1.87	42.3	213(升华)
焦磷酸	$H_4P_2O_7$	177.97	—	61.0	—
偏磷酸	HPO_3	79.99	2.2~2.5	40.0	800(升华)

磷酸的工业产品主要是正磷酸，通常是以85%浓度的水溶液出售，其成分为$H_3PO_4 \cdot 0.5H_2O$。此外工业上也生产浓缩正磷酸，含100% H_3PO_4。正磷酸是各种磷酸中最稳定的一种。

(2)磷酸盐：磷酸盐的分类一般是以其化合物中所含的金属氧化物(M_xO_y)与五氧化二磷(P_2O_5)的摩尔比($R=M_xO_y/P_2O_5$)来区分，其分类见表10-11。

表10-11 磷酸盐结合剂的分类

名 称	$R=M_2O/P_2O_5$	分 子 式	结 构
正磷酸盐	$R=3$	M_3PO_4	含1个磷原子的结构
聚磷酸盐	$2 \geqslant R>1$	$M_{n=2}P_nO_{3n+1}$ ($n=2,3,4,\cdots$)	链状结构
偏磷酸盐	$R=1$	$(MPO_3)_n$ ($n=3,4$)	环状或长链状
超聚磷酸盐	$1>R>0$	$xM_2O \cdot yP_2O_5$ ($0<x/y<1$)	环状、链状相互结合
五氧化二磷	$R=0$	$(P_2O_5)_n$	连续结构

但用作耐火材料结合剂的磷酸盐可归为两大类：1)正磷酸盐结合剂，如磷酸铝结合剂、磷酸锆结合剂、磷酸镁结合剂、磷酸铬结合剂等。正磷酸盐结合剂一般呈酸性(如磷酸二氢铝)，主要用于酸性和中性耐火材料的结合剂；2)聚合磷酸盐结合剂，如焦磷酸钠、三聚磷酸钠、六偏磷酸钠、超聚磷酸钠等，聚磷酸钠类结合剂一般呈碱性，主要用于碱性耐火材料结合剂。

10.1.4.2 磷酸结合剂

(1)磷酸的制备与指标。工业上一般采用如下两种方法生产正磷酸：

1)萃取法(硫酸法)：由磷灰石与硫酸反应制取，其反应方式如下：

$$Ca_5(PO_4)_3F+5H_2SO_4+nH_2O \longrightarrow 3H_3PO_4+5CaSO_4 \cdot nH_2O+HF \quad (10-17)$$

2)热法：将磷灰石或磷钙土与石英砂和焦炭的混合物加入电炉内，加热到1300~1600℃，发生如下反应可制取磷(P)，再将磷在空气中燃烧而制得P_2O_5。

$$Ca_3(PO_4)_2+3SiO_2+5C = 3CaO \cdot SiO_2+5CO+2P \quad (10-18)$$

再使P_2O_5水化便可获得磷酸。工业磷酸的技术指标列于表10-12。

表 10-12 工业磷酸的技术指标[8]

项 目	指标					
	85%磷酸			75%磷酸		
	优等品	一等品	合格品	优等品	一等品	合格品
色度/黑曾	≤20	≤30	≤40	≤20	≤30	≤40
磷酸(H_3PO_4)(质量分数)/%	≥85.0	≥85.0	≥85.0	≥75.0	≥75.0	≥75.0
氯化物(以 Cl 计)(质量分数)/%	≤0.0005	≤0.0005	≤0.0005	≤0.0005	≤0.0005	≤0.0005
硫酸盐(以 SO_4 计)(质量分数)/%	≤0.003	≤0.005	≤0.01	≤0.003	≤0.005	≤0.01
铁(Fe)(质量分数)/%	≤0.002	≤0.002	≤0.005	≤0.002	≤0.002	≤0.005
砷(As)(质量分数)/%	≤0.0001	≤0.005	≤0.01	≤0.0001	≤0.005	≤0.01
重金属(以 Pb 计)(质量分数)/%	≤0.001	≤0.001	≤0.005	≤0.001	≤0.001	≤0.005

(2)磷酸的性质。磷酸的理论组成为 P_2O_5 72.45%,H_2O 27.55%。P_2O_5 熔点为42.4℃,沸点为261℃。磷酸25℃时的密度为1.863g/cm³。磷酸可以看作是 P_2O_5 的水溶液,随 P_2O_5 含量的不同,其物理性质有很大的变化。图10-8为 H_2O-H_3PO_4 系统图,从图看出,该系统的凝固点随 H_3PO_4 含量的不同而变化(因有缩聚反应,故以 H_3PO_4 含量表示磷酸浓度时可以大于100%)。

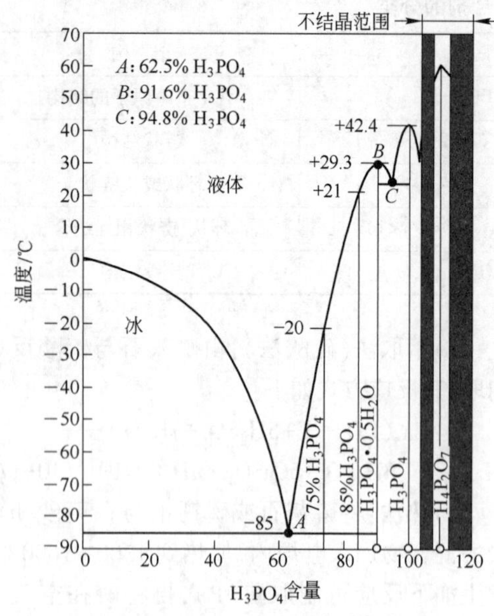

图 10-8 H_2O-H_3PO_4 系统图

正磷酸加热时会失去水分子,而逐步转变成焦磷酸($H_4P_2O_7$)和偏磷酸(HPO_3):

$$H_3PO_4 \xrightarrow{215℃} H_4P_2O_7 \xrightarrow{700℃} HPO_3 \tag{10-19}$$

而偏磷酸与水发生反应时,则发生逆反应,先转化成焦磷酸,然后转变成正磷酸。不过在低温条件下,这个转化过程进行得很慢。因此,直接用磷酸作耐火材料的结合剂时,如果磷酸未能与促凝剂或耐火粉料完全反应形成磷酸盐或复合磷酸盐胶结物相时,偏磷酸的这种逆转化会对不烧制品性能产生不利影响,如返潮而导致强度下降。

磷酸的密度、沸点和黏度随浓度的变化情况分别见表10-13~表10-15。

表 10-13 磷酸的密度

浓度/%		密度/g·mL^{-1}	
H_3PO_4	P_2O_5	25℃	30℃
14.00	10.14	1.075	1.073
18.00	13.04	1.099	1.097
22.00	15.94	1.124	1.122
26.00	18.83	1.151	1.148
30.00	21.73	1.178	1.176
35.00	25.35	1.214	1.211
40.00	28.98	1.251	1.249
45.00	32.60	1.291	1.288
50.00	36.22	1.332	1.329
55.00	39.84	1.367	1.373
60.00	43.46	1.423	1.420
66.28	48.00	1.482	1.482
69.04	50.00	1.511	1.511
74.56	54.00	1.569	1.569
80.08	58.00	1.627	1.627
85.61	62.00	1.689	1.689

续表 10-13

浓度/%		密度/g·mL^{-1}	
H_3PO_4	P_2O_5	25℃	30℃
91.13	66.33	1.760	1.760
96.65	70.00	1.820	1.820
100.00	72.54	1.863	1.859
104.94	76.00	1.921	1.918
110.12	79.76	1.983	1.979
115.98	84.00	2.052	2.049
118.74	86.00	2.084	2.081
122.52	88.74	2.129	2.126

表 10-14 磷酸的沸点

浓度/%		沸点/℃
H_3PO_4	P_2O_5	
5	3.62	100.1
10	7.24	100.2
20	14.49	100.8
30	21.73	101.8
50	36.22	108.0
75	54.32	135.0
85	61.57	158.0
100	72.45	261.0

表 10-15 磷酸的动力黏度

H_3PO_4 浓度/%	黏度/Pa·s									
	20℃	25℃	30℃	40℃	50℃	60℃	70℃	80℃	90℃	100℃
40	3.00×10^{-3}	2.60×10^{-3}	2.30×10^{-3}	1.90×10^{-3}	1.50×10^{-3}	1.30×10^{-3}	1.20×10^{-3}	1.00×10^{-3}	0.90×10^{-3}	0.81×10^{-3}
45	3.60×10^{-3}	3.10×10^{-3}	2.70×10^{-3}	2.20×10^{-3}	1.80×10^{-3}	1.50×10^{-3}	1.30×10^{-3}	1.20×10^{-3}	1.00×10^{-3}	0.92×10^{-3}
50	4.30×10^{-3}	3.70×10^{-3}	3.30×10^{-3}	2.60×10^{-3}	2.10×10^{-3}	1.80×10^{-3}	1.60×10^{-3}	1.40×10^{-3}	1.20×10^{-3}	1.10×10^{-3}
55	5.30×10^{-3}	4.50×10^{-3}	4.00×10^{-3}	3.20×10^{-3}	2.50×10^{-3}	2.10×10^{-3}	1.90×10^{-3}	1.60×10^{-3}	1.40×10^{-3}	1.20×10^{-3}
60	6.60×10^{-3}	5.60×10^{-3}	5.00×10^{-3}	3.90×10^{-3}	3.10×10^{-3}	2.50×10^{-3}	2.20×10^{-3}	1.90×10^{-3}	1.70×10^{-3}	1.40×10^{-3}
65	8.40×10^{-3}	6.80×10^{-3}	6.20×10^{-3}	4.90×10^{-3}	3.80×10^{-3}	3.10×10^{-3}	2.60×10^{-3}	2.30×10^{-3}	2.20×10^{-3}	1.70×10^{-3}
70	11.00×10^{-3}	9.20×10^{-3}	7.80×10^{-3}	6.10×10^{-3}	4.70×10^{-3}	3.90×10^{-3}	3.20×10^{-3}	2.70×10^{-3}	2.40×10^{-3}	2.00×10^{-3}
75	15.00×10^{-3}	12.00×10^{-3}	10.00×10^{-3}	7.80×10^{-3}	5.90×10^{-3}	4.80×10^{-3}	3.90×10^{-3}	3.30×10^{-3}	2.80×10^{-3}	2.40×10^{-3}
80	20.00×10^{-3}	17.00×10^{-3}	14.00×10^{-3}	10.00×10^{-3}	7.60×10^{-3}	6.20×10^{-3}	4.90×10^{-3}	4.10×10^{-3}	3.40×10^{-3}	3.00×10^{-3}
85	28.00×10^{-3}	23.00×10^{-3}	19.00×10^{-3}	14.00×10^{-3}	10.00×10^{-3}	8.10×10^{-3}	6.30×10^{-3}	5.10×10^{-3}	4.20×10^{-3}	3.80×10^{-3}
90	41.00×10^{-3}	34.00×10^{-3}	27.00×10^{-3}	19.00×10^{-3}	14.00×10^{-3}	11.00×10^{-3}	8.30×10^{-3}	6.50×10^{-3}	4.80×10^{-3}	4.80×10^{-3}

(3)磷酸的胶结机理与应用。在耐火材料工业中直接用磷酸作结合剂的场合很多,如磷酸结合不烧高铝砖、磷酸结合硅酸铝质浇注料、磷酸结合耐火泥浆等。但磷酸在常温下并不与酸性或中性耐火材料反应,不产生胶结物相,因此很难发生凝结与硬化。为了能产生磷酸盐胶结物相,在配料组成中一般要加入活性耐火粉料,如生黏土粉、活性氧化铝、氢氧化铝、超细高铝粉等。磷酸在其水溶液中能离解成磷酸二氢根($H_2PO_4^-$)、磷酸一氢根(HPO_4^{2-})和磷酸根(PO_4^{3-})离子。当磷酸加入耐火材料混合料中时,在常温或加热时,它们能与混合料中活性耐火粉料发生反应生成复式磷酸盐胶结物相,从而产生凝结与硬化。另一种促使其产生凝结与硬化的方法是加入促凝剂,磷酸与促凝剂反应时,也能生成复式磷酸盐胶结物相,在常温下也可获得较好的结合强度。可用作磷酸促凝剂的物质有铝酸钙水泥、氧化镁(镁砂)、氢氧化铝、氟化铵(NH_4F)等,一般最常用的是铝酸钙水泥。

作耐火材料结合剂用的磷酸一般要求其浓度为40%~60%,因此对市售的工业磷酸需进行稀释,其稀释的加水量与浓度和密度的关系列于表 10-16。

表 10-16 工业磷酸的稀释加水量

拟配制的磷酸溶液		加水量*/kg
浓度/%	密度/g·cm^{-3}	
85.0	1.689	0.000
80.0	1.633	0.063
75.0	1.579	0.133
70.0	1.526	0.214
65.0	1.475	0.308
60.0	1.426	0.417
55.0	1.379	0.546
50.0	1.335	0.700
45.0	1.293	0.889
42.5	1.274	1.000
40.0	1.254	1.125
35.0	1.214	1.429
30.0	1.181	1.833
20.0	1.113	3.250

*指每 1kg 工业磷酸(浓磷酸)的加水量。

使用磷酸作结合剂必须注意的问题是防止成型好的砖坯或浇注好的衬体发生鼓胀。鼓胀现象是由于磷酸与耐火混合物中的金属铁(Fe)反应放出氢气所致。为了防止鼓胀可采取以下 3 种措施:

(1)耐火骨料和粉料要充分除铁(破粉碎时带入的);

(2)配料所需的磷酸加入量分 2 次加入,第一次加入所需量的 1/2,混合均匀后困料 24h,以使混合料的铁能与磷酸充分反应,第二次再加入所需的另 1/2。再混合均匀即可成型或施工;

(3)加入防鼓胀剂。防鼓胀剂是一类隐蔽剂,它可阻止 Fe 与磷酸之间直接反应,从而防止逸出氢气而造成鼓胀(见添加剂一节)。

10.1.4.3 磷酸盐结合剂

磷酸盐结合剂是由正磷酸与氧化物或氢氧化物反应而制成的。正磷酸在反应中由于氢被取代的程度不同,可以形成三种盐类:第一种是一代磷酸盐(磷酸二氢盐),如 $Al(H_2PO_4)_3$;第二种是二代磷酸盐(磷酸一氢盐),如 $Al_2(H_2PO_4)_3$;第三种是三代磷酸盐,如 $AlPO_4$。

所有的磷酸二氢盐都易溶于水,随着磷酸中氢被取代程度的提高,磷酸盐的溶解度将大大降低。大多数的第三种磷酸盐都不溶于水。因此只有磷酸二氢盐和磷酸一氢盐可作为耐火材料的结合剂。

正磷酸盐在加热时发生的变化与磷酸相似,磷酸二氢盐和磷酸一氢盐在受热会失去化学结合水,首先转变成焦磷酸盐,然后变成偏磷酸盐。而三代磷酸盐即便加热到高温仍不发生变化。

在磷酸盐中可作为耐火材料结合剂的有磷酸铝、磷酸锆、磷酸镁、磷酸铬和一些复合磷酸盐。但其中应用最广泛的是磷酸铝结合剂,而其他磷酸盐结合剂只在特殊条件下使用。

(1)磷酸铝结合剂:磷酸铝结合剂是由磷酸二氢铝和磷酸一氢铝组成的,是采用磷酸与活性氢氧化铝反应而制得的。随着反应物中的 P_2O_5/Al_2O_3 摩尔比(M)不同,磷酸中氢被取代的程度也不同。因而反应产物及其比例也不同。表 10-17 为各种磷酸铝的化学组成。

表 10-17 各种磷酸铝的化学组成

名 称	化 学 式	相对分子质量	M 值	化学组成(质量分数)/%		
				Al_2O_3	P_2O_5	H_2O
磷酸二氢铝	$Al(H_2PO_4)_3$ 或 $Al_2O_3 \cdot 3P_2O_5 \cdot 6H_2O$	317.89	3.0	16.0	67.0	17.0
磷酸一氢铝	$Al_2(HPO_4)_3$ 或 $2Al_2O_3 \cdot 3P_2O_5 \cdot 3H_2O$	341.87	1.5	29.8	62.3	7.9
正磷酸铝	$AlPO_4$ 或 $Al_2O_3 \cdot P_2O_5$	121.95	1.0	41.8	58.2	0.0

随着磷酸中氢被 Al 取代程度的不同,各种磷酸铝的性质也有很大差别。磷酸铝的溶解度是随 M 不同而不同,M 值小于 1.5 时,溶解度很低,甚至不溶解。因此通常作为耐火材料结合

剂用的磷酸铝结合剂要求 M 值≥3,即以磷酸二氢铝为主要成分。表 10-18 为用 100% H_3PO_4 的浓磷酸与氢氧化铝反应生成的不同 M 值的磷酸铝的配比,若用浓度为 85%的工业磷酸或 60% 浓度的磷酸配制,只需将表中的 H_3PO_4 反应需用量除以磷酸的浓度即得到某一浓度磷酸的需用量。

表 10-18　磷酸与氢氧化铝反应需用量

M 值	质量比		反应需用量/g		理论含水量/g
	P_2O_5/Al_2O_3	$H_3PO_4/Al(OH)_3$	100% H_3PO_4	$Al(OH)_3$	
1.0	1.392	1.256	196	156	108
2.0	2.784	2.512	392	156	216
3.0	4.176	3.789	588	156	324
3.2	4.454	4.019	627	156	346
4.0	5.568	5.024	784	156	432
5.0	6.960	6.280	980	156	540
6.0	8.352	7.536	1176	156	648

现在除液状磷酸二氢铝结合剂外,市场上也出售有固态磷酸二氢铝结合剂,使用方便。其制备方法是将磷酸二氢铝在常温下通过真空蒸发或在 95℃以下喷雾干燥使其脱去部分水分而制得固态状磷酸二氢铝。但这类固态磷酸二氢铝吸湿性强,易受潮结块,应密封包装。还有一种有添加剂的不易吸湿的固体磷酸铝,使用时经加热(60~100℃)又可溶于水中,克服了在常温下易吸潮和结块的现象。表 10-19 为固态磷酸铝结合剂的指标。

表 10-19　固体磷酸铝结合剂的指标

项目	常温水溶		高温水溶	
	A	B	C	D
$w(P_2O_5)$/%	≥65	≥63	≥60	≥57
$w(Al_2O_3)$/%	≥17	≥18	≥20	≥22
M 值	3.0	2.5	2.0	1.8

磷酸二氢铝溶液的黏度与其组成、浓度和温度有关。黏度随其所含磷酸二氢铝量的提高而增大,如图 10-9 所示。在同样的浓度下,黏度则随温度的升高而下降,如图 10-10 所示。而组成与 P_2O_5/Al_2O_3 摩尔比 M 有关,其黏度随 M 值增大而降低,如图 10-11 所示。

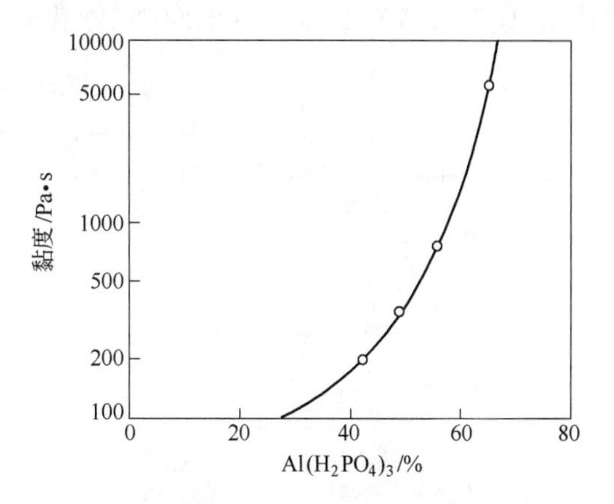

图 10-9　黏度随 $Al(H_2PO_4)_3$ 含量的变化

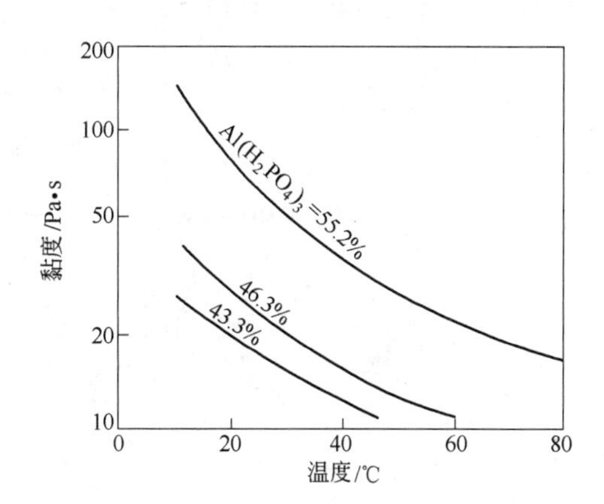

图 10-10　温度对磷酸铝溶液黏度的影响

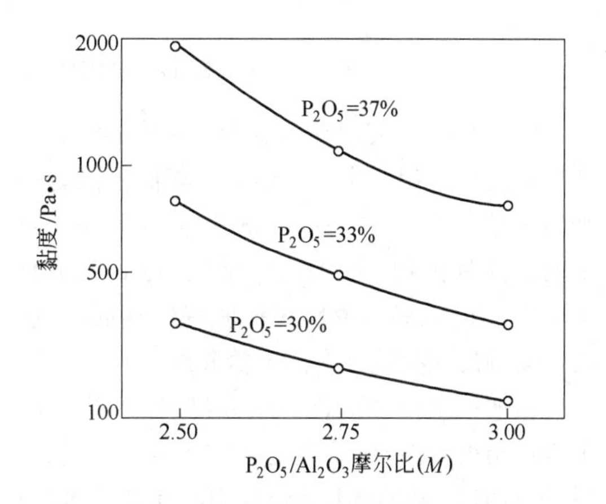

图 10-11　组成对磷酸铝溶液黏度的影响

磷酸铝结合剂加热过程中发生的物相变化与其摩尔比 M 有关，以原始组成 $M=2.33$ 为例，其加热过程相变化示于图 10-12。$M=2.33$ 的磷酸铝结合剂其组成物有 $Al_2(HPO_4)_3$、$Al(H_2PO_4)_3$ 和 $AlH_3(PO_4)_2 \cdot 3H_2O$ 三种化合物。它们在加热过程中相变是不同的。但加热到约 1300℃以上时均转变为 $AlPO_4$（磷石英型的）。加热到 1760℃时，$AlPO_4$ 也会逐渐分解成 Al_2O_3，并逸出 P_2O_5。

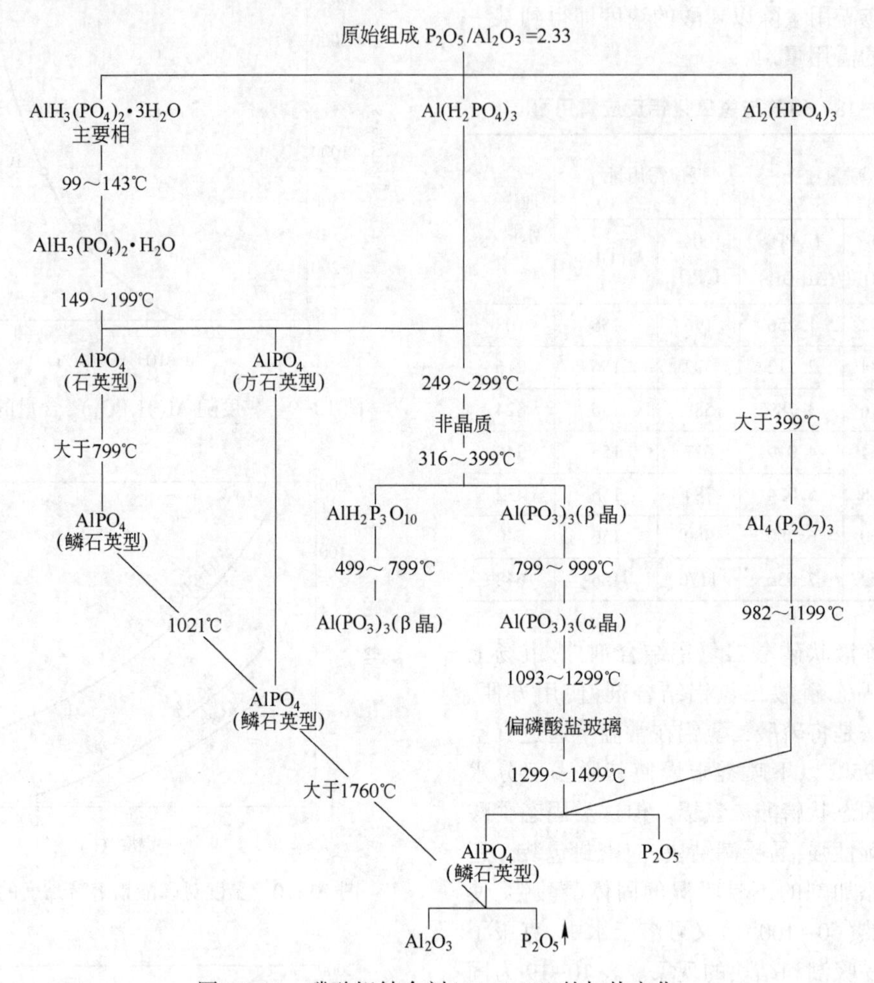

图 10-12 磷酸铝结合剂（$M=2.33$）的加热变化

但磷酸铝溶液用作耐火材料的结合剂时，其加热过程的相变化与上述不尽相同。因为一种情况是磷酸铝中的酸性磷酸铝会与耐火粉料中的活性氧化物（如 Al_2O_3）反应，在低温下直接生成 $AlPO_4$；另一种情况是加有促凝剂时，会与促凝剂反应生成复合磷酸盐胶结物。

磷酸铝结合剂结合的耐火材料（不烧砖或不定形耐火材料）的特点是：经 500～600℃烘烤后，即具有较强的强度，600～1000℃时的热态强度继续增大。但在 1100～1200℃有所下降，其原因是化学结合已逐渐减弱而陶瓷结合尚未形成。到 1350℃以上已完全由陶瓷结合（烧结结合）取代化学结合，冷态强度又开始显著提高。

磷酸铝结合剂主要用于酸性或中性耐火材料的结合剂。磷酸铝结合剂的性质与磷酸结合剂的性质相类似，因此使用中应注意的问题（如防止发生鼓胀）也相同，应采取的措施也相似。

（2）磷酸锆结合剂：在常温下，ZrO_2 与 H_3PO_4 不发生反应，不硬化。ZrO_2 与 H_3PO_4 加

热到540℃以上才开始反应。但用氢氧化锆与正磷酸反应可制得磷酸锆结合剂,其反应如下:

$$Zr(OH)_4+4H_3PO_4 \longrightarrow Zr(H_2PO_4)_4+4H_2O \quad (10-20)$$

$$Zr(OH)_4+2H_3PO_4 \longrightarrow Zr(HPO_4)_2+4H_2O \quad (10-21)$$

$$3Zr(OH)_4+4H_3PO_4 \longrightarrow Zr_3(PO_4)_4+12H_2O \quad (10-22)$$

表10-20为各种磷酸锆的化学组成及其摩尔比M。同磷酸铝类结合剂一样,磷酸锆结合剂中具有胶结性能的化合物为磷酸二氢锆和磷酸一氢锆,也即摩尔比大于1的具有胶结性能。此种胶结剂不适合长期保存。

表10-20 锆的磷酸盐结合剂的化学组成

磷酸盐	相对分子质量	化学组成/%			M	每100g质量分数60%的H_3PO_4中$Zr(OH)_4$的含量/g
		ZrO_2	P_2O_5	H_2O		
$Zr(H_2PO_4)_4$	479.12	25.72	59.25	15.03	2	24.38
$Zr(HPO_4)_2$	283.17	43.51	50.13	6.03	1	48.75
$Zr_3(PO_4)_4$	653.56	56.56	43.44	—	0.67	73.13

(3)磷酸镁结合剂:用正磷酸与镁质材料反应可制得磷酸镁结合剂,可采用的镁质材料有氧化镁、氢氧化镁、轻烧镁砂等。正磷酸与氧化镁反应生成的镁的磷酸盐中只有$Mg(H_2PO_4)_2$可溶于水中,其组成为11% MgO和89% H_3PO_4。因此,磷酸镁胶结剂就是磷酸二氢镁的溶液。

磷酸二氢镁的配制方法,按$P_2O_5/MgO=1$,将必要数量的镁质材料分批地倒入浓度为60%的正磷酸溶液中,每倒入一批物料都必须仔细不断搅拌直至MgO完全溶解。此溶解反应会释放出大量的热,因此必须将反应器置于流水中冷却。冷却后的溶液经过过滤即可制得液状磷酸镁结合剂,也可将磷酸二氢镁溶液喷雾干燥后制得粉状磷酸二氢镁使用。

磷酸二氢镁加热过程中会发生如下脱水与转化反应:

$$2Mg(H_2PO_4)_2 \xrightarrow[-2H_2O]{190℃} 2MgH_2P_2O_7 \xrightarrow[-H_2O]{330℃} Mg_2P_4O_{12}\cdot H_2O \xrightarrow[-H_2O]{570℃} Mg_2P_4O_{12} \xrightarrow{1000℃} Mg_2P_4O_{12} \quad (10-23)$$

磷酸镁结合剂可作刚玉质、尖晶石和锆英石质等耐火材料的结合剂。

(4)磷酸铬结合剂:用正磷酸与含铬材料反应可制得磷酸铬结合剂。可采用的含铬材料有铬酸酐(CrO_3)、氢氧化铬等。用CrO_3制备时可将CrO_3直接加入浓度为60%的磷酸中搅拌即可制得。此种结合剂受热后CrO_3还原成Cr_2O_3,从而生成铬的磷酸盐。铬的磷酸盐结合剂的化学组成如表10-21所列。但由于高价铬污染环境(有毒),因此现在除特殊用途外,一般不用此类结合剂。除磷酸铬外,还有一些含铬的复合磷酸盐结合剂,如铝铬磷酸盐结合剂、镁铬磷酸盐结合剂和钠铬磷酸盐结合剂等。铝铬磷酸盐结合剂是用铝的磷酸盐与50%~60%铬的磷酸盐混合搅拌而制得,以其组成为$Al_2O_3\cdot Cr_2O_3\cdot 2P_2O_5$的结合剂具有较好的胶结性能,这种结合剂可长期保存而不影响其结合性能。镁铬磷酸盐结合剂是用MgO和Cr_2O_3的混合物与正磷酸反应而制得。钠铬磷酸盐结合剂是用重铬酸钠($Na_2Cr_2O_7\cdot 2H_2O$)与正磷酸混合反应制得,其比例为30%~60%的重铬酸钠,10%~70%的浓度为60%的正磷酸和适量的水混合配制,其实际比例可视使用条件不同加以调整。上述这些含铬复合磷酸盐结合剂可作为中性和碱性高档次耐火材料的结合剂。

表10-21 铬的磷酸盐结合剂的化学组成

磷酸盐	相对分子质量	化学组成/%			M	每100g质量分数60%的H_3PO_4中Cr_2O_3的含量/g
		CrO_3	P_2O_5	H_2O		
$Cr(H_2PO_4)_3$	342.98	22.16	62.09	15.74	3.0	20.41
$Cr_2(HPO_4)_3$	391.96	38.78	54.34	6.89	1.5	40.82
$CrPO_4$	146.99	51.70	48.29	—	1.0	61.24

10.1.4.4 聚合磷酸盐结合剂

耐火材料工业用的聚合磷酸盐结合剂主要是聚合磷酸钠，由于这类结合剂的水溶液呈碱性或中性，因此适合作碱性耐火材料的结合剂，同时也被广泛用作不定形耐火材料的分散剂（减水剂）。

聚合磷酸钠按其 Na_2O/P_2O_5 摩尔比（R）可以分为聚磷酸钠（$Na_{n-2}P_nO_{3n+1}$，$1<R\leqslant2$）、偏磷酸钠[$(NaPO_3)_n$，$R=1$]和超聚磷酸钠（$x Na_2O \cdot y P_2O_5$，$1>R>0$），见表 10-22。还可按聚合度（n）再细分，如对聚磷酸钠来说，$n=2$ 时为二聚磷酸钠（$Na_4P_2O_7$，也称焦磷酸钠），$n=3$ 时为三聚磷酸钠（$Na_5P_3O_{10}$）。对偏磷酸钠而言，$n=6$ 时为六偏磷酸钠（$Na_6P_6O_{18}$）。

表 10-22 聚合磷酸钠的分类

名称		$Na_2O/P_2O_5(R)$	分子式	举例
正磷酸钠		$R=3$	Na_3PO_4	
聚合磷酸钠	聚磷酸钠	$1<R\leqslant2$	$Na_{n+2}P_nO_{3n+1}$	三聚磷酸钠（$n=3$）
	偏磷酸钠	$R=1$	$(NaPO_3)_n$	六偏磷酸钠（$n=6$）
	超聚磷酸钠	$0<R<1$	$x Na_2O \cdot y P_2O_5$	
五氧化二磷		$R=0$		

在耐火材料工业上最常用的聚合磷酸钠主要为三聚磷酸钠和六偏磷酸钠。

（1）三聚磷酸钠：用正磷酸和纯碱为原料经过中和和聚合可制得三聚磷酸钠，其生产过程分为三个阶段。

第一阶段，磷酸与纯碱中和反应制取磷酸钠盐的混合液，反应式如下：

$$3H_3PO_4+2.5Na_2CO_3+nH_2O \longrightarrow 2Na_2HPO_4+NaH_2PO_4+(n+2.5)H_2O+2.5CO\uparrow \quad (10-24)$$

反应生成物为磷酸一氢钠和磷酸二氢钠。

第二阶段，控制混合液的中和度，所谓中和度用下式表示：

$$中和度=\frac{Na_2HPO_4}{Na_2HPO_4+NaH_2PO_4}\times100\% \quad (10-25)$$

根据理论计算，当由 Na_2HPO_4 和 NaH_2PO_4 缩聚为三聚磷酸钠时，其中和度应控制在 66.67%，此时产品中的三聚磷酸钠和 P_2O_5 理论含量为 100%和 57.9%。

第三阶段，将制得的磷酸钠混合液脱水干燥至 300℃以上，即缩聚成三聚磷酸钠，反应式为：

$$2Na_2HPO_4+NaH_2PO_4 \xrightarrow{\triangle} Na_5P_3O_{10}+2H_2O \quad (10-26)$$

为制取较纯的三聚磷酸钠产品，工业上通常采用喷雾干燥法或薄膜干燥法生产。

三聚磷酸钠为白色粉末，表观密度为 0.50~0.75g/cm^3，熔点为 622℃，易溶于水，水溶液的 pH 值为 9.2~10.0。三聚磷酸钠在潮湿的环境中有一定的吸湿性，但比六偏磷酸钠要小得多。在常温下（10~30℃）三聚磷钠在水中的溶解度约为 15%，在 30℃以上随着温度提高溶解度也逐渐加大。表 10-23 为我国标准规定的三聚磷酸钠技术条件。

表 10-23 三聚磷酸钠的质量标准[9]

项目	指标		
	优级	一级	二级
白度/%	≥90	≥85	≥80
五氧化二磷（P_2O_5）/%	≥57.0	≥56.5	≥55.0
三聚磷酸钠（$Na_5P_3O_{10}$）/%	≥96	≥90	≥85
水不溶物/%	≤0.10	≤0.10	≤0.15
铁（Fe）/%	≤0.007	≤0.015	≤0.030
pH 值（1%溶液）	9.2~10.0		
颗粒度	通过 1.00mm 试验筛的筛分率不低于 95%		

用三聚磷酸钠作碱性耐火材料的结合剂时，加水溶解后，会水解成磷酸二氢钠和磷酸一氢钠，此两种化合物会与碱性耐火材料中的

MgO 反应生成钠镁复合磷酸盐而产生结合作用。

(2)六偏磷酸钠:由纯碱与正磷酸反应制得磷酸二氢钠,再经加热脱水和缩聚而制得,制备过程的反应式如下:

$$2NaH_2PO_4 \xrightarrow{150℃} Na_2H_2P_2O_7+H_2O \tag{10-27}$$

$$Na_2H_2P_2O_7 \xrightarrow{270℃} 2NaPO_3+H_2O \tag{10-28}$$

$$6NaPO_3 \xrightarrow{620℃} (NaPO_3)_6 \tag{10-29}$$

制得的六偏磷酸钠为玻璃体状。此盐最早为格雷哈姆(Graham)发现,故又称为"格雷哈姆盐"。六偏磷酸钠是玻璃体状磷酸盐系列中的一种,其组成结构主要取决于 Na_2O/P_2O_5 的比值。玻璃态磷酸钠盐的 Na_2O/P_2O_5 比值为 1.0~1.7,而六偏磷酸钠中的 Na_2O/P_2O_5 的比值为 1,其结构为长链状,如下所示:

```
      O      O      O      O
      ‖      ‖      ‖      ‖
……O—P—O—P……P—O—P—O……
      |      |      |         |
      O      O      O         O
      Na     Na     Na        Na
```

缩聚成的六偏磷酸钠为块状玻璃体,经粉碎后为白色粉末状,吸湿性较强,见表 10-24。它可以与水按任何比例混合,水溶液 pH 值为 5.8~6.5。六偏磷酸钠在水中会水解成磷酸二氢钠,且随温度升高水解加速,有下列金属离子存在时,会大大促进其水解反应,促进顺序为:$Al^{3+}>Mg^{2+}>Ca^{2+}>Sr^{2+}>Ba^{2+}>Li^{+}>Na^{+}>K^{+}$。

表 10-24 聚合磷酸钠的吸湿性

种类	大气湿度/%	吸收水分/%				
		22h	72h	144h	240h	360h
三聚磷酸钠	42.0	0.0	0.0	0.0	0.0	0.0
	79.4	0.3	1.2	3.7	9.1	12.8
六偏磷酸钠	42.0	1.4	4.4	6.9	9.7	11.9
	79.4	4.1	12.6	21.9	29.2	32.7

工业六偏磷酸钠中含 P_2O_5 大于 68%,水不溶物小于 0.06%,表 10-25 为国家 GB 1886.4—2015 规定的六偏磷酸钠的技术条件。

表 10-25 六偏磷酸钠的技术条件[10]

项目	指标	检验方法
总磷酸盐(以 P_2O_5 计)(质量分数)/%	≥68.0	附录 A 中 A.4
非活性磷酸盐(以 P_2O_5 计)(质量分数)/%	≤7.5	附录 A 中 A.5
水不溶物(质量分数)/%	≤0.06	附录 A 中 A.6
铁(Fe)(质量分数)/%	≤0.02	附录 A 中 A.7
pH 值	5.8~6.5	附录 A 中 A.8
砷(As)/$mg \cdot kg^{-1}$	≤3.0	GB 5009.76
重金属(以 Pb 计)/$mg \cdot kg^{-1}$	≤10.0	GB 5009.74
氟化物(以 F 计)/%	≤0.003	附录 A 中 A.9

六偏磷酸钠可用于碱性耐火材料结合剂,其结合机理为:六偏磷酸钠溶于水后水解成磷酸二氢钠(NaH_2PO_4),NaH_2PO_4 会与碱性耐火材料中的 MgO 反应,在常温下即可反应生成磷酸镁与磷酸钠复合磷酸盐,具有较好的胶结强度。经干燥和烘烤后(约 500℃),会进一步缩合成复合聚磷酸盐(如 $Mg(PO_3)_n$ 和 $(NaPO_3)_n$),使结合强度进一步提高。在 800℃ 以前均具有较好的强度。但在中温阶段(1000~1300℃),由于分解和缓慢释放出 P_2O_5,聚合链破坏,会使强度有所下降。直到产生烧结后出现陶瓷结合强度又提高。

六偏磷酸钠在耐火材料工业中用途较广,除用作碱性不烧砖(镁质、镁铬质等不烧砖)的结合剂外,也大量用作不定形耐火材料的减水剂(分散剂)和碱性喷补料与涂抹料的结合剂。

10.1.5 木质素磺酸盐

木质素磺酸盐主要有木质素磺酸钙、木质素磺酸钠和含钙与钠的混合盐,由于其具有较好的常温结合能力,广泛用于耐火制品的临时结合剂,也可作为耐火浇注料的减水剂使用。

(1)制备方法。木质素磺酸盐是用石灰乳来中和亚硫酸酵母液(亚硫酸纸浆废液),再经过滤、喷雾干燥而制得。还有的增加磺化脱糖处理等工艺,制得脱糖木质素磺酸钙或木质素磺酸钠。木质素磺酸盐结合剂制备工艺流程如图 10-13 所示。这种固态状结合剂便于保存和运输,使用时只要用热水或热蒸汽将其溶解成水溶液即可使用,也便于调节其浓度和黏度。

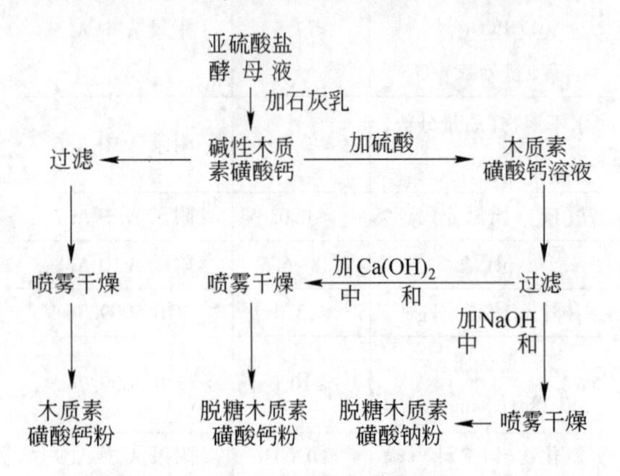

图 10-13 固态木质素磺酸盐制备工艺流程

(2)结构与性能。木质素磺酸盐则呈棕黄色,溶于水中后呈黑褐色。木质素磺酸盐的化学结构是相当复杂的。木质素本身就是复杂的天然高分子化合物,属于芳香族结构。一般认为木质素的单体是松柏甙醇(Ⅰ)与乌柏甙醇(Ⅱ),它们的单体结构式如图 10-14 所示。

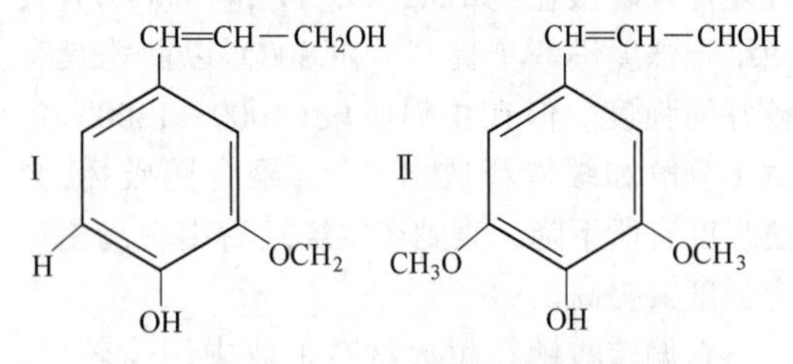

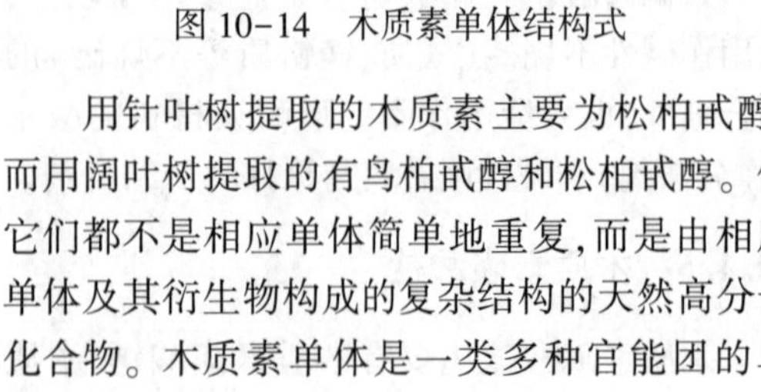

图 10-14 木质素单体结构式

用针叶树提取的木质素主要为松柏甙醇,而用阔叶树提取的有乌柏甙醇和松柏甙醇。但它们都不是相应单体简单地重复,而是由相应单体及其衍生物构成的复杂结构的天然高分子化合物。木质素单体是一类多种官能团的单体,故能发生多种类型的化学反应,可以通过共聚、缩聚和其他化学改性方法制取各种改性木质素磺酸盐结合剂,木质素磺酸盐的分子结构式如图 10-15 所示。

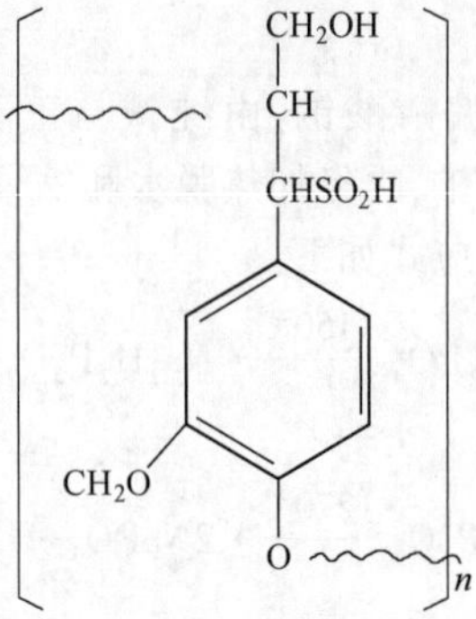

木质素磺酸盐的相对分子质量范围在 4000~

图 10-15 木质素磺酸盐分子结构式

150000,相对分子质量的大小对制成的结合剂的黏度和结合强度有一定影响。相对分子质量太低时,黏度也低,结合强度低;相对分子质量太高时,黏度也高,会导致结合剂溶液对耐火材料的浸润性下降,结合强度下降。一般认为其聚合物的平均相对分子质量控制在 41000~51000 之间,具有较高的结合强度。几种木质素磺酸盐的理化性能见表 10-26。

表 10-26 木质素磺酸盐的理化性能[11]

性能	木质素磺酸钙	木质素磺酸钠
外观	棕褐色粉状	棕褐色粉状
水分/%	<7	<5
水不溶物/%	<12	<1
还原物/%	<12(糖分)	<1(糖分)
pH 值	4.5~5.5	8.5~9

(3)应用。在耐火材料工业中木质素磺酸盐属于暂时性结合剂,在常温下烘干后具有较强的结合强度。但加热到 300℃以上,木质素磺酸盐会分解和燃烧掉,最后剩下极微量的 CaO 和 Na_2O,对制品性能无明显影响。因此它被普遍用作机压成型、捣打成型的烧成砖和不烧砖的结合剂。木质素磺酸盐也是阴离子表面活性剂,可作不定形耐火材料的减水剂使用。在耐火泥料中加入木质素磺酸盐水溶液可降低泥料颗粒之间的摩擦力,提高泥料中细粉的分散性,从而提高泥料的可塑性。

在耐火材料工业中使用的木质素磺酸盐水溶液的密度一般控制在 1.15～1.25g/mL 之间，加入量为 3%～3.5%。制造半干法成型的黏土砖和高铝砖时，可与结合黏土适当配合来提高其可塑性和烘干后结合强度；制造硅砖时可与矿化剂石灰乳配合组成复合结合剂，以提高其成型性能；制造镁砖、镁铝砖和镁铬砖时可单纯使用；制造含碳耐火制品时也可与酚醛树脂配合使用；制造轻质耐火制品，可与磷酸铝和硫酸铝等结合剂配合使用。

10.1.6　酚醛树脂

用酚类化合物（甲酚、苯酚、二甲酚、间苯二酚）和醛类化合物（甲醛、糠醛）在酸或碱催化剂作用下经缩聚反应而得到的树脂称为酚醛树脂。酚醛树脂的用途很广，可作玻璃钢、模压料、电绝缘材料、木材黏合剂等。在耐火材料工业用酚醛树脂取代焦油和沥青作含碳或碳化硅耐火材料的结合剂也得到广泛应用，其主要原因在于：

（1）碳化率高（52%）；

（2）黏结性好，成型好的坯体强度高；

（3）热处理后强度高；

（4）碳化速度可以控制；

（5）有害挥发物少，有助改善作业环境。

酚醛树脂结合剂随所用的原料成分、配比、催化剂，以及制备工艺不同而不同，酚醛树脂结合剂有如下几种分类法。

（1）按加热性状和结构形态分：有热固性酚醛树脂（甲阶酚醛树脂）和热塑性酚醛树脂（线型酚醛树脂，又称酚醛清漆）。

（2）按产品形态分：有液态酚醛树脂（又可分为水溶性酚醛树脂和醇溶性酚醛树脂）和固态酚醛树脂（有粒状、块状和粉状之分）。

（3）按固化温度分：有高温固化型酚醛树脂，固化温度 130～150℃；中温固化型酚醛树脂，固化温度 105～110℃；常温固化型酚醛树脂，固化温度 20～30℃。

此外，还有各种改性酚醛树脂，如间苯二酸改性酚醛树脂、甲酚改性酚醛树脂、烷基酚醛树脂、密胺改性酚醛树脂、尿素改性酚醛树脂和沥青改性酚醛树脂等。

10.1.6.1　酚醛树脂的合成

以苯酚和甲醛为原料，按不同比例和采用不同催化剂可制得具有不同结构和性能的热塑性树脂和热固性树脂，其合成过程如下：

（1）热塑性酚醛树脂合成。用甲醛（F）与苯酚（P）按摩尔比 F/P＝0.6～0.9，在酸性催化剂（盐酸、草酸、硫酸或甲酸）的作用下反应生成的树脂为热塑性树脂。在反应过程中首先是发生加成反应得到一羟甲基苯酚，一羟甲基苯酚很活泼，会与另一苯酚分子上的邻、对位的氢原子发生脱水反应（即聚合反应），以次甲基桥连接起来，反应如下：

加成反应：

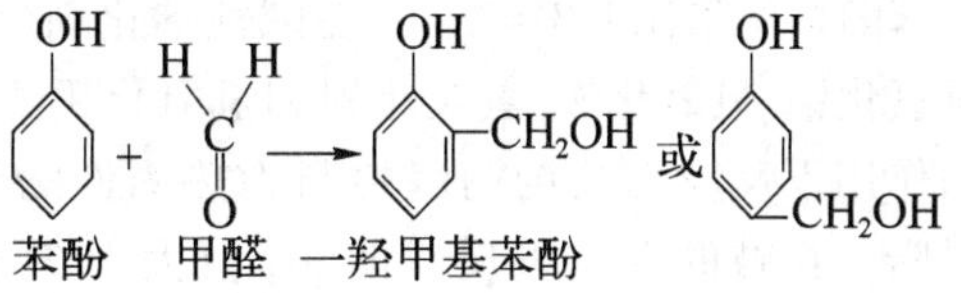

苯酚 + 甲醛 $\longrightarrow$ 一羟甲基苯酚（邻位 CH_2OH）或（对位 CH_2OH）

（10-30）

聚合反应：

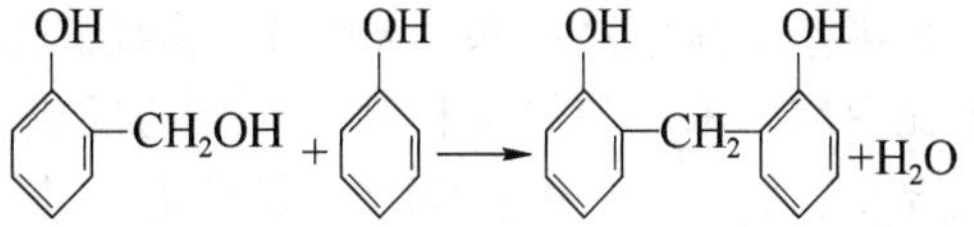

（邻羟甲基苯酚）+ 苯酚 $\longrightarrow$ （邻位 $-CH_2-$ 连接的二酚）$+H_2O$

（10-31）

（对羟甲基苯酚）+ 苯酚 $\longrightarrow$ $OH-C_6H_4-CH_2-C_6H_4OH$ $+H_2O$

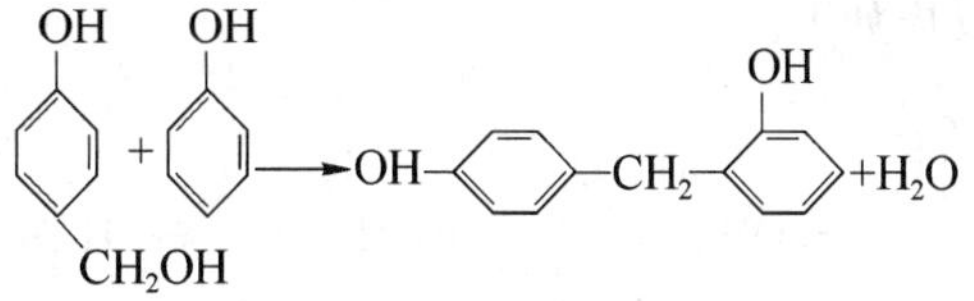

（10-32）

在酸性条件下，聚合反应速度要大于加成反应速度，因而一旦生成羟甲基（—CH_2OH）就会立即发生聚合反应。由于 F/P 小于 1，故反应后得到的是线型或支链型结构的大分子，在这些大分子中不存在未反应的羟甲基。其结构通式如下：

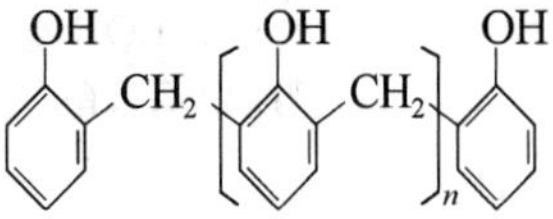

$$HOC_6H_4-CH_2-[C_6H_3(OH)-CH_2]_n-C_6H_4OH$$

此结构式中省略了对位结构和支链结构。反应结果一般聚合度 n（核体数）为 4～12，多数为 7，相对分子质量为 400～1000。在工业生产酚醛树脂时，不可能控制到每个分子都具有相同的聚合度，因而工业酚醛树脂是不同聚合度的同系物的混合物。

热塑性酚醛树脂的分子中不存在未反应的羟甲基，故在长期或反复加热条件下，它本身不会相互交联转变成体型结构的大分子，因而具有热塑性特性。但其分子中苯环上的羟基的邻位和对位上还存在未作用的活性反应点，所以这类树脂在六次甲基四胺（又名乌洛托品）、甲阶酚醛树脂或多聚甲醛的作用下会再进一步反应交联，形成不溶不熔的体型结构的大分子。

（2）热固性酚醛树脂的合成。用甲醛（F）与苯酚按摩尔比 F/P＝1～3，在碱性催化剂（如氢氧化钠、氢氧化铵、氢氧化钡和氢氧化钙等）的作用下反应形成的酚醛树脂为热固性酚醛树脂。在碱的存在下反应的 pH 值大于 7，苯酚与甲醛首先发生加成反应，生成一羟甲基苯酚。在常温下，碱性介质中的酚醇是稳定的，一羟甲基苯酚中羟甲基与苯酚上氢的反应速度比甲醛与苯酚的邻位和对位上氢的反应速度要小，因此一羟甲基苯酚不容易进一步聚合，只能生成二羟甲基苯酚和三羟甲基苯酚，反应如下：

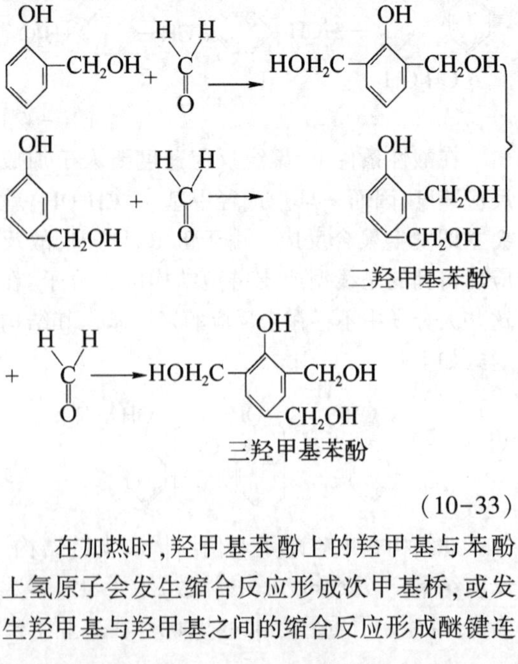

OH–C₆H₄–CH₂OH + HCHO ⟶ HOH₂C–C₆H₃(OH)–CH₂OH

HO–C₆H₄–CH₂OH + HCHO ⟶ HO–C₆H₃(CH₂OH)₂

二羟甲基苯酚

+ HCHO ⟶ HOH₂C–C₆H₂(OH)(CH₂OH)–CH₂OH

三羟甲基苯酚

（10-33）

在加热时，羟甲基苯酚上的羟甲基与苯酚上氢原子会发生缩合反应形成次甲基桥，或发生羟甲基与羟甲基之间的缩合反应形成醚键连接，反应如下：

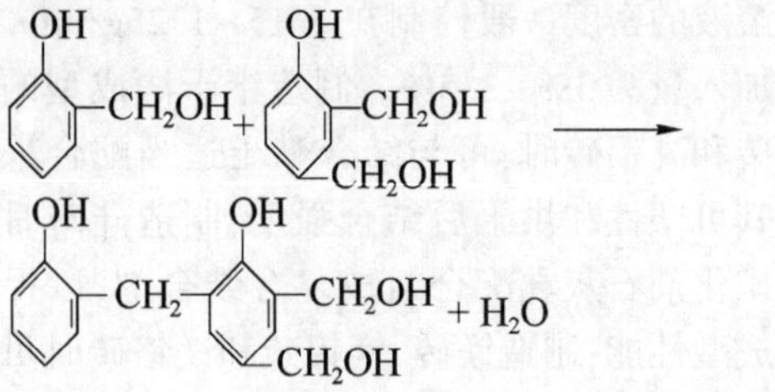

HO–C₆H₄–CH₂OH + HO–C₆H₃(CH₂OH)₂ ⟶ HO–C₆H₄–CH₂–C₆H₂(OH)(CH₂OH)₂ + H_2O

（10-34）

HO–C₆H₄–CH₂OH + HOH₂C–C₆H₂(OH)(CH₂OH)₂ ⟶ HO–C₆H₄–CH₂OH₂C–C₆H₂(OH)(CH₂OH)₂ + H_2O

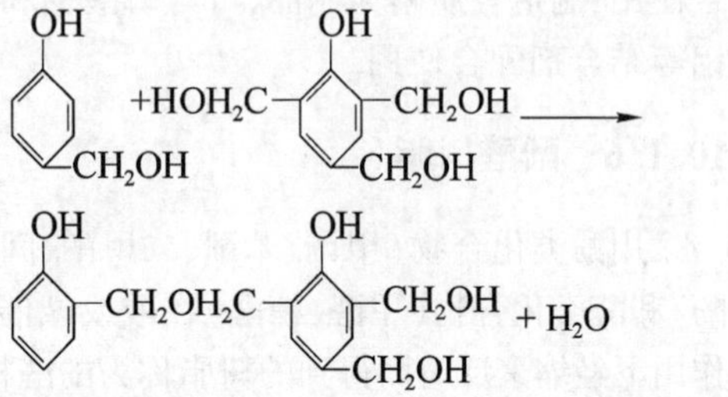

（10-35）

在受热情况下进一步缩合时，就可形成甲阶酚醛树脂（又称初期酚醛树脂或 A 阶酚醛树脂），其结构通式如下：

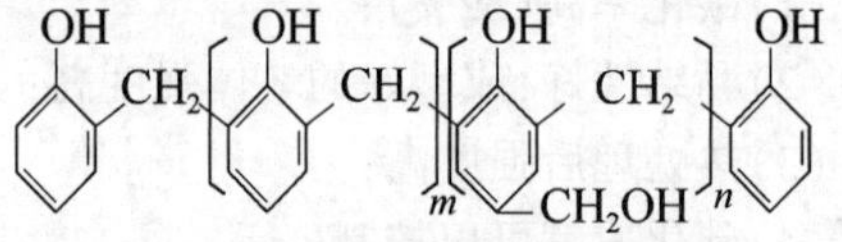

HO–C₆H₄–CH₂–[C₆H₃(OH)–CH₂]ₘ–[C₆H₂(OH)(CH₂OH)–CH₂]ₙ–C₆H₄–OH

反应结果一般形成平均相对分子质量为 150～500，结构通式中的 $m=0\sim2$，$n=1\sim2$ 的树脂。反应中也会生成低相对分子质量的异形体。由于这类树脂分子中含有羟甲基，继续受热时还会进一步缩合形成高度交联的体型结构大分子，即不溶不熔状态的丙阶酚醛树脂（亦称末期酚醛树脂）。因此，这类含有羟甲基的酚醛树脂为热固性树脂。

10.1.6.2 酚醛树脂的性质

A 热塑性（线型）酚醛树脂的性质

热塑性（线型）酚醛树脂一般为无色或微红色透明的脆性固体，熔点为 60～100℃，也有粉末状和液态状产品。

热塑性酚醛树脂熔融黏度与温度有关，如图 10-16 所示。黏度是随温度升高而下降。在相同温度下，黏度是随相对分子质量增大而升高，如图中的相对分子质量为 A>B>C。热塑性酚醛树脂可溶于有机溶剂中，图 10-17

为低相对分子质量的C树脂溶于甲醇,乙醇、乙二醇和二甘醇后溶液的黏度,因此液状热塑性酚醛树脂作结合剂,可根据使用要求选择不同的溶剂。

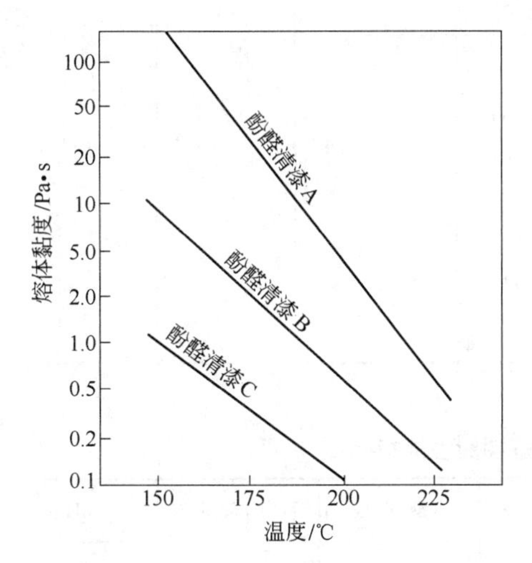

图10-16 熔体黏度与温度的关系

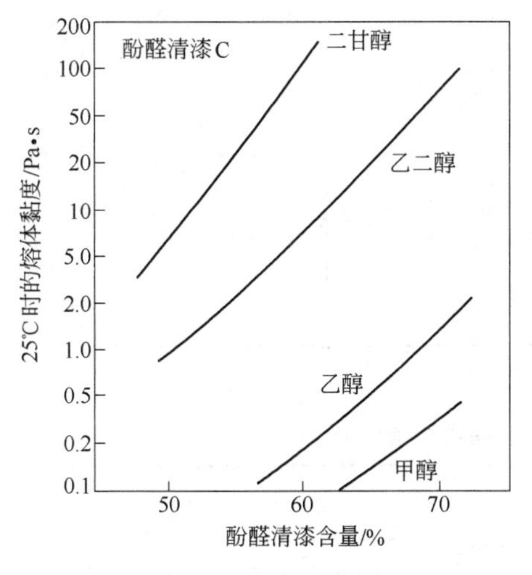

图10-17 溶剂种类对溶液黏度的影响

固体状的热塑性酚醛树脂的熔点与相对分子质量的高低有明显关系,高相对分子质量的其熔点较高。但加入苯酚可降低其熔点,图10-18为高相对分子质量的树脂中苯酚加入量与其熔点的关系。

B 热固性(甲阶)酚醛树脂的性质

热固性酚醛树脂一般是以液态状供应,但也有固态状产品。液状甲阶酚醛树脂的黏度与

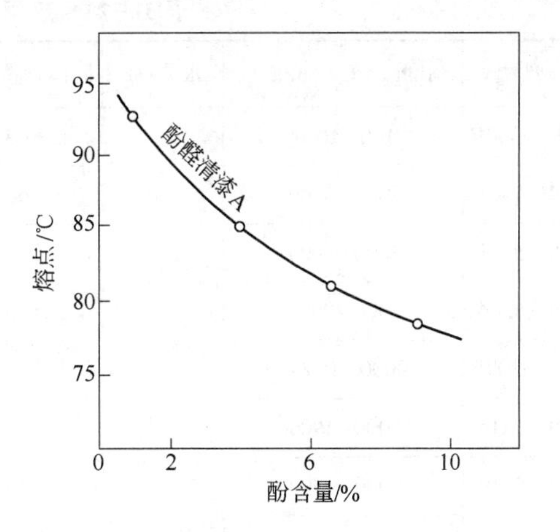

图10-18 游离酚含量与熔点的关系

树脂相对分子质量的大小和树脂的含量有关,常温下(25℃)的黏度在0.02~100Pa·s范围内,其黏度是随温度升高而降低,如图10-19所示。黏度也随存放时间的延长而升高,长期存放会发生凝固而无法使用。夏季存放时间一般为2~3个月,冬季要长些。

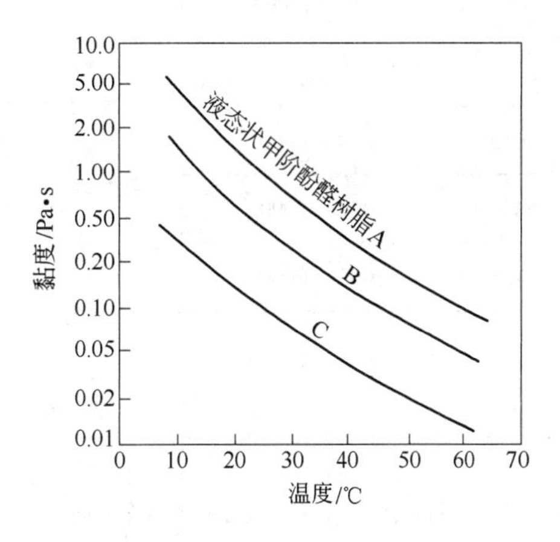

图10-19 液态状产品的黏度与温度

甲阶酚醛树脂有可溶于水的和可溶于有机溶剂的两类。水溶性的是由于有亲水性的羟甲基(—CH_2OH)存在所致。而经过脱水的甲阶酚醛树脂为溶于有机溶剂的树脂,可溶于甲醇、乙醇、甘醇、丙醇等。标准型的甲阶酚醛树脂为溶于有机溶剂型的。

表10-27~表10-29为耐火材料用的各类型酚醛树脂结合剂的性能指标[12]。

表 10-27 热固性液体酚醛树脂性能指标

<table>
<tr><th>型号</th><th>黏度(25℃)/mPa · s</th><th>水分/%</th><th>固体含量/%</th><th>残碳量/%</th><th>游离酚含量/%</th><th>pH 值</th><th>游离醛含量/%</th></tr>
<tr><td>PF-5300R</td><td>100~1000</td><td rowspan="3">≤6</td><td>≥60</td><td>≥30</td><td rowspan="2">≤14</td><td>6. 0~9. 0</td><td rowspan="8">≤1. 1</td></tr>
<tr><td>PF-5301</td><td>1000~3000</td><td>≥65</td><td>≥35</td><td rowspan="7">6. 5~7. 5</td></tr>
<tr><td>PF-5303</td><td>3000~6000</td><td rowspan="3">≥70</td><td rowspan="3">≥40</td><td rowspan="6">≤12</td></tr>
<tr><td>PF-5306</td><td>6000~9000</td><td rowspan="5">≤4</td></tr>
<tr><td>PF-5309R</td><td>9000~15000</td></tr>
<tr><td>PF-5315</td><td>15000~19000</td><td rowspan="3">≥75</td><td rowspan="3">≥42</td></tr>
<tr><td>PF-5319</td><td>19000~25000</td></tr>
<tr><td>PF-5325</td><td>25000~30000</td></tr>
</table>

表 10-28 热塑性液体酚醛树脂性能指标

<table>
<tr><th>型号</th><th>黏度(25℃)/mPa · s</th><th>水分/%</th><th>固体含量/%</th><th>残碳量/%</th><th>游离酚含量/%</th><th>pH 值</th></tr>
<tr><td>PF-54W</td><td>6000~30000</td><td>≤0. 5</td><td>≥70</td><td>≥27</td><td>≤5</td><td>6. 0~7. 5</td></tr>
<tr><td>PF-5401</td><td>1000~5000</td><td rowspan="7">≤6. 5</td><td rowspan="7">≥75</td><td rowspan="7">≥40</td><td rowspan="7">≤12</td><td rowspan="7">6. 5~8. 0</td></tr>
<tr><td>PF-5405R</td><td>5000~10000</td></tr>
<tr><td>PF-5410</td><td>10000~15000</td></tr>
<tr><td>PF-5415</td><td>15000~20000</td></tr>
<tr><td>PF-5420</td><td>20000~25000</td></tr>
<tr><td>PF-5425</td><td>25000~30000</td></tr>
</table>

表 10-29 热塑性固体酚醛树脂性能指标

<table>
<tr><th rowspan="2">型号</th><th rowspan="2">残碳量/%</th><th rowspan="2">流动度/mm</th><th rowspan="2">聚合时间/s</th><th rowspan="2">游离酚含量/%</th><th rowspan="2">软化点/℃</th><th colspan="2">筛余物/%</th><th rowspan="2">水分/%</th></tr>
<tr><th>0. 106mm 筛孔</th><th>0. 075mm 筛孔</th></tr>
<tr><td>PF-4401</td><td rowspan="2">50~58</td><td rowspan="2">20~40</td><td rowspan="2">9~45</td><td>0~4. 3</td><td>100~115</td><td rowspan="2">≤5</td><td>—</td><td rowspan="2">≤2. 0</td></tr>
<tr><td>PF-4402L</td><td>2. 0~4. 5</td><td>—</td><td>—</td></tr>
<tr><td>PF-4403L</td><td>≥50</td><td>22~55</td><td>≥33</td><td>0~3. 8</td><td>—</td><td>≤5</td><td>—</td><td rowspan="3">≤2. 0</td></tr>
<tr><td>PF-4404L</td><td rowspan="2">50~58</td><td rowspan="2">20~35</td><td>48~73</td><td>3. 0~4. 8</td><td>—</td><td>—</td><td rowspan="2">≤5</td></tr>
<tr><td>PF-4405L</td><td>80~110</td><td>0~1. 0</td><td>—</td><td>—</td></tr>
</table>

注：1. PF-4401 残碳量为加入 10%六次甲基四胺的指标。

2. 随着存放时间的延长，酚醛树脂的颜色会逐渐加深。

10.1.6.3　酚醛树脂的硬化

A　热塑性酚醛树脂(酚醛清漆)的硬化

为了使热塑性酚醛树脂产生硬化,要加硬化剂并在加热条件下才能使其硬化,所采用的硬化剂有乌洛托品(六亚甲基四胺)、甲阶酚醛树脂或多聚甲醛等。但最普遍采用的是乌洛托品。六亚甲基四胺$(CH_2)_6N_4$与热塑性酚醛树脂之间的硬化反应式如下:

酚醛清漆 + 六胺 $\xrightarrow{\text{加热}}$ 由六胺或次甲基团架桥的酚醛清漆

在150℃时六亚甲基四胺的加入量与热塑性树脂的硬化时间的关系如图10-20所示。一般六亚甲基四胺硬化剂的加入量为热塑性树脂量的5%~15%。

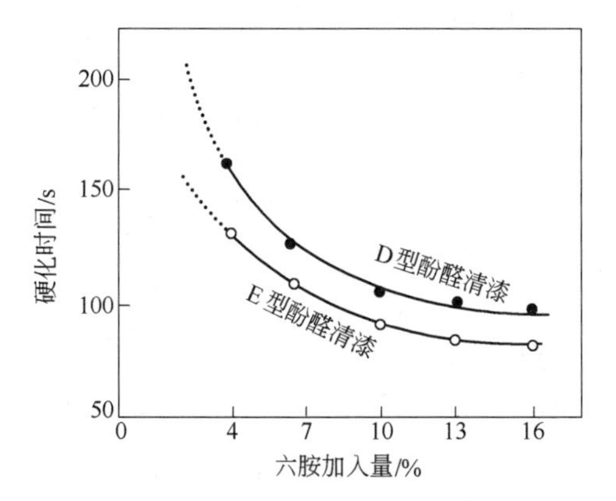

图10-20　六亚甲基四胺加入量与硬化时间

用甲阶酚醛树脂作为热塑性酚醛树脂的硬化剂,其硬化机理是缩聚反应,其反应式如下:

酚醛清漆 + 甲阶酚醛树脂 $\xrightarrow{\text{加热}}$ 由甲阶酚醛树脂架桥的酚醛清漆 $+ 2H_2O$

(10-36)

B　热固性酚醛树脂的硬化

要使热固性酚醛树脂产生硬化,其方法有两种:一是加热160~250℃;另一种是加酸。热固性酚醛树脂的硬化机理很复杂,但主要是缩聚反应并产生缩合水,由次甲基键和醚键架桥而引起缩合硬化。

在液态热固性酚醛树脂中加入酸,当pH值小于2时,常温下便能硬化。常用的酸类硬化剂有盐酸或磷酸(可溶解在甘油或乙二醇中使用)、甲苯磺酸、苯磺酸、石油磺酸等。加酸硬化与加热硬化机理相似,主要是在树脂分子中形成次甲基键架桥。但是若酸的用量较少,硬化温度较低以及树脂分子中羟甲基含量较高时,醚键也可能形成。热固性酚醛树脂的硬化时间可通过加酸量来调节,图10-21为酸加入量与甲阶酚醛树脂硬化时间的关系。

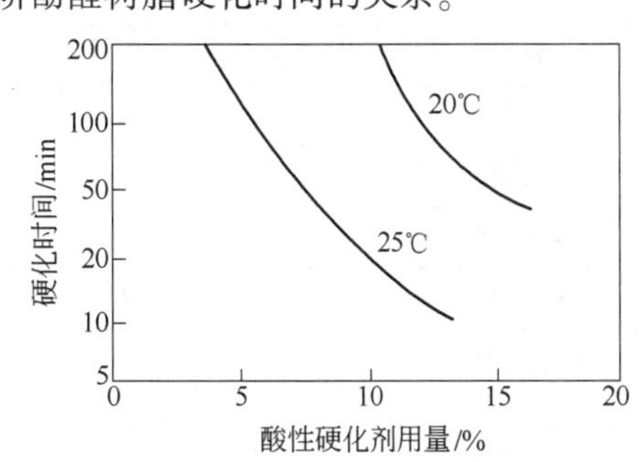

图10-21　酸加入量与甲阶酚醛树脂硬化时间的关系

10.1.6.4 酚醛树脂的加热变化

在中性或还原性气氛中，酚醛树脂受热时，在200～800℃发生分解，并释放出CO_2、CO、CH_4、H_2及H_2O等气体，同时有固定碳生成。图10-22为甲阶酚醛树脂在加热过程中挥发物的释放温度区间。在200℃和500℃左右有大量的H_2O排出，处理温度超过400℃时还排出CH_4、CO、H_2及少量CO_2。在较高温度下则是酚羟基之间或者酚羟基与亚甲基之间的反应。在500～600℃，连接苯环的亚甲基桥（—CH_2）、氧桥（—O—）断裂，形成不成对电子，使苯环直接相连，直至形成紊乱的三维结构的碳。

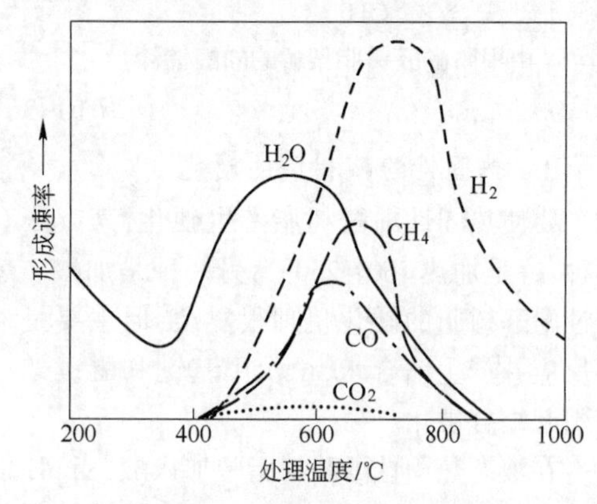

图10-22 酚醛树脂的加热变化

同其他有机结合剂比较，酚醛树脂的碳化率与焦油沥青相当，为52%，比其他树脂都高。同时在加热过程中分解放出有害气体少，因此现在已取代部分焦油沥青作耐火材料的结合剂而得到愈来愈广泛的采用。表10-30为有机结合剂实测碳化率的比较。

表10-30 有机结合剂的碳化率

种类	碳化率/%
焦油沥青	52.5
酚醛树脂	52.1
呋喃树脂	46.1
聚丙烯腈	44.3
醋酸纤维素	11.7
密胺树脂	10.2
环氧树脂	10.1
尿素树脂	8.2
天然橡胶	0.6
聚酯树脂	0.3

但酚醛树脂的碳化率与合成树脂时的F/P摩尔比值、催化剂的种类和加入量、反应时间和温度、使用硬化剂的种类和加入量、硬化温度等因素有关。图10-23为树脂的碳化率与F/P值的关系。从理论计算和实验测得的碳化率数据来看，F/P＝1.1～1.3时，树脂碳化率最高。图10-24为六亚甲基四胺加入量与热塑性酚醛树脂的碳化率之间的关系，可以看出，六亚甲基四胺加入量为6%～8%时其碳化率最高，进一步增大加入量时反而降低其碳化率。

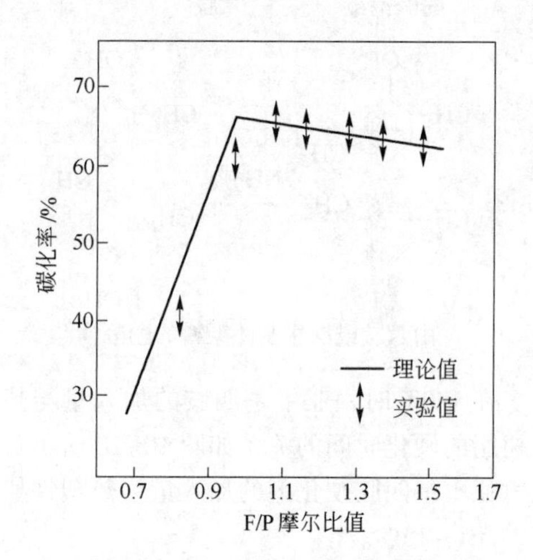

图10-23 F/P值与碳化率的关系

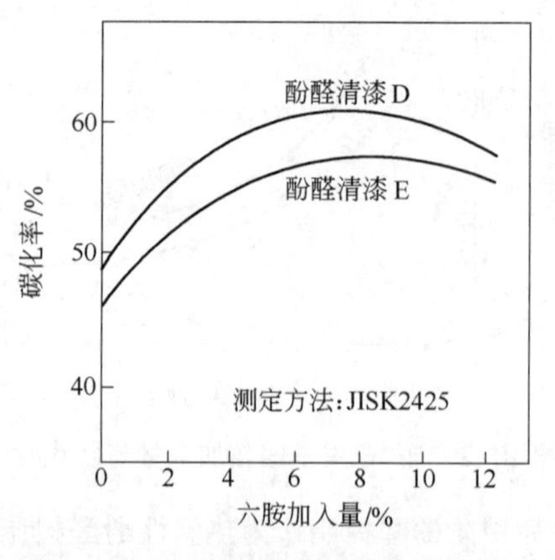

图10-24 六胺加入量与碳化率的关系

但酚醛树脂的碳化过程与沥青的碳化过程不同。酚醛树脂的碳化过程为固相碳化，碳化产物通常为各向同性的无定形碳，难以石墨化。而沥青碳化过程要经历形成各向异性的“结晶中间体（液晶体）”，有助碳的石墨化。因此经不同温度热处理后沥青炭的结晶度要比树脂炭高，其真密度也要比树脂炭高。如沥青炭的真密度从800℃时的1.47g/cm^{3}增加到1700℃时的2.13g/cm^3，而树脂炭的真密度却是从800℃时的1.23g/cm^{3}增加到1700℃时的1.54g/cm^3。因此树脂炭的抗氧化能力也比沥青炭低。但用酚醛树脂作耐火材料的结合剂，也有它的优势，如可以在常温下混合，烘干后制品强度高，碳化后制品气孔率低，整个生产过程对环境的污染比沥青结合剂要少。

10.1.6.5　酚醛树脂的应用

酚醛树脂既可作含碳和碳化硅质复合耐火制品（如镁炭、镁钙炭、铝炭、铝碳化硅等不烧制品）的结合剂，又可作含碳和碳化硅质复合不定形耐火材料的结合剂。但不同的耐火材料产品的形态（烧成制品、不烧制品、不定形材料）应选用不同类型和不同形态的酚醛树脂（包括其有机溶剂和促硬剂等），见表10-31。

表10-31　各种酚醛树脂在不同成型或施工方法的耐火材料中使用

种类	形态	内容	酚醛树脂的使用方法																				
			1	2	3	4	5	6	7	8	9	10	11	12	13	14	15	16	17	18	19	20	21
酚醛清漆	固态粉末	无六亚甲基四胺	▲																				
		六亚甲基四胺（少）		▲	▲																		
		六亚甲基四胺（中）			▲																		
		六亚甲基四胺（多）					▲	▲	▲	▲													
	液态	有机溶剂液								▲	▲	▲	▲	▲	▲	▲							
甲阶酚醛树脂	固态																▲						
	粉末	100%甲阶酚醛树脂											▲				▲						
		混合酚醛清漆												▲				▲					
	液态	水溶性		▲			▲						▲										
		有机溶剂液			▲		▲							▲									
其他	粉末	六亚甲基四胺													▲								
	液态	溶剂				▲			▲								▲	▲	▲				
	粉/液	酸																▲		▲			
耐火材料	定形	烧成	▲				▲	▲	▲	▲		▲	▲	▲	▲	▲		▲	▲	▲		▲	
		不烧成					▲	▲	▲	▲		▲	▲	▲	▲	▲		▲	▲	▲		▲	
		捣打料		▲	▲		▲	▲	▲	▲		▲	▲	▲	▲	▲		▲	▲	▲	▲		
		浇注料																		▲		▲	
	不定形	泥浆、可塑料				▲				▲				▲	▲	▲							
		涂料、火泥									▲									▲	▲	▲	▲
		喷补料、压注料及其他	▲			▲			▲		▲								▲		▲		
	其他	含浸被覆	▲														▲	▲					

注：▲表示能考虑到的酚醛树脂的配合及耐火材料。

用酚醛树脂作结合剂时，混练时的加料顺序对拌和好的泥料的均匀性和作业性都很重要。图10-25为双组分、三组分以及多组分的泥料混合搅拌时的一般可供选择的加料顺序。如由骨料、硬化剂六亚甲基四胺和液态树脂组成的三组分泥料,应采用③混练法,而不采用②混练法。而由骨料、粉末状树脂和液态树脂组成的三组分泥料,可采用⑥混练法或⑦混练法,而不采用⑤混练法。

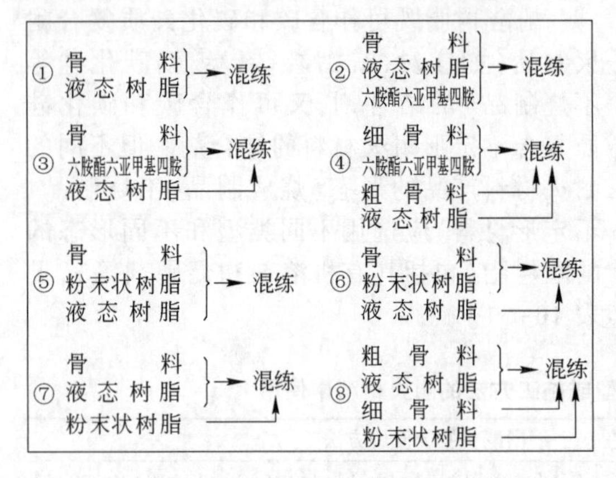

图 10-25 酚醛树脂结合剂常见加料混合顺序

10.1.7 沥青

沥青是煤焦油或石油经过蒸馏处理或催化裂化提取沸点不同的各种馏分后的残留物,是以芳香族和脂肪族为主体的混合物,其组成和性能随原料种类、蒸馏方法和加工处理方法的不同而异,一般呈黑色固态状,不溶于水,有光泽,有臭味,熔化时易燃烧,有毒。沥青在耐火材料工业中作非水性结合剂,主要用作含碳耐火材料的结合剂。既可单独作结合剂,又可与焦油或酚醛树脂等配合作结合剂。

耐火材料工业用的沥青结合剂是按沥青软化温度来选用。软化温度小于75℃的称低温沥青(又称软沥青);软化温度75~95℃的称为中温沥青(又称中软沥青);软化温度95~120℃的称为高温沥青(又称硬沥青)。还有软化温度大于120℃的称为特种沥青。

(1)沥青的化学组成。沥青的化学组成很复杂,很难从中提取单独具有一定化学组成的物质。通常是用不同有机溶剂对沥青进行分离萃取把沥青分为若干具有相似化学物理性质的“组分”。常用的溶剂有甲苯、二甲苯、乙醚、酒精、丙酮、四氯化碳、吡啶、三氯甲烷、乙烷、氯仿、喹啉等。不同的溶剂也可搭配使用,如用苯与石油醚搭配作为溶剂时,把沥青分离为3种组分:α、β、γ。而α组分(苯不溶物)又可分为两种组分,α_1 组分——喹啉和甲苯不溶物;α_2 组分——喹啉可溶而甲苯不溶物。一般苯可溶组分的平均相对分子质量小于500,其碳与氢元素含量之比为C/H=0.6~1.25。苯不溶喹啉可溶组分平均相对分子质量为300~2000,C/H=1.25~2。喹啉不溶物组分平均相对分子质量大于9000,C/H小于1.7。增加溶剂的种类,可相应增加组分的种类。表10-32为用不同溶剂处理不同软化温度(t_p)的煤沥青(沥青:溶剂=1:100)时,其不溶物的含量。

表 10-32 用不同溶剂萃取沥青时的不溶物含量

软化温度/℃	用下列溶剂萃取沥青时的不溶物数量/%						
	吡啶	苯胺	氯仿	二硫化碳	二氯乙烷	甲苯	苯
79.0	8.32	9.85	22.60	22.60	24.73	24.70	24.70
150.0	35.86	39.68	47.43	51.00	51.00	52.63	52.62

沥青中含有的化学元素有C、H、S、N和O等,沥青的元素组成特点是碳含量高,而其他元素含量很低。表10-33为低温沥青(软化温度t_p=70℃)和特种沥青(软化温度t_p=145℃)的元素组成(%)。

表 10-33 不同软化温度(t_p)沥青的元素组成 (%)

元素组成	t_p=70℃				t_p=145℃			
	沥青	α	β	γ	沥青	α	β	γ
C	91.94	92.48	90.81	90.92	92.93	93.20	92.10	92.46
H	4.66	3.49	4.63	5.43	4.25	3.88	4.29	4.84
S	1.43	1.53	1.52	1.18	1.35	1.72	1.68	1.32
N	0.82	0.95	0.82	0.79	0.70	0.76	0.60	0.53
O	1.16	1.55	2.19	1.68	0.76	0.74	1.35	0.85

沥青的组分及元素组成在一定程度上反映出沥青的化学组成。但它们没能提供有关化合物的确切类型、性质和含量,以及与碳原子相连的杂原子键的特性等。根据中温沥青的质谱分析结果可以揭示出沥青中所含的化合物类型,见表10-34。而根据色谱分析可显示出沥青在低分子区域的一系列化合物,如Ⅰ-萤蒽、Ⅱ-嵌二萘、Ⅲ-苯并联苯撑硫、Ⅳ-萘、Ⅴ-苯并萤蒽、Ⅵ-二苯嵌苯、Ⅶ-二萘品(并)苯、Ⅷ-晕苯、Ⅸ-苯并晕苯等,图10-26为煤沥青的色谱图。

表10-34 中温沥青质谱分析结果

结构类型	主要结构形式和相对分子质量	C/H	试样中沥青含量/%	
			1	2
茚类	C_9H_8(116)	1.125	0.1	0.1
萘类	$C_{10}H_8$(128)	1.250	0.8	0.9
苊类,联苯类	$C_{12}H_{10}$(154)	1.200	1.8	2.2
苊类,芴类	$C_{12}H_{10}$(152)	1.500	1.3	0.8
蒽类,菲类	$C_{14}H_{10}$(178)	1.400	5.5	4.6
甲基菲类,苯基萘类	$C_{15}H_{10}$(190)	1.500	3.4	2.5
四核的芳香烃邻缩合	$C_{16}H_{10}$(202)	1.600	9.6	8.4
渺缩合	$C_{18}H_{12}$(228)	1.500	6.9	5.0
甲叉䓛类,苯基蒽类,苯并萤蒽类	$C_{18}H_{10}$(226)	1.800	2.1	1.3
五核芳香烃邻缩合	$C_{20}H_{12}$(252)	1.667	9.8	8.4
渺缩合	$C_{21}H_{12}$(264)	1.750	2.3	1.8
六核芳香烃苯并芘类	$C_{22}H_{12}$(276)	1.833	3.7	3.4
邻缩合	$C_{24}H_{14}$(302)	1.714	1.4	1.0
渺缩合	$C_{26}H_{16}$(328)	1.625	0.2	0.1
七核芳香烃晕苯	$C_{24}H_{12}$(300)	2.000	0.2	0.2
二苯并芘(g·h·t)	$C_{26}H_{16}$(326)	1.857	0.2	0.2
二苯并芘	$C_{28}H_{16}$(352)	1.750	痕迹	痕迹
杂原子化合物:氮的			18.2	12.9
硫的			2.1	1.5
氧的			1.4	1.1
不蒸发渣			29.0	43.6

注:括号中数字为相对分子质量。

(2)沥青的物理性能。沥青无固定的熔化温度,因此用软化温度来表示其固态转变为液态的温度。沥青的主要物理性能还有密度、黏度、表面张力、润湿性等。图10-27为沥青的软化温度与其密度的关系,显然软化温度是随密度增大而升高。但沥青的密度又随加热温度的提高而降低,见图10-28。沥青的黏度与温度的关系是指数关系,图10-29为沥青的黏度与温度的关系。在沥青中加入添加剂,如糠醛、煤油、甲苯、油酸、喹啉等,可使黏度大大降低。高温沥青中加入这几种添加剂后,黏度几乎可以降低至中温沥青的程度。沥青的表面张力也是随加热温度的提高而降低。图10-30为不同软化温度的沥青的表面张力与加热温度的关系。同样,沥青的润湿角(θ)也是随着温度的提高而显著降低,图10-31显示出了沥青在镁质耐火材料上的润湿角随温度的变化。上述表明:用沥青作耐火材料的结合剂时,适当提高混练和成

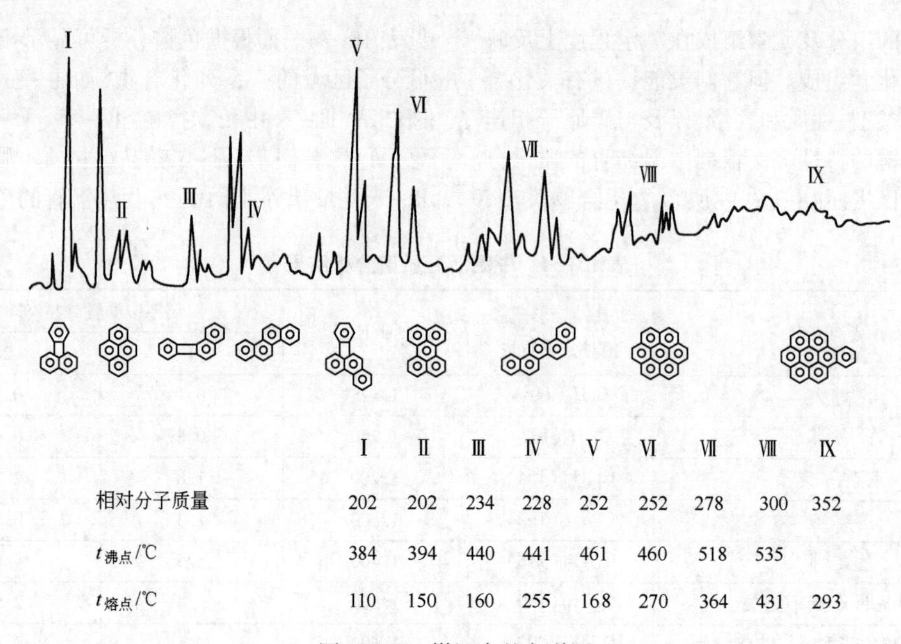

	Ⅰ	Ⅱ	Ⅲ	Ⅳ	Ⅴ	Ⅵ	Ⅶ	Ⅷ	Ⅸ
相对分子质量	202	202	234	228	252	252	278	300	352
$t_{沸点}$/℃	384	394	440	441	461	460	518	535	
$t_{熔点}$/℃	110	150	160	255	168	270	364	431	293

图 10-26 煤沥青的色谱图

型温度,可改善沥青对耐火材料颗粒的润湿性和成型性能,有助于提高制品的密度等物理性能。

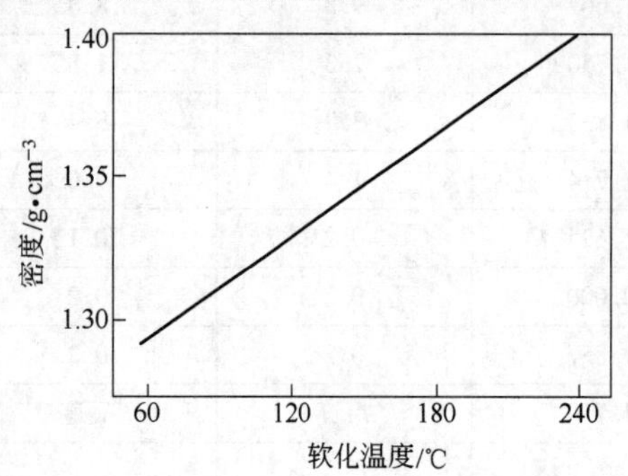

图 10-27 沥青的软化温度与密度的关系

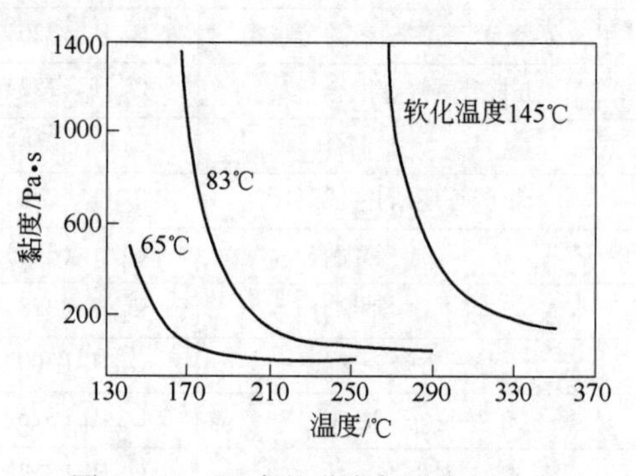

图 10-29 沥青的黏度与温度的关系

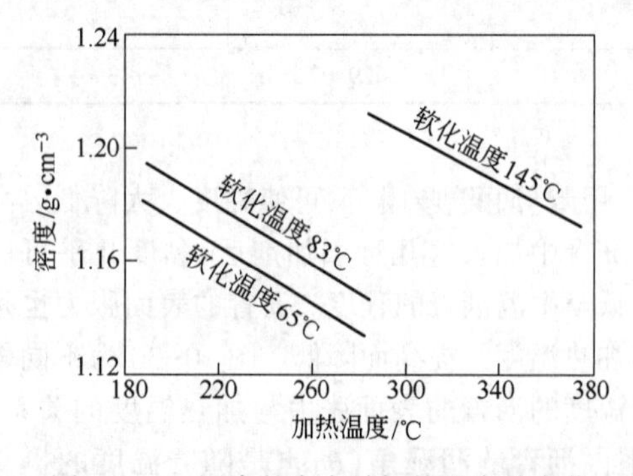

图 10-28 沥青的密度随加热温度的变化

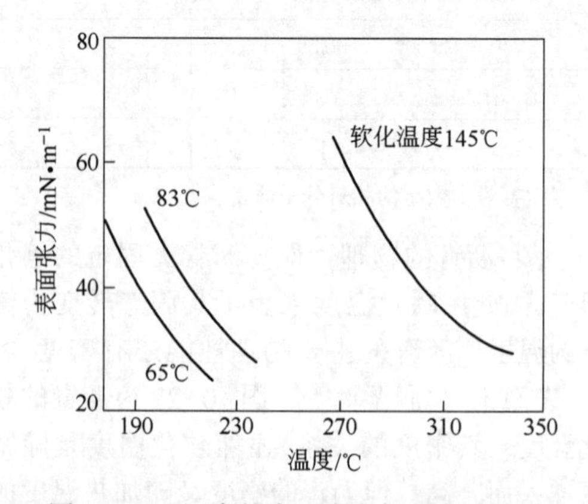

图 10-30 沥青的表面张力与温度的关系

沥青的闪点是随着软化温度的提高而提高,中温沥青的闪点为200~300℃,高温沥青的闪点为360~400℃。沥青的导热率不高,其热导率见表 10-35。

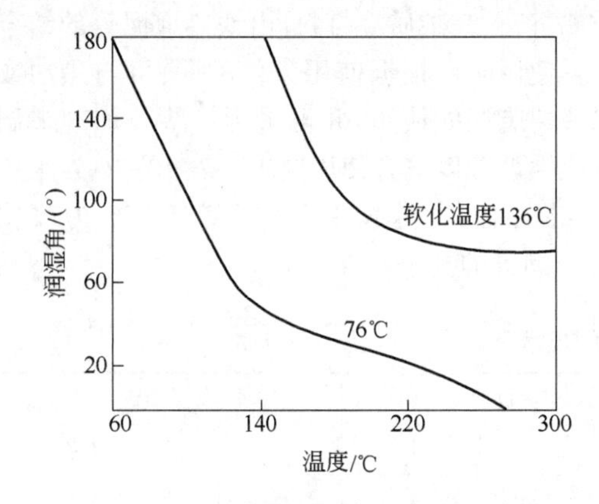

图 10-31 沥青的润湿角与温度的关系

表 10-35 沥青的热导率

项目	软化温度 75℃甲苯不溶物含量 21.8%的沥青			
测定温度/℃	110.0	132.5	178.0	182.2
热导率 /W·(m·K)$^{-1}$	0.0976	0.098	0.1056	0.1068
项目	软化温度 150℃甲苯不溶物含量 48.2%的沥青			
测定温度/℃	68.8	168.0	202.0	270.0
热导率 /W·(m·K)$^{-1}$	0.1316	0.1546	1.1605	0.1697

(3)沥青的碳化。沥青加热过程中的变化如图 10-32 所示。大约在 240℃开始出现质量损失,随温度升高失重增加。在 530℃达到最大值,达到 640℃后又迅速降低。差热曲线表明:400℃以下出现的吸热效应为沥青分解并逸出轻馏分的效应。在 530℃的放热峰为以稠环芳烃及其缩合物的自由基为主的缩聚反应。在 640℃的放热反应为芳香缩合物网状堆积层成长并脱氢效应。在此过程中芳香缩合物分子密集堆砌,结果形成半焦碳化。

沥青的碳化经过液相碳化。在碳化过程中沥青先熔化,产生中间相小球体,小球体不断长大和粗化,发展到一定程度互相熔合而形成中间相。这种中间相是任意取向的各向异性的小块(小于 10μm)组成的,这就是所谓的镶嵌结构。如果粗化后的中间相在一定条件下变形而产生某种程度的择优取向,形成纤维状结构,这就是所谓的流动结构。沥青的组成对结构有影响,苯不溶而吡啶溶的沥青所得到的碳多呈流动结构,而吡啶不溶的沥青所得到的多呈多孔薄壁碳,其结构为细镶嵌结构。

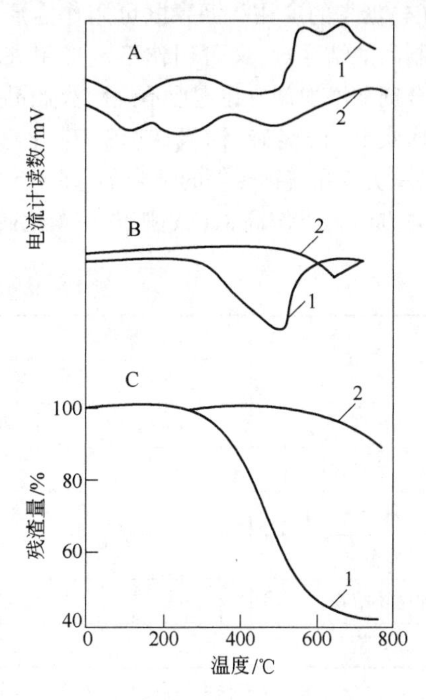

图 10-32 煤沥青(1)和未煅烧沥青焦(2)的差热分析谱线

A—差热曲线;B—质量损失速度;C—失重曲线

用作耐火材料的结合剂,要求沥青中固定炭越高越好,也即要求沥青中挥发分越少越好。固定炭越高,其碳化后结合力也越强。图 10-33 为沥青的固定炭与结合力的关系。

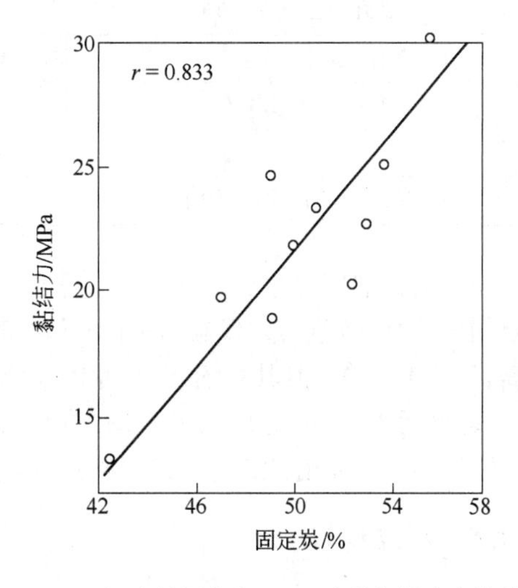

图 10-33 沥青的固定炭(F.C)含量与结合力的关系

(4)沥青的应用。沥青既可用作定形不烧耐火制品的结合剂,又可用作不定形耐火材料的结合剂和添加剂。在定形不烧耐火制品方面主要作炭砖、镁炭砖、铝炭砖、铝-碳化硅-炭砖、铝镁炭砖和镁钙砖等的结合剂;在不定形耐火材料方面主要作高铝(或刚玉)-碳化砖-碳质捣打料、镁碳质捣打料、出铁口炮泥等的结合剂。使用时可根据使用条件不同,可与焦油或酚醛树脂调配使用,并可采用一些外加剂来制取改性沥青以适合使用要求。表10-36为工业用煤焦油沥青的技术条件,表10-37为改质(性)沥青的技术条件。

表10-36 煤焦油沥青的技术条件[13]

分类	低温沥青		中温沥青		高温沥青	
	1号	2号	1号	2号	1号	2号
软化点/℃	35~45	46~75	80~90	75~95	95~100	95~120
甲苯不溶物含量/%	—	—	15~25	≤25	≥24	—
灰分/%	—	—	≤0.3	≤0.5	≤0.3	—
水分/%	—	—	≤5.0	≤5.0	≤4.0	≤5.0
喹啉不溶物/%	—	—	≤10	—	—	—
结焦值/%			≥45	—	≥52	—

注:1. 水分只作生产操作中控制指标,不作质量考核依据。
2. 沥青喹啉不溶物含量每月至少测定一次。

表10-37 改质(性)沥青的技术条件[14]

项 目	指 标			
	高温改质沥青			中温改质沥青
	特级	一级	二级	
软化点(环球法)/℃	106~112	105~112	105~120	90~100
甲苯不溶物含量(抽取法)(质量分数)/%	28~32	26~32	26~34	26~34
喹啉不溶物含量(质量分数)/%	6~12	6~12	6~15	5~12
β-树脂含量(质量分数)/%	≥20	≥18	≥16	≥16
结焦值(质量分数)/%	≥57	≥56	≥54	≥54
灰分(质量分数)/%	≤0.25	≤0.30	≤0.30	≤0.30
水分(质量分数)/%	≤1.5	≤4.0	≤5.0	≤5.0
钠离子含量/mg·kg^{-1}	≤150	—	—	—
中间相(≥10μm)(体积分数)/%	0	—	—	—

沥青结合剂属非水性结合剂,同其他有机结合剂比较有其特点,如残炭(固定炭)含量比较高,价格便宜等,但其含有的有害挥发物质多,对环境污染大,因此现在也限制其使用,或与酚醛树脂混合使用,以降低其对环境的污染。

10.1.8 纤维素

纤维素结合剂是用天然植物为原料经过物理化学处理提取出的一类具有结合作用的高分子化合物。纤维素的分子式为:$(C_6H_{10}O_5)_n$,是由许多无水β-葡萄糖组成的,每个葡萄糖链节上含有3个羟基(OH^-),具有较大的化学反应性。如与酸类化合物作用时,可以生成相应的酯类纤维素(如硝酸纤维素、醋酸纤维素、醋酸丁酸混合纤维素、醋酸铬酸纤维素等);而与环氧化合物或与能够取代羟基中氢的烃基作用时，则会发生醚化反应生成甲基纤维素、乙基纤维素、苄基纤维素、羟乙基纤维素，以及羧甲基纤维素等。但在耐火材料工业中多数使用甲基纤维素(MC)和羧甲基纤维素(CMC)作暂时结合剂。在不定形耐火材料中常用作增塑剂和泥浆的稳定剂(防沉剂)。

(1)甲基纤维素：是用木浆粕经过化学处理而制得的有机纤维素结合剂，简称为MC，分子式为$(C_6H_{12}O_5)_n$，相对分子质量为186.86，其结构式如下：

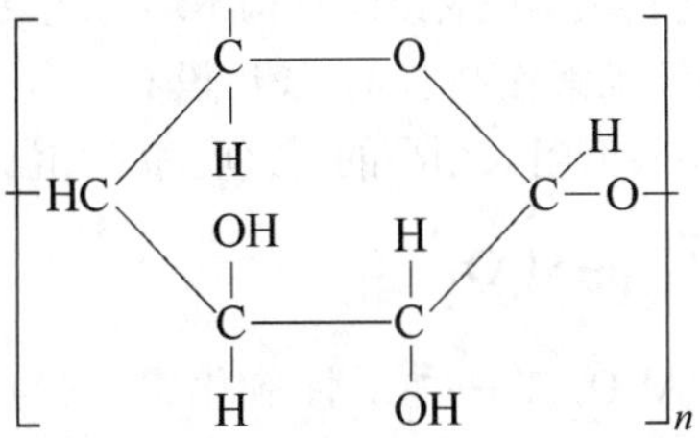

```
 [        |                          ]
          C————O
       /  |      \            H
          H                   |
 —HC              OH    H      C—O—
          |       |       /
          C———————C
          |       |
          H       OH                 ]n
```

甲基纤维素呈白色，无味无毒的纤维状有机物，可溶于水，水溶液具有黏性，加热时黏度下降，并会突然发生凝胶化，但冷却后又可恢复成溶胶状。

甲基纤维素的制造方法是，将含有纤维素的木浆粕加入浓度为38%~47%的碱液中，并在25~35℃浸泡1~2h，进行碱化处理，然后进行压榨、老化处理制得碱纤维。随后把碱纤维放入醚化釜内，抽真空后加入定量的氯甲烷，保持一定温度，反应4h进行醚化处理，其反应式如下：

$$[C_6H_7O_2(OH)_2 \cdot NaOH]_n + nCH_3Cl \longrightarrow [C_6H_7O_2 \cdot OCH_3]_n + nNaCl + nH_2O \tag{10-37}$$

处理后在80~90℃的热水中加入适量的盐酸和草酸进行脱色处理，再洗涤到中性，进行烘干即制得产品，其工艺流程如图10-34所示。

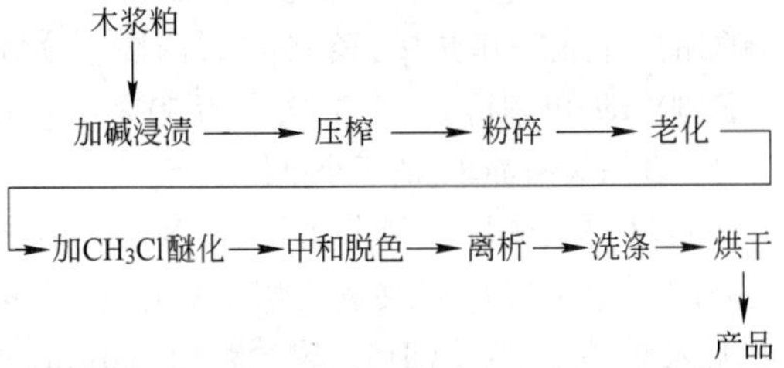

木浆粕 → 加碱浸渍 → 压榨 → 粉碎 → 老化 → 加CH_3Cl醚化 → 中和脱色 → 离析 → 洗涤 → 烘干 → 产品

图10-34 甲基纤维素结合剂制造工艺流程图

甲基纤维素既是一种黏结剂，又是一种非离子型表面活性剂，水溶液具有优良的浸润性、稳定性，长期存放不会发生霉变，一般甲基纤维素的性能指标见表10-38，外观要求为白色或近白色粉末或颗粒。

表10-38 甲基纤维素性能指标[15]

项 目		指 标
甲氧基(—OCH_3)含量(以干基计)/%		27.5~31.5
黏度/mPa·s	标示黏度≤100的产品	标示值的80%~120%
	标示黏度>100的产品	标示值的75%~140%
干燥减量(105℃±2℃,2h)/%		≤5.0
灼烧残渣(800℃±25℃,15min)/%		≤1.5
铅(Pb)/mg·kg^{-1}		≤2.0

甲基纤维素在水中会溶胀成半透明状黏性胶体溶液，呈中性。它也可溶于乙醇、乙醚、氯仿和冰醋酸。加热至一定温度时会燃烧掉。

在工业上甲基纤维素主要作增稠剂、黏结剂、乳化剂、悬浮剂、上浆剂等。而在耐火材料工业中既用于作暂时结合剂，又作改善作业性能的添加剂(增塑或增黏剂、悬浮剂等)。如在耐火泥浆中用甲基纤维素作为悬浮剂，既可防止固体粒子沉淀，又可改善泥浆的铺展性和提高黏结力。在生产机压耐火制品时，可用甲基纤维素水溶液作结合剂，可提高泥料的成型性能和烘干后的坯体强度。

(2)羧甲基纤维素：是用脱脂棉经过物理化学处理而制得的有机纤维素结合剂。羧甲基纤维素是纤维醚的一种，是含钠的纤维素，故又称羧甲基纤维素钠，简称为CMC或CMC-Na，分子式为$(C_6H_9O_4 \cdot OCH_2COOH)_n$或$(C_6H_9O_4 \cdot OCH_2COONa)_n$，其结构式如下：

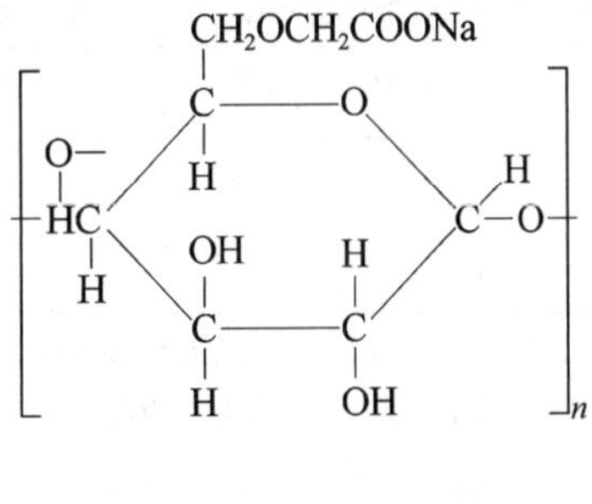

```
             CH2OCH2COONa
 [            |                      ]
              C————O
    O—     /  |      \          H
    |         H                 |
 —HC              OH    H        C—O—
    |        \    |     |     /
    H          C——————C
               |       |
               H       OH            ]n
```

同甲基纤维素一样，羧甲基纤维素既可作耐火材料的暂时结合剂，又可作耐火材料的改善作业性能的添加剂。

羧甲基纤维素的制造方法与甲基纤维素相似，不过其碱化和醚化处理既可在同一反应设备中进行，也可分开进行。因此有两种制造工艺：

其一是将脱脂棉、苛性钠和酒精的混合物，同氯乙酸和酒精的溶液一道加入捏合机中进行碱化和醚化处理，再用盐酸中和，经酒精洗涤，然后烘干，粉碎制得产品；

其二是先将脱脂棉与苛性碱（钠）溶液进行碱化反应，生成碱纤维素，再与用氯乙酸同纯碱中和而得氯乙酸钠进行醚化处理，反应完毕再经干燥、粉碎制得产品。

羧甲基纤维素是一种无味的白色絮状粉料，易溶于水，水溶液为透明胶体，不溶于一般有机溶剂，但能溶于35%的乙醇水溶液中。羧甲基纤维素钠水溶液的pH值为8~10，具有吸湿性。

羧甲基纤维素的性能与其无水葡萄糖单元上第3个OH基被OCH_2COONa取代程度（称取代度）以及纤维链的长度有关。取代度高的，钠含量也高，其水溶液的pH值也高；用它作分散剂时，对胶体粒子的分散作用也好。聚合纤维链长度大的可以增大其结合作用范围，增大结合能力，并可减少结合剂的迁移现象。羧甲基纤维素的一般理化性能见表10-39，外观要求为白色或微黄色纤维状粉末或颗粒。

表10-39 羧甲基纤维素（钠）的理化指标[16]

项 目	指标
羧甲基纤维素钠含量（质量分数）/%	≥99.5
黏度（质量分数为2%水溶液）/mPa·s	≥5.0
取代度	0.20~1.50
pH值（10g/L水溶液）	6.0~8.5
干燥减量（质量分数）/%	≤8.0
乙醇酸钠（质量分数）/%	≤0.4
氯化物（以NaCl计）（质量分数）/%	≤0.5
钠（质量分数）/%	≤12.4
砷（As）/mg·kg^{-1}	≤2.0
铅（Pb）/mg·kg^{-1}	≤2.0

注：当黏度（质量分数为2%水溶液）≥2000mPa·s时，应改用质量分数为1%水溶液测定。

羧甲基纤维素可作耐火泥浆、耐火涂料、耐火浇注料的分散剂和稳定剂，因为它是一种有机聚合电解质，同时它也是一种暂时性高效有机结合剂。用它作耐火材料的结合剂具有如下优点：（1）羧甲基纤维素能很好地吸附于耐火材料集料颗粒表面，很好地浸润和连接颗粒，从而可制得较好强度的耐火材料坯体；（2）由于羧甲基纤维素是阴离子高分子电解质，吸附在颗粒表面上后可降低颗粒间的相互作用，起着分散剂和保护胶体的作用，因而可提高制品的密度、强度和减小烧后组织结构不均匀现象；（3）用羧甲基纤维素作结合剂，烧后没有灰分，低熔物很少，不降低耐火制品的耐火度和使用温度。

10.1.9 ρ-Al_2O_3

ρ-Al_2O_3是一种活性氧化铝，它与已知的α、θ、κ、δ、η、γ、χ等7种Al_2O_3晶态不同，是结晶最差的Al_2O_3变体。在Al_2O_3各种晶态中，只有ρ-Al_2O_3在常温下具有自发水化反应，水化生成的三水铝石和勃姆石凝胶具有胶结性能，因此近30年来不断有人用它取代铝酸钙水泥作高纯不定形耐火材料的结合剂。

（1）ρ-Al_2O_3的制备。工业上制取ρ-Al_2O_3是用工业$Al(OH)_3$为原料，在高分散状态下通过瞬间加热并急冷而制得高活性ρ-Al_2O_3。其生产方法有悬浮加热分解、回转炉加热和真空或减压加热分解3种方法。

1）悬浮加热分解法，采用悬浮加热装置，类似流态化床，使$Al(OH)_3$均匀分散地悬浮在600~900℃的温度中，在不超过10s的时间内急剧发生分解，然后急剧冷却并捕集而制得。由悬浮热解法制得的ρ-Al_2O_3质量较稳定，可连接生产。

2）回转炉加热分解法，采用回转炉装置来生产，此法是将$Al(OH)_3$均匀地加入温度为450~800℃的旋转的分解炉中，经15~23s内快速分解，并急剧冷却，可制得ρ-Al_2O_3含量为50%~60%的产物。此法设备简单，适于小批量生产。

3）真空或减压加热分解法，采用带真空排气泵的固定床式真空或减压焙烧炉来生产，要求加入炉内的$Al(OH)_3$粒径小于20μm，在1.33Pa减压条件下，逐渐升温至250~800℃，并保持一定的加热时间而制得 ρ-Al_2O_3。此法不能连续生产,因此一般不采用此法。

(2)ρ-Al_2O_3 的性能。ρ-Al_2O_3 是 $Al(OH)_3$ 快速分解形成的初生态 Al_2O_3 或者是 η-Al_2O_3 的雏晶,也是一种超细(D_{50}小于 5μm)活性氧化铝粉。X 射线分析表明:ρ-Al_2O_3 在面间距 $d = 0.14$nm(1.40Å)处具有唯一的平缓衍射峰值,其他有序结构并不发达。差热分析曲线(DTA)表明:ρ-Al_2O_3 在 780~810℃间有一平缓的放热峰,在此区间 ρ-Al_2O_3 转变为 η-Al_2O_3。

119~127℃间的吸热谷是物理吸附水脱水所致,工业上生产的 ρ-Al_2O_3 粉料中通常残留有 $Al(OH)_3$,图 10-35 为 ρ-Al_2O_3 的 DTA 曲线,其 308℃和 320℃处的吸热谷系 $Al(OH)_3$ 脱水所致。

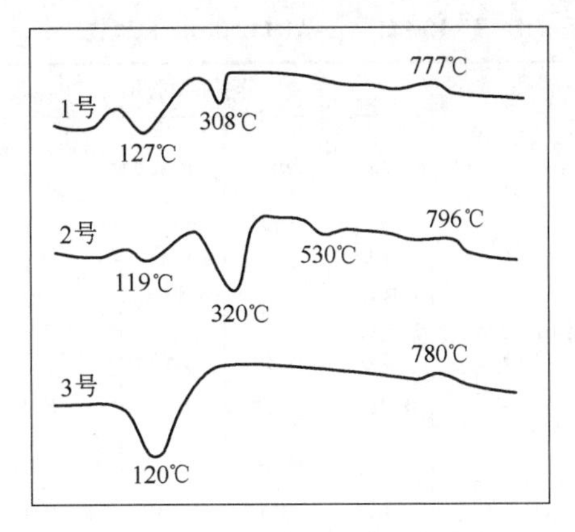

图 10-35 ρ-Al_2O_3 的 DTA 曲线

工业上制得的 ρ-Al_2O_3 粉料中,ρ-Al_2O_3 含量大致在 60%,个别可达 80%。表 10-40 为 ρ-Al_2O_3 结合剂的典型性能。

表 10-40 ρ-Al_2O_3 结合剂的典型性能

项 目	产 地					
	中国 A	中国 B	日本	美国 A	美国 B	美国 C
Al_2O_3 含量/%		≥93.0	93.4	90.4	90.3	90.3
SiO_2 含量/%	≤0.06	≤0.04	0.02	0.2	0.2	0.2
Fe_2O_3 含量/%	≤0.03	≤0.05	0.03			
Na_2O 含量/%	≤0.50	≤0.40	0.33	0.4	0.4	0.4
烧失量含量/%	≤6.00	5±1	6.20	6.6	6.7	6.5
ρ-Al_2O_3 含量/%	≥80.0					
比表面积/$m^2 \cdot g^{-1}$	200~250	≥200				
中粒径 d_{50}/μm				2.6	2.6	2.6

(3)ρ-Al_2O_3 的水化。ρ-Al_2O_3 加一定量的水混合后,经过养护会发生水化反应生成三水铝石和勃姆石凝胶体,从而产生结合作用,其反应如下:

$$\rho\text{-}Al_2O_3+3H_2O \longrightarrow Al_2O_3 \cdot 3H_2O(\text{三水铝石}) \quad (10\text{-}38)$$

$$\rho\text{-}Al_2O_3+(1\sim2)H_2O \longrightarrow Al_2O_3 \cdot (1\sim2)H_2O(\text{勃姆石凝胶}) \quad (10\text{-}39)$$

ρ-Al_2O_3 的水化反应不强,其水化反应程度和生成水化物相对数量等与养护温度和水灰比等有关。低于 5℃时养护难以发生上述反应;在 15℃左右养护 2 天后才有三水铝石和少量的勃姆石凝胶生成;在 30℃左右养护 1 天后便有三水铝石和勃姆石凝胶生成。养护温度越高,ρ-Al_2O_3 的水化反应越快。三水铝石的生成量也受 H_2O 和 ρ-Al_2O_3 质量比影响,一般以 9∶10 时生成量较高,低于此值时生成量下降。表 10-41 为 ρ-Al_2O_3 在不同温度下水化产物的 X 射线相对强度(H_2O∶ρ-Al_2O_3=9∶10)。

表 10-41 ρ-Al_2O_3 的水化产物

水化产物		养护时间/h			
		24	48	96	105℃干燥后养护 24h
养护温度/℃	5	G 0 B 0		G 0 B 痕量	G 0 B 7
	15	G 0 B 痕量	G 39 B 痕量	G 55 B 2	G 8 B 4
	30	G 31 B 3	G 45 B 3	G 44 B 3	G 40 B 4

注:G—三水铝石的 X 射线相对强度;B—勃姆石凝胶的 X 射线相对强度。

在 ρ-Al_2O_3 中加入添加剂也会影响其水化物相的生成温度和生成量。如加入 0.15%~1%的碱金属盐类,在 5℃低温下养护可促进三水铝石生成,但在高温养护条件下,效果不显著;添加有机羧酸,在 30℃下会抑制三水铝石的形成,然而会大大促进勃姆石凝胶的生成,有助于提高强度。因此用 ρ-Al_2O_3 作耐火材料结合剂时,为了加快水化反应和提高强度,应添加合适的分散剂和助结合剂。分散剂主要有硅酸钠、聚磷酸钠、聚烷基苯磺酸盐和木质素磺酸盐等。助结合剂有活性 SiO_2 粉(烟尘硅)、结合黏土等。

ρ-Al_2O_3 水化物加热过程中,在 100~150℃之间发生剧烈脱水;在 140~150℃和 290~300℃各有一个吸热谷,140~150℃为吸附水脱水谷,290~300℃为三水铝石脱水吸热谷;在 450℃左右有较宽的吸热谷,为勃姆石凝胶脱水反应;500℃以上时已转变为其他晶型 Al_2O_3;到 1000℃以上,完全转化为 α-Al_2O_3,见表 10-42。

表 10-42 ρ-Al_2O_3 加热过程中的相变化

温度/℃	三水铝石凝胶	勃姆石凝胶	x-Al_2O_3	n-Al_2O_3	γ-Al_2O_3	κ-Al_2O_3	θ-Al_2O_3	α-Al_2O_3
100	M	W	W					
300		W	W	W				
500			W	W	W			
800			W		W			
1000						M	M	VW
1200								VS
1400								VS

注:M—中等;W—弱;VW—很弱;VS—很强(为 X 射线衍射分析峰值相对强度)。

(4)ρ-Al_2O_3 的应用。ρ-Al_2O_3 是一类高纯度的结合剂,一般用作高纯度的不定形耐火材料的结合剂,如作刚玉质、氧化铝-尖晶石质、铝-镁质、莫来石质、锆莫来石质、锆-刚玉质等浇注料的结合剂。但单纯用 ρ-Al_2O_3 结合的浇注料,因在中温水化物发生脱水,使结合结构遭破坏,强度显著下降。因此配制 ρ-Al_2O_3 结合浇注料时最好同时引入辅助结合剂,如 SiO_2 微粉、纯铝酸钙水泥等,以提高中温强度和促进烧结。

10.1.10 硅溶胶

硅溶胶结合剂是用硅酸钠或硅的有机化合物经过物理化学处理而制成的,又称硅酸溶胶。硅溶胶为无色或乳白色透明溶液,它是由 SiO_2 胶体粒子分散在水溶液中形成的,是一种气硬性的结合剂。具有良好的胶结性能。

(1)硅溶胶的制备。制取硅溶胶的方法有 5 种:1)用硅酚乙酯水解法制取;2)用硅酸钠溶液进行电解,渗析和电渗析法制取;3)用气态氟处理硅酸钠制取;4)用硅酸钠与已二醛和盐酸水溶液相互作用法制取;5)用硅酸钠溶液进行离子交换法制取。但广泛采用的是用离子交换法从硅酸钠溶液中脱除去 Na^+ 和 Cl^- 离子而制得。其制备流程见图 10-36。

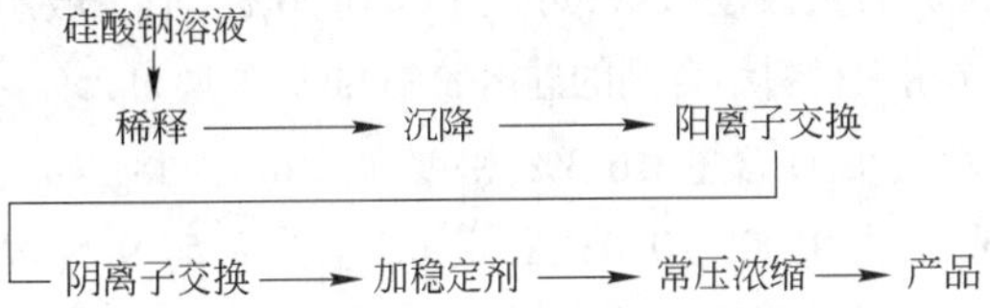

硅酸钠溶液

稀释 ——→ 沉降 ——→ 阳离子交换

阴离子交换 ——→ 加稳定剂 ——→ 常压浓缩 ——→ 产品

图 10-36 离子交换法硅溶胶生产流程

工艺流程中阳离子交换所用的阳离子交换树脂多数是交链的有机高分子物质。这种树脂含有活泼的可以被阳离子交换的酸性基团，如磺酸基—SO_3H、羧基—COOH 和酚基—OH 等。由于磺酸是较强的酸，故含磺酸基的树脂 R—SO_3H 是强酸性阳离子交换结脂。这些树脂中酸性基团上的 H^+离子都可以电离，因而能与其他阳离子交换，其交换反应如下：

$$R—SO_3H+Na^+ \rightleftharpoons R—SO_3Na+H^+ \tag{10-40}$$

或 $$2R—SO_3H+Me^{2+} \rightleftharpoons (R—SO_3)_2Me+2H^+ \tag{10-41}$$

式中，Me^{2+}为 2 价阳离子。此类交换过程是可逆的，已经交换上的树脂可以再生，如用酸处理，其反应会向反方向进行，树脂又可恢复原状。经阳离子交换的硅溶胶的 pH=2~3。

硅酸钠溶液中除含有大量的阳离子外，还含有阴离子，如 Cl^-、SO_2^{2-} 等。阴离子存在会使硅溶胶不稳定，放置后会自行聚集成凝胶。同时在蒸发浓缩过程中，因阴离子的影响，会使胶体黏度越来越大，浓缩不能进行到所需的浓度，因此还须通过阴离子交换除去阴离子，所用的阴离子交换树脂是含有活泼的可以被离子交换的碱性基团，如伯胺基 R—NH_2，仲胺基 R—NH(CH_3)，叔胺基 R—NC$(CH_3)_2$。这些弱碱性基团的树脂当它水化后，会分别形成含可以离解的 OH^- 离子化合物，如 R—$NH_3^+OH^-$，R—$NH_2(CH_3)^+OH^-$，R—NH$(CH_3)^+OH^-$，还有季胺型阴离子交换树脂 R—N$(CH_3)^+OH^-$，它是强碱性树脂。所有这些树脂都含有可以电离 OH^-离子，它们可与其他阴离子进行交换，其反应如下：

$$R—NH_3^+OH^-+Cl^- \rightleftharpoons R—NH_3^+Cl^-+OH^- \tag{10-42}$$

$$R—N(CH_3)_3^+OH^-+Cl^- \rightleftharpoons R—N(CH_3)_3^+Cl^-+OH^- \tag{10-43}$$

在阴离子交换树脂中，以强碱性的交换树脂应用最广。它对强酸根和弱酸根离子都能进行交换。在酸性、碱性和中性溶液中都能应用；弱碱性阴离子交换树脂在碱性溶液中不离解，因此只能在酸性溶液中应用。失效后的阴离子树脂也可以 4% NaOH 水溶液冲洗再生，使树脂恢复原状再使用。

通过阴离子交换后的硅溶胶 pH 值小于 6，为微乳白色透明胶体溶液。经过阳、阴离子交换后的硅溶胶是具有很大活性的稀硅酸，容易受杂质离子的影响发生凝胶，因此还须加稳定剂，使其 pH 值保持在 8.0~9.5 之间，所用的稳定剂有 NaOH、NH_4OH、Na_2SiO_3 等。经加稳定剂调整后再在常压下或减压下浓缩而制得产品。此外，还有制取 SiO_2 含量高于 50%的高浓度硅溶胶的方法，此种硅溶胶可制成易溶于水的固态硅胶，使用时溶解于水中即可成为稳定的硅溶胶溶液。

(2)硅溶胶的性能。硅溶胶在水中会发生电离生成 H^+和 SiO_3^{2-}：$H_2SiO_3 \rightleftharpoons 2H^++SiO_3^{2-}$。电离出 SiO_3^{2-} 会被胶核$(SiO_2)_m$ 所吸附，同时有 $2n$ 个 H^+电离出来。其中有 $2(n-x)$ 个 H^+离子被吸附在 SiO_3^{2-} 周围。胶核所吸附的 SiO_3^{2-} 和部分 H^+离子形成吸附层，而部分 H^+扩散到溶液中，这样使胶粒带负电，硅溶胶胶粒的结构示意图如图 10-37 所示。

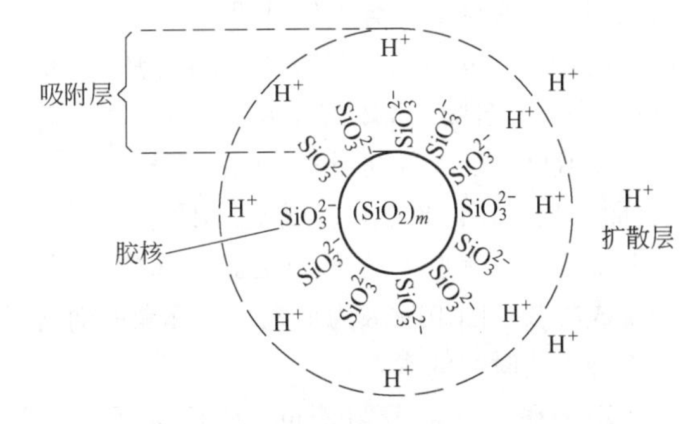

图 10-37 硅溶胶胶粒结构示意图

由于这种悬浮的胶粒带有相同的负电荷，产生互相排斥作用，故硅溶胶一般不会发生凝聚而成凝胶，可稳定保存较长的时间。其胶粒结构式用下式表示：

$$\underbrace{\underbrace{[(SiO_2)_m}_{\text{胶核}} \cdot \underbrace{n\,SiO_3^{2-} \cdot 2(n-x)H^+]^{2x-}}_{\text{吸附层}}}_{\text{胶粒}} \cdot \underbrace{2xH^+}_{\text{扩散层}}$$

硅溶胶的产品性能随用途不同而异，溶胶中 SiO_2 含量波动较大，可从15%到50%。但一般用作耐火材料结合剂的硅溶胶中 SiO_2 含量为25%~30%，Na_2O 含量≤0.3%，密度为1.10~1.18g/cm^3，黏度为0.005~0.03Pa·s，pH值为8.5~9.5，表10-43为硅溶胶结合剂的典型性能。

表10-43 硅溶胶结合剂的理化指标[17]

项 目		指 标						
		碱性钠型				酸性无稳定剂型		
		JN-20	JN-25	JN-30	JN-40	SW-20	SW-25	SW-30
$w(SiO_2)$/%		20.0~21.0	25.0~26.0	30.0~31.0	40.0~41.0	20.0~21.0	25.0~26.0	30.0~31.0
$w(Na_2O)$/%		≤0.30			≤0.40	≤0.04	≤0.05	≤0.06
pH值		9.0~10.0				2.0~4.0		
黏度(25℃)/mPa·s		≤5.0	≤6.0	≤7.0	≤25.0	≤5.0	≤6.0	≤7.0
密度(25℃)/g·cm^{-3}		1.12~1.14	1.15~1.17	1.19~1.21	1.28~1.30	1.12~1.14	1.15~1.17	1.19~1.21
平均粒径/nm	Ⅰ	<10						
	Ⅱ	10~20						
	Ⅲ	21~40						
	Ⅳ	41~100						

注：平均粒径<10nm的产品黏度值由供需双方商定。

(3)硅溶胶的应用。硅溶胶可作定形耐火制品的结合剂，又可作不定形耐火材料的结合剂。用作定形耐火制品的结合剂，尤其是半干法机压成型的耐火制品，可直接使用硅溶胶，而不必加其他外加剂(如促凝剂)。但用作不定形耐火材料的结合剂，如喷涂料和浇注料，必须加入促凝剂来调节其凝结硬化速度。一般可采用如下方法来调节其凝胶化时间：

1)加酸。硅溶胶的凝胶化时间受其pH值影响，一般硅溶胶的pH值在8.5~10.5时最稳定，pH值低于3.5时也比较稳定，不易产生凝胶，而pH值在4~8之间时就变得不稳定，黏度增大很快。这是胶粒之间聚结而引起的，最终会变成凝胶。图10-38为加入盐酸和醋酸对硅溶胶凝胶化时间的影响。

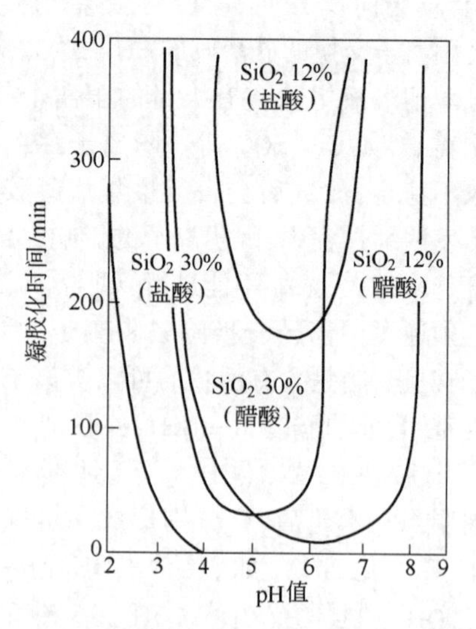

图10-38 硅溶胶pH值与凝胶化时间的关系

2)加碱。硅溶胶溶液的pH值大于10.5时，不稳定，容易出现凝胶。这是因为加入碱性氧化物或其氢氧化物后可提高溶液中的阳离子浓度，使溶液的pH值提高，使胶粒有机会吸附更多的阳离子而失去带电性，由电性中和作用而产生凝聚。因此可采取加入碱性氧化物或其氢氧化物来调节其凝结硬化时间。

3)加电解质。加入适量的电解质，如 Na_2SO_4、NaCl、KCl、$BaCl_2$、$Al_2(SO_4)_3$ 等物质时，会降低胶粒所带电荷量，从而使胶粒发生凝聚作用,特别是 pH 值 = 7 时,这种影响更显著。图 10-39 为 NaCl 和 Na_2SO_4 加入量对硅溶胶凝胶化时间的影响。

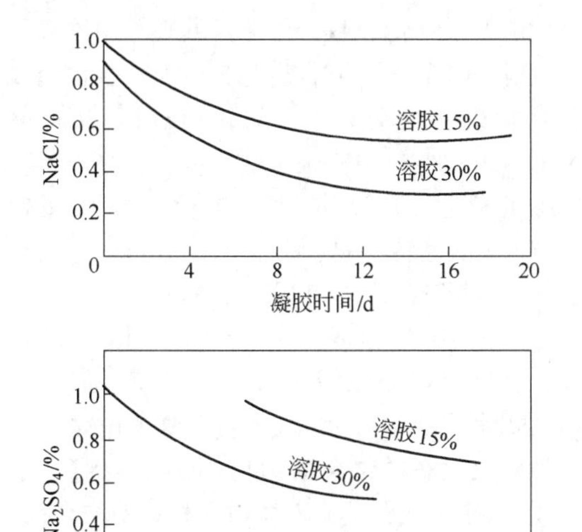

图 10-39　NaCl、Na_2SO_4 加入量对硅溶胶凝胶化的影响

此外,使用硅溶胶结合剂时还应注意的是:硅溶胶结合剂的凝结硬化还受环境温度、耐火原料的吸水率等影响,同时也受硅溶胶本身的储存时间的影响。硅溶胶应避免在低温(低于0℃)存放,因为硅溶胶在 0℃ 左右会发生凝聚沉淀,此变化为不可逆的。

10.1.11　硫酸铝

工业硫酸铝($Al_2(SO_4)_3 \cdot 18H_2O$)是用轻烧铝土矿或高岭土与硫酸反应,或用氢氧化铝与硫酸反应的产物,溶于水中,经过滤除去杂质后,从溶液中析晶而出的产品。在耐火材料工业中,将它溶于水中可作定形制品和不定形材料的结合剂。

(1)硫酸铝的性质。固体硫酸铝为无色或淡青色单斜晶体,体积密度为 1.62~1.69g/cm³,缓慢加热可熔融。250~290℃ 脱水,无水物为白色粉末,体积密度为 2.71g/cm³。硫酸铝的熔点为 865℃,能溶于水,而不溶于乙醇。硫酸铝的理化指标见表 10-44。

表 10-44　硫酸铝的理化指标[18]

项　目	指　标				
	Ⅰ类		Ⅱ类		
	固体	液体	固体		液体
			一等品	合格品	
氧化铝(Al_2O_3)(质量分数)/%	≥17.00	≥6.0	≥15.80	≥15.60	≥6.0
铁(Fe)(质量分数)/%	≤0.0050	≤0.0025	≤0.30	≤0.50	≤0.25
水不溶物(质量分数)/%	≤0.05	≤0.05	≤0.10	≤0.20	≤0.10
pH 值(10g/L 水溶液)	≥3.0	≥3.0	≥3.0	≥3.0	≥3.0

硫酸铝在受热时体积膨胀并变成海绵状物质,其所含的 18 个结晶水分别在 100℃、150℃ 和 290℃ 左右分三次脱除。硫酸铝的差热分析曲线如图 10-40 所示,加热至 835℃ 左右时分解为 Al_2O_3 和 SO_3 呈气体逸出。

硫酸铝在常温下水解缓慢,其溶解度随温度升高而加大,如图 10-41 所示。用作耐火材料结合剂使用的硫酸铝溶液,其密度一般为 1.2~1.3g/cm³,其相应浓度为 34.9%~50.4%,硫酸铝溶液的浓度与密度的关系见表 10-45。

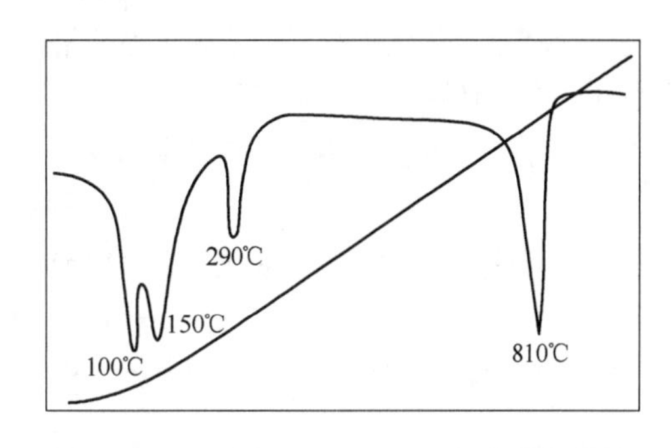

图 10-40　$Al_2(SO_4)_3 \cdot 18H_2O$ 差热分析曲线

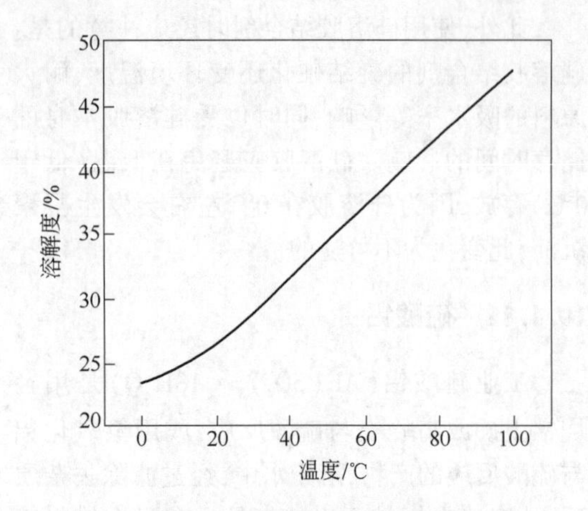

图 10-41 硫酸铝的溶解度

表 10-45 硫酸铝溶液的浓度与密度

$Al_2(SO_4)_3$/%	$Al_2(SO_4)_3\cdot 18H_2O$/%	密度/$g\cdot cm^{-3}$
1.00	1.94	1.009
2.00	3.88	1.019
4.00	7.76	1.040
6.00	11.64	1.060
8.00	15.52	1.083
10.00	19.40	1.105
12.00	23.28	1.129
14.00	27.16	1.153
16.00	31.04	1.176
18.00	34.92	1.201
20.00	38.80	1.226
22.00	42.68	1.253
24.00	46.56	1.278
26.00	50.44	1.306

(2)硫酸铝结合剂的应用。用硫酸铝作结合剂主要利用硫酸铝水解后生成碱式硫酸铝和氢氧化铝凝胶体而产生结合,其反应如下:

$$Al_2(SO_4)_3+2H_2O \rightleftharpoons Al_2(SO_4)_2(OH)_2+H_2SO_4 \qquad (10-44)$$

$$Al_2(SO_4)_2(OH)_2+2H_2O \rightleftharpoons Al_2(SO_4)(OH)_4+H_2SO_4 \qquad (10-45)$$

$$Al_2(SO_4)(OH)_4+2H_2O \rightleftharpoons 2Al(OH)_3\downarrow +H_2SO_4 \qquad (10-46)$$

在常温下,硫酸铝溶液中存在 SO_4^{2-}、$Al(OH)^{2+}$和 $Al(SO_4)_3^{3-}$ 等离子,水溶液呈弱酸性,其凝胶化速度很慢,因此必须加入能提供阳离子的促凝剂来中和阴离子(SO_4^{2-})才能促使凝胶化。用铝酸钙水泥、镁砂等能提供 Ca^{2+}、Mg^{2+}离子的材料可作促凝剂,它们会与 SO_4^{2-} 离子反应生成长柱状或针状交叉生长的硫铝酸钙($3CaO\cdot Al_2O_3\cdot 3CaSO_4\cdot 31H_2O$,$3CaO\cdot Al_2O_3\cdot CaSO_4\cdot 12H_2O$)和硫酸镁等新物相沉淀析晶。并使硫酸铝水解液由酸性转变为中性,同时使 $Al(OH)_3$ 由溶胶转化为凝胶,从而使坯体凝结与硬化。

硫酸铝结合剂既可作定形耐火制品的结合剂,又可作不定形耐火材料的结合剂。但由于硫酸铝水溶液呈酸性,因此它主要用作酸性和中性耐火材料的结合剂,如黏土质、高铝质、刚玉质、锆刚玉或锆莫来石质耐火材料的结合剂。而不用作碱性耐火材料的结合剂,因为它会与碱性耐火材料(如镁砂)发生剧烈反应,而使泥料失去作业性能。碱性耐火材料(如 MgO)只能作为硫酸铝结合剂的促凝剂来使用。

硫酸铝结合剂的水解液中含有 SO_4^{2-} 离子,它也会与金属(如 Fe)反应产生氢气。如果耐火原料中含有金属铁(破粉碎时带入的金属铁),用硫酸铝溶液作结合剂时,会使坯体产生鼓胀。因此,用硫酸铝作结合剂的配料,在成型前需在一定温度和湿度下困料 24h 以上。困料前先加入 60%~70%结合剂,困料后再加入余下的 40%~30%结合剂。

用硫酸铝作结合剂的耐火材料坯体常温强度不高。在 600℃之前,随着烘烤温度的提高强度也提高。但 700~800℃时,由于硫酸铝和硫铝酸盐相继分解,释放出 SO_3 气体,使坯体结构疏松、强度下降,直到 1100~1200℃时,由于硫酸铝分解得到活性 Al_2O_3 与耐火材料反应产生新物相并发生烧结时强度才显著提高。因此为了提高中温强度,可在硫酸铝结合剂中加入适量的磷酸溶液配制成复合结合剂,可有效提高其中温强度。

10.1.12 氯化物

氯化物结合剂包括聚合氯化铝、氯化镁(卤水)和氯化铁等,但主要是聚合氯化铝和氯化镁,它们均属气硬性结合剂。

10.1.12.1 聚合氯化铝

聚合氯化铝是用含铝原料或金属铝经过盐酸的溶出、水解、聚合等物理化学处理制成的一种氢氧化铝溶胶。聚合氯化铝可以看成 $AlCl_3$ 水解成为 $Al(OH)_3$ 的中间产物,水解液呈酸性。聚合氯化铝(Polyaluminium Chloride)又称羟基氯化铝(Aluminum Hydroxychloride)或碱式氯化铝(Basic Aluminum Chloride),其化学通式为 $[Al_2(OH)_nCl_{6-n}]_m$。当 n 接近 6 或等于 6,则为铝溶胶(Aluminum sol)。聚合氯化铝的理化指标见表 10-46。用聚合氯化铝作耐火材料的结合剂不会降低耐火度。在加热过程中,聚合氯化铝脱水和分解生成的 Al_2O_3 是一种高分散度的活性氧化铝,有助于烧结,因此适合作耐火材料的结合剂。

表 10-46 聚(合)氯化铝的理化指标[19]

项目	指标						
	Ⅰ类		Ⅱ类		Ⅲ类		
	液体	固体	液体	固体	液体	固体	
						一等品	合格品
氧化铝(Al_2O_3)(质量分数)/%	≥15.0	≥40.0	≥10.0	≥35.0	≥9.0	≥29.0	≥27.0
密度(20℃)/$g \cdot cm^{-3}$	≥1.250	—	≥1.160	—	≥1.150	—	—
盐基度(质量分数)/%	20~85		20~90		20~95		
pH 值(10g/L 溶液)	3.0~5.0						
硫酸盐(以 SO_4 计)(质量分数)/%	≤0.005	≤0.015	≤0.005	≤0.015	—	—	—
不溶物(质量分数)/%	≤0.20	≤0.50	≤0.20	≤0.50	≤0.3	≤1.0	≤1.0
铁(Fe)(质量分数)/%	≤0.005	≤0.015	≤0.005	≤0.015	—	—	—

(1)聚合氯化铝的制造。聚合氯化铝的生产方法根据所用的原料不同而异,有 5 种生产方法:

1)凝胶-溶胶法:此法以氢氧化铝、苛性钠和盐酸为原料,其制备过程反应如下:

$$Al(OH)_3+NaOH = NaAl(OH)_4 \quad (10-47)$$

$$2NaAl(OH)_4+CO_2 = 2Al(OH)_3\downarrow(\text{氢氧化铝凝胶})+Na_2CO_3+H_2O \quad (10-48)$$

$$2Al(OH)_3+(6-n)HCl = Al_2(OH)_nCl_{6-n}(\text{溶胶})+(6-n)H_2O \quad (10-49)$$

2)中和法:以三氯化铝为原料,在三氯化铝溶液中加入氢氧化钠或碳酸钙,提高氢氧根离子的浓度,以促进三氯化铝的不断分解,反应如下:

$$2AlCl_3+nNaOH = Al_2(OH)_nCl_{6-n}+nNaCl \quad (10-50)$$

或

$$2AlCl_3+\frac{n}{2}CaCO_3+\frac{n}{2}H_2O = Al_2(OH)_nCl_{6-n}+\frac{n}{2}CaCl_2+\frac{n}{2}CO_2\uparrow \quad (10-51)$$

3)热分解法:以三氯化铝为原料,加热使 $AlCl_3$ 发生分解,在 400~600℃ 控制其热分解过程,可得到介于氯化铝和氧化铝之间的一系列不同碱化度的聚合氯化铝。

4)沉淀法:以硫酸铝和三氯化铝为原料,在硫酸铝和三氯化铝的混合液中,加入 CaO 或 $CaCO_3$,使硫酸根离子与钙生成难溶的硫酸钙沉淀,从混合液中分离出去,使铝/氯当量比增大,从而得到碱式氯化铝溶液,反应如下:

$$\frac{n}{6}Al_2(SO_4)_3+\left(2-\frac{n}{3}\right)AlCl_3+\frac{n}{2}Ca(OH)_2 = Al_2(OH)_nCl_{6-n}+\frac{n}{2}CaSO_4\downarrow \quad (10-52)$$

5)直接溶解法:用金属铝为原料,直接与盐

酸或三氯化铝反应制取,其反应如下:

$$2Al+(6-n)HCl+nH_2O \xlongequal{} Al_2(OH)_nCl_{6-n}+2H_2\uparrow \quad (10-53)$$

$$\frac{n}{3}Al+\left(2-\frac{n}{3}\right)AlCl_3+nH_2O \xlongequal{} Al_2(OH)_nCl_{6-n}+\frac{n}{2}H_2\uparrow \quad (10-54)$$

此外,还有以黏土、煤矸石、高岭土、铝酸钙水泥、一水软铝石和三水铝石为原料,用酸法或碱法制取,以及以三氯化铝为原料用电渗析法制取。

(2)聚合氯化铝性能。聚合氯化铝的主要物理化学性能是以碱化度(B)、pH 值、Al_2O_3 含量和密度来表示。

1)碱化度系指聚合氯化铝中 Cl^- 被 OH^- 所取代的程度,一般以羟基与 Al 的当量比(%)表示,即

$$B=\frac{[OH]}{3[Al]}\times100\%$$

聚合氯化铝的许多特征都同碱化度有关,如聚合度、pH 值、贮存稳定性和作胶结剂的胶结性等。但碱化度只是代表所存在的各种不同聚合度的聚合氯化铝混合物的统计平均值。

2)pH 值同碱化度有类似之处,但两者具有不完全相同的意义。碱化度表达聚合氯化铝结构中结合的羟基数量,而 pH 值则表达溶液中游离状态的羟基离子 OH^- 的数量。聚合氯化铝溶液的 pH 值一般随碱化度升高而增大,如图 10-42 所示。同一碱化度的溶液,当其浓度不同时,pH 值也不同,随着溶液浓度增大,pH 值有所降低。如以原液碱化度为 50% 的聚合氯化铝(PAC)与 $AlCl_3$ 溶液为例,稀释成不同质量浓度时,其 pH 值是不同的,见表 10-47。

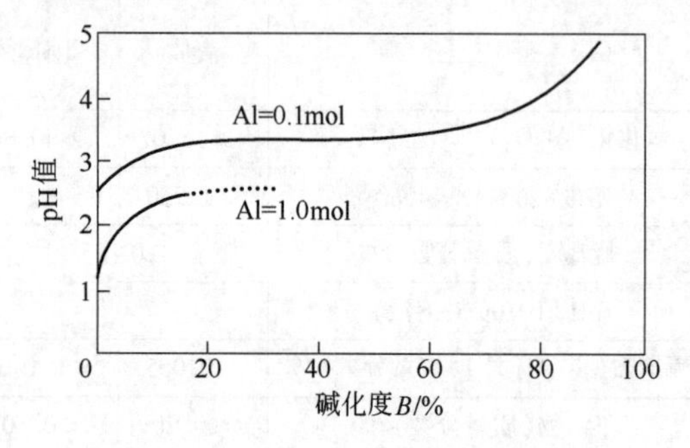

图 10-42 碱化度与 pH 值的关系

表 10-47 不同质量浓度的 PAC 和 $AlCl_3\cdot6H_2O$ 的 pH 值变化

质量浓度/%	1	5	10	15	20	25	30
PAC 的 pH 值	4.20	3.99	3.76	3.68	3.60	3.56	3.50
$AlCl_3\cdot6H_2O$ 的 pH 值	3.25	2.77	2.42	2.10	1.82	1.40	1.15

3)聚合氯化铝溶液的 Al_2O_3 含量与密度之间存在着一定的关系,如图 10-43 所示。溶液的密度随 Al_2O_3 含量提高而增大,成直线关系。

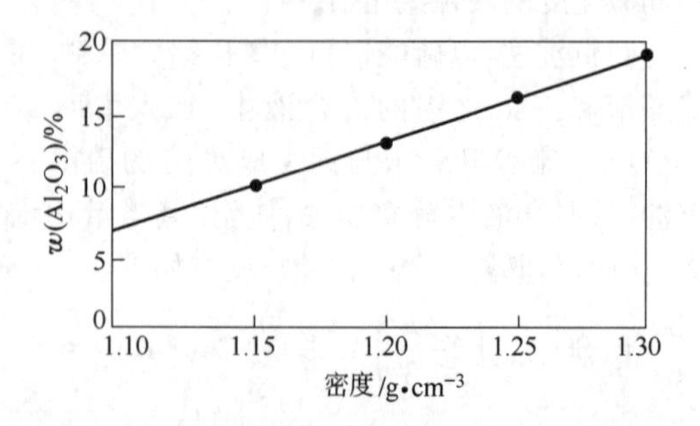

图 10-43 聚合氯化铝密度与 Al_2O_3 含量的关系

聚合氯化铝溶液的密度、pH 值与黏度的关系为:密度越大,pH 值越高,黏度(动力黏度系数)越大,见表 10-48。

表 10-48 PAC 溶液密度、pH 值与黏度的关系

密度/g·cm^{-3}	1.20	1.20	1.25	1.25	1.28
pH 值	3.1	3.25	3.5	4.1	3.8
黏度/kPa·s	0.0053	0.0062	0.0068	0.0125	0.0107

(3)聚合氯化铝结合剂的应用。聚合氯化铝可作烧成定形耐火制品、耐火可塑料、捣打料和浇注料的结合剂。但作耐火材料结合剂时,对碱化度和密度有一定要求,太高或太低其胶结强度均不好。一般其碱化度在 46%~72% 之间,密度在 1.17~1.23g/cm³ 之间,结合强度

较好。

作耐火浇注料的结合剂时，可用合成镁铝尖晶石、电熔 MgO 和铝酸钙水泥作促凝剂。但用聚合氯化铝作耐火材料结合剂时，因其溶液呈酸性（pH 值小于 5），会与耐火材料中含有的铁反应，逸出氢气而使成型制品（坯体）发生鼓胀。因此在制备工艺上需要有困料处理以避免成型的制品或衬体发生鼓胀而开裂。

10.1.12.2　氯化镁

氯化镁是由咸水（海水、盐湖水）制盐时所残留的母液中提取的，或由氧化镁或菱苦土与盐酸作用而制得。固态氯化镁含有 6 个结晶水，化学式为 $MgCl_2 \cdot 6H_2O$，属单斜晶系，呈白色，易潮解，有苦咸味，密度为 1.569g/cm^3，可溶于水和乙醇。加热至 100℃会失去 2 个结晶水，110℃开始失去氯化氢。强烈加热转变成氯氧化物，迅速加热于 118℃熔融，同时分解。无水氯化镁为白色晶体，密度为 2.32g/cm^3，熔点为 714℃，沸点为 1412℃，易潮解。

氯化镁水溶液与氧化镁混合后可制成镁水泥，又称氯氧镁水泥，或 Sorel 水泥。具有凝结快、强度高、调制方便，具有合适的作业时间等优点。此类胶凝材料不但在建筑行业、包装行业得到广泛应用，而且在耐火材料行业也很早就得到应用。

（1）氯氧镁水泥的硬化机理。用氯化镁水溶液与氧化镁粉按一定比例配制成泥料（泥浆）即为氯氧镁水泥。氯氧镁水泥凝胶化过程为：镁砂粉与氯化镁水溶液拌和后，首先 MgO 与 H_2O 反应生成 $Mg(OH)_2$ 溶胶，在 $MgCl_2$ 溶液的诱导下 $Mg(OH)_2$ 电离成 Mg^{2+} 和 OH^-，当溶液中的 Mg^{2+}、OH^-、Cl^- 离子浓度达到氯氧镁水化物析晶的过饱和浓度时，开始析出氯氧镁水化物，其反应如下：

$$6Mg^{2+}+10OH^-+2Cl^-+8H_2O \xlongequal{} 5Mg(OH)_2 \cdot MgCl_2 \cdot 8H_2O \quad (10\text{-}55)$$

在常温下此反应的 $\Delta G_{298}^{\ominus}=-291.98$kJ/mol，反应会自发进行。随着反应的不断进行，使氯氧镁水泥浆由溶胶转变为凝胶，最终出现凝结硬化。图 10-44 为氯氧镁水泥凝胶体的 X 射线图谱。氯氧镁水泥凝胶体中的主要物相为氯氧镁水化物 $5Mg(OH)_2 \cdot MgCl_2 \cdot 8H_2O$ 和方镁石（MgO）。但水化反应析出的氯氧镁水化物凝胶体基本上是无定形的或处于隐晶状态，因此 $5Mg(OH)_2 \cdot MgCl_2 \cdot 8H_2O$ 的 X 衍射峰不十分明显。

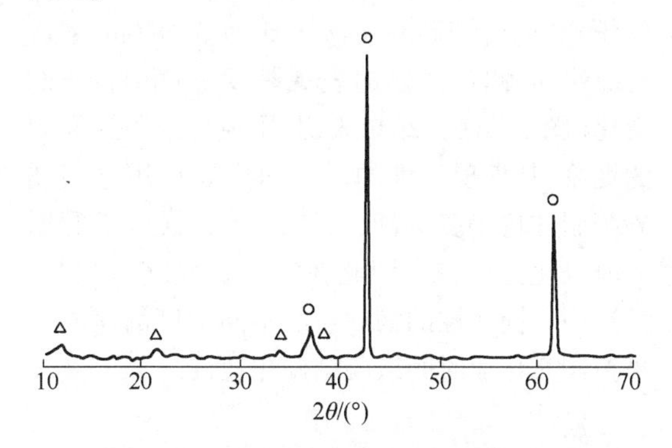

图 10-44　氯氧镁水泥凝胶的 XRD 图谱

△—$5Mg(OH)_2 \cdot MgCl_2 \cdot 8H_2O$；○—方镁石

（2）氯氧镁水泥的加热变化。从氯氧镁水泥凝胶体的 TG-DSC 分析结果（图 10-45）可看出：在 DSC 曲线上 113.4℃和 152℃处有吸热峰，相应的在 TD 曲线上有 9.05%的质量损失，显然这是氯氧镁凝胶中结晶水的脱除，氯氧镁凝胶随即转变为碱式氯化镁。在 DSC 曲线上 312.8℃和 379.3℃处又出现吸热峰，同时伴随着在 TD 曲线上有 10.04%的质量损失，这是碱式氯化镁分解为 MgO、H_2O、HCl 的阶段。超过 500℃后，试样质量基本保持不变。氯氧镁凝胶经过脱水分解后最后残留成分为 MgO。

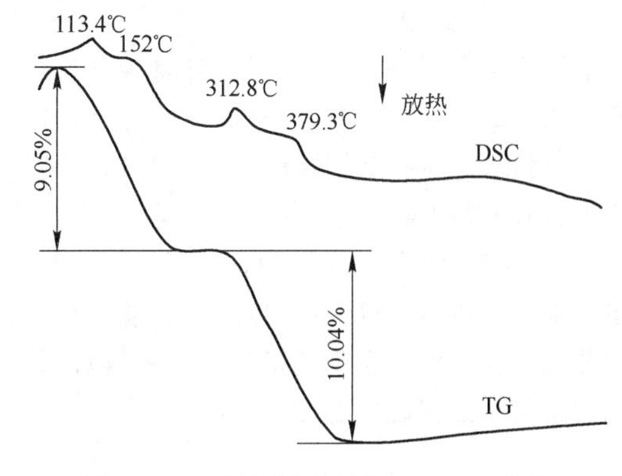

图 10-45　氯氧镁水泥的 TG-DSC 曲线

（3）氯氧镁水泥的应用。氯氧镁水泥的凝结硬化速度与所采用的氯化镁溶液的浓度和氧化镁(镁砂)的活性与细度有关。一般说,所用的镁砂粉越细,比表面积越大,反应越快,凝结硬化速度也越快。镁砂粉的活性不同也影响其凝结硬化速度,如用 $MgCl_2 \cdot 6H_2O$ 质量分数为25%的氯化镁溶液分别与轻烧镁砂粉(活性镁砂粉)和电熔镁砂粉按液固比为0.687mL/g调配成浆体,测量浆体的表观黏度 η 随时间 t 的变化(图10-46),结果表明:用轻烧镁砂粉配制的泥浆,其表观黏度的增大速度要比用电熔镁砂配制的快得多,说明活性(轻烧)镁砂粉配制的凝胶化速度快。因此在制备氯氧镁水泥时,可选用不同活性的镁砂粉或不同细度的镁砂粉来控制其作业时间或凝结硬化速度。

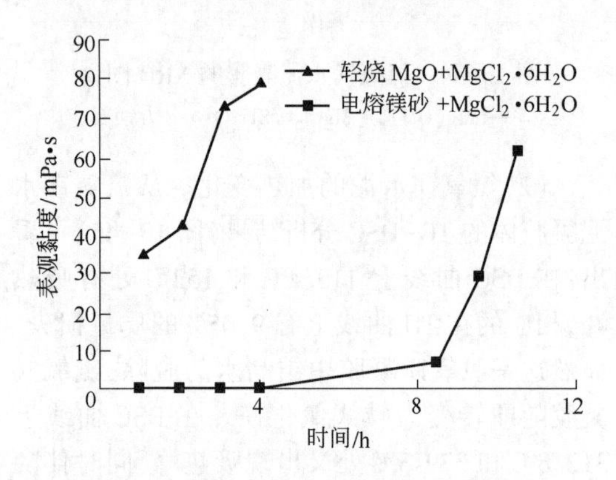

图10-46 氯氧镁水泥浆体的 η-t 曲线

氯氧镁水泥主要用作碱性耐火材料的结合剂,如用作电炉炉底用的镁质捣打料和修补料,感应炉用镁质捣打料和修补料,以及镁质浇注料等的结合剂。作含MgO的碱性耐火材料结合剂不用加促凝剂,镁砂细粉本身就是促凝剂,其固态 $MgCl_2 \cdot 6H_2O$ 的加入量一般为2%~4%,常温结合强度是随氯化镁加入量的提高而增大,但高温(1600℃)烧后结合强度并非有此规律,而是以2%的加入量为宜。氯氧镁水泥的主要缺点是中温(800~1300℃)烧后强度很差,因此用氯化镁作结合剂的碱性耐火材料必须加助烧结剂才能提高中温烧后强度。

10.2 耐火材料用外加剂

能改善耐火材料作业性能(成型或施工性能)、物理性能和使用性能的添加物称为外加剂,又称添加剂,是在耐火材料组成物拌和时或拌和前掺入。外加剂的掺入量是随外加剂的性质和作用功能差异而不同,为耐火材料组成物总量的万分之几到百分之几。

10.2.1 外加剂的分类

耐火材料用外加剂是按化学成分和性质以及功能来分类的。按化学成分和性质分为无机物和有机物两大类:

(1)无机物类:有无机盐、无机电解质、无机矿物、氧化物、氢氧化物和一些金属单质。

(2)有机物类:大部分属于表面(界面)活性剂,这类活性剂具有亲水基和憎水基。亲水基团在水中能发生电离的称为离子型表面活性剂,不发生电离的称为非离子型表面活性剂。而离子型的又可分为阴离子型的、阳离子型的和两性型的表面活性剂。此外还有一些高分子型的表面活性剂,有机酸等。

按作用功能分,有以下5种:

(1)改善流变性能(作业性能)类:包括有减水剂(降水剂、分散剂)、增塑剂(塑化剂)、胶凝剂(絮凝剂)、解胶剂(反絮凝剂)、润湿剂等。

(2)调节凝结、硬化速度类:包括有促凝剂、缓凝剂、闪速絮凝剂、迟效促凝剂等。

(3)调整内部组织结构类:包括有发泡剂(引气剂、加气剂)、消泡剂、防缩剂、矿化剂等。

(4)保持材料施工性能类:包括有酸抑制剂(防鼓胀制)、保存剂、防冻剂、防沉剂(泥浆稳定剂)、保水剂等。

(5)改善使用性能类:包括有助烧结剂、快干剂、防爆剂、抗氧化剂、抗润湿剂等。

10.2.2 矿化剂

矿化剂是能促进耐火材料坯体在烧成过程中加速其晶型或物相向有利于改善或提高制品性能的晶型或物相转变,而不显著降低制品耐火度的物质。如在制造硅砖时,加入矿化剂可加快石英向鳞石英转化。鳞石英在温度变化时体积效应小,稳定性高,而且在硅砖中呈现茅头状双晶相互交错形成网络状结构,使硅砖具有较高的荷重软化点和机械强度。若转化不完全,硅砖中有残存石英,则在使用时会继续发生晶型转变,因体积效应较大,会引起砖体结构松散破坏。因此要求硅砖中石英能完全转化为鳞石英和少量的方石英最好。

在硅砖制造中加入矿化剂的作用机理是:β-石英在573℃转变为α-石英,在1200~1470℃范围内α-石英很快转变为亚稳方石英,使石英颗粒产生裂纹。矿化剂会与α-石英、亚稳方石英相互作用形成液相,并沿着裂纹侵入颗粒内部,促进α-石英和亚稳方石英不断地溶解于液相中,当硅氧在溶液中达到过饱和时,便有鳞石英不断地从溶液中析晶出来,而实现α-石英向α-鳞石英的转变。同时,所形成的液相有助于缓冲烧成中由于体积效应而产生的应力,可防止制品的松散和开裂。

能促进石英通过液相向鳞石英转化的矿化剂种类较多,其矿化能力见表10-49。但矿化能力的强弱,并不是选择矿化剂的唯一标准。在实际生产中,必须根据硅石原料的化学成分和性质来确定,理想的矿化剂应具备如下条件:

(1)能与SiO_2在接近制品烧成温度时形成液相,同时对制品的耐火度影响不大。

表10-49　矿化剂对SiO_2转变的影响

矿化剂种类	转化率/%
Li_2CO_3	98
K_2CO_3	92
Na_2CO_3	85
FeO	29
Fe_2O_3	23
MnO_2	14
B_2O_3	14
MgO	12
CaO	12
PbO	12
ZrO_2	8
Cr_2O_3	6
Al_2O_3	3
TiO_2	0

(2)起始出现液相时,能形成足够数量的液相,液相量随温度升高变化不大。液相黏度要低,对石英颗粒有较强的润湿能力,对亚稳方石英和石英有较高的溶解度,对鳞石英溶解度低,通过溶析作用使亚稳方石英、石英转化为鳞石英(湿转化)。

(3)矿化作用不过于激烈,烧后制品不出现裂纹。

在硅砖的生产中,一般很少采用单一的矿化剂,常使用两种氧化物复合矿化剂,如用CaO+FeO矿化剂,CaO可用消石灰制备成的石灰乳[$Ca(OH)_2$],FeO可用轧钢皮制成的氧化铁粉,要求FeO+Fe_2O_3大于90%,粒度小于0.08mm≥80%,大于0.5mm≤1%。矿化剂的加入量一般不应超过3%~4%。加入量过大,会降低硅砖耐火度,其中FeO+Fe_2O_3为0.5%~0.8%,CaO为1.4%~3%,可根据所采用的硅石结晶形态(结晶硅石或胶结硅石)和所生产的硅砖品种(焦炉用或玻璃窑用砖)来确定。

在高纯氧化物的煅烧工艺中,常常也加入矿化剂来促使其晶型转变和晶粒长大,如由氢氧化铝或γ-氧化铝煅烧制取α-Al_2O_3时,在无矿化剂时,即使煅烧温度到1600℃时,也不足使α-Al_2O_3晶粒长大到2μm。而加入矿化剂后,可在较低温度下得到晶体尺寸大于10μm的α-Al_2O_3。煅烧氢氧化铝或α-氧化铝用的矿化剂有氟化物、氯化物和硼化物,它们可以在较低温度下促使α-Al_2O_3晶粒长大,而且硼化物和氯化物会与Na_2O反应形成易于挥发的化合物,从而可生产低Na_2O的α-Al_2O_3。

10.2.3　助烧结剂

助烧结剂是一类能促进材料在远低于材料本身熔点温度下,烧结成接近理论密度的物质。这类物质促进烧结的机理很复杂,同一种材质采用不同的助烧结剂,其烧结机理可能不同,通过试验研究表明,助烧结剂促进材料烧结的作用机理有如下几种情况:

(1)与烧结物形成固溶体。当助烧结剂与烧结物形成固溶体时,将使晶体发生畸变而得到活化,这样可降低烧结温度,使扩散和烧结速度增大，这对于形成缺位型或填隙型固溶体尤为重要。如在Al_2O_3烧结时，可加入Cr_2O_3促进烧结，因为Cr_2O_3和Al_2O_3的正离子半径相近，能形成连续固溶体。而加入TiO_2时，烧结温度更低，因为除Ti^{4+}离子与Cr^{3+}离子大小相同，能与Al_2O_3固溶外，还由于Ti^{4+}与Al^{3+}电价不同，置换后将伴随有正离子空位产生，故能更有效地促进烧结。

（2）阻止晶型转变。有些氧化物在烧结时会发生晶型转变并伴有较大的体积效应，这样就会使烧结致密化发生困难，并容易引起坯体出现开裂。选用适当的助烧结剂，可以抑制体积效应，并促进烧结，如在ZrO_2烧结时添加一定量的CaO、MgO就属这一机理。在1200℃左右时，稳定的单斜ZrO_2转变成四方ZrO_2会伴有约10%的体积收缩，而使制品稳定性变坏。若引入电价比Zr^{4+}低的Ca^{2+}（或Mg^{2+}）离子，可形成立方型的$Zr_{1-x}Ca_xO_2$稳定固溶体。这样既防止了制品开裂，又增加了晶体中空位浓度使烧结加速。

（3）抑制晶粒长大。一般烧结后期晶粒长大，对烧结致密化有重要贡献。但若发生二次再结晶或间断性晶粒长大过快，又会因晶粒变粗，晶粒变宽而出现反致密化现象。这时，通过加入能抑制晶粒异常长大的助烧结剂，可促进致密化进程。如在Al_2O_3中加入少量MgO就有这种作用，因为MgO与Al_2O_3形成的尖晶石分布于Al_2O_3颗粒之间，抑制了Al_2O_3晶粒长大，并可促使气孔的消除。但应指出，正常的晶粒长大是有益的，要抑制的只是二次再结晶引起的异常晶粒长大。

（4）产生适宜的液相。烧结时若有适宜的液相存在，往往会大大促进颗粒重排和传质过程，或在较低温度下发生液固反应生成新的胶结物相而促进烧结。液相的出现，可能是助烧结剂本身的熔点较低，也可能是与烧结物形成低共熔物。如在硅质干式料中加入硼矸、硼酸或硼酸盐等助烧结剂就属于前者。含硼类助烧结剂一般在中、低温就会发生熔化，先浸润硅质固体颗粒，之后将固体颗粒拉近、拉紧并填充孔隙而使干式料固结在一起。又如在镁质涂料中加入黏土助烧结剂就属于后者，黏土会与镁砂细粉约在1350～1500℃下先反应生成少量液相，促进涂料烧结，并随着反应的不断进行和均化，在高温下继续与MgO反应，最终形成的镁橄榄石为主要结合相的镁质涂层。

10.2.4 防氧化剂

防氧化剂是一类能防止含碳耐火材料中碳发生氧化的添加剂。防氧化剂抑制碳氧化作用的原理为：在使用温度下，防氧化剂与氧的亲和力比碳与氧的亲和力大，优先夺取氧使自身被氧化而对碳起着保护作用，同时防氧化剂氧化后生成的新相体积要比原相体积大，有助于堵塞氧气向内的扩散通道（气孔），增大致密度，在衬体工作面形成防氧化屏障。

可作为含碳耐火材料防氧化剂的材料有金属及合金粉末、碳化物、氮化物和硼化物，见表10-50。

表10-50 可加入含碳耐火材料中的非氧化物

金属	合金	碳化物	氮化物	硼化物
Si	—	SiC	Si_3N_4	—
Al	Al-Si	Al_4C_3	AlN	—
Mg	Al-Mg	—	—	—
Ti	—	TiC	TiN	TiB_2
—	—	B_4C	BN	—
—	—	ZrC	ZrN	ZrB_2
—	—	—	—	CaB_6

防氧化剂的选择可根据防氧化剂（金属元素、碳化物、氮化物、硼化物）与氧反应的标准自由能随温度的变化来确定，如图10-47所示。从图中$2C+O_2=2CO$曲线与金属元素、碳化物、氮化物、硼化物氧化反应曲线的交点，可得到防氧化剂抑制碳氧化的临界温度。低于此温度时具有抑制碳氧化作用，高于此温度时则不对碳的氧化起抑制作用。显然，在炼钢温度（1650～1750℃）下，Al、Mg、Zr、Al_4C_3能优先于碳被氧化而保护碳，而在炼铁温度（1350～1450℃）下，能抑制碳氧化的防氧化剂则更多，除上述金属元素外，还有Si、ZrC、SiC、Si_3N_4、AlN等。但此

$\Delta G^{\ominus}-T$ 图只是大致估计防氧化剂作用的温度范围，因为实际使用条件是比较复杂的，如耐火材料衬体在使用中存在温度梯度，衬体工作层所接触的介质浓度与衬体内部不同，以及反应动力学因素等都对防氧化剂的作用有影响。因为它们的防氧化作用往往要经过气-气相、气-液相和气-固相反应，而后析出固相形成结构致密的表面层而起防氧化作用。

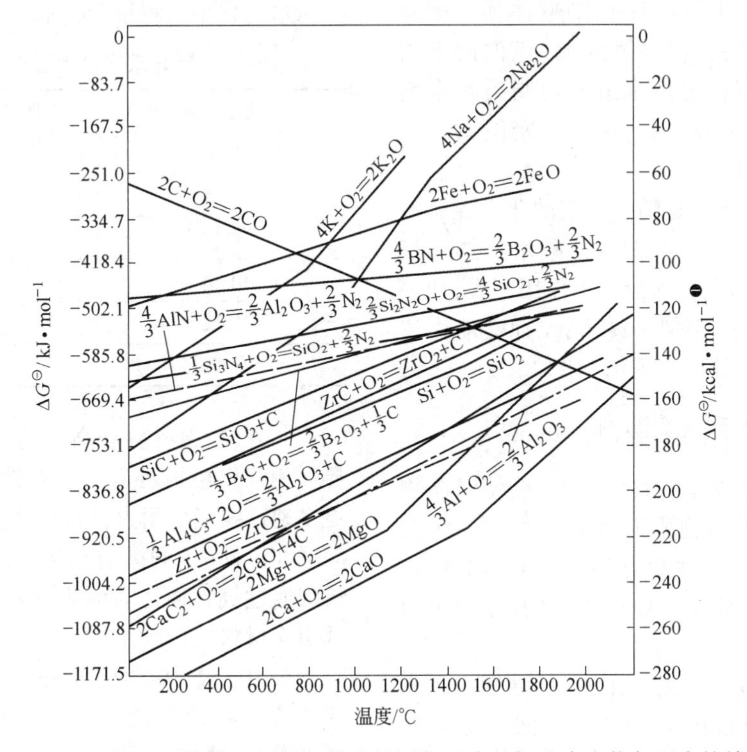

图 10-47 碳和有关元素、碳化物、氮化物同氧反应的标准自由能与温度的关系

10.2.5 减水剂

减水剂是一类能保持耐火浇注料的流动值基本不变的条件下，显著降低拌和用水量的物质，也称降水剂。减水剂本身并不与材料组成物起化学反应作用，只是起着表面物理化学作用，它们是一类表面活性剂或是一类电解质。它们溶于水中后能吸附于粒子表面，提高粒子表面的 ζ 电位，增大粒子间的相互排斥力，释放出由微粒子组成的凝集结构中包裹的游离水。故在保持浇注料流变性（作业性）不变的条件下，能使单位用水量减少，或在不改变单位用水量的条件下，改善泥料流变性能和作业性能，使浇注料易于施工成型。

减水剂的种类很多，可按化学组分来分类，或按其对水泥凝结时间的影响来分类，也有按是否引入气泡来分类，但一般减水剂在具有减水作用的同时，也伴随有引气、缓凝或早强等作用，因此又有标准型减水剂、引气型减水剂、缓凝型减水剂和早强型减水剂等。此外，还有将减水能力较强、引气量低的减水剂称为高效减水剂、超塑化剂或流化剂。

掺加减水剂后，所拌浇注料的减水率一般为 10%～15%，掺高效减水剂，其减水量可达 20%～30%。

以铝酸钙水泥，结合黏土和氧化物微粉作结合剂的耐火浇注料，可采用的减水剂（分散剂）有：

❶ 1cal = 4.1868J。

(1)无机类：焦磷酸钠($Na_4P_2O_7$)、三聚磷酸钠($Na_5P_3O_{10}$)、四聚磷酸钠($Na_6P_4O_{13}$)、六偏磷酸钠、超聚磷酸钠、硅酸钠($Na_2O \cdot nSiO_2 \cdot mH_2O$)等；

(2)有机类：木质素系减水剂(木质素磺酸钠、木质素磺酸钙)、萘系减水剂(萘的同系物磺酸盐与甲醛缩合物)、水溶性树脂类减水剂(磺化三聚氰胺甲醛树脂，简称为密胺系减水剂)、聚丙烯酸钠等。

减水剂的加入量是随减水剂的化学性质不同而异，一般为0.1%~1.0%。减水剂加入量是根据试验来确定，加入量太小作用不大，加入量太多，有反效果，不但不减水，反而会使浇注的作业性能(流变性能)恶化。

10.2.6 润湿剂和抗润湿剂

润湿剂是通过降低其表面能，能使固体物料更易被水浸湿的物质的表面活性剂。润湿后，固体物料方能与水更好地混合而形成稳定的悬浮液。润湿剂有阴离子型和非离子型表面活性剂。

润湿性可以用接触角来衡量，如图10-48所示。接触角是指在气、液、固三相交点处所作的气-液界面的切线，此切线在液体一方的与固-液交界线之间的夹角 θ，是润湿程度的量度。

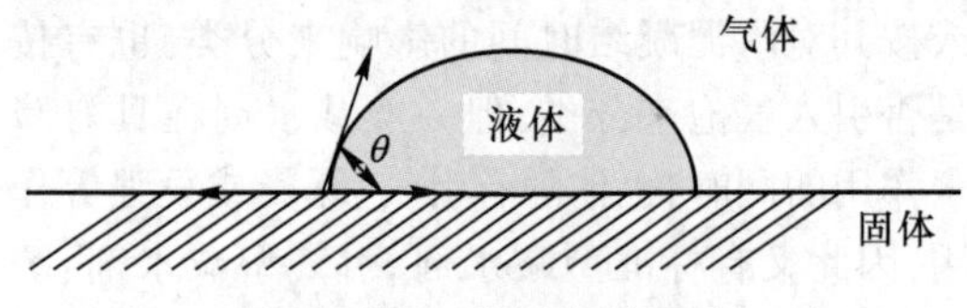

图10-48 润湿角测量图

(1)当 $\theta=0$，完全润湿；

(2)当 $\theta < 90°$，部分润湿或润湿；

(3)当 $\theta=90°$，是润湿与否的分界线；

(4)当 $\theta > 90°$，不润湿；

(5)当 $\theta=180°$，完全不润湿。

表10-51是一种含碳产品润湿剂的主要特性，该润湿剂能改善石墨对水的润湿性，从而将不亲水的含碳材料结合在水泥黏结的浇注料。

表10-51 某含碳产品润湿剂的主要特性[20]

化学成分	聚多芳基酯磺酸盐
外观	棕色粉末
溶解性	水溶
密度	约500g/L
pH值(10%)	约10
灼烧残余	约28%
添加量	0.05%~0.3%

此外，耐火材料和高温熔体或熔渣之间的界面相互作用也可以用润湿性来衡量。此时，更多地需要降低耐火材料和高温熔体或熔渣之间的润湿性(抗润湿剂)，从而减轻高温熔体或熔渣通过气孔通道对耐火材料的渗透作用，降低耐火材料的损毁。

表10-52为添加不同添加剂对矾土刚玉浇注料抗铝液浸润性(850℃保温72h)的影响。可以看出：添加 $CaCO_3$ 和SiC不利于浇注料的抗铝液浸润性改善，单独添加 $BaSO_4$、CaF_2、Si_3N_4 或 TiO_2 对浇注料抗铝液浸润性改善不明显，采用复合添加剂并进行均化处理，即将 $BaSO_4$ 或 CaF_2 和 Na_3AlF_6 复合加入，并与浇注料的基质部分进行均化处理，浇注料的抗铝液浸润性得到根本性改善。Na_3AlF_6 通常用作助熔剂，在浇注料中和 SiO_2 和CaO等形成低熔点液相，促进 $BaSO_4$ 和 CaF_2 在浇注料基体中均化，显著增大铝液和浇注料的润湿角，提高浇注料的抗铝液润湿性。

表10-52 不同添加剂对浇注料抗铝液浸润性(850℃,72h)的影响[21]

添加剂	0	$BaSO_4$	$CaCO_3$	CaF_2	Si_3N_4	SiC	TiO_2	复合添加剂*
坩埚法浸润面积/mm^2	20	15	135	15	12	96	25	0
浸泡法浸润面积/mm^2	160	10	201	10	12	110	20	0

*复合添加剂为 $BaSO_4$ 或 CaF_2 与 Na_3AlF_6 质量比=4：1。

10.2.7 增塑剂

增塑剂是一类能增大拌和好的耐火材料混合料的可塑性的物质,或者说能提高混合料(泥料)在外力作用下产生一定的应变而不破裂,外力解除后,仍能保留其应变后的形状的物质。增塑剂也称塑化剂,是可塑耐火材料、耐火喷涂料、涂抹料和耐火泥浆用的一种加入物。

增塑剂是一类具有黏滞性的物质,也是一类表面活性物质。增塑剂的增塑作用机理很复杂,随增塑剂的化学性质不同,其增塑机理或增塑作用是不同的。如用塑性黏土作增塑剂时,其作用机理是:塑性黏土加水后,黏土粒子会溶于水中并形成黏土胶粒,黏土胶粒表面会吸附一层水膜,此水膜可降低外力作用下颗粒之间的摩擦力,使颗粒之间易于发生位移,而外力去掉后仍能保持变形后的形状,这就是塑性黏土具有增塑的原因。而用有机类增塑剂,如甲基或羧甲基纤维素类增塑剂,其增塑作用机理为:它们溶于水中会溶胀成黏性状胶体溶液,并极易黏附于耐火材料颗粒上,在颗粒之间起着柔性桥联作用,这种连接作用不会因颗粒之间发生位移而断裂,因此外力作用时易发生变形,而外力去掉后仍可保持形变后的形状。

在耐火材料工业中,常用的增塑剂无机类有塑性黏土(球黏土)、膨润土、叶蜡石和各种氧化物微粉;有机类有甲基纤维素,羧甲基纤维素,木质素磺酸盐、烷基苯磺化物等。但一般用无机和有机复合增塑剂效果较好。

10.2.8 凝胶剂与絮凝剂

能使胶体溶液(或含固体微粒的悬浮液)中的胶粒(或悬浮微粒)发生聚凝的物质称为凝胶剂,而发生絮凝的物质则称为絮凝剂。聚凝过程得到的沉淀析出物比较紧密,而且过程比较缓慢;而絮凝过程得到的沉淀析出物比较疏松,而且沉淀过程比较迅速,因为疏松的沉淀物中附带有部分溶剂。在不定形耐火材料的制备过程中常常要加凝胶剂或絮凝剂。

凝胶剂主要是无机电解质和无机酸,但也有一些有机物和有机酸。它们使胶粒(或悬浮微粒)聚凝的能力与其异号离子的大小有关。阳离子对带负电性胶粒的聚凝能力依下列次序而逐渐降低(一价正离子排列顺序):

$$H^+>Cs^+>Rb^+>NH_4^+>K^+>Na^+>Li^+$$

而阴离子对带正电性的胶粒(或悬浮微粒)的聚凝能力则按如下次序而降低(一价负离子排列顺序):

$$F^->IO_3^->H_2PO_4^->BrO_3^->Cl^->ClO_3^->Br^->I^->SCN^-$$

这种同价离子的聚沉能力次序称为感胶离子序,与水合离子半径从小到大次序大致相同。

但电解质的聚沉能力不但与异号离子的大小有关,而且与异号离子的价数有很大关系。异号离子价数越高,其聚沉能力(率)也越高,也即聚沉所需电解质浓度也越低,其比例关系如下:

$$M^+ : M^{2+} : M^{3+} = 100 : 1.6 : 0.3 = \left(\frac{1}{1}\right)^6 : \left(\frac{1}{2}\right)^6 : \left(\frac{1}{3}\right)^6 \tag{10-56}$$

式(10-56)括号中的分母相当于异号离子的价数。此规则称为 Schulze-Hardy 规则。因此,用含高价离子的电解质作凝胶剂其作用更为有效。

絮凝剂主要为有机高分子物质。高分子的絮凝作用与电解质的聚凝作用完全不同,电解质所引起的聚凝(沉)过程所得到的粒子聚集体较紧密,体积小,这是由于电解质压缩了溶胶粒子的扩散双电层所引起的。而高分子的絮凝作用是由于絮凝剂吸附在溶胶粒子上后,高分子化合物本身的链段旋转和运动,相当于本身的"痉挛"作用,将固体粒子聚集在一起而产生的沉淀,也就是高分子化合物在粒子间起着一种"桥联作用"而产生絮凝。但起絮凝剂作用的高分子化合物一般要求具有链状结构,同时高分子化合物的相对分子质量越大,其架桥能力就越强,絮凝效率也越高。如采用不同相对分子质量的聚苯乙烯磺酸钠作为蒙脱土悬浮液的絮凝剂时,其絮凝时间是随相对分子质量的增大而缩短,如图 10-49 所示,图中为 2mL 0.025%的不同相对分子质量聚苯乙烯磺酸钠加入 100mL 10%的蒙脱土悬浮液内的絮凝时间。

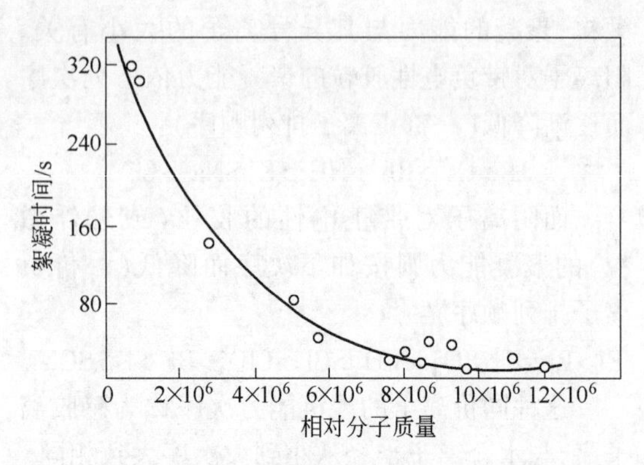

图 10-49 聚苯乙烯磺酸钠的相对分子质量与蒙脱土絮凝时间的关系

有良好絮凝作用的高分子化合物应具备能吸附于固体表面的基团,同时这种基团还能溶解于水中。常见的基团有:—COONa、—$CONH_2$、—OH、—SO_3Na等。这些极性基团的特点是亲水性很强,而且能吸附于固体粒子表面上。

凝胶剂和絮凝剂主要用在以黏土结合、溶胶结合和超微粉结合的不定形耐火材料中,如用在耐火浇注料、湿式喷射耐火材料、耐火涂料和耐火泥浆等含有结合黏土、溶胶或超微粉的材料中。可作为凝胶剂的电解质化合物繁多,如 NaCl、KCl、$CaCl_2$、$MgCl_2$、K_2SO_4、$MgSO_4$、$AlCl_3$、$Al_2(SO_4)_3$、$Al(NO_3)_3$、硅酸钠、铝酸钠和磷酸钾铝等。而可作为絮凝剂的有机高分子物质有天然的和合成的。根据官能团又可分为阳离子型、阴离子型和非离子型 3 种。阳离子型的有聚乙烯吡啶环氧氯丙烷缩合物等;阴离子型的有聚丙烯酸、海藻酸和羧基乙烯共聚物等;非离子型的有聚丙烯酰胺、尿素甲醛缩合物、水溶性淀粉、聚乙烯醇和聚氧乙烯等。

10.2.9 解胶剂与反絮凝剂

能使凝聚或团聚的胶粒(微粒)转化为溶胶或均匀分散的悬浮微粒的物质,或者能使稠厚的胶体转变成能自由流动的溶胶的物质称为解胶剂,也称反絮凝剂。但解胶剂与反絮凝剂的作用机理是不同的。

解胶剂一般是电解质类化合物,其作用与凝胶剂相反。加入解胶剂目的在于提高胶体粒子或悬浮微粒表面的 ζ 电位,也即提高粒子之间的相互斥力,使原先聚集在一起的胶体粒子或固体粒子均匀分散开,成为溶胶或悬浮液。

一般来说,在相同电解质浓度下,高价阳离子能交换出低价阳离子。但若离子浓度不同,则低价离子(高浓度时)亦能交换出高价离子。离子的解离度与交换能力相反,即Ⅰ价离子>Ⅱ价离子>Ⅲ价离子。因而,若在溶胶或悬浮液中加入含有足够数量的Ⅰ价金属电解质盐类,则Ⅰ价离子(如 K^+、Na^+、Li^+等)能从胶粒表面吸附层中交换出Ⅱ价离子(如 Ba^{2+}、Ca^{2+}、Mg^{2+}等),而交换的低价离子的解离度又较高价的 Ca^{2+}离子等大,这样又从吸附层中解离出来进入扩散层,使动电电位 ζ 值提高,从而使胶体溶液或悬浮液变得稀释起来。

(1)一般阳离子对溶胶的凝聚和稀释能力顺序如下:

Al^{3+}、Ba^{2+}、Sr^{2+}、Ca^{2+}、Mg^{2+}、K^+、Na^+、Li^+

凝聚作用→减弱

稀释作用→增强

(2)而阴离子对溶胶的凝聚和稀释能力顺序如下:

SO_4^{2-}、OH^-、Cl^-、Br^-、I^-、NO_3^-、CH_3COO^-

凝聚作用→减弱

稀释作用→增强

因此,要根据溶胶粒子或悬浮液中固体粒子所带电荷性质(正或负),选用合适的电解质作解胶剂。可作为结合黏土的无机类解胶剂有:氢氧化钠、硅酸钠、碳酸钠、磷酸钠、焦磷酸钠、三聚磷酸钠、六偏磷酸钠、铝酸钠等,也可由它们与水溶性有机酸(如柠檬酸、没食子酸、草酸、酒石酸钾钠等)组成复合解胶剂。

反絮凝剂一般是有机高分子类化合物,其作用与絮凝剂相反。反絮凝剂的作用机理是:这类高分子化合物能吸附在溶胶粒子的表面上,形成一层高分子保护膜,包围了胶体粒子,并把亲水性基团伸向水中,所以当胶体粒子在相互靠近时的吸引力就会大大削弱,而相互排斥力大大增加,此现象称为空间稳定作用,使胶体粒子不发生絮凝。一般甲基纤维素,羧甲基纤维素类有机化合物可作反絮凝剂使用。

10.2.10　促凝剂与迟效促凝剂

能缩短耐火浇注料凝结和硬化时间的添加物称为促凝剂。促凝剂的促凝作用比较复杂，随结合方式的不同，以及所采用的结合剂和促凝剂的性质不同而有很大的差异。

(1)水化结合用的促凝剂。水化结合是指水泥经过水解，水化反应析出新水化物相和凝胶而产生的结合。促凝剂的作用在于它的加入能加速水泥矿相的水解和水化反应，缩短诱导期，加快水化物相的析出，从而加速凝结与硬化。对铝酸钙水泥来说，所采用的促凝剂多数为碱性化合物，具有促凝作用的化学物有：NaOH、KOH、$Ca(OH)_2$、Na_2CO_3、K_2CO_3、Na_2SiO_3、K_2SiO_3 和三乙醇胺等。

(2)化学结合用的促凝剂。化学结合是指结合剂与促凝剂经过化学反应而生成新的胶结物相或凝胶而产生的结合，不同性质的化学结合剂所采用的促凝剂性质也不同。如以磷酸和磷酸二氢铝作结合剂时，所采用的促凝剂有：活性氢氧化铝、滑石、NH_4F、氧化镁、铝酸钙水泥、碱式氯化铝等。而以水玻璃(硅酸钠)作结合剂时，可采用的促凝剂有：氟硅酸钠、磷酸铝、磷酸钠、金属硅、石灰、硅酸二钙、聚合氯化铝、乙二醛、CO_2 等。

(3)凝聚结合用的促凝剂。凝聚结合是指溶胶或固体微粒悬浮液中的溶胶粒子或固体微粒吸附来自电解质的异号离子，使粒子表面的 ζ 电位(动电电位)达到“等电点”(为零)时，发生凝聚而产生的结合。因此凝聚结合的促凝剂是电解质类化合物。但必须根据溶胶粒子或固体微粒表面所带的电荷性质(正电荷或负电荷)来选择合适的电解质。溶胶粒子或固体微粒表面带负电荷的，应选用能解离出正离子的电解质。相反，带正电荷的，应选用能解离出负离子的电解质。同时促凝剂(电解质)的加入量要通过试验来确定，加入量不足时其促凝效果不好；加入量过多时，可能产生反吸附，而不产生凝聚。也可通过加入酸或碱调节其pH值，使溶胶粒子或固体微粒表面达到“等电点”而发生凝聚。凝聚结合用的促凝剂与凝胶剂相同，见凝胶剂一节。

迟效促凝剂是指加入浇注粒中能使浇注料中含有的结合剂经过一定时间(作业时间)之后才发生凝结与硬化的物质。它们是一类与水混合之后，需经过水解后才能提供与浇注料中微粉表面所带电性不同的反离子物质。如氧化硅超细粉(微粉)浆体中氧化硅粒子表面带的电荷为负电荷，因而所用的迟效促凝剂必须是能提供正离子的物质。以氧化硅超细粉为主要结合剂的浇注料，迟效促凝剂可用铝酸钙水泥和镁砂粉。因为铝酸钙水泥水解过程中可缓慢释放出 Ca^{2+} 和 Al^{3+} 离子，镁砂缓慢水解可提供 Mg^{2+} 离子，吸附于氧化硅粒子表面上后，使粒子失去电性而发生凝聚，起着迟效促凝的作用。

10.2.11　缓凝剂

能延缓耐火浇注料凝结与硬化时间的物质称为缓凝剂。在铝酸钙水泥结合的浇注料中，由于气温变化或铝酸钙水泥本身含有快硬物相(如 $C_{12}A_7$)，往往会出现快凝现象，没有足够的作业时间，这时可加缓凝剂来调节其作业时间。缓凝剂的缓凝作用机理比较复杂，但主要有如下两方面作用：

(1)形成络合物抑制了水化反应和水化物生成。缓凝剂与结合剂解离出的正离子形成络合物，抑制了水化物的生成或水化反应物结晶析出，或抑制了水化物相晶粒长大，从而延缓凝结与硬化。

(2)形成吸附薄膜和包裹水泥粒子。缓凝剂吸附于水泥粒子表面，并形成薄膜，阻止了水泥粒子与水接触，抑制了水泥水解和水化反应速度，从而起到缓凝作用。

缓凝剂主要用在含有快凝物相(如 $C_{12}A_7$)的铝酸钙水泥中，可采用的缓凝剂有：低浓度的NaCl、KCl、$BaCl_2$、$MgCl_2$、$CaCl_2$、柠檬酸、酒石酸、葡萄糖酸、乙二醇、甘油、淀粉、磷酸盐、木质素磺酸盐等。

10.2.12　起泡剂与消泡剂

10.2.12.1　起泡剂

起泡剂是一类能降低液体表面张力，使液

体在搅拌时或吹气时能产生大量均匀而稳定泡沫的物质,也称引气剂或加气剂。它们的特点是溶于水中时,易被吸附于气液界面上,降低溶液表面张力,增大液体与空气的接触面积,对形成气泡的液膜有保护作用,液膜比较牢固,气泡不易破灭。

常见的起泡剂有如下几类:

(1)表面活性剂类,如十二烷基苯磺酸钠、十二醇硫酸钠、普通肥皂等,它们都具有良好的起泡性能。在水溶液中加入它们可使表面张力降低,使溶液易于起泡。

(2)蛋白质类,如蛋白质、明胶、水解血等,它们虽然对降低表面张力的能力有限,但对泡沫有良好的稳定作用,可以形成具有一定机械强度的液膜。这是因为蛋白质分子间除范德华引力外,分子中的羧酸基和胺基之间有形成氢键的能力。

(3)固体粉末类,如炭末、无机矿粉等憎水的固体粉末,常聚集于气泡表面,也可以形成稳定泡沫。这是因为在气-液表面上的固体粉末成了防止气泡相互合并的屏障,也增大了液膜中液体流动的阻力,有利于泡沫的稳定。

(4)其他类型,包括非蛋白质类的高分子化合物,如聚乙烯醇、甲基纤维素以及皂类等。它们的起泡作用与蛋白质有类似之处。

在制造泡沫轻质砖或泡沫轻质浇注料中常用的起泡剂有:松香皂、树脂皂素脂、石油磺酸铝、水解血、松香热聚物,烷基苯磺酸盐、羧酸及其盐类等。

与起泡剂相似的另一类制造气泡的物质为发泡剂,如金属铝粉。铝粉活性很大,它会与水发生反应放出氢气:$2Al+6H_2O \rightarrow 2Al(OH)_3+3H_2\uparrow$。所以将它加入耐火浇注料中,由于$H_2$气的逸出会在浇注料中形成气泡。但铝粉细度和加入量要适当,否则会使浇注料内产生不均匀的连通气孔,并使浇注料强度大大降低。

10.2.12.2　消泡剂

消泡剂是一类能使耐火泥浆或浇注料在拌和时和振动成型时产生的气泡很快消失(逸出)的物质。消泡剂的作用机理是:它降低液体表面张力的能力要比起泡剂强得多,使所形成的液膜强度大为降低,使泡沫失去稳定性而且在液面上的铺展速度也较快,铺展速度越快,其消泡作用也会越强。

消泡剂的种类较多,有醇类(异辛醇、异戊醇以及高碳醇等)、脂肪酸及脂肪酸盐类、酰胺类、磷酸醋类、有机硅化合物和各种卤素化合物(如氯化烃、氟化烃、四氯化碳等)。但用于不定形耐火材料(浇注料、泥浆、涂料)的消泡剂应采用水溶性消泡剂,并通过试验来确定其合适加入量。

10.2.13　防缩剂(体积稳定剂)

防缩剂是一类能防止耐火材料成型后在加热和使用中产生收缩的物质,又称体积稳定剂或膨胀剂。防缩剂的加入量一般为配料组成物总量的百分之几,其防缩原理有如下几类:

(1)热分解法:采用在高温下能产生热分解的矿物,利用热分解后的物相的摩尔体积大于热分解前原矿物的摩尔体积,从而补偿耐火材料的烧结收缩。如在铝硅系耐火材料的配料组成中,在基质中加入一定量的蓝晶石,在高温煅烧后转变成莫来石和游离状态二氧化硅(方石英),其反应如下:

$$3(Al_2O_3\cdot SiO_2)\xrightarrow{>1300℃}3Al_2O_3\cdot 2SiO_2+SiO_2+\Delta V \quad (10-57)$$

此反应的摩尔体积之差ΔV约为+(16%~18%)(理论推算)。此膨胀效应可补偿烧结收缩。可作为此类防缩剂的矿物有蓝晶石、硅线石和红柱石等。

(2)高温化学反应法:加入的防缩材料,经高温化学反应后,新生成的物相摩尔体积大于原反应相的摩尔体积,从而可补偿烧结收缩。如在黏土结合、超细粉(微粉)结合或是溶胶结合不定形耐火材料基质中,加入一定量的硅石粉和刚玉粉,借助于SiO_2与$\alpha-Al_2O_3$高温反应生成莫来石,可产生15%左右(理论计算)的体积膨胀来补偿其烧结收缩,其反应如下:

$$3Al_2O_3+2SiO_2\xrightarrow{>1200℃}3Al_2O_3\cdot 2SiO_2+\Delta V(+15\%) \quad (10-58)$$

又如在刚玉质、铝镁质、镁铝质不定形耐火材料基质中合理调配 MgO 和 Al_2O_3 量，借助高温下原位反应生成尖晶石 $MgO \cdot Al_2O_3$，根据理论计算此反应可产生约 7.5%的体积膨胀，从而可补偿高温烧结收缩。

（3）晶型转化法：采用在加热过程中能产生晶型转化的矿物，利用其转化后的晶相的摩尔体积大于转化前的矿相的摩尔体积，亦可起着补偿烧结收缩的作用。如在某些硅酸铝质、氧化物-碳化硅-炭质捣打料中，加入适量的一定粒度的硅石细粉。借助石英转化为鳞石英和方石英时产生的体积膨胀效应（分别为 12.7%和 17.4%）来补偿基质的烧结收缩，可获得体积稳定的或微膨胀的衬体。

此外，同混凝土一样，还有一种防缩剂具有大幅度降低浇注料的自由干燥收缩和受限情况下浇注料结构裂缝开裂宽度的能力[22]。这些裂纹不仅会导致坯体强度下降，而且会影响到抗侵蚀性、耐磨性等性能，严重者还会导致衬体局部贯通性开裂。参考混凝土用来预防收缩的措施有：添加膨胀剂、采用膨胀性水泥以及添加防缩剂等。考虑到浇注料是在高温下作业的材料，首先应该保证浇注料的高温性能如耐火度不受影响，有机物类的防缩剂经高温热处理后将会碳化，因而不会影响到浇注料的高温性能。因此，在浇注料中应用合适的防缩剂是比较理想的途径。防缩剂应用方式主要有两种，一是直接添加到浇注料中，另外也可涂抹到浇注后坯体的表面。表 10-53 列出了部分防缩剂的物理性能。

表 10-53　部分防缩剂的物理性能[23]

序号	主成分	外观	密度 /g·mL^{-1}	黏度/cps	表面张力 /mN·m^{-1}	溶解性	掺量(质量分数) /%
1	低级醇烷撑环氧化合物	无色透明液体	0.98	16	41.9	易溶	4
2	低级醇烷撑环氧化合物	青色透明液体	1.00	20	29.6	易溶	2.5
3	聚醚	无色-淡色液体	1.02	100±20	39.5	易溶	2~6
4	聚醇	淡黄色液体	1.04	50	33.5	难溶	1~4

10.2.14　保存剂和抑制剂

10.2.14.1　保存剂

保存剂是一类能保持可塑耐火材料储存一定时期后其作业性能（施工性能）不变或变化不大的物质。用化学结合的可塑料，如用磷酸或磷酸二氢铝结合的 $Al_2O_3-SiO_2$ 系耐火可塑料（或捣打料），由于磷酸或磷酸二氢铝会与材料中的 Al_2O_3 反应生成不溶性的正磷酸铝 $AlPO_4 \cdot xH_2O$ 而使混合料变干，失去作业性能（可塑性），其反应如下：

$$Al_2O_3+6H_3PO_4 \longrightarrow 2Al(H_2PO_4)_3+3H_2O \qquad (10-59)$$

$$Al(H_2PO_4)_3+Al_2O_3+(n-3)H_2O \longrightarrow 3AlPO_4 \cdot nH_2O \qquad (10-60)$$

因此，需要加能与 Al^{3+} 离子生成络合物的隐蔽剂，以抑制不溶性的 $AlPO_4 \cdot nH_2O$ 的生成，而延长储存期。

可作为磷酸或酸性磷酸盐结合的可塑料或捣打料的保存剂的化学物有：草酸、柠檬酸、酒石酸。还有乙酰丙酮、5-磺酸水杨酸、糊精等也具有保持作业性的作用，但一般常用的是草酸，效果较好。

10.2.14.2　抑制剂

抑制剂是一类能抑制不定形耐火材料混合料中含有的金属铁（由原料破粉碎时带入的）与酸性化学结合剂（如磷酸、酸性磷酸铝、硫酸铝等）反应，产生氢气而引起成型好的坯体或衬体发生鼓胀的化合物。又称防鼓胀剂。用酸性化合物作结合剂时，混合料一般需要经过困料，以使酸性结合剂与混合料中含有的金属铁充分反应放出氢气后方可成型，否则成型后会产生鼓胀作用而使材料变得疏松多孔，强度下降。为了简化制造工艺，不经困料直接使用，则必须在拌料时加入抑制剂。

抑制剂与保存剂相似，也是一种络合剂，它

可与金属铁反应生成络合物,从而可抑制鼓胀作用。可作为这种抑制剂的化学物有 CrO_3、双丙酮酒精、磷酸铁以及某些有机物。

10.2.15 防爆剂(快干剂)

能改善由不定形耐火材料构筑的衬体的透气性,防止衬体在烘烤过程中由于内部产生的蒸气压过大而发生爆裂的物质称为防爆剂,也称快干剂(可快速烘烤的添加剂)。用不定形耐火材料,尤其是用浇注耐火材料构筑的衬体,往往会产生不连通的大小不同的孤立封闭球形气孔,透气性很差,特别是致密浇注料透气性更差。这类浇注料衬体如果烘烤速度过快,加热过程中蒸气压和热应力的共同作用会导致衬体爆裂[24]。因此在许多场合需加入防爆剂(或称快干剂)。

不定形耐火材料用的防爆剂有活性金属粉末、有机化合物和可燃有机纤维。

活性金属粉末一般是用金属铝粉,其防爆作用在于:金属铝粉会与 H_2O 反应生成 $Al(OH)_3$,并放出氢气:$2Al+6H_2O \rightarrow 2Al(OH)_3+3H_2\uparrow$。在浇注料尚未凝固前 H_2 从浇注料内部逸出时会形成毛细排气孔,从而提高其透气性。但使用铝粉作为防爆剂时必须选用活性铝粉和适宜的细度与加入量,使用不当会使浇注料衬体产生裂纹,鼓胀而破坏衬体结构。有时因逸出的氢气量过分集中或过大也有遇火燃烧爆炸的危险。

可作为防爆剂的有机化合物有:乳酸铝 $Al(OH)_{3-x}(CH_3CHOHCOO)_x \cdot nH_2O$、偶氮酰胺($C_2H_4N_4O_2$)、$C_5H_{10}N_6O_2$、$C_7H_{10}N_2O_2S$、$C_{12}H_{14}N_4O_5S_2$ 等。它们的防爆作用在于能在浇注料基体内产生连通的微气孔(或微裂纹),使烘烤时产生的蒸气易排出,降低衬体内部蒸气压而不破坏衬体。

乳酸铝是一种由羟基化铝离子聚合的多核络合物,其加入量在 0.5%~1.0%之间。添加乳酸铝的浇注料在基质中会产生龟甲状微小裂纹,产生微裂纹的原因在于低温脱水并凝胶化的基质微收缩所致。由于微裂纹的产生,增大了透气性,从而提高了浇注料的抗爆裂能力。

偶氮酰胺($C_2H_4N_4O_2$)是一种在与铝酸钙水泥和水共存下,能解离出氮气的发泡剂。但反应放出的 N_2 气量与养护温度和养护时间有关系,放出的 N_2 气量随养护温度的提高而增大。浇注料试样的透气性是随着偶氮酰胺加入量的提高而增大,但加入量超过 0.3%时透气率趋于平稳。加入偶氮酰胺提高抗爆裂性的原因在于:排出氢气时可形成约 10μm 以上孔径的微细排气孔。

用有机纤维作为防爆添加剂是比较有效的措施,其防爆作用在:加入的有机纤维无序分布在浇注料衬体内,相互"搭桥"连接。在浇注料衬体加热烘烤时,它们会收缩和燃烧掉,在衬体内形成连通的网状毛细排气孔,从而可降低衬体烘烤时产生过大的内部蒸气压而防止爆裂。

可采用的纤维有天然植物纤维和人工合成纤维。天然植物纤维可采用纸纤维、稻草纤维、麻纤维和棉纤维。一般用松解后的纸纤维效果较好;人工合成纤维有聚乙烯和聚丙烯类纤维。加入有机纤维作防爆材料时,应考虑以下问题:

(1)纤维素的燃点要低,或在低温下烘烤时具有一定的收缩率,应在浇注料脱水分解产生大量水蒸气之前燃烧掉,以形成微细的排气通道。

(2)纤维的直径应尽可能小些,一般最好在 15~35μm,这样在同样加入量下纤维根数增多,可最大限度改善浇注料透气性,提高抗爆裂效果。

(3)纤维长度要适当,一般为 5~10mm。因为太长易缠绕难以均匀分散开,太短难以"搭桥"成连通网络状排气通道。

(4)纤维加入量要适当。加入量太少,透气性差,加入量过多会大大降低浇注料的强度和高温性能(如抗侵蚀性和抗渗透性)。应根据使用条件来确定其加入量。

参考文献

[1] 中国建筑材料科学研究总院,郑州登峰熔料有限公司,郑州嘉耐特种铝酸盐有限公司,等.GB/T 201—2015 铝酸盐水泥[S]. 北京:中国标准出版社,2015.

[2] Andreas B, Dagmar G, Hans-Leo G, et al. A new temperature independent cement for low and ultra low cement castables[C]//UNITECR'07. Dresden, Germany, 2007: 396~400.

[3] WShrmeyer C, Parr C, Mahiaoui J, et al. 低水泥浇注料用新型长保存期铝酸钙水泥的研究[C]//第十一届全国不定形耐火材料学术会议论文集. 上海:2011:462~468.

[4] Wöhrmeyer C, Zhang Z, Li S, et al. New calcium magnesium aluminate for corrosion resistant castables[C]//The 6th International Symposium on Refractories. Zhengzhou:2012:227~230.

[5] 云南氟业环保科技股份有限公司,内蒙古新福地科技有限公司,贵州省产品质量监督检验院,等. GB/T 23936—2018 工业氟硅酸钠[S]. 北京:中国标准出版社,2018.

[6] 青岛东岳泡花碱有限公司,青岛嘉润化工有限公司,滕州市辛绪化工原料有限公司,等. GB/T 4209—2008 工业硅酸钠[S]. 北京:中国标准出版社,2008.

[7] 嘉善县助剂一厂,浙江嘉善德昌粉体材料有限公司,石家庄双联化工有限责任公司精细化工公司,等. HG/T 4315—2012 工业速溶粉状硅酸钠[S]. 北京:化学工业出版社,2013.

[8] 湖北兴发化工集团股份有限公司,天津化工研究设计院. GB/T 2091—2008 工业磷酸[S]. 北京:中国标准出版社,2008.

[9] 国家洗涤用品质量监督检验中心(太原). GB/T 9983—2004 工业三聚磷酸钠[S]. 北京:中国标准出版社,2004.

[10] GB 1886.4—2015 食品安全国家标准食品添加剂六偏磷酸钠[S]. 北京:中国标准出版社,2016.

[11] 蒋挺大. 木质素[M]. 北京:化学工业出版社,2001:179.

[12] 山东圣泉化工股份有限公司,北京利尔高温材料股份有限公司. YB/T 4131—2014 耐火材料用酚醛树脂[S]. 北京:冶金工业出版社,2014.

[13] 鞍钢股份有限公司,冶金工业信息标准研究院. GB/T 2290—2012 煤沥青[S]. 北京:中国标准出版社,2013.

[14] 上海宝钢化工有限公司,冶金工业信息标准研究院. YB/T 5194—2015 改质沥青[S]. 北京:冶金工业出版社,2015.

[15] GB 1886.256—2016 食品安全国家标准　食品添加剂　甲基纤维素[S]. 北京:中国标准出版社,2016.

[16] GB 1886.232—2016 食品安全国家标准　食品添加剂　羧甲基纤维素钠[S]. 北京:中国标准出版社,2016.

[17] 天津化工研究设计院,青岛海洋化工有限公司,山东一鸣工贸有限公司. HG/T 2521—2008 工业硅溶胶[S]. 北京:化学工业出版社,2008.

[18] 中海油天津化工研究设计院,衡阳市建衡实业有限公司,河南佰利联化学股份有限公司,等. HG/T 2225—2010 工业硫酸铝[S]. 北京:化学工业出版社,2011.

[19] 深圳市中润水工业技术发展有限公司,衡阳市建衡实业有限公司,淮安市产品质量监督检验所,等. HG/T 2677—2017 工业聚氯化铝[S]. 北京:化学工业出版社,2018.

[20] 王守业,曹喜营. 我国耐火原料现状及发展趋势[C]//新形势下全国耐火原料发展战略研讨会论文集. 太原:2014:43~63.

[21] 王战民,曹喜营,张三华,等. 铝熔炼炉用耐火材料的现状与发展[J]. 耐火材料,2014,48(1):1~8.

[22] 张彬. 混凝土外加剂及其应用手册[M]. 天津:天津大学出版社,2012.

[23] 张艳利. 防缩剂在低水泥浇注料预制件中应用的探讨[C]//2017年全国耐火原料学术交流会论文集. 绍兴:2017.

[24] 王战民,赵谨,曹喜营,等. 致密耐火浇注料快速烘烤致爆裂研究[J]. 硅酸盐学报,2014,42(6):768~772.

第三篇　工艺与装备

11 耐火材料的生产工艺

本章系统介绍了耐火材料的生产工艺过程,从原料准备至制品烧成,包括原料的选矿与提纯、煅烧、破粉碎、筛分,坯料的配合和混练,耐火材料的成型方法及特点,坯体干燥以及烧成过程控制等。

11.1 耐火原料的加工

耐火原料可以分为两大类:天然原料和人工合成原料。大多数原生矿石不能直接用来制备耐火砖,一方面原料中伴生有非耐火矿物,需要借助于选矿和提纯提高原料纯度,降低低熔物杂质含量;另一方面,一些矿物在高温下会发生一系列的物理化学变化(分解、化合反应和烧结等),重量和体积会发生变化,引起砖的体积变化,甚至会出现大量的变形和开裂。因此对于天然原料一般经过选矿与提纯、烧结以及破粉碎等加工工序,才能用于制备耐火材料。

11.1.1 选矿与提纯

选矿是利用多种矿物的物理化学性质的差别,将矿物集合体的原矿粉碎并分离出多种矿物加以富集的操作。选矿过程包括选前矿物原料准备作业、选别作业及选后产品的处理作业。

选前矿物原料准备包括粉碎、筛分和分级,有时还包括洗矿。

矿物原料经粉碎后进入选矿作业,使有用矿物和脉石分离,或使各种有用矿物彼此分离。选别作业有重选、浮选、磁选、电选、拣选和化学选等。

重选是在介质流中利用矿物原料的密度不同进行选别。浮选利用各种原料颗粒表面对水的润湿性的差异进行选别。磁选利用矿物颗粒磁性的不同,在不均匀磁场中进行;在耐火原料选矿中,磁选大多用于除去铁、钛等杂质。利用矿物颗粒的电性不同在高压电场中进行的选别叫电选。拣选包括手选和机械拣选。化学选利用矿物化学性质的不同,采用化学方法或化学与物理相结合的方法分离和回收有用矿物。这种方法比普通物理选矿法适应性强,分离效果好,但成本较高,常用于处理用物理选矿方法难以处理或无法处理的矿物原料、中间产品或尾矿。

选后产品处理包括精矿、中间产品及尾矿的脱水、尾矿堆置和废水处理。

对于耐火矿物原矿采用哪种选矿方法,首先取决于矿物中各种矿物的物理性质,例如矿物的颗粒大小和形状、比重、润湿性、电磁性质、溶解度、加热时的性状等。对于同一类矿物原料由于产地差异其伴生矿物和杂质含量可能存在较大差异,因而选矿工艺流程和方法存在差异。

硅线石族矿物在耐火材料中使用非常广泛,在耐火材料中常起到非常重要的作用,硅线石族矿物主要赋存在石英质岩、片麻岩、伟晶岩、云母片岩和石英片岩中,是典型的变质型矿床,由于压力和温度等变质条件不同,而有蓝晶石、硅线石和红柱石。一般有用矿物含量较少,为5%~40%,杂质含量较高,必须经过选矿处理,否则不能用作耐火原料。

为了把红柱石从杂质中分离出来,首先通过水洗,可把红柱石含量提高50%,然后进行重介质选矿。通过重介质选出的红柱石精矿,经干燥便得到红柱石成品,南非百吨矿石可选出8~10t 红柱石成品。

美国东岭蓝晶石矿采用碱性浮选-强磁选工艺流程。我国河北卫鲁蓝晶石矿采用酸性浮选-弱磁选-强磁选联合流程。

硅线石比较好的选矿方法是预先洗泥,在苏打介质中用油酸浮选。从含硅线石20%的矿石中获得含硅线石95%的精矿。用磁选法从精矿中除掉黑云母和石榴石,最终能获得含硅线石99%的精矿。

菱镁矿是制备碱性耐火材料重要矿物原

料，化学式为 $MgCO_3$，其中 MgO 47.8%，CO_2 52.2%。提高矿石中 MgO 含量，减少杂质含量，可以改善镁质制品的性能。根据矿床和矿物性质不同，对菱镁矿可以采用手选、热选、浮选和化学处理法富集。有时也可以采用重介质选、光电选和磁选。我国菱镁矿主要采用浮选法脱除菱镁矿中的杂质。

鳞片石墨是含碳耐火材料的重要原料，鳞片石墨矿多采用粗精矿再磨再选的浮选流程，即先进行粗磨粗选，得到以连生体为主的低品位精矿，然后将低品位精矿再磨，再选得到精矿。

原料提纯是比选矿效果更好，使原料纯度更高的优化原料方法。例如用于制备氧化铝制品和刚玉耐火材料的拜尔法工业氧化铝，需要降低其中的 Na_2O 含量，通过加入硼酸或氯化物在高温下煅烧可以大大降低 Na_2O 含量，使氧化铝含量提高，其他杂质含量也降低，原料纯度提高。

原料预均化是一种宏观控制，它可保证原料在很大程度上达到均匀化，对于充分利用资源，保证优质原料的长期稳定供应具有非常重要的意义。原料预均化分为堆场和库两种。均化工艺对优质矾土熟料的生产起着重要作用，是保证原料成分和结构均匀，质量稳定的重要措施。均化过程中形成的均化链最重要的是矿山搭配开采、原料预均化和细磨三个环节，缺一不可。尤其是预均化，它是一种宏观上(几千吨乃至上万吨级)的控制，在均化链中起着至关重要的作用。大型企业多采用长形人字料堆的方式，中小企业，尤其是耐火原料企业宜采用简易方式。料仓式原料预均化库综合了各种方式的特点，均化效果好，用于优质矾土的生产，使 Al_2O_3 含量的波动可以控制在2%以内。

为充分利用大量中、低品位高铝矾土、混级矿和碎矿，甚至是用后高铝砖制备系列矾土基均化料，国内外一些原料供应商采用不同的工艺路线生产高铝均化料。均化料可以实现高铝矿山大规模机械化开采，形成采、烧一整套适应资源特点的现代化生产系统。典型的工艺路线如图11-1所示。目前，主要有半干法和湿法生产两种工艺。相比之下，湿法合成工艺的均化程度好，Al_2O_3 的波动可以稳定在±1%以内；粉料容易磨细，两级串联高强电磁湿法除铁可以除掉原料中40%以上氧化铁，再有湿法磨细后物料比表面积大，煅烧温度比干法低30~50℃，体积密度高0.1~0.2g/cm³。

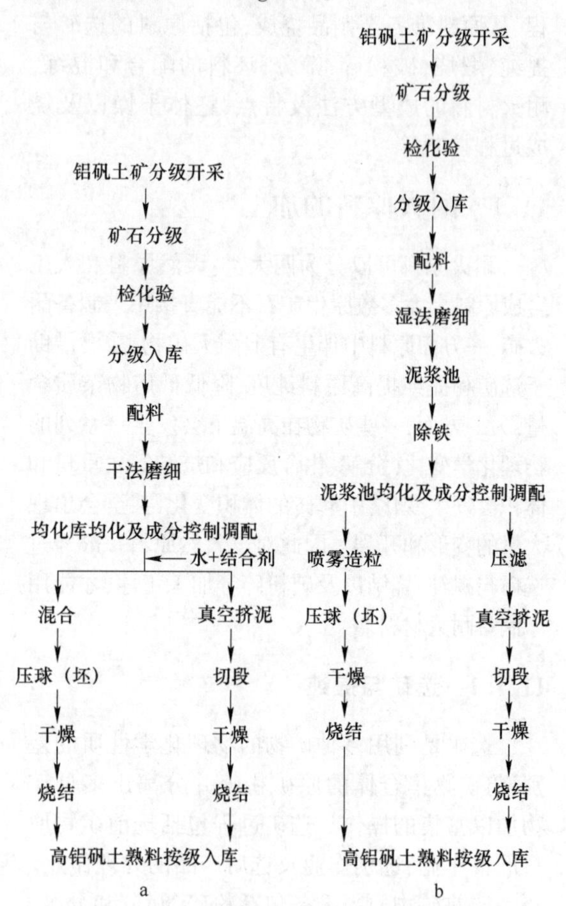

图11-1　高铝均化料的生产工艺流程
a—半干法；b—湿法

11.1.2　原料的煅烧

原料煅烧时产生一系列物理化学变化，形成瘠性料，作为坯料，能够改善制品的成分和结构，保证制品的体积稳定和外形尺寸的准确性，提高制品的性能。

原料煅烧过程中主要发生两大变化：其一是物理化学变化，根据原料不同可能涉及吸附水、结晶水以及有机物的排出，分解反应、相变、固相反应等。其二是烧结，作为耐火材料，不但天然原料需要烧结,合成原料也需要烧结,不同原料的烧结存在很多共性。

烧结的基本推动力是系统表面自由能的减少,通过物质迁移而实现的。主要的传质形式有流动传质、固相传质、液相传质和气相传质。影响烧结的因素主要有如下三个方面:(1)原料的颗粒尺寸与分布以及晶体的完整程度。通常,颗粒尺寸越小,晶体的缺陷越多,则越容易烧结。(2)添加物的种类和数量。添加物的作用是与主烧结相形成固溶体活化晶体,或生成液相而加速传质过程,或抑制晶粒长大、控制相变等。(3)烧结工艺条件。如烧结温度与保温时间、升温速度与气氛、坯体密度等均对烧结有较大影响。

有的耐火原料很难烧结,因为物料具有较大的晶格能和较稳定的结构,质点迁移需要较高的活化能,即活性较低之故。例如,高纯天然白云石真正烧结需要1750℃以上的高温,而提纯的高纯镁砂,需1900~2000℃以上才能烧结。这对高温设备、燃料消耗等方面都带来了一系列新问题。所以,根据原料特点和工艺要求,提出了原料的活化烧结、轻烧活化、二步煅烧及死烧等概念。

早期的活化烧结是通过降低物料粒度,提高比表面和增加缺陷的办法实现的,把物料充分细磨(一般小于10μm),在较低的温度下烧结制备熟料。但是,单纯依靠机械粉碎来提高物料的分散度,毕竟是有限的,能量消耗大大增加。于是,开辟了新的途径,例如用化学法提高物料活性,研制降低烧结温度促进烧结的工艺方法,提出了轻烧活化,即轻烧-压球(或制坯)-死烧。

为了使高纯原料如高纯镁砂烧结,曾采取提高煅烧温度,例如采用新型窑炉,改进烧嘴结构,提高空气的预热温度以及富氧鼓风等措施,把窑温提高到1900~2000℃,仍不能把$Mg(OH)_2$滤饼或使荒坯烧结成体积密度大于3.0g/cm^{3}的粒状镁砂。20世纪60年代的研究证明,“二步煅烧”有明显的效果,在1600℃以下,可制成高纯度、高密度的烧结镁砂,MgO含量高达99.9%,密度可达3.4g/cm^3。这样就基本解决了高纯镁砂(杂质总含量<2%)的烧结问题。这种工艺也逐渐推广到由浮选天然镁精矿制取高纯高密度镁砂上。

如前所述,轻烧的目的在于活化。菱镁矿加热后,在600℃出现等轴晶系方镁石,650℃出现非等轴晶系方镁石,等轴晶系方镁石逐渐消失,850℃完全消失。这些MgO晶格,由于缺陷较多,活性高,在高温下加强了扩散作用,促进了烧结。轻烧温度对活性有很大的影响,它直接关系到熟料的烧结温度及体积密度。试验指出,低温分解的$Mg(OH)_2$,具有较高的烧结活性,MgO雏晶尺寸小,晶格常数大,因而结构松弛且具有较多的晶格缺陷。随着分解温度升高,雏晶尺寸长大,晶格常数减小,并在接近1400℃时达到方镁石晶体的正常数值。一般来讲,对于已确定的物料,总有一个最佳轻烧温度。$Mg(OH)_2$的轻烧温度通常为900℃左右,轻烧温度过高会使结晶度增高,粒度变大,比表面积和活性下降;轻烧温度过低则可能有残留的未分解的母盐而妨碍烧结。

二步煅烧对制备高纯度高密度的镁砂、合成镁白云石砂开辟了新的途径。但是,二步煅烧与一次烧结相比,工艺过程较复杂,燃耗较大,所以,对于纯度不高的物料,如杂质总量达于4%的镁砂,可不必强调采用二步煅烧工艺。

物料达到完全烧结称死烧。

为了节能降耗,鉴于耐火材料通常侵蚀和损毁首先从基质开始,无论骨料是否损毁都会因变质层热物理化学性能变化产生剥落等而损毁,故致密骨料适当轻量化应该不会大幅度降低耐火材料的强度和抗介质侵蚀性能。为此在耐火材料界提出轻量耐火材料的概念,以区别于轻质耐火材料和重质耐火材料,通过引入具有较高气孔率(尤其是闭气孔率)骨料代替致密骨料,制备致密度高于轻质而低于重质耐火材料的一类耐火材料用于热工窑炉工作衬,意在不太影响耐火材料高温使用性能的前提下,达到保温隔热、节能降耗的目的。

轻量骨料是制备轻量耐火材料的主要组分,从一般意义上讲,使用轻量骨料代替致密骨料是轻量耐火材料区别于重质耐火材料的一个主要特点。从耐火材料使用角度，要求轻量骨料除了具有较低的体积密度和热导率、较高的闭气孔率外，其应具有较低的开口气孔率和吸水率。轻量骨料的制备方法包括：部分烧结法、造孔剂烧失法、反应物原位分解造孔法、发泡法、引入纳米粒子烧结法、放电等离子体烧结法等。

11.1.3　原料的破粉碎、细磨

进入工厂的耐火原料，块度相差较大，有350mm的大块，也有粉末状的，形状也存在较大差别。由生产实践和理论计算表明，耐火材料通常有大、中、小颗粒组成的泥料才能获得致密的坯体，因此耐火原料需要破粉碎和细磨。

原料的破粉碎就是用机械方法对物料施以外力，克服固体物料质点之间的内聚力，将大块物料分裂成小块或细粉的过程。破粉碎的目的是将块状物料制备成具有一定粒度组成的颗粒或细粉，满足耐火材料配料对粒度组成的需求，有助于将不同配合的物料混合均匀；增加物料的比表面积和物理化学反应活性，促进烧结。

破粉碎的方式大致可分如下四种：挤压、冲击、磨碎和劈裂。各种破粉碎机械的作用，都是以上几种方式的组合。破粉碎一般分三阶段，粗碎从300mm破碎到50～75mm，中碎从50～75mm破碎到3～5mm，磨细则从5～10mm破碎到小于或等于0.088mm。

根据设备和工艺要求的不同，破粉碎操作一般可分为如下3种方式：

(1)间歇式破粉碎：物料一次装入磨机进行粉碎，根据工艺要求的粒度停磨出料。一般试验室小型球磨机等常用此法。这种方法的缺点是粉碎效率低，能量消耗大，过粉碎现象严重。粉碎方式如图11-2所示。

(2)开回路粉碎：入料端连续加料，出料端不断出料。一般粉碎比不大的粗碎机(如颚式)，多采用这种粉碎方式。

(3)闭回路粉碎：这种方法是物料连续加入破碎机，出料后经筛分机分级，不合格的物料，再重新进入破碎机。

闭回路粉碎与开回路粉碎相比，有以下

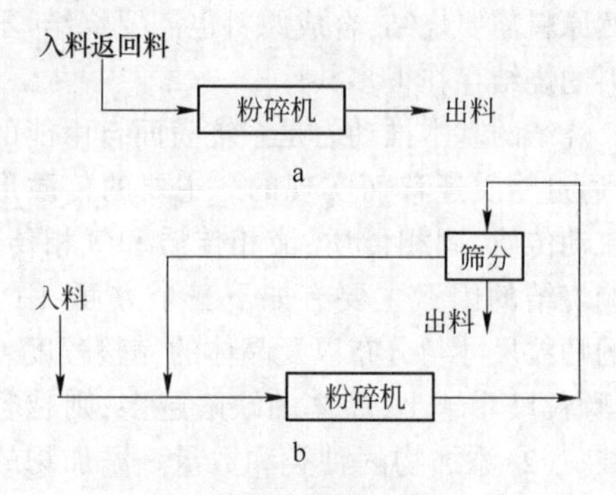

图11-2　粉碎方式
a—开路粉碎；b—闭路粉碎

优点：

(1)粉碎能力增大45%～90%；

(2)单位重量的粉碎产物所需动力减少37%～70%；

(3)破碎机摩擦损耗减少50%。

通常粗破碎和细磨采用开路流程，细破碎采用闭路流程，通过筛分控制临界颗粒尺寸，以获得不同粒度组成的颗粒料。

耐火材料工厂一般粗破碎选用颚式破碎机，细碎可选用圆锥破碎机、冲击式或反击式破碎机等；原料的磨细可选用球磨机(或筒磨机)、振动磨或雷蒙磨等。

11.1.4　原料筛分

耐火原料经破粉碎后，一般是大中小颗粒连续混在一起。为了获得符合配料颗粒尺寸要求的物料，需要进行筛分。

筛分是指破粉碎后的物料，通过一定尺寸的筛孔，使不同粒度的物料进行分离的工艺过程。筛分过程中，通常将通过筛孔的物料叫筛下料，残留在筛上的物料为筛上料。

根据生产工艺需求，借助于筛分可以把颗粒组成连续的物料，筛分为具有一定粒度上下限的几种颗粒组分，如3～1mm，1～0.5mm，小于0.5mm等组分。有时仅筛分出具有一定粒度上限的物料组分。要达到上述要求，关键在于确定筛网的层数和选择合理的筛网孔径。前者可采用多层筛，后者可采用单层筛。

筛分时，筛下料的粒度组成不仅取决于筛孔尺寸，同时也与筛子的倾斜角、物料沿筛面的

运动速度、运动方式、筛孔形状、物料水分和颗粒形状等有关。

目前耐火生产用筛分设备主要有振动筛和固定筛两种,前者筛分效率较高,筛分效率可达90%以上,后者较低,一般在50%~60%。

11.1.5　原料的贮藏

耐火原料经破粉碎、细磨和筛分后,一般存放在贮料仓内供配料使用。物料贮存在料仓中的最大问题是颗粒偏析。因为在粉料颗粒中一般都不是单一粒级,而是由一定的粒度组成,当粉料卸入料仓时,粗细颗粒开始分层,细粉集中在卸料口的中央部位,粗颗粒则滚到料仓周边。当从料仓中放料时,中间料先从料口流出,四周的料随料层下降,而分层流向中间,然后从料口流出而造成颗粒偏析。

目前生产中解决颗粒偏析的方法主要有以下几种:

(1)对粉料进行多级筛分,使同一料仓内物料粒度差值较小。

(2)保持料仓内物料在三分之二容积以上。

(3)增加加料口,即多口上料。

11.2　坯料的制备

生产耐火材料的坯料是按一定比例配合的各种原料的粉料,在混练机混练过程中加入水或其他结合剂而制得的混合料。它具有坯体成型所要求的性能,如可塑性、结合性、流动性和充填性等。坯料制备工序包括配料和混练两个工艺过程。

11.2.1　配料的基本原则

根据耐火制品的性能要求和工艺特点,将不同材质和不同粒度的物料按一定比例进行配合的工艺称为配料。

确定坯料的配合比例时,主要考虑制品的性能要求,保证制品达到规定的性能指标;经混练后坯料具有必要的成型性能,同时还注意合理利用原料资源,降低成本。

坯料组成的确定:包括耐火制品主原料、辅助成分和添加剂的种类和比例的确定。主原料的类别主要根据满足工艺要求和制品的性能指标来确定。要求主原料能够承受足够高的使用温度和良好的抗环境侵蚀性能等。辅助成分和添加剂常是为了改善制品的使用性能、便于制品制备或益于制品组成、结构和性能控制等原因引入的成分,其引入种类和数量是在一定的理论指导和试验基础上确定的。配料中各种材质确定以后,材质的引入性质和粒度对最终制品的结构和性能有很大的影响。

配料颗粒组成的含义包括颗粒的临界尺寸、各粒级的百分含量等。坯料的颗粒组成的确定应充分考虑如下几个方面:

(1)能保证坯料具有尽可能大的堆积密度。

(2)满足制品性能要求,如要求热震稳定性好的制品,应在坯料中适当增加颗粒部分的数量和增大临界粒度;对于要求抗渣性好的制品,应使颗粒堆积满足最紧密堆积,便于得到致密烧结体。

(3)原料性质的影响,如在硅砖坯料中,要求细颗粒多些,使砖坯在烧成时易于进行多晶转化;而镁砖坯料中细颗粒过多则易于水化,对制品质量不利。

(4)满足后续工序的工艺要求,不同的成型方法,对泥料的颗粒组成要求存在很大差异,除此之外还应考虑到利于制品的烧成,获得所要求的显微结构和组成。

配制坯料的方法一般有容积法和重量法两种。容积配料是按物料的体积比来进行配料,各种给料机均可作为容积配料设备。容积配料一般多用于连续配料,其缺点是精确性较差。而重量法配料精确度较高,一般误差不超过2%。

11.2.2　混练

混练是使不同组分和粒度的物料同适量的结合剂经混合和挤压作用达到分布均匀和充分润湿的泥料的制备过程。

影响坯料混练的因素很多,如合理选择混练设备,适当的混练时间,以及合理选择结合剂并适当控制其加入量等,都有利于提高坯料的混练均匀性。另外,加料顺序和粉料的颗粒形状对坯料的均匀性也有影响,如近似球形颗粒内摩擦力小,在混练过程中相对运动速度大,容易混练均匀,棱角状颗粒的内摩擦力大,不易混练均匀,故与前者相比需要较长的混练时间。

泥料的混练质量对成型和制品性能影响较大,在实际生产中,通常以检查坯料的颗粒组成和水分含量来评定其合格与否。混练质量好的泥料,细粉形成一层薄膜均匀地包围在颗粒周围,水分分布均匀,不但存在于颗粒表面,而且渗入颗粒的孔隙中,泥料密实,具有良好的成型性能。如果泥料的混练质量不好,则用手摸料时有松散感,这种泥料的成型性能较差。

采用对流强化混合技术是混练设备的发展方向。使泥料对流运动、强化混合是保证搅拌均匀、提高混练质量的先进技术。目前国内外先进高效的混合机都设有一个中速混合器转子,它的旋转方向和碾盘运转方向相反,在碾轮、刮板的配合下进行含有研搓、碾挤、对流的强化逆流混合,使物料得以迅速充分搅拌均匀。多功能型的混合机,机械运动方式多,对泥料的混合有推挤、碾压、搓揉、对流和加热等。混练部件的运动方式由一般圆周运动发展到行星式运动、三维运动、螺旋式升降对流、螺旋式圆周推进和逆向圆周运动,确保了混练质量,提高了混练功效。

混练设备有:湿碾机、强力逆流混合机、高速混合机、行星式强制混合机、双锥型混合机、螺旋锥型混合机、桨叶搅拌机等。

11.2.3　困料

“困料”就是把初混后的坯料在适当的湿度和温度下储放一定时间。困料时间的长短,主要取决于工艺要求和坯料的性质。

困料的作用随坯料的性质不同而异,如黏土砖是为了使坯料中的黏土进一步分散,从而使结合黏土和水分分布得更加均匀些,充分发挥结合黏土的可塑性和结合性能,以改善坯料的成型性能。而对氧化钙含量较高的镁砖坯料进行困料,则为了使氧化钙在坯料中充分消化,以避免成型后的砖坯在干燥和烧成初期由于氧化钙的水化而引起砖坯开裂。又如,对用磷酸或硫酸铝作胶结剂的不烧砖进行困料,主要是去除料内化学反应产生的气体等。对于蜂窝陶瓷、高温窑具的生产泥料常需要较长时间的困料,使坯料液体结合剂分布更加均匀,提高泥料的均匀性和成型性。

11.3　成型

耐火坯料借助外力和模型,成为具有一定尺寸、形状和强度的坯体或制品的过程叫成型。

成型是耐火材料生产过程的重要环节。耐火材料的成型方法很多,多达十余种。按坯料含水量的多少成型方法可分为如下3种:(1)半干法,坯料水分5%左右;(2)可塑成型,坯料水分15%左右;(3)注浆法,坯料水分40%左右。

对于一般耐火制品,大多采用半干法成型。至于采用什么成型方法,主要取决于坯料性质、制品形状尺寸以及工艺要求,可塑法有时用来制造大的异型制品,注浆法主要用来生产空薄壁的高级耐火材料。除上述方法外,还有振动成型、热压注成型、熔铸成型以及热压成型等。

11.3.1　机压成型

使用压砖机将坯料压制成坯体的方法。一般机压成型均指含水量为4%~9%的半干料成型方法,因而也称半干法成型。常用的设备有摩擦压砖机和液压机等。

成型过程实质上是一个使坯料内颗粒密集和空气排出、形成致密坯体的过程。机压成型的砖坯具有密度高、强度大、干燥收缩和烧成收缩小、制品尺寸容易控制等优点,所以该法在耐火材料生产中占主要地位。机压成型是为获得致密的坯体,必须给予坯料足够的压力。这压力的大小应能够克服坯料颗粒间的内摩擦力,坯料颗粒与模壁间的外摩擦力,由于坯料水分、颗粒及其在模具内填充不均匀而造成的压力分布不均匀性。这三者之间的比例关系取决于坯料的分散度、颗粒组分、坯料水分、坯体的尺寸和形状等。虽然压力与坯体致密化的关系由若干理论公式可供计算,如坯体气孔随压力成对数关系而变化等,但通常用试验方法近似地确定坯体所需的单位面积压力,并依此决定压砖机应有的总压力。

机压成型对坯料要求除水分应有一定的波

动范围外，对其颗粒度也有一定的要求，如应有合理粒级配比，堆积密度尽可能大。一般临界粒度为3~5mm，小于0.088mm的细粉含量应在35%~45%范围内。

机压成型的砖坯最易出现的缺陷是层裂和层密度现象。层裂是在加压过程中形成的垂直于加压方向的层状裂缝。坯料水分过高、细粉过量、结合剂过少及压力过高都会导致层裂的产生。因此，在生产中必须对这几方面的参数加以控制。层密度现象即成型后砖坯的密度沿加压方向逆变。由上方单向加压的砖坯一般是上密下疏，同一水平面上是中密外疏。这是由于坯料颗粒间的摩擦力和坯料与模壁间的摩擦力而造成的压力递减所致。采用双面加压及在模具四壁涂润滑油降低外摩擦力的方法，可减少此种现象并降低坯体的气孔率。

成型设备要根据制品的质量要求、形状、尺寸和生产数量等进行综合考虑。形状简单、数量多、质量要求较高的制品可采用公称压力不低于300t的摩擦压砖机；厚度较大或形状较复杂而生产量大的制品，采用高冲程摩擦压砖机成型。当制品规定了显气体率下限指标时，应选用压力较小的压机。

机压成型设备中，使用较多的是摩擦压砖机，常用的摩擦压砖机有公称压力为700kN、1600kN、2000kN和3000kN等，高压力的摩擦压砖机为6000kN、7500kN、8000kN、10000kN、20000kN或更高。使用摩擦压砖机压制砖坯时，应严格执行先轻后重的操作方法，以利于坯料中空气的排除。通过控制加压次数和最大冲击力来保证砖坯的质量。用液体传递能量的液压机的压力比较稳定，不受外界条件的影响，便于控制。液压机加压一般没有冲击现象，在设备的公称压力相同时，液压机的加压实际效果约为摩擦压机的一半，因此应以摩擦压机公称压力的一倍来选定液压机的公称压力。利用浮动加压，液压机可较方便地实现双面加压，减少层密度现象。在实施压机自动化方面，液压机较为方便。

随着含碳耐火材料在钢铁工业的广泛使用，MgO-C砖、$MgO-Al_2O_3-C$砖、$Al_2O_3-SiC-C$砖等含碳耐火材料需要引入石墨、抗氧化剂等组分，加之，砖坯尺寸的增大，需要大吨位压砖机成型。为了便于坯料内空气的排除和石墨料的压实，在高吨位的压力机中增设抽真空装置，取得了明显的效果。

成型模具由金属制成，要求模具具有高的耐磨、耐压和好的抗冲击性能。模具的材质主要有碳素钢、合金钢、硬质合金镶嵌结构等。对设计和制作模具有以下要求：

(1)缩放尺率。为保证砖坯在干燥和烧成后有准确的外形尺寸，根据不同砖种和坯料，通过试验来决定成型时的缩放尺率。除硅砖以外的砖料，干燥或烧成后体积均会收缩，所以在设计模型时应适当放大尺寸。一般的黏土砖、高铝砖、镁砖等放尺率为0.5%~2.5%。硅砖因在烧成时体积发生膨胀，制造模具时应缩小尺寸，一般缩尺率为3%~4%。

(2)锥度。模板安装应有锥度，以便于脱模。一般的模型应上口大，下口小，锥度约为千分之五。

(3)厚度超过150mm的制品，应考虑使用双面加压模具。

(4)坯料在受压时有一定的压缩比，在设计模具时应按压缩比决定其高度，一般压缩比约在2以内。

11.3.2 可塑成型

可塑成型是指用可塑性泥料制成坯体的方法。在耐火原料中，软质黏土加水调和后具有可塑性。可塑性在一定范围内随水分的增加由弱变强，因此，用于可塑性成型法的泥料应含相当数量的软质结合黏土(一般为40%以上)和一定的水分(一般为16%以上)。

可塑成型所用设备多为挤泥机和再压设备，有时用简单工具以手工进行，称手工成型法。采用手工成型时，坯料有时不含有黏土，如镁砖及硅砖用卤水或石灰乳作为成型塑化介质。这时手工成型料的含水量也较低，水分含量近于半干成型坯料含水量的上限。

在用挤泥机生产时，将制备好的泥料放入挤泥机中，挤成泥条，然后切割，按所需尺寸制成毛坯,再将毛坯用压砖机压制,使坯体具有规定的尺寸和形状。坯料的含水量与原料性质、制品要求有关。水分可按坯料中软质黏土的多少及其可塑性强弱进行调整。挤泥机的临界压力与坯料的含水量有关,水分越大,挤泥机的临界压力便越低。可塑成型法多用来生产大型或特异型耐火制品。与半干法相比,其缺点是坯体水分大,砖坯强度低,外形尺寸不准确,干燥过程复杂,收缩有时达10%以上。因此,在耐火制品生产中,除部分制品外,一般很少采用。

11.3.3　注浆成型

在溶剂量比较大时,形成含陶瓷粉料的悬浮液,具有一定的流动性,将悬浮液注入模腔得到具有一定形状的毛坯,这种方法称作注浆成型。

为了保证注浆坯体的质量,注浆用浆料必须满足以下要求:(1)黏度小,流动性好,以保证料浆充满型腔;(2)料浆稳定性好,不易沉淀与分层;(3)在保证流动性的前提下,含水量应尽量少,以避免成型和干燥后的收缩、变形、开裂;(4)触变性要小,保证料浆黏度不随时间而变化,同时在脱模后坯体不会在外力作用下变软;(5)料浆中的水分容易通过已形成的坯体被模壁吸收;(6)形成的坯体容易从模型上脱离,并不与模型反应;(7)尽可能不含气泡,可在浇注前对料浆进行真空处理。

可采用空心注浆和实心注浆的方法进行注浆成型。空心注浆又叫单面注浆,所使用的石膏模没有型芯。将调制好的陶瓷浆料注满模型后,经过一段时间后,模型内壁黏附具有一定厚度的坯体后将多余浆料倒出,坯体形状在模型内固定下来。这种方法用于浇铸小型薄壁产品;实心注浆是将陶瓷浆料倒入外模与型芯之间,坯体的外部形状由外模决定,内部形状由型芯决定。这种方法适用于内外形状不同和大型、厚壁的产品,由于模型从两个方向吸取水分,靠近模壁处坯体较致密,坯体中心部位较疏松,因此要求浆料的浓度和注浆操作都比较严格。

为了提高注浆浇注速度和坯体的质量,还可以采用压力注浆、离心注浆和真空注浆等新工艺方法。压力注浆采用重力或压缩空气将浆料注入模型,压力注浆可以缩短吸浆时间,减少坯体的干燥收缩,并减少脱模后坯体的残留水分;离心注浆是在模型旋转的情况下,将料浆注入模型,在离心力的作用下料浆紧贴模壁坯体,这种方法得到的坯体厚度均匀,变形较少;真空注浆可以在石膏模外抽取真空,也可以在真空室中负压下注浆,都可加速坯体成型。真空注浆可减少气孔和针眼,提高坯体强度。

11.3.4　等静压成型

等静压是指在常温下对密封于塑性模具中的粉料各向同时施压的一种成型工艺技术。与前述常规机械模压相比,在等静压过程中粉料颗粒与塑性包套接触的表面在成型期间无相对位移,不存在模壁摩擦作用,即使对于塑性包套中有刚性模件的情况,其粉料颗粒与刚性模表面之间的摩擦作用也远远低于常规模压。可以认为,在等静压过程中,成型压力不受或很少受到模壁摩擦力的抵消,成型压力通过包套壁在各个方向作用于粉料,因此所得到的坯体密度比常规模压高,而且均匀。

等静压成型分湿袋和干袋法两种。对于湿袋法成型前,在压机外对模具装粉组装,抽真空密封后放入高压缸中,直接与高压液体介质接触,成型后从高压缸中取出模具,脱模得到坯体。其操作工序多,适用于生产多品种、复杂形状、产量小、大型制品;对于干袋法成型前,弹性模具直接固定在高压缸内,并用带孔钢罩支撑,粉料直接装入干袋模中,如果需要排出粉料中的气体,可采用振动装置或真空泵,加压时液态介质注入缸内壁与模具外表面之间,对模具各向同时均匀加压。干袋法适合生产形状简单、批量大的小型产品。

等静压的加压过程由三个阶段组成。第一阶段:升压阶段。升压速度应该力求快而平稳,升压速度的快慢由设备能力与欲成型坯体大小所决定。压制塑性粉料时应采用较低的最高成型压力,压制硬而脆的粉料时则应采用尽可能高的压力。第二阶段:保压阶段。保压可增加颗粒的塑性变形，提高坯体密度，在实际生产中保压时间一般为几分钟，不超过10min，坯体截面较大时保压时间可长些。但有研究表明，当采用厚壁模型进行均衡压制时，保压有降低坯体密度的趋势。一般来说，最佳保压时间为40～60s。第三阶段：卸压阶段。在等静压成型工艺中，卸压速度是一个十分重要的工艺参数。对小型坯体来说，卸压速度没有多少区别。但对于大型坯体，卸压速度控制不当，则会由于坯体中残余气体的膨胀、压制坯体的弹性后效、塑性模套的弹性回复造成坯体开裂，一般应控制卸压速度，以免这些现象的产生。

等静压成型用各种包套材料特性见表11-1，等静压坯体经常产生的缺陷以及原因见表11-2。

表11-1　各种包套材料的特性

性能		天然橡胶（模压）	天然橡胶（乳胶）	异丁（烯）橡胶	聚氯乙烯	聚氨酯	氯丁（二烯）橡胶	橡胶	硅橡胶
抗拉强度/MPa		20.5	20.5	13.5	13.5～20.5	27.5	13.5	10.5	7.0
硬度HSA		30～90	40	40～75	65～72	20～98	40～95	40～95	40～85
室温伸长率/%		100～700		100～700	270	100～700	100～700		50～800
抗撕裂能力		良	良	良	中或良	优	良	中	差
耐磨性能		优	良	良	中	优	良	良	差
回弹性能		优	优	差	差	良	良	中	优
耐压能力		良	中	中	差	差	良	良	中
压缩永久变形/%			15～35			5～35	20～50		5～30
耐溶性能	脂肪族碳氢化合物	差	差	差	中	优	良	优	差
	芳香族碳氢化合物	差	差	差	中	差或良	中	良	差
	充氧的碳氢化合物	良	良	良	中	差	差	差	中
耐油性									
润滑油		差	差	差	差或良	优	良	良	中
汽油		差	差	差	差	优	中	优	中
动植物油		良	良	优	差	优	良	优	中
耐热性能		良		优	良	差	优	优	优

表11-2　冷等静压坯体主要缺陷及原因

项目	缺　陷	成　因
湿袋法	细颈	包套：无支撑，壁太薄；粉料：填充不足，填后沉降
	层裂	包套：材料不合适，壁太厚；卸压过快；混料不匀；坯体强度低
	表面不规则	包套：无支撑，壁薄，厚薄不均，外支撑孔大；粉料：填料不均，偏析
	掉边掉角	包套：材料不合适；坯体圆角半径小；坯体强度低
	香蕉状弯曲	包套：无支撑；粉料延性大
	端头喇叭状	包套：用刚性端塞密封，粉料填充密度低；成型压缩比太大

续表 11-2

项目	缺 陷	成 因
干袋式	细颈	粉料:填充不足,填后沉降
	端部锥状破裂	卸压时包套或压机冲头移动
	横向层裂	坯体弹性后效大
	轴向裂纹	卸压过快,模具发生冲击,粉料中黏合剂过量

等静压成型有以下特点:

(1)坯体密度高,均匀性好,烧成收缩小,不易变形、开裂。

(2)可以制造大型、异型制品。

(3)坯体不必加黏结剂,只有少量水分的粉料即可,含水量以1%~4%为好。因此,有利于烧成,降低制品的气孔率,提高机械强度,不易产生变形、开裂的废品。

(4)生坯机械强度大,可以满足毛坯处理和机加工的需要。

(5)不需要金属模具,模具制造方便,成本低。

连铸三大件,即长水口、浸入式水口和整体塞棒在炼钢生产中处于十分重要的位置,它们质量的高低对于连铸乃至钢厂生产的连续性与稳定性具有重要意义。由于外形的特殊性,连铸三大件一般采用冷等静压成型。成型时,将配合料放入橡胶或塑胶制成的模型内,再将模型与料一起放置到密闭容器中,利用液压方式向模型与物料施加各向同等的压力,在高压作用下,制品得以成型并致密化。为了防止物料偏析,在将物料加入模型之前,常常用树脂等结合剂将刚玉与石墨等组分制成小球状颗粒,通过造粒,以保证成分均匀和物料的良好流动性,使成型的坯体成分和密度均匀。

11.3.5 振动成型

振动成型时泥料在振动作用下,大大减少了泥料内部以及泥料对模板的摩擦力,泥料颗粒具有较好的流动性,具有密聚和填满砖模各部位的能力,能在很小的单位压力作用下就能得到较高密度的制品。作为振动成型装置的激振器(或称振动器、振动子)有机械的、气压的或液压的,目前以机械式的激振器居多。

振动成型具有下列优点:设备结构简单,易于自制,造价低,所需动力较小,操作简单,易于维修;在正确选择工艺参数和振动成型参数的条件下,所成型的砖坯密度较高且比较均匀,气孔率较低,耐压强度高,外形规整,棱角完好;废品率较低;采用振动成型时,对砖模的压力和摩擦力很小,故对模板的材质要求不高,且使用寿命较长。但是振动成型设备的零部件都应具有较高的强度和刚度,要采用抗振基础;振动成型设备的噪声较大,必须采用隔音设备等。

振动成型方法的原理是物料在每分钟3000次左右频率的振动下,坯料质点相撞击,动摩擦代替了质点间的静摩擦,坯料变成具有流动性的颗粒。由于得到振动输入的能量,颗粒在坯料内部具有三度空间的活动能力,使颗粒能够密集并填充于模型的各个角落而将空气排挤出去,因此,甚至在很小的单位压力下能得到较高密度的制品。在成型多种制品时,振动成型能够有效地代替重型的高压压砖机,成型那些需要手工成型或捣打成型的复杂的异型和巨型大砖,大大提高了劳动生产率,减轻劳动强度。振动成型也适于成型比重相差悬殊的物料和成型易碎的脆性物料。由于成型时物料颗粒不受破坏,所以适于成型易水化的物料,如焦油白云石、焦油镁砂料等。

振动成型机的结构和形式有很多种,其中以"加压振动式"最为简单实用,我国有些工厂用这种振动成型设备生产焦油白云石等转炉炉衬大砖。

采用振动成型时,工艺因素和振动过程参数对制品性能影响很大,试验表明,振动成型时,振动力、结合剂种类、结合剂数量、水分、颗粒级配、加压重锤的类型和质量等对制品的性能都有影响。

11.3.6　捣打成型

捣打成型是用捣锤捣实泥料的成型方法。捣打成型适用于半干泥料，采用风动或电动捣锤逐层加料捣实。

用风动捣锤时，动力为压缩空气。空气压缩机给出的压力为0.7～0.8MPa时，即可使断面积为$60cm^2$的捣锤作用下的坯料能够在单位表面积上受到使泥料足够致密的压力；在空气压缩机生产率为$10m^3/min$的情况下，可同时安排6～7个工人操作，一个气锤的生产率可达200kg/h。

捣打成型既可在模型内成型大型和复杂型制品，也可在炉内捣打成整体结构，捣打的模型可用木模型或金属模型。

捣打成型的泥料水分一般在4%～6%范围内，在生产大型制品时，泥料的临界粒度应比机压成型适当增大，如6～9mm，以提高坯体的体积密度。捣打成型由于是分层加料，在加料前必须将捣打坚固的料层扒松，然后进行加料捣打。

捣打成型操作劳动强度大，使用悬挂式减震工具可适当改善操作条件。

11.3.7　挤压成型

挤压成型是将可塑料用挤压机的螺旋或活塞挤压向前，通过机嘴成为所要求的各种形状。挤压成型适宜成型各种管状产品、柱状产品和断面规则的产品(如圆形、椭圆形、方形、六角形等)，也可用来挤制长100～200mm、厚0.2～3mm的片状膜，半干后再冲制成不同形状，或用来挤制100～200孔/cm^2的蜂窝状、筛格式穿孔制品。挤压成型具有污染少，效率高，操作易于自动化，可连续生产优点；但挤嘴结构复杂，加工精度要求高，同时由于溶剂和塑化剂加入较多，坯体干燥与烧成时收缩大。

挤压时，过大的挤制压力将产生大的摩擦阻力，设备负担重；压力过小则要求可塑料含水量大，会造成坯体强度低、收缩大。挤制压力主要决定于机嘴的锥角，锥角大，阻力大，需要更大推力；锥较小，阻力小，挤出毛坯不致密，强度低。为了保证坯体的光滑和质量的均匀，机嘴出口处有一定型带，其长度与机嘴出口径值有关，一般为直径的2～2.5倍。定型带长，内应力大，坯体易出现纵向裂纹；定型带短，挤出的坯体会产生弹性膨胀，导致出现横向裂纹，且挤出的坯料容易摆动。当挤制压力固定后，挤出速率主要决定于转速和加料速度，坯体的弹性后效在挤出速率过快时易造成坯体变形。在挤出管子时，壁厚与管径有一定比例关系，过薄的管壁易变形，表11-3为供参考用的管径与壁厚关系。

表11-3　挤压成型时管径与壁厚关系

外径/mm	3	4～10	12	14	17	18	20	25	30	40	50
壁厚/mm	0.2	0.3	0.4	0.5	0.6	1.0	2.0	2.5	3.5	5.5	7.5

挤压成型要求粉料粒度较细，外形要圆，以长时间小磨球球磨的粉料为好；同时要求塑化剂用量要适当，否则影响坯体质量。

挤压成型易出现的缺陷是：(1)塑化剂加入后混练时混入的气体会在坯体中造成气孔或混料不匀造成挤出后坯体断面出现裂纹；(2)坯料过湿，组成不均匀或承接托板不光滑造成坯体弯曲变形；(3)型芯和机嘴不同心造成管壁厚度不一致；(4)挤压压力不稳定，坯料塑性不好或颗粒定向排列易造成坯体表面不光滑。

11.3.8　熔铸成型法

物料熔化后浇铸成型的方法。熔铸法制造耐火制品一般使用配有调压变压器的三相电弧炉。砖料在电弧炉内熔化，然后将熔液倒入耐高温的模型中，经冷却、退火后切割成所需形状的制品。

熔铸耐火材料具有晶粒大、结构致密、机械强度高、耐侵蚀等一系列优良性能。可以制造尺寸大的制品，主要用于玻璃熔窑。玻璃工业用熔铸耐火材料有锆刚玉和纯刚玉质的。

制造熔铸耐火材料的配合料有粉状和粒状两种。其中粒状料不产生粉尘飞扬，可用于容量大的电炉生产，物料组成准确，投料可机械化。配合料的熔化在电弧炉中进行，利用电弧放电时在较小空间集中巨大的能量而获得3000℃以上的高温，将物料很快熔化。浇铸时倾斜炉体，使熔液从出料口流出，经流料槽流入预制和装配好的耐火模型中。模型可用石英砂、刚玉砂或石墨板制成，要求模型具有不低于1700℃的耐火性能、好的透气性和耐冲击强度、与熔体不产生反应以及良好的抗热震稳定性。

在电热熔化过程中，物料组成会发生变化，如在高温下 SiO_2 挥发，以及 Fe_2O_3 受碳电极的还原形成金属铁等。铸件在降温过程中，由于表皮部分温度急剧下降，而中心部分硬化速度较慢，在铸件内部产生热应力形成裂隙。为了消除这种应力，铸件要进行退火，以保证质量。

退火实际上就是控制铸件的硬化和冷却速度。退火有两种方式，一种是自然退火——将铸件连同铸模一起放入保温箱中，使其自然缓慢冷却；一种是可控退火——将表皮已硬化的铸件脱模后放入小型隧道窑中，按规定的退火曲线进行缓慢冷却。可控退火的铸件质量优于自然退火。

11.3.9 热压铸成型

热压铸是注浆法之一，是一种生产陶瓷制品和特种耐火材料的方法。

热压铸法一般以有机结合剂作为分散介质，以硅酸盐矿物粉为分散相，在一定温度（70~85℃）下，配制成料浆，然后在金属模型中成型制品，这种方法适用于生产形状复杂，具有特殊要求的小件制品，还适用于生产可塑性小的材料。其半成品机械强度高，可用机床车削及钻孔加工；可以省掉石膏模型、干燥工序，设备简单，易实现机械化。

热压铸的工艺流程如下：

（1）备料浆。分散相：根据不同产品所配制的粉状坯料，应充分干燥；分散介质-结合剂：常以热塑性有机物，如石蜡、地蜡以及它们的溶合物作为结合剂，其中以石蜡使用最多。油酸是结合剂的外加成分，它是一种表面活性物质，可以在保证流动性的前提下，大大减少石蜡的用量，石蜡用量太多，制品的收缩大，但油酸的用量也不能太多，否则会形成多分子吸附层，产生凝聚现象，颗粒沉淀，影响料浆的均匀性和流动性。常用的结合剂配比，以质量计为：

石蜡：油酸＝100：（4~8）

料浆中结合剂的用量，必须严格控制，用量多料浆黏度下降，稳定性、浇铸性都好，半成品强度大，但浇铸和烧成后的收缩大，体积密度小，较适宜的范围是：

干料粉：结合剂＝100：（6~8）

（2）制成料饼。为了便于贮放混好的料浆，可将其倒入容器中（如搪瓷盘）冷却固化，冷却过程中使其振动，有利于使气泡逸出。制好的料饼应置于清洁干燥处。

（3）热压铸成型过程将料饼加热熔化，并不断地均匀搅拌，使气泡逸出。熔化的料浆倒入热压铸成型机中，热压铸时的压力依据注件尺寸大小而异，一般在0.4~0.6MPa压力范围内，工作温度一般为50~60℃。

影响热压铸工艺的主要因素是料浆温度、铸模气压、稳定时间（即压缩空气持续时间）、浇铸速度、铸型温度及铸件冷却速度。

热压铸成型后，坯体还要经过脱蜡、素坯加工和烧成等工序。

热压铸常见的缺陷包括：1）温度过低、流动性不够、压力偏低、保压时间不够所产生的欠注（型腔未充满）；2）温度过高、进料口太小、脱膜过早所产生的凹坑现象；3）温度过低、流动性较差、模具排气不彻底所产生的坯体表面皱纹；4）浆料除气不彻底，流动性过大而同时压力过大，以及磨具设计不合理所引起的起泡；5）模具过热、脱模过早产生的形变，模具温度过低、脱模过晚等引起的开裂。

11.4 坯体的干燥

成型砖坯一般含水量较高（3.5%以上），而且强度较低，如果直接进入烧成工序，就会因烧成初期升温速度较快,水分急骤排出而产生裂纹废品,同时,在运输、装窑过程中也会容易产生较多的破损,因此,需进行干燥。干燥的目的在于提高坯体的机械强度和保证烧成初期能够顺利进行。

11.4.1　干燥过程

干燥过程可分为3个阶段。

第一阶段是干燥过程中最主要的阶段,此阶段排出大量水分,在整个阶段中,排水速度始终是恒定的,故称等速干燥阶段。在此阶段中,水分的蒸发仅发生在坯体表面上,干燥速度等于自由水表面蒸发速度,故凡足以影响表面蒸发速度的因素,都可以影响干燥速度。因此,在等速干燥阶段中,干燥速度与坯体的厚度(或粒度)及最初含水量无关。而与干燥介质(空气)的温度、湿度及运动速度有关。

第二阶段是降速干燥阶段,随着干燥时间的增长,或坯体含水量的减少,坯体表面的有效蒸发面积逐渐减少,干燥速度逐渐降低。此时,水分从表面蒸发的速度超过自坯体内部向表面扩散的速度,因此干燥速度受空气的温度、湿度及运动速度的影响较小。水分向表面扩散速度取决于含水量、坯体内部结构(毛细管状况)、水的黏度和物料性质等。通常非塑性和弱塑性料水分的内扩散作用较强。粗颗粒比细颗粒的强,水的温度越高,扩散也越容易。

第三阶段干燥速度逐渐接近零,最终坯体水分不再减少。当空气的干球温度小于100℃时,此时保留在坯体中的水分称为平衡水分。这部分水分被固体颗粒牢固地吸附着。平衡水分的多少,取决于物料性质、颗粒大小和干燥介质的温度与相对湿度。

以上3个阶段的明显程度,依坯体中水分的多少而定,一般对可塑法成型的坯体来说,3个阶段比较明显,而对水分不大的半干法成型的坯体,如多熟料砖、硅砖和镁砖等,就不大明显。

11.4.2　干燥制度

干燥制度是砖坯进行干燥时的条件总和。它包括干燥时间、进入和排出干燥介质的温度和相对湿度,砖坯干燥前的水分和干燥终了后的残余水分要求等。

目前耐火材料大中型企业多采用隧道干燥器对砖坯进行干燥,干燥时间以推车间隔时间表示。推车时间间隔的确定应考虑如下因素:物料的性质和结构、砖坯的形状和大小、坯体最初含水量和干燥终了对残余水分的要求、干燥介质的温度、湿度和流速、干燥器的结构等。通常推车间隔时间为15~45min,大型和特异型制品,在进入干燥器之前,应自然干燥24~48h,再进入干燥器,以防止干燥过快而出现开裂。

干燥器内压力制度,一般应采用正压操作,防止冷空气吸入。如采用废气作为干燥介质时,应采用微负压或微正压操作,避免烟气外逸,影响工人健康。

砖坯干燥残余水分根据下列因素确定:(1)砖坯的机械强度应能满足运输装窑的要求;(2)满足烧成初期能快速升温的要求(即满足不致因过热蒸气发生裂纹,以及镁质制品不致因水化产生裂纹);(3)制品的大小和厚度,通常形状复杂的大型和异型制品的残余水分应低些;(4)不同类型烧成窑有不同的要求。

残余水分过低是不必要的,因为要排出最后的这一部分水分,不但对干燥器来讲是不经济的,而且过干的砖坯因脆性而给运输和装窑带来困难。干燥砖坯残余水分要求一般为:黏土制品:1.0%~2.0%;高铝制品:1.0%~2.0%;硅质制品:0.5%~1.0%;镁质制品:<1.0%。

耐火制品的干燥设备有隧道干燥器、室式干燥器以及其他类型的干燥器。干燥方式分为:自然干燥、气体介质强制对流干燥、微波干燥、电干燥等。

11.5　烧成

烧成是耐火材料生产中最后一道工序。制品在烧成过程中发生一系列物理化学变化,随着这些变化的进行,气孔率降低,体积密度增加,使坯体变成具有一定尺寸形状和结构强度的制品。另外,通过烧成过程中一系列物理化学变化,形成稳定的组织结构和矿物相,提供适用于不同使用条件下对制品所要求的各种性质。

11.5.1　烧成过程中的物理化学变化

耐火材料在烧成过程中的物理化学变化，是确定烧成过程中的热工制度(烧成制度)的重要依据。

烧成过程中的物理化学变化主要取决于坯体的化学矿物组成、烧成制度等。不同的坯体物理化学反应不尽相同，耐火制品的烧成过程大致可分为以下几个主要阶段。

(1)坯体排出水分阶段，温度范围为10~200℃，在这一阶段中，主要是排出砖坯中残存的自由水和大气吸附水。水分的排除，使坯体中留下气孔，具有透气性，有利于下一阶段反应的进行。

(2)分解、氧化阶段(200~1000℃)，此阶段发生的物理化学变化以原料种类而异。发生化学结合水的排出、碳酸盐或硫酸盐分解、有机物的氧化燃烧等。此外还可能有晶型转变发生或少量低温液相的开始生成。此时坯体的重量减轻，气孔率进一步增大，强度亦有较大变化。

(3)液相形成和耐火相生成阶段(1000℃以上)，此时分解作用将继续完成，并随温度升高液相生成量增加，液相黏度降低，某些新耐火矿物相开始形成，并进行溶解重结晶。

由于液相的扩散、流动、溶解沉析传质过程的进行，颗粒在液相表面张力作用下，进一步靠拢而促使坯体致密化，使其强度增大，体积缩小，气孔率降低，烧结急剧进行。

(4)烧结阶段坯体中各种反应趋于完全、充分，液相数量继续增加，结晶相进一步成长而达到致密化即所谓“烧结”。

(5)冷却阶段从最高烧成温度至室温的冷却过程中，主要发生耐火相的析晶、某些晶相的晶型转变、玻璃相的固化等过程。在此过程中坯体的强度、密度、体积依据耐火材料的不同都有相应的变化。

11.5.2　影响烧结因素

烧结是烧成过程中最重要的物理化学反应。烧结过程直接影响到制品的一系列性能指标。

影响烧结的因素很多，主要有以下几个方面：

(1)物料的结晶化学特性。物料的结晶化学特性是决定烧结难易的内在因素。

表示晶体键强大小的晶格能是决定物料烧结和再结晶难易的重要参数。晶格能大的键力强，结构牢固，高温下质点的可动性较小，烧结较困难。

晶格的结构类型也有重要作用，物料晶体的阳离子极性低，则它们所形成的化合物(如氧化物)的晶格构造比较稳定，必须在接近其熔点的温度才有显著的缺陷，所以这种化合物的质点的可动性较小，不容易烧结。

耐火材料中的Al_2O_3、MgO都是晶格能高、极性低的氧化物，是较难烧结的。

有微细晶粒组成的多晶体比单晶体容易烧结。因为多晶体内部含有许多晶粒边界——晶界。晶界除了是消除缺位的主要地方外，还可能是原子或离子扩散的快速通道。离子晶体烧结时，正、负离子都必须扩散才能导致物质的传递和烧结。其中扩散速度较慢的一种离子的扩散速度控制着烧结速度。一般认为负离子半径较大，扩散速度较慢，但经过对烧结的研究，离子的扩散系数随着晶界的增多而加速，晶界是负离子扩散的快速通道，而正离子的扩散则与晶界无关。因此当晶粒的尺寸足够小时，正离子的扩散反而可能成为控制因素。对于Al_2O_3、Fe_2O_3的实验研究也同样指出，O^{2-}依靠晶界区域提供的通道快速扩散，以致正离子Al^{3+}和Fe^{3+}的扩散比O^{2-}慢。这是近年来对于扩散烧结研究的重要发现。

物料的结晶化学特性对烧结的影响的另一个表现是晶体生长速度的影响。例如MgO烧结时晶体生长很快，很容易长大至原晶粒的1000~1500倍，但实际上其密度只能达到理论值的0.6~0.8。而Al_2O_3则不同，虽然其晶粒长大只有50~100倍，却可以达到理论密度的0.9~0.95，基本上达到充分的烧结。因此为了使MgO材料烧结密度提高，有时必须采取措施，抑制晶粒的长大。

(2)原料粒度。物料的分散度高则比表面积越大，表面自由能越大，使质点的迁移具有较大的驱动力。为了达到高度分散，必须对物料进行细磨。由于细磨过程中的机械作用，使物料晶体表面和内部缺陷增加，晶格活化，促进烧结。

(3)温度和保温时间。温度和保温时间是烧结的重要外因条件。随着温度的升高，物料的蒸气压增加，扩散系数增大，液相黏度降低，从而促进了蒸发-凝聚，离子和空位的扩散以及颗粒重排和黏塑性流动等过程加速。延长烧结时间一般会不同程度地促进烧结完成，然而在烧结后期，不合理地延长烧结时间，有时会加剧二次再结晶作用，反而得不到充分致密的制品。

烧结过程中，随温度不断升高，坯体的气孔率不断降低，密度和强度不断提高。当气孔率下降到一定程度以后，下降速度便会减慢。当气孔率、密度和强度的变化开始趋于平稳的温度成为该制品的烧结温度。在生产工艺中，耐火制品的烧成最高温度应控制在烧结温度的范围内，在此温度下应保持适当的时间以使烧结完全，若继续升高温度会使坯体产生变形。

(4)物料颗粒的接触情况和压力的影响。物料颗粒接触情况良好有利于质点的扩散，促进烧结。生产实践证明，将粉料高压成型为致密的坯体有利于烧结的进行。烧结过程中采用高压煅烧也能促进烧结。物料在高压外力的作用下能够在高温下促进塑性流动和加快质点的扩散过程，能够增强高温下物料的相对移动和相互结合能力，因而促进烧结的进行。相反，任何妨碍颗粒之间接触的因素都是不利于烧结的。例如在颗粒表面形成一层不与烧结相形成固溶体的高耐火物层时，就会阻碍烧结的进行。物料在烧结过程中显著的体积效应对烧结也是不利的。

(5)加入物的作用。在烧结物料中加入适当的加入物，对物料的烧结有相当的促进作用。加入物有如下几种作用：1)加入物与主晶相形成固溶体。固溶体的形成可以增加晶格缺陷，活化晶格促进扩散和烧结。2)加入物促进液相的形成，促进颗粒重排和传质过程，有利于烧结的进行。3)加入物与烧结相生成化合物时，如果该化合物不能与烧结相形成固溶体而且又是高耐火度的，则烧结相将被这化合物层所隔开，使颗粒间的接触和质点间的扩散受到阻碍，不利于烧结的进行。若生成的化合物的密度与烧结相相差较大，产生较大的体积效应也不利于烧结。4)抑制晶粒长大，由于烧结时晶粒会长大，对烧结致密化有重要作用。但若二次再结晶或间断性晶粒长大过快，又会因晶粒变粗、晶界变宽而出现反致密化现象并影响制品的显微结构。这是可以通过加入能抑制晶粒异常长大的添加物来促进致密化进程。5)控制晶型转变，有些物质在烧结时发生晶型转变并伴有较大的体积效应，这会使烧结致密化困难，并容易引起坯体开裂，若引入添加物能控制相变对烧结致密化有利。

最后必须指出：除加入物的性质外，加入物的数量对烧结也有一定的影响。实验证明，加入物在一定数量范围内对烧结有良好的促进作用，而当超过一定的限度后，反而会起阻碍作用。

(6)气氛的影响。气氛性质直接影响烧成效果和制品质量。不同材质的坯体选择不同的烧成气氛，以保证坯体中物理化学反应的顺利进行。烧结末期，当气孔已处于封闭状态，气氛(气孔中气体的类型)对烧结是有影响的。研究 Al_2O_3 的烧结时发现，当气体在晶体中的溶解度很小因而扩散很慢时，则孤立的气孔不易从坯体中排出。例如 Al_2O_3 在氩气或空气中烧结就是这样。相反在高温下保温反而会使小气孔缩小，大气孔扩大导致坯体膨胀。当气体在晶体中的扩散速度足够快时，则气氛对烧结末期显示不出什么影响。如果气氛对控制缺位结构有一定的作用，则可以加速扩散而有利于烧结的进行。

必须指出，气氛的影响对于不同材料和不同的条件，其影响是不同的。所以对具体问题必须作具体分析。

在实际烧结过程中上述这些因素不可能是彼此孤立的，而是相互影响相互制约的。在不同条件下起主要作用的因素也可以是不同的。

11.5.3 烧成的工艺过程

烧成的工艺过程包括装窑、烧窑和出窑3道工序。

装窑的方法及质量对烧窑操作及制品的质量有很大影响,它直接影响窑内制品的传热速率、燃烧空间大小及气流分布的均匀化程度,同时也关系到烧成时间及燃料消耗量。装窑的原则是砖垛应稳固,火道分布合理,并使气流按各部位装砖量分布达到均匀加热,不同规格、品种的制品应装在窑内适当的位置,最大限度利用窑内有效空间以增加装窑量。装窑操作按照预先制定的装砖图进行,装砖图规定砖坯垛高度、排列方式、间距、不同品种的码放位置、火道的尺寸和数量等。

装窑的技术指标有装窑密度(t/m^3)、有效断面积(%)、加热有效面积(m^2/m^2)等。制品在窑中的加热速度与有效断面积、加热有效面积和沿窑高度加热的均匀性有关。

烧窑操作按着已确定的烧成制度进行。对间歇窑来说,烧成都要经过升温、保温、降温3个阶段,而连续式窑炉则只须保持窑内各部位有一定的温度和推车制度。烧成过程中为了保证烧成温度制度和烧成气氛还应注意保持窑内的压力制度。为了保证制品的质量均匀性和稳定性,应尽量消除和降低窑内温差。

将烧好的制品从窑内取出或从窑车上卸下的过程叫出窑。出窑操作时应注意轻拿轻放,避免出窑过程对制品的损伤,不同砖号和品种制品应严格分开。

11.5.4 烧成制度的确定

耐火制品的烧成制度一般包括升温速度、烧成最高温度、在最高烧成温度下的保温时间以及冷却速度和烧成气氛等。

在烧成制度中,升温速度或冷却速度的允许值取决于坯料在烧成或冷却时所受到的应力作用。这种应力主要来源于两个方面:一种主要是由烧成过程中温度梯度和热膨胀或冷缩造成的,即所谓的热应力;另一种是由于制品内部一系列物理化学反应、晶型转变、重结晶、晶体长大等因素造成的。在实际生产中通常可测定坯体加热时的线性变化值,作为确定各温度范围的升温速度和制定合理的烧成曲线的依据。在具体确定升温速度时,实际上还受窑炉结构、燃料种类以及装窑方法的限制。

耐火制品的最高烧成温度主要由使用原料的性质和使用条件下对制品的各种性能要求所决定。原料越纯,品位越高,则烧成温度越高。当要求制品有高耐蚀性时更应如此。直接接合碱性砖和高铝砖,必须经高温烧成才能获得比一般硅酸盐结合制品高的性能指标。

保温时间与最高烧成温度一样,都是烧成的重要因素。在烧成过程中为使制品获得均一的烧成并使反应充分,在最高烧成温度下通常应进行必要时间的保温。一般认为保温时间越长,反应进行得越充分。但反应速度随时间增长而减慢。这样更长地延长保温时间,必然使燃耗增大。因此就烧成而言,在保证制品性能的前提下,缩短必要的保温时间,对节省能源是很重要的。通常根据砖坯的烧成性、形状尺寸、窑温均匀性、装窑密度和高温阶段的升温速度等因素来确定适宜的保温时间。

烧成时窑内气氛分为氧化、还原和中性3种。气氛性质与制品的烧成、制品的性质有很大关系。它直接影响到制品烧成时一系列物理化学反应。例如氧化气氛影响到物料内氧化铁的氧化程度,黄铁矿中硫的烧尽和有机杂质的烧掉等。气氛性质对物料的烧结也有显著影响。烧成时采用什么气氛,须根据物料的组成和性质、加入物等因素决定。如硅砖烧成时在高温状态下(>1000℃),要求窑内保持还原性气氛,使制品烧成较为缓和,形成足够的液相,有利于鳞石英的成长。而镁砖烧成时则应在弱氧化性气氛下进行。

耐火制品的烧成制度依其品种、形状尺寸和烧成设备的不同而不尽相同,偏离了适宜的烧成条件,会增大废品率和降低制品质量。目前,对不同品种耐火制品的烧成制度尚无法通过计算来确定,只能通过实验方法来确定,以期得到烧成费用低、制品质量优良的烧成制度。

参考文献

[1] 李楠,顾华志,赵慧忠．耐火材料学[M]．北京:冶金工业出版社,2010.

[2] 徐平坤,魏国钊．耐火材料新工业技术[M]．北京:冶金工业出版社,2005.

[3] 胡宝玉,徐延庆,张宏达．特种耐火材料实用技术手册[M]．北京:冶金工业出版社,2004.

[4] 马爱琼,任耘,段峰．无机非金属材料科学基础[M]．北京:冶金工业出版社,2010.

[5] 陈庆明,魏同．我国高铝矾土均化料的技术进步[J]．耐火材料,2011,45(5):376~381.

[6] 尹洪峰,党娟灵,辛亚楼,等．轻量耐火材料的研究现状与发展趋势[J]．材料导报,2018,32(8):2618~2625.

[7] 李红霞．耐火材料手册[M]．北京:冶金工业出版社．2007.

12 耐火材料生产装备

本章介绍了耐火材料在破粉碎、混合、成型、干燥、烧成、包装等生产工段,具有技术成熟、运行可靠、高效节能等特点的生产装备,以及采用新技术、具备实现生产过程自动化和智能化、体现绿色发展理念的耐火材料生产装备。主要包括:破粉碎设备如颚式破碎机、对辊破碎机、圆锥破碎机、立轴冲击式破碎机、管磨机、摆式磨粉机、立式磨粉机、振动磨、气流磨;计量及配料设备如自动称量斗、电子皮带秤、电子螺旋秤、自动称量斗、自动配料车;混合设备如预混合设备、湿碾机、行星式强制混合机、高速混合机、强力逆流混合机、倾斜式强力混合机、调压升降式混练机、混合造粒机及干燥设备;成型设备如高压压球机、电动螺旋压砖机、摩擦压砖机、液压压砖机、等静压机;干燥设备如干燥筒、隧道干燥器、热处理窑、微波干燥机;烧成设备如回转窑、竖窑、隧道窑、梭式窑、悬浮炉、多层炉、电弧炉;包装设备如缠绕包装机、小袋包装机、吨袋包装机、热收缩包装机;以及气力输送装置、机械手、真空油浸装置、耐火制品机械加工设备等其他设备。

12.1 破粉碎设备

耐火材料生产需要控制原料粒度,破碎作业通常采用两段破碎的方式,第一段粗破为开路流程,第二段细碎为闭路流程。常用的破碎设备有颚式破碎机、圆锥破碎机、辊式破碎机、立轴冲击破碎机等。常用的磨细设备有管磨机、摆式磨粉机、立式磨粉机、振动磨、气流磨等。

破碎难度与原料性质有关,一般将耐火原料划分为难碎性原料、中等可碎性原料和易碎性原料。难碎性原料如高铝熟料;中等可碎性原料如硬质黏土、硅石、石灰石、黏土熟料、镁砂及烧结白云石等;易碎性原料指半软质黏土、软质黏土及石灰等。原料粒度特性曲线如图 12-1 所示。原料经不同破碎机破碎后大于排料口尺寸的颗粒含量 β 及最大颗粒与排料口尺寸比值 Z 见表 12-1。

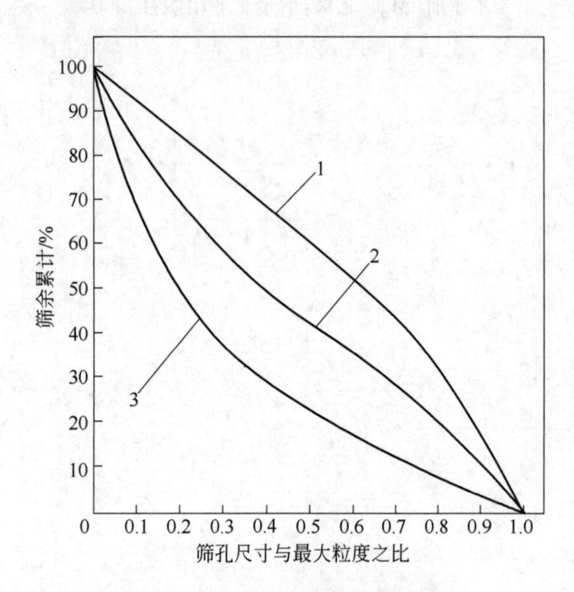

图 12-1 原料粒度特性曲线

1—难碎性原料;2—中等可碎性原料;3—易碎性原料

表 12-1 大于排料口尺寸的颗粒含量 β 及最大颗粒与排料口尺寸比值 Z

原料可碎性等级	破碎机					
	颚式破碎机		标准圆锥破碎机		短头圆锥破碎机	
	β/%	Z	β/%	Z	β/%	Z^*
难碎性	38	1.75	53	2.4	75	2.0~3.0
中等可碎性	25	1.6	35	1.9	60	2.2~2.7
易碎性	13	1.4	22	1.6	38	1.8~2.2

* 闭路流程取小值,开路流程取大值。

12.1.1 颚式破碎机

颚式破碎机用途极为广泛,具有构造简单、工作可靠、维修方便、成本低廉等优点,还具有生产能力高、齿板寿命长、能耗低、产品粒度组成较稳定等特点。不同设备制造厂，标称适应物料抗压强度不同，一般在200~320MPa。

颚式破碎机按其动颚的运动特性分3种：简摆式、复摆式和组合摆动式，常见的是前两种，一般中小型颚式破碎机都是复摆式的。简摆式与复摆式颚式破碎机比较，生产情况有以下几点不同：

(1)简摆式颚式破碎机破碎比小，只有3~5，卸出的物料多呈片状，复摆式破碎机卸出的物料多为立方体，易产生过粉碎现象；

(2)由于结构及运动方式的不同，复摆式颚式破碎机颚板磨损较严重；

(3)复摆式颚式破碎机结构紧凑，在相同生产能力时设备质量比简摆式轻20%~30%。

复摆式颚式破碎机又分为复摆粗碎及复摆细碎两种。在耐火材料生产中，一般选用粗碎颚式破碎机做粗碎和中碎用，而细碎颚式破碎机适用于原料的中碎、细碎。

颚式破碎机的选型依据台时产量、允许最大原料尺寸及原料抗压强度三项指标，颚式破碎机规格以给料口宽度 B×长度 L 表示，一般物料的最大块度不超过颚式破碎机给料口宽度的85%。颚式破碎机靠近排料口的齿板磨损较快，靠近给料口磨损慢，由于齿板上下对称，在磨损一定程度后应将齿板倒向使用。颚式破碎机随着齿板的磨损，排矿口逐渐增大，产品粒度变粗，因此排料口需要定期调整，主要调整方法有两种：(1)增减后推力板支座和机架后壁之间的垫片；(2)上升或下降后推力板支座和机架后壁之间的楔块。

复摆颚式破碎机结构示意图如图12-2所示、颚式破碎机产品粒度曲线如图12-3所示，常用颚式破碎机设计指标见表12-2，规格及性能见表12-3。

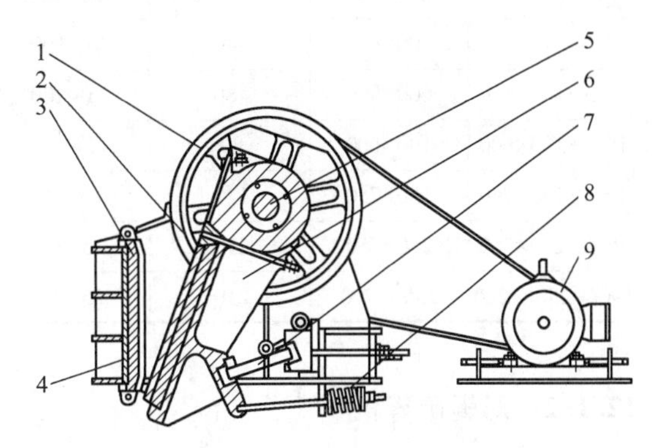

图12-2　复摆颚式破碎机

1—飞轮；2—活动颚板；3—固定颚板；4—机架；5—偏心轴；6—动颚；7—肘板；8—拉杆弹簧；9—电机

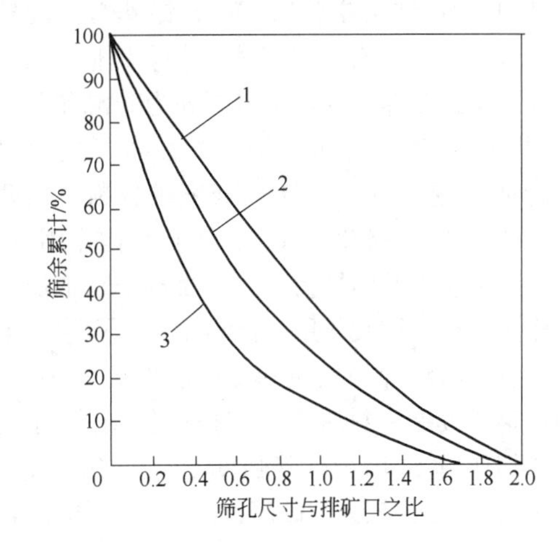

图12-3　颚式破碎机产品粒度曲线

1—难碎性原料；2—中等可碎性原料；3—易碎性原料

表12-2　常用颚式破碎机设计指标

设备规格	加工物料	加料粒度/mm	排料口/mm	设计能力/$t \cdot h^{-1}$
FE-250×400	硬质黏土、硅石、白云石	<210	40	8~10
	黏土熟料、高铝熟料	<210	40	10~12
			20	5~6
	烧结镁砂、白云石砂	<210	40	12~15
FE-400×600	硬质黏土、硅石、白云石	<340	40	13~15
	黏土熟料、高铝熟料	<340	40	15~20
	烧结镁砂、白云石砂	<340	40	20~25

表 12-3 常用颚式破碎机规格及性能

型号	给料口尺寸/mm	最大进料粒度/mm	排料口调整范围/mm	偏心轴转速/r·min^{-1}	产量/t·h^{-1}	电动机功率/kW	质量/t
PE-250×400	250×400	210	20~80	300	4~14	15	2.2
PE-400×600	400×600	340	40~100	275	16~40	30	6.5
PE-600×900	600×900	480	75~200	250	35~120	75	17
PEX-100×600	100×600	80	7~21	320	3~15	11	0.9
PEX-150×750	150×750	120	10~40	320	5~22	15	3.6
PEX-250×750	250×750	210	25~60	330	8~22	22	5.0
PEX-250×1200	250×1200	210	25~60	330	12~38	37	8.7

12.1.2 对辊破碎机

对辊破碎机又称双辊破碎机，是辊式破碎机的一种，用于中细碎作业。适用于破碎脆性物料或需避免过于粉碎的物料，如：黏土熟料、烧结白云石、烧结镁砂、硅石、高铝熟料和废砖等。辊式破碎机有两种基本类型：双辊式和单辊式。辊式破碎机的辊子表面分为光滑和非光滑（齿型和槽型）辊面两类。光面辊子主要是压碎物料，适用于破碎中硬或坚硬物料。当两辊子的转速不一致时，对物料还有研搓作用，适用于细碎黏土及塑性物料。齿面辊子除施加挤压作用外还有劈裂作用，辊面易磨损，适用于破碎具有片状解理的软质和低硬度的脆性物料。槽型辊子破碎物料时除施加挤压作用外，还施加剪切作用，适用于破碎强度不大的脆性或黏性物料，当需要较大的破碎比时，宜选用槽面辊子。耐火材料行业常用光面双辊破碎机，一般破碎比为4~12。

对辊破碎机特点是：结构简单、工作可靠、产品粒度均匀、调整破碎比方便。缺点是生产能力低，辊面易磨损。在实际生产中，对辊破碎机不仅可单独作为中、细碎设备，还通常与短头圆锥破碎机组成机组，接受短头圆锥破碎机破碎后的筛上料，以提高生产能力。

排料口的大小取决于产品粒度要求，为获得较多小于3mm的产品，应要求对辊间隙可调零；生产高密度制品时，应设筛分设备，筛除部分小于1mm的中间颗粒；生产不定形耐火材料或冶金砂时，可放宽排料口。

对辊破碎机的结构示意图如图12-4所示、产品粒度曲线如图12-5所示，设计指标见表12-4，常用对辊破碎机规格及性能见表12-5。

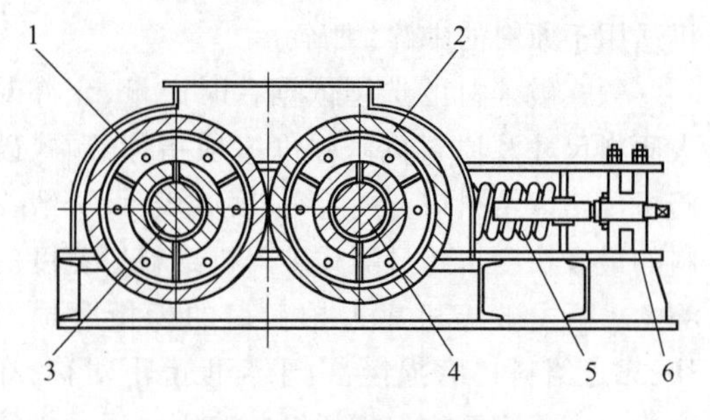

图 12-4 对辊破碎机

1，2—辊子；3—固定轴承；4—可动轴承；5—弹簧；6—机架

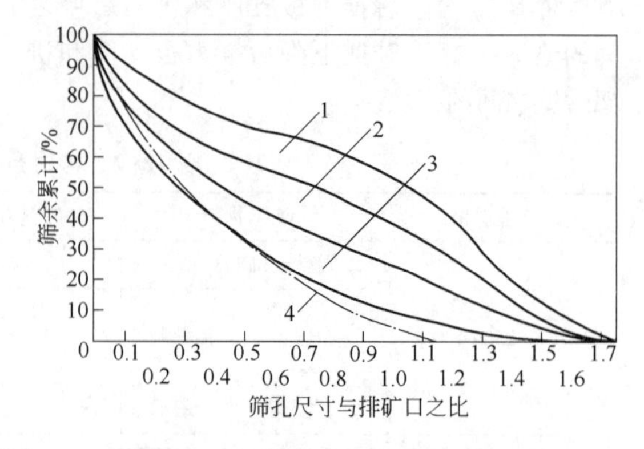

图 12-5 对辊破碎机产品粒度曲线

1—难碎性矿石；2—中等可碎性矿石；3—易碎性矿石；4—粒状结晶矿石

表 12-4 对辊破碎机设计指标

设计规格 /mm×mm	加工物料	进料情况	成品粒度 /mm	生产能力 /t·h^{-1}
ϕ610×400	黏土熟料、硅石	粗碎后	<3	3.0~4.0
	烧结白云石		<10	5.0~6.0
	烧结白云石		<30	15~20
ϕ750×500	黏土熟料、硅石	粗碎后	<3	4.0~5.0
	烧结镁砂		<10	7.0~8.0

表 12-5 常用对辊破碎机规格及性能

项 目	规格、性能	
	2PG-610×400	2PG-750×500
辊子尺寸(直径×长度) /mm×mm	ϕ610×400	ϕ750×500
最大加料粒度/mm	40	40
辊子间隙(出料粒度)/mm	0~30	2~10
生产能力/t·h^{-1}	12.8~40	3.4~17
辊子转速/r·min^{-1}	75	50
电动机功率/kW	30	30
质量/t	3.2	12.2

12.1.3 圆锥破碎机

圆锥破碎机是中碎和细碎坚硬物料最常用的设备,圆锥破碎机有3种类型:标准型圆锥破碎机、中型圆锥破碎机和短头圆锥破碎机,其区别在于进口宽度与排料口调整范围不同,适应不同的进料粒度和产品粒度。在耐火材料生产中常选用PYD-900、PYD-1200短头圆锥破碎机制取制砖骨料,物料通过其动锥和固定锥之间150~200mm长的平行区域破碎后,物料颗粒形状多近似为立方体颗粒,很适合制砖的要求。同样规格的圆锥破碎机,不同制造厂或不同型号的破碎曲线可能不同,选型时必须十分注意,作为生产制砖骨料的短头圆锥破碎机,应选产品粒度小于3mm比例较高的型号为宜。

西蒙斯圆锥破碎机引用美国先进技术,具有工作平稳连续、处理能力较大、能耗低、产品粒度整齐、适应范围广等特点。西蒙斯圆锥破碎机有标准型和短头型两种类型,耐火材料生产中常选用PYS-D0603和PYS-D0904短头型。

短头圆锥破碎机的结构示意图如图12-6所示、产品粒度曲线如图12-7所示,短头圆锥破碎机设计指标见表12-6,耐火行业常用短头圆锥破碎机规格及性能见表12-7。

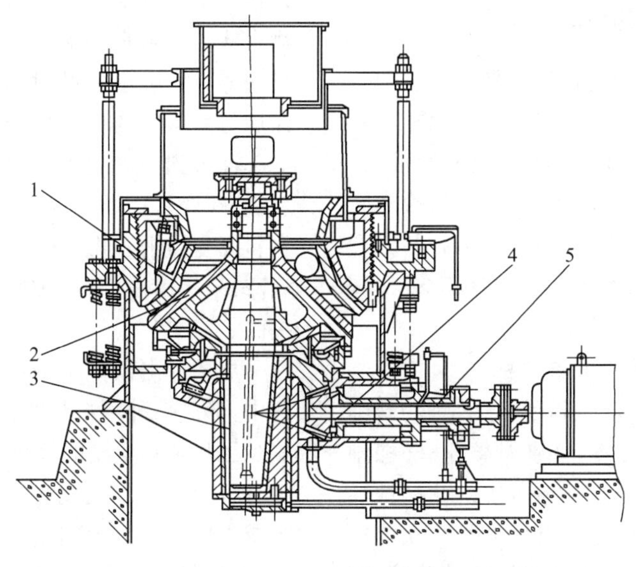

图 12-6 短头圆锥破碎机

1—固定锥;2—动锥;3—偏心套;4—传动齿轮;5—传动轴

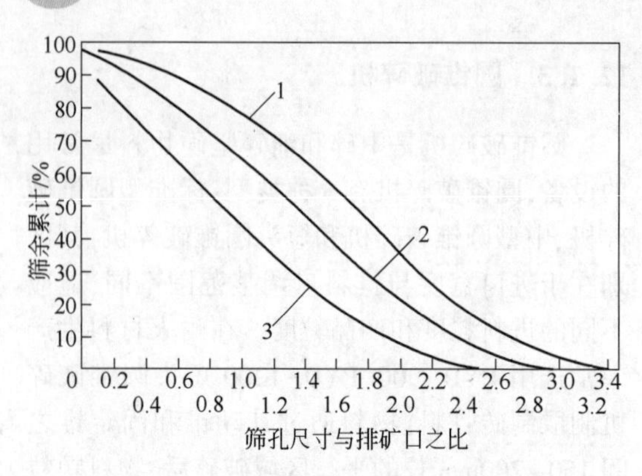

图 12-7 短头圆锥破碎机产品粒度曲线

1—难碎性原料；2—中等可碎性原料；3—易碎性原料

表 12-6 PYD-900(PYD-1200)短头圆锥破碎机设计指标

破碎原料	加料粒度/mm	排料口间隙/mm	小于 3mm 料生产能力/$t\cdot h^{-1}$
一、二级高铝熟料	40(50)	3	3.0~3.5(5.0~6.0)
三级高铝熟料	40(50)	3	3.5~4.0(6.0~7.0)
黏土熟料	40(50)	3	3.5~4.0(6.0~7.0)
烧结镁砂	40(50)	3	4.0~4.5(7.0~8.0)
硅石	40(50)	3	3.5~4.0(6.0~7.0)

表 12-7 常用短头圆锥破碎机规格及性能

项 目	短头圆锥破碎机规格		西蒙斯短头圆锥破碎机规格	
	PYD-900	PYD-1200	PYS-D0603	PYS-D0904
破碎锥直径/mm	900	1200	600	900
给料口尺寸/mm	50	60	35	41
最大入料粒度/mm	45	50	—	—
排料口调整范围/mm	3~13	3~15	3~13	3~13
主轴转速/$r\cdot min^{-1}$	333	300	—	—
产量/$t\cdot h^{-1}$	15~50	18~105	9.0~36.0	27.0~90.0
电动机功率/kW	55	110	22	75
质量/kg	10050	25700	4580	10530

12.1.4 立轴冲击式破碎机

立轴冲击式破碎机是以冲击作用为主的破碎设备。物料经过立轴上高速旋转的分配器获得巨大的离心动量，与下落的待破物料相撞击，在破碎腔内物料与物料之间、物料与衬板之间相互撞击、摩擦，实现破碎作业。耐火材料生产中常用的有立式冲击破碎机和立式复合破碎机。

12.1.4.1 立式冲击破碎机

立式冲击破碎机是一种适用于各种物料细碎、粗磨作业的破碎设备，特别对碳化硅、棕刚玉、石英石、烧结铝矾土等中硬、特硬、耐磨蚀性物料，比其他的破碎设备更有优越性。立式冲击破碎机组成包括进料斗、分料器、破碎腔、叶轮、主轴总成、底座、传动装置等。其工作原理是物料自然下落经分料器分流为两部分，部分物料从中心垂直下落至高速旋转的叶轮，获得高速离心力后水平抛射出去，同分流至分料器四周自由落下的另一部分物料高速撞击，然后一起冲击到破碎腔内物料衬层上，被物料衬层反弹，改变其运动方向再次与后续的高速抛射物料反复撞击。物料在叶轮和破碎腔之间形成涡流，多次撞击、摩擦破碎，使破碎机生产效率提高。

立式冲击破碎机的特点是：在整个破碎过程中，形成一种物料与物料相互冲击破碎形式，减少了物料与金属的接触，磨损小，易损件损耗少，铁污染少；结构简单，处理量大，产量高；运行成本低，使用寿命长；工作噪声低，粉尘污染少；产品粒形优异，呈立方体状，针片状含量低，产品堆积密度大。

立式冲击破碎机产量与物料种类、进料级配、设备功率、叶轮转速等因素有密切关系。为保证破碎效果，要求进料物料分布尽量均匀，增加撞击机会。作业时，破碎机叶轮高速旋转，应经常检查易损件，防止过度磨损影响生产。常用立式冲击破碎机规格及性能见表 12-8，立式冲击破碎机结构示意图如图 12-8 所示。

表 12-8　常用立式冲击破碎机规格及性能

规格型号	参数					
	叶轮转速 /$r \cdot min^{-1}$	电机总功率 /kW	入料粒度 /mm	出料粒度 /mm	通过量 /$t \cdot h^{-1}$	参考质量 /kg
PL550	2258~2600	30~45	≤30	≤5(占通过量 30%~60%)	24~60	4730
PL700	1775~2050	55~90	≤35	≤5(占通过量 30%~60%)	55~95	7150
PL850	1460~1720	150~220	≤50	≤5(占通过量 20%~60%)	113~240	11680
PL1000	1240~1460	220~320	≤60	≤5(占通过量 20%~60%)	180~345	15800
PL1200	950~1220	320~500	≤60	≤5(占通过量 20%~60%)	315~580	20150

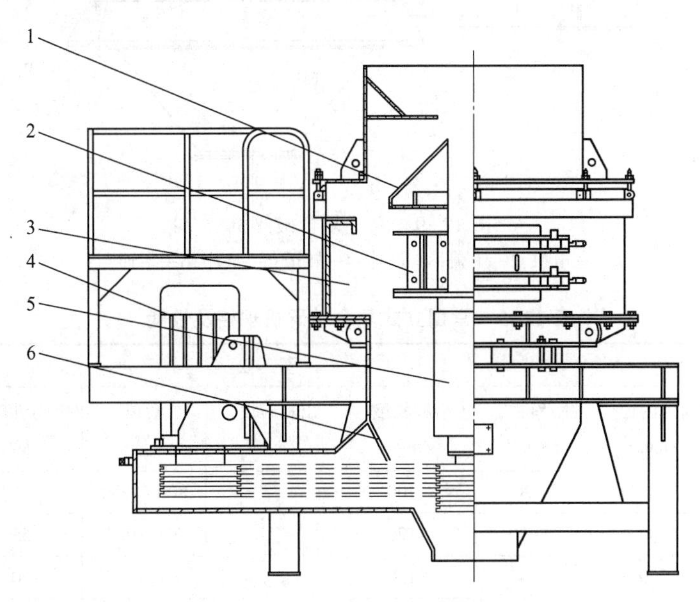

图 12-8　立式冲击破碎机

1—分料器；2—叶轮；3—涡流破碎腔；4—电机；5—主轴总成；6—底座

12.1.4.2　立式复合破碎机

立式复合破碎机广泛适用于各种岩石、矿石的破碎，适应破碎物料抗压强度≤210MPa，是中硬物料细碎作业的优选设备，如白云石、石灰石、烧结镁砂等。立式复合破碎机由传动装置、主轴、转子、筒体、上盖及底座等组成。其工作原理是物料经进料口自由下落到高速旋转的甩料盘上，在离心力的作用下，抛向反击板而产生撞击，物料经反击板上的斜面及重力作用下，沿斜下方被反弹到破碎腔内，物料与锤头和衬板之间，以及物料与物料之间发生一系列的冲击、撞击、剪切、挤压，使物料沿其自然节理面、层理面发生破碎，最终破碎后的物料从下部排料口卸出。

立式复合破碎机的特点是：

(1)破碎比大，最大进料粒度 80~220mm，出料粒度可以任意调节；

(2)采用通过式破碎,物料的通过量大、速度快,因而产量高；

(3)破碎机无筛条设置,可破碎水分含量高的物料,破碎含泥量大的物料时不易堵塞；

(4)易损件少,磨损件寿命长；

(5)运转平稳,工作噪声低,振动小,密封性好,粉尘污染少；

(6)操作方便,占地面积小,安装和维修方便。

立式复合破碎机结构示意图如图 12-9 所示,常用立式复合破碎机规格及性能见表 12-9。

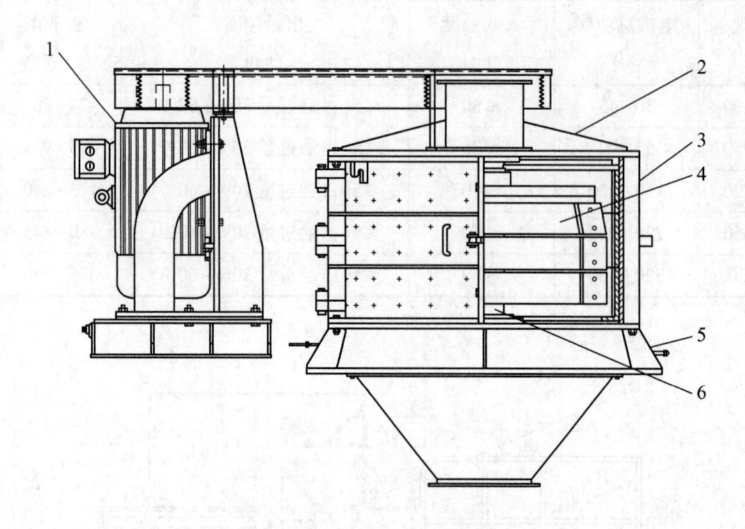

图 12-9 立式复合破碎机

1—电机;2—上盖;3—筒体;4—转子;5—底座;6—主轴

表 12-9 常用立式复合破碎机规格及性能

规格	参数						
	筒体内径 /mm	生产能力 /t·h^{-1}	给料粒度 /mm	出料粒度 /mm	转速 /r·min^{-1}	电动机功率 /kW	参考质量 /t
PFL750	750	8~20	≤100	≤3 70%~90%	800~1350	45	3.8
PFL1000	1000	15~30	≤120		650~980	55	5.8
PFL1250	1250	35~45	≤150		510~770	90	8.0
PFL1500	1500	50~70	≤180		430~640	132	13.7
PFL1750	1750	70~100	≤200		420~540	160	20.2
PFL2000	2000	90~120	≤220		360~500	200	24.5

12.1.5 管磨机

管磨机是耐火材料生产中常用的磨细设备,管磨机筒体的长度是直径的 3~4 倍。用于磨细各种原料、熟料、废砖等。当两种及以上的原料共同入磨时,能够起到既磨细又高度均匀混合相互嵌合的作用。通常情况下,控制出磨细度为<0.090mm,筛余物 10%。若对产品有特殊细度要求,可以改造管磨机的隔仓板、衬板波形和钢球的合理调配,采用圈流工艺等,获得<0.075mm或<0.063mm 的颗粒粉料。

耐火行业常用管磨机规格及性能见表 12-10。

表 12-10 常用管磨机规格及性能

项 目	管磨机规格/mm×mm			
	ϕ1200×4500	ϕ1500×5700	ϕ1830×7000	ϕ2200×7000
加料粒度/mm	≤10	≤3	≤25	≤25
排料粒度/mm	<0.088	<0.088	<0.088	<0.088
生产能力/$t \cdot h^{-1}$	1.0~1.2	2.5~3.0	8.0~10	18.0
筒体转速/$r \cdot min^{-1}$	30.5	26.1	24.5/23.9	21.4
电动机功率/kW	55	130	240	380
研磨体装入量/t	5.2	12.5	21	22
冷却水用量/$t \cdot h^{-1}$	1.3	3		
最重部件/t	9.8	18.1		
设备总重(不包括球)/t	13	28.6	44	52
生产品种	镁砂	镁砂	石灰石	石灰石

注:ϕ1200×4500 和 ϕ1500×5700 筒磨机加料粒度为常见生产控制粒度。

为提高磨机产量,降低电耗、钢球和衬板的消耗,日常生产应做到:注意磨机中物料存量,避免研磨体和衬板空磨;降低物料入磨粒度,提高磨细效率;经常研究钢球级配和选用合适的钢球和衬板材质。

12.1.5.1 研磨体填充率

根据国外资料,结合我国实际情况,粉磨效率最高时的填充率为:

(1)圈流球磨填充率 ψ:约 40%;

(2)圈流中长磨填充率 ψ:30%~32%;

(3)多仓开流磨填充率 ψ:25%~28%;

(4)烘干磨填充率 ψ:25%~28%;

(5)各仓之间填充率 ψ 的关系,为适当递减或基本相等。

12.1.5.2 配球

筒磨机配球常用的方法有:多级配球法和二级配球法。

(1)多级配球法的特点:

1)采用简化式 $D=28d^{1/3}$(d 为物料最大粒径)计算最大球径,一般头仓最大球径为 90mm;

2)遵循"中间大、两头小"的原则,配比各种钢球;

3)选择平均球径 $d_k=(d_{k1}G_1+d_{k2}G_2+\cdots)/(G_1+G_2+\cdots)$,其中 d 为钢球直径,G 为钢球质量。对于多仓磨,一般一仓取 $d_k=70\sim75$mm,二仓取 $d_k=38\sim45$mm。

(2)二级配球法的特点:

1)大、小球直径相差较大,小球填充在大球中,降低空隙率。平均球径大,对物料有较好的冲击破碎能力;

2)大球直径取决于物料中比例大的有代表性的颗粒,选用相当于多级配球中的次级球,比如多级配球法取球径 ϕ100,二级配球法则取 ϕ90;

3)一般小球质量占大球质量的 3%~5%,实际取下限,然后根据生产情况调整;

4)小球直径取决于大球间的孔隙,一般为大球球径的 13%~33%。

物料粒度小、易磨性好,宜冲击次数多,采用多级配球。当物料粒度大、强度高,提高冲击力是关键时,宜采用二级配球。

在研磨体装载量相同时,多级配球法的平均球径小,球的数量多,对物料冲击次数多,冲击力小。二级配球法的球数量少,由于平均球径大,因此冲击次数少、冲击力大。因为二级配球法获得的钢球容积密度略有增加,因此两种配球法的存料能力基本相同,甚至二级配球法略好些,不会因二级配球而引起窜料。管磨机多级配球法的应用实例见表 12-11。

表 12-11 管磨机多级配球 (t)

磨机名称	合计		钢球 ϕ/mm									钢锻 $\phi(X \times Y)$/mm×mm				
	球	锻	110	100	90	80	70	60	50	40	30	25×30	20×25	30×40	25×25	20×30
ϕ1.2m×4.5m 水泥磨	1.9	3.3			0.3	0.4	0.5	0.4	0.3			1.4	1.9			
ϕ1.5m×5.7m 水泥磨	4.0	7.0			0.3	1.1	1.3	0.9	0.4			2.8	4.2			
ϕ1.83m×6.4m 磨机	6.5	12			0.7	1.5		1.7	1.5	1.1			3.0	3.1	5.9	
ϕ1.83m×7.0m 磨机	8.0	12			1.3	2.0	3.0	1.0	0.7					2.5	5.0	4.5
ϕ2.2m×5.5m 原料磨	20			0.5	2	2	2.5	3		6	4					
ϕ2.2m×5.5m 水泥磨	24.5			0.5	2	3.5	3	1.5	5	6	3					
ϕ2.2m×6.5m 原料磨	22				1.5	2	2	2.5	4	5	5					
ϕ2.2m×6.5m 水泥磨	31			0.5	3	4.5	4	2	5.5	7.5	4					
ϕ2.2m×7.0m 水泥磨	33			0.5	3	4.5	4	2.5	6	8	4.5					
ϕ2.2m×11m 水泥磨	18.2	18.8			2.8	4	3	1	2.4	2.6	2.4			4(18×38)	4.8	10

注：$d_{球} = 28 \cdot d_{料}^{1/3}$。

当磨机需要经常变换被磨物料品种时，多级配球法适应性较差，原因是：钢球滚动是随机的，大小球并不一定对应大小颗粒，大球对细颗粒磨细能力过剩，小球对大颗粒磨细能力不足；物料沿磨机轴向越来越细，而钢球沿轴向无序分布；钢球分层，大钢球向研磨体中心层附近移动，造成冲击力不足。

12.1.5.3 研磨体

以研磨水泥为例，一般锻球磨耗为 300~500g/t，高铬球磨耗为 40~60g/t，低铬球磨耗为 80~120g/t。铸球生产方法分砂型、金属型和真空负压实体铸造。

12.1.5.4 磨球和衬板的匹配

（1）中铬合金钢衬板硬度 HRC43~45，磨球材料硬度应为 HRC53~55；高铬铸铁衬板硬度 HRC53~55，磨球材料硬度应为 HRC55~60；

（2）相同衬板材质随磨球硬度提高，耐磨性趋于提高；相同磨球材质并非衬板越硬越耐磨；高硬度衬板和高硬度磨球匹配系统耐磨性最高。

为保证衬板安全使用，按磨料磨损理论，要求衬板韧性较好，硬度可比磨球低 HRC3~5。金属材料硬度 H_m，应为物料硬度 H_a 的 0.8~1.3 倍。在上述范围内，提高衬板材料硬度可显著提高耐磨性和使用寿命。对难磨大颗粒物料，应选用球径大韧性高的磨球和冲击韧性高、硬度高的衬板。

12.1.6 摆式磨粉机

摆式磨粉机又称悬辊磨，一般用来粉磨中等硬度以下的物料，是耐火材料生产中常用的细磨设备。摆式磨粉机组成包括主机传动装置、机体、梅花架、磨辊、磨环、风道和分级机等。其工作原理是摆式磨粉机的磨盘固定不动，中心设旋转运动的主轴，主轴顶部上装有梅花架，梅花架铰接悬挂磨辊，主轴旋转时悬挂的磨辊在离心力作用下与外磨环紧贴滚动，磨辊与磨环之间不断接受上方进料口和下方刮刀铲起的物料，同时在磨环下方连续鼓入大量的空气，将粉磨过的物料吹向上方的分级机，选出合格细粉。磨机内为负压，磨机进风口为零压，在磨机与风机之间设排放口及除尘装置，以保证循环风的正常运行。设备厂家除了提供摆式磨粉机单机外，还经常配套供应喂料装置、风机、除尘器、连接管道等组成机组。摆式磨粉机的磨环、磨辊、套筒、连接块、衬板、铲刀、风道护板和各个部位的轴承等属易损件。

除传统的R型摆式磨粉机外，近年来，市场上出现了一些改进型摆式磨粉机，以解决R型摆式磨粉机产量低、产品细度低、能耗高、粉尘污染大等问题。如高压悬辊磨粉机、超压梯形磨粉机和欧版梯形摆式磨粉机等。

12.1.6.1　R型摆式磨粉机

R型摆式磨粉机又称为雷蒙磨、雷蒙磨粉机，是应用最广泛最普及的粉末设备之一。其主要特点是：应用范围广，适应于各类莫氏硬度不大于7级，湿度在6%以下的非易燃易爆物料；通过选粉调节，能满足生产0.045mm产品细度要求；主机为立体机构，占地面积小，从进料到成品收集为整套系统；设备结构简单，投资成本低。常用的R型摆式磨粉机主要技术性能见表12-12。

表12-12　常用R型摆式磨粉机主要技术性能

性　能	规　格			
	3R2714	4R3216	5R4119	6R5123
磨辊个数	3	4	5	6
磨辊直径×高度/mm×mm	270×140	320×160	410×190	510×230
磨环直径×高度/mm×mm	830×140	970×160	1270×190	1670×230
最大进料粒度/mm	15	20	20	60
成品粒度/mm	0.045~0.125			
主机功率/kW	22	37	75	185
风机功率/kW	15	30	55	160

12.1.6.2　欧版梯形摆式磨粉机

欧版梯形磨粉机是目前市场上的先进机型，结构示意图如图12-10所示，其主要特点有：

(1)磨辊与磨环设计成几段不同直径的阶梯形状，降低了进入磨辊与磨环之间物料的下滑速度，延长了对物料的碾压时间，因而提高了粉碎效果。

(2)磨辊总成通过水平放置的拉杆及弹簧联结在一起，其产生的径向力避免了磨腔内大块物料对主轴及轴承产生的冲击。在离心力和高压弹簧的共同作用下，磨辊与磨环紧贴更严密，滚压力更大，成品产量更大。

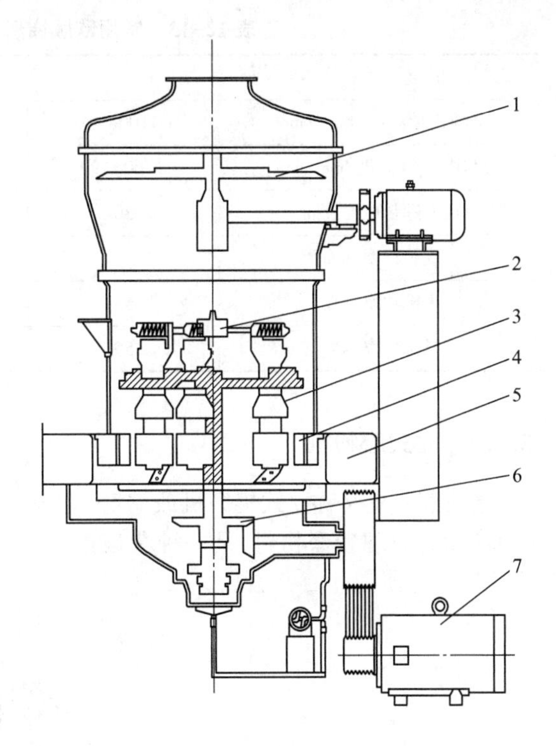

图12-10　欧版梯形摆式磨粉机
1—分级机；2—磨辊吊架；3—磨辊；4—磨环；5—风道；6—传动装置；7—主电机

(3)采用高密度叶轮分级机，在转速不变的情况下，提高成品的细度；在相同成品细度情况下，高密度叶轮比低密度叶轮的转速低，可减少气流阻力，增加产量。欧版磨还可配用笼式分级机，选粉细度更精准，效率更高，其独特的气密性，可有效防止粗料通过，保证成品的质量。

(4)整体流线型设计，无阻力进风蜗壳和弧形风道，有效避免涡流效应，减少气流阻力和粉尘堆积，提高磨机内部的风送效率，降低系统能耗。

(5)锥齿轮整体传动，传动效率高，能耗损失小，内部稀油润滑系统，先进可靠，维护成本低。常用的欧版梯形摆式磨粉机主要技术性能见表12-13。

表 12-13　常用欧版梯形摆式磨粉机主要技术性能

性　能	规　格			
磨环内径×高度/mm×mm	ϕ1100×190	ϕ1380×240	ϕ1750×280	ϕ2150×320
磨辊大径×高度/mm×mm	ϕ360×190	ϕ460×240	ϕ520×280	ϕ640×320
最大进料粒度/mm	30	35	40	50
成品粒度/mm	0.045～1.2(最细可达 0.038)			
主机功率/kW	55	90	160	280
风机功率/kW	55	110	200	315

12.1.7　立式磨粉机

立式磨粉机又称立式辊磨机或立磨，它采用料床粉磨原理粉磨物料，是一种集破碎、烘干、磨细、选粉功能为一体的磨粉设备。立式磨粉机主要由机体、主机传动装置、磨盘总成、磨辊装置、加压装置、选粉机等部分组成，如图 12-11 所示。

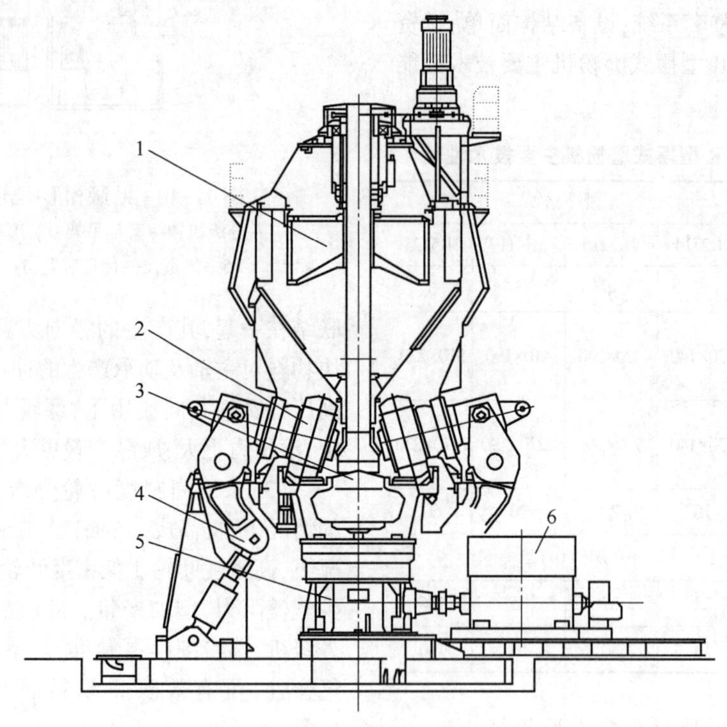

图 12-11　立式磨粉机
1—分级机；2—磨辊；3—磨盘；4—加压装置；5—主减速机；6—主电机

立式磨粉机工作原理是：物料从进料口落入磨盘中央，同时风从进风口进入磨内，主电机通过减速机带动磨盘转动，使物料在离心力的作用下向磨盘边缘移动，受到磨辊的碾压而粉碎，粉磨后的物料逐渐溢出磨盘，被磨盘周围的高速气流带起并进入分级机，大颗粒落回磨盘上被再次碾压，合格粒度细粉随气流出磨。通过调整分级机，可以获得不同细度的成品，调节进风的温度可以在磨细的同时对不同湿度的物料进行烘干。

立式磨粉机相比于其他磨细设备，有如下主要特点：

（1）立磨采用磨辊对回转磨盘上的料层进行碾压，磨辊与磨盘之间部不直接接触，磨损少，使用寿命长，生产能耗低。

（2）通过液压控制系统调节磨辊与磨盘之间的间隙，可以增大碾磨力，提高磨粉效率，增加产量；通过料层厚度检测和限位装置，可以防止磨辊与磨盘的意外接触，避免设备的振动和磨损。

（3）可通入350℃的热风与物料直接接触进行干燥，烘干能力强；选粉精度高，成品质量稳定。

（4）设备检修维护方便，通过翻辊液压缸可以将磨辊整体翻出磨机外，可方便快捷地进行辊套、磨盘衬板等的检修和更换。

（5）立磨工作时的运行稳定振动小、噪声低，磨细、烘干、分级、集粉都在负压封闭环境下完成，无粉尘外溢。

自20世纪20年代研制使用以来，经过近一个世纪的发展，立式磨粉机技术已经非常成熟。国内生产企业吸取国外企业的成功经验，经过自主研发和技术改革，已具备生产成熟产品的能力。立磨设备的具体选型，应根据原料特性、产品要求、生产工艺等情况分析确定。按照立式磨粉机处理的物料种类，耐火材料生产通常选用矿磨立式磨粉机，其主要技术性能见表12-14。

表12-14 常用矿磨立式磨粉机主要技术性能

性能	规格				
转盘直径/mm	1300	1500	1700	1900	2200
入磨粒度 D_{80}/mm	<10	<10	<10	<10	<10
成品粒度/目	80~325	80~325	80~325	80~325	80~325
产量/$t \cdot h^{-1}$	10~28	13~38	18~48	23~68	36~105
入磨最大尺寸/mm	38	40	42	45	50
主电机功率/kW	200	280	400	500	800

12.1.8 振动磨

振动磨是利用筒体内研磨体与物料的高频率撞击作用生产微粉或超微粉的设备。适用于对耐火材料、磁性材料甚至超导材料等金属和非金属矿物的研磨。

按其筒体数量可分为单筒式、双筒式和三筒式。

振动磨由磨机主体、激振器、弹性联轴器、弹性支座、冷却装置及驱动电机等组成。

研磨介质根据需要可以分为钢球、瓷球、合金球等。研磨体的形状和大小根据入磨料的粗细程度而定，一般为10~30mm。研磨体的密度大，则尺寸可小些，反之，则应大些。填充系数的选取，主要从能够有效地利用磨机容积和不妨碍研磨体的循环运动等方面考虑，一般在0.6~0.8，最高可达0.9。

一般想获得产品粒度在0.074~0.044mm的细粉料，进料粒度经常控制在2mm以下，想获得产品粒度小于0.040mm的细粉料，进料粒度经常控制在0.82mm以下。

该设备的弹簧、衬板、滚动轴承、卸料箅板、分料箅板等为其易损件。

振动磨可以适应各种硬度物料的细磨，并且能够通过调整振幅、频率、研磨介质配比等进行微细或超细粉磨，可获得各种细度的产品，且粒度均匀。由于其介质充填率高，振动频率高，所以单位筒体体积生产能力大，单位能耗低。该设备省去了减速设备，故机器质量轻，占地面积小，降低了制造成本及生产维护运行成本。

12.1.8.1 单筒式振动磨

单筒式振动磨基本参数见表12-15，结构示意图如图12-12所示。

表 12-15 单筒振动磨基本参数

参数	MZ-100	MZ-200	MZ-400	MZ-800	MZ-1600
筒体容积/L	100	200	400	800	1600
筒体外径/mm	560	710	900	1120	1400
振动频率/Hz	24	24.3	24.5	16.3	16.2
振幅/mm	≤3			≤7	
研磨介质的量/L	65~85	130~170	260~340	520~680	1040~1360
进料粒度/mm	≤5				
出料粒度/μm	≤74				
生产能力/kg·h^{-1}	100	200	400	800	1600
电机功率/kW	5.5	11	22	45	90
振动部分质量/kg	≤380	≤610	≤1220	≤2450	≤4900

注:生产能力是指粉磨红瓷土原料时的生产能力。

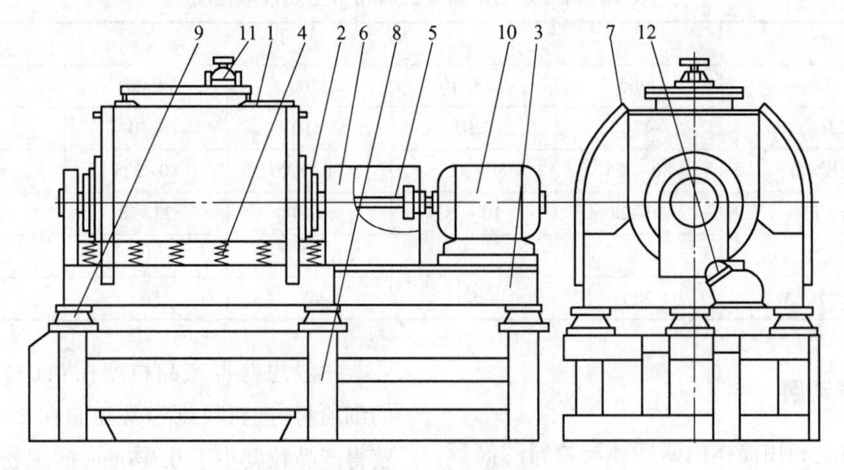

图 12-12 单筒振动磨

1—筒体;2—激振器;3—机架;4—弹簧;5—弹性联轴器;6—护罩;7—冷却装置;8—机座;9—减振器;10—电动机;11—给料口;12—排料口

12.1.8.2 双筒式振动磨

双筒式振动磨基本参数见表 12-16,结构示意图如图 12-13 所示。

12.1.8.3 三筒式振动磨

三筒式振动磨基本参数见表 12-17,结构示意图如图 12-14 所示。

表 12-16 双筒振动磨基本参数

参数	2MZ-100	2MZ-200	2MZ-400	2MZ-800	2MZ-1600
筒体容积/L	100	200	400	800	1600
筒体外径/mm	224	280	355	450	560
振动频率/Hz	24	24.3	24.5	16.3	16.2
振幅/mm	≤3			≤7	
研磨介质的量/L	65~85	130~170	260~340	520~680	1040~1360

续表 12-16

参数	2MZ-100	2MZ-200	2MZ-400	2MZ-800	2MZ-1600
进料粒度/mm	≤5				
出料粒度/μm	≤74				
生产能力/$kg \cdot h^{-1}$	90	180	350	700	1400
电机功率/kW	7.5	15	30	35	110
振动部分质量/kg	≤540	≤960	≤1910	≤3820	≤7650

注:生产能力是指粉磨蜡石原料时的生产能力。

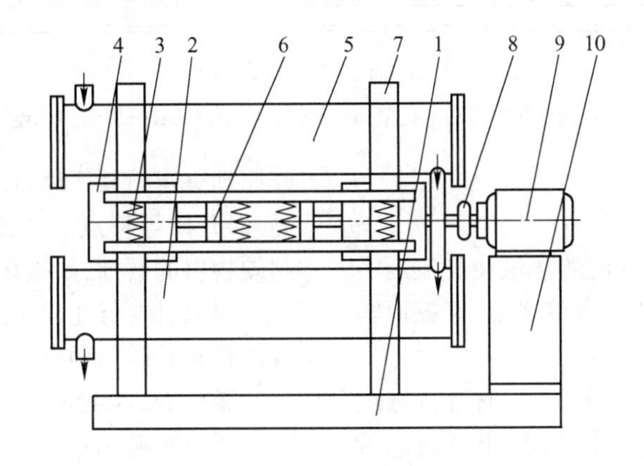

图 12-13　双筒振动磨

1—机座;2,5—筒体;3—弹簧;4—减振器;6—万向联轴节;7—支撑板;8—弹性联轴节;9—电动机;10—电机座

表 12-17　三筒振动磨基本参数

参数	3ZM-30	3MZ-90	3MZ-150	3MZ-300	3MZ-600	3MZ-1200
筒体容积/L	30	90	150	300	600	1200
筒体外径/mm	168	224	280	355	450	560
振动频率/Hz	24.3	24	24	24.3	24.7	16.2
振幅/mm	≤3					≤7
研磨介质的量/L	20~25	52~68	98~128	195~255	390~510	780~1020
进料粒度/mm	≤5					
出料粒度/μm	≤74					
生产能力/$kg \cdot h^{-1}$	20	60	125	250	500	1000
电机功率/kW	2.2	4	7.5	15	37	75
振动部分质量/kg	≤190	≤380	≤610	≤1210	≤2410	≤4800

注:生产能力是指粉磨黑精钨矿原料时的生产能力。

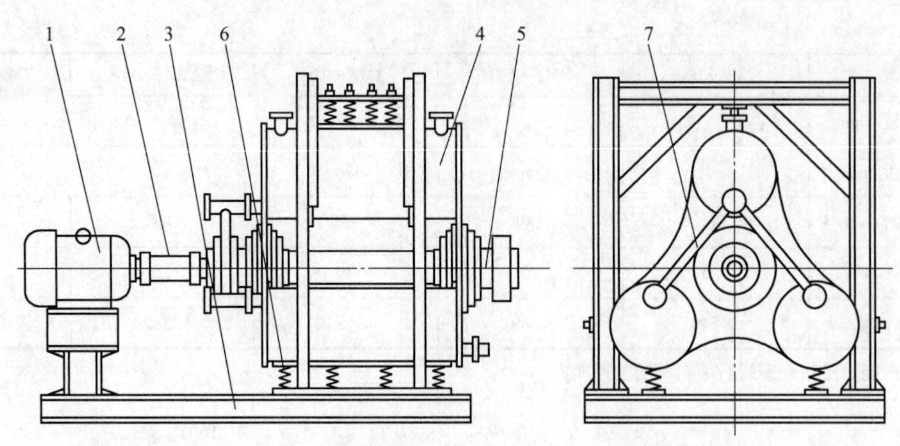

图 12-14 三筒振动磨

1—电动机;2—联轴节;3—机架;4—筒体;5—激振器;6—弹簧;7—连通管

12.1.9 气流磨

气流磨是利用高速气流的能量使气流场中的颗粒自撞、摩擦或与设备内壁碰撞、摩擦而实现粉碎的一种超细粉碎设备。

压缩空气经过滤干燥除油后,通过特殊配置的喷嘴高速喷射入粉碎腔内,喷出的射流带动物料作高速运动,相互碰撞、摩擦剪切而粉碎,粉碎后的物料随上升气流进入分级区进行分级,在高速旋转的分级涡轮产生的离心力和气流产生的向心力作用下,使粗细颗粒分开,达到粒度要求的物料由收集器收集,未达到粒度的粗颗粒返回粉碎区继续粉碎。气流磨与旋风分离器、除尘器、引风机组成一整套粉碎系统。

气流磨应用气流粉碎原理进行粉碎,该粉碎原理决定了其适用范围广、成品细度高、纯度高、温升低等特点。气流磨适用于耐火行业对超硬物料的磨细,如碳化硅、氧化铝等。

耐火材料行业使用的气流磨产品大致可分成微粉和超微粉两类:

微粉 D_{97}:<40μm

超微粉 D_{97}:< 5μm 或 < 10μm 或 0.12~12μm

气流磨的产量大小与气流磨的型号、功率、物料的材质、进料粒度、产品的粒度、物料的含水量、与单位产品能量消耗指标以及与其配套的分级机型号等有关。单位产品能量消耗指标与被粉碎物料的材质(硬度及其可磨性)、进料粒度、产品细度等因素有关。物料的最终产品粒度越细,单位产品能量消耗指标越高。气流磨规格及性能见表 12-18。

表 12-18 气流磨规格及性能

型号	QLM-1	QLM-1.5	QLM-2	QLM-3	QLM-3.5	QLM-4	QLM-830
原料粒度/mm	<3						
产品粒度/μm	2~45 无级可调						
生产能力系数	0.024	0.075	0.16	0.4	0.5	1	3.5
产量范围/$kg \cdot h^{-1}$	2~45	5~135	15~300	35~650	45~800	90~1600	300~5000
喷嘴数量	3	4	4	4	4	4	4
主机尺寸/cm	ϕ16×50	ϕ25×80	ϕ35×160	ϕ41×200	ϕ52×280	ϕ70×260	ϕ102×568
收尘器面积/m^2	3	10	16~20	26~42	42~47	47~60	170
分机轮功率/kW	1.1	3	4	5.5	7.5	15(11)	15(11)×3

续表 12-18

型号	QLM-1	QLM-1.5	QLM-2	QLM-3	QLM-3.5	QLM-4	QLM-830
电机最高转数/r·min^{-1}	18000	12000	8000	6000	6000	4000	4(5)000
空压机压力/MPa	≥0.7						
空压机气量/m^3	≥3	≥6	≥10	≥20	≥20	≥40	≥120
高压风机功率/kW	2.2	2.2	4	7.5	7.5	18.5	55
气流粉碎机功率/kW	3.3	9	10	15	18	35	108
标准操作空间/m×m×m	2×2×2	4×2×4	6×3×6	7×4×6	7×4×6	9×4×9	18×12×11

气流磨的特点：

(1)适合于莫氏硬度 1~10 的各种物料的干法超细粉碎。

(2)因为物料是在气流的带动下自身碰撞粉碎，不带入外界杂质，这样在物料的粉碎过程中不会构成污染，因而能保持物料的原有天然性质。颗粒表面光滑，颗粒形状规整，纯度高，分散性好。

(3)由于气流在喷嘴处绝热膨胀会使系统温度降低，物料是在气体膨胀状态下粉碎，粉碎腔体内温度控制在常温状态，温度不会升高，可用于对温度敏感的材料粉碎。

(4)内带分级装置，可一次得到想要的产品粒径，也可与多级分级机串联使用，一次生产多个粒径段的产品。

(5)设备拆装清洗方便，内壁光滑无死角，更换物料品种简便。

(6)整套系统密闭运行，噪声低，生产过程清洁环保。

12.2 计量及配料设备

计量及配料设备的工作原理：通过称重传感器产生一个正比于物料重量的电输出信号，经放大和模拟数字转换器转换成数字信号，通过入微处理器处理后，可直接显示重量信号。耐火材料生产常用的计量及配料设备有自动称量斗、电子皮带秤、电子螺旋秤和自动配料车等。

12.2.1 自动称量斗

自动称量斗适用于各种定值称量及配料，工作精度可达 0.2%。具有结构简单，操作方便等特点，可以长期连续使用，并充分保证工艺要求。自动称量斗由加料装置、秤斗、称重传感器和称重显示控制器组成。称重显示控制器由前置放大器、模拟数字转换器、微机、打印机、显示器和电源组成。秤斗通常配 3 只称重传感器。加料装置可以是各种给料设备，为了称量快速、准确，初始应快速加料，达到 85%~90%称重后应慢速加料，直至称重结束。给料速度可以调节，必要时可在给料设备上设料流快速截断装置。自动称量斗安装形式有拉式结构和压式结构两种，如图 12-15 和图 12-16 所示。

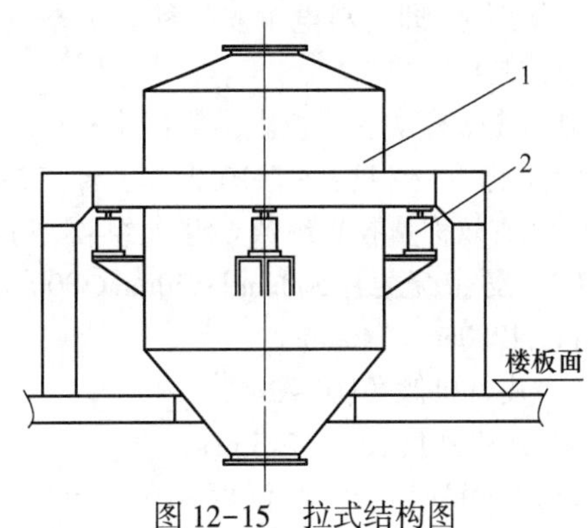

图 12-15 拉式结构图
1—秤斗；2—称重传感器

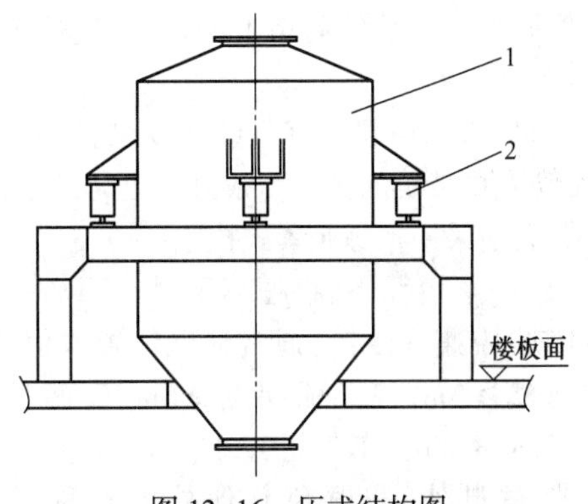

图 12-16 压式结构图
1—秤斗；2—称重传感器

12.2.2　电子皮带秤

电子皮带秤是用于皮带输送机的连续、自动计量设备，适用于多尘潮湿等各种不同现场。电子皮带秤示意图如图 12-17 所示。

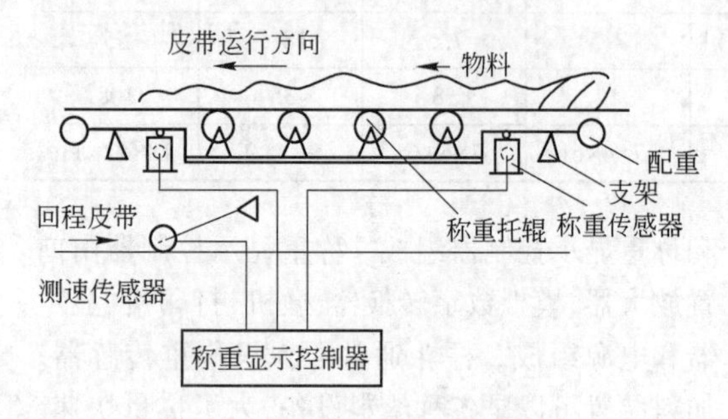

图 12-17　电子皮带秤

电子皮带秤由称重框架、称重传感器、测速传感器及称重显示控制器组成。称重显示控制器由前置放大器、模拟数字转换器、微机、打印机、显示器和电源等组成。电子皮带秤用于配料计量使用时（即配料电子皮带秤），需配套一台工业控制计算机。

电子皮带秤的主要技术参数：

(1) 称量精度：≤±0.25%；≤0.5%；≤1.0%（有效称量托辊组数 6 组、4 组、2 组）；

(2) 皮带宽度：500mm，650mm，800mm，1000mm，1200mm，1400mm；

(3) 皮带机倾角：0°~20°；

(4) 皮带速度：0.5~2.5m/s；

(5) 使用环境：秤架，温度 -10~+50℃，相对湿度≤95%；仪表，温度 0~+40℃，相对湿度≤85%，无腐蚀性气体。

为确保整个系统的精度，秤框安装位置要求如下：

(1) 秤框的位置最好安装在皮带机的尾轮端，此位置皮带机的张力和张力变化为最小，同时胶带机应采用重锤张紧式拉紧；

(2) 一般情况下，秤框离下料点距离一般取 3 倍皮带速度距离，通常秤框位置取值为：离导向槽≥3m、离凸弧拐点≥6m、离凹弧拐点≥12m、离卸矿车最近点 12~15m，除物料及胶带重量外，应避免其他外力对称重的影响。

12.2.3　电子螺旋秤

电子螺旋秤主要适用于粉状、散装物料的计量，可同时满足连续输送、动态计量和控制给料量的工艺需求。尤其适用于旧厂改造时，空间狭小、无法装设其他型式电子计量设备的场所。电子螺旋秤还可做成由调速稳流螺旋和恒速计量螺旋组成的双级电子螺旋秤，双级电子螺旋秤性能更稳定。

电子螺旋秤由称重框架、称重传感器、测速传感器及称重显示控制器组成。称重显示控制器由前置放大器、模拟数字转换器、微机、打印机、显示器和电源等组成。电子螺旋秤系统安装示意图如图 12-18 所示。

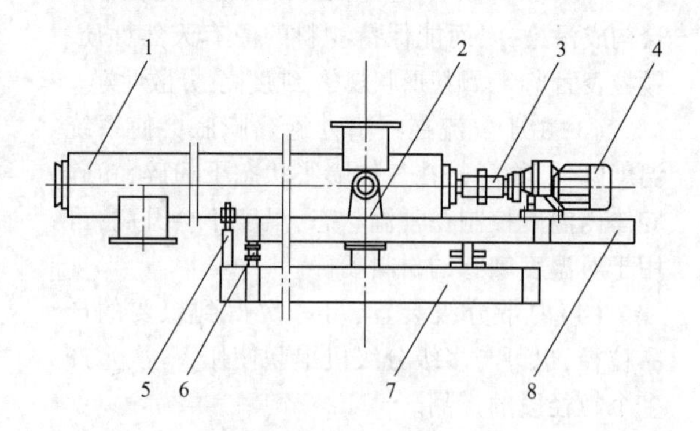

图 12-18　电子螺旋秤

1—螺旋输送机；2—支座；3—联轴器；4—电机；5—传感器；6—输送机托架；7—底座；8—输送机框架

电子螺旋秤的主要技术参数：

(1) 称量精度：1.0%~2.0%；

(2) 给料量：<300t/h；

(3) 螺旋管直径：150~600mm；

(4) 给料距离（中心距）：≥1000mm；

(5) 使用环境：秤体温度：-20~+60℃；仪表温度：-10~+50℃。

12.2.4　自动配料车

自动配料车是移动式全自动定值配料计量设备。它适用于长距离多料仓的定值配料生产线上的计量及配料，具有自动化程度高、环境污染小等优点。

自动配料车在轨道上行走，可与安排在车顶上方的配料仓卸料口自动对接，进而完成预定程序。它具有自动移位、精确定位、按配方完成准确称量、依次配料、自动除尘和记录打印等功能。自动配料车如图 12-19 所示，由称量系统和控制系统两部分组成。

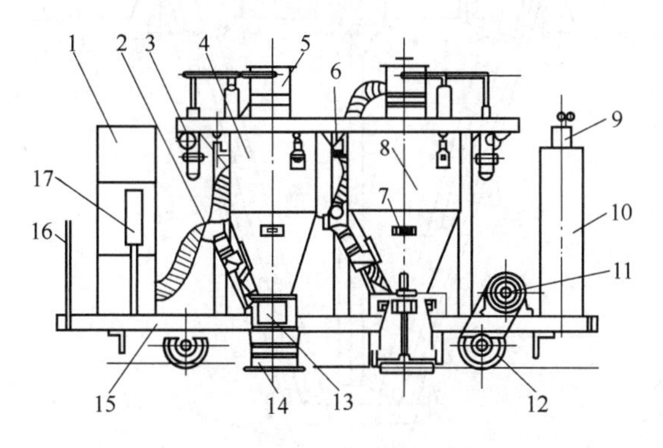

图 12-19 自动配料车

1—除尘器；2—吸尘管路；3—机架；4—小秤斗；5—上口防尘伸缩管；6—传感器；7—振打器；8—大秤斗；9—滑线立杆；10—配电盘；11—驱动装置；12—车轮组；13—出料阀；14—下口防尘伸缩管；15—车底盘；16—安全栏杆；17—手动操作盘

(1)称量系统：由移动台车、称量秤、称量斗、防尘伸缩管、除尘器、定位机构、车上控制柜、供电电缆及驱动电机等部件组成。

1)移动台车：为适应配料对位、行走和停车等操作要求，采用变速行走。

2)称量斗：通常由大小两斗组成（一般大斗 600kg，小斗 400kg），可分别称量颗粒料和细粉料。也有由三斗组成，最小斗用于称量添加剂。称量斗下设有机械卸料阀。

(2)控制系统：由车上的操作盘及控制室内的工业控制机、可编程控制器、操作盘、电源柜和打印终端等组成。为适应多种操作的需要，自动配料车具备如下 3 种控制方式：

1)手动控制：通过称量车上的手动操作盘，可对车上的所有执行机构进行控制。

2)半自动控制：

①由室内操作盘任选配料仓和卸料仓的任意对位点，发出行车信号后，由车上控制柜自动控制行车对位。再由室内操作盘发出装料、卸料信号后，车上控制柜自动完成装料、卸料动作，并自动检测上、下仓料位。

②室内操作盘可控制配料仓下给料器的给料速度，操作员通过重量显示器设定下料多少。

3)全自动控制：

①计算机通过显示终端实现全汉化的人机对话和菜单式选择。

②对计算机输入配方后，启动控制，计算机将自动选择配料仓向称量斗加料，待配料完毕后，自动到指定的卸料仓进行卸料。

③计算机通过键盘选择，还可模拟半自动的任选配料仓、卸料仓的控制。并且下料也按输入定值由计算机自动控制。该功能对临时换品种的准确配方配料尤为实用。

④无论选择上述②、③的任一种控制方式，计算机都能对各种卸料口所卸物料的种类、重量、次数等进行记录和打印。

自动配料车的主要技术参数：

(1)称量车静态精度：0.3%。

(2)高速行车：≤25m/min。

(3)低速行车：5～10m/min。

(4)对位精度：±20mm。

(5)工作环境：

控制部分：温度 0～+40℃；

湿度≤80%；

车体部分：温度-10～+50℃；

湿度≤80%。

(6)全密封式接卸料。

12.3 混合设备

12.3.1 预混合设备

预混合设备是生产各类不定形耐火材料及特殊耐火材料时，用作混合细粉和微量添加剂的设备，可使细粉和微量添加剂充分混合均匀。常用的预混合设备有螺旋锥型混合机、双锥型混合机和 V 型混合机等。

12.3.1.1 螺旋锥型混合机

螺旋锥型混合机结构简单、能耗低、混合均匀，适合于粉料及密度相差小的各种物料的干混合。螺旋锥型混合机有单螺旋、双螺旋、三螺旋等三种型式。每批次混合量较大、混合均匀度较高时可选用双螺旋或三螺旋锥型混合机。

螺旋锥型混合机由固定的锥形筒体、螺旋轴和传动装置等部分组成。锥形筒体由钢板焊成，固定在支架上，操作时筒体不转动。筒体顶盖上有加料口，下部有卸料口，并安装有可启闭的卸料阀。双轴型螺旋有两根螺旋轴，用转臂拉杆连接，对称垂直安装在靠近筒体内壁处，由传动装置带动，绕筒体内壁作行星慢速公转，通常转速为 5r/min，而螺旋轴快速自转速度为 110r/min，单轴型螺旋只有一根螺旋轴，非对称安装。传动装置由电动机及摆线针轮减速器组成，安装在顶盖中央。螺旋锥型混合机结构如图 12-20 所示，常用螺旋锥型混合机主要技术性能见表 12-19。

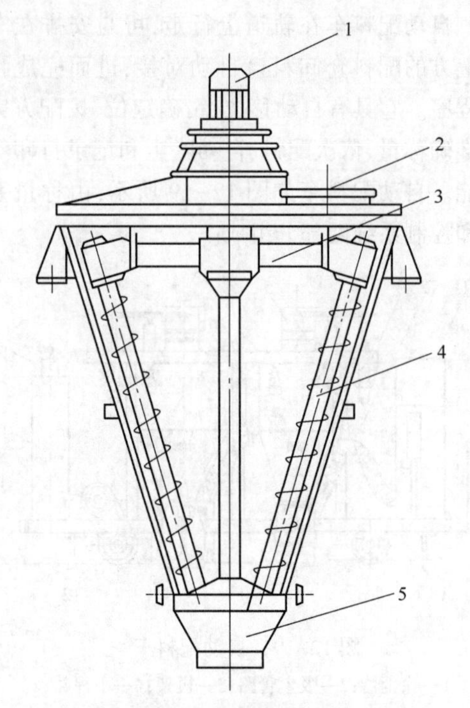

图 12-20 螺旋锥型混合机

1—电动机及摆线针轮减速机；2—加料口；3—转臂拉杆；4—螺旋轴；5—卸料阀

表 12-19 常用螺旋锥型混合机主要技术性能

技术性能	规格				
	SLH-0.5m³	SLH-1m³	SLH-2m³	SLH-4m³	SLH-6m³
装载系数	0.5	0.6	0.6	0.5	0.5
物料细度/mm	0.8~0.036	0.8~0.036	0.8~0.036	0.8~0.036	0.8~0.036
电机功率/kW	3.0	4.0	5.5	11/1.5	15/1.5
混合时间/min	4~8	4~8	4~8	8~12	8~12
公转速度/$r \cdot min^{-1}$	5	5	5	2	2
自转速度/$r \cdot min^{-1}$	119	108	108	60	60
设备质量/kg	700	1000	1200	2800	3500

12.3.1.2 双锥型混合机

双锥型混合机通过回转罐体将各种微细粉混合均匀，适合混合流动性好的干粉物料。

双锥型混合机由罐体、驱动装置、滑环支撑台和机架组成，如设置套管，还可以对混合物料进行加热和干燥等作业。双锥型混合机结构如图 12-21 所示，主要技术性能见表 12-20。

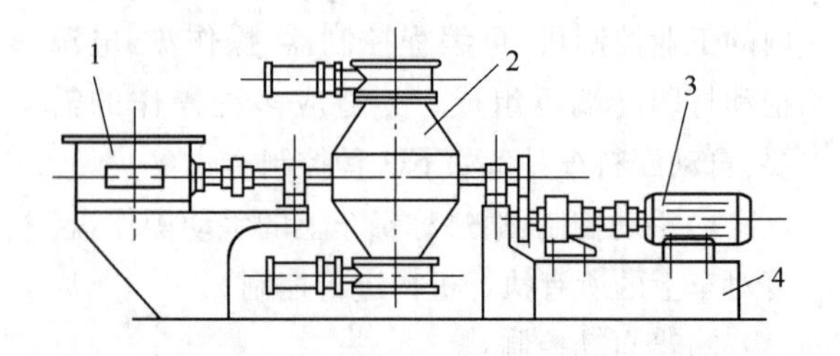

图 12-21 双锥型混合机

1—滑环箱；2—罐体；3—驱动装置；4—支撑台架

表 12-20 双锥型混合机主要技术性能

技术性能	规格		
	HJ-0.5m³	HJ-1m³	HJ-2.2m³
装载系数	0.6	0.6	0.5
物料细度/mm	0.8~0.036	0.8~0.036	0.8~0.036
电机功率/kW	1.5	3.0	5.5
混合时间/min	4~8	4~8	4~8
罐体转速/r·min⁻¹	3~15	3~15	3~15
设备质量/kg	2500	3000	3400

12.3.1.3 V型混合机

V型混合机通过同时回转筒体及搅拌轴将各种微细粉混合均匀。V型混合机由筒体、驱动装置、螺旋轴和机架等组成。V型混合机结构如图 12-22 所示，主要技术性能见表 12-21。

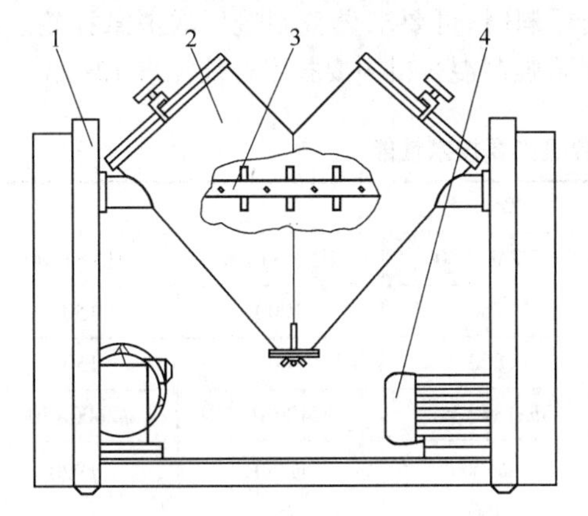

图 12-22 V型混合机

1—支架；2—筒体；3—搅拌轴；4—电动机

表 12-21 V型混合机主要技术性能

技术性能	规格	
	VI-100	VI-200
装载系数	0.5	0.4
物料细度/mm	0.8~0.036	0.8~0.036
最大装载量/kg	130	250
电机功率/kW	1.5/1.5	3/3
筒体转速/r·min⁻¹	20	17
搅拌轴转速/r·min⁻¹	600	500
设备质量/kg	400	700

12.3.2 湿碾机

湿碾机是利用碾轮与碾盘之间的转动对泥料进行碾压、混练及捏合的混合设备。湿碾机工作原理：碾盘主动旋转，刮板将物料推入碾轮下部进行碾压，碾轮因物料摩擦作用而被动旋转，并随物料加入量的变化可自由升降，充分保证了碾轮重力完全作用在物料上，从而实现对物料的碾压、破碎、混练及捏合，可有效提高物料的密实度，显著改善物料性能，广泛用于冶金、耐火材料、建材等行业。

湿碾机由传动装置、碾盘、碾轮、刮板及液压出料装置等部分组成，其结构如图12-23所示，常用湿碾机主要技术性能见表 12-22。

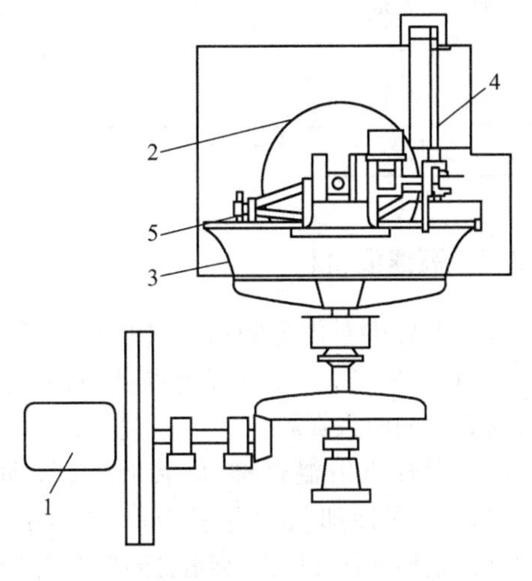

图 12-23 湿碾机

1—传动装置；2—碾轮；3—碾盘；4—液压出料装置；5—刮板

表 12-22 常用湿碾机主要技术性能

性 能	型 号			
	φ1600×450	φ1630×400	φ1300×500	φ1400×600
碾盘转速/r·min^{-1}	22	15	12.5	10
碾盘规格/mm	φ3240×370	φ2817×460	φ2400×500	φ2800×550
碾轮规格/mm	φ1600×450	φ1630×400	φ1300×500	φ1400×600
碾轮质量/t	4.2×2	6.2×2	—	3.5×2
电机功率/kW	55	75	48	70
设备质量/t	27.7	43	22.3	26.78

12.3.3 行星式强制混合机

行星式强制混合机的中心立轴担有一对悬挂轮、两副行星铲和一对侧刮板,盘不转,中心立轴转,带动悬挂轮、行星铲和侧刮板顺时针转,行星铲又作逆时针自转,泥料在三者之间为逆流相对运动,在机内既作水平运动又被垂直搅拌,5~6min 可得到均匀混合,而颗粒不破碎。根据工艺需要,可以增配加热装置。

行星式强制混合机效率高、能耗低、混合均匀;整机密封好,无粉尘、噪声低;出料迅速、干净。可混合干料、半干料、湿料或胶状料。只混合干料时,可要求设备制造厂取消悬挂轮。行星式强制混合机主要技术性能见表 12-23。

表 12-23 行星式强制混合机主要技术性能

性 能	型 号				
	QHX-250	HNX-500	PZM-750	HNX-1000	HN-1500
混合容量/L	250	500	750	1000	1500
每次混合量/kg	300	500	800	1000	1500
混合盘直径×高度/mm×mm	φ1550×372	φ1800×350	φ2184×352	φ2400×630	φ2600×500
碾轮直径/mm 质量/kg	φ450 215	φ500	φ600 480	φ750 750	φ920
电机功率/kW	7.5	11	15	22	30
设备质量/t	3	4	5	8	9

12.3.4 高速混合机

高速混合机对泥料颗粒无二次破碎,混合均匀,混料效率高,能控制混料温度,特别适应混合含石墨的耐火泥料。

高速混合机由混合槽、旋转叶片、传动装置、出料门以及冷却、加热装置等部分组成。高速混合机结构如图 12-24 所示,冷却、加热装置如图 12-25 所示。

混合槽是由空心圆柱形碾盘、锥台形壳体和圆球形顶盖等组成的容器。下部碾盘为夹套式结构,由冷却、加热装置向夹套供给冷水或热水,控制物料混合温度。主轴上安装特殊形状的搅拌桨叶,构成旋转叶片。旋转叶片的转速有两种,在工作过程中可以变换速度,从而使物料得到充分的混合。

传动装置由电动机、皮带轮及减速机组成。电动机为变级调速形式。

出料门是安装在混合槽侧面的出料机构,混合好的物料由此排出。开门机构由一套连杆系统组成,由气缸直接带动。

冷却、加热装置由冷却水槽、热水槽、冷却

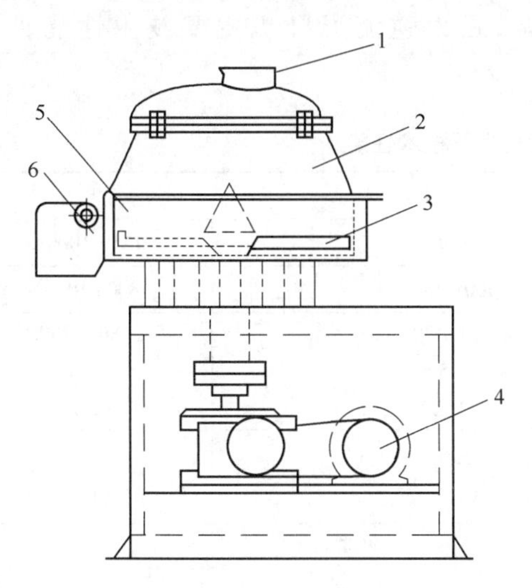

图 12-24　高速混合机

1—入料口；2—锥形壳体；3—旋转叶片；
4—传动装置；5—碾盘；6—出料门

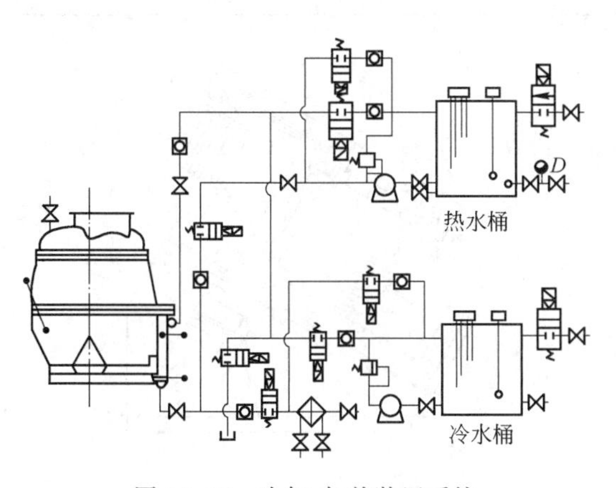

图 12-25　冷却、加热装置系统

和热循环装置等组成。为了保证混合物料的温度，设计了冷、热水量自动调控装置。

参与混合的各种原料及结合剂，由上部入料口投入。电动机通过皮带轮、减速机带动旋转叶片旋转，在离心力的作用下，物料沿固定混合槽的锥壁上升，向混合机中心作抛物线运动，同时随旋转叶片作水平回转，处于一种立体旋流状态，对于不同密度、不同种类的物料易于在短时间内混合均匀，混合比率比一般混合机高一倍以上。混合后的物料由混合槽的侧面出料门排出。为适应某些物料混合温度要求，由冷却、加热装置对物料进行冷却、加热和保温等调控，从而获得高质量的混料。高速混合机的主要技术性能见表 12-24。

表 12-24　高速混合机主要技术性能

项目	技术参数	
有效容量/L	600	800
每次混合量/kg	800	1000
壳体内径/mm	ϕ1550	ϕ1750
主传动装置电机/kW	40/55	47/67
搅拌机旋转速度/$r \cdot min^{-1}$	60/120	53/106
设备质量/kg	8832	12000

12.3.5　强力逆流混合机

强力逆流混合机是一种快速混合设备，由搅拌星、高速转子、旋转料盘、卸料门（油缸操作）、固定刮板及框架等部分组成。

搅拌星、高速转子、旋转料盘各自具有独立的传动装置，搅拌星、高速转子的电机倒立装于混料容器的顶板上，转动部分深入容器内装在料盘边缘上空。搅拌星有 4 把铲子，有两个安装高度。高速转子的端部设有固定锤，等高安装，有 H 型、W 型等型式。料盘设计转速 8～12r/min，以顺时针方向旋转，通过固定刮板的定向，连续不断地将原料送入搅拌星和高速转子运转的轨迹内，搅拌星以 35～40r/min 的速度逆时针旋转，转速比料盘高许多。由于料盘和搅拌星的偏心和逆向转动，使原料粒子向很多不同的方向分散混合，各粒子的运动方向和运动速度又不断的变化。高速转子转速 800～1200r/min，原料在一定的惯性力作用下高速滑动，相互揉搓捏合，使细粉结合剂紧密地裹在颗粒的表面上。

原料粒子既在水平方向同时也在垂直方向互相移动混合，由于搅拌星的 4 把铲子与水平面呈一定的倾斜角度，安装高度不同，可使原料粒子在垂直高度内的相对位置发生高频度的变换，这样就容许料盘内的物料厚度较大的增加，提高混合效率和流量。

卸料口及卸料门处于料盘底部的中央位置，操纵液压缸开启卸料门时，固定刮板将原料刮向中间，搅拌星及高速转子将原料急速卸出,料盘旋转一周即可将原料卸出 80%~90% 以上,排净原料只需 10~15s,可将原料完全排净。强力逆流混合机主要技术性能见表 12-25。

表 12-25 强力逆流混合机主要技术性能

项 目	型 号			
	QH-22 型	500L		HNQ-1000L
每次混合量/kg	2000~2400	500~700		800~1000
转盘规格/mm	ϕ2200×740	ϕ1400×700		ϕ1800×750
电动机功率/kW	15	5.5		11
转盘转速/r·min^{-1}	8.5	12.2		10.7
搅拌星电动机功率/kW	22	5.5		15
立轴转速/r·min^{-1}	33.4	41.1		50.3
高速转子形式	H 型转子	H 型转子	W 型转子	
电动机功率/kW	55	17	30	37
立轴转速/r·min^{-1}	800	400/500/600	800/1000/1200	720
出料液压系统电动机功率/kW	1.5	1.5		1.5

12.3.6 倾斜式强力混合机

倾斜式混合机通过旋转筒体,带动物料混合运动,与搅拌机构配合使物料混合均匀,当完成一次搅拌周期后,由设在筒体中心下部的排料口排料。

倾斜式混合机由传动装置、旋转筒体、排料门、搅拌机构、进料口、机架及液压装置等组成。倾斜式混合机结构如图 12-26 所示,主要技术性能见表 12-26。

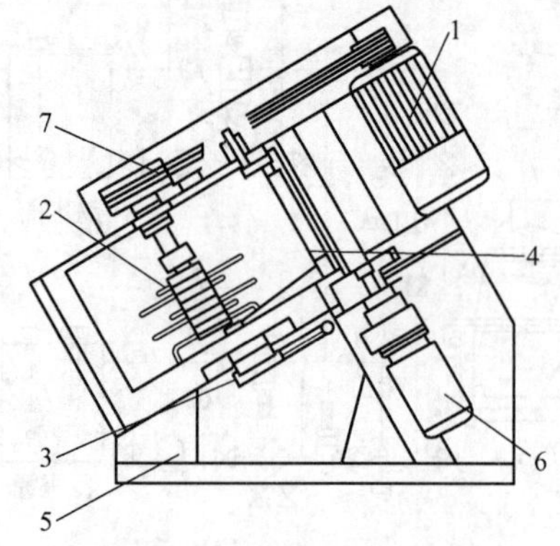

图 12-26 倾斜式混合机

1—传动装置;2—搅拌机构;3—排料门;4—旋转筒体;5—机架;6—液压装置;7—进料口

表 12-26 倾斜式强力混合机主要技术性能

项 目	型 号							
	DX08	DX10	DX12	DX15	DX19	RV11	RV15	RV19
每次混合量/kg	80	160	200	800	1600	600	1200	2400
旋转筒体规格/mm	ϕ800	ϕ1000	ϕ1200	ϕ1500	ϕ1900	ϕ1100	ϕ1500	ϕ1900
电动机功率/kW	4	5.5	7.5	11	22	7.5	9.2	18.5
传动装置电机功率/kW	11	18.5	30	30~55	37~110	22	45	75
出料液压系统电动机功率/kW	2.2	2.2	2.2	2.2	2.2	1.5	2.2	2.2

倾斜式混合机适应各种耐火材料生产，包括添加黏性结合剂、各种纤维等，并具有造粒功能。可供铸造型砂、玻璃原料、石墨、碳粉电池原料以及各种建材塑性材料混合。倾斜式混合机具有如下特点：

(1)混合容器具有旋转功能，工作时，不停地将有待混合的物料送到搅拌机构部位，形成速度差很高的相逆性混合物料流；

(2)混合周期可缩短到几分钟，产量大大提高；

(3)针对各种不同粒度和不同密度的原料，均能使之分布均匀，不会产生偏析；

(4)装配了倾斜式混合盘，即使混合机只部分装填，也可达到满意的混合效果；

(5)整体机体设有夹层，根据不同工艺要求，可增设加热或冷却装置。

12.3.7　调压升降式混炼机

调压升降式混料机由旋转料盘、可升降碾轮、搅拌铲、刮板、电机、排料装置、液压系统及机架等组成。

混炼过程中，旋转料盘作顺时针转动，搅拌铲作逆时针转动，其回旋半径经过料盘中心，边刮板将分散在料盘周围的原料刮至搅拌铲和碾轮的混合范围内。混炼达到要求后，开启液压出料，转动边刮板，使物料从旋转盘中心全部排净。液压系统可以在一定范围内任意调整压力，具有保压溢流功能，使物料碾压效果更加理想；物料在机体内既作水平运动，又作竖直运动，搅拌充分均匀。调压升降式混料机结构如图12-27所示，技术性能见表12-27。

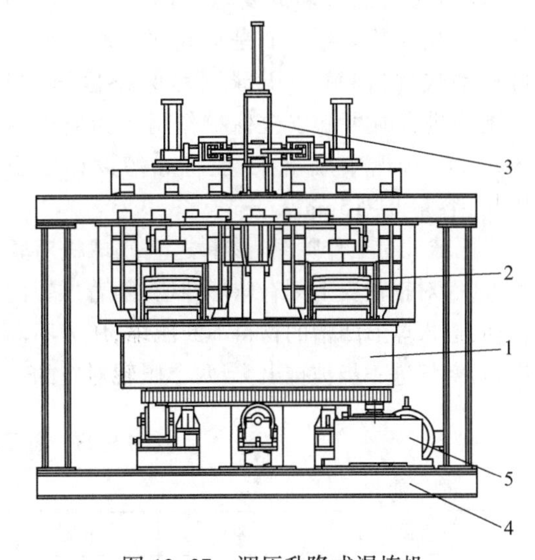

图12-27　调压升降式混炼机

1—旋转料盘；2—可升降碾轮；3—排料装置；4—机架；5—电机

表12-27　调压升降式混炼机技术性能

项　目	型　号		
	150kg	500kg	1000kg
混炼量/kg	150	500	1000
料盘直径×高度/mm×mm	ϕ1500×300	ϕ2400×450	ϕ2750×470
料盘转速/r·min^{-1}	21	20	12.5
回旋直径/mm	ϕ420	ϕ550	ϕ740
搅拌棒数/根	3	4	4
碾轮直径×厚度/mm×mm	ϕ600×300	ϕ1600×450	ϕ1300×500
总功率/kW	15.4	63.5	83.5

调压升降式混炼机具有如下特点：

(1)搅拌铲、碾轮可升降，碾轮可调压、加压并有良好保压溢流功能；

(2)密封好、噪声低；

(3)采用液压出料方式，可使物料从旋转盘中心快速全部排净；

(4)可实现变频调速和PLC控制，自动化程度高；

(5)结构件维修少。

12.4　成型设备

12.4.1　高压压球机

压球机是利用旋转压辊将粉状物料压制成各种球体的成型设备。压球机主体由压辊、电动机、联轴器、减速机、双出轴联轴器及机架等组成。双出轴联轴器必须具有挠性,以适应压辊移动的要求。两个带半球槽的压辊相对旋转,一个是固定的,另一个是可移动式的,以确保压球过程保持恒压,当有硬物进入时可起安全保护作用。为便于球坯易于从球槽中脱出,一般将球槽设计成杏核状,容量 8~15cm^3。

压球机的工作原理:物料送至压球机对辊咬入区,对辊辊皮上刻有球形凹槽,随着压辊的转动,进入球形凹槽的物料不断压缩,压力不断提高,空气进一步被排出,当两个压辊对应的球槽处于压球机中心线时,物料被最大限度的压实。此时有最大的成型压力,成型压力通常以总压力除以辊皮宽度表示,称之为线压比。被压缩的物料处于压球机中心线以下时,成型压力很快降低,直至零,自动脱出成为球坯。干法压球时,为了使球坯具有一定的强度和密度,需配置预压装置,散状细粉在压球前应经过预压装置预压,排出细粉间的空气,再强制挤入对辊咬入区。

压球方法有湿法压球、半干法压球和干法压球等三种。难以成型且粒度较细的物料采用干法压球工艺时,选用高压(通常指线压比为 80kN/cm 以上)压球机。

高压压球机在生产初期,成球率很低,在经过一段时间筛下返回料和新料混合使用后,即可保持稳定的成球率。一般成球率可达到 40%~60%。高压压球机主要技术性能见表 12-28。

表 12-28　高压压球机主要技术性能

性　能	规　格					
压辊直径/mm	800	520	650	750	750	800
压辊宽度/mm	352	210	205	220	317	352
压辊转速/$r \cdot min^{-1}$	8.3~11.8	13.4	14	12.14	14	12.28
额定线压比/$kN \cdot cm^{-1}$	120	100	100	110	110	110
主电机功率/kW	185	55	90	110	185	185
预压电机功率/kW	17.3	15	15	15	18.5×2	18.5×2
设备质量/t	38.1	17.1	20.8	29.2	38	38

高压压球机主要由预压装置、压球机主体及油压支承系统形成一个机组,如图 12-28 所示。一般高压压球机压力很大,故应注意压辊轴承的选型。预压装置由两部分组成:一部分是调速电机、联轴器、减速机等传动部分,另一部分是单头或双头螺旋和加料嘴组成的预压装置。其作用是将细粉状物料进行预压缩、脱气,保证供料压力,使物料密度得到提高。预压装置需可以调速,原因如下:

(1)通过预压装置的料量有可能出现大于或小于对辊的需要量,需调速至稳定供料;

(2)不同品种或不同粒度的粉料,所需的最佳供料容积(或转速)不相同。

12.4.2　摩擦压砖机

摩擦压砖机是采用摩擦传动,通过摩擦轮带动冲头,以冲击加压方式压制砖坯的成型设备,广泛应用于耐火行业。与液压压砖机相比,其结构简单、易于操作和维修、价格便宜,但自动化程度低、工人劳动强度大、能耗高、产品质量不稳定,随着新型压制设备的不断涌现,在耐火行业呈现被淘汰的趋势。检修摩擦压砖机需要起重吊钩吨位及高度,可参考表 12-29。

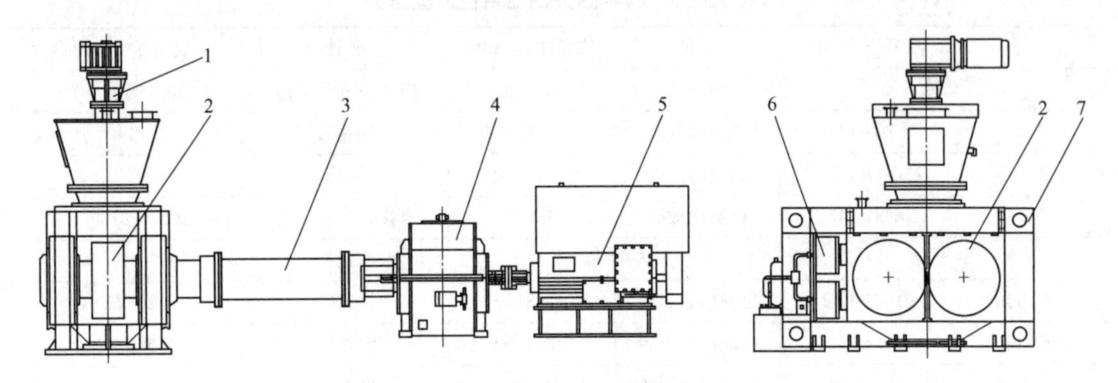

图 12-28　高压压球机

1—预压装置;2—压辊;3—联轴器;4—主减速机;5—主电机;6—支承油缸;7—机架

表 12-29　检修压砖机需要起重机吨位及设计高度

摩擦压砖机型号	最重检修部件		吊钩最小高度/mm	
	名称	质量/kg	与立轮横轴中心的最小距离	最少起升高度
J67G-200	传动装置	800	1100	550
J67G-300	传动部分	3480	1085	500
J67-350	横轴装配	2100	1200	600
J67-400	传动装置	2655	1300	650
JA67-400	传动装置	2655	1300	650
J53K-400B	横轴装配	4515	1450	730
J67-630	横轴装配	5197	1500	750
JA69-630	横轴装配	5197	1500	750
J93-630	横轴装配	6488	1500	750
J93G-630	横轴装配	6488	1620	820
T800	横轴装配	3210	1300	650
J67-1000	传动部分	13200	1700	850
J93-1000	横轴装配	13168	1750	875
JA69-1000	传动装置	13200	1700	850
JA69-1600	横轴装配	14970	2000	1000

摩擦压砖机选型原则如下:

(1)根据砖种需要的单位成型压力及砖坯受压面积,选择摩擦压砖机的公称压力。不同砖种的单位成型压力,可参考表 12-30 各种耐火制品单位成型压力;

(2)根据砖坯受压面积及不同压力条件下不同的模框厚度,选择摩擦压砖机的工作台面尺寸;

(3)根据砖坯受压高度(砖模装料高度与砖厚比为 1.8~2.0),选择摩擦压砖机的滑块行程和封闭高度;

(4)在满足上述 3 个条件后,考虑操作灵活、方便,设备的质量等。

表 12-30　各种耐火制品单位成型压力

砖种	成型压力/MPa	砖种	成型压力/MPa	砖种	成型压力/MPa
硅砖		刚玉砖	80~120	电熔方镁石大砖	100(等静压)
硅砖	80~120	优质刚玉砖	≥150	镁铬砖	>140
格子砖	50~70(苏)	铝炭滑板砖	100~150	镁铬砖	100(苏)
高密度	98~147	铝炭滑板砖	<200	直接结合镁铬砖	100~120(苏)
黏土砖		碱性砖		致密镁铬砖	300~500(苏)
蜡石砖	80~100(日)	焦油白云石砖	>80	铬镁砖	120(德)
高硅蜡石砖	68	焦油白云石砖	100~120	镁铬砖	150(苏)
黏土砖	60~100	焦油白云石砖	120(德)	镁橄榄石砖	≥85
流钢袖砖	50~60	烧成白云石砖	90~110(日)	高纯镁橄榄石砖	180~200(苏)
标准衬砖	50~80	焦油镁砖	120(德)	镁铝砖	220
衬砖	120	焦油镁砖	150(苏)	普通镁铝砖	≥135(苏)
格子砖	50~70	镁砖	120~150	普通镁铝砖	97(美)
高铝砖		镁质滑板	130~150	高密镁铝砖	150~200 或以上
高铝	80~120	炉顶、合成砖	120~200	锆质砖	
高铝	137	高纯镁砖	275~320	纯锆英石制品	123
电炉顶	120~150	合成镁白云石砖	175	锆英石砖	85~100
袖砖	80~100	高强镁炭砖	180	锆质滑动水口	120~160
衬砖	120	镁炭砖	200~250(德)	锆质砖	70~90(日)
高炉砖	120~150	镁炭砖	140~160(苏)	碳化硅砖	30~100
高密度	176~215	镁炭砖	70~100	其他	
高荷软不烧高铝	200	镁炭复吹供气砖	>200	铝锆炭浸入式水口	147~176 等静压
莫来石砖	200	镁钙炭砖	147~196(抽真空)	铝锆炭浸入式水口	200 等静压
莫来石刚玉格子砖(振动加压)	50~70(苏)	镁钙炭砖	140(苏)	BN 分离环	1973K 热压 25

注:以上是摘录了 30 余份试验报告及文献的数据(资料清单略),谨供参考。

12.4.3　电动螺旋压砖机

电动螺旋压砖机是近年来对摩擦压砖机的升级换代产品,主要克服了传统摩擦压砖机操作自动化程度低和冲压成型砖坯成品率低的缺点。电动螺旋压砖机采用 PLC 自动控制成型,对运行参数进行数字化设置。输入启动信号后,电机由静止状态迅速起动,驱动飞轮和螺杆加速旋转,螺杆驱动螺母和滑块一起加速下行。电动机达到预先设置好的打击能量所要求的转速时,利用飞轮储存的能量打击,使泥料成型。飞轮释放能量后,电机立即驱动飞轮反转,返回到一定位置,电机进入制动状态,机械刹车的同时使滑块回到预先设置的行程位置。控制系统根据预先设置的打击速度,打击次数自动完成砖坯成型过程,返回到预先设置的停止位,将砖坯顶出,等待再次启动信号。目前国内常见的电动螺旋压砖机结构如图 12-29 所示,常见电动螺旋压砖机技术性能见表 12-31。

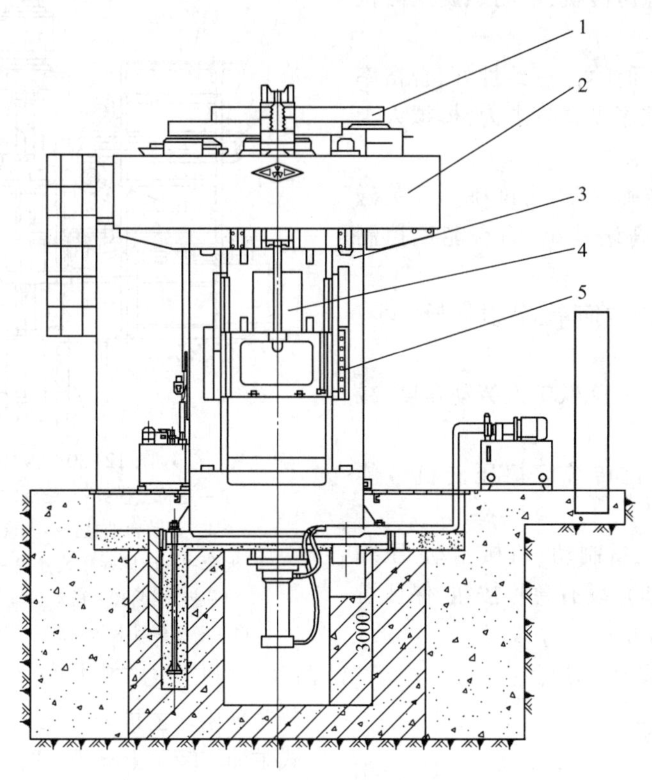

图 12-29 电动螺旋压砖机

1—传动部分;2—平台部分;3—主机部分;4—滑块部分;5—控制部分

表 12-31 常用电动螺旋压砖机技术性能

项 目	型 号						
	300t	400t	630t	800t	1000t	1250t	1600t
公称力/kN	3000	4000	6300	8000	10000	12500	16000
最大力/kN	6000	8000	12500	10000	20000	25000	32000
滑块行程/mm	1000	500	700	500	700	800	800
滑块行程次数/次 · min^{-1}	10	16	14	16	11	9	12
导轨间距/mm	900	980	1130	800	1100	1100	1440
滑块底面尺寸(左右×前后)/mm×mm	736×662	760×720	850×1000	550×760	860×1064	860×1100	1200×1500
工作台面尺寸(左右×前后)/mm×mm	900×750	1120×900	1220×1120	750×900	1250×1250	1250×1250	1500×1800
工作台垫板厚度/mm		150	150		200	200	200
最小封闭高度/mm	1000	800	800	650	1000	1080	1100
电动机功率/kW	45	45	2×45	55	2×75	2×90	110×2
外形尺寸(左右×前后×高)/mm×mm×mm	3042×1546×4230	4345×2400×4824	3800×3020×5755	4810×2400×4785	5810×3240×6012	5915×3700×6125	6000×5000×6840
设备质量/t	22	24	46	26	70	74	120

相对于传统摩擦压砖机，电动螺旋压砖机具有以下特点：

(1)成型产品的质量好，一致性好，合格率高。可以通过控制程序设置打击力，模拟人工操作，先轻打，后重打；

(2)能量控制准确，打击力准确。开关磁阻电动机调速精度高误差小，输入能量控制准确；

(3)传动链短，结构简单，易损易耗件少，维护方便，费用低；

(4)自动化程度高，降低工人劳动强度，减少操作工人数；

(5)高效节能，比传统摩擦压砖机节能30%~50%；

(6)安全性高，三重制动(机械制动、压缩空气制动和电机制动)，设有急停按钮，保证滑块可以在任意位置停止；

(7)可靠性高、安全、耐用。

12.4.4　液压压砖机

目前应用于耐火材料行业国产液压压砖机，最大吨位为36000kN。压砖生产过程中，从泥料定量、填模到砖坯移送的全过程可以自动控制，能预选多种成型工艺，能连续、自动成型和自动监测砖坯质量。液压压砖机具有的优点是操作安全、劳动强度低、生产效率高以及制品质量稳定；缺点是设备结构复杂、投资大，对操作及维护水平要求较高。

液压压砖机一般由主机、液压传动装置、泥料加料装置、取砖装置、砖坯检测与填料量自动调节装置及砖坯移送装置等组成。液压压砖机结构如图12-30所示。

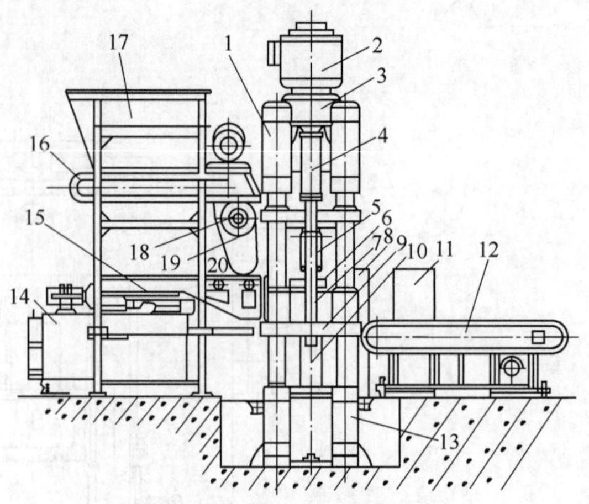

图12-30　液压压砖机

1—主机上横梁；2—充液油箱；3—主油缸；4—浮动台油缸；5—上模头；6—夹砖器；7—模套；8—砖厚检测装置；9—浮动台；10—下模头；11—控制柜；12—砖坯运输机；13—主机底座；14—液压传动装置；15—送料滑架；16—给料机；17—储料斗；18—搅拌器；19—定量斗；20—进料箱

主机中，成型模具有固定模式和移动模式两类，移动模式又有转盘模台和往复移动模台两种。转盘模台模具多，工作效率高，但是装模对位复杂、工作面大，只用于小型砖成型。往复移动式模具分双模和单模两种，双模一进一出两模交替进行压制砖坯、出砖、清模及填料工作，可提高工作效率。但缺点是占地面积大。固定模式也不在少数，新型的固定模具在固定方法、换模设施方面有较完善的改进，因此仍被普遍采用。主机分上压式和下压式两种，上压式主油缸装于上横梁，柱塞和主滑块联接，上模头固定于主滑块上。上模头在液压作用于柱塞后，产生上下动作，压制砖坯。下压式主油缸固定于机座上，动作方向和上压式相反。模具普遍采用浮动台方式，压头向模具内泥料加压时，浮动台以1/2的速度反向移动，上下模头以相同的相对速度对泥料上下两面施压，可使砖坯上下密度均匀。主机机架结构以四柱式居多，也有两柱式和框架式结构。

液压传动装置按照工艺要求动作，主油缸空载时采用重力充液或低压充液回路，合模升压时采用恒功率变量柱塞泵直接传动，施压速度随压力升高而递减，液压控制回路能够实现压力速度变换、快速卸荷、多次加压、保压和排气调节。

真空脱气装置用于排气困难泥料的成型，采用真空模套，真空模套由刚性金属和橡胶密封罩组成，真空模套用油缸带动升降，使上下模头都在模套内工作，工作时真空度可达至-80kPa，使泥料的成型过程处于真空环境之中。真空系统由水环真空泵和大容积真空罐组成，通过阀组操纵。维护好密封装置和过滤器是抽真空成败的关键。抽真空的好处是减少加压次数,缩短成型周期,避免因砖坯中存在气体滞留而造成层裂。

砖坯检测最常用的方法是测量压制终了时的全模尺寸,即测量模头相对位移量。通过检测放大的位移信号(机械位移、电感位移或光栅位移)发出模头最终位移信号,与设定标准位移相比较,纳入程序控制并输出误差调节量信号。

泥料加料分容量定量和质量定量两种。容量定量的填料自动调节系统,能按所测砖坯实际误差值相当的填料量,调节下一块砖的填料深度;对于质量定量,采用称量单块砖坯的质量误差信号来调节泥料称量。在原料与压制工艺稳定时,自动调节装置能精确控制砖坯密度和厚度。国内常见液压压砖机技术性能见表 12-32。

表 12-32 国内常用液压压砖机技术性能

技术性能	型号					
	HC600	HC1250	HC1600	HC2100	HC2500	HC3600
最大压制力/kN	6000	12500	16000	21000	25000	36000
最大脱模力/kN	1440	2050	1600	2450	3050	4500
压制次数/次·min^{-1}	2~4	2~4	3~5	2~4	2~4	1.5~2.5
最大填料深度/mm	400	340	180	500	500	600
液压系统最高压力/MPa	32	30	34.4	30	30	30
装机功率/kW	81.2	150	120	195	235	250
主缸行程/mm	580	600	250	700	750	800
液压油容量/L	1000	2000	800	3500	4200	5500
设备总质量/t	35	70	57	130	180	240
最大模具周长/mm×mm	1040×820	1000×1000	1680×900	1420×1700	1500×1900	1800×2200

12.4.5 等静压机

等静压的理论根据是帕斯卡原理。在密闭的容器内,施加于静止液体上的压力将等值同时传到各点。等静压是指在液体中、在各个方向上对密闭的物料同时施加相等的压力,使其成型。等静压一般分为冷等静压和热等静压,目前已有较多耐火材料生产厂应用冷等静压,热等静压在一些研究单位有应用。冷等静压是在常温下实现等静压压制的技术,通常采用液体或弹性体作为传递压力的介质,以橡胶或塑料作为包套模具材料。冷等静压主要用于粉状物料的成型。耐火行业中,总尺寸大、细长比大、形状复杂、难以成型的制品,选用冷等静压技术压制,例如:长水口、浸入式水口、风口砖及整体塞棒等。

等静压成型的最大特点是泥料各部分受压均匀且压力很高,这样得到的坯体密度高且均匀,从而使坯体在烧成过程中的变形和收缩等大为减少,也不会出现一般成型法成型的坯体因密度差产生应力而导致的烧成裂纹。另外,等静压成型的加压操作简单,成型压力调节方便;成型用的橡胶或塑料模具制造方便,成本低廉,可反复使用;泥料中可不用或少用临时结合剂。

冷等静压机主要由高压缸、液压系统、框架、弹性模具、辅助设备和电气操作箱组成,结构如图 12-31 所示。高压系统一旦出现破裂,高压油具有很大能量有可能发生伤害事故,因此在加压过程中,等静压机周围不允许有人逗留。冷等静压成型坯体时需将粉料填充在模具中,然后浸入高压缸中加压。模具分两种:一种是自由模式(湿袋法),根据工序的需要,模具可移出高压缸,充填需成型的粉料,在封口工作完成后,将多个模具装笼中,用高压水冲洗,然后吊装入高压缸加压。另一种模具是固定模式(干袋法),模具固定在高压缸内。自由模式适用于小批量、不同形状制件及大型异型制件。固定模式适用于简单形状大批量生产的制件,便于自动化。目前耐火行业都采用自由模式。自由模式模具难免将泥料粉粒带入液压油(或水)中,尽管油(水)路系统设有过滤装置,也还会堵塞油(水)路和磨损加压泵。为此,可以将固定模式和自由模式两种结构方式结合起来使用,即采用油加压固定模,将充填泥料的自由模置于固定模内,并向固定模内注满水。压力的传递过程为:液压油→固定模→水→自由模→泥料。可以根据制品的尺寸和所需的压力来选择合适的等静压机,常用湿袋式冷等静压机技术性能见表12-33。

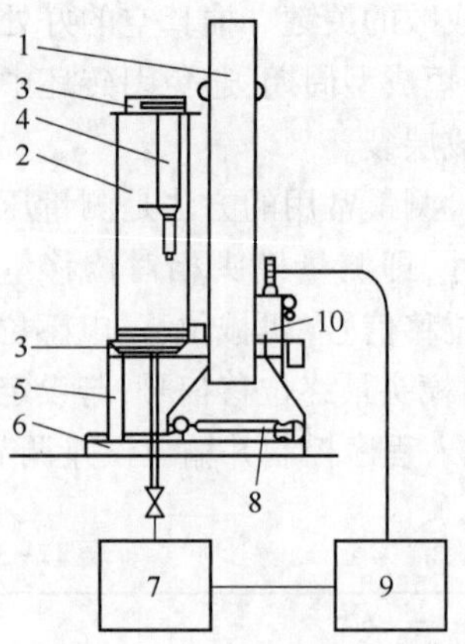

图 12-31 冷等静压机

1—绕丝框架;2—绕丝缸;3—密闭缸口的盖;4—液压开盖机构;5—缸体支架;6—钢轨底架;7—液压系统;8—移动框架用液压缸;9—电气装置;10—移动盖和框架用液压系统

表 12-33 常用湿袋式冷等静压机技术性能

型 号	压力缸 内径/mm	压力缸 有效高度/mm	额定工作压力/MPa	升压时间/min	安装功率/kW	整机外形尺寸(长×宽×高)/mm×mm×mm
LDJ100/320-600	ϕ100	320	600	≤3	11.4	1725×2150×1217
LDJ100/320-500			500	≤10	5.5	1960×1950×1217
LDJ100/320-400			400	≤6	6.6	2200×1767×1217
LDJ100/320-300			300	≤2	2.2	1284×1084×1300
LDJ200/600-400	ϕ200	600	400	≤5	15.1	3410×1670×1994
LDJ200/600-300			300	≤5	15.1	3522×1685×1873
LDJ200/1000-500		1000	500	≤15	18.7	4800×1900×2734
LDJ200/1000-300			300	≤5	15.1	3522×1685×2273
LDJ200/1300-300		1300	200	≤3.5	15.8	4800×3540×2610
LDJ200/1500-300		1500	300	≤8	14.15	4650×2750×2844
LDJ200/1500-300			600	≤30	18.3	4745×2230×3370
LDJ320/1000-300	ϕ320	1000	300	≤8	15.1	3890×1685×2754
LDJ320/1250-300		1250	300	≤10	15.1	3890×1685×3004
LDJ320/1500-450		1500	450	≤30	22.5	5220×2275×3630
LDJ320/2100-250		2100	250	≤4	29.8	6500×3700×3750
LDJ320/2300-250		2300	180	≤15	17.4	4160×3970×3843
LDJ400/1500-300	ϕ400	1500	300	≤10	30.8	7170×3150×3745
LDJ500/1500-300	ϕ500	1500	300	≤15	30.8	7220×3250×3900
LDJ500/2000-300	ϕ500	2000	300	≤20	30.8	7220×3250×4400

续表 12-33

型　号	压力缸		额定工作压力/MPa	升压时间/min	安装功率/kW	整机外形尺寸（长×宽×高）/mm×mm×mm
	内径/mm	有效高度/mm				
LDJ630/2000-300	ϕ630	2000	300	≤20	81.4	7500×5100×4857
LDJ630/2500-250YS	ϕ630	2500	250	≤20	62.7	7400×2100×5357
LDJ800/2500-300	ϕ800	2500	300	≤40	60	10155×3132×6095
LDJ1000/3000-300YS	ϕ1000	3000	300	≤25	129	11200×5670×7460
LDJ1250/3000-300YS	ϕ1250	3000	300	≤20	251.8	14500×6376×7732

12.5　干燥设备

12.5.1　干燥筒

干燥筒是以对流换热为主的干燥设备。主要用于含水在12%～25%的散状物料的低温烘干。通常采用燃烧室产生的热烟气作为热源，也可用其他热源的余热。燃料可采用煤、重油或燃气等。物料烘干温度在180～300℃，提高烘干温度时要考虑对物料性能的影响。干燥筒按传热方式不同可分为三种形式：直接传热、间接传热和复式传热。直接传热式干燥介质与物料在筒内直接接触。间接传热式转筒为双套筒式，热气体由内筒通过，物料由外筒通过，热量通过筒壁间接传给物料，这种方式适用于物料不能与高温烟气接触或避免受污染等情况，传热效率比较低。复式传热式转筒也为双套筒式，热气体先由内筒通过，间接传热给物料，然后再到达外筒直接与物料接触，传热效果介于直接式和间接式之间。耐火材料生产中使用的干燥筒多为直接传热式。

直接传热式干燥筒按物料与气流运动方向又可分为顺流式和逆流式两种。顺流生产的优点是物料与烟气的温差较大，热交换过程迅速，大量水分易被蒸发。黏性物料进入干燥筒后，由于表面水分易蒸发，可减少黏结，有利于物料运动。顺流操作用于烘干湿煤时，可避免高温气体直接接触煤粉引起着火。干燥筒的热端负压低，可减少进入干燥筒的漏风量，有利于稳定干燥筒内热气体的温度及流速，同时可以减少能耗，出料温度低，原料输送设备易于选型。而逆流干燥时，物料与气流运动方向相反，气流与物料平均温差大，传热效果好，但物料出筒体温度高，容易使所干燥的软质黏土失掉可塑性，干燥煤时易发生燃烧。因此物料干燥采用顺流式或逆流式需根据物料特性和操作条件决定。耐火材料工厂生产中虽然两种操作方式都有采用，但顺流操作的居多数。

干燥筒的生产系统由干燥筒主体、燃烧室及燃烧装置、卸料室、助燃系统和喂料设备等组成。筒体一般由厚10～15mm的锅炉钢板焊接或铆接而成，转筒直径约1.0～3.0m，筒体长约5～25m，筒的长径比一般为5～8。筒体上有若干个轮带支承在托轮上，再通过电动机、减速机、小齿轮将动力传递给用弹簧板固定在筒体上的大齿轮使其转动。转速2～7r/min，斜度3%～5%。转筒与燃烧室及卸料室衔接处均设密封装置。燃烧室设有炉箅或烧嘴，并由鼓风机送入助燃空气使燃料充分燃烧，燃烧产物热烟气作为干燥介质送入干燥筒。

燃烧室的顶部设有加料管，加料管不应斜跨挡火墙入干燥筒，宜垂直布置于干燥筒一侧，急拐弯进入干燥筒，减少高温烟气烘烤程度。干燥筒内设有扬料板，扬起物料增加热交换面积，热烟气通过传导、对流和辐射等热交换方式将水分蒸发并带走。物料被烘干后，经卸料室排出。烟气经除尘器净化排至大气。

干燥筒干燥速度快，效果好，结构简单可靠，是干燥散状料的常用设备。外形如图12-32所示，主要技术规格见表12-34，干燥筒工作参数见表12-35。

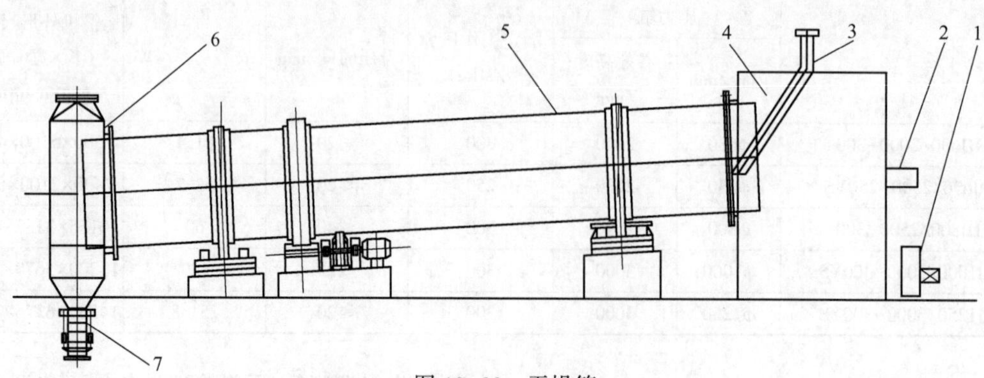

图 12-32 干燥筒

1—助燃风机；2—燃烧装置；3—下料管；4—燃烧室；
5—干燥筒筒体；6—卸料室；7—出料机

表 12-34 干燥筒主要技术规格

性能	规格/m×m							
	ϕ1.0×10	ϕ1.2×12	ϕ1.5×12	ϕ2.0×14	ϕ2.2×12	ϕ2.4×18	ϕ2.4×20	ϕ3.3/3.0×25
生产能力/$t\cdot h^{-1}$	1~2	3~3.5	4.5~9.5	7.2~7.4	7~10	10~12.5	11~14	14~30
功率/kW	7.5	7.5	11	22	22	37	37	55
设备质量/t			18.13	38.6	30.3	50.1	54.14	135.5

表 12-35 干燥筒工作参数

干燥品种	干燥筒形式	转速/$r\cdot min^{-1}$	蒸发强度/$kg\cdot(m^3\cdot h)^{-1}$	干燥热耗/$kJ\cdot kg^{-1}$	干燥介质温度/℃	废气温度/℃
黏土	顺流	2.5	40	5500	600~800	80~150
无烟煤	顺流	2~5	40	5400	500~700	90~120
矿渣	逆流	3~5	35~55	5800	700~800	100~150

12.5.2 隧道干燥器

隧道干燥器是由一条或若干条隧道组成的连续式干燥设备。它的热源有热空气、热烟气及电能等。主要用于制砖生产中的砖坯或制品干燥，具有产量大、操作制度稳定、机械化程度高、劳动强度低、能耗低、热效率高、工作环境好、结构简单、使用方便等优点，因而被广泛应用。

干燥介质与干燥车运动方向有三种不同形式，即逆流、顺流和错流。逆流时气流与干燥制品依相反方向运动，温度较高的热气流与水分含量已减少的制品接触，而刚进入干燥器水分含量大的制品则与温度较低且湿度增大了的干燥介质相遇，防止因干燥介质与干燥制品温差太大，干燥速度过快，使干燥制品产生裂纹增加干燥废品率。以热空气或热烟气作为热源干燥砖坯或制品的隧道干燥器多是按逆流传热原理进行工作，每隔一定时间，前后门打开，将载有砖坯的干燥车由隧道干燥器的进车端送入，同时将载有干燥后的砖坯的干燥车从出车端顶出。干燥介质由风机等动力设备从隧道干燥器出车端底部送入，砖坯在干燥介质的作用下，水分自砖坯内部逐步转移到砖坯表面并汽化，随着干燥介质由进车端底部抽出，再通过烟囱排入大气。

电热隧道干燥器的工作原理主要是利用电热元件产生的热能,使制品内部水分挥发迅速扩散到制品外部而蒸发,由干燥器顶部的放散管排放掉,从而达到干燥的目的。这种干燥器不需要辅助设备进行强制通风,可以灵活控制窑内热工制度,缩短干燥时间,自动化程度高,使制品均匀受热,干燥效果好,成品率高。

无论何种热源的隧道干燥器,其本体都是由一条或几条隧道构成。每条隧道底部铺设轨道,用于干燥车在其上运行。隧道干燥器的墙体可以采用红砖或黏土砖砌筑,也可以用金属板外壳内衬轻质保温材料。顶部工作面一般用耐热钢筋混凝土,在其上部铺有轻质隔热材料,也可以用金属板外壳内衬轻质保温材料。每条隧道的两端都设有手动或电动干燥门。以热空气或热烟气为热源时,每条隧道的两端底部或侧部设有干燥介质出入的地下坑道或金属管道等设施。以电能为热源的隧道干燥器则在隧道顶部设排气口,冷却带设手动调节冷风吸入口。工作面上包有铝反射板,侧墙铝板面上装有远红外电热管或电阻丝等电热元件。夹层用约100mm厚耐火纤维类保温材料,最外层通常用一层红砖砌筑而成。传统的隧道干燥器长度通常为49.0m、36.5m、24.5m等,干燥车的规格通常为长1.2m,宽0.85m,高1.43m。干燥车上有多层干燥架并铺设干燥板,然后摆放砖坯。为减少砖坯搬运次数有些耐火材料生产厂家采用配套烧成窑的窑车作为干燥车,因此隧道干燥器的规格尺寸可以根据窑车的尺寸及相关干燥制度进行特殊设计。传统隧道干燥器的性能参数见表12-36。

表12-36　传统隧道干燥器的性能参数

砖坯种类	砖坯单重/kg	每车装砖量/t	干燥时间/h	干燥热耗/$kJ \cdot kg^{-1}$	干燥废品率/%	干燥介质温度/℃	废气温度/℃	干燥前水分/%	干燥后水分/%
黏土砖 高铝砖	<8 8~15 >15	0.5 0.4 0.4	8~10 20 30	5000~5900	3 4 5	130~150	<70	5~7	<3
硅砖	<8 8~15 >15	0.6 0.4 0.4	10~14 20 24	9200~10500	4 4~5 5	120~160	<70	5	1.0~1.5
镁砖 镁铬砖 镁铝砖	12 15 12	1.0 1.1 1.0	10~15 15~20 10~15	12540	3~6	115~125 110~120 115~125	<70	2.5~3	0.3~0.6

12.5.3　热处理窑

热处理窑热处理镁炭砖、刚玉座砖、镁质浸盐耐火制品、磷酸盐结合砖等不烧耐火制品,排除挥发分,使结合剂进一步固化,从而提高不烧砖的强度。150~450℃低温热处理窑的品种有镁炭砖、镁质浸盐耐火制品、焦油镁白云石砖等;600℃左右中温热处理窑处理的品种有刚玉座砖、磷酸盐结合的耐火砖等。

热处理窑的热源一般采用热烟气或电加热。热处理窑的生产方式有连续操作和间歇操作两种方式。连续操作热处理窑为隧道式,一般采用热烟气加热方式。窑前设准备室,防止进车时窑内气体逸出,起稳定热工制度的作用。其送风及排风系统设有自动调节和手动调节阀,能灵活控制窑内各点的风量和温度,因该窑设有独特的送风措施,保证窑内温度均匀。热源采用专设的热风发生炉,为充分利用热源降低能耗,采用废气循环措施,热风从窑中间送入,前后两端排出,出窑废气一部分循环使用,进车端排出的废气经双重管换热器返回燃烧室,对结合剂的挥发分及有害气体进行焚烧处理,减少环境污染,大断面且较长的热处理窑为保证窑温均匀,可根据需要在窑顶均布若干热风搅拌风机。烟气热处理窑系统如图 12-33 所示。

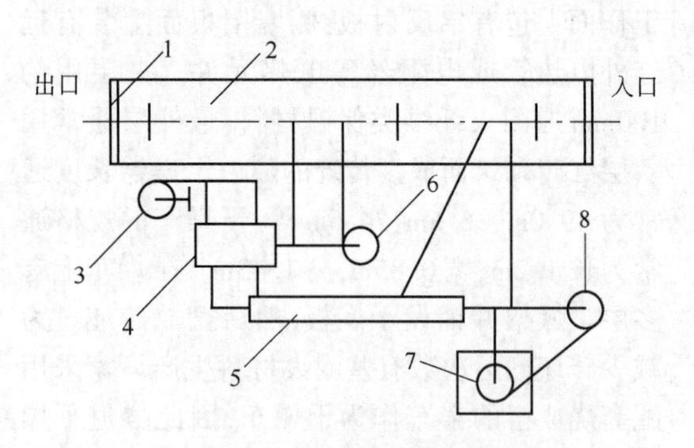

图 12-33　烟气热处理窑系统

1—窑门;2—窑体;3—助燃风机;4—燃烧室;5—换热器;6—循环风机;7—烟囱;8—排烟机

电加热热处理窑一般采用乳白石英远红外管加热器或电阻丝加热。窑内温度一般在 200~350℃,装机功率 150~300kW。电加热焙烧炉窑多为间歇作业,使用温度大多在 400~700℃,装机功率随产品品种和升温速率要求差异较大,多在 250~500kW。以电加热低温热处理窑间歇操作处理镁炭砖为例,工艺过程如下:

首先将装好砖坯的窑车依次推入热处理窑内,装满后关闭前后窑门,然后依次开启电热元件进行升温、保温及冷却过程。同时砖坯内的挥发分等物质经轴流风机由放散管排出。待热处理过程完毕,打开前后窑门,窑车依次推出。

采用热烟气的低温热处理窑均采用隧道式,窑外壁包钢板,内层用岩棉保温,或砌筑红砖内衬,窑顶采用钢筋混凝土盖板,上部铺隔热层,窑两端进出口安装电动窑门。电加热窑内顶部安装反射铝板,两侧墙安装反射铝板和电热元件,顶墙设废气排放口(热烟气作热源时在窑顶墙镶嵌风箱),结构简单、轻型化、气密性和隔热性能好。室式间歇操作方式的 600℃ 中温电热处理窑,以窑车作窑底,类似抽屉式窑,一端有窑门,内侧墙及窑门内侧安装电热元件,窑外壁包钢板,内层用轻质砖,外层用耐火纤维毡,下部承重墙用黏土砖,窑顶采用轻质浇注料,同时安装排气孔,留设测温测压孔。以窑顶中部测温点为基准自动调节窑内温度。600℃ 中温电热处理窑结构图如图 12-34 所示。几种典型热处理窑的规格性能见表 12-37。

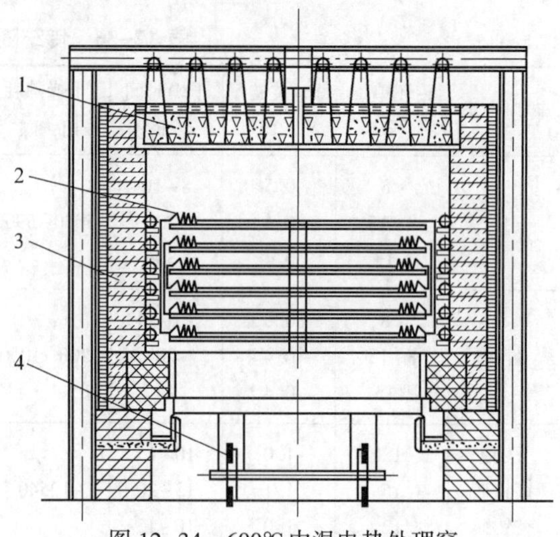

图 12-34　600℃ 中温电热处理窑

1—窑顶;2—电热元件;3—窑墙;4—窑车

表 12-37　热处理窑规格性能

项　目	指　标			
	连续生产、热烟气		间歇生产、电加热	
窑规格(长×宽×高)/m×m×m	27×1.85×2.4	16.3×4.07×3.7	24.5×0.95×1.65	6.797×1.86×1.224
窑车规格(长×宽×高)/m×m×m	2.0×0.96×0.36	2.7×2.16×0.55	1.2×0.85×1.45	3.8(3.32)×1.54×0.597
窑车装砖量/t	1.4	8~10	1.2	12
窑内容车数/台	13	6	20	2
热处理温度/℃	160~200	200~450	200	600
热处理时间/h	12	8~10	24	48

续表 12-37

项　目	指　标			
	连续生产、热烟气		间歇生产、电加热	
装机容量/kW	45	80	280	200
单位产品热耗/kJ·kg^{-1}	1250	12500		
年产量/t·a^{-1}	10000	50000	7920	3960
处理制品名称	镁炭砖	镁质浸盐耐火制品	镁炭砖	刚玉座砖

电热处理窑的最大特点是结构简单、成本低、没有烟尘及噪声危害,操作灵活、窑温均匀,便于控制热工制度,保证产品质量。近年来,电加热炉窑的应用在逐步增多,大多用于镁炭砖、长水口的焙烧及氮化硅等特种耐火材料的烧制。电热处理窑排出的废气一般经活性炭吸附脱除 VOCs 后排放。

12.5.4　微波干燥炉

微波干燥炉是一种新型的干燥设备。微波是一种波长在 1mm 到 1m 之间,相应频率在 300MHz 至 300GHz 之间的电磁波。微波是在电真空器件或半导体器件上通以直流电或 50Hz 的交流电,利用电子在磁场中作特殊运动来获得的。微波干燥就是依赖于微波进行加热。水是极性分子,在微波电磁场下水分子极化,水分子排列从杂乱无章状态变成有序排列。当外电场方向反复变动时,水分子就会发生急剧摆动、摩擦产生摩擦热。外加电场越强,极化作用也就越强,外加电场极性变化得越快,极化得也越快,分子的热运动和相邻分子之间的摩擦作用也就越剧烈。在此过程中即完成了电磁能向热能的转换,当被加热物质放在微波场中时,其极性分子随微波频率以每秒几十亿次的高频来回摆动、摩擦,产生的热量足以使物料在很短的时间内达到热干的目的。

微波干燥炉就是利用电磁能转换成热能的原理制成的,常用于粉状、颗粒状物料的干燥脱水。在耐火材料工业主要应用在石英粉、石墨、碳化硅等粉体材料的干燥。

微波干燥炉大多都为隧道式样,主要有炉腔、微波设施、布料装置、集料装置、传动装置、传送带、排汽管、安全及测控装置等组成,炉腔一般分为进料段、进料微波防泄漏抑制段、微波加热段、出料微波防泄漏抑制段、出料段。微波干燥炉的规格性能参数一般是制造厂家根据用户需求配置。

微波干燥炉具有以下特点:

(1)干燥迅速。微波干燥与传统干燥方式完全不同。它是使被干燥物料本身成为发热体,不需要热传导的过程。因此,即使是热传导性较差的物料,也可以在极短的时间内达到干燥温度。

(2)干燥均匀。无论物体各部位形状如何,微波干燥均可使物体表里同时均匀渗透电磁波而产生热能。所以干燥均匀性好,不会出现外焦内生的现象。

(3)节能高效。由于含有水分的物质容易吸收微波而发热,因此除少量的传输损耗外,几乎无其他损耗。故热效率高、节能。

(4)操作方便灵活,自动化程度高。只要控制微波功率即可实现立即干燥和终止。可进行干燥过程自动化控制。

(5)安全无害。由于微波能是控制在金属制成的炉腔内和波导管中工作,所以微波泄漏极少,没有放射线危害及有害气体排放,不产生粉尘污染。

12.6　烧成设备

12.6.1　回转窑

回转窑属于可以旋转的窑炉,由筒体、支撑及传动装置、窑头罩及密封装置等组成。筒体由厚钢板卷制而成,与水平成一定角度安装,斜度一般为 3%～3.5%。筒体内部衬有耐火材料。高温回转窑的煅烧带还要增加隔热耐火材料。支撑及传动装置是将窑体的重量通过固定在窑体上的滚圈传到相匹配的几组支撑托轮上。回转窑的传动装置，由主电机通过减速机，传递给用弹簧板固定在筒体上的大齿轮，带动回转窑筒体慢速运转。为保证窑体在主传动装置故障和检修期间能够转动，以及防止因停窑引起的筒体变形，需配置辅助传动系统。回转窑入料端为窑尾，出料端为窑头，窑头设置窑头罩用于与其他设备的连接，窑头窑尾的密封装置则是为了保持回转窑运行中的热工制度。

耐火材料行业应用回转窑非常普遍，常见的用途有：煅烧黏土、高铝矾土、镁砂、高铁砂、镁钙砂、镁铝尖晶石等。一条完整的回转窑煅烧系统除了回转窑本体外还需配置有加料装置、物料冷却装置和出料装置，窑尾设置烟气处理及排放装置，窑头设置燃烧装置等。回转窑使用的燃料有重油、天然气、煤粉或者煤气等。回转窑内衬用耐火材料和所煅烧的耐火原料相关，黏土、高铝熟料的回转窑的内衬一般采用黏土砖、高铝砖砌筑；镁砂、白云石回转窑的内衬，在烧成带采用镁铝砖或镁铬砖，其他部位采用黏土砖或黏土浇注料。

同竖窑煅烧原料相比，回转窑煅烧具有以下优点：

(1)窑的生产能力大，产品质量稳定、自动化程度高，劳动生产率较高；

(2)能煅烧小颗粒物料，原料粒度可以小到 10mm，可充分利用矿山资源；

(3)能煅烧易结坨的原料，如高铝矾土、镁质合成材料等；

(4)砌筑简单，砖型少，运行稳定、维修量少。

同时具有以下缺点：

(1)单体设备重量大，一次性投资相对较高；

(2)热耗相对较高；

(3)占地面积大。

我国耐火材料行业现有的代表性的各类回转窑见表 12-38。

表 12-38　常见的几种类型回转窑

规格/m×m	ϕ2.5×50	ϕ2.5×60	ϕ3×80	ϕ2×60	ϕ2.5×90
长径比	20	24	27	30	36
斜度/%	3	3	3	3	3
内表面积/m^2	320	385	638	290	565
煅烧品种	黏土	高铝矾土	高铝矾土	镁铝尖晶石	镁钙砂
煅烧温度/℃	>1300	>1700	>1700	>1800	>1800
燃料	煤粉	煤粉	重油	重油	重油
燃耗/$kJ \cdot kg^{-1}$	4400	8200	8000	10150	10500~12500
设计能力/$t \cdot d^{-1}$	225	180	280	80	100~160
冷却装置	冷却筒	冷却筒	冷却筒	冷却筒	冷却筒

其中，超高温回转窑以重油为燃料，不富氧煅烧时温度可达 1850℃以上，可以用于烧结氧化铝、合成莫来石、镁铝尖晶石、镁铬砂和镁钙砂等需要高温煅烧的材料。为达到超高温煅烧，可采取以下措施：

(1)煅烧带内衬为高档耐火材料，外层为隔热材料，降低筒体的表面温度，有利于提高煅烧温度，同时降低能耗；

(2)通过回收窑尾烟气的余热，预热一次空气，并对二次空气入窑进行调控，从而在不用富氧的条件下，实现煅烧温度大于 1850℃；

(3)采用高热值燃料和机械雾化燃烧器，严格控制助燃风比例，提高火焰温度；

(4)严格控制窑尾压力制度，确保燃烧的稳定。

国内现有的 ϕ2m×60m 超高温回转窑已可靠运行多年，可以生产各种合成原料或高纯原料，其技术性能见表 12-39。

表 12-39 ϕ2.0m×60m 超高温回转窑煅烧合成砂技术性能

生产品种		体积密度/$g \cdot cm^{-3}$	产量/$t \cdot d^{-1}$	热耗/$kJ \cdot kg^{-1}$
矾土基铝镁尖晶石	Al_2O_3 60%,MgO 30%	≥3.10	80	约 10150
工业氧化铝铝镁尖晶石	Al_2O_3 50%~55%	≥3.25	80	约 12500
	Al_2O_3 66%~76%		50~60	
烧结刚玉	Al_2O_3>98%	≥3.65	50	约 12500
镁钙砂	CaO 20%~30%	≥3.25	50~60	约 12500

12.6.2 竖窑

竖窑是广泛应用的热工设备,在耐火材料行业中,竖窑的常见用途为煅烧白云石、高中低档镁砂、黏土、高铝土、板状刚玉等。

竖窑是一个筒状窑体,物料从窑顶加入,煅烧后从窑底排出。竖窑加料方式多种多样,有的设有布料器,用来使原料按设计意图分布在窑内的各个部位;有的设有加料斗,连续向窑内提供原料,当窑底出料时加料斗内的原料自动落到窑内。窑顶一般都设有料位探测装置,用来测量窑内料位高度或加料斗内料位高度。物料在竖窑内需要经过预热带、煅烧带和冷却带。在预热带,物料借助于烟气的热量进行预热;在煅烧带,物料借助于燃料燃烧所放出的热量进行煅烧;在冷却带,煅烧好的物料与鼓入的冷空气进行热交换,本身被冷却,而空气被加热后进入煅烧带作助燃空气。为了保证物料煅烧过程各阶段充分完整地进行,竖窑内三带应维持一定高度,并应力求稳定。

超高温竖窑是用于烧成如高纯镁砂、高纯白云石、镁铬砂等高纯难烧结原料的热工设备。一般采用重油、裂化柴油、柴油或天然气为燃料,煅烧温度大于1900℃。

超高温竖窑按逆流传热原理工作,物料自上而下运动,气体自下而上穿过整个料柱。全窑分为三带,上部为预热带,向下移动的物料与来自煅烧带的高温废气进行热交换得到预热。预热后的物料进入煅烧带,物料在大于1900℃温度下完成各种物理化学反应,体积激烈收缩而烧结,而后进入冷却带。在冷却带,煅烧后的高温物料与从窑底部鼓进的冷却空气进行热交换,冷却后排出窑外。

超高温竖窑的特点:

(1)采用重油、裂化柴油、柴油或天然气作燃料,不加氧煅烧温度大于1900℃,适应多种高纯难烧结原料,产品的颗粒体积密度大;

(2)生产效率高,利用系数大,一般达5~10t/($m^3 \cdot d$);

(3)单位产品热耗低,仅1500~2100kJ/kg;

(4)采用高压罗茨鼓风机向窑内定容供风,全窑处于正压下,窑顶为零压或微负压;

(5)可连续加出料,自动控制出料,出料量自动调节,窑产量稳定;

(6)可实现自动化控制,所有的操作参数如温度、压力、流量、产量可随时打印或画面显示,自动化程度高。

在二步煅烧高纯镁砂时,超高温竖窑入窑原料为轻烧氧化镁干法压球料。料球不宜过大,一般为38mm×26mm×15.6mm的橄榄状或30mm×20mm×14mm的杏仁状。球料入窑前须严格过筛,去除小于13mm的碎粒。同时要求原料中的钙硅比大于2,以保证窑内不结坨,不粘窑,否则需要配料调节。轻烧氧化镁的活性度、粉磨细度、压球的强度与竖窑操作及成品质量亦有很重要的关系。煅烧镁铬砂时,应严格控制原料中低熔物的数量,以免结窑。

竖窑外壳用耐热钢板制作。窑衬工作层砌筑通常为高纯镁砖和高铝砖,永久层采用镁质捣打料。超高温竖窑系统如图12-35所示。

球料用提升机提到窑顶,由振动给料机给料,经过振动筛筛分,大于13mm的球料加入窑顶加料斗,其下料管伸入窑内,窑顶两侧设排烟口和掺冷风口。随着窑内料层的下沉,球料经下料管连续地自行溜入窑内。废气从窑顶料面上排出,同时掺入大量常温空气,温度降到

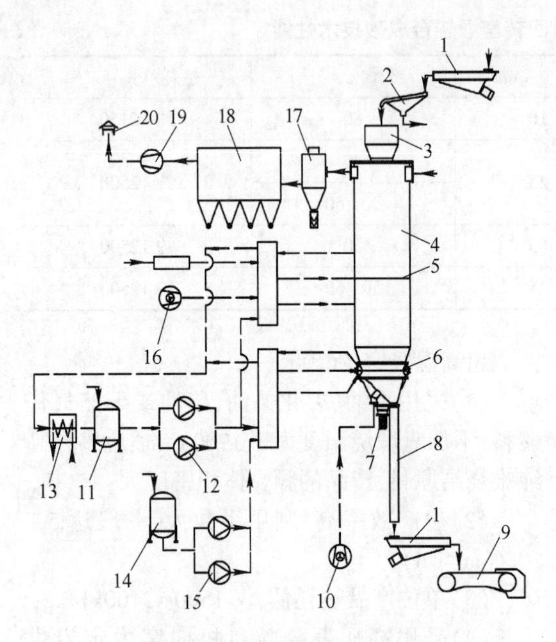

图 12-35　超高温竖窑系统

1—振动给料机；2—振动筛；3—加料斗；4—窑体；5—烧嘴；6—产品冷却注水喷嘴；7—出料机；8—料封管；9—皮带运输机；10—二次空气风机；11—循环冷却水箱；12—循环冷却水泵；13—换热器；14—产品冷却水箱；15—产品冷却水泵；16—一次空气风机；17—旋风除尘器；18—布袋除尘器；19—排废气风机；20—烟囱

250℃以下，经过除尘器除尘，再由排废气风机经过烟囱排入大气。窑顶料面压力控制零压或微负压。

煅烧带设二至三排烧嘴，烧嘴插入窑内，整个烧嘴套在冷却水套中。一般开启一排或两排烧嘴，燃料为重油时需配置一套重油过滤加热装置，每支烧嘴由一台计量泵定量供油。采用一台罗茨鼓风机向烧嘴供应一次空气。烧嘴配有冷却水供应系统，冷却水经过换热器降温后循环使用。烧嘴可以采取脉冲式燃烧，自动控制燃料和空气（每 2min 停供 3s），以达到窑内料层透气性良好和节省燃料的目的。

采用一台罗茨鼓风机从窑底鼓入冷却空气，与物料换热后，进入煅烧带作为二次空气。将物料冷却至 100～150℃，由出料机卸至窑下料封管。改进窑型在出料机上部安装有产品冷却注水喷嘴，通过水泵定量向物料中喷入冷却水，将物料冷却至100℃以下。为保持窑内压力稳定，料封管需要足够的长度和适宜的断面积。用料位控制装置控制出料机运转，以保持料封管中的料位恒定。装在料封管下端的振动给料机把出窑物料连续卸到皮带运输机上运走。装在皮带运输机上的核子秤与振动给料机联锁控制出料量。

超高温竖窑规格性能见表 12-40。

表 12-40　超高温竖窑规格性能

项目		超高温竖窑	
		传统窑型	改进窑型
煅烧品种		高纯镁砂	高纯镁砂
内径/m		1.2～1.6	1.6
有效容积/m^3		10～20	18
技术性能	原料种类	轻烧粉球	轻烧粉球
	利用系数 /$t\cdot(m^3\cdot d)^{-1}$	5～8	6～10
	燃料种类	重油、裂化油	重油/天然气
	单位热耗/$kJ\cdot kg^{-1}$	≤2100	≤1500
	煅烧温度/℃	>1900	>1900
	出料温度/℃	100～150	<100
	年工作天数/d	330	330
	年产量/$t\cdot a^{-1}$	20000～50000	50000

12.6.3　隧道窑

隧道窑因类似隧道而得名，窑的侧墙和顶部由耐火砖砌筑而成，窑中有多台移动窑车，沿着埋在基础上的轨道运行，窑车上砌筑有耐火砖，车侧有铸铁板插入窑侧墙的砂槽中，使窑车免受高温影响。从进车端起，沿着窑的长度方向依次分为预热带、烧成带和冷却带。制品按工艺要求，码放在窑车台面上，然后由设在窑头的推车机，依次推入窑内，制品在窑内经过预热、烧成和冷却，最后从窑尾出窑，获得成品。

为了保证隧道窑的正常运行，使其热工制度满足制品的烧成要求，隧道窑一般都要设置如下一些系统：

(1)排烟系统：排出窑内的废气，调节窑内的压力。

(2)预热带循环系统:调节窑入口处的温度和压力,提高成品率。

(3)车下压力平衡系统:调节窑车下的压力,使窑车台面上下压力趋于平衡,减少窑内的热气窜入窑下损坏窑车。

(4)抽热风系统:把冷却带的热风抽出来送到烧成带用于助燃,节省能源。

(5)燃烧系统:配备燃料供给装置、燃烧装置和助燃风装置等。

(6)鼓冷风系统:向窑内冷却带送入冷风,与经过的制品进行热交换,制品被冷却,冷风被加热,然后热风用于助燃。

以上是一些隧道窑基本配置,根据不同的窑型和不同的工艺要求,还会有其他一些辅助系统。

隧道窑的主要特点是连续生产、生产能力大、燃料消耗小、自动化程度高、劳动强度小。由于可以精确控制窑的温度,烧成制品的质量稳定,所以适用于品种单一、生产量较大的耐火制品。不足之处有以下两点:其一是投资大;其二是需要转换隧道窑温度制度时,要推进一定数量过渡车,有可能会造成一些废品,同时窑内工作衬在频繁升降温度下,容易损坏,影响窑的使用寿命,所以隧道窑一般不适宜生产小批量、多品种和特异型耐火制品。

隧道窑有各种不同的分类方法,大致可归纳为按窑的烧成温度、烧成品种和使用燃料的种类等方法进行分类。

按照隧道窑的烧成温度,一般把隧道窑分为以下三类:

(1)低温隧道窑:烧成温度为1000~1350℃,主要用于焙烧滑板砖和其他一些有特殊工艺要求的制品。

(2)中温隧道窑:烧成温度1350~1650℃,主要用于烧成普通碱性砖、黏土砖、莫来石砖、高铝砖、滑板砖、水口砖、硅砖等。

(3)高温隧道窑:烧成温度大于1650℃,主要用于烧成中档镁砖、高纯镁砖、镁钙砖、镁铬砖、镁铝质及刚玉质砖等制品。

高纯优质耐火材料需采用高温隧道窑来烧成,烧成温度超过1800℃的高温隧道窑已经得到普遍应用,其主要技术性能是:

窑长度:50~156m;窑宽度:1.1~3.2m;

生产能力:每年5000~32000t;

单位产品热耗:6600~6900kJ/kg。

烧成温度超过1800℃的高温隧道窑一般都采取如下措施:

(1)在窑的烧成带采用双层拱顶结构,用高温风机从隧道窑冷却带抽出热风,送到烧成带的双层拱内二次加热,把热风加热到1000℃左右,然后通过窑墙上气道送到各个烧嘴。这样既冷却了烧成带拱顶工作衬,提高了使用寿命,又提高了助燃风的温度,保证窑内高温。

(2)减小窑车下部空间,以便于实现窑内和车下压力平衡,减少窑车上下窜气。窑车上部采用高强轻质材料砌筑,减少窑车热损失。

(3)燃料和从冷却带通过双层拱顶内抽来的助燃高温空气,直接喷到在砖垛之间设置的燃烧空间,高速混合燃烧,能保证高温烧成,并提高了热效率。

(4)在窑的预热带和冷却带分别设置循环风机系统。用预热带的循环风机保证窑入口处温度,不至于过高,避免入窑砖坯因急剧过热而造成砖坯裂纹;用冷却带的循环风机保证制品快速、均匀地冷却,提高产品的质量。并且可以减少冷却带的长度,减少投资。

隧道窑工作状况是连续式长时间操作,为保证较长的使用寿命、稳定的温度制度、压力制度和砌体的严密性,对于隧道窑内衬材料的基本要求是:(1)良好的抗气体侵蚀能力。(2)具有较高的高温强度和良好的抗热震性。(3)良好的高温体积稳定性,窑内衬耐材应在不低于窑的工作温度下烧成,耐火砖在加热后不出现收缩或有少量的膨胀。

在隧道窑的高温带使用的耐火材料应与窑温和操作的特性要求一致,与所烧成的制品相符合。烧成温度在1300℃以下温度使用耐火黏土砖,1300~1400℃使用高铝砖;在1400~1500℃使用硅砖;在1500~1600℃使用镁铝砖;在1800℃以下使用刚玉砖或电熔再结合镁铬砖等。

硅砖、黏土砖隧道窑,烧成温度在1400℃左右，烧成带内衬用高温体积好、高温强度好的硅砖砌筑，其他部位用高铝砖或黏土砖；高铝砖隧道窑，烧成温度在1550℃左右，用硅砖或者氧化铝空心球砖砌筑；对于烧制碱性耐火材料的高温隧道窑而言，烧成带的工作内衬应选择优质碱性耐火材料。

隧道窑燃料消耗水平高低以单位制品的热耗来衡量。各种耐火制品隧道窑的单位成品标准燃料消耗量参见表12-41。典型隧道窑的技术规格见表12-42。

表12-41　烧成各种耐火制品隧道窑性能指标

砖坯种类	烧成时间/h	烧成温度/℃	单位制品热耗/$kJ \cdot kg^{-1}$	推车时间间隔/min	成品率/%	年工作天数/d
黏土砖	35~50	1300~1400	2340~3950	60~90	92~95	360
一、二等高铝砖	100~105	1500~1600	5265~5850	110~120	90~92	360
硅砖	125~150	1400~1420	5265~5850	120	88~92	360
镁质制品	90~100	1600~1800	5265~7315	100~120	92~95	360

表12-42　典型隧道窑技术规格

序号	隧道窑规格（长×宽×高）/m×m×m	窑车规格（长×宽）/m×m	烧成品种	生产能力/$t \cdot a^{-1}$	烧成温度/℃	燃　料
1	156×3.2×1.1	3.2×3.1	镁砖、镁铬砖	45000	1650	重油、天然气
2	121.5×2.01×0.96	2.2×1.85	镁砖、镁铬砖	12000	1650	重油、天然气
3	98.4×1.85×0.98	1.65×1.6	直接结合镁铬砖	10000	1850	重油、天然气
4	80.52×1.56×0.95	1.6×1.36	优质高铝砖	8000	1650~1800	重油、天然气
5	104.55×1.78×1.05	1.85×1.62	滑板砖	2500	1450~1650	焦炉煤气等
6	105.5×2.2×0.96	2.0×2.2	直接结合镁铬砖	20000	1850	重油、天然气
7	181×2.66×1.87	2.2×2.6	硅砖	20000	1420	天然气、煤气
8	117.2×2.66×1.71	2.2×2.6	黏土砖	50000	1380	天然气、煤气

12.6.4　梭式窑

梭式窑是可取代倒焰窑的间歇式窑炉，是国内近几十年来发展最为迅速的窑型之一。梭式窑是一种以窑车做窑底的倒焰（或半倒焰）间歇式生产的热工设备。也称车底式倒焰窑，因窑车从窑的一端进出也称抽屉窑。梭式窑除具有一般倒焰窑操作灵活性大，能满足多品种生产等优点外，其装窑、出窑和制品的部分冷却可以在窑外进行，既改善了劳动条件，又可以缩短窑的周转时间，提高生产率。但由于间歇烧成，窑的蓄热损失和散热损失大，烟气温度高，热耗量较高。通过改进梭式窑窑体砌筑结构，增设废气余热利用装置，热耗得以进一步降低。

国内现有梭式窑容积一般在10~120m^3范围内，引进的煅烧硅砖用大型梭式窑可达300m^3。梭式窑煅烧温度在1000~1800℃，可采用天然气、煤气、柴油、液化气等作燃料。主要用于生产高档耐火材料，如镁质制品、滑板、水口、刚玉砖、窑具等耐火材料。各种梭式窑都采用了适当的烟气余热回收措施，改进后的梭式窑燃料消耗仅是普通倒焰窑的30%~40%。

不同窑型烧成耐火制品的燃料消耗见表12-43。

表 12-43 不同窑型烧成耐火制品的燃料消耗

（kg 标准煤）

产品	窑型		
	隧道窑	梭式窑	倒焰窑
黏土砖	100~180		350~600
高铝砖	200~250		540~750
硅砖	180~300	400~550	500~650
中档镁砖	180~330		550~750
铝炭制品*	500~830	800~1100	

*埋炭烧成时。

梭式窑以轻型、薄壁、节能为特征，其主要特点是：

（1）适应多品种小批量生产，组织生产灵活，满足以销定产要求。

（2）采用轻型薄壁式窑墙结构，内衬采用高温轻质材料，隔热好，蓄热量少。

（3）采用高速等温烧嘴，高低错落布置，喷出高速气流，使窑内气流强烈地旋转，对流换热效果极大提高，高温阶段窑内各点温差可控制在5℃以内。在低温阶段，采用增大烟气量，调节喷入窑内烟气温度，窑内温差在5~10℃。升温、降温速度加快，烧成周期短。

（4）装卸砖在窑外进行，生产劳动条件大大改善。

（5）可配置适宜的检控仪表，实现全自动化操作。

目前，烧成温度在1750~1800℃的梭式窑容积多采用3~15m^3，烧成温度1500~1700℃的梭式窑容积多采用15~100m^3，烧成温度低于1500℃的梭式窑容积多采用20~120m^3。耐火材料生产厂家为了适应市场经济的发展，不断调整产品结构，使产品结构更趋于多样化，要求煅烧窑炉能满足生产多品种、机动灵活的特点，因此梭式窑被广泛使用。

梭式窑用耐火材料的选材原则是采用全轻质耐火材料，即窑体、窑车、窑下烟道均采用轻质耐火材料。因为梭式窑为间歇式操作，要求快速升温，快速烧成，温度均匀性好。为了达到快速烧成、减少能耗的目的，就必须减少窑体及窑车的蓄热量。窑车蓄热少，窑内的上下温度均匀性也好。为了减少窑体基础部分混凝土体积，国外在烟道部分也采用了轻质耐火材料，因为用重质耐火材料其砌体必然加重，基础部分尺寸也加大。梭式窑内衬耐火材料在选用时除了考虑使用温度因素以外，还应注重考核其热震性能。高温梭式窑（1500~1800℃）内衬用氧化铝空心球砖得到了普及，其使用寿命也有明显提高，通常可达到100炉次以上。根据使用温度不同，梭式窑保温层用轻质耐火材料多采用MG26、MG28或MG30型轻质砖；绝热层多采用纤维制品或硅酸钙绝热板或各种纤维毡。

梭式窑的生产系统由燃料燃烧及供给设备、燃烧风机、烟气-空气换热器、调温风机和排烟风机等组成。梭式窑的窑体为矩形，窑墙的砌筑沿厚度方向分为三层结构，工作衬即采用高强度高档耐火隔热砖，夹层是隔热耐火材料，外层采用耐火纤维毡贴在窑壁上。窑顶采用平吊顶结构，砌筑也分为三层，内层为高强度高档隔热砖，吊挂于吊顶砖下方，夹层是隔热砖，顶层采用耐火纤维毡，既为隔热层又为密封层。由于窑门经常移动，所以窑门的砌筑为两层，内层为高强度高档隔热砖，外层为隔热层，采用耐火纤维毡贴于窑门金属壳上。烧嘴安装在窑墙上，视窑的高度设一排或两排烧嘴。以窑车台面为窑底并和窑顶、窑墙构成窑的烧成空间，窑车衬砖中心留设主烟道，与地下烟道相接。窑的一端（或两端）设有窑门，窑门可单独设置也可砌筑在窑车端部。窑车两侧裙板插入窑墙砂封槽内，窑车与窑车之间，窑车与端墙、窑门之间设有曲封槽，耐火纤维挤紧，起密封作用。在窑墙砂封槽下部留有许多通风孔，有利于窑车底部散热，延长了窑车的使用寿命。梭式窑系统及结构如图12-36所示。

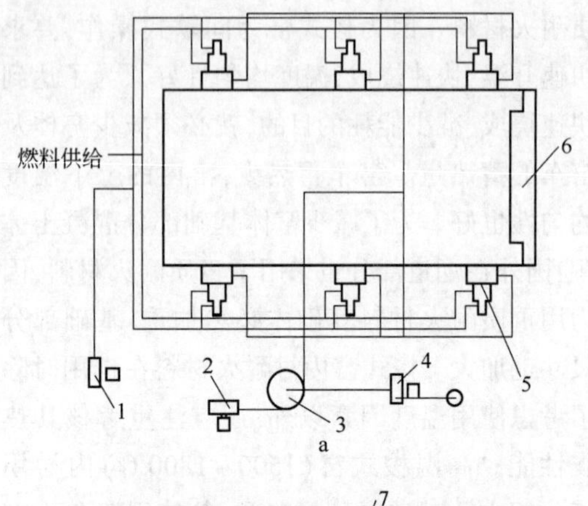

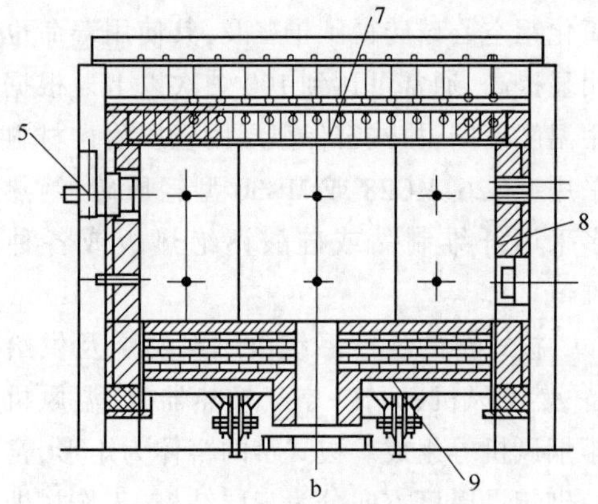

图 12-36 梭式窑系统及结构

a—梭式窑系统图;b—梭式窑结构图

1—调温风机;2—助燃风机;3—换热器;

4—排烟机;5—燃烧装置;6—窑门;

7—窑顶;8—窑墙;9—窑车

梭式窑的生产操作是:将装好砖坯的窑车一次推入窑内,窑车台面中心主烟道对准地下烟道接口,关闭窑门,启动排烟机、助燃风机、调温风机,供给燃料,开始点火。燃烧烟气喷入窑内上升至窑顶,再返回向下穿过砖垛进入烟道,经排烟机(或直接)入烟囱排至大气。烟气在流经砖垛的过程中将制品加热。窑内达到最高烧成温度,经一定时间保温后,进入冷却阶段。在冷却阶段切断燃料,向窑内送低温热风和空气进行冷却。冷却结束后,关掉所有风机,打开窑门,拉出全部窑车,卸下烧好的制品,窑的一个烧成周期结束。典型的梭式窑规格性能见表12-44。

12.6.5 悬浮炉

悬浮炉由垂直排列的几个旋风器、一个焙烧器及连接管道组成,它可使原料在悬浮状态下,完成从预热到焙烧,再到冷却的全部工艺过程,是一种连续、稳定型的生产设备。用悬浮炉焙烧轻烧氧化镁是一项新技术,出现的时间比较短,只有约30年的历史。悬浮炉焙烧天然菱镁矿时,要求入炉原料粒度小于2mm,原料水分1%~2%;当焙烧浮选精矿粉时,要求入炉原料粒度小于0.2mm,原料水分小于10%。焙烧用燃料可以是重油,也可以是煤气。悬浮炉适宜大型企业生产高质量的轻烧氧化镁,年产量一般在6000~200000t。悬浮炉的特点有:

(1)生产能力大;

(2)热耗低;

(3)自动化水平高;

(4)生产调整非常灵活;

(5)产品活性高且质量均一;

(6)占地面积小;

(7)维修工作量很少。

在悬浮炉系统中,物料与气体的运动状态是并流与逆流并存。就整个系统而言,物料下

表 12-44 梭式窑规格性能

性能	梭式窑规格/m³					
	15	80、100	30、50、60	20、40	70	120
窑车规格(长×宽)/m×m	1.9×1.94	2.3×3.2	2.3×3.2	2.3×3.2	2.1×4.7	2.1×4.7
烧成温度/℃	1750~1800	1500~1750	1400~1450	1350~1400	1200~1250	1450~1480
燃料	柴油	柴油、天然气、煤气				
烧成制品	镁砖、刚玉	轻质高铝砖、镁砖、熔融硅砖	滑板	高档窑具	长水口	硅砖

行，气体上行，两者处于逆流状态，而在两个相邻的旋风器之间，气体携带物料并流而行，物料颗粒悬浮于气体之中。进入旋风器后，物料与气体分离，气体上行，由旋风器顶部排出，物料则向下，通过底部溜槽排出。原料颗粒经过预热段的几级旋风器预热后，温度已接近焙烧温度，由预热段末级旋风器底部溜出，从焙烧器底部烧嘴的上方进入焙烧器，并立即悬浮于气流中。焙烧器下部直段扩大部分安装若干支烧嘴，燃料经烧嘴喷入焙烧器，并在原料颗粒与气体的混合物中燃烧，燃烧释放的热量立即被原料颗粒吸收，并使之分解。燃料燃烧和原料分解几乎同时在 1～1.5s 内瞬间完成，传热速率 420℃/min，单位容积生产率达 580kg/(m^3·h)，分解率达 99.2%以上。热效率约 58%，热耗 4180～5016kJ/kg。热风炉在开工时用来点燃焙烧器的烧嘴，在正常生产过程中继续为焙烧器提供热风，热风炉用燃料占生产总用量的 10%～20%。气体温度不会超过分解反应温度，原料不会过烧，热损失也降至最低程度。

悬浮炉是个组合体，图 12-37 是一个典型的悬浮炉生产系统配置。该系统有 6 个旋风器，第Ⅰ、Ⅱ、Ⅲ级为预热段，第Ⅳ级为焙烧段，第Ⅴ、Ⅵ 级为冷却段。各级旋风器用气体管道和物料溜槽串联起来，并分别支撑在各层楼板上。第Ⅰ级旋风器的进气管道上设有原料加料口并安装有螺旋加料机，原料由此加入悬浮炉中。第Ⅳ级旋风器的进气管道上连接着一个焙烧器，用于原料的焙烧。焙烧器所需的热风由安装在附近的一个热风炉供给。第 Ⅴ 级旋风器的出口气体管道上，设有旁通管，多余的热空气由此引出，经旁通旋风器降尘后，送入第Ⅰ级旋风器进气管道的加料口下方，用来干燥入炉原料。

旋风器上部为圆柱形，下部为圆锥形，用钢板焊制而成，内衬耐火材料。第Ⅰ至第 Ⅵ 级旋风器的壳体上部设有检查门，圆锥体的下端设 γ 射线监控仪，监视物料是否结拱，并安装压缩空气喷吹管，定期自动喷吹；另外还设有人工吹扫孔。其喷吹用压缩空气来自 1 台专用的空压机。

焙烧器是 1 条长圆筒，用钢板焊制，内衬耐火材料。其上部制成“∩”形管，使悬浮混合流

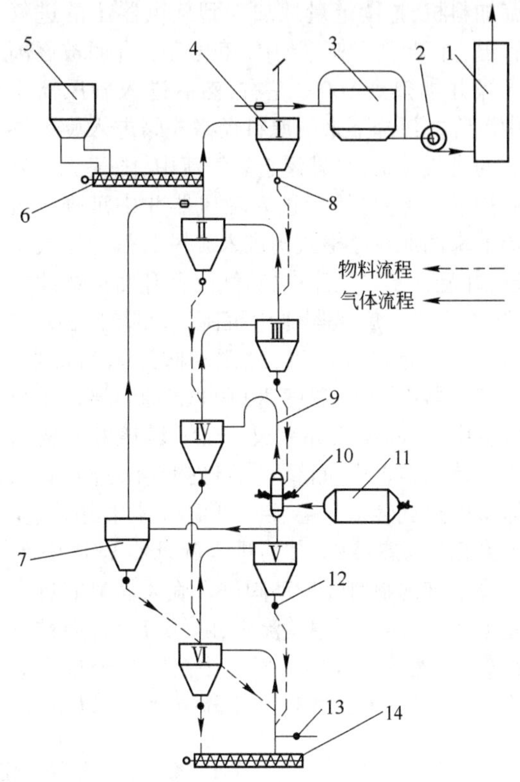

图 12-37　悬浮炉系统图

1—烟囱；2—排废气风机；3—袋式除尘器；4—旋风器；5—储料槽；6—螺旋加料机；7—旁通旋风器；8—格式阀；9—焙烧器；10—烧嘴；11—热风炉；12—摆动阀；13—风阀；14—螺旋输送机

体受阻，增加物料在焙烧器中的停留时间。在直段上留有检查门。直段的扩大部分安装若干支燃料烧嘴，在烧嘴的上方设有物料进口，烧嘴的下方有热风进口与热风炉相连。

热风炉是卧式圆筒形钢结构，内衬耐火材料。安装有 1 个烧嘴，并配备 1 套燃烧系统。热风炉在开工时用来点燃焙烧器的烧嘴，在正常生产过程中继续为焙烧器提供热风，其所用燃料占生产总用量的 10%～20%。连接管道内衬耐火材料。管道下端设膨胀器，底部设进料口，上部与旋风器连接处的弯管上设检查门。在弯管部位和进料口处留设压缩空气喷吹口。物料溜槽外壳是钢管，内衬耐火材料。溜槽下端安装电动摆动阀或电动格式阀，溜槽上还安装有膨胀器。

生产中如图 12-37 所示，原料经过管式螺

旋加料机，连续定量地加入到旋风器Ⅰ的进气管道，并悬浮于热气流中，随气流上升而被逐渐干燥并加热到500℃左右，然后进入旋风器Ⅰ中沉降。沉降下来的原料经格式阀进入旋风器Ⅱ的进气管道，并悬浮于热气流中，随气流上升而被继续加热，然后进入旋风器Ⅱ中沉降。沉降下来的原料经格式阀进入旋风器Ⅲ的进气管道，并悬浮于热气流中，随气流上升而被继续加热，然后进入旋风器Ⅲ中沉降。沉降下来的原料已经接近焙烧温度，经摆动阀进入焙烧器。在焙烧器中，燃烧温度达1100℃，原料悬浮于热气流中，瞬间吸热并完成焙烧。焙烧好的物料进入旋风器Ⅳ中沉降，然后经摆动阀进入旋风器Ⅴ的进气管道并悬浮于低温气流中，随气流上升而被逐渐冷却，然后进入旋风器Ⅴ中沉降。沉降下来的物料经摆动阀进入旋风器Ⅵ的进气管道，并悬浮于低温气流中，随气流上升而被继续冷却，然后进入旋风器Ⅵ中沉降。经过两级冷却，沉降下来的物料已经降至200℃以下，经摆动阀被送入螺旋输送机运走。整个悬浮炉系统在1台排废气风机的抽吸下，处于全负压工作状态，在冷却段的末端约为-200～-500Pa，在预热段的始端为-5500～-6500Pa。系统所需的气体在负压作用下从位于冷却段末端的旋风器Ⅵ的进气管道进入，在各级旋风器的进口管道上与上一级旋风器来的物料混合，形成悬浮混合流体，然后上升进入旋风器，在旋风器中与物料分离，从旋风器的排气口排出，进入上一级旋风器的进气管道。在冷却段，随着气流的上升，气体逐渐被物料加热。在旋风器Ⅴ的排气口处，多余的热风将被引入旁通管道，经旁通旋风器降尘后进入加料螺旋下方的旋风器Ⅰ的进气管道中干燥原料。在焙烧器中，冷却段来的气体被燃料加热，然后随着气流的上升，逐渐被物料冷却，最后从旋风器Ⅰ的排气口抽出，经袋式除尘器除尘后，由排废气风机经烟囱排入大气。

典型生产轻烧氧化镁悬浮炉（引进）的技术性能见表12-45。

表12-45 生产轻烧氧化镁悬浮炉（引进）的技术性能

原料			燃料	单位产品热耗 /kJ·kg^{-1}	焙烧温度/℃	产品				年工作天数 /d	年产量 /t·a^{-1}
名称	粒度/μm	水分/%				MgO含量/%	灼减/%	成品率/%	出炉温度/℃		
浮选精矿粉	<200	5～7	重油	4598	1100	97～98	0.5～1	100	<200	330	50000

12.6.6 多层炉

多层炉是具有多层炉床的连续生产的热工设备，又称耙式炉或多膛炉。在耐火材料行业，主要用于焙烧菱镁矿矿粉生产轻烧氧化镁。

多层炉为直立圆筒形炉体结构。炉壳内的砌体内衬采用特制耐火砖砌筑形成“自支撑”结构的炉床，将炉体内分隔为多层炉膛结构，每层炉膛分别在炉床的外围或近中心位置设置多个“落料孔”。多层炉膛自上而下分为干燥、预热、焙烧及冷却带。炉膛中心设有垂直的耐高温中心轴，在中心轴底部装有伞形齿轮，可以带动中心轴低速旋转。中心轴在各炉膛处均装设有耙臂，耙臂下装有若干耙齿。物料从多层炉顶部加入最上层炉膛，由运动的耙齿从炉床的内侧向外侧（“外耙”操作）耙动，通过周边落料孔落入下一层；在下一层炉床从外侧往内侧（“内耙”操作）耙动，通过中心落料孔落入下一层。如此交替往复，在各层耙齿的作用下，物料呈“S”型自上而下逐层下落，最终完成焙烧过程的物料从最底层炉床的排料口排出。中心轴及安装在中心轴上的空心耙臂都是双层构造，由专用的中心轴冷却风机鼓入冷风进行不间断的强制冷却。冷却空气从轴的内管平流过各个臂的内管，从管外返回轴的回路，成为热空气（200～250℃）作为助燃空气使用。

多层炉本体由圆筒形炉体、中心轴与传动装置、耙臂与耙齿等部分组成。

（1）圆筒形炉体。由型钢和钢板焊制。炉体内设多层炉床，每层炉床均由耐火砖砌筑而成，各层炉床上交替设有周边或中心落料孔。焙烧带每层炉床的炉壁上设有烧嘴。燃料通过烧嘴引入炉膛直接燃烧。每层炉床底部与耙臂之间装有测温热电偶，在炉体中部位置设有接收返料的加料口。每层炉床的炉壁上均设有若干人孔门，供检修耙臂、耙齿及观察炉况使用。炉体支撑在建筑物上或钢制平台上。

(2)中心轴与传动装置。中心轴下部装有大齿轮，它与传动装置的小齿轮咬合转动。传动装置配有可调速传动电机。中心轴由若干可组装的区段组成，各段上均设有装耙臂的轴套。中心轴可采用外包隔热材料，以降低炉内热辐射对中心轴的影响。系统还另设中心轴冷却风机，冷却空气一股用于冷却中心轴本体，另一股通过中心轴流经各耙臂端部，并从臂的外层间隔通道返回中心轴排出，可用作助燃空气。

(3)耙臂与耙齿。在中心轴的轴套上每层炉床等距安装 2 个或 4 个耙臂，每个耙臂通过一个合金钢销柱与轴套联结，以便于就地更换耙臂。耙臂由耐热合金钢制成，其内有送入和排出冷却空气的通道。每个耙臂上装有 4～12 个耙齿，耙齿用铸铁制成，分外、内两种形式，分别安装在奇数、偶数炉床的耙臂上。由于在一定温度下不断耙动物料，耙齿为易损部件，耙齿吊挂在耙臂下方，更换方便。

在多层炉生产轻烧氧化镁的工艺中，一般先将原料送至干燥机中，利用多层炉顶部排出的高温烟气，将原料含水率干燥至 1%以下。经干燥处理后的原料，再经炉顶进料口加到多层炉中。在多层炉中完成焙烧后，从炉底的出料口排出进入水冷螺旋输送机中，对物料进行冷却后送至成品系统。多层炉配有中心轴冷却风机、点火空气风机、成品冷却风机和助燃风机等供风系统。在多层炉焙烧带各炉层分别安装有 2～4 支烧嘴，烧嘴配有自动点火和火焰监测系统。每支烧嘴配有一个助燃空气的调节阀和天然气控制阀组，这种配置能在窑运行期间保证空气和燃料维持一定配比。除自动控制外，还可以从控制室启动/停止每一层的成对的、单独的或所有的烧嘴。多层炉顶部设排烟管道，在排烟机抽力的作用下，将多层炉烟气从炉顶引出，进入干燥机作为热源使用。多层炉轻烧工艺系统如图 12-38 所示，多层炉的规格性能见表 12-46。

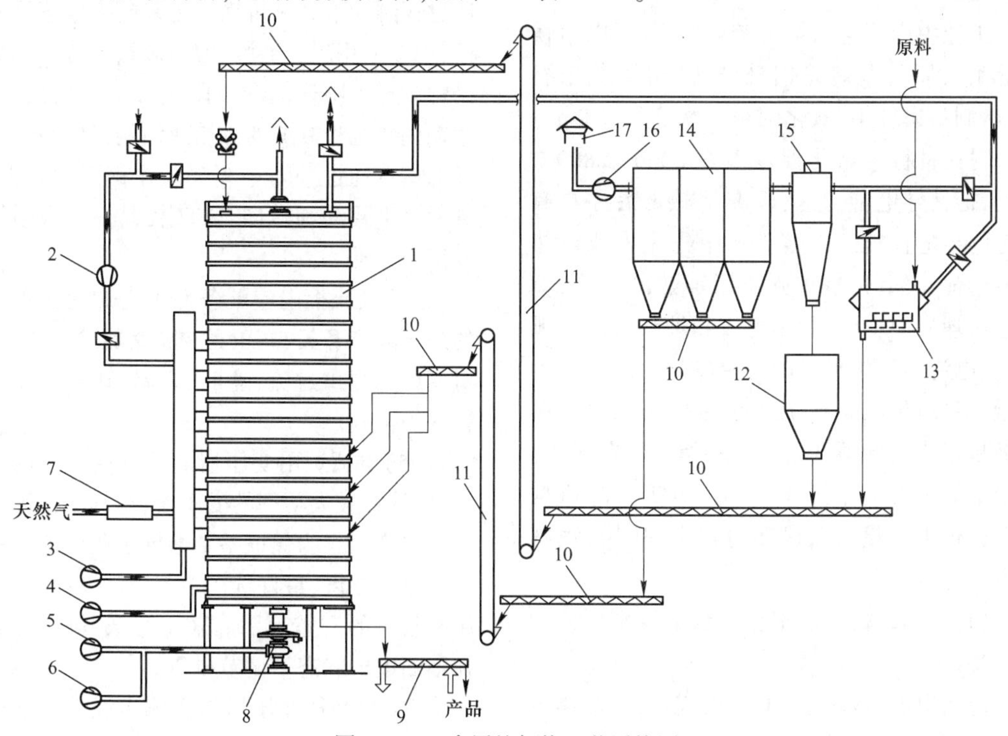

图 12-38　多层炉轻烧工艺系统图

1—多层炉；2—助燃空气风机；3—点火空气风机；4—冷却空气风机；5—中心轴冷却风机；6—中心轴冷却风机(备用)；7—天然气阀组；8—中心轴传动装置；9—水冷螺旋输送机；10—螺旋输送机；11—斗式提升机；12—干燥粉料仓；13—干燥机；14—布袋除尘器；15—旋风除尘器；16—排废气风机；17—烟囱

表 12-46　多层炉规格性能

项目		多层炉
煅烧品种		轻烧氧化镁
炉壳内径/m		7.850
筒体总高度/m		25
炉膛数量		19
烧嘴个数		40
技术性能	原料种类	浮选精矿粉
	燃料种类	天然气
	单位热耗/kJ · kg^{-1}	≤1400
	煅烧温度/℃	1050
	出料温度/℃	<100
	年工作天数/d	330
	年产量/t · d^{-1}	100000

12.6.7　电弧炉

电弧炉是以电弧为主要热源的电炉，耐火材料工业中应用电弧炉生产电熔刚玉、电熔镁砂等耐火原料及熔铸铝硅锆砖、熔铸莫来石砖、熔制耐火纤维、氧化铝空心球等耐火制品。

耐火材料的熔化温度多在 2000～2800℃之间，但其导电能力差，仅在熔融之后才具有一定的导电性能。电熔生产中先用电弧电热形成熔池，之后采取电弧电阻加热的方式，即将电极埋入炉料中，利用电极和炉料间的电弧电热、电流通过炉料时的电阻电热共同使炉料熔融。目前耐火材料工业普遍采用三根石墨电极呈正三角形顶点布置的三相交流电弧炉。成套电熔装置包括炉体、炉盖、电极升降机构等电弧炉主体设备及高压电器、变压器、短网等电气设备。

(1) 炉体结构按照工作方法的区别可分为两大类：

1) 适用于“熔块法”的拉出式炉，即炉体由炉车、炉壳组成，炉车上铺设耐火材料或直接用炉料打底，炉壳一般为上小下大的圆形钢筒结构，内衬耐火材料或直接用炉料做炉衬，有的还在炉壳外加水冷装置。炉体在预定位置熔炼结束后，沿轨道拉出，待熔坨冷却后进行脱壳拆炉。

2) 熔融制品常用的“倾倒法”倾动式炉，即在熔炼结束后，倾倒装置转动炉体将熔液倾出进行冷却，炉体复位后再次进行投料熔炼。其炉体多做成短型圆柱体，分上下两部分，下炉体底部为球形，均配置水冷系统。

图 12-39、图 12-40 所示分别为电熔镁砂、电熔刚玉生产用电弧炉成套装置。

(2) 炉盖主要为了防止熔炼时的粉尘外溢，并起到一定的安全防护作用。一般可分为矮炉盖和高炉盖：矮炉盖仅罩住炉口上部位置，顶部需开设电极孔、进料孔、除尘孔、检修门等；高炉罩一般自炉口向上将整个熔炼区域内的电极、加料装置等罩起来，对整个罩体进行除尘。

(3) 电极升降机构用来调节电极的高度，由电极把持器、导电横臂、立柱、驱动装置等组成。电极把持器可将电极夹持在一定高度，并通过铜制导电夹头将横臂传来的大电流导向电极，现多采用碟簧夹紧、液压放松的方式。导电横臂应最大限度的减少阻抗及涡流发热，多采用铜钢复合板制成的方箱式结构，且通水冷却。导电横臂通过升降小车安装在钢制立柱上，可进行上下移动和转向，驱动装置一般采用齿条或液压驱动。

(4) 高压柜内应配备专为电炉变压器设计的高压隔离开关、高压真空断路器等高压电器，对变压器提供过流、速断、超温、缺相等多项报警保护措施。

(5) 电弧炉用变压器的功率由规定的产量计算，选择较大功率的变压器，有利于提高产品质量和产量。为保证整个熔炼过程中能选择最佳的电工制度，最好选用多挡位的变压器，使电压有较宽的调整范围。采用有载调压方式，能在不断电的状态下调节电压。

(6) 短网从变压器二次侧出线端到导电横臂尾部之间的大电流线路，由铜排、柔性补偿器、绝缘支架、水冷软电缆等组成。设计上应使长度缩减到最小，以有效降低短网阻抗，减少无功损耗，提高功率因数，降低冶炼电耗。

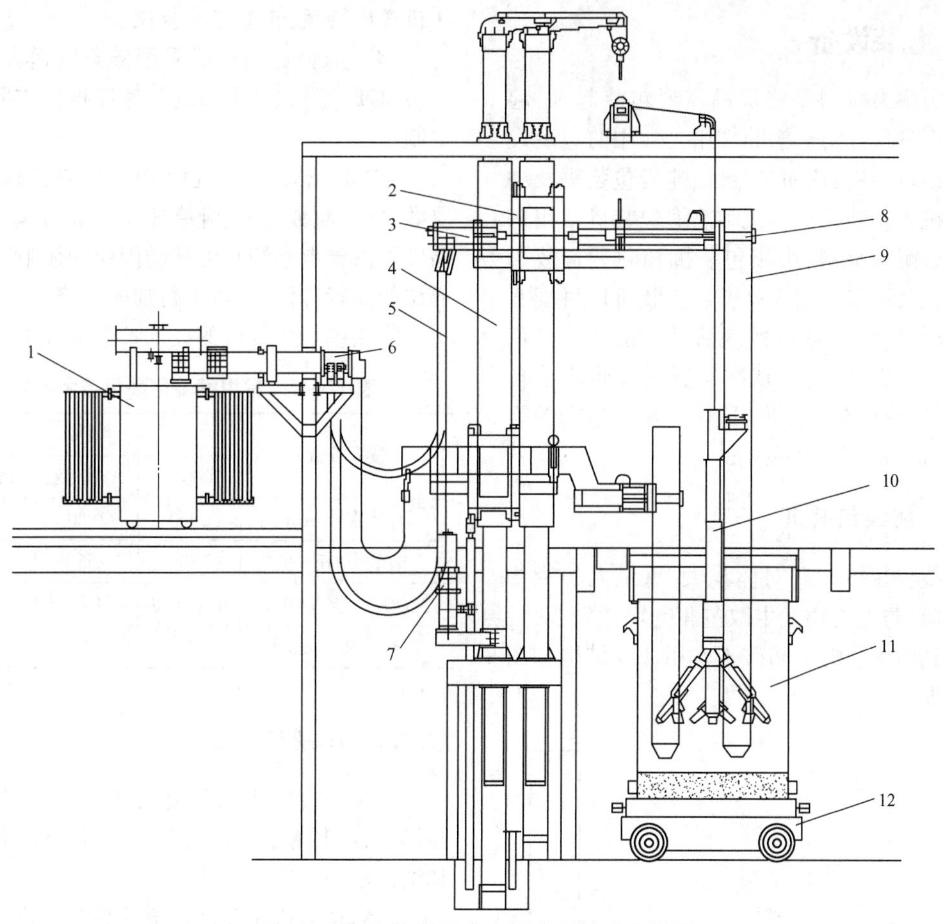

图 12-39 电熔镁砂生产用电弧炉成套装置

1—变压器；2—升降小车；3—导电横臂；4—立柱；5—水冷电缆；6—铜排；7—升降驱动电机；8—电极把持器；9—石墨电极；10—加料管；11—炉壳；12—炉车

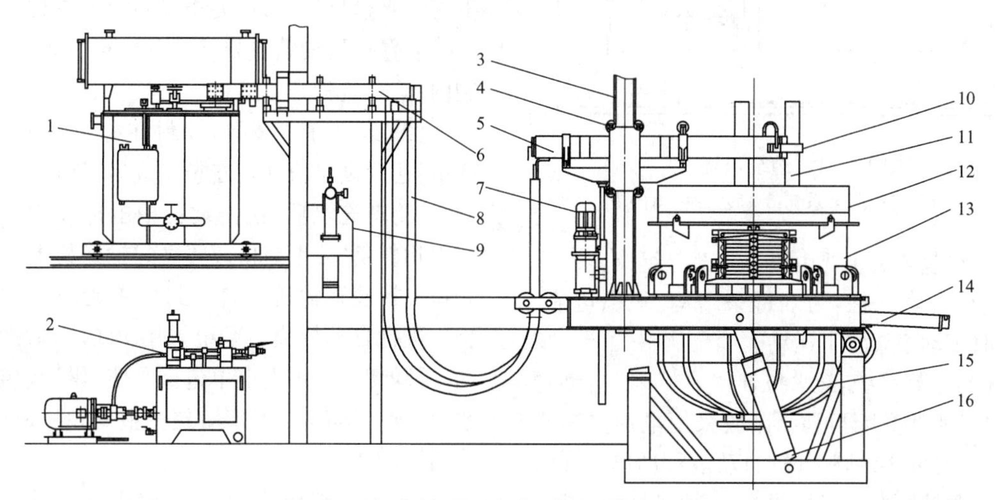

图 12-40 电熔刚玉生产用电弧炉成套装置

1—变压器；2—液压系统；3—立柱；4—升降小车；5—导电横臂；6—铜排；7—升降驱动电机；8—水冷电缆；9—水冷系统；10—电极把持器；11—石墨电极；12—炉盖；13—上炉体；14—出汤溜嘴；15—下炉体；16—倾炉油缸

12.7　包装设备

各类耐火材料最终成品需要包装起来，起到保护、美观、方便运输的作用。常用的包装设备有缠绕包装机、热缩包装机、吨袋包装机及小袋包装机等。缠绕包装机和热缩包装机常用来包装定型耐火材料；小袋包装机和吨袋包装机常用来包装不定形耐火材料。包装机还可配套金属探测机、电子复检秤、喷码机、自动封口机或机械手等设备，实现从装袋到封口码垛全自动生产，以减轻劳动强度，适应大规模生产的需要，并满足清洁生产的要求。

12.7.1　缠绕包装机

缠绕包装机主要对体积大、重量大的货物进行包膜，防止货物发生散包和倒塌现象，对货物能起到防尘、防潮、防破损作用。其结构如图12-41所示。

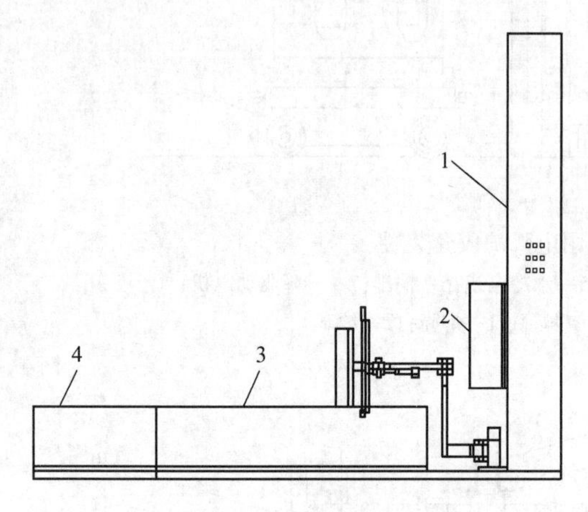

图12-41　缠绕包装机
1—立柱；2—膜架系统；3—转盘；4—输送机

缠绕包装机主要由以下几部分组成：

(1)升降立柱：为双链条结构，平稳可靠，包装时带动膜架上下运动。

(2)膜架系统：最大拉伸比为1∶2，自动送膜，送膜速度变频可调。断膜采用电加热断膜方式，方便可靠，断膜气缸自动进行动作。夹膜装置与膜接触部分采用耐磨、弹性良好的材料。

(3)转盘：货物由输送机送至转盘上，电机驱动转盘旋转进行缠膜包装，包装完成后，由输送机送出转盘，转盘自动复位。

(4)输送机：输送机采用链条输送方式，输送机材质、承重、宽度、长度、速度根据实际需求定制。

(5)电控系统：系统由PLC控制，缠绕包装层数、包装次数可调，缠绕速度变频可调。包装高度可由光电感测和可移动限位块限制。特殊部位如需特殊保护，可进行加固缠绕。

常用缠绕包装机的技术参数见表12-47。

表12-47　常用缠绕包装机技术参数

技术参数	型号		
	2000型	1800型	1650型
转台直径/mm	2000	1800	1650
包装效率/托·h^{-1}	50	55	60
气动系统压力/MPa	0.4~0.8	0.4~0.8	0.4~0.8
耗气量/L·min^{-1}	1	1	1

12.7.2　小袋包装机

小袋包装机用来包装散状耐火材料，可实现精度计量、密封抑尘、防止污染、自动控制。其结构如图12-42所示。

小袋包装机主要由以下几部分组成：

(1)供袋夹袋装置：排列整齐的空袋，由吸盘取袋装置给设备供袋，空袋移至下料位置后，由真空吸盘打开袋口，夹袋机构深入空袋内，与取袋装置一块夹紧包装袋。下料阀门插入包装袋内，给料装置开始下料。

(2)给料称重装置：物料在称量斗内进行称量，达到设定值并且套袋完成后，称量斗开始放料，物料充填后，拍击装置拍击包装袋底，使袋中物料落实，下料口放置立袋输送机上，并由袋口夹持装置输送至自动封口单元，自动牵引袋口进行自动折边。系统采用PLC控制，可自动、手动切换。可设定单包重量值，累计包装袋数、重量。具有自动调零、超差报警和故障自动诊断等功能。

(3)自动缝包装置：包括辅助折边器、缝包机立柱、自动缝包机头三个部分，整个单元自动连续、平稳地完成包装袋辅助折边、自动缝纫、

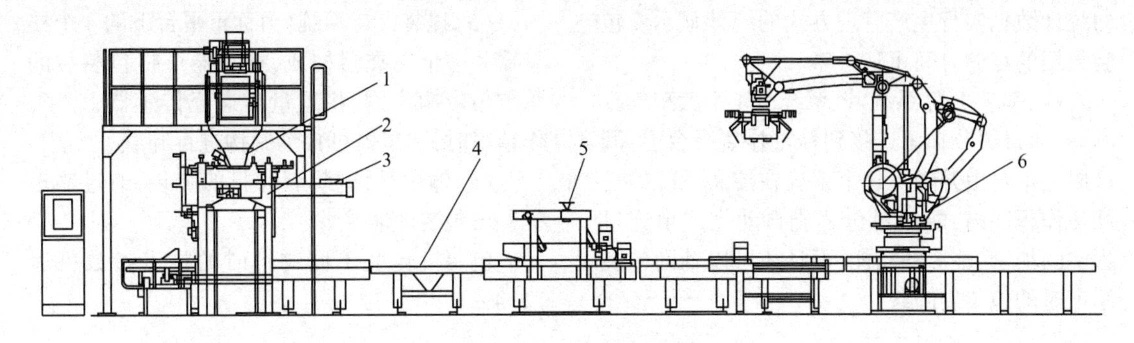

图 12-42　小袋包装机

1—称量料斗；2—供袋夹袋装置；3—自动缝包装置；4—振动装置；5—压袋装置；6—机械手码垛机

自动切线的整个动作过程。若出现断线，控制系统会自动报警并发出联锁停机信号。

(4)配套输送装置：折边缝包完毕的包装袋由倒袋装置放倒成与输送方向一致，包装袋平躺在输送带上向前运行。输送带上有单独的振动系统，使包装袋平稳躺在输送带上。再通过输送机上的压袋装置将包装袋外形整理，易于码放整齐。此后还可配套喷码机等设备，自动给包装袋喷涂标签。在输送机的终点处设有光电检测信号，当包装袋到达指定位置后，机械手开始码垛，托盘由托盘输送机自动送至指定位置。经过喷码的包装袋由机械手抓取送到托盘上，码垛高度可达 2m。托盘堆垛完成后，由叉车送至成品库贮存。输送装置的材质、承重、宽度、长度、速度可根据实际需求定制。

常用小袋包装机的技术参数见表 12-48。

表 12-48　小袋包装机技术参数

技术参数	规格/kg·袋$^{-1}$	
	20~50	5~10
称重精度	≤±0.2%	≤±0.2%
包装能力/袋·h^{-1}	250~350	300~600
控制电源	24VDC	24VDC
气源/MPa	0.4~0.8	0.4~0.8

12.7.3　吨袋包装机

吨袋包装机由以下系统组成：给料系统、称重系统、控制系统、挂袋夹持系统、垂直升降系统、输送系统。根据不同物料容重的不同，每袋的包装重量为 500~1000kg。其结构如图 12-43 所示。

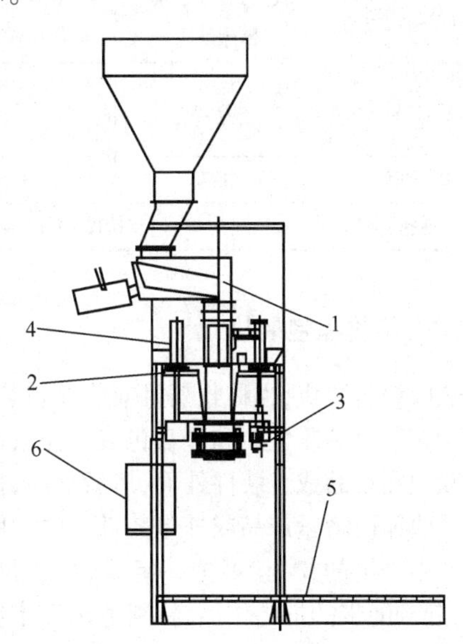

图 12-43　吨袋包装机

1—给料装置；2—称重装置；3—挂袋夹持装置；4—垂直升降装置；5—输送装置；6—控制装置

(1)给料系统：给料系统采用振动给料机供料，并且实现快、中、慢三级加料，以提高包装速度及称量准确度。

(2)称重系统：在上部平台安装 4 个称重传感器，传感器上安装的承载板吊装称重平台，在称重平台下吊挂的包装袋重量直接传递到传感器上。

(3)控制系统：控制系统采用可编程序称重控制器，配备显示屏，轻触式操作。可对包装过程的各项数据实行动态显示，对包装结束后的统计数据实行生产管理方式的统计显示。包装数据的存储时间可达一年。

(4)垂直升降系统：该系统由4个大型气缸驱动，通过关节轴承连接到称重挂袋平台上，既可以上下自由升降。这个系统在控制系统的自动工作程序内，能够对包装袋自动完成填充过程中的加密、整形的功能，而且还可以辅助包装结束时的包装袋卸载。

(5)挂袋夹持系统：由称重平台下的4个挂袋器和一个夹袋器构成，挂袋器可将包装袋的承重吊带钩住，并将重量传递至传感器上。工作结束时，挂袋器可自动脱钩进行卸载。

(6)输送系统：装满物料的吨袋，通过输送机移出包装区域。

包装机包装不同物料时的技术参数见表12-49。

表12-49　吨袋包装机技术参数

物料类型	流动性良好的砂状类物料	流动性一般的微细粉料	流动性较好的粉状物料	流动性差的高湿物料	大小不一的不规则形状物料
代表性物料	氧化铝、聚乙烯、精制盐类	4A沸石、硅酸钙、矿渣微粉等	粉煤灰、水泥等	氢氧化铝、钼粉、粉洗盐等	活性炭、硅灰石、石油焦等
包装速度/袋·h^{-1}	40~50	25	35	20	30
功率/kW	3.7	4.5	0.7	6	4
其他指标	包装精度：0.1%~0.2%，耗气量：0.08~0.09m^3/min，工作气压：≥0.6MPa				

12.7.4　热收缩包装机

热收缩包装机，也称收缩机或收缩包装机，适用于多件物品紧包装和托盘包装。先采用收缩薄膜包在产品或包装件外面，然后加热，使包装材料收缩而裹紧产品或外包装件。收缩膜收缩时产生一定的拉力，可把一组要包装的物品裹紧，起到绳带的捆扎作用，特别适用于多组物品的集合与托盘包装。其结构如图12-44所示。

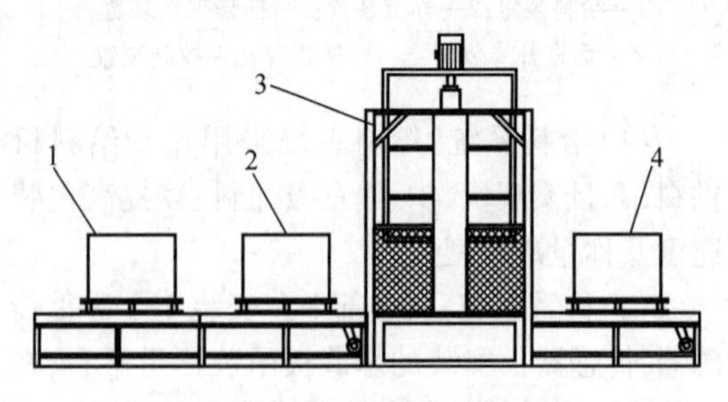

图12-44　热收缩包装机
1—上货工位；2—套膜工位；3—收缩工位；4—卸货工位

在上货工位：托盘通过叉车放置在输送机上。此处设有定位系统，以确保托盘放置在正确位置上。在套膜工位：由人工完成套膜工作，也可设置自动套膜装置。然后进入收缩工位：当托盘到达指定位置时，传送停止；托盘被抬起到一定高度，同时，正上方的加热炉下降，下降到规定位置后停止，开始加热、收缩；当达到设定的加热时间后，加热炉上升到原位，同时抬起装置将托盘稳定降下，降到原位后停止；传送带继续前行，包装完毕。叉车在卸货工位：将包装好的成品运走。常用热缩包装机技术参数见表12-50。

表12-50　常用热收缩包装机技术参数

项目	参数
包装物尺寸(长×宽×高)/mm×mm×mm	1300×1300×1100
包装速度/s·托盘$^{-1}$	30~60
整机功率/kW	40
传送方式	辊筒转送
外形尺寸(长×宽×高)/mm×mm×mm	7000×2000×3000
包装材料	PE收缩膜

12.8 其他设备

12.8.1 气力输送装置

气力输送装置是耐火材料生产中常用的粉料(颗粒料一般不大于30mm)输送设备。气力输送又称气流输送,是利用正压或负压气流作为输送动力,在管道中沿气体流动方向输送粉粒状固体物料。气力输送过程一般可分为气固混合阶段、输送阶段以及气固分离阶段。与带式输送机、斗式提升机等机械输送设备相比,气力输送装置具有占地面积小、输送管道布置灵活、操作方便、无粉尘污染以及自动化程度高等特点,可实现集中、分散输送物料,但是同时动力消耗大,需配备气源,不适宜输送粒径大和黏性大的物料。

根据输送管道内物料流动状态以及固气比,气力输送可分为稀相气力输送和浓相气力输送;根据输送管道中流体状态,气力输送可分为正压系统、负压系统或正负压组合系统;根据输送管道中压力大小,正压系统可分为高压输送和低压输送两类,高压输送供料设备如仓式气力输送泵、螺旋式气力输送泵等;低压输送供料设备如空气输送斜槽、气力提升泵等。气力输送的分类及参数见表12-51。

表12-51 气力输送的分类及参数

类别		物料流动状态	输送性能			
			输送速度/m·s^{-1}	输送距离/m	输送压力/MPa	固气比
稀相气力输送	—	高速、悬浮状态	12~30	—	—	<15
浓相气力输送	移动床	低速、非悬浮态	4~12	—	—	>100
	栓柱流		2~8			15~30[1]
正压系统	高压输送	—	—	1500~2000	0.1~0.7	—
	低压输送				< 0.1	
负压系统	—	—	—	<300	-0.04~0.08	—

12.8.1.1 正压输送系统

正压输送系统又称压送式气力输送系统,是在输送管道的起点利用鼓风机或空压机通入压缩空气,利用输送管道起点与终点之间的压差使气体流动,带动物料随之运动至输送终点。正压输送系统可应用于分散输送,即一对多输送,如使用仓式气力输送泵从原料仓向多个配料仓输送物料,如图12-45所示。

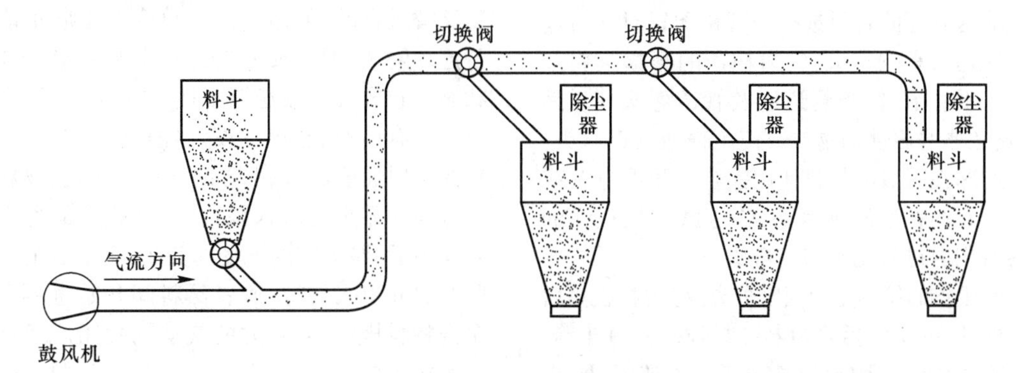

图12-45 向多个配料仓输送物料的正压输送系统

12.8.1.2 负压输送系统

负压输送系统又称吸送式气力输送系统,是在输送管道的终点利用引风机使输送管道中形成负压,负压与外界之间形成的压差使外界气体被吸入管道，带动物料随之运动至输送终点。负压输送系统多应用于集中输送，即多对一输送，如车间除尘、散装仓库取料等，如图 12-46 所示。

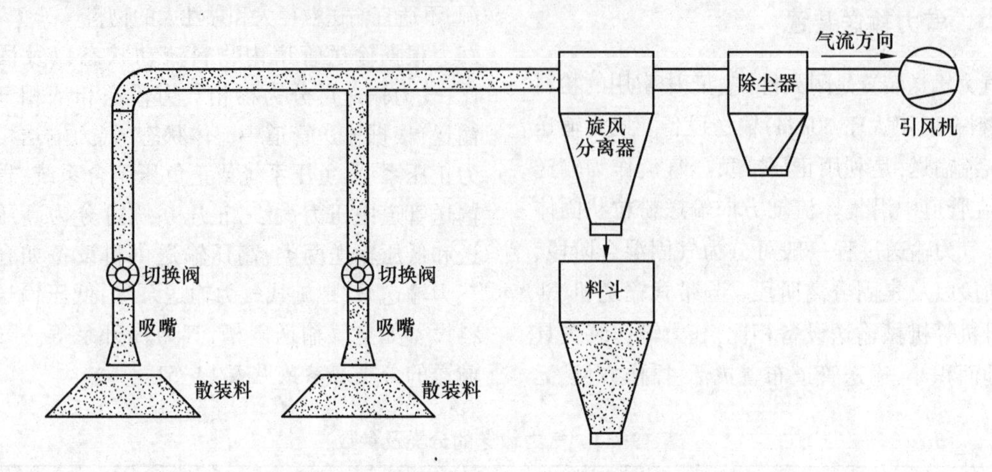

图 12-46　从散装仓库取料的负压输送系统

12.8.1.3　正负压组合输送系统

正负压组合输送系统是在同一输送系统中将正压输送系统和负压输送系统组合使用的一种输送系统。

气力输送一般包括给料系统、输送管道、除尘器、气源部分以及 PLC 控制系统。

给料系统一般包括粉料斗、插板阀、气动阀、仓式泵、旋转给料阀、料位计等。给料系统可以保证物料能够定量、连续、均匀地进入输送管道中。负压输送系统的输送管道能够自吸进料，因此给料设备多采用吸嘴，而正压输送系统的给料设备一般采用仓泵和旋转给料阀。

输送管道的管径选择和管路配置对气力输送整体运行影响很大，气力输送的磨损主要产生于水平管道、倾斜管道以及管道弯头处。因此，输送非磨琢性的物料时使用普通碳钢弯头，输送磨琢性一般的物料使用镍合金耐磨弯头或内衬铸石的普通碳钢弯头，输送磨琢性很强的物料时用内衬氧化铝陶瓷弯头。

除尘器的作用是使固气分离，将粉料收集后集中处理，主要包括除尘器、卸料阀、粉料斗等。负压输送系统采用旋风分离器和布袋除尘器，正压输送系统采用仓式除尘器和真空释放阀。

气源部分包括储气设备、吸气设备和供气设备，负压输送系统采用离心风机，正压输送系统采用罗茨风机、空压机或利用厂区配套的压缩空气。

控制系统一般包括气控箱、PLC 控制柜以及远程 IO 柜，可获取远端信号实现气力输送系统自动控制。

近年来，气力输送在耐火行业的应用日益增多，国内耐火行业气力输送基本上采用正压输送系统中的仓式泵，仓式气力输送泵输送粉料效率高、扬尘少以及可显著改善耐火厂内环境卫生等优势日益突出。

仓式气力输送泵主要分为单仓泵和双仓泵两种。单仓泵主要用于间歇输送，即进料与出料是间歇操作的，泵内加料与物料吹送的过程是交替进行的，但通过两个单仓泵串联也能用于连续输送，即主泵物料吹送时，副泵处于加料状态。仓式气力输送泵如图 12-47 所示，仓式泵上设有给料仓，PLC 设定好给料量及旋转给料阀给料速度后，泵上方的气动阀开启，物料由上方料斗靠重力落入泵内，待仓式泵的称重信号反馈后，泵上方的气动阀关闭，泵下方的气动阀开启并引入气源，旋转给料阀开始送料直至泵内物料排空，泵下方的气动阀关闭后通过排气阀排除泵内余气，再进行下一次加料。仓式泵应设有压力开关、压力变送器以及压力表，以控制检查泵内及管道内压力，除此之外，还应装有电磁阀、气动阀，可自动控制管道内的供气或停气。仓式泵的基本参数见表 12-52。

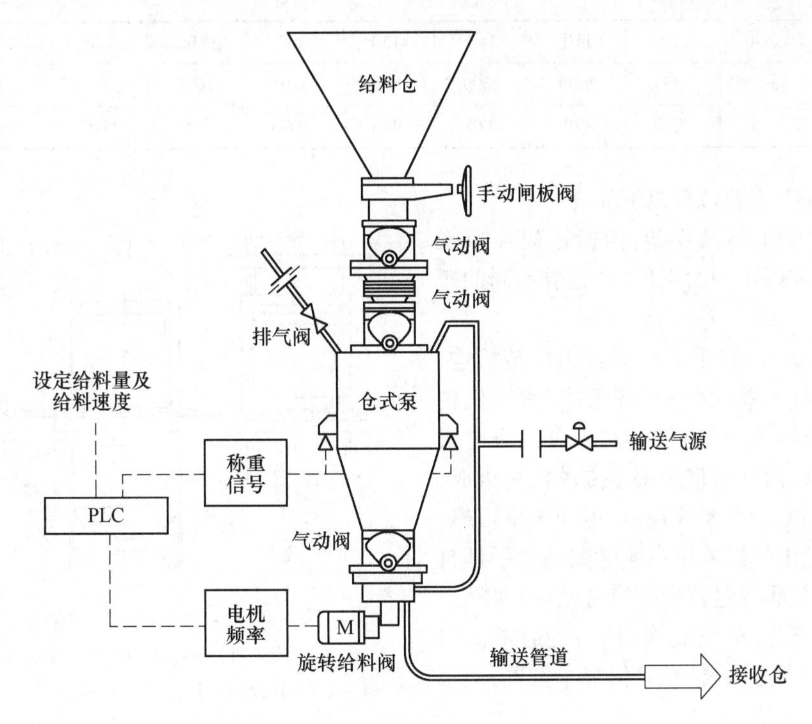

图 12-47 仓式气力输送泵

表 12-52 仓式泵的基本参数

项 目	型 号							
	C1.0	C2.0	C3.0	C4.0	C5.0	C6.0	C8.0	C10
有效容积/m^3	1.0	2.0	3.0	4.0	5.0	6.0	8.0	10
泵体内径/mm	1000	1400	1600	1800	2000	2000	2200	2400
出口直径/mm	80/100	100	125	125	150	175	200	225
工作压力/MPa	0.2~0.5							
输送次数/次·h^{-1}	≤10							

12.8.2 机械手

耐火行业使用的机械手主要是码垛机器人,应用在压砖机附近,与压砖机程序连锁控制,耐火砖坯在压机压制完成后,经机械手的手爪将砖坯抓取后按照规定指令码放在干燥车或窑车上,当该层砖坯码放满后,再重复上述动作,直到全部码放完毕。

通过配置砖坯光电对射等检测装置可以实现耐火砖坯的外形尺寸检测,一旦发现外形尺寸不合格的砖坯,机械手可直接将废砖坯拣选至废砖坯收集箱。常用机械手规格性能见表 12-53。

表 12-53 常用机械手规格性能

型号	100	110	165	130	180	210	240	250	300
最大夹取重量/kg	100	110	165	130	180	210	240	250	300
重复定位精度/mm	±0.06	±0.06	±0.06	±0.06	±0.06	±0.06	±0.06	±0.07	±0.07

续表 12-53

型号	100	110	165	130	180	210	240	250	300
最大工作半径/mm	1634	2699	2699	2991	3195	2699	3195	2812	2812
本体质量/kg	720	870	870	970	1093	870	1103	1460	1460

常见机械手主要包含以下部分：

(1)机械手本体及支架：为搬运码垛单元的主体，通过配以不同的手爪，可完成不同的搬运码垛功能；

(2)末端执行器(手爪)：通常由旋转机构、夹紧机构、合拢机构、缓冲机构组成，旋转机构由伺服电机及减速器提供动力，通过伺服电机控制，合拢机构由同步带及带轮传动机构组成，使夹紧机构同时达到要求距离，传动平稳可靠，缓冲机构一般由气缸采用中泄电磁阀使手爪自由降落，可避免码垛过程中碰撞、挤压等现象。

(3)砖坯及窑车位置检测装置：通常由对射式光电传感器组成，精准对位窑车位置，便于后续的机器人码垛。

(4)操作控制系统：通过 PLC 等控制系统实现与压砖机的连锁控制，完成砖坯的检测、抓取、码垛等一系列复杂的动作。

(5)安全控制系统：在机械手活动范围的四周增设安全光栅等检测装置，确保机械手完成生产动作时周边操作人员人身安全。

12.8.3 真空油浸设备

耐火制品采用真空油浸浸渍中温沥青增碳，提高制品抗渣和铁水的侵蚀能力，可显著地提高炉龄。常见的真空油浸制品有白云石质砖、部分镁砖及滑板砖等。

真空油浸装置主要由导热油加热沥青系统、制品预热系统及真空浸渍罐组成，真空浸渍罐有真空排气、沥青浸渍、加压等功能。真空油浸装置按其主要设备浸渍罐的形式不同，分为立式和卧式两种，立式真空油浸工艺如图 12-48 所示。

真空油浸装置组成简介如下：

(1)真空浸渍罐：真空浸渍罐是耐高真空、耐高压的压力容器，立式罐与卧式罐均为带封盖的圆筒形钢结构罐体，采用夹套式保温加热。

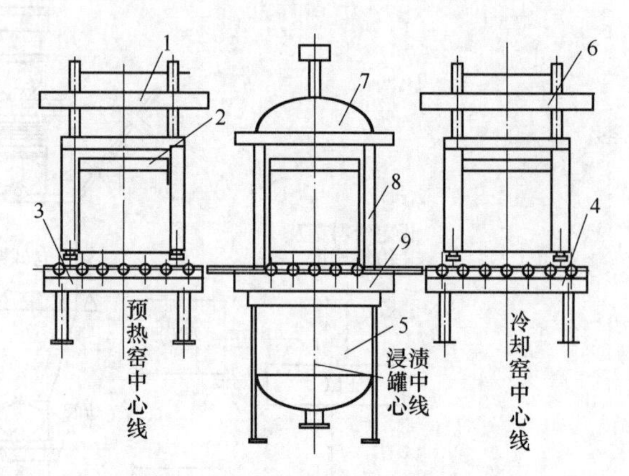

图 12-48 立式真空油浸工艺

1—砖笼提升机；2—砖笼；3—上方输送设备(推车机)；4—上方输送设备(拉车机)；5—浸渍罐；6—砖笼提升机；7—罐盖；8—吊篮；9—罐体

通常真空浸渍罐容积为 6~10m^3，装砖量约 1~3t。设计真空度大于 97kPa，最大工作压力 1.6MPa。浸渍用沥青加热到 200~230℃。立式真空油浸的浸渍罐为直立式结构，由罐盖、立式罐体、紧固环、安全锁紧装置、砖笼吊篮等组成，通过液压系统升降、启闭罐盖，放入和取出装在砖笼吊篮中的浸渍制品，可实现液位、温度、压力及各种动作的自动控制。卧式油浸装置由水平横卧罐及两端封盖组成，通过液压系统启闭前、后罐盖，用机械装置推入和推出被浸渍制品。

(2)预热窑：采用隧道式的砖结构窑，设前、后窑门，附设燃烧室。耐火制品预热温度为 250~300℃。

(3)冷却窑：从浸渍罐内取出的被浸渍制品温度为 200~230℃，同时散发出大量沥青烟气。通常采用砖砌结构或钢板制的隧道式或室式冷却窑，进行冷却和收集沥青烟气。

(4)沥青熔化罐：金属容器。用于熔化固体沥青，熔化后的沥青温度为 200~230℃，由沥青泵输送到沥青贮存罐中贮存。如进厂沥青为液态沥青,此罐可不设。

(5)沥青贮存罐:金属保温容器,贮存熔化好的液态沥青,在罐体外部缠绕有导热油加热管对其保温,沥青由沥青泵输送到沥青工作罐中供浸渍罐使用。

(6)真空泵:常选用往复式或水环式等机械真空泵。

(7)加压系统:采用齿轮泵。先加压至0.6MPa,再改用氮气加压至1.2~1.4MPa,或用沥青泵直接加压。

(8)导热油系统:主要由热油锅炉、热油贮罐、膨胀罐、热油泵及热油分配器等组成,利用热油传热具有载热量大、操作压力低、热稳定性好,使用寿命长、节能效果显著、不腐蚀设备和不污染环境等特点。导热油温度为230~270℃。在油浸系统中,固体沥青熔化、保温以及沥青泵、罐体及管道等的保温均由导热油作热源。导热油的加热由热油锅炉完成。

(9)烟气净化装置:卧式油浸装置中采用滤袋上喷涂有吸附剂的袋式过滤器净化烟气,吸附剂在吸收沥青烟气油垢饱和后,经过焚烧处理可再次使用。立式油浸装置中采用通风机将沥青烟气抽出,通过热交换送到预热窑的燃烧室焚烧得到净化。采用燃烧法处理沥青烟气具有工艺简单,不需增加设备的特点,厂房内苯可溶物含量小于0.15mg/m^3,排入大气的苯可溶物含量小于5mg/m^3,环境污染小。利用燃烧法净化处理沥青烟气,采用热油为介质对沥青进行加热熔化和设备的保温,能起到充分利用废气余热,节约能源的作用。

真空油浸装置的操作过程是:耐火制品经过预热后,装入真空浸渍罐中,关上罐盖并锁紧,用真空泵将浸渍罐内及制品开口气孔中的空气抽出,然后注入液态热沥青将制品淹没,采用齿轮泵直接加压或先用齿轮泵加压再改为氮气加压,加压至设定压力并保压一定时间,使液态沥青能够深入渗透到制品的微孔中。保压结束后,将浸渍罐中的液态沥青返回沥青工作罐。开启罐盖,取出浸渍好的制品进行冷却,即完成一个浸渍周期。浸渍过程中产生的沥青烟气,通过净化措施后排出。采用预热、抽真空及二步加压的工艺,可以生产出高质量的油浸耐火制品,当烧成砖的气孔率为17%时,浸后砖的气孔率可降低至2%以下。工艺操作控制参数主要有浸渍温度、真空度、浸渍压力及保压时间。浸渍温度与沥青黏度及其低温分解产生气体的分压有关,用中温沥青浸渍,浸渍温度/制品增重率情况为:180℃/12.1%;210℃/11.9%;250℃/7.4%;温度过高增重率下降,因此浸渍温度控制在180~220℃为宜。真空度直接影响浸渍效果,当浸渍温度210℃,常压浸渍1h条件下,真空度/制品增重率情况为:80kPa/11.9%;213kPa/7.3%;279kPa/4.75%;1010kPa/3.56%,罐内压力越低增重越多,为了成本不要增加太多,设计真空度为97kPa。所需浸渍压力及保压时间与浸渍温度、真空度、制品气孔情况有关,需要根据砖种个别考虑。

立式真空油浸装置有以下特点:采用了焚烧工艺解决了沥青烟的污染问题;其操作采用了继电器联锁控制或可编程序控制,自动化水平较高;真空油浸装置采用了耐火制品预热、高真空度和高压加压等技术增加耐火制品吸入沥青数量。立式真空油浸装置具有工艺先进、操作安全、制品浸渍效果好、生产效率高、产品质量优、对环境污染小,与卧式结构相比占地要小等优点,达到国外同类技术水平,已逐步取代早期落后的油浸工艺设备。国内立式、卧式浸渍罐规格见表12-54,生产实例见表12-55。

表12-54 国内立式、卧式浸渍罐规格

性 能	规 格			
	卧式浸渍罐	立式浸渍罐		
	ϕ1600×3500	ϕ1600×2479	ϕ1600×3289	ϕ1900×3916
容积/m^3	7	5	6.8	11

续表 12-54

性 能	规 格			
	卧式浸渍罐	立式浸渍罐		
	ϕ1600×3500	ϕ1600×2479	ϕ1600×3289	ϕ1900×3916
罐体最大工作压力/MPa	1.5	1.6		
罐体最高工作温度/℃	≤230	≤230~300		
夹层最大工作压力/MPa	0.5	0.6		
夹层最高工作温度/℃	≤270	≤270~300		

表 12-55 ϕ1600×3289 立式真空油浸装置生产实例

浸渍耐火材料	每笼装砖量/t	每罐装砖笼/个	中温沥青温度/℃	导热油温度/℃	砖预热/℃	真空度/MPa	泵加压/MPa	氮气加压/MPa	浸渍周期/h	浸后气孔率/%
Mg-Al-C滑板砖	1	2	230	270	300	-0.097	0.6	1.2	4	1.8

12.8.4 耐火制品机械加工设备

对于一些特殊的砖型、要求预组装或精度要求很高的耐火制品,必须使用机械加工设备对其进行切、磨、铣、钻等加工。下面就是常用的几种耐火制品机械加工设备。

(1)切割砖机:用于切割耐火制品的端头、边角等,对耐火制品进行外形的粗加工。常用的切割机有普通切割机、单臂式全方位切割机、双向式切割机、龙门式切割机等。

切割砖机由机身、金刚石切割锯片、工作台组成。以单臂式全方位切割机为例,待加工的耐火制品放在工作台上,锯片可对工件任何部位进行切割,工作台本身既具有进、退的功能,还可横向移动,并能旋转360°角任意定位。切割机构既能单独升降,又能旋转角度切割,切割时采用自动切割方式,直到往复切割完毕。金刚石锯片规格在ϕ300~1600mm 范围内。

(2)磨砖机:用于磨削各种耐火制品的平面,提高耐火制品的外形尺寸精度和表面平滑度。作为加工耐火制品的磨砖机械,通常采用立轴圆台平面磨砖机。

磨砖机由磨头、机身和工作台等部分组成。立式磨头,其主轴上部为电机,下面端头装配特制碗形金刚石磨盘,用磨盘的端面磨削平面,圆工作台作匀速转动,电机和轴承部件全部封闭。机身支撑磨头,在圆形旋转工作台上一般夹放3~10块耐火制品。磨盘主轴除高速旋转外,再定时进行一定量的垂直进给,直至将制品磨削到所需的尺寸,有的砖需要高精度磨削,因此磨砖机设有进行粗磨和精磨两道工序。M2L200 半自动连续磨砖机有两个磨头,一个为粗磨头,使用的是金刚石砂,粒度 0.4~0.3mm;另一个为精磨头,金刚石砂粒度 0.18~0.15mm,需要精磨削的砖,随工作台转动,先后自动进入粗磨和精磨工序。半自动连续磨砖机如图 12-49 所示。

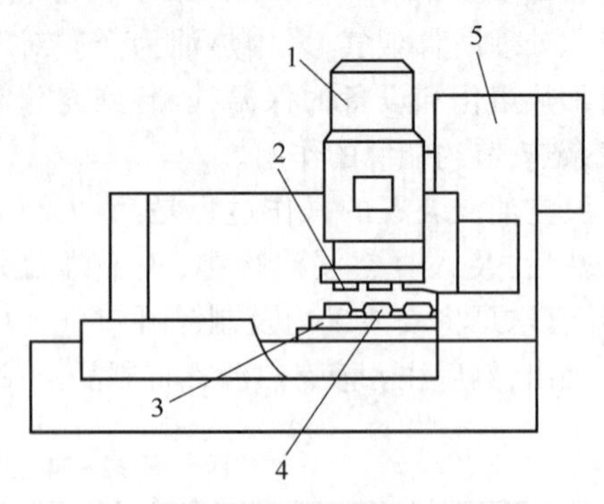

图 12-49 半自动连续磨砖机

1—磨头;2—金刚石砂轮;3—圆工作台;4—夹具;5—机身立柱

磨盘一般采用槽形结构,即在磨盘周圈间断式镶嵌金刚石。槽形结构比无槽平形磨轮、无槽碟(碗)形砂轮加工效率高,加工成本低。常用的磨盘外径有 ϕ250mm、ϕ350mm、ϕ450mm、ϕ550mm 等几种。

磨盘工作时必须采取冷却措施,主要目的是防止金刚石在磨削发热后转化成石墨,及防止镶嵌金刚石的合金软化而丧失把持金刚石的能力。冷却方式有干式和湿式两种,干式采取风冷、湿式采取冷却液冷却,磨砖常用水冷却。湿式冷却铣磨盘使用寿命比风冷式延长一倍。常用的磨砖机技术性能见表 12-56。

表 12-56 磨砖机技术性能

参 数	型 号	
	M2L200 半自动连续磨砖机	M7475B 立轴圆台平面磨床
磨砖品种	镁质砖、硅砖、黏土砖、高铝砖等	高铝砖、滑板、镁炭砖等
磨砖最大尺寸(长×宽×高)/mm×mm×mm	450×300×520	ϕ750×300
立式磨头数/个	2	1
磨头升降方式	手动,自动,快速	手动,自动
磨头自动补偿进给量/mm	0~0.07(可调)	0~2.2(可调)
工作台直径/mm	ϕ2000	ϕ750
工作台转速/r·min^{-1}	可无级变速	13,20(2 级)
外形尺寸(长×宽×高)/mm×mm×mm	3000×2200×1900	2460×1180×2235
磨削精度/mm	平面度<0.01	平面度<0.01
质量/t	10.0	6.0

(3)铣磨砖机:用于铣磨各种耐火制品的平面、侧面及沟槽处,将耐火制品加工成各种要求的形状,并保证其尺寸精度和表面平滑度。常用铣磨砖机有龙门式铣磨机、单臂式铣磨机。XMJ-3X-3545 三向平侧铣磨机就是一种单臂式铣磨机,该机有“前”“后”“二平”“一侧”共五组磨削机构。A 组:前为半精磨盘,后为纯精磨盘;B 组:前切割带磨轮,后磨盘;C 组:前粗或半精磨盘,后精磨盘;D 组:前为合金铣刀盘,后精磨盘;E 组:前后钻孔。工作台可横向移动并能旋转或倾斜加工。该机可用于加工外形复杂的耐火制品,既可湿法加工,又可干法加工。常用的铣磨砖机技术性能见表 12-57。

表 12-57 铣磨砖机技术性能

参 数	型 号	
	MZG-1310A 铣磨砖机	XMJ-3X-3445 三向平侧铣磨砖机
磨砖品种	电熔锆刚玉等	电熔锆刚玉、高铝砖、镁炭砖等
磨砖最大尺寸(长×宽×高)/mm×mm×mm	1200×450×750	1200×500×450
磨削机构数	2 个	2 套 5 组
进刀方式	手动	手动,自动
配用刃具	ϕ300×120 金刚石磨轮 ϕ350 铣磨盘	金刚石磨轮:ϕ250,ϕ300 锯片:ϕ700,ϕ800 磨盘:ϕ340~500 磨具块:30×12×8 碳化硅磨块:38×55×35 金刚石铣刀:YG6-8

续表 12-57

参 数	型 号	
	MZG-1310A 铣磨砖机	XMJ-3X-3445 三向平侧铣磨砖机
工作台尺寸(长×宽)/mm×mm	1200×800	1600×1000
工作台行程/mm	1510	1900
外形尺寸(长×宽×高)/mm×mm×mm	2700×2400×2400	3500×2200×2100
装机容量/kW	24.8	42.5
质量/t	7.00	7.90

13 耐火材料生产的环境保护

耐火材料生产中产生的环境危害因素，主要有以下几个方面：(1)破粉碎、筛分、混合、成型、加工等设备或设施工作时产生的粉尘；(2)干燥、热处理、煅烧或烧成窑炉等产生的含二氧化硫、氮氧化物、挥发性有机物等烟气；(3)含有害物(如六价铬等)的废砖、废料等固体废弃物；(4)生产过程产生的废水；(5)破粉碎设备、压砖机、风机等设备工作时产生的噪声。

本章重点阐述粉尘治理中除尘系统工作原理、除尘器分类及特点；烟气治理中脱硫脱硝工作原理、常见方法以及 VOCs 产生途径、收集及无害化治理。固体废弃物一般采取回收再利用方式治理；生产过程中产生的污水，应根据污染情况及污染物种类对其进行专门治理，并应符合国家或工厂所在地生产污水排放标准；噪声治理目前除消声器外，多采用隔离隔音降噪方式。本章节对固废、污水及噪声治理不再阐述。

13.1 除尘

除尘的作用是把粉尘从气体中分离出来。在实际应用中由除尘器与引风机、集尘罩、风管、消声器、输灰装置、集灰装置、控制系统构成整个除尘系统。

耐火行业中常用的除尘器按工作形式和结构主要分为：旋风除尘器、袋式除尘器、电除尘器和单体除尘器。引风机是除尘系统中的重要设备，主要用来使除尘器内产生负压吸引含尘气体进入除尘器中，另外整个除尘系统保持负压也可以有效的抑制二次扬尘。集尘罩是将局部扬尘点控制在封闭区域内，通过负压气流将含尘气体引入除尘器的装置。常用于带式输送机、振动筛、仓顶等有料位落差的扬尘点；风管主要用于将各个扬尘点收集来的含尘气流汇集并输送至除尘器内；消声器主要用于引风机出口排气管上，用来降低高速气流排放时产生的噪声污染；输灰装置用来将除尘器内收集下来的粉尘集中并运输。常见的输灰装置有刮板输送机、螺旋输送机、空气斜槽等。集灰装置即粉灰仓，主要用来将输灰装置运输来的粉灰集中贮存。仓下设装车装置，当粉灰仓内粉灰达到一定数量时由专用车辆运出。

耐火行业常用除尘器详细介绍如下。

13.1.1 旋风除尘器

旋风除尘器是利用高速旋转气流产生的离心力使粉尘颗粒与含尘气体分离的一种除尘设备。含尘气体以较高的速度从进气管进入，沿外圆筒的切线方向做旋转运动。气体中的粉尘在旋转运动中产生离心力使之与气体分离撞向筒壁。粉尘撞上筒壁后动能减小，受自身重力作用下降至贮灰仓。气流由锥形管处从中心排风管排出。贮灰仓内的粉尘不受气流影响，依靠自身重力由具有锁风作用的排灰阀排出。如图 13-1 所示。

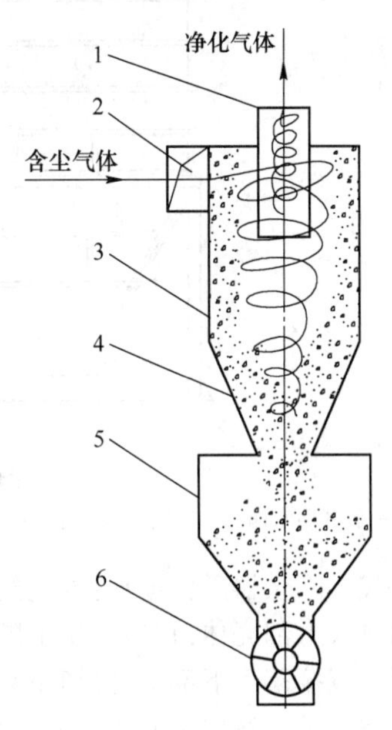

图 13-1　旋风除尘器
1—排风管；2—进气管；3—外圆筒；
4—锥形管；5—贮灰仓；6—排灰阀

旋风除尘器的特点：

(1)旋风除尘器结构简单、占地面积小；

(2)旋风除尘器操作维护简单、动能消耗小、性能稳定；

(3)旋风除尘器不受含尘气体浓度、温度限制；

(4)旋风除尘器分离5~10μm的粉尘效率较高,分离0~5μm的粉尘效率很低。

由于旋风除尘器的除尘效率和分离粉尘颗粒的能力,并不能完全满足大气排放要求,在实际生产中常与其他除尘设备配合使用。

13.1.2 袋式除尘器

袋式除尘器是一种利用一种多孔介质来将含尘气体中的粉尘分离出来的除尘设备。因过滤介质一般做成袋状,故称之为袋式除尘器。袋式除尘器收尘率高,适应条件广泛,是目前耐火行业中应用最为广泛的除尘设备。

袋式除尘器按滤袋形状分为圆筒形式和扁袋式,圆袋有利于多袋组合,扁袋可以在小空间内获得足够的过滤面积;按过滤方式分为外过滤和内过滤,粉尘隔离在滤袋外为外过滤,反之为内过滤;按风机的安装位置分为正压鼓风式和负压式,通常设计为负压式,负压式工作可避免设备逸尘也可以避免粉尘对风机叶轮的磨损;按进气口位置分为下进气式和上进气式,下进气式含尘气体与粉尘下落方向相反也叫逆流式,反之为顺流式;按清灰方式分为人工振打、机械振打、气环反吹和脉冲反吹式。目前技术成熟、自动化程度高且使用最为广泛的是脉冲袋式除尘器,其结构如图13-2所示。

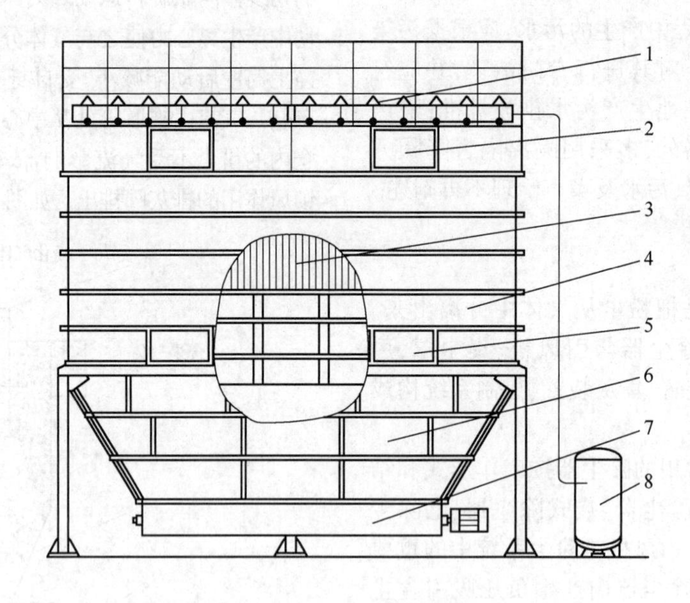

图13-2 脉冲袋式除尘器

1—脉冲喷吹阀;2—排气口;3—滤袋;4—上部壳体;5—进气口;6—下部灰仓;7—螺旋输灰机;8—储气罐

脉冲袋式除尘器工作原理:含尘气体由下部进气口进入上部壳体,较粗的粉尘颗粒受自身重力影响直接落入下部灰仓,细小粉尘跟随气流经过滤袋过滤后留于滤袋表面,净化后的空气由上部排气口进入风机排入大气。随着滤袋表面粉尘不断增加,脉冲喷吹系统开始工作,脉冲喷吹阀依次启动,使储气罐内的喷吹气体对滤袋进行喷吹清灰。喷吹时滤袋受喷吹气体正压影响突然膨胀,滤袋表面的粉尘迅速脱落至下部灰仓。灰仓内的粉灰累计一定量后由螺旋输灰机排出。

脉冲袋式除尘器的特点：

(1)脉冲袋式除尘器除尘效率高,除尘粒度范围大;

(2)脉冲袋式除尘器能适应高温、高浓度、微细粉尘、吸湿粉尘、易燃易爆粉尘等极端工况条件;

(3)脉冲袋式除尘器结构简单,投资费用低,操作简单可靠,可实现自动化控制;

(4)脉冲袋式除尘器处理风量大、清灰效果好;

(5)脉冲袋式除尘器由于粉尘吸附于滤袋上形成二次过滤层,故能过滤气流中极其微小的粉尘颗粒;

(6)脉冲袋式除尘器各气室滤袋轮流反吹,并不影响含尘气体通过其他气室,故整个除尘器可连续工作。

脉冲袋式除尘器因客户需求的个性化程度较高,一般均针对用户的需求进行产品设计、生产、安装及调试。

13.1.3 电除尘器

电除尘器是能收集极微小粉尘的一种高效收尘装置。它是利用含尘气体通过高压直流静电场,使粉尘带电荷。带电荷的粉尘分别向极性相反的电极移动并沉淀在电极上,从而达到粉尘与气体分离的目的。电除尘器工作原理如图 13-3 所示。将直流电源的正极和负极用导线分别接至除尘器的集尘极和电晕极。在两极之间产生不均匀电场。随着电压的升高,在电晕极附近范围内产生放电现象,产生大量的电离子。电晕极附近的正离子距离电晕极距离短,速度低,接触粉尘的概率较小,绝大部分粉尘与负离子碰撞结合带负电,受集尘极吸引沉积于上。极少的粉尘带正电沉积于电晕极。定期振打电晕极和集灰极使粉尘落入集灰斗。集灰斗中的粉尘由下部排灰系统排出。

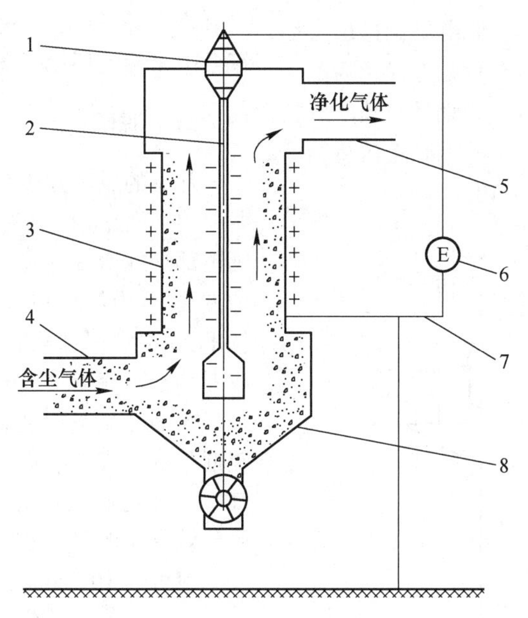

图 13-3 电除尘器

1—负极绝缘子;2—电晕极;3—集尘极;4—气体入口;
5—气体出口;6—电源;7—正极线;8—集灰斗

电除尘器的特点:

(1)电除尘器收尘率可达 99%以上;

(2)电除尘器处理能力大;

(3)电除尘器能处理高温、高压、高湿和腐蚀性气体;

(4)电除尘器能量消耗较少,阻力损失小;

(5)电除尘器运行可靠、维护简单;

(6)电除尘器可实现自动化控制;

(7)电除尘器一次投资大,占地较大,建设材料消耗较多;

(8)电除尘器对高电阻率的粉尘收集时需要进行加湿处理。

电除尘器按不同的标准分为不同的形式:按气体运动方向可分为立式和卧式;按处理方式分为干式和湿式;按集尘极形式分为管式和板式;按集尘极和电晕极的安装位置分为单区式和双区式。

13.1.4 单体除尘器

单体除尘器也叫仓顶除尘器,是一种体积小、除尘效率高的除尘设备。广泛应用于耐火材料混配工段的原料贮仓上。主要用于过滤气体中的细小非纤维性干燥粉尘并有效分类回收,其除尘效率可达100%。如图13-4所示,单体除尘器多安装于料仓顶部。电机带动风机使箱体内产生负压,含尘气体受负压气流影响进入除尘器箱体内。经滤袋过滤后净化气体由风机排出大气,粉尘吸附于滤袋之上。气包内贮存净化后的压缩空气或氮气,由喷吹阀控制周期性将喷吹气体喷入滤袋内部。喷吹时产生的瞬时正压将吸附在滤袋上的粉尘吹落至料仓内。

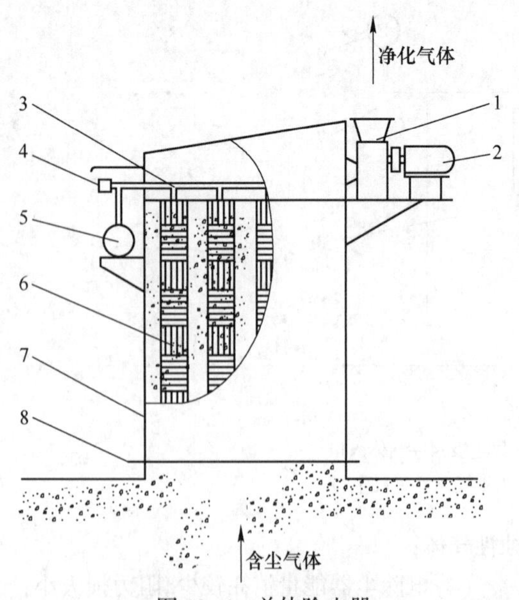

图13-4 单体除尘器

1—风机;2—电机;3—喷吹管;4—喷吹阀;5—气包;6—滤袋;7—箱体;8—料仓接口

单体除尘器的特点:

(1)单体除尘器占用空间小、结构紧凑、投资低;

(2)单体除尘器更换滤袋快捷,便于维护;

(3)单体除尘器除尘效率高,排放浓度低;

(4)单体除尘器粉尘可单独回收利用,节约生产成本;

(5)单体除尘器采用脉冲控制,自动化程度高,运行可靠;

(6)单体除尘器处理风量较小。

单体除尘器按照外观形状分为圆型与矩型,按照清灰方式分为人工手动清灰、振动清灰和脉冲反吹清灰,人工手动清灰和振动清灰已经不常使用,现阶段主要以脉冲反吹清灰占据市场主流。

13.2 烟气脱硫脱硝

烟气脱硫脱硝是指有效去除烟气中所含的二氧化硫、氮氧化物,使外排烟气中这两项指标符合国家相关环保标准要求所采取的措施。

13.2.1 脱硫

常见的脱硫方法有干法、半干法和湿法。

(1)干法脱硫分为:炉内喷钙脱硫、炉内喷钙尾部烟气增湿活化脱硫、管道喷射脱硫等多种方法,其中简单易行的方法是管道喷射脱硫技术:在窑炉尾部至布袋除尘器之间喷入钙基或者钠基脱硫吸收剂进行烟气脱硫。主要原理是脱硫剂经流态化装置喷射进入烟气管道,脱硫剂分解形成具有微孔结构的小颗粒,并与烟气中二氧化硫发生化学反应,脱除二氧化硫。脱硫效率一般可达95%以上,二氧化硫排放浓度一般可达10~20mg/m^3。

管道喷射工艺常见的有几种方式:喷干消石灰(需增湿)、喷干钠基吸收剂(不需增湿)和喷石灰浆或者管内洗涤(不需增湿)。具有低投资、低耗能、安装简单、容易改造、没有废水排放等优点,但脱硫率不高,使用钙基吸收剂时,因为有没有反应的石灰,导致飞灰在增湿后发生硬化,使灰处理难度增加,同时增大沾污管道壁的可能性。

常用的钠基吸收剂如 $NaHCO_3$，$NaHCO_3$ 喷入管道后受热分解生成 Na_2CO_3，SO_2 与 Na_2CO_3 表面反应生成 $NaHSO_3$ 和 Na_2SO_3 以后，由于孔的堵塞，阻碍了 SO_2 的扩散，使反应变慢。为使反应持续进行，吸收剂颗粒需进一步分解，分解出的 CO_2 使整个颗粒内部形成网状空隙，这个过程使新鲜的具有活性的吸收剂暴露出来，SO_2 可以扩散到颗粒内部。吸收剂表面积比原来的增大 5～20 倍。主要反应如下：

$$2NaHCO_3 \longrightarrow Na_2CO_3+CO_2+H_2O \quad (13-1)$$

$$Na_2CO_3+SO_2 \longrightarrow Na_2SO_3+CO_2 \quad (13-2)$$

$$Na_2CO_3+SO_2+\frac{1}{2}O_2 \longrightarrow Na_2SO_4+CO_2 \quad (13-3)$$

（2）半干法分为喷雾干燥烟气脱硫、循环流化床烟气脱硫。主要原理是将钠基或钙基脱硫剂配制成一定浓度的溶液，通过雾化或流化的方式与烟气均匀混合后发生高效化学反应，脱除二氧化硫。钙硫比或钠硫比（摩尔比）宜控制在 1.1～1.4，脱硫效率一般可达 95%以上，二氧化硫排放浓度一般可达 10～20mg/m³。

（3）湿法烟气脱硫又分为石灰石－石膏湿法烟气脱硫、氨法烟气脱硫等。

13.2.2 脱硝

常见的脱硝方法可分为干法脱硝和湿法脱硝两大类。

（1）干法脱硝是利用气态反应剂使烟气中的 NO_x 还原为 N_2 和 H_2O，工业炉窑烟气脱硝主要采用选择性非催化还原脱硝（SNCR）和选择性催化还原脱硝（SCR），其他干法脱硝技术还有活性炭吸附法等。

1）选择性催化还原（SCR）脱硝：在 O_2 和催化剂存在的条件下，用还原剂 NH_3（液氨、氨水等）将烟气中的氮氧化物还原为无害的氮气和水，入口烟气温度不低于200℃（视催化剂的工作温度条件确定），脱硝效率一般可达 50%～90%，氮氧化物排放浓度一般小于 120mg/m³。当烟气温度高于 280℃时，可先脱硝后脱硫，同时应控制脱硝装置入口颗粒物浓度不大于 80mg/m³。其化学反应方程式为：

$$4NH_3+4NO+O_2 \xrightarrow{催化剂} 4N_2+6H_2O \quad (13-4)$$

$$4NH_3+2NO_2+O_2 \xrightarrow{催化剂} 3N_2+6H_2O \quad (13-5)$$

由于燃烧的烟气中约 95%的 NO_x 是以 NO 的形态存在，因为上面第一个反应占主导地位。除上面反应外，同时还发生氨的氧化反应：

$$4NH_3+5O_2 \longrightarrow 2N_2+6H_2O \quad (13-6)$$

$$4NH_3+2O_2 \longrightarrow 2N_2+6H_2O \quad (13-7)$$

2）选择性非催化还原（SNCR）脱硝：在不使用催化剂的情况下，在烟气温度适宜处（850～1150℃）喷入含氨基的还原剂（一般为氨水或尿素等），还原剂选择性地与氮氧化物发生化学反应，生成氮气和水，脱硝效率可达 40%以上。

（2）湿法脱硝是利用液相对烟气洗涤、吸收脱氮的方法，大多具有同时脱硫效果。主要采用氧化吸收法，如：臭氧氧化法脱硝、硝酸氧化法脱硝、高锰酸钾氧化法脱硝、次氯酸氧化法脱硝等。但氧化法产生的硝酸盐类易溶于水，提取困难，极易造成地下水污染，外排烟气温度低，接近露点温度，易形成白烟和烟囱雨，故在一些地方政府已取缔该工艺方案。

耐火材料行业的烟气处理普遍需要既脱硫、脱硝，又脱除粉尘。综合考虑各因素，目前已在耐火行业成功运行的脱硫脱硝方法是管道喷射脱硫（钠基脱硫剂）和 SCR 脱硝。随着烟气处理技术的不断更新，已经可以将除尘器与烟气的脱硫、脱硝装置整合在一起，在某些耐火材料厂的烟气处理中使用了脱硫、除尘、脱硝一体化装置，使烟气最终能够达标排放。

第四篇 制 品

14 铝硅系耐火制品

铝硅系耐火制品广泛应用于钢铁、建材、有色、玻璃等高温工业领域，在耐火材料工业中占有十分重要的位置。铝硅系耐火制品以 Al_2O_3 和 SiO_2 为基本化学成分，主要有硅质、硅酸铝质、刚玉质三大耐火材料，因其化学成分和矿物组成不同，具有不同的性能，被广泛应用于建材、化工、有色等高温窑炉。硅酸铝质耐火制品可分为三类：

半硅质制品：Al_2O_3 含量为 15%~30%；

黏土质制品：Al_2O_3 含量为 30%~48%；

高铝质制品：Al_2O_3 含量为≥48%。

14.1 硅砖

硅砖是指 SiO_2 含量在 93%以上的耐火材料制品。

硅砖是以 SiO_2 含量不小于 96%的硅石为原料，加入矿化剂（如铁鳞、石灰乳）和结合剂（如亚硫酸纸浆废液），经混练、成型、干燥、烧成等工序制得。硅石原料中的 SiO_2 含量越高，制品的耐火度越高。添加的 Fe_2O_3、CaO 等起矿化剂作用，MgO、K_2O、Na_2O 等杂质成分会降低耐火制品的高温性能。高档硅砖的原料必须经特殊处理，除去这些杂质才能满足使用条件。硅砖的化学组成见表 14-1。

表 14-1 硅砖的化学组成

化学成分	SiO_2	Al_2O_3	Fe_2O_3	CaO	R_2O
w/%	>93	0.5~2.5	0.3~2.5	0.2~2.7	<0.3

其矿物组成为磷石英、方石英、少量残存石英和高温形成的玻璃相等共存的复相组织。根据硅砖生产工艺和所用原料性质的不同，矿物成分波动较大，见表 14-2。

表 14-2 硅砖的矿物组成

矿物组成	磷石英	方石英	石英	玻璃相
w/%	50~70	30~40	<2	5~10

硅砖属于酸性耐火材料，具有较强的抵抗酸性渣或熔液侵蚀的能力，但对碱性物质侵蚀的抵抗能力差，易被 Al_2O_3、K_2O、Na_2O 等氧化物作用而破坏，对 CaO、FeO、Fe_2O_3 等氧化物有良好的抵抗性。

荷重软化温度较高是硅砖的优异特性，一般为 1640~1680℃，接近鳞石英熔点（1670℃）和方石英熔点（1713℃）。

硅砖在 300℃以上至接近熔点（磷石英或方石英）的这一区间体积稳定，使用时加热到 1450℃时产生 1.5%~2.2%的总体积膨胀，有利于保证砌体的结构强度和气密性。

硅砖的性质和工艺过程同 SiO_2 的晶型转化有密切关系，硅砖真密度是判断其晶型转化程度的重要标志之一。因此，真密度是硅砖的一个重要质量指标。一般要求在 2.38 以下，优质硅砖应在 2.35 以下。真密度小，反映砖中磷石英和方石英数量多，残余石英量小，因而残余膨胀小，使用中强度下降也小。

硅砖主要用于砌筑焦炉的炭化室、燃烧室和隔墙（一座炼焦炉用的耐火材料约 73%是硅砖）、玻璃池窑的窑顶、池墙、热风炉的高温承重部位、炭素焙烧炉等热工窑炉。现代大型焦炉为了提高生产能力，需要减薄焦炉炭化室和燃烧室和隔墙，因而要求使用高致密的高导热性硅砖。

硅砖的品种较多，根据用途分为：焦炉用硅砖、热风炉用硅砖、电炉用硅砖、玻璃窑用硅砖等。根据砖型的复杂程度分为：标型砖、普型砖、异型砖及特型砖等。

在使用硅砖时应注意以下两点：(1) 硅质制品低温下因残存石英的晶型变化，体积变化较大，故烘炉时在 600℃以下升温不宜太快，在冷至 600℃要缓慢冷却，以免产生裂纹；(2) 尽可能不与碱性炉渣接触。

随着焦炉的大型化（炭化室从 4m 增高到

7m)，对所采用的耐火材料的质量和外形尺寸的要求进一步提高。今后，在硅砖的生产技术上，应向提高其 SiO_2 含量，降低杂质含量，特别是降低 Al_2O_3 的含量的方向发展，在性能方面，以提高制品的密度和耐压强度，降低气孔率为方向。

在硅砖的生产工艺上，适宜采用多种配料和多级配料，以缓和制品烧成时因体积膨胀而带来的危害，保证泥料的合理堆积密度，进一步提高砖坯的体积密度。

为使硅砖具有较高的耐压强度，除特殊形状和生产块数较少的砖外，应尽可能采用机械成型法。

14.1.1 生产工艺特点

14.1.1.1 原料配比及颗粒组成的确定

制造硅砖的原料是含有 SiO_2 96%以上的硅石及废砖，此外还有石灰、矿化剂和有机结合剂等加入物。

添加废硅砖可减少砖坯的烧成膨胀，但同时也会降低制品的耐火度和强度，提高气孔率。因此废硅砖加入量应根据不同情况确定，制品的单重越大，形状越复杂，加入量越多。一般应控制在20%以下。

石灰是以石灰乳的形式加入坯料中，起结合剂的作用，在干燥后增加砖坯的强度，在烧成中起矿化剂的作用。生产硅砖用的石灰要求活性 $CaO \geq 90\%$，碳酸盐不超过 5%，$Al_2O_3+Fe_2O_3+SiO_2$ 不超过 5%。石灰的块度在 50mm 左右，粉料尽可能少。

生产中采用的矿化剂主要有轧钢皮（铁鳞）。对其质量要求是：$Fe_2O_3+FeO>90\%$，且必须在球磨机中细粉碎，小于 0.088mm 粉料不小于 80%。

常采用糊精作为结合剂。

确定硅砖颗粒组成的一般原则应为：

(1)选择临界粒度时，应能保证砖坯获得最大密度和加热体积稳定。

(2)坯料中临界粒度要小，细颗粒多。

(3)采用数种硅石混合配料时，应视其开始剧烈膨胀温度高低不同而确定颗粒大小，开始剧烈膨胀温度高的以粗颗粒加入，低的以细颗粒加入。

(4)必须考虑原料的性质以确定颗粒组成。质地致密的硅石原料颗粒可粗些，反之则应细些。

在生产中，一般硅砖的临界粒度以 2~3mm 为宜。

14.1.1.2 硅砖的成型特点

硅砖的成型特点主要表现在坯料成型特性、砖型形状复杂和单重差别大三个方面。

硅质坯料是结合性和可塑性低的瘠性料，在成型时应适当增加成型压力提高硅砖密度。焦炉硅砖形状复杂，单重较大，成型厚度可达 160~600mm，最好采用双面加压。硅砖成型方法主要是机械压制法，一些大型和复杂异型制品采用振动成型法或气锤捣固法成型。

硅砖烧成时砖体膨胀，因此砖模尺寸要相应缩小。

14.1.1.3 烧成制度的确定

硅砖在烧成过程中发生相变，其烧成工艺为最难的。因此，应针对砖坯在烧成过程中的物理-化学变化，加入原料的数量和性质，坯体的形状大小以及窑的特性等综合考虑，确定烧成制度，如表 14-3 中的硅砖烧成制度，基本原则为：

(1)600℃以下温度段可均匀较快的升温。

(2)在 700℃以上至 1100℃温度段在保证均匀加热的前提下，可快速升温。

(3)在 1100℃至烧成终了温度的高温阶段，应逐渐降低升温速度，并均匀升温，以免砖坯出现裂纹。最高烧成温度不应超过1450℃。

(4)在高温阶段为使温度缓慢均匀上升，窑内各处温度均匀分布，避免高温火焰冲击砖坯，通常采用弱还原气氛烧成。同时在达到最高烧成温度后，要有足够的保温时间，一般在 20~48h 范围内波动。

(5)硅砖烧成后的冷却，在高温下（600~800℃以上），可以快冷，在低温下应缓慢冷却。

表 14-3 硅砖烧成过程不同温度范围内的升温速度

温度范围/℃	升温速度/℃·h^{-1}
20~600	20
600~1100	25
1100~1300	10
1300~1350	5
1350~1430	2

14.1.2 硅砖的技术指标

14.1.2.1 一般硅砖

我国生产的一般硅砖按理化指标见表 14-4 和表 14-5(GB/T 2068—2012)。

表 14-4 一般硅砖的理化指标

项 目	指 标
	GZ-94
$w(SiO_2)$/%	≥94
$w(Fe_2O_3)$/%	≤1.4
0.2MPa 荷重软化开始温度/℃	≥1650
显气孔率/%	≤24
常温耐压强度/MPa	≥30
真密度/g·cm^{-3}	≤2.35

表 14-5 一般硅砖的尺寸允许偏差和外观 (mm)

项 目			指 标
尺寸允许偏差	尺寸≤150		±2
	尺寸 151~350		±3
	尺寸>350		±4
扭曲	长度≤350		≤2.0
	长度>350		≤3.0
相对边差 厚度			≤1.5
缺角、缺棱长度 $(a+b+c)$、$(e+f+g)$	工作面		≤60
	非工作面		≤80
熔洞直径	工作面		≤8
	非工作面		≤10
裂纹长度	宽度≤0.1		不限制
	宽度 0.11~0.25	工作面	≤70
		非工作面	≤100
	宽度 0.26~0.5	工作面	≤50
		非工作面	≤70
	宽度>0.5		不准有

注:裂纹跨棱时只允许跨过一条棱,跨棱裂纹不合并计算。

14.1.2.2 焦炉用硅砖

焦炉用硅砖是以鳞石英为主晶相用于砌筑焦炉硅质耐火制品。现代焦炉是由上万吨近千种砖型的耐火材料砌筑的大型热工设备,其中硅砖用量占 60%~70%。焦炉硅砖用于砌筑焦炉的蓄热室、斜道、燃烧室、炭化室和炉顶等。焦炉硅砖应具有以下特征:

(1)荷重软化温度高。焦炉硅砖要在高温

下承受炉顶上装煤车的动负荷，并要求长期使用不变形，因此要求焦炉硅砖荷重软化温度高。

(2)热导率高。焦炭是用焦煤在炭化室中靠燃烧室的窑墙传热而炼成的，因此砌筑燃烧室墙的硅砖应有较高的热导率。

(3)抗热震性好。由于焦炉要周期性地装煤、出焦，引起燃烧室墙两侧硅砖的温度剧烈变化，因此要求焦炉硅砖抗热震性好。

(4)高温体积稳定。焦炉用硅砖的牌号为JG-94，采用产品标准为GB/T 2068—2012，其理化指标和尺寸允许偏差见表14-6和表14-7。国内某公司和国外生产的焦炉用硅砖理化指标见表14-8和表14-9。

表14-6　焦炉用硅砖的理化指标

项　目	指　标		
	炉底	炉壁	其他部位
$w(SiO_2)$/%	≥94.5		≥94
$w(Fe_2O_3)$/%	≤1.2		≤1.5
0.2MPa荷重软化温度/℃	≥1650		
重烧线变化(1450℃，2h)/%	0~+0.2		
显气孔率/%	≤22		≤24
常温耐压强度/MPa	≥40	≥35	≥28
真密度/$g\cdot cm^{-3}$	≤2.33		≤2.35
热膨胀率(1000℃)/%	≤1.28		≤1.30
残余石英/%	≤1.5		

表14-7　焦炉用硅砖的尺寸允许偏差及外观　(mm)

项　目		指　标		
		炭化面	气流面	其他面
尺寸允许偏差	尺寸≤150	+1~-2		
	尺寸151~300	±2		
	尺寸301~400	±3		
	尺寸401~600	±1%(最大5mm)		
	尺寸>600	±6		
	炉壁砖、蓄热室工作面尺寸	±2		
	斜烟道出口调节砖的一个主要尺寸	±1		
扭曲	对角线长度≤320	≤0.5	≤1.5	
	对角线长度>320	≤1.0	长度的0.5%(最大4)	
熔洞	熔洞尺寸	直径2~3 深度<3	直径3~6 深度<4	直径5~8 深度<5
	任意100cm² 砖面上允许熔洞个数	3个	4个	5个
铁斑	孔直径	5~10	6~15	7~12
	任意100cm² 砖面上允许铁斑个数	2个	3个	4个
缺棱尺寸	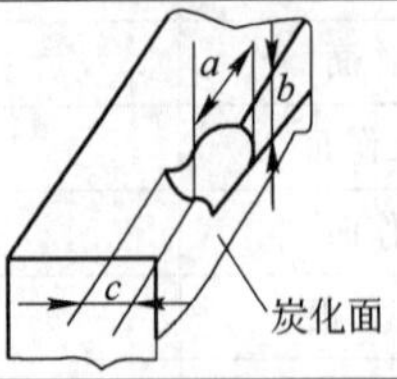 (图：a、b、c，炭化面)	*e*≤15	*e*≤30	*e*≤40
		f≤5	*f*≤10	*f*≤30
		g≤10	*g*≤30	*g*≤30
缺角尺寸	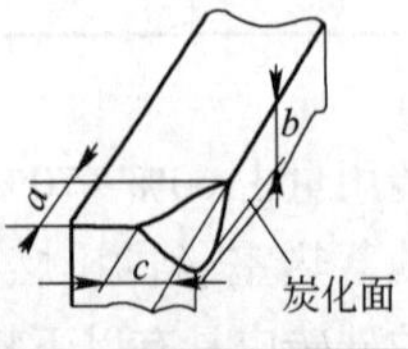 (图：a、b、c，炭化面)	*a*≤10	*a*≤15	其中一个尺寸≤30；另外两个≤20
		b≤10	*b*≤15	
		c≤15	*c*≤25	
缺棱缺角个数		≤2	≤3	

续表 14-7

项目			指标		
			炭化面	气流面	其他面
裂纹宽度	≤0.10	裂纹长度	不限制		
	0.11~0.25		≤60	≤65	
	0.26~0.50		不准有	≤65,不多于2条	
	>0.5		不准有		

注:1. 裂纹长度不允许大于该裂纹所在面与裂纹平行边全长的二分之一。裂纹只允许跨过一条棱,但边宽小于50的面允许跨过两条棱,跨棱裂纹长度不合并计算。跨顶砖工作面不允许有横向裂纹。
2. 断面,层裂不允许有。
3. 缺棱位置距所在面两端距离应不小于20mm。

表 14-8　国内某公司生产的焦炉用硅砖的理化指标

指标	牌号及数值			
	LJG-94A		LJG-94B	
	标准值	典型值	标准值	典型值
$w(SiO_2)$/%	≥94	≥95.0	≥94	≥95.0
$w(Fe_2O_3)$/%	≤1.5	≤0.7	≤1.5	≤0.8
0.2MPa 荷重软化开始温度/℃	≥1650	≥1670	≥1650	≥1670
重烧线膨胀率(1450℃,2h)/%	≤0.2	≤0.05	≤0.2	≤0.05
显气孔率/%	≤22	≤19.0	≤24	≤21.0
常温耐压强度/MPa	35(30)	45.0	30(25)	35.0
真密度/$g \cdot cm^{-3}$	2.34	2.328	2.34	2.33
热线膨胀率(1000℃)/%	1.25	1.21	1.26	1.23

注:括号内数值为手工成型砖。

表 14-9　国外砌筑焦炉使用的硅质制品的性能

性能	Still	Didier	
		Stella HD	Stella SD
$w(SiO_2)$/%	≥94	≥95	≥95
$w(Al_2O_3)$/%	≤0.85	≤1.3	≤1.0
真密度/$g \cdot cm^{-3}$	2.33	2.34~2.35	2.34~2.35
体积密度/$g \cdot cm^{-3}$	1.83	1.83~1.85	1.86~1.91
开口气孔率/%	≤23	≤20	≤19
荷重软化温度/℃	1620	1660	1660
耐压强度/MPa	≥60	≥30	≥35
残余膨胀率/%			
性能	Koppers	Koppers-Becker	Гост-8023-56
$w(SiO_2)$/%			≥94
$w(Al_2O_3)$/%			

续表 14-9

性 能	Koppers	Koppers-Becker	Гост-8023-56
真密度/g·cm^{-3}	2.33	2.33	237;2.35
体积密度/g·cm^{-3}		1.95	1.85
开口气孔率/%	≤22	≤16.3	≤23
荷重软化温度/℃	1600		1650
耐压强度/MPa	≥45		≥30
残余膨胀率/%			≤+0.4

性 能	BN-68/6765-11		
	SK-13	SK-11	SK-10
$w(SiO_2)$/%	≥94	≥94	≥93
$w(Al_2O_3)$/%			
真密度/g·cm^{-3}	2.35	2.36~2.38	2.36~2.38
体积密度/g·cm^{-3}			
开口气孔率/%	≤21	≤22	≤26
荷重软化温度/℃	1650	1620	1610
耐压强度/MPa	≥35	≥30~25	≥25~20
残余膨胀率/%	≤+0.3	≤+0.5	≤+0.8

14.1.2.3 热风炉用硅砖

随着热风炉风温的提高,热风炉用耐火材料的使用条件越来越苛刻,当风温高于1200℃时,传统的高铝制品已不能满足其高温部位使用要求。在高温下,硅砖具有蠕变率小、强度高及抗热震性好等优点,因此硅砖在大型热风炉炉顶、隔墙及蓄热室上部得到了普遍使用。

热风炉用硅砖的牌号为 RG-95,采用的产品标准为 GB/T 2068—2012,其理化指标和尺寸允许偏差见表 14-10 和表 14-11。表 14-12 是国内某公司热风炉用硅砖的理化指标。

表 14-10 热风炉用硅砖的理化指标

项 目	指 标	
	RG-95	
	拱顶、炉墙砖	格子砖
$w(SiO_2)$/%	≥95	
$w(Fe_2O_3)$/%	≤1.2	
蠕变率(0.2MPa, 1550℃,50h)/%	0.8	
显气孔率/%	≤22	≤24
常温耐压强度/MPa	≥40	≥30
真密度/g·cm^{-3}	≤2.33	≤2.34
热线膨胀率(1000℃)/%	≤1.26	
荷重软化温度/℃	≥1650	
残余石英/%	≤1.5	

表 14-11 焦炉用硅砖的尺寸允许偏差和外观 (mm)

<table>
<tr><th colspan="3" rowspan="2">项　目</th><th colspan="3">指　标</th></tr>
<tr><th>炭化面</th><th>气流面</th><th>其他面</th></tr>
<tr><td rowspan="7">尺寸允许偏差</td><td colspan="2">尺寸≤150</td><td colspan="3">+1,-2</td></tr>
<tr><td colspan="2">尺寸 151~300</td><td colspan="3">±2</td></tr>
<tr><td colspan="2">尺寸 301~400</td><td colspan="3">±3</td></tr>
<tr><td colspan="2">尺寸 401~600</td><td colspan="3">±1%(最大 5mm)</td></tr>
<tr><td colspan="2">尺寸>600</td><td colspan="3">±6</td></tr>
<tr><td colspan="2">炭化室、蓄热室砖工作面尺寸</td><td colspan="3">±2</td></tr>
<tr><td colspan="2">斜烟道出口调节砖的一个主要尺寸</td><td colspan="3">±1</td></tr>
<tr><td rowspan="2">扭曲</td><td colspan="2">对角线长度≤320</td><td>≤0.5</td><td colspan="2">≤1.5</td></tr>
<tr><td colspan="2">对角线长度>320</td><td>≤1.0</td><td colspan="2">长度的 0.5%(最大 4)</td></tr>
<tr><td rowspan="2">熔洞</td><td colspan="2">熔洞尺寸</td><td>直径 2~3
深度<3</td><td>直径 3~6
深度<4</td><td>直径 5~8
深度<5</td></tr>
<tr><td colspan="2">任意 100cm² 砖面上允许熔洞个数</td><td>3 个</td><td>4 个</td><td>5 个</td></tr>
<tr><td rowspan="2">铁斑</td><td colspan="2">孔直径</td><td>5~10</td><td>6~15</td><td>7~20</td></tr>
<tr><td colspan="2">任意 100cm² 砖面上允许铁斑个数</td><td>2 个</td><td>3 个</td><td>4 个</td></tr>
<tr><td colspan="3" rowspan="3">缺棱长度</td><td>$e \leqslant 15$</td><td>$e \leqslant 30$</td><td>$e \leqslant 40$</td></tr>
<tr><td>$f \leqslant 5$</td><td>$f \leqslant 10$</td><td>$f \leqslant 30$</td></tr>
<tr><td>$g \leqslant 10$</td><td>$g \leqslant 30$</td><td>$g \leqslant 30$</td></tr>
<tr><td colspan="3" rowspan="3">缺角长度</td><td>$a \leqslant 10$</td><td>$a \leqslant 15$</td><td rowspan="3">其中一个尺寸≤30
另两个尺寸≤20</td></tr>
<tr><td>$b \leqslant 10$</td><td>$b \leqslant 15$</td></tr>
<tr><td>$c \leqslant 15$</td><td>$c \leqslant 25$</td></tr>
<tr><td colspan="3">缺棱、缺角个数</td><td>≤2</td><td colspan="2">≤3</td></tr>
<tr><td rowspan="4">裂纹宽度</td><td>≤0.10</td><td rowspan="4">裂纹长度</td><td colspan="3">不限制</td></tr>
<tr><td>>0.10~0.25</td><td>≤60</td><td colspan="2">≤65</td></tr>
<tr><td>>0.25~0.50</td><td>不准有</td><td colspan="2">≤65,不多于 2 条</td></tr>
<tr><td>≥0.50</td><td colspan="3">不准有</td></tr>
</table>

注:1. 对于格子砖,只要 10 块砖上、下相叠加即成为坚固柱子时,即使有凸起、挠曲、斜度等均为允许。
格子砖尺寸>250mm 时,尺寸允许偏差由供需双方协商。
2. 拱顶砖:与工作面平行的裂纹不大于裂纹所在面与工作面共用棱长度的二分之一。跨棱裂纹不合并计算。
3. 同一块砖上出现两处以上的缺角、缺棱和裂纹时,单处缺陷分别按本表中指标规定值的 0.7 倍计算。
4. 断面、层裂不允许有。
5. 可根据用户要求,按砖的一个主要尺寸进行分档。

表 14-12 国内某公司热风炉用硅砖的理化指标

项 目	标准值	典型值
$w(SiO_2)$/%	≥95.5	96
显气孔率/%	≤21	19
真密度/$g \cdot cm^{-3}$	≤2.34	2.32
常温耐压强度/MPa	≥35	52
热线膨胀率(1000℃)/%	≤1.25	1.20
蠕变率(0.2MPa,1500℃,50h)/%	≤0.3	0.25
重烧线膨胀率(1450℃,2h)/%	0~0.2	0
0.2MPa 荷重软化开始温度/℃	≥1660	1670
残余石英/%	≤1.0	≤0.5

14.1.2.4 *玻璃窑用优质硅砖*

玻璃窑用优质硅砖具有硅含量高,熔融指数低等特性,主要用于玻璃窑的碹顶、胸墙、吊墙、小炉等上部结构以及蓄热室碹。

玻璃窑用优质硅砖制品标准为 GB/T 2608—2012,按砖的单重分为三个牌号:BG-96a,BG-96b,BG-95。其理化指标和尺寸允许偏差见表 14-13 和表 14-14。

表 14-13 玻璃窑用优质硅砖理化指标

项 目	指 标		
	BG-96a	BG-96b	BG-95
$w(Fe_2O_3)$/%	≤0.8	≤0.8	≤1.0
$w(SiO_2)$/%	≥96	≥96	≥95
熔融指数%	≤0.5	≤0.7	—
0.2MPa 荷重软化温度/℃	≥1680	≥1670	≥1670
真密度/$g \cdot cm^{-3}$	≤2.34	≤2.34	≤2.34
显气孔率/%	≤21	≤22	≤22
常温耐压强度/MPa	≥40	≥35	≥30
重烧线变化(1450℃,2h)/%	≤0~0.2		
残余石英/%	≤3		

注:熔融指数是指制品中氧化铝质量分数 w 与 2 倍总碱性氧化物质量分数 w 之和,即 Al_2O_3 质量分数+$2R_2O$ 质量分数。

表 14-14 玻璃窑用优质硅砖尺寸偏差及外形要求 (mm)

项 目			指 标
尺寸允许偏差	厚度尺寸		±2
	长宽尺寸		±3
	尺寸>350		±4
相对边差 厚度			1.0
楔形度			1.5
扭曲	长度	≤350	≤1.5
		>350	≤2(最大不超过长度的 0.5%)
缺棱缺角长度 $(a+b+c)$ $(e+f+g)$	工作面		≤40
	非工作面		≤60
熔洞直径	工作面		≤5
	非工作面		≤10
裂纹长度	宽度≤0.1		不限制
	宽度 0.1~0.25		
	工作面		≤50
	非工作面		≤80
	宽度 0.25~0.5		
	工作面		≤30
	非工作面		≤50
	宽度>0.5		不许有

14.2 熔融石英制品

熔融石英制品是以熔融石英(石英玻璃)为原料,经粉碎、成型、干燥、烧成而制得的再结合制品。这类制品的线膨胀系数小(5×10^{-7}),抗热震性好,耐化学侵蚀(特别是酸和氯),耐冲刷,高温时黏度大,强度高,导热性低,电导率低。由于在烧成时收缩小,可以制得尺寸精确的制品。缺点是在 1100℃ 以上长期使用时,制品中的石英会向方石英转变(即高温析晶),使制品产生裂纹和剥落。

熔融石英制品具有良好的性能,其应用范围不断扩大,可以用作火箭、导弹、雷达、原子能等工业的工程材料,也可用于冶金及化学工业作一般耐火材料使用。在冶金工业中主要用作连铸中的浸入式水口砖,它与一般水口砖相比抗热震性好，热导率低，能耐钢液冲刷，在连铸钢中可应用于浇铸含锰较高的特殊钢种以外的钢液。

生产熔融石英制品的原料的杂质含量要尽可能低，特别是碱金属氧化物和氧化铁的含量要少。坯料的颗粒组成要能达到最紧密堆积，砖坯密度要大，气孔率要小，坯料中要有适当多的细粉。最好在惰性气氛下烧成，尽量避免同水气和氧气接触。由于石英玻璃在高温时有析晶倾向，在烧成制度上应该保证高速度烧结，以不生成明显的方石英量为宜。

生产熔融石英制品可以采用泥浆浇注法、浇灌法、捣打法半干机压成型法、等静压成型和热压法等。目前生产熔融石英水口砖的主要方法是采用石膏模泥浆浇注法。采用等静压成型可获得结构均匀致密的坯体，明显地提高浸入式水口砖的质量和使用效果。

我国熔融石英质耐火制品标准为 YB 4578—2016，产品牌号为 FS-97、FS-98 、FS-99 产品的理化指标和尺寸允许偏差规定分别见表 14-15 和表 14-16。

表 14-15　产品的理化指标

项　目	指　标		
	FS-97	FS-98	FS-99
$w(SiO_2)$/%	≥97.0	≥98.0	≥98.5
$w(Fe_2O_3)$/%	≤0.30	≤0.20	≤0.10
$w(Al_2O_3)$/%	≤0.50	≤0.30	≤0.20
显气孔率/%	≤22.0	≤20.0	≤18.0
体积密度/g·cm^{-3}	≥1.75	≥1.80	≥1.85
常温耐压强度/MPa	≥25	≥30	≥35
0.2MPa 荷重软化温度/℃	≥1500	≥1600	≥1650
热膨胀率(1000℃)/%	0.20		

表 14-16　产品的尺寸允许偏差及外观规定

(mm)

项　目		指标
尺寸允许偏差	尺寸≤100	±1.0
	尺寸 101~200	±2.0
	尺寸>200	±2.0
扭曲	≤1.5	
缺棱($a+b+c$) 缺角($e+f+g$)	工作面	≤30
	非工作面	≤40
裂纹、熔洞、渣蚀		不准有

注：工作面指与钢水接触面。

我国某厂熔融石英水口砖的性能见表 14-17，法国某公司的熔融石英水口砖的性能见表 14-18。

表 14-17　中国某厂熔融石英水口砖的性能

编号	$w(SiO_2)$/%	体积密度/g·cm^{-3}	显气孔率/%	常温耐压强度/MPa	抗热震性(1100℃，水冷)/次
Ⅰ	>99.0	≥1.70~1.90	12~22	>45	>40
Ⅱ	>99.0	≥1.75~1.90	17~20	>70	>15

表 14-18　法国某耐火材料公司熔融石英水口砖的性能

项目		数值
化学成分 w/%	SiO_2	>99.5
	Al_2O_3	0.2
	Fe_2O_3	0.03
	Na_2O+K_2O	<0.01
矿物组成/%	石英	<0.5
	方石英	<0.5
体积密度/g·cm^{-3}		1.90
显气孔率/%		13
常温耐压强度/MPa		150
线膨胀系数/K^{-1}(20~1000℃)		0.6×10^{-6}
热导率/W·(m·K)$^{-1}$	200℃	0.4
	600℃	0.6
	1000℃	1.0

14.3 半硅砖

半硅砖的 Al_2O_3 含量为15%～30%，SiO_2 含量大于65%，它是一种半酸性耐火制品。生产半硅砖的原料主要有天然高硅黏土和蜡石，也有采用黏土和硅石混配的混合原料。半硅质耐火制品的使用性质介于硅质制品和黏土制品之间，其抗热震性较硅质制品好；在使用过程中体积变化小，有的还略有膨胀，因而有利于砌体的气密性；此外，这类制品在高温下与熔融渣接触时制品表面可形成厚约1～2mm高黏度、高硅质釉层，有利于砌体抵抗酸性渣和金属熔液的侵蚀作用，从而提高了制品的抗侵蚀能力，而且荷重变形开始温度较高，所以在某些场合，其使用寿命不逊于一般黏土砖。

半硅砖主要用于焦炉、酸性化铁炉、冶金炉烟道及盛钢桶内衬等。

14.3.1 半硅砖的生产特点

半硅砖的生产工艺可分为烧成和不烧成两种。不烧成砖多采用水玻璃做结合剂。烧成砖的生产工艺与黏土砖大体相同，但也有自己的特点，主要如下：

(1)是否加入熟料是由原料的特性和制品使用要求决定的。硅质黏土烧成收缩小，可以不加熟料使用。若要提高半硅砖的抗热震性，则应加入10%～20%的熟料。

(2)原料中如果易熔物少，石英颗粒粗，则半硅砖的密度低，强度差，但热震性能好，荷重软化温度高；反之则制品的耐火性能差。因此，外加石英砂或硅石熟料时应根据制品的使用条件来决定是加入颗粒物料还是添加细颗粒物料。

(3)半硅砖在1250℃以下，体积收缩不明显，在高温时随液相增多而体积收缩较大，一般在1350～1410℃范围烧成。

(4)用蜡石作半硅砖原料时，其工艺应根据蜡石原料的化学组成确定。蜡石中的主要成分叶蜡石脱水后失重小，仍保持其晶格结构，因此可直接用生料制成砖坯，还可充分利用矿物资源，以降低生产成本。为防止烧成膨胀，强度降低，也可将蜡石原料煅烧成熟料，在配料时加入小部分。还应注意的是，蜡石吸水性很差，因此泥料水分应严格控制，否则在成型时会产生裂纹。

14.3.2 半硅砖的技术指标

半硅砖对酸性炉渣具有良好的抵抗性，并且具有较高的高温结构强度，体积比较稳定。它主要用于砌筑焦炉、酸性化铁炉、冶金炉烟道以及盛钢桶内衬等。表14-19列出了我国用于焦炉和化铁炉的半硅砖性能要求。

表14-19 焦炉、化铁炉用半硅砖性能要求

项 目	焦炉	化铁炉
$w(Al_2O_3)$/%	—	≥20
$w(SiO_2)$/%	≥60	≥65
耐火度/℃	≥1670	≥1670
0.2MPa荷重软化温度/℃	≥1320	≥1250
重烧线收缩(1400℃，2h)/%	—	≤0.5
显气孔率/%	≤25	≤22
常温耐压强度/MPa	≥15	≥20

14.4 黏土砖

黏土砖是以黏土熟料为骨料，耐火黏土(软质黏土或半软质黏土)为结合剂制成 Al_2O_3 含量为30%～48%的耐火材料。它是一种用途广泛的耐火制品。

黏土制品性质在较大范围内波动，这是因为制品的化学组成及生产工艺的差别所致。黏土制品一般具有以下性质：

(1)化学、矿物组成。Al_2O_3 含量为30%～48%，SiO_2 50%～65%及少量碱金属、碱土金属氧化物 TiO_2、Fe_2O_3 等。矿物组成一般为：莫来石、方石英、石英和玻璃相。

(2)耐火度一般为1580～1750℃，随 Al_2O_3/SiO_2 增大而提高，当低熔物杂质含量较多时，制品的耐火度显著降低。

(3)荷重软化温度约为1250～1450℃，其变化范围较宽。开始变形温度较低，与40%变形温度相差约200～250℃。

(4)线膨胀系数较低,20~1000℃平均线膨胀系数为$4.5\times10^{-6}\sim6.0\times10^{-6}/℃$。其导热系数亦较低。

(5)抗热震性良好,波动范围较大。1100℃水冷循环一般大于10次。这于黏土质制品的线膨胀系数较低、晶型转化效应不显著以及高温下的塑性有关。

(6)抗化学侵蚀性:因其属弱酸性,具有较强的抗酸性渣侵蚀能力,对碱性物质侵蚀的抵抗能力较弱。

黏土制品属于酸性的耐火制品,随SiO_2含量增加而酸性增强。它对酸性炉渣具有一定的侵蚀能力,而对碱性熔渣侵蚀的抵抗能力较差,因此黏土制品宜用作酸性窑炉的内衬。也用于高炉、热风炉、玻璃窑、炭素焙烧炉等高温窑炉。

14.4.1 黏土砖的生产工艺

14.4.1.1 黏土熟料的制备

黏土熟料是一种瘠性料,它在耐火砖中起骨架作用。黏土熟料是由硬质黏土在回转窑中煅烧而成,或是软质黏土预先制成料球、料块,然后煅烧而成。黏土制品对熟料的要求是化学组分要稳定,杂质含量不超标,烧结良好,吸水率在2%~4%,真密度在$2.7g/cm^3$以上。

14.4.1.2 结合黏土和结合剂的选择

结合黏土的性能是高可塑性,低烧结性并具有较高的耐火性。根据我国原料特点及工艺流程,通常采用半软质黏土与软质黏土混合或以半软质黏土为主的复合型配料。结合黏土粉碎后的粒度一般要求原料粒度小于0.5mm。在实际生产中,有时加入一定量的有机结合剂,如糊精,加入量在3%~6%之间。

14.4.1.3 泥料的制备

泥料由熟料和结合黏土配制而成,其配比由制品的质量要求、形状大小和砖坯的成型方法等主要因素决定。质量要求高则熟料占80%以上,甚至90%。其特点是可制得外形尺寸精确,高密度,高强度的优质耐火制品。对一些异型制品,则要求成型性能良好,一般结合黏土加入量为25%~30%,有时达40%。而对一些大型耐火制品,为了减少烧成收缩,保持外形尺寸良好,配料中适当增加熟料用量。

黏土砖一般采用二级或三级配料,粒度级为1~3mm和小于1.0mm。黏土制品的颗粒组成,一般粗细颗粒较多,中颗粒较少,这样不仅保证了耐火制品的致密度和强度,同时也提高了耐火制品的抗热震性。与此同时,还应根据尺寸大小和表面质量要求调整和修正颗粒的粒度。

物料混合时,一般是先加入熟料的粗颗粒,再加入生料泥浆,最后加熟料细粉和结合黏土。

14.4.1.4 干燥和烧成

我国黏土制品一般多采用半干法成型,因此,坯料含水低,如果烧成窑带有干燥段,则可不用预先干燥而直接入窑烧成。

半干法成型砖坯在隧道干燥器内的干燥制度为:

干燥介质进口温度	150~200℃(标、普型砖)
	120~150℃(异型砖)
废气排出温度	70~80℃
砖坯残留水分	<1%
干燥时间	16~24h

对于特异型和大型及手工成型砖坯,由于水分排出困难,为防止干燥过速而开裂,一般根据砖坯单重和形状复杂程度,采用自然干燥一段时间,再送入干燥器慢慢干燥,干燥速度不宜过快。

黏土制品在烧成过程中,砖坯在高温和适宜的气氛下发生一系列物理化学变化而烧结。其中结合黏土的加热特性直接影响制品的烧成制度的确定。结合黏土加热时发生物理化学反应,促进砖坯烧结,结合黏土使用量越大,黏土中的Al_2O_3含量越低,杂质含量越高,则反应越剧烈,体积收缩和加热不均,产生内应力越大,容易导致砖坯在烧成阶段开裂。

黏土制品的烧成大致分为四个阶段:

(1)常温至200℃:此时升温不宜过快,要让结合水充分排出,以防开裂。在隧道窑中烧成时,前4号车位不宜超过200℃。

(2)中温阶段(200~900℃):本阶段升温应加快速度,以利于砖坯中有机物和杂质的化学反应进行。在600~900℃期间,应在窑中保持较强氧化气氛,避免出现"黑心"废品。

(3)900℃至最高烧成温度:在高温阶段升温应平稳,继续保持氧化气氛,使坯体受热均匀,也要防止砖坯开裂。由于在1100℃以上高温时,烧结收缩非常强烈,收缩率达5%,因此保持温度梯度平缓,消除内部热应力非常重要。

黏土制品的烧成温度一般要高于结合黏土烧结温度100~150℃,若使用烧结温度范围窄的结合黏土,则烧成温度高于黏土烧结温度50~100℃。黏土制品烧成温度应保证使结合黏土充分软化,使其与熟料细粉及粗颗粒表层的反应充分进行,黏结熟料颗粒,使制品获得必要的强度和体积稳定性。烧成温度一般在1250~1350℃。如Al_2O_3含量高,则制品的烧成温度应适当提高,大约在1350~1450℃。烧成保温时间一般为2~10h,以保证制品中的反应进行充分和制品质量。

(4)冷却阶段:根据制品在冷却段中的晶格变化,在800~1000℃以上高温阶段应快速降温,在800℃以下,则应减缓冷却速度。在实际操作中所采用的冷却速度并不是最大速度,不会造成冷裂的危险。

14.4.2 黏土砖的技术指标

14.4.2.1 普通和致密黏土砖

普通和致密黏土砖的理化指标和尺寸允许偏差分别见表14-20~表14-22(GB/T 34188—2017)。

表14-20 普通黏土砖的理化指标

项目	指标				
	PN-42	PN-40	PN-35	PN-30	PN-25
$w(Al_2O_3)$/%	≥42	≥40	≥35	≥30	≥25
$w(Fe_2O_3)$/%	≤2.0	—	—	—	—
0.2MPa荷重软化开始温度/℃	≥1400	≥1350	≥1320	≥1300	≥1250
重烧线变化/%	1400℃×2h +0.1~-0.4	1350℃×2h +0.1~-0.4	1300℃×2h +0.1~-0.4	1300℃×2h +0.1~-0.4	1250℃×2h +0.1~-0.4
显气孔率/%	≤22	≤26	≤28	≤25	≤23
常温耐压强度/MPa	≥35	≥30	≥25	≥25	≥25

表14-21 致密黏土砖理化指标

项目	指标					
	ZMN-45	ZMN-42	ZMN-42L	ZMN-40	ZMN-30	ZMN-25
$w(Al_2O_3)$/%	≥45	≥42	≥42	≥40	≥30	≥25
$w(Fe_2O_3)$/%	≤2.5					
$w(P_2O_5)$/%			≥5			
0.2MPa荷重软化开始温度/℃	≥1480	≥1450	≥1450	≥1420	≥1300	≥1250
重烧线变化/%	1400℃×2h +0.1~-0.2	1350℃×2h +0.1~-0.2	1300℃×2h +0.1~-0.2	1300℃×2h +0.1~-0.4	1250℃×2h +0.1~-0.4	—
显气孔率/%	≤14	≤17	≤14	≤19	≤15	≤19
常温耐压强度/MPa	≥60	≥55	≥70	≥45	≥70	≥50
抗碱性(强度下降率)/%			15			一级 (坩埚法)

表 14-22 黏土砖的尺寸允许偏差及外观

(mm)

<table>
<tr><th colspan="2">项 目</th><th>指 标</th></tr>
<tr><td rowspan="3">尺寸允许偏差</td><td>尺寸≤150</td><td>±2</td></tr>
<tr><td>尺寸 151~345</td><td>±3</td></tr>
<tr><td>尺寸>345</td><td>±4</td></tr>
<tr><td rowspan="2">扭曲</td><td>长度≤345</td><td>≤1.0</td></tr>
<tr><td>长度>345</td><td>≤1.5</td></tr>
<tr><td colspan="2">缺棱长度(a+b+c)
缺角长度(e+f+g)</td><td>≤60
≤40</td></tr>
<tr><td colspan="2">熔洞直径</td><td>工作面≤6;非工作面≤8</td></tr>
<tr><td rowspan="3">裂纹长度</td><td>宽度≤0.25</td><td>不限制</td></tr>
<tr><td>宽度 0.26~0.50</td><td>≤40</td></tr>
<tr><td>宽度>0.50</td><td>不准有</td></tr>
<tr><td colspan="2">厚度相对边差</td><td>≤1</td></tr>
</table>

单重大于 15kg 和小于 1.5kg 或难于机械成型的砖,其技术要求由供需双方协议确定;特殊的技术要求,由供需双方协议确定。

14.4.2.2 高炉用黏土砖

高炉用黏土砖是用于小高炉炉衬的炉喉、炉身、炉缸、炉底及大高炉炉身。高炉用黏土砖要求常温耐压强度高,能够抵抗炉料长期作业磨损;在高温长期作业下体积收缩小,有利于炉衬保持整体性;显气孔率低、Fe_2O_3 含量低,减少炭素在气孔中沉积,避免砖在使用过程中膨胀疏松而损坏;低熔点物形成少。YB/T 5050—1993 对高炉用黏土砖的理化指标和尺寸允许偏差进行了规定,分别见表 14-23 和表 14-24。

表 14-23 高炉用黏土砖的理化指标

<table>
<tr><th rowspan="2">项 目</th><th colspan="2">指 标</th></tr>
<tr><th>ZGN-42</th><th>GN-42</th></tr>
<tr><td>w(Al_2O_3)/%</td><td>≥42</td><td>≥42</td></tr>
<tr><td>w(Fe_2O_3)/%</td><td>≤1.7</td><td>≤1.7</td></tr>
<tr><td>耐火度/℃</td><td>≥1760</td><td>≥1760</td></tr>
<tr><td>0.2MPa 荷重软化开始温度/℃</td><td>≥1450</td><td>≥1430</td></tr>
<tr><td>重烧线变化(1450℃,3h)/%</td><td>0~-2</td><td>0~-3</td></tr>
<tr><td>显气孔率/%</td><td>≤15</td><td>≤16</td></tr>
<tr><td>常温耐压强度/MPa</td><td>≥58.8</td><td>≥49.0</td></tr>
<tr><td>透气度</td><td colspan="2">必须进行此项检验,将实测数据在质量证明书上注明</td></tr>
</table>

表 14-24 高炉用黏土砖尺寸允许偏差及外观

(mm)

<table>
<tr><th colspan="3">项 目</th><th>指标</th></tr>
<tr><td rowspan="4">尺寸允许偏差</td><td rowspan="2">长度</td><td>炉底砖</td><td>±2</td></tr>
<tr><td>其他砖</td><td>±1.0%</td></tr>
<tr><td colspan="2">宽度</td><td>±2</td></tr>
<tr><td colspan="2">厚度</td><td>±1.0</td></tr>
<tr><td rowspan="3">扭曲</td><td rowspan="2">炉底砖</td><td>≤345</td><td>≤1</td></tr>
<tr><td>>345</td><td>≤1.5</td></tr>
<tr><td colspan="2">其他砖</td><td>≤1.5</td></tr>
<tr><td colspan="3">缺棱、缺角深度</td><td>≤5.0</td></tr>
<tr><td colspan="3">熔洞直径</td><td>≤3.0</td></tr>
<tr><td rowspan="3">裂纹长度</td><td colspan="2">宽度≤0.25</td><td>不限制</td></tr>
<tr><td colspan="2">宽度 0.26~0.50</td><td>≤15</td></tr>
<tr><td colspan="2">宽度>0.50</td><td>不准有</td></tr>
<tr><td colspan="3">渣蚀</td><td>不准有</td></tr>
</table>

上述标准对砖的断面层裂作了如下规定:

(1)层裂宽度不大于 0.25mm 时,长度不限制;

(2)层裂宽度 0.26~0.50mm 时,长度不大于 15mm;

(3)层裂宽度大于 0.50mm 时,不准有。

14.4.2.3 热风炉用黏土砖

热风炉用黏土砖要求其抗热震性好,荷重软化温度高,蠕变小,主要用于热风炉的蓄热室、隔墙等。YB/T 5107—2004 对热风炉用黏土砖的理化指标和尺寸允许偏差进行了规定,分别见表 14-25 和表 14-26。

表 14-25 热风炉用黏土砖的理化指标

项 目		指 标		
		RN-42	RN-40	RN-36
$w(Al_2O_3)$/%		≥42	≥40	≥36
0.2MPa 荷重软化开始温度/℃		≥1410	≥1350	≥1300
重烧线变化/%	1400℃,2h	0~-0.4		
	1350℃,2h		0~-0.5	0~-0.5
显气孔率/%		≤24	≤24	≤24
常温耐压强度/MPa		≥35	≥30	≥25
抗热震性/次		提供数据		

表 14-26 热风炉用黏土砖尺寸允许偏差及外观

(mm)

项 目		指标
尺寸允许偏差	尺寸≤150	±2
	尺寸 151~350	±3
	尺寸>350	±4
扭曲	长度≤350	≤1.5
	长度>350	≤2.0
缺角长度($a+b+c$)		≤40
缺棱长度($e+f+g$)		≤50
熔洞直径		≤5
裂纹长度	宽度≤0.25	不限制
	宽度 0.26~0.50	≤50
	宽度>0.50	不准有

上述标准对砖的断面层裂作了如下规定:

(1)层裂宽度不大于 0.25mm 时,长度不限制;

(2)层裂宽度 0.26~0.50mm 时,长度不大于 30mm;

(3)层裂宽度大于 0.50mm 时,不准有。

14.4.2.4 玻璃窑用大型黏土砖

玻璃窑用大型黏土砖是用于砌筑玻璃窑的单重不小于 50kg 的黏土砖。YB/T 5108—1993 对玻璃窑用大型黏土砖的理化指标和尺寸允许偏差进行了规定,分别见表 14-27 和表 14-28。

表 14-27 玻璃窑用大型黏土砖的理化指标

项 目	指 标	
	BN-40a	BN-40b
$w(Al_2O_3)$/%	≥40	≥40
$w(Fe_2O_3)$/%	≤1.5	≤1.8
0.2MPa 荷重软化开始温度/℃	≥1450	≥1400
重烧线变化(1400℃,2h)/%	0~-0.4	
显气孔率/%	≤18	≤18
常温耐压强度/MPa	≥49.0	≥34.3

表 14-28 玻璃窑用大型黏土砖尺寸允许偏差及外观

(mm)

项 目			指 标	
			BN-40a	BN-40b
尺寸允许偏差	尺寸≤400		±1.5%	
	尺寸>400		±1%	
扭曲	长度≤400		≤3	
	长度>400		≤1%	
缺棱、缺角深度	工作面		≤10	
	非工作面		≤15	
熔洞直径	工作面		≤3	
	非工作面		≤7	
裂纹长度	宽度 0.26~0.50	工作面	≤70(不超过 2 处)	
		非工作面	≤120(不超过 2 处)	
	宽度 0.51~1.0	工作面	不准有	
		非工作面	≤70(不超过 2 处)	

标准对砖的断面层裂作了如下规定:

(1)砖的断面层裂:

1)长度≤400mm 的砖:层裂宽度 0.26~0.50mm 时,长度不大于 40mm;层裂宽度 0.51~1mm 时,长度不大于 25mm。

2)长度>400mm 的砖:层裂宽度 0.26~0.50mm 时,长度不大于 80mm;层裂宽度 0.51~1mm 时,长度不大于 50mm。

(2)层裂宽度小于 0.25mm 的裂纹,长度不限制。

(3) 断面上不得有大于 1mm 的空隙与裂纹。

14.5 高铝砖

高铝质耐火制品是 Al_2O_3 含量在 48%以上的硅酸铝质耐火材料。通常分为三类，Ⅰ等：Al_2O_3 含量大于 75%；Ⅱ等：Al_2O_3 含量 60%～75%；Ⅲ等：Al_2O_3 含量 48%～60%。也可根据其矿物组成进行分类，一般分为：低莫来石质、莫来石质、莫来石-刚玉质、刚玉-莫来石质和刚玉质五类。其矿物组成主要为刚玉、莫来石和玻璃相。各矿物相所占比例取决于制品的 Al_2O_3/SiO_2 比值和所含杂质的种类、数量，也取决于其生产工艺条件。

14.5.1 高铝砖的生产工艺特点

高铝制品的生产工艺流程与多熟料黏土质制品生产工艺流程相似。应按实际生产的具体情况、原料特性、制品要求和生产条件等因素确定生产工艺流程。采取破碎前对熟料块进行严格分级，颗粒料分级储存和除铁，熟料和结合黏土混合细磨等。

14.5.1.1 矾土熟料的质量要求

矾土熟料在使用时要严格分级，避免掺杂混合，这样有利于稳定制品的质量和生产工艺。当熟料混级使用时，制品的化学-矿物组成随之波动，易引起制砖过程中的二次莫来石化的不均匀性及膨胀松散效应，使制品烧结困难，难以获得理化指标和外形尺寸合格的制品。

熟料的质量取决于煅烧温度。通常煅烧温度达到或略高于矾土的烧结温度，以保证熟料充分烧结和尽可能高的密度，并使二次莫来石化和烧结收缩作用全部或大部分在煅烧过程中完成。如果熟料的煅烧温度偏低则吸水率高，不但影响成型操作及制品的密度，而且在较高温度下烧成时，会使制品烧成收缩大，尺寸公差和变形等废品率增高。

欠烧料中二次莫来石化反应一般未完成，因而在制品烧成时颗粒熟料继续发生二次莫来石反应，增大制品内部的不均匀体积膨胀效应，严重时制品的开裂废品增多。欠烧料粉碎时，还会增加粉料中的中间颗粒，使坯料的颗粒组成波动大，影响合理的颗粒级配。

14.5.1.2 配方的选择

A 结合剂

通常采用软质黏土或半软质黏土作结合剂，同时还加入少量的有机结合剂。随着整个社会环保意识的增强，近年来纸浆废液逐渐被低硫或者无硫的有机结合剂取代。二次莫来石化反应所引起的坯体膨胀是考虑结合黏土的使用量的首要问题，在制造Ⅰ、Ⅱ等高铝砖时，由于矾土熟料的刚玉含量或其矿物成分不均匀程度大，为了减少二次莫来石的生成，配料中一般不宜多加结合黏土。在实际生产中，黏土的使用量波动于 5%～10%。对于用Ⅲ级矾土熟料制造高铝砖时，结合黏土加入量可根据泥料成型及制品烧成等工艺条件而定，无须考虑二次莫来石化问题。

B 不同类型和不同级别熟料混合使用

高铝砖生产可以采用不同等级原料的混合配方，以调整制品的 Al_2O_3 含量和改善基质组成。混合配料时，应以相邻级混配为宜，Al_2O_3 含量高的熟料以细粉形式加入，以便与黏土充分作用，使二次莫来石化反应在基质中均匀发生，且使基质成分莫来石化。当需要调整配料中的 Al_2O_3 含量时，一般不宜采用调整黏土使用量的方法，而用 Al_2O_3 含量不同的熟料采用混配进行调整。

C 熟料和“三石”及人工合成料的混合使用

为了满足用户对制品的质量要求，在高铝砖的生产工艺中，有些厂家已采用矾土熟料和“三石”，矾土熟料和人工合成料，或矾土熟料、“三石”和人工合成料的多重复合使用。有的高铝砖在制作过程中“三石”或人工合成料的加入量甚至超过 60%。

14.5.1.3 颗粒组成

高铝砖料的颗粒组成与生产多熟料黏土制品相似。在确定其颗粒组成时，除了考虑能得到致密堆积，有利于成型和烧成时制品烧结等因素外，必须考虑二次莫来石化反应所造成的膨胀松散作用。高铝砖和其他耐火材料一样，采用粗、中、细三级配料，三级配料应符合“两头大、中间小”的基本原则。从烧结情况来看，细粉含量越少，制品越不易烧结，甚至有膨胀现象。细粉数量增多有利于提高坯体烧结和致密度，并能使制品烧成时发生的二次莫来石化反应调整到细粉中进行，减少在粗颗粒周围进行反应而引起坯体膨胀和松散。在实际生产中，泥料中的细粉含量一般为45%~50%(包括结合黏土)。

生产经验表明，适当增大熟料粗颗粒的尺寸(在细粉量足够情况下)，会降低制品气孔率，提高荷重软化温度、抗热震性和制品的结构强度。但必须注意颗粒偏析现象和熟料的矿物成分的分布均匀性和矿物组织致密程度。对矿物组织粗糙的Ⅱ级矾土熟料，其临界粒度不宜过大。对矿物组织致密的Ⅰ、Ⅲ级矾土熟料，则可适当增大颗粒尺寸来提高制品的一些高温性能。

中间颗粒过多会起不良作用。减少中间颗粒的数量，有利于改善泥料的堆积密度，提高制品的密度和抗热震性。根据生产的具体条件，中间颗粒数量一般降至10%~20%以下。

熟料和结合黏土共同细磨是高铝砖生产中的重要工艺措施，它对提高制品的质量，控制二次莫来石化反应的范围有明显作用。共同细磨增加了刚玉晶格的活性，并使黏土在细粉中的分散度提高，能均匀地与熟料紧密接触，因而可使莫来石化反应在细粉中均匀进行，相应地减少了在粗颗粒表面出现大量的二次莫来石化反应。为了有效地控制二次莫来石化反应在细粉中进行，共同细磨时熟料和黏土的配比应适宜，使混合料中游离 Al_2O_3 与游离 SiO_2 全部作用，避免有剩余的 SiO_2 再与粗颗粒中的刚玉反应产生膨胀。因而要使混合料中的 Al_2O_3/SiO_2 重量比略大于2.55。特别是采用Ⅱ级矾土熟料制砖时，更应重视混合细粉中熟料和黏土的适宜比例。

14.5.1.4 烧成

制品的烧成温度主要取决于矾土熟料的烧结性。用特级及Ⅰ级矾土熟料制砖，由于原料的组织结构均匀致密，杂质 Fe_2O_3、TiO_2 含量较高，坯体容易烧结，安全烧成温度的范围较窄，容易引起制品的过烧或欠烧。采用Ⅱ级矾土熟料制砖时，烧成过程中的主要问题是二次莫来石化所造成的膨胀和松散效应，使坯体不易烧结，故其烧成温度偏高。Ⅲ级矾土熟料的组织均匀致密，Al_2O_3 含量较低，其烧成温度较低，一般略高于多熟料黏土制品的烧成温度约30~50℃。根据几个工厂的生产经验，高铝砖的烧成制度大致为：

装窑：由于制品的烧成温度接近其荷重软化温度，装窑时不能码垛过高，且多采用平码。码垛高度为500~700mm，最高不超过1000mm。

烧成的低温阶段(600℃以下)，升温速度慢些，以避免水分排出过快而引起开裂。

中温阶段的升温速度对制品的质量无大的影响，为了使制品中的各项反应能进行得比较完全，在1300℃以上的高温阶段的升温速度放慢些是必要的。Ⅰ等高铝砖中，由于 TiO_2 含量高，有利于制品的烧结，故其烧成温度偏低些。

由于高铝制品产量大，基本上用隧道窑烧成，Ⅰ、Ⅱ等高铝砖的烧成温度为1500~1600℃，Ⅲ等高铝砖为1450~1500℃左右。为使刚玉和莫来石重结晶作用充分进行并消除黑心，高温阶段采用弱氧化气氛。

14.5.2 高铝制品的特性

高铝砖分为普通高铝砖和低蠕变高铝砖两大类，主要特性如下：

(1)荷重软化温度：普通高铝质耐火制品的荷重软化温度一般为1420~1550℃以上，比黏土质耐火制品高，且随 Al_2O_3 含量的增加而提高。当 $Al_2O_3<70\%$ 时，其荷重软化温度随莫来石相和玻璃相的数量比的增加而增高，液相的数量和性质对荷重软化温度有明显的影响，因此降低原料中的杂质含量，有利于改善荷重软化温度和高温蠕变性；当 $Al_2O_3>70\%$ 时，随 Al_2O_3 含量的增加，荷重软化温度增高不显著。

(2)抗热震性：普通高铝质耐火制品的热稳定性主要取决于化学矿物组成和显微组织结构。一般比黏土制品差。

(3)耐化学侵蚀性：普通高铝质耐火制品抗酸性或碱性渣、金属液的侵蚀和氧化、还原反应性均较好，且随着 Al_2O_3 含量增加、有害杂质含量的降低而增强。

高铝制品一般用于高炉、热风炉、电炉、石灰窑、炭素炉及玻璃窑。

14.5.3 高铝砖的技术指标

14.5.3.1 普通和低蠕变高铝砖

普通和低蠕变高铝砖的理化指标、尺寸允许偏差及外观分别见表 14－29～表 14－31（GB/T 2988—2012）。

表 14-29 普通高铝砖的理化指标

项 目	指 标								
	LZ-80	LZ-75	LZ-70	LZ-65	LZ-55	LZ-48	LZ-75G	LZ-65G	LZ-55G
$w(Al_2O_3)$/%	≥80	≥75	≥70	≥65	≥55	≥48	≥75	≥65	≥55
显气孔率/%	≤21(23)	≤24(26)	≤24(26)	≤24(26)	≤22(24)	≤22(24)	≤19	≤19	≤19
常温耐压强度/MPa	≥70(60)	≥60(50)	≥55(45)	≥50(40)	≥45(40)	≥40(35)	≥65	≥60	≥50
0.2MPa 荷重软化温度/℃	≥1530	≥1520	≥1510	≥1500	≥1450	≥1420	≥1520	≥1500	≥1470
重烧线变化/%	1500℃,2h +0.2～-0.4		1450℃,2h +0.1～-0.4				1500℃,2h +0.1～-0.2	1450℃,2h 0～-0.2	

注：1. 括号内数值为格子砖和超特异型砖的指标。
2. 热震稳定性可根据客户需求进行检测。
3. 体积密度为设计时用砖量的参考指标，不做考核。

表 14-30 低蠕变高铝砖的理化指标

项 目	指 标						
	DRL-155	DRL-150	DRL-145	DRL-140	DRL-135	DRL-130	DRL-127
$w(Al_2O_3)$/%	≥75	≥75	≥65	≥65	≥65	≥60	≥50
显气孔率/%	≤20	≤21	≤21(23)	≤22(24)	≤22(24)	≤22(24)	≤23(25)
常温耐压强度/MPa	≥60	≥60	≥60(50)	≥55(45)	≥55(45)	≥55(45)	≥50(40)
0.2MPa 蠕变率/%	1550℃ 0.8	1500℃ 0.8	1450℃ 0.8	1400℃ 0.8	1350℃ 0.8	1300℃ 0.8	1270℃ 0.8
重烧线变化/%	1500℃,2h -0.2～+0.2			1450℃,2h -0.2～+0.2	1450℃,2h -0.3～+0.2		
体积密度/$g \cdot cm^{-3}$	2.60～2.85	2.60～2.85	2.50～2.70	2.40～2.60	2.35～2.55	2.30～2.50	2.30～2.50

注：括号内为格子砖的指标。

表 14-31 高铝砖的尺寸允许偏差及外观 (mm)

项 目		指 标						
		高炉用高铝砖			其他砖		格子砖	
尺寸允许偏差		长度	炉底砖	±2	尺寸≤150	±2	长度(宽度)	-3~+1
			其他砖	±1.5%	尺寸 151~345	±3		
		宽度		±2			高度(厚度)	±3
		厚度		±2	尺寸>345	±4	同一面上相邻孔的间距	±1
扭曲		炉底砖	≤1.0		尺寸≤345	≤1.0	—	
		其他砖	≤1.5		尺寸>345	≤1.5		
缺角长度($a+b+c$)		≤40						
缺棱长度($e+f+g$)		≤60					≤40	
熔洞直径	工作面	≤6						
	非工作面	≤8						
裂纹长度	宽度≤0.1	不限制						
	宽度 0.1~0.25	不限制 70a						
	宽度 0.26~0.5	≤15			≤40		≤30	
	宽度>0.5	不准有						
厚度相对边差		≤1						

注:括号内裂纹的判定仅限于焦炉炭化室炉头及燃烧室炉头用高铝砖。

14.5.3.2 高炉用高铝砖

高炉用高铝砖理化指标、尺寸允许偏差及外观见表 14-32 和表 14-33(GB/T 2988—2012)。

表 14-32 高炉用高铝砖理化指标

项 目		指 标		
		GL-65	GL-55	GL-48
$w(Al_2O_3)$/%		≥65	≥55	≥48
$w(Fe_2O_3)$/%		≤2.0		
耐火度/℃		≥1790	≥1770	≥1750
0.2MPa 荷重软化温度/℃		≥1500	≥1480	≥1450
重烧线变化/%	1500℃,2h	0~-0.2		
	1450℃,2h			0~-0.2
显气孔率/%		≤19		≤18
常温耐压强度/MPa		≥58.8		≥49
透气度		必须进行此项检验,将实测数据在质量证明书中注明		

表 14-33 高炉用高铝砖尺寸允许偏差及外观 (mm)

项 目			指 标
尺寸允许偏差	长度	炉底砖	±2
		其他砖	±1.5%
	宽度		±2
	厚度		±2
扭曲	炉底砖		≤1
	其他砖		≤1.5
缺棱、缺角深度			≤5
熔洞直径			≤5
裂纹长度	宽度≤0.25		不限制(不准成网状)
	宽度 0.26~0.50		≤15
	宽度>0.50		不准有

14.5.3.3 热风炉用高铝砖

热风炉用高铝砖的理化指标、尺寸允许偏差及外观见表 14-34~表 14-37(GB/T 2988—2012)。

表 14-34 热风炉用普通高铝砖理化指标

项 目	指 标		
	RL-65	RL-55	RL-48
$w(Al_2O_3)/\%$	≥65	≥55	≥48
耐火度/℃	≥1780	≥1760	≥1740
0.2MPa 荷重软化温度/℃	≥1500	≥1470	≥1420

续表 14-34

项 目		指 标		
		RL-65	RL-55	RL-48
重烧线变化/%	1500℃,2h	0.1~-0.4		
	1450℃,2h			0.1~-0.4
显气孔率/%		≤22(24)		
常温耐压强度/MPa		≥50	≥45	≥40
抗热震性(1100℃水冷)/次		≥6(炉顶、炉壁砖)		

注:括号内的数值是蓄热室格子砖的指标。

表 14-35 热风炉用低蠕变高铝砖理化指标

项 目		指 标						
		DRL-155	DRL-150	DRL-145	DRL-140	DRL-135	DRL-130	DRL-127
$w(Al_2O_3)/\%$		≥75	≥75	≥65	≥65	≥65	≥60	≥50
显气孔率/%		≤20	≤21	≤21	≤22	≤22	≤22	≤23
体积密度/g·cm^{-3}		2.65~2.85	2.65~2.85	2.50~2.70	2.40~2.60	2.35~2.55	2.30~2.50	2.30~2.50
常温耐压强度/MPa		≥60	≥60	≥60	≥55	≥55	≥55	≥50
蠕变率(0.2MPa×50h)/%		1550℃ ≤0.8	1500℃ ≤0.8	1450℃ ≤0.8	1400℃ ≤0.8	1350℃ ≤0.8	1300℃ ≤0.8	1270℃ ≤0.8
重烧线变化/%	1500℃,2h	0.1~-0.2	0.1~-0.2	0.1~-0.2				
	1450℃,2h				0.1~-0.2	0.1~-0.4	0.1~-0.4	0.1~-0.4
抗热震性(1100℃水冷)/次		(炉顶、炉壁砖)提供数据						

注:体积密度为设计用砖量的参考指标,不做考核。

表 14-36 炉顶及炉墙用砖的尺寸允许偏差及外观

(mm)

项 目		指标
尺寸允许偏差	尺寸≤150	±2
	尺寸 151~345	±3
	尺寸>345	±4
扭曲	尺寸≤345	≤1.5
	尺寸>345	≤2.0
缺角长度		≤40
缺棱长度		≤50
熔洞直径	工作面	≤6
	非工作面	≤8
裂纹长度	宽度≤0.25	不限制
	宽度 0.26~0.50	≤50
	宽度>0.50	不准有
相对边差厚度		≤1

注:可根据用户要求对砖的一个主要尺寸进行分档。

表 14-37 蓄热室格子砖的尺寸允许偏差及外观

(mm)

项 目		指标
尺寸允许偏差	长度(宽度)	+1~-3
	高度(厚度)	±2
	同一面上相邻孔的间距	±1
缺角缺棱长度		≤40
熔洞直径	工作面	≤6
	非工作面	≤8
裂纹长度	宽度≤0.1	不限制
	宽度 0.11~0.25	≤30
	宽度>0.25	不准有
相对边差厚度		≤1

注:1. 高度(厚度)应根据顾客要求进行尺寸分档;

2. 长度(宽度)≥250mm 及高度(厚度)≥150mm 时,尺寸允许偏差由供需双方协商。

上述标准对砖的断面层裂规定为：

(1)层裂宽度不大于 0.25mm 时，长度不限制。

(2)层裂宽度 0.26~0.50 mm 时，长度不大于 30mm。

(3)层裂宽度大于 0.50 mm 时，不准有。

(4)单重大于 18kg 的热风炉砖，其技术指标要求参照本标准由供需双方协议确定。

(5)格子砖的形状及尺寸由用户提出，其技术要求由供需双方协议确定。

铸钢用的高铝质塞头、袖砖、铸口砖等制品的性能指标及尺寸允许偏差及外观可查阅 YB/T 5021—1993。

14.6 莫来石砖

莫来石砖是以人工合成莫来石为主要原料制成的以莫来石为主晶相的耐火制品。当制品的 Al_2O_3 含量低于莫来石理论组成时，还含有少量的方石英，当 Al_2O_3 含量高于莫来石理论组成时，含有少量的刚玉。莫来石砖的高温蠕变性优于以天然矾土原料生产的高铝砖，对酸性及低碱性熔渣的侵蚀抵抗能力优于镁质制品。

莫来石砖主要用于钢铁、化工、玻璃、陶瓷等工业部门的热工窑炉。

烧结莫来石制品的生产工艺与高铝砖的生产工艺相似，采用合成莫来石为颗粒料，细粉为合成莫来石，或采用白刚玉、石英以及纯净黏土配制成相当于莫来石组成的混合细粉。将颗粒料和细粉按比例配合，常用配比为：颗粒料45%~55%，细粉(<0.088mm 占比 45%~55%)混合均匀后高压成型。烧成温度为 1550~1650℃，当采用电熔莫来石熟料为颗粒料时，其烧成温度应大于 1700℃。制品的理化性能指标见表 14-38。

表 14-38 烧结莫来石制品性能指标

名 称		化学成分 w/%			显气孔率 /%	常温耐压强度/MPa	荷重软化温度/℃	高温蠕变率/% 1550℃×50h	体积密度 /g·cm^{-3}
		Al_2O_3	SiO_2	Fe_2O_3					
热风炉砖		80.04	18.20	0.76	15.6~16.5	197~267	>1700	0.08	2.77~2.79
塞头砖	A	68.34		0.84	16.7	77	1600		2.53
	B	67.7		0.54	17.1	65.7	1650		2.50
	C	69.24		0.70	17.5	83	1650		2.50
高炉墙砖(德国)		72		<1.7	22	49	>1650		2.68
电熔合成莫来石砖									
日本		75.1	20.09		12~16	210~250	>1700		2.56~2.66
苏联		66.05	24.8			196~215.7	>1700		3.1

近年来，随着天然矿物选矿技术的进步，红柱石、硅线石的品位逐渐提高，高纯的红柱石、硅线石在莫来石砖的生产工艺中得到了广泛使用，尤其是红柱石在莫来石砖的生产过程中的加入量越来越高，有些生产厂家的加入量已经达到了 60%以上，各种粒度的红柱石、硅线石的混级使用改善了莫来石砖的使用性能。这种莫来石砖在市场上也称为红柱石砖、硅线石砖。表 14-39 是某公司为意大利生产的莫来石砖的性能指标。

表 14-39 某公司烧结莫来石制品性能指标

名称	化学成分 w/%			显气孔率 /%	常温耐压强度/MPa	荷重软化温度/℃	高温蠕变率 (1400℃×50h)/%	体积密度 /g·cm^{-3}
	Al_2O_3	SiO_2	Fe_2O_3					
热风炉砖	64.32	33.24	0.52	15.0~18.5	100~155	>1700	-0.188	2.40~2.50

以刚玉、莫来石为主晶相的刚玉莫来石耐火制品，用于陶瓷窑具、玻璃窑炉顶大碹、石化行业气化炉、炼铁热风炉等。其主要性能见表 14-40。

表 14-40 刚玉莫来石砖的性能指标

牌号	CM-76	CM-80	CM-88
$w(Al_2O_3)$/%	≥76	≥78	≥88
$w(Fe_2O_3)$/%	≤0.4	≤0.4	≤0.3
气孔率/%	≤19	≤19	≤19
体积密度/$g \cdot cm^{-3}$	≥2.70	≥2.75	≥2.85
耐压强度/MPa	≥75	≥80	≥80
蠕变率(50h)/%	≤0.8(1450℃)	≤0.8(1500℃)	—
荷重软化温度/℃	≥1680	≥1680	≥1700
加热线变化(1600℃,3h)/%	-0.2~+0.2	-0.2~+0.2	-0.2~+0.2

14.7 刚玉砖

刚玉砖是指以人工合成原料为主，Al_2O_3 含量大于 90%以刚玉相为主的耐火制品，也称为氧化铝耐火制品。刚玉硬度很高（莫氏硬度 9 级），熔点也高。刚玉砖具有抵抗酸、碱性炉渣、金属和玻璃熔液作用的良好稳定性。无论在氧化性气氛还是还原性气氛中使用，均能收到良好的效果。

刚玉砖的基本制作原料是电熔刚玉或烧结刚玉。有些厂家为了改善制品的某些性能，常向刚玉材料中添加一些矿物原料，形成复合材料，如锆刚玉砖、铬刚玉砖、钛刚玉砖等，以改善制品的特殊性能。

14.7.1 再结合烧结刚玉砖

再结合烧结刚玉砖以烧结刚玉为颗粒料，与烧结刚玉细粉配制成泥料，经成型、干燥和烧结制备而成。其生产工艺要点如下。

14.7.1.1 泥料组成

高纯烧结刚玉制品中，颗粒料和细粉应采用同一成分的纯刚玉熟料。在生产普通烧结刚玉制品时，为了提高其抗热震性和抗渣性，一般允许加入小于 10%的第二组分，这样仍保持其 Al_2O_3 含量在 90%以上，处于刚玉砖的低值范围内。第二组分主要是莫来石，加入形式有：合成莫来石熟料；或往配料中加入氧化硅、黏土、高岭土、蓝晶石、硅线石精矿粉等，使其在烧成过程中在基质部分形成莫来石。除合成莫来石可以颗粒形式加入外，其他添加物均以细粉形式加入。

如果采用 H_3PO_4 作结合剂，加入量视制品的使用性能而定，波动于 1%~6%之间。为改善成型性能，常加入适量的有机结合剂。细粉的加入量对制品的密度和强度有明显影响，细粉由 15%递增到 45%，制品的密度和强度有很大的提高，若在细粉中配入 5%左右小于 1μm Al_2O_3 超微粉，则对制品性能的提高具有十分重要的意义。

14.7.1.2 成型

(1)形状复杂、尺寸较大的制品，采用捣打或振动成型；

(2)普通制品采用半干法高压成型；

(3)特殊制品则用特殊设计的模具，采用等静压成型。

14.7.1.3 烧成

刚玉熟料制品必须在高温下烧成。烧成温度约 1650~1800℃，有时达到 1850℃。适当提高烧成温度，可以相应提高制品的强度和密度。

14.7.2 再结合电熔刚玉砖

再结合电熔刚玉砖以电熔刚玉为颗粒料，电熔刚玉细粉或烧结刚玉细粉为基质，烧制而成。其生产工艺要点如下。

14.7.2.1 电熔刚玉的检选

以电熔棕刚玉或白刚玉为原料时，需将熔块砸碎后检选，除去棕刚玉块夹带的硅铁合金或其他杂质成分。白刚玉块应检除成片状结晶的高铝酸钠以及其他低熔物，这些杂质矿物由于密度小，通常浮于刚玉熔块的表层，较易鉴别。

14.7.2.2 棕刚玉中含有少量有害成分

会使制品烧结不良或开裂，故在使用前最好进行预煅烧。未检净的硅铁合金在 500~1000℃时氧化分解成 Fe_2O_3 和 SiO_2，含钛矿物氧化成 TiO_2 等会产生较大的体积膨胀，经过预烧，使这些分解、氧化反应所带来的破坏应力消除在预烧过程中，避免在制品烧成时因这些杂质矿物的反应产生膨胀而引起制品开裂。

14.7.2.3 配料、混合、成型

颗粒料配合应按紧密堆积原则，采用多级配比，减少中间颗粒，增加细粉量，有利于提高制品的密度和促进烧结。外加结合剂主要有：磷酸铝、磷酸、磷酸铝铬、纤维素、糊精等。泥料混合需均匀，水分约3%~4%。需高压成型，才能获得致密砖坯。

14.7.2.4 烧成

再结合电熔刚玉砖的纯度高，难烧结，需在高于1800℃下烧成。常用烧成设备有高温梭式窑或小型高温隧道窑等。

刚玉制品按氧化铝含量分为GYZ-99A、GYZ-99B、GYZ-98、GYZ-95四个牌号，根据YB/T 4348—2013（2017），其理化指标见表14-41、尺寸偏差及外观要求见表14-42。表14-43是石化工业用高纯烧结刚玉砖理化指标。

表14-41 刚玉砖的理化指标

项目	GYZ-99A	GYZ-99B	GYZ-98	GYZ-95
$w(Al_2O_3)$/%	≥99.0	≥99.0	≥98.0	≥95.0
$w(Fe_2O_3)$/%	≤0.10	≤0.15	≤0.2	≤0.3
$w(SiO_2)$/%	≤0.15	≤0.2	≤0.5	—
显气孔率/%	19	19	19	20
体积密度/g·cm^{-3}	3.20	3.15	3.15	3.10
耐压强度/MPa	80	80	80	100

续表14-41

项目	GYZ-99A	GYZ-99B	GYZ-98	GYZ-95
荷重软化温度 $T_{0.6}$/℃	1700	1700	1700	1700
重烧线变化率（1600℃，3h）/%	-0.2~+0.2	-0.2~+0.2	-0.2~+0.2	-0.2~+0.2

注：导热系数和热震稳定性可根据客户要求提供数据。

表14-42 刚玉砖的尺寸偏差及外观要求

（mm）

项目		指标
尺寸允许偏差	尺寸≤100	±1.0
	尺寸101~250	±1.5
	尺寸>250	±2.0
扭曲	尺寸≤250	≤1.0
	尺寸251~350	≤1.5
	尺寸>350	≤2.0
熔洞直径	工作面	≤3
	非工作面	≤5
裂纹长度	宽度≤0.1	不限制
	宽度0.11~0.25	≤50
	宽度>0.25	不准有
缺角长度（$a+b+c$）	工作面	≤20
	非工作面	≤40
缺棱长度（$e+f+g$）	工作面	≤20
	非工作面	≤40

表14-43 石化工业用高纯烧结刚玉砖理化指标

项目		中国		日本	美国	法国
		LNY	ZGNH	CX-AWP	AH199B	AT100
$w(SiO_2)$/%		0.15	0.24	0.28	0.11	0.48
$w(Al_2O_3)$/%		99.51	99.30	98.82	99.60	97.42
$w(Fe_2O_3)$/%		0.11	0.08	0.01	0.041	0.06
$w(R_2O)$/%		0.026	0.12	—	0.14	0.43
显气孔率/%		18	16.2	17~18	18	19
体积密度/g·cm^{-3}		3.20	3.23	3.25~3.26	3.23	3.09
耐压强度/MPa		133.5	96	85.2~90.4	106.59	96.2
抗折强度/MPa	1250℃	—	15	—	—	—
	1450℃	—	13	—	7.25	—

续表 14-43

项 目	中国		日本	美国	法国
	LNY	ZGNH	CX-AWP	AH199B	AT100
荷重软化温度/℃	>1700	>1800	>1700	>1700	>1700
重烧线变化率(1600℃,3h)/%	0~+0.1		—	0~±0.1	-0.3
抗热震性(1100℃,水冷)/次	23	18	>20 (1000℃,空冷)	13	—

14.7.3 铬刚玉砖

铬刚玉砖指以 Al_2O_3 为主，$Cr_2O_3 \leqslant 30\%$，主晶相为刚玉相的耐火制品。铬刚玉砖一般以铝铬料(铝铬烧结料、铝铬电熔料或铬合金工业中的副产品—优质铝铬渣)为主体，通过添加铬绿、氧化铝微粉和电熔白刚玉为主要原料；或在此基础上引入少量含 SiO_2 或 ZrO_2 的原料，能够明显改善其抗热震性能，并经过高温烧成获取。铬刚玉砖具有抗热震性优、常温耐压强度高、高温强度高、耐火度高、高温体积稳定性好、较好的抗侵蚀性和优良的耐磨性等特点。

铬刚玉砖用作水煤浆加压气化炉背衬、硬质炭黑反应炉内衬、渣油气化炉工作衬、步进梁式加热炉和大型卧式硫磺回收炉工作衬、矿物棉和保温棉熔化池窑的玻璃液接触部位及上部加热空间等侵蚀较严重的区域要求，以适应这些环节对所选用材料的高性能要求和越来越长的使用寿命要求。在高温工业领域，特别是对抗侵蚀性、耐磨性和耐高温性有着特殊要求的操作条件下，铬刚玉砖显示明显优异的使用效果。

14.7.3.1 铬刚玉砖性能

表 14-44 列出了 YB/T 4350—2013 规定的铬刚玉砖的理化性能。

表 14-44 铬刚玉制品的理化指标

项 目	指 标						
	GGZ-5	GGZ-12	GGZ-12R	GGZ-20	GGZ-20R	GGZ-30	GGZ-30R
$w(Cr_2O_3)/\%$	≥5	≥12	≥12	≥19	≥19	≥29	≥29
$w(Cr_2O_3+Al_2O_3)/\%$	≥90	≥90	≥90	≥90	≥90	≥90	≥90
$w(Fe_2O_3)/\%$	≤0.5	≤0.5	≤0.5	≤0.5	≤0.5	≤0.5	≤0.5
$w(ZrO_2)/\%$	—	—	≥3	—	≥3	—	≥3
体积密度/$g \cdot cm^{-3}$	≥3.10	≥3.30	≥3.30	≥3.40	≥3.40	≥3.50	≥3.50
显气孔率/%	≤18	≤18	≤18	≤18	≤18	≤18	≤18
耐压强度/MPa	≥100	≥100	≥100	≥100	≥100	≥100	≥100
抗热震性能(1100℃,水冷)/次	—	—	≥20	—	≥20	—	≥20
导热系数/$W \cdot (m \cdot K)^{-1}$	≤4.5	≤4.5	≤4.5	≤4.5	≤4.5	≤4.5	≤4.5
线膨胀系数(20~1500℃)/$℃^{-1}$	$\leqslant 9.0\times10^{-6}$	$\leqslant 9.0\times10^{-6}$	$\leqslant 9.0\times10^{-6}$	$\leqslant 9.0\times10^{-6}$	$\leqslant 9.0\times10^{-6}$	$\leqslant 9.0\times10^{-6}$	$\leqslant 9.0\times10^{-6}$

A 耐火性能

氧化铝的熔点为(2045±5)℃，氧化铬的熔点为(2275±25)℃，都是高熔点氧化物。由于 Cr_2O_3 和 Al_2O_3 均为 A_2B_3 型(又称刚玉型)结构，两者离子半径差为 12.3%，高温下两种氧化物可以形成连续 $Al_2O_3-Cr_2O_3$ 固溶体[1]，因此，铬刚玉砖中的相组成主要为刚玉相和 $Al_2O_3-Cr_2O_3$ 固溶体。由 $Al_2O_3-Cr_2O_3$ 二元相图可知

(图 1-20),液相曲线和固相曲线将 Al_2O_3 和 Cr_2O_3 两组分连接起来是两条平滑曲线[2]。在液-固相曲线中,由 Al_2O_3 开始到 Cr_2O_3 是连续升高的,液相出现的温度,随 Cr_2O_3 含量的增加而提高。因此,Cr_2O_3 的引入可以改善刚玉制品在高温下的使用性能而不会产生不良影响[2]。铬刚玉砖具有优异的耐高温性能:耐火度大于1790℃,荷重软化温度大于1700℃。

B 力学性能

相比刚玉制品和高铬制品,铬刚玉砖具有更加优异的力学性能。这是由于铬刚玉砖在烧成过程中所形成的 Al_2O_3-Cr_2O_3 固溶体,使烧后制品形成完整的网状结构,从而提高材料强度,常温下铬刚玉砖的耐压强度均高于150MPa。由于高纯 Al_2O_3-Cr_2O_3 系铬刚玉砖中没有低熔点相,使铬刚玉砖具有优异的高温力学性能。铬刚玉砖的力学性能与 Cr_2O_3 含量有关,研究表明,在 Cr_2O_3 含量为5%~30%的 Cr_2O_3-Al_2O_3 系铬刚玉砖中,常温耐压强度和高温抗折强度随着 Cr_2O_3 加入量的增大而提高,至最高点后又开始下降。Cr_2O_3 加入量为15%时,铬刚玉砖常温耐压强度最大;Cr_2O_3 含量为10%时,铬刚玉砖在1400℃下的抗折强度达到最高。因此,气化炉常用铬刚玉砖中的氧化铬含量在12%~14%,此时铬刚玉砖具有优异的常温和高温力学性能。

C 抗侵蚀性能

氧化铬是抗煤渣和玻璃液等侵蚀最好的氧化物材料,因此,含有一定量氧化铬的铬刚玉砖也具有较好的抗侵蚀性能。随着铬刚玉砖中氧化铬含量的增加,制品的抗侵蚀性能会逐渐提高,图 14-1 显示[3]的是刚玉制品和不同氧化铬含量铬刚玉砖的抗侵蚀试验结果,当 $Cr_2O_3 < 17\%$ 时,铬刚玉砖中 Cr_2O_3 含量越高,熔渣侵入的深度越浅。相比刚玉制品,Cr_2O_3 的引入一方面能降低铬刚玉砖自身组分在煤渣(或各种玻璃熔体)中的溶解度,减少化学侵蚀;另一方面,能够提高制品自身组分与煤渣(或玻璃溶体)反应所生成低熔点相的黏度,从而阻止熔渣沿铬刚玉砖的毛细气孔向内部渗透,避免形成变质层使制品产生结构剥落。

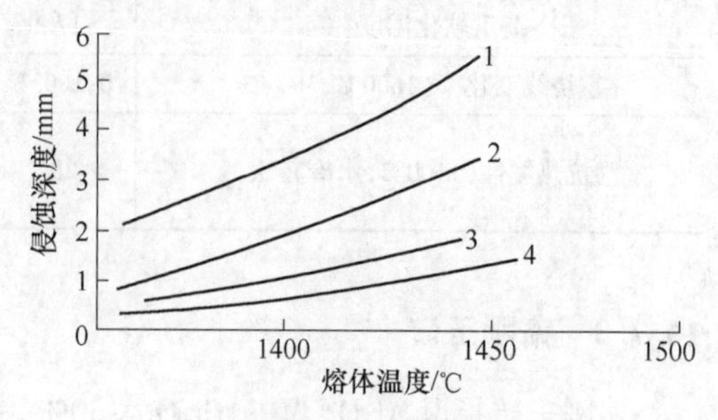

图 14-1 不同 Cr_2O_3 含量铬刚玉砖的抗侵蚀性能对比

1—烧结刚玉制品;2—含 3% Cr_2O_3 的铬刚玉砖;3—含 9.8% Cr_2O_3 的铬刚玉砖;4—含 16.3% Cr_2O_3 的铬刚玉砖

D 抗热震稳定性能

铬刚玉砖的抗热震稳定性能优于高铬制品,在水煤浆气化炉中,由于铬刚玉砖的使用环境温度更低,温度波动也较小,因此热应力对铬刚玉砖的损坏程度较小,一般对铬刚玉砖抗热震稳定性能的要求较低。有资料报道,当制品中氧化铬含量为10%~66%时,随 Cr_2O_3 含量增加,而抗热震性降低。当配料中加入少量氧化锆替代氧化铬时,由于氧化锆在烧成过程中能够产生相变,从而能够通过相变增韧的方式来提高制品的抗热震稳定性能,国内某公司生产的 AKZ 型铬刚玉砖通过引入一定量的氧化锆,使制品的抗热震稳定性能大大提升。目前该产品主要应用于炭黑反应炉、渣油气化炉以及垃圾焚烧炉的特殊部位。

E 显微结构

铬刚玉砖显微结构如图 14-2 所示,氧化铝和氧化铬在高温下反应生成网络状的铝铬固溶体,铝铬固溶体将铬刚玉砖中的颗粒和细粉连接成整体结构,从而使铬刚玉砖具有高的力学性能。为了提高铬刚玉砖的热震稳定性能,会在铬刚玉砖中引入氧化锆形成 Al_2O_3-Cr_2O_3-ZrO_2 系铬刚玉砖。

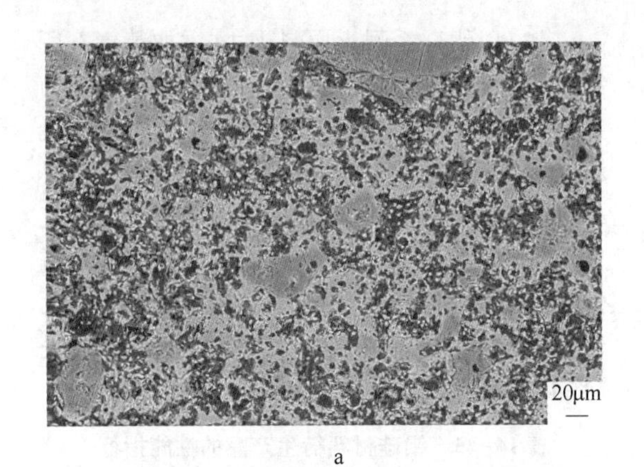

a

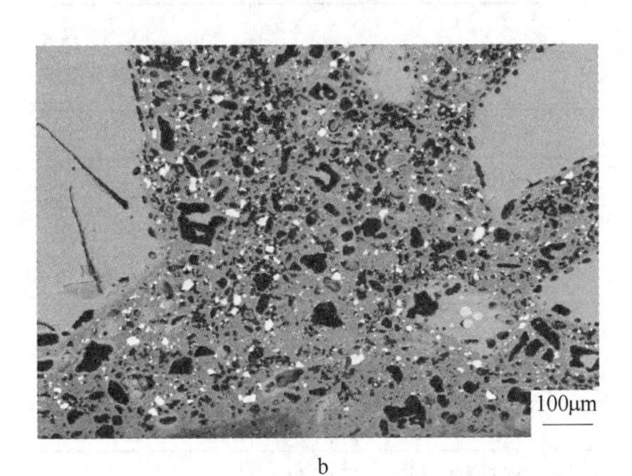

b

图 14-2 铬刚玉砖的显微结构

a—铬刚玉砖；b—含锆铬刚玉砖

14.7.3.2 铬刚玉砖的原料及制备工艺

Cr_2O_3-Al_2O_3 系产品，视其 Cr_2O_3 含量，可以采用不同的配制工艺。当 $Cr_2O_3 \leqslant 15\%$时，可以采用两种方法生产，一是骨料用电熔刚玉，基质为 Cr_2O_3、Al_2O_3 或掺加添加剂；二是骨料和部分细粉可用电熔合成工艺制取的 Cr_2O_3-Al_2O_3 合成料，基质部分为 Al_2O_3、Cr_2O_3、Cr_2O_3-Al_2O_3 合成料或掺加添加剂；若产品中 Cr_2O_3 含量≥20%时，最好采用电熔 Cr_2O_3-Al_2O_3 合成料，它可作骨料或部分细粉用，基质中除了配入部分该合成料外，还有 Cr_2O_3、Al_2O_3 或添加剂。

A 以高纯原料制备铬刚玉砖

以电熔白刚玉颗粒（$Al_2O_3 \geqslant 98\%$）、烧结氧化铝粉（$Al_2O_3 \geqslant 98\%$）、工业氧化铬粉（$Cr_2O_3 \geqslant 99\%$）为原料。泥料制备前先将烧结氧化铝粉和工业氧化铬粉进行预混合，颗粒料和细粉按照一定的颗粒组成级配，混料时依次在混炼机中加入电熔白刚玉颗粒、结合剂和混合粉，混合粉在结合剂的作用下均匀的包裹在颗粒表面，使泥料具有一定的成型塑形。混炼好的泥料在钢制模具中经过压力成型，制备出所需尺寸、形状的坯体。坯体在150℃温度下进行干燥，除去坯体中的自由水，同时使坯体具备足够的运输强度，然后在高温下进行烧成。

高纯铬刚玉砖的制备工艺根据其使用要求可进行灵活的调整。铬刚玉砖需要引入一定量的氧化锆，此时，可按照比例将氧化锆细粉与其他细粉一起进行预混合。在一些较高氧化铬含量的铬刚玉砖中，颗粒料中可引入一定比例的电熔氧化铬颗粒。另外，添加少量的硅酸锆可以改善铬刚玉材料的烧结性能，在显微结构中可以形成包裹几乎全部的氧化锆和玻璃相的铝铬固溶体和刚玉晶体，构成连续的网络结构，大大增强铬刚玉砖的力学性能。

B 以合成铝铬料或铝铬渣制备铬刚玉砖

用电熔法或烧结法，按要求比例配料可以合成出铬刚玉原料，其中电熔法制备的合成料致密度更高，具有更好的抗侵蚀性能。按照铬刚玉砖的组成需求，将合成料可加工成一定粒度的颗粒或细粉，然后按照细粉混合、泥料制备、成型、干燥和烧成等工艺进行坯体制备。对于铬刚玉砖，还有一种原料是铝铬渣。铝铬渣中氧化铝和氧化铬（13%～16%）的合量高，高温性能好，也可以用来制备铬刚玉砖。

铝铬渣是用铝热法生产金属铬的副产品。将高纯的氧化铬与高纯的铝粉经过充分混合后放入反应炉内，用金属镁带点燃。由于金属铝燃烧产生大量的热量，同时金属铝夺取氧化铬中的氧原子被氧化，而氧化铬被还原为金属铬。在高温激烈的化学反应过程中，氧化铝已经变成高温熔液与部分未被还原的氧化铬形成固溶体，即铝铬料[4]。

14.8　铝硅材料的衍生耐火制品

铝硅材料的衍生耐火制品指以铝硅系耐火原料为主,添加其他原料制备的耐火制品。主要有以下几种:

(1)以铝硅系耐火原料为主、添加碳化硅所制备的耐火制品。以高铝矾土熟料、碳化硅为主要原料,通过烧成制备的耐火砖称为高铝碳化硅砖,该制品用于铁水包、干熄焦炉、流化床锅炉等。该添加碳化硅的高铝砖用于水泥窑称其为硅莫砖。在生产工艺上,有的硅莫砖产品可能掺有莫来石、刚玉等耐火原料。在硅莫砖配料方案基础上添加红柱石所制备的砖则称为硅莫红砖。碳化硅的莫氏硬度高达9.5,在高铝砖中加入碳化硅,提高了耐火砖的硬度,从而提高了耐火砖的耐磨性。碳化硅具有很高的热导率和低的线膨胀系数,显著改善高铝砖的抗热震性。同时也提高耐火砖的荷重软化温度和抗侵蚀性。硅莫砖或硅莫红砖使用寿命用于5000t/d新型干法水泥窑的上过渡带达到一年以上。

以高铝矾土熟料、碳化硅为主要原料所制备的不烧高铝砖,曾用于电炉炉顶,提高耐火材料的抗剥落性,比烧成高铝砖使用效果提高30%~50%。以焦宝石为主要原料,添加碳化硅所制备的耐火砖,用于铁水包改善黏土砖的抗侵蚀性。

(2)以铝硅系耐火原料为主、添加镁砂所制备的不烧铝镁砖。以氧化铝含量大于87%的高铝矾土熟料或烧结刚玉原料为主要原料,添加镁砂细粉制备的铝镁不烧砖,用于50~150t钢包、精炼钢包工作衬,均取得良好效果,使用次数达到80~120次。在铝镁不烧砖的基础上添加石墨、酚醛树脂为结合剂,即铝镁碳不烧砖,同样用于钢包包壁,也是包壁主要耐火材料之一。

(3)以铝硅系耐火原料为主、添加堇青石所制备的耐火制品。以低铝莫来石M45、堇青石为主要原料,添加结合黏土等原料,塑性成型和机压成型、高温烧成,制备莫来石-堇青石陶瓷窑具材料。该陶瓷窑具材料,包括中空棚板、立柱、支架、多孔板、匣钵等,具有优良的抗热震性和抗蠕变性等高温使用性能,用于卫生陶瓷、日用陶瓷、建筑陶瓷、微晶玻璃和电子陶瓷等行业窑炉。表14-45是铝硅材料衍生产品的性能指标。

表14-45　铝硅材料衍生产品的性能指标

项　目	硅莫砖	铝镁不烧砖	莫来石-堇青石棚板
$w(Al_2O_3)$/%	65.18	89.26	40~48
$w(SiC)$/%	13.26	—	—
$w(MgO)$/%	—	6.37	5~10
$w(SiO_2)$/%	1.72	—	45~48
气孔率/%	16	10	28
体积密度/$g \cdot cm^{-3}$	2.72	3.09	1.95
耐压强度/MPa	84	86	12抗折
抗热震性(1100℃,风冷)/次	26	—	
荷重软化温度/℃	1634	≥1600	
耐磨性/cm^3	3.7	—	

参考文献

[1] 刘铁,张莫逸. 铬刚玉物相的研究[J]. 理化检验(物理分册),1998(11):7~8.

[2] Takehiko Hirata, Katsunori Akiyama, Hirokazu Yamamoto. Sintering behavior of $Cr_2O_3-Al_2O_3$ ceramics [J]. Journal ofthe European Ceramic Society,2000,20(2):195~199.

[3] 李丹,陈锐. 刚玉制品和铬刚玉制品的应用[J].耐火材料,2001,35(1):31~33.

[4] 吴爱军,王红霞,李焕妞,等. 铬刚玉制品的性能与应用[J]. 耐火材料,2001(3):165~166.

[5] 胡宝玉,等. 特种耐火材料使用技术手册[M]. 北京:冶金工业出版社,2005:173.

15 碱性耐火制品

碱性耐火制品是指以氧化镁和氧化钙为主要成分的耐火制品，主要包括镁砖、镁铬砖、镁铝尖晶石砖、镁白云石砖（镁钙砖）、镁橄榄石砖等。

15.1 镁砖

GB/T 18931—2008 规定 MgO≥80%的碱性制品为镁质制品。ASTM C 455—1997(1999)关于镁砖的分类中，以 MgO 含量将镁砖分为三级：90、95 和 98，其相应级别的 MgO 含量最小值分别为 86%、91%和 96%。按照生产工艺的不同，镁砖又分为烧成镁砖、不烧镁砖和再结合镁砖。

15.1.1 烧成镁砖

烧成镁砖，通常简称为烧镁砖、镁砖，是生产量最大、应用最广的碱性砖。我国菱镁矿质地优良，储量丰富，镁砖质优价廉，在国内外市场享有很高的声誉。

烧成镁砖的生产工艺流程如图 15-1 所示。

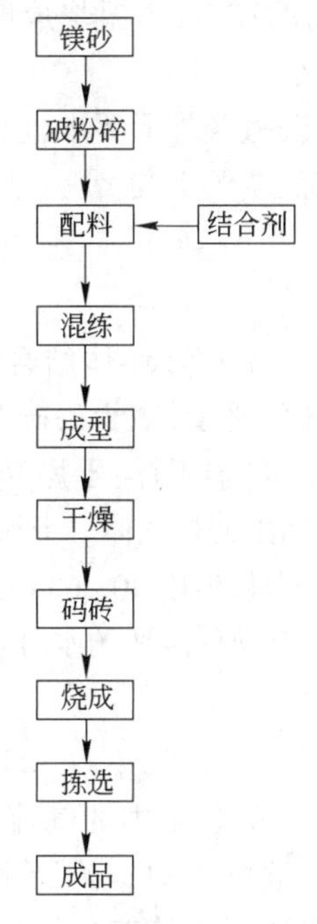

图 15-1 镁砖生产工艺流程

15.1.1.1 生产工艺要点

A 原料

用于生产镁砖的镁砂主要有天然镁砂和海水镁砂两种。我国镁砖绝大部分是由前者制造的。镁砂中的 MgO 含量在 89%~98%之间。我国天然烧结镁砂的理化性能取决于菱镁石的纯度和镁砂生产工艺。各种牌号的烧成镁砖都是以一种或两种镁砂配合生产的。判定烧结镁砂的质量标准主要是颗粒体积密度、MgO 含量、杂质含量和 CaO/SiO_2 比。

B 粒度组成

粒度组成应符合最紧密堆积原理和有利于烧结。临界粒度一般选择 3~5mm，当砖坯外形尺寸偏大时，临界粒度取上限。粒度配比的选择，还应考虑到各粒级料的平衡。当选择两种镁砂配料时，纯度高的优质镁砂以细粉形式加入，以提高制品基质的抗渣侵蚀和渗透性。一个典型的粒度配比是：2.5~0mm，（其中大于 2mm 者不大于 10%，小于 1mm 者不大于 55%）加入 70%~80%，小于 0.088mm（其中小于 0.088mm 者不小于 95%）加入 20%~30%。

C 混练

混练可在 EIRICH 混练机或强力逆流混合机、轮碾机进行。结合剂可采用亚硫酸纸浆废液、卤水、硫酸镁溶液等，加入量约为 3%。后两者混合时的加料顺序为：先加粗颗粒，再加结合剂溶液，混合 1~2min，加细粉，再混合 10~20min。当制砖料中的 CaO 含量高时，可酌情采取困料工艺，以防止砖坯开裂。

D 成型

可采用摩擦压砖机和液压机成型，采用液压机成型时，双面加压，可使坯体密度上下均匀；采用摩擦压砖机成型时，应采用先轻后重、多次加压方式有利于排气，防止砖坯因弹性后效而层裂。压力一般为100～200MPa。坯体密度一般在2.95g/cm^{3}左右。制砖模具的设计，应考虑到砖坯放尺，普通镁砖的放尺率：码砖受压面为1.5%～2.5%，码砖非受压面为0.5%～1.5%。纯度高的镁砖，高温烧成时收缩小，砖坯放尺相应减小。

砖坯尺寸公差及外形要求，应比国家标准和合同对成品的规定更严一些，以提高成品率。

E 干燥

干燥的目的是排除坯体结合剂中的物理水，以提高砖坯的强度，减少码砖和烧成废品。一般采用隧道干燥器干燥，干燥介质通常是从隧道窑冷却带抽出的热气体。干燥介质入口温度100～110℃，出口温度40～60℃，干燥时间一般不小于16h，干燥后砖坯的水分控制在0.8%以下。

F 码砖

码砖密度对隧道窑中的气流分布对烧成制品的质量有重要影响。砖垛密度越大，隧道窑的效率越高。但随着砖垛密度的增加，气体阻力显著增大。烧成1kg制品所需的空气量也越多。砖垛密度越大，有缺陷的制品也越多。

每一种规格的砖都必须具有自己的码装模式。作为经验法则，大约50%的窑炉断面码装制品，50%必须空出，使烟气或冷却空气能顺利穿流砖坯。50%的自由断面应尽可能均匀地分布在砖坯上。侧部空隙（砖坯与窑壁之间）以及顶部空隙（砖坯与窑顶之间）预留合理，如果窑车砖坯在推进方向上过密，气体就会高速穿过侧部空隙和顶部空隙，其后果是砖坯断面上的温差加大以及烟气温度过高，这意味着能量流失。因此，越是形状复杂，外形尺寸大的砖，越应留有足够的空间。还应注意的是，码砖前，应使台车保持干燥、处于完好无损的状态。台车每次通过窑炉之后都要磨修平，以免台车不平对砖造成压痕。如果出现粗糙不平，可用合适的干砂来找平[1]。

G 烧成

镁砖的烧成可在隧道窑或倒焰窑中进行。后者的生产率低，热工制度不易控制，隧道窑是烧成镁砖的最有效、应用最广的热工设备。隧道窑的结构、热工操作、流体力学条件是保证制品性质，实现低能耗高效率的重要条件。

隧道窑的热工制度，主要包括温度制度、压力制度和推车制度，三者又是彼此相关操作的。

a 制品烧成时的物理化学变化

镁砖坯体在隧道窑中不同位置处于不同的温度，在预热带的升温，烧成带的高温、保温，冷却带的降温三个阶段，材料内部发生一系列物理化学变化，俄罗斯镁砖公司对156m长隧道窑烧成碱性制品时发生的变化进行了测定：

预热带：450℃以前随着物理水的蒸发和结合剂（以纸浆废液为例）部分分解，黏性丧失，砖坯失重1.7%～2.0%，强度下降；450～800℃时，纸浆废液中水合物分解，残碳燃烧，砖坯的质量又下降0.6%～0.9%，耐压强度从15～20MPa急剧下降到3～5MPa，显气孔率从15%～17%增加到19%～20%；1000～1200℃时，发生固相反应，出现少量液相，烧结开始，矿物结晶凝聚，体积收缩，制品的强度和密度开始提高。

显然此时制品的烧结致密化过程是从其暴露于热气流的外表开始的。如果在此之前，坯体内的残留碳未完全燃烬，那么在1200℃以后，空气很难再进入坯体内部，多余的残留碳在烧成带阻碍着材料的烧结，在制品中心区形成多孔、低强度的黑、红心区，废品率上升。因此，在预热带保持适宜的升温速度和推车时间是必要的。对于普通型镁砖，加热速度应不低于60～80℃/h，对于单重大于25kg的镁砖应采用更高的供热速度。

烧成带：在烧成带烧嘴前1250～1360℃的区段，制品的烧结进一步强化，液相量增加，方镁石晶体尺寸长大，制品的显气孔率变化不大，耐压强度提高到15～20MPa。

在设置烧嘴的烧成带，普通镁砖的最高烧成温度1550～1580℃，制品内会形成比理论计算多得多的液相，烧结充分进行。显气孔率从20.5%降到18%，耐压强度从50MPa增加到92MPa。由于在烧成带制品内的液相量最多，体积收缩大，此时的加热速度不应太高。为了确保台车上制品受热均匀，烧成带应保持微正压，弱氧化气氛作业。当烧成MgO含量95%~98%的镁砖时，需相应提高最高烧成温度和增加烧嘴数量。

冷却带：镁砖在冷却带出现废品的最危险阶段在1200~1400℃之间。制品从装有烧嘴的烧成带进入没有烧嘴的冷却带，在推车时，温度差高达100℃以上。硅酸盐发生再结晶，弹性模量急剧升高产生很大的热应力，采用60~70℃/h的冷却速度，对于单重小于25kg的普通镁砖是安全的，但对形状复杂和单重大于25kg的镁砖，由于砖密度不均匀以及释放应力能力差，易产生制品断裂。同镁铝砖，镁铬砖相比，镁砖在快速降温时造成的废品多。制品从1000℃继续降温时，其弹性模量增加不大，可以适当加快冷却速度。

b 压力控制

预热带窑内为负压环境，从窑门和窑底吸入冷风，会加剧气体分层，而且还需对冷的台车砌体供热，导致台车上部和下部制品的温度差别过大（最大达400K）。采用双层窑门封闭，窑底抽风制造负压防止冷风入窑以及设置热风气幕搅拌等可以使预热带温差减小。应根据预热带窑内的负压变动，及时相应调整窑底负压，做到"压力平衡"。

烧成带窑内为微正压作业，底部压力的调节应更及时。在烧成带窑内温度很高的情况下，如果窑下压力过大，冷风进入烧成带，不利于高温燃烧，使能耗上升；如果窑下压力过小，烧成带窑内高温气体下拽，则有可能使台车受损，严重时影响台车运行，造成事故。

烧成带前端零压车位的选择及控制应视制品的烧成要求及时调节，当码砖密度大或制品尺寸大，外形复杂时，可将零压车往前移，以利提高预热带的温度。

在冷却带，冷却风量与窑的产量相关。一般来说，当砖垛密度小及缝隙宽度为4cm时，空气/砖的比值等于1，即烧成1kg制品送入1kg空气。显然，当推车时间加快，窑产量增加时，应鼓入更多的空气，此时，窑内压力加大，窑底的压力也应相对提高，反之亦然。

15.1.1.2 特性

镁砖的耐火度达2000℃以上，而荷重软化温度随胶结相的熔点及其在高温下所产生液相的数量不同而有很大差异。一般镁砖的荷重软化开始温度在1520~1600℃之间，而高纯镁砖可达1800℃。镁砖的荷重软化开始温度与坍塌温度相差不大。1000~1600℃下镁砖的线膨胀率一般为1.0%~2.0%，并近似呈线性。在耐火制品中，镁砖的热导率较高，随温度的升高而降低。在1100℃和水冷条件下，镁砖的抗热震性仅为1~2次。镁砖可抵抗含氧化铁和氧化钙等碱性渣的侵蚀，但不耐含氧化硅等酸性渣侵蚀，因此使用时不能与硅砖直接接触，一般要以中性的砖隔开。常温下镁砖的导电率很低，但到高温时，如1500℃就不可忽视了，在用于电炉炉底，尤其是在潮湿时应引起注意。

镁砖显微结构其实就是镁砂显微结构的组合。采用一种镁砂制造的镁砖显微结构最简单，只不过基质部分比较疏松，气孔较多罢了。不同级别镁砂制成的镁砖，其显微结构差别明显。采用杂质含量高的镁砂制造的镁砖，硅酸盐相多，MgO晶体呈圆形，直接结合率低。原料杂质含量少，采用超高温烧成的镁砖，硅酸盐减少，直接结合率高，MgO含量98%以上的镁砖中，MgO晶体呈自形、半自形晶。真正的晶间直接结合，只有在不含硅酸盐和晶间气孔的材料中方能达到最大限度。

镁砖的性能，因采用原料、生产装备、工艺措施不同有很大的差别。表15-1列出国标GB/T 2275—2017规定的镁砖的理化性能。表15-2列出建材行业标准JC/T 924—2003规定的玻璃窑用镁砖的理化性能，表15-3为国内外两家耐火公司镁砖的典型性能。

表 15-1　GB/T 2275—2017 镁砖

项目		指标						
		M-98	M-97A	M-97B	M-95A	M-95B	M-91	M-89
$\omega(MgO)$/%	μ_0	≥97.5	≥97.0	≥96.5	≥95.0	≥94.5	≥91.0	≥89.0
	σ	1.0					1.5	
$\omega(SiO_2)$/%	μ_0	≤1.00	≤1.20	≤1.50	≤2.00	≤2.50	—	—
	σ	0.30						
$\omega(CaO)$/%	μ_0	—	—	—	≤2.00	≤2.00	≤3.00	≤3.00
	σ	0.30						
显气孔率/%	μ_0	≤16	≤16	≤18	≤16	≤18	≤18	≤20
	σ	1.5						
体积密度/g·cm^{-3}	μ_0	≥3.00	≥3.00		≥2.95		≥2.90	≥2.85
	σ	0.03						
常温耐压强度/MPa	μ_0	≥60	≥60		≥60		≥60	≥50
	X_{min}	50	50		50		50	45
	σ	10						
0.2MPa 荷重软化开始温度/℃	μ_0	≥1700	≥1700		≥1650		≥1560	≥1500
	σ	15						
加热永久线变化（1650℃×2h）/%	X_{min}~X_{max}	1650℃×2h −0.2~0			1650℃×2h −0.3~0		1650℃×2h −0.5~0	1650℃×2h −0.6~0

表 15-2　JC/T 924—2003 玻璃窑用镁砖

项目	MZ95 直形砖	MZ95 筒形砖	MZ97 直形砖	MZ97 筒形砖	MZ98 直形砖	MZ98 筒形砖
$w(MgO)$/%	≥95	≥95	≥97	≥97	≥98	≥98
$w(SiO_2)$/%	≤2.0	≤2.0	≤1.2	≤1.2	≤0.6	≤0.6
$w(CaO)$/%	≤2.0	≤2.0	≤1.5	≤1.5	≤1.0	≤1.0
体积密度/g·cm^{-3}	≥2.95	≥2.92	≥3.0	≥2.98	≥3.05	≥3.02
显气孔率/%	≤17	≤18	≤16	≤17	≤16	≤17
耐压强度/MPa	≥60	≥40	≥60	≥50	≥60	≥50
荷重软化点/℃	≥1680	≥1650	≥1700	≥1670	≥1700	≥1700
热震稳定性风冷/次	≥10	≥10	≥10	≥10	≥10	≥10
线膨胀率	提供实测线膨胀曲线					

表 15-3　两家公司镁砖的典型性能

项目	化学组成/%					显气孔率/%	体积密度/g·cm^{-3}	耐压强度/MPa	荷重软化点/℃	线膨胀率/%		热导率/W·(m·K)$^{-1}$	
	MgO	CaO	SiO_2	Al_2O_3	Fe_2O_3					1000℃	1400℃	500℃	1000℃
QMZ91	92.5	1.5	3.5	1.0	1.1	17	2.94	95	1580	1.3	1.8	5.6	4.2
QMZ93	93.4	1.5	2.8	0.8	1.0	17	2.94	95	1630	1.3	1.8	5.6	4.2

续表 15-3

项目	化学组成/%					显气孔率	体积密度	耐压强度	荷重软	线膨胀率/%		热导率/W·(m·K)$^{-1}$	
	MgO	CaO	SiO_2	Al_2O_3	Fe_2O_3	/%	/g·cm^{-3}	/MPa	化点/℃	1000℃	1400℃	500℃	1000℃
QMZ95	94.7	1.47	2.0	0.8	0.84	16	2.94	95	1640	1.3	1.8	5.6	4.2
QMZ96	95.7	1.4	1.8	0.6	0.8	16	2.95	95	1700	1.1	1.6	6.7	4.0
QMZ97	96.7	1.0	0.8	0.2	0.7	16	2.96	90	1700	1.1	1.6	6.7	4.0
QMZ98	97.6	0.9	0.7	0.2	0.6	16	2.96	90	1700	1.1	1.6	6.7	4.0
A-T85	93.0	2.6	0.5	0.2	0.1	14	3.07	>60	1750	1.34	1.98	6.2	3.3
A-T25	95.0	2.3	0.5	0.1	1.8	14	3.04	>50	1750	1.34	1.98	5.3	3.3
A-T17	97.0	2.0	0.5	0.1	0.2	16	2.98	>30	1750	1.34	1.95	5.1	3.0

15.1.1.3 用途

镁砖因其高温性能好,抗冶金炉渣能力强,被广泛应用于钢铁工业炼钢炉衬、铁合金炉、混铁炉;有色工业炼铜、铅、锡、锌的炉衬;建材工业石灰煅烧窑;玻璃工业蓄热室格子体和民用换热器;耐火工业的高温煅烧窑,如煅烧镁砂的高温竖窑,烧成碱性耐火砖的高温隧道窑等。

15.1.2 再结合镁砖

采用电熔镁砂为原料,是再结合镁砖的工艺基础,因而也称其为电熔镁砖,同烧结镁砂比,电熔镁砂的 MgO 含量高,体积密度大,气孔率低,结晶尺寸也大。

再结合镁砖需要高压成型、超高温(1800℃)烧成。为了提高耐冶金炉渣侵蚀性,再结合镁砖烧成后可进行真空浸渍沥青处理。用于浸渍的中温沥青应有较高的软化点(较高的残碳量)和较少的固体粒子(喹啉不溶物较低),以免堵塞气孔。浸渍前,先将镁砖预热到200℃左右,放入浸渍缸,密封,抽真空,然后注入热的脱水液体沥青,再加压保压,使浸渍剂进入制品中心部位。

再结合镁砖的显微结构特征基本与电熔镁砂的结构相同,方镁石-方镁石直接结合程度高,MgO 含量97%的电熔镁砖,方镁石晶间可见薄膜状硅酸盐胶结相,薄膜厚度在 1~10μm 之间。含 MgO 98%的原料,方镁石晶间的硅酸盐很少,胶结膜厚 1~2μm。MgO 含量达到 99%时,很难观察到硅酸盐相。表 15-4 列出几种再结合镁砖的典型性能。可看出,再结合镁砖的致密度高、高温性能优良,其耐水化性能也优于普通镁砖。再结合镁砖的缺点是热震稳定性较差。

表 15-4 再结合镁砖的性能

项 目	化学组成/%					显气孔率	体积密度	耐压强度	荷重软化
	MgO	CaO	SiO_2	Al_2O_3	Fe_2O_3	/%	/g·cm^{-3}	/MPa	点/℃
QDMZ96	96.3	1.3	1.2	0.3	0.8	15	3	90	1700
QDMZ97	97.1	0.97	0.97	0.32	0.89	14	3.1	90	1700
QDMZ98	97.7	0.63	0.58	0.22	0.59	14	3.1	90	1700
QDMZ97 油浸烧失量=4.26	93.03	1.05	0.73	0.26	0.68	1	3.23	120	1700
QDMZ97.5 油浸烧失量=4.33	93.11	0.82	0.8	0.34	0.56	1	3.25	120	1700

再结合镁砖常用于渣蚀和磨损严重的炼钢炉出钢口、有色冶金炉渣线、混铁炉出铁口、玻璃窑蓄热室格子体上部和燃烧室上部。

再结合镁砖原料成本高,售价昂贵,为了降

低生产成本,在满足使用需要的前提下,也有在烧结镁砂中加入部分电熔镁砂制砖的,此时制品被称为半再结合镁砖。

15.1.3 化学结合镁砖

加入化学结合剂制成的不经烧结的镁砖,又称不烧镁砖。不烧碱性砖的应用首先开始于美国。1920 年,麦卡卢姆(Maccalwm)介绍了“铁盒”镁砖在平炉的使用情况,1914 年,他取得了该项专利技术。由于省去了烧成工序,工艺简单,成本较低。其性能基本与烧成镁砖相近,但由于未经烧成,使用前未形成陶瓷结合,在 800~1300℃时强度较低,使用时在砖中形成薄弱带,可导致砖的剥落或损坏;又因添加的化学结合剂,一般在砖中形成低熔物,导致制品高温强度和抗渣性的降低。除无烧成工序外,不烧镁砖的制造方法与烧成镁砖相似。添加的化学结合剂有水玻璃、六偏磷酸钠和聚磷酸钠等。采用聚磷酸钠作结合剂时,镁砂中要有足够的氧化钙,形成以磷酸钙为组成的产物,有利于提高高温强度。化学结合镁砖在历史上曾用于电炉侧墙、玻璃窑蓄热室格子体及水泥窑衬等。

15.1.4 镁锆砖

在镁质材料配料中,加入 ZrO_2 有 3 种方法,即直接加入法、预合成法和表面涂覆法。直接加入法是根据 MgO/ZrO_2 比和纯度要求,从工业 ZrO_2、斜锆石、脱硅锆、锆英石等含锆原料中选择合适的材料,在镁砖配料中,直接加入;预合成法系用电熔法或烧结法先生产出 $MgO-ZrO_2$ 砂,再将其以一定比例加入镁砖配料中;表面涂覆法系将镁砂颗粒表面以 ZrO_2 为主成分的耐火材料涂覆,每个颗粒表面形成均匀的 ZrO_2 薄层。

与纯 MgO 材料比,加入 ZrO_2 有利于烧结,镁锆砖能在相对较低的温度下烧成。由 $MgO-ZrO_2$ 二元系相图可看出 $MgO-ZrO_2$ 间无化学反应,没有二元化合物。$MgO-ZrO_2$ 烧结材料为二相结构。高温下,MgO 有限固溶到 ZrO_2 晶格中,对 ZrO_2 起稳定作用,同时 ZrO_2 也在一定程度上固溶到方镁石晶格中。随着 ZrO_2 加入量的增加,$MgO-ZrO_2$ 制品的各项物理性能有如下变化:体积密度提高、气孔率下降、常温和高温强度提高。

$MgO-ZrO_2$ 材料显示出较高的高温强度,其原因一方面是引入 ZrO_2,相对减少了晶界杂质的数量,从而提高了晶界软化温度和在应力作用下产生塑性变形的温度[2]。另一方面,由于 MgO 和 ZrO_2 二相在线膨胀系数、弹性模量等性能上的不同,随着温度的升高,残余内应力的消失,显微裂纹的弥合等起着两相复合的强化作用。

ZrO_2 加入对 MgO 材料的热震稳定性有一定的改善作用,并随着 ZrO_2 含量增加而提高。

用 $\Delta T = 1000$℃ 的水冷法测定试样的抗热震性,结果表明,未加 ZrO_2 的试样出现裂纹的次数为一次,加 ZrO_2 的为 2~3 次,而且随着 ZrO_2 加入量的增加而增加。

加入 ZrO_2,从宏观上讲,降低了材料的线膨胀系数,从微观上讲,由于 MgO 和 ZrO_2 在物理性能上的差异,导致在材料内部产生微裂纹。在热震时,它能吸收主裂纹扩展时的应变能,抑制和减缓裂纹扩展,从而提高了材料的热震稳定性。

加入少量 ZrO_2 的 $MgO-ZrO_2$ 烧成制品显微结构分析表明,有些球状的小颗粒 ZrO_2 被 MgO 晶体包裹,有些 ZrO_2 颗粒呈不规则形状的团聚体,与 MgO 晶体交错分布,形成 MgO 与 ZrO_2 二相结构。随着 ZrO_2 加入量的增加,ZrO_2 团聚体的尺寸增大。反之,MgO 晶体尺寸有减小的趋势。当 ZrO_2 加入量很少时,ZrO_2 成为 MgO 晶体的包裹体,有利于 MgO 晶体的长大,成为促进 MgO 晶体发育的添加剂。当 ZrO_2 加入量较多时,一部分进入晶内,一部分在 MgO 晶体间形成 ZrO_2 团聚体,这种 ZrO_2 团聚体对 MgO 晶界迁移有一定的“钉扎”作用,这就影响了 MgO 晶体的长大,在同温度下烧成的试样,含锆制品中的 MgO 晶粒明显小于不含锆的制品。

处在含锆制品中的 ZrO_2 团聚体,在烧成过程中有迁移、聚集的趋势,小的 ZrO_2 团聚体经扩散、熔解、沉积过程逐步消失,较大的 ZrO_2 团聚体逐步长大,在 MgO 颗粒间形成更大的 ZrO_2 团聚体。

国内外几种镁锆砖的理化性能列于表15-5。表中D为水泥窑高温带使用产品。镁锆砖在水泥窑高温区使用时，其挂窑皮性能不及含ZrO_2白云石砖、镁白云石砖，热震稳定性优于白云石砖及镁白云石砖，但仍逊色于镁尖晶石砖。QM、QT是某公司为国内引进石灰窑装置生产的镁锆砖。

表15-5　镁锆砖的理化性能

项　目		D	QM	QT
显气孔率/%		15.0	15	13
体积密度/g·cm^{-3}		2.96	2.98	3.11
耐压强度/MPa		80	70	80
荷重软化点/℃		1700	1680	1700
化学成分/%	SiO_2		0.9	0.8
	Al_2O_3		0.4	0.3
	Fe_2O_3		0.7	0.6
	CaO	1.4	1.2	0.9
	MgO	95	93	96.2
	ZrO_2	1.8	3	1.4

15.2　$MgO-Cr_2O_3$制品

以方镁石和镁铬尖晶石为主晶相的碱性耐火制品称作镁铬砖。ISO 1109按主要化学成分的极限含量划分镁铬系制品，镁铬砖：$55\% \leq MgO < 80\%$；铬镁砖：$25\% \leq MgO < 55\%$；铬砖：$Cr_2O_3 \geq 25\%$，$MgO \leq 25\%$。ASTM C455将铬砖、镁铬砖、铬镁砖按MgO含量分为6个等级：30、40、50、60、70、80，其相应的MgO百分含量最小值分别为25、35、45、55、65、75，并注明，铬砖是基本上或全部由铬矿制造。通常用于生产$MgO-Cr_2O_3$系制品的原料主要为镁砂、铬矿、合成镁铬砂，有时加入少量添加剂。不同MgO含量(一般大于89%)的烧结镁砂和电熔镁砂，与不同Cr_2O_3含量的耐火级铬矿、铬精矿、烧结或电熔合成的镁铬砂相配合(有时加入少量铬绿)，生产出品种牌号很多的镁铬制品，现今商业交往流行最广的品种有镁铬砖，直接结合镁铬砖，再结合(半再结合)镁铬砖，不烧镁铬砖等。

15.2.1　普通镁铬砖

普通镁铬砖一般是由烧结镁砂(MgO含量89%~92%之间)和耐火级铬矿为原料生产的，由于杂质多，耐火晶粒间为硅酸盐结合。国内通常所说的镁铬砖，一般是指烧成的普通镁铬砖，亦称硅酸盐结合镁铬砖，简称镁铬砖。

生产镁铬砖所用铬矿的Cr_2O_3含量一般在33%以上。铬矿和镁砂的加入比例，根据产品对Cr_2O_3含量的要求和铬矿中Cr_2O_3实际含量计算确定。粒级的选择以产品的使用环境而调整。最通常的做法是将铬矿以颗粒组分加入，镁砂以细粉和部分颗粒组分加入。在强调镁铬砖热震稳定性时，常加大铬矿的颗粒极限或增加铬矿粗颗粒的比例；当强调镁铬砖的抗侵蚀性时，以镁砂与部分铬矿共磨细粉的形式加入。

一种镁铬砖的典型配料为：新疆铬矿2.0~0mm加入25%~35%；镁砂3~0mm加入40%~45%；镁砂小于0.088mm加入20%~30%。

一种热稳定性镁铬砖的配料为：新疆铬矿3~1mm加入35%；镁砂3~0mm加入30%；镁砂小于0.088mm加入35%。

镁铬砖的混练、成型、干燥与镁砖相同。

由于铬矿中通常含有低价铁，当以亚硫酸纸浆废液为结合剂成型时，残留碳不易在预热带燃烬，镁铬砖的码砖应留较大的火道，适当减小码砖密度，并提高砖坯在预热带的供热速度。

镁铬砖应在尽量高的温度下烧成。因为镁铬砖的显微结构和性能受烧成温度的影响很大。烧成温度在1550℃时，制品的显微薄片显示：铬矿都被硅酸盐镶边围绕着。方镁石晶体，特别是基质部分的方镁石晶体也同样被硅酸盐薄膜包围。铬矿颗粒周围的硅酸盐镶边来源于脉石矿物。这些脉石存在于解理裂缝和晶体边界处，组成不定，通常为CaO/SiO_2比小于2的镁硅酸盐，在约1200℃时，熔化为液相迁移至铬矿粒子表面，并在那里与镁砂基质反应，形成镁橄榄石。当加热到1500℃时，铬矿粒子的硅酸盐镶边扩大不多，只是晶体有些发育，镁砂部分的方镁石晶体基本未变。当由1500℃加热到

1600℃时，铬矿粒子镶边硅酸盐的一部分离开铬矿粒子移入基质，使得基质中方镁石结晶外的硅酸盐薄膜变厚，并使大颗粒铬矿粒子周围形成裂隙。同时，看到方镁石有一些结晶作用，并能找到少量的次生尖晶石晶体。当温度提高到1700℃时，方镁石-方镁石和方镁石-尖晶石的直接结合变得明显，而硅酸盐则被挤向方镁石晶粒间的孔隙中，形成“孤岛”。直接结合率的提高，对制品的高温强度及抗渣性都是有利的，但由于制品中有较多的硅酸盐相，在1700℃下烧成时，液相量多，烧结剧烈，制品收缩变形加大，制品的成品率得不到保证。因此，普通镁铬砖的最高烧成温度一般在1550~1600℃之间，在保证制品外形精度前提下，烧成温度应尽量高一些。

镁铬砖的耐火度大于2000℃，荷重软化点一般在1530℃以上，高温体积稳定性好，耐急冷急热性比镁砖强。表15-6列出了YB/T 5011—2014规定的镁铬砖的理化性能。表15-7列出某公司几种镁铬砖的理化性能，带“B”字母者为不烧镁铬砖。

表15-6 YB/T 5011—2014镁铬砖

项 目		指 标					
		MGe-16A	MGe-16B	MGe-12A	MGe-12B	MGe-8A	MGe-8B
$w(MgO)$/%	μ_0	≥50	≥45	≥60	≥55	≥65	≥60
	σ	2.5					
$w(Cr_2O_3)$/%	μ_0	≥16	≥16	≥12	≥12	≥8	≥8
	σ	1.5					
显气孔率/%	μ_0	≤19	≤22	≤19	≤21	≤19	≤21
	σ	1.5					
常温耐压强度*/MPa	μ_0	≥35	≥30	≥25	≥35	≥30	≥25
	X_{min}	30	20	30	25	30	25
	σ	15					
荷重软化开始温度(0.2MPa，$T_{0.6}$)/℃	μ_0	≥1650	≥1550	≥1650	≥1550	≥1650	≥1530
	σ	20					

*耐压强度所测单值应均大于X_{min}规定值。

表15-7 普通镁铬砖的典型性能

项目	化学组成/%						显气孔率/%	体积密度/g·cm^{-3}	耐压强度/MPa	荷重软化点/℃
	MgO	Cr_2O_3	CaO	SiO_2	Al_2O_3	Fe_2O_3				
QMGe6	80	7	1.2	3.8	4.5	4	17	3	55	1600
QMGe8	72	10	1.2	4	6.5	4.8	18	3	55	1600
QMGe12	70	13	1.2	4	6	5.5	18	3.02	55	1600
QMGe16	65	17	1.2	4.2	6	6.5	18	3.05	50	1600
QMGe20	56	22	1.2	3	10.5	7.3	19	3.07	50	1620
QMGe22	49	24	1.2	4.5	11	10	20	3.02	55	1620
QMGe26	45	27	1.2	5	12	10	20	3.1	45	1620
QMGeB8	71	9.6	1.5	3.5	6	8.5	12	3.1	80	1570
QMGeB10	67	12	1.5	3.8	6.5	9	12	3.1	80	1570

普通镁铬砖生产工艺简单，售价便宜，被广泛应用于水泥回转窑（Cr_2O_3含量很少超过14%），玻璃窑蓄热室，炼钢炉衬，精炼钢包永久层，有色冶金炉，石灰窑，混铁炉及耐火材料高温窑炉内衬等。

15.2.2 直接结合镁铬砖

直接结合镁铬砖一般是指由杂质含量较低的铬矿和较纯的镁砂，在1700℃以上的温度下烧成的制品，主晶相之间多为直接接触。直接结合作为一个显微结构参数，不仅可以应用于镁铬材料，也可应用于其他材料。直接结合概念首先是由镁铬材料提起的，冶金企业及其所属耐火厂一般认为直接结合镁铬砖的SiO_2含量应低于2%，荷重软化点应大于1650℃，最好大于1700℃。黑色冶金行业标准YB/T 5011—2014对直接结合镁铬砖理化性能要求见表15-8。

表15-8 YB/T 5011—2014直接结合镁铬砖

项目		指标						
		ZMGe-16A	ZMGe-16B	ZMGe-12A	ZMGe-12B	ZMGe-8A	ZMGe-8B	ZMGe-6
$w(MgO)/\%$	μ_0	≥60	≥58	≥68	≥65	≥75	≥70	≥75
	σ	2.5						
$w(Cr_2O_3)/\%$	μ_0	≥16	≥16	≥12	≥12	≥8	≥8	≥6
	σ	1.5						
$w(SiO_2)/\%$	μ_0	≤1.5	≤2.5	≤1.5	≤2.5	≤1.5	≤2.5	≤2.5
	σ	0.3						
显气孔率/%	μ_0	≤18	≤18	≤18	≤18	≤18	≤18	≤18
	σ	1.5						
常温耐压强度*/MPa	μ_0	≥40	≥40	≥45	≥45	≥45	≥45	≥45
	X_{min}	35	35	35	35	35	35	35
	σ	15						
荷重软化开始温度（0.2MPa，$T_{0.6}$）/℃	μ_0	≥1700	≥1650	≥1700	≥1650	≥1700	≥1650	≥1700
	σ	20						
抗热震性/次		提供数据						

注：抗热震性可根据用户需求进行检测。

* 耐压强度所测单值应均大于X_{min}规定值。

直接结合镁铬砖和普通镁铬砖生产工艺的主要区别在于前者采用杂质含量少的原料和比较高的温度烧成。

用于生产直接结合镁铬砖的镁砂，MgO含量一般大于95%，最好大于97%，颗粒体积密度3.25g/cm^{3}左右，铬矿中的SiO_2含量一般限定在3%以下，采用铬精矿时，SiO_2含量可低于1.0%。根据不同的需要和用途，有时可选用1~2种镁砂和1~2种铬矿进行配料。水泥窑用直接结合镁铬砖，一般以镁砂作细粉料和部分颗粒料，而以铬矿作颗粒料配入，Cr_2O_3含量为3%~14%；用作冶金炉衬的直接结合镁铬砖，有时需要Cr_2O_3含量尽量高一些（如20%），当以较纯镁砂和铬矿共磨细粉作基质时，制品烧成时往往发生膨胀产生裂纹废品。因此，基质细粉中的铬矿含量应控制在烧成许可的范围内。

直接结合镁铬砖的最高烧成温度因原料的纯度和烧结程度而异，镁砂的烧结程度越高，配料中的杂质成分越少，越有可能实现超高温烧成。直接结合镁铬砖通常采用1700℃以上的高温烧成。

由于 MgO 含量95%的镁砂(MS95)俗称为中档镁砂,以此镁砂生产的直接结合镁铬砖也有称为中档镁铬砖的。

直接结合镁铬砖的化学成分中,杂质成分少,耐火物晶粒之间直接结合率高,因而抗渣性和高温性能好。直接镁铬砖的热震稳定性优良,1100℃水冷达到4~10次。表15-9列出了几种直接结合镁铬砖的典型性能。

表15-9 几种直接结合镁铬砖的典型性能

项目	化学组成/%						显气孔率/%	体积密度/$g \cdot cm^{-3}$	耐压强度/MPa	荷重软化点/℃	热膨胀率/%	
	MgO	Cr_2O_3	CaO	SiO_2	Fe_2O_3	Al_2O_3					1000℃	1600℃
QZHGe4	85	5.5	1.1	1.3	3.5	3	18	3.02	50	1700	1	1.8
QZHGe8	77	9.1	1.4	1.2	4	6.4	18	3.04	50	1700	1	1.8
QZHGe10	75.2	11.5	1.2	1.3	6.4	4.2	18	3.05	55	1700	1	1.8
QZHGe12	74	14	1.2	1.2	3.5	5	18	3.06	55	1700	1	1.8
QZHGe16	69	18	1.2	1.5	4.5	5.7	18	3.08	55	1700	0.9	1.6

直接结合镁铬砖应用于水泥回转窑、炼钢电炉衬、精炼炉(RH上部槽、下部槽永久衬、VOD炉包壁)、有色冶金炉、玻璃窑蓄热室、石灰窑、混铁炉等。

15.2.3 再结合(半再结合)镁铬砖

通常人们把由电熔镁铬砂制作的镁铬砖称为再结合镁铬砖,而将加入部分电熔镁铬砂的制品称为半再结合镁铬砖。从显微结构高温晶相直接结合这一特点出发,再结合、半再结合镁铬砖是直接结合率更高的直接结合砖。

15.2.3.1 生产工艺要点

A 原料

采用合成镁铬砂是生产再结合、半再结合镁铬砖的工艺基础。合成镁铬砂有烧结法和电熔法两种。由于电熔合成法生产工艺简单,熔融温度高,物相反应充分,气孔少,料的致密度高,在国内应用较广。

B 配料

再结合镁铬砖,可用一种电熔镁铬砂作原料,也可选用两种电熔镁铬砂制作。基质组分Cr_2O_3含量高,有利于提高基质部分的直接结合程度和增加二次尖晶石的数量,使制品的抗渣性和高温性能提高。

当需要制品有较高的热震稳定性时,可增加再结合镁铬砖配料中粗颗粒的比例,也可加入部分镁砂或铬矿,后者也就变成了半再结合镁铬砖的配料。随着电熔镁铬砂加入量的减少,制品的热震稳定性提高,但密度、强度、抗渣性下降。

C 混练、成型、干燥

再结合(半再结合)镁铬砖的混练、成型、干燥与镁砖相同。

D 码砖与烧成

再结合(半再结合)镁铬砖的坯体密度高,一般大于3.30g/cm^3,当制品的Cr_2O_3、Fe_2O_3含量高或形状复杂、尺寸大时,易产生裂纹和黑(红)心废品,码砖密度应适当减小。

再结合镁铬砖应在尽可能高的温度下烧成,制品的致密度、高温强度、二次尖晶石数量都同烧成温度的提高正相关。含Cr_2O_3 20%以上的再结合镁铬砖最好在1800~1850℃下超高温烧成;延长制品在高温区段的保温时间,控制较小的冷却速度,在氧化气氛(较高的氧分压)下烧成,会促使晶粒长大,使二次尖晶石的析出量增多,热稳定性改善,高温抗折强度提高,各项物理性能改善。

15.2.3.2 特性

再结合(半再结合)镁铬砖的纯度高,杂质(SiO_2、CaO、Fe_2O_3)含量少;显气孔率低,透气度小,体积密度高;高温强度高,体积稳定性好;显微结构特征为方镁石、方镁石固溶体、铬尖晶石固溶体的直接接触，硅酸盐相呈孤离分布。表15-10列出了再结合(半再结合)镁铬砖的性能，Q字者为国内某公司产品，其他为国外同类产品。表15-11是对普通镁铬砖、直接结合镁铬砖、再结合(半再结合)镁铬砖主要性能及价格的定性比较。

表 15-10 再结合(半再结合)镁铬砖的典型性能

项目	化学组成/%						显气孔率	体积密度	耐压强度	荷重软	线膨胀率/%	
	MgO	Cr_2O_3	CaO	SiO_2	Al_2O_3	Fe_2O_3	/%	$/g \cdot cm^{-3}$	/MPa	化点/℃	800℃	1460℃
QBDMGe12	75	15	1.3	1.5	3	4	16	3.18	50	1700	0.7	1.4
QBDMGe18	68	19	1.3	1.5	4	5.5	15	3.23	60	1750	0.7	1.4
QBDMGe20	65	20.5	1.3	1.7	4.2	7	15	3.26	60	1750	0.7	1.4
QDMGe20	66	20.5	1.2	1.4	4	6.5	14	3.28	65	1750	0.7	1.4
QDMGe22	63	22.5	1.2	1.4	4.5	7.5	14	3.23	65	1750	0.7	1.4
QDMGe28	53	28	1.2	1.4	4	10	14	3.35	65	1750	0.7	1.4
Radex-DB60	62	21.5	0.5	1	6	9	18	3.2		1750		
Radex-BCF-F-11	57	26	0.6	1.2	5.7	9	<16	3.3		1750		
ANKROMS52	75.2	11.5	1.2	1.3	6.4	4.2	17	3.38	90	1750	0.95	1.47
ANKROMS56	60	18.5	1.3	0.5	6	13.5	12	3.28	90	1750	0.95	1.47
RS-5	70	20		<1	4	5	13.5	3.28			0.95	

表 15-11 几种烧成镁铬砖的性能及价格比较

项目	普通镁铬砖	直接结合镁铬砖	半再结合镁铬砖	再结合镁铬砖
电熔镁铬砂	不加	少加或不加	加入较多	很多至100%
显气孔率	高	中等	较低	很低
体积密度	低	中等	较高	很高
高温强度	低	中等	较高	很高
抗蚀性	一般	较好	很好	最好
热稳定性	好	好	好	较差
价格	低	中等	高	很高

15.2.3.3 用途

再结合(半再结合)镁铬砖广泛应用在冶金炉渣蚀最严重的部位，如炉外精炼装置AOD炉风眼区，RH炉真空室下部槽及浸渍管，VOD炉渣线，重有色冶金(铜、铅、锡、镍等)转炉风口区，闪速炉反应塔、沉淀池，阳极炉渣线、艾萨炉渣线、贫化电炉渣线及出渣口，碱性耐火材料窑炉高温带等。

15.2.4 化学结合镁铬砖

以普通镁砂和铬矿为原料，加入化学结合剂，砖坯不经高温烧成，只经过低温处理的制品，称为化学结合镁铬砖，也称不烧镁铬砖。不烧镁铬的性能是见表15-7中带“B”字母者。

不烧镁铬砖采用的原料及配料、混练、成型等与硅酸盐结合镁铬砖相同。其结合剂的选择，除采用镁质烧成砖通常使用的亚硫酸纸浆废液、卤水、硫酸镁溶液外，还可加入水玻璃，可溶性铬酸盐和少量黏土、氧化铁粉等。为了防止镁铬砖的剥落，提高整个砌体的结构牢固程度，制品外表面可包覆铁皮。加热时，铁皮缓慢氧化，同时产生膨胀，有利于抵消砖的烧结收缩,而随后氧化铁与镁砂形成铁酸镁的反应则使方镁石跨越原砖表面交错长大,因而得到一种近乎整体的结构。包履铁皮,会给成型带来困难,应合理地设计切割铁皮,在铁皮上予冲剪出倒三角刺,使三角刺垂直铁皮板面插入料中,增加铁皮与砖料结合的强度。铁皮厚度一般为1~1.5mm。

不烧镁铬砖在热工窑炉使用中,逐渐实现烧结,表现出抗渣性和高温性能。由于其所处环境温度不足以恰到好处地保证制品的烧结层厚度,而且有些结合剂含有较多的杂质,不烧镁铬砖的综合性能不如烧成制品,但由于省去了烧成费用,价格便宜,在要求不太苛刻的场所,如湿法水泥回转窑、某些电炉炉墙仍在使用。

15.3 $MgO-Al_2O_3$制品

在$MgO-Al_2O_3$二组分系统的相平衡图中,MgO的熔点2800℃,Al_2O_3的熔点2050℃。本系统形成一个二元化合物镁铝尖晶石(MA),熔点为2105℃,它将相图分成具有低共熔点E_1(1995℃)和E_2(1925℃)的两个子系统。MA与MgO和Al_2O_3之间彼此都能部分互溶,形成有限固溶体,在低共熔温度时,固溶度最大。由图看出,不同MgO/Al_2O_3的配料设计,均可获得较高耐火度的镁铝制品,配料组成偏向MgO一侧时,制品的耐火性能更好。$MgO-Al_2O_3$制品是现今代替镁铬制品的最有竞争力的产品之一。我国丰富的菱镁矿和铝土矿资源,是发展镁铝系制品良好的原料基础。

15.3.1 镁铝砖

以镁砂为主原料,以镁砂和氧化铝粉(或特级矾土熟料)为共磨细粉作基质,高温烧成的碱性制品,称为镁铝砖,也有将之称为第一代方镁石尖晶石砖的。

奥地利1932年申报了生产镁铝砖Radex-A的专利,俄国在20世纪40年代开展镁铝砖的研制工作。我国20世纪50年代研制镁铝砖,使之成功应用于炼钢平炉炉顶[3],为我国冶金工业的发展做出重要贡献。表15-12列出了GB/T 2275—2017对镁铝砖的理化性能要求。

表15-12 GB/T 2275—2017镁铝砖

项 目		ML-80
$w(MgO)/\%$	μ_0	≥80
	σ	1.5
$w(Al_2O_3)/\%$	$X_{min}\sim X_{max}$	5~10
显气孔率/%	μ_0	≤18
	σ	1.5
体积密度/$g\cdot cm^{-3}$	μ_0	≥2.85
	σ	0.03
常温耐压强度/MPa	μ_0	≥40
	X_{min}	35
	σ	10
0.2MPa荷重软化开始温度/℃	μ_0	≥1500
	σ	15
抗热震性(1100℃,水冷)/次		≥4

15.3.1.1 镁铝砖的生产工艺要点

镁铝砖ML-80的生产流程同制造镁砖基本相同。

A 原料

(1)镁砂:用于生产镁铝砖ML-80的制砖镁砂,一般含MgO 95%左右,颗粒体积密度为3.20~3.25g/cm³。镁砂中应严格限制CaO的含量,因为CaO在镁铝砖中形成钙镁橄榄石(CMS),1%的CaO形成2.8%CMS。CMS越多,在高温下出现的液相量也越多。例如,在MgO-MS-MA系统里,形成液相的开始温度为1700℃;有CMS存在,在MgO-MS-MA系统里1500℃就出现液相;MA-CMS二元系统中出现液相温度仅为1410℃。同时由于CaO含量高而形成的熔液的黏度小,流动性好,会明显地降低荷重软化温度。因此,应严格控制镁砂的C/S比值和CaO的绝对含量,以便提高制品的高温性能。

(2)高铝矾土:生产镁铝砖通常采用煅烧高铝矾土,Al_2O_3含量不低于85%,SiO_2不大于5%,碱金属氧化物R_2O应小于0.5%。高铝矾土中含有约2%~3%TiO_2,且分布均匀,有利于促进MA形成和制品的烧结。工业铝氧也可作为加入物,但是由于成本高,形成尖晶石的速度较高铝矾土慢,故不常用。高铝矾土通常以熟料形式加入,也可采用轻烧料或生矾土。轻烧料中 Al_2O_3 的晶粒细小,晶格缺陷多,易与 MgO 反应,有利于尖晶石形成和制品烧结。

B 配料

(1) Al_2O_3 的加入量。镁铝砖中 Al_2O_3 含量波动于5%~10%之间。这是因为 Al_2O_3 含量在10%以下能获得致密的制品,Al_2O_3 含量在10%以上,随 Al_2O_3 含量增加,试样气孔率增大;弹性模量的变化,Al_2O_3 含量在0~2%时变化不大,由 12.2×10^4MPa 下降到 10.9×10^4MPa,3%以上时下降到 5.81×10^4MPa,4%~10%之间,变化缓慢,至20%以上不再变化,此时与不加 Al_2O_3 的试样相比,弹性模量下降了一个数量级;荷重软化温度随 Al_2O_3 加入量增多而上升,在 Al_2O_3 为3%时达最高值,至10%之间保持稳定,10%以上开始下降,20%时与未加 Al_2O_3 时相同,更高时则急剧下降;热膨胀系数的变化规律与弹性模量有相似的变化;热震稳定性以加入量5%~6%时最好,20%以上时比未加 Al_2O_3 时更差;Al_2O_3 含量3%~10%时抗渣性好;氧化铁爆胀试验表明,Al_2O_3 加入量15%时,出现轻微爆胀,20%时较明显,28%时爆胀严重。

显微镜观察结果,Al_2O_3 含量在10%以下尖晶石分散于方镁石晶粒之间。15%~20%时,MA 在试样中全部成为连续的 MA 结合。

通过上述分析得出,Al_2O_3 含量在6%~10%范围内较好,Al_2O_3 含量过高或过低,对制品性能都会产生不利影响。

(2) 配料比例。镁铝砖的配料比例,包括颗粒配比和镁砂与高铝矾土的配比两部分。

高铝矾土的加入量,一般按制品中5%~10% Al_2O_3 的波动值的平均数(7%~8%)以及矾土中的 Al_2O_3 含量计算求得。为使镁铝尖晶石均匀分布于砖内,一般采用镁砂-高铝矾土在筒磨机中共同细磨。共同细磨粉在配料中的加入量必须适应 Al_2O_3 的含量和颗粒组成中的细粉含量。

镁铝砖料的颗粒组成要严格采用"两头大、中间小"的原则进行配比,保证大颗粒和细粉的数量,减少中间颗粒。

C 烧成

镁铝砖 ML-80 的最高烧成温度为1580~1620℃,比镁砖高约30~50℃。若采用高纯度原料时,烧成温度相应提高。

15.3.1.2 特性及用途

镁铝砖的热震稳定性好,机械强度和荷重软化温度高。镁铝砖的主要显微结构特征是基质中均匀分散着原位反应尖晶石,一般晶体尺寸<20μm,表15-13示出了几种镁铝砖的典型性能。R 国外品,Q 国内品。镁铝砖具有良好的抗渣性、高温性能和热稳定性,价格较镁尖晶石砖便宜,曾广泛应用在炼钢平炉炉顶,现仍使用在钢包,炼钢炉永久衬,玻璃窑蓄热室,混铁炉,炼铜反射窑顶及耐材工业高温窑炉等。

表15-13 几种镁铝砖的典型性能

项目	Radex-A	QML-80	QML-85	QML-88
$w(MgO)$/%	86	85	88	90
$w(Al_2O_3)$/%	5	7	6.5	6.5
$w(SiO_2)$/%	3.2	4	2.4	1.2
$w(CaO)$/%	1.6	1.5	1.3	1.2
$w(Fe_2O_3)$/%	3.7	1.7	1.4	1.0
显气孔率/%	16~20	17	17	17
体积密度/g·cm^{-3}	2.85~3.0	2.93	2.93	2.94
耐压强度/MPa	41	50	50	55
荷重软化点/℃	>1550	1610	1650	1700
热稳定性/次(1100℃,水冷)		3~6	3~6	3~6

15.3.2 镁尖晶石砖

以镁砂和尖晶石为原料生产的镁铝砖,通常称为方镁石尖晶石砖(镁尖晶石砖),也有称为第二代方镁石尖晶石砖或第二代镁铝砖的。

电熔合成尖晶石常作为精炼炉、滑板等尖晶石制品原料而应用;水泥窑用方镁石尖晶石砖采用烧结尖晶石的情况较多。在烧结尖晶石中,MA 晶体尺寸为10~30μm。

用于生产方镁石尖晶石砖的镁砂原料,要求有尽量低的杂质含量(尤其是 CaO)。国产烧结镁砂 MS95、MS97、MS97.5 的使用较普遍。采用尖晶石砂作颗粒料，以镁砂作细粉和部分颗粒料，按照高档镁铝砖的混练、成型、烧成工艺生产，可制造出高温性能好，热震稳定性高的产品。表15-14列出了某公司水泥回转窑用方镁石尖晶石砖的性能。方镁石尖晶石砖常用于水泥回转窑，玻璃窑格子体，混铁炉，及耐火材料窑炉中温度变化大的区段。

表15-14 水泥窑用方镁石尖晶石砖的性能

项目	QMJ10A	QMJ10B	QMJ12A	QMJ12B
$w(MgO)$/%	84	83	86	85
$w(Al_2O_3)$/%	13.5	13.0	11.5	11.0
$w(CaO)$/%	1.1	1.2	1.1	1.2
$w(SiO_2)$/%	0.7	1.4	0.7	1.5
$w(Fe_2O_3)$/%	0.7	1.0	0.7	1.1
显气孔率/%	17	17	17	17
体积密度/$g \cdot cm^{-3}$	2.94	2.94	2.94	2.94
耐压强度/MPa	60	55	60	55
荷重软化点/℃	1700	1680	1700	1680
热震稳定性/次（1100℃，水冷）	10	5~10	10	5~10

同镁铬砖相比，方镁石尖晶石砖的一个重要缺点是不耐碱性介质的侵蚀。在水泥窑烧成带，温度约1500℃，远远高于过渡带（约1200℃），含CaO的水泥熟料与尖晶石反应，导致低熔点铝酸盐的生成；在钢的二次精炼中，如RH炉浸渍管，要受到来自转炉末期高碱度渣的侵蚀，导致尖晶石砖过早蚀损。

作为对策，一是在配料中加入电熔镁砂，二是在细粉中加入刚玉粉或$\alpha-Al_2O_3$，三是加入ZrO_2。电熔镁砂的加入，提高了制品的致密度、强度和耐蚀性；加入刚玉粉或$\alpha-Al_2O_3$，则在基质中生成适量的原位尖晶石，优化了基质结构；ZrO_2的加入，不仅有利于改善制品的热稳定性，而且ZrO_2优先与CaO反应，生成高熔点（2320℃）的锆酸一钙$CaO \cdot ZrO_2$，可有效阻止碱性介质向制品内的渗透，保护尖晶石不被分解。镁尖晶石锆砖在水泥窑烧成带使用效果良好，在RH炉浸渍管和下部槽的试用也有着良好的前景。表15-15列出了几种镁尖晶石锆砖的性能。表中A、C、QMJG12X为水泥窑烧成带用砖，其他用于RH炉。

表15-15 镁尖晶石锆砖的理化性能

项 目	A	B	C	QMJG12X	QMJG12T	QMJG5CT
$w(MgO)$/%	85	>80	86.2	83	82.3	87.5
$w(Al_2O_3)$/%	12	>5	10.9	13.5	13.5	8.4
$w(ZrO_2)$/%	1	>1.5	1.9	0.8	0.8	1.6
$w(CaO)$/%			0.8	1.1	1.1	1
$w(SiO_2)$/%			0.1	0.65	1.4	0.6
$w(Fe_2O_3)$/%				0.75	0.9	0.9
显气孔率/%	14.4	<21		17.5	17	14
体积密度/$g \cdot cm^{-3}$	3.03	>2.75	2.91	2.92	2.94	3.08
耐压强度/MPa	59	>30		55	55	65
荷重软化点/℃				1700	1670	1700
高温抗折强度/MPa（1400℃，0.5h）	4 1500℃	6.8	4.5 1480℃	2.1	1.1	5.5
热震稳定性（1100℃，水冷）/次				12	8	7
热膨胀率（1600℃）/%				1.85	1.7	
热导率（1000℃）/$W \cdot (m \cdot K)^{-1}$				3.4	3.85	

15.3.3 镁铁铝尖晶石砖

直接结合镁铬砖是水泥窑适应性好、性价比高的耐火材料，但是在使用过程中镁铬砖内原本无害的 Cr_2O_3 组分与窑料中的碱组分相结合，会形成水溶性有毒的 Cr^{6+} 化合物，形成铬公害，这就注定了镁铬砖必然要被水泥行业所淘汰。

目前，新型干法水泥窑采取的无铬化措施主要是用镁白云石砖、镁铝尖晶石砖和镁铁铝尖晶石砖（简称镁铁砖）等替代镁铬砖。尽管镁铁砖开发的较晚，但其挂窑皮性能非常出色，是目前国内水泥窑上替代镁铬砖的最佳材料。

直接结合镁铬砖之所以非常适合于水泥回转窑的烧成带，主要是由于镁铬砖能够形成具有保护作用的窑皮，而窑皮的形成得益于镁铬砖制砖原料铬铁矿中的铁，铁的作用在于参与形成了高黏度的铁铝酸四钙 C_4AF 等窑皮保护层。

由于铬铁矿中含有 Cr、Fe、Al 等元素，因此镁铬砖中去除 Cr 后即演变成了 $MgO-FeO/Fe_2O_3-Al_2O_3$ 复合体系。为使无铬的镁质材料具有良好的窑皮形成能力，制砖过程中铁的保留是非常必要的。铁氧化物中的 Fe 在低温状态下的稳定价态为 Fe^{3+}，高温条件下，Fe^{3+} 不稳定，Fe^{3+} 向 Fe^{2+} 转变；温度降低时，Fe^{2+} 又变回 Fe^{3+}。在富铁的镁砂中，由于 Fe^{2+} 和 Mg^{2+} 的半径接近，当 Fe^{3+} 转化为 Fe^{2+} 后，Fe^{2+} 即进入 MgO 晶格，形成（Mg·Fe）O 镁富氏体。而当温度降低时，占位 MgO 晶格中的 Fe^{2+} 又部分脱溶，形成铁酸镁 $MgO·Fe_2O_3$。

基于上述理念，目前在镁铁铝尖晶石砖（镁铁砖）的生产过程中，铁主要有两种引入方式：其一为铁以铁铝尖晶石的方式引入；其二为铁以富铁镁砂的方式引入。从工艺的角度看，前者属于含铁铝尖晶石的镁砖；后者属于含 Fe_2O_3 的镁铝尖晶石砖。

15.3.3.1　引入铁铝尖晶石的生产工艺

该产品以高纯镁砂和铁铝尖晶石砂（电熔/烧结）为主要原料，通常采用电熔铁铝尖晶石，加入量一般为 $w(FeO·Al_2O_3)$ 8%左右，经成型、烧成等工艺制备，生产工艺类似于镁铝尖晶石砖，但烧成温度比镁铝尖晶石砖低。以该工艺生产的制品主要用于新型干法水泥窑的烧成带和过渡带。

铁铝尖晶石线膨胀系数（$8.2×10^{-6}$～$9.0×10^{-6}K^{-1}$）与方镁石（$13×10^{-6}$～$14×10^{-6}K^{-1}$）相差较大，温度变化时在铁铝尖晶石周围易形成微裂纹网络结构，微裂纹的存在使材料的 E 下降。从这一点考虑，制砖过程中铁铝尖晶石以粒度料的形式加入为好。

在烧成和使用过程中，铁铝尖晶石颗粒中的 Fe^{2+} 扩散进入氧化镁基质中，生成细小的（Mg·Fe）O 固溶体。同时 Mg^{2+} 也会扩散进入铁铝尖晶石颗粒中与 Al^{3+} 反应生成镁铝尖晶石。反应的体积效应又进一步提高了镁质耐火材料的结构柔韧性。

将铁铝尖晶石引入镁质耐火材料中，生产的镁铁铝尖晶石砖为水泥回转窑提供了一种新的炉衬概念，其良好的结构柔韧性和优异的挂窑皮性能为其提供了较高的适应能力。近年来，镁铁铝尖晶石砖被全面应用在水泥回转窑的高温带。表 15-16 列出了建材行业标准 JC/T 2231—2014 对镁铁铝尖晶石砖的理化性能要求。

表 15-16　JC/T 2231—2014 镁铁铝尖晶石砖

项　目	MTL-Ⅰ
MgO（质量分数）/%	≥85.0
Fe_2O_3（质量分数）/%	≥4.0
Al_2O_3（质量分数）/%	≥4.0
Cr_2O_3（质量分数）/%	≤0.5
0.2MPa 荷重软化开始温度/℃	≥1650
体积密度/$g·cm^{-3}$	≥2.90
显气孔率/%	≤18
常温耐压强度/MPa	≥50
抗热震性（1100℃，水冷）/次	≥6
线膨胀率（1450℃）/%	≤1.8
导热系数（350℃±25℃）/$W·(m·K)^{-1}$	≤3.5

15.3.3.2　引入富铁镁砂的生产工艺

在辽宁的大石桥、海城和岫岩区域，蕴藏着储量可观的富铁镁石，表 15-17 列出了大石桥地区富铁镁石的化学成分。

表 15-17　大石桥地区富铁镁石化学成分　(%)

项目	烧失量	SiO_2	Al_2O_3	Fe_2O_3	CaO	MgO
富铁镁石	51.6	0.15	0.08	1.46	0.52	46.19

以富铁镁石为原料，采用二步煅烧工艺：矿石经反射炉轻烧，再细磨(可配入铁粉)，加水混合，压球，与固体燃料混合入竖窑煅烧，可煅烧出性能优异的富铁镁砂。表 15-18 列出了某企业生产的富铁镁砂的理化性能。

表 15-18　富铁镁砂的理化性能

项目	MgO/%	Fe_2O_3/%	SiO_2/%	CaO/%	Al_2O_3/%	颗粒体积密度/$g \cdot cm^{-3}$
富铁镁砂	91.62	4.95	1.45	1.33	0.41	3.26

富铁镁砂的主要矿物相为(Mg·Fe)O 固溶体、镁铁尖晶石和微量的钙镁橄榄石。图 15-2 为富铁镁砂的显微结构。镜下观察主晶相(Mg·Fe)O 固溶体呈浑圆状，晶体尺寸约 130μm，晶间为微量的钙镁橄榄石相连接，在(Mg·Fe)O 固溶体内脱溶出晶粒细小的镁铁尖晶石 $MgO \cdot Fe_2O_3$。

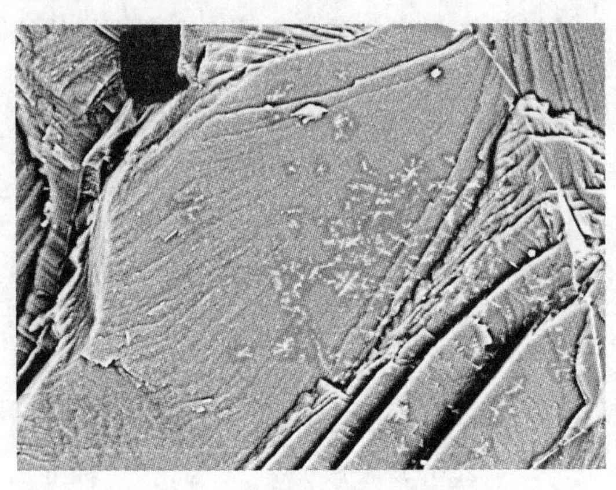

图 15-2　富铁镁砂的显微结构

在 $MgO-FeO-Fe_2O_3$ 体系中，MgO 可与 FeO/Fe_2O_3 反应生成(Mg·Fe)O 以及 $MgO \cdot Fe_2O_3$。MgO 在较低温度下就可与 Fe_2O_3 反应生成 $MgO \cdot Fe_2O_3$ 尖晶石。MF 在方镁石中的溶解度随温度的波动而变化时，有助于方镁石晶格的活化，因而有利于促进方镁石晶体的长大和制品的烧结。此外，MgO 还具有稳定 Fe^{2+} 的重要作用。

以富铁镁砂和镁铝尖晶石砂为主体原料，通常采用烧结镁铝尖晶石，经成型、烧成等工艺即可制备出引入富铁镁砂的镁铁铝尖晶石砖，生产工艺类似于镁铝尖晶石砖的生产，但烧成温度比镁铝尖晶石砖低。以该工艺生产的制品主要用于新型干法水泥窑的烧成带。表 15-19 列出了某集团生产的该种类镁铁铝尖晶石砖的理化性能。

表 15-19　引入富铁镁砂的镁铁铝尖晶石砖理化性能

项　目	QSMJ-5
$w(MgO)$/%	79.96
$w(Fe_2O_3)$/%	2.72
$w(Al_2O_3)$/%	13.44
0.2MPa 荷重软化开始温度/℃	1650
体积密度/$g \cdot cm^{-3}$	2.93
显气孔率/%	16.1
常温耐压强度/MPa	54
抗热震性(1100℃，水冷)/次	15
线膨胀率(1450℃)/%	1.63
导热系数(350℃±25℃)/$W \cdot (m \cdot K)^{-1}$	3.38

制品属于引入富铁镁砂的镁铝尖晶石砖，因此在抗热震性方面仍然保留了原镁铝尖晶石砖的特点，尽管制品中含有 2%~3%Fe_2O_3，但是铁的相变对该系列镁铁铝尖晶石砖的组成结构几乎不产生影响。

产品在烧成过程中，由于向 MgO 中的扩散按 $Al_2O_3<Cr_2O_3<Fe_2O_3/FeO$ 的顺序增大，Fe_2O_3 将带动共存的 Al_2O_3 向 MgO 中扩散，促进了产品组织结构的直接结合，赋予了镁铁铝尖晶石砖良好的高温强度。

引入富铁镁砂可以提高制品与水泥熟料的反应性，在与水泥熟料发生反应的部位，增加了 $CaO-Al_2O_3-Fe_2O_3$ 系化合物的生成量，从而提高了挂窑皮的附着性。Fe_2O_3成分还具有使窑皮稳定的作用，由于在与窑皮发生反应的部位Fe_2O_3会扩散，进一步扩大反应区域，使窑皮稳定，难以剥落。

15.4 MgO-CaO 制品

MgO-CaO 系统中无化合物形成，最低共熔点温度高达2370℃。高温下，MgO 和 CaO 彼此部分互溶。在此系统中，任何 MgO/CaO 比的组成，都是耐火度很高的碱性材料。镁钙制品的碱性比镁质、镁铝质、镁硅质、镁铬质强，而且随着 CaO/MgO 比的增大而增强。镁钙制品有各种分类方法：按照 CaO 与 MgO 的摩尔比，等于1h，为白云石砖；小于 1h，为镁白云石砖（镁钙砖）。按照是否含有游离 CaO，可分为稳定性镁白云石砖和不稳定性镁白云石砖。按照主要生产工艺可分为烧成白云石砖（镁白云石砖）和不烧白云石砖，焦油结合白云石砖等。

沥青浸渍烧成镁白云石砖、焦油结合白云石砖曾在历史上作为炼钢转炉炉衬主材料广泛应用几十年。20 世纪 80 年代后，转炉耐材虽被镁碳砖取代，但水泥窑砖无铬化的要求，钢的二次精炼的发展，使得 MgO-CaO 制品越来越受到关注和重视。在我国生产使用最多的 MgO-CaO 制品为烧成镁白云石砖。

15.4.1 镁白云石砖

以镁白云石砂（或白云石砂）、镁砂作原料，以无水结合剂混练，高压成型，高温烧成，是烧成镁白云石砖的基本工艺。

15.4.1.1 生产工艺要点

A 原料

制造镁白云石砖的原料，应该有尽量高的化学纯度（CaO 与 MgO 的含量高），尽量低的气孔率和高的致密度。

镁白云石砖中，石灰饱和系数 KH>1，有游离 CaO，Fe_2O_3和 Al_2O_3是最有害的杂质，它不仅影响制品的抗渣性，而且严重影响制品的高温性能。因为此时所有的 Fe_2O_3和 Al_2O_3均与游离 CaO 生成低熔点物质：铁铝酸四钙（C_4AF）熔点1415℃，铝酸三钙（C_3A）熔点 1545℃，铁酸二钙（C_2F）熔点 1435℃。

MgO-CaO 制品中，SiO_2的存在会内耗掉一部分 CaO，对抗渣性不利，而且其与 CaO 形成硅酸二钙，当温度变化时，过量的硅酸二钙晶形转化产生体积膨胀，有可能导致制品开裂。因此SiO_2也是 MgO-CaO 材料中的有害杂质。作为 MgO-CaO 制品的原料，杂质（SiO_2、Fe_2O_3、Al_2O_3含量）越低越好，一般不超过 3%，最好不超过 2%。

原料的气孔率低，致密度高，有利于提高制品抵抗二次精炼钢渣和水泥熟料的侵蚀能力。国内烧结白云石，镁白云石矿的颗粒体积密度在 3.20~3.25g/cm^3之间。为了提高制品的致密度，配料中加入电熔料也是有效办法之一。

在国外，也有采用海水镁砂的二步煅烧工艺生产镁白云石砂的。此时，MgO/CaO 比可以方便地调节，海水镁白云石砂的纯度和密度优于天然产品，但成本高得多。

B MgO-CaO 制品的配料组成

生产镁白云石砖，通常采用三种配料方法：一是按设定的 MgO/CaO 比，先生产出镁白云石砂，再以此砂制砖，为一种原料制砖法，是最简单的配料工艺，与白云石砖的生产方法相似。镁白云石砂的生产，可以采用相应 MgO/CaO 比的镁化白云石作原料，也可采用菱镁石（或高钙镁石）与白云石配料合成生产；二是采取白云石砂和镁砂配料生产方法；三是采取白云石砂与镁白云石砂配合生产方法。

通常根据制品使用环境及性价比选定 MgO/CaO 比，并以此为配料基础。陈肇友的研究表明：MgO-CaO 系材料，当 CaO 含量 20%~40%时，在炉外精炼炉渣（低碱度渣）侵蚀时，制品中产生的液相量少，平均溶解速度小。日本某公司曾试验镁白云石砖（MgO 约 55%~80%）在钢的二次精炼时，其耐蚀性，耐压蠕变性和耐剥落性与 MgO/CaO 比的关系，发现随着 MgO 含量的升高前两项性能变优，后一项性能变差（内部交流资料）。另有资料表明：MgO-CaO 系材料在水泥窑应用时的黏挂窑皮性能，白云石砖比镁白云石砖好；抗水泥熟料侵蚀能力，白云石砖比镁白云石砖差;白云石砖的另一缺点是,比镁白云石砖更易再碳酸化。

就生产成本而言,由于我国菱镁石资源丰富,质地优良,镁石与白云石差价较小,CaO 高的白云石制品由于水化问题,生产工艺成本较高。从性价比看,镁白云石烧成砖占优势,近年来发展很快,白云石烧成砖的开发进展缓慢。

C 烧成镁白云石砖原料的混练

烧成镁白云石砖原料的混练需采用无水结合剂,如石蜡等。

制品在烧成时,石蜡燃烧放出烟气,如果升温和压力控制不当,会造成坯体开裂。镁白云石砖,一般不采用倒焰窑等间断生产的炉窑生产。在隧道窑烧成时,应加快在预热带的供热速度。烧成镁白云石砖出窑后应进行真空热塑包装。为了防止制品水化,延长保存期,也可浸渍石蜡或沥青,以封闭砖表面的显气孔。镁白云石烧成砖用于炼钢转炉衬时,浸渍沥青,增加气孔中的残碳还有利于提高抗侵蚀性。但在 AOD 炉使用时,P_{CO}低于转炉,温度高,能获得的P_{Mg}值高,促进了 MgO-C 反应,浸渍沥青反而不利于抗渣性能。

15.4.1.2 特性及用途

烧成镁白云石砖的显微结构基本是所用原料显微结构的组合。高纯天然白云石砂的显微结构为方钙石、方镁石部分比邻、相互抑制的十分均匀的致密型细晶结构。方镁石为略显突起的浅色晶体,尺寸在 2~5μm,并被方钙石包围,方钙石的晶体尺寸与方镁石接近。随着 MgO/CaO 比的提高,方镁石的比例增加,当 MgO 约为 70%~80%,CaO 约为 20%~30%时,方镁石包围方钙石,制品的耐水化性较好。电熔镁钙砂的方镁石、方钙石晶体尺寸大。因 MgO/CaO 不同,或由 CaO 做基质连续相,方镁石为分散相;或由方镁石为基质连续相,方钙石为分散相。MgO 含量大于 80%时,电熔镁钙砂中的方镁石晶体尺寸可达 30~50μm,晶间分布呈填隙结构的细小方钙石(2~3μm)。这样的两相直接结合的显微结构决定了它的一系列优越性。

同烧结镁钙砂比,电熔镁钙砂由于 MgO 比 CaO 析晶早易产生“偏析”,当同样 MgO/CaO 比时,后者耐水化性较差。

镁白云石砖的高温性能好,荷重软化点 1700℃以上,但缺点是高温重烧收缩大,当温度高(大于 1750℃)时,炉子降温易产生砖缝渗钢。

镁白云石砖比镁砖、镁铬砖在真空下更稳定。只要 MgO 材料中含有 10%~20%的 CaO,就可以使 MgO 的相对挥发量大大下降,降低的原因是由于 CaO 少量固溶于 MgO,以及 MgO 优先挥发后,在 MgO-CaO 材料中形成富 CaO 层。

MgO-CaO 材料的另一个优点是有脱硫作用,对生产洁净钢有利,MgO-CaO 材料中含 20%的 CaO 即可取得明显的脱硫效果。MgO-CaO 材料在钢液中分解氧活度低,不污染钢水,容易去除钢液中的夹杂,有利于提高钢的纯度,并减少连铸水口结瘤。

MgO-CaO 系材料的最大缺点是易于水化,在制造、运输、储放、砌筑、使用中都应避免接触水及蒸气。但也有利用其水化易碎特点,将镁白云石砖砌筑于炼钢转炉永久衬的,在炉役结束后,往残衬砖上浇水镁白云石砖迅即粉化,很容易完成拆炉作业。表 15-20 示出某公司镁白云石烧成砖的理化性能。YB/T 4116—2018 规定的镁钙砖的性能见表 15-21。表 15-22 和表 15-23 列出了国外某公司 MgO-CaO 系制品的性能。

烧成镁白云石砖大量应用于炉外精炼炉,如 AOD、VOD 等。在大型水泥窑作为镁铬砖的替代产品,其应用也越来越广泛。

表 15-20 某公司镁白云石砖的典型性能

项 目	QMG15	QMG20	QMG25	QMG30	QMG40
w(MgO)/%	80.3	76.3	70.3	66.3	56.30
w(CaO)/%	17	21	27	31	41.00

续表 15-20

项　目		QMG15	QMG20	QMG25	QMG30	QMG40
$w(Al_2O_3)$/%		0.5	0.5	0.5	0.5	0.5
$w(Fe_2O_3)$/%		0.7	0.7	0.7	0.7	0.7
$w(SiO_2)$/%		1.3	1.3	1.3	1.3	1.3
体积密度/$g \cdot cm^{-3}$		3.03	3.03	3.03	3.03	3.03
显气孔率/%		13	12	12	13	13
耐压强度/MPa		80	80	80	80	80
荷重软化点/℃		1700	1700	1700	1700	1700
高温抗折强度/MPa		2.5~4.5	2.5~4.5	2.5~4.5	2.5~4.5	2.5~4.5
重烧线变化(1600℃,2h)/%		-0.10~-0.35	-0.10~-0.35	-0.20~-0.40	-0.20~-0.40	-0.25~-0.50
热导率(1000℃)/$W \cdot (m \cdot K)^{-1}$		3~4	3~4	3~4	3~4	3~4
线膨胀率/%	800℃	0.8~1.0	0.8~1.0	0.8~1.0	0.8~1.0	0.8~1.0
	1200℃	1.35~1.6	1.35~1.6	1.35~1.6	1.35~1.6	1.35~1.6
	1600℃	1.8~2.0	1.8~2.0	1.8~2.0	1.8~2.0	1.8~2.0

表 15-21　YB/T 4116—2018 镁钙砖

项　目		指　标						
		MG-20	MG-20 A	MG-30	MG-30 A	MG-40	MG-40 A	MG-50
$w(CaO)$/%	μ_0	≥18		≥28		≥38		≥48
	σ	1						
$w(MgO+CaO)$/%	μ_0	≥92	≥94	≥92	≥94	≥92	≥94	≥94
	σ	1						
$w(\sum SAF)$/%	μ_0	≤3.0	≤2.5	≤3.0	≤2.5	≤3.0	≤2.5	≤2.5
	σ	0.2						
显气孔率/%	μ_0	≤15.0						
	σ	0.5						
体积密度/$g \cdot cm^{-3}$	μ_0	≥2.90	≥2.95	≥2.90	≥2.95	≥2.90	≥2.95	≥2.95
	σ	0.05						
常温耐压强度/MPa	μ_0	≥60						
	σ	5						
0.2MPa 荷重软化开始温度/℃	μ_0	≥1700						
	σ	10						

注：$\sum SAF$ 是 SiO_2、Al_2O_3、Fe_2O_3的含量。

表 15-22 某公司烧结和热处理的白云石耐火材料性能

项 目	化学组成/%						体积密度/g·cm^{-3}	显气孔率/%	常温耐压强度/MPa	应用
	MgO	CaO	SiO_2	Al_2O_3	Fe_2O_3	ZrO_2				
SindoformK11101 型	38.5	59.2	0.8	0.5	0.8	—	2.82	16	65	炉墙
Sindoform K11121 型	44.5	53.1	0.8	0.5	0.7	—	2.94	13	90	渣带区/耳轴区
Sindoform K11123 型	55.3	43.5	0.8	0.4	0.6	—	2.88	16	55	渣带区
Sindoform K11133 型	53.6	43.3	0.6	0.5	0.6	1	2.95	14	65	渣线带/耳轴
Sindoform K11124 型	60.1	38.0	0.7	0.4	0.6	—	2.95	14	63	渣线带/耳轴
Sindoform K11134 型	58.3	38.6	0.6	0.4	0.6	1	2.97	13.5	58	风口
SindoformVST2026 型	58	39	0.6	0.5	0.6	1	2.98	13.5	50	风口

表 15-23 某公司烧结和热处理的白云石耐火材料性能

项 目	化学组成/%					体积密度/g·cm^{-3}	显气孔率/%	残余碳/%	常温耐压强度/MPa	应用
	MgO	CaO	SiO_2	Al_2O_3	Fe_2O_3					
Sindoform T12201 型	38.8	58.6	0.9	0.5	0.9	2.95	5	2.4	58	顶部炉头
Sindoform R12203 型	38.5	58.9	0.9	0.5	0.9	2.90	5	3.8	110	底部
Sindoform T12245 型	67.7	30.3	1.0	0.4	0.5	3.01	5	2.7	53	顶部炉头
Sindoform R12246 型	66.0	32.1	0.8	0.4	0.5	2.97	6	1.8	130	渣线区

15.4.2 镁白云石锆砖

MgO-CaO 材料的缺点之一是抗热震性能差。曾试验含锆添加剂对 CaO 含量 31%，MgO 含量 65%的镁白云石砖的抗热震性能的影响，含锆添加剂的加入量分别为：S 为空白样，S-1 为添加粉状氧化锆 2%，S-2 为添加粒状氧化锆 2%，S-3 为添加锆酸钙合成料 4%，S-4 为添加镁钙锆合成料 5%，各种含锆添加剂均含相同重量的氧化锆，考察样品热震后的强度保持率，添加粒状氧化锆 2%的样品最佳，经 15 次热震循环后，残余强度仍能保持初始强度的 80%以上，排序为：S-2>S-3>S-4>S-1>S。含前三种添加物样品强度保持率曲线未出现明显转折，而空白样以及添加细粉氧化锆样品在热震初期强度相对值均有一明显的跌落，表明这两种样品在热震初期即产生了较大的损伤[4]。

对镁白云石砖（CaO 含量 25%）作添加 ZrO_2 试验。在制造工艺完全相同的情况下，配料中加入 2% ZrO_2 的制品，热震稳定性（1100℃，风冷）明显提高，但高温抗折强度下降。应当根据使用环境确定 ZrO_2 加入物的种类、粒度和加入量，以取得适宜的制品性价比。表 15-24 示出了几种水泥窑用 MgO-CaO-ZrO_2 制品的性能。

表 15-24 MgO-CaO-ZrO_2 制品的性能

项 目	A	B	C	D	E	F	Q20	Q30
显气孔率/%	16.6	15.3	16	15	14	13	12	12
体积密度/g·cm^{-3}	2.87	3.09	2.83	2.9	2.9	2.98	3.02	3.02
耐压强度/MPa	34	46	45				90	85
高温抗折强度 1400℃×0.5h/MPa	5.3	3.6					4.2	3.8

续表 15-24

项　目		A	B	C	D	E	F	Q20	Q30
化学成分/%	SiO_2	0.5	0.3	0.6	0.6	0.8	1.1	0.9	0.9
	Al_2O_3	0.1		0.5	0.5	0.5	0.4	0.6	0.5
	Fe_2O_3	0.4		0.8	0.7	0.8	0.6	0.7	0.5
	CaO	23.5	5.8	37	48	56.6	37	21	30.5
	MgO	73	82.3	58	48	39.5	60	75	66
	ZrO_2	2.0	11.3	2.7	1.8	2.0	2.0	1.8	0.9

15.4.3　稳定性白云石砖

以白云石和蛇纹石为原料，加入适量磷灰石稳定剂和氧化铁烧结剂制造稳定性白云石熟料。将各种块状原料分别破碎至小于5mm，按所确定的配比精确称量，用球磨机混合并磨至粒度小于0.088mm。在磨细的粉料中加入适量的水或亚硫酸盐纸浆废液，充分混练后，用摩擦压砖机压成荒坯。干燥后于1500～1600℃煅烧，制成稳定性白云石熟料。熟料再破、粉碎成颗粒料，一部分磨成细粉，按最佳级配进行配料，以亚硫酸盐纸浆废液为结合剂，按一定的加料顺序在湿碾机中混合均匀，用摩擦压砖机成型。砖坯经一定时间的湿养护后，干燥至水分小于0.5%，于1400～1450℃烧成后即为稳定性白云石砖。其工艺要点：(1)所用白云石原料应尽量纯净，要求 Al_2O_3 与 Fe_2O_3 之比小于0.64，$Fe_2O_3<3.5\%$，尤其是 Al_2O_3 含量应尽量低。(2)通常采用硅石、滑石、蛇纹石和镁橄榄石等作为带入 SiO_2 的原料。其中 MgO 含量较高的蛇纹石和镁橄榄石较好。通常按饱和系数 $KH=0.95\sim1.00$ 来确定含 SiO_2 化合物的加入量。(3)加入磷灰石稳定剂可防止所生成的 C_2S 晶型转化，其 P_2O_5 加入量约1%。

15.5　MgO-SiO_2制品

MgO-SiO_2二元系相图出现两个化合物：镁橄榄石(M_2S)属正硅酸盐、一致熔化合物。它的最高温度(1890℃)处的液相线呈尖峭状，表明高温熔融时难以离解。所以它是个熔点较高、结构稳定的矿物相，是良好的陶瓷、耐火材料原料。斜顽辉石(MS)属偏硅酸盐，是不一致熔化合物。它在1557℃发生熔融分解，是个熔点低、易熔融分解和结构不够稳定的矿物相，不宜做耐火材料，在镁质、橄榄石质耐火材料中是有害的组分，希望尽量避免。

15.5.1　镁硅砖

以方镁石为主晶相，镁橄榄石为结合相的耐火制品称为镁硅砖。镁硅砖的生产工艺流程与普通镁砖的生产工艺流程基本相同，只不过使用的原料为镁硅砂。采用高硅菱镁石高温煅烧，即可得到镁硅砂。从图15-3看出，只要组成点落在 MgO-M_2S 区域中，制品的高温性能好。而靠近 MgO 端时，高温性能更好些。当SiO_2高时，菱镁石在竖窑煅烧中，产生液相较多，易形成“结坨”卡窑事故。我国多选用 SiO_2 4%左右的菱镁石生产镁硅砂，其理化性能见表15-25。以此为原料，在1550～1570℃的温度下

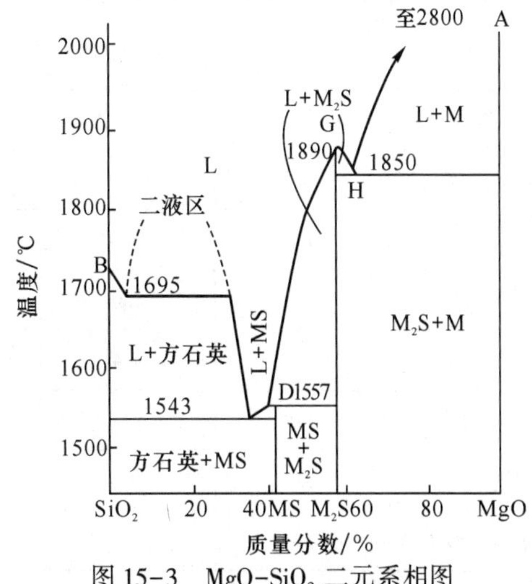

图15-3　MgO-SiO_2 二元系相图

烧成，即可制得性能良好的镁硅砖。YB/T 416—80规定了镁硅质铸口砖的性能，见表15-26。镁硅砖除用作铸口外，还可用于轧钢均热炉，加热炉和玻璃窑蓄热室格子体。

表 15-25 镁硅砂的理化性能

项目	化学成分/%			灼减/%	颗粒体积密度 /g·cm^{-3}
	MgO	SiO_2	CaO		
MGS-87	≥84	≤7.0	≤2.0	≤0.5	≥3.15
MGS-84	≥84	≤9.0	≤2.5	≤0.5	≥3.15

表 15-26 镁质及镁硅质铸口砖的性能

项 目	MK-85	MGK-80
w(MgO)/%	≥85	≥80
w(SiO_2)/%		5~10
w(CaO)/%	≤2.5	≤2.5
0.2MPa 荷重软化开始温度/℃	≥1450	≥1450
显气孔率/%	≤23	≤23

注：砖应进行热震稳定性试验，其试验结果在质量证明书中注明，但不作为交货条件。

15.5.2 镁橄榄石砖

15.5.2.1 *镁橄榄石砖*

用经过煅烧的橄榄岩（当灼减低时也可不经煅烧）、蛇纹岩为原料生产的制品称为橄榄石砖。为了提高其高温性能，通常加入烧结镁砂20%~40%，经配料、成型、高温烧成即为镁橄榄石砖。提高原料纯度与烧成温度，制品的性能优化。表15-27列出两种镁橄榄石砖的性能。镁橄榄石砖可用于玻璃窑蓄热室、钢包等。

表 15-27 两种镁橄榄石砖的性能

项 目	LMG-60A	KGM-60B
w(MgO)/%	≥60	≥60
w(SiO_2)/%	≥20	≥20
0.2MPa 荷重软化开始温度/℃	≥1650	≥1600
常温耐压强度/MPa	≥40	≥35
显气孔率/%	≤20	≤21
热震稳定性(950℃，风冷)/次	≥10	≥7
体积密度/g·cm^{-3}	≥2.70	≥2.65

采用天然原料制成的镁硅砖，橄榄石砖和镁橄榄石砖，因含杂质多，限制了其性能的提高和应用。在开发玻璃窑蓄热室无铬碱性砖时，高纯镁橄榄石砖得到更充分的重视。高纯镁橄榄石砖采用预合成镁橄榄石砂为原料，具有MgO、SiO_2含量高、杂质少、耐蚀性强、高温性能好等优点，其制造成本虽然高于含橄榄石的制品，但大大低于尖晶石含量多的制品。玻璃窑用高纯镁橄榄石砖等碱性砖原料的化学成分及成本指数对比见表15-28，无铬镁系制品性能与成本对比见表15-29。

表 15-28 玻璃工业常用的碱性制品中原料的化学组分

项目	高纯镁砂	标准镁砂	镁铝尖晶石	铬铁矿	橄榄石	高纯镁橄榄石
MgO/%	98.5	94.0	32.0	10.0	50.0	64.0
CaO/%	0.6	2.0	0.6	0.1	0.1	0.8
SiO_2/%	0.3	2.0	0.1	0.6	42.0	34.0
Al_2O_3/%	0.1	0.4	67.0	16.0	0.7	0.6
Fe_2O_3/%	0.3	1.2	0.1	26.5	6.5	0.6
Cr_2O_3/%	0	0	0	47.0	0.4	0
成本指数比	5^{+}	4	12	2	1	4

表 15-29 无铬镁系制品的性能

项 目	镁铬制品	100%尖晶石	镁尖晶石	镁橄榄石	橄榄石	高纯镁橄榄石
耐热震性	○	-	+	-	---	-
高温强度	○	○	-	○	---	○
热传导率	○	○	++	+	○	○
耐腐蚀性	○	-	--	-	○	○
耐氧化还原反应	○	+++	+++	+++	+	+++
成本	○	---	--	-	++	○

注：○为相等；-为较差；+为好。

15.5.2.2 镁橄榄石锆砖

在 $MgO-ZrO_2$ 复相材料中，当用锆英石（$ZrSiO_4$）作为 ZrO_2 源时，从相平衡看，已由 $MgO-ZrO_2$ 二元系变为 $MgO-ZrO_2-SiO_2$ 三元系，该三元系中没有三元化合物，为 $MgO-M_2S-ZrO_2$ 共存系统，结合基质为镁橄榄石和 ZrO_2。德国 DIDIER 公司将此砖称第一代镁锆砖。从相组成看，称其为方镁石镁橄榄石锆砖或简称为镁橄榄石锆砖似更确切些。

$MgO-ZrO_2-SiO_2$ 质耐火材料在烧成过程中其基质中的 $ZrO_2 \cdot SiO_2$ 首先分解为 ZrO_2 和 SiO_2，后者又与 MgO 结合为 $2MgO \cdot SiO_2$：

$$2MgO+ZrO_2 \cdot SiO_2 \longrightarrow 2MgO \cdot SiO_2+ZrO_2$$

当以 $ZrO_2 \cdot SiO_2$ 为 ZrO_2 源配入 MgO 质耐火材料时，在 ZrO_2 增加的同时，也增加了 SiO_2 的含量，因而二者对材料的不同侧面有着作用，应根据原料的不同，使用环境的特点选择 ZrO_2 最佳配入量。德国 DIDIER 公司 1987 年将镁锆砖 RubinalEZ 陆续砌筑于浮法窑、横火焰窑、纵火焰窑、钠玻璃窑等蓄热窑格子体；1994 年第二代镁锆砖 RubinalVZ 开始砌筑于玻璃窑格子体顶部。表 15-30 列出了镁锆砖的性能，表中 QMGZ-12 为某公司 2001 年以来供国内外市场的产品，并给出电熔镁砖 DMZ-97 的理化性能以作对比。

表 15-30 镁橄榄石锆砖的理化性能

理化性能	中国某公司		德国迪狄尔公司	
	QMGZ-12	QDMZ-97	RubinalEZ	RubinalVZ
MgO/%	77.5	97.1	73	77.5
ZrO_2/%	12.6		13	13
CaO/%	1	1.1	1	0.6
SiO_2/%	6.6	0.9	11	8
Al_2O_3/%	1	0.2	1	0.2
Fe_2O_3/%	0.9	0.7	0.8	0.5
显气孔率/%	12	15	15	11
体积密度/$g \cdot cm^{-3}$	3.2	3.08	3.1	3.21
耐压强度/MPa	90	90	100	130
荷重软化点/℃	1700	1700	1570	1670
热震稳定性(950℃,风冷)/次	2~4	0~1		
高温抗折强度(1400℃×0.5h)/MPa	11	4		

镁橄榄石锆砖优于镁砖的原因主要有以下几点：

(1)耐侵蚀性增强。在蓄热窑格子体顶部和格子体之上的室壁、拱顶，耐火材料的毁损主要受砂子，如配料烟尘中的 SiO_2 和重油燃料中 V_2O_5 蒸气的侵蚀。

当采用硅酸二钙结合的高级镁砖砌筑时，SiO_2 的侵入，导致低熔点的硅酸盐形成，如镁蔷薇辉石（熔点 1570℃），钙镁橄榄石（熔点 1490℃），造成 1150℃以上的窑炉部位软化，例如在鸽笼砌体中，镁砖由于其结合相受侵蚀而出现严重的翘曲；另外，新硅酸盐相的形成，导致体积增加，如表 15-31 所示，体积增加使蓄热室顶层的镁砖断裂和剥落，之后出现"硅酸盐爆裂"。

对于燃油的熔窑而言，氧化钒会集聚在蓄热室。一旦集聚，V_2O_5 就对顶部格子体镁砖的硅酸二钙结合相进行侵蚀。

在氧化气氛中，V_2O_5 与 CaO 反应产生低熔点的钒酸钙，在稍有降低的氧化气氛中，产生挥发性的钒酸钙。氧化镁中的结合相失去 CaO，CaO/SiO_2 比变化到高氧化硅水平，低熔物硅酸钙镁、镁蔷薇辉石和钙镁橄榄石出现[5]。

在 $MgO-M_2S-ZrO_2$ 材料中，方镁石颗粒的边缘形成了羽绒状的镁橄榄石和 ZrO_2 的覆盖层，此层可以保护方镁石不受到侵蚀，也可避免产生"硅酸盐爆裂"，减轻 V_2O_5 的危害。作为生产 $MgO-M_2S-ZrO_2$ 制品的原料，应含有尽量低的杂质（CaO、Al_2O_3、Fe_2O_3），尤其应限制 CaO 的含量。

(2)致密度增大，显气孔率降低。$MgO-ZrO_2-SiO_2$ 三元系的固化温度 1550℃，当存在 CaO 、 FeO_3、 Al_2O_3 杂质时，其出现液相的温度更低，基质部分产生的液相促进制品的烧结，使制品的体积密度增大。由表 15-30 的数据看出：QMGZ-12 同再结合镁砖 QDMZ-97 比，体积密度提高 0.1g/cm³，相当于提高 3%～4%。显气孔率降低 3%。

(3)热震稳定性改善。由于制品的结构中存在着相当数量的 ZrO_2，制品的热震性能改善，在相同的热震条件，镁锆砖 QMGZ-12 为 2～4 次，而镁砖 QDMZ-97 仅 1 次。

(4)高温强度提高。从表 15-30 看出，QMGZ-12 同再结合镁砖 QDMZ-97 比，1400℃保温半小时的高温抗折强度，前者高出后者 2～3 倍。

表 15-31 二氧化硅对镁质耐火材料的侵蚀机理及其相关体积膨胀

砖组分砂子	反应产物	体积增加
$3C_2S+2M+S—2C_3MS_2$	镁蔷薇辉石	13%
$C_2S+2M+S—2CMS$	钙镁橄榄石	30%
$2M+S—M_2S$	镁橄榄石	96%

注：C＝CaO；M＝MgO；S＝SiO_2。

参考文献

[1] 柏平舟．现代高温隧道窑的结构与操作[J].国外耐火材料，1997(10)：32～35.

[2] 李君，杨彬，王金相，等．$MgO-ZrO_2$ 材料的烧结、显微结构和性能[J].耐火材料，1996(2)：69～73.

[3] 梁威，高心魁．国内外玻璃窑用碱性耐火材料现状及分析[N].中国建材报，2006-5-19(3).

[4] 王华，杨文言．水泥窑用烧成富镁白云石砖抗热震性的研究[J].耐火材料，1999(5)：250～253.

[5] 张明华．蓄热室镁锆格子砖的使用经验[J].国外耐火材料，1998(10)：37～40.

16 炭质和含碳耐火材料

炭质耐火材料是用经高温热处理的无烟煤或焦炭、石墨为主要原料，以煤焦油沥青等为结合剂制成的炭质制品。含碳耐火材料是指氧化物(非氧化物)与碳构成的复合材料，包括镁炭、铝炭、铝镁炭、镁铝炭和镁钙炭质耐火材料等。

16.1 炭质耐火材料

炭质耐火材料是指含固定碳80%以上，以经高温热处理的无烟煤或焦炭、石墨为主要原料，煤焦油沥青等为结合剂制成的无烧结性和明显烧结收缩的炭质制品。有机结合剂热解反应形成的碳网络，使炭素颗粒和炭素基质结合。这类制品包括以无烟煤或焦炭为主要成分的炭砖和经石墨化的人造石墨质和半石墨质炭砖。

炭质制品的耐火度、导热性和导电性高，热稳定好，热胀系数小，高温强度高，耐磨性好，耐各种酸、碱、盐和有机溶剂的侵蚀，不易被熔渣、铁水侵蚀，但在氧化气氛中易于氧化。

炭质制品的生产过程与其他耐火制品大致相似，但生产炭质制品时必须防止碳在高温下的氧化。原料的煅烧和制品的焙烧，都要在还原气氛下进行。无烟煤在使用前需预先进行煅烧，以排除挥发分、硫分、水分，并提高无烟煤的体积稳定性、机械强度和抗氧化性。焦炭要先经过干燥，以免因含的水分过高而引起成型困难和使制品在焙烧过程中开裂。沥青也应加热脱水处理。生产时将各种原料按规定成分混合，在加热状态下混练，通过压制成型，然后在隔绝空气的还原气氛中焙烧，除尽其中的挥发物，以使其再受热时的体积稳定。焙烧后的炭质制品坯体应经刨床、铣床等机械加工，达到所要求的几何尺寸。

生产石墨质制品时，焙烧后的炭质制品还需在2400℃以上高温下进行石墨化处理。生产半石墨质制品时，配料中需引进石墨质原料。

炭质制品广泛应用于冶金工业，按用途可分为高炉炭砖、矿热炉用炭块、铝电解槽用炭块，其中以高炉炭砖用量最大。高炉的炉底、炉缸和炉腹基本上是用炭砖砌筑的。高炉使用炭砖，其最大优点是高温强度大和高温体积稳定，可延长高炉寿命。炭砖还可用于铁合金电炉、生产磷和可溶性磷肥用电炉内衬以及铝电解槽内衬等。

16.1.1 高炉用炭砖

由于炭质材料具有高导热性、对铁水的低润湿性和低渗透性，自从20世纪50年代以来，炼铁高炉的炉底和炉缸大量使用炭质耐火材料，有的高炉炉腰、炉腹及下炉身也使用炭质耐火材料。采用炭质耐火材料以后，高炉炉役明显延长，很少发生炉底或炉缸烧穿事故。但是随着高炉大型化和强化冶炼技术的采用，炉衬材料的服役条件越来越恶化，从而对炉衬材料提出了更高的要求。20世纪70年代后期及80年代，出现了一些高炉炭砖新品种，如经过浸渍的高密度炭砖，使用电煅无烟煤为原料的半石墨质炭砖，添加少量碳化硅的半石墨质-碳化硅炭砖，添加纯硅、碳化硅、氧化铝生产的微孔炭砖和高温热压炭砖以及采用振动成型工艺生产的不经焙烧的自焙炭砖等。

生产高炉炭砖多使用无烟煤作原料，其中灰分、挥发分因产地而异，灰分一般为5%，挥发分8%，预先需在竖式电炉内加热处理。其他原料还有人造石墨及特殊外加物(金属和氧化物粉)等，结合剂为经过热处理的脱水煤焦油沥青。

16.1.1.1 普通高炉炭块

普通高炉炭块用于砌筑冶炼强度较低的容积为1000～2500m^{3}的中型高炉。以优质煅烧无烟煤(煅烧温度1350℃左右)为主要原料，并加入一定量的冶金焦和人造石墨，采用振动成型，在焙烧炉中经 1100℃ 以上温度进行焙烧。焙烧后的制品按用户提供的图纸使用铣床及刨床进行机械加工，加工后的炭砖经预安装及检查相邻块间的缝隙，合格后发往用户。

YB/T 2804—2016 规定了普通高炉炭块的理化指标，如表 16-1 所示，并对其尺寸允许偏差和外观质量也做了相应的规定。

表 16-1 普通高炉炭块的理化指标

项 目	指 标
灰分/%	≤8.0
耐压强度/MPa	≥35
真气孔率/%	≤18.0
体积密度/g·cm^{-3}	≥1.52
耐碱性/级	U 或 LC
固定碳/%	≥90.0
导热系数(800℃)/W·(m·K)$^{-1}$	≥6.0

如将普通炭块用煤沥青进行浸渍，其体积密度和机械强度可以明显提高，则为高密度炭块。高密度炭块孔隙率的降低，能减少铁水或熔渣的渗透。用于砌筑满铺炉底或砌筑非强化冶炼的高炉内衬。

16.1.1.2 高炉自焙炭块

自焙炭块是我国炼铁和炭素生产工作者自主研发出的创新性炭质耐火材料。自焙炭块系采用高温煅烧无烟煤为骨料，以煅烧无烟煤和焦炭混合粉料为细粉，使用中温煤沥青作黏结剂，在一定温度下混捏均匀，并采用高频模压振动成型制成的具有精确外形尺寸和特定理化性能的制品。它具有耐高温、导热性好、高温强度高、抗渣铁侵蚀性强、价格低等特点。自焙炭块在生产使用过程中具有如下特点：

(1)生产工艺简单，投资成本低，施工简便易行；

(2)具有规则的外形，不需精密加工即可砌筑成所需的炉衬；

(3)经过烘炉和高炉生产时的热量进行焙烧，可形成近于无缝的整体炉衬；

(4)在焙烧过程中(单面受热条件下)，煤焦油沥青挥发物产生逆向移动，在工作热端基质孔隙中生成热解碳并填充气孔，使砖体"自行"致密；

(5)能够吸收炉衬升温时产生的温度应力，缓解了热应力对炉衬的破坏；

(6)在炉内高温渣铁等介质催化作用下产生非均质石墨化转变，提高了炉衬导热能力和抗化学侵蚀性，使 1150℃ 铁水凝固等温线向炉内迁移。

由于自焙炭块的特性和在炉内的质变，提高了炉衬的稳定性和耐用性，从而使自焙炭块在中小高炉上得到普遍应用，并取得良好的技术经济效果。在大型高炉采用半石墨质自焙炭块，能降低铁水熔融指数，提高导热系数和抗碱侵蚀性能，增强抗氧化性，改善耐冲刷磨损性能，减小残余收缩。YB/T 2803—2016 规定了自焙炭块的外形尺寸、尺寸允许偏差、理化指标和表面质量。高炉用自焙炭块按理化指标分为 TKZ-1 和 TKZ-2 两种牌号，其具体理化指标见表 16-2。

表 16-2 高炉用自焙炭块的理化指标

项 目	TKZ-1		TKZ-2	
	焙烧前	焙烧后(800℃)	焙烧前	焙烧后(800℃)
灰分/%	≤5.0	≤6.0	≤9.0	≤10.0
焙烧收缩率(800℃×4h)/%	≤0.10	—	≤0.15	—
耐压强度/MPa	≥31	≥31	≥28	≥28
体积密度/g·cm^{-3}	≥1.62	≥1.52	≥1.60	≥1.50
显气孔率/%	≤10.0	≤20.0	≤13.0	≤23.0
导热系数(800℃)/W·(m·K)$^{-1}$	—	≥5.0	—	≥4.0
固定碳/%	≥85.0	≥93.0	≥82.0	≥89.0

16.1.1.3 半石墨质高炉炭块

半石墨质炭块的主要特点是采用高温电煅烧无烟煤为原料。无烟煤电煅烧的温度可达到1500~2000℃，使无烟煤进入半石墨化状态（电阻率比一般煅烧无烟煤下降50%以上）。生产半石墨质炭块一般不使用冶金焦为粉料，而使用人造石墨为粉料，使半石墨质炭砖的导热性能有明显提高，而且抗碱金属盐类腐蚀能力也比普通炭块有大幅度地提高。半石墨质高炉炭块用于砌筑强化冶炼高炉的炉底下部、炉缸上部。YB/T 4037—2017 规定了其理化指标，其见表16-3，并对尺寸允许偏差和外观质量也做了规定。

表 16-3　高炉用半石墨质炭块的理化指标

项　目		指　标
耐压强度/MPa		≥38
显气孔率/%		≤16
体积密度/$g \cdot cm^{-3}$		≥1.58
耐碱性/级		U 或 LC
透气度/mDa		≤10
氧化率/%		≤10
灰分/%		
铁水溶蚀指数/%		≤28
导热系数 /$W \cdot (m \cdot K)^{-1}$	室温	≥7
	300℃	≥10
	600℃	≥12
<1μm 孔容积比/%		≥75

16.1.1.4 微孔及超微孔炭砖

微孔炭砖及超微孔炭砖不仅具有优良的常规理化性能，而且具有优良的使用性能如抗碱性、导热性、抗铁水溶蚀性、抗氧化性和抗铁水渗透性等。同时它们透气度低、平均孔径小。微孔炭砖的平均孔径小于1μm并且孔径小于1μm的孔容积百分率大于70%。超微孔炭砖的平均孔径小于0.1μm，孔径小于1μm的孔容积百分率大于80%。主要用于高炉炉缸和炉底部位，能够耐碱侵蚀，抗铁水渗透，使炼铁高炉达到高效、节能、长寿的目的。

微孔炭砖及超微孔炭砖是以高温（1500~2000℃）电煅烧无烟煤为主要原料，加入适量的天然石墨、三氧化二铝、单质硅粉、碳化硅等材料，结合剂为中温沥青。添加单质硅或碳化硅可有效地降低气孔孔径，减少铁水及熔渣的渗透，并提高炭块的热导率和抗氧化能力。添加三氧化二铝可增加炭块的抗碱金属盐类腐蚀能力和抗铁水的溶蚀。微孔炭砖及超微孔炭砖的生产工艺与普通炭砖相同。表16-4列出了YB/T 141—2009 和 YB/T 4189—2009 标准所规定的微孔和超微孔炭砖的理化性能。

表 16-4　高炉用微孔及超微孔炭砖的理化性能

项　目		微孔炭砖	超微孔炭砖
体积密度/$g \cdot cm^{-3}$		≥1.63	≥1.70
显气孔率/%		≤16.0	≤15.0
耐压强度/MPa		≥38.0	≥36.0
透 气 度/mDa		≤9.0	≤1.0
平均孔径/μm		≤0.5	≤0.1
<1μm 孔容积比/%		≥70.0	≥80.0
氧化率/%		≤16.0	≤8.0
铁水溶蚀指数/%		≤30	≤28
导热系数 /$W \cdot (m \cdot K)^{-1}$	室温	≥9.0	≥16.0
	600℃	≥14.0	≥20.0
耐碱性/级		U 或 LC	U

16.1.1.5 高温模压炭砖

高温模压炭砖是美国联合炭素公司（UCAR）于20世纪70年代研制成功的产品。高温模压炭砖具有优良的高温性能，导热系数高，导电性好，良好的抗碱侵蚀性能，抗热震性、热冲击性好，低渗透性等特点。并且由于尺寸较小使单块炭砖的温差小。主要用于炉缸、炉腹、下炉身等部位。由于高温模压工艺的限制，这种炭砖尺寸较小，大约不超过500mm×250mm×120mm。采用高温模压炭砖时需要独特的砌体设计及特制的黏结材料。

高温模压炭砖的生产特点是混合料模压成型的同时通电焙烧，只需8~10min即可将模具内的坯料加热到1000℃，坯料所含有的黏结剂在很短时间内直接炭化。高温模压的毛坯经表面加工后即为成品。经高温模压工艺减少了焙烧工序,并且增加了黏结剂的残炭率。这使炭砖的体积密度和热导率提高,开放性气孔和渗透率大大降低。与传统的普通大炭块相比,高温模压炭砖的渗透率下降100倍,因此铁水和熔渣极难进入这种炭砖中。

美国联合炭素公司的高温模压炭砖有炭质和半石墨质。炭质高温模压炭砖以电煅烧无烟煤、石油焦或炭黑等为原料,采用合理的级配,与沥青等黏结剂混合,并加入一定量的石英等硅质材料(9%~9.5%,是为提高抗碱侵蚀而加),采用通电热模压成型。其特点为体积稳定性好、低渗透性、高热导性及良好的抗碱侵蚀性,适用于砌筑高炉炉底及炉缸。半石墨化高温模压炭砖也是以电煅烧无烟煤为原料,并加入一定量的人造石墨、少量的石英等硅质材料,也采用通电热模压成型。它具有比炭质高温模压炭砖有更好的耐碱侵蚀性能,更适合于砌在高炉炉腹、炉腰及炉身下部。炭质和半石墨质高温模压炭砖的理化性能见表16-5。

表16-5 炭质和半石墨质高温模压炭砖的理化性能

项 目		炭质高温模压炭砖	半石墨化高温模压炭砖
体积密度/g·cm^{-3}		1.62	1.80
耐压强度/MPa		30.5	31.1
抗折强度/MPa		8.1	10.1
灰分/%		10	9.5
渗透率/cm^2·S^{-1}		0.09	0.08
洛氏硬度		93	88
热导率/W·(m·K)$^{-1}$	600℃	18.4	45.2
	800℃	18.8	38.1
	1000℃	19.3	32.2
	1200℃	19.7	28.5

16.1.2 矿热炉用炭砖

16.1.2.1 *矿热炉用炭块*

矿热炉炭块具有良好的耐腐蚀性及耐热性,用于砌筑电石炉、铁合金炉、石墨化炉等高温工业炉衬。大型电石炉采用成套订制炭块的方式,同高炉炭块一样,需要精密地加工,并需在制造厂预安装后再发给用户。生产矿热炉炭块所用的原料及生产工艺流程与生产高炉炭块完全一样,但大部分矿热炉炭块的机械加工比较简单,只需将两端切平,表面则不需加工。YB/T 2805—2006所规定的矿热炉炭块的理化指标如表16-6所示。

表16-6 矿热炉用炭块的理化指标

项 目	指 标
体积密度/g·cm^{-3}	≥1.52
灰分/%	≤8
抗压强度/MPa	≥30
耐碱性/级	U或LC
显气孔率/%	≤20
真密度/g·cm^{-3}	≥1.80

16.1.2.2 *电石炉用自焙炭砖*

电石炉用自焙炭砖以高温处理的无烟煤为主要原料,经高频振动模压成型工艺制成,用于砌筑大、中型电石炉炉底及熔池内衬。自焙炭砖按电石炉变压器的容量分为两类:第一类适用于大于20000kVA电石炉,代号为TKZ-1;第二类适用于等于或小于20000kVA电石炉,代号为TKZ-2。表16-7为YB/T 2805—2006所规定的电石炉用自焙炭砖的理化指标。

表16-7 自焙炭砖的理化指标

项 目	TKZ-1		TKZ-2	
	焙烧前	焙烧后	焙烧前	焙烧后
固定碳/%	≥85	≥93	≥80	≥86
灰分/%	≤5	≤6	≤10	≤13
残余收缩率(800℃)/%	—	≤0.05	—	≤0.1
耐压强度/MPa	≥30.0	≥30.0	≥25.0	≥25.0
体积密度/g·cm^{-3}	≥1.6	≥1.5	≥1.58	≥1.45
显气孔率/%	≤10	≤20	≤15	≤25

16.1.3 铝电解用阴极炭块

铝电解用阴极炭块是以煅烧无烟煤、冶金焦、石墨等为骨料,煤沥青等为黏结剂制成的,主要用于制作铝电解槽炭质内衬,作为盛装铝电解反应所需的电解质和产生的铝液，并将电流通过镶入阴极中的钢棒导出槽外。铝电解生产要求阴极炭块耐高温、耐冲刷、耐熔盐及铝液侵蚀，有较高的电导率，一定的纯度和足够的机械强度，以保证电解槽有较长的使用寿命和有利于降低铝生产的电耗，并使铝产品不受污染。铝电解用阴极炭块分为底炭块及侧炭块两种。用于砌筑槽底的底炭块不仅是电解槽的内衬材料，也是电解槽通电时的阴极，因此除要求底炭块能耐高温及耐腐蚀外，底炭块的比电阻应尽可能低一些。侧炭块用于砌筑铝电解槽侧部，构成电解槽侧部内衬主体，侧部炭块不作为导体，而是作为槽子的抗侵蚀内衬材料。

16.1.3.1　铝电解用普通阴极炭块

普通阴极炭块是以普通煅烧无烟煤(煅烧温度1250~1350℃)为主要骨料，冶金焦作为粉料，中温煤沥青为黏结剂，采用挤压或振动成型，经1100℃焙烧而生产的。

铝电解用普通阴极炭块的牌号分为TKL1和TKL2二种，YS/T 286—1999对其技术要求做了规定。铝电解用普通阴极炭块的理化指标见表16-8。

表16-8　铝电解用普通阴极炭块的理化性能指标

牌号	灰分/%	电阻率/μΩ·m	破损系数	体积密度/g·cm^{-3}	真密度/g·cm^{-3}	耐压强度/MPa
TKL1	≤9	≤55	≤1.5	≥1.54	≥1.86	≥32
TKL2	≤10	≤60	≤1.5	≥1.52	≥1.84	≥30

16.1.3.2　铝电解用石墨质阴极炭块

半石墨炭块根据生产工艺不同分为两种。一种是以优质高温电煅烧无烟煤(煅烧温度1800~2000℃)，或以较多的石墨碎块甚至全部用石墨碎块为骨料，成型后的生坯制品只经过焙烧(焙烧温度不超过1200℃)，不需石墨化热处理，这种炭块称半石墨质炭块。另一种用较多的易石墨化的焦炭为骨料，生坯焙烧以后再进入石墨化炉在1800~2000℃的温度下进行热处理，这种炭块称半石墨(化)炭块。前者的强度、硬度较高，后者的导电性能及整体性效果较好。生产半石墨质阴极炭块以高温煤沥青、改质煤沥青配合一定比例的煤焦油或蒽油作黏结剂。

半石墨质阴极炭块具有导电性好，抗侵蚀能力强等优良性能，用于铝电解槽可以降低电耗、增加电解槽寿命，是一种优良的电解槽内衬材料。YS/T 623—2012对其分类和技术条件做了规定。铝电解用半石墨底部炭块的牌号分为GS-1、GS-3、GS-5、GS-10，分别表示人造石墨在其干料配方中所占名义比例为10%、30%、50%和100%。侧部炭块的牌号为GS-C，其理化性能见表16-9和表16-10。

16.1.4　炭质不定形材料

炭质不定形材料主要用于炭质炉底找平层和炉壁膨胀缝的填充及炭块间的黏结，其焙烧后应有较好的热导率及较小的体积收缩，施工时使用方便。其较高的热导率为炉底及炉壁的

表16-9　底部炭块的理化性能

牌号	真密度/g·cm^{-3}	表观密度/g·cm^{-3}	室温电阻率/μΩ·m	耐压强度/MPa	灰分/%	抗折强度/MPa	杨氏模量/GPa	线膨胀系数(300℃)/℃$^{-1}$	钠膨胀率/%
GS-1	≥1.91	≥1.56	≤39	≥32	≤8	≥10.0	≤10.0	≤4.2×10^{-6}	≤1.0
GS-3	≥1.95	≥1.57	≤35	≥24	≤5	≥7.0	≤7.0	≤4.0×10^{-6}	≤0.8
GS-5	≥1.99	≥1.57	≤30	≥24	≤4	≥7.0	≤7.0	≤4.0×10^{-6}	≤0.7
GS-10	≥2.08	≥1.59	≤21	≥26	≤2	≥7.5	≤6.5	≤4.0×10^{-6}	≤0.5

表16-10　侧部炭块的理化性能

牌号	真密度/g·cm^{-3}	表观密度/g·cm^{-3}	耐压强度/MPa	灰分/%	线膨胀系数(300℃)/℃$^{-1}$	钠膨胀率/%
GS-C	≥1.91	≥1.56	≥32	≤8	≤4.2×10^{-6}	≤1.0

传热创造了有利条件，同时能容纳炭块产生的膨胀，对缓解砌体的热应力起到一定的作用。

16.1.4.1 炭素捣打料

炭素捣打料是以高温电煅烧无烟煤、人造石墨、天然石墨为主要原料，酚醛树脂、煤焦油和煤沥青为结合剂，经过混捏而成。通常树脂结合炭素捣打料用于高炉炉底的冷捣施工，焦油和沥青结合的炭素捣打料用于炉缸。炭素捣打料用于砌筑铝电解槽、高炉、矿热电炉炉底炭捣层，填充炭块与炭块之间及炭块与炉体之间较宽缝隙。

炭素捣打料按理化指标分 TDL-1、TDL-2 两种牌号，YB/T 4301—2012 对其理化指标进行了规定，见表 16-11。

表 16-11 炭素捣打料理化指标

项目	TDL-1	TDL-2
灰分/%	≤8.0	≤5.0
体积密度/$g \cdot cm^{-3}$	≥1.65	≥1.65
耐压强度/MPa	≥10（树脂结合）	≥10（树脂结合）
	≥5（焦油和沥青结合）	≥5（焦油和沥青结合）
导热系数（100℃）/$W \cdot (m \cdot K)^{-1}$	≥12.0	≥18.0

16.1.4.2 炭素泥浆

炭素泥浆是以焦炭、无烟煤、人造或天然石墨为主要原材料，树脂、煤焦油等作为结合剂，配以其他添加成分而制成。炭素泥浆用于黏结炭块之间小于 1mm 的缝隙，因其所用骨料较细，黏结剂软化点较低且用量较大，常温下为胶状，故亦称炭质胶泥。在铝电解槽主要用来黏结侧部炭块，当电解槽焙烧启动以后，炭素泥浆焦化，将侧部炭块结合成一个整体。在高炉上用于砌筑微孔炭-碳化硅焙烧炭块、微孔模压小炭块、半石墨质焙烧炭块、微孔炭块。

YB/T 121-2014 将炭素泥浆按结合剂分为三个牌号焦油结合炭素泥浆 TN-1，树脂结合炭素泥浆 TN-2 和 TN-3，表 16-12 为其理化指标。

表 16-12 炭素泥浆理化指标

项目		指标		
		TN-1	TN-2	TN-3
灰分/%		≤7	≤5	≤2
挥发分/%		≤43	≤40	≤40
固定碳/%		≥50	≥55	≥58
常温抗折黏结强度/MPa	300℃×24h	—	≥4	≥8
	600℃×3h（埋碳）烧后	—	≥1	≥2.5
挤压缝/mm		≤1	≤1	≤1

16.1.5 石墨质耐火制品

石墨质耐火制品是以石油焦、沥青焦为骨料和粉料，煤沥青为黏结剂，经过成型、焙烧、石墨化和机械加工等工序而制成的石墨材料。因其优良的导热和耐腐蚀性能主要用于炼铁高炉的炉底砌体或石墨化炉的内墙。

用于高炉炉底时，除具有高炉炭块的一般特性外，其具有较高的导热系数，起到尽快将炉底的热量导出，降低炉底温度的作用。YB/T 122—2017 将高炉用石墨块分为 SKG-1、SKG-2、SKG-3 三种牌号，其理化性能如表 16-13 所示。

表 16-13 高炉用石墨块的理化性能

项目		指标		
		SKG-1	SKG-2	SKG-3
体积密度/$g \cdot cm^{-3}$		≥1.68	≥1.63	≥1.55
显气孔率/%		≤20	≤25	≤28
耐压强度/MPa		≥28.0	≥25.0	≥18.0
抗折强度/MPa		≥9	≥7	≥5
灰分/%		≤0.5	≤0.5	≤0.5
耐碱性		不低于U/LC	不低于U/LC	不低于U/LC
导热系数/$W \cdot (m \cdot K)^{-1}$	室温	≥100	≥80	≥60
	200℃	≥80	≥60	≥40

16.2 镁炭砖

镁炭砖是由氧化镁和炭素（主要为鳞片石

墨)材料为主要原料,添加各种非氧化物添加剂,用酚醛树脂或沥青等有机结合剂结合而成的不烧含炭耐火材料。镁炭砖主要用于转炉、交流电弧炉、直流电弧炉的内衬,钢包的渣线等部位。

16.2.1 镁炭砖的生产

镁炭砖是含炭耐火材料中研究、规模化生产和使用最早的耐火材料,所用原料的质量、生产工艺过程等因素直接影响制品的质量。

16.2.1.1 原料对镁炭砖性能的影响

生产镁炭砖所需的主要原料有镁砂、石墨、结合剂和添加剂,这些原料的质量直接影响着镁炭砖的性能和使用效果。

A 镁砂

镁砂是生产镁炭砖的主要原料,镁砂质量的优劣对镁炭砖的性能有着极为重要的影响,如何合理地选择镁砂是生产镁炭砖的关键。镁砂有电熔镁砂和烧结镁砂,它们具有不同的特点。

电熔镁砂晶粒大(>80μm),晶界、杂质和硅酸盐相少,晶粒直接结合程度高。烧结镁砂晶粒细小(0~60μm),杂质与硅酸盐相相对较多,直接结合程度较差。

镁砂原料除了要求纯度外,还要求高密度和大结晶,因此,生产镁炭砖用的镁砂原料,应着重考虑 MgO 含量(纯度)、杂质的种类与含量、镁砂的体积密度、气孔孔径、气孔形状以及方镁石晶粒尺寸等。

a 镁砂的纯度

镁砂的纯度影响着镁炭砖的抗渣性能。镁砂中 MgO 含量越高,则杂质越少,硅酸盐相分割程度越低,方镁石直接结合程度越高,抗熔渣的渗透及熔损能力越高。

镁砂中的杂质主要有 CaO、SiO_2、Fe_2O_3、B_2O_3 等,天然镁砂中 B_2O_3 含量极低,镁砂中的杂质特别是 B_2O_3,对镁砂的耐火度及其高温性能极其不利。

镁砂中的杂质主要有以下不利影响,降低方镁石的直接结合程度;高温下与 MgO 形成低熔物;Fe_2O_3、SiO_2 等杂质在 1500~1800℃时,先于 MgO 与 C 反应,留下气孔使镁炭砖的抗渣性变差。

b 镁砂的杂质

镁砂原料,除杂质总量外,其种类及相对含量对镁砂的性能也有着重大影响。其中的 CaO/SiO_2 比和 B_2O_3 含量的影响最为明显。CaO/SiO_2 比控制着镁砂的副晶相类型。一般镁质耐火材料要求 $CaO/SiO_2 \geqslant 2$,使副晶相组成落在 $CaO-MgO-SiO_2$ 三元相图中 $CaO-MgO-C_2S$ 三相之间的高熔点区,以提高镁炭砖的高温稳定性。

在 $CaO-MgO-C_2S$ 三相区域内,C_2S 的熔点(2130℃)和 C_3S 的熔点(1900℃)均很高。另外低硅镁砂可以减少 MgO 与 C 的高温反应,CaO/SiO_2 比高的镁砂,在高温下与石墨共存的稳定性好,CaO/SiO_2 比越高,则方镁石直接结合程度亦越高[1]。

c 镁砂的密度

镁砂的体积密度越高,封闭气孔越少,则镁砂向熔渣中溶解的溶解度越小,用其制得的镁炭砖的抗渣熔损性能越好。

镁炭砖在使用过程中,镁砂熔损的重要原因之一是方镁石晶界被熔渣侵蚀,从而促进 MgO 与熔渣的反应。当熔渣和存在于方镁石晶界中的 SiO_2 和 CaO 等杂质反应之后,方镁石晶体不断剥落进入熔渣中。体积密度高的镁砂可以减少熔渣的侵入,从而提高镁炭砖的抗渣侵蚀能力。所以生产镁炭砖的镁砂一般要求其体积密度不小于 $3.34g/cm^3$,最好大于 $3.45g/cm^3$。

同时,如果方镁石晶粒越大则晶粒间直接结合程度越高、晶界越少、晶界面积越小,因而熔渣向晶界处渗透越难。电熔镁砂的抗侵蚀性比烧结镁砂好,原因就在于电熔镁砂的晶粒尺寸大、晶粒间的直接结合程度比烧结镁砂要高。

因此,要生产高质量的镁炭砖,必须选择高纯镁砂(MgO>97%),$CaO/SiO_2 \geqslant 2$,杂质含量低,体积密度不小于 $3.34g/cm^3$,结晶发育良好,气孔率≤3%,最好小于 1%。但在实际生产中,由于镁炭砖使用部位的不同,对其性能要求也各不相同。因此,需根据实际情况选择质量相当的镁砂,这样既可控制原料成本,减少优质资源消耗,又有利于可持续发展。

B 石墨

石墨在镁炭砖中的含量一般为10%~20%,其主要的特性如固定碳含量、粒度、灰分组成,挥发分等指标影响着镁炭砖的性能和服役寿命。

a 固定碳

固定碳是指石墨中除去挥发分、灰分以外的组成部分,挥发分是由低熔点物质组成的有机或无机物。

石墨的固定碳含量越高,则灰分及挥发分越少,生产出来的镁炭砖在高温下使用过程中组织结构好,制品的高温抗折强度大。石墨按固定碳不同,可分为高纯石墨、高碳石墨、中碳石墨和低碳石墨,如表16-14所示。

表16-14 石墨的分类

名称	高纯石墨	高碳石墨	中碳石墨	低碳石墨
固定碳/%	C≥99.9	94.0≤C<99.9	80.0≤C<94.0	50.0≤C<80.0
代号	LC	LG	LZ	LD

用不同纯度的石墨作为炭素原料生产出的镁炭砖,制品的组织结构存在着明显的差异。用低碳石墨生产的镁炭砖,经高温处理后,因石墨伴生矿物熔化成玻璃相并与镁砂或碳素材料反应,产生内部结构缺陷,制品的高温强度降低。图16-1为石墨纯度与镁炭砖高温抗折强度间的关系。石墨纯度越高,制品的高温抗折强度亦高,且耐侵蚀性越好。

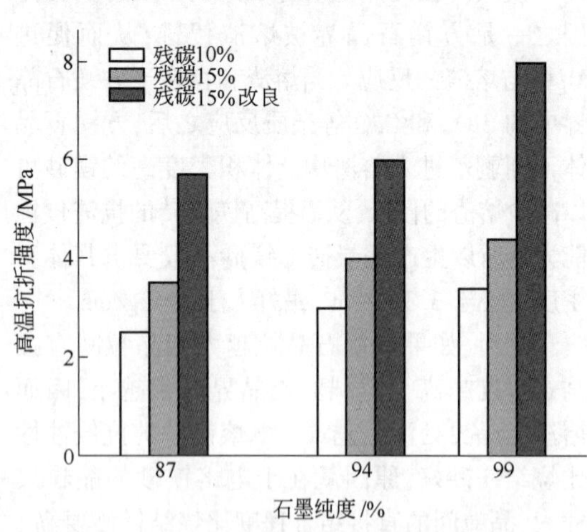

图16-1 石墨纯度对镁炭砖高温抗折强度的影响

b 粒度

石墨的粒度影响着镁炭砖的热震稳定性和抗氧化性能。对于鳞片石墨,若鳞片越大,则用其制得的镁炭砖的耐剥落性和抗氧化性越好。同时大鳞片石墨具有高的导热系数和小的比表面积。镁炭砖用的鳞片石墨一般要求其粒度>0.125mm。

鳞片石墨边缘的氧化速度比其表面要快4~100倍,因此鳞片石墨的厚度影响着镁炭砖的抗氧化性能。一般要求厚度$\delta \leq 0.02$mm,最好$\delta \leq 0.01$mm。鳞片石墨的厚度越薄,其端部表面发生氧化的有效面积越小,镁炭制品的抗氧化性能越好。

c 挥发分与灰分

石墨中的挥发分在镁炭砖热处理过程中会产生较多的挥发物,使制品的气孔率变大,因此对制品的使用性能不利。

灰分是石墨经氧化处理后的残留物。一般情况下,鳞片石墨的灰分主要成分为SiO_2、Al_2O_3、Fe_2O_3,占灰分的82.9%~88.6%,其中SiO_2在灰分中占33%~59%之多。石墨中灰分越多,镁炭砖的抗渣性能越低。

C 结合剂

结合剂起着连结基质和颗粒的作用,在实际生产和使用过程中,基质和结合剂系统是所有耐火材料的两个薄弱环节。

a 生产镁炭砖对结合剂的要求

由于石墨与液体(结合剂)的湿润角(接触角)大,其表面很难被液体润湿,因此制备镁炭砖时对结合剂的要求与生产一般耐火材料不同。生产镁炭砖时对结合剂的要求为:

(1)在室温下具有一定的黏度和流动性,并对镁砂和石墨均有良好的湿润性;

(2)结合剂在热处理过程中,能进一步缩合,使制品有较高的强度;

(3)在热处理过程中结合剂不使制品产生过大的膨胀与收缩,以避免制品开裂;

(4)F. C 含量要高,同时焦化处理后的碳素聚合体有良好的高温强度。

b　生产镁炭砖结合剂的种类

(1)酚醛树脂:由于合成酚醛树脂在室温下的混练与成型性能好,压制的砖坯强度高,热处理时可进一步缩合,能使成品强度进一步提高,并能在还原气氛下能形成牢固的碳结合网络,在高温下能使镁炭砖保持较高的热态强度等优点,在亚洲国家被广泛应用于作为生产含炭耐火材料的结合剂。

(2)煤沥青:煤沥青的残碳率比合成酚醛树脂要高,另外,沥青的碳化组织的石墨化度及碳化组织的氧化温度均比合成酚醛树脂的要高。(石墨化度:由无定型碳变成石墨,这个使原子排列有序化的过程称为石墨化;石墨化度是表示炭素原料的晶体结构接近理想石墨晶体尺寸程度的参数),也被较多生产厂家作为生产含炭耐火材料的结合剂,特别是欧洲国家,但对环保要求较高。

镁炭砖的结合剂还可以用残碳率较高的煤焦油、蒽油、洗油、特殊碳质树脂、多元醇、沥青变性酚醛树脂等。

D　抗氧化剂

镁炭砖优良的使用性能依赖于砖中碳的存在,在使用过程中碳的氧化易造成制品组织劣化,使炉渣沿着缝隙侵入砖中,蚀损 MgO 颗粒,降低镁炭砖的使用寿命。因此如何抑制碳的氧化是生产和使用镁炭砖的关键。

目前主要通过添加抗氧化剂的措施来提高镁炭砖的抗氧化能力。

a　选择抗氧化剂的原则

(1)根据热力学数据及使用条件判断可能存在的凝聚相及各气相蒸汽压的大小。

(2)比较各凝聚相与氧亲和能力的大小、与 CO 反应的可能性。

(3)分析各种反应对砖显微结构的影响。

b　抗氧化剂的热力学及动力学机理

在工作温度下,添加剂或添加剂与碳反应的生成物与氧的亲和力,比碳与氧的亲和力大,优先于碳被氧化,从而起到保护碳的作用。同时,添加剂与氧气、一氧化碳反应的化合物改变了炭复合耐火材料的显微结构,如增加了致密度、堵塞了气孔,阻碍氧及反应产物的扩散。

在镁炭砖生产过程中常用的抗氧化剂有金属铝粉、硅粉、铝镁合金粉等,另外还有 B_4C、CaB_6 等[2]。

16. 2. 1. 2　镁炭砖的生产工艺

根据目前常用的两类结合剂,镁炭砖的生产工艺流程有以下两种。如图 16-2 和图 16-3 所示。

酚醛树脂作结合剂:

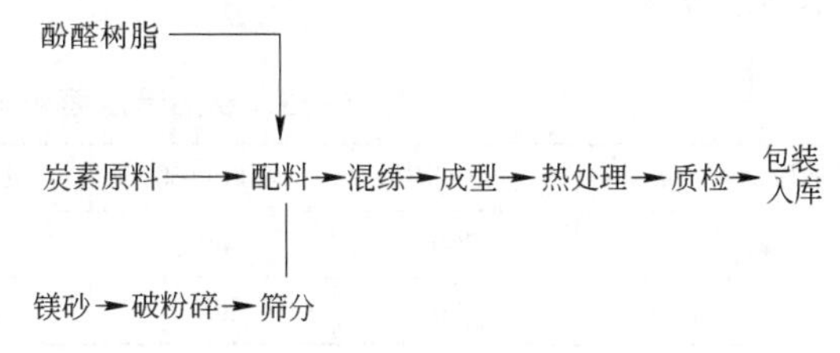

图 16-2　酚醛树脂作为结合剂时镁炭砖生产工艺流程图

特点:室温下进行混练、成型,工艺简单。

沥青结合剂:

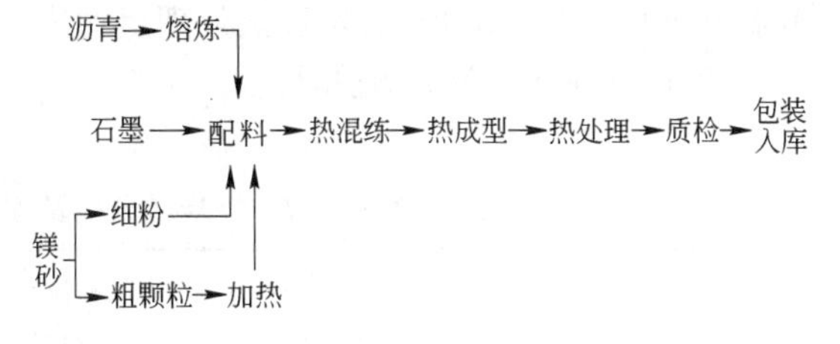

图 16-3　沥青作为结合剂时镁炭砖生产工艺流程图

特点:在配料、混练及成型过程中均需对混合料进行加热处理,工艺稍复杂。但当沥青被破碎成细粉,并加入一定量的蒽油或洗油作为助溶剂后,也可以采用冷成型工艺生产沥青结合镁炭砖。

镁炭砖的配料中,石墨体积密度为 2. 2g/cm^3 左右,而镁砂体积密度为 3. 3g/cm^3 左右,混练时石墨易浮于混合料的顶部,使之不完全与配料中的其他组分接触。一般采用高速搅拌机或行星式混料机。

生产镁炭砖时,若不注意混练时的加料次

序,则泥料的可塑性和成型性将受到影响,从而影响到制品的成品率与使用性能。正确的加料次序为:镁砂(粗、中)→ 结合剂 →石墨→镁砂细粉和添加剂的混合粉。

在行星式混练机中混练,首先将粗、中颗粒混合 3~5min,然后加入酚醛树脂混碾 3~5 min,再加入石墨,混碾 4~5min,最后加入镁砂粉及添加剂的混合粉,混合 3~5min,使总的混合时间在 20~30min。混练时间不宜过长也不能太短。

若混练时间太长,则易使镁砂周围的石墨与细粉脱落,且泥料因结合剂中的溶剂大量挥发而发干;若太短,混合料不均匀,且可塑性差,不利于成型。

成型是提高坯体填充密度,使制品组织结构致密化的重要途径,因此镁炭砖需要高压成型,同时严格按照先轻后重、多次加压的操作规程进行压制。

生产镁炭砖时,常用砖坯密度来控制成型工艺,一般压力机的吨位越高,则砖坯的密度越高,同时混合料所需的结合剂越少,否则因颗粒间距离的缩短,液膜变薄使结合剂局部集中,造成制品结构不均匀,影响制品的性能。同时也会产生弹性后效而造成砖坯开裂。成型设备的选择应根据实际生产的制品尺寸加以具体选择,一般情况下成型设备的选择原则如表16-15所示。

表 16-15 制品受压面积与压砖机吨位的一般对应关系

加压面积/mm×mm	115×230	300×160	400×200	600×200	700×200	900×200
摩擦机/t	300	400	600	800	1000	1500
液压机/t	600	800	1200	1600	2000	3000

酚醛树脂结合的镁炭砖,可在 200~250℃ 的温度下进行热处理,树脂可直接(热固性树脂)或间接(热塑性树脂)地硬化,使制品具有较高的强度,一般处理时间为 24~32h,相应的升温制度如表 16-16 所示,经过热处理后的成品应达到表 16-17 所列理化指标。

表 16-16 镁炭砖硬化处理升温制度

硬化处理升温制度	结合剂状态	处理措施
50~60℃	树脂软化	保温
100~110℃	溶剂大量挥发	保温
200℃或 250℃	结合剂缩合硬化	保温

表 16-17 镁炭砖分类及理化指标(GB/T 22589—2017)

分类与牌号	显气孔率/%		体积密度/g·cm⁻³		常温耐压强度/MPa		高温抗折强度(1400℃×0.5h)/MPa		w(MgO)/%		w(C)/%	
	μ_0	σ	μ_0	σ	μ_0	σ	μ_0	σ	μ_0	σ	μ_0	σ
MT-5A	≤5.0		≥3.10		≥50.0		—	—	≥85.0		≥5.0	
MT-5B	≤6.0		≥3.02		≥50.0		—	—	≥84.0		≥5.0	
MT-5C	≤7.0		≥2.92		≥45.0		—	—	≥82.0		≥5.0	
MT-5D	≤8.0	1.0	≥2.90	0.05	≥40.0		—	—	≥80.0		≥5.0	
MT-8A	≤4.5		≥3.05		≥45.0		—	—	≥82.0		≥8.0	
MT-8B	≤5.0		≥3.00		≥45.0	10	—	—	≥81.0	≥1.5	≥8.0	1.0
MT-8C	≤6.0		≥2.90		≥40.0		—	—	≥79.0		≥8.0	
MT-8D	≤7.0		≥2.87		≥35.0		—	—	≥77.0		≥8.0	
MT-10A	≤4.0	0.5	≥3.02	0.03	≥40.0		≥6.0	1.0	≥80.0		≥10.0	
MT-10B	≤4.5		≥2.97		≥40.0		—	—	≥79.0		≥10.0	

续表 16-17

分类与牌号	显气孔率/%		体积密度/g·cm^{-3}		常温耐压强度/MPa		高温抗折强度(1400℃×0.5h)/MPa		w(MgO)/%		w(C)/%	
	μ_0	σ	μ_0	σ	μ_0	σ	μ_0	σ	μ_0	σ	μ_0	σ
MT-10C	≤5.0	0.5	≥2.92	0.03	≥35.0	10	—	—	≥77.0	≥1.5	≥10.0	1.0
MT-10D	≤6.0		≥2.87		≥35.0		—	—	≥75.0		≥10.0	
MT-12A	≤4.0		≥2.97		≥40.0		≥6.0	1.0	≥78.0	≥1.2	≥12.0	
MT-12B	≤4.0		≥2.94		≥35.0		—	—	≥77.0		≥12.0	
MT-12C	≤4.5		≥2.92		≥35.0		—	—	≥75.0		≥12.0	
MT-12D	≤4.5		≥2.85		≥30.0		—	—	≥73.0		≥12.0	
MT-14A	≤3.5		≥2.95		≥38.0		≥10.0	1.0			≥14.0	
MT-14B	≤3.5		≥2.90		≥35.0		—	—			≥14.0	
MT-14C	≤4.0		≥2.87		≥35.0		—	—			≥14.0	
MT-14D	≤5.0		≥2.81		≥30.0		—	—			≥14.0	
MT-16A	≤3.5		≥2.92		≥35.0	8.0	≥8.0	1.0			≥16.0	0.8
MT-16B	≤3.5		≥2.87		≥35.0		—	—			≥16.0	
MT-16C	≤4.0		≥2.82		≥30.0		—	—			≥16.0	
MT-18A	≤3.0		≥2.89		≥35.0		≥10.0	1.0			≥18.0	
MT-18B	≤3.5		≥2.84		≥30.0		—	—			≥18.0	
MT-18C	≤4.0		≥2.79		≥30.0		—	—			≥18.0	

注：μ_0 代表合格质量批均值，σ 代表批标准偏差估计值。

16.2.2　镁炭砖的性能

镁炭砖在含碳耐火材料中是开发最早、应用最广的一种炭复合耐火材料。从 20 世纪 90 年代起，炼钢用的转炉、电炉基本上全部用镁炭砖作内衬。镁炭砖有效地利用了镁砂的抗碱性渣能力强，炭素材料的高导热低膨胀特性，补偿了镁质耐火材料耐剥落性和抗渗透性差的最大缺点，镁炭砖具有如下突出的性能。

（1）优良的高温性能。镁炭砖用的主要原料镁砂，其主成分 MgO 是典型的离子晶体碱性氧化物，熔点高达 2825℃，是熔点最高的耐火材料氧化物。而炭素材料的熔点则更高，如石墨在真空中的熔点为（3850±50）℃，且 MgO 与 C 之间在高温下无共熔关系。因而镁炭砖具有非常好的高温性能。

（2）抗渣能力强。MgO 与 CaO 是典型的碱性耐火氧化物，MgO 本身对碱性渣及高铁渣具有很强的抗侵蚀能力。炭素材料，特别是石墨对渣的润湿角大，与熔渣的润湿性差。因而镁炭砖具有良好的抗渣性能。

（3）抗热震稳定性好。材料的抗热震指数一般与材料本身的导热系数和机械强度成正比，与材料的线膨胀系数及弹性模量成反比，即：

$$R \propto \frac{P_m \lambda}{E\alpha}$$

式中，P_m 为材料的机械强度；λ 为材料的导热系数；E 为材料的弹性模量；α 为材料的线膨胀系数。

炭素材料，特别是石墨具有高的导热系数（$\lambda_{石墨}^{1000℃}=229$W/(m·K)，$\lambda_{MgO}^{1000℃}=24.08$W/(m·K)），低的线膨胀系数（$\alpha_{石墨}^{0\sim1000℃}=(1.4\sim1.5)\times10^{-6}$/℃，$\alpha_{MgO}=(14\sim15)\times10^{-6}$/℃），小的弹性模量：$E=8.82\times10^{10}$Pa，且石墨的机械强度随着温度的升高而提高。因此镁炭砖具有良好的抗热

震性。

(4)高温蠕变低。镁炭砖与其他陶瓷结合耐火材料相比,具有特别好的蠕变特性。镁炭砖的基质是由高熔点的石墨和镁砂细粉组成,且颗粒间存在着牢固的碳结合网络,不易产生滑移,C与MgO无共熔关系,液相少,因此镁炭砖的高温蠕变低。

16.2.3 低碳镁炭砖

低碳镁炭砖是指比普通镁炭砖碳含量更少的镁炭砖。

普通镁炭砖具有良好的热震稳定性和优良的抗渣性能,这是因为石墨具有较大的导热系数(一般大于20W/(m·K))、石墨与渣的不湿润性及使渣中氧化铁被还原使渣黏度变大的结果。但石墨含量高导致的直接热损耗亦高,同时石墨含量高对冶炼低碳钢、超纯净钢不利。因此如何开发既具有优良热震稳定性和抗渣性,同时又具有导热率低,利于超纯净钢及二次精炼技术发展的低碳镁炭砖是目前镁炭砖的发展趋势。

16.2.3.1 低碳MgO-C砖的导热性能

材料的热导率由其各组分的热导率及其相互结合所形成的结构决定。据复合材料的热传导理论,镁炭砖可看作是由单纯的MgO、石墨和气孔三相组成的复合体,其热导率 λ_m 为:

$$\lambda_m = \lambda_c \frac{1 + 2V_d(1 - \lambda_c\lambda_d)(2\lambda_c\lambda_d + 1)}{1 - V_d(1 - \lambda_c\lambda_d)(\lambda_c\lambda_d + 1)} \tag{16-1}$$

式中,λ 为热导率;V 为体积分数;c表示连续相;d表示分散相。

在碳的质量分数超过5%的镁炭砖中,MgO是分散相,石墨包覆MgO颗粒,形成连续相,而气孔则既可能是分散相,也可能是连续相。据式16-1,若镁炭砖中的气孔形成连续相,则可大幅度降低材料的热导率。Hoshiyama[3]等对镁炭砖的热导率进行研究后发现,在含碳一定的情况下,材料的热导率与其显气孔率没有明确的关系,而与其结构内的平均气孔孔径有很大的相关性,且微孔量越多,其热导率越低;孔径在0.1μm以上时,热导率与气孔量没有明显的关系,而孔径在0.1μm以下时,热导率与气孔量有很大的相关性。且当气孔呈分散分布时,镁炭砖的热导率为25W/(m·K),而当气孔以连续形式分布时,其热导率为4 W/(m·K),两者相关6倍多,说明气孔的分布状态对镁炭砖的热导率的影响是非常大的。图16-4是镁炭砖的热导率与微孔量及连续气孔(<0.1μm)含量的关系。

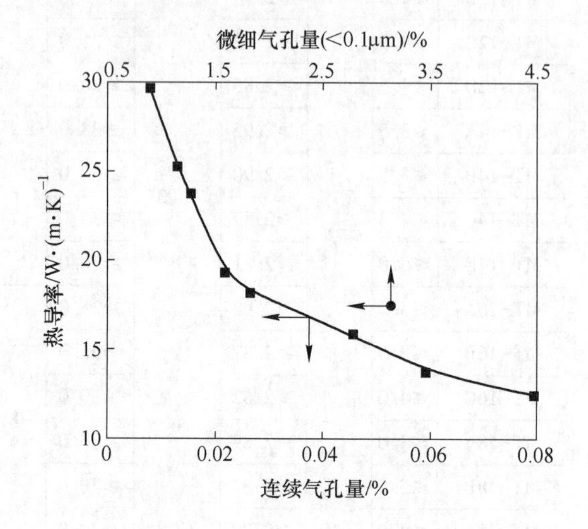

图16-4 镁炭砖的热导率与其微孔量的关系

材料的热导率与其材质及其结合状态相关。减小石墨的用量,即低碳化,可明显降低材料的热导率;在制备耐火材料时,控制气孔的孔径及其分布状态,即尽量使气孔孔径微细化并且呈连续分布,也可有效降低材料的热导率。

16.2.3.2 低碳MgO-C砖的热剥落性能

含碳量降低,必然导致镁炭材料抗剥落性能下降(损坏指数上升),如图16-5所示。当含碳低于10%时,材料的抗热剥落性能还会进一步下降。为改善低碳镁炭砖的抗热剥落性能,耐火材料工作者开展了结合剂及石墨种类,表面处理工艺等方法对低碳镁炭砖进行性能改善[4,5]。

已有研究表明:酚醛树脂碳化过程中形成的碳呈各向同性的玻璃态(非晶质)结构,这种结构使材料的抗剥落性变差。而沥青碳化后形成以粗粒镶嵌状为主的各向异性光学组织,当酚醛树脂与沥青混合后共碳化时,在两者碳化组织的界面上会形成细粒镶嵌状组织。当沥青

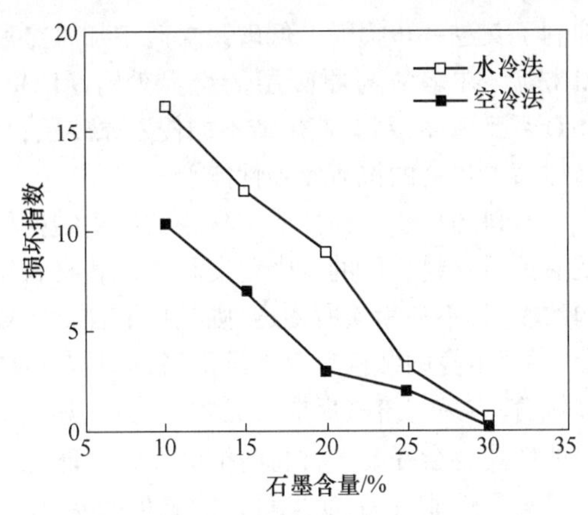

图 16-5 碳含量与抗剥落性关系

和树脂的品种及配比选择合适时，混合物碳化后会全部呈现出均一的细粒镶嵌状组织。这种碳化结构有利于镁炭砖抗剥落性的提高。因此，采用沥青改性后的酚醛树脂可明显提高低碳镁炭砖的抗热剥落性能。

因超细石墨具有高的分散性，因此超细石墨可提高低碳镁炭砖的抗剥落性能，图 16-6 是经 1000℃热处理后两种试样的抗热剥落性能比较结果。由图 16-6 看出，在总含碳量不超过 4%时，两种试样的抗热剥落性能没有差异；而当石墨含量在 6%以上时，含超细石墨的镁炭砖的抗热剥落性能明显优于含鳞片石墨的。这主要是由于超细石墨相对于大鳞片石墨更易于分散，结构更趋于均匀。由此可见，在含碳量低时，通过改变结合剂种类和石墨的形态，或添加部分与石墨性能相似的材料替代石墨材料，在一定范围内可改善低碳镁炭砖的热剥落性能。

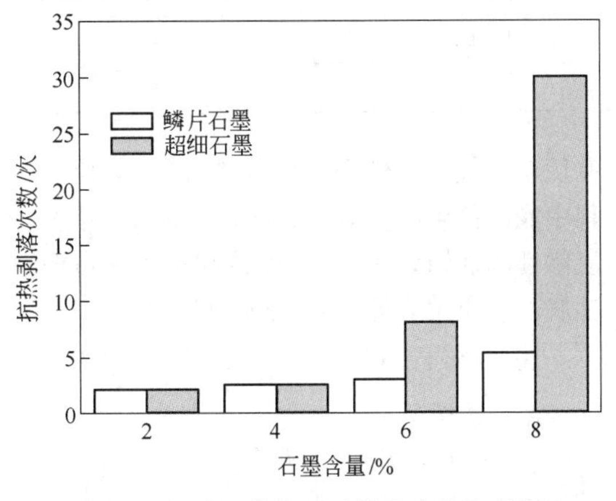

图 16-6 1000℃热处理后镁炭砖的抗剥落性

同时，超细石墨的加入，可抑制砖的过烧，降低砖的弹性模量，因而能提高低碳镁炭砖的抗剥落性能。另外，可通过对镁砂进行表面处理[2]，使砖坯在热处理过程中形成较多连续分布的微小气孔，从而使低碳镁炭砖的导热率下降，抗热震性提高。

16.2.3.3 低碳 MgO-C 砖的抗氧化性能

虽然低碳 MgO-C 砖的碳含量低，但还会因砖内碳的氧化而形成脱碳层，从而导致材料组织结构疏松，强度降低。在熔渣侵蚀和机械冲刷等作用下，氧化镁颗粒逐渐被熔蚀、脱落而损毁。因此，低碳镁炭材料同样要考虑提高抗氧化性问题。

炭复合耐火材料的抗氧化措施主要有三种：一是在材料表面涂覆抗氧化涂层；二是添加抗氧化剂，延缓碳的氧化；三是使工作层形成致密层来阻止氧化性物质的侵入。在低碳耐火材料中，也可考虑使用这些方法来提高材料的抗氧化性。

在高碳镁炭砖中，常用的抗氧化剂有 Al、Mg 等粉末。在低碳材料中，同样可以考虑添加类似的抗氧化剂来提高其抗氧化性。

研究发现，用 Al 粉作为添加剂，当 Al 粉含量≤6%时，随着 Al 粉含量的增加，材料的抗氧化性能提高。在大气中进行氧化性实验时，氧化性气体的扩散由脱碳层的厚度及其致密度决定。致密的脱碳层，可减缓大气中氧化性气体对内扩散或砖内部反应气体的对外扩散，也可延缓液相环境下液态氧化性物的侵入。低碳镁炭砖中添加 Al 粉可提高其脱碳层的致密程度，这是由于 Al 粉的氧化产物会进一步与氧化镁结合形成镁铝尖晶石，在脱碳层形成致密层。Al 粉添加得越多，生成的尖晶石也就越多，致密层越厚，相应地，其抗氧化效果也就越显著[6]。

材料的低碳化本身也可以提高材料的抗氧化性能。与高碳材料相比，总碳量低的材料中 MgO 颗粒之间的间距小，在材料工作表面容易形成富 MgO 的反应层（保护层），使氧化后的组织更趋致密，进一步阻碍氧的传输，从而抑制材料中碳的氧化。这是通过减少氧与碳的接触从而缩小氧化反应面积和改善氧化后的组织结构来减少砖的损毁。

含碳量低的镁炭砖,氧化过程对其组织结构的影响也相应较小。镁砂颗粒间距离的减小,有利于低碳镁炭砖在使用过程中形成富MgO致密层。

16.2.3.4 低碳MgO-C砖的抗渣性能

镁炭砖的抗渣侵蚀性是随着熔体温度的上升、渣碱度的降低和渣中FeO、MnO_2量的增加而降低的。在低碱度渣、FeO含量较多(≥20%)的情况下,镁炭砖的C含量在5%~10%时熔损量最小。通常,砖的熔损都是从基质部分开始。在FeO含量多的渣中,C含量越多,Fe在渣和砖的界面析出得越多(渣中的FeO被C还原成Fe),基质由于液相氧化(碳被渣中的氧化铁氧化)而受到破坏,氧化镁颗粒流出显著,损毁严重。而C含量少时,即使发生液相氧化,但由于形成了氧化镁颗粒堆积较多的反应层而抑制了其进一步损毁。低碳镁炭砖中加入金属Al粉后,在熔渣与原砖层的交界处有Al_2O_3-MgO系致密生成物,使熔渣不能侵入原砖层,从而提高了材料的抗渣侵蚀性能。

材料的抗渣侵蚀性能与材料的组织结构以及渣蚀后材料表面的致密程度相关。若材料结构致密,且不易为渣所渗透,则其抗渣性好。或者,材料本身的结构致密度虽不高,但是与熔渣接触后,容易与熔渣反应形成致密层,则其抗渣侵蚀性能也会提高。材料的抗渣侵蚀性能还与其抗氧化性能有关,如果材料抗氧化性差,使用后组织结构必然疏松,熔渣便会侵入材料内部,损坏原砖层,使材料彻底损坏。

表16-18为低碳镁炭砖与普通镁炭砖的性能对比,发现低碳镁炭砖的使用性能完全可以满足使用要求。

表16-18 两种MgO-C砖的对比

项 目		新型MgO-C	普通MgO-C
化学成分	MgO	86	78
	固定碳	7	15
干燥后	显气孔率/%	4.5	2.5
	体积密度/$g\cdot cm^{-3}$	3.31	3.30
	常温耐压/MPa	30	40
	抗折强度/MPa	10	17
于焦炭中1000℃加热后	显气孔率/%	8.5	9.0
	常温耐压强度/MPa	25	35
	抗折强度/MPa	6	8
	耐剥落性	好	好
	耐侵蚀性	优良	好
	抗氧化性	优良	好

16.2.4 镁铝炭砖

镁铝炭(MAC)砖是指以镁砂为主要原料,加入一定量含Al_2O_3的原料(刚玉、矾土等),碳含量在10%左右的炭复合耐火材料。实际上,镁铝炭砖是在镁炭砖配料中加入Al_2O_3,以MgO为主成分制成的MgO-Al_2O_3-C系耐火材料。

MgO-Al_2O_3-C系耐火材料,除因含碳而具有优良的抗侵蚀性和抗热震性外,还因使用过程中能原位生成镁铝尖晶石造成的膨胀堵塞炉渣渗性的通道。因此,在连铸和精炼钢包壁和桶底部位应用取得了良好的效果。

16.2.4.1 镁铝炭砖生产

A 原料

a 镁砂

制备MAC砖可用烧结镁砂,也可用电熔镁

砂。用电熔镁砂制得的 MAC 砖的抗渣性比用相同纯度的烧结镁砂要好。不同档次的电熔镁砂制得的 MAC 砖的抗渣侵蚀性能也有较大差别，如图 16-7 所示。由图 16-7 可见，镁砂的品位对 MAC 材料的抗侵蚀性能有显著影响，选用高纯、大结晶镁砂，有利于镁铝炭砖抗侵蚀能力的提高。因此，为提高制品的抗渣侵蚀性能，应选用高纯电熔镁砂。

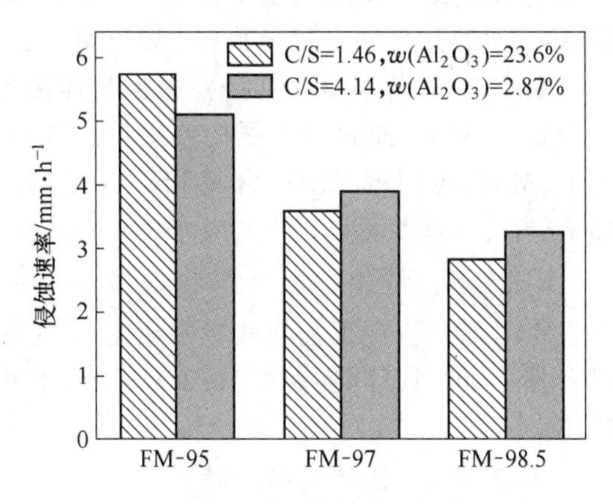

图 16-7 MAC 砖的抗渣侵蚀性与电熔镁砂档次及渣的碱度关系

b 含 Al_2O_3 原料

主要为各类刚玉及矾土，根据实际使用条件及制品的性价比进行综合选择。一般情况下以<1mm 的形式加入，当 Al_2O_3 质原料粒度相同时，采用特级高铝矾土熟料制得的镁铝炭砖的显气孔率、体积密度和耐压强度与采用电熔刚玉制得的相差很小，但加热永久线变化和侵蚀指数则显著增大。

在 Al_2O_3 质原料粒度相同的情况下，由于特级高铝矾土熟料的杂质含量高于电熔刚玉的，高温热处理过程中形成的液相多，有利于 Al_2O_3 与 MgO 反应生成铝镁尖晶石。

Al_2O_3 能提高熔渣黏度和堵塞熔渣渗透通道，但在高 CaO 覆盖剂下，Al_2O_3 比 MgO 更易被熔渣侵蚀（易生成七铝酸十二钙等低熔相）。由图 16-8 可知，当 Al_2O_3 加入量为 10%时，材料的抗侵蚀性最好，这可能是由于 Al_2O_3 加入量已能饱和渗透熔渣。此时 Al_2O_3 颗粒脱落或在饱和熔渣中析出后，以小颗粒的形式存在，从而可提高熔渣黏度，抑制熔渣渗透[7]。而当 Al_2O_3 加入量超过 30%后，进一步增加 Al_2O_3 所带来的效果已无法弥补其易被 CaO 侵蚀的缺点，此时镁铝炭砖的侵蚀速率开始急剧增加。随着覆盖剂碱度增加，Al_2O_3 的负面作用越加明显。

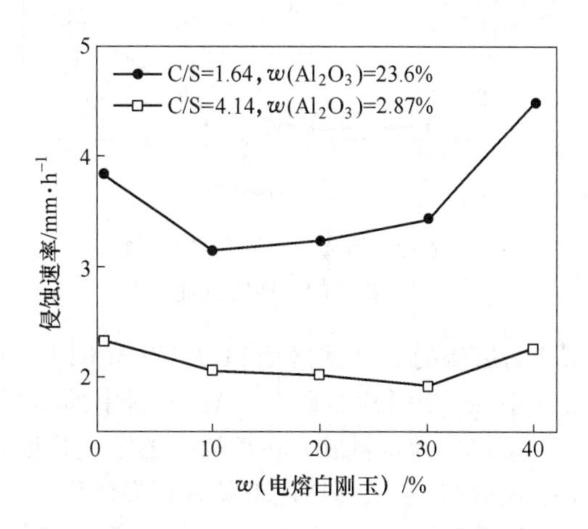

图 16-8 Al_2O_3 量对镁铝炭砖抗渣性的影响

镁铝炭材料中的 Al_2O_3 一方面可增加熔渣黏度、导致制品的体积膨胀、抑制熔渣的渗透；但另一方面其易溶解于富 CaO 的熔渣中。当 Al_2O_3 质量分数超过 30%时，Al_2O_3 的负面影响开始对材料的抗侵蚀性能起主导作用。

c 碳含量

镁铝炭材料中的 C 由于对熔渣具有不浸润性，能够抑制熔渣渗透。图 16-9 为熔渣中不同石墨含量的镁铝炭砖的抗侵蚀性能测试曲线。由图 16-9 可知，对于含 Al_2O_3 量较高的酸性渣，镁铝炭砖的侵蚀速率随着石墨含量的增加先降低然后又增加。对于含 Al_2O_3 量较低的碱性渣，当鳞片石墨质量分数超过 15%后，镁铝炭材料的抗侵蚀性能迅速降低。

在鳞片石墨被氧化前，碳对熔渣的不浸润特性使熔渣不能渗透到试样内。此时，MAC 砖中骨料溶解的主要方式是通过试样和熔渣的接触面，如图 16-10a 所示。根据菲克扩散定律，物质的传递速率如式(16-2)所示：

$$\frac{dn}{dt} = DS_0(1 - P_0 - \varphi_{vg})\frac{dn}{dx} \quad (16-2)$$

式中，D 为骨料成分在熔渣中的扩散系数；S_0 为

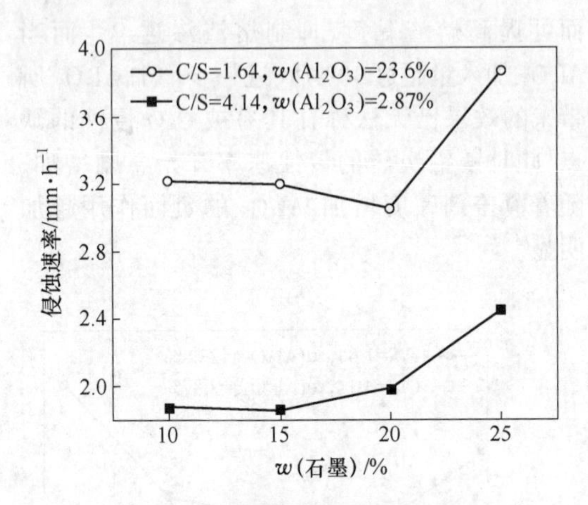

图 16-9 熔渣中不同石墨含量的 MAC 砖的抗侵蚀性能

试样与熔渣的表观接触面积；P_0 为 MAC 砖的气孔率；φ_{vg} 为鳞片石墨在 MAC 材料中的体积分数；dn/dx 为骨料成分在熔渣中的浓度梯度。根据式 16-2，物质传递速率随着石墨体积分数的增加而降低。一旦鳞片石墨发生氧化，熔渣即可通过材料的初始气孔以及氧化脱碳生成的空隙渗透到材料内部。

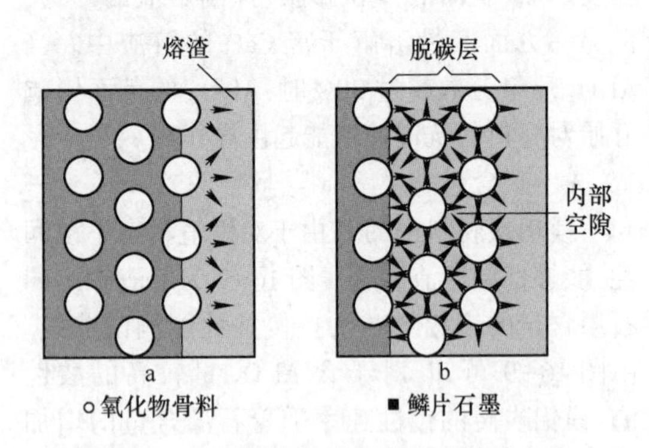

图 16-10 骨料溶解过程的物质传递方式

因此，空隙或气孔在含碳耐火材料的侵蚀过程中起到重要作用，如图 16-10b 所示。MAC 脱碳后可看作是多孔的 MAC 材料，而对于多孔材料其物质传递速率可以用式 16-3 表示[8]：

$$\frac{dn}{dt} = DS_0\left(1 - P_0 - 2\frac{PL}{r}\right)\frac{dn}{dx} \quad (16\text{-}3)$$

$$P = P_0 + \varphi_{vg} \quad (16\text{-}4)$$

式中，P 为脱碳层孔隙率；L 为脱碳层内熔渣的渗透深度；r 为空隙的平均半径。通常情况下空隙的半径要远小于熔渣渗透的深度，即 $2L \gg r$。因此，物质的传递速率随着鳞片石墨的增加而增加。

在 MAC 材料的侵蚀过程中，当鳞片石墨含量较低时，脱碳层孔隙率较低，试样与熔渣的接触面是主要物质传递面，此时第一种物质传递方式起主要作用。而当鳞片石墨质量分数达到 15%～20%时，试样氧化后产生大量脱碳空隙，内部空隙的表面成为主要的物质传递面。此时，第二种物质传递方式开始起主要作用。

因此，在制备 MAC 砖时，要根据具体情况来确定含 Al_2O_3 原料及石墨的使用量，一般情况下，MAC 砖中的 Al_2O_3 含量和碳含量均在 10%左右，不宜太高。

B 生产工艺

MAC 砖的生产工艺与镁炭砖相比，只是原料有所不同，具体请参考 16.2.1.2 节，不再赘述。

16.2.4.2 镁铝炭砖的特点

与镁炭砖相比，镁铝炭砖具有如下特性：

(1)二者都可以用于钢包的包壁，但镁铝炭砖生产成本更低，性价比更高；

(2)镁铝炭砖的碳含量较低，可克服在冶炼低碳钢时使钢水增碳的问题；

(3)可解决由于含碳材料热导率高，钢水在钢包内的温度下降过快而影响连铸作业的问题；

(4)防止在连铸和精炼时，由于钢水在钢包停留时间较长、冶炼温度较高，用镁炭砖时砖缝易开裂的现象；

(5)$MgO-Al_2O_3$ 二元系中，在 MgO 过剩的组成里，使用条件下形成尖晶石与方镁石共存型，尖晶石晶体生长较慢，易于致密化，形成低气孔率的非常致密的烧结体。尖晶石在高温下反复加热冷却，在 MgO 过剩时，线膨胀系数没有明显变化，所以镁铝炭砖的体积稳定性好。

16.3 铝炭质耐火材料

铝炭质耐火材料是指以氧化铝和炭素为原料，大多数情况下还加入其他原料，如 SiC、金属 Si 等，用沥青或树脂等有机结合剂黏结而成的炭复合耐火材料。广义上讲,以氧化铝和炭素材料为主要成分的耐火材料均称为铝炭质耐火材料。

铝炭质耐火材料按其生产工艺不同,可分为不烧铝炭和烧成铝炭质耐火材料。

不烧铝炭质耐火材料属于炭结合型耐火材料,在高炉、铁水包等铁水预处理设备中得到广泛的应用。烧成铝炭质耐火材料属于陶瓷结合型耐火材料,由于其强度高、抗侵蚀和抗热震性能好,因而大量地使用于连铸用滑动水口系统的滑板砖及连铸三大件,即长水口、浸入式水口和整体塞棒。

16.3.1 铝炭砖的生产工艺

除镁炭砖外,铝炭质耐火材料是钢铁冶金工业用途最广的一类耐火材料,广泛应用于炼铁、炼钢和连铸的各工序。

铝炭质耐火材料常用的原料有各类含氧化铝原料、炭素材料和添加剂。

16.3.1.1 含氧化铝的原料

用得较多的有电熔白刚玉、烧结氧化铝(俗称板状刚玉)、矾土。电熔刚玉和烧结氧化铝原料的特性直接影响铝炭质耐火材料的使用性能。

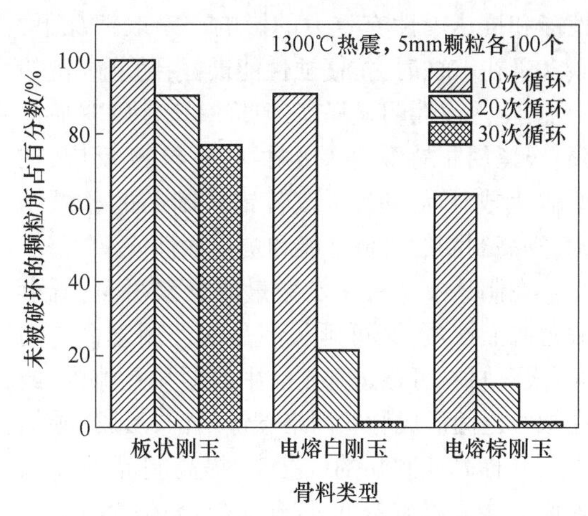

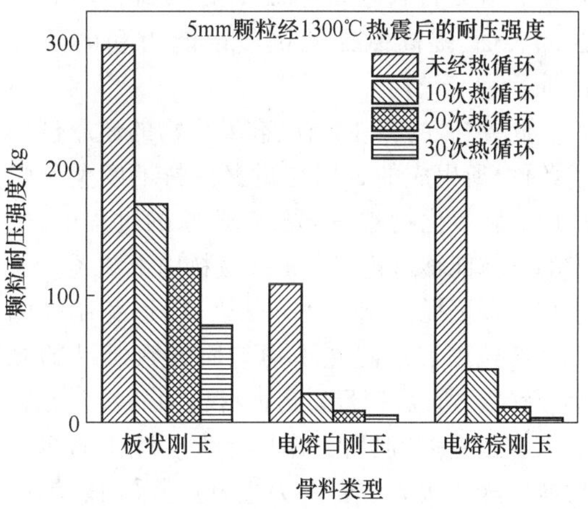

图 16-11 不同刚玉原料的抗热震性能

图 16-11 是不同刚玉抗热震性能,由图 16-11 可见,板状刚玉显示出高的抗热震性和高的强度。这是由于板状刚玉是一种速烧氧化铝,晶内存在很多封闭的细小气孔的缘故。板状刚玉与电熔刚玉相比,虽总气孔率相同,但气孔类型有显著差别。电熔刚玉的开口气孔是板状刚玉的 2~3 倍,电熔刚玉的大部分气孔是由大的开口气孔构成,而板状刚玉有超过一半的气孔是晶内闭气孔,高比例的晶内闭气孔有利于材料热震稳定性的提高。同时板状刚玉不像电熔刚玉晶粒的表面那样光滑,比较粗糙,有浅的半球气孔。这种表面结构促进了它与基质的反应和机械互锁,从而可提高制品的强度。

对于连续使用时间长、温度高等极其苛刻作业条件下的耐火制品,必须提高制品的 Al_2O_3 含量,降低 SiO_2 含量。目前铝炭耐火材料主要选用电熔刚玉、烧结刚玉作制品的粗颗粒。电熔或烧结氧化铝原料的价格昂贵,硬度大,制备像 Al_2O_3-C 滑板砖这类功能材料时加工磨平困难。因此,根据我国资源特点,选用特级或Ⅰ级优质矾土熟料作为颗粒料,刚玉作为细粉生产 Al_2O_3-C 质耐火材料,既可提高基质中的 Al_2O_3 含量,又可适当提高制品的热震稳定性和耐侵蚀性,实际使用效果较好。

所以,铝炭质耐火材料配料中的颗粒料主要有烧结刚玉、电熔刚玉、烧结板状刚玉(滑板材质)、特级、Ⅰ级矾土熟料;选用刚玉细粉或电熔莫来石、烧结合成莫来石细粉,也可采用合成锆莫来石细粉。

16.3.1.2 炭素

刚玉的抗酸碱性渣的能力强,但其线膨胀系数大。炭素原料对铝炭质耐火材料的抗侵蚀性能和抗热震性有重大的影响。一般情况下,碳含量在10%时,抗侵蚀性能最好;随着碳量的增加,抗热震性明显提高,但抗氧化性则明显下降;炭黑属非晶质纳米级材料,易与Si反应,在原位生成针状SiC,可改善铝炭制品的显微结构,提高制品的机械性能和抗侵蚀性能。

在制品中含有一定数量的炭素材料,既可改善制品性质,又可延长制品的使用寿命。同时,炭素材料可渗透到制品中的颗粒孔隙内,或在颗粒之间形成脉状网络碳链结构,形成"碳结合",从而降低制品的气孔率,提高制品的高温强度。炭素材料还可形成不受金属和熔渣侵蚀的表面,提高制品的抗侵蚀能力和耐热冲击性。

此外,碳的存在为铁、硅氧化物的还原创造了条件,所生成的金属与耐火材料不发生化学反应。在氧化物被炭素材料还原的过程中,生成的气体能够阻止渣向耐火材料内部渗透。炭素材料还可提高制品的导热性,以避免制品的个别部位因温度过热不均匀而导致制品的剥落、断裂。所以,铝炭质耐火材料中的炭素原料加入量虽不多,但所起作用巨大。所用的炭素材料以鳞片状天然石墨为主,也可采用热解高纯石墨,通常还加入炭黑,一般采用两种或两种以上炭素原料,如常见的铝炭滑板中既加鳞片石墨,又加入一定量的炭黑,总碳量一般控制在5%~15%。

16.3.1.3 *添加物*

添加物主要是防氧化剂,一般加入金属Al、Si粉及SiC粉,与镁炭砖相比,在铝炭质耐火材料中Si粉的加入量较多。Si粉在1300℃还原烧成条件下,可与碳反应生成β-SiC,形成一定程度的陶瓷结合,且剩余的Si对抗氧化性有利,在0~7%范围内,Si粉加入量越多,抗氧化效果越好。Si粉越细,越有利于其分布的均匀;少量Al粉能明显提高制品的常温耐压和抗折强度(高温);在Si+Al总量为5%,Si/Al=1时,材料的抗氧化性和抗侵蚀性能最好。

一般的铝炭砖生产工艺与镁炭砖相比没多大差别,但功能性铝炭质耐火材料,如滑动水口系统、连铸三大件等,则工艺过程较为复杂,详细工艺见功能耐火材料章节。

16.3.2 铝炭砖的性能

氧化铝具有高的抵抗酸、碱性炉渣、金属和玻璃溶液作用的能力。它在高温下的氧化性气氛或是还原性气氛中使用,均能收到良好的使用效果。而炭素原料特别是石墨具有高的热导率和低的线膨胀系数,同时与渣和高温熔液具有不湿润性。因此铝炭砖具有如下性能:

(1)铝炭质耐火材料具有优异的抗渣性能和抗热震稳定性能。与镁炭质耐火材料相比,铝炭质耐火材料的抗碱(Na_2O)侵蚀和抗TiO_2渣侵蚀[9]能力更高。

(2)对于烧成铝炭砖,由于添加物硅与碳在高温下反应形成碳化硅,使其具有双重结合系统,即碳结合和陶瓷结合,因而烧成铝炭质耐火材料具有高的力学性能,在连铸工序中不但充当普通耐火材料,而且是一种功能结构材料。

16.3.3 铝锆炭质耐火材料

铝锆炭质耐火材料在铝炭质耐火材料的基础上,发展起来的一类含少量ZrO_2的铝炭质耐火材料。铝锆炭质耐火材料解决了连铸工艺中出现的铝炭质耐火材料因强度上升,热震稳定性下降这一问题。

一般情况下,影响铝炭质耐火材料使用寿命的主要原因是形成各种裂纹(热应力作用),为了提高铝炭砖的使用寿命,采用低的线膨胀系数的材料是最有效的途径,表16-19为常用耐火原料的线膨胀系数。

由表16-19可知,炭素材料的线膨胀系数低,可在配料中提高组分中的碳含量,但同时随着碳含量的增加,铝炭砖被氧化的危险性增大,制品一旦被氧化,制品的抗冲刷和抗侵蚀能力降低。

图16-12为几种常用耐火原料的线膨胀率曲线,在配料时可添加线膨胀率较小的原料来提高制品的热震稳定性。

表 16-19 常见耐火原料的线膨胀系数

原料名称	α/K^{-1}	原料名称	α/K^{-1}
MgO	13.5×10^{-6}	A_3S_2	5.3×10^{-6}
ZrO_2	10.0×10^{-6}	SiC	4.7×10^{-6}
Cr_2O_3	9.6×10^{-6}	B_4C	4.5×10^{-6}
BeO	9.0×10^{-6}	$ZrSiO_4$	4.2×10^{-6}
Al_2O_3	8.8×10^{-6}	C(石墨)	3.3×10^{-6}
MA	7.6×10^{-6}	堇青石	$(1.1\sim2.0)\times10^{-6}$
TiC	7.4×10^{-6}	熔融石英	0.5×10^{-6}

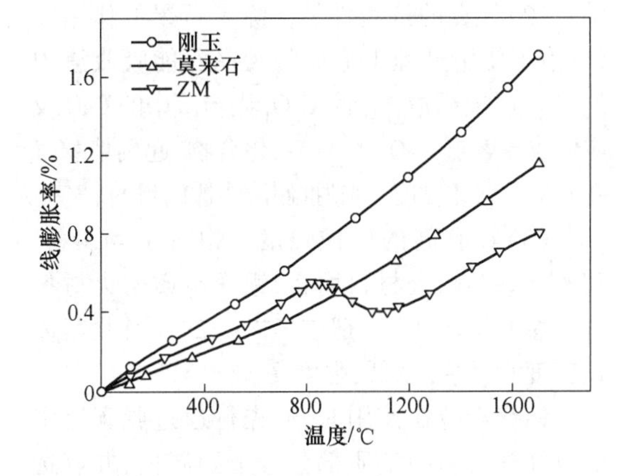

图 16-12 材料的线膨胀率

莫来石的线膨胀系数比刚玉低，在配料中添加莫来石，也能提高制品的抗热震稳定性，但随着莫来石含量的提高，SiO_2 也相应提高，铝炭砖的抗侵蚀能力将下降。

从既能提高铝炭质耐火材料的抗热震稳定性，又不影响其抗渣性能的角度来看，加入锆英石和碳化硅也能提高铝炭砖的抗热震稳定性，但从使用性能来看，随着锆英石含量的增加，相应地氧化硅含也在增加，最终将不利于铝炭质耐火材料的抗渣性能；如果增加配料中的碳化硅量，能提高铝炭质耐火材料的抗氧化性能，但一旦碳化硅氧化后在制品内增加的氧化硅量也增加，最终会影响铝炭砖的抗渣性能。

因此，提高铝炭质耐火材料热稳定性最有效的方法是在配料中加入锆莫来石或锆刚玉，有时为了提高制品的抗渣性能，还可加入脱硅锆。

在铝炭质耐火材料中加入锆莫来石，一方面起到莫来石的作用，另一方面，制品中含有 ZrO_2 后，低温下的单斜氧化锆[M(monoclinic)-ZrO_2]在 1000~1200℃ 时转变为四方氧化锆[T(tetragonal)-ZrO_2]，并伴有 7%~9% 的体积收缩，如图 16-12 所示。所以含 ZrO_2 的铝炭质耐火材料在高温下的线膨胀系数低，抗热震性强。另外 ZrO_2 具有优良的抗侵蚀性。因此含锆莫来石的铝炭耐火材料的抗侵蚀性和抗热震性优于含莫来石的铝炭质耐火材料和一般的铝炭质耐火材料。

16.4 铝镁炭质耐火材料

铝镁炭(AMC)质耐火材料是在铝炭质耐火材料中加入含 MgO 的组分，以 Al_2O_3 为主成分的 Al_2O_3-MgO-C 系耐火材料，其在加热的过程中形成尖晶石，可保证材料具有良好的残余热膨胀。AMC 质耐火材料所具备的这种特性，使衬砖之间的接缝密实并减小炉渣的渗透。

16.4.1 铝镁炭质耐火材料的生产

生产铝镁炭质耐火材料制品的主要原料有：各种刚玉、高铝矾土熟料，镁砂，石墨及添加剂和结合剂。

用刚玉作为含铝原料时，因组成成分相对简单，主要考虑 Al_2O_3-MgO 二元体系，其中的石墨加入量一般在 10%以内，若加入超细石墨，则石墨加入量控制在 7%以内。MgO 的含量一般在 10%以内，镁砂细粉为分散相，刚玉细粉为连续相，加热过程中尖晶石的形成与 $w_{Al_2O_3/MgO}$ 质量比及粒度组成有关。

基质部分的 Al_2O_3 和 MgO 在加热过程中将发生原位反应生成镁铝尖晶石，由此提高抗侵蚀性，该反应的速度主要取决于这两种成分的粒度大小。粒度越小，加热过程中反应越快。

若用高铝矾土熟料作为含铝原料，还需考虑组分中的 SiO_2 对基质高温性能的影响。此时要考虑 Al_2O_3-MgO-SiO_2 三元系统，加入的氧化镁，除了与氧化铝原位反应生成尖晶石外，为了提高材料的高温性能,还希望加入的 MgO 与矾土中的 SiO_2 反应形成橄榄石,因此,在用矾土熟料作为含铝原料时,镁砂细粉的加入量可适当多一点,一般在 15%左右。碳总含量在 5%~10%。

铝镁炭质耐火材料,含氧化铝原料一般占配料总组分的 80%~85%,在配料中以颗粒状和粉状形式存在。与烧结刚玉与电熔刚玉相比,矾土熟料的结晶细小,存在的晶界较多,用其制得的铝镁炭砖抗渣性不如相同条件下用电熔刚玉制得的制品[10]。

含氧化镁原料主要有电熔镁砂和烧结镁砂,与烧结镁砂相比,电熔镁砂结晶粗大,体积密度大,抗渣侵蚀能力强,因此在不烧铝镁炭砖中一般加入电熔镁砂,且主要以细粉形式加入,加入量一般在 15%以内。加入量太多,制品在使用过程中形成的尖晶石量太多,制品内部会产生过大的应力和裂纹,削弱制品的强度;镁砂加入量适量时,尖晶石化的体积效应有利于堵塞气孔。

炭素原料一般以天然鳞片石墨为主。为避免实际使用过程中炭素材料的低温氧化及因石墨的导热系数大而引起的钢水热损耗过大,石墨的加入量一般在 10%以内。

结合剂与其他含碳材料一样,一般用合成酚醛树脂,加入量根据成型设备的不同有一定的差异,一般在 4%~5%,铝镁炭砖的生产工艺流程与镁炭砖相似。典型的铝炭制品理化指标如表 16-20 所示,树脂结合铝镁炭砖的标准参考 YB/T 165—2018。

表 16-20　铝镁炭砖典型理化指标

(按 YB/T 165—2018 更新)

指　标	LMC65	LMC70
MgO(质量分数)/%	≥10	≥10
Al_2O_3(质量分数)/%	≥65	≥70
C(质量分数)/%	≥7	≥7
体积密度/$g \cdot cm^{-3}$	≥2.95	≥3.00
显气孔率/%	≤8	≤8
常温耐压强度/MPa	≥40	≥45

16.4.2　铝镁炭质耐火材料的性能及提高其抗渣性的措施

铝镁炭质耐火材料是在高性能的镁炭和铝炭质耐火材料的基础上发展起来的,是高铝砖和白云石砖钢包衬的替代产品[11~13],其具有优良的化学、热力学稳定性和优异的热学、力学性能[10]。

(1)高的抗钢水渗透能力。由于在使用过程中氧化铝和氧化镁之间尖晶石化反应的膨胀,能形成整体耐火炉衬,可有效地阻止钢水从衬砖间的接缝处往砖内部的渗透。

(2)优良的抗渣性能。除了石墨的作用以外,由于使用过程中形成的尖晶石能吸收渣中的 FeO 形成固溶体,而 Al_2O_3 则与渣中的 CaO 反应形成高熔点 $CaO-Al_2O_3$ 系化合物,起到堵塞气孔并增大熔体黏度,达到抑制渣渗透的目的。

(3)具有高的机械强度。相对于 MgO-C 和 Al_2O_3-C 耐火材料而言,铝镁炭质耐火材料含石墨的量较少,一般在 6%~12%,因此其体积密度大,气孔率低,强度高。

铝镁炭砖在使用时,渣先行通过脱碳层中的较高气孔率的基质部分渗透到砖内,并有选择地与砖中 Al_2O_3 反应,生成以 C_2AS 为主的低熔物,在使用温度下受渣作用,C_2AS 等低熔物连同其所包围的高熔点尖晶石相一起流入渣中[14]。

在钢包操作条件一定的情况下,渣渗透速率取决于包衬砖的气孔率与渣的湿润性和渣渗透时的黏度,因此可以通过控制砖中石墨含量与分散度,来确保砖体对渣的低湿润性,从而抑制渣的渗透;同时通过提高砖中 Al_2O_3 含量,使其与渣中 CaO 反应形成高熔点 $CaO-Al_2O_3$ 系化合物,堵塞气孔并增大熔体黏度,以达到抑制渣渗透并最终提高铝镁炭砖的使用性能。

16.5　Al_2O_3-SiC-C 砖

Al_2O_3-SiC-C 砖是指以 Al_2O_3、SiC 和炭素原料为主要成分,以合成酚醛树脂为结合剂的不烧含碳复合耐火材料。

Al_2O_3-SiC-C 砖主要用于鱼雷式混铁车、铁水罐等铁水预处理用的高温设备的内衬。

20 世纪 80 年代中期以前,铁水罐只是贮运铁水的容器，其内衬大多采用黏土砖、叶蜡石砖，因铁水对耐火材料没有化学侵蚀，因此使用效果很好。但采用铁水预处理技术后，因各种脱硫、脱磷和脱硅剂对耐火材料的严重侵蚀，使铁水包、鱼雷式混铁车内衬的使用寿命大幅度下降。

一般情况下脱硫剂用 CaO 与 CaC_2，脱磷剂为 CaO-Feoxide-CaF_2 系物质，脱硅剂为铁系氧化物，而且处理时这些粉剂喷吹速度很高，最高可达 600kg/min[15]。所以要求鱼雷式混铁车、铁水罐内衬具有优良的抗渣侵蚀性，热震稳定性和良好的抗机械冲刷、磨损性。高铝质耐火材料受石灰质熔剂的侵蚀并不很快，但易剥落，因此鱼雷式混铁车、铁水罐内衬用耐火材料中必须含有石墨和 SiC 以改善其抗剥落性。石墨可使砖具有高的导热性，并可阻止渣的渗透。SiC 则可在砖中生成气态 SiO 或者 SiO_2 保护石墨不致氧化。因此 Al_2O_3-SiC-C 砖具优良的抗渣性和热震稳定性，同时具有很好的抗冲刷、耐磨损性能，是目前为止在铁水预处理容器上最理想的内衬材料。

16.5.1　Al_2O_3-SiC-C 砖的生产

生产 Al_2O_3-SiC-C 砖的原料主要有电熔刚玉、烧结刚玉、矾土熟料、红柱石、碳化硅、石墨及其他添加剂。另外可在基质中加入一定量的电熔镁砂，使砖在使用过程中形成尖晶石，并具有残余膨胀性能，提高热态强度，从而能增强砖的耐侵蚀性。在基质中加入一定量的 β-Si_3N_4，有助于增加在脱磷条件下砖的化学稳定性，提高耐冲击性、砖的热态强度和耐磨性。Al_2O_3-SiC-C 砖的生产工艺流程如图 16-13 所示。

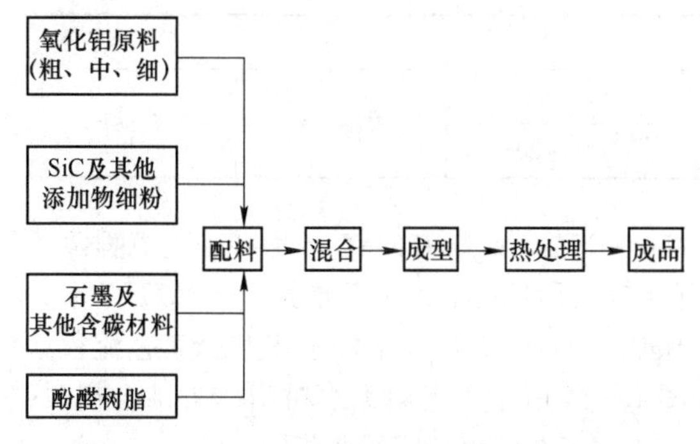

图 16-13　Al_2O_3-SiC-C 砖生产工艺流程

Al_2O_3-SiC-C 砖主要原料为氧化铝，原料中尽量减小 SiO_2 等杂质的存在。研究表明[16]：含 SiO_2 量大，则砖的熔损速度大。SiO_2 含量小于 6% 的 Al_2O_3-SiC-C 砖内部不易产生裂纹。Al_2O_3-SiC-C 砖的蚀损由骨料晶界控制，电熔骨料晶粒大，晶界少，而烧结刚玉晶界多，渣液易渗入，造成晶粒流失，两者蚀损速度分别为 8% 及 35%，因此含氧化铝原料选用电熔刚玉作为 Al_2O_3-SiC-C 砖的原料是最理想的。

石墨原料对 Al_2O_3-SiC-C 砖的抗渣和抗热震性能起着重要的作用，因此选择石墨原料时，应尽量选择杂质（SiO_2、CaO、Fe_2O_3）含量要低。同时当用小于 150 目的石墨时，砖中小气孔多，对高温强度有利，其均匀分布也有利于抑制基质部分的氧化及渣的渗透。

SiC 可抑制碳的氧化，与 CO 反应生成 SiO_2 致密保护层，也可填充气孔，使砖致密。SiC 导热系数高，抗渣能力强，但 Na_2CO_3 易与 SiC 反应形成低熔物，$2Na_2O+SiC = 4Na+C+SiO_2$，SiC 氧化后生成物与 CaO、CaF_2 也易生成低熔物黄长石或玻璃相，帮 SiC 含量要视不同部位适当选择。粒度小于 60μm 以下的 SiC，引入 Al_2O_3-SiC-C 砖中，处理温度在 1300℃ 左右时可抑制氧化。粒径小，抗氧化作用明显，粒径大，抗热震性能好。

我国对铁水预处理用 Al_2O_3-SiC-C 砖制定了相应的行业标准（YB/T 164—2009）如表 16-21 所示。

表 16-21　Al_2O_3-SiC-C 砖行业标准

（按 YB/T 164—2009 更新）

项　目	指　标		
	ASC-Z	ASC-T	ASC-D
$w(Al_2O_3)$/%	≥55	≥57	≥62
w(SiC+F.C)/%	≥17	≥14	≥10
w(F.C)/%	≥8	≥6	≥4
显气孔率/%	≤8	≤10	≤10
体积密度/$g\cdot cm^{-3}$	≥2.75	≥2.75	≥2.75
常温耐压强度/MPa	≥35	≥40	≥45
高温抗折强度/MPa（1400℃，0.5 h）	≥5	≥5.5	≥6

注：高温抗折强度数值仅做参考，不作为考核指标。

16.5.2 Al_2O_3-SiC-C 砖的性能

(1)优良的抗渣侵蚀性。Al_2O_3-SiC-C 砖具有稳定的化学组成,虽然未经高温处理,但使用温度高,因此具有良好的高温性能,以抵抗熔渣的冲刷侵蚀;

(2)优异的抗氧化性。Al_2O_3-SiC-C 砖是含碳复合材料,因组分中含有较多的 SiC,因此具有很好的抗氧化性能,以避免由于氧化造成制品结构疏松,而降低其抗冲刷性和抗侵蚀性;

(3)具有良好的抗铁水熔蚀性。Al_2O_3-SiC-C 砖具有较为致密的组织结构,因此具有良好的抵抗铁水的熔融侵蚀以及铁水和熔渣的机械冲刷磨损;

(4)优异的热震稳定性。因含有高导热的 SiC 和石墨,因此 Al_2O_3-SiC-C 砖的热震稳定性好,有利于 Al_2O_3-SiC-C 砖使用寿命的提高。

16.6 镁钙炭质耐火材料

镁钙炭(MgO-CaO-C)砖是由碱性氧化物氧化镁(熔点 2800℃)和氧化钙(熔点 2570℃)与难于被炉渣浸润的高熔点炭素材料为原料,添加各种非氧化物添加剂,用无水碳质结合剂结合而成的不烧炭复合耐火材料。

16.6.1 镁钙炭砖的生产

镁钙炭砖是指以烧结或电熔白云石砂、镁砂和鳞片状石墨为主要原料制成的含碳耐火制品。其主要特征是,抗低碱度和低铁炉渣的侵蚀性能优于镁炭砖。一般含 MgO 60%~70%,CaO 10%~20%,C 约 15%。MgO-CaO-C 砖具有优良的抗渣侵蚀性、抗熔渣渗透性、抗热震性和导热性。

(1)骨料与基质。一般骨料采用含游离 CaO 的镁钙砂原料,为了提高 MgO-CaO-C 砖的抗水化性,基质部分采用电熔镁砂和石墨,这样可提高制品的抗渣性能和抗水化性能。

(2)结合剂。由于 CaO 易水化,因此所用结合剂应尽量少含结合水或游离水,可用的结合剂有:煤沥青、石油重质沥青、高碳结合剂、无水树脂。

(3)石墨加入量。最好根据实际用途及操作条件来确定石墨的加入量。

对于低 CaO/SiO_2 比、高总铁渣,石墨的加入量不宜太多。这是由于除 CaO 与铁的氧化物反应生成低熔物外,渣中铁的氧化物和石墨反应,使砖的损毁增大。

对于低 CaO/SiO_2 比、低总铁渣,石墨加入量越高,则 MgO-CaO-C 砖的抗渣性越好,但这类砖的耐磨性变差,不适应于钢水流动剧烈的部位。

对于高 CaO/SiO_2 比、高总铁渣,石墨含量增大,有利于制品熔损量的降低。

(4)混练与成型。当用无水树脂时与MgO-C 砖相同;当用沥青作为结合剂时,通常采用热态混练与热态成型,另外为了提高制品的体积密度,增强碳结合,对已压好的砖进一步经焦化处理后再用焦油沥青浸渍,可明显提高制品的性能。

(5)泥料配制。典型的 MgO-CaO-C 砖泥料配比如表 16-22 所示。

表 16-22 MgO-CaO-C 砖泥料配比

含游离 CaO 原料			电熔镁砂	石墨	添加剂	结合剂
8~5mm	5~1mm	<1mm	<0.088mm	-196	2%~3%	2.5%~6%
25%~35%	25%~35%	10%~15%	15%~25%	10%~20%		

(6)砖坯表面处理。对于成型好的砖坯,为了防止 CaO 的水化,同时为了防滑,一般要进行表面处理,表面处理剂为稀释后的无水树脂。

(7)热处理。MgO-CaO-C 砖的热处理同 MgO-C 砖。MgO-CaO-C 砖生产工艺流程随所用结合剂的不同而有所差异。当用沥青作为 MgO-CaO-C 砖的结合剂时,其生产工艺流程如图 16-14 所示。当用无水树脂作为结合剂时,其生产工艺流程与镁炭砖相同。

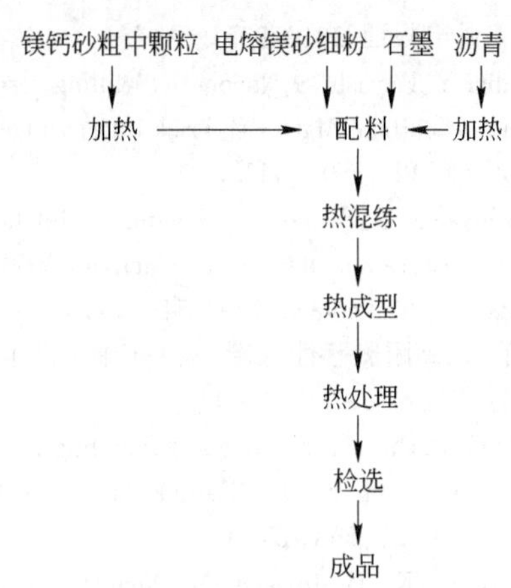

图 16-14　沥青为结合剂时镁钙炭砖的生产工艺流程

16.6.2　镁钙炭砖的组成与性能

镁钙炭砖是含有游离氧化钙的碱性炭复合耐火材料,生产镁钙炭砖常用的含游离氧化钙的原料有:烧结白云石、合成镁白云石、电熔白云石、电熔 CaO 熟料。

这些原料的显微结构随着其游离氧化钙含量的不同而各异。若 CaO<10%时,则在显微镜下不能明确找到 CaO 的聚集部分(即 CaO 晶簇);10%<CaO<30%时,CaO 晶相被连续的方镁石晶相所包围,CaO 呈孤岛状分布于方镁石晶相之中,在显微镜下能明确找到 CaO 的聚集部分;CaO>30%时,则 CaO(方钙石)成为连续晶相,方镁石相则被方钙石晶相所包围,电熔原料比烧结原料有更大的晶体尺寸。

CaO 又具有独特的化学稳定性,并具有净化钢液的作用,在冶炼不锈钢、纯净钢及低硫钢等优质钢种领域的作用不断被冶金工作者所重视。

例如,冶炼不锈钢时,主要在低碱度(CaO/SiO_2)渣条件下进行,耐火材料暴露于高温且长时间的操作环境中。由于低碱度渣能提高 MgO 的溶解度,同时容易向方镁石晶界浸润,并促进结晶晶粒的分离和溶出,因此在这样的条件下使用 MgO-C 砖,镁砂损毁很大;另外,由于操作温度高,炉渣中 CaO/SiO_2 低、总铁含量小,在工作面附近难于形成致密 MgO 层,所以在砖内易于进行 MgO 与 C 的反应,造成组织劣化。因此在冶炼不锈钢时,MgO-C 砖的损毁可以认为同时受到炉渣引起的镁砂的溶解与溶出及由 MgO 造成的碳的氧化产生的组织劣化两者的综合作用,若使用 MgO-C 砖,则损毁速度显著增大。

从图 16-15 的 $\Delta G^{\ominus}-T$ 关系图可见,CaO 与 C 的共存温度最高,含 CaO 的炭复合耐火材料应具有更好的使用性能。

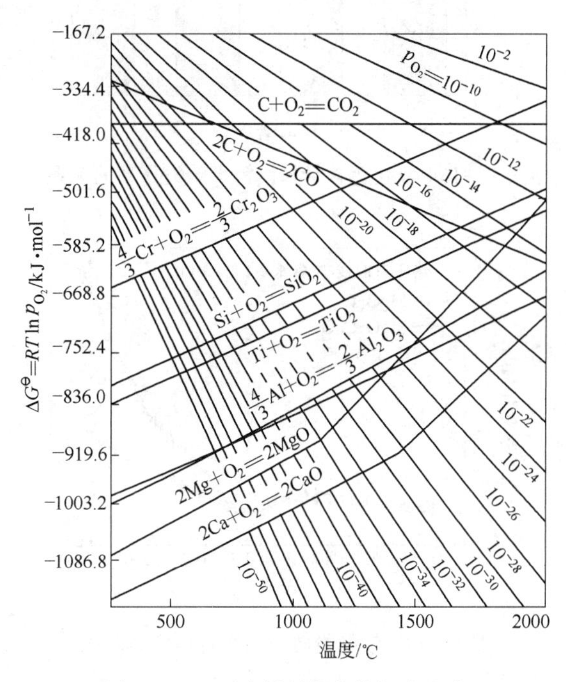

图 16-15　耐火材料氧化物标准生成自由焓与温度的关系

用 MgO-CaO-C 砖取代上述操作条件和吹炼方法中使用的 MgO-C 砖,具有如下优点:砖中的 CaO 溶解于炉渣中,在工作面形成高熔点和高黏度的渣层,具有炉渣保护层的机能;由于 CaO 比 MgO 更能稳定地与 C 共存,所以由砖内部反应引起的组织劣化小,因此,镁钙炭砖具有下列特性。

16.6.2.1　高的热力学稳定性

从热力学看,在还原条件下,CaO 比 MgO 要稳定得多(见图 16-15),当 MgO 被还原时,CaO 还相当稳定。这一热力学特性直接影响着 MgO-CaO-C 制品的性能。如 MgO-CaO-C 砖在高温下加热时的失重率与 CaO 含量的关系如图 16-16 所示。

同时,镁钙炭砖在高温下的热应力比镁炭砖更低,如图 16-17 所示。

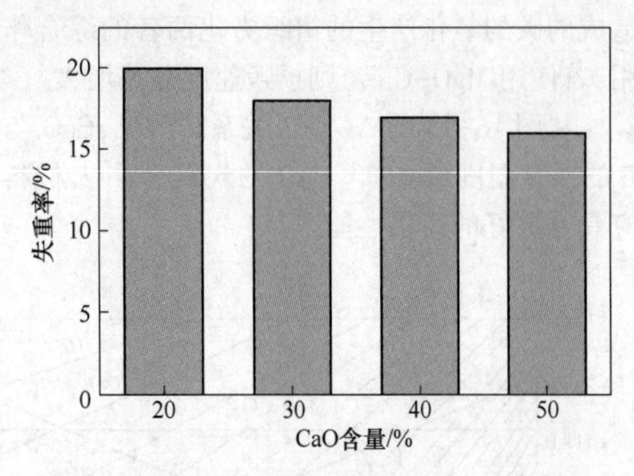

图 16-16 氧化钙含量与镁钙炭砖失重率的关系

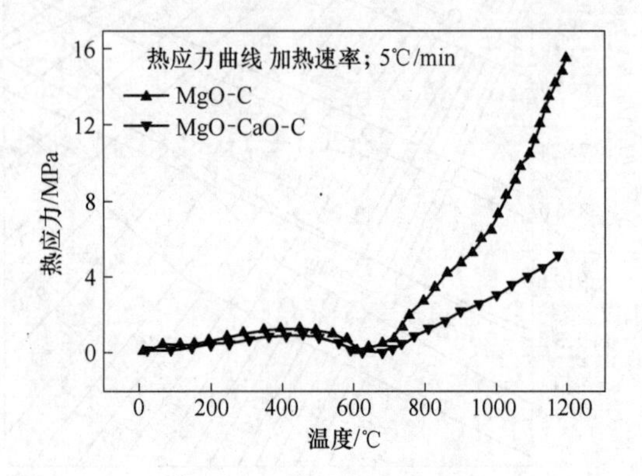

图 16-17 镁钙炭砖与镁炭砖热应力对比

16.6.2.2 优良的抗渣性

CaO 与 MgO 虽都是碱性耐火氧化物，但两者的抗渣性却不尽相同。CaO 抗酸性渣能力(SiO_2)强，原因是 CaO 与 SiO_2 反应生成高熔点的 C_2S，同时使靠近 CaO 工作面的渣碱度上升，从而使渣的黏度提高，降低了渣的侵蚀作用。因此 MgO-CaO-C 砖对低碱度渣的耐蚀性比 MgO-C 砖要强；而抗铁渣的能力 MgO 比 CaO 要强。在低 CaO/SiO_2、低的 T_{Fe}(总铁)渣的情况下，MgO-CaO-C 砖比 MgO-C 砖具有更为优异的抗渣性，CaO 含量为 10%~15%左右；对于高 CaO/SiO_2、高 T_{Fe} 渣，若 MgO-CaO-C 砖中 CaO 含量不大于 15%时，MgO-CaO-C 砖的抗渣性能与 MgO-C 砖相比无大的差异；若在 MgO-CaO-C 砖中细粉部分配入电熔镁砂，则对于各种组成的 MgO-CaO-C 砖都具有良好的抗渣性能。

参 考 文 献

[1] 李楠，顾华志，赵惠忠.耐火材料学[M].北京：冶金工业出版社，2010：255.

[2] Tsuboi Y, Hayashi S, Nonobe K.Spalling resistance of low - carbon MgO - C brick [J]. Taikabutsu, 1999, 51(12): 638~643.

[3] Hoshiyama Y, Torigoe A, Nomura O. Relation between texture and thermal conductivity of MgO-C bricks[J]. Taikabutsu, 2002, 54(2): 76~77.

[4] 李存弼.高耐剥落性低碳 MgO-C 砖[J].国外耐火材料，1997，22(9)：7~11.

[5] Tsuboi Y, Hayashi S, Nonobe K.Spalling resistance of low - carbon MgO - C brick [J]. Taikabutsu, 1999, 51(12): 638~643.

[6] Moriwaki K, Hoshiyama Y, Nomura O, et al. Behavior of metal additives on low-carbon MgO-C bricks[J]. Taikabutsu, 1997, 49(11): 600~602.

[7] Tang X, Zhang Z, Guo M, et al. Viscosities behavior of CaO-SiO_2-MgO-Al_2O_3 slag with low mass ratio of CaO to SiO_2 and wide range of Al_2O_3 content [J]. Journal of Iron and Steel Research, International, 2011, 18(2): 1~17.

[8] 赵树茂，梅国晖，张玖，等.成分对 MgO-Al_2O_3-C 耐火材料抗侵蚀性能的影响[J].东北大学学报(自然科学版)，2015，36(9)：1269~1272.

[9] 许原，刘清才，陈登福，等.镁碳砖和铝碳砖在高钛渣中的侵蚀[J]，钢铁钒钛，2002，23(12).

[10] Resende W S, Stoll R M, Justus S M, et al. Key features of alumina/magnesia/graphite refractories for steel ladle lining[J]. Journal of the European Ceramic Society, 2000, (20). 1419~1427.

[11] Debenedetti B, Burlando G A. Corrosion resistance resin bonded magnesia - carbon refractories [J]. British Ceramic Transactions and Journal, 1989, 88(2), 55~57.

[12] Robin J M, Berthaud Y, Schimitt N, et al. Thermomechanical behaviour of magnesia-carbon refractories [J]. British Ceramic Transactions and Journal, 1998, 97(1), 1~10.

[13] Brewster A J, Frith M, Evans D, The application of alumina-graphite products to steel laddles and torpedo laddles [J]. Metallurgicul Research & Techncloy, 1993, 90(3), 369~378.

[14] 马林，刘民生，徐维忠.渣对铝镁碳砖的侵蚀与损毁[J].耐火材料，1994，28(6)：324~326.

[15] 张文杰，李楠.碳复合耐火材料[M].科学出版社，1990.

[16] 吴学真.铁水预处理用 ASC 砖的使用及其损毁机理.耐火材料，1997，31(2)：82~84.

17 特种耐火材料

特种耐火材料是在传统陶瓷和一般耐火材料的基础上发展起来的新型耐火材料，主要以高纯的单一或复合材料为原料，采用传统生产工艺或特殊生产工艺生产，其制品除具备高温性能外还具有特殊性能和特种用途。特种耐火材料包括高耐火度氧化物和非氧化物，及由此衍生的金属陶瓷和高温涂层等。

17.1 氧化物制品

17.1.1 氧化铝制品

氧化铝制品包括：氧化铝陶瓷制品和特种耐火材料制品。

氧化铝陶瓷制品的生产工艺有：泥浆浇注成型法、凝胶注模法、热压注成型法、机压成型法、热压成型法等。

氧化铝特种耐火材料制品的生产工艺有：振动成型法、捣制成型法以及机压成型法。其再结合刚玉砖、半再结合刚玉砖和反应结合刚玉砖的生产工艺和产品的理化性能，详见中刚玉耐火材料。

17.1.1.1 泥浆浇注成型制品

泥浆浇注成型法适于生产氧化铝坩埚、热电偶管、炉管、薄片、板片、圆棒或球形等制品。

以低碱一级工业氧化铝为初始原料，在回转窑或梭式窑中经1450～1600℃烧制成α-Al_2O_3。烧结α-氧化铝的转化率要求达到98%以上，真密度≥3.99g/cm^3。氧化铝的含量≥99%。

烧结α-Al_2O_3粉要在同介质球磨机中细磨加工。最大粒径要小于5μm，平均粒径小于2μm。用钢质球磨机研磨细粉料虽然可以提高研磨效率，但要进行酸洗除铁，易造成环境污染。除铁后泥浆料的含铁量小于0.01%。

α-氧化铝泥浆控制pH值=6～7、泥浆密度2.1～2.2g/cm^3。

在石膏模中浇注成型，石膏模的放尺率在14%～15%。

坯体在保温、保湿状态下干燥，干燥后残余水分小于0.5%。

高纯氧化铝制品（≥99%）于1700～1800℃保温2～4h烧成。氧化铝含量在95%的陶瓷制品在1650～1700℃烧成。

17.1.1.2 凝胶注模成型制品

凝胶注模作为一种先进的胶态成型方法，可用于成型各种形状、尺寸和材料体系的部件，是一种近净尺寸成型技术。

以低碱一级工业氧化铝为初始原料。处理方法及理化性能如前述。

首先将单体丙烯酰胺（MBAM）、交联剂N，N′-亚甲基双丙烯酰胺（AM）（单体和交联剂比例10：1～20：1）和分散剂聚丙烯酸铵（PMAA-NH_4）加入去离子水中配成预混液；预混液中加入氧化铝粉（固含量60%）球磨2h；最后加入一定量氨水调节浆料pH值为10。向球磨后的浆料内加入少量的体积分数30%的四甲基乙二胺（EMED）溶液和质量分数10%过硫酸铵（APS）溶液，然后将浆料注入处于负压下的模具中，置于室温条件下固化，固化时间为0.5～1h。脱模后首先置于室温和一定湿度条件下干燥24h，然后在120℃下干燥48h。坯体经排胶后于不低于1650℃的高温炉内保温3h。

17.1.1.3 热压注成型制品

热压注成型制品是以石蜡作为结合剂，采用加热、加压注浆的方法成型。这种生产方法适于生产小型制品、特异型制品以及可以装配的带有子母口的制件。

以低碱一级工业氧化铝为初始原料。处理方法及理化性能如前述。

首先制备蜡浆料。配料是在烧结α-氧化铝微粉中加入熔点65℃的石蜡13.5%、蜂蜡

0.5%和油酸0.5%。在100~150℃经过充分搅拌均匀制成蜡浆饼。

在热压注机上成型。设计并加工可拆卸的金属组合模具,放尺率12%~16%。并在合适的位置预留注浆孔和排气孔。将蜡浆饼熔化后放入热压注机上的注浆桶内,加热至恒温65~70℃,盖密封盖后装模冲压。空压机的气压应保持在0.4~0.6MPa。注满蜡浆后取下金属模拆模脱坯、修坯。

热压注成型制品的坯体要经过脱蜡脱脂后再进行烧成。在倒焰窑脱蜡的升温曲线如图17-1所示,在电炉中脱蜡升温制度见表17-1。为防止在脱蜡过程中坯体产生变形,坯体在匣钵内四周填充工业氧化铝粉做吸蜡剂。经过脱蜡处理后的坯体已具有足够强度,可以进行加工、打磨、钻孔和整形。在不同温度下石蜡的烧失量(脱蜡)情况见表17-2,脱蜡后坯体的强度如图17-2所示。

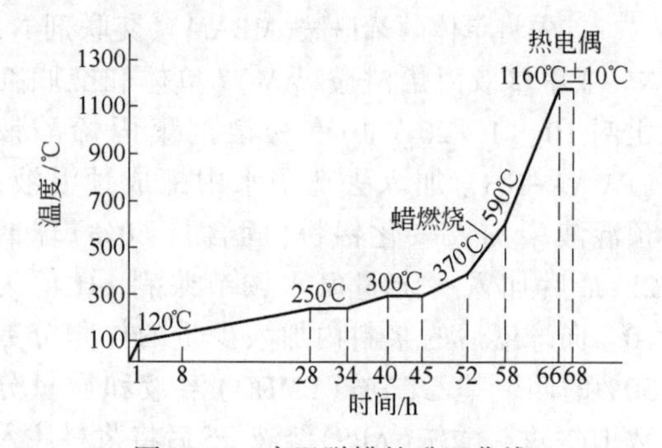

图17-1 高温脱蜡的升温曲线

表17-1 电炉脱蜡升温制度

温度范围/℃	升温速率/℃·h⁻¹	所需时间/h	保温时间/h
20~120	10	10	2
120~160	10	4	2
160~200	10	4	2
200~260	10	6	2
260~320	10	6	2
320~420	10	10	2
420~580	10	16	2
580~1150	20	28	—

表17-2 不同温度下石蜡烧失量 (%)

100℃	120℃	140℃	160℃	180℃	200℃	220℃	240℃
8.3	16.7	25.0	28.3	32.9	46.6	55.0	66.6

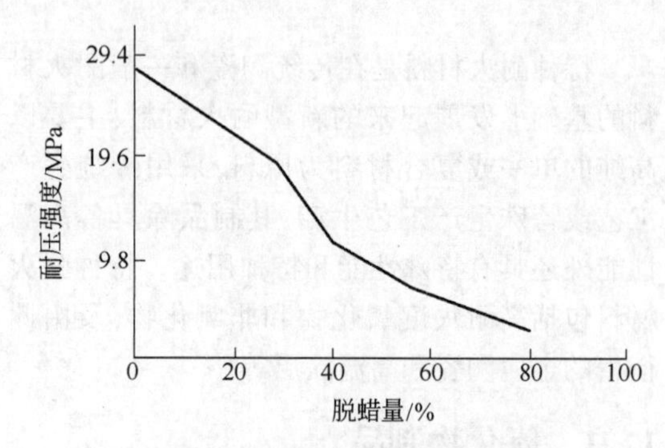

图17-2 脱蜡量和坯体耐压强度

第二次烧成是高温烧成。烧成温度1700~1750℃,保温2~4h。热压注成型制品烧成的升温制度见表17-3。

表17-3 热压注成型刚玉制品烧成的升温制度

温度范围/℃	升温速度/℃·h⁻¹	需要时间/h	累计时间/h
20~600	20	30	30
600~1000	35	12	42
1000~1350	30	12	54
1350~1650	25	12	66
1650~1800	15	10	76
保温		2~4	78~80

17.1.1.4 真空挤泥机成型制品

经真空练泥机混料,真空挤泥机成型可生产氧化铝铝棒、管、环和多孔陶瓷等制品。

以烧结α-氧化铝为主要原料,适量配入助烧剂氧化镁、二氧化硅、增塑剂甲级纤维素和润滑剂桐油或油酸。

在真空练泥机中混料。先加入烧结α-氧化铝微粉,边搅边加入3%的油酸,调制好的塑化剂,含水量约18%~20%,混合时间不少于1h,然后放在密封容器中困料3天以上(室温在20℃以上),在成型前进行第二次混料并调节水分。

用真空挤泥机成型。挤出的坯体要放在专用的带有半圆形长槽或异形长槽的托板上,自然干燥时间不少于2天以上,加热干燥后坯体残余水分应小于0.5%。

管状制品采用吊挂式装窑方法烧成。烧成温度1700~1750℃,保温2~4h。

17.1.1.5 等静压成型制品

等静压成型设备有冷等静压成型机、干袋式等静压成型机以及高温等静压成型机。

等静压成型氧化铝制品是以烧结α-氧化铝微粉为原料,加入聚乙烯醇增塑剂、乳化石蜡乳化剂和油酸润滑剂。等静压机是一种干式成型方法,使用的原料要经过压力式喷雾造粒干燥。

造粒粉的生产工艺是在高速搅拌筒内混料,先加入烧结α-氧化铝微粉,同时加入粉料的80%~100%的纯净水,加入聚乙烯醇饱和水溶液4%~5%,乳化石蜡0.5%~1.0%及相应的润滑剂和消泡剂。经过充分搅拌混合后在喷雾造粒干燥机,热风温度420℃条件下造粒干燥。造粒料的含水率小于1%、堆积密度0.8~1.02g/cm^3、安息角28°,粒度分布:大于100目47%~60%、100~150目30%~70%、150~200目小于8%、小于200目小于7%。

等静压成型使用橡胶(乳胶)模具、放尺率30%~40%(压缩比、烧收缩比、加工余量),成型压力120~200MPa。由于造粒粉料的填充系数大,成型压力高,制品坯体的质量好、体积密度大、强度高。

等静压成型大型氧化铝制品在1700~1750℃保温15~20h烧成。总烧成时间10~15天。

17.1.1.6 热压成型透明氧化铝陶瓷

采用热压法成型可以制成透明度高的氧化铝制品。

透明氧化铝陶瓷是用Al_2O_3含量在99.9%~99.99%的高纯氧化铝原料制成的。它与单晶体的氧化铝材料,如蓝宝石和红宝石极其相似,要完全排除内部结构的气孔,而且结晶相要均一。热压氧化铝制品的体积密度与烧成温度之间关系如图17-3所示。

17.1.1.7 各种氧化铝陶瓷制品性能

氧化铝陶瓷制品主要有高温炉用高纯氧化

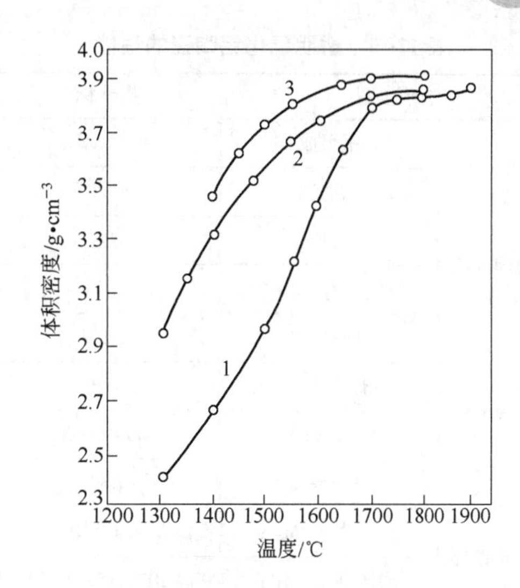

图17-3 Al_2O_3的热压特征

1—在1250℃煅烧的工业氧化铝;2—由在1000℃加热铵铝钒所得的氧化铝,加压时间为10min;3—材料与2相同,加压时间为30min

铝砖、窑具、垫片、高纯合金等冶炼提纯用坩埚、高温炉炉管和热电偶管、耐磨耐化学腐蚀刚玉球、刚玉研钵、刚玉罐、球磨机内衬、喷砂嘴、高温耐磨轴承、密封环、密封阀、污水泵和耐酸(碱)泵的零件、透明钠灯管、微波罩和高温视窗、冶金和有色工业金属溶液输送管路等。

一些典型氧化铝陶瓷制品性能指标见表17-4。

表17-4 氧化铝(刚玉)研磨介质球的性能

牌号	HCA85	HCA90	HCA95	HCA99
Al_2O_3(质量分数)/%	85	90	95	99
体积密度/g·cm^{-3}	≥3.40	≥3.55	≥3.65	≥3.80
吸水率/%	≤0.2	≤0.2	≤0.2	≤0.2
莫氏硬度	8.5	8.9	9.0	9.0
耐压强度/MPa	1500	1750	2000	2500
自磨损/g·(kg·h)$^{-1}$	0.2~0.3	0.2~0.3	0.2~0.3	0.2~0.3
外观	白色	白色	白色	白色
特长	密度大、硬度高、强度大、抗磨损、耐腐蚀			

国外生产透明氧化铝陶瓷的性能见表17-5。

表 17-5 透明氧化铝陶瓷的性能

项目		指标
物理性能	相组成	α-Al_2O_3
	纯度/%	99.9
	结构	多晶
	真密度/$g \cdot cm^{-3}$	3.98
	泊松比	0.205
	熔点/℃	2040
力学性能	硬度 VPN	1600~1900
	罗氏硬度	A85
	抗折强度/MPa	室温 372.4;1594℃ 159
	耐压强度/MPa	室温 2070;1594℃ 248.3
	弹性模量/MPa	0.16×10^6
	抗拉模量/MPa	0.37×10^6
电性能	介电强度/$V \cdot mil^{-1}$	1700
	介电常数/Hz	9.9×10^9
	功率因数/Hz	0.000025×10^9
	介电损失 $\tan\theta$	$(0.8\sim1.2)\times10^{-4}$
	击穿电压/$kV \cdot mm^{-1}$	30~38

注：$1mil=25.4\times10^{-6}$。

在各种温度下氧化铝陶瓷的高温强度见表17-6。

表 17-6 各种温度下氧化铝陶瓷的高温强度

温度/℃	耐压强度/MPa	抗折强度/MPa	弹性模量/MPa
20	3000	265	3.82×10^5
400	1500	—	3.70×10^5
600	1400	—	3.60×10^5
800	1300	240	3.45×10^5
1000	900	238	3.22×10^5
1100	600	221	—
1200	500	130	3.75×10^5
1400	250	30	2.05×10^5
1500	100	(1460℃)11	1.50×10^5
1600	50	—	—

17.1.1.8 加入物对氧化铝陶瓷制品性能的影响

制备氧化铝陶瓷制品时常添加一些其他氧化物以改善其烧结性能、显微结构和性能，表17-7和表17-8分别给出了微量添加氧化镁、氧化铬对氧化铝陶瓷性能的影响。

表 17-7 采用 MgO 作添加剂的混合料对制品洛氏硬度的影响

添加量/%	1600℃	1710℃	1750℃	1800℃
0	90	92	80	75.5
0.25	82	94	94.5	94.5
0.4	77	95	95	95
0.6	76	93	94	94
0.9	76	93	94	94
1.2	69	94	94	94

表 17-8 用 Cr_2O_3 作添加剂的混合料对制品性能的影响

性能	添加量/%	1600℃	1710℃	1750℃	1800℃
体积密度/$g \cdot cm^{-3}$	0	3.60	3.71	3.85	3.87
	0.5	3.56	3.90	3.72	3.74
	1.0	3.43	3.74	3.75	3.76
	1.5	3.43	3.71	3.73	3.72
	2.0	3.44	3.72	3.72	3.72
洛氏硬度	0	90	92	80	75.5
	0.5	89	89	90	86
	1.0	90	80	90	86
	1.5	88	88.5	74	90
	2.0	88	69	74	85

17.1.1.9 氧化铝陶瓷制品的应用

氧化铝陶瓷制品具有很高的高温性能；其熔点2050℃，荷重软化温度可达1850℃，常用温度1800℃，极限使用温度可达1950℃。制品的常温强度高、硬度大：其常温抗折强度约250MPa，在1000℃仍有约156MPa，常温耐压强度可达2000MPa。制品的绝缘性能高：其常温电阻率大于$10^{13}\Omega \cdot cm$。制品具有很高的化学稳定性，能抵抗铍、锶、镍、铝、钒、铌、钽、锰、铁、钴、钼等金属的侵蚀。在惰性气体中,硅、磷、砷、锑、铋也不与氧化铝起作用。其他一些硫化物、磷化物、砷化物、氯化物、氮化物、溴化物也不与氧化铝起作用,对氢氧化钠、氧化钠、玻璃、炉渣、硅酸铝、碳化硅也有很强的抵抗力。氧化铝陶瓷制品还适用于在各种气氛下使用。在20~1000℃的平均线膨胀系数 $8.6\times10^{-6}℃^{-1}$。热导率16~20W/(m·K)。氧化铝陶瓷的应用也非常广泛。

(1)耐高温陶瓷:由于有耐高温、高强度等性能,故用作冶炼稀贵金属、特种合金、高纯金属、玻璃拉丝的坩埚及器皿,某些有特种要求的高温炉窑内衬,理化器皿、火花塞、耐热抗氧化涂层。高温炉管(内螺纹及外螺纹炉管)、激光管、高温压棒(压力传感器)、高温烧嘴(氩弧焊烧嘴)等。

(2)耐腐蚀陶瓷:高温金属液体输送管、SiO_2 小于0.5%的低硅烧结刚玉砖是炭黑、硼化工、化肥、合成氨反应炉和汽化炉的专用炉衬。

(3)耐磨陶瓷:由于有硬度大、耐磨性好、强度高的特点,用于球磨机衬里、耐磨瓷球及棒、瓷球磨罐、氧化铝(刚玉)研钵、金属液体搅拌棒;在化工系统中,用作各种反应器皿和管道,化工泵的部件;作机械零部件,用于切削磨切具、纺织机耐磨瓷件、污水泵和耐酸(碱)泵的零件、密封环阀门零件、汽车火花塞、金属拉丝模、装甲防护板、仪表轴及人工宝石、喷砂嘴等。各种模具,如拔丝模、挤铅笔芯模嘴等;作刀具、磨具磨料、防弹材料、密封磨环等。

17.1.2 氧化镁制品

氧化镁制品属于碱性耐火材料。氧化镁的熔点很高,所以使用温度也很高,在氧化气氛中可使用至2000℃,在还原气氛中可使用到1700℃以上。由于抗碱性炉渣侵蚀性强,适于冶炼很多金属、贵金属、重金属和稀有金属。氧化镁陶瓷制品生产方法:酒精泥浆浇注成型法、水泥浆浇注成型法、等静压成型法、挤压机成型法以及机压成型法。

17.1.2.1 酒精法泥浆浇注成型制品

这种方法适于生产氧化镁坩埚、热电偶管、炉管、绝缘管、圆棒、薄片形状等产品。以高纯氧化镁($MgO\geq99.5\%$)为原料制备高纯电熔镁砂。

将上述高纯电熔镁砂破粉碎至粒度小于0.5mm,然后经过强磁选机除铁,一般不少于两遍,存放在完全密封塑料袋和容器中,防止电熔镁砂产生水化作用。

酒精法泥浆料的制备是,先将小于0.5mm的颗粒料用干法细磨使粒度小于200目,然后加酒精湿法细磨(用刚玉质球磨)。泥浆料的粒度小于2μm的在70%以上。制成酒精泥浆的密度在1.9~2.0g/cm³。

用石膏模浇注成型。石膏模的放尺率13%~14%。一般中、小型制品均可采用上注法成型。坯体自然干燥后修坯,除掉毛边和磨光,在80~100℃加热干燥48h。制品在高温窑中经1780~1800℃保温2~4h烧成,总烧成时间35~45h。

17.1.2.2 水法泥浆浇注成型制品

电熔镁砂也易产生水化反应,即电熔镁砂可以吸收空气中的水分反应生成氢氧化镁。水化反应产物造成体积膨胀使制品产生开裂并逐步粉化。所以用水法泥浆浇注成型增加很多困难,必须采取防止产生水化的措施。

对氧化镁粉料要进行水化处理,即在氧化镁粉料中加入蒸馏水进行充分水化,使原料中含水在32%左右。水化后的粉体在1450~1600℃保温6~8h烧成,原料烧后的真密度在3.50~3.55g/cm³。

烧后的料块在刚玉质球磨罐中(球磨介质为刚玉球)干磨45~90h,然后加入蒸馏水湿磨75~90mn,泥浆密度170~180g/cm³,pH值=7~8。在石膏模中浇注成型,吸浆速度0.15~1.5mm/min。脱模后在通风情况下缓慢升温加热到70℃左右,干燥24h,然后在1250℃进行焙烧。坯体冷却整形后在1750~1800℃保温4h烧成。水法泥浆浇注制品的工艺流程如图17-4所示。

用水法生产氧化镁陶瓷制品时,可以通过加入氧化铈(CeO_2)或氧化铒(Er_2O_3)的方法,控制方镁石悬浮体的水化。由于水法生产工艺

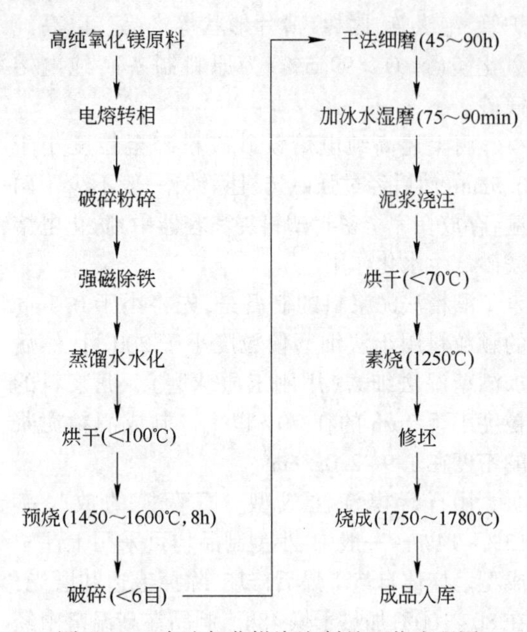

图 17-4　水法氧化镁浇注制品工艺流程图

复杂、难度大，尚不能用水法泥浆浇注成型大型氧化镁制品。

17.1.2.3　等静压成型制品

以高纯电熔镁砂，经破粉碎、细磨加工制成粒度小于 20μm，小于 2μm 在 30% 以上的粉料做原料，用特制橡胶模具（小件放尺率 10%～20%，大件放尺率 30%），在等静压机中经 180～200MPa 压力成型，在高温窑内径 1780～1800℃保温 4h 烧成，总烧成时间 35～45h。用等静压成型的氧化镁陶瓷制品较用泥浆成型的制品热稳定性高，使用效果好。

17.1.2.4　氧化镁制品的理化性能

国内某公司生产的氧化镁陶瓷制品的理化性能指标见表 17-9。

表 17-9　氧化镁陶瓷制品性能

性　能	坩　埚	电偶管	等静压制品
氧化镁（质量分数）/%	≥99	≥99	99
显气孔率/%	≤1.0	≤1.0	
体积密度/g·cm^{-3}	3.3～3.5	3.3～3.5	>3.0
耐压强度/MPa			>98
线膨胀率/%			(1300℃) 1.62
主晶相	方镁石	方镁石	方镁石
使用湿度/℃	2000	2000	2000

用酒精法和水泥浆浇注氧化镁制品的理化性能及其比较见表 17-10。用水法泥浆浇注成型制品时，加入少量氧化铈或氧化铒对制品性能的影响见表 17-11。国内某公司等静压成型氧化镁坩埚的理化性能见表 17-12。

表 17-10　氧化镁浇注制品性能及比较

项目	化学成分 w/%						物理性能			
	MgO	SiO_2	Al_2O_3	Fe_2O_3	CaO	TiO_2	体积密度 /g·cm^{-3}	显气孔率/%	线膨胀系数 /℃$^{-1}$	抗热震性 /次（1300℃，空冷）
水法	99.02	0.35	0.23	0.04	0.33	0.03	3.47～3.54	<0.15	—	
酒精法	99.42	0.31	0.12	0.04	0.08	0.03	3.375	0.73	1300℃ 10.82×10^{-6}	5

表 17-11　加入物对氧化镁制品性能的影响

品种	显气孔率 /%	体积密度 /g·cm^{-3}	耐压强度 /MPa	抗折强度 /MPa	抗热震性 （1300℃，水冷）/次	电阻率/Ω·cm	
						1000℃	1500℃
1（MgO 100）	6～8	3.35	120～140	65～70	2～3	2.5×10^{7}	2.1×10^{4}
2（CeO_2 2.5）	1.2～1.4	3.42	190～210	80～85	5～6	2.8×10^{6}	1.8×10^{3}
3（Er_2O 2.5）	0.6～1.2	3.40～3.43	230～250	120～150	6～8	3.0×10^{6}	1.9×10^{3}

表 17-12　等静压成型氧化镁坩埚的理化性能

化学成分 w/%							显气孔率/%	吸水率/%	体积密度/$g \cdot cm^{-3}$	线膨胀率/%	常温耐压强度/MPa
SiO_2	Al_2O_3	Fe_2O_3	CaO	MgO	Mn_2O_2	灼减					
0.24	0.13	0.029	0.058	99.2	0.07	0.33	12.2	3.8	3.17	1.62(1300℃)	306

17.1.2.5　氧化镁陶瓷制品的应用

氧化镁的稳定晶型为立方晶型，熔点2800℃，真密度 3.58g/m³，莫氏硬度 6，20～1000℃平均线膨胀系数为 $13.5\times10^{-6}℃^{-1}$，20～1700℃的平均线膨胀系数 $15.6\times10^{-6}℃^{-1}$，100～1000℃的热导率 4.2～33.5W/(m·K)，1000℃的电阻率 $1\times10^{7}\Omega\cdot cm$，1600℃的电阻率 $5\times10^{3}\Omega\cdot cm$，氧化镁制品在氧化气氛中可使用至2000～2200℃，在还原气氛中使用至 1700℃，在真空中使用至 1600～1700℃。氧化镁是碱性氧化物材料，对碱性材料抵抗力强，对酸性材料抵抗力较差。氧化镁制品可以做成熔铁、镍、铀、钍、锌、铝、钠、钼、镁、铜、铂等金属的坩埚，各种高温炉的炉管及炉衬材料。测量温度大于1800℃的热电偶保护管和绝缘管。用等静压成型的高纯氧化镁坩埚热稳定性高，制成的坩埚在熔炼稀有金属、铂等贵金属及合金类时，使用寿命长、效果好。

17.1.3　氧化钙制品

氧化钙制品具有很好的高温性能和很强抗碱性炉渣侵蚀性，是一种非常好的耐火材料，但主要缺点是易产生水化反应。氧化钙与水反应生成氢氧化钙，在水化过程中产生体积膨胀，使制品在生产工艺过程、产品保管及应用中存在很大的困难。尽管解决氧化钙制品抗水化性问题是一个极困难的问题，但氧化钙制品的生产和应用仍在不断的改进和发展。

氧化钙也是极难烧结的氧化物原料。高纯电熔氧化钙也不能消除氧化钙的水化反应。在氧化钙原料中加入某些氧化物可以促进烧结、降低水化速度。国内外很多科技工作者已做了大量的工作。如在氧化钙中加入 2%～12%的二氧化钛，在 1770℃温度下即可烧结，其主晶相仍是 CaO，次晶相是 $3CaO\cdot2TiO_2$ 和 $4CaO\cdot3TiO_2$。在氧化钙中加入 2.5%～5% Cr_2O_3 和 2.5%～5.0%膨润土制成的制品，抗水化性能可明显提高。

17.1.3.1　泥浆法浇注成型制品

将高纯氧化钙原料充分水化制成氢氧化钙 [$Ca(OH)_2$]，再经 1000℃保温 1h 焙烧。烧后粉碎成粒度小于 300 目，然后在瓷球磨罐中加酒精细磨 24h，料：球：酒精为 1：2：0.75 至粒度小于 1500 目。用石膏模浇注成型，操作方法与氧化镁酒精泥浆浇注法相同。

坯体在真空干燥箱中干燥，然后再直接放入 200℃的高温炉中，并以 150～200℃/h 的升温速度升温到 1000℃保温 2h 预烧，冷却后修坯整形，在真空中频炉中经 1850℃保温 300min 烧成。烧成后的氧化钙制品或坩埚及时放入干燥器中或真空封装，抑或表面进行防水化处理，以防止水化。

17.1.3.2　等静压成型制品

将高纯氧化钙原料(CaO≥99%)细粉碎加工制成粒度小于 0.25mm，加入适量的无水氯化钙后在球磨机内混磨 3h，用橡胶模在等静压机内压制成料块。在氩气保护的钼丝炉内经1650℃保温 4h 烧成熟料。随后将熟料破碎到粒度 2～0.1mm 做骨料，并放在干燥器中保存。

将氧化钙熟料的骨料和细粉按比例混合，用橡胶模在等静压中成型。

制品在氢气保护的感应炉内经 1850℃保温 3.5h 烧成，或在高温窑中经 1800℃保温 8h 烧成。

17.1.3.3　氧化钙砖

用烧结法或电熔法制得的氧化钙熟料砂，其理化性能见表 17-13。

表 17-13 石灰砂的性质

项目	化学组成/%					灼减	气孔率/%	水化率*/%
	CaO	MgO	Fe_2O_3	Al_2O_3	SiO_2			
L-1(烧结)	97.0	1.3	0.1	0.2	0.6	0.6	16	12.5
L-2(电熔)	97.6	1.1	0.3	0.1	0.7	0.2	3	3.1

* 在 48.9℃(120℉)和湿度为 95%的条件下,暴露 3h 的-4~+20 目物料中生成-35 目颗粒的百分数。

用上述两种方法生产的氧化钙熟料,可以生产氧化钙轻烧砖、烧成砖及烧成油浸砖。

17.1.3.4 氧化钙-碳化钙熔铸砖

氧化钙-碳化钙熔铸砖具有抗高碱度、高含氟、高稀土炉渣侵蚀性能,适于冶炼稀土合金的反射炉用耐火材料。

以石灰石和焦炭为原料,经电熔后浇铸成熔铸砖。熔铸砖的理化性能见表 17-14。

表 17-14 $CaO-CaC_2$ 系熔铸耐火材料的理化性能

CaC_2 (质量分数) /%	游离 CaO (质量分数) /%	Fe_2O_3 (质量分数) /%	Al_2O_3 (质量分数) /%	MgO (质量分数) /%	游离 C (质量分数) /%	SiO_2 (质量分数) /%	熔解热 /$J \cdot g^{-1}$ ($cal \cdot g^{-1}$)	比热 (0~2000℃) /$J \cdot g^{-1}$ ($cal \cdot g^{-1}$)	体积收缩 (20~2000℃) /%
39	35	0.12	6.18	3.4	0.9	1.9	501.6(120)	1.17(0.28)	24

氧化钙-碳化钙熔铸砖吸水性很强,易产生粉化,必须进行防水化处理才能延长存放时间,保证使用效果,采用不同处理方法制品的保存时间见表 17-15。

表 17-15 产品储存措施

级别	底	表	捆扎封存	存放时间
一	涂机油	黄干油	浸于机油池内,草绳捆扎	长期
二	废机油			1~2 个月
三	废机油			6~10 天

17.1.3.5 氧化钙制品的性能

氧化钙坩埚的理化性能见表 17-16。

表 17-16 氧化钙陶瓷制品理化性能坩埚的理化性能

CaO(质量分数)/%	烧成收缩 /%	体积密度 /$g \cdot cm^{-3}$	显气孔率 /%	外观
>99	12~13	3.04	1.77	白色,半透明

等静压成型氧化钙坩埚的理化性能见表 17-17。

表 17-17 各种炉中氧化钙坩埚的烧结程度

炉别	颜色	显气孔率/%	体积密度 /$g \cdot cm^{-3}$	收缩率/%	
				径向	轴向
油窑	白色	18.9	2.68	—	—
	深色	6.9	2.97	12.9	12.1
	浅色	13.4	2.78	—	—
感应炉	浅色	17.8	2.73	8.91	8.8

注:表中数据为平均值。

17.1.3.6 氧化钙制品的应用

氧化钙的熔点高,是一种极好的碱性耐火材料。熔点 2570℃,真密度 $3.75g/m^3$,莫氏硬度 6 温度在 20~1700℃,平均线膨胀系数为 $13.8\times10^{-6}℃^{-1}$,1000℃的热导率为 7.71W/(m·K),电阻率为 $4.175\times10^6\Omega\cdot cm$。制品用于冶炼金属时,对金属熔液有精炼、净化作用。氧化钙材料有易水化的致命弱点,随着科学技术的发展,逐步会得到解决。

氧化钙是热力学上是最稳定的氧化物之一,与各种熔融金属合金几乎不发生反应。

氧化钙坩埚用于高纯 Ni 基高温合金的精炼、Ti 及 Ti 合金熔铸、Cr 及 Cr 合金的精炼,以及超导金属及合金的精炼。

17.1.4　氧化锆制品

氧化锆特种耐火材料制品由于具有使用温度高(2200~2400℃)、适应范围广(窑炉内各种气氛)、抗渣侵蚀性强等优点,已成为超高温工业应用的非常重要的炉衬材料。

17.1.4.1　泥浆浇注成型制品

氧化锆泥浆浇注制品是采用酸性泥浆浇注生产工艺。

以市售钙稳定氧化钙配入15%的单斜氧化锆为原料倒入球磨机中,按料∶球∶水=1∶3∶1研磨10h。将球磨好的浆料调节pH值为=1.7~1.9,氧化锆泥浆密度1.9~2.1g/cm^3。用石膏模浇注成型,模型放尺率15%。操作方法同氧化铝泥浆浇注制品。制品脱模后立即放入电炉中经850℃保温2h进行焙烧。冷却后用砂纸修坯整形,最后在高温窑中经1800~1850℃保温4~6h烧成。

17.1.4.2　热压注成型合金粉末用导流管制品

传统气雾化法制备合金粉末用导流管为氮化硼材质,由于该材质侵蚀扩径严重,现正被耐侵蚀的氧化锆材质替代。

使用高纯的氧化锆、氧化镁、氧化钇作原料,可分别按如下配料:氧化锆97%,氧化镁3%;氧化锆95%,氧化钇5%两种配料。配料在球磨机中混合细磨,粒度小于3μm在80%以上。在细磨粉料中加入6%的聚乙烯醇水溶液(浓度10%),混合均匀后通过0.5mm筛子,以100MPa压力制成坯体,经1730℃保温4h制成稳定的氧化锆熟料。稳定后熟料细磨粒度小于10μm占95%以上,如若在铁球磨机中磨料,还要进行酸洗除铁、干燥、制粉。

蜡浆料的配制是稳定氧化锆干粉85%、石蜡13.5%,蜂蜡1%,油酸0.5%。在70~80℃温度下进行热混料。蜡浆料无粉料团、无气泡。

用金属模在热压注机上成型,蜡浆温度保持在60~70℃,模具的放尺率13%~15%。具体操作方法同氧化铝热压注制品。

热压注坯体在匣钵中用工业氧化铝微粉做填料,经250℃保温72h脱蜡后氧化气氛下1750℃保温3h烧成。

国内外热压注成型氧化锆导流管产品性能指标见表17-18。

表17-18　国内外热压注成型氧化锆导流管性能指标

项　目		洛阳	德国
化学成分(质量分数)/%	ZrO_2	96.5	95.7
	MgO	3.02	3.61
	SiO_2	0.16	0.42
	Fe_2O_3	0.08	0.13
体积密度/g·cm^{-3}		5.32	4.92
显气孔率/%		6.5	13.7
抗热震性		完好	完好

抗热震性条件:试样快速放入氧化气氛1100℃的热震炉内,保温30min后自然降温。

17.1.4.3　等静压成型制品

以氧化钇稳定氧化锆为原料,经过细磨后进行造粒,在等静压机上采用干压法生产TZP氧化锆陶瓷研磨介质球。这种介质球密度大、韧性好、硬度高、研磨效率高和效果好,可作为特种耐火材料的研磨介质球。

用等静压成型炼钢连铸用滑板砖的理化性能指标:ZrO_2≥94%,Y_2O_3≥1.5%,Y_2O_3+CaO+MgO 3%~5%,Al_2O_3<0.2%,稳定度70%~80%,体积密度4.65~5.0g/cm^3,显气孔率15%~20%,耐压强度100MPa,抗热震性(1100℃⇔水冷)≥3次。

国内某公司用等静压成型熔炼钛合金和锆合金用锆酸钡坩埚的理化性能指标:ZrO_2+BaO≥99.5%,体积密度6.1g/cm^3,显气孔率0.8%,产品在1100℃下快速放入热震炉,保温30min取出,可循环4次。高温下钛合金和锆合金对锆酸钡坩埚不易侵蚀、不润湿。

17.1.4.4　压制法成型氧化锆砖

以电熔稳定氧化锆为原料,按机压法成型生产工艺,在1800℃保温6~10h烧成制成的氧化锆砖可用于各种超高温电炉的炉衬,炭黑炉的炉衬,使用温度可达到2000~2400℃。

17.1.4.5 氧化锆制品的理化性能

国内有多家公司生产氧化锆陶瓷制品，其中某公司生产的氧化锆陶瓷制品的性能：化学成分 ZrO_2+CaO 大于99%，主晶相为立方相，使用温度2300℃，显气孔率小于1%，体积密度 $5.4g/cm^3$。

部分稳定的氧化锆陶瓷制品的性能指标见表17-19。

表17-19 部分稳定的氧化锆材料的某些典型性能

性能	稳定剂(质量分数)/%			
	3%CaO	3%MgO	3%Y_2O_3	8%Y_2O_3
体积密度/$g \cdot cm^{-3}$	5.6	5.6	5.7	5.6
显气孔率/%	0	0	0	0
耐压强度/MPa	1500	1700	1900	1100
抗折强度/MPa	280	460	350	180
弹性模量/GPa	140	200	160	110
硬度/MPa	12000	17000	17000	7000
热导率(20℃)/$W \cdot (m \cdot K)^{-1}$	1.9	2.0	2.5	2.2
线膨胀系数(20~1000℃)/K^{-1}	10.0×10^{-6}	10.5×10^{-6}	10.5×10^{-6}	12.0×10^{-6}

国内某公司用等静压成型法生产氧化锆研磨介质球的理化性能见表17-20。

表17-20 TPZ磨介性能

性 能	参 数
成分(质量分数)/%	94.8% ZrO_2、5.2% Y_2O_3
填充密度/$kg \cdot L^{-1}$	3.5(ϕ0.7mm)
密度/$g \cdot cm^{-3}$	6.0
硬度/GPa	>10
弹性模量/GPa	200
热导率/$W \cdot (m \cdot K)^{-1}$	3
线膨胀系数/℃$^{-1}$	9.6×10^{-6}
压碎强度/kN	≥15(ϕ0.7mm)
断裂韧性/$MPa \cdot m^{0.5}$	8
晶粒大小/μm	≤0.5

17.1.4.6 氧化锆制品的应用

氧化锆的熔点2650℃，真密度 $5.63g/cm^3$，莫氏硬度6.5，温度在20~1000℃，平均线膨胀系数(℃$^{-1}$) 10×10^{-6}，热导率3~4W/(m·K)。氧化锆材料的化学稳定性极好，不易分解，不易与其他氧化物发生反应，抗炉渣、钢水和玻璃液侵蚀能力强。在高温具有导电性，氧化锆制品有很广泛地应用。氧化锆制品的应用见表17-21。

表17-21 氧化锆制品的应用

序号	分类	应 用
1	钢铁工业	连铸长水口、滑动水口、定径水口、水平连铸分离环
2	建材工业	玻璃窑，玻璃纤维窑、高温窑具
3	高温工程	可使用2000~2300℃的高温窑炉、中频炉、高频炉、钼丝炉、钨棒炉、燃油(汽)炉、炭黑炉等炉衬制品
4	陶瓷制品	熔炼稀有金属，贵金属坩埚、高温炉管、保护管，耐磨球，柱塞泵泵芯、拉金属线模，发动机结构陶瓷，刀剪工具，轴承、弹簧
5	导电制品	发热元件，定氧仪锆管，磁流体发电电极
6	不定形材料	氧化锆纤维，轻质砖、等离子喷涂料、钛合金精铸砂、浇注料

17.1.5 氧化铬制品

高氧化铬耐火制品是抗煤熔渣和玻璃液极好的材料。以水煤浆为原料的大型合成氨气化炉，以及大型玻璃纤维窑炉都选用高氧化铬制品做主要炉衬材料。经使用证明，使用寿命高于其他氧化物制品。各氧化物抗煤渣的化学侵蚀性能如图17-5所示，致密高纯氧化铬制品抗玻璃液的侵蚀性能如图17-6和图17-7所示。

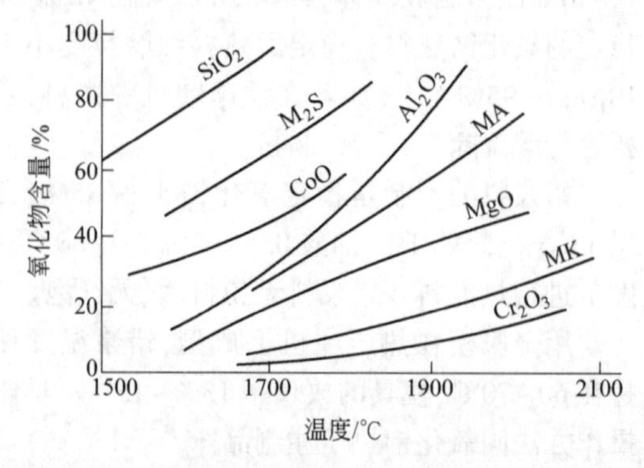

图17-5 各种耐火氧化物在熔融煤渣中的溶解度

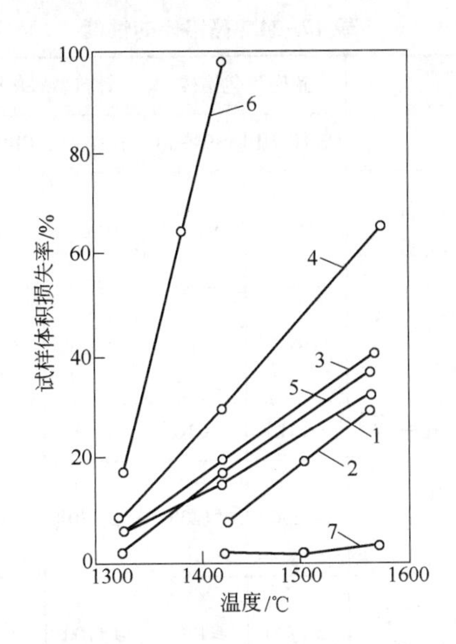

图 17-6 各种耐火材料抗玻璃侵蚀与温度的关系

1—熔融石英砖；2—锆英石砖；3—Ъ-45 型刚玉砖；4—特致密刚玉砖；5—ZAC-1711 型电熔砖；6—黏土大砖；7—铬砖

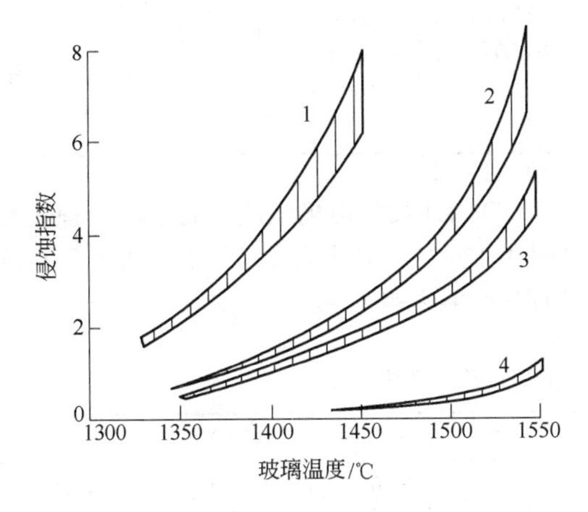

图 17-7 不同耐火材料 E 玻璃侵蚀的性能

（试棒在铂坩埚中侵蚀试验）

1—高铝砖；2—锆英石砖；3—致密锆英石砖；4—高铬砖

17.1.5.1 机压成型制品

以烧结或电熔氧化铬为原料生产高氧化铬制品。电熔氧化铬生产高铬制品的基本配料：电熔氧化铬 60%～70%（3～0mm），混合细粉 30%～40%，增塑剂小于 1%，结合剂 2.5%～3.5%。在 10MN 摩擦压砖机上成型，在高温窑中经 1600～1800℃保温 10h 烧成。

17.1.5.2 等静压成型制品

采用等静压成型生产致密高纯氧化铬制品。以电熔氧化铬微粉为主要原料，配以工业氧化铬微粉及助烧剂，制取致密高氧化铬砖，其泥浆配料见表 17-22。

表 17-22 致密高氧化铬砖泥浆配料

原 料	配料/%
电熔氧化铬微粉	50～70
工业氧化铬微粉	15～30
助烧剂	2～5
结合剂	1～2
加水（外加）	70～80

按上述配料在高速泥浆搅拌机中制成流动好的泥浆。在压力式造粒喷雾干燥机中造粒，造粒粉料的粒度小于 0.3mm，堆积密度 1.1～1.3g/m^3，残留水分小于 0.5%。在等静压机中经 140～200MPa 压力成型，坯体尺寸（1200～1500）mm×（500～600）mm×（400～500）mm。

制品在弱还原性气氛下经 1700～1800℃保温 20～30h 烧成。总烧成时间 15～20 天。制品的主晶相为氧化铬，并存在多种形式不同的连续固溶体和有限固溶体、结构致密；主晶相之间，主晶相与固溶体之间的直接结合程度很高。

17.1.5.3 熔铸成型制品

采用电熔浇铸法生产氧化铬砖。熔铸氧化铬砖的品种有熔铸高铬砖、熔铸铝铬砖以及铬铝锆砖。在各种熔铸砖的配料中加入适量其他氧化物，可以降低熔化温度。在熔铸砖结构内生成的玻璃相可以防止在缓冷过程中由于体积变化造成的制品开裂。

日本还介绍一种含有 α-铬酸钙结晶（α-CaO·Cr_2O_3）及含 0.3%～15%碱金属氧化物的耐火材料，且具有较好的抗热冲击性及耐侵蚀性，如一种 CaO、Cr_2O_3 和 Li_2O 的混合物，当加热到 2400℃后经浇铸固化，可制成 CaO 26.3%、Cr_2O_3 73.0%、Li_2O 0.7%的熔铸砖，主晶相 CaO·Cr_2O_3、纵弹性模量小于 6×10^4MPa 的熔铸砖。

17.1.5.4 各种氧化铬制品的性能

（1）国内某公司机压成型法制高铬砖的理化性能见表 17-23。

表 17-23 国内某公司机压成型法生产的高铬砖的性能

性能		高铬砖			
		GGZ-90	GGZ-80	GGZ-70	GGZ-60
化学成分 w/%	Cr_2O_3	84.38	80.56	69.01	65.31
	Al_2O_3	5.0	8.26	27.16	15.36
	ZrO_2	5.62	4.42	0.57	10.32
	Fe_2O_3	0.12	0.22		
	TiO_2		1.22		
体积密度/$g\cdot cm^{-3}$		4.16	3.99	3.97	4.06
显气孔率/%		17	15	16	13.4
常温耐压强度/MPa		104.9	195.2	216.7	126
高温抗折强度/MPa(1400℃,0.5h)			8.86	17.4	
高温蠕变/MPa(1500℃,25h)		0.087	0.193(1400℃)		
荷重软化温度/℃(0.2MPa)		1680			1699
线膨胀系数/$℃^{-1}$			7.6×10^{-6}		(1300℃)
抗热震性/次(1100℃,水冷)		6	3~4	1	0.9%
重烧线变化率/%(1600℃,3h)				0	

表 17-24 高铬砖的性能

项目	致密氧化铬砖		骨料型氧化铬砖	
	CR94-HD	CR94-MD	CR94-GA	CR92-GB
Cr_2O_3(质量分数)/%	94±1	94±1	94±1	92±1
体积密度/$g\cdot cm^{-3}$	≥4.5	≥4.3	≥4.1	≥4.05
显气孔率/%	≤12	≤16	≤18	≤20
常温耐压强度/MPa	≥250	≥200	≥130	≥100
荷重软化温度/℃	≥1700	≥1700	≥1700	≥1700
抗热震性	差	尚可	良	良
使用部位(玻璃纤维窑)	流液洞、熔化池、澄清池池底	同左,出液口、加料口、拐角砖、通道砖	同左,拉丝砖、钠钙玻璃流液洞	流槽砖、拉丝砖、加料口、铺底砖

(2)国内某公司生产的致密氧化铬砖和骨料型氧化铬砖的理化性能见表 17-24。

(3)国外某公司机压成型高铬砖的理化性能见表 17-25。国外某公司等静压成型高铬砖的理化性能见表 17-26。

表 17-25 国外某公司机压成型高铬砖的理化性能

项 目		AUREX80	AUREX75SR	AUREX75	AUREX40	AUREX20
化学成分(质量分数)/%	Cr_2O_3	89.0	72.5	70.0	38.5	11.5
	Al_2O_3	10.5	20.7	23.1	60.9	74.4
	SiO_2	0.2	0.3	0.3	0.1	1.8
	Fe_2O_3	0.1	0.3	0.3	0.2	0.1
	TiO_2	微	—	微	微	0.1
	CaO	0.2	0.4	0.2	0.2	0.1
	MgO	微	微	—	0.1	0.1
	ZrO_2	—	5.7	—	—	9.5
	R_2O	微	—	—	—	—
体积密度/$g\cdot cm^{-3}$		4.23~4.34	4.085	4.070	3.56~3.65	3.332
显气孔率/%		12.5~16.0	15.8	14.0~17.0	13.8~16.0	16.5

续表 17-25

项 目	AUREX80	AUREX75SR	AUREX75	AUREX40	AUREX20
常温耐压强度/MPa	48~69	59	48~69	48~69	69
常温抗折强度/MPa	14~21	14	17~31	21~35	10
1727℃烧后线变化率/%	+1.0~+0.5	—	+0.4~+1.0	+1.0~+0.7	—
1816℃烧后线变化率/%	—	+0.5	—	—	—
1816℃ 0.2MPa 烧后线变化率/%	—	+0.3	+0.21~+0.3	—	+0.4
1205℃,5 次后耐压强度下降率/%	—	70.0	—	—	—

表 17-26 国外某公司等静压成型高铬砖的理化性能

项 目		C-1215	C-1215Z	C-1221	CR-100	CRX	Rechrome
化学成分（质量分数）/%	Cr_2O_3	94.2	91.2	94.2	95.7	94.3	91.0
	TiO_2	3.8	3.8	3.8	3.8	3.7	3.0
	ZrO_2	—	3.0	—	—	—	—
	Al_2O_3	—	—	—	—	—	1.0
	其他	2.0	2.0	2.0	0.5	2.0	2.0
体积密度/$g \cdot cm^{-3}$		4.33	4.33	4.05	4.25	4.09	4.01
显气孔率/%		14.0	13.0	19.0	15.0	18.0	17.0
常温抗折强度/MPa		75.9	53.8	27.6	31.0	29.0	24.1
常温耐压强度/MPa		191.3	179.3	47.6	137.9	89.7	89.7
热导率(1000℃) /$W \cdot (m \cdot K)^{-1}$		3.37	3.37	2.7	3.27	3.62	3.50
线膨胀系数/$℃^{-1}$		7.53×10^{-6}	7.57×10^{-6}	7.54×10^{-6}	7.03×10^{-6}	7.46×10^{-6}	7.25×10^{-6}

17.1.5.5 氧化铬制品的应用

氧化铬属重金属氧化物，熔点 2350℃，真密度 5.23g/cm^3，莫氏硬度 7~8，线膨胀系数($℃^{-1}$)9.0×10^{-6}，热导率 2.6~2.8W/(m·K)。

氧化铬属中性耐火材料，是很好的抗酸、碱侵蚀的材料。由于氧化铬是抗煤熔渣和玻璃液侵蚀的最好的材料，所以在水煤浆大型合成氨气化炉和大型玻璃窑和玻璃纤维窑上使用取得了显著效果。

17.2 碳化硅质耐火制品

碳化硅(SiC)质耐火制品是指以工业 SiC 为原料经煅烧而成的一种以 SiC 为主要成分的高级耐火材料。它具有常温和高温强度高、热导率大、线膨胀系数小、抗热震性好、耐磨性优良、抗化学侵蚀性强等一系列优异性能，已广泛地用于钢铁、有色冶金、陶瓷、电力、化工、焦化、军工等领域。随着 SiC 质耐火材料应用研究的深入和制备技术水平的提高，其应用领域不断扩大。

SiC 质耐火制品的性能很大程度上取决于 SiC 骨料间的结合状况，故通常按结合相种类进行分类。根据结合相的不同，SiC 耐火制品可分为[1~3]：

(1) 氧化物结合 SiC：以 Al_2O_3-SiO_2 系硅酸盐为结合相，包括黏土结合、莫来石结合和 SiO_2 结合 SiC。

(2) 氮化物结合 SiC：结合相为 Si_3N_4、Si_2N_2O、SiAlON 等共价键化合物。

(3) 自结合 SiC：结合相为 SiC，包括 β-SiC 结合 SiC 和重结晶 SiC。

(4) 渗硅反应烧结 SiC：由 β-SiC 和单质 Si

共同组成结合相的致密陶瓷材料。

此外，通常将 SiC 含量低于 50%的耐火制品称为半 SiC 质制品，半 SiC 质制品包括高铝 SiC 制品、锆英石 SiC 制品、莫来石 SiC 制品和刚玉 SiC 制品等[1]。

17.2.1 氧化物结合 SiC 制品

氧化物结合 SiC 制品的结合相主要为方石英，莫来石和硅酸盐玻璃相，根据结合相的差异，氧化物结合 SiC 制品分为黏土结合、莫来石结合和 SiO_2 结合 3 种，制品的生产工艺流程见图 17-8。

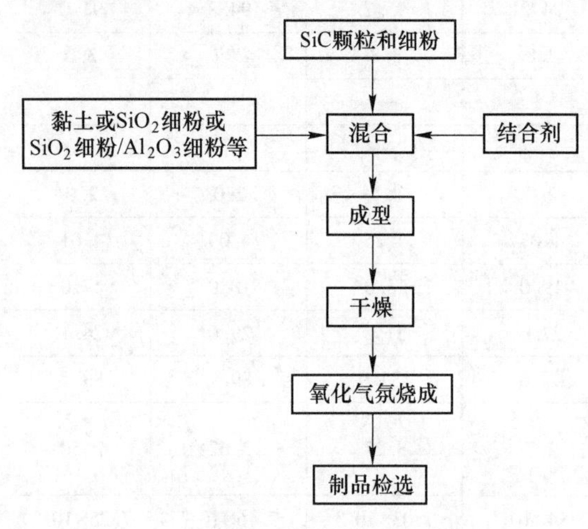

图 17-8 氧化物结合 SiC 生产工艺流程

17.2.1.1 黏土结合 SiC 制品

黏土结合 SiC 制品出现于 20 世纪 40～50 年代[4]，SiC 含量一般为 50%～90%，结合相由方石英、莫来石和铝硅酸盐玻璃相组成。生成结合相的原料以结合黏土为主，通常还加入硅线石、红柱石，蓝晶石等矿物细粉原料，烧成温度为 1350～1500℃[1,4]，可与黏土砖一起烧成。结合相含量及其原料种类影响制品的性能，随着黏土含量的增加，材料的抗氧化性提高，但热导率、荷重软化温度、抗热震性和高温强度等下降。

我国于 20 世纪 60 年代开发出黏土结合 SiC 制品，主要用作各种工业窑炉的隔焰板、陶瓷窑具（棚板、立柱、匣钵等）、锌冶炼窑炉衬[3~5]。由于 SiC 材料所具备的优异性能遭到黏土的破坏，材料高温性能较差，窑具厚度和重量偏大，产品装填比例低，烧成能耗高，这类耐火制品现已很少用作窑具，在锌冶炼炉上用量较多。

17.2.1.2 莫来石结合 SiC 制品

莫来石结合 SiC 制品是在黏土结合 SiC 基础上发展起来的一类更高级的 SiC 制品，结合相以莫来石为主，玻璃相含量较低，SiC 含量一般 75%～85%。生成结合相的原料通常选用较高纯度的 Al_2O_3 和 SiO_2 微粉或细粉，有时添加少量硅线石，红柱石或蓝晶石细粉，烧成温度通常为 1350～1500℃[5~7]。莫来石结合 SiC 制品使用性能明显优于黏土结合 SiC，目前在陶瓷、有色冶金、机械等行业少量使用。

17.2.1.3 SiO_2 结合 SiC 制品

SiO_2 结合 SiC 制品结合相由 α-磷石英、α-方石英和富 SiO_2 玻璃相组成。配料中通常选用高纯度的无定形 SiO_2 微粉，加少量 MnO_2、V_2O_5 等矿化剂，烧成温度为 1350～1500℃[1~4]。SiO_2 结合 SiC 材料高温性能明显优于黏土结合 SiC，高温强度显著高于莫来石结合 SiC，这类制品现主要用作窑具产品，是目前氧化物结合 SiC 窑具中用量最多的产品。

国内 1987 年前后开始研究 SiO_2 结合 SiC 窑具，现江苏、江西、湖南等地建有大型工厂，生产量和使用量现居世界首位，每年有大量产品出口。

各种氧化物结合 SiC 制品理化性能见表 17-27[3~6]。

表 17-27 氧化物结合 SiC 制品理化性能比较

项 目	黏土结合	黏土结合	莫来石结合（德国）	SiO_2 结合（中国大陆）	SiO_2 结合（中国台湾）
体积密度/g·cm^{-3}	2.4～2.6	2.5	～2.60	2.70～2.75	2.78
显气孔率/%	15～25	14～18	14～16	7～8	5.8
常温耐压强度/MPa		～100		>130	150

续表 17-27

项 目		黏土结合	黏土结合	莫来石结合（德国）	SiO_2 结合（中国大陆）	SiO_2 结合（中国台湾）
抗折强度/MPa	20℃	10~30	20~25	34~38	50	48
	1200℃				55	55
	1400℃	5~20	~13	24~26		30~50
线膨胀系数(20~1000℃)/℃$^{-1}$			4.6×10^{-6}		$<4.9\times10^{-6}$	4.8×10^{-6}
热导率(1000℃)/W·(m·K)$^{-1}$			11		15.7~16.9	16.2(1200℃)
w(SiC)/%		50~90	>85	>70	≥88	89.8
$w(SiO_2)$/%						8.9
$w(Al_2O_3)$/%						0.5
$w(Fe_2O_3)$/%						0.3

17.2.2 氮化物结合碳化硅制品

氮化物结合 SiC 制品是指以 Si_3N_4、SiAlON(β-SiAlON、O-SiAlON、AlN 多型体)、Si_2N_2O 等单相或复相氮化物为结合相的 SiC 质复相耐火材料。目前,Si_3N_4 结合、SiAlON 结合,Si_2N_2O 结合、Si_3N_4/SiAlON 和 Si_3N_4/Si_2N_2O 复相氮化物结合 SiC 等系列制品已成为高温工业不可或缺的基础材料。

美国 Carborundum 公司在 1955 年首先研制成功 Si_3N_4 结合 SiC 材料,而后国外在 20 世纪 60 年代初开发出 Si_2N_2O 结合 SiC 材料、80 年代开发出 β-SiAlON 结合 SiC 耐火材料。我国于 20 世纪 80 年代最早由原冶金部钢铁研究总院和洛阳耐火材料研究院研制成功 Si_3N_4 结合 SiC 制品,1985 年国产 Si_3N_4 结合 SiC 砖首次成功应用于鞍钢 6 号高炉,1986 年国产 Si_3N_4 结合 SiC 砖风口套砖首次在宝钢 1 号高炉成功应用;1990 年原洛阳耐火材料研究院在国内首先研制出 β-SiAlON 结合 SiC 制品,1993 年国产 β-SiAlON 结合 SiC 砖成功应用于鞍钢 4 号高炉[8~11]。1992 年我国建成多条 Si_3N_4 结合 SiC 制品生产线,当时全国年产能约 3000t,现国内氮化物结合 SiC 制品生产规模约 10 万吨/年,年生产量和用量均居世界第一。

Si_3N_4、Si_2N_2O、β-SiAlON 等共价键化合物均是性能优异的工程陶瓷材料,这些人工合成材料需在高温惰性或中性气氛条件下才能烧结良好。目前,以 Si_3N_4、Si_2N_2O 和 β-SiAlON 直接作为原料制备氮化物结合 SiC 耐火材料因装备和成本等因素未实际应用,氮化物结合 SiC 制品基本上都是采用反应烧结方法制备的,其工艺原理是:在一定粒度组成的工业 SiC 物料中,分别加入一定量的 Si 粉、Si 粉和 SiO_2 细粉、Si 粉和 Al_2O_3 细粉,经混练、成型后,在高纯 N_2 气氛中于 1400~1600℃进行反应烧结。在烧结过程中,可发生以下化学反应:

$$3Si+2N_2 \longrightarrow Si_3N_4$$

$$3Si+SiO_2+2N_2 \longrightarrow 2Si_2N_2O$$

$$Si_3N_4+SiO_2 \longrightarrow 2Si_2N_2O$$

$$(6-z)Si_3N_4+z(Al_2O_3+AlN) \longrightarrow 3Si_{6-z}Al_zO_zN_{8-z}$$

反应烧结过程中生成 Si_3N_4、Si_2N_2O 和 β-SiAlON,这些氮化物作为结合相将 SiC 颗粒牢固结合,赋予制品种种优良性能。制品生产工艺流程见图 17-9。

氮化物结合 SiC 制品秉承了氮化物和 SiC 两类非氧化物材料的优异性能,具有高温强度高,耐磨性好,热导率大,线膨胀系数小,抗热震性好,抗碱侵蚀性优,抗氧化性强,抗锌、铝、铜、铅等熔融液侵蚀能力强等优良性能,在钢铁、有色冶金、陶瓷、电力、化工等行业获得了广泛应用[8~11,15,17,20]。因结合相 Si_3N_4、Si_2N_2O 和 β-SiAlON 性能不同,各种氮化物结合 SiC 材料在显微结构和性能方面存在一定差异,应根据使用条件合理选材。

国内外对高炉、铝电解槽、窑炉及其他行业用氮化物结合 SiC 材料的性能、生产技术和应用等已有大量研究,取得了丰硕的研究和实践成果。Si_3N_4 结合 SiC 制品是当前氮化物结合

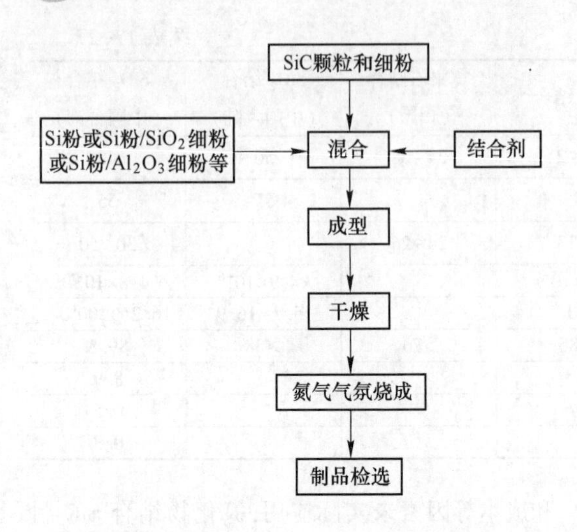

图 17-9 氮化物结合 SiC 制品工艺流程

SiC 材料中用量最多的产品,主要用于铝电解槽侧衬、高炉内衬(炉身下部、炉腰、炉腹和风口组合砖)、陶瓷窑具等;β-SiAlON 结合 SiC 制品主要用于高炉内衬;Si_2N_2O 结合、Si_3N_4/Si_2N_2O 结合 SiC 等制品主要用作陶瓷窑具、高温耐磨材料、垃圾焚烧炉内衬等[8~11,20~22]。

鉴于我国氮化物结合 SiC 耐火材料技术进步和全球市场份额的领先,我国已制定该类产品的国家标准 GB/T 23293—2009《氮化物结合耐火制品及其配套耐火泥浆》。

17.2.2.1 氮化硅结合碳化硅制品

Si_3N_4 结合 SiC 制品是以 Si_3N_4 为结合相的 Si_3N_4/SiC 复相耐火材料,材料主晶相为 SiC,次晶相为 α-Si_3N_4 和 β-Si_3N_4,通常含有少量或微量的 Si_2N_2O 和游离 Si。不同厂家的产品在物相组成上存在差异,详见表 17-28[17]。Si_3N_4 晶体结构属六方晶系,分为 α 相和 β 相,均由 [SiN_4] 四面体构成。β-Si_3N_4 在结构上对称性较高、摩尔体积较小,在温度上是热力学稳定相,晶体呈致密的颗粒状多面体或柱状;α-Si_3N_4 在动力学上较易生成,晶体呈白色或灰白色疏松羊毛状或针状体,高温(1400~1800℃)时,α 相会发生重构型相变,不可逆地转变为 β 相[12]。国内外多数 Si_3N_4 结合 SiC 制品中,基质部分通常由较多量的纤维状或针状 α-Si_3N_4、少量粒状或柱状 β-Si_3N_4 以及 SiC 细颗粒组成,Si_3N_4 交织成三维空间网络,将 SiC 颗粒紧密结合。图 17-10 示出了 Si_3N_4 结合 SiC 材料断口的显微形貌,孔隙中可见发育良好的纤维状 α-Si_3N_4,局部可见粒状 β-Si_3N_4,这种显微结构在 Si_3N_4 结合 SiC 产品中最典型。

表 17-28 国内外 Si_3N_4 结合 SiC 制品物相组成比较

产品	SiC	α-Si_3N_4	β-Si_3N_4	Si_2N_2O	Si
1	+++++	+	++	+	微量
2	+++++	++	+	—	微量
3	+++++	++	+	微量	+
4	+++++	+++	—	微量	—
5	+++++	++	+	微量	微量
6	+++++	+	+	—	微量

图 17-10 Si_3N_4 结合 SiC 材料断口 SEM 照片

Si_3N_4 结合 SiC 材料高温力学性能优异,抗蠕变性能优异,荷重软化温度 $T_{0.5}$ 大于 1700℃。图 17-11 示出了 Si_3N_4 结合 SiC 材料抗折强度随温度的变化关系,1600℃抗折强度通常高于 20MPa[17]。

Si_3N_4 结合 SiC 制品具有较高的热导率,热导率随温度升高而降低,如图 17-12 所示。Si_3N_4 结合 SiC 材料的线膨胀系数较小,如图 17-13 所示。

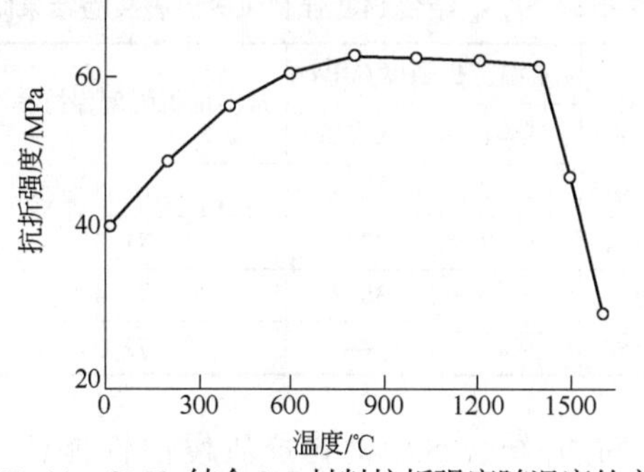

图 17-11 Si_3N_4 结合 SiC 材料抗折强度随温度的变化

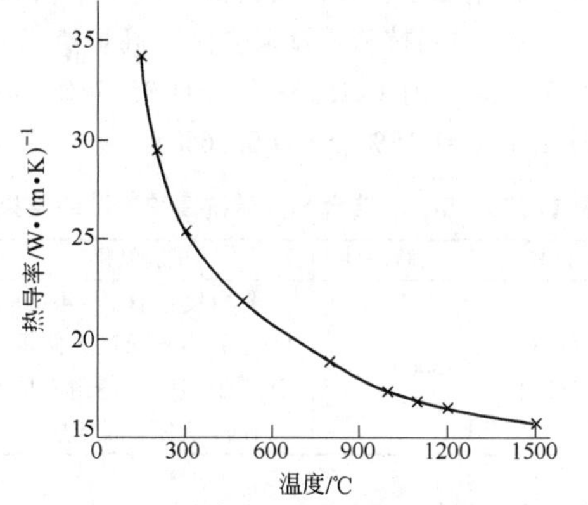

图 17-12 Si_3N_4 结合 SiC 材料热导率随温度的变化

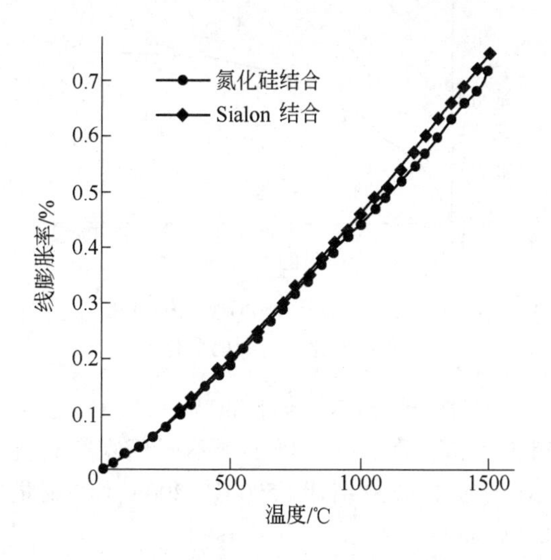

图 17-13 Si_3N_4、SiAlON 结合 SiC 材料线膨胀率随温度的变化

Si_3N_4 结合 SiC 材料抗碱性优良，表 17-29 给出了抗碱蒸汽侵蚀试验结果（GB/T 14983—2008《耐火材料抗碱试验方法》）。

表 17-29 Si_3N_4 结合 SiC 材料抗碱侵蚀实验结果

试样	质量变化率/%	线变化率/%	碱蚀前耐压强度/MPa	耐压强度变化率/%	碱蚀后外观
Si_3N_4 结合 SiC	+3.2	+1.6	235	-26.8	试样表面无缺损，表面侵蚀深度约 2mm

Si_3N_4 结合 SiC 材料抗氧化性能优异。在空气、水蒸气 CO/CO_2 混合气氛中，Si_3N_4 结合 SiC 材料高温氧化过程基本上遵循抛物线型氧化规律，前期为化学反应控速阶段，后期为扩散控速阶段[13]。材料在高温氧化性气氛中使用时，表面会形成致密的 SiO_2 保护层，表现为保护性氧化。表 17-30 给出了试样在 1100℃ 空气中氧化 100h 的试验结果，试样氧化后质量变化小、强度变化不大。图 17-14 示出了 50mm×25mm×25mm 试样在 1350℃ 空气中保温 20~60h 的氧化试验结果，随氧化时间增加，试样质量增加趋于缓慢，呈保护性氧化特征。图 17-15 示出了 33mm×30mm×30mm 试样在 950℃ 流动空气中的氧化试验结果，氧化增重与时间呈近似抛物线型变化关系，最终氧化增重较小。

表 17-30 Si_3N_4 结合 SiC 材料氧化试验结果

试样/mm×mm×mm	质量变化/mg·cm^{-2}	常温抗折强度/MPa		抗折强度变化率/%
		氧化前	氧化后	
125×25×25	7.8	49.4	47.0	-4.9

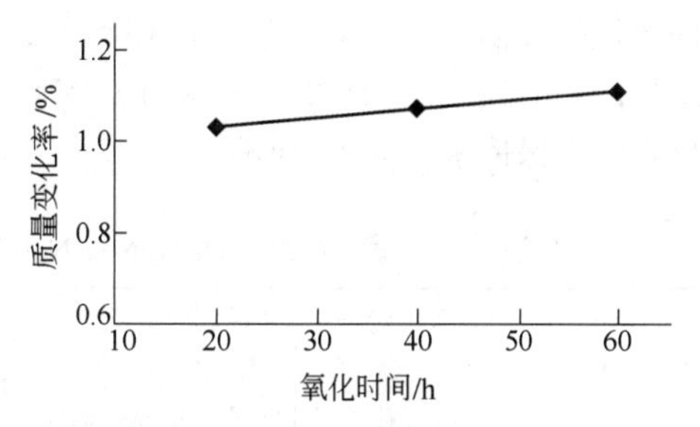

图 17-14 试样 1350℃ 氧化质量变化与时间的关系

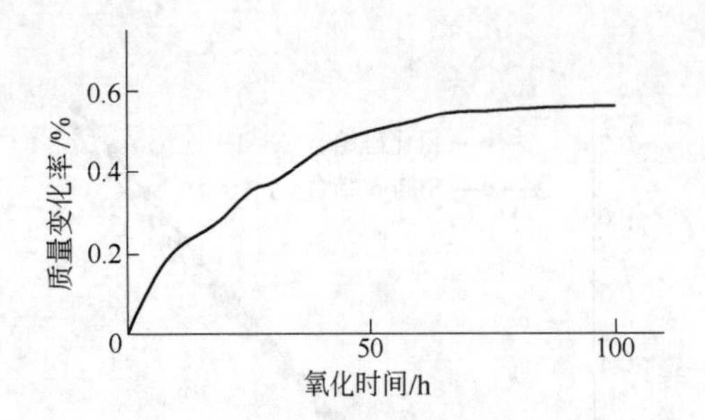

图 17-15 试样 950℃空气中氧化质量变化随时间的变化

研究表明，Si_3N_4 结合 SiC 制品抗 CO 侵蚀性能优良。表 17-31 给出了不同厂家产品抗 CO 侵蚀的试验结果（500℃×200h、CO 流量 0.5L/min）。

表 17-31 不同厂家 Si_3N_4 结合 SiC 材料产品抗 CO 侵蚀的试验结果

试样	质量变化率/%	线变化率/%	常温抗折强度/MPa		抗折强度变化率/%
			侵蚀前	侵蚀后	
A 厂	+0.08	+0.08	41.4	44.7	+7.9
B 厂	+0.07	+0.30	49.1	40.9	-16.7
C 厂	+0.05	+0.03	63.0	42.7	-32.2
D 厂	0.0	+0.05	53.2	56.1	+5.5

Si_3N_4 结合 SiC 制品抗热震性能优异。按 YB/T 376.1 检测 Si_3N_4 结合 SiC 标砖的抗热震性，其抗热震性指数一般大于 30 次，实验结束后，仅在试样水冷端面出现网络状裂纹，而高炉高铝砖通常 3～5 次即崩裂。表 17-32 给出了不同产地的 Si_3N_4 结合 SiC 砖强制风冷热震试验结果（1350℃、风冷循环 5 次），试样热震后常温抗折强度保持率均大于 70%。

表 17-32 Si_3N_4 结合 SiC 强制风冷热震实验结果比较

试样	常温抗折强度/MPa		常温抗折强度保持率/%
	试验前	试验后	
1(中国)	39.7	32.3	81.3
2(中国)	61.3	43.8	71.5
3(国外)	50.0	35.7	71.4
4(国外)	—	—	72.0

Si_3N_4 结合 SiC 材料抗渣侵蚀性能优良。表 17-33 给出了试样回转抗渣实验结果（GB/T 8931《耐火材料抗渣性试验方法》，高炉渣成分：SiO_2 32.89%、Al_2O_3 15.38%、CaO 35.74%、MgO 8.51%、K_2O 0.18%、Na_2O 0.36%）。

表 17-33 Si_3N_4 结合 SiC 砖抗高炉渣试验结果

试样	试验条件	试验结果
Si_3N_4 结合 SiC 砖	1500℃，10h	平均侵蚀深度：4.0mm。检验后，沿砖长度方向垂直于渣蚀面切开，渣附着层厚约 1mm，无明显反应层

Si_3N_4、Si_2N_2O 和 SiAlON 结合 SiC 材料均具有优良的抗冰晶石侵蚀性能，其中 Si_3N_4 结合 SiC 材料抗侵蚀能力最强[17,18]。

Si_3N_4 结合 SiC 材料抗 ZnO 侵蚀能力优异。表 17-34 给出了试样抗 ZnO 侵蚀试验结果（采用不同 ZnO 浓度高炉灰掩埋试样，1500℃，20h）。

表 17-34 Si_3N_4 结合 SiC 砖抗 ZnO 侵蚀试验结果

ZnO 浓度/%	质量变化率/%	常温耐压强度变化率/%	常温抗折强度变化率/%
10	+0.12	+7.38	+8.65
15	-0.14	+6.54	+7.46
20	+0.02	+5.59	+6.97

表 17-35 给出了国内外 Si_3N_4 结合 SiC 制品典型的理化性能，并与 SiAlON 结合 SiC 制品做了比较。

表 17-35 国内外 Si_3N_4、SiAlON 结合 SiC 制品理化性能比较

项目	Si_3N_4 结合 SiC（中国）	Si_3N_4 结合 SiC（日本）	Si_3N_4 结合 SiC（日本）	Si_3N_4 结合 SiC（美国）	SiAlON 结合 SiC（中国）	SiAlON 结合 SiC（中国）	SiAlON 结合 SiC（法国）	SiAlON 结合 SiC（美国）	注浆成型 Si_3N_4 结合 SiC
体积密度/$g \cdot cm^{-3}$	2.73	2.66	2.78	2.65	2.72	2.80	2.70	2.70	2.80

续表 17-35

项目		Si_3N_4 结合 SiC（中国）	Si_3N_4 结合 SiC（日本）	Si_3N_4 结合 SiC（日本）	Si_3N_4 结合 SiC（美国）	SiAlON 结合 SiC（中国）	SiAlON 结合 SiC（中国）	SiAlON 结合 SiC（法国）	SiAlON 结合 SiC（美国）	注浆成型 Si_3N_4 结合 SiC
显气孔率/%		13.3	14.8	12.5	14.3	14	12	14.5	14	≤11
常温耐压强度/MPa		229	193	210	161	220	260	203	213	580
抗折强度/MPa	常温	57.2	50	53.9	43	52.7	60	45	47	160
	1400℃	65.2	48.5	55.9	54（1350℃）	56.7	72	53	48（1350℃）	180（1200℃）
线膨胀系数/$℃^{-1}$（20~1000℃）		4.5×10^{-6}	4.6×10^{-6}	4.1×10^{-6}	4.7×10^{-6}	4.7×10^{-6}	4.8×10^{-6}	4.6×10^{-6}	5.1×10^{-6}	4.4×10^{-6}（20~1400℃）
热导率/$W\cdot(m\cdot K)^{-1}$	800℃	19.9	19.7			19.5		16.4	20	
	1000℃	18.4		16.7	16.3	18.2	18	15.2	17（1200℃）	
化学成分/%	SiC	75.04	75.5	74.9	75.6	73.54	74	73.34		66~80
	Si_3N_4	22.18	19.8	22.5	20.6					20~30
	N					6.52	6.5	5.72		
	Al_2O_3	0.37						13.31		
	SiO_2		2.9							
	Fe_2O_3	0.27			0.50	0.32	0.31	0.28		

美国、日本和欧洲的研究认为：高炉耐火材料侵蚀的原因有碱侵蚀（占 40%），CO、Zn、SiO 的氧化（占 20%），磨损（占 10%），导热性差（占 10%），热震（占 10%），渣侵蚀（占 5%）[9,15]。对于上述诸多侵蚀因素，Si_3N_4 结合 SiC 材料均表现出优良的抗侵蚀能力，是高炉理想的内衬材料。20 世纪 70 年代国外开始在高炉上使用 SiC 砖，现在国内大中型高炉多数使用 Si_3N_4 结合 SiC 砖，欧美国家高炉多数使用 SiAlON 结合 SiC 砖。

Si_3N_4 结合 SiC 砖是当前铝电解槽主流的侧衬材料。20 世纪 80 年代中期国外开始采用 Si_3N_4 结合 SiC 制品作为铝电解槽侧衬，电解槽寿命明显提高，取得了显著的经济效益，2000 年后我国在铝电解槽上开始大规模推广使用 Si_3N_4 结合 SiC 侧衬材料。Si_3N_4 结合碳化硅砖热导率高，抗冰晶石侵蚀性、抗氧化性及耐冲刷性好，使用时能在工作面上形成较厚且稳定的保护性炉帮，作为铝电解槽侧衬的主要优点是：降低铝电解槽水平电流，增加侧部散热，降低槽温，提高电流效率，降低直流电耗，比普通炭块寿命长且节能。当前，全球铝电解槽用 Si_3N_4 结合 SiC 砖每年用量 3 万～5 万吨，占氮化物结合 SiC 制品的比例超过 60%。

17.2.2.2 赛隆结合碳化硅制品

赛隆（SiAlON）是由 Si、Al、O、N 等元素组成化合物的统称，包括 β-SiAlON、α-SiAlON、O-SiAlON、含 Si、O 元素的 AlN 多型体等[19]。SiAlON 结合 SiC 制品通常指 β-SiAlON 结合 SiC。β-SiAlON 是 β-Si_3N_4 中 Si—N 键被 Al—O 键部分取代形成的固溶体，其化学式为 $Si_{6-z}Al_zO_zN_{8-z}$（$z=0\sim4.2$）。β-SiAlON 晶格常数比 β-Si_3N_4 大，晶体呈柱状，一般比 β-Si_3N_4 粗大，它具有 Si_3N_4 基陶瓷材料的优异性能，硬度大、机械力学性能优异、耐腐蚀、抗热震，线膨胀系数比 β-Si_3N_4 稍低（$(2\sim3)\times10^{-6}℃^{-1}$），热导率低于 β-$Si_3N_4$，抗氧化性比 β-$Si_3N_4$ 更好，对于 Al、Fe、Zn 等熔融液和碱的作用，其抗侵蚀能力较 β-Si_3N_4 更强[19]。

SiAlON 结合 SiC 砖现基本上都采用反应烧结方法制备，其烧成温度比 Si_3N_4 结合 SiC 制品高，制造成本比 Si_3N_4 结合 SiC 制品高，现绝大多数应用于高炉炉腰和炉腹部位。

SiAlON 结合 SiC 材料主晶相为 SiC，次晶相为 β-SiAlON，有的产品中含少量 $\alpha-Si_3N_4$、$\alpha-Al_2O_3$ 和 15R-SiAlON。在显微结构上，SiAlON 结合 SiC 与 Si_3N_4 结合 SiC 相比存在显著差异，图 17-16 示出了 SiAlON 结合 SiC 材料断口典型显微形貌，β-SiAlON 主要呈条柱状或短柱状晶体，并形成三维网络。在 Si_3N_4 结合 SiC 材料中，Si_3N_4 主要为纤维状晶体，纤维状晶体比表面积大，表面活性高，在氧化性气氛中不如柱状晶体稳定。SiAlON 和 Si_3N_4 结合 SiC 材料中结合相显微结构的差异很大程度上决定了二者使用性能上的不同。

图 17-16 SiAlON 结合 SiC 材料断口显微结构 SEM 照片

SiAlON 结合 SiC 和 Si_3N_4 结合 SiC 材料的物理性能相近（见表 17-35）。SiC 含量相同或相近时，相同温度下 SiAlON 结合 SiC 材料的线膨胀率较 Si_3N_4 结合 SiC 材料稍高（见表 17-35），热导率略小（图 17-12）。在化学组成上，SiAlON 结合 SiC 砖中含有较多的 Al_2O_3，而 Si_3N_4 结合 SiC 砖中 Al_2O_3 含量一般小于 1.0%。

SiAlON 结合 SiC 材料抗碱侵蚀性能优于 Si_3N_4 结合 SiC 材料。表 17-36 给出了二者抗熔碱侵蚀试验结果（GB/T 14983《耐火材料抗碱性试验方法》），抗熔碱性是 SiAlON 结合 SiC 制品区别于 Si_3N_4 结合 SiC 制品的特征性能。

表 17-36 试样熔碱侵蚀试验结果比较

试 样	质量变化/%	常温抗折强度/MPa		抗折强度变化率/%	碱蚀后外观
		试验前	试验后		
SiAlON 结合 SiC（中国）	+0.17	52.7	54.4	+3.2	外形完好，侵蚀不明显
SiAlON 结合 SiC（国外）	+0.70	47.0	47.0	0	外形完好，侵蚀不明显
SiAlON 结合 SiC（国外）	+0.64	46.0	46.1	+0.2	外形完好，侵蚀不明显
Si_3N_4 结合 SiC（中国）	-26.3	52.5		-100	表面疏松、掉渣，无法测定强度
Si_3N_4 结合 SiC（中国）	-59.1	60.0		-100	表面疏松、掉渣，无法测定强度

SiAlON 结合 SiC 材料的抗氧化性能优异。SiAlON 结合 SiC 试样抗水蒸气氧化性能略优于 Si_3N_4 结合 SiC 试样，水蒸气气氛、1150℃×100h 氧化试验后，SiAlON 结合 SiC 试样增重+2.54%，而 Si_3N_4 结合 SiC 试样增重+3.12%。

SiAlON 结合 SiC 材料具有优良的抗热震性能。表 17-37 比较了 SiAlON 结合 SiC 和 Si_3N_4 结合 SiC 试样强制风冷热震的试验结果（试验温度 1350℃，风冷 5 次），SiAlON 结合 SiC 材料抗热震性稍逊色于 Si_3N_4 结合 SiC 材料。

表 17-37　试样风冷热震试验结果比较

试　样	常温抗折强度/MPa		常温抗折强度保持率/%
	试验前	试验后	
SiAlON 结合 SiC 产品 1	52.7	35.7	67.7
SiAlON 结合 SiC 产品 2	55	36.3	66.0
Si_3N_4 结合 SiC 产品	61.3	43.8	71.5

SiAlON 结合 SiC 材料抗高炉渣侵蚀性能优异，表 17-38 给出了 SiAlON、Si_3N_4 结合 SiC 材料抗高钛高炉渣侵蚀试验结果（高炉渣掩埋试样，1450℃×5h，炉渣成分：SiO_2 25.31%、Al_2O_3 11.12%、CaO 23.11%、MgO 8.96%、TiO_2 23.54%、V_2O_5 0.52%、R_2O 1.50%）。

表 17-38　试样抗高炉渣侵蚀试验结果

试样	质量变化率/%	常温抗折温度/MPa		抗折强度变化率/%
		试验前	试验后	
SiAlON 结合 SiC	+0.8	53.0	49.9	-9.6
Si_3N_4 结合 SiC	3.7	44.3	34	-23.2
高炉高铝砖	-100	—	—	—

β-SiAlON 的 Z 值对 SiAlON 结合 SiC 材料的性能有一定的影响。日本有学者认为，$Z=2$ 时，常温强度和高温强度最大，抗热震性随着 Z 值增大而增强，抗碱性与抗渣性随 Z 值增大而下降。法国圣戈班公司生产的 SiAlON 结合 SiC 砖中 β-SiAlON 的 Z 值约为 3；我国生产的 SiAlON 结合 SiC 砖中，β-SiAlON 的 Z 值为 2～3。对 SiAlON 结合 SiC 试样的基质进行能谱分析可知，不同区域 β-SiAlON 的 Z 值是波动的，产品中 Z 值为统计平均值。

SiAlON 结合 SiC 在炼锌、炼铜等有色金属行业曾获得应用。实践表明，在这些行业，SiAlON、Si_3N_4 结合 SiC 和氧化物结合 SiC 均有很好的使用效果，若衡量产品性价比，SiAlON 结合 SiC 材料竞争力不高，在炼锌、炼铜等行业的用量将逐渐减少。

SiAlON 结合 SiC 材料在陶瓷行业曾作为窑具使用过[20]，其力学性能和抗热震性并不优越于 Si_3N_4 结合 SiC 材料，制作成本较高，因此，SiAlON 结合 SiC 材料作为窑具产品不具竞争力。目前，国内外市场上已难见 SiAlON 结合 SiC 窑具产品。

17.2.2.3　氧氮化硅和复相氮化物结合碳化硅制品

采用反应烧结工艺，一般很难制得纯氧氮化硅（Si_2N_2O）结合 SiC 制品，Si_2N_2O 结合 SiC 制品通常指以 Si_2N_2O 为主要结合相、含少量 Si_3N_4 的复相氮化物结合 SiC 材料。与相同致密度的 Si_3N_4 结合 SiC 材料相比，显气孔率较低，抗氧化性能和抗热震性能更好。在显微结构中，结合相 Si_2N_2O 主要为粒状晶体，少量为板片状或条状晶体，Si_3N_4 以粒状和柱状晶体为主，针状或纤维状晶体较少（图 17-17），这些不规则的 Si_2N_2O 和 Si_3N_4 连成网状将 SiC 颗粒紧密结合，Si_2N_2O 黏附于 SiC 表面 SiO_2 薄膜，与之反应形成连续的保护膜，这种结构对材料的长期抗氧化有利[20~22]。

图 17-17　Si_2N_2O 结合 SiC 试样断口显微结构

Si_2N_2O 结合 SiC 制品除采用氮气窑烧成外，也可在埋炭条件下空气中烧成，高温埋炭条件下,除 $3Si+2N_2 \rightarrow Si_3N_4$ 反应外,还可发生 $6Si+2CO+2N_2 \rightarrow 2Si_2N_2O+2\beta-SiC$ 反应,烧成工艺较 Si_3N_4 结合 SiC 灵活,这两种烧成方式生产成本差异不大[21]。

Si_2N_2O 结合 SiC 制品过去曾用于高炉内衬,现高炉上不再使用,目前它广泛应用于金属热处理炉、垃圾焚烧炉、发电锅炉等高温装置,特别是作为中高温窑具材料较 Si_3N_4 结合 SiC 更优[20,22,23]。

复相氮化物结合 SiC,包括以 Si_3N_4 为主要结合相的 Si_3N_4/Si_2N_2O、Si_3N_4/SiAlON、Si_3N_4/Si_2N_2O/SiAlON 复相氮化物结合 SiC 材料,亦包括以 β-SiAlON 为主要结合相的 SiAlON/Si_3N_4 结合 SiC 材料,主要产品性能指标见表17-39[20,22]。

表 17-39　复相氮化物结合 SiC 材料理化性能比较

项　目		材料 1(中国)	材料 2(中国)	材料 3(中国)	材料 4(国外)	材料 5	材料 6
结合相		α-Si_3N_4、β-SiAlON	α-Si_3N_4、O-SiAlON、β-SiAlON	Si_2N_2O、Si_3N_4、β-SiAlON	Si_2N_2O、Si_3N_4	Si_2N_2O、Si_3N_4	β-SiAlON、Si_3N_4
体积密度/$g \cdot cm^{-3}$		2.71	2.72	2.74	2.72	2.60~2.70	2.70
显气孔率/%		15	12.1	10.0	10.2	10~15	14
常温耐压强度/MPa		208	219				213
抗折强度/MPa	常温	52	57.7	62.7	52.3	55	47
	1400℃	50	51.5	54	50.6	55	48(1350℃)
线膨胀系数/$℃^{-1}$(20~1000℃)		4.7×10^{-6}	5.0×10^{-6}			4.7×10^{-6}	5.1×10^{-6}
热导率/$W \cdot (m \cdot K)^{-1}$	800℃	18.4					20
	1000℃	14.6(1200℃)				16.2	17
化学成分/%	SiC	>70	>70	75.24	74.82	70~80	
	N			6.44	7.03		
	Fe_2O_3			0.22	0.18		

Si_2N_2O 结合 SiC、Si_3N_4/Si_2N_2O、Si_3N_4/SiAlON、Si_3N_4/Si_2N_2O/SiAlON 复相氮化物结合 SiC 作为窑具产品均获得成功应用。在日用陶瓷、电瓷、砂轮、氧化铝耐磨瓷球等行业长期应用实践表明,Si_2N_2O 结合和 Si_3N_4/Si_2N_2O 复相氮化物结合 SiC 窑具使用的稳定性和寿命优于 Si_3N_4 结合 SiC 材料。

17.2.3　自结合 SiC 制品

自结合 SiC 制品可分为 β-SiC 结合 SiC 和重结晶 SiC 两种材料。

17.2.3.1　β-SiC 结合 SiC 制品

在工业 α-SiC 物料、Si 粉和 C 粉中,加入结合剂经混练、成型和干燥后,在还原气氛(通常采用埋炭)或惰性气氛中 1400~1600℃烧成,利用 $Si+C \rightarrow \beta-SiC$ 高温反应生成的低温型 β-SiC 将原高温型 α-SiC 颗粒结合在一起而制得。在埋炭烧成过程中,除 $Si+C \rightarrow \beta-SiC$ 反应外,还将发生 $Si_3N_4+SiO_2 \rightarrow 2Si_2N_2O$、$6Si+2N_2+2CO \rightarrow 2Si_2N_2O+2\beta-SiC$ 等反应,因此 β-SiC 结合 SiC 材料结合相以 β-SiC 为主,通常还存在少量 Si_2N_2O 和少量游离 Si 和 C,制品中 α-SiC 颗粒被微晶 β-SiC 所包裹。β-SiC 结合 SiC 生产工艺较复杂,生产成本高于 Si_3N_4 结合 SiC 制品,但 β-SiC 结合 SiC 产品的大小可不受烧结工艺的限制[1],可制备重量超过 1t 的产品。β-SiC 结合 SiC 由于结合相 β-SiC 晶粒细小,活性较大,抗水蒸气或空气氧化性能以及机械强度一般不如 Si_3N_4 结合 SiC 制品,而高温强度,抗蠕变性、抗碱性等与 Si_3N_4 结合 SiC 制品相当。

β-SiC 结合 SiC 砖可用作高炉衬砖和风口

组合砖、灰熔融炉内衬等。国外 20 世纪 70 年代末期和 80 年代初期,高炉用 SiC 砖主要为 β-SiC 结合 SiC 制品,80 年代以后,除日本、韩国外,其他国家高炉很少采用 β-SiC 结合 SiC 砖。2009 年我国开发成功新型自结合 SiC 制品(牌号 Sicatec95),在大型铝电解槽上率先成功应用[24]。图 17-18 示出了 β-SiC 结合 SiC 的显微结构,β-SiC 呈纤维状晶体,部分为 β-SiC 纳米线。

Sicatec95 具有优异的抗冰晶石电解质侵蚀性能[24],在相同温度下热导率较 Si_3N_4 结合 SiC 材料(SN)更高(图 17-19)。

表 17-40 示出了国内外 β-SiC 结合 SiC 产品的理化指标。

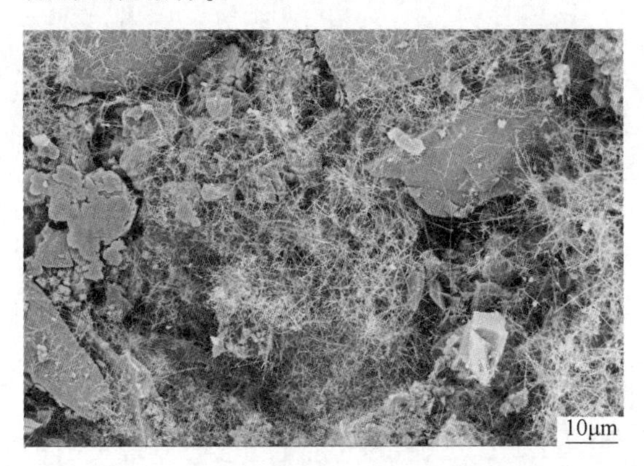

图 17-18 Sicatec95 试样断口显微结构

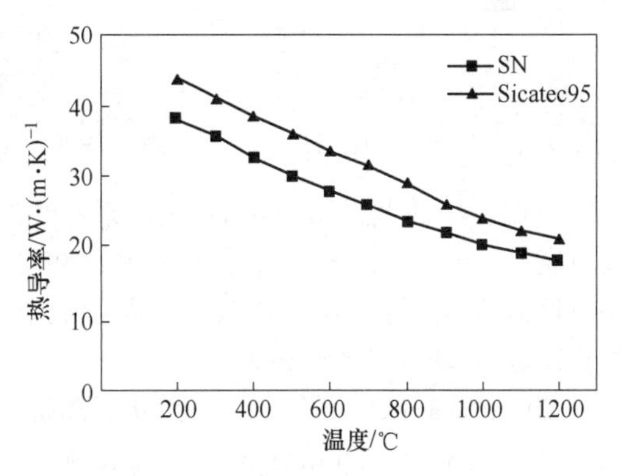

图 17-19 Sicatec95 与 Si_3N_4 结合 SiC 试样热导率比较

表 17-40 β-SiC 结合 SiC 制品理化性能比较

性 能		1(中国)	2(日本)	3(日本)	4(日本)	5(韩国)	6	Sicatec95
体积密度/g·cm^{-3}		2.70	2.67	2.68	2.67	2.68	2.63	2.77
显气孔率/%		15	16	15.7	15.8	14	16	12.8
常温耐压强度/MPa		162	166.	143	185	200	140	189
抗折强度/MPa	20℃	48.3	37.1	34.3	46	51	30~50	46.3
	1400℃	39.0	42	29.4(1450℃)	39.2	51	约 30	52.9(1000℃)
线膨胀系数/℃$^{-1}$(20~1000℃)		4.3×10^{-6}	4.5×10^{-6}	4.9×10^{-6}	4.7×10^{-6}	4.5×10^{-6}	5.5×10^{-6}	4.6×10^{-6}
热导率/W·(m·K)$^{-1}$					29.5(800℃)			24.1(1000℃)
$w(SiC)$/%		87.76	85.38	92.6	92.3	95	94	93.86
$w(SiO_2)$/%				2.5	7.1		3.0	
$w(Fe_2O_3)$%		0.42	1.19			0.3		0.33
$w(C)$/%		0.45	0.36	1.0	1.2		1.0(Si)	

17.2.3.2 重结晶 SiC 制品

重结晶 SiC 制品(R-SiC)是一种以 α-SiC 作为结合相的高纯度 SiC 制品,是通过 SiC 晶体在高温下的再结晶作用而形成的晶粒与晶粒直接相连的 α-SiC 单相陶瓷材料,其烧结机理为蒸发—凝聚。R-SiC 烧成时不产生收缩,但质量减小,在 2000℃ 以上质量减少较为明显,2200℃以上更为激烈,随质量减少,制品的气孔率相应增大[3,24]。

最初 R-SiC 是利用 SiC 再结晶作用,用热压法制造的,但热压法不适用于大型制品。R-SiC 坯体可采用机压、捣打、挤压、等静压和注浆等多种成型方式,R-SiC 产品现主要采用注浆成型,其工艺流程如图 17-20 所示。

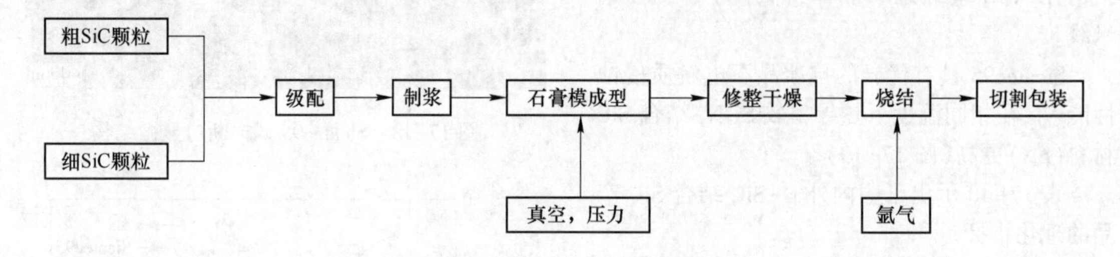

图 17-20 R-SiC 生产工艺流程

采用注浆法制备 R-SiC 时,SiC 原料的最大粒度一般 0.2~0.3mm,要求 w(SiC)>99%,颗粒近似球形。过去我国 R-SiC 产品主要生产原料需进口,现以国产原料为主。

美国、德国、法国等在 20 世纪 70 年代研制成功 R-SiC,80 年代开始进入中国,主要应用于窑具行业。我国开展 R-SiC 窑具制品的研究虽然较早,但早期没有形成生产规模,只能提供小批量的样品,性能上与国外产品有较大差距。90 年代中期,唐山福赛特精细技术陶瓷有限公司、沈阳星光技术陶瓷有限公司先后与德国 FCT 公司合作,引进相关的生产技术和关键设备,大大缩小了我国在此项技术和生产水平上的差距。目前,国内生产的先进 R-SiC 已达到国际先进水平,每年大量出口产品,国内外 R-SiC 产品的理化性能详见表 17-41。

表 17-41 R-SiC 制品理化性能比较

性能		R-SiC(中国)	R-SiC(中国)	R-SiC(国外)	R-SiC(国外)	R-SiC(国外)	R-SiC(国外)
体积密度/g·cm^{-3}		≥2.65	2.62~2.72	2.70	2.70	2.65	2.60
显气孔率/%		15~16	≤15	15	15		15
常温耐压强度/MPa			300				700
抗折强度/MPa	20℃		90~100	100	80	120	100
	1200℃		100~110		90		
	1400℃	≥100	110~120 (1350℃)			140 (1370℃)	130
线膨胀系数/℃$^{-1}$ (20~1000℃)		4.8×10^{-6}	4.7×10^{-6}		4.8×10^{-6}	4.9×10^{-6}	4.8×10^{-6}
热导率(1000℃) /W·(m·K)$^{-1}$		24		21 (1200℃)	25	23	20 (1400℃)
常温弹性模量/GPa					240	230	210
w(SiC)/%		>99	>99	99	99	>99	>99
最高工作温度/℃		1650 (氧化气氛)	1700 (还原气氛)				1650

R-SiC 制品具有高温强度高、自重轻、不落渣、导热好、蓄热小、寿命长等优点，已广泛应用于陶瓷、石油化工、航空航天等工业部门，用作陶瓷辊棒、横梁、棚板、高温烧嘴、热电偶保护管等，其中最典型用途是作为陶瓷辊棒和横梁，特别适合 1450℃以上使用[6,24,26]。R-SiC 制品原料成本高、生产装备要求高，产品价格通常是普通 Si_3N_4 结合 SiC 制品的 5 倍以上，其市场用量比 Si_3N_4 结合 SiC 制品少得多。

17.2.4 渗硅反应烧结碳化硅制品

渗硅碳化硅制品（SiSiC）是一种采用反应烧结原理制备的 β-SiC 和单质 Si 共同作为结合相的高性能 SiC/Si 复相陶瓷材料。SiSiC 是 Popper 于 20 世纪 50 年代发明的，其制备原理是：液态 Si 在毛细管力的作用下渗入含 C 的多孔陶瓷素坯，液态 Si 与其中的 C 反应生成 β-SiC，新生成的 SiC 原位结合原有的 SiC 颗粒和细粉，液 Si 最后填充材料中的剩余气孔，完成致密化过程[27]。SiSiC 制品生产工艺流程为：SiC 粉、C 粉和结合剂→混合→成型→烘干→气氛保护排焦→高温渗 Si（真空烧结）→机械加工。SiSiC 制品工艺简单、烧结温度较低、时间短、净尺寸烧结、易制备大型复杂形状制品，生产成本远低于热压和无压烧结 SiC。

SiSiC 制品强度高、硬度大、抗热震性好、耐磨性和耐腐蚀性好、热导率高、膨胀系数低、抗氧性能极佳，显气孔率很低（0.5%左右），是一种性能优良的结构陶瓷材料，可用作陶瓷辊棒、烧嘴、热电偶保护管、喷沙嘴、脱硫喷嘴、密封件及窑具（横梁、立柱、棚板、匣钵等）、防弹装甲等，其中市场上用量最多的是陶瓷辊棒、横梁和脱硫喷嘴等[1,6,27,28]。

SiSiC 制品用作窑具始于 20 世纪 90 年代，国内在 1994 年前后开发出产品，但与进口产品差距甚远。1996 年，潍坊华美精细技术陶瓷有限公司与德国 FCT 公司合作引进生产线全面投产，国产 SiSiC 制品从此在技术性能和生产工艺方面与国际接轨。目前，我国是世界上 SiSiC 产品最大的生产国和使用国，在山东（潍坊、临沂、淄博等）、河南、河北、湖北等地建有多家工厂，每年大量产品出口。国内外 SiSiC 制品的技术指标详见表 17-42，同时与 R-SiC 制品进行了对比。

表 17-42 SiSiC、R-SiC 制品技术指标比较

性能		SiSiC（中国）	SiSiC	SiSiC（国外）	SiSiC	R-SiC（国外）
体积密度/$g \cdot cm^{-3}$		>3.02	3.0	3.05	3.10	>2.6
显气孔率/%		<0.1	0	0	<1	15
常温耐压强度/MPa			850	1250		700
抗折强度/MPa	20℃	250	260	300	215	100
	1200℃	280	260	350		130（1400℃）
线膨胀系数/℃$^{-1}$（20~1000℃）		4.5×10^{-6}	4.5×10^{-6}（20~1200℃）	4.5×10^{-6}	4.5×10^{-6}	4.8×10^{-6}
热导率/$W \cdot (m \cdot K)^{-1}$	20℃		160	150		
	1200℃	45	40（1000℃）	40		20（1400℃）
弹性模量/GPa	20℃	330	330	350		210
	1200℃	330	300			
w(SiC)/%				>80		>99
w(Si)/%			约 19		约 12	
最高工作温度/℃		1380		1350		1600

17.2.5　半碳化硅质制品

半 SiC 质制品是以 SiC 为次要成分或辅助成分的含 SiC 耐火制品。目前,各国尚无这类制品统一的规格、名称。按其材质不同,大致可分为黏土熟料 SiC 制品、高铝 SiC 制品、莫来石 SiC 制品等,多数属于 $Al_2O_3-SiO_2-SiC$ 体系。这类制品制备工艺与黏土砖、高铝砖、莫来石砖等基本相同,由于加入一定比例的 SiC,材料的抗热震性、热导性、强度、荷重软化温度等有明显提高。目前,工业中应用最多的是水泥回转窑用高铝 SiC 制品(水泥行业通常称为硅莫砖[29]),表17-43 给出了部分半碳化硅制品的理化性能[29~31],表中莫来石-碳化硅砖主要用于干熄炉,AT、BT 砖的技术指标引自 YB/T 4447—2014《干熄焦炉用耐火制品》。

表 17-43　半碳化硅制品的理化性能

项　目	高铝碳化硅砖 1	高铝碳化硅砖 2	高铝碳化硅砖 3	莫来石碳化硅砖	莫来石碳化硅砖 AT	莫来石碳化硅砖 BT
体积密度/$g\cdot cm^{-3}$	2.72	2.57	3.22	2.69	≥2.50	≥2.50
显气孔率/%	16.8	16.0	13.0	15.4	≤21	≤21
常温耐压强度/MPa	90	102	139	139	≥75	≥75
常温抗折强度/MPa			37.6	—	—	—
高温抗折强度/MPa	—	—	—	31.4(1200℃)	≥20(1100℃)	≥20(1100℃)
加热永久线变化/%	—	—	—	+0.01	-0.3~+0.2 (1350℃×2h)	-0.3~+0.2 (1350℃×2h)
荷重软化温度 $T_{0.6}$/℃	1575	1646	—	≥1700	—	—
线膨胀率(20~1000℃)/%	—	—	—	0.47	—	—
抗热震性(1100℃,水冷)/次	≥10	≥10	32	≥50	≥30	≥30
常温耐磨性/cm^3	6.52	3.71	—	—	—	—
热导率/$W\cdot(m\cdot K)^{-1}$	3.46	2.30	—	—	—	—
$w(Al_2O_3)$/%	71.00	63.0	56.73	45.18	≥35	≥30
$w(SiC)$/%	8.49	9.06	24.67	35.03	≥30	≥40
$w(Fe_2O_3)$/%	—	—	1.00	0.86	≤1.20	≤1.20

17.2.6　碳化硅制品的用途

SiC 质耐火制品属高级耐火材料,其机械强度高、热导率高、抗热震性和耐磨性好、抗碱侵蚀性优良、抗渣性强、抗氧化性好,对部分熔融金属抵抗能力强等特征,已广泛应用于钢铁、有色冶金、石油、化学、电力、陶瓷和航空航天等工业领域。表 17-44 对 SiC 制品主要应用情况进行了总结。

表 17-44　SiC 质耐火制品的用途

领域或行业	用　途	材料	性能特点
钢铁	高炉炉身下部、炉腰、炉腹、风口组合砖及风口套,COREX 预还原竖炉和熔融气化炉衬里出铁槽,化铁炉衬里,加热炉滑轨,转炉、电炉出钢口,海绵铁制造用匣钵等	Si_3N_4 和 SiAlON 结合 SiC,β-SiC 结合 SiC,氧化物结合 SiC,刚玉 SiC 制品	高温耐磨性、抗渣和碱的化学腐蚀、热导率高、抗氧化、抗热震

续表 17-44

领域或行业	用　途	材料	性能特点
有色冶金(铝、锌、铜等)	铝电解槽侧衬、铝精炼炉炉衬，锌蒸馏罐衬、锌精馏塔托盘、ISP 炉冷凝器和转子，精铜熔化竖炉 ASARCO 炉衬，熔融金属管道，吸送泵，过滤器，金属熔炼坩埚，热电偶保护管，铸铝用陶瓷升液管等	氧化物结合 SiC，Si_3N_4、SiAlON、Si_2N_2O 和复相氮化物结合 SiC，R-SiC	抗熔融金属侵蚀能力强、高强度、抗氧化、抗热震、抗冰晶石等熔液化学腐蚀、热导率高
工业窑炉	陶瓷窑炉隔焰板、窑具(棚板、立柱、辊棒、支架、横梁、垫饼、匣钵等)，高温烧嘴，玻璃退火炉炉衬、搪瓷烧成炉炉衬，马弗炉内衬，水泥回转窑熟料冷却器，辐射加热管，旋风分离器内衬，垃圾焚烧炉内衬	氧化物结合 SiC，Si_3N_4、Si_2N_2O 和复相氮化物结合 SiC，R-SiC，SiSiC	高温强度大、抗热震、耐高温、热导率高、抗氧化
冶金及机械	辐射高温计、热电偶高温计和光学高温计的保护套管，冶金选矿用搅拌器叶片，渣浆泵衬里、旋流器喷嘴和金属热处理炉导轨等	氧化物结合 SiC，Si_3N_4 结合 SiC	热导率高、抗热震、耐磨损、耐腐蚀、热导率高
石油化工	喷嘴，密封件，阀片，化肥氮化炉内衬，石油汽化器，脱硫炉和有机废料焚烧炉内衬，热交换器，BGL 碎煤气化炉内衬，干熄炉内衬等	SiSiC，自结合 SiC，氧化物结合 SiC，Si_3N_4 结合 SiC、Si_3N_4/Si_2N_2O 结合 SiC	高温强度大、抗化学腐蚀、耐磨损、抗热震
航空航天	光学反射镜，火箭喷嘴，高温燃气透平叶片等	SiSiC，自结合 SiC	高强度、热导率高、抗氧化、耐磨损、耐高温
军工	防弹装甲、舰船增压锅炉内炉等	SiSiC、Si_3N_4 结合及复相氮化物结合 SiC	高强度、热导率高、抗氧化、抗热震、耐磨
汽车	阀系列元件，发动机燃烧器部件等	自结合 SiC，SiSiC	耐磨损、高强度、抗热震

17.3　烧结含锆耐火制品

含锆耐火制品是以氧化锆、锆英石为主要原料制造的耐火制品，按生产工艺主要分为熔铸耐火制品和烧结耐火制品。熔铸耐火制品主要包含熔铸 AZS 砖、熔铸氧化锆砖、熔铸锆莫来石砖等，详见本书第 21 章熔铸耐火材料制品部分。本节主要介绍以氧化锆或锆英石为主要原料采用烧结法制备的含锆耐火制品，主要包括烧结锆英石制品、烧结锆莫来石制品、烧结氧化锆制品等。烧结锆英石分为以机压工艺制备的显气孔率约 17%的普通制品、采用等静压成型工艺制备的显气孔率约 1%的高致密制品和采用浇注成型工艺制备的显气孔率约 10%的致密制品。烧结锆莫来石制品所用骨料分别采用烧结法或电熔法进行预合成。烧结氧化锆制品主要为以氧化锆和稳定剂总质量分数大于 98%的采用烧结法制备的氧化锆耐火材料。

17.3.1　烧结锆英石制品

烧结锆英石制品是以锆英石为主要原料，采用烧结法制备的耐火制品，根据用途和性能要求的不同主要分为普通锆英石制品和致密锆英石制品。普通锆英石制品主要用于钢铁冶金，是指以锆英石熟料颗粒和锆英石粉为主，采用机压成型工艺制备的显气孔率为15%~20%的常规锆英石制品。致密锆英石制品主要用于玻璃熔窑，是指以锆英石细粉为主，采用浇注成型或等静压成型工艺制备的显气孔率≤11%的类似于陶瓷的锆英石制品。

锆英石是一种天然矿物，其化学式为$ZrSiO_4$，理论化学组成ZrO_2 67.23%，SiO_2 32.77%。天然锆英石矿多以<0.2 mm的细砂和粉料为主，自身无塑性，锆英石制品的成型工艺是其制备关键之一。另外，锆英石在高温下会发生分解，原料中的杂质、粒度、加热温度、保温时间、炉内气氛、加热速度和冷却速度等都是影响锆英石分解的因素；纯锆英石1540℃开始缓慢分解，1700℃开始迅速分解。因而烧成工艺也是影响锆英石制品性能的重要因素。

纯锆英石制品的烧结比较困难，在高温下靠固相扩散作用，其速度非常缓慢。加入某些氧化物可以促进烧结，Na_2O、K_2O、MgO、CaO等氧化物促进烧结效果明显，但也易与SiO_2化合，加剧锆英石的分解。TiO_2、P_2O_5等氧化物有较好的促进锆英石制品烧结的作用，同时不会促进锆英石分解，常作为锆英石材料的烧结添加剂。

17.3.1.1 普通锆英石制品

普通锆英石制品是以一定颗粒级配的锆英石熟料、锆英石细粉生料、软质黏土等为原料，加入结合剂充分混炼后，油压机或摩擦压砖机成型，干燥后于窑内1550~1650℃烧成。其生产工艺流程如图17-21所示。

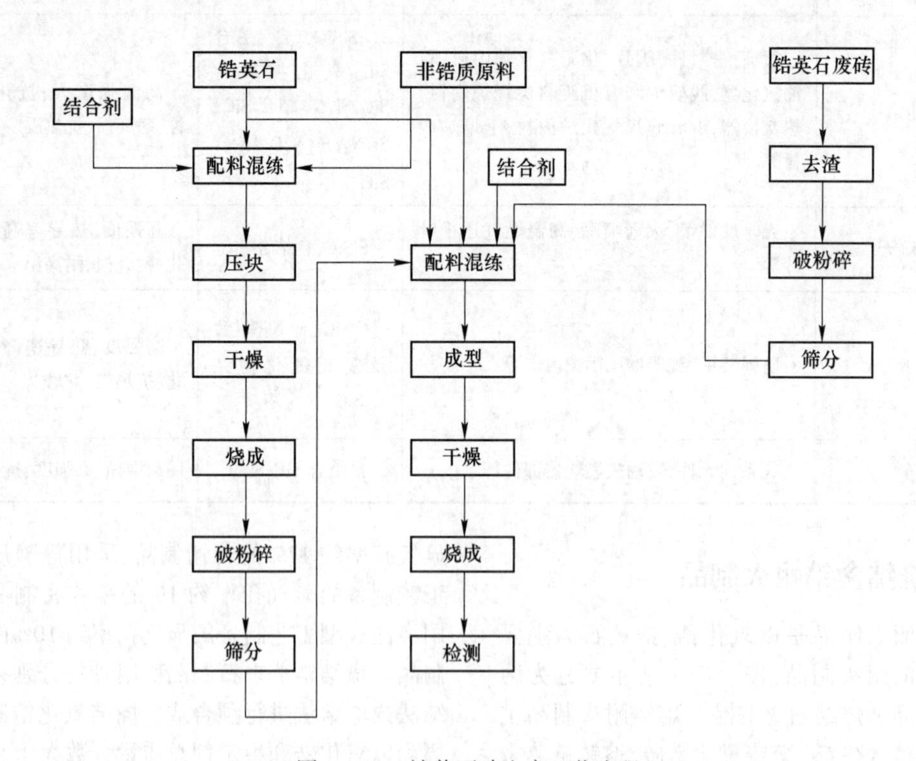

图17-21 锆英石砖生产工艺流程

锆英石原料粒度细，直接制砖工艺上难度大。为了调整配料的粒度组成和减少烧成收缩，需将锆英石预先进行煅烧。在煅烧制备熟料前，需先将锆英石磨细，其目的有二：一是可促进烧结，降低烧结温度；二是增加泥料塑性。为制得吸水率低、体积密度高的熟料，通常磨细至<0.063 mm颗粒占80%以上。

由于锆英石原料本身无塑性，配料中添加

软质黏土以提高泥料的可塑性,易于成型。软质黏土要求可塑性大、耐火度较高、烧结温度低。如:Al_2O_3 29%~32%,SiO_2 48%~50%、灼减15%~16%,耐火度1730~1750℃,可塑性指数1.95~2.96,烧结温度1300℃左右。

普通锆英石制品的制备方法如下:以锆英石熟料作为粗颗粒(粒度1.5~0.5 mm),以球磨粉(粒度<0.06 mm)和软质黏土(粒度≤0.5 mm)作为细粉,配料、混合、困料48h,成型压力85MPa,砖坯干燥残余水分≤0.3%,半成品体积密度≥3.1g/cm³,烧成温度1550~1600℃,保温3~4h,值得的锆英石制品显气孔率≤24%,体积密度≥3.2g/cm³,常温耐压强度50~70MPa,荷重软化点(0.2MPa)1510~1630℃,ZrO_2 56%~60%。通过调整颗粒级配,控制软质黏土比例,添加TiO_2、MgO、Al_2O_3等助烧剂等可对锆英石制品进行性能提升。各国的机压成型普通锆英石制品理化性能示于表17-45。

表17-45 机压锆英石制品的理化性能指标[32]

项目	德国产品	日本产品	中国产品
$w(ZrO_2)$/%	65.35	65.10	65.14
$w(SiO_2)$/%	31.30	32.52	32.03
显气孔率/%	17	17.6	17
体积密度/g·cm^{-3}	3.75	3.73	3.80
常温耐压强度/MPa	90	85	105
荷重软化温度($T_{0.6}$)/℃	1700	>1650	1700
热震稳定性/次(1100℃,水冷)	—	—	13
重烧线变化/%(1550℃,2h)	—	—	0~+0.05

软质黏土对锆英石砖制品的烧结和高温性能有较大影响,表17-46所示为软质黏土加入量及烧成温度对锆英石砖抗热震性的影响。可看出随着软质黏土加入量的增加,锆英石制品的耐火度明显降低,荷重软化温度也下降。降低黏土加入量,有利于锆英石砖的抗热震性的提高,全用熟料比用部分生料的制品具有更高的抗热震性。

表17-46 黏土加入量及烧成温度对抗热震性的影响[33]

序号	锆英石熟料/%			锆英石生料/%(<0.088mm)	软质黏土/%(<1.0mm)	煅烧温度/℃	抗热震性(850℃水冷)	
	1.68~0.49mm	1.0~0.3mm	<0.088mm				次数	试样情况
1	50	—	—	45	5	1550~1650	>30 >30	无裂纹 第14次缺角
2	50	—	—	40	10	1550~1650	>30 6	无裂纹 第2次出现网裂
3	50	—	—	35	15	1500~1650	30 13	有轻微掉角 14次时炸裂
4	—	50	45	—	5	1600~1650	>30 >30	无裂纹 无裂纹

锆英石制品的耐火度和荷重软化点较高,线膨胀率小,有较好的抗钢渣侵蚀性和抗热震性,锆英石砖作钢包内衬使用,如宝钢投产初期300t钢包,寿命为38次,添加蜡石制成的锆英石-叶蜡石砖,可使气孔微细化,能抑制熔渣渗透,寿命可达90次。但锆英石砖价格较贵,在以后的钢包耐火材料国产化中,已被高铝质耐火材料替代[34]。

17.3.1.2 致密锆英石制品

高致密、低气孔率的锆英石砖,一般采用锆英石全细粉,采用浇注法成型或等静压成型为大尺寸素坯,高温烧成后进行切、磨等机加工处理成锆英石制品。等静压成型的锆英石原料,可以为粒度<0.125 mm、粒度分布合理的锆英石精矿;也可以为锆英石精矿经磨细加工后的

粉料与水、结合剂、分散剂等构成的浆料，通过喷雾干燥制备的锆英石造粒料。

致密锆英石制品气孔率低、结构致密、高温强度大，抗玻璃液渗透和侵蚀性好，不会在玻璃中形成气泡、结石、斑痕等缺陷。锆英石制品的耐玻璃液侵蚀性能仅次于致密氧化铬制品，并且具有优良的力学性能和抗热震性，相比于致密氧化铬制品，锆英石制品的成本更低。致密锆英石制品被广泛用作玻璃池窑的池壁、池底材料以及作为致密氧化铬砖的背衬砖使用，并且锆英石还经常和莫来石砖相配合作为池窑上部和烟道部位的耐火材料。

玻璃熔窑用致密锆英石砖分为高致密型 ZS-G 和致密型 ZS-Z 两种牌号。JC/T 495—2013 对玻璃熔窑用致密锆英石砖的理化性能要求见表 17-47。

表 17-47 玻璃熔窑用致密锆英石砖的理化指标

项 目		指 标				
		ZS-G	ZS-Z	ZS-65A	ZS-65B	ZS-63
化学成分/%	ZrO_2	≥65	≥68	≥65	≥65	≥63
	SiO_2	≤33	≤30	≤33	≤33	≤35
	Fe_2O_3	≤0.20	≤0.20	≤0.20	≤0.20	≤0.20
	TiO_2	≤1.2	≤1.2	≤1.2	≤1.2	—
体积密度/$g \cdot cm^{-3}$		≥4.30	≥4.10	≥3.70	≥3.60	≥3.55
显气孔率/%		≤1	≤11	≤17	≤19	≤20
常温抗压强度/MPa		≥300	≥200	≥100	≥80	≥60
荷重软化开始温度/℃		≥1700	≥1700	≥1680	≥1650	≥1600
抗静态下玻璃侵蚀(无碱玻璃，1500℃，保温 48h)/$mm \cdot d^{-1}$		提供检测数据				

致密锆英石制品主要有泥浆浇注和等静压两种成型工艺。泥浆浇注成型的优点在于对成型坯体的形状可控性强，设备投入小、成本低；但注浆成型的时间较长，坯体强度较低，浆料中颗粒的沉积易造成坯体均匀性差，造成最终的产品性能不稳定。等静压成型最大特点是泥料各部分受压均匀且压力很高，坯体密度高且均匀性好，致使坯体在烧成过程中的变形、收缩和开裂等大为减少；但等静压设备投资维护成本高，高压操作安全性要求高[35]。

泥浆浇注成型致密锆英石制品的工艺流程如下：(1)将少量锆英石砂与辅助原料(结合剂、分散剂、消泡剂等)加水振动湿磨成粒度小于 1μm 的浆料；(2)将粒度≤43μm 的锆英石细粉与湿磨的浆料按一定比例在不锈钢容器内充分搅拌混合，并进行抽真空脱气处理，制成流动性好、固体积分数含量 50%~60% 的泥浆；(3)将泥浆泵送到石膏模具中浇注成型；(4)养护后干燥，1530~1570℃烧成；(5)机加工处理，制备成所需尺寸和形状的制品。

等静压成型致密锆英石制品的工艺流程如下：(1)将粒度≤43μm 的锆英石细粉、结合剂、分散剂及其他功能添加剂等与水混合搅拌，制备固体积分数含量 50%~60% 的浆料，泵送入喷雾干燥设备内，制备成含水量约 0.3%、粒度 0.1~0.2 mm 的球形造粒粉；(2)将造粒粉装入橡胶模具中，振实后，采用湿袋法冷等静压机成型，成型压力 180~250MPa；(3)坯体于 110℃干燥后于燃气窑内氧化气氛下 1450~1550℃烧成；(4)烧成后的坯体进行机加工处理，制备成所需尺寸和形状的制品[36]。

两种成型工艺制备的致密锆英石砖的理化性能指标如表 17-48 所示。

表 17-48　致密锆英石砖性能

项　目		高致密型		致密型	
		泥浆浇注	等静压成型	泥浆浇注	日本某产品*
化学成分/%	ZrO_2	64.9	63.0	65.5	65.37
	SiO_2	33.4	36.0	33.7	32.28
	Al_2O_3	0.4	0.4	0.4	
	TiO_2	1.0	0.1	未测	
	碱金属	未测	未测	0.1	
体积密度/$g \cdot cm^{-3}$		4.35	4.25	3.92	3.94
显气孔率/%		0.5	0.3	11.0	10.0
总气孔率/%		6.0	5.0	12~14	

*成型工艺未知。

17.3.2　烧结锆莫来石制品

烧结锆莫来石制品是采用工业氧化铝和锆英石精矿作原料，通过反应烧结工艺，把 ZrO_2 引入莫来石基质中制成的高级耐火材料，其反应方程式为：

$$3Al_2O_3+2ZrSiO_4 \longrightarrow 3Al_2O_3 \cdot 2SiO_2+2ZrO_2$$

以氧化铝和锆英石为原料，通过反应烧结制取锆莫来石制品，因反应与烧结同时进行，工艺过程控制比较困难，通常在烧成时，先在1450℃保温，使其致密化，然后再升温至1600℃，进行反应，$ZrSiO_4$ 在大于1535℃分解成 ZrO_2 和 SiO_2，其中 SiO_2 和 Al_2O_3 结合生成莫来石，由于 $ZrSiO_4$ 分解为 SiO_2 和 ZrO_2 时，有一部分液相出现，并且 $ZrSiO_4$ 的分解可使粒子进一步碎化，增加活性表面而促进烧结。

稀土氧化物对锆莫来石材料的烧结有促进作用，研究表明，单独加入稀土氧化物 La_2O_3 或 CeO_2 均能促进锆莫来石材料烧结。稀土氧化物对 $Al_2O_3-ZrO_2-SiO_2$ 材料的烧结性能及显微结构的综合影响，最适宜量为0.5%~1.0%。

生产烧结锆莫来石制品有两种生产工艺，其一是在制砖过程中完成反应烧结，得到相变完全的显微结构；其二是部分相变而维持非平衡的相组合。两种生产工艺各有特色，都能生产出性能优良的制品。

以工业氧化铝（Al_2O_3≈99.5%，质量分数）和锆英石（ZrO_2≈65.9%，质量分数）为原料，预先合成锆刚玉莫来石熟料，再以合成的熟料为骨料制成烧结锆莫来石制品。根据理论计算，锆英石加入量为质量分数54.7%时，所引入的全部 Al_2O_3 与 SiO_2 恰好完全反应生成莫来石（A_3S_2）；在锆英石加入量小于质量分数54.7%的范围内，随着锆英石加入量的增多，烧结试样的显微结构由柱状刚玉构成的网络结构，逐渐过渡到由柱状莫来石构成的网络结构。试样高温抗折强度（1400℃）先随 ZrO_2 增多而加大，在 ZrO_2 含量为23.7%时出现一较大值，而后强度下降。锆英石的加入有助于抗热震性能的提高。

$ZrSiO_4-Al_2O_3$ 反应烧结过程的研究中采用X射线衍射定量分析发现，当温度高于1380℃，$ZrSiO_4-Al_2O_3$ 试样中存在一定量的非晶相[37]。非晶相的产生主要有两种途径：（1）试样中的杂质使系统在较低的温度下产生液相；（2）由 $ZrSiO_4$ 与 Al_2O_3 化学反应产物具有非晶相结构。研究发现，在1400~1440℃的温度范围内，非晶相含量较高，温度再升高，非晶相含量反而下降。这是因为大部分非晶相是化学反应的中间产物，当温度升高时，它进一步反应或析晶形成晶相产物。

以铝土矿和锆英石压制成坯料，煅烧后再破碎到一定粒度，经电熔制成锆莫来石熔块，再用烧结法生产耐火材料的工艺，制成电熔颗粒再结合的锆莫来石制品。这类制品已用于加热炉、石油裂化炉、玻璃窑等。

以电熔 AZS 废砖为主要原料，配以 Al_2O_3-ZrO_2-SiO_2 复合添加剂和锆英砂，制备的烧结锆莫来石制品烧结砖具有较高的荷重软化温度（1690℃）和耐压强度（264MPa），显气孔率较低（4%），1500℃抗钠硅钙玻璃液的侵蚀能力，介于电熔 AZS 和电熔莫来石砖之间，在某些窑上可替代电熔 AZS 砖使用。

17.3.3 烧结氧化锆制品

氧化锆具有化学稳定性好、熔点超高等特性，以其为主成分的烧结氧化锆制品具有使用温度超高（最高可在 2400～2500℃使用）、高温下化学稳定性和结构稳定性好、热导率较低等优点，可在氧化、还原、惰性等气氛下超高温使用，是目前超高温应用领域可工业化的主流耐火材料。

烧结氧化锆制品是以电熔稳定氧化锆颗粒为骨料，电熔或烧结稳定氧化锆细粉和微粉为基质，通过结合剂混匀后采用机压、捣打、等静压等成型成一定形状的坯体后，在高温窑内常压氧化气氛下烧制而成的耐火制品。烧结氧化锆制品中通常 $w(ZrO_2+HfO_2) \geqslant 85\%$，稳定剂为 CaO、MgO、$Y_2O_3$ 等，氧化锆和稳定剂的总质量分数大于 98%，因此，烧结氧化锆制品通常也被称之为高纯氧化锆制品。

天然的氧化锆原料主要有斜锆石和锆英石。斜锆石矿储量低，杂质含量相对高，且晶型全为单斜相，无法直接大量用于烧结氧化锆制品。通常烧结氧化锆制品所用氧化锆原料为电熔稳定氧化锆颗粒和细粉，其以单斜氧化锆粉和稳定剂混匀后经 3000℃左右电弧炉内熔融，浇铸成的块体经冷却后破碎、磨细、除铁等。电熔稳定氧化锆原料的稳定剂主要为 CaO、MgO、Y_2O_3 等，氧化锆和稳定剂的总质量分数通常大于 98.5%。制作电熔稳定氧化锆原料所用的单斜氧化锆粉可分为工业氧化锆粉和脱硅氧化锆粉。工业氧化锆粉纯度高，制作的电熔稳定氧化锆原料相应纯度更高；脱硅氧化锆粉中存在着 0.3%左右的 SiO_2、Al_2O_3 等杂质，用其制备电熔稳定氧化锆原料杂质含量相对高，但价格相对低廉。

氧化锆有 3 种晶型：单斜晶相、四方晶相、立方晶相。温度变化时，各种晶型间会发生相互转变。氧化锆的晶型转变会伴随较剧烈的体积变化，致使氧化锆材料在生产、使用过程中造成结构破坏。在氧化锆耐火材料的设计生产中，合理的颗粒级配、原料适当的稳定化率、合理的烧成温度、理想的显微结构才能保证生产的氧化锆制品良好的使用效果。

机压成型法制备烧结氧化锆制品的工艺流程如下：以粒度为 0～3 mm 的电熔稳定氧化锆砂为骨料，骨料原料总质量的 60%～70%；以 PVA、酚醛树脂、糊精、纸浆废液等有机物为加入结合剂；以 <0.074mm 电熔稳定氧化锆细粉和 $D_{50}<10\mu m$ 的氧化锆微粉等为基质，碾轮式混砂机中搅拌均匀，制备泥料；泥料经困料后，置入钢模具内于油压机或摩擦压砖机上成型坯体；坯体干燥 24h 以上，于燃气窑内 1700℃以上烧成，即得烧结氧化锆制品[38]。

等静压法制备烧结氧化锆制品的工艺流程如下：将粒度 0.15～1mm 的一定级配的电熔稳定氧化锆颗粒于高速混练机中加入酚醛树脂酒精溶液高速搅拌混匀，再将电熔氧化锆细粉、单斜氧化锆微粉以及添加剂等的预混合粉加入，与粘有结合剂的颗粒混合均匀，制备造粒料；造粒料经过筛、干燥后装入等静压模具中，150～180MPa 压强下等静压成型坯体；坯体经 110～180℃干燥后，1630～1800℃烧成；烧成的素坯机床加工成所需尺寸规格[39]。

表 17-49 给出了几种烧结氧化锆制品的典型值。

表 17-49　国内外几种烧结氧化锆砖的物理化学指标

项目	美国		俄罗斯	中国	
	钙稳定氧化锆制品	钇稳定氧化锆制品	钇稳定氧化锆制品	钙稳定氧化锆制品	钇稳定氧化锆制品
$w(CaO)$/%	2.97	0.04	0.01	3.89	0.03
$w(MgO)$/%	0.26	0.01	0.19	0.02	0.02
$w(Y_2O_3)$%	0.12	7.93	15.68	0.11	14.82
$w(ZrO_2+HfO_2)$/%	95.98	91.88	77.77	95.59	84.75
显气孔率/%	23.2	27.5	20.9	19.3	17.6
体积密度/$g \cdot cm^{-3}$	4.38	4.36	4.47	4.62	4.91
常温耐压强度/MPa	—	—	—	120	81.4
常温抗折强度/MPa	—	—	—	23.5	23.0
高温抗折强度/MPa	—	—	—	12.9	11.0
常温相组成	$C-ZrO_2=50\%$ $M-ZrO_2=50\%$	$C-ZrO_2=70\%$ $M-ZrO_2=30\%$	$C-ZrO_2=100\%$	$C-ZrO_2=90\%$ $M-ZrO_2=10\%$	$C-ZrO_2=100\%$
线膨胀系数(25~1500℃)/℃$^{-1}$	—	—	—	10.8×10^{-6}	11.3×10^{-6}

烧结氧化锆砖可以在 2000~2400℃长期使用，且其热导率低(1200℃下热导率约为 1.6W/(m·K))，是超高温窑炉极好的炉衬材料，用作钨钼烧结炉炉衬、人工晶体生长炉保温衬里等；烧结氧化锆砖高温下化学性质稳定，常被作为超高温熔体的反应器，如物理气相沉积法制备纳米金属粉、石英玻璃熔炼等超高温熔体接触部位可直接使用烧结氧化锆砖。烧结氧化锆制品应用面广，在科研、军工及各工业部门需求量在不断扩大，是一种很有发展前途的特种耐火材料。

17.4　氮化物制品

氮化物是氮与电负性比它小的元素形成的二元化合物。由非金属和氮直接化合生产氮化物主要有 Si_3N_4、BN 等。由过渡元素和氮直接化合生成的氮化物又称金属型氮化物，主要有 AlN、TiN、Zr 等；这种化合物在外观、硬度和导电性方面似金属并有导电性。

17.4.1　氮化硅制品

氮化硅(Si_3N_4)相对分子量 140.29，氮和硅的质量分数为 60.06%和 39.94%；有 α 和 β 两种晶体结构，属六方晶系；白色粉状，有杂质或过量硅时呈灰色；熔点 1900℃，密度 3.44g/cm^3。

一般采用反烧结法生产氮化硅制品，以金属硅(<200 目)为原料，加入氧化铝或氧化镁为助烧剂，加入适量增塑剂，用机压成型、挤压成型、浇注成型或等静压成型等方法制成坯体，在氮气保护的窑炉中反应烧成。Si_3N_4 反应烧结工艺如图 17-22 所示。

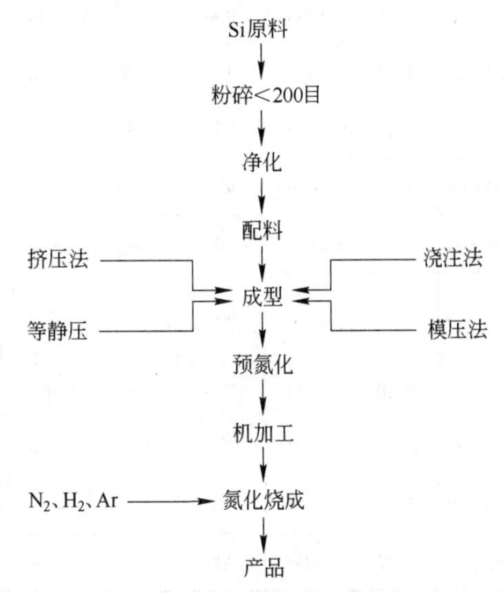

图 17-22　Si_3N_4 反应烧结工艺流程

另一种反应结合氮化硅制品是以合成氮化硅(Si_3N_4)为骨料,以金属硅粉为基料的配料,并加入其他加入物、经压制等方法制成坯体,于氮气保护的窑炉中经1400~1500℃烧成。国外几种反应结合氮化硅制品性能见表17-50。

日本东芝公司生产氮化硅制品的主要性能见表17-51。

热压氮化硅制品是以Si_3N_4为主要原料,同时加入一定量的既可以促进烧结又可提高制品的某些性能的添加物。添加物的品种有氧化镁、氧化铁、磷酸镓、磷酸铝等。制品是在通氮气保护的热压炉中热压成型。以涂氮化硼(BN)的石墨做热压模,在感应加热炉或辐射加热炉中热压成型烧结。热压温度为1760~1850℃,加压压力25~50MPa,几种热压氮化硅制品的性能见表17-52。

表17-50 反应结合氮化基质材料的性能

组成	添加剂	添加剂质量比例/%	密度/g·cm^{-3}	气孔率/%	20℃时抗折强度/MPa	1400℃时抗折强度/MPa	抗热震性*/℃
Si_3N_4-Al_2O_3	Al_2O_3	5	2.50	18.0	187	—	—
		10	2.53	20.0	145	130	900
		30	2.55	18.8	100	102	970
Si_3N_4-Si_3N_4	Si_3N_4	5	2.55	16.0	187	—	800
		15	2.53	14.0	170	—	870
		30	2.54	13.5	150	147	915
OTM-911**	0	15	2.45~2.60	19.0~18.7	147~205	175~289	1100~1200

* 按加热方法到出现最初裂纹为止(水冷)。

** 氧化物组分。

表17-51 东芝公司Si_3N_4制品的主要性能

材料牌号	密度/g·cm^{-3}	硬度HV 1500g	三点抗折强度/MPa			弹性模量/GPa	K_{IC}/MPa·m$^{1/2}$	比热/J·(kg·K)$^{-1}$	热导率/W·(m·K)$^{-1}$	线膨胀系数RT~800℃/℃$^{-1}$	耐热冲击温差T/℃	安全使用温度/℃
			常温	1000℃	1200℃							
TSN-01	3.16	1800	900	900	600	330	5~6	700	29	3.2×10^{-6}	750	1200
TSN-02	3.21	1800	1050	850	650	320	5~6	700	29	3.2×10^{-6}	900	1200
TSN-03	3.22	1500	950	750	450	290	6~7	680	20	3.4×10^{-6}	800	1000
TSN-04	3.22	1600	950	850	750	290	6~7	680	24	3.4×10^{-6}	800	1200
TSN-05	3.20	1400	700	600	400	290	5~6	680	22	3.4×10^{-6}	600	1000
TSN-06	3.22	1600	900	700	500	290	6~7	680	22	3.4×10^{-6}	758	1800(原文)
TSN-07	3.20	1600	700	600	400	290	5~6	680	22	3.3×10^{-6}	600	1000
TSN-08	3.26	1700	1000	900	850	290	6~7	680	24	3.4×10^{-6}	800	1000
TSN-09	3.20	1500	800	600	400	360	6~7	680	20	3.4×10^{-6}	800	1000
TSN-10	3.22	1400	900	700	400	290	6~7	680	22	3.4×10^{-6}	800	1000

表 17-52　加入添加物的热压 Si_3N_4

添加剂	加入量/%	热压温度/℃	热压压力/MPa	体积密度 /g · cm^{-3}	抗折强度/MPa	
					20℃	1300℃
MgO	5	1650	28	3.13	700	210
$CaPO_4$	5	1650	28	—	700	300
$AlPO_4$	5	1650	28	—	560	350
Zn	5	1740	28	3.20	455	—
Y_2O_3	2	1700	45	3.20	—	—

氮化硅制品的应用：

Si_3N_4热膨胀系数低、导热率高，故其耐热冲击性极佳。热压烧结的氮化硅加热到1000℃后投入冷水中也不会破裂。在不太高的温度下，Si_3N_4 具有较高的强度和抗冲击性，但在1200℃以上会随使用时间的增长而出现破损，使其强度降低，在1450℃以上更易出现疲劳损坏，所以 Si_3N_4 的使用温度一般不超过1300℃。由于 Si_3N_4 的理论密度低，比钢和工程超耐热合金钢轻得多，很适合应用于要求材料具有高强度、低密度、耐高温和优异抗热冲击的环境。Si_3N_4制品基本不受硝酸、硫酸、盐酸、王水和碱液的侵蚀，也不受铝、铅、锌、锡、金、银、黄铜、镍等熔融金属的腐蚀（但能被镁、镍铬合金、不锈钢等熔融金属所腐蚀）。目前已应用于：

(1)在机械工业，氮化硅陶瓷用作轴承滚珠、滚柱、滚球座圈、工模具、新型陶瓷刀具、泵柱塞、心轴密封材料等。

(2)硫酸工业沸腾炉净化系统的文丘里衬套。

(3)酸泵的瓷轴、磁力泵、高压缓流泵、冷冻压缩机的密封环。

(4)轻金属冶炼、熔化的测温热电偶管。

(5)各种洗选厂水力旋流器的沉沙口。

(6)用于要求耐高温、耐磨、抗热震的炉衬材料和各种零部件。

17.4.2　氮化硼制品

氮化硼具有抗化学侵蚀性质，不被无机酸和水侵蚀。在热浓碱中硼氮键被断开。1200℃以上开始在空气中氧化。熔点为3000℃，稍低于3000℃时开始升华。真空时约2700℃开始分解。微溶于热酸，不溶于冷水，相对密度2.25。压缩强度为170MPa。在氧化气氛下最高使用温度为900℃，而在非活性还原气氛下可达2800℃。碳化硼的大部分性能比碳素材料更优。六方氮化硼摩擦系数很低，是一种良好的高温固体润滑剂；高温稳定性、耐热震性很好，强度和导热系数高，线膨胀系数低，电阻率大，耐腐蚀，可在特殊领域用作高温元件。

17.4.2.1　氮化硼原料

氮化硼是由氮原子和硼原子所构成的晶体。化学组成为43.6%的硼和56.4%的氮，密度2.26g/cm^3，熔点3000℃；具有四种不同的变体：六方氮化硼(HBN)、菱方氮化硼(RBN)、立方氮化硼(CBN)和纤锌矿氮化硼(WBN)。其立方结晶的变体被认为是已知的最硬的物质。(其维氏硬度达到108GPa，而合成钻石的维氏硬度为100GPa)氮化硼(BN)因结构与石墨相似又称白石墨，且具有熔点高、线膨胀系数小、热导率大、高温绝缘性好、润滑性优良的特点可制成各种氮化硼制品。

用硼酐(B_2O_3)合成氮化硼是工业生产的重要方法。以硼砂和尿素为原料亦可生产氮化硼。硼砂在200~400℃先脱水处理、尿素用35℃温水溶解成饱和溶液后过滤。硼砂与尿素按1：(1.5~2)混合，在氮化炉经800~1000℃温度氮化，合成反应式：

$$Na_2B_4O_7+2CO(NH_2)_2 \xrightarrow{NH_3} 4BN+Na_2O+4H_2O+2CO_2\uparrow$$

合成氮化硼工艺流程如图17-23所示，化学成分见表17-53。

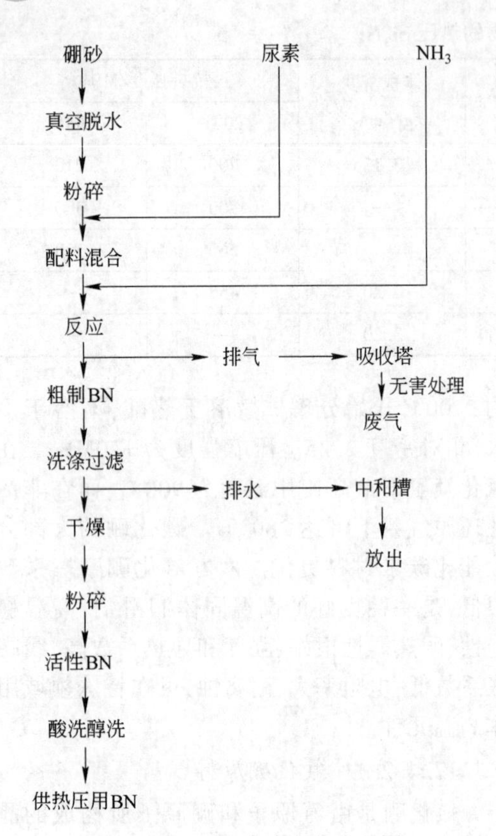

图 17-23 BN 合成工艺流程图

表 17-53 国产原料化学成分

指标名称		指标	
		一级	二级
氮化硼含量(质量分数)/%		>96	>95
游离三氧化二硼(质量分数)/%		<0.6	<1
阳离子杂质(质量分数)/%	Al	0.05	0.07
	Ti	0.005	0.005
	Mn	0.005	0.005
	Sn	0.005	0.005
	Ni	0.005	0.005
	Fe	0.05	0.07
	Ca	0.07	0.08
	Mg	0.06	0.08
	Pb	0.005	0.005
	Cu	0.005	0.005

17.4.2.2 氮化硼制品和应用

(1)热压氮化硼制品。工艺流程:碳化硼加添加剂→配混料→预压成型→装模→热压烧结→整形加工→成品。热压氮化硼材料具有抗热震性好、与钢水不浸润、耐钢水蚀损性好、易于机械加工等优点,是制作分离环的良好材料,也可制成等离子焊接工具的高温绝缘密封件、煤矿井下防爆电机的绝缘散热器套,火箭燃烧室和宇宙飞船上的热屏蔽原件等。

(2)导电制品。用氮化硼与硼化锆(ZrB_2)或硼化钛(TiB_2)的混合物制成的复合制品,具有与氮化硼相反的电性能,氮化硼与硼化锆的复合制品具有与石墨相似的导电性,而且强度要比石墨高数倍,耐金属腐蚀,抗热震性优良,可机械加工,使用温度2000℃。可以制成近视熔化或熔融蒸发的容器。氮化硼与硼化锆制品的性能:体积密度2.9~3.4g/cm^3,显气孔率小于6%,电阻率2~50Ω·cm,线膨胀系数(℃$^{-1}$)(4~6)×10^{-6},热导率20.58W/(m·K),常温耐压强度250~700MPa,抗折强度90~150MPa。

(3)纤维制品。氮化硼纤维是用化学方法用母体硼酐制成纤维,并先在较低温度下氮气中加热形成一种晶形很不稳定的氮化硼纤维,再继续在氨或氮气中加热到1800℃以上进行氮化处理,这样制成的氮化硼纤维的理化性能:BN大于99%,体积密度1.8g/cm^3,纤维直径5~7μm,纤维长度50~380mm,抗拉强度1400MPa,拉伸率2%~3%,弹性模量(10~70)×10^3MPa。氮化硼纤维质地柔软可以织布制衣、制成毡、毯、板管状等制品。还可以加入玻璃、塑料、陶瓷中作为增强材料。纤维状制品可做过滤器和高温炉的隔热材料。

(4)氮化硼陶瓷制品。氮化硼陶瓷制品一种是高导热型,另一种是普通型,氮化硼陶瓷性能见表17-54。

氮化硼陶瓷制品用于熔化金属的坩埚、热电偶保护管、输送金属液体的管道、蒸发金属的容器、铸铜和铸玻璃的模具、炼硼单晶、砷化镓、磷化镓半导体的容器、半导体器件封装的散热底板、移项器的散热棒、行波管的散热管、微玻窗口、反应堆控制棒、红外滤光板、钠灯管衬里等。

表 17-54 氮化硼陶瓷的性能

性能			BN-2 高导热型	BN-4 高纯型
化学成分/%	BN		95	99
	B_2O_3		3.5	<0.5
	CaO		1.5	—
	Na		0.05	<0.001
	Fe		0.05	<0.001
物理性能	密度/$g \cdot cm^{-3}$		1.95~2.15	1.9~2.0
	抗压强度/MPa		98.7	59.7
	抗折强度/MPa		61.7	37.7
热性能	线膨胀系数/$℃^{-1}$	25~200℃	-0.79×10^{-6}(⊥)	0.51×10^{-6}(//)
		25~500℃	-0.36×10^{-6}	1.72×10^{-6}
	热导率/$W \cdot (m \cdot K)^{-1}$		41.8	25.1
	比热/$J \cdot (g \cdot ℃)^{-1}$	0~150℃	0.2195×4.18	0.2192×4.18
		0~500℃	0.3003×4.18	0.3008×4.18
	最高工作温度/℃	氧化气氛	1200	900
		惰性气氛	2800	2800
	氧化增重/%（1000℃）		—	1.7
电性能	介电常数 ε/Hz		4.2×10^{10}	4.0×10^{10}
	介电损耗 tanδ/Hz		5.3×10^{4}	4×10^{4}
			1.9×10^{7}	1.2×10^{6}
	击穿电压/$kV \cdot mm^{-1}$		28	22
	电阻率/Ω·cm	25℃	10^{13}	10^{14}
		500℃	8×10^{10}	1.3×10^{12}
		1494℃	4.49×10^{3}	—
		1940℃	1.36×10^{2}	—

17.4.3 氮化铝制品

氮化铝原料是以金属铝粉与氮气直接反应合成的，在氮化过程中需在铝粉中加入碱金属氟化物作为助熔剂，通氮气加热到1000℃，即可制成纯度很高的氮化铝，其反应式：

$$2Al+N_2 \longrightarrow 2AlN$$

合成的氮化铝原料极易产生水化反应，为消除这种水化反应将氮化铝破粉碎后粒度小于100目，然后装入石墨坩埚中放入炭管电炉内，通入0.1MPa(一个大气压)的氩气，加热到2000~2050℃保温1.5h，进行稳定化处理。

稳定的氮化铝经细磨后粒度小于20μm，加入有机结合剂可以采用机压法、等静压法或热压法成型。坯体置于石墨容器中放在炭管电炉内通氩气，1950~2050℃保温2h烧成。氮化铝制品的性能见表17-55。

表 17-55 氮化铝制品的性能

序号	项目		性能
1	颜色		灰白色—蓝白色
2	晶型		六方、晶格常数 $a=0.3111$mm，$c=0.4980$mm
3	密度/g·cm^{-3}		3.26(以晶格常数计算)
4	硬度		莫氏硬度 7
5	熔点		2450℃分解、升华
6	线膨胀系数/℃$^{-1}$	20~500℃	4.8×10^{-6}
		100~1000℃	5.7×10^{-6}
7	热导率/W·(m·K)$^{-1}$	200℃	3.02
		800℃	2.02
8	电阻率/Ω·cm		25℃ 2×10^{11}
9	抗热震性		优良
10	耐压强度/MPa		2060

制品的化学性能如下：

(1)抗酸碱侵蚀：与稀酸、浓酸不反应、与弱碱有缓慢反应，与强碱有反应；

(2)在 1200℃与湿空气有反应；

(3)在 1000℃与一氧化碳(CO)没有反应；

(4)与铝液、液态镓不反应，与液态氧化硼不反应。

表 17-56 列出了日本几家公司氮化铝制品的主要性能。

表 17-56 日本几家公司氮化铝制品的主要性能

编号材质	密度/g·cm^{-3}	比热/J·(kg·K)$^{-1}$	热导率/W·(m·K)$^{-1}$	线膨胀系数/℃$^{-1}$ RT-500℃	击穿电压/kV·mm^{-1}	电阻/Ω·m		介电常数 1MHz	tanδ		硬度(HV500g)/kg·mm^{-2}	抗弯强度/MPa	生产厂
						25℃	500℃		1MHz	10GHz			
TAN-070 ALN	3.3	740	70	4.6×10^{-6}	14	>10	8.8	10.0	38.0	1100	350	—	
TAN-170 ALN	3.3	740	170	4.6×10^{-6}	15	>10		8.8	5.0	3.0	1000	350	东芝公司
TAN-200 ALN	3.3	740	200	4.6×10^{-6}	15	>10		8.8	5.0	3.0	1000	350	
AN-1 ALN	3.25	670	25	5.2×10^{-6}	—	>10	10	6.2	30	—	1000	28(RT) 250(1200)	TVK(日本东京窑业)
SHAPAL-M ALN-BN	2.9	—	90	4.8×10^{-6}	40	10	—	7.1	10	—	390(HC 300C)	300	(德山曹达)有可加工性ALN
超级透明ALN	3.25	1 透光率 42%	260	4.4×10^{-6}	15	>10		8.9	3~10	—	1100	300~400	NSK
SH-04	3.25	42%	170	4.4×10^{-6}	15	>10		8.9	3~10	—	1100	300~400	透光ALN
SH-15	3.30	15%	180	4.4×10^{-6}	15	>10		9.2	3~10	—	1100	300~400	可用作透红外材料

氮化铝制品的应用：

(1)用于真空蒸发和熔炼金属的坩埚。

(2)用于合成半导体砷化镓的坩埚。

(3)用于浸入式热电偶保护管，在800～1000℃的熔铝池中连续使用可达3000h，在1300℃的铜合金溶液中使用10h。

(4)做耐火材料，做金属精炼炉的内衬材料。

(5)可做氧化铝制品的涂层材料。

17.5　硼化物制品

17.5.1　硼化物

硼与金属、某些非金属(如碳、氮)形成的二元化合物。除了锌(Zn)、镉(Cd)、汞(Hg)、镓(Ga)、铟(In)、铊(Tl)、锗(Ge)、锡(Sn)、铅(Pb)、铋(Bi)以外，其他金属都能形成硼化物。它们都是硬度和熔点很高的晶体，化学性质稳定，热的浓硝酸也不能将它溶解，可由元素直接化合，或用活泼金属还原氧化物制取，用作耐火、研磨和超导材料。

金属硼化物有很多品种，但只有硼化锆(ZrB_2)得到广泛应用。

17.5.2　硼化锆制品

硼化锆(ZrB_2)，六方体晶型，分子量为112.846，密度6.085g/cm³，熔点3040℃；灰色结晶或粉末。耐高温，常温和高温下强度均很高。耐热震性好，电阻小，高温下抗氧化。主要用作复合材料，用于切削工具电气和电子材料元件。

以炭黑(C)，碳化硼(B_4C)加入少量的硼酐(B_2O_3)还原氧化锆法制取硼化锆(ZrB_2)。硼化锆在镶橡胶衬的球磨机中加入碳化钨(WC)球研磨48h以上，可制成粒径小于5μm的细粒。

采用挤泥机挤泥法成型硼化锆制品。经干燥后埋入石墨粉中，在400℃素烧排除有机物。最后在石墨舟中放入通氢气的炭管炉中，经2200℃保温1～2h烧成。

采用等静压成型时，先将粉料进行喷雾造粒，以橡胶模具在等静压机中成型，成型压力200MPa。坯体放在石墨舟中，周围加硼化锆砂(0.5～1.0mm)作为填料，在氢气保护的卧式炭管炉中经2080℃保护1h烧成。硼化锆制品的性能见表17-57。

国外某公司生产硼化锆制品性能见表17-58。

表17-57　ZrB_2制品的物理性能

性　能	指　标	性　能	指　标
晶型	六方晶	弹性模量/MPa	3.43×10^5
熔点/℃	3040	抗折强度/MPa	460
真密度/g·cm^{-3}	5.8	抗氧化性/mg·cm^{-2}	
线膨胀系数/℃$^{-1}$	6.88×10^{-6}	1200℃，50h	4
热导率/W·(m·K)$^{-1}$	2.436	1200℃，100h	6
电阻率/Ω·cm	10.6×10^9	1200℃，200h	15
洛氏硬度	88～91	抗金属液侵蚀	Al、Ca、Mg、Si、Pb、Sn

表17-58　国外某公司ZrB_2制品性能

名称	主成分	用途		密度/g·cm^{-3}	抗弯强度/MPa				E/kg·mm^{-2}	K_k/MN·m$^{-\frac{3}{2}}$	硬度(HV500g)/kg·mm^{-2}	耐磨耗性指数(冲击磨耗)	线膨胀系数/℃$^{-1}$	热导率/W·(m·K)$^{-1}$	耐热急变ΔT/℃	氧化增重*/mg·cm^{-2}
					室温	1000℃	1200℃	1400℃								
CR	ZrB_2	耐腐蚀	HP**	5.80	5.6	5.0	4.8	2.8	4.8×10^4	4.2	1600	670	6.3×10^{-6}	64.43	250～300	3.3
			HP**	5.60	3.4	2.9	2.7	1.8	4.6×10^4	4.1	1600	—	6.1×10^{-6}	56.52	200～250	4.6

续表 17-58

名称	主成分	用途		密度/g·cm^{-3}	抗弯强度/MPa				E/kg·mm^{-2}	K_k/MN·m$^{-\frac{3}{2}}$	硬度(HV500g)/kg·mm^{-2}	耐磨耗性指数(冲击磨耗)	线膨胀系数/℃$^{-1}$	热导率/W·(m·K)$^{-1}$	耐热急变ΔT/℃	氧化增重*/mg·cm^{-2}
					室温	1000℃	1200℃	1400℃								
TR	ZrB_2+EV	耐热冲击	HP	4.94	3.3	3.3	2.2	1.8	3.1×10^4	3.7	950	10	6.2×10^{-6}	39.89	550~600	15.0
			NS	4.10	1.5	1.5	1.1	0.8	1.3×10^4	2.8	500	17	5.7×10^{-6}	30.34	550~600	21.9
HZ	ZrB+BC	耐磨	NP	4.10	5.9	5.3	5.2	4.9	4.8×10^4	4.6	2800	3700	5.6×10^{-6}	39.54	250~300	2.0
			NS	3.95	3.9	3.1	1.96	1.96	3.6×10^4	4.4	2500	320	5.3×10^{-6}	24.89	250~300	3.6

* 1300℃,12h 条件下。

** NS—常压烧结,HP—热压烧结。

17.5.3 硼化锆制品的应用

硼化锆制品因硬度大、电导率高、热导率高以及化学稳定性好,是很好的特种耐火材料。

(1)金属冶炼坩埚;

(2)金属熔铸铸模;

(3)高温热电偶保护套管;

(4)火箭喷管。

17.6 硅化物制品

17.6.1 硅化物

某些金属(如钼、钨、钛、铌、铁、铬等,非金属硅化物如氮化硅、碳化硅等前文已涉及,此处不再介绍)与硅形成的二元化合物,属长程有序结构,其物理、力学和化学性质比较接近金属,又称之有序金属间化合物。一种金属或非金属能生成多种硅化物。如钼能生成 Mo_3Si、$MoSi_2$、Mo_5Si_3,铁能生成 $FeSi_2$、Fe_2Si_5、Fe_3Si_2、Fe_5Si_3 等。金属硅化物是比较硬的晶体物质,跟金属一样具有金属光泽、高的导电、热导性。硅化物的物理性质和力学性质在很大程度上是由金属组元决定的。因此,难熔金属的硅化物具有比较高的熔点、硬度和耐压强度,具有中等的密度和抗拉强度以及良好的高温力学性能。金属硅化物降低了金属的活性,因此硅化物的化学稳定性相当好,特别是含硅量高的难熔金属硅化物。金属硅化物的主要缺点是室温下很脆、冲击韧性低,抗热冲击能力不足。

在现有硅化物中,二硅化钼是最稳定的物质,二硅化钼发热元件在高温领域得到了广泛应用。

17.6.2 二硅化钼制品

二硅化钼熔点 2030℃、密度 6.24g/cm^3、硬度 8~9GPa、耐压强度 1400~1500MPa、室温电阻率 $21.5\times10^{-6}\Omega\cdot cm$,抗氧化性强,在空气气氛下使用 1900℃,抗熔融金属和炉渣的侵蚀,但与熔化的碱起作用。

以高纯金属钼粉和金属硅粉为原料(添加质量分数 0~35%金属钨会提高二硅化钼发热体的使用温度),在氢气保护气氛下自蔓延反应合成二硅化钼粉。金属钼粉与金属硅粉粒度小于 325 目,其质量比为 63.07∶36.97(由于自蔓延合成反应过程中硅会有少量挥发,因此配料时硅需略多 0.5%)。

以二硅化钼粉为主要原料,配入 2%~5%有机结合剂和少量黏土,经捏合机混练后采用真空挤泥法成型坯体,坯体经自然干燥 12h 左右后再经 120℃干燥 10h,然后在氢气电炉中经 1600~1750℃烧成;烧成后的半成品经切磨、喷铝、热弯、通电焊接、高温成膜整形等工序可制成使用温度为 1700~1800℃的发热元件。二硅化钼发热元件的生产工艺如图 17-24 所示,二硅化钼发热元件的性能见表17-59。

表 17-59 硅化钼发热元件的物理性能

种类	1	2
最高使用温度/℃	1800	1700
电阻率(20℃)/Ω·cm	0.3×10^{-4}	0.29×10^{-4}
密度/g·cm^{-3}	5.6	5.5
线膨胀系数/℃$^{-1}$	—	7.8×10^{-6}
抗折强度/MPa	3.5(±3%)	3.2(±3%)

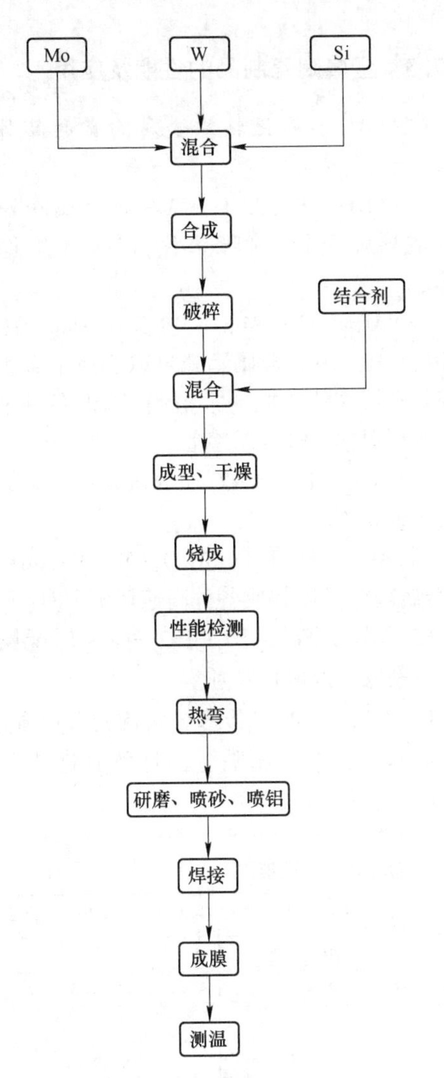

图 17-24 二硅化钼发热元件的生产工艺

17.7 金属陶瓷制品

17.7.1 金属陶瓷及其分类

以金属相结合各种陶瓷相构成的复合材料称为金属陶瓷。

美国标准试验方法(ASTM)的陶瓷-金属复合材料研究委员会给陶瓷-金属复合材料的定义为:“一种由金属或合金与同一种或多种陶瓷相组成的非均质复合材料,其中后者约占材料体积的15%~85%,同时在制备温度下,金属相与陶瓷相的溶解度是极微弱的。”

金属陶瓷因具有陶瓷和金属的双重优良特性,可以制成耐热、耐磨、抗腐蚀制品,以及具有特殊电性能的制品。

金属陶瓷的主要品种有:

(1)金属-氧化物的金属陶瓷;

(2)金属-碳化物的金属陶瓷;

(3)金属-氮化物的金属陶瓷;

(4)金属-硼化物的金属陶瓷;

(5)金属-硅化物的金属陶瓷。

17.7.2 金属陶瓷制品的生产工艺

17.7.2.1 金属陶瓷用原料

金属陶瓷要求配料中的金属相和陶瓷相之间要具有良好的湿润性能。因为金属陶瓷是属于液相烧结的复合材料,所以在烧结过程中要求金属材料不仅对陶瓷相具有良好的湿润性,而且能形成金属的网络结构,这样可以改善金属陶瓷的结构和各种性能。

金属陶瓷中的金属原料和陶瓷原料的一些性能的相互匹配也是非常重要的。如两种原料不应产生激烈的化学反应,也不产生低温共溶物和低温的析晶作用。同时两种原料的线膨胀系数也要尽可能地接近,因为这也是影响金属陶瓷工艺性能的关键问题。

17.7.2.2 制粉工艺

金属陶瓷制品的生产工艺与特种耐火材料制品和粉末冶金制品的生产工艺基本一致。最重要的是陶瓷粉料和金属粉料的制备。氧化物陶瓷微粉要使用先进的微粉加工设备和先进的加工工艺,微粉粒度要小于1μm(如搅拌磨、振动磨或同介质球磨等)。而金属粉末只能在同类的金属陶瓷或金属的研磨设备中进行微粉的加工,而且还要加入有机液体做研磨介质(酒精、丙酮等),进行湿磨,混料时要使微粉料分布均匀,混合后要在低温和真空干燥箱中干燥,以防止金属的氧化。

17.7.2.3 成型与烧成

制品用压制法、注浆法、挤压法或等静压法成型,然后在保护气氛(氢气或中性气氛)的高温炉中进行烧成。简单形状的制品亦可采用热压法成型。

金属陶瓷制品的烧成温度范围,一般是在高于金属熔点,低于陶瓷的烧结温度之间,其烧结机理存在以下两种情况:

(1)固相与液相之间不发生反应的烧结,

一般是以氧化物-金属为基的金属陶瓷的烧结。

(2)固相与液相之间发生某种程度反应的烧结,一般是以碳化物-金属为基的金属陶瓷的烧结。

17.7.2.4 金属陶瓷制品的生产工艺图

金属陶瓷制品生产工艺流程如图 17-25 所示。

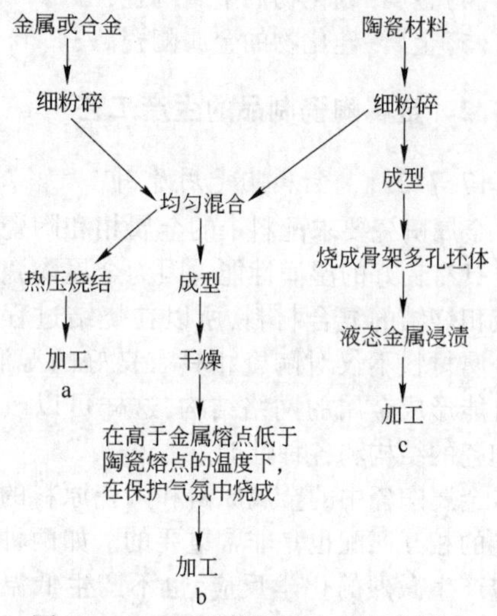

图 17-25 金属陶瓷制造工艺流程图

a—热压法;b—粉末烧结法;c—浸渍法

17.7.3 金属陶瓷制品的性能及应用

17.7.3.1 氧化物基金属陶瓷的品种及应用

(1) Al_2O_3-Cr, Al_2O_3-W-Cr 金属陶瓷可以制成导弹喷管,喷嘴垫片,以及火焰稳定器等。

(2) Al_2O_3-Mo、$MgO-Mo$、ZrB_2-Mo, ZrO_2-Mo 以及 Al_2O_3-Cr 金属陶瓷可以制成冶金生产中调整金属液流的控制棒,浇注沟槽,各种金属溶液的测温热电偶保护套管。

(3) ZrO_2-Ti、ZrO_2-Zr 金属陶瓷可以制成冶炼某些金属用坩埚。

(4) $Al_2O_3-MgO-Fe$, Al_2O_3-Mo(Fe、Co、Ni、Cr)金属陶瓷可以制成各种高速切削刀具。

(5) Al_2O_3-Fe, $Al_2O_3-TiO_2-Cr-Mo$ 金属陶瓷可以制成高温机械封环。

17.7.3.2 氧化物基金属陶瓷的性能

Al_2O_3-Cr 系金属陶瓷的性能其性能见表 17-60。

表 17-60 Al_2O_3-Cr 系金属陶瓷的组成和物理性能

性能		$70Al_2O_3 \cdot 30Cr$	$28Al_2O_3 \cdot 72Cr$	$34Al_2O_3 \cdot 52.8Cr \cdot 13.2Mo$
烧结温度/℃		1700	1700	1730
显气孔率/%		<0.5	0	0~0.3
密度/$g \cdot cm^{-3}$		4.65	5.92	5.82
线膨胀系数(25~1315℃)/$℃^{-1}$		9.45×10^{-6}	10.35×10^{-6}	10.47×10^{-6}
热导率/$W \cdot (m \cdot K)^{-1}$		13.6		
弹性模量/MPa		0.37×10^{6}	0.33×10^{6}	0.32×10^{6}
抗折强度/MPa	20℃	385	560	610
	1100℃	170	245	273
抗张强度/MPa	20℃	245	273	371
	1100℃	130	154	189
抗折持久强度/MPa	980℃,1000h	170		
	1200℃,1000h	91		
抗张持久强度/MPa	980℃,1000h	112	101	140
	1000℃,1000h	91	49	28
抗冲击强度/MPa		<1.0	<1.0	
抗热震性		1315℃⇌20℃	980℃燃气⇌压缩空气冷 30 s	1040℃燃气⇌压缩空气冷 30 s
循环次数/次		10	540~620	>1000

氧化铝与金属 W、Mo 等为基的金属陶瓷的性能其性能见表 17-61。

以氧化铝与金属 Mo 制金属陶瓷测温套管的理化性能其性能见表 17-62。

表 17-61　氧化物-金属的金属陶瓷复合材料的基本性能

基本性能	成分/%				
	$80Al_2O_3$-20Mo	$30Al_2O_3$-70W	$30Al_2O_3$-50TiN-20Mo	$20Al_2O_3$-20TiN-60W	$40ZrO_2$-60Mo
孔隙度/%	4.0	6.0	6.0	3.0	<1.0
热导率/W·(m·℃)$^{-1}$	41.3	56.2	18.0	72.0	56.0
热容量/J·(kg·℃)$^{-1}$	670.0	324.0	582.0	357.0	—
单位电阻/Ω·m	2540.0×10^{-8}	18.2×10^{-8}	64.0×10^{-8}	17.5×10^{-8}	17.3×10^{-8}
电阻温度系数(20~1900℃)/℃$^{-1}$	7.8×10^{3}	6.0×10^{3}	8.8×10^{3}	6.7×10^{3}	9.8×10^{3}
硬度 HRC	69.0	47.0	63.0	51.0	—
抗弯强度/MPa	326.0	409.0	280.0	585.0	300.0
抗氧化性(1000℃,90 min 增重)/kg·m^{-2}	0.074	4.0	—	1.8	—

表 17-62　Al_2O_3-Mo 金属陶瓷测温套管的物理性能

编　号	主要成分/%			杂质成分/%			
	Mo	Al_2O_3	ZrO_2	CaO	MgO	MnO_2	Fe_2O_3
2	>70	<30	—	痕迹	0.015	0.04	0.50
3	>70	<30	4(外加)	痕迹	0.02	0.05	0.47

编　号	显气孔率/%	抗热震性/次 1500~2000℃ Ar 保护	热导率(15℃)/W·(m·K)$^{-1}$	相　组　成	
				主晶相	次晶相
2	约 0	>100	—	Mo·α-Al_2O_3	
3	约 0	>100	7.14	Mo·α-Al_2O_3	单斜 ZrO_2

编　号	烧成温度/℃	相组成	试验条件			寿命/次
			真空度/MPa	温度/℃	介　质	
2	<1800	Mo·α-Al_2O_3	0.133×10^{-3}~0.133×10^{-4}	1530~1560	在电磁搅拌钢液中	13~70
3	>1800	Mo·α-Al_2O_3	0.133×10^{-3}~0.133×10^{-4}	1530~1560		>100

17.7.3.3　以氧化锆和金属钴为基的金属陶瓷

这种金属陶瓷是在温度 1550℃,压力 15~20MPa,进行热压条件下制成的,其制品的性能见表 17-63。

表 17-63　氧化锆和钴基金属陶瓷的性能

品种	ZrO_2 80%：Co20%	ZrO_2 60%~70%：Co 15%~20% 纤维状 SiC 2%~8%
显气孔率/%	8.6	2.2
抗折强度/MPa	128	260
冲击强度/MPa	0.14	0.08
抗热震性(1200⇌20℃空冷)/次	12	50

17.7.3.4　典型金属陶瓷制品的生产工艺及性能指标

A　以 Al_2O_3 与金属 Fe 为基的金属陶瓷密封环

以 α-Al_2O_3 为原料,在铁球磨机中加入钢

球和酒精同时加入 MgF_2 和油酸研磨 90~100h，使金属 Fe 增加到 15%~20%，物料细度小于 3μm 要大于 96%。研磨后的料用蒸发冷凝器回收酒精，料团块破粉碎小于 100 目，在钢模中机压成型，成型压力 100MPa，坯体密度可达 2.7g/cm^3，显气孔率 21.32%，在氢气钼丝炉中经 1700℃保温 1.5h 烧成。Al_2O_3 与金属 Fe 为基的金属陶瓷密封环的性能指标见表 17-64，如图 17-26 所示。

表 17-64 金属陶瓷密封环的理化性能

Al_2O_3/%	MgO/%	Fe/%	硬度 HRA	气孔率/%	密度/g·cm^{-3}
≥85~90	≤0.5~1	≥8~12	≥88	≤0.8	≥4.1

图 17-26 Al_2O_3-Fe 金属陶瓷密封环

B MgO-MgO·Cr_2O_3-Mo 金属陶瓷测温套管

(1)原料：

电熔高纯氧化镁粉：MgO>99%，粒度<200 目；

工业金属钼粉：Mo>99%，粒度<200 目；

合成尖晶石粉：用高纯氧化镁粉（>99.5%），高纯氧化铬粉（>99%），按克分子比 1∶1 混合制坯后在 1400~1700℃，1h 合成。

(2)配料：

配料比：MgO∶Mo∶MgO·Cr_2O_3 = 34.7∶65.3∶3.47(外加)

在橡皮衬球磨机中，用 WC 研磨球，用无水酒精做研磨介质，研磨后混合料的粒度小于 5μm，在真空干燥箱中低于 80℃排除酒精。

(3)成型与烧成：

分两次加压成型，第一次在等静压机中以 150MPa 压制成型成坯体，然后破粉碎至小于 1mm，第二次将颗粒料装橡胶定型模中以 200MPa 压力成型。

素坯在氢气钼丝炉中烧成，烧成温度 1850℃，3h。

(4)制品性能：

制品的显气孔率为 0.5%~1.0%，体积密度为 5.8~6.28g/cm^3，线收缩率为 15%~16%，MgO 含量大于 30%，金属钼含量大于 65%。

几种金属陶瓷测温套管的使用情况比较见表 17-65。

表 17-65 几种金属陶瓷测温套管的应用

套管材质	转炉容量/t	平均炉温/℃	连续工作时间/h∶min	连续工作炉次/次
ZrB_2	5	1720	2∶28	5
ZrB_2+Mo	5	1720	0∶32	1.5
ZrO_2+Mo	5	1720	<0∶60	1.5
MgO+Mo	5	1739	19∶25	33
MgO+Cr_2O_3·MgO+Mo	30	1700	—	41
MgO+Cr_2O_3·MgO+Mo	150	1650	—	18

17.7.3.5 碳化物基金属陶瓷

A TiC-Ni-Mo 金属陶瓷

TiC 的合成：将 TiO_2 与炭黑(C)混合均匀，炭粉的加入量应大于计算量。成型后在真空条件下，在 1800~2000℃ 温度下进行碳化处理可制成优质 TiC，其反应式如下：

$$TiO_2 + 3C \longrightarrow TiC + 2CO$$

在 TiC 粉中，化合碳含量应在 18.0%~20.3%，游离碳在 0.1%~0.8%，具有金属光泽，呈浅灰色。

为提高 TiC 金属陶瓷的抗氧化性，可在配料中加入 TiC-Cr_3C_2 或 TiC-TaC-NbC 的固溶体，以抗氧化性好的金属 Ni 作为结合剂。增加金属含量可以提高金属陶瓷的韧性。

TiC 基金属陶瓷的物理性能见表17-66。

表 17-66 TiC 基金属陶瓷的物理性能

TiC/%	金 属/%					密度/g·cm^{-3}	线膨胀系数/$℃^{-1}$ (70~980℃)	弹性模量/MPa (20℃/870℃)
	总量	Ni	Cr	Mo	Al			
70	30	30	—	—	—	6.01	5.3×10^{-6}	$3.85\times10^5/3.22\times10^5$
70	30	25	—	5	—	6.01	5.3×10^{-6}	$3.99\times10^5/3.36\times10^5$
60	40	33	—	7	—	6.31	5.4×10^{-6}	3.85×10^5/—
50	50	42.5	—	7.5	—	6.59	5.6×10^{-6}	$3.5\times10^5/2.8\times10^5$
60	40	32	2.5	3	2.5	6.51	—	3.5×10^5/—
50	50	40	3	4	3	6.31	6.0×10^{-6}	$3.5\times10^5/2.87\times10^5$

TiC/%	抗张强度/MPa (20℃/980℃)	抗压强度/MPa (20℃/870℃)	抗折强度/MPa (20℃)	冲击强度/N·cm (870℃)
70	875/217	2800/825	1360	4.80
70	784/350	3150/1030	1296	6.17
60	790/322	2940/651	1654	6.17
50	881/394	2980/554	1485	5.49
60	728/504	3225/931	1290	—
50	936/378	3140/785	1351	—

B Cr_3C_2-Ni-Cr 金属陶瓷

Cr_3C_2 的合成：将 Cr_2O_3 和炭黑(C)在惰性气体或还原性气体保护上合成。其反应式如下：

$$3Cr_2O_3+11C \longrightarrow 2Cr_3C_2+9CO$$

合成的 Cr_3C_2 与 Ni-Cr 合金粉，以 3∶1 的质量比，外加 40%酒精在不锈钢球磨机中加 WC 球进行细磨，料球比 4∶1，研磨 48h 干燥后通过 35 目筛。在这种混合粉中加入 9%的聚乙烯醇作为结合剂，用辊压机制成 0.5mm 厚度的薄片，自然干燥后破碎成小颗粒，装入石墨舟中在碳管炉内氩气保护在 1280℃烧成。冷却后在振动磨中制成细粉，在使用时等离子喷涂法喷在飞机发动机的表面或石油化工机械的器件上。

这种金属陶瓷材料可作为耐高温、耐磨削、抗氧化、耐腐蚀的涂层材料。

参 考 文 献

[1] 王维邦.耐火材料工艺学[M]. 北京：冶金工业出版社，1994：185~193.

[2] 钱之荣，范广举.耐火材料实用手册[M]. 北京：冶金工业出版社，1992：382~389.

[3] 陈肇友.铅锌冶炼炉用碳化硅质耐火材料[J]. 1998，32(2)：114~117.

[4] 杜海清，肖汉宁.碳化硅窑具的现状及其应用[J]. 陶瓷，1990，(1)：23~25，29.

[5] 陆章明.优质碳化硅薄型棚板的研制[J]. 陶瓷工程，1995，(1)：12~14.

[6] 郭海珠.高性能窑具的生产及应用技术[J]. 中国陶瓷工业，1995，2(3)：11~19.

[7] 司全京，张效峰.莫来石结合碳化硅制品的研制[J]. 耐火材料，1999，33(2)：90~92.

[8] 李安宁，刘孝湘，赵维盛，等.氮化硅结合的碳化硅砖在鞍钢高炉上的应用[J]. 钢铁，1988，23(4)：1~6.

[9] 张治平，黄朝晖，黄辉煌.氮化硅结合碳化硅耐火材料的性能及其在高炉上的应用[J]. 炼铁，1990，(4)：27~31.

[10] Zhang zhiping, Huang huihuang, Huang zhaohui. SiAlON-bonded SiC refractories for blast furnaces[J]. Interceram，1993，42(5)：292~297.

[11] 李安宁.SiAlON 结合碳化硅砖在高炉上的应用[J]. 钢铁，1997，32(S1)：456~459.

[12] 董文麟.氮化硅陶瓷[M]. 北京：中国建筑工业

出版社,1987:12~13.

[13] 王国雄,杜鹤桂.高炉用 Si_3N_4 结合 SiC 质耐火材料的氧化[J]. 硅酸盐学报,1989,17(5):448~453.

[14] 张治平,黄辉煌,黄朝晖.氮化硅结合 SiC 耐火材料抗高钛高炉渣侵蚀能力的评价[J]. 耐火材料,1991,25(2):137~140.

[15] 沐继尧,薛正良.高炉中部内衬耐火材料的选择[J]. 耐火材料,1995,29(2):94~97.

[16] 黄朝晖.β-SiAlON-Al_2O_3-SiC 系复相材料的制备、性能及显微结构研究[D]. 北京:北京科技大学,2002.

[17] 张治平,赵俊国,刘国华,等.铝电解槽侧墙用优质碳化硅耐火材料.洛阳耐火材料研究院内部资料,2001,11.

[18] 董建存,赵俊国,任云龙,等.结合相对 SiC 质材料抗冰晶石侵蚀性能的影响[J]. 轻金属,2003,2:43~44.

[19] EkströmT,NygrenM.SiAlON ceramics[J]. J. Am. Ceram.Soc.,1992,75(2):259~276.

[20] 张治平,黄辉煌,黄朝晖,等.特种碳化硅窑具材料的研究[J]. 中国陶瓷工业,1996,3(2):12~17.

[21] 李柳生,陈冬梅,邱杰.氧氮化硅结合碳化硅窑具材料的研究[J]. 耐火材料,1999,33(3):123~126.

[22] 刘春侠.Si_2N_2O 结合 SiC 窑具材料的研究[D]. 洛阳:洛阳耐火材料研究院,2002.

[23] Tonnesen T, Telle R. Refractory corrosion in industrial waste incineration processes [J]. REFRACTORIES WORLDFORUM, 2009, 1(1): 71~76.

[24] 张勇,彭达岩,文洪杰.碳化硅质窑具材料的研究现状[J]. 耐火材料,2002,36(6):363~365.

[25] 黄志明,黄志林,周东方,等.铝电解槽用自结合碳化硅侧衬材料的性能[J]. 轻金属,2011,(11):37~39.

[26] 马晓红.Starlight ®重结晶碳化硅窑具的开发与应用[J]. 中国陶瓷工业,1999,6(2):28~30.

[27] 王艳香,谭寿洪,江东亮.反应烧结碳化硅的研究与进展[J]. 无机材料学报,2004,19(3):457~462.

[28] 佘继红,谭寿洪,江东亮.碳化硅质耐火材料的发展与应用[J]. 上海硅酸盐,1995,(4):193~202.

[29] 徐平坤.硅莫砖的研究[J]. 耐火与石灰,2013,38(1):10~14,17.

[30] 曹彦泓.干熄焦炉用 Al_2O_3-SiC 质内衬砖的研制[J]. 耐火材料,1998,32(3):153~154.

[31] 董良军.应力缓冲型莫来石-碳化硅砖在干熄焦斜道区的应用[J]. 江苏陶瓷,2012,45(6):3~5.

[32] 张凤丽,韩学强,何胜平.优质机压锆英石砖的研制[J]. 耐火材料,2002,36(3):153~155.

[33] 王诚训.ZrO_2 复合耐火材料[M].2 版. 北京:冶金工业出版社,2003.

[34] 宝钢生产技术系列丛书——耐火材料.宝山钢铁(集团)公司,1995:12.

[35] 贵炳强.凝胶注模成型制备致密锆英石耐火材料[D]. 天津大学,2016.

[36] 耿可明.致密锆英石砖的工艺技术研究[D]. 天津大学,2008.

[37] 盛绪敏,张跃,徐洁,等. $ZrSiO_4$-Al_2O_3 反应烧结过程的研究[J]. 硅酸盐学报,1988,16(1):1~7.

[38] Sun H G, Yan S Z, Li P T, et al. Effects of monoclinic ZrO_2 with different particle size on properties of zirconia refractories[J]. Advanced Materials Research, 2011, 335~336:721~727.

[39] 孙红刚,闫双志,谭清华,等.一种高纯氧化锆重质耐火制品及制备方法:中国,201010266979.9[P]. 2010-8-24.

18 功能耐火材料

功能耐火材料是随着钢铁冶金工业连铸技术的发展而形成的一类特种耐火材料,更确切地说,应该称为冶金功能耐火材料。功能耐火材料当前主要所包括的耐火制品有:滑动水口、长水口、整体塞棒、浸入式水口(其中长水口、整体塞棒和浸入式水口俗称连铸三大件)、透气元件和定径水口,它们在连铸工艺中的使用工位如图 18-1 所示。每种产品在使用中都起着某种专门功能作用,如控流作用、吹气搅动作用、防止二次氧化保护浇铸作用、决定钢液在结晶器内的流场分布等。这些耐火材料的使用是保证连铸工艺得以进行的重要前提条件之一[1~5]。

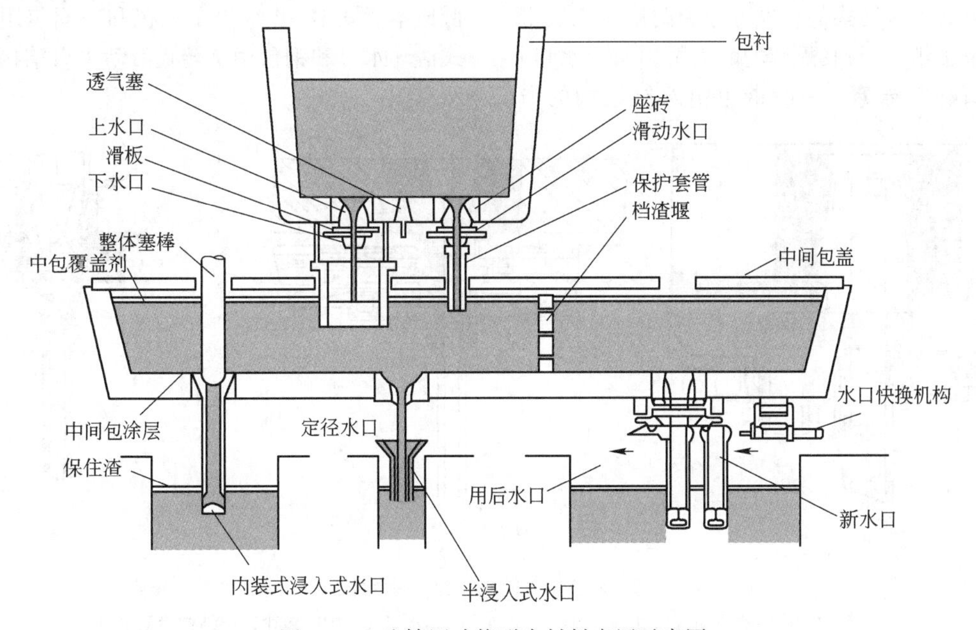

图 18-1 连铸用功能耐火材料应用示意图

功能耐火材料被单独作为一类耐火材料提出,不仅是由于它们多是以单体元件形式应用和在使用中起特殊功能作用,而且还在于这类材料为满足更加苛刻的使用条件所应具备的特殊性能和为满足使用功能所采用的特殊结构和特殊制造工艺。与其他钢铁冶炼用炉衬耐火材料相比,在一定程度内,后者的质量高低可能仅仅影响到炉衬服役时间的长短,而功能耐火材料的品质好坏则可能影响到整个连铸工艺过程能否正常进行。这就要求功能耐火材料不仅同常规接触钢液、渣液耐火材料一样也要具备耐高温、耐渣和钢液侵蚀等基本性能,而且依使用条件不同在结构、材质、生产工艺及使用中的安全可靠性上有专门或特殊的要求。

18.1 滑动水口

18.1.1 滑动水口结构

滑动水口是一套安装于钢包(或中间包)底部用以控制钢液流动的装置,包括上下水口砖和上下滑板,滑板是其关键部件。滑动水口取代了原传统的袖砖,塞头砖,水口砖组合控流系统,使浇钢过程的操作变得简单、安全、可靠、控流精确、钢包周转加快,降低耐火材料消耗。

早在 1884 年美国的 D. Lewis 就提出了以

滑动水口装置来控制钢包中钢液的流出构想并申请了专利,但直到1964年德国本特勒钢铁公司首次将之实用化并获得成功。该项技术在控流、操作、安全、方便等诸方面显而易见的优点使之受到整个冶金行业重视并得到迅速推广,很快便在世界范围内被普遍采用。现已成为浇注工艺的重要系统,更成为钢水在钢包和中间包进行二次精炼的不可缺少的技术。滑动水口在中国从20个世纪80年代推广以来,发展迅速,现已被普遍采用。

作为控制钢液流动的装置,滑动水口结构有往复式和旋转式的。也可分为两层或三层带孔的滑板组成,与其配套的耐火材料有上水口、下水口和座砖等。一般钢包用两层结构的滑板,上滑板固定于钢包的上水口之下,下滑板和下水口固定在一个可直线往复运动的金属滑动盒内。使用时,使上下滑板铸口错开,上水口孔内填入引流沙,钢包即可装入钢水,当驱动下水口使上下铸口连通时,即可浇钢。中间包所采用的滑动水口为三层结构,上滑板与上水口固定,下滑板与下水口和浸入式水口固定,中间滑板是可移动的,用以调节钢液进入结晶器流量。在制作上,又分为复合滑板和均质滑板,前者滑动面和铸口部位主原料用高档原料,如电熔刚玉,其他部位采用低档原料,如矾土熟料,以降低成本。图18-2给出了钢包和中间包用往复式滑动水口和钢包用旋转式滑动水口结构形式示意图。

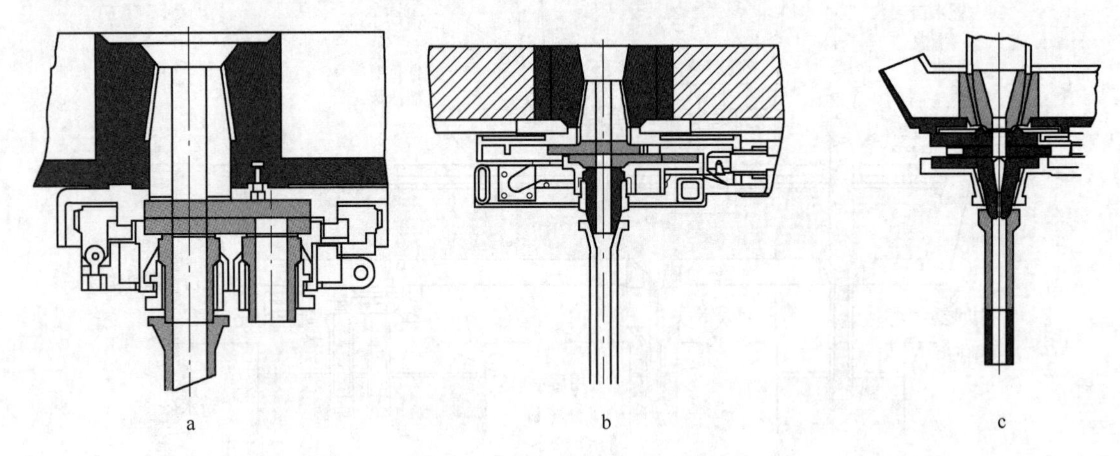

图18-2　滑动水口结构示意图
a—钢包用旋转式滑动水口;b—钢包用双层结构滑动水口;c—中间包用三层结构滑动水口

转炉出钢也通过滑板机构来控制钢水与渣的分离。转炉滑板挡渣机构通过液压驱动装置带动滑板的开合,配合红外下渣检测整个出钢过程。当出钢接近尾声且红外检测到下渣时,迅速闭合滑板,实现转炉无渣或少渣出钢,可提高金属收得率,降低炼钢成本。转炉冶炼结束出钢时,当转炉倾动至20°~35°时关闭闸阀,把前期渣全部挡在转炉内,转炉倾动至75°~85°时钢渣已经过出钢口区域全部上浮后,发出打开闸阀指令,开始出钢;当转炉倾动至90°~110°时出钢结束,红外下渣检测仪检测到钢渣后向闸阀机构发出关闭闸阀指令,闸阀关闭。

18.1.2　滑板材质和性能指标

18.1.2.1　铝炭和铝锆炭滑板

滑动水口是连续铸钢过程中的关键装置,滑板是滑动水口装置的核心部件,使用条件苛刻,在性能指标、尺寸和加工精度、质量稳定性等方面都有着非常高的要求。滑板材质的选择和组成的设计是影响滑板性能及使用效果最基本的因素,为提高滑板的使用安全可靠性和使用次数,滑板的材质从其开始到被应用一直在优化和发展中。

滑板在使用过程中苛刻条件是:被钢液冲蚀、渣蚀(化学侵蚀和氧化)、热冲击、滑动磨损等；影响滑板使用寿命水平的因素有：浇注钢种、操作条件、滑动水口结构、材质、性能指标等。依据滑板的损毁形式，与相关性能的对应关系为：滑动面磨损（荒面）——造成原因是表面氧化，强度衰减，磨损，抑制措施为提高抗氧化性，提高强度，组织致密化；扩径——提高抗冲蚀能力，组织致密化、低 SiO_2 含量；铸孔边缘蚀损、放射状裂纹——降低线膨胀系数，降低弹性模量。对滑板的性能要求是高热态强度、抗磨损性、抗渣性、抗剥落性，滑板材质的改进变化，相应于对这些相关性能的提高。

最初使用的滑板为陶瓷结合的高温烧成高铝质滑板或镁质滑板，并经焦油或沥青一次或多次浸渍后使用。其使用寿命不是很高，主要是材料的抗热震性和抗侵蚀性都不适应严酷的使用条件。镁质烧成滑板用于侵蚀性钢种，这些钢种一般会产生较大量的渣或含有较高的氧成分。镁质滑板抗侵蚀性虽优于高铝质滑板，但抗剥落性差，且使用过程中还会变得更差，抗侵蚀性在使用过程中也渐渐变差。高铝滑板主要以烧结氧化铝为原料，高温烧成和沥青浸渍，以90%氧化铝含量的材料耐蚀及抗剥落较均衡。镁质烧成滑板通常含85%~95%MgO，加有少量 Al_2O_3 或尖晶石，以改善抗剥落性，适合于钙处理钢，抗热震性差，只适合作小滑板，难以用于大钢包。尔后发展的是铝炭质和铝锆炭质滑板，按处理温度不同，有不烧铝炭（500℃以下），烧成铝炭滑板（1000℃以上）。与烧成滑板相比，不烧滑板含有金属铝，有较高的热态强度和抗侵蚀性，但缺点是冷态强度低、高温体积不稳定、较低的抗剥落性，这些缺点使之不能用于制作大滑板。烧成滑板经高温烧成，树脂碳化形成碳结合，添加的金属结合和反应烧结形成碳化物结合，性能优异，大尺寸规格的滑板主要采用烧成滑板。铝炭滑板较之高铝滑板在使用中不仅消除了后者由于浸油而造成的现场使用时冒出有害烟气的缺点，而且具有明显优异的抗热震性、抗剥落性和抗侵蚀性，特别是尺寸较小的电炉、中间包用滑板显示了明显高的使用寿命。在实际应用中迅速取代了高铝质，成为滑板材料的主流，当前90%为铝炭和铝锆炭滑板。铝锆炭滑板是在铝炭滑板基础上引入氧化锆，提高滑板性能。这种滑板引入低线膨胀系数的锆莫来石骨料，改善了抗热震性和耐侵蚀性。此外，还可以用电熔锆刚玉或氧化锆为原料引入氧化锆，进一步提高滑板性能，但成本和售价也相应提高。

表18-1中列出了一些铝炭滑板的基本性能指标。依使用条件不同（钢包大小、浇铸条件等），选择不同类型和大小的滑板，小型钢包采用档次较低的不烧滑板；中型钢包采用烧成铝炭或复合铝炭滑板；大型钢包用高档烧成铝炭或铝锆炭滑板。

表18-1　不同类型滑板的性能指标及应用[6,7]

滑板类型	化学组成/%				显气孔率/%	体积密度/g·cm⁻³	耐压强度/MPa	高温抗折强度/MPa	应用
	Al_2O_3	MgO	ZrO_2	C					
不烧铝炭	60~70			5~6	8~12	2.8~2.9	40~90	5~8	小钢包，1次
烧成铝炭	60~70			6~12	5~10	2.8~3.0	80~120	12~16	大中型钢包，1~3次
烧成铝锆炭	70~80		5~9	6~12	5~9	3.0~3.2	90~160	14~20	大型钢包，3~6次，中间包，4~8次
镁炭	8~15	76~86		3~5	4~9	2.94~3.09	130~180	30-45	3~4次

18.1.2.2　高侵蚀性钢种浇注用滑板

铝炭和铝锆炭质滑板是当前国内外钢厂普遍采用的滑板，对一些高侵蚀性钢种，如Ca处理钢、Al-Si镇静钢、高氧钢等钢种采用铝炭或铝锆炭滑板侵蚀严重，使用寿命显著下降。普通铝炭滑板浇注高氧钢时，发生碳的氧化及

FeO、MnO 等渗入对 Al_2O_3 的侵蚀；浇注高钙钢时，CaO 会与 Al_2O_3 反应，生成 Al_2O_3-CaO 低熔点物造成侵蚀严重。因此，滑板的材质向多元化发展，采用其他更合适的材质，如低碳低硅铝炭滑板和镁质、尖晶石、镁-炭质、尖晶石-炭质、氧化锆质等材质滑板，分别适用于相应的特殊处理钢种浇注。

A 低碳低硅的加金属铝轻烧滑板

改进的铝炭滑板，可用于高氧钢浇铸。特点是在配料中添加有一定量的金属铝，500～1000℃中温处理，既保持了不烧滑板的高热态强度和抗侵蚀性优点，又有高的冷态强度和高的抗氧化性，可制作大尺寸滑板，对高氧钢使用效果优于烧成铝锆炭滑板。在合适的热处理温度下，Al 液化，生成高强致密的组织结构，明显增加抗侵蚀性、强度，这种滑板具有很好的抗裂纹扩展能力。表 18-2 给出了轻烧铝炭滑板的性能。

表 18-2 轻烧铝炭滑板砖性能[8]

滑板类型	化学组成/%				显气孔率/%	体积密度/g·cm^{-3}	弹性模量/GPa	抗折强度/MPa	HMOR/MPa 1400℃	线膨胀率/% 1500℃
	Al_2O_3	SiO_2	ZrO_2	C						
A	70.0	6.0	9.5	13.0	4.4	3.15	60	40	18	1.2
B	92.0	2.0		4.0	6.6	3.22	57	27	52	0.93
C	86.0	3.5	5.0	4.5	6.5	3.25	55	29	28	1.08
D	75.0	4.5	5.0	9.0	8.0	3.06	38	24	34	0.94

注：A—常规烧成滑板；B—轻烧加有金属 Al 滑板；C—B 滑板改进，增加 SiC 及加入锆基原料，以降低线膨胀率，D—B 滑板改进，增加碳含量(加有沥青和人造石墨)，降低弹性模量。

B 碱性材质滑板和氧化锆镶嵌式滑板

镁质或镁炭质滑板在用于钙处理钢、高氧钢、铝硅镇静钢连铸时，表现出了更高的抗侵蚀性和使用寿命，但缺点是抗热震性和抗剥落性差，甚至只能制作小滑板而不能制作钢包用滑板。通过工艺的改进和引入 Al_2O_3 或制作尖晶石滑板，抗热震性、抗剥落性和抗侵蚀性都有明显提高，比铝锆炭滑板更适合于一些特殊钢连铸。

表 18-3 为采用细粉共磨—配料—有机结合剂—混料—1000t 压机成型—1650～1680℃高温烧成—真空浸油—热处理—磨制工艺过程制作的碱性滑板性能指标，在 160t 转炉炼钢钢包批量使用，1560～1580℃沸腾钢，低合金钢，半镇静钢，寿命为 2 次，铸孔每次蚀损 3mm，扩孔均匀，轻微荒面[9]。

表 18-3 烧成尖晶石滑板性能指标

项目	化学组成/%			显气孔率/%	体积密度/g·cm^{-3}	耐压强度/MPa	抗折强度(1400℃)/MPa
	MgO	Al_2O_3	C				
半成品	—	—	—	12	3.05	—	—
烧成品	—	—	—	17	3.00	65.5	8.65
成品	81.9	11.09	3.78	5	3.05	84.3	12.72

表 18-4 比较了以刚玉骨料部分取代电熔镁砂骨料开发的 Al_2O_3-MgO-C 碱性滑板的性能指标：AG1、AG2 为常规铝炭滑板，用于钢包；MG 为镁炭滑板，仅可用于中包；AMG 滑板克服了碱性滑板的抗热震性差缺点，可成功用作钢包滑板。

表 18-4 钢包用高抗侵蚀性改进型碱性滑板[10]

滑板类型	化学组成/%					显气孔率/%	体积密度/g·cm^{-3}	耐压强度/MPa	弹性模量/GPa	抗折强度/MPa	HMOR (1400℃)/MPa	线膨胀率(1500℃)/%
	Al_2O_3	MgO	SiO_2	ZrO_2	CS							
AG1	82		2.3	5.3	4.5	2.5	3.38	210	65	29	26	0.98
AG2	80			8.6	7.6	4.0	3.38	285	48	38	21	1.09
MG	8.1	86			3.7	5.8	3.11	215	60	23	42	2.15
AMG	36	57			4.5	6.4	3.09	170	52	26	37	1.45

表 18-5 汇总了 4 种适用于高侵蚀钢种浇注的滑板性能指标，PL1 和 PL6 为在普通铝炭滑板组成基础上，减少碳含量和/或硅含量，添加金属铝，1000℃以下热处理，这种滑板抗氧化和抗裂纹扩展能力均得到提高；尖晶石-C 滑板具有抗高钙钢侵蚀的能力；控制合适的粒度组成、单斜和立方相比例、添加适量的 Cr_2O_3 制造的 ZrO_2 镶嵌式滑板对高氧和高钙钢都有好的抗侵蚀性[11]。

表 18-5 4 种用于高氧钢及钙处理钢滑板的性能指标

滑板类型	化学组成/%					显气孔率/%	体积密度/g·cm^{-3}	耐压强度/MPa	线膨胀率(1500℃)/%
	Al_2O_3	MgO	ZrO_2	C	Cr_2O_3				
PL1	84		3	5		9.0	3.21	176	1.05
PL6	77		6	5		8.8	3.22	180	1.02
尖晶石-C	69	23		4		9.2	3.04	120	1.10
氧化锆质		3	95		2	15.6	4.53	172	

18.1.2.3 氮氧化物结合相滑板

如 Si_3N_4、AlON、SiAlON 结合的滑板属于非氧化物、碳结合的复合结合滑板类型。该非氧化物结合是通过原位反应形成的。原位反应工艺是在滑动水口配料时加入一定量的 Al、Si 等原料，经高温氮化烧成，使 Al、Si 转化为非氧化物，并起结合作用。由于生成大量的非氧化物，提高了氧化物-非氧化物复合体系滑动水口的抗氧化性、抗侵蚀性。通过气相传质生成的非氧化物分散较均匀，提高了材料的结合程度，同时原位形成非氧化物呈针状、柱状相互交叉的空间结构，改善材料的抗热震性。因此，氮化烧成滑动水口具有较好的综合高温性能，取得了较好的使用效果。

氧化物-非氧化物体系滑动水口与氧化物-碳复合体系性能的差别与其物相组成和显微结构不同有关，前者非氧化物主要为 Si_3N_4、Si_2N_2O、SiC、C，后者主要为 C 和 SiC。氮化烧成后形成 Si_3N_4、Si_2N_2O、SiC 复合物相，且生成量要明显高于同温度下埋碳烧成的非氧化物含量，而且发育良好，使材料内大气孔体积降低，微孔量增多，其增强增韧效果好。因此，氮化烧成滑动水口的强度和体积密度及抗热震性好于埋碳烧成的滑动水口。

以板状刚玉为骨料，基质细粉有板状刚玉细粉、金属硅粉、金属铝粉、α-Al_2O_3 微粉等，高压成型，1450~1470℃氮化烧成，形成 β-SiAlON 结合刚玉相的滑板，性能指标如表 18-6 中所列。

表 18-6 赛隆结合滑板性能指标[11]

滑板类型	组成/%				显气孔率/%	体积密度/g·cm^{-3}	耐压强度/MPa	HMOR (1400℃)/MPa
	Al_2O_3	N	T.Si	Fe_2O_3				
赛隆结合	81.97	5.52	10.29	0.35	16	3.05	251	24

18.1.2.4　转炉挡渣滑板用锆板、锆环

转炉滑板挡渣随炼钢工艺的不断改进而日趋成熟，挡渣成功率高，挡渣效果优良，已得到国内各大钢厂的认可。该技术得以广泛推广的关键在于挡渣滑板寿命的提高，为提高其使用寿命普遍镶嵌锆板、锆环，从而显著提高滑板挡渣性价比。产品理化指标如表 18-7 所示。

表 18-7　不同系列锆板、锆环产品理化指标

项目	保证值		
	GH/GB-A	GH/GB-B	GH/GB-C
ZrO_2+HfO_2（质量分数）/%	≥95.0	≥95.0	≥95.0
显气孔率/%	≤8.0	≤12.0	≤18.0
体积密度/$g \cdot cm^{-3}$	≥5.2	≥5.0	≥4.8
常温耐压强度/MPa	≥180	≥150	≥120
1100℃水冷热震试验	2 次不开裂	3 次不开裂	3 次不开裂

氧化锆滑板使用寿命均能满足使用 20 炉的要求，使用过程中没有出现先前常见的剥落掉块、板面开裂等现象，下线后的氧化锆板板面光滑、完整，无裂纹和冷钢粘连，下线实物照片如图 18-3 所示。

a

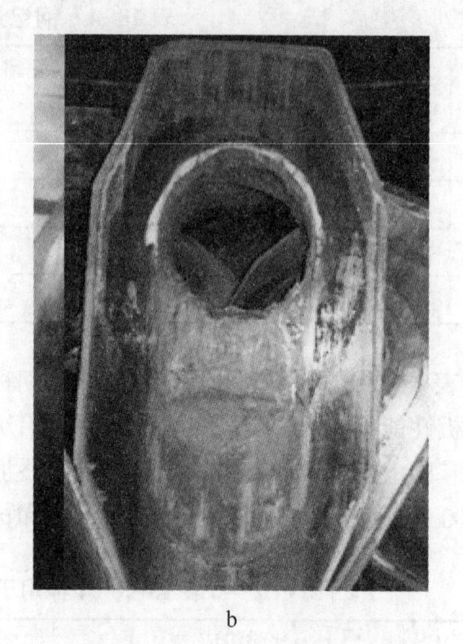

b

图 18-3　用后转炉滑板形貌

a—20 炉下线；b—23 炉下线

18.1.3　铝炭质滑板的生产工艺

滑板的制备工艺因材质不同而有所不同。铝炭材质滑板分为不烧和烧成两种，以烧成滑板为主，除烧成外二者在生产工艺上相同。铝炭滑板主要以烧结氧化铝和 3%～12%碳为主要原料，酚醛树脂作结合剂，还原气氛烧成。多数滑板浸渍沥青增加密度、强度，降低气孔率。随着锆莫来石、锆刚玉、金属、碳化物等原料的引入，石墨的精选，滑板的热震稳定性（抗剥落性）、抗侵蚀性、抗氧化性、热态强度等性能得到了优化，使用寿命逐步提高。当前国内大中型钢厂基本都选用烧成铝炭质滑板或铝锆炭质滑板。铝炭质滑板制作工艺主要包括坯料混练，高压成型，保护烧成，油浸，机加工，打箍等工序。简易生产流程如图 18-4 所示。

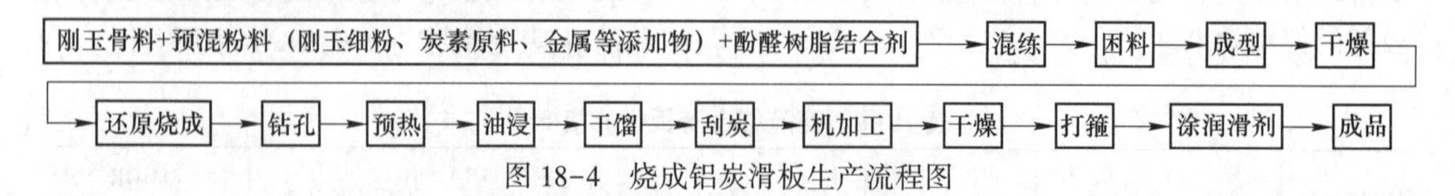

图 18-4　烧成铝炭滑板生产流程图

A　原料

铝炭滑板的主体原料为刚玉、高铝矾土和炭素原料，主要添加的辅助原料有锆刚玉或锆莫来石、金属粉和非氧化物等用以提高和优化

滑板抗热震性、抗侵蚀性、抗氧化性等使用性能。滑板的性能由原料的种类及配比,结合剂、添加剂的选择及制造工艺过程和参数,滑板的结构等因素决定。

刚玉原料:滑板的性能和 Al_2O_3 含量相关,Al_2O_3 含量高,抗侵蚀性好,低时,抗热震性好,一般在85%~95%,SiO_2 在5%~12%,但目前趋向于减少 SiO_2 含量。因此,刚玉原料是铝炭滑板最主要的原料,刚玉原料的选择要求品位要高,杂质含量要低,多选用电熔白钢玉、板状刚玉。

锆莫来石(ZM)或锆刚玉(ZA):是生产高档次铝锆炭滑板所引入的主要材料,ZA 或 ZM 具有比刚玉低的线膨胀率和高的抗侵蚀性,其作用是提高滑板的抗侵蚀性和抗热震性,以进一步提高滑板的使用寿命。

炭素原料:碳具有良好的高温性能,在铝碳滑板中起着提高抗渣蚀和抗热震性的作用和一定的高温润滑作用,抗侵蚀性和抗热震性提高程度与石墨加入量成正比。石墨的加入使不烧或烧成铝炭滑板主要性能有所提高,使用寿命高于高铝滑板。碳成分可由天然鳞片石墨,焦油,焦炭,或炭黑等引入,天然鳞片石墨抗氧化性好,炭黑等活性高,易和铝,硅等添加剂反应填充气孔以改善性能,所以采用两种碳更好些,一般碳含量为8%~15%。

金属和非氧化物添加剂:它们的主要作用是提高铝炭滑板抗氧化性,同时还可起到提高强度的作用。添加剂有金属和非氧化物,常采用的有金属硅粉,金属铝粉,碳化硅,碳化硼等。由于在烧成过程中的反应对滑板的性能和显微结构有重要影响,一是金属添加物反应生成的碳化物或氮化物形成一定的陶瓷结合,提高滑板的强度;另外金属添加物反应生成的碳化物或氮化物提高滑板的抗氧化性,添加物或其在滑板烧成时的反应生成物在使用时先于石墨氧化,起到延缓石墨氧化的作用。几种添加剂在烧成和氧化气氛下的反应如下所示[12]:

$$4Al(l)+3C = Al_4C_3(s) \quad (900℃) \tag{18-1}$$

$$2Al(l)+N_2 = 2AlN \quad (800℃) \tag{18-2}$$

$$Si+C = SiC \quad (1000℃) \tag{18-3}$$

$$3Si+2N_2 = Si_3N_4 \quad (1200℃) \tag{18-4}$$

$$Al_4C_3+6CO = 2Al_2O_3+9C \tag{18-5}$$

$$2AlN+3CO = Al_2O_3+3C+N_2 \tag{18-6}$$

$$SiC+2CO = SiO_2+3C \tag{18-7}$$

$$4/3Si_3N_4+2CO = 2Si_2N_2O+2C+2/3N_2 \tag{18-8}$$

同时加入 Al、Si,非氧化物的生成温度会降低。金属和非氧化物添加剂影响效果为:反应生成物填充空隙降低气孔率;反应生成物保护了碳结合和提供了一定程度的陶瓷结合,益于提高强度,在一定范围内随金属加入量增加而增加;抑制石墨氧化,部分解决由于石墨氧化而引发的一系列破坏性作用——碳氧化后强度降低不耐冲刷,气孔增加钢液渗入易于表面拉毛等。

结合剂:普遍采用酚醛树脂为结合剂。酚醛树脂结合剂对刚玉和石墨原料润湿性好,流动性好,残碳量高,热处理后形成碳结合,保证了制品具有较高的强度。

B 成型

滑板的成型需要较高的压力,以保证坯体具有高的密度、低的气孔率、高的强度,依滑板规格大小,采用具足够大吨位的液压机或摩擦压砖机成型。

C 干燥和烧成

坯体入隧道干燥窑干燥后,通常埋碳保护烧成,烧成温度一般在1300~1450℃。

D 真空油浸和干馏

采用真空油浸装置处理烧成后滑板并进行热处理,该工艺可起到提高滑板强度、降低气孔率、防止滑板裂纹,防止滑动水口机构吸入空气,减小滑板间摩擦力的多重作用。

18.1.4 滑板的损毁机理和性能提高

滑板在使用中经常见到的损毁形式有:滑板面粗糙(荒面损伤),孔缘损伤,裂纹和剥落、铸孔扩大。统计比例约为:裂纹和剥落占10%~20%,铸孔扩大占20%~40%,滑板面粗糙化占40%~60%。与这些破坏直接相关的因素是滑板的品质和苛刻的使用条件:浇钢开始时的强烈的热冲击,浇钢过程中的钢液和渣液的化学蚀损和冲刷,热机械磨损等。

浇钢开始冷态滑板与高温钢液接触,极其强烈的热冲击,孔缘极易产生裂纹、龟裂、裂开。因此,高抗热冲击性为首要保证性能,相应滑板材料应具与此使用性能相关的低的线膨胀系数、低弹性模量、高热导率、高断裂功。

高温下钢液、熔渣、气体的强冲刷和热化学侵蚀作用是造成滑板损毁失效的最主要原因。滑板在使用中与高温钢水及通过滑动面漏入的空气发生反应而导致结构疏松和滑板的损毁。这些反应有碳的氧化,[Ca]、[Mn]、[Fe]等对滑板的侵蚀,锆莫来石的分解等。

碳的氧化在热化学损毁过程中起很大的作用。一方面会造成滑板表面碳结合被破坏,强度降低;另一方面,滑板气孔率较低(<10%),孔径较小(<6μm),渣和钢液的渗透较难,但一旦氧化脱碳,气孔直径增大了2~5倍,在钢水静压力下渣和钢液的渗透成为可能。渗透的渣和钢液凝结后使滑动面润滑变差,滑板开启时摩擦力加大,剥落和粗糙程度增加,影响使用寿命。对用后滑板分析,钢液中氧含量$>90\times10^{-4}\%$时,石墨氧化影响明显。

钢液中的合金元素、氧化物杂质及脱氧剂与耐火材料反应,是造成滑板扩孔和工作面蚀损的另一重要原因。钢液中的Mn、MnO、FeO、CaO对耐火材料有较强的侵蚀性作用,这些成分易与滑板中SiO_2反应而产生蚀损,高的钢水温度会加速反应。高铝质滑板所受影响明显超过铝炭质滑板,钢液中锰含量高时,侵蚀明显加剧。对浇注几种不同钢种(钙处理钢,铝镇静钢,铝硅镇静钢)后的铝锆炭滑板(Al_2O_3 71.5%、F.C 8.49%、ZrO_2 6.23%、SiO_2 6.11%)分析表明:碳在距工作面一定距离内氧化消失,锆莫来石分解,二者都导致结构疏松,钢水渗入,与耐火材料反应,生成$MnO\cdot SiO_2$,$MnO\cdot Al_2O_3$,$2FeO\cdot SiO_2$,$FeO\cdot Al_2O_3$,$[Ca]\rightarrow CaO+Si$,$Al\rightarrow Al_2O_3-CaO$和$Al_2O_3-CaO-SiO_2$系化合物。宝钢浇注一般钢种时铝锆炭滑板扩径速度1~1.5mm/炉,浇注钙处理钢,高达15mm/炉,浇注1~2炉后,中包滑板即出现漏钢,滑板流钢孔周围有一层2~3mm厚的$C_{12}A_7$为主成分的玻璃状物。此外,吹氧造成的蚀损也会使滑板扩径,控流失稳。低SiO_2含量、低气孔率、微气孔、合适的碳含量将有利于滑板抗损毁能力的提高[13,14]。

从使用角度来讲,对滑板的要求是安全可靠、寿命长,满足不同钢种,不同炼钢工艺的要求。基于对滑板损毁机理的认识,提高使用寿命和使用可靠性的前提在于提高滑板材料的三项性能:抗热震性,高温耐磨性,抗侵蚀性;在材质选择上趋于多元化;优化滑板结构和辅助技术的应用。

在钢包用滑板(全部为烧成滑板)改进方面,进行一定的优化而见效实例有[15~20]:

滑板孔径优化:较小的孔径利于增加滑板开启度,减少冲蚀,但太小会减小拉坯速度,降低产量和质量。大包滑板孔径一般为80mm,对应最大流量8.0t/min,改为75mm,对应最大流量6.4t/min,提高寿命14%。

滑板外形优化:采用FEM(有限元法)对使用条件下滑板作应力分析和应变测量,根据所得应力分布对滑板外形结构做出改进,可降低内应力和应变,明显减少了沿滑动方向的开裂,钢包滑板平均寿命提高2次,中包滑板寿命提高30%~40%。

性能提高:已采用的措施有:加入低线膨胀系数原料、应用氧化铝超微粉、降低碳含量、降低氧化锆含量、降低氧化硅含量、特殊添加剂等。

常规铝锆炭滑板的ZrO_2的含量为10%左右,具有较好的抗剥落性,但钢中氧量较高时,即使少量FeO与ZrO_2共存,也可生成低熔点相,同时氧化锆含量过高在滑板冷却时会扩大微裂纹,限制了滑板寿命的提高。日本黑崎对滑板中氧化锆量进行优化,结果是无氧化锆,抗剥落性最差,3%~6%ZrO_2时抗剥落性较好,具体性能参数如表18-8中所列。

表 18-8 ZrO_2 含量对 Al_2O_3-ZrO_2-C 滑板性能的影响[19]

编号	组成/%			显气孔率/%	体积密度/g·cm^{-3}	耐压强度/MPa	抗折强度/MPa	弹性模量/GPa	线膨胀率(1500℃)/%	溶蚀指数	热震次数
	Al_2O_3	ZrO_2	C								
1	77	11	7	4	3.47	235	38	50	1.03	100	8
2	81	6	7	4	3.39	260	43	53	1.05	65	>10
3	84	3	7	4	3.37	270	44	54	1.05	60	>10
4	88	0	7	4	3.35	280	47	60	1.07	55	7

宝钢在浇注电工钢用滑板的比较试验中，强度高、抗氧化性好的无硅低碳铝炭滑板扩径和滑动面磨损最轻微。即铝炭质滑板强度高，抗氧化性好，能满足3炉连浇；铝锆炭质滑板抗热震性好，强度高，但由于碳的氧化，导致滑板结构疏松，强度下降，此外 ZrO_2 易与 FeO 反应形成低熔物，进一步恶化了组织。镁质滑板采用高纯原料高温烧成，油浸制成，虽具良好的抗侵蚀性和抗氧化性，但高温强度低，不耐冲刷；尖晶石炭质滑板采用高纯尖晶石和炭黑为原料，添加适量抗氧化剂，酚醛树脂结合，保护气氛烧成，同样是良好的抗侵蚀性，高温强度低，抗氧化性差，不耐冲刷；刚玉质滑板以板状氧化铝为原料，高温烧成，油浸制成，高强度，抗氧化，抗冲刷，但有滑动区拉毛夹冷钢的缺点。浇注电工钢用滑板性能和使用效果对比见表18-9。

表 18-9 浇注电工钢用滑板性能和使用效果对比[20]

类型		组成/%				显气孔率/%	体积密度/g·cm^{-3}	耐压强度/MPa	HMOR/MPa	连浇炉次	扩孔	荒面
		Al_2O_3	MgO	ZrO_2	C							
A	铝锆炭	78		7	10	5	3.24	200	18	1	大	严重
A	镁质		94		2.5	10	3.15	140	12	2	大	严重
A	铝锆炭	82		3	10	7	3.16	230	20	2	小	严重
B	刚玉质	96			2.4	9	3.27	195	18	2	小	严重
B	铝炭质	95			3.5	6	3.18	220	45	2	轻微	小
C	尖晶石炭质	67	21		5	4	3.11	130	13	2	大	严重
D	铝炭质	95			3.7	7	3.24	280	50	3	轻微	轻微

注：A—国内A厂家产品；B—国内B厂家产品；C—进口滑板；D—进口滑板。

18.1.5 滑动水口装置的上下水口砖

与滑板配套组成滑动水口装置的还包括有上、下水口砖，上水口安装于钢包和中间包底部座砖内，下水口与下滑板安装在一起。在性能上水口砖也需具有与滑板相类似的要求：经受开浇时热冲击具抗剥落性；在钢液和渣液的作用下具耐蚀性；在流动钢水磨损作用下具耐磨性，较高的机械强度；防止引流沙的烧结具低导热性及与引流沙之间低的反应性。钢包水口(上水口)的使用寿命通常是滑板的2~3倍，材质有铝炭、氧化铝-尖晶石-碳、刚玉、高铝质等。在结构上水口砖有通气和不通气之分，后者多用于中包滑动水口，以减少水口堵塞，提高钢材质量。中包水口的防止空气吸入和氧化铝堵塞的功能同耐侵蚀性同样重要，所以，趋向发展多孔的或带有吹气狭缝结构，以便于通气。对可通气水口来说，在上水口通气比在滑板、下水口，或浸入式水口通气能更有效防堵、有利于钢流稳定。在采用吹气结构水口时，如果气泡不能在结晶器中上浮，会在铸坯造成气孔缺陷，所以现在技术倾向于减少气量，同时还要求气泡都要升至液面，为此开发了具有窄的孔径分布的多孔材料，有一最佳的气流配置(背压数量级为:0.15~0.16MPa)。随多炉连浇,高速浇注的发展,通气水口质量,性能,可靠性更加重要,主要材质为铝炭,莫来石质、高铝,锆质等,加入石英以改善耐剥落性,浸渍沥青改善耐蚀性[21]。

表 18-10 为国内生产的上下水口砖指标,表 18-11 和表 18-12 分别列出了日本品川公司部分中包用通气上水口和钢包、中间包用不通气上水口的理化性能指标。

表 18-10 国内钢包、中间包用不通气上水口的性能指标

类型	组成/%			显气孔率/%	体积密度/g·cm^{-3}	耐压强度/MPa
	Al_2O_3	C	SiO_2			
钢包上水口	92.1	4.52		4.6	3.21	132
钢包下水口	81.65	4.75		3.55	3.00	110
中包上水口	82.1		10	26	2.58	66
中包下水口	85.5	4.07		7.00	2.88	102

表 18-11 钢包、中间包用通气上水口的性能指标

类型	组成/%				显气孔率/%	体积密度/g·cm^{-3}	耐压强度/MPa	线膨胀率(1500℃)/%	透气率	平均孔径/μm
	Al_2O_3	ZrO_2	SiO_2	Cr_2O_3						
ALP-A90M	89		10		22.0	2.75	59	1.02	45	40
ALP-A90CM	87		10	2	21.0	2.80	59	1.00	20	25
ALP-A90CM3	87		10	2	25.0	2.71	59	1.00	30	30
ALP-A90CM4	83	5	8	2	24.0	2.85	49	0.93	20	20
ALP-A90CM6	84	5	8	1	23.5	2.86	44	0.94	50	40

表 18-12 钢包、中间包用不通气上水口的性能指标

类型	组成/%				显气孔率/%	体积密度/g·cm^{-3}	耐压强度/MPa	线膨胀率(1500℃)/%	抗侵蚀性	抗剥落性	应用
	Al_2O_3	SiO_2	MgO	C							
铝炭 A85GU1	83	9		7	7.9	2.95	78	0.5	中	中	全部
铝炭 A85GU3	86	3		5	7.6	3.08	74	0.7	良	中	钢包上水口
铝炭 A85GU8	78	14		7.5	10.0	2.85	81	0.5	良	良	下水口
铝炭 A85GU10	72	14		9	11.4	2.80	59	0.5	良	良	下水口
MgO-MA-C	65		24	5	7.9	2.91	73	0.83	良	较差	钢包上水口
高铝 90A	90	7			17.0	3.05	98	0.3	差	中	全部
铝炭	91	6		5	5.8	3.03	152.1				钢包上水口
铝炭	81	15		5	8.0	2.75	127.5				中包下水口
莫来石	80	19			23.8	2.45	46.1				中包上水口
高铝	82	6	1	10	22.2	2.95	41.2				中包上水口

18.2 浸入式水口、长水口、整体塞棒

18.2.1 长水口、整体塞棒、浸入式水口概述

连铸用长水口、整体塞棒、浸入式水口(以下简称连铸三大件)是连铸工艺中非常重要的功能耐火材料。如图 18-1 中所示,它们的作用是将钢包、中间包、结晶器三位一体地连接起来,控流和导流钢液,防止钢水二次氧化,实现连续铸造工艺。长水口又称保护套管,安装于

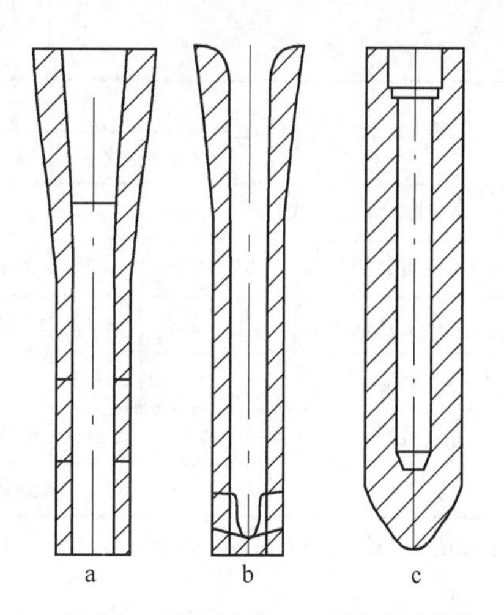

图 18-5 长水口、浸入式水口、整体塞棒结构示意图
a—长水口;b—浸入式水口;c—整体塞棒

盛钢桶下方与滑动水口装置的下水口相接,连接钢包和中间包,起着导流、防止钢水氧化和飞溅的作用;整体塞棒在连铸工艺中之作用是起着控制钢水从中间包到结晶器流量;浸入式水口是连铸过程的最关键的耐火功能部件,它安装在中间包和结晶器之间,是钢水从中间包输送到结晶器的通道,即要保护钢水不发生二次氧化,防止氮溶入或渣混入钢水及防止钢水飞溅,又要保证钢液在结晶器内有一合理的流场和温度场分布。根据它们所承受的使用条件和需要满足的使用要求,长水口、整体塞棒、浸入式水口采用抗热震性优异的含碳耐火材料,在关键工作部位,如渣线、塞棒棒头等处采用高抗侵蚀性的含碳材料。连铸三大件的结构、形状、尺寸依连铸机不同而有所区别,图 18-5 给出了三大件产品的基本结构形式示意图。

连铸三大件制品按用途分长水口(含连续测温用保护套管、浇铸管)、浸入式水口、整体塞棒三类。按服役部位和功能不同,分为本体部位和复合部位,复合部位包括浸入式水口和长水口的渣线、整体塞棒的棒头、整体浸入式水口的碗部等。连铸用功能耐火制品(YB/T 007—2019)规定了三大件产品的分类、技术要求等。其中,制品本体部位为铝炭质,按理化指标分为:C_{50}、C_{45}、C_{40}、R_{55}、R_{50}、R_{45}、R_{40}、S_{45}、S_{40}共 9 个牌号,其中:C 代表长水口,R 代表浸入式水口,S 代表塞棒。复合部位为锆炭质、镁炭质、铝炭质或尖晶石炭质,按理化指标分为:Z_{75}、Z_{70}、Z_{65}、Z_{55}、M_{65}、M_{60}、A_{70}、A_{65}、A_{60}、MA_{70}、MA_{65}共 11 个牌号,其中:Z 代表锆炭质,M 代表镁炭质,A 代表铝炭质,MA 代表尖晶石炭质。标记示例:Al_2O_3含量保证值为 50%的长水口,标记为 C_{50};本体 Al_2O_3 含量保证值为 45%、渣线部位复合 ZrO_2 含量保证值为 65%的浸入式水口,标记为R_{45}-Z_{65}。连铸三大件本体部位和复合部位的理化性能指标应符合表 18-13 和表 18-14 的规定。

表 18-13 连铸三大件制品本体部位理化性能指标

项　目	牌　号								
	C_{50}	C_{45}	C_{40}	R_{55}	R_{50}	R_{45}	R_{40}	S_{45}	S_{40}
Al_2O_3(质量分数)/%	≥50	≥45	≥40	≥55	≥50	≥45	≥40	≥45	≥40
F. C(质量分数)/%	≥20	≥20	≥25	≥16	≥18	≥20	≥22	≥20	≥25
体积密度/$g \cdot cm^{-3}$	≥2. 20	≥2. 18	≥2. 16	≥2. 36	≥2. 32	≥2. 28	≥2. 18	≥2. 36	≥2. 20
显气孔率/%	≤19. 0	≤19. 0	≤19. 0	≤19. 0	≤19. 0	≤19. 0	≤19. 0	≤19. 0	≤19. 0
常温抗折强度/MPa	≥5. 5	≥5. 5	≥5. 0	≥5. 5	≥5. 5	≥5. 5	≥5. 0	≥5. 5	≥5. 5

注:根据用户需要,对制品复合特定材质、检测抗热震性、通气量等特殊要求,供需双方协商。

表 18-14 连铸三大件制品复合部位理化性能指标

项　目	牌　号										
	Z_{75}	Z_{70}	Z_{65}	Z_{55}	M_{65}	M_{60}	A_{70}	A_{65}	A_{60}	MA_{70}	MA_{65}
Al_2O_3(质量分数)/%	—	—	—	—	—	—	≥70	≥65	≥60	—	—
MgO(质量分数)/%	—	—	—	—	≥65	≥60	—	—	—	—	—

续表 18-14

项目	牌号										
	Z_{75}	Z_{70}	Z_{65}	Z_{55}	M_{65}	M_{60}	A_{70}	A_{65}	A_{60}	MA_{70}	MA_{65}
(Al_2O_3+MgO)(质量分数)%	—	—	—	—	—	—	—	—	—	≥70	≥65
ZrO_2(质量分数)/%	≥75	≥70	≥65	≥55	—	—	—	—	—	—	—
F.C(质量分数)/%	≥9	≥12	≥15	≥18	≥9	≥12	≥9	≥12	≥15	≥8	≥10
体积密度/$g\cdot cm^{-3}$	≥3.60	≥3.50	≥3.40	≥3.20	≥2.45	≥2.40	≥2.65	≥2.60	≥2.55	≥2.60	≥2.45
显气孔率/%	≤21.0	≤21.0	≤21.0	≤22.0	≤19.0	≤19.0	≤19.0	≤19.0	≤19.0	≤19.0	≤19.0
复合部位	可用于渣线部位				可用于棒头或碗部						

注:根据用户需要,对制品复合特定材质、检测抗热震性等特殊要求,供需双方协商。

18.2.2 连铸三大件生产工艺

连铸三大件虽然功能不同,但有着相同或相似的材质、结构特点、使用条件、性能要求等,因而在生产中采用几乎完全相同的工艺。这三种产品的结构及高性能特点决定了它们从生产工艺到所用原料不同于其他耐火材料。除少量浸入式水口为熔融石英质外,绝大多数为铝炭质;形状之细长需采用等静压成型,高石墨含量配料采用树脂结合剂形成碳结合,保护气氛热处理。具体制造工艺过程包括以下主要工序:原料—坯料制备—等静压成型—热处理—机加工—探伤—检选—表面防氧化涂层—包装等。

18.2.2.1 原料

连铸三大件所用原料可分为如下几类,主体耐火原料、石墨原料、功能添加剂和有机结合剂等。原料的选择对产品的品质、使用效果有很大的影响。因此生产三大件产品对原料的纯度、粒度和结构都有较严格的要求。

主体耐火原料:涉及多种高档氧化物原料,如各种类型的刚玉原料、电熔氧化镁、尖晶石、电熔氧化锆、熔融石英、电熔锆莫来石等,依产品之不同和部位之不同而选择不同原料为主体耐火原料。三大件产品本体用刚玉原料或高铝原料,渣线采用部分稳定的电熔氧化锆原料,塞棒棒头、水口碗部处依浇注钢种不同而选用刚玉、电熔氧化镁、尖晶石等材质。熔融石英、锆莫来石常作为改善抗热震性原料部分引入。主体原料的种类、品质、粒度配比与产品抗热震性、抗侵蚀性、抗冲刷性密切相关。一般骨料粒度≤1mm,产品关键部位选用高纯度电熔原料。

石墨原料:连铸三大件产品中均大量采用天然鳞片石墨,石墨组分对产品的最重要贡献是赋予其高抗热震性以适应使用时高温钢液的强烈热冲击。但其致命缺点是氧化问题,石墨的氧化和连铸操作条件、石墨的品位、粒度大小等都有关系。多数观点认为石墨的纯度越高,抗侵蚀性和抗氧化性越好,有些厂家对石墨原料还进行精制处理以进一步减少杂质含量。

添加剂:为有针对性地改善连铸三大件产品的使用性能,常在配料中加入一定量起改性作用的添加剂,如防氧化添加剂,来抑制或减缓石墨在使用过程中的氧化,低熔点、低线膨胀系数添加剂缓冲热应力提高抗热冲击性等。目前所应用的功能耐火材料多数是碳结合的含碳耐火材料,防氧化问题是在产品组成设计时必须考虑的问题。添加防氧化剂和表面防氧化涂层是在生产连铸用含碳耐火材料时惯用的措施,常用的防氧化添加剂有金属铝粉、硅粉、碳化硅、碳化硼、Al-Si、Al-Mg 合金粉,等等。这些添加剂或者在热处理过程中生成非氧化物如 SiC、Si_3N_4、SiAlON、AlN 等增强材料,或者在使用过程中它们可先于石墨与氧反应,能将 CO(g)还原成 C,抑制制品中 C 的消耗速度;生成 C 和氧化物,提高耐火材料的致密度、形成保护层、促进石墨结晶、提高高温强度等。式 18-9~式 18-13 为各非氧化物添加剂可能发生的反应[5,22~24]。

$$Si(s)+2CO(g)=SiO_2(s)+2C(s) \quad (18-9)$$

$$SiC(s)+2CO(g)=SiO_2(s)+3C(s) \quad (18-10)$$

$$2Al(s,l)+3CO(g)=Al_2O_3(s)+3C(s) \quad (18-11)$$

$$Al_4C_3(s,l)+6CO(g)=2Al_2O_3(s)+9C(s) \quad (18-12)$$

$$B_4C(s,l)+CO(g)=B_2O_3(l)+C \quad (18-13)$$

结合剂:连铸三大件几乎无例外地采用酚醛树脂作为结合剂,连铸三大件的热处理实际上就是控制树脂碳化,形成碳结合,赋予制品有足够的使用强度。所用树脂的基本要求是性能稳定、残碳高、黏度合适。树脂的特点是碳化时会排放和分解出大量气体,对制品强度和气孔率都有较大或决定性影响,进而影响到了制品的使用性能,选择一种合适的树脂是生产高质量产品的重要环节[1]。树脂的加入量因材料的不同、石墨含量的不同而有所区别,一般在总量的6%~12%之间。

18.2.2.2 坯料制备

连铸三大件坯料质量是影响到后续工艺和最终产品性能好坏的非常关键的因素,是保证产品具有均匀一致组织结构和性能的前提条件。对坯料的要求是:合适的树脂加入量,各组分分布均匀,有造粒效果,流动性好,成型性好。坯料制备设备和工艺参数的选择对此有重要影响。常用混料设备为高速混练机,混料过程为按合理的加料顺序加入骨料、预混合粉料、石墨、树脂等,混练,兼具造粒作用。烘干设备可采用耐火材料常规干燥设备,也可采用流化干燥床,操作中要严格控制干燥温度和坯料的干燥程度,以保障有良好的成型性能和坯体强度。

18.2.2.3 成型

根据连铸三大件的外形细长、中间有流钢通道的结构特点和使用时高可靠性、高重现性的要求,生产中采用冷等静压应是当前最合适的成型方式,能保证细长中空结构的水口在整个长度方向上具有相同的品质。所用设备为冷等静压机,液体介质,橡胶模套,钢制模芯。较合适的工艺参数是压力取120~200Mpa,一定的升压、保压和卸压曲线。

18.2.2.4 热处理

热处理作用在于使树脂分解碳化,形成碳结合,赋予制品以合适的强度和性能。在热处理工艺中,为防止石墨氧化,控制热处理气氛为惰性或还原气氛,热处理制度的制定参照树脂在加热过程中的挥发份的排出和分解反应温度而制定[4],热处理温度常取900~1250℃,热处理设备多为梭式窑。

18.2.2.5 无损探伤

连铸三大件在使用上的不可重复性要求产品杜绝任何内部损伤,产品检测需采用无损探伤,所用仪器为X光探伤仪。

18.2.2.6 加工和表面涂层

等静压成型品的外形尺寸,特别是配合尺寸尚达不到要求精度,三大件产品局部或全部外形尺寸需进行加工。同时,为防止在现场烘烤和使用时免遭氧化,产品表面要涂以保护涂料。所配制的涂料在较低温度下(600~750℃)能熔化成釉,并能在产品表面良好铺展和能在较宽的温度范围内维持黏度无大的变化,起到保护石墨不氧化作用。

虽然连铸三大件在原材料选用,生产工艺,性能要求等方面有诸多相同之处,但由于使用位置不同,使用条件不同,所起的功能不完全相同,在最终产品的要求上有所不同,在材质,结构等方面还有各自的特点。对三大件产品分述如下。

18.2.3 浸入式水口

18.2.3.1 结构、选材及性能指标

浸入式水口是钢液最后接触的耐火材料,也是在连铸工艺中最关键,研究最多的功能耐火元件。浸入式水口的品质好坏直接影响到连铸工艺的正常进行、连铸时间的长短及铸坯质量。所以,对浸入式水口的要求是结构要合理,保证结晶器内钢液面的平稳,合理的流场分布和温度场分布,减少因流场问题产生的搭桥、冲刷坏壳、拉漏等事故，合理的水口结构设计需经水模拟试验和计算机模拟计算；抗热震性良好，能经受现场使用时的较苛刻的热冲击条件，保证使用时的绝对安全可靠性；具有良好的抗侵蚀性和抗剥落性，高的连浇炉次，满足对越来越长的连铸时间的要求。

浸入式水口的结构和材质因连铸工艺、连铸钢种的不同而有所不同。有整体塞棒和浸入式水口控流系统，上水口-滑动水口-浸入式水口系统控流，塞棒-上水口-快换机构-浸入式水口系统控流等，及薄板坯连铸用扁平式特殊结构的浸入式水口，薄带连铸用起钢水布流作用多吐钢口的水口等。

在材质选择上有熔融石英质水口，铝炭或铝锆炭质水口以及为解决水口堵塞或浇注一些特种钢和高侵蚀性钢而制作的具有防堵功能或无硅无碳内衬的复合结构水口，如连铸铝镇静钢、超低碳钢、高氧钢、高锰钢等用内衬复合尖晶石的水口。

熔融石英质浸入式水口特点是具有良好的抗热震性，低的售价，一般无堵塞问题，使用时无须专门预热，缺点是不耐侵蚀，特别是在浇铸低合金钢时，SiO_2 与合金元素，如 Mn 反应，降低使用寿命。目前已基本被 Al_2O_3-C 材质水口代替，仅用于浇注时间不长的连铸工艺中。熔融石英质浸入式水口的生产方法为颗粒泥浆浇注的工艺，主要关键工艺过程包括有熔融石英原料破粉碎，细磨、泥浆的制备，石膏模泥浆浇注成型，干燥、烧成，主要控制的工艺参数有粒度、粉料细度、泥浆的水分和稳定性（pH 值）、干燥制度和烧成制度，一般烧成温度控制在 1200℃ 以下，避免熔融石英结晶化[25]。水口性能指标为：SiO_2 含量≥99%，体积密度≥1.85g/cm^3，显气孔率≤16%，常温耐压强度≥40Mpa。

铝炭或铝锆炭质浸入式水口实际为复合材质的水口，依水口部位不同，使用条件和要求不同而选用不同材质。同其他连铸功能耐火材料一样，对浸入式水口来说良好的抗热震性是最基本的要求。水口本体经受强热震和钢液冲蚀，一般都选用铝炭材料，并且可依使用要求不同选择不同档次和不同碳含量的铝炭材料。水口碗部为与塞棒棒头配合部位，起着控制钢液供给速度及开关的作用，抗热震或抗剥落，抗侵蚀，抗冲刷要求也都很高，常与塞棒棒头选用相同的材质，浇注不同的钢种有不同的选材：常用为铝炭，钙处理或钙硅处理钢以镁炭或尖晶石炭合适。渣线是浸入式水口最重要的部位，既是易发生质量事故的部位，又是决定水口使用寿命的关键，ZrO_2-C 材料是当前最通用的渣线材料。ZrO_2-C 材料的抗侵蚀性和电熔 ZrO_2 含量、质量、稳定化率、粒度组成相关，提高 ZrO_2 含量，可使抗侵蚀性提高，但降低抗热震性。表 18-15 中给出几个不同厂家生产的浸入式水口的组成和部分性能指标[3,4,26]。

表 18-15 浸入式水口材料性能表

项 目			组成/%				气孔率/%	体积密度 /g·cm^{-3}	抗折强度 /MPa	弹性模量 /GPa	线膨胀率 (1000℃)/%
			Al_2O_3	ZrO_2	SiO_2	C+SiC					
国外 1	铝碳本体	A(标准)	47		24	28	15	235	93	8.8	0.29
		B(抗侵蚀)	58	2		38	15	2.50	9.8	9.3	0.31
	锆炭渣线	A(标准)		75		21	15.5	3.65	6.9	7.8	0.44
		B(抗侵蚀)		78		18	16.5	3.75	7.8	88	044
国外 2	铝炭本体	A(标准)	52	1.0	16	31	18	2.35	7.4		
		B(抗侵蚀)	64	4.6	6.0	23	16.4	2.63	9.0		
	锆炭渣线	A(标准)		73.5		15.0	15.6	3.61			
		B(抗侵蚀)		76.7		16.7	16.0	3.72			

续表 18-15

项目		组成/%				气孔率/%	体积密度 /g·cm^{-3}	抗折强度 /MPa	弹性模量 /GPa	线膨胀率 (1000℃)/%
		Al_2O_3	ZrO_2	SiO_2	C+SiC					
A厂	铝炭本体	43.0			30.0	18.0	2.32	8.72	27.4	
	锆炭渣线		80.0		16.0					
B厂	铝炭本体	50		10	31	12.5	2.60	10.1		
	锆炭渣线		77		22	15.0	3.52	9.8		

18.2.3.2 渣线材料的抗侵蚀性

浸入式水口渣线位处结晶器钢液和保护渣界面,侵蚀严重,是水口使用过程中最薄弱部位,提高浸入式水口使用寿命的关键是提高渣线 ZrO_2-C 材料的抗侵蚀性。石墨的氧化和在钢液中的溶解及渣液对 ZrO_2 的溶蚀是浸入式水口渣线 ZrO_2-C 材料在使用时所发生的两个最主要侵蚀过程。和钢液接触时,以石墨氧化和溶解为主;和渣液接触时,石墨与渣液不浸润,以 ZrO_2 溶蚀为主。减缓二者的蚀损速度,均可起到提高渣线使用寿命的作用。渣液与氧化锆的相互作用主要是渣液与 ZrO_2 颗粒中的杂质和 CaO 稳定剂的作用。其作用程度的大小与氧化锆颗粒的组成和结构有很大的关系。致密程度低的和杂质含量相对高的,在每个 ZrO_2 颗粒内,存在有较多的亚晶界和低熔点物富集区,一方面在浇钢温度和气氛下,稳定剂 CaO 脱溶会增加 ZrO_2 颗粒内部低熔点相,另一方面,亚晶界和低熔点物富集区构成了 ZrO_2 颗粒的易与渣液反应的通道,使渣液能一直渗入颗粒内部。渗入的渣液会导致稳定剂 CaO 更快的脱溶和 ZrO_2 颗粒的裂解,从而使被渣渗入和裂解的 ZrO_2 颗粒在钢液和渣液的反复作用下溶蚀到渣液中。对用后残砖的显微结构观察可以看出,在渣层中含有较多的微小 ZrO_2 颗粒,也说明 ZrO_2 颗粒的溶蚀过程为:CaO 稳定剂被溶出——ZrO_2 颗粒被低熔点相分割为微小粒子——裂解的 ZrO_2 颗粒逐渐被溶蚀和冲刷到渣液中。致密程度高和杂质含量低的电熔 ZrO_2 颗粒或 Y_2O_3 稳定电熔 ZrO_2,不论是在渣液作用下,还是在周围气氛作用下,都具有高的稳定性,渣液不易渗入 ZrO_2 颗粒内部,即 ZrO_2 颗粒裂解的程度小,其脱离基体进入渣液的过程被减缓,从而抗渣侵蚀性得以提高[27~30]。

在提高浸入式水口渣线抗侵蚀性方面,主要控制的要素是电熔氧化锆原料的品质(致密程度、稳定化率、纯度等)、氧化锆的加入量、氧化锆的粒度组成,鳞片石墨的品质、合适的添加剂等。表 18-16 和表 18-17 给出了不同 ZrO_2 含量、不同 ZrO_2 粒度组成对 ZrO_2-C 材料性能的影响。增加 ZrO_2 含量可以提高抗侵蚀性,但过高的 ZrO_2 含量会导致抗热震性变差,二者比较兼顾的比例是碳含量在 15%~20%之间。

表 18-16 不同 ZrO_2 含量 ZrO_2-C 材料的抗侵蚀性比较[31]

水口类型	化学组成/%			体积密度 /g·cm^{-3}	显气孔率 /%	抗折强度 /MPa	弹性模量 /GPa	侵蚀速率指数 (侵蚀速率/$10^2mm^2·min^{-1}$)
	ZrO_2	CaO	F.C					
标准	80	3	15	3.65	18.5	8.3	12.1	100(4.17)
RZ30	78	3	17	3.59	16.5	9.0	8.7	78(3.25)
RZ20	83	4	12	3.86	17.0	8.4	9.0	68(2.83)
RZ10	88	4	6	4.19	17.5	6.4	7.9	63(2.63)

表 18-17 不同 ZrO_2 粒度组成 ZrO_2-C 材料的抗侵蚀性比较[32]

水口类型	粒度组成/%			体积密度 /$g\cdot cm^{-3}$	显气孔率 /%	抗折强度 /MPa	弹性模量 /GPa	线膨胀率 (900℃)/%	抗剥落指数	侵蚀指数
	粗	中	细							
A	0	50	50	3.54	21.2	10.8	8.3	0.38	35.3	1.00
B	10	40	50	3.55	20.5	9.8	8.0	0.36	32.7	0.80
C	30	40	30	3.58	19.8	10.2	7.6	0.36	36.5	0.26
D	50	40	10	3.65	18.7	9.8	6.6	0.35	38.2	0.12
E	50	50		3.61	20.0	6.7	7.2	0.34	25.5	0.69

18.2.3.3 水口结瘤和防堵水口

连铸过程中的水口结瘤或堵塞是一常常发生的现象，在上水口、滑动水口、浸入式水口都有发生，特别以在浸入式水口中的结瘤最为常见。钢种不同，浇钢条件不同，水口结瘤或堵塞的机理和堵塞物的种类也不完全相同，至今并未完全解决。水口结瘤影响到正常的浇注过程并影响铸坯质量，长期以来人们对这个问题一直给予较大的关注，采取了多种措施解决堵塞问题。为适应高级钢、洁净钢连铸和高效连铸之发展需要，提高抗侵蚀性和防止水口结瘤至今仍是连铸用功能耐火材料研究的重点之一。

水口结瘤是一多因素共同作用结果，主要结瘤物是钢液中的夹杂物，而结瘤过程则和耐火材料与钢液间的反应，钢液的温度，钢液在水口中的流态，钢液中的夹杂物或脱氧产物的类型，水口内衬成分及水口内表面的光滑程度等等因素有关[33~35]。可以近似地将水口堵塞过程分为两个阶段：第一阶段是水口内表面的粗糙化，即钢液及其内夹杂物与水口表面作用，产生反应层（脱碳层）或冷钢层，造成水口内表面粗糙不平，表面附近涡流增加，使表面附近钢液中夹杂物向水口表面迁移趋势增加，在表面沉积的概率增大，第二阶段为钢液中夹杂物在此反应层（脱碳层）或冷钢层上的沉积，而且第一阶段对是否发生堵塞起决定性的作用。

以浸入式水口为例，最易堵塞的部位是碗部和吐钢口，此处钢液的流场由于截面和流向的突然变化，而产生了涡流或滞流层，钢液中夹杂物受指向耐火材料表面的力的作用，易于在水口内表面形成沉积，并进而形成表面反应层，导致更多的沉积；铝镇静钢连铸易形成氧化铝结瘤和含碳、含硅耐火材料与钢液间可能存在的下述反应有关：

$$2C(s)+O_2(g)=\!=\!=2CO(g) \quad (18\text{-}14)$$

$$SiC(s)+2CO(g)=\!=\!=SiO_2(s)+3C \quad (18\text{-}15)$$

$$SiO_2(s)+C(s)=\!=\!=SiO(g)+CO(g) \quad (18\text{-}16)$$

$$3SiO(g)+2Al(l)=\!=\!=Al_2O_3(s)+Si \quad (18\text{-}17)$$

$$3CO(g)+2Al(l)=\!=\!=Al_2O_3(s)+3C \quad (18\text{-}18)$$

反应式 18-14～式 18-16 在水口内表面造成空洞，使耐火材料结构松弛，表面粗糙，易附着，反应式 18-17 和式 18-18 是和钢液中 Al 反应导致 Al_2O_3 沉积[36]。

在水口防堵方面，实际生产中选择了两种防堵途径，结构防堵（或称物理防堵）和材质防堵，它们的结构如图 18-6 所示。

结构防堵的机理是借助水口在结构上的特殊设计，达到减少或消除结瘤之目的。已在生产中应用的形式有带隔热狭缝结构的水口：水口制造过程中中间有一隔热层，以减小钢液温降，避免发生由冷钢造成的水口堵塞；狭缝式吹氩浸入式水口：水口制造过程中中间有一预留狭缝，通过使用时吹氩来阻止钢液中夹杂物沉积；段差式结构的浸入式水口是水口内腔直径为分段变化的，流经水口钢液的流态在水口中发生变化减小了涡流和水口内表面的钢液滞流层，从而减小了夹杂物向水口壁移动的作用力，使结瘤减少；旋流式浸入式水口是通过水口内

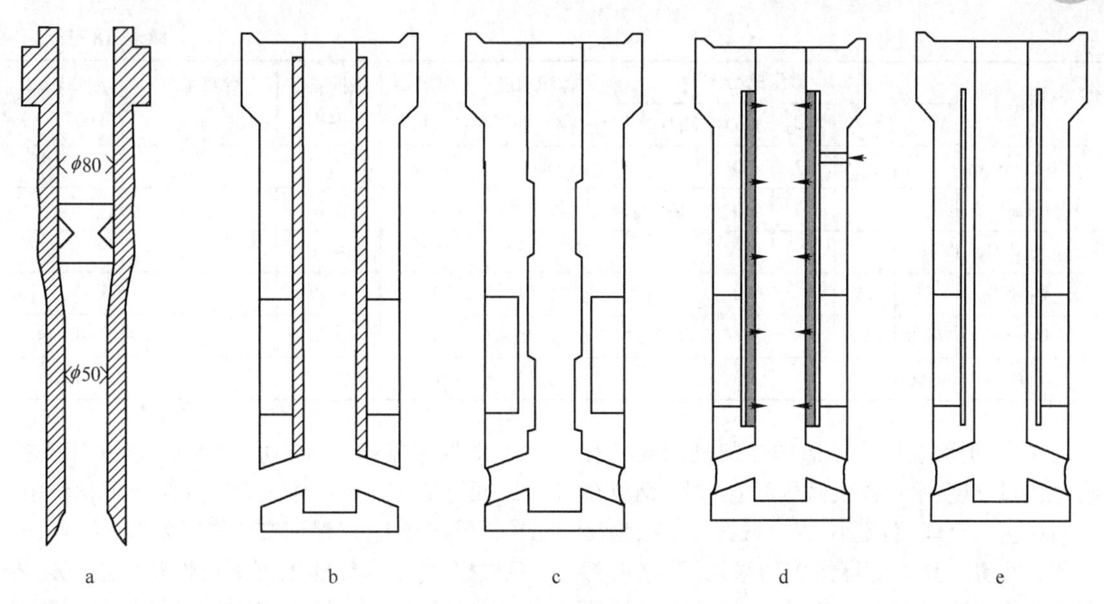

图 18-6 防堵水口结构示意图

a—旋流式水口；b—内衬材质防堵水口；c—段差式水口；d—狭缝式吹氩防堵水口；e—带隔热狭缝式水口

设置的旋片改变钢流态势，减少沉积。段差式结构的浸入式水口即可防止钢液在水口中的不稳定流动，又具有很好的防堵效用，使铸坯质量得到了明显的改善，可用于优质钢生产，如汽车行业用钢。同时，段差式水口是解决偏流的有效措施。偏流在中包滑板控流的连铸过程中是一较普遍存在的现象，给生产安全，质量控制均带来较大的威胁。其直接影响为：造成保护渣厚度分布不均，液面易结冷钢，是漏钢的隐患；易造成液面卷渣，钢水温度不均，进而造成铸坯夹渣和表面裂纹。采用结构防堵水口减少气孔，避免卷渣，减小结晶器内钢液面波动，稳定钢水在水口内的流动，消除钢液在水口和结晶器中的回流和偏流现象[37,38]。

材质防堵是在水口内腔复合具有防堵功能的内衬，如 ZrO_2-CaO-C 材质复合内衬，无硅无碳的尖晶石、刚玉材质，铝硅系材质等复合内衬[39~44]。ZrO_2-CaO-C 材质防堵的原理是 $CaZrO_3$ 与钢中夹杂物——Al 脱氧产物 Al_2O_3 反应生成低熔点相被钢液冲走，减少沉积结瘤；无硅无碳内衬，可消除前述式 18-14~式 18-18 的反应，保持水口内表面光滑，抑制了与 Al_2O_3 的反应或附着，起防止结瘤作用。内部复合无碳材料的浸入式水口已成为当前材质防堵水口的主导，除了那些被早已阐明的与碳，硅的反应有关的原因外，无碳内衬水口内表面光滑和导热系数远低于含碳材料也是其抑制氧化铝沉积的重要原因或主要原因。日本 TYK 公司开发的无碳内衬水口组成为 Al_2O_3：65%，SiO_2：35%，显气孔率 20.2%，体积密度 2.51g/cm^3，抗折强度 10.9MPa，不仅用于浸入式水口，也用于中间包上水口，及某些有堵塞问题的有色金属熔铸等。该公司同时还开发了复合防堵机制的水口：防止冷钢结瘤的无碳内衬+隔热狭缝水口，无碳内衬+吹氩水口等，以有针对性地解决不同原因造成的堵塞现象。表 18-18 汇总了几种不同材质内衬材料的化学组成和有关性能指标。

表 18-18 有关厂家试验的防堵水口内衬材质组成和性能参考值

项目	化学组成/%						体积密度	显气孔率	抗折强度	导热系数	线膨胀率
	Al_2O_3	SiO_2	ZrO_2	CaO	MgO	C	/g·cm^{-3}	/%	/MPa	/W·(m·K)$^{-1}$	(900℃)/%
常规 Al_2O_3-C	66.4					28.6	2.55	16.4	10.2	31.4	0.27

续表 18-18

项目	化学组成/%						体积密度/g·cm^{-3}	显气孔率/%	抗折强度/MPa	导热系数/W·(m·K)$^{-1}$	线膨胀率(900℃)/%
	Al_2O_3	SiO_2	ZrO_2	CaO	MgO	C					
ZrO_2-CaO-C			52	20		27	3.08	16.3	7.8		
MgO-CaO-C				40	28	30	2.36	15.5	3.8		
MgO-Al_2O_3	76				23		2.86	18.5	9.0	4.3	0.55
Al_2O_3-SiO_2	65	35					2.51	20.2	10.9		
Al_2O_3-SiO_2	76.8	22.8					2.35	24.1	3.0		0.51
Al_2O_3	92.0	7.7					2.72	24.2	4.4		0.61

总之,消除或防止结瘤的原则是钢液具有合适的过热度,水口内表面尽可能光滑,钢液在水口中流态合理,涡流小,耐火材料与夹杂物反应程度小等。具体防堵措施的采用、防堵内衬材料的设计和选择要结合实际造成堵塞的原因,视堵塞过程不同而行。

18.2.3.4 洁净钢连铸用浸入式水口

常规铝炭材质浸入式水口不适应洁净钢、高级钢,如汽车用超低碳钢板、电工钢等和一些高侵蚀性钢种如高氧钢、钙处理钢、高锰钢等连铸要求,存在对钢液增碳,内壁、特别是吐钢口不耐侵蚀和冲刷,使用寿命明显下降,影响钢坯质量等问题,需使用其他抗侵蚀性高的内衬材料。已开发的有复合结构的浸入式水口,内衬复合无硅无碳的尖晶石材料、出钢口处复合尖晶石-炭质材料,浇注超低碳高氧钢(C 含量<0.004%,氧含量在0.01%~0.06%)抗侵蚀性远好于铝炭水口。尖晶石材料不与钢中 MnO、FeO 反应,不仅不熔蚀,并且在工作面形成致密层而具有高耐蚀性。复合水口已在高锰钢和高氧钢连铸中推广应用,也适用于不锈钢,易切削钢,钙处理钢[45~48]。

18.2.4 整体塞棒

如图 18-1 所示,塞棒安装于中间包,与内装式浸入式水口或中包上水口配合,在连铸工艺中控制钢水从中间包到结晶器流量,以保证钢水在结晶器中液面稳定和连铸工艺的稳定。其规格大小依中间包不同而异,最长可达 1500mm 以上,在结构上还可设计成在棒头通气的,即从塞棒连接杆中心通入氩气,在棒头排出,可起到减少钢液中夹杂物和防止沉积作用。在材质选择上,以保证安全使用为第一要素,一旦失控,由于塞棒的不可更换性将会造成连铸中断。通常棒身、棒头、渣线采用不同的配料组成。棒身材料无例外地选择 Al_2O_3-C 材质,其主体耐火原料可依据现场使用状况而选用高档电熔刚玉原料或特级矾土熟料,渣线部位受中包覆盖剂和钢液作用,多数情况采用以高档电熔刚玉为原料的 Al_2O_3-C 材质,在强侵蚀情况下也选用 ZrO_2-C 材质。棒头是塞棒最关键的部位,棒头和水口碗部配合实现控流,棒头和水口碗部设计为曲面形式,保证良好的控流效果和关闭功能。

决定塞棒控流功能和使用寿命的关键部位是塞棒棒头,保证棒头材料的高性能就显得十分重要。其常用材质有 Al_2O_3-C、MgO-C 和尖晶石-C 材质,需视浇注钢种和耐火材料的反应选择。真空度较高时,MgO 会与 C 反应,造成棒头侵蚀加快,钢液 Ca 含量高时,与 Al_2O_3 反应,加快棒头冲蚀,不能长时间连铸[49]。Vesuvius 报道了在塞棒棒头和浸入式水口碗部所用材质进展,不同钢种,不同操作条件选择不同的材质,如 Al_2O_3-C 棒头比 MgO-C 棒头更适合于 Al 镇静钢,而后者非常适合于钙处理钢,浇钢时棒头表面形成的含 CaO-Al_2O_3 系化合物和 MA、M2S 之薄的渣膜能有效保护棒头不被钢水侵蚀。表 18-19 所列为适应不同钢种用的塞棒棒头和浸入式水口碗部材质性能[50]。

表 18-19 整体塞棒棒头和浸入式水口碗部用材料

牌号	化学组成/%								显气孔率/%	体积密度 /g·cm^{-3}	应用*
	SiO_2	Al_2O_3	ZrO_2	MgO	CaO	B_2O_3	其他	烧失量			
1	4.6	1.1	0.6	72	0.8		5.0	15.9	16.8	2.53	Ca
2	0.8	82.8	0.2	0.3	0.1	2.0	0.1	13.7	17.2	2.82	AK Si Semi
3	0.2	0.5	95.5	2.8	0.3		0.3	1.5	10.0	4.83	All
4	2.5	5.8		82.5	0.7	3.2	0..1	3.8	6.5	2.73	Ca Si Semi
5	1.4	4.9		75.0	0.6	2.1	0.3	15.6	17.0	2.55	Ca
6	1.5	60.5		17.0	0.2	2.3	0.5	17.8	16.5	2.53	AK Si Semi

* AK—铝镇静钢，Si—硅镇静钢，Ca—钙处理钢，Semi—半镇静钢，All—各类钢，仅用于水口碗部。

塞棒的发展重点也在棒头材质的变化上。当前含碳材料棒头使用寿命的已近限度，对一些高侵蚀性钢种也不完全适应，含非氧化物的复合材料将是提高棒头寿命的方向之一。已有报道的是连铸高氧钢，由于碳的氧化使塞棒及水口寿命降低，采用含 AlN 之产品，使用时表面 AlN 氧化形成 Al_2O_3 致密层，提高寿命[51]。含 AlN 整体塞棒棒头和浸入式水口碗部用材料性能见表 18-20。

表 18-20 含 AlN 整体塞棒棒头和浸入式水口碗部用材料性能

项目	化学组成/%					体积密度 /g·cm^{-3}	显气孔率 /%	常温耐压强度 /MPa	抗折强度 /MPa
	Al_2O_3	MgO	SiO_2	AlN	C+SiC				
MgO-C	4	68			28	2.42	17.0	32	8.0
AlN-Al_2O_3-C	55			30	15	2.57	19.5	54	14.5

18.2.5 长水口

长水口又称保护套管，安装于盛钢桶下水口处，连接钢包和中间包，起着防止钢水氧化和飞溅、防止中包渣的卷入等多重作用，是进行保护浇注提高钢的质量的重要功能耐火材料。基本结构如图 18-1 中所示，规格大小依连铸机不同而不同，长度一般在 1000~1600mm 范围内，内径在 80mm 之内，材质为铝炭材料。长水口的生产工艺基本同塞棒和浸入式水口，但在配料方面为保证其使用性能而具有一定的特点，即须从最关键的两个使用要求出发，一是要保证安全使用，二是尽可能长的使用时间。

在某种程度上来讲，长水口的抗热冲击性是连铸三大件中要求最高的。当前国内钢厂多数连铸用长水口是不预热直接使用，浇注开始与钢液接触，水口内表面温度瞬间升至钢液温度，外表面与大气接触，温度要低得多，在水口材料内部会产生很大的热应力，容易使水口产生纵向裂纹。所以，长水口在材料设计上应具良好的耐急热冲击。材料在经受热冲击时内部热应力的大小可粗略地以 $\sigma = E \cdot \alpha \cdot (\Delta T/1-\mu)$ 来表示，和线膨胀率(α)、弹性模量(E)成正比，以及 ΔT 成反比。理论上讲减小热应力改善抗热冲击性的途径有降低线膨胀率(α)、降低弹性模量(E)、减小材料内部的温度梯度 ΔT。目前保证长水口在热震上的可靠性所采用的措施有两种方式：一种方式是材料上较高的石墨含量，并加入低线膨胀系数材料—熔融石英，长石，锆莫来石，或特制的添加剂，降低材料的线膨胀率和弹性模量，另一种方式是水口内外层取不同材质：直接接触高温钢液的内层低碳或无碳，低的导热系数降低了外层材料中的热应力，外层材料为低 SiO_2 含量的铝炭材质，提高抗钢液侵蚀性。所有这些的目的在于通过不同的机理去提高制品的抗热震性以满足使用条件下的苛刻热冲击条件。

长水口使用寿命和材料抗侵蚀、冲刷的能

力相关。长水口使用中不同部位蚀损速度和蚀损机理因工况不同而不同,几个蚀损严重的部位如图 18-7 中所示,分别为:渣线—受中间包覆盖剂侵蚀;钢液流出口的浸入钢液部位—受钢液强烈冲刷侵蚀氧化作用;颈部—钢液偏流冲刷及吹氧清扫;与滑动水口结合部-密封不严造成吸气氧化失碳,其中尤以浸入钢水中部分和颈部最为严重[52,53]。提高长水口使用寿命之措施是好的抗钢液冲蚀主材料的选用,如白刚玉,致密刚玉,以及其他高抗侵蚀耐火原料;高效的防氧化添加剂,具有自修复功能的补强加入物,低硅低碳等。在组成配比上,增加石墨含量,可提高抗热震性,但降低抗钢液冲刷和侵蚀性,加入量要合适,一般为 25%~30%,主成分为电熔刚玉,对抗钢液侵蚀冲刷起决定作用,添加剂 SiC、熔融石英等分别起着提高抗热震性和抗氧化性的作用。表 18-21 给出了依使用要求和使用条件不同而设计的长水口组成配比及性能指标。

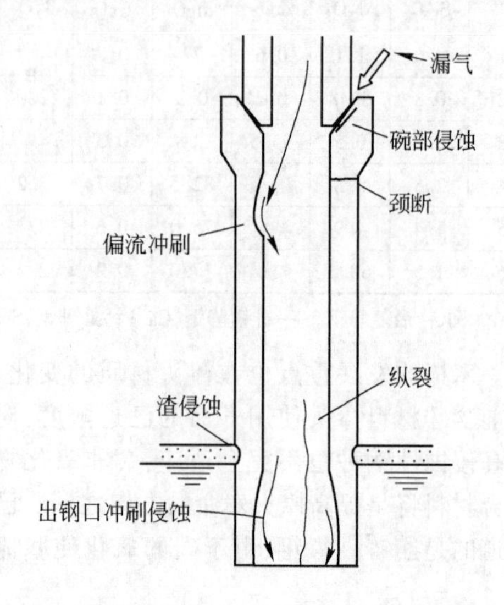

图 18-7　长水口易损部位示意图

表 18-21　长水口材料性能表

项目	化学组成/%					显气孔率/%	体积密度/g·cm^{-3}	抗折强度/MPa	应用
	SiO_2	Al_2O_3	ZrO_2	CaO	C				
A	15.7	52.0	0.9		31.2	17.9	2.35	7.4	基体
B	6.0	64.0	4.6		22.0	16.4	2.63	9.8	内衬
C	17.4	43.8			36.0	16.0	2.26		多浇次基体
D	3.1	61.3	3.5		23.0	14.9	2.64		碗部
E	6.0	0.4	67.0	2.6	23.9	17.3	3.29		渣线

长水口在使用过程中另一个需要重视的问题是碗部的吹氩密封,特别是对于高性能钢种的连铸。长水口与钢包滑动水口系统的下水口相接,钢水快速流动,会在此处形成一定的负压,很容易吸入空气,使钢水氧化,不能达到完全无氧化浇注。所以,绝大多数长水口在碗部都设计有吹氩密封结构[54]。粗略地划分,可将吹氩密封结构分为三类:纤维密封套、直接复合或镶嵌式透气环(不含碳)和水口端部设置一定数量的通气槽,氩气由水口碗部外包铁壳之管道通入,分别通过密封结构在水口碗部形成环型气膜,隔绝空气吸入。

18.3　透气元件

利用透气元件(又称透气砖)向炼钢容器中喷吹惰性气体搅拌钢液,已成为现代冶金的重要手段,炉外精练技术的重要环节。其所起的作用是强化冶金过程,促进冶金反应的进行,缩短冶炼时间,均匀钢水温度和成分,使钢液中夹杂物随气体上浮,减少钢液中非金属夹杂,洁净钢水,提高钢的质量,在转炉、电炉炼钢和精炼钢包中普遍使用。其趋势是应用到冶炼的全过程中,包括中间包、鱼雷罐等冶金容器[55]。

供气元件已成为炼钢过程中的重要的功能耐火材料,冶炼容器不同,操作条件不同,采用不同材质,不同结构形式的透气砖,当前主要有两大类型:一类为转炉及电炉用透气砖,另一类为钢包用透气砖。二者在使用条件、使用要求上有明显不同,在材质选择、结构形式、制作工艺上各具特点。

18.3.1 转炉及电炉用透气元件

18.3.1.1 转炉底吹透气元件

转炉炉底供气装置是转炉顶底复合吹炼的关键技术，使转炉吹炼过程平稳，喷溅少，熔池成分、温度均匀，终点钢水氧含量、渣中氧化铁含量低，降低合金消耗，能有效地改善钢水的洁净度和稳定钢水成分[56,57]。

我国的大型复吹转炉底部一般布置8~16个底吹供气元件，底吹搅拌强度0.04~0.08m^3/(min·t)(标态)，透气元件寿命4500~5500炉，吹炼终点钢中碳氧积为0.0022~0.0026。

A 材质

转炉底部透气元件用于从转炉底部供入Ar或N_2，复吹时产生高温和强烈的搅拌作用，使用要求安全可靠，因此采用具有耐高温、耐侵蚀、耐磨损和抗热震性好的优质镁炭砖，主要理化指标：MgO>76%，Al_2O_3<0.4%，SiO_2<0.6%，C 10%~15%，体积密度>2.9g/cm^3，常温耐压强度(110℃×24h)>30MPa，高温抗折强度(1500℃×3h)>11MPa，显气孔率<3%。

B 结构形式

转炉底吹供气元件结构和形式设计参数的合理选择，是复吹技术成功与否的决定性因素。按结构划分，转炉底吹用供气元件大致可分为喷嘴型供气元件和砖型供气元件两种[59]。

a 喷嘴型供气元件

受转炉顶吹用氧枪喷嘴的启发，先后开发出一系列喷嘴型供气元件：单管式—双层套管—环缝式(又分单环缝式和双环缝式)。最早使用的是单管式供气元件(结构示意图如18-8所示)。单从搅拌角度看，搅拌气体通过单管吹入金属熔池，搅拌效果较好。但是由于气体的冷却作用，使炉底耐火材料与钢水接触，发生局部冷却凝成伞形物常导致管口黏结和钢水凝固堵塞。随后在单管式基础上开发了双层套管。

双层套管喷嘴结构如图18-9所示。内管吹氧气，内外管间的环缝吹保护气体。双层套管喷嘴能够有效地避免类似单管喷嘴的堵塞问题。但亦存在自身缺点：由于内管出来的气泡大，产生很大反冲击力，严重损坏喷嘴周围的耐火材料，且气量调节幅度有限，难以按冶炼要求进行大幅度调节，特别是在冶炼高碳钢时，对含碳在0.04%~0.4%的钢种，要求供气元件有0.05~0.1m^3/(min·t)的气量调节，双层套管喷嘴难以达到。为消除此结构缺陷，冶金工作者又开发了环缝管式喷嘴。

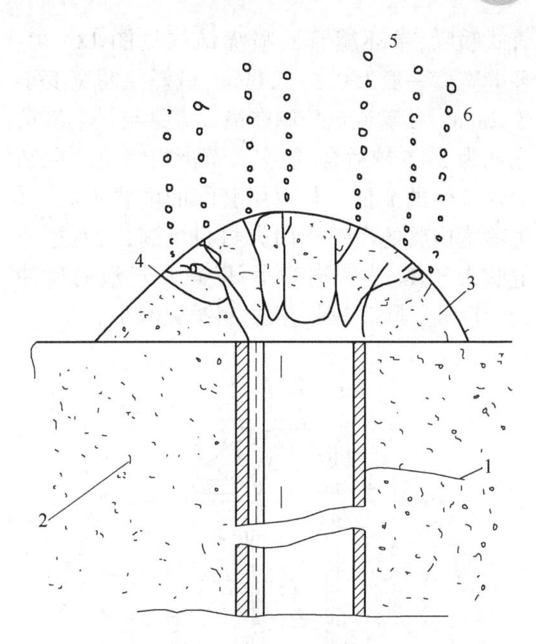

图18-8 单管式喷嘴断面图
1—喷嘴；2—耐火材料；3—伞形物；4—气体通道；5—钢水；6—气泡

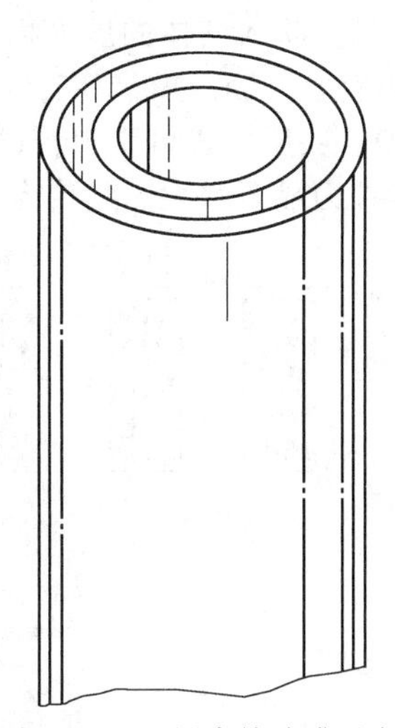
图18-9 双层套管喷嘴示意图

环缝管式喷嘴分单环缝管式喷嘴和双环缝

管式喷嘴，单环缝管式喷嘴结构见图 18-10。环缝宽度一般为 0.5~5.0mm，最好控制宽度小于 2mm。喷嘴流量控制在最大流量与最小流量之比为 3~5 较适合，能在大范围内稳定地控制吹入气体的流量。与双层套管的内管不同，这种喷嘴内管的内腔用耐火材料填满，只通过环缝吹入气体，使气泡变小，以减少气泡的反冲力。因此，喷嘴周围耐火材料损失减小。

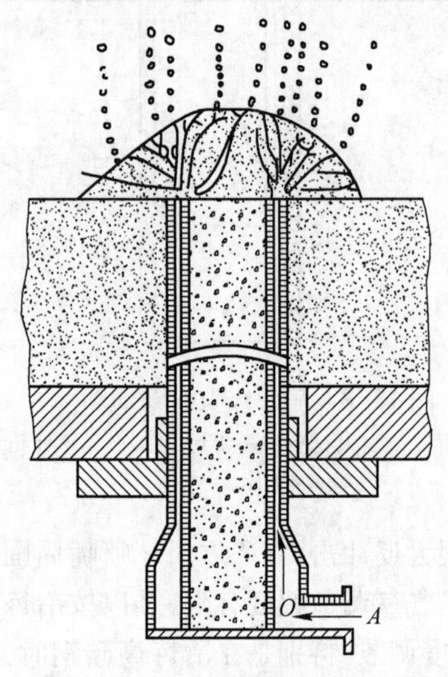

图 18-10 单环缝管式喷嘴结构

双环缝管式喷嘴结构见图 18-11。这种喷嘴可通过两个环缝吹入不同的气体。如内环缝吹入氧气，外环缝吹入惰性气体或冷却气体。在低流速操作时，吹入气体的压力稳定。内环缝吹入 O_2 与熔池中的 C 进行反应，生成 CO，即 $O_2+2C=2CO$。从反应式可看出：气体体积显著增大，即搅拌力显著增大。此结构气体流量调节范围大（10 倍气量），搅拌效果好，喷嘴蚀损量较小，故在生产中广泛采用。只要保持双层套管的同心度，喷嘴的耐火材料寿命便长，但实际操作时保持双层套管的同心度是很困难的。由于环缝不均，气流难于稳定。因此随后便开发了砖型供气元件。

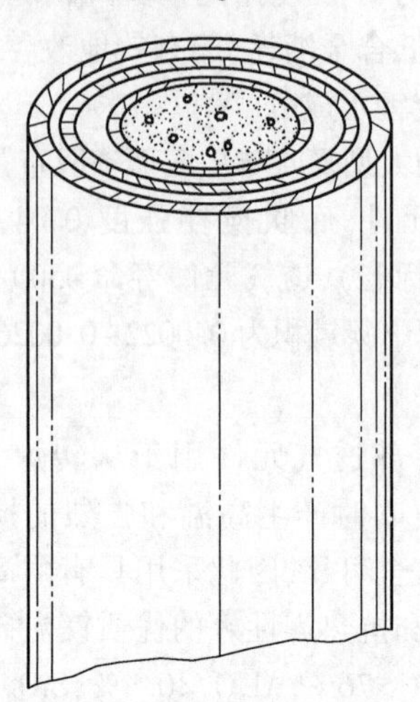

图 18-11 双环缝管式喷嘴结构

b 砖型供气元件

砖型供气元件的发展路线是弥散型—砖缝组合型—直通多孔型供气元件。由于弥散型耐冲刷性和抗侵蚀性均差，寿命低不耐用，砖缝组合型易开裂的缺点，目前转炉透气元件以直通孔型为主，如图 18-12 所示。直通孔型砖内设置10~150 支细不锈钢管或耐热钢管，单管直径为0.5~3mm。不锈钢管管头组合在一起，插在砖下方的高压箱内，设有一个集中供气装置。气体通过不锈钢管通道进入钢水中。

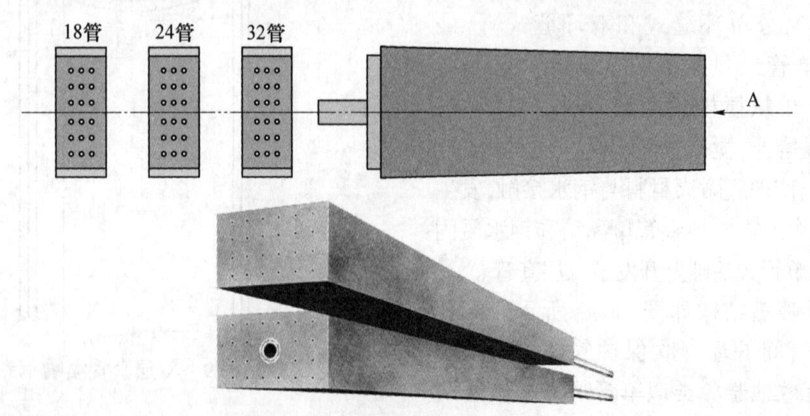

图 18-12 直通孔型供气元件

这种结构具有以下优点：

(1)气体在金属管内流动,阻力小；

(2)金属管焊接在金属气室上,气密性好；

(3)金属管对周围的耐火材料有增强作用,使供气元件不易剥落和开裂；

(4)金属管内流动的气体对耐火材料起冷却保护作用；

(5)耐火材料对直接与钢液接触的金属起保护作用；

(6)气量调节范围大,可达10倍以上；

(7)安全性好,即使在断气的极端条件下,钢水也不会一灌到底,而是在气室上部凝固。

这种直通孔定向多微管型透气元件的设计思想是选择合适的不锈钢管径和管数,在气源所提供的压力范围内,满足工艺要求的最大和最小搅拌强度,同时不发生钢水倒灌现象。目前转炉底吹透气元件使用最为典型的代表有细金属管直通孔型透气塞供气元件和两层金属中间密封的双环缝供气元件。这两种供气元件特点见表18-22。

表18-22　细金属管与双环缝供气元件结构形式对比[59]

项目	细金属管式供气元件	双环缝供气元件
初始分散细流特性	好	较好
对炉底砖衬的作用	细管内通气,完全避免对耐材冲刷;同时对耐材起冷却和加固作用	多双环缝通气,对炉底砖衬的作用与前者相当
供气元件制作	结构较为复杂,生产工序多,成本较高	结构简单,制作成本较低
使用压力及流量调节范围	因细管直径较小,使用压力较高;流量调节范围有限	因当量直径较大,使用压力不如前者高;流量调节范围大
自过滤装置	不具有	具有,可避免管路中杂质堵塞
供气元件安装	安装困难,实际砌筑时,较难符合工艺设计要求	采用外装式,安装方便,较易符合工艺设计要求

C　结构形式对钢水搅拌的影响

图18-13是含不同直径毛细管的供气元件流量与气源压力的关系[58],可以看出气源测试压力内(0.3~1.2MPa),含不同直径毛细管的供气元件流量均随气源压力增大而增大。毛细管越短,内径越大,供气元件流量随气源压力增加的增速越快。由图18-14可知,在测量的底吹供气流量范围内,底吹不对称供气的熔池混匀时间均低于底吹均匀供气的混匀时间[58]。

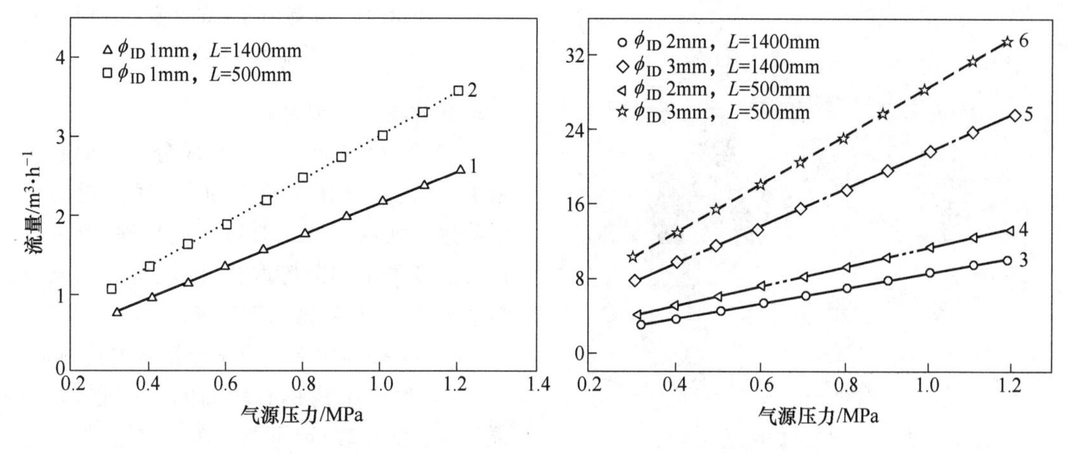

图18-13　不同直径毛细管流量与气源压力的关系[58]

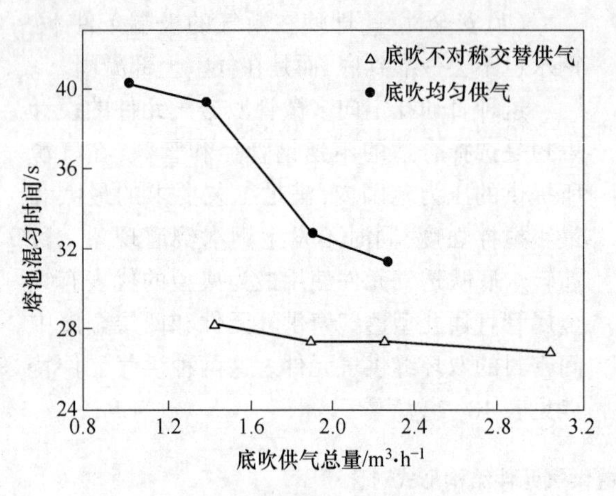

图 18-14 炼钢复吹供气强度与混匀时间的关系[58]

图 18-16 电炉用透气元件及其配套组装

18.3.1.2 电炉底吹透气元件

电炉炼钢过程中的一个突出缺点是熔池搅拌弱、冶炼时间长,电弧产生的热量直接加热熔池上部的钢液,而底部和电弧区以外的钢液主要是通过热量的对流扩散来加热。但是由于熔池搅拌弱,不仅冶炼时间长,电耗高,而且钢液的成分和温度很不均匀。电炉底吹的原理是使用透气元件从电炉底部吹入惰性气体,如图 18-15 和图 18-16 所示,搅拌炉内钢液,产生良好的冶金效果(图 18-17)[60]:

(1)可加速炉渣与钢水之间的反应。底部搅动可改善钢水收得率,提高钢水残锰量。另外,对加入定量的石灰,脱硫率将有提高;获得了较低的磷、硫、碳含量。

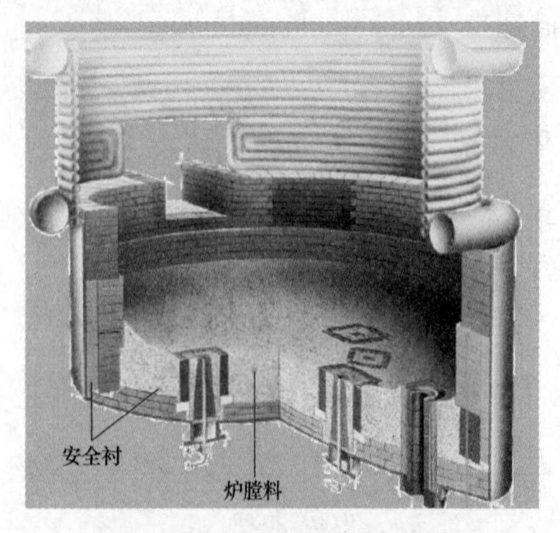

图 18-15 电弧炉及炉底透气元件

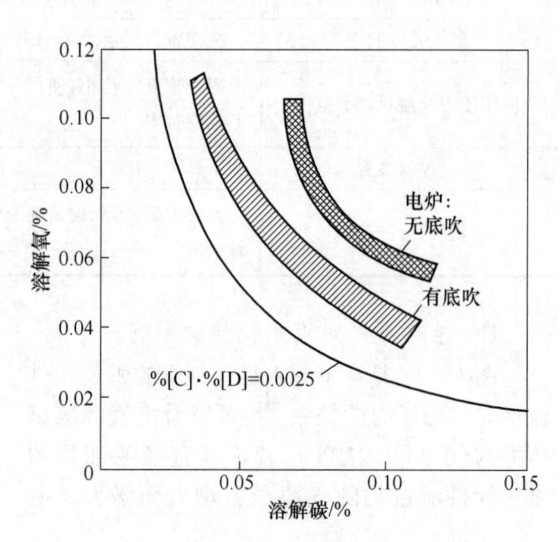

图 18-17 电弧炉有无底吹透气元件的冶金效果比较

(2)可均匀钢水温度及成分。对偏心底出钢电炉,钢水存在温差至 50℃,底部搅动可以消除这一缺点. 使之有可能更早地、更可靠地进行温度测量和冶炼取样,因此可节约电能和缩短冶炼时间,降低出钢温度。

(3)可提高电弧到废钢或钢水的传热量。

(4)生产不锈钢有较高的铬回收率,用氧搅动时含氮量较低,可更有效地放渣。

A 常用类型

电炉底吹系统,分为直接搅拌系统和间接搅拌系统两种类型。直接搅拌系统供气元件指的是透气元件与钢水直接接触,与转炉相似,采用 MgO-C 质高压成型或等静压成型的透气元件。间接搅拌系统供气元件透气元件不与钢水直接接触,而是被表面透气捣打料覆盖,两种系统中所用的透气元件如图 18-18 和图 18-19 所示,特点对比见表 18-23。

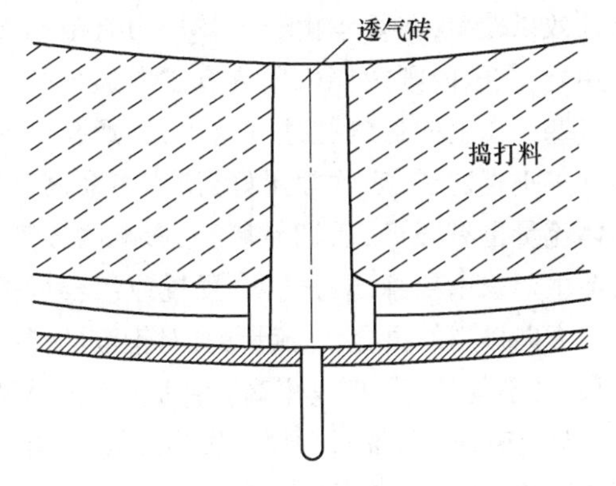

图 18-18 直接搅拌系统供气元件

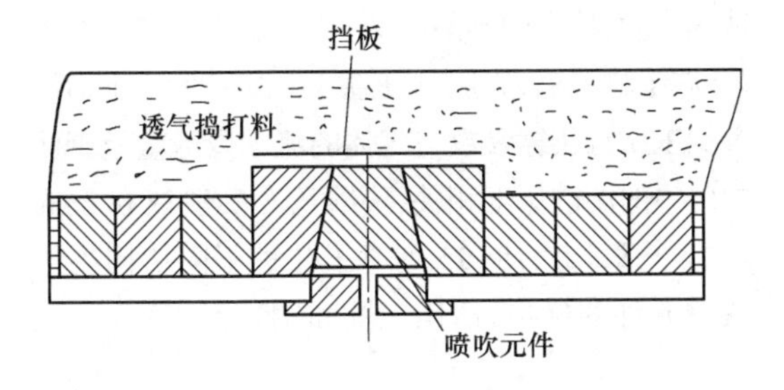

图 18-19 间接搅拌系统供气元件

表 18-23 直接和间接搅拌系统透气元件比较

项目	直接搅拌系统	间接搅拌系统
使用寿命/炉	300~500	4000~5000(1 年)
流量(0.1MPa) $/m^3 \cdot h^{-1}$	3~5	5~7
特点	寿命低,要求透气砖流量小	寿命高,要求透气砖流量大

B 材质

UHP 电炉用 MgO-C 质透气元件和透气捣打料的理化指标见表 18-24。

表 18-24 UHP 电炉用 MgO-C 质透气元件和透气捣打料的理化指标

理化指标	透气元件			透气捣打料	
	要求	国内	国外	国内	国外
MgO(质量分数)/%	≥80	81	83.5	75.5	77
C(质量分数)/%	≥14	14	14		
Fe_2O_3(质量分数)/%	≤1.0	0.89	0.1	3.5	5
SiO_2(质量分数)/%	≤0.5	0.36	0.4	20	1.6
CaO(质量分数)/%	≤1.1	1.09	1.9		17
体积密度/$g \cdot cm^{-3}$	≥2.90	2.93	2.93		
显气孔率/%	≤4	3.4	5		
常温耐压强度/MPa	≥50	56	40		
高温抗折强度/MPa	≥12	12.6	—		

C 结构

电弧炉底吹透气元件外部结构如图 18-20 所示,由砖体、气室、气管、报警管等几部分构成[61]。根据内部气道形式,可分为三种类型:细管多孔式、套管式和弥散多孔材料。最早也曾使用单管喷吹透气元件,上升气泡具有强烈的聚台倾向,造成钢水混合不均。细管多孔式管子一般是 10~30 个,管直径为 0.6~1.5mm,这种结构形式的透气元件能抑制钢水逆流的产生,能在大范围内改变气体流量,适应钢水大幅度搅拌。当电弧炉底部使用细管多孔式透气元件时,由于钢水和外部导通,再通过吹气细管,会产生感应电流,从而产生短路,给电弧炉操作带来故障,为防止这种感应电流的产生,采用上部细管和下部细管断开的方式。具体方法是把需要的细管切成需要的上下部细管的长度,将下部吹气细管基端部采用焊接、拧入或柳按等方法固定在配气室上。为使上部吹气细管和下部吹气细管连通,将直径与喷气细管的内径同径的金属丝稍长一点切断,插入喷气管内,在切开下部喷气细管和上部吹气细管的位置上留有规定的间隙,使上部吹气细管的前端与喷嘴工作面的外形线对齐。然后将其外围用耐火材料 MgO-C、MgO、$MgO-Cr_2O_3$ 或高铝质等耐火材料挂衬,做成喷嘴的形状后,再拨去插入吹气细管内的金属丝,使吹气通路贯通。由于在切开的喷气细管之间有非导电部分，所以不发生感应电流。双层套管式由内径不同的两根管子套在一起组成，内管直径一般为6～30mm。从内部通路吹O_2，从内外管的环缝中吹碳氢化合物冷却，可大流量吹气，提高冶炼速度。多孔弥散式适合小吹气量。

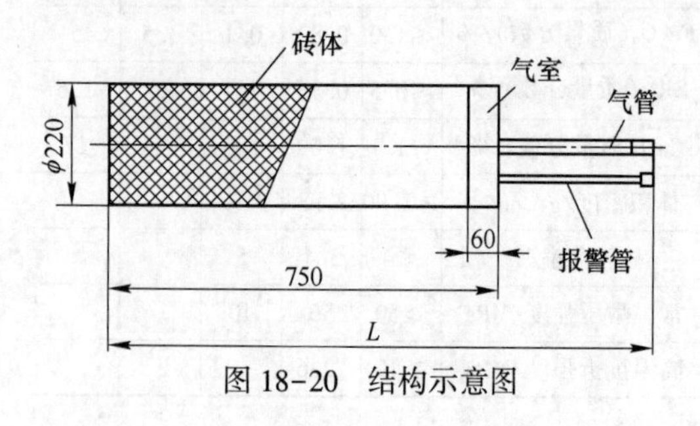

图 18-20 结构示意图

18.3.2 钢包用透气元件

钢包底吹氩工艺已在炉外精炼中广泛采用，通过安装在钢包底部的透气砖向钢液中吹入惰性气体，搅拌钢水，快速分散、融化添加到钢液中的合金、脱氧剂、脱硫剂等，使有害夹杂物和气体上浮，达精练目的。底吹透气砖是这一工艺的关键功能元件，由于使用条件的十分苛刻，钢液的搅动冲刷，吹氧清扫等，要求具有多重高性能：透气性好，与钢水有较大的润湿角——透气通道渗钢少，间歇操作急冷急热要求好的抗热震性和抗剥落性，工作面吹氧清扫，抗氧化性要好。

A 结构、材质、性能和生产工艺

钢包用透气元件结构上因所采用的透气塞之透气孔形式不同而分为两类：弥散透气型和具有定向通气孔的透气元件，后者又依定向通气孔的结构特征而有多种类型，如直通孔型、迷宫型、狭缝型等。弥散型透气塞采用液压机成型，高温烧成，特点是使用时气体压力较小，材料气孔率高，密度、强度低，耐用性差，对钢液的搅拌效果较差，在日本由于气体压力有限制而采用之，在国内则主要采用具有定向通气孔的透气塞。在定向通气孔透气塞中，直通孔型预设许多垂直通道，底吹效果好，使用寿命高，但气体流量也有限度，后期易堵塞，影响吹成率。目前主要采用狭缝式透气塞，预置或组合成按一定方向排列的狭缝，气流量大，对钢液的搅拌效果好，不易堵塞，吹成率高，寿命长。狭缝型透气塞的狭缝一般通过预埋烧失物形成，也有采用芯板组合型——芯板机压成型，高温烧成，芯板组装好后外包浇注料以形成狭缝，这种工艺可缓冲热应力，使用中不易断裂，利于寿命和吹通率提高，芯板材质有刚玉，刚玉尖晶石，及非氧化物结合刚玉质。狭缝参数与气体的流动及流量及钢液向砖中的渗透深度相关，狭缝宽度一般取0.2mm左右合适。表18-25列举了几种不同结构类型透气元件的优劣、适用工况和钢种[62~67]。

表 18-25 不同结构类型透气元件的优缺点和适用性[62~67]

透气元件结构类型	优 点	缺 点	适用工况和钢种
狭缝型	(1)流量调节范围宽。 (2)抗钢液钢渣侵蚀性好。 (3)高温强度高，抗氧气清吹性强，耐冲刷磨损，使用寿命较长	(1)在钢包不连续周转时，易出现横向断裂渗钢现象，吹通率低。 (2)氧气清吹透气芯时，劳动强度大	转炉炼钢，普碳钢
直通孔型	材料致密，强度高，使用寿命比高铝和镁质弥散型长	(1)流量较小，不适合大容积钢包底吹氩工艺。 (2)后期易堵塞，流量变小甚至不透气	—

续表 18-25

透气元件结构类型	优 点	缺 点	适用工况和钢种
弥散型	(1)免烧氧、轻烧氧,使用维护时劳动强度低。 (2)去除细小非金属夹杂物效果更佳	(1)后期需烧氧清洗,比前期蚀损速度明显加快。 (2)使用寿命对烧氧清洗频率和强度很敏感	转炉炼钢,电炉炼钢,现场无烧氧工位或轻烧氧、间歇烧氧的钢厂
芯板型复合结构	(1)吹通率高,烧氧时间仅狭缝型的一半,使用维护时劳动强度低。 (2)抗氧气清吹能力比弥散型强	抗氧气清吹的能力较狭缝型稍弱	转炉炼钢,电炉炼钢,对吹通率要求很高的高品质钢,不锈钢、特钢等
陶瓷棒型复合结构	(1)陶瓷棒抗钢液浸润和渗透性佳,可实现免烧氧和轻烧氧 (2)陶瓷棒提高了砖体整体强度,耐冲刷磨损,使用寿命较长。避免透气元件整层横向断裂	生产工艺比较复杂,制造成本较高	普碳钢,特钢

在安装方式上,钢包用透气元件又可分为外装式和内装式。外装式透气元件由座砖、套砖和透气塞组成,座砖与包底一同砌筑,套砖和透气塞预先装配好,然后装于座砖中。外装式透气元件适用于使用条件比较苛刻的精炼炉,如 LF、LF-VD 等精炼炉,高的气流量要求,高吹通率要求。由于使用条件比较苛刻,外装式透气砖损毁较快,使用寿命和包龄不同步,优点是当透气性不好或侵蚀过快时可将套砖和透气塞从钢包外拆除并从炉外更换新的,即可热更换,加速钢包周转,提高生产效率。内装(整体)式透气元件由透气塞和座砖组合而成,二者先组装在一起后砌於包底使用。内装式透气元件使用安全性好,通气量一般在 100~700L/min (0.4MPa),用于使用条件不太苛刻的钢包,与包底共同砌筑,寿命与钢包衬同步或与包底同步,使用寿命较长,具有较高的抗侵蚀和抗冲刷性。两种形式的透气元件安装示意图如图 18-21 所示。

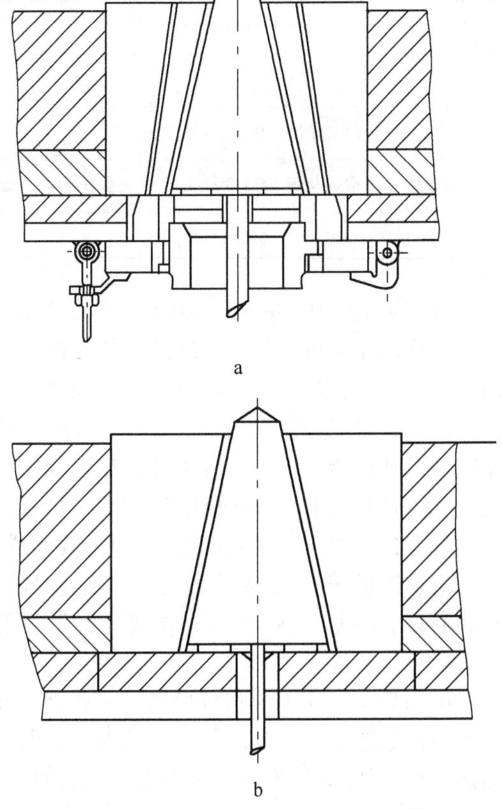

图 18-21 钢包用透气元件安装示意图
a—外装式;b—内装式

钢包用透气元件使用条件苛刻,作为炉外精炼工艺中的关键功能元件在使用寿命、使用效果(通气量和吹成率)、使用安全可靠性等诸方面都有较高的要求,透气塞和座砖的材质选择、制作工艺、产品性能指标与透气元件的使用水平有密切关系。透气塞材质一般为刚玉质，所用原料有白刚玉和板状刚玉，纯铝酸钙水泥，硅微粉，添加剂如氧化铬、锆英石、尖晶石等。在以刚玉为主的基质配料中，分别加入 Cr_2O_3、MgO，皆能改善抗侵蚀性和抗渗透性，前者有助于形成固溶体，及含铬玻璃相，使与渣接触后提高黏度，阻止渗透，后者可吸收渣中 Fe_2O_3 和 MgO，在反应层下形成尖晶石致密层，起同样作用。最终材质为刚玉、铬刚玉或刚玉尖晶石材质，国外也有刚玉-莫来石质的。配套座砖一般为刚玉质。

狭缝式透气塞的制造工艺采用不定形耐火材料技术，浇注成型和高温烧成相结合的工艺。生产流程包括有：配料，混合，浇注，养护、干燥，烧成，包铁壳，烘干，透气性实验，成品。透气塞的外形尺寸和透气率及使用寿命因精炼设备容量大小和精炼工艺不同而不同。透气塞高度范围从 250~450mm 不等，使用条件为：出钢温度 1650~1750℃，搅拌时间每炉 20~30min，气流速度为 100~1500NL/min，通常为 300~800NL/min，气压最高可达 1.5MPa，通常 0.3~1.0MPa。使用寿命从几次到上百次。表 18-26 列出了一些透气元件的性能指标。[68~71]

表 18-26 不同结构类型透气元件中关键部件理化指标

项 目	指 标					
	狭缝型透气元件		芯板型透气元件	弥散型透气元件	座砖	
	T-80	T-85	X-85	M-85	Z-80	Z-85
Al_2O_3(质量分数)/%	≥80	≥85	≥85	≥85	≥80	≥85
($Al_2O_3+Cr_2O_3+MgO$)(质量分数)/%	—	≥92	—	—	—	≥92
显气孔率/%	≤20	≤18	≤18	≤30	≤16	≤16
常温耐压强度/MPa	—	≥80	≥60	≥40	≥40	≥50
0.2MPa 荷重软化开始温度/℃	≥1650	≥1680	≥1680	≥1680	≥1620	≥1680
通气量(压差 0.1~1.0MPa)(标态)/$m^3 \cdot h^{-1}$	6~50					

在实际应用中，单一结构的透气元件往往暴露出难以克服的缺陷：狭缝型透气元件热震稳定性差，吹通率较低。弥散型致密度较低，抗钢液冲刷磨损能力差，抗氧气清洗能力较差，寿命较低。那么透气结构复合化可以使不同结构透气元件优势互补，扬长避短。常见的复合结构透气元件有以下三类：(1)芯板型透气元件，工作端为芯板，安全层为弥散材料；(2)陶瓷棒与狭缝复合的透气元件；(3)狭缝与弥散气孔复合的透气元件[72]。

国内某公司开发的芯板型透气元件在 110t 特钢钢包上进行了对比试验，上部安装芯板复合结构透气元件，下部为常规狭缝型透气元件，精炼工艺为：100%LF+97%VD。芯板复合结构透气元件砖芯略低于包底(约 30mm)，结果如表 18-27 所示，芯板型透气元件的侵蚀速率为狭缝型透气元件的 72.4%。试验情况如图 18-22 所示，从工作面进行观察，透气元件直径较小，说明残高较高。此外，芯板型透气元件优异的热震稳定性还应归功于芯板高热导率和薄片状结构。弥散型气孔对底吹气体的预热作用，也缓解了底吹气体对透气元件芯板的急冷冲击。

表 18-27 芯板型透气元件与狭缝型透气元件试验结果[72]

项目	使用寿命/炉	残高/mm	侵蚀速率/mm·炉$^{-1}$
芯板复合结构透气元件	30	260	6.3
狭缝型透气元件	30	175	8.7

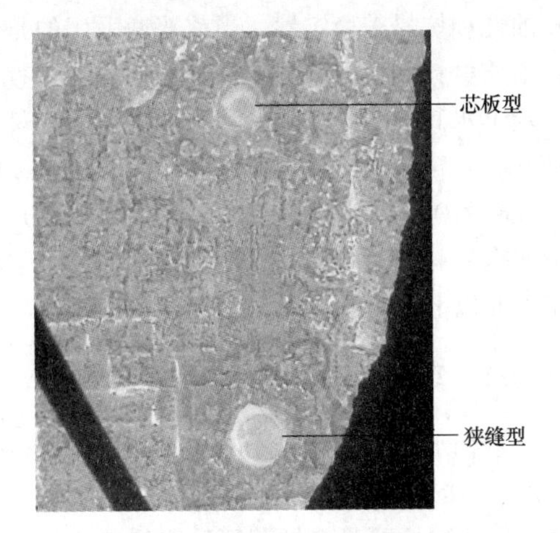

图 18-22　芯板型和狭缝型透气元件现场使用对比

陶瓷棒复合狭缝透气元件也具有独特的应用性能，一方面，如钢筋在钢筋混凝土中承担的增强作用一样，高强度陶瓷棒能强化整个透气元件，避免产生类似狭缝透气元件的横向断裂。所以该砖热震稳定性较好。另一方面，直通微孔的抗钢液浸润和渗透的能力优于狭缝，所以在免烧氧和轻烧氧工况下，陶瓷管易于开吹，开吹后搅动透气元件工作面周围的钢液，同时也将狭缝表面附着的钢液钢渣吹散，帮助狭缝吹通。

B　透气元件的损毁因素

对钢包用透气元件的要求是高温下高的抗蚀损性、操作安全性、不同压力下可靠的透气性。两个很重要的指标是重复吹开率和使用寿命，开吹失败是由气道被渗钢渗渣堵塞所至，寿命高低取决于材料在使用过程中的抗损毁能力和现场操作过程的控制水平。

钢包用透气元件的使用特点是间歇式操作，操作过程为受钢，吹气精练，浇注，倾倒渣和残钢，透气塞清扫，受钢和浇注时不吹气，即透气砖在使用过程中所处的是一复杂的工况条件。透气砖的损毁是多重因素作用结果，既有被搅动的高温钢液的冲刷磨损、侵蚀渗透作用、又有吹出冷气流造成的热应力作用，翻包倒渣后吹氧清扫工作面时的超高温和强氧化作用，循环使用的急冷急热造成热剥落作用、炉渣侵蚀等[73~74]。

冲刷和磨损作用：钢包吹炼时气流和钢液混在一起后形成的紊流对透气砖有强烈的剪切、冲刷、磨损作用和加剧钢液对透气砖侵蚀的作用，是透气砖损毁的主要原因。透气砖的损毁程度取决于吹氩压力、总时间、气体流量。钢包容量大时，钢水静压力大，吹气所须气体压力大，钢包运送距离远时，周转时间长，钢水温度下降，钢水黏度加大，吹气压力也须加大，也影响透气砖寿命。

热应力作用：在透气砖工作面，尤其是出气狭缝四周的耐火材料，一方面与高达 1600～1700℃的钢水接触，另一方面，又有不断吹出的冷气流影响，会在透气塞内产生很高的热应力，导致裂纹。透气砖又属于多次使用的耐火材料，周期性急冷急热，容易在近工作面部位产生裂纹和剥落。

烧氧吹洗：钢包浇注完毕和翻包倒渣后要对透气砖进行吹氧清洗，以清理工作面上的残钢和残渣，保证工作面的清洁和气体通道畅通。但吹氧时的过头清扫会烧到透气砖，超高温（2000℃以上）和强氧化对透气砖有极大的破坏力。这种破坏和操作条件有很大关系。

侵蚀作用：主要是钢液侵蚀造成的透气塞蚀损和钢液渣液的渗透在透气塞工作面形成反应变质层，进而结构剥落。渗透严重时会堵塞气道，降低吹开率和使用寿命。

提高和保证吹成率的措施，一是要依使用条件精心设计透气通道，优化气道结构，改进砌筑方式，如安装两块透气砖；二是精心操作和维护，如每次浇注完后渣和残钢应倾倒干净，并立即用氧气或其他气体清扫透气砖表面冷钢，吹通透气通道。整个操作：出钢，精练，浇注，透气塞清扫应连续平稳，尽量缩短相互间的间隔时间。此外，在现场实际操作过程中，有采用：透气砖蘑菇头技术的，也取得了提高吹成率、减缓透气砖蚀损速度和延长透气砖使用寿命的效果：即透气砖表面清烧后，将透气砖喷补料直接用喷枪喷到透气砖表面，利用透气砖残余热量烧结，所形成的烧结层似蜂窝状蘑菇头，保证了透气砖的透气性，又防止了钢液的渗透[75,76]。

C 配套座砖

座砖与透气塞配合使用，使用条件同样苛刻：高温操作，低碱度渣的渗透——高温耐侵蚀性，强制搅拌——耐磨性，间歇操作，温度变化大，热剥落和结构剥落——耐剥落性。其质量好坏不仅对透气元件使用寿命有影响，对包底工作层使用寿命也有直接影响。经常挖修座砖或更换座砖，无法获得高包龄。对座砖的要求是高的抗侵蚀和耐冲刷，好的抗层状剥落和断裂性能，高质量座砖能保障吹氩砖的整体寿命长或透气芯热态更换。在座砖材质选择上也要求高性能，如低水泥刚玉浇注料、低水泥刚玉尖晶石浇注料、高温烧成铬刚玉等，具有良好的抗高温溶蚀性，抗剥落和断裂性[77,78]。

18.4 定径水口

定径水口是小方坯连铸控制钢水流量的功能耐火材料，通过水口固定的孔径保持由中间罐流入结晶器的钢水量恒定，孔径大小的选择取决于铸坯规格和连铸机的拉速，通常在12~20mm范围内。由于整个连铸过程中完全要靠水口直径的恒定来保证稳定的流速，因此定径水口是小方坯连铸用关键功能耐火元件，其品质好坏影响连铸工艺的顺利进行。对定径水口的质量要求是使用中安全可靠，除不能堵塞、开裂、脱落外，水口孔径要求扩径速度小。要达到如此要求，水口材料需具有良好的抗冲刷性、抗侵蚀性和抗热震稳定性。当前普遍采用的是氧化锆质材料，氧化锆含量不同，档次不同，直接决定了水口扩径速度的不同，使用寿命不同。95%ZrO_2含量水口扩径速率可低达0.03mm/h。从65%ZrO_2含量的锆英石质，直至95%ZrO_2含量的全氧化锆质定径水口，使用寿命由5~6h至15h以上。

18.4.1 定径水口的材质和结构形式

定径水口从结构上分有三种不同的形式：均质，直接复合，镶嵌式，如图18-23所示。均质定径水口主要是全锆英石质或较低氧化锆含量的水口，适用于连铸时间较短的场合。直接复合式的定径水口本体为锆英石质，仅在水口内孔定径部位复合一定高度和一定厚度的高氧化锆含量层，一次成型和烧成制成。特点是使用寿命较全锆英石质水口长，制作成本低，但由于线膨胀系数的差异，使用中开裂的可能性大，因此内部复合层氧化锆含量一般不能太高，常取70%~80%范围内。镶嵌式定径水口分外套和内芯两部分，分别制作后以耐火泥粘接装配。外套一般为烧成高铝质，镶嵌内芯为氧化锆质，依使用要求不同而选择不同氧化锆含量的内芯。镶嵌式定径水口制作成本低，热震稳定性好，产品档次（ZrO_2含量）涵盖全范围，是生产中主要采用的结构形式[79~81]。

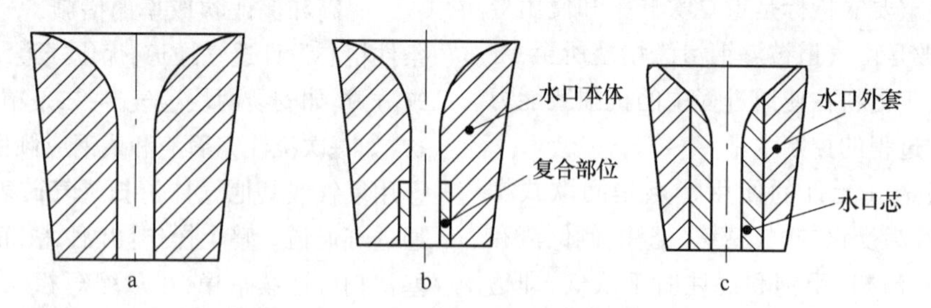

图18-23 氧化锆定径水口结构示意图

a—全均质定径水口；b—直接复合式定径水口；c—镶嵌式定径水口

18.4.2 定径水口生产工艺和产品性能指标

A 定径水口内芯的生产

生产氧化锆质定径水口内芯所用原料主要有部分稳定的电熔氧化锆和锆英石，生产工艺包括坯料的配制混练、机压成型、干燥、高温烧成。烧成温度和氧化锆含量有关，加有锆英石的水口烧成温度在1630~1700℃范围内，部分稳定电熔氧化锆为原料的水口芯烧成温度在1750~1800℃。

表18-28列出了各种档次氧化锆质水口芯的性能指标,其中国内产品主要采用氧化钙为稳定剂,国外产品有采用氧化镁为稳定剂。

表18-28 氧化锆质定径水口芯性能指标

水口类型	化学组成/%					显气孔率/%	体积密度/g·cm^{-3}	耐压强度/MPa	热震(1000℃,水冷)/次	连铸时间/h	耐火度/℃
	ZrO_2	Al_2O_3	SiO_2	CaO	MgO						
X-65	65					18				3	
X-75	75					22	3.9			5	
X-80	80					21	4.0			7	
X-85	85					22	4.1			8	
X-93	93			3.0		24	4.3			8	
X-94	94			3.0		20	4.5	60	>5	10	1790
X-95	95			3.0		18	4.7	60	>5	15	
Z-65	67.3		31.1			20	3.75	95			
Z-75	76.2		21.5			20.5	3.94	60			
Z-95	95.6				2.4	12.5	4.95			20	
高铝外套		78~85				24	2.4		>5		1750

B 水口芯和水口外套粘接装配

定径水口主要是采用镶嵌式结构,由锆芯和外套组成,水口内部热面采用锆质镶嵌体,而基体采用高铝质。外套有铝炭免烧、高铝烧成、浇注成型三种材质。制造工艺是分别将基体和镶嵌成型、煅烧后,在镶嵌体外表面涂敷锆英石质或高铝质泥浆,然后通过热处理使两者结合。

粘接外套的水口在高温使用时由于结合泥浆收缩,导致三个缺陷[82]:一是镶嵌体容易松动脱落;二是钢水从泥浆收缩产生的空隙处渗透,使水口熔损加快;三是基体与镶嵌体结合松散,不利于镶嵌体抗热震性的提高,为保证水口使用时镶嵌体不开裂,只能增加其气孔率,但不利于水口耐用性的提高。国外某公司首创复合水口制造方法,使得水口制造过程中无须采用火泥粘接,而是采用嵌件和按压外套。这种制造方法使得整个系统内嵌件和外套之间,没有漏钢的风险,非常可靠。无火泥缝镶嵌工艺如图18-24所示。

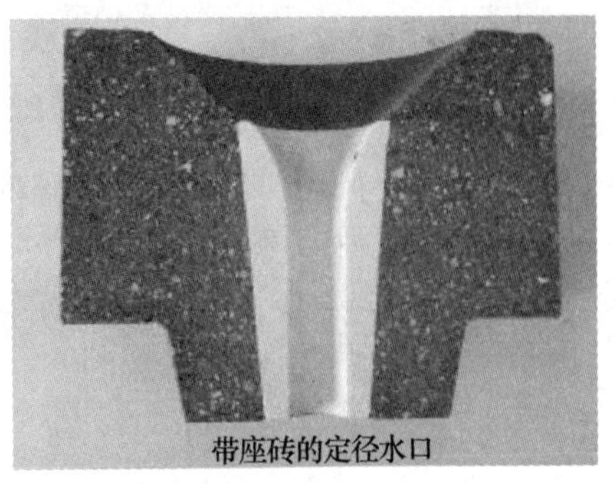

图18-24 无火泥缝镶嵌工艺

C 快换水口

随着小方坯连铸水平的提高和中间包寿命的大幅度提高,定径水口的使用寿命成了提高连铸炉次的瓶颈,单纯在氧化锆材质上改进一是寿命有其限度,再是热震受限[83],因而发展了定径水口不断流快速更换技术,解决了小方坯连铸提高连铸炉次的关键环节[84,85]。在原有定径水口质量水平基础上，通过在线快速（<1s内）更换，使单罐连浇时间大幅度提高，最高达到70h[86]。同时，应用不断流快速更换技术，拉速稳定、保证了铸坯质量、提高了收得率、减少了消耗，减轻了劳动强度、提高了效率。

快换水口一般表面都需要涂抹滑板油，便于滑动的顺畅，有两种方法：(1)喷涂滑板油；(2)涂刷滑板油。前一种工作效率慢，还需要对锆芯的内孔进行封堵，而后一种工作效率极高，不需要对内孔进行封堵。一般滑板生产厂家也是进行涂刷处理。

由于快换水口和上水口要有精确的配合，使用时不经预热，对定径水口的抗热震性有更高的要求，表18-29给出了快换水口和配套材料的性能指标参考值。

表18-29　快换水口和配套材料的材料性能

类型	材质	化学组成/%				体积密度/$g \cdot cm^{-3}$	显气孔率/%	耐压强度/MPa
		SiO_2	ZrO_2	Al_2O_3	MgO			
ZrO_2芯	氧化锆	1.1	95.0		2.6	4.92	13.0	
水口芯外套	刚玉浇注料			98.0		3.10	16.5	35.0
中包座砖	烧成高铝	15.0		83.0		2.67	21.0	

18.4.3　定径水口的应用

18.4.3.1　定径水口的引流方式

中间包水口烘烤后，使用前，应将其堵住。为了便于自动开浇，水口的引流方式如图18-25所示有三种[87]：(1)在定径水口下部用石棉填充水口；(2)在定径水口上部填充引流砂，下部堵木塞；(3)在定径水口上部堵木塞。

此外，还可用金属锥（钢或铜质）将定径水口的下口堵住，从包内填充引流砂，并撒少量的Ca-Si或Fe-Si合金粉，浇注时拔下金属锥待引流砂流出，即能自动开浇，简单方便，见图所示。若需要用烧氧引流的水口，在引流成功后需及时更换水口。

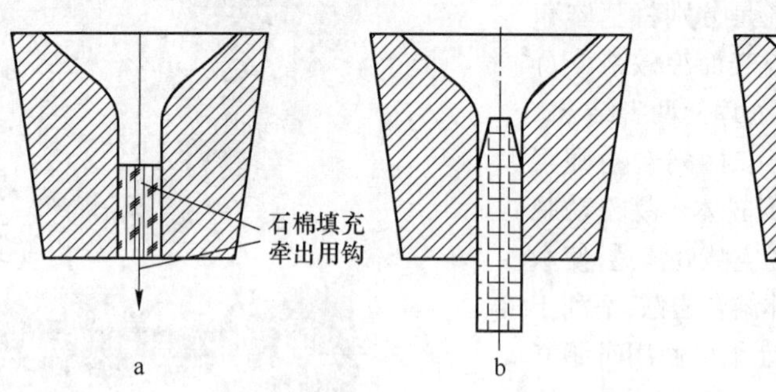

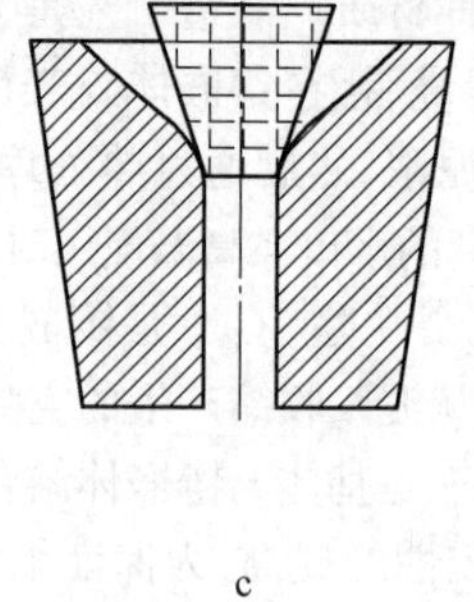

图18-25　定径水口的引流方式

a—在定径水口下部用石棉填充水口；b—在定径水口上部填充引流砂，下部堵木塞；c—在定径水口上部堵木塞

18.4.3.2　定径水口常见事故及防止措施[88]

A　爆裂或开裂

定径水口发生爆裂或开裂的主要原因是因为定径水口热震稳定性不良，经受高温钢水的冲击所产生的热应力常常超过定径水口本身的强度，导致裂纹产生，随着裂纹的贯穿，定径水口内层的氧化锆层发生剥落。提高定径水口热震稳定性，除了对技术方案进行合理的调整和设计外，适当地进行热处理也是提高热震稳定性的必要手段。同时，对水口设计时，采取镶嵌薄壁水口芯也是有效手段之一。

对于锆英石质水口而言，开浇时定径水口爆裂主要由于内芯部位的单斜氧化锆在受热过程中相变引起的。有时在浇注到相当长一段时间后，也会发生水口开裂的现象，这主要是由于本体中的锆英石在受热过程中到1540℃左右发生分解，生成单斜氧化锆和 SiO_2 玻璃体，在有杂质的情况下，分解温度降低，在浇注一段时间后，水口内部温度达到了分解温度，使之发生开裂。预防措施是在使用定径水口前，应充分预热、烘烤；另外，提高水口的氧化锆含量。

另外，定径水口烘烤不良和因受潮而未充分干燥也是水口爆裂或开裂的原因之一。对水口上线前采取合适的烘烤制度是保证安全使用的有效手段。

B 水口孔径扩大

无论是普通锆质定径水口还是氧化锆定径水口，在使用过程中存在扩径问题，只是扩径速度不同。

(1)锆质定径水口扩径的主要问题是：水口工作面的锆英石与钢水及钢水中的氧化物(夹杂物，如 CaO、MgO、Al_2O_3、SiO_2 等)反应而分解，并生成非常细小的氧化锆颗粒和多元液相而随钢水流走。

(2)氧化锆定径水口扩径的原因主要是：氧化锆中的稳定剂(氧化钙)与钢水中的Fe、Mn和夹杂物等成分反应而脱溶，并导致氧化锆失稳分解，变成单斜相小颗粒并随钢水流走。

(3)这两类水口在使用时，水口内部的组织结构会遭到破坏，当材料的结合强度不足以抵抗钢水的冲刷时，位于水口工作面的颗粒和细粉就会被钢水冲刷走，并造成水口扩径。

(4)显气孔率较高的定径水口，在钢水快速通过并产生负压的作用下，空气通过气孔向水口内部渗透。随着浇铸时间的延长，水口内部的反应分解现象也逐渐明显，使水口扩径速率加快。

在开浇引流或因水口结塞时，要对定径水口进行烧氧处理，在烧氧过程中，很容易使定径水口扩径或变形，导致拉速过快或主流偏移，影响生产。自动开浇，避免烧氧处理；水口结瘤，规范化操作。

C 水口结瘤堵塞

浇铸高碳硅镇静钢定径水口内孔会结瘤，结瘤物主要是 SiO_2 以及(Ca、Si、Mn、Al、Mg、Zr)Ox 的复合物。通过采取合理控制钢水成分、精炼时间、净吹氩时间以及钢水过热度等措施，减少了中间包水口结瘤现象，连浇炉数提高了47%，提高了铸坯的质量。

参考文献

[1] 张文杰、李楠.碳复合耐火材料[M]. 科学出版社，1990.

[2] 魏同，桂明玺.连铸用耐火材料的现状及其今后发展趋势[J]. 国外耐火材料，1999,24(11):3~13.

[3] Katsubiro Tabata. The latest trends for continuous casting refractories in Japan[J]. Shinagawa Technical Report, 1993, 36:1~46.

[4] 山口明良.碳复合耐火材料[J]. 耐火材料，1994,28(3):128~132.

[5] 钱之荣、范广举.耐火材料实用手册[M]. 冶金工业出版社，1992:368~378.

[6] 石凯，孙加林.中国十年来钢包滑板的发展[C]//第三届耐火材料国际会议，北京，1998,11.

[7] Masaru Terao, Noboru Tsukamoto, Yuji Yoshimura, et al. High Performance Al_2O_3-C Plate Bricks[J]. Shinagawa Technical Report, 1993, 36:47~58.

[8] Keiichiro Akamine, Isao Sasaka, Arito Mizobe, et al. Improving thermal shock resistance of aluminum-added[J]. Semi-Burnt SN Plate Refraxtories, JTAR Japan 2004, 24(2):135~140.

[9] 卫忠贤，李保英.烧成镁尖晶石滑板的研制与应用[J]. 耐火材料，2002,36(4):229~230.

[10] Yoshisato Kiyota, Hirofumi Ikagami, Kimiharu Aida, et al. Development of basic sliding nozzle plates for steel ladles[J]. JTAR Japan 2004, 24(4):255~261.

[11] 金从进，朱伯铨.赛隆结合刚玉滑板的性能和使用[J]. 耐火材料，2003,37(5):303~304.

[12] 金从进，邱文东，孙加林.铝锆碳材料的抗氧化性研究[J]. 耐火材料，2000,34(5):265~267.

[13] 张启东，石凯，李彩霞.钢水中的氧含量对滑板蚀损的影响[J]. 耐火材料，2000,34(2):92~93.

[14] 邱文东.铝锆碳滑板的热化学侵蚀机理[J]. 耐火材料，1999,33(2):67~69.

[15] Yukinobu Kurashina, Masanori Ogata, Nobuhiko

Imai, et al. Improvement of bricks texture and shape for slide valve plate[J]. Shinagawa Technical Report 2003,46:45~58.

[16] Mitsuo Sato, Takasi Miki, Kazuo Itoh, et al. Improvement of the service life of slide gate plates for ladle applications[J]. JTAR Japan 2004, 24(4):278~284.

[17] Masaru Terao, Ryosuke Nakamula. Trends in continuous casting refractories[J]. Shinagawa Technical Report, 2003,46:11~34.

[18] 刘爱国,杨晓春,姚春战.滑板涂料的试制和使用[J]. 耐火材料,2000,34(3):165~166.

[19] 徐慧娟. ZrO_2 含量对 Al_2O_3-ZrO_2-C 滑板性能的影响[J].耐火材料,2001,35(2):122~123.

[20] 金从进,李泽压,汪 宁,等.电工钢用滑板性能与使用状况分析[J]. 2002年钢铁工业用耐火材料技术研讨会论文集,江苏昆山,2002:188~189.

[21] 石凯,夏熠.炼钢用滑动水口材质体系的演变[J]. 耐火材料 2018,52(3):230~236.

[22] 田守信,陈肇友.添加剂在 Al_2O_3-C 制品氧化过程中堵塞气孔的机理[J]. 耐火材料,1989,23(2):1~4.

[23] Taffin C, Poirier J. The behaviour of metal Additives in MgO - C and Al_2O_3 - C refractories[J]. Interceram., 1994,43(5):354~358.

[24] 沈德久,关长斌,李荣祥.添加剂对 Al_2O_3-C 制品抗氧化性的影响[J]. 耐火材料,1993,27(3):127~128.

[25] 周川生.颗粒浇注生产熔融石英水口[J]. 耐火材料,1993,27(5):257~258.

[26] 李红霞,刘国齐,杨彬,等.连铸用功能耐火材料的发展[J]. 耐火材料,2001,35(1):45~49.

[27] Costa Reis W L da, Silva S N, Varela J A, et al. Corrosion of the immersion nozzle during steel continuous casting[J]. Interceram, 1998, 47(2):88~96.

[28] Joon-Hyuk Hong, Sung-ManKim. Slagline wear of graphite bonded zirconia SENS[J]. Am. Ceram. Soc. Bull. 1997,76(5):75~78.

[29] Dick A F, Yu X, Pomfret R J, et al. Attack of SEN by mould flux and dissolution of refractory Oxide in the flux[J]. ISIJ International, 1997, 37(2):102~108.

[30] 李红霞,杨彬,杨金松,等.薄板坯连铸用 SEN 的开发和渣线抗侵蚀性能浅谈[C]//2002年钢铁工业用耐火材料技术研讨会论文集,江苏昆山,2002:8~14.

[31] Setsuo Katakiri, Shoji Hisuka, Tsutomu Harada, et al. High performance zirconia graphite material for submerged nozzle [C]//Proceedings of UNITECR, 1997:1440~1441.

[32] Kazuhide Uchida. Influence of zirconia grain size on corrosion resistance of zirconia - graphite material [J]. JTAR Japan, 2002,22(3):214~218.

[33] Noboru Tsukamoto, Osamu Nomura, Eishi Iida, et al. Prevention alumina clogging in submerged entry nozzle for cotinuous casting[J]. Shinagawa Technical Report, 1998,41:37~46.

[34] 龚坚,王庆祥,周晖.浸入式水口堵塞机理[J]. 连铸,2001,(2):4~7.

[35] 杨彬,李红霞,刘国齐,等.特钢连铸用防堵浸入式水口的研究[C]//第三届发展中国家连铸国际会议论文集,北京,2004,9:655~659.

[36] Yasushi Sasajima, Mitsuru Ando, Shigeaki Takahashi. Development of a carbon-and silicoa-free submerged entry nozzle[J]. JTAR Japan, 2000, 20(3):164~167.

[37] Nobuyoshi Hiroki, Akira Takahashi, Yasutishi Namba, et al. Development and application of annular step submerged entry nozzle[J]. Shinagawa Technical Report, 1993,36:75~88.

[38] Mineo Uchida, Takafumi Harada, Koutaro Takeda, et al. Development of swirling flow immersion nozzle [J]. 黑崎播磨耐火材料志,2003,151:48~58.

[39] Fumihiko Ohno, Toshiyuki Muroi, Kazumi Oguri. Development of anti-alumina build-up materials for inner surface of continuous caster submerged entry nozzle[J]. JTAR Japan, 2002,22(1):63~66.

[40] Hirekazu Kondo, Norichika Aramaki, Osamu Nomura, et al. Submerged entry nozzle which prevents alumina clogging [J]. Shinagawa Technical Report, 1997,40:29~34.

[41] 张晖,杨彬,王金相. $CaZrO_3$ 材料的合成和抗 Al_2O_3 沉积的研究[J]. 耐火材料,1997,31(4):187~190.

[42] 柯昌明,李楠,李永全,等.O'-SiAlON-ZrO_2-C 系材料抗 Al_2O_3 沉积性能[J]. 耐火材料,1998,3(3):125~127.

[43] Shigeki Ogibayashi.Mechanism and countermeasure of alumina build-up on submerged nozzle in continuous casting[J]. Taikabutsu Overseas,1995,15(1):3~14.

[44] Koji Ogata,Jiro Amano,Katsumi Morikawa.Basic study and application of dolma graphite refractories for submerged nozzle[J]. The Refractories Engineer,2005,3:10~14.

[45] 徐延庆.连铸用无碳功能耐火材料的研究进展[J]. 耐火材料,2003,37(3):170~172.

[46] Osamu Nomura,Shigeki Uchida,Wei Lin. SEN with high corrosion resistance [J]. Shinagawa Technical Report,2000,43:95~100.

[47] Osamu Nomura,Shigeki Uchida,Wei Lin.Microstructure of spinel SEN used for casting high-oxygen,calcium-treated,free-cutting and high-manganese steel [J]. Shinagawa Technical Report,2001:44~56.

[48] 孙云虎.改进中包浸入式水口的生产实践[J]. 钢铁研究,2003,130(1):16~20.

[49] 荣学良,吕建权,张志刚.薄板坯连铸中间包塞棒侵蚀原因分析[J]. 河北冶金,2002,33(1):15~17.

[50] Quentin Robinson,Eric Hanse,Roger Maddalena. Refractory design & material development for stopper valve flow control[C]//Proceedings of UNITECR, 2003:615~618.

[51] Lee B H,Kwon O D,Yoon Y C.Development of continuous casting nozzle cotaining AlN for high oxygen steele[C]//Proceedings of UNITECR,2001.

[52] Kouichi Nomura,Akira Ishizuka,Masao Inagaki,et al.Development of extended life Al_2O_3-C ladle shrouds for continuous casting[J]. JTAR Japan,1999,19(1):35~39.

[53] Takeuchi T,Marikawa K,Uchida M.The design technique of the Al_2O_3-C ladle shrouds suitable for long-time and repetition Use[C]//46# International Colloquium on Refractorise 2004,Aachen,153~161.

[54] 周川生,陈鹏,骆忠汉,等.国内连铸长水口密封结构的实践与看法[J]. 耐火材料,1998,32(3):170~172.

[55] 韩斌,刘玉泉,刘广利.供气元件在炼钢工艺中的应用[J]. 耐火材料,2003,37(6):358~360.

[56] 陈家祥.钢铁冶金学(炼钢部分)[M]. 北京:冶金工业出版社,1990.

[57] 王雅贞,李承祚,等.转炉炼钢问答[M]. 北京:冶金工业出版社,2003.

[58] 杨文远,李林,彭小艳,等.提高复吹转炉透气砖寿命和冶金效果的新技术[J]. 中国冶金,2017,27(12):14~21.

[59] 蔡延书.复吹元件、气源的技术进步及优缺点[J]. 炼钢,1995(4):55~62.

[60] 周艺.法国 Vallourec 公司电炉底吹惰性气体节约废钢和电能[J]. 冶金能源,1992(1):59~61.

[61] 于力,刘开琪.透气砖在超高功率电炉上的应用[J]. 耐火材料,2000,34(1):41~42.

[62] 陈勇,王锋刚,贺中央.透气砖的发展和应用[C]//2005 年全国钢铁工业用优质耐火材料生产和使用经验交流会.武汉,2005:27~33.

[63] 常雅楠,张玲,邵子铭.钢包用透气砖的研究与发展方向[J]. 辽宁科技大学学报,2016,39(3):191~197.

[64] Koster V,Luckhoff J,Wethkamp H,et al.Third generation of gas purging ceramics for steel ladles[J]. Metall.Plant Technol.Int.(Germany),1995,18(1):46~49.

[65] Matsushita Taishi,Mukai Kusuhiro.Direct observation of molten steel penetration into porous refractories [J]. Journal of the Technical Association of Refractories,Japan,2003,23(1):15~19.

[66] Patrick Tassot. Innovative concepts for steel ladle porous plugs [J]. Millennium Steel,2006(2):111~115.

[67] Tatsuya Ouchi. Wear and countermeasures of porous plug for ladle [J]. Journal of the Technical Association of Refractories, Japan,2001,21(4):270~275.

[68] 张晖.钢包用长寿命狭缝式透气塞的开发.国外耐火材料[J]. 2001,26(1):31~34.

[69] 寇志奇,范天元,张立明,等.狭缝式透气砖的研制和应用[J]. 耐火材料,2001,(2):92~94.

[70] 李存弼.钢包用透气塞.国外耐火材料[J]. 2000,25(2):57~58.

[71] 殷建平,于燕文.钢包用透气砖的实验室和吹氧转炉厂的实验效果[J]. 国外耐火材料. 1999,24(5):31~36.

[72] 陈卢,张晖,禄向阳,等.新型复合结构钢包透气元件的设计与应用[C]//第十一届中国钢铁年会论文集.北京:冶金工业出版社,2017.
[73] 张宝鑫,佟晓军.精炼条件对狭缝式透气砖使用效果的影响[J]. 耐火材料,2000,34(1):38~40.
[74] 江欣.透气塞的损毁与对策[J]. 国外耐火材料,2002,27(1):28~33.
[75] 张道话,喻承欢.钢包热换式外装底吹氩透气砖工艺的开发与应用[C]//连铸耐火材料技术研讨会,2002,青岛:46~48.
[76] 刘百宽,霍素珍,王锋刚.钢包底吹氩透气砖的进展[C]//连铸耐火材料技术研讨会,2002,青岛:48~50.
[77] 蒋春华,吴峰,帅汉舟,等.长寿命钢包透气砖座砖的开发与应用[J]. 耐火材料,2003,37(4):221~222.
[78] 张圣鑫,关岩,张国栋.新型钢包透气砖座砖的研制[J]. 耐火材料,2003,37(3):136~138.
[79] Masanobu S, Kimiaki S, Eizo M, et al. Corrosion resistance of densified zirconia tundish nozzle[J]. TAKABUTSU OVERSEAS, 19(1):40~44.
[80] Cheng P C et al. Long term casting with zirconia nozzlees [J]. Iron and Steel Maker, 1992, 19(6):19~24.
[81] Zhou Chuanshen, et al. Zirconia composite nozzles for continuous casting [J]. Interceram, 1991, 40(4):240~243.
[82] 李顺禄,周朝阳,李忠权,等.连铸用高强度复合定径水口的研制[J]. 陶瓷学报,2002(2):139~141.
[83] 致密氧化锆质中间包水口的耐侵蚀性[J]. 国外耐火材料,1999,24(7):49~52.
[84] 张胜生,孟宪俭,杨君胜,等.连铸中间罐不断流快速更换定径水口技术[J]. 连铸,2001,(2):13~15.
[85] 陈向阳,付波,等.连铸中间包定径水口快速更换与中间包长寿技术[J]. 耐火材料,2002,36(6):342~345.
[86] Martin Wiesel. Refractories for flow control-new systems[J]. New Solutions, The Refractories Engineer, 2003, (3):2~8.
[87] 朱苗勇.现代冶金工业学-钢铁冶金卷[M]. 北京:冶金工业出版社,2011.
[88] 李红霞.现代冶金功能耐火材料[M]. 北京:冶金工业出版社,2019.

19 不定形耐火材料

不定形耐火材料指由集料和一种或多种结合材料组成,可以直接加入一种或几种适宜的液体后应用于施工现场的一种混合料。按产品类型和施工方式分类,不定形耐火材料可分为八大类:耐火浇注料、耐火喷涂料、耐火捣打料、耐火可塑料、接缝材料(耐火泥浆)、干式料、压入料和涂抹料。不同的产品类型和施工方式决定了不定形耐火材料要具备不同的作业性能,包括和易性、稠度、流动性、铺展性、可塑性、附着率、马夏值、凝结性和硬化性等。材料的作业性和流变性密切相关,不同的作业性其流变性也不相同。由于不定形耐火材料具备制备工艺简单、适应性强、整体性好、便于机械化施工和修补等特点,已逐渐取代大部分烧成耐火制品,在钢铁冶金、有色冶金、石油化工、建筑材料、机械工业、电力锅炉和垃圾焚烧炉等高温工业窑炉得到了广泛应用。

19.1 不定形耐火材料基础

19.1.1 不定形耐火材料概念

不定形耐火材料指由集料和一种或多种结合材料组成,可以直接加入一种或几种适宜的液体后应用于施工现场的一种混合料。与烧成定形耐火制品不同,用此类材料构筑衬体可形成无接缝整体内衬,因此在欧美又称为无接缝耐火材料,或整体耐火材料。由于此类材料配制工艺和施工方法与普通建筑混凝土相似,因此在东欧和俄罗斯也有称为耐火混凝土。

同烧成耐火制品比较,不定形耐火材料具有如下特点:

(1)制备工艺简单,生产周期短,劳动生产率高;

(2)适应性强,使用时不受工业窑炉结构形状限制,可制成任意形状;

(3)整体性好,气密性好,热阻大,可降低工业炉热损失,省能源;

(4)便于机械化施工,省工省时;

(5)对于损坏的工业炉内衬易于用不定形耐火材料进行修补,延长衬体使用寿命,降低耐火材料消耗。

因此,不定形耐火材料现已逐渐取代大部分烧成耐火制品而得到广泛应用,在冶金工业使用不定形耐火材料的比例已约占耐火材料总使用量的45%。

19.1.1.1 不定形耐火材料分类

按产品类型和施工方式分类,不定形耐火材料可分为如下八大类[1]:

(1)耐火浇注料:由耐火集料和结合剂构成的混合物。主要以干状交货,在加入水或其他液体混合后使用。通常采取振动浇注、非振动(自流)浇注、喷射或必要时进行夯实等方式,在不需要加热的情况下就可以成型并硬化。耐火浇注料又可分为普通浇注料、反絮凝浇注料和化学结合浇注料。

1)普通浇注料:含有水泥但不含反絮凝剂的水化结合耐火浇注料。

2)反絮凝浇注料:含有水泥、至少2%超细粉(<1μm)和至少一种反絮凝剂的水化结合耐火浇注料。这一类分为4种,具体见表19-1。

表19-1 反絮凝水泥浇注料的类型

类型	w(CaO)/%	
	最小	最大
普通水泥浇注料(MCC)	>2.5	—
低水泥浇注料(LCC)	>1.0	≤2.5
超低水泥浇注料(ULCC)	>0.2	≤1.0
无水泥浇注料(NCC)	0	≤0.2

注:1. 当原料中的氧化钙含量较大时需在性能表中单独标注出来,划分反絮凝剂水泥浇注料的类别时可以将原料中的氧化钙忽略不计。

2. 按照定义,反絮凝剂水泥浇注料至少含有一种反絮凝剂和至少2%的超细粉。

3)化学结合浇注料:含有一种或多种化学硬化结合剂的耐火浇注料。

(2)耐火喷涂料(亦称为耐火喷射料):由耐火集料和结合剂构成,以气动或机械喷射方式施工的混合物。

(3)耐火捣打料:由耐火集料和结合剂组成,必要时加入液体,在使用前没有黏结性,根据产品类型主要结合形式有陶瓷结合、化学结合(无机或有机-无机结合)或有机结合。该材料通常直接或加入液体后通过捣打(人工或机械)或振动成型,在温度高于室温时硬化。

(4)耐火可塑料:由耐火集料、结合剂和液体组成,具有黏结性,可直接使用,具有可塑性。根据产品类型主要结合形式有陶瓷结合、化学结合(无机或有机-无机结合)或有机结合。该材料以软的预先成型的块状或片状交货,通过捣打(人工或机械)施工,可以不需要模板,在温度高于室温时硬化。可塑料必须加入增塑材料,增塑材料多半为可塑性黏土,也可用某些有机增塑剂来提高其可塑性。

(5)接缝材料(耐火泥浆):由细集料和结合剂组成,以干状交货或与液体结合剂混合待用,通过刮抹、灌浆或浸渍使砖块或预制件黏结在一起进行施工。主要有两种类型:热硬性填充料,以化学或陶瓷结合,加热硬化;气硬性填充料,以化学或水化结合,在空气中硬化。

(6)干式料:专门设计以干料状态通过振动、捣打进行施工的材料。在施工中达到最紧密堆积和在加热前或在加热后拆除模具。这类材料可以含有暂时性结合剂但最终是陶瓷结合。

(7)压入料:这类材料是由泵在10~200Pa压力下压入施工,可以是直接使用的状态交货或需要混合后使用。

(8)涂抹料:由细集料和结合剂组成,以使用状态交货或以干状态交货。一般以陶瓷结合、水硬结合、化学结合(无机或有机-无机结合)或有机结合。以人工(用刷子或抹刀)、气动或机械投射或喷涂方式施工。

不定形耐火材料还可按主要原料和化学组成类型、结合形式和分类温度等来进行分类。

按主要原料和化学组成类型,当不定形耐火材料主要原料含量≥50%时,可按主要原料进行分类,或当不定形耐火材料的每种原料含量都<50%时,可按主原料进行分类。按其化学组成类型可分为以下几种:

(1)铝-硅系产品:主要由含 $Al_2O_3-SiO_2$ 系的集料组成。

(2)碱性产品:主要由镁砂、白云石熟料、镁铬砂等原料组成。

(3)特殊产品:主要由铝-硅系和碱性产品以外的氧化物或非氧化物集料组成,包括碳化硅、氮化硅、锆英石和氧化锆等。

(4)含碳产品:主要由以上3种类型的集料和含量超过1%的碳构成。

按结合形式分类,取决于不同材料的硬化过程,但同时具有几种结合形式时,按照在硬化过程中起主要作用的结合形式来定义。具体分为:

(1)水化结合:在室温下固化和硬化。

(2)陶瓷结合:通过烧结形成固化。

(3)化学结合(无机或无机-有机复合):通过化学反应形成硬化,但不是水化,反应是在室温或者是低于陶瓷烧结的温度下完成。

(4)有机结合:在室温或较高温度下形成结合或硬化。

不定形耐火材料还可按分类温度进行分类,依据是总的线变化率。总的线变化率的测定按照GB/T 5988—2007进行。致密不定形耐火材料中浇注料、喷射料和喷涂料的线收缩率(分类温度×5h)<1.5%,捣打料和可塑料的线收缩率(分类温度×5h)<2%。隔热不定形耐火材料线收缩率(分类温度×12h)<1.5%。

19.1.1.2 不定形耐火材料的制备

不定形耐火材料的制备工艺,包括材质的选择、颗粒级配的确定、结合剂和外加剂的选用以及加工流程的确定,是根据使用条件和使用环境,以及所采用的施工方法来确定的。

配制不定形耐火材料的粒状原材料总称为

耐火集料。耐火集料分为骨料和粉料,集料颗粒粒径大于0.088mm(或0.074mm)的称为骨料,在不定形耐火材料中起骨架作用。集料颗粒小于0.088mm(或0.074mm)称为粉料,由于它起着包埋骨料或充填于骨料颗粒之间空隙的作用,因此又称为基质,其中0.088mm至10μm的称为细粉,小于10μm的称为超细粉(或微粉)。

不定形耐火材料集料的颗粒级配有连续级配和间断级配两种,但一般为多级粒度级配。也可按照Andreassen或Dinger-Funk粒度分布方程进行颗粒级配,主要控制粒度分布系数q值,而q值是根据材料的作业性能和物理性能要求来确定的(见19.1.2节不定形耐火材料的粒度组成)。

不定形耐火材料所用的结合剂分有机物和无机物两大类。而有机类结合剂又分为两类,一类为暂时性结合剂,在常温下干燥后或经烘烤后有较好的结合强度,但加热到一定温度(大于300℃)后会燃烧掉而失去结合强度,如甲基纤维素、糊精、阿拉伯树胶、木质素磺酸盐等;另一类为半永久性结合剂,经加热烘烤后(110~300℃)会发生缩聚反应,产生较好的结合强度,但进一步加热时会分解挥发出气体并残留下碳,到高温时形成碳网结合,如焦油沥青、酚醛树脂、脲醛树脂、环氧树脂等,但这类有机结合剂只适用在还原性气氛条件下使用。

无机类结合剂为永久性结合剂,在常温下经过适当养护后会产生较好的结合强度,但加热烘烤时会失去结晶水或化合水,并发生物相转化。在高温下会与耐火集料发生反应生成新的结合相而使材料的结构强度大大提高。无机类结合剂主要有铝酸钙水泥、铝酸钡水泥、硅铝溶胶、钠钾硅酸盐(水玻璃)、磷酸和磷酸盐、硫酸盐、氯化物和聚磷酸盐等。

不定形耐火材料用的添加剂(也称外加剂)按其作用功能分有:

(1)改善材料作业性能(或称施工性能)的添加剂,包括有减水剂(分散剂)、增塑剂(塑化剂)、胶凝剂(絮凝剂)、解胶剂(反絮凝剂)等;

(2)调节材料凝结与硬化速度的添加剂,包括有促凝剂(促硬剂、速凝剂)、缓凝剂(迟效促凝剂)、快干剂等;

(3)调整材料内部组织结构的添加剂,包括有防缩剂(膨胀剂)、发泡剂(引气剂)、消泡剂等;

(4)延长材料储存期或保持材料施工性能的添加剂,包括有防潮剂、酸抑制剂、保存剂、防冻剂等。添加剂根据使用要求不同而选用。

19.1.1.3　不定形耐火材料的应用

早期(20世纪60年代以前)的不定形耐火材料材质与品种比较少,品质也较低,只能用于构筑和修补低、中温热工设备的衬里。而现在,由于材质与品种的不断更新,品质有很大的提高,制备技术和施工技术与装备有显著的进步,使得不定形耐火材料的应用范围不断扩大,使用领域已从低、中温热工设备向高温熔炼炉发展,从只能构筑气氛炉的衬体(不接触熔体)向可构筑与高温熔体接触的窑炉衬体发展。

在冶金工业方面,从铁矿烧结、炼焦、炼铁、炼钢、炉外精炼、连铸直到轧钢等,几乎每一生产环节的热工设备和冶炼炉的衬体都或多或少要使用不定形耐火材料来构筑或修补,如在炼钢系统中,转炉要采用碱性耐火喷补料、热态投补料、溅渣护炉料,钢包内衬采用Al_2O_3-MgO质浇注料和修补料,炉外精炼装置RH、DH、浸渍管、吹氩和喷粉的喷枪、CAS-OB浸入罩、各种钢包炉的顶盖等均用高档材质的耐火浇注料作衬体。连铸中间包的永久衬和工作衬也是采用铝硅系浇注料和镁质(或镁钙质)涂料或干式料来构筑。

在其他工业方面,包括有色冶金、石油化工、建筑材料、机械工业、电力锅炉、垃圾焚烧炉等工业窑炉中,均有采用不定形耐火材料构筑衬体的例子,而且其综合使用效果均比使用耐火制品要好。

19.1.2　不定形耐火材料的粒度组成

不定形耐火材料制备工艺中,控制粒度分布(组成)是控制产品质量的极其重要的措施之一。粒度级配的合理与否,不仅影响着材料的作业性能,如流变性、可塑性、涂抹性、铺展性、附着率(或回弹率)等,而且也影响着制成衬体后材料的物理性能,如气孔率、体积密度、透气性、力学强度、弹性模量等,进而影响着材料的最终使用性能,如抗热震性、抗熔体的渗透性和侵蚀性、耐磨性和耐冲刷性以及高温下的结构强度等。

19.1.2.1 颗粒级配理论简介

不定形耐火材料集料的粒度级配有两种形式:即不连续(间断)的粒度堆积和连续的粒度堆积:

(1)不连续粒度堆积是将由几级间断的粒度(可以是几级不同粒度的单分散颗料,也可以是几级粒度(粒径)范围很窄的不同粒级的颗粒料)的堆积;

(2)连续粒度堆积是指由连续粒度分布的颗粒的堆积。

不连续(间断)粒度的颗料堆积理论是Furnas最早提出的。该理论认为:由几级粒度组成的堆积,如由三级粒度组成的堆积,其中颗粒应恰好填入粗颗粒堆积形成的空隙中,而细颗粒恰好填入粗中颗粒形成的空隙中,由此可构成最紧密堆积。如果由多级粒度组成,加入越来越细的颗粒时,便可使气孔率越来越接近于零。但构成这种粒度分布时,各级颗粒量要形成几何级数。之后,他将多粒级的表达式推广到连续分布的计算中去,此方程式如下:

$$CPFT/100=(r^{\lg D}-r^{\lg D_s})/(r^{\lg D_L}-r^{\lg D_s}) \tag{19-1}$$

式中 $CPFT$——某一粒级(D)以下累计百分数;

r——相邻两粒级的颗粒量之比;

D——颗粒粒度(尺寸);

D_s——最小颗粒粒度;

D_L——最大颗粒粒度。

Furnas方程中以D与$CPFT$的关系在对数坐标轴上(lg-lg图)作图时,其粒度分布为曲线分布如图19-1所示,图中的$K=D_s/D_L$。

连续粒度的颗粒堆积理论是Andreassen提出的。他提出的颗粒分布方程如下:

$$CPFT/100=(D/D_L)^q \tag{19-2}$$

式中,q为粒度分布系数,其他符号所代表意义同前。其粒度分布曲线如图19-2所示。

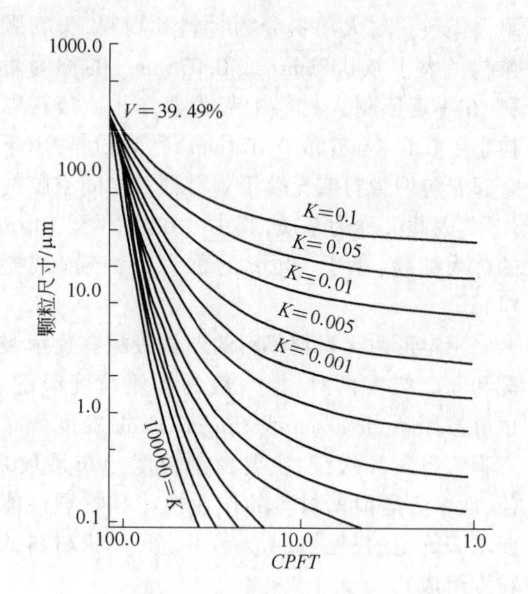

图19-1 Furnas粒度分布

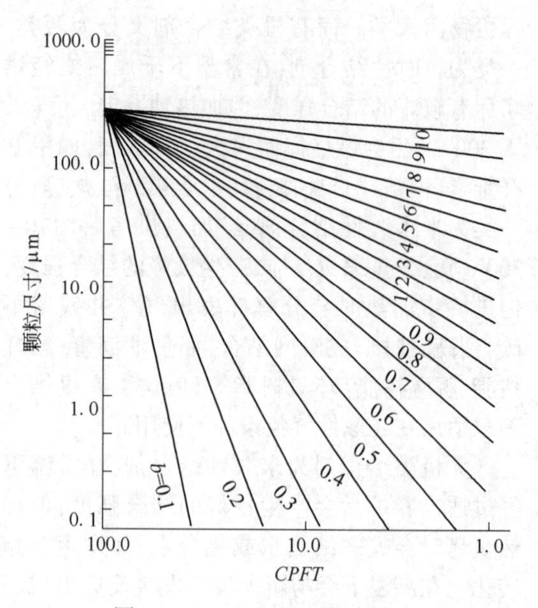

图19-2 Andreassen粒度分布

同Furnas方程比较可以看出,Andreassen方程中无最小颗粒粒度限制,即最小颗粒尺寸是无限制的,而真实的颗粒料粒度分布是有限制的。因而有人对此提出不同意见。为了处理Andreassen方程中的无最小粒度限制问题,Dinger和Funk根据Furnas的有限分布方程(有最大粒度D_L和最小粒度D_s的限制),经过数学推理和处理,对Andreassen方程进行了修正,提出了Dinger-Funk方程式:

$$CPFT/100 = (D^q - D_s^q)/(D_L^q - D_s^q) \qquad (19\text{-}3)$$

从式 19-3 看出，当 $D_s \to 0$ 时，Dinger-Funk 方程与 Andreassen 是一样的。图 19-3 为 Dinger-Funk 和 Andreassen 粒度分布对比图，图中 D_L 和 q 为常数。可以看出，当 D_s 越小时，两方程的粒度分布曲线越接近。

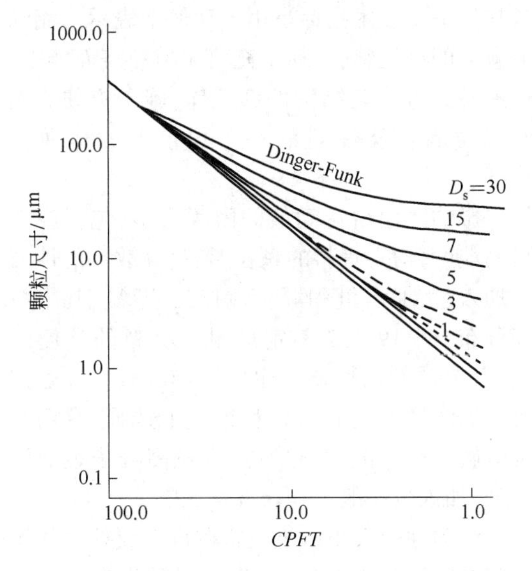

图 19-3　Dinger-Funk 和 Andreassen 粒度分布
（$D_L=300, q=0.8, D_s=30,15,7,5,3,\cdots,0.03$）

从图 19-3 可看出，Dinger-Funk 方程用 CPFT 对 D 在 log-log 坐标轴上作图，其粒度分布为曲线状，与实际颗粒粒度分布接近，但计算起来略为麻烦些。而 Andreassen 方程用 *CPFT* 对 D 在 lg-lg 坐标轴上作图时，其粒度分布为直线，q 值为直线的斜率，简单且易于采用。

19.1.2.2　粒度组成的控制

不定形耐火材料的粒度组成是随其施工方法的不同而异，既要考虑材料的堆积密度，又要考虑作业性能。过去粗放型颗粒粒度组成一般分为粗颗粒（大于 1.5mm）、中颗粒（1.5～0.074mm）、细颗粒（<0.074mm）三级。捣打法施工的材料的颗粒度组成中，其粗、中、细比例一般采用 40∶20∶40（或 40∶25∶35），而浇注法（振动浇注法）则采用 40∶30∶30（或 40∶35∶25），但现在已趋向于采用多级颗粒级配，并采用上述颗粒堆积理论来指导不定形耐火材料颗粒级配。

当今在配制不定形耐火材料时，最广泛采用的是 Andreassen 粒度分布方程，如果有最小粒径限制时也有采用 Dinger-Funk 粒度分布方程，但不管采用那个方程，最主要的是控制粒度分布系数 q 值。根据所确定的 q 值来调整不同粒度范围的颗粒度组成比例。而 q 值的大小则是根据作业性能（流变性能）和使用性能的要求通过试验来确定的。

在不定形耐火材料中，对颗粒级配要求较严格的是浇注耐火材料。而在浇注料中，自流或泵灌浇注料比振动浇注料对颗粒级配的要求更为严格。对自流型或泵灌型浇注料，一般要求最大临界粒度为 5mm，其 q 值应控制在 0.21～0.26 之间，大于 0.26 时自流性变差。而对振动浇注料，其最大临界粒度可放宽至十几毫米，其 q 值允许在较大范围内波动，一般为 0.26～0.35，但随着 q 值的不同，其物理性能会有显著的差异，须根据使用要求来确定。

这是因为振动浇注料是靠外力作用使浇注料内的骨料颗粒产生紧密堆积，堆积之后的颗粒间隙由基质（粉料-水悬浮液）来充填，因此 q 值可以大些，也即骨料比例可以适当多些。而自流浇注料是靠基质的自流性在位势差的作用下产生流动而充填模型，骨料是埋在基质中，靠基质来拖动骨料产生流动，骨料颗粒间不能紧密接触，否则流动阻力大而难产生自流，因此 q 值要小些，即骨料比例相应要小些。一般情况下自流料的粒度组成为大于 1mm 35%～40%、1～0.045mm 15%～30%，小于 0.045mm 35%～40%。

19.1.3　不定形耐火材料的作业性能

评估不定形耐火材料施工操作难易程度的性能称为作业性能，也称施工性能。作业性能的好坏直接影响施工效率和施工体质量。好的作业性能应当指材料能够在较省力省时的情况下完成施工，并可获得较好的施工体质量。但对不同状态的材料采用不同的施工方法，有其不同的作业性能要求，如对浇注料要求具有较好的流动性，可塑料要求有较好的可塑性，而喷射耐火材料则要求具备较好的附着率等。因此不定形耐火材料的作业性能包括有和易性、稠度、流动性、铺展性、可塑性、附着率、马夏值、凝结性和硬化性等。

19.1.3.1 和易性

衡量不定形耐火材料干混合料加水(或液状结合剂)搅拌混合达到均匀时的难易程度称为和易性。混合料的和易性与材料的性质、粒度组成和拌合液体的黏度有关。难拌合的混合料拌合时需较大的混合能,尤其是加入黏度较高的液状结合剂拌合时,需要用高功率的搅拌机来拌合。反之,易拌合的混合料拌合时,所需的混合能较小、所需的搅拌机功率也小。因此,根据搅拌时输入搅拌机的功率大小可以判断和易性的难易。现在已有一种新型的测定不定形耐火材料流变特性的流变仪,测定其混合能的大小来评估和易性的难易程度。

不定形耐火材料的和易性通过调整其颗粒度组成(骨料与粉料比例、粉料细度等)和加入分散剂(减水剂)可改善其和易性。另外,骨料颗粒形状对和易性也有较大影响。不规则形状的骨料,如片状、柱状、尖角状等颗粒,搅拌混合时,摩擦阻力大,和易性差。而球状或近球状颗粒,混合时摩擦阻力小,和易性较好。

19.1.3.2 稠度

评估浆体状不定形耐火材料(如耐火泥浆、压注耐火材料、耐火涂料等)流动性的标准称为稠度。流动性愈大,稠度愈小。浆体的流动性与浆体(固体粉料-水系悬浮液)中的固体/液体之比有密切关系,固/液比愈大,浆体的流动阻力也愈大,自由流动值也就愈低。除固/液比的影响因素外,固态粉料的粒度分布、固体粒子的形态、调和液的黏度以及添加剂(分散剂或解胶剂)的性质与加入量也有较大影响。其中尤其是分散剂(或解胶剂)的性质与加入量影响较大,不同性质的固体粉料应选用不同性质的分散剂(或解胶剂)。

泥浆稠度的测定有两种方法:

(1)针入度法:用一只特定的圆锥体沉入试样的深度来测定耐火泥浆的稠度[2]。

(2)跳桌法:用试样在跳桌的机械振动作用下直径增加,以增加值来表示耐火泥浆的稠度[3]。

浇注料的稠度是将浆体倒入固定体积的容器中,测定浆体从容器下部固定直径的出料口流出的时间来相对评估其稠度,流出时间愈短其稠度愈小[4]。

19.1.3.3 流动性(流动值)

衡量耐火浇注料震动浇注或自流浇注施工难易的一个技术指标是用流动值来表示。流动值愈大的浇注料,愈易于充填模型和表面摊平,也愈易获得均匀结构的施工体,施工方便。因此流动值是浇注料的一个很重要的作业性指标。

影响浇注料流动值的因素很多,包括浇注料的粒度分布、骨料的颗粒形貌、分散剂的性质与加入量、加水量和混合搅拌工艺等。其中粒度分布(见19.1.2不定形耐火材料的粒度组成)和分散剂的性质为主要影响因素。分散剂要根据浇注料基质的粉料组成来选择,有用无机电解质类分散剂,也有用有机高分子表面活性剂,加入量一般为0.05%~0.2%。

流动性的大小由浇注料在自重或外力作用下铺展的程度来表示,根据材料种类有4种不同的流动性测定方法[5]:

(1)敲击振动法:适用于隔热浇注料流动性的测定,该类产品含有大量轻质骨料如蛭石或珍珠岩,通常采用浇注、捣打、夯实的施工方法;

(2)跳桌法:适用于流动性较好的浇注料流动性的测定;

(3)振动台法:适用于需要振动台振实的浇注料流动性的测定;

(4)自流法:适用于自流浇注料流动性的测定。

19.1.3.4 铺展性

衡量泥浆状或泥膏状耐火材料(耐火泥浆、耐火涂抹料)用抹刀涂敷于耐火制品或耐火砌体表面上的难易程度的指标称为铺展性。对这类浆状或膏状耐火材料,一般要求具有一定的黏塑性,以使涂敷材料在抹蔓过程中既易于均匀铺展开,又不发生干涸(保水性好)或流淌。

这类浆状或膏状耐火材料铺展性的好坏主要是靠外加剂来调节,所用的外加剂有增塑剂、保水剂等,如塑性黏土、羧甲基纤维素、甲基纤维素钠盐、木质素磺酸盐、糊精、硅溶胶等,其中羧甲基纤维素、甲基纤维素既具有增塑作用又具有保水作用。

铺展性的好坏目前尚无确切的测定方法,多数以施工者的感觉为准。但对耐火泥浆来说,是以涂敷于砌体上的泥浆允许来回揉动的时间来衡量铺展性的好坏[6]。

19.1.3.5　可塑性

块状耐火泥料在外力作用下能产生形变而不开裂或溃散,外力解除后能保持变形后的形状称为可塑性。可塑性是用可塑性指数表示,是衡量材料的可塑性或材料施工难易程度的一个很重要指标。

不同的材料(如可塑性黏土和耐火可塑料)采用不同的专用仪器和测定方法来测定其可塑性指数。耐火可塑料测定可塑性所用的仪器如图19-4所示,试验程序为:先按标准方法规定在测定仪上将可塑料制成直径为ϕ50mm,高为(50±2)mm的试样,然后将试样放在仪器的垫座上,测取受冲击前试样的高度L_0(mm),经受仪器上的重锤冲击3次后,测取受冲击后试样的高度L值,再按公式19-4计算可塑性指数W_a[7]。

$$W_a = \frac{L_0 - L}{L_0} \times 100\% \qquad (19\text{-}4)$$

按此法测定,一般要求耐火可塑料的可塑性指数在15%~40%之间较合适。影响耐火可塑料可塑性指数的因素比较多,但主要影响因素有:

(1)可塑泥料中粗骨料大于100μm和细粉小于100μm之比。一般是随着细粉含量的提高可塑性增大,同时随着细粉的细度的提高而增大。这是因为细度的提高,粒子间的接触点增多,易于发生位移所致。

(2)固-液相之间的体积比。可塑料的水含量有一定范围,随粉料的性质不同一般波动在9%~13%(质量比)之间,水分含量太低或太高均难以获得合适的可塑性指数。水在可塑料受外力作用时起着一定的润滑作用,又可在变形后的可塑料中的粒子间形成“液桥”,在粒子间的范德华引力和毛细管力的作用下保持变形后的可塑料形状。

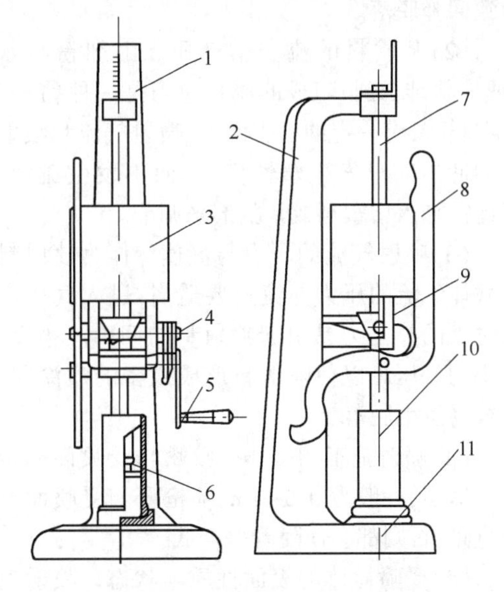

图19-4　可塑性指数测定仪

1—刻度尺;2—支架;3—锤头;4—凸轮;5　手柄;6—压头;7—可动部件(竖轴等);8—扳手;9—支承块;10—成型筒;11—支架底板

(3)增塑材料(如塑性黏土)或增塑剂的性质与加入量。一般要求增塑材料具有适当的保水性能(吸水率)和在集料颗粒之间起着润滑作用。

19.1.3.6　附着率

通过喷射机将喷射耐火材料喷射到受喷涂的衬体上的附着量,以百分率计算称为附着率。相反,也可以其未附着的失落量所占的百分率来计算,则称为回弹率。附着率是喷射耐火材料的一个很重要的作业性指标。附着率越高,回弹率越低,喷涂效果越好。

影响喷射耐火材料附着率的因素很多,主要有以下几方面:

(1)喷射料的粒度组成。骨料与基质(粉料)之比要适当,基质含量要足以将骨料颗粒包埋住,喷射时粗骨料能“软落陆”于基质中,否则骨料易脱落。一般骨料与基质之比为60∶40。粗骨料的最大粒度不宜过大,一般以8mm为宜,含量以小于20%为宜,粗颗粒含量过多易导致回弹脱落。

(2)基质料的流变学性质。由细粉与水(或液状结合剂)组成的泥料应当是一种黏-塑性泥料,具有一定的屈服值,受喷射气流和喷射料的冲击时只发生塑性变形,而不发生流淌。因此需加入增塑剂或絮凝剂来调节。

(3)喷射气流的压力与流速。作为喷射料的载体气流的压力与流速要适当,过大气压产生过大的冲击力易引起喷射料的回弹。相反,过小的气压难以使喷射料形成致密的喷涂层,也容易发生脱落。

(4)喷射施工的操作。喷嘴与受喷面的距离要适当,一般为 0.8~1m,喷枪要与受喷面形成直角,否则都会使附着率降低。

(5)受喷衬体的表面性质与状态。喷射喷补料时,受喷衬体表面愈粗糙愈易黏附。而喷射喷涂料时,受喷炉壳上应有适当的锚固件(锚固钉或龟甲网),以增强喷涂层结构强度。

19.1.3.7 马夏值

衡量高炉出铁口炮泥作业性能的特性值称为马夏值。此值是用图 19-5 所示的马夏(marshall)试验机测定的。测定时,对置于马夏试验机中的模型内的炮泥(可塑性泥料)进行挤压,使泥料通过模型下部一定直径的出料口挤出时的压力为马夏值,以 MPa 表示。该模型相当于实际泥枪的缩小模型。

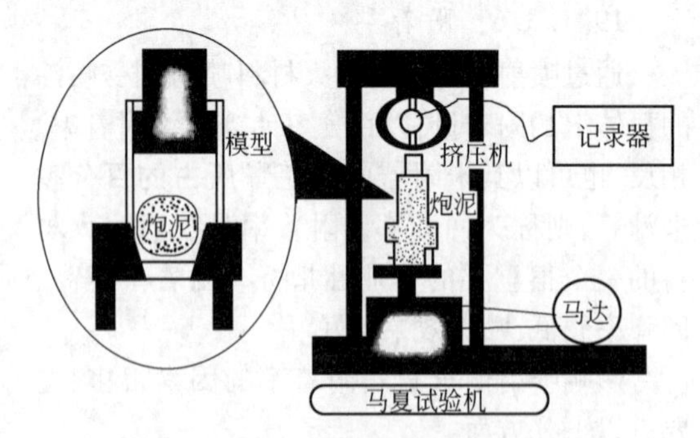

图 19-5 炮泥作业指数测定仪器

炮泥的马夏值是随炮泥的作业性(黏-塑-弹性体)不同而波动,一般高炉炮泥的马夏值是根据泥枪的挤压力来确定,波动在 0.45~1.4MPa 之间。对炮泥的作业性的基本要求是:

(1)要有良好的可塑性,挤出的泥柱不发生断裂或松散,并在出铁孔内侧壁能形成泥包。

(2)良好的润滑性,能稳定挤入出铁孔内,不发生梗阻。

(3)在出铁孔内能发生适当的烧结,并具有一定的抗侵蚀性和抗冲刷性,以保护铁孔内侧的衬体。因此炮泥的配料组成中需要加增塑剂、润滑剂和助烧结剂。

19.1.3.8 凝结性

不定形耐火材料加水或液状结合剂拌合后,拌合料逐渐失去触变性或可塑性而处于凝固状态的性质称为凝结性。经历这一过程所需的时间称为凝结时间。拌合料开始由黏-塑性体或黏-塑-弹性体转变成塑-弹性体的时间为初凝时间,由塑-弹性体变成为弹性体的时间为终凝时间。

含粗骨料的不定形耐火材料目前尚无统一的凝结时间的测定标准,但基质部分的测定方法为[8]:将骨料大于 100μm 的颗粒筛去,用粉料(含结合剂)加水或加液状结合剂与促凝剂组成的拌合料来测定。即将调成标准稠度的浆体(拌合料)装入维卡仪(凝结时间测定仪)的试模内,按标准规定的操作程序反复测定由加水拌合起至维卡仪上的试针沉入浆体中直到距离模底板为(4±1)mm 时,所需时间为初凝时间,而试针沉入试体 0.5mm 时,即环形附件开始不能在试体上留下痕迹时,所需时间为终凝时间。

对耐火浇注料来说,为了满足施工作业时间的要求,一般要求初凝时间不得早于 40min,而终凝时间不得迟于 8h。但对喷射耐火材料来说,却要求凝结时间越短越好,如湿式喷射料,要求喷到受喷面上后能立即发生闪凝,以防止喷涂层发生脱落或倒塌。

19.1.3.9 硬化性

不定形耐火材料加水或液状结合剂拌合和成型后,经过一定时间养护或加热烘烤固化而产生强度的性质称为硬化性。出现硬化作用的原理在于发生水化反应产生水化物,或发生化学反应生成胶结物,或发生凝聚作用生成团聚体,或发生缩聚反应生成聚合物,将集料颗粒胶结在一起而硬化。

硬化过程从流变学上来看,实际上即材料由

黏-塑性体或黏-塑-弹性体转变成弹性体的过程，需要有一定的时间。因此一般用经不同时间养护或经不同温度烘烤后的强度来表示硬化性。

不定形耐火材料发生硬化作用是有条件的。在常温水中或潮湿条件下养护发生硬化的称为水硬性材料；在常温干燥条件下养护而硬化的称为气硬性材料；而在加热烘烤时才能发生硬化的称为热硬性材料。采用不同性质的结合剂其所需要的硬化条件是不同的，如用铝酸钙水泥作结合剂的浇注料，一般要在潮湿环境下养护；用磷酸盐或水玻璃结合剂的浇注料，要求在干燥的环境下养护；而用有机树脂类作结合剂的捣打料或热修补料，要求在加热烘烤（约200~300℃）条件下才能发生硬化。

19.1.4　不定形耐火材料流变学

不定形耐火材料的作业性（施工性）好坏对其构筑成的衬体质量有决定性的影响。好的材质如果作业性能差，最终不会有好的使用效果。而材料的作业性与材料的流变性能是密切相关的。可以从流变学观点对不定形耐火材料的作业性进行评价，并在此基础上研究改善作业性的措施和开发新型的不定形耐火材料。

流变学是研究物体（或物料）的变形与流动的学科，也就是研究在外力作用下，应力、形变和时间相互之间的关系，以及它们与材料本身的组成、性质之间的关系。它研究的内容包括弹性固体的弹性变形，塑性物体的塑性变形、黏性液体的黏性流动等。然而，现在研究既具有塑-弹性变形，又具有黏-塑性流变的物体或物料的异常流变特性，也属流变学研究范畴。不定形耐火材料就具有这类异常流变特性。

不定形耐火材料的材质、配比和施工方法不同，要求具有不同的施工性能，如浇注料要求具有好的触变性和流动性；可塑料要求具有好的可塑性；喷补料要求具有好的附着性（低的回弹率）；涂料和泥浆要求具有好的铺展性和黏附性等，这些特性都与材料流变特性有关。因此，研究各种集料、粉料、结合剂、添加剂等对物料的黏性、塑性、弹性和偏析等流变性能的影响，结合实际施工要求，调整其集料的颗粒形态与级配、集料与粉料（基质）的比例、结合剂与外加剂的加入量等，以取得更好的作业性具有很大的实用意义。

19.1.4.1　流变模型

物体在外力作用下发生的应变（形变或流动）与其所施加的应力之间的定量关系或定性关系称为流变特性。在流变学的研究中，是用某些理想元件组成的模型来模拟某些真实物体的流变特性，并导出其流变方程。流变模型有基本模型和复合模型。下面介绍流变模型、流变曲线和流变方程式。

A　基本模型

基本模型是用三个基本元件来表示，如图19-6所示。

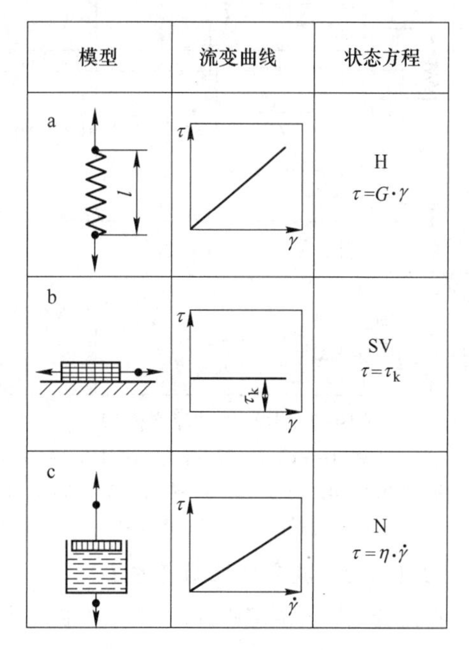

图19-6　流变研究基本模型
a—胡克弹性物体（H）；b—圣维南塑性体（SV）；
c—牛顿流体（N）

B　复合模型

将上述基本模型（三件元件）串联、并联和并-串联起来进行不同的组合，称为复合模型。经过不同的组合而构成的几种复合模型，能模拟出各种不同性质的物体或物料的流变特性，并由此导出其流变方程式。其变形或流动的相应模型、流动曲线和流动方程式列于图19-7。

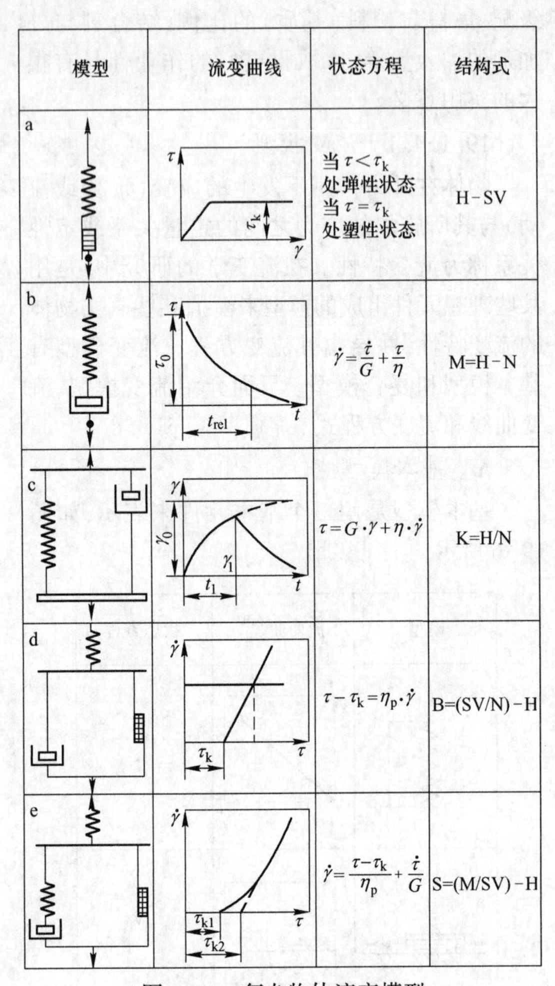

模型	流变曲线	状态方程	结构式
a		当 $\tau<\tau_k$ 处弹性状态 当 $\tau=\tau_k$ 处塑性状态	H-SV
b		$\dot{\gamma}=\frac{\dot{\tau}}{G}+\frac{\tau}{\eta}$	M=H-N
c		$\tau=G\cdot\gamma+\eta\cdot\dot{\gamma}$	K=H/N
d		$\tau-\tau_k=\eta_p\cdot\dot{\gamma}$	B=(SV/N)-H
e		$\dot{\gamma}=\frac{\tau-\tau_k}{\eta_p}+\frac{\dot{\tau}}{G}$	S=(M/SV)-H

图 19-7 复杂物体流变模型

a—弹-塑性体(H-SV);b—黏-弹性液体(M=H-N);
c—黏-弹性固体(K=H/N);d—黏-塑-弹性体(B=(SV/N)-H);
e—黏-塑性体(S=(M/SV)-H)

19.1.4.2 流变特性测定方法

在流变特性的测定中,所用的仪器装置形式很多,但通常是采用两种基本方法:

(1)测定所施加的压力与流速之间的关系,可用各种形式的管式或漏斗式黏度计。

(2)测定转矩(剪切应力)与转速(剪切速度)之间的关系,用不同形式的同心圆筒旋转式黏度计(或浆体流变仪)和新型浇注料流变仪。

一般都是采用后者,因为后者的测定范围较广。不但适用于胶体分散体系,而且也适用于粉体-液体分散体系的测量,特别适用于研究不定形耐火材料的属非牛顿流体的流变特性的测定。

19.1.4.3 流变特性的分类

在耐火材料领域中,流变学的研究对象主要是粉体-水分散体系(悬浮液)和含集料颗粒的粗分散体系。其流变特性可用剪切速率与剪切应力之间的关系,或剪切速率与显黏度之间的关系,或在恒定剪切速度下黏度随时间的延长而发生的变化来表示。此外,也有采用动力震荡试验,测定应力-应变之间的关系,以判断材料所属类型,如黏性体系、弹性体系、黏弹性体系、黏弹塑性体系和塑弹性体系。因此流变特性可分为:(1)与时间无关的流变特性;(2)与时间有关的流变特性;(3)有结构变化的流变特性。

A 与时间无关的流变特性

与时间无关的流变曲线有低剪切速率下的流变曲线和高剪切速率下的流变曲线。

a 低剪切速率下的流变曲线

低剪切速率下的流变曲线如图 19-8 所示。基本流型有 6 类:牛顿流型、宾汉(姆)流型、假塑性流型、具有屈服值的假塑性流型、胀性流型和具有屈服值的胀性流型。

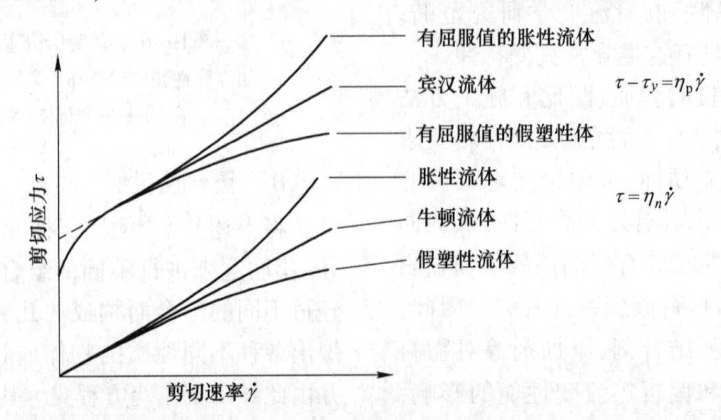

图 19-8 6 种与时间无关的流体的剪切应力与剪切速率的流变图

对以上所有流变体系来说,其流变方程可归纳成一个方程式,即:

$$\tau - \tau_y = k \cdot \gamma^n \qquad (19\text{-}5)$$

若以 lg 显黏度 η 与 lg 剪切速率 γ 作图时,就可对其流变类型作出判别。如图 19-9 所示。

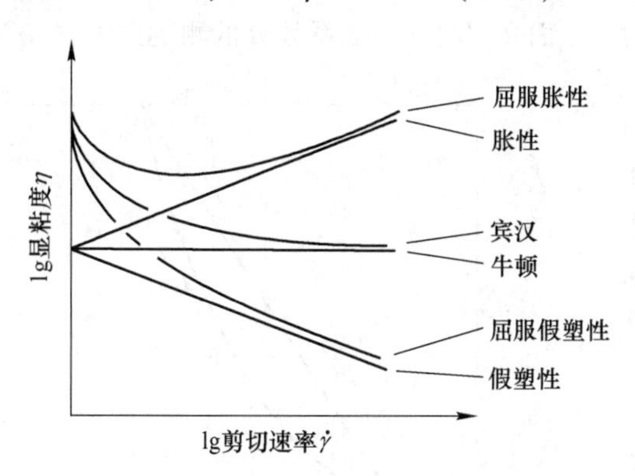

项目	τ_y	n	K
$\tau-\tau_y=K\dot{\gamma}^n$	>0	>1	—
$\tau=K\dot{\gamma}^n$	=0	>1	—
$\tau-\tau_y=K\dot{\gamma}^n$	>0	=1	η_p
$\tau=K\dot{\gamma}^n$	=0	=1	η_n
$\tau-\tau_y=K\dot{\gamma}^n$	>0	<1	—
$\tau=K\dot{\gamma}^n$	=0	<1	—

条件	流体流型
$\tau_y>0$; $n<1$	屈服假塑性
$\tau_y>0$; $n=1$; $K=\eta_p$	宾汉
$\tau_y>0$; $n>1$	屈服胀性
$\tau_y=0$; $n<1$	假塑性
$\tau_y=0$; $n=1$; $K=\eta_n$	牛顿
$\tau_y=0$; $n>1$	胀性

图 19-9 6 种与时间无关的流型的显黏度与剪切速率的关系

b 高剪切速度下的流变曲线

Ostwald. Rchbind 和 Umeya 等人在较宽的剪切速度下对粉体-水分散体系(悬浮液)的流变特性进行研究时发现,它们的流变曲线并非一条简单的曲线。此类现象在 1925 年由 Ostwald 发现,称为"Ostwald 流动模型",如图 19-10 所示。提高剪切速率时,有第一牛顿流动区(Ⅰ-N)和第二牛顿流动区(Ⅱ-N),它们之间存在着第一非牛顿流动区($Ⅰ_n$-N)。1954 年,Rchbinder 等人补充了在低剪切速度下有一屈服现象之后,Umeya 指出,在高剪切速度下还有第二非牛顿流区($Ⅱ_n$-N)和第三牛顿流区(Ⅲ-N)。并把整个流动曲线称作为"延伸的 Ostwald 流动模型"(E. O. flow),如图 19-10 中粗黑线所示。Umeya 认为:包括宾汉姆流动模型和 Ostwald 流动模型在内的 6 种流动区都属于延伸的 Ostwald 流动模型。一般在实际测量中,只是测定 Ostwald 流动模型中的低剪切速率区。

上述曲线基本上是平衡流动曲线,但实际上测得的往往是滞后的流动曲线,是不平衡流动曲线。然而在许多微粉-水分散体系中,其瞬时流动曲线与平衡流动曲线几乎发生重叠,因此可以把滞后流动曲线当成平衡曲线。

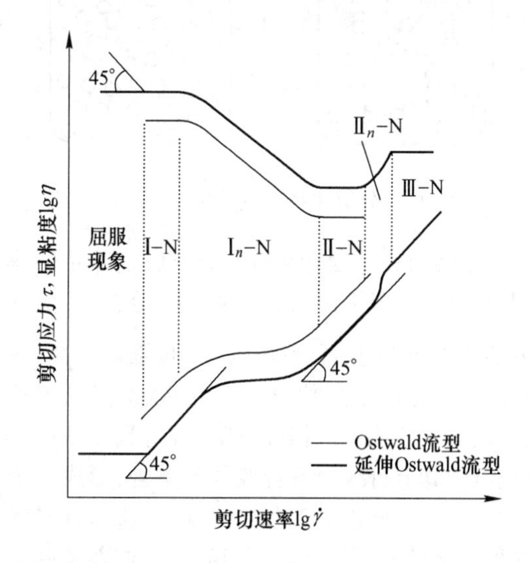

图 19-10 Ostwald 流型和延伸 Ostwald 流型曲线图

B 与时间有关的流变特性

与时间有关的流变特性是借助于循环剪切试验和恒定剪切试验而得到的。胶体或粉体-

水分散体系的触变性和震凝性即属与时间有关的流变特性。

a 触变性

触变性指的是处于凝胶状态的体系在搅动或震动作用下,会变成为具有流动性的溶胶。静置之后体系又恢复到原来的凝胶状态,如图19-11所示。此体系在恒定的剪切速率下剪切时,其黏度是随时间的延长而下降(称为软化作用),而在降低剪切速率或去掉剪切作用时,黏度又增大(称为硬化作用),具有可逆性。也就是从有结构到无结构,又从无结构到有结构与时间有关。所以触变结构体系的主要特点是:

(1)从结构的拆散作用到结构的恢复作用是一个等温可逆转换过程。

(2)体系结构的这种反复转换与时间有关,即结构的破坏和结构的恢复过程是时间的函数,而且结构的机械强度变化也与时间有关。实际上,触变性是体系在恒温下"凝胶-溶胶"之间的相互转换过程。

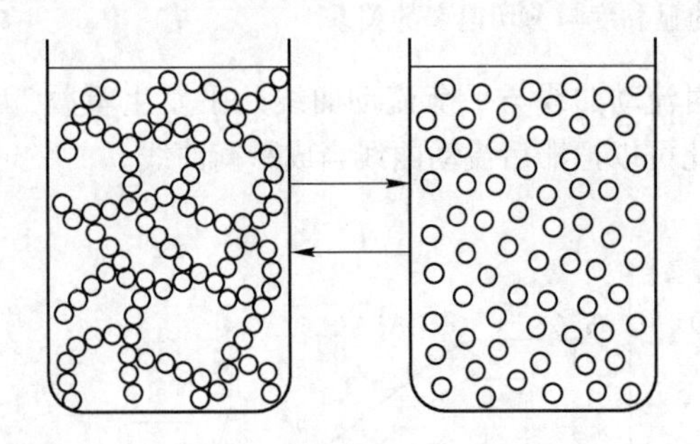

图19-11 分散体系形成结构的触变性转化

用转筒式黏度计测得的具有触变体系的典型流变曲线如图19-12所示。此图表明:随着剪切速度 $\dot{\gamma}$ 的升高,剪切应力 τ 也逐渐升高,达到某一确定的最高值(C点)后,逐渐降低剪切速度,剪切应力 τ 也相应下降,可得到一条曲线(CA)。其上行线与下行线并不重合,形成一个月牙状的圈,此圈称为"滞后圈"。这是具有触变性体系的流变特性。不同的悬浮液在相同条件下测定时,可以用此圈的面积来衡量触变性的相对大小(难易程度)。但"滞后圈"的大小与时间和剪切速率有关,也即与人为因素和仪器有关,因此不能定量表示体系触变性的大小。为了定量地表示时间与剪切速率这两个因素的影响,Green 和 Weltmann 提出过时间触变系数 B 和折散触变系数 M 的测定方法与计算式。下面介绍时间触变系数 B 的测定方法。

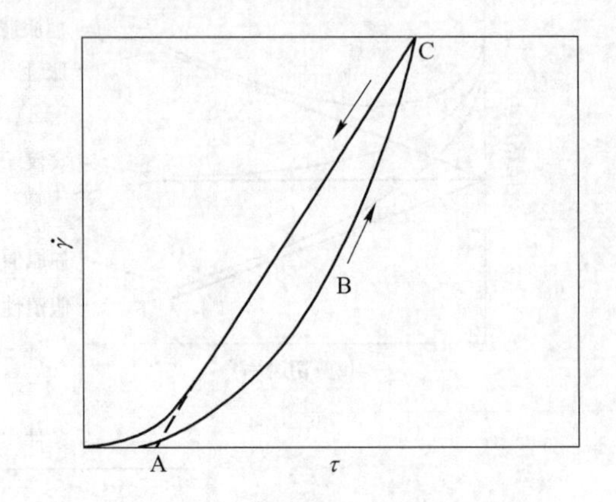

图19-12 用转筒式黏度计测定触变性流体所显示的典型流变曲线

时间触变系数 B 的物理意义:在某切速下,塑性黏度 η_p 对时间变化乘以所经历的时间 t,表示式如下:

$$B=-\frac{d\eta_p}{dt}\cdot t \tag{19-6}$$

或

$$B=\frac{\eta_{p_1}-\eta_{p_2}}{\ln\frac{t_2}{t_1}} \tag{19-7}$$

用旋转式双筒黏度计测定时间触变系数 B 的步骤见图19-13所示。先求 η_{p1},剪切速度从零开始提高,使其立即上升到C点。此时切速为 ω,体系内的结构将随时间延长而逐渐破坏,切力将沿CE线逐渐降低,最终达到E点,此点为触变平衡点。在CE时间范围内从C点经过 t_1 时间后下降切速,下行线是一条直线,从下行线的 $\dot{\gamma}$ 与 τ 比值求得塑性黏度 η_{p_1}。再按同样步骤,切速立即升到C后,经 t_2 时间,从下行线求得塑性黏度 η_{p_2},从两次所测得的数据代入以上公式即可求得时间触变系数 B。

b 震凝性

震凝性指胶体或悬浮液在一定的剪切速率下,剪切应力随时间而增大的现象。或受到比

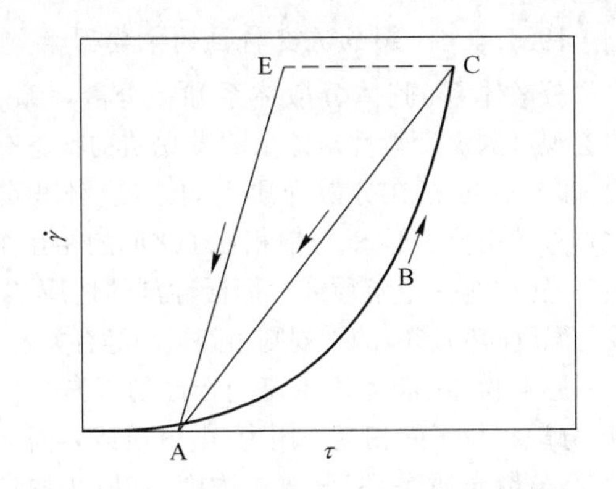

图 19-13　用旋筒式黏度计测定流体的触变性所得随时间而变的流变曲线

较高的剪切速率作用一段时间后，以较低的恒定剪切速率剪切时，黏度随剪切时间的延长而增大，为非可逆性现象。

必须指出的是震凝性与胀性不同，震凝性是体系在受外力作用（震动作用）时由溶胶变成凝胶，为非可逆性的。而胀性体系的特点是受到外力作用时，体系黏度升高，而外力移去后黏度又恢复原来状态。胀性体系的悬浮体是高浓度的，固体含量高达 40% 以上，润湿性能好。而震凝性体系固体含量低，仅 1%～2%。其固体粒子一般是不对称的，因此形成凝胶是由于粒子定向排列的结果。

总而言之，对具有与时间有关的流动特点是：其循环剪切试验结果是上行曲线与下行曲线并不重叠，有滞后圈存在。下行曲线在上行曲线下面的体系，称为触变体系，或正触变性体系，而下行曲线在上行曲线上面的体系，称为震凝性体系，或负触变体系，如图 19-14 所示。

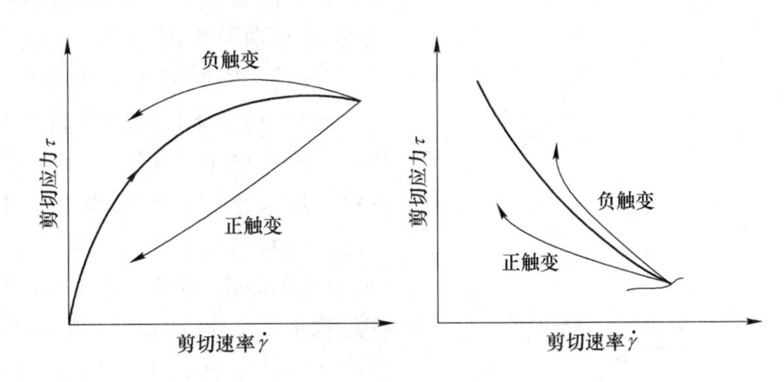

图 19-14　触变性材料典型的滞后流动曲线

图 19-15 以图解法表示具有触变性和震凝性体系在恒定剪切速率下黏度随时间的变化。在触变破裂时体系的显黏度下降，在触变恢复时显黏度又升高。震凝性体系在稳定剪切速率作用下随时间延长显黏度升高。

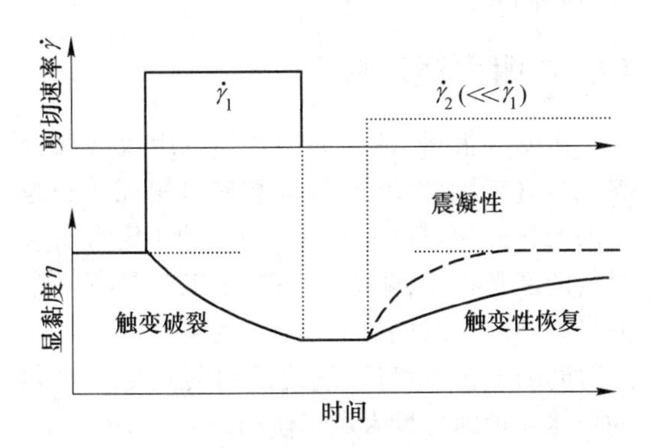

图 19-15　触变性和震凝性体系显黏度变化的表示图

在不定形耐火材料中要求具有触变性的材料主要是浇注耐火材料，要求具负触变性的材料有耐火涂料和耐火泥浆。

C　有结构变化的流变特性

绝大部分的不定形耐火材料要求具有一定的凝结和硬化时间。如喷补料要求能快速凝固，而浇注料则要求混合搅拌后具有一定的作业时间，施工成型之后才允许发生凝结与硬化。这种凝结与硬化现象是由物理化学反应产生的结构变化引起的，它也是与时间有关的流变特性。但它与上述与时间有关的流变特性不同，上述的是一类可逆的体系，而与结构变化有关的是一类不可逆的体系。

这类体系可能是由牛顿型或宾汉姆型流体先转变为黏塑性、或黏弹性、或黏塑弹性体，最后转变为弹性体。如浇注耐火材料，从搅拌开始直到发生硬化为止，会发生如下结构变化：近宾汉姆流体→黏塑弹性体→弹性固体。

但要研究上述过程的转换，采用普通黏度计是难于测定其结构随时间而变化的流变特性。据西川泰男等人报道，采用触变分析仪（Rheopexy analyzer），用“Raised cosine pulse”（简称为 RCP 法）方法，在不同时间测定其应力与应变图，可以测出其流变特性。此法称其为动力震荡剪切试验。由此试验所得到的结果如图 19-16 所示，并由此判断体系的结构变化。图 19-16 列出黏性、弹性、黏弹性、黏塑弹性和塑弹性五个体系的应力-应变图形。

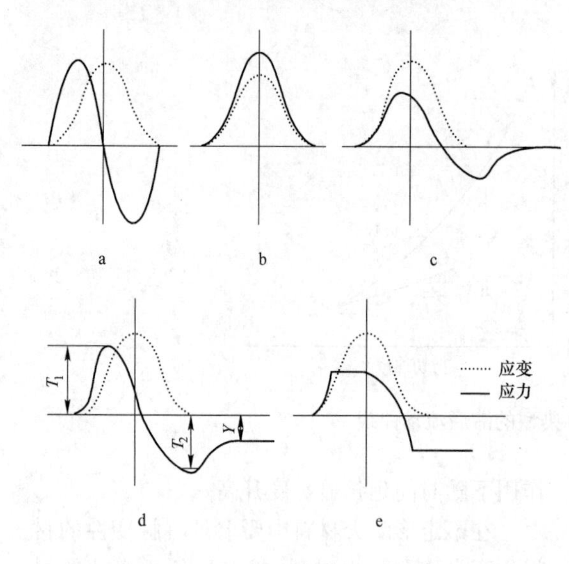

图 19-16 用 RCP 方法测得的定性流变图
a—黏性体；b—弹性体；c—黏-弹性体；
d—黏-塑-弹性体；e—塑-弹性体

图 19-16 中 T_1、T_2 和 Y 值分别定性地表示弹性项、黏性项和塑性项。采用 RCP 法是以很小的振幅震荡一周期就可给出正弦应变量。此法适合于测定结构敏感的体系。因此用此法产生的结构破坏比其他方法要小。

对那些短时间（1~6h）内结构随时间而变的材料，可以采用此法，在不同的时间内测定其应力-应变曲线就可定性地了解其体系的结构变化。

19.1.4.4 影响流变特性的主要因素

分散体系（胶体分散体系和粗分散体系）的宏观可测流变特性与体系的微观结构状态有关，即与分散相在分散介质中的浓度（体积分数）、分散相粒子形态、分散相粒子之间的相互作用势能（位能）、电解质或界面活性剂的性质、以及受温度（热）影响的无规则布朗运动等有关。

影响粉体-液体体系流变特性的因素主要有：分散相粒子间相互作用力、电解质或表面活性剂、分散介质黏度、分散相浓度、分散相的粒度分布和分散相粒子形状等。

不定形耐火材料的流变特性并不完全取决于粉料-水体系的流变特性，它还要受到集料中的粗、中、细颗粒的比例，集料与粉料的比例，集料颗粒的颗粒形态，以及混合机形式和混合时间等因素的影响。以耐火浇注料为例，影响因素有：集料颗粒集配、颗粒形状、剪切历程和基质（即粉体-水体系）流动特性等。

此外，约束条件对浇注料流变性也有较大影响。耐火浇注料的施工，尤其是现场施工，有些是采用泵送施工，如泵灌浇注料、湿式喷射浇注料。而泵送施工工艺包括三个不同阶段：混合、泵送和灌注（或喷射）过程。其中混合和灌注过程是在无空间约束条件下进行，而泵送过程浇注料是在一定的压力和流速下通过管道进行的。在受约束的空间内（管道内）流动，浇注料会受到强烈的剪切应力的作用，此时浇注料会表现出假塑性行为或胀性行为，即其剪切阻力是随流速提高而降低或升高。也就是说同样的浇注料在无约束和有约束的空间内流动时，会有不同的流变行为。

19.2 耐火浇注料

由耐火集料、结合剂和外加剂组成的混合料，加水（或液状结合剂）调和成可用浇注法施工的泥料称为耐火浇注料。与其他不定形耐火材料的区别在于，耐火浇注料施工后具有一定的凝结和硬化时间，因此浇注成型后需经过一定时间的养护方可脱模，之后再经过适当时间的自然养护即可投入烘烤使用。

耐火浇注料本身按其作业性能又可分为振

动浇注料和自流浇注料。振动浇注料是一类触变性泥料，是具有一定的屈服值的宾汉姆体泥料。施工时需施加外力（震动力）以克服屈服应力方可使泥料产生流动而充填模型，因此也可称为触变性浇注料。而自流浇注料是一类屈服值很小的宾汉姆体泥料，施工时无须施加外力（震动力），依靠自重和位能差即能流动，并自动充填模型和自动摊平的泥料。此类浇注料便于采用泥浆泵，通过橡胶软管泵送进行施工，因此也可称为泵灌浇注料。同时此类浇注料也可在泵送管道的出口处安装喷嘴，在喷嘴处加入闪速絮凝剂，进行喷射施工，这种浇注料也称为喷射浇注料。

按所采用的结合剂的性质与结合机理不同，可分为水化结合浇注料，如铝酸钙水泥、硅酸盐水泥结合浇注料；化学结合浇注料，如磷酸盐、钠钾硅酸盐结合的浇注料；凝聚结合浇注料，如 SiO_2、Al_2O_3 等微粉结合的浇注料；水化-凝聚结合的浇注料，如铝酸钙水泥加 SiO_2 微粉结合的浇注料。

耐火浇注料的制备工艺比较简单，它是将按一定粒度级配的骨料和粉料、结合剂和外加剂拌合在一起，使用时加水调和成具有一定触变性或自流性的泥料，之后即可进行浇注施工。但对作业性能要求不同，其耐火集料的粒度组成也有所差异（见 19.1.2 不定形耐火材料的粒度组成）。

19.2.1　不同结合方式浇注料

19.2.1.1　铝酸钙水泥结合浇注料

以铝酸钙水泥为结合剂，与具有一定颗粒级配的耐火集料和外加剂配制成的可浇注成型的混合料称为铝酸钙水泥结合浇注料。此混合料经加水拌和、振动浇注成型（或自流成型）、养护和烘烤后即可直接投入使用。此类材料既可以在工业炉上直接浇注成整体内衬，也可预制成砌块砌筑于工业炉内使用。根据工业炉使用条件，可选用不同纯度与等级的铝酸钙水泥与相适应的耐火集料来配制此类浇注料。

养护温度和时间对铝酸钙水泥结合的浇注料强度影响如图 19-17 所示。通常在 20℃左右养护可获得较高的强度，低于此温度下水化不完全，强度很难达到最高值，高于此温度时（如 30℃），达到最高值后会出现强度倒退现象，其原因在于水化初期生成的 $CaO \cdot Al_2O_3 \cdot 10H_2O$ 或 $2CaO \cdot Al_2O_3 \cdot 8H_2O$ 会逐渐转化成 $3CaO \cdot Al_2O_3 \cdot 6H_2O$ 所致。铝酸钙水泥结合浇注料成型后一般经过 1~3h 就可达到初凝，6~8h 后达到终凝，强度增长较快，养护 1d 可达到极限强度的 60%~80%，3d 可达到 85%~95%，7d 后基本达到极限强度。

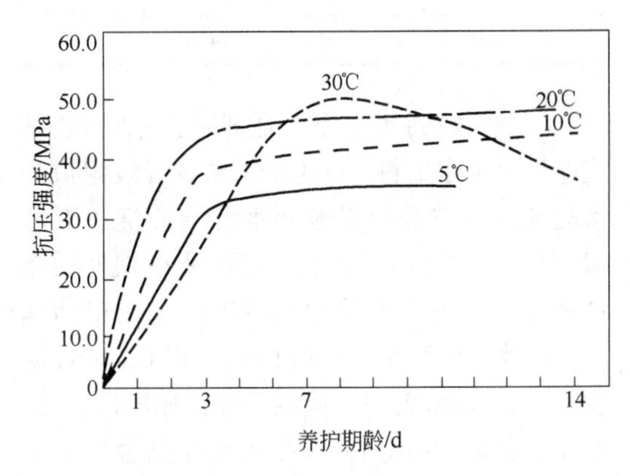

图 19-17　养护温度、期龄与强度的关系

用黏土质和高铝质耐火集料配制浇注料时，一般采用普通铝酸钙水泥作结合剂，而用莫来石质和刚玉质耐火集料配制浇注料时，一般采用纯铝酸钙水泥作结合剂。浇注料的粒度组成可按 Andreassen 方程，取粒度分布系数 q = 0.26~0.35。浇注料的铝酸钙水泥加入量一般为 10%~15%（质量比）。在这类浇注料中也可用氧化硅微粉取代部分铝酸钙水泥，配制成高强度耐磨浇注料。分散剂一般采用聚磷酸盐、柠檬酸盐或聚丙烯酸盐等。普通铝酸钙水泥结合的黏土质和高铝质浇注料的典型理化性能如表 19-2 所列。

表 19-2　普通铝酸钙水泥结合黏土质和高铝质浇注料性能

指标	黏土质	高铝质Ⅰ	高铝质Ⅱ
$w(Al_2O_3)/\%$	40~45	60~65	70~75
$w(SiO_2)/\%$	35~40	23~30	15~20
$w(CaO)/\%$	5~6	5~6	5~6

续表 19-2

指标		黏土质	高铝质Ⅰ	高铝质Ⅱ
体积密度/g·cm^{-3}	110℃,24h	2.0~2.1	2.4~2.5	2.7~2.8
	1350℃,3h	2.1~2.15	2.5~2.6	2.7~2.85
冷态抗折强度/MPa	110℃,24h	4.5~6	5~6	5.5~6
	1350℃,3h	6~7	6.5~7.5	7~8
冷态耐压强度/MPa	110℃,24h	30~35	40~45	45~50
	1350℃,3h	45~50	50~60	55~65
1350℃烧后线变化/%		0.1~0.3	-0.3~-0.1	-0.5~-0.1
拌合用水量/%		10~12	10~12	10~12
使用温度/℃		1350	1450	1550

用纯铝酸钙水泥作结合剂时,一般用烧结或电熔刚玉作集料。这类浇注料的粒度组成和水泥加入量与普通铝酸钙水泥结合浇注料相似,但选用的纯铝酸钙水泥等级要根据使用条件来确定,一般多数采用CA-70或CA-75级水泥。因为这两级水泥中的快凝物相CA和慢凝物相CA_2比例较适中,凝结与硬化速度适当,性能比较稳定。用CA-70级水泥作结合剂配制成的刚玉质浇注料,在常温下养护3d后的耐压强度为40~50MPa;110℃,24h烘烤后的体积密度为3.0~3.2g/cm^3,气孔率为18%~20%,耐压强度为60~80MPa,线变化率为0%;1500℃,3h烧后的体积密度为2.9~3.05g/cm^3,气孔率为17%~19%,耐压强度为60~80MPa,线变化率为+0.5%,其线变化率为正的,主要是水泥中的CaO与基质Al_2O_3反应生成六铝酸钙,产生微膨胀所致。

在不定形耐火材料中,铝酸钙水泥结合的浇注料使用范围最广。黏土质浇注料的使用温度为1300~1450℃,一般用于作轧钢加热炉、各种热处理炉、锅炉、竖窑和回转窑预热带等的内衬。高铝质浇注料的使用温度为1400~1550℃,可用于作各种热处理炉内衬和烧嘴、电炉出钢槽、石灰竖窑高温段、回转窑窑头、电厂锅炉等的内衬;刚玉质浇注料使用温度为1500~1650℃,主要用于作各种高温炉和高温构件的衬体,如钢水真空脱气装置的浸渍管外衬、喷射冶金和吹氩整体喷枪的衬体、电炉顶三角区衬体、LF炉炉盖、石化工业催化裂化反应器的高温耐磨衬体等。

19.2.1.2 低、超低水泥耐火浇注料

按照国家标准规定[9],CaO含量在1.0%~2.5%为低水泥浇注料(LCC),CaO含量在0.2%~1.0%的称为超低水泥浇注料(ULCC)。与普通水泥浇注料不同的是,低水泥、超低水泥浇料基质中是用与浇注料主材质化学成分相同或相近的具有凝聚结合作用的超细粉(指粒度小于10μm)取代部分或大部分铝酸钙水泥,因此此类浇注料属于水化结合和凝聚结合共存的浇注料。

由于用超细粉(微粉)取代了部分铝酸钙水泥,因而低水泥和超低水泥浇注料具有如下优点:

(1)浇注料中CaO含量较低,可减少材料中低共熔相的生成,从而提高了耐火度、高温强度和抗熔渣侵蚀性;

(2)施工时浇注料的调和用水量只有普通浇注料的1/3~1/2(约4%~6%),因而气孔率低,体积密度高;

(3)浇注成型后,养护中生成的水泥水化物少,在加热烘烤时不存在大量水化结合键破坏而致使中温度强度下降,而是随着热处理温度的提高,强度也逐渐提高;

(4)浇注料的粒度组成做适当调整就可配制成自流浇注料和泵灌浇注料。

低水泥、超低水泥浇注料的材质有黏土质、高铝质、莫来石质、刚玉质、铬刚玉质、锆莫来石质、锆刚玉质、氧化铝-尖晶石质和含碳与碳化硅质等。按其作业性能分有振动型浇注料和自流型浇注料。

振动型低、超低水泥浇注料的配料组成一般为:耐火骨料60%~70%、耐火粉料18%~22%、铝酸钙水泥3%~7%(低水泥型)或1%~2%(超低水泥型),氧化硅(烟尘硅)微粉(或反应性氧化铝微粉)3%~6%、微量分散剂。

自流型低、超低水泥浇注料的配料组成与振动型低、超低水泥浇注料相似,但粒度组成和微粉含量有差异。在粒度组成中微粉(氧化硅微粉)含量一般在5%~6%。同时要采用高效

分散剂。

表 19-3 为典型的振动型低水泥黏土质、高铝质和刚玉质浇注料理化性能。

表 19-3 振动型低水泥耐火浇注料理化性能

指标		黏土质	高铝质	刚玉质
$w(Al_2O_3)/\%$		45	75	92
$w(SiO_2)/\%$		50	12	5
$w(CaO)/\%$		<1.8	<1.5	<1.5
体积密度 /g·cm^{-3}	110℃,24h	2.3	2.60	3.00
	1350℃,3h	2.26	2.61	3.10
冷态耐压强度/MPa	110℃,24h	72	75	85
	1350℃,3h	90	115	125
烧后线变化率/%	1000℃,3h	-0.3	-0.2	-0.2
	1350℃,3h	±0.3	±0.5	±0.5
最高使用温度/℃		1450	1600	1700
拌合需水量/%		6.0~6.5	6.0~6.5	4~5

低水泥、超低水泥耐火浇注料的应用范围很广,在冶金、石油化工、机械制造、电力和建材等工业窑炉已普遍用这类浇注料取代传统的烧成耐火制品作衬体。振动型的低、超低水泥耐火浇注料主要用作厚尺寸的衬体,如作加热炉、各种热处理炉、电炉炉盖、竖窑、回转窑、高炉出铁沟、钢包和铁水包等的内衬。而自流型低、超低水泥耐火浇注料主要用于作薄衬体和有金属锚固件的高温耐火构件的衬体,如加热炉的水冷管外衬、喷射冶金用整体喷枪衬体、RH 和 DH 真空脱气装置的浸渍管衬体、钢包供气元件(透气砖)以及石油化工催化裂化反应器的高温耐磨衬体等。

19.2.1.3 无水泥结合耐火浇注料

不含水泥而依靠加微粉或溶胶产生凝聚结合的可浇注成型的耐火材料称为无水泥耐火浇注料。它与非水泥耐火浇注料有区别,非水泥耐火浇注料也是不含水泥的,而是依靠加入化学结合剂或聚合结合剂而产生结合的耐火浇注料。无水泥耐火浇注料是用与浇注料主体材料材质的化学成分相同的氧化物或合成化合物微粉或溶胶作结合剂,杂质含量低,因而不降低浇注料的耐火度和抗熔渣侵蚀性,而且在使用中可以产生自结合,有助于提高高温结构强度。氧化硅微粉(烟尘硅)结合、黏土结合、硅溶胶或硅铝溶胶结合的浇注料均属无水泥耐火浇注料。

A 微粉或溶胶结合耐火浇注料

本类浇注料的凝结硬化机理是:靠加入的分散剂(解胶剂或反絮凝剂)先使浇注料加水拌和时具有一定的流动性(或触变性),经自流或振动成型后,靠迟效促凝剂使浇注料发生凝结和硬化。所采用的迟效促凝剂是一类在水中能缓慢水解和电离出与微粉粒子或胶体粒子表面所带电性相反的反离子,当粒子表面吸附反离子达到“等电点”时,粒子便会发生凝聚作用而聚结在一起。再通过干燥作用便发生硬化。因此无水泥耐火浇注料的硬化过程较慢。

微粉或溶胶结合耐火浇注料是由耐火骨料和粉料、氧化物微粉(小于 10μm)或溶胶、微量的分散剂和适量的迟效促凝剂组成的,由于它是靠微粉或溶胶产生凝聚结合,因此对微粉或溶胶物理性状有一定的要求。

所采用的微粉一般要求小于 10μm,微粉越细其凝聚作用效果越好。所用氧化物微粉有 SiO_2、Al_2O_3、Cr_2O_3、ZrO_2、MgO 和生耐火黏土粉等,视浇注料的主体材质不同而选用之,其中普遍采用的是烟尘 SiO_2,它是在炼金属硅和硅铁合金过程中回收的烟尘,其生成过程如下:

$$SiO_2(s)+C(s) \longrightarrow SiO(g)\uparrow +CO(g)\uparrow \tag{19-8}$$

$$2SiO(g)+O_2(g) \longrightarrow 2SiO_2(s)\downarrow \tag{19-9}$$

这种回收的 SiO_2 微粉平均粒径为 0.5μm,呈球状,表面积很大,且为无定形物质,活性很高。在耐火浇注料中加入烟尘 SiO_2,不但可大大改善其作业性(提高流动值),而且可降低材料烧结温度,提高浇注料中高温力学强度。表 19-4 为一般烟尘硅结合的无水泥高铝质浇注料的物理性能。

表 19-4 无水泥高铝质浇注料物理性能

$w(Al_2O_3)/\%$	70~89
$w(CaO)/\%$	<0.2

续表 19-4

体积密度/g·cm^{-3}	110℃,24h	2.70~2.80
	1500℃,3h	2.65~2.75
抗折强度/MPa	110℃,24h	3.5~4.5
	1500℃,3h	13~15
耐压强度/MPa	110℃,24h	12~15
	1500℃,3h	90~100
线变化率/%	110℃,24h	-0.05~0
	1500℃,3h	+0.5~+1.0

所采用的溶胶主要有氧化铝和氧化硅溶胶。氧化铝溶胶最简单的制备方法是用金属铝与盐酸或氯化铝反应制取。氧化硅溶胶是用水玻璃经离子交换除去 Na^+ 离子后而制得的,也有用硅酸乙酯经水解后而制得。溶胶的胶体粒子一般为 0.1~1μm(10^{-7}~10^{-6}m)之间,属胶体分散体系,体系具有很高的表面自由能,为热力学不稳定体系,加入凝胶剂(电解质)便可产生凝胶而赋予制品一定的结合强度。

用氧化物微粉或溶胶结合耐火浇注料的物理性能与低、超低水泥浇注料相似。因这类浇注料的杂质含量少,材料内生成的低共熔物相很少,其耐火度、抗侵蚀性和高温结构强度均优于低、超低水泥浇注料。这类浇注料易烧结而形成陶瓷结合,其结合强度一般是随热处理温度的提高而逐渐提高。与铝酸钙水泥结合的浇注料不同,经中高温热处理后的强度要比烘干后高,如图 19-18 所示。

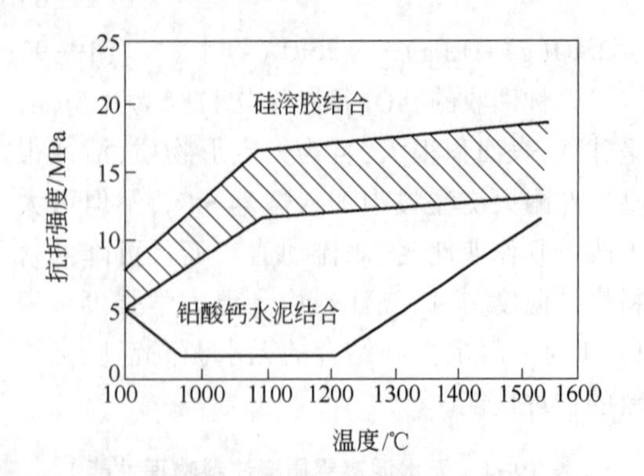

图 19-18　硅溶胶与水泥结合浇注料抗折强度对比

日本 T. KAGEYAMA 对高炉出铁沟用氧化铝-尖晶石-碳化硅-炭质浇注料的研究表明[10],硅溶胶结合浇注料的透气性大于低水泥结合浇注料,因此其抗爆裂性也较好。表 19-5 进一步列出了两种结合方式浇注料的性能对比。硅溶胶结合浇注料脱模强度较低,但在中高温热处理后,强度得到较大的提高。

表 19-5　低水泥结合和硅溶胶结合高炉出铁沟浇注料的性能对比

项　目		LC（低水泥）	SS1（硅溶胶）	SS2（硅溶胶）
脱模强度/MPa	25℃,24h	2.15	0.52	0.59
	40℃,24h	2.31	1.32	1.45
抗折强度/MPa	105℃,24h	4.4	2.7	3.3
	1000℃,3h	3.0	5.8	8.1
	1500℃,3h	2.4	4.7	3.9
耐压强度/MPa	105℃,24h	25.2	13.1	21.7
	1000℃,3h	39.2	33.2	39.8
	1500℃,3h	13.5	23.8	25.6
显气孔率/%	105℃,24h	13.3	13.0	12.1
	1000℃,3h	16.4	15.7	14.6
	1500℃,3h	15.9	15.0	14.8

注:SS1 和 SS2 的差别在于硅溶胶中的 SiO_2 的浓度,SS2 是 SS1 的 1.5 倍。

微粉或溶胶结合耐火浇注料可单独用氧化物微粉或硅溶胶、铝溶胶作结合剂,也可用氧化物微粉与溶胶配合作结合剂。选用哪种结合剂取决于所用的骨料的化学成分,如刚玉质浇注料应当用反应性氧化铝,或氧化铝微粉加氧化硅微粉作结合剂;硅酸铝质浇注料可用氧化硅微粉或硅溶胶作结合剂。与铝酸钙水泥结合浇注料比较,微粉或溶胶结合耐火浇注料凝结与硬化速度要慢些,常温养护后的强度也低些,因此宜于在使用现场直接浇注成整体内衬。微粉或溶胶结合耐火浇注料使用温度要比同材质水泥结合浇注料高,因此允许作更苛刻使用条件的高温容器内衬,如感应炉整体内衬和钢包整体内衬等。表 19-6 列出了硅溶胶结合系列浇注料的理化指标。

表 19-6 硅溶胶结合系列浇注料的理化指标

项 目		莫来石浇注料		刚玉-莫来石浇注料	铝-碳化硅浇注料		碳化硅浇注料
		RZ-55M	RZ-65M	RZ-70GM	RZ-15T	RZ-30T	RZ-75T
$w(Al_2O_3)$/%		≥55	≥65	≥70	≥65	≥50	—
$w(SiC)$/%		—	—	—	≥15	≥30	≥75
常温抗折强度/MPa	110℃×24h 烘后	≥3	≥3	≥3	≥3	≥3	≥3
	800℃×3h 烧后	≥7	≥7	≥7	≥6	≥6	≥7
	1400℃×3h 烧后	≥10	≥10	≥10	≥8	≥8	≥13
常温耐压强度/MPa	110℃×24h 烘后	≥20	≥20	≥20	≥20	≥20	≥17
	800℃×3h 烧后	≥50	≥60	≥50	≥40	≥35	≥35
	1400℃×3h 烧后	≥65	≥80	≥80	≥60	≥60	≥60
加热永久线变化/%	800℃×3h 烧后	-0.2~0.2	-0.2~0.2	-0.2~0.2	-0.2~0.2	-0.2~0.2	-0.2~0.2
	1400℃×3h 烧后	0~+0.5	0~+0.5	0~+0.5	0~+0.5	0~+0.5	0~+0.5
体积密度/$g \cdot cm^{-3}$	110℃×24h 烘后	≥2.40	≥2.40	≥2.55	≥2.55	≥2.50	≥2.40

B 水合氧化铝结合耐火浇注料

水合氧化铝（$\rho-Al_2O_3$）的化学成分是 Al_2O_3，一般认为是 Al_2O_3 除 α、θ、κ、δ、η、γ、χ 等晶型之外的另一种晶型，是结晶最差的 Al_2O_3 变体，在 Al_2O_3 各个晶态中只有 $\rho-Al_2O_3$ 能在常温下自发水化，并具有一定的强度。$\rho-Al_2O_3$ 水化反应后形成三水铝石和勃姆石溶胶，起到胶结和硬化作用。

$\rho-Al_2O_3$ 在高温下最后都转变成 $\alpha-Al_2O_3$，所以这种 $\rho-Al_2O_3$ 结合的浇注料可以看作一种耐火材料自结合的浇注料，既起结合剂的作用，其本身又是高级耐火氧化物。$\rho-Al_2O_3$ 结合浇注料常温强度较低，此时可选用辅助结合剂如 SiO_2 微粉等，用量 2%~8%等。由于没有引入其他的杂质，$\rho-Al_2O_3$ 结合浇注料的高温性能优于纯铝酸钙水泥结合的浇注料。表 19-7 列出了铝酸钙水泥结合和水合氧化铝结合刚玉-方镁石-尖晶石质浇注料的理化性能。

表 19-7 铝酸钙水泥结合和水合氧化铝结合刚玉-方镁石-尖晶石质浇注料的理化性能[11]

项 目		水泥结合	水合氧化铝结合
加水量/%		4.5	6.0
初凝时间（夏季）/min		60	40
常温抗折强度/MPa	110℃×24h	12.4	10.9
	1100℃×4h	11.1	10.7
	1550℃×4h	28.7	21.4
常温耐压强度/MPa	110℃×24h	68.5	57.8
	1100℃×4h	83.4	67.1
	1550℃×4h	113.4	96.1
线变化率/%	1100℃×4h	0	-0.01
	1550℃×4h	0.4	-0.06
体积密度/$g \cdot cm^{-3}$	1550℃×4h	3.08	2.99
显气孔率/%	1550℃×4h	17.8	19.3
强度保持率（1100℃循环风冷 3 次）/%		38	50

19.2.1.4 磷酸盐结合浇注料

以磷酸盐或聚磷酸盐作结合剂，与耐火集料和外加剂（促凝剂）配制成的可浇注耐火材料称为磷酸盐结合浇注料。配制浇注料用的磷酸盐结合剂可分为两类：（1）酸性磷酸盐结合剂，如磷酸二氢铝 $Al(H_2PO_4)_3$ 和磷酸 H_3PO_4，主要用于作中性或酸性耐火材料的结合剂。如作硅质、黏土质、高铝质、刚玉质、锆莫来石质和锆刚玉质浇注料的结合剂；（2）聚磷酸盐结合剂，如三聚磷酸钠 $Na_5P_3O_{10}$，六偏磷酸钠（$(NaPO_3)_6$）等，主要用于作碱性耐火材料的结合剂，如作镁质和镁铝质浇注料的结合剂。

（1）酸性磷酸盐结合浇注料。酸性磷酸盐在常温下与酸性和中性耐火材料不发生反应或反应速度很慢，因此其凝结与硬化作用是靠加入促凝剂与酸性磷酸盐之间的化学反应而实现的。所采用的促凝剂有 MgO、$CaO \cdot Al_2O_3$、$CaO \cdot 2Al_2O_3$、NH_4F、ZnO、NaCl、滑石等。但在不定形耐火材料中，最常用的是 MgO 和 $CaO \cdot Al_2O_3$，用 MgO 作促凝剂时会与磷酸二氢铝发生如下硬化反应：

$$—O—Al—O\overset{O}{\overset{\|}{P}}—OH + Mg^{2+} \rightarrow \left(O—Al—O\overset{O}{\overset{\|}{P}}—O—Mg\right) \quad (19\text{-}10)$$

经反应生成铝与镁复合磷酸盐而硬化。但 MgO 属碱性氧化物，与酸性磷酸盐的反应很强烈，会出现瞬凝现象，MgO 颗粒度越细反应越剧烈。因此为了控制其凝结与硬化时间，必须严格控制 MgO 的细度与加入量。

用 $CaO \cdot Al_2O_3$、$CaO \cdot 2Al_2O_3$ 作促凝剂时，首先铝酸钙物相发生水解，游离出的 CaO 与酸性磷酸铝发生反应，会生成铝和钙的复合磷酸盐而发生硬化，其硬化速度也是通过铝酸钙物相的细度和加入量来控制。

酸性磷酸铝结合的浇注料的粒度级配与普通浇注料相似，结合剂一般用液状磷酸二氢铝或磷酸，溶液比重控制在 1.4～1.45，加入量为 13%～15%。但由于液状磷酸二氢铝或磷酸在常温下会与耐火集料中的金属铁（破粉碎时带入的）反应产生 H_2 气，而使浇注成型后的衬体发生鼓胀，并形成多孔疏松体。因此必须加防鼓胀抑制剂（隐蔽剂），或在浇注料混合调制时分两次加入液状磷酸二氢铝或磷酸。第一次将约 6%～7% 磷酸盐溶液加入拌合好的浇注料混合物中，混合均匀后将半湿状态混合料困置 24h，使金属铁与酸反应生成磷酸铁。在第二次加磷酸盐溶液之前，先加入约 2%～3% 的促凝剂，将混合料拌匀，然后加余下的 6%～7% 磷酸盐溶液，再搅拌均匀即可进行浇注成型，这样就可避免发生鼓胀。表 19-8 为磷酸二氢铝结合的硅酸铝质浇注料的理化性能。

表 19-8 磷酸二氢铝结合浇注料理化性能

性 能		黏土质	高铝质Ⅰ	高铝质Ⅱ
$w(Al_2O_3)$/%		45	60	75
烘干后体积密度/$g \cdot cm^{-3}$		2.23	2.34	2.60
冷态耐压强度/MPa	110℃，24h	26.0	28.0	34.0
	1000℃，3h	22.5	26.0	29.0
	1400℃，3h	32.0	31.0	41.0
热态耐压强度/MPa	1000℃，3h	30.0	30.0	29.0
	1200℃，3h	6.0	9.0	8.5
抗热震性（800℃循环水冷）/次		>50	>50	>50
烧后线变化率（1400℃，3h）/%		+0.80	+0.72	+0.45
0.2MPa 荷重软化温度/℃	0.6%	1140	1190	1250
	4%	1410	1470	1450

同铝酸钙水泥结合的浇注料比较，酸性磷酸盐结合的浇注料具有较好的冷态耐压强度和抗热震性，因此一般用于作温度波动较频繁的工业炉衬体和中温耐磨衬体，也常常用于作热修补料。

（2）聚磷酸盐结合浇注料。在常温下溶于水中的聚磷酸盐会与碱性耐火材料粉料中的 MgO 或 CaO 发生化学反应，并生成复合磷酸盐而使材料硬化。但反应速度较慢，因此宜于作碱性耐火浇注料的结合剂，而不必加促凝剂。其硬化过程为：首先聚磷酸盐溶解于水中，并逐渐发生水解生成磷酸二氢盐和磷酸一氢盐。如以三聚磷酸钠为例其水解反应如下：

$$Na_5P_3O_{10}+2H_2O \longrightarrow 2Na_2HPO_4+NaH_2PO_4 \quad (19\text{-}11)$$

然后，磷酸二氢盐和磷酸一氢盐再与 MgO 或 CaO 反应生成复合磷酸盐而发生硬化。

三聚磷酸钠在水中的溶解度与温度有关，是随着温度的升高溶解度加大，见表 19-9。因此要提高加入量必须适当提高水温，可加速聚磷酸盐溶液与碱性耐火材料中 MgO 的反应，从而加速硬化速度。

表 19-9　三聚磷酸钠在水中的溶解度与温度关系

温度/℃	10	20	30	40	50	60	70	80
溶解度/g·$(100gH_2O)^{-1}$	14.5	14.6	15.0	15.7	16.7	18.2	20.6	23.7
饱和液中含量/%	12.6	12.7	13.0	13.6	14.2	15.4	17.1	19.2

粉末状六偏磷酸钠在常温下极易溶于水中,可以任何比例与水混合,其水溶液的黏度是随温度的升高而降低。其水解产物也易于同 MgO 或 CaO 反应生成复合磷酸盐而发生硬化。但六偏磷酸钠的聚合度 n 对浇注料的结合强度有影响,平均聚合度 n 为 24 时具有较大的结合强度。另外,为了提高碱性浇注料的高温强度,往配料组分中加入少量的 CaO 材料,在高温下可生成 $Na_2O \cdot 2CaO \cdot P_2O_5$ 相或预先合成 $Na_2O \cdot 2CaO \cdot P_2O_5$ 再加入,有助于提高碱性浇注料的高温强度。表 19-10 为聚磷酸盐结合的镁质浇注料物理性能。

表 19-10　聚磷酸盐结合镁质浇注料物理性能

物理性能		指标
体积密度/g·cm^{-3}	110℃,24h	2.8~2.9
	1500℃,3h	2.80~2.85
气孔率/%	110℃,24h	8~14
	1500℃,3h	16~20
耐压强度/MPa	110℃,24h	60~80
	1500℃,3h	30~40
抗折强度/MPa	110℃,24h	8~12
	1500℃,3h	4~6
加热后线变化率/%	110℃,24h	-0.5~-0.1
	1500℃,3h	-1.0~-0.5

聚磷酸盐结合碱性浇注料可用于作高温熔炼炉和高温金属液容器及流槽等的内衬,也可作电弧炉炉衬的修补料。

19.2.1.5　水玻璃结合浇注料

用水玻璃作结合剂,与耐火集料和外加剂配制成的可浇注耐火材料称为水玻璃结合浇注料。

水玻璃作酸性和中性耐火浇注料的结合剂时,必须加促凝剂才能发生凝结与硬化作用。用水玻璃作碱性浇注料的结合剂时,可以不加促凝剂,因为碱性耐火材料中的 MgO 会与水玻璃反应,生成水合硅酸镁而发生凝结与硬化。

水玻璃结合耐火浇注料集料的粒度组成与普通水泥结合浇注料相似,骨料大于 100μm 约占 60%~70%,粉料约占 30%~40%,所采用的水玻璃模数为 2.3~3.0,密度为 1.20~1.35g/cm^3,加入量为 13%~15%,氟硅酸钠促凝剂加入量为水玻璃加入量的 10%~15%。表 19-11 为水玻璃结合浇注料的一般理化性能。

表 19-11　水玻璃结合耐火浇注料的理化性能

指　标		高铝质	黏土质	半硅质	镁质
$w(Al_2O_3)$/%		>68	>40	—	MgO≥87
$w(SiO_2)$/%		>25	>50	>65	<7
耐压强度/MPa	常温	17~20	29~40	28~35	—
	110℃	40~59	29~40	26~35	27~31
	500℃	50~55	28~41	29~35	40~35
	1000℃	50~55	40~50	40~44	15~18
加热线变化/%	1000℃,3h	±0.3	±0.5	0~+0.3	±0.3
荷重软化温度/℃		1540~1600	1100~1240	950~1050	>1220

续表 19-11

指 标	高铝质	黏土质	半硅质	镁质
体积密度/g·cm^{-3}	2.23~2.30	2.10~2.15	2.08~2.15	2.60~2.65
使用温度/℃	1400	1000	1000	1600

由于水玻璃结合剂中含有 Na_2O,会大大降低耐火浇注料的耐火度和高温使用性能。因而水玻璃结合的硅酸铝质(黏土质和高铝质)浇注料一般只能在1300℃以下使用,多半用于作耐酸和耐碱浇注料。而水玻璃结合的铝镁质浇注料可作非连铸、非精炼普通钢包整体内衬和出钢槽内衬。水玻璃结合碱性浇注料可作冶金炉热修补料、出钢槽和某些感应炉内衬。

19.2.1.6 $MgO-SiO_2-H_2O$ 结合浇注料

$MgO-SiO_2-H_2O$ 凝聚结合的作用机理是:SiO_2 微粉与 MgO 细粉在水中先形成溶胶。在水溶液中,SiO_2 胶粒是带负电的,MgO 粒子在水化过程中会缓慢释放出 Mg^{2+} 离子。当 Mg^{2+} 离子被带负电的胶体 SiO_2 粒子吸附并使 SiO_2 胶体粒子表面达到等电点时,SiO_2 粒子即发生凝聚作用,从而产生结合作用。

$MgO-SiO_2-H_2O$ 凝聚结合具有以下特点:(1)$MgO-SiO_2-H_2O$ 是含结晶水较少的凝胶,在加热过程中缓慢脱水,这将有利于采用这种结合体系的浇注料的快速烘烤;(2)随着温度的升高,SiO_2 与 MgO 反应生成高熔点相镁橄榄石($2MgO \cdot SiO_2$),可避免采用水玻璃和聚磷酸钠结合剂带入 Na_2O 或用水泥作为结合剂引入 CaO 的不利影响;(3)可以大幅度改善浇注料的流动性,提高其致密度。

$MgO-SiO_2-H_2O$ 结合体系主要用于铝镁质、镁质和镁铝质浇注料,如钢包浇注料、连铸中间包挡渣堰预制件、电炉顶预制件等。浇注料配料采用特级矾土熟料、刚玉、镁铝尖晶石、镁砂粉、SiO_2 微粉等,分散剂可用聚磷酸盐,加水量5%~7%。表19-12列出 $MgO-SiO_2-H_2O$ 结合浇注料理化指标,其性能优于水泥结合和化学结合的同类浇注料。

表19-12 $MgO-SiO_2-H_2O$ 结合浇注料理化指标

项 目		挡渣堰	钢包用浇注料		
		MA	SAM	AM	AS
$w(Al_2O_3+MgO)$/%		≥90	≥90	≥95	≥95
体积密度/g·cm^{-3}	110℃×24h 烘干后	≥2.90	≥2.90	≥2.95	≥2.95
加热线变化/%	1600(1550)℃×3h 烧后	0~+1.5	0~+1.5	0~+1.5	0~+1.5
耐压强度/MPa	110℃×24h 烘干后	≥60	≥50	≥50	≥40
	1600(1550)℃×3h 烧后	≥35	≥60	≥60	60
抗折强度/MPa	110℃×24h 烘干后	≥6	≥5	≥4	≥4
	1600(1550)℃×3h 烧后	≥5	≥10	≥10	≥10
荷重软化温度/℃	0.2MPa×0.6%	≥1500	≥1450	≥1550	≥1650

19.2.2 几种常用浇注料

19.2.2.1 $Al_2O_3-SiC-C$ 质浇注料

由刚玉和/或高铝熟料、碳化硅、碳、结合剂和外加剂组成的可浇注耐火材料,主要用于作高炉出铁沟的内衬,因此也称出铁沟耐火浇注料,其中以刚玉为主要骨料的称为刚玉-碳化硅-炭质浇注料,以高铝熟料为主要骨料的称为高铝-碳化硅-炭质浇注料。

配制此类浇注料所用的刚玉一般为电熔刚玉，包括电熔致密刚玉、亚白刚玉（或称高铝刚玉、矾土基电熔刚玉）、棕刚玉等。而配制高铝-碳化硅-炭质浇注料时，所采用的高铝熟料最好是杂质含量低的烧结良好的特极或一级高铝熟料。

配料所用的碳化硅原料，一般采用一级或二级黑色化硅，SiC 含量不小于 97%，SiC 晶粒越大越好，但一般 SiC 晶体呈针柱状，很难制取近球粒状 SiC，因此 SiC 是以细颗粒和细粉形式加入。炭质原料可采用沥青、石墨、焦炭或废电极、炭块等。结合剂是由氧化硅微粉和纯铝酸钙水泥组成的复合结合剂，属凝聚-水化结合浇注料。分散剂一般采用聚磷酸钠化合物。

由于此类浇注料透气性差，在烘烤过程中极易发生因水分急骤蒸发而爆裂，因此一般要加防爆剂，如金属铝粉、乳酸铝、偶氮酰胺或防爆纤维等。但防爆剂加入量应严格控制，加入量过大会导致体积密度降低、强度下降、抗侵蚀和抗冲刷性能变坏。

氧化铝-碳化硅-炭质浇注料的配料组成是随使用环境和条件不同而异，如大型高炉出铁沟浇注料必须用电熔刚玉作为骨料，而中小型高炉则可采用高铝熟料作为骨料。碳化硅加入量根据使用部位不同而异，出铁沟和渣线部位加入量为 18%～30%，渣线以下加入量为 12%～15%。表 19-13 为高炉出铁沟浇注料的理化性能。

表 19-13　高炉出铁沟浇注料理化性能[12]

项　目		指　标						
		ASC-1	ASC-2	ASC-3	ASC-4	ASC-5	ASC-6	ASC-7
$w(Al_2O_3)$/%		≥70	≥55	≥65	≥60	≥55	≥55	≥60
w(SiC+C)/%		≥12	≥25	≥16	≥12	≥10	≥17	≥12
体积密度 /g·cm^{-3}	110℃×24h	≥2.85	≥2.80	≥2.75	≥2.65	≥2.60	≥2.60	≥2.65
	1450℃×3h	≥2.80	≥2.75	≥2.70	≥2.60	≥2.55	≥2.55	≥2.60
加热永久线变化/%	1450℃×3h	-0.1～0.5						
常温耐压强度/MPa	110℃×24h	≥20	≥15	≥20	≥20	≥20	≥20	≥20
	1450℃×3h	≥55	≥45	≥50	≥45	≥45	≥45	≥50
推荐使用部位		容积 ≥2500m^3 高炉主沟铁线	容积 ≥2500m^3 高炉主沟渣线	容积 1000～2500m^3 高炉主沟	容积 ≤1000m^3 高炉主沟	铁沟	渣沟	摆动溜槽

氧化铝-碳化硅-炭质浇注料既可在现场直接浇注使用，也可做成预制件使用，使用寿命随所采用的原料品质不同而有较大差异。大型高炉采用刚玉-碳化硅-炭质浇注料构筑主沟衬里（厚 450～500mm）一次性通铁量一般为 10 万～15 万吨铁水，经过补浇或喷补后可达 30 万吨以上。

19.2.2.2　Al_2O_3-MgO 质浇注料

以氧化铝和氧化镁为主要成分的可浇注耐火材料。包括有化学结合（水玻璃结合）、水化结合（纯铝酸钙水泥结合）和凝聚结合（氧化硅微粉+氧化镁细粉结合）的 Al_2O_3-MgO 质浇注料。按所采用的原料品质不同可分为：普通 Al_2O_3-MgO 质浇注料、普通高铝-尖晶石质浇注料、纯 Al_2O_3-MgO 质浇注料、纯氧化铝-尖晶石质浇注料。Al_2O_3-MgO 质浇注料的理化指标见表 19-14。

表 19-14 Al_2O_3-MgO 质浇注料的理化指标[13]

项 目		指 标			
		AMC-70	AMC-80	AMC-85	AMC-95
$w(Al_2O_3+MgO)$/%		≥70	≥80	≥85	≥95
体积密度(110℃×24h 干后)/g·cm^{-3}		≥2.60	≥2.80	≥2.85	≥2.95
常温耐压强度/MPa	110℃×24h 烘干后	≥20			
	1000℃×3h 烧后	≥30			
	试验温度×3h 烧后	≥50(1500℃)	≥50(1550℃)	≥60(1550℃)	≥60(1600℃)
加热永久线变化/%	(试验温度×3h)	-0.5~+1.5 (1500℃)	-0.5~+1.8 (1550℃)	-0.2~+1.8 (1550℃)	0~+1.0 (1600℃)

(1)普通 Al_2O_3-MgO 质浇注料,是由特级或一级高铝矾土骨料与粉料(Al_2O_3≥85%)、烧结镁砂粉(MgO≥92%)组成的。早期(20 世纪 80 年代)的普通 Al_2O_3-MgO 质浇注料是用水玻璃溶液作结合剂,用于作钢包内衬具有较好的抗熔渣的渗透性,适于作模铸钢包内衬。但由于这类浇注料中含有水玻璃带入的 Na_2O,其高温荷重软化点较低,抗熔渣侵蚀性也差,不适于作连铸钢包和炉外精炼钢包内衬使用。因此现在改用氧化硅微粉和氧化镁细粉作结合剂,依靠凝聚作用而产生结合。该结合系统的浇注料避免了上述用水玻璃结合浇注料带入 Na_2O 的不利影响,从而提高了浇注料的高温使用性能,现已普遍取代水玻璃结合 Al_2O_3-MgO 质浇注料用作中小连铸钢包内衬。

凝聚结合的普通 Al_2O_3-MgO 质浇注料配料组成为:骨料为 20~10mm,50%;10~5mm,10%;小于 5mm,40%的高铝熟料颗料。粉料是由特级高铝熟料粉(小于 0.074mm)、烧结镁砂粉(小于 0.074mm)和氧化硅微粉(烟尘硅,小于 1μm)组成的。骨料与粉料之比一般为(65~70):(35~30)。但粉料(基质)的配合比中要严格控制镁砂粉和氧化硅微粉的加入量,其加入量是根据使用性能要求通过试验来确定。此类浇注料用于作连铸钢包整体内衬,使用寿命随使用条件不同而波动,一般在 80~120 炉次。

(2)普通高铝-尖晶石质浇注料,是用特级(或一级)高铝矾土骨料与粉料、矾土基烧结尖晶石骨料与粉料来配制的。浇注料的结合方式有两种:水化(水泥)结合和凝聚结合。

1)水化结合的浇注料基质是由烧结尖晶石粉、特级高铝熟料粉(或刚玉粉)、纯铝酸钙水泥和微量的分散剂组成的。其中纯铝酸钙水泥加入量要严格控制,一般为 5%~8%,加入量过多会大大降低浇注料的高温使用性能。

2)凝聚结合的浇注料基质是由烧结尖晶石粉、特级高铝熟料粉(或刚玉粉)、烧结镁砂粉、SiO_2 微粉和微量分散剂组成的。其中烧结镁砂粉的加入量一般为 6%~8%、SiO_2 微粉加入量为 2%~3%。

这类浇注料的特点是:中温(1000℃)与高温(1550℃)强度差别小,有助于克服因热应力而引起的结构剥落,其抗结构剥落的能力要比普通 Al_2O_3-MgO 质浇注料略胜一筹。该浇注料适合于作中小型连铸钢包整体内衬、中间包永久衬和电炉出钢槽内衬等。

(3)纯 Al_2O_3-MgO 质浇注料,此类浇注料的骨料用电熔白刚玉、板状氧化铝或电熔高铝刚玉。粉料是由刚玉细粉和微粉、反应性氧化铝粉、烧结镁砂粉、氧化硅微粉和分散剂组成的,属凝聚结合浇注料。试验结果表明,浇注料中的 MgO 含量应控制在 6%~8%为宜。高于此范围,抗渣的侵蚀性变差。而低于此范围,抗渣的渗透性变差,要求在使用中借助于原位反应在基质中生成以尖晶石为主的结合相。而 SiO_2 微粉加入量控制在 0.5%~2.5%,加入 SiO_2 微粉的目的在于提高浇注料的强度和调节(控制)线变化率,因为 SiO_2 微粉有促进烧结和降低因原位反应生成尖晶石的线膨胀率的作用。但 SiO_2 微粉加入量不宜过高，过高时不但抗侵蚀性明显下降，而且抗热震性能也变差。

纯 Al_2O_3-MgO 质浇注料的粒度组成也可按 Andreassen 粒度分布方程控制其粒度分布系数 q 值，同时刚玉微粉（α-Al_2O_3 微粉）最好采用双峰粒度分布的微粉，并应采用高效分散剂。纯 Al_2O_3-MgO 质浇注料一般用于作大型钢包（>100t）渣线以下整体内衬，使用寿命比普通 Al_2O_3-MgO 质浇注料高 1 倍以上，也可作其他高温炉、容器和流槽的内衬。

（4）纯氧化铝-尖晶石质浇注料，是用电熔或烧结刚玉、板状氧化铝作骨料，粉料（基质）是由纯合成尖晶石粉、α-氧化铝微粉、反应性氧化铝粉、纯铝酸钙水泥和分散剂组成的。此类浇注料中铝酸钙水泥加入量为 3%～8%（质量分数），属低水泥结合浇注料。

这类浇注料的特点是不加入镁砂，MgO 是以尖晶石形式加入，因而不存在使用中 MgO 与 Al_2O_3 原位反应生成尖晶石而产生明显的体积膨胀效应。使用中残余线变化率小，体积较稳定。但尖晶石与 Al_2O_3 反应生成有阳离子空位的富铝尖晶石，铝酸钙水泥与 Al_2O_3 反应生成六铝酸钙（$CaO \cdot 6Al_2O_3$），会出现有微量的体积膨胀效应。

纯氧化铝-尖晶石质浇注料主要用于作大型（>100t）钢包整体内衬，使用寿命可达 200～260 炉次，也可用于制作高功率、超高功率电炉炉盖衬体，以及用于制作钢包透气砖、吹氩或喷粉整体喷枪衬体等。

19.2.2.3　耐酸耐火浇注料

能抵抗 800～1200℃ 酸性介质（硝酸、盐酸、硫酸和醋酸等）腐蚀的可浇注耐火材料称耐酸耐火浇注料。它是以水玻璃为结合剂，用酸性或半酸性耐火材料作为骨料和粉料，加少量的促凝剂配制而成的。但此类浇注料不耐碱、热磷酸、氢氟酸和高脂肪酸的腐蚀。配制此类浇注料的原材料来源丰富，价格低廉，故在冶金、化工、石油和轻工等部门热工设备得到普遍应用。

用于配制耐酸耐火浇注料的骨科主要有硅石、铸石、蜡石、安山岩和辉绿岩等。几种常用的原材料的耐酸度（重量法测）为：铸石为 98%，硅石大于 97%，黏土熟料 92%～97%，蜡石 92%～96%，安山岩大于 94%。选用何种原材料根据使用条件而定。但采用硅石时，必须注意石英在加热时有多晶转变，转变过程中会产生体积变化（膨胀），因此最好采用废硅砖料取代部分硅石原料作集料。配制此浇注料的粉料主要采用硅石粉、铸石粉、瓷器粉和高硅质黏土熟料粉等，其中铸石粉是采用较多的耐酸粉料。

结合剂水玻璃应采用模数 M 高些的水玻璃，以降低水玻璃带进的 Na_2O 量，提高耐酸性。一般采用模数为 2.6～3.2，密度为 1.38～1.42g/cm^3 的水玻璃溶液。可作为水玻璃促凝剂的化合物较多，包括有含氟化合物（如氟硅酸、氟硼酸、氟钛酸的碱金属盐）、酯类、酸类（如乙酸乙酯）、金属氧化物（如铅、锌、钡等氧化物），以及碳酸气（CO_2）等，但最广泛采用的是氟硅酸钠（Na_2SiF_6），使用方便，易于控制凝结硬化时间。

耐酸耐火浇注料的一般配料组成为：耐酸耐火骨料 60%～70%，粉料 30%～40%，外加密度为 1.38～1.42g/cm^3 的水玻璃溶液 13%～16%，以氟硅酸钠作促硬剂时，其加入量为水玻璃溶液质量的 10%～12%。

水玻璃结合耐酸耐火浇注料的耐酸性能与其所采用的骨料和粉料耐酸度有关，见表 19-15。

表 19-15　耐酸耐火浇注料材质与耐酸度关系

骨料材质	粉料材质	耐酸度/%
黏土质熟料	石英粉	96.8
黏土质熟料	黏土质熟料粉	97.2
蜡石	石英粉	93.5
蜡石	蜡石粉	92.0

此类浇注料在酸中浸泡时具有较好的强度稳定性，一般是随着浸泡时间的延长其耐压强度略有增长，见表 19-16。

表 19-16 在酸中浸泡时间对浇注料耐压强度的影响

浸泡时间	耐压强度/MPa				
	空气中	H_2O 中	10% H_2SO_4	10% HNO_3	10% HCl
1 个月	25.6	26.4	30.0		
1 年		26.3	33.0	30.1	34.9
2 年	28.2	20.5	37.4	35.1	42.0

耐酸耐火浇注料主要用于作防腐蚀烟道和烟囱内衬、贮酸槽罐、酸洗槽内衬、硝酸浓缩塔内衬、酸回收炉内衬和其他受酸性高温气体腐蚀的容器内衬等。

19.2.2.4 耐碱耐火浇注料

能抵抗中高温下碱金属氧化物（如 K_2O 和 Na_2O）侵蚀的可浇注耐火材料称为耐碱耐火浇注料。这类浇注料的组成同普通铝酸钙水泥结合的浇注料相似，它是由耐碱耐火骨料和粉料、结合剂和外加剂组成的混合物。根据使用环境和条件不同，耐碱耐火浇注料有轻质和重质之分，其理化性能见表 19-17 和表 19-18。

表 19-17 耐碱耐火浇注料理化性能[14]

项 目		性能指标		
		NJ-1	NJ-2	NJ-3
耐碱性（不低于）		一级		
常温耐压强度/MPa	110℃×24h 烘干后	≥100	≥80	≥70
	1100℃×3h 烧后	≥100	≥80	≥70
常温抗折强度/MPa	110℃×24h 烘干后	≥10.0	≥8	≥7
	1100℃×3h 烧后	≥10.0	≥8	≥7
加热永久线变化/%	1100℃×3h 烧后	±0.5		

表 19-18 轻质耐碱浇注料理化性能[15]

项 目		性能指标	
		QNJ-1	QNJ-2
耐碱性（不低于）		二级	
体积密度/$g \cdot cm^{-3}$		1.90	1.70
常温耐压强度/MPa	110℃×24h 烘干后	≥40	≥30
	1000℃×3h 烧后	≥35	≥25
常温抗折强度/MPa	110℃×24h 烘干后	≥4.0	≥3.0
	1000℃×3h 烧后	≥3.5	≥2.5
加热永久线变化/%	1000℃×3h 烧后	±1.0	
导热系数（平均 350℃）/$W \cdot (m \cdot K)^{-1}$		≤0.6	≤0.5

（1）轻质耐碱浇注料所用的骨料有耐碱陶粒、黏土质多孔熟料、废瓷器料和高强度膨胀珍珠岩等，结合剂用普通铝酸钙水泥。浇注料的基质中可加入高硅质耐火粉料，以使其在高温下能与碱金属氧化物反应，在其表面形成一层釉状致密层，以阻止碱金属氧化物熔融物的进一步渗透与腐蚀。

（2）重质中温耐碱浇注料所用骨料有高铝熟料和黏土熟料等，结合剂采用铝酸钙水泥加氧化硅微粉（烟尘硅）。加入氧化硅微粉既有助于提高浇注料的中温结合强度，也有助于在使用中浇注料衬体表面形成防渗透层，其特点是中温（1000～1200℃）烧后强度与烘干（110℃）后强度相当，耐碱侵蚀性能良好。

重质高温耐碱浇注料所采用的耐碱耐火集料（骨料与粉料）有电熔尖晶石、铬刚玉、铝铬渣、烧结或电熔锆刚玉和锆英石等。结合剂采用铝酸钙水泥加氧化硅微粉，也有采用水玻璃溶液作为结合剂，视使用要求来选择。

耐碱耐火浇注料主要用于有碱金属氧化物及其蒸汽腐蚀的场所，如作水泥回转窑窑尾及窑外分解旋风分离器内衬、焙烧氧化铝回转窑窑尾内衬等，以及钢铁、有色、玻璃和造纸等行业有碱蒸汽腐蚀的工业炉及其烟道和烟囱内衬。

19.2.2.5 耐磨耐火浇注料

能抵抗高温固体物料或载有固体粉料的气流的摩擦或冲刷（击）的可浇注成型的耐火材料称为耐磨耐火浇注料，主要用于作高温旋风分离器和循环流化床的内衬，以及加热炉出钢槽的衬体等。这类浇注料的抗折强度和耐压强度要求较高，因此也称为高强度耐火浇注料。

耐磨耐火浇注料是由高硬度耐火骨料和粉料、高强度结合剂和外加剂组成的。高硬度耐火骨料包括:电熔刚玉(白刚玉、棕刚玉等)、烧结高铝矾土、电熔高铝或黏土料、碳化硅等,可根据使用条件来选用。高强度结合剂主要有两个体系:

(1)高强度铝酸钙水泥加氧化硅微粉。

(2)磷酸或磷酸二氧铝加硬化剂。外加剂主要为高效分散剂。

电厂循环流化床锅炉用耐磨耐火浇注料一般是用烧结高铝矾土和电熔刚玉配制,有的加有黑色碳化硅,结合剂用高标号铝酸钙水泥加氧化硅微粉(烟尘硅)。对氧化铝悬浮焙烧炉用耐磨耐火浇注料的理化性能要求与循环流化床锅炉耐磨耐火浇注料相似,但配料组成中不可加碳化硅。炼油催化裂化装置用的耐磨耐火浇注料是用电熔或烧结刚玉为集料,用高标号纯铝酸钙水泥加反应性氧化铝作为结合剂,要求浇注料中的 Fe_2O_3 含量小于 0.05%。加热炉出钢槽用的浇注料是用电熔刚玉(棕刚玉或亚白刚玉)作为骨料,粉料是由电熔刚玉粉、α-Al_2O_3 微粉、SiO_2 微粉、Cr_2O_3 微粉(或锆英石微粉)和纯铝酸钙水泥组成的,配成浇注料后要做成预制块,并经高温(大于 1500℃)焙烧后使用。此类浇注料配料组成中加入一定量的 SiC 后,也可预制成加热炉滑轨砖,具有较好的高温耐磨性。耐磨耐火浇注料的理化指标见表19-19。

表 19-19 耐磨耐火浇注料的理化指标[16]

项目		指标					
		硅酸铝质				碳化硅质	
		ARC-1	ARC-2	ARC-3	ARC-4	ARC-5	ARC-6
$w(Al_2O_3)$/%		≥60(SiO_2)	≥60	≥65	≥70	—	—
$w(SiC)$/%		≥55(熔融石英)	—	—	—	≥40	≥80
体积密度/$g \cdot cm^{-3}$	110℃×24h 干后	≥1.90	≥2.40	≥2.60	≥2.80	≥2.50	≥2.60
常温耐压强度/MPa	110℃×24h 干后	≥45	≥55	≥60	≥65	≥70	≥75
	1000℃×3h 烧后	≥60	≥80	≥90	≥100	≥100	≥110
常温抗折强度/MPa	110℃×24h 干后	≥6	≥7	≥8	≥9	≥9	≥9
	1000℃×3h 烧后	≥8	≥9	≥11	≥13	≥13	≥14
加热永久线变化率/%	1000℃×3h 烧后	-0.3~+0.2	-0.3~+0.3	-0.3~+0.3	-0.3~+0.3	-0.3~+0.2(埋碳)	-0.3~+0.2(埋碳)
抗热震性(1000℃,水冷)/次	1000℃×3h 烧后	≥30	≥20	≥20	≥25	≥30	≥35
常温磨损量/cm^3	1000℃×3h 烧后	≤10.0	≤9.0	≤8.0	≤7.0	≤6.0	≤5.0
初凝时间/min		≥45					
终凝时间/min		≤240					
导热系数(1000℃时参考值)/$W \cdot (m \cdot K)^{-1}$		0.6~0.9	1.2~1.6	1.3~1.7	1.4~1.8	3~6	7~10
推荐最高使用温度/℃		1200	1400	1450	1500	1450	1650

19.2.2.6 钢纤维增强耐火浇注料

将一定尺寸的耐热钢纤维(长度约为 20~35mm,截面积约为 0.13~0.2cm^2)加入由耐火集料、结合剂和外加剂组成的混合料中的可浇注耐火材料,称为钢纤维增强耐火浇注料。同不加耐热钢纤维的浇注料比较,此类浇注料具有如下特点:

(1)可抑制浇注料在养护、烘烤和高温使

用中产生收缩；

(2)提高浇注料的韧性、抗机械冲击性和力学强度；

(3)提高浇注料的抗热震性能；

(4)防止浇注料内产生的微裂纹在热应力和机械应力作用下扩展或延伸而导致发生断裂或剥落。

用于增强浇注料的耐热钢纤维的外形尺寸、截面形状以及加入量对增强效果均有影响。纤维的外形有直线状、波纹状、锯齿状、钉书钉状等,纤维的截面形状有圆形、方形、菱形、月牙形等。现在一般多采用截面为月牙形(用熔抽法生产的)直形纤维,这种形状纤维可增大钢纤维与浇注料基质之间的接触面积,增大摩擦力,又不影响混合搅拌作业性能,易于均匀分散在浇注料基体中。

现在用于增强耐火浇注料的耐热钢纤维材质与品种较多,但比较广泛采用的只有5种牌号,其合金成分与性能列于表19-20。一般在1000℃以下,单面受热的浇注料衬体采用ME304和ME430牌号的不锈钢纤维增强。而在1000℃以上,则是采用ME446、ME310和ME330牌号耐热不锈钢纤维增强。

表 19-20 不锈钢纤维的合金组分和性能

合金型号		ME430	ME304	ME446	ME310	ME330
主要元素组分(质量分数)/%	Cr	14~18	18~20	23~27	24~26	17~19
	Ni	0	8~12	0	19~22	34~36
熔化温度/℃		1480/1530	1400/1455	1425/1510	1400/1455	1345/1425
临界氧化温度/℃	热循环	850	870	1205	1040	1050
	连续使用	815	980	1100	1150	1165
线膨胀系数(870℃)/$℃^{-1}$		13.7×10^{-6}	20.2×10^{-6}	13.1×10^{-6}	18.5×10^{-6}	17.6×10^{-6}
热传导率(540℃)/$W\cdot(m\cdot K)^{-1}$		26.5	20.1	24.8	18.0	21.5
纤维抗拉强度(870℃)/MPa		47	124	53	152	193
弹性模量(870℃)/GPa		83	124	97	125	134

钢纤维增强浇注料的主要作用在于提高在应力作用下的应变性能,从而提高浇注料衬体的韧性、力学强度和抗热震性,钢纤维加入量的不同其增强效果是不同的。图19-19为Al_2O_3含量为33%,SiO_2含量为53%的铝硅质浇注料中,加入不同量的ME430不锈钢纤维时,在800℃和1200℃下的应力(荷载)-应变特性曲线。可以看出,加入5%钢纤维后可显著提高其力学强度和应变量,有增韧效果。

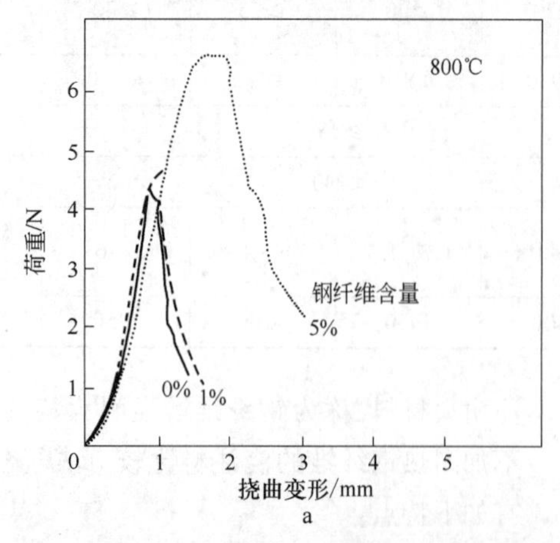

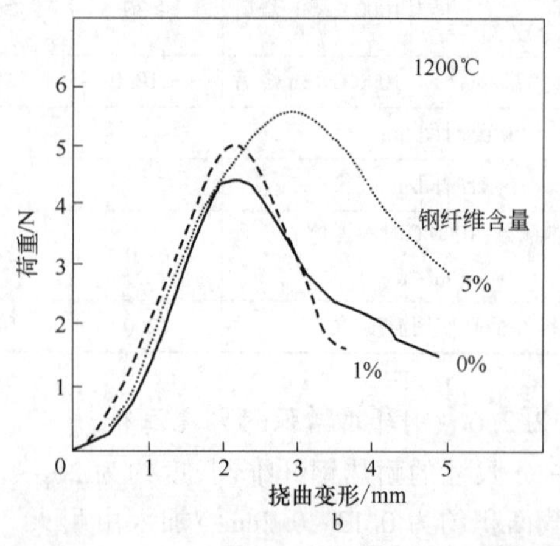

图 19-19 加入1%和5%钢纤维的浇注料在800℃(a)和1200℃(b)下应力-应变曲线[17]

钢纤维增强浇注料衬体的使用效果，也与其制作工艺有密切关系。因此在制备工艺中必须注意如下问题：

(1)必须根据使用条件选择适当牌号的高温合金钢纤维和其加入量(一般在1%～3%)，加入量过多有反作用。

(2)混合搅拌时，最好先将干浇注料加水搅拌均匀，然后再加入钢纤维搅拌均匀，这样不仅使浇注料自身易混合均匀，而且也不会因搅拌时间过长，因搅拌叶的反复搅动而使钢纤维弯曲变形。

(3)振动成型时，一般最好采用附着式振动器，从模型外部施加震动力，以使钢纤维能无取向均匀分布。不宜采用插入式振动棒施工，否则会破坏钢纤维的均匀分布。制作预制件(块)时，也可采用平面振动台施工。

钢纤维增强浇注料多半用于构筑只与高温气体或固态物料接触的工业窑炉衬体，如电炉炉顶、钢包包盖、加热炉炉顶、均热炉炉盖与炉墙、热处理炉衬体、高温旋风分离器内衬、水泥回转窑冷却筒内衬以及竖式焙烧炉内衬等。也可用作与高温熔体不连续接触的容器、流槽和构件等，如电炉出钢槽、喷射冶金用整体喷枪、吹氩枪、铁水脱硫搅拌器。因为不连续(间歇)使用的场合下，温度波动大，热应力和机械应力大，用钢纤维增强可改善其抗热震性和耐机械振动性。表19-21列出了钢纤维增强耐火材料浇注料的理化指标。

表19-21　钢纤维增强耐火材料浇注料的理化指标

项　目		F1	F2	F3
$w(Al_2O_3)$/%		≥80	≥70	≥65
常温抗折强度/MPa	110℃×24h烘干后	≥12.0	≥10.0	≥9.0
	1100℃×3h烧后	≥12.0	≥10.0	≥6.5
常温耐压强度/MPa	110℃×24h烘干后	≥90	≥80	≥70
	1100℃×3h烧后	≥90	≥80	≥50
1100℃～室温水急冷急热循环5次后抗折强度/MPa		≥5.5	≥5.0	≥5.0
加热永久线变化/%	1100℃×3h烧后	±0.5		

19.2.2.7　轻质(隔热)耐火浇注料

由轻质耐火骨料与粉料、结合剂和外加剂配制而成的可浇注成型的混合料称为轻质耐火浇注料。由于轻质浇注料体积密度小、热导率低，因此也称隔热耐火浇注料。

A　按体积密度分类

隔热耐火浇注料可分为：半轻质耐火浇注料，体积密度为1.0～1.8g/cm^3；轻质耐火浇注料，体积密度为0.4～1.0g/cm^3；超轻质耐火浇注料，体积密度为小于0.4g/cm^3。

B　按使用温度分类

轻质(隔热)耐火浇注料可分为三类：低温隔热(轻质)耐火浇注料，使用温度为600～900℃；中温隔热(轻质)耐火浇注料，使用温度为900～1200℃；高温隔热(轻质)耐火浇注料，使用温度为大于1200℃。

(1)低温轻质耐火浇注料。配制低温轻质耐火浇注料所用的原料主要有：膨胀蛭石、膨胀珍珠岩、硅藻土和低温陶粒等。可采用的结合剂有普通硅酸盐水泥、铝酸盐水泥和水玻璃等。配制膨胀蛭石浇注料时，膨胀蛭石颗料通常为1～8mm，膨胀蛭石集料与水泥(硅酸盐水泥或铝酸盐水泥)的重量比可根据体积密度和耐压强度要求不同来调整，一般比例为(35～45)：(55～65)。其体积密度是随膨胀蛭石含量的提高而降低，与此同时强度和热导率也降低。用膨胀蛭石可配制烘干后体积密度在0.4～0.6g/cm^3，热导率在0.08～0.15W/(m·K)的轻质浇注料。

配制膨胀珍珠岩浇注料时，所用的结合剂与膨胀蛭石浇注料相似，也可用磷酸盐作结合剂。用普通铝酸钙水泥作结合剂时，膨胀珍珠岩(粒度1～8mm)与水泥质量比为(35～50)：(50～65)。在此比例范围内，膨胀珍珠岩浇注料的物理性能为：900℃烧后体积密度为0.3～0.7g/cm^3、耐压强度为0.5～0.9MPa、线变化率为-1.2%～-0.6%、热导率(700℃)为0.06～0.18W/(m·K)。

(2)中温轻质浇注料。配制中温轻质浇注料所用的原料主要有粉煤灰漂珠、黏土质多孔熟料、轻质黏土砖料、页岩陶粒、黏土质陶粒以及硅酸铝纤维等。配制漂珠轻质浇注料的结合剂可采用铝酸钙水泥或磷酸二氢铝。用铝酸钙水泥作结合剂时，可掺入少量氧化硅微粉（烟尘硅），配比（w）大致为：漂珠55%～70%、轻质黏土砖为10%～20%、铝酸钙水泥15%～25%、氧化硅微粉3%～5%和微量的外加剂。漂珠轻质浇注料的体积密度、耐压强度和热导率也是随着浇注料中漂珠含量的提高而降低的。表19-22为不同体积密度的漂珠轻质浇注料的物理性能。

表19-22 轻质漂珠浇注料物理性能

性能	B-1.0	B-0.8	B-0.6
体积密度/$g \cdot cm^{-3}$	0.9～1.0	0.7～0.8	0.5～0.6
耐压强度（1000℃烧后）/MPa	4～6	3～4	2～3
线变化率（1000℃烧后）/%	0.5～-1	-0.5～-1	-1～-1.2
热导率（350℃）/$W \cdot (m \cdot K)^{-1}$	0.30～0.40	0.25～0.30	0.2～0.25

用黏土质多孔熟料配制轻质浇注料时，多孔熟料的粒度组成一般为10～5mm，40%～50%；5～2.5mm，25%～35%；2.5～1.0mm，20%～30%。基质（粉料）是由铝酸钙水泥与黏土熟料粉组成。铝酸钙水泥加入量是根据耐压强度要求调节，耐压强度要求越高，水泥加入量也越大。一般骨料与粉料之比为（55～65）：（35～45）。在骨料中也可用漂珠取代部分多孔熟料来调节体积密度，粉料中也可加入适量的氧化硅微粉取代铝酸钙水泥，以形成水合与凝聚复合结合浇注料。典型的多孔熟料配制成轻质浇注料的理化性能见表19-23。

表19-23 轻质多孔熟料浇注料理化性能

性能		D-0.8	D-1.0	D-1.3
$w(Al_2O_3)$/%		≥35	≥40	≥45
体积密度（1000℃，3h）/$g \cdot cm^{-3}$		0.8±0.1	1.0±0.1	1.3±0.1
线变化率（1000℃，3h）/%		-1.1～0	-1.0～0	-0.6～0
耐压强度/MPa	110℃，24h	≥1.5	≥3.0	≥5.0
	1000℃，3h	≥2	≥3.0	≥6.5
热导率/$W \cdot (m \cdot K)^{-1}$	700℃	≤0.25	≤0.35	≤0.4
	1000℃	—	≤0.40	≤0.45
使用温度/℃		1150	1200	1250

中温轻质浇注料除漂珠浇注料和多孔熟料浇注料使用较多外，还有陶粒（页岩陶粒和黏土陶粒）浇注料和由几种中温轻质骨料复合配制成的轻质浇注料。此外，也可以采用硅酸铝短纤维加黏土熟料粉，用铝酸钙水泥或磷酸二氢铝加促硬剂而制成超轻质中温浇注料。

（3）高温轻质耐火浇注料。配制可在1200℃以上使用的高温轻质浇注料的原料有：高铝质、莫来石质、刚玉质、硅质和镁质等多孔熟料或轻质废砖料，氧化铝、氧化锆和莫来石质空心球，含铬或含锆硅酸铝质纤维，多晶莫来石纤维等。但是，由于原料来源和价格等问题所限，目前工业上采用较多的还是高铝质和莫来石质多孔熟料，少量特殊使用要求的采用氧化铝或氧化锆空心球以及高铝纤维与氧化铝纤维。配制高温轻质浇注料的结合剂有纯铝酸钙水泥、磷酸二氢铝、硫酸铝和硅溶胶等。

用Al_2O_3含量为65%～72%、体积密度为1.00～1.25g/cm³的莫来石质多孔熟料作集料，纯铝酸钙水泥作结合剂，并加有少量氧化硅微粉配制成的莫来石质轻质浇注料的理化性能见表19-24。此类浇注料可直接用于作1350℃使用的气氛炉内衬。

表19-24 莫来石质轻质浇注料理化性能

性能	MK-60	MK-65	MK-70
$w(Al_2O_3)$/%	59～61	64～65	68～70
体积密度/$g \cdot cm^{-3}$	1.25～1.40	1.45～1.50	1.50～1.60
抗折强度/MPa（1350℃烧后）	1.5～2.5	2.5～3.5	3.0～4.5
线变化率/%（1350℃烧后）	-0.3～-0.2	-0.2～0	±0.2
热导率（800℃）/$W \cdot (m \cdot K)^{-1}$	0.40～0.45	0.45～0.50	0.50～0.55
使用温度/℃	1250	1350	1450

用Al_2O_3含量大于98%，自然堆积密度为500～800g/L的氧化铝空心球作为骨料，用α-Al_2O_3作为粉料，用纯铝酸钙水泥和反应性氧化铝作为结合剂配制而成的氧化铝空心球浇注料理化性能如下：Al_2O_3含量大于96%；110℃，24h

烘干后体积密度 1.3~1.6g/cm^3，耐压强度 3~8MPa；1550℃烧后体积密度 1.35~1.65g/cm^3，耐压强度 4~12MPa，真气孔率 55%~65%；热导率（热面温度 1100℃）0.9~1.1W/(m·K)。此类浇注料可直接用于作高温（大于 1500℃）气氛炉的工作衬。

轻质耐火浇注料的应用范围很广，在冶金、机械、石油化工、电力和建材等工业部门的窑炉、热工设备、烟道和烟囱的内衬中，普遍采用轻质耐火浇注料作为隔热（保温）层。但现在随着轻质耐火浇注料材质的提高和制备技术的进步，也有不少场合直接用于作气氛炉窑的工作衬。一般低、中温型轻质浇注料主要作隔热衬，不直接与火焰接触。而高温型轻质浇注料有很大部分是直接用于作不与炉内熔体或固体介质接触的工作衬。尤其是可用于作各种加热炉和热处理炉的工作衬，可大大节省能耗。

19.3 耐火喷涂料

利用高速气流作为载体进行喷射施工的耐火材料称耐火喷涂料，它包括用于修补损坏衬体的喷补料和用于构筑新衬体的喷涂料。由于喷射施工无须架设模板，因此这一类施工法也称为无模施工法，其特点是省工省力、施工速度快。

耐火喷涂料按受喷补衬体上接受喷射物料的状态可分为两大类：(1) 冷物料喷射法；(2) 熔融物料喷射法。

冷物料喷射法是靠含水胶结物使耐火物料黏附于受喷衬体上。冷物料喷射法又可按进入喷嘴前的物料润湿程度分为 5 种：(1) 干式喷射法；(2) 潮式（半湿式）喷射法；(3) 湿式喷射法；(4) 泥浆喷射法；(5) 混合喷射法。

熔融物料喷射法（简称熔射法）是靠可燃气燃烧获得的高温火焰或等离子弧将耐火物料熔融或半熔融后喷射黏附于受喷补衬体上。按热能来源不同又可分为：(1) 火焰喷射法；(2) 等离子喷射法。上述分类见图 19-20。

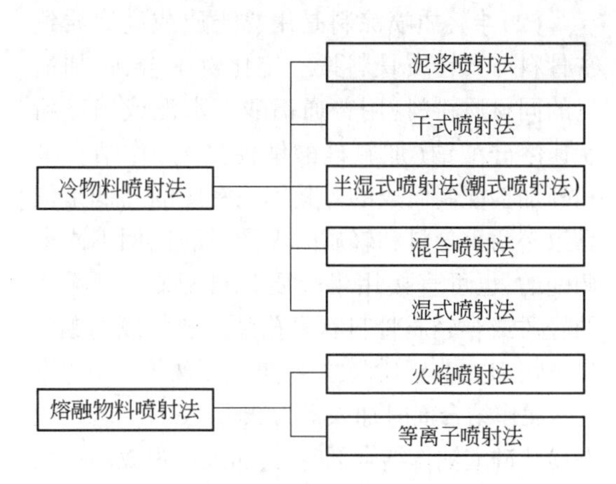

图 19-20 耐火喷涂料喷射方法分类

除上述分类外，还可按受喷补衬体的表面温度状态分为：(1) 冷态喷涂，指受喷补衬体处于常温下；(2) 热态喷涂，指受喷补衬体表面温度在约 700℃以上。

耐火喷涂料近二、三十年来有较快的发展，现已由早期的泥浆法、干式喷射法、半湿式喷射法向湿式喷射法和新的火焰喷射法发展。现在湿式喷射法已得到推广应用，其特点主要在于施工时不产生粉尘、可改善作业环境、喷射施工回弹少和可节约原材料。

19.3.1 硅酸铝质喷涂料

以 Al_2O_3 和 SiO_2 为主要成分的耐火喷涂料属硅酸铝质喷涂料，有重质、半轻质和轻质喷涂料之分。重质喷涂料是指体积密度不小于 1.8g/cm^3 的喷涂料，半轻质喷涂料的体积密度为 1.3~1.8g/cm^3，轻质喷涂料的体积密度为小于 1.3g/cm^3。重质喷射（涂）料主要作工作衬或修补料，半轻质喷涂料既可作隔热衬体，又可作低、中温气氛炉工作衬体，而轻质喷涂料主要用作保温和隔热衬。

（1）重质喷涂料是用黏土熟料或高铝熟料作为骨料和粉料，用普通或纯铝酸钙水泥作为结合剂，和外加剂配制而成的。铝酸钙水泥加入量一般为 15%~25%。喷涂料的粒度组成对喷涂料的作业性（附着率和堆积密度等）和施工后衬体的物理性能有很大的影响，因此必须适当控制，一般粒度组成为：5~2mm，30%~35%；2~0.088mm，25%~30%；小于 0.088mm，35%~40%。采用干法喷涂时的加水量约为 10%~16%。

(2)半轻质喷涂料是用黏土质或高铝质致密骨料与其轻质骨料按一定比例配合，再加适量的同材质粉料，用普通铝酸钙水泥或固态粉状速溶硅酸钠（加氟硅酸钠促凝剂）作结合剂和外加剂配制而成的。其体积密度的高低是依靠致密耐火骨料和轻质耐火骨料的比例不同来调配的，也可直接用半轻质骨料配制。所采用的轻质或半轻质骨料有多孔黏土熟料或高铝熟料、黏土质或高铝质陶粒、粉煤灰漂珠等。用铝酸钙水泥作结合剂时加入量为20%~25%。若用固态粉状硅酸钠作结合剂时，其加入量为2%~5%，还需加入适量的促凝剂。粒度组成与重质喷涂料相似。采用干法喷涂时加水量为15%~20%。

(3)轻质喷涂料是用轻质熟料作骨料，用普通铝酸钙水泥或硅酸盐水泥作粉料和结合剂，和外加剂配制而成的。所采用的轻质熟料包括：粉煤灰漂珠、膨胀珍珠岩、膨胀蛭石、多孔黏土熟料、黏土陶粒、轻质砖砂和硅酸铝短纤维等。通常轻质喷涂料是根据使用要求（体积密度、热导率）不同，由几种轻质熟料搭配组成的。骨料的粒度组成必须根据作业性能（附着率、堆积密度）和施工体的物理性能（结合强度和热导率）来调配，一般为5~1.2mm，35%~40%；1.2~0.3mm，20%~30%；小于0.3mm，20%~30%。水泥加入量为25%~35%。采用干法喷涂时的加水量为20%~40%。

硅酸铝质喷涂料主要用于作工业炉烟道和烟囱内衬、高炉与热风炉隔热衬、回转窑窑外分解旋风分离器内衬、石油化工工业催化裂化装置的隔热衬和工作衬、钢包和中间包隔热衬、轧钢加热炉和各种热处理炉隔热衬或工作衬等。表19-25为高炉内衬维修用喷涂料的理化指标。

表19-25 高炉内衬维修用喷涂料的理化指标

项目		指标		
		GWP-35	GWP-45	GWP-55
$w(Al_2O_3)$/%		≥35	≥45	≥55
$w(Fe_2O_3)$/%		≤1.5	≤1.5	≤1.0
耐火度/CN		≥152	≥164	≥168
体积密度（110℃×3h）/g·cm^{-3}		≥2.00	≥2.10	≥2.20
常温耐压强度/MPa	110℃×24h干后	≥30	≥35	≥35
	1000℃×3h烧后	≥25	≥30	≥30
	热处理温度×3h烧后	≥45（1200℃）	≥50（1400℃）	≥55（1500℃）
加热永久线变化/%	1000℃×3h烧后	±0.5		
	热处理温度×3h烧后	±1.0（1200℃）	±1.0（1400℃）	±1.0（1500℃）

喷射操作技术对喷涂附着率和喷涂层质量有着很大影响，因此喷涂操作应注意如下问题：(1)加水量要适当，加水过大，涂层易发生流淌，过小润湿不均匀，附着率低，回弹大；(2)喷射时风压风量要适当，过大时回弹大，过小时黏着力不足，易发生脱落；(3)喷嘴与受喷面距离要适当，一般为0.8~1mm，并要与风压相配合，风压大时距离相应大些，反之距离应小些，否则也会导致回弹率升高，或涂层致密性下降；(4)每次喷涂厚度要适当，厚度大于50mm时要分层喷涂，以免一次喷涂过厚发生脱落或塌落；(5)喷枪要与受喷面保持垂直，否则回弹率增大，喷嘴要均匀地上下左右连续移动，以保证涂层组织结构均匀。

19.3.2 碱性喷涂料

以MgO或MgO和CaO为主要成分的耐火喷涂料属碱性耐火喷涂料。碱性喷涂料主要用于作电炉、转炉、钢包和有色冶金炉的热修补料，以及连铸中间包工作衬涂料。热修补料一般采用干法喷补，而中间包工作衬涂料采用湿式喷涂法。

转炉和电炉用干式碱性喷补料是用烧结或电熔镁砂、镁钙砂作为骨料和粉料，用聚磷酸盐或硅酸钠（水玻璃）作为结合剂，及外加剂配制而成的，因此一般称为镁质或镁钙质喷补料。配制喷补料所用的镁砂要求 MgO 含量大于 90%，CaO/SiO_2 比大于 1.8，SiO_2 含量越低越好，以减少高温下形成低熔点的硅酸盐相。

用聚磷酸盐作结合剂时可采用的聚磷酸盐有三聚磷酸钠、六偏磷酸钠和多聚磷酸钠。也可用聚磷酸盐加消石灰作结合，高温下可生成具有较好结合强度的复合盐 $Na_2O \cdot 2CaO \cdot P_2O_5$（$NC_2P$）。用硅酸钠作结合剂时要求采用速溶型固态水玻璃，模数以 2.5~2.7 较合适。

碱性干式喷涂料的粒度组成一般为 3~1mm，40%；1~0.088mm，20%；小于 0.088mm，40%。普通转炉和电炉用喷补料的理化性能为：MgO 75%~93%，CaO 2%~10%；体积密度 2.50~2.70g/cm^3；抗折强度：1000℃，3h 烧后，3~6MPa；1500℃，3h 烧后，5~9MPa。

19.3.3 湿式喷射料

湿式喷射是指预先将耐火混合物（粗、中、细颗粒料，结合剂和添加剂）与水混合搅拌成可泵送的泥料（即具有一定的自流性或挤压输送性），加入喷射机内，根据泥料的性质不同，采用不同的特殊泵通过软管输送到喷嘴处（在喷嘴处根据泥料状态和施工要求不同，加或不加由压缩空气输送的絮凝剂）混合均匀，再借助高压空气通过喷嘴将泥料喷射到受喷衬体上[18]。

湿式喷射的特点为：(1)既可喷射涂料和修补料，又可喷射浇注料和塑性耐火材料；(2)同其他冷态喷射法比较，在加水量较低情况下，可形成致密涂层，因而其性能与振动成型浇注料和捣打成型可塑料相差无几；(3)施工时不需支撑模板或模胎，并可随意调整衬体厚度；(4)喷射施工时不产生粉尘，可改善作业环境；(5)喷射施工反弹（回弹）少，所需清除和处理废料少，节约原材料；(6)喷射施工效率高，省时省力[18]。

由于可塑料自身的黏性和塑性，因此可塑料的喷涂施工不同于传统的干法、半干法和湿法喷涂技术，其喷涂工艺和喷涂设备也是专门为可塑料的喷涂施工而开发设计的，设备主要由空压机、喷补机和造粒机等组成[19]。

以氧化铝-碳化硅-炭质湿式喷射料为例，其典型组成为：高铝矾土熟料 60%~65%，碳化硅 10%~25%，碳素材料 3%~6%，铝酸钙水泥和氧化硅微粉 5%~8%。此外，还须外加防氧化剂、分散剂和增塑剂。为了提高喷射料的抗渣侵蚀性，也可用部分刚玉细粉取代高铝矾土熟料细粉。喷射料的最大颗粒度为 5mm，粒度组成可按 Andreassen 粒度分布公式，取粒度分布系数 q 值为 0.21~0.26。分散剂可采用聚磷酸盐或聚丙烯酸钠。

湿式喷射施工的关键技术在于选择适合的闪速絮凝剂。可作为湿式喷射料闪速絮凝剂的物质有：铝酸钠、硅酸钠、聚合氯化铝、氯化钙、硫酸铝、磷酸钾铝等。不同性质的闪速絮凝剂的絮凝效果及其最佳加入量必须通过试验和现场实际试验来确定，因为影响闪速絮凝的因素很多，包括有闪速絮凝剂的浓度、在喷嘴处的混合效果、施工环境温度和湿度、以及喷射料中添加的分散剂与闪速絮凝剂之间的相互作用等。一般要求所采用的闪速絮凝剂在与湿式喷射料混合时，能使喷射料成为一种黏-塑-弹性体，具有一定的屈服值，使喷上衬体后不出现流淌或滑落。表 19-26 为氧化铝-碳化硅-炭质湿式喷射料的一般物理化学性能。

表 19-26 氧化铝-碳化硅-炭质湿式喷射料理化性能

编号		No. 1	No. 2
$w(Al_2O_3)$/%		67	70
$w(SiC)$/%		14	10
$w(F.C)$/%		3	3
体积密度/g·cm^{-3}	110℃，24h	2.56	2.75
	1450℃，3h	2.62	2.73
显气孔率/%	110℃，24h	18.5	21.6
	1450℃，3h	19.6	20.0
抗折强度/MPa	110℃，24h	11.0	2.5
	1450℃，3h	14.0	6.7
烧后线变化率/%	1450℃，3h	-0.50	+0.11
泵送加水量/%		7.5	6.8

可用于湿式喷射料进行喷射施工的泵送机种类有如下几种：挤压泵、螺旋泵、双活塞泵和气压回转泵。这几种泥料泵，以双活塞泵具有较好的泵送性能，能满足泵送高铝（刚玉）-碳化硅-炭质湿式喷射料的技术要求。

高铝（或刚玉）-碳化硅-炭质湿式喷射料主要应用于构筑或修补高炉出铁沟、鱼雷罐、混铁炉和化铁炉等的内衬。不含碳的刚玉（或高铝）-碳化硅质湿式喷射料主要用于构筑和修补垃圾焚烧炉内衬和回转窑出料口内衬。

19.3.4 火焰喷补料

火焰喷补技术是指以压缩空气为载体将耐火材料粉料送到火焰喷嘴中，加热至熔融（或半熔融）状态后，喷射到被修补的衬体上，固化后而成为耐火涂层。采用火焰喷补的优点在于可获得高密度、高强度和耐腐蚀的喷补衬体。

初期的火焰喷补是采用固体（如焦炭粉）或液体（如重油）燃料，由于较难获得高达2000℃以上的温度，现已被淘汰。而现在是采用气体（丙烷气）燃料，加氧气助燃，可获得高达2400~2600℃的高温，从而可获得高密度和高强度的耐火涂层。

火焰喷涂的关键技术是耐火材料粉料在通过火焰的瞬间必须发生熔融。根据热平衡推测，球粒状耐火材料颗粒在火焰中达到熔融温度的必要时间（t）与其颗粒直径、密度、比热容和热传导率有关，其关系式如下：

$$t = 0.84 \times \frac{\rho \cdot C \cdot D^2}{\lambda} \cdot \ln \frac{T_f - T_0}{T_f - T_m} \tag{19-12}$$

式中，ρ、C、D、λ 分别为耐火材料颗粒的密度（g/cm^3）、比热（J/g）、粒径（cm）、热传导率［J/（cm·s·℃）］；T_f 为火焰温度（℃）；T_0 和 T_m 分别为耐火材料颗粒初始温度（℃）和熔融温度（℃）。

显然，喷射粉料在火焰中加热到熔融的时间主要取决于粉料粒子的粒径。图 19-21 为氧化铝和氧化硅颗粒在火焰中达到熔融时所需的时间与颗粒粒径之间的关系。粉料颗粒是由气体输送的，粉料颗粒的飞行速度在 10~100m/s。而当颗粒在火焰中的飞行速度在此范围内，火焰喷射到受喷面上的距离为 50cm 时，那么颗粒在火焰中的滞留时间约为 0.05~0.005s。在如此短的时间内，为使材料熔融，其颗粒直径必须小于 0.2mm。

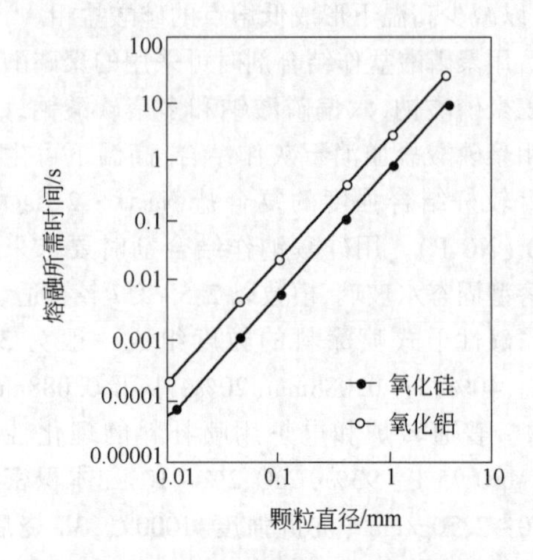

图 19-21 氧化物颗粒在火焰中达到熔融所需时间与颗粒粒径之间的关系

图 19-22 为氧化铝粉料在丙烷-氧气火焰中的熔融过程，图中氧化铝粉料颗粒粒径为 60μm。可以看出，氧化铝粒子在火焰中滞留到熔融的时间应为 0.17s，其粒子飞行距离约为 100cm。因此要使氧化铝粒子处于图中的第二段时使其黏附于受喷面上，否则难以形成致密牢固的涂层。而氧化硅粉料粒子在丙烷-氧气火焰中要达到完全熔融（第二阶段）的喷射距离应为 20~30cm。在此范围内氧化硅粒子最容易附着于受喷衬体上。

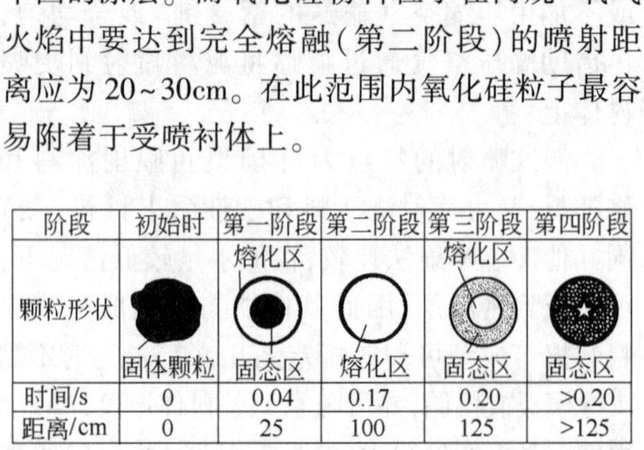

阶段	初始时	第一阶段	第二阶段	第三阶段	第四阶段
颗粒形状	固体颗粒	熔化区 固态区	熔化区	熔化区 固态区	固态区
时间/s	0	0.04	0.17	0.20	>0.20
距离/cm	0	25	100	125	>125

图 19-22 氧化铝颗粒在丙烷-氧气火焰中的熔化过程

火焰喷补料的熔融性能除受材料的粒径影响外，也受材料本身的熔点影响。熔点越高的材料，其颗粒直径必须越小。此外，在火焰中粉料的浓度也影响粒子的球化(熔融)速度。设 P/V 作为粉料浓度指数,P 为火焰喷射材料的质量,V 为燃气的体积,则在丙烷-氧气火焰中,氧化铝、氧化镁和尖晶石(MgO,Al_2O_3)的浓度与球化(熔融)比率之间的关系如图 19-23 所示。

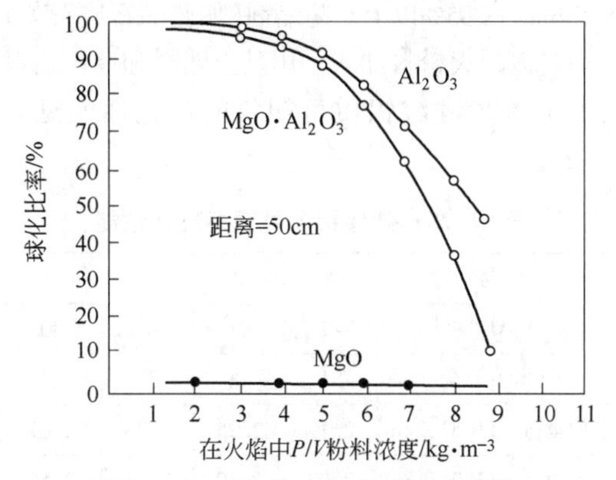

图 19-23　火焰中粉末浓度和球化(熔融)速度的关系

图 19-23 说明,当 $MgO \cdot Al_2O_3$ 和 Al_2O_3 的 P/V 值大于 4~5 时,熔融比率开始下降。因此,此值是火焰喷补料要获得完全熔融的重要参数。而 MgO 由于熔点高达 2800℃,丙烷-氧气火焰能提供的极限温度一般为 2300℃,因此 MgO 不能熔融成球状,也即不能单独用作火焰喷补料,它只能与其他氧化物或熔渣组成火焰喷补料。表 19-27 为 MgO 与其他氧化物和炉渣组成的火焰喷补涂层的理化性能(指氧气转炉火焰喷补涂层)。

火焰喷补形成的涂层虽然其耐用性比冷物料喷补形成的涂层要好,但由于喷补装置和喷补费用较高,目前应用范围有限。在冶金工业上主要用硅质火焰喷补料修补焦炉内衬,用MgO-转炉渣组成喷补料修补转炉内衬,用$MgO-Al_2O_3-Cr_2O_3$ 质、$Al_2O_3-Cr_2O_3$ 质、$MgO-Al_2O_3$ 质喷补料修补炉外精炼真空脱气装置(RH)的衬体等。

表 19-27　不同火焰喷补料喷补层的理化性能

材质		MgO-转炉渣	$MgO-Al_2O_3$		$MgO-Al_2O_3-CaO$	$Al_2O_3-MgO-Cr_2O_3$
$w(MgO)/\%$		81.7	77.5	49.8	64.0	10.1
$w(CaO)/\%$		7.7	1.4	0.6	21.3	0.3
$w(Al_2O_3)/\%$		2.1	17.1	47.8	10.6	73.4
$w(SiO_2)/\%$		7.0	2.3	1.1	1.5	1.7
$w(Cr_2O_3)/\%$		—	—	—	—	4.3
体积密度/g·cm^{-3}		3.14	3.24	3.34	3.28	3.12
表观体积密度/g·cm^{-3}		3.42	3.50	3.53	3.29	3.43
显气孔率/%		8.40	7.40	5.5	0.5	9.8
耐压强度/MPa		251.3	200.8	239.8	518.5	332.1
抗折强度/MPa	室温	61.0	37.9	29.2	138.3	77.0
	1400℃	0.5	12.8	11.5	0.4	11.5
应用钢种		普碳钢	普碳钢		普碳钢	不锈钢

19.4　耐火可塑料

采用捣固法施工的具有一定可塑性的耐火泥料称为耐火可塑料。耐火可塑料一般要制成泥坯状使用,施工时用捣锤捣打会产生塑性变形而不发生碎裂或塌落,作用力解除后仍能保持变形后的形状。在美国 ASTM 中,规定用可塑性指数测定仪测定时,变形指数大于 15%者为可塑料,小于 15%者为捣打料。在我国标准“YB/T 5115—2014 黏土质和高铝质耐火可塑料”中规定:变形指数在 12%~35%之间为可塑料。严格说耐火可塑料应当是一类半硬质的湿式塑性材料。可塑性指数大于35%时,保形性不好,受捣打震动作用易发生塌落。可塑性指数小于12%,捣打时易发生碎裂,难以捣固密实。

耐火可塑料的组成与其他不定形耐火耐火材料相似,是由耐火骨料和粉料、结合剂和增塑剂组成的,根据使用要求不同可以加有特殊外加剂,如保存剂、防缩剂和防冻剂等。

耐火可塑料的品种主要是根据所采用的结合剂和主材料的材质来分类,如按结合剂分类有黏土结合可塑料、磷酸结合可塑料、硫酸铝结合可塑料、焦油-沥青或树脂结合可塑料等。按材质分类有硅质、黏土质、高铝质、刚玉质、锆英石质、含碳和/或碳化硅质、镁质以及镁铬质等,也就是说各种性质的耐火原料均可制成相应的耐火可塑料。但大量使用的耐火可塑料主要是硅酸铝质(黏土质和高铝质)可塑料。

19.4.1 黏土结合可塑料

以可塑性黏土为结合剂,由黏土熟料或高铝熟料加工制成的具有一定粒度组成的骨料和粉料,和外加剂组成的混合料,经加水混练成泥料,再经加压或挤压成具有一定可塑性的砖坯状料称为黏土结合可塑料。黏土结合可塑料的特点是具有较好的抗热震性和抗剥落性能。

作为可塑料结合剂的结合黏土,多采用球黏土、木节黏土和高岭土。一般要求结合黏土本身具有较好的可塑性和烧结性,黏土中的胶体微粒子要多、吸湿大、含腐殖质要适当、伴生的矿物中非胶质物质要少、碱含量要低。黏土粒子要呈扁平状,以增大粒子间接触面积。也可加入增塑剂来提高结合黏土的可塑性。增塑剂应当是表面活性物质,它能吸附于黏土粒子表面或超细粉粒子表面而形成粒子间可滑移的相互连接键。可作为结合黏土增塑剂的物质有木质素磺酸盐、甲基纤维素、羧甲基纤维素,聚丙烯酸酯,聚乙烯醇、萘磺酸盐等。但采用增塑剂时,必须通过试验来验证其对可塑性能的影响,因为有的增塑剂会影响可塑性的保存期和其他物理性能。

黏土结合可塑料的配料组成一般是:耐火骨料55%~65%,耐火粉料20%~30%,结合(软质)黏土10%~15%。耐火骨料允许的最大粒径为8mm,骨料粒度组成:8~5mm,35%~40%;5~3mm,30%~35%;<3mm,25%~30%。耐火粉料的粒度要求小于0.074mm占90%以上。结合黏土粒度应小于0.074mm占95%以上。防缩剂(如蓝晶石或石英)一般是以耐火粉料加入。用黏土熟料和高铝熟料配制的4种硅酸铝质可塑料的理化性能见表19-28。

表19-28 硅酸铝质可塑料理化性能

编号		A	B	C	D
$w(Al_2O_3)/\%$		42	47	62	80
$w(SiO_2)/\%$		51	48	31	13
体积密度 $/g \cdot cm^{-3}$	110℃,24h	2.19	2.25	2.38	2.61
	1350℃,3h	2.08	2.10	2.24	2.56
烧后线变化率/%	110℃,24h	-0.5	-0.4	-0.7	-0.4
	1350℃,3h	+0.5	+0.5	+0.7	+0.6
冷态抗折强度/MPa	110℃,24h	3.5	3.7	4.1	4.5
	1350℃,3h	35	36	37	41
可塑性指数/%		15~25	15~25	15~25	15~25

黏土结合可塑料主要用于作轧钢加热炉的炉顶和炉墙衬体,也可用于作各种热处理炉的内衬。作加热炉的内衬时,一般使用寿命可达5年以上;作加热炉预热段的内衬,使用寿命可达10年以上。

19.4.2 磷酸(盐)结合可塑料

以磷酸或酸性磷酸铝作结合剂,用黏土熟料、高铝熟料或刚玉作集料,加塑性耐火黏土和保存剂配制而成的塑性泥料称为磷酸结合可塑料。磷酸结合可塑料的特点是具有较好的中高温结合强度,耐磨性和抗热震性能好。

用磷酸或酸性磷酸铝作结合剂时,由于磷酸根会与可塑料基质中的塑性黏土、高铝粉料或刚玉细粉中的活性 Al_2O_3 反应,生成不溶性的正磷酸铝($AlPO_4 \cdot xH_2O$)沉淀物而导致可塑料过早硬化,使可塑料失去可塑性而无法施工,因此须加保存剂。试验证明可延缓磷酸结合可塑料发生过早硬化的保存剂有:草酸、柠檬酸、酒石酸、乙酰丙酮、5-磺酸水杨酸等,其中以草酸保存效果较好,随其加入量的不同(1%~4%),保存期可由6个月延长至1年左右。

此类可塑料的骨料和粉料粒度组成与黏土结合可塑料相似。其增塑物质(剂)主要用塑性黏土,也可采用有机增塑剂。磷酸结合可塑料的组成为:耐火骨料大于100μm,53%~65%;耐火粉料小于100μm,35%~45%。结合剂用密度1.20~1.35g/cm^3的磷酸溶液,加入量为9%~11%,并配加有少量的防缩剂和保存剂。

在生产磷酸结合可塑料时,应采取二步混练工艺。第一步先用相当于磷酸溶液总需要量的60%与耐火骨料、粉料和塑性黏土在一起混练,混均匀后进行困料24h,以使耐火集料能充分吸附磷酸溶液,并使耐火集料中含有的金属铁(由破粉碎时带入的)能与磷酸根充分反应放出H_2气。然后进行第二步混练,混练时加入保存剂和余下的约40%磷酸溶液,混均达到所需可塑性指数时,再压制或挤压成坯,并用塑料膜将坯体密封存放。

用密度为1.25g/cm^3磷酸溶液,用黏土熟料和高铝熟料配制成的磷酸结合可塑料的一般理化性能见表19-29。用磷酸铝溶液作结合剂,用刚玉作骨料,用α-Al_2O_3细粉和微粉作粉料可制备高温耐磨可塑料。

磷酸铝或磷酸结合可塑料在冶金、石化、电力和机械工业等工业窑炉上有广泛用途,主要用于作耐热震、耐冲刷和耐磨衬体,如作加热炉的烧嘴、水泥回转窑的出料口、竖窑加料口和高温旋风分离器等内衬。

表19-29　磷酸结合硅酸铝质可塑性理化性能

材质		黏土质	高铝质-Ⅰ	高铝质-Ⅱ
$w(Al_2O_3)$/%		45	60	72
体积密度/g·cm^{-3}	110℃,24h	2.25	2.55	2.60
	1000℃,3h	2.20	2.50	2.55
	1350℃,3h	2.15	2.42	2.50
抗折强度/MPa	110℃,24h	4.0	5.3	5.5
	1000℃,3h	5.5	6.7	6.5
	1350℃,3h	6.0	7.5	6.6
耐压强度/MPa	110℃,24h	25	32	30
	1000℃,3h	30	45	43
	1350℃,3h	45	47	46
烧后线变化率/%	110℃,24h	-0.30	-0.25	-0.26
	1000℃,3h	-0.20	-0.10	-0.22
	1350℃,3h	-0.50	+0.35	+0.53
可塑性指数/%		15~25	15~25	15~25

19.4.3　硫酸铝结合可塑料

以硫酸铝溶液作结合剂,用黏土熟料、高铝熟料或刚玉作集料,配加塑性耐火黏土和外加剂而调制成的可塑性泥料,称为硫酸铝结合可塑料。硫酸铝结合可塑料的高温性能与磷酸结合的相似,但生产成本较低,因此是较常用的耐火可塑料。

硫酸铝[$Al_2(SO_4)_3\cdot18H_2O$]是固态物质,使用时必须先将其溶解于水中调制成水溶液使用,在常温下固体硫酸铝溶解较慢,可采用热水或用热蒸汽来加速溶解。表19-30为硫酸铝加入量与所配制成的硫酸铝水溶液密度之间的关系。配制可塑料的硫酸铝溶液的密度一般为1.15~1.20g/cm^3。

表19-30　硫酸铝加入量与所配制水溶液密度的关系

$w[Al_2(SO_4)_3]$/%	1	2	4	6	8	10	12
$w[Al_2(SO_4)_3\cdot18H_2O]$/%	1.94	3.88	7.76	11.64	15.52	19.4	23.28
密度/g·cm^{-3}	1.009	1.019	1.040	1.06	1.083	1.105	1.129
$w[Al_2(SO_4)_3]$/%	14	16	18	20	22	24	26
$w[Al_2(SO_4)_3\cdot18H_2O]$/%	27.16	31.04	34.92	38.8	42.68	26.56	50.44
密度/g·cm^{-3}	1.153	1.176	1.201	1.226	1.252	1.278	1.306

硫酸铝可塑料的配料组成为：耐火集料（骨料和粉料）80%~84%，塑性耐火黏土粉 10%~12%，外加剂（主要为体积稳定剂，如蓝晶石）5%~6%。硫酸铝溶液（密度 1.15~1.20g/cm^3）加入量（外加）为 9%~13%。可塑料的粒度组成为：耐火骨料（大于 100μm）与耐火粉料（<100μm）之比为（55~65）:（35~45）。

此类可塑料的混合与制坯工艺与磷酸结合可塑料相似，制备工艺为第一次混练→困料→第二次混练→制坯。第一次混练时加入所需硫酸铝溶液的 60%~70%，目的在于使集料能很好地被硫酸铝溶液充分润湿，并使耐火集料中的铁能与硫酸根充分反应并释放出 H_2 气，以防止制成坯体后发生膨胀。第二次混练时加入余下的 30%~40% 硫酸铝溶液，再将泥料机压或挤压制成料坯，并用聚乙烯薄膜密封，以防水分蒸发干涸而失去可塑性。典型的硫酸铝结合硅酸铝质可塑料理化性能见表 19-31。

表 19-31 硫酸铝结合硅酸铝可塑料理化性能

材质		黏土质	高铝质-A	高铝质-B
$w(Al_2O_3)$/%		43	60	73
耐压强度/MPa	110℃，24h	13.0	21.0	13.5
	1000℃，3h	21.1	29.1	21.0
	1400℃，3h	30.0	48.0	46.2
抗折强度/MPa	110℃，24h	3.7	4.2	3.8
	1000℃，3h	3.1	4.3	4.1
	1400℃，3h	7.0	7.5	8.3
烘干后体积密度/$g \cdot cm^{-3}$		2.26	2.34	2.60
1400℃烧后线变化率/%		+0.20	+0.40	+0.10
线膨胀系数（1200℃）/K^{-1}		5.1×10^{-6}	5.3×10^{-6}	5.5×10^{-6}
可塑性指数/%		15~30	15~30	15~30

硫酸铝结合可塑料的应用范围与黏土结合可塑料相同，但硫酸铝结合可塑料的力学强度要比黏土结合的高，适用于作要求具有较高结构强度的工业炉内衬，如可作环形加热炉炉底预制块、锻造炉炉衬和竖窑内衬等。

19.5 耐火捣打料

采用捣固法施工的半湿状态的耐火混合料称为耐火捣打料。与耐火可塑料不同，此类耐火混合料是一种低塑性或无塑性捣固材料，是依靠强制捣固而形成致密体，再经加热烘烤或焙烧发生硬化而获得一定的结构强度。现在捣固法施工的材料除可塑料（湿式捣打料）和捣打料（半湿式捣打料）外，还有干式料（不含液体的捣打料），是一种完全无塑性捣打料，见干式料一节。

过去耐火捣打料的材质与品种较多，使用范围较广，但由于捣打施工劳动强度大，施工作业时间长，难以获得均匀的整体衬体，已逐渐被其他施工方法的不定形耐火材料所取代。现在使用这种半湿式状态的捣打料场所不多。目前捣打料的主要品种有：Al_2O_3-MgO 质捣打料、高铝（或刚玉）-碳化硅-炭质捣打料、碱性耐火捣打料和锆莫来石质捣打料等。

19.5.1 Al_2O_3-MgO 质捣打料

这是一类以氧化铝和氧化镁为主要成分的可捣固成型的半湿式混合料，是用高铝熟料（一级或特级矾土熟料）或刚玉作骨料和粉料，用水玻璃溶液作结合剂调制而成的泥料。捣打料的组成比例为：高铝熟料（或刚玉）骨料和粉料 88%~92%，烧结或电熔镁砂粉 8%~12%，外加水玻璃溶液 7%~10%。捣打料的粒度组成为：最大粒度 10~15mm，骨料（大于 100μm）和粉料（小于 100μm）之比为（60~65）:（35~40），而骨料中粗骨料（大于 8mm）与细骨料（小于 1mm）之比为（60~70）:（30~40）。

捣打料组成中烧结或电熔镁砂是以细粉形式加入基质中，目的在于使用中 MgO 与 Al_2O_3 能发生原位反应生成铝镁尖晶石（$Al_2O_3 \cdot MgO$），尖晶石的生成既可补偿捣打料的烧结收缩，又可提高抗高温熔渣的渗透性和侵蚀性。

结合剂应采用高模数水玻璃溶液，因为模数越小，Na_2O 含量越高，会降低捣打料的高温抗渣性。一般采用模数大于 2.6，密度 1.2~1.3g/cm^3 的水玻璃溶液作结合剂。用特级高铝熟料和中档烧结镁砂配制成的 Al_2O_3-MgO 质捣打料的一般理化性能如下：化学成分为 Al_2O_3 70%~75%，MgO 6%~10%；烘干后体积密度 2.60～2.75g/cm^3，耐压强度 45～55MPa；1400℃，3h 烧后气孔率 22%～23%，耐压强度 70～85MPa，线变化率-2.0%～-0.8%。

Al_2O_3-MgO 质捣打料可用于作钢包整体捣打内衬、感应炉内衬、电炉出钢槽内衬，以及与高温金属熔液和熔渣接触的高温容器等。

19.5.2 高铝-碳化硅-炭质捣打料

由高铝熟料、碳化硅、炭素材料、结合剂和外加剂组成的用捣打法施工的混合料，称为高铝-碳化硅-炭质捣打料。此类捣打料主要用于作中小高炉出铁沟和渣沟内衬。出铁沟和渣沟捣打料的化学组成如图 19-24 所示，出铁沟料的主成分（w）为 Al_2O_3 45%～69%、SiC+C 10%～25%，渣沟料的主成分为 Al_2O_3 35%～45%，SiC+C 15%～30%。

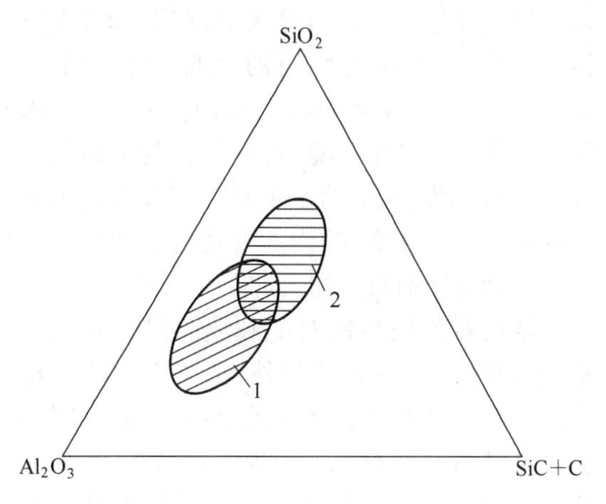

图 19-24 高铝-碳化硅-炭系出铁沟捣打料组成所处位置

1—出铁沟组成；2—渣沟组成

配制此类捣打料的高铝矾土熟料要求杂质（Fe_2O_3，R_2O）含量越低越好，吸水率小于 4.5%，其粒度组成为粗颗粒（8～2mm）40%～60%，中颗粒（2～0.074mm）10%～20%，细颗粒（小于 0.074mm）30%～40%。碳化硅采用黑色碳化硅，粒度为小于 100 目。炭素材料可采用冶金焦或石墨，要求杂质含量低，固定碳含量高。为了提高捣打料的作业性能和使用中的烧结性能，还可加软质黏土或膨润土。根据使用温度不同还可加入不同温度下的助烧结剂。

此类捣打料用的结合剂有沥青、焦油（蒽油）+沥青、液态酚醛树脂、磷酸二氢铝等。用沥青作结合剂时，调制捣打料时须加水调和，捣打后使用前需烘烤。用焦油（或蒽油）+沥青作结合剂时，调配捣打料时无须加水，捣打后无需烘烤可直接通铁水，为免烘烤捣打料，但使用中烟气较大，会污染环境。用液态酚醛树脂作结合剂时，也无须加水，不需烘烤直接投入使用，也属免烘烤捣打料，对环境污染轻，但捣打料保存期较短，最好生产完毕后在一定期限内使用，或现场调配直接使用。用磷酸二氢铝作结合剂时，抗铁水和熔渣的侵蚀性较差，只能作小高炉出铁沟内衬，现已基本上不用磷酸二氢铝作结合剂。

用于改善高铝-碳化硅-炭质捣打料性能的添加剂包括有防氧化剂、增塑剂、浸润剂和防缩剂等。加防氧化剂的目的在于防止炭素材料过分氧化，金属硅粉和金属铝粉作为防氧化剂。增塑剂一般采用塑性黏土。加浸润剂的目的在于使碳化硅、炭素材料能与氧化物耐火材料很好地混合在一起。加防缩剂在于防止使用中收缩过大而使沟衬产生裂纹，一般可用硅石细颗粒作防缩剂。表 19-32 为酚醛树脂结合的免烘烤 Al_2O_3-SiC-C 质捣打料理化性能。

表 19-32 高炉出铁沟用 Al_2O_3-SiC-C 质免烘烤捣打料理化性能

理化性能		规格值
$w(Al_2O_3)$/%		≥65.0
w(SiC+C)/%		≥12.0
体积密度/g·cm^{-3}	220℃，16h	≥2.4
	1450℃，3h	≥2.2
线变化率/%	220℃，16h	±0.3
	1450℃，3h	±0.8
抗折强度/MPa	220℃，16h	≥6.0
	1450℃，3h	≥4.0
耐压强度/MPa	220℃，16h	≥20.0
	1450℃，3h	≥15.0

现在中小高炉出铁沟用高铝-碳化硅-炭质捣打料大部分使用免烘烤型捣打料。免烘烤型捣打料的优点在于可节省修沟时间,也可避免烘烤过程中炭素材料发生过分氧化,而使沟衬的抗熔渣渗透性和抗侵蚀性降低。

19.5.3 碱性耐火捣打料

碱性耐火捣打料是由烧结或电熔镁砂(或镁钙砂、镁钙铁砂)、结合剂和外加剂(烧结剂)组成的半湿状态可捣打施工的混合料。碱性耐火捣打料有含水碱性捣打料和无水碱性捣打料之分。含水碱性耐火捣打料不能直接用水来调制捣打料,因为水会与 MgO 反应生成 $Mg(OH)_2$ 而导致捣打衬体胀裂或碎裂。因此必须用能防止镁砂水化生成 $Mg(OH)_2$ 的结合剂,这类结合剂包括有氯化镁(卤水 $MgCl_2 \cdot 6H_2O$)水溶液、硫酸镁水溶液、水玻璃和聚磷酸盐水溶液等,它们能与 MgO 反应生成复合盐(或络合盐)而产生结合作用。

过去含水碱性耐火捣打料主要是用卤水来调制,主要用于构筑或修补电炉和平炉熔池与出钢槽。现在已逐渐改用聚磷酸盐溶液作结合剂,这类结合剂可以更有效地防止镁砂水化,但成本较高。

无水碱性耐火捣打料是用脱水焦油和沥青,或液状酚醛树脂作结合剂。配料组成为镁砂(或镁钙砂)86%~90%、烧结剂(氧化铁粉或镁钙铁砂)2%~3%、沥青粉或石墨粉 3%~7%、外加脱水焦油或液状酚醛树脂 9%~11%。配料粒度组成一般为 3.5~1.5mm,40%;1.5~0.5mm,20%;小于 0.5mm,40%。采用湿碾机混练。此类捣打料可用于作电炉炉底和炉坡衬体材料和修补料,也可作转炉镁炭砖与永久衬之间的填充捣打料。

19.5.4 锆英石质耐火捣打料

锆英石质捣打料是用磷酸或酸性磷酸铝作结合剂,用锆英石(或锆英石加刚玉)作集料(骨料与粉料),加适量的助烧结剂配制而成的,采用捣打法施工的半湿状态混合料。用作捣打料的锆英石要求 ZrO_2 含量不小于 63%。锆英石在高温加热过程中会分解成单斜 ZrO_2 和非晶质 SiO_2,锆英石的分解温度受杂质含量影响很大,其分解温度范围为 1540~2000℃。纯的锆英石约从 1540℃ 开始缓慢分解,1700℃ 以上迅速分解,到 1870℃ 时分解率可达 95%。

锆英石的烧结是靠高温下的固相扩散作用进行的,其速度很慢,难于充分烧结,加入某些氧化物可促进烧结。研究表明,在 1500℃ 下对锆英石烧结有促进作用的氧化物有:Na_2O、K_2O、MgO、CaO、ZnO、B_2O_3、MnO、Fe_2O_3、Co_2O_3 和 NiO 等。但必须注意,有些氧化物会显著促进锆英石分解,大量的锆英石分解会造成捣打料的体积稳定性变差,因此要通过试验来选择适当的助烧结剂及其加入量。

锆英石的烧结性对配制成的捣打料来说是很重要的,除助烧结剂外,锆英石的粒度也是影响烧结的重要因素。表 19-33 为不同细度的锆英石试样在不同温度下保温 3h 烧后的体积收缩率和体积密度。显然,试样的体积收缩是随着 350 目细粉含量越高和焙烧温度越高越大。因此对捣打料来说,必须考虑粒度组成要合理,既要保证很好的烧结,又不出现过大的收缩。

表 19-33 锆英石的烧结特性

试样配比/%		体积收缩率/%			体积密度/$g \cdot cm^{-3}$		
锆英石砂	350 目细粉	1500℃	1600℃	1700℃	1500℃	1600℃	1700℃
50	50	1.8	3.8	3.8	3.28	3.33	3.35
40	60	2.5	4.7	4.8	3.20	3.25	3.35
30	70	3.5	6.9	7.9	3.16	3.12	3.21
0	100	2.5	7.7	10.3	2.88	2.98	3.02
约 4μm 细粉:100%		11.9	23.6	28.6	2.76	3.40	3.90

采用磷酸或磷酸二氢铝作锆英石质捣打料的结合剂时，其磷酸或磷酸盐溶液的密度可根据结合强度要求不同而异，一般在 1.25 ~ 1.52g/cm³，加入量为 6% ~ 8%。典型的锆英石质捣打料的理化性能列于表 19-34。

表 19-34　典型的锆英石质捣打料理化性能

型号	Z-65	Z-63	Z-60	Z-57
$w(ZrO_2+HfO_2)$/%	64 ~ 65	62 ~ 63	25 ~ 26	25 ~ 26
$w(SiO_2)$/%	32.33	30 ~ 32	12 ~ 13	12 ~ 13
$w(Al_2O_3)$/%	—	—	59 ~ 60	56 ~ 57
$w(P_2O_5)$/%	2.5~3.0	4~4.5	2~2.5	4.5~5
耐火度 SK	37	37	37	37
最高使用温度/℃	1600			
干燥收缩/%	±0	0.1	±0	±0
1600℃烧后收缩/%	1.0	1.20	0.80	1.0
线膨胀率(1600℃)/%	0.7	0.7	1.2	1.2
耐压强度(400℃烧后)/MPa	8 ~ 12	60 ~ 70	14 ~ 16	80 ~ 90
耐压强度(1000℃烧后)/MPa	20 ~ 30	—	23 ~ 25	90 ~ 100
耐压强度(1600℃烧后)/MPa	40 ~ 50	75 ~ 80	55 ~ 60	100 ~ 110
粒度范围/mm	0 ~ 3	0 ~ 3	0 ~ 1	0 ~ 3
施工用量/$t \cdot m^{-3}$	3.3~3.5	3.3~3.4	3.0	3.0
储存期/月	12	12	12	12
应用	熔池底层	热修补用	冷热修补用	

锆英石质捣打料主要用于玻璃窑熔池熔铸锆刚玉莫来石砖下面作底部垫衬，也可作硅砖砌体膨胀缝的填料和硅质与高铝质耐火制品之间的过渡层材料，以及某些感应炉及熔体流槽的内衬。含锆英石质捣打料也曾用于作钢包内衬，但由于成本较高，资源有限，现已不采用。

19.6　干式料

干式料是由一定粒度级配的耐火颗粒料(大于 100μm)和粉料(小于 100μm)，少量的低温结合剂和助烧结剂组成的混合料，呈干状态(不加液状调和液)直接用于构筑工业炉衬体。施工时将干状混合料充填于模胎(型)内，通过附着于模型上的振动器震动或辅以捣锤捣打而达到紧密充填，再经过升温加热模板(胎)，通过热传导使衬体表层固结或烧结而形成具有一定厚度的工作层即可投入使用。

同其他不定形耐火材料比较，采用干式料构筑工业炉衬体有如下特点：

(1)施工简便，省工省力；

(2)可快速烘烤，不会出现爆裂，可提高炉子作业率；

(3)不会因工作层烧结而出现贯穿衬体的裂纹，未烧结的背衬可消除热应力，并防止工作层内的裂纹的扩展与延伸，有“自愈合”特性；

(4)整个衬体的热传导率低，热能可得到更有效的利用；

(5)由于工作层背面衬体没有烧结，或烧结程度较轻、强度低，用后易于拆除残衬。

同其他不定形耐火材料一样，干式料的材质与品种也比较多，包括有硅质、半硅质、硅酸铝质、刚玉质、锆莫来石质、镁质、镁铝质、镁铬质和镁钙铁质等。应用范围也较广，包括用于作各种工频感应炉炉衬、电弧炉炉底、中间包工作衬、高炉出铁沟内衬，以及铝电解槽底部的保温防渗衬体等。

19.6.1　硅质干式料

硅质干式料是以石英(SiO_2)为主要原材料，加入少量的烧结剂配制而成的混合料。配制硅质干式料的石英原料有脉石英、石英砂、石英岩(硅石)和熔融石英等。可根据使用要求加以选择或搭配使用。但一般多采用硅石经破粉碎制得石英砂作干式料的原材料。

天然硅石中的 SiO_2 是呈 α-石英而存在，α-石英加热过程中会发生晶型转化，而晶型转化会产生体积膨胀效应，正是这种体积膨胀效应使得硅石特别适合于作干式料的原材料。

但必须注意石英砂的颗料级配，合理的颗粒级配是防止干式料施工中发生偏析和提高构筑成的衬体体积密度的关键因素。一般最大颗粒尺寸为 3 ~ 5mm，粒度组成可按 Andreassen 粒度分布方程取其粒度分布系数 $q=0.24\sim0.26$。如果按粗（5～1.5mm）、中（1.5～0.88mm）、细（小于0.088mm）颗粒级配可取其比例为（20～30）:（30～40）:（30～40）。适当减少粗颗粒量和增加中颗粒量，可减小偏折和提高干式料施工好衬体的体积密度，从而提高抗侵蚀性和抗渗透性。

用作硅质干式料烧结剂的化合物有硼酸、碱金属硼酸盐、碱金属硅酸盐、碱金属磷酸盐等。这些化合物具有在中低温下促进烧结作用。但其中以采用硼酸（H_2BO_3）或硼酐（B_2O_3）的场合较多。硼酸加热到300℃时会分解失去水而成硼酐，B_2O_3 的熔点为470℃。用硼酸作烧结剂的加入量不超过2%，一般根据使用温度要求的不同在0.3%～1%之间调整。实际的加入量可根据衬体厚度和所需的烧结层厚度，以及衬体背面的冷却强度来确定。

硅质干式料主要用于作铁、钢和有色金属（铜）的熔化和保温用的无芯感应炉内衬，如图19-25所示。表19-35为无芯感应炉用硅质干式料的理化性能及其使用范围。

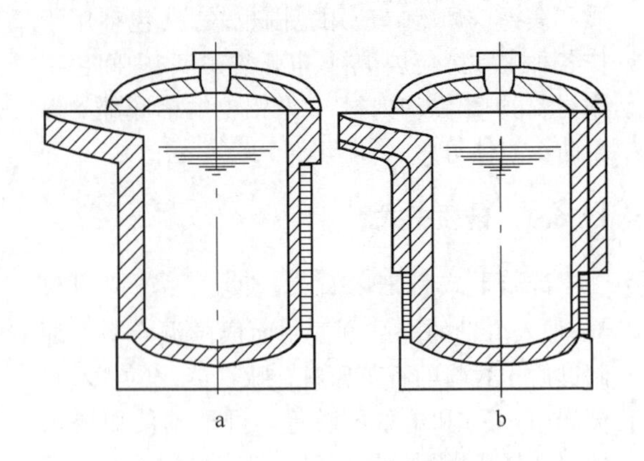

图19-25　无芯感应炉结构图
a—熔炼无芯感应炉；b—保温无芯感应炉

表19-35　感应炉用硅质干式料性能[20]

项　目	指　标
$w(SiO_2)$/%	≥90
体积密度（1400℃×3h）/g·cm^{-3}	≥1.85
常温耐压强度（1400℃×3h）/MPa	≥7
加热永久线变化（1400℃×3h）/%	0～+3.5

用干式料构筑感应炉内衬时，要借助于附着于模胎上的附着振动器施工，通过模胎将振动力传递给干式料，在振动力的作用下使衬体达到紧密堆积。但附着振动器的功率、振动频率与振幅大小都对施工衬体的充填密度有较大的影响，必须通过试验来选择合适的参数来确定所选用的附着振动器型号和振动器的摆设方位。同时施工中不宜过分振动。否则会产生偏析而造成衬体组织结构不均匀。

19.6.2　硅酸铝质干式料

硅酸铝质干式料是以黏土熟料、莫来石熟料或高铝矾土熟料为主要原料，加少量的低温或中温烧结剂配制而成的混合料，这类干式料主要有两种类型：（1）防渗保温型，如作铝电解槽槽底的阴极炭块下面的防渗保温料层；（2）作工作衬型，如直接用于作中频感应炉内衬。

铝电解槽用干式防渗保温料的配料原则是根据电解槽阴极炭块下面保温层的损坏原因来确定的。电解槽中的电解质是由冰晶石（Na_3AlF_6）和氟化钠等组成的，它们熔融后形成的熔液黏度很低，极易通过阴极炭块砌缝渗透到底部保温层，使电解槽的保温性能变差，直至槽底被破坏，因此要求保温层也能起防渗作用。

为了达到防渗目的，保温层的料要设计成能与渗透下来的冰晶石熔盐熔液反应生成高黏度的玻璃态状霞石层，以阻止熔盐继续下渗，采用适当的硅酸铝质耐火材料可以达到此目的。硅酸铝质中的氧化铝与氧化硅能与冰晶石在使用温度下发生反应生成霞石，可堵塞保温层中的孔隙，形成“阻挡层”，从而防止熔盐的继续渗透。根据 $Al_2O_3-SiO_2-Na_2O$ 系相平衡图，只要选择 Al_2O_3 含量在40%～50%，SiO_2 含量在50%～60%的硅酸铝材料作干式防渗保温料，就能满足使用要求。

干式防渗保温料的堆积密度对其抗渗透性和保温效果也有很大的影响。堆积密度大，抗渗效果好，但热导率也增大，不利于炉底的保温。堆积密度小，抗渗效果差，但有利于保温。

因此要通过试验确定合理的堆积密度。堆积密度的大小是与颗粒级配有关。根据试验结果表明,骨料(3~0.1mm)与粉料(小于0.1mm)之比在(40~50):(50~60)时,具有最适宜的堆积密度和热导率。表19-36为铝电解槽用干式防渗保温料的理化指标。

表 19-36 铝电解槽用干式防渗保温料性能[21]

化学组成(质量分数)/%			物理性能		
$SiO_2+Al_2O_3$	SiO_2	灼减	捣实密度/$g\cdot cm^{-3}$	松装密度/$g\cdot cm^{-3}$	导热系数(800℃)/$W\cdot(m\cdot K)^{-1}$
≥80	50~60	≤2.0	≥1.93	≥1.55	≤0.45

工频感应炉用的硅酸铝质干式料有高铝质、莫来石质和黏土质。这类干式料的配制原则不同于防渗保温料,要求振捣后的衬体能达到最紧密堆积,因此其粒度组成要严格控制。一般要求采取多级粒度级配,以防止施工时发生颗粒偏析而造成组织结构不均匀。粒度范围一般为0~6mm。

配制感应炉用硅酸铝质干式料的原材料要求纯度要高、杂质含量(Fe_2O_3、Na_2O和K_2O含量)要低。采用的烧结剂种类及其加入量是根据使用条件来确定,可采用的烧结剂有硼酸、硼酸钠、钠或钾长石等。表19-37为硅酸铝质干式料的性能与使用范围。高铝质干式料主要用于构筑铸铁或铸钢的感应炉内衬(保温感应炉内衬),莫来石质干式料可用于作熔化铝及铝合金的感应炉内衬和熔化Mn合金感应炉内衬。

表 19-37 硅酸铝质干式料性能与用途

名称	材质	化学组成(质量分数)/%		粒度/mm	烧结温度/℃	使用温度/℃	应用(感应炉内衬)
		Al_2O_3	SiO_2				
A-80	高铝质	80	11	0~6	1200	1650	铸铁/钢
M-80	莫来石质	80	17	0~6	800	1400	铝、铝合金
M-77	莫来石质	77	18	0~6	1600	1600	Mn合金钢
C-35	黏土质	35	60	0~6	800	900	锌

19.6.3 刚玉质和Al_2O_3-MgO质干式料

刚玉质干式料是以刚玉为主要原料,加助烧结剂配制而成的。一般多采用电熔刚玉,粒度范围为0~6mm,颗粒级配按最紧密堆积配比。

刚玉质干式料一般都需要加入少量的低、中温助烧结剂,以保证衬体具有所需要的烧结层厚度。B_2O_3是刚玉质干式料较合适的低、中温烧结剂,从Al_2O_3-B_2O_3二元相图上可以看出:B_2O_3能与Al_2O_3生成不一致熔融化合物$2Al_2O_3\cdot B_2O_3$和一致熔融化合物$9Al_2O_3\cdot 2B_2O_3$,前者在1035℃发生分解熔融,后者的熔点高达1952℃。也就是说,刚玉质干式料中加入少量的B_2O_3,虽然B_2O_3熔融温度很低(为456~550℃),但随着B_2O_3与Al_2O_3发生固液反应,最终可生成高熔点的化合物$9Al_2O_3\cdot 2B_2O_3$,既使刚玉质干式料易于在低中温度下烧结形成一定厚度的工作层,又不致严重影响其使用温度。B_2O_3作为低中温烧结剂时的加入量是根据所要求的烧结层厚度来确定,可在1%~3%范围内调节。刚玉质干式料主要用于作熔沟式感应炉和无芯感应炉熔池内衬。

Al_2O_3-MgO质干式料是在刚玉质干式料的基础上加入镁砂或预合成尖晶石,此内衬适合于熔炼纯铁、低合金钢、高合金钢、Cr和Cr/Ni

合金钢。加有镁砂(MgO)的刚玉质干式料的特点在于:高温使用中方镁石会与氧化铝通过原位反应生成尖晶石而产生体积膨胀,此体积膨胀效应可抑制(补偿)衬体的烧结收缩,从而可防止衬体出现明显龟裂。

表 19-38 列出了感应炉用刚玉质和 Al_2O_3-MgO 质干式料的典型指标。现代金属冶炼朝着容器大型化的方向发展,表 19-39 为一些材料用作感应炉炉衬的特性,可以看出,使用刚玉-尖晶石质炉衬有利于冶炼容器的大型化。

表 19-38 感应炉用刚玉质和 Al_2O_3-MgO 质干式振料典型指标[22,23]

项 目	指 标	
	刚玉质	Al_2O_3-MgO 质
$w(Al_2O_3)$/%	94.2	92.5
$w(MgO)$/%	—	3.9
$w(SiO_2)$/%	3.8	1.0
体积密度(1600℃,3h)/g·cm^{-3}	3.04	2.96
最高使用温度/℃	1815	1820

表 19-39 熔化铸钢、特殊钢用炉衬材料的特性[24]

项目	碱性		中性	酸性
	氧化镁质	镁-尖晶石质	铝-尖晶石质	石英质
线膨胀率	大	较小	小	较大
抗热冲击性	差	中	好	中
热导率	高	较高	中	小
烧结性	较易	差	差	易
适合容量	<0.5t	>0.5t	>1t	各种容量

19.6.4 碱性干式料

碱性干式料包括有镁质、镁铝质、镁钙质和镁钙铁质。它们分别是以烧结或电熔镁砂、烧结或电熔镁砂+刚玉和/或电熔尖晶石、烧结或电熔镁砂+合成镁钙砂、合成镁钙铁砂+烧结镁砂为主体原材料,添加低温结合剂和高温烧结剂配制而成的。碱性干式料主要用途有三种:其一是作工频感应炉内衬;其二是作连铸中间包内衬;其三是作电炉炉底衬。工频感应炉用的是镁质和镁铝质干式料,连铸中间包用的是镁质和镁钙质干式料,而电弧炉炉底用的是镁钙铁质干式料。

19.6.4.1 感应炉用碱性干式料

工频感应炉用的碱性干式料主要有两种类型:(1)镁质干式料;(2)镁铝质干式料。镁质干式料所用的镁砂原料为电熔镁砂,MgO 含量为 96%~98%,$CaO/SiO_2 \geqslant 2.0$,电熔镁砂中的方镁石晶粒越大越好,体积密度不小于 3.54g/cm^3。镁铝质干式料中所采用的尖晶石是电熔尖晶石,要求体积密度不小于 3.48g/cm^3。

此类碱性干式料的粒度范围为 0~5mm,可分为 5~3mm、3~1mm、1~0.074mm、0.074~0.044mm、<0.044mm,组成比例可按 Andreassen 方程取其粒度分布系数 q 值为 0.26~0.32。必须注意粒度组成既要考虑能达到或接近最紧密堆积,又要考虑到施工过程不发生粒度偏析。

烧结剂根据使用要求有两种类型,一种为高温型烧结剂,依靠固-固反应产生烧结,如在镁质干式料中加入 Al_2O_3 细粉或超细粉作为烧结剂,Al_2O_3 细粉与 MgO 细粉约从 1200℃开始就会发生固相反应生成尖晶石,到 1600℃时就可形成原位反应烧结层。另一种为低、中温型烧结剂,依靠固-液反应产生烧结,如在镁质干式料中加入很少量的硼酸或硼酸盐类烧结剂。少量的 B_2O_3 会与 MgO 细粉反应生成 $3MgO \cdot B_2O_3$(熔点为 1358℃),可在低、中温下原位反应形成烧结层。但必须指出,B_2O_3 是镁质耐火材料中的有害杂质,会大大降低镁质耐火材料的高温性能和抗侵蚀性能,因此要严格控制其加入量,一般在 1%以下。表 19-40 为感应炉用镁质干式料性能。

表 19-40　感应炉用碱性干式料性能

项目	M-95	M-87	M-85	M-80
$w(MgO)$/%	95	87	85	80
$w(Al_2O_3)$/%	—	10	12	16
体积密度/$g \cdot cm^{-3}$	2.65	2.60	2.60	2.60
烧结温度/℃	1600	1600	1200	1100
最高使用温度/℃	1800	1750	1700	1700
应用范围	熔炼合金钢	熔炼合金钢	熔沟感应器	熔沟感应器

19.6.4.2　中间包用碱性干式料

连铸中间包用碱性干式料是由烧结镁砂、或烧结镁钙砂和少量的低温结合剂与中、高温烧结剂组成的。加入低温结合剂的目的在于将干式料充填于中间包永久衬与内模胎之间的间隙(相当于工作衬厚度)后,经内模胎上的附着振动器振实后,带模烘烤至200~300℃后即可脱膜,靠低温结合剂的热固性特性产生结合强度而使衬体具有保型性。这类低温结合剂是固态粉状酚醛树脂。

可作为中间包碱性干式料烧结剂的物质有镁钙铁砂、软质黏土、硼酸盐和铁鳞等。含铁的烧结剂,如镁钙铁砂是一类在1200~1300℃就具有促进镁砂烧结的材料,软质黏土也是镁质干式料较合适的烧结剂,加入少量的黏土有助于镁质干式料在1350~1500℃烧结,并随着黏土与镁砂之间不断反应,最终会形成镁橄榄石结合的方镁石与尖晶石烧结层,可满足中间包的使用条件。

含氧化钙的碱性中间包工作衬有利于钢水的净化,因此中间包用碱性干式料可根据使用要求,由烧结镁砂和烧结(或电熔)镁钙砂按不同比例配制成不同氧化钙含量的干式料。

中间包碱性干式料的粒度级配不要求达到最紧密堆积,但骨料与粉料之比也要适当。粒度范围为0~5mm,一般骨料(大于100μm)与粉料(小于100μm)质量比控制在(60~65):(35~40)。中间包干式料施工时必须注意防止发生偏析而造成衬体组织结构不均匀,加料要均匀,振动时间要适当,不可长时间振动。衬体带模烘烤温度控制在200~300℃,烘烤时间可根据衬体厚度而定,以达到衬体完全固化为止。表19-41为以镁砂、镁钙砂为主要原料配制成的镁质和镁钙质中间包干式料的理化性能。

表 19-41　中间包碱性干式料理化性能

项目		镁质	镁钙质-Ⅰ	镁钙质-Ⅱ
$w(MgO)$/%		85	75	60
$w(CaO)$/%		—	10	35
冷态耐压强度/MPa	250℃×3h	10~20	8~20	8~18
	1550℃×3h	15~25	15~26	12~23
冷态抗折强度/MPa	250℃×3h	3~4	3.5~4.5	4.0~5.0
	1550℃×3h	5~6	5.5~6.5	6~7
250℃烧后体积密度/$g \cdot cm^{-3}$		2.3~2.4	2.3~2.4	2.2~2.4
250℃烧后线变化率/%		-0.3~0	-0.4~0	-0.5~0

同中间包用碱性涂抹料比较,用碱性干式料具有如下优点:施工简便;经低温加热烘烤后,脱膜后便可直接投入使用;由于不用水调和,可用烧结镁钙砂配制成不同氧化钙含量的干式料,有利于钢液的净化;可大幅度提高中间包工作衬使用寿命,可多炉连铸;使用后残衬更易于拆除(脱落)。

19.6.4.3　电炉底用镁钙铁质干式料

镁钙铁($MgO-CaO-Fe_2O_3$)质干式料主要用于构筑或修补电弧炉炉底,它是由预合成镁钙铁砂和烧结或电熔镁砂,按一定颗粒级配组成的混合料,一般不需另加助烧结剂。

合成的镁钙铁砂的化学成分一般为MgO 80%~85%、CaO 7%~9%和Fe_2O_3 6%~7%,其物相组成主要为方镁石、铁酸二钙和少量的含Al_2O_3和SiO_2杂质相(玻态相),体积密度为3.30~3.35g/cm^3。铁酸二钙的熔点为1449℃,加上Al_2O_3、SiO_2等杂质的影响,此类材料高温下液相出现温度较低,约在1100~1200℃。因此镁钙铁砂是一类在较低温度下即具有烧结性的材料。

单独采用镁钙铁砂制备电弧炉炉底干式料时,虽然较易烧结,但存在两个问题:其一是会出现烧结层过厚(正常要求烧结层厚度约为150~200mm)。在电炉周期性运行中,由于冷热交替过程中会导致炉底出现较深的裂缝，易渗入钢水，到使用后期易造成漏钢，而且更换炉底时拆底困难；其二是高温下衬体工作层有大量液相存在，会降低使用性能（荷重软化温度低、抗冲刷和抗侵蚀性下降）。因此一般镁钙铁砂要与高档镁砂配合使用，借助于高温下原位反应，使 MgO 吸收大量的 Fe_2O_3，形成固溶体 $(Mg \cdot Fe)O_{SS}$，使镁钙铁砂中的液相量逐渐减少以致消失，从而提高电炉底的使用寿命。

对配制干式料的镁钙铁砂，一般要求限制 Al_2O_3 和 SiO_2 含量，因为 Al_2O_3 和 SiO_2 含量过高，不但使干式料液相出现温度大大降低，使烧结层过厚，而且使高温使用性能变差。因此一般要求 Al_2O_3 小于 0.5%，SiO_2 小于 1.2%。

镁钙铁质干式料的颗粒级配可按照 Anderassen 粒度公布方程，取其粒度分布系数 q 值 = 0.26~0.32，最大颗粒尺寸为 7mm。并根据使用要求，调整镁钙铁砂与镁砂之比例以及它们的粒度范围。表 19-42 为 MgO-CaO-Fe_2O_3 质干式料的理化性能。

表 19-42　MgO-CaO-Fe_2O_3 质干式料理化性能[25]

项　目		牌　号			
		DHL-78	DHL-81	DHL-82	DHL-85
$w(MgO)$/%		≥78	≥81	≥82	≥85
$w(CaO)$/%		12~15	6~9	8~11	6~8
$w(Fe_2O_3)$/%		4~5	5~9	3~5	4~5
$w(SiO_2)$/%		≤1.3	≤1.5	≤1.1	≤1.3
$w(Al_2O_3)$/%		≤0.6	≤0.6	≤0.6	≤0.6
常温耐压强度/MPa	1300℃×3h	≥10	≥10	≥8	≥10
	1600℃×3h	≥30	≥30	≥30	≥30
加热永久线变化/%	1300℃×3h	-0.2~-0.5	-0.2~-0.5	-0.2~-0.5	-0.2~-0.5
	1600℃×3h	-1.5~-2.5	-2.0~-3.0	-1.0~-2.0	-1.5~-2.5
颗粒体积密度/$g \cdot cm^{-3}$		≥3.25	≥3.25	≥3.25	≥3.25
最大粒度/mm		6	6	6	6
推荐用途		炼钢电炉	炼钢电炉	炼钢电炉	铁合金电炉

用 MgO-CaO-Fe_2O_3 质干式料构筑电弧炉炉底时，构筑总厚度一般不小于 450mm。施工时要分层振捣，每层振捣厚度约为 100~150mm。振捣时采用平底振捣机，从围边到中心反复捣实，直到规定厚度。施工好的炉底衬上面要覆盖废钢板，以防加废钢时破坏炉底的平整性。冶炼时，第一炉不要吹氧助熔，并采取小电流逐渐熔化废钢，利用钢液的热量使干式料上面工作层逐渐烧结到一定厚度。也可在第一炉适当延长冶炼时间，使干式料烧结达到一定厚度后，再转入正常冶炼操作。

19.7　压注料

压入料一般有两种，耐火挤压料（炮泥）和压注料。耐火挤压料是指采用液压式挤压机（俗称泥炮或泥枪）施工的耐火材料，是一类半硬质塑性耐火泥料，这类泥料主要用于堵塞高炉出铁口，俗称炮泥（mud）。而耐火压注料是指采用泥浆泵压注施工的耐火材料，是一类具有自流性能的耐火泥料，与自流浇注料作业性相似。这类材料主要用于充填耐火制品砌体与砌体之间，或耐火制品砌体与炉壳之间的缝隙。

19.7.1　Al_2O_3-SiO_2-SiC-C 质炮泥

堵塞高炉出铁口用的 Al_2O_3-SiO_2-SiC-C 质炮泥可分为有水炮泥和无水炮泥。有水炮泥为早期开发使用的一种炮泥，其生产工艺简单、价格低廉，现在多数中小高炉仍在使用。无水炮泥主要是中大型高炉(1000m^3 以上)使用,由于不含水分,使用中不蒸发出大量水蒸气、不损坏高炉炉缸的炭砖砌体,有利于维护出铁口周围的衬体完整性,有利于延长高炉使用寿命。

19.7.1.1 有水炮泥

有水炮泥是由矾土熟料和/或黏土熟料、软质(塑性)黏土、焦炭、碳化硅、高温沥青和添加剂组成的,加水混练而制成的可塑性泥料。使用前一般要用挤泥机挤成圆柱状泥块,使用时泥块放入泥炮中再挤压入出铁口内。

有水炮泥的组成波动较大,根据使用条件不同而有较大的差异。一般波动范围如下:黏土熟料和/或高铝矾土熟料为 50%~60%,焦炭和碳化硅为 15%~25%,软质黏土为 10%~15%,高温沥青 5%~10%,添加剂 3%~5%。值得注意的是,焦炭和软质黏土的含量对炮泥的作业性和使用性能有较大的影响。焦炭含量高的,炮泥的可塑性差,而且不利于在出铁口内侧(炉缸内)形成泥包,炮泥打入的深度浅,对炉缸不起保护作用。但炮泥的透气性好,易于排除水蒸气和挥发物,干燥速度快。反之,焦炭含量太低,透气性差,炮泥干燥慢,影响炉前作业。而软质黏土含量高,炮泥作业性(可塑性)好,易于挤入,易于形成泥包。但透气性差,炮泥干燥慢。反之,软质黏土含量低,作业性差,但透气性好。因此要根据使用要求调整它们之间的比例。

有水炮泥的添加剂中包括有膨胀剂、润滑剂和助烧结剂。膨胀剂可采用石英砂或蓝晶石,润滑剂可采用石墨或蜡石粉,而助烧结剂可采用长石类矿物。

有水炮泥的粒度组成为:3~0.21mm,35%~45%;小于 0.21mm,55%~65%。从作业性考虑,适当提高细粉含量有助于提高可塑性、挤压性和充填性。炮泥的作业性是用专门的作业指数测定仪来测定的,此测定仪称为马夏(marshall)测定仪(见 19.1.3 不定形耐火材料作业性能,19.1.3.7 马夏值)。测定时将定量炮泥置于测定仪的试模内,测定通过挤压将炮泥挤出试模下出料口时的阻力(以 MPa 表示)。马夏值的大小表示炮泥的作业性好坏,一般要求马夏值在 0.45~1.4MPa 之间。对炮泥作业性的基本要求是:(1)良好的可塑性,挤出的泥料为致密泥柱,不发生断裂或松散;(2)良好的润滑性,能平稳挤入出铁孔内不发生梗阻;(3)在高炉炉缸内出铁孔处能形成泥包,保护炉缸内衬。

对有水炮泥的理化性能要求如下:化学组成(质量分数):Al_2O_3 25%~35%,SiO_2 35%~50%,C+SiC 15%~25%;体积密度(1300℃,3h)1.6~1.85g/cm^3;显气孔率(1300℃,3h)30%~35%;耐压强度(1300℃,3h)3.0~5.6MPa;烧后线变化率(1300℃,3h)-2.0%~+0.2%;马夏值 0.45~1.4MPa。

19.7.1.2 无水炮泥

无水炮泥的主要组成物与有水炮泥相似,但所采用的原材料材质档次要高些,是由高铝熟料(或黏土熟料、电熔刚玉)、软质黏土、碳素材料(焦炭、石墨)、SiC、液状有机结合剂和外加剂组成的可塑性泥料,主要用于堵塞大中型高炉出铁口。所采用的液状有机结合剂有焦油、蒽油和液态酚醛树脂。按所采用的结合剂来区分,无水炮泥有焦油-沥青结合、焦油-树脂结合和树脂结合,此外还有蒽油配加金属粉结合、炭素材料与含硼化合物结合。

(1)焦油-沥青结合炮泥。焦油-沥青结合剂可以是焦油与沥青分开加入炮泥料中,也可以是先将沥青熔化后加入煤焦油调制成结合剂,再加入炮泥料中湿混练成具有一定塑性的泥料。高炉炮泥用的液状焦油-沥青结合剂的技术性能一般要求为:恩氏黏度($E_{50℃}$❶)14~16°E,密度 1.1~1.2g/cm^3,固定碳 17%~18%,水分微。

液状焦油-沥青结合剂的加入量对炮泥作业性(马夏值)有较大的影响。随着结合剂加入量的增加,炮泥的马夏值减少,易于挤入出铁口,但炮泥的其他物理性能会降低。因此结合剂的加入量要适当,一般为 18%~23%。

焦炭和碳化硅的加入量不但对作业性有影

❶ 运动黏度 ν=7.31°E-6.31/°E,mm^2/s。

响,而且对用后出铁口的开孔性能和使用性能均有影响。两者一般加入量以15%~18%为宜,粒度以1~0.3mm 50%,小于0.3mm 50%为宜。

焦油-沥青结合炮泥的组成和颗粒级配与有水炮泥相似。但采用不同性质的耐火骨料,用相同的组成配比配制的炮泥,其物理性能有所差别。如分别用黏土熟料、矾土熟料和电熔棕刚玉为耐火骨料,其组成比例相同,颗粒级配也相似,用焦油-沥青结合炮泥的物理性能差异见表19-43,显然以棕刚玉作骨料的炮泥物理性能优于以黏土熟料和高铝熟料的为骨料的炮泥。

表19-43　不同性质骨料的焦油-沥青炮泥经1350℃保温3h后的性能

性能	黏土熟料骨料	矾土熟料骨料	棕刚玉骨料
体积密度/$g \cdot cm^{-3}$	1.81	2.03	2.11
显气孔率/%	31	33	29
抗折强度/MPa	1.95	3.10	3.40
耐压强度/MPa	6.93	9.50	13.60
线变化率/%	-0.17	+0.23	+0.20
结合剂加入量/%	23.0	21.7	20.0
马夏值/MPa	0.473	0.472	0.645

焦油-沥青结合炮泥的优点是造价低廉,使用中不蒸发大量水汽,有利于保护高炉炉缸炭砖,但却会挥发出有害气体,污染环境。此类炮泥主要用在中小高炉上。

(2)树脂结合炮泥。与焦油-沥青结合炮泥比较,树脂结合炮泥具有如下优点:1)使用时只挥发出很少量的有害气体,可改善作业环境;2)硬化速度快,强度好,可缩短泥枪压炮时间。

树脂结合炮泥所采用的树脂为液状酚醛树脂,可以是液状线型酚醛树脂加硬化剂,或液状线型酚醛树脂加甲阶酚醛树脂,或液状甲阶酚醛树脂。酚醛树脂的平均相对分子质量对炮泥的硬化速度有明显影响,一般是随着平均相对分子质量的提高硬化速度加快,硬化速度太快会影响炮泥的作业性能。适合作炮泥用的酚醛树脂的性能如下:外观呈透明淡棕色液体,黏度30~50Pa·s(5~25℃时),体积密度(25℃时)1.21g/cm^3,游离酚小于5%,游离甲醛小于0.9%,水分小于1.0%,固定碳40%~45%。

树脂结合炮泥一般是用于大中型高炉,因此其材质档次比较高,它是由电熔刚玉(棕刚玉)、碳化硅、石墨、软质黏土、沥青、焦炭粉和添加剂(包括氮化硅或氮化硅铁)组成的。

树脂结合炮泥的使用效果比焦油沥青结合的炮泥要好,不但可改善作业环境,而且可缩短作业时间,泥枪压炮时间可从焦油沥青结合的炮泥的20 min左右缩短到5~7 min,打出铁口时间约为20 min。可保证出铁口深度稳定和稳定出铁操作。

表19-44是无水炮泥的理化指标。

表19-44　无水炮泥理化指标[26]

项目		指标		
		PN-1	PN-2	PN-3
$w(Al_2O_3)$/%		≥20	≥25	≥30
$w(SiC+C)$/%		≥30	≥30	≥30
体积密度/$g \cdot cm^{-3}$	1350℃×3h埋炭烧后	≥1.65	≥1.70	≥1.80
加热永久线变化/%	1350℃×3h埋炭烧后	-1.5~+1.5	-1.5~+1.5	-1.0~+1.0
常温耐压强度/MPa	1350℃×3h埋炭烧后	≥8.0	≥10.0	≥15.0
推荐适用高炉类型		1000m^{3}以下	1000~2500m^3	2500m^{3}以上

19.7.2　耐火压注料(耐火压入料)

耐火压注料是由耐火细颗粒骨料和粉料、结合剂和添加剂组成的,是一类用泥浆泵通过管道泵送施工的材料。这类材料属宾汉姆型流体,屈服值很小,具有自流性。主要用于充填耐火材料砌体的缝隙,如工作衬与永久衬之间的缝隙,耐火砌体与炉壳之间的缝隙等。因此要求其附着力和结合力强、密封性好、高温体积稳定性好,并具有良好的抗渗透性和耐侵蚀性。

耐火压注料有水系压注料和非水系压注料之分。水系压注料是用水或含水液态结合剂调制的,而非水系压注料是用液态有机结合剂调制的。

19.7.2.1 水系压注料

凡是不与水发生水化反应的氧化物或复合氧化物耐火材料均可配制成水系压注料，如硅质、黏土质、高铝质、刚玉质、锆英石质等耐火材料。水系压注料可采用的结合剂有铝酸钙水泥、水玻璃和磷酸二氧铝等。为了控制压注料的作业时间，不同的结合剂需要采用不同的促凝剂（或缓凝剂），其加入量根据作业时间来调整。

为了防止压注料静置时或泵送中发生泥料偏析，还须加有泥浆稳定剂，使泥浆中的固体粉料处于均匀的悬浮状态，以保证压注料固化后组织结构均匀。泥浆稳定剂一般采用水溶性有机物，如羧甲基纤维素、甲基纤维素和糊精之类有机物，也可通过调节液状结合剂的黏度或pH值来控制泥浆的稳定性。

压注料的最大颗粒尺寸是根据所充填的缝隙大小来确定，所充填的缝隙越小，其最大临界粒度也越小。如被充填的缝隙约10mm，其最大临界粒度应不大于2mm。粒度组成按Andreassen粒度分布方程，其粒度分布系数 q 值可取0.21~0.26，在此范围内在适当的固/液比下，具有较好的流动性和充填密度。

水系压注料的物理性能是随所采用的结合剂和材料的性质不同而有很大差异。目前尚无统一的理化性能标准，均系根据用户要求来调配。一般说，它们的物理性能要高于同材质的耐火泥浆的性能。

19.7.2.2 非水系压注料

非水系压注料有高铝质、碱性、炭质和碳化硅质等耐火材料。所采用的结合剂主要为甲阶酚醛树脂，树脂的相对分子质量为150~300。此类树脂的特点是：在聚合体分子中端头苯环或中间苯环存在有尚未反应的羟甲基（$—CH_2OH$），因此在加热或加酸时会继续进行聚合反应，最后形成不溶不熔状态的树脂硬化物。此硬化物为体型结构，可以形成网络结构把耐火集料颗粒结合在一起。升温加热时，树脂会脱水缩合，最后形成碳结合。配制压注料的甲阶酚醛树脂性能为：棕红色透明黏性液体，固定碳含量为50%~65%，黏度为15.0~35.0Pa·s/20℃，游离酚小于10%。

作为甲阶酚醛树脂促硬剂（固化剂）的物质有：苯磺酸、甲苯磺酸、氯苯磺酸和石油磺酸等。其中以苯磺酸价格较低，最为适用。压注料的硬化时间可借助有机酸加入量来调节。调制压注料时，应先将苯磺酸溶解于水中，使其溶解液的密度达到约1.2g/cm^3 时，再将苯磺酸水溶液按一定比例与树脂混合搅拌均匀。然后将加有硬化剂的树脂加入干混好的压注料中，继续搅拌均匀即可进行压注施工。

非水系压注料的粒度范围和粒度组成与水系压注料相似，其最大临界粒度不大于3mm，粒度组成也可按Andreassen粒度分布方程来确定，取其粒度分系数 q 值 =0.21~0.26。

为了提高非水系压注料中树脂结合剂高温碳化后的结合强度，压注料中可加入防氧化剂，一般用金属Si和Al作为防氧化剂可显著提高热处理后的非水系压注料抗折和耐压强度。

非水系压注料主要用于作高炉和转炉等砌体的填缝料。用于充填高炉炉壳与冷却壁之间的空隙用的是高铝质压注料，其性能要求见表19-45。用于作转炉砌体之间填缝用的MgO-C质压注料有冷固型和热固型之分，其性能指标见表19-46。

表19-45 高炉用非水系压注料理化指标[27]

项 目	指标	
	YRL-LB	YRL-LD
耐火度（1200℃×3h烧后）/℃	≥1760	—
加热永久线变化（1200℃×3h烧后）/%	±1.0	—
体积密度（110℃×24h烘后）/g·cm^{-3}	≥2.2	≥1.3
常温耐压强度（110℃×24h烘后）/MPa	≥10.0	≥14
常温抗折强度（110℃×24h烘后）/MPa	≥4.0	—
高温抗折强度（1200℃×1h，埋碳）/MPa	≥0.5	—

续表 19-45

项 目		指标	
		YRL-LB	YRL-LD
导热系数(100℃)/W·(m·K)$^{-1}$		—	≥3.0
流动值/%		170~185	120~135
$w(Al_2O_3)$/%		≥55	—
$w(Fe_2O_3)$/%		≤2	—
w(总碳含量)/%		—	≥90
粒度/%	-1.5mm	100	—
	-1.0mm	—	100
使用部位		高炉炉壁	高炉炉底

表 19-46 MgO-C 质压注料理化性能

项 目		冷固型	热固型
w(MgO)/%		80	96
w(C)/%		5	5
线变化率/%	300℃×3h	—	-0.3
	1500℃×3h	-0.65	-0.78
显气孔率/%	300℃×3h	19	16
	1500℃×3h	30	28
体积密度/g·cm^{-3}	300℃×3h	2.16	2.3
	1500℃×3h	2.22	2.29
抗折强度/MPa	300℃×3h	12.0	20.0
	1500℃×3h	4.7	4.0
耐压强度/MPa	300℃×3h	21.5	36.0
	1500℃×3h	8.8	10.0

19.8 耐火泥浆

耐火泥浆是用于砌筑定形耐火制品的接缝材料,它是由耐火粉料、水或液态结合剂和外加剂(如分散剂、塑化剂,稳定剂或保水剂)等组成的,是一类含高浓度固体粒子的膏状浆体(或称浓悬浮液),具有宾汉姆流体特性。其固体/液体质量比约为(70~75)/(30~25),而固体/液体体积比则是随耐火粉料的比重之不同而不同,约为(35~50)/(65~50)。一般是用抹刀涂抹法施工。

一般说,耐火泥浆的化学性质要与所砌筑的耐火制品的化学性质相似,因此与耐火制品的分类相同,有硅质、半硅质、黏土质、高铝质、刚玉质、锆英石质、镁质、镁铝质、镁铬质、含碳和/或碳化硅质等泥浆。按所加入的调和液的性质,又可分为水系泥浆(用水和液态化学结合剂调制)和非水系泥浆(用液态有机结合剂调制)。但现在也有不加液态调和液的干式火泥作接缝料,称为干性火泥。此外,按耐火泥浆的功能又可分为隔热耐火泥浆、防缩耐火泥浆和缓冲耐火泥浆等。

19.8.1 硅质耐火泥浆

硅质耐火泥浆是由硅石粉、硅砖粉、塑性黏土、结合剂和外加剂配制而成的。硅石粉主要晶相为β-石英,加热过程中β-石英会产生晶型转变,体积不稳定。而硅砖粉是用经过高温煅烧的硅砖或废硅砖,经过磨细而制得。因此用硅砖粉与硅石粉经过合理的搭配可以控制硅质耐火泥浆的荷重软化温度和加热过程的线变化率,而制得符合要求的硅质耐火泥浆。

硅质耐火泥浆的作业性和结合强度要靠结合剂和外加剂来调整,如同生产硅砖时所采用的石灰乳、铁鳞、木质素磺酸盐等矿化剂和结合剂来调节其作业性能和物理性能。也可采用化学结合剂,如水玻璃和磷酸盐溶液等作为硅质耐火泥浆的结合剂,来提高烧后的结合强度。

硅质耐火泥浆的硅质材料粒度范围为:0~0.5mm,其中 0.5 ~ 0.074mm 占 40%,小于0.074mm 占60%。现在为改善硅质耐火泥浆的作业性和烧结性,也可掺加少量高纯度氧化硅微粉(烟尘硅,SiO_2 不小于 98%,粒度小于 1μm)。

硅质耐火泥浆主要用于砌筑高炉热风炉、焦炉炭化室、玻璃熔池和碹顶等。随砌筑的窑炉及砌筑部位不同,其理化性能要求也有差异。如高炉热风炉用的硅质泥浆 SiO_2 不小于 94%,0.2MPa 荷重软化开始温度不低于 1580℃;焦炉用硅质泥浆 SiO_2 含量不小于 91%,0.2MPa 荷重软化开始温度不低于 1420℃;玻璃窑用的硅质泥浆 SiO_2 含量不小于 94%,0.2MPa 荷重软化开始温度不低于 1600℃。表 19-47 ~ 表 19-49 分别为高炉热风炉、焦炉和玻璃熔窑用硅质耐火泥浆理化性能要求[28]。

表 19-47 热风炉用硅质耐火泥浆的理化指标

项 目		GNR-94
$w(SiO_2)$/%		≥94
$w(Fe_2O_3)$/%		≤1.0
耐火度/℃		≥1680
常温抗折黏结强度/MPa	110℃干燥后	≥1.0
	1400℃×5h 烧后	≥2.0
0.2MPa 荷重软化温度 $T_{2.0}$/℃		≥1580
黏结时间/min		1~2
粒度/%	<1.0mm	100
	>0.5mm	≤1
	<0.075mm	≥60

注：如有特殊要求，粘接时间由供需双方协议确定。

表 19-48 焦炉用硅质耐火泥浆的理化指标

项 目		GNJ-91	GNJ-94
$w(SiO_2)$/%		≥91	≥94
耐火度/℃		≥1580	≥1660
常温抗折黏结强度/MPa	110℃干燥后	≥1.0	≥1.0
	1400℃×5h 烧后	≥2.0	≥2.0
0.2MPa 荷重软化温度 $T_{2.0}$/℃		≥1420	≥1500
黏结时间/min		1~2	1~2
粒度/%	<2.0mm	100	100
	>1.0mm	≤3	≤3
	<0.075mm	50~70	50~70

注：如有特殊要求，粘接时间、粒度由供需双方协议确定。

表 19-49 玻璃窑用硅质耐火泥浆的理化指标

项 目		GNJ-91	GNJ-94
$w(SiO_2)$/%		≥94	≥96
$w(Al_2O_3)$/%		≤1.0	≤0.6
$w(Fe_2O_3)$/%		≤1.0	≤0.7
耐火度/℃		≥1700	≥1720
常温抗折黏结强度/MPa	110℃干燥后	≥0.8	≥0.8
	1400℃×5h 烧后	≥0.8	≥0.5
0.2MPa 荷重软化温度 $T_{2.0}$/℃		≥1600	≥1620
黏结时间/min		2~3	2~3
粒度/%	<1.0mm	100	100
	>0.5mm	≤2	≤2
	<0.075mm	≥60	≥60

注：如有特殊要求，粘接时间由供需双方协议确定。

19.8.2 硅酸铝质耐火泥浆

硅酸铝质耐火泥浆包括有黏土质、莫来石质和高铝质耐火泥浆。根据材质不同，这类耐火泥浆分别用黏土熟料、烧结或电熔莫来石、高铝矾土熟料、烧结或电熔刚玉制成粉料，与软质黏土、结合剂和外加剂配制而成。一般硅酸铝质耐火泥浆中都加有软质（塑性）黏土，加入软质黏土的目的在于改善其作业性，如铺展性和黏附性等。也可用氧化硅微粉（烟尘硅）取代软质黏土来改善作业性，而且可降低耐火泥浆的烧结温度。

硅酸铝质耐火泥浆一般不加结合剂，但为了提高结合强度，则必须加入结合剂。所采用的结合剂有两个系列：(1) 硅酸盐系列，即不同模数（SiO_2/Na_2O）的水玻璃；(2) 磷酸盐系列，如酸性磷酸铝、聚磷酸盐等。结合剂的加入量可根据使用要求调节，一般来说，随着结合剂加入量的提高，其烧后结合强度也提高，但在高温热态下的强度却相反。这是因为加入结合剂会导致高温下泥浆中的液相量增大。

硅酸铝质泥浆中的外加剂包括有减水剂、稳定剂，增塑剂和防缩剂等。减水剂（降水剂）可采用聚磷酸盐、聚丙烯酸钠、亚甲基萘磺酸盐等。稳定剂是防止调制好的泥浆在静置过程中发生固液分离（固体粉粒发生沉淀）的加入物，一般用有机高分子化合物作为稳定剂，如甲基纤维素、羧甲基纤维等，也可通过加酸或碱调节泥浆的 pH 值来获得稳定的悬浮液（泥浆）。加入增塑剂目的在于改善泥浆的铺展性和防止发生流淌。一般采用吸水率较大的塑性黏土作为增塑性，也可采用一些有机高分子化合物来提高塑性。防缩剂是防止耐火泥浆高温烧结收缩的加入物，在硅酸铝质耐火泥浆中，一般用蓝晶石粉、石英粉作为防缩剂。

硅酸铝质泥浆的粒度范围一般为 0~0.5mm，0.5~0.074mm 占 50%，小于 0.074mm 占 50%。粒度组成也可根据使用要求来调配。表 19-50 为黏土质耐火泥浆的理化指标，其中 NN-45P 为磷酸盐结合泥浆。表 19-51 为高铝质耐火泥浆的理化指标，其中 LN-55、LN-

65 和 LN-75 为普通高铝质耐火泥浆，LN-65P 和LN-75P 为磷酸盐结合高铝质耐火泥浆，GN-85P 和 GN-90P 为磷酸盐结合刚玉质耐火泥浆。

表 19-50 黏土质耐火泥浆的理化指标[29]

项 目		NN-30	NN-38	NN-42	NN-45	NN-45P
$w(Al_2O_3)$/%		≥30	≥38	≥42	≥45	≥45
耐火度/℃		≥1620	≥1680	≥1700	≥1720	≥1720
常温抗折黏结强度/MPa	110℃干燥后	≥1.0	≥1.0	≥1.0	≥1.0	≥2.0
	1200℃×3h 烧后	≥3.0	≥3.0	≥3.0	≥3.0	≥6.0
0.2MPa 荷重软化温度 $T_{2.0}$/℃		—	—	—	—	≥1200
加热永久线变化率/%	1200℃×3h 烧后	-5~+1				
黏结时间/min		1~3				
粒度/%	<1.0mm	100				
	>0.5mm	≤2				
	<0.075mm	≤50				

注：如有特殊要求，粘接时间由供需双方协议确定。

表 19-51 高铝质耐火泥浆的理化指标[30]

项 目		LN-55	LN-65	LN-75	LN-65P	LN-75P	GN-85P	GN-90P
$w(Al_2O_3)$/%		≥55	≥65	≥75	≥65	≥75	≥85	≥90
耐火度/℃		≥1760	≥1780	≥1780	≥1780	≥1780	≥1780	≥1800
常温抗折黏结强度/MPa	110℃干燥后	≥1.0	≥1.0	≥1.0	≥2.0	≥2.0	≥2.0	≥2.0
	1400℃×3h 烧后	≥4.0	≥4.0	≥4.0	≥6.0	≥6.0	—	—
	1500℃×3h 烧后	—	—	—	—	—	≥6.0	≥6.0
0.2MPa 荷重软化温度 $T_{2.0}$/℃		—	—	—	≥1400	≥1400	≥1600	≥1650
加热永久线变化率/%	1400℃×3h 烧后	-5~+1					—	—
	1500℃×3h 烧后	—	—	—	—	—	-5~+1	
黏结时间/min		1~3						
粒度/%	<1.0mm	100						
	>0.5mm	≤2						
	<0.075mm	≥50					40	

注：如有特殊要求，粘接时间由供需双方协商确定。

上述硅酸铝质耐火泥浆为水系耐火泥浆，它们不宜用于砌筑炭砖（块）。因为水系泥浆在烘炉和使用中挥发出的水蒸气对炭砖砌体有破坏作用，因此必须采用非水系耐火泥浆。非水系硅酸铝质耐火泥浆是用液态有机结合剂结合的，多数采用液态酚醛树脂来调制，用无水乙醇调节酚醛树脂黏度。表 19-52 为非水系硅酸铝质耐火泥浆理化指标，其中 FSN-174N 为非水系黏土质耐火泥浆，FSN-178L 为非水系高铝质耐火泥浆。非水系硅酸铝质耐火泥浆主要用于砌筑高炉综合炉底、炉缸等部位的黏土砖和高铝砖砌体。

表 19-52 非水系硅酸铝质耐火泥浆理化指标[31]

项 目	FSN-174N	FSN-178L
$w(Al_2O_3)$/%	48	70

续表 19-52

项目		FSN-174N	FSN-178L
耐火度/℃		≥1740	≥1780
冷态抗折黏结强度/MPa	200℃×16h 干燥后	≥0.5	≥0.5
	1400℃烧后	≥5.0	≥5.0
黏结时间/s		40~100	40~100
粒度/%	>0.5mm	≤2	≤2
	<0.076mm	≥50	≥50

19.8.3 碱性耐火泥浆

碱性耐火泥浆是用于砌筑碱性耐火制品的接缝材料,包括有镁质、镁铝质、镁铬质和镁硅质等耐火泥浆。碱性耐火泥浆是用烧结或电熔镁砂、合成原料(如镁铝尖晶石、镁铬尖晶石)、废镁砖和废镁铬砖等破粉碎后制成的粉料,加结合剂和添加剂配制成的。制备泥浆的粉料粒度组成与其他耐火泥浆相似,是由 0.5~0.074mm 和小于 0.074mm 两种粒度配制的,其配合比为(70~75):(25~30)。

由于碱性耐火泥浆中含有 MgO,而 MgO 与水接触时易发生水化反应生成 $Mg(OH)_2$,产生体积膨胀,而加热后又会脱水分解成 MgO,因此用水调制碱性泥浆在使用中易发生胀裂而失去结合强度。所以碱性耐火泥浆不能单独采用水来调制,而必须采用能与镁砂(MgO)反应生成复合盐的液状化学结合剂或非水系有机结合剂来调制。另一方面必须注意的是,碱性耐火泥浆也不能用酸性化学结合剂(如磷酸和磷酸二氧铝)来调制,因为酸性化学结合剂与 MgO 反应速度很快,会出现瞬凝现象,使泥浆失去作业性而无法使用。

碱性耐火泥浆用的化学结合剂有氯化镁(卤水)、硫酸镁、三聚磷酸钠、六偏磷酸钠、硅酸钠(水玻璃)等,用这些化合物的水溶液调制的碱性耐火泥浆均具有一定的作业时间,而且凝固后均具有一定的结合强度。较普遍采用的是卤水和聚磷酸钠结合剂。非水系碱性耐火泥浆是用液态酚醛树脂来调制,用无水乙醇来调节其作业性能。

表 19-53~表 19-55 分别列出了用于砌筑镁砖、镁铝砖和镁铬砖等用的碱性耐火泥浆的理化指标[32]。

表 19-53 镁质耐火泥浆的理化指标

项目		MN-91	MN-95	MN-97
w(MgO)/%		≥91	≥95	≥97
常温抗折黏结强度/MPa	110℃干燥后	≥1.5		
	1500℃×3h 烧后	≥3.0		
加热永久线变化率/%	1500℃×3h 烧后	-4~+1		
黏结时间/min		1~3		
粒度/%	<1.0mm	100		
	>0.5mm	≤2		
	<0.075mm	≥60		

注:如有特殊要求,粘接时间由供需双方协议确定。

表 19-54 镁铝质耐火泥浆的理化指标

项目		MLN-70	MLN-80
w(MgO)/%		≥70	≥80
$w(Al_2O_3)$/%		8~20	5~10
常温抗折黏结强度/MPa	110℃干燥后	≥1.5	
	1500℃×3h 烧后	≥3.0	
加热永久线变化率/%	1500℃×3h 烧后	-4~+1	
黏结时间/min		1~3	
粒度/%	<1.0mm	100	
	>0.5mm	≤2	
	<0.075mm	≥60	

注:如有特殊要求,黏结时间由供需双方协商确定。

表 19-55 镁铬质耐火泥浆的理化指标

项目		MGN-8	MGN-12	MGN-16	MGN-20
w(MgO)/%		70~80	≥60	≥55	≥50
$w(Cr_2O_3)$/%		4~9	≥12	≥16	≥20
常温抗折黏结强度/MPa	110℃干燥后	≥1.0			
	1500℃×3h 烧后	≥2.0			
加热永久线变化率/%	1500℃×3h 烧后	-4~+1			

续表 19-55

项目		MGN-8	MGN-12	MGN-16	MGN-20
黏结时间/min		1~3			
粒度/%	<1.0mm	100			
	>0.5mm	≤2			
	<0.075mm	≥60			

注：如有特殊要求，粘接时间由供需双方协商确定。

19.8.4 碳化硅和炭质耐火泥浆

碳化硅质耐火泥浆是用于砌筑碳化硅制品和含碳化硅制品的接缝料。而炭质和含炭质耐火泥浆主要用于砌筑大中型高炉炭砖、混铁炉或鱼雷罐铝炭砖的接缝料和填缝料，此类泥料又称炭糊，有粗缝糊和细缝糊之分。

(1)碳化硅质耐火泥浆。碳化硅质耐火泥浆是以一定粒度组成的碳化硅为原料，配加结合剂和外加剂而制成的，可分为有水碳化硅泥浆和无水碳化硅泥浆。有水泥浆的结合剂是用水玻璃、酸性磷酸盐或氧化硅微粉+铝酸钙水泥；而无水碳化硅泥浆的结合剂是用液态酚醛树脂或焦油+蒽油+沥青。

有水碳化硅泥浆的外加剂包括有增塑剂和稳定剂(防沉淀剂或称悬浮剂)。增塑剂可采用软质黏土、氧化硅微粉(烟尘硅)和水溶性有机高分子化合物。稳定剂可采用羧甲基纤维素、甲基纤维素和木质素磺酸盐等，但必须与所采用的结合剂匹配。甲基纤维素类有机化合物之所以能起稳定作用，是因为它们在水中能溶胀成胶体溶液，是一种大分子溶胶真溶液，为亲水胶体溶液。在水溶液中，它们的分子能吸附在疏水的 SiC 固体粒子上，而将固体微粒子托起悬浮于液体中，从而能保持悬浮液的相对稳定性(不易发生沉淀)。这类水溶性有机物既是悬浮液的稳定剂，又是增塑剂，同时具有保水性和黏结性。

碳化硅耐火泥浆的粒度组成同其他泥浆相似，视砌体砌缝厚薄不同，最大颗粒粒径波动在 0.5~1mm。大于 0.074mm 占 40%~50%，小于 0.074mm 占 50%~60%。表 19-56 为适用于不同高温炉型的碳化硅质耐火泥浆的理化指标，其中LN-WJ 为无机结合方式，LN-YJ 为有机结合方式。

表 19-56 应用于不同高温炉型的碳化硅质耐火泥浆的理化指标[33]

项目		电解铝		钢铁	陶瓷	综合行业	复验时单值允许偏差
		LN-WJ	LN-YJ	TN-TG	YN	ZH	
冷态抗折黏结强度/MPa	25~30℃自然养护 7d 后	—	—	≥1.5*	—	—	≥-0.3
	110℃×24h 烘干后	≥3.5	≥5.0	—	≥3.0	≥3.0	≥-0.5
	180℃×24h 烘干后	—	—	≥12.0	—	—	≥-0.5
	950℃×3h 烧后	≥6.0	≥2.0**	—	—	≥5.0	≥-0.5
	1300℃×3h 烧后	—	—	≥9.0**	—	—	≥-0.5
	1400℃×3h 烧后	—	—	—	≥5.0	—	≥-0.5
粒度/%	-1.0mm	100					≥-0.2
	+0.5mm	≤2					≤+0.5
	-0.074mm	≥50					≥-0.5
黏结时间/s		60~120					—
化学成分/%	$w(SiC)$	≥85	≥80	≥80	≥85	≥80	≥-0.5
	$w(Fe_2O_3)$	≤0.6	≤0.6	≤0.6	≤0.6	≤1.0	≤+0.05

* 仅适用冷镶砖用耐火泥浆。

** 加热处理时要埋炭保护。

(2)粗缝糊与细缝糊。粗缝糊和细缝糊为砌筑高炉炭砖(块)的接缝料或填缝料,是一类固/液比较高的炭质耐火泥浆(料)。粗缝糊用于填塞较宽的缝隙,而细缝糊用于作缝隙较小(1~2mm)的接缝料。粗缝糊与细缝糊的配料组成相似,只是泥料中骨料最大颗粒尺寸有所差别。这类泥料是以冶金焦炭为主要原料,配加有无烟煤或土状石墨,以沥青、煤焦油和蒽油作为结合剂调制而成的。

1)粗缝糊的配料组成一般为:冶金焦炭(0~1mm)40%~60%、无烟煤(0~8mm)20%~30%、土状石墨(0~8mm)0~20%、煤焦油10%~15%、煤沥青5%~12%、蒽油2%~4%。粗缝糊的理化指标见表19-57。

2)细缝糊的配料组成为:冶金焦炭(0~0.5mm)50%~60%、土状石墨(0~0.5mm)10%~20%、煤沥青10%~20%、蒽油0~28%、煤焦油0~35%、柴油0~6%。细缝糊的理化指标为:挥发分不大于45%,挤压缝试验不大于1mm[34]。

表 19-57 粗缝糊的理化指标[35]

项目	THC1	THC2	THC3	THC4
灰分(质量分数)/%	≤1.5	≤4.0	≤8.0	≤12.0
挥发分(质量分数)/%	≤12.0	≤12.0	≤12.0	≤12.0
体积密度/$g \cdot cm^{-3}$	≥1.65	≥1.62	≥1.60	≥1.55
耐压强度(烧后)/MPa	≥10	≥10	≥20	≥20
导热系数(200℃)/$W \cdot (m \cdot K)^{-1}$	≥14.0	≥10.0	≥6.0	≥2.0

(3)炭质耐火泥浆。用液态酚醛树脂作为结合剂的炭质耐火泥浆其配料组成和物理性能与粗缝糊和细缝糊不同,在其配料组成中,可以用部分碳化硅、刚玉或高铝熟料取代冶金焦炭,则可称为含碳或碳化硅质耐火泥浆,而且也可在配料组成中引入防氧化剂,如加入金属 Si 或 Al 粉以提高泥浆的抗氧化性和高温结合强度。炭质耐火泥浆的理化指标见表 19-58。

表 19-58 炭质耐火泥浆理化指标[36]

项 目		TN-1	TN-2	TN-3
灰分(质量分数)/%		≤7	≤5	≤2
挥发分(质量分数)/%		≤43	≤40	≤40
固定碳(质量分数)/%		≥50	≥55	≥58
常温抗折黏结强度/MPa	200℃×24h	—	≥4	≥8
	600℃×3h(埋碳)烧后	—	≥1	≥2.5
挤压缝/mm		≤1	≤1	≤1

19.9 耐火涂料(涂抹料)

耐火涂料是用于作耐火材料衬体表面的工作衬或保护衬的泥膏状材料,是一类具有较小屈服值的宾汉姆型流体的泥料,具有较好的铺展性,可采取人工涂抹(刷)或机械喷涂法施工。

耐火涂料可分为普通耐火涂料和功能性耐火涂料。普通耐火涂料包括硅酸铝质耐火涂料(见 19.3.1 节硅酸铝质喷涂料)、中间包用碱性涂料、耐磨涂料、耐酸涂料、耐碱涂料、耐热和耐火保温涂料等。涂料按功能分为热辐射(红外辐射)涂料、防氧化涂料等。耐火涂料是由特定性质的耐火集料(细骨料+粉料,或粉料+超细粉料,或粉料+纳米材料)、结合剂和涂料助剂(如分散剂、塑化剂、防沉剂、防缩剂、烧结剂等)组成的。随着涂料作用功能不同,配制涂料所采用的主要材料材质、结合剂和助剂有较大的差异。

19.9.1 中间包用碱性涂料

中间包用碱性涂料是由烧结镁砂(或镁钙砂)、结合剂、增塑剂和有机纤维组成的。配制涂料的镁砂其 CaO/SiO_2 比可控制在 2 以上,以使其在高温下能生成 $\beta-C_2S$。此物相在冷却时,约在 675℃会转变成 $\gamma-C_2S$,同时伴随有约10%的体积膨胀而导致材料粉化,有助于用后涂层解体脱落。此类涂料中也允许加入少量的生白云石或石灰石细颗粒或粉料,除提高涂料中的 CaO,有利于钢液净化外,用后涂料残衬中也含有游离 CaO,在喷水冷却时会发生 $CaO+H_2O \rightarrow Ca(OH)_2$ 反应,出现粉化而易于解体。涂料的粒度组成与一般干式碱性喷涂料相似(见19.3.2节碱性喷涂料),粒度范围为0~3.5mm。

碱性涂料的结合剂可采用速溶聚磷酸盐、速溶硅酸钠和复合聚磷酸盐。可采用的增塑剂有软质黏土、羧甲基纤维素和木质素磺酸钙等。涂料中加入的有机纤维为短纤维,纤维直径一般为10~40μm,长度1~5mm,一般采用天然植物纤维较好,也可采用人工合成纤维与天然纤维组合成的混合纤维。纤维加入量是根据所要求的涂层的体积密度来确定。体积密度是随纤维加入量的提高而降低,一般可在0.5%~3%范围内调控。但纤维必须经过松解后加入,以使其能均匀分布于涂料中。表19-59为中间包用镁质和镁钙质涂料的一般理化性能,表中MT表示镁质涂料,MGT表示镁钙质涂料。该涂料既可以喷涂,也可以涂抹施工。

表19-59 中间包湿式碱性喷涂料的理化性能[37]

项 目	ZMT-1	ZMT-2	ZMT-3	ZMGT-1	ZMGT-2
$w(MgO)$/%	≥86	≥80	≥60	≥65	≥45
$w(CaO)$/%	—	—	—	≥8	≥15
$w(SiO_2)$/%	≤5	—	—	—	—
体积密度(110℃×24h,烘干后)/$g \cdot cm^{-3}$	1.9~2.3	1.9~2.3	1.5~2.2	1.9~2.3	1.9~2.3
常温耐压强度(110℃×24h)/MPa	≥4	≥4	≥3	≥2	≥2
加热永久线变化(1500℃×3h)/%	0~-3.5	0~-3.5	0~-4.0	0~-3.5	—

采用螺旋泵喷射机喷涂施工时,泥料通过橡胶软管输送到喷嘴,在喷嘴处引入压缩空气将泥料喷射到永久衬上。喷涂厚度可根据使用要求而确定,要求使用20~30炉次为45~60mm,使用30~40炉次为60~80mm。喷涂后可对涂层表面由人工作适当修整。

19.9.2 耐磨耐火涂料

耐磨耐火涂料是由致密耐火骨料、粉料和结合剂混合而成,采用涂抹方法施工并具有良好耐磨性的耐火涂料。

冲蚀磨损已经成为某些工业窑炉用耐火材料损坏的主要原因。这类高温窑炉中,各类燃料、物料、固废垃圾、烟气等在高温和高速气流的作用下,对一些关键部位都存在不同程度的磨损和冲刷。如果不及时进行处理,这些部位就会逐渐减薄乃至破损,影响窑炉的正常运行。对这些部位采用耐磨耐火涂料进行修补或加强,可以延长该部位的使用寿命,保障窑炉的正常运行。

耐磨耐火涂料一般采用棕刚玉、电瓷料、高铝矾土、氧化铝微粉、氧化硅微粉、铝酸钙水泥、耐热钢纤维和化学添加剂所组成,具有施工性能好、硬化速度快、耐磨性能优异的特点,可以满足窑炉管道及相关设备的快速施工、紧急维修、耐磨损耗等诸多要求[38]。

耐磨耐火涂料一般以棕刚玉为主体骨料,由于它具有很高的硬度和耐磨性,再辅以耐热钢纤维的增韧作用,从而使涂料耐磨损和抗冲刷性得到显著提高。

结合剂可以采用铝酸盐水泥或磷酸盐结合方式,也可以采用铝酸盐水泥和聚丙烯酸乳胶复合。施工时利用聚丙烯酸乳胶获得极佳的粘结性,涂抹料不仅可以涂抹侧壁,而且涂抹顶部极其方便。养护时,利用水泥水化释放的Ca^{2+}和聚丙烯酸乳胶中COOH基团的反应,使聚丙烯酸高分子产生交联,快速(约7h)获得强度。升温时利用来自水泥的CaO、Al_2O_3和氧化硅微粉中的SiO_2反应,形成钙长石$CaO \cdot Al_2O_3 \cdot 2SiO_2$和陶瓷结合,获得中温强度。但涂料经500℃以上处理,强度降低,适合在温度小于500℃的衬体中取代磷酸盐结合涂料[38,39]。

耐磨耐火涂料适用于循环流化床锅炉、余热发电锅炉、石油化工催化裂化装置、垃圾焚烧炉、新型干法水泥窑系统、煤粉炉制灰系统及集灰管道系统等热工窑炉。根据最高试验温度的不同,分为表19-60中以下3个牌号的类型。

表 19-60　耐磨耐火涂料的理化指标[40]

项　目		NMT_0-600	NMT_0-900	NMT_0-1200
最高使用温度/℃		600	900	1200
$w(Al_2O_3+SiC)$/%		45		
常温耐磨性/cm^3	热处理温度×3h 烧后	10	8	6
常温耐压强度/MPa	110℃×24h 烘干后	30	50	60
	热处理温度×3h 烧后	40	60	80
加热永久线变化/%	热处理温度×3h 烧后	±0.5		

注:1. NMT_0-600、NMT_0-900 和 NMT_0-1200 的热处理温度分别为 550℃、815℃和 1100℃。
2. 最高使用温度是指材料在该温度下煅烧 5h 后加热永久线变化在±1.5%的试验温度。

19.9.3　耐酸耐火涂料

耐酸耐火涂料是由酸性或半酸性耐火粉料(小于 0.088mm),结合剂和涂料助剂调制而成的,可采用的酸性和半酸性材料有叶蜡石、硅石、铸石、安山岩、焦宝石等,它们的耐酸度分别为:叶蜡石 92%~96%、硅石大于 97%、铸石 98%、安山岩大于 94%、焦宝石 92%~97%,此外,为了防止涂料施工后涂层干燥中发生开裂,也可加入耐热玻璃短纤维,或硅酸铝质耐火短纤维(3~7mm)。

耐酸耐火涂料的结合剂有水玻璃、二氧化硅溶胶和酸性磷酸铝(磷酸二氢铝)等,用水玻璃作结合剂时可选用高模数的水玻璃(模数不小于 3),并可引入有机树脂来提高其黏结力和抗龟裂性能。有机树脂最好是水溶性或水乳胶树脂,可选用的有机树脂有:水溶性甲基硅醇钠、聚醋酸乙烯乳液、聚丙烯酸酯乳液、水性尿素树脂等。用二氧化硅溶胶作结合剂时要选用 SiO_2 含量 30%~45%的硅溶胶,使用时可加入硅烷偶联剂或有机树脂乳液。用酸性磷酸铝作结合剂时需经高温烘烤才能固化,在加热过程中形成缩合磷酸盐而成膜。也可加入固化剂使其固化成膜,可采用的固化剂有金属氧化物和氢氧化物、硼酸盐、硅氟化物等。

耐酸耐火涂料主要用于作有酸性气体介质通过的烟囱、烟道和某些有酸性介质反应器的内衬的表面涂层。

19.9.4　耐碱耐火涂料

耐碱耐火涂料是用耐碱耐火粉料、结合剂和涂料助剂配制而成的,具有抗碱金属蒸汽的侵蚀作用。可采用的耐碱耐火粉料有焦宝石、高铝矾土熟料、铝铬渣、锆英石和铬刚玉等磨细而成的粉料。粉料粒度小于 0.5mm,其中小于 0.074mm 约占 60%~70%。结合剂可采用铝酸钙水泥或水溶性硅酸钠(水玻璃)。涂料助剂包括有分散剂(聚磷酸钠、聚丙烯酸钠、柠檬酸钠等)、防沉降剂(羧甲基纤维素,膨润土)和助烧结剂等。

耐碱耐火涂料主要用于作有碱蒸汽沉积与腐蚀的烟道、烟囱和气氛工业炉衬体的表面保护层。

19.9.5　耐热和耐火保温涂料

耐热保温涂料主要是用于作耐火衬体外表面的保温涂层,使用温度在 700℃以下。而耐火保温涂料主要是用于作耐火衬体内表面的保温涂层,使用温度在 1100℃以上。

耐热保温涂料所采用的基体主材料有膨胀蛭石粉、膨胀珍珠岩粉、硅藻土粉、石棉绒、轻质黏土熟料粉,以及矿渣棉、玻璃棉和硅酸铝纤维棉等,它们之间的配合比例是根据所要求体积密度、热导率和使用温度来确定。可采用的结合剂有硅酸盐水泥、铝酸盐水泥、水溶性硅酸钠、酸性磷酸二氢铝等。增塑剂主要是膨润土和可塑性耐火黏土。

以膨胀蛭石或膨胀珍珠岩为主体材料配制

成的涂料的一般性能为：体积密度 0.36～0.50g/cm³，350℃的热导率为 0.06～0.12W/(m·K)。这类耐热保温涂料主要用作裸露于大气中的工业炉砌体的外表面保温，如作轧钢加热炉、热处理炉、玻璃窑等炉（窑）顶的外表面保温涂层，以及一些热风或废气管道的内壁保温涂层。

耐火保温涂料所采用的基体主材料有轻质黏土熟料、轻质高铝熟料、轻质莫来石熟料、轻质氧化铝熟料等制成的粉料，烧结黏土质或莫来石质空心球（小于 1mm），电熔氧化铝空心球（小于 1mm），粉煤灰漂珠，以及硅酸铝纤维棉、莫来石质纤维棉、多晶纤维棉等，可根据使用条件而选用之。可选用的结合剂有硅酸乙酯水解液、水溶性硅酸钠、二氧化硅溶胶、酸性磷酸盐和硫酸铝水溶液等。但选用上述结合剂时都要调配相应的固化剂，如用水溶性硅酸钠溶液作结合剂时，可选用的固化剂有氧化锌、硅氟化物、缩合磷酸盐、硼酸盐等。一般采用硅氟化物和缩合磷酸盐较好。此类保温涂料所采用的助剂（塑化剂、防沉剂等）与普通耐火涂料所采用的相似。

耐火保温涂料的主要物理性能（体积密度、热导率）随所采用的基体主材料的物理性能的不同而有较大的差异。如用莫来石轻质熟料粉为主配制成的耐火保温涂料的体积密度为 0.8～1.0g/cm³、热导率为 0.26～0.26W/(m·K)。而用轻质氧化铝熟料和电熔氧化铝空心球配制成的耐火保温涂料的体积密度为 1.2～1.6g/cm³，热导率（1000℃）为 0.9～1.2W/(m·K)。

耐火保温涂料主要用于作高温炉内衬表面的涂层和热风管道内壁的保温涂层，也用于作耐火纤维毡或耐火纤维制品内衬表面的涂层，以提高内衬抗气流冲刷或抗烟气的腐蚀。

19.9.6 热辐射涂料

热辐射涂料（层）是指在红外波段具有高发射率值或特定选择性辐射特性的涂料。此种涂料涂刷或喷涂，或熔射于工业炉衬体表面形成涂层，可提高炉壁表面的热辐射率，提高炉内的热利用效率，因此也称为节能涂料。

热辐射是一种电磁波的能量传递。在任何温度下，能够全部吸收和发射任何波长（0.1～100μm）辐射能的物体称为黑体。黑体具有最佳的辐射特性，但一般物体的辐射特性在任何波长都低于黑体。在某温度下单位面积单位时间所辐射的能量称为该物体的辐射能。在同一温度下，某一物体的辐射能与黑体的辐射能之比则称为该物体的辐射率 ε，又称为黑度。辐射率值介于 0 与 1 之间，辐射率值愈大，说明该物体的热辐射本领愈高。

在耐火材料衬体上涂上一层高温高辐射率的涂料后，能提高输入能量转换成辐射能的效率。金属氧化物、碳化物、氮化物和硼化物中有些材料适合于制造高温高发射率值的涂料。表 19-61 为多种耐火材料的辐射率对比。

表 19-61 几种耐火材料的辐射率

材料名称	温度/℃	辐射率 ε
耐火黏土砖	1100	0.35～0.65
硅砖	1000 1000	0.8 0.85
镁砖	1100	0.38
硅线石砖	1010～1560	0.432～0.78
莫来石砖	700	0.4
刚玉材料	1010～1560	0.18～0.52
SiC 材料	1000～1400	0.82～0.92
ZrO_2-CaO-SiO_2 材料	800～1600	>0.9
耐火纤维材料	1100	0.35

从表 19-61 看出，SiC 材料和 ZrO_2-CaO-SiO_2 系材料具有较高的辐射率值，因此一般选用 SiC 和 ZrO_2-CaO-SiO_2 系材料作涂料基体的较多。

SiC 质热辐射涂料是由 SiC 粉料（小于 0.1mm）、结合剂和外加剂组成的。结合剂可采用有机硅类溶胶，或磷酸盐、硅酸盐和硼酸盐。外加剂包括有防沉降剂（如羧甲基纤维素、阿拉伯树脂、糊精等）和塑化剂（如软质黏土、膨润土、氧化硅微粉等）。表 19-62 为 SiC 质热辐射涂料不同温度下的辐射率和其黏结强度。

表 19-62 SiC 质涂料不同温度下辐射率

温度/℃	全辐射率 ε	黏结强度/MPa
1000	0.82	0.75~1.5
1100	0.85	—
1200	0.87	1.20~1.95
1300	0.90	—
1400	0.92	2.00~3.11

$ZrO_2-CaO-SiO_2$ 系热辐射涂料其基本成分是 ZrO_2、CaO、SiO_2，此类材料在近红外波段辐射率并不高，但具有较高的耐火度、结构强度和耐高温腐蚀性。为了提高在 1~5μm 波段的热辐射率，可采取在 ZrO_2 晶体中掺杂增黑剂来增大杂质能级而提高其热辐射率。可采用的增黑剂是过渡元素氧化物，如 Al_2O_3、Cr_2O_3、Fe_2O_3、MgO、CoO。这些氧化物可提供的正离子（Al^{3+}、Cr^{3+}、Fe^{3+}、Co^{2+}、Mg^{2+}）半径与 Zr^{4+} 离子半径相近，可以取代 Zr^{4+} 离子位置或掺杂于 ZrO_2 晶隙，从而增加杂质能级，提高近红外辐射能力。

$ZrO_2-CaO-SiO_2$ 系涂料是由含 ZrO_2 熟料、结合剂和添加剂组成的。含锆熟料是由 ZrO_2、锆英石和增黑剂（过渡族元素氧化物）组成的烧结料，经粉碎成 400 目粉料使用。此粉料可与由 SiO_2、SiC 和高岭土组成的 300 目粉料按比例配制成涂料的基体材料。结合剂是由磷酸二氢铝、硅溶胶和水溶性聚乙烯醇按 6：3：1（质量比）配制成的，结合剂的 pH=3。添加剂包括有分散剂（六偏磷酸钠）、防沉降剂（羧甲基纤维素、钛白粉）、成膜剂（蓖麻油）等。此涂料工作温度为 800~1450℃，红外波段平均热辐射率 ε>0.9。可作电热加热炉和燃气加热炉内衬的热辐射涂层，节能率可达 10%左右。

热辐射涂料的技术指标见表 19-63，出于对环保的考虑，材料中铬的含量很低或没有。

表 19-63 热辐射涂料的技术指标[41]

项 目		Ⅰ级	Ⅱ级	Ⅲ级
总铬含量	低铬/%	≤2		
	无铬/mg·kg^{-1}	≤50		
发射率*		≥0.89		
粉体的耐火度/CN		130	154	178
附着力/级		≥2		
中位径粒度/μm		≤20		
悬浮性**		无清液或分层		
黏度（以流出时间计）/s		>10		
抗热震性/次		≥10		
蓄热量增加率***/%		≥10		

* 发射率的测定温度为 100℃。

** 涂料悬浮性为浆状涂料静置 1h 测得。

*** 蓄热量增加率为与未涂覆涂料试样相比较。

19.9.7 防氧化耐火涂料

防氧化耐火涂料是用于含碳耐火制品（如镁碳砖、铝碳砖、滑板砖、铝碳长水口和浸入水口等）在热处理过程中和使用中防止碳素氧化的泥料。对这类涂料的技术要求是：

（1）涂料铺展性要好，能很好地黏附于含碳制品的表面，对含碳制品表面具有一定浸润性；

（2）烘干后与含碳制品表面具有一定的结合强度；

（3）涂抹于制品表面上后成膜性好，涂层不发生开裂和脱落；

（4）在中低温加热烘烤中能形成均质致密釉化层，阻止空气中的氧气侵入制品内，防止制品中的碳素氧化。

为了满足上述技术性能要求，防氧化耐火涂料是由陶瓷釉料、结合剂和涂料助剂（分散剂、防沉降剂、增塑剂、偶联剂等）组成的。

此类涂料用的陶瓷釉料一般是由钾或钠的长石、钙或钡的偏硅酸盐、硼酸盐、氟化物、石灰石、氧化铅、碳酸锂、高岭土、石英和高铝矾土等组成的。组成物之间的比例是按所需的成釉（釉化）温度范围（700~1300℃）来确定。涂料的结合剂有硅酸乙酯水解液、水玻璃、硅溶胶、酸性磷酸盐等，以及它们分别与有机物或无机物反应制得的改性结合剂，以提高涂料的使用性能。这类涂料采用的分散剂、防沉降剂、增塑剂和成膜剂与其他涂料相似。但由于这类涂料是涂抹在含碳或炭素制品表面上，炭质材料与无机材料之间亲合性很差，因此要加偶联剂，把不同性质的材料，通过化学或物理的作用结合在一起。偶联剂是无机与有机物质界面间的“桥梁”，可采用的偶联剂有硅烷系偶联剂和钛酸酯系偶联剂。

防氧化涂料在含碳制品上涂抹的涂层厚度一般不超过1mm。因此涂料中的固体粒度小于0.03mm，调成的涂料浆体密度为1.6~1.8g/cm^3，要求烘干后即能形成致密凝胶保护层，并随着温度的提高，在700~900℃时出现釉化，形成均质釉面层，以阻止空气中的氧气向炭质制品内部扩散而起防氧化作用。

参考文献

[1] 中钢集团洛阳耐火材料研究院有限公司，通达耐火技术股份有限公司，郑州瑞泰耐火科技有限公司，等.GB/T 4513.1—2015 不定形耐火材料第1部分：介绍和分类[S].北京：中国标准出版社，2015.

[2] 中冶集团武汉冶建技术研究有限公司，中钢集团洛阳耐火材料研究院，武汉科技大学.GB/T 22459.1—2008 耐火泥浆（第1部分）：稠度试验方法（针入度法）[S].北京：中国标准出版社，2009.

[3] 中冶集团武汉冶建技术研究有限公司，中钢集团洛阳耐火材料研究院，武汉科技大学.GB/T 22459.2—2008 耐火泥浆（第2部分）：稠度试验方法（跳桌法）[S].北京：中国标准出版社，2009.

[4] 冶金部建筑研究总院.YB/T 5202—1993 致密耐火浇注料稠度测定和试样制备方法[S].北京：中国标准出版社，1994.

[5] 中钢集团洛阳耐火材料研究院有限公司，安徽瑞泰新材料科技有限公司，北京利尔高温材料股份有限公司.GB/T 4513.4—2017 不定形耐火材料 第4部分：浇注料流动性的测定[S].北京：中国标准出版社，2017.

[6] 中冶集团武汉冶建技术研究有限公司，中钢集团洛阳耐火材料研究院，武汉科技大学.GB/T 22459.3—2008 耐火泥浆 第3部分：黏结时间测定方法[S].北京：中国标准出版社，2009.

[7] 冶金工业部建筑研究总院.YB/T 5119—1993 黏土质和高铝质耐火可塑料可塑性指数试验方法[S].北京：中国标准出版社，1994.

[8] 中国建筑材料科学研究总院，厦门艾思欧标准砂有限公司，浙江中富建筑集团股份有限公司，等.GB/T 1346—2011 水泥标准稠度用水量、凝结时间、安定性检验方法[S].北京：中国标准出版社，2011.

[9] 中钢集团洛阳耐火材料研究院有限公司，通达耐火技术股份有限公司，郑州瑞泰耐火科技有限公司，等.GB/T 4513.1—2015 不定形耐火材料第1部分介绍和分类[S].北京：中国标准出版社，2015.

[10] Kageyama T, Kitamura M, Makihara T. Development of fast drying castable for blast furnace trough[J]. Shinagawa Technical Report, 2010(53): 59~64.

[11] 富强，张晖，牛益民，等.不同结合系统刚玉-方镁石-尖晶石浇注料的性能[J].耐火材料，2002(02)：104~106.

[12] 中冶建筑研究总院有限公司，中冶武汉冶金建筑研究院有限公司，中冶工程材料有限公司，等.YB/T 4126—2012 高炉出铁沟浇注料[S].北京：冶金工业出版社，2013.

[13] 中冶集团武汉冶建技术研究院有限公司，中钢集团洛阳耐火材料研究院有限公司.YB/T 4110—2009 铝镁耐火浇注料[S].北京：冶金工业出版社，2010.

[14] 通达耐火技术股份有限公司，郑州瑞泰耐火科技有限公司，江苏恒耐炉料集团有限公司，等.JC/T 708—2013 耐碱耐火浇注料[S].北京：中国建材工业出版社，2013.

[15] 通达耐火技术股份有限公司，郑州瑞泰耐火科技有限公司，淄博中科达耐火材料有限公司，等.JC/T 807—2013 轻质耐碱浇注料[S].北京：中国建材工业出版社，2013.

[16] 无锡市宜刚耐火材料有限公司，郑州耐都热陶瓷有限公司，中钢集团洛阳耐火材料研究院有限公司.GB/T 23294—2009 耐磨耐火材料[S].北京：中国标准出版社，2009.

[17] 李德顺.纤维在不定形耐火材料中的应用[J].国外耐火材料，1994(02)：18~23.

[18] 李再耕，王战民.喷射耐火材料新技术进展[C]//2001年全国不定形耐火材料学术会议论文集.北京：2001：35~53.

[19] 张巍.不定形耐火材料的施工技术研究进展[J].山东建筑大学学报，2013，28(06)：

557~563.

[20] 中钢集团洛阳耐火材料研究院有限公司,河南熔金高温材料股份有限公司,北京利尔高温材料股份有限公司,等.YB/T 4640—2018 中间包、感应炉用耐火干式料[S].北京:冶金工业出版社.

[21] 中国铝业股份有限公司郑州研究院,济源市涟源炉业有限公司,郑州浩宇炭素材料有限公司.YS/T 456—2014 铝电解槽用干式防渗料[S].北京:中国标准出版社,2015.

[22] 薛群虎,徐维忠.耐火材料[M].2 版.北京:冶金工业出版社,2009:202.

[23] Allied Mineral 产品手册。

[24] 刘开琪.无芯中频感应炉用耐火材料的现状与发展[C]//《耐火材料》杂志社创刊四十周年暨耐火材料科技发展研讨会,2006:177~181.

[25] 海城利尔麦格西塔材料有限公司,海城市中兴镁质合成材料有限公司,冶金工业信息标准研究院 .YB/T 101—2018 电炉炉底用 MgO-CaO-Fe_2O_3 系合成料[S]. 北京:冶金工业出版社,2019.

[26] 中冶建筑研究总院有限公司,中国京冶工程技术有限公司.YB/T 4196—2009 高炉用无水炮泥[S].北京:冶金工业出版社,2010.

[27] 中钢集团洛阳耐火材料研究院,武汉威林炉衬材料有限公司.YB/T 4153—2006 高炉用非水系压入料[S].北京:中国标准出版社,2006.

[28] 中冶武汉冶金建筑研究院有限公司,湖南省醴陵市马恋耐火泥有限公司,湖南省醴陵市栗山坝硅火泥厂,等.YB/T 384—2011 硅质耐火泥浆[S].北京:冶金工业出版社,2012.

[29] 中冶集团武汉冶建技术研究有限公司,武汉威林炉衬材料有限公司.GB/T 14982—2008 粘土质耐火泥浆[S].北京:中国标准出版社,2009.

[30] 武汉威林炉衬材料有限责任公司,武汉冶建技术研究有限责任公司.GB/T 2994—2008 高铝质耐火泥浆[S].北京:中国标准出版社,2009.

[31] 武汉冶金建筑研究所.YB/T 149—1998 非水系硅酸铝质耐火泥浆[S].北京:中国标准出版社,1998.

[32] 中冶武汉冶金建筑研究院有限公司,大石桥兴华镁矿有限公司,巩义通达中原耐火技术有限公司,等.YB/T 5009—2011 镁质、镁铝质、镁铬质耐火泥浆[S].北京:北京冶金工业出版社,2012.

[33] 中钢集团洛阳耐火材料研究院有限公司,山东八三特种耐火材料厂,宜兴市钰玺窑业有限公司,等.GB/T 23293—2009 氮化物结合耐火制品及其配套耐火泥浆[S].北京:中国标准出版社,2009.

[34] 兰州炭素厂.YB/T 2808—1991 细缝糊[S].冶金部标准所.

[35] 武汉钢铁设计研究院,冶金工业信息标准研究院.YB/T 4038—2007 高炉用低温粗缝糊[S].北京:冶金工业出版社,2007.

[36] 中冶武汉冶金建筑研究院有限公司,冶金工业信息标准研究院,重庆海纽冶金研究院有限公司,等.YB/T 121—2014 炭素泥浆[S].北京:冶金工业出版社,2014.

[37] 中钢集团洛阳耐火材料研究院有限公司,郑州豫华企业股份有限公司 . YB/T 4121—2018 中间包用碱性涂料[S]. 北京:冶金工业出版社,2018.

[38] 张金龙,李存弼.快硬耐磨耐火涂抹料及其应用[C]//第五届中国水泥工业耐磨技术研讨会论文集.安徽瑞泰新材料科技有限公司,2011:285~286.

[39] 王杰曾,李存弼,董舜杰,等.水泥-聚丙烯酸结合涂抹料的研发和应用[C]//第六届国际耐火材料会议论文集.2012:229~231.

[40] 通达耐火技术股份有限公司,阳泉金隅通达高温材料有限公司,山东华能耐火材料有限公司,等.YB/T 4501—2016 耐磨耐火涂抹料[S].北京:冶金工业出版社,2016.

[41] 山东慧敏科技开发有限公司,北京科技大学,冶金工业信息标准研究院.YB/T134—2015 高温红外辐射环保型涂料[S].北京:冶金工业出版社,2016.

20　节能耐火材料

本章介绍了节能耐火材料的种类及性能，主要涉及隔热保温耐火材料与提高窑炉热效率的功能涂层材料两大类别，阐述了相关品种节能耐火材料组成、结构与性能。

20.1　节能耐火材料分类

节能耐火材料可分为隔热耐火材料和节能涂料两大类。隔热耐火材料包括定形和不定形隔热耐火材料，不定形隔热耐火材料参见不定形耐火材料章节；节能涂料包括轻质保温节能涂料和红外高辐射节能涂料。

20.1.1　隔热耐火材料分类

隔热耐火材料是指气孔率高、体积密度小、具有绝热性能、对热可起屏蔽作用的材料。由于隔热耐火材料的重量轻，通常又称为轻质耐火材料。隔热耐火材料，除了主要用在高于环境温度条件下防止热的流出损失外，还用于低于环境温度的条件下以防止热的流入。在前一种情况下使用时，常称为保温材料；在后一种情况下使用时则称为保冷材料。由于节能工作的要求，隔热耐火材料的发展非常迅速，品种繁多，可从不同的角度进行分类。

最常用的一种分类方法是根据材料的化学矿物组成或生产用原料进行分类和命名的，如采用黏土原料，硅质或高铝质原料制成的轻质隔热耐火制品称为轻质黏土砖，轻质硅砖或轻质高铝砖。

如果按照使用温度来分类，隔热耐火材料可分为三种：

(1) 低温隔热材料<600℃；

(2) 中温隔热材料 600~1200℃；

(3) 高温隔热材料>1200℃。

从体积密度来看，轻质隔热耐火材料的体积密度一般不大于 $1.3g/cm^3$，常用的轻质隔热耐火材料的体积密度为 $0.6 \sim 1.0g/cm^3$，若体积密度为 $0.3 \sim 0.4g/cm^3$ 或更低，则称为超轻质隔热材料。

隔热耐火材料亦可根据材料的形态进行如下分类：粉粒状隔热材料、定形隔热材料、纤维状隔热材料和复合隔热材料（见表 20-1）。

表 20-1　隔热耐火材料按形态分类

类别	特征	举　例
粉粒状隔热材料	粉粒散状隔热填料	膨胀珍珠岩、膨胀蛭石、硅藻土等，氧化物空心球，氧化铝粉
	粉粒散状不定形隔热材料	轻质耐火浇注料、轻质浇注料
定形隔热材料	多孔、泡沫隔热制品	轻质耐火砖、泡沫玻璃
纤维状隔热材料	棉状和纤维制品隔热材料	石棉、玻璃纤维、岩棉、陶瓷纤维、氧化物纤维及制品
复合隔热材料	纤维复合材料	绝热板、绝热涂料硅钙板

(1) 粉粒状隔热材料有不含结合剂的直接利用耐火粉末或颗粒料作填充隔热层的粉粒散状材料和含有结合剂的粉粒散状轻质不定形隔热耐火材料。粉粒状隔热材料使用方便、容易施工，在现场填充和制作即可成为高温窑炉和设备的有效的绝热层。

(2) 定形隔热材料是指具有多孔组织结构的形状一定的隔热材料，其中以砖形制品最为普遍，因而一般又称为轻质隔热砖。轻质隔热砖的特点是性能稳定，使用、运输和保管都很方便。

(3)纤维状隔热材料系棉状和纤维制品状隔热材料。纤维材料易形成多孔组织,因此,纤维状隔热材料的特点是重量轻、绝热性能好、富有弹性,并有良好的吸音和防震等性能。

(4)复合隔热材料,主要指纤维材料与其他材料配制而成的绝热材料,如绝热板、绝热涂层等隔热材料。

从结构上看,隔热耐火材料系由固相和气相(气孔)构成。据此,隔热材料又可按固相与气相的存在方式和分布状态分为以下三类(见表20-2):

(1)气相为连续相而固相为分散相的隔热材料;

(2)固相为连续相而气相为分散相的隔热材料;

(3)气相与固相都为连续相的隔热材料。这种分类方法对分析研究组织结构对隔热材料的性能的影响比较方便。

表20-2 隔热耐火材料按组织结构分类(举例)

类别	特征	举　　例
气相连续的隔热材料	固相为孤立分散相	粉粒料填充隔热层,以可燃物法制造的轻质耐火砖
固相连续的隔热材料	气相为孤立分散相	氧化物空心球制品,粉煤灰漂珠隔热制品,泡沫法轻质砖,泡沫玻璃
混合结构的隔热材料	气相和固相都为连续相	纤维、棉状隔热材料,耐火纤维毡,岩棉、玻璃棉保温材料

20.1.2 节能涂料分类

节能涂料是指能够对窑炉起到节能效果的耐高温涂料。根据材料对热的应用方式不同可分为轻质保温节能涂料和红外高辐射节能涂料。轻质保温节能涂料节能原理与隔热材料类似但是又具有其自身的特点,轻质保温节能涂料不仅自身热阻大、热导率低,而且热反射率很高,能有效地降低辐射传热及对流传热,可与传统多孔保温材料复合使用,构成低辐射传热结构,提高保温效率。红外高辐射节能涂料是利用材料本身对热量具有很强的高温辐射和吸收性能,在物体表面涂覆一层具有红外高辐射率的材料,使物体表面具有很强的热辐射吸收和辐射能力,使辐射传热的效率提高,又称为红外高辐射率涂层技术。其原理是根据材料内部的分子振动引起偶极矩变化而产生红外辐射的变化。分子振动时,对称性越低,偶极矩变化越大,其红外辐射就越强。

20.2 隔热耐火材料的结构与性能

20.2.1 隔热耐火材料的组织结构特点

在组织结构上,与普通致密耐火材料相比,隔热耐火材料的最显著特点是气孔率高和气孔孔径较大。在大多数完全烧结的耐火制品中,气孔率一般都小于20%,气孔孔径较小,如黏土砖的孔径一般为2~60μm,硅砖为19~21μm,镁砖为26~28μm。而各种轻质隔热耐火材料的气孔率一般都在45%以上,且气孔的孔径粗大,如用添加可燃物加入物法制造的轻质砖的孔径为0.1~1mm,用泡沫法生产的轻质氧化铝制品的孔径为0.1~0.5mm,氧化铝空心球轻质制品的孔径为0.5~5mm。在显微镜下观察时,不管材料中固相的化学-矿物组成如何,隔热耐火材料的组织结构可明显地分为如下三种结构(图20-1):

(1)开放气孔结构型。这种类型的轻质隔热耐火材料的显微结构特点是固相(固态物质)被气相(气孔)分割,成为断断续续的非连续相。相反,由于结构中开口气孔占优势,气孔相互连通,成为气相(气孔)连续的结构。以轻质耐火粉粒填充的隔热耐火层,采用可燃物加入物法生产的大多数轻质隔热制品属于这种结构类型。

(2)固相连续结构型或封闭气孔结构型。这种类型的轻质隔热耐火材料的显微结构特点是大部分气孔以封闭气孔的形式存在。气相(气孔)被连续的固相(固态物质)包围,形成固相连续而气相(气孔)被分割孤立存在的结构特征。换句话说,在这种结构中,连续相为固相,气相(气孔)为非连续相。用泡沫法生产的轻质耐火制品，各种氧化物空心球隔热制品都属于这种结构类型。

（3）固相和气相都为连续相的混合结构型。这种结构类型的轻质隔热耐火材料的显微结构特点是固相和气相都以连续相的形式存在。各种矿棉、耐火纤维隔热材料和制品以及纤维复合材料均属于这种结构类型。在这种结构中，固态物质以纤维状形式存在构成连续固相骨架，而气相（气孔）则连续存在于纤维材料的骨架间隙之中。

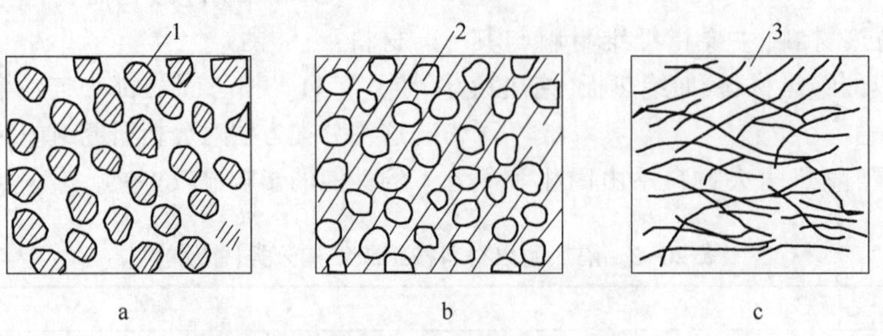

图 20-1 隔热耐火材料的组织结构示意图

a—开放气孔结构型；b—固相连续结构型；c—固相与气相都为连续结构型

1—固相；2—气相（气孔）；3—纤维

20.2.2 隔热耐火材料的体积密度与气孔率

隔热耐火材料的体积密度和气孔率与其热导率、热容和强度等性能有密切关系，是隔热耐火材料的重要质量指标。

体积密度系指材料的重量与材料的总体积之比，当材料的化学和矿物组成一定时，它表示材料的密实程度。一般而言，隔热耐火材料的热导率随着体积密度的增加而提高，如图 20-2 所示。因此，为了提高隔热保温效果，一般都选用密度尽量小的隔热材料。但事实上，隔热耐火材料的组织结构，即固相与气相（气孔）的组合方式对材料的热导率有重要的影响，在选用隔热耐火材料时需要特别加以注意。如图20-3所示，在密度相同的情况下，热导率最小的材料为纤维排列方向与热流传递方向垂直的耐火纤维隔热材料，其次为轻质耐火粉粒填充保温隔热层，固相连续的多孔结构制品，纤维与热流传递方向平行的纤维隔热制品。

气孔率指隔热材料的气孔体积与材料的总体积之比，以百分率表示。由于轻质隔热耐火材料的隔热功能主要就是利用气孔中空气的隔热作用，因而气孔率的大小对材料的导热性能有决定性的影响。它与体积密度正好相反，隔热材料的气孔率越高，其热导率越小。但是，如

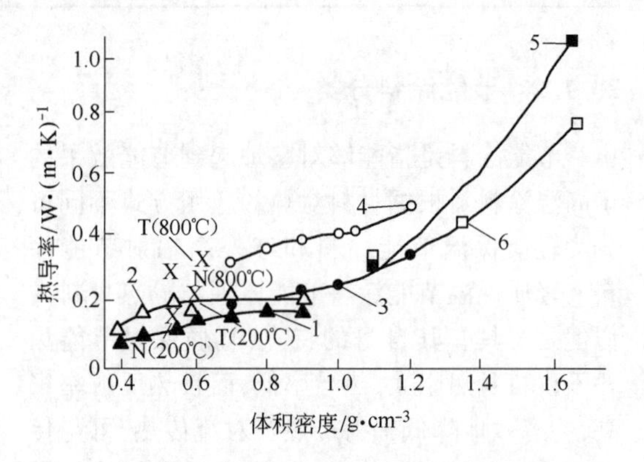

图 20-2 各种隔热耐火材料的热导率与体积密度的关系

1—硅藻土-黏土轻质砖，200℃；2—硅藻土-黏土轻质砖，800℃；3—轻质黏土砖，200℃；4—轻质黏土砖，800℃；5—轻质高铝砖，200℃；6—轻质高铝砖，800℃；

XT—用化学反应产生气体制造的轻质砖；

XN—添加挥发物制造的轻质砖

前所述，材料的性能取决于材料的组织结构。图 20-4 示出了材料的气孔率与热导率之间的理论关系曲线。图中实线表示固相为连续相和气相被隔离孤立存在的隔热材料，它们的热导率随着气孔率的提高呈线性下降趋势。而虚线则为固相被连续的空气层包围的隔热材料，在气孔率较低的范围内，热导率随着气孔率提高呈急速下降的趋势，但在气孔率较高的范围内，提高气孔率对降低热导率的作用较小。

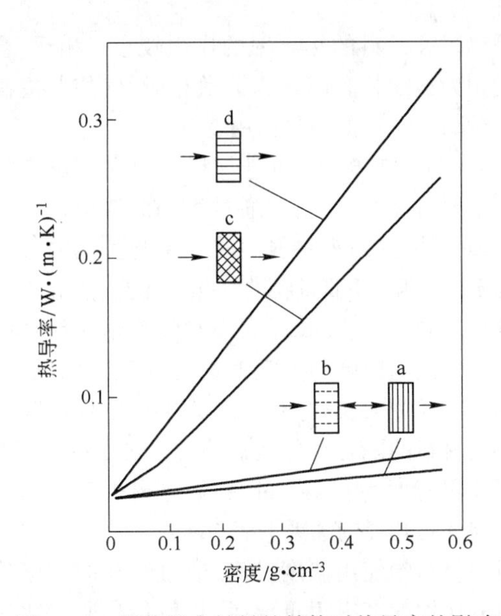

图 20-3 隔热耐火材料的结构对热导率的影响

(设固体的热导率为 1.40W/(m·K),气体的热导率 0.023W/(m·K),固相的真比重为 2.5)

a—纤维质材料,热流与纤维方向垂直;b—粉粒状材料;c—多孔性材料;d—纤维质材料,热流与纤维方向平行

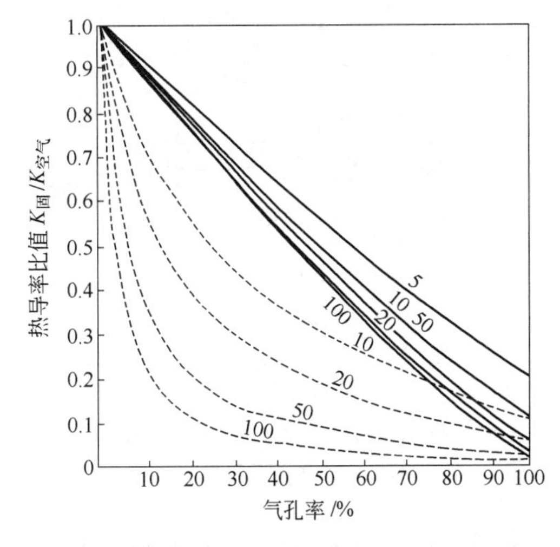

图 20-4 隔热材料的气孔率与热导率间的理论关系曲线(曲线上的数字为 $K_{固}/K_{空气}$ 比值)

实线—固相连续的场合;虚线—气相连续的场合

20.2.3 隔热耐火材料的隔热性能

20.2.3.1 隔热耐火材料中的传热过程

在绝对零度时,耐火材料炉衬中的所有分子都处于绝对静止状态,一切分子运动都停止,没有热运动和热传递现象发生(图 20-5a)。随着窑炉温度的升高,分子运动加快和相互碰撞作用逐渐加剧。分子碰撞作用把动能从动能较高的分子传递给动能较低的其他分子,结果热从热面流向冷面(图 20-5b),这种热传递机理称为热传导。与此同时,存在于耐火材料气孔中的空气会沿着气孔通道从炉衬的热面流向冷面,从而也把热量从炉衬的热面带至炉衬的冷面,这种热流动机理称为对流。不过,在耐火材料中,气孔和气孔通道通常都很小,气流阻力很大,因而耐火材料内的对流传热所起的作用甚小,一般都可以忽略不计。随着温度继续升高,受热分子的动能增大,并以电磁波的形式向四周辐射能量的能力增强,温度越高,辐射能力越强,这种传热机理称为辐射传热(图 20-5c)。从窑炉炉膛内经过耐火材料工作衬和隔热材料传递出的热量,最后从炉衬的冷面经对流和辐射传热散失在周围环境中。

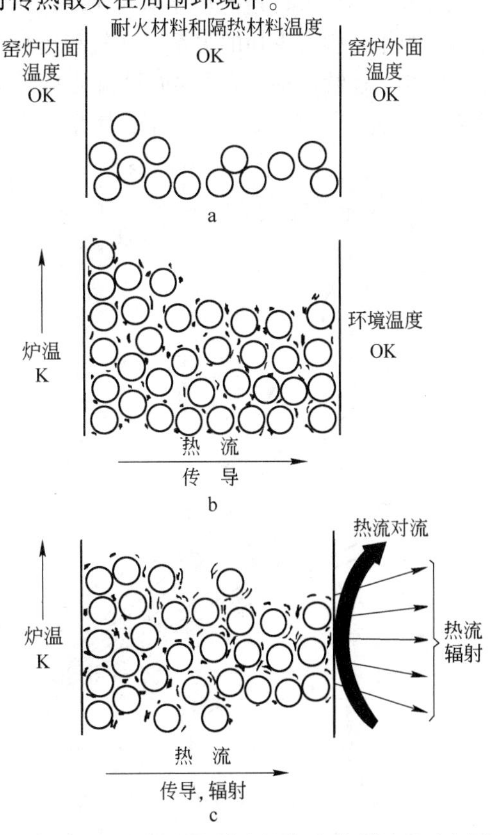

图 20-5 耐火材料炉衬内的热流传递过程示意图

a—在绝对零度时;b—炉温开始升高后;c—炉温继续升高时

隔热耐火材料是由一种或几种晶相、玻璃相和气相(气孔)组成的非均质多相体系材料,使用温度可从低温、中温至1000℃以上的高温。因此,上述炉衬耐火材料内的热传递过程受材料的物相组成、性质、数量及其在材料中的分布情况等因素的影响。

20.2.3.2 气相(气孔)对传热的影响

隔热耐火材料的气孔率一般都在45%以上。也就是说,从体积上看,气相是隔热耐火材料的一种主要物相,显然,它对隔热耐火材料的热导率有举足轻重的影响。

根据传热机理,气相对隔热耐火材料的导热性能的影响可以归纳为两个方面:

(1)在低温时,由于气相的热导率比任何固相的热导率都小,气相可以起着很好的隔热屏蔽作用,因此,随着气孔率的增加,隔热耐火材料的热导率呈线性降低(图20-6)。此外,气相对降低隔热耐火材料的热导率的作用大小与材料的组织结构有密切的关系。当气相为分散相和固相为连续相时,隔热耐火材料的传热过程主要受热导率较高的固相支配,气相对降低隔热耐火材料的热导率的作用较小。相反,当气相为连续相和固相为分散相时,气相对提高隔热耐火材料的隔热作用就较大。

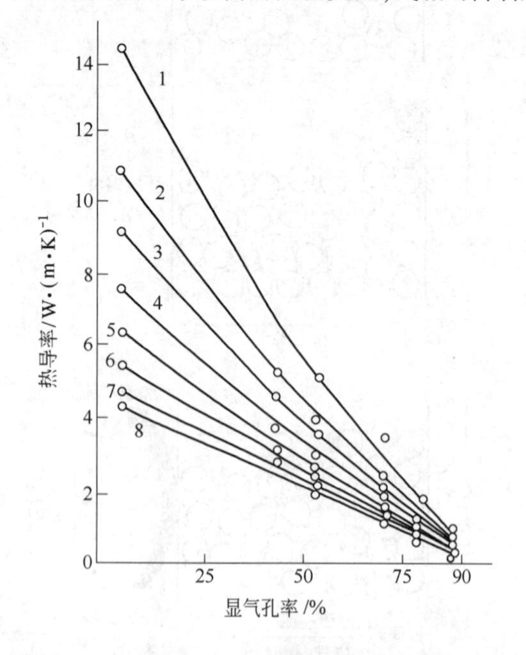

图20-6 轻质高铝耐火材料的热导率与气孔率的关系

1—150℃;2—250℃;3—300℃;4—400℃;5—500℃;6—600℃;7—800℃;8—1000℃

(2)在高温下,通过气相的辐射传热变得很重要。高温时,由于通过气相的辐射传热作用加强,隔热耐火材料的热导率与气孔的关系也发生变化,并非材料的气孔率越高,热导率就越小。同时,气孔孔径大小对隔热耐火材料的隔热性能的影响与低温时的情况正好相反,气孔的孔径变大,辐射传热的作用变强,因而隔热耐火材料的隔热性能也就变差。图20-7示出了体积密度为0.4g/cm^{3}的隔热耐火砖的热导率与气孔孔径的关系。表20-3表明,随着隔热耐火材料的使用温度升高,通过气孔的辐射传热的作用就变得很重要了,辐射传热所占比例随着温度提高明显增大。

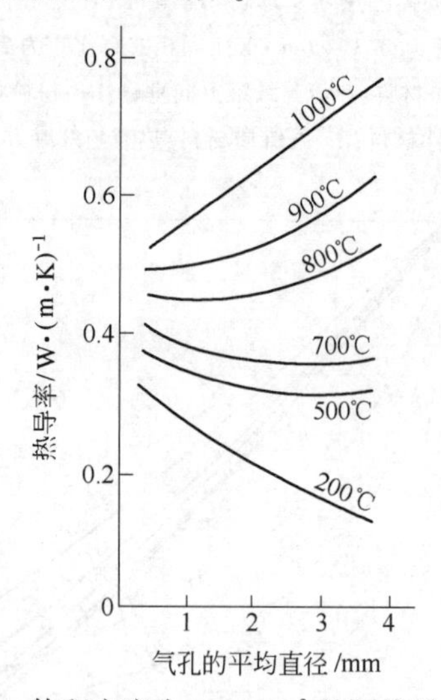

图20-7 体积密度为0.4g/cm^{3}的隔热耐火材料的热导率与气孔孔径的关系

表20-3 气孔率为70%的轻质隔热砖中各种传热机制所占的传热比例

温度/℃	传热比例/%			
	固相传导	气相传导	辐射传热	合计
500	80	12	8	100
1000	74	11	15	100
1500	70	11	19	100

20.2.3.3 固相对传热的影响

如前所述，隔热耐火材料中的热量主要通过固相的热传导、气相的热传导和经过气相的辐射传热等三种途径进行传播。从表 20-3 可以看到，通过固相的热传导最为重要，即使在较高的温度下，经由固相传导的热量仍占 70%。

图 20-8 示出了各种纯耐火氧化物的热阻率(热导率的倒数，1/K)与温度的关系，晶体的种类和结构不同，热导率的差别很大。由此可知，影响固相的热导率的主要因素为材料的化学矿物组成和结晶结构。一般的规律是晶体的结构越复杂，其热导率也就越小。

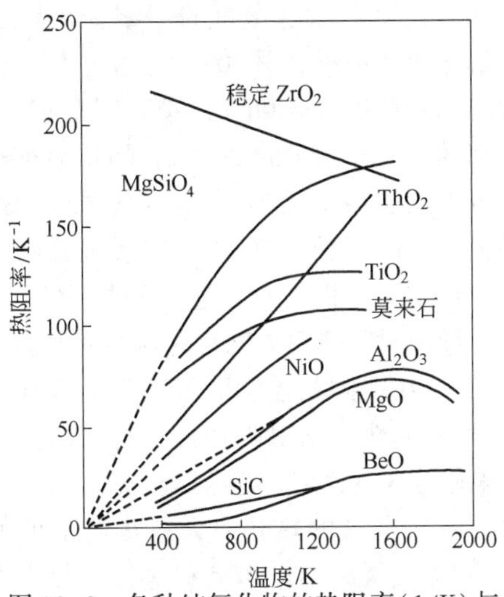

图 20-8 各种纯氧化物的热阻率(1/K)与温度的关系

从材料的相组成看，隔热耐火材料中的固相可简单地分为结晶相和玻璃相。因而物相组成对隔热耐火材料的影响可从结晶相和玻璃相与热导率的关系进行分析。由于玻璃态物质中原子或离子为无序排列，因而玻璃相的热导率一般比原子或离子有序排列的同组成的结晶相的热导率低。但是，随着温度升高，玻璃相的黏度降低，质点运动的阻力减少，玻璃相的热导率随之增大。但结晶相则不同，随着温度升高，原子或离子的热振动增大和非谐振性增加，导致自由程缩短，从而使热导率下降。上述现象可从图 20-9 中明显地看出来。在硅砖和黏土砖中，由于杂质含量较高，玻璃相占有较大的比例，因此，它们的热导率显示出玻璃相的热导率的变化特征，即热导率随着温度升高而增大。而以结晶相为主的高纯耐火材料，如以非硅酸盐结合的碳化硅砖、高纯镁砖、纯 Al_2O_3 和纯 ZrO_2 等材料的热导率则呈结晶相的热导率的变化特征，即热导率随着温度升高而明显地下降。

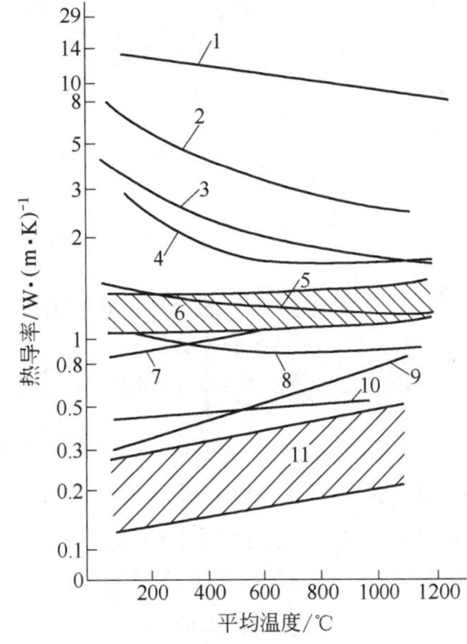

图 20-9 各种耐火材料的热导率与温度的关系

1—碳化硅砖；2—镁砖(93.6%MgO)；3—氧化铝砖(99% Al_2O_3)；4—锆英石砖；5—高铝砖(70% Al_2O_3)；6—黏土砖和硅砖；7—半硅砖；8—高铝隔热砖(1870℃)；9—硅质隔热砖；10—高铝隔热砖(1650℃)；11—隔热砖

20.2.3.4 组织结构对传热的影响

图 20-10 显示出了用泡沫法和添加可燃物法制造的两种组成相同和气孔率都为 70% 的轻质刚玉耐火材料的热导率的比较。虽然它们的组成和气孔率都相同，但泡沫法轻质砖的热导率要比可燃物法轻质砖的导热系数大得多，其原因只能从材料的显微结构上来寻找。在显微镜下观察时可以看到，泡沫轻质砖的组织结构特点为气相(气孔)被连续的固相包围，形成蜂窝状封闭气孔型结构。如前所述，在这种封闭气孔型结构的传热过程中，固相的热导率起主导作用。而以可燃物法生产的轻质砖的显微结构特点则不同，它是松散的多孔结构，近似于气相为连续相的显微结构，固相断断续续，被气相分隔，空气可起很好的热阻作用，因而它的热导率较小。

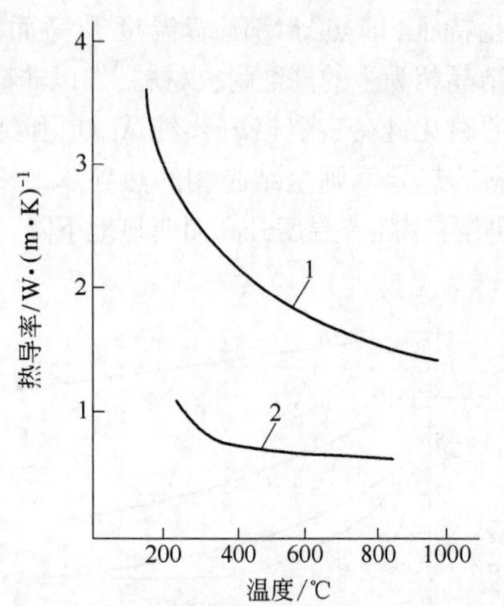

图 20-10 气孔率为 70%的两种轻质刚玉砖的热导率的比较

1—用泡沫法生产的;2—用可燃物法生产的

近年来迅速发展的耐火纤维及其制品的最显著的特点是热导率很小,仅为成分相同的普通轻质砖的 1/4~1/3,这归于耐火纤维材料的特殊组织结构。在耐火纤维及其制品中,气相为连续相,分布在由纤维构成的连续网络骨架结构中,但纤维与纤维之间的接触为可松动的点接触,不能形成热流的连续通路。因此,这种组织结构对热流可起很好的屏蔽作用。图 20-11 示出了耐火纤维材料中的传热模型。

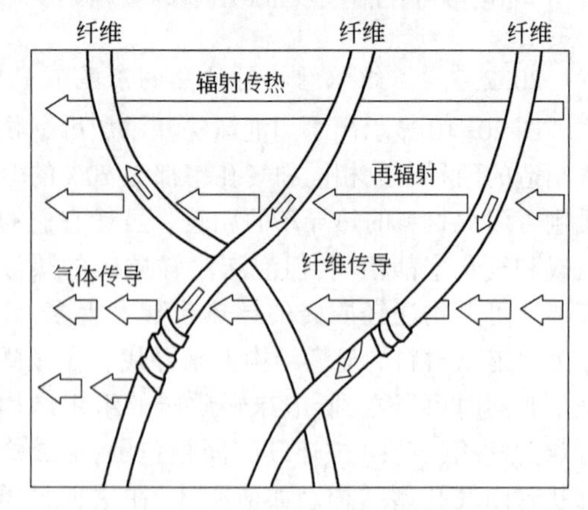

图 20-11 耐火纤维材料中的传热模型

20.2.3.5 气氛对传热的影响

隔热耐火材料的气相(气孔)的主要作用是降低热导率,实质上就是因为气体的热导率比任何其他固体的热导率都低。通常隔热耐火材料是在大气环境下制造和使用的,存在于气孔中的气体主要也就是空气了。因此,在绝大多数的情况下,所谓气相在隔热耐火材料中所起的作用实际上也就是空气的隔热绝缘作用。但在有些情况下,隔热耐火材料是在真空,保护气氛或要求控制气氛的各种工业窑炉中使用的,如采用氢气、一氧化碳、二氧化碳、碳氢化合物及惰性气体等气氛,因而有必要了解气氛对隔热耐火材料的导热性能的影响。

气体的导热性与气体的组成和结构有关,一般来说,气体的分子量越小,它的组成和结构越简单,其热导率也就越大。表 20-4 列出了某些气体的热导率,其中氢气的热导率最大,二氧化碳的热导率最小。图 20-12 示出了轻质黏土砖、高铝砖、莫来石砖和刚玉砖在不同气氛下的热导率的变化。由此可以看到,隔热耐火材料在真空下的热导率最小,在氢气气氛中的热导率最大。从前面叙述可知,当轻质隔热耐火材料的组织结构在以气相为连续相的情况下,气相的热导率对隔热耐火材料的热导率的影响较大。相反,在以固相连续而气相孤立存在的情况下,气相的热导率对隔热耐火材料的热导率的影响较小。这表明,当隔热耐火材料在气氛的热导率比空气的热导率大的场合下的使用时,为避免气氛的不良影响和保持隔热内衬的隔热性能,最好选用封闭气孔结构型隔热耐火材料,如用泡沫法生产的轻质砖、粉煤灰漂珠轻质砖和氧化物空心球制品等。反之,在生产时,如能设法让封闭气孔内充满热导率较空气更小的气体,或选用封闭气孔内充满热导率较空气小的气体的轻质材料制造隔热耐火材料,则可期望改善材料的隔热性能。例如,粉煤灰漂珠就属于后一种轻质材料。据气相色谱分析证实,漂珠壳内封闭气体的主要成分是 CO_2 和 N_2。

表 20-4 一些气体的热导率 [W/(m·K)]

温度/℃	水蒸气	空气	氢气	二氧化碳
0	0.01716	0.02452	0.1716	0.01442
500	0.06346	0.03364	0.3476	0.05192
1000	0.11971	0.07788	0.5135	0.08221
1500	0.18317	0.09084	0.6274	0.1024

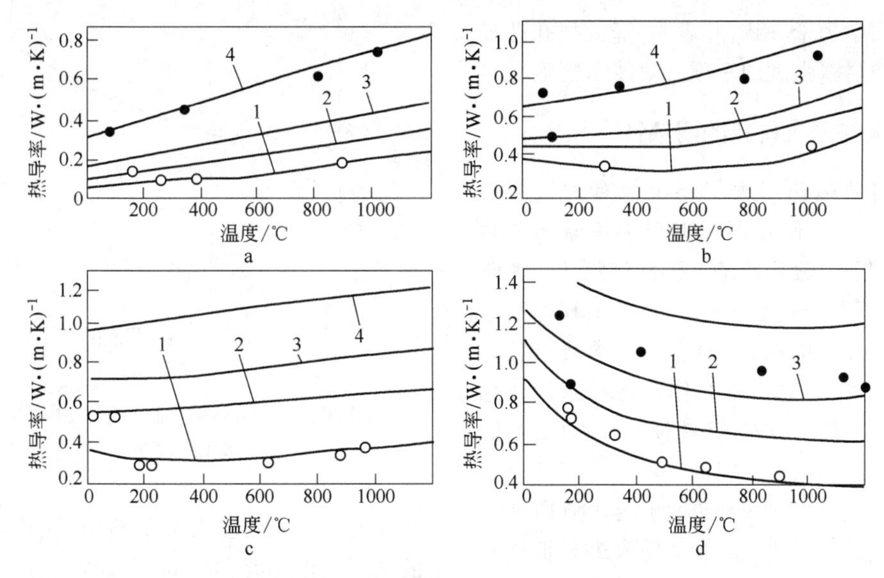

图 20-12 气氛对隔热耐火材料的热导率的影响

a—轻质黏土砖；b—轻质高铝砖；c—轻质莫来石砖；d—轻质刚玉砖

1—真空($1\times10^{-2}\sim2\times10^{-2}$Pa)；2—空气；3—惰性气体；4—氢气

20.2.4 隔热耐火材料的强度

由于隔热耐火材料的气孔率高，因而强度一般都较低，通常在使用时不承受荷重，并受致密耐火材料炉衬的保护。但是，为了防止运输和施工等过程的损坏，要求具有适当的强度。在有些情况下，隔热耐火材料直接与火焰和炉气接触，并承受一定的荷重，在这种场合下使用时，隔热耐火材料的强度和抗气流冲刷作用的能力就变得重要了。

图 20-13 示出了隔热耐火材料的强度与体积密度的关系，强度一般随体积密度的提高而提高。应当注意的是组织结构类型对强度有很大的影响。在体积密度相同的情况下，显然，固相连续的材料的强度较高，而气相连续的材料的强度则较低。例如，用泡沫法生产的轻质砖的强度要比用可燃物法生产的轻质砖的强度高。

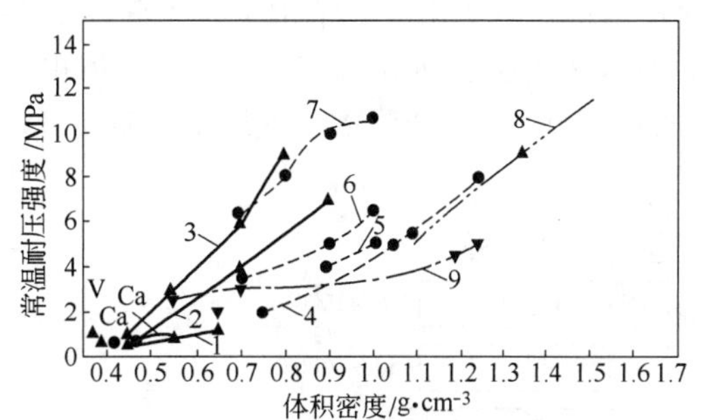

图 20-13 隔热耐火材料的常温耐压强度与体积密度的关系

1—硅藻土砖；2—轻质黏土砖；3—硅藻土黏土砖；4—轻质黏土砖(A厂)；5—轻质黏土砖(B厂)；6—轻质黏土砖(C厂)；7—轻质黏土砖(D厂)；8—硅线石砖；9—蛭石砖；V—蛭石砖；Ca—高铝水泥结合轻质砖

图 20-14 示出了实验测定的隔热耐火材料的常温抗折强度与平均气孔直径的关系。在平均气孔直径较小时，如小于 0.6mm，气孔直径对材料的抗折强度的影响很小。但当平均气孔直径较大时，如大于 0.8mm，材料的抗折强度随着平均气孔直径的增大而显著降低，这个测定结果与

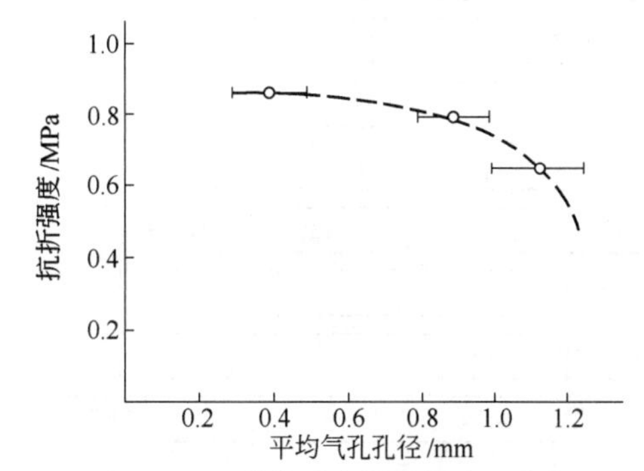

图 20-14 隔热耐火材料的常温抗折强度与平均气孔直径的关系

材料断裂力学理论一致,并表明,降低气孔孔径是提高隔热材料强度的一项有效技术措施。

20.2.5 隔热耐火材料的耐热性

由于轻质隔热耐火材料中含有大量的气孔,比表面很大,使用时受热和在负荷(如自重)的作用下,易发生收缩变形并使隔热性能降低。因此,要求隔热耐火材料的体积和外形在长期使用过程中能保持稳定,即要求具有良好的体积稳定性。不然,收缩作用可导致炉体结构变形和产生裂纹,增加散热损失。因此,耐热性能是轻质隔热耐火材料的一项重要指标。隔热耐火材料的耐热性(允许使用温度)通常不取决于它们的耐火度,而主要是取决于抵抗在加热作用下收缩变形的能力。国际上一般都以重烧收缩量不大于2%的温度作为隔热耐火材料的使用温度。图20-15示出了各种隔热保温材料的使用温度范围。对于同一品种的隔热材料而言,使用温度一般是随着体积密度的增大而提高,如图20-16所示。显然,这

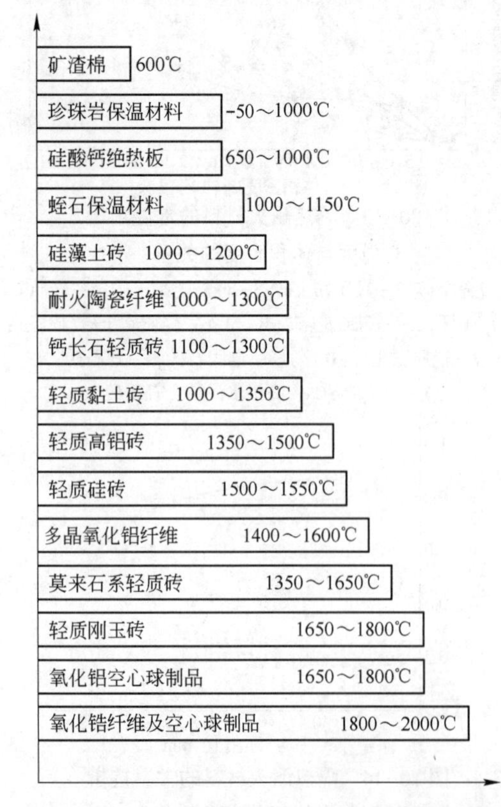

图20-15 各种隔热保温材料的使用温度范围

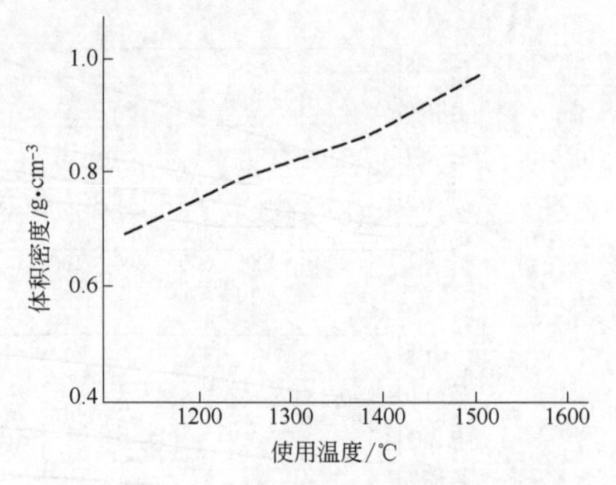

图20-16 隔热耐火材料的使用温度与其体积密度的关系

是因为在体积密度大的材料中,固相颗粒之间的结合比较连续和牢固,因而可以保持较高的体积稳定性。

20.3 粉粒状保温隔热原料及其制品

20.3.1 硅藻土及其制品

硅藻土是一种天然的多孔性隔热材料的原料,它是水生植物硅藻的尸骸沉积在海底或湖底形成的沉积矿物,在显微镜下观察时,可以看见硅藻土是由5~400μm的微小藻壳构成的,包含有大量的极其微细的孔隙,硅藻土具有很好的隔热性能。

硅藻土的主成分为SiO_2,优质硅藻土呈白色,SiO_2含量可达90%~98%。一般的硅藻土中常含有黏土、火山灰,有机物以及非可溶性物质等,其颜色呈浅灰色、浅黄色或深绿色,SiO_2含量在70%~90%之间。表20-5列出了一些国家的硅藻土的成分。工业上对硅藻土中的杂质采用不同的方法处理除掉,如有机物通过焙烧的方法;硅砂通过淘析的方法;氧化铁通过添加食盐,在700~800℃的温度下用焙烧法除去。

硅藻土可作为中、高温绝热材料的原料。在加热过程中,温度在50~250℃之间,残余水分排除和凝胶老化,发生0.1%~0.3%的收缩。在500~800℃的温度下,水分全部被蒸发,内部形成无数孔隙,吸收液体的体积竟可达其本身

表 20-5 硅藻土的化学组成 (质量分数/%)

组成	日本	德国	美国	法国	意大利	丹麦	中国		
							一级	二级	三级
SiO_2	71.48	73.16	80.40	88.56	79.0	75.8	69.00	64.50	63.25
Al_2O_3	12.40	4.86	6.88	2.16	5.0	9.0	16.9	18.76	19.36
Fe_2O_3	3.82	3.04	2.12	0.73	3.0	4.0	3.5	4.82	4.93
TiO_2				0.18					
CaO	0.30	0.85	0.86	0.26		0.9	2.00	2.33	2.34
Na_2O+K_2O				0.91		1.3			
MgO	1.16		1.17	0.02		1.0	0.70	0.74	0.72
灼减	6.23	14.47	6.73	7.8	12.0	7.0	7.0	7.0	9.23
SO_3	4.52								

体积的 5 倍,容重为 0.5~0.7g/cm³。大约在 800℃以上,硅藻壳间开始发生烧结,出现收缩,当温度升高到 1000℃以上时,硅藻壳转化成方石英,并发生明显的收缩。在 1100~1400℃加热后,容重变为 1.4g/cm³,而在 1400~1600℃加热后,容重变为 2.2g/cm³ 左右。硅藻土结构发生变化的温度与其组成和结构有关,并决定其使用温度范围。纯的硅藻土,在 1300℃加热时,结构变化很小,杂质含量高的硅藻土,加热到 1100℃时就开始熔化变形。优质硅藻土的真比重为 2.05~2.15,容重为 0.3~0.8g/cm³,气孔率 77%~80%,热导率很小,比热容约为 1.05J/(g·℃)。

由于硅藻土具有多孔性,容重小,其主要成分二氧化硅的化学稳定性好,耐热性能好,使其大量用作保温材料。此外,硅藻土还有其他多种用途,如用作吸收剂、吸附剂、脱脂剂,过滤材料及水泥混合材料等。

生的硅藻土作为隔热保温材料时,可以直接用于保温涂层,烘干后用作隔热保温填料。由于硅藻土具有很强的吸湿性,不宜用作低温用的保温保冷材料。表 20-6 列出了用作隔热填料的硅藻土粉的理化性能。

表 20-6 硅藻土粉的理化性能

类别	体积密度 /g·cm⁻³	温度 /℃	热导率 /W·(m·K)⁻¹	热导率方程	粒度 /mm
生料	0.68	50	0.119	0.09+0.00024t	<1.5 残余水分 20%~25%
		350	0.202		
		500	0.244		
烘干料	0.60	50	0.930	0.071+0.00018t	<1.5 残余水分 15%~20%
		350	0.156		
		500	0.187		

通常,硅藻土大量用于制造硅藻土轻质隔热砖和制品。当硅藻土原矿中含有足量的黏土时,粉碎成细粉加水混合后即具有足够的可塑性,可用挤泥机挤成泥条,用钢丝切割制成砖坯,或用可塑法成型。当原料比较纯时,须加入一定比例的结合黏土,使砖坯具有足够的强度。为改善硅藻土砖的隔热性能,有时在配料中也混入石棉、纤维材料、锯末等。砖坯干燥后于 900~1000℃下烧成。

烧成温度对硅藻土隔热砖的使用性能有很大的影响。如图 20-17 所示,烧成温度较高(1100℃以上)的砖,再加热时在 200℃左右产生很大的体积膨胀。这是因为在 1100℃以上烧成时,许多硅藻壳已转变成方石英,再加热时方石英在 200℃左右开始发生晶型转变所致。而

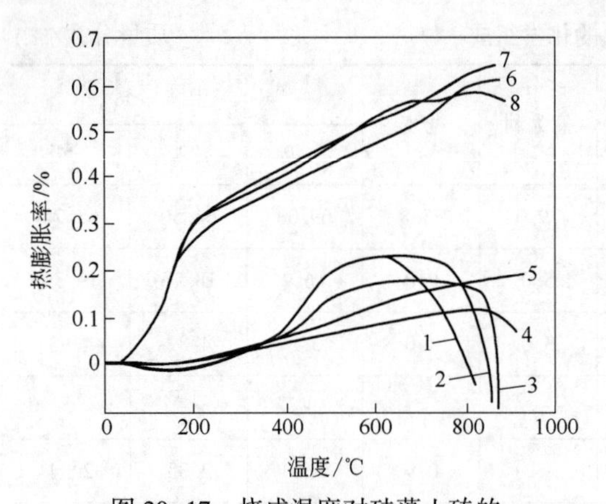

图 20-17 烧成温度对硅藻土砖的重烧尺寸变化的影响

1—600℃；2—700℃；3—800℃；4—900℃；5—1000℃；6—1100℃；7—1200℃；8—1300℃

烧成温度较低(800℃以下)的砖，再加热时则会产生较大的收缩。因此，硅藻土砖的烧成温度以900~1000℃为宜。硅藻土轻质隔热砖的特点是，它与其他容重相同的隔热砖相比，热导率较小，原因是硅藻土的气孔非常细小，对热有良好的屏蔽作用。

硅藻土隔热砖的使用温度随纯度而变。用一般的硅藻土制造的制品的使用温度一般在1000℃以下，因为高温时制品的收缩变形较大。在用纯硅藻土原料时，需在较高的温度下烧成，SiO_2 可转化成鳞石英，也可加入石灰作结合剂和矿化剂，促进烧成时鳞石英的转化，有利于提高制品的耐热性能和降低高温下的重烧收缩。表 20-7 列出了硅藻土轻质隔热砖的性能。

表 20-7 硅藻土轻质隔热砖的性能

产地		最高使用温度/℃	体积密度/$g \cdot cm^{-3}$	耐压强度/MPa	热导率(350℃)/$W \cdot (m \cdot K)^{-1}$
美国		1093	0.61	4.8	0.245
英国		870	0.51	1.7	0.141
德国	A	950	0.42~0.50	0.4~0.7	0.128
	B	1100	0.70	0.3~0.7	0.179
	C	1070	0.45	0.6~0.8	0.126
日本		1200	0.5	1.0	0.163
中国	A	1280(耐火度)	0.5	0.5	0.143
	B	1280(耐火度)	0.55	0.7	0.159
	C	1280(耐火度)	0.65	1.1	0.163

20.3.2 膨胀蛭石及其制品

蛭石是一种复杂的含水铁、镁硅酸盐类矿物，系由云母类矿物经水热变质作用或风化作用形成的再生矿物，在一定温度下加热处理时，发生急剧膨胀成为一种性能优良的隔热材料。蛭石的熔点为1300~1370℃，一般化学式为 $(Mg \cdot Fe^{2+}, Fe^{3+})_3 \cdot [(Si, Al)_4O_4(OH)_2] \cdot 4H_2O$，理论化学组成为 SiO_2，36.71%；MgO，24.62%；Al_2O_3，14.15%；Fe_2O_3，4.43%；H_2O，20.9%。实际上，蛭石的化学组成变化范围很大，表 20-8 列出了国内外蛭石的化学组成。

表 20-8 蛭石的化学组成 (质量分数/%)

产地	SiO_2	Al_2O_3	MgO	CaO	Fe_2O_3	Na_2O	K_2O	H_2O	灼减
河南灵宝	42.46	18.16	20.04	0.90	6.97				3.35
内蒙古包头	42.43	17.59	21.61	2.78	3.47				12.15
山东莱阳	43.27	18.31	19.78	2.55	6.49				5.67
湖北枣阳	38.41	14.51	11.15	0.89	23.42				5.67

续表 20-8

产地	SiO_2	Al_2O_3	MgO	CaO	Fe_2O_3	Na_2O	K_2O	H_2O	灼减
山西左权	37.50	18.93	17.58	2.67	14.92				7.01
苏联布尔代	38.68	8.31	21.71	0.56	8.03	7.77	13.26		4.87
姆斯克	40.55	11.82	24.49	1.40	13.27				
美国蒙大拿	41.00	18.00	21.00	1.00	7.00		1.00	11.00	
日本福岛	35.76	18.70	7.80	1.40	18.30	1.02	3.61	10.10	

在结构上,蛭石保留有云母的一般外貌,呈薄片层状结构,结构式为$(Mg_3, Al_2, Fe)O_2 \cdot 4(Si, Al, Fe)O_2 \cdot H_2O(xH_2O \cdot yMgO \cdot zCaO)$,八面体四面体结晶水层间配置。这种结构是由两层层状的硅氧骨架(四面体),通过氢氧镁石层或氢氧铝石层(八面体)结合而形成双层硅氧四面体。在双层硅氧四面体之间夹着水分子层。当受到快速加热(800~1100℃)时,层间结合水迅速蒸发产生压力,使层间分离,迅速发生巨大的体积膨胀,体积可胀大20~30倍,真密度从2.3~2.8g/cm³降至0.9g/cm³。

工业上通常用回转窑或竖窑对蛭石进行膨化热处理,膨化处理的热工制度对蛭石的膨化率有很大的影响。如果用慢速升温至1000℃的加热方式,蛭石只是层间分裂开来,膨胀倍数较小,且膨胀时间延长。若将蛭石快速加热到1000℃时,在高温直接作用下,蛭石表面层首先膨胀成为表面隔热层,致使整个颗粒的热阻增大,传热变慢,颗粒内部的脱水速度变小,并导致降低膨化效率,使膨化时间延长。因此,最好采用两段加热方式膨化:先将蛭石缓慢预热,然后再迅速投入预先加热到1000℃的加热炉中。这种热处理方式与不经预热的快速加热方式相比,蛭石的膨胀倍数可提高25%,膨化时间缩短40%。

经过膨化处理的膨胀蛭石呈片状结构,含有大量的细小气孔,随化学成分和膨化条件的变化,呈金黄、深灰,暗黑等颜色。膨胀蛭石的体积密度一般仅为0.1~0.39g/cm³,常温热导率为0.052~0.063W/(m·K),具有优良的隔热性能,吸音性能及电绝缘性能,使用温度范围宽,从低温至1100℃,可作为保冷材料和各保温隔热材料。表20-9列出了我国生产的膨胀蛭石的主要技术指标。

表 20-9 膨胀蛭石主要性能

性能	等级		
	一级	二级	三级
体积密度/g·cm^{-3}	0.1	0.2	0.3
允许使用的温度/℃	1000	1000	1000
热导率/W·(m·K)$^{-1}$	0.046~0.058	0.052~0.064	0.058~0.70
粒度	2.5~20	2.5~20	2.5~20
颜色	金黄	深灰	暗黑

用膨胀蛭石作保温隔热材料使用时,可以直接采用膨胀蛭石颗粒作为隔热层填充材料。通常也将粒状膨胀蛭石加入适量的水泥或水玻璃或其他胶结材料结合剂,轻压或振动成型后,经干燥或烘烤制成膨胀蛭石隔热制品。这类制品的体积密度为0.4~0.5g/cm³,相应的常温导热系为0.081~0.14W/(m·K)。由于膨胀蛭石制品的耐火性能较差,承受负荷时易产生变形,除体积密度较高的制品外,一般不宜用于承重结构,最高使用温度在1100~1150℃以下。

20.3.3 膨胀珍珠岩及其制品

膨胀珍珠岩是由珍珠岩经焙烧膨化处理后获得的一种白色多孔性轻质颗粒料,呈蜂窝状结构,孔壁很薄,气孔率很高,为一种超轻质高效能保温隔热材料,并可作为防火、隔音等其他用途的材料。珍珠岩是由地下岩浆喷出地表,遇水急剧冷却固化而形成的一种酸性玻璃质火山熔岩。根据外观和含水量不同,这种致密熔岩可分为黑曜岩、珍珠岩和松脂岩。工业上,把由膨胀性天然玻璃质熔岩制造的制品通称为珍珠岩材料和制品。珍珠岩主要由玻璃组成,其中含有透长石和石英的斑晶、微晶及各种形态的雏晶,隐晶质矿物。珍珠岩矿石的比重为2.2~2.4,硬度5.5~6.0,耐火度为1280~1360℃,化学组成为:SiO_2 68%~75%,Al_2O_3 9%~14%,H_2O 3%~6%,CaO、Fe_2O_3、MgO等杂质(表20-10)。珍珠岩中的水以两种不同的形式存在,即弱结合的吸附水和强结合的结合水,后者为膨胀发泡源。

表 20-10 珍珠岩的理化性能

项 目	美国		日本(原矿)		中国(原矿)	
	原矿	焙烧后	黑色	灰色	辽宁	河北
$w(SiO_2)$/%	69.8	72.7	74.78	75.88	70.72	72.79
$w(Al_2O_3)$/%	14.7	15.3	13.28	13.51	12.82	12.40
$w(MnO)$/%			0.20	0.03	0.10	0.03
$w(Fe_2O_3)$/%	2.1	2.2	1.88	1.25	2.17	2.04
$w(CaO)$/%	1.5	1.6	0.25	0.28	0.90	0.77
$w(MgO)$/%	1.1	1.1	0.04	0.04	0.56	0.36
$w(K_2O)$/%	4.0	4.2	5.12	4.16	3.54	3.12
$w(Na_2O)$/%	2.8	2.9	3.38	3.08	3.58	3.90
$w(H_2O)$/%	4.0		0.98	0.95		
w(灼减)/%					3.58	4.18
熔点/℃	1250					

珍珠岩的焙烧膨化处理,通常是先将原矿破碎到一定粒度(0.15~0.5mm),经过300~500℃预热处理排除吸附水,然后投入温度为1180~1280℃的竖窑中,迅速加热和快速冷却。当它被急速加热到软化温度时,由于内部水分的迅速气化和体积膨胀,促使处于软化状态的玻璃体发生巨大的膨胀,可达数倍至30倍。此时快速冷却至软化温度以下时,凝固形成蜂窝状结构。

经焙烧膨化处理获得的膨胀珍珠岩为颗粒直径小于1~2mm的混合料,容重小,热导率低(表20-11),是一种性能优良的绝热材料。膨胀珍珠岩为作绝热材料使用时大致有两种方式,即以直接应用膨胀珍珠岩颗粒料作为绝热填充材料,也可以加入结合剂,如水泥、磷酸和黏土等,经搅拌混合和成型后,再经不同的处理工序,如干燥、养护或焙烧制成板、管等各种形状的制品。在制造烧成制品时,烧成过程中收缩较大,为了减少过大的收缩,可在配料中均匀混入蓝晶石、硅线石精矿,利用它们的膨胀特性抵消珍珠岩的收缩量。

表 20-11 膨胀珍珠岩的性质

产地	体积密度/$kg \cdot cm^{-3}$	热导率(50℃)/$W \cdot (m \cdot K)^{-1}$
大连耐火厂	40~200	0.019~0.048
日本	40~300	0.041~0.058

膨胀珍珠岩隔热材料的特点是绝热性能好,并具有优良的耐热性能,耐酸碱侵蚀,无毒无害,吸湿率非常小,长期保存和使用不变质。膨胀珍珠岩隔热材料的使用温度范围很宽,既可作为中高温保温隔热材料,又可作为保冷材料,最高使用温度约为1000℃,最低使用温度可至-200℃。因此,膨胀珍珠岩隔热材料广泛用于冶金、石油、化工、电力、建筑和国防工业等部门的热工设备、制冷设备和冷藏工程的绝热。

20.3.4 粉煤灰、漂珠及其制品

粉煤灰漂珠是燃煤发电厂的粉煤中的无机物(主要成分为SiO_2和Al_2O_3),在高温火焰中

熔化和冷却凝固后形成的玻璃质珠状空心微珠。粉煤灰漂珠具有优良的耐热、隔热、耐蚀、绝缘等性能，是一种具有许多用途的原材料和填充材料。在节能工程方面，可作为隔热保温填料，轻质浇注料掺合料和制成漂珠轻质隔热制品等。

煤粉锅炉飞灰中，一般含有 50%～70%空心微球，粒径为 0.3～200μm，壁厚 1～5μm，容重在 0.3～0.7g/cm³ 之间。从粉煤灰中提选空心漂珠有两种方法：一是浮选法，此法简单易行，但效率较低，一般为 3%～15%（体积分数），所选漂珠的粒径较大，多半在 20～200μm 范围内。二是干法机械分选，此法效率高，可获得较多粒度较小的漂珠。浮选法漂珠的容重较小，球壁上有许多微小的球形孔隙，特别适于用作保温隔热材料。而机械分选的漂珠的容重较大，球壁密实，耐压强度高，但热导率较大。

漂珠内通常充满氮气和二氧化碳气体，CO_2 58%～85%，N_2 15%～41%。漂珠的化学组成和物理性质随电厂所燃煤种及燃烧状况的不同而异，表 20-12 列出了国内外的粉煤灰漂珠的理化性能。漂珠含 SiO_2 50%～60%，Al_2O_3 26%～30%，Fe_2O_3 3%～10%，CaO 2%～5%，K_2O+Na_2O 1.2%～4%；同一般的粉煤灰的化学成分相比，漂珠的 Al_2O_3 和 SiO_2 含量较高，而烧失量、氧化铁、氧化钙等杂质含量较低，相当于 Al_2O_3 含量较低的耐火黏土原料的组成。漂珠的耐火性能好，耐火度一般都不大于 1580℃。漂珠为不含结晶相的硅酸盐玻璃，并且相当稳定，在 1100K 以下加热保温 4h 后，仅出现微量的莫来石结晶，而且随着温度升高，莫来石的析出作用仅仅略有增加，漂珠在 1000℃以下加热时，体积很稳定，线收缩小于 1%，在 1100℃以上，气孔开始发生合并和收缩量增大。

表 20-12 粉煤灰漂珠的理化性能

项目		中国		美国	英国	波兰
		济宁	贵阳			
化学组成（质量分数）/%	SiO_2	58.50	54.13	59.5	55.0	49.5～61.0
	Al_2O_3	34.06	29.32	30.0	26.0	26.0～30.0
	Fe_2O_3	2.30	6.25	3.4	9.9	4.21～0.8
	CaO	1.65	1.98	0.9	3.5	0.2～4.5
	MgO	1.08	1.30	0.3	1.6	1.1～1.6
	R_2O	2.01	1.70	4.4	4.0	0.54～6.0
	TiO_2	0.7	2.91	1.5		
	灼减	0.3	1.69			
体积密度/g·cm⁻³		0.37			0.3	0.3～0.4
热导率/W·(m·K)⁻¹	500℃	0.123				
	1000℃	0.156			0.10	
	1100℃	0.168				
耐火度/℃		1690				

漂珠作为隔热材料应用时，主要用于生产隔热耐火制品。在生产时，加入适量的结合剂和掺合料，共同混合后，经压制或振动成型，干燥，于约 1100℃烧成。结合剂可用磷酸铝、硫酸铝或黏土或有机结合剂。为了提高制品的耐火性能，可以掺入一些高铝质材料；为了调整体积密度、降低成本，可加入锯末，煤粉等可燃物。表 20-13 列出了漂珠隔热耐火制品的性能。漂珠隔热耐火材料的结构特点是由无数微细的封闭气孔构成，它的热导率受温度变化

的影响较小。如图 20-18 所示，在温度较低时，漂珠隔热制品的导热系数较耐火纤维的大，但在 800℃以上，它的热导率则比耐火纤维材料的小。

表 20-13 漂珠轻质隔热砖的性能

性能		1	2	3
化学组成(质量分数)/%	SiO_2	50.84	53.00	58.10
	Al_2O_3	40.12	36.42	29.80
	Fe_2O_3		1.80	2.90
	CaO		1.96	
	MgO		0.22	
耐压强度/MPa		5.7	1.8	8.2
体积密度/$g \cdot cm^{-3}$		0.60	0.40	0.78
显气孔率/%			84	47
荷重软化开始温度/℃			1130	1130
耐火度/℃		1650	1610	1630
热导率/$W \cdot (m \cdot K)^{-1}$		0.18(500℃)	0.16(350℃)	0.25(500℃)
1000℃				0.32
漂珠来源		平顶山电厂	济宁电厂	南昌电厂

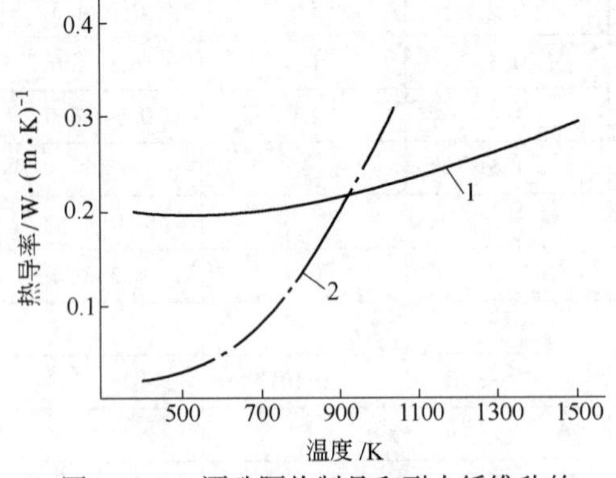

图 20-18 漂珠隔热制品和耐火纤维毡的热导率与温度的关系

1—漂珠隔热砖(容重 $440kg/m^3$)；

2—耐火纤维毡(容重 $160kg/m^3$)

漂珠隔热耐火材料的绝热性能优于传统的轻质隔热砖，除用作各种工业窑炉和热工设备、管道等的隔热保温材料外，由于强度较高，也可直接用于接触火焰的窑炉内衬。与耐火纤维材料相比，漂珠隔热制品的使用寿命长，不老化，不脱落。从经济角度来看，漂珠隔热材料的原料来源丰富、生产工艺简单、能耗少。此外，生产漂珠隔热材料还有利于发电厂的粉煤灰的综合利用，减少环境污染。

20.3.5 耐火氧化物空心球及其制品

耐火氧化物空心球包括：氧化铝、氧化锆、氧化镁、莫来石、铬尖晶石、铝尖晶石等材料的空心球状颗粒隔热材料。它们通常是以纯氧化物为主要原料，于电弧炉中高温熔化，待熔体流出时以高压气流喷吹，冷却凝固后形成的直径为 0.2~5mm 的人造轻质球形颗粒料。表 20-14 列出了各种氧化物空心球料的性能，在工业上应用最多的是氧化铝空心球和氧化锆空心球。

表 20-14 各种氧化物空心球料的性质

项目		氧化铝	氧化锆	尖晶石
化学组成(质量分数)/%	Al_2O_3	99.2	0.4~0.7	60~80
	SiO_2	0.7	0.5~0.8	<0.1
	CaO		3~6	<0.5
	ZrO_2+HfO_2		92~97	
	MgO			20~40
相组成		$\alpha-Al_2O_3$	主要为立方 ZrO_2	
填充密度/$g \cdot cm^{-3}$		0.5~0.8	1.6~3.0	0.8~1.2
真密度/$g \cdot cm^{-3}$		3.94	5.6~5.7	3.55~3.60
熔点/℃		2040	2550	2300
热导率/$W \cdot (m \cdot K)^{-1}$		<0.465(1000℃)	0.3(1000℃)	
最高使用温度/℃		<2000	2430	1900

图 20-19 示出了氧化铝空心球的吹制方法。空心球是在高温熔体突然受到高速气流冲散和急速冷却作用下形成的，球粒的尺寸与熔体的性质和操作条件有着密切的关系。在化学组成相同的情况下，喷吹空气的速度越高(即压缩空气的压力越大)及熔体的表面张力越小

（即熔体的温度越高），空心球的粒径越小。图20-20示出了氧化铝空心球的粒径分布与喷吹空气压力的关系。

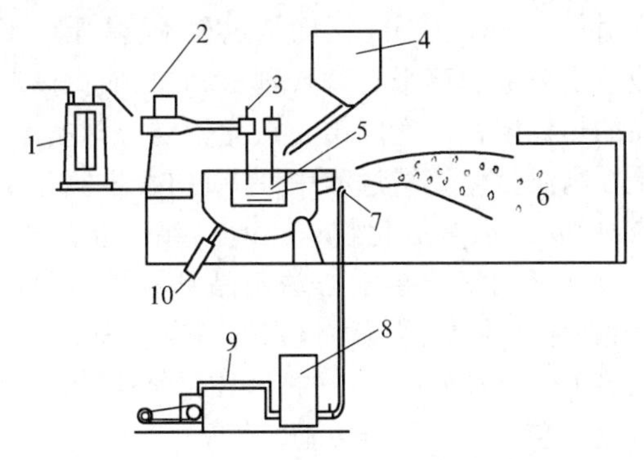

图 20-19　氧化铝空心球的吹制方法

1—变压器；2—升降装置；3—电极；4—Al_2O_3 料；5—熔融 Al_2O_3；6—空心球；7—喷嘴；8—空气罐；9—空气压缩机；10—倾动装置

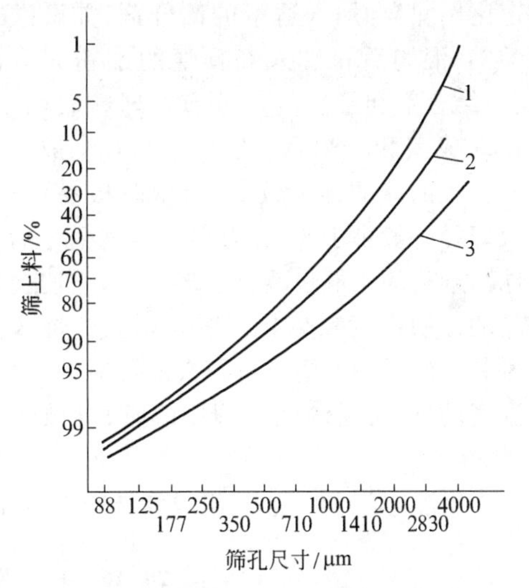

图 20-20　氧化铝空心球的粒径分布与喷吹空气压力的关系

1—0.5MPa；2—0.3MPa；3—0.15MPa

空心球的断面结构大体上有三种类型：（1）薄壳中空球；（2）多孔蜂窝球；（3）厚壁中空球。空心球的结构类型主要取决于化学组成，并对空心球的物理性能有很大影响（参见表20-15）。如氧化铝空心球，用高纯氧化铝原料制造时，喷吹的空心球的壁很薄，它的热导率小，但单球的强度低，在混合和成型空心球制品时，容易发生破裂。如在配料中适当提高 SiO_2、TiO_2 和 Fe_2O_3 含量，则可制得壁厚和强度适中的空心球。

表 20-15　空心球的结构类型与化学组成及物理性能的关系

编　号		1	2	3	4	5	6	7	8
化学组成（质量分数）/%	Al_2O_3	99.0	86.3	98.4	98.4	82.3	76.2	44.8	16.6
	SiO_2	0.8	4.4	1.3	0.1	17.2	0.7	16.6	0.3
	MgO	0.01	0.12	0.01	1.1	0.01	23.2		
	ZrO_2							38.2	90.9
	CaO	0.03	0.06	0.03	0.03	0.03	0.23		8.1
结构类型		a	c	a	b	c	b	c	b
真密度/$g\cdot cm^{-3}$		3.96	3.91	3.80	3.53	3.61	3.56	3.77	5.6
振动填充体积密度/$g\cdot cm^{-3}$		0.45	2.06	0.51	0.60	1.82	1.13	2.15	2.15
载荷能力/N（100个）		11.8	272.6	18.6	7.9	172.6	66.7	261.8	93.2
热导率 /$W\cdot(m\cdot K)^{-1}$	40℃	0.27	0.40	0.24	0.24	0.33	0.27	0.27	0.20
	400℃	0.43			0.40	0.72	0.42		
	800℃	0.57			0.65	0.93	0.65		

氧化物空心球是具有耐高温，强度高和气孔结构稳定的新型隔热材料。作为节能用高温隔热材料，氧化物空心球可以直接作为高温窑炉的绝热填充料，也可以进一步加工制成氧化物空心球制品，或配制轻质浇注料。在制造氧化物空心球制品时，先将直径不同的空心球按

一定比例配合，加入适量的结合剂，如磷酸或硫酸铝，混匀后再加入经预烧的细粉充分混匀，使结合剂和细粉均匀分布在球粒表面上，经振动成型和干燥后，约于1500℃烧成。由于直径大的球的强度较低，成型时极易压碎，最大球径一般小于5mm为宜。但直径小的空心球和细粉的比例也不宜过多，因为它们会使制品的体积密度和热导率明显增大。烧成温度对制品的隔热性能也有很大的影响，随着烧成温度的提高，由于烧结程度改善，导致热导率增大。

氧化铝空心球制品，从组成和结构上看，有纯氧化铝空心球制品，莫来石结合制品和塞隆(SiAlON)结合制品等不同品种。莫来石结合的氧化铝空心球制品，是在配料的细粉部分加入适量的 SiO_2 成分，在烧结过程中，基质中形成一定数量的莫来石替代刚玉相，从而提高制品的热稳定性。塞隆结合氧化铝空心球制品，是在高温氮化烧结过程中，基质中发生氮化反应，形成硅铝氧氮化物(SiAlON)结合基质相。塞隆结合的氧化铝空心球制品具有机械强度高，热稳定性高，耐侵蚀性强等特点。表20-16列出了国内某公司生产的氧化铝空心球制品和氧化锆空心球制品的性能。

表20-16　氧化铝、氧化锆空心球制品的性能

制品名称		氧化铝空心球砖		SiAlON结合氧化铝空心球砖	氧化锆空心球砖
		L-88	L-99		
化学组成(质量分数)/%	Al_2O_3	≥88	≥99	≥70	
	ZrO_2				≥98(+稳定剂)
	SiO_2		≤0.2		≤0.2
	Fe_2O_3	≤0.3	≤0.15		≤0.2
体积密度/$g\cdot cm^{-3}$		1.30~1.45	1.45~1.65	≤1.5	≤3.0
常温耐压/MPa		10	9	15	8
荷重软化温度(0.2MPa,0.6%)/℃		1650	1700	1700	1700
重烧线变化(1600℃,3h)/%		±0.3	±0.3		±0.2
线膨胀系数(室温至1300℃)/$℃^{-1}$		约8.0×10^{-6}	约8.6×10^{-6}	热稳定性 1100℃~水冷，≥5	
热导率(平均温度800℃)/$W\cdot(m\cdot K)^{-1}$		<0.9	<1.0	<1.1 (1000℃)	<0.5
最高使用温度/℃		1650	1800	1600	2000~2200

与其他轻质隔热材料相比，氧化物空心球隔热材料的特点是安全使用温度高，强度大和热导率小。它们的体积密度比同成分的致密制品低50%~60%，可承受高温火焰的冲击，直接作为高温窑炉的内衬，现已推广应用于硅化钼电炉、钼丝炉、钨棒炉、高温燃气间歇窑和隧道窑等许多炉窑上，可节约20%以上能耗。

20.4　定型隔热耐火材料

20.4.1　定型隔热耐火材料分类和制备方法

轻质隔热耐火砖系内部为多孔结构具有绝热性能的定型块状隔热耐火制品，其中以砖形制品的生产和应用最为广泛，故又称为轻质隔热耐火砖。轻质隔热耐火砖，通常按其材质或制造所用原料进行分类和命名。例如，以黏土、硅质和高铝质等原料制造的轻质耐火砖分别称为轻质黏土砖、轻质硅砖和轻质高铝砖等。表20-17按制造轻质耐火砖所用的原料和成分列出了轻质隔热耐火砖的种类和特点。

表 20-17 轻质隔热耐火砖的种类与特点

种类	使用温度/℃	特 征
硅藻土砖	<1100	用天然多孔原料制造，热导率小，隔热性能好
轻质黏土砖	1200~1400	多用可燃物法制造，应用广泛
轻质高铝砖	1350~1500	泡沫法生产，耐热性能好，用于高温隔热
轻质刚玉砖	1600~1800	Al_2O_3 含量高，主晶相为刚玉，可在还原气氛条件下应用
轻质硅砖	1220~1550	荷重软化点高，热稳定性好
钙长石轻质砖	1200~1300	主要成分为 $2SiO_2 \cdot CaO \cdot Al_2O_3$，体积密度小，耐崩裂性好，还原性气氛中稳定
镁质	1600~1800	耐热性能好，使用温度高
锆英石质	1500	泡沫法生产，用于超高温炉隔热
氧化锆质	<2000	泡沫法生产，用于超高温炉隔热
堇青石质	<1300	热膨胀小，耐剥落性能好
碳化硅质	1300	耐侵蚀性好，耐崩裂性好，高温强度大

轻质耐火砖的生产方法一般有下述几种：

（1）直接从天然多孔轻质原岩切割成砖块。

（2）以天然或人造多孔轻质材料为原料制砖。

（3）在原料中加入易烧掉的可燃物，如锯末，炭化稻壳，聚轻苯乙烯球；或加入升华物质，如萘，烧尽、挥发后形成多孔结构。

（4）在泥料中加入发泡剂，如松香皂，烧成后获得多孔结构。

（5）在原料中加入碳酸盐、铝粉和盐酸，借助化学反应放出气体而形成多孔结构。

一般来说，在上述各种制造方法中，以第（2）、（3）和（4）三种方法应用最广，图20-21示出了一般轻质隔热耐火砖的生产工艺。

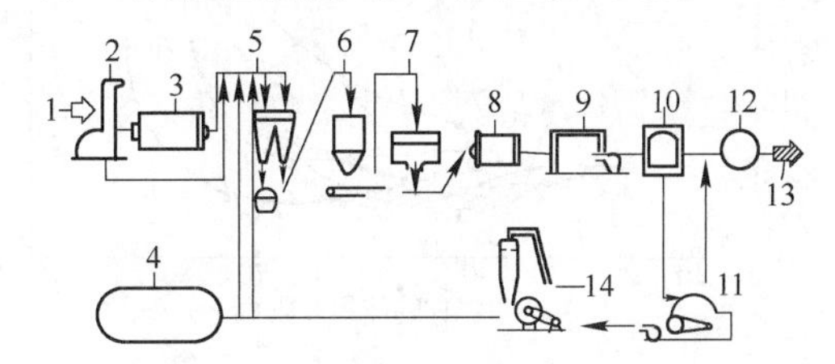

图 20-21 轻质隔热耐火砖的制造工艺

1—原料；2—粗碎机；3—粉碎机；4—有机物或发泡剂；5—贮料仓；6—配料；7—混练机；8—成型机；9—干燥窑；10—烧成窑；11—切割磨削；12—包装；13—制品；14—除尘设备

在用可燃物法使轻质制品形成多孔的组织结构时，可燃物的性状对轻质砖的性能有很大影响，图20-22示出了各种可燃物的加入量对轻质黏土砖的烧成收缩的影响，其特点是对于每一种可燃物都有一个极限的加入量范围，如软木屑为70%，无烟煤50%~60%，气化焦约53%。在此极限范围以下，烧成收缩随着可燃物加入量的增加而缓缓增加，但当加入量超过极限加入量时，增加可燃物加入量会使烧成收缩急剧增大。图20-23示出了可燃物加入量对轻质隔热砖的体积密度的影响。体积密度随着可燃物加入量的增加而降低，而可燃物的种类对体积密度则无明显的影响。但可燃物的种类对制品的强度有很大影响，如图20-24所示，以软木屑作可燃物的轻质制品的强度较大，软木屑易被可塑黏土包裹；而以稻壳作可燃物的轻质制品的强度很小，稻壳不易被黏土包裹。此外，可燃物的粒度组成对制品的体积密度和强度也有很大的影响。采用细颗粒可燃物时，由于可塑黏土的包裹能力迅速降低，因而轻质砖的体积密度增大，但可使制品的强度明显提高（表20-18）。可燃物的理想粒度组成为紧密堆积粒度配合，即大颗粒之间的孔隙填充中间颗粒，小颗粒填充余下的细孔隙，这样，耐火颗粒（黏土）仅以薄膜状包围可燃物，形成理想的窝状结构。

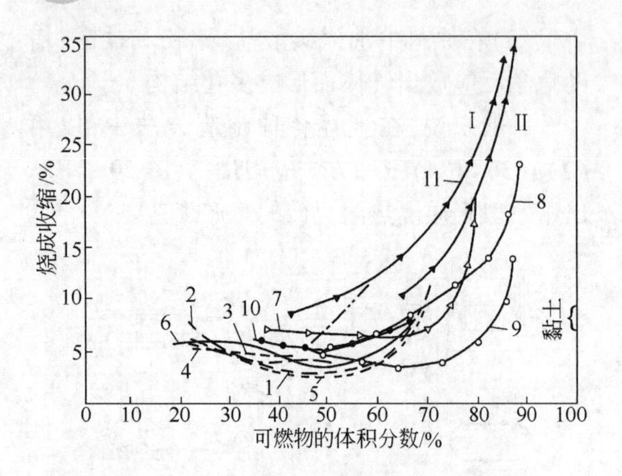

图 20-22 可燃物的种类与用量对轻质黏土砖的烧成收缩的影响

1—烟煤;2—粉煤;3—长焰煤;4—石油焦;5—气化焦;6—石墨;7—锯末;8—泥煤;9—软木屑;10—谷壳;11—纸

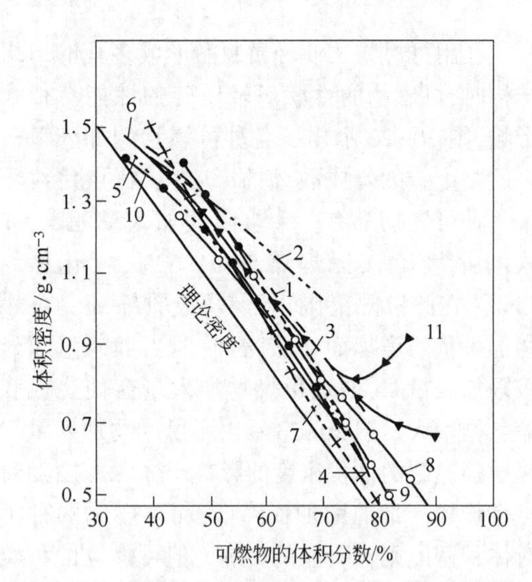

图 20-23 可燃物的种类与用量对轻质黏土砖的体积密度的影响

1—烟煤;2—粉煤;3—长焰煤;4—石油焦;5—气化焦;6—石墨;7—锯末;8—泥煤;9—软木屑;10—谷壳;11—纸

表 20-18 可燃物的粒度对轻质黏土砖的性能的影响

褐煤粒度/mm	1~3	0.2~1	0~0.2	0~3
体积密度/$g \cdot cm^{-3}$	0.8	0.85	0.90	0.89
耐压强度/MPa	1.5	2.0	5.9	4.1

表 20-19 列出了用可燃物法和泡沫法两种

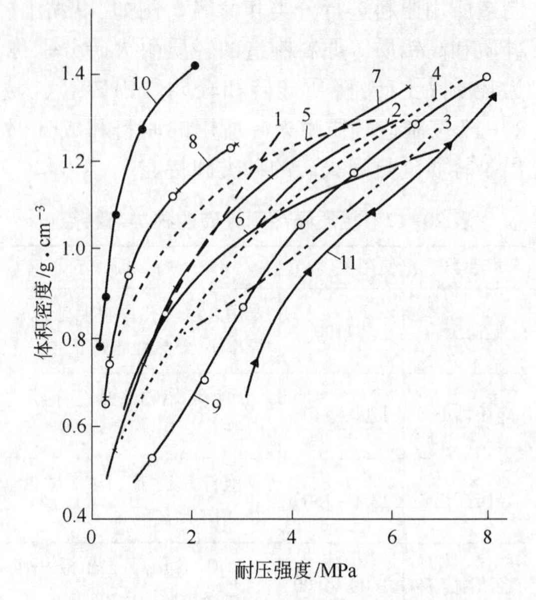

图 20-24 可燃物的种类与轻质黏土砖的强度的关系

1—烟煤;2—粉煤;3—长焰煤;4—石油焦;5—气化焦;6—石墨;7—锯末;8—泥煤;9—软木屑;10—谷壳;11—纸

方法生产的组成相同的轻质刚玉砖的性能比较。由此可以看到,用不同方法生产的轻质耐火砖的性能有很大差别。尽管两种轻质砖的体积密度和气孔率都相同,但由于它们的显微结构不同,因而它们的强度和热传导率存在很大的差别。在用可燃物法生产轻质砖时,可燃物在烧成过程中燃烧时,空气通过气孔通道向砖内扩散提供氧气和燃烧产物沿气孔通道向外排出,这样在砖中形成连续的气孔通道,结果使砖的开口气孔和贯通气孔增加,砖的主体组织结构呈气相连续和固相断断续续的开放型结构。因此,以可燃物法生产的轻质砖中空气隔热作用较强,使它的热导率比以固相连续的泡沫法轻质砖的小。但由于可燃物的粒度和形状往往不规则和不光滑,泥料混练时又难于完全混匀,因而可燃物法轻质砖的气孔孔径大小和气孔分布情况都很不均匀,形状很不规则,显微结构显得很疏松,因而其强度远不如结构均匀的泡沫法轻质砖。

表 20-19 可燃物法与泡沫法生产的轻质刚玉砖的性能比较

项目		泡沫法	可燃物法	
			1	2
气孔率/%		70	70	70
体积密度/g · cm^{-3}		1. 20	1. 20	1. 20
最大气孔孔径/mm		0. 35	0. 15	0. 6
透气度/mDa		3. 7	54~56	188~219
耐压强度/MPa		20. 6	0. 8	0. 4
荷重变形温度开始点/℃		1630	1520	1350
变形 4%		1760	1615	
热导率 /W · (m · K)$^{-1}$	500℃	1. 11	0. 58	0. 65
	900℃	0. 87	0. 45	0. 59

注:1、2 为可燃物粒度。

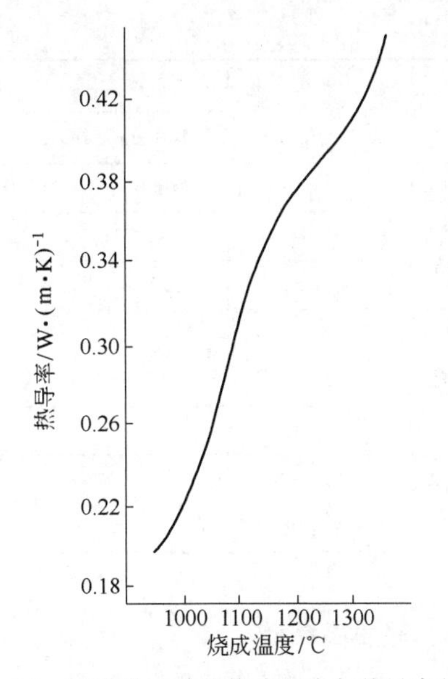

图 20-25 轻质黏土砖的烧成温度与热导率的关系
(轻质黏土砖的体积密度为 0. 8g/cm^3)

由于热流通过固相的热传导取决于固相的烧结程度和玻璃化程度,颗粒与颗粒之间的接触紧密程度和接触面积,因而,可以预料,制品的烧成温度对其热导性能会有很大的影响。图 20-25 示出了轻质黏土砖的烧成温度与热导率之间的关系。由此可以看到,烧成温度越高,隔热耐火材料的导热系数也越大,显然,这是由于烧成温度的提高,砖的烧结程度变好,玻璃相增加,颗粒与颗粒之间的接触程度改善,固相内的有效传热面积增加带来的结果。这表明,在生产轻质隔热耐火砖时,应尽可能选用烧结温度较低和纯度较高的原料。从隔热耐火砖的使用方面来说,在使用温度较高时,隔热耐火砖在使用过程中会发生不同程度的烧结作用,从而导致材料的变质老化,热导率提高。因此,在选用高温场合使用的隔热耐火材料时,宜选用杂质含量低的材料。

20. 4. 2 轻质黏土砖

轻质黏土砖系指含 Al_2O_3 30%~46%的轻质耐火制品,以黏土熟料或轻质熟料和可塑黏土为主要原料,通常采用可燃物法生产,也可采用化学法或泡沫法形成多孔结构。配料与水混合制成可塑泥料或泥浆,以挤压成型或浇注成型,干燥后于 1250~1350℃氧化气氛中烧成。常用轻质黏土砖的体积密度为 0. 75~1. 20g/cm^3,耐压强度为 2. 0~5. 9MPa,热导率为 0. 221~0. 442W/(m · K)(1350℃)。轻质黏土砖的用途广泛,主要用于各种工业窑炉中不接触熔融物和无侵蚀气体作用的隔热层材料,使用温度为 1200~1400℃。GB/T 3994—2013 按体积密度分为 NG140-1. 5、NG135-1. 3、NG135-1. 2 等七种牌号,表 20-20 列出了黏土质隔热耐火砖的技术标准。

表 20-20 黏土质隔热耐火砖国家标准(GB/T 3994—2013)

项目		指标						
		NG140-1. 5	NG135-1. 3	NG135-1. 2	NG130-1. 0	NG125-0. 8	NG120-0. 6	NG115-0. 5
体积密度 /g · cm^{-3}	μ_0	≤1. 5	≤1. 3	≤1. 2	≤1. 0	≤0. 8	≤0. 6	≤0. 5
	σ	0. 06						

续表 20-20

项目		指标						
		NG140-1.5	NG135-1.3	NG135-1.2	NG130-1.0	NG125-0.8	NG120-0.6	NG115-0.5
常温耐压强度/MPa	μ_0	≥6.0	≥5.0	≥4.5	≥3.5	≥2.5	≥1.3	≥1.0
	σ	1.0					0.5	
	μ_{min}	5.5	4.5	4.0	3.0	2.0	1.0	0.8
加热永久线变化率/%（T/℃×12h）	试验温度 T/℃	1400	1350		1300	1250	1200	1150
	$X_{min}\sim X_{max}$	−2~1						
平均温度 350℃±25℃	热导率 /W·(m·K)$^{-1}$	≤0.65	≤0.55	≤0.5	≤0.4	≤0.35	≤0.25	≤0.23

20.4.3 轻质高铝砖

轻质高铝砖一般指含 $Al_2O_3$45%以上的各种轻质耐火制品。通常分为两类:一类是以天然高铝矾土熟料为原料制造的普通轻质高铝砖;另一类是以电熔或烧结氧化铝为原料制造的优质轻质高铝制品,因其主晶相为刚玉,又称为轻质刚玉砖。

轻质高铝砖一般用泡沫法生产,熟料磨碎后与结合剂(如黏土)和发泡剂混合配制泥浆,浇注成型,于 1350~1500℃烧成。一般轻质高铝砖的体积密度为 0.4~1.35g/cm^3,气孔率为 66%~73%,耐压强度为 1.3~8.1MPa,热导率为 0.291~0.582W/(m·K)(350℃)。轻质高铝砖的耐火度高,耐热震性能好,常用作窑炉的高温隔热层。优质轻质高铝砖可用于与火焰直接接触的炉窑内衬,但不宜用于受熔渣直接侵蚀的场合。由于轻质高铝砖在还原气氛下化学稳定性好,因而以氢气、一氧化碳等气体作保护气氛的窑炉,一般都采用轻质高铝砖作隔热衬里。轻质高铝砖的使用温度为 1350~1500℃,高纯制品的使用温度可达 1650~1800℃。我国标准按体积密度将轻质高铝砖分为 LG-1.0、LG-0.9、LG-0.8 等 7 种牌号,表 20-21 列出了轻质高铝砖的技术标准(GB/T 3995—2014)。

表 20-21 高铝隔热耐火砖的技术标准(GB/T 3995—2014)

项目		指标					
		DLG170-1.3L	DLG160-1.0L	DLG150-0.8L	DLG140-0.7L	DLG135-0.6L	DLG125-0.5L
Al_2O_3 含量/%	μ_0	≥72	≥60	≥55	≥50	≥50	≥48
	σ	1.0					
Fe_2O_3 含量/%	μ_0	≤1.0					
	σ	0.1					
体积密度/g·cm^{-3}	μ_0	≤1.3	≤1.0	≤0.8	≤0.7	≤0.6	≤0.5
	σ	0.05					
常温耐压强度/MPa	μ_0	≥5.0	≥3.0	≥2.5	≥2.0	≥1.5	≥1.2
	σ	1.0		0.5		0.2	
	X_{min}	4.5	2.5	2.0	1.5	1.2	1.0

续表 20-21

项目		指标					
		DLG170-1.3L	DLG160-1.0L	DLG150-0.8L	DLG140-0.7L	DLG135-0.6L	DLG125-0.5L
加热永久线变化率 (T/℃×12h)/%	试验温度 T/℃	1700	1600	1500	1400	1350	1250
	X_{min}~X_{max}	-1.0~0.5				-2.0~1.0	
导热系数 /W·(m·K)$^{-1}$	平均温度 (350℃±25℃)	≤0.60	≤0.50	≤0.35	≤0.30	≤0.25	≤0.20

20.4.4 莫来石系轻质砖

莫来石系轻质砖为含 Al_2O_3 50%~85%，以莫来石（$3Al_2O_3 \cdot 2SiO_2$）为主晶相和结合相的新型优质隔热耐火材料。由于莫来石具有优良的高温机械性能和化学稳定性能，莫来石系轻质砖具有高温结构强度高，高温蠕变率低，线膨胀系数小，抗化学侵蚀性强和抗热震性能好等优良性能，可用作直接接触火焰的窑炉工作面内衬，可显著提高窑炉的节能效果。表 20-22 列出了莫来石系轻质砖的性能（GB/T 35845—2018）。莫来石系轻质砖的使用温度依制品的氧化铝含量和体积密度的高低，从 1350℃ 至约 1700℃。

表 20-22 莫来石系轻质砖的性能（GB/T 35845—2018）

项目		指标						
		MG-23	MG-25	MG-26	MG-27	MG-28	MG-30	MG-32
Al_2O_3 含量/%	μ_0	≥40	≥50	≥55	≥60	≥65	≥70	≥77
	σ	1.0						
Fe_2O_3 含量/%	μ_0	≤1.0	≤1.0	≤0.9	≤0.8	≤0.7	≤0.6	≤0.5
	σ	0.1						
体积密度/g·cm^{-3}	μ_0	≤0.55	≤0.80	≤0.85	≤0.90	≤0.95	≤1.05	≤1.35
	σ	0.05						
常温耐压强度/MPa	μ_0	≥1.0	≥1.5	≥2.0	≥2.5	≥2.5	≥3.0	≥3.5
	σ	0.2	0.5			1.0		
	μ_{min}	0.9	1.3	1.8	2.2	2.2	2.7	3.2
加热永久线变化率 (T/℃×12h)/%	试验温度 T/℃	1230	1350	1400	1450	1510	1620	1730
	X_{min}~X_{max}	-1.5~0.5						
热导系数 (平均温度±25℃) /W·(m·K)$^{-1}$	200℃	≤0.18	≤0.26	≤0.28	≤0.32	≤0.35	≤0.42	≤0.56
	350℃	≤0.20	≤0.28	≤0.30	≤0.34	≤0.37	≤0.44	≤0.60
	600℃	≤0.22	≤0.30	≤0.33	≤0.36	≤0.39	≤0.46	≤0.64
0.05MPa 荷重软化温度 $T_{0.5}$/℃		≥1080	≥1200	≥1250	≥1300	≥1360	≥1470	≥1570

20.4.5 轻质硅砖

轻质硅砖为 SiO_2 含量 90%以上，体积密度小于 1.2g/cm^3 的轻质硅质耐火制品，轻质硅砖一般采用结晶石英岩或硅砂为原料，配料中加入易燃物质，如焦炭、无烟煤、锯末、炭化稻壳，或以气体发泡法形成多孔结构。它与普通硅砖的生产工艺相似，配料中加入一些矿化剂

(CaO, Fe_2O_3)以促进石英的转化，用纸浆废液作结合剂使砖坯具有一定的强度。在用焦炭或无烟煤作可燃添加物时，由于灰分会带进 Fe_2O_3 和 Al_2O_3，配料中则不需另外添加铁鳞。轻质硅砖烧成时，在1200℃以前应维持强氧化火焰，使加入物完全烧尽。

轻质硅砖的矿物组成为：鳞石英 78%～86%，方石英 13%～15%，石英 4%～7%。一般轻质硅砖的体积密度 0.9～1.1g/cm³，耐压强度 2.0～5.9MPa，热导率 0.35～0.42W/(m·K)。轻质硅砖具有优良的耐火性能，荷重软化温度接近致密硅砖达 1620℃以上，仅有小量的残余膨胀，并且其热稳定性能较致密硅砖好。因此，轻质硅砖可在不与熔渣接触的高温条件下(1500～1550℃)长期使用，但特别适用于大型高炉的高温热风炉硅砖内衬的隔热材料以及玻璃窑硅砖砌体的隔热。我国生产的轻质硅砖分一、二两级：一级品可用于轧钢加热炉炉顶及硅酸盐工业窑炉的顶等部位，可直接与火焰接触；二级品用于一般工业窑炉的隔热。表 20-23 列出了我国工业炉用轻质硅砖的技术条件(YB/T 386—94)。

表 20-23 工业炉用轻质硅砖的技术条件(YB/T 386—94)

项 目		指 标			
		GGR-1.00	GGR-1.10	GGR-1.15	GGR-1.20
$w(SiO_2)$/%		≥91	≥91	≥91	≥91
体积密度/g·cm⁻³		≥1.00	≥1.10	≥1.15	≥1.20
常温耐压强度/MPa		≥2.0	≥3.0	≥5.0	5.0
重烧线变化/%	1550℃,2h			0.5	0.5
	1450℃,2h	≤0.5	≤0.5		
0.1MPa 荷重软化开始温度/℃		≥1400	≥1420	≥1500	1520
热导率(350℃±10℃)/W·(m·K)⁻¹		≤0.55	≤0.60	≤0.65	0.70

20.4.6 钙长石轻质隔热砖

钙长石，分子式：$CaO \cdot Al_2O_3 \cdot 2SiO_2$，含 CaO_2 20.2%，Al_2O_3 36.6%，SiO_2 43.3%，熔点 1552℃。钙长石通常不被视为耐火矿物相，但它作轻质隔热材料中的主成分和结合基质相时，可使隔热耐火材料具有保温隔热性能好、抗剥落性能高和在还原气氛中稳定性高等优良特性。钙长石轻质砖有以钙长石为主成分和以钙长石为基质结合相的两种类型产品。以钙长石为主成分的轻质砖，系以高岭石、黏土熟料、叶蜡石和石膏等原料，添加可燃物或发泡材料，用泥浆注浇法或挤压法成型，经干燥和烧成制得。以钙长石结合的轻质砖，典型的是钙长石结合轻质莫来石砖。它可用蓝晶石作为引进 Al_2O_3 和 SiO_2 的来源，白水泥作为引进 CaO 的原料，加入发泡剂，如松香皂液，经搅拌混合，浇注成型和 1400℃烧成制得。蓝晶石在 1200～1300℃大量转化为莫来石，同时与白水泥发生反应形成钙长石，伴有较大的体积膨胀，能补偿砖坯烧结过程中产生的大量收缩。钙长石结合轻质莫来石砖兼有钙长石和莫来石的优良特性。

钙长石轻质隔热砖的体积密度小，热导率小，抗热震性好和抗还原性气氛的作用强，使用温度 1100～1300℃，钙长石结合轻质莫来石砖的使用温度可达 1400℃以上。表 20-24 列出了钙长石轻质隔热砖的性能。钙长石轻质隔热砖用途广泛，在钢铁工业用作热风炉、均热炉、加热炉等的隔热衬里，石油工业的各种催化裂化炉的隔热内衬等。

表 20-24 钙长石轻质隔热耐火砖的性能

项 目	美国		日本		中国	
	1	2	1	2	1	2
$w(Al_2O_3)$/%	39	39			38.9	54
$w(SiO_2)$/%	44	44			44.5	43
$w(CaO)$/%	15.4	16.0			11.7	3
$w(Fe_2O_3)$/%	0.4	0.4	0.7	0.7	0.7	0.5
体积密度/$g \cdot cm^{-3}$	0.465	0.496	0.47	0.51	0.50	0.5
耐压强度/MPa	0.75	1.00	0.8	1.0	1.1	3.5
抗折强度/MPa	0.75	0.96	0.7	0.9	1.0	
重烧线变化/%	0 (1066℃)	0 (1230℃)	0.04 (1200℃)	0.05 (1300℃)		<2 (1450℃)
热导率(350℃) /$W \cdot (m \cdot K)^{-1}$			0.15	0.16	0.12 (264℃)	0.15
最高使用温度/℃	1100	1260	1200	1300		1400

20.4.7 其他隔热耐火砖

除了上述大量使用的隔热耐火砖外，工业上和实验室还使用其他特殊材质的隔热耐火砖，如氧化镁质、氧化锆质、碳化硅质等特殊材质的隔热耐火砖，表 20-25～表 20-27 列出了它们的性能。

表 20-25 碱性轻质隔热砖的性能

项 目	镁质	镁铬质	铬镁质
重烧收缩率/%	1.75(1840℃,8h)	0.20(1600℃,8h)	1.52(1700℃,8h)
体积密度/$g \cdot cm^{-3}$	1.22	1.50	1.70
耐压强度/MPa	4.3	5.5	5.4
抗弯强度/MPa	2.8	3.3	5.1
高温线膨胀率(1000℃)/%	1.30	0.9	0.82
高温荷重软化温度(T_2,0.1MPa)/℃	1320	1340	1370
w(灼减)/%	0.10	0.10	0.08
$w(SiO_2)$/%	0.44	1.44	1.29
$w(Al_2O_3)$/%	0.17	4.29	6.68
$w(Fe_2O_3)$/%	0.10	6.01	10.10
$w(CaO)$/%	0.95	0.75	1.16
$w(MgO)$/%	98.19	69.83	50.33
$w(Cr_2O_3)$/%		17.36	29.90
合计	99.95	99.86	99.80

表 20-26 氧化锆轻质隔热砖的性能

项目	日本制品	其他国家制品	
	A	A	B
重烧收缩率/%		<2.0(1800℃)	—
体积密度/g·cm^{-3}	1.8~2.0	1.8~2.0	2.45
耐压强度/MPa	9.8~29.4	9.8~22.6	
气孔率/%	50~60	50~60	58
高温线膨胀率(1000℃)/%	0.85	0.88	0.91
耐火度/℃		>2000	
$w(ZrO_2)$/%	94	>94	92.0
$w(CaO)$/%	4.6		4.7

表 20-27 碳化硅轻质隔热砖的性质

项目	A	B	C
烧结前体积密度/g·cm^{-3}	0.37	0.43	0.55
烧后质量增加率/%	62	62	58
烧结后体积密度/g·cm^{-3}	0.47	0.53	0.68
显气孔率/%	85.0	81.0	78.0
耐压强度/MPa	1.0~1.5	2.0~2.5	3.9~4.4
荷重软化开始温度/℃	1920	1670	1750
耐急冷急热性(800℃)	20次以上		

表 20-28 纤维材料的分类及使用温度（℃）

无机纤维	天然	石棉		<600
				<400
	非晶质	玻璃纤维		<600
		矿渣棉		<600
		玻璃质氧化硅纤维		<1000~1200
		硅酸铝纤维	普通纤维	<1200
			含铬纤维	<1200~1300
			高铝纤维	<1300
			含锆纤维	<1400
	多晶质	氧化铝纤维		<1400
		氧化锆纤维		<1600
		钛酸钾纤维		<1000~1200
		氮化硼纤维		<2000
		碳化硼纤维		<1500
		碳化硅纤维		<1800
		碳纤维		<2500
		硼纤维		<1500
	单结晶	碳化硅		<2000
		氧化铝		<1800
		氧化镁		<1800
		硼		<1700
复合纤维	多相	钨	碳化硅	<1900
			碳化硼	<1700

20.5 纤维状隔热材料

由于纤维状隔热材料具有重量轻、热导率小、热容量小、抗热震性能好以及施工方便等许多优点，因而在工业窑炉和热力工程设备中的应用日益广泛，节能效果极其显著，近十多年来，无论从产量和品种方面，都获得了迅速发展。表 20-28 列出了纤维隔热材料的分类情况。从来源看，无机纤维材料分为人造和天然两类。从资源、价格和使用等方面考虑，作为隔热材料而被广泛使用的主要为石棉、岩棉、玻璃纤维和耐火纤维等品种。

20.5.1 石棉及其制品

石棉是天然的纤维状含水硅酸盐矿物的总称。石棉原矿呈纤维集块，经分剥变成棉状纤维，为隔热、保温、防火、绝缘、密封、建筑等用途广泛的工业原材料。

石棉按成分和结构分为：蛇纹石类石棉（又称温石棉），角闪石类石棉，水镁石类石棉和叶蜡石类石棉等。其中角闪石类石棉包括阳起石石棉、铁石棉、直闪石石棉、透闪石石棉、青石棉、纤维蓝闪石石棉等。自然分布较广，工业价值较大和应用最多的是温石棉，即一般所称的石棉。温石棉的劈分性、柔韧性、抗张强度、隔热和绝热等性能一般较角闪石类石棉及水镁石类石棉好,而角闪石类石棉的耐酸及防腐性能一般则比其他石棉好。

温石棉的基本化学结构式为 $3MgO \cdot 2SiO_2 \cdot 2H_2O$,而铁石棉为 $5.5FeO \cdot 1.5MgO \cdot 8SiO_2 \cdot 2H_2O$。但是,由于离子置换作用或夹杂矿物的存在,它们的组成变化范围较大。为了节能的目的,石棉制品多数在温度较高的条件下使用,因此,石棉纤维的耐热性能就特别重要。石棉纤维在加热时的强度变化如图20-26所示。温石棉从500℃开始逐渐失去结晶水,纤维老化,强度下降,纤维变脆。铁石棉的FeO含量高,从200~300℃开始,因氧化亚铁被氧化而容易引起纤维的老化。表20-29列出了温石棉与铁石棉的性能比较,这两类石棉的性能有很大的差别,前者明显优于后者。

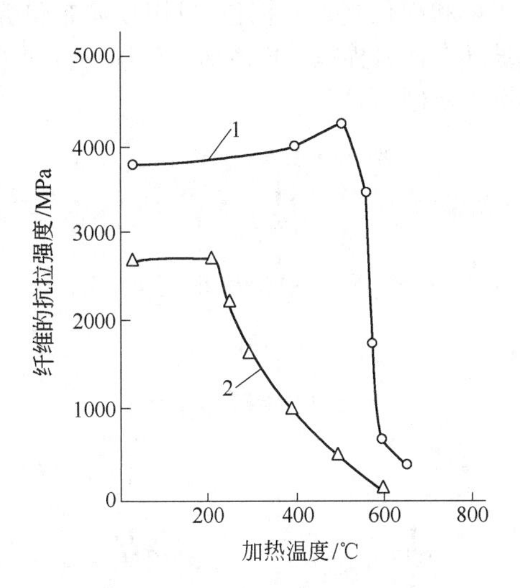

图 20-26 石棉纤维的强度随加热过程的变化情况

1—温石棉;2—铁石棉

表 20-29 温石棉和铁石棉的性能

项目		温石棉	铁石棉
化学结构式		$3MgO \cdot 2SiO_2 \cdot 2H_2O$	$5.5FeO \cdot 1.5MgO \cdot 8SiO_2 \cdot 2H_2O$
化学组成(质量分数)/%	SiO_2	37~44	49~53
	Al_2O_3	0.2~1.5	0.0~9.0
	Fe_2O_3	0.1~5.0	0.0~1.0
	FeO	0.0~6.0	34~44
	CaO	0.0~5.0	0.0~2.0
	MgO	39~44	1.0~7.0
	H_2O	12~17	1.5~7.0
颜色		白色~灰色(带黄或绿)	茶色~茶灰色
手感		软	硬
纺纱性能		良好	不能
密度/$g \cdot cm^{-3}$		2.4~2.6	3.2~3.5
纤维直径(平均)/μm		5	5
比表面积(BET法)/$m^2 \cdot g^{-1}$		200~400	150~250
比热容/$J \cdot (g \cdot K)^{-1}$		1.13	0.84
热老化起点温度/℃		500(结晶水脱水)	约250(FeO氧化)
熔化温度/℃		1521	1400
水中的表面电荷		正	负
水的过滤性能		慢	快

石棉和石棉制品在工业上的用途很广,种类繁多,广泛用于机械传动、制动、绝缘、保温、隔热、防腐及过滤材料等方面。作为保温隔热用的石棉制品有石棉绳、石棉布、石棉毡、石棉板、石棉管、石棉砖、石棉灰等。图20-27示出了各种石棉制品的热导率,保温隔热用石棉制品的容重一般小于$0.3g/cm^3$。表20-30列出了节能用石棉材料的性能。

表 20-30 节能用石棉材料的性能

材料名称	密度/g·cm^{-3}	热导率/W·(m·K)$^{-1}$	安全使用温度/℃	说明
石棉毡	0.06~0.08	参见图 20-27	<400	用开纤良好的温石棉,加无机或有机黏结剂制成
石棉布、带	0.3~0.4	参见图 20-27	<500	以温石棉纱纺织成的布、带,厚 0.4~3mm
石棉海绵	0.01~0.02	参见图 20-27	<500	开纤接近单纤的温石棉制成的无机海绵,有防水性,对皮肤无刺激
遮蔽中子辐射的绝热材料	0.5~0.7	0.051+0.000041t	<400	以开纤接近单纤的温石棉为主体材料的保温板材,并具有遮蔽中子辐射性能

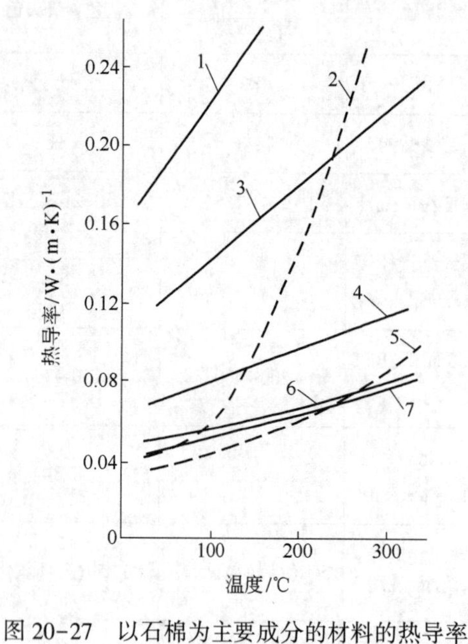

图 20-27 以石棉为主要成分的材料的热导率

1—温石棉板(容重 1.1g/cm^3);
2—温石棉海绵(0.01g/cm^3);
3—干式开纤温石棉布(0.6g/cm^3);
4—化学开纤温石棉布(0.37g/cm^3);
5—含石墨温石棉海绵(0.02g/cm^3);
6—铁石棉保温板(0.2g/cm^3);
7—温石棉石棉毯(0.06g/cm^3)

20.5.2 岩棉及其制品

岩棉是以高炉矿渣及玄武岩、辉绿岩等天然岩石为原料制成的人造矿物纤维保温隔热材料。图 20-28 示出了岩棉和岩棉板的生产工艺。原料投入冲天炉中于 1400~1600℃熔化后,用喷吹法(或离心法)使熔体纤维化,并同时喷入用作黏结剂及改善防水和手感性能的酚醛树脂和防尘油,使其均匀地黏附在纤维表面上。纤维与渣球经分离系统分离,在料仓收集获得松散纤维材料,或沉降在网带上经辊压、热风干燥和固化制得岩棉毡,或用玻璃布包缝制成玻璃布面岩棉毡。松散棉还可进一步加工成各种二次制品。

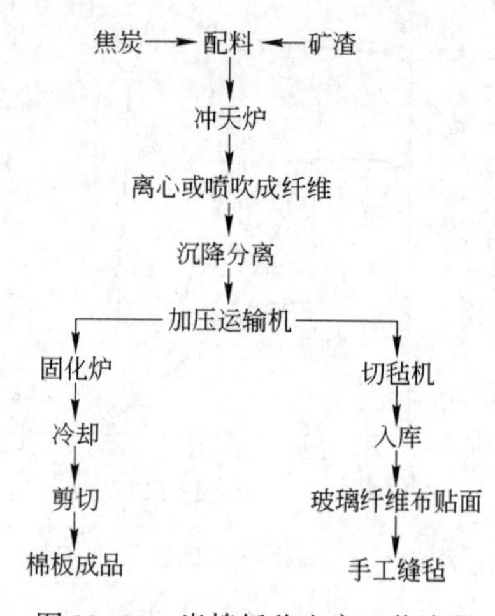

图 20-28 岩棉板毡生产工艺流程

岩棉的化学组成随原料的种类不同而不同。从使用的原料看,岩棉大体上可分为两类:以冶炼钢铁的废渣为主要原料的熔渣类岩棉和以玄武岩、辉绿岩等天然岩石为主要原料的岩石类岩棉。前者二氧化硅含量较低,氧化钙含量较高,CaO/SiO_2 比大于 0.5;而后者二氧化硅含量较高，氧化钙含量较低，CaO/SiO_2 比小于 0.5。CaO/SiO_2 比值较高时，制造岩棉时的熔化温度较低，熔体的纤维化也比较容易，但岩棉的耐大气腐蚀性能，特别是耐湿性能较差。表 20-31 列出了这两类岩棉的化学组成。岩棉纤维的直径一般约 2~20μm（平均小于 7μm），长约 10~100mm，呈绿褐色；而熔渣类岩棉，因 Fe_2O_3 含量较低，颜色较浅。但它们的绝热保温和吸音等性能相似。

表 20-31 岩棉的化学组成

种类	化学成分（质量分数）/%				
	SiO_2	Al_2O_3	CaO	MgO	Fe_2O_3
熔渣类岩棉	34~44	6~14	35~45	5~11	0.3~0.5
岩石类岩棉	42~48	12~16	9~20	7~11	5~13

岩棉纤维材料中含有大量的不流通的空气，热导率很低，具有良好的绝热和隔音性能。作为绝热保温材料，除了直接应用松散岩棉作保温隔热填料材料外，应用更多的是进一步加工成岩棉保温板、毡、垫、带等各种岩棉制品，表 20-32 列出了岩棉和岩棉制品的性能（日本国工业标准，JIS-9504）。岩棉保温板具有一定的弹性，在一定载荷下，卸荷后可恢复原状，图 20-29示出了不同容重的岩棉板在不同载荷下的压缩变形率。

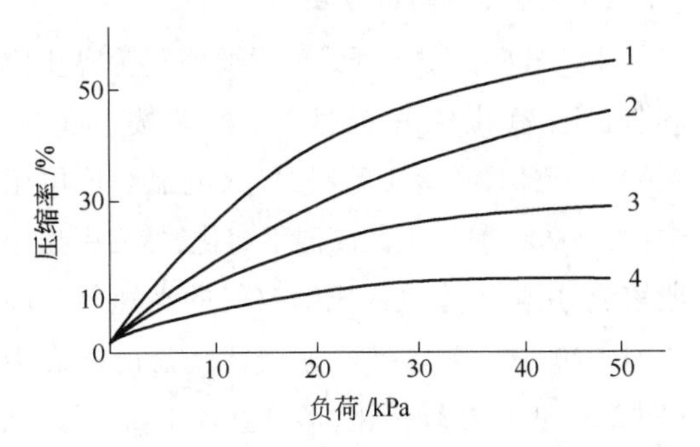

图 20-29 岩棉板的压缩率曲线

岩棉板的容重：1—80kg/m³；2—100kg/m³；3—200kg/m³；4—250kg/m³

岩棉的安全使用温度一般为 600℃，最高可达 700℃，高于玻璃纤维材料的使用温度。加酚醛树脂黏结剂制成的岩棉制品有一定的强度，在 200℃时酚醛树脂开始分解挥发，但不影响岩棉制品的保温性能和使用效果。岩棉保温材料主要用于锅炉、贮存罐、加热炉及工业管道等设备的保温绝热。另外，在建筑工业中也用于房屋的隔热隔音材料，以及钢筋的耐火覆盖材料等。

表 20-32 岩棉制品的性能

材料	种类	密度/g·cm⁻³	最高安全使用温度/℃	热导率（800℃）/W·(m·K)⁻¹	渣球含量/%	抗弯强度/MPa
岩棉	1	<0.15	600	<0.045	<4	
	2	<0.18	600	<0.048	<8	
	3	<0.20	600	<0.051	<16	
岩棉保温板	1	<0.10	400	<0.045		>0.025
	2	<0.16	400	<0.045		>0.25
	3	<0.30	400	<0.049		—
	4	<0.35	600	<0.052		—
岩棉保温毡	1	<0.10	600	<0.055		
	2	<0.20	600	<0.050		

20.5.3 硅酸铝耐火纤维及其制品

20.5.3.1 制造方法

生产硅酸铝耐火纤维的主要原料为黏土熟料、矾土、氧化铝及硅砂等，通常按 SiO_2 与 Al_2O_3 的比例为1∶1配料，投入电弧炉或电阻炉中，在2000℃以上的高温下熔化，然后引出小股熔流，用高压蒸汽或压缩空气的高速气流喷吹(图20-30)或借助高速旋转转盘的离心力(图20-31)使之纤维化，形成直径1μm至数微米，长达250mm的玻璃质纤维。前一种方法容易形成直径小的短纤维，而后一种方法得到稍粗的较长的纤维。按上述方法制得的纤维中往往含有一些未被纤维化的渣球，经沉降处理清除后，便得到棉状松散耐火纤维原棉。两种成纤工艺生产的耐火纤维原棉的品质存在差异，因而它们的应用领域也有所不同(表20-33和表20-34)。

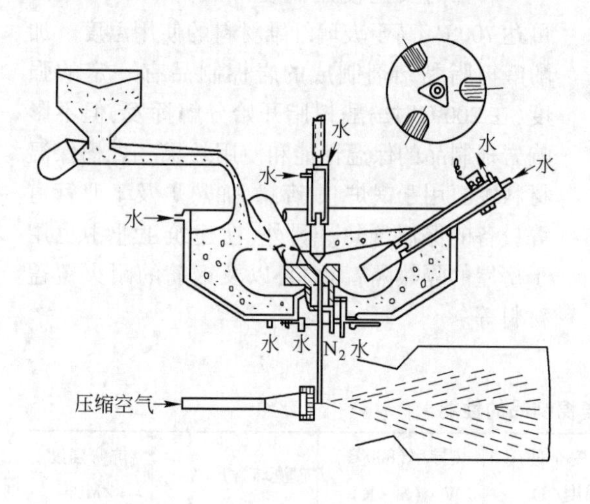

图20-30 电阻炉法连熔连吹成纤工艺

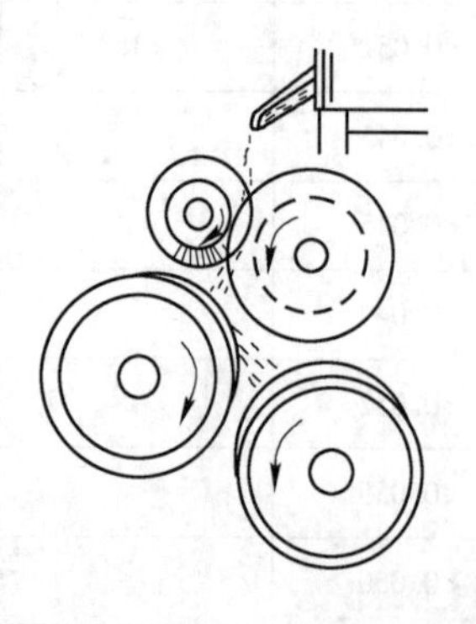

图20-31 离心甩丝法成纤示意图

表20-33 硅酸铝耐火纤维的成纤工艺与纤维特点和应用领域

成纤工艺	喷吹法	甩丝法
工艺原理	以压缩空气为动力，采用拉瓦尔式二次风喷吹式成纤装置，完成电阻炉流口排放高温熔融液流的喷吹分散成纤	借助三辊离心甩丝机的高速旋转辊的离心力，完成电阻炉流口排放高温熔融流的高速离心分散成纤
装备及操作	工艺装备简单，维护工作量小，操作难度小，但产量低	甩丝机采用程控变频调速；甩丝机轴实施油雾润滑；甩丝辊强制水冷；变频电动机风冷。工艺装备复杂，维护工作量大，操作难度大，但产量高
纤维特性	纤维细而均匀，直径2~3μm，柔软性好。 纤维短(<50mm)；渣球含量低(10%~20%)；成纤率高(>70%)	纤维较粗，均匀，直径3~5μm，纤维长(200mm)，强度大。 渣球含量低(8%~10%)，成纤率低(50%~55%)
应用领域	耐火纤维针刺毯生产用原料，混配纤维制品生产最佳原料，真空成型制品生产用原料，耐火纤维纸生产原料，耐火纤维喷涂原料，耐火纤维浇注料，涂抹料用原料	耐火纤维针刺毯生产用原料，超轻防潮干法制品生产用原料，1200℃以上高温窑炉壁衬填充料，硅酸铝纺织品生产用原料

表 20-34 散状硅酸铝纤维性能和应用领域

成纤工艺		甩丝成纤				喷吹成纤			
应用领域		纺织品用纤维	高温窑炉填充用纤维	优质含锆针刺毯用纤维	超轻防潮干法制品纤维	纤维纸用纤维	不定形纤维制品（喷涂料、浇注料、涂抹料）		
							标准型	高铝型	含锆型
化学组成（质量分数）/%	Al_2O_3	46	46	39~40	45	45	46	52~55	39~40
	$Al_2O_3+SiO_2$	97	96		96	96	97	99	
	ZrO_2			15~17					15~17
	$Al_2O_3+SiO_2+ZrO_2$			99					99
	Fe_2O_3	<0.8	<1.0	<0.2	<1.5	<1.2	<1.0	<0.2	<0.2
	Na_2O+K_2O	<0.5	<0.5	<0.2	<1.0	<0.5	<0.5	<0.2	<0.2
物理性能	颜色	洁白	洁白	洁白	白	洁白	白	洁白	洁白
	分类温度/℃	1260	1260	1400		1260	1260	1400	1400
	工作温度/℃	1000	1000	1350	600	1000	1000	1200	1350
	纤维长度/mm	>120	100	50~80	100	30~50	50	50	50
	纤维直径/μm	≥4.5	3~4	3~4	3~4	2~2.5	2~3	2~3	2~3
	渣球含量/%	≤5	≤8	8~10	8~10	≤5	8~12	8~12	8~12
	非纤维物含量/%	30							
	可纺率/%	60							

20.5.3.2 硅酸铝耐火纤维的结构与性能

硅酸铝耐火纤维通常按其成分和使用温度分为三类：普通硅酸铝耐火纤维，含 Al_2O_3 46%~48%，SiO_2 52%~53%，使用温度 1000~1200℃；高铝耐火纤维，含 Al_2O_3 56%~64%，SiO_2 35%~44%，使用温度 1200~1400℃；含铬（Cr_2O_3 44%）和含锆（ZrO_2 15%）硅酸铝耐火纤维，使用温度 1300~1400℃。

硅酸铝耐火纤维具有许多特点和优点，兼有高纯 $Al_2O_3-SiO_2$ 系玻璃材料与纤维材料的特性，如图 20-32 所示，它的耐热性能好、重量轻、隔热性能好、蓄热小、有弹性，抗机械震动和耐热震性能好，并有优良的电气绝缘性及吸音等性能。

图 20-33 示出了硅酸铝耐火纤维的热导率与容重的关系。普通的隔热材料容重小，热导率也小。但是硅酸铝耐火纤维则不同，由于辐射传热的影响很大，热导率随着容重增加而下降。

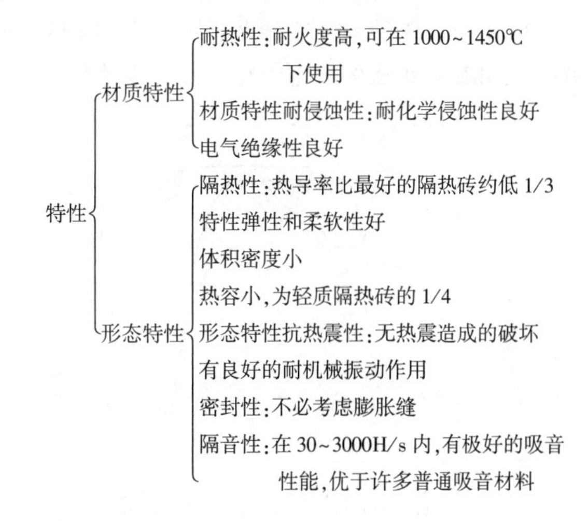

图 20-32 硅酸铝耐火纤维材料的特性

从结构上看，硅酸铝耐火纤维为过冷态玻璃质纤维，一般是比较稳定的。但在高温条件

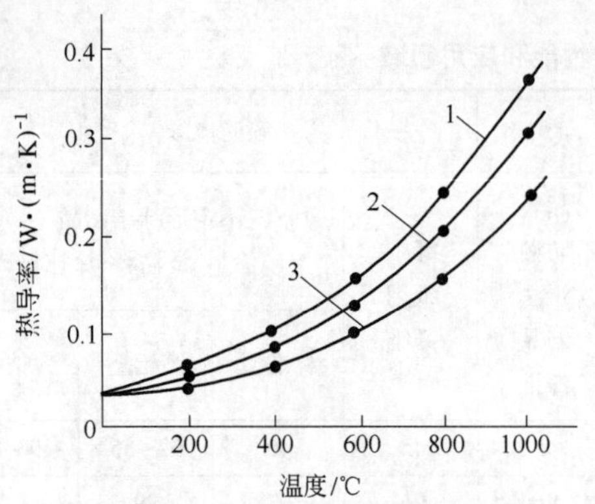

图 20-33　硅酸铝耐火纤维的热导率

耐火纤维的容重：1—0.10g/cm^3；2—0.13g/cm^3；3—0.16g/cm^3

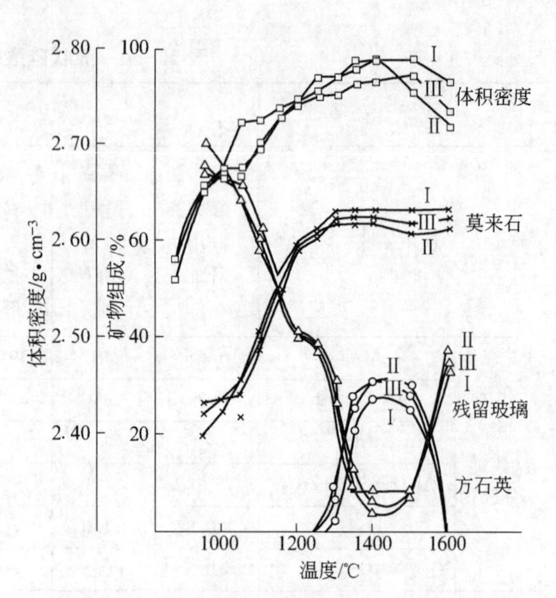

图 20-35　硅酸铝耐火纤维在不同温度下加热24h后的容重和物相组成的变化

下长期使用时，纤维内会发生析晶作用和收缩变形。图 20-34 示出了硅酸铝耐火纤维在荷重下加热时呈明显的阶段性变形特征。在 800～900℃左右，由于玻璃的蠕变产生较明显的收缩现象；在 930～960℃左右，由于莫来石结晶的析出，玻璃的蠕变被抑制，收缩变形受到限制，而趋于稳定。从 1150～1250℃开始，由于莫来石结晶析出量增加，晶粒长大以及基质玻璃的黏度下降，收缩变形明显加大。超过 1300℃以后，除了析出莫来石结晶外，还产生方石英，使纤维品质进一步劣化。在 1400℃以上，方石英消失、液相量增加、黏度下降，发生破坏性变形。图 20-35 示出了 3 种硅酸铝耐火纤维加热 24h 后的密度和矿相组成的变化情况。为了抑制耐火

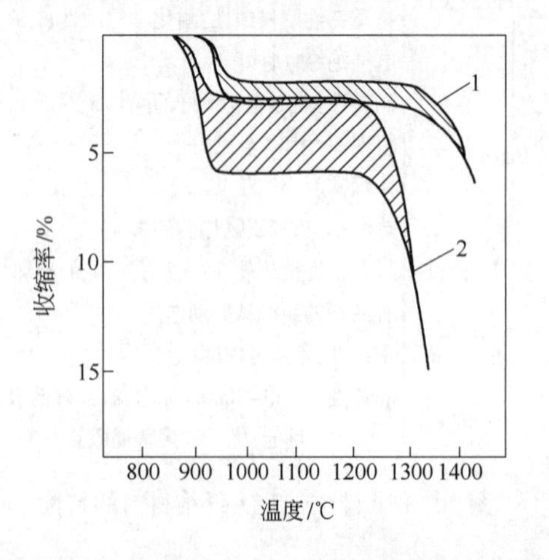

图 20-34　硅酸铝耐火纤维加热时的荷重变形特征

1—1400 级耐火纤维；2—1260 级耐火纤维

纤维在加热过程中的析晶过程和提高使用温度，从工艺上可采取下述措施：

（1）提高纯度。硅酸铝耐火纤维的杂质主要为 Na_2O，K_2O 和氧化铁等，它们使液相出现温度降低，促进纤维在加热过程中的变形和结晶化作用。因此，提高原料的纯度可提高耐火纤维的使用温度。如图 20-36 所示，在还原气氛中加热后，高纯硅酸铝纤维的玻璃相的含量比普通硅酸铝纤维中的含量高。这表明，高纯硅酸铝纤维的稳定性要比普硅酸铝纤维好，从而使加热时的收缩率降低（图 20-37），使高纯硅酸铝纤维的使用温度比普通硅酸铝纤维高出 100℃。

（2）提高氧化铝含量。硅酸铝耐火纤维在 1200℃以上开始析出方石英，由于方石英的析出，玻璃相中的 SiO_2 含量降低和黏度降低，纤维的收缩变形作用加速。提高纤维中的 Al_2O_3 含量可抑制方石英的析出，如表 20-35 所示。在 1260℃和 1400℃加热后，高铝纤维中的方石英含量比普通硅酸铝纤维的低，而前者的莫来石含量则比后者的高。由于莫来石的活性小，再结晶能力较弱，并具有优的耐热性能，因此，提高氧化铝含量可以减缓纤维的析晶引起的变质过程，结果使纤维的耐热性能明显提高（图 20-37），使用温度可比高纯硅酸铝纤维高 100℃以上。

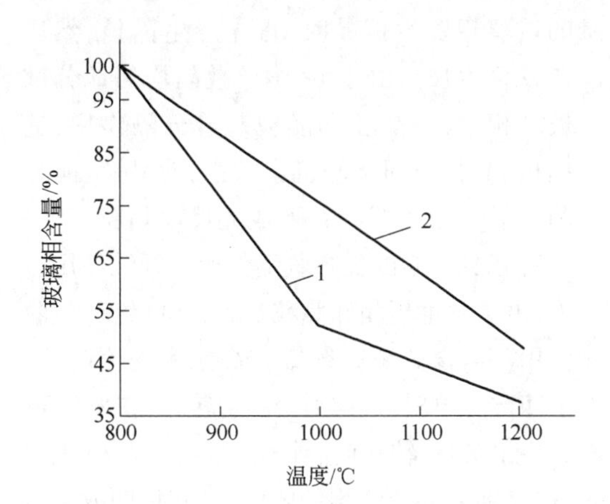

图 20-36　普通硅酸铝耐火纤维与高纯硅酸铝耐火纤维在不同温度下加热后的玻璃相含量的对比

1—普通硅酸铝耐火纤维；2—高纯硅酸铝耐火纤维

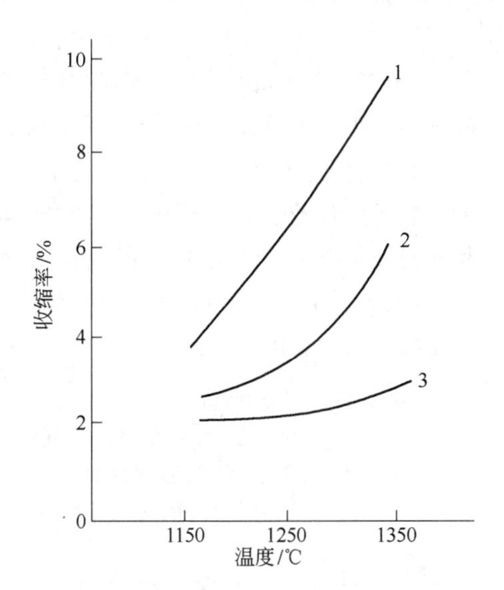

图 20-37　硅酸铝耐火纤维毡的加热收缩曲线

1—普通硅酸铝耐火纤维；2—高纯硅酸铝耐火纤维；3—高铝耐火纤维

表 20-35　各种硅酸铝耐火纤维加热后的收缩率和晶相组成

加热温度	性能	普通硅酸铝纤维	高纯硅酸铝纤维	高铝纤维
1260℃×24h	收缩率/%		3.5	2.3
	莫来石(质量分数)/%		48	57
	方石英(质量分数)/%		12	25
1400℃×6h	收缩率/%	10.50	4.8	2.1
	莫来石(质量分数)/%	45	50	55
	方石英(质量分数)/%	18	11	3

(3) 添加 Cr_2O_3。添加少量的 Cr_2O_3(约 4%)可以有效地减少硅酸铝耐火纤维毡在高温加热时的收缩作用(图 20-38)，使硅酸铝耐火纤维的使用温度提高到 1400℃。X 射线分析结果显示，Cr_2O_3 起着阻止纤维析晶过程的作用。温度在 950~1250℃时，含铬纤维中的析晶数量变化不大；在 1300℃以上，莫来石的峰值也小，这表明析晶作用既不强烈也不完全。而无铬纤维在温度 950~1050℃时的析晶数量随着温度提高而明显增加；在 1250℃时莫来石峰值又高又宽，这表明结晶的作用相当强烈。从显微镜下观测可以看到，无铬纤维在高温加热后发生明显的烧结作用，交织接触的纤维之间产生桥接；而含铬纤维加热后的烧结作用则不很明显。但是，在高温下纤维中的 Cr_2O_3 含量会随着加热时间的延长而逐渐挥发损失，逐渐失去稳定纤维的作用(图 20-39)。另外，在含铬纤维材料的生产和使用中，Cr_2O_3 可能造成环境的污染，因而含铬纤维的使用量趋于减少而被逐渐淘汰。

(4) 添加氧化锆。研究发现，添加氧化锆可以有效地抑制硅酸铝耐火纤维在高温使用时的析晶和晶粒生长，提高纤维的抵抗高温收缩能力，使硅酸铝耐火纤维的使温度提高到 1400℃。由于含锆硅酸铝耐火纤维的性能明显优于高铝耐火纤维和含铬耐火纤维，含锆硅酸铝耐火纤维的生产和应用得到很大发展。含锆硅酸铝耐火纤维的生产，以工业氧化铝、优质石英岩(砂)和锆英石为原料，在电阻炉中 2000~2200℃熔化，经喷吹法成纤工艺或甩丝法成纤

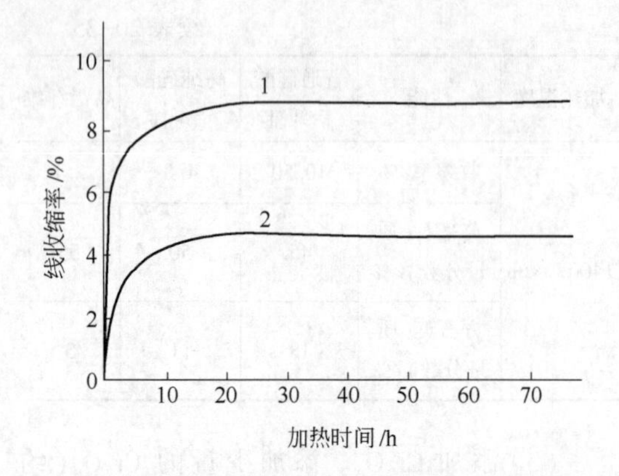

图 20-38 无铬和含铬硅酸铝纤维的加热收缩比较

1—无铬纤维毡，容重 80kg/m^3，厚度 1.9cm；

2—含铬纤维毡，容重 112kg/m^3，厚度 2.2cm

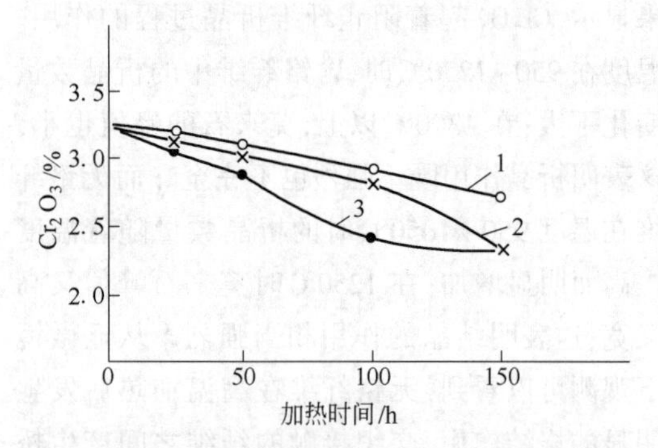

图 20-39 含铬硅酸铝纤维中 Cr_2O_3 含量随加热温度和时间的变化情况

加热温度（℃）：1—1371；2—1427；3—1482

工艺而制得。含锆硅酸铝纤维是一种含有分散的四方氧化锆（t-ZrO_2）微晶的过冷玻璃体。t-ZrO_2 为锆英石的分解产物，熔点高达 2690℃，在含锆纤维生产的熔化温度范围内，只可能以分散晶相存在。在熔体成纤过程中，由于温度急速下降，几乎无析晶和相变过程发生，高温状态下的 t-ZrO_2 被保留下来。t-ZrO_2 在含锆硅酸铝纤维中对提高纤维的耐热性能起如下作用。

1）由于 t-ZrO_2 的熔点高，在纤维使用过程中以固相存在，因而 t-ZrO_2 的存在大大提高了玻璃相的黏度和纤维的断裂能，从而提高了纤维的结构强度和抗拉强度。

2）抑制析晶和阻止晶体生长。当耐火纤维的玻璃相发生析晶时，首先产生晶核，然后晶体发育生长。由于 t-ZrO_2 微晶均匀地分散于玻璃相中，对晶核和晶粒起着分隔作用，造成晶核、晶粒之间接触机会减小，使晶核、晶粒之间不易发生相互吞并形成大尺寸晶粒。

3）减少纤维的受热收缩作用。纤维使用过程中，由于发生析晶和晶粒长大，使纤维产生收缩作用。当含锆耐火纤维在高温中使用时，可发生四方—单斜（m-ZrO_2）晶型转化，在发生 t-ZrO_2→m-ZrO_2 转化时，伴有 3%～5%的体积膨胀，这可部分补偿纤维的收缩。同时，四方—单斜晶型转变的体积效应使纤维的玻璃相受到拉应力的作用，这对纤维的析晶作用和晶粒生长增添了阻力，从而可有效减轻纤维的受热收缩作用。

20.5.3.3 硅酸铝耐火纤维制品与应用

硅酸铝耐火纤维原棉可以直接用作高温隔热的填充材料，但通常应用最多的是用经不同方法加工制成的各种耐火纤维制品。图 20-40 按产品的特征示出了硅酸铝耐火纤维制品的种类，其中以耐火纤维毯、毡、纸、真空成型制品和纤维喷涂料的用途和用量最大。

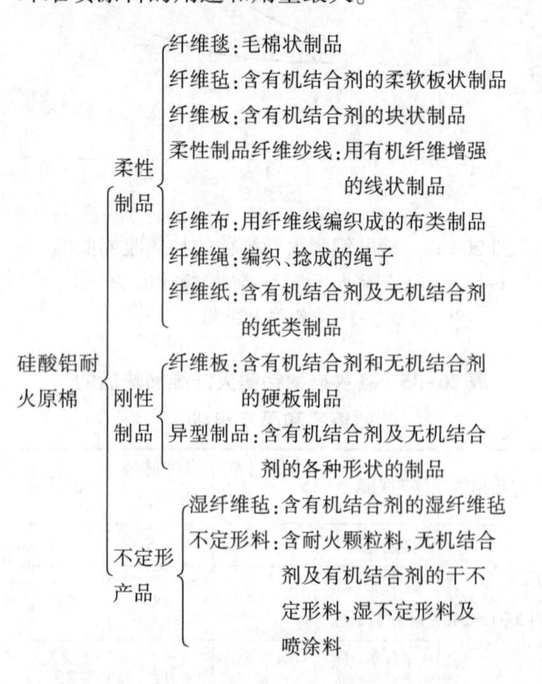

图 20-40 硅酸铝耐火纤维制品的种类

A　耐火纤维毯

耐火纤维毯的生产在世界上有两种代表性生产装置工艺路线：电阻法连熔连甩成纤、干法针刺制毯工艺和电阻法连熔连吹成纤、干法针刺制毯工艺。我国已建成数十条这两种类型的耐火纤维毯生产线，可生产低温型、标准型、高铝型、含锆型等不同品种的耐火纤维毯。表20-36列出了国内外两类耐火纤维针刺毯的性能。它们的主要差别在于我国使用天然硬质黏土熟料为原料，有害杂质含量较高(2%~3%)，而国外采用高纯合成原料(有害杂质0.6%~1.0%)，结果造成国产耐火纤维杂质含量较高，耐热性能降低。耐火纤维毯为柔性高品质保温隔热材料，具有许多优点，如耐高温容重小，热传导率低，保温性能好，易裁切加工和构筑窑炉的保温隔热内衬。从节能、施工和效益方面看，耐火纤维毯具有许多特别突出的优越性(表20-37)。耐火纤维炉衬的安装和施工方法主要有层铺法(图20-41)、叠堆法(图20-42)和贴面法(图20-43)3种。层铺法施工方法简单和迅速，但内衬不耐气流的冲刷。叠堆法可改善纤维内衬的抗气流冲刷能力，但由于叠堆法内衬的纤维方向与热流方向平行，导致在相同条件下较层铺式炉衬的热导率高20%~30%(图20-44)，在设计炉衬时应注意这一点。贴面法特别适用于现有窑炉内衬的加强隔热的改造工程，可以有效地减少窑炉的蓄热和散热损失。

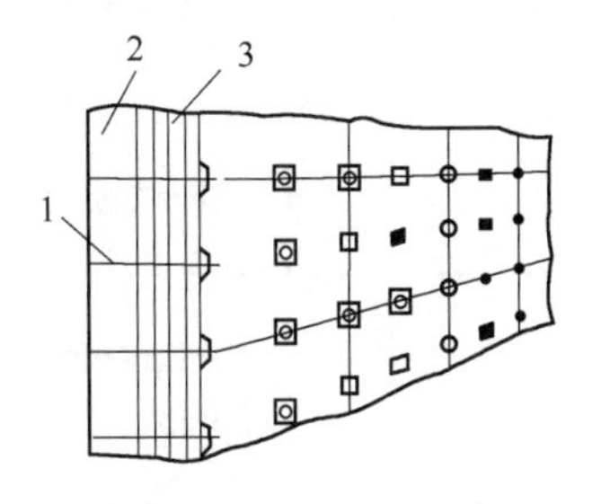

图20-41　层铺法耐火纤维内衬
1—双头螺栓、垫片、螺母；2—矿棉块；3—耐火纤维毡

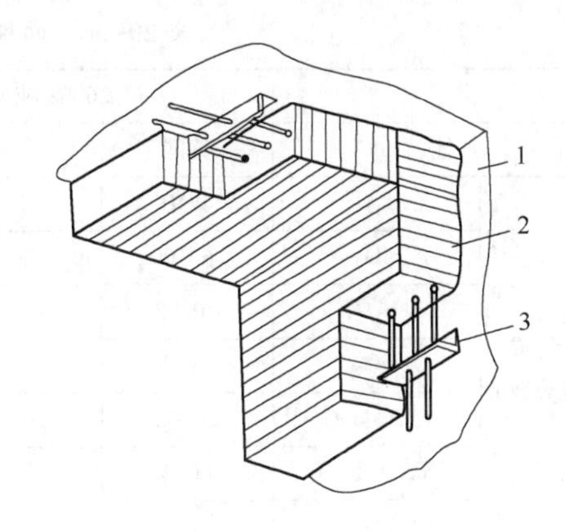

图20-42　叠堆法耐火纤维内衬
1—炉壳；2—耐火纤维毡；3—铆固系统

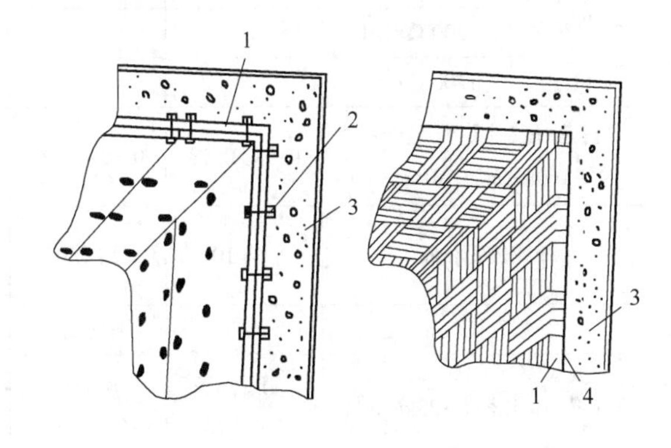

图20-43　耐火纤维毡镶贴内衬
1—耐火纤维；2—铆固件；3—原有耐火内衬；4—结合剂

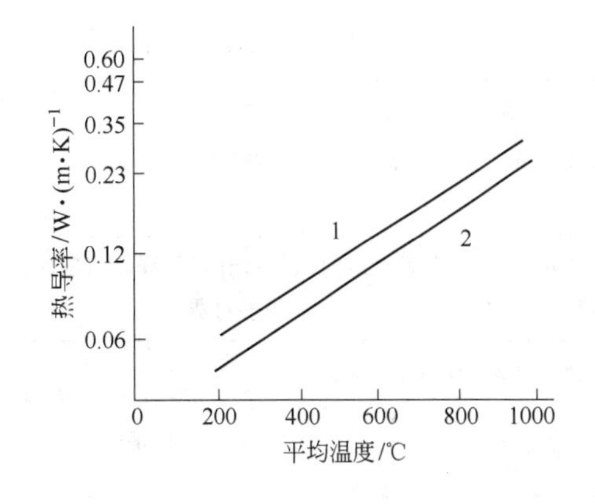

图20-44　耐火纤维毯的使用方向与热导率的关系
1—叠堆炉衬；2—层铺炉衬

表 20-36 两种耐火纤维针刺毯的性能

类型		1260 高纯型针刺毯			1400 含锆型针刺毯		
产地		英国	日本	中国	英国	日本	中国
化学组成（质量分数）/%	Al_2O_3	47.0	47.1	47	36.0	35.0	39.0
	SiO_2	53.0	53.2	50~52	50.0	49.7	45.0
	Fe_2O_3	<0.08			<0.06		
	TiO_2	<0.07			<0.07		
	CaO+MgO	<0.08			<0.08		
	Na_2O+K_2O	<0.4			<0.4		
	ZrO_2	—			14.0	15.0	15.0
	其他	—	<0.6	<1.0	—	<0.3	<1.0
加热线收缩率/%	1000℃×24h						
	1100℃×24h		1.3				
	1200℃×24h	2.2	1.8				
	1300℃×24h	3.0		4	3.0	2.5	3.0
	1400℃×24h			(1250℃,6h)	4.0		(1350℃,6h)
抗拉强度（体积密度 96~160kg/m³）/MPa		0.08~0.13	0.03~0.07	0.03~0.04	0.08~0.13	0.05~0.07	0.03~0.04
纤维长度/mm		平均 100	约 250	50~80（喷吹成纤）	平均 100	约 250	50~80（喷吹成纤）
纤维直径/μm		平均 3.5	平均 2.6	2~3	平均 3.5	平均 2.8	2~3
热导率（体积密度 128kg/m³）/W·(m·K)⁻¹		0.126（平均温度 600℃）	0.116（平均温度 600℃）	0.156（平均温度 500℃）	0.125（平均温度 600℃）	0.116（平均温度 600℃）	0.156（平均温度 500℃）

表 20-37 硅酸铝耐火纤维毯的特点及作为炉衬材料的优点

基本特性	优点		
	应用	施工	设计
质量轻：容量 0.06~0.25g/cm³，相当于隔热耐火砖的 1/5	使用方便	处理及施工方便	炉体重量轻，节约钢材
蓄热少：相当于耐火砖的 1/10	操作运行周转速度加快，减少燃料费	不需干燥	设计方便
热导率小：在 500℃时为 0.08~0.14W/(m·K)相当于隔热砖的 1/3	减少散热损失，炉内温度均匀，提高生产能力	施工方便	炉膛容积增大，炉子可小型化
耐热震性好，热冲击不损坏	可用于急冷急热条件，受热冲击后不需修理		控制系统简单

续表 20-37

基本特性	优点		
	应用	施工	设计
具有柔软性和弹性	使用方便,寿命长,吸音,减少噪音	便于施工外形不同的结构复杂的炉衬	结构简单,耐热震性好
结构上耐冲击和耐震动	很少修理,随意使用	施工方便	施工时间短,可用预制件构筑
容易裁剪,可随意满足要求	设备重新投入运行迅速	施工方便,材料不浪费,碎料可作填缝材料	设计简单

B 真空成型耐火纤维制品

真空成型耐火纤维制品是以耐火纤维原棉为主要原料,用真空湿法成型生产的刚性或半刚性耐火纤维制品,生产工艺流程示于图 20-45。生产中,根据对成品的不同理化性能要求,选配适当品种的耐火纤维、黏结剂、填充剂、絮凝剂等与水混合搅拌成料浆,并调整到一定的浓度和 pH 值。然后注入带滤网的模具内,经抽真空脱水成型、脱模、烘干,最后经加工整理而制得成品。耐火纤维在真空成型耐火纤维制品中为主体组织结构材料,它决定着制品的基本性能,按不同要求可采用普通硅酸铝耐火纤维、高铝耐火纤维、含锆耐火纤维和多晶氧化铝纤维。结合剂可用硅溶胶、磷酸二氢铝、羰甲基纤维素和硫酸铝等。填充剂有黏土、高铝熟料粉、氧化铝粉、膨胀珍珠岩、熔融二氧化硅等。

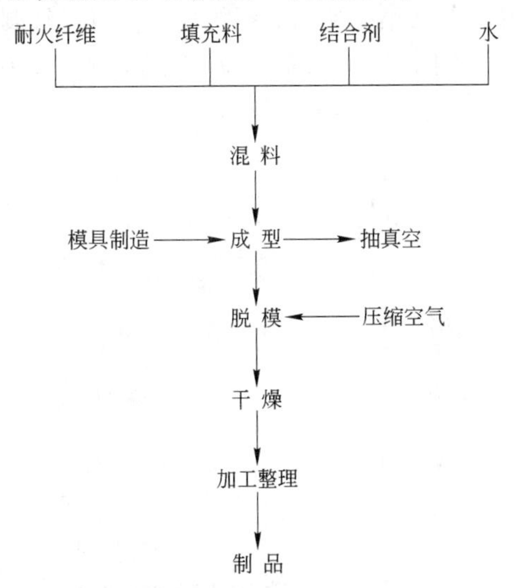

图 20-45 真空成型耐火纤维制品的生产工艺流程

用真空湿法成型技术可以比较简便地生产各种形状复杂的耐火纤维制品,如耐火纤维毡、板,金属浇注用流槽、冒口套、管套,窑炉烧嘴块,看火孔、塞孔锥以及各种不同的保温衬垫等,在有色金属冶炼、铸造、陶瓷、石化、航空、仪器等行业有广泛用途。表 20-38 列出了国内某公司生产的真空成型耐火纤维毡和板的性能。

表 20-38 真空成型耐火纤维制品的性能

品种		普通硅酸铝质	高铝质	含锆硅酸铝质
化学组成(质量分数)/%	Al_2O_3	≥45	≥52~55	≥36~40
	Al_2O_3+SiO_2	≥90	≥98	≥99(+ZrO_2)
	Fe_2O_3	≤1.5	≤0.25	≤0.25
	ZrO_2			13~18
	R_2O	≤0.5	≤0.5	≤0.5
体积密度/kg·m^{-3}	毡	180~350	180~350	180~350
	板	280~800	280~700	280~700
热导率/W·(m·K)$^{-1}$	毡	0.12(600℃)	0.13(720℃)	0.2(热面 1250℃)
	板	0.14(680℃)	0.16(680℃)	
加热收缩率/%		<4(1150℃,6h)	<4(1400℃,24h)	<3(1300℃,2h)
常温耐压强度/MPa		0.4~1.5	0.5~1.5	0.4~1.5
长期使用温度/℃		1000	1200	1300

C 耐火陶瓷纤维纸

耐火陶瓷纤维纸系以耐火纤维棉为主要原料,按常规造纸工艺生产的结构均匀、柔软性好纸状材料,生产工艺流程示于图20-46。在耐火陶瓷纤维纸生产中,采用分类温度不同的耐火棉,如普通型、高纯型、高铝型、含锆型等为主要原料,适当配合,构成使用温度为600℃、800℃、1000℃、1100℃、1200℃等不同等级主体结构纤维。先用打浆机或疏解机等制浆设备制取耐火纤维均匀分散的料浆,利用离心机和沉降法除去耐火纤维中的绝大部分渣球。然后送到配料池中,加入以水溶性丙烯酸为主的黏结剂和助剂(分散剂、增黏剂、滞留剂、固定剂、增强剂、消泡剂等),用水调制成一定浓度的料浆。料浆浓度视所要生产的制品规格而定,一般在0.3%~1.0%。料浆通常采用湿法斜长网成型脱水,经真空抽吸或机械压榨形成湿纸页,再进入烘干系统烘干。浆料中亦可不加或少加一些黏结剂,将黏结剂经施胶装置均匀地散布到湿纸页上,这种工艺称外部施胶法,前一种称浆内施胶法。

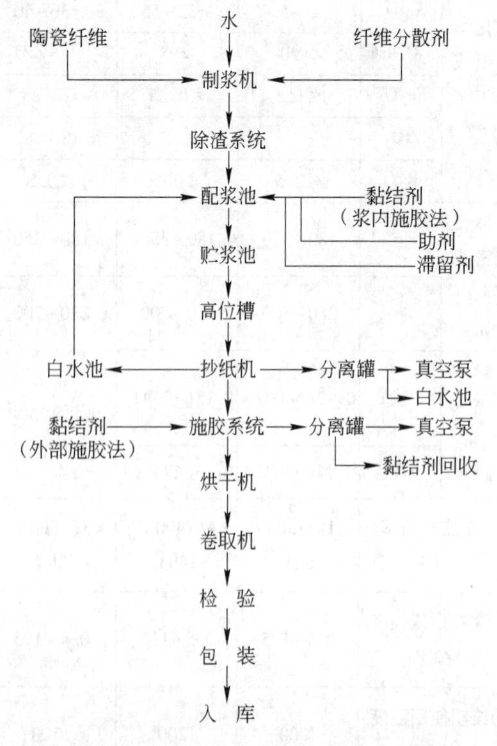

图20-46 耐火陶瓷纤维纸的生产工艺流程

耐火陶瓷纤维纸厚薄均匀,渣球少,容重小,热导率低,热容小,电绝缘性佳,柔软性好,可以缠绕和冲切等加工处理,适用于高温下的密封、衬垫、绝缘、吸音、过滤等应用,其性能见表20-39。

表20-39 耐火陶瓷纤维纸的性能

产地	中国LY	美国Lydall	德国RATH
使用温度/℃	1000	1000,1400	1000,1400
体积密度/kg·m^{-3}	180~220	96~144	96~144
有机物含量/%	6~8	8	8.5
厚度范围/mm	1~2	0.8~6.4	0.8~6.4
最大宽度/mm	1220	1830	1220

D 耐火纤维喷涂料

耐火纤维喷涂料系由耐火纤维与结合剂(含添加剂)两部分构成的一种散状不定形耐火材料,用专用纤维喷涂机直接喷涂到窑炉或热工设备的工作面上形成整体耐火纤维内衬。图20-47为耐火纤维内衬喷涂施工的流程图。经过预处理的散状耐火棉用压缩空气送出喷枪,与此同时,结合剂通过专用胶泵均匀地经喷枪外环喷入纤维流中,两者带有一定冲量在喷枪外混成一体喷打到炉壁面上。外混方式使纤维棉成絮状黏附在被喷涂面上,形成纤维呈2~3维网络状结构的耐火纤维层衬。再经针刺处理,表面固化和干燥后,形成类似于耐火纤维板平铺安装的整体耐火纤维内衬。

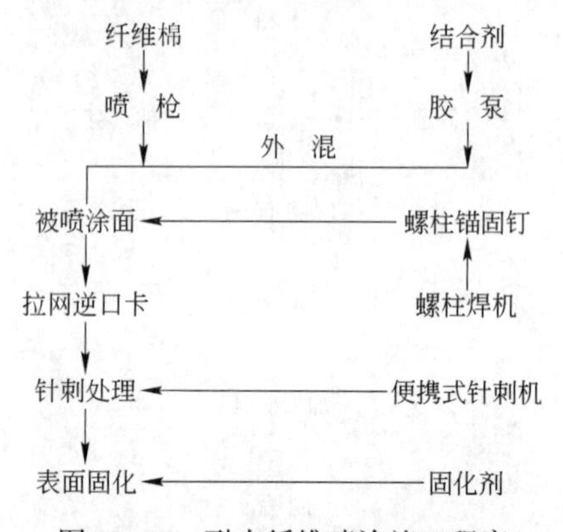

图20-47 耐火纤维喷涂施工程序

喷涂施工耐火纤维内衬具有许多优点。

(1)连续性的喷涂施工所获得的衬层整体无缝，散状纤维形成三维状网络结构，可有效地避免纤维毯毡在高温下的定向收缩，消除了传统的层铺、叠加、贴面等施工方法所形成的单元之间的接缝缺陷。从而提高了内衬的密封、保温隔热性能。

(2)耐火纤维喷涂施工方便、灵活，可减少锚固件的品种和数量，免除纤维组件的捆扎和安装的繁杂程序，大大降低复杂异形面，如球面、拐角、炉门及排烟管结合处等的施工难度，并提高了异形结合处的密封性能。

(3)与常规的耐火纤维毯毡的安装内衬相比，喷涂耐火纤维层衬的密度大，结合力强，层衬坚固，具有较强的抗气流冲刷和抗侵蚀性能。

(4)耐火纤维喷涂施工效率高，速度快，比常规施工提高4.5倍。

(5)耐火纤维喷涂料还可用于维修耐火纤维毯毡炉衬、耐火纤维贴面内衬，以延长耐火纤维内衬的使用寿命。

20.5.4 多晶氧化铝纤维

20.5.4.1 多晶氧化铝纤维的制造方法

多晶氧化铝纤维可采用先驱体法和胶体法制造，但工业上大规模生产一般采用胶体法成纤生产工艺。在用胶体法生产时，先将氯化铝的水溶液与金属铝粉加热反应制得透明的“母液”。经过滤，加入适量的硅溶胶(含 SiO_2 23%~26%)、硼酸、磷酸和稳定剂，加热浓缩至具有适当黏度的胶体溶液，在20~50℃范围内喷吹成为纤维“坯体”。干燥后，于800~1300℃下热处理成直径约3μm的多晶氧化铝纤维。多晶氧化铝纤维原棉可进一步加工制成毡、板等各种制品。

20.5.4.2 多晶氧化铝纤维的结构与性能

多晶氧化铝纤维按其成分和使用温度分为3种：莫来石纤维，含 Al_2O_3 70%，使用温度小于1350℃；高氧化铝纤维，含 Al_2O_3 80%，使用温度小于1400℃；纯氧化铝纤维，含 $Al_2O_3$95%，使用温度小于1600℃。多晶氧化铝纤维的特点是氧化铝含量高和杂质含量低，具有非常好的耐化学侵蚀和耐高温性能，可在高温下长期使用。表20-40列出了各种多晶氧化铝纤维的基本性能。

表20-40 多晶氧化铝纤维的性能

性能		纯氧化铝质(95% Al_2O_3)		高氧化铝质(80% Al_2O_3)		莫来石质(70% Al_2O_3)	
		中国	英国	中国	日本	中国	美国
化学组成(质量分数)/%	Al_2O_3	95	95	79.5	80	67.3~76.1	68~70
	SiO_2	5	5	20	20	15.2~24.4	15~23
主晶相		θ-Al_2O_3	θ-Al_2O_3	莫来石 α-Al_2O_3	莫来石 α-Al_2O_3	莫来石	莫来石
纤维长度/mm		10~100	40			20~50	25~60
纤维直径/μm		5	<3	<7	3	2~7	3~5
长期使用温度/℃		1400	1400	1400	1500	1350	1350
加热收缩率/%(℃,h)		2.2(1500,6)	<3(1500,24)	2.6(1500,8)		1.3(1500,6)	1.5(1500,2)

多晶氧化铝纤维在高温条件下使用时，纤维中的晶体逐渐长大，当晶体尺寸达到纤维的直径大小时，纤维材料变脆，失去弹性。为了阻止氧化铝纤维的脆化变质过程，在纤维中添加一些结晶生长抑制剂，如 SiO_2、Cr_2O_3、B_2O_3、ZrO_2 等。当以 SiO_2 作添加剂时，SiO_2 与 Al_2O_3 反应形成晶间莫来石相，可有效地抑制α-Al_2O_3相的异常生长。如图20-48所示，添加 SiO_2 可以有效地降低纤维加热时的收缩率，当 SiO_2 添加量从4%增加到10%时，加热收缩率降低20%~25%。因此，工业上制造多晶氧化铝纤维时通常都添加一定数量的 SiO_2 作为稳定剂。

此外，增加二氧化硅的添加量还有利于降低多晶纤维的成本，其中莫来石纤维的成本最低。

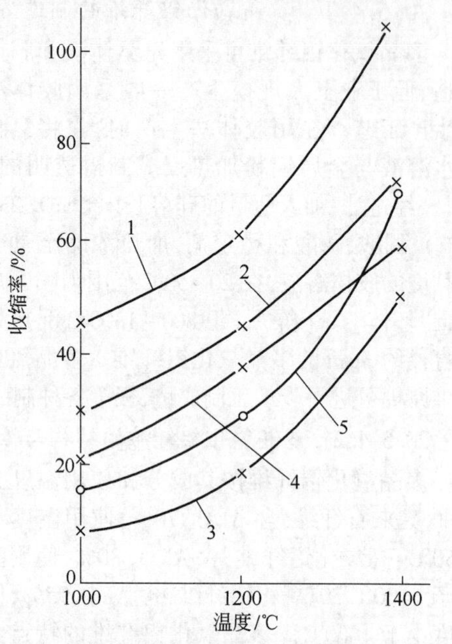

图 20-48 添加剂对多晶氧化铝纤维的收缩率的影响
1—无添加剂；2—4%SiO_2；3—10%SiO_2；
4—0.24%Cr_2O_3；5—6%SiO_2+0.24%Cr_2O_3

图 20-49 示出了多晶氧化铝纤维的热导率与体积密度和温度的关系。致密的氧化铝纤维试样的热导率与一般的致密结晶材料的热导率

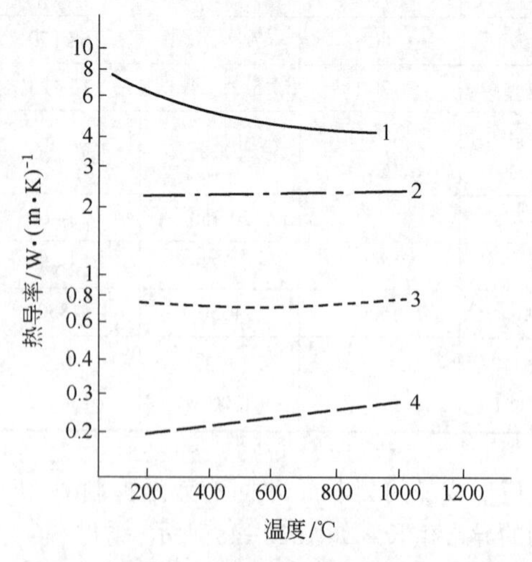

图 20-49 多晶氧化铝纤维材料的热导率与体积密度和温度的关系
1—3.50g/cm^3（热压）；2—2.53g/cm^3；
3—1.41g/cm^3；4—0.60g/cm^3

相似，热导率随着温度升高而降低。但是对密度小的多晶氧化铝纤维材料，由于通过气孔的辐射和传导传热对热流起着重要作用，因而多晶氧化铝纤维材料的热导率和温度的关系与一般的结晶材料呈相反的变化趋向，即它的热导率随着温度的升高而增加。

20.5.4.3 多晶氧化铝纤维的应用

多晶氧化铝纤维具有优越的耐高温性能，可应用在1400℃以上的许多高温炉窑和热工设备上，并可获得显著的节能效益。但是多晶氧化铝纤维的价格昂贵，从而妨碍了在工业上的推广应用范围。为了经济合理地应用多晶氧化铝纤维，可根据使用温度按一定比例与硅酸铝耐火纤维混合制造混合纤维制品。图 20-50 示出了混合纤维制品的氧化铝含量与分类温度（24h 加热后线收缩率不大于 3%的温度）的关系。在这种混合纤维制品中，多晶氧化铝纤维构成高温稳定的结构，尽管在使用过程中硅酸铝纤维会发生收缩，但对内衬结构的总体几何形状不致发生大的影响。在温度较高时，硅酸铝纤维中发生析晶作用，析出莫来石和游离SiO_2，后者与氧化铝纤维的氧化铝发生反应形成纤维间的莫来石结合，使纤维内衬保持优良的强度结构，限制了纤维材料内衬在高温下的收缩变形。

采用多晶高氧化铝纤维（80%Al_2O_3）和多

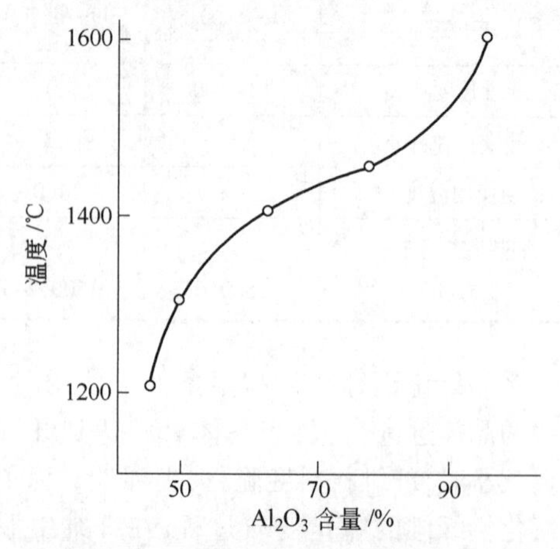

图 20-50 混合纤维毡的氧化铝含量与其分类温度的关系

晶莫来石纤维（72% Al_2O_3）代替多晶纯氧化铝纤维（95% Al_2O_3）可进一步降低混合纤维材料的成本，并仍可有效地减少纤维毡的高温收缩（图 20-51）和基本保持混合纤维毡的性能（表 20-41）。从表 20-41 可以看到，多晶莫来石混合纤维的加热收缩率不但与多晶纯氧化铝混合纤维的加热收缩率相近，而且由于多晶莫来石纤维的比重较纯氧化铝纤维的小，在配料比（重量比）相同的情况下，多晶莫来石混合纤维制品中含有更多的多晶纤维，因而使多晶莫来石混合纤维制品甚至显示出略小的加热收缩率。

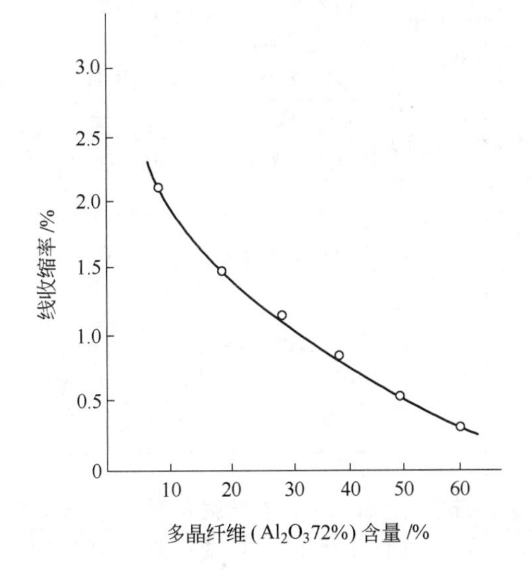

图 20-51 多晶莫来石纤维（$Al_2O_3$72%）的加入量对混合纤维制品的高温加热收缩的影响（1427℃×24h）

表 20-41 两种混合纤维毡在 1427℃加热后的收缩率比较

多晶纤维种类	混合纤维毡中多晶纤维的含量/%	加热收缩率/%	
		1 天	7 天
多晶纯氧化铝纤维*	50	1.57	1.76
多晶莫来石纤维**	50	1.32	1.71

*95% Al_2O_3。

**72% Al_2O_3。

20.5.5 氧化锆纤维

氧化锆纤维可采用先驱体法和胶体法制造。在用先驱体法时，用人造纤维（如人造丝及其织物）作为先驱体纤维，在含稳定剂的氯化锆水溶液中浸泡和干燥后，在 350～1300℃下加热处理，经过一系列的脱水、分解、反应和结晶生长过程，最后获得稳定氧化锆多晶纤维。在以胶体法生产时，以氧氯化锆为原料，加水溶解，加入一定数量的稳定剂，加热浓缩至具有适当黏度的母液，然后在相对湿度为 20%～30%和温度为 5～90℃的条件下以喷吹或离心甩丝工艺制成纤维“坯体”，干燥后经高温加热处理而制得多晶氧化锆纤维。

氧化锆的稳定剂一般用 CaO、MgO 和 Y_2O_3。在用 CaO 和 MgO 作稳定剂时，纤维的强度较高，外观好，但加热时收缩大，在高温加热时甚至发生粉化。因此，稳定剂采用 Y_2O_3 为好。

表 20-42 列出了我国研制的氧化锆纤维和国外同类产品的性能比较。稳定氧化锆纤维本质上具有氧化锆的耐火性能好（熔点 2590℃），热导率小和耐侵蚀性能强等特点。氧化锆纤维的热导率与温度和体积密度的关系示于图 20-52，在 1650～1930℃范围内，以密度为 0.48g/cm^3 的纤维材料的热导率最小。加入适当的结合剂或填充材料，氧化锆纤维可进一步加工成各种纤维制品，作为高温高效隔热材料，如高温电炉隔热内衬，熔融金属的过滤材料，高温催化剂载体，高温燃料电池的多孔材料，以及高速飞行器的复合增强材料等。

表 20-42 氧化锆纤维的性能

产地	中国	美国
$w(ZrO_2+Y_2O_3)$/%	>99	>99
主晶相	四方加立方 ZrO_2	立方 ZrO_2
纤维直径/μm	<8	3～6
长期使用温度/℃	1650	>1650
加热收缩率（1600℃×6h）/%	1.6	

20.6 其他隔热保温材料

20.6.1 超细 SiO_2 微粉复合隔热材料

超细 SiO_2 微粉复合隔热材料是英国开发的一种新型复合隔热材料。它以超细 SiO_2 微

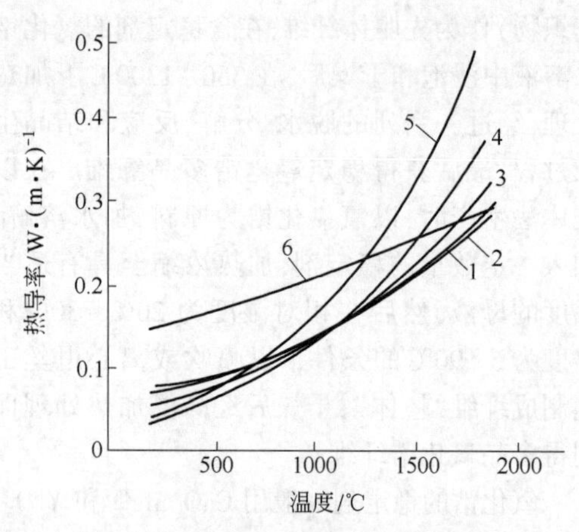

图 20-52 氧化锆纤维的热导率与温度及体积密度的关系

1—0.4g/cm^3；2—0.48g/cm^3；3—0.32g/cm^3；4—0.24g/cm^3；5—0.16g/cm^3；6—0.96g/cm^3

粉为主要成分，以无机纤维作增强材料，并添加使红外线不透明的微粉状添加剂，经混合、压制成型而制得的体积密度 0.24kg/m^3 左右的板状、块状和管状等形状的隔热制品。图 20-53 示出了超 SiO_2 微粉复合隔热材料与其他隔热

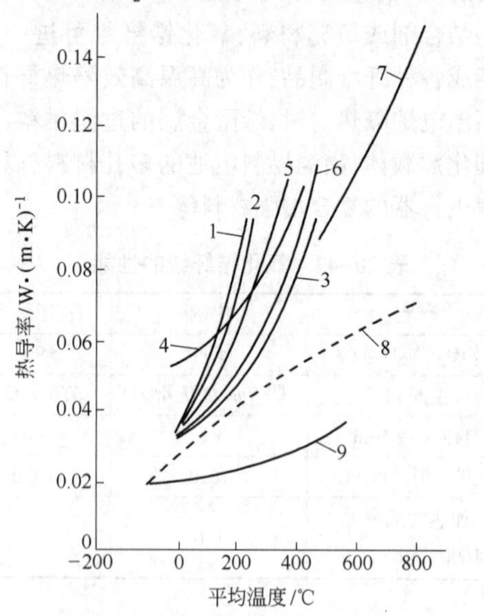

图 20-53 超细 SiO_2 微粉复合隔热材料与其他隔热材料的热导率的比较

1—矿棉(64kg/m^3)；2—玻璃纤维；3—矿棉(128kg/m^3)；4—硅钙板；5—耐火纤维(96kg/m^3)；6—耐火纤维(128kg/m^3)；7—氧化锆纤维；8—静止空气；9—超细 SiO_2 微粉复合隔热材料

材料的热导率的比较。超细 SiO_2 微粉复合隔热材料的热导率仅为一般隔热砖的 1/4～1/3。这主要是由于材料的结构不同，传热机理不同所致，表 20-43 列出了超细 SiO_2 微粉复合隔热材料与一般隔热材料的传热机理比较。

表 20-43 超细 SiO_2 微粉复合隔热材料与一般隔热材料的传热机理比较

种类		一般多孔隔热材料	超细 SiO_2 微粉复合隔热材料
结构特点		粗大颗粒集合体	超细微粒集合体
传热方式	固体中的传热	由于颗粒的断面积和接触面积大，热导率大	由于颗粒的断面积和接触面积小，热导率小
	空气对流	由于结构多孔性，易产生对流	由于气孔微小，孔隙内空气极难流动
	辐射传热	由于红外线透明，热辐射容易穿透	由于加有使红外线不透明的添加剂，可隔断热辐射
	气体分子的运动	静止空气中的气体分子碰撞可导致热传导	气体分子碰撞的自由程大于孔隙的尺寸，不能发生热传递

从材质上看，SiO_2 本身就是导热系低的物质。另一方面，在超细 SiO_2 微粉复合隔热材料中，传导热量的颗粒断面面积及颗粒之间的触面积较小，因而超细 SiO_2 微粉复合隔热材料的热导率自然也就比其他隔热材料的小。

从气体对流传热方面考虑，在一般的多孔性隔热材料中，当温度及温差变化较大时，容易引起气体对流。而在超细 SiO_2 微粉复合材料中，由于孔隙微细，气体难于产生流动。气体分子的热运动也可以引起热量的传递。但由于超细 SiO_2 微粉隔热材料中的空隙直径比气体分子的平均自由程短，因而不存在气体分子间的碰撞引起的热传递现象。此外，由于超细 SiO_2 微粉复合隔热材料还添加有使红外线不透明的添加剂，因而它与一般的隔热材料不同，超细 SiO_2 微粉复合隔热材料能隔断辐射传热作用。

超细 SiO_2 微粉复合隔热材料有良好的抗

震性能和优良的耐热性能，可在950～1025℃下长期使用。图20-54示出了超细SiO_2微粉复合隔热材料与其他的一般隔热材料的隔热效能比较。在热面与冷面的温度都保持相同的情况下，采用超细SiO_2微粉复合隔热材料可使隔热层的厚度大大减薄，在单独使用超细SiO_2微粉复合隔热材料时，隔热层的厚度可减薄2/3～5/6。

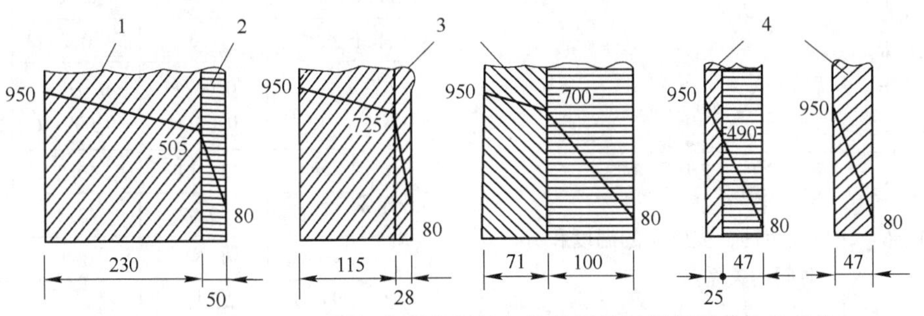

图20-54　超细SiO_2微粉复合隔热材料与其他隔热材料的隔热效能比较

（热面温度950℃，冷面温度80℃，环境温度25℃，热流量2.35MJ/(m^2·h)）

1—隔热砖；2—矿棉；3—硅酸铝纤维；4—超细SiO_2微粉复合隔热材料

超细SiO_2微粉复合隔热材料可用于各种工业炉，家用电器及夜间电热蓄能暖房的隔热。图20-55示出了玻璃窑喂料端采用超细SiO_2微粉复合隔热材料的隔热效果。在炉墙外侧增加一层超细SiO_2微粉复合隔热材料，可使炉墙外侧的温度和散热损失下降1/3～1/2。

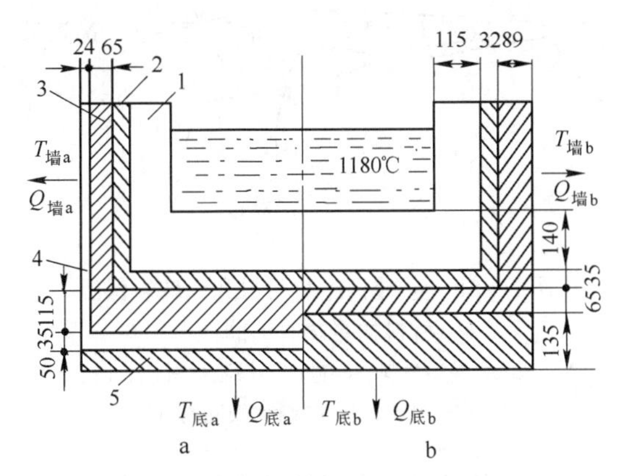

图20-55　玻璃窑喂料端使用超细SiO_2复合隔热材料的隔热效果

a(左方)—采用超细SiO_2微粉复合隔热材料；
b(右方)—未采用超细SiO_2微粉复合隔热材料
1—电熔氧化铝砖；2—硅线石砖；3—黏土砖；
4—超细SiO_2复合隔热材料；5—隔热砖；
$T_{墙a}$—136℃；$T_{墙b}$—268℃；$Q_{墙a}$—4.18MJ/m^2；
$Q_{墙b}$—12.89MJ/m^2；$T_{底a}$—124℃；
$T_{底b}$—131℃；$Q_{底a}$—2.76MJ/m^2；$Q_{底b}$—4.73MJ/m^2

20.6.2　硅酸钙绝热材料

硅酸钙绝热材料又称微孔硅酸钙保温材料，系用硅质原料、石灰和石棉等，经搅拌、凝胶化、水热合成、成型、烘干等一系列过程制成的一种绝热材料，具有良好的绝热、耐火和高强度等特点，是一种性能优良的绝热材料。

硅酸钙绝热材料中以含水硅酸钙为主要结晶相。含水硅酸钙结晶，包括天然的和合成的在内，多达20多种。工业上通过水热合成方法生成的主要结晶有两种：一种是雪硅钙石（Tobermorite），称为托贝莫来型，分子式为$5CaO \cdot 6SiO_2 \cdot 5H_2O$；另一种是硬硅钙石（Xontlite），分子式为$6CaO \cdot 6SiO_2 \cdot H_2O$。雪硅钙石的结晶细长，呈针状或纤维状。硬硅钙石的结晶扁平，呈板状或长条状。雪硅钙石或硬硅钙石等含水硅酸钙结晶，加热时发生结晶水脱水和变质，大约到800℃时变成无水硅酸钙结晶——硅灰石（$CaSiO_3$）。如进一步加热到1120℃，就变成假硅灰石（$CaSiO_3$）。含水硅酸钙的耐热性取决于结晶变化时产生的原子重新排列状态，雪硅钙石的耐热温度大致为650℃，硬硅钙石的耐热温度较高，可达1000℃。但是后者要求采用高纯原料，高温高压条件下合成，图20-56示出了完成硬硅钙石的反应所需的温度和时间的关系。

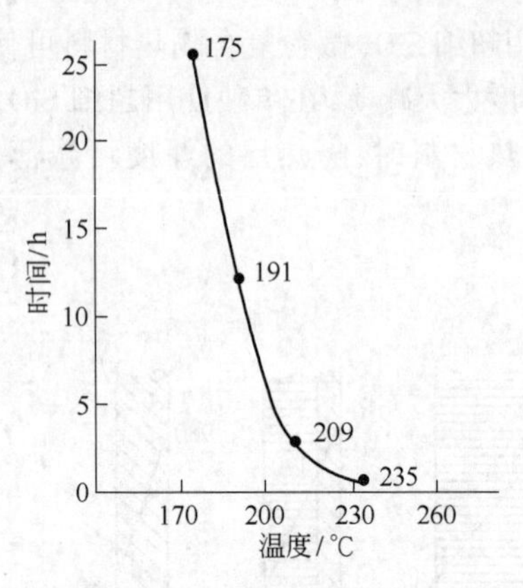

图 20-56 完成硅酸钙合成所需的温度和时间的关系

硅酸钙绝热制品的生产工艺示于图 20-57。硅藻土和石灰为主要原料,石棉作为增强纤维以获得一定的抗折强度。水玻璃为一种辅助材料,主要作用是促进硅藻土和石灰浆在 100℃下胶化胶凝,加快反应,缩短化学反应时间。配料中硅藻土中的 SiO_2 与石灰中的 CaO 比为 0.8~0.83。蒸养水热合成通常在 0.81~1.52MPa 的饱和蒸汽(174.5~200℃)中进行,保持恒温恒湿 8~24h。

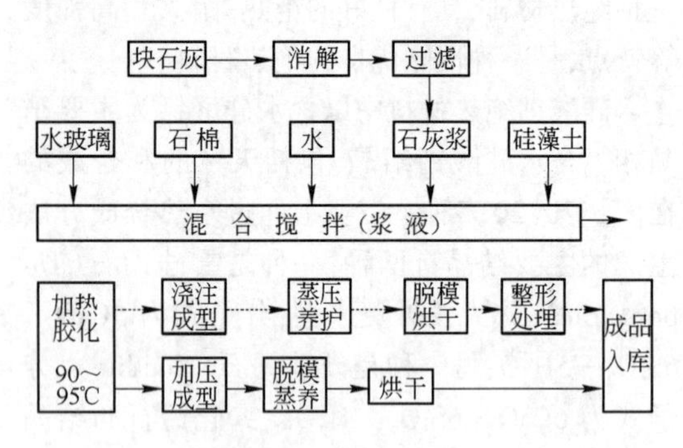

图 20-57 硅酸钙绝热制品的生产工艺流程

虚线—浇注成型制品;实线—压制成型制品

硅酸钙绝热材料按其主晶相类型分为雪硅钙石型和硬硅钙石型两类绝热材料,表 20-44 列出了它们的典型性能。硅酸钙绝热材料可根据需要制成体积密度从 0.1g/cm³ 的超轻质制品直至体积密度为 1.8g/cm³ 的高密度制品。制品的使用温度与体积密度有关,如体积密度为 0.11g/cm³ 的硬硅钙石型材料的最高使用温度为 850℃,而体积密度为 0.2g/cm³ 的制品的最高使用温度可达 1000℃。

表 20-44 硅酸钙绝热材料的性能

类型		雪硅钙石型	硬硅钙石型	硬硅钙石型
最高使用温度/℃		650	850	1000
体积密度/g·cm^{-3}		0.20	0.11	0.20
抗折强度/MPa		0.54	0.36	0.59
线收缩率/%		1.3	0.7	1.0
热导率/W·(m·K)$^{-1}$		0.047+0.0011t	0.038+0.00013t	0.047+0.0011t
化学组成(质量分数)/%	SiO_2	36.19	46.3	
	CaO	30.92	43.3	
	Al_2O_3	8.34	0.9	
	Fe_2O_3	2.17	2.5	
	灼减	17.98	5.9	

硅酸钙绝热材料受热时的体积稳定性与其主晶相的类型有关,如图 20-58 所示。硬硅钙石型绝热材料受热后的体积稳定性要比雪硅钙石型材料的好。同时还可以看到,它与珍珠岩保温材料相比,硅酸钙绝热材料具有较好的体积稳定性。

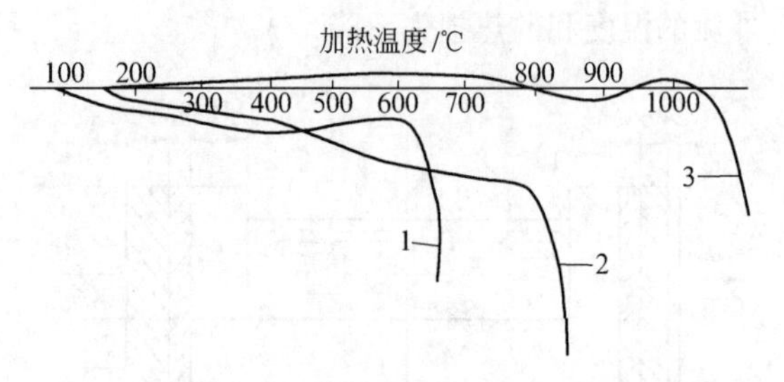

图 20-58 硅酸钙绝热材料和珍珠岩保温材料的受热收缩曲线

1—珍珠岩保温材料;2—硅酸钙保温材料(雪硅钙石结晶型);3—硅酸钙保温材料(硬硅钙石结晶型)

硅酸钙绝热材料包括硬质定形的保温材料制品,如板、块、管、套等,以及在现场加水拌合浇注成型的不定形绝热材料。不论是哪一类材料,它们都具有不燃烧,易切割加工,强度高,绝热性能好等特点。硅酸钙绝热材料的主要用途是电力、化工、冶金、船舶等设备和管道的高温绝热材料。此外,还可用作房屋建筑的天棚,内外墙的防火隔热材料和装饰隔音材料等。

硅酸钙绝热材料中使用的增强纤维材料，过去以石棉纤维为主，但是由于发现石棉对人的健康有害，因而出现了采用玻璃纤维、陶瓷纤维或纸浆等代用品的无石棉硅酸钙绝热制品。表20-45列出了我国从国外引进的和国内研制生产的无石棉硬硅钙石型绝热材料的性能，国产材料已在宝钢的加热炉、高炉和真空脱气装置，武钢的加热炉，燕山前进化工厂的裂解炉，翟东、珠江和宁国的水泥窑上应用，代替进口产品，取得明显的节能和经济效益。

表20-45　无石棉硅酸钙绝热材料的性能

产地及牌号	容重 /g·cm^{-3}	温度℃	热导率 /W·(m·K)$^{-1}$	抗折强度 /MPa	线收缩/% (1000℃×3h)
日本4900型板	0.265	96.3	0.076	0.49	1.3
日本8050型板	0.213	30	0.057	0.519	1.52
日本8250型板	0.195	20	0.049	0.529	1.53
丹麦1A-1-1型板	0.251	400	0.095		2.62
美国	0.236	30	0.058	0.61	4.33
莱州Ⅰ型板	0.210	26	0.055	0.61	0.54
莱州Ⅱ型板	0.178	29	0.0465	0.647	0.33

由于硅酸钙绝热材料具有不被有色金属熔体湿润的性能，因此，适合用作熔融有色金属的保存和输送用保温材料，还可用硅酸钙材料组装熔化槽的里衬，流槽或盖板。由于硅酸钙材料的热容量小和绝热性能好，因而可以降低熔炼温度并可保证正常的浇注过程。石棉与金属熔体接触时，石棉的结晶水分解，使金属内部产生气泡。因此，使用含石棉的制品时，应预先进行加热处理，以排除水分。但用无石棉的硅酸钙制品时则不必预烧处理，这是它的优点之一。

20.6.3　浇钢用绝热板

浇注钢锭时，当高温钢液浇进钢锭模以后，钢液在冷却凝固过程中体积不断收缩，如镇静钢在冷凝时体积收缩3%~5%，由于钢锭头部散热容易，凝固较快，导致钢锭头部出现缩孔。因此，钢锭开坯时要切去含有缩孔的头部，可占钢锭重量的15%以上。如果钢锭头部采取有效的绝热保温措施，使钢锭头部的凝固时间滞后于钢锭本体的凝固时间的话，则可大大减少缩孔，提高钢锭的成材率，使炼钢能耗降低。浇钢用绝热板就是用于此种目的。由于绝热板的绝热性能好，热容量小，因而可使钢液的热损失大大减少，并且中间包还可不经预热直接投入使用，从而可节约大量的预热燃料。

浇钢绝热板是一种由纤维材料与耐火颗粒料构成的复合型绝热材料。生产绝热板的原料有非多孔性耐火骨料和多孔性耐火骨料，有机纤维和无机纤维。非多孔性耐火骨料在绝热板中起着骨架作用，采用耐火性能较好的材料，如硅石、矾土熟料、镁砂、橄榄石等，粒度在60~100目之间，占配料总量的50%~80%。多孔性轻质骨料起着降低容重和调节透气性的作用，可用轻质黏土和高铝熟料、膨胀蛭石、珍珠岩等，用量为5%~20%。纤维材料用于改善绝热性能和起补强的作用，用量为3%~5%，可用有机纤维和无机纤维。有机纤维可用废纸、植物秸秆、破籽棉等；无机纤维可用石棉、矿渣棉和耐火纤维等。结合剂可用各种不同的结合剂，如酚醛、尿醛等合成树脂，水玻璃，黏土(一般与其他结合剂掺合使用)。通常将配料与水搅拌打制成料浆，以真空吸滤法成型，用远红外线烘干，经表面处理和切割即为成品。表20-46列出了国内某公司生产的连铸中间包用绝热板的性能。

表 20-46 连铸中间包用绝热板的性能

材质		硅质	镁质	镁橄榄石质
化学组成(质量分数)/%	SiO_2	>85		
	MgO		>78	>65
	灼减	<5	<5	<5
残余水分/%		<0.5	<0.5	<0.5
体积密度/g·cm^{-3}		1.35~1.45	≥1.65	<1.6
常温耐压强度/MPa		>4.5	>3.5	>4.5
热导率/W·(m·K)$^{-1}$		0.25~0.35	<0.55	<0.50

纤维材料的添加量对绝热板的性能有很大的影响。由于纤维材料可使绝热板的气孔和孔隙增加,同时也分隔固相的连续性,使固相的传热作用减弱,因而随着纤维材料的用量增加,绝热板的热导率下降(图 20-59)。

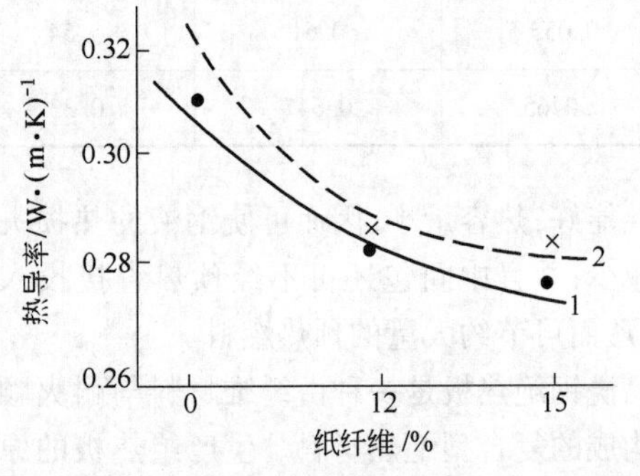

图 20-59 纤维加入量对绝热板的热导率的影响
1—真空吸滤成型制品;2—压制成型制品

在硅质绝热板的使用过程中,表皮挂渣少,硅砂颗粒易熔入渣中,反应层较薄,呈熔蚀损毁特征。熔入渣相中 SiO_2 易与钢水中的锰发生反应:

$$2Mn+SiO_2 = 2MnO+Si \quad (20-1)$$

反应离析出的 Si 溶入钢水,对钢水产生增硅的有害影响。而新生成的 MnO 再与 SiO_2 反应:

$$2MnO+SiO_2 = 2MnO \cdot SiO_2 \quad (20-2)$$

$2MnO \cdot SiO_2$ 的熔点为 1345℃,混入钢水可在钢水冷却凝固时析出,形成非金属夹杂物,对钢的质量不利。

在镁质绝热板的使用过程中,呈熔损及剥落状损毁。表皮反应渣层较厚,反应主要生成物为镁蔷薇辉石($3CaO \cdot MgO \cdot 2SiO_2$,熔点 1598℃),橄榄石固溶体[$2(Mg、Ca、Mn)O \cdot SiO_2$]。橄榄石固溶体中,MnO 的固溶量低,仅 1.43%。岩相分析和实际使用表明,镁质中间包绝热板有利于降低钢坯中的 SiO_2 夹杂物含量。

在镁橄榄石绝热板的使用过程中,呈熔蚀损毁特征,表皮反应层的主要反应产物为橄榄石固溶体[$2(Mg,Mn)O \cdot SiO_2$]。MnO 在固溶体中的固溶量较高(11.79%)。从岩相分析和实际使用结果看,镁橄榄石质中间包绝热板对连铸钢坯无增硅现象发生。

20.6.4 气凝胶超级隔热材料

气凝胶是由纳米级粒子彼此交联成纳米多孔网络结构,并由气态分散介质填充在孔隙中的一种固态介孔(2~50nm)材料,孔隙率在 90%以上,因此赋予了气凝胶诸多的特点。气凝胶具有超低的密度,一般在 0.016~0.2g/cm^3。气凝胶高孔隙率及介孔特征使得其拥有很高的比表面积,其孔洞尺寸多数在 50nm 以下,气体分子的相对运动受到限制,相互碰撞被阻断,材料内部就消除了对流传热,从根本上切断了气体分子的热传递,从而可获得低于静止空气的热导率。

21 世纪迎来气凝胶发展的新契机,随着研究手段的不断丰富和基础研究的不断深入,越来越多的新型功能化气凝胶不断涌出,气凝胶已经从最初的 SiO_2 气凝胶发展成为庞大的气凝胶家族。气凝胶材料按照组分不同可分为单组分和多组分气凝胶,其中单组分气凝胶包括氧化物气凝胶、碳化物气凝胶、氮化物气凝胶、石墨烯气凝胶、量子点气凝胶、聚合物基有机气凝胶、硫化物气凝胶等其他种类气凝胶;多组分气凝胶(复合气凝胶)是指由两种及以上单组分气凝胶构成或者由纤维、晶须、纳米管等增强体与气凝胶基体相结合的气凝胶复合材料。

气凝胶的力学性能较差(如韧性差),限制了其使用范围。因此,通过纤维等增强材料增韧气凝胶制备气凝胶复合材料,不但可以保持气凝胶优良的隔热性能,还有望改善其柔韧性。图 20-60 给出了气凝胶复合制品的实物图。

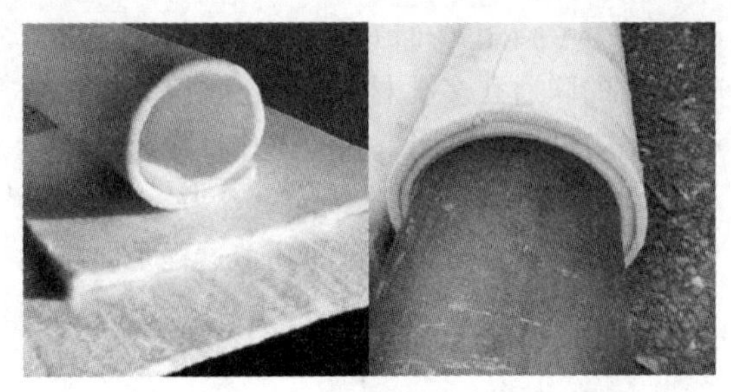

图 20-60 气凝胶复合制品实物图

气凝胶诸多的优异特性得到科研人员和工程技术人员的广泛关注，可大规模应用于高效隔热、光学、声学、医药、催化和环保领域。表 20-47给出了常见气凝胶材料的性能指标。

20.6.5 微孔轻质隔热材料

近年来，我国高耗能工业对节能降耗的要求越来越高，应用领域不断拓展，传统隔热材料已经不能满足高温工业的需求。比如，传统隔热材料轻质黏土砖、高铝砖隔热性能好、价格便宜，但使用温度有限；氧化铝空心球制品强度高、价格较低，但密度较大，隔热性能较差；氧化铝纤维制品热导率低，隔热性能极佳，但强度低、易粉化、不耐气流冲刷且易对人体造成危害。微孔轻质隔热材料具有微米级孔径、低密度、低热导率、高比强度等特点，弥补了传统轻质隔热材料的不足之处，具有广阔的应用前景。

表 20-47 常见气凝胶材料的性能指标

性能指标	SiO_2气凝胶	SiO_2气凝胶毡	ZrO_2气凝胶	Al_2O_3气凝胶	SiC 气凝胶	BN 气凝胶	C 气凝胶
使用温度/℃	<600	<600	<1000	<800	<1600 （无氧环境）	<900	约 2000 （无氧环境）
密度/$g \cdot cm^{-3}$	0.01~0.3	约 0.1	0.16~0.2	约 0.11	约 0.01	约 0.001	约 0.01
比表面积/$m^2 \cdot g^{-1}$	400~1000	400~600	200~650	约 520	400~700	约 1050	400~1000
耐压强度/MPa	约 0.2	—	0.42	—	—	—	—
常温导热率/$W \cdot (m \cdot K)^{-1}$	0.021	0.022	0.20	0.023	0.026~0.05	0.02~0.04	~0.02

20.6.5.1 微孔轻质隔热材料的制备方法

多孔材料的制备方法决定其结构与性能，故制备微孔陶瓷材料时选用合理的制备方法至关重要。依据造孔方式的不同，多孔材料制备方法可分为有机前驱体浸渍法、颗粒堆积法、发泡法、烧失法以及乳液法等。其中发泡法、烧失法、乳液法分别对应以气相、固相和液相造孔，适合制备具有低密度、高气孔率、低热导率的多孔材料，是制备微孔轻质隔热材料较好途径。

不同造孔方式可以结合各种耐火材料成型方法组合出不同的制备工艺生产多孔材料，选择合适的造孔方法与成型方法组合是制备优质多孔材料的关键前提之一。

A 烧失法

在陶瓷材料生坯制备的过程加入固态造孔剂，再通过干燥、烧蚀或热解除去造孔剂留下气孔，最终通过高温烧结得到多孔材料，如图 20-61所示。烧失法可以精确控制孔结构、孔径大小及其分布。

常用的造孔剂有炭粉、石墨、木屑、煤粉，淀粉、小麦粉，聚乙烯（PE）球、聚甲基丙烯酸甲酯（PMMA）微球、聚苯乙烯（PS）微球等。

烧失法制备多孔材料的工艺简单。可制得孔隙率在 30%~80%的多孔材料。材料中气孔大小和形状可通过造孔剂的大小和形状来精确控制，孔径可为微米级或毫米级，气孔主要为闭气孔。

B 乳液法

乳液法是以液相作为模板制备多孔材料，基本思想是在乳液的分散介质中引发聚合反应，将分散相液滴固定住，然后除去液滴形成孔隙，如图 20-62 所示。

乳液为一种液体以液滴的形式分散于另一种不互溶的液体中而形成的多相分散系统。这两种液体分别为分散相和分散介质，通常一种为水溶性的(W)，另一种为油性的(O)。乳液可分为oil-in-water(O/W)型和water-in-oil(W/O)型。乳液液滴的尺寸一般大于100nm，通常为几个微米，但乳液液滴的尺寸变化比较大。

乳液用作造孔剂可制备孔径在几百纳米到几百微米的轻质陶瓷材料，孔径变化范围大。同时利用乳液法制备多孔材料时，当分散相的体积分数>74.05%时可到得孔径范围为5～100μm的联通孔多孔材料；当分散相的体积分数<60%，可以得到闭气孔的多孔材料。

C　发泡法

发泡法制备多孔陶瓷的基本过程是向陶瓷浆料中引入气泡得到泡沫浆料，然后使泡沫浆料固化成型得到坯体，坯体再经干燥与烧结即可得到多孔陶瓷，如图20-63所示。通过发泡法可以制备气孔率最高可达95%、孔径为微米级别的多孔陶瓷。

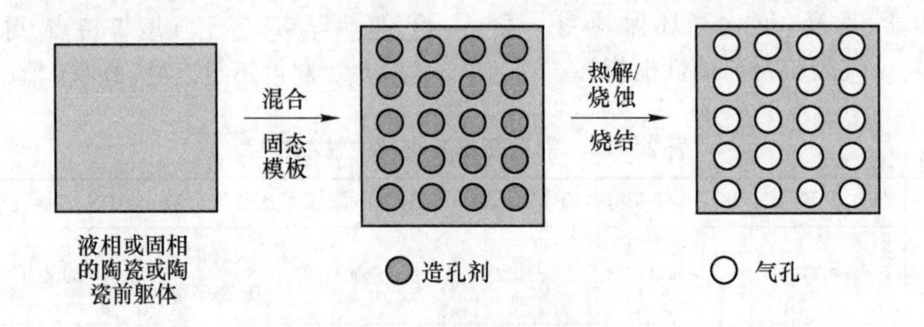

图20-61　烧失法示意图

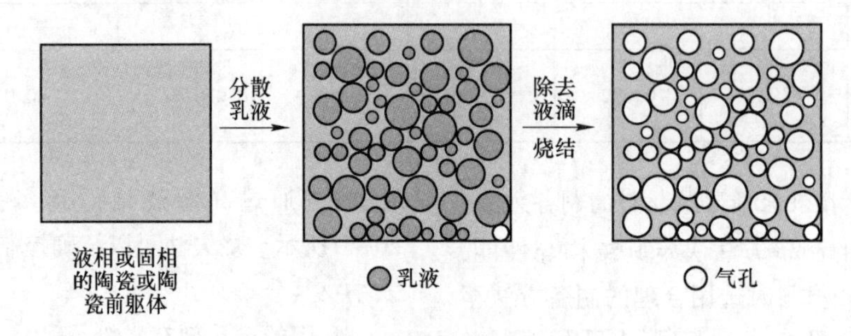

图20-62　乳状液模板法示意图

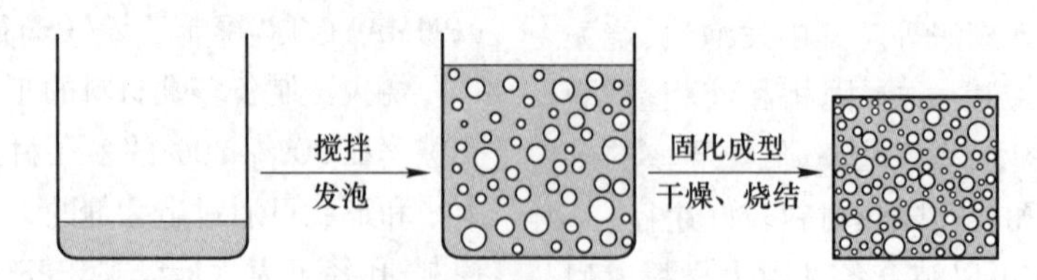

图20-63　发泡法示意图

发泡法制备多孔材料可以分为三步：引入气泡，稳定气泡和泡沫的固化成型。

(1)引入气泡的方式有机械搅拌、化学反应原位产生气体、物质的热分解或溶剂的挥发等。

(2)稳定气泡。由于气泡处于热力学不稳定状态，它有自动减少自由能的趋势。在浆料中易发生上浮排水、合并长大以及奥斯瓦尔德熟化现象。排水导致气泡聚集接近,由于不同孔径的气泡具有不同的Laplace压力,气体就从小气泡转移到相邻的大气泡中,导致气泡不断合并长大,直至泡沫破灭塌陷,这个过程一般在很短时间内就发生了。要制备气孔率高的多孔陶瓷,就要使气泡保持长时间不破灭或塌陷,即使气泡保持稳定。

常用稳定气泡的方法有表面活性剂稳定和粒子稳定。

1)表面活性剂稳定。表面活性剂的分子结构同时具有亲水基和疏水基,又称双亲分子。亲水基有羧基、磺酸基、硫酸酯基、醚基、氨基、羟基等。亲油基常见的有烷烃基。表面活性剂稳定气泡一般使用长链双亲分子,按其水溶液中亲水基带电荷情况可分为阴离子型表面活性剂(如烷基磺酸盐、烷基磷酸酯类、烷基酰胺甜菜碱等)、阳离子表面活性剂(如季胺类、氯化苄乙氧铵等)和非离子表面活性剂(如二甲基硅氧烷共聚物、Triton X-114、Igepal CO-710等)。

表面活性剂吸附在气泡表面,减少气-液界面能,能够阻碍气泡上浮排水、合并长大以及奥斯瓦尔德现象。加入表面活性剂稳定后,气泡长大速度大大降低,泡沫可以维持几个小时不发生破灭或塌陷。

2)粒子稳定。粒子稳定一般使用短链双亲分子来部分改性粒子表面,这种粒子会吸附在气泡的气-液界面处,这是由气-液、气-固以及固-液界面张力平衡的最终结果。粒子被吸附到气-液界面后形成粒子层网络极大阻碍了气泡收缩和膨胀并能长时间阻碍奥斯瓦尔德熟化现象。胶体粒子被吸附在界面的过程是不可逆的,不同于表面活性剂稳定时不断发生吸附与解吸附过程。这使粒子稳定比表面活性剂稳定具有更高的稳定性,使泡沫能够稳定数天不发生破灭或塌陷。

(3)泡沫的固化成型。气泡经稳定后仍然会缓慢地长大,要想制备的气孔孔径尽量小,就需要使泡沫浆料尽快固化成型,常用快速固化方法有凝胶注模成型、溶胶凝胶成型、直接凝固成型、水泥凝固成型等。

1)凝胶注模成型。20世纪90年代,美国科学家首先发明了凝胶注模成型方法,它是有机聚合理论与陶瓷成型工艺结合的产物。他的一般过程是在陶瓷浆料中加入有机单体和交联剂,均匀分散后加入引发剂和催化剂,搅拌均匀后注入模具,在一定温度环境中,单体在很短时间内发生聚合反应形成高聚物长链分子,最后形成三维网络结构,把陶瓷浆料包裹在网络结构中,固化成型。目前所报道的研究工作大多选用丙烯酰胺单体和双丙烯酰胺交联剂、过硫酸胺引发剂和四甲基乙二胺催化剂体系。

凝胶注模成型方法与其他成型工艺相比具有以下显著特点:可以用于成型复杂形状和不同尺寸陶瓷,且坯体组分均匀、密度均匀、缺陷少,不易出现密度梯度分布问题;浆料的凝固定型时间较短且可控。根据聚合温度和催化剂的加入量不同,凝固时间一般可控制在5~60min;坯体强度较高,一般在10MPa以上。可对坯体进行各种机械加工(车、磨、刨、铣、钻、锯等)得到形状更复杂、尺寸更精确、表面更光洁的零件,从而取消或减少烧结后的加工,真正实现陶瓷零件的净尺寸精密成型;近净尺寸成型技术。由于坯体的组分和密度均匀,因而在干燥和烧结过程中不会变形,成型坯体表观及内在质量好,烧结体可保持成型时的形状和尺寸比例,成品率高。这是其他陶瓷成型技术所难以实现的。

凝胶注模成型的缺点在于坯体干燥时易开裂,但通过控温控湿可以解决。

2)溶胶凝胶成型。溶胶凝胶常用于制备纳米级多孔陶瓷,也可用于陶瓷浆料的成型,一般是将溶胶或其前驱体与陶瓷浆料均匀混合,然后引发其凝胶形成凝胶网络使浆料失去流动性的一种成型方式。常用的溶胶有硅溶胶及其前驱体、铝溶胶及其前驱体、蛋清等。

溶胶-凝胶法具有独特的优点:可以在短时间内获得分子水平的均匀性;化学反应容易进行,反应温度低。其缺点是性质稳定的溶胶品种很少,只适合极少数材料的制备成型。

3)直接凝固成型。直接凝固成型是20世纪90年代初瑞士苏黎世联邦高等工业学院

L. J. Gauckler 实验室发明的一项新的成型技术,其基本过程是先配制高固相含量、低黏度、静电稳定的陶瓷浆料,通过酶催化底物的化学反应改变 pH 值至等电点(IEP)或增加盐离子浓度,使双电层稳定的陶瓷浓悬浮体实现原位凝固,得到均匀、无密度梯度的坯体,然后干燥烧结致密化。

该法无脱脂过程,具有素坯密度高、密度均匀、坯体收缩和形变小等优点、可成型形状复杂坯体。直接凝固成型对陶瓷浆料有严格要求,而且要求成型后坯体具有高强度。

20.6.5.2 材料类型及性能

微孔轻质隔热材料包括微孔陶瓷隔热材料和微孔纤维隔热材料,材质涉及氧化铝、氧化锆、碳化硅、氮化硅,以及复相氧化铝-莫来石、氧化铝-六铝酸钙、氮化硅-碳化硅等。

A 微孔陶瓷隔热材料

微孔陶瓷隔热材料是基于发泡法结合新型凝胶固化成型技术开展的系列研发工作。表 20-48 列出了国内某公司开发的微孔陶瓷隔热材料的制备方法及其性能。

表 20-48 氧化铝基微孔陶瓷隔热材料的制备方法及性能

名称	纯氧化铝	刚玉-莫来石	刚玉-六铝酸钙
制备方法	发泡-凝胶注模	发泡-溶胶凝胶	发泡-水泥固化
$w(Al_2O_3)$/%	>99	>95	>95
高温抗折强度保持率(1400℃保温 30min)/%	13.5	21.3	42.6
体积密度/$g\cdot cm^{-3}$	0.45~1.26		
显气孔率/%	68.5~88.7		
气孔孔径/μm	40~200		
常温耐压强度/MPa	6.5~47.5		
常温抗折强度/MPa	1.4~16.4		
加热永久线变化(1650℃保温 10h)/%	<0.22		
平均热膨胀系数(25~1550℃)/K^{-1}	$(8.1\sim8.5)\times10^{-6}$		
压蠕变率/%(0.05MPa, 1200℃保温 25h)	<0.032		
热导率(1000℃)/$W\cdot(m\cdot K)^{-1}$	0.22~0.69		
最高使用温度/℃	1750		

a 氧化铝基微孔陶瓷隔热材料

通过发泡法结合不同的固化方法所制备的氧化铝基多孔陶瓷材料,具有低体积密度、高显气孔率、高强度、小气孔孔径、低加热永久线变化率、低平均线膨胀系数、低压蠕变以及低热导率等特点,见表 20-48。这些性能与烧结试样的结构密切相关,大量气孔的引入使热量传导的路径大幅延长,加之空气极低的热导率使多孔陶瓷制品具有很低的热导率;孔壁较高的致密化程度以及微米级的气孔孔径造成的大量孔筋支撑作用,使材料具有相对较高的力学性能。

3 种不同方法制备的氧化铝基多孔陶瓷的 XRD 分析结果如图 20-64 所示。可以看出:凝胶注模法制备的多孔陶瓷为纯氧化铝相,基本没有检测到其他相。该方法中原料是纯度 99% 以上的氧化铝粉和凝胶注模体系有机物,后者在烧结过程中完全氧化和分解并从试样中排出。因此,最终制备试样的纯度较高,可以应用于对炉体气氛要求较高的环境中。溶胶-凝胶法制备的多孔陶瓷,主晶相为刚玉,此外还有少量莫来石相。原料中的硅溶胶在高温下形成二氧化硅,并与氧化铝形成莫来石相,其含量随着烧结温度的升高而增加,最终形成氧化铝-莫来石复相多孔陶瓷。水泥固化法制备的多孔陶瓷,主晶相仍为氧化铝,还有少量六铝酸钙相。所用的铝酸钙水泥主要为一铝酸钙和二铝酸钙,在高温下容易与氧化铝反应形成高温稳定相六铝酸钙,最终与多余的氧化铝形成氧化铝-六铝酸钙复相多孔陶瓷。研究发现,在这 3 种体系中,工艺参数的变化、微观结构的调控、各项物理性能之间的关系都呈现类似的变化规律。随着固含量的增加,烧结试样的显气孔率降低,孔壁增厚,孔径减小;随着发泡剂加入量的增加,烧结试样的显气孔率增大,孔壁变薄,孔径增大,气孔之间的“窗口”增多;通过颗粒级配,增加粒径在十几或几十微米的粉体比例,可以在不增加浆料黏度的情况下有效提高其固含量,并对降低干燥和烧成过程的收缩有显著作用。随着体积密度的降低和显气孔率的提高,烧后试样的耐压强度和热导率都逐渐降低。

图 20-65 是经不同温度烧后的多孔陶瓷的 SEM 照片。从图 20-65a~c 可以看出,多孔陶瓷的孔结构均匀,孔径为 50~200μm,在大孔孔壁上分布有小孔,形成连通孔。随着温度从 1600℃升高到 1700℃,再升高到 1800℃,孔径大小基本不变。从图 20-65a1~c1 可以看出:随着温度的升高,晶粒尺寸变大,孔壁致密化程度增加。在 1800℃下,晶粒没有出现异常长大现象,烧结更为充分。

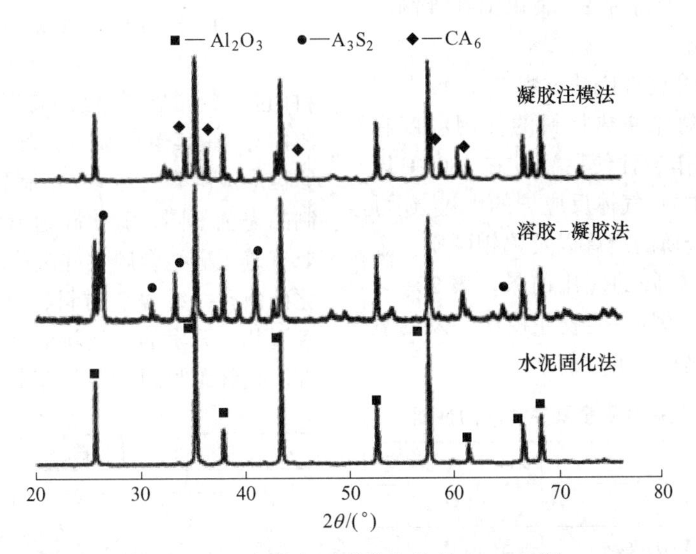

图 20-64　氧化铝基微孔陶瓷的 XRD 图谱

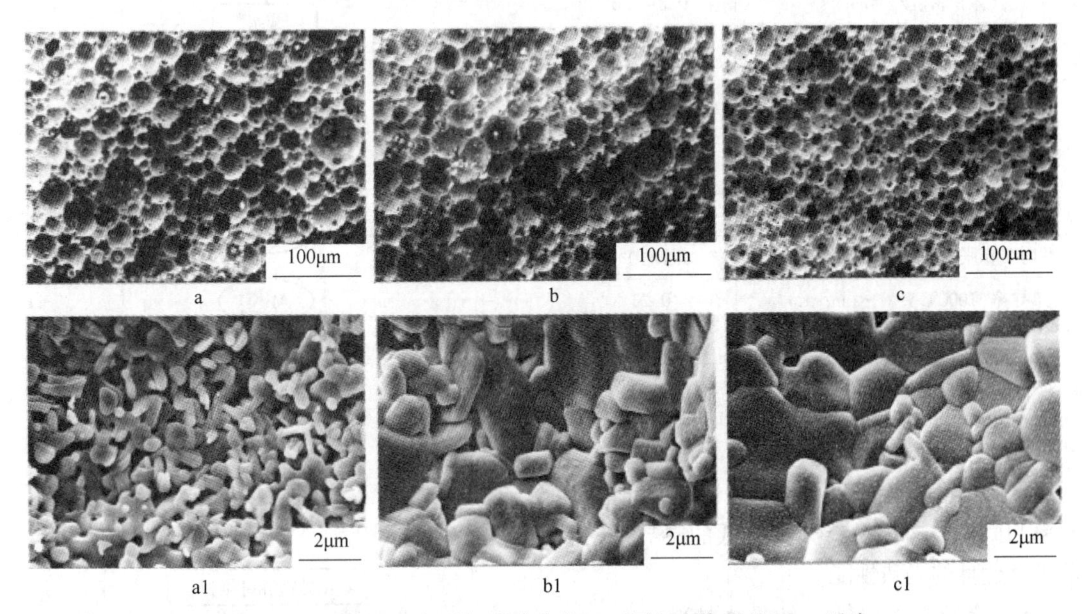

图 20-65　刚玉-六铝酸钙微孔陶瓷经不同温度烧后的 SEM 照片

a—1600℃;b—1700℃;c—1800℃;a1—1600℃;b1—1700℃;c1—1800℃

发泡法结合不同固化工艺制备的氧化铝基多孔陶瓷孔径为 40～200μm，显气孔率为 68.5%～88.7%，体积密度为 0.45～1.26g/cm³，耐压强度为 6.5～47.5MPa。材料具有较低的加热永久线变化率、压蠕变率、线膨胀系数和热导率，用作高温电炉炉衬材料，节能效果优异。经过多年的研究，发泡法制备氧化铝基多孔陶瓷的工艺方法日趋成熟和完善，尤其是用于高温隔热领域，具有轻质、高强、低热导率等特点，较现有的氧化铝空心球制品、氧化铝纤维制品等具有一定的优势。

b 氧化锆微孔陶瓷隔热材料

氧化锆微孔陶瓷隔热材料的使用温度在 1800℃以上，可用作各种使用温度在 1800℃以上的超高温炉的炉衬、气体反应炉的内衬，还可以用在某些贵重金属的冶炼以及钨钼硬质合金的烧结炉中，有着广阔的应用前景。表 20-49 为国内某公司基于发泡-凝胶注模法开发的氧化锆微孔陶瓷隔热材料的性能。

表 20-49 氧化锆微孔陶瓷隔热材料的性能

项目	氧化锆微孔陶瓷
$w(ZrO_2+HfO_2)$/%	>96
$w(CaO)$或$w(MgO)$/%	3
体积密度/$g \cdot cm^{-3}$	0.8～2.0
显气孔率/%	66～87
气孔孔径/μm	40～200
常温耐压强度/MPa	3.4～81.8
常温抗折强度/MPa	1.5～31.2
加热永久线变化(1800℃保温 10h)/%	-0.2
平均线膨胀系数(25～1550℃)/K^{-1}	9.4×10^{-6}
热导率(1000℃)/$W \cdot (m \cdot K)^{-1}$	0.23
最高使用温度/℃	2200

制品微观结构如图 20-66 所示，材料为多孔结构，孔形圆，气孔尺寸在 20～200μm，平均孔径约为 60μm，大小气孔交错分布。较高的气孔率和微孔结构使材料具有极低的热导率，保证了其优良的隔热性能。

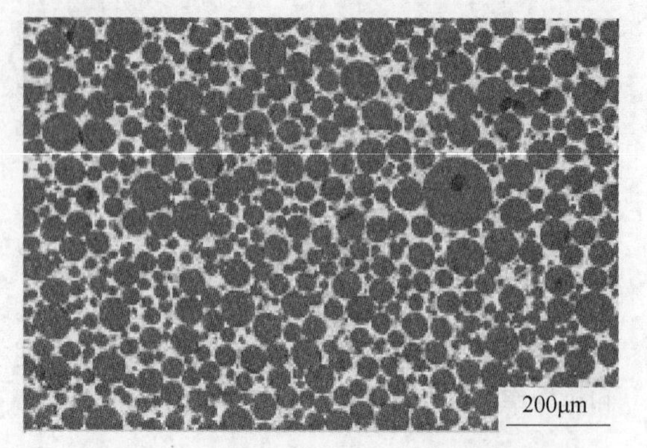

图 20-66 氧化锆微孔陶瓷的背散射照片

B 氮化硅基微孔纤维隔热材料

氮化硅基微孔纤维隔热材料是以含硅类原料(包括金属硅、氧化硅与碳混合物、氮化硅前驱体等)在其微米级多孔坯体中发生气相反应原位形成陶瓷纤维块材，制备工艺与传统纤维制品完全不同。氮化硅基微孔纤维隔热材料主要有氮化硅结合碳化硅微孔纤维隔热材料和氮化硅微孔纤维隔热材料，是洛阳耐火材料研究院近几年开发的一类新型轻质耐火材料。氮化硅微孔纤维材料制备流程如图 20-67 所示，以

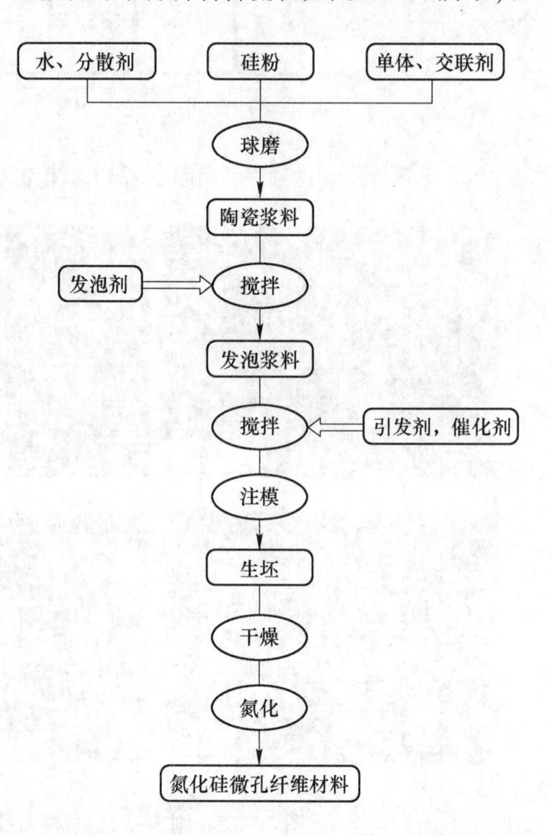

图 20-67 氮化硅微孔纤维材料制备流程图

金属硅粉为原料为例，先以发泡-凝胶注模法制备多孔坯体，然后通过氮化反应使 Si 在气孔内发生气相反应，生成大量 $\alpha-Si_3N_4$ 纤维相互交织形成氮化硅纤维块材。在原料金属硅粉里添加碳化硅粉，混合均匀后以相同过程即可制备出氮化硅结合碳化硅微孔纤维材料。

氮化硅基微孔纤维材料的性能如表 20-50 所示，具有优异的保温性能，还具有氮化硅和氮化硅结合碳化硅材料的优良特性。氮化硅微孔纤维材料具有极低的介电常数，使其在微波烧结、雷达保温等高温透波领域具有潜在应用前景。氮化硅结合碳化硅微孔纤维材料则具有良好的保温隔热性能及抗侵蚀性能。

表 20-50　氮化硅基微孔纤维隔热材料的性能

材质类型	氮化硅结合碳化硅	氮化硅
主要成分	$\alpha-Si_3N_4$	$\alpha-Si_3N_4$、SiC
体积密度/$g \cdot cm^{-3}$	0.3~0.9	0.3~0.9
常温耐压强度/MPa	1.2~20.4	1.6~28.3
常温抗折强度/MPa	0.8~5.6	1.1~7.8
加热永久线变化（1200℃保温 10h）/%	<0.1	<0.1
热导率（1000℃）/$W \cdot (m \cdot K)^{-1}$	0.18~0.57	0.18~0.60
介电常数		2~3

20.6.6　节能涂料

20.6.6.1　轻质保温节能涂料

保温技术正在向高效、薄层、隔热防水外护一体化方向发展，如何充分利用传热机理研制新型节能材料是重要发展方向，轻质保温涂料就是在此基础上发展起来的一种高效节能材料。轻质保温涂料一方面选用轻质材料为主要原料保证涂层的轻量化，例如选用漂珠、刚玉空心球、纤维以及 SiO_2 气凝胶等为原料制备微孔甚至纳米孔轻质保温涂料；另一方面使涂层在使用的过程中形成多孔结构进一步降低涂层的热导率。轻质保温涂料不仅自身热阻大、热导率低，而且热反射率很高，能有效地降低辐射传热及对流传热，可与传统多孔保温材料复合使用，构成低辐射传热结构，提高保温效率。该涂料为液态涂料，可刷涂或喷涂施工，涂层薄，无接缝，施工方便。涂料与基材黏结力好，无空鼓，不脱落，韧性好，延伸率高，防水性好，使用寿命长，集防水隔热外护于一体，属于有良好发展前景的高效节能材料之一。

在保温涂料中添加短纤维可以进一步降低涂料的热导率。以珍珠岩、陶瓷玻璃微珠、SiO_2 微粉、短纤维（5~10mm）、膨润土等为原料，以水玻璃为结合剂，通过高速搅拌混合制备保温涂料浆体。保温涂料组成配比见表 20-51。两种保温涂料的性能指标见表 20-52。

表 20-51　保温涂料组成配比

原料	普通保温涂料	纤维基保温涂料
珍珠岩	10	10
陶瓷玻璃微珠	25	25
SiO_2 微粉	10	10
膨润土	5	3
短纤维	—	2
水玻璃	50	50

表 20-52　两种保温涂料性能指标

性　能	普通保温涂料	纤维基保温涂料
线变化/%	-6~-4	-3~-1
体积密度/$g \cdot cm^{-3}$	0.8~0.9	0.6~0.7
耐压强度/MPa	6~7	4~6
热导率（300℃）/$W \cdot (m \cdot K)^{-1}$	0.2~0.3	0.12~0.22
热导率（600℃）/$W \cdot (m \cdot K)^{-1}$	0.25~0.35	0.15-0.25

在保温涂料中添加短纤维可以减少保温涂料的收缩性能，降低体积密度和热导率，但是同时对保温涂料的强度也有一定的影响。

从图 20-68 可以看出，两种保温涂料的内部结构处于多孔的结构状态，圆形较大的单个气孔基本上都是陶瓷微珠和珍珠岩原料带进来的气孔，而基质中大多气孔都是联通气孔也有部分封闭小气孔，这些气孔的存在有助于降低涂层的热导率。普通型保温涂料的强度高，材料显微结构显示陶瓷微珠和珍珠岩颗粒均发生断裂，说明基质和颗粒连接较为紧密。纤维基保温涂料中陶瓷微珠和珍珠岩基本都能保持完整的结构，断裂的情况较少，主要是因为材料的强度较低。涂层内的纤维贯穿于基质和颗粒之间，形成桥联作用。

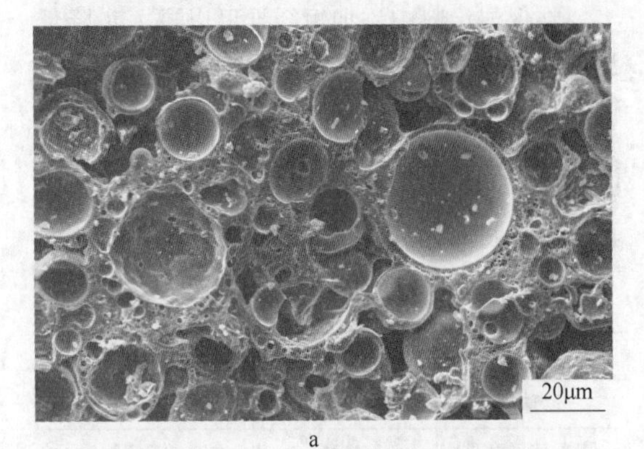

a

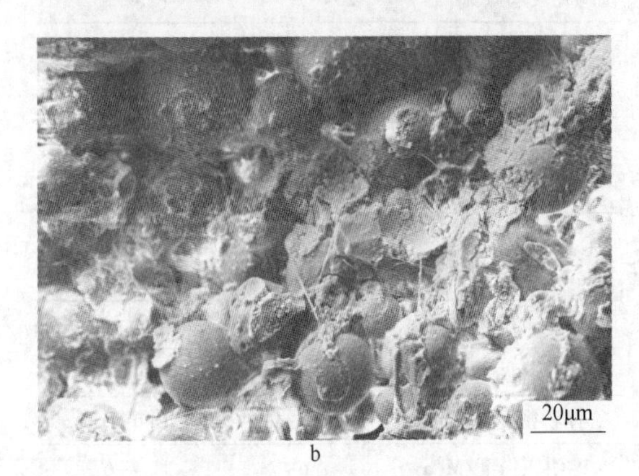

b

图 20-68　保温涂料显微结构
a—普通保温涂料；b—纤维基保温涂料

轻质保温涂料属于不定形耐火材料，其原料选择不受限制、使用温度广泛，不但能制备成超低热导率的保温材料而且可以根据使用环境制备成高强度、耐侵蚀和低密度的梯度材料，涂料施工简单可以直接使用在工作面，因此，耐火保温涂料受到广泛重视。耐火保温涂料的制备主要是根据需要选择多孔颗粒原料和粉料加结合剂混合而成，直接喷涂或涂刷在耐火材料表面，不仅可以起到隔热保温效果而且可以保护基体材料。例如保温涂料涂刷在耐火纤维表面不仅起到保温效果，而且可以有效地阻止纤维的粉化，提高耐火纤维的耐酸碱气氛侵蚀性，延长纤维的使用寿命。

纳米孔隔热保温涂料是指涂层内部的孔直径在纳米尺度的多孔材料。纳米孔隔热保温涂料的隔热原理主要体现在以下几个方面。首先，纳米颗粒之间的接触面积较小，因此，其热导率也较其他隔热材料小；其次，根据分子运动及碰撞理论，气体传热主要是通过高温侧的高速分子与低温侧的低速分子相互碰撞来实现的，由于空气中主要成分 N_2 和 O_2 的平均自由程为 70nm 左右，所以当材料内部的孔径小于这一临界尺寸时，气体分子的对流传热被抑制，从而获得比无对流空气更低的热导率。纳米孔隔热材料的基准材料为 SiO_2 气凝胶，其具有复杂的纳米尺度孔隙结构，SiO_2 气凝胶与孔洞结构在微米级和毫米级的多孔材料不同，其纤细的纳米结构使得材料的热导率极低，具有极大的比表面积，对光、声的散射均比传统的多孔性材料小得多。SiO_2 气凝胶的热量传递通过固体热传导、气体热传导和辐射热传导 3 种方式共同完成。SiO_2 气凝胶的孔隙和纤维的纳米多孔网络结构的弯曲路径分别阻止了空气的气态热传导和凝胶骨架的固态热传导，通过掺杂红外吸收剂还可以阻隔热辐射。这 3 方面共同作用，几乎阻断了热传递的所有途径，使 SiO_2 气凝胶起到很好的绝热效果。SiO_2 气凝胶的热导率在 0.013W/(m·K)以下，远低于常温下静态空气的热导率[0.025W/(m·K)]，且具有密度低、防水阻燃、绿色环保、防酸碱耐腐蚀、不易老化、使用寿命长等特点。因此，以二氧化硅气凝胶为主要成分的轻质隔热涂料隔热效果好，又称之为绝热涂料。

20.6.6.2　红外高辐射节能涂料

随着现代工业的发展和科学技术的进步，节能的重要性已经不言而喻。高辐射涂层技术(high radiative coating tech)是在物体表面涂覆一层具有高发射率的材料，使物体表面具有很强的热辐射吸收和辐射能力，使辐射传热的效率提高的高效节能新技术。

热量的传递以 3 种方式进行，即传导传热、对流传热和辐射传热。在低温阶段，热交换以对流传热为主，而在高温阶段(800℃以上)，则以辐射传热为主。随着温度的升高,辐射传热所起的作用越来越大。由于冶金窑炉工作温度在1000℃以上,辐射传热占总传热量80%以上,常温下耐火材料的发射率一般为0.6~0.8,随着温度的升高,会大幅度下降,而高发射率涂料能一直保持较高的发射率0.9,所以提高辐射传热的效率可以极大地提高炉窑的热效率。

由辐射传热基本定律和计算公式可知,提高辐射体的表面辐射系数,将有利于辐射传热的强化。红外线通常是指波长在2.5~1000μm范围内的电磁波,该电磁波能够被物体吸收使物质内部质点产生共振,从而使物体温度上升。随着辐射物材质、分子结构和温度等条件的不同,其辐射波长也各不相同。对于以辐射传热为主的工业炉,在炉衬表面应用高温红外辐射涂料可提高炉内参与辐射传热的物体表面辐射系数,显著改善炉内传热过程,达到节能、增效的目的。

由基尔霍夫定律得知:任何辐射体在一定的温度下,其辐射率和吸收率之比都是一个常数,即物质的辐射率越大,其吸收率也越大,一个好的辐射体必定是一个好的吸收体。当炉墙上涂上高发射率涂料后,便增加了炉壁对工件的辐射,若炉壁内壁在单位时间内得到的热能值不变,则发射率的提高必然使壁温下降、辐射能增加且炉墙传导热损减小。高吸收又促使一部分对流热转化为微辐射热,同时考虑到炉窑内衬温度一般远低于发热元件温度,故其长波段辐射能谱能量增大,即高发射率涂层起了改变辐射能谱分布的作用。所以,炉窑加涂高辐射率涂层后,引起热平衡的重新分配,结果强化了辐射传热,提高了炉窑的热效率。

当今世界矿物资源能源日益短缺,严重威胁着世界工业的发展,工业窑炉耗能约占总能耗的25%~40%,而窑炉的平均热效率仅为32%左右。主要是由于一方面热量通过炉衬和炉外壁损失,另一方面炉窑内壁发射率较低,使得热量不能有效的辐射到炉膛中,加热效率低,在涂覆上高发射率红外辐射材料后,通过辐射传热效率提高,该领域的节能工作大有潜力可挖。我国的能源利用率很低,而西方先进工业国则超过了60%,为提高能源的利用率,需要耐高温节能涂料的广泛使用。20世纪后期,英国CRC公司在欧洲市场推出节能涂料ET-4,当时被西方誉为加热炉发展的里程碑。接着有欧澳多国联营的Enecoat节能涂料,日本的CRC1100和CRC1500,这些节能涂料为西方国家提高能源利用率做出了显著的贡献,而我国的资源利用率有待于进一步提高,开发高效节能涂料对提高资源利用率具有重要意义。远红外线加热技术的开发已经有几十年的历史,特别是在最近二十年,该项技术的发展十分迅速,应用范围也越来越广。美国、日本等国家在该领域的研究和应用已经产生了相当可观的经济效益。目前国际上著名的红外辐射涂料有:英国CRC公司的ET-4型涂料,美国CRC公司的C-10A、G-125及SBE涂料,日本CRC公司的CRC1100、CRC1500远红外涂料和美、欧、澳联营公司的Enecoat涂料,最高辐射率可达0.9~0.94,节能效果5%~20%,电阻炉最高节能30%。日本国内数百座工业炉在使用了热辐射节能涂料后,钢铁行业节能效果在5%~16%,一般平均在8%以上;在石油化工行业。加热炉及分解炉中的节能率一般在2%~5%。在我国,国外的热辐射材料推向国内市场后,也引起了众多企业的关注。如上海宝钢、沙钢、兴澄钢铁厂、金山石化、武钢、鞍钢、攀枝花钢厂、首钢等数十家企业先后也进行了热辐射材料的推广使用,并取得了极大的成绩。

我国自80年代以来,在国家能源开发与利用的发展战略和相关产业政策的支持下红外辐射材料和红外辐射加热技术得到快速的发展,在红外辐射材料的基础研究和实际应用方面都取得了许多成果。国家"973"项目中有关于远红外辐射研究的专门课题。中科院上海硅酸盐研究所、南京航空航天大学、北京科技大学、武汉理工大学、吉林大学、天津大学等单位都相继开展了红外辐射材料的研究。

据有关报道,国内节能涂料最高发射率已经超过90%。随着耐高温红外辐射节能涂料研究工作的深入开展,其产品质量和使用技术不断改进，日趋完善，近年来的大量研究与探索表明，耐高温节能涂料的研究发展方向主要有以下几个方面：

(1)涂料颗粒的超细化涂料颗粒在超细化、纳米化后增加了粒子间的平均间距，减小了单位体积内的粒子数，降低了其密度，能够提高热辐射的透射深度以降低吸收指数和折射系数，从而达到提高物体发射率与吸收率的效果。

(2)涂料成分的复合化一般常用的辐射基料种类很多，如碳化硅、氧化锆或锆英砂粉、氧化铬、氧化锰等，但这些材料均有各自的不足。单一物体的发射率与吸收率毕竟是有限的，由于物体的单色吸收指数随辐射波的波长的不同而不断变化，物体的发射与吸收也都呈现出一定的选择性。解决这一问题的办法就是采用多种材料成分复合化，使物体在不同温度下和不同波长范围内的辐射特性能够互补而相互增强。

(3)涂料功能的多样化工业上对涂料辐射特性的要求具有多样性，这对耐高温节能涂料的开发提出了更明确的要求，要针对各种不同的使用场合开发出具有选择性、高辐射率或高吸收率的产品，以便进一步起到“有的放矢”的效果。例如锅炉水冷壁上的涂层是利用了涂料的高吸收率，而火焰炉的耐火材料炉壁则是利用了涂料的高发射率并将火焰炉中不连续光带的能量吸收后改为连续的辐射波谱后重新发射出来。

目前国内报道的主要生产和研究节能涂料的厂家和单位如表 20-53 所示。

表 20-53 节能涂料

涂料名称	生产单位	发射率		最高使用温度	主要应用
		2.5~5μm	2.5~25μm		
HT-1	中科院上海硅酸盐研究所	0.85~0.90(500℃)	0.90(500℃)	1800℃	高温窑炉加热器件
NH-9	南京航空航天大学	0.85~0.90(650℃)	0.88~0.93(650℃)	1400℃	电阻炉辐射罩
BJ-1	北京科技大学	0.78~0.85(400℃)	0.89~0.92(80℃)	1400℃	高温窑炉
ZGW ZYT	山东新材料研究所	0.70(400℃) 0.82(700℃)	0.88(室温) 0.93(高温)	1200℃	窑炉
LIRR-14	中钢集团洛阳耐火材料研究院	0.95~0.9(600℃)	0.9~0.92(600℃)	1400℃	高温窑炉

堇青石体系节能涂料：以堇青石为主要原料，加入一定量的氧化铝微粉、氧化锆微粉和氧化铬微粉，以磷酸二氢铝为结合剂，结合剂的选择有多种，可以根据使用温度和使用底材需要选择磷酸二氢铝、水玻璃、硅溶胶以及树脂类的结合剂，本方案以磷酸二氢铝为例制备堇青石体系节能涂料。

原料的理化指标见表 20-54。

表 20-54 原料理化指标

项目	堇青石粉	氧化铝微粉	钇稳氧化锆粉	氧化铬微粉
含量/%	≥99	≥99	$ZrO_2+Y_2O_3$≥99	≥99
粒度/μm	≤88	3~5	5~10	3~5

制备过程示意图如图 20-69 所示。

根据图 20-69 涂料的制备工艺，制备出红外高发射率节能涂料，其性能指标见表 20-55。

表 20-55 堇青石体系节能涂料性能指标

性 能	指 标
使用温度	≤1350℃
涂料密度	1.8~2.3g/cm³
涂料黏度	1.5~2.2Pa·s
涂层热导率	2.6~2.8W/(m·K)
常温耐压强度	8~10MPa

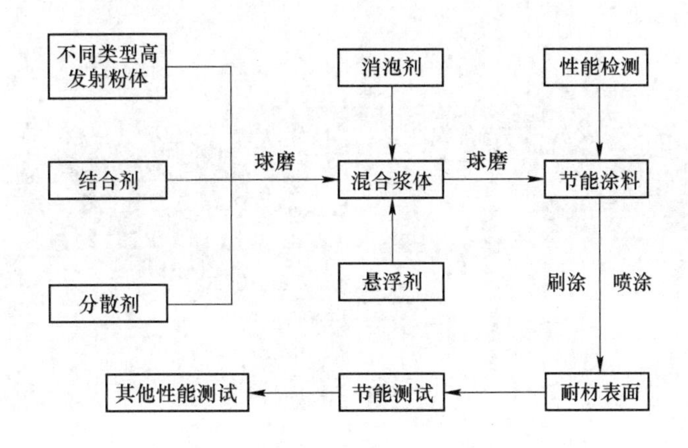

图 20-69 红外高辐射涂料制备工艺

由于其材料组成和使用温度的限制，堇青石体系节能涂料主要应用于陶瓷辊道窑、轧钢加热炉、低温隧道窑以及各类热处理炉等。以堇青石体系节能涂料在陶瓷辊道窑内应用为例。

高温涂料节能机理在于：

(1)能增加炉窑内壁黑度（即热辐射率），增强炉窑内壁对热源传来热量吸收后的辐射传热，将窑炉内的部分对流热通过炉壁的吸收和辐射作用转化为辐射热，从而改变窑炉内的热场分布；另一方面将热源发出的间断式非连续热射线转变成了连续的辐射热射线，而辐射出来的热量直接可以作用在产品表面，有利于产品对热量的吸收，从而提高热量利用率。

(2)炉窑内衬用耐火材料常温下的黑度一般为0.6~0.8，随着炉温的升高，会大幅度下降，而红外高辐射陶瓷涂层能减缓这种下降，有时甚至可以使其升高。根据普朗克（Planck）辐射定律计算可知，高温辐射能量大多数集中在1~5μm 波段，如 1000℃和 1300℃时，会分别有76%和 85%的辐射能量集中在这一波段内，而一般的耐火材料在这一波段的辐射率很低，对高温辐射不利，红外辐射涂料可以弥补这一不足。对于以辐射传热为主的工业炉来说，使用红外高辐射陶瓷涂层提高炉内参与辐射传热的物体表面辐射系数，将有效地改善传热过程，达到节能、增产与提高产品质量的目的。

涂层对窑炉内衬的影响：

(1)有效提高炉衬砖（莫来石砖、聚轻球砖）的使用寿命 30%以上。涂层涂覆在窑炉内衬表面可以有效保护耐火砖免受灰粉、杂质和热气流的冲刷和侵蚀，减缓有害物质的渗透进一步提高耐火砖的使用寿命。

(2)有效防止莫来石轻质砖的老化掉粉现象。涂层与砖通过结合剂连成一体，通过在高温下长期使用形成一层较致密过渡层，一方面涂层和致密层可以提高轻质砖的隔热性能，另一方面提高了轻质砖的表面强度，可以防止轻质砖受热冲击老化掉粉而污染产品。

(3)有助于提高窑炉内温度的均匀性，从而提高产品质量。

将此将堇青石体系节能涂料应用到国内某公司陶瓷辊道窑，涂层应用前后进行能耗对比，分析涂层节能效果和对窑炉内衬的影响。

节能涂料喷涂前后窑炉效果如图 20-70 所示。

此辊道窑使用 1 年后，从外观上看涂料与轻质砖结合良好，不存在脱落现象（图 20-71），涂层颜色由绿色转变为灰白色，从涂层对炉衬砖的结合性能以及用后炉衬砖的外观来看，涂层对窑炉的内衬砖起到了一定的保护作用。

a b

图 20-70 涂料喷涂前后窑炉内状况
a—喷涂前;b—喷涂后

a b

图 20-71 用后涂层结构
a—用后窑炉内衬表面;b—涂层及砖体内部显微结构

图 20-71 可以看出,喷涂在莫来石砖表面涂层和莫来石砖之间会形成一层相对较致密的过渡层,一方面使涂层与莫来石砖连接紧密涂层不会脱落,另一方面保护莫来石砖免受热气流和灰分的侵蚀提高莫来石砖的使用寿命,从结构上看对提高莫来石砖的隔热保温效果有一定的作用,另外涂层也具有较高的红外辐射率可以对窑炉的整体节能效果提供帮助。

整体来看,窑炉内温度的均匀性有一定的提高,主要表现在产品的成品率有了一定的提升;喷涂后与同类型的窑炉相比生产吨陶瓷产品燃料消耗量有所降低,起到了一定的节能效果;辊道窑长期在高温下运行,涂层的使用有效解决了窑炉内壁的掉粉落脏现象。从涂层对炉衬砖的结合性能以及用后炉衬砖的外观来看,涂层对窑炉的内衬砖起到了一定的保护作用,减少了炉衬砖的损耗和变形,保护了炉衬。

除了堇青石体系节能涂料外,目前研究较多的还有氧化锆体系节能涂料,过渡金属氧化物复合体系节能涂料,铝酸镧、铬酸镧体系节能涂料等,随着科学的发展和技术的进步,功能化的节能涂料一定会在高温材料中占有一席之地。

20.6.7 选用隔热耐火材料的技术经济考虑

20.6.7.1 选用隔热耐火材料主要考虑因素

在考虑工业窑炉和热力工程设备的保温隔热问题时,为了恰当地选择、使用隔热材料,以获得最佳的应用和节能效果，通常，需对各种因素加以认真的分析研究，如下列各项：

(1)设备的操作温度；

(2)隔热材料的最高(安全)使用温度；

(3)绝热性能，包括热导率、体积密度、比热容、热容等；

(4)使用条件；

(5)物理性能，如机械强度及热胀冷缩特性等；

(6)化学性能，如耐酸、耐碱等；

(7)经济效益，包括价格，施工难易及耐久性等。

上述诸项可大致归纳为三类：即设备的操作温度，隔热材料的最高使用温度及绝热性能为第一类；使用条件，物理性能及化学特性为第二类；经济效益为第三类。第一类的问题在前面已有比较详细的叙述，这里着重叙述后两方面的问题。

20.6.7.2 气氛对选用轻质隔热耐火材料的影响

近年来，越来越多的轻质隔热耐火材料直接用作各种加热窑炉的工作内衬。另外，有许多热处理炉和烧结炉，为提高产品的质量和满足工艺过程的要求，常常应用各种保护气氛，如 CO、CO_2 和 H_2 等。不言而喻，气氛对隔热耐火材料的使用会有很大的影响，其中氢气对隔热耐火材料的影响最大。

金属氧化物(MO)在氢气中加热时存在如下化学平衡关系：

$$MO+H_2 \rightleftharpoons M+H_2O$$

当水蒸气的含量低于上述化学平衡的含量时，金属氧化物将被氢还原成金属，金属氧化物处于不稳定状态。相反，当水蒸气的含量超过化学平衡的含量时，金属将被氧化生成氧化物，金属氧化物处于稳定状态。图 20-72 示出了耐火材料中常见的上述反应的平衡状态图。图中以露点表示气氛中的水蒸气含量，例如，露点为 -62℃ 的气相，相应的水蒸气含量为 0.005%。图中各条曲线分别表示各种氧化物在氢气气氛中处于上述化学平衡的露点和温度条件。显然，当露点和温度处于曲线右下侧的条件下，氧化物将被还原成金属，处于不稳定的状态；而在曲线的左上侧的条件下，金属将被氧化成氧化物，氧化物处于稳定状态。据此可以用来评判各种氧化物在氢气中加热时的稳定性。例如，Cr_2O_3 在 732℃ 下氢气中加热时，若气氛的露点低于 -62℃，Cr_2O_3 将被氢气还原成金属铬，即 Cr_2O_3 处于不稳定状态。

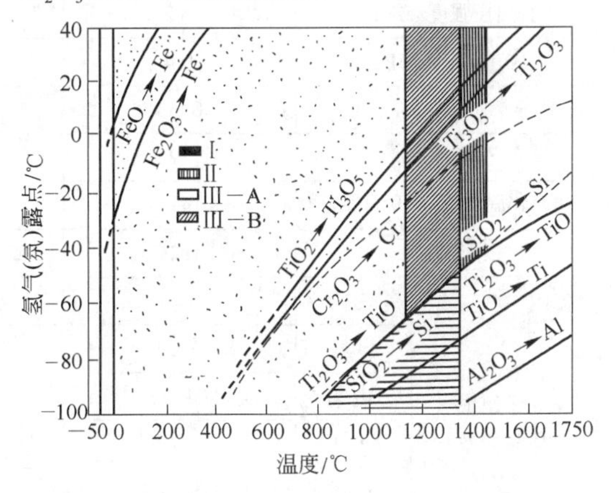

图 20-72 金属-金属氧化物系统在纯氢气气氛中的平衡状态图
(图中标示的轻质隔热耐火材料的组成和性质见表 20-56)

在一般的轻质隔热耐火材料中，SiO_2 和 Al_2O_3 为主要成分，还含有一些 Fe_2O_3、TiO_2、CaO 和 MgO 等杂质。在热处理炉中，为了防止金属工件被氧化，常常利用氢气等气氛控制热处理过程。但是，从耐火材料炉衬的使用方面来考虑，耐火材料中的组分可能被还原，从而破坏材料的组织结构，使炉衬材料变质损毁。如图 20-72 所示，在 1260℃ 下，当气氛的露点低于 -57℃ 时，耐火材料中的 SiO_2 将被还原成金属硅和生成水蒸气。Al_2O_3 在氢气中很稳定，在 1649℃ 下和露点为 -37.8℃ 的氢气气氛中也不易被还原，仍然保持稳定状态。由此可以得出，在还原性气氛条件下使用的炉衬材料，最好选用以氧化铝为主要成分的材料或纯氧化铝材料。从图 20-72 中所标示的几种隔热耐火材料的稳定范围来看，钙长石轻质隔热材料和含钙高铝材料的抗还原性气氛的能力也较强。

表 20-56　几种轻质隔热耐火材料的性能

项目		Ⅰ	Ⅱ	Ⅲ-A	Ⅲ-B
		含 CaO 轻质刚玉砖	氧化铝空心球砖	钙长石砖	轻质黏土砖
再加热线收缩率/%		0.30(1500℃×8h)	0.30(1800℃×8h)	0.08(1300℃×8h)	0.25(1500℃×8h)
体积密度/g·cm^{-3}		0.78	1.28	0.51	0.74
耐压强度/MPa		1.2	6.4	1.0	1.6
抗折强度/MPa		1.4	3.2	0.9	1.4
热导率/W·(m·K)$^{-1}$		0.32	0.71	0.16	0.26
气孔率/%		79	63	83	72
荷重软化温度(T_2,0.05MPa)/℃		1415	>1600		
耐火度/℃		1825	1920		
化学组成（质量分数）/%	灼减			0.12	0.10
	SiO_2	0.29	13.6	43.52	51.59
	Al_2O_3	94.00	85.7	39.61	47.08
	Fe_2O_3	0.20	0.1	0.44	0.81
	CaO	5.51		15.52	0.22
	MgO	0.08		0.72	0.20
	R_2O	0.08			

在一般轻质隔热耐火材料中，常常还含有一些杂质，如 Fe_2O_3、TiO_2、CaO 和 MgO 等。从图 20-72 可以看到，Fe_2O_3 和 FeO 在约 300℃下很容易逐渐被还原成金属铁。TiO_2 的还原温度高些，可逐渐被还原：$TiO_2 \rightarrow Ti_3O_5 \rightarrow Ti_2O_3 \rightarrow TiO \rightarrow Ti$。铁和钛的氧化物在炉内气氛作用下发生的氧化-还原反应为可逆反应，当气氛的露点和温度发生改变时，可导致氧化-还原反应反复进行，由于体积变化可使材料的组织结构崩溃。由此又可进一步得出，用于还原气氛中的耐火材料炉衬的杂质含量应低，特别是 Fe_2O_3 含量应尽可能低的材料。

此外，在普通硅酸铝耐火纤维中，如前所述，为了阻止耐火纤维材料在使用过程中的析晶过程和提高耐火纤维的使用温度，在熔吹纤维时加入 4% Cr_2O_3。但从材料的稳定性来看，Cr_2O_3 在氢气气氛中易被还原，因而含 Cr_2O_3 硅酸铝耐火纤维的材料不宜用作还原性气氛内衬材料。最后还应指出，气氛对隔热保温材料的热导率有一定的影响，为了防止热导率高的氢气扩散渗入气孔中造成隔热性能降低，在氢气气氛中使用的隔热保温耐火材料最好选用封闭气孔结构型轻质材料，如耐火氧化物空心球制品。

20.6.7.3　隔热方式选择

窑炉的隔热方式大致有两类：冷面隔热和热面隔热。表 20-57 和表 20-58 列出了加强冷面隔热和加强热面隔热对热流（散热）和蓄热的影响的比较。在冷面加强隔热的情况下，随着隔热的加强，散热损失显著降低，但由于炉衬的平均温度升高，因此炉衬的蓄热逐渐增加。而在热面加强隔热时，散热和蓄热都将随着强化隔热而降低。从窑炉的作业方式看，工业窑炉可分为连续作业和间歇式作业两种类型。对于连续作业的窑炉来说，蓄热损失在热损失中所占的比例很小，散热损失是主要的，但对于周期性作业的间歇式窑炉，由于加热-冷却循环进行，蓄热损失所占比重很大。从节能的观点出发，由此可以得出结论，对于周期性作业窑炉，在炉衬热面上直接装砌隔热层（如耐火纤维贴面)，可以取得最佳的节能效果，而对于连续作业窑炉，在外壁(冷面)加强隔热优于内壁(热面)隔热的效果，但这会导致炉衬温度升高，因而对耐火材料内衬的安全使用问题需加以注意。

表 20-57 炉墙冷面加强隔热的作用

隔热层厚度 x/mm	界面温度/℃			热流 /W·m^{-2}	蓄热 /MJ·m^{-2}
	θ_1	θ_2	θ_3		
0	901		142	1700(100%)	509(100%)
25	984	512	118	1253(74%)	547(108%)
50	1012	677	105	1001(59%)	568(112%)
75	1058	776	93	837(49%)	582(114%)
100	1078	842	85	720(42%)	593(117%)

表 20-58 炉墙热面加强隔热的作用

隔热层厚度 x/mm	界面温度/℃			热流 /W·m^{-2}	蓄热 /MJ·m^{-2}
	θ_1	θ_2	θ_3		
0	1200	910	142	1700(100%)	510(100%)
25	1100	834	133	1519(89%)	474(93%)
50	1027	771	125	1360(80%)	442(87%)
75	951	714	116	1219(72%)	413(81%)
100	880	661	110	1093(64%)	386(76%)

20.6.7.4 隔热耐火材料的厚度及炉衬外表材料的影响

隔热材料的厚度及炉衬外表材料的辐射能力对隔热材料的热导率有一定的影响。通常保温材料在厚度为 8～20mm 时的热导率最高；炉壳外表材料的黑度高时，可使隔热材料的热导率提高，导致热损失增加，表 20-59 列出了炉壳油漆的颜色与热损失的关系。

表 20-59 炉壳油漆颜色对热损失的影响

颜色与散热损失	炉壳温度/℃						
	30	40	50	60	80	100	150
灰漆 /kW·(m^2·h)$^{-1}$	0.2	0.32	0.46	0.61	0.94	1.30	2.40
银粉漆 /kW·(m^2·h)$^{-1}$	0.156	0.25	0.36	0.47	0.73	1.0	1.8

20.6.7.5 隔热对耐火材料内衬使用条件的影响

从表 20-57 可以看到，当对炉衬冷面加强隔热时，炉衬的平均温度将随着隔热层厚度的增加而升高。在炉衬热面工作层与熔隔金属或炉渣接触的条件下使用时，熔融金属与熔渣将沿着耐火材料的气孔通道浸入砖内，并与砖的组分发生反应产生化学侵蚀作用。在熔渣和炉衬耐火材料的组成和性能一定的条件下，熔渣浸入砖内的深度取决于炉衬内的温度梯度。显然，炉衬内的温度梯度越大，熔渣浸入砖内的深度越浅，这是因为熔渣浸入砖内后，其温度迅速降低至凝固点之下，从而使熔渣的渗透停止。由此不难想到，在炉衬热面与熔渣直接接触的条件下，对炉衬的冷面加强隔热将导致熔渣浸入砖的深部，使反应变质增厚；在温度发生波动时，炉衬工作面易发生崩落掉片，加速耐火材料的损坏。这种现象对于高耐火性能的碱性砖内衬尤为普遍。因此，在这种情况下，对炉衬冷面是否加强隔热在技术上和经济上都需仔细研究。例如，原碱性平炉的炉顶，它的主要损坏机理之一为熔渣侵入导致变质作用引起的剥落掉片，因而平炉炉顶不但不采取隔热措施，有时还用压缩空气经常吹扫炉顶的积尘，以加速散热和减轻熔渣向砖内的渗透。然而，对炉衬冷面加强隔热会影响耐火材料内衬的使用寿命，对于这样的问题，也可采用其他措施解决。例如，对玻璃熔窑炉衬加强隔热后，为延长玻璃窑的使用寿命，工作层内衬的耐火材料可相应改为性能更好的熔铸砖。

20.6.7.6 隔热保温工程的经济性

显然，对于工业生产来说，隔热保温材料的应用在很大程度上受经济效益的制约。在设计隔热保温工程时，可通过计算进行比较，寻求最经济的隔热方案。例如，当选定了某种隔热材料时，通过加大保温层的厚度可使散失热量损失减少，但与此同时，保温隔热工程费用却随之增加。隔热材料的厚度与外表材料对热导率的影响如图 20-73 所示。因此，保温隔热材料厚度的确定，取决于隔热工程费用与采取保温隔热措施后的能源费用两个因素。隔热工程的经济评价有各种不同的方法，下面叙述两种简单的事例。

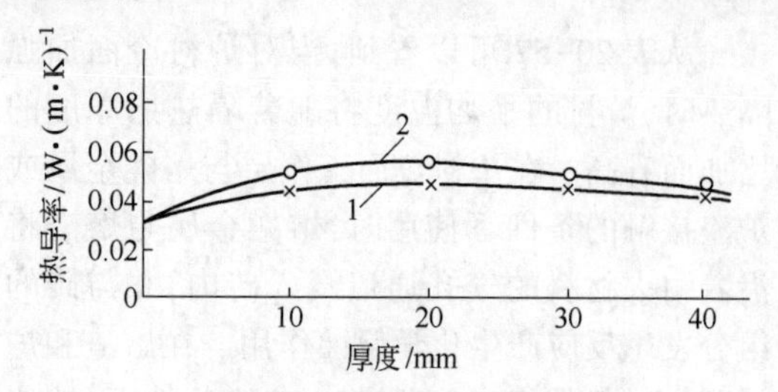

图 20-73 隔热材料的厚度与外表材料对热导率的影响
1—铝板；2—黑皮铁板
（保温材料：岩棉，岩棉与空气的体积比为 0.091）

设采取隔热保温后的热损失所相当的能源费用为 C_1(元/a)，而购买隔热材料以及隔热工程施工等所需的投资折旧费为 C_2(元/a)，则 C_1 与 C_2 之和最小时就是最经济点。这种方法也可按另外一种方法来计算：设由于使用隔热材料所节约的能源费为 C_3(元/a)，则扣除投资折旧费用之后的纯节约为 $C_4=C_3-C_2$，C_4 为最大值时就是最经济点。图 20-74 和图 20-75 分别示出了上述方法的图解，对图中 C_1+C_2 和 C_3-C_2 曲线取极值，便可求得隔热材料的最经济厚度。

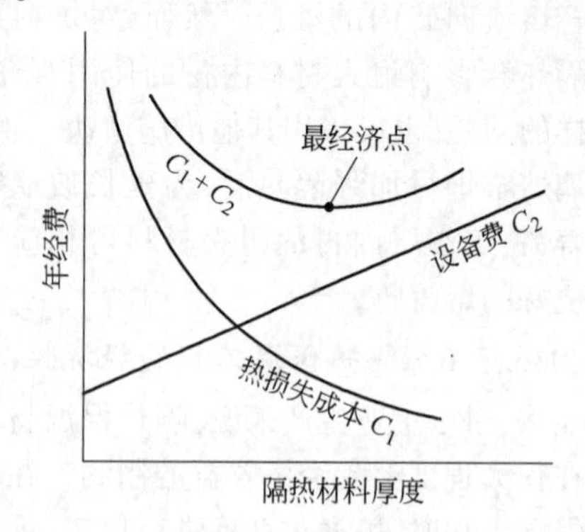

图 20-74 最低投入法决定隔热材料的经济厚度

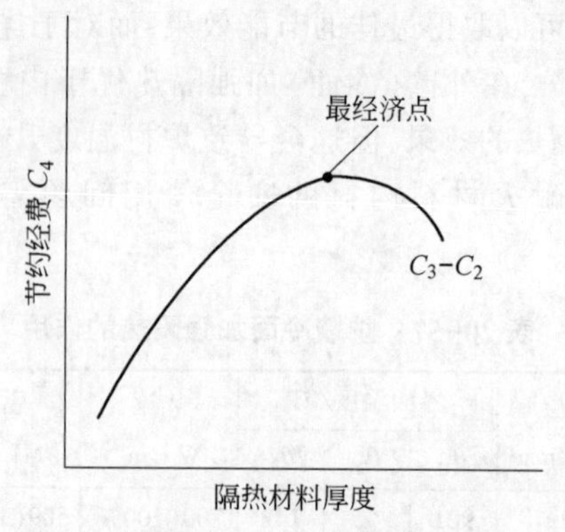

图 20-75 节能效益法决定隔热材料的经济厚度

从节能的观点看，用上述方法确定的最经济点大体上是最佳的。但是，投资的收益率在工业上是很重要的，所以有时采用与上述方法略有不同的下述方法进行评估。如果隔热材料内衬每增加一单位厚度，导致设备的费用增加为 dC_2，同时真正节约的效益增加为 dC_4，则比值 dC_4/dC_2 就是收益率。如果此数值低于该企业的收益率 η，则把 dC_2 的资金投到隔热材料上就失去意义了，即把 dC_2 的资金投到其他项目上，可以得到比 dC_4 更大的收益。因此，只有当 $dC_4/dC_2 \geqslant \eta$ 时，对隔热工程的投资（即增加厚度）才是可取的。这一点即成为该企业的最经济点（图 20-76），这个经济点通常在 C_4 最大值的左侧。

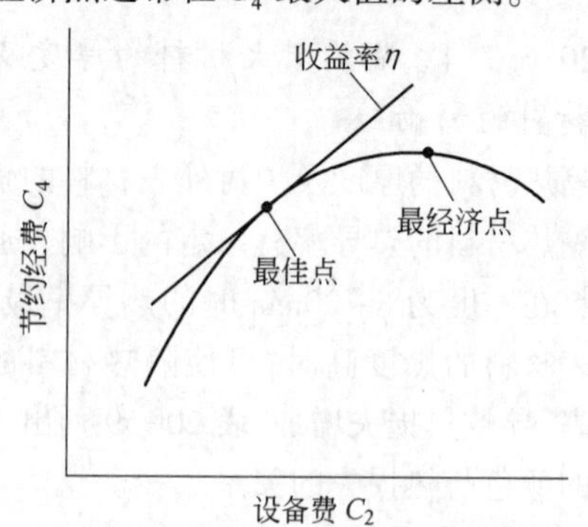

图 20-76 投资效益法决定隔热材料的经济厚度

21 熔铸耐火材料制品

熔铸耐火材料制品是指将耐火原料配合料，采用电弧炉熔化为均匀的液体、浇铸到预制好的模具内成形，退火处理后再经切、磨、钻加工而成的产品，具有结构致密，气孔率低，晶体互嵌为晶间结合，抗侵蚀能力强以及高温下蠕变率低等特点。按照熔铸耐火材料制品的分类，介绍了熔铸铝硅锆（锆刚玉）耐火制品、氧化锆制品、莫来石制品、刚玉制品、镁铬制品等的典型理化性能指标、显微结构、产品标准及其用途和典型的工艺流程等。重点介绍了玻璃熔窑特殊、关键部位使用的熔铸耐火制品如浮法玻璃窑用熔铸 α-β 氧化铝流道流槽制品和超白压延玻璃用压延唇砖等。最后简要介绍了用后熔铸耐火制品的综合回收再生利用。

21.1 熔铸耐火材料制品的发展概况

21.1.1 概况

21.1.1.1 熔铸耐火制品的分类[1]

按化学成分分为 6 类：

（1）铝硅系（Al_2O_3-SiO_2）：熔铸莫来石制品；

（2）铝硅锆系（Al_2O_3-SiO_2-ZrO_2）：熔铸锆刚玉系列，因 ZrO_2 含量不同，有 15%、20%、33%、36%、41%等多个品种，锆刚玉莫来石制品（耐磨砖），还有熔铸氧化锆制品；

（3）氧化铝系（Al_2O_3）：熔铸 α-刚玉制品、α-β 氧化铝制品和 β-铬刚玉制品、铬锆刚玉制品等；

（4）镁铬系（MgO-Cr_2O_3）：熔铸镁铬制品；

（5）氧化铬系（Cr_2O_3）：熔铸铬尖晶石制品；

（6）镁铝系（MgO-Al_2O_3）：熔铸镁铝尖晶石制品。

熔铸氧化铝制品的显微照片如图 21-1 和图 21-2 所示，熔铸铬刚玉制品、熔铸铬尖晶石制品的显微照片如图 21-3 和图 21-4 所示，熔铸 33 号锆刚玉制品、熔铸氧化锆制品的显微照片如图 21-5 和图 21-6 所示，熔铸 41 号锆刚玉制品（AZS-41）、熔铸 36 号锆刚玉（AZS-36）制品的显微照片如图 21-7 和图 21-8 所示、熔铸锆刚玉莫来石制品的显微照片如图 21-9 所示。

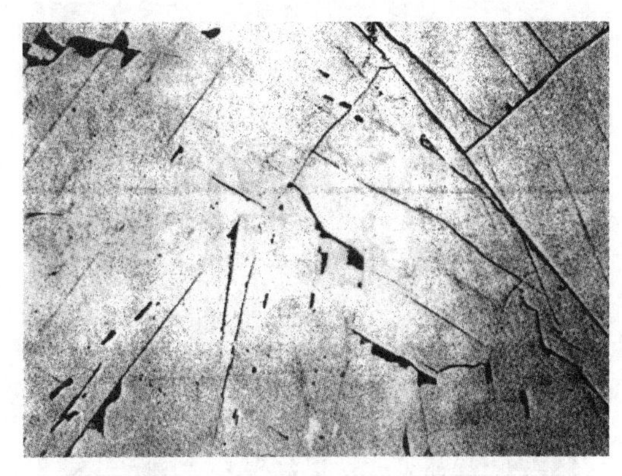

图 21-1 熔铸 β-氧化铝制品

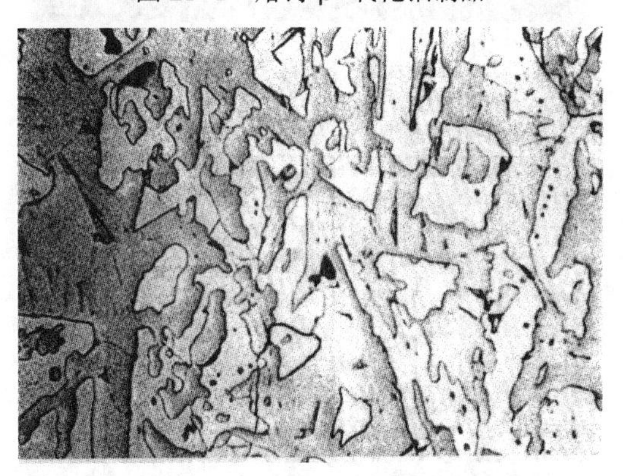

图 21-2 熔铸 α-β 氧化铝制品

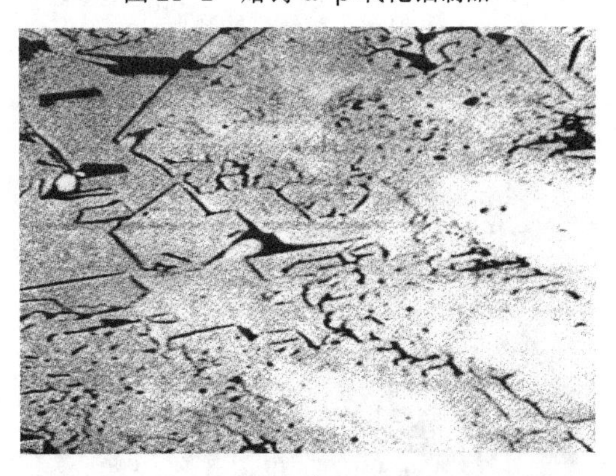

图 21-3 熔铸铬刚玉制品

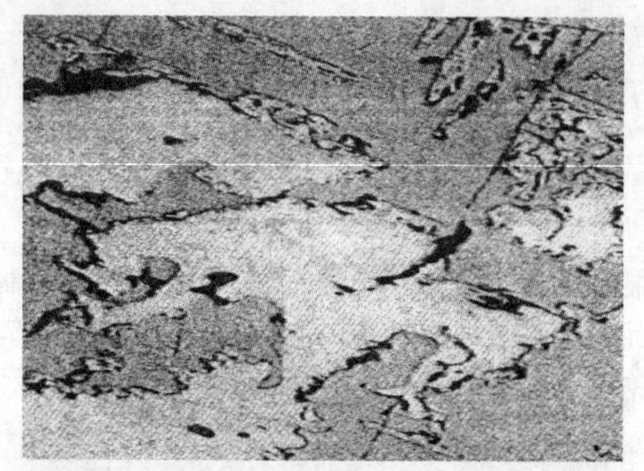
图 21-4 熔铸铬尖晶石制品

图 21-5 熔铸 33 号锆刚玉制品

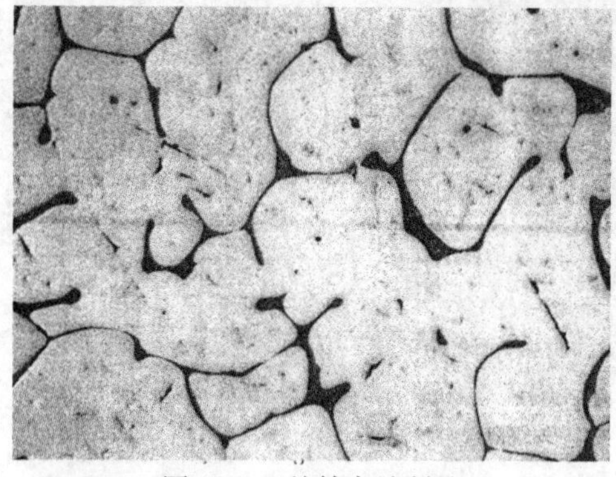
图 21-6 熔铸高锆制品

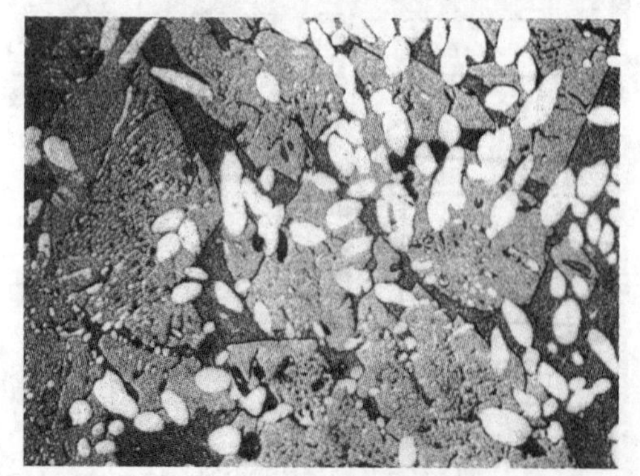
图 21-7 熔铸 41 号锆刚玉制品

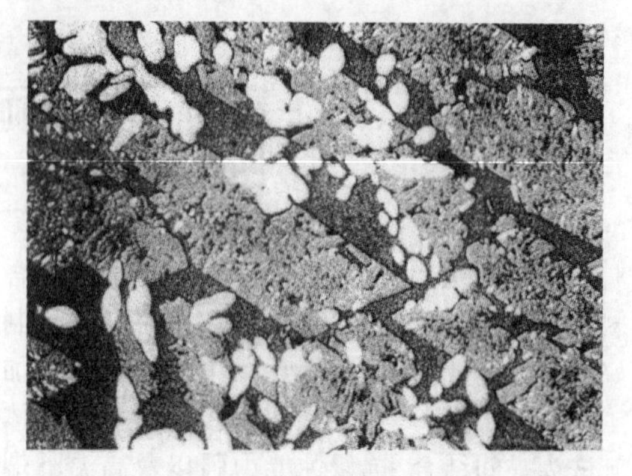
图 21-8 熔铸 36 号锆刚玉制品

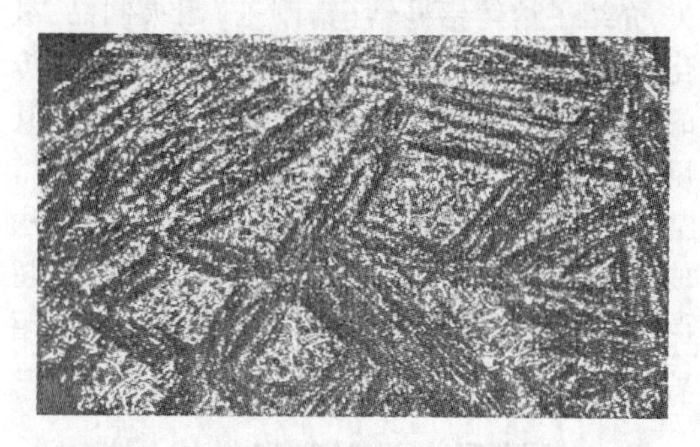
图 21-9 熔铸锆刚玉莫来石(耐磨砖)制品

21.1.1.2 工艺流程

熔铸耐火制品典型的工艺流程[2]，如图21-10所示。

具体过程如下：

(1)配合料。将粉状原料，按设计配方，分别称量，混合均匀，然后投入电弧炉内熔化。

(2)熔化。电弧炉熔化工艺，分还原法和氧化法：还原法又称埋弧法，将电极端头插入熔体中，通过电阻加热熔体，电极上的碳直接渗入熔液中，使熔体的颜色变暗，如果电弧很短或电极处于半埋弧状态，部分弧光裸露虽能减轻熔体的渗碳程度，但也属于还原法的范畴；氧化法是用长电弧加热熔体，或待炉料熔融后，吹氧脱碳，吹氧又分上吹法、底吹法以及采用中空电极通入惰性气体保护法等。

(3)模型。选择耐高温的材料，如石墨板、刚玉砂、石英砂等。而添加适合黏结剂制成退让性、透气性良好的砂质模型，相比而言则更为经济。

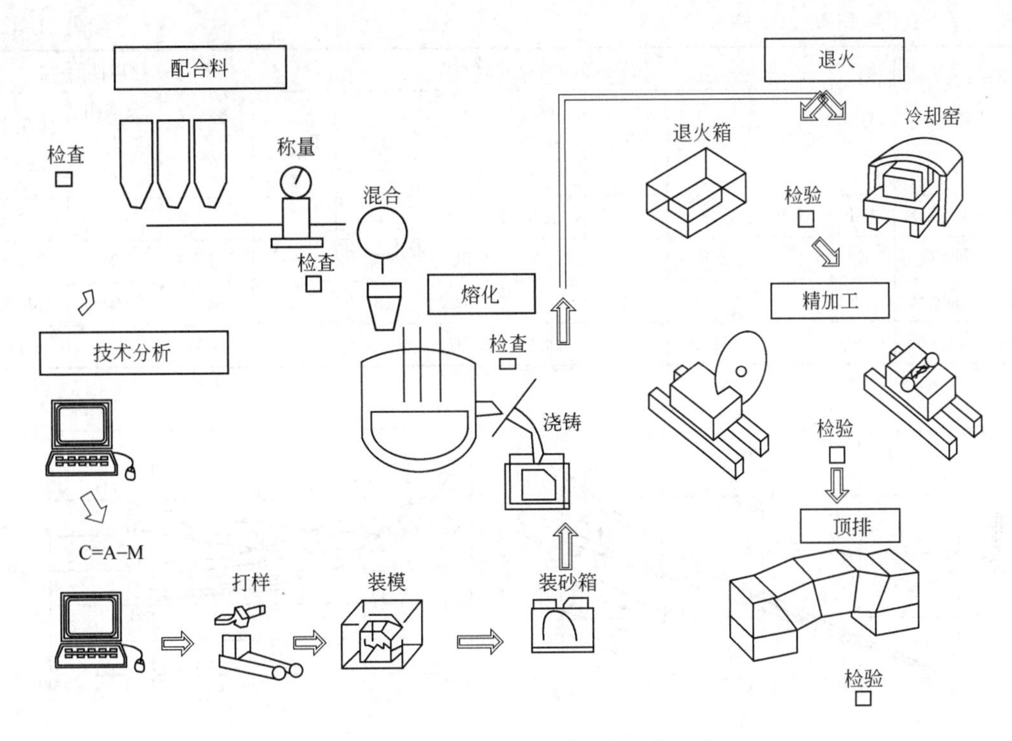

图 21-10　熔铸耐火制品典型的工艺流程

(4) 浇铸。采用倾复式电弧炉，将熔化好的熔液，浇铸到准备好的模型中。依据对铸件缩孔的处理方法不同，将浇铸方法分为4种，即普通法(PT)、倾斜法(QX)、准无缩孔法(ZWS)和无缩孔法(WS)。

(5) 退火。利用铸件自身热量，埋入保温材料中或采用外部供热的退火窑，来调整控制产品的降温速度，消除其内部应力，保证制品无内裂和强度好。

(6) 精加工及预组装。采用金刚石器具配套的专用设备对制品进行切、磨、铣、钻加工，并按图纸要求进行预组装，使其符合筑窑要求。

21.1.1.3　熔铸耐火制品的性能

主要熔铸耐火制品的性能如表21-1和图21-11所示。

表 21-1　主要熔铸耐火制品的典型性能

产品名称	代号	化学成分(质量分数)/%							物理性能		
		ZrO_2	Al_2O_3	SiO_2	Na_2O	Cr_2O_3	MgO	Fe_2O_3	显气孔率/%	玻璃相渗出量/%	体积密度/$kg \cdot m^{-3}$
熔铸 AZS-33 砖	33	33	50	15	1.45				1.5	2.0	3800
熔铸 AZS-36 砖	36	36	48	13	1.45				1.0	3.0	3900
熔铸 AZS-41 砖	41	41	46	12	1.3				1.0	3.0	3950
熔铸氧化锆砖	Z	94	0.5	5	其他 0.5				0	<1	5330
熔铸 α-氧化铝砖	A		98.5	0.5	0.9						3700
熔铸 α-β 氧化铝砖	M		94	1	4				1	0	3500
熔铸 β-氧化铝砖	H		93		6				2	0	3350

续表 21-1

产品名称	代号	化学成分(质量分数)/%							物理性能		
		ZrO_2	Al_2O_3	SiO_2	Na_2O	Cr_2O_3	MgO	Fe_2O_3	显气孔率/%	玻璃相渗出量/%	体积密度/$kg\cdot m^{-3}$
耐磨砖 5.5	NM	5.5	73	19	1.0				6		3300
熔铸铬刚玉砖	K		58	2		28	6	6	10	0	4120
熔铸铬尖晶石砖	Cr(E)		8	2		76	8	6	<1	0	4600
熔铸铬锆刚玉砖	AZSC	26	31.5	13	0.3	26			<3		4110

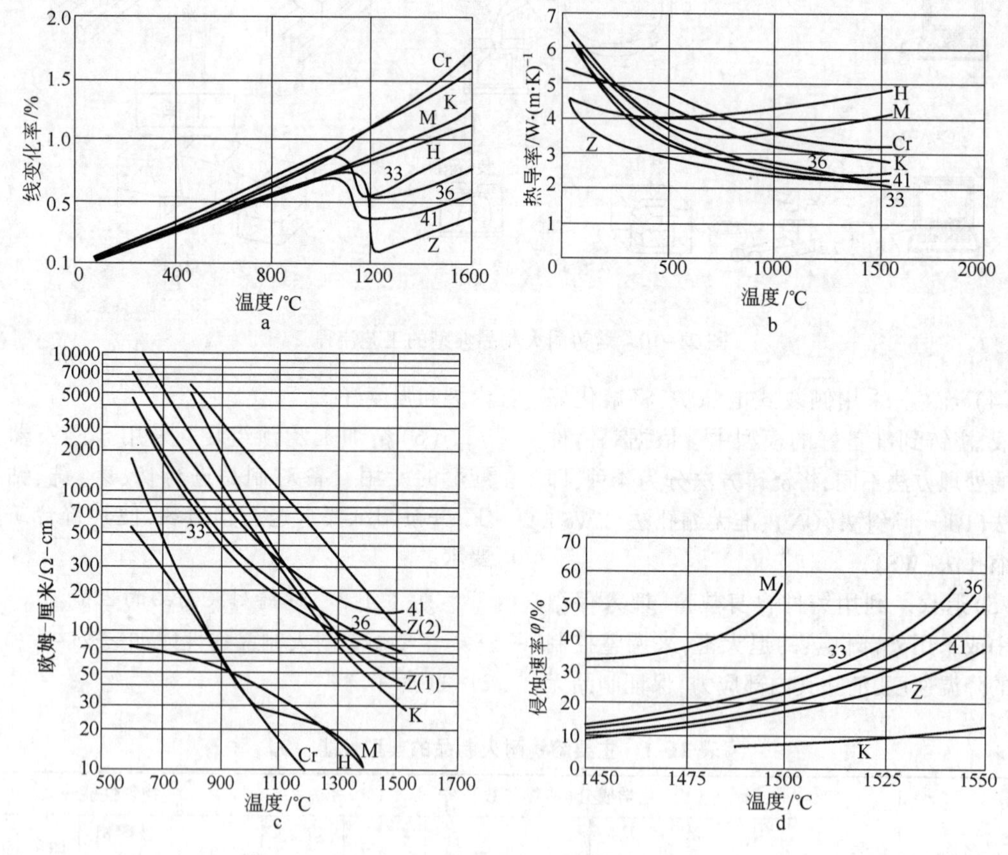

图 21-11 熔铸砖性能与温度的关系

a—热膨胀；b—热传导；c—电阻率；d—抗侵蚀

21.1.2 发展动向

在玻璃生产工艺中，熔铸耐火制品是其中的一个重要影响因素，它不仅直接影响着玻璃质量和生产成本，还关乎着玻璃熔窑的使用寿命。

目前的玻璃熔窑寿命相较 30 年前大都延长了约一倍，如图 21-12 所示。原因在于一是玻璃窑炉设计水平的提高；二是耐火材料质量的提升及配套更加合理；三是加工精度及组装水平的明显进步。

国内外针对继续延长玻璃熔窑寿命的问题，已经或正在进行着大量的研究工作和大量的生产实践，而对于熔铸耐火材料的应用，总的

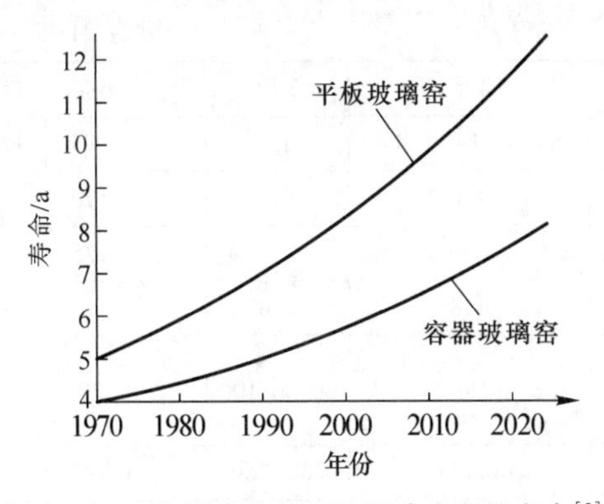

图 21-12　容器玻璃窑和平板玻璃窑的寿命[3]

趋势是向着高锆、低玻璃相渗出、复合保温、熔铸窑顶碹、熔铸格子体的方向发展，重点简介如下：

(1)高锆制品，其抵抗钠钙玻璃的侵蚀能力是熔铸 AZS 的 1.5~2 倍，特别是对解决玻璃相渗出造成的气泡和结石，效果显著。它主要用于生产低碱硼硅酸玻璃、E 玻璃、铝硅酸盐玻璃、铅质或铅水晶玻璃、LCD 显示器用无碱玻璃等特种玻璃熔窑上，更重点用于玻璃熔窑磨蚀最严重的部位，如流液洞、铺面砖、侧墙等。

(2)低玻璃相渗出的熔铸 AZS，其抗蠕变性更强，已成功地应用于熔窑上部结构和大碹，最高使用温度从 1600℃ 提升至 1650℃。全氧燃烧技术的发展更是促进了它在上部结构中的应用[4]。

(3)复合保温制品的应用。随着窑炉节能保温技术的不断推广，在熔窑的火焰空间部位已开始使用复合保温制品，即首先浇铸成空心盒子形状的熔铸制品，然后在其间填充保温材料，达到减轻自身重量、增强保温的良好效果。

(4)熔铸制品大碹。由于玻璃窑全氧燃烧技术的应用，导致全氧燃烧的窑内材料被侵蚀速率显著提高，特别是炉顶过度蚀损，所以只好采用熔铸 Al_2O_3 碹(承受 1700℃)或低渗出熔铸 AZS 碹(承受 1600~1650℃)来代替优质的硅砖整体炉顶(承受 1550~1620℃)，而采用熔铸制品炉顶增加的成本费用，正好抵消了全氧燃烧除去蓄热室所节省的费用。

(5)改良格子砖[5]。以往单一形状和成分的熔铸 AZS 蓄热室用十字形砖发展至今，已有 6 种几何形状(见表 21-2)和 3 种材料(见表 21-3)。熔铸十字形、筒形格子砖(又称八角砖)形状(如图 21-13~图 21-15 所示)不同，并根据烟道尺寸大小其规格也不同。每一种格子砖都适用于一种特定用途，例如蓄热室上层使用含 MgO 的熔铸 β-Al_2O_3 制品，主晶相为 β-Al_2O_3($15Al_2O_3 \cdot 4MgO \cdot Na_2O$)[6]；下层全部使用熔铸锆刚玉制品。

据国内外文献报道[7]，许多国家使用表 21-2 所列的熔铸十字形格子砖和图 21-15 所示的筒形格子砖(又称八角筒砖)，可以在整个窑期(8~10 年)内不需要更换。

表 21-2　十字形格子砖的比较

类型	1 形			2 形			3 形			4 形			5 形	6 形		
	X1	T1	L1	X2	T2	L2	X3	T3	L3	X4	T4	L4	L5	X6	T6	L6
横截面	┼	├	┌	┼	├	┌	┼	├	┌	┼	├	┌	└	┼	┌	├
材料	AZS2			AZS2			AZS1			AZS1			AZS33	AZS1		
	β-氧化铝			β-氧化铝			AZS1			AZS2				AZS2		
							β-氧化铝			β-氧化铝						
表面类型	平面			平面			平面			波纹			平面	平面		

续表 21-2

类型	1形			2形			3形			4形			5形	6形		
	X1	T1	L1	X2	T2	L2	X3	T3	L3	X4	T4	L4	L5	X6	T6	L6
高度/mm		252			333			410			416		185		170	
		251						420			420		210		175	
								418			418		210			
厚度/mm		40			40			30			30		60/80/100		30	
烟道尺寸/mm×mm		170×170			130×130			140×140			140×140		260×260		320×320	
					170×170			180×180			180×180		280×280		350×350	
													300×300			

表 21-3 玻璃窑蓄热室用三种材料格子砖的典型性能

项 目		电熔耐火材料制品		
		AZS1	AZS2	β-氧化铝制品 AM(尖晶石)
化学成分（质量分数）/%	Al_2O_3	57	53	87.5
	ZrO_2	15	30	
	SiO_2	23	15	0.5
	Na_2O+杂质	5	1.5	1.3/4.5
	MgO			7.5
晶相/%	刚玉	51	49	
	玻璃相	35	21	1
	氧化锆	14	30	
	β-Al_2O_3			99
体积密度/$g \cdot cm^{-3}$		3.12	3.3	2.9

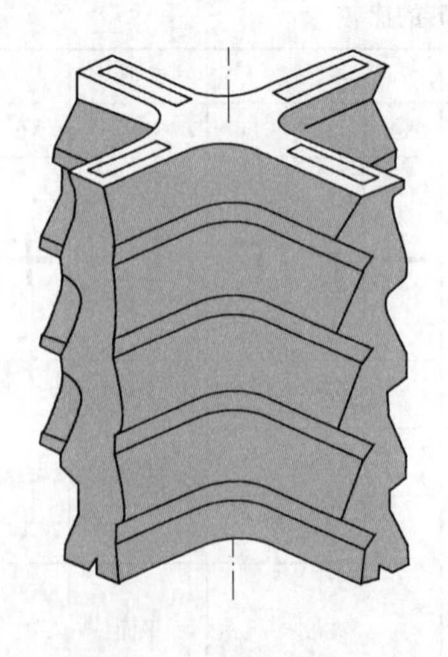

图 21-13 波形十字砖

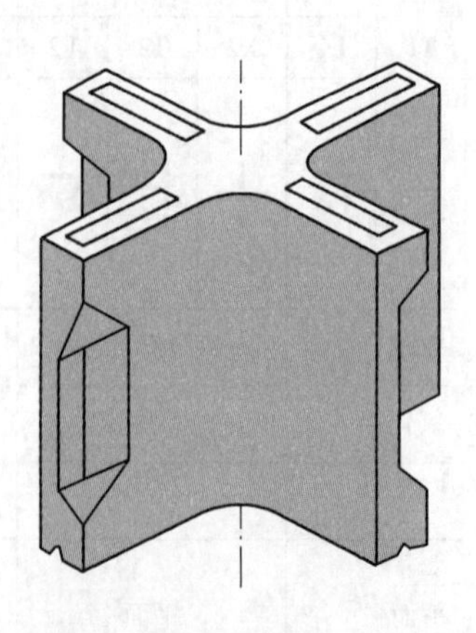

图 21-14 平面形十字砖

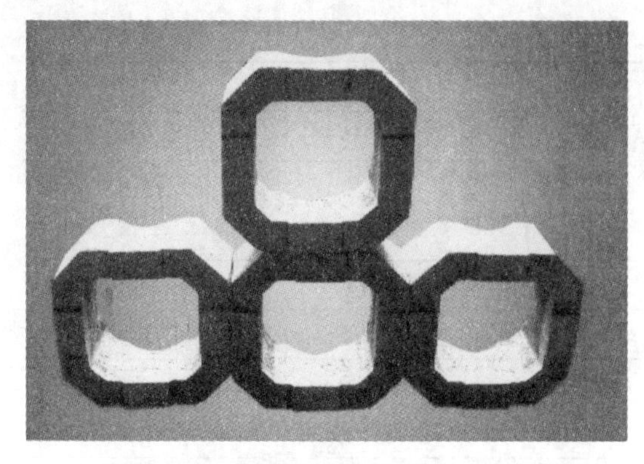

图 21-15　熔铸筒形格子砖(八角砖)

(6)由于玻璃窑需长时间运转,故所用耐火材料是非常重要的,今后它的技术开发将围绕以下五点:1)提高耐蚀性;2)减少对玻璃液的污染;3)减少对环境的污染;4)稳定质量;5)节能。

21.2　熔铸铝硅锆制品

熔铸铝硅锆制品即熔铸锆刚玉制品,可简写为熔铸 AZS。

21.2.1　熔铸 AZS-15、AZS-20 制品

熔铸 AZS-15、AZS-20 制品性能列于表 21-4。AZS-15 主要用于玻璃熔窑蓄热室等部位,AZS-20 主要与熔铸锆莫来石制品配合,使用于冶金加热炉滑轨等。其制造工艺特点是采用天然原料,如锆英石、粒度为 0~10mm 的高铝熟料(特级高铝矾土)、纯碱等经配料计算、称量混合、制成配合料,然后投入电弧炉,还原法熔制。浇铸温度约 1750~1780℃,浇入已放入保温箱的铸型内保温退火。此工艺多采用普通浇铸法,自然保温6~15 天后出箱、清整、加工、检验、包装。

表 21-4　熔铸 AZS-15、AZS-20 的理化性能[8]

产　品	化学成分(质量分数)/%				体积密度/kg·m^{-3}	耐火度/℃	荷软/℃
	Al_2O_3	ZrO_2	SiO_2	Na_2O+其他			
AZS-15	60	15	17	8	3000	≥1700	≥1700
AZS-20	73	20	6	1	3500	≥1700	≥1700

21.2.2　熔铸 AZS-33、AZS-36、AZS-41 制品

因为三者所用原料相同,仅各自配比不同,所以原先生产厂皆用一台电弧炉,调整三个配方进行生产。但现在已有不少厂家为更好地控制质量通过更换专用炉体分开生产。

21.2.2.1　熔铸 AZS-33、AZS-36、AZS-41 制品的性能

熔铸 AZS-33、AZS-36、AZS-41 制品的性能见表 21-5(详见 JC/T 493—2015)。

表 21-5　玻璃熔窑用熔铸锆刚玉制品理化性能

项　目		指　标		
		AZS33-Y	AZS36-Y	AZS41-Y
化学成分(质量分数)/%	Al_2O_3	(余量)		
	ZrO_2	32.00~36.00	35.0~40.0	40.0~44.0
	SiO_2	≤16.00	≤14.00	≤13.00
	Na_2O	≤1.45	≤1.45	≤1.30
	$Fe_2O_3+TiO_2+CaO+MgO+Na_2O+K_2O$	≤2.00	≤2.00	≤2.00
	$Fe_2O_3+TiO_2$	≤0.30	≤0.30	≤0.30
体积密度/g·cm^{-3}		≥3.75	≥3.80	≥3.95
显气孔率/%		≤1.5	≤1.0	≤1.0

续表 21-5

项目		指标		
		AZS33-Y	AZS36-Y	AZS41-Y
静态下抗玻璃液侵蚀速度（普通钠钙玻璃 1500℃×36h）/mm·24h^{-1}		≤1.60	≤1.50	≤1.30
玻璃相初析温度/℃		≥1400	≥1400	≥1400
气泡析出率（普通钠钙玻璃 1300℃×10h）/%		2.0	1.5	1.0
玻璃相渗出量（1500℃×4h）/%		2.0	3.0	3.0
热膨胀率（室温至 1000℃）/%		提供实测数据		
容重*/kg·m^{-3}	PT·QX	>3400	>3450	>3550
	ZWS	>3600	>3700	>3850
	WS	>3700	>3750	>3900

*适用于单重大于 50kg 的制品。

21.2.2.2 用途

A 在玻璃窑炉上的应用

熔铸制品的缩孔是一个使用时需要特别注意的问题，通常带缩孔的制品用在没有严格要求的部位，有些部位则要求将缩孔偏置或切除，图 21-16 所列 4 种浇铸方式的产品，在玻璃窑上的应用见表 21-6。

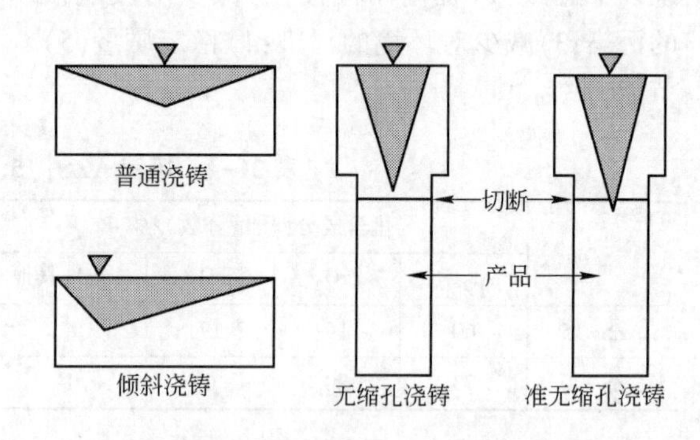

图 21-16 4 种浇铸方式的产品示意图

B 熔铸 AZS-33 的其他用途

由于熔铸 AZS-33 更容易浇铸成各种形状，

表 21-6 熔铸 AZS 在玻璃窑上的应用

代号	名称	33 号 AZS 用途	36 号 AZS 用途	41 号 AZS 用途
PT	普通浇铸	缩孔位于铸口下方适用于工作池、供料道、料盆、上部结构、碹	它具有高抗蚀性，低污染的特点，适用于窑中与玻璃液接触部位	它具有最高的抗玻璃侵蚀性和低污染的特点，适用于玻璃窑中要求抗侵蚀性特别高的部位
QX	倾斜浇铸	缩孔朝向砖的一端，主要用作池壁砖，熔化池澄清池、工作池		
ZWS	准无缩孔浇铸	少量缩孔位于砖的底部，主要用作池壁砖	主要用作池壁砖，熔化池，澄清池，工作池	
WS	无缩孔浇铸	缩孔已被切除，用作熔化池底部、池壁，澄清池、工作池、铺面砖、池壁补贴，蓄热室炉条碹	熔化池壁等	熔化池壁、流液洞、窑坎、卡脖全电窑、加料口拐角砖、鼓泡砖、电极砖等

所以其用途非常广泛,除了用于玻璃窑衬之外,还用于其他工业:

(1)薄板制品(厚度20~40mm),其化学成分与AZS-33相同,但在显微结构上有差别,其特点是耐磨性好、抗侵蚀,用于钢铁和化工工业。

(2)AZS-33可制成板、管、瓦片、弯头等形状,用在焦炭料槽、漏斗上使用寿命比合金铸铁长12倍,用在气动输送管道弯头处理硅砂时,比玄武岩铸件寿命长7倍。用此种产品比用橡胶衬,烧结陶瓷具有更高的操作性能,它既可以用作皮带机上的刮刀,也可以用作输送物料的泵体螺旋体里衬和背盖,代替钛(Ti)硬质合金材料使用数年。

(3)熔铸AZS格子砖的最新进展,是采用全部电熔熟料进行熔化制成产品,用于多通道蓄热室的低负荷下游小炉和温度较低的通道等。

21.2.2.3 制造工艺要点

A 理化组成设计

a AZS典型化学成分

AZS典型化学成分见表21-7。

表21-7 AZS典型化学成分

产品名称		化学成分(质量分数)/%					
		SiO_2	Al_2O_3	ZrO_2	Na_2O	$TiO_2+Fe_2O_3$	含量
AZS-33	AZS共熔点	16.3	50.9	32.8			100
	指标	15.6	52.7	31.7	1.40	0.25	100
	低渗出	12	余量	32	1.2		
AZS-36	指标	13.2	49.0	36	1.45	0.2	100
	低渗出	10.5	余量	34	1.0		
AZS-41	指标	12.3	45.6	41	1.0	0.1	100

在AZS组成中,主成分是氧化铝和氧化锆,被限制的成分是二氧化硅,熔剂成分是氧化钠,其余成分为杂质。

关于熔剂和杂质成分,说明如下:Na_2O熔点852℃,在AZS配料中,其加入量达到1.5%时,则SiO_2全部生成了玻璃相约达20%,而莫来石被全部分解,如图21-17所示。

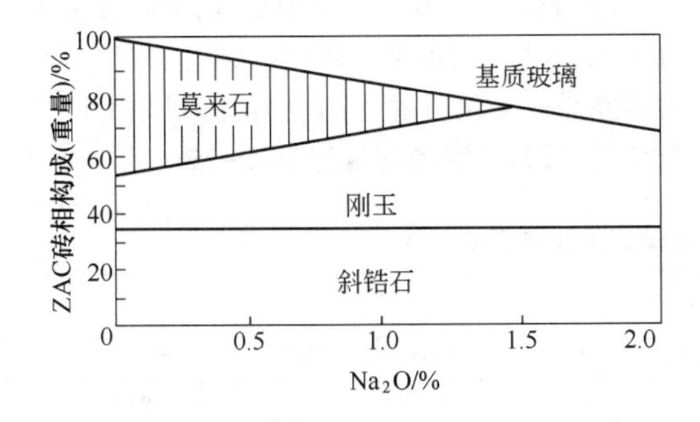

图21-17 NaO_2对AZS制品构成相影响

关于杂质成分的危害性,要特别注意Fe_2O_3和TiO_2,这是因为铁钛金属氧化物,呈现不稳定的化学状态,导致在玻璃窑使用过程中出现气泡,因而加速耐材的侵蚀和在玻璃产品上产生疵点。其主要影响见表21-8熔铸工艺和化学成分(%)对玻璃相渗出量(%)的影响和表21-9熔铸AZS材料的玻璃相渗出温度。

表21-8 熔铸工艺和化学成分对玻璃相渗出的影响[9]

工艺	$TiO_2+Fe_2O_3$	玻璃相渗出量
还原法	0.2~0.3	8
氧化法	0.2~0.3	4.7
氧化法	≤0.08	1.7

实际生产中Fe_2O_3和TiO_2含量已从1959年的0.58%降至1968年的0.25%,当前AZS砖中的Fe_2O_3和TiO_2总量已降到0.1%以下了[10]。

表 21-9 熔铸 AZS 材料的玻璃相渗出温度

产 品	质量分数(Fe_2O_3+TiO_2)/%	玻璃相渗出温度(初渗)/℃
普通 AZS	0.30	≥1400
优质 AZS	0.15	≥1450

由表 21-9 可看出，降低产品中 Fe_2O_3 和 TiO_2 的含量，可有效提高玻璃相渗出温度。

除了注意 Fe_2O_3 和 TiO_2 的危害性，还要注意以下杂质的危害：

(1)碳(C)：在熔铸工艺中，以石墨棒作为电极，其气氛趋于还原性，还原法时 AZS 中含碳 0.03%～0.19%，氧化法时可降至 0.01%～0.005%，碳能使铁钛离子还原到较低的含氧状态，降低玻璃相的渗出温度，向玻璃熔液中释放气泡，特别在熔窑的成形部位，危害最大。

(2)硫(S)：它来自氧化铝，能降低 AZS 的致密程度。

(3)磷(P)：它来自锆英砂，其危害与碳近似。

(4)氧化钙与氧化镁，通常二者在 AZS 中含量甚微，CaO 能生成六铝酸钙，耗去大量氧化铝，并进入玻璃相，破坏其性质，增加其数量，所以一般限制不超过 0.2%。

b AZS 的晶相组成

AZS 的晶相组成见表 21-10。

表 21-10 AZS 的晶相组成

产品	φ(结晶相)/%				φ(玻璃相)/%	备注
	共晶	斜锆石	刚玉	莫来石		
AZS-33	69.8	6.3	0.6	0	19.7	实测国外产品
	46.3	19.3	3.6	0	26	
AZS-36					21	
AZS-41	62.2	15.4	2.2	0	17.2	
	54.2	14.9	5.4	0	21.6	

(1)斜锆石—刚玉共晶体。由于刚玉的结晶速度大于斜锆石，故二者共析时，刚玉晶体中均匀分布着粒状斜锆石，这种共晶体为筛状结构，它可以防止刚玉过早地被玻璃液所破坏，所以共晶体数量越多，AZS 愈抗侵蚀。

(2)斜锆石晶体的分布形式。除共晶体外，尚有呈串珠状，熔滴状结构，以及呈细粒分散在玻璃相中，这些单独的斜锆石不耐侵蚀，因此优质铸品致密部分，要控制散布的斜锆石析出量，一般 AZS-33 为 20%～25%，AZS-41 为 25%～30%，而 AZS-36 介于二者之间，见表 21-11。

表 21-11 熔铸 AZS 制品抗侵蚀性及其散布斜锆石析出量[11]

项 目	AZS-33 制品		AZS-41 制品	
	优质	普通	优质	普通
散布斜锆石析出量(占斜锆石总量)/%	21.5	>25	26.7	>30
玻璃液面处侵蚀量/$mm \cdot d^{-1}$	1.24	>1.35	1.05	>1.26
抗侵蚀指数(折算)	100	<100	130	≤100

(3)玻璃相。软化点 850℃，化学成分见表 21-12，这些晶间玻璃虽不耐侵蚀，但其弹塑性可消除晶体变化所发生的应力，使制品不产生裂纹，一般其适宜的含量为 20%±2%。

表 21-12 AZS-33 中玻璃相的化学组成

样别	化学成分(质量分数)/%								软化点/℃
	SiO_2	Al_2O_3	ZrO_2	Na_2O	Fe_2O_3	TiO_2	CaO	MgO	
理论	68～70	15～18	1～2	5～6					850
实测	72	16.48	2.77	5.60	0.88	0.99	0.26	0.12	

B 原料

熔铸 AZS 用原料一览表，见表 21-13。

a 氧化铝

煅烧α-氧化铝、工业氧化铝性能比较见表 21-14。

表 21-13 AZS 用原料一览表

原料名称		煅烧 α-氧化铝	工业氧化铝	精选锆英石	纯碱	脱硅锆	熟料
主晶相		α-Al_2O_3	γ-Al_2O_3	$ZrSiO_4$	Na_2CO_3	$ZrO_2 \cdot Al_2O_3$	AZS
熔融温度/℃		2050	2050		852		1800
技术要求		$Al_2O_3 \geqslant 99\%$	$Al_2O_3 \geqslant 98\%$	$ZrO_2 \geqslant 65\%$	$Na_2CO_3 > 98.5\%$	ZrO_2 85%以上	同型号
化学成分（质量分数）/%	SiO_2			33.09		2.31	
	Al_2O_3	99.43	97.70			11.87	
	ZrO_2			65.98		83.73	
	Fe_2O_3			≤0.2		0.16	
	TiO_2			≤0.2		0.08	
	Na_2O	0.29	0.41		57.5		
	灼减	0.16	1.78				
α-Al_2O_3		99.0	0				

注：锆英石粒度：0.5～0.15mm 占 85%，0.15～0.044mm 占 14.6%。

表 21-14 煅烧 α 氧化铝、工业氧化铝性能比较[1]

实测性能 \ 原料名称		煅烧 α 氧化铝 1400～1600℃	工业氧化铝 1000～1100℃
化学成分（质量分数）/%	Al_2O_3	99.44	98.56
	CaO+MgO	0.08	0.16
	K_2O+Na_2O	0.15	0.67
	S	0.028	0.045
	C	0.066	0.11
物理性能	质量分数（α-Al_2O_3）/%	>95	<8
	烧减量（0～1000℃）/%	0.33	0.8
	水分/%	0.1～0.2	1.0～2.5
	体积密度/$kg \cdot m^{-3}$	3970	3610
	堆积密度/$kg \cdot m^{-3}$	1073	1042
	比表面积/$m^2 \cdot g^{-1}$	7.16	67.2
	安息角/（°）	39.52	32.33
粒度分析/%	80 目 0.18mm	0.17	2.03
	100 目 0.150mm	1.64	2.99
	200 目 0.074mm	31.19	52.57
	<200 目 0.074mm	66.0	41.16

国产 AZS 多用工业氧化铝，个别厂掺用30%~50%的煅烧 α 氧化铝，而国外技术则全部采用煅烧 α 氧化铝，这是因为灼减的引入，会导致铸件显微气孔的产生，使 AZS 不致密，降低其抗侵蚀能力。另外 γ-Al_2O_3 熔为液体，在冷凝时转为α-Al_2O_3，体积收缩大，同时铝锆共晶体也会减少，游离单斜锆增多，都导致制品冷却时易于开裂。

b　锆英石

即硅酸锆 $ZrSiO_4$（$SiO_2$32.8%、$ZrO_2$67.2%），要求其 TiO_2 不超过 0.2%，放射性元素铀（U）和钍（Th）的含量不超过 0.05%。

c　脱硅锆

AZS-33 因 SiO_2 指标为≤16%，故一般不加入脱硅锆，只用于 AZS-36 和 AZS-41。

试验证明，AZS-33 中，添加少量脱硅锆后，结构中共晶体数量增加，性能改善，见表 21-15。

表 21-15　熔铸 AZS-33 加入脱硅锆的前后比较[12]

AZS-33	SiO_2/%	共晶体/%	玻璃相/%	游离斜锆石	玻璃相中的 ZrO_2	玻璃相渗出温度/℃	大量渗出温度/℃	气泡析出率/%
不加脱硅锆	16.0	48	25	10	2.15	1350~1360	1400	4~6
加入脱硅锆	15.5	60	21	5.1	2.23	1400	≥1450	≤2

d　纯碱

即碳酸钠（Na_2CO_3），吸湿性强，应保管在干燥库内。

e　熟料

通常指能够回炉利用的 AZS 废品（包括制造过程中的冒口、炉嘴冷块、熔块、产品废品，以及玻璃熔窑大修拆下来的用后制品等）。

在 AZS 生产中，除配合生料外，加入一部分熟料是必要的，它有利于稳定成分，提高制品密度，改善产品性能，更有利于降低原料单耗。特别要注意的是熟料不能被污染或受潮，尤其是对于玻璃熔窑拆下来的用后制品，需经严格的拣选，保证使用要求。熟料加入量多为 30%~50%，使用时要严格加入方式，以保证产品质量的稳定，加入方式有两种：一种是块度在 50mm 以下，称量后直接入炉，另一种是将熟料破碎到 5mm 以下，并做好化学成分分析，同配合料共同混匀入炉，以有利于消除了熟料间的成分差异。

C　熔制技术

a　熔化方法

AZS 的熔化特征比较表，见表 21-16。

（1）氧化熔融技术的特征是长电弧。二次电压为 210V、270V、320V、380V 时，对应的弧长分别为 20mm、40mm、50mm、≥50mm。

表 21-16　33 号 AZS 的熔化特征比较[1]

项　目	氧化法	还原法
电炉变压器/kV · A	3000~3200	1250
熔化用二次电压/V	300~380	180~200
熔化用二次电流/A	3000~6000	2000~2500
电弧长度/mm	≥50	埋弧
熔体处理	吹氧	—
炉内气氛	氧化	还原
熔化周期/次	1~3h	1~3h
制品渗碳	0.005%以下	0.030%~0.190%
制品颜色	白色或淡黄色	灰色

续表 21-16

项目		氧化法	还原法
晶相组成 φ/%	散落斜锆石	8.5	12
	刚玉	10.5	13.2
	共晶体	56	48
	玻璃相	21	23
气孔 φ/%		1.5	3.8
24h 抗侵蚀/mm	液面线	1.2	1.45
	(钠钙玻璃)液下 1/2	0.04	0.08
玻璃相渗出温度/℃		1400~1450	1050~1250
发泡率%		1.8	>10
玻璃相渗出量/%(1500℃,保持 16h)		1.46	13.24

(2)吹氧的位置、方式和时间。氧枪要插入熔体液面下 300mm 处,并且具备一定的摆动和旋转功能,以防止吹氧不匀,一般枪头吹孔 4~10 个,吹氧 2~5min,如果发现氧化程度不足,可以吹氧两次。

(3)石墨电极应用:由于电极在高温氧化气氛中表面易风化及断掉接头,所以一般选用高功率抗氧化电极,或使用中空电极,通入氩气,以形成一个等离子弧区域,从而稳定电弧和减少空气氧的侵入。

(4)强化熔融和自料炉衬。强化熔融是指调整改善炉内料液的温度梯度和熔化状态,以得到温度均衡、熔化程度均一的料液,从而获得高的制品合格率和低的电量单耗。

正常情况下水冷自料炉衬越薄,制品的合格率愈高,电量单耗也相对降低。一般自料炉衬厚度为 200mm,自料壳衬厚度为 50~200mm,具体视冷却条件而定。

(5)保温炉盖的应用[13]。采用封闭炉盖可有效减少热损,这已是事实,若实现保温炉盖的应用,无疑节能意义会更大,其热效率可以提高 20%甚至更高。但要实现保温炉盖的应用,又面临几大难题:一是电弧炉炉温高达 1900~2700℃,选择适用的保温材料比较困难,即便有适用的保温材料,其价格也会很昂贵;二是炉内熔化状态多变,保温结构设计难度大,需要考虑的因素很多,如温度场的波动范围、热荷载的变化、烟气对流的影响、保温层厚度及施工要点、热损测定、保温效果分析等,特别是要重点考虑保温炉盖的材质不能对熔化的液体造成污染、以及使用周期是否理想等。虽然存在这些客观问题,但不论怎样,保温炉盖的应用是节能降耗的必然趋势。

(6)熟料预热[13]。熟料预热有利于节能。电弧炉熔化过程必然产生大量热烟气(600~800℃),如若将每炉需加入的熟料通过热交换装置,利用热烟气预热熟料,便可将熟料的温度提升 250~350℃,这无疑对节能效果是有实际意义的。

b 电熔工艺要点

(1)配料成分应严格控制在最佳组成范围内。加强快速分析,发现问题,立即调整。

(2)配合料加入炉内要进行摊平作业,包括炉壁和炉嘴处的配合料要捣进熔液里,使之充分熔化,每炉推料应不少于两次。因为熔化不好的料易产生粗晶结构。

(3)熔化温度 1800~2100℃。

(4)每炉熔化要体现"三稳定"原则,即投料量稳定、功率制度稳定、熔化时间稳定,同时还要注意三个问题:第一,长电弧熔料[14]:弧长 50mm,电流稳定。第二,长电弧精炼[14]:熔炼完毕后,仍宜用高压长弧对熔液进行二次精炼,一般不应少于 30min,实践证明,没有充分精炼的熔液,会直接影响铸件的外观颜色、致密程度,制品的抗侵蚀、玻璃相渗出等重要物理性能也相应降低。但是,熔化精炼时间也不宜过长,否则会引起成分波动易使制品发生开裂。第三,吹氧[15]:精炼后进行吹氧,作用如下:

1)均化炉内熔液的温度和成分。

2)除去熔液中的残余炭。

3)将熔液中的低价氧化物转化为高价氧化物,例如 $FeO \rightarrow Fe_2O_3$,$TiO \rightarrow TiO_2$ 等。

4)补充氧离子,填充玻璃相中[SiO_4]的氧离子空位,使[SiO_4]能紧密聚集,增大玻璃相黏度,提高其渗出温度。

(5)电弧炉采用微机自动控制。电弧炉传统手工控制方式对工艺稳定、现代化工艺要求、产品质量要求等都已不适应,因此实现微机自动控制已是必然选择。据资料介绍的实例[16],熔铸 33 号 AZS,电炉变压器 3200kV·A,熔化功率 3000kV·A,日产 15t,电单耗 1800~2400kW·h/t,加料量 1.6t/炉,加料次数 10 次/炉,熔化时间 2h20min,改用微机控制后,断弧明显减少,平均节电 7%,同时料液质量好,产品成品率平均提高 2.8%,工艺参数匹配试验表见表 21-17、熔铸 33 号 AZS 材料的颜色与碳含量见表 21-18。

表 21-17 工艺参数匹配试验表

项目	熔化功率/kW	每炉加料量/t	每炉加料次数/次	熔化时间	外观	玻璃相渗出温度/℃
工艺 1	3000	2.0	10	2h 20min	灰色,多微孔	1380
工艺 2	3000	1.8	10	2h 20min	浅灰色	1400
工艺 3	3000	1.6	10	2h 20min	淡黄色	1420
工艺 4	2500	1.6	10	2h 20min	浅灰色多微孔	1380
工艺 5	3000	1.6	5	2h 20min	浅灰色	1400

表 21-18 熔铸 33 号 AZS 材料的颜色与碳含量

AZS 外观颜色	质量分数(残碳含量)/%
淡黄色	≤0.008
灰白色—接近白色	0.02~0.03
浅灰色	0.03~0.06
灰色	0.08~0.12
深灰色	0.15~0.19

D 浇铸技术

a 浇铸温度

浇铸温度为 1780~1840℃,熔体温度对 AZS 结构和密度的影响见表 21-19。

表 21-19 熔体温度对 AZS 结构和密度的影响

熔体流股温度/℃	过热情况/℃	体积密度/kg·m^{-3}		制品各区的厚度/mm				结构特征
		制 品	制品致密区	微晶致密区厚度	中等结晶区厚度	粗晶区厚度		
						多孔的	致密的	
1680~1690	未	3300~3400	3720	10~15	210~230	—	10~20	无分区状态,缩孔分散
1700~1720	20~48	3400~3500	3750	20	50~55	130	50	分区,有 2~3 排缩孔
1740~1760	60~80	3500~3600	3800	20~25	80~100	85~100	50~60	分区有 3 排缩孔
1800	110~120	3500~3600	3850	75	25	100	45	分区有 3~4 排缩孔
1820~1840	140~160							

实践证明,提高料液温度,才能提高制品的致密度,但薄的重量小的制品,浇铸温度一定要较正常者低。

b 浇铸用冒口[1]

(1)对铸件凝固收缩进行补给的非铸体本体的附加部分称为冒口。冒口的规格、形状、数量的设计,必须保证它是凝固最慢的部分,并有充足的容积能容纳足够的熔液,以补充铸件在凝固过程中发生的体积收缩。因此设计冒口时,首先是要求它散热慢,而在相同体积下具有的表面积越小时热量散失也越慢。理论计算表明:球体的表面积最小,然后是圆柱体、立方体,依次递增。

(2)冒口设计还需考虑实际生产中制作的难易,因此在 AZS 生产中基本很少采用球形冒口。关于冒口的高度,一般认为冒口越高,液体静压越大,补缩作用越好。实际上,如果冒口过高,熔体静压过大,制品容易发生外凸,并且铸件底部也容易产生裂纹,所以片面的提高冒口高度是不可取的。根据 AZS 的缩孔缩松占浇铸高度一半的规律,认为冒口高度的设计原则应是与铸件的高度一致,即二者之比为 1∶1。如采用保温冒口,高度还可适当降低。

(3)冒口的数量及处置方法。正常产品一件配置一个冒口,但普通浇铸中制品长在 800mm 以上者为了保证收缩和排气一般选用两个冒口。冒口的处置方法有两种:冷切除和热挑除。冷切除冒口是将冒口连同铸件一起退火,产品定型后用金刚石锯片切除冒口。热挑除冒口则主要针对普通浇铸制品,就是当制品浇铸完毕、停留一定时间,冒口补缩结束后将冒口挑除掉,再进行退火。热挑除冒口的时间控制要把握好,过早则冒口补缩未完成,会导致熔液外溢,铸口凸起;反之过晚,铸口凹进太深,影响外观,且制品因保温不及时易产生内裂。一般依据制品和冒口的大小控制这段时间为10~30min,保证制品表面平整美观。

(4)保温冒口。保温冒口包括采用保温材料制作的冒口和发热冒口,其目的都是为了延缓熔液的散热速度,增强补缩效果,从而达到减少浇铸熔液、提高产能的目的。

c 铸口

普通浇铸方式需要设置铸口,铸口是与冒口匹配使用的,一般铸口的尺寸大比小有利,一是浇铸过程宜于散热;二是宜于冒口补缩;三是可有效改善制品内部缩孔形态及分布,增加致密层厚度。

d 浇铸速度和浇铸时间[1]

浇铸速度决定浇铸时间。所有制品都要控制好浇铸时间,浇铸时间不当会使制品产生大量缺陷。如浇铸速度过快,则流股粗、流速快,对模型的冲刷大,而被冲刷的模型部位会被冲破或熔融出现凹槽,导致制品产生鼓包。此外,粗大的流股快速浇入模型时,会带入大量气体,在制品中产生气泡或空壳。相反,如果浇铸速度太慢,就会产生诸如边角疏松、夹砂以及浇不足等缺陷。因为浇注速度慢,流股很细时,先浇入模型中的熔体快速凝固成小球,无法充满边角,造成边角疏松或缺失。另外,由于浇铸速度慢、浇铸时间过长,导致模型的烘烤时间过长,使之易剥落掉入熔体中造成夹砂。

e 浇铸方式及注意事项

(1)普通浇铸:按制品形状大小,选择通用冒口,制品冷缩后,于热态时除去冒口(但单重小的产品则连同冒口一齐去保温)。

(2)倾斜浇铸:一般都用倾斜退火代替倾斜浇铸,使缩孔集中于制品的下端部,主要用作整体池壁砖,如图 21-18 所示,此法重点是研究缩孔的分布,过大的倾斜角并不好。一般在 α 为 19°~21°左右。为了防止制品裂纹,对于高度较高的制品,采取制品全包保温及冒口除去后把保温箱倾斜的方式,将制品中心部位的热容量向一端转移,从而避免裂纹的发生。

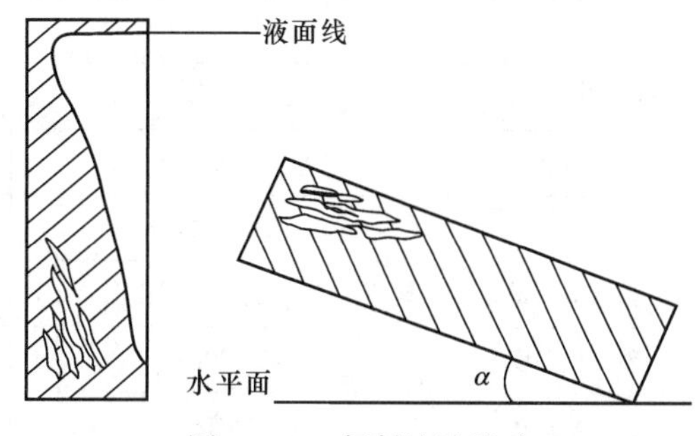

图 21-18 倾斜法池壁砖

(3)准无缩孔和无缩孔浇铸:一般其冒口与铸件之比为1∶1,这种冒口连同制品一齐退火,铸件出箱后,再将冒口切除。

(4)补浇:针对大型制品十分重要,其作用不仅是增强补缩提高制品容重,更重要的是加厚制品有效致密层的厚度,增强其抗侵蚀能力。

(5)十字型砖浇铸法:这是生产蓄热室格子体的专用技术,其特点是浇铸过程中液体快速凝固收缩,使其内部形成均匀分散的微缩孔,而边部急冷形成致密层,使产品具有良好的导热性、抗热震性、抗侵蚀性以及不沾挂飞灰的优异性能。其外形及内部结构如图21-19所示。

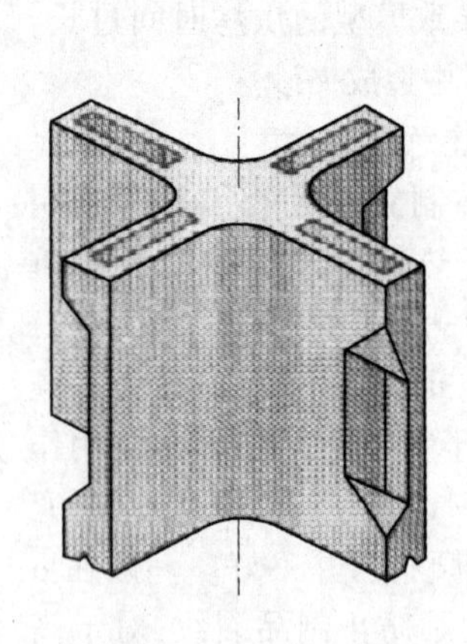
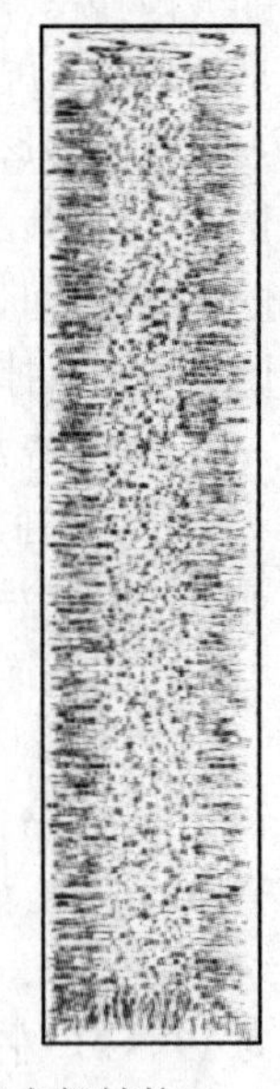

图21-19　十字型格子砖外形及内部结构

(6)浇铸时注意电弧炉的倾斜角度[17],一般是33号AZS>36号AZS>41号AZS,因为ZrO_2易沉淀,电炉倾角过大,制品中的ZrO_2含量会增加,从而导致制品开裂,所以电炉浇铸一段时间后,应将炉底过多的ZrO_2倒出来。

(7)低温浇铸,对41号AZS特别重要,一般通过停止供电,降温到适当的浇铸温度。这有两点好处,一是避免高温浇铸所发生的急冷急热造成制品跨棱裂纹,二是使浇铸后料液中的ZrO_2沉淀缓慢,防止制品底部因ZrO_2过多而造成开裂。

(8)冒口处理完毕后,要及时覆盖保温材料,以免制品收缩不均匀产生裂纹。

E　铸模制备

a　真空浇铸工艺

又称V(vacuum)法浇铸,是一种不用黏结剂的第三代造型法即物理造型法,因其铸件外观质量好、运行成本低等独特的优点,被逐步引用到熔铸制品生产中。其基本原理是在特制的砂箱内,填入无水、无黏结剂的石英砂,用严密的塑料薄膜将砂箱密封后,抽真空靠铸型内外的压力差使无黏结剂的砂子紧实和成形,然后浇铸获得铸件的方法。真空浇铸生产的铸件不仅铸件质量好、表面光滑、尺寸精度高。而且旧砂回收率高,铸件清理容易,减少加工余量和提高劳动生产率,综合成本较低。

b　AZS浇铸用铸模

该铸模皆是硅砂型,除真空浇铸外,主要有水玻璃砂型和树脂砂型两种,二者的性能比较见表21-20。

表21-20　树脂和水玻璃砂型的比较

项　目	树脂砂型	水玻璃砂型	备　注
硅砂颗粒形状	圆形(海砂)	棱角形(硅石)	硅石进行水磨加工
硅砂粒度	0.3~0.8mm	2.5~0.2mm	
硅砂水分	烘干后,立即可用	水分1%左右	
黏结剂用量	树脂1.5%~2.0%,固化剂0.5%	水玻璃6%~7%	
砂型板厚度	40~80mm	40mm	
砂型承托板	木板	铁板	

续表 21-20

项　目	树脂砂型	水玻璃砂型	备　注
整体模型	可	不可	
砂型烘干	自然烘干	电阻炉烘	用电 200kW·h/t 砂型
制板周期	4h	10h	
型板抗拉强度	1.8~2.0kg/cm^2		
型板透气性	良好	很小	
浇铸环境	有烟有味	良好	
型板溃散性	良好	无	
铸品尺寸	精准	较差	
铸品表面	光滑平整	部分粘砂	
铸品皮下气孔	极少	多	

树脂砂铸模有很多优良特性,国外的 AZS 生产皆用之,用黏结剂将型板粘接组合成铸模,或直接做成整体铸模,此外还有特殊铸模(例如抗浇铸流股冲刷的型板等)。

目前,不少生产厂家采用改性水玻璃制作水玻璃铸模,其制作工艺与性能十分接近树脂砂铸模,且成本更低。

铸模设计是提高成品率的重要组成部分,要严格控制铸型比(即铸模的重量与制品重量之比)在一定范围内,因为铸模板吸热,会加快制品的冷却速度,例如大型的无缩孔制品,其厚度>350mm 或宽度>550mm 时,铸模在保温箱内组合时,要加强角部的保温,减少中心部位的保温,使产品外围的温度与中心部位的温差降低,防止制品开裂。对于形状比较复杂的无缩孔砖,如小炉衬料道等,在设计时尽量将高温区转移到冒口上,可避免断面裂纹。

F　保温退火

为了预防 AZS 在退火中产生裂纹,有研究认为:将整块铸件进行模拟微分,再利用导热公式计算出制品可能发生裂纹的位置,以此调整制品的保温环境,防止产生裂纹。

a　保温箱退火法

现在国内外都采用此法,其优点是不消耗能源,管理简便,适用于各种类型的制品,保温介质有硅藻土、蛭石粉、硅铝空心球、硅砂、氧化铝粉等,根据条件,自行选定,图 21-20 为 33 号 AZS 退火曲线;由于 41 号 AZS 铸品易裂,合格率较低,一般采用特殊非强制退火工艺,可使其合格率达到 90%,其退火曲线如图 21-21 所示。

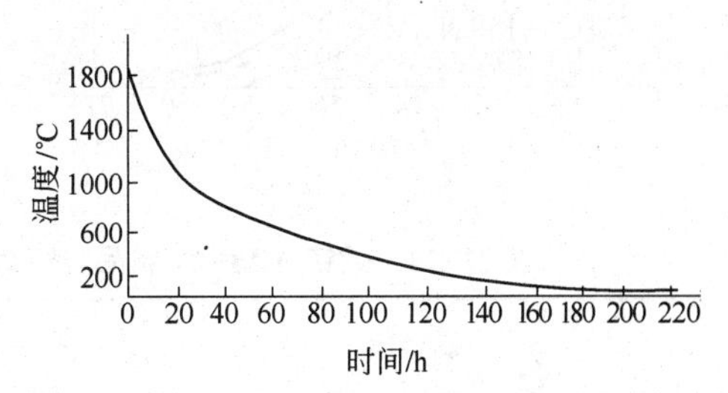

图 21-20　33 号 AZS 制品在保温箱(硅藻土)中的退火曲线

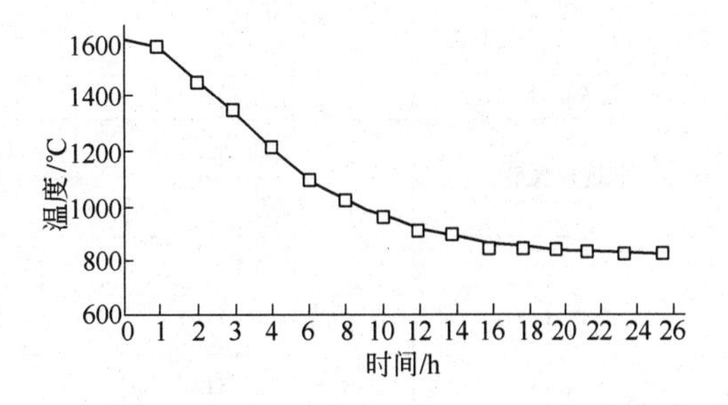

图 21-21　41 号 AZS 制品退火曲线

b 隧道窑退火法

适于长期生产某种定型制品，示意图如图 21-22 所示，退火曲线如图 21-23 所示，退火后的制品，表面经清砂处理后进行初检，再决定是否进一步研磨加工。

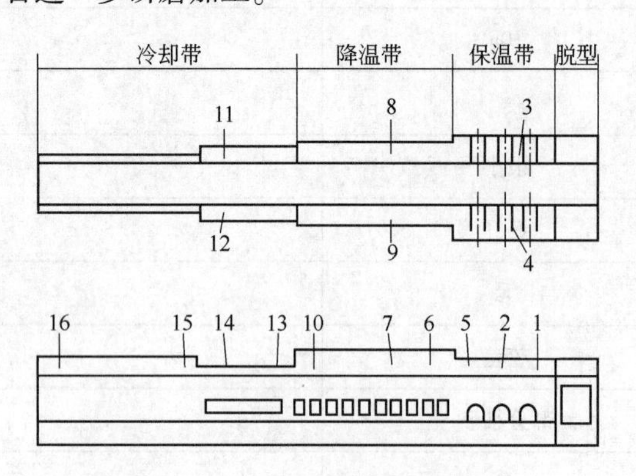

图 21-22 AZS 用隧道窑退火示意图
(1~16—测温点)

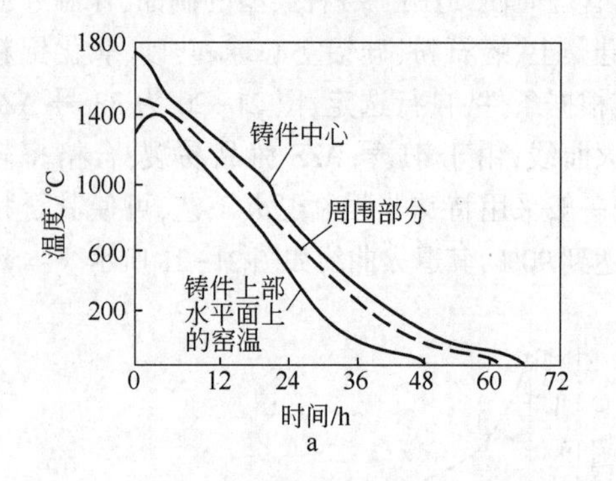

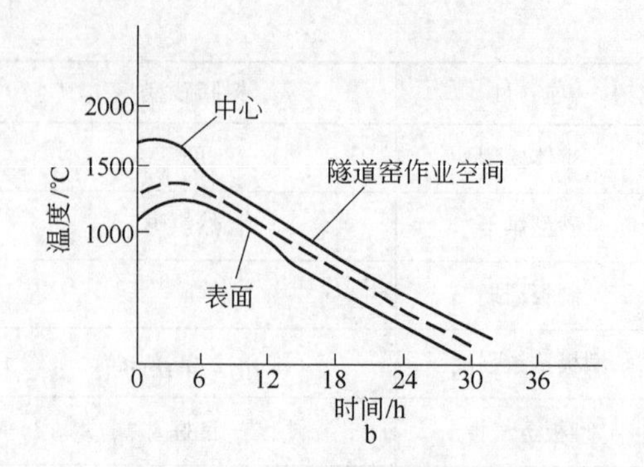

图 21-23 AZS 用隧道窑退火曲线
a—AZS-33 隧道窑退火曲线；b—AZS-41 隧道窑退火曲线

G 加工组装

要保证制品尺寸精度达到 0.5mm，必须采用金刚石磨具的大型精加工设备，如果产品要求预组装时，须制作尺寸精确的碹胎和高水平的组装平台。

21.3 熔铸氧化锆制品[18]

ZrO_2 具有极高的熔点（2713℃）和化学稳定性，实验证明，它在 1500℃ 玻璃液中是最稳定的晶相，它不产生新相。熔铸氧化锆制品抵抗钠钙玻璃的侵蚀能力是熔铸 AZS 的 1.5~2 倍，特别是对解决玻璃相渗出造成的气泡和结石，效果显著。熔铸 AZS-41 制品与熔铸氧化锆制品（HZ95）抗玻璃液侵蚀、产生发泡、产生结石性能对比见表 21-21~表 21-23。

表 21-21 熔铸 AZS-41 制品与熔铸氧化锆制品（HZ95）抗玻璃液侵蚀性能对比

玻璃类型		抗侵蚀指数（AZS41 号=1.0）		测试温度/℃
		液面线侵蚀	侵蚀体积	
钠钙	容器玻璃	1.2~1.6	1.8~2.5	1500
硼硅酸盐	耐热玻璃	18~30	15~30	1580
	安瓿瓶	10~12	10~12	1550
铅	餐具	0.3~0.4	6~7	1550
铝硅酸盐	光掩膜	7~8	15~30	1550
电视显像管	平面状	0.7~0.8	2~5	1550
	漏斗状	1.2	5.8	1550
玻璃纤维	玻璃棉	1.4	2.0	1500
	无碱玻璃纤维	2.0	2.2	1500
	GRC 玻璃纤维	2.0	3.5	1500

注：侵蚀指数（液面线侵蚀）= AZS41#在玻璃熔液液面线的侵蚀深度（mm）/HZ95 在玻璃熔液液面线的侵蚀深度（mm）；
侵蚀指数（侵蚀体积）= AZS41#受到侵蚀的体积（mm^3）/HZ95 受到侵蚀的体积（mm^3）。

表 21-22 熔铸 AZS41 号制品与熔铸氧化锆制品(HZ95)产生发泡性能对比

玻璃类型	AZS41#	HZ95
钠钙(平板玻璃)	2~3	1~2
铅(餐具)	2~3	1
硼硅酸盐(耐热玻璃)	2~3	1~2
电视显像管(平面状)	2	1
玻璃陶瓷	4	1~2

注:测试条件:1450℃保持 15min(硼硅酸盐玻璃为 1550℃保持 15min);1—气泡数量 0~4;2—气泡数量 5~10;3—气泡数量 11~20;4—气泡数量 21~50。

表 21-23 熔铸 AZS41 号制品与熔铸氧化锆制品(HZ95)产生结石性能对比

玻璃类型	AZS41#	HZ95
钠钙	1.0	0
铅玻璃	0.5	0
硼硅酸盐	0.75	0
GRC 玻璃纤维	1.5	0
电视显像管	0.5	0

注:结石性能是指从 0.0(最好:反应表面光滑,无结晶颗粒脱落)到 3.0(最差:反应层粗糙,并在测试坩埚中有大量石状颗粒堆积)中的任意品级数值。

最先公布的含 ZrO_2 98%的熔铸氧化锆制品,一直未能生产,原因是 ZrO_2 在 1170℃时晶型转化带来 7%的体积变化导致制品开裂问题无法解决;而作为玻璃接触材料,又不宜使用稳定 ZrO_2,因为起稳定作用的氧化物会先熔于玻璃液中。直到 1978 年日本东芝公布了它的熔铸氧化锆制品专利,该制品含 ZrO_2 94%、玻璃相 6%,被称为 Monofrax Z。这种无裂纹无气孔的优质熔铸氧化锆制品,较 ZrO_2 98%者虽有不同,但使用效果是近似的。随后又研制开发出含锆 88%的制品,以满足不同的使用需求。

21.3.1 性能

熔铸氧化锆制品典型性能见表 21-24(详见标准 T/ACRI 0004—2017)。

表 21-24 熔铸氧化锆制品典型性能

项 目		指 标	
		HZ 88-WS	HZ 95-WS
化学成分/%	ZrO_2	≥88.00	≥92.80
	SiO_2	≤9.00	≤5.00
	Al_2O_3	≤1.00	≤0.80
	Na_2O	≤0.05	≤0.05
	其他	≤1.40	≤0.90
体积密度(致密部分)/$g \cdot cm^{-3}$		≥4.9	≥5.3
常温抗压强度/MPa		≥360	≥360
荷重软化温度/℃		≥1700	≥1700
热膨胀率/%	1000℃	0.65	0.70
	1500℃	0.10	0.30
热传导率 /$W \cdot (m \cdot K)^{-1}$	600℃	3.0~2.8	3.0~2.8
	1000℃	2.8~2.6	2.8~2.6
电阻率/$\Omega \cdot cm$	1400℃	≥800	≥150
	1600℃	≥200	≥40
容重/$kg \cdot cm^{-3}$		>4900	>5250

21.3.2 用途

由于 ZrO_2 耐高温无渗出,抗侵蚀性好(被蚀面光滑无变质层),极少产生玻璃缺陷(诸如结瘤、结石、条痕、气泡)等优良性能,经过多年的实践,已被公认为它是玻璃工业用耐火材料产品系列的一个重要组成部分。它主要用于生产低碱硼硅酸玻璃、E 玻璃、铝硅酸盐玻璃、铅质或铅水晶玻璃、LCD 显示器用无碱玻璃等特种玻璃熔窑上,以及那些磨蚀最严重的部位,如流液洞、铺面砖、侧墙等。其次用于煅烧优质的精细陶瓷用超高温窑的侧墙和窑顶,操作温度 2000℃,延长了窑的寿命。

21.3.3 制造工艺要点

21.3.3.1 组成的选择

熔铸氧化锆制品的两种化学成分见表 21-24。关于各种化学成分的作用,解释如下:

(1)SiO_2:引入 SiO_2 是为了形成玻璃相,据实验 3%~10%重量的 SiO_2 和 0.4%~1%重量的 Al_2O_3,能使 ZrO_2 相变发生的体积变化,在晶间玻璃中得到缓冲。

(2) Na_2O:不应超过0.6%,为了限制5%的SiO_2的膨胀,至少要有0.03%的Na_2O存在,但是超过0.6%会使其他性质恶化,而对辅助抑制锆英石的形成不再有所作用。事实上,Na_2O在ZrO_2和SiO_2生成锆英石的反应中,起着抑制剂的作用(锆英石在大约800℃开始生成时伴有20%的体积减小,易造成结构开裂)。

(3) Fe_2O_3和TiO_2:允许含量≤0.55%,最好为≤0.3%。

(4) P_2O_5:原料用磷酸钠或磷酸铝,以P_2O_5形式引入0.1%~3%,以形成软玻璃相,磷能增加Al_2O_3在玻璃相中的溶解量,并能促进原材料的熔化,最好与B_2O_3等量同时使用。

应该指出,经过实践研究认为,磷的加入对氧化锆制品害大于利,例如:产生较大膨胀;在熔铸制品中有金属外观的结瘤;磷酸钠或磷酸铝电熔挥发约90%,磷酸腐蚀炉上部的冷态铁,增加维修费用,同时产品的化学成分Al_2O_3、Na_2O不易控制等,所以提出取消磷和硼,现在配制无磷氧化锆制品用原料为[19]:(1)氧化锆:ZrO_2+HfO_2 98.5%、SiO_2 0.5%、Na_2 0.2%、Al_2O_2 0.1%、TiO_2 0.1%、Fe_2O_3 0.05%;(2)锆英石:SiO_2 33%、ZrO_2+HfO_2 66%;(3)氧化铝:Al_2O_3 99.4%;(4)碳酸钠(纯碱):Na_2O 58.5%。

21.3.3.2 制造工艺要点

熔铸氧化锆制品的工艺流程和熔铸刚玉砖是一样的,只是原料和工艺参数不同。

(1)电弧炉熔化温度约2600℃,浇铸温度约2400℃,铸模使用石墨模具。

(2)熔化方法:采用低电压高电流的还原法生产。

(3)使用保温箱退火,保温介质采用氧化铝粉,粒度小于100目。

21.3.4 关于熔铸氧化锆制品的研究

(1)铸件表面炭化问题。制品若与玻璃液接触使用,则玻璃中产生籽晶,但若用加热炉1200℃保温4h,可使铸件充分氧化,从而消除可能产生的籽晶。

(2)消除玻璃相的再结晶问题。被ZrO_2晶粒包围的富含SiO_2的玻璃相受热时,会产生锆英石,从而使耐材变脆,这个问题可通过合理控制玻璃相中的碱、碱土和氧化硼含量来解决。

(3)用电窑熔制电阻率高于MonofraxZ的玻璃时,必须防止电能进入耐火材料,于是开发了高电阻率即含锆88%的氧化锆制品,该制品是通过改变玻璃相的组成来提高其电阻的。

(4)熔铸氧化锆制品展望,由于其制造技术的进步,现在可轻而易举地生产优质产品,将来它可以制作成空盒子的形状,用于池窑上层结构中,无玻璃相渗出;还可以制作高纯的ZrO_2制品代替铂炉衬用于熔制特种玻璃。

(5)欧洲耐火材料公司于1990年6月在我国申请专利[19]:《具有高二氧化锆含量的熔铸耐火材料产品》,特别提出它的发明和已有的美国专利US-A 3.519.448、US-A 4.336.339、US-A 4.705.763等不同之处,是不加入磷和硼,Na_2O也不必小于0.1%。

21.4 熔铸莫来石制品

21.4.1 莫来石

莫来石的性质见表21-25。

表21-25 莫来石的性质

结晶形态	化学成分/%			Al_2O_3/SiO_2	晶系	理论密度/g·cm^{-3}	折射率	熔点/℃	晶体形态	备注
	分子式	SiO_2	Al_2O_3							
α-纯莫来石	$3Al_2O_3$、$2SiO_2$	28.2	71.8	2.55	斜方	3.16~3.21	1.642~1.654	1910	针状菱形柱状	莫来石结晶时,体积收缩10%~13%

续表 21-25

结晶形态	化学成分/%			Al_2O_3/SiO_2	晶系	理论密度 /g·cm^{-3}	折射率	熔点 /℃	晶体形态	备注
	分子式	SiO_2	Al_2O_3							
β-型态普拉基石	$3Al_2O_3 \cdot 2SiO_2$	21.7	77.3	3.41						在固溶体晶格中含有 6%的 Al_2O_3
γ-型态固溶体	含有少量铁钛的固溶体									

21.4.2 熔铸莫来石制品

1958 年我国沈阳耐火材料厂曾自行设计生产过熔铸莫来石制品，后来引入 8%的 ZrO_2，改称锆莫来石制品，主要用于玻璃窑炉，后因其不耐侵蚀，改用 AZS，它只用于钢铁加热炉等及其他化学工业炉等，到九十年代，基本上停止生产，但是国外并非如此，日本的熔铸黑高铝制品，仍广泛用于冶金炉上的耐磨部位，另外有报道称[20]，意大利的 SIGMA 公司生产 ZM_7-32V 的熔铸莫来石制品，利用莫来石抗渗出性能好的特点，用于很多窑炉的上部结构以及供料机的上层结构，多年来很好地解决了严重的化学侵蚀问题，匈牙利利用工业纯原料，重新生产熔铸莫来石制品，杂质总量小于 1%，使用效果良好。

21.4.2.1 熔铸莫来石耐火材料的产品性能

熔铸莫来石耐火材料的产品性能见表 21-26。

表 21-26 熔铸莫来石耐火材料的产品性能

产品性能		中国	美国	日本	匈牙利	冶金用
		莫来石制品	Corhart	黑高铝哈特	1971	订单要求
化学成分（质量分数）/%	SiO_2	12.28	18~21	19.33	21~26	≤20
	Al_2O_3	83.7	70~75	76.17	73.5~76	≥73
	Fe_2O_3	1.10	2.5~4	1.8	0.1	
	TiO_2	2.95	3.0~4.5	2.91	0.05	
	CaO	0.71	0.1		0.15	
	K_2O	0.06	1.5			
	Na_2O				0.4	
	杂质	4.82	7.1~10.1		0.7	
	A/S	6.82	3.75	3.94	3.2~2.92	
晶相组成 φ/%	莫来石		40	70		
	刚玉		30	20		
	玻璃相		30	10		
物理性能	耐火度/℃		1790	1790		
	荷软/℃			>1740		
	真密度/kg·m^{-3}		3300~3400	3400		
	体积密度/kg·m^{-3}		3000~3200			
	容重/kg·m^{-3}	3100		3000		≥2800
	显气孔率/%		1~3	0.5~1.0		
	耐压强度/MPa		>300	176~317		≥123
	热膨胀率/%，1500℃					≤0.9

21.4.2.2 制造工艺要点

A 熔铸莫来石制品配料组成

熔铸莫来石制品配料组成选择见表21-27。

表21-27 熔铸莫来石制品配料组成选择

产品用途	化学成分(质量分数)/%				
	SiO_2	Al_2O_3	$TiO_2+Fe_2O_3$	杂质	A/S
冶金炉用耐磨	20	74	4	6	3.8
玻璃窑上部结构	25	75	0.5	1	3.0

B 制作工艺

用高岭土和精选的铝矾土,经过预先煅烧,粉碎和充分混合之后,在电弧炉内约2000~2500℃温度下熔化,$Al_2O_3 \cdot 2SiO_2 + Al_2O_3 \rightarrow 3Al_2O_3 \cdot 2SiO_2$。

将高于1900℃的熔液浇铸到铸模里(铸模组合于保温箱内),等冒口补缩后除去冒口,埋上保温介质,退火7~12d出箱,再对制品进行清整和检验。

C 注意事项

(1)美国柯哈特的配方是加入5%~10%的锯木屑。

(2)如果原料中含铁钛较高,熔化作业中要注意处理好硅铁问题,否则铁球进入制品影响质量,硅铁穿透炉底会造成漏炉事故。

21.4.3 熔铸锆刚玉莫来石制品

熔铸锆刚玉莫来石制品(CMZ)。主要用于需采用耐磨耐高温材料的部位,如冶金推钢式加热炉的滑轨砖或采用出钢平台出钢的步进式加热炉的出钢平台以及垃圾焚烧炉内衬等。熔铸锆刚玉莫来石制品的典型性能指标见表21-28(详见标准T/ACRI 0005—2017)。

表21-28 熔铸锆刚玉莫来石制品的典型性能指标

项目		指标
		CMZ
化学成分(质量分数)/%	ZrO_2	5.5
	SiO_2	19.0
	Al_2O_3	73.0
	Na_2O	1.05
	其他	≤1.5
体积密度(致密部分)/$g \cdot cm^{-3}$		≥3.25
高温抗压强度(1350℃)/MPa		45
荷重软化温度/℃		≥1750
热膨胀率(1150℃)/%		0.8
热传导率(1250℃)/$W \cdot (m \cdot K)^{-1}$		4.6
晶相/%	刚玉	39
	莫来石	41
	氧化锆	5
	玻璃相	15
容重/$kg \cdot m^{-3}$	WS	≥3150
	PT	≥2900

21.4.3.1 工艺流程

原料混合→电弧炉熔化→浇铸→保温退火→出砖→加工→成品。

21.4.3.2 原料的选择

产品中大量氧化铝的存在对于生成刚玉相和与氧化硅反应生成莫来石相都是必需的。二氧化硅的存在既是生成莫来石相的必要成分,又是形成晶间玻璃相所必需的。晶间玻璃相可有效缓解产品在冷却结晶过程中的应力释放,减缓产品产生裂纹。氧化钠的存在有助于玻璃相的形成,但氧化钠的加入不得超过1.2%。因为过量的氧化钠会破坏莫来石相的生成,同时还会降低产品的荷重软化温度,影响使用寿命。氧化锆的存在对于提高使用温度和增加耐磨性是必需的,氧化铪的存在是因为氧化锆原料中天然存在的,因而在产品中含量很低,通常为0.3%以下。其他杂质的存在既有利于更好地形成晶间玻璃相,又尽可能少地破坏产品的高温耐磨性能。

SiO_2、Al_2O_3可选用铝矾土熟料、合成莫来石料等;由于铝矾土熟料$Fe_2O_3+TiO_2$含量高,产品在高温状态下$Fe_2O_3+TiO_2$会熔融渗出,影响使用,所以最好选用合成莫来石料及$Fe_2O_3+TiO_2$含量低的焦宝石或高岭石熟料等。

超量的Al_2O_3可选用Al_2O_3≥99%的普通

工业氧化铝粉或 Al_2O_3≥99.3%的煅烧氧化铝粉，虽然普通工业氧化铝粉价格低，可降低制造成本，但由于产品裂纹严重，相较于使用煅烧氧化铝粉裂纹率增加20%左右，所以最好使用煅烧氧化铝粉。

ZrO_2+HfO_2 选用 ZrO_2+HfO_2≥ 65.5%的锆英砂或 ZrO_2+HfO_2≥ 98.5%的脱硅锆；

Na_2O 选用 Na_2CO_3 ≥ 99%的一级工业碳酸钠；

CaO 选用 CaO ≥ 55.5%的方解石或生石灰。

21.4.3.3 熔化工艺

(1)合理的功率制度对产品的质量影响至关重要。功率过低，如电压低于130V，电流小于2000A，配合料不易熔化，且熔液表面结壳很硬，不易处理；功率过高，如电压高于300V，电流大于5000A，则制品密度较差，易产生面包砖。所以生产熔铸锆刚玉莫来石制品正常情况下电压为130~300V，电流2000~5000A，但在加料时可适当调低电流。

(2)熔化时间必须与功率制度相匹配，以保证熔液的熔化质量。

(3)浇铸温度的控制：浇铸温度过高，如超过2000℃，由于冷缩应力大，产品会产生大量裂纹；浇注温度过低，如低于1600℃，则熔液黏度大，导致浇铸速度慢，容易造成表面不平整甚至产生浇缺等缺陷。

21.4.3.4 保温退火

可分别选用蛭石、硅砂、蛭石+硅砂混合、氧化铝粉、优质硅藻土等作为保温介质，但依据缺边掉角和裂纹状况保温效果从低到高依次为：硅砂、蛭石+硅砂混合、蛭石、氧化铝粉、优质硅藻土。出砖时应注意制品必须降温至室温，否则极易产生裂纹。

21.5 熔铸刚玉制品

熔铸氧化铝(刚玉)制品，现有5个品种，即熔铸刚玉制品($\alpha-Al_2O_3$)、$\alpha-\beta$ 氧化铝制品、β-氧化铝制品、铬刚玉制品和铬锆刚玉制品等。

21.5.1 熔铸刚玉制品(RA-A)

刚玉即 $\alpha-Al_2O_3$，菱面体或板状结晶，真密度3990~4000kg/m^3，熔点2050℃，莫氏硬度9，它结晶时收缩25%，显气孔率10%~12%，体密3000~3300 kg/m^3，特别是析晶后的 $\alpha-Al_2O_3$，形成一种微弱的管状显微结构，无玻璃相，所以其制品的抗热震性很差，改进的办法是增加5%~8%的 $\beta-Al_2O_3$，可使其体密增至3300~3500kg/m^3，或加入5%的金属铝，体密可增至3800kg/m^3，它的缺点不仅是热稳定性差，且易造成条纹螺纹状玻璃缺陷，所以只适用于硼硅质玻璃和高温隧窑道烧成带，石墨焙烧炉的内衬，以及有色金属冶炼炉的砌筑等。其典型理化指标见表21-29。

表21-29 熔铸刚玉制品典型理化指标

项目		指标
化学成分(质量分数)/%	Al_2O_3	98.5
	SiO_2	0.4
	Na_2O	0.9
	Fe_2O_3	0.07
	CaO	0.10
真密度/g·cm^{-3}		3.94
常温抗压强度(1350℃)/MPa		250
荷重软化温度/℃		≥1900
晶相/%	α-刚玉	94
	β-刚玉	5
	玻璃相	1
容重/kg·m^{-3}	WS	≥3600
	PT	≥3300

21.5.2 熔铸 α-β 氧化铝制品(RA-M)和熔铸 β-氧化铝制品(RA-H)

21.5.2.1 熔铸α-β氧化铝制品(RA-M)

该制品是由 $\alpha-Al_2O_3$ 45%、$\beta-Al_2O_3$53%和玻璃相2%组成，在 $\alpha-Al_2O_3$ 中，引入3%~4%的 Al_2O_3 得到的 $\beta-Al_2O_3$ 交织于 $\alpha-Al_2O_3$ 晶体之间，使原来的管状结构变成鳞片状结构，$\beta-Al_2O_3$ 晶体亦较单独存在时小得多。所以其耐

蚀性略逊于 $\alpha-Al_2O_3$,而制品的耐热震性却大大提高。

由于它不污染玻璃液,且在 1350℃下具有良好的抗玻璃侵蚀性能和优良的高温耐磨性能,所以它被广泛地用于玻璃窑的澄清部、冷却部、工作池等处,现在全氧燃烧熔窑上,α-β 氧化铝制品有了新的更广泛的用途,它很好的代替了由于熔窑温度升高而不能胜任的硅砖碹顶和上部结构的 AZS(大量渗出导致玻璃缺陷),它适用于电视机屏幕玻璃熔窑和要求高温耐磨的浮法窑流料道[1]。

浮法玻璃生产线影响玻璃质量的最关键部位——流道和流槽(含唇砖)用耐火材料主要就是熔铸 α-β 氧化铝耐火制品,该部位使用的制品相较于其他部位使用的熔铸 α-β 氧化铝耐火制品理化性能要求明显提高;外观质量要求也更是达到苛求的标准,具体要求详见标准 T/ACRI 0001—2017。

随着太阳能开发利用技术的迅猛发展,促使光伏压延玻璃不论是数量还是质量上都得到长足发展,熔铸 α-β 氧化铝制品使用数量有了明显提升。特别是国外压延生产线用压延唇砖几乎全部是采用 α-β Al_2O_3 制品,而国内多采用硅线石制品,相较于硅线石制品,采用 α-β Al_2O_3 压延唇砖有如下几大优点:(1)换砖后排泡时间明显缩短,而且到使用后期板下线泡(30~100mm)也明显减少;(2)抗玻璃液侵蚀显著增强,使用寿命延长;硅线石制品使用三个月侵蚀量可达 20mm,而 α-β Al_2O_3 制品几乎没有被侵蚀,可减少更换次数及停产时间;(3)对玻璃液污染现象明显改善,使用 α-β Al_2O_3 唇砖制品后,因唇砖被侵蚀脱落后形成的结石或微尘导致玻璃自爆现象明显减少或消失;(4)玻璃总成品率可提高 3%左右。

目前国内电熔 α-β 氧化铝制品生产技术基本成熟,并得到不断地改进与创新。国内企业于 2008 年首次成功地研制出世界上第一块 2.61m 长整体的 α-β 压延唇砖,突破了大型 α-β 砖无缩孔制品极易产生裂纹的工艺难点,并首次用在超白压延玻璃生产线上,性能优于国外同类拼装产品,其使用效果十分优异。随后又研制生产了出整根 2.8m、3m 长的压延唇砖,使用效果也非常理想。至目前为止,国内不少超白压延玻璃生产企业都已开始使用 α-β 压延唇砖,平均寿命半年以上,最长的使用寿命已经达到一年以上。

另外,由于熔铸 α-β 氧化铝制品耐磨性较熔铸高铝制品高出 30%,故也可以用于连铸分配器的流槽以及加热炉滑轨等。

21.5.2.2 熔铸 β 氧化铝制品(RA-H)

$\beta-Al_2O_3$ 是氧化铝的另一种变态,分子式为 $Na_2O\cdot11Al_2O_3$,真密度 3300~3400kg/m³,莫氏硬度 6,熔入 Na_2O 的含量可达 7%。由 $\beta-Al_2O_3$ 粗大光亮的晶体构成的白色制品,含 Al_2O_3 92%~95%,只有不足 1%的玻璃相,因晶格疏松制品强度低,显气孔率<15%,容重 2800~3000kg/m³,其热稳定性是熔铸制品中最好的。另外,由于制品中的 Al_2O_3 在 2000℃以上被钠饱和,所以它在高温下对碱蒸汽作用非常稳定。但是它在与 SiO_2 接触时,$\beta-Al_2O_3$ 中含有的 Na_2O 会分解,与 SiO_2 反应,使 $\beta-Al_2O_3$ 变成 $\alpha-Al_2O_3$,从而产生较大的体积收缩,导致制品损坏,因此它只适用于远离含 SiO_2 飞尘的上部结构,例如工作池上部结构,燃烧口附近胸墙、小炉嘴及吊墙等[1]。

21.5.2.3 熔铸 α-β 氧化铝制品和熔铸 β 氧化铝制品性能指标

熔铸 α-β 氧化铝制品和熔铸 β 氧化铝制品性能指标见表 21-30(详见 JC/T 494—2013)。

表 21-30 熔铸 α-β 氧化铝制品和熔铸 β 氧化铝制品性能指标

项目		指标	
		RA-M	RA-H
化学成分(质量分数)/%	Al_2O_3	93~96	92~94
	K_2O+Na_2O	3.2~5.0	5.5~7.5
	$Fe_2O_3+TiO_2+SiO_2+CaO+$其他	≤2.0	≤1.5
体积密度(致密部分)/kg·m⁻³		≥3300	≥2800
常温耐压强度/MPa		≥200	≥30

续表 21-30

项目		指标	
		RA-M	RA-H
荷重软化温度/℃		≥1700	≥1700
静态下抗玻璃侵蚀（钙钠玻璃 ≤1350℃ 48h）/mm·(24h)$^{-1}$		≤0.4	—
容重/kg·m^{-3}	PT. QX	≥3050	≥2500
	WS	≥3250	≥2700

21.5.2.4 熔铸α-β氧化铝流道和流槽砖理化性能指标及产品的外观质量和加工后的尺寸偏差

熔铸α-β氧化铝流道和流槽砖理化性能指标、产品的外观质量和加工后的尺寸偏差分别见表 21-31～表 21-33（详见 T/ACRI 0001—2017）。

表 21-31 熔铸α-β氧化铝流道和流槽砖理化性能指标

项目		指标
化学成分（质量分数）/%	Al_2O_3	≥95
	K_2O+Na_2O	3.2～4.5
	SiO_2+CaO	≤1.0
	$Fe_2O_3+TiO_2$+其他	≤0.5
物理性能	致密部分体积密度/g·cm^{-3}	≥3.4
	常温耐压强度/MPa	≥200
	气泡析出率（普通钠钙玻璃，1300℃×10h）/%	≤0.1
	三相界面处静态下抗玻璃液侵蚀速度/mm·(24h)$^{-1}$（普通钠钙玻璃，1350℃×48h）	≤0.4
	容重/kg·m^{-3}	≥3350

表 21-32 流道砖的外观质量和加工后的尺寸偏差

项目		指标	
		非工作面	工作面
尺寸偏差/mm		-2～0	-1～0
直角度		0～2	0～1
砌筑面扭曲			-1～+1
缺角		$a+b+c>100$ 不准有	a、b、$c>15$ 不准有
缺棱		$e+f\leqslant 30$ ≤2处	e、$f\leqslant 10$ ≤1处
裂纹		不准有	
开口气孔	直径>10mm 深度>10mm	不准有	
	直径>5mm 深度>10mm		不准有
	直径≤5mm 深度≤10mm		任意 300×300 面积上≤3个
	直径≤1mm		不限制
表面附着物或其他熔结物		不准有	

表 21-33 唇砖的外观质量和加工后的尺寸偏差

项目		指标	
		非工作面	工作面
尺寸偏差/mm		-2～0	-1～0
直角度		0～2	0～1
砌筑面扭曲			-1～+1
缺角		$a+b+c\leqslant 50$ ≤2处	a、b、$c\leqslant 5$ ≤1处
缺棱		$e+f\leqslant 20$ ≤2处	e、$f\leqslant 3$ ≤1处
裂纹		不准有	
开口气孔	直径≤5mm 深度≤10mm	≤5个	
	直径≤1mm		不限制
	直径≤3mm，深度≤5mm	不限制	≤3个
表面附着物或其他熔结物		不准有	

注：唇部应无任何开口气孔、裂纹和缺棱掉角。唇砖唇部指浮法唇砖唇部的圆弧部位；压延唇砖指离唇部端面 30mm 内区间。

21.5.3 熔铸铬刚玉制品(RA-K)

亦称熔铸铝铬制品,有两个品种:熔铸30号铬刚玉制品(RA-K30)和熔铸75号铬刚玉制品(RA-K75),其抗侵蚀性是近代熔铸耐火材料中最优越的品种之一,这种制品是深褐色的熔块,主要是由 α-Al_2O_3 及充填其间隙的铬铁尖晶石(Cr_2O_3 · FeO)构成,不含玻璃基质,组织坚固,凡是不怕玻璃着色或使其不显色的玻璃熔窑受侵蚀最剧烈的部位,例如熔化部池壁、流液洞、盖板、电极孔砖等,都可以使用这种制品,其使用寿命要比 AZS 延长2~3倍。熔铸铬刚玉制品典型理化性能见表21-34。

表21-34 熔铸铬刚玉制品典型理化性能

项 目		指 标	
		RA-K30	RA-K75
化学成分(质量分数)/%	Al_2O_3	58	8.5
	Cr_2O_3	28	75
	SiO_2	2.0	2
	Fe_2O_3	6.0	6.0
	MgO	6.0	8.5
体积密度(致密部分)/g · cm^{-3}		3800	4200
常温耐压强度/MPa		400	400
荷重软化温度/℃		≥1700	≥1700
显气孔率/%		10	10
容重/kg · m^{-3}	PT	3550	
	WS	3700	4100

21.5.4 熔铸铬锆刚玉制品(AZSC)

通过研究 AZS 的侵蚀机理认为,限制 AZS 中 Al_2O_3 的高温熔解量,引入 Cr_2O_3(熔点2165℃),使 Al_2O_3 形成铝铬$(Al \cdot Cr)_2O_3$ 固溶体,是提高 AZS 抗侵蚀的途径。由于铬进入玻璃相,提高了其黏度,所以它虽然有20%的玻璃相,但在1500℃仍不渗出,该制品的抗侵蚀能力较41号 AZS 高出2.5倍,适用于各种玻璃熔窑受侵蚀最剧烈的部位。由于其抗侵蚀性好,所以被侵蚀下来的微量铬,并不影响玻璃着色。熔铸铬锆刚玉制品典型性能指标见表21-35。

表21-35 熔铸铬锆刚玉制品典型性能指标

项 目		指 标
化学成分(质量分数)/%	Al_2O_3	31.5
	Cr_2O_3	26
	ZrO_2	26
	CaO	1.5
	SiO_2	13
	其他	2.0
体积密度(致密部分)/g · cm^{-3}		4000
常温耐压强度/MPa		350
荷重软化温度/℃		1700
显气孔率/%		10
容重/kg · m^{-3}	WS	3900

21.5.5 熔铸铝铬硅刚玉制品

熔铸铝铬硅刚玉制品成分组成为:Al_3O_3 65%、Cr_2O_3 20%、SiO_2 15%。利用橡胶生产的铝铬催化剂废料等,可以生产这种制品,其玻璃相析出温度>1500℃,抗压强度250MPa,可制作喷嘴砖等用于熔窑的上部结构,铝铬催化剂废料成分为:Al_2O_3 78%、Cr_2O_3 15%、SiO_2 7%~10%、R_2O 1.5%。

21.5.6 熔铸刚玉制品的制造工艺要点

21.5.6.1 与熔铸锆刚玉制品工艺相比

该系列制品的制造工艺与熔铸锆刚玉制品工艺是大同小异,其差别为:

(1)原料性质不同:Al_2O_3 熔体的特性是黏度小,结晶能力强,来不及脱气即凝固,故其制品气孔率高。

(2)必须是氧化熔融且不能吹氧,我国产品碳含量为0.03%~0.55%,国外产品碳含量为0.005%,而产品要求必须≤0.008%,因为碳的存在,会降低制品密度、热稳定性、抗蚀性,增加裂纹,还会在玻璃中形成"蠓虫",同时还必须限制染色氧化物(Fe、Ti 及 H_2O、SO_2、N_2 等)含量。

(3)熔化温度高,2300~2500℃。

(4)浇铸温度高,1960~2400℃,PT 浇铸的

冒口体积为铸件的20%，且必须补浇。

(5)铸模要用石墨板型(截面温度差大于1000℃)、刚玉砂型或金属水冷型(内涂保护层铝氧或石灰等)，标型收缩放尺约2%。

(6)退火温度高，要求保温箱的保温性能较AZS更好。不仅是防止开裂，更重要的是防止产品内部结晶不致密。

(7)出箱产品加工，平面和曲面加工要求精度高、光洁度高。

21.5.6.2 与熔铸AZS制造工艺相比

上述与熔铸AZS相比，增加了制造难度和技术难度，使得熔铸刚玉制品成为熔铸耐火制品中的高科技产品。

A 配方设计及原料选择上

a RA-A制品

要添加少量助熔剂，如引入氧化硼(B_2O_3)0.25%~1%，工业氧化铝Al_2O_3不小于98.5%。

b RA-H制品

按理论分子式$Na_2O \cdot 11Al_2O_3$，Na_2O占比5.24%，因此配料比应>5.2%，Al_2O_3为91%左右。

c RA-M制品

Na_2O应控制为3.5%~5.2%，SiO_2控制在0.5%~1.5%，这是因为SiO_2具有提高熔液黏度和降低Al_2O_3结晶能力的作用，若SiO_2过多，会增加非晶态玻璃相含量，对制品使用性能不利。

d RA-K制品

添加适量的铬精矿。

e AZSC制品

添加适量的氧化铬等。

B 熔化浇铸、保温退火工艺中

氧化熔融的电弧不能像熔炼AZS那样长，因为电压偏高时，铸件密度就会降低，其次应有烟气除尘通风，创造炉内氧化气氛。

保温退火的温度控制是非常重要的，关系到产品的裂纹，通常α-βAl_2O_3浇铸入模后，模壁硬壳成分是α-βAl_2O_3，而愈向中心，Na_2O愈向缩孔中心迁移，形成α-Al_2O_3及Na_2O 9~11 Al_2O_3的不均分布，导致制品极易开裂。

退火方法有两种，一是自然退火，依靠制品外部的良好隔热层和自身的热量，使制品平稳缓慢的冷却，隔热材料用氧化铝粉；二是靠外部供热退火，制品脱模后，入间歇式电窑退火(即硅钼棒电炉)，退火开始温度1400℃，保温2~4h，退火曲线如图21-24所示，退火成品率大于75%。

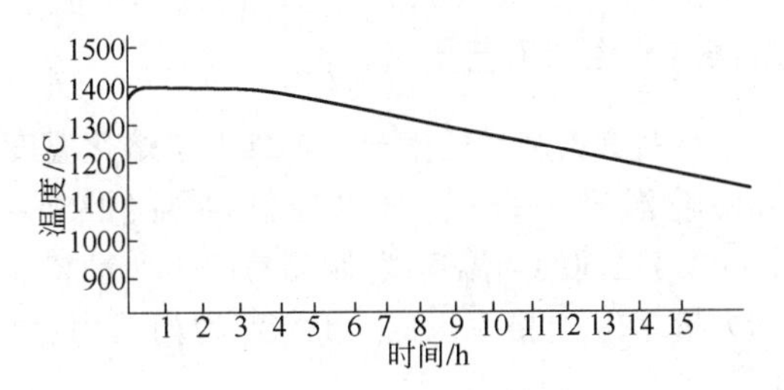

图21-24 α-βAl_2O_3制品退火曲线

RA-A采用97%的氧化铝与适量的石英砂和纯碱干混后入电弧炉，以2000kV·A电功率熔化，电压150~240V，约1h，向金属模浇铸，一次约500kg，12~15min后移开模壁，将铸件放入保温箱中退火，隔热材料为Al_2O_3空心球。

C 产品加工上

采用专用切磨精加工机床，如专用数控多功能铣磨机床和数控曲面铣磨机床，可进行熔铸α-β氧化铝流槽唇砖及U型砖等的曲面加工，公差可达0.025mm，光洁度高。

21.6 熔铸镁铬制品

熔粒再结合镁铬制品与熔铸镁铬制品相比：其高温晶体间的直接结合程度不足、气孔率高、蚀损速度大。镁铬熔铸品A与再结合品B的性能比较见表21-36。

表21-36 镁铬熔铸品A与再结合品B的性能比较

性能	铬精矿		尖晶石·方镁石		方镁石·尖晶石		方镁石	
	熔铸品	再结合品	A	B	A	B	A	B
显气孔率/%	1.8	10.7	3.8	13.4	3.7	12.9	12.7	11.4
蚀损速度/$kg \cdot m^{-2}$	1.2	2.6	1.6	3.2	2.0	3.5	4.1	4.8

从表 21-36 可见,熔铸镁铬制品的蚀损速度,只有再结合品的 1/2,因此熔铸镁铬制品可用于有色金属冶炼用闪速炉、反应塔、沉淀池、渣线等使用条件特别苛刻的部位。然而由于其生产工艺复杂、成本高,且热稳定性差,所以它即使具有优异的抗渣性和耐高温性能,也不利于推广。因此,在钢铁和有色金属工业中实际上应用得最广泛的,还是以电熔或烧结合成的方镁石砂、铬矿砂、镁铬砂为原料制成的再结合品。

21.6.1 生产工艺要点

熔铸镁铬制品的生产工艺难点是熔化温度和浇铸温度都很高,难以控制高温(2350~1450℃)区间的降温速度,制品易产生大量裂纹和大量缩孔,合格率极低。工艺流程如图 21-25 所示。

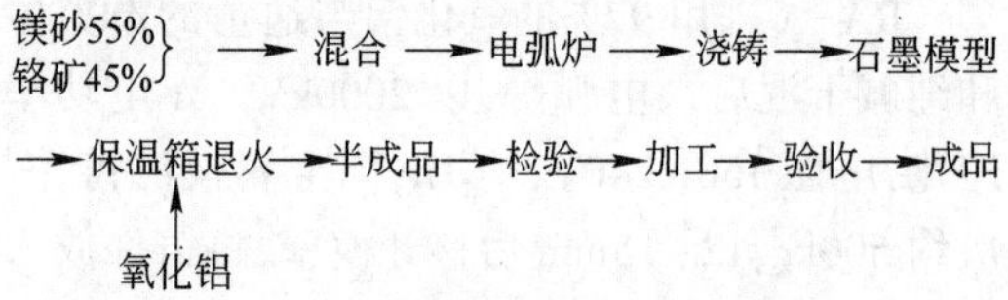

镁砂55%、铬矿45% → 混合 → 电弧炉 → 浇铸 → 石墨模型 → 保温箱退火(氧化铝) → 半成品 → 检验 → 加工 → 验收 → 成品

图 21-25 熔铸镁铬制品工艺流程图

21.6.1.1 原料

铬的唯一来源是铬铁矿,实际上它是 6 种尖晶石组成的混合晶体,一般化学式可表示为 (Mg、Fe)O·(Cr、Al、Fe)$_2$O$_3$,其中 SiO_2 和 CaO 是有害杂质,因为 SiO_2 与铬铁矿中的 Fe_2O_3 形成铁橄榄石($FeSiO_4$),其熔点很低,会在砖的结构中使硅酸盐层代替高耐火相晶体间的直接结合,破坏产品的高温性能,并且 SiO_2 还与 MgO 生成硅酸盐液相,从而降低制品的抗侵蚀能力。

21.6.1.2 产品配方

由于铬铁矿的成分复杂,其矿物组成也比较复杂,例如:方镁石、(铝)尖晶石、铬尖晶石、铁尖晶石等固溶体、钙橄榄石、镁橄榄石、铁铝酸四钙、硅酸盐相等,所以在熔铸镁铬制品制造中,可以产生很多具有产品特性的配方,有的成为发明专利,简列于表 21-37 和表 21-38。

表 21-37 熔铸镁铬制品产品配方(质量分数/%)

原料	1	2	3	4	5
铬精矿	55	50	75	62.5	20~50
镁砂	45	50	25	37.5	40~70
添加剂	—	氧化铝、氧化铬	TiO_2 1	CaF_2 1~3	锰化物 0.5~10

表 21-38 熔铸镁铬制品配方指标专利 (质量分数/%)

专利	Cr_2O_3	MgO	Al_2O_3	FeO	SiO_2	CaO	TiO_2	Al_2O_3/MgO	CaO/SiO_2	备 注
1	10~55	40~78	4~30	<25	<5	氟化物<5	<20		2.4	热稳定性高
2	9~20	23~48						0.6~2.1		消除 FeO 的有害作用
3	15~26	45~75	4~20	3~15	0.5~3	<3			<2	

21.6.1.3 电弧炉熔化浇铸退火

A 熔化温度

熔化温度 2500℃以上。镁铬制品的主要矿物组成是方镁石和氧化铬以及镁铝铁等尖晶石固溶体,表 21-39 表明这些矿物的熔点比较高,所以熔制镁铬制品的电炉变压器,须大功率才行,一般是 1800~3000kV·A。熔制的电气参数为:电压 150~320V,电流 4000~8000A。其化学反应式如下:MgO+(Mg·Fe)O·(Cr·Al·Fe)$_2$O$_3$ → MgO + $MgCr_2O_4$ + $MgAl_2O_4$ + $FeCr_2O_4$ + $FeAl_2O_4$+硅酸盐+…。

表 21-39 镁铬制品主要矿物的熔点

矿物	方镁石	氧化铬	铬尖晶石	铝尖晶石	铬铁合金	铁尖晶石
化学式	MgO	Cr_2O_3	MgO·Cr_2O_3	MgO·Al_2O_3	FeO·Cr_2O_3	Fe·Al_2O_3
熔点/℃	2800	2175	2180	2135	1770	1780

B 熔化制度

用氧化法,因为铬铁在氧化时,体积变化很大,850℃以后膨胀,1400℃以上收缩,所以为防止埋弧熔化,产生过多的合金,强调用氧化法,明弧操作,弧长应达到50mm左右。

C 浇铸

浇铸温度2300℃,先将石墨铸模连同冒口放入已用氧化铝填平的保温箱中,然后进行浇铸,由于镁铬制品的液态变固态的收缩量很大(约30%,AZS约20%),所以制品都采用无缩孔浇铸法,不进行补浇,也可以用铸铁模型浇铸。

D 退火

浇铸后盖上保温材料,在保温箱内放置25 d左右,即可出箱检验及进行加工。

有的专利提出,用液体冷却的铜模型,一边浇铸,一边加入自料冷块,比例是液7∶块1,浇毕停3min即可拆模,制品再埋入氧化铝粉中退火。

21.6.2 性能特征

熔铸镁铬制品的性能一见表21-40。熔铸镁铬制品的性能二见表21-41。

表21-40 熔铸镁铬制品的性能一

容重/kg·m^{-3}	常温耐压强度/MPa	线膨胀(1500℃)/%	MgO/%	Cr_2O_3/%	普通浇铸
≥3000	≥123	≤2	≥55	≤18	规格200 mm×230mm×460mm

表21-41 熔铸镁铬制品的性能二[22]

产品来源		国外产品							中国	
		1	2	3	4	5	6	7	1	2
化学成分(质量分数)/%	MgO	56.2	56.5	54.87	51.2	52.6	55	55.5	54.86	54.05~62.6
	Cr_2O_3	20.0	20.0	18.21	8.3	24.9	18.0	20.0	19.65	15.3~17.06
	Al_2O_3	7.2	8.0	8.16	33.5	11.4	15	8.0	11.02	9.23~12.4
	Fe_2O_3		4.0	4.33	0.9	2.1			9.42	5.12~7.24
	FeO	12.2	10.5	8.21	3.0	6.1	8.3	11.0		
	SiO_2	<5	2.5	4.08	1.5	2.1	0.6	2.5	2.75	5.84~7.24
	CaO	<3	0.5	1.64	1.6	1.2	0.9	0.5	0.90	1.3~1.7
	TiO_2		1.5	0.38	0.2	0.3	0.2	1.5		
体积密度/kg·cm^{-3}		3150	3100	3100			真3900	3300	3150	3170~3230
总气孔率/%			15~20	15~20	19	14.7		13.0	16.4	10.3~13.9
荷重软化点/℃		>1850	2300	2300	2120	2170			>1700	1720
热稳定性(1400℃,风冷)			3	3	21	9		8		
耐压强度/MPa	20℃	40	80~140	165	75	85	88	66	71.7	49.2~120
	1500℃		35	30	80	80				
矿物组成φ/%	方镁石	53	53.4		36.5	46.7				45~70
	尖晶石	40	37.6		58.2	46.5				10~30

21.6.3 用途

应该指出,使用熔铸镁铬制品,必须有非常好的水冷技术,稳定其使用温度,才会收到令人满意的效果。熔铸镁铬制品过去用于炼钢的电炉LD转炉及LF精炼炉等热区渣线及热负荷最强烈的部位,现在这些部位的材料已被MgO-C制品代替,但对于(炉外)精炼炉,最抗侵蚀的材料，仍是熔铸镁铬制品。有色冶炼（铜镍锌铅锡等）的炉子，有液态沸腾炉、闪速炉、旋涡炉等，闪速炉喷射加料的速度是130m/s，而有色金属原料的特点是含渣量高（达99%），虽然限定的冶炼温度不超过1250℃或1300℃，但渣与炉衬材料的反应侵蚀是严重的，只有用镁铬制品作炉衬情况才有好转，实际上，在钢铁和有色金属工业中，应用得最广泛的是以电熔或烧结法合成的直接结合镁铬制品、共烧结镁铬制品、熔粒再结合镁铬制品以及镁铝铬尖晶石制品等多种再结合制品，它们已经取代了熔铸镁铬制品。

由于 Cr^{6+} 对环境和健康有危险，铜工业已逐渐以尖晶石耐火材料，有效的代替了含铬型耐火材料，实际上，氧化铬（Cr_2O_3）的铬离子为三价，没有毒性，但由于使用环境的不同，有可能变为有害的六价铬，向六价铬的转变是一种氧化反应[34]，六价铬的生成有三个条件：(1)炉内必须是氧化气氛；(2)必须有碱存在；(3)温度必须在1200℃以下。现在对使用含 Cr^{6+} 耐火材料进行预处理的技术是可行的，不至于对环境造成危害，所以含铬耐火材料仍可以继续使用。

21.7　用后熔铸耐火制品的综合回收再生利用

熔铸耐火制品是砌筑玻璃窑炉的关键材料，在拆窑时会产生大量的用后熔铸耐材制品，每年产生这种用后熔铸制品约十几万吨，这些用后熔铸制品在中国历史上无人问津，一直作为废弃工业垃圾掩埋，更没有人去尝试作为生产原料重新利用。但是这些用后熔铸耐材制品如锆刚玉制品含有30%以上的 ZrO_2、45%以上的 Al_2O_3；熔铸氧化锆制品含有85%以上的 ZrO_2；熔铸氧化铝制品含有90%以上 Al_2O_3 等成分，这些都是有重新利用价值的化学成分。针对铝矾土矿产逐步萎缩，特别是国内锆英砂资源短缺的情况，利用玻璃窑拆下来的用后熔铸耐火材料的有用成分再生产熔铸耐火材料的技术逐步成功并成熟，使得用后熔铸耐火制品的综合回收再生利用得以实现。

首先是对用后熔铸耐火制品进行预处理：将用后熔铸制品清除掉附着的玻璃等杂质，破碎成粒度小于40mm的块料；再采用人工拣选、筛分、电磁除铁、机械吹灰等手段得到较纯净的颗粒料，使得颗粒料的杂质成分控制在：$Na_2O \leqslant 1.5\%$、$Fe_2O_3+TiO_2 \leqslant 0.3\%$，以保证生产出来的产品符合产品标准。

然后将上述经预处理、分选提纯下来的料，进行化学分析，依据产品标准对其进行化学成分调配，将配合好的料加入电弧炉中熔化，通过电弧炉进行二次熔融，采用不同的工艺方式，浇铸成形或吹球、浇块，制成不同组成、不同性能的熔铸耐火材料或熔铸耐火制品。可再生得到的电熔新材料有：电熔锆刚玉料、电熔氧化铝料、电熔氧化锆料等，这些电熔新材料有多种产品形式，如空心球、实心球、颗粒及粉体等。可再生得到的熔铸耐火制品有：熔铸锆刚玉制品、熔铸氧化铝制品、熔铸高锆制品等。

参考文献

[1] 宋作人.玻璃熔窑用熔铸耐火材料[M].郑州：河南科技出版社，1991：17～295.

[2] 魏忠国.玻璃工业熔铸耐火材料的发展沿革性能及使用部位[J]. Glass Technology，1998，000(10)：11～17.

[3] 方莹.玻璃工业用耐火材料面临挑战[C]//世界耐火材料大会论文译文集 . 2002：65～67.

[4] 陈兴孝，等.喷火口碹脚砖垮塌原因的分析[J].玻璃与搪瓷，2012(12).

[5] 徐家强.近来玻璃熔窑用耐火材料的应用趋势[J].国外耐火材料，2003(1)：17～18.

[6] 张纬.我国玻璃熔窑用耐火材料合理配置的探讨[J].中国建材科技，1995(4)：26～30.

[7] 孙承绪.试论我国玻璃池窑可持续发展的途径[G].2003全国玻璃工业窑炉新技术交流研讨会资料汇编，北京，2003：1～12.

[8] 王诚训，等.ZrO_2 复合耐火材料[M].北京：冶金工业出版社，1997：95～103.

[9] 王杰增，等.全氧燃烧玻璃熔窑用耐火材料[C]//我国21世纪玻璃与耐火材料工业及其配套行业技术发展与信息交流会论文集 . 北京，200：339～345.

[10] 徐幕儒.玻璃和耐火材料工艺发展的相互影响

[J].国外耐火材料,1997(3):12~18.

[11] 毛利民,等.晶相结构和氧化程度对熔铸 AZS 材料使用性能的影响[C]//我国 21 世纪玻璃与耐火材料工业及其配套行业技术发展与信息交流会论文集. 北京,2000:148~152.

[12] 毛利民,等.添加物对熔铸 33# AZS 结构和性能的影响[J].耐火材料,1998(3):138~140.

[13] 徐宝奎,等.电熔氧化锆生产过程的节能降耗[C]//2014 年新形势下全国耐火原料发展战略研讨会论文集.2014.

[14] 李铁.熔铸耐火材料熔制工艺探讨[C]//1998 年全国玻璃学术年会论文集. 北京,1998:677~683.

[15] 段英振. CSR-AZS 砖独特的氧化熔融工艺技术[J].建材耐火技术,2001(3):18~20.

[16] 王志武. 熔铸耐火材料生产工艺微机控制的研究[C]//我国 21 世纪玻璃与耐火材料工业及其配套行业技术发展与信息交流会论文集. 北京,2000:211~216.

[17] 邢金东.氧化法电熔锆刚玉产品开裂问题的探讨[J].山东陶瓷,2002(2):19~31.

[18] 王凤森.氧化锆熔铸耐火材料[J].国外耐火材料,1991(9):34~37.

[19] 欧洲耐火材料公司.具有高二氧化锆含量的熔铸耐火材料:CN104802[P].1990.

[20] 王凤森.欧美新型耐火材料一瞥[J].国外耐火材料,1999(9):58~59.

[21] 徐平坤等.刚玉耐火材料[M].北京:冶金工业出版社,1999:244~246.

[22] 高心魁.熔融耐火材料[M].北京:冶金工业出版社,1995:80~83.

第五篇 应 用

22 钢铁工业用耐火材料

本章详细介绍了钢铁冶金用耐火材料。

炼铁系统用耐火材料以 Al_2O_3 质、SiC 质和 C 质耐火材料为主，其中高炉炉缸用 C 质耐火材料，炉腰用 Si_3N_4 结合 SiC 耐火材料，出铁场用 Al_2O_3-SiC-C 质耐火材料，铁包、鱼雷车和混铁炉用 Al_2O_3-SiC-C 质耐火材料，热风炉和高炉上部用铝硅系耐火材料。

炼钢设备、转炉和电炉以及精炼炉用碱性耐火材料，如镁碳砖、镁钙砖、镁铝碳砖、铝镁碳砖和刚玉尖晶石浇注料等。连铸中间包用镁质、镁钙质材料。

钢液控流系统采用抗热震性、抗侵蚀性能优良的连铸长水口、塞棒、浸入式水口和滑动水口铝碳质等功能器件。

22.1 炼铁系统用耐火材料

炼铁系统包括焦炉、烧结、高炉、出铁场、铁水预处理等。焦炉、高炉和烧结机用的耐火材料属于基建用耐火材料，而铁水包、出铁场和铁水预处理则是消耗性的耐火材料。基建窑炉主要用使用寿命来衡量。对于正常运转的冶金窑炉，需要日常维护和更换炉衬耐火材料。对于日常消耗性耐火材料，除了要求使用寿命，还应该用单耗来衡量材料的好坏和使用水平。在炼铁系统中，渣的特点是中性和酸性渣，并且渣的氧化性较弱。根据相近材料和对侵蚀介质惰性的选择法则，应该选用含非氧化物的中性耐火材料为好，即该区域应该以含碳化硅、氮化硅、碳等的铝硅系耐火材料，如铝硅系耐火材料、Al_2O_3-SiC-C 材料等。以下分节介绍。

22.1.1 炼焦系统用耐火材料

22.1.1.1 焦炉

焦炉主要是由硅砖砌筑且结构较为复杂的工业窑炉，设计一代炉龄一般在 25 年以上，长期在极端恶劣的高温条件下生产。在使用过程中不断受到机械、物理-化学和高温的作用，使炉体各部位逐渐发生变化。焦炉设施的特点、焦炉配置以及炼焦生产的特殊性决定了在 25 年或更长的炉龄期间内保持焦炉耐火材料砌体处于正常工作状态，因此耐火材料对维持焦炉的正常生产和炉体长寿有着举足轻重的作用，必须采用先进的高品质的耐火材料与结构达到焦炉长寿的目标。炼焦工序占钢铁冶炼全流程能源消耗的 17.5%，全世界焦炭产量超过 4 亿吨，我国是世界焦炭生产和消费大国，我国的焦炭产量约占世界焦炭产量的 60%。焦化工序也是钢铁企业中消耗资源最多的工序，其能耗约占整个钢铁工序能耗的 15.71%。新的历史时期，受环境逐渐恶化的影响，焦化行业面临着节能减排标准提高的新考验，节能减排任务重大。焦炉是耐火材料砌筑的大型炉窑组，所用耐火材料以硅砖为主，约占耐材总量的 70%，到目前为止它仍然是焦炉性价比最高的耐火材料品种，所以硅砖的质量与性能对焦炉节能环保、高效生产起着非常重要作用。焦炉冶炼焦炭过程中燃烧大量煤气，排放大量 CO_x、NO_x、SO_2 气体；炉体外衬部位散热严重；炉体损坏漏煤气、冒黄烟、结碳现象时有发生。因此提高焦炉炼焦的热效率，炉体外衬关键部位保温、炉体内衬高效传热及长寿技术是焦炉节能减排、高效清洁生产的关键所在。创建 21 世纪新型长寿高产环保大型焦炉是世界焦炉发展的方向。国外很早就开始了这方面的研究，认为采用高导热高致密硅砖可提高燃烧室与炭化室之间的传热，达到结焦快、减少煤气用量的效果[1,2]。据公开报道，德国研究的结果[3]是将普通硅砖提高热导率 15%~20%，则结焦时间减少 1.5h，相当于生产率提高 8.5%；若焦炭的产量保持不变，平均加热温度可降低 30~60℃，废气中的 NO_x、CO_2 含量显著降低。日本研究结果[4]是热导率增加 17.4%，提高 10%的生产能力；如果硅砖厚度减到90mm时则增加生产率23.5%，同时节约7%耐火材料用量，对焦炭质量也有所提高。这说明国外已经对普通焦炉硅砖进行了高导热高致密性能的研究，并进行了广泛而稳定的使用，取得了很好的应用效果。

焦炉的结构如图22-1和图22-2所示。

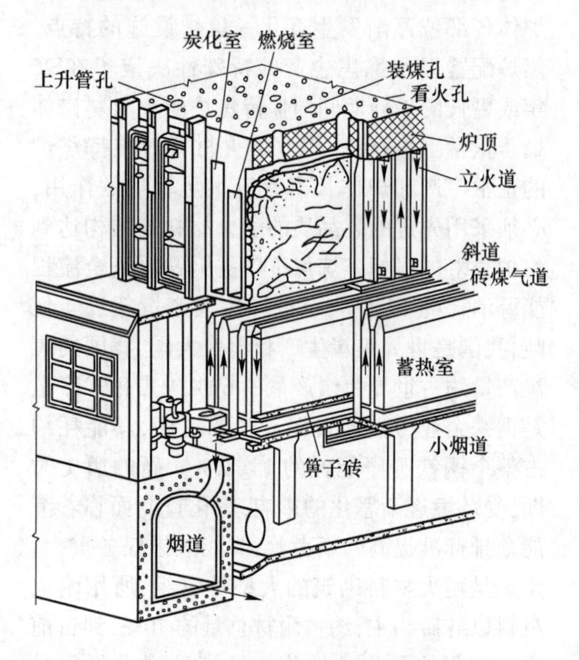

图22-1　焦炉炉体结构示意图

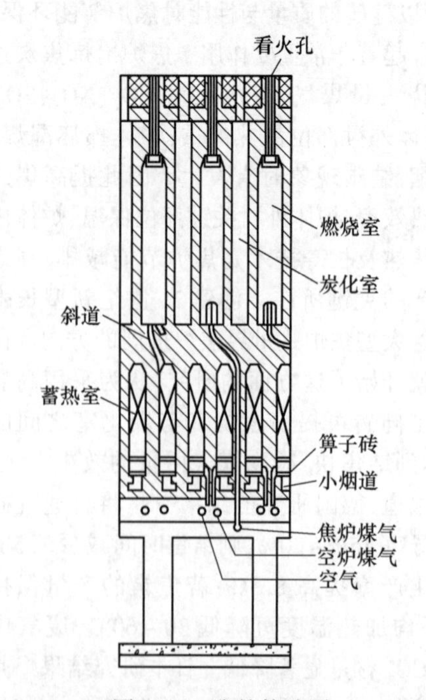

图22-2　焦炉构造图

日本新日铁在20世纪末期为了适应炼焦技术发展的需要开发了高导热硅砖。炭化室的高度逐渐从4m增加到7m，甚至7.63m的焦炉。另一方面，从缩短焦时间增加产量，节约热量以及降低烟气中所含NO_x量要求，炉墙耐材的改进已成为必需。日本进行了一系列的试验研究，测试数据表明普通硅砖在1145℃的热导率是1.90W/(m·K)而高导热硅砖是2.23W/(m·K)，增加了17.4%。当炭化室墙厚为100mm，立火道墙砖的表面温度是1300℃时，计算结果说明，普通硅砖炭化室墙面温度是970℃而高导热硅砖是1019℃，两者相差49℃，这个温度差相当于10%的生产能力。如果高导热硅厚度减到90mm时可增加生产率23.5%，同时节约7%耐火材料用量，对焦炭质量也有所提高。

国内对焦炉优质硅砖的理解在近二十年内有了很大的进步，从仅关注化学成分、显气孔率、耐压强度、荷重软化温度，到关注线膨胀率、真密度、残余石英含量，应该说对于普通硅砖这些技术指标可以保证较好的产品质量。对于炭化室采用高导热硅砖，钢铁企业用户和耐材生产厂已经提出了这样的要求和概念，通过炭化室炉墙高导传热来达到节能减排、提高生产效率的目标。

焦炉所用耐火材料主要为硅砖、黏土砖、高铝砖；近年来，高导热硅砖、炉门预制件、炉顶保温浇注料等新材料已经成功应用。焦炉各部位的环境条件及对耐火材料的要求如下：

(1)炭化室与燃烧室的隔墙。隔墙起到传递热量而隔绝炉气并支撑荷重的作用。

焦炭结焦温度一般在950~1050℃，为保证炼焦，焦炉隔墙炭化室一侧表面温度应加热到1100~1250℃，而在出焦加入冷煤后隔墙表面温度急剧降到700℃左右，而燃烧室一侧温度波动于1200~1450℃；炭化室一侧隔墙要受到推焦磨损；由于煤的干馏、结焦过程在隔绝空气的条件下进行，要求隔墙气密性好，高温下不透气不发生收缩变形，制品形状规整、尺寸准确，以保证砌缝小和不致引起砌缝开裂；炭化室内在炼焦过程中还有水分排出，燃烧室内燃气的燃烧产物含有少量水分，同时由于煤中盐类的化学侵蚀和煤气的分解与炭素的沉积，可能破坏隔墙的组织和性能，强度下降。

基于上述特点，炭化室与燃烧室的隔墙用耐火材料，世界各国的焦炉几乎全部选用硅砖。因为，与其他耐火材料相比，硅砖在700～1450℃范围内体积变化和导热性的变化较小，其高温强度很高、荷重软化温度与其耐火度相近（1620～1660℃），耐磨损，也不易水化。

（2）其他部位用耐火材料。

炭化室的底部：在炼焦过程中，不仅承受煤或焦炭的质量，在推焦过程中还受到摩擦的作用，易磨损和破坏。炭化室的顶部受上部覆盖层和加煤机的动静载荷作用，因此应选用具有高温强度大、耐磨损的耐火材料。通常，由于其工作条件和要求与炭化室其他部位相似，故仍用硅砖。

炭化室两端的炉头：由于炉门开启时温度骤然变化，由1000℃下降到500℃以下，超过了硅砖体积稳定的温度极限，因此炉头应选用抗热震性好、荷重软化温度较高的高铝制品，目前主要采用优质高铝砖、硅线石砖或红柱石砖砌筑。

斜道：斜道将燃烧室和蓄热室相连，要求材料能抵抗热应力作用，砖体结构稳定，小型焦炉用黏土砖，大型焦炉一般使用硅砖。

蓄热室：侧墙冷热交替温差大，采用优质黏土砖。有的为了保持整体性，也采用硅砖，外侧用黏土砖保护。蓄热室用格子砖，一般用黏土砖。

国内外某些工厂对砌筑焦炉用硅砖的性能要求分别见表22-1和表22-2。

（3）焦炉用新型耐火材料。

高导热硅砖：随着焦炉大型化和绿色节能的需要，高导热硅砖在焦炉炭化室及燃烧室隔墙应用已经常态化，并取得了良好的使用效果。高导热硅砖主要采用掺加金属氧化物，改变原料粒度级配、调整烧成温度曲线等措施，制得既满足一般硅砖性能，又具有导热性优异的特性；可以使隔墙厚度减薄，强化传热，提高焦炉的生产率，而且可提高炉子使用寿命。高导热硅砖技术指标见表22-3。

表22-1　国内炼焦炉用硅砖的理化指标

项　目		牌号及指标	
		JG-93致密砖	JG-93一般砖
$w(SiO_2)$/%		≥93	≥93
耐火度/℃		≥1690	≥1690
0.2MPa荷重软化开始温度/℃		≥1630	≥1620
重烧线膨胀率（1450℃×3h）/%		≤0.4	≤0.5
显气孔率/%	炉底砖	≤18	≤22
	炉壁砖		≤23
	其他部位用砖		≤25
常温耐压强度/MPa	炉底砖	≥39.24	≥24.53
	炉壁砖		≥24.53
	其他部位用砖		≥19.62
真密度/$g \cdot cm^{-3}$	炉底砖	≤2.35	≤2.36
	炉壁砖		≤2.36
	其他部位用砖		≤2.37
单块质量大于15kg的砖的真密度/$g \cdot cm^{-3}$		≤2.36	≤2.38

表 22-2 国外砌筑焦炉使用的硅质制品的性能

项目	Still	Didier	
		Stella HD	Stella SD
$w(SiO_2)$/%	≥94	≥95	≥95
$w(Al_2O_3)$/%	≤0.85	≤1.3	≤1.0
真密度/g·cm^{-3}	2.33	2.34~2.35	2.34~2.35
体积密度/g·cm^{-3}	1.83	1.83~1.85	186~1.91
开口气孔率/%	≤23	≤20	≤19
荷重软化温度/℃	1620	1660	1660
耐压强度/MPa	≥60	≥30	≥35
残余膨胀率/%			
项目	Koppers	Koppers-Becker	ГОСТ-8023-56
$w(SiO_2)$/%			≥94
$w(Al_2O_3)$/%			
真密度/g·cm^{-3}	2.33	2.33	237;2.35
体积密度/g·cm^{-3}		1.95	1.85
开口气孔率/%	≤22	≤16.3	≤23
荷重软化温度/℃	1600		1650
耐压强度/MPa	≥45		≥30
残余膨胀率/%			≤0.4
项目	BN-68/6765-11		
	SK-13	SK-11	SK-10
$w(SiO_2)$/%	≥94	≥94	≥93
$w(Al_2O_3)$/%			
真密度/g·cm^{-3}	2.35	2.36~2.38	2.36~2.38
体积密度/g·cm^{-3}			
开口气孔率/%	≤21	≤22	≤26
荷重软化温度/℃	1650	1620	1610
耐压强度/MPa	≥35	30~25	25~20
残余膨胀率/%	≤0.3	≤0.5	≤0.8

表 22-3 高导热硅砖技术指标[88]

项目	指标
$w(SiO_2)$/%	≥95
$w(Al_2O_3)$/%	≤0.9
$w(Fe_2O_3)$/%	≤0.8
$w(CaO)$/%	≤3.0
真密度/g·cm^{-3}	2.33
开口气孔率/%	≤21
荷重软化温度/℃	1650
耐压强度/MPa	≥40
残余膨胀率/%	≤1.25
导热系数(1100℃)/W·(m·K)$^{-1}$	≥2.30

炉门预制件:为了解决焦炉炉门频繁开启与关闭造成焦炉炉门的损毁,形成冒灰冒火问题,在焦炉炉门、上升管等部位使用预制件已经成为共识,且取得了非常显著的应用效果。炉门预制件主要采用莫来石-堇青石材质材料经低温烘烤、高温施釉,得到其高温体积稳定、表面光洁度好、粘接物易于清理等优点。也有基于成本考虑,采用黏土质浇注料,经烘烤直接使用,优于原来的由黏土砖砌筑焦炉炉门,但寿命及易于清理效果等方面不如施釉的莫来石-堇青石炉门预制件好。表 22-4 列出了莫来石-堇青石施釉炉门预制件的技术指标。

表 22-4 焦炉用预制件的技术指标[89,90]

项目	指标		
	焦炉炉门 MJ-50-L	煤气上升管 MJ-50-S	装煤口 MJ-45-Z
$w(Al_2O_3)$/%	≥50	≥50	≥45
$w(MgO)$/%	≥3.0	≥3.0	≥3.0
显气孔率/%	≤28	≤28	≤28
体积密度/g·cm^{-3}	≥2.1	≥2.1	≥2.1
耐压强度/MPa	≥35	≥40	≥45
抗折强度/MPa	≥4.0	≥4.5	≥4.5
导热系数(1100℃)/W·(m·K)$^{-1}$	≤1.2	≤1.2	≤1.2
抗热稳定性(1100 水冷)/次	50	50	50

同质火泥:焦炉砌筑用火泥以前常被忽视,多注重涂抹施工性能。随着焦炉大型化、环保要求越来越严格,砌筑材料不但对焦炉硅砖要求严格,对火泥的选择也逐渐重视起来。在此背景下,由硅砖生产厂家根据砖的特性,采用同品位、同产地主原料配制的同质火泥具有与砖体膨胀系数相近、转化温度相近的优势得到推广。

22.1.1.2 干熄焦装置

干法熄焦简称干熄焦或 CDQ(Coke Dry Quenching),是指将焦炉生产的红焦通过惰性循环气体干法熄灭并将显热回收。惰性循环气体将回收的热量带到余热锅炉与水进行换热生产蒸汽,蒸汽送到汽轮机,由汽轮机带动发电机发电。高温循环气体与水进行换热后成为低温循环气体,低温循环气体再进入干熄炉与红焦进行换热,如此不断的换热,焦炭一般最终被冷却到200℃以下。干熄焦系统有四大工艺流程:焦炭工艺流程、循环气体工艺流程、锅炉汽水工艺流程、除尘工艺流程。

干熄焦技术是国家重大节能环保技术项目,相对于湿法熄焦而言具有环保、节能、节省水资源的优点,同时对于提高焦炭质量、降低高炉焦比具有重要意义。

A　干熄焦装置发展概述

干熄焦起源于瑞士,最早的干熄焦装置是1917年瑞士舒尔查公司在丘里赫市炼焦制气采用的。20世纪30年代起,苏联、德国等国家也相继采用了构造各异的干熄焦装置,经历了罐室式、多室式、地下槽式、地上槽式的发展过程。早期由于受处理能力较小、发生蒸汽不稳定、投资大等因素影响长期未得到发展;20世纪60年代,苏联在干熄焦技术工业化方面取得了突破性进展,建造了带预存室的地上槽式干熄焦装置,处理能力达到52~56t/h,实现了连续稳定的热交换操作。

20世纪70年代,日本在能源短缺、节能呼声高涨的背景下,从苏联引进干熄焦技术和专利实施许可,经过不断地改进,在大型化、自动化、提高技术经济指标和环境保护措施等方面有所发展,取得显著的成效;相继开发设计并建成了单槽处理能力分别为110t/h、150t/h、180t/h、200t/h以上的多种规模的大型干熄焦装置;日本在干熄焦的大型化方面做出了极大的贡献。

我国干熄焦技术始于20世纪80年代,宝钢从日本新日铁引进了75t/h CDQ装置;其后,浦东焦化煤气公司、济钢也采用乌克兰技术建设了70t/h的干熄焦装置。钢铁工业发展的需求、环保及节能减排的要求推动了干熄焦事业的发展,国家经贸委将原国家冶金局上报的(国冶发[2000]117号文)“干熄焦技术开发”,于2000年6月9日以国经贸[2000]543号文正式批复,列入了国家重大引进消化吸收“一条龙”攻关开发项目,由鞍山华泰公司、武汉科技大学、中国钢铁科技发展中心、山东鲁耐窑业有限责任公司对关键耐火材料开展了攻关工作;2003年武钢1号CDQ的建设拉开了我国CDQ大规模建设的序幕,新日铁工程株式会社也抓住我国干熄焦工业发展的契机与首钢合作合资成立了中日联节能环保工程有限公司,专注于干熄焦的设计及工程总包;此后,又有多家干熄焦设计单位成立,其干熄焦设计原型都是源于日本的两种类型,只是耐火材料选择上有所变化。

为严格控制污染加强环境治理,国家发展改革委员会于2004年发布了《焦化行业准入条件》公告76号文,规范了焦化厂的建设条件,从法规的角度推动了我国干熄焦事业的发展。就干熄焦的规模而言,我国居世界首位,首钢京唐钢铁公司260t/h CDQ是目前世界最大规格的装置;按照焦炉的生产规模经济合理地配置干熄焦装置,已形成65~260t/h十几种规格。干熄槽大型化的好处是显著的:一是可以节省占地面积,而且可以使设备的数量减少一半;二是可以降低20%的运行成本,增加30%的投资回报;三是通过设备费用和施工费用的降低,可以使得总成本降低20%~25%。

a　干熄焦技术的工作原理

干熄焦是利用冷惰性气体(150℃)在干熄槽中与红热焦炭(950~1050℃)换热从而冷却焦炭(200℃),吸收焦炭热量的惰性气体将热量传给干熄焦锅炉产生蒸汽。被冷却的惰性气体再由循环风机鼓入干熄槽循环使用。干熄焦锅炉产生的蒸汽用于发电。干熄焦装置工艺流程如图22-3所示。

b　干熄焦技术的特点

与常规湿法熄焦相比,干熄焦主要有以下四方面优点:

(1)回收红焦显热。红焦显热占焦炉能耗的35%~40%,干熄焦可回收80%的红焦显热,平均每熄1t焦炭可回收3.9~4.0MPa、450℃蒸汽0.45~0.55t。据日本新日铁对其企业内部包括干熄焦节能项目效果分析,结果表明干熄焦装置节能占总节能的50%,说明干熄焦在钢铁企业节能项目中占有举足轻重的地位。

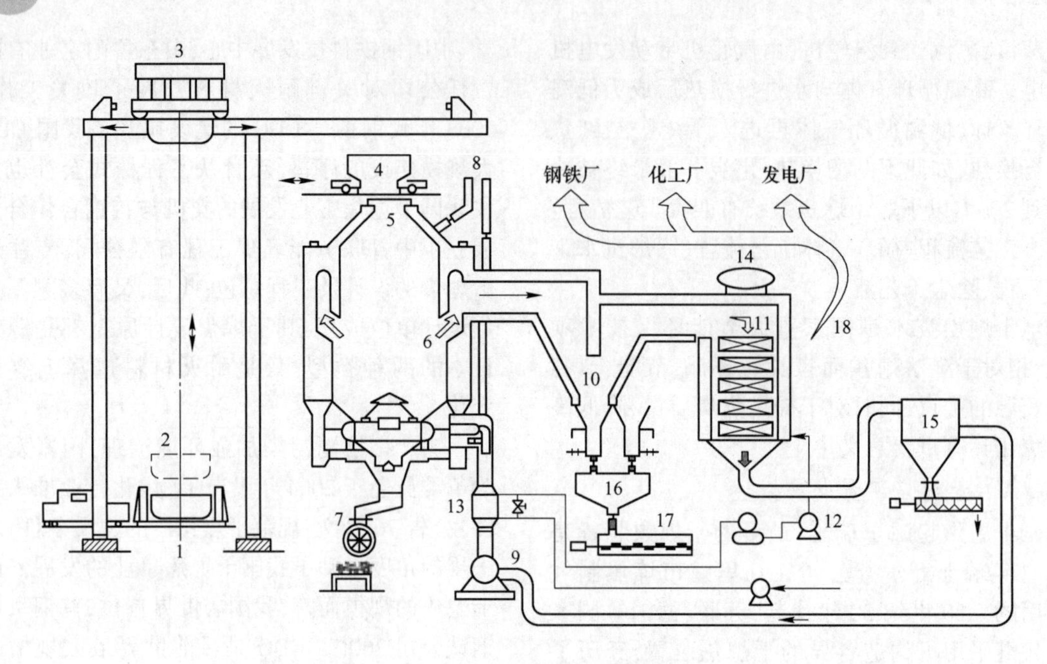

图 22-3 干熄焦装置工艺流程图

1—焦罐运输车；2—焦罐；3—吊车；4—装料槽；5—预存室；6—冷却室；7—冷焦排出装置；8—放散管；9—循环气体鼓风机；10— 一次除尘器；11—锅炉；12—给水泵；13—给水预热器（辅助节热器）；14—汽包；15—二次除尘器；16—集尘槽；17—排尘装置；18—蒸汽

(2)改善焦炭质量。干熄焦与湿熄焦相比，避免了湿熄焦急剧冷却对焦炭结构的不利影响，其机械强度、耐磨性、体积密度都有所提高。焦炭比提高 3%～6%，M_{10} 降低 0.3%～0.8%，反应性指数 *CRI* 明显降低。冶金焦炭质量的改善，对降低炼铁成本、提高生铁产量、高炉操作顺行极为有利，尤其对采用喷煤技术的大型高炉效果更加明显。苏联大高炉冶炼表明，采用干熄焦炭可使焦比降低 2.3%，高炉生产能力提高 1%～1.5%。同时在保持原焦炭质量不变的条件下，采用干熄焦可扩大弱黏结性煤在炼焦用煤中的用量，降低炼焦成本。两种熄焦方法焦炭质量指标对比见表 22-5。

表 22-5 干熄工艺和湿熄工艺生产焦炭质量对比

焦炭质量指标		湿熄焦	干熄焦
水分/%		2~5	0.1~0.3
灰分(干基)/%		10.5	10.4
挥发分/%		0.5	0.41
米库姆转 M_{40}/%		干熄焦比湿熄焦提高 3%~6%	
转鼓指数 M_{10}/%		干熄焦比湿熄焦改善 0.3%~0.8%	
筛分组成/%	>80mm	11.8	8.5
	80~60mm	36	34.9
	60~40mm	41.1	44.8
	40~25mm	8.7	9.5
	<25mm	2.4	2.3
平均块度/mm		65	55
CSR/%		干熄焦比湿熄焦提高 4%左右	
真密度/$g \cdot cm^{-3}$		1.897	1.908

(3)减少环境污染。常规的湿熄焦,以年产焦炭100万吨焦化厂为例,酚、氰化物、硫化氢、氨等有毒气体的排放量超过600t,严重污染大气和周边环境。干熄焦由于采用惰性气体在密闭的干熄槽内冷却红焦,并配备良好有效的除尘设施,基本上不污染环境。另外,干熄焦产生的生产用汽,可避免生产相同数量蒸汽的锅炉烟气对大气的污染,减少SO_2、CO_2排放,具有良好的社会效益。两种熄焦工艺污染情况对比见表22-6。

表22-6 干熄工艺与湿熄工艺污染对比表 (kg/h)

生产方式	酚	氰化物	硫化物	氨	焦尘	一氧化碳
湿熄焦	33	4.2	7.0	14.0	13.4	21.0
干熄焦	无	无	无	无	7.0	22.3

(4)节约水资源。湿熄工艺每熄1t红焦大约产生0.58t含有酚、氰化物、硫化物及粉尘的蒸汽,相对应的干熄焦装置每干熄1t焦炭,可节水0.58t。

c 干熄焦装置的结构类型

目前我国干熄焦的主要结构类型是源于日本新日铁采用的单斜道型(NSC型)和JFE采用的双斜道型(JSP型)。日本对圆形槽式干熄焦技术极尽巧思,进行了诸多的改进与完善。利用旋转焦罐、装料料钟改善了焦炭在干熄槽内的偏析状况;增设锅炉供水与循环气体换热器(给水预热器),降低进干熄槽的循环气体温度;研制排焦用的旋转密封阀,解决了排焦粉尘外溢的问题,使得气料比由1500m^3/t以上降至1250m^3/t,排焦温度由250℃降低到200℃以下,并且降低了干熄槽高径比,减少了工程的投资。

我国建设的干熄焦装置绝大多数源于日本技术,是圆形槽式布局,中冶焦耐工程有限公司引进了这两种炉型,中日联公司采用新日铁干熄焦技术,其他设计机构也是沿用上述技术的改进。从干熄室结构来说区别主要在斜烟道区的设计,柱的结构、斜烟道数量不同;NSC型处理能力150t/h以下中小型是柱腿独立支撑型,再大型号增加了防偏流板,JSP型采用双斜道(分隔式斜道)布局。

干熄炉本体为圆形截面竖式炉,炉体上部为预存段,中间为吸引段(斜烟道区),下部为冷却段。斜烟道区作为一个组合体又可分为:斜烟道立柱(俗称牛腿)、斜道背墙(立柱之间的部位)和环梁三个部分,环梁支撑环形风道内墙。一次除尘起到对循环气体的净化作用,循环气体通过该系统烟气中的焦尘沉降,减弱对锅炉管的磨损。干熄炉结构如图22-4和图22-5所示,干熄焦炉柱结构如图22-6和图22-7所示。

B 干熄焦用耐火材料

a 干熄焦耐火材料的应用环境、性能要求及损毁因素

(1)炉口。炉口的损毁以装料口附近砖的裂纹、剥落为主,损毁原因是装入焦炭时的高温剥落,以及来自预存室砖衬的热膨胀造成的上浮挤压。同时干熄炉口的水封有漏水风险,一旦漏水或锅炉爆管水蒸气进入干熄室,所有耐材的化学侵蚀加剧,所以该部位耐材应具有强度高、耐磨性好、抗CO及水蒸气侵蚀的特点。

(2)预存带。预存带下部充填焦炭,预存带环形烟道区下部对焦炭有料位计控制上、下料位,起到对斜烟道的密封作用;焦炭对环形烟道有挤压作用,同时焦炭对预存带耐火材料有高温辐射,焦炭中的气体对耐材有侵蚀作用;环形烟道导入空气后焦尘在环形烟道燃烧,耐材热负荷加大,特别是环形烟道内筒砌体出现缝隙后,因压差会导致串风问题,空气导入时会进入预存带出现串流,会引起爆燃甚至爆炸,导致内筒加速损毁甚至倒塌,所以耐材应有良好的高温体积稳定性、抗剥落性、耐磨性、抗化学侵蚀性。

(3)吸引带。吸引带由环梁区和斜烟道区构成,斜烟道支柱在结构上承受着炉子环梁区和环形烟道内墙等上部耐火材料的质量,吸引

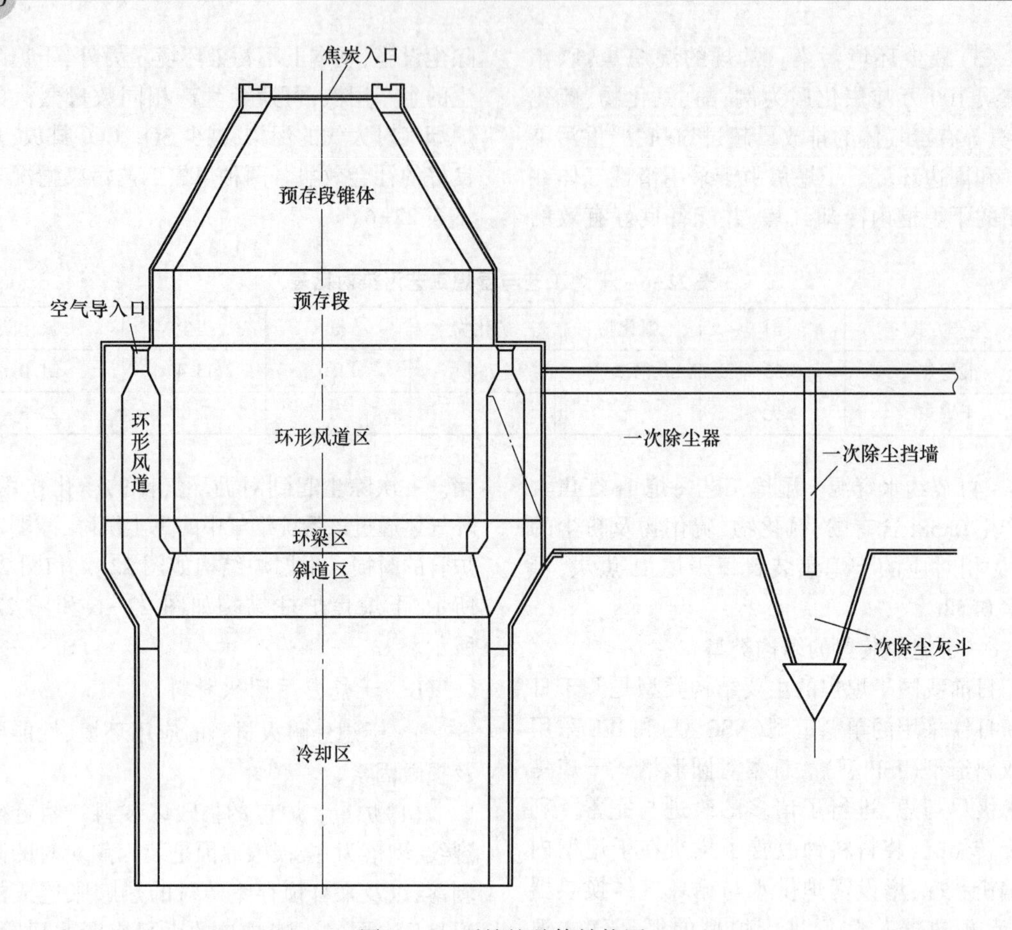

图 22-4　干熄炉总体结构图

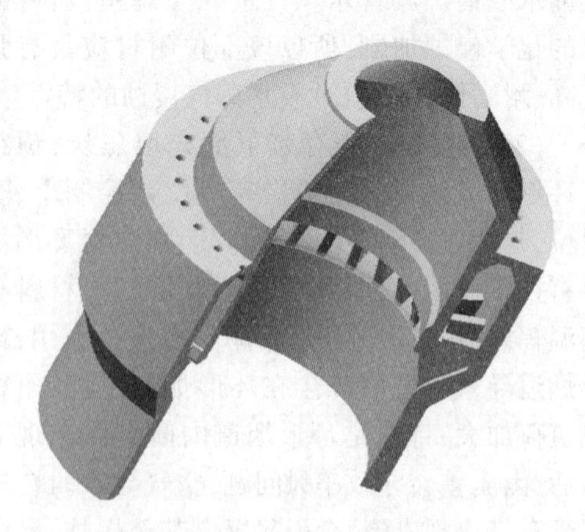

图 22-5　干熄炉本体剖视图

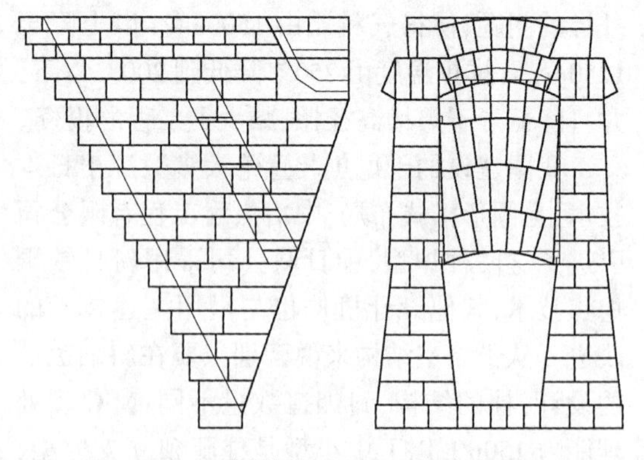

图 22-6　双斜道型干熄炉柱部结构图

带耐材总是处于焦炭的移动摩擦及冷却气体的冲刷状态之下，同时温度的变化使耐火材料经受急冷急热；另外，加焦期间会吸入空气，使焦粉在柱腿部位燃烧产生高温。这些部位的损毁原因主要是由于温度变化所产生的热应力、机械冲击以及耐火材料的不均匀负荷造成的应力、化学侵蚀，以热震损毁为主，所以耐材应有良好的高温强度、耐磨、抗热震、低膨胀等性能。

(4)冷却带。冷却带受焦炭推出时的磨损，同时还有从下部吹入的冷却气体使焦粉撞击炉壁而产生粉尘磨损；气体的流动变化，反复

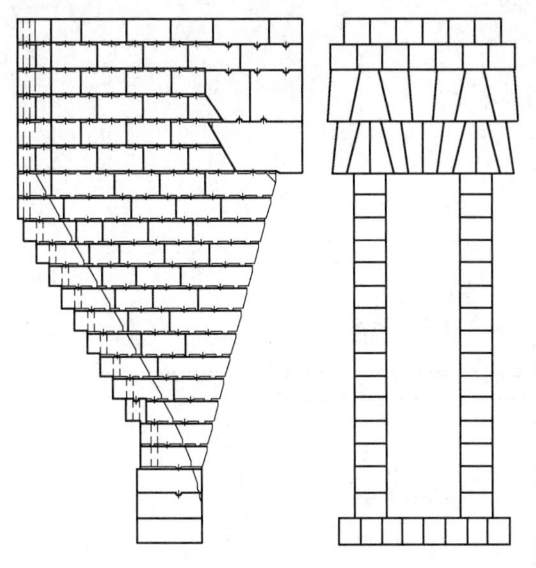

图 22-7 单斜道型干熄焦结构图

加热、冷却会引起高温化学反应及剥落，所以冷却带的损毁以热剥落、机械磨损及化学腐蚀为主，材料应有优良的耐磨性、抗热震性。应当注意的是，砖中的杂质 Fe_2O_3 与 C 发生反应，引起砖的结构疏松，温度变化使砖产生裂纹，这将加剧耐火材料的损毁。

(5)除尘器。除尘器的拱形结构跨度较大、空气烧焦粉致使循环气体温度升高，故材料高温抗挤压能力要强，同时经常受到循环气体中焦炭粉尘的冲击，造成炉壁内耐火材料的磨损，此部位容易产生较大的气体偏流，使粉尘冲击炉壁加剧磨损。另外，循环装置的水平布局较长，在两端设有膨胀节，耐材高温体积稳定性不好或膨胀较大时易导致膨胀节脱落；有些干熄焦装置除尘器设隔墙降尘，该部位还会受到较大的气流冲击，所以耐材要有好的高温强度、抗热冲击、膨胀系数小、抗气体侵蚀等性能。

干熄焦装置各部位用耐火材料的损毁因素汇总于表 22-7。

表 22-7 干熄焦装置各部位用耐火材料的损毁因素

部位	损毁类型	损毁原因
预存带 圆锥部	装料口砖的裂纹、磨损、粉化及剥落	装焦炭时的高温剥落，热膨胀形成的牵引力、气体侵蚀、摩擦
预贮带 环形烟道区	结合火泥的磨损剥落、墙壁裂纹接缝开裂及高温变形鼓肚	焦炭及粉尘气体造成的磨损、侵蚀；爆燃冲击力、焦炭的侧压力引起的墙壁砖的变形、砖的高温软化；冷却收缩引起的裂纹
吸引带	环梁拱砖的裂纹、剥落，吸引带斜道区接缝开裂，砖的磨损及断砖、剥落	荷重引起的断裂，机械剥落、热剥落，冷却收缩引起的裂纹，焦炭及气体对砖的磨损、化学侵蚀
冷却带	砖的磨损、砖的剥落，接缝的局部损毁	气流、焦炭造成的磨损，热剥落；气体的冲击、化学侵蚀
除尘器	砖的磨损，冷却时的裂纹、变形	粉尘气体造成的磨损、气体侵蚀，材料高温软化、热剥落

b 干熄焦用耐火材料选择

早在 1991 年投产的宝钢二期干熄焦装置，其工作衬采用国产高级致密黏土砖来取代昂贵的进口黏土质复合砖，只使用 1 年冷却室便出现严重磨损；源于乌克兰技术的干熄焦柱部采用高铝碳化硅，其他部位选择不同牌号的低铝莫来石或致密黏土砖。引进消化吸收“一条龙”开发后，不管是单斜道型还是双斜道型，设计耐材均选择“一条龙”项目的攻关指标体系，即炉口采用 B 级莫来石碳化硅砖 QBT、预存段黏土砖 QN3、循环风道采用 A 级莫来石砖 AM、斜烟道采用 A 级莫来石碳化硅砖 QAT、冷却段采用 B 级莫来石砖 QBM、一次除尘采用 AM 及特种黏土砖 QN53。2005 年因武钢第二套 CDQ 柱部 QAT 损毁较快，中日联公司根据日本新日铁的意见对柱部采用了鲁耐窑业按新日铁技术研发本部要求开发的莫来石红柱石制品，后与中日联公司命名为 BE3-LN。后期我国多家设计机构开展干熄焦装置设计，其选材也大体一致。“一条龙”项目干熄焦装置耐火材料配置图如图 22-8 所示。

随着干熄焦技术的发展，我国干熄焦设备

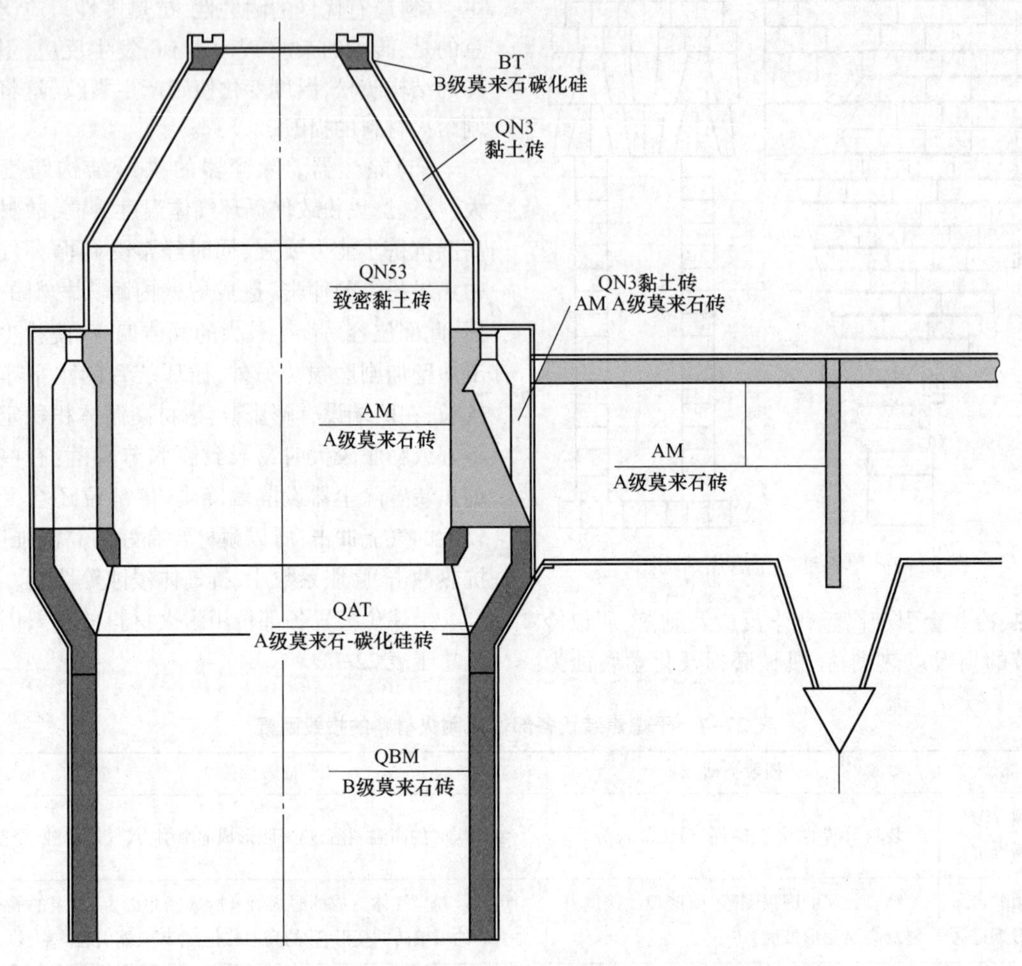

图 22-8　“一条龙”项目干熄焦装置耐火材料配置图

国产化率达97%，干熄焦装置逐步实现系列化、大型化、最优化。干熄焦的大型化无疑会对结构做改变，耐材的受力、磨损、热力场会发生恶化，加剧了耐材的损毁，对耐材要求提升。针对干熄焦工作衬在几个关键部位普遍存在一些问题，国内钢铁公司、耐火材料企业开展了相关研究改进工作，不断将其他材料引入到干熄焦相关部位应用，包括柱部用氮化硅结合碳化硅制品、β-SiC 制品、氮化物复合相结合碳化硅制品、SiAlON 碳化硅制品等；冷却段用莫来石刚玉砖、应力缓冲型 BM、复合相耐磨砖等；碳化硅质大砌块在干熄焦也有应用。干熄焦停产检修的主要部位是斜烟道柱部和冷却段耐磨砖；有的干熄焦会出现环形风道倒塌，一般是砌筑及运行问题，个别是耐材质量问题。柱部砖应用效果上，QAT 和莫来石红柱石砖互有优缺点，QAT 主要是脆断或剥落，莫来石红柱石砖主要是磨损、压断，寿命波动较大，一般从 2 年左右开始对柱腿端部更换，有的 5 年左右柱腿全部更换，有的经年检维修可使用一个寿命周期 8~10 年。“一条龙”项目干熄焦主要耐火材料理化性能见表 22-8~表 22-10，中日联公司干熄焦用主要耐火制品理化性能见表 22-11，新型干熄焦炉柱部用耐火材料理化性能见表 22-12 和表 22-13，新型冷却段用耐磨制品理化性能见表 22-14，干熄焦耐火材料配置见表22-15。

表 22-8 "一条龙"项目干熄焦定型耐火制品理化性能

项 目	A 级莫来石砖	B 级莫来石砖	A 级莫来石-SiC 砖	B 级莫来石-SiC 砖	QN53 黏土砖	QN3 黏土砖
$w(Al_2O_3)$/%	≥55	≥55	≥35	≥30	≥42	≥40
$w(SiC)$/%	—	—	≥30	≥40	—	—
$w(Fe_2O_3)$/%	≤1.3	≤1.3	≤1.0	≤1.2	≤1.6	—
耐火度/℃	≥1770	≥1770	≥1770	≥1770	≥1770	≥1690
抗折强度(1100℃×0.5h)/MPa	—	—	≥20	—	—	—
荷重软化温度 T_2/℃	≥1500	≥1500	≥1600	≥1600	≥1500	≥1450
抗热震性(1100℃,水冷)/次	≥30	≥22	≥40	≥50	≥10	—
耐压强度/MPa	≥75	≥85	≥85	≥85	≥70	≥25
显气孔率/%	≤18	≤17	≤21	≤21	≤16	≤24
体积密度/$g \cdot cm^{-3}$	≥2.40	≥2.45	≥2.50	≥2.50	—	—
耐磨性/cm^3		≤10				

表 22-9 "一条龙"项目干熄焦用耐火泥理化性能

性 能		碳化硅砖用火泥	莫来石砖用火泥	QN53 砖用火泥	QN3 砖用火泥
化学组成(质量分数)/%	Al_2O_3	≥30	≥65	≥45	≥35
	Fe_2O_3	—	—	≤2.0	≤2.0
	SiC	≥30	—	—	—
耐火度/℃		≥1770	≥1730	≥1710	≥1690
0.2MPa 荷重软化温度 T_2/℃		≥1500	≥1450	≥1350	≥1350
黏结强度/MPa	110℃×24h	≥4	≥4	≥4	≥3
	400℃×24h	≥6	≥6	≥4	≥4
	600℃×24h	≥6	≥6	≥4	≥4
	800℃×24h	≥6	≥6	≥4	≥4
	1100℃×24h	≥8	≥6	≥4	≥4
黏结时间/min		1~2	1~2	1~2	1~2
粒度/%	+0.5mm	≤2	≤2	≤2	≤2
	-0.074mm	≥60	≥60	≥60	≥50

表 22-10 "一条龙"项目干熄焦装置浇注料理化性能

项 目	CN-130 黏土质浇注料	ZCH010 高铝质浇注料	ZCH027 高铝质浇注料	CL-80 隔热浇注料	CL-100 隔热浇注料
耐火度/℃	≥1620	≥1700	≥1700	—	—
烧后线变化率/%	-0.5~+0.5 (1100℃×3h)	-0.5~+0.5 (1100℃×3h)	-0.3~+0.3 (1100℃×3h)	-1.0~+1.0 (800℃×3h)	-1.0~+1.0 (1000℃×3h)
烧后体积密度/$g \cdot cm^{-3}$	≥1.7 (1100℃×3h)	≥2.6 (1100℃×3h)	≥2.5 (1100℃×3h)	≤0.9 (800℃×3h)	≤1.1 (1000℃×3h)

续表 22-10

项 目	CN-130 黏土质浇注料	ZCH010 高铝质浇注料	ZCH027 高铝质浇注料	CL-80 隔热浇注料	CL-100 隔热浇注料
耐磨性(磨损量)/cm^3	—	—	≤15 (1100℃×3h)	—	—
0.2MPa 荷重软化开始温度(参考值)/℃	≥1120	—	—	—	—
$w(Al_2O_3)$/%	≥35	≥60	≥60	—	—
常温抗折强度(110℃×24h 干燥后)/MPa	≥4.0	≥8.0	≥10.0	≥0.6	≥1.2
热态抗折强度/MPa	—	—	≥12 (1000℃×3h)	≥0.5 (800℃×3h)	≥0.5 (1000℃×3h)

表 22-11 中日联公司设计干熄焦柱部用莫来石红柱石砖理化性能

项 目	A 级莫来石 AM	B 级莫来石 BM	B 级莫来石-碳化硅砖 BT	BE3-LN
耐火度/℃	≥1770	≥1770	≥1770	≥1730
显气孔率/%	≤18	≤17	≤21	≤18
体积密度/$g \cdot cm^{-3}$	2.4~2.5	2.45~2.55	2.5~2.8	2.30
常温耐压强度/MPa	≥75	≥85	≥85	≥39.2
抗折强度(1100℃×0.5h)/MPa	≥10	≥18	≥20	—
重烧线变化(1350℃×2h)/%	+0.1~-0.5	+0.1~-0.5	+0.1~-0.5	—
抗热震性/次	≥30	≥22	≥50	≥5*
0.2MPa 荷重软化温度 T_2/℃	≥1500	≥1500	≥1600	≥1500
$w(SiC)$/%	—	—	≥40	—
$w(Al_2O_3)$/%	≥55	≥55	≥30	≥38
$w(Fe_2O_3)$/%	≤1.3	≤1.3	≤1.2	≤2.0

*230mm×114mm×65mm 标砖,1300℃加热 30min、水冷 10min、空冷 20min。

表 22-12 新型干熄焦柱部用定型耐火制品理化性能

项 目	Si_3N_4-SiC	Si_3N_4/Si_2N_2O-SiC	SiAlON-SiC	β-SiC-SiC
显气孔率/%	≤16	≤16	14.2	≤14
体积密度/$g \cdot cm^{-3}$	≥2.65	≥2.65	2.73	≥2.73
常温耐压强度/MPa	≥160	≥170	215	≥170
常温抗折强度/MPa	≥45	≥45	50.2	≥45
高温抗折强度(1400℃)/MPa	≥45	≥45	53.5	≥45
荷重软化温度 $T_{0.2}$/℃	≥1700	≥1700	≥1700	≥1700
$w(SiC)$/%	≥72	≥72	74.22	≥92
$w(Si_3N_4)$/%	≥21			
$w(Fe_2O_3)$/%	≤0.6	≤0.6	0.43	≤0.5
$w(N)$/%			6.32	

续表 22-12

项 目	Si_3N_4-SiC	Si_3N_4/Si_2N_2O-SiC	SiAlON-SiC	β-SiC-SiC
$w(Al_2O_3)$/%			12	
$w(Si_3N_4+Si_2N_2O)$/%		≥21		
热传导率(激光法 1000℃)/W·(m·K)$^{-1}$	≥16	≥16		
抗热震性(1100℃,水冷)/次	≥50	≥50	≥50	≥50
线膨胀率(1000℃)/%	0.45	0.46	0.46	≤0.5
线膨胀系数(1000℃)/K^{-1}	≤4.8×10^{-6}	≤4.8×10^{-6}		

表 22-13 SiC 大砌块理化性能

性能	耐火度/℃	0.2MPa荷重软化温度/℃	显气孔率/%	体积密度/g·cm^{-3}	常温耐压强度/MPa	高温抗折强度(1100℃×0.5h)/MPa	抗热震性(1100℃,水冷)/次	耐磨性/cm^3	w(SiC)/%
西德伦耐火浇注料	≥1770	≥1650	≤12	2.9	117	18.65	≥50	4.44	≥85

表 22-14 干熄焦冷却段新型耐磨制品理化性能

项 目	BM	SCBM	HAS65	BM	耐磨预制块	复合相耐磨砖	莫来石刚玉砖
w(SiC)/%	≥55	≥62		59.43	≥55	≥55	≥55
$w(Al_2O_3)$/%					≥13		
$w(Fe_2O_3)$/%	≤1.3	1.2		1.12		≤1.0	≤1.5
耐火度/℃	≥1770	≥1770				≥1770	≥1770
常温耐压强度/MPa	≥85	≥120	≥100	92	≥90	≥75	≥110
体积密度/g·cm^{-3}	≥2.45	≥2.5	≥2.5	2.49	≥2.6	≥2.6	
显气孔率/%	≤17	≤15	≤18	14.4		≤18	≤17
荷重软化温度 T_2(0.2MPa)/℃	≥1450	≥1500	≥1550	1640		≥1500	≥1600
高温抗折强度(1100℃×0.5h)/MPa	≥20	≥20					≥15
抗热震性(1100℃水冷)/次	≥22	≥22		≥30(DIN)	≥20	≥30	≥20
重烧线变化率(1350℃×2h)/%	0.1~-0.5	±0.2	0.2~-0.3		±0.5(800℃×3h)	0.1~-0.5	0.1~-0.5
耐磨性/cm^3	≤10	≤4(2.3)	典型值 2.41	4.7	≤7(4.24)(600℃×3h)	4	≤4

注:耐磨性检测依据 GB/T 18301—2012《耐火材料 常温耐磨性试验方法》。

表 22-15 干熄焦炉耐火材料配置

序号	部位	工 作 层	背层
1	冷却段	B 级莫来石砖,SCBM 等耐磨砖	N3 黏土砖
2	斜风道	莫来石-碳化硅砖,BE3-LN,SiC-Si_3N_4,氮化物复合相结合碳化硅 SiAlON-SiC,β-SiC,大砌块	N3 黏土砖
3	环形气道	A 级莫来石砖	N3 黏土砖

续表 22-15

序号	部位	工作层		背层
4	上部锥体	N3 黏土砖、N53 特种黏土砖		
5	炉口	B 级莫来石-碳化硅砖		N3 黏土砖
6	一次除尘器	拱顶、挡墙	A 级莫来石砖	
		底、墙	N53 特种黏土砖	
7	下锥斗	玄武岩铸石板		
8	高温膨胀节	高铝质浇注(ZCH027)		隔热浇注料(CL-100)
9	粉焦冷却套管,叉形溜槽	高铝质浇注料(ZCH010)		隔热浇注料(CL-80)

下面仅就吸引带和冷却带用耐火材料做些阐述。

(1)吸引带用耐火材料。

1)莫来石红柱石砖。根据干熄焦的应用环境,莫来石砖属于近中性耐火材料,一般是用莫来石、红柱石、氧化铝等原料制作,具有强度高、热膨胀小、抗高温蠕变好、荷重软化温度高、抗热震性好、抗炭侵蚀性好等优点;常用的品种有 A 级莫来石、B 级莫来石、莫来石红柱石砖 BE3-LN 等,其中,BE3-LN 是柱部用砖;莫来石红柱石砖具有良好的综合性能,但其因原料、工艺水平等影响产品实物质量会有很大差异。该材料柱部柱腿寿命一般 2 年左右需要柱头局部维修,运行不好的 5 年更换柱腿性中修;在生产及砌筑质量好、运行稳定的情况下 5 年柱头局部维修、8~10 年柱部大修的应用实例也不少,台湾中龙干熄焦装置在柱部双砖对拼结构设计下运行 5 年,砖体个别损毁、局部磨损,没有柱腿全替换检修的检修,仅是局部换砖和抹缝;包钢 10 年以上,第二代莫来石红柱石砖 UV-SF2 可满足柱部 10 年以上大修的长导要求;中日联公司所有业绩证明,该材料用于环梁部位满足一代炉役 10 年以上的要求。

2)莫来石碳化硅砖、碳化硅砖及复合氮化硅砖。碳化硅具有耐磨性、耐腐蚀性好、高温强度大、热导率高、线膨胀系数小、抗热震性好等优点,其与其他材料复合,通过烧结、氮化可生产多种产品。如莫来石-碳化硅、氮化硅结合碳化硅、塞隆结合碳化硅、烧结碳化硅、氮化物复合相结合碳化硅砖等。

莫来石碳化硅制品:莫来石碳化硅就是在莫来石红柱石良好基础性能的前提下,考虑碳化硅热膨胀小、耐磨、适合非氧化气氛应用的前提下选择的;但碳化硅在干熄焦导入空气控制不好、加焦吸入空气的情况下有氧化行为,致使使用时表现为脆性开裂剥落,早期的烟道口不锈钢调节板多有烧损的问题,说明温度有高于 1400℃ 的情况;同时如果配料、烧成不合理就会影响产品的实物质量均匀性。莫来石碳化硅耐火砖用于柱部寿命与莫来石砖类似,但 5 年左右全部更换柱腿的比用莫来石红柱石制品的多;该情况与材料氧化脆性增大、生产质量、砌筑质量、局部设计结构、干熄焦运行维护都有关系,通钢干熄焦装置也有达到 10 年以上寿命周期无大中修的表现,经柱部维修终期 8 年以上寿命的实例较多。

氮化硅结合碳化硅制品:Si 和 N 以强共价键结合,硬度也很高,莫氏硬度 9,熔点高,结构稳定,线膨胀系数较低,制品的热稳定性和耐磨性性能优良。经武钢使用效果良好,寿命 5~7 年整体一次性大修;国内也有相关钢铁公司选用,但采用该材质制品寿命表现得不佳。该制品由于成本较高,体积密度大,从性价比综合考虑,目前应用较少。

氮化物复合相结合碳化硅制品:Si_2N_2O 兼有 SiO_2 和 Si 两者的部分特点,是一种优良的高温结合相。Si_2N_2O 与 Si_3N_4 有相似的性能,但其抗氧化性和抗热震性优于后者。Si_2N_2O-SiC 材料是以板桥状 Si_2N_2O 为结合相的碳化硅质材料。因为板桥状 Si_2N_2O 分布于 SiC 颗粒周围,它一方面与 SiC 颗粒之间形成化学结合而使材料具有较高的强度,另一方面可作为保护层保护 SiC 颗粒不被氧化；Si_2N_2O-SiC 材料在氧化过程中体积密度不断增大，结构不断致密，阻塞了氧气渗透通道，提高了抗氧化能力，所以表现良好。国内有的干熄焦装置已采用复合相结合碳化硅，其中前期表现良好，环梁及柱上部的开裂、剥落明显，应用 8 年后因损毁加剧而大修。该类产品制作工艺复杂，成本较高。

烧结 β-SiC 制品：β-SiC 砖选用优质的 SiC 为主要原料，适量添加游离 Si，再在基质中添加复合外加剂以促进 SiC 的转换；经过 1000t 以上的高压成型，密封干燥，在惰性气体的保护下，低范围温度烧成，在烧成过程中，游离 Si 和活性炭发生反应生成 β-SiC，同时结合 α-SiC 颗粒，从而使矿物相中更多的立方碳化硅晶体存在。经过严格的降温制度，使矿物相再结晶完全。该制品在国内个别厂家应用，成本较高，与多方因素有关未表现出与其性能一致的应用效果，使用 3 年左右损毁严重。

碳化硅大砌块：是预浇注制品采用高温烘焙工艺，目前使用时间检验不够有局部维修；从柱腿状态来看，制品用后网状裂纹普遍、磨损严重、环梁柱腿结合处有挤压剥落，环形风道局部有挤压碎裂区。

(2)冷却带用耐火材料。干熄焦装置国产化后干熄焦冷却段主要采用 B 级莫来石砖，该制品总体上耐磨性一般，特别是焦炭强度不一，耐材表现参差不齐，早期武钢可用到 5 年，后因 7.63m 焦炉投产焦炭质量变化寿命下降至 3 年左右；国内其他客户总体上一般 3 年内就采用浇注料维修，具体寿命无法统一表述。近年来，国内耐火材料厂家也针对耐磨性和抗热震性提升开展不少工作，研制出了性能优于传统 BM 砖的新型耐磨砖，有的用预制块。这些工作在很大程度上提高了干熄焦冷却段材料的使用寿命，改进型耐磨砖总体可达到 5 年以上的寿命；改进型冷却段用耐火材料技术性能见表 22-14。

C 干熄焦耐火材料的应用问题及提高寿命的建议

a 干熄焦耐火材料的主要应用问题

干熄焦炉是一种特殊的冶金炉窑，炉内工况变化大，内衬耐火材料处于一个温度频繁变化、剧烈化学侵蚀以及焦粉强烈冲刷的恶劣环境，对砌体的理化指标有特别的要求，斜道区域更要承载上部砌体的荷重并能在温度频繁波动的条件下，抵抗气流的冲刷和焦炭粉尘的磨损，其耐火材料受多种因素的侵袭而损蚀。

根据 CDQ 工艺特点，从微观上分析内衬砖的损蚀机理：(1) CDQ 内衬砖每年要经受 2 万余次 1300~500℃的温度变化；特别是非正常反复升降温造成耐材冷热收缩加剧，如频繁的停炉与开工、频繁的空炉与装料、高落差装料、旁通管开闭不当加速耐材破损，在冷态下耐材呈周边向中心收缩运动，对炉体拉裂现象较突出。在高温下热膨胀形成的牵引力加剧了炉体耐材的不规则位移，形成砖泥断裂、剥落。(2) CDQ 内衬砖要承受向下运动焦炭（此时焦炭为磨料）的强烈冲击磨损以及逆向粉尘、气流的冲刷。(3)由于 CDQ 装置需要导入空气以及加煤炉口打开吸入空气，柱部、环形烟道、一次除尘等部位有非预期高温运行的问题。(4) CDQ 内衬砖长期经受高温 CO、H_2 等气体的侵蚀，有时会有大量水蒸气侵蚀。(5)碱及炼焦夹带的有害介质、各种粉尘飞灰等将与炉衬材料发生化学作用，最终导致化学侵蚀而损毁。(6)砌筑质量差导致受力不均或局部强度不足。(7)火泥性能与耐火材料砌体的匹配性不好，导致应力加大、泥缝开裂、火泥层剥离脱落等。受上述工作环境影响，干熄焦装置损毁主要问题及原因如下：

(1)柱部的异常损毁及寿命低。斜道区域损坏机理受诸多因素影响，下面结合干熄炉的具体结构、生产工况以及耐材特性进行相应剖析。

1)预存室设计过大、结构不合理，重力破坏较大。

2)斜道区受焦炭及循环气体冲刷和磨损严重，砖泥强度减弱、剥离，砖体磨损。

3)斜道支柱结构及砖型设计不合理，斜道支柱承重受力点不合理。

4)耐材选材不合理，实物质量波动。

5)耐火泥的强度黏合性能较差、强度低，高温指标要求高、材料低温不烧结强度低，火泥性能设计不好对膨胀的应力吸收不足。

6）砌筑不均匀，承重受力点位置不合理，使牛腿不能均匀受力；受力点前移会造成牛腿上部层受力加重前倾断裂。

7）反复升降温、焦粉燃烧温度过高造成耐材冷热膨胀收缩加剧，加速破损。

8）施工质量不佳、烘炉操作不合理也会加剧耐火材料砌体的结构应力、热应力，导致加剧损毁。

综上所述，干熄焦炉柱部结构设计、耐材选择、耐材实物质量、柱部砌筑、烘炉模式、干熄焦运行质量是影响柱部耐材的关键因素。结构方面通过 NSC、JSP 两种设计类型对比可看出受力差异；干熄焦的斜烟道倾角与 D/H 比也影响受力状态；在干熄焦炉的发展过程中，耐材的两砖拼对式早已改为整砖或整砖与对拼结合，环檫玄拱在焦耐工程设计中已由平拱改为玄拱。

（2）干熄焦环形烟道倒塌。

1）高速气流冲刷，导致火泥层脱落，砌体结合性变差、气密性减弱导致串流。

2）耐火砖急冷急热产生热应力，内环墙在生产状态下，大量的内应力没有释放，因焦炭的侧压力造成内环墙外凸。

3）环形烟道内吸入冷空气燃烧过量 CO 时，温度升高对环形烟道耐火砖产生影响，导致耐火砖开裂，强度降低，砌体结构破坏。

4）料位控制太低，装焦炭时对内墙产生冲击作用。

5）烟气中的 CO、水蒸气等的化学侵蚀。

6）爆燃或爆炸。若采用投红焦烘炉，必须注意析出的水分与红焦反应产生大量氢气和一氧化碳。当预存室温度达到600℃左右时，若有空气窜入，将引发爆炸造成严重的后果。某焦化厂曾在烘炉过程中发生炉内气体爆炸，将中栓集箱炸裂。

7）未按设计图纸施工，砖量减少、砖缝太大。施工质量影响墙体的密封性、稳定性和整体完整性；垂直度、同心度，灰缝宽度、火泥饱满度等指标不符合砌筑规程，耐火砖出现滑缝位移，导致炉墙存在缺陷，其使用寿命受到影响。

（3）冷却带磨损。干熄室冷却带耐火砖损毁主要是磨损工作层变薄及剥落，其原因主要有：

1）焦炭运动机械冲刷磨损。

2）温差变化产生的热应力导致的热剥落。

3）焦粉、循环气体与砖体产生化学反应引起砖体侵蚀损坏。

4）排焦不均匀造成温差变化产生炉墙破裂。

从破损调查的情况看，冷却带耐火材料必须在保持抗热震性的前提下提升耐磨性；国内不同厂家都有过类似改进。但采用浇注料浇注填补的方式会改变干熄炉圆周直径，影响气流在炉内的走向及速度，造成排焦产生偏析，影响熄焦效果。

（4）炉口耐火砖破裂。炉口损毁主要是工作层耐火砖剥落、碎裂、砖体粉化。其主要原因是工作温度高，频繁开启炉盖，温度变化频繁；同时在盖炉盖时，水封槽内水溢出溅到工作层耐火砖上，这样工作层耐火砖在急冷急热的条件下产生热应力，在热冲击循环作用下，耐火砖材料先出现开裂、剥落，然后碎裂，最终整体损坏；水及水蒸气进入干熄炉内，在可燃气体浓度升高的同时，材料接触水蒸气导致耐材粉化，特别是对碳化硅砖的影响更大。

（5）一次除尘上部、侧墙耐火材料脱落。一次除尘的侧墙塌陷主要来自结构设计、施工、耐材质量及运行稳定性等原因导致的墙体耐材变形内倒、热震剥落及顶部耐材热剥落、断裂脱落。

（6）烟气出口、锅炉入口膨胀节烧穿。膨胀节损毁主要是膨胀节侧墙和弧形顶部浇注料脱落、烧穿其保护罩，除耐材质量外其根本原因主要有：

1）浇注料结构，由工作层和隔热层构成，设计不合理。

2）浇注料施工存在一定问题，伸缩节两边的膨胀缝耐火填充物填塞不密实。

3）烘炉开工升温速度的影响。

4）一次除尘器系统泄漏的影响。

5）在生产过程中，为了保持产气量和发电量等需要，加大循环气体量，长期大循环风量生产导致锅炉入口温度骤然下降。另外，为了降低循环气体中 CO、H_2、CH_4 的含量导入空气进行燃烧，燃烧部位主要发生在一次除尘器入口、锅炉入口，导致锅炉入口温度骤然上升，这种温度的骤变导致膨胀节浇注料松动开裂甚至脱落。

(7)耐火砖结瘤。结瘤后直接影响耐火材料使用寿命，预防措施是提高焦炭的成熟度和结焦时间，砌筑时使干熄炉内耐火砖保持清洁光滑。

总体上来看，我国干熄焦装置的主要运行、耐材异常损毁问题的宏观原因是：

(1)设计参数缺乏理论和实验支撑；(2)施工质量控制及运行方面的原因；(3)材质的选择，干熄焦在设计和施工中，要充分考虑各种材质的受力能力，多方论证；(4)耐火材料的实物质量及质量稳定性问题。

b 提高干熄焦耐火材料应用寿命的建议

干熄焦装置长周期高效运行是持续的、长期的，周期高效运行是多个专业的、多个系统的综合技术能力提升的体现，应该从以下几个方面继续做好干熄炉炉体长寿化研究。

(1)强化干熄焦用耐火材料选型研究及质量控制。

1)干熄焦耐火材料砌体长寿化及耐火材料选择：要考虑各部位耐材的匹配、性能适宜性及资源利用、节能减排生产，而不是追求材料的性能极端高性能化；要根据干熄焦检修周期及寿命周期的年检维护、局部小修后整体的综合寿命和综合成本来考虑耐材选择，而不是追求一次性整体寿命。如碳化硅类材料的应用应进一步跟踪，研究碳化硅材料的内外烧结差异性对材料后期使用效果的影响。需注意锅炉爆管及炉口漏水后水蒸气导致的产品粉化问题以及被氧化后的加速损毁问题。

2)干熄焦耐材的技术规范合理化：干熄焦用耐材产品验收标准的统一规范，能够促进产品质量和工程综合质量的提升，国内干熄焦用耐材产品的验收标准大多是简单引用冶标和国标，并没有结合干熄焦用耐材产品的特点有针对性地对重点部位进行重点控制，而且缺少对产品的编批、外形外观的抽样、组合砖的验收等进行明确的规范，因此导致记录不完善，不利于现场施工的指导作用，影响干熄焦耐材的运行寿命。

3)火泥性能的合理性：应采用应力缓冲型泥浆，因为干熄焦斜烟道、环形烟道因空气导入、焦粉燃烧温度较高火泥局部可烧结，其他部位使用温度均在1100℃以下，火泥不会烧结，必须考虑化学结合。同时要考虑到火泥对热膨胀的吸收，避免砖体膨胀过度挤压导致耐材断裂。

4)耐火材料质量稳定：耐火材料生产的管控水平要高，质量均一性对于干熄焦装备的长寿极其重要，同一部位材料性能波动过大会导致损毁同步性差，影响整体寿命。

(2)干熄焦炉结构设计的科学合理。尤其是干熄炉斜道区部位牛腿柱部位，经常因为结构设计不合理，使砌体由于结构应力损坏严重，且损坏范围广。干熄炉斜道区牛腿柱由于其特殊的悬挑结构，以及其承重和抗剪力的工作环境，所选材质除应具有良好的耐压强度和抗折强度外，还应考虑温度波动给砌体造成的热应力，材质要有很好的热震稳定性。

(3)提高砌筑质量：提高砌筑质量，保持合理的泥缝，确保砌体受力均匀。

(4)优化烘炉及运行操作：烘炉操作的合理化，确保砌体缓慢升温；干熄焦装置的运行控制优化避免温度大幅异常波动及减少波动频次，确保耐火材料应用环境稳定。

22.1.2 烧结系统用耐火材料

球团焙烧炉是将铁精矿粉、结合剂和熔剂等混合料球在炉内于1300℃左右氧化焙烧，使料球烧结为球团矿的设备。焙烧炉有竖炉、带式焙烧机和链箅机-回转窑三种。竖炉由炉体、燃烧室和喷火道等组成。宝钢烧结机的结构如图22-9[5]所示。

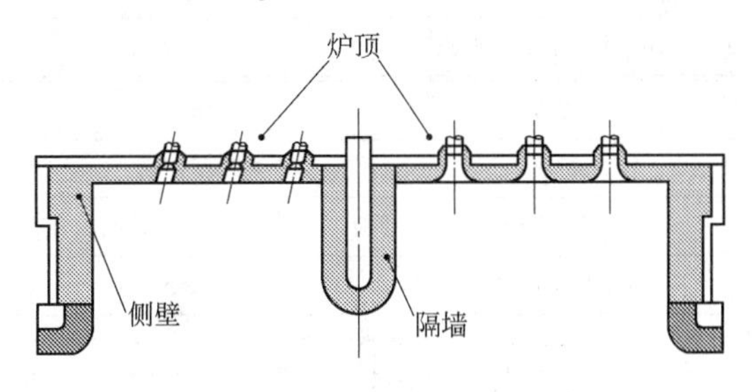

图22-9 宝钢烧结机结构

炉顶采用高铝异型砖和波形黏土砖,侧壁用高铝异型砖,前后壁和烧嘴周围及人孔用高铝异型砖。相应的部位也用类似材质的喷涂料、可塑料和浇注料。炉体绝热层一般用硅藻土砖和黏土质隔热砖,竖炉的其他部位基本上都用黏土砖。其他烧结炉用耐火材料也基本上与竖炉一样,多采用黏土砖和高铝砖。不过,整体浇注和采用预制件将有所发展,耐火纤维制品的应用也将会增多,它们的性能见表22-16。

表 22-16 烧结机用耐火材料[5]

牌号		SJ-1	SJ-2	SJ-3	SJ-4	SJ-5	SJ-6
材质		高铝耐磨喷涂料	隔热耐磨喷涂料	耐酸喷涂料	高铝可塑料	黏土隔热浇注料	高铝浇注料
使用部位		除尘管弯头合流管	环冷机烟囱	200m 钢烟囱	侧壁、炉顶、前后壁	炉顶外侧	前后壁水冷箱
$w(Al_2O_3)/\%$		≥75	≤16		≥60	≥34	≥63
$w(SiO_2)/\%$		≥10	≥60		≥35	≤41	≥30
$w(Fe_2O_3)/\%$					≤1.5		≤1.2
$w(CaO)/\%$		≤10	≥16			25	
体积密度/$g \cdot cm^{-3}$		≤2.53	≤1.47	≤2.0	≥2.42	≤0.85	≥2.42
常温耐压强度/MPa	110℃×24h	≥10.29	≥2.5	≥44	≥8.0	≥2.0	≥20
	1000℃×3h	≥6.37	≥3.0		≥18.0	≥1.7	≥30
抗折强度/MPa	110℃×24h		≥0.8	≥7.8	≥2.0	≥1.2	≥4.9
	1000℃×3h	≥4.41 (1600℃×3h)			≥3.50	≥0.8	≥5.8
耐火度/℃			1260		≥1700	≥1000	≥1600
荷重软化温度 T_2/℃					≥1550		≥1370
重烧线变化率/%	110℃×24h	0	≤-0.08	≤0.1	≤-0.5	1.5	
	1000℃×3h	≤0.2	≤-0.1 (500℃×3h)	≤0.1 (300℃×3h)	≤-0.6	1.5	±0.3 (1200℃×3h)
热磨损率/%		≤14.8 (400℃×10h)					
		≤16.3 (1000℃×1h)					
颗粒组成	临界颗粒		3mm				≤6mm
	<0.074mm		28%~45%				29%
热导率/$W \cdot (m \cdot K)^{-1}$	350℃			≤0.75	0.85	≤0.17	
	1000℃				0.91	≤0.24	

牌号	SJ-7	SJ-8	SJ-9
材质	高铝砖	黏土砖	SiC 制品
使用部位	炉顶、前后面	竖炉衬	冲击板
$w(Al_2O_3)/\%$	≥55	≥40	
$w(SiC)/\%$			≥90
$w(SiO_2)/\%$			

续表 22-16

牌号	SJ-7	SJ-8	SJ-9
$w(Fe_2O_3)$/%	≤1.8	≤1.5	
$w(CaO)$/%	≤1		
体积密度/$g \cdot cm^{-3}$			≥2.60
显气孔率/%	≤24	≤20	
常温耐压强度/MPa	≥40	≥40	≥200
抗折强度/MPa			≥35
耐火度/℃	≥1770	≥1730	
重烧线变化率/%	0.1~-0.4(1450℃×3h)	0~-0.4(1450℃×2h)	

烧结机用耐火材料的发展趋势呈现两个方面:一是向喷射浇注料和可塑料等不定形耐火材料和机械化施工的方向发展,这减小了劳动强度和提高了施工效率;二是向节能保温的方向发展,这有利于节能、环保和降低成本。在节能耐火材料中,应该发展高性能的保温材料,特别是纳米绝热材料与结构设计相结合是未来的主要方向。

22.1.3 高炉用耐火材料

高炉是利用鼓入的热风使焦炭燃烧及还原熔炼铁矿石成为金属铁的竖式炉,是在高温和还原气氛下连续进行炼铁的热工设备[6,7]。

按照高炉容积进行分类,一般容积小于 $1000m^3$ 的高炉为小高炉,$1000 \sim 3000m^3$ 的高炉为中型高炉,大于 $3000m^3$ 的高炉为大型高炉。

高炉自上而下分为炉喉、炉身、炉腰、炉腹、炉缸和炉底等,高炉的结构如图 22-10 所示。

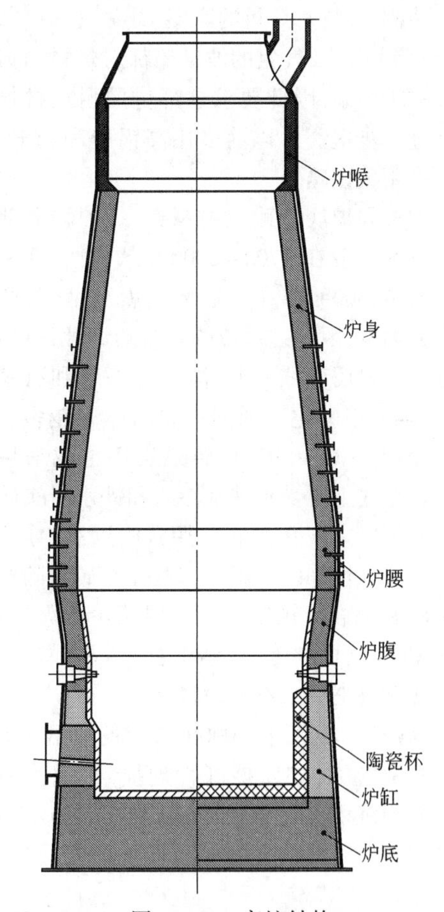

图 22-10 高炉结构

炉喉是受炉料下降时直接冲击和摩擦的部位,一般采用高密度高铝砖。但该砖不耐用,因而还采用耐磨铸钢护板保护。

炉身上部和中部的温度只有 400~800℃,无炉渣形成且几乎不产生渣蚀。该部位主要承受炉料冲击、炉尘上升的磨损,碱和锌气体的侵入及碳的沉积而遭到的破坏,该部位主要用黏土砖。随着高炉长寿的发展,该部位用更耐磨损和耐剥落的高级的耐火材料,如高铝砖、硅线石砖。在炉身下部温度较高,有大量的炉渣形成,有炉料下降的摩擦、炉气上升时粉尘的冲刷作用和碱金属蒸气的侵蚀作用,因此,要求具有良好的抗渣性、抗碱性和高温强度及耐磨性的优质黏土砖、高铝砖、氮化硅结合的碳化硅砖或 SiAlON 结合的刚玉砖。随着高炉容积的增加,所用的耐火材料档次逐渐提高。

炉腰部位的温度达到了 1400~1600℃,该部位易形成大量熔渣,对炉衬产生严重侵蚀;特别是产生的钾、钠蒸气，通过气孔渗入耐火材料，与碳反应形成层间化合物产生膨胀，导致耐火材料损毁；含粉尘的热气上升对炉衬产生较大的冲刷和腐蚀；焦炭、球团和矿石等物料对衬产生磨损。上述诸多因素的共同作用，使这个部位的耐火材料受到严重的损坏。大型高炉现在多选用氮化硅结合的碳化硅砖、反应结合碳化硅砖或 SiAlON 结合刚玉砖，中、小型高炉使用铝炭砖的比例在增加。

炉腹的温度进一步升高到 1600～1650℃，渣的黏度进一步下降，对炉衬侵蚀进一步加剧。气流冲刷、炉料对炉衬的摩擦、碱蒸气的侵蚀性和炭素沉积以及气氛的波动等都对炉衬的损坏会进一步加剧，因此要求这部位用耐火材料的质量进一步提高。以前多用高铝砖和刚玉砖，现在多用碳化硅砖。

炉缸和炉底用耐火材料[8,9]。炉缸上部靠近风口区温度在 1700～2000℃，炉底温度一般在 1450～1500℃。在炉缸部位焦炭燃烧，产生很高的温度，因此这部位的炉衬的熔蚀最严重。炉缸处风口用硅线石砖、刚玉浇注料和石墨质填料，现在用碳化硅质耐火材料越来越多。出铁口处用 Al_2O_3-SiC-C 砖或炭块也越来越普遍。在炉底主要受到铁水渗入和铁水对炭砖的侵蚀而损毁。现在炉底多用致密度高、导热性好和抗侵蚀性好的石墨砖和微孔炭砖。陶瓷杯是炉底和炉缸接触铁水的一层无炭耐火材料，如 SiAlON 结合刚玉砖、刚玉莫来石砖、合成莫来石砖和刚玉莫来石浇注料等。

高炉风口区处在2000℃以上的高温和受到很大的热应力，如摩擦等物理损毁，承受由于碱、锌、炭沉积等化学侵蚀，以及气流和熔体的冲击损毁。以前多使用黏土砖或硅线石砖，近年来开始使用耐碱性非常好、强度很高的碳化硅制品和 SiAlON 结合的刚玉制品。

高炉不同部位用耐火材料的性能见表 22-17。

我国的小型高炉使用寿命一般只有 5～8 年，宝钢容积为 4350m^3 大高炉达到了 19 年。不过我国高炉的使用寿命一般在 10 年以内，国外高炉寿命有的比我国高，如日本高炉的最高使用寿命达到了 20.5 年，当然这也和高炉利用系数与冶炼强度密切相关。高炉长寿对提高效益、提高投资回报、减少排放产生重要的影响，世界各国都高度重视对它的研究。提高高炉使用寿命的重要方法之一是用优质耐火材料炉衬，如微孔炭砖、超微孔炭砖和高导热石墨砖，优质碳化硅砖和 SiAlON 结合的刚玉砖以及优质铝炭砖的使用比例越来越高，这些优质产品的质量也越来越高。随着高炉容积的增加，用这些优质的耐火材料也就越多，使用寿命也大大得到了提高。在中小型高炉上使用价格低廉和性能优良的铝炭砖取得了较好的效果，铝炭砖的性能见表 22-17。

为了提高高炉的使用寿命，对高炉修补越来越普遍[10,11]。对高炉衬修补的方法有：(1)半干法补炉；(2)湿式喷射补炉；(3)当炉衬的高炉壁发红时，在该处打孔，用挤压机把压入料压入到发红的炉衬处，被压入的压入料到内衬后，固化或硬化而造衬，使该处的炉衬变厚。压入料基本上是 Al_2O_3-SiC-C 质的。结合剂有树脂结合和水系结合剂两种，一般下部用树脂结合的档次较高的 ASC 压入料，而上部用水系结合剂结合的铝硅系压入料[12,13]。压入料、喷补料和湿式喷射浇注料的性能见表 22-17。

表 22-17 高炉用主要耐火材料性能指标

牌号	GL-1	GL-2	GL-4	GL-5	GL-6	GL-7
材质	Si_3N_4 结合的碳化硅砖	Si_3N_4 结合的碳化硅砖	半石墨-SiC 砖	炭砖	刚玉莫来石砖	合成莫来石砖
使用部位	炉腰、炉腹、风口	炉腰、炉腹、风口	炉缸	炉缸	陶瓷杯	陶瓷杯

续表 22-17

牌号		GL-1	GL-2	GL-4	GL-5	GL-6	GL-7
化学组成	$w(Fe_2O_3)$/%	≤1.5	≤2.0				
	$w(SiO_2)$/%					11	20
	$w(SiC)$/%	≥72	≥70	≥30			
	$w(Si_3N_4)$/%	≥21	≥20				
	$w(Al_2O_3)$/%					87	70
	$w(C)$/%			≥50	≥85		
显气孔率/%		≤17	≤19	≤13			
体积密度/g·cm^{-3}		≥2.62	≥2.58	≥1.80	≥1.60	3.05	2.50
耐压强度/MPa		≥150	≥147	≥40	≥40		
耐火度/℃						>1790	>1790
荷重软化温度 T_2/℃						≥1650	≥1650
重烧线变化(1500℃)/%				0~0.07		±0.5	±0.5
热导率(1000℃)/W·(m·K)$^{-1}$		17		17	16	3.2	2.1
热态抗折强度(1400℃×0.5h)/MPa		≥43.0	≥39.2	≥20	≥20	≥6	≥5

牌号		GL-8	GL-9	GL-10	GL-14
材质		SiAlON 结合的刚玉砖	高铝砖	黏土砖	硅线石砖
使用部位		炉腰、炉腹、炉缸、风口、陶瓷杯	高炉炉腹以下	高炉中上部	炉身上部铁口风口
化学组成	$w(SiO_2)$/%	—	—	—	—
	$w(SiAlON)$/%	≥10	—	—	—
	$w(SiC)$/%	—	—	—	—
	$w(Si_3N_4)$/%	—	—	—	—
	$w(Al_2O_3)$/%	≥70	65(55,48)	42	57
	$w(Fe_2O_3)$/%	—	≤2.0	≤1.6	1.5
显气孔率/%		≤15	19,19,18	≤15	15
体积密度/g·cm^{-3}		3.15	—	—	2.52
耐压强度/MPa		≥100	58.8,58.8,49.0	≥58.8(49.0)	85
耐火度/℃		—	≥1790	≥1750	≥1790
荷重软化温度 T_2/℃		—	1500	≥1450	1550
重烧线变化/%		0~0.4(1500℃)	-0.2~0(1500℃×2h)	—	—
热导率(1000℃)/W·(m·K)$^{-1}$		4.0	—	—	—
热态抗折强度/MPa		≥20(1400℃×0.5h)	—	—	—
抗热震性(1100℃,水冷)/次		—	—	—	≥25

续表 22-17

牌号		GL-29	GL-30	GL-31	GL-32	GL-33	GL-34
材质		黏土质浇注料	石墨质泥浆	碳化硅质泥浆	碳质捣打料	铝碳化硅碳质捣打料	石墨压入料
使用部位		炉底板下	砌 GL-4，GL-5 用	砌碳化硅砖	炉底	炉腹、炉腰、炉身	炉底板下
化学组成	$w(Al_2O_3)$/%	37.7	挥发分 33.4			14.4	
	$w(SiC)$/%			84.3	≥12	67.5	
	$w(SiO_2)$/%	45.0	灰分 1.5				
	$w(Si_3N_4)$/%		F.C:64.7		>20		
	$w(C)$/%				≥50	≥15	
	$w(Fe_2O_3)$/%	≤2.0	水分≤1				
体积密度/g·cm^{-3}		1.72 (1200℃×3h)		2.05	>1.70 (110℃×24h)	>1.70 (110℃×3h)	>1.3 (110℃)
耐压强度/MPa					23.7 (110℃×24h)		50 (110℃×24h)
抗折强度/MPa		>4.0 (110℃)	3.44 (1000℃×2h)	≥0.98 (110℃)	>15 (110℃×24h)		热导率 (50℃×48h) 4W/(m·K)
		>0.3 (1200℃)			>0.98 (1400℃×3h)		
耐火度/℃		1630					
重烧线变化率/%		±0.1 (1200℃×3h)		0~1.0 (300℃)	±0.5 (1400℃×3h)	≥1.16 (100℃)	
安全使用温度/℃		1200					

牌号		GL-35	GL-36	GL-37	GL-38	GL-39	GL-40
材质		黏土质喷涂料	刚玉砖	铝炭砖	铝炭砖	铝炭砖	烧成铝炭砖
使用部位		风口处冷却板	炉身下部、炉腰、炉腹	炉身下部、炉腰、炉腹	炉身下部、炉腰、炉腹	炉身下部、炉腰、炉腹	炉身下部、炉腰、炉腹
化学组成	$w(Al_2O_3)$/%	≥43	92.9	55	60	65	65
	$w(SiO_2)$/%	≥47					
	$w(Fe_2O_3)$/%		0.23				
	$w(SiC)$/%			6	7	8	8
	$w(C)$/%			15	13	12	12
显气孔率/%			14	≤10	≤6	≤5	≤12
体积密度/g·cm^{-3}			2.90	≥2.60	≥2.80	≥3.00	≥2.95
耐压强度/MPa		≥31.4 (110℃)	161	≥35	≥40	≥40	≥30
		>15.7 (1400℃×3h)					

续表 22-17

牌号	GL-35	GL-36	GL-37	GL-38	GL-39	GL-40
抗折强度/MPa	≥5.0（110℃）		≥12	≥12	≥12	≥10
	>5.0（1400℃×3h）					
耐火度/℃	≥1630	≥1790				
荷重软化温度 T_2/℃	≥1700	≥1700	≥1650	≥1650	≥1650	≥1650
重烧线变化率/%	-0.2~0.4（1400℃×3h）					
抗热震性/次			≥30	≥30	≥30	≥30

牌号		GL-41	GL-42	GL-43	GL-44	GL-45
材质		铝碳化硅喷补料	黏土质喷补料	高铝质湿式喷射浇注料	铝碳压入料	铝碳压入料
使用部位		修补上部炉腰以上部位	修补上部炉腰以上部位	修补上部炉腰以上部位	修补炉身下部、炉腰、炉腹	修补炉身下部、炉腰、炉腹
加水量/%		10~12	12~15	5.5~6.5		
化学组成	$w(Al_2O_3)$/%	≥43	≥40	≥65	≥25	≥30
	$w(SiO_2)$/%					
	$w(Fe_2O_3)$/%			<1.6		
	$w(SiC)$/%	≥10		CaO<2	≥30	≥30
	$w(C)$/%				≥20	≥20
显气孔率/%	110℃×24h	≤23	≤23	≤18	≤15	≤12
体积密度/$g \cdot cm^{-3}$	110℃×24h	≥2.00	≥2.00	≥2.50	≥1.70	≥1.90
耐压强度/MPa	110℃×24h	≥15	≥10	≥20	≥25	≥30
热态抗折强度/MPa	1000℃	≥7	≥5	≥6	≥3（1200℃）	≥3（1400℃）
耐火度/℃			≥1630	≥1790		
线变化率/%	1000℃×3h	±0.5	±0.5	±0.3	0~-0.4（1200℃×3h 还原）	0~-0.4（1200℃×3h 还原）

标号	YB/T 2804—1991		YB/T 2803—1991			
产品名称	高炉炭块		自焙炭块			
用途	高炉缸用		高炉底用			
项目	炭块	炭键	TKZ-1		TKZ-2	
			焙烧前	焙烧后（800℃）	焙烧前	焙烧后（800℃）
固定碳/%			≥85	≥93	≥82	≥90
灰分/%	≥10	≥2	≥5	≥6	≥9	≥10

续表 22-17

标号	YB/T 2804—1991		YB/T 2803—1991			
显气孔率/%	≤22	≤28	≤10	≤20	≤13	≤23
体积密度/$g \cdot cm^{-3}$	≥1.50		≥1.62	≥1.52	≥1.60	≥1.50
耐压强度/MPa	≥30	≥30	≥31	≥31	≥26	≥26
焙烧收缩率(800℃)/%			≤0.05		≤0.10	
抗折强度/MPa		8				

总之,高炉长寿是发展方向。为了长寿,炉缸采用致密化石墨砖、炉腰和炉腹采用优质氮化硅结合碳化硅砖是发展方向。高炉在线湿式喷补和压入造衬是必须采用的措施,以后会更普及和发展,这对高炉长寿起到重要作用。

22.1.4 出铁场用耐火材料

从高炉出铁口流出的铁水出来,经过出铁场的主沟、铁沟和摆动流嘴流入铁水包。在主沟和铁沟交界处,有一个撇渣器。当铁水和渣流到撇渣器时,因铁水密度高和渣密度低,渣浮在铁水上面,铁水在撇渣器下边暗流到出铁沟,而浮在铁水上边的渣被撇渣器挡开而进入渣沟。渣沟、铁沟和主沟结构示意图如图 22-11 所示。

我国高炉出铁场用耐火材料差别很大,$1000m^3$ 以下的小型高炉一般用价格低廉的捣打料人工施工,而 $3000m^3$ 以上的大高炉出铁场一般用优质的浇注料和优质炮泥。中型高炉有向大高炉出铁场用耐火材料靠近的趋向。

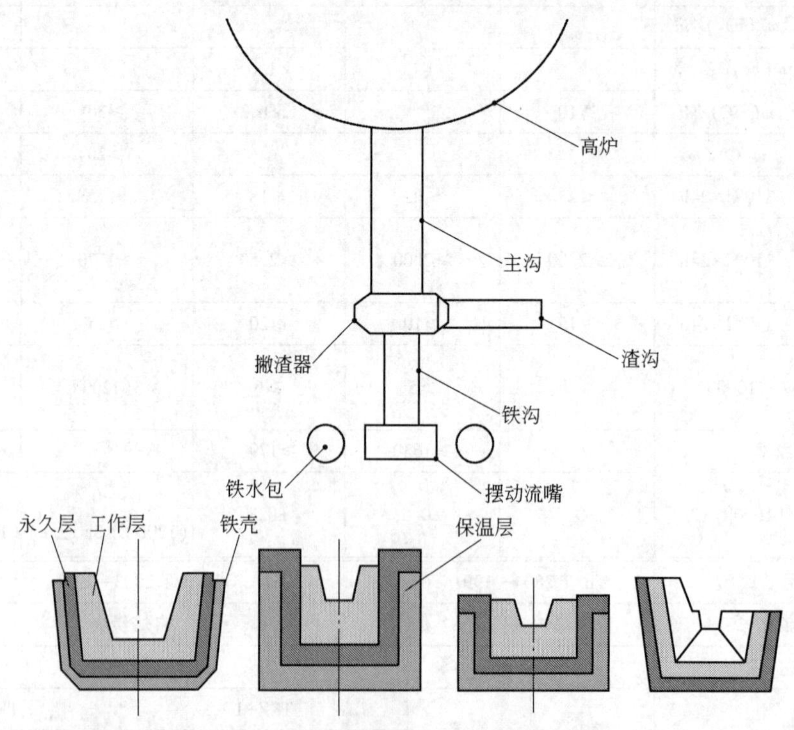

图 22-11 渣沟、铁沟和主沟的结构示意图

小高炉出铁场用耐火材料见表 22-18。以黏土、焦炭粉和低档碳化硅等为原料,小高炉主沟只能使用 5~10 天,耐火材料消耗高达 2kg/t 以上。采用碳结合的捣打料,主沟一次性使用

寿命10~14天,最高可达30天以上,铁沟和渣沟可用到1个月以上。撇渣器一般用高铝碳化硅碳捣打料或预制件,使用寿命一般在2个月,最高可超过90天。整个出铁场用耐火材料(除了炮泥)消耗降低到1.0kg/t以下。

小高炉的炮泥与大高炉有很大的差别。我国小高炉多使用低档次原料的炮泥,造成炮泥的消耗增加,一般小型高炉炮泥消耗达到了每吨铁1.2kg以上。小高炉上目前应用无水炮泥的越来越多,无水炮泥能维护好的出铁口深度和延长出铁时间。

对于中、大型高炉,一般使用Al_2O_3-SiC-C质浇注料[3]。一次性通铁量可以达到8万~12万吨,经过喷补和套浇修补通铁量可以达到100万吨以上,耐火材料消耗在1kg/t以下。所用耐火材料见表22-19[1]。

表22-18 小高炉出铁场用耐火材料

牌号		XCTC-1	XCTC-2	XCTC-3	XCTC-4	XCTC-5
材质		水系铝碳化硅炭捣打料	碳结合铝碳化硅炭捣打料	碳结合铝碳化硅炭捣打料	碳结合铝碳化硅炭捣打料	铝碳化硅炭预制件
使用部位		主沟	主沟	主沟	主沟	撇渣器、主沟
化学组成	$w(Al_2O_3)$/%	≥30	≥50	≥60	≥65	≥70
	$w(SiC)$/%	≥15	≥20	≥25	≥30	≥8
	$w(C)$/%	≥5	≥4	≥4	≥4	≥2
体积密度/$g\cdot cm^{-3}$		≥1.60	≥2.50	≥2.80	≥2.80	≥2.90
耐压强度(1450℃×3h,炭化)/MPa		≥5	≥15	≥30	≥30	≥40
热态抗折强度(1400℃×0.5h)/MPa		0.3	3	8	8	3~5
重烧线变化率(1450℃×2h)/%		±0.6	±0.3	±0.3	±0.3	±0.3
牌号		XCTC-6	XCTC-7	XCTC-8	XCTC-9	XCTC-10
材质		铝碳化硅炭捣打料	铝碳化硅炭捣打料	铝碳化硅炭捣打料	碳结合铝碳化硅炭捣打料	碳结合铝碳化硅炭捣打料
使用部位		撇渣器	铁沟、渣沟、残铁罐	铁沟、渣沟、残铁罐	渣沟	渣沟
化学组成	$w(Al_2O_3)$/%	≥75	≥30	≥60	≥25	≥50
	$w(SiC)$/%	≥8	≥10	≥10	≥25	≥25
	$w(C)$/%	≥1.5	≥5	≥5	≥5	≥5
体积密度(1450℃×3h,炭化)/$g\cdot cm^{-3}$		≥2.80	≥2.00	≥2.00	≥2.10	≥2.50
耐压强度(1450℃×3h,炭化)/MPa		≥40	≥10	≥15	≥20	≥20
重烧线变化率(1450℃×3h)/%		±0.35	0~-0.5	0~-0.5	0~-0.3	0~-0.2

续表 22-18

牌号		XCTC-11	XCTC-12	XCTC-13	XCTC-14
材质		含水铝碳化硅碳炮泥	无水铝碳化硅碳炮泥	黏土砖	隔热砖
使用部位		出铁口	出铁口	主沟、铁沟、渣沟永久层	主沟保温层
化学组成	$w(Al_2O_3)$/%	≥20	≥25	≥36	≥38.43
	$w(SiC)$/%	≥6	≥6		
	$w(C)$/%	≥20	≥15		
	$w(SiO_2)$/%				
体积密度/g·cm^{-3}		≥1.40（1450℃×3h 炭化）	≥1.60（1450℃×3h 炭化）		≥0.90
耐压强度/MPa		≥5（1450℃×3h 炭化）	≥10（1450℃×3h 炭化）	≥29.4	≥6.90
重烧线变化率（1300℃×2h）/%					2.0~-0.7

表 22-19 大型高炉出铁场用耐火材料

牌号		DCTC-1	DCTC-2	DCTC-3	DCTC-4
材质		ASC 浇注料	ASC 浇注料	高铝碳化硅浇注料	高铝碳化硅浇注料
使用部位		主沟渣线	主沟铁线、摆动流嘴	渣沟	铁沟
化学组成	$w(Al_2O_3)$/%	≥50	≥68	≥55	≥50
	$w(SiC)$/%	≥30	≥8	≥15	≥7
	$w(C)$/%	1~3	1~3	1~3	1~3
体积密度/g·cm^{-3}	110℃×24h	≥2.70	≥2.80	≥2.70	≥2.40
	1450℃×3h	≥2.60	≥2.70	≥2.60	≥2.30
常温耐压强度/MPa	110℃×24h	≥15	≥20	≥25	≥15
	1450℃×3h	≥25	≥30	≥30	≥25
重烧线变化率（1450℃×3h）/%		-0.5~+0.5	-0.5~+0.5	-0.5~+0.5	-0.5~+0.5

牌号		DCTC-6	DCTC-7	DCTC-8	DCTC-9	DCTC-10
材质		高铝碳化硅碳浇注料	高铝碳化硅碳浇注料	高铝碳化硅浇注料	硅藻土隔热砖	隔热砖
使用部位		主沟盖顶部	主沟盖两侧	铁沟	铁沟、渣沟保温层	主沟、摆动流嘴，保温层
化学组成	$w(Al_2O_3)$/%	65.3	67.1	49.1		38.43
	$w(SiC)$/%	15	15	9.33		
	$w(C)$/%					51
体积密度/g·cm^{-3}		2.52（1400℃×3h）	2.56（1400℃×3h）	2.43（110℃×24h） 2.38（1450℃×3h）	<0.7	0.90

续表 22-19

牌号		DCTC-6	DCTC-7	DCTC-8	DCTC-9	DCTC-10
常温耐压强度/MPa	110℃×24h	20	20	8.2	3.0	6.90
	1450℃×3h	60	60	20.1		
抗折强度/MPa	110℃×24h	4.9	4.90			
	1450℃×3h	7.80	7.80			
耐火度/℃					1280	
重烧线变化率/%		0.22（1400℃×3h）	±0.35（1400℃×3h）	-0.12（1450℃×2h）	<2（1000℃×2h）	2.0～-0.71（300℃×2h）
热导率/$W\cdot(m\cdot K)^{-1}$					≤0.21(350℃)	≤0.19(350℃)

牌号		DCTC-11	DCTC-12	DCTC-13	DCTC-14
材质		高铝碳化硅浇注料	高铝碳化硅浇注料	高铝碳化硅砖	捣打料
使用部位		渣沟	渣沟	主沟、铁沟、摆动流嘴	主沟各部分接头
化学组成	$w(Al_2O_3)$/%	60.4	50	67.6	60.72
	$w(SiC)$/%	14	30	17.3	12.03
	$w(C)$/%	1～3	1～3		
显气孔率/%				15.2	
体积密度/$g\cdot cm^{-3}$	110℃×24h	2.70	2.64	2.76	2.64
	1450℃×2h	2.68	2.60		2.56
常温耐压/MPa	110℃×24h	23.8	20	156.4	
	1450℃×2h	33.4	30		
抗折强度/MPa	110℃×24h	3			5.3
	1450℃×2h	3			4.7
重烧线变化率(1450℃×2h)/%		±0.5	±0.5		0.23

牌号		DCTC-16	DCTC-17	DCTC-18	DCTC-19	DCTC-20
材质		自流浇注料	喷射浇注料	快干浇注料	捣打料	捣打料
使用部位		中、大型高炉铁线	中、大型高炉铁线	中小高炉用主沟	中小高炉用主沟铁线，铁沟	中小高炉用主沟铁线，铁沟
化学组成	$w(Al_2O_3)$/%	≥85	≥85	≥70	≥70	≥70
	$w(SiO_2)$/%			≤5	≤1.0	≤3
	$w(SiC)$/%	≥10	≥10	≥18	≥10	≥10
	$w(C)$/%	2	2	1～3	5～10	5～10
体积密度/$g\cdot cm^{-3}$	110℃×24h	3.10	3.00	2.9	2.85	2.65
	1450℃×3h	3.09	2.98	2.9	2.80	2.60
耐压强度/MPa	110℃×24h	13	20	15	15	15
	1450℃×3h	50	60	60	30	30
线变化率/%	1450℃×3h	0.3	0.3	-0.2～0.6	-0.2～0.6	-0.2～0.6

续表 22-19

牌号		DCTC-21	DCTC-22	DCTC-23	DCTC-24	DCTC-25	DCTC-26
材质		ASC 自流浇注料	ASC 喷射浇注料	铝镁质浇注料	含石墨 ASC 浇注料	含石墨 ASC 浇注料	ASC 喷补料
使用部位		中、大型高炉渣线	中、大型高炉渣线	脱硅摆动流嘴	主沟渣线	主沟铁线	主沟
化学组成	$w(Al_2O_3)$/%	55	55	90	50	70	60
	$w(SiO_2)$/%				2	3	
	$w(MgO)$/%			5			
	$w(SiC)$/%	35	35		35	10	24
	$w(C)$/%	2	2	1~3	5~10	5~10	
体积密度 /g·cm^{-3}	110℃×24h	2.90	2.87	3.10	2.70	2.90	2.50
	1450℃×3h	2.87	2.85	3.08	2.68	2.87	2.45
耐压强度 /MPa	110℃×24h	15	20	40	15	15	23.1
	1450℃×3h	53	60	60	50	30	42
线变化率(1450℃×3h)/%		0.3	0.3	+0.6	+0.5	+0.5	±0.5

牌号		PN-1	PN-2	PN-3	PN-4
材质(无水炮泥)		ASC	ASC	ASC	ASC
使用部位		出铁口	出铁口	出铁口	出铁口
化学组成	$w(Al_2O_3)$/%	≥25	≥30	≥35	≥35
	$w(SiC+Si_3N_4)$/%	≥12	≥15	≥18	≥25
	$w(C)$/%	≥20	≥15	≥12	≥10
体积密度 /g·cm^{-3}	1500℃×3h	≥1.60	≥1.80	≥2.00	≥2.10
显气孔率/%	1500℃×3h	≤35	≤33	≤30	≤28
常温耐压 /MPa	1500℃×3h	≥10	≥15	≥18	≥22
烧后线变化率/%	1500℃×3h	±1.0	±1.0	±1.0	±1.0
用途		小型高炉 <1000m^3	中型高炉 1000~2500m^3	大型高炉 2500~4000m^3	特大型高炉 >4000m^3

为适应出铁场高效运转的需求，在出铁场用耐火材料方面，采用了快干浇注料，以适合只有一条沟的快速补浇[14]。

自流浇注料的出现为浇注施工带来了更多的方便，特别是湿式喷射浇注料的出现，把设备、施工使用技术与材料技术结合起来了，使耐火材料的消耗进一步减少，通铁量也进一步提高。宝钢热喷补一次主沟渣线通铁量由半干法的2万吨提高到3万吨[15]。在出铁场保温方面，除了永久层用相应的保温砖和纤维制品外，在工作层和保温层之间增加干式捣打料，对保温和防止漏铁提高安全性起到良好的作用。高性能炮泥满足大型高炉出铁8~12次的常规要求，通常单耗为0.30~0.45kg/吨铁。环保炮泥的需求会进一步增加，但是真正的环保炮泥要体现在苯并芘少、少冒黄白烟、少刺激性气味等对人与环境无害的特征方面。

22.1.5 非高炉炼铁用耐火材料

非高炉炼铁主要有两种方法,即熔融还原炼铁方法和以固相反应为基础的海绵铁的生产方法[16]。

22.1.5.1 海绵铁生产用耐火材料

海绵铁生产主要是用铁精矿、氧化铁皮等含氧化铁高的原料在还原介质作用下被还原成金属铁。该反应是固相反应,并放出很多气体,在生成的固体铁里有很多气孔,像海绵一样,故称海绵铁。反应温度一般在800~1300℃,所用的还原介质主要有煤、天然气和煤气等非焦还原剂,所用的设备主要有竖窑、环形窑、回转窑、隧道窑、台车底连续炉等。世界上以天然气为还原介质的竖窑生产海绵铁为主,约占80%。不管是哪一种窑,使用温度都不高,所以一般铝硅系耐火材料作为窑衬就能满足温度的要求,这些产品的性能见表22-20。

表22-20 海绵铁生产窑用耐火材料

牌号	HMT-1	HMT-2	HMT-3	HMT-4	HMT-5
材质	高铝浇注料	黏土质浇注料	高铝浇注料	高铝浇注料(国内)	高铝浇注料(国内)
使用部位	SL/RN法回转窑	回转窑预热带	回转窑烧成带	回转窑还原带	回转窑预热带
基本要求	抗CO毁坏,高强度	低铁、耐磨、抗热冲击、高强度,抗氧化铁的腐蚀		抗CO毁坏,高强度	抗CO毁坏,高强度
体积密度/$g \cdot cm^{-3}$	2.4	2.16~2.29	2.08~2.13	2.36	2.43
$w(Al_2O_3)$/%	>65	43.6	57.94	51	51
抗热震性(950℃,水冷)/次	>30			>30	>30
抗CO气体毁坏	良好			良好	良好
线变化率(1100℃×3h)/%				-0.3	-0.2
耐压强度/MPa 110℃×24h	80	31~55	24~32	70.5	76.6
耐压强度/MPa 1100℃×3h	80	29~48(1250℃)	15~20(1250℃)	75.3	70.8
抗折强度/MPa 110℃×24h		8~14	6~7		
抗折强度/MPa 1250℃×3h		8~14	3~4		
牌号	HMT-6	HMT-7	HMT-8	HMT-9	HMT-10
材质	高铝砖	高铝堇青石砖	黏土砖	黏土轻质砖	耐火纤维毡
使用部位	隧道窑、竖窑和其他窑衬、窑轨砖、棚板和隔焰砖	隧道窑和其他窑棚板、匣钵	隧道窑和其他窑匣钵、窑车垫砖、窑衬砖	各种窑保温层	各种窑保温层
基本要求	抗CO毁坏,高强度	抗CO毁坏,高强度	抗CO毁坏,高强度	保温性好	保温性好
体积密度/$g \cdot cm^{-3}$	2.4	2.0	2.2	≤1.0	≤0.22
$w(Al_2O_3)$/%	≥65	≥60	≥40	≥30	≥45
$w(SiO_2)$/%	30	26			
$w(MgO)$/%		8			

续表 22-20

牌号	HMT-6	HMT-7	HMT-8	HMT-9	HMT-10
$w(Fe_2O_3)$/%	≤1.5	≤0.8	≤1.5		≤1.2
抗热震性(950℃,水冷)/次	≥30	≥30	≥30		
抗 CO 气体毁坏	良好		良好		
热导率(350℃)/W·(m·K)$^{-1}$				0.5	
线变化率(1150℃×3h)/%	±0.2	±0.2	-0.3	0~-0.5	0~-3
耐压强度/MPa	≥50	≥40	≥50	≥3	

使用铝硅系耐火材料作为直接还原铁回转窑衬的使用寿命，一般是半年一小修，一年或一年半一大修。湿式喷射浇注料的性能优良，施工时不用模具，施工速度快，因此它在海绵铁生产的窑衬上应用应该是非常有前景的。

在使用过程中，耐火材料里的 Fe_2O_3 在 CO 气氛里发生氧化还原反应生成金属铁和 Fe_3C，在 Fe_3C 的催化作用下发生 $2CO = CO_2 + C$(沉积)的反应，纤维状的碳沉积在耐火材料气孔、裂纹和缺陷中，由碳沉积带来的体积膨胀导致耐火材料组织脆化、裂纹扩展，最终使得材料崩裂甚至粉化。因此，为了提高海绵铁生产用窑衬、窑具的使用寿命，要求耐火材料窑具必须低铁、组织结构致密和气孔微细化，以抑制渗透和降低催化反应速度，因而提高海绵铁生产用铝硅系窑具和窑衬的使用寿命。堇青石质和黏土质等铝硅系耐火材料窑具的热导率较低，需要很长时间才能把热量传到窑具中心，从而造成保温时间过长和能耗过高，严重影响了生产效率和生产成本。另外，为了高的装载量，提高生产率，要求棚板、垫板有高的热态强度，因此应该选择高导热和高强的耐火匣钵、棚板和隔板等为好。

22.1.5.2　熔融还原铁用耐火材料

A　方法介绍

在 20 世纪末，非焦生产熔融还原铁的研究非常活跃，研究开发了很多方法，这些方法分类见表 22-21。

表 22-21　熔融还原炼铁方法分类

类型	非二次燃烧法	开发厂家
电炉型	Elred 法：流化床+直流电炉	瑞典 Stora Kopparberg 公司，Asea 公司，德国 Lurgi 公司
	Inred 法：闪速熔炼+电弧炉	瑞典 Boliden 公司
	Plasmamelt 法：预还原炉+等离子加热终还原炉	瑞典 SKF 公司
竖炉型	XR 法：流化床+竖炉底吹氧、空气	日本川崎
	SC 法：竖炉+冲天炉侧吹氧、煤	日本住友
	COREX 法：竖炉+熔融气化炉	奥钢联和德国 Korf 公司
类型	有二次燃烧法	开发厂家
转炉型	COIN 法：竖炉+转炉底吹	德国 Krupp 公司
	CGS 法：竖炉+转炉顶吹	日本住友
	CIG 法：流化床+铁浴侧吹煤氧、石灰石	国际能源机构
	Hismelt 法：循环流化床+卧式转炉	德国 Klockner 和澳大利亚 CRA 公司
	DIOS 法：预还原炉+熔融还原炉	日本钢铁联盟
	Romelt 法：一段熔融还原炉	俄罗斯新利佩茨克冶金厂

上述方法中,成功实现工业化的是COREX法,该方法是由奥钢联和德国Korf公司开发并成功在南非ISCOR公司等实现工业化。该方法的优点:(1)不用焦炭和烧结矿就可以直接生产铁水;(2)可以直接利用粉矿和粉煤,有效利用资源;(3)生产线和装备简单;(4)有利于环境保护,它不需要烧结机和焦炉,减少了污染源,减少了炼铁厂70%的污染;(5)流程投资降低,生产规模灵活。

COREX设备的结构如图22-12所示,熔融气化炉位于COREX系统的下部。

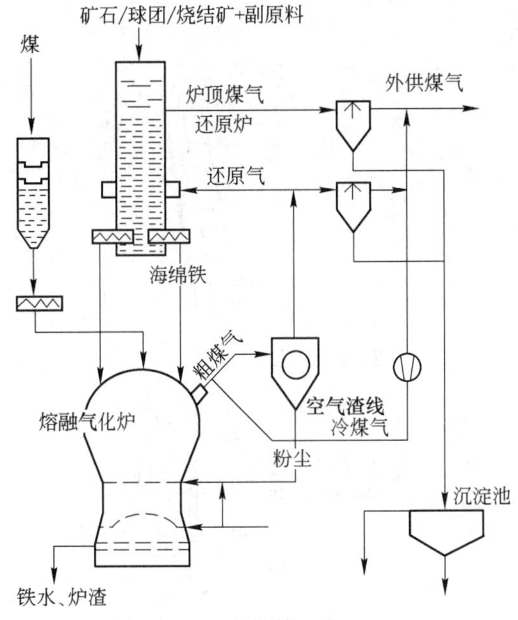

图22-12 COREX设备的结构

该炉上部呈扩大的半球形,下部为圆柱形。煤、熔剂与还原铁矿通过加压密封料仓进入熔融气化炉顶部。煤入炉后,与1000~1100℃的煤气相遇,迅速干燥、干馏、炭化,并下降到炉体圆柱体部分。之后,又受到从下部风口送入的氧气流作用,形成稳定的流化层,流化层下部温度为1600~1700℃。炭化后的煤炭粒子与氧气反应,产生CO_2,随着气流上升,遇碳被还原转化为CO。为改善煤气质量,提高还原能力,保护风口,特别从风口通入蒸汽,因此熔融气化炉顶部排出的高温煤气中含有$CO+H_2$占95%。这种高温煤气兑冷煤气调温到900℃,送入热旋风除尘器中,净化后,再通过还原竖环管进入还原竖炉。热旋风除尘器净化沉降的尘粒经尘斗用冷煤气送回到熔融气化炉。

从熔融气化炉球形顶部进入炉内的高金属化预还原炉料在下降过程中被加热,熔化后最终成为铁水和熔渣。

还原竖炉位于COREX系统上部,呈圆柱形。由熔融气化炉产生的还原气体(煤气)经过调温和净化,从还原竖炉的中下部风口进入炉内。穿过固体料层(从竖炉顶部加入的矿石和熔剂)上升,固体料靠自重下降,被高温还原气体加热、还原,还原后的金属化铁料通过竖炉下部排料器和下料管连续均匀地落入熔融气化炉。COREX熔融还原炼铁工艺分预还原和熔炼两个阶段,预还原阶段是在竖窑里把铁矿石固相还原成金属铁或海绵铁,然后海绵铁就直接进入熔融气化炉而炼成铁水的熔化阶段。

B COREX熔融气化炉用耐火材料

熔融气化炉分为干燥区、流化燃烧区、风口区和炉缸四个部分,如图22-13所示。

熔融还原法产生的渣含有大量FeO,对耐火材料侵蚀非常严重。炉衬蚀损主要是渣熔蚀、碱蒸气和铁水对炉衬产生的化学侵蚀、热熔损、因温度波动产生的热剥落、炉料的撞击和炉尘气体的冲刷等,不同因素对每个部位的影响程度见表22-22。由于这一系列因素对炉衬耐火材料产生的严重损毁,导致了设备的使用寿命很低,这是熔融还原法难以达到实用化和推广的最主要原因之一。

表22-22 熔融气化炉侵蚀特性

损坏因素	侵蚀严重程度					
	炉底	炉缸壁	铁口区	风口区	流化区	干燥区
热应力	低	中	中	极高	高	中
热负荷	高	中	中-高	极高	中-高	中
铁水、渣侵蚀	低	高	高	高	低	低
碱侵蚀	中-高	高	中	低	低	低
氧化作用	低	高	中-高	高	高	高
磨损	低	低	高	高	高	高

因为干燥区的温度为1000~1200℃,煤分解,脱除挥发分。该区域的炉衬受到炉料的机

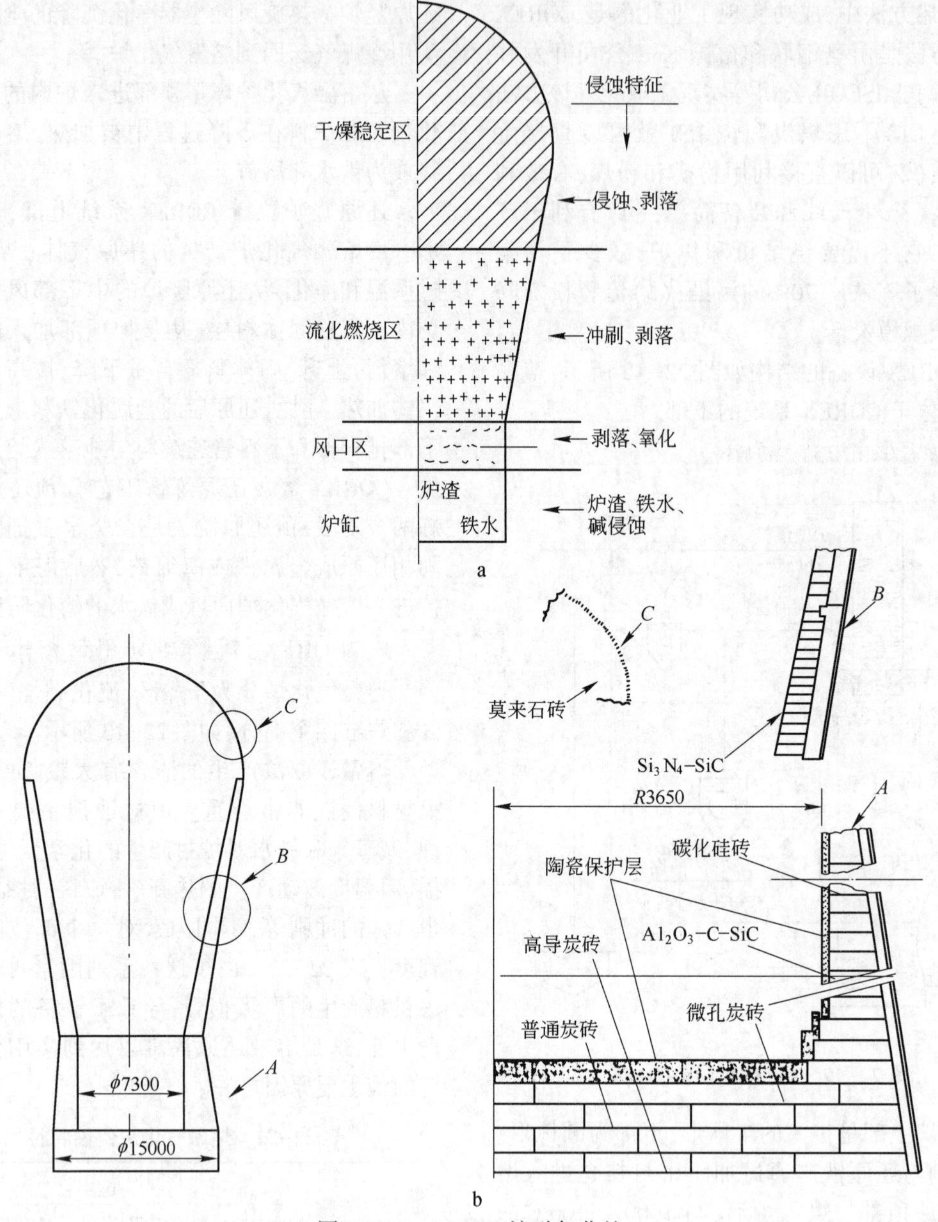

图 22-13　COREX 熔融气化炉

械撞击作用非常强烈，同时还受到含尘气体的冲刷和腐蚀。因此，要求炉衬耐磨，该区域使用 Al_2O_3 含量为 55%～65% 的高铝砖就可以满足要求，它同还原竖窑的窑衬一样，为了提高使用寿命，要求 Fe_2O_3 的含量尽可能的低，以防止炉衬脆化或粉化。

煤在流化燃烧区燃烧，温度可达到 1600～1700℃。炉料流化，对炉衬的冲刷严重，耐火材料炉衬承受很大热负荷和高温磨损，送风和休风时该区域温度波动很大而又引起剥落。南非的 ISCOR 公司在该部位使用镁炭砖，因停炉、开炉频繁而剥落严重。应该选用抗热震性和热稳定性均优良的、耐冲刷的 Si_3N_4 结合的 SiC 砖作为炉衬。

熔融气化炉的风口采用全氧操作，风口砖的热负荷高，工作条件苛刻，对含碳耐火材料有较强的氧化作用。熔渣和铁水在该处形成，因此高温下的风口砖受到强烈的腐蚀作用。风口采用SiC砖,风口上部至检修孔部位炉衬采用镁炭砖,它有水化现象,建议用 Si_3N_4 结合的SiC砖作为内衬。风口组合套砖,采用β-SiC结合的SiC砖效果很好。通过对 Al_2O_3-Cr_2O_3 砖进行侵蚀试验,结果发现:它抗侵蚀性非常好,耐剥落也非常好,因此风口及其以上区域应该用碳化硅砖和铬刚玉砖,SiAlON结合刚玉砖也应该是非常好的选择。

熔融气化炉的炉底、炉缸和铁口等部位的耐火材料炉衬始终与高温铁水和熔渣相接触,所产生的侵蚀是耐火材料损坏的主要原因。所用耐火材料与高炉的相当,主要用微孔炭砖,并用一层陶瓷杯。在出铁口仍用 Al_2O_3-SiC-C材料。这些耐火材料与高炉炉底和炉缸用耐火材料相当,可参阅高炉用耐火材料部分。

熔融还原铁用耐火材料见表22-23。

表22-23 熔融还原铁用耐火材料

牌号	HYT-1	HYT-2	HYT-3	HYT-4
材质	高铝砖	镁碳砖	Si_3N_4 结合SiC砖	β-SiC结合SiC砖
使用部位	COREX熔融气化炉的干燥区	COREX熔融气化炉流化燃烧区	COREX熔融气化炉流化燃烧区	COREX熔融气化炉风口组合套砖
$w(Al_2O_3)$/%	55~65		Si_3N_4>20	
$w(Fe_2O_3)$/%	<1.2			0.5
$w(SiO_2)$/%	≤30			
$w(MgO)$/%		≥80		
$w(C)$/%		≥10		
$w(SiC)$/%			≥70	≥90
体积密度/$g \cdot cm^{-3}$	≥2.4	≥3.00	≥2.70	≥2.70
显气孔率/%			≤13	≤15
耐压强度/MPa	≥60	≥40	≥200	≥150
耐火度/℃	≥1770			
重烧线变化率(1500℃×2h)/%	0~-0.2			
荷重开始软化温度/℃	≥1480			
高温抗折强度(1400℃×0.5h)/MPa		≥25	≥50	≥35

22.1.6 热风炉用耐火材料

热风炉是鼓入高炉助燃的空气由常温加热到高温的热工设备,它分为内燃式、外燃烧式和顶燃式,热风炉炉体由蓄热室和燃烧室组成[3,17~19]。它们的结构如图22-14所示。

热风炉一般用高炉煤气和焦炉煤气的混合煤气为燃料,燃烧产生的热烟气温度为1300~1600℃。热风炉在机械载荷和高温作用下,砌体发生收缩变形和裂纹,影响热风炉的使用寿命,因此对热风炉用耐火材料要求热容大、抗蠕变性好、荷重软化温度高、高温强度高和具有良好的抗热震性。当热风温度(<900℃)较低时,选择黏土砖就可以满足要求;当热风温度为900~1100℃时,高温部位炉衬和格子砖应该用高铝砖、莫来石砖或硅线石砖;当热风温度为1100~1200℃时,高温部位炉衬和格子砖应该用高铝砖、莫来石砖或硅线石砖或硅砖;当热风温度在1200℃以上时,高温部位炉衬和格子砖应该用优质硅砖、莫来石砖和硅线石砖。表22-24为宝钢4063m^3高炉外燃式热风炉用耐火材料。热风炉常用硅质、黏土质、高铝质等耐火材料性能指标可参阅相关标准。

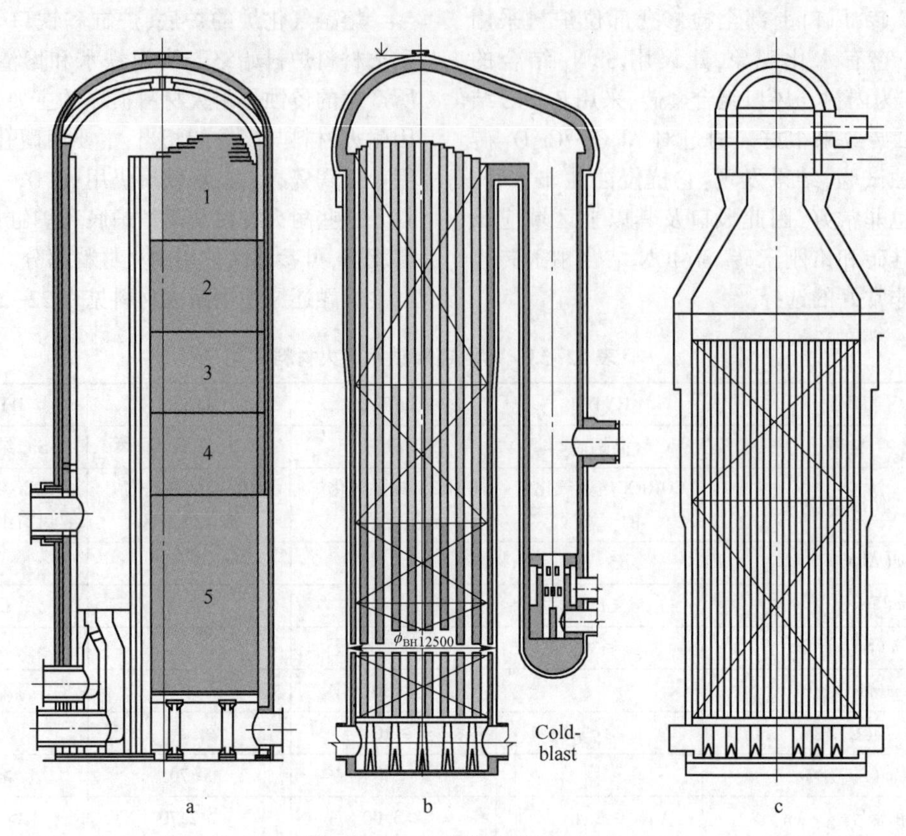

图 22-14 高炉热风炉结构

a—内燃式热风炉；b—外燃式热风炉；c—顶燃式热风炉

表 22-24 4063m^3 级高炉外燃式热风炉用耐火材料

牌号	MZ-65	BN42	BNM12P	RG-94	BD16	QG-115
材质	刚玉莫来石砖	黏土砖	黏土质泥浆	硅砖	氧化铝质隔热砖	硅质隔热砖
使用部位	热风主、支管，蓄热室格子砖	燃烧室、热风主管	砌黏土砖用	蓄热室、燃烧室、格子砖上部	蓄热室、燃烧室、混风室	蓄热室、燃烧室
$w(SiO_2)$/%	27.6	49.5		95.9		94
$w(Al_2O_3)$/%	71	45.5	56.8		69	
$w(Fe_2O_3)$/%	0.46	2.35		1.18	0.61	0.77
显气孔率/%	18	22		21		52.5
体积密度/g·cm^{-3}	2.55	2.12		2.72	0.98	<1.15
耐压强度/MPa	96.2	35.7	(110℃)抗折强度≥2.0；>6 (1300℃×2h)	35.5	3.4	6.6
耐火度/℃	>1790	1750	>1770	1710	1790	1690

续表 22-24

牌号	MZ-65	BN42	BNM12P	RG-94	BD16	QG-115
荷重软化温度 T_2/℃	≥1660	1390~1460	>1260	1680~1690		≥1400
重烧线变化率 /%	0.0 (1500℃×2h)	-0.3~-0.4 (1400℃×2h)		0.11 (1400℃×3h)	-0.37	<0.5
热导率 /W·(m·K)$^{-1}$				1.21 (350℃热膨胀率) 1.25% (1000℃)	0.123 (350℃)	0.44 (350℃)
黏结时间/s			60~90	真密度 ≤2.35g/cm^3		
蠕变率/%	0.17(1500℃)	0.58(1200℃)				1.1%~1.3% (1000℃热膨胀率)

牌号	BSM02	BPSBM	BSiC	MZ-80	LG-0.7	YPHM 01P-85
材质	硅质泥浆	硅质隔热泥浆	碳化硅浇注料	莫来石砖	高铝隔热砖	高铝质泥浆
使用部位	砌 RG-94 用	砌 QG-115 用	蓄热室上部 燃烧室上部	蓄热室中部 混风室	蓄热室中部 燃烧室中部	砌 MZ-75, MZ-65 用
$w(SiC)$/%			77.2			
$w(SiO_2)$/%	94	92				
$w(Al_2O_3)$/%				83	62.4	87
$w(Fe_2O_3)$/%					1.2	
显气孔率/%				18		
体积密度 /g·cm^{-3}		1.31	2.25 (110℃×24h)	2.72	0.65	
耐压强度/MPa				79	2.2	
抗折强度 /MPa	≥1.0 (110℃) >3 (1400℃×2h)	≥0.5 (110℃) ≥1.5 (1400℃×2h)	≥3.0 (110℃×24h) ≥1.5 (1000℃×3h)			6.5 (110℃) 10 (1500℃×3h)
耐火度/℃	1710	1690~1710	安全使用温度 1600℃	>1790	1790	≥1850
荷重软化温度 T_2/℃	1650			1720		1660
重烧线变化率/%	≤1.7 (1000℃×3h)	350℃热导率 0.57W·(m·K)$^{-1}$	±1.0 (1000℃×3h)	±0.0 (1500℃×2h)	-1.9 (1400℃×3h)	
黏结时间/s	90~180	90~120		蠕变率 0.6% (1550℃×50h)		60~180
颗粒组成/%	≥1mm,≤1; ≤0.074mm,≥50	≥0.5mm,≤2; ≤0.074mm,≥50			350℃热导率 0.20W·(m·K)$^{-1}$	≥1mm,≤2

续表 22-24

牌号	YW-P_2	FGJ-80P-1	BNM13P	BH27	DLS-77	BN41
材质	耐酸喷涂料	隔热喷涂料	黏土质泥浆	高铝砖	氧化铝水泥	黏土砖
使用部位	蓄热室上部 燃烧室上部	蓄热室、燃烧室	砌 BN_{43}	蓄热室下部 格子砖混风室	蓄热室	蓄热室下部 格子砖,混风室
$w(Al_2O_3)$/%	64.4		45	55	78	45.5
$w(CaO)$/%	0.2				21.8	
$w(SiO_2)$/%				39	0.06~0.37	49.35
$w(Fe_2O_3)$/%					≤0.5	
显气孔率/%				20.5		23
体积密度/g·cm^{-3}		0.86		2.35		2.15
耐压强度/MPa				70.8	1天:20	35.7
抗折强度/MPa	≥1.47 (110℃)	≥1.2 (110℃)	≥2.0 (110℃)	1270℃蠕变率 0.19%	1天:3~5.7	1200℃蠕变率 0.58%
	≥0.98 (酸处理后)	>0.3 (800℃)	>6 (1200℃×24h)			
耐火度/℃		最高使用温度 800℃	>1750	1790	1770~1790	1750
荷重软化温度 T_2/℃			1270	1460~1550		1420
重烧线变化率/%	±0.4 (110℃×24h)	±0.4 (110℃×24h)		0.0~0.1 (1400℃×2h)		-0.3~-0.14 (1400℃×2h)
		±1.1 (300℃)				
黏结时间/s			60-90		凝结时间: 开始≤6h, 终了≤8h	
热导率/W·(m·K)$^{-1}$		0.26			粒度 ≥0.088mm, 2.5%	

牌号	BN43	BA16	BA18	BB1	MZ-75	FGN-140-2
材质	黏土砖	高铝质隔热砖	高铝质隔热砖	硅藻土隔热砖	刚玉莫来石砖	黏土隔热泥浆
使用部位	蓄热室下部格 子砖,燃烧室	蓄热室, 燃烧室	蓄热室、燃烧 室、混风室	蓄热室	燃烧室	砌 LG-0.7, BA18 用
$w(Al_2O_3)$/%	32.4	44.5	44.9		80.4	36.7
$w(SiO_2)$/%	62.6	45.4	45.8	79.8	18.5	
$w(Fe_2O_3)$/%					0.26	
显气孔率/%	20.4				20.2	
体积密度/g·cm^{-3}	2.09	0.48	0.53	0.63	2.70	1.66
耐压强度/MPa	38.5	1.10	1.8	2.50	74.7	

续表 22-24

牌号	BN43	BA16	BA18	BB1	MZ-75	FGN-140-2
抗折强度/MPa						0.47(110℃) 0.41(1200℃)
耐火度/℃	1710		1540	1790	>1790	1690
重烧线变化率/%	±0.5 (1300℃×2h)	±0.1 (1200℃×2h)	0~-0.1 (1200℃)	0.6~0.8 (900℃×2h)	0.0 (1500℃×2h)	
荷重软化温度 T_2/℃	1370~1430				1710	
热导率(350℃)/W·(m·K)$^{-1}$		0.15~0.19	0.139	0.17		0.44
蠕变率/%	0.9(1150℃)				0.16(1580℃)	

牌号	BA13	BHCFB	NZM-40a	JZ-50	MZ-70a	BNM11P
材质	隔热砖	纤维纸	黏土砖	堇青石砖	高铝砖	黏土泥浆
使用部位	混风室	1400℃衬套	燃烧器下部	燃烧器上部	混风室	砌 BN41
$w(Al_2O_3)$/%		59	43.6	53.4	77.5	66.3
$w(SiO_2)$/%		39	52.2	41.6		
$w(Fe_2O_3)$/%	0.73	0.21	1.34	1.27		
显气孔率/%		渣球率<2%	14.7	24	21.2	
体积密度/g·cm^{-3}	0.74	0.41	2.31	2.32	2.60	
耐压强度/MPa	≥1.0		66.7	43.0	≥30	
抗折强度/MPa	≥1.47	抗拉强度 0.32				2.55(110℃) 6.07(1400℃)
耐火度/℃			1750	1730~1750	≥1790	>1790
荷重软化温度 T_2/℃			1510	1380~1440	≥1700	1580
重烧线变化率/%	0.2~0.05 (1500℃×3h)	3.6 (1000℃×3h)		-0.1 (1400℃×2h)	≤0.3 (1500℃)	
热导率/W·(m·K)$^{-1}$	0.20(350℃)	0.16(850℃)		抗热震性 ≥10次	抗热震性 (800℃, 水冷)≥10次	粒度/% ≥0.5mm,≤2%; ≤0.074 mm, ≥50
黏结时间/s				1000℃热膨胀 率为0.4%		90~120

牌号	YCN-140G	FGJ-130P-1	LG-0.8	BCL-80	BCL-130	RRL-130
材质	黏土喷涂料	隔热喷涂料	隔热砖	隔热浇注料	隔热浇注料	高铝砖
使用部位	燃烧室、 热风围管	混风管、 热风围管	混风室	热风炉	热风炉	燃烧室热风 总管,支管
$w(Al_2O_3)$/%	>45	50	68			64
$w(SiO_2)$/%			27.1			31.7
$w(Fe_2O_3)$/%	0.73		0.73			1.27
显气孔率/%						≤21.4

续表 22-24

牌号	YCN-140G	FGJ-130P-1	LG-0.8	BCL-80	BCL-130	RRL-130
体积密度/g·cm^{-3}	1.91 (1400℃×3h)	1.4 (1300℃×3h)	0.59	0.57(800℃)	1.34 (1300℃×3h)	2.44
耐压强度/MPa			1.10			65.2
抗折强度/MPa	4.68(110℃) 0.51(1400℃)	5.4(110℃) 1.7(1300℃)	≥1.0	0.65 (110℃×24h) 1.28 (800℃×1h)		
耐火度/℃	1690	1630	1790		安全使用温度 1300℃	1790
荷重软化温度 T_2/℃		安全使用温度 1300℃				1490~1580
重烧线变化率/%	0.28 (1400℃)	0.31 (1300℃×3h)	0.0 (1200℃×3h)	−0.84 (800℃×3h)	−0.03 (1300℃×3h)	0.0~0.1 (1400℃×2h)
热导率(350℃)/W·(m·K)$^{-1}$			0.24	0.17	0.485	1300℃ 蠕变率≤1.0%

热风炉是典型的蓄热式换热器,热风炉蓄热室内的格子砖是热风炉进行热交换的载体,它承担着将燃烧煤气所产生的热量传递到高炉鼓风的重要作用。格子砖蓄热和放热效率高低直接影响到热风温度的高低和热风炉热效率。为充分利用热风炉格子砖的蓄放热潜能,通常采取增加格子砖的换热面积,改变格子砖的材质、增加密度、提高热导率等措施。但是改变格子砖的结构与材质涉及到格子砖物理及化学指标的改变,继而影响到热风炉成本、寿命、安全性和稳定性。硅砖是热风炉最经济实惠的格子砖耐材。在格子砖设计面积达到最优化、材质不能改变的情况下,提高材质本身的热导率和密度能有效提高热风炉格子砖在燃烧期的吸热速度和吸热量,热量可迅速传入砖的内部储存起来;提高在送风期格子砖的放热速度和放热量,迅速向外释放内部储存的热量,达到减少燃烧期和送风期时间或提高热风温度的目的。

硅质材料具有良好的抗酸性渣侵蚀的能力,荷重软化温度高,高温体积稳定性好,常以格子砖形式用于热风炉高温区,是热风炉非常重要的耐火材料。国内已经开发出高炉热风炉的专用节能型高导热硅质格子砖产品。高导热硅质格子砖性能指标见表 22-25。

表 22-25　高导热硅质格子砖性能指标

牌号	CH-51
材质	高导热硅质格子砖
使用部位	蓄热室格子砖上部
$w(SiO_2)$/%	≥94
$w(Al_2O_3)$/%	≤1.0
$w(Fe_2O_3)$/%	≤1.0
$w(CaO)$/%	≤3.0
显气孔率/%	≤24
耐压强度/MPa	≥30
荷重软化温度 T_2/℃	≥1650
重烧线变化率/%	0~0.2(1450℃×2h)
热膨胀率/%	≤1.25(1000℃)
热导率/W·(m·K)$^{-1}$	≥2.20(1100℃)
真密度/g·cm^{-3}	≤2.33
蠕变率/%	≤0.6(1550℃×50h)

22.1.7　铁水预处理用耐火材料

随着冶金工业的发展,钢的品种增加、质量提高,炼钢对铁水提出了更严格的要求,要求铁水具有更低的硫、硅和磷的含量,以减少转炉的负荷和适应转炉炼钢节奏的需要,这样就要求在铁水包、出铁沟和混铁车里对铁水进行预处理。进行脱硅、脱磷和脱硫处理的铁水包,一般成鱼雷形,因此称其为鱼雷罐或鱼雷车。三脱处理的鱼雷罐,除了经受像铁水包一样的侵蚀外,还受到三脱处理用冶金辅料的严重侵蚀,如脱硫处理剂是 $CaO-CaF_2-CaC_2$、脱硅处理剂一般用铁鳞和石灰,脱磷处理剂是采用 $FeO-CaO-CaF_2$ 或苏打 Na_2CO_3,它们对高铝系耐火材料的熔蚀和氧化是非常严重的。在三脱处理过程中,炉渣的碱度变化从 0.5 到 3.0,在喷粉过程中,铁水被搅动而冲刷炉衬耐火材料,间歇式作业导致温度波动,这些因素都导致了耐火材料炉衬的快速损毁[17~19]。因此,三脱鱼雷罐对耐火材料提出了更高要求,要求它具有良好的抗酸性渣和碱性渣的侵蚀、抗热震性和抗剥落性。鱼雷罐的结构如图 22-15 所示。所用耐火材料见表 22-11[3]。

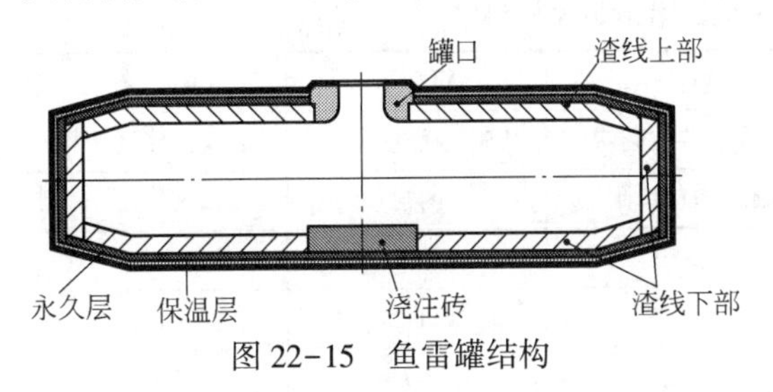

图 22-15　鱼雷罐结构

对于不脱硫的鱼雷罐,一般采用烧成黏土砖或红柱石砖,内衬一般部位用黏土砖或普通高铝砖砌筑,受铁口和渣线等极易损毁部位用高铝砖砌筑。为了使衬体损毁均匀,采用综合砌炉,在侵蚀严重部位采用不烧的红柱石炭砖,渣线用铝碳化硅炭砖,在易发生氧化损坏的顶部使用烧成的铝硅系耐火砖,冲击区一般用优质的铝碳化硅炭砖。

对于有脱硅、脱硫、脱磷三脱的鱼雷罐,使用条件特别苛刻,黏土砖和高铝砖已经不能满足要求,现在普遍采用铝碳化硅炭砖。这种材料对于一般情况应该有较好的结果,特别对于高炉系列的渣是比较合适的。但是,对于一些高碱度和高氧化性的处理剂就不合适。国外有的进行了研究和使用探索,利用铝镁炭砖和铝镁浇注料,并取得了较好的结果。根据相图和热力学稳定性等基础理论,对于脱硫处理的鱼雷罐,应该用镁炭砖或镁钙炭砖才合适;对于脱硅和脱磷的鱼雷罐,应该选用抗这种处理剂最强的镁炭砖为好。因为氧化铝非常容易与氧化钙发生液化反应,所以含高铝的耐火材料就可能不合适。不同钢厂的实际情况不同,脱硫、脱磷和脱硅的比例也不同,因此应该根据具体情况选用耐火材料。

值得指出的是,在铁水预处理用耐火材料中,有一个非常重要的结构就是喷枪和搅拌桨。喷枪和搅拌桨的结构如图 22-16 所示。

喷枪和搅拌桨总是处在强烈的急冷急热的温度变化之中。使用时,马上进入到 1300℃ 以上的铁水里,而停用时又立即处在常温的环境中,这样对喷枪和搅拌桨的抗热震性提出了非常高的要求。对于喷枪和搅拌桨一般损坏不是侵蚀,而是热震裂纹,渗入铁水而破坏。每次使用时间对喷枪和搅拌桨使用寿命的影响很大,一般喷枪和搅拌桨的使用时间能达到 300~400 min,如果每次使用时间较短,总使用时间还会更长,好时可以达到 700min 以上。对于喷枪和搅拌桨用的耐火材料,一般是不锈钢纤维增强的刚玉莫来石质浇注料[20]。随着对抗侵蚀要求的提高,现在开始用含碳化硅的浇注料,这显著改善了抗侵蚀性。喷枪和搅拌桨用的耐火材料见表 22-26。另外,就是喷枪和搅拌桨的金属部分和耐火材料部分的热膨胀性差异很大,造成很大的界面应力,导致喷枪和搅拌桨开裂,尤其是喷枪更容易开裂。这需要加强研究,解决开裂和渗透烧坏喷枪的问题。

国外越来越多地使用铝碳化硅炭质浇注喷射料来维护鱼雷罐的使用寿命,已经取得了非常好的结果。特别是随着脱磷和脱硫比例的提高,脱磷剂和脱硫剂的碱度很高,这样三脱的鱼雷车就更需要碱性耐火材料。因此,在这种情况下,镁碳质和铝镁碳质耐火材料在鱼雷车上的应用会越来越多。

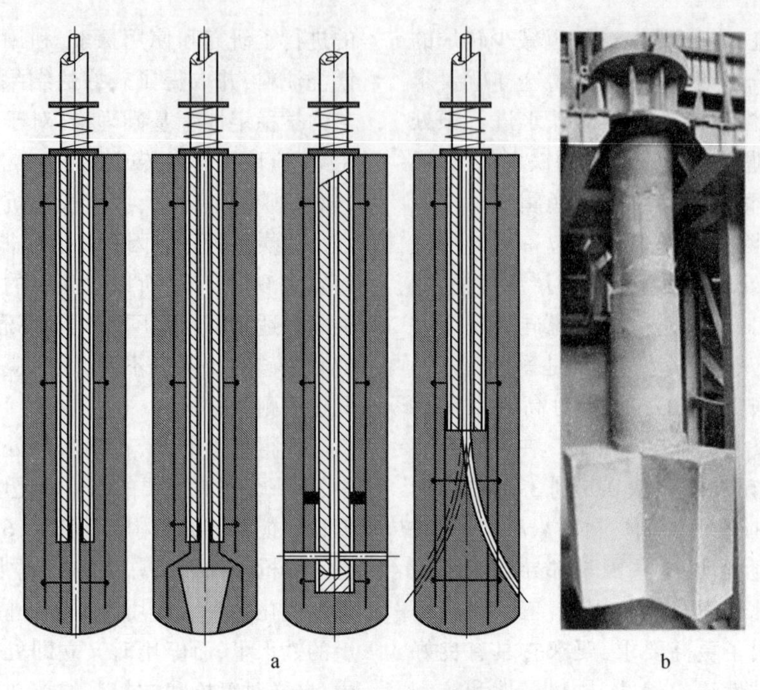

图 22-16 铁水预处理用喷枪和搅拌桨

a—喷枪；b—搅拌桨

表 22-26 铁水预处理用鱼雷罐用耐火材料

牌号	YLC-1	YLC-2	YLC-3	YLC-4	YLC-5	YLC-6
材质	铝碳化硅炭砖			烧成铝碳化硅炭砖	ASC 浇注喷射料	铝碳化硅浇注料
使用部位	渣线	冲击区	熔池	罐顶和包口附近	内衬	罐口
$w(Al_2O_3)$/%	>65	>70	>60	>50	>60	>50
$w(Fe_2O_3)$/%	<1.5	<1.5	<1.5	<1.5	<1.5	<1.5
$w(SiC)$/%	>12	>6	>6	>15	>7	>15
$w(C)$/%	>10	>12	>12	>5	>2	>15
显气孔率/%	<4	<4	<8	<14	<16(110℃×24h) <17(1450℃×3h)	<16(110℃×24h) <17(1450℃×3h)
体积密度/$g \cdot cm^{-3}$	>3.00	>3.00	>2.90	>2.80	>2.6(110℃×24h) >2.6(1450℃×3h)	>2.4(110℃×24h) >2.38(1450℃×3h)
耐压强度/MPa	>30	>30	>30	>40	>10(110℃×24h) >30(1450℃×3h)	>10(110℃×24h) >30(1450℃×3h)
重烧线变化率(1450℃)/%	±0.5	±0.5	±0.5	±0.5	±0.5	±0.5
抗热震性/次				>30		

牌号	YLC-7	YLC-8	YLC-9	YLC-10	YLC-11	YLC-12
材质	高铝泥浆	ASC 泥浆	高铝浇注料	高铝砖	黏土砖	致密黏土砖
使用部位	砌高铝砖、莫来石砖和致密黏土砖用	砌 ASC 砖用	罐口	内衬	永久层	内衬

续表 22-26

牌号	YLC-7	YLC-8	YLC-9	YLC-10	YLC-11	YLC-12
$w(Al_2O_3)$/%	>80	>70	>60	>75	42	48
$w(SiC)$/%		>15	<2.0(TiO_2)	<2.5(TiO_2)		
$w(Fe_2O_3)$/%	<1.8	<1.5	<1.5	<1.5	1.97	1.56
显气孔率/%			<20(110℃×24h) <20(1450℃×3h)	<18	20	14
体积密度/g·cm^{-3}			>2.50(110℃×24h) >2.50(1450℃×3h)	>2.80	2.21	2.37
耐压强度/MPa			>20(110℃×24h) >40(1450℃×3h)	>50	57.8	87.6
抗折强度/MPa			≥3(110℃) ≥6(1450℃)			
耐火度/℃	>1790		1790	>1790	≥1750	1770
荷重开始软化温度/℃				1650	1427	1530
重烧线变化率(1450℃×3h)/%				±0.5	0~-0.3	0~-0.1
颗粒组成/%	>0.5mm,0.3; ≤0.074mm,73	>0.5mm,0.3; ≤0.074mm,73				

牌号		YLC-13	YLC-14	YLC-15	YLC-16	YLC-17	YLC-18
材质		莫来石砖	ASC 喷补料	莫来石质浇注料	红柱石浇注料	刚玉莫来石浇注料	刚玉莫来石碳质浇注料
使用部位		渣线,垫注砖	工作衬	罐口	罐口	喷枪,搅拌桨	喷枪,搅拌桨
$w(Al_2O_3)$/%		75.32	>60	>60	>60	>80	>80
$w(SiC)$/%			>8				
$w(C)$/%			<1.5	<1.5	<1.5		3~5
$w(TiO_2)$/%			<2.0	<2.0	<1.0	<2.0	<2.0
$w(CaO)$/%		<0.3	<1.0	<2	<2	<1	<1
显气孔率/%	110℃×24h	19	<25	<18	<16	<16	<16
	1450℃×3h		<25	<18	<16	<16	<16
体积密度/g·cm^{-3}	110℃×24h	2.66	>2.00	>2.50	>2.60	>2.70	>2.65
	1450℃×3h		>2.00	>2.50	>2.60	>2.70	>2.65
耐压强度/MPa	110℃×24h	125.6	>15	>20	>20	>20	>20
	1450℃×3h		>40	>40	>40	>40	>30
抗折强度/MPa	110℃×24h		≥3	≥3	≥3	≥3	≥3
	1450℃×3h		≥6	≥6	≥6	≥6	≥5
耐火度/℃		>1790		1790	1790	1790	1790
荷重软化温度 T_2/℃		>1700					
重烧线变化率(1450℃×3h)/%		0.0	0~-1.5	±0.5	±0.5	±0.5	±0.5

续表 22-26

材质	铝镁炭砖	铝镁炭砖
使用部位	三脱渣线，垫注砖	三脱包壁砖
$w(Al_2O_3)$/%	75	65
$w(MgO)$/%	8	8
$w(C)$/%	12	12
显气孔率/%	4	6
体积密度/$g \cdot cm^{-3}$	3.00	2.95
耐压强度/MPa	40	30
抗折强度/MPa	18	12
荷重软化温度 T_2/℃	>1700	>1620
重烧线变化率(1450℃)/%	0~1.0	0~0.8

22.1.8 混铁炉和铁水包用耐火材料

22.1.8.1 混铁炉用耐火材料

混铁炉是盛装铁水的设备。混铁炉能保持铁水成分和温度的均匀性，它能把小铁水包和大炼钢炉之间取得良好的衔接和平衡。混铁炉为圆桶形，混铁炉内衬厚度一般为 600~800mm。靠近金属壳铺一层 10~20mm 厚的石棉板、耐火纤维毡或硅钙板，然后砌筑厚度为 113~230mm 的黏土隔热砖或漂珠砖，工作层一般用黏土砖和高铝砖。碱性混铁炉内衬的工作层通常用普通镁砖砌筑，不接触铁水部位用镁铝砖，有些其他部位用高铝砖。酸性混铁炉的工作层一般用硅砖砌筑。混铁炉使用 Al_2O_3-SiC-C 浇注料，使用寿命较长，少则 3 个月，多者达到了 2~3 年。武钢 600t 混铁罐用耐火材料见表 22-27，宝钢 320t 混铁车用耐火材料见表 22-28。

表 22-27 武钢 600t 混铁罐用耐火材料[3]

牌号	M2-87	ML-80B	CL-65	黏土质	ASC 浇注料	ASC 浇注料
材质	镁质	镁铝质	高铝质			
使用部位	炉墙炉底	窥视孔	炉顶	永久层	炉底和熔池	渣线
$w(Al_2O_3)$/%		6.68	77.9	46.3	>60	>50
$w(Fe_2O_3)$/%	1.5				<1.5	<1.5
$w(MgO)$/%	90.48	84.83				
$w(SiC)$/%					>7	>23
$w(C)$/%					>2	>2
显气孔率/%	16	17	24	21	<16(110℃×24h) <17(1450℃×3h)	<16(110℃×24h) <17(1450℃×3h)
体积密度/$g \cdot cm^{-3}$					>2.6(110℃×24h) >2.6(1450℃×3h)	>2.4(110℃×24h) >2.38(1450℃×3h)
耐压强度/MPa	90.1	56.3	77.1	44.6	>10(110℃×24h) >30(1450℃×3h)	>10(110℃×24h) >30(1450℃×3h)
耐火度/℃			>1790	1710~1730		
荷重软化温度 T_2/℃	1574	1588	1490			
重烧线变化率(1450℃)/%			-0.1	-0.2	0~-0.3	0~-0.3
抗热震性/次		>3				

表 22-28 宝钢 320t 混铁车用耐火材料

牌号	MS-80	BHM-SC8	BH160TC	BH160P	BMN2	BMN82
材质	高铝泥浆	ASC 泥浆	高铝浇注料	高铝浇注料	黏土砖	致密黏土砖
使用部位	砌莫来石砖和致密黏土砖用	砌 ASC 砖用	罐口	内衬涂抹	永久层	内衬
$w(Al_2O_3)$/%	81.236	56.04	62.29	53.15	44.03	48
$w(SiC)$/%		17.88				
$w(Fe_2O_3)$/%					1.97	1.56
显气孔率/%					20	14
体积密度/g·cm^{-3}			2.21 (1500℃×3h)	2.31 (1500℃×3h)	2.21	2.37
耐压强度/MPa			30.5 (110℃×24h)	23.4 (110℃×24h)	57.8	87.6
			73.2 (1500℃×3h)	50.5 (1500℃×3h)		
抗折强度/MPa	≥3(110℃)	1.3 (110℃×24h)				
	≥6(1500℃)					
耐火度/℃	>1790		1790	1770	≥1750	1770
荷重软化温度 T_2/℃	1650				1427(T_1)	1530(T_1)
重烧线变化率/%			0.1 (1500℃×3h)	-0.1 (1450℃×3h)	-0.1 (1400℃×2h)	
黏结时间/s	60~80					
颗粒组成/%	>0.5mm,0.3;≤0.074mm,73					

牌号	BMX 118	BASC	BASC	BASC
材质	莫来石砖	铝碳化硅炭砖	铝碳化硅炭砖	铝碳化硅炭砖
使用部位	渣线,垫注砖	渣线部	铁水部	顶部
$w(Al_2O_3)$/%	75.32	55~80	60~80	65~80
$w(SiC)$/%		5~15	7~15	7~14
$w(C)$/%		12~18	9~18	9~15
显气孔率/%	19	≤7.5	≤7.5	≤7.5
体积密度/g·cm^{-3}	2.66	≥2.85	≥2.85	≥2.95
耐压强度/MPa	125.6	≥35(110℃×24h)	≥35(110℃×24h)	≥45(110℃×24h)
		≥35(1400℃×3h)	≥40(1400℃×3h)	≥42(1400℃×3h)
抗折强度/MPa		≥12(110℃×24h)	≥12(110℃×24h)	≥15(110℃×24h)
		≥5(1400℃×3h)	≥5(1400℃×3h)	≥8(1400℃×3h)
高温抗折/MPa		≥6(1400℃×0.5h)	≥6(1400℃×0.5h)	≥8.5(1400℃×0.5h)
耐火度/℃	>1790			
荷重软化温度 T_2/℃	>1700			

22.1.8.2　铁水包用耐火材料

铁水包是运输铁水到转炉、电炉的容器或铁水预处理容器，它的结构如图22-17所示。

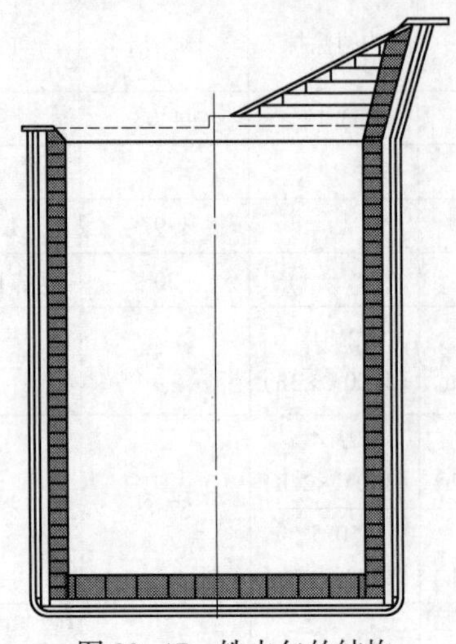

图22-17　铁水包的结构

因为没有特殊冶金过程，铁水的温度一般在1300~1450℃。当盛装铁水时，包衬受到高温铁水的冲击受到冲刷磨损和强烈的热震而产生很大的热应力；在盛铁水期间受到铁水和渣的化学侵蚀以及空气的氧化；当倒铁水时，受到铁水的冲刷和高温氧化；铁水包倒空后，温度急剧下降而使包衬急冷，同时也使包衬暴露到空气中而氧化。在这样的反复过程中，包衬反复经受急冷急热和渣、铁的侵蚀以及空气的氧化和铁水的冲刷，因此应选用抗热震、抗冲刷和抗氧化的耐火材料。铁水包用耐火材料有永久层黏土砖、蜡石砖，包口采用铝碳碳化硅浇注料或喷射料。工作层选用不同的耐火材料使用寿命不同：采用标准黏土砖的使用寿命在200炉次以上；高铝砖的使用寿命在300~400炉次；使用高铝碳化硅砖的使用寿命可达500~600炉次；使用Al_2O_3-SiC-C砖的使用寿命达800次，通过修补等维护，可使使用寿命达到1500炉次以上。现在有明显向高档次耐火材料发展的趋势，如用Al_2O_3-SiC-C浇注料和Al_2O_3-SiC-C砖的比例在增加，这些产品性能见表22-29。

表22-29　铁水包用耐火材料[21,23]

牌号	TB-1	TB-2	TB-3	TB-4	TB-5	TB-6
材质	黏土砖	铝碳化硅砖	铝碳化硅炭砖	ASC浇注料	ASC浇注料	ASC浇注料
使用部位	炉墙炉底工作层	炉墙炉底工作层	渣线	包口	炉底和熔池	渣线
$w(Al_2O)$/%	>42	>70	>70	>50	>60	>50
$w(Fe_2O_3)$/%	1.5				<1.5	<1.5
$w(MgO)$/%						
$w(SiC)$/%		>8	>8	>7	>7	>23
$w(C)$/%			>5		>2	>2
显气孔率/%	16	<17	<5		<16（110℃×24h）	<16（110℃×24h）
					<17（1400℃×3h）	<17（1400℃×3h）
体积密度/$g \cdot cm^{-3}$		>3.00	>2.85	>2.4（110℃×24h）	>2.6（110℃×24h）	>2.4（110℃×24h）
				>2.3（1400℃×3h）	>2.6（1400℃×3h）	>2.38（1400℃×3h）

续表 22-29

牌号	TB-1	TB-2	TB-3	TB-4	TB-5	TB-6
耐压强度/MPa	50	56.3	77.1	>15（110℃×24h）	>10（110℃×24h）	>10（110℃×24h）
				>25（1400℃×3h）	>30（1400℃×3h）	>30（1400℃×3h）
耐火度/℃	>1750					
荷重软化温度 T_2/℃	>1450	>1450				
重烧线变化率（1450℃）/%	0～-0.3			-0.5～+0.5		
抗热震性/次	>20	>30				
牌号	TB-7	TB-8	TB-9	TB-10	TB-11	TB-12
材质	铝炭碳化硅喷补料	ASC 火泥	黏土保温砖	ASC 捣打料	叶蜡石砖	铝碳碳化硅砖
使用部位	修补炉衬	ASC 砖缝	永久层	出铁嘴	永久层	冲击区
$w(Al_2O_3)$/%	>50	>50	>40	>50	>16	>60
$w(SiO_2)$/%	<20	<20		<20	>70	<10
$w(SiC)$/%	>5	>5				>7
$w(Fe_2O_3)$/%					1.97	C>8
显气孔率/%	<25（110℃×24h）	颗粒组成/%：>0.5mm，<2；<0.088mm，>80			20	<5
	<24（1400℃×3h）					
体积密度/g·cm^{-3}	>2.0（110℃×24h）		<1.5	2.30（1400℃×3h）	<2.0	>2.95
	>2.0（1400℃×3h）					
耐压强度/MPa	>10（110℃×24h）		>15	23（110℃×24h）	>30	>30 40（1400℃×3h）
	>20（1400℃×3h）			30（1400℃×3h）		
抗折强度/MPa		>2（黏结强度 110℃）				12（1400℃×0.5h 热态抗折）
耐火度/℃			1700		≥1600	
重烧线变化率/%			0.1（1400℃×3h）	-0.1（1450℃×3h）	-0.1（1400℃×2h）	±0.3（1400℃×2h）
黏结时间/s		60～80				

较小转炉和电炉炼钢一次需要铁水量较少，铁水包较小，其容量在60t以下。不但如此，还有炼钢车间和高炉车间距离比较长，运送铁水时间较长，这样更导致了铁水在铁水包内温度下降更多。产生的后果往往是，铁水包渣面的渣凝固，导致铁水包口越来越小，盛铁水的量越来越少，甚至渣冷凝封口而倒不出铁水，不能满足炼钢需要而几十炉的使用寿命就下线。在这种情况下，需要的是铁水包保温。保温防止铁水温度下降太快，这样才能保证铁水在铁水包内停放时间更长而提高铁水包的使用寿命。因此提高铁水包保温和包口液面采用优质保温剂或铁水包加盖，不但对节能保温和降本增效，而且对提高铁水包的使用寿命有非常大的意义。铁水包保温隔热采用了纳米保温材料和高强轻质硅酸镁板等。铁水包保温硅酸镁板性能指标见表22-30。

表22-30　铁水包保温硅酸镁板的性能指标

牌号	TB-BW
材质	镁硅质
使用部位	混铁车、铁水包保温层
$w(MgO+SiO_2)$/%	63.7
显气孔率/%	50.2(110℃×24h)
体积密度/$g\cdot cm^{-3}$	1.18(110℃×24h)
耐压强度/MPa	12(110℃×24h)
抗折强度/MPa	4.8(110℃×24h)
平均温度下导热系数/$W\cdot(m\cdot K)^{-1}$	0.16(400℃)
	0.18(600℃)
重烧线变化率/%	0(600℃)
	-1.9(1000℃)

22.2　炼钢系统用耐火材料

世界上炼钢主要是转炉炼钢和电弧炉炼钢。转炉炼钢占70%以上，电弧炉炼钢正在发展，随着废钢资源增加和电弧炉技术的发展和成熟，电弧炉炼钢的比例在增加，在发达国家达到了40%以上，美国电炉炼钢比例最高达到了63%[24]。工业化程度低的国家，废钢资源贫乏而电弧炉炼钢比例较低，我国就属于这种情况，特别是从20世纪80年代我国改革开放以来，由于高速工业化，导致对钢铁的需求大幅度增加，这样就导致了转炉炼钢比例大幅度增加，电炉钢比例显著下降，甚至下降到2015年的6.1%。随着我国发展，对钢铁的需求饱和，废钢开始增加，这会导致电炉钢比例增加。

现代炼钢是碱性炼钢，因此炼钢炉就用碱性耐火材料，起初是用烧成镁砖、镁白云石砖和镁铬砖。20世纪70年代镁碳砖问世，镁碳砖逐步取代了其他碱性砖，炉龄大幅度提高。

22.2.1　转炉炼钢用耐火材料

转炉结构如图22-18所示。

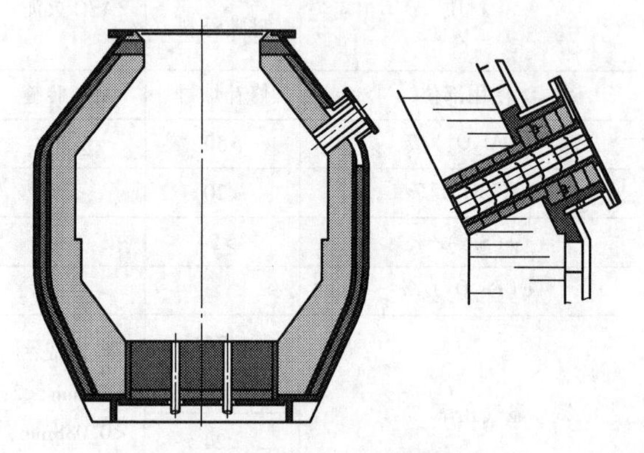

图22-18　转炉结构

转炉是以铁水和废钢为原料，经过造渣、吹氧等脱除碳，以炼得符合要求的钢水。转炉工作衬采用镁炭砖砌筑，永久衬用镁砖，接缝料用镁质捣打料。冶炼钢种不同，炉衬使用寿命不一样。如果炉子大，只冶炼碳钢，则冶炼温度较低，渣的成分也比较恒定，因此使用寿命较高。而如果又有脱磷等，使用寿命就下降很多。

转炉复吹工艺技术的发展，即在转炉炉底安置供气砖，通过供气砖向炉内吹氮气、二氧化碳、氩气或氧气，强化了熔池搅拌，改进了冶炼反应，这样缩短了炼钢时间，提高了钢水质量和降低了炼钢成本。但是复吹也加速了对炉衬耐火材料的侵蚀，转炉各部位受到不同条件的侵蚀。在炉帽，以炉渣侵蚀，气流冲刷、镁炭砖的氧化和清理炉帽时的机械损伤为主，因此炉帽应该使用高抗氧化和高强的镁炭砖为好。对于转炉耳轴区，受到炉渣的严重侵蚀，气流冲刷和氧化，并且受到机械应力作用，特别不易修补，因此应该选用最好的镁炭砖，要求碳含量16%~18%的高强、高耐侵蚀的镁炭砖。对于渣线，主要受到炉渣的侵蚀，所以选用优质高抗侵蚀的镁炭砖。对于装料侧，除了受到钢和渣的侵蚀外，还受到装铁水和废钢原料时的冲击和冲刷，并且这是非常严重的，因此该区域用高抗侵蚀和抗热震的高强镁炭砖。出钢口受到氧化、渣蚀、温度急变、钢水冲刷等作用，因此用高强、高抗氧化的镁炭砖。

影响转炉使用寿命的因素有：(1)渣的组成，渣中氧化铁每增加1%，使用寿命降低18~20次；渣中的MgO含量越高，对炉衬的侵蚀越低；渣中碱度越大，对炉衬的侵蚀也就越低。(2)出钢温度越高，使用寿命越低。一般在1600℃以上，每增加50℃使用寿命降低一倍。(3)冶炼时间越长，即吹炼时间越长，会加速炉衬的侵蚀，使用寿命与冶炼时间成反比。(4)间歇操作。冶金炉子停下来时，温度降下来，开炉使用时，温度迅速升高，这导致了强烈的热震，往往导致热应力，造成侵蚀加快和裂纹，甚至剥落，从而使炉衬使用寿命显著下降。(5)加铁水和炉料时，炉子倾动和撞击或冲刷，这都造成炉衬的不连续损坏，只有适时修补才行，否则就会大大降低使用寿命。

要提高转炉的使用寿命，炉衬耐火材料是影响使用寿命的一个重要因素，但是，操作条件是更重要的因素，良好的使用条件是炉衬高寿命的基础。一般情况下，操作条件是不可以随便更改的，它由生产不同的产品和工艺技术路线以及操作者的技能所确定。但是，保证高炉衬寿命的另一个重要方法是维护，护炉可以使炉衬使用寿命提高数倍，因此，对炉衬的维护是极其重要的。高华[25]系统地论述了转炉修补维护用耐火材料和方法，较详细概述了热修补料、手投料、喷补料、灌浆料的性能和使用方法，指出了转炉维护的发展方向。

目前转炉修补维护的措施有：(1)对于前后大面，用热自流修补料定期进行修补。对于耳轴和其他部位进行喷补。这种方法使炉衬的变化很大，如果适时喷补和维护，可以使炉衬寿命达到8000次以上；反之，如果维护不好，使用寿命可能也只有1000余次。转炉大面是铁水冲刷和添加废钢冲击严重部位，局部出现坑和侵蚀严重发生在这个位置。采用普通大面修补料强度较低，损耗较快，给耐火材料消耗和安全都带来了不良影响。还有一种方法是在溅渣之前，留少许渣和添加合适的溅渣料以及铁屑，让铁屑熔化，通过摇炉使铁渣流到大面上，停止几分钟，让铁渣凝固。该体系强度很高，这使添加废钢以及铁水对大面的冲击和冲刷破坏就很少了。添加的铁屑还是炼钢的原料。因此，耐火材料消耗减少，而提高了转炉使用寿命和降低了成本[31]。(2)溅渣护炉。该方法向炉里加入一些轻烧镁球或白云石料，使渣的熔点和黏度升高，通过高压氮气，把含有轻烧镁和白云石的渣喷溅到炉衬上，降低了下次转炉冶炼时对炉衬的侵蚀。一般每一炉溅渣一次，这样维护了炉衬，可使炉衬的使用寿命达到20000炉次以上。这种方法虽然达到了较高的使用寿命，但是它需要大量的氮气，并浪费了大量的氧化镁和白云石等资源，同时也带走了大量的热量，并且每一炉溅一次渣，也影响了炼钢效率。因此溅渣护炉有多少效益，应该全面评估。不过，在市场对钢铁供不应求的时期，特别是中国在工业化阶段，炼出钢来是第一位的，而资源消耗和耐火材料消耗是第二位的，因此导致了溅渣护炉的发展。这就是近年来，中国转炉普遍采用溅渣护炉的主要原因。随着钢铁市场的饱和，溅渣护炉会降温，减少溅渣护炉，甚至取消的经济炉龄会逐步成为主流。

随着转炉炉龄的增加，转炉复吹成为了一个问题。转炉顶底复吹显著提高了脱碳效率，提高了转炉炼钢效率。但是转炉复吹往往一次性炉龄只有2000~3000次。这与转炉使用寿命不同步，严重影响了转炉后期的炼钢。为了解决这方面的问题，提高底吹供气元件的使用寿命是非常重要的。目前通过下列方法解决了底吹供气元件的使用寿命问题。(1)采用通气性修补料。每当底透气元件被侵蚀到一定程度时，就要出净钢渣，用透气修补料对底供气元件进行修补，把它补齐，与底一样高，这样就几乎成为了一个新的供气元件,继续进行转炉冶炼。(2)通过控制渣中 MgO 含量和操作溅渣护炉料吹气强度等条件,使供气元件消耗变慢,使之增厚而不被侵蚀,甚至在供气元件顶部形成蘑菇头。这些如果操作得好,完全可以使顶底复吹使用寿命与转炉炉衬同步[26,27],甚至达到几万炉。

出钢挡渣,也已经由挡渣球,经过挡渣塞,发展到滑板挡渣。这样就把更多的渣留在转炉内,防止进入钢包,为后续钢包精炼降低成本打好了基础。转炉滑板主要还是用烧成 AZC 滑板和锆质滑板[32],前者使用寿命为 10~15 次,后者达到了 14~20 次。

转炉用耐火材料见表 22-31。我国转炉用耐火材料与日本的基本一致,较普遍选用碳含量 18%的镁炭砖,欧洲比较普遍选用碳含量为 10%~15%的镁炭砖。如果生产负荷重,炼钢节奏快,应选用碳含量低、抗侵蚀性好的镁炭砖;反之,如果炼钢节奏慢,间歇时间长,则选用碳含量较高的镁炭砖。

表 22-31 转炉用耐火材料

牌号	MT-16	MT-14	MT-18	MT-12	MT-10	GQ-1	ML-91
材质	镁炭砖	镁炭砖	镁炭砖	镁炭砖	镁炭砖	镁炭砖	镁砖
使用部位	前大面、耳轴	后大面	炉身、熔池	炉口、炉帽	出钢口	供气砖	永久层
$w(MgO)$/%	≥75	≥77	≥73	≥78	≥80	≥76	≥91
$w(C)$/%	≥16	≥14	≥18	≥12	≥10	≥14	
$w(CaO)$/%							≤3.0
显气孔率/%	≤5	≤4	≤3	≤4	≤4	≤3.5	≤18
体积密度/$g \cdot cm^{-3}$	≥2.95	≥2.96	≥2.94	≥2.98	≥2.95	≥2.85	
耐压强度/MPa	≥35	≥35	≥35	≥35	≥45	≥35	≥60
荷重软化温度 T_2/℃							≥1560
高温抗折强度(1400℃×0.5h)/MPa	12	12	10	10	10	10	

牌号	JF-1	JF-2	DMXBL-2	GQ-2
材质	镁炭捣打料	镁质捣打料	镁炭质修补料	镁炭砖
使用部位	工作衬间隙	永久层间隙	转炉身大面	供气砖
$w(MgO)$/%	≥90	≥94	≥80	≥85
$w(C)$/%	≥2		≥6	≥6
$w(SiO_2)$/%	≤2	≤2	≤2	
显气孔率/%	≤12	≤12	≤25	≤5
体积密度/$g \cdot cm^{-3}$	≥2.70(1000℃炭化)	≥2.70(110℃)	≥2.10(1000℃炭化)	≥2.95
耐压强度/MPa	≥12(1000℃炭化)	≥20(110℃) ≥30(1600℃)	≥12(1000℃炭化)	≥40

牌号	PBL-1	HN-1	HN-2
材质	喷补料	镁质碳火泥	镁质火泥
使用部位	炉衬工作层	供镁炭砖用	供镁砖、镁炭砖用
$w(MgO)$/%	≥85	≥95	≥90
$w(C)$/%		≤3	

续表 22-31

牌号		PBL-1	HN-1	HN-2
$w(CaO)/\%$		<2		
$w(SiO_2)/\%$		≤6		≤2
体积密度/g·cm^{-3}		≥2.20(110℃)	粒度:0.5mm,≤2%; ≤0.074mm,≥50%	粒度:0.5mm,≤2%; ≤0.074mm,≥50%
耐压强度/MPa	110℃	≥15		
	1600℃	≥20		
附着率/%		≥85		

牌号		CGKGJL	DZS	HB-1	HB-2
材质		镁碳质灌浆料	挡渣塞	滑板	滑板
使用部位		出钢口	出钢口		
$w(MgO)/\%$		≥92	≥60		
$w(C)/\%$				≥4	
$w(Al_2O_3)/\%$				≥80	
$w(ZrO_2)/\%$				6~9	≥90
$w(CaO)/\%$					
$w(Fe)/\%$			≥20		
$w(SiO_2)/\%$		≤5			
体积密度/g·cm^{-3}		≥2.45(110℃)	≥3.75	≥3.10	≥4.5
耐压强度/MPa	110℃			≥150	≥120
	1600℃	≥15			
附着率/%					

转炉的发展方向是:(1)节能保温,特别是减少转炉炉壳的散热,这对于降低转炉炼钢成本是非常重要的;(2)加强转炉维护技术,提高转炉的使用寿命,降低生产成本。

22.2.2 电弧炉用耐火材料

22.2.2.1 设备基本情况

电弧炉主要是以废钢为主要原料而进行炼钢的。把废钢、石灰等加入到炉子内,通电时,在电极与废钢之间发生电弧而加热炉料,进行一系列的冶金化学反应,把废钢炼成钢。电弧炉的结构有槽式出钢、偏心炉底出钢以及不同类型底电极(导电耐火材料、钢棒型、钢针型、钢片型)的直流电弧炉[28,29],如图 22-19~图 22-21 所示。

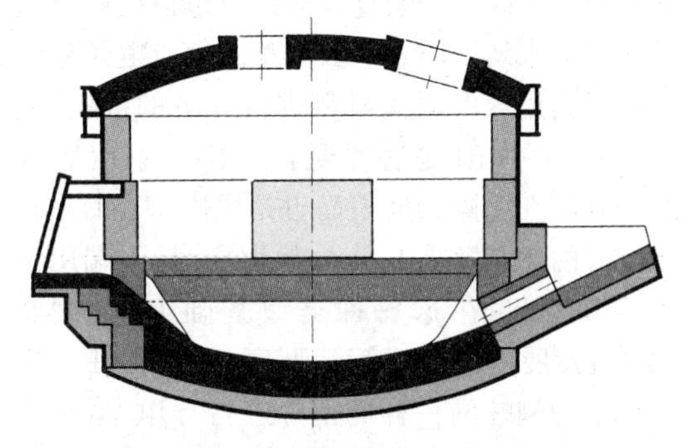

图 22-19 槽式出钢的电弧炉结构

随着工业化的发展,世界废钢铁量增加,电弧炉炼钢发展了一系列新技术,如水冷炉墙、盖和电极,氧-燃料烧嘴,废钢预热,偏心炉底出钢,造泡沫渣和交流变直流供电等,使电弧炉炼钢更加迅速,更接近于转炉,炼钢成本进一步下

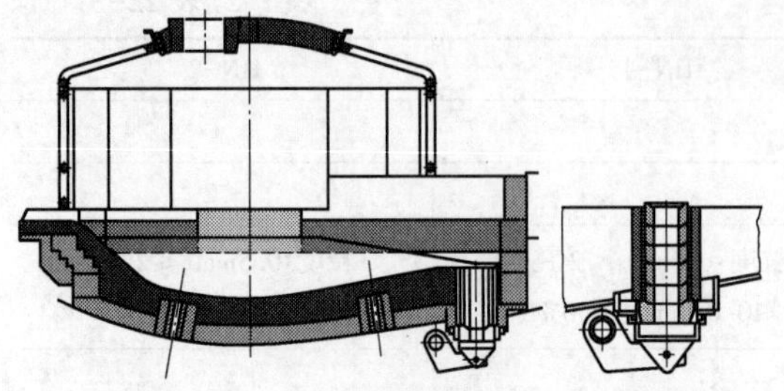

图 22-20 偏心炉底出钢的电弧炉结构

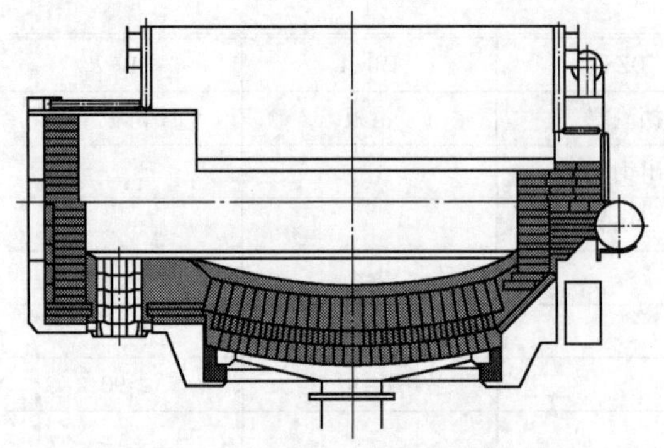

图 22-21 ABB 导电耐火材料底电极的直流电弧炉结构

降,投资少,生产灵活。

直流电弧炉与交流电弧炉炼钢相比有以下特点,电极节省 50%以上,噪音下降了 15%,对电网的影响也显著下降,能耗下降了 5%~10%,因此在 20 世纪 90 年代直流电弧炉发展比较快。不同类型的直流电弧炉是根据底电极结构不同来划分的。ABB 类型的直流电弧炉的底电极是用导电耐火材料进行导电的,底表面风冷却;而 GHH 是底埋设了很多小钢针(直径 20~50 的细钢棒),底表面也是风冷却;而Irsid-Clecim 的底电极是 1~4 根粗钢棒,且下端用铜水冷套冷却;在这三种类型基础上,奥钢联(VAI)发展了风冷式钢片型底电极,即在炉底形成了像蜘蛛网一样的钢片进行导电,减少了涡流,对降低底电极发热和提高安全性有较大的好处。另外,还有在上述基础上发展了喷水冷却底电极钢棒型以及钢棒和铜棒复合底电极型等多种形式,直流电弧炉炼钢在 20 世纪末得到了迅速发展。但随着交流电弧炉采用高阻抗电炉,对电网进行了补偿,消除了对电网的影响,直流电弧炉的发展速度放缓下来了。

22.2.2.2 电弧炉底用耐火材料

A 直流电弧炉底电极情况

对于 Clecim 类型的直流电弧炉,紧靠钢棒阳极是电极套砖,电极套砖外边是炉底干式捣打料。由于电流集中在中心,电流冲击和电磁搅拌,使这部分的耐火材料(主要是电极套砖)侵蚀非常严重,这一点与交流电弧炉是不同的。交流电弧炉炉底被侵蚀和冲刷较慢,而直流电弧炉电极下方形成了锅形的坑。为提高底电极的寿命,采取了下列方法:(1)把电极坐在小活动炉底里,到一定程度可快速热更换小炉底;(2)热修补。即当底电极损耗到一定程度时出净钢,用一根钢棒对接在底电极上,然后用耐火材料(干式料或热补料等)热补在钢棒周围,这样可使底电极寿命达到 1500 炉次以上。但是因小炉底侵蚀严重,残存钢液和渣,难以清除,造成热修补困难,因此要经过反复热修补来提高使用寿命是困难的。这种形式的底电极钢棒熔化很深,深到炉底外表水冷套附近,这为安全带来很大隐患,实际上上海宝钢的 150t 这种直流电弧炉就出现过数次漏钢事故,这是值得高度重视的。

对于 GHH 和 VAI 类型的直流电弧炉,钢针(片)之间用干式捣打料。电流相对分散,底电极损耗较均匀。在不修补情况下,底电极寿命 300~1000 炉次。为提高寿命,底电极也开展了修补工作,方法有:(1)炉子冷却下来以后,清除余钢,焊接加长钢针,然后再在焊接钢针间隙里打结镁质干式料;(2)以前不能热补而现在用导电耐火材料进行热补,这使底电极寿命达 1000 多炉次。GHH 也采用了活动的电极区小炉底,可快速(8h 以内)热更换底电极。

对于 ABB 类型的直流电弧炉,看上去整个炉底导电而电流较分散。但是,底电极侵蚀仍然不均匀,底中心部位侵蚀严重。其底薄而电阻进一步变小,其电流密度加大而变得更热,因而侵蚀更快、坑更深,因此这种结构底电极修补频繁。由于 ABB 类型直流电弧炉底同现代超高功率交流电弧炉一样,可随时进行热补,冷却下来进行冷补,因此寿命可以维持很长时间,已经有 13000 余炉次的记录。

B 直流电弧炉底电极用耐火材料

直流电弧炉底电极的寿命,实质上是耐火材料的寿命,因此直流电弧炉底电极耐火材料的选用极其关键。尽管直流电弧炉已经发展了几十年,也都认为直流电弧炉的底电极是关键,它决定了底电极的使用寿命。

对于Clecim底电极,电极套砖有镁质的、也有镁炭质的、镁铝质的和镁铬质的,它们的性能见表22-32[43]。欧洲喜欢用无碳的碱性砖,而日本认为热震是极大问题,应该用高碳含量的镁炭砖,并且取得了1311炉次的好成绩。为进一步提高套筒砖的抗热震性和抗侵蚀性,欧洲开始使用镁铝尖晶石材料和镁铬砖。既然Clecim底电极是依靠热补来维持高寿命的,那么修补料和施工效果是极其关键的。欧洲使用的修补料的性能见表22-33。Clecim直流电弧炉底电极周围用耐火材料受到激烈的钢水运动的冲刷,热震和加废钢时的冲击,为减少侵蚀和修补次数,提高底电极的寿命和炉子的运转效率,必须深入研究底电极套砖和修补料,这些材料也都成功地在超高功率交流电弧炉底上使用。

表22-32 底电极套砖的性能

名称	油浸烧成镁砖	MgO-C砖	镁铬铝预制件	镁铝预制件	镁铬砖
$w(MgO)/\%$	97	71	73	73	60
$w(Al_2O_3)/\%$			15	20	6
$w(Cr_2O_3)/\%$			5		19
$w(C)/\%$	2	25		P_2O_5:2	
体积密度/$g \cdot cm^{-3}$	3.20	2.75	2.90	2.75	3.16
显气孔率/%	<1.5	4.2	<17	<17	16
耐压强度/MPa	>30	>20	>40	>17	>30
高温抗折强度(1400℃×1h)/MPa	8	9.6	2.5	<1	9

表22-33 电弧炉底干式料的性能

牌号	$w(MgO)/\%$	$w(CaO)/\%$	$w(Fe_2O_3)/\%$	$w(SiO_2)/\%$	堆积密度/$g \cdot cm^{-3}$
LD-T	>77	>17	<4	<0.7	>2.5
LD-2	84	8~12	5~8	1	>2.4
LD-3	91	3	4.5	0.5	>2.4
LD-4	84	6~10	4~7	<1.5	>2.5

国内小直流电弧炉的底电极采用碳含量为18%的镁碳质套砖时,使用寿命仅50次,MgO-C套砖的侵蚀速度为7~10mm/炉,而用低碳含量的镁炭套砖,寿命明显提高,达76次,侵蚀速度为5~7mm/炉。国内小电弧炉镁碳质底电极套砖的使用寿命也有达到300炉以上的。镁碳质套砖严重侵蚀的原因是:(1)底电极设计不合理,电流密度过大,以致钢棒过热,熔化过深;(2)中心电磁搅拌激烈,导致MgO-C砖中的碳向钢中溶解很快,破坏了MgO-C砖的结合,加速了镁砂颗粒的冲刷侵蚀。因此碳含量高的MgO-C砖,抗侵蚀差,寿命较低。

对于钢针或钢片底电极导电型的直流电弧炉,钢针或钢片之间用干式料的多,其性能见表22-33。为提高寿命,现在日本有用MgO-C材料的。靠提高耐火材料的性能而大幅度提高底电极的寿命是不可能的。因此国内外开展了热补工作,以导电耐火材料热补底电极(把导电钢针和钢片埋住),明显提高了底电极寿命[31]。表22-34列出了一些导电耐火材料的性能指标[30,31],供参考。

表 22-34 导电 MgO-C 材料的性能

材质	导电镁炭砖	导电镁钙炭砖		导电镁炭砖	碳质导电火泥
使用部位	底电极	底电极	底电极	底电极	底电极
w(MgO)/%	98.5	>70	60	>80	
w(CaO)/%	1.0	10	19	1.0	
w(SiO_2)/%	0.2			0.2	
w(C)/%	14	12	>15	>10	>50
体积密度/$g \cdot cm^{-3}$	2.85	2.95	2.95	3.02	
显气孔率/%	<13	<10	<10	<8	
耐压强度/MPa	>20	>30	>30	70	
颗粒尺寸/mm					<0.2
电阻率/$\Omega \cdot m$	$<2\times10^{-4}$	$<2\times10^{-4}$	$<2\times10^{-4}$	$<2\times10^{-4}$	$<2\times10^{-5}$
1000℃炭化 体积密度/$g \cdot cm^{-3}$	2.85	2.90	2.90	2.90	
1000℃炭化 显气孔率/%	<13	<13	<13	<9	
1000℃炭化 耐压强度/MPa	>20	>20	>20	>40	

材质	镁铁导电捣打料	导电镁碳质捣打料	镁碳质导电捣打料	镁钙碳质导电捣打料	镁钙碳质导电捣打料
使用部位	底电极	底电极	底电极	底电极	底电极
w(MgO)/%	60	90	88	75	70
w(CaO)/%	<3			15	20
w(Fe_2O_3)/%	<3				
w(Fe)/%	<30				
w(C)/%		>5	>7	>5	>7
常温电阻率/$\Omega \cdot m$	$<6\times10^{-2}$	$<6\times10^{-2}$	$<6\times10^{-2}$	$<6\times10^{-2}$	$<6\times10^{-2}$
1400℃×3h炭化 体积密度/$g \cdot cm^{-3}$	3.30	2.75	2.75	2.70	2.70
1400℃×3h炭化 显气孔率/%	<20	<20	<20	<20	<20
1400℃×3h炭化 耐压强度/MPa	>40	>20	>20	>15	>15
1400℃×3h炭化 电阻率/$\Omega \cdot m$	$<2\times10^{-4}$	$<3\times10^{-3}$	$<3\times10^{-3}$	$<3\times10^{-3}$	$<3\times10^{-3}$
1400℃×3h炭化 线变化率/%	-1.5~0	-0.2~1.0	-0.2~1.0	0~0.5	0~0.5

材质	导电镁钙炭质修补料	导电镁炭质修补料	导电镁炭质修补料	导电镁铁系修补料
使用部位	底电极	底电极	底电极	底电极
w(MgO)/%	65	>75	>70	>70
w(CaO)/%	20	2	2	2
w(C)/%	>7	>7	>7	
w(Fe)/%				<30
1000℃炭化 体积密度/$g \cdot cm^{-3}$	>2.2	>2.2	>2.2	>2.9
1000℃炭化 显气孔率/%	<27	<27	<27	<27
1000℃炭化 耐压强度/MPa	>12	>12	>20	>20(1400℃)
1000℃炭化 电阻率/$\Omega \cdot m$	$<3\times10^{-3}$	$<3\times10^{-3}$	$<3\times10^{-3}$	$<3\times10^{-3}$

C 交流电弧炉炉底用耐火材料

20世纪90年代,我国开始使用炉底干式捣打料,施工简单、方便,不用烘烤,可直接投入使用。该材料是镁钙铁系干式振动捣打料,利用它含的低熔点的铁酸钙,在升温到1200℃以上时,能快速烧结产生强度。在钢水的液压下能快速烧结收缩,其收缩达到4%~5%,体积密度增加到3.0g/cm³以上,具有特别好的抗侵蚀性和良好的使用效果。耐材消耗由以前沥青镁砖的4~8kg/t钢降低到2kg/t钢以下。有的现代化的电弧炉底干式料的消耗低达0.3kg/t钢;在使用过程中,该材料逐层烧结,在靠近钢水处烧结并致密化,抗钢水的侵蚀和冲刷,烧结层下边是过渡层,再下是松散的不烧结层。这个松散层密度低,导热系数低,对于电弧炉保温起到重要作用。经过近三十年来的推广和发展,我国绝大多数电炉炉底使用这种捣打料,它们的性能见表22-33。其他电炉底用耐火材料见表22-35。

表22-35 炉底用耐火材料

材质	透气性干式镁钙质捣打料	镁质	镁碳质
使用部位	炉底	底透气砖(下部分)	底透气砖(上部分)
$w(MgO)$/%	75.5	97	80
$w(CaO)$/%	20	1.8	1.5
$w(Fe_2O_3)$/%	3.5		
$w(SiO_2)$/%	1.5	1.5	1.5
$w(C)$/%			14
体积密度/$g \cdot cm^{-3}$	2.40	3.02	2.95
显气孔率/%		16	<5
耐压强度/MPa		>30	>30
使用温度/℃			
荷重软化温度/℃		1700	

炉底干式料的施工和使用是影响使用效果的关键因素,该炉底料应该叫做干式振动浇注料为更好。干式料振动施工,对于不易热修补的直流电弧炉底更应该如此。在出钢时,上浮的炉底料块可能堵塞出钢口而影响出钢。在使用过程中,应该随时观察炉底情况,出现上浮时,应该及时修补(一般用同种干式料填补到坑处就可),防止上浮进一步扩大,也防止了漏钢现象的发生。值得注意的是,在前几炉使用时,由于烧结层较薄,承受废钢冲击的能力较弱,应该加轻薄料,并放低加料篮,防止废钢对炉底产生大的冲击。

D 电炉底供气元件用耐火材料

为了加强电炉冶炼,提高电炉炼钢成分和温度等均匀性,提高炼钢效率和降低炼钢温度,在电炉底安装一个供气元件,进行吹氩。该供气元件同转炉的一样,是镁碳材质的镁碳砖,在砖内设置小不锈钢管进行通气,使电炉钢液进行搅拌。这种镁碳砖一般是高强的MT-14A牌号,并且是采用等静压成型的整体。它的性能见表22-35。

22.2.2.3 出钢口用耐火材料

A 不同出钢形式的特点

普通的电弧炉出钢方式是槽式出钢,出钢时电弧炉倾斜角度大,对耐火材料的侵蚀快,使电弧炉衬寿命低,影响炼钢效率。这种出钢对钢包冲刷严重,也影响了钢包的寿命;其缺点是钢水散流,而被氧化,严重影响了钢的质量;再就是难以做到留钢渣出钢。因留钢渣出钢可更充分利用热量使电耗下降,无渣进入钢包,可减少渣对耐火材料的侵蚀,因此槽式出钢不利于减少耐火材料的损耗和降低电耗。

20世纪70年代末开发了偏心炉底出钢技术,该技术于20世纪80年代开始在我国使用。偏心炉底出钢有下列特点:(1)水冷壁面积可加大,耐火材料消耗和费用降低;(2)出钢快,不散流,减少空气氧化,能提高钢的质量;(3)易做到留钢无渣出钢,减少了热损失和对耐火材料的侵蚀,可降低电耗和提高炉衬寿命;(4)减少了脱氧剂等合金用量,能显著降低成本和提高炼钢效率。

当闸板关上时,从上边向出钢口里加满填料,然后可以装炉料炼钢。当闸板打开时,填料和钢水从出钢口流下来。闸板是机械机构,填料一般是镁质的、硅质的和橄榄石质的耐火材料。尾砖是镁质的,碳化硅质的,刚玉-碳化硅-碳质的和镁碳质的耐火材料。袖砖多采用镁质的和镁碳质的耐火材料。座砖一般是油浸再结合镁砖。在袖砖和座砖之间的缝隙一般用镁质填缝料。在使用过程中,主要是尾砖和袖砖的损坏,它们的寿命标志着出钢口的寿命或出钢口的更换次数。

B 出钢口用耐火材料的损耗机理

偏心底出钢口的袖砖和尾砖损耗过程见表22-36。

表 22-36 偏心底出钢口袖砖和尾砖损耗过程

材质	烧成镁砖	镁碳砖
加填料时	出钢后,加填料,产生冲击和急冷;使致密层剥落和裂纹,填料对内壁的磨蚀	被空气氧化形成脱碳层;碳含量不足时,也产生急冷裂纹;填料对内壁的磨蚀
炼钢过程	填料与砖反应:M+S →MS+ M_2S 产生化学腐蚀	碳被空气氧化,加快了脱碳层填料与砖反应 $MgO + SiO_2 \rightarrow MS + M_2S$,$FeO_n+C \rightarrow Fe+CO$ 产生化学腐蚀
烧氧打开出钢口	局部过热,严重烧损,裂纹和剥落,并且机械磨损	局部过热,高温氧化还原反应,机械磨损

对烧成镁质袖砖和尾砖,热震剥落和钢水冲刷是主要的。对于MgO-C质袖砖和座砖,热震剥落不是主要的,主要是镁碳砖内碳的氧化形成较松散的脱碳层;然后,钢水冲刷掉脱碳层。由于某种原因,如供给功率低,未配精炼炉和某部分设备部件出故障,延误了操作,使钢在电弧炉里停留时间较长,或炼钢温度较高,或填料性能不好,在这些情况下会使填料烧结,打开出钢口闸板时,出钢口被堵住而放不出钢来,这种情况下就要用吹氧管吹氧烧开出钢口。这会产生局部高温和过热,使烧成镁质袖砖热震剥落和机械磨蚀,使镁碳质袖砖产生高温化学腐蚀和机械磨损。这局部损坏是严重的,应该选择优质碱性填料和低的出钢温度以及短的炼钢时间。

对于出钢槽的侵蚀过程是这样的,由于它暴露在炉子外边,因此受到更强的抗热震的冲击和氧化。因为出钢时出渣,这导致了出钢槽被渣的侵蚀更严重。即在炼钢过程中,出钢槽受到了空气的氧化而形成松散的脱碳层,同时也受到冷空气的急冷造成出钢槽内部热应力,严重时产生裂纹。在出钢过程中,受到钢水的冲刷和炉渣的熔蚀,同时也受到钢水的急热造成出钢槽内部热应力,严重时产生裂纹和剥落。

C 出钢口用耐火材料

出钢槽有砖砌筑的,现场捣打的或浇注成预制件的。在材质方面,有用镁碳质、铝碳质捣打料、铝碳化硅碳质、沥青镁砖、高铝砖和高铝浇注料,它们的性能见表22-37。

偏心炉底出钢口最初是用一般镁砖砌筑,也有中间用一钢管浇注成的,有时也有用厚为25mm的薄壁陶瓷管或用2~3块电熔砖组成的。不过通常是每经过50~70炉次之后,放一个钢管在中心,并在周围用高MgO含量捣打料或浇注料制成新的出钢口,这种材料使用寿命低,维护困难。随着耐火材料技术的发展,管砖多采用镁炭砖,管砖之外用出钢口座砖,这样使用寿命一般在140~250炉次。当管砖损耗完毕后,可很快地安上新的袖砖,并在周围缝隙填充接缝料。接缝料一般是镁质捣打料或浇注料。有化学结合的,也有沥青结合的,所用耐材性能见表22-37。在正常的情况下,出钢口座砖是不容易坏的,主要使用的材质沥青镁砂砖和烧成镁砖和镁碳砖,其理化指标也见表22-37。这里值得指出的是,尾砖受到很强的热震和氧化,因此有钢厂选用抗热震性更好的铝碳化硅炭砖。在提高尾砖使用寿命方面,应更重视抗氧化性的提高。

为了提高出钢口的使用寿命,应对出钢口进行维护和修补。修补方法是:当出钢口侵蚀扩径大到一定程度时,在出钢口中间穿入镁碳砖管(比钢管好)或钢管,然后放入热沸腾浇注料,以填密插入管和残余出钢口砖面之间的间隙;这样修补的出钢口用时约1h,寿命可达30~60次(镁碳管)或5~15次(钢管)。所用浇注料有含水的镁铬质的,也有镁碳质的。

表 22-37　电弧炉出钢口系统用耐火材料

材质	沥青浸渍烧成镁砖	沥青结合镁砖	沥青结合镁炭砖	优质镁炭砖	Al_2O_3-SiC-C砖
使用部位	出钢槽，出钢口座砖	出钢槽，出钢口座砖	出钢槽，出钢口管砖	出钢槽，出钢口	出钢槽，出钢口尾砖
$w(MgO)$/%	95	93	87	84	SiC>15
$w(CaO)$/%	1.9	0.9	2	1.5	
$w(Fe_2O_3)$/%	0.2	0.2			
$w(SiO_2)$/%	0.8	0.1	0.5	0.2	
$w(C)$/%	2	5	10	14	>5
$w(Al_2O_3)$/%					70
体积密度/$g\cdot cm^{-3}$	3.14	3.11	3.00	2.96	2.90
显气孔率/%	<5	<7	<7	<6	<6
耐压强度/MPa	>70	>40	>30	>30	>30
材质	刚玉铬预制件	铝碳化硅炭捣打料	化学结合的捣打料	镁炭质捣打料	镁橄榄石填料
使用部位	出钢槽	出钢槽	出钢口缝隙料	出钢口缝隙料	出钢口填料
$w(MgO)$/%			>92	>89	50
$w(CaO)$/%	2.5				
$w(Fe_2O_3)$/%	0.3	SiC:5~10			9
$w(SiO_2)$/%	0.6	<20	<4	<4	40
$w(Cr_2O_3)$/%	6.5				
$w(C)$/%		5~14		>3	
$w(Al_2O_3)$/%	86	>65			
体积密度/$g\cdot cm^{-3}$	3.15	>2.70	2.80	2.80	
显气孔率/%	<16				
耐压强度(110℃×24h)/MPa	50	>40(200℃)	>40	>10	
颗粒尺寸/mm		0~6			0.5~6
使用温度/℃			1750	1750	
1000℃炭化 体积密度/$g\cdot cm^{-3}$	3.15	>2.65	2.75	>2.70	
1000℃炭化 显气孔率/%	<16	<15		<15	
1000℃炭化 耐压强度/MPa	40	>20	30	>20	

D　电炉墙用耐火材料

目前我国小电炉炼钢仍占有很大比例，主要采用低档镁炭砖、镁砂补炉料，使用寿命低和单耗大。这些产品的性能指标见表 22-38。

对于超高功率大电炉，可以说我国 20 世纪 90 年代才迅速发展起来的。电炉墙用优质镁炭砖，特别是渣线和热点用性能非常高的优质镁炭砖这些产品的性能见表 22-38。不但如此，用喷补料经常对渣线等侵蚀严重部位进行喷补维护，炉衬喷补是维护炉衬使用寿命的主要手段。每当定修时，挖修某些损坏严重的部位。这样超高功率大电炉衬的使用寿命已达到上千炉，个别的直流电炉墙寿命已超过2000炉以上，炉衬镁炭砖的消耗低到0.2kg/t以下，电炉耐材消耗主要是喷补料。电炉喷补料主要材质是镁质材料，这些散装耐火材料的性能见表22-38。

表22-38 电弧炉墙用耐火材料

材质		镁炭砖		镁质喷补料		镁碳质喷补料
使用部位		渣线	渣线	渣线	渣线	渣线
$w(MgO)/\%$		82	78	83	88	80
$w(CaO)/\%$		1.5	1.5	<3	<3	<3
$w(Fe_2O_3)/\%$				<2	<2	<2
$w(SiO_2)/\%$				<7	<5	<5
$w(C)/\%$		10	14			5
体积密度/$g \cdot cm^{-3}$		3.02	2.98			
显气孔率/%		<4	<4			
耐压强度/MPa		>35	>35			
颗粒组成/mm				0~3	0~3	0~3
1000℃炭化	体积密度/$g \cdot cm^{-3}$	2.97	2.94			
	显气孔率/%	<10	<10			
	耐压强度/MPa	>30	>30			
使用温度/℃		1750	1750	1700	1750	1700

材质		镁炭砖		镁质捣打料
使用部位		渣线以下	渣线以上	上部，接缝料
$w(MgO)/\%$		>85	>80	>90
$w(CaO)/\%$				1.5
$w(Fe_2O_3)/\%$				0.2
$w(SiO_2)/\%$				<5
$w(C)/\%$		>5	>8	
体积密度/$g \cdot cm^{-3}$		>2.95	>2.85	2.70
显气孔率/%		<6	<6	
耐压强度/MPa		>30	>30	40(110℃)
颗粒尺寸/mm				0~5
1000℃炭化	体积密度/$g \cdot cm^{-3}$	>2.90	>2.78	
	显气孔率/%	<13	<15	
	耐压强度/MPa	>15	>10	

我国对炉门修补一般采用马丁砂。炉门出渣经常被侵蚀，操作工人随时用马丁砂对其进行修补。对于冶炼某些超低碳钢和不锈钢，对碳要求很高，为了防止增碳，不用镁碳砖等含碳耐火材料，而是用镁砖、镁质打结料或镁铬质耐火材料做炉衬。

E 电炉盖用耐火材料

电弧炉盖结构如图22-22所示。它的作用是保温和保护环境，以防止粉尘外溢。炉盖中心区域有孔，以便插入电极和加入一些冶金辅料。它不直接接触钢水,但是它暴露在强烈的热震、高温和粉尘的侵蚀等环境下。低熔点的高氧化铁粉尘与炉盖耐火材料发生作用,生成液相和促进了炉盖耐火材料表面的烧结,烧结层和不烧结层的线变化不同,在交界处产生很大的应力,导致了烧结层和非烧结层之间产生裂纹,在2000℃以上电弧光辐射和电极拔出和插入时对炉盖三角区产生强烈的热震和熔蚀,产生的很大的热应力进一步促进了三角区的电极孔表面和下部出现逐层剥落,这是炉盖破坏的主要原因。

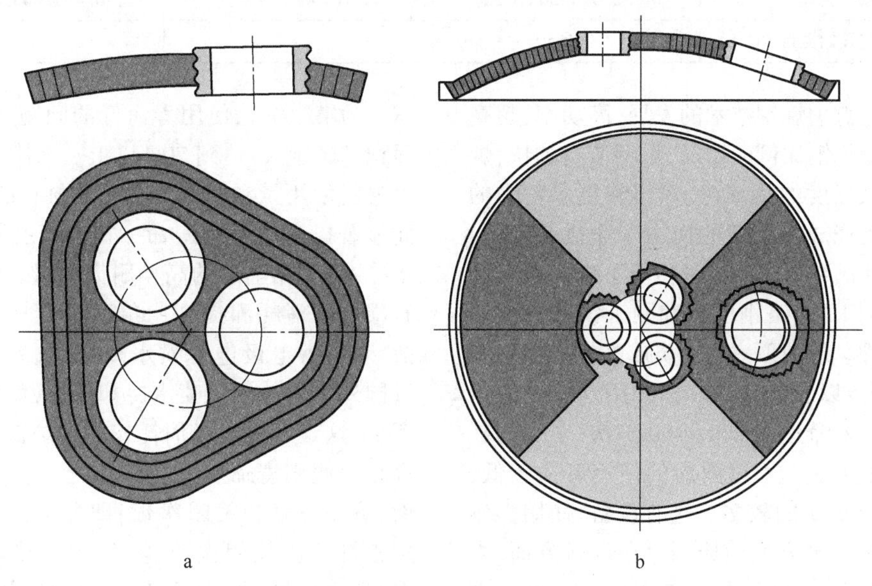

图 22-22　电弧炉盖结构
a—水冷电极三角区;b—非水冷炉盖

我国普通功率的小电弧炉较多,一直习惯使用烧成高铝砖,并已经形成了国家标准,它们的理化指标见表 22-39。烧成电弧炉盖高铝砖在普通小电弧炉盖上的使用寿命一般在 60~120 次范围内。小电弧炉盖水冷面积较少,这也可能是烧成高铝砖炉盖使用寿命不高的原因之一。近年来随着耐火材料技术的发展,烧成电炉顶高铝砖的格局被打破,出现了不烧高铝砖,高铝浇注料预制件[32],材料的性能见表 22-39。这些产品显著提高了使用寿命,有的达到了 150 炉次以上;同时节约了能源,简单施工,减少了劳动强度,因此高铝预制件的炉盖逐步占据了主要位置。高铝砖被替代,它的使用比例越来越少。

表 22-39　炼钢小电炉炉盖用耐火材料

材质		烧成高铝砖 DL-80	高铝浇注预制件	不烧高铝砖
化学组成（质量分数）/%	CaO		≤1.5	
	Fe_2O_3		≤1.5	≤1.6
	SiO_2		≤10	≤10
	Cr_2O_3		≥3.0	
	TiO_2		≤3.3	≤3.3
	Al_2O_3	≥80	≥84	≥82
体积密度/$g \cdot cm^{-3}$		2.85	2.93	2.85

续表 22-39

材质	烧成高铝砖 DL-80	高铝浇注预制件	不烧高铝砖
显气孔率/%	≤19	≤17	≤19
耐压强度/MPa	78.5	35	70
颗粒尺寸/mm		0~10	
重烧线变化率/%	0~-0.3(1550℃×2h)	0.4(1500℃×3h)	0.4(1500℃×3h)
荷重软化开始温度/℃	≥1550		

随着电弧炉炼钢技术的发展,高功率、超高功率电弧炉炼钢比例的增加,炼钢节奏加快,炉盖受到更大强度的热辐射、热震和更多粉尘的作用。因此烧成高铝砖的使用寿命显著降低,它已经不能满足要求。这种情况下电炉盖电极三角区用刚玉质、铬刚玉质和刚玉镁质的浇注料和预制件。外围顶一般用烧成高铝砖或不烧高铝砖,镁砖以及镁铬砖。国外用这些浇注料的电炉盖的寿命达到200~400炉次,个别的甚至达到500炉次。不过国内的使用寿命较低,在100~300炉次的较多。这有设备、使用操作和产品质量等多方面的原因。在设备方面,影响炉盖使用寿命的主要因素是:(1)功率。电弧炉炼钢的超高功率化,使电弧光强度和热辐射强度提高,辐射到炉盖表面温度提高,这样增加了对炉盖耐火材料热震和炉盖表面的烧结收缩,增大了热应力和烧结应力,使剥落加剧;另一方面,超高功率也导致了粉尘飞溅增多,因此对炉盖耐火材料的侵蚀加大。(2)炉盖水冷面积。为解决炉盖使用寿命低的问题,炉盖水冷面积越来越大,达到70%以上。水冷降低了耐火材料使用量和所用炉盖耐火材料的温度,因此显著提高了使用寿命。在电极孔周围不易水冷,因此用上述的高档耐火材料。为了减少石墨电极消耗和提高三角区耐火材料使用寿命,对石墨电极进行喷水冷却,效果显著。不过国外普遍使用了喷水冷却电极,而国内使用者少,这是石墨电极消耗较高和炉盖三角区耐火材料使用寿命较低的原因之一。在操作方面,炉盖打开和关闭次数,即加料次数。一般炉盖打开和关闭次数越多,产生热震次数越多,耐火材料剥落越厉害,导致使用寿命越低;再就是炼钢温度、炼钢时间、吹氧强度等都对炉盖使用寿命产生很大的影响,这里不再赘述。耐火材料本身的抗热震性越好,越耐高温和越抗粉尘的侵蚀,它的使用寿命就越高。高功率、超高功率电弧炉盖用耐火材料见表22-40。

表 22-40 高功率、超高功率电弧炉炉盖用耐火材料

材质	烧成镁铬砖	烧成镁铬砖	电熔镁铬质捣打料	化学结合高铝捣打料	
使用部位	三角区之外	三角区之外	三角区外围	三角区外围	三角区外围
$w(MgO)$/%	58	57	60		
$w(CaO)$/%	2	1.2	1	0.2	0.2
$w(Fe_2O_3)$/%	14	13	11.5	1.5	1.5
$w(Al_2O_3)$/%	6	6.5	5.5	83	82
$w(Cr_2O_3)$/%	19	21	20		2.0
$w(SiO_2)$/%				10	10
体积密度/$g \cdot cm^{-3}$	3.24	3.26	2.90	2.93(200℃)	2.93(200℃)
显气孔率/%	<18	<18			
耐压强度/MPa	>30	>30	30(110℃×24h)	35(200℃)	35(200℃)

续表 22-40

材质	烧成镁铬砖	烧成镁铬砖	电熔镁铬质捣打料	化学结合高铝捣打料	
颗粒尺寸/mm			0~8	0~10	0~10
荷重软化温度/℃	1700	>1750			
线变化率(1500℃×3h)/%	±0.2	±0.2	±0.5	0.4	0.4

材质	化学结合铬刚玉捣打料	化学结合铬刚玉浇注料	刚玉浇注预制件	铬刚玉浇注预制件	刚玉尖晶石浇注料
使用部位	三角区	三角区	三角区	三角区	三角区
$w(MgO)$/%					8
$w(CaO)$/%		2	2	2	1
$w(P_2O_5)$/%	3				
$w(Cr_2O_3)$/%	9	3.0		3.0	
$w(Al_2O_3)$/%	87	95	97	95	90
体积密度/$g \cdot cm^{-3}$	2.93(200℃)	2.93(200℃)	2.95	2.95	2.95
显气孔率/%			18	18	18
耐压强度/MPa	80(200℃)	35(200℃)	50	70	70
颗粒尺寸/mm	0~6	0~6		0~10	0~10
线变化率(1650℃×3h)/%	0.4	0.4	0~0.5	0~0.5	0~0.8

22.2.3 感应炉用耐火材料

感应炉的结构如图 22-23 所示。把废钢等待熔化的原料放在炉子里，当给感应线圈通电时，它产生很大的电磁场，并使感应炉内的原料产生很大的涡流，导致原料发热，升温和熔化。再通过加入铁合金等冶金辅料而把加入的原料冶炼成需要的成分和质量的钢，并浇铸成铸件[33,34]。

一般感应炉比较小，主要用来冶炼铸铁件和某些精密铸件用钢，近年来也有用它来冶炼不锈钢的。它用耐火材料比较简单，一般都是打结料。对于熔化铸铁的感应炉一般用价格比较便宜的石英质打结料，使用寿命在 20~40 炉次。只是化铁使用的，使用寿命也有很高的，甚至达到 200 炉次以上。当冶炼某些精密铸件的钢时，冶炼温度就高，冶炼条件也较恶劣，石英质打结料的使用寿命大大下降，不但如此，对钢的质量也产生不良影响，这些已经不能满足使用要求。因此，生产优质钢件时，需要使用镁质、铝镁质、镁铬质的干式打结料，也有使用铝硅系捣打料的。也有一些感应炉使用做好的现成坩埚，即在要开感应炉时，把做好的坩埚放在感应炉内，坩埚与感应线圈之间的间隙用干式打结料打实，这种方法更换方便，能提高设备的利用率。这种耐火材料坩埚一般是用类似于干

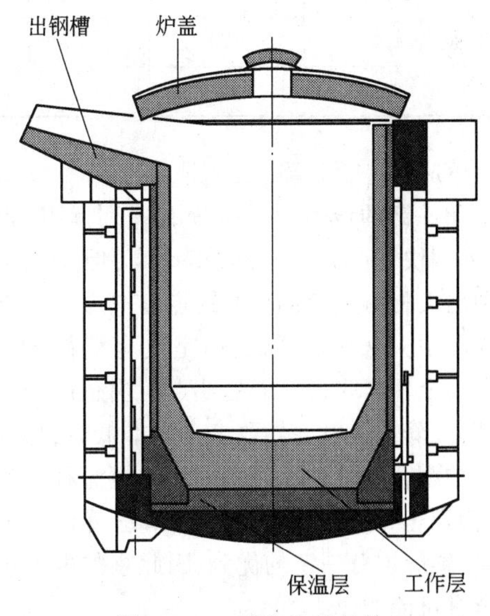

图 22-23 感应炉的结构

式打结料的化学成分的浇注料浇注，并且经过硬化和干燥处理而成，它们的性能见表22-41（当渣线等处侵蚀严重时，用同样的料进行修补）。优质的碱性干式捣打料或刚玉尖晶石质捣打料的使用寿命能达到70炉次以上，这与连续生产与否有很大关系。目前24h生产的感应炉，当采用刚玉尖晶石干式料捣打感应炉衬时，其使用寿命达到120炉次左右的水平。

干式捣打料炉衬的优点是：(1)成本较低；(2)不易裂纹，渗钢和漏钢等事故率较低；(3)烧结层较薄，拆炉容易；(4)靠近线圈的干式料没有烧结，密度较低，保温效果较好；(5)不含水分等，因此几乎不用烘炉就可以直接使用，对于降低能耗和提高效率是非常有利的。

为了提高感应炉炼钢的质量，感应炉出现了真空感应炉，感应炉底安装透气砖，吹氩，加速钢液搅拌和熔化，完成冶金功能。常用的透气砖的材质与LF用的相同，一般是铬刚玉-尖晶石质的，这些产品性能见表22-41。

表22-41 感应炉衬用耐火材料

材质	$w(MgO)/\%$	$w(Fe_2O_3)/\%$	$w(Al_2O_3)/\%$	$w(CaO)/\%$	$w(SiO_2)/\%$	颗粒尺寸/mm
石英质捣打料					98	0~6
镁质捣打料	91	4	1	2.5	1.5	0~10
镁质捣打料	96	<1.5			<2	0~10
镁铝质捣打料	90	0.5	8	2	0.5	0~6
铝镁尖晶石质捣打料	10		87	1	1	0~6
镁铬质捣打料	58	12	6	1	1.5	0~6
镁尖晶石质捣打料	80		17			0~6
高铝捣打料	>70				<26	0~8
透气砖	≥2		≥85	Cr_2O_3≥2	≤0.3	

感应炉是否得到发展，取决于自身技术的发展和炼钢的成本。感应炉有下列优点：投资少，炼钢快，所用铁合金收得率高，但是也有电耗和耐火材料消耗偏高的缺点。电弧炉优点是电耗和耐火材料消耗低，但是也有消耗石墨电极和冶金辅料收得率低的缺点。当感应炉能够大型化、降低了电耗导致综合成本低时，特别是感应炉配合精炼炉和连铸成新的短流程生产线时，特别是有些少量的特钢和精密铸件需要生产时，感应炉有一定的优势，因此它的发展也是完全有可能的。

22.2.4 钢包用耐火材料

钢包的作用是承接上游炼钢炉的钢水，把钢水运送到炉外精炼设备或浇钢现场。钢包还有模铸钢包和连铸钢包。模铸钢包的使用条件就更好一些，由于它承接了钢水以后，基本上就马上去浇铸成钢锭，因此它盛钢水时间短，钢水温度也较低，并且周转也较快。而连铸钢包情况就不一样，为满足连铸的需要和等待前一个钢包浇铸，因此它盛钢水时间较长，温度也较高，使用条件也就更恶劣。不过随着炉外精炼的发展，不少钢水精炼处理是在钢包里进行的，如吹氩和添加一些合金元素、合成渣等冶金辅料，这样就使得钢包使用条件变得更恶劣，对炉衬耐火材料的要求就更高。因此钢包的使用条件不同，它们所使用的耐火材料不一样，使用寿命也不一样。

因为钢水在普通钢包内没有什么精炼，并且每次盛钢水时间比较短，尤其是转炉炼钢时，钢水供应充足，钢包周转比较快，因此使用条件比较好。但是对于普通钢包来讲，又有连铸钢包和模铸用钢包。连铸比在98%以上，模铸钢包的比例很小。因为连铸钢包的钢水温度高，盛钢水时间也比较长，因此相对模铸钢包来讲使用寿命就下降不少；但是为了解决这方面的问题，对连铸钢包用耐火材料的要求就比模铸高。

22.2.4.1　模铸钢包用耐火材料

模铸钢包是指盛接从炼钢炉出来的钢水，然后直接到铸造车间而浇铸成钢锭的运送钢水的容器。以前曾经采用黏土砖衬和高铝砖衬，随着耐火材料技术发展，高铝砖和黏土砖砌的钢包基本上已经淘汰，取而代之的是铝镁浇注的整体包和铝镁炭砖砌钢包。还应该注意的就是，有些模铸钢是特殊钢。这些钢质量很高，对于这样的模铸钢包，要求特殊的耐火材料，如全用特定镁碳砖等碱性耐火材料作为包衬。有超低碳钢的浇铸，就用无碳的铝镁不烧砖或预制块等。

下面介绍电炉和转炉模铸钢包用耐火材料。

A　电炉钢包用耐火材料

一般电炉炼钢速度比较慢，特别是我国小电炉钢厂，钢的产量很低。钢包周转速度较慢，这造成钢包总是用用停停。包衬温度波动较大，对包衬抗热震所产生的裂纹和剥落提出了更高的要求。一般用抗热震性好的铝镁炭砖作为钢包衬。它的使用寿命一般在60次以上，就是低档次的铝镁炭砖使用寿命也能达到40次以上。因为含碳砖热导率高，容易散热而造成钢包降温，因此永久层应用保温效果好的耐火材料，且钢包最好加盖保温。电炉钢包结构如图22-24所示。值得指出的是有些钢厂用铝镁不烧砖来降低热导率，但使用寿命较低，这些产品的性能见表22-42。

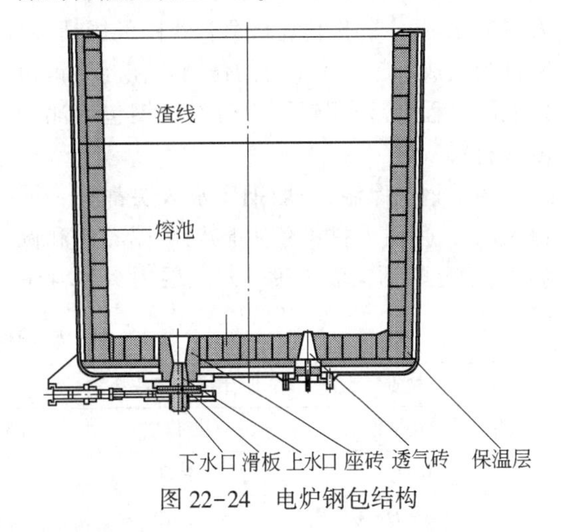

图22-24　电炉钢包结构

表22-42　电炉模铸钢包用耐火材料

材质		黏土砖	铝镁炭砖	铝镁炭砖	铝镁质
使用部位		永久层	工作层	座砖	火泥
化学组成	$w(Al_2O_3)/\%$	≥40	≥65	≥70	≥60
	$w(MgO)/\%$		≥12	≥10	≥20
	$w(C)/\%$		7~10	7~10	
耐火度/℃		≥1730			≥1790
荷重软化开始温度/℃		≥1400	≥1680	≥1620	
重烧线变化率(1400℃×2h)/%		0~-0.3	体积密度>2.95g/cm^3	≤1.5(1450℃×2h)	
显气孔率/%		≤19	≤6	≤8	
常温耐压强度/MPa		≥35	≥40	≥35	
粒度组成		—	—	—	0~0.2mm

B　转炉模铸钢包用耐火材料

一般转炉炼钢速度比较快，特别是生产普通建筑钢材的小转炉钢厂，钢水供应充足，钢包周转速度较快，这导致钢包总是红包接钢。包衬温度下降较少，这种情况下对包衬热震较缓和。采用浇注的整体钢包就不易出现裂纹或剥落，再加上这种长流程钢铁厂煤气富裕，烘包方便，因此转炉钢包用浇注料进行整体浇注的发展速度较快。我国绝大多数转炉钢包用浇注料。自从我国在20世纪80年代发展整体浇注钢包以来，起初使用水玻璃结合的铝镁质浇注料[57]，所用的高铝料等档次较低，使用寿命40~60 次。经过长期发展，多使用优质特级矾土熟料、优质镁砂和矾土尖晶石料等为主要原料，采用硅灰等微粉结合，而不是水玻璃和水泥结合剂，小钢包用铝镁质浇注料的性能比以前大大提高。它的使用寿命一般在 60 次以上，随着使用技术和耐火材料制造技术的发展，该种浇注料的使用寿命越来越高，有的已经达到 100 次以上。矾土镁质浇注料是针对中国的原料资源发展起来的，它的性价比最适合我国的国情，对降低吨钢成本起到了重要的作用。在浇注钢包发展的过程中，采用铝镁炭砖作为钢包熔池用耐火材料。

为了钢包保温，一般钢包永久层都有一层保温层，所用耐火材料有黏土砖，叶蜡石砖和保温板，如硅酸钙保温板等。永久层用浇注料在发展，它不但起到保温的作用，而且由于没有砖缝而对防止钢包漏钢和提高安全性是非常有意义的。转炉模铸钢包结构如图 22-25 所示，所用耐火材料的性能见表 22-43。

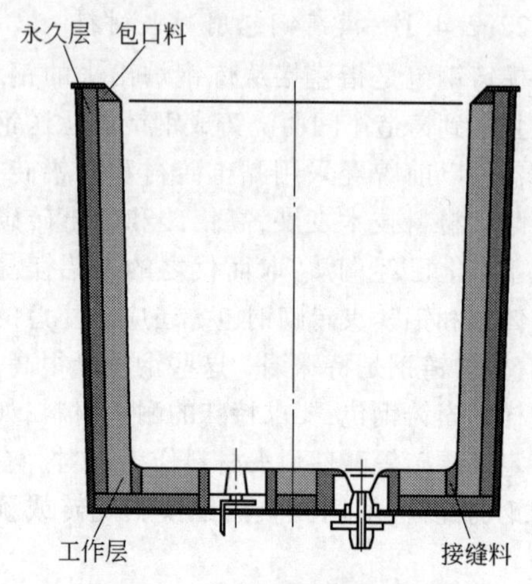

图 22-25 转炉模铸钢包结构

表 22-43 转炉模铸钢包用耐火材料

材质		铝镁质浇注料	铝镁质浇注料	硅酸钙板	高铝浇注料	铝镁炭砖
使用部位		工作层	工作层	永久层	永久层	座砖
$w(Al_2O_3)/\%$		≥60	≥70		≥60	≥70
$w(MgO)/\%$		≥12	≥10			≥10
$w(SiO_2)/\%$					≤32	
$w(C)/\%$						7~10
耐火度/℃					≥1790	
荷重软化开始温度/℃		≥1200	≥1350			≥1620
重烧线变化(1400℃×2h)/%		0~2	0~2	-1%(850℃)	0~0.3	≤1.5
体积密度/$g\cdot cm^{-3}$		≥2.60	≥2.90		≥2.45	
显气孔率/%		≤23	≤15		≤18	≤8
常温耐压强度/MPa	110℃×24h	≥30	≥30		≥30	≥35
	1500℃×3h	≥40	≥40			
抗折强度/MPa				0.8		
使用温度/℃		1700	1700	850	1650	1700
热导率/$W\cdot(m\cdot K)^{-1}$				0.055	1.5	

22.2.4.2 连铸钢包用耐火材料

连铸钢包的使用条件比较恶劣，一般钢厂的模铸钢包和连铸钢包是共用的。只不过连铸比例的增加会导致钢包使用寿命的下降，在选材时，应该以连铸钢包为中心选择耐火材料炉衬。

A 电炉连铸钢包用耐火材料

一般电炉连铸钢包周转速度比较慢，温度

波动较大,容易造成包衬裂纹和剥落。再加上连铸和精炼,电炉连铸钢包的使用条件更加苛刻,因此对选用耐火材料提出了更高的要求。一般选用砖砌包衬。渣线用镁炭砖几乎是共性,而熔池(包括壁和底)一般用铝镁炭砖或镁炭砖。欧洲等一些钢厂用碳结合的不烧镁钙质砖。对于个别的用不烧铝镁砖或高铝砖,以改善导热和增碳的问题。永久层用耐火材料同模铸钢包。电炉连铸钢包用耐火材料一般是随着钢包的增大和使用条件恶劣程度以及钢种而选择表22-44中合适的耐火材料。电炉连铸钢包的使用寿命一般渣线是30~40次,熔池使用寿命在70~80次。当然根据条件不同,有的使用寿命也能达到90~100次。

表22-44 连铸电炉钢包用耐火材料

材质	镁炭砖1	镁炭砖2	镁质火泥	铝镁炭砖1	铝镁炭砖2	铝镁炭砖3
使用部位	渣线	渣线,包壁,底	镁炭砖和铝镁炭砖用	包壁	包壁	包壁
$w(MgO)$/%	≥78	≥85	≥90	≥12	≥12	≥20
$w(Al_2O_3)$/%				≥65	≥70	≥60
$w(F.C)$/%	≥14	≥10		5~7	7~10	7~10
显气孔率/%	≤4	≤4		≤10	≤5	≤5
体积密度/$g \cdot cm^{-3}$	≥2.90	≥2.95		≥2.75	≥2.95	≥2.95
耐压强度/MPa	≥40	≥40		≥25	≥50	≥50
抗折强度/MPa	≥14	≥14	4.2	≥7	≥15	≥15
荷重软化温度 T_2/℃	≥1700	≥1700		≥1600	≥1700	≥1700
烧线变化率(1600℃×3h)/%	0~1	0~1	粒度组成/%:≥0.5mm,≤2;≤0.074mm,≥50	<2	<2	<2

材质	铝镁尖晶石炭砖	镁钙炭砖1	镁钙炭砖2	铝镁不烧砖	不烧高铝砖
使用部位	包底	包壁,底	包壁,底	包壁,底	包壁,底
$w(MgO)$/%	>12	≥40	≥60	>12	
$w(CaO)$/%		≥50	≥30		
$w(Al_2O_3)$/%	70			70	>80
$w(F.C)$/%	>5	5	5		
$w(Fe_2O_3)$/%		<1.60	<1.60		
显气孔率/%	<7	<7	<7	<18	<18
体积密度/$g \cdot cm^{-3}$	>2.90	2.90	2.90	>2.90	>2.80
耐压强度/MPa	>30	>30	>30	>50	>50
抗折强度/MPa	>10	>10	>10		
荷重软化温度 T_2/℃	>1700	T_1≥1700	T_1≥1700	>1350	>1500
重烧线变化率/%	0~1	0~1	0~1	0~1	0~1
耐火度/℃					>1790

续表 22-44

材质	镁质喷补料	铝镁质修补料	铝镁碳质修补料	镁质接缝料
使用部位	工作层	工作层	工作层	砖缝
$w(MgO)/\%$	90	≥15	≥15	≥90
$w(Al_2O_3)/\%$		≥75	≥75	
$w(F.C)/\%$			≥5	
$w(SiO_2)/\%$	<7			
烧结线变化率(1600℃×3h)/%	±1.5	±1.5	±0.5	±1.0

B 转炉连铸钢包用耐火材料

转炉连铸钢包的周转速度比较快,烘烤条件也比较好,温度波动较小。与模铸钢包相比较,盛钢时间长,钢水温度高,因此对选用耐火材料提出了更高的要求。

对于小转炉钢包,一般选用矾土镁质浇注的整体衬,有的并进行修补。不过为了提高使用寿命,浇注料的性能在提高,原料也向高档次发展,使用寿命达到了100次以上,有的超过了150次。我国的小钢包做得很好的是套浇。当浇注包衬用到一定程度时停下来,清除表面的炉渣,再套浇新的浇注料。这样反复进行下去,一年都不用换一套包衬。使钢包耐火材料的消耗大大减少,废弃很少,每吨钢耐火材料消耗降低到2kg以下,对于有些大型的钢包,其耐火材料单耗降低到约1kg/t的水平。所用的耐火材料性能见表22-43。

对于中型和大型钢包,一般不用矾土镁质浇注料,而用刚玉镁质浇注料或刚玉铝镁尖晶石质浇注料作为包壁和底工作层的耐火材料,渣线通用镁炭砖砌筑,已经成为大型钢包衬的主流。这种包衬的使用寿命达到了200次以上,有的达到了300次。国外有些大型钢包进行套浇,每吨钢耐火材料消耗降低到1kg以下。我国中型和大型钢包套浇做得很少。

在不定形包衬发展方面,还有一个重要的发展就是喷射浇注技术在钢包上的应用。经过浇注料技术的长期发展,已经出现了能够泵送喷射施工的浇注料,即喷射浇注施工技术。我国也有一些钢厂使用浇注料浇注成预制件而直接砌筑的,这样可以避免钢厂投资施工设备和减少施工场地,同时也减少了长时间烘烤浇注衬所带来的麻烦,因此对于结构紧凑的钢厂是有一定意义的。这些钢包所用耐火材料见表22-45。一些钢厂使用砖砌钢包,其使用的砖基本性能见表22-44。

表 22-45 中、大型钢包用耐火材料

材质	镁炭砖	铝镁浇注料	铝镁浇注料	镁质火泥	镁质捣打料
使用部位	渣线	KIP 喷枪	CAS 管	钢包工作衬	接缝、填缝和包口用
$w(MgO)/\%$	≥78	≥2	≥5.7	≥95	≥90
$w(Al_2O_3)/\%$		≥90	≥90		
$w(F.C)/\%$	≥14				
显气孔率/%	≤4				≤23(110℃)
体积密度/$g\cdot cm^{-3}$	≥2.90	≥3.00 (110℃)	≥3.10 (110℃)		≥2.85 (110℃)
耐压强度/MPa	≥40	≥50(110℃)	≥50(110℃)		≥50(110℃)
		≥40(1600℃)	≥40(1600℃)		≥30(1600℃)

续表 22-45

材质	镁炭砖	铝镁浇注料	铝镁浇注料	镁质火泥	镁质捣打料
抗折强度/MPa	≥14	8.9(110℃)	≥8(1600℃×3h)	4.2	
荷重软化温度 T_2/℃	T_1≥1700				
重烧线变化率/%		-0.27~1.16 1500℃×3h		粒度组成/%: ≥0.5mm,≤2; ≤0.074mm,≥50	±1.0
耐火度/℃		>1790	>1790		

材质	铝炭质	铝镁浇注料及预制件	镁炭砖	刚玉质预制件	铝镁炭砖
使用部位	上水口	包壁	钢包座砖	钢包座砖	钢包座砖
$w(Al_2O_3)$/%	90	≥90		≥90	≥75
w(F.C)/%	4.7		≥10		7~9
$w(MgO)$/%		≥2	≥80		8~12
显气孔率/%	4.7		≤4	≤17	≤4
体积密度/g·cm^{-3}	3.18	≥3.05(110℃×24h) ≥3.00(1600℃×3h)	≥3.00	≥3.00	≥3.05
耐压强度/MPa	112.3	≥50(110℃) ≥40(1600℃)	≥40	≥35	≥35
抗折强度/MPa		≥8(1600℃×3h)	≥15		≥12
荷重软化温度 T_2/℃	>1700	>1700			>1700
重烧线变化率/%		±1.0		0~1.5(1600℃)	0~2.0(1600℃)
耐火度/℃		>1790			

材质	铬刚玉质透气砖-1	铬刚玉尖晶石质透气砖-2	镁质喷补料	高铝浇注料
使用部位	吹气用	吹气砖	钢包	永久层
$w(MgO)$/%		≥4	>84	
$w(Al_2O_3)$/%	90	≥88		≥60
$w(Cr_2O_3)$/%	≥3	≥3		
$w(Fe_2O_3)$/%				<1.5
$w(SiO_2)$/%				≤35
显气孔率/%	≤17	≤17	20(1500℃)	≤17
体积密度/g·cm^{-3}	≥3.15	≥3.15	≥2.4(1500℃×3h)	≥2.5
耐压强度/MPa	≥40	≥40	≥15(1500℃×3h)	20(110℃×24h) 60(1400℃×3h)
抗折强度/MPa	≥7	≥6	粒度 22%(≤0.044mm)	5(110℃×24h) 12(1400℃×3h)
重烧线变化率/%	0~1.0(1600℃×3h)	0~1.0(1600℃×3h)		0.0~0.6(1400℃×3h)
耐火度/℃				≥1750

续表 22-45

材质	镁炭砖	镁炭砖	镁炭质喷补料	镁铝炭质修补料
使用部位	渣线	自由面	渣线	包底和渣线
$w(MgO)$/%	80~88	≥70	≥84	≥70
$w(Al_2O_3)$/%				≥10
w(F.C)/%	10~12	≥6	≥3	≥3
显气孔率/%	≤4	≤7	23(1600℃,埋碳)	21(1600℃,埋碳)
体积密度/$g\cdot cm^{-3}$	≥3.05	≥2.80	≥2.3(1600℃,埋碳)	≥2.40(1600℃,埋碳)
耐压强度/MPa	≥40	≥30	≥15(1500℃×3h)	30~40
抗折强度/MPa	≥7	≥6	粒度组成:0~3mm	
重烧线变化率/%	0~1.0(1600℃×3h)	0~1.0(1600℃×3h)		
耐火度/℃				1630

22.3 炉外精炼用耐火材料

随着钢铁冶金技术的发展,市场竞争加剧,对优质钢的要求越来越高。为了适应洁净钢发展,并满足用户要求,炉外精炼比例越来越高。因此,满足洁净钢生产要求的炉外精炼用耐火材料的比例也越来越高。

22.3.1 AOD 炉用耐火材料

世界上第一座 AOD 炉是在美国乔斯林不锈钢公司于 1967 年 10 月建成的。AOD 主要冶炼不锈钢,世界不锈钢产量的 75%是由 AOD 炉冶炼出来的。AOD 炉的结构如图 22-26 所示。开始时吹氧氧化脱碳,在氧化期间,渣的氧化性增强和温度升高到 1700℃以上;然后进入还原期,加硅铁或铝,使渣中的铬还原,以提高合金收得率,这时渣的碱度仍然很低;最后加石灰脱硫,脱硫需要高碱度渣。在整个的冶炼过程中,炉渣从酸性变为碱性;气氛也由氧化气氛变为还原气氛;再就是间歇操作,炉衬温度高且波动相当大,对炉衬耐火材料有较高的要求。对于 AOD 炉,以前采用镁铬砖,现在已逐步被镁钙砖取代[35,36]。

22.3.1.1 AOD 炉衬损毁原因

AOD 炉衬的损毁原因:(1)冶炼温度高,酸性渣作用时间长,导致炉衬的溶蚀和渗透;(2)温度波动引起热剥落和结构剥落;(3)激烈的气体—炉渣—钢水涡流冲蚀和冲刷。

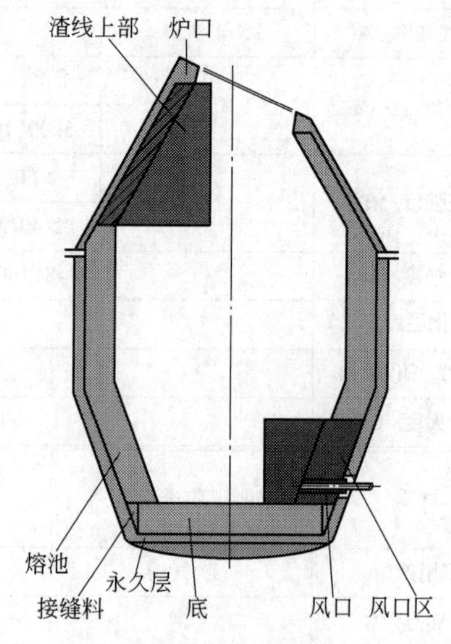

图 22-26 AOD 炉的结构

风口部位主要是热剥落和结构剥落以及冲刷,风口周围主要是涡流和低碱度渣的侵蚀。渣线部位主要由各种碱度渣渗透造成的结构剥落和侵蚀,炉底部位主要由渣的侵蚀和渗透。

22.3.1.2 影响炉衬耐火材料寿命的因素

有关研究结果[37]显示出:(1)再结合镁铬砖的侵蚀量随着渣碱度增加而增加。渣碱度$(CaO+MgO)/(SiO_2+Al_2O_3)=1.2\sim1.5$可获得较高寿命;(2)随着渣中的 MgO,$Cr_2O_3$,$Al_2O_3$ 等含量的增加而镁铬砖侵蚀减少;(3)还原剂易与镁铬砖中的 Cr_2O_3 和 FeO_n 发生氧化还原反应，破坏砖的结构，邻近的颗粒就会被冲刷掉，也造成钢水中铬难控制；(4)冶炼 Al/Si 镇静钢，Si 镇静钢和 Al 镇静钢对耐火材料损坏程度依次降低，合金钢中的硅和锰会增加耐火材料内衬的侵蚀量；(5)在 1600～1750℃之间，温度每升高 100℃，镁铬材料溶解速度增加 4～5 倍，而镁钙材料增加 2～3 倍；(6)镁铬砖受气氛影响大，容易导致镁铬砖里的铬和铁变价而产生大的体积效应，导致砖组织结构的破坏；(7)渣中的萤石和 Al_2O_3 与镁钙材料作用而形成低黏度、低熔点共熔物而加快了侵蚀；(8)镁钙材料抗低碱度渣侵蚀能力比镁质材料强，而 MgO 质材料抗高 Al_2O_3 渣或高铁渣的侵蚀能力比镁钙质材料强；CaO 抗高磷渣侵蚀比 MgO 强；(9)吹气角度对侵蚀影响较大，一般背向倾斜角 5°～7°为好；(10)对于低碱度渣，镁铬砖比镁钙砖抗侵蚀，而对于高碱度渣，镁钙砖比镁铬砖抗侵蚀；(11)镁铬材料和镁钙材料在酸性渣的溶解速度与转速的 0.7 次方成正比；(12)渣对耐火材料层的渗透可用公式：$X=\sqrt{\frac{r\sigma\cos\theta}{2\eta}t}$ $(CaO)^{-3}$，式中 r、σ、θ、η、t 分别为毛细管半径、液体表面张力、接触角、液体黏度和渗透时间；(13)镁铬材料的高温固相中，在碱度小于 1.3 的熔渣中的耐溶蚀次序为 Cr_2O_3>$MgOCr_2O_3$>MgO>MA>Al_2O_3；(14)随着材料气孔率的减少，其抗熔渣的侵蚀能力增强；(15)随着 MgO-CaO 材料里 MgO 含量增加，其抗熔渣能力增强；(16)随着镁钙砖中 CaO 含量增加而渣渗透和剥落显著减少；(17) 生产镁铬砖的原料越致密，成分越均匀，抗侵蚀性越好；(18)再结合镁铬砖的抗剥落性比直接结合镁铬砖差；(19)砖中的 Cr_2O_3 含量少会使砖渗透增加、裂纹增加和抗侵蚀性变差；(20)烧成温度提高蚀损速度降低；(21)砖中熔剂成分增加会使砖侵蚀速度线性增加。

根据研究结果和相图等有关知识，提高 AOD 炉衬使用寿命的措施有：(1)提高渣中 MgO 和 Al_2O_3 含量使之接近饱和状态能提高镁铬砖衬的使用寿命，而提高渣中 MgO 和 CaO 含量(白云石造渣)使之接近饱和状态能提高镁钙砖衬的使用寿命；(2)适当降低炼钢温度有利于提高使用寿命；(3)加快炼钢节奏，缩短炼钢时间有利于使用寿命的提高；(4)炉子保温，减少温度波动，对炉衬剥落是非常重要的；(5)选用高致密度、高强度和高度直接结合镁铬砖和镁钙砖是非常重要的；(6)应根据操作条件，特别是渣的碱度和间歇情况来选择相对应的 Cr_2O_3 含量的镁铬砖和合适 CaO 含量的镁钙砖。

22.3.1.3 AOD 炉衬用耐火材料

国外某公司烧结和热处理的白云石耐火材料性能见表 22-46，它在不同国家 AOD 炉上的使用结果见表 22-47。

表 22-46 国外某公司烧结和热处理的白云石耐火材料性能[38]

性能	K01	K02	K03	K04	T05	R06	R06
类型	烧结	烧结	烧结	烧结	沥青结合	树脂结合	树脂结合
$w(MgO)/\%$	38.5	44.5	53.6	58.3	38.8	38.5	66.0
$w(CaO)/\%$	59.2	53.1	43.3	38.6	58.6	58.9	32.1
$w(ZrO_2)/\%$	—	—	1	1	—	—	—
体积密度/$g\cdot cm^{-3}$	2.82	2.94	2.95	2.97	2.95	2.90	2.97
显气孔率/%	16	13	14	13.5	5	5	6
耐压强度/MPa	65	90	65	58	58	110	130
残碳量/%	—	—	—	—	2.4	3.8	1.8
应用部位	炉墙	渣线和耳轴	渣线和耳轴	风口	顶部炉头	底部	渣线区

表 22-47 不同 AOD 炉白云石衬使用结果

国家	AOD 炉容量 /t	不同部位用耐火材料	操作条件	使用效果	
				寿命/次	耐材消耗 /kg·t^{-1}
德国	85	风口及周围用 40%致密氧化镁的氧化锆结合的烧结白云石砖，筒体其余部分用一般烧结白云石砖，钢水线以上用热处理白云石砖	炼钢时间 147h	110	9.5
英国	130	高蚀损部位使用富镁烧成白云石砖，筒体其他部位用一般烧成白云石砖，锥体部位用热处理的白云石砖	接触钢水时间 125h	75	11.8
德国	80	高蚀损部位使用富镁烧成白云石砖，金属线以下部位用热处理的白云石砖，这对超低碳钢没有增碳	接触钢水时间 175h	200	7.0
法国	90	风口部位衬用富镁烧成白云石砖，渣线用树脂结合富镁白云石砖，锥体用热处理白云石砖，在筒体低磨损区使用一般烧成白云石砖	不锈钢和硅钢 (30%)	25~200	

镁钙质耐火材料是 AOD 和 VOD 等不锈钢冶炼炉用耐火材料的主体[39~41]和发展方向。为了提高使用寿命，需进一步提高镁钙材料的致密度和抗水化性能。

表 22-48 给出了国内某公司烧成镁钙砖性能指标，镁钙砖在某厂 AOD 炉上的配砌方式是：熔池和渣线部分采用镁钙砖 QMG20 砌筑；风口区采用 QMG30 砌筑。

表 22-48 国内某公司烧成镁钙砖性能指标

牌号		QMG15	QMG20	QMG25	QMG30	QMG40	QMG50
$w(MgO)/\%$		80.9	76.9	70.9	66.9	56.9	44.0
$w(CaO)/\%$		17	21	27	31	41	54
$w(Al_2O_3)/\%$		0.5	0.5	0.5	0.5	0.5	0.5
$w(Fe_2O_3)/\%$		0.7	0.7	0.7	0.7	0.7	0.7
$w(SiO_2)/\%$		0.7	0.7	0.7	0.7	0.6	0.6
体积密度/g·cm^{-3}		3.03	3.03	3.03	3.03	3.00	2.93
显气孔率/%		13	12	12	13	13	12
耐压强度/MPa		80	90	80	80	80	70
荷重软化温度/℃		1700	1700	1700	1700	1700	1700
高温抗折强度/MPa		2.5~4.5	2.5~4.5	2.5~4.5	2.5~4.5	2.5~4.5	2.5~4.5
重烧线变化率/%			-0.2		-0.3		-0.4
热导率/W·(m·K)$^{-1}$		3~4	3~4	3~4	3~4	3~4	3~4
热膨胀率 /%	800℃	0.8~1.0	0.8~1.0	0.8~1.0	0.8~1.0	0.8~1.0	0.8~1.0
	1200℃	1.35~1.6	1.35~1.6	1.35~1.6	1.35~1.6	1.35~1.6	1.35~1.6
	1600℃	1.8~2.0	1.8~2.0	1.8~2.0	1.8~2.0	1.8~2.0	1.8~2.0

22.3.2 VOD 炉用耐火材料

VOD 是真空吹氧脱碳的英文缩写,是对钢水进行真空脱气、吹氧脱碳处理的一种炉外精炼设备[66],其结构如图 22-27 所示。由于吹氧使炉内温度升高到 1700℃以上,最后还要脱硫还原,因此渣的碱度变化大,炼钢温度高,真空条件对耐火材料炉衬的损坏大。这样苛刻的使用条件导致了炉衬使用寿命低,一般只有 10~21 炉次[67,68]。

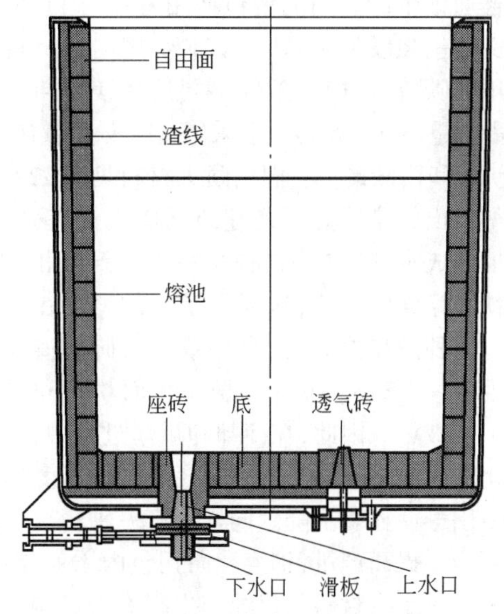

图 22-27 VOD 炉用耐火材料结构

VOD 渣线采用再结合或预反应镁铬砖,而包壁用低档次的镁铬砖。镁铬砖虽然使 VOD 的使用寿命较高,但是它的价格较高,造成吨钢耐火材料成本较高。因 Cr^{+6} 对环境有污染,在欧洲普遍使用资源丰富的白云石质耐火材料,渣线用超高温烧成的镁白云石砖,包壁用低档次的烧成镁白云石砖或沥青结合的不烧镁白云石砖。这种炉衬的使用寿命虽然比镁铬砖衬稍低,但使炼钢成本下降不少,有明显的社会效益和经济效益。随着镁炭砖的发展,渣线以下的部位使用低碳的镁炭砖或镁白云石炭砖成为非常合理的选择,它可以使 VOD 熔池的使用寿命达到 40 次以上,如果维护或修补做得好,使用寿命完全可以达到 60 次以上。熔池用耐火材料发展的另一个趋势是用铝镁系浇注料或预制件,它彻底消除了炉衬内的碳所带来的不利影响。

镁铬砖的替代品是:渣线用超高温烧成的高纯镁白云石砖;熔池用低碳镁炭砖或低碳镁白云石炭砖。如果进一步考虑对碳的影响,可以采用铝镁系浇注料或预制件。不过,在使用寿命和成本上仍然不及低碳的镁炭砖或镁白云石炭砖。

除了选择优质耐火材料作为炉衬外,提高 VOD 炉使用寿命的最好方法是:

(1)改善操作条件。用白云石造渣和降低炼钢温度对提高使用寿命是非常有效的措施,当然加快周转和钢包保温也能显著提高炉衬的使用寿命。通过这些操作条件的改善,完全可以使炉衬使用寿命提高一倍以上。(2)加强护炉或补炉。一般对炉衬进行喷补,所用材料与炉衬材料成分相当,如镁铬砖衬,修补时用镁铬质喷补料;镁白云石砖衬,修补时用镁钙质喷补料。超低碳镁碳砖可以达到镁钙砖的水平,这对于节能环保和安全使用有重要意义。VOD 炉用耐火材料见表 22-48 和表 22-49。

表 22-49 VOD 炉用耐火材料的性能

材质	高铝尖晶石质浇注料	高铝浇注料	直接结合白云石砖	直接结合镁白云石砖	树脂结合白云石炭砖	树脂结合镁白云石炭砖
使用部位	包盖	真空盖、大气盖	熔池	熔池,渣线	渣线,熔池	渣线,熔池
$w(Al_2O_3)/\%$	92	70				
$w(SiO_2)/\%$		22				
$w(TiO_2)/\%$		2.8				
$w(MgO)/\%$	5		41	59	43	65

续表 22-49

材质	高铝尖晶石质浇注料	高铝浇注料	直接结合白云石砖	直接结合镁白云石砖	树脂结合白云石炭砖	树脂结合镁白云石炭砖
w(CaO)/%	2	3	57	39	55	33
w(C)/%					<3	<5
体积密度/g·cm^{-3}	3.0	2.80	2.82	3.00	2.94	2.92
显气孔率/%			<17	<13	<5	<5
耐压强度/MPa			65	60	>60	>60

为提高VOD炉使用寿命,其使用耐火材料向高纯、高致密度的镁钙质耐火材料方向发展。影响VOD炉使用寿命的主要部位是渣线,往往一套熔池衬需要2~4套渣线才能平衡。因此,开发优质渣线耐火材料和对渣线进行热修补是极其重要的,开发渣线修补技术和修补材料是其发展方向。

22.3.3 LF炉用耐火材料

LF炉是把转炉、电弧炉炼钢出来的钢水,经过加合成渣、合金元素,喂丝,吹氩和加热等把钢水进一步脱氧、脱硫、去除非金属夹杂和进一步合金化的炉外精炼设备。普通钢包越来越少,精炼钢包增加,在增加的精炼设备类型中,主要是LF炉这种设备。由于操作条件恶劣,使炉衬的使用寿命显著下降。因此,选用的炉衬耐火材料也要高档化,使用寿命一般在50~100炉次[42],这主要是由操作条件和维护方法不同所引起的。而有的LF炉后又带VD,这样使用寿命又进一步下降,下降的比例与VD比例有关,渣线的使用寿命与VD比例呈强线性关系。在使用过程中,不同钢厂考虑安全系数不同,还有不同钢厂的操作条件不同,对使用寿命的影响很大。如对于VD为70%的LF炉,渣线镁碳砖的一次性使用寿命为18~30次。LF炉精炼和普通钢生产混用的钢包使用寿命与LF炉的比例也呈强线性关系[43]。LF炉用耐火材料渣线用镁碳砖,视操作条件不同选择镁砂档次和石墨含量不同。熔池一般采用高铝砖、铝镁砖、铝镁炭砖和镁碳砖。它们用耐火材料见表22-50。值得指出的是冶炼普通建筑用碳素钢,钢厂往往控制成本,LF炉内往往采用少加石灰和采用硅铁和锰铁脱氧剂,这导致了渣的碱度在2左右。这种渣在冷修时,会导致含炭砖的渣保护层因α'-C_2S→γ-C_2S晶型转化而粉化和导致保护层破坏。因此,在冷却和烘烤过程中,衬砖氧化而导致冷修再上线使用后,损耗速度加快和使用寿命显著下降。同样还有一种情况就是钢厂为了提高产量,扩容和向钢包内添加废钢,这对炉衬耐火材料的侵蚀产生很大的影响。首先扩容就意味着减薄和钢包散热加快,这需要更好的保温材料和合理的结构进行保温。加废钢导致渣的碱度降低,加热精炼时间延长,对耐火材料衬的侵蚀大大增加,需要更抗氧化、更抗侵蚀的耐火材料。

LF炉精炼采用底吹氩透气砖,透气砖的材质普遍用刚玉铬尖晶石质的,使用寿命多在30次左右。

表22-50 LF炉用耐火材料

牌号	MT-1	MT-2	MT-3	MT-4	LMT-1	LMT-2
材质	镁炭砖	镁炭砖	镁炭砖	镁炭砖	铝镁炭砖	铝镁炭砖
使用部位	渣线	渣线,熔池	熔池,自由面	自由面	熔池,底	熔池,底
w(MgO)/%	≥78	≥82	≥84	≥80	≥12	≥30
w(Al_2O_3)/%					≥65	≥50
w(F.C)/%	≥14	≥12	≥10	≥8	≥8	≥8

续表 22-50

牌号	MT-1	MT-2	MT-3	MT-4	LMT-1	LMT-2
显气孔率/%	≤4	≤4	≤4	≤7	≤8	≤5
体积密度/g·cm^{-3}	≥2.98	≥3.02	≥3.06	≥2.90	≥2.95	≥3.00
耐压强度/MPa	≥40	≥40	≥40	≥30	≥40	≥40
热态抗折强度/MPa	≥10	≥10	≥10	≥6	≥6	≥6

牌号	LMT-3	LF-m-2	LF-m-3	LF-B1	LF-B2	LF-B3
材质	镁铝炭砖	铝铬质泥浆	铝炭泥浆	铝锆炭滑板	铝炭质滑板	铝炭质下水口
使用部位	底,熔池	砌滑动水口用	砌滑动水口用	钢水控流	钢水控流	钢包
$w(Al_2O_3)$/%	<20	>80	≥65	≥70	>90	75.6
$w(MgO)$/%	>60					
$w(F.C)$/%	>8		4.7	≥7	>2	4.87
$w(Fe_2O_3)$/%			1.60	ZrO_2:≥6		
$w(Cr_2O_3)$/%		>5				
$w(SiO_2)$/%					<4	<10
显气孔率/%	<6			2	<3	5.7
体积密度/g·cm^{-3}	>2.95			3.07	>3.10	2.86
耐压强度/MPa	>35			117	>100	105.5
抗折强度/MPa		黏接强度>5	黏接强度>5		>20	
热态抗折强度/MPa	>6			>12	>30	>15
荷重软化温度 T_2/℃	>1700	颗粒组成:>0.5mm,<2%	颗粒组成:>0.5mm,<2%	≥1700		≥1700

牌号	LF-B5	LF-B6	LF-B7	LF-B8	LF-m-4
材质	铝尖晶石透气砖	铝尖晶石铬质透气砖	刚玉质座砖	刚玉尖晶石质座砖	高铝浇注料
使用部位	底吹氩气	底吹氩气	出钢口和透气砖外围	出钢口和透气砖外围	永久层
$w(MgO)$/%	>4	≥4		>4	
$w(Al_2O_3)$/%	>90	≥85	>90	≥85	≥60
$w(Cr_2O_3)$/%		≥3			
$w(Fe_2O_3)$/%					<1.5
$w(SiO_2)$/%					≤35
显气孔率/%	≤17	≤17	≤17	≤17	≤17
体积密度/g·cm^{-3}	≥3.15	≥3.15	≥3.07	≥3.00	≥2.5
耐压强度/MPa	≥40	≥40	≥40	≥40	20(110℃×24h) 60(1400℃×3h)
抗折强度/MPa	≥7	≥6	≥6	≥6	5(110℃×24h) 12(1400℃×3h)

续表 22-50

牌号	LF-B5	LF-B6	LF-B7	LF-B8	LF-m-4
重烧线变化率/%					0.0~0.6（1400℃×3h）
耐火度/℃					≥1750
热态抗折强度/MPa	>7	>7	>5	>5	

随着冶金工业的发展，为了适应不同钢种冶炼的需要，钢包保温和渣线用低碳镁炭砖是发展方向。为了降低耐火材料消耗，加强修补和使用技术的研究是发展方向。钢包应该向长寿命的方向发展，达到这个目标的重要手段是发展喷射浇注料和优质喷补料，同时透气砖更应该向长寿的方向发展。

22.3.4　RH 炉和 DH 炉用耐火材料

RH 炉是真空吹氩循环脱气的一种钢水精炼设备，而 DH 炉是真空脱气的一种精炼设备，它们的结构如图 22-28 所示。通过在浸渍管里吹高速氩气和上部的真空，使钢包里的钢水通过浸渍管进入真空室下部，然后通过另一根浸渍管流回到钢包。即通过真空循环脱气，脱除钢液里的氮气、氢气等有害气体，如果再配合吹氧，可进一步脱碳到很低的程度。它主要用来生产低碳钢、低氮、低氢的钢种。在这样的条件下，对耐火材料炉衬要求是非常高的耐真空、抗冲刷和抗热震性，因此对耐火材料提出了苛刻的要求。从洁净钢的要求考虑，耐火材料最好还是不含碳、氮和氢等元素，以免它影响钢水的质量。一般真空室下部用镁铬砖，浸渍管内部用镁铬砖，外部用铝镁尖晶石质浇注料；真空室上部也用一般镁铬砖。真空室上部的使用寿命可以达到 2000 次以上，真空室下部只有 500 次左右，浸渍管的使用寿命一般在 100 余次，操作和维护不当或条件更恶劣者，使用寿命在 100 次以下。其性能见表 22-51。

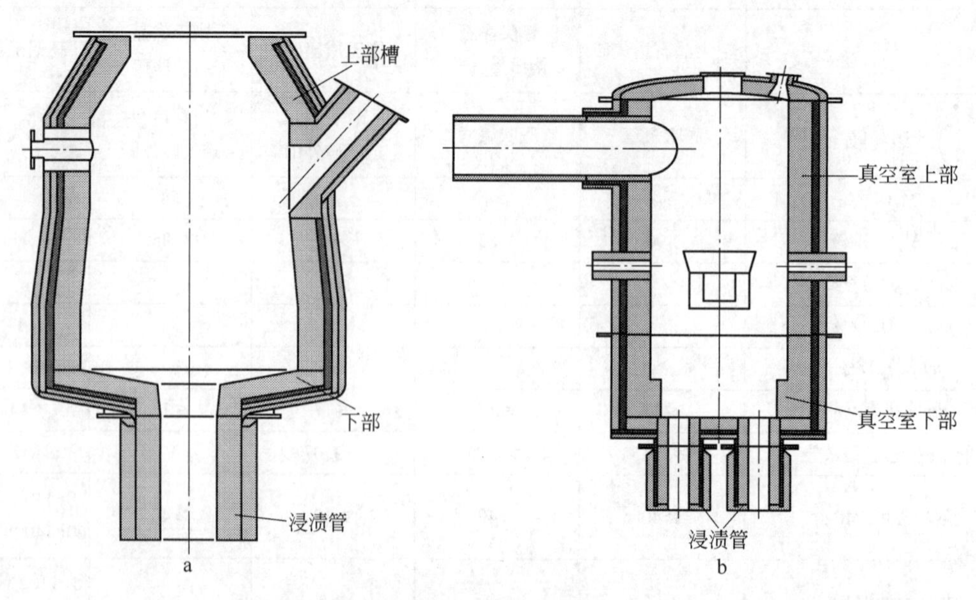

图 22-28　DH 炉和 RH 炉结构

a—DH 炉结构；b—RH 炉结构

表 22-51 RH 用耐火材料

牌号	PBL-1	PBL-2	YRL	MC-1	RH-5
材质	镁质喷补料	镁铬质喷补料	镁铬质压入料	镁碳砖	直接结合镁铬砖
使用部位	真空室下部，浸渍管	浸渍管，真空室上部	浸渍管，真空室上部	真空室下部，浸渍管	真空室
$w(MgO)$/%	≥85	≥70	≥70	≥85	80
$w(Al_2O_3)$/%		4	3	F. C≤5	
$w(Fe_2O_3)$/%		≤5	≤5		
$w(Cr_2O_3)$/%		≥5	≥5		6~13
$w(SiO_2)$/%	≤6	≤4	≤5		1. 98
显气孔率/%	≤24	≤24	≤24	≤4	15
体积密度/g · cm^{-3}	≥2. 2	≥2. 3	≥2. 4	≥3. 10	3. 06
耐压强度/MPa	≥25(110℃)	≥20(110℃)	≥20 (1600℃×3h)	≥30	59
	≥20(1600℃×3h)	≥15(1600℃×3h)		≥20	
抗折强度/MPa					≥6. 0(1200℃)
荷重软化温度 T_2/℃					≥1650
重烧线变化率/%			±0. 8 (1600℃×3h)		

牌号	RH-MGe1	RH-MGe2	RH-MGe-OB	RH-6	BX04
材质	镁铬砖	镁铬砖	镁铬砖	高铝浇注料	直接结合镁铬砖
使用部位	RH 真空室上部	RH 真空室下部、环流管和浸渍管	RH 用 OB 喷枪	真空室	浸渍管
$w(MgO)$/%	80	76. 9	69. 9		65
$w(Al_2O_3)$/%				92. 8	
$w(Fe_2O_3)$/%					
$w(Cr_2O_3)$/%	8. 4	10. 9	18. 67		19
$w(SiO_2)$/%	1. 6	1. 46	1. 52		≤2
显气孔率/%	16	15	15		≤15
体积密度/g · cm^{-3}	3. 05	3. 11	3. 00	2. 79(1500℃×3h)	≥3. 12
耐压强度/MPa	60	66	61	≥15(110℃)	60
				≥30(1500℃×3h)	
热态抗折强度(1480℃)/MPa	10	7. 6	9. 1	≥8. 4(110℃)	≥6
荷重软化温度 T_2/℃	>1650	>1700	>1700		≥1700
重烧线变化率/%				-0. 27 (1500℃×3h)	-0. 27 (1500℃×3h)

牌号	H111	H111B	CAS-J	KIP-J
使用部位	RH 喷补料	RH 压入料	CAS 浸渍管浇注料	KIP 喷枪浇注料
耐火度/℃	≥1790	≥1790		

续表 22-51

牌号		H111	H111B	CAS-J	KIP-J
耐压强度/MPa	110℃×24h	≥40.0		≥35.0	
	1500℃×3h	≥50.0		≥40.0	
抗折强度/MPa	110℃×24h	≥4.0	≥4.0		≥4.0
	1500℃×3h	≥2.9	≥1.5		
体积密度/g·cm^{-3}	(110℃×24h)	≥2.90	≥2.60	≥2.95	≥3.00
线变化率/%	(1500℃×3h)	±1.0	±1.0		0~2.0
w(MgO)/%				≥4	
$w(Al_2O_3)$/%		≥92	≥92	≥87	≥95

牌号（RH 无铬化耐火材料）	RH-MS-1	RH-MS-2	RH-MA-C1
材质	不烧镁尖晶石砖	不烧镁尖晶石砖	刚玉尖晶石浇注料
使用部位	真空室中、下部，环流管、浸渍管	真空室上部	环流管、浸渍管
w(MgO)/%	≥80	≥78	
$w(Al_2O_3+MgO)$/%	≥95	≥93	≥95
$w(Al_2O_3)$/%	≤0.1	≤0.1	≥91
w(F.C)/%	≤1	≤1	
显气孔率/%	≤13	≤14	≤17
体积密度/g·cm^{-3}	≥3.0	≥3.0	≥3.0
耐压强度/MPa	≥60(110℃)	≥65(110℃)	≥40(110℃) ≥25(1600℃×3h)
高温抗折强度/MPa	≥6(1450℃×0.5h)	≥4(1450℃×0.5h)	≥6(1450℃×1h)
抗热震性/次	≥3(1100℃×水冷)	≥5(1100℃×水冷)	≥8(1100℃×水冷)
线变化率/%	+0.3~+1.5(1600℃×3h)	+0.3~+1.0(1600℃×3h)	+0.2~+0.8(1600℃×3h)

对于 RH 炉用耐火材料有下列发展趋势，即镁铬砖的代用品，以解决环境保护问题。不烧的镁尖晶石砖无铬化技术取得了显著的进步，使用寿命及稳定性方面不亚于无铬砖，而另一个趋势是低碳镁炭砖，通过国外的试用已经取得了明显的进步，也是解决 RH 炉无铬化的一个技术方向，但由于采用纳米碳，性价比有待提高。对于修补维护一直是冶金炉衬长寿的一个重要途径。现在多用镁质、镁铬质喷补料喷补 RH 炉浸渍管和真空室，对于有些钢厂几乎炉炉对浸渍管和真空室下部进行喷补，消耗耐火材料较多，使成本也明显上升，因此提高喷补料的质量和不用镁铬质喷补料是非常重要的；另一方面就是压入料修补的方法，应该用优质的压入料以提高使用寿命[44,45]。还应该发展先进高效的火焰喷补或陶瓷焊补热态维修技术，提高 RH 炉喷补料的寿命及有效性。

前面已经述及，国内外已经不少用镁尖晶石砖代替镁铬砖，这对环保是很有意义的。在 RH 炉精炼中，增加了喷粉脱硫工艺，脱硫剂存在大量的游离 CaO，所以采用镁铬砖的环保风险非常大。RH 炉保温目前应用也很多，采用了比原来更好的纳米绝热板或其他轻质高强保温板。

22.4 连铸系统用耐火材料

22.4.1 连铸用功能系列耐火材料

22.4.1.1 长水口[79]

长水口是在钢包下面和中间包上面,上连接钢包下面的下水口,下插入中间包的钢水里。它把从钢包到中间包的钢水流与空气隔开,起到防止钢液散流、减少夹杂物进入和保护钢水免于氧化的作用[46]。它所在的位置如图22-29所示。由图22-29可知,长水口除受到很强的热震和钢水冲刷及侵蚀之外,还受到中间包覆盖剂的侵蚀。随着冶金技术的发展和市场竞争的加剧,对钢质量的要求越来越高,为了满足这种发展,保护浇铸的比例越来越高。因此长水口的使用比例也越来越大,不但优质钢需要保护浇铸,而且普通钢保护浇铸的比例也越来越大。

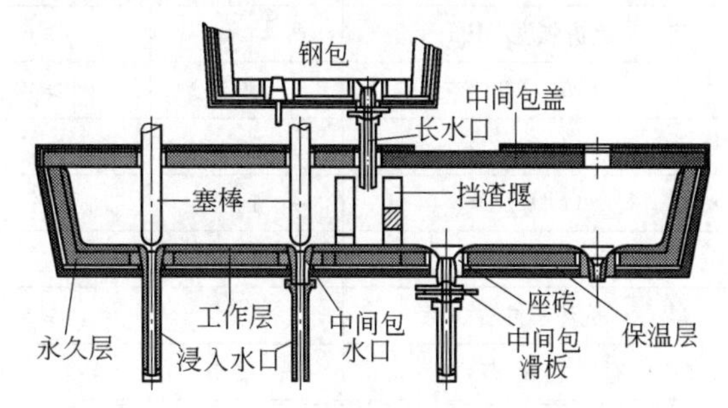

图22-29 连铸系统的结构

长水口起始于20世纪60年代,开始使用熔融石英质的。熔融石英是非结晶相,突出的特点是线膨胀系数极其低,抗热震性非常好。在使用过程中不炸裂,连铸的安全性有了保证。但其不足之处是抗侵蚀较差,特别对高锰钢等特殊钢浇铸时使用寿命更短。对于连铸水平要求不高的现在还在使用,其性能见表22-52。

表22-52 长水口的理化指标

制品	长水口1	长水口2		长水口4	长水口5
部位	整体	本体	透气环	整体	
体积密度/$g \cdot cm^{-3}$	2.24			≥1.84	
显气孔率/%	17	≤20		≤18	12~20
耐压强度/MPa	25.2	≥20		≥40	≥15
抗折强度/MPa	7.82	≥6			≥4
在0.098MPa下通气量(标态)/$L \cdot min^{-1}$	229		100		
$w(Al_2O_3)$/%	43.81	≥40	≥85		≥50
$w(F.C)$/%	30.65	≥27			≥25
$w(SiO_2)$/%				≥99	
抗热震性/次		≥5			≥5
质量控制要求	无损探伤				

指标	长水口6	长水口7		长水口8	长水口9	
材质	铝炭	本体铝炭,渣线镁炭		铝锆炭	铝炭复合	
部位	整体	本体	渣线	整体	本体	透气部
体积密度/$g \cdot cm^{-3}$	2.50	2.38	2.40	≥2.50	2.25	
显气孔率/%	14	≤20	16	≤18	17	
耐压强度/MPa		≥20		≥20	24.4	

续表 22-52

指标	长水口 6	长水口 7		长水口 8	长水口 9	
抗折强度/MPa		≥6		≥6		
$w(Al_2O_3)$/%	50	≥40	MgO:74	≥40	50	90
w(F.C)/%	30	≥27	25	≥27	31	
$w(SiO_2)$/%	14					
$w(ZrO_2)$/%				6~10		
抗热震性/次		≥5		≥5	5	
0.1MPa 通气量(标态)/L·min^{-1}						210

指标	长水口				
材质	铝炭	锆炭	尖晶石炭	铝尖晶石炭	镁炭
部位	本体	渣线 1	渣线 2	渣线 3	渣线 4
体积密度/g·cm^{-3}	≥2.20	≥3.20	≥2.40	≥2.30	≥2.30
显气孔率/%	≤19.0	≤19.0	≤17.5	≤18.5	≤19.5
抗折强度/MPa	≥6.0	≥5.5	≥5.5	≥5.0	≥5.0
$w(Al_2O_3)$/%	≥40		≥20	≥50	
w(F.C)/%	≥23	≥13	≥20	≥25	≥10
w(MgO)/%			≥40	≥16	≥55
$w(SiO_2)$/%	≤22				
$w(ZrO_2)$/%		≥60			

随着连铸水平的提高,特别是特种钢的浇铸,不但石英质长水口耐侵蚀不够,满足不了连铸使用寿命的要求,而且对钢的质量也产生不良影响。这就要求发展新的材质的长水口,经过研究铝炭质长水口就出现了,它显著提高了使用寿命。不过当时的铝炭质长水口,主要是由刚玉、莫来石、石墨和熔融石英等按一定比例经过与炭素结合剂混合,再等静压成型和烧成及机加工等工艺制成的复合材料。含有莫来石和石英使抗热震性能显著提高,避免了在使用过程中的断裂。但是,莫来石和石英成分抗高锰钢等特殊钢的侵蚀仍然不足,制约了连铸使用寿命的进一步提高。为了解决这方面的问题,发展了复合长水口,即渣线镁炭质材料、锆炭质材料,主体用铝锆炭质材料。为了适应低碳钢的浇铸,内层用铝镁质、SiAlON 陶瓷等不含碳的材料。对于浇铸铝镇静钢,钢液中的铝与水口气孔里的 CO 反应:$2Al+3CO=Al_2O_3+3C$,生成的碳可以被钢液溶解而进入钢水。但是生成的 Al_2O_3 却附着水口内壁,久而久之,水口往往结瘤而被堵塞。对于这种情况,在长水口上口采用透气环的方法进行吹氩和内层用非含碳的耐火材料和锆酸钙材料,这样避免了 CO 的存在,从而也就防止了 Al_2O_3 的生成和结瘤。炼钢是连续性的高温作业,为防止水口故障而中断连续性浇铸,钢厂需要不烘烤就可以用的长水口,即高抗热震的长水口也应该发展,以满足用户的要求。

总之,适应用户要求、满足不同钢种浇铸和长寿命的长水口正在发展。

为了适应钢铁冶金发展的需要,提高连铸水平和满足洁净钢的浇铸要求,应该研发特殊钢用长水口和长寿命的长水口;防止水口进气,防止水口内的物质进入钢液污染钢水的长寿长水口需要发展。

22.4.1.2 定径水口

定径水口主要用在小方坯连铸上,它安装在中间包底部,如图 22-29 所示。

要求定径水口在钢水强烈的冲刷和侵蚀条件下不扩径或被侵蚀,以稳定钢流并起到控制连铸稳定进行的作用。定径水口有三种结构类型,即镶嵌式、复合式和整体式,实际上也是经过了不同的发展阶段。在20世纪末以前,以ZrO_2含量70%~80%为主的档次较低的整体定径水口,因为氧化锆含量低,内含有SiO_2抗侵蚀和抗热震性都不能满足要求,因此使用寿命较低,只有4~6h。进入了20世纪90年代,为了满足连铸要求,开始发展高ZrO_2含量的定径水口,其ZrO_2含量达到90%以上的整体定径水口,这样定径水口的成本较高,因当时烧结不好,产品致密度不高,其产品的密度在4.5g/cm^{3}左右,显气孔率要在18%以上,性价比没有达到希望的水平。当时国产定径水口的连浇寿命也就是10~12h,而国外的已经达到了20h以上,与国外定径水口使用效果还有一定差距。进入了21世纪,采用了活性原料,降低了烧结温度,这样ZrO_2含量95%的定径水口的密度达到5.1g/cm^{3}以上,显气孔率也降低到6%的水平,连浇时间达到了20h以上,达到和超过了国外产品的水平;使用效果达到了满意结果,但是成本较高。我国技术人员开发了镶嵌式定径水口,就是内层接触钢水的部分用性能极优的氧化锆陶瓷耐火材料,外层用价格低廉的普通高铝耐火材料,内、外层耐火材料用结合剂或火泥黏结在一起,即把内层的极优耐火材料镶嵌在外套里,这种定径水口的性价比最高,因此得到了普遍的应用。所谓复合式定径水口,就是定径水口的内、外层耐火材料不一样,它是在生产过程中直接复合并烧结在一起的。由于两种材料的膨胀性不一样,在使用过程中,往往容易产生很大的热应力而导致定径水口炸裂,出现漏钢事故,使连铸不能进行下去。因此该定径水口很少被使用,逐步被镶嵌式定径水口所代替。整体式定径水口就是整个水口是一种材质,该种材质一般没有达到像镶嵌定径水口内层的极优水平,主要是因为成本太高,因此它的使用效果较差,并且性价比不如镶嵌式的高。值得指出的是,目前有不少钢厂使用座砖和定径水口镶嵌在一起形成一个整体,这对施工带来了很多方便,安全性也明显提高。

小方坯连铸的初期,一般连浇在5h以内,随着连铸水平的提高,对定径水口的要求是提高使用寿命,即对抗冲刷抗侵蚀性提出了更高的要求,要求使用寿命达到十几个小时以上不扩径,现在有的定径水口使用寿命达到了30h。我国的定径水口的使用寿命有的也已经达到了20h以上。在提高定径水口使用寿命的方法上主要集中在提高氧化锆的含量和提高内芯氧化锆陶瓷的致密度,即氧化锆含量由70%提高到94%以上,密度由3.4g/cm^{3}逐步提高到5.0g/cm^{3}以上。在提高抗热震性方面,一般采用半稳定氧化锆,稳定剂一般用氧化钙。对于特殊要求,也有用稳定性更好的氧化钇等来稳定氧化锆。定径水口的理化性能见表22-53。值得指出的是,近年来定径水口质量发生了变化,产品质量大幅度提高。如氧化锆芯的密度达到了5.1g/cm^3,显气孔率小于15%,甚至烧成了气孔率小于1%的氧化锆陶瓷。拉方坯时间达到了30h。定径水口的快换促进了小方坯连铸的时间进一步延长,有的连铸炉次达到了80余炉次和147次[47,48],显著降低了成本和提高了成材率。

表22-53 定径水口的理化性能

牌号	DJ-65	DJ-75	DJ-80	DJ-90	DJ-94	DJ-94B	DJ-94A	WG-70	WG80
部位	整体和内芯							外套,座砖	
$w(ZrO_2)$/%	≥65	≥75	≥80	≥90	≥94	≥94	≥94	—	—
$w(Al_2O_3)$/%	—	—	—	—	—			70	80
显气孔率/%	≤20	≤21	≤22	≤22	≤23	≤12	≤6	≤19	≤19
体积密度/g·cm^{-3}	≥3.70	≥3.90	≥4.10	≥4.30	≥4.50	≥4.9	≥5.1	≥2.60	≥2.80

22.4.1.3 塞棒[79]

为了控制钢流的速度以稳定连铸，在中间包水口上头，安装了一个塞棒，这样水口和塞棒组成了控流系统，其结构示意图如图 22-29 所示。通过调节塞棒与水口之间的间隙，而达到控制钢水流速的目的。最初塞棒的袖砖是高铝质或黏土质的，塞头是用铝炭质的，它们和钢结构控制杆组合安装后使用，现在有一些钢厂仍然在使用。组合式塞棒的使用寿命不高，一般在 6h 以内。其损坏的主要原因是在长时间高温下内心的钢结构软化而控制失灵，再就是袖砖侵蚀过快。为了解决这方面的问题，应该解决钢制控制杆的耐高温、袖砖的耐侵蚀和塞头与水口碗部的配合问题。现在渣线的袖砖已经有使用镁炭砖、铝炭砖的，用铝锆炭等更高质量的塞头，它们的性能见表 22-54。

解决组合式塞棒的使用寿命低问题的一个重要方法是采用整体塞棒，即铝炭质整体塞棒。它是通过等静压成型、固化、机加工和碳化而制得。它不用金属杆，因此没有软化的问题，它的使用寿命显著提高到 10h。但是由于塞棒头部和水口碗部被钢水冲刷的不圆滑而导致了控流困难，甚至关不住，这是制约使用寿命的一个重要因素，值得研究和开发。对于钢水供应充足的转炉生产普通建筑钢材的钢厂，特别要求塞棒的使用寿命，希望越长越好，因此应该开发长寿的塞棒。对于特钢厂，不同钢种对耐火材料的侵蚀是不一样的，要求有能够耐不同钢种侵蚀的塞棒。这方面，渣线出现了镁炭质、塞头出现了铝锆炭质，甚至陶瓷质塞头等，这些都有一定的进步，但是仍然需要进一步的发展。整体塞棒的性能见表 22-54。

表 22-54 塞棒的性能

项目		化学成分(质量分数)/%					常温耐压强度/MPa	显气孔率/%	高温抗折强度/MPa	抗热震性/次
		Al_2O_3	C	ZrO_2	SiO_2	MgO				
整体塞棒		≥60	≥25	—			≥16	≤19	≥5	≥5
		≥55	≥23				≥15		≥4	≥5
组合塞棒	袖砖	≥60			≤30		≥40	≤18		≥20
	袖砖	≥42			≤52		≥40	≤18		≥20
	塞头	≥80	≥10				≥40	≤6	≥12	
	塞头	≥75	≥10	6~9			≥40	≤6	≥12	
复合塞棒	本体	≥60	≥25	—			≥16	≤19	≥5	≥5
	渣线		≥14			80	≥30	≤5	≥10	
	渣线	≥75	≥10	6~9			≥25	≤10	≥8	
	渣线	≥45	≥25			10		≤18.5	≥5	
	渣线	≥20	≥20			40		≤17.5	≥5.5	
	头部		≥5	90						
	头部	≥85	≥5					≤19.5	≥6	
	头部		≥10			60		≤19.5	≥5.5	
	头部	≥50	≥12			13				

22.4.1.4 浸入式水口[79]

浸入式水口上端连接中间包底部，下端伸入结晶器里，保证从中间包出来的钢水不暴露到空气里，起到防止钢液散流、减少夹杂物进入和保护钢水免于氧化的作用。它所在的位置如图 22-29 所示。由图 22-29 可知，浸入式水口除受到很强的热震和钢水冲刷及侵蚀之外，还受到结晶器里保护渣的强烈侵蚀。因为保护渣是含萤石和钾、钠氧化物的强腐蚀性低熔点和低黏度的材料，它对浸入式水口的侵蚀远比长水口严重得多，因此对浸入式水口的要求要比长水口高得多。

浸入式水口起始于20世纪60年代，开始使用熔融石英质的。熔融石英质浸入式水口的性能和特点与熔融石英质长水口的基本相同。因熔融石英质浸入式水口抗侵蚀性差，使用寿命低，不能满足连铸技术的发展，已被铝炭质浸入式水口替代。

为提高铝炭质浸入式水口的使用性能，可添加一定量的莫来石和熔融石英，提高其抗热震性。渣线部分采用复合锆炭质材料，提高抗保护渣的侵蚀性，主体采用铝锆炭质或铝炭质材料。为了适应低碳钢的浇铸，内层采用铝镁质、SiAlON陶瓷等不含碳的材料。对于浇铸铝镇静钢等，为防止水口结瘤堵塞，可采用透气环的方法进行吹氩，或内层复合防堵塞材料（如非含碳耐火材料和锆酸钙材料）。通过设计梯形浸入式水口和在浸入式水口内孔安放叶轮而改变流场的方法也使钢液中夹杂物上浮和防止结瘤，浸入式水口结构的改进也是浸入式水口发展的一个重要内容。浸入式水口还有一个重要的问题，就是在浇铸过程中浸入式水口表面氧化，这使浸入式水口失去强度而破坏，因此在其表面刷一层防氧化层，取得了良好的效果。好的防氧化涂层往往氧化烧成都不会造成水口氧化脱碳。还有一个问题就是含碳耐火材料导热系数太大，造成水口表面温度很高，这会导致操作环境很坏，也造成钢水温度的下降而使结瘤加剧。解决的方法是在浸入式水口表面加一层耐火纤维毡，取得了较好的效果。总之，适应用户要求、满足不同钢种浇铸和长寿命的浸入式水口正在发展。

浸入式水口由碗部、本体、渣线、快换板面等几种材料组成，根据连铸环境、钢种以及耐火材料生产工艺不同，材质的类型也不尽相同。各种浸入式水口的理化指标见表22-55。

表22-55 浸入式水口的理化指标

项目	浸入水口1			浸入水口2		浸入水口3
	本体	渣线	透气部位	本体	渣线	
材质	铝炭	锆炭	铝炭	铝炭	锆炭	石英
$w(Al_2O_3)$/%	≥48		≥80	≥45		
$w(F.C)$/%	≥30	≥15	≥15	≥20	≥12	
$w(ZrO_2)$/%		≥77			≥80	
$w(SiO_2)$/%	≤15			≤20		≥99
显气孔率/%	≤17	≤18		≤20	≤18	≤19
体积密度/$g \cdot cm^{-3}$	2.27					1.85
常温耐压强度/MPa	≥17			≥16		≥40
高温抗折强度/MPa	≥6			≥4		
抗热震性/次	≥5			≥5		≥5
0.1MPa通气量(标态)/$L \cdot min^{-1}$			23			
质量控制要求	无损探伤					

项目	渣线	内层		
材质	ZrO_2-ZrB_2-C	$ZrO_2-CaO-C$	铝尖晶石	莫来石质
$w(Al_2O_3)$/%			≥90	≥60
$w(F.C)$/%	≥12	≥6		

续表 22-55

项目	渣线	内层		
$w(ZrO_2)/\%$	≥60	≥60		
$w(SiO_2)/\%$				≤35
$w(ZrB_2)/\%$	≥10			
$w(CaO)/\%$		25	MgO:5	

22.4.2 滑动水口控流系统用耐火材料

滑动水口控流系统包括引流砂、上水口、下水口、上滑板、中滑板和下滑板耐火材料。

滑动水口系统有三个地方使用:一是安装在钢包下边滑板起到控制钢包内钢水向中间包里的流速,它是通过操作下滑板滑动使之上下滑板孔错开面积来控制钢液流速的;二是安装在中间包下边的上中下滑板,通过调节中间滑板,使之与上下滑板之间的孔重叠来控制中间包内钢水向连铸结晶器内的流速,以控制连铸坯拉出的速度;三是转炉滑板。转炉挡渣多是在转炉出钢末期,用挡渣塞、挡渣棒和挡渣球挡住出钢口,减少和防止转炉渣进入钢包。这种效果不是很理想,总是有渣进入钢包,严重影响了钢包内钢水的精炼。因此发展了滑板挡渣,即渣从出钢口出来时,马上关闭出钢口,防止渣进入钢包,挡渣效果好,炼钢成本低。转炉滑板挡渣发展很快,分为上下滑板。滑动水口控流是通过操作机构而使滑板滑动,控制滑板孔关闭和开启程度,改变钢水流出的截面积而达到控流的目的。

引流砂是在关闭滑板后,在出钢前把引流砂添加到滑板上边的孔里,并多加到在钢包底表面形成蘑菇状。引流砂主要有硅质和铬硅质两种,硅质引流砂主要应用于普通转炉钢包,而铬硅质引流砂主要应用于精炼炉。引流砂对钢质量产生非常大的影响,(1)自开率,如果不能自开,就会烧氧吹开,这样就会导致钢液增氧,增氮和非金属夹杂物增多,严重影响了前期钢的质量。因此,引流砂的自开率是一个极其重要的指标。(2)如果引流砂内含有较多的对氧亲和力不强的金属氧化物,就会导致中间包内钢液增氧,同样引流砂内的碳可以导致超低碳钢增碳。因此,钢包引流砂是非常重要的。

滑动水口所在的位置如图 22-30 所示。

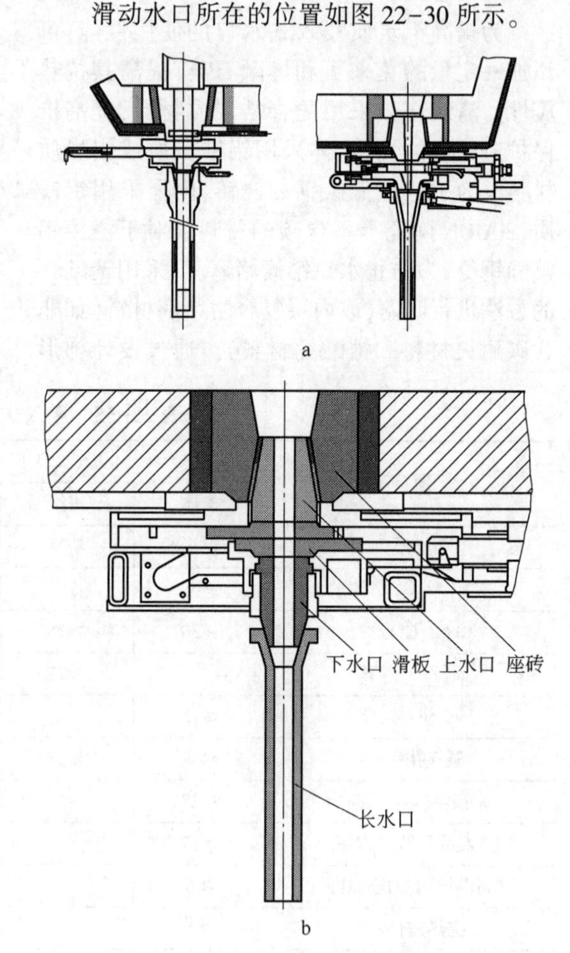

图 22-30 滑动水口所在位置

a—中间包下部滑动水口;b—钢包下部滑动水口

滑动水口是由座砖、水口砖和滑板组成的。我国最初使用较低质量的产品,滑板、水口砖和座砖是不烧制品,技术要求见表 22-56。尺寸允许偏差及外形应符合有关行业标准或国标的规定,这样的滑板一般都是一次性的。

表 22-56 水口耐材的技术指标

项目		滑板砖					水口砖					座砖		
		HBL -65	HBL -55	HBL S-55	HBM -70	HBM S-60	HKL -65	HKL -55	HKL S-55	HKM -70	HKM S-60	HZL -65	HZL -55	HZM -70
$w(Al_2O_3)$/%		≥65	≥55	≥55	—		≥65	≥55	≥55	—		≥65	≥55	—
$w(MgO)$/%		—			≥70	≥60	—			≥70	≥60	—		≥70
$w(F.C)$/%		—		≥6	—	≥6	—		≥6	—	≥6	—		
耐火度/℃		≥1770	≥1750	≥1770	—		≥1770	≥1750	≥1770	—		≥1770	≥1750	—
显气孔率/%	浸渍并干馏	≥16	≥16	—			≥16	≥16	—			—		
	浸渍	≥8	≥8	≥8	≥8	≥8	≥8	≥8	≥8	≥8	≥8	≥8	≥8	—
	不浸渍	—					23	23	—	23	—	25	25	25
常温耐压强度/MPa	浸渍并干馏	≥60	≥60	—			—					—		
	浸渍	≥70	≥70	≥50	≥60	≥50	—					≥40	≥40	—
	不浸渍	—					—					≥25	≥25	≥20

随着耐火材料技术的发展，钢包滑板的使用寿命越来越高，国外很多厂家已经普遍使用到8次，我国优质铝锆炭、铝炭滑板一般使用到2~4次。但是我国有很多小转炉、电炉炼钢，这些钢厂仍然使用价格低廉的一次性的滑板。对于中间包滑板，一般要求使用到一个连浇，即一般在8次以下。我国很多中间包使用塞棒控流而没有使用滑板。对于优质的滑板，我国在产品质量、控制结构以及使用方法等方面需要改进，并且使用也不要太保守。对于一般钢种的浇铸用铝炭、铝锆炭滑板就能满足要求。对于上水口，一般用刚玉砖、铝炭砖和铬刚玉砖，它们的使用寿命一般在20~30次，用质量低的使用寿命在10次以内就要更换。对于下水口，一般使用寿命与滑板一起更换。它们的性能见表22-57。

表 22-57 一般浇铸用滑板系耐火材料

材质	铝炭质上水口	铝炭泥浆	铝锆炭滑板	铝炭质下水口
使用部位	钢包滑动水口	砌滑动水口用	钢包	钢包
$w(Al_2O_3)$/%	90	≥65	≥70	75.6
$w(F.C)$/%	4.7	4.7	≥7	4.87
$w(Fe_2O_3)$/%		1.60	$w(ZrO_2)$≥6	
$w(SiO_2)$/%				
显气孔率%	4.7		2	5.7
体积密度/g·cm^{-3}	3.18		3.07	2.86
耐压强度/MPa	112.3		117	105.5
抗折强度/MPa		2.6(110℃×24h) 3.8(1500℃×3h)		
荷重软化温度 T_2/℃	>1700		≥1700	≥1700

续表 22-57

材质	铝炭质上水口	铝炭泥浆	铝锆炭滑板	铝炭质下水口
重烧线变化率/%		黏结时间 60~150s		
耐火度/℃		>1790		
名称	上水口座砖	上水口	AC 滑板	AZC 滑板
材质	刚玉质	铬刚玉质	铝炭质	铝锆炭质
$w(Al_2O_3)$/%	97	87	93	77.7
$w(Cr_2O_3)$/%		10		
$w(SiO_2)$/%			6.2	
$w(CaO)$/%	2.4			
$w(ZrO_2)$/%		P_2O_5:2		6.5
$w(C)$/%			9	8.2
体积密度/$g \cdot cm^{-3}$	3.0	3.25	2.79	3.07
显气孔率/%		17.5	16	9
耐压强度/MPa	>50		>30	200
高温抗折强度(1450℃)/MPa	2.8	抗热震性>5 次	>7	12
荷重软化温度/℃		>1700	>1700	
重烧线变化率(1450℃×3h)/%				

对于滑板的发展，主要是围绕上述问题进行的，现在发展了氧化物-金属复合的滑板[49,50]。该滑板是在烧成或使用过程中，金属发生碳化、氧化和氮化反应，导致了强度的大大提高，这样中温抗氧化性、耐磨性都得到了显著改善，特别是热态强度显著优于沥青浸渍的烧成铝锆碳滑板，使用次数提高到 4 次。非炭素结合的不烧滑板，生产工艺非常简单，不需要烧成，也不需要浸渍处理；其常温耐压强度 120MPa，体积密度 3.17g/cm^3，显气孔率 2%，1000℃×3h 氧化烧成后的耐压强度 240MPa，1400℃保温 0.5h 的高温抗折强度为 42MPa（空气）和 55MPa（埋碳）。用在 70t 钢包上使用寿命达到 4 次，而用在大型中间包上，使用寿命达到了 539min，取得了非常理想的结果[51]。

对于一些特殊钢，碳结合的铝炭、铝锆炭滑板就不能满足使用要求，它的侵蚀速度就会大大提高，使用寿命不能满足使用要求。特别对于中间包滑板更是如此。滑板的使用寿命上不去，就会导致更换中间包，造成中间包耐火材料很大的浪费。下面就一些特殊钢浇铸用滑板进行分析介绍。

铝炭、铝锆炭滑板浇铸高氧钢时侵蚀很快，使用寿命显著下降，不能满足使用要求。高氧钢内的氧浓度很高，它含氧化铁高，并且氧化性很强。因此，选用滑动水口系统耐火材料时，在考虑抗热震性和耐磨性的同时，必须充分考虑产品的抗氧化性和高氧化铁系渣的侵蚀所造成的扩孔、表面粗糙和龟裂。经过大量的研究和使用证明铝镁尖晶石炭质、镁尖晶石炭质和镁炭质的为好。它们的性能见表 22-58。

表 22-58 浇铸高氧钢用滑板

材质	A-MA-C 滑板	M-MA-C 滑板	镁碳质滑板
体积密度/$g \cdot cm^{-3}$	3.05	2.98	2.78
显气孔率/%	6	6	7
耐压强度/MPa	150	100	160
1400℃高温抗折强度/MPa	12	15	18
800℃热膨胀率/%	0.90	0.92	0.82
$w(Al_2O_3)$/%	80	10	
$w(SiO_2)$/%			
$w(MgO)$/%	8	84	89.7
$w(C)$/%	8	5	3.5

浇铸普通碳素钢一般用铝炭和铝锆炭滑板,而高氧钢浇铸用 M-MA 滑板。铝炭、铝锆炭滑板不适合钙处理钢,铝炭、铝锆炭滑板内的氧化铝容易与钢液里氧化钙或钙发生反应而生成低熔点的铝酸钙相,造成了熔蚀加快。M-MA 烧成滑板用在中间包上,使用寿命可以达到 4 次以上,而铝炭滑板的使用寿命下降 25% 以上,从而使中间包用耐火材料的消耗增加 25%,新的滑板使非金属夹杂造成废品指标也降低了 70%,有利于提高钢的质量。一般来讲,M-MA 滑板经过浸渍增碳,会显著提高抗侵蚀性,滑板内的 MgO 含量越高,抗侵蚀性越好。钙处理钢用滑板理化性能见表 22-59。

还值得指出的是,现在超低碳钢生产也越来越多。为了防止耐火材料对钢液的增碳,而采用无碳质滑板系统,即采用烧成的刚玉质滑板、铝锆质滑板、镁铝尖晶石质和镁质滑板,这些材料的抗热震性等值得进一步研究和提高。

表 22-59　钙处理钢用滑板的理化性能

类别		M-MA 滑板	M-MA-C 滑板	镁质滑板	镁碳滑板	锆质* 滑板
体积密度/$g \cdot cm^{-3}$		3.06	3.16	3.02	3.12	>4.50
显气孔率/%		15	4.7	15	5	<22
抗折强度/MPa	常温	18.0	22	15	22	12
	1400℃×0.5h	10	16	6	16	>10
1000℃热膨胀率/%		1.15	1.0	1.3	1.3	1.4
$w(Al_2O_3)$/%		11	9			
$w(SiO_2)$/%						
$w(MgO)$/%		88	84	97	90	
$w(ZrO_2)$/%						94
$w(C)$/%			5	2	5	

* 外围为铝碳质,铸孔周围为半稳定氧化锆陶瓷环的镶嵌滑板。

为了防止炼钢渣进入钢包等,采用了挡渣效果好的滑板挡渣[52,53]。采用转炉滑板挡渣稳定,并且控制下渣量小于 50mm,有利于降低生产成本和提高钢的质量[54]。转炉挡渣滑板的材质基本上沿用了钢包滑板材质,主要用的是铝锆碳滑板和氧化锆环的滑板,前者使用寿命一般在 10~15 次,后者是 15~20 次。在转炉上,碱性耐火材料是最合适的,因此转炉滑板应该是含碳碱性耐火材料为最好。镁碳质滑板应用到某厂的 120t 转炉出钢口,使用寿命达到了 10 次,扩孔速度只是铝锆碳滑板的 40%。因此,开发和应用转炉镁碳质滑板是其方向。

滑板向不烧滑板和低温烧成的方向发展,不烧不浸渍的滑板的性能非常优越和能够达到使用寿命 5 次的水平。这种不烧产品的性能见表 22-60。

表 22-60　不烧滑板的理化性能

类别		AC 滑板	M-MA-C 滑板	AZC 滑板
体积密度/$g \cdot cm^{-3}$		3.16	3.16	3.22
显气孔率/%		2	2	2
抗折强度/MPa	常温	18.0	22	15
	1400℃×0.5h	45	30	40
1000℃热膨胀率/%		1.15	1.5	1.3
$w(Al_2O_3)$/%		≥90	≥84	≥88
$w(MgO)$/%			≥9	
$w(ZrO_2)$/%				6~8
$w(C)$/%		3	5	3

22.4.3 中间包用耐火材料

22.4.3.1 中间包简要介绍

中间包的作用是稳定钢水温度,使钢水夹杂物上浮,在短时缺钢水或更换钢包时,利用中间包内的钢液不必中断浇铸而能保证连铸顺行。一般中间包的容量为钢包的15%~30%。每台连铸机配备7~12个中间包。中间包有两种形式,即T形和船形。中间包的结构见连铸用功能系列耐火材料章节中图22-29。

中间包的钢水温度为1510~1570℃,永久衬的使用寿命200~1000次,国外达到1000次以上。工作衬使用层一个连浇后就翻包翻掉。一般特钢中间包使用寿命为2~10h,而普碳钢用中间包的使用寿命在增加,已经达到20~40h,目前有的已经达到70h以上。隔热衬用黏土砖或隔热板,有不少钢厂没有使用隔热衬,永久衬普遍使用氧化铝含量为60%~80%的低水泥或超低水泥的浇注料。工作层用绝热板、镁质涂料和干式捣打料或振动料。中间包盖用氧化铝含量60%的铝硅浇注料。冲击区用高铝浇注料预制块或高铝砖,目前也有用镁质预制块的或镁炭砖的。挡渣堰用镁质预制件和高铝预制件,不过现在用高铝的越来越少[55~59]。

中间包冶金技术在发展,含CaO质中间包会发展,如CaO质过滤器、等离子加热中间包、挡渣桶和气幕挡墙。塞棒用铝炭整体的,但也有用分节安装的。定径水口是锆质的,现在有把座砖与它复合在一体的趋势。上水口是铝炭的和烧成莫来石质的。滑板是铝炭或铝锆炭的。关于这些功能元件已经在上两节中介绍了,故不再赘述。

22.4.3.2 中间包用耐火材料的发展

在以生产建筑钢材为主的长流程生产线上,钢水供应充足。为了降低成本和提高效益,就要求中间包的使用寿命越长越好。为了中间包长寿,中间包上耐火材料有以下发展特征:(1)小方坯连铸用定径水口的ZrO_2+HfO_2含量达到了94%以上,体积密度达到了5g/cm^3,可以使用到30多个小时。我国已经发展了水口的快速更换技术[60~62],中间包的使用寿命达到了147炉,这对提高中间包的使用寿命和促进中间包耐火材料的发展起到推动作用。(2)镁钙质涂料更适合于洁净钢的生产。高密度的镁质浇注板,使用寿命可达50h以上。有的用高性能的涂料,使用寿命也可达到30h以上。有的中间包干式捣打振动料连浇77.5h(147炉次),该中间包干式捣打振动料通过添加固体树脂和一些无机固体结合剂,在放置胎具和振动捣打施工后,经加热内模而使干式料中结合剂液化或固化来提高强度,然后脱模,大火烘烤使用。干式中间包捣打振动料容易做成镁钙质中间包衬,并且取得了非常好的结果。而一般湿式镁钙质涂料中的CaO多是以$CaCO_3$和消石灰形式加入的,$CaCO_3$要在1000℃以上才能保证分解,这对中间包的烘烤和使用寿命是不利的。(3)中间包永久衬用耐火材料,它主要起到安全和保温的作用。无论是长寿中间包与否,都要求中间包浇注料使用寿命越长越好。永久层浇注料一般用Al_2O_3含量60%~75%的铝硅系浇注料。为了施工方便,有由振动浇注料向超低水泥自流浇注料发展的趋势。经过维护,它的使用寿命可达1500炉次[63~65]。

为了稳定连铸,减少散热,中间包保温也得到了很大的重视。有不少采用保温的。如采用纳米板[66]、超轻质涂料,这样既减少了散热,又降低了成本[67];还有用轻质永久层耐火材料[68],这些对减少散热和稳定连铸起到重要作用。实际上中间包盖也很重要,它受到飞溅钢渣、热震剥落的严重影响,同时还要求具有较好的保温性能。这些是结构和材料统一考虑的结果,这方面也有研究,取得了60~70次的良好结果[69]。

22.4.3.3 净化钢水用耐火材料

(1)中间包挡渣堰。为防止钢水卷渣而形成非金属夹杂,在中间包里设置了挡渣堰。发展初期用高铝材料,现在已逐步被铝镁质和镁质材料替代。现在也开展在中间包里吹氩形成气泡而使钢水夹杂上浮的试验工作[70~72],这些都显著降低了钢坯中的夹杂物,提高了产品质量。

(2)过滤器。其材质有莫来石质、刚玉质、锆质、CaO 质等，不管是什么材质的过滤器，都有一定的净化钢水的作用，相对 CaO 质最好。通过安装过滤器，改变了钢水的流场，从而使杂质上浮，这比过滤器本身吸附夹杂物的效果要显著。

（3）中间包镁钙质涂料和镁钙质干式料。用镁钙质涂料能使钢水里氧和硫明显下降，夹杂物指数下降了 37%[73,74]。

（4）中间包水口。一般都用刚玉-莫来石和铝炭材料。为了防止浇铸铝镇静钢时堵塞，有吹氩用的透气水口。在长寿的中间包水口方面，有的内部用锆质复合，把定径水口镶嵌在中间包水口内部，这样使用寿命会大大提高。

中间包用耐火材料的性能指标见表22-61。

表 22-61 中间包用耐火材料的性能指标

牌号	LZ-1	LZ-2	LZ-3	LZ-4	LZ-5	LZ-6
材质	镁铬质涂料	镁质涂料	镁质涂料	镁质涂料	镁质涂料	镁钙质涂料
使用部位	中间包工作衬	中间包工作衬	中间包工作衬	中间包工作衬	中间包工作衬	中间包工作衬
$w(Cr_2O_3)$/%	5~10					
$w(MgO)$/%	≥70	≥85	≥85	≥85	≥85	≥70
$w(CaO)$/%						≥10
$w(SiO_2)$/%	≤4	≤6	≤6	≤6	≤6	≤6
烧失量/%	≤3	≤3	≤3	≤3	≤3	
体积密度(110℃×24h)/$g \cdot cm^{-3}$	≥2.2	≥2.2	1.8~2.0	1.4~1.6	1.1~1.25	≥1.80
重烧线变化率(1500℃×3h)/%	0~-1.5	0~-2.0	0~-2.5	0~-2.5	0~-2.5	0~-3.5
热导率(500℃)/$W \cdot (m \cdot K)^{-1}$	≤1.2	≤1.0	≤0.8	≤0.6	≤0.4	≤0.8
耐压强度(110℃×24h)/MPa	≥4	≥5	≥4	≥3	≥3	≥3

牌号	LZ-7	LZ-8	LZ-11	LZ-12
材质	镁质干式料	镁钙质干式料	镁质绝热板	镁质绝热板
使用部位	中间包工作衬	中间包工作衬	中间包工作衬	中间包工作衬
$w(MgO)$/%	≥90	93(MgO+CaO)	≥85	≥94
$w(CaO)$/%		≥10		
$w(SiO_2)$/%	≤2	≤2	≤6	≤3
体积密度(110℃×24h)/$g \cdot cm^{-3}$	≥2.45	≥2.4	≤1.5	≥2.60
重烧线变化率(1500℃×3h)/%	0~-1.0	0~-1.0	0~-1.5	±0.6
热导率(500℃)/$W \cdot (m \cdot K)^{-1}$	≤1.5	≤1.3	≤0.6	≤1.8
耐压强度/MPa	≥15(1500℃×3h)	≥15(1500℃×3h)	≥20	≥30
抗折强度/MPa	≥2(1500℃×3h)	≥2(1500℃×3h)	≥4	≥5

牌号	LZ-13	LZ-14	LZ-15	LZ-21	LZ-23
材质	高铝砖	高铝浇注料	铝镁质预制件	莫来石透气上水口	铝碳质下水口
使用部位	中间包垫注砖	中间包永久层和中间包盖	上挡渣堰板	中间包	中间包
$w(Al_2O_3)$/%	75	≥60	61.9	81.25	80.85
$w(MgO)$/%			30.8		

续表 22-61

牌号	LZ-13	LZ-14	LZ-15	LZ-21	LZ-23
w(F.C)/%					4.28
显气孔率/%	19~21			21	5.5
体积密度/g·cm^{-3}	≥2.5	≥2.55 (110℃×24h)	2.91 (110℃×24h)	2.67	2.87
耐压强度/MPa	≥60	≥20 (110℃×24h)	75 (110℃×24h)	83.6	101
荷重软化温度/℃	T_1>1500				≥1700
重烧线变化率/%	-0.2~0 (1500℃×3h)	±0.5 (1500℃×3h)	0.8		
0.1MPa 通气量(标态)/L·min^{-1}				≥200	

牌号	LZ-27	LZ-28	LZ-29
材质	镁质挡渣堰	镁炭质测温套管	导电砖
使用部位	中间包挡渣堰板	中间包连续测温	等离子加热底电极
w(F.C)/%		>15	>10
w(MgO)/%	>90	>70	>80
显气孔率/%	<17	<5	<5
体积密度/g·cm^{-3}	>2.80	>2.80	>2.80
耐压强度/MPa	60	>20	>40
抗折强度/MPa	>8	>10	>10
抗热震性/次		≥5	

22.4.4 薄带连铸用耐火材料

传统的常规厚板坯连铸连轧工艺线长500~800m,即使采用薄板坯全线也需要300~400m,而薄带连铸工艺生产线仅60~80m长。与传统工艺相比,它可降低工程投资75%~90%,降低生产成本20%~30%,并具有提高成材率、节能降耗、降低环境污染,可减少有害气体(如CO_2、NO_x、SO_2)的排放量70%~90%等一系列突出优点[1]。因此,连铸坯向薄的方向发展,即向接近产品的厚度的方向发展,近终形连铸是21世纪的发展方向。开始是板坯连铸,随后是薄板坯连铸,再接着是薄带连铸和非晶带连铸。

薄带连铸工艺技术路线如图22-31所示。通过精炼得到的纯净钢液,盛在保温良好的钢包里,通过长水口进入中间包。为防止中间包内钢液降温,中间包内用感应加热或等离子加热,以稳定温度和连铸。钢液经过浸入式水口、布流器布流进入由两个冷却结晶辊和两个耐火材料侧封组成的结晶器,进行结晶凝固。通过结晶辊的转动和轧制拉力,拉成薄带,并经过冷却和剪整修理,最后形成卷板。

耐火材料在薄带连铸工艺中起到重要的作用。除了一些正常的耐火材料以外,薄带连铸对布流器、侧封等有一些特殊的要求,现介绍如下:

(1)薄带连铸对钢包用耐火材料的要求。除了钢包对耐火材料通常要求外,有两个值得注意的地方,就是钢包保温和引流砂。因为薄带连铸一包钢水用时间较长和连铸对钢液温度、杂质等敏感性很强,在整个过程中需要钢液温度高度稳定,才能进行稳定浇铸和拉出性能稳定的钢带。除了要求钢包加盖外,还要求钢包保温性好,这样要求钢包用最好的纳米板进

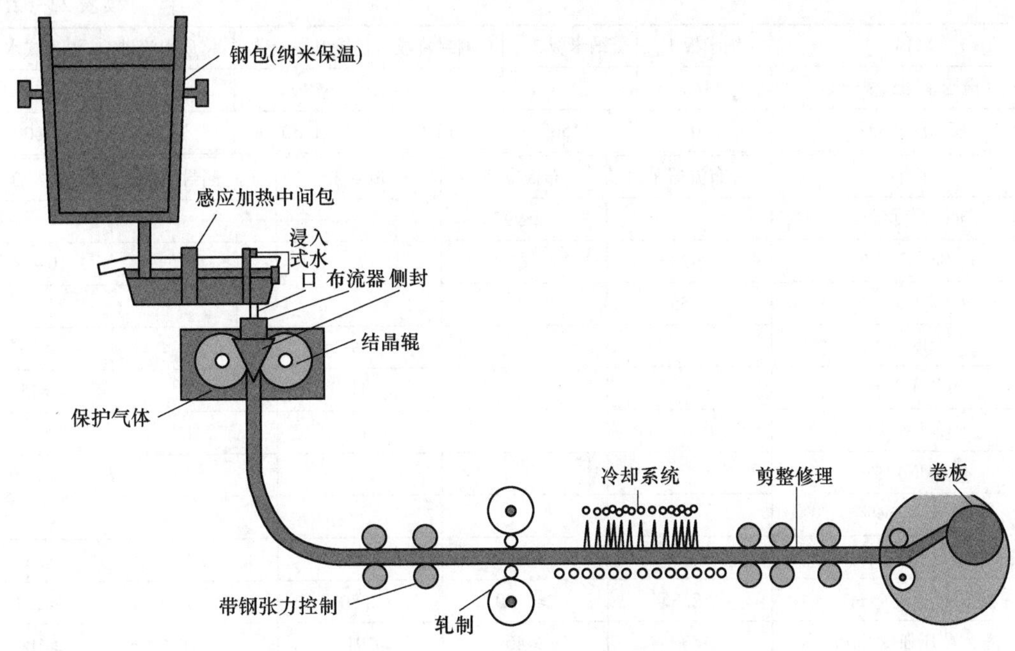

图 22-31 薄带连铸工艺技术路线

行保温，希望钢液的温降能够在 0.3℃/min 以下。这些纳米板的性能见表 22-62。再就是引流砂，目前用的钢包引流砂的性能见表 22-62。因为薄带连铸对钢的质量要求很高，特别是杂质要少，否则影响产品质量。传统的硅质引流砂，往往导致影响开浇率和易形成非金属夹杂而不能用。而铬硅砂因为含有较高的 SiO_2 和 FeO_n 也导致非金属夹杂和钢液增氧，这都对钢产生不利的影响。因此，应该开发新的钢包用碱性引流砂。

表 22-62 薄带连铸用新型耐火材料的性能

名称	纳米板 1	纳米板 2	侧封背板	导电镁碳砖	铬质引流砂	浸入式水口
使用区域	钢包、中间包、侧封保温		保温，支撑	保护钢流	中间包加热	堵塞钢包出钢口
$w(SiO_2)$/%	>85		25~30		30	
$w(Al_2O_3)$/%		>70	>65		12	>65
$w(Cr_2O_3)$/%					>30	
$w(BN)$/%						
$w(ZrB_2)$/%						
$w(ZrO_2)$/%		>10				
$w(MgO)$/%				80	7	
$w(F.C)$/%				15	0.5	>28
体积密度/$g \cdot cm^{-3}$	0.3	0.4	1.2	>2.90		2.60
显气孔率/%			50~60			<15
耐压强度/MPa	0.2	0.2	>15	>30		>20
导热系数/$W \cdot (m \cdot K)^{-1}$	<0.04	<0.04	0.5			

续表 22-62

名称	纳米板 1	纳米板 2	侧封背板	导电镁碳砖	铬质引流砂	浸入式水口
电阻率/μΩ·m				20		
使用温度/℃	800	1150	1550	1750	1650	1600

名称	布流器 1	布流器 2	侧封 1	侧封 2	侧封 3
$w(SiO_2)$/%		≥99			
$w(SiC+C)$/%	≥28		6	6	10~14
$w(Al_2O_3)$/%	≥55				
$w(BN)$/%			39	27	≥35
$w(ZrB_2)$/%			41	24	≥15
$w(ZrO_2)$/%			14	41	≥13
$w(AlN)$/%					
$w(Si_3N_4)$/%					
显气孔率/%	≤15	≤14	0.8	0.7	≤5
体积密度/$g \cdot cm^{-3}$	≥2.35	≥1.90	2.86	2.93	≥2.3
常温耐压强度/MPa	≥30	≥40	191	141	≥100
高温抗折强度 (1400℃×0.5h)/MPa	≥8	≥10			
常温导热系数/$W \cdot (m \cdot K)^{-1}$			34	38	5~10
线膨胀系数×10^{-6}/℃			2.4	3.4~5.2	3~5.5

名称	镁质涂料	镁钙质涂料	滑板	下水口	上水口
$w(SiO_2)$/%	≤2	≤2		≤30	
$w(SiC+C)$/%					5
$w(Al_2O_3)$/%			≥90	≥60	≥90
$w(CaO)$/%		≥10			
$w(MgO)$/%	≥90	≥80			≥5
$w(Fe_2O_3)$/%	≤1	≤1			
体积密度/$g \cdot cm^{-3}$	≥1.5	≥1.5	≥3.08	≥2.4	≥2.95
常温耐压强度/MPa	≥1	≥1	≥150	≥40	≥40
常温导热系数/$W \cdot (m \cdot K)^{-1}$	≤0.7	≤0.7			

(2)中间包感应加热。为了保证钢液的温度稳定,中间包带有等离子加热或感应加热,等离子加热要求耐火材料导电,一般使用镁碳质或铝碳质导电耐火材料,这些材料的性能见表22-62。为了防止耐火材料污染钢液,影响薄带的质量,需要选用优质耐火材料。

(3)抗氧化浸入式水口。到目前为止,浸入式水口表面采用的纤维纸保温和涂低温釉子来防氧化,这对薄带连铸是非常有害处的。它高温下特别容易进入钢液,随之进入布流器,并混入快速拉走的薄带里,形成脆性缺陷,导致薄带裂纹,严重影响了产品的质量。因此,研究开发高抗氧化没有釉子防氧化涂层的浸入式水口是非常必要的,这应该引起薄带工作者和耐火材料工作者的高度重视并进行合作开发研究,促进薄带连铸技术的发展。

(4)布流器。因为薄带拉速达 30~160m/min,非常快。从浸入式水口出来的钢液必须均匀地分布在由结晶辊和侧封组成的结晶器里,在结晶器和浸入式水口之间添加了一个布流器,以便使钢液分布均匀,适应高速薄带拉制的需要。目前布流器采用的是铝碳质的,性能指标见表 22-62。值得指出的是,布流器表面涂了防氧化的釉子涂料,这解决了氧化问题,同时也使釉子这些低温氧化物液体随钢液拉入薄带内(图 22-32),形成了脆性薄带和导致薄带产品的裂纹和质量的严重下降。因此,研究开发新型的抗侵蚀不污染钢液的布流器是非常必要的,这是薄带技术发展的重要内容之一。

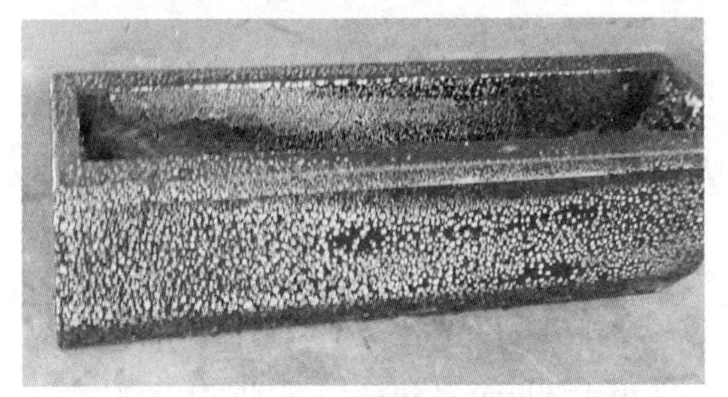

图 22-32　用后布流器(表面釉子和渣)

(5)侧封。侧封与结晶辊组成了结晶器,在结晶辊冷却和高速旋转以及下边薄带的拉力下,结晶器内的钢液被迅速冷却结晶成厚度为 0.2~10mm 的薄带而被拉出。这除了要求从布流器下来的钢液纯净外,还要求在结晶器内不能形成钢液的污染,这就要求结晶器内是非氧化气氛。如果是氧化气氛,就会导致钢液氧化形成氧化铁等氧化物。不管是 FeO 或者 Fe_2O_3,还有钢液内的合金元素氧化形成的氧化物,它们都是脆性的非金属夹杂物,并与金属形成界面,这就会在冷却和轧制过程中形成薄带的裂纹,造成强度下降和产品开裂而报废。因此,侧封具有高的抗侵蚀性是非常必要的,这是对侧封的第一个要求。对侧封的第二个要求是保温,如果侧封导热很快,钢液就会在侧封上冷却凝固下来,这样导致薄带连铸拉力不稳定和薄带出现毛边,严重者就会出现连铸中断和成材率下降。作者的实践证明了这一点。目前侧封用的是非氧化物材料,其导热系数较高。为了降低导热系数,出现了复合侧封,即由保温层和工作层组合起来,如图 22-33 所示[75]。热压 BN-ZrB_2-ZrO_2 质侧封板的导热系数为 23W/(m·K),纳米板复合技术的侧封板的导热系数可降至 0.193W/(m·K),高强莫来石-堇青石质复合侧封的导热系数可降至 1.44W/(m·K)。采用侧封板背面加热技术,侧封背面设置硅钼棒等发热体发热,以消除侧封散热所造成的钢液在侧封面上凝固,如图 22-34 所示。通过给侧封加热,保证了侧封面的温度,这样就稳定了薄带连铸和防止毛边的出现。对侧封的第三个要求是降低成本,BN-ZrB_2-ZrO_2、Al-BN、Si_3N_4-BN 材质的侧封板都是热压成型(20~100MPa,1500~2000℃)的高温陶瓷产品[76~79],售价较高。一些侧封的性能指标见表 22-62。对侧封的第四个要求是抗热震性好,侧封是一个大薄板,在很短时间内局部上升到 1500℃以上,热震是非常激烈的。对侧封的第五个要求是有低的摩擦系数和好的润滑性,这样不至于磨损结晶辊,对提高结晶辊的使用寿命是有好处的。基于此,选用白石墨 BN 作为主要原料来制备侧封是正确的选择。

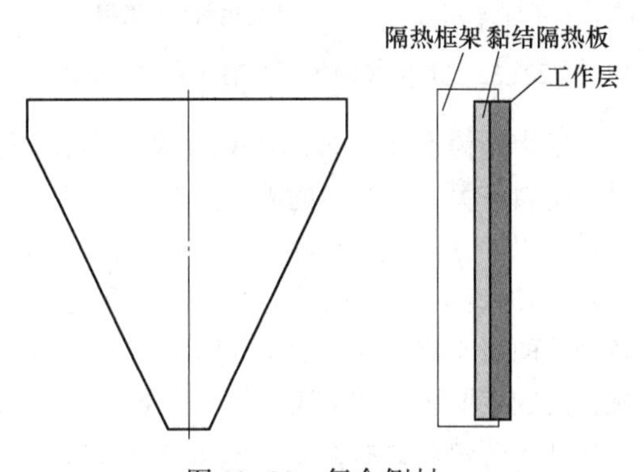

图 22-33　复合侧封

侧封不同部位所处环境不一样。如中心地带受到高温热震和钢与渣的侵蚀,侧面受到热震和结晶辊的磨损,最下部的轧制区受到轧辊和凝壳磨损[80]。据有关报道,由于侧封板不良导致铸轧失败的比例占 80%。因此,侧封板是一个关键部件,它的制备技术是薄带连铸技术的重要组成部分。图 22-35 所示为组合式侧封板具有不同要求的面。

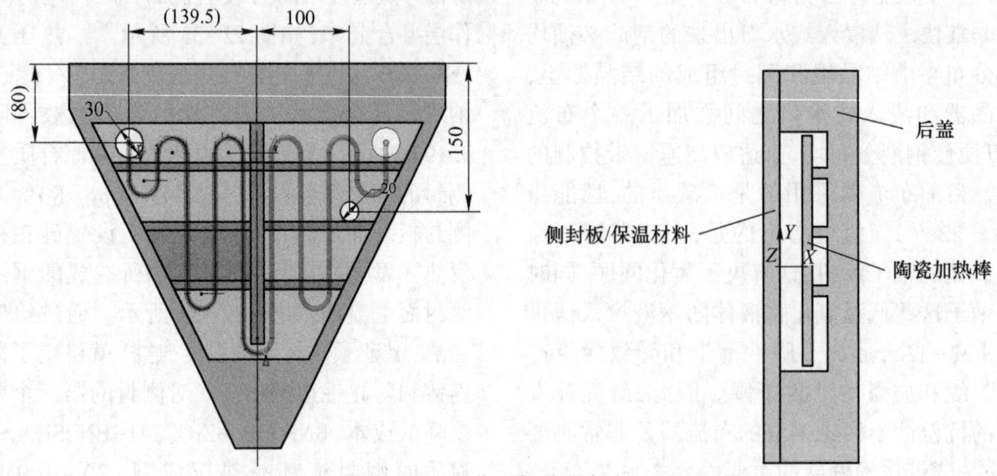

图 22-34 背面加热的侧封

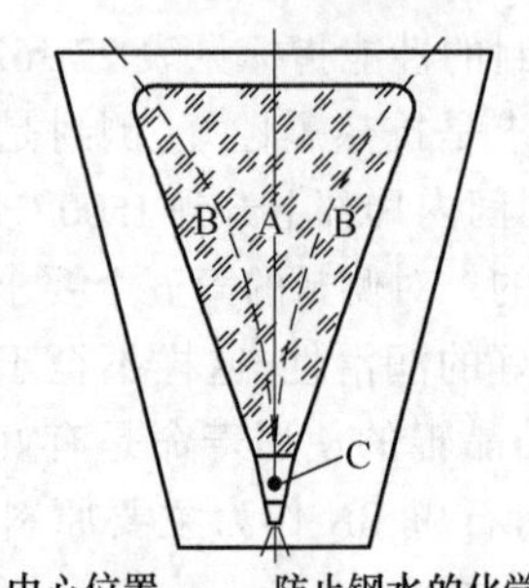

图 22-35 组合式侧封板具有不同要求的面

薄带连铸产业化技术尚处于发展阶段,与耐火材料有关的很多问题需要解决。除了上述侧封板以外,还有钢包和中间包保温、洁净钢引流砂、洁净钢液的中间包耐火材料,抗氧化不污染钢液的布流器和浸入式水口等,有很多耐火材料问题需要研究和解决。把薄带连铸用耐火材料纳入薄带连铸技术的一个重要组成部分,与薄带连铸发展一起来研究,耐火材料不但不会拖薄带连铸技术发展的后腿,还会促进其发展。

22.4.5 非晶带连铸用耐火材料

非晶带具有磁导率高、损耗低和饱和磁感高的优良软磁性能,电阻率高、机电耦合系数高的良好电学性能,强度高、硬度高和韧性好的良好力学性能,应用于变压器、互感器、电感器等,具有很好的应用前景。

非晶带生产工艺路线如图 22-36 所示。一般生产规模较小,因此多用感应炉进行熔化和生产。感应炉熔融和精炼之后,钢液进行喷铸,喷铸成厚度为微米级的非晶薄带过程中,进行表面处理、测量和卷带。工艺过程特点是:产品厚度小于 30μm,高速冷却,厚度均匀,没有缺陷。为达到这样的目标,要求钢液质量高纯净,在整个生产过程中不得进入杂质。因此,全过程应该是处于与空气隔绝的条件下进行,并对耐火材料提出的要求如下:

(1)因为非晶带产品成分控制很严,耐火材料成分不能进入熔液内,即耐火材料炉衬不能被侵蚀,否则就进入了夹杂而导致钢液内出现夹杂物,从而出现产品裂纹而导致拉制过程中断裂或强度下降。这就要求感应炉用耐火材料的热力学稳定性高,对钢液不但没有污染而最好有洁净的作用,应该采用碱性耐火材料或高纯的铝镁系耐火材料为好。这些产品的性能见表 22-63。(2)非常好的抗热震性,防止炸裂和漏钢。(3)尺寸公差小,不但体现安装正确,更重要的是防止影响产品公差大。(4)保温效果好。非晶带生产产品小,热容小,外界因素波动就会显著影响熔体的温度,因此影响非晶带的凝固、结晶和产品质量。做好良好的隔热,才能更好地稳定连铸。

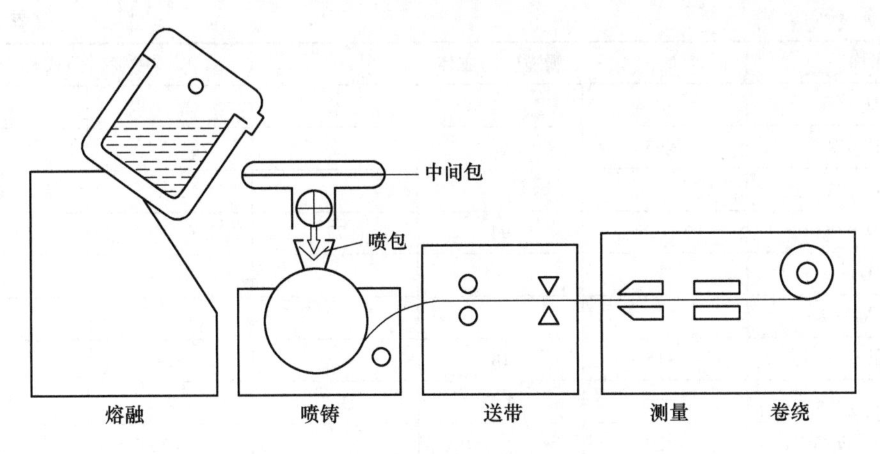

图 22-36 非晶带生产工艺路线

表 22-63 非晶带连铸用耐火材料

名称	镁质干式料	铝镁干式料	镁钙质干式料	碳化硅砖	刚玉镁质浇注料	铝钙浇注料
使用区域	感应炉衬			中间包衬和喷嘴包衬		
$w(SiO_2)/\%$	<1.5		1.5	<1.5	<1.5	<1.5
$w(Al_2O_3)/\%$		>80	>65		>80	>65
$w(Cr_2O_3)/\%$						
$w(CaO)/\%$			>10			<30
$w(ZrB_2)/\%$						
$w(ZrO_2)/\%$						
$w(MgO)/\%$	>85	5~10			5~10	
$w(SiC)/\%$				>95		
体积密度/$g \cdot cm^{-3}$	>2.5	>2.6	>2.5	>2.5	>2.7	>2.6
耐压强度/MPa				>30	>30	>30

名称	塞棒		纳米板	纤维毡	轻质浇注料
使用区域	中间包		中间包和喷包保温		
$w(SiO_2)/\%$	<1.5	<1.5	<20	>35	30
$w(SiC+C)/\%$	>95	>25			
$w(Al_2O_3)/\%$		>65	>50	>60	>60
$w(ZrO_2)/\%$			>20		
显气孔率/%					60
体积密度/$g \cdot cm^{-3}$	>2.45	>2.60	0.45	0.3	1.2
常温耐压强度/MPa	>25	>20	0.2		>20
高温抗折强度(1400℃×0.5h)/MPa	>8	>8			
导热系数/$W \cdot (m \cdot K)^{-1}$			0.03	0.18	0.5

续表 22-63

名称	喷嘴(杯)主体			喷嘴(杯)或铸口	
$w(SiO_2)/\%$			22		
$w(SiC)/\%$	≥95				
$w(BN)/\%$				>98	60
$w(ZrO_2)/\%$		94	77		
$w(CaO)/\%$		3			
$w(Si_3N_4)/\%$					40
显气孔率/%	≤15	18	28	≤2	≤5
体积密度/$g \cdot cm^{-3}$	≥2.5	4.7	3.7	≥2.1	≥2.5
常温耐压强度/MPa	≥30			≥70	≥70

喷铸是组合件，分为中间包和喷嘴包，如图 22-37[81] 所示。从感应炉来的钢液进入中间包内，有的厂家也叫稳流包，它应该能起到钢液夹杂上浮，稳定浇铸和成分质量的作用。因此，对中间包用的耐火材料质量要求是导热小，不污染钢液，选用的耐火材料见表 22-63。从中间包出来的钢液，进入喷嘴包。喷嘴包结构复杂，功能也很多，对其要求更严格。特别要求钢液质量和稳定，必须达到要求，否则就可能使拉带失败或产品质量不合格。

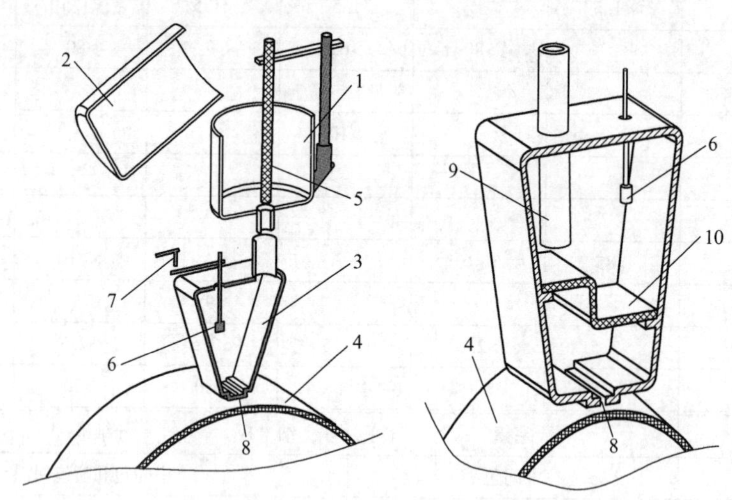

图 22-37　非晶带生产设备

1—中间包；2—熔炼炉；3—喷嘴包；4—冷却辊；5—塞杆；6—浮子；7—接近开关；8—喷嘴；9—导流管；10—L 形过滤板

喷嘴包用碳化硅系耐火材料，实际上为了洁净钢液，应该选用碱性耐火材料为好，这些材料的性能见表 22-63。喷嘴包还带有电加热系统[82]，以保证喷嘴包内的钢液温度稳定，实现稳定地长时间拉出非晶带。在喷嘴包内最重要的是喷嘴，可以说喷嘴是整个非晶带连铸的最重要的部件。它同薄带连铸的侧封一样，不但要求抗热震、不污染钢液，还必须具有非常好的耐磨性，但是还不能磨损冷却辊；更要求它的尺寸公差很小，与冷却辊之间配合非常好，只有这样才能在长时间拉出的非晶带厚度一致而不波动。这样的尺寸公差必须在微米以下级别，它们的结构如图 22-38[83] 和图 22-39 所示。喷嘴主体用锆质耐火材料为好，喷缝用耐火材料是 BN 质的陶瓷材料，它们的性能见表 22-63。

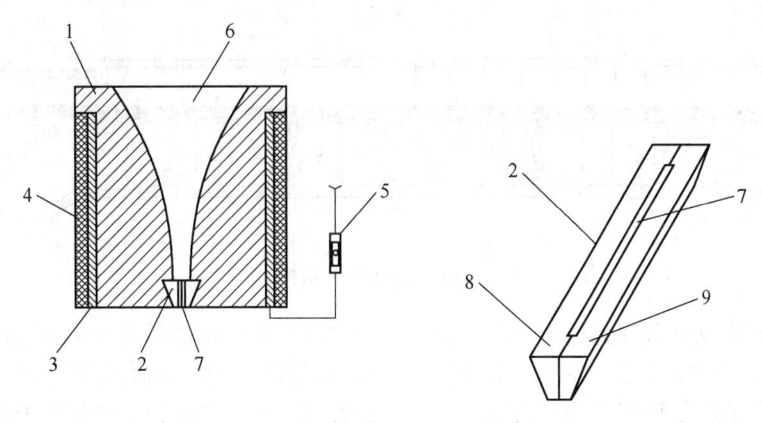

图 22-38 喷嘴的结构[12]

1—喷嘴主体;2—喷缝主体;3—加热网;4—保温层;5—通电调节器;6—空芯;7—喷缝;8—左本体;9—右本体

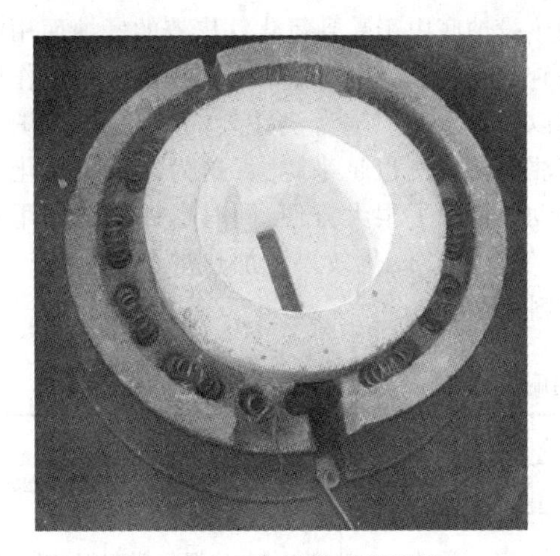

图 22-39 非晶带喷嘴结构

我国已经有多条非晶带生产线,但是对其用耐火材料缺少专门研究。因此,非晶带生产厂家选用耐火材料没有经验,影响了这方面的发展。通过本次综合分析,根据实际生产工艺,较全面地对所用耐火材料提出了要求,这对提高非晶带产品的质量和稳定非晶带的发展是有指导意义的。

22.5 轧钢用耐火材料

轧钢用热处理炉(包括锻造用热处理炉),有两种操作模式:一种是间歇操作的热处理炉,如室状炉、车底炉、罩式炉、井式炉、流动离子炉、马弗炉等;另一种是连续操作的热处理炉,如直通(推杆)式炉、辊底炉、转底炉、步进炉、链带炉等。这些热处理炉的温度不高,加热炉一般使用温度不超过1300℃,一般耐火材料都可满足,重点考虑保温和使用寿命,即向更保温、更耐用和施工方便的方向发展。具体来讲,这些设备的炉衬用氧化铝含量为36%~75%的铝硅系耐火材料。对于还原气氛的炉子,要求炉衬材料里的氧化铁含量尽可能地低,这样避免在使用过程中耐火材料里的 Fe_2O_3 被还原生成金属铁和 Fe_3C,在 Fe_3C 的催化作用下发生 $2CO═CO_2+C$(沉积)的反应,纤维状的碳沉积在耐火材料气孔、裂纹和缺陷中,由碳沉积带来的体积膨胀导致耐火材料组织脆化、裂纹扩展,最终使得材料崩裂甚至粉化。对于保温用轻质砖、轻质浇注料、纤维毡和纤维质涂料,因为密度小、热导率低和热容小,施工后不用烘炉而直接使用,提高了保温性能和降低了能耗,这是热处理炉提高效益最显著的地方。在施工方面,由砖砌筑向浇注料方向发展。整体浇注炉衬,可提高炉子的密封性和保温效果,也提高了使用寿命,一般砖砌加热炉衬使用寿命一年,而浇注料炉衬使用寿命达到了2~3年,甚至更长时间。浇注料炉衬停炉维护少,修补次数要比砖砌炉衬少50%以上,对于提高炉子的作业率是非常有意义的。

22.5.1 轧钢厂加热炉用耐火材料

加热炉是轧钢或锻钢时用于加热钢坯或小型钢锭的热工设备。加热炉炉体由炉墙、炉底和炉顶等组成,如图22-40所示。

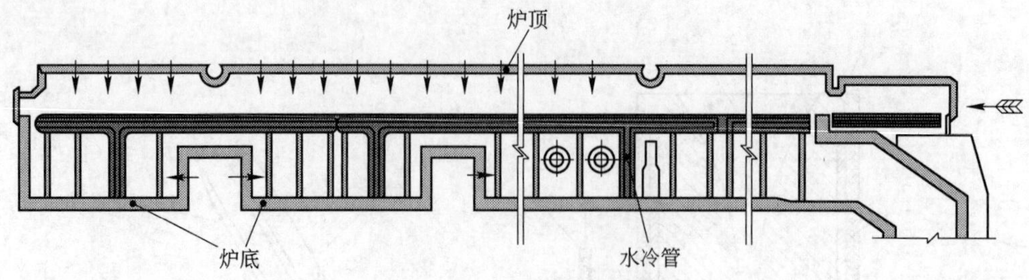

图 22-40 加热炉的结构

加热炉的工作温度一般在1400℃以下。对于连续式或环形等加热炉来说，各部位的炉温基本上是恒定的，可分为低温、中温、高温三个段带，分别称为预热带、加热带和均热带，其温度分别为 800～900℃、1150～1200℃、1200～1300℃。炉衬的损毁主要是因为间歇操作和停炉开炉等造成的温度波动，而导致炉衬变形和热剥落。炉底和炉墙根部的损毁主要是熔融的氧化铁皮渣与砖发生化学反应造成的，因此应根据不同部位的条件而选择不同的耐火材料。总之，加热炉的使用条件较好，其使用寿命要在2年以上。一般所用的是铝硅系耐火材料，内衬砌筑重质的铝硅系耐火材料，而外衬砌筑轻质黏土砖和保温板等保温耐火材料，以提高保温性能。如均热带和加热带的炉顶用高铝质吊挂砖，上表面铺一层保温板，炉墙从内向外依次用高铝砖、黏土砖、轻质黏土砖和保温板砌筑。加热段炉底由于受到氧化铁皮渣的侵蚀而用镁铬砖或镁砖作为内工作层。而预热带内工作层可以用黏土砖。随着浇注料的发展，加热炉用浇注料的比例也越来越大，这为施工机械化和自动化带来了很大方便，同时也提高了使用寿命、保温和整体化效果。加热炉各部分用耐火材料见表 22-64。

表 22-64 加热炉用耐火材料

牌号	JRL-1	JRL-2	JRL-3	JRL-4	JRL-5
材质	高铝泥浆	黏土泥浆	莫来石砖	黏土砖(B)	黏土砖
使用部位	出料端炉底	出料端炉底装料端炉墙，烟道	炉衬	装料端炉底烟道	装料端炉底烟道
$w(Al_2O_3)$/%	66.26	33.92	>75	>50	≥40
$w(Fe_2O_3)$/%			<0.5		1.78
显气孔率/%			18	<18	18
体积密度/g·cm^{-3}			2.60	2.27	2.30
耐压强度/MPa			121.6	54.6	60
黏接强度/MPa	≥2(110℃)	≥0.8(10℃)			
	≥6(1400℃×2h)	≥2.0(1200℃)			
耐火度/℃	>1790	1690	1830	1730	1750
荷重软化温度 T_2/℃			T_1:1700	1535	T_1:1430
重烧线变化率/%				-0.71(1500℃×3h)	抗热震性≥8 次
黏结时间/s	90～120	157			
颗粒组成/%	>0.5mm，≤2；≤0.074mm，50	>0.5mm，≤2；≤0.074mm，50			

续表 22-64

牌号	JRL-6	JRL-7	JRL-8	JRL-9	JRL-10	JRL-11
材质	黏土砖	半硅砖	硅钙板	隔热浇注料 A	隔热浇注料 B	隔热浇注料 C
使用部位	烟道	烟道	烟道、炉子内衬	烟道	烟道	烟道炉子内衬
$w(Al_2O_3)$/%	46.56	19.49		>30	≥45	≥30
$w(Fe_2O_3)$/%	1.82	1.91		<3	≤1.5	≤5
$w(KOH)$/%		≤4				
显气孔率/%	16	17				
体积密度/g·cm^{-3}	2.30	2.12	0.218	0.75	1.35	1.10
耐压强度/MPa	55	25.5		1.8	6.62	>6
抗折强度/MPa			0.63			
耐火度/℃	>1750	1610	安全使用温度 1000℃	安全使用温度 1200℃	安全使用温度 1400℃	安全使用温度 1100℃
荷重软化温度 T_1/℃	1400	1450				
重烧线变化率/%	-0.5 (1450℃×3h)		1.34 (1000℃×3h)	-0.4 (1000℃×3h)	-0.3 (1100℃×3h)	-0.50 (900℃)
导热系数/W·(m·K)$^{-1}$			<0.056 (20℃)	0.24 (1000℃)	≤0.36 (1000℃×3h)	≤0.21 (600~800℃)

牌号	JRL-12	JRL-13	JRL-14	JRL-15	JRL-16	JRL-17
材质	黏土隔热泥浆	黏土隔热砖	半硅质泥浆	硅藻土砖	黏土浇注料	高铝浇注料
使用部位	烟道	烟道	烟道	烟道	水冷管包扎	水冷管包扎，炉衬
$w(Al_2O_3)$/%	49.45	40.33	5.28		62.41	58
$w(SiO_2)$/%			86.74	81.21		
$w(CaO)$/%					5.03	3
$w(Fe_2O_3)$/%	2.55		1.51		1.59	≤3
显气孔率/%			18	<18	18	15
体积密度/g·cm^{-3}	≤1.55 (110℃×24h)	0.90		0.65	2.11	>2.55
耐压强度/MPa		3.58		3	35 (110℃×24h) 33 (1100℃×3h)	20 (110℃×3h) 33 (1100℃×3h)
抗折强度/MPa	≥1 (110℃×24h) ≥1 (900℃×2h)	3.1	≥0.98 (110℃×24h) ≥2.94 (1200℃×2h)			
耐火度/℃	1710	1710	1650	1440	1790	>1790

续表 22-64

牌号	JRL-12	JRL-13	JRL-14	JRL-15	JRL-16	JRL-17
安全使用温度/℃					1400	1500
重烧线变化率/%		−1.0 （1300℃×2h）	−1~5 （1400℃×3h）		0.11 （1260℃）	−0.04 （1370℃×3h）
黏结时间/s	90		120			
热导率/W·(m·K)$^{-1}$	0.337(350℃)	0.37(1000℃)		0.2(500℃)	1.2(1000℃)	1.5(1000℃)

牌号	JRL-18	JRL-19	JRL-20	JRL-21	JRL-22
材质	硅藻土砖	硅酸铝纤维毡	刚玉质泥浆	电熔刚玉砖	电熔 AZS 砖
使用部位	热空气管道	热空气管道	砌莫来石砖用	加热炉底、滑轨	加热炉底、滑轨
$w(Al_2O_3)$/%	12.72	45	85	>99	>45
$w(SiO_2)$/%	82.2	51			<16
$w(Fe_2O_3)$/%	1.27	1.5			ZrO_2>33
显气孔率/%				<4	<4
体积密度/g·cm^{-3}	0.69	0.04~0.05		>3.50	>3.6
耐压强度/MPa	≥2.5			>300	>300
黏结强度/MPa			3.9~5.0 （110℃×24h） 8.3(1500℃×3h)		
耐火度/℃	1480		>1820		
安全使用温度/℃		1000			
重烧线变化率/%			pH 值 3~4		
黏结时间/s	90		90		
热导率/W·(m·K)$^{-1}$	0.22(500℃)	0.04(200℃)			

牌号	JRL-23	JRL-24	JRL-25	JRL-26	JRL-27
材质	镁铬砖	镁砖	刚玉碳化硅砖	烧结铬刚玉砖	高铝质-碳化硅
使用部位	热空气管道	热空气管道	滑轨、座砖	滑轨、座砖	座砖
$w(Al_2O_3)$/%	<4		>76	>90	60
$w(MgO)$/%	>60	>90			
$w(Cr_2O_3)$/%	>12			>3	SiC:12~15
$w(SiO_2)$/%	<2	<4	SiC:12~15		
$w(Fe_2O_3)$/%	<7	1.5	1.0	<1.5	2.0
显气孔率/%	<22	<18	<18	<20	22
体积密度/g·cm^{-3}	>3.10	>2.85	>2.90	>3.20	
耐压强度/MPa	≥30	>45	>70	>100	49.0
重烧线变化率/%					
荷重开始软化温度/℃	>1700	>1550	>1650(0.4MPa)	>1700	1550(0.4MPa)
黏结时间/s	90				
耐火度/℃			>1750		1790
抗热震性/次			>18		>8

加热炉用耐火材料的发展趋势是采用保温耐火材料和机械化施工。采用纳米保温材料和合理的结构设计,可使炉壳温度降至50℃以下,显著节能效果好,成本低。采用湿式喷射浇注料和浇注料则可节约劳动力,并减少劳动强度,这是未来轧钢加热炉用耐火材料的发展方向。

22.5.2 均热炉用耐火材料

均热炉也是轧钢厂用热处理炉之一,由炉盖、炉墙、炉底和换热装置等部分组成的,其结构如图22-41所示。均热炉的作用是将钢锭均匀地加热到轧制温度,以供轧钢机轧制成大、中、小型钢坯,然后轧制成各种钢材。如果是连铸坯,则不经过均热炉加热,直接轧制成各种钢材。均热炉炉衬的工作环境是:(1)长期经受高温作用;(2)经受钢锭磨损及装料机夹钳碰撞等作用;(3)炉盖经常启闭,炉衬经受急冷急热作用。

均热炉炉衬曾主要采用黏土砖、高铝砖和

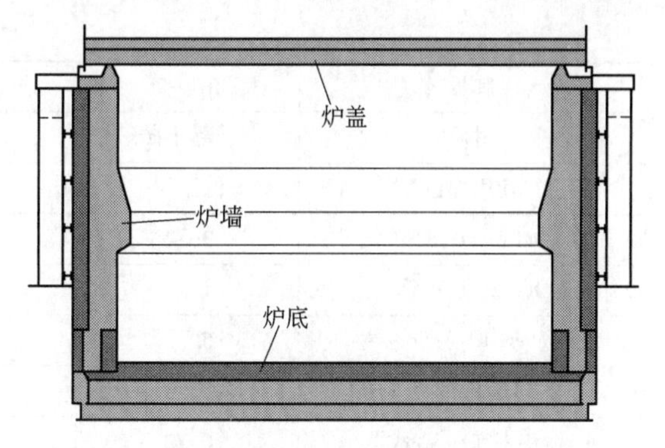

图22-41 均热炉的结构

硅砖砌筑,炉底和炉墙下脚的工作层因受熔渣侵蚀,一般选用镁铬砖和镁砖。现均热炉主要使用不定形耐火材料或预制块,如含不锈钢纤维的高铝莫来石质浇注料等,炉盖内衬采用高强轻质浇注料。总之,在均热炉上,整体浇注炉墙、保温衬采用轻质保温浇注料和耐火纤维制品。在炉墙浇注料方面,用低水泥和超低水泥的 Al_2O_3 含量为50%~75%的铝硅系浇注料越来越多。表22-65给出了武钢换热式均热炉用耐火材料的性能指标。

表22-65 武钢换热式均热炉用耐火材料

牌号	JRL-1	JRL-2	JRL-3	JRL-4	JRL-5	JRL-6
材质	黏土砖	高铝砖	镁砖	硅砖	黏土隔热砖	高铝浇注料
使用部位	炉盖	烧嘴及下部墙	下部墙及炉底	废气腿	炉墙	炉墙工作层
$w(Al_2O_3)$/%	47.2	78.4			≥30	≥50
$w(CaO)$/%			<3	1.26		<1.0
$w(MgO)$/%			91			
$w(SiO_2)$/%				94.4		
显气孔率/%	19	25	17	20		<18 (110℃×24h)
体积密度/g·cm^{-3}				真密度2.35	0.93	≥2.40 (110℃×24h)
荷重软化温度 T_2/℃	1350	1500	1575	1677		
耐火度/℃	≥1730	1790		1710		
耐压强度/MPa	39.6	60.3	70.9	40	3.92	≥30 (110℃×24h) ≥90(1200℃)
重烧线变化率/%	-0.5~0.1 (1400℃)	-0.4~0.1 (1500℃)			-0.8 (1350℃)	±0.3 (1350℃×3h)
热导率/W·(m·K)$^{-1}$					0.24 (350℃)	1.5 (350℃)

续表 22-65

牌号	JRL-7	JRL-8	JRL-9
材质	硅藻土砖	隔热浇注料	耐火纤维板
使用部位	保温层	保温层	保温层
$w(Al_2O_3)/\%$	36.4	>30	>45
$w(Fe_2O_3)/\%$	1.29	<1.5	<1.2
$w(SiO_2)/\%$	59.2		50
显气孔率/%	73.3		
体积密度/$g\cdot cm^{-3}$	0.72	1.3	<0.16
耐火度/℃	1280		安全使用温度 1000℃
耐压强度/MPa	4.36		加热收缩率<3%(1150℃×6h)
抗折强度/MPa		3.75(110℃×24h) ≥0.82(1200℃)	0.8~1.2
重烧线变化率/%	-0.1(900℃×2h)	-0.7~1.0(1200℃×3h)	
导热系数/$W\cdot(m\cdot K)^{-1}$	0.17(350℃)	≤0.25(350℃)	≤0.16(500℃)

22.6 其他炉用耐火材料

22.6.1 热处理炉用耐火材料

这里的热处理炉主要是指加热金属以改善组织结构性能的热工设备。各种不同热处理工艺有退火、正火、调质、渗碳和渗氮等,它们用的热处理炉基本上是一样的,其结构如图 22-42 所示。

热处理炉的使用温度低于均热炉和加热炉,一般在 500~1000℃,没有化学侵蚀,由于温度波动而易产生热震,因此在选用耐火材料时应考虑抗热震指标。不过一般炉衬使用普通黏土砖、高铝砖、轻质保温黏土砖和高铝砖就有较好的结果,在某些温度急变的部位,如炉门口,用堇青石砖、碳化硅砖和刚玉砖等。对于热处理炉,保温节能是重中之重,对降低成本起到非常重要的作用,因此普遍采用了轻质耐火材料和耐火纤维等保温耐火材料,特别是保温效果非常好的耐火纤维制品使用比例越来越大。采用浇注料的热处理炉也越来越多,使用寿命达到了 3 年以上,显著优于砖砌炉衬。不定形耐火材料的应用,有利于机械化和自动化施工,对于提高效率、减少劳动强度起到重要作用。所用耐火材料见表 22-66。

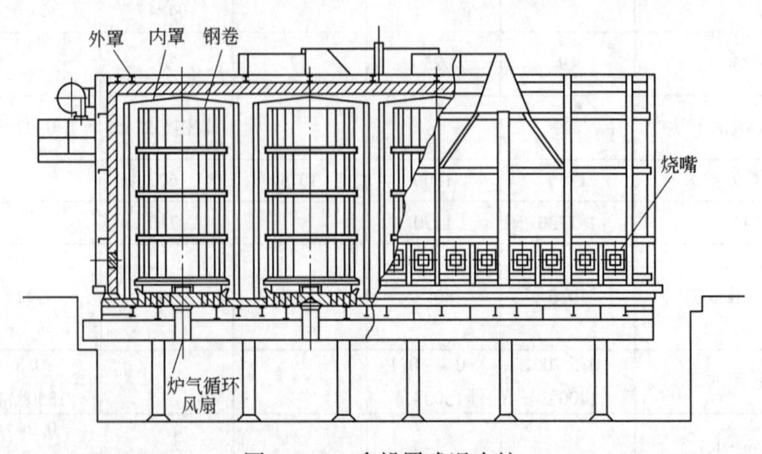

图 22-42 多垛罩式退火炉

表 22-66　退火炉、罩式炉用耐火材料

牌号	THL-1	THL-2	THL-3	THL-4	THL-5	THL-6
材质	高铝砖	高铝砖	高铝砖	高铝砖	黏土砖	高铝浇注料
使用部位	侧墙、烧嘴及上部	退火炉段间隔墙	罩式炉外罩	罩式炉炉台	无氧化段炉底	CP 炉无氧化短
$w(Al_2O_3)$/%	77.5	76.8	78.4		46	72-77.5
$w(CaO+MgO)$/%					1.14	
$w(Fe_2O_3)$/%			91		2.13	
$w(SiO_2)$/%					47.21	
显气孔率/%	26	25	24	20	19	
体积密度/$g \cdot cm^{-3}$	≥2.30	≥2.20	≥2.10	≥1.90	≥1.95	2.50
荷重软化点 T_2/℃	1480	1490				
耐火度/℃	≥1770	≥1770	≥1770	1750	1730~1750	>1770
耐压强度/MPa	53.7	58.0	67.9	49.5	20	7.8 (110℃×24h)
重烧线变化率/%	-0.6~0.3 (1500℃)	-0.6~0.2 (1500℃)	-0.6~0.2 (1500℃)	±0.5 (1350℃)	-0.5~0 (1400℃)	-0.19 (1300℃)
导热系数/$W \cdot (m \cdot K)^{-1}$						(0.8)500℃
抗折强度/MPa						10.8(1000℃)

牌号	THL-7	THL-8	THL-9	THL-10	THL-11	THL-12
材质	耐火纤维毡	堇青石砖	漂珠砖	轻质高铝砖	轻质黏土砖	高铝浇注料
使用部位	保温层	工作层	保温层	保温层	保温层	工作衬
$w(Al_2O_3)$/%		60		≥48		50~70
$w(SiO_2)$/%	≥96					
$w(MgO)$/%		8				
$w(Fe_2O_3)$/%	≤1.2	≤0.8		≤2.0		≤1.6
$w(K_2O+Na_2O)$%	≤0.5	SiO_2: 26				
导热系数/$W \cdot (m \cdot K)^{-1}$	渣球量 (>0.25mm) ≤5%	抗抗热震性 ≥30 次	≤0.17 (300℃)	≤0.35 (350℃)	≤0.40 (350℃)	≤1.8
体积密度/$g \cdot cm^{-3}$	≤0.22	2.0	0.6	≤0.8	≤0.9	≥2.40
耐压强度/MPa		≥40	≥0.8	≥3.0	≥2.5	
重烧线变化率/%	加热线收缩 ≤4% (1150℃×6h)	±0.2 (1150℃×3h)		≤2%(1400℃)	≤2%(1300℃)	0.6 (1550℃)
抗折强度/MPa	含水量 ≤0.5%					2.1 (110℃×24h) 7.8(1400℃)

牌号	JRL-13	JRL-15	JRL-16	JRL-17
材质	黏土隔热砖	硅藻土砖	黏土浇注料	纳米板
使用部位	烟道	烟道	水冷管包扎	保温层

续表 22-66

牌号	JRL-13	JRL-15	JRL-16	JRL-17
$w(Al_2O_3)$/%	40.33		62.41	
$w(SiO_2)$/%		81.21		80
$w(CaO)$/%			5.03	
$w(Fe_2O_3)$/%			1.59	
显气孔率/%			18	
体积密度/$g \cdot cm^{-3}$	0.90	0.65	2.11	0.3
耐压强度/MPa	3.58	3	35(110℃×24h) 33(1100℃×3h)	0.15
抗折强度/MPa	3.1			
耐火度/℃	1710	1440	1790	
安全使用温度/℃			1400	
重烧线变化率/%	-1.0(1300℃×2h)		0.11(1260℃)	
导热系数/$W \cdot (m \cdot K)^{-1}$	0.37(1000℃)	0.2(500℃)	1.2(1000℃)	0.03(600℃)

22.6.2 冲天炉用耐火材料

冲天炉也称化铁炉或翻砂炉，它是一种化铁设备，其工作温度一般为1400~1600℃。冲天炉是由炉底、炉身、前炉和过桥等部分组成的，其结构如图22-43所示。

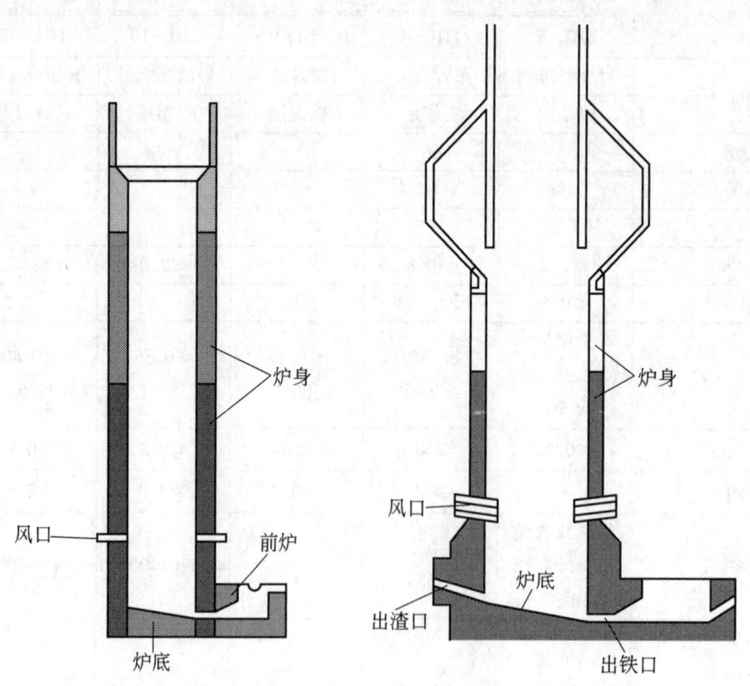

图22-43 不同冲天炉的结构

随着机械铸造工业的发展，需要优质的铸铁质量，因此在冲天炉里，不仅是化铁，而且有合金化的工艺。如加入硅铁、锰铁等合金元素进行脱氧和合金化，实际上完全可以通过加入不同的冶金辅料，以进行进一步精炼，使之冶炼出优质铁铸件。因此翻砂炉用耐火材料必须适应这种发展的需要，应向碱性化的方向发展。对于一般的翻砂炉，多数是不能正常工作，一般用黏土砖和相应的黏土修补料，这样使用寿命只能有一天时间，影响了使用寿命和冲天炉的作业率。影响使用寿命的主要原因是渣的黏度很低，并且碱度低，对炉衬的侵蚀能力很强。如渣的化学组成（$w/\%$）主要为 Al_2O_3：16～25，SiO_2：34～50，FeO：<5，CaO：25～40，R_2O：2～4。由相图可知，它对铝硅系耐火材料和镁质耐火材料的侵蚀是很快的，因此熔化带的耐火材料是极其关键的。下面就不同部位用耐火材料分述如下：

冲天炉的炉底是直接与高温铁水接触，并承受全部炉料的质量，因此它主要受到高温铁水的侵蚀和冲刷。它所用耐火材料应该借鉴高炉底和出铁沟用的耐火材料，即用铝碳化硅炭捣打料或碳质捣打料以及制品为好，这应该成为提高冲天炉底使用寿命的合理选择。而多使用黏土砖以及捣打料显然是不合理的。

冲天炉炉身上段工作层受装料时炉料机械冲击和磨损，故用扇形空心铁砖砌筑，外侧用石英砂填充；炉身下部工作层，特别是风口及以上部分的焦炭燃烧带，温度最高，并且受到熔渣的侵蚀、气流的冲刷和炉料的磨损等作用，损毁最快。根据相图可知，应用抗侵蚀性强的镁铬砖或镁砖为好，优质高强的刚玉砖也应有较好的使用效果。炉身下部工作层的氧化气氛减弱，并且由于焦炭的存在，应该变成了还原气氛，因此炉身下部用 ASC 捣打料及其制品应有较好的使用效果。炉身的其他部位因温度较低而一般用黏土砖或半硅砖就可以有较好的使用效果。炉身的永久层或隔热层一般用黏土质隔热砖或漂珠砖。

对于前炉和过桥部位一般用黏土砖或高铝砖砌筑，它们接触铁水部分用 ASC 捣打料应该有好的效果。接触渣的部分应该用较高碳化硅含量的 ASC 质捣打料、预制件或砖为好。保温层或永久层用黏土砖或轻质黏土砖或漂珠砖。具体每个部位用耐火材料见表 22-67。

表 22-67 冲天炉用耐火材料

牌号		CTL-1	CTL-2	CTL-3	CTL-4	CTL-5	CTL-6
材料		碳质捣打料	黏土砖	ASC 捣打料	镁铬砖	镁铬砖	镁砖
使用部位		炉底	炉底	炉底	炉身中部	炉身中部	炉身中部
$w(Al_2O_3)/\%$			≥40	≥40	≤5	≤5	≤2.5
$w(SiO_2)/\%$					≤3	≤1	≤5
$w(MgO)/\%$					≥70	≥60	≥90
$w(Fe_2O_3)/\%$			≤1.7		≤5	≤12	≤2
$w(Cr_2O_3)/\%$					≥8	≥20	
$w(SiC)/\%$				≥5			
$w(C)/\%$		≥85		≥5			
110℃×24h	耐压强度/MPa	≥10	≥50	≥20	≥25	≥25	≥50
	体积密度/$g\cdot cm^{-3}$	≥1.50		≥2.0	≥2.95	≥3.10	≥2.80
	显气孔率/%	≤26	≤16		≤23	≤23	≤20
热态抗折强度（1400℃×0.5h）/MPa		≥3		≥3		≥5	
荷重开始软化温度/℃			≥1450		1530	1550	1550
1450℃×3h	线变化率/%	±1	0～-0.3	0～-0.5			0～0.3
	耐压强度/MPa	≥8	≥50	≥15	≥25	≥25	≥50

续表 22-67

牌号		CTL-7	CTL-8	CTL-9	CTL-10	CTL-11	CTL-12
材料		刚玉砖	黏土砖	黏土砖	空心铁砖	黏土砖	ASC 砖
使用部位		炉身中部	炉身中部	炉身上部	炉身顶部	炉身下部	炉身下部
$w(Al_2O_3)$/%		≥95	≥40	≥30		≥42	≥40
$w(Fe_2O_3)$/%		≤0.5	≤1.5	≤1.8		≤1.6	≤1.8
$w(SiC)$/%							≥12
$w(C)$/%							≥5
110℃×24h	耐压强度/MPa	≥60	≥50	≥50		≥50	≥25
	体积密度/$g\cdot cm^{-3}$	≥3.00	≥2.20	≥2.20		≥2.20	≥2.50
	显气孔率/%	≤19	≤16	≤16		≤16	≤10
热态抗折强度(1400℃×0.5h)/MPa							≥5
荷重开始软化温度/℃		≥1700	≥1450	≥1450		≥1450	
1450℃×3h	耐压强度/MPa						≥20
	线变化率/%	±0.2	±0.3	±0.5		±0.3	±0.3

牌号		CTL-13	CTL-14	CTL-15	CTL-16	CTL-17	CTL-18	CTL-19
材料		ASC 捣打料	ASC 预制件	ASC 质炮泥	ASC 预制件	黏土砖	ASC 砖	隔热黏土砖
使用部位		出渣口	出渣口	出铁口	出铁口	前炉、过桥，永久层	前炉和过桥	永久层，保温
$w(Al_2O_3)$/%		≥50	≥40	≥20	≥30	≥42	≥40	≥30
$w(Fe_2O_3)$/%		≤0.5	≤1.5	≤1.8	≤1.8	≤1.6	≤1.8	≤1.8
$w(Cr_2O_3)$/%								
$w(SiC)$/%		≥30	≥15	≥10	≥6		≥12	
$w(C)$/%		≥5	≥5	≥30	≥2		≥5	
110℃×24h	耐压强度/MPa	≥20	≥30		≥30	≥50		≥10
	体积密度/$g\cdot cm^{-3}$	≥2.30	≥2.50	≥1.80	≥2.50	≥2.20		≥1.50
	显气孔率/%	≤19	≤16	≤16	≤10	≤16		
热态抗折强度(1400℃×0.5h)/MPa					≥5			
荷重开始软化温度/℃						≥1450		
1450℃×3h	耐压强度/MPa	≥20	≥20		≥20	≥50	≥30	≥10
	线变化率/%	±0.5	±0.5	±0.5	±0.5	±0.3	0.5	±0.6

22.6.3　石灰窑用耐火材料

我国每年消耗大量的石灰，其中钢铁冶炼需要约 9000 万吨，炼铝需要约 1600 万吨，生产电石需要约 2700 万吨，环保脱硫等需要 3000 万吨以上[84]。市场对石灰质量的要求是高活性，且活性越高越好，消耗也越少。

生产活性石灰的窑型主要有两大类：即竖窑和回转窑。它们的结构示意图如图 22-44 所示。

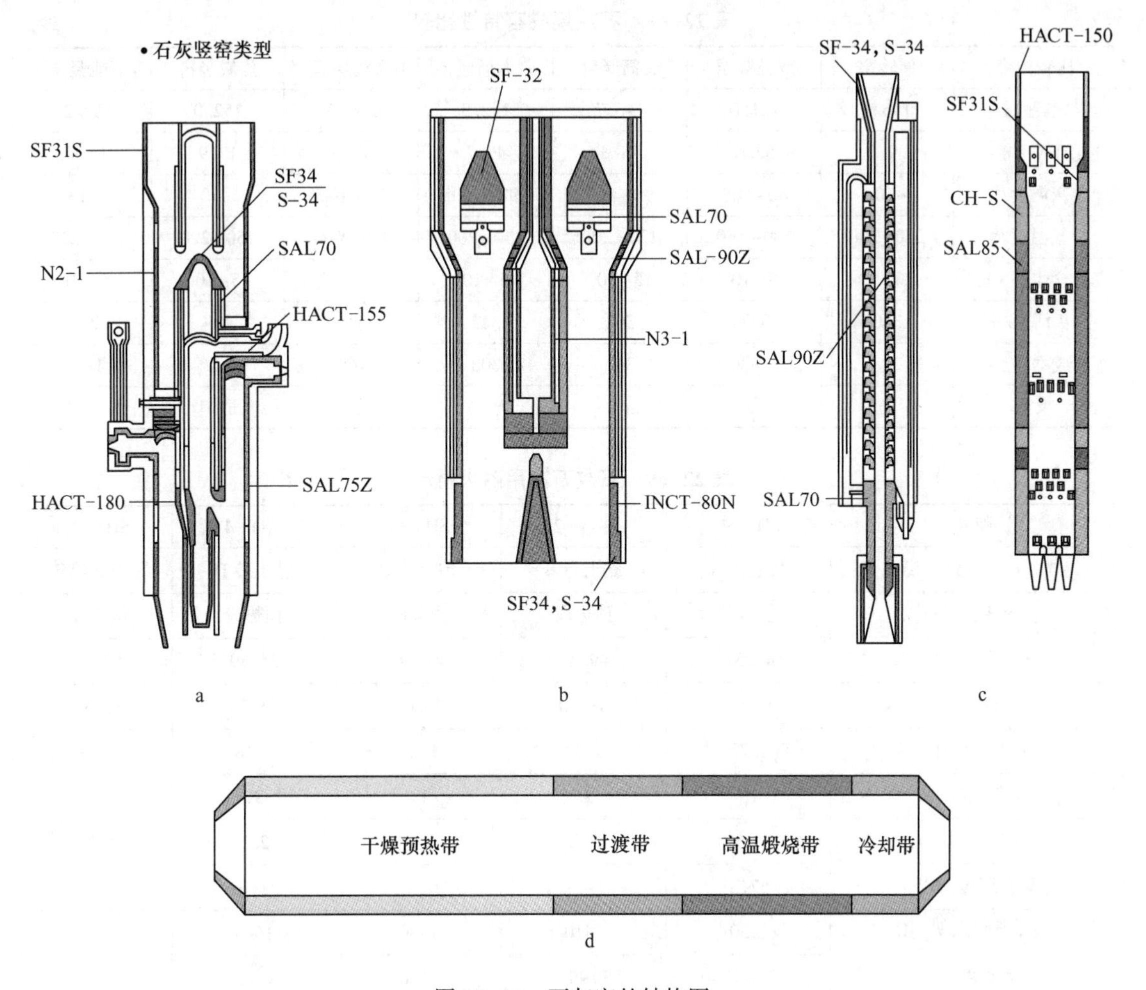

图 22-44　石灰窑的结构图

a—套筒式石灰竖窑；b—并流蓄热式双膛石灰竖窑(麦尔兹)；c—双梁式石灰竖窑；d—回转窑

如瑞士麦尔兹公司的并流蓄热式双膛竖窑、意大利弗卡斯公司的双梁竖窑和环形套筒竖窑、意大利西姆公司的双 D 窑等是非常有名的竖窑。对比回转窑和竖窑，回转窑生产石灰质量最佳，活性高和质量稳定，适用于大规模生产。但占地面积大、投资高且热耗偏高，适用于煅烧小粒度石灰；竖窑生产石灰质量略低于回转窑，但占地面积小、投资低、热耗低。它们特性比较见表 22-68。

石灰回转窑配备了冷却器和预热器(分竖式预热器和炉箅预热器)，它们的工作温度一般低于 1100℃。在预热器内石灰石被加热到 700~900℃，分解 20%~30%的原料进入回转窑。使用黏土质等铝硅系耐火材料，为了便于机械化施工和消除砖缝以防止漏气，现在多用浇注料、湿式喷射料和可塑喷补料等不定形耐火材料，使用寿命已经达到 10 年以上[85]。为了节能保温，在结构上采用多层的保温结构，如保温层和工作层，这两层都用喷补方法进行施工。侧墙和炉顶部位选择黏土质可塑喷补料，结构采用瓦锚固支撑。侧墙下部采用莫来石质湿式喷补料，结构采用 Y 形金属锚固支撑。

预热器的最外层采用纤维系隔热浇注料，施工厚度 50mm，然后用隔热浇注料喷补施工 65mm 厚。工作层用湿式喷补料，施工厚度 230mm。材料的性能见表 22-69[85]。

表 22-68　石灰烧成窑特性比较

比较内容	回转窑	双膛竖窑	套筒竖窑	弗卡斯竖窑	国立气烧竖窑	焦炭竖窑	节能竖窑
标煤燃耗/$kg \cdot t^{-1}$	156.1	121.0	146.7	142.3	206.3	152.0	153.2
电耗/$kW \cdot h \cdot t^{-1}$	39.7	52.0	43.3	49.7	43.6	17.9	14.9
出灰温度/℃	~100	60~100	90~160	90~160	70~100	~70	~60
废气温度/℃	250~300	100~160	130~200	130~200	450~600	150~220	150~220
废气含尘/$g \cdot m^{-3}$	20~50	5~10	5~10	5~10	5~8	5~10	5~10
石灰活度/mL	350	343	362	322	321	279	290
生产成本/元$\cdot t^{-1}$	288	283	342	300	269	222	169
投资	高	高	高	较高	适中	适中	低

表 22-69　石灰石窑用耐火材料

牌号	SHY-1	SHY-2	SHY-3	SHY-4	SHY-5
材质	黏土砖 A	黏土砖 B	黏土砖 C	黏土砖 D	黏土隔热砖
使用部位	预热段	预热段	预热段	预热段	预热段
$w(Al_2O_3)$/%	46.52	49.47	47.74	55.89	52.80
$w(SiO_2)$/%	50.06	48.10	48.66	41.16	41.63
$w(Fe_2O_3)$/%	1.72	1.34	1.62	1.18	1.53
显气孔率/%	18	22	17	21	
体积密度/$g \cdot cm^{-3}$	2.3	2.2	2.3	2.3	0.47
耐压强度/MPa	57.3	54.1	62.6	110	0.71
荷重软化点 T_2/℃	1530	1410	1380	1640	
耐火度/℃	1730~1750	1750~1770	1710	1750~1770	
重烧线变化率/%	−0.5~0 (1400℃×3h)	−0.6~0 (1400℃×3h)	±0.5 (1400℃×3h)		0.14 (1000℃×3h)
线膨胀率/%	0.71(1000℃)	0.61(1000℃)	0.5(1000℃)		
抗热震性/次	6	6	6		
导热系数/$W \cdot (m \cdot K)^{-1}$					0.156(350℃)
牌号	SHY-6	SHY-7	SHY-8	SHY-9	SHY-10
材质	高强度浇注料	高强浇注料	高强浇注料	高铝砖	隔热板
使用部位	预热段	煅烧带	煅烧带	煅烧带	预热段
$w(Al_2O_3)$/%	>50	>70	>80	>80	55.89
$w(SiO_2)$/%	<40	<21	<10	<10	<40
显气孔率/%	≤18	≤18	≤18	≤20	≥45
体积密度/$g \cdot cm^{-3}$	≥2.5	≥2.7	≥2.8	≥2.85	≤1.5
耐压强度/MPa	≥60	≥60	≥70	≥60	≥5
导热系数/$W \cdot (m \cdot K)^{-1}$					≤0.5(800℃)

续表 22-69

牌号	SHY-11	SHY-12	SHY-13	SHY-14	SHY-15
材质	镁铬砖	高强保温浇注料 A	镁铝砖	硅质纳米板	高强保温浇注料 B
使用部位	回转窑煅烧带	煅烧带保温	回转窑煅烧带	贴钢壳保温	保温
$w(MgO)/\%$	79		80		
$w(Cr_2O_3)/\%$	8.77				
$w(Al_2O_3)/\%$		≥60	>6		≥40
$w(SiO_2)/\%$				≥90	
$w(Fe_2O_3)/\%$	≤5				
显气孔率/%	17.6	≥50	≤17	≤17	≥50
体积密度/$g \cdot cm^{-3}$	3.05	≤1.35	3.03	3.05	≤1.25
耐压强度/MPa	105.5	≥30	≥50	≥60	≥30
耐火度/℃	>1790	使用温度 1500℃	>1790	>1790	使用温度 1300℃
荷重软化点 T_2/℃	1650		>1700	>1700	
抗折强度/MPa		≥2.0(110℃×24h) ≥1.5(1000℃×3h)			
重烧线变化率/%	±0.3 (1500℃×3h)	±0.4 (1000℃×3h)	±0.3 (1500℃×3h)	±0.3 (1500℃×3h)	
导热系数/$W \cdot (m \cdot K)^{-1}$		0.45(350℃)			0.35(350℃)

项目	可塑喷补料	湿式喷补料	干式喷补料	隔热喷补料	绝缘纤维喷补料	浇注料	黏土砖
应用区域	预热器	预热器	预热器	预热器	预热器	预热器	预热器
施工方法	喷补	喷补	喷补	喷补	喷补	浇注	砌筑
$w(Al_2O_3)/\%$	37	62	32	24		45	40
$w(SiO_2)/\%$	56	33	55	46			
体积密度/$g \cdot cm^{-3}$	2.15	2.45	2.00	1.30	0.32	2.4	2.2
抗折强度/MPa	3.5	18	7	1.5	0.04	15	
导热系数(1000℃)/$W \cdot (m \cdot K)^{-1}$	0.96	1.63	0.91	0.33 (800℃)	0.085 (800℃)	1.53	1.2

回转窑煅烧石灰具有活性高(活性度正常生产 360~420mL)、质量均匀稳定、自动化程度高等优势,特别是在炼钢领域,绝大多数钢企使用回转窑石灰。石灰回转窑生产的石灰活性高,硫含量低,是生产优质钢和特种钢的必备产品。

回转窑由预热器、回转窑本体和冷却器三部分组成。回转窑与竖窑相比较,因窑体运动而受到更高温热冲击、机械磨损、结构应力以及化学侵蚀的影响,使用条件非常苛刻,因此对耐火材料衬的要求更高。

回转窑预热器用耐火材料前面已经介绍,本体部分有两种形式:即不烧磷酸盐高铝砖或烧成高铝砖砌筑而成和采用低水泥高铝浇注料浇注而成。不同段带使用材料档次不同。

(1)预热段:窑尾向前温度逐步升高,大约超过窑体总长三分之一或达到接近二分之一长度，可以看作预热带。温度从窑尾的900～1000℃逐步提高到1200℃以上，对材料的要求主要为强度高、耐磨性好、有一定的抗热震性，此阶段一般采用致密黏土砖或高等级黏土砖。为了延长使用寿命，现在大多选用高铝砖代替黏土砖，砌筑时一般不用永久层，用火泥湿砌或采用相应的浇注料。

(2)过渡带(扬料带)：此段温度为1200～1300℃，是石灰石向烧成带运行的过渡阶段，此阶段温度变化较大，要求此阶段材料的抗热震性和材料强度要高，一般选用B-HM55莫来石砖或相应成分的浇注料。同时，在该阶段为了使料分布均匀和受热均匀，在砌筑时一般在长度方向加3条左右的凸起的扬料带来带动原料翻转，该凸起材料一般选用同材质预制块。该段砌筑时用莫来石砖和火泥直接砌筑。

(3)高温带。高温带紧邻烧成带，使用温度1300～1400℃，温度变化频繁，该段要求材料具有较高的荷重软化开始温度和较高的体积稳定性(重烧为微膨胀)，较好的抗热震性。一般选用特殊高铝砖与火泥配合直接砌筑或相应的高铝浇注料。此段代表材料为Al_2O_3含量为70%左右的高铝砖或浇注料。

(4)烧成带：烧成带是石灰的最终反应阶段，温度在1400～1500℃，由于石灰的活性要求越高，其烧成温度就越高。据此原因，此段采用永久隔热层，并要求隔热材料要有相当的强度，防止被工作层磨损粉化。此段材料采用富镁尖晶石砖，采用无火泥干砌，砖与砖中间加钢板；在高温时，钢板与材料生成镁铁尖晶石，牢固粘接在一起。

(5)冷却带：冷却带很短，只有几环砖或浇注料，温度为1300～1400℃，一般用Al_2O_3含量为70%左右的高铝砖或浇注料。

回转窑散热面积大，比竖窑的热损失要多。为了保证节能，现在的很多耐材厂家采取的主要措施有：

(1)机压砖，在重质砖后边先砌一层轻质永久层砌筑方式：在砖靠近窑壳端，加轻质或半轻质高铝砖作为永久层，能够比不加保温层降温20～40℃；但缺点是，轻质砖强度低，长时间运转，粉化严重，导致工作层重质砖抽砖或掉砖。

(2)机压复合保温砖：在砖后部加半轻质材料一次成型，利用锯齿状复合的形式，确保两种材质粘在一起不分离；能够有效降低窑壳温度30～50℃甚至更高，效果相对较好，并且砖的整体性好。其缺点：两种材质线变化很难保证相同，易产生裂纹，使用时易产生相对位移而出现磨损，导致工作层重质部分出现抽砖或掉砖现象。

不烧的磷酸盐结合机压砖，两种材质在使用过程中因线变化不同而易产生裂纹，轻质部分磨损粉化，导致抽砖或掉砖现象。

(3)预制砖和现场浇注砌筑方式：在砖下边和浇注料中加入轻质保温材料(有轻质浇注料型、铺纤维毡型等)，保温效果不错，窑壳温度能够控制到220～250℃。其缺点是：纤维材料和轻质材料长期使用后易产生粉化，导致保温效果变差，同时砖体结构强度降低，出现掉砖或剥落的可能。

国内某公司针对以上情况进行了创新性改进，采用了高强纳米材料和特殊的复合结构，在直径为4m的回转窑高温带使用，窑壳温度由以前的390℃降低到210～230℃，并且能够保证长期使用，砖的整体强度不受影响，安全系数较高。

采用铝硅不定形耐火材料喷补修复石灰回转窑是一个非常好的方法，喷一次可以使用4年[86]。赵雷[87]对鞍钢鲅鱼圈钢铁分公司炼钢部石灰回转窑节能保温和抗剥落进行了改进。预热带原配置是轻质高铝砖+工作层优质黏土砖，停修观察：黏土砖经常出现坍陷、凸起和下部孔洞，认为是轻质砖强度低造成的。改进取消轻质砖，导致使用寿命由4个月增加到1年以上。煅烧带用高铝砖，当烧成温度过高时，出现熔蚀和剥落。采用轻质隔热砖+镁铝砖，使窑壳温度平均降低30℃，平均石灰能耗减少约2%，使用寿命达到了1年以上，生产成本节约9.14元/t石灰。窑壳温度如图22-45所示。

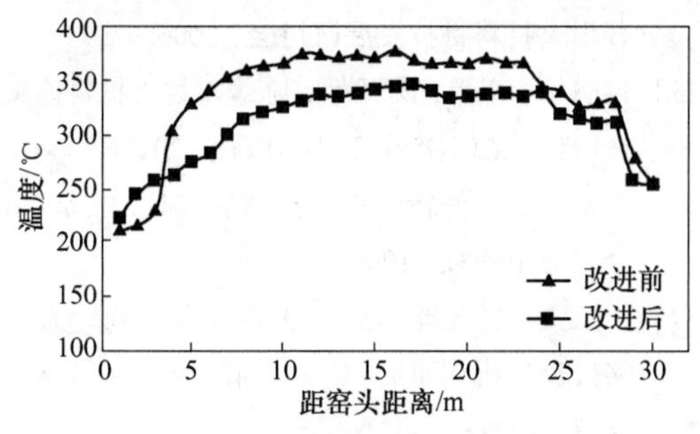

图 22-45 使用新型隔热材料前后筒体煅烧带温度对比

石灰窑用耐火材料的发展方向。不管是竖窑,还是回转窑,其非煅烧带所用耐火材料的材质是铝硅质的,这能满足使用要求,材质上不会有大的变化。其发展是向不定形化方向发展,即由有砖向喷补料方向发展,这样有利于机械化操作,减少了劳动强度和提高了使用寿命。对于煅烧带,大型石灰窑的高温区,温度较高,由高铝系材料向镁铝系材料发展,即用镁铝系材料的越来越多,使用砖的比例在减少,喷补造衬的比例在增大。用不定形耐火材料的修补维护促进使用寿命增加的趋势越来越明显。

包括石灰窑等热工窑炉节能保温的发展方向。采用高强纳米保温材料是一个发展趋势,石灰窑的节能保温是一个发展方向,这对环保和降低成本是有重要意义的。

参考文献

[1] 大冢纯一,张国富 . SCOPE21 炼焦工艺的开发及其焦炉结构特点[J]. 燃料与化工,2001(2):100~105.

[2] 古田周平,徐庆斌 . 降低焦炉 NO_x 的燃烧结构的开发[J]. 燃料与化工,2006(5):60~65.

[3] Jesch P, 吕峻 . 现代焦炉用高密度硅砖[J]. 耐火与石灰, 1990, 15(8):24~29.

[4] 孙秉侠 . 超高密度硅砖[J]. 国外炼焦化学, 1990, 9(4):46~50.

[5] 陶若璋 . 中国钢铁工业用耐火材料的发展[C]//1996 国际耐火材料及工业炉窑展览会技术研讨会,1996.

[6] 宋木森,邹祖桥,于仲洁 . 我国高炉耐火材料发展现状[J]. 中国冶金,2005(11):6~10.

[7] 敖爱国,梁利生,贾海宁 . 宝钢湛江钢铁高炉系统耐火材料的配置与应用[J]. 耐火材料,2018, 52(1):35~39.

[8] 王冰,孟淑敏,贾利军,等 . 高炉炉底、炉缸新型耐材及其结构的设计与应用[J]. 工业炉,2016, 38(3):60~64.

[9] 左海滨,王聪,张建良,等 . 高炉炉缸耐火材料应用现状及重要技术指标 [J]. 钢铁, 2015, 50(2):1~6.

[10] 秦岩,刘国涛,童则明,等 . 高炉用铝碳化硅质喷补料的研制[J]. 硅酸盐通报,2011,30(3):652~655.

[11] 李鹏,丛培源 . 高炉喷补技术的应用与发展[J]. 工业炉,2017,39(3):32~34.

[12] 熊继全,李鹏,彭云涛,等 . 一种硅溶胶结合高炉压入料的性能及应用[J]. 耐火材料,2011, 45(5):367~368.

[13] 徐国涛,张洪雷,王悦,等 . 高炉树脂结合硬质压入修补料的研究[J]. 钢铁研究,2006(3):7~9.

[14] 程鹏,魏建修 . 高炉铁沟用快速修补耐火材料的研发与应用 [J]. 工业炉, 2019, 41 (1):53~56.

[15] 田守信, 姚金甫, 刘振军,等 . Al_2O_3-SiC-C 质热态湿式喷射浇注料的研究[J]. 耐火材料, 2005, 39(6):426~428.

[16] 李红霞 . 耐火材料手册[M]. 北京:冶金工业出版社, 2007.

[17] 李博知,曹枫 . 铁水预处理用耐火材料的现状与发展方向[J]. 中国冶金,2005(5):10~12.

[18] 徐国涛,杜鹤桂 . 铁水预处理用耐火材料的研究与进展[J]. 钢铁研究,1998(2).

[19] 吴学真,张晔,郭立中 . 铁水预处理用 Al_2O_3-SiC-C 砖的使用及其损毁机理[J]. 耐火材料, 1997(2):82~84.

[20] 甘菲芳,陈荣荣,阎文龙 . 铁水预处理用喷枪浇注料的研制与使用[J]. 耐火材料, 2001 (4):216~218.

[21] 段斌文,田凤山,朱新伟. 叶蜡石加入量对铁水包用铝碳材料性能的影响[J]. 耐火材料, 2017, 51(1):61~62.

[22] 范万臣,祝少军,曹勇. 首钢京唐公司铁水包用耐火材料性能评估[J]. 耐火材料,2010, 44(5):394~396.

[23] 徐延庆, 邢守渭, 王金相,等. 钢铁工业用耐火材料的进展[J]. 中国冶金, 1999(3): 27~29.

[24] 张艳利,王宪,贾全利. 炼钢电炉用耐火材料的现状和发展[J]. 耐火与石灰,2019,44(3): 7~13.

[25] 高华. 转炉维护用耐火材料的使用技术及展望[J]. 耐火材料,2018,52(6):470~474.

[26] 刘浏,佟溥翘,郑丛杰,等. 炼钢多功能环缝式供气元件:北京,CN101487072[P]. 2009-07-22.

[27] 郑丛杰, 阎占辉, 佟溥翘,等. 首钢大型复吹转炉底部供气元件供气能力研究[C]// 2005 中国钢铁年会论文集(第3卷),2005.

[28] 田守信, 陈荣荣, 吴建生. 直流电弧炉用导电耐火材料[J]. 耐火材料, 2000, 34(1): 35~47.

[29] 田守信,蓝振华,王礼玮,等. 直流电弧炉底电极结构及其应用:上海,CN107270701A[P]. 2017-10-20.

[30] 田守信. 石墨含量对 MgO-C 材料导电率的影响[J]. 耐火材料, 1994, 28(2):96~98.

[31] 蒋久信, 张国栋, 李纯,等. 石墨对 MgO-C 耐火材料导电性能的影响[J]. 耐火材料, 2002, 36(6):329~332.

[32] 贺中央, 徐明星, 史道明. 影响 HP/UHP 电炉顶中心区小炉盖使用寿命因素分析[C]// 全国耐火材料青年学术报告会, 2001.

[33] 张光明, 李平, 陶贵华,等. 中频感应炉用耐火材料的应用现状及发展趋势[C]// 2015 耐火材料综合学术年会暨第十三届全国不定形耐火材料学术会议、2015 耐火原料学术交流会,2015.

[34] 刘开琪. 无芯中频感应炉用耐火材料的现状与发展[C]// 耐火材料杂志社创刊四十周年暨耐火材料科技发展研讨会, 2006.

[35] 蒋明学, 李勇, 陈开献. 陈肇友耐火材料论文选[M]. 北京:冶金工业出版社, 2011.

[36] 王诚训. 炉外精炼用耐火材料[M]. 北京:冶金工业出版社, 1996.

[37] 于燕文, 赵玉玺, 宫波. AOD 炉渣与再结合镁铬砖反应机理研究[C]// 国际耐火材料学术会议, 1998.

[38] 彭攀, 宋君祥. 炉外精炼用耐火材料[J]. 特钢技术, 1994(2):74~78.

[39] 王晓阳. 不锈钢炼制过程中耐火材料的选择[J]. 国外耐火材料,1998(1):3~5.

[40] 张朝霞. 太钢不锈钢冶炼用耐火材料的现状及发展[J]. 中国冶金,2006(1):4~8.

[41] 梁义兵,宫波. 不锈钢冶炼用耐火材料的现状及其发展[J]. 耐火材料,2013,47(4):294~297.

[42] 郁福卫,倪冰,王保卫. 提高 100t 精炼钢包包衬寿命的途径[J]. 河南冶金,2001(4):5~6.

[43] 田守信. 钢包操作条件对耐火材料使用寿命的影响[J]. 山东冶金, 2009.

[44] 王守权. RH 炉下部槽用耐火砖的常温续补方法[J]. 国外耐火材料,1999(8):3~5.

[45] 廖建国. RH 设备用耐火材料的不定形化技术[J]. 国外耐火材料,1999(3):3~5.

[46] 杨时标,邱文冬,阮国智,等. 连铸功能耐火材料用原料的发展趋势[J]. 耐火材料,2015,49(6):465~469.

[47] 罗伯钢, 邵俊宁, 曾立,等. 小方坯连铸中包长寿及定径水口快速更换技术[J]. 炼钢, 2004(1):1~3.

[48] 孙宁刚,王宪经. 连铸中间包快速更换定径水口技术的应用[J]. 河北冶金, 2008(2): 17~19.

[49] 李伟,童则明,李彦明. 金属 Al 结合低碳滑板的研究进展[J]. 硅酸盐通报, 2015, 34(5): 1325~1328.

[50] 卜景龙,杨晓春,王志发,等. 金属-氮化物结合刚玉质滑板的结构与性能[J]. 过程工程学报,2005(3):313~316.

[51] 田守信．新型铝炭材料的开发[J]．耐火材料，39(1)：80.

[52] 蒋欢杰，吴燕萍，颜飞．滑板挡渣技术在转炉出钢中的应用[J]．工业加热，2015，44(4)：71~73.

[53] 雷加鹏．转炉挡渣工艺的发展与应用[J]．南方金属，2018(1)：12~16.

[54] 罗仁辉，林文辉，邹锦忠，等．210t 转炉滑板挡渣技术应用实践[J]．江西冶金，2015，35(3)：1~4.

[55] 魏同，桂明玺．连铸用耐火材料的现状及其今后发展趋势[J]．国外耐火材料，1999，24(11)：3~13.

[56] 田守信，牟济宁．连铸用耐火材料及其进展[J]．中国冶金，2003，65(4)：41~44.

[57] 陈树江．连铸中间包用主要耐火材料的现状及其发展[J]．钢铁研究，1998(5)：50~55.

[58] 吴武华，薛文东，高长贺，等．连铸中间包工作衬的历史及其最新研究进展[J]．材料导报，2006，20(z2)：418~421.

[59] 李红霞，刘国齐，杨彬，等．连铸用功能耐火材料的发展[J]．耐火材料，2001(1)：45~49.

[60] 裴恒敏，李崇，陈剑东，等．中间包镁质涂抹料和定径水口快换技术的应用[J]．山西冶金，2004(4)：45~46.

[61] 陈向阳，付波，杨君胜．连铸中间包定径水口快速更换与中间包长寿技术[J]．耐火材料，2002，36(6)：342~345.

[62] 周文奎．板坯连铸中间包快换工艺实践[J]．天津冶金，2009(3)：9~11.

[63] 姚金甫，田守信，陈荣荣，等．中间包永久衬浇注料的损毁原因及其改进[J]．耐火材料，2001，35(6)：342~344.

[64] 吴胜利．钒铁冶炼炉渣用于中间包永久层浇注料的研究[J]．中国资源综合利用，2014(6)：13~15.

[65] 解西军，王敬兰，林佩玉，等．中间包永久层用浇注料的研制与应用[C]//2011 全国不定形耐火材料学术会议论文集，上海，2011：369~371.

[66] 陈金荣，于燕文．宝钢中间包内衬结构优化及保温技术应用[J]．耐火材料，2019，53(1)：50~53.

[67] 田守信，姚金甫，严永亮．超轻质镁质中间包涂料的研制与使用[J]．耐火材料，2002，36(4)：218~220.

[68] 罗志勇，刘开琪，王秉军，等．高铝轻质骨料对高速连铸中间包永久衬浇注料性能的影响[C]//2015 耐火材料综合学术年会(第十三届全国不定形耐火材料学术会议和 2015 耐火原料学术交流会)论文集(2)，青岛，2015：102~104.

[69] 卢艳霞，唐建平，关艳．提高中间包包盖使用寿命的研究[J]．鞍钢技术，2011(2)：41~45.

[70] 谢健，吴勇来．气幕挡渣堰的设计与应用[J]．工业加热，2009，38(6)：65~67.

[71] 张晓丽，王启炯，邵毅峰，等．中间包镁质挡渣堰的研制与使用[J]．耐火材料，2003(5)：306~307.

[72] 桂明玺．中间包用碱性挡渣堰砖的开发与应用[J]．耐火与石灰，2002，4(4)：10~15.

[73] 丰文祥，牛俊高，何会敏，等．中间包镁钙质喷涂料及高钙覆盖剂对钢水洁净度的影响[J]．钢铁，2002(8)：25~27.

[74] 吴华杰，程志强，金山同，等．镁钙质和镁质中间包涂料对钢液洁净度的影响[J]．耐火材料，2002，36(3)：145~147.

[75] 田守信，叶长宏，姚金甫，等．双辊薄带连铸侧封板及其制作方法：上海，CN101648260[P]．2010-02-17.

[76] 刘孟，宋仪杰，徐晓虹，等．薄带连铸用侧封板材料的研究现状[J]．材料导报，2014，28(13)：117~121.

[77] 杨竣，袁章福，于湘涛，等．薄带连铸侧封板材料及技术的研制现状[J]．中国冶金，2018，28(12)：1~6.

[78] 陈磊，王玉金，魏博鑫，等．薄带连铸用氮化硼复相陶瓷侧封板及其制备方法：黑龙江，CN105218105A[P]．2016-01-06.

[79] 刘鹏举，赵斌元，田守信，等．薄带连铸侧封技术的研究现状及发展趋势[J]．耐火材料，2008(4)：294~298.

[80] 陈磊，王玉金，周玉，等．薄带连铸用侧封板材料

的研究进展[J]. 耐火材料, 2014, 48(2): 155~160.

[81] 张念伟,虞璐,张文杰,等. 一种铁基非晶宽带制备用合金钢液的冶炼工艺: 浙江, CN103937928A[P]. 2014-07-23.

[82] 张晓明,张洲,张晓东. 用于非晶带生产的单辊压力制带机:江苏,CN204817960U[P]. 2015-12-02.

[83] 虞璐,胡柳亮,孙钡钡,等. 一种非晶制带用喷嘴:浙江,CN206677138U[P]. 2017-11-28.

[84] 韩海照, 许瑞杰, 闫炳宽. 2018 年度回转窑技术发展报告[J]. 耐火与石灰, 2019, 44(2): 1~4.

[85] 魏博. 石灰窑预热器耐火材料的不定形化[J]. 耐火与石灰,2015,40(3):36~39.

[86] 秦福礼. 采用不定形耐火材料喷补修复石灰窑炉衬的研制及应用[J]. 耐火与石灰,2007(2):4~7.

[87] 赵雷. 石灰窑耐火材料脱落原因及改进措施[J]. 耐火与石灰,2014,39(4):5~7.

[88] 甘菲芳,薄钧,徐志栋,等. 焦炉用高导热硅砖:上海,ZL 2013 1 0146445.6 [P].2013-04-25.

[89] 甘菲芳,程乐意,徐志栋,等. 一种焦炉炉门用耐火材料:上海,ZL 2006 1 0030595.0 [P]. 2006-08-30.

[90] 甘菲芳,徐志栋,姜伟忠,等. 一种焦炉装煤口用耐火材料:上海,ZL 2008 1 0037994.9 [P]. 2008-05-23.

23 有色冶金工业用耐火材料

有色金属工业在国民经济中占有极其重要的地位,应用十分广泛,其品种繁多,大致可分为重金属、轻金属和稀土金属三大类。生产数量大和使用普遍的有色金属有铝、铜、铅、锌、镍等五种金属,有色冶金炉用耐火材料的消耗约占耐火材料总消耗量的10%。本章主要介绍了铝、铜、铅、锌、镍以及金银冶炼用耐火材料。

23.1 炼铝用耐火材料

23.1.1 氧化铝气体悬浮焙烧炉用耐火材料

氢氧化铝焙烧是氧化铝生产过程中的最后一道工序,主要是脱除氢氧化铝滤饼中的附着水、结晶水,并将一部分γ型氧化铝转化成α型氧化铝。国内主要氧化铝厂家的氢氧化铝焙烧已全部或部分采用引进的流态化焙烧装置。流态化焙烧装置分流态化闪速焙烧炉、循环流化床焙烧炉、悬浮焙烧炉三种炉型,虽然所使用的耐火材料不尽相同,但都大量使用不定形耐火材料(耐火可塑料或耐火浇注料),其用量占所用耐火材料的50%~70%;其他材料还包括黏土砖、隔热材料(纳米绝热板、耐火纤维板、硅酸钙板和轻质保温砖)等。

氧化铝气体悬浮焙烧炉是用来焙烧氢氧化铝的专用设备,其工艺及自动化水平都很高,焙烧过程高温炉体的工作温度约1200℃,高速的条件下完成,同时由于所处理的氧化铝物料硬度较大,流动性好,对氧化铝产品的质量有很严格的要求,内衬材料任何杂质的混入都直接影响产品的性能,因此要求耐火材料必须满足下列条件:耐高温、耐磨损、强度高、热稳定性能好,整体性好,密封性强。国内某公司氧化铝气体悬浮焙烧炉用材料的性能指标见表23-1。

表23-1 国内某公司氧化铝气体悬浮焙烧炉用浇注料和喷涂料的性能指标

牌号		SLH-1	SLH-2	SLH-3	SLH-4
$w(Al_2O_3)$/%		≥45	≥65	≥65	≥45
体积密度/g·cm^{-3}	110℃×16h	2.30	2.35	2.35	2.30
	500℃×3h	2.30	—	—	2.28
	1200℃×3h	—	2.30	2.30	—
常温耐压强度/MPa	110℃×16h	65	80	60	50
	500℃×3h	80	—	—	50
	1200℃×3h	—	90	60	—
常温抗折强度/MPa	110℃×16h	10	12	8	8
	500℃×3h	10	—	—	8
	1200℃×3h	—	14	8	—
线变化率/%	110℃×16h	-0.01	-0.01	-0.05	-0.05
	500℃×3h	-0.1	—	—	-0.3
	1200℃×3h	—	±0.3	±0.3	—
耐火度/℃		1710	1770	1730	1690
安全使用温度/℃		1100	1300	1300	1100

续表 23-1

牌号	SLH-1	SLH-2	SLH-3	SLH-4
施工加水量/%	6~8	6~8	—	—
推荐用量/t · m^{-3}	2.50	2.60	3.30	3.25
特性	体积稳定性好,低中温强度大,耐冲刷,耐磨损,抗热震		附着力强,体积稳定,抗热震,耐冲刷,低中温强度大	
用途	中低温衬体的浇注施工	高温衬体的浇注施工	高温衬体及难度大部位喷涂施工	中低温衬体及难度大部位喷涂施工

23.1.2 铝电解槽用耐火材料

现代原铝工业生产采取冰晶石-氧化铝熔盐电解法(又称 Hall-Héroult 熔盐电解法),电解槽是其核心设备,其基本结构图如图 23-1 所示。

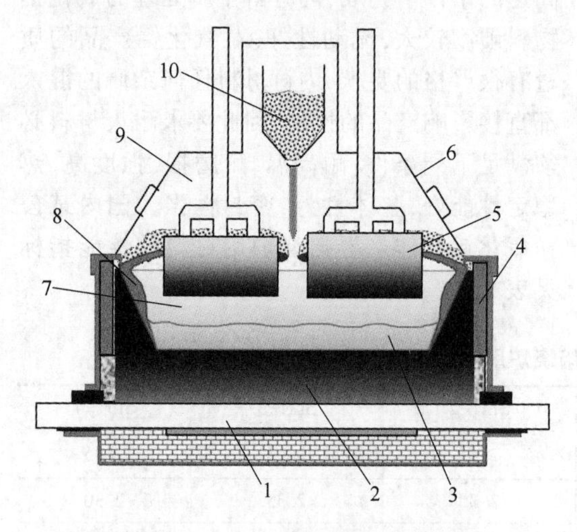

图 23-1 铝电解槽断面示意图

1—阴极钢棒;2—阴极炭块;3—熔融铝液;4—SiC 质材料侧壁;5—预焙烧炭阳极;6—集气罩;7—电解质;8—侧部凝固电解质;9—阳极爪;10—氧化铝料斗

电解槽通常为矩形钢壳,侧衬主要为碳化硅质砖。电解槽中悬有若干个预焙炭阳极,其炭质槽底为阴极。铝电解采用冰晶石、氟化铝、氟化锂等熔液为电解质,在 970℃左右将 Al_2O_3 熔化,在电场力的作用下电离,电解还原出来的金属铝熔体沉积于槽底阴极,阳极放出的氧与炭阳极反应生成 CO_2 或 CO。电化学反应放出的热量使电解液与铝保持熔融状态,隔一定时间从槽内抽出铝液,并向槽内补充一定量的氧化铝与冰晶石[3~6];电解温度为900~1000℃。

23.1.2.1 铝电解槽阴极耐火材料

铝电解槽阴极材料的主要要求是:要具有良好的导电性并能抗高温下冰晶石、NaF 和铝液的侵蚀。在电解槽底工作层过去一般用炭块砌筑,但因碳与钠的反应形成新化合物,砖衬结构松弛,强度降低,炭块出现裂缝;随后电解质和铝液沿裂缝渗入,在高温下铝与碳反应生成 Al_4C_3、Al_4C_3 与碳结合松散,从而使裂缝扩展,最终导致电解槽槽壳变形及内衬的严重蚀损而缩短使用寿命。因此,电解槽槽底阴极材料由原来的无定形炭块逐步改为现在普遍采用的石墨质、半石墨质、半石墨化或石墨化炭块[3,4]。

23.1.2.2 铝电解槽侧墙材料

铝电解槽侧墙内衬的损毁主要原因有:从钢壳与砖衬间吸入空气引起材料的高温氧化;高温下冰晶石、NaF 和铝液的侵蚀;熔体流动造成的冲刷;温度波动及热膨胀引起热应力。

20 世纪 90 年代中期前,铝电解槽的侧墙一直沿用无定形炭块、石墨炭块等,这类材料最致命的缺点是抗氧化性能差、强度低。而现在的铝电解槽侧墙几乎全部采用碳化硅质材料,基于以下几个优势:

(1)与炭质材料相比,具有优异的抗氧化性以及抗铝液、冰晶石侵蚀性能。

(2)导热性好,易在侧墙内侧快速形成稳定的保护性凝固电解质(俗称"炉帮"),有效延长了侧墙寿命,同时维持了槽体内部的热平衡。

(3)以上两点意味着碳化硅侧墙厚度可以大为减小(根据不同的槽型设计,目前采用的氮化硅结合碳化硅侧墙厚度通常为 50~100mm),

增加了电解槽容积以及电解铝的产出率。

(4)电阻率大,减少侧壁的电流损失。

铝电解槽侧墙最广泛应用的碳化硅质材料为氮化硅结合碳化硅耐火材料。随着越来越多大型铝电解槽(电流不小于500kA)的应用,槽电流增加,电解液扰动加剧,对侧部碳化硅材料的抗冰晶石侵蚀性、热导性等提出了更高的要求,因此市场上开发出了一种以β-SiC为结合相的碳化硅质耐火材料(自结合碳化硅材料),与常用的氮化硅结合碳化硅材料相比,该新材料碳化硅含量高[w(SiC)≈95%],热导率高,抗冰晶石侵蚀性更优异。

氮化硅结合碳化硅砖和自结合碳化硅砖的性能指标见表23-2。

表23-2 氮化硅结合碳化硅砖和自结合碳化硅砖典型理化性能指标

项目	Si_3N_4 结合 SiC	β-SiC 结合 SiC
w(SiC)/%	74	94
$w(Si_3N_4)$/%	22	
w(Si)/%	0.3	0.3
w(Fe)/%	0.4	0.3
显气孔率/%	15	13.5
体积密度/g·cm^{-3}	2.70	2.73
常温耐压强度/MPa	230	220
常温抗折强度/MPa	50	45
高温抗折强度(1400℃×0.5h)/MPa	55	50
热导率(1000℃,激光闪烁法)/W·(m·K)$^{-1}$	19	22
抗冰晶石侵蚀性(LIRR方法,1000℃×24h)/%	10	5

注:以上数据基于标砖检测数据,实际大尺寸制品有所波动。

23.1.2.3 电解槽用干式防渗料

在电解铝生产中,Na与NaF的蒸气和液体能通过槽底阴极材料渗入下面隔热层。隔热层渗入NaF等后热导率增加,电解槽热效率降低,工作状况恶化,直至槽子破损。阴极材料下面“阻挡层”即在阴极耐火材料与保温材料间夹一层能阻止电解质渗透的材料,又具有良好的保温性能。一种“阻挡层”材料——干式防渗料得到了很好的应用,国内外干式防渗料的理化指标见表23-3[4~6]。

表23-3 国内外干式防渗料的理化指标

项目		国内GHG-1料	国外料
$w(Al_2O_3+SiO_2)$/%		约90	≥90
耐火度/℃		1620	≥1630
密度/g·cm^{-3}		1.55~1.60	1.60~1.65
捣实堆积密度/g·cm^{-3}		1.84~1.92	1.95~2.05
冰晶石渗透深度*/mm		18	11
热导率/W·(m·K)$^{-1}$	200℃	0.43	0.350
	300℃		0.357
	400℃	0.51	0.40
	600℃	0.59	0.47

*按Tabereaux A T提供的坩埚法进行的测定,950℃保温96h。

23.1.3 熔炼炉和保温炉用耐火材料

原生铝锭及废铝熔化与合金化常用的熔炼炉多采用燃气或燃油的固定式或倾动式反射炉,也有采用电阻反射炉、感应坩埚炉的。固定式铝熔炼反射炉和保温炉的结构如图23-2所示。

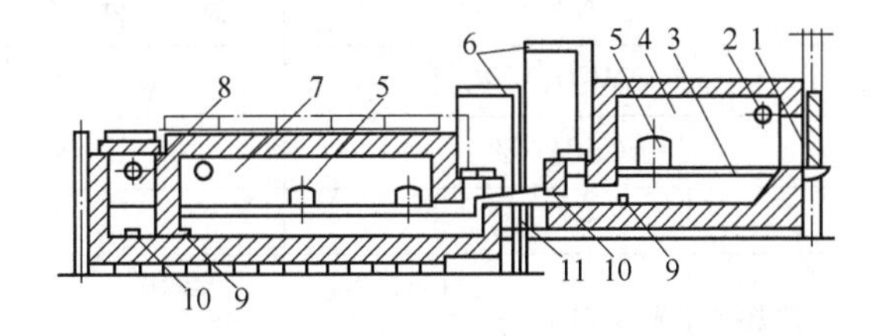

图23-2 固定式铝熔炼反射炉和保温炉的结构示意图
1—装料门;2—烧嘴;3—铝液面;4—铝熔炼反射炉;5—检查孔;6—排烟口;7—铝熔炼保温炉;8—熔剂及合金料处理室;9—出铝口;10—出铝孔;11—流铝槽

熔炼炉内铝液和铝合金化的温度虽然只有700~800℃,但铝及其铝合金中的镁、硅与锰等元素化学活性高,很易与耐火材料中一些组分反应,造成耐火材料损坏。铝熔炼炉的侵蚀损坏机理主要是:

(1)铝液易于渗入耐火材料。

(2)铝及其合金中的合金元素对一些氧化物具有很强的还原能力,而且所发生的氧化还原反应是强放热反应;一些合金元素如镁具有很高的蒸气压,其蒸气比铝液更易渗入耐火材料,并且渗入耐火材料后随之又被氧化,最终导致耐火材料变质、结构疏松和损坏。

(3)在大型熔铝炉的熔炼过程中,由于不断添加铝锭及合金,铝锭及合金块对炉口、炉底及炉墙的撞击及磨损非常严重。

(4)铝锭及合金块的加入、铝液的流出、炉内温度的波动等,对耐火材料衬体造成热震损坏。

因此,铝熔炼炉用耐火材料的性能要求和选择原则为[1]:(1)良好的化学稳定性和体积稳定性;(2)材质组成合适,低 SiO_2 或无 SiO_2,不易和铝(铝合金)液反应,不易产生炉瘤;(3)不易被金属液润湿和渗透;(4)耐急冷急热性能好,不易破损和剥落;(5)较高的致密度,气孔率低,孔径分布合适;(6)强度高,可抵抗机械外力冲击和熔体的冲刷。

铝熔炼反射炉接触铝液的炉衬,一般采用 Al_2O_3 含量为80%~85%的高铝砖砌筑;熔炼高纯金属铝时,采用莫来石砖或刚玉砖。在炉床斜坡和装废旧铝料等易侵蚀和磨损的部位,用氮化硅结合的碳化硅砖。流铝槽和出铝口等部位,铝液冲刷严重,一般采用自结合或氮化硅结合的碳化硅砖,也有用锆英石砖作内衬。出铝口堵塞物,采用真空成型耐火纤维制品效果较好。不接触铝液的炉衬,一般采用黏土砖、黏土质耐火浇注料或可塑料。流铝槽的内衬,一般采用碳化硅砖,也可采用熔融石英浇注预制件。

可以通过以下措施来改善耐火材料的抗铝液侵润性[1]:(1)矿相组成的设计。选择和铝液不润湿或不发生化学反应的矿相,如 α-Al_2O_3、α-SiC 等,尽量减少耐火材料中特别是基质中的石英和莫来石相,提高耐火材料的抗铝液渗透性和侵蚀性。(2)材料组织结构的设计和优化。引入超微粉和采用高效分散技术,降低材料显气孔率,提高致密度,增大铝液向耐火材料中的渗透阻力。(3)添加抗铝液润湿剂,如 $BaSO_4$、AlF_3、CaF_2 和 P_2O_5 等。

随着熔铝炉的大型化、强化冶炼的要求,抗铝渗透浇注料由于具有优良抗铝液及镁蒸气的渗入性能,有较好的抗磨损和抗热冲击性能等得到了很好的应用。抗铝渗透浇注料的性能见表23-4[2]。

表 23-4 抗铝渗透浇注料的性能指标

项目		LoCastA80	LoCastA75	CastA40	CastAFS	CastASC
$w(Al_2O_3)$/%		≥78	≥72	≥40	—	—
$w(SiO_2)$/%		—	—	—	≥60	—
$w(SiC)$/%		—	—	—	—	≥60
常温抗折强度/MPa	110℃×24h	≥10	≥8	≥7	≥7	≥9
	800℃×3h	≥12	≥10	≥6	≥6	≥12
常温耐压强度/MPa	110℃×24h	≥60	≥55	≥40	≥35	≥60
	800℃×3h	≥80	≥60	≥40	≥30	≥70
体积密度/$g \cdot cm^{-3}$	110℃×24h	≥2.85	≥2.8	≥2.2	≥1.9	≥2.55
加热永久线变化/%	800℃×3h	-0.5~0				
抗铝液侵润性(坩埚法)	800℃×72h	不侵润				

23.2 炼铜用耐火材料

与钢铁冶金相比较,有色金属的冶炼工艺复杂,流程长,冶炼用窑炉种类多。铜的生产工艺由五部分组成:炉前处理、冰铜熔炼、铜吹炼、火法精炼及电解精炼。

铜矿物原料的冶金方法可分为火法冶金和湿法冶金两大类。火法炼铜的能耗要比湿法低,对矿物的适应性强,冶炼规模大,提取矿铜的总产量占 90%,湿法冶金生产的精铜只占15%左右。在火法炼铜的工艺中,闪速熔炼和熔池熔炼占据了主导地位,澳大利亚的奥斯麦特炉或艾萨炉、加拿大的诺兰达法、日本的三菱法、苏联的瓦纽科夫法以及我国的白银法(富氧底吹炉和侧吹炉)是熔池炼铜法的典范[7]。

熔池熔炼(Bath smelting)系直接鼓风,在强烈搅动的熔池中迅速完成气、液、固相间主要化学反应的高效自热熔炼方法,这种强化熔炼的冶金方法适用于有色金属原料的熔化、硫化、氧化、还原、造锍吹炼和烟化等过程。闪速熔炼(Flash Smelting)系将干而细的硫化精矿、熔剂和氧气或富氧空气或预热空气一起喷入炽热的炉膛内,使炉料在悬浮状态下迅速氧化和熔化的熔炼方法。铜的火法冶金包括硫化铜精矿造锍熔炼和铜锍吹炼两个阶段[5,9]。

奥托昆普闪速炉在全球的闪速熔炼的生产中占有重要地位,但因其基建投资太高且对铜精矿的品位要求较高,目前国内新建项目不多。而有自主知识产权的富氧底吹炉和侧吹炉近几年得以快速发展。基夫赛特和 Inco 氧气炉很少再建。图 23-3 为火法炼铜的主要工艺流程。

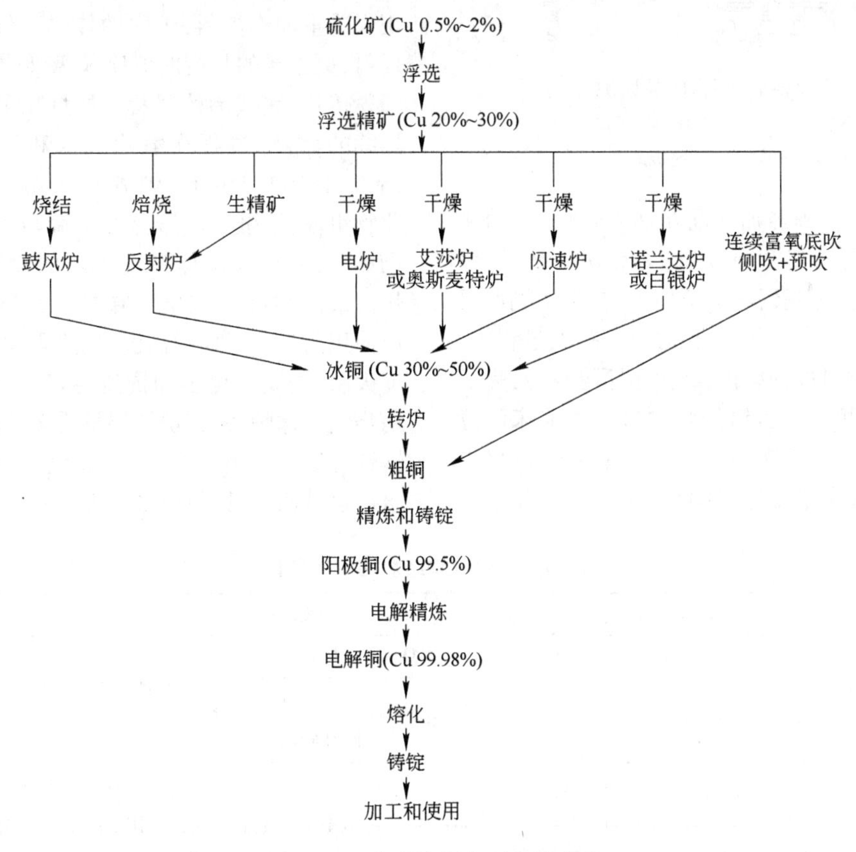

图 23-3　火法炼铜主要工艺流程

23.2.1　冰铜熔炼炉

冰铜系用与硅石、石灰石等熔剂经过熔炼后制成的半成品熔块,含铜量因熔炼炉种类不同而异,波动范围一般为 50%~60%。

冰铜熔炼炉有鼓风炉、反射炉和闪速炉,奥斯麦特炉、艾萨炉、富氧底吹炉、侧吹炉等,21 世纪以前,闪速熔炼制取铜占主导地位,反射炉次之,另外还有艾萨炉、白银法、诺兰达反应器等。进入 21 世纪以来奥斯麦特炉、富氧底吹炉、侧吹炉在我国得到迅猛发展。

23.2.1.1　鼓风炉

铜精矿密闭鼓风炉鼓风造锍在我国不少铜厂特别是中、小铜厂普遍使用。因工艺、环保等原因，在我国已淘汰。图23-4为铜鼓风炉的炉体构造，铜鼓风炉由炉顶、炉身、本床（也称咽喉口）、炉缸、风口装置等部分组成。

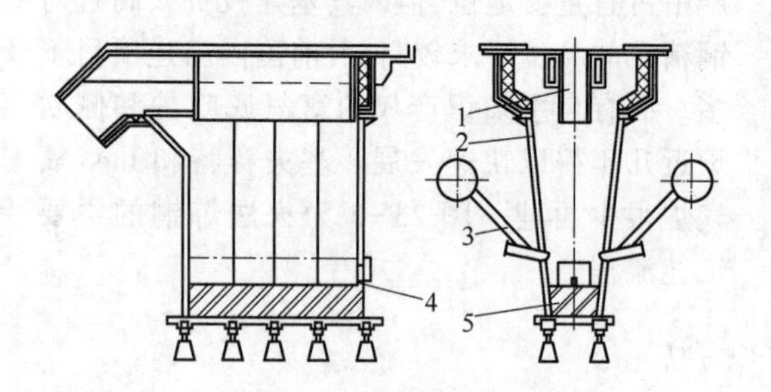

图23-4　铜密闭鼓风炉

1—下料管；2—炉身水套；3—风口装置；4—咽喉口；5—镁砖炉底

冶炼时精矿经加料漏斗加入炉内，靠精矿加在最上层使其密闭，燃料为焦炭。精矿、焦炭、熔剂等固体物料从炉顶加入，炉身下侧面风口装置中鼓入高压空气，在向上运行的过程中，与向下的物料进行熔化、氧化还原等反应，完成冶炼过程，炉渣与铜锍经咽喉口进入前床而分离，熔渣成分以 SiO_2-FeO-CaO 系为主，风口上部熔炼区最高温度为1350℃。炉顶顶盖用盖板和水套构成，侧面有一层黏土砖加石棉板的内衬，外包钢板，炉身全由水套组成，咽喉口和炉底选用镁砖。表23-5为铜鼓风炉用耐火材料。

表23-5　铜鼓风炉用耐火材料

部位	砖种
炉体上部	黏土砖、铬砖
风口及以上的斜炉墙	黏土砖
工作层	镁铬砖或铬砖

23.2.1.2　铜精矿熔炼反射炉

铜精矿熔炼反射炉结构示意图如图23-5所示。反射炉为长方形，是一种室式火焰炉，使用煤或重油作燃料，炉内的传热不仅靠火焰的反射，更主要的是借助炉顶、炉壁和炽热气体的辐射传热，完成冶炼过程。熔炼反射炉生产是连续的，熔炼过程在氧化气氛和炉膛温度为1500~1550℃下进行，炉渣由铁、硅、钙、铝的氧化物组成，熔融尘渣溅落在炉墙与炉顶的耐火砌体上，使耐火砌体遭受炉渣的侵蚀而损坏。炉内最高温度区域集中在炉顶，可达1800℃。所使用耐火材料应耐高温、抗热震性好、体积密度大、重烧线变化小和抗渣性好。一般炉底采用烧结整体炉底，其烧结层材质多采用镁铁质，镁铁烧结层是由冶金镁砂、氧化铁粉和卤水捣筑后烧结而成，原料要求见表23-6。

表23-6　镁铁烧结炉底原料条件

名称	要求化学成分（质量分数）/%				粒度/mm	备　注
冶金镁砂	MgO	CaO	SiO_2	H_2O	粗砂：3~6	使用前应在120~150℃的温度下烘干
	>78	<3.5	<5	<0.5	中砂：1~3	
					细砂：0~1	
氧化铁粉	FeO+Fe_2O_3		Fe_3O_4	SiO_2	0.147~0.104	（1）熔点要求低于1400℃；（2）使用前应在120~150℃的温度下烘干
	>95		越少越好	<4		
卤水						密度控制在1.3~1.4kg/L之间

熔炼反射炉的炉墙多采用抗侵蚀性、耐热冲击性好的镁砖、镁铝砖砌筑，在有些重要部位如反射炉的粉煤燃烧器附近及转炉渣入口等，为了延长使用寿命选用铬镁砖。大型铜熔炼反射炉炉顶采用吊挂式炉顶，炉顶多选用镁铝砖。铜熔炼反射炉用耐火材料见表23-7。

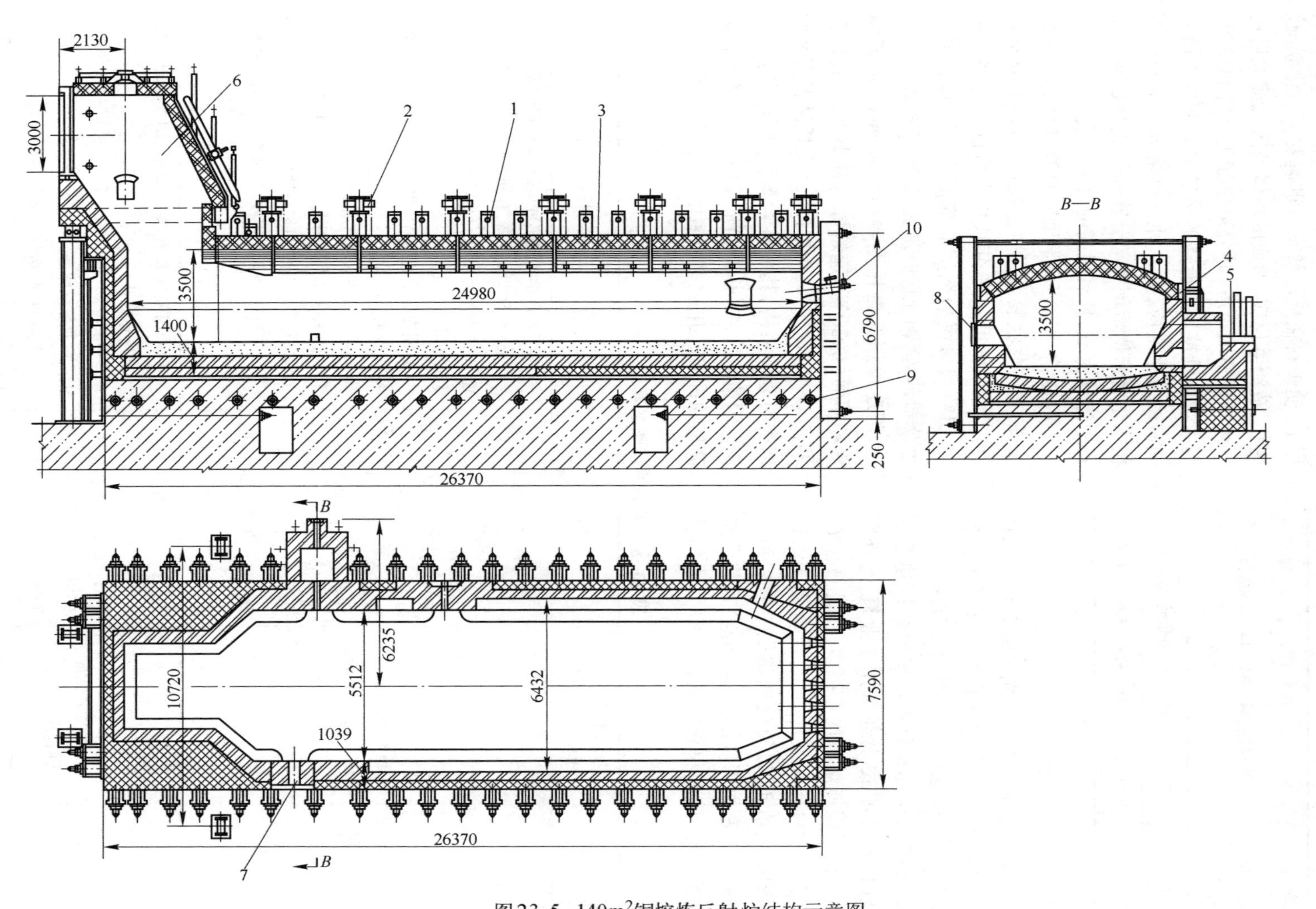

图23-5 140m²铜熔炼反射炉结构示意图

1—骨架；2—炉顶吊挂装置；3—砖体；4—拱脚梁；5—虹吸井；6—上升烟道；7—冰铜放出口；8—渣口门；9—拉杆；10—燃油烧嘴

表 23-7 铜熔炼反射炉用耐火材料

部位	砖种
炉顶(拱顶、吊挂式)	直接结合镁铬砖、电熔再结合镁铬砖
炉墙	烧结镁砖、镁铬砖、铬镁砖、镁铝砖
炉床	轻质黏土砖、烧结镁砖、镁质捣打料

23.2.1.3 闪速炉

闪速熔炼技术是当今最先进的矿铜熔炼技术之一,此法于 1949 年首先在芬兰奥托昆普公司的哈里亚阀尔塔炼铜厂应用于工业生产。1952 年,加拿大国际镍公司铜崖冶炼厂建造了印柯型(Inco)水平式,该炉采用工业氧,过程完全自热。由于闪速熔炼优点很多,因此自 1965 年以来在全世界迅速发展,已广泛应用于熔炼铜和铜镍硫化精矿,以及处理硫化铅精矿和黄铁矿精矿。闪速熔炼(Flash Smelting)系将干燥的硫化精矿粉、熔剂和氧气或富氧空气或预热空气一起喷入炽热的反应塔炉膛内,在高温作用下,使炉料在悬浮状态下迅速发生氧化脱硫、熔化、造渣等反应,形成的熔体进入沉淀池后进一步完成造渣过程,并分离成富集金属和炉渣。闪速炉内维持反应所需的热量主要来自于精矿中硫的氧化反应,是一种自热熔炼。这种炼铜技术是将焙烧熔炼和部分吹炼作业合在同一设备中连续完成,具有很高的熔炼强度[5,8,9]。

闪速炉工艺的化学反应激烈,速度快,热强度高,炉内气氛复杂,炉衬对耐火材料的要求苛刻。我国 20 世纪 80 年代以来引进了许多闪速炉,其中以贵溪冶炼厂的炼铜闪速炉和金川有色公司的炼镍闪速炉最为有名。根据炉型不同,闪速熔炼有奥托昆普(Outokumpu)闪速熔炼和印柯(INCO)闪速熔炼两种类型,两者比较见表 23-8,图 23-6 示出了芬兰奥托昆普型和印柯型闪速炉结构,其中芬兰奥托昆普型应用广泛。闪速炉的主体由圆筒形反应塔、沉降池和圆筒形的排烟道组成,其示意图如图 23-7 所示。

表 23-8 闪速熔炼炉的类型

类型	首创公司	投入工业生产时间、冶炼厂	应用情况	技术特点
奥托昆普型	芬兰奥托昆普公司	1949 年哈里亚瓦尔塔冶炼厂(Harjavalta)	到 1999 年上半年已有 45 座闪速炉购买了许可证,36 座熔炼铜精矿,1 座用于处理黄铁矿(已关闭),6 座用于熔炼镍精矿,2 座用于铜锍吹炼(1 座在生产),3 座闪速炉直接由铜精矿生产粗铜(2 座在生产);单炉生产能力已达年产铜 30 万吨以上	(1)工艺及设备成熟可靠,自动化程度高; (2)烟气 SO_2 浓度高,有利于回收制酸,硫到硫酸产品的回收率达 95.5%以上,能有效地防止冶炼烟气污染大气; (3)能充分地利用精矿中铁、硫的反应热,热效率高,能源消耗低; (4)可以使用天然气、重油、粉煤、焦粉等多种燃料,送风氧浓度范围大,为 21%~95%,铜锍品位可以灵活地调整,可以自然熔炼; (5)反应塔寿命达 10 年,沉淀池一般每年修理一次; (6)生产能力大
印柯型	加拿大国际镍公司	1952 年铜崖冶炼厂(Copper Cliff)	有 4 座印柯炉在生产,处理铜精矿,铜锍品位 50%左右	(1)采用氧气鼓风,烟气量小,烟气处理设备小,建设投资低; (2)烟气含 SO_2 70%~80%,可以生产液体 SO_2、单质硫或硫酸; (3)过程自热,熔炼的氧气消耗为每吨铜800~1000m^3; (4)炉渣含铜较低,弃去前可以不作处理

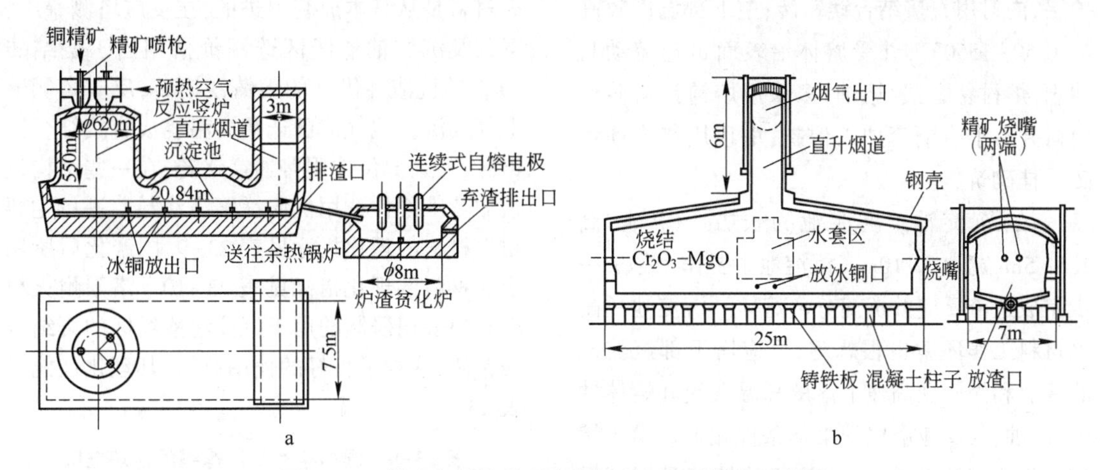

图 23-6 芬兰奥托昆普型和印柯型闪速炉结构示意图

a—芬兰奥托昆普型闪速炉；b—印柯型闪速炉

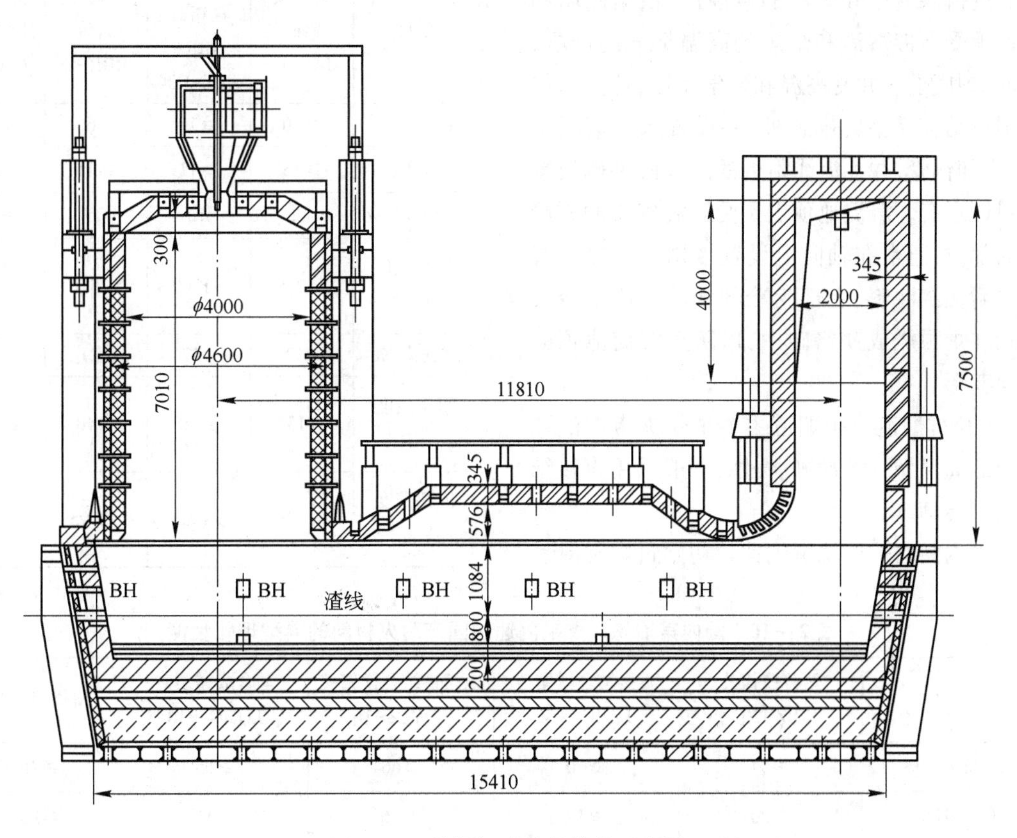

图 23-7 炼铜闪速炉的结构示意图

(1)反应塔。反应塔是闪速炉最重要的组成部分，含精矿粉的气固两相流由塔顶高速喷入，在塔的上部瞬间完成化学反应并熔化成熔流高速向下运动进入沉降池。因此，气固两相和高温高速熔体对塔衬高速冲刷、侵蚀、磨蚀非常严重，反应塔内衬普遍采用镁铬砖，塔的钢壳采用淋水冷却降温。反应塔上部温度较低为900~1100℃，氧分压较高，塔壁形成了 Fe_3O_4 保护层,内衬用直接结合镁铬砖;中下部温度较高为1350~1550℃,并受熔体沿表面迅速流动与冲刷,炉衬易磨损、熔蚀,多采用熔铸镁铬砖作内衬并有水冷铜套加以保护;塔顶用烧成镁铬砖吊挂砌筑。

(2)沉淀池。沉淀池为长方形熔池,高2.5~5m,宽为3~10m。沉淀池主要作用是进一步完成造渣反应并沉淀分离熔体。沉淀池的耐火材料工作环境也很恶劣,反应塔下部沉淀池的端墙和侧墙受高速下落的高温气流和熔体冲刷、侵蚀,与反应塔壁的工作条件相似。由于熔池液面不停波动冲刷,渣线区的炉墙是损坏最快的部位,该部位的镁铬耐火材料要求具有良好的抗锍渗透性和炉渣的侵蚀性,根据侧墙和炉顶承受夹带熔渣和烟尘的高温烟气的冲刷、侵蚀,炉底承重并受高温和化学侵蚀,这些部位除用再结合镁铬砖砌筑外,并设置水平铜板水套、冷却铜管,并在渣线附近的耐火砖外侧设置倾斜铜水套。沉淀池顶也是受高温气流冲刷严重的部位,通常在轴向上设置带翅片水冷铜管外包耐火浇注料,上部为冷却水的"H"水冷梁夹砌在炉顶烧成镁铬砖中,以防止沉淀池顶的轴向变形。

(3)排烟道。排烟道主要承受夹带熔渣和烟尘的高温烟气的冲刷、侵蚀,一般采用直接结合镁铬砖砌筑。

国内某冶炼厂炼铜闪速炉初始筑炉所用耐火材料是从日本成套引进的,在反应塔侧壁中、下部及沉淀池渣线区选用价格相当于烧结砖10倍的抗渣性优良的熔铸镁铬砖;反应塔侧壁上部及沉淀池气流区选用高温烧成直接结合镁铬砖,其余部位选用普通镁铬砖;在一些结构复杂的特殊部位选用优质镁铬浇注料。进口主要耐火材料的理化指标见表23-9,国产化后所用耐火材料的理化指标见表23-10。洛阳耐火材料有限公司研制的用于沉淀池渣线区的再结合镁铬砖,取得了良好的使用效果,其理化性能见表23-11。

表23-9 国内某冶炼厂炼铜闪速炉进口耐火材料的理化性能

项目	熔铸镁铬砖 MAC-EC	直接结合镁铬砖 RRR-ACE-U34	普通镁铬砖 RRR-C	镁铬浇注料 C-CrMgS
$w(MgO)/\%$	≥50	≥70	≥60	≥35
$w(Cr_2O_3)/\%$	≥18	≥11	≥15	≥20
$w(SiO_2)/\%$	<2	<3	<5	—
荷重软化温度/℃	>1730	>1700	>1570	>1650
气孔率/%	<12	<17	<21	—
耐压强度/MPa	≥135	≥50	≥40	≥20
体积密度/$g \cdot cm^{-3}$	>3.26	>3.05	>2.95	—

表23-10 国内某冶炼厂炼铜闪速炉国产耐火材料的典型理化性能

项目	熔铸镁铬砖 RZ-20	直接结合镁铬砖 LZMGe-12	电熔再结合镁铬砖 LDMGe-16	全合成镁铬砖 LQMGe-16	镁铬浇注料
$w(MgO)/\%$	≥54	≥70	≥66	≥65	≥45
$w(Cr_2O_3)/\%$	≥20	≥12	≥16	≥16	≥20
$w(SiO_2)/\%$	<2.9	<1.3	<2.0	<1.2	<4.5
荷重软化温度/℃	>1700	>1700	>1700	>1700	>1650
显气孔率/%	<13	<16	<15	<15	—
耐压强度/MPa	≥80	≥55	≥66	≥55	≥25

续表 23-10

项目	熔铸镁铬砖 RZ-20	直接结合镁铬砖 LZMGe-12	电熔再结合镁铬砖 LDMGe-16	全合成镁铬砖 LQMGe-16	镁铬浇注料
体积密度/g·cm^{-3}	>3.35	>3.10	>3.3	>3.25	>2.85
使用部位	沉淀池、渣线区	沉淀池拱顶、上升烟道顶部	沉淀池侧墙、反应塔塔顶、三角区和上升烟道侧墙	反应塔塔壁	"H"梁等水冷元件周围

表 23-11　国内某公司闪速炉用优质镁铬耐火材料的性能指标

性能		直接结合镁铬砖	再结合镁铬砖	熔铸镁铬砖
化学成分（质量分数）/%	MgO	≥59.63	≥59.9	≥54.69
	Cr_2O_3	≥21.76	≥20.21	≥20.79
	Al_2O_3	≤10.94	≤11.50	≤13.95
	Fe_2O_3	≤7.15	≤6.90	≤7.31
	SiO_2	≤1.22	≤0.92	≤2.81
物理性能	显气孔率/%	17.1	16	11
	体积密度/g·cm^{-3}	3.26	3.28	3.38
	耐压强度/MPa	50	60	110
	荷重软化温度/℃	>1700	>1700	>1700

续表 23-11

性能			直接结合镁铬砖	再结合镁铬砖	熔铸镁铬砖
物理性能	热膨胀/%	1000℃	0.97	0.99	—
		1200℃	1.24	1.28	—
		1300℃	1.37	1.32	1.43
	热导率/W·(m·K)$^{-1}$		1.6	1.43	1.93

23.2.1.4　诺兰达炉

诺兰达炉原名诺兰达反应器，始建于加拿大诺兰达市霍恩冶炼厂，1964 年开始研究开发，用于工业生产的 ϕ5200mm×21300mm 诺兰达炉，1973 年 3 月建成投产。

诺兰达炉是一台水平圆筒形熔池熔炼炉，如图 23-8 所示。炉体在传动装置驱动下做正反向旋转，炉体一端加料、一端放渣，靠放渣端沉淀区底部一侧开有冰铜放出口，烟气从靠放渣端炉筒顶部的炉口排出，炉体一侧有风口装置[5,10]。

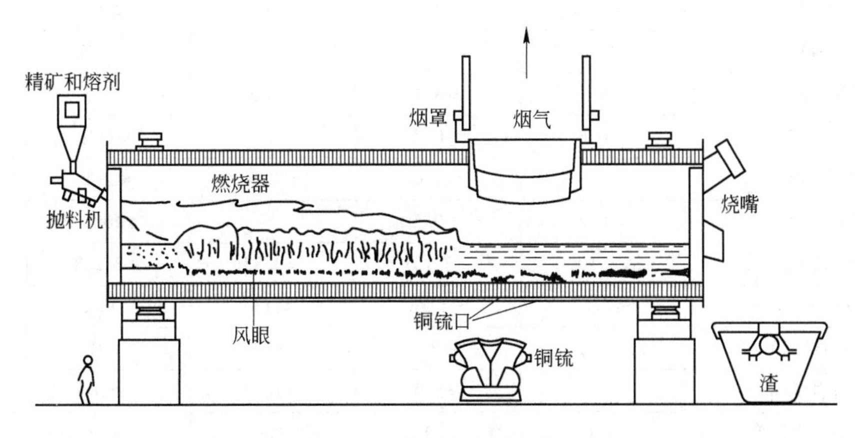

图 23-8　诺兰达炉原理图

铜精矿、含铜物料、溶剂及作为燃料的石油焦等,经配料混合后由高速抛料机抛入炉内。富氧空气从风眼鼓入炉中,使熔池处于搅拌状态,物料在炉内进行脱硫及造渣反应,产出含铜70%左右的冰铜。

诺兰达炉对原料适应性强,处理量大,熔炼效率高,烟气中含 SO_2 浓度较高,可满足制酸的要求。诺兰达炉采用的是一种自热熔炼技术,能耗低,已在世界炼铜业得到推广。我国的大冶冶炼厂使用该炉生产铜锍,生产能力大。

诺兰达炉炼铜属富氧熔池熔炼,在一个反应炉内完成干燥、焙烧、熔炼和吹炼造渣工艺过程,熔炼强度大,熔池搅拌剧烈。为了保证工艺过程顺利进行,确保炉的寿命,对炉衬设计和耐火材料提出了很高的要求。诺兰达炉的易损部位是风口区、炉口、加料端燃烧器、放渣端燃烧器对应的炉筒顶部以及沉淀区渣线上下圆形墙和渣端墙。风口区由于大量的富氧空气进入熔体,激烈的搅拌与喷溅,化学反应剧烈,侵蚀严重,炉温冷热交替变化而产生频繁的热震,以及捅风眼造成的机械冲刷,使风口炉衬处于极为恶劣的环境中,损坏速度较快,所以风口区炉衬的寿命决定了诺兰达炉的寿命。炉口因受高温烟气的冲刷,以及机械清理炉结渣时的撞击,也较易损坏。沉淀区渣线上下圆形墙和渣端墙,由于处在高温区,且放渣、放铜形成频繁的渣层波动,熔渣的严重侵蚀,及高温烟气的冲刷,也较易损坏。加料端墙加料口,因炉料含水分及冷空气的进入,使加料口周围炉衬形成鼓肚变形,加料端燃烧器及放渣端燃烧器火焰所对应的炉顶圆周炉衬主要受火焰的直接冲刷,局部热负荷过大及大量冷空气的侵入引起热震所造成的。

根据诺兰达炉的生产条件,要求耐火材料纯度高、抗渣性好、强度大、耐冲刷、耐磨损、热稳定性好。以前炉衬主要采用两种砖砌筑:一是熔铸镁铬砖,砌于易损部位,其余部位直接结合镁铬砖砌筑。熔铸镁铬砖的用量占总量的30%~40%。随着炉子设计的改进,有些易损部位的损坏程度大有改善,且耐火砖的质量提高,现在已采用熔粒再结合镁铬砖代替了熔铸镁铬砖。熔铸砖耐磨、耐侵蚀和机械冲刷,但耐急冷急热性差,价格昂贵,所以现在除冰铜口用几块外,其他原来用熔铸镁铬砖砌筑的部位均已改用熔粒再结合镁铬砖,其余部位仍用直接结合镁铬砖砌筑。

我国大冶有色金属公司的诺兰达炉第一炉期全部采用进口砖,砖的理化指标见表23-12。

表 23-12 φ4.7m×18m 诺兰达炉用砖技术指标

项 目	直接结合铬镁砖(REXAL 60DB*)		熔粒再结合铬镁砖(NARMAG FG*)		熔铸铬镁砖(C-104**)
	设计值	实测值	设计值	实测值	
$w(MgO)/\%$	≥62.4	≥60.8	≥62	≥59	≥56.5
$w(Cr_2O_3)/\%$	≥16.9	≥18.2	≥18	≥20	≥20
$w(Fe_2O_3)/\%$	≤9.2	≤10.4	≤12	≤10.5	≤10.5
$w(Al_2O_3)/\%$	≤8.9	≤8.1	≤6.3	≤7.3	≤8
$w(CaO)/\%$	≤0.6	≤0.7	≤0.8	≤0.9	≤0.5
$w(SiO_2)/\%$	≤1.8	≤1.6	≤0.6	≤2.1	≤2.5
$w(TiO_2)/\%$	≤0.2	≤0.2		≤0.2	≤1.5
体积密度/$g \cdot cm^{-3}$	≥3.107	≥3.107	≥3.32	≥3.268	≥3.170
显气孔率/%	≤17.3	≤17.6	≤13	≤13.3	≤12
常温耐压强度/MPa		≥31	≥82	≥91	
常温抗折强度/MPa		≥5.0	≥10.3	≥16	
加热1727℃后残存线变形/%	0.3	0.2	0.2	0.1	

续表 23-12

项　目	直接结合铬镁砖(REXAL 60DB*)		熔粒再结合铬镁砖(NARMAG FG*)		熔铸铬镁砖(C-104**)
	设计值	实测值	设计值	实测值	
压力 170 kPa,1705℃试锥下沉率/%	1.4		0.4		
线膨胀系数(25~1000℃)/℃$^{-1}$	9.4×10^{-6}		11.5×10^{-6}		

* 美国“HARBISON-WALKER”耐火材料公司产品。

** 法国“S. E. P. R”耐火材料公司产品。

23.2.1.5　白银炉

白银炼铜法是我国研制开发的熔池熔炼炉,是一套新型铜熔炼流程。白银有色金属公司冶炼厂原采用反射炉冶炼,1972 年开始白银炉研究,初期称“液态(床)鼓风熔炼”,1979 年正式命名为“白银炼铜法”。

白银炉是一种直接将硫化铜精矿等炉料投入熔池进行造锍熔炼的侧吹固定式炉床,它是一个固定的长方形炉子。炉子的结构示意图如图 23-9 所示,炉内熔池有一道隔墙,将炉子分为熔炼区、沉淀区两个部分,实现了在一个炉子内动态熔炼和静态的熔渣与冰铜分离。在熔炼区拱顶设有加料口,铜精矿与熔剂经加料口投入熔炼区,落入熔池的炉料立即散布于由风口鼓入富氧空气所激烈搅动的熔体之中,迅速完成氧化反应和造渣反应,熔炼区生成的高温熔体,通过隔墙下通道进入较平静的沉淀区,进行炉渣和冰铜的分离。炉渣和冰铜分别经渣口和虹吸口放出。

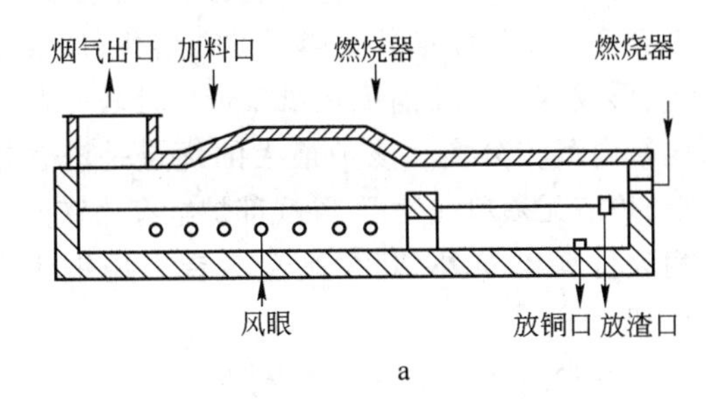

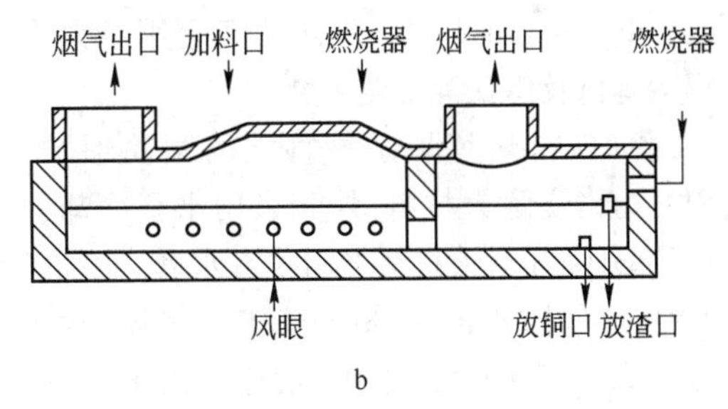

图 23-9　白银炉基本炉型结构示意图

a—单室炉;b—双室炉

白银炉在工作时,炉内温度在 1100~1350℃,从风口喷吹的空气或富氧速度高达 300m/s 左右,在炉内强烈搅拌熔池,形成沸腾、喷溅状态。因此,白银炉内衬材料要求有较好的高温强度和抗侵蚀性等,主要采用镁质和镁铝质耐火材料。耐火材料的易损部位是:熔炼区风口部位、熔炼区炉拱及中部隔墙附近的炉墙及沉淀区的渣线部位。风口区由于熔体搅动最激烈,化学反应集中,温度高,且承受捅风口时的机械撞击,所以耐火材料的工作条件最恶劣、寿命短是影响炉子维修周期的关键部位,采用电熔铸铬镁砖或再结合铬镁砖砌筑。炉拱顶采用镁铝砖,炉墙内衬采用镁砖砌筑,在渣线部位采用铜水套冷却。炉子中间的隔墙采用镁铝砖和镁砖砌筑,并采用冷却水套保护。白银熔炼炉炉床不宽(<4m),故炉顶为拱顶,用镁铝砖砌筑,炉底为反拱,用镁砖砌筑[5,10]。

23.2.1.6　氧气顶吹炼铜技术(TSL)

艾萨熔炼法(ISASMELT)是由芒特·艾萨矿山有限公司(MIM)和澳大利亚联邦科学与工业

组织(CSIRO)于1973年开始研究开发的一项新的冶炼技术[11]，其冶炼设备称为艾萨炉。20世纪80年代初澳大利亚奥斯麦特(AUSMELT)有限公司成立，研究并开发了奥斯麦特冶炼工艺，其冶炼设备称为奥斯炉。奥斯炉和艾萨炉的炉体皆为简单的竖式圆桶形，其技术核心都采用了浸没式顶吹燃烧喷枪。此喷枪通过吊挂装置插入熔池内，能够在炉内升降，可根据喷入氧气量的多少来控制冰铜的品位。喷枪末端设有一个旋流器，高速气流通过喷枪使其能自身冷却，冷却作用使喷溅的熔渣在其表面形成冷凝渣保护层，故喷枪的位置是一个关键的操作参数。艾萨炉和奥斯炉叫法不同，其实质均属于空气或富氧空气浸没式顶吹熔炼炉[10~12]。

奥斯炉和艾萨炉具有以下优点：高效、设备简单，操作容易，占地小，投资省等显著优越性，现已成为世界上先进的熔池熔炼炼铜工艺之一。全世界范围内相继建成了多座采用该工艺的铜精炼厂，其中中国有中条山有色公司侯马冶炼厂、云南铜业公司云南冶炼厂和安徽铜都铜业公司金昌冶炼厂等，并且已广泛用于铜、铅、锡冶炼以及炼铁等工业领域。

艾萨(ISA)熔炼炉系一直立的圆筒形炉体，内衬为铬镁耐火材料，外壳采用水幕冷却，炉体下部外壳和耐火材料之间衬有水套。喷枪从炉顶中心的插孔插入，将冶炼工艺气体和燃料输送到渣面下的液态层中，喷枪头由不锈钢制成，正常操作时浸没于熔渣层内，将工艺气体喷射进炉渣层中。炉子上部设有加料口，各种物料由皮带输送，通过溜槽由加料口加入，烟道设于顶部，出口倾斜。炉体下部有两个排放口，可将铜锍和炉渣的混合物放入沉降炉中进行分离，熔炼温度约1230℃。根据艾萨炉的操作及工作条件，其炉底工作衬一般采用镁质耐火材料，如镁铬捣打料等材质；炉墙则采用耐高温、耐冲刷、导热性能好的直接结合镁铬砖或熔铸镁铬砖等优质镁铬耐火材料。

23.2.1.7 电炉

冰铜熔炼，在电力丰富、条件允许的地区，还可采用矿热电炉。电炉一般为矩形，炉膛面积50~150m^2，炉体由炉顶、炉墙、炉底等部分组成。铜熔炼电炉结构图如图23-10所示。整个炉子架空在炉基的立柱上面，便于通风冷却保护炉底。

电炉的熔炼过程靠电弧和电阻加热熔化物料，炉内气氛为还原性气氛；所处理的物料和产品与反射炉熔炼相同，但炉内温度高，炉渣及冰铜的黏度降低，对耐火材料的化学侵蚀特别严重。在电场力的作用下，熔体在炉内做环流运动，对炉衬有一定的冲刷磨蚀作用，损毁最严重的是渣线区。因此，一般在侧墙及端墙的内衬、渣线以下用镁砖或镁铬砖砌筑，渣线以上及炉顶其余部位多采用黏土砖。

23.2.1.8 瓦纽柯夫熔池熔炼炉

瓦纽柯夫熔池熔炼炉是苏联发明和发展起来的一种新型富氧熔炼冶金炉，可实现自热熔炼，已推广应用于铜冶炼工业中，以铜精矿为原料熔炼铜锍。该炉是一个宽2~2.5m，长10m，高6m的矩形竖炉。隔墙把炉内分成熔炼和炉渣贫化两个区。炉料由炉顶投入熔池表面，在混合液-气相的强烈搅拌下进行熔化、反应过程，形成的炉渣和铜锍在风口带以外较平静的区域内沉淀分离。该炉最大的优点是渣含铜低，炉渣无须单独处理；除底部炉缸有铬镁砖等耐火材料砌筑外，其余高温区皆采用铜水套冷却。

23.2.1.9 铜自热熔炼炉

氧气顶吹自热炉属于熔池熔炼的高效冶炼设备，氧枪为非浸没式氧枪，由炉顶集烟罩上的氧枪口伸入炉膛，将高压工业氧气吹入熔渣层内，使熔体搅动、翻腾。重油经氧枪内特设的导管从枪口喷出，以补充反应热量的不足。炉料不断从集烟罩上的炉料孔加入，炉料进入翻腾的熔池后很快熔化并进行各种物理化学变化。硫化铜因其密度较大而沉入底层，炉渣则浮于上面。

自热炉吹炼是一种高效、节能、可连续作业、投资少、烟气可以回收制酸避免环境污染的冶金工艺，是当前世界上处理含镍铜精矿的一项先进的技术。

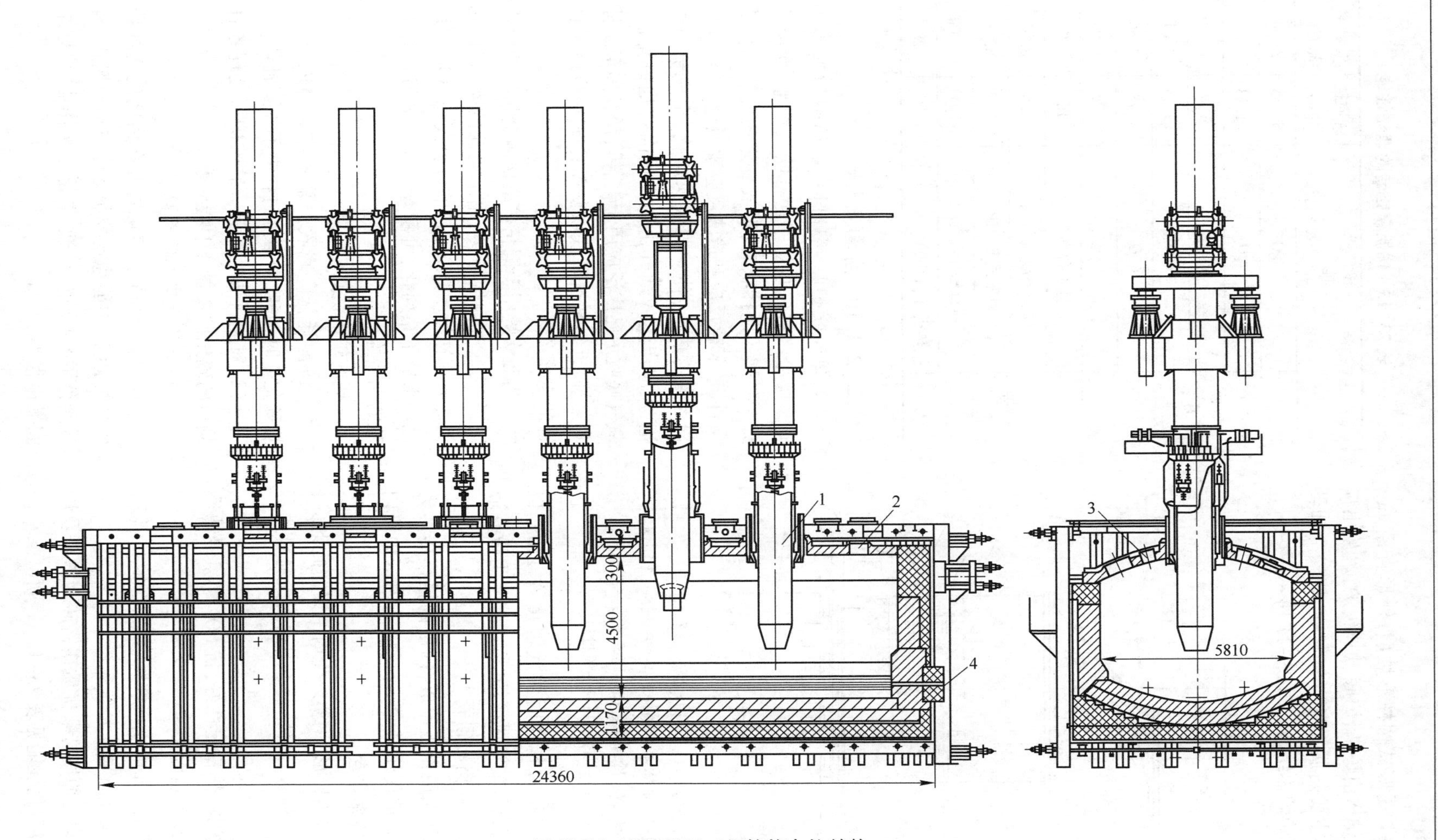

图 23-10 30000kV·A铜熔炼电炉结构

1—电极；2—转炉渣加入口；3—精矿加入口；4—铜锍放出口

自热炉是竖式圆柱形炉型，外形直径 4m，高 7.5m，炉体由炉基、炉底、炉墙、炉顶、放出口组成。其主要附属设备有氧气枪、烟气冷却器等。自热炉炉体结构如图 23-11 所示。

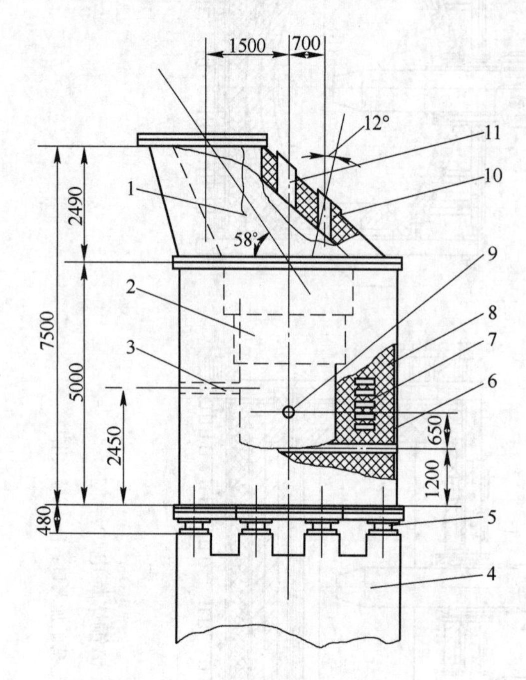

图 23-11 自热炉炉体结构

1—炉顶；2—炉体；3—放渣口；4—炉基；5—工字钢；6—放空口；7—冷却水套；8—砌砖体；9—放铜口；10—加料口；11—氧枪口

自热炉正常作业时炉底温度在 250℃ 以上，需要有良好的通风冷却，所以炉基上设有通风道，炉底由镁铬砖砌成。

炉墙外壳用钢板围成，内层砌铬镁砖。为了延长炉衬的使用寿命，在反应高温区炉墙内设置有水冷铜水套。

炉顶呈斜锥形，钢质外壳内用铬镁砖砌筑。

对于这种新型熔炼设备用的耐火材料选材原则为：

(1) 炉顶：热稳定性好，抗 SO_2 气氛侵蚀性能好以及高温强度大等。

(2) 炉体：抗锍渗透性强，耐渣、锍、气冲刷性能好以及高温强度大等。

根据以上原则选取优质镁铬砖为炉顶及炉体材料，其理化性能见表 23-13。

表 23-13 优质镁铬砖的理化性能

性 能		优质镁铬砖	镁铝尖晶石砖
化学成分（质量分数）/%	MgO	60.33	83.83
	Cr_2O_3	21.33	—
	Al_2O_3	5.27	12.69
	Fe_2O_3	10.53	1.01
	CaO	1.18	1.65
	SiO_2	0.96	0.93
物理性能	显气孔率/%	16	17
	体积密度/$g \cdot cm^{-3}$	3.25	3.02
	耐压强度/MPa	57.7	62.3
	荷重软化温度/℃	>1700	>1700
	抗热震性(1100℃，水冷)/次	7	28

23.2.1.10 富氧底吹炉

富氧底吹炉是一种卧式圆筒形熔池熔炼炉。喷枪将氧气从炉子底部吹入熔池，使熔体处于强烈的搅拌状态，形成良好的传热和传质条件，使氧化反应和造渣反应激烈地进行，释放出大量的热能，使炉料快速熔化，生成锍和炉渣，反应产生的烟气由炉子顶部的烟口排出。氧气底吹炉已广泛应用于铜、铅、锑及多金属捕集冶炼，近年来这种底吹炉型已成功应用于铜锍的连续吹炼。

当底吹炉用于铜精矿或含铜金精矿的熔炼时，称为底吹铜熔炼炉；用于铜锍的吹炼时，称为底吹铜连续吹炼炉；目前各种类型的底吹炉已经形成了系列化，可配套于年产 8 万～40 万吨的铜冶炼厂。

底吹炉的优点[13]：

(1) 能耗低。底吹炉采用纯氧熔炼，在熔炼硫化矿时，底吹炉熔炼过程中不需要补热。

(2) 对原料适应性强。底吹炉可处理各种品位的硫化矿及复杂铜精矿等。

(3) 有价元素回收率高。

(4) 绿色环保。熔炼过程在密闭的熔炼炉中进行，生产中能稳定控制熔炼炉负压操作，有效避免了 SO_2 烟气外逸；氧枪底吹作业，熔炼车间噪声很小。

(5)作业效率高。底吹炉炉衬寿命比原先预期的要长,达2年左右;氧枪一般为30~60d;作业率大于90%,年有效作业时间大于7500h。

(6)操作控制简单,自动化水平高。

(7)处理能力大。

(8)投资少。其工艺流程简短,设备投资省;熔炼厂房建筑结构简单,土建费用低。

富氧底吹炉的耐火材料配置见表23-14,其耐火材料性能指标见表23-22~表23-24。

富氧底吹熔炼炉结构示意图如图23-12所示。

表23-14 富氧底吹炉用耐火材料配置

部位	端墙			筒体		炉口			辅料	
材质	LDMGe-20	镁铬捣打料	镁铬浇注料	LDMGe-20	镁铬捣打料	黏土砖	LDMGe-20	镁铬捣打料	配套泥浆	纸板

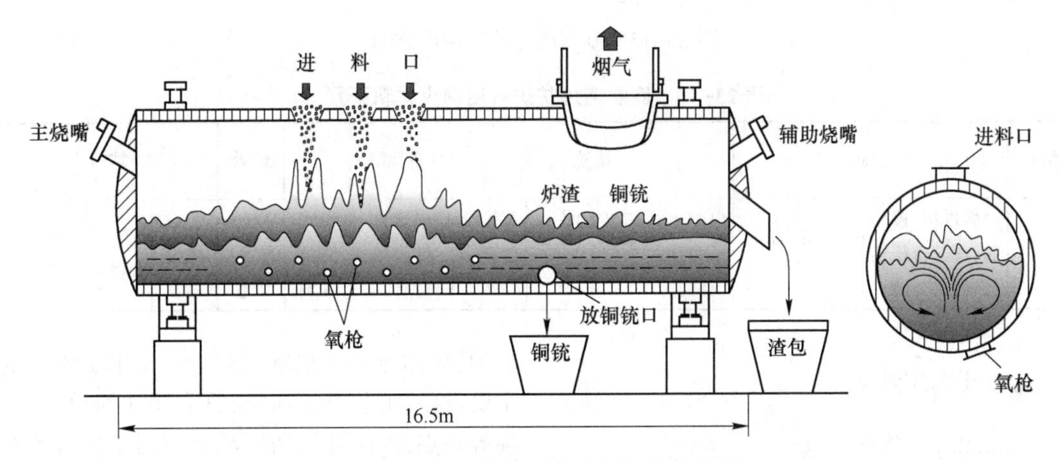

图23-12 富氧底吹熔炼炉结构示意图

23.2.1.11 侧吹炉

A 侧吹炉简介

侧吹熔炼炉主要处理混合铜精矿,物料经计量给料胶带送至进料口,炉顶胶带运输机上使用手动犁式卸料器将混合精矿分别送入进料口,炉体两侧共设一次风口若干个,每侧对称均分,风压根据炉型大小设定;二次风口若干个,每侧对称均分。采用熔炼炉排渣口环集烟气作为二次风,吹入炉膛内空间,用于燃烧单体硫和一氧化碳,二次风量、风压根据炉型大小设定。一次风为常温富氧空气,富氧浓度为60%~90%。在一次风的搅拌下,混合铜精矿在渣层完成造锍造渣反应,反应生成的熔体在炉内分离成铜锍和炉渣。熔炼炉熔体层厚度1900mm,其中白冰铜层厚度为1000~1100mm,渣层厚度为300~500mm,混合层厚度为400~600mm。熔炼炉产出白冰铜、炉渣及烟气。炉体两端分设铜锍虹吸排放通道和炉渣溢流排放口,铜锍通过溜槽连续进入吹炼炉内,熔炼渣连续溢流排放至电炉。烟气则通过炉顶出烟口进入余热锅炉。侧吹熔炼炉结构示意图如图23-13所示。

B 加入物料的主要成分

铜精矿:Cu约28%,Fe约16%,S约23%,SiO_2约15%,温度常温。

吹炼渣:Cu约30%,Fe约46%,S约1.5%,SiO_2约4%,CaO约21%,温度常温。

焦炭:C约85%,约75t/d,另少量侧吹熔炼炉、顶吹吹炼炉和还原电炉烟尘。

C 侧吹熔炼炉炉衬用耐火材料配置

侧吹熔炼炉炉衬用耐火材料类似其他冰铜熔炼炉,其耐火材料配置见表23-15,耐火材料性能指标见表23-24~表23-24。

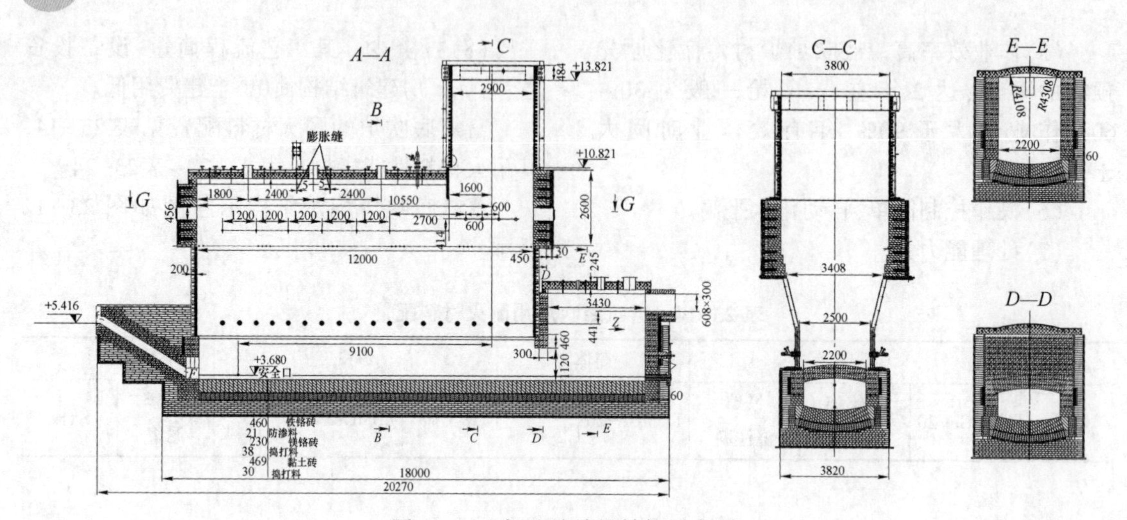

图 23-13 侧吹熔炼炉结构示意图

表 23-15 侧吹熔炼炉炉衬用耐火材料配置

部位	炉底				熔池				炉身	隔墙	电热前床	炉盖	辅料		
材质	电熔再结合镁铬砖	直接结合镁铬砖	镁铬捣打料	黏土砖	电熔再结合镁铬砖	镁铬捣打料	黏土砖	直接结合镁铬砖	电熔再结合镁铬砖		铬刚玉浇注料	硅酸铝纤维毯	纸板	镁质填料	配套泥浆

23.2.2 粗铜熔炼炉

23.2.2.1 转炉

A P-S 转炉

火法炼铜生产过程中从铜锍到粗铜的冶炼过程绝大部分是在转炉中进行的，世界各国多采用大中型卧式碱性转炉，也称 Pierce-Smith 转炉，简称为 P-S 侧吹转炉。它是铜锍吹炼的主要设备，工艺方法简单，具有操作简单、效率高等特点，因而被长期广泛地应用于重有色金属火法冶炼过程。转炉炉体中部设有炉口，用以加料、排烟、排渣和出铜，炉体一侧沿水平方向设置一排风口，用以鼓入压缩空气或富氧空气。其结构示意图如图 23-14 所示。

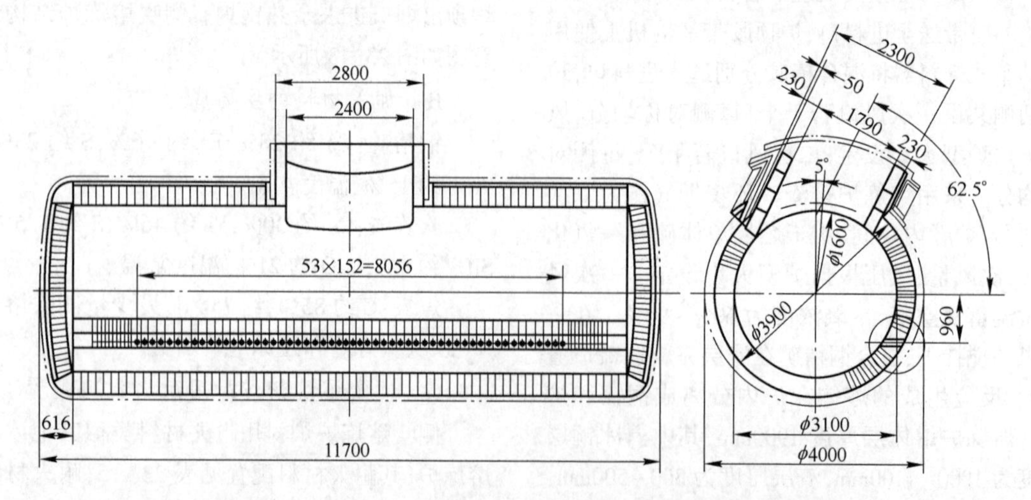

图 23-14 ϕ4000mm×11700mm 铜锍吹炼 P-S 转炉结构示意图

不同冶炼厂家,由于转炉炉型、尺寸及冰铜品位不同,其吹炼操作有所区别,但其吹炼原理是一样的,都是通过将空气或富氧空气鼓入转炉,搅拌炉内的熔体,并与之进行物理化学反应。表23-16和表23-17列出了国内外大型转炉的主要性能。

表 23-16　国外转炉生产操作数据

序号	厂别	台数/台	直径×长/m×m	风口数/个	平均送风压力/Pa	氧利用率/%	铜锍成分(质量分数)(Cu/Fe/S)/%
1	加斯帕	2	4.0×9.1	50	0.62×10^5	80	40/26/23
2	哈德逊湾	3	4.0×9.1	40	$(1.05/0.91)\times10^5$	76	35/27.5/23
3	铜崖	5	4.0×10.6	48	$(1.05/1.05)\times10^5$	93	45/27/25
4	诺兰达	5	4.3×9.7	48	$(1.05/1.05)\times10^5$	95	74.4/1.8/19.8
5	莫伦西	9	4.0×9.1	2	$(0.91/0.91)\times10^5$	66	41/29/26
6	希农	4	4.0×9.1	48	$(0.98/0.98)\times10^5$	78	34/34/28
7	犹他	8	4.0×9.1	50	$(1.05/1.05)\times10^5$	70	37/32/28
8	萨姆桑	2	4.0×7.3	40	$(0.70/0.77)\times10^5$	75	53/23/14
9	博尔	4	4.0×9.1	50	$(0.98/0.91)\times10^5$	85	38/33/26
10	阿霍	3	4.0×9.1	52	$(0.84/0.84)\times10^5$	70	41/30/25
11	内华达	1	4.6×10.7	60	$(0.98/0.98)\times10^5$	95	25/43/26
12	佐贺关	6	4.3×11.6	48	$(0.98/1.13)\times10^5$	87	60/15.5/22.8
13	东予	3	4.3×10.0	54	$(0.77/0.77)\times10^5$	90	52/20.3/22.9
14	博卡	4	4.0×9.1	50	$(0.98/0.91)\times10^5$	85	38/33/26
15	雷明斯	3	4.0×9.1	42	$(1.05/1.05)\times10^5$	96	40/-/-

表 23-17　国内转炉的主要性能

项目	贵冶一期	大冶有色	白银公司	贵冶二期	金隆公司
规格 $\phi\times L$/m×m	4.0×11.5	4.0×11.6	4.0×11.6	4.5×12.5	4×13.6 4.3×13.0
筒体厚度/mm	40	22	20	45	50
炉数/台	6	5	3	3	3、1
风口总数/个	55	54	54	64	59、64
风口间距/mm	≥150	≥150	≥150	≥150	≥150
风口内径/mm	49.5	56.5	47	50	50
风口截面积/m^2	923×10^{-4}	440×10^{-4}	520×10^{-4}	1080×10^{-4}	942×10^{-4}
风口倾斜角/(°)	5	7~8	6~7	0	0
风口至炉中心距离/mm	960	610	610	960	960
风口管厚/mm	6	3.5	5	6	6
每米炉壳上风口数/个	6.7	6.7	6.7	6.7	6.7
炉口尺寸/m×m	2.7×2.3	2.1×1.6	2.4×1.9	2.8×2.3	2.7×2.3

续表 23-17

项目	云铜 1 号	云铜 2 号	和鼎一期	和鼎二期	紫金铜业
规格 $\phi \times L$/m×m	4×11.7	3.66×8.1	4.3×11	4.3×13	4.5×13.6
筒体厚度/mm	24	24	50	50	50
炉数/台	3	2	3	1	3
风口总数/个	54	36	50	64	64
每米炉壳上风口数/个	6.7	6.7	6.7	6.7	6.7
风口间距/mm	≥150	≥150	≥150	≥150	≥150
风口内径/mm	50	50	50	50	50
风口截面积/m^2	644×10^{-4}	735×10^{-4}	942×10^{-4}	942×10^{-4}	1080×10^{-4}
风口倾斜角/(°)	0	0	0	0	0
风口至炉中心距离/mm	960	710	960	960	960
风口管厚/mm	3.3	—	6	6	6

转炉进行冰铜吹炼分造渣期和造铜期，造渣期主要是定期、分批地向转炉注入热冰铜，鼓风氧化，添加熔剂造渣和定期倒出炉渣，获得含铜 70%以上的白冰铜；造铜期继续鼓风氧化，不需加入熔剂，将白冰铜吹炼成粗铜。

转炉吹炼为间歇式操作，每一周期内有多次停风进料倒渣作业，吹炼过程中炉内温度为 1200~1300℃，而停风进料、倒渣、倒粗铜时，炉内吸入大量冷空气，温度迅速下降，一般加料时炉温下降 300~500℃，转炉炉温波动在 800~1500℃，因此转炉内衬的耐火材料要有很好的抗热震性能。转炉操作时高压空气通过风口吹出，在风口周围形成强烈的搅动，高温熔体对炉衬有极强的冲刷作用，因此转炉的耐火材料尤其风口区的耐火材料应该有很好的耐磨性。同时，转炉冶炼时还要加入一些冷料及固态的造渣剂，在吹炼时加入石英石造渣，炉渣主要成分有 FeO、CaO、SiO_2 等，吹炼中的渣型是从弱酸性到强碱性，所以要求炉衬有良好的抗碱性渣的性能。

转炉风口砖和风口区的砖是转炉炉衬损坏最严重的部位。为了风口的整体性和风口位置的准确性，风口砖用实体砖砌成整体，再用特殊钻头钻风眼，材质采用电熔粒再结合镁铬砖或直接结合镁铬砖。风口区也采用上述材料。筒体和端墙在渣线部位采用优质烧结镁铬砖或镁砖。炉口砌砖是结构强度最薄弱部位，特别是炉口与圆形筒体的交接处，因形状复杂、砖的加工量大、砖缝多而难以掌握；炉口又是加料、倒渣、排烟的通道，工艺操作极为频繁，温度变化频繁、铜渣喷溅、烟气冲刷、炉口清理机械的碰撞和磨损、CuS_2、SO_2 的侵蚀非常严重，内衬工作条件极为恶劣。为此，在结构上应采取措施，尽量减少砖型，减少结构上的薄弱环节；在材质选择上，全部选用直接结合镁铬砖，提高炉体的整体寿命[14~18]。

转炉内衬主要为镁铬耐火材料，镁铬砖的优良的耐急冷急热性好，耐磨性好，有较好的抗碱性渣的性能。内衬的易损部位主要是风口及风口区、炉口和端墙等部位。尤其是风口及风口区，使用条件最为苛刻，也是最易损的部位。解决风口及风口区用耐火材料的使用寿命，既可以降低整个转炉炉衬的蚀损，也可以大幅度地提高转炉炉龄。国内某公司生产的优质镁铬风口砖的理化性能见表 23-18，国内某冶炼厂铜锍吹炼转炉用耐火材料理化性能见表 23-19。

表 23-18 国内某公司生产的镁铬风口砖性能指标

编号	$w(MgO)/\%$	$w(Cr_2O_3)/\%$	$w(Al_2O_3)/\%$	$w(Fe_2O_3)/\%$	$w(CaO)/\%$	$w(SiO_2)/\%$
1号	56.3	20.6	5.1	12.0	1.23	1.61
2号	53.4	22.7	5.9	12.8	1.21	1.53
3号	51.2	24.5	6.3	13.5	1.09	1.56

编号	气孔率/%	体积密度 /$g \cdot cm^{-3}$	常温耐压强度 /MPa	抗折强度(1400℃) /MPa	荷重软化开始温度 /℃
1号	17.3	3.26	53.5	6.4	1720
2号	16.7	3.27	61.5	7.5	1720
3号	16.0	3.28	63.1	7.7	1720

表 23-19 某冶炼厂铜锍吹炼转炉用耐火材料理化性能

理化性能		进口砖		国产砖	
		$RRR-ACE-U_{34}$	RRR-C	直接结合 DMLO-12	普通烧成 TMLO-16
耐火度/℃		≥1920	≥1920	>1800	>1750
荷重软化温度/℃		≥1630	≥1570	>1680	1570
显气孔率/%		17	21	<16	18~23
常温耐压强度/MPa		≥45	≥40	≥45	≥40
体积密度 /$g \cdot cm^{-3}$		3.05	2.90	3.20	3.00
化学成分(质量分数)/%	MgO	72.0	60.0	>70.0	55~65
	Cr_2O_3	12.0	15.0	≥12.0	16~22
	SiO_2	2.3	5.0		
	Al_2O_3	8.5	12.8		
	Fe_2O_3	4.2	6.5		
	CaO	0.7	1.2		

B 改进型 P-S 转炉

传统的 P-S 转炉存在一些明显的不足之处,如铜转炉在进料和倾倒产物时,炉气逸出,污染环境;间歇式操作造成废气中 SO_2 浓度波动较大,使回收 SO_2 制酸过程控制复杂化。针对以上问题,人们对其进行了改进,主要改进炉型有:

(1)虹吸式转炉。虹吸式转炉采用了特殊的倒 U 形虹吸烟道,烟气由此虹口排出。由于虹吸烟道能与炉体一起转动,所以炉子转到任一位置时转炉与烟道都能直接连通。其主要优点是:烟气不会被稀释,SO_2 的浓度达 11%;不停风就可以加入固体或液体物料;送风时率高,烟气量稳定,而且不会因停风倾转造成烟气外逸污染环境;吹炼时喷溅少,不需清理炉口;由于炉口处没有烟罩和烟道,因此可以无阻碍地从炉口处用勺取得熔体试样。

(2)特尼恩特转炉(Teniente Converter)。特尼恩特转炉又称特尼恩特改良转炉(Teniente Modified Conrerter),简称 TMC 转炉,是 1977 年在智利的卡勒托内斯(Caletones)冶炼厂首先生产运用。TMC 转炉是长型的卧式转炉,其内径 5m,长 22m。大致等量的铜锍(品位 48%~50%)和铜精矿在鼓入富氧(含 O_2 30%~34%)空气的 TMC 炉中连续自热地熔炼和吹炼成含铜 75%~78%的高品位铜锍和含铜 4%~6%的炉渣,炉渣返回反射炉处理,高品位铜锍送P-S 转炉经富氧空气吹炼成粗铜。至 1995 年 TMC 法生产的铜量达 800kt/a,占当时全球粗铜产量的 9.3%,居各种熔池熔炼方法之首,仅拉丁美洲就有 7 家工厂采用。特尼恩特转炉技术是在反应器中同时进行铜锍的吹炼和铜精矿的自热熔炼,产出高浓度 SO_2(10%~20%)的烟气、高品位的铜锍或白铜锍。吹炼时通过加尔枪连续向炉内加入含水 7%~8%的湿精矿和硅质熔剂。干精矿(含水 0.2%~0.5%)由特殊设计的风口连续地注入,富氧空气(28%~33%

O_2)由常规的风口连续地鼓入,白铜锍(含 Cu 75%左右)和渣通过各自的水冷排放口间断地放出。常用的吹炼转炉类型及优缺点见表 23-20[18~20]。

表 23-20　常用吹炼转炉的类型及优缺点

类型	优　点	缺　点
P-S 卧式转炉	(1)处理量大。 (2)熔体搅拌强烈,反应速度快,氧利用率高。 (3)可充分利用铁、硫等反应热,不需外加燃料。 (4)单位体积热强度大,可处理大量废杂冷料	(1)为周期性作用,送风时率较低(70%~50%)。 (2)烟气量波动大,烟气中 SO_2 浓度低,不利于制酸和环保。 (3)烟气外溢,工作时喷溅物较多,影响金属回收率,且劳动强度大。 (4)耐火材料单耗大(小于 10kg/t-Cu)
虹吸式转炉-霍勃肯转炉	(1)炉子容量大,鼓风量大,空气利用率高。 (2)漏风少,烟气量只为卧式转炉的 30%~50%,烟气中 SO_2 浓度可达 8%~10%,有利于制酸。 (3)可边送风边加料,停风时间短,作业率高。 (4)无喷溅,无烟气冒出,劳动条件好	(1)炉子结构复杂,投资较大。 (2)占地面积比卧式转炉约大 30%,使用的耐火材料比卧式转炉多 20%以上。 (3)炉口小,不能处理大块金属废料
顶吹氧气转炉(即 TBRC 转炉)	(1)应用氧气,炉温高,吹炼速度快,可直接处理铜、镍、铅精矿、锍、铅锌烟尘及铜转炉渣。 (2)利用喷枪喷气、空气或天然气,可精确控制炉内气氛。 (3)烟气量较卧式转炉减少 80%左右,SO_2 浓度高,有利于制酸和环保。 (4)炉料中伴生元素较易挥发回收。 (5)能耗较低,包括制氧所耗,吨铜总能耗约为 5.75kJ/t,仅为传统火法炼铜能耗的 25%左右	(1)炉温高,对炉子内衬耐火材料的质量要求多。 (2)氧气喷枪是关键部件,构造复杂,制作要求高

23.2.2.2　其他铜锍吹炼方法

冶金工作者研制了许多改进的吹炼炉,不同国家由于原料品位、生产技术经验不同,对吹炼炉的研制和改进着重点不同。

A　三菱吹炼炉

日本三菱法连续炼铜是靠冶炼熔体通过密闭的流槽自流输送,将熔炼炉、炉渣贫化炉和吹炼炉连接成统一的整体,完成从铜精矿到粗铜的冶炼过程,三菱法连续炼铜熔炼炉组图如图 23-15 所示[5]。第一座炉子是熔炼炉,湿精矿在此炉中氧化而形成高品位(60%~65%)冰铜;第二座炉子是沉降电炉熔炼炉冰铜和炉渣流入该炉并沉降分离,得到弃渣;第三座炉子是吹炼炉,高品位冰铜在此炉中连续氧化成粗铜,炉渣返回熔炼炉。

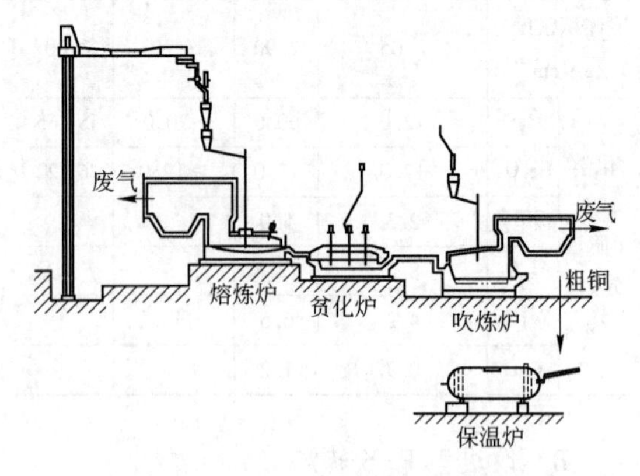

图 23-15　连续炼铜熔炼炉组图

熔炼炉:精矿从炉顶喷入,炉顶边侧设有燃烧器补充热量。产生的冰铜和熔渣通过溢流口、经流槽流进贫化电炉。流槽设有煤气喷嘴以保温。

炉渣贫化炉:炉渣与冰铜在电炉内分层,冰铜由虹吸口经流槽流入吹炼炉,上层炉渣在加入的焦炭粉作用下还原贫化,成为弃渣。

吹炼炉：炉顶部设有喷枪，喷枪由夹层钢管组成，内层给入石灰石熔剂，夹层中间喷入26%～32% O_2 的富氧空气，将连续流入的高品位熔融铜锍吹炼成粗铜[5,8,20]。日本直岛冶炼厂采用三菱炉吹炼炉，炉壳内径为 ϕ9250mm，炉衬材料为镁铬砖。由于吹炼炉为连续式生产，无结构剥落问题，因此该吹炼炉炉衬寿命较长[5]。

B　闪速吹炼炉

闪速吹炼是美国肯尼柯特（Kennecott）公司和芬兰奥托昆普公司合作开发的与奥托昆普闪速炉相似的闪速吹炼炉[21～23]。冰铜可被磨成细粒后喷入炉中进行氧化。其处理的冷冰铜可以来自各种熔炼炉，不像三菱法那样，对熔炼炉（或保温炉）流入的冰铜流量要求连续稳定，也不像 P-S 转炉要求熔炼炉有较大的冰铜储存能力[21～23]。闪速吹炼工艺从技术上解决了硫的泄漏问题，其特点是：熔炼炉产出高品位（68%～70% Cu）铜锍，通过高压水淬使其粒化，铜锍颗粒经脱水、细磨干燥后在闪速熔炼炉中用富氧空气（达 70% O_2）吹炼成粗铜，熔剂采用 CaO，烟气中 SO_2 含量可达 43.6%，炉渣含铜高约 16%，需返回熔炼系统[8]。由于产出的烟气量少而稳定，SO_2 浓度高，故与之配套的烟气冷却、净化以及制酸系统的规模要小得多，因此闪速吹炼工艺的基建投资较转炉工艺可减少 35%。该工艺是连续作业，生产过程容易控制，生产费用低（比转炉吹炼低 10%～20%），吨铜能耗只有转炉工艺的 25%，耗水量减少了 3/4，硫回收率达到 99%，尾气中 SO_2 浓度仅为 100×10^{-4}%，远低于新污染标准规定的 600×10^{-4}%。

C　诺兰达炉

加拿大诺兰达研究中心开发了诺兰达炉，诺兰达转炉的实质是传统 P-S 转炉的改进型，它允许在接近或达到连续的方式下进行操作。它的生产特点是炉内三相共存，即在整个作业期间炉内都保留有炉渣、白铜锍和硫含量较高的粗铜（简称半粗铜）。操作时，高品位液态锍（其中的含铁量小于 4%）、返料、固体锍、熔剂从炉口加入，炉渣从渣口放出，半粗铜从铜口放出，因此除了炉子转出撇渣外，风眼总是连续鼓风[8,20]。因而，诺兰达转炉比单台 P-S 转炉的鼓风时率高得多，其炉衬寿命比 P-S 转炉要高得多。

D　奥斯麦特炉（艾萨炉）

奥斯炉是一种内衬高质量镁铬耐火砖的圆筒形容器，作业时水淬的铜锍从加料口加入，不锈钢浸没式喷枪从炉顶中心处的喷枪口插入熔池，鼓入空气含氧量达 40%～50%，喷入的富氧空气使熔体强烈搅动，化学反应进行得非常迅速，因此小规格的炉子就能获得高的生产能力，烟气中 SO_2 的浓度高达 10%。

E　卡尔多转炉

卡尔多转炉采用了非浸没式喷枪，它的炉身既可上下转动，还可围绕中心轴转动。作业时干精矿由喷枪的内管供入，富氧空气由喷枪的外管供给，通过调节氧料比来维持自热反应。

F　顶吹吹炼炉

顶吹吹炼炉为一台内径 ϕ8m 的多喷枪顶吹吹炼炉。炉顶共有 6 根喷枪，一个石灰石/冷料加料口、两个烧嘴口和一个块料加入口。进入吹炼炉的铜锍品位 75%，吹炼送入 21%～28%的富氧空气，富氧风压力 0.4MPa，吹炼产出含铜 99%的粗铜、炉渣及烟气。粗铜排放为虹吸排放，放铜放渣均采用定时烧口排放的方式[8,20]。

顶吹吹炼炉由炉体、炉顶盖、烟道和送风系统等组成，砌体部位包括炉体和炉顶盖。炉顶盖为水冷铜水套内嵌耐火材料。炉体由炉底和炉墙构成，整体呈圆柱形结构。炉体设铜水套白冰铜入口、粗铜排放口×2（位于白冰铜入口对向）、观察口（位于烟道方向）和排渣口（位于观察口对向）。

23.2.2.3　连续吹炼炉

连续吹炼炉是我国富春江冶炼厂研制成的与地方小型炼铜厂相适应的一种吹炼炉，属固定反射炉式的吹炼设备。图 23-16 为连续吹炼炉结构示意图。该炉类似一台在侧墙上设有吹风管的固定式反射炉，工作方式为两侧连续送风，间断加入铜锍，定时从炉内排出炉渣和粗铜。

炉内分成吹炼区和沉淀区。在吹炼过程中，炉墙风口区及渣线附近始终受高温熔体剧烈

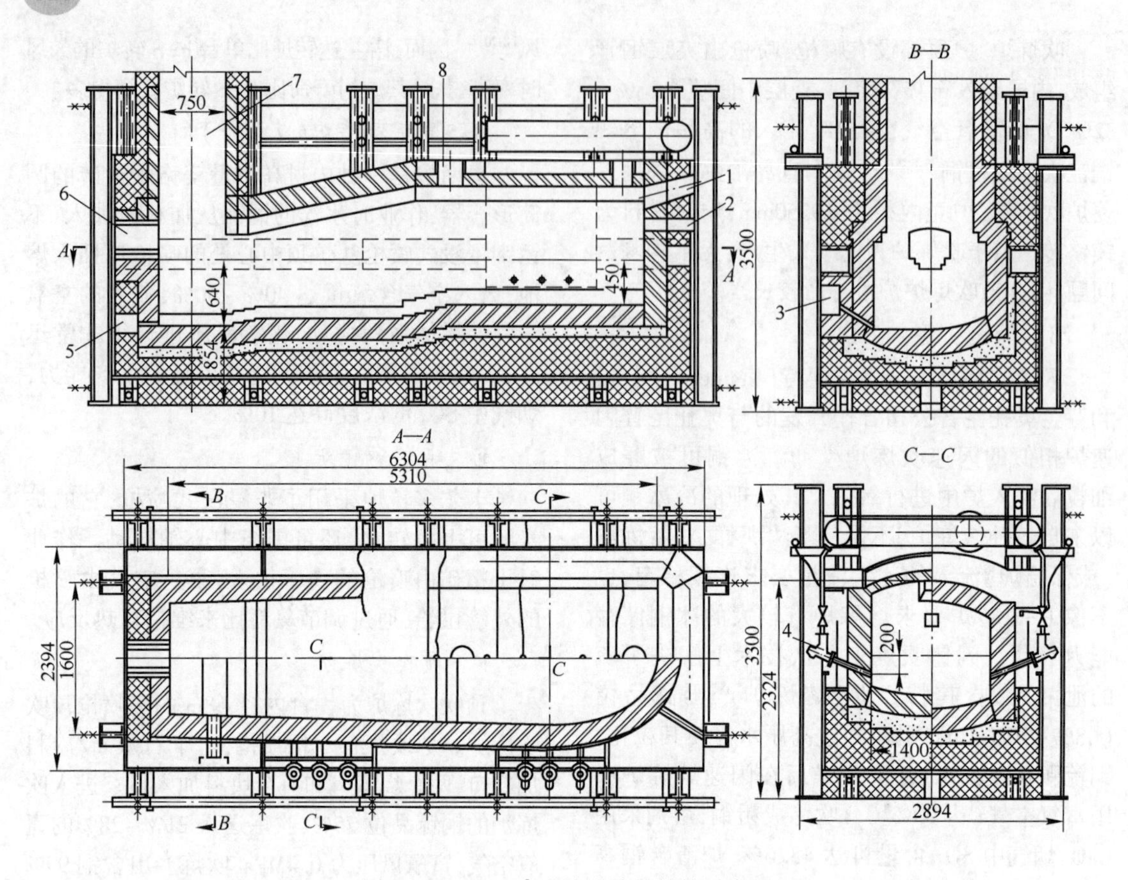

图 23-16　6.5m^2 连续吹炼炉结构示意图

1—燃油口；2—加冰铜口；3—出铜口；4—风口；5—安全口；6—扒渣口；7—排烟口；8—熔剂加入口

的机械冲刷和炉渣、石英熔剂的严重侵蚀，是炉子耐火砌体中最薄弱、最易损坏的部位，因此在风口区及炉墙渣线等处选择镁砖作内衬，并安设了冷却水套。炉底选择镁砖或镁铝砖，炉墙内衬砌筑镁砖。

近年来随着铜冶炼工艺的不断进步及产能的大幅提高，出现了新的连续吹炼工艺，如双闪、双底吹、侧吹+顶吹炉等。

23.2.3　粗铜精炼炉

粗铜精炼炉有固定式反射炉和倾动式转炉两种，这两种炉型与前面所述的反射炉和转炉基本相同。国内大多采用固定式反射炉精炼，炉衬采用镁砖、镁铝砖或镁铬砖砌筑。国外精炼反射炉炉顶用不烧镁铬砖、铬镁砖或直接结合镁铬砖砌筑，炉墙上部用镁铬砖，下部用直接结合镁铬砖和普通镁铬砖，炉底使用硅砖。

23.2.3.1　铜精炼反射炉

铜精炼反射炉的结构与熔炼反射炉基本相同（图 23-17），只是规格较小，炉身一般为 4~8m，炉宽 2.4~3.1m，由炉底至炉顶的炉膛高度为 1.6~2.5m，熔池深度为 0.6~0.9m，熔池容量可达 140t。精炼反射炉具有结构简单、容易操作、对原料燃料适应性广泛等优点，缺点是热效率低、操作环境和劳动条件差。近年来，由于稀氧燃烧工艺的引进，对炉衬耐材提出更高要求。

精炼反射炉生产是周期性作业，炉料是从侧墙炉门装入，使用清洁能源天然气为燃料，熔化期操作温度为 1300~1400℃，出炉烟气温度为 1150~1300℃。精炼过程的目的是除去粗铜中的锌、锡、铁、铅等杂质。在精炼的氧化还原阶段，炉底和炉墙的耐火材料也参与生产过程，酸性内衬能促使铁、锌、钴的氧化物良好地造渣并生成硅酸盐（在铅含量大时，使用酸性炉衬尤为合理）。当采用碱性炉衬时，为使铅生成硅酸

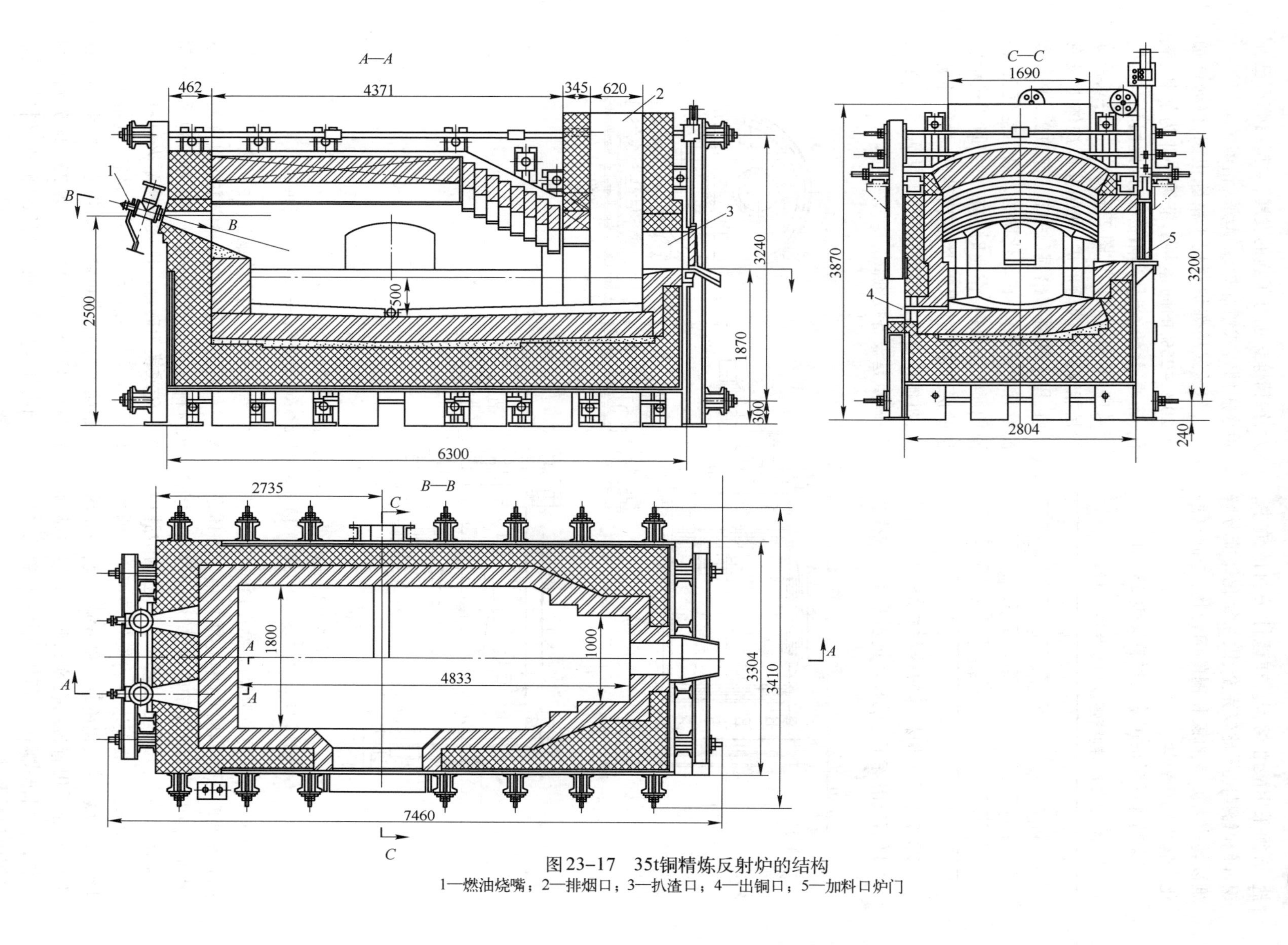

图23-17　35t铜精炼反射炉的结构

1—燃油烧嘴；2—排烟口；3—扒渣口；4—出铜口；5—加料口炉门

盐，必须采用酸性熔剂。在碱性炉衬的炉中，镍、砷和铋排除得比较完全，因为氧化镁能分解难以转化为炉渣的镍和铜的砷合物，并同这些化合物生成砷酸盐。

铜精炼反射炉用耐火材料见表23-21。

表23-21　铜精炼反射炉用耐火材料

部位	品　种
炉顶	镁铬砖、镁铝铬砖、镁铝砖
炉墙	镁铬砖、黏土砖
炉底	镁铬砖、捣打料、黏土砖

23.2.3.2　铜精炼回转阳极炉

随着铜冶炼工艺的技术进步及生产规模扩大，铜精炼炉也有了新的发展，大型冶炼厂已开始采用回转式精炼炉或倾动式精炼炉。

回转式精炼炉适用于精炼粗铜，仅允许加入20%～25%的固体料。精炼作业为加料、氧化、还原、浇铸，产品为阳极板，因此回转式精炼炉又称回转式阳极炉（图23-18）。回转式精炼炉是能够回转的筒形炉，在圆柱形炉体上设有炉口，用于装料和出铜，炉口设有炉盖，炉盖侧面设有少量风口，在氧化期送入高压空气，在还原期通入还原剂，作业时间较短。回转式精炼炉的优点是散热损失少、密闭性好、操作环境改善，机械化自动化程度高、操作灵活，劳动强度小；缺点是设备投资高。

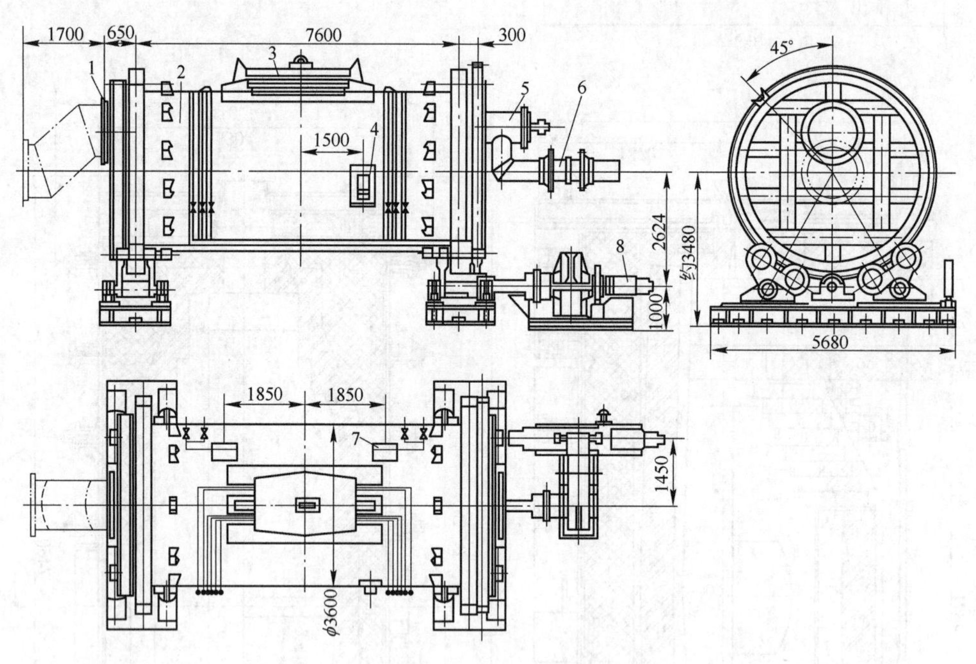

图23-18　ϕ3600mm×8000mm 回转精炼炉的结构

1—排烟口；2—炉体；3—炉口；4—放铜口；5—燃烧器；6—活接头；7—风嘴；8—驱动电机

回转式精炼炉炉膛温度高于1350℃（浇铸期），最高时可达1450℃（氧化期），由于炉体是转动的，炉内没有固定的渣线，炉渣的侵蚀和熔融金属的冲刷，几乎占据了2/3以上的炉膛内表面。因此，一般要求内衬镁铬砖 Cr_2O_3 的含量大于22%，在氧化还原口和出铜口处，因要求更高，经常采用直接结合镁铬砖或电熔再结合镁铬砖。回转式阳极炉所用的耐火材料已全部采用国产耐火材料[14~17]。

综上所述，用于炼铜工业的反射炉、转炉、阳极炉和闪速炉等高蚀损部位主要以优质镁铬耐火材料为主，另外在一些非主要部位也采用少量的镁砖或镁铝砖等。优质镁铬耐火材料主要有以下几种：直接结合镁铬耐火材料、电熔再结合镁铬耐火材料、半再结合镁铬耐火材料、熔铸镁铬耐火材料等。表23-22～表23-24分别列出了国内外部分公司炼铜用碱性耐火材料的理化性能[15]。

表 23-22　国内某公司碱性耐火材料产品性能

性能	直接结合镁铬砖			半再结合镁铬砖			电熔再结合镁铬砖			熔铸镁铬砖	优质镁砖		镁铝铬砖	镁铝尖晶石砖		
	LZMGe-12	LZMGe-16	LZMGe-20	LBMGe-12	LBMGe-16	LBMGe-20	LDMGe-12	LDMGe-16	LDMGe-20	LRMGe-16	LMZ-95	LMZ-93	LMLGe	LMLJ-1	LMLJ-2	LMLJ-3
$w(MgO)$/%	≥65	≥60	≥55	≥65	≥60	≥55	≥65	≥60	≥55	≥60	≥94.5	≥93	≥65	≥80	≥75	≥70
$w(Cr_2O_3)$/%	≥12	≥16	≥20	≥12	≥16	≥20	≥12	≥16	≥20	≥16			≥8			
$w(CaO)$/%	≤1.3					≤1.3					≤2.0	≤2.0		≤1.5		
$w(SiO_2)$/%	≤2.0	≤2.0	≤2.0	≤2.0	≤2.0	≤2.0	≤2.0	≤2.0	≤2.0	≤2.5	≤2.5	≤3.5				
$w(Al_2O_3)$/%	3~5					5~7							5~9	8~15	8~15	8~15
显气孔率/%	≤18	≤18	≤18	≤17	≤17	≤17	≤16	≤16	≤16	≤12	≤18	≤17	≤17	17~18	18~19	19~20
体积密度/$g \cdot cm^{-3}$	≥3.06	≥3.15	≥3.15	≥3.15	≥3.18	≥3.25	≥3.15	≥3.20	≥3.27	≥3.3	≥2.9		≥3.0	≥2.9		
耐压强度/MPa	≥45	≥45	≥45	≥50	≥50	≥50	≥55	≥55	≥55	≥70	≥50	≥65	≥40	35~30	35~30	35~30
荷重软化温度/℃	1700	1700	1700	1700	1700	1700	1700	1700	1700	1750	1700	1700	1650	1700	1650	1600
抗热震性/次	3~7	4~8	4~8	4~8	4~8	4~8	3~7	3~7	3~7		3~5	3~5	≥10	15	15	10
抗折强度/MPa 常温	6	6	6	8	8	8~11	8	8	8		6	6				
抗折强度/MPa 1400℃	6~10	6~10	6~10	8~14	8~14	8~14	8~14	8~14	8~14							
线膨胀率(1000℃)/%	1.13	1.07	0.85	0.91~0.99			0.91~0.99			1000℃ 1.41~1.43						
热导率(1000℃)/$W \cdot (m \cdot K)^{-1}$	3.0~3.8			2.8~3.6			2.8~3.4			1.93	4.5~5.5	4.5~5.5		4.5~5.5	5~6	5~6

表 23-23 国内某公司镁铬碱性耐火材料产品性能

性能		镁砖			镁铬砖			直接结合镁铬砖		半再结合镁铬砖		再结合镁铬砖			镁铝砖	
		QMZ91	QMZ95	QMZ97	QMGe8	QMGe12	QMGe22	QZHMGe-12	QZHMGe-16	QBDMGe-18	QBDMGe-18	QBDMGe-20	QBDMGe-22	QBDMGe-28	QML80A	QMLGe85
$w(MgO)$/%		92	94.5	97	72	65	49	73	68	68	65	66	63	53	86	88
$w(Cr_2O_3)$/%					10	13	23	13	17	19	20.5	20.5	22.5	28		1.6
$w(CaO)$/%		1.6	1.5	1	1.1	1.1	1.3	1.3	1.3	1.3	1.3	1.2	1.2	1.2	1.5	1.4
$w(SiO_2)$/%		3.8	2	0.6	3.2	3.5	3.5	2	1.7	1.5	1.7	1.4	1.4	1.4	3.7	2.5
$w(Al_2O_3)$/%		1	0.8	0.2	8	10	13	5	5.5	4	4.2	4	4.5	6	6.5	5.4
$w(Fe_2O_3)$/%		1.1	0.8	0.6	5.5	8	10	5.5	6	5.5	7	6.5	7.5	10	1.5	0.9
显气孔率/%		16	16	16	18	17	19	17	17	15	15	14	14	14	17	17
体积密度/$g \cdot cm^{-3}$		2.93	2.94	2.98	3	3.03	3.05	3.08	3.18	3.2	3.22	3.28	3.28	3.32	2.95	2.96
耐压强度/MPa		90	90	90	50	50	50	50	50	60	60	65	65	65	65	50
荷重软化温度/℃		1570	1640	1700	1620	1640	1640	1680	1700	1700	1700	1750	1750	1750	1620	1670
抗热震性/次		1	1	1	5	5	3	3~7	3~7	3~10	3~10	3~10	3~10	3~10	5~10	5~10
抗折强度/MPa	常温	6	15	10	6	5	5	5	5	6	6	6	6	6	3	3
	1400℃	3	3	15	5	8	5~10	5~10	5~10	5~10	5~10	6~14	6~14	6~14	3	3
线膨胀率/%	1000℃	1.2~1.4	1.2~1.4	1.3~1.5	1 ~1.2	1 ~1.2		1.3~1.5	1.3~1.5	0.9~1.1	0.9~1.1	0.9~1.1	0.9~1.1	0.9~1.1	1.0~1.2	1.0~1.2
	1500℃	1.9~2.1	1.9~2.1	2.2~2.4	1.5~1.7	1.5~1.7		2.1~2.3	2.1~2.3	1.7~1.9	1.7~1.9	1.7~1.9	1.7~1.9	1.7~1.9	1.5~17	1.5~17
	1700℃			2.4~2.6	1.6~1.8	1.6~1.8		2.4~2.5	2.4~2.5	2.0~2.2	2.0~2.2	2.0~2.2	2.0~2.2	2.0~2.2	1.6~1.8	1.6~1.8
热导率/$W \cdot (m \cdot K)^{-1}$	500℃	5.5~6.5	5.0~6.0	4.5~5.5	2.5~3.0	2.2~2.7	2.0~2.5	2.2~2.7	1.6~2.2	1.8~2.0	1.8~2.0	2.2~2.4	2.2~2.4	1.6~2.2	4.2~5.8	4.2~5.8
	1000℃	3.0~4.0	2.5~3.5	2.5~3.5	2.0~2.5	2.0~2.5	1.8~2.3	2.2~2.7	1.4~2.0	1.7~1.8	1.7~1.8	1.7~1.8	1.7~1.8	1.4~2.0	2.8~3.2	2.8~3.2
比热容/$kJ \cdot (kg \cdot K)^{-1}$		0.97	0.97	0.97	0.93	0.93	0.9	0.9	0.9	0.9	0.9	0.9	0.9	0.8	0.97	0.97

表 23-24 国外部分公司镁铬砖理化性能

性能		MORMAG 60DB	MORTECH 50TDB	Radex-ESD	Radex-H30	Radex-DB605	Radex-DB505	ANKROM B65	ANKROM S55	RRR-C	RRR-ACE-U34	MAC-EC 电熔铸砖	C-104 电熔铸砖
$w(MgO)$/%		64	55	63	38	56	51	60	60	60	72	55	56.5
$w(Cr_2O_3)$/%		14	24	18	35	21	25	18	18.5	15	12	18	20
$w(CaO)$/%		1.6	0.5	1.6	0.8	1.4	0.3	1.3	1.3	1.2	0.7	0.9	0.5
$w(SiO_2)$/%		1.4	1	2	2.5	0.7	0.8	0.5	0.5	5	2.3	2.6	2.5
$w(Al_2O_3)$/%		12	7	5.5	9	7	8	6	6	12	8.5	15	8
$w(Fe_2O_3)$/%		7	12	9.5	15	13.5	15	14	13.5	6.5	4.2	8.3	10.5
显气孔率/%		18	17	17~21	18~22	14~18	15~19	15	16	21	17	10~15	12
体积密度/$g \cdot cm^{-3}$		3.06	3.23	2.95~3.15	3.15~3.30	3.2~3.35	3.15~3.30	3.26	3.25	2.9	3.05	3.3	3.17
耐压强度/MPa		37	54	35~70	25~60	35~70	45~100	>30	>40	39.2	44.1	98.1	
荷重软化温度/℃								>1750	>1750				
常温抗折强度/MPa		5	14										
重烧线变化/%		+0.5 (1600℃×5h)	-0.2 (1600℃×5h)										
线膨胀率/%	1000℃			线膨胀系数 11×10^{-6}/K	线膨胀系数 10×10^{-6}/K	线膨胀系数 11×10^{-6}/K	线膨胀系数 11×10^{-6}/K	0.95	0.95	1.1	1.1	1.07	
	1500℃							1.47 (1400℃)	1.47 (1400℃)	1.65	1.8	1.63	
热导率/$W \cdot (m \cdot K)^{-1}$	500℃	3.1	3.27	2.0~2.5 (600℃)				1.85	1.85				
	750℃	2.9	2.97		2.5~3.0	2.2~2.7	2.0~2.5						
	1000℃	2.9	2.6	2.0~2.5 (1200℃)				1.75	1.75				
	1250℃	2.8	2.26	2.0~2.5	2.0~2.5	2.0~2.5	1.8~2.3						
比热容/$kJ \cdot (kg \cdot K)^{-1}$				0.92	0.9	0.9	0.88						

23.3 炼铅用耐火材料

铅冶炼有两类流程。第一类以铅锌为独立原料,分别单独进行冶炼;第二类以铅锌为共生矿,通过冶炼同时获得粗铅和粗锌或获得粗铅和高锌烟尘(湿法提锌的原料)。

无论从矿石或精矿中生产金属铅锌的方法,都可分为火法冶金与湿法冶金,铅的冶炼几乎全是火法。火法炼铅普遍采用传统的烧结焙烧—鼓风炉熔炼流程,该工艺约占世界产铅量的85%左右,铅锌密闭鼓风炉生产的铅约为10%,其余5%是从精矿直接熔炼得到的。直接熔炼的老方法有沉淀熔炼和反应熔炼,这两种炼铅方法金属回收率低、产量小、劳动条件恶劣,现在大型炼铅厂已不采用。20世纪80年代以来开始工业应用的直接炼铅方法主要是氧气闪速熔炼Kivcet法和氧气底吹熔炼QSL法,它将传统的烧结焙烧-还原熔炼的两个火法过程合并在一个装置内完成,提高了硫和热的利用率,简化了生产工艺流程,改善了环境,其他的熔炼方法如富氧顶吹熔炼法、SKS法等均可达到简化流程,改善了环境的目的,已实现工业化生产应用。

23.3.1 铅鼓风炉用耐火材料

传统的火法炼铅是烧结-鼓风炉还原熔炼,我国现有的铅生产厂几乎都采用这一传统工艺流程。此法即硫化铅精矿经焙烧后得到烧结块,然后在鼓风炉中进行还原熔炼产出粗铅。图23-19为铅冶炼工艺流程图。

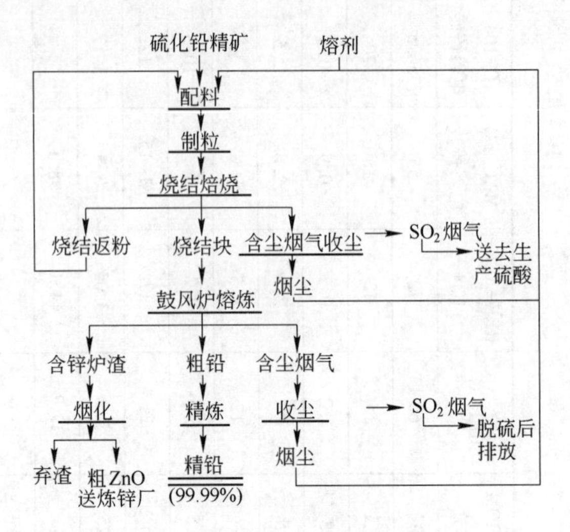

图23-19 铅冶炼工艺流程图

烧结-鼓风炉炼铅法的优点是工艺稳定可靠,对原料适应性强,经济效果好。其缺点是烧结烟气SO_2浓度低,采用常规制酸工艺难以实现SO_2的利用,严重地污染了大气环境;此外,烧结过程中产生的热量不能充分利用,扬尘点分散,劳动条件差。

炼铅鼓风炉有圆形炉和矩形炉两种,大型炼铅厂均采用矩形断面鼓风炉,其结构如图23-20所示。

铅鼓风炉由炉基、炉顶、炉缸、放出产物装置、风口装置、水管系统等部分组成,分为有炉缸和无炉缸两种结构。当熔炼产物在炉内进行分离时,则设置炉缸;若熔炼产物在炉外进行沉淀分离时,则不需炉缸。炉缸置于炉基之上,用耐火材料砌筑,炉缸结构如图23-21所示。

铅鼓风炉炉顶温度为400~500℃,多为密闭炉顶,炉身为全水套,耐火材料只在咽喉口和炉缸使用。铅精矿烧结块、焦炭、熔剂等固体物料由炉顶加入,炉身下部侧面风口鼓入高压空气,与向下的物料进行熔化、氧化、还原等反应,完成冶炼过程,液态金属、锍、炉渣从炉子下部的咽喉口或炉缸排出,烟气、烟尘等从炉顶烟气出口排出。

炉渣的主要成分是FeO、SiO_2、CaO,其典型渣成分为FeO 39%、SiO_2 27%、CaO 14%,ZnO 10%,因此,铅鼓风炉炉渣属碱性炉渣。在高温作用下,炉渣对咽喉口和炉缸的化学侵蚀特别严重,故咽喉口耐火材料主要用镁砖、镁铬砖、铝铬砖,其抗渣性、抗冲刷性能较好,在咽喉口还设有特别的小水套以保护该部分的砖体。炉缸侧壁和炉底上部均用镁砖砌筑,外侧及炉底钢板部分砌黏土砖,炉底砌成反拱形。

如前所述,有炉缸的鼓风炉熔炼产物主要在炉内进行沉淀分离,但排出的熔渣还含有少量的金属和锍微粒,需进一步进行分离回收;无炉缸鼓风炉,熔炼产物均在炉外进行分离,分离设备通常采用电热前床。电热前床是鼓风炉炼

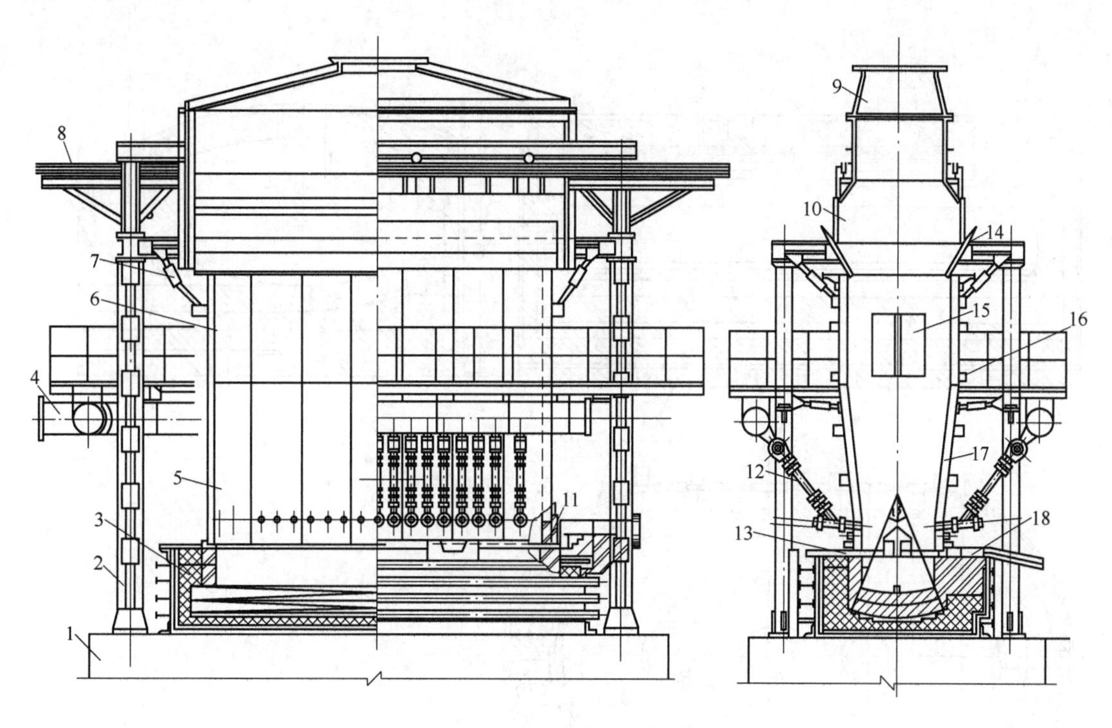

图 23-20　矩形铅鼓风炉的结构

1—炉基；2—立柱；3—炉缸；4—环形风管；5—端下水套；6—端上水套；7—千斤顶；8—炉门轨道；9—烟罩；10—加料门；11—咽喉口；12—风口及支柱管；13—水套；14—下料板；15—打炉结门；16—侧上水套；17—侧下水套；18—虹吸道及虹吸口

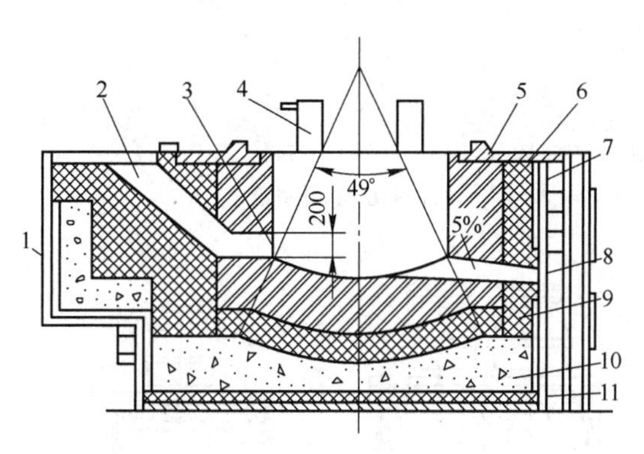

图 23-21　铅鼓风炉炉缸的结构

1—炉缸外壳；2—虹吸道；3—虹吸口；4—U 形水箱；5—水套压板；6—镁砖砌体；7—填料；8—安全口；9—黏土砖砌体；10—捣固料；11—石棉板

铅工艺过程中的一个重要单元操作过程。它用来对铅渣熔体保温，使铅和渣能澄清分离，是提高金属直收率和回收率的一个重要步骤。

电热前床是矿热电炉的一种（图 23-22），多为长圆形。为保证前床内炉渣与金属铅的有效分离和顺利地从炉内排出炉渣，通过将电极插入熔渣中，依靠电极与熔渣交界面上形成的微电弧与熔体电阻的双重作用，使电能转化为热能，使温度达到 1300℃，经保温铅和渣在前床内沉淀分离，以保证排出渣温高于 1150℃，排出铅温在 800～1000℃。铅从虹吸口放出，炉渣由渣口放出。

电热前床在操作时，炉内熔渣由于电弧高温引起的熔渣对流运动使炉渣冲刷炉墙，出放渣造成渣线波动，使炉体尤其是渣线部位机械冲刷严重，承受碱性熔渣的化学侵蚀，炉墙损坏很快。对于出渣口及出铅口来说，除了受到前述冲刷作用外，还受到比炉墙材料所受的更强的氧化和热应力作用[24]。铅鼓风炉电热前床用耐火材料大都采用镁铬砖、铬渣块等，寿命可达到 1 年以上，使用效果颇佳。某有色金属公司的电热前床炉墙采用高铬镁铬砖砌筑，寿命达到 2 年。

23.3.2　铅锌密闭鼓风炉（ISP）法

铅锌密闭鼓风炉是针对铅锌混合矿开发出

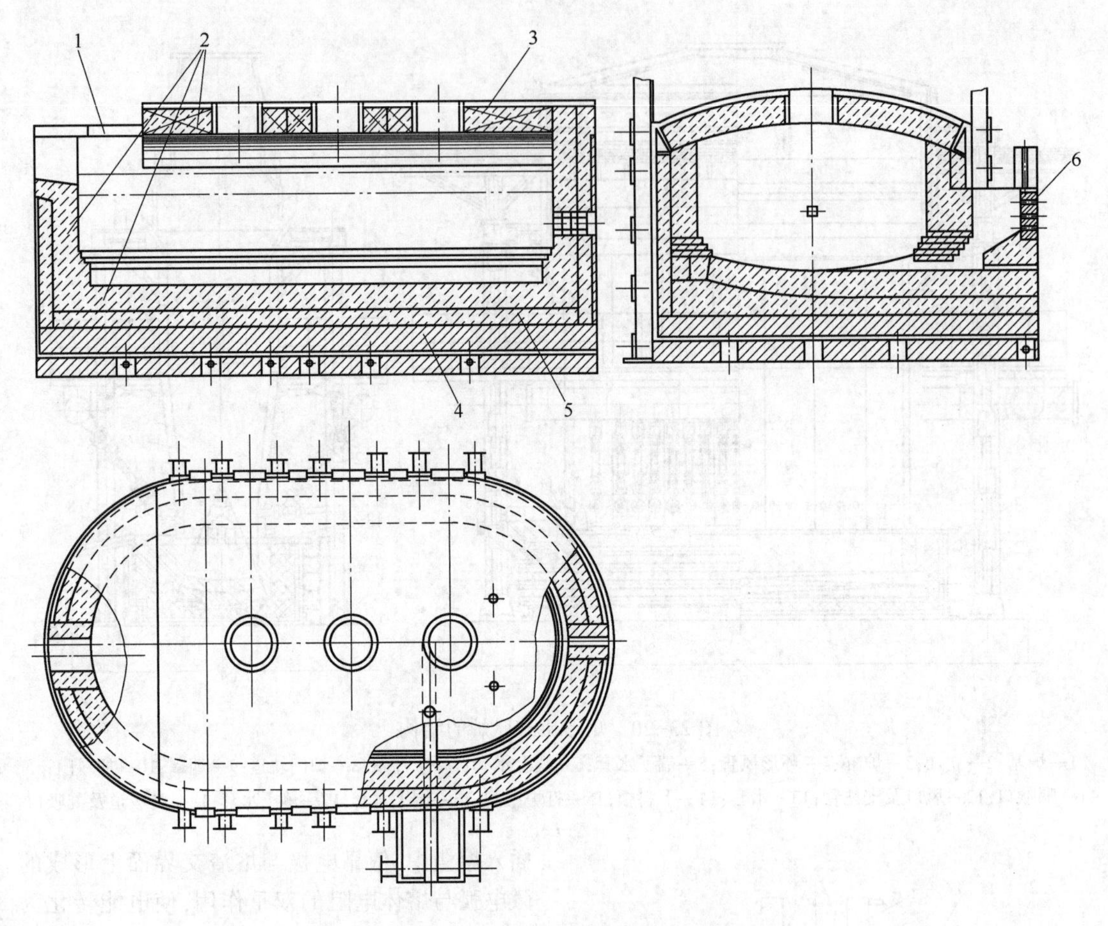

图 23-22 19.5m² 电热前床砖体的结构

1—进料口水套;2—铬渣砖;3—保温层;4—黏土砖;5—耐火浇注料;6—碳化硅砖

的冶炼方法。铅锌密闭鼓风炉主要由鼓风炉和冷凝器组成,其结构示意图如图 23-23 所示。其特点是能同时炼铅、锌,对原料有广泛的适应性。铅锌密闭鼓风炉的炉料主要为铅锌烧结块矿、焦炭、熔剂。其原理为铅锌烧结矿与焦炭分批加入密闭鼓风炉内,被还原成金属,液态铅进入炉缸,锌成气态随炉气进入铅雨冷凝器(铅雾室),被冷凝成液态锌,液态锌与铅进入分离室,上层锌以粗锌产出,再进入粗锌精馏装置,而下层铅液可送回冷凝器继续使用。

铅锌密闭鼓风炉炉体是密闭的,使用 800~850℃热风鼓风;炉顶保持 1050~1100℃的高温,炉料在风口区进行强烈的理化反应时,可使焦炭区温度高达 1400℃。炉渣多为高钙或高铁渣型,并以 1300~1350℃高温流入前床。含有

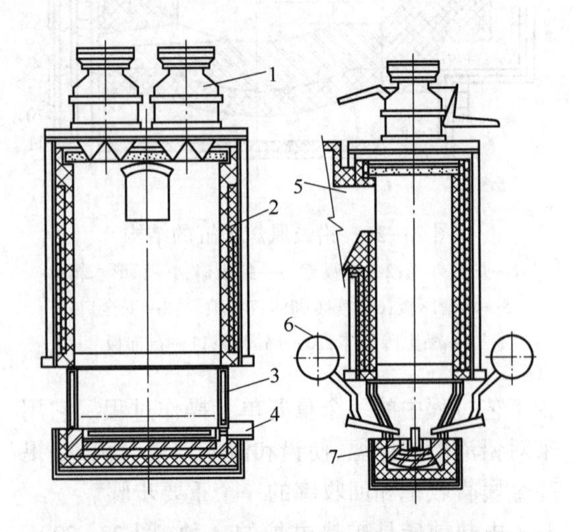

图 23-23 铅锌密闭鼓风炉的结构

1—加料装置;2—高铝砖炉身砌体;3—炉身水套;4—出渣口;5—排烟口;6—风口装置;7—镁砖炉缸

锌蒸气的较强还原性的炉气从炉顶流入冷凝器，此时炉顶料面处的温度可达1030~1060℃。炉缸只有渣口，前床出铅。铅锌密闭鼓风炉的前床均为电热前床，其寿命比鼓风炉低，主要是渣侵蚀冲刷渣线所致。国内两座铅锌密闭鼓风炉，其前床内衬分别采用铬渣砖和铝铬钛砖，炉龄虽可达1年以上，但仍低于铅锌密闭鼓风炉寿命[16]。

鼓风炉炉缸受碱性渣侵蚀严重，因此炉缸内衬采用抗FeO、CaO较好的优质镁铬砖砌筑，熔炼区炉壳用喷淋水冷却；由于烧结块矿和焦炭的硬度较高，炉身采用耐磨性好的优质高铝砖或红柱石砖砌筑，其理化性能见表23-25；炉顶采用有筋砖吊挂的高铝质耐火浇注料。冷凝器与转子由于要求导热性要好，耐冲刷、耐侵蚀，采用碳化硅质耐火材料[5]。

表23-25 红柱石砖的理化指标[5]

名称	红柱石砖	红柱石砖
$w(Al_2O_3)/\%$	≥55	≥58
$w(Fe_2O_3)/\%$	≤1.5	≤1.2
$w(R_2O)/\%$	—	≤0.5
耐火度/℃	>1820	≥1790
显气孔率/%	≤19	≤18
体积密度/$g \cdot cm^{-3}$	≥2.45	≥2.49
耐压强度/MPa	≥50	≥60
重烧线变化率/%	—	±0.1(1600℃×2h)
蠕变率(蠕变时间20~50h)/%	≤0.3(1350℃)	≤0.3(1400℃)
荷重软化温度/℃	≥1550	—
抗热震性(1100℃，水)/次	≥15	≥12

23.3.3 氧气底吹炼铅转炉(QSL)法

氧气底吹炼铅法是硫化铅精矿直接炼铅法的一种，它包括德国的QSL法和中国水口山(SKS)法。它们的共同特点是氧和硫的利用率极高(98%~100%)，烟气含SO_2浓度高(8%~11%)，炉子操作灵活方便，劳动条件好以及成本低等。

23.3.3.1 QSL法

QSL法氧气底吹熔池熔炼法是直接炼铅法之一，它是根据其发明人奎诺(P. E. Queneau)、舒曼(R. Schuman)两位教授和工艺开发者鲁奇(Lurgi)公司名字的第一个字母而命名的。它与传统炼铅工艺比较省去了烧结工序，故具有流程短、热利用率高、烟气中SO_2浓度高、硫利用率高并较好地解决了环保问题等优势。

QSL反应器是氧气底吹直接炼铅炉的核心设备。反应器由加料氧化区、还原区、虹吸出铅区、沉淀出渣区和排烟口组成，是断面沿长轴线变化的卧式圆筒体。炉内有一隔墙将其分为氧化熔炼区和炉渣还原区；隔墙下部有孔道以便熔体通过，氧化区炉底装有浸没式氧化喷嘴，还原区设有粉煤和富氧喷嘴。粒状精矿从氧化区的炉顶投入，氧气由底部的喷枪喷入，熔体在1050~1100℃下进行脱硫与熔炼反应，生成的铅液在此底部汇集。含有PbO的炉渣在1150~1250℃下穿过渣坝进入还原区被碳还原为铅，流回氧化区底部。熔炼产生的铅液与贫化后的渣分别呈逆流状态从炉子两端放出，整个熔炼过程在密闭炉中进行。

反应器熔池中的熔体温度不是很高，熔池中大部分熔体为高铅渣。在一些氧化区渣含铅高达40%左右。同时在反应器内熔池中有强烈的搅动与喷溅，炉衬受到强烈的冲刷和侵蚀。为保证炉子的寿命，必须选用抗渣性好、耐冲刷的优质碱性耐火材料。在QSL反应器内衬材料的设计上，国外的反应器熔池上部采用直接结合镁铬砖DB505-1(High Purity Sinter)砌筑，熔池部分采用熔粒直接结合镁铬砖DB505-B(Fused MgO-grain)砌筑，而喷枪孔全采用熔粒结合镁铬砖BCF-3(Fused MgCr-grain)。这三种砖的重要理化指标见表23-26，均为奥镁生产。

表23-26 QSL反应器用铬镁砖的主要性能

性能	RADEX-DB505-1	RADEX-DB505-B	RADEX-BCF-3
$w(MgO)/\%$	50	50	56
$w(Cr_2O_3)/\%$	26	26	21

续表 23-26

性能	RADEX-DB505-1	RADEX-DB505-B	RADEX-BCF-3
$w(Fe_2O_3)$/%	15.0	15.0	14.5
$w(Al_2O_3)$/%	7.5	8.0	6.5
$w(CaO)$/%	0.5	1.0	1.3
$w(SiO_2)$/%	0.5	0.8	0.7
体积密度/$g \cdot cm^{-3}$	3.02	3.34	3.30

续表 23-26

性能	RADEX-DB505-1	RADEX-DB505-B	RADEX-BCF-3
常温耐压强度/MPa	>25	>30	>30
显气孔率/%	<18	<18	<18

国内设计的氧气底吹炼铅转炉,炉子上部炉衬用直接结合镁铬砖砌筑,熔池部分采用半再结合镁铬砖砌筑。

QSL 反应器的简图如图 23-24 所示。

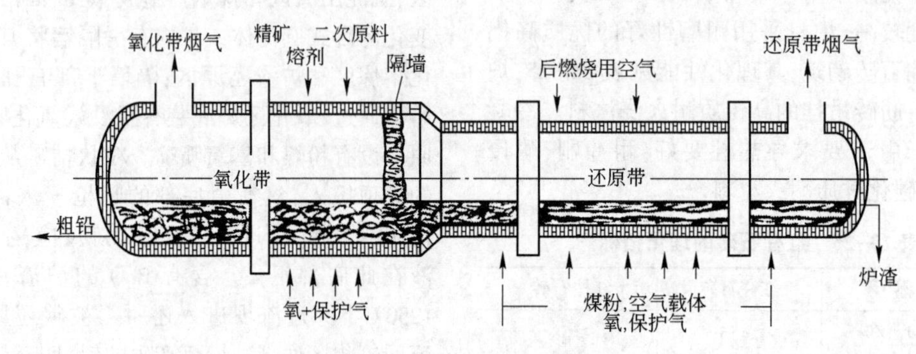

图 23-24 QSL 反应器示意图

23.3.3.2 水口山法(SKS)

该工艺也属于氧气底吹熔池熔炼。该工艺的研究是我国“七五”计划的重点科研项目,由科研、设计、院校、企业合作共同攻关的成果。水口山法除了与 QSL 法共有的优点外,特殊的优点是流程短、投资省、上马快,适于中小型冶炼企业采用。其半工业试验流程如图 23-25 所示。

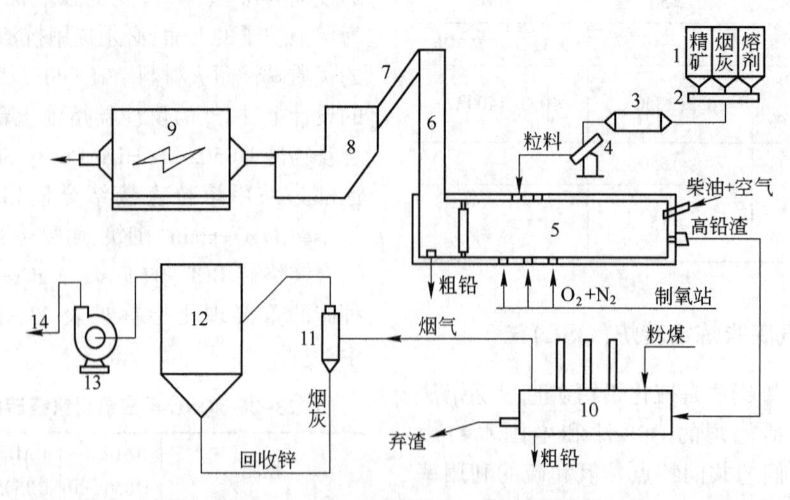

图 23-25 水口山炼铅法半工业试验流程图

1—料仓;2—定量给料机;3—破碎给料机;4—圆盘制粒机;5—氧气底吹转炉;6—水冷直烟道;7—水冷斜烟道;8—水冷沉降室;9—电收尘器;10—还原电炉;11—旋风收尘器;12—布袋斜烟道;13—排烟机;14—烟囱

氧气底吹炼铅转炉(即反应器)是水口山法的关键设备。反应器的规格为 ϕ2.234m×7.89m,内截面是非等径的,卧式水平放置,安放3支氧枪,顶部设2个气封加料口,虹吸出铅口与反应器轴线相垂直,出烟口为圆形铜水套,上端设置水冷直升烟道和密封烟罩。反应器简图如图23-26所示。

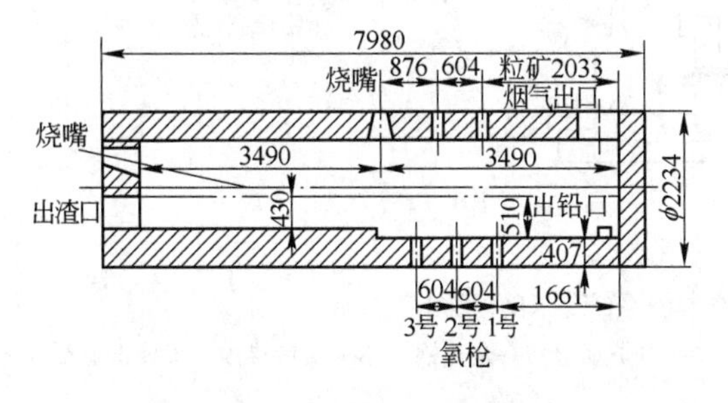

图23-26　水口山法反应器简图

水口山法是采用两个设备分别完成氧化和还原过程。在反应器内完成硫化铅精矿的氧化反应,造高铅渣,然后流入贫化电炉用粉煤还原。这样做更能发挥反应器的氧的利用率高、反应快的特点,可获得高浓度 SO_2 烟气。

由于水口山法与QSL法均为氧气底吹炼铅法,故它们的炉衬材料基本相似,主要采用优质镁铬耐火材料。

23.3.4　基夫赛特熔炼法

基夫赛特(Kivcet)法是由苏联全苏有色金属科学研究院开发,20世纪60年代进行试验研究,80年代应用于工业后,进行了许多改进发展,现已成为工艺先进、技术成熟的现代直接炼铅法。它能把氧化还原两种截然不同的气氛分隔开,获得含铅低的炉渣和含硫低的粗铅。

该熔炼方法实际上是采用纯氧吹炼和电炉加热的新型直接炼铅工艺,在炉中发生碳热还原反应形成硫化铅的自热闪速熔炼过程,包括闪速炉氧化熔炼硫化铅精矿和电炉还原贫化炉渣两部分,将传统的炼铅法烧结焙烧、鼓风炉熔炼和炉渣烟化三个过程合并在一台Kivcet炉中进行。意大利Vesme港KSS炼铅厂工艺过程连接示意图和Kivcet炉组结构示意图分别如图23-27和图23-28所示。

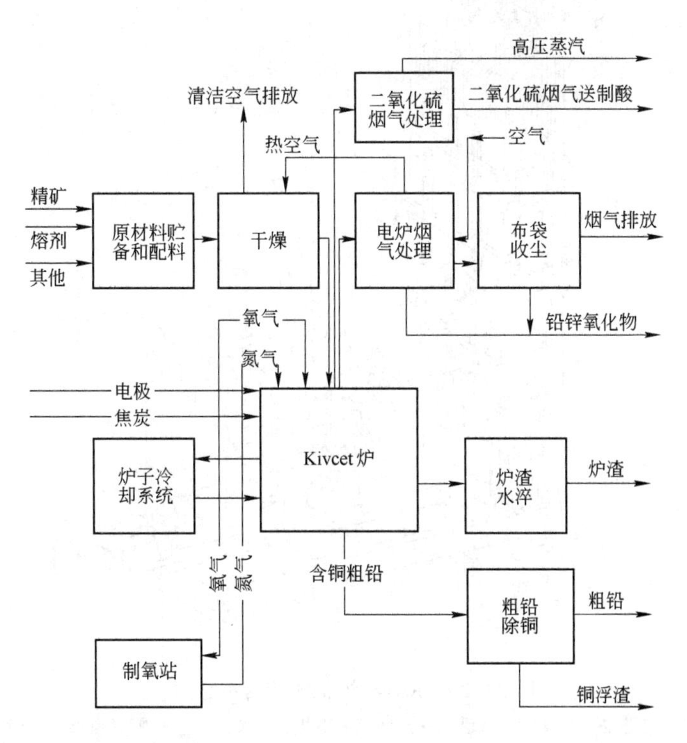

图23-27　Vesme港KSS炼铅厂工艺过程连接示意图

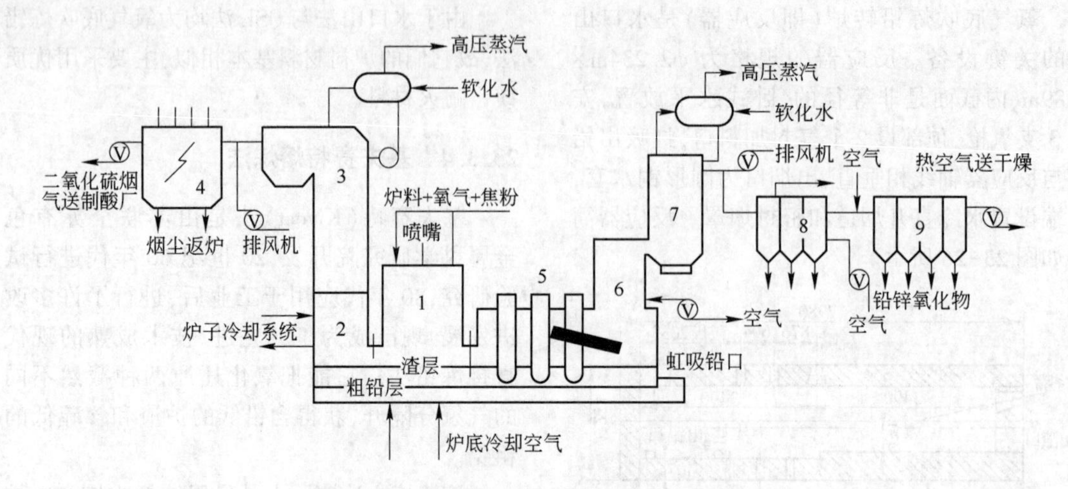

图 23-28　Vesme 港 KSS 炉本体系统结构示意图

1—反应塔;2—直升烟道;3—余热锅炉;4—电收尘器;5—电极;6—电炉烟道;7—余热锅炉;8—换热器;9—布袋收尘器

基夫赛特熔炼法的核心设备为基夫赛特炉。该炉有四部分即闪速熔炼反应塔、具有焦炭过滤层的熔池、冷却烟气的竖烟道(立式余热锅炉)和铅锌氧化物还原挥发的电热区组成,整体结构示意图如图 23-29 所示。该炉的气相空间分成竖烟道区、反应塔区、电热区三个区域,三个区间用隔墙分开,焦炭过滤层是 Kivcet 法炼铅技术的重要特点之一。

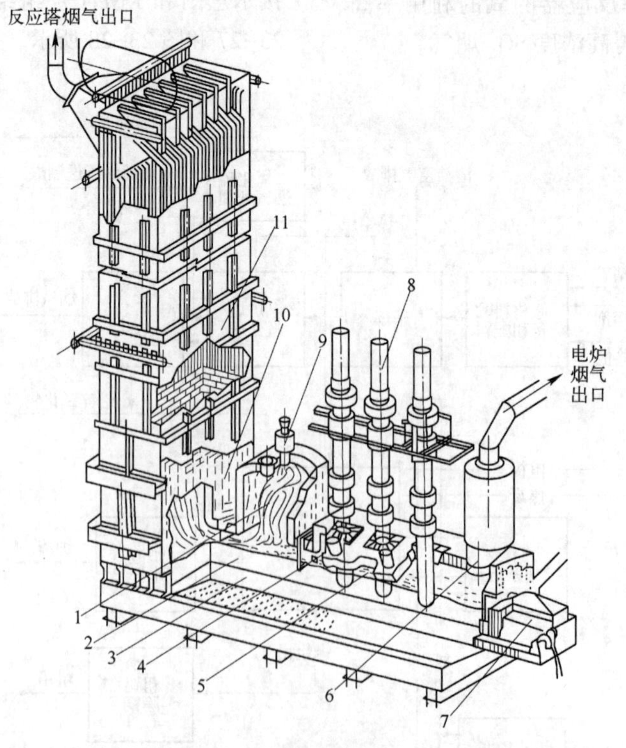

图 23-29　Kivcet 炉整体结构示意图

1—闪速熔炼反应塔;2—炉渣;3—粗铅;4—隔墙;5—电炉;6—复燃室;7—虹吸道;8—电极;9—喷嘴;10—直升烟道;11—竖式余热锅炉

Kivcet 法熔炼时，干燥后的炉料与工业纯氧同时喷入反应塔内，塔内炉料在悬浮状态下完成氧化、熔化、造渣过程，形成粗铅、金属氧化物等组成的熔体。熔体落下通过浮在熔池表面的焦炭过滤层时，其中大部分氧化铅被还原成金属铅而沉降到熔池底部。炉渣进入电热区，在电极的加热搅动下，渣中 ZnO、PbO 被还原，进一步贫化初渣，并使渣与铅进一步沉降分离，然后分别放出。含二氧化硫的烟气经竖烟道和余热锅炉送入高温电收尘器，而后送酸厂净化制酸。电炉部分烟气经捕集氧化锌的滤袋收尘器后排放。

炉子工作时，反应塔的火焰温度在 1380~1420℃，气固两相和高温高速熔体对塔衬高速冲刷、侵蚀、磨蚀非常严重，反应塔内衬普遍采用铬镁砖，塔的钢壳采用淋水冷却降温。焦炭层温度为 1100~1200℃，熔池液面下的边墙，由于化学反应和机械作用的缘故，承受着强大压力，采用嵌衬耐火砖的冷却铜水套，往上采用铬镁砖砌筑。炉缸底部用铬镁砖砌筑。

23.3.5 氧气顶吹 Kaldo 转炉法

瑞典波立登(Boliden)金属公司的 Kaldo 技术是氧气冶金在顶吹转炉上的一种应用，最初应用于钢铁工业，取得了良好的效果，1979 年后，开始在有色工业进行熔炼试验，并使氧气顶吹 Kaldo 转炉(Top Blown Rotary Converter，简称 TRRC)炼铅技术获得工业应用[25,26]。此法可处理铅精矿、二次铅原料，还被应用于其他的有色金属冶炼。

Kaldo 炉的炉子本体与炼钢氧气顶吹转炉的形状相似(图 23-30)，由圆桶形的下部炉缸和喇叭形的炉口两部分组成。炉子有两个喷枪，一个是闪速熔炼的精矿喷枪，另一个是氧气和燃油喷枪。

它是一个衬有耐火砖的钢制容器，在电机驱动下，以 0.5~15r/min 转动，还可进行 360°仰俯，以便于装料、熔炼、出铅渣。在作业时，与水平成 28°转动，以利用在倾斜转动时产生的搅动。

喷枪内干燥精矿粉和富氧空气混合，产生

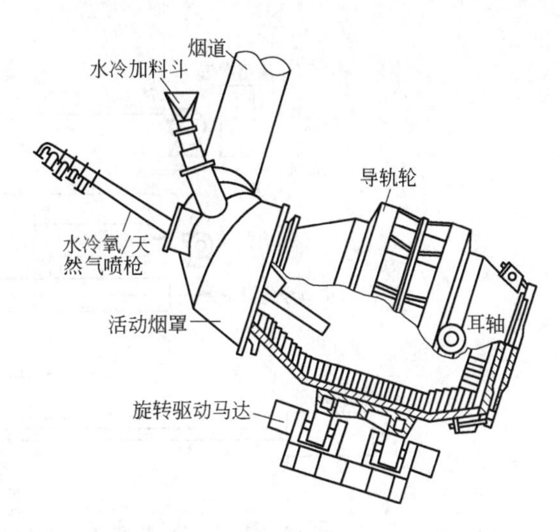

图 23-30 TRRC 法 Kaldo 转炉示意图

受控条件下的自热熔炼，通常反应热足以熔化物料，溶剂和焦炭粉在熔炼之前已加入炉内，在闪速熔炼的同时，炉底还原反应已开始，在炉内有效工作容积内充满粗铅和渣时，精矿喷枪撤出，氧气/油喷枪送进去，提供最终热量。

该炉子的吹炼分为氧化与还原两个过程，在一个炉子内周期地进行。在氧化阶段，可利用铅精矿熔化氧化实现自热，在还原阶段，需补加重油。

由于耐火材料内衬承受机械应力、熔渣的侵蚀和高温作用，一般选用抗渣黏结能力强的铬镁砖砌筑。

23.3.6 富氧顶吹浸没熔炼法

富氧顶吹浸没熔炼工艺又称赛罗炼铅法，是一项新的冶炼技术。该专利技术属澳大利亚的 Mount Isa 和 Ausmelt 两家公司所有，现已发展成能处理铜、铅、锌、锡等多种物料的方法。该工艺可以采用一台间断作业，也可采用两台炉(一台氧化，一台还原)连续作业。顶吹熔炼炉是一个固定立式圆筒形炉子，设有一个其浸没式喷枪供给炉子富氧或部分燃料。Ausmelt 炉(图 23-31)是顶吹浸没熔炼的主体设备，主要由炉体、喷枪、喷枪夹持架及升降装置、后燃烧器、排烟口、加料装置及产品放出口等组成。

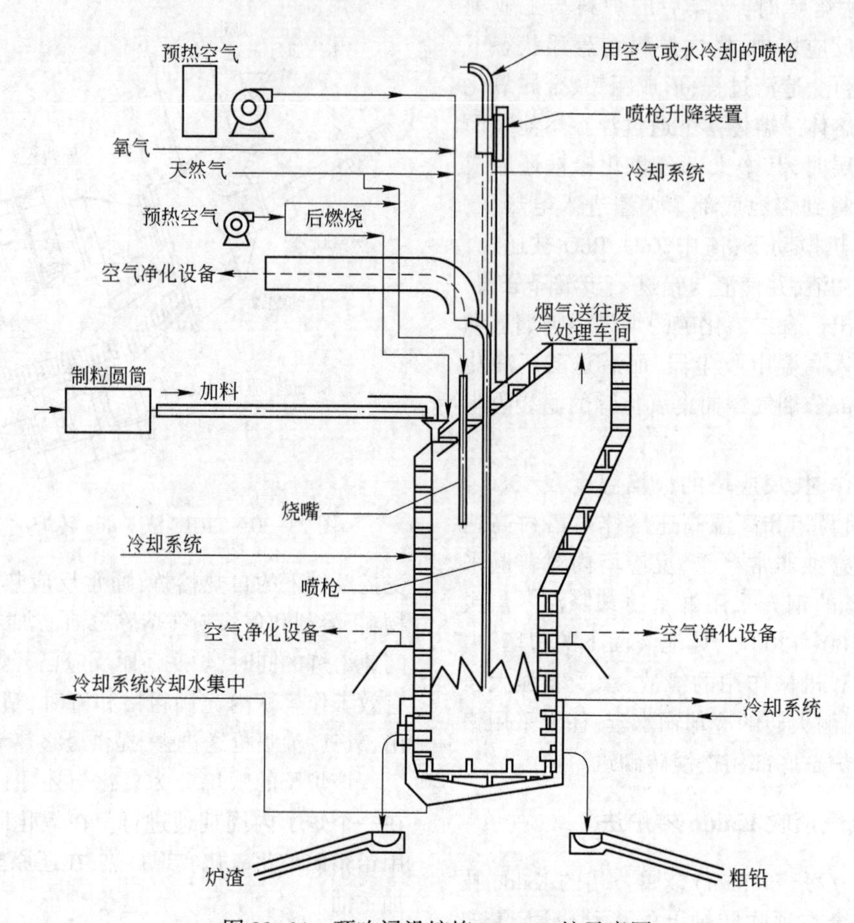

图 23-31 顶吹浸没熔炼 Ausmelt 炉示意图

顶吹浸没熔炼工艺的主要原理是通过垂直插入渣层的喷枪向熔池中直接吹入空气或富氧空气、燃料、粉状物料和熔剂或还原性气体，强烈地搅拌熔池，使炉料发生强烈的熔化、硫化、氧化、还原、造渣等物理化学过程。它可连续进料、连续排渣，并可以根据从喷枪喷入的气体和炉料成分的调节，熔炼过程可随意控制不同的气氛，以分别进行氧化还原过程。

Ausmelt 熔炼法的技术核心是结构相对简单的喷枪。其结构如图 23-32 所示，它将冶炼工艺所需的气体燃料输送到渣面下的液态炉渣层中，产生强烈的搅动，加快了传热、传质，促进化学反应的进行。故单位炉容积能力很高，并可提高燃料的利用率。钢制喷枪通过特制挂渣作业在喷枪上形成一层炉渣保护层，提高喷枪寿命。喷枪可用来加热熔池和控制温度、炉内气氛，激烈搅拌熔体。

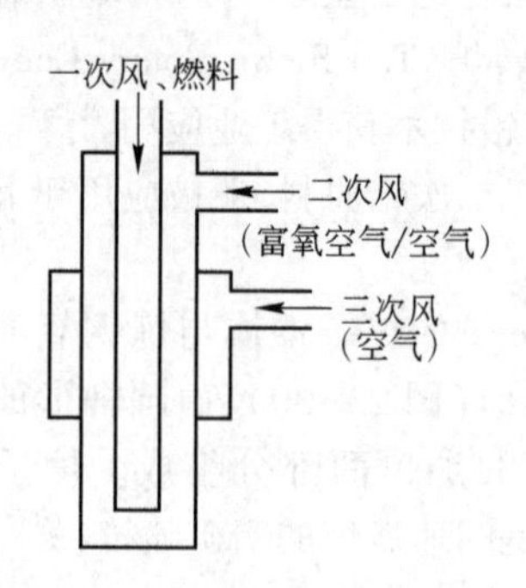

图 23-32 浸没熔炼喷枪简图

Ausmelt 炉操作时，第一阶段含 PbS 精矿、熔剂、焦粉等物料通过混合制料后加入熔炼炉熔渣池，被氧化，产生高铅渣经溜槽进入还原炉；在第二阶段，还原炉内，高铅渣在煤、空气以及燃油作用下还原，粗铅、弃渣连续放出。

炉墙的工作条件很恶劣，下部受强烈搅动的熔体侵蚀、冲刷，上部受喷溅熔渣的侵蚀和高温烟气的冲刷。炉衬全部采用耐高温、耐冲刷、导热性能好的优质镁铬砖砌筑，并采用冷却措施保护炉墙（在炉壳外表面用喷淋水冷却或砖与炉壳之间设一圈铜水套冷却）。

炼铅用碱性耐火材料的技术要求分别见表23-22和表23-23。

23.4 炼锌用耐火材料

锌冶炼有火法冶炼和湿法冶炼两种，锌冶炼工艺流程图如图23-33所示。火法炼锌主要有竖罐炼锌蒸馏炉、塔式精馏炉、密闭鼓风炉及电热法炼锌等；湿法炼锌有传统的两段浸出法，即浸出渣用挥发窑处理及热酸浸出流程，渣处理采用黄钾铁矾法、针铁矿法、赤铁矿法等，还有全湿法流程加压浸出工艺等，炼锌用铅锌密闭鼓风炉已在23.3.2节中介绍，下面对其他炼锌冶金炉作简单介绍。

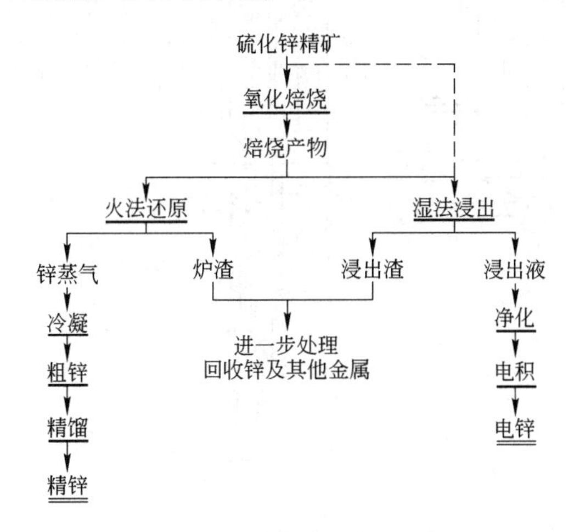

图23-33 锌冶炼工艺流程图

23.4.1 竖罐炼锌蒸馏炉及精馏炉

蒸馏法炼锌在我国粗锌冶炼中所占的比例约为30%，而采用塔式锌精馏炉生产的精锌，占精锌产品的50%。

竖罐炼锌流程是火法炼锌的主要流程之一，在国外使用这种流程的工厂已经极少，在我国还有相当数量的粗锌是用这种竖罐炼锌流程生产的，而所有火法炼锌产出的粗锌的精炼全是在精馏炉内进行的。

23.4.1.1 竖罐炼锌蒸馏炉

竖罐炼锌蒸馏炉是隔焰加热的火法炼锌设备。它由罐体（罐本体、上延部、下延部），燃烧室，换热室及冷凝器等几部分组成，其总体结构图如图23-34所示。大型双罐炉的炉体总高度可达20m。其原理为：含焦粉的烧结团矿从炉顶加入，团矿向下运行，由罐外燃烧室间接加热，使团矿中的ZnO在1200～1300℃被还原为气态Zn，含Zn蒸气的炉气从炉子的上延部进入冷凝管（600℃），冷凝成锌液，残留渣由下部排出。

竖罐是间接加热，罐内为还原气氛，另外焦结团矿在罐内运动时，罐本体内壁承受着高温和硬度较高的团矿的摩擦，所以选用高导热率、高强度、抗蚀性强、耐磨性高的碳化硅材料。同时为保证罐内具有强还原气氛，碳化硅砌体必须精细加工与砌筑。罐头（即罐体两端墙）与罐壁（即罐体侧墙）的结合处为保证良好的气密性与热稳定性，一般采用砂封槽的形式。冷凝器由于要导热性好，也采用碳化硅材料。燃烧室布置在罐体的两侧部，通过加热罐体外壁间接加热罐内团矿，基本与罐体同样高，但宽度不大，是细高型的，温度在1300～1350℃，所以耐火材料要求高温强度高的高铝砖砌筑。换热室和冷凝器的温度不高，一般采用黏土砖砌筑。

23.4.1.2 塔式锌精馏炉

塔式锌精馏炉是火法提炼精锌的最主要设备，它包括熔化炉、熔析炉（包括分馏室）、铅塔冷凝器、高镉锌冷凝器、精锌贮槽等部分，实际为多台设备组合体的总称，结构复杂。铅塔和镉塔是塔式锌精馏炉组的主体设备，它们的炉型相似，中间由一组数十个塔盘层叠而成。通常锌精馏炉一般主要由两座铅塔和一座镉塔组成。其结构及连接情况如图23-35所示。

精馏过程是利用锌与其他杂质的沸点不同而锌的沸点较低的特点（锌为916℃，铅为1750℃，镉为765℃），运用连续分馏原理将杂质金属（主要是铅、铁、镉等）分离，以获得精锌或1～3级锌。

精馏过程分为两段：第一段是在铅塔内分离出铅、铁、铜、锡、铟等高沸点金属，并在熔析炉中产出铅（铟）、铁锌合金和无镉锌；第二段

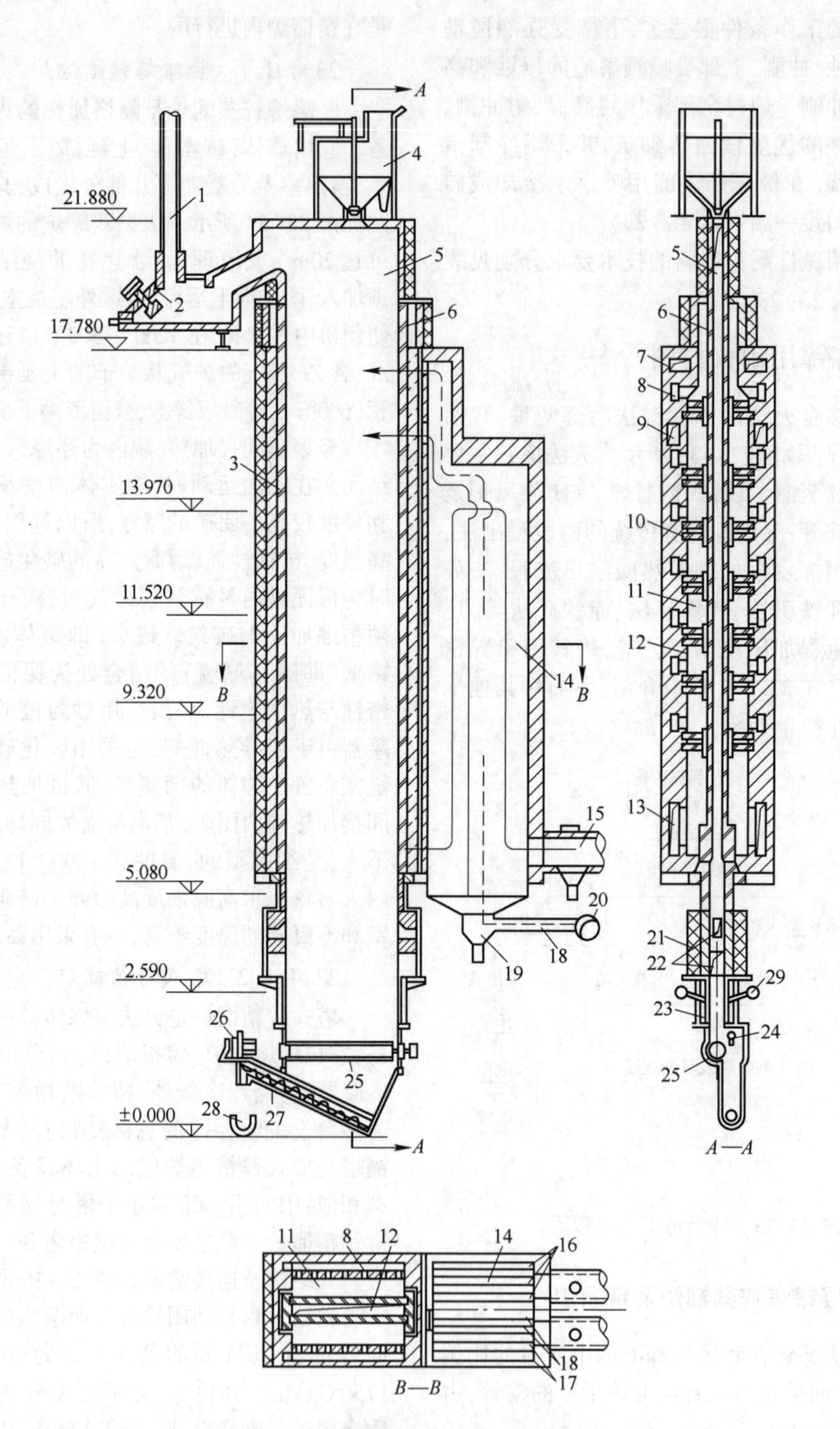

图 23-34 竖罐炼锌蒸馏炉结构示意图

1—直管；2—冷凝管；3—蒸馏管头；4—加料斗；5—上延部；6—小燃烧室；7—煤气横道；8—空气道；9—空气总道；10—顶砖；11—燃烧室；12—蒸馏罐；13—燃烧室烟气道；14—换热室；15—烟气出口；16—烟气道；17—空气进口；18—煤气进出支管（煤气道）；19，20—煤气总道；21—下延部砖套；22—扫除孔；23—水套；24—排料挡板；25—排矿辊；26—传动装置；27—排渣流槽；28—螺旋排料机；29—送风管

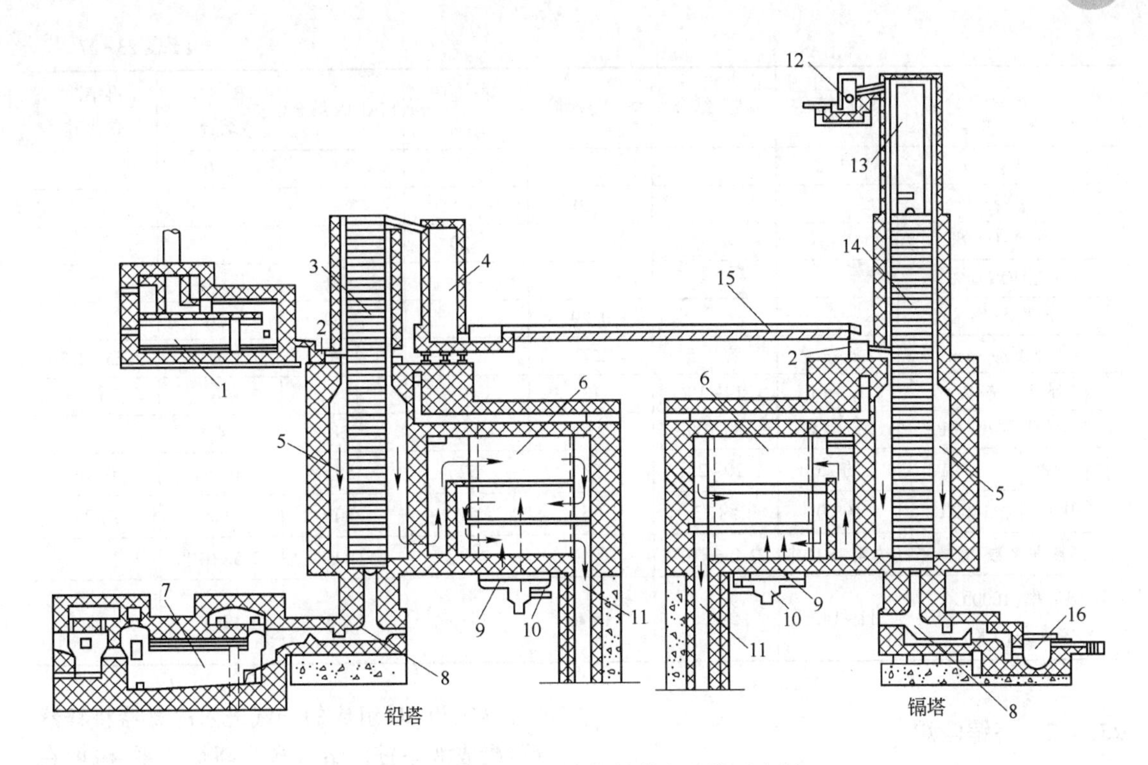

图 23-35　塔式锌精馏炉结构与连接示意图

1—熔化炉；2—加料器；3—铅塔；4—铅塔冷凝器；5—燃烧室；6—换热室；7—熔析炉；8—下延部；9—空气进口；10—煤气进口；11—烟气出口；12—高镉锌冷凝器；13—镉塔分馏室；14—镉塔；15—流槽；16—精锌贮槽

在镉塔中进行，铅塔冷凝器中产出的含镉锌熔体流入镉塔，分馏后在它的下部产出精锌，镉则在冷凝器中富集于高镉锌内。

23.4.1.3　耐火材料选择

在火法炼锌时，在还原、蒸馏和精馏等工序中，由于锌蒸气易被氧气、二氧化碳以及水蒸气所氧化，故炼锌还原和蒸馏设备一般采用密闭或隔焰加热的方法进行冶炼，要求蒸馏不透气，不变形，隔焰层应选用高导热高强度且不与炉料或锌蒸气反应的材料。

另外，锌蒸气须经冷凝收集，一般设有冷凝设备。为了喷溅冷凝锌蒸气成液体锌，在冷凝器内采用的转子以 750~1000r/min 的速度旋转，转子所用材料要求具有高的抗热震性及高温机械强度，并不与液体锌和锌蒸气反应。塔式锌精馏炉中的塔盘，由于直接与金属蒸气和熔体接触，要求材料抗金属蒸气和熔体侵蚀的能力优良，且具有高的导热能力和高强度，因此炉衬以碳化硅耐火材料为最佳。

碳化硅质耐火材料由于化学稳定性好、高温强度大、热导率高、抗热震性好、耐磨、抗冲刷、不被金属熔体润湿、抗金属蒸气侵蚀等优点，最适宜用作竖罐锌蒸馏炉炉壁、锌精馏炉的塔盘、冷凝器与转子等部位[6,27]，故在窑炉关键部位多采用碳化硅质耐火材料，不同结合相结合的碳化硅制品的理化性能见表 23-27。除此之外，其他部位还采用黏土质、高铝质、镁质以及不定形耐火材料。

表 23-27　不同结合相结合的碳化硅制品的理化性能

项目	SiO_2 结合	黏土结合	Si_3N_4 结合	Si_2N_2O 结合	SiAlON 结合	β-SiC 结合	再结晶碳化硅
w(SiC)/%	约 90	>85	>75	>70	>70	94	94~96

续表 23-27

项目		SiO_2 结合	黏土结合	Si_3N_4 结合	Si_2N_2O 结合	SiAlON 结合	β-SiC 结合	再结晶碳化硅
$w(SiO_2)/\%$		约 10					3.0	
$w(Si_3N_4)/\%$				>20				
$w(Si_2N_2O)/\%$					>20			
$w(SiAlON)/\%$						>20		
游离 Si/%				0.29		0.39	1.0	
体积密度/$g \cdot cm^{-3}$		2.6~2.7	约 2.5	2.74	2.72	2.70	2.63	2.65~2.70
显气孔率/%		12~15	14~18	13	12	15	16	17
常温耐压强度/MPa		100~145	约 100	220	208	228	140	
抗折强度/MPa	常温	约 25	20~25	53	57	53	30~50	约 90
	1400℃	约 20	约 13	56	51	50	约 30	约 95
线膨胀系数/$℃^{-1}$		约 4.7×10^{-6}	约 4.6×10^{-6}	4.7×10^{-6}	4.7×10^{-6}	5.1×10^{-6}	5.5×10^{-6}	
热导率(1000℃)/$W \cdot (m \cdot K)^{-1}$		11~14.5	约 11	15.0	14.6	17.4	12.8	

23.4.2 炼锌电炉

炼锌电炉实为电阻电弧炉，由石墨电极供入的电能经料坡和熔渣电阻将电能转化为热能使熔渣温度保持在 1250~1350℃，电热反应后的锌蒸气和 CO 组成的炉气进入冷凝器将锌蒸气冷凝成液态锌。熔渣多为高炉渣系，碱度在 0.75~1.25。

炼锌电炉砌砖示意图如图 23-36 所示，球形炉顶温度在 1200~1300℃，一般选用高铝砖

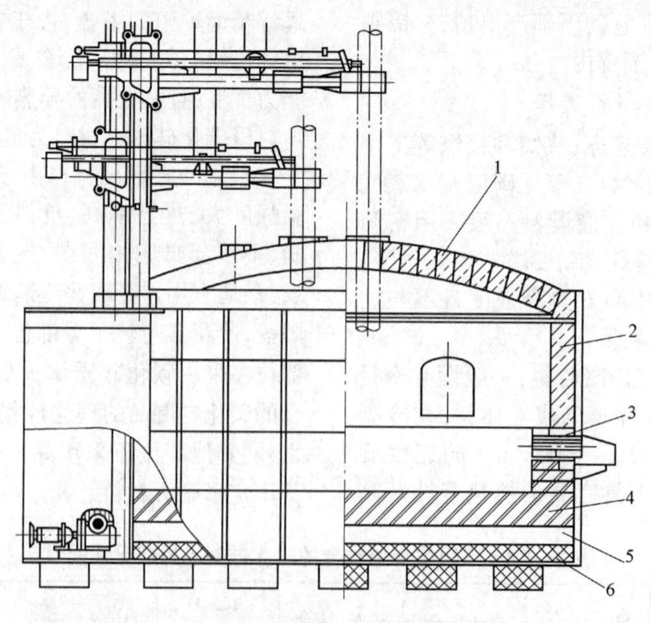

图 23-36 炼锌电炉砌砖示意图

1—炉顶（高铝砖）；2—炉墙上部（高铝砖）；3—熔池炉墙（铬渣砖或铬铝尖晶石砖）；4—炉底（铬渣砖或铬铝尖晶石砖）；5—捣打料（镁砂加卤水）；6—黏土砖

或耐热浇注料，在渣线以上侧墙多选高铝砖，渣线以下炉渣的侵蚀和冲刷作用强烈，对侧墙可选用铬(铝)渣砖或铬铝尖晶石砖砌筑。炉底是平底，选用黏土砖、镁砂加卤水，以及铝铬(渣)砖或铬铝尖晶石砖砌筑。

鉴于炼锌电炉对原料适应性强、工艺流程简短，投资少，建设快，环境污染易于治理，所以适合电力资源丰富的地区，特别适宜于电炉容量在2000~2500kV·A的中小型炼锌厂选用。

23.4.3 锌浸出渣挥发窑

采用湿法炼锌工艺制取金属锌是我国最重要的产锌方法。但酸浸出渣中仍含有不少锌、铅、铟、镓等的氧化物或硫化物，故采用回转式挥发窑处理浸出渣以回收[6]。

回转窑为一般钢质圆筒，内衬耐火砖，炉身与水平面成3°~5°倾斜，窑长30~58m，窑内径4.0~4.5m，转速0.6~1.2r/min。锌浸出渣挥发窑结构总图如图23-37所示。

酸浸出渣进行火法制锌的工作原理是：将酸浸出渣和焦炭粒按一定的比例混合，利用其还原放热反应，在回转窑内进行蒸馏，使锌还原气化，然后将锌蒸气经冷凝处理制得金属锌[28]。回转窑沿窑长方向从投料到排渣可分为干燥器、预热带、高温带以及冷却带四个阶段。窑内高温带因锌蒸气的氧化和碳燃烧，温度处于1000~1300℃，窑尾温度650~750℃，窑残渣的出窑温度为750~900℃。出窑烟气为氧化性气氛。窑内炉料在窑内处于高温和不断翻滚的运行状态，窑内理化反应激烈复杂，窑衬磨损严重，窑体寿命很短。

影响窑体寿命的因素主要有：

(1)窑体结构尺寸。若高温带内径过小，则该区容积强度大，导致热应力增大，引起筒体变形，所以回转窑应趋向于大型化。

(2)砌筑质量。砖缝多而宽，易受熔渣侵蚀，现多采用大型砖并施行干砌。

(3)窑衬材料选择。

在生产中，窑衬遭受热应力、机械冲刷磨损及还原气氛的综合作用下，耐火材料侵蚀速度很快，以黏土砖最快，镁砖、镁铝砖、铬渣砖与镁铝铬砖较慢。根据窑衬的损毁原因，窑衬材料必须具备以下性能[28]：(1)较高的抗热震性；(2)较高的气孔率；(3)较强的抗还原性能，这是最重要的一个方面。

所以除在干燥带选黏土砖外，其余各带宜选用镁铝砖、铬渣砖与镁铝铬砖，镁铝铬砖在锌挥发窑上取得了良好的使用效果。国内某公司生产的镁铝铬砖理化指标见表23-28。

表23-28 国内某公司生产的镁铝铬砖理化指标

项目	指标
$w(MgO)$/%	82.4
$w(Al_2O_3)$/%	9.5
$w(Cr_2O_3)$/%	3.08
显气孔率/%	17
体积密度/$g\cdot cm^{-3}$	3.08
常温耐压强度/MPa	59
荷重软化温度/℃	1700
抗热震性(1100℃，水冷)/次	≥10

炼锌用碱性耐火材料的技术指标见表23-23。

23.5 炼镍用耐火材料

炼镍与炼铜的过程基本相似，仅在以下方面有差异：炼铜转炉的产品为粗铜，而炼镍为高冰镍(镍锍)；铜电解精炼用的是铜阳极板，而镍电解精炼则是Ni_3S_2阳极板。其在冶炼过程中，主要用闪速炉、反射炉、转炉、氧气顶吹冶炼技术(艾萨炉和奥斯炉)等窑炉，其炉衬材料选择参考炼铜冶炼炉。

20世纪90年代，我国引进了闪速炉，用于熔炼镍精矿，其结构与耐火材料和铜闪速炉基本一致，如图23-38所示。镍锍吹炼转炉的结构和耐火材料也与铜转炉相同，区别仅在于镍锍吹炼转炉，因原料和工艺操作条件比铜转炉更为恶劣，镍转炉寿命比铜转炉低。国内外不同公司炼镍用耐火材料理化指标分别见表23-29~表23-31。

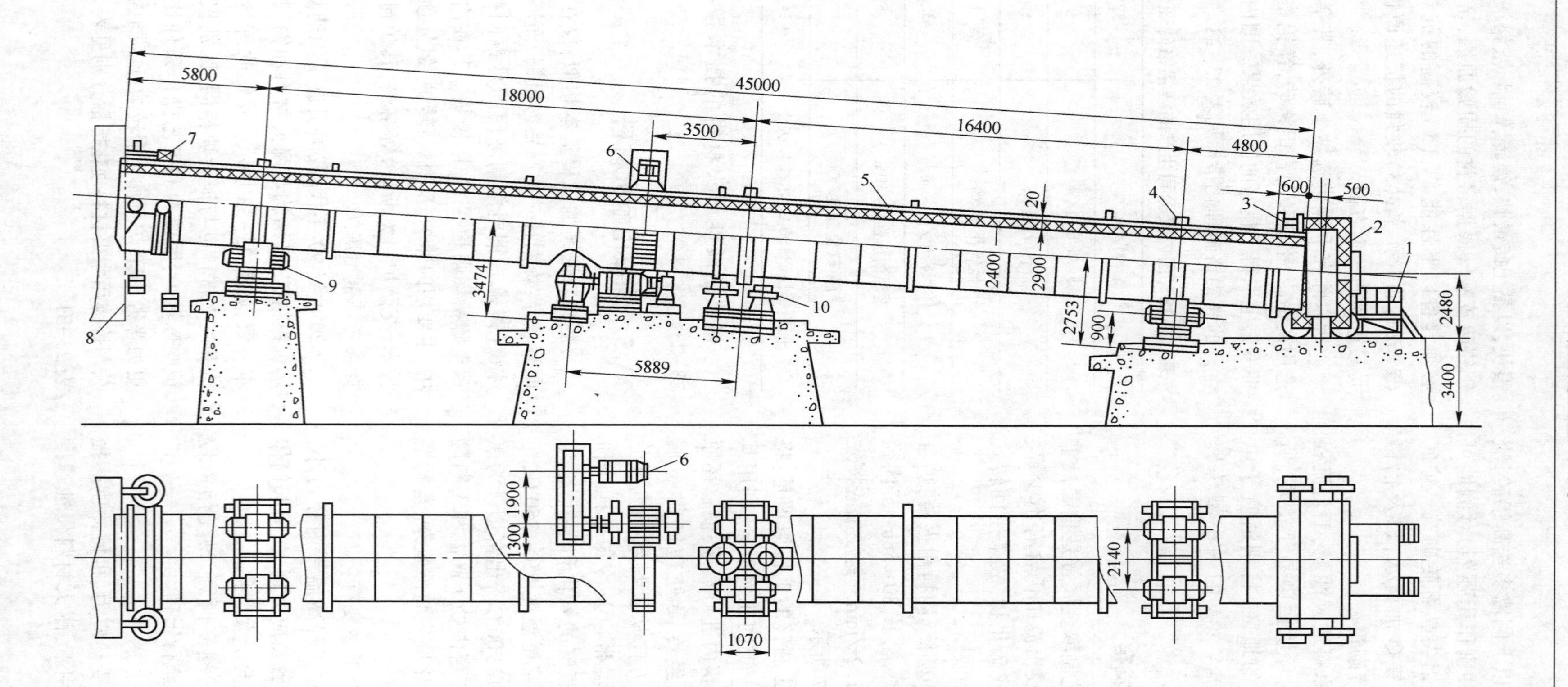

图23-37 φ2.4m×45m锌浸出渣回转窑总图

1—操作台；2—窑头及燃烧装置；3—窑头密封；4—滚圈；5—筒体；6—传动装置；7—窑尾密封；8—窑尾沉降室；9—托轮；10—挡轮

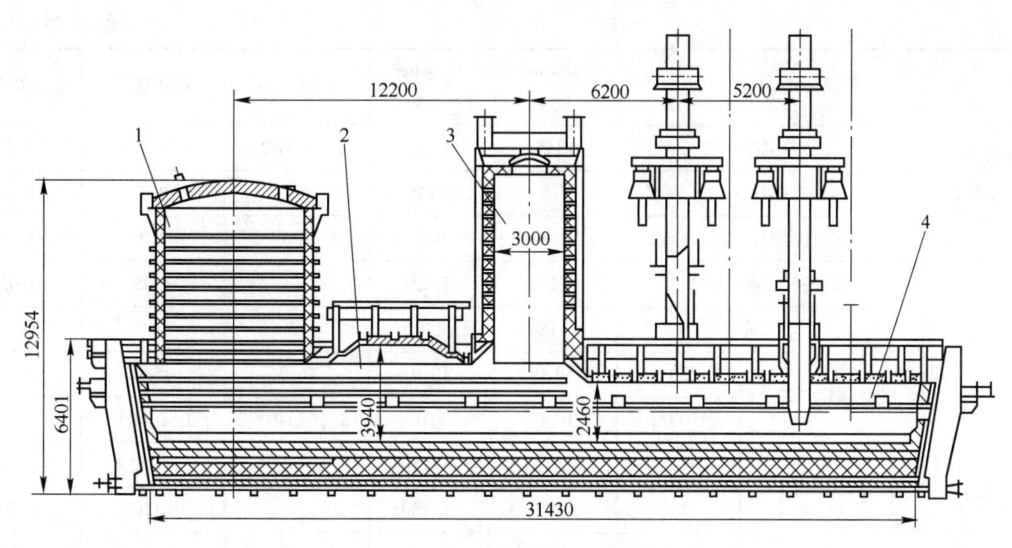

图 23-38 炼镍闪速炉示意图

1—反应塔；2—沉淀池；3—上升烟道；4—电热贫化区

表 23-29 电熔铸铬镁砖理化指标

厂家或公司		法国 SEPR（C104 砖）	外国某厂	外国某公司
化学成分（质量分数）/%	MgO	56.3	55.0	53.0
	Cr_2O_3	20.2	18.0	17.0
	Al_2O_3	7.2	15.0	17.0
	Fe_2O_3	12.0（FeO）	8.3	10.0
	CaO	1.4	0.9	1.5
	SiO_2	2.6	2.6	2.0
	TiO_2	0.3	0.2	—
物理性能	真密度/$g \cdot cm^{-3}$	3.9	3.9	
	体积密度/$g \cdot cm^{-3}$	3.15	3.3	3.3
	显气孔率/%	微气孔 2.5 全气孔 15.0	—	13.0

续表 23-29

厂家或公司			法国 SEPR（C104 砖）	外国某厂	外国某公司
物理性能	破坏强度（20℃）/MPa		—	100.0	150.0
	荷重软化温度 T_H/℃		1850	—	1700
	线膨胀率/%	1000℃以下	1.05	1.07	1.05
		1500℃以下	—	1.63	
	热导率/$W \cdot (m \cdot K)^{-1}$		400℃以下为 4.30，800℃以下为 4.77，1200℃以下为 5.23	600℃以下为 3.14，1000℃以下为 3.84	1000℃以下为 3.77

表 23-30 直接结合铬镁砖理化指标

厂家或公司		Veitscher B55	Veitscher B65	欧洲某公司	亚洲某厂	亚洲某公司
化学成分（质量分数）/%	MgO	58.0	60.0	55.0	72.0	65.9
	Cr_2O_3	20.0	18.0	20.0	11.5	13.9
	Al_2O_3	6.0	6.0	8.0	8.7	11.2

续表 23-30

厂家或公司			Veitscher B55	Veitscher B65	欧洲某公司	亚洲某厂	亚洲某公司
化学成分（质量分数）/%	Fe_2O_3		13.5	14.0	12.0(FeO)	4.5	6.2
	CaO		1.5	1.2	1.2	0.7	0.8
	SiO_2		0.6	0.6	2.8	2.3	1.5
物理性能	体积密度/$g \cdot cm^{-3}$		3.22	3.22	3.3	3.05	3.03
	显气孔率/%		<18	<18	15	17	17
	破坏强度/MPa	20℃	50.0	30.0	16.3	45.0	44.0
		1500℃	10.0	5.0	12.2(1340℃)	8.0(1400℃)	—
	荷重软化温度/℃	t_a	≥1750	≥1750	≥1700		≥1700
		t_b	≥1750	≥1750		≥1700	≥1700
	线膨胀率/%	1000℃以下	0.95	0.95	1.0	1.10	1.10
		1500℃以下	1.59	1.59		1.80	
	热导率/$W \cdot (m \cdot K)^{-1}$	500℃	1.86	1.86			
		1000℃	1.74	1.74	4.65		
		1200℃	1.67	1.67		2.4	

表 23-31 国内某公司生产的三种产品的理化指标

性能 \ 品种			直接结合镁铬砖	电熔再结合镁铬砖	熔铸镁铬砖
化学成分（质量分数）/%	MgO		59.63	59.9	54.69
	Cr_2O_3		21.76	20.21	20.79
	Al_2O_3		7.15	6.90	13.95
	Fe_2O_3		10.94	11.50	7.31
	SiO_2		1.22	0.92	2.81
物理性能	显气孔率/%		17.1	16	11
	体积密度/$g \cdot cm^{-3}$		3.20	3.28	3.38
	耐压强度/MPa		51.5	60.1	114.3
	荷重软化温度/℃		>1700	>1700	>1700
	线膨胀率/%	1000℃	0.97	0.99	
		1200℃	1.24	1.28	
		1300℃	1.37	1.32	1.43
	热导率/$W \cdot (m \cdot K)^{-1}$		1.6	1.43	1.93

23.6 金银冶炼用耐火材料

金银转炉包括贵铅炉、分银炉等，是一种小型转炉。它也有传动装置，由小齿轮带动位于炉子端头的大齿轮，炉体有两个托圈，托圈靠托轮支撑，炉体也是由钢板卷成圆柱形，在另一端设有燃烧装置，以供给炉子所需的热量，炉口用于装料和排烟，通常用水套做成。它没有风口，但从炉侧砌一出料口，以便倾动炉体使液态炉渣和产品从该口流出。它的炉衬使用镁砖或镁铬砖。图 23-39 为贵铅炉结构示意图。

回转式炼银转炉（图 23-40）采用柴油在炉膛内进行燃烧，被加热或熔化的物料在炉膛内完成一系列的物理变化和化学反应。

炉衬损毁的原因主要有：转炉的炉膛温度最高可达 1300℃，受固体物料的撞击作用，高温烟气的冲刷，由于被处理的熔融物含铋、铜物料，渗透作用强，熔渣侵蚀严重；转炉为周期作业，送风和停风，装入物料和放出熔体，都将导致炉内较大的温度变化。对窑衬的要求是：耐火材料有较高的强度，足够的高温强度，较好的抗碱性渣的侵蚀能力和良好的抗热震性，因此一般选择镁质制品作内衬。

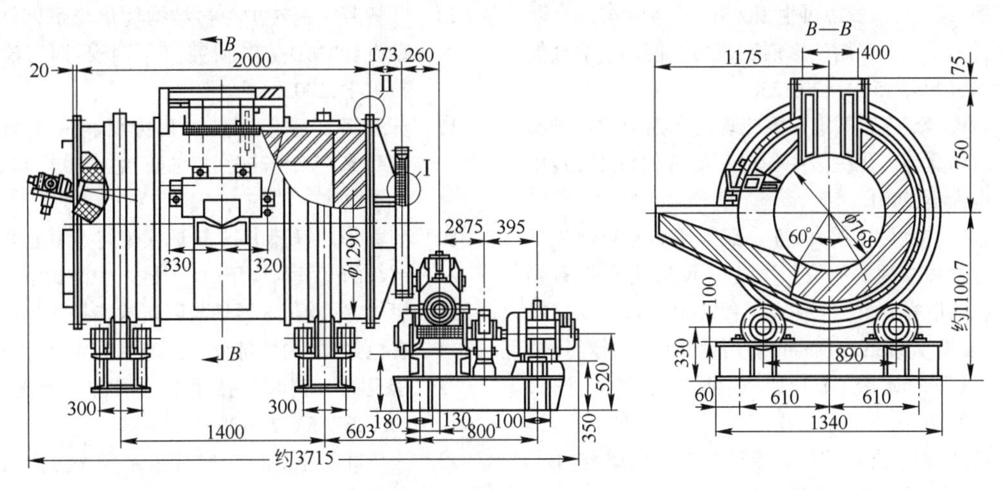

图 23-39 贵铅炉结构示意图

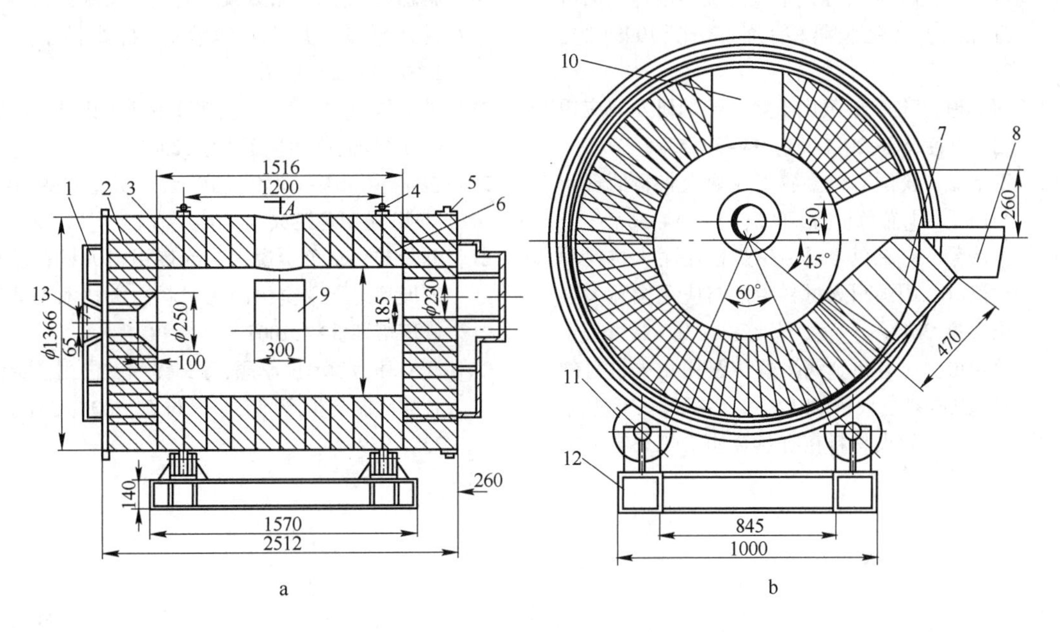

图 23-40 回转式炼银转炉

a—回转炉端面图；b—回转式转炉

1—炉头端盖；2—端头镁铝砖砌体；3—炉壳；4—滚圈；5—齿轮；6—中段镁铝砖砌体；7—炉嘴砌体；8—炉嘴水套；9—操作炉门；10—排气口；11—托轮；12—支承底座；13—喷油口

参 考 文 献

[1] 王战民，曹喜营，张三华，等．铝熔炼炉用耐火材料的现状与发展[J].耐火材料，2014，48(1)：1~8.

[2] 张三华，曹喜营．Q/LIRR 89—2010 抗铝液侵润浇注料(企业标准)．中钢集团洛阳耐火材料研究院有限公司，2010.

[3] 陈肇友．炼铝工业用耐火材料及其发展动向[J].耐火材料，1996，30(1)：46~49.

[4] 陈肇友．有色金属冶炼炉用耐火材料及其发展[J].河南冶金，1998 (4)：7~10，17.

[5] 陈肇友．有色金属火法冶炼用耐火材料及其发展动向[J].耐火材料，2008，42(2)：81~91.

[6] 陈肇友．有色金属火法冶炼用耐火材料及其发展(续) [J].资源再生,2008(9)：41~43.
[7] 傅志华．白银熔池炼铜工艺与节能[J].冶金能源,1996, 15(2):20~23.
[8] 姚俊峰．人工智能与混沌理论在铜锍吹炼炉实时仿真与优化决策中的应用研究[D].长沙:中南大学,2001.
[9] 谢锴,梅炽,任鸿九,等．铜闪速炉悬浮熔炼反应过程机理的研究(Ⅰ)——反应塔中物料颗粒的取样分析[J].铜业工程,2007(3)：13~17.
[10] 云斯宁．ISA/Ausmelt 炉用镁铬耐火材料侵蚀机理的研究[D].西安:西安建筑科技大学, 2003.
[11] 鲁晓娟．自热熔炼炉模糊控制器的研究[D].昆明:昆明理工大学,2003.
[12]申其新．用 ISA 熔炼技术改造金昌冶炼厂的可行性[J].有色金属(冶炼部分),1998(2):7~10.
[13] 胡立琼,李栋．氧气底吹熔炼炉的研发与应用[J].有色设备,2011(1)：34~37,53.
[14] 萧治彭．我国有色金属工业耐火材料的现状与展望[J].有色设备,2003(1):1~4,36 .
[15] 萧治彭．对有色金属冶炼炉窑用耐火材料的建议[C].中国耐火材料生产与应用国际大会论文集,2011.
[16] 萧治彭．对有色金属冶炼炉窑用耐火材料的建议[J].有色设备,2012(1):5~8.
[17] 萧治彭．耐火材料在有色金属冶炼炉窑上的应用[J].资源再生,2012(4):54~57 .
[18] 苏智芳．铜转炉炉衬结构优化与耐火材料砖型设计 CAD 方法研究[D].西安:西安建筑科技大学,2003.
[19] 苏智芳．铜冶炼转炉耐火材料应用与发展[J].有色冶金设计与研究, 2005, 26(4):8~13.
[20] 薛立华．铜锍 P-S 转炉吹炼终点复合式预报系统的开发与应用[D].长沙:中南大学,2003.
[21] 唐尊球．铜 PS 转炉与闪速吹炼技术比较[J].有色金属(冶炼部分),2003(1):9~11,30.
[22] 李卫民．铜吹炼技术的进展[J].云南冶金,2008,37(5):24~28.
[23] 唐尊球．论我国铜吹炼技术发展方向[J].有色冶炼,2002(6):6~7,18.
[24] 康思琦,李斌．铅鼓风炉电热前床耐火材料损耗分析[J].五邑大学学报(自然科学版),1997, 11(2):1~8.
[25] 吴永昌．QSL 炼铅工艺实践及改造设计与研究[D].昆明:昆明理工大学,2006.
[26] 包崇军．ISA-CYMG 炼铅法的工业实践[D].昆明:昆明理工大学,2006.
[27] 陈肇友．有色金属火法冶炼用耐火材料及其发展动向[C].全国耐火材料高级技术人员研修班培训资料,2007.
[28] 武文林,张积礼,李颖,等．锌挥发窑用镁铝铬砖的研制与生产[J].耐火材料,2001, 35(6):338~339.

24 建材工业窑炉用耐火材料

本章主要介绍了建材工业中水泥窑、陶瓷窑,以及玻璃窑用耐火材料。

水泥窑用耐火材料部分介绍了第二代新型干法水泥窑用耐火材料的发展,第二代新型干法水泥窑用耐火材料的配置,水泥工业常用的耐火材料性能指标,耐火材料的包装、保管和运输,以及窑衬的施工、烘烤和冷却的要求。

陶瓷窑用耐火材料部分介绍了陶瓷烧成过程中的物理化学变化,热震、蠕变、氧化等陶瓷窑用耐火材料的损毁机理,陶瓷隧道窑、陶瓷辊道窑用耐火材料的选择,以及陶瓷窑用耐火材料的产品及性能。

玻璃窑用耐火材料部分介绍了玻璃的熔制过程,耐火材料化学组成、组织结构与耐火材料侵蚀速率的关系、平板玻璃窑的不同部位使用条件对耐火材料的要求,采用替代燃料和全氧燃烧等新技术对耐火材料使用寿命的影响,以及玻璃窑、玻璃纤维窑用耐火材料的性能和选择。

24.1 水泥窑用耐火材料

水泥生产自1824年诞生以来,190多年间生产技术历经多次变革。作为水泥熟料的煅烧设备,开始是间歇作业的土立窑,1885年出现了回转窑,以后在回转窑规格扩大的同时,窑的型式和结构也都有了新的发展,除直筒窑以外,曾出现窑头扩大、窑尾扩大以及两端扩大的窑型,窑尾曾装设了各种热交换装置,如格子式热交换器、悬挂链条等。1930年德国伯力鸠斯公司研制了立波尔窑,用于干法生产,1951年在西德出现并于1953年正常运行的第一台悬浮预热窑(简称SP窑)和继之1971年在日本从SP窑的基础上发展成的第一台预分解窑(简称PC窑)是水泥窑发展的里程碑。以悬浮预热和窑外分解技术为核心的新型干法水泥生产,采用了现代最新的水泥生产工艺和装备,逐步取代现代湿法、老式干法及半干法生产独占鳌头,将水泥工业推向一个新的阶段[1~3]。

24.1.1 传统水泥窑用耐火材料

180年前人们开始用立窑生产水泥熟料,全窑使用含 Al_2O_3 30%~40%的单一品种——黏土砖。130年前转窑开始被用来生产水泥熟料,仍然沿用立窑上的这一经验。20世纪30年代中叶,少数转窑烧成带内开始采用高铝砖,出现了按熟料生产工艺要求来分带选用不同材质耐火材料的新观念;40年代起碱性砖开始用于烧成带,两侧配有高铝砖,其余部位使用黏土砖;进入50年代,这一基本格局开始奠定,并沿袭至今;在70年代,随着耐火材料制造和使用技术日趋成熟,在生产能力为1000t/d的湿法窑、立波尔窑、带预热锅炉的干法窑等传统窑上,往往将普通镁铬砖或普通白云石砖用于烧成带,磷酸盐结合高铝砖或普通高铝砖用于过渡带和冷却带,黏土砖用于其他工艺带,再配以少量碳化硅砖、隔热材料、耐火浇注料及预制件[4,5]。

24.1.2 新型干法水泥窑用耐火材料

新型干法窑具有窑温较高、窑速较慢、碱侵蚀较重、结构复杂和节能要求较高等工艺特点,促使为之服务的耐火材料及其使用技术全面更新。20世纪80年代初这些材料的制造和使用技术基本定型,大体说来在大型SP窑和PC窑的窑筒内,直接结合镁铬砖用于烧成带,尖晶石砖或易挂窑皮且热震稳定性能较好的镁铬砖用于过渡带,高铝砖用于分解带,隔热型耐碱黏土砖或普通型黏土砖用于窑筒后部,耐火浇注料或适用的耐火砖用于前后窑口;在预热系统内,普通型耐碱黏土砖及(或)耐碱浇注料用于拱顶,高强型耐碱黏土砖用于三次风管,并配用大量的耐火浇注料,系列隔热砖和系列硅酸钙板,在窑门罩和冷却机系统内,除选用上述部分使用材料外，还配用碳化硅砖和碳化硅复合砖、系列隔热砖、系列耐火浇注料、系列硅酸钙板和耐火纤维材料等七大类30余种耐火材料[6~8]。在2000t/d熟料的水泥窑上的建设用量共达1600t以上，正常生产中年消耗用量达400t以上。图24-1为新型干法水泥窑煅烧流程图。

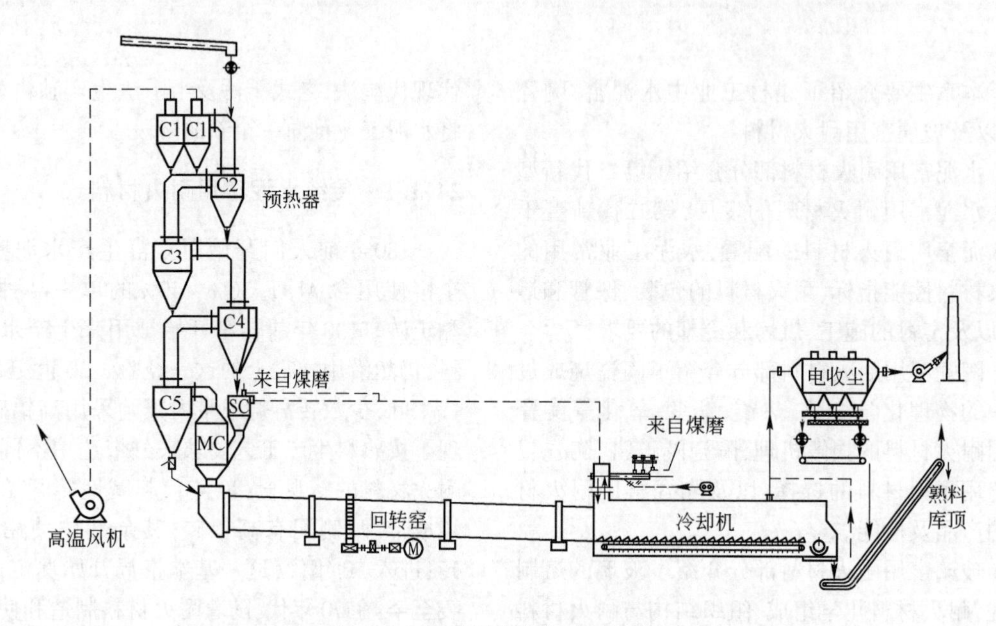

图24-1 新型干法窑煅烧流程图

24.1.3 第二代新型干法水泥窑用耐火材料

进入21世纪以来，我国新型干法水泥技术装备发展迅速，生产技术与装备水平已与国际先进水平相接近。但我国水泥熟料产能过剩，水泥企业的运转效率和效益低，节能降耗、降低成本成为水泥企业提升经济效益的必然。中国建筑材料联合会提出发展第二代新型干法水泥生产技术，其目的是推动与提升干法水泥产品品种、功能、质量、资源能源利用效率、能耗与排放达到世界领先水平，促进新型干法水泥窑系统向"节能、环保、长寿、轻量化、无铬化"方向发展[9,10]。

第二代新型干法水泥生产技术，是指以悬浮预热和预分解技术为核心，进一步强化热交换和熟料煅烧过程，大幅度提高窑炉热效率和容积率；利用新型节能粉磨技术实现高效粉磨；同时采用网络化信息、功能化、智能化、高效利用废弃物和污染物防治等先进技术，进行水泥工业生产的现代化综合技术。为满足第二代新型干法水泥窑系统的技术要求，耐火材料要具有节能降耗、绿色环保、长寿高效、安全稳定等多种功能。目前，与第二代新型干法水泥窑工艺相适应的耐火材料配置技术已取得了长足的发展，以镁铁尖晶石砖为代表的一系列无铬碱性耐火材料用于烧成带，低导热镁铝尖晶石砖、低导热多层复合莫来石砖、硅莫系耐火砖用于过渡带。低导热多层复合莫来石砖、抗剥落高铝砖、硅莫系耐火砖用于分解带，低导热耐磨浇注料、增韧型浇注料用于喷煤管及窑口，分解炉采用低导热抗剥落砖及低导热高强耐火浇注料，篦冷机、三次风管、预热器及窑门罩采用喷涂料及预制件制品[11~13]。

24.1.4 材料的选择及其质量控制

不同类型和规格的水泥回转窑及其不同工艺部位对耐火材料有不同的要求，必须选用与之相适应的耐火材料。各厂原、燃料品质、工艺参数、设备状况以及操作经验等均有差异，应结合各自的情况和使用效果以及耐火材料的发展不断改进选材和配套方案，以求实现全窑及其不同部位衬里的长寿命和低散热以及水泥生产的高效益[14]。

根据“第二代新型干法技术”对水泥窑的耐火材料配置的新要求，结合目前耐火材料的科研、制造水平和实际使用经验，对耐火材料的选择和配套作如下的建议：

（1）烧成带应采用镁铁尖晶石砖或铁铝尖晶石砖。如果气氛常变，或侵蚀严重，或生产白水泥，可以使用低铝含锆的镁铝尖晶石砖。对于窑皮比较稳定的水泥窑烧成带，也可使用白云石砖、镁白云石砖。有一定抗热震要求时，还可以使用锆镁白云石砖。

（2）在窑皮不稳定甚至常有露砖的过渡带内可以采用镁铝尖晶石砖、低导热多层复合莫来石砖、硅莫系耐火砖。

（3）在分解带内可采用低导热多层复合莫来石砖、抗剥落高铝砖、硅莫系耐火砖。

（4）窑口部位可采用耐磨性能优良的耐火砖和耐火浇注料，如高耐磨碳化硅砖、耐磨高铝砖、刚玉质浇注料、刚玉莫来石质浇注料、刚玉碳化硅质浇注料、红柱石质浇注料等。

（5）窑尾系统主要使用耐碱砖、耐碱浇注料、耐磨浇注料、抗剥落高铝砖、抗结皮浇注料，以硅酸钙板为隔热材料。高强耐碱砖主要用于分解炉及旋风筒本体，高强耐碱浇注料用于旋风筒锥体及顶部。分解炉采用高铝低水泥浇注料，四五级预热器锥部、下料管、分解炉锥部、窑尾烟室等易结皮部位采用抗结皮浇注料，特殊部位可以使用预制件。

（6）三次风管可选用高强耐碱砖、低导热多层复合莫来石砖、高强耐碱浇注料、耐磨浇注料、耐磨浇注料预制件、硅酸钙板、硅藻土砖和轻质浇注料等。

（7）窑门罩可采用低水泥高铝耐火浇注料、莫来石浇注料、高铝砖、磷酸盐结合高铝砖、硅酸钙板等。窑门罩顶部使用的耐火材料主要是低水泥高铝耐火浇注料和莫来石质浇注料等材料，也有设计单位在窑门罩顶部设计使用黏土质或高铝质“工”字形吊挂砖。由于窑门罩面积大，考虑到施工速度问题，国内外出现了使用高铝质或莫来石质喷涂料代替通用浇注料的施工方式。另外，由于浇注料砌筑质量受现场施工影响较大，造成浇注料使用效果时好时坏等现象，国内相关企业推出了使用耐火浇注料预制件进行施工的技术。

（8）篦式冷却机可以分为骤冷区、热回收区和冷却区。骤冷区上部及顶棚可采用低水泥高铝浇注料、莫来石浇注料，矮墙可采用耐磨浇注料；热回收区上部及顶棚可采用高强耐碱浇注料，矮墙可采用低水泥高铝浇注料、莫来石浇注料；冷却区上部及顶棚可采用耐碱浇注料，矮墙可采用高强耐碱浇注料。浇注料不便施工和易磨损的区域可以使用预制件。

（9）燃烧器外保护衬一般采用刚玉质浇注料、刚玉莫来石质浇注料、刚玉碳化硅质浇注料、红柱石质浇注料等。

根据以上原则，将第二代新型干法窑及5000t/d熟料生产线耐火材料的选配分别见表24-1和表24-2。对于窑系统设备性能和生产管理不很完善的窑，如考虑投产初期运转率较低，开停较频繁，也可另选一部分只用于生产初期的耐火材料[15~17]。

表 24-1　第二代新型干法水泥窑耐火材料的配置

工艺部位	工作层材料	隔热层材料
预分解系统	耐碱砖、抗剥落高铝砖、硅莫系耐火砖、耐碱浇注料、抗结皮浇注料、喷涂料、预制件	硅酸钙板、陶瓷纤维板、轻质浇注料、隔热砖等
燃烧器	刚玉质浇注料、刚玉莫来石质浇注料、刚玉碳化硅质浇注料、红柱石质浇注料	
窑门罩	高铝质浇注料、莫来石质浇注料、抗剥落砖、预制件	
三次风管	耐碱砖、耐碱浇注料、高耐磨浇注料、低导热多层复合莫来石砖	
冷却机	高铝质浇注料、莫来石质浇注料、高耐磨浇注料、预制件	

续表 24-1

工艺部位		工作层材料	隔热层材料
回转窑	出料端	刚玉质浇注料、刚玉莫来石质浇注料、刚玉碳化硅质浇注料、红柱石质浇注料	—
	下过渡带(窑头端)	镁铝尖晶石砖、硅莫系耐火砖	
	下过渡带	镁铝尖晶石砖	
	烧成带	镁铁尖晶石砖、铁铝尖晶石砖、白云石砖、镁白云石砖、镁钙锆砖	
	上过渡带(热端)	镁铝尖晶石砖	
	上过渡带(冷端)	镁铝尖晶石砖、硅莫系耐火砖、低导热多层复合莫来石砖	
	分解带	低导热多层复合莫来石砖、抗剥落高铝砖、硅莫系耐火砖	
	入料端	莫来石质浇注料、刚玉莫来石质浇注料	

表 24-2 5000t/d 熟料生产线耐火材料典型配置

工艺部位		工作层材料	隔热层材料
预热器	旋风筒、进出风管、下料管(C5 除外)	高强耐碱浇注料	硅酸钙板、陶瓷纤维板、轻质浇注料、隔热砖等
	分解炉及出风管、烟室	高铝低水泥浇注料	
	分解炉进风口、C5 下料管、下料斜坡	抗结皮浇注料	
	旋风筒、进出风管、分解炉上部	高强耐碱砖	
三次风管	直管、直墙部分	高强耐碱砖	
	弯管部分	高强耐碱浇注料	
冷却机	中温段顶棚及侧墙		
	高温段侧墙、顶棚及矮墙	高铝低水泥浇注料	
窑头罩		高铝低水泥浇注料	
回转窑	出料端	刚玉质浇注料、刚玉莫来石质浇注料、刚玉碳化硅质浇注料、红柱石质浇注料	—
	下过渡带(窑头端)	镁铝尖晶石砖、硅莫系耐火砖	
	下过渡带	镁铝尖晶石砖	
	烧成带	镁铁尖晶石砖、铁铝尖晶石砖、白云石砖、镁白云石砖、镁钙锆砖	
	上过渡带(热端)	镁铝尖晶石砖	
	上过渡带(冷端)	镁铝尖晶石砖、硅莫系耐火砖、低导热多层复合莫来石砖	
	分解带	低导热多层复合莫来石砖、抗剥落高铝砖、硅莫系耐火砖	
	入料端	莫来石质浇注料、刚玉莫来石质浇注料	

24.1.5 当前水泥工业常用的几种耐火材料

24.1.5.1 碱性耐火材料

碱性耐火材料是指以二价氧化物为主成分的耐火材料,其具有耐高温和抗碱性渣侵蚀能力较强的优良特性,是实现水泥窑生产优质、高产、低消耗和长期安全运转的关键性窑衬材料。但它又具有易受潮变质、热膨胀率大、导热系数高和热震稳定性能较差的主要缺点。长期以来适应于水泥窑的进口和国产碱性耐火材料主要包括直接结合镁铬砖、半直接结合镁铬砖、普通镁铬砖、白云石砖、含锆和不含锆的各类特种镁砖、尖晶石砖和化学结合不烧镁铬砖等。它们的主要性能指标应符合表 24-3 的要求。

表 24-3 几种耐火砖的理化性能指标

材料名称	常温抗压强度 /MPa	荷重软化温度 $T_{0.6}$/℃	热震稳定性能 (1100℃,水冷)/次	相应标准
直接结合镁铬砖	≥40	≥1600	≥4(水冷)	JC 497—2013
半直接结合镁铬砖	≥35	≥1550	≥3(水冷)	企业标准
普通镁铬砖	≥30*	≥1530	≥4(水冷)	GB 2277—87
化学结合不烧镁铬砖	≥60	≥1450	≥4(水冷)	企业标准
白云石砖	≥50	≥1650	≥30(950℃风冷)	—
尖晶石砖	≥40	≥1650	≥6(水冷)	企业标准
特种镁砖**	≥45	≥1650	≥30(950℃风冷)	—

*GB 2277—87 规定常温耐压强度不低于 24.5MPa,无热震稳定性指标要求。

**含锆或不含锆的各类特种镁砖的性能,由水泥厂与耐火材料厂在合同中作具体规定。

随着节能要求的提高,新型干法水泥窑窑衬耐侵蚀要求的增强以及防止铬公害加强环境保护的需求,水泥窑用耐火材料已经普及无铬耐火材料并取代含铬耐火材料。

普通镁铬砖含 Cr_2O_3 常达 8%~10%,直接结合镁铬砖中更达 10%~16%。掺加铬矿石的有利作用是显著改善砖的热震稳定性能,但它们在水泥窑特别是新型干法水泥窑内使用易遭碱侵蚀,生成含六价铬的 K_2CrO_4 等矿物向环境释放,用后残砖中含 $3CA \cdot CaCrO_3$ 等含六价铬的水溶性矿物也污染下游水源,都造成人畜的铬公害。为提高碱性砖的耐侵蚀性能,并减轻甚至消除对环境造成的铬公害,国外多年来致力于开发利用低价镁铬砖、无铬特种镁砖和新型白云石砖等碱性耐火材料,已获成功。近年来,我国大力开发无铬碱性耐火材料,且因制定了限制水泥中六价铬含量的标准,在水泥窑中,无铬碱性砖已大量代替了各种含铬的耐火材料。

低铬镁铬砖。该砖是水泥窑用碱性耐火材料无铬化过程中的过渡性产品。低铬镁铬砖以高纯镁砂为原料,铬铁矿加入量较少,方镁石为主晶相,形成的高熔点镁铬尖晶石连接方镁石晶相,形成网络结构,提高了直接结合率。其最大优点是能耐高温,在 1500℃ 热态下抗折强度高和蠕变率小,因而使砖的热震稳定性能、抗碱侵蚀能力和抗氧化-还原气氛变化的能力都有所降低,特别是在开停较频繁的窑上和使用含碱较高的原、燃料时,其使用寿命缩短。

已经问世的镁铁尖晶石砖则以大结晶高铁天然镁砂为原料,粗晶方镁石交织于方镁石-铁酸镁-尖晶石基质之间,$(Mg,Fe)O-MgO \cdot Fe_2O_3$ 结合相在 1400℃ 下仍有较佳的柔性和塑性。砖内只配用少量的铬矿石颗粒,含 $Cr_2O_3+Fe_2O_3$ 仅 10%~11%。因而这种制品在热震稳定性、蠕变率和抗碱侵蚀能力之间得到较令人满意的平衡,对砖衬内因受热和窑体椭圆度造成的内部应力的补偿能力因而较强,不能耐很高的温度则是其固有的特点。这两种砖的成分对比见表 24-4,性能对比见表 24-5。

表 24-4　低铬镁铬砖和直接结合镁铬砖成分对比

项目	低铬镁铬砖	直接结合镁铬砖
$w(MgO)/\%$	80~88	60~70
$w(Cr_2O_3)/\%$	3~4	10~16
$w(Fe_2O_3)/\%$	约 7	6~7
$w(Cr_2O_3+Fe_2O_3)/\%$	10~11	16~23
$w(Al_2O_3)/\%$	2~3	10~14
$w(CaO)/\%$	约 2.5	1~2.5
$w(SiO_2)/\%$	约 1.5	2.4~4.5
矿物结构	主晶相为方镁石，结晶相为(Mg，Fe)O－MgO·Fe_2O_3，铬矿石与方镁石呈部分结合，硅酸盐相呈岛状分布	主晶相为方镁石，结合相为(Mg,Fe)O－(Mg,Fe)O·(Al,Cr)$_2$O$_3$，铬矿石与方镁石呈部分结合，硅酸盐相呈岛状分布

表 24-5　低铬镁铬砖和直接结合镁铬砖性能对比

项目	低铬镁铬砖	直接结合镁铬砖
体积密度/$g\cdot cm^{-3}$	2.85~2.95	3.05~3.20
热态抗折强度(1400℃)/MPa	约 1	6~16
蠕变率(1400℃×24h)/%	−0.03	+0.006~0.01
重烧线变化(1500℃×6h)/%	−0.2	+0.2~0.8
荷重软化温度 $T_{0.6}$/℃	1350	1500

无铬碱性砖。从 20 世纪 80 年代中期以来，我国在一直坚持不懈地研究开发水泥窑用无铬碱性耐火材料。近年来，在水泥窑用无铬碱性耐火材料的研究、制造和运用方面都获得了很大的成功，不仅制造出的产品越来越多地得到了应用，而且涌现了一些生产无铬碱性耐火材料的骨干企业。

水泥窑用无铬碱性耐火材料有：(1)镁钙(锆)系列的白云石砖、镁白云石砖、镁白云石锆和镁锆砖；(2)镁铝(锆)系列的方镁石－镁铝尖晶石砖(简称尖晶石砖)、尖晶石锆砖；(3)镁铁铝系列的方镁石－铁铝尖晶石砖(简称镁铁铝砖)；(4)镁铁系列的方镁石－镁铁尖晶石砖(简称镁铁砖)；(5)其他尖晶石或复合尖晶石砖。目前，我国主要使用镁铁铝砖、镁铁砖和镁铝尖晶石砖。

方镁石－铁铝尖晶石砖是以铁铝尖晶石代替镁铬砖中的镁铬尖晶石制造出来的耐火材料。加入铁铝尖晶石颗粒后，烧结时，铁铝尖晶石中的铁离子向周围的氧化镁基质中扩散，而基质中的镁离子也会向尖晶石扩散。这样，一方面是 Fe^{2+} 氧化成 Fe^{3+} 并在基质中形成镁铁尖晶石 $MgO\cdot Fe_2O_3$，另一方面是铁铝尖晶石颗粒的边缘形成镁铝尖晶石。这一系列反应伴随体积膨胀，导致了微裂纹的形成。铁铝尖晶石砖具有良好的挂窑皮性和抗热震性。其中，铁铝尖晶石挂窑皮好的原因是水泥熟料中的 CaO 和固溶于方镁石中的 Fe_2O_3 作用，形成可以润湿方镁石晶体，将熟料和耐火砖黏结在一起的铁酸钙[18]；抗热震性好的原因在于形成微裂纹。水泥窑用镁铁铝尖晶石耐火砖的性能指标见表 24-6。

表 24-6　水泥窑用镁铁铝尖晶石耐火砖的主要性能

材料名称	常温耐压强度/MPa	荷重软化温度 $T_{0.6}$/℃	抗热震性(1100℃，水冷)/次	相应标准
MFL-Ⅰ	≥50	≥1650	≥6	JC/T 2231—2014
MFL-Ⅱ	≥50	≥1680	≥6	

镁铁尖晶石砖是以含镁铁尖晶石的镁铁砂代替镁铬尖晶石制造的耐火材料，其优点是挂窑皮性能和抗热震稳定性能好；缺点是不耐烧蚀，对气氛变化敏感。当接触熟料后，熟料中的 CaO 就会和镁铁砖中的 Fe_2O_3 作用生成 C_2F，C_2F 的熔点低，对方镁石具有良好的润湿作用，在一定条件下黏结水泥熟料和镁质耐火材料，形成稳定的窑皮。由于窑皮的保护，镁铁尖晶石砖避免了耐烧蚀能力差、对气氛敏感的缺点，获得了较长的使用寿命。近年来，镁铁尖晶石耐火材料被全面应用在水泥回转窑的高温带，在回转窑中挥发分增多、机械应力严重的苛刻工况条件下取得了良好的使用效果[19]，产品的性能指标见表 24-7。

表 24-7 镁铁尖晶石砖的主要性能

材料名称	常温耐压强度/MPa	荷重软化温度 $T_{0.6}$/℃	抗热震性(950℃，风冷)/次	相应标准
MFe-80	≥45	≥1550	≥80	企业标准
MFe-85	≥50	≥1600	≥100	
MFe-90	≥50	≥1650	≥80	

镁铝尖晶石砖是用合成镁铝尖晶石取代铬铁矿制造出来的新型耐火材料。制砖时，在镁砂中掺加镁铝尖晶石后，可以大幅度提高耐火材料的抗热震性。但是，氧化铝不能提高耐火材料的直接结合度，也不能稳定窑皮中的 C_2S。因而，镁铝尖晶石砖的抗侵蚀、挂窑皮性能不如镁铬砖。对于镁铝尖晶石砖，如果提高其抗热震性、降低热导率，就要提高尖晶石掺量。但如果提高抗侵蚀、挂窑皮性，就要降低尖晶石掺量。为了解决这一矛盾，就需要在减少镁铝系材料的 Al_2O_3 含量的同时加入氧化锆 ZrO_2，制得含锆的方镁石-镁铝尖晶石砖。在镁铝锆系耐火材料中添加约 1%(质量分数)的 La_2O_3，烧成时就会形成锆酸镧 $La_2O_3 \cdot 2ZrO_2$。加入 La_2O_3+ZrO_2 后，可使镁铝系材料同时获得优异的抗热震性和挂窑皮性。水泥窑用镁铝尖晶石砖的主要性能见表 24-8。

表 24-8 镁铝尖晶石砖的主要性能

材料名称	常温耐压强度/MPa	荷重软化温度 $T_{0.6}$/℃	抗热震性(1100℃，水冷)/次	相应标准
MLJ-80	≥40	≥1650	≥10	JC/T 2036—2010
MLJ-85	≥45	≥1650	≥8	
MLJ-90	≥50	≥1650	≥4	

24.1.5.2 高铝质砖

高铝质砖具有较高的抗压强度和荷重软化温度以及较好的热震稳定性能。由于其价廉质优，因而被广泛应用于各种水泥窑上。各种类型的磷酸盐结合的高铝砖，均以强度较高(≥60MPa)，热震稳定性能好为特征，但它们在高温下蠕变较大，所以用于拱顶部位时以煅烧高铝砖为好。

在高铝砖内，少量 ZrO_2 的引入，利用 ZrO_2 单斜与四方型之间的相变，导致微裂纹的存在和热震稳定性能的改善。选择适当的颗粒级配使砖的显气孔率较高，但强度也高，降低了其导热系数和热膨胀性。在水泥窑内使用中砖面形成薄层的釉状膜，保护砖不受进一步的碱蚀。

适用于水泥窑的高铝质砖主要包括磷酸盐结合高铝砖，磷酸盐结合高铝质耐磨砖，抗剥落高铝砖，化学结合(特种)高铝砖，普通高铝砖、硅莫砖及硅莫红砖等。

高铝质砖的主要性能应符合表 24-9 的要求。

表 24-9 高铝质砖的主要性能

材料名称	常温抗压强度/MPa	荷重软化温度 $T_{0.6}$/℃	热震稳定性(1100℃，水冷)/次	相应标准
磷酸盐结合高铝砖	≥60	≥1300	≥10	JC 350—2013
磷酸盐结合高铝耐磨砖	≥65	≥1250	≥10	JC 350—2013
抗剥落高铝砖	≥45	≥1470	≥20	企业标准
化学结合(特种)高铝砖	≥60	≥1450	≥20	企业标准
钢纤维增强增韧磷酸盐结合高铝砖 PZ-130	≥80	≥1300	≥40	企业标准
钢纤维增强增韧磷酸盐结合高铝砖 PZ-135	≥80	≥1350	≥40	企业标准
普通高铝砖 LZ-75	≥55	≥1520	≥10	GB 2988—87
普通高铝砖 LZ-48	≥40	≥1420	≥10	GB 2988—87
硅莫砖 GM1650	≥85	≥1650	≥10	JC/T 1064—2007
硅莫红砖 GMH-Ⅰ	≥100	≥1650	≥15	JC/T 2197—2013

在高铝砖内加入碳化硅可以大幅改善耐火砖的耐磨性、抗热震性、荷重软化温度和抗侵蚀性，制造出综合性能优越的新型耐火材料。1990年，我国开发了称为硅莫砖的高铝-碳化硅质耐火材料，将其成功用于水泥窑。2000年以后，通过添加刚玉、红柱石和金属硅，进一步提高了硅莫砖的性能。在一些大型水泥窑的过渡带，硅莫砖已取代了尖晶石砖。随着对节能减排日渐重视以及由于材料性能提高缓解了增加隔热而引起侵蚀的问题，近年来低导热多层复合莫来石砖得到了开发及广泛应用。

根据图24-2，隔热砖由三部分组成：第一部分为硅莫质的工作层；第二部分为普通铝硅质的保温层；第三部分为充填在凹槽中的隔热材料。通过对工作层的优化，改善了材料的抗侵蚀性和热震稳定性；通过对工作层和保温层结合方式的设计，实现了同步成型、同步烧成，取得了很高的制造合格率；在凹槽中充填耐火纤维，可进一步降低导热系数。采用上述复合砖后，可以降低回转窑筒体温度50~80℃，减缓了窑体的氧化。同时，减轻了窑体内的质量，降低了筒体的变形及磨损，同时取得了节能减排和延长水泥窑寿命的良好使用效果。

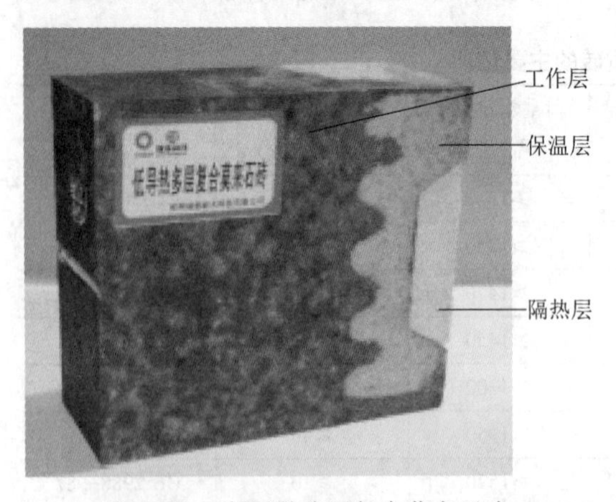

图24-2 低导热多层复合莫来石砖

中国建筑材料联合会第二代水泥配套耐火材料验收规程提出的过渡带用低导热多层复合莫来石砖性能指标见表24-10。

表24-10 低导热复合莫来石砖性能指标

项目	指标	
	工作层	隔热层
常温耐压强度/MPa	≥90	≥40
荷重软化温度 $T_{0.6}$/℃	≥1600	—
抗热震性(1100℃，水冷)/次	≥20	—
导热系数(1000℃)/W·(m·K)$^{-1}$	≤1.65(综合指标)	
使用寿命/个月	36	

24.1.5.3 系列耐碱砖

耐碱砖具有优良的耐碱侵蚀性能，在一定温度下能与窑料和窑气中碱化合物反应并在砖面上迅速形成封闭性的致密保护釉层，防止了碱的继续内渗和砖的"碱裂"损坏，是水泥回转窑特别是新型干法窑不可缺少的窑衬材料之一。

系列耐碱砖包括普通耐碱砖、高强耐碱砖、耐碱隔热砖以及拱顶型耐碱砖等。系列耐碱砖应符合表24-11的要求。

表24-11 系列耐碱砖主要成分和主要性能

材料名称	$w(Al_2O_3)$/%	常温抗压强度/MPa	荷重软化温度 $T_{0.6}$/℃	耐碱性	相应标准
普通耐碱砖	25~40	≥30	≥1300	一级	JC 496—2007
高强耐碱砖	25~40	≥60	≥1250	一级	JC 496—2007
耐碱隔热砖	25~28	≥15	≥1200	一级	企业标准
拱顶用耐碱砖	25~40	≥40	≥1350	一级	JC 496—2007

24.1.5.4 系列耐火浇注料

耐火浇注料具有生产工艺简单、生产耗能少、使用灵活方便等特点，在水泥窑系统内，特别是在结构复杂的预热器系统内的应用日趋普遍。

适用于水泥窑的耐火浇注料主要包括普通耐火浇注料、低水泥耐火浇注料、超低水泥耐火浇注料、无水泥耐火浇注料、钢纤维耐火浇注料、防爆裂浇注料、抗结皮浇注料、磷酸盐耐火浇注料、耐碱浇注料、隔热浇注料等。此外，还有自流料、泵送料、喷射料等各种新型不定形耐火材料。

水泥窑用耐火浇注料的主要性能应符合表24-12的要求。

表 24-12　耐火浇注料的主要性能

材料	常温耐压强度/MPa		常温抗折强度/MPa		线变化率/%	相应标准
	110℃烘后	1100℃烧后	110℃烘后	1100℃烧后	1100℃烧后	
高铝质浇注料普通型	≥40	≥25	≥4	≥2.5	0.4	企业标准
莫来石质浇注料	≥80	≥90	≥8	≥9	−0.50~0	JC/T 2160—2012
高强型浇注料 GQ-92	≥80	≥100	≥8	≥9	±0.5	JC/T 498—2013
钢纤维增强浇注料 F1	≥90	≥90	≥12	≥12	±0.5	JC/T 499—2013
抗结皮浇注料 KJP-55	≥70	≥70	—	≥10	±0.3	YB/T 4193—2009
耐碱浇注料 NJ-1	≥100	≥100	≥10	≥10	±0.5	JC/T 708—2013
自流式浇注料	≥80(110℃×24h)		≥10(1400℃×3h)		≥200(自流值)	CNMF/Z—2016
增韧性浇注料	≥60(110℃×24h)		≥10(1400℃×3h)		抗热震性(1100℃,水冷)≥24次	CNMF/Z—2016

24.1.5.5　隔热材料

水泥窑系统常用的隔热材料有隔热砖、隔热板和隔热(轻质)浇注料，它们的主要性能应符合表24-13的要求。

表 24-13　隔热材料的性能

材料名称及牌号	体积密度/kg·m^{-3}	抗压强度/MPa	抗折强度/MPa	导热系数/W·(m·K)$^{-1}$	最高使用温度/℃	相应标准
高温硅酸钙板Ⅰ-240	≤240	≥0.65	≥0.33	≤0.065(100℃)	650	GB/T 10699—2015
高温硅酸钙板Ⅱ-270	≤270	≥0.65	≥0.33	≤0.065(100℃)	1000	GB/T 10699—2015
隔热砖 CB9	≤600	≥2.5	—	≤0.19(350℃)	900	企业标准
高强隔热砖 CB10	≤1200	≥9.8	—	≤0.32(350℃)	900	企业标准
高强硅藻土砖 GG-0.7a	≤700	≥2.5	—	≤0.20(300℃)	900	GB 3996—83
轻质浇注料 LT-10	≤1000	≥3.0(110℃烘干后)	—	≤0.28(350℃)	1000	企业标准
轻质浇注料 LT-9	≤900	≥2.5(110℃烘干后)	—	≤0.25(350℃)	900	企业标准
耐火纤维毡		抗拉强度≥30kPa	加热永久线变化/%(最高使用温度,24h,收缩值)≤4			GB 3003—2017

24.1.5.6　预制件

不定形耐火制品由于具有性能优良、施工方便、节省能源等优点，在水泥工业得到了广泛应用，占比达到了50%左右。但是不定形耐火材料有保质期，对环境温度、养护以及烘烤都有范围的限定，因此在使用过程中有一定的局限。预制件是在传统不定形耐火材料基础上发展起来的一种功能材料，就是将传统的不定形耐火材料浇注后在设定环境下进行养护、烘烤，制作完毕后到现场直接安装。预制件的研制有效解决了水泥窑设备关键部位易磨损、寿命短、安装时间长等难题，为水泥窑磨损严重的部位高效长寿命运行提供了可靠的保障。目前，耐火预制件成功用于一些不便使用耐火浇注料施工的部位，如分解炉锥体、窑尾烟室、篦冷机喉部、篦冷机侧墙和三次风管闸板等，预制件制品与传统现场施工浇注料相比，显著缩短了施工时间，提高了维修效率，延长了耐火材料的使用周期[20~22]。

24.1.5.7 耐火材料外观质量控制

为保证砖衬的砌筑方便、质量优良和使用效果良好，除耐火材料的内在质量及其均匀性以外，对砖的外形质量也必须严加控制，这对于大型窑更为必要。

窑筒体和筒式冷却机内的耐火砖衬在生产过程中随设备的转动而转动，这些部位的耐火砖外形尺寸更应严格要求，其砖的外形质量应达到如下要求[23]。

尺寸公差：高度公差±2%；楔形面大头及小头宽度公差±2mm；大小头差值公差±1mm；长度公差±1%，但最大差为±2mm。

边损：允许热面或冷面有两条边的损坏达40mm长和5mm深，但不准超过。

角损：冷热面均只许有一处角损，角损处三条棱的角损长度之和不超过50mm；不超过20mm的不算角损。

裂缝：砖面允许有发丝状微细裂纹；不允许有平行与磨损面的裂纹；不长于40mm，不宽于0.2mm的其他裂纹是允许的。

凹坑、熔迹和鼓包：允许凹坑和熔迹的最大直径为10mm，最大深度10mm；鼓包最大0.5mm。

一批砖中有各种缺陷的砖不得超过总数的7%。

24.1.6 材料的包装、保管和运输

(1)在耐火材料厂内经验收合格的砖均必须在其工作面上加盖产品合格章和砖的型号(图号)，并且分型堆放、分型包装。

(2)应根据耐火材料的不同品质和运输距离的远近等情况选择相适应的包装方式。包装应牢靠，应能满足短途倒运和长途运输的要求。供应生产能力大于2000t/d窑的耐火材料一律不允许使用草绳包装。

(3)水泥厂应设置耐火材料的专门储存仓库，避免高温潮湿。

(4)浇注料出厂必须附有施工说明书，说明书上注明浇注料的施工用水量和凝结时间及其他事项。

(5)耐火材料在装卸过程中必须轻拿轻放，避免碰撞损坏。

(6)对有时效性的耐火材料存放时间不能太长，一般在潮湿环境下不超过三个月，干燥环境下不超过半年。对已受潮变质的材料应坚决弃去，不能使用。

24.1.7 窑衬的施工、烘烤和冷却

窑衬的施工是要把设计中企图实现的窑衬方案转化为现实。水泥回转窑系统耐火衬里用火泥砌筑时，其灰缝设计应在2mm以内。

拱顶和圆筒衬里宜采用环缝砌筑，直墙和斜面宜采用错缝砌筑。对于窑筒及筒式冷却机，耐火衬里还必须确保砖环与筒体同心，故应保证砖面与筒体完全贴紧，砖间应是面接触且结合牢固。砌筑不动设备的砖衬时，火泥浆饱满度要达到95%以上，表面砖缝要用原浆勾缝，但要及时刮除砖衬表面多余的泥浆。砌砖时要使用木锤或橡皮锤，严禁使用铁锤。

24.1.7.1 浇注料施工的一般规定

浇注料施工前应严格进行如下内容的检查：

(1)检查待浇注设备的外形及清洁情况。

(2)检查施工机具的完好情况。

(3)检查锚固件型式、尺寸、布置及焊接质量，金属锚固件必须做好膨胀补偿处理。

(4)检查周围耐火砖衬及隔热层的预防浇注料的失水措施。

(5)检查浇注料的包装和出厂日期，并进行预试验检查是否失效。

(6)检查施工用水,其水质必须达到饮用水的标准。

(7)浇注料施工用模板可用钢板或硬木板制成。模板要有足够的强度,刚性好,不走形,不移位,不漏浆。钢模要涂脱模剂,木板要刷防水漆。

(8)浇注料的加水量应严格控制,不得超过限量。在保证施工性能的前提下,加水量宜少不宜多。

(9)浇注料搅拌时间应不少于5min。操作时要使用强制式搅拌机,搅拌时宜先干混,再加入80%用量的水搅拌,然后视其干湿程度,徐徐加入剩余的水继续搅拌,直至获得适宜的工作稠度为止。搅拌不同的浇注料应先将搅拌机清洁干净。

(10)浇注料必须整桶、整袋使用。搅拌好的浇注料一般应在30min内用完,在高温干燥的作业环境中还要适量缩短这一时间。已经初凝甚至结块的浇注料不得倒入模框内,也不得加水搅拌再用。

(11)倒入模框内的浇注料应立即用振动棒分层振实,每层高度应不大于900mm,振动间距以250mm左右为宜。振动时应尽量避免触及锚固件,不得损伤隔热层,不得在同一位置上久振和重振,直到浇注料表面泛浆后,应将振动棒缓慢抽出,避免浇注料层产生离析现象和出现空洞。浇注料完成后的浇注体,在凝固前不能再受压与受振。

(12)大面积浇注时,要分块施工,每块浇注区面积以1.5m^2左右为宜。膨胀缝要按设计留设,不得遗漏。膨胀缝应留设在锚固件间隔的中间位置。

(13)待浇注料表面干燥后,应立即用塑料薄膜或草袋将露在空气中的部分盖严。初凝到达后要定期洒水养护,保持其表面湿润,养护时间至少两天,第一天内要勤洒水。浇注料终凝后可拆除边模继续洒水养护。

24.1.7.2 窑衬的烘烤和冷却

经砌筑完成验收合格的窑衬方可交付使用,但在使用前必须经过一定升温制度的烘烤。停窑但不换窑衬时停运前必须采用适当的降温制度来冷却,这样才能确保窑衬处于能正常使用的安全状态。烘烤中的升温制度和冷却中的降温制度取决于窑衬的结构、材质和砖型以及砌筑方法等因素。

窑衬材料中碱性砖本身的热膨胀系数最大,热震稳定性能较差,又被用于窑内温度最高的部位,所以碱性砖衬内的温度梯度最陡,温差应力最大,因而最易产生开裂剥落,使用寿命在窑内所有耐火砖衬中最短。采用适当的升温制度来烘烤和适当的降温制度来冷却,是窑衬特别是碱性砖衬使用中的一大关键。

当湿法新砌全部窑衬时升温烘烤速度以30℃/h为佳,只检修部分碱性砖衬时以50℃/h为佳,停窑中不检修碱性砖衬且烧成带内能保持300℃以上温度时可加快到125℃/h,这是很稳妥的烘烤制度[24]。

在确保窑筒第二道轮带(热端起)部位的窑体椭圆率正常的前提下,可适当加快烘窑的升温速度。砖面温度在20~30℃的烘烤区段内可加快到240~300℃/h,在800~1450℃的区段内可加快到60℃/h。但在砖面温度300~800℃的关键区段中升温速度仍应保持30℃/h为佳,最快也不能超过50℃/h,这是必须保证的烘烤升温速度[25,26]。按这一制度,从点火起到开始投料的总烘烤时间以及开始阶段从常温到砖面温度升达800℃的低温烘烤时间规定见表24-14。

表24-14 从点火起到开始投料的总烘烤时间以及开始阶段的低温烘烤时间

项目	低温烘烤时间/h	总烘烤时间/h
能力2000t/d窑筒内全部新衬	≥8	≥22
能力2000t/d窑只检修碱性砖衬	≥8	≥18
能力不大于1000t/d窑上碱性砖衬	≥6	≥18
能力不大于≤1000t/d窑上火泥湿砌的碱性砖衬	≥8	≥18
能力不小于4000t/d窑的碱性砖衬	≥10	≥22

烘烤中不准发生温度骤降和局部衬里过热。

新型干法窑的预热系统采用大量耐火浇注

料,又使用组成单元材料导热系数不一的复合衬里,且面积和总厚度较大。为确保脱去附着水和化学结合水两阶段的衬里安全,在常温下24h的水硬性浇注料衬里凝固期内不准加热烘烤。在衬里表面温度为200℃和500℃时还应保持温度一定时间。对只使用浇注料的衬里,其具体升温速度见表24-15。

表24-15 升温速度

升温区间/℃	升温速度/℃·h^{-1}	需用时间/h
20~200	15	12
200	保温	20
200~500	25	12
500	保温	10
500~使用温度	40	18
共计烘烤时间		72

对含浇注料层在内的复合衬里,烘烤时间应达1周。

窑筒内和预热系统窑衬的烘烤可以同时进行,设计单位在窑衬设计中必须提供具体的烘烤制度。

窑衬烘烤必须连续进行,直至完成,不得中断。所以在烘烤前,必须对有关装备实地试运转,还必须确保烘烤中不发生停电,万一因事故中断,要按一定的降温制度来冷却至常温,然后重新烘烤。如果有把握在短时间内恢复烘烤,可采取有效的保温措施,并从实际降到的温度开始。

为保证砖面温度从常温升至800℃的低温烘烤时间达到8h,最好用燃油来烘烤。如果油料供应困难,也可燃木柴来代替。

烘窑期间,应先用辅助传动装置按一定制度转动窑体,从间歇慢转开始逐渐加快到连续慢转,最终达到正常窑速;力求烧成带内砖面各处温度均匀,保证窑筒中心线规整,椭圆度正常。

停窑而不换砖时必须慢冷以保证窑衬安全。大型的新型干法窑内窑衬质量和热容量都较大,不易冷却,应在停窑时用辅助传动装置慢转窑筒,关闭排风机并关小闸门,维持最小负压(例如在排风机处为30mmH_2O❶),经24h后方可打开窑门来加快冷却[27,28]。

24.2 陶瓷窑用耐火材料

24.2.1 陶瓷烧成中的物理化学变化

在烧成各阶段,普通陶瓷随温度的升高依次发生下述不同的物理化学变化:

(1)20~200℃排除残余水分。

(2)200~500℃排除黏土矿物中的层间水和结晶水。

(3)500~600℃石英晶体发生相转变。如坯体中石英含量高、窑内温度不均,制品各部位受热不一、不能均匀发生膨胀,就会产生较大的热应力,使坯体破损的可能性大增,所以需要较慢的升温速度。反之,如石英含量少、窑内温度又均匀,制品各部位膨胀一致,升温速度就可以适当加快。

(4)600~1050℃是氧化阶段,要保证一定时间、一定温度和足够的氧化性气氛,以烧掉坯体中有机物质,在釉面玻化以前将可能生成的气体全部排除,防止产生坯泡。

(5)1050~1200℃是还原阶段,气体中含有2%~4%的CO将Fe_2O_3还原成FeO,使陶瓷变成白里泛青的色泽。但含铁低钛高的陶瓷,应该在氧化性气氛中煅烧。

(6)1200~1300℃出现玻璃相,坯体经液相烧结逐步完成致密化。

(7)1300~700℃因塑性尚未消失,可以采用急冷气幕等方式进行冷却。

(8)400~700℃是石英转化的温度阶段,有体积收缩产生,需保持窑内温度均匀。400℃以下又可以进行快冷。

陶瓷烧成的速率由扩散过程所控制,扩散所需的时间和原料的性质、温度的均匀性、热传导的速度,以及窑具和窑车的吸热等因素有关。现代陶瓷工艺正是从改善原料的特性,从改善传热和减少吸热入手来提高烧成效率的[29]。

❶ 1mmH_2O=9.80665Pa。

24.2.2 陶瓷窑炉用耐火材料的选择

24.2.2.1 现代陶瓷窑炉的特征

陶瓷窑采用低温快烧技术后，烧成温度降低100～150℃，烧成时间缩短到原来的10%～70%。表24-16和表24-17显示了烧成温度和时间的变化情况。

表24-16 各种陶瓷制品烧成温度的变化 （℃）

温度变化	卫生陶瓷	内墙砖素烧	内墙砖釉烧	日用瓷
传统工艺	1250～1280	1200	1100	1350
低温快烧工艺	1170～1190	<1150	1000	1200

表24-17 各种陶瓷制品烧成总时间的变化 (h)

时间	卫生陶瓷	内墙砖素烧	内墙砖釉烧	地砖	日用瓷素烧	电工陶瓷	电子陶瓷
传统工艺	20～72	40～60	20～30	50～70	24～40	66～78	50～60
低温快烧工艺	7～14	0.5～1.0	0.8～1.1	0.8～1.0	1～3	48～60	4～6

现代陶瓷工艺对陶瓷的化学成分、原料的种类和窑炉的结构都进行了很大的调整。

化学成分变化的特点是：增强熔剂作用，降低液相的高温黏度，但又不大幅度影响烧成温度范围。以卫生陶瓷为例：总溶剂含量从5%～6%提高至6%～8%；熔剂物质中，RO的含量由1.3%增加至3%左右，R_2O的总量增加不大，但增加的主要是Na_2O的含量。

原料方面的特点是：使用导热好，干燥收缩、烧成收缩和热膨胀系数小的原料，减少石英含量和灼烧减量。这些原料有叶蜡石（$Al_2O_3 \cdot 4SiO_2 \cdot H_2O$）、硅灰石（$CaO \cdot SiO_2$）、透辉石（$CaO \cdot MgO \cdot 2SiO_2$）和霞石（$Na_2O \cdot Al_2O_3 \cdot 2SiO_2$）等。除此之外，还需降低入窑坯体的水分至0.5%以下。

现代陶瓷窑采用了高速烧嘴、气流搅拌、空气急冷；采用了支柱—横梁—棚板组成的构架来支撑坯件；采用了低蓄热、高强度、高导热和高抗热震性的窑具材料，采用了超轻质、低蓄热的窑车和高保温的窑体；有效传热显著增强，无效传热大为减少，窑的产量、燃耗、成本、寿命等技术经济指标均得到极大的改善[30]。

24.2.2.2 陶瓷窑炉用耐火材料

A 常见高温陶瓷材料的性能

常见高温陶瓷材料的物理化学性能见表24-18。

表24-18 常见高温陶瓷材料的性能对比

名称	化学式	熔点或分解、结晶点/℃	空气中最高使用温度/℃	热膨胀系数/K^{-1}	弹性模量/GPa	抗折强度/MPa	导热系数/$W \cdot (m \cdot K)^{-1}$	第二抗热震因子/K
氮化硼	BN	3000	900	3.8×10^{-6}	65	80	13.0	243
石英玻璃	SiO_2	1200	1200	0.9×10^{-6}	70	75	1.3	945
堇青石	$M_3A_2S_2$	1460	1350	1.8×10^{-6}	100	120	5.3	500
氮化硅	Si_3N_4	1900	1400	2.5×10^{-6}	350	750	21.0	643
碳化硅	SiC	2200	1510	4.7×10^{-6}	500	624	84.0	199
钛酸铝	AT	1860	1650	1.3×10^{-6}	17	35	2.0	1400
莫来石	A_3S_2	1830	1750	4.5×10^{-6}	100	140	4.5	233
镁铝尖晶石	MA	2135	1800	8.5×10^{-6}	260	160	12.0	54
刚玉	Al_2O_3	2050	1900	8.6×10^{-6}	375	350	8.0	81
稳定氧化锆	ZrO_2	2715	2100	7.5×10^{-6}	242	490	2.0	194

从表 24-18 可知:氮化硼的抗氧化性能不佳;石英玻璃制品在 1100℃以上存在析晶倾向。堇青石材料的使用温度虽然不高,强度也不很高,但有很好的抗热震性。氮化硅和碳化硅都存在氧化问题,但有很高的强度、导热性和抗热震性。莫来石-刚玉材料的使用温度很高,但强度、导热性和抗热震性不够理想。氧化锆材料烧结困难、价格较高、抗热震性也不好。

由此,现代陶瓷窑炉选择碳化硅、堇青石-莫来石、莫来石-刚玉作为窑具材料,以陶瓷耐火纤维作隔热材料,特殊情况下可使用镁铝尖晶石、氧化锆材料。镁铝尖晶石材料适用于作接触碱性物料的垫片、容器。在莫来石制品中引入氧化锆可提高抗热震性。钛酸铝的使用温度高、抗热震性好,但强度低、中温易分解、特别在还原气氛下分解加速。经改进后,钛酸铝材料可能用于高温、温度急速变化和使用时间不很长的场合,如制作冶炼某些有色金属用坩埚、过滤器和流量调节装置。

B 现代陶瓷窑炉用主体耐火材料

堇青石-莫来石系材料适用于温度较低、工作应力不大,要求有高抗热震性的场合。低温快烧窑的棚板、立柱、垫板等常常使用堇青石-莫来石材料制作。

堇青石-莫来石系材料的最大弱点是耐高温性能不足,其棚板的主要损毁原因是弯曲蠕变。提高棚板寿命的主要途径是:降低材料中的 R_2O 和 CaO 含量,改善烧结以增加堇青石颗粒间结合的牢固程度和粒子间“连接桥”的宽度,以及减少弯曲应力。垫板主要的损毁原因是热震蠕变。提高抗热震性的措施是:适当提高堇青石的含量,控制骨料和基体的物理性能差异形成合适的弱结合界面或微裂纹[31,32]。

碳化硅系材料适用于温度不很高,要求有高工作应力、高导热和高抗热震性的场合。碳化硅系材料分为氧化物结合、反应烧结和重结晶碳化硅材料,以及氮化物结合。氧化物结合碳化硅可以作为低中档窑具。反应烧结碳化硅的气孔率几乎为零,有很高的强度,但使用温度不宜高于 1350℃,很适合用于低温快烧窑炉。重结晶碳化硅有良好的尺寸稳定性和高温承载能力,适合于温度高于 1350℃的场合。氮化物结合碳化硅的使用效果依纯度、矿物组成和显微结构有很大差异,如高纯、粒状和致密的氮化硅-氮氧化硅相所结合的碳化硅材料能够在使用中生成致密和高黏度的表面保护釉层和内部氧化阻碍层,因而有满意的使用寿命[33]。

莫来石-刚玉系列的材料适用于煅烧温度高的场合,如烧成研磨体用氧化铝陶瓷和电子工业用铁氧体陶瓷。

耐火纤维的毯、毡、板、纸和各种折叠制品被广泛应用于砌筑陶瓷窑衬和窑车。耐火纤维制品虽有一定的耐火性和良好的隔热性,但抵抗气流冲刷的能力、耐釉料冷凝物化学侵蚀的能力较弱。长期使用后,纤维会析晶、粉化,并生成可能致癌的物质。为克服这些弱点,可将纤维块折叠以提高抗冲刷性,可在纤维表面涂刷特种涂料或覆盖耐火材料薄板。耐火纤维的致癌问题也可以得到解决,办法是制备和使用大于 6μm 的粗纤维或可溶的纤维。粗纤维的粉化物难以飞散,被吸入的可能性就低;粉化物被吸入后能够缓慢溶解,危害性就小得多[34]。

24.2.2.3 陶瓷隧道窑及其耐火材料

陶瓷隧道窑包括窑墙、窑顶、窑车和窑具组合支架几部分。隧道窑的优点是:烧成周期短,产量大,温差小,连续性强,易于实现自动化,燃料消耗低,产品质量高;缺点是:投资高。隧道窑的总体结构如图 24-3 所示。

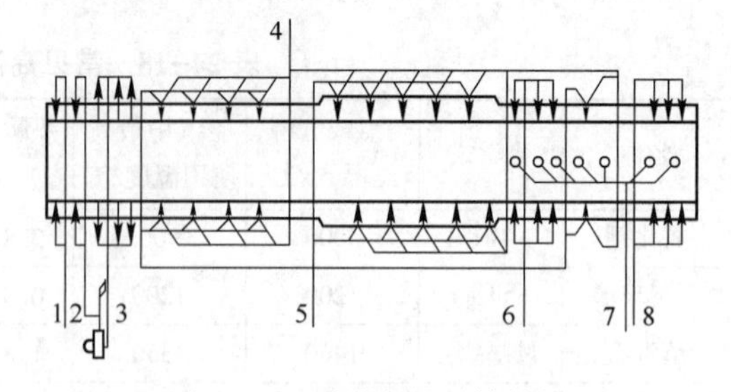

图 24-3 隧道窑的总体结构

1,2—窑头两道气幕;3—排烟口;4,5—预热带下部两侧的高速烧嘴;6—冷却带高速冷风入口;7—冷却带调温烧嘴;8—冷却带窑顶热风出口

窑墙不承受载荷,可用优质的耐火隔热材料取代传统的“耐火砖+保温砖”复合结构。组合型和全耐火纤维窑墙曾被广泛地应用,如图 24-4 所示。

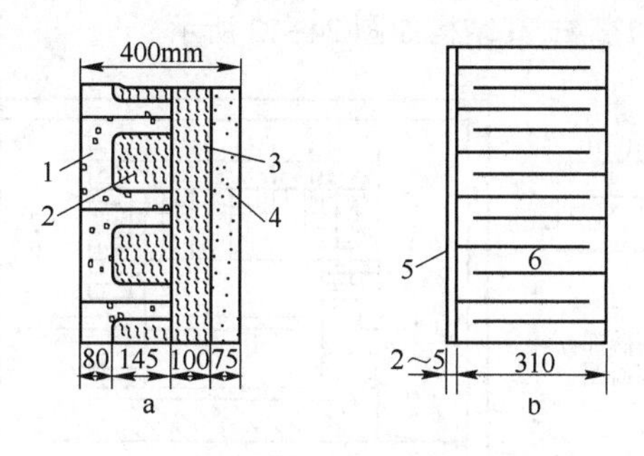

图 24-4　组合型(a)和全耐火纤维(b)窑墙

1—预制块;2—纤维棉;3—纤维板;4—硅酸钙板;
5—钢板;6—耐火纤维折叠物

隧道窑的窑顶有平拱顶式、传统吊挂式和棚板吊挂式等,如图 24-5 和图 24-6 所示。

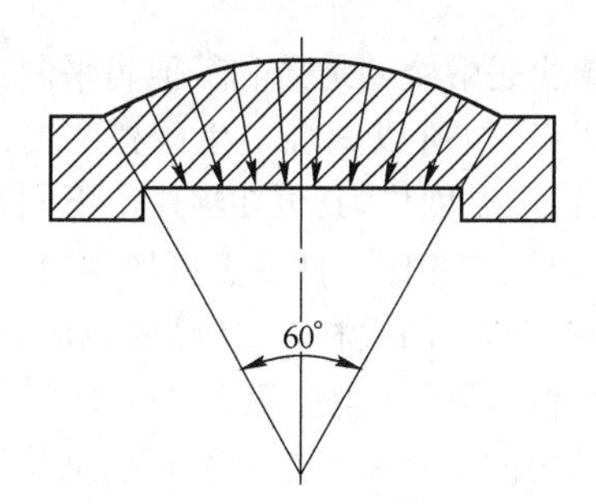

图 24-5　平拱窑顶的结构图

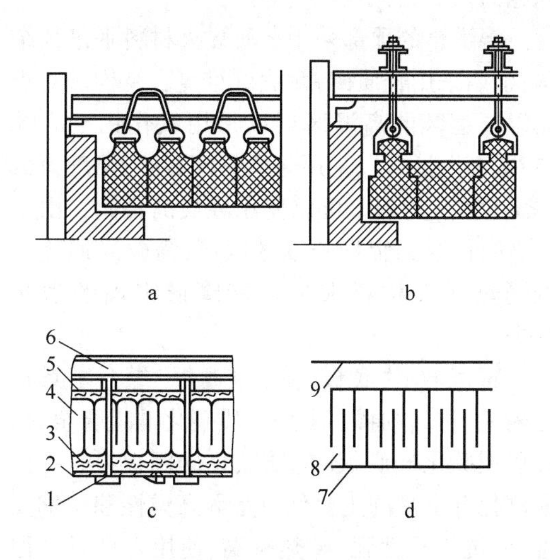

图 24-6　隧道窑悬挂式窑顶

a,b—传统吊挂型;c—组合型;d—全纤维型
1—耐火材料螺栓;2—耐火薄板;3—高温型耐火纤维毡;
4—中温型耐火纤维折叠块;5—低温型耐火纤维毡;
6—炉顶钢结构;7—工作面;8—耐火纤维折叠块;
9—岩棉板

平拱顶实质上是拱顶的变形结构。平拱顶的优点是:节省钢材,并可避免窑顶下空隙引起的气流短路问题。其缺点是:窑顶需用大量的重质特异形砖,制作麻烦、隔热效果差。传统吊挂结构的主要缺点是消耗钢材多,施工麻烦,隔热效果不佳。组合式结构由耐火材料板保护耐火纤维材料,故使用寿命长,但安装比较复杂。上述种种结构均不十分理想,新推出的新型复合式吊挂窑顶和复合窑墙结构减少了砌筑的复杂性,如图 24-7 和图 24-8 所示。

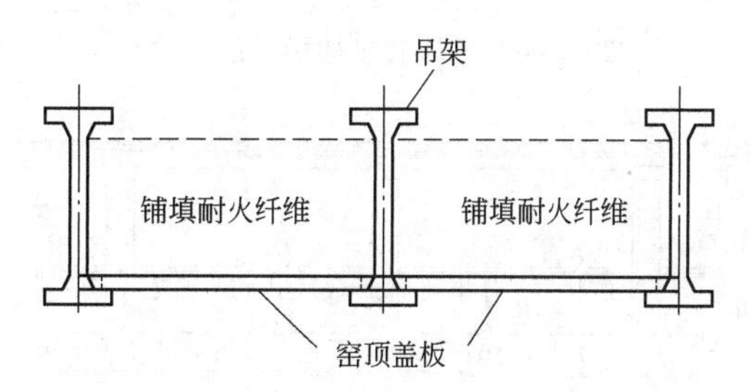

图 24-7　复合式吊挂窑顶的内部结构

图 24-8　新型复合窑墙和吊挂式窑顶砌筑完成的情况

新型吊挂式窑顶的棚板支撑在吊轨上,吊轨带有吊槽,再用耐火材料的吊架钩住吊轨。因省去了螺栓,又增大了棚板之间的跨距,可以明显减少建窑施工的复杂性,同时获得了进一步减少窑墙的散热和吸热量的效果。侧墙的结构和使用效果和窑顶类似[35]。图 24-9 详细显示了一种吊轨和吊架构件的结构。

窑车由钢质底座、围砖、隔热充填材料、盖板、支柱、横梁和棚板等组成,图 24-10 显示了这种组合结构。

由图 24-10 显示:隧道窑的窑车用空心围砖围住四周,上盖堇青石盖板,中填耐火纤维,下部浇注不定形隔热耐火材料。堇青石支柱由

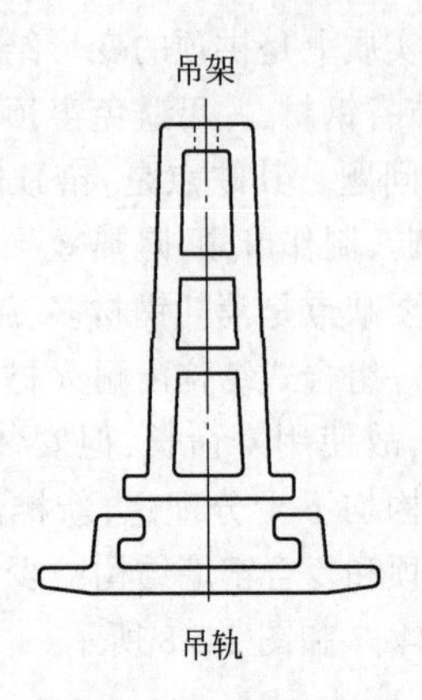

图 24-9 吊轨和吊架构件的结构

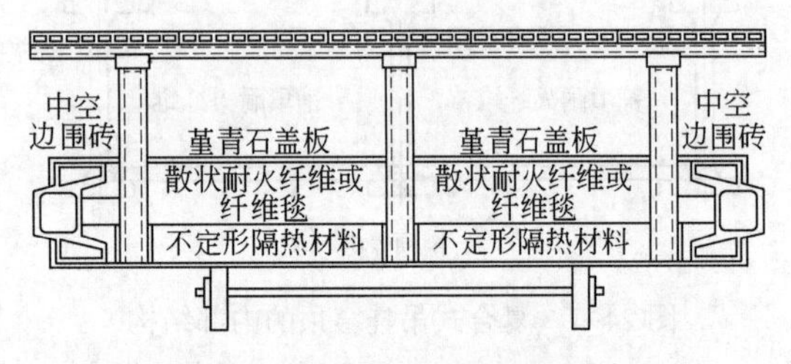

图 24-10 复合式窑车和支架组合图

安装在窑车底部钢板上的金属套筒固定，支柱上部带有支柱帽，在支柱帽上再放置碳化硅质横梁和堇青石-莫来石质棚板。窑车的发展方向是减少高温耐火纤维的用量，用硅酸钙材料尽可能地代替耐火纤维，以使耐火材料带有更多的环境友好特征。图 24-11 显示了卫生陶瓷厂使用的窑车和窑具。

图 24-11 窑车和窑具的组合结构

24.2.2.4 陶瓷辊道窑及其耐火材料

辊道窑是利用辊棒的转动运送坯体，使坯体逐件通过预热、烧结、冷却各带以完成烧结过程的窑炉，其结构如图 24-12 所示。

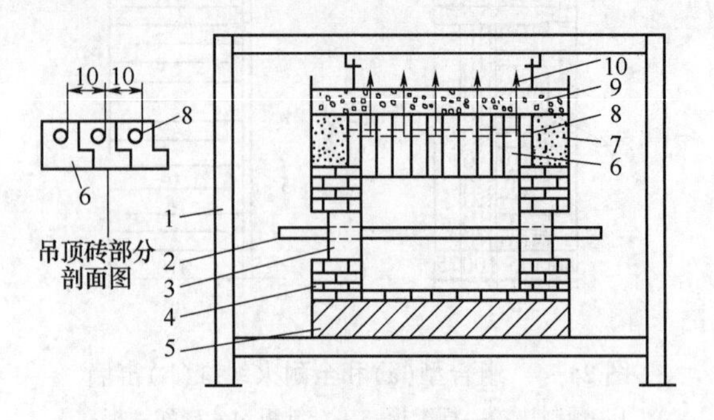

图 24-12 辊道窑结构示意图

1—钢结构；2—辊棒；3—孔砖；4—保温砖；5—浇注料；6—吊顶砖；7—陶瓷棉；8—耐热钢质梁；9—保温层；10—耐热钢质吊钩

辊道窑是煅烧墙地砖和其他扁平制品的理想窑炉设备，也可以煅烧卫生陶瓷。辊道窑的优点是：窑内温度均匀，可在辊棒上下同时进行加热，加快烧结并使坯件受热更加均匀，可以不用窑车和匣钵等耐火材料，产品的烧成周期短、燃料消耗低，但煅烧卫生陶瓷等大件时需用垫板。辊道窑的主要缺点是窑宽和承重受辊棒高温性能的限制，产品在窑内堵塞后难处理，擦边问题尚未得到完全解决等。

辊道窑的顶部采用轻质耐火材料平吊顶结构；窑墙采用轻质砖+耐火纤维复合结构。对于高温辊道窑的高温区可以采用氧化铝空心球砖；次高温区可以采用轻质莫来石砖；温度再低（<1150℃）的部位可以使用轻质高铝砖。由于加宽窑体受到辊棒长度的限制，需要采用优质的隔热耐火材料来尽可能降低窑墙的散热损失。

辊道窑用“底板+支柱+棚板”组合窑具运送陶瓷坯体。通常，采用优质碳化硅组合窑具，即优质碳化硅底板+优质碳化硅棚板组合。优质碳化硅窑具的主要优点是耐高温性和耐蠕变性好、抗热震性强、导热率高、使用寿命长。但如果烧成温度较低，为降低一次性投资，也有使用普通碳化硅底板+堇青石棚板组合窑具的。

辊棒是辊道窑的关键耐火材料。低温带可以使用耐热钢辊棒。煅烧轻件时高温带选用铝硅质辊棒，煅烧重件制品或温度高于 1350℃ 时需选用碳化硅质辊棒。辊棒选择不当时将出现黏釉、变形和炸裂等问题,导致坯件运动状态不佳甚至中断生产[36]。

24.2.3 陶瓷窑具产品和性能

24.2.3.1 堇青石-莫来石质材料及其性能

A 堇青石-莫来石窑具材料的组成

堇青石-莫来石窑具材料是以堇青石和莫来石为主晶相的复相材料。严格说,它是堇青石基质结合莫洛凯特骨料的窑具材料。

制作堇青石-莫来石窑具的第一步是合成莫洛凯特骨料[37,38]。莫洛凯特的化学组成类似焦宝石,但矿物组成不同于焦宝石。焦宝石是莫来石-方石英复相材料,但方石英的存在会影响抗热震性。为了避免形成方石英,根据 Al_2O_3-SiO_2 相图,如使用高纯原料,可以采取完全熔融和采用快速冷却的方式制取莫洛凯特(以针状莫来石为分散相,高硅氧玻璃为连续相的材料)。如以原料带入的 K_2O 为助熔剂,也可在1595℃以下用烧结法制取莫洛凯特。制作堇青石-莫来石窑具的第二步是用烧结的方式"原位"合成堇青石基质。

B 堇青石-莫来石窑具材料

一次窑具指搭建装烧空间的棚板、支柱等耐火制品。二次窑具指放置于一次窑具之上的直接用于支撑或保护装烧产品的小型窑具。堇青石-莫来石材料有复杂繁多、形状各异的一次窑具和二次窑具。图24-13显示了其中的部分支柱。

图24-13 各种堇青石-莫来石质支柱

堇青石-莫来石质棚板分为多孔棚板、中空棚板等。多孔棚板的优点是:减少窑具的吸热量,并有利于棚板上下的对流传热。中空棚板的优点是:减轻了棚板质量并增大了传热面积,从而有利于减少燃料消耗,缩短烧成时间和缓解温度急剧变化产生的破坏。中空棚板的最大优点是优化了窑具的宏观结构,在棚板的质量相同时,可以显著提高制品的高温承载能力,从而有利于减少弯曲应力和防止棚板发生变形。图24-14显示了多孔棚板和中空棚板的截面。

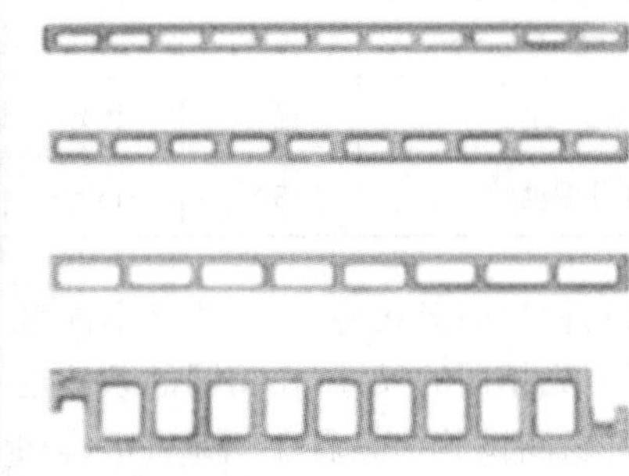

图24-14 多孔棚板和中空棚板的截面

正确使用中空棚板的条件是：安装时使横梁的纵向垂直于板内空心柱体的纵向，且横梁应该从棚板的边缘适当缩进，以减少跨距。图24-15所示为推荐的安装方式。

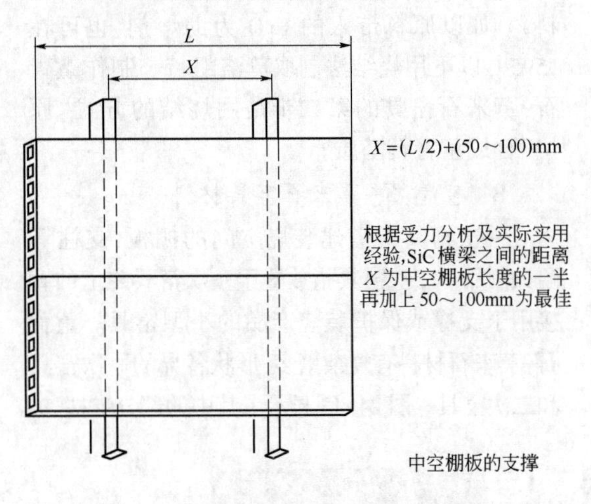

图24-15　中空棚板正确的安装方式

C　堇青石-莫来石窑具材料的性能

我国已能生产高水平的堇青石-莫来石窑具制品。其制作的要点是：(1)以莫洛凯特为骨料。(2)正确设计基质的化学组成。根据$MgO-Al_2O_3-SiO_2$相图，结合相的组成应设计在堇青石-莫来石连线附近氧化铝含量偏高的位置。(3)使用高纯、超细的原料。如果原料纯度不高，就会严重影响所制窑具的抗蠕变性。如果不使用超细粉，则很难烧成。例如，可以用预合成堇青石粉作主基质，用超细镁砂粉、硅灰和氧化铝微粉作结合剂，用莫洛凯特作骨料，用浇注法制作预制件，将预制件烧成便制得特异形的堇青石-莫来石窑具材料。表24-19为国产堇青石-莫来石产品的性能指标。

表24-19　堇青石-莫来石产品的性能指标

项目	产品牌号						
	TRECOR	TRETOP	TREMON	TRESUM	TRETIC	TREMUL	TREHEN
$w(Al_2O_3)$/%	45	43	35	38	61	40	38
$w(SiO_2)$/%	45	49	55	51	32	47	52
$w(MgO)$/%	6.5	5.0	7.5	8.0	5.0	6.0	6.5
体积密度/$g\cdot cm^{-3}$	1.90	1.95	1.85	1.90	1.60	2.00	1.95
显气孔率/%	28	24	28	28	26	24	26
室温抗折强度/MPa	12	16	20	12	10	15	12
1250℃抗折强度/MPa	10	11	12	15	9	12	9
热膨胀系数(25~1000℃)/K^{-1}	3.0×10^{-6}	3.5×10^{-6}	2.6×10^{-6}	2.4×10^{-6}	3.9×10^{-6}	2.4×10^{-6}	2.3×10^{-6}
20℃时比热/$kJ\cdot(kg\cdot K)^{-1}$	1.0	1.0	1.0	1.0	0.8	1.0	1.0
热震稳定性	优秀	优秀	优秀	特优	优秀	良好	特优
最高工作温度/℃	1300	1300	1300	1350	1300	1250	1250

由于窑具材料的形状特殊，需要将不同材质的窑具切割成相同的尺寸，在相同的条件进行对比试验，以测试其抗热震性。如将窑具切割成尺寸相同的条状试体，使用相同的加热和冷却方式进行热震，根据热震后抗折强度的衰减评价抗热震性。

24.2.3.2　碳化硅质窑具材料

1995年，德国FTC与中企合资成立沈阳星光，现星光有两个生产工厂，拥有高温真空感应烧结炉7台，年产SiC制品700t，生产重结晶碳化硅、氮化硅结合碳化硅和反应烧结碳化硅窑具。1995 年,德国 FTC 与中企合资成立潍坊华美,现华美年产 1500t 300 万件(套)反应烧结碳化硅和常压烧结碳化硅制品。1996 年,德国 FTC 与中国企业合资成立唐山福赛特,现唐山福赛特为德国独资企业,生产重结晶碳化硅、氮化硅结合碳化硅制品。

沈阳星光技术陶瓷有限公司生产的品种有:辊棒、横梁、烧嘴管、冷风管、热电偶套管及测温管和异型结构件等,可以制备长达 3500mm 的辊棒、方梁及 700mm×800mm 的大尺寸棚板等,图 24-16 是部分产品的照片。

图 24-16 中德合资企业生产的碳化硅材料

潍坊华美精细技术陶瓷有限公司主要产品品种有辊棒、横梁、棚板、烧嘴套、急冷管、热电偶保护管、匣钵、坩埚、喷砂嘴、电站等大型锅炉用脱硫喷嘴、密封件及异型耐高温、耐磨、耐腐蚀件等。表 24-20 为碳化硅窑具材料性能对比。

表 24-20 碳化硅窑具材料性能对比

项目		R-SiC	N-SiC	Si-SiC
使用温度/℃	氧化气氛	1600	1600	1380
	还原气氛	1700		
$w(SiC)$/%		≥99	≥22	
$w(Si_3N_4)$/%		—	≥75	
体积密度/g·cm^{-3}		2.60~2.70	2.70~2.80	>3.02
气孔率/%		≤16	12~16	<0.1
抗压强度/MPa		≥600	≥400	330
抗弯强度/MPa	20℃	80~90	150~160	240
	1200℃	90~100	160~180	280
热膨胀系数(1500℃)/℃$^{-1}$		4.70×10^{-6}	4.70×10^{-6}	45×10^{-6}(1200℃)
导热系数/W·(m·K)$^{-1}$		38.40	11	4.5×10^{-6}
杨氏模量/GPa		240.00	240	330

24.2.3.3 铝硅质窑具材料

铝硅质窑具主要有莫来石质、莫来石-刚玉质和刚玉质三个品种。其中,以兼有良好耐高温性和一定抗热震性的莫来石-刚玉质或刚玉-莫来石质为多。以往,在国内有多家工厂生产中小型莫来石-刚玉制品。但是,大型莫来石-刚玉制品如电子陶瓷工业用推板尚需要进口。如果采用常规工艺,这种大尺寸莫来石-刚玉材料的生产需要较高的技术和装备条件。近年来,由于溶胶结合和超细粉的运用,生产这类窑具的难度已得到很大缓解。表 24-21 为某厂家生产的刚玉-莫来石材料的性能。

表 24-21 刚玉-莫来石材料的性能

项目	刚玉-莫来石	高刚玉-99	高刚玉-96
体积密度/g·cm^{-3}	2.8	3.21	3
显气孔率/%	22	19.2	20
耐压强度/MPa	85	90	78
0.2MPa 荷软温度/℃	≥1710	≥1750	≥1700

续表 24-21

项目	刚玉-莫来石	高刚玉-99	高刚玉-96
最高使用温度/℃	1750	1800	1750
$w(Al_2O_3)$/%	86	99.19	96
$w(SiO_2)$/%	12.2	0.11	2.8
$w(Fe_2O_3)$/%	0.6	0.03	0.6
抗热震性(1100℃水冷)/次		≥8	≥5

采用板状刚玉替代电熔白刚玉作原料可改善刚玉-莫来石窑具材料。例如,采用50%的板状刚玉颗粒或22%板状刚玉或50%板状刚玉颗粒+22%板状刚玉细粉等量取代同粒度电熔白刚玉后,1400℃抗折强度从7.3MPa分别提高到7.8MPa、8.8MPa和9.3MPa;1100℃水冷三次抗折强度保持率可从43%分别提高到74%、47%和78%[39]。

24.2.3.4 陶瓷辊棒

陶瓷辊棒主要分碳化硅质和氧化铝质两个品种。一般1350℃以上可以使用碳化硅质辊棒;1300℃以下,可以使用氧化铝质辊棒。氧化铝质辊棒采用特殊处理的氧化铝作原料,添配辅助材料,采用冷等静压工艺成型,再用倒焰窑和吊装工艺烧成,再经精密加工制成。以往,辊棒存在高温强度低、脆性大、不耐热震等问题。添加氧化锆、晶须等后,辊棒的抗热震性大幅度提高,实现了热态更换辊棒,如图24-17所示。

图 24-17 热态更换陶瓷辊棒

表24-22为国内某企业生产的氧化铝质陶瓷辊棒的性能指标。

24.2.3.5 耐火陶瓷纤维制品

耐火陶瓷纤维产品性能分别见表24-23~表24-25。

表 24-22 铝硅质陶瓷辊棒性能指标

项目	GF98	GF95	GF95S	DF95	SF90高抗热震
体积密度/g·cm^{-3}	2.7~3.0	2.6~2.9	2.8~3.1	2.5~2.8	2.6~2.9
吸水率/%	3.0~6.0	3.0~6.0	3.5~6.5	5.0~7.5	5.0~7.5
热膨胀系数(24~1000℃)/℃	$(6.0\sim6.4)\times10^{-6}$	$(6.0\sim6.4)\times10^{-6}$	$(6.0\sim6.5)\times10^{-6}$	$(6.0\sim6.4)\times10^{-6}$	$(6.0\sim6.5)\times10^{-6}$
室温弯曲强度/MPa	≥65	≥65	≥60	≥55	≥55
1350℃弯曲强度/MPa	≥55	≥50	≥45	≥40	≥35
抗热震性	很好	很好	很好	很好	优异
最高使用温度/℃	1400	1350	1350	1300	1250

表 24-23 硅酸铝耐火纤维毯性能

名称 / 项目	普通毯	标准毯	高纯毯	含锆毯	锆铝毯
	LYGX-112	LYGX-212	LYGX-312	LYGX-512	LYGX-612
分类温度/℃	1050	1260	1260	1400	1400
工作温度/℃	950	1000	1100	1350	1280

续表 24-23

项目 \ 名称		普通毯 LYGX-112	标准毯 LYGX-212	高纯毯 LYGX-312	含锆毯 LYGX-512	锆铝毯 LYGX-612
体积密度 /g·cm^{-3}	主导产品	96/128	96/128	128	128	—
	特种产品	64~160	64~160	64~160	64~160	96~160
加热永久线变化率（保温 24h）/%		-4（1000℃）	-3（1000℃）	-3（1100℃）	-3（1350℃）	-3（1280℃）
抗拉强度 /MPa		0.04	0.04	0.04	0.04	0.04
导热系数 /W·(m·K)$^{-1}$	平均温度 200℃	0.045~0.060	0.045~0.060	0.052~0.070	0.052~0.070	0.052~0.070
	平均温度 400℃	0.085~0.110	0.085~0.110	0.095~0.120	0.095~0.120	0.095~0.120
	平均温度 600℃	0.152~0.199	0.152~0.199	0.164~0.210	0.164~0.210	0.164~0.210
$w(Al_2O_3)$/%		44	45	47~49	39~40	47~51
$w(Al_2O_3+SiO_2)$/%		96	97	99	—	—
$w(Al_2O_3+SiO_2+ZrO_2)$/%		—	—	—	99	99
$w(ZrO_2)$/%		—	—	—	15~17	—
$w(Fe_2O_3)$/%		<1.2	<1.0	0.2	0.2	0.2
$w(Na_2O+K_2O)$/%		≤0.5	≤0.5	0.2	0.2	0.2
常规产品规格/mm	96kg/m^3	7200/3600×610×30/50	7200×610×20			—
	128kg/m^3	7200/3600×610×20/50				

表 24-24　耐火纤维棉性能

型号	OSM-BG	OSM-LG	OSM-HG	OSM-PMF	OSM-HPMF
分类温度/℃	1260	1260	1400	1600	1600
颜色	白	白	白	白	白
平均纤维直径/μm	3.0	2.6	2.8	2.5	2.5
$w(Al_2O_3)$/%	41.5	53	35	73.83	95
$w(Al_2O_3+SiO_2)$/%	96.8	99	85	99.6	99.8
$w(Fe_2O_3)$/%	<1.0	0.2	0.2	0.073	<0.5
平均纤维直径/μm	3.0	2.6	2.8	2.5	2.5

表 24-25　环保型耐火纤维性能

性能		指标
分类温度/℃		1050
公称体积密度（偏差极限±10）/g·cm^{-3}		90
加热永久线变化（保温 24h，体积密度 90kg/m^3）/%		≤-3.0（800℃）
抗拉强度（试样厚度 50mm，体积密度 90kg/m^3）/Pa		≥40000
导热系数 /W·(m·K)$^{-1}$	平均温度 100℃	0.042~0.050
	平均温度 200℃	0.050~0.060

24.3　玻璃窑用耐火材料

24.3.1　玻璃的熔制过程

玻璃是经熔融、冷却、固化形成的非晶态无机物。玻璃的性能是：透明、坚硬，良好的耐蚀、耐热、电学和光学性质，能够通过改变化学成分调整性质，能够被加工成形状大小各异的产品。从化学成分上讲玻璃分为钠钙硅系、硼酸盐系和其他特殊系统的玻璃。普通玻璃主要指生产量最大，使用耐火材料最多的钠钙硅系玻璃。

普通玻璃的熔制过程分为五个阶段[40,41]。

(1)硅酸盐形成:配合料入窑后,在800~1000℃高温的作用下迅速发生水分蒸发、盐类分解、多晶转变、生成过渡性低熔物以及石英砂和其他物质的反应。这个阶段结束后,配合料变成由硅酸盐和游离二氧化硅组成的烧结物。

(2)玻璃液形成:1200℃时熔体开始出现。温度继续升高时,硅酸盐和残余的石英砂完成熔解进入液相,生成含有大量可见气泡、温度和化学成分不够均匀的透明体。

(3)玻璃液澄清:随温度进一步升高,玻璃液的黏度迅速降低,玻璃所含的气泡大量逸出,使玻璃液不含有可见的气体夹杂,产品的透明度增高。

(4)玻璃液均化:依靠高温、对流、扩散和搅拌作用消除不均匀性,使玻璃成为温度和化学成分均匀的液体。

(5)玻璃液冷却:通过冷却提高玻璃液的黏度,使黏度降低至合适的范围之内,很好地满足玻璃成型的需求。冷却温度一般较澄清低200~300℃。

24.3.2 耐火材料的侵蚀

24.3.2.1 耐火材料的化学成分和侵蚀速率的关系

常规玻璃则属于 $Na_2O-CaO-SiO_2$ 系统。玻璃窑用各种耐火材料均属于 $Al_2O_3-SiO_2-ZrO_2-MgO-Cr_2O_3$ 系统的一部分,如熔池用熔铸 $Al_2O_3-SiO_2-ZrO_2$ 材料和熔铸 $\alpha-\beta Al_2O_3$ 材料;碹顶用 SiO_2 材料;蓄热室用 MgO 质材料。按照“相似相熔”的规则,玻璃液对耐火材料就有很强的熔解力。侵蚀是玻璃窑用耐火材料的主要损毁机制。选择耐火材料首先要考虑材料主要化学成分在玻璃液中的熔解性质。

硅砂是制造玻璃的主要原料。添加少量 Al_2O_3 有利于提高钠钙玻璃的密度、软化温度和降低膨胀系数。ZrO_2 在硅酸盐玻璃中的熔解度很低,熔解后能够显著增大玻璃液的黏度。Cr_2O_3 是玻璃的着色剂:Cr^{3+} 使玻璃带绿色;Cr^{6+} 使玻璃带黄色。但 Cr_2O_3 很难在玻璃中熔解,使用 Cr_2O_3 为着色剂时将给玻璃的生产带来麻烦。以 MgO 部分取代 CaO 可以降低玻璃的析晶倾向和调整料性。因此,熔制无色玻璃时应优先选用含氧化锆的材料作为高侵蚀部位的池壁砖;如铬的着色确无不利影响,也可以选用含氧化铬的物质作为高侵蚀部位的耐火材料[42,43]。

24.3.2.2 耐火材料的组织结构和侵蚀速率的关系

耐火材料的侵蚀不仅和耐火材料的组织结构如气孔率、玻璃相有关,还和砌体结构如砖缝有关。

例如,玻璃液沿气孔侵入,气孔可以成为侵蚀物质高速扩散的通道。侵蚀物将首先熔解材料中的薄弱环节,继而切割牢固的结合点,接着是耐火材料整体结构的崩解和对玻璃液的污染。

砖缝不仅为玻璃液提供了侵入通道,而且干扰了沿耐火材料表面玻璃液的流动。当玻璃液沿窑墙下流、遇到耐火材料表面的砖缝时将出现涡流,卷走覆盖在耐火材料之上的高黏度的、含有较多耐火材料侵蚀产物的保护层;削弱耐火材料的自我保护作用,增加耐材的侵蚀。

在熔铸 AZS 砖中,存在一次氧化锆、氧化铝-氧化锆共析体和玻璃相。其中,一次氧化锆起提高抗侵蚀性的作用;铝锆共析体起进一步提高抗侵蚀性的作用;玻璃相在熔融制砖中起降低熔化温度的作用,在退火中起吸收氧化锆相变应力的作用。

熔铸 AZS 砖接触玻璃液后,首先是砖中的玻璃相被低黏度的池窑玻璃取代,继而是刚玉的熔解。刚玉的熔解,提高了砖中液相的黏度,缓解了侵蚀直到刚玉熔解完毕,接着是耐火材料结构的瓦解和未熔斜锆石散落在池窑玻璃中成为结石。图 24-18 所示为熔铸 AZS 砖的侵蚀。

氧化法和还原法生产的熔铸 AZS 砖的质量有很大的差异。其原因在于:熔炼时部分锆被还原成低价锆,造成了还原性气氛。在还原气氛下,过渡性金属元素将产生多种氧化物组分,如 Fe^{3+} 和 Fe^{2+},从而显著增大了这些物质的熔剂作用,大幅降低了液相的黏度。以 33 号 AZS

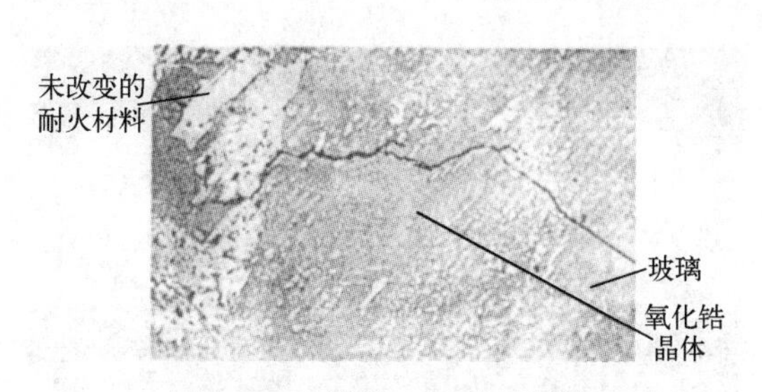

图 24-18 熔铸 AZS 砖的侵蚀

为例,氧化法产品的玻璃相渗出温度不低于1400℃,而还原法产品的玻璃相渗出温度仅仅不低于1080℃。由于还原法产品的质量差,目前只用于以泡沫塑料为芯采用"消失模"工艺浇铸的特异型产品,如玻璃窑蓄热室低温区的波纹格子砖。

熔铸耐火材料的质量也和浇注方法有关。普通、倾斜、密实和无缩孔浇注产品中缩孔的分布如图 24-19 所示。

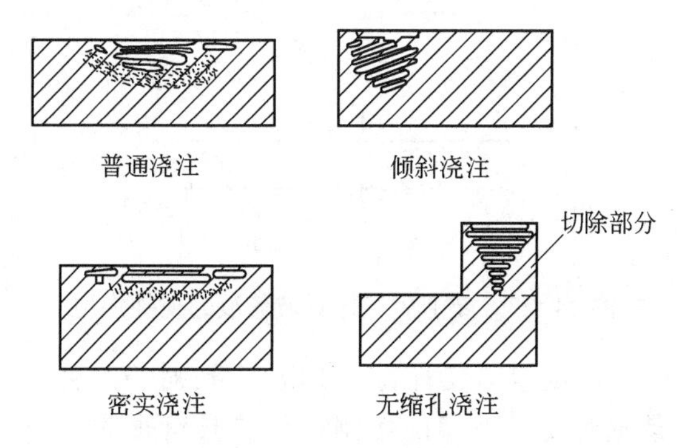

图 24-19 不同浇注方法对熔铸砖宏观组织的影响

从图 24-19 可知:不同浇注工艺制作的复杂性、宏观组织和侵蚀下的预期寿命有明显差异。一般来说:浇注工艺越复杂,切除的部分越多,致密度就越大,耐侵蚀性就越好,价格也就越高。因此,应根据全窑寿命平衡和尽量节省建窑投资的原则,合理配套使用各种档次的耐火材料。

对于普通玻璃窑的碹顶,硅砖会出现"自净化"效应。所谓"自净化",就是硅砖中鳞石英相发生分解,形成方石英结晶相和含杂质的液相。由于方石英相析出于砖的热面及其附近,液相迁移到温度较低的部位,也就提高了硅砖的使用寿命。

对于全氧燃烧玻璃窑,因窑内气体中 NaOH 的浓度大幅增加,吸附在砖面的 Na_2O 数量显著提高,使方石英相熔解和流失,碹顶的寿命从10年缩短至1年左右。

可见,熔铸 AZS 砖表面的高黏度液相、硅砖表面的方石英对提高砖的抗侵蚀性和延长使用寿命都有保护作用。如果这种作用被破坏,耐材的使用寿命将大幅降低。

24.3.2.3 熔铸耐火材料的选用原则

熔铸耐火材料可以被制成致密、大件的制品,因而具有良好的抗侵蚀性。理论上讲,玻璃窑侵蚀严重的部位都应该使用熔铸材料。然而,不同熔铸耐火材料的抗侵蚀性和对玻璃质量的影响相差很远。熔铸材料的选择应根据耐火材料抗侵蚀能力的强弱、耐火材料对玻璃产品质量的影响而确定。各种熔铸耐火材料的抗侵蚀能力的实验结果如图 24-20 所示。

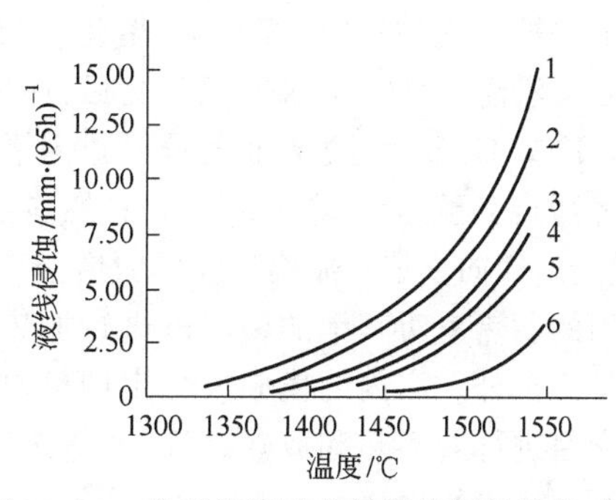

图 24-20 常用熔铸耐火材料抗侵蚀性能对比

1—$\alpha-\beta Al_2O_3$;2—αAl_2O_3;3—33 号 AZS;4—36 号 AZS;5—41 号 AZS;6—$Cr_2O_3-Al_2O_3$

图 24-20 示出了以 $Na_2O-CaO-SiO_2$ 玻璃为熔体,在相应温度下保持 95h 后,常用耐火材料的侵蚀结果。从图可知:1400℃以下,各种材料的侵蚀速率都很小。1400℃以上,抗侵蚀性的强弱排序是:$Cr_2O_3-Al_2O_3$,41 号 AZS,36 号 AZS,33 号 AZS、$\alpha-\beta Al_2O_3$ 和 $\alpha-Al_2O_3$。由于 Cr_2O_3 对玻璃强烈着色,熔铸 $\alpha-Al_2O_3$ 砖很难制作,含氧化锆的砖产生结石的倾向又较高,通常在冷却部的池壁采用 $\alpha-\beta Al_2O_3$ 熔铸砖,熔化部池壁依抗侵蚀要求不一分别采用 33 号,36 号和 41 号熔铸 AZS 砖(分别含 ZrO_2 33%、36%和 41%)[44]。

24.3.3　玻璃窑结构和耐火材料

24.3.3.1　平板玻璃窑的结构

A　平板玻璃窑的总体构造

玻璃窑有平板池窑、横焰流液洞池窑和马蹄焰流液洞池窑等多种形式，其中平板玻璃窑分为熔池、蓄热室和锡槽三大部分。平板玻璃窑的结构如图24-21所示。

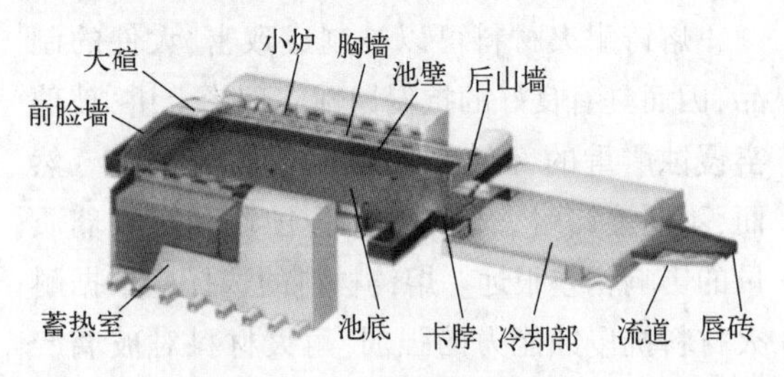

图24-21　平板玻璃窑的结构

从图24-21可以看到，玻璃配合料从前脸墙的下部被送入玻璃窑，经预热、熔化（1150~1450℃）、澄清（1400~1500℃）、均化后，通过卡脖进入冷却部，最后通过流道和唇砖进入锡槽。空气经蓄热室预热后，进入小炉并和燃料混合燃烧，通过横向火焰对玻璃液进行加热，废气进入对面的蓄热室对其中的格子体进行加热，最后被排出窑外。窑内的横向火焰定期换向，格子体交替进行着蓄热和放热过程，使蓄热室能够持续地发挥回收废气余热和对助燃空气进行预热的作用[45,46]。

B　L吊墙的结构和作用

L吊墙是一种新型的玻璃窑前脸墙，其特征是将耐火砖装配在水冷的钢结构之上。它具有结构稳定、投料池宽度不受限制，便于密封、提高配合料的预熔效果，降低能耗，有利于改善操作环境和改善运行安全。图24-22所示为玻璃窑的L吊墙。

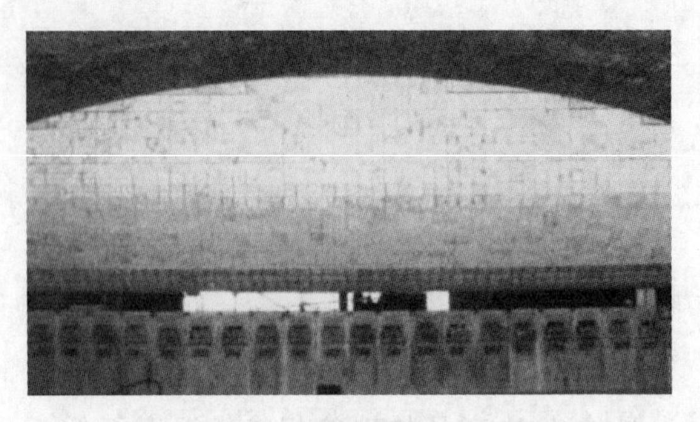

图24-22　平板玻璃窑的L吊墙

C　电助熔、鼓泡和分割熔体的装置

现代玻璃窑广泛使用电助熔、鼓泡、卡脖、窑坎等手段提高熔制效果。电助熔器常常埋设在玻璃窑的适当部位，起着对窑池深部的玻璃液进行辅助加热和加强玻璃液对流的作用。鼓泡是指将净化的压缩空气以29~49kPa的压力从窑底适当部位鼓入玻璃液，起加强对流作用。鼓泡常常和窑坎配合使用。图24-23所示为鼓泡后气体对玻璃液的搅拌作用。

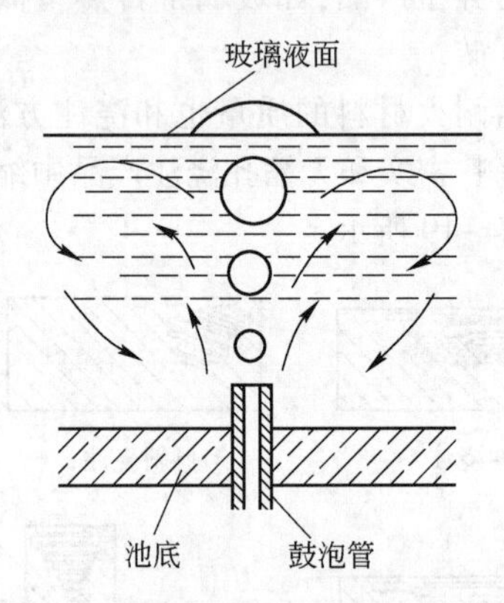

图24-23　鼓泡后气体对玻璃液的搅拌作用

电助熔不仅有利于提高产量，对于改善低热辐射传导玻璃的熔制条件更具有很大的益处。鼓泡起加速澄清与均化，挡料、散料、增强火焰和玻璃的热交换和有利于玻璃的化学脱色等作用。机械搅拌也是一种常见的加强对流的方式。图24-24所示的卡脖和窑坎都起限制玻璃液流动和分割熔体空间的作用。加强对流和限制玻璃液流动措施都会引起窑内某些部位玻璃液的温度升高、流速加快，从而加剧这些部位耐火材料的侵蚀。为保证窑衬寿命的均衡，要对上述部位所使用的耐火材料作相应的调整。采用电助熔时，还需考虑耐火材料的导电或电绝缘性[47]。

D　锡槽的构造和作用

浮法工艺是以玻璃漂浮在锡液上成型而得名。浮法的优点是：生产能力大，连续作业时间长，易于实现机械化和自动化，劳动生产率高，

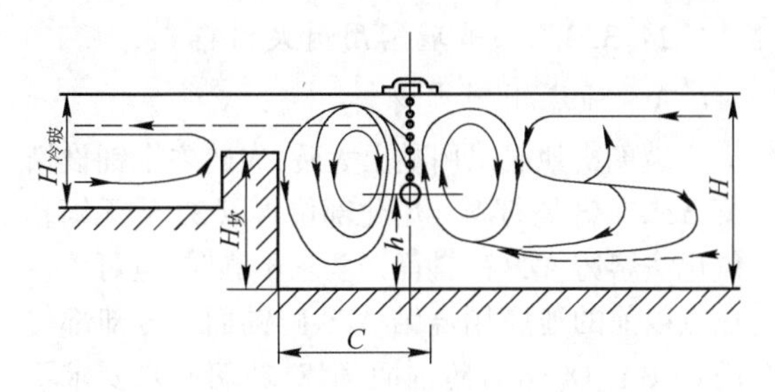

图 24-24 鼓泡和窑坎配合加强对流并分割玻璃液

产品厚度均匀，上下两面平行度好，表面划伤少，机械强度高。锡槽是浮法窑的关键设备。锡槽的工作原理如图 24-25 所示。

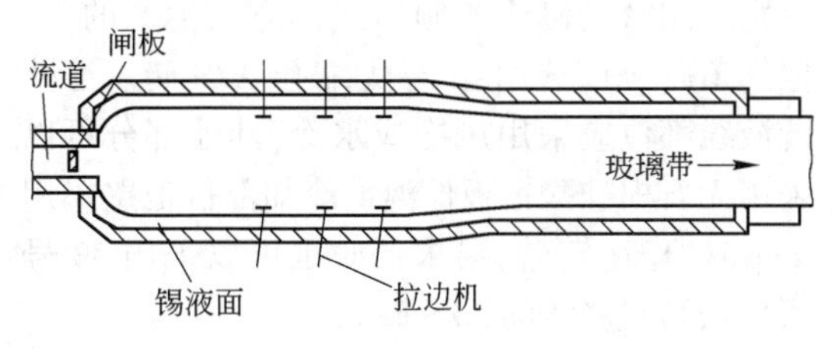

图 24-25 锡槽的工作原理

由图 24-25 所示：玻璃液经流道和闸板流入锡槽，在锡液表面迅速摊开铺平，并冷却至可成型的温度，然后在拉边机的作用下作适当变形，最后待玻璃硬化和足以保持形状时将其拉出锡槽，送入退火窑。流道的温度约 1100℃；成型的温度为 860～700℃；硬化区的温度为 600～650℃。

锡液的纯净度对浮法玻璃的质量有极大影响，防止锡液污染是浮法生产工艺的重要环节。锡槽依靠通入以 N_2 为主、H_2 为辅的保护性气体防止锡液氧化，以避免玻璃表面出现沾锡（SnO_x 扩散进入玻璃）。因此，锡槽用耐火材料必须有很低的透气度，接触锡液时必须有良好的物理化学稳定性，必须经过高温烧结彻底排除水分。

24.3.3.2 玻璃窑用新技术及其对耐火材料的影响

A 采用替代燃料

从 1995 年以来，我国一些玻璃企业纷纷采用煤焦油作为重油或渣油的替代燃料。2002 年后，一些企业又另觅石油焦作替代燃料，一方面获得了一些效益但恶化了环境保护；另一方面缩短了耐火材料的寿命。目前，已有人建议政府立法或立规，禁止玻璃企业使用石油焦作替代燃料。

我国石油焦年产量约 1000 万吨，约 60% 用于电解铝行业，18% 用于碳素行业，14% 用于工业硅，8% 作为替代燃料用于水泥、发电行业。世界石油焦年产量约 5000 万吨，40% 作为替代燃料用于水泥，22% 用于碳素，14% 用于发电，7% 用于炼钢增碳，1% 用于供热，16% 用于其他。从表 24-26 可知：与重油相比，石油焦的碳、氮、氧含量较高，氢的含量和热值较低。在玻璃行业，燃料费约占生产成本的 50%，但石油焦的价格比重油低很多，因而，代替重油后可获得显著的效益，在一些工厂可使利润从 3% 提至 30%。接着，使用石油焦的方法，迅速扩散到整个行业。

表 24-26 渣油与石油焦的对比

试样	成分（质量分数）/%							发热量 /J·g^{-1}
	水分	灰分	碳	氢	氮	硫	氧	
渣油		0.16	86.0	10.71	0.53	1.90	0.7	43252
石油焦	1.44	0.16	88.87	3.69	2.27	0.87	2.70	33865

使用石油焦有两个问题：其一，石油焦的燃烧性能介于烟煤和无烟煤之间，着火速度较慢，燃烧时间长。这样，一部分进入蓄热室燃烧，提高了蓄热室的温度，引起耐火材料的损毁。其二，玻璃行业使用的石油焦多为发达国家自己消化不了，而向我国低价出口的高杂质石油焦（如 V_2O_5 含量很高），一方面是高温；另一方面是钒等有害物质。于是，就引起玻璃窑用耐火材料，特别是蓄热室用耐火材料的快速损毁。例如，蓄热室格子砖的寿命从 7～10 年，一度减少到 1 年以下。

B 采用全氧燃烧

1991 年以来，全氧燃烧工艺在西方国家得到了很大发展，并使玻璃生产工艺发生很大的变革。全氧燃烧技术主要用于容器、纤维、压制和吹制、光学和电子玻璃行业 300T/D 以下的玻璃窑。图 24-26 所示为采用全氧燃烧技术玻璃窑的增长情况。

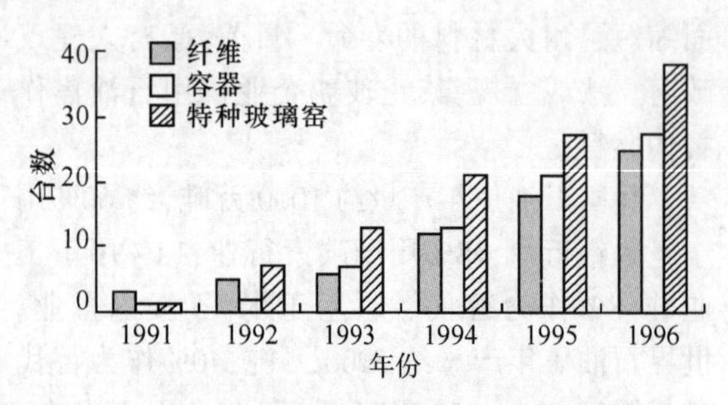

图 24-26　采用全氧燃烧技术玻璃窑的增长情况

从表 24-27 可知，全氧燃烧的主要开支在购氧上；节支主要在环保、免建蓄热室和节能上。可见，随着我国环保水平的提高，我国玻璃厂将在废气治理上支付更多费用，全氧燃烧技术也将得到更进一步的推广。但是，全氧燃烧却显著地增大了耐火材料的负荷：钠钙玻璃窑的窑气中 NaOH 浓度提高了 1 倍；硼硅酸盐玻璃窑中的 HBO 提高了 2 倍；显像管铅玻璃的 PbO 增加了 1.5 倍；显像管无铅玻璃的 KOH 浓度也增加了 1 倍。同时，水蒸气浓度也提高了 3 倍。这样，将侵蚀耐火材料中的 SiO_2。

(1)在玻璃液表面：

$$R_2O(l)+H_2O \longrightarrow 2ROH(g) \quad (24-1)$$

(2)在窑气中：

$$R_2O(g)+H_2O(g) \longrightarrow 2ROH(g) \quad (24-2)$$

(3)在耐火材料表面：

$$2ROH(g)+SiO_2(g) \longrightarrow R_2SiO_3(l)+H_2O(g) \quad (24-3)$$

首先，上述反应使玻璃窑大碹用硅砖的寿命从 10 年锐减到 1 年左右；其次，玻璃窑胸墙用熔铸 AZS 砖受到侵蚀，渗出的玻璃相大量流入池窑，产生条纹、气泡、结石等缺陷，影响玻璃质量。

表 24-27　采用全氧燃烧技术后的收支平衡

（美元/t）

项目	购氧	节能	蓄热室	NO_x	收尘	增产	电助熔等	总计
开支	7.4							
节支		2.5	4.2	3.2	3.3	0.8	0.7	7.6

24.3.3.3　玻璃窑用耐火材料

A　池底用耐火材料

玻璃窑池底采用黏土大砖，大砖之上铺设锆英石或 AZS 捣打料。熔化部位再以 33 号无缩孔氧化法熔铸 AZS 砖铺面。要求不高时，也可以在热点以前的池底用烧结 AZS 砖铺面。冷却部位用 $\alpha-\beta Al_2O_3$ 熔铸砖铺面，但对玻璃质量要求不高时也可用 33 号无缩孔氧化法熔铸 AZS 砖。

B　池壁砖和胸墙砖

熔化部位池壁采用整块 33 号，36 号和 41 号氧化法熔铸 AZS 砖砌筑，可以根据侵蚀情况分别选用密实浇注或倾斜浇铸方法生产的砖，但拐角砖应该选用 41 号无缩孔 AZS 砖。池壁砖液线部位应采用风冷或水冷，其他部分可以采用无石棉硅酸钙板保温。冷却部位池壁采用 $\alpha-\beta Al_2O_3$ 熔铸砖，要求低时也可以采用 33 号氧化法倾斜浇铸的 AZS 砖。

熔化区胸墙采用 33 号无缩孔 AZS 熔铸砖。澄清区和冷却部位胸墙采用优质硅砖，要求高时可以采用 $\beta-Al_2O_3$ 熔铸砖。对于全氧燃烧窑，胸墙采用低渗出熔铸 AZS 砖。

从表 24-28 看出，ER2001 将 ZrO_2 的含量从 33%降低至 17%，同时提高 Al_2O_3 和 Na_2O 的含量。根据 $Al_2O_3-SiO_2-ZrO_2$ 三元相图，冷却时 ER2001 首先析出刚玉，其次在刚玉-莫来石连线析出刚玉，最后在最低共熔点析出刚玉、斜锆石和玻璃相（因 Na_2O 含量高，不析出莫来石）。由于细小斜锆石均分布于高黏度玻璃相中，限制了玻璃相的流动，因而材料的玻璃相渗出量很低。

表 24-28　胸墙用熔铸锆刚玉耐火材料的性能

（质量分数，%）

材料	化学组成				物相组成			渗出量
	ZrO_2	Al_2O_3	SiO_2	Na_2O	斜锆石	刚玉	玻璃相	
ER1681	32.5	51.2	15.0	1.3	32	47	21	1.5
ER2001	17.0	68.3	13.0	1.7	16	63	21	0

C　L 吊墙和后山墙用砖

L 吊墙的鼻部采用 33 号熔铸 AZS-烧结锆

莫来石复合砖。这种砖的 AZS 部分带 T 型挂钩,锆莫来石部分带⊔型槽,两者通过机械咬合连接。要求不高时,可以用烧结良好、气孔率正常、高温体积稳定性优良、主晶相为莫来石-斜锆石的锆莫来石砖。复合砖以上使用优质锆莫来石砖;最上层使用优质硅砖。玻璃窑的后山墙和传统的前脸墙可以采用优质硅砖。

L 吊墙用国产和进口的锆莫来石烧结砖都多次发生剥落。剥落发生后,大量结石出现在玻璃产品中,产品的合格率和工厂的经济效益受到严重影响。究其原因主要是使用了烧结不够良好,气孔率较高,或含有大量锆英石的砖。锆英石为酸性矿物,在高温和高浓度碱蒸气下将很快分解,生成低熔物并促进莫来石发生霞石化反应。锆英石存在时,霞石化的体积效应为+39%。体积变化产生的应力大,如果这些应力又不能松弛(变形一定时应力逐渐消退),耐火材料就会发生剥落[48,49]。

D 大碹用耐火材料

熔化部位大碹采用优质硅砖。根据建材行业标准 JC/T 616—2003《玻璃窑用优质硅砖》,优质硅砖的主要技术指标为:SiO_2 含量不低于 96%、熔融指数(Al_2O_3+2×R_2O)<0.5%、真密度不大于 2.34g/cm^3,且有较低的尺寸公差。硅砖碹顶先用不定形材料密封,再铺设保温层。玻璃窑大碹主要的损毁机理是向上钻蚀或"鼠洞"。

"鼠洞"是窑内逸出的碱蒸气冷凝在砖缝,侵蚀硅砖,低黏度的侵蚀产物沿砖缝流失,导致缝隙进一步扩大,而缝隙的扩大又加速逸出所至。因此,防止"鼠洞"的关键是预先设计好多层耐火材料复合结构,控制复合结构中的温度场,使碱蒸气冷凝在硅砖后的不定形耐火材料而不是硅砖的缝隙之中。

对全氧燃烧窑炉,碹顶可以使用三类材料:(1)熔铸 α-β 氧化铝砖;(2)电熔再结合镁铝尖晶石砖;(3)SiO_2 含量为 97%~98%的高纯硅砖。其中,熔铸 α-β 氧化铝砖的价格最高,效果也最好;再结合镁铝尖晶石砖的价格居中;高纯硅砖的价格最低。由于再结合镁铝尖晶石的密度大,用于小窑碹顶虽有很多成功的记录,但用于大窑碹顶因跨度大,受应力大,在受侵蚀后发生过因蠕变而引起过垮窑的事故。包括一些国外公司不明白为什么用在很多小窑都获得了成功,用在大窑却失败呢。分析认为:问题就在于不了解窑结构与耐火材料所受应力的关系,也不明确使用条件下耐火材料的变化。电熔再结合镁铝尖晶石砖有很多气孔,使用中挥发性物质会钻入并冷凝在砖的气孔中。此外,碹顶又受很大的压力。因此,就容易发生蠕变损坏[50]。

由于不能形成表面釉层,不能阻止碱蒸气的持续进入和凝结,又受到很大压力,碱性砖用于大碹和小炉碹都发生过垮塌事故。

对于硅砖,因"自净化"表面会形成保护层,但砖中杂质容易吸收窑气中的 Na_2O 而逐渐熔解。所以,使用低杂质的硅砖,并防止"鼠洞",就能提高寿命。制作高纯硅砖时,要降低钙铁矿化剂的粒度,并使之良好分散。高纯硅砖面既无"铁斑",也无"钙洞",因为减少了矿化剂的用量并使之良好分散[51]。

E 蓄热室用耐火材料

蓄热室的顶部受 Na_2O、飞料和高温的复合作用。蓄热室的中下部主要发生富含芒硝物质的侵蚀,蓄热室下部的耐火材料则受到热震的作用。

采用重油作燃料时,接近 1300℃的顶层用氧化镁含量为 97%~98%级镁砖,1100℃的上层用 95%~96%级的镁砖;800~1100℃的中层用直接结合镁铬砖。800℃以下,使用低气孔黏土砖。镁铬质耐火材料中的 Cr_2O_3 对提高材料对芒硝侵蚀的抵抗力有良好作用。为避免铬公害,可以用镁锆砖(方镁石骨料+镁橄榄石-斜锆石基体)代替镁铬砖。采用石油焦作为替代燃料后,耐火材料却受到了严重侵蚀[52]。

图 24-27 是华东某大型玻璃厂所拆卸下使用不到 1 年的 95 镁质格子砖的显微结构。由图 24-27a 看出,玻璃窑飞料中 CaO 和 SiO_2 大量侵入了 95 镁砖,破坏镁砖中方镁石-方镁石之间的结合,有的样品还含钒磷酸钙(CVP)。由图 24-27b 看出,高温下 CVP 与 CMS-C_3MS_2 镁蔷薇辉石混溶,冷却时析出,形成单独矿物。由于镁砖的结构瓦解,方镁石变为漂浮在低熔物中的孤岛,且低熔物中还有更强的熔剂物质

钒等。因而，蓄热室格子砖的寿命从 7~10 年锐减为 0.5~1 年。根据对损毁机理的研究，取消 95 镁砖，扩大 97%镁砖和直接结合镁铬砖的使用区，将寿命提高到 3 年。

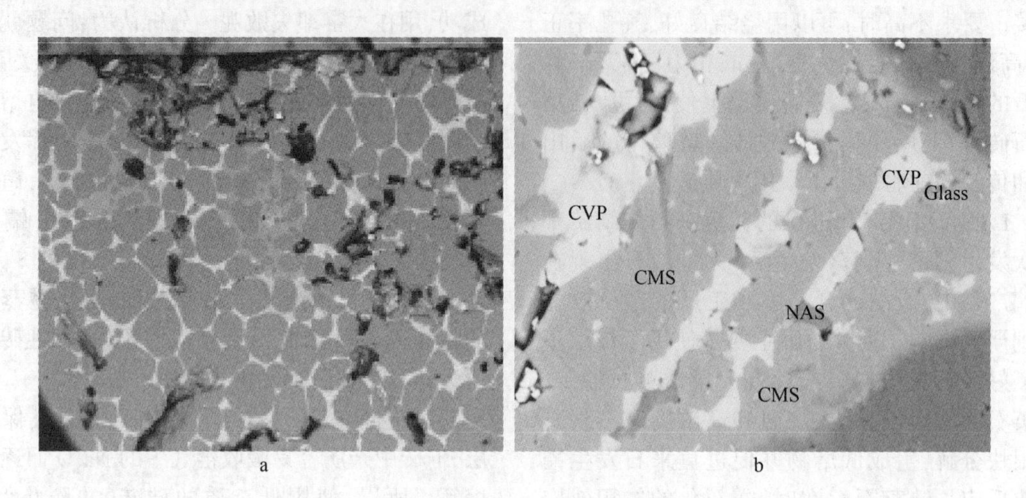

图 24-27 使用石油焦后受到严重侵蚀的 95 镁砖

a—深灰色基质镁橄榄石 M_2S、灰白色基质 CMS、黑灰色颗粒方镁石 M；b—CMS 为同名矿物，CVP 为磷钒酸钙、NAS 为霞石、Glass 为玻璃

进一步提高寿命的措施：(1) 顶层使用熔铸材料如熔铸 AZS 格子砖；(2) 上层用电熔砂制作的 97 镁砖；(3) 中层用电熔再结合镁铬砖代替直接结合镁铬砖。如此，可使寿命大体满足要求。

F 锡槽用耐火材料

a 锡槽底砖

锡槽底砖一般由黏土质大砖、封灌料、石墨制品和不锈钢固定件组成。采用大砖（如 300mm×300mm×900mm）的目的是减少砖缝。此外，大砖按图 24-28 的方法固定[53]。

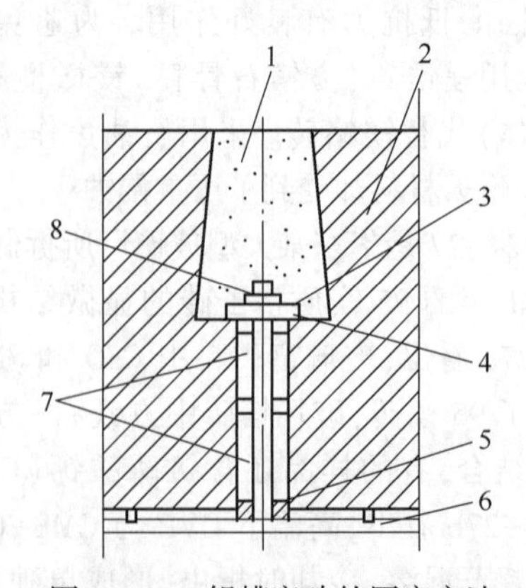

图 24-28 锡槽底砖的固定方法

1—铝质封灌料；2—底砖；3—不锈钢垫圈；4，5—石墨垫圈；6—底板；7—石墨粉；8—螺栓

底砖被螺栓固定在底板上；螺栓上部为倒锥形的不定形耐火材料固化物所覆盖。锡液万一沿倒锥孔边沿侵入，也不能使固化的不定形材料浮出、脱落。石墨粉和石墨垫圈的主要作用是保护螺栓不受渗漏锡液的侵蚀，使螺栓可靠、持久地发挥作用，防止底砖上浮。

除常规耐火材料的性能外，锡槽底砖还要求有低的霞石化倾向、氢扩散度、较大的应变率和较高的表面精度。降低霞石化倾向的办法：一是控制 Al_2O_3 含量为 38%~43%，显气孔率不大于 23%；二是控制 Al_2O_3 含量为 43%~48%，显气孔率不大于 15%。氢扩散度是用于表征气体渗透性的指标，其数值应不大于 150mm H_2O。应变率是材料受压破坏前产生的最大变形百分比。应变率高，材料受压后变形就大，砖缝可以留的窄，也就可以降低锡液渗漏和底砖被浮力拔出的可能性[54~56]。

气孔率和应变率有关联。气孔率高，应变率也高，但抗侵蚀性差、霞石化倾向也就随之增大。国内和国外的产品各有千秋。国外砖的特征是低铝、高气孔率、高扩散率和高应变率，国内砖的特征是高铝、低气孔率、低扩散率和低应变率。

b 锡槽顶砖

国外采用硅线石质砖与保温砖的组合模块结构砌筑锡槽顶。

我国早期采用耐热钢筋混凝土预制块砌筑锡槽顶盖,以后发展了组合式锡槽顶盖。支承模块采用预制件;加热模块用莫来石烧成砖制成,电加热元件安装在此模块上。这种结构综合了预制件和烧结砖的优点:造价低、安装方便、电加热器布置灵活性较好,使用寿命也长。锡槽顶用的预制件最好经过高温处理,以完全脱去其中的结合水,获得稳定的结构和性能。

24.3.3.4 玻璃纤维窑及其耐火材料

A 玻璃纤维及其生产过程

玻璃纤维是玻璃在熔融状态下,以外力拉制或其他方法形成的极细纤维状材料。它的基本性质为:不燃、不腐、耐高温、吸声、隔热、电绝缘性好、质量轻而强度高、化学稳定性好,有一定脆性等。玻璃纤维及其制品广泛用于工业、农业、建筑、家具、交通、航空、航天等领域,如制造玻璃钢。

玻璃纤维分为连续(长度大于1000mm)、定长(500~300mm)和玻璃棉(<300mm)三种形态。其中单丝直径为3~9μm的连续纤维可以加工成玻璃纱、布、带等;单丝直径为10~19μm的连续纤维可以加工成无纺或少纺织品如粗纱、薄毡等;定长纤维可以作防水、过滤及隔热材料;玻璃棉可以作毡、板、纸等。

玻璃纤维从化学成分上分为无碱、中碱、高碱和特殊玻璃纤维四类。无碱纤维又称为E玻璃纤维,它为R_2O含量0~2%的铝硼酸盐玻璃,具有良好的电绝缘性能、耐水性和机械强度。中碱纤维(C玻璃纤维)是R_2O含量8%~12%的含硼钠钙硅玻璃,它的成本比无碱玻璃纤维低,用于制造乳胶布、窗纱、酸性过滤布和强度要求不高时的增强材料。高碱纤维(A玻璃纤维)为R_2O含量14%~17%的钠钙玻璃纤维,用于制造管道包扎布和沥青油毡基布等。特殊玻璃纤维是指引入ZrO_2等制成的具有特殊性质的纤维,如高弹性模量纤维、防辐射玻璃纤维等。连续玻璃纤维的熔制过程如图24-29所示。

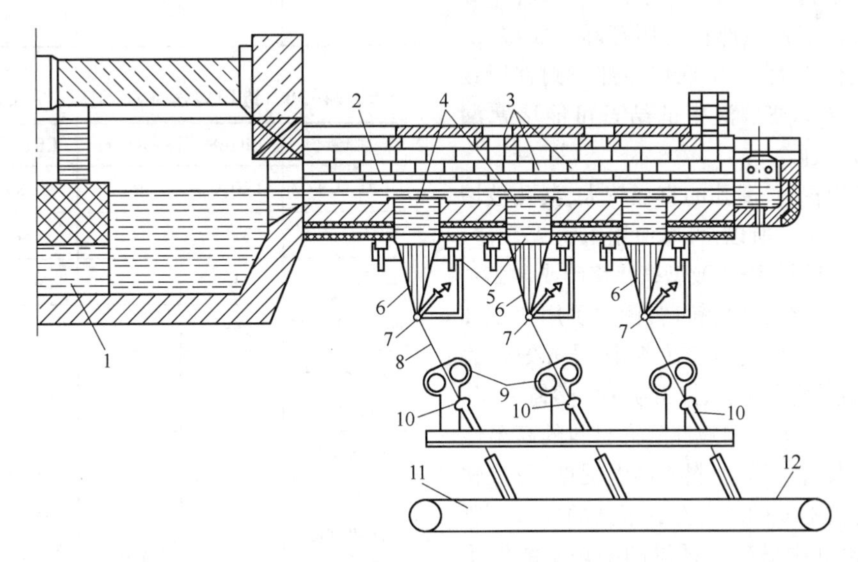

图24-29 池窑连续拉丝工艺示意图

1—流液洞;2—料道;3—喷嘴;4—漏料孔;5—漏板;6—单根纤维;7—集束轮;8—原丝;9—拉丝设备;10—导纱器;11—传送网带;12—有原丝拉成的层

均化好的玻璃液经图24-29中的流液洞、冷却部、料道流入安有许多漏板组成的通路中成型,拉出的单丝被集束成原丝,再经传送装置送走。

B 玻璃纤维窑用耐火材料

如前所述,玻璃纤维主要分含硼的玻璃纤维和不含或很少含硼的玻璃纤维两类。硼的引入加剧了耐火材料的侵蚀。图 24-30 为 E 玻璃纤维对各种耐火材料的侵蚀结果。

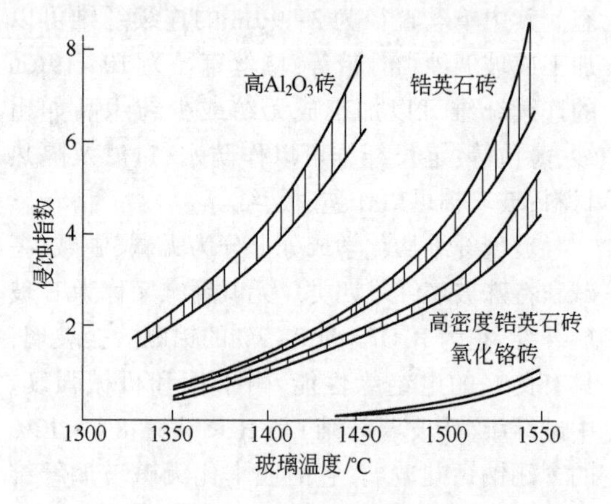

图 24-30 E 玻璃纤维对各种耐火材料的侵蚀结果

由图 24-30 可以看出，氧化铬砖抗侵蚀性最好，其次是致密锆英石砖，再次是锆英石砖，氧化铝砖的抗侵蚀性最差。

由于氧化铝材料的抗侵蚀性很差，熔铸 AZS 砖容易产生 ZrO_2 结石，玻璃纤维不忌讳 Cr_2O_3 的着色，但对结石十分敏感。所以，连续玻璃纤维窑的高侵蚀部位宜用等静压成型、烧结充分的氧化铬大砖、中低侵蚀部位则宜用致密锆英石大砖。玻璃液中的结石可能堵塞漏孔，引起生产故障。

生产玻璃棉时，漏孔的直径较大，漏孔被堵塞的可能性较小。所以，可以使用熔铸 AZS 砖。此时，流液洞可用等静压成型氧化铬砖或含 27%氧化铬+27%氧化锆的熔铸砖；侧墙可用含 27%氧化铬+27%氧化锆的熔铸砖或 41 号 AZS 熔铸砖；底部可用无缩孔的普通 33 号 AZS 熔铸砖。

因氧化硼极大影响碱性耐火材料的高温性能，蓄热室用的格子体材料对高温强度、荷重软化温度和抵抗蠕变的能力都有很高的要求。所以，生产无碱和中碱玻璃纤维的窑炉不能使用镁质耐火材料作为格子砖[57]。

24.3.3.5 玻璃窑用耐火材料产品和性能

A 熔铸耐火材料及其性能

a 熔铸含 ZrO_2 材料

熔铸 AZS 砖是玻璃窑用最为重要的耐火材料，表 24-29 和表 24-30 分别显示了国产和进口熔铸 AZS 耐火材料性能。

表 24-29 国产熔铸 AZS 耐火材料的性能

牌号	AZS-33	AZS-36	AZS-41	十字型格子砖
$w(Al_2O_3)$/%	≥50.00	≥49.00	≥45.00	≥49.50
$w(ZrO_2)$/%	≥32.50	≥35.50	≥40.50	≥32.50
$w(SiO_2)$/%	≤15.50	≤13.00	≤13.00	≤16.50
$w(Na_2O+K_2O)$/%	≤1.30	≤1.35	≤1.30	≤1.50
体积密度/$g \cdot cm^{-3}$	≥3.75	≥3.85	≥4.00	≤3.30
显气孔率/%	≤1.2	≤1.0	≤1.2	12~18
常温耐压强度/MPa	≥300	≥300	≥300	≥160
玻璃相渗出温度(初析)/℃	≥1400	≥1400	≥1410	—
气泡析出率(1300℃×10h)/%	≤2.0	≤2.0	≤2.0	—

表 24-30 进口熔铸 AZS 耐火材料的性能[58]

牌号	ER1681	ER1771	ER1195	ER2161
$w(Al_2O_3)$/%	50.9	45.7	0.85	28
$w(ZrO_2)$/%	32.5	41	94	27
$w(SiO_2)$/%	15	12	4.5	14.5
$w(Cr_2O_3)$/%	—	—	—	27
$w(Fe_2O_3+MgO)$/%	—	—	—	2.4
$w(Na_2O+K_2O)$/%	1.3	1	0.35	1.1
体积密度/$g \cdot cm^{-3}$	3.84	4.09	5.42	4.11
显气孔率/%	—	—	—	—
常温耐压强度/MPa	200	200	>350	350
玻璃相渗出量(1500℃×16h)/%	<3	<2	<1	0

续表 24-30

牌号	ER1681	ER1771	ER1195	ER2161
析出气泡等级(钠钙玻璃,1100℃)/级	1~2	1~2	2~3	5

表 24-30 中的 ER1681、ER1771、ER1195 和 ER2161 系欧洲某知名熔铸耐火材料企业生产的熔铸耐火材料,分别相当于 33 号、41 号熔铸 AZS 砖、95 号熔铸高锆砖和含 27% Cr_2O_3 熔铸 AZS 砖。熔铸高锆砖的结石倾向很小,适合用于制作高质量玻璃窑的关键部位。熔铸 ER2161 砖适合用于对铬着色不敏感玻璃窑炉的关键部位。

b 熔铸氧化铝材料

熔铸 α-β 氧化铝或 β 氧化铝材料的最大优点是对玻璃质量无有害影响,在 1350℃ 以下对钠钙玻璃或碱蒸气的侵蚀又有良好的抵抗力,所以被广泛用于玻璃窑的冷却部位。国内某企业生产的熔铸 Al_2O_3 耐火材料性能见表 24-31。

表 24-31 国内某企业生产的熔铸 Al_2O_3 耐火材料性能

项目	α-βAl_2O_3	β-Al_2O_3
$w(Al_2O_3)/\%$	≥94.00	≥93.00
$w(SiO_2)/\%$	≤1.80	≤0.50
$w(Na_2O+K_2O)/\%$	≤3.70	≤6.00
体积密度/g·cm^{-3}	≥3.40	≥3.05
显气孔率%	<2.0	≤10.0
常温耐压强度/MPa	≥200	≥30
气泡析出率(1300℃×10h)/%	0.00	

B 烧结耐火材料及其性能

a 硅质耐火材料

硅砖因其低廉的价格和良好的抗蠕变性被广泛用于砌筑玻璃窑的大碹。按照建材工业标准 JCT 616—2003《玻璃窑用优质硅砖》,玻璃窑用优质硅砖对反映石英转化程度的真密度、重烧线变化率,以及影响长期高温性能的氧化硅含量和熔融指数作出了特别要求。二氧化硅含量 97%~98% 的高纯硅砖已研制成功但因全氧窑建设不多,尚未推广,表 24-32 是常规硅砖的性能指标。

表 24-32 硅质耐火材料性能

项目	蜂窝状高级硅砖	优质硅砖	BG-95
$w(SiO_2)/\%$	≥96.00	≥96.00	≥95.00
$w(Fe_2O_3)/\%$		≤0.80	≤1.00
熔融指数	≤0.5	≤0.5	
真密度/g·cm^{-3}	≤2.34	≤2.34	≤2.35
显气孔率/%	≤19	≤20	≤21
耐火度/℃		≥1710	≥1700
荷重软化温度 $T_{0.6}$/℃	≥1680	≥1680	≥1660
耐压强度/MPa	≥34	≥35	≥29.4
重烧线变化率(1450℃×2h)/%		≤+0.2	

表 24-32 中的蜂窝状高级硅砖是带凹坑的制品。凹坑的作用是增大辐射换热面积和碹顶的蓄热量,以有利于维持熔池温度的稳定性。

b 碱性耐火材料

碱性耐火材料因其价格远低于熔铸 AZS 材料,高温性能好,抗碱性介质侵蚀能力强而被广泛用于制作格子体,表 24-33 为碱性耐火材料的性能。

表 24-33 碱性耐火材料性能

品种	高纯镁砖		镁砖		直接结合镁铬砖	
牌号	HMS-98	HMS-97	HMS-95	HMS-92	DMC-12	DMC-20
$w(MgO)/\%$	97.50	96.50	94.50	91.50	65.00	55.00
$w(Cr_2O_3)/\%$					12.00	20.00

续表 24-33

品种	高纯镁砖		镁砖		直接结合镁铬砖	
$w(SiO_2)$/%	0.60	1.20	2.00	3.50	2.50	2.50
体积密度/g·cm^{-3}	3.05	2.95	2.90	2.85	3.05	3.00
显气孔率/%	15	15	17	18	18	18
耐压强度/MPa	60	60	60	45	45	45
荷软温度 $T_{0.6}$/℃	1700	1680	1650	1550	1680	1700
热膨胀率(1000℃)/%		1.2	1.2			
抗热震性(1100℃,水冷)/次					4	4
抗热震性(950℃,水冷)/次	20	20		20		

HMS-98、HMS-97 镁砖可用于格子体的最上层;HMS-96、HMS-95 级镁砖可用于格子体上层;直接结合镁铬砖可用于格子体中层的芒硝凝聚带。因铬公害,直接结合镁铬砖有被镁锆砖取代的趋势。注意,不宜将镁砖用于大碹或小炉碹,因挥发物如 B 会侵入砖体,冷凝、富集后致使碹体蠕变损坏。

玻璃窑用镁锆砖的参考性能为 MgO 73%~78%、ZrO_2 13%、SiO_2 11%~8%、体积密度 3.10~3.21g/cm^3、显气孔率 15%~11%、耐压强度100~130MPa、荷重软化温度 $T_{0.6}$ 为 1570~1670℃。玻璃窑用的镁锆砖显著不同于水泥窑用的镁锆砖,前者以镁橄榄石-斜锆石为主要基体成分,着重提高对 SO_2 侵蚀的抵抗力;后者以方镁石为主要基体成分,着重提高对 CaO 侵蚀的抵抗力[59]。

c 含锆烧结耐火材料

烧结 AZS 材料可以在一些侵蚀较为缓和的部位代替熔铸 AZS 材料。抗崩裂型锆英石砖用于作 AZS 材料和硅质材料的过渡材料。致密和高致密锆英石砖分别用于纤维玻璃窑较低和中等侵蚀程度的部位。表 24-34 为烧结含锆系耐火材料的性能。

表 24-34 烧结含锆系耐火材料性能[60]

材料	烧结 AZS 砖		锆英石砖		
用途或牌号	池底	L 型吊墙	抗崩裂型	致密型	高致密型
$w(Al_2O_3)$/%	≥48.00	≥56.00			
$w(SiO_2)$/%	≤18.00	≤25.00	≥32.00	≥32.00	≥32.00
$w(ZrO_2)$/%	≥32.00	≤18.00	≥65.00	≥64.00	≥64.00
$w(Fe_2O_3)$/%	≤1.00	≤1.00			
体积密度/g·cm^{-3}	≥3.30	≥2.80	≥3.80		
显气孔率/%	≤18	≤18	≤17	5~10	0.5~2.0
耐火度/℃			≥1800	≥1800	≥1800
荷重软化温度/$T_{0.6}$/℃	≥1650	≥1600	≥1650	≥1680	≥1680
耐压强度/MPa	≥100	≥90	≥100	≥40	≥40
热震稳定性(1100℃-水冷)/次		≥10			
气泡析出率(1300℃×10h)/%	≤3				
重烧线变化率(1500℃×2h)/%				≤-0.23	≤-0.23

d　锡槽用耐火材料

锡槽底砖可以采用捣打或超低水泥振动成型+烧结的方法制作的黏土质材料。捣打的优点有利于降低制品的弹性模量，振动成型的优点是生产效率高、产品的致密度较高、显气孔率和氢扩散指数、结构的均匀性较好、性能稳定。表 24-35 为锡槽用耐火材料性能[61]。

表 24-35　锡槽用耐火材料性能

项目	锡槽底砖	硅线石砖
$w(Al_2O_3)$/%	≥43.00　≥46.00	≥59.00
$w(Fe_2O_3)$/%	≤1.20　≤0.70	≤0.80
显气孔率/%	≤19　20~22	≤23
体积密度/$g \cdot cm^{-3}$	≥2.30　≥2.2525	≥2.20
常温耐压度/MPa	≥55　≥35	
荷重软化温度 $T_{0.6}$/℃	≥1450　≥1450	≥1520
耐火度/℃	≥1750	≥1770
氢扩散/mmH_2O	≤70　≤70	
热震稳定性（1100℃水冷）/次	≥10	≥15
线膨胀率(1000℃)/%		0.4~0.3

e　黏土质耐火材料

常规黏土砖用于砌筑侵蚀轻微、不接触玻璃液的部位，低气孔黏土砖易于砌筑低温格子体，池底的黏土大砖的制法和锡槽黏土大砖极为相似。建材行业标准 JC/T 638—2013 规定的玻璃窑用低气孔率黏土砖的性能见表24-36。

表 24-36　玻璃窑用低气孔率黏土砖性能

牌号	DN-11	DN-14	DN-17
$w(Al_2O_3)$/%	≥47	≥45	≥42
$w(Fe_2O_3)$/%	<1.2	<1.5	<1.8
体积密度/$g \cdot cm^{-3}$	≥2.40	≥2.34	≥2.26
显气孔率/%	≤11	≤14	≤17
常温耐压强度/MPa	≥80	≥65	≥50
荷重软化温度 $T_{0.6}$/℃	≥1520	≥1470	≥1430

续表 24-36

牌号	DN-11	DN-14	DN-17
重烧线变化率(1400℃×2h)/%	—	-0.20~+0.10	-0.20~0.10
重烧线变化率(1500℃×2h)/%	-0.20~+0.10	—	—

C　不定形耐火材料

池底的铺面砖和黏土大砖中间使用锆英石质或 AZS 质捣打料进行填充，这两种材料的性能见表 24-37 和表 24-38。

表 24-37　锆英石质不定形耐火材料性能

牌号		ZS-D	ZS-R	ZS-H
$w(ZrO_2)$/%		>60.00	>64.00	>64.00
$w(Al_2O_3)$/%			<1.00	<1.00
$w(Fe_2O_3)$/%		<0.4	<0.4	<0.4
体积密度/$g \cdot cm^{-3}$		≥3.40(1500℃×3h)	≥3.20(1500℃×3h)	≥3.20(1500℃×3h)
显气孔率/%			≤20	≤20
耐火度/℃		>1700	>1800	>1800
重烧线变化率/%		<0.5(1500℃×3h)		<1.8(1500℃×3h)
耐压强度/MPa	110℃			
	1100℃			≥150
施工用水量/%		4.5		

表 24-38　AZS 和硅质不定形耐火材料性能

牌号	AZS06L	AZS50V	AZS04J	高级硅火泥
$w(ZrO_2)$/%	≤30.00	≤30.00	≤30.00	
$w(Al_2O_3)$/%	≥48.50	≥48.50	≥48.50	≤0.60
$w(SiO_2)$/%	≤19.00	≤19.00	≤18.00	≥96.00
$w(Fe_2O_3)$/%				≤0.70
体积密度/$g \cdot cm^{-3}$	≥3.00	≥2.60	≥2.80	
显气孔率/%	≤19		≤22	
耐火度/℃				≥1740

续表 24-38

牌号		AZS06L	AZS50V	AZS04J	高级硅火泥
重烧线变化率/%		<+0.6（1100℃×3h）	−2.3（1500℃×3h）	−1.6（1400℃×3h）	0.2
耐压强度/MPa	110℃	≥80		80	
	1100℃			150	
施工用水量/%		9		11.5	

D 隔热保温耐火材料

除侵蚀最为严重的部位（池壁三相交汇处、流液洞）需进行冷却外，玻璃窑的其他部位都采取保温措施，保温对于延长大碹的寿命还有重要意义。保温可以尽可能采用硅酸钙板，对于硅酸钙板保温材料的介绍请见 24.1 节的水泥窑用耐火材料部分。

参考文献

[1] 陈全德，等．新型干法水泥生产技术[M].北京：中国建筑工业出版社，1987.

[2] 建筑材料工业技术监督研究中心．JC/T. 水泥回转窑用耐火材料使用规程[S]. 北京：2196—2013. 北京：中古建材工业出版社，2013.

[3] 苑金生．当代水泥烧成系统发展动向[J].中国建材装备，1996(1)：10~11.

[4] 陆纯煊．当前水泥窑用耐火材料的发展动向[J].中国建筑材料科学研究院学报，1990，2(1)：71~78.

[5] 曾大凡，陆纯煊．水泥回转窑用耐火材料的选材和配套[J].水泥技术，1997(2)：30~32.

[6] 范毓林．我国新型干法水泥生产技术的创新历程[J].水泥技术，2007(2)：21~23.

[7] 袁林，王杰曾．新型干法水泥窑用耐火材料的现状与发展[J].耐火材料，2010，44(5)：383~386.

[8] 曾大凡．我国水泥窑用耐火材料的发展及今后任务[J].中国建材科技，2000(4)：24~26.

[9] 袁林，陈雪峰，刘锡俊，等．绿色耐火材料[M].中国建材工业出版社，2015.

[10] 刘魁．协同研发"第二代"新型干法水泥生产技术——访中国建材集团总经理、中国建筑材料科学研究总院院长姚燕[J].中国建材，2013(1)：62~65.

[11] 王杰曾，曾大凡．水泥窑用耐火材料[M].北京：化学工业出版社，2011.

[12] 袁林，陈雪峰，曾鲁举，等．建材工业耐火材料[M].北京：化学工业出版社，2012.

[13] 袁林，陈雪峰，刘锡俊．第二代新型干法水泥工艺用耐火材料的配置技术[J].耐火材料，2016，50(3)：161~164.

[14] 蒋金然．新型干法水泥窑用耐火材料选材配套设计原则[J].新世纪水泥导报，1997，3(4)：24~26.

[15] 李思源，陈友德，汪海滨．水泥预分解窑用耐火材料最新技术和发展方向(二)[J].建材发展导向，2016，(8)：51~59.

[16] 王杰曾，袁林．新形势下水泥窑用耐火材料的研究与开发进展[J].耐火材料，2016，35(10)：3219~3223.

[17] 李广明，张忠伦，李燕京，等．第二代新型干法水泥配套设备耐火材料技术验收规程[S].2016.

[18] 王杰曾，袁林，成洁．水泥窑用无铬碱性耐火材料的研究进展[J].耐火材料，2014，48(3)：161~165.

[19] 郭宗奇，Josef NIEVOLL. 氧化镁-铁铝尖晶石耐火材料在水泥回转窑中的应用[J].中国水泥，2007(5)：63~67.

[20] 李艳，朱爱华．现代化耐火材料——预制件的应用[J].中国水泥，2014(6)：95~96.

[21] 钱永祥．耐火预制件在水泥窑中的应用水泥工程[J].2020(4)：40~42.

[22] 丛江波，张海波，周伟，等．新型耐火预制件在水泥窑系统的应用[C].2019 年全国耐火原料学术交流会论文集，2019.

[23] 朱元昌，浅谈影响定型耐火材料使用周期的因素及预防措施[J].中国水泥，2008(11)：78~80.

[24] 张永康．钒钛磁铁矿氧化球团提质降耗的研究与实践[D].湖南：中南大学，2014.

[25] 陆纯煊．水泥回转窑用耐火材料的设计使用及规范化问题[J].水泥，1996(3)：1~6.

[26] 郭志伟．天瑞集团 5000t/d 新型干法水泥生产线工程实践优化及研究[D].河南：郑州大学，2006.

[27] 贾华平．长效环保地用好水泥窑耐火材料[J].四川水泥，2011(6)：23~30.

[28] 许京法，姚瑶．预分解水泥熟料生产线烘窑和投料方案[J].水泥，2007(12)：14~16.

[29] 华南工学院，清华大学．硅酸盐热工过程及设备(下册)——陶瓷工业热工设备[M].北京：

中国建筑工业出版社,1982.
[30] 李家驹．日用陶瓷工艺学[M].武汉:武汉工业大学出版社,1992.
[31] 王杰曾,金宗哲,包亦望,等．堇青石-莫来石材料高温弯曲蠕变行为的研究[J].硅酸盐学报:2000,44(1):84~86.
[32] 王杰曾,金宗哲,王华,等．耐火材料抗热震疲劳行为评价的研究[J].硅酸盐学报:2000,44(1):91~94.
[33] 刘锡俊,王杰曾,谢金莉．卫生瓷窑用 Si_3N_4 结合 SiC 质棚板损毁机理的研究[J].中国建材科技:1999,(3):35~36,40.
[34] 建筑材料咨询组．建筑材料咨询报告[M].北京:中国建材工业出版社,2000.
[35] 中国硅酸盐学会陶瓷分会建筑卫生陶瓷专业委员会．现代建筑卫生陶瓷工程师手册[M].北京:中国建材工业出版社,1998.
[36] 轻工业部第一轻工业局．日用陶瓷工业手册[M].北京:轻工业出版社,1984.
[37] 李红霞,张丽华,叶雪华,等．莫来石-高硅氧玻璃复相材料的研制[J].耐火材料,1997,31(1):16~18.
[38] 代刚斌,李红霞,杨彬,等．化学组成对合成堇青石显微结构和高温性能的影响[J].耐火材料:2003,36(1):63~65,74.
[39] 黄凯,赵义,吴斌,等．板状刚玉在刚玉-莫来石窑具材料中的应用性能研究[J].耐火材料:2015,49(增3):440~442.
[40] 西北轻工业学院．玻璃工艺学[M].北京:轻工业出版社,1982.
[41] 上海化工学院,等．硅酸盐工业热工过程及设备[M].北京:中国建筑工业出版社,1980.
[42] Pincus A G. Refractories in the Glass Industry [J]. Books for Industry and the Glass Industry Magazine 1986:83.
[43] 张炜,薛稚颖,曾大凡,等．平板玻璃窑用耐火材料使用规程(试行)[M].北京:国家建筑材料工业局审订颁布,2000.
[44] 王杰曾,刘锡俊．玻璃窑用耐火材料的发展方向[J].耐火材料,2017,51(2):81~86.
[45] 吴柏诚,巫义琴．玻璃制造技术[M].北京:中国轻工业出版社,1993.
[46] SEPR Fused Cast Products Division. Flat Glass Furnaces. 1997(法国西普公司产品样本:平板玻璃窑用电熔耐火材料分册,1997 年).
[47] 干福熹．现代玻璃科学技术(下册)——特种玻璃与工艺[M].上海:上海科技出版社,1990:442~459.
[48] 王杰曾,王晓红,等．大型玻璃窑 L 吊墙用烧结 AZS 砖剥片机理和对策[J].建材耐火技术,2001(3):7~11.
[49] 候炳润,王杰曾,等．L 型吊墙用烧结 AZS 砖的侵蚀机理．建材耐火技术[J],2002(1):9~14.
[50] 王杰曾,王晓红,崔秀菊,等．全氧、富氧燃烧玻璃熔窑用耐火材料[J].中国建材科技,2001(6):52~56.
[51] 贝荣星,Klaus S,Christian M,等．标准硅砖,无钙硅砖及电熔 AZS 在全氧玻璃窑炉的应用研究[C]//2014 年全国玻璃窑炉技术研讨交流会论文汇编,湖州,中国,2014:97~102.
[52] 王杰曾,袁林．建材工业用环境友好碱性耐火材料[J].建材耐火技术,2003(1):6~8.
[53] 张龙．锡槽槽底砖的结构设计和施工[J].硅酸盐通报,1997(增刊):316~318.
[54] 周天辉．浮法锡槽技术的进展[C]//全国第五届浮法玻璃及深加工玻璃技术研讨会论文集,上海,2003,4.
[55] 杭州聚能玻璃技术有限公司．锡槽底砖主要指标的含义与比较[J].中国玻璃,2003(1):34~37.
[56] 曾大凡,袁林．玻璃工业与耐火材料(大纲)[C].2008 年全国玻璃窑炉技术研讨交流会论文汇编,2008:9.
[57] Nobuhara K,Matsuda K. Refractories for Glass Fiber Furnace[J]. Taikabutsu Overseas: 13~17.
[58] Merkle Engineers INC.. Struct-air. 1998(美国 Merkle 公司产品样本:L 吊墙分册,1997 年).
[59] Schmalenbach B, Weichert T, Dunki M. Buliding on experience with magnesia-zircon Checkers[J]. Glass,1997,6: 51~52.
[60] Cabodi I,Geubil M,Orand C. ER 2001 SLX-very low exudation AZS products for glass furnace superstructure [J]. Refract. Worldforum, 2011, 3(2):83~86.
[61] Yang R L, Wang J Z. Reserch on Tin Bath Fireclay Block Solidified by Ultra Low Cement [J]. Refractories Applications and News, 2003, (8)4: 27~29.

25 其他窑炉用耐火材料

本章主要介绍了炭素、耐火材料、石油化工、煤化工、固体废弃物处理等行业窑炉用耐火材料配置,以及已经推广应用的部分新材料特性情况。

25.1 炭素材料生产窑炉用耐火材料

炭素材料的生产主要是用一、二次焙烧炉和石墨化处理炉,统称为炭素材料焙烧炉。炭素材料生产中通常采用固体炭质原料和黏结剂及浸渍剂等。固体炭质原料包括石油焦、沥青焦、冶金焦、无烟煤及石墨等,黏结剂和浸渍剂包括煤沥青、煤焦油、蒽油和合成树脂等。

炭素生产的第一道工序要将炭质原料进行煅烧,即将炭质原料在隔绝空气的条件下进行高温热处理(1250~1500℃),以便排除原料的水分和挥发分,提高原料的密度、机械强度和抗氧化性能,改善原料的导电性能等。

炭质原料煅烧,各类炭素材料生产,相应使用各种不同窑炉。

25.1.1 原料煅烧设备

国内外采用的煅烧炉主要有罐式煅烧炉、回转窑和回转床煅烧炉、电热煅烧炉、焦炉,其中回转窑和焦炉已有介绍。

25.1.1.1 罐式煅烧炉

由于加热方式和使用的燃料不同,又可分为表 25-1 的几种炉型。

表 25-1 罐式煅烧炉的分类

类型	特征
顺流式	燃气的流动方向与原料的运动方向一致
逆流式	燃气的流动方向与原料的运动方向相反
简易罐式	中小厂采用的燃煤煅烧炉

顺流式罐式煅烧炉炉体结构如图 25-1 所示,八层火道逆流式罐式煅烧炉结构如图 25-2 所示。

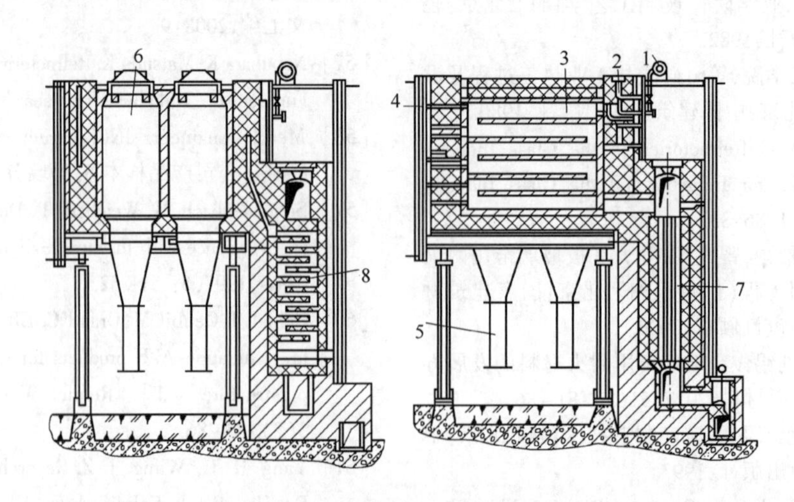

图 25-1 顺流式罐式煅烧炉炉体结构

1—煤气管道;2—煤气喷口;3—火道;4—观察口;5—冷却水套;6—煅烧罐;7—蓄热室;8—预热空气道

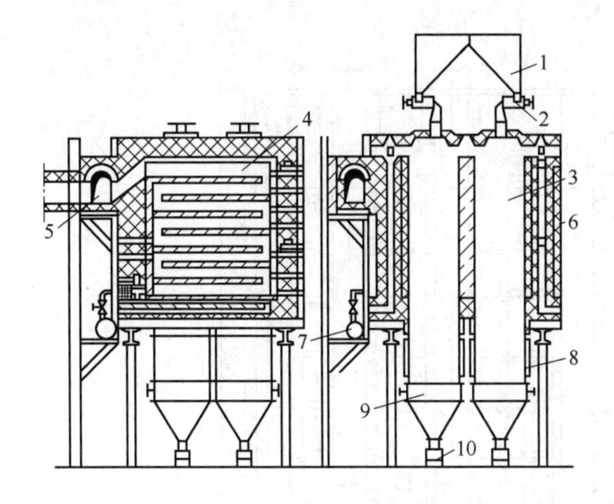

图 25-2 八层火道逆流式罐式煅烧炉结构

1—加料贮斗;2—螺旋给料机;3—煅烧罐;4—加热火道;5—烟道;6—挥发分道;7—煤气管道;8—冷却水套;9—排料机;10—振动输送机

逆流式与顺流式罐式煅烧炉相比,前者火道数目多,加长了煅烧带,增加原料在罐内的煅烧时间,以便充分利用煅烧时逸出的挥发分,达到高产的目的。

罐式炉煅烧时火道的最高温度为 1300~1380℃,煅烧口的温度达到 1500℃;在装、出炭素材料时罐壁受到机械摩擦和撞击;煅烧罐和火道的砌体煅烧时受到气体对砌体的冲刷、渗透,以及低熔点盐类熔渣的侵蚀;罐式炉隔焰加热。该部位要求耐火材料具有热传导性好、荷重软化温度高和高温机械强度好等性能,多选择硅砖来砌筑。而在燃烧口的煤气喷嘴受到高温的作用,应选用高铝砖砌筑。炭素煅烧炉平断面及横断面图如图 25-3 和图 25-4 所示。

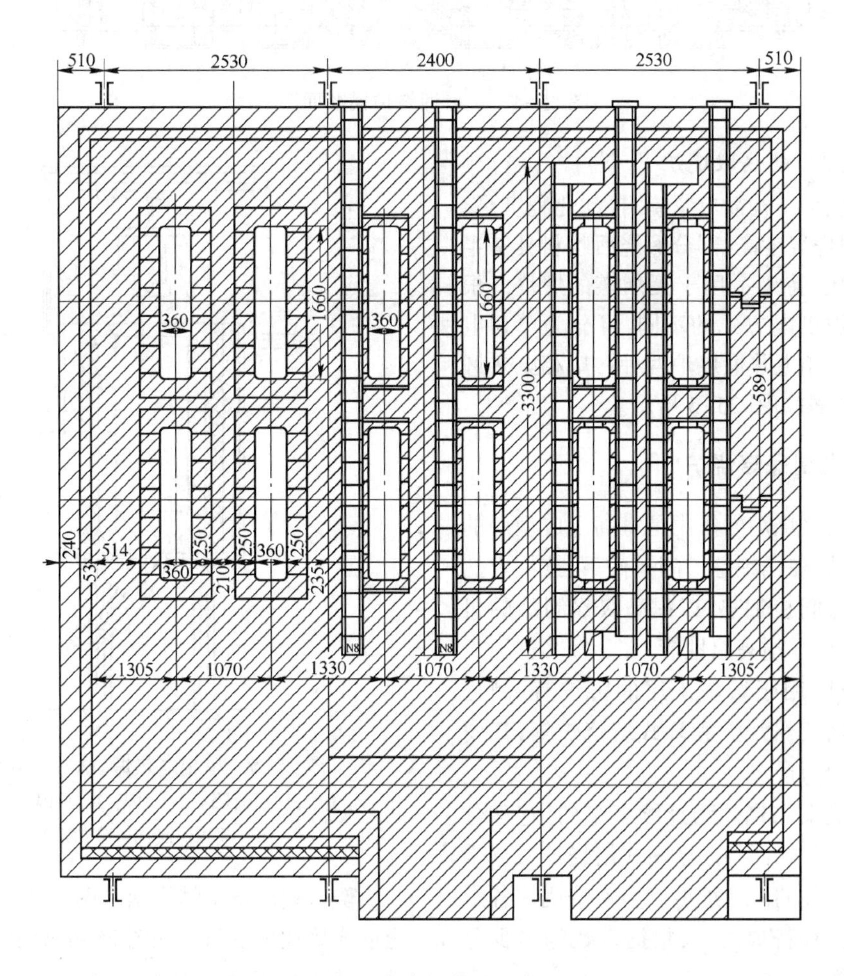

图 25-3 炭素煅烧炉平断面图

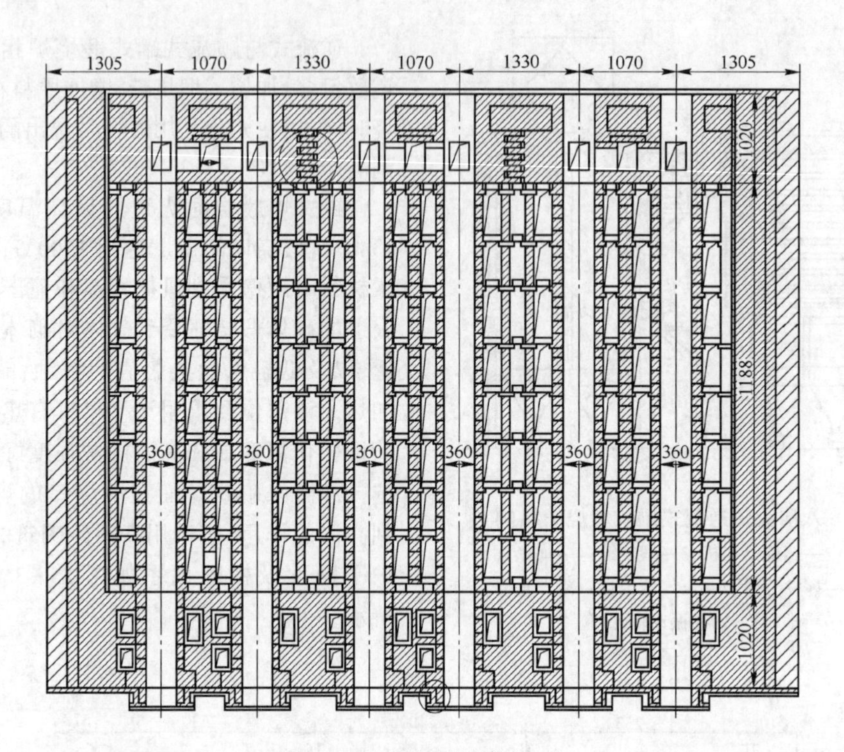

图 25-4 炭素煅烧炉横断面图

25.1.1.2 电热煅烧炉

电热煅烧炉结构简单紧凑，自动化程度高，操作方便，煅烧温度高，部分煅烧后物料具有半石墨化的性质，特别适用于无烟煤的煅烧。根据电热煅烧炉供电方式的不同，可分为单相电热煅烧炉和三相电热煅烧炉两种。单相电热煅烧炉的炉体结构如图 25-5 所示。

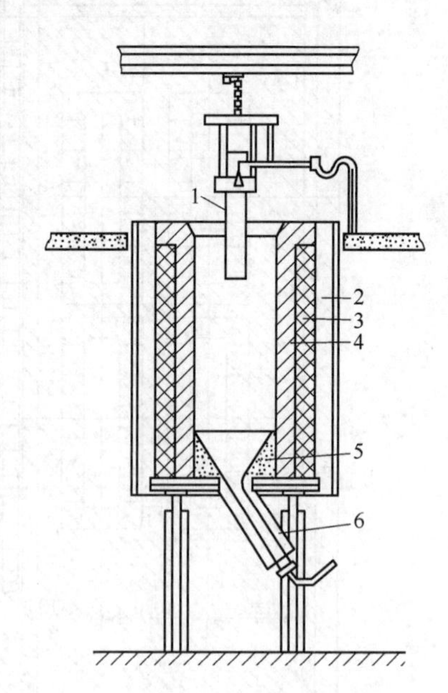

图 25-5 单相电热煅烧炉炉体结构

1—石墨电极(可升降)；2—炉壳；3—保温层；4—耐火砖；5—碳砖炉底；6—冷却水套

25.1.2 炭素制品焙烧炉

炭素制品焙烧炉的作用是将高压成型后的各种炭素制品，在隔绝空气的条件下，按规定的焙烧温度进行间接加热，以提高炭素制品的机械强度、导电性和耐高温性能。

目前，我国用于焙烧工序的窑炉有：倒焰窑、隧道窑、电气焙烧炉和环式焙烧炉等，其中以带盖焙烧炉为最多。

常见的炭素焙烧炉为连续多室的，它又分为密闭式和敞开式两种。密闭式焙烧炉又分带火井和不带火井的两种炉型。多室焙烧炉各个炉室一般是并列排成两行，根据室数的多少分成若干种规格。

倒焰式焙烧炉结构示意图如图 25-6 所示，隧道式焙烧炉示意图如图 25-7 所示，带炉盖的有火井式环式焙烧炉如图 25-8 所示。带炉盖的无火井式环式焙烧炉如图 25-9 所示，敞开式环式焙烧炉如图 25-10 所示。

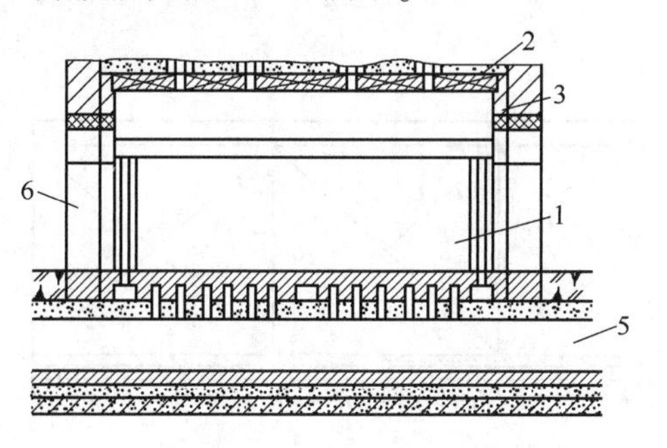

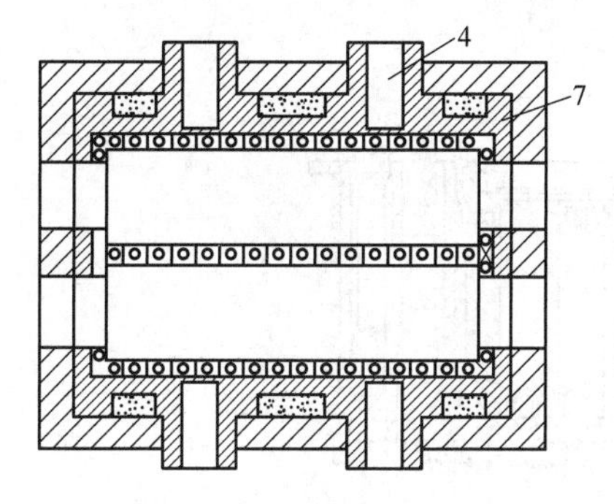

图 25-6　倒焰式焙烧炉结构示意图
1—窑室；2—窑顶；3—窑墙；4—火箱；5—烟道；6—窑门；7—吸火孔

炭素焙烧炉耐火材料的选择，主要考虑如下几种因素：

(1)温度因素。密闭式焙烧炉上部的电极箱加热墙、火井箱和燃烧嘴等部位的砌体遭受1400℃左右的中-高温作用，以及每一个焙烧周期内温度变化的影响。

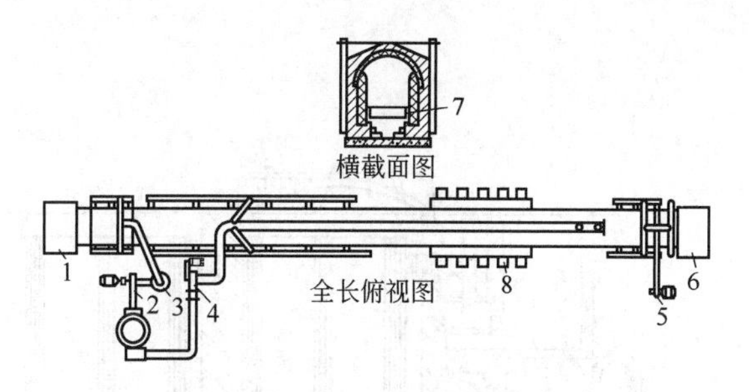

图 25-7　隧道式焙烧炉示意图
1—进料室；2—1 号排风机；3—焦油分离器；4—2 号排风机；5—3 号冷风机；6—出料室；7—窑车衬砖；8—燃烧室

(2)承受砌体、制品的质量。因此，选择机械强度较高、荷重软化温度较高、抗热震性较好的材质，该材质用优质黏土砖即可满足要求。炉盖选用隔热耐火材料。

25.1.3　石墨化炉

目前，工业石墨化炉都是电热炉，按加热方式和运行方式的不同区分，见表 25-2。

表 25-2　石墨化炉的形式

划分依据	形式
按加热方式	外加热法
	内加热法
	间接加热法
按运行方式	间歇式生产
	连续生产

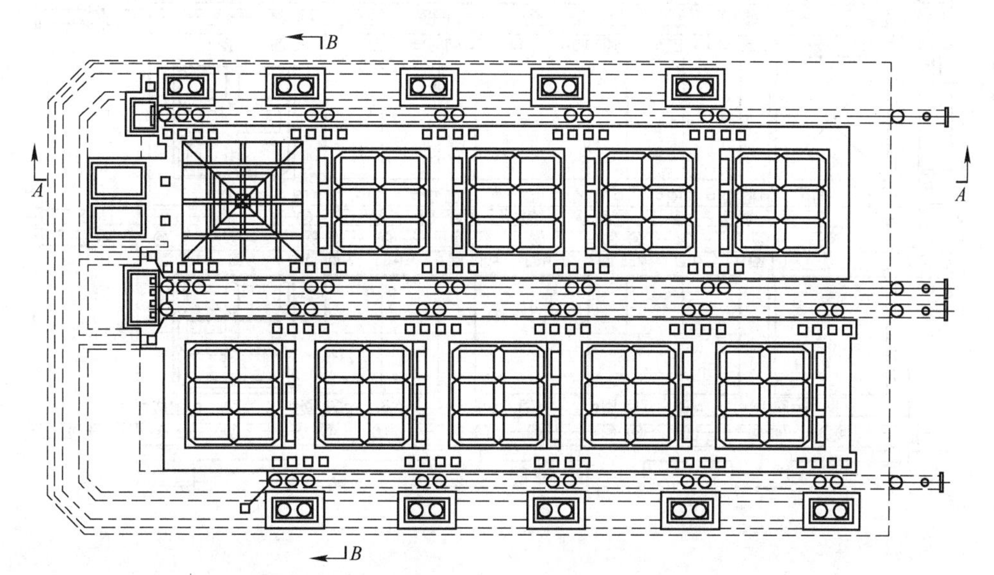

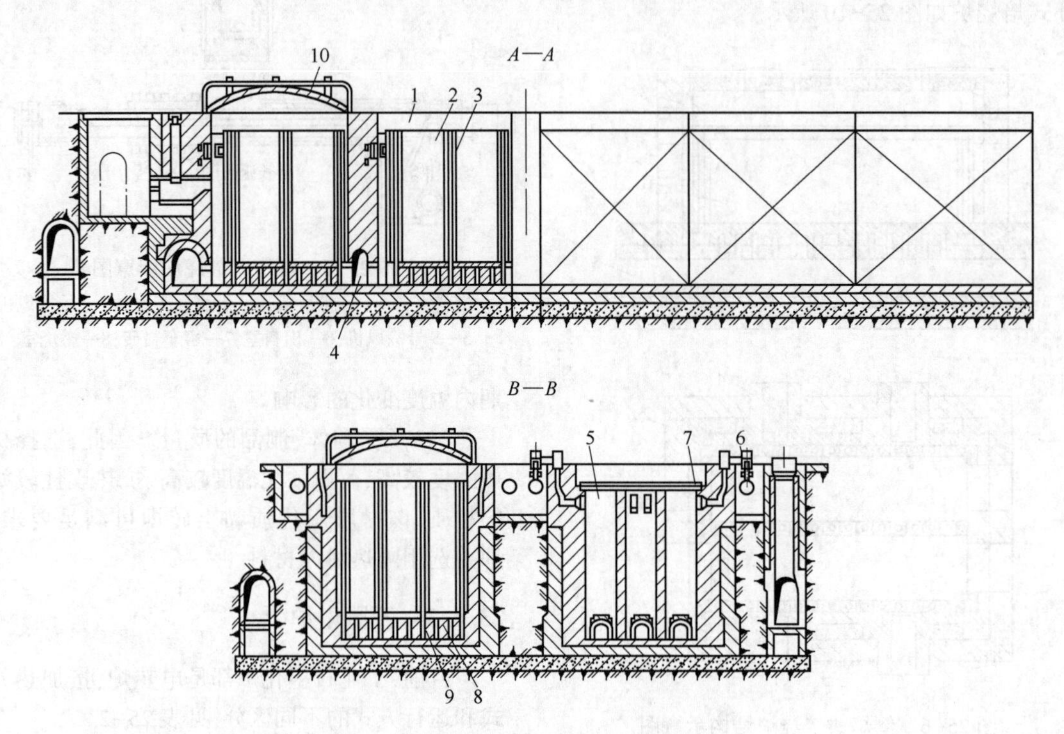

图 25-8 带炉盖的有火井式环式焙烧炉

1—焙烧室;2—装料箱;3—装料箱加热墙;4—废气烟道;5—上升火井;6—煤气管道;7—煤气燃烧口;8—炉底炕面;9—砖墩;10—炉盖

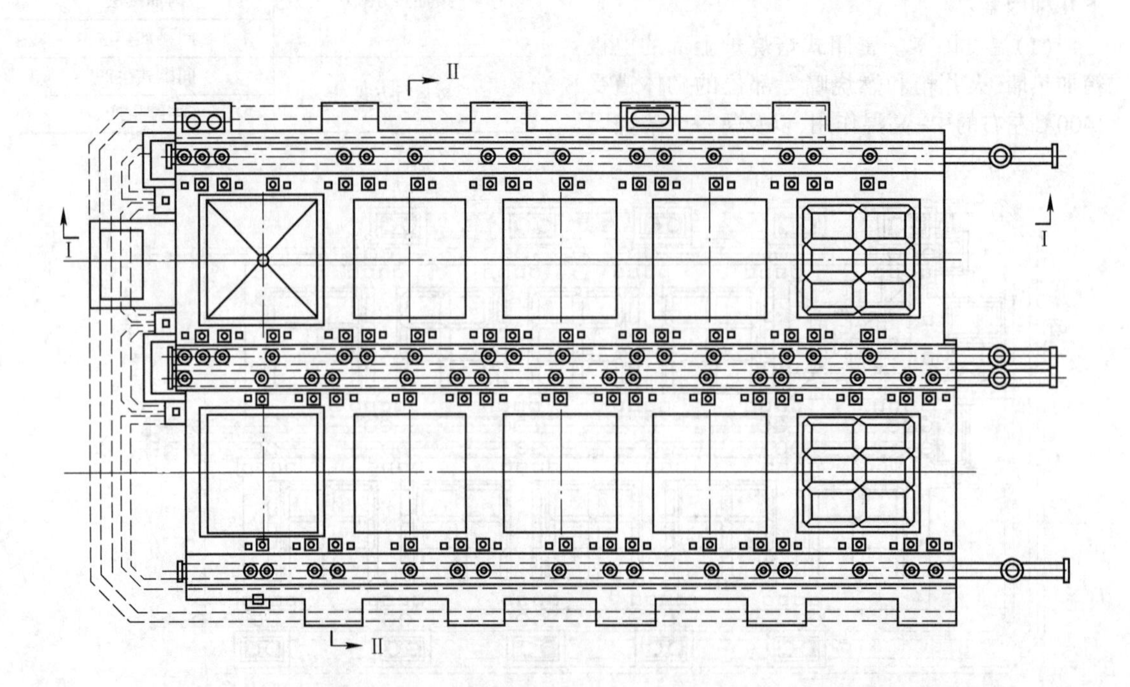

Ⅰ—Ⅰ

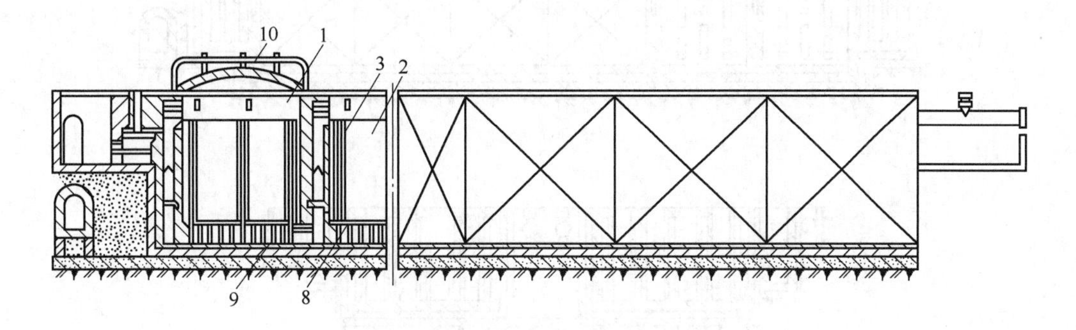

Ⅱ—Ⅱ

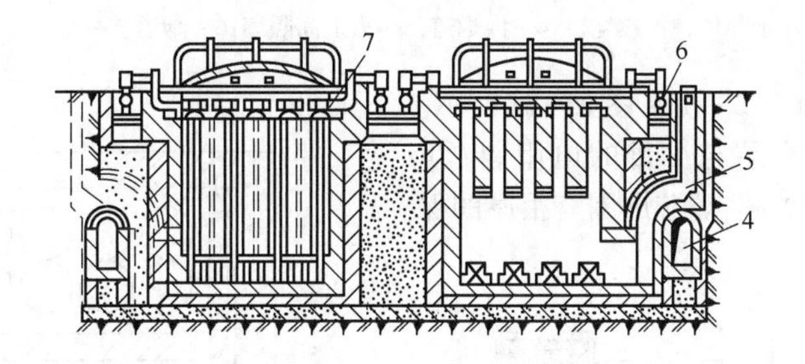

图 25-9　带炉盖的无火井式环式焙烧炉

1—焙烧室;2—装料箱;3—装料箱加热墙;4—废气烟道;5—斜烟道;6—煤气管道;7—燃烧口;
8—炉底炕面;9—砖墩;10—炉盖

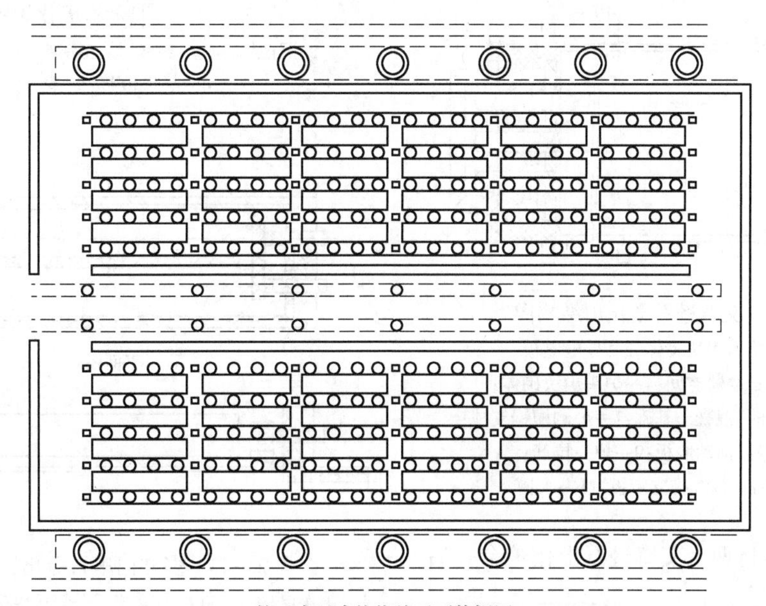

敞开式环式焙烧炉平面俯视图

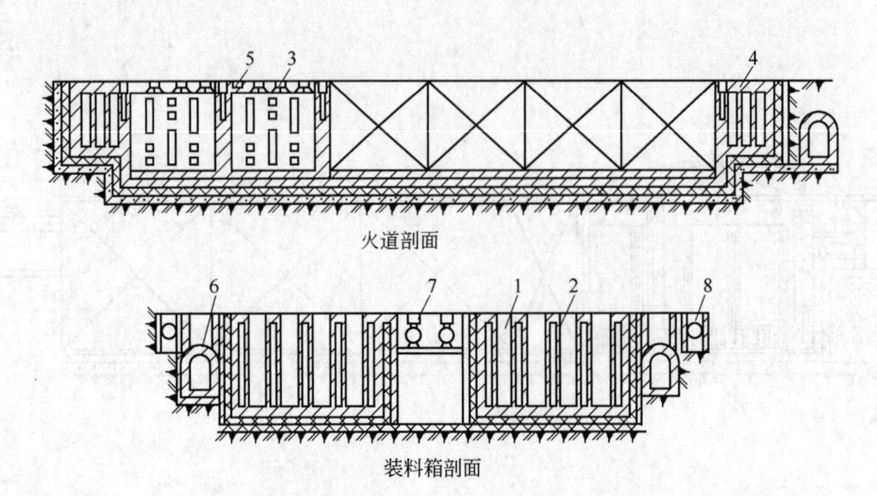

图 25-10 敞开式环式焙烧炉图

1—装料箱;2—装料箱加热墙;3—燃烧口;4—内烟道;5—火道间隔墙;6—烟道;7—煤气或重油管道;8—空气管道

各种石墨化炉如图 25-11~图 25-14 所示。艾奇逊石墨化炉以产品与少量的电阻料(焦粒)共同组成导电的炉芯,炉芯周围有很厚的保温材料。

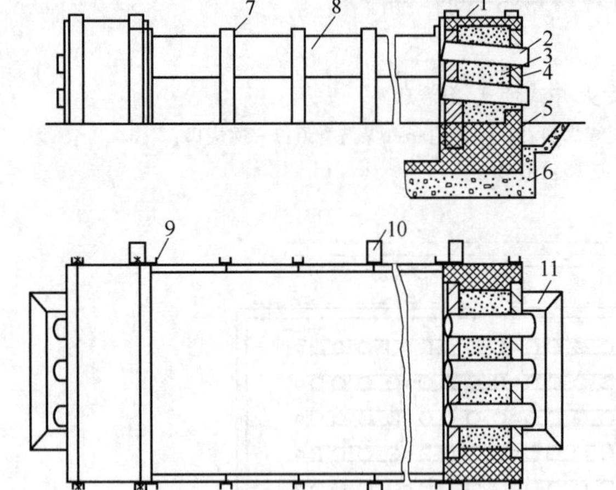

图 25-11 艾奇逊石墨化炉结构图

1—炉头内墙石墨块砌体;2—导电电极;3—炉头填充石墨粉空间;4—炉头炭块砌体;5—耐火砖砌体;6—混凝土基础;7—炉侧槽钢支柱;8—炉侧保温活动墙板;9—炉头拉筋;10—吊挂活动母线排支承板;11—水槽

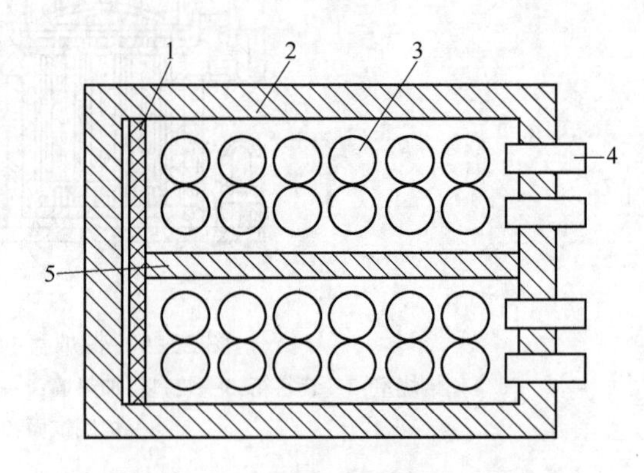

图 25-12 “冂”形石墨化炉示意图

1—石墨块砌体;2—炉墙;3—装入产品(立装);4—导电电极;5—隔墙

图 25-12 是将两台艾奇逊石墨化炉合并后串联的一种新炉型。

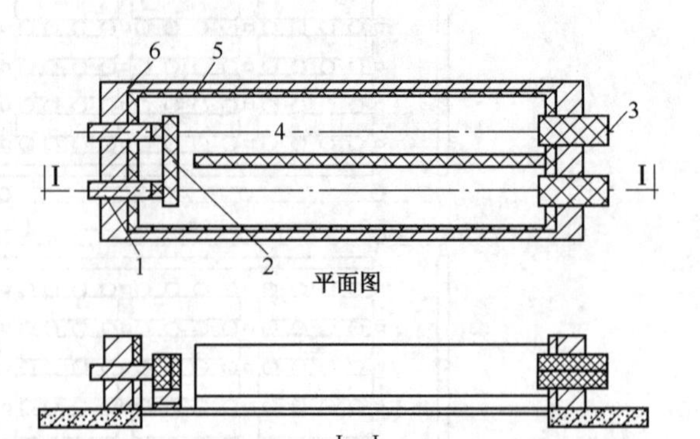

图 25-13 多柱内串石墨化炉示意图

1—炉尾电极;2—导电石墨块;3—炉头电极;4—中间隔墙;5—耐火砖墙;6—红砖墙

图 25-13 是多柱内串石墨化炉,这是一种

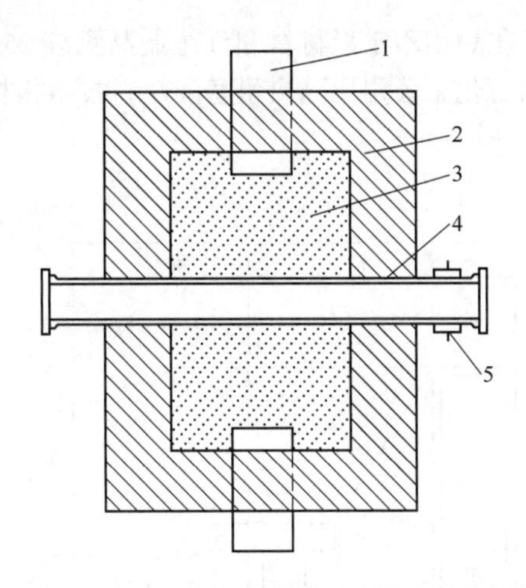

图 25-14 间接加热管式石墨化炉示意图
1—导电电极;2—炉体外墙;3—焦粒电阻料;
4—炉管;5—冷却水管

不用电阻料的内热式加热炉。炉芯温度可达2700℃以上,石墨化程度较高。

图 25-14 是间接加热管式石墨化炉。在间接加热的石墨化炉中,待石墨化炭制品不与电源直接接触时,加热到石墨化温度所需的热量是通过感应途径从另一个发热体传递过来的。

25.1.4 炭素窑炉用耐火材料

综合以上炭素焙烧炉、炭素制品焙烧炉、石墨化炉的使用条件,目前砌筑炭素窑炉的耐火材料以 Al_2O_3-SiO_2 系材料为主体。诸如硅砖、黏土砖、高铝砖品种。为了强化生产,研究使用高密度硅砖、镁砖、碳化硅砖。在某些部位,如窑炉炉门,因长期处于温度变化的环境,要求抗热震性更高的材料,如优质黏土砖、红柱石砖等。

25.2 石油化工窑炉用耐火材料

25.2.1 合成氨转化炉用耐火材料

25.2.1.1 一段转化炉及其耐火材料

一段转化炉是合成氨装置的关键设备。原料经过脱硫后与蒸汽混合,经转化炉对流段预热至500℃,进入转化炉管,在镍催化剂和高温条件下进行转化反应。一段转化炉主要分为辐射段和对流段两部分。凯洛格型一段炉由辐射段、过渡段、对流段以及辅助锅炉四部分组成,其中辐射段采用轻质耐火砖,过渡段和对流段均采用耐火浇注料,辅助锅炉采用耐火砖和耐火浇注料为主要材料。TEC 型一段转化炉分为辐射段、过渡段、对流段和低温过渡段,其中辐射段采用轻质耐火浇注料,过渡段、对流段均采用轻质隔热浇注料。

一段转化炉平面图如图 25-15 所示,立面

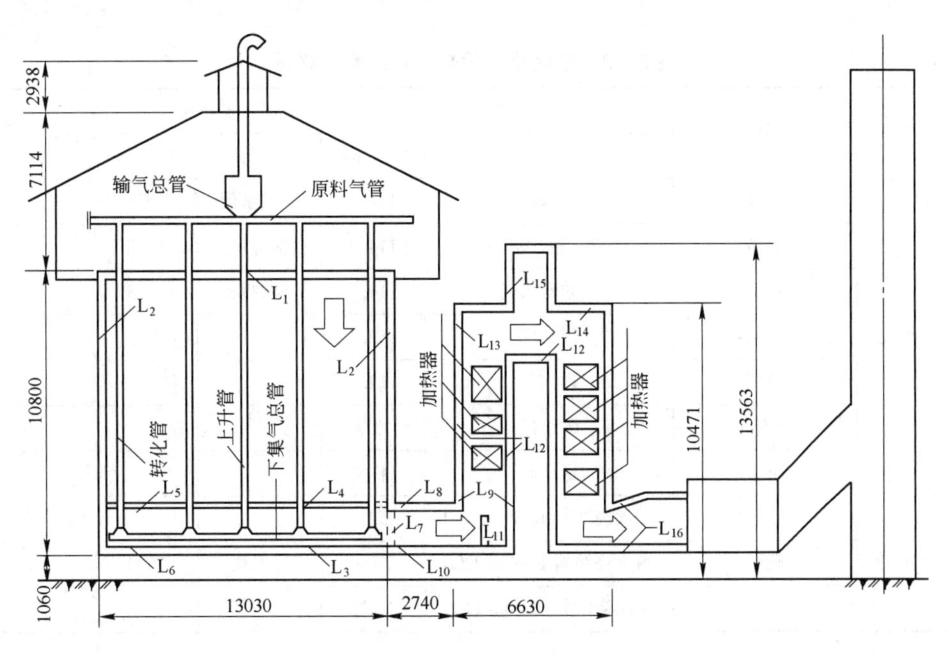

图 25-15 一段转化炉平面图

图如图25-16所示。凯洛格(Kellogg)一段转化炉用耐火材料见表25-3。TEC(日)一段转化炉炉墙和衬里耐火材料见表25-4,TEC(日)一段转化炉用不定形材料和纤维制品见表25-5。中国石化总公司用隔热耐磨浇注料技术指标见表25-6。

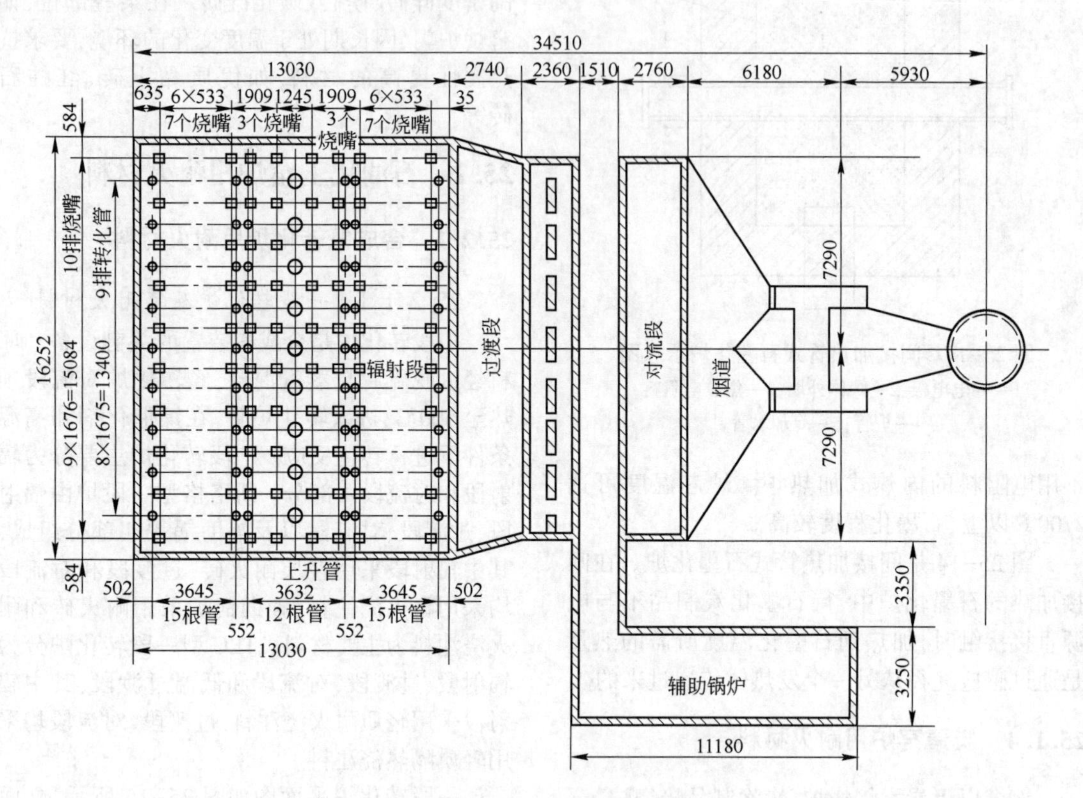

图25-16　一段转化炉立面图

表25-3　凯洛格一段转化炉用耐火材料

代号	位置	部位	耐火层		隔热层		拉砖钩或保温钉
			材料	厚度/mm	材料	厚度/mm	
L_1		炉顶	吊砖	114.3	矿棉水泥	50.8	
L_2		炉墙	轻质耐火砖	114.3	保温块	50.8	H_1
L_3		炉底	轻质耐火砖	114.3	保温块	50.8	
L_4	辐射段	烟道盖板	耐火砖	152.4			
L_5		烟道侧墙	耐火砖	114.3			
L_6		烟道底	耐火砖	63.5			
L_7		桥壁	耐火砖	114.3			
L_8		过渡段顶	耐火浇注料 Kaollite2200	152.4			V_6 及波纹铁丝网
L_9	过渡段	侧墙	耐火浇注料 Kaollite2200	76.2	保温块	76.2	Y_2
L_{10}		底	耐火浇注料 Kaollite2200	76.2			Y_2

续表 25-3

代号	位置	部位	耐火层		隔热层		拉砖钩或保温钉
			材料	厚度/mm	材料	厚度/mm	
L_{11}	对流段	挡火墙	耐火砖	228.6			
L_{12}		5号、6号墙下部	隔热浇注料水泥蛭石	133.35			V_3
L_{13}		墙	隔热浇注料水泥蛭石	114.3			V_2
L_{14}		顶	隔热浇注料水泥蛭石	114.3			V_2 及波纹铁丝网
L_{15}		烟道	隔热浇注料水泥蛭石	114.3			V_2
L_{16}		到风机烟道	隔热浇注料水泥蛭石	25.4			波纹铁丝网
L_{17}		联箱	隔热浇注料水泥蛭石	50.8			
L_{18}	辅助锅炉	炉顶	吊砖	114.3	隔热浇注料	50.8	
					空气层	38.1	
L_{19}		烧嘴墙	轻质耐火砖	228.6	保温块	50.8	H_3
L_{20}		炉底	耐火砖	63.5	保温块	50.8	
			轻质耐火砖	63.5×2			
L_{21}		烟道底	轻质耐火砖	63.5	保温块	50.8	
L_{22}		烟道墙	轻质耐火砖	63.5×2			
L_{23}		烟道顶	隔热浇注料水泥蛭石	165.1			
L_{24}		端墙和侧墙	耐热浇注料 Kaollite2200	165.1			V_3+波纹铁丝网
L_{25}		侧墙	轻质耐火砖	114.3	保温块	50.8	H_1
L_{26}		端管板支撑	隔热浇注料水泥蛭石	165.1			
L_{27}		到对流段烟道墙	隔热浇注料水泥蛭石	114.3			V_2
L_{28}		到对流段烟道顶	隔热浇注料水泥蛭石	114.3			V_2+波纹铁丝网
L_{29}		到对流段烟道底	隔热浇注料水泥蛭石	114.3			V_2
L_{30}		管箱	隔热浇注料水泥蛭石	50.8			波纹铁丝网
L_{31}		盘管 A、B 集管保温	耐热浇注料 Kaollite2200	76.2			钉头
L_{32}		盘管 C 集管保温	耐热浇注料 Kaollite2200	50.8			钉头
L_{33}		挡火墙	耐火砖	228.6			

表 25-4 TEC 型(日)一段转化炉炉墙和衬里用耐火材料

名称	使用部位	耐火层			隔热层		拉砖钩或保温钉
		耐火材料		厚度/mm	保温材料	厚度/mm	
		日本	中国				
辐射段	炉顶	吊砖	NZ-40	114	保温块 TOCAST-L10	50	
	侧墙	轻质耐火浇注料	AQ-0.5	114	保温块	50	LP1-3、CP-5H1、S-1
	炉底	轻质耐火浇注料	AQ-0.5	114	保温块 TOCAST-L10	50	

续表 25-4

名称	使用部位	耐火层			隔热层		拉砖钩或保温钉
		耐火材料		厚度/mm	保温材料	厚度/mm	
		日本	中国				
过渡段	炉顶	耐热浇注料 PLICAST,LWI-24	FQ	150			YA-3
	侧墙	耐热浇注料 LWI-24 轻质耐火浇注料	FQ AQ-0.5	75 114	保温块	75	Y-2、YA-2、S-2
	炉底	耐热浇注料 LWI-24		75	保温块	75	Y-2、S-2
对流段	炉墙下部	耐热浇注料 LWI-24		75	保温块	75	Y-2、S-2
	炉墙部	耐热浇注料 LWI-24		150			V_5
	炉墙中部	耐热浇注料 LWI-20		115			V_3
	炉墙上部	耐热浇注料 LWI-24		150			V_5
	炉墙上部	耐热浇注料 LWI-20	AQ-0.5	115			V_3
	对流段顶	耐热浇注料 LWI-24		150			V_5
	烟道			115			V_3
	墙下部	耐热浇注料 LWI-20		115			V_3
	墙下部			40			波纹铁丝网
低温过渡段				40			波纹铁丝网

表 25-5 TEC(日)一段转化炉用不定形材料和纤维制品

设备名称	材料名称	耐火材料牌号	用量(质量)/kg	设备名称	材料名称	耐火材料牌号	用量(质量)/kg
辐射段、过渡段、对流段	耐热浇注料	PLICAST 31 号	1830	辐射段、过渡段、对流段	陶瓷纤维毡	PLICAST 308 号	144
	耐热浇注料	PLICAST 36 号	32185		矿渣棉	MINERAI W001	270
	耐热浇注料	PLICAST LWI-24	93250		耐火砖	FB	32825
	耐热浇注料	PLICAST LWI-20	110230		保温耐火砖	IFB. GROUP23	60436
	耐热浇注料	PLICAST LWI-606	12230		吊砖		90505
	耐热浇注料	PLICAST AIVLITE	4800		砂浆:保温块用	PLISUL ATE ISIK“D”	5700
	保温浇注料	PLICAST 231 号	1266		砂浆:耐火砖用	TOBAND	9610
	陶瓷纤维	PLICAST 408 号	87		砂浆:IFBCRUP 234		11010

表 25-6 中国石化总公司用隔热耐磨浇注料技术指标

浇注料类型	浇注料级别	热处理温度/℃	体积密度/$kg \cdot m^{-3}$	烧后耐压强度/MPa	烧后抗折强度/MPa	烧后线变化率/%	热导率/$W \cdot (m \cdot K)^{-1}$	使用部位
高耐磨(刚玉)	A 级	110	≤3100	>80	>10	—	—	旋风分离器及类似工况下设备的衬里
		540	≤2950	>80	>10	—	—	
		815	≤2950	>80	>10	0~ -0.3	≤1.50	

续表 25-6

浇注料类型	浇注料级别	热处理温度/℃	体积密度/kg·m^{-3}	烧后耐压强度/MPa	烧后抗折强度/MPa	烧后线变化率/%	热导率/W·(m·K)$^{-1}$	使用部位
耐磨（高铝黏土）	B1 级	110	≤2500	>60	>8	—	—	磨损次于旋风分离器的容器、管道及类似工况下设备双层衬里的耐磨层
		540	≤2450	>50	>7	—	—	
		815	≤2450	>50	>7	0~-0.2	≤0.9	
	B2 级	110	≤2300	>40	>6	—	—	
		540	≤250	>30	>5	—	—	
		815	≤2250	>30	>5	0~ -0.2	≤0.80	
隔热耐磨（陶粒）	C1 级	110	≤1800	>40	>7	—	—	磨损比较严重容器、管道的隔热耐磨单层衬里
		540	≤1750	>35	>6	—	0.45~0.55	
		815	≤1750	>35	>5	0~ -0.1	0.50~0.59	
	C2 级	110	≤1600	>35	>5	—	—	磨损不太严重容器、管道的隔热耐磨单层衬里
		540	≤1550	>30	>4	—	0.35~0.42	
		815	≤1550	>25	>3	0~ -0.2	0.40~0.49	
	C3 级	110	≤1400	>20	>3	—	—	
		540	≤1350	>15	>2.5	—	0.26~0.35	
		815	≤1350	>15	>2.5	0~ -0.2	0.34~0.40	
隔热（珍珠岩）	D1 级	110	≤1100	>8	>2.5	—	—	双层衬里的隔热层
		540	≤1050	>7	>2	—	≤0.25	
		815	≤1050	>7	>1.5	0~ -0.2	≤0.28	
	D2 级	110	≤1000	>7	>2	—	—	
		540	≤950	>6	>1.5	—	≤0.23	
		815	≤950	>6	>1.5	0~ -0.2	≤0.25	

注：1. 导热系数应按平板法检测，以热面温度计算，具体测试指标由设计制定。
2. 检验钢纤维增强材料性能时，应掺入钢纤维。
3. A 级和 B 级材料为区别结合剂类型，以“AA”表示磷酸盐结合剂，“AB”表示纯铝酸钙水泥结合剂。

25.2.1.2 二段转化炉及其耐火材料

美国 Kellogg 和日本 TEC 二段炉同属天然气转化炉类型，而法国赫尔蒂二段炉是属轻油型。主要炉衬耐火材料是高纯刚玉砖或刚玉质浇注料，炉衬使用寿命可在 15 年以上。

由一段炉出来的转化气进入二段炉，转化后残余甲烷含量 0.3%。在二段炉中进行的化学反应：

可燃气体的燃烧：

$$2H_2+O_2 = 2H_2O$$

$$CH_4+2O_2 = CO_2+2H_2O$$

$$2CO+O_2 = 2CO_2$$

残余甲烷的转化：

$$CH_4+H_2O = CO+3H_2$$

$$CH_4+CO_2 = 2CO+2H_2$$

变换反应：

$$CO+H_2O = CO_2+H_2$$

(1)美、日型二段转化炉结构如图 25-17 所示，使用耐火材料见表 25-7 和表 25-8，其球形拱砖的组装图及刚玉砖的用量如图 25-18 所示。

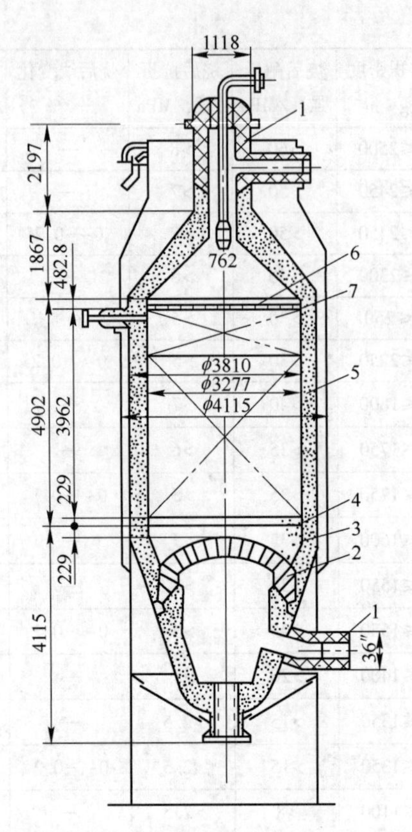

图 25-17 二段转化炉耐火材料结构

1—CLQ 耐热混凝土；2—球拱砖；3—$\phi2''$球；4—$\phi1''$球；5—CL 耐热混凝土；6—六角砖；7—弧形砖

表 25-7 二段转化炉用耐火材料

耐火材料名称及代号		耐火材料使用部位	耐火材料牌号			数量/块	单重/kg	总重/kg
			Kellogg(美国)	TEC(日本)	中国			
耐热浇注料		筒体、上下椎体	CANTOL-AST-G	Peicast-40	CL	22.8m^3	13.3	800
			GREENC-AST-97-L	PeicastLVI-606	CLQ	2m^3	21	1260
火泥		球拱用	—	—	AL-98	0.5m^3	27.4	1644
球拱砖	A	拱脚砖砌体	H-WG	PA-9	AL-98	60	13.3	800
	B					60	21	1260
	C					60	27.4	1644
	D	球形拱顶砖砌体	H-WG	PA-9	AL-98	51	17.2	876
	E					47	16.8	790
	F	球形拱顶砖砌体	H-WG	PA-9	AL-98	39	17.7	690
	G					35	16.9	591
	H	H-WG	PA-9	AL-98		31	15.6	482
	J					23	15	345

续表 25-7

耐火材料名称及代号		耐火材料使用部位	耐火材料牌号			数量/块	单重/kg	总重/kg
			Kellogg(美国)	TEC(日本)	中国			
球拱砖	K	球形拱顶砖砌体	H-WG	PA-9	AL-98	16	15	240
	L					8	15.2	122
	M	拱心砌体	H-WG	PA-9	AL-98	1	14.2	14.2
带孔六角砖		催化剂层上表面	H-WG	PA-9		612	1.8	1100
无孔六角砖						37	2.0	74
异性六角砖			H-WG	PA-9	AL-98	60	1.0	60
弧形砖						45	4.6	207
刚玉球 $\phi1''$,$\phi2''$		球形拱层表面2层			AL-98	1.73m³		
						4.45m³		

表 25-8 拱形砖尺寸一览表

砖型代号	尺寸/mm					单重/kg	数量/块
	a	b	c	R_1	R_2		
D	155	130	141	118	970	17.2	51
E	153.5	128.5	137.5	114	863	16.8	47
F	165	137	142	118	746	17.7	39
G	158	132	132	110	622	16.9	35
H	148.5	124.5	117	98.5	492	15.6	31
J	158.5	132	114.5	95.5	355	15	23
K	164.5	137	98.5	82	214	15	16
L	194.5	162	64.5	54	72	15.2	8

(2)法国轻油型二段转化炉构造如图 25-19 所示,转化炉用耐火材料见表 25-9。

表 25-9 某厂轻油型二段炉用耐火材料

材料	刚玉砖	空心球砖	浇注料
质量/t	49.2	14.9	45

25.2.2 合成氨气化炉用耐火材料

合成氨气化炉有渣油型和水煤浆型两种气化炉(水煤浆型气化炉详见 25.3.1 节)。

(1)以渣油为原料的合成氨气化炉有德士古型和谢尔型两种。将渣油预热后通过气化炉顶部的烧嘴喷入燃烧室,在 1350~1450℃、压力 8.53MPa 的条件下与氧气和蒸气共同反应,生

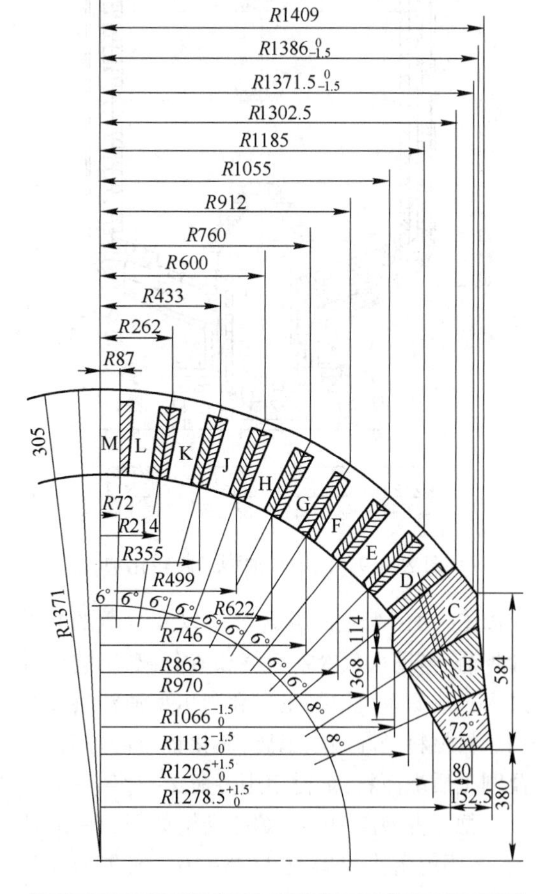

名称	球形拱顶	材料	电熔烧结刚玉
质量 1kg	7858	数量/块	共 431

图 25-18 球形拱顶砖的组装图及刚玉砖的用量

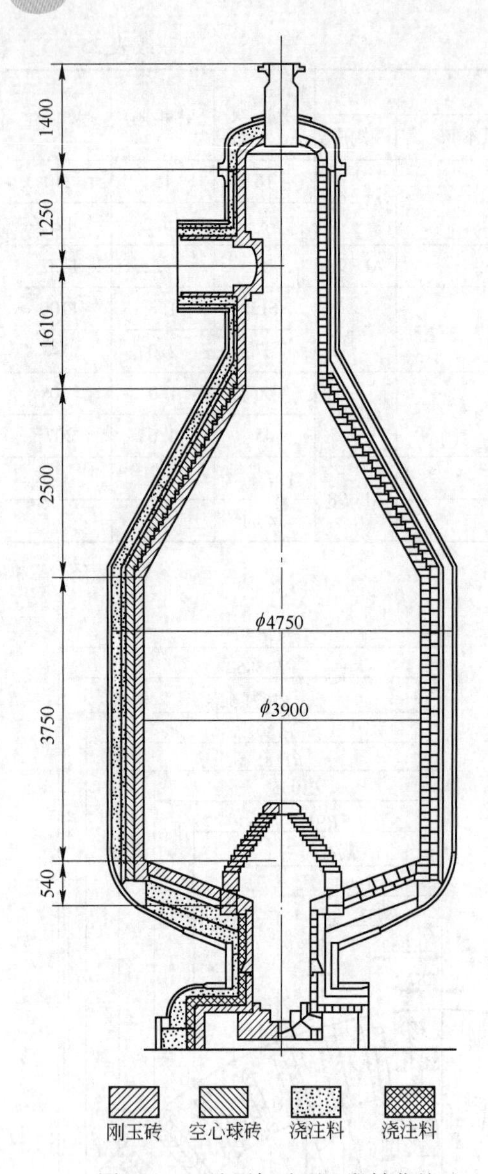

图 25-19 法国轻油型二段转化炉

成以 $CO+H_2$ 为主的混合气体以及少量的炭黑和炉渣，当进入急冷室后气和渣分离，工艺气体进入合成氨系统。德士古和谢尔型渣油气化炉的炉衬材料是高纯刚玉砖，氧化铝空心球砖，以及刚玉质浇注料，炉衬使用寿命 2~3 年。

德士古型渣油气化炉的结构如图 25-20 所示，主要用耐火材料见表 25-10。谢尔型渣油气化炉的结构如图 25-21 所示，主要用耐火材料见表 25-11。

在二段炉和渣油气化炉上使用的各国生产刚玉砖的理化性能指标对比见表 25-12。

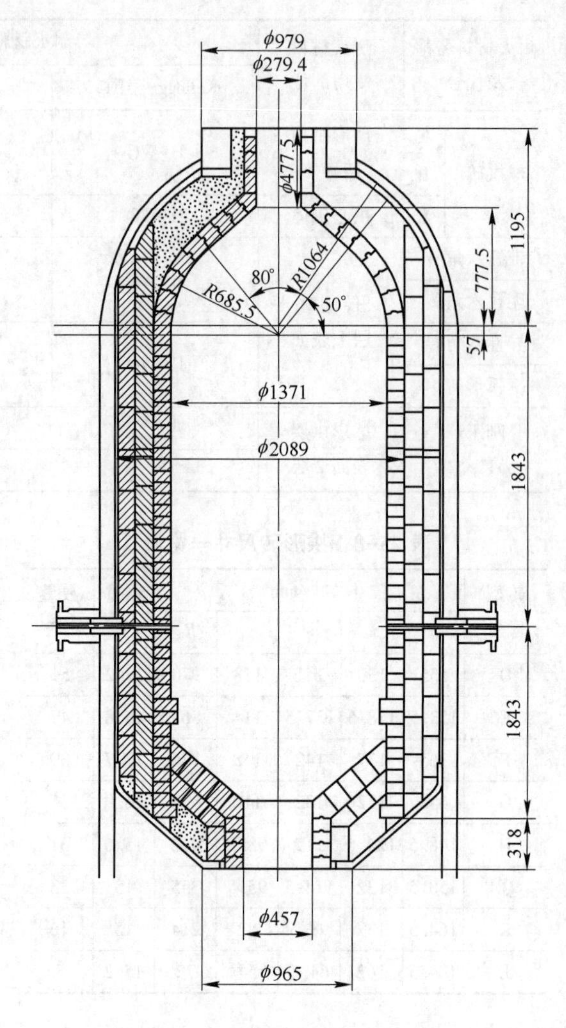

图 25-20 德士古型渣油气化炉结构

表 25-10 某石化厂德士古型合成氨渣油气化炉用耐火材料

材质	刚玉砖	空心球砖	轻质砖	浇注料
用量/t	8.2	3.9	2.5	1.8

表 25-11 某石化厂谢尔型渣油气化炉用耐火材料

材质	刚玉砖	空心球砖	轻质保温砖	浇注料	耐火浇注料
数量/t	17.94	7.5	2.85	4	2.5

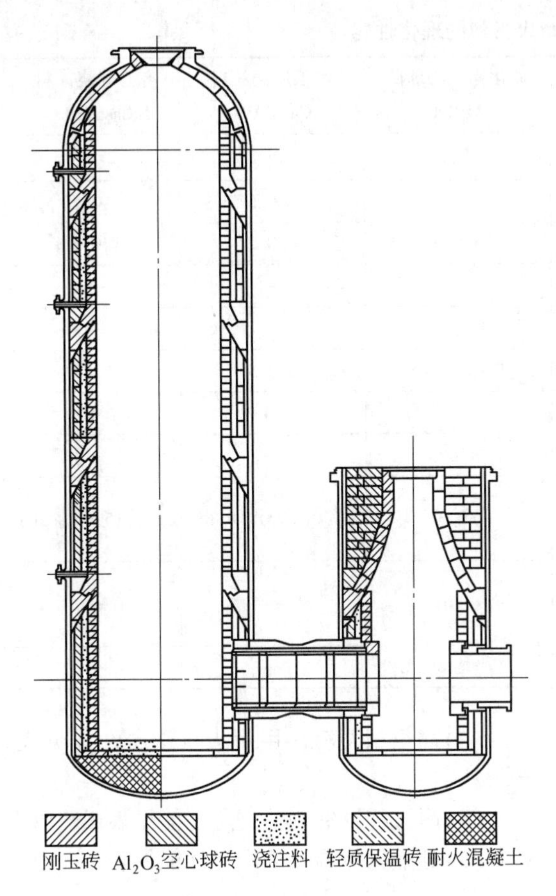

图 25-21　谢尔型渣油气化炉结构

(2)国内某公司生产的合成氨气化炉用耐火材料的理化性能指标见表 25-13。刚玉砖炉衬砌体用刚玉火泥的理化性能指标见表 25-14。各种火泥的理化性能指标见表 25-15。

25.2.3　裂解炉用耐火材料

裂解炉炉衬有两种类型,一种是低温型,另一种是高温型。

低温型炉衬结构:鲁姆斯 SRT 型炉为乙烯生产中多用炉型。炉膛温度不超过 1200℃,炉内为负压操作。炉墙用硅酸钙保温板和高铝轻质耐火材料,辐射段和对流段炉底以及拐角处用高铝质耐火材料浇注料,膨胀缝用耐火纤维填充。各种耐火材料的用量:轻质耐火砖 5.5×10^4 块,烧嘴砖 373 块,不锈钢棒 2300 根,硅酸钙板 4637 块,耐火浇注料 31t,耐火泥浆 1.6t,耐火涂料 0.31t。

高温型炉衬结构:SRT-Ⅲ、SRT-Ⅳ型炉,梯台炉等炉膛温度升高到 1320℃、炉衬耐火材料使用耐火可塑料和耐火纤维构成。

(1)裂解炉的结构示意图如图 25-22 所示。

(2)轻柴油裂解炉主要砌筑材料的用量见表 25-16。

表 25-12　刚玉砖性能比较

项目	中国	美国		日本	法国	荷兰
	LIRR-CB99	HWG	AH199B	CX-AUP	AT-100	AK-99
$w(Al_2O_3)$/%	99.51	>98	99.50	99.18	98.5	≥99
$w(SiO_2)$/%	0.11	0.57	0.13	0.15	0.40	≤0.3
$w(Fe_2O_3)$/%	0.09	0.33	0.022	0.12	微量	≤0.15
显气孔率/%	17.4	20.3	18	14.5	19.3	15~18
体积密度/$g\cdot cm^{-3}$	3.25	2.99	3.23	3.40	3.07	3.25
常温耐压强度/MPa	100.52	28	115.4	110.0	91.8	75
重烧线变化(1600℃×3h)/%	±0.1	—	—	—	-0.2	—
荷重软化温度/℃	>1700	>1790	>1700	>1750	>1700	—
抗热震性(1100℃风冷)/次	>6(水冷)	—	—	—	—	20(风冷)
备　注	二段炉 油气化炉	二段炉	油气化炉	油气化炉	二段炉	油气化炉

表 25-13 气化炉用耐火材料的理化性能

项目	高纯刚玉砖 CB99	氧化铝空心球砖 ABB99	氧化铝空心球砖 ABB90	刚玉质浇注料 CastPA94	空心球浇注料 InCastA-1.7
$w(Al_2O_3)$/%	≥99	≥99	≥90	≥94	≥93
$w(SiO_2)$/%	≤0.2	≤0.2	—	≤0.5	≤0.5
$w(Fe_2O_3)$/%	≤0.15	≤0.15	≤0.3	≤0.2	≤0.2
$w(Cr_2O_3)$/%	—	—	—	—	—
显气孔率/%	—	—	—	—	—
体积密度/$g \cdot cm^{-3}$	≥3.15	1.45~1.65	1.40~1.45	≥2.8	≤1.7
耐压强度/MPa	≥70	≥9	≥10	≥40	≥10
荷重软化温度/℃	≥1700	≥1700	≥1650	—	—
重烧线变化 (1600℃×3h)/%	±0.2	±0.3	±0.3	±1.0(1500℃×3h)	±1.0(1500℃×3h)
线膨胀系数 (20~1500℃)/$℃^{-1}$	8.6×10^{-6}	8.6×10^{-6}	8.0×10^{-6}	—	—
热导率/$W \cdot (m \cdot K)^{-1}$	—	1.5(平均 800℃)	1.3(平均 800℃)	—	—

表 25-14 刚玉砖炉衬砌体用刚玉火泥的理化性能

项目	AL100FP
最高使用温度/℃	1800
最大颗粒尺寸/mm	0.5
$w(Al_2O_3)$/%	94.5
$w(P_2O_5)$/%	4.5
供货条件	刚玉粉:干燥散装(塑料桶); 黏合剂:另外桶装
保存期限	6个月

(3)高温型裂解炉用耐火可塑料性能见表 25-17。

(4)耐火纤维针刺毡理化性能见表 25-18。

(5)硅酸钙保温板的理化性能见表 25-19。

25.2.4 硫黄回收炉用耐火材料

硫黄回收炉的工艺原理是将酸性气体中的 H_2S 通过反应炉的高温热反应和催化反应器的低温催化反应共同使 H_2S 转化为元素硫,以进行回收。硫黄回收炉的主燃烧室为卧式,是整

表 25-15 国内某公司生产各种火泥的理化指标

理化指标	氧化铝火泥			铬刚玉火泥		
	AM-98	AM-95	AMM-90	ACRM-5	ACRM-12	ACRM-30
$w(Al_2O_3)$/%	≥98	≥95	≥90	—	—	—
$w(Cr_2O_3)$/%	—	—	—	≥5	≥12	≥30
$w(Al_2O_3+Cr_2O_3)$/%	—	—	—	≥95	≥95	≥95
$w(SiO_2)$/%	≤0.5	≤2.0	≤5.0	—	—	—
$w(Fe_2O_3)$/%	—	—	—	≤0.5	≤0.5	≤0.5
耐火度/℃	—	—	—	≥1780	≥1780	≥1780
黏结时间/s	60~180	60~180	60~180	60~180	60~180	60~180
黏结强度(1600℃×3h)/MPa	6	8	—	—	—	—
粒度(0.5mm 筛余)/%	≤5	≤5	≤5	≤5	≤5	≤5

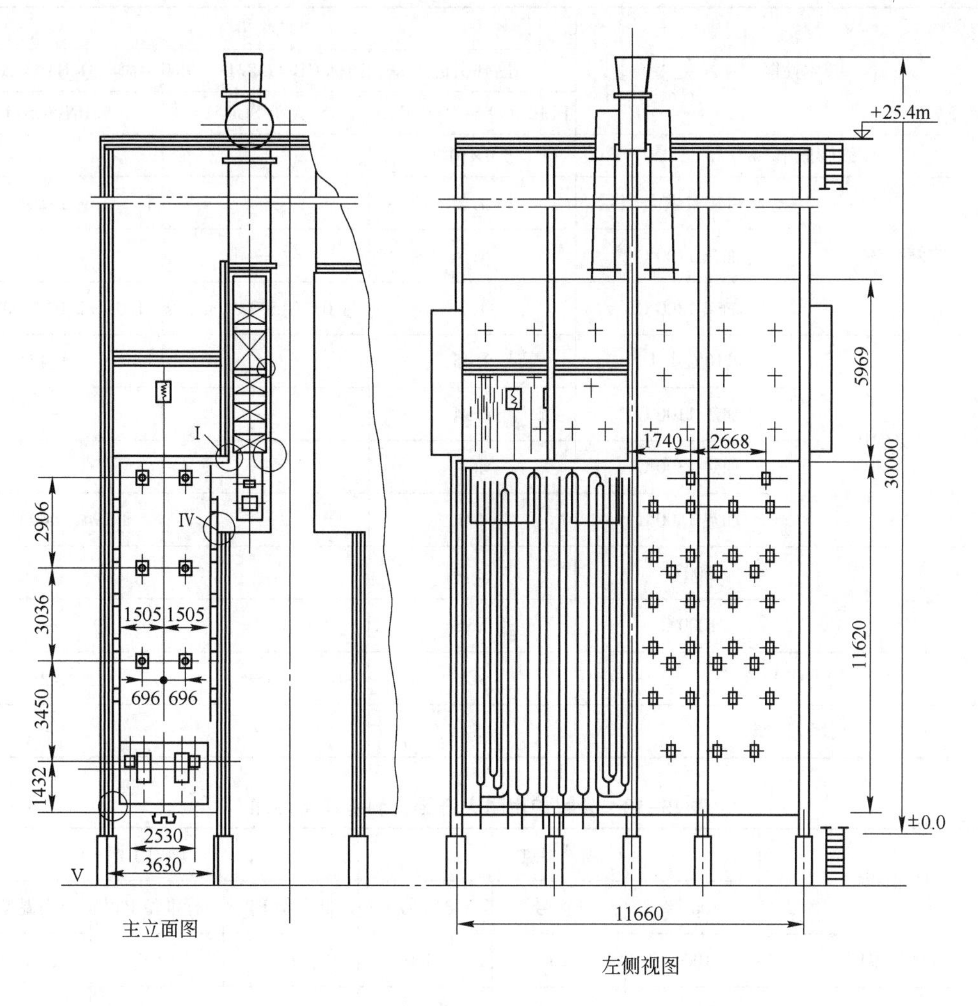

图 25-22 裂解炉的结构示意图

表 25-16 轻柴油裂解炉主要砌筑材料需求量

烧嘴砖/块	黏土质隔热耐火砖/块	耐火材料/t	硅酸钙保温板/块	陶瓷纤维/t	轻质耐火浇注料/t
370	55000	0.31	4640	13.36	30.91

表 25-17 裂解炉用可塑料理化性能

<table>
<tr><td rowspan="3">技术性能</td><td colspan="3">理化指标</td></tr>
<tr><td>国外引进</td><td>国标 GB 4758.1—1984</td><td>上海厂 Q/HYAT 20—1991</td></tr>
<tr><td>PLIBRCO SUPER FAB</td><td>A 类 SG4</td><td>SPNISOSAU</td></tr>
<tr><td>耐火度/℃</td><td>1760</td><td>1770</td><td>—</td></tr>
<tr><td>烘干容重(110℃)/$g \cdot cm^{-3}$</td><td>2.10~2.25</td><td>—</td><td rowspan="2">2.30(1300℃,3h)</td></tr>
<tr><td>施工容量/$g \cdot cm^{-3}$</td><td>2.30~2.40</td><td>—</td></tr>
</table>

续表 25-17

技术性能		理化指标		
		国外引进	国标 GB 4758.1—1984	上海厂 Q/HYAT 20—1991
		PLIBRCO SUPER FAB	A 类 SG4	SPNISOSAU
线膨胀率/%		5.7×10^{-6}		
线收缩率/%	110℃烘干	1.2	—	±1.0
	加热 1100℃	1.3	—	—
	加热 1300℃	1.3	+0.2(1500℃,3h)	-1.0~+2.0(1500℃,3h)
弯曲强度/MPa	110℃烘干	2.45	1.47	1.47
	加热 1100℃	2.94	—	—
	加热 1300℃	4.4	—	—
	加热 1500℃	4.4	—	0.294(1400℃,1h)
热导率/W·(m·K)$^{-1}$	500℃	0.74	—	—
	1000℃	0.93	—	—
$w(Al_2O_3)$/%		42	48	≥40
$w(SiO_2)$/%		52	—	—

表 25-18 裂解炉用耐火纤维针刺毯理化性能

理化性能		国外引进			国内生产		
		306 号	308 号	318 号	低温型 LT	标准型 RT	高温型 HT
最高使用温度/℃		1000	1260	1400	980	1200	1370
体积密度/g·cm^{-3}		0.115	0.128	0.128	—	0.096±0.016	—
规格/mm×mm×mm		6000×600×50	7200×600×25	6000×600×25	6000×600×25	7200×600×50	6000×600×25
热导率 /W·(m·K)$^{-1}$	200℃	0.046	0.044	0.029	—	—	—
	400℃	0.08	0.079	—	0.084	—	—
	600℃	0.15	0.119	0.134	—	0.129	—
	800℃	—	0.15	—	—	—	0.187
	1000℃	—	—	0.263	—	—	—
	1200℃	—	—	0.382	—	—	—
$w(Al_2O_3)$/%		—	50.1	60.2	40~44	46~48	52~55
$w(SiO_2)$/%		—	49.1	38.7	—	—	—
$w(Fe_2O_3)$/%		—	0.1	0.2	0.7~1.5	0.7~1.2	0.1~0.2

表 25-19 裂解炉用硅酸钙保温板理化性能

理化性能	国外引进		国内生产	
	美国矿物保温块	日本硅酸钙保温块	雪硅钙型保温块	硬硅钙型保温块
耐火度/℃	814	1290	650	<1000
体积密度/$g \cdot cm^{-3}$	0.236	0.23~0.26	0.20	0.20
抗折强度/MPa	0.61	0.49	0.54	0.59
线收缩率(1000℃×3h)/%	4.33	1.30	1.30	1.00
热导率(平均温度)/$W \cdot (m \cdot K)^{-1}$	0.058	0.071	0.035~0.040	0.031

个工艺的核心设备。主燃烧室热面砖的选择有多种，其中以刚玉莫来石砖、刚玉砖、铬刚玉砖，以及锆刚玉莫来石砖为主。

以铬刚玉砖为热面砖的硫黄回收炉主燃烧室的结构示意图如图 25-23 所示，某厂硫黄回收炉主燃烧室用耐火材料见表 25-20。

以刚玉砖为工作面的硫黄回收炉主燃烧室的结构图如图 25-24 所示，某厂硫黄回收炉主燃烧室用耐火材料的理化指标见表 25-21。

25.2.5 硫黄尾气处理燃烧造气炉用耐火材料

硫黄尾气处理燃烧造气炉由燃烧室、混合室和烧嘴三部分组成，其结构示意图如图 25-25 所示，筑炉材料需要量见表 25-22。

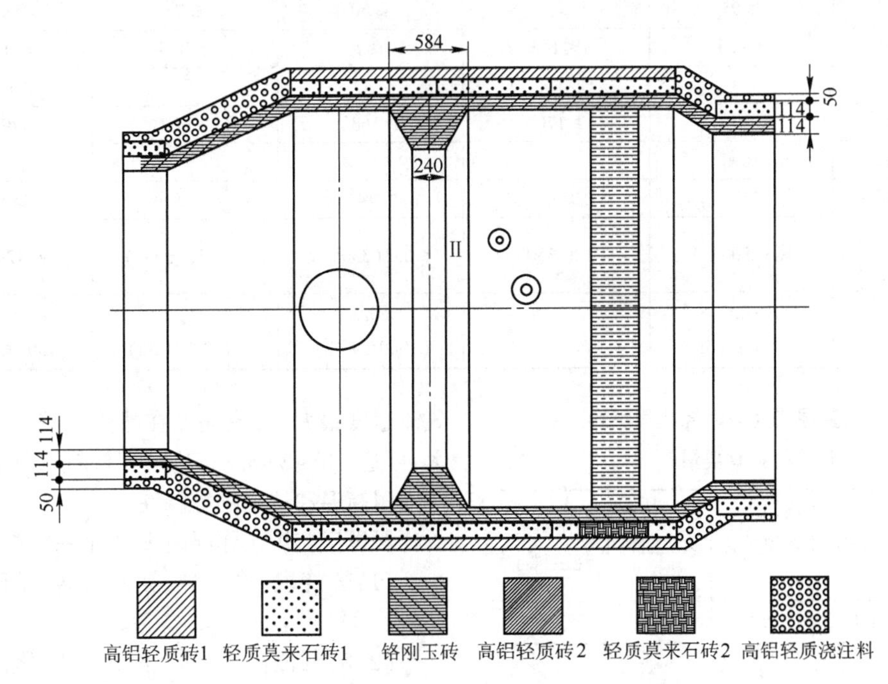

图 25-23 硫黄回收炉主燃烧室结构示意图

表 25-20 某厂硫黄回收炉主燃烧室耐火材料理化指标

材料名称	刚玉莫来石砖	铬刚玉砖	莫来石轻质砖 1	莫来石轻质砖 2	高铝轻质砖 1	高铝轻质砖 2	高铝轻质浇注料
$w(Al_2O_3)$/%	≥95	85	≥65	≥65	≥45	≥45	≥40
$w(Fe_2O_3)$/%	≤0.5	≤0.5	≤1.5	≤1.5	≤2	≤2	≤2
$w(Cr_2O_3)$/%	—	≥12	—	—	—	—	—

续表 25-20

材料名称	刚玉莫来石砖	铬刚玉砖	莫来石轻质砖 1	莫来石轻质砖 2	高铝轻质砖 1	高铝轻质砖 2	高铝轻质浇注料
耐火度/℃	≥1790	≥1790	≥1700	≥1700	≥1630	≥1650	≥1630
荷重软化温度/℃	1690	1700	—	—	—	—	—
常温耐压强度/MPa	>60	>100	>3.5	>6	>3.5	>6	>4
热导率/$W\cdot(m\cdot K)^{-1}$	—	—	≤0.3	≤0.4	≤0.3	≤0.4	≤0.4
烧后线变化率/%	±0.2 (1300℃×3h)	±0.2 (1300℃×3h)	—	—	—	—	—
体积密度/$kg\cdot m^{-3}$	≥2900	≥3250	1000	1200	1000	1200	1000
需要量/t	21.25	3.05	1.76	2.43	1.67	0.15	3.5

表 25-21 某厂家硫黄回收炉用耐火材料的理化指标

项目	刚玉砖	莫来石轻质砖	轻质浇注料	耐酸浇注料	刚玉浇注料
体积密度/$kg\cdot m^{-3}$	≥2900	1000	1300	2500	2800~3000
$w(Al_2O_3)$/%	≥95	≥65	≥50	≥75	≥92
$w(Fe_2O_3)$/%	≤0.3	≤1.5	≤2	≤3.5	≤0.5
$w(SiO_2)$/%					≤0.15
耐火度/℃	≥1790	≥1700	≥1630	≥1750	≥1790
荷重软化温度/℃	1690				
耐压强度/MPa	≥70	≥3.5	≥4	≥50	≥55
导热系数/$W\cdot(m\cdot K)^{-1}$	≤3(800℃)	≤0.3(350℃)	≤0.3(350℃)	≤1.3(800℃)	≤2(1200℃)
重烧线变化/%	±0.2 (1300℃×3h)		±0.3 (1000℃×3h)	±0.6 (1400℃×3h)	±0.35 (1300℃×3h)

表 25-22 硫黄尾气处理燃烧造气炉的主要砌筑材料需要量

刚玉砖/t	高铝砖/t	高铝质隔热耐火砖/t	磷酸盐耐火浇注料/t	轻质耐火浇注料/t
1.6	1.8	2.1	1.2	2.4

25.2.6 炭黑反应炉用耐火材料

炭黑反应炉多以重油为燃料,乙烯焦油等碳氢化合物为原料,在炉内进行复杂反应,碳氢原料的热分解,冷却后形成炭黑。反应炉内燃烧段温度可达 1600~1700℃,随着对炭黑产品质量的不断提高和对生产技术的调整,操作温度提高至 1900℃,甚至超过 2000℃;且炉内热气流速度很大,气流速度在喉管末端为全炉最大,可达 340~370m/s,其耐火材料选材要着重考虑耐高温和抗冲刷等特性。

炭黑反应炉工作层耐火材料一般选择:

(1)燃烧段:刚玉砖、铬刚玉砖、铬刚玉浇注料。

(2)喉管段:刚玉砖、铬刚玉砖、铬刚玉浇注料。

(3)反应段:刚玉砖、铬刚玉砖、铬刚玉浇注料。

(4)急冷段:刚玉砖、刚玉-莫来石砖。

(5)停留段:莫来石砖、高铝砖、高铝浇注料。

炭黑反应炉保温层耐火材料一般选择:

(1)燃烧段:氧化铝空心球浇注料。

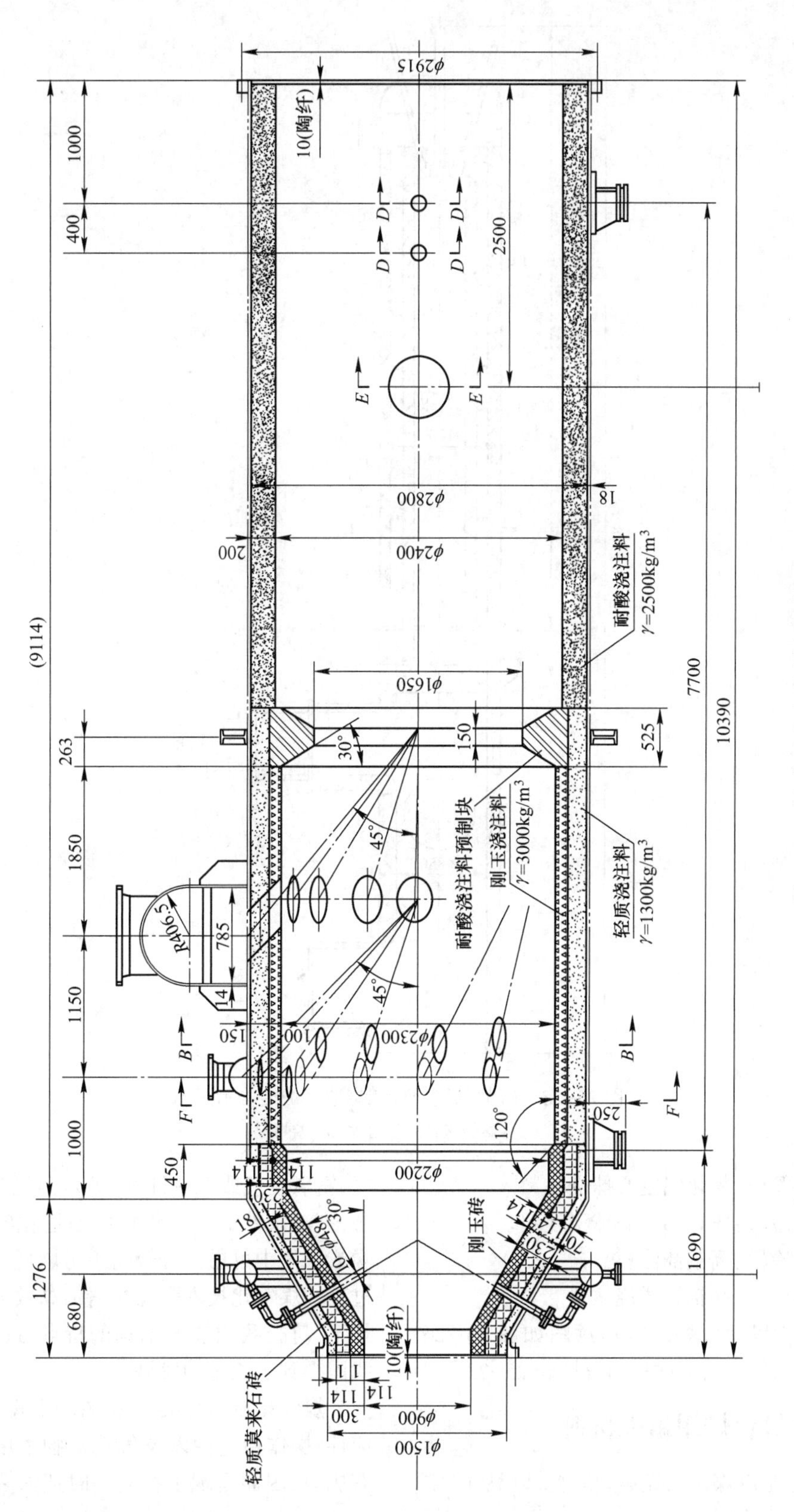

图25-24　硫黄回收主燃烧室结构图

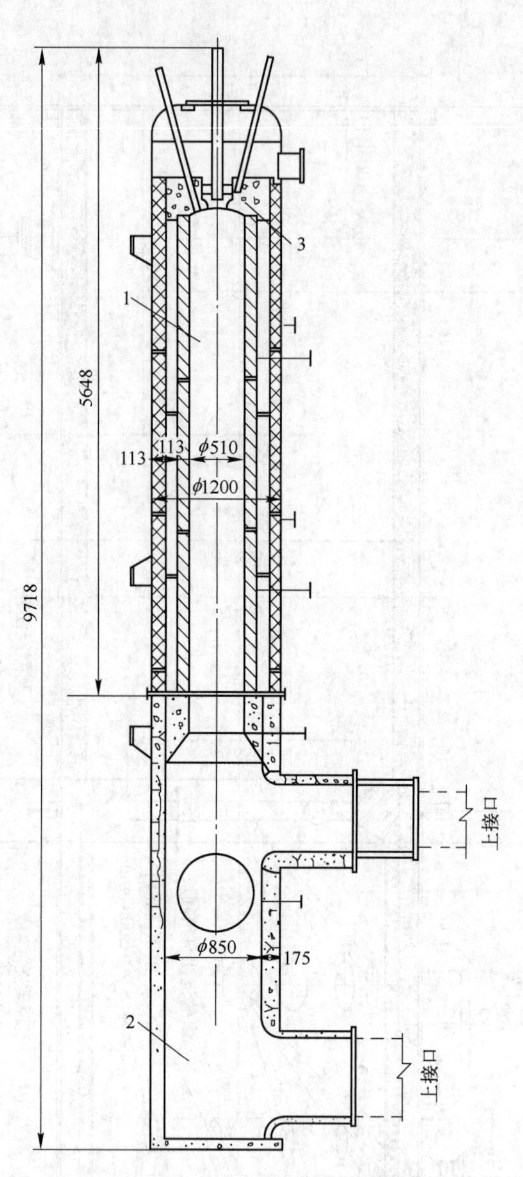

图 25-25 硫黄尾气处理燃烧造气炉结构示意图

1—燃烧室;2—混合室;3—烧嘴

(2)喉管段:氧化铝空心球浇注料。

(3)反应段:氧化铝空心球浇注料。

(4)急冷段:高铝浇注料。

(5)停留段:高铝轻质浇注料。

1500t 炭黑反应炉结构示意图如图 25-26 所示,其各部位的耐火材料用量见表 25-23。

25.3 煤气化炉用耐火材料

煤气化是以煤炭或煤焦为原料,以氧气(空气、富氧空气或工业纯氧)或水蒸气等作为气化剂,高温条件下在气化炉中通过化学反应将煤炭或煤焦中可燃部分转化为可燃性气体的工艺过程。煤气化技术是煤炭清洁高效转化的核心技术,符合我国能源结构的特点,近 30 年来在我国得到了长足的发展。

煤气化技术种类繁多,在气化效率、煤种适应性、操作稳定性以及气化产物浓度等方面各有优势,因而呈现了在同一时期内多种气化技

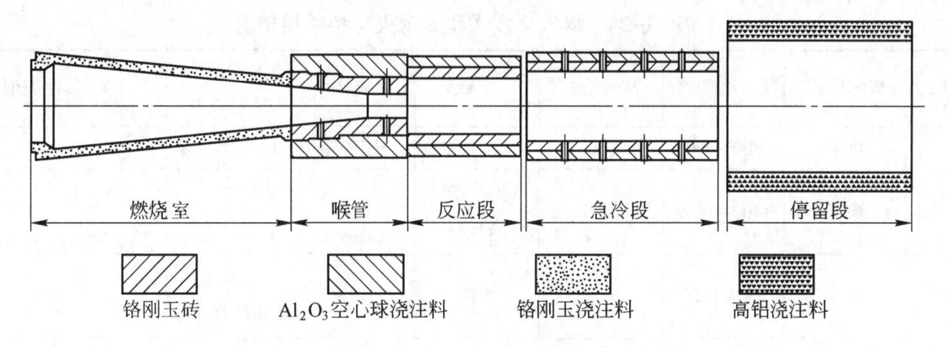

图 25-26 炭黑反应炉结构示意图

表 25-23 1500t 炭黑反应炉耐火材料用量

材料	刚玉砖/t	铬刚玉砖/t	铬刚玉浇注料/t	氧化铝空心球浇注料/t	高铝质浇注料/t	高铝轻质浇注料/t
燃烧段			1.3	1.2		2.5
喉管段		0.3		0.6		
反应段		0.5		0.5		
急冷段				3.0		
停留段	4				29	
合计	4	0.8	1.3	5.3	29	2.5

术并行应用发展的格局。我国作为目前世界上煤气化工业产出量最大的国家,除引进国外先进气化技术外,大量具有自主知识产权的煤气化技术也发展迅猛。煤气化技术分类与气化装置有关,但无统一标准。传统上按照煤在气化装置中的流体力学行为,分为固定床气化、流化床气化、气流床气化三种;另外,按照原料粒度和形态又可分为水煤浆气化、粉煤气化和碎煤气化,如图 25-27 所示。

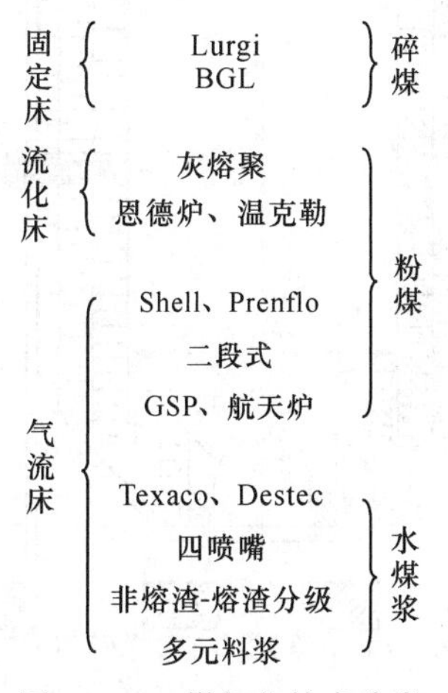

图 25-27 煤气化技术分类

煤的气化环境需要高温高压,气化过程中煤炭或水煤浆、氧气、合成气以及煤炭中杂质高温下形成的熔渣等物质在持续运动,容纳这些物质和反应过程的装置——煤气化炉是煤气化技术中的核心设备之一。煤气化炉的内衬主体为耐火材料,不同煤气化技术的工艺特点和工况条件决定了气化炉耐火材料的种类、配置等,表 25-24 为主要煤气化技术和耐火材料的使用情况。

25.3.1 水煤浆气化技术用耐火材料

水煤浆气化技术是将煤或石油焦等以水煤浆或水炭浆的形式与气化剂一起通过喷嘴,气化剂高速喷出,与料浆并流混合雾化,在气化炉内进行火焰型非催化部分氧化反应的工艺。目前最为成熟和具有代表性的工艺有美国 GE 气化技术(原 Texaco 德士古气化)、美国 CB&I 公司的 E-Gas 气化技术(原 DOW 气化)以及中国以华东理工大学为主开发的多喷嘴对置式水煤浆气化技术(Opposition Multi-Burner,OMB)等。

水煤浆气化炉都以液态形式排渣,液态排

表 25-24 煤气化技术和其耐火材料使用情况

运动状态	煤的形式	操作温度/℃	排渣形式	炉壁	代表技术	国外其他类似技术	国内其他类似技术
固定床	块煤	800~900	固态	水冷	Lurgi 鲁奇炉	UGI(常压)	
	块煤	1400~1600	液态	水冷+耐火材料	BGL		
流化床		950~1100	液态	水冷	HTW	U-Gas、KBR(TRIG)	ICC
气流床	干粉煤	1400~1600	液态	水冷(少量 SiC)	Shell	GSP、Prenflo、CCG、MHI	清华炉、航天炉(HT-L)、东方炉、两段炉(TPRI)、五环炉
	水煤浆	1300~1500	液态	耐火材料	GE(原 Texaco 德士古)	E-Gas(原 DOW、Destec 康菲炉)	多喷嘴对置(OMB)、多元料浆

渣的气化炉操作温度高,气化强度大,损毁主要是化学侵蚀、机械冲刷以及伴随着温度波动而产生的剥落等。

水煤浆气化炉基本上为热壁式气化炉,以抗渣性良好的致密耐火材料为反应衬,保温隔热性较好的轻质耐火材料为保温层。GE 气化炉耐火材料主要分三种,各部位耐火材料的配置如图 25-28 所示。筒身部位从热面向冷端依次为:(1)向火面耐火层,它是耐高温耐侵蚀的消耗层,要求具有高温化学稳定性、较高的耐压强度和抗热震性。一般选用 $w(Cr_2O_3)\geqslant75\%$ 的高铬砖。(2)背衬层,其主要作用是隔热保温,但在向火面砖消失的情况下可作为一个短暂的安全衬里使用。背衬砖大多使用 $w(Cr_2O_3)$ 为 10%~15%的铬刚玉砖。(3)隔热层,要求其隔热性能好,以使金属炉壳始终处于安全温度界限之内,并且具有一定强度,一般选用氧化铝空心球砖。其他水煤浆气化炉炉衬耐火材料布置与 GE 气化炉大体一致[1]。

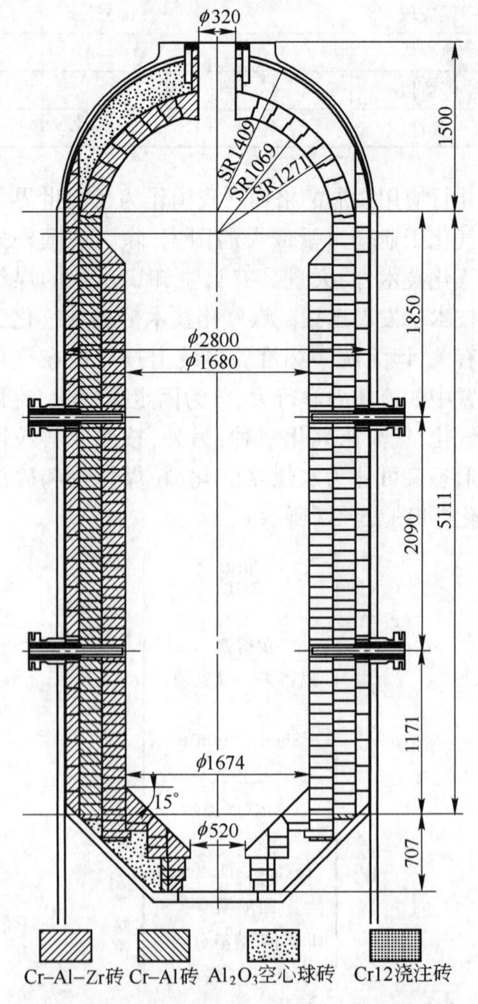

图 25-28 GE 水煤浆气化炉耐火材料结构图

25.3.1.1 高铬耐火制品

高铬耐火制品具有优异的抗侵蚀性,常温和高温强度高、耐磨性好、耐火度高、抗热震性优、高温体积稳定性好等特点,广泛应用于水煤浆加压气化炉工作面衬里。表 25-25 是国内外高铬砖实测的理化性能指标。

表 25-25 高铬砖实测的性能指标

技术指标	国内 A 厂	国内 B 厂	国内 C 厂	国外 A 厂	国外 B 厂	国外 C 厂
	GGZ-90	GGZ-85	GGZ-85	Zirchrome90	SERV®95	AUREX90
$w(Cr_2O_3)$/%	89.06	86.39	86.7	87.29	94.5	90
$w(Al_2O_3)$/%	—	—		3.46		9
$w(ZrO_2)$/%	3.52	4.02		6.02		
$w(Fe_2O_3)$/%	0.14	0.14	0.12	0.15	0.1	0.35
$w(SiO_2)$/%	0.12	0.15	0.11	0.6	0.7	0.35
显气孔率/%	14.7	15.4	15.8	17	19	15.9
体积密度/g·cm^{-3}	4.32	4.31	4.27	4.21	3.99	4.34
常温耐压强度/MPa	177	126	180	144.8		
高温抗折强度(1400℃×0.5h)/MPa	38.9	30	—		10.3	
平均线膨胀系数(1500℃)/℃$^{-1}$	8.1×10^{-6}	7.9×10^{-6}	—	6.6×10^{-6}		
抗热震性(1100℃,水冷)/次	6	—	—			
热导率(热线法)(1000℃)/W·(m·K)$^{-1}$	3.68	—	4.5			

25.3.1.2 铬刚玉耐火制品

铬刚玉耐火制品以 Al_2O_3 为主成分,Cr_2O_3 为次成分,俗称铬刚玉砖。铬刚玉砖具有抗热震性优、常温耐压强度和高温强度高、耐火度高、高温体积稳定性好、较好的抗侵蚀性和优良的耐磨性等特点,通常作为水煤浆气化炉背衬的支撑耐火材料使用。国内外常用铬刚玉砖的主要性能指标列于表 25-26。

表 25-26 国内外铬刚玉砖的理化性能

项目	铬刚玉砖					
	国内 A 厂	国内 B 厂	国内 C 厂	国内 D 厂	美国	法国
$w(Cr_2O_3)$/%	≥12	≥10	≥20	≥5	9.5	12.36
$w(Al_2O_3)$/%					89.5	85.8
$w(Cr_2O_3+Al_2O_3)$/%	≥95	≥93	≥93	≥93		
$w(Fe_2O_3)$/%	≤0.3	≤0.5	≤0.5	≤0.3	—	—
$w(SiO_2)$/%	≤0.3	≤0.5	≤0.5	≤0.5	0.2	0.17
显气孔率/%	≤18	≤19	≤17	≤18	16~19	16
体积密度/g·cm^{-3}	≥3.25	≥3.20	≥3.4	≥3.15	3.15	3.40
常温耐压强度/MPa	≥120	≥100	≥120	≥100	56.3~70.4	142
高温抗折强度(1400℃×0.5h)/MPa	≥15	≥10				

续表 25-26

项 目	铬刚玉砖					
	国内 A 厂	国内 B 厂	国内 C 厂	国内 D 厂	美国	法国
平均线膨胀系数(1500℃)/$℃^{-1}$	$9×10^{-6}$	$9×10^{-6}$				
抗热震性能(1100℃,水冷)/次	6		6	10		
热导率(热线法)(1000℃)/$W·(m·K)^{-1}$	4.1		4.1	4.0		

25.3.1.3 铬刚玉耐火浇注料

铬刚玉耐火浇注料具有高温性能优、抗冲刷、耐腐蚀、荷重软化温度(1780℃)高等特点,且施工方便,砌体整体性好,成本低,在水煤浆气化炉中一般作为非工作层,主要用于气化炉锥底、拱顶等结构复杂的部位。相比铬刚玉砖,铬刚玉浇注料的整体性及施工性能更好,同时由于气孔率更高,隔热效果要好于铬刚玉砖。铬刚玉耐火浇注料的主要性能指标列于表 25-27。

表 25-27 铬刚玉耐火浇注料的理化性能

项目	A 公司	B 公司
$w(Al_2O_3)$/%	84~86	79.22
$w(Cr_2O_3)$/%	9~10	12.22
$w(SiO_2)$/%	0.5~0.6	2.58
体积密度(1000℃热处理后)/$g·cm^{-3}$	3.5	2.9
常温耐压强度(1000℃热处理后)/MPa	73.5	47.8
重烧线变化率(1650℃)/%	+0.6	±0.4
高温蠕变(1550℃,24h,0.5MPa)/%	<0.2	—
平均线膨胀系数(1500℃)/$℃^{-1}$	$8.6×10^{-6}$	—
热导率(1000℃)/$W·(m·K)^{-1}$	2.0	—

25.3.1.4 氧化铝空心球制品

氧化铝空心球制品有自结合和莫来石结合两种。自结合氧化铝空心球砖是以氧化铝空心球为骨料,Al_2O_3 细粉为基质生产而成的高纯产品,其结合相为 Al_2O_3 自身。莫来石结合氧化铝空心球砖是以 Al_2O_3 空心球为骨料,以烧结 Al_2O_3 与含 SiO_2 材料混合细粉为基质,其基质部分的主要矿物为莫来石和刚玉。莫来石结合氧化铝空心球砖的特点是强度高、抗热震性好,但安全使用温度一般低于自结合氧化铝空心球砖。两种氧化铝空心球砖的主要性能列于表 25-28。

表 25-28 氧化铝空心球砖的主要理化性能

种类		自结合	莫来石结合
$w(Al_2O_3)$/%		98.5~99.5	85~95
$w(SiO_2)$/%		0.10~0.20	4~13
$w(Fe_2O_3)$/%		0.10~0.15	≤0.3
$w(R_2O)$/%		0.2~0.25	≤0.3
体积密度/$g·cm^{-3}$		1.35~1.6	1.35~1.6
常温耐压强度/MPa		8~16	9~16
荷重软化开始温度/℃		>1700	1650~1700
加热线变化(1600℃×3h)/%		-0.2~0.2	-0.2~0.2
线膨胀系数(1300℃)/$℃^{-1}$		$(8.5~8.7)×10^{-6}$	$(6.0~7.8)×10^{-6}$
导热系数(热线法)/$W·(m·K)^{-1}$	600℃	2.64	—
	1200℃	2.02	1.5~2.0
抗热震性(1100℃,空冷)/次		>20	15~40

25.3.2 粉煤气化技术用耐火材料

粉煤气化技术是以干煤粉为原料,以纯氧和蒸汽为气化剂,高温条件下在气化炉中通过化学反应转化为工艺气体。代表性的工业化粉煤气化炉炉型主要有如下几种：K-T 炉、Shell 气化炉、Prenflo 气化炉、GSP 气化炉，国产化的炉型包括恩德炉、ICC 灰熔聚气化炉、HT-L 粉煤加压气化炉、二段炉、五环炉、东方炉和神宁炉。图 25-29 为典型的粉煤气化炉结构示意图。

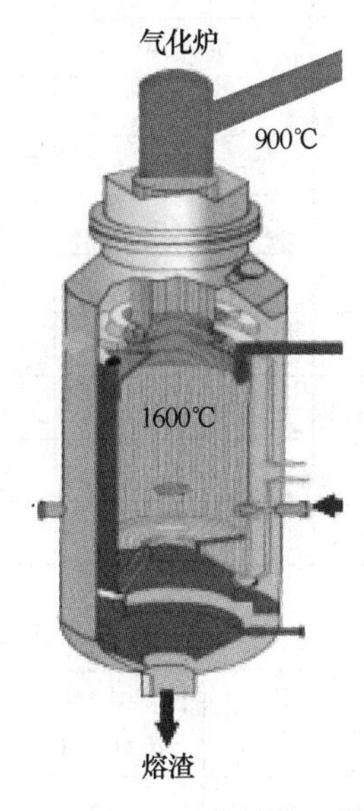

图 25-29 Shell 炉结构示意图

粉煤气化技术的气化室炉体均为水冷壁/耐火材料复合结构，根据不同的炉型分为垂直管结构和盘管结构，利用管内的水或蒸汽强制冷却作用带走熔融炉渣的热量，使其附着在气化室内壁，在耐火材料表面形成稳定的固渣层—熔融层—流动层的热阻结构，使得在气化炉运行期间耐火材料不与高温熔渣直接接触，实现“以渣抗渣”的工艺，从而达到气化炉长寿命运行的目标。与水煤浆气化技术相比，粉煤气化炉的气化室的耐火材料特征鲜明，其用量少、工作层薄、稳定性好、使用寿命长。例如日处理量 1500t 的航天炉的气化室耐火材料用量仅为 5t 左右，耐火材料的工作厚度仅为 2～4cm，主体设计寿命可达 10 年以上[2,3]。

25.3.2.1 碳化硅-刚玉复合耐火捣打料

碳化硅-刚玉复合耐火捣打料主要用于水冷壁区域。利用碳化硅-刚玉复合耐火捣打料的高导热性迅速地将其表面渣的热量带走，从而降低渣的温度并使其固化，逐渐形成稳定的固态渣层，实现“以渣抗渣”，有效地保护了耐火材料免受高温液态渣的侵蚀[3]。

碳化硅-刚玉复合耐火捣打料是 $SiC-Al_2O_3$ 体系。原料为碳化硅、刚玉、活性氧化铝微粉、添加剂和结合剂等。常规的碳化硅-刚玉复合耐火捣打料的组成比例为：碳化硅 65%～75%，氧化铝 20%～30%，结合剂以液体的形式外加，采用捣打的方式施工到水冷盘管表面。国内某公司生产的碳化硅-刚玉复合耐火捣打料理化性能指标示列于表 25-29。

表 25-29 碳化硅-刚玉复合耐火捣打料的理化性能指标

项 目		指标
化学成分(质量分数)/%	SiC	70
	Al_2O_3	26
	Fe_2O_3	0.2
体积密度/$g \cdot cm^{-3}$	110℃×24h	2.6
	1000℃×5h	2.55
耐压强度/MPa	110℃×24h	60
	1000℃×5h	70
线变化率/%	110℃×24h	-0.5
	1000℃×5h	-0.7
热导率/$W \cdot (m \cdot K)^{-1}$	110℃	3.85

25.3.2.2 高强耐磨刚玉捣打料

Shell 气化炉在合成气输送段里的急冷管和输气管部位，要求工作衬耐火材料具有：(1)优异的耐磨性，以抵抗固体粉尘的磨损和高温气流的冲刷；(2)优异的抗 CO 侵蚀能力，避免出现因 CO 侵蚀而引起的材料结构破坏；(3)良好的耐酸性和体积稳定性，以抵抗粗合成气里酸性气体的侵蚀；(4)良好的抗热震性，以适应气流的大幅温度变化；(5)优异的施工性能，以保证材料施工后能够达到预期的性能指标。目前一般推荐采用高强高耐磨的刚玉捣打料，通常以电熔刚玉等氧化铝基的耐火原料为主要原料，选用液体磷酸盐作为结合剂。产品具有耐磨损、强度高、耐热震性能好、易施工、耐侵蚀等优点。各公司高强耐磨刚玉捣打料的性能指标见表 25-30。

表 25-30　高强耐磨刚玉捣打料的性能指标对比

项目	温度/℃	中国 LNY PA85	中国 BJJCY JA-95	美国 Resco AA-22S	英国 Actchem85
体积密度/kg·m^{-3}	110	2950~3050	2940~3050	2528~2720	2900~3000
	540	2900~3000	2870~3000		2900~3000
	815	2900~3000	2870~3000	2464~2672	2900~3000
耐压强度/MPa	110	75~120	70~100		96~124
	540	80~150	90~130	84~140	110~124
	815	80~150	90~130	84~140	110~193
抗折强度/MPa	110	8~14	11~15		22~28
	540	12~16	15~20	12.6~16.8	28~40
	815	12~16	15~20	12.6~16.8	30~40
线变化率/%	815	0~-0.3	0~-0.3	0~-0.3	-0.2~-0.4
常温磨损量/cm^3		≤4		≤4	≤3
$w(Al_2O_3)$/%		≥85		≥80	≥83.4
$w(Fe_2O_3)$/%		≤0.5		≤1.0	≤1.0

25.3.2.3　碳化硅浇注料

在粉煤加压气化装置结构复杂的烧嘴和下渣口部位普遍采用碳化硅浇注料。碳化硅浇注料通常是以 80%~90% 的碳化硅为主要原料(质量分数),以纯铝酸钙水泥为结合剂,加上多种添加剂搅拌而成,以干粉料形式供货。该产品经加水拌合,在规定的模具中振动浇注成型、养护、脱模和烘烤后即可投入使用,制成的浇注体具有热导率高、耐侵蚀性能优异、抗热震性好、结构整体性好、强度高的优点,国内外产品的主要性能指标见表 25-31。

表 25-31　碳化硅浇注料的性能指标

项目		国内某公司 SICACAST	KaraplanSiC-F-85-LC
化学组成(质量分数)/%	SiC	86	85
	Al_2O_3	8.5	8.8
	SiO_2	3.4	4.0
	Fe_2O_3	0.25	0.1
	CaO	1.55	1.85
热导率/W·(m·K)$^{-1}$	800℃	8.5	7.5
	1000℃	8.8	7.8

续表 25-31

项目		国内某公司 SICACAST	KaraplanSiC-F-85-LC
永久线膨胀率/%	800℃	-0.2	-0.73
体积密度/g·cm^{-3}	110℃	2.65	2.42
耐压强度/MPa	800℃	120	85
	1000℃	160	85
最高使用温度/℃		1500	1350

25.3.2.4　轻质高强刚玉浇注料

顶喷式粉煤气化炉顶部,为了保护烧嘴支撑结构的法兰金属表面,结构内部需要敷设一层耐火材料。当烧嘴支撑结构盘管发生合成气内泄时,该耐火材料可起到保护金属壁的作用。基于该部位的工作环境,对耐火材料提出了如下要求:(1)较高的阻热能力;(2)充足的机械强度,保持结构的长期稳定;(3)可施工性尤其是自流性(通过烧嘴支撑结构处预留孔施工);(4)抗爆性好,烘烤或高温使用时无蒸汽析出或仅少量蒸汽析出;(5)具备抗还原性混合气侵蚀的性能。烧嘴支撑部位通常选用轻质高强刚玉浇注料,该浇注料以氧化铝空心球为主原料,配有结合剂(铝酸钙水泥)、造孔剂、稳泡剂、减水剂等添加剂,将所有原料按配比混合均匀,加水搅拌后经浇注成型。轻质高强刚玉浇注料的理化指标见表25-32。

表25-32 轻质高强刚玉浇注料的理化指标

项目		国内某公司 ALCAST	国外某公司
$w(Al_2O_3)/\%$		89.5	88
$w(SiO_2)/\%$		0.2	0.7
$w(CaO)/\%$		10	9.5
热导率 $/W\cdot(m\cdot K)^{-1}$	500℃	0.59	0.95
	1000℃	0.68	0.9
体积密度 $/g\cdot cm^{-3}$	110℃×24h	1.35	1.4
耐压强度 /MPa	110℃×24h	23	15

25.3.3 碎煤/块煤气化技术用耐火材料

碎煤熔渣气化技术属于内带耐火衬里外有冷却装置的气化技术,依靠综合设计的耐火材料起到抗侵蚀和保温等效果,耐火材料性能对其能否实现高效运行起决定性作用。

碎煤气化装置可分为常压气化和加压气化。常压气化技术是以空气、蒸汽、氧气为气化剂,将固体燃料转化成煤气的过程,生成的煤气的有效成分主要有H_2、CO和少量CH_4。加压技术是在常压气化技术基础上发展起来的,以氧气和水蒸气为气化剂。典型常压气化炉为UGI(United Gas Improvement)炉,加压气化炉为鲁奇(Lurgi)炉和BGL(British Gas and Lurgi)炉,国产化的炉型主要为赛鼎碎煤加压气化炉和YM炉[4]。

目前,碎煤加压气化炉内衬材料包括碳化硅基耐火材料和刚玉耐火材料。图25-30为BGL气化炉内衬材料的综合配置。其中碳化硅基耐火材料包含氮化硅结合SiC、莫来石结合SiC、重结晶SiC和SiC-$MoSi_2$,其他种类的耐火制品未见有在气化炉上使用的报道。氮化硅结合SiC耐火制品及莫来石结合碳化硅制品已成功应用于碎煤气化装置中,使用寿命约3个月。重结晶SiC与SiC-$MoSi_2$复合耐火制品是在深入分析碎煤熔渣气化炉工况条件的基础上研究开发出的新材料,在气化炉上进行试用,使用寿命可长达6个月。氧化物类的高纯刚玉耐火制品,具有高耐磨性,成功应用于气化装置中,使用寿命长达6个月。

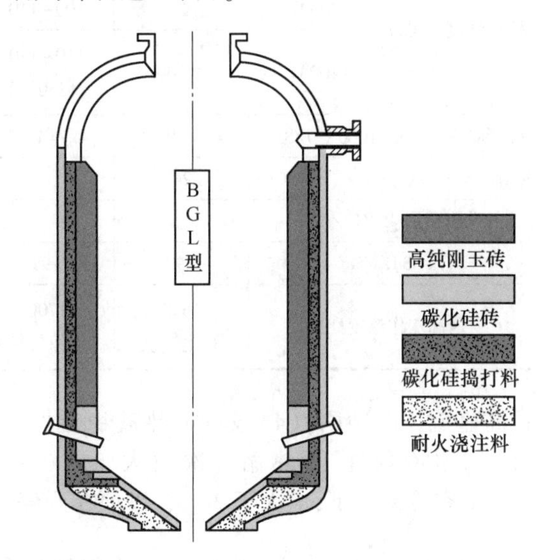

图25-30 BGL气化炉内衬材料的综合配置

25.3.3.1 碳化硅材料

重结晶SiC制品(R-SiC)是一种靠SiC晶粒的再结晶作用而使晶粒与晶粒直接结合的α-SiC单相陶瓷材料,SiC含量98%以上,摩尔容积小,晶格能大,无熔点,在2273℃时具有较大的蒸气压力,通过蒸发—凝聚传质来完成SiC的烧结,制品体积不收缩,但质量会减小,显气孔率增大。国内外R-SiC制品的技术性能指标见表25-33。

25.3.3.2 刚玉砖

石油化工对刚玉砖使用条件极为苛刻,刚玉产品应具有如下特性:(1)$Al_2O_3\geqslant 99\%$,SiO_2和Fe_2O_3含量分别不大于0.15%和0.20%,以抵抗熔渣侵蚀和避免或减轻还原介质H_2的还原,保持砖结构的完整性和高的热态强度;(2)低的显气孔率,一般不大于18%,以降低熔渣和工艺气体CO的渗透深度,减轻砖的结构剥落;(3)高的强度,常温抗折强度大于20MPa,以抵

表 25-33 重结晶碳化硅制品理化性能比较

性能		R-SiC(中国)	R-SiC(中国)	R-SiC(美国)	R-SiC(进口)	R-SiC(德国)	R-SiC(德国)
体积密度/g·cm^{-3}		≥2.65	2.62~2.72	2.70	2.70	2.65	2.60
显气孔率/%		15~16	≤15	15	15		15
常温耐压强度/MPa			300				700
抗折强度/MPa	20℃		90~100	100	80	120	100
	1200℃		100~110		90		
	1400℃	≥100	110~120 (1350℃)			140(1370℃)	130
线膨胀系数(20~1000℃)/℃$^{-1}$		4.8×10^{-6}	4.7×10^{-6}		4.8×10^{-6}	4.9×10^{-6}	4.8×10^{-6}
热导率(1000℃)/W·(m·K)$^{-1}$		24		21(1200℃)	25	23	20(1400℃)
弹性模量(20℃)/GPa					240	230	210
w(SiC)/%		>99	>99	99	99	>99	>99
最高工作温度/℃		1650 (氧化气氛)	1700 (还原气氛)				1650

抗高速流体的冲刷;(4)较好的热震稳定性。1100℃水冷条件下,热循环次数大于6次;1100℃空冷条件下,应大于30次,以便在开停炉或操作不稳定时,能抵抗温度波动引起的热剥落。目前,国内外的刚玉砖生产厂家的性能指标对比见表25-34。

表 25-34 刚玉砖技术指标

指标		中国			日本	美国	
		传统	常规	新型	CX-AWP	AH199B	AH199H
$w(Al_2O_3)$/%		95~97	99.3	99.52	98.82	99.60	99.50
$w(Cr_2O_3)$/%		—	—	—	—	—	—
$w(SiO_2)$/%		2~3	0.14	0.13	0.28	0.11	0.06
$w(Fe_2O_3)$/%		≤0.5	0.12	0.12	0.01	0.041	0.07
显气孔率/%		20~24	18	18	17~18	18	12
体积密度/g·cm^{-3}		3.0~3.1	3.20	3.23	3.25~3.26	3.23	3.47
耐压强度/MPa		50~60	103	122	85~90	107	296
抗折强度/MPa	1250℃	—	11.1	11.1	—	—	—
	1450℃	—	6.4	6.4	—	6.0	30.0
荷重软化点/℃		≥1700	>1700	>1700	>1750	>1700	>1700
加热线变化率(1600℃×3h)/%		-0.2~0.3	±0.1	±0.1	—	±0.1	0
抗热震性(1100℃,水冷)/次		~6	≥6	>14	>20(1000℃空冷)	13	1~2
线膨胀率(20~1300℃)/%		1.06	1.1~1.14	1.06	—	1.14	1.08

25.4 耐火材料生产窑炉用耐火材料

25.4.1 耐火原料煅烧窑用耐火材料

为了保证原料的稳定性和高强度，很多天然原料以及合成原料需经高温煅烧制成熟料。耐火原料煅烧设备主要有两类，即竖窑和回转窑。

25.4.1.1 竖窑

竖窑是原料煅烧设备之一，常用来煅烧白云石、镁石、黏土、高铝矾土等原料。

竖窑是一个筒状窑体，物料从窑顶加入，然后窑底排出。燃料燃烧所需空气由窑底部送入，燃烧产物由窑顶排出，因此竖窑属于逆流式热工设备。图 25-31 为 $40m^3$ 焦炭白云石竖窑。

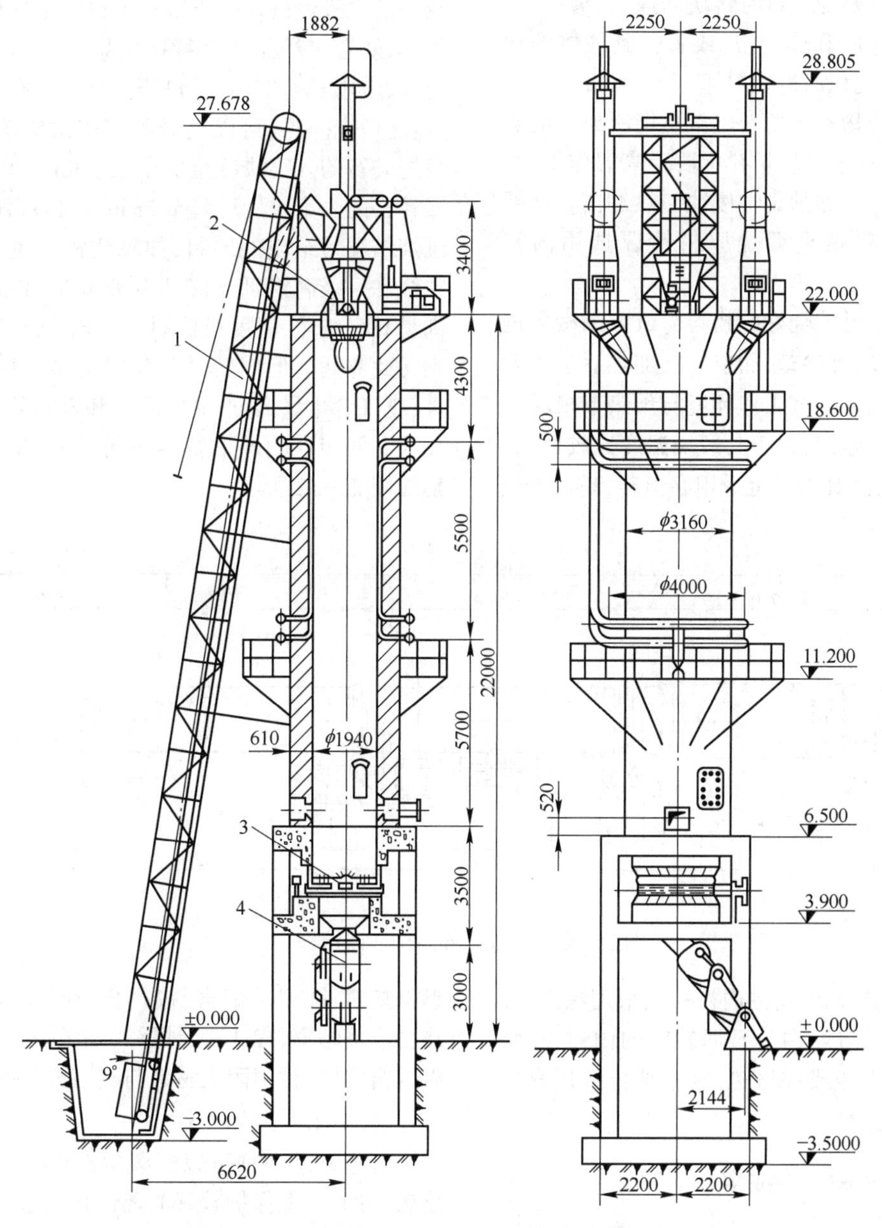

图 25-31 $40m^3$ 焦炭白云石竖窑

1—单斗提升机；2—升降式布料机；3—液压式齿盘出料机；4—三道闸门

物料在竖窑内需要经过三带，即预热带、煅烧带和冷却带。其中煅烧带内衬极易损坏，是竖窑内衬选择的关键。在同一竖窑由于各段带工作层所承受的温度、化学侵蚀、机械磨损、温度变化及物料的撞击作用等相差很远，所以要根据具体情况来选择内衬材料。

在预热带物料借助于烟气的热量进行预热，及在较高的温度下原料分解等化学反应，在该区域炉衬主要受布料时料块的撞击、磨损，炉尘上升时的冲刷和热冲击，或者受到气体的化学侵蚀，碳的沉积而遭受损坏。

在煅烧带物料借助于燃料燃烧所放出的热量进行煅烧，在该区域炉衬主要受高温作用，及在高温下炉衬强烈的化学侵蚀和热冲击。该部位的内衬一般根据煅烧原料情况选用内衬材料。

在冷却带已煅烧好的物料与鼓入的冷风进行热交换，物料被冷却，而空气被加热后进入煅烧带作助燃空气。其工作环境与预热带相近。

一般黏土竖窑，由于其煅烧温度比较低，一般在1400℃，故其内衬可采用黏土砖；高铝土竖窑煅烧带和冷却带宜采用高铝砖砌筑，其他部位可以采用黏土砖；对于碱性耐火原料煅烧竖窑，由于煅烧温度较高，煅烧带一般采用优质镁砖和镁铝砖砌筑，也可以采用汽化冷却壁，其他部位可以采用强度较高的黏土砖和高铝砖砌筑。

25.4.1.2　回转窑

回转窑是一种生产能力较大，机械化程度较高的先进设备。由于它对原料的适应能力较强，煅烧合成产品和有特殊使用要求的产品方便，故应用日益增多。与竖窑相比，它有如下特点：能煅烧碎料，可以充分利用矿山资源，竖窑煅烧矿石的入窑块度至少在25~30mm以上，而回转窑的入窑块度可降至5mm。回转窑能煅烧难烧结和易结坨的原料，如氧化铝含量较高的特级和一级高铝矾土，在竖窑煅烧时，温度较高则易黏窑结坨，温度过低则易欠烧，而用回转窑则无此弊病。但回转窑基建投资多，设备质量大，废气含尘量大，产品的原料和燃料的单位消耗大。回转窑的外形基本相同，最常见的回转窑如图25-32所示。

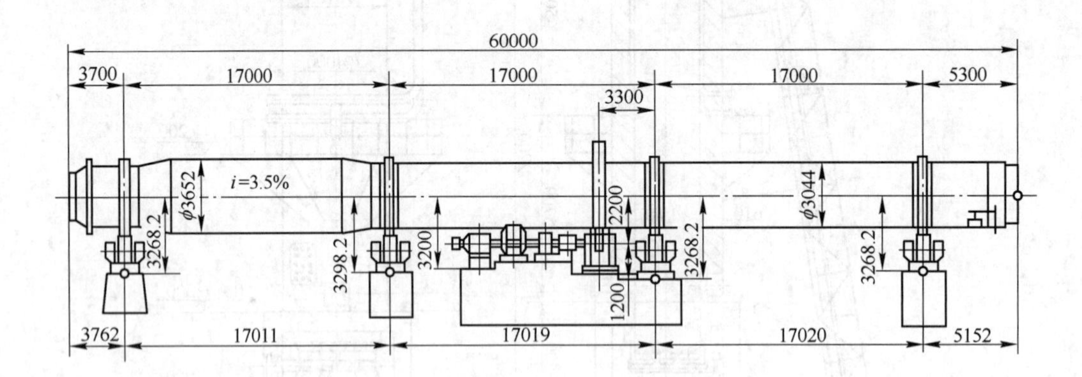

图25-32　ϕ3m/3.6m×60m 回转窑

黏土、高铝回转窑的内衬一般采用黏土砖、高铝砖砌筑；镁砂、白云石回转窑的内衬，在烧成带采用镁铝砖或镁铬砖，其他部位采用黏土砖或黏土浇注料。

25.4.2　耐火材料烧成窑

耐火材料烧成窑大致可分为连续式窑（隧道窑）和间歇式窑两大类。间歇式窑又包括方型倒焰窑、圆型倒焰窑、梭式窑、钟罩式高温烧成窑。倒焰窑、梭式窑、钟罩式高温烧成窑等间歇式窑，其窑衬用耐火材料与隧道窑相同。

25.4.2.1　隧道窑

隧道窑是一种可以连续生产的、自动化程度较高的、环境保护较好的现代化先进窑炉，隧道窑（连续式窑）因其烟气排出温度一般不高于250℃，与间歇式窑炉相比，它是一种节能型窑炉,是最经济和效率最高的窑,是耐火材料行业的重要热工设备。其烧成温度为 1200～1900℃,有的甚至更高。

隧道窑由预热带、烧成带及冷却带构成,窑车在窑外将砖坯装好后,依次通过上述各带进行烧成。

通常,在预热带内用与窑车前进方向相反的从烧成带引入的热气体使砖坯逐渐加热升温,耐火制品在此期间脱除吸附水及结晶水,并使有机物质分解。

在烧成带内利用空气和燃料的直接燃烧加热耐火制品至规定的温度并保温,然后进入冷却带。

在冷却带内,从窑出口处吹入的冷空气与烧成制品进行热交换,达到冷却的目的;窑车到出口时,耐火材料的烧成过程就完成了。

目前,大多数隧道窑预热带和冷却带的使用寿命是很长的。而烧成带温度较高,加上火焰的冲击、挥发气体的侵蚀、炉衬耐材的高温蠕变、窑内温度波动带来的热震剥落等,使得烧成带使用寿命较短,这就需要根据使用条件对隧道窑内衬材料作出正确合理的选择。

隧道窑在运行时,烧成带的工作内衬材料要长期承受高温的作用(1200～1900℃);根据烧制制品的不同,部分隧道窑在使用期间会对进车制度、烧成温度、保温时间等参数进行调整,使窑衬因热应力冲击造成剥落损伤;同时由于窑内温度的不均匀分布,在进出车过程引起窑内温度、压力变化,也造成窑内各部分热膨胀系数的差异,诱发较大的热引力;由于日常操作如装车超宽、窑车框架变形,窑车轴承串轴等发生故障,也会对窑衬造成物理损坏,被迫停窑检修,停窑—检修—开窑也对窑体造成伤害,降低窑体的使用寿命;烧成制品中存在的可挥发成分如碱金属、结合剂产生的蒸发汽化和燃烧气体对内衬材料的侵蚀;在高温和气氛的作用下,超高温隧道窑衬用镁铬耐火材料发生蒸发、化学变异,造成结构变化、产生层状裂纹,发生崩落、掉块,强度降低。

因此,隧道窑内衬的工作条件是连续式长时间操作,为保证窑的正常的温度制度、压力制度和砌体的严密性对于隧道窑烧成带工作内衬材料的要求是:(1)良好的抗气体侵蚀能力。(2)具有较高的高温强度和良好的抗热震性。(3)良好的高温体积稳定性,窑内衬耐材应在不低于窑的工作温度下烧成,耐火砖在加热后应当没有收缩或呈现少量的膨胀。

在隧道窑的高温带使用耐火材料应与窑温和操作的特性一致,与所烧成的制品相符合。在 1300℃以下温度使用耐火黏土砖,1300～1400℃使用高铝砖,在 1400～1500℃使用硅砖,在 1500～1600℃使用镁铝砖,在 1600℃使用刚玉砖或电熔再结合镁铬砖。

硅砖、黏土砖隧道窑,烧成温度在 1400℃左右,烧成带内衬用高温体积好、高温强度好的硅砖砌筑,其他部位用黏土砖;高铝砖隧道窑,烧成温度在 1550℃左右,用高铝砖砌筑;对于烧制碱性耐火材料的高温隧道窑而言,烧成带的工作内衬应选择优质碱性耐火材料。

25.4.2.2　倒焰窑

倒焰窑结构简单,火焰在窑内自窑顶倒向窑底,所以叫倒焰窑。倒焰窑为间歇操作,其分圆窑和方窑两种,圆窑由于温度分布较均匀,使用较多。倒焰窑的砌体遭受高温及温度变化的影响,所以窑衬材料应具有较高的高温力学性质、良好的抗热震性。其结构如图 25-33 所示。

25.4.2.3　梭式窑(间歇式窑)耐火材料的选择

梭式窑是一种窑车式的倒焰窑,其结构与传统的矩形倒焰窑基本相似。图 25-34 为梭式窑结构示意图。

梭式窑耐火材料的选材总原则就是采用全保温式耐火材料,即窑体、窑车、窑下烟道均采用轻质耐火材料。因为梭式窑为间歇式操作,要求快速升温,快速烧成,温度均匀性好。为了达到快速烧成,减少能耗,就必须减少窑体及窑车的蓄热,窑车蓄热少,窑内的上下温度均匀性也好。为了减少窑体基础部分混凝土体积,国外在烟道部分也采用了轻质耐火材料,因为用重质耐火材料其砌体必然加重,基础部分尺寸也加大。另外,采用轻质耐火材料,在窑炉低温

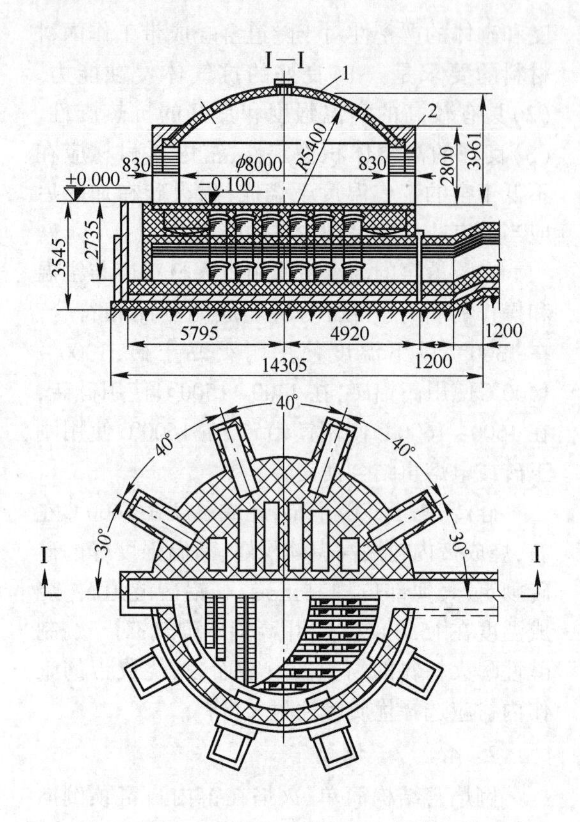

图 25-33　150m³ 黏土砖倒焰窑结构示意图

1—黏土砖；2—红砖

升温阶段也可保证烟气的温度降低少，达到降低能耗的效果。但从目前情况来看，梭式窑用轻质耐火材料，特别是高温梭式窑（1500～1800℃）用轻质耐火材料的质量都不太理想，特别是抗热震性较差，限制了高温梭式窑的发展。

25.5　废弃物焚烧炉和熔融炉用耐火材料

废弃物是人类在生产、消费、生活和其他活动中产生的对持有者没有继续保存和利用价值的固态、液态、气态物质的统称，俗称“垃圾”。废弃物可依据不同方式进行分类：按物质状态可分为固体、液体和气体废弃物；按其性质可分为危险废弃物和一般废弃物；按组成可分为有机废弃物和无机废弃物；按来源可分为生活废弃物、工业废弃物和农业废弃物。废弃物的迅速增多对城市自然环境和居民生活环境造成了严重影响，实现废弃物的减容化、无害化、资源化和稳定化是社会可持续发展的必然要求。

废弃物常见的处理方式主要有：填埋、堆肥、焚烧、热解四种[5~7]，其中焚烧处理废弃物特别是焚烧生活垃圾，利用其热能发电或供热

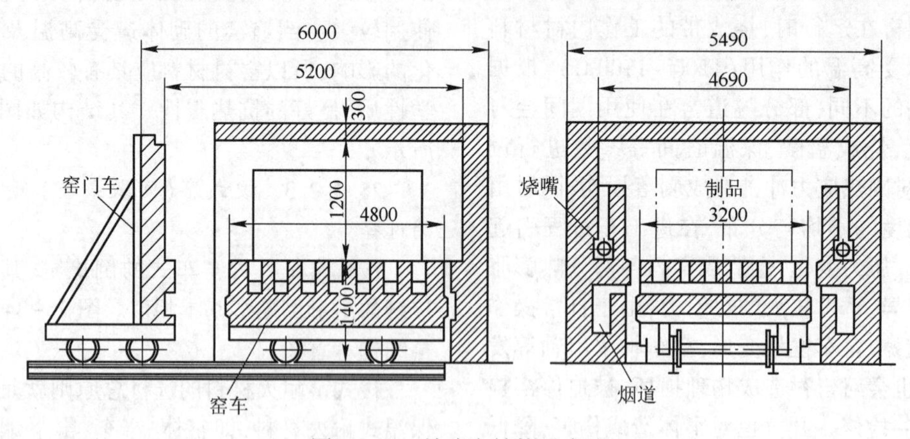

图 25-34　梭式窑结构示意图

是当前世界上普遍采用的处理方式。垃圾焚烧处理已有 100 多年历史，德国汉堡和法国巴黎分别于 1869 年和 1898 年建立了世界上最早的生活垃圾焚烧厂，开启了生活垃圾焚烧的工程应用，20 世纪 70 年代后可控焚烧装置、烟尘后期处理装置、烟气净化和余热利用技术等相继开发成功并工程化[6]。现在，垃圾焚烧技术日趋完善，智能化、环保化的垃圾焚烧发电厂越来越多。据《中国能源报》报道，2017 年底，我国年垃圾焚烧处理超过 1 亿吨，装机容量达到 680 万千瓦时，年发电量超过 350 亿千瓦时，年垃圾焚烧处理量、装机容量和发电量均居世界首位。

图 25-35 是城市生活垃圾焚烧发电厂示意图[5]，其工艺单元包括：进出厂垃圾计量系统、

垃圾卸料及贮存系统、垃圾进料系统、垃圾焚烧系统、余热利用系统、烟气净化和排放系统、灰渣处理或利用系统、污水处理系统、焚烧自动控制系统等。

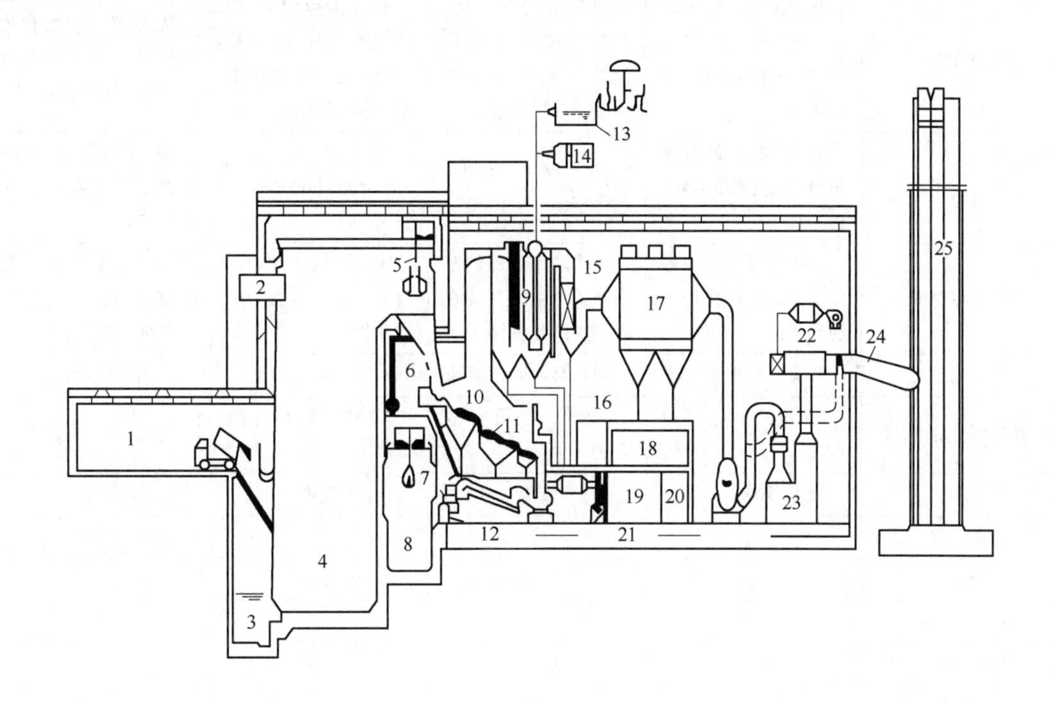

图 25-35　城市生活垃圾焚烧发电厂示意图

1—垃圾倾卸区；2—吊车控制室；3—渗沥水贮槽；4—垃圾贮坑；5—垃圾吊车；6—进料斗垃圾给料机；7—除渣吊车；8—炉渣贮坑；9—余热锅炉；10—燃烧室；11—炉排；12—炉渣输送带；13—温水游泳池；14—汽轮发电机；15—省煤器；16—飞灰输送带；17—袋式除尘器；18—中央控制室；19—空气预热器；20—变电室；21—一次送风机；22—尾气加热器；23—洗涤塔；24—引风机；25—烟囱

25. 5. 1　废弃物焚烧炉及其耐火材料

25. 5. 1. 1　焚烧炉分类及其特点

焚烧炉是热处理废弃物的核心设备。世界各地焚烧炉共计 200 多种，当前最具代表性的焚烧炉主要有四大类：机械炉排焚烧炉（简称炉排炉）、流化床焚烧炉、回转窑焚烧炉、热解气化焚烧炉（CAO 焚烧炉最典型），这些焚烧炉的技术特点和应用情况详见表 25-35[6~11]。

表 25-35　四种垃圾焚烧炉的综合比较

比较项目	炉排炉	回转窑焚烧炉	流化床焚烧炉	CAO 焚烧炉
处理能力/$t \cdot d^{-1}$	100~1200	>200	100~800	≤150
设计、制造水平	最成熟，供应商多	较成熟，供应商较多	较成熟，供应商较多	较成熟，生产供应商少
对入炉垃圾要求	垃圾的适应性强，可燃烧低热值高水分的，除大件垃圾外一般不分类破碎	垃圾热值较高，除大件垃圾外不需分类破碎	需分类破碎至 15cm 以下，处理低热值垃圾需加煤混烧	垃圾适应性广，除大件垃圾外一般不分类破碎

续表 25-35

比较项目	炉排炉	回转窑焚烧炉	流化床焚烧炉	CAO 焚烧炉
燃烧性能	燃烧可靠、余热利用较好、燃烧稳定性好,燃烧速度较快、燃尽率高	可高温安全燃烧、残灰颗粒小、燃烧稳定性一般,燃烧速度一般、燃尽率较高	燃烧温度较低、燃烧效率较佳、燃烧稳定性一般,燃烧速度较快、燃尽率高	先热解、气化、再燃烧稳定性较好,燃烧速度较慢、燃尽率高
炉内温度	垃圾层表面温度800℃,烟气温度800~1000℃	窑内 600~800℃,燃尽室 1000~1200℃	800~900℃	第一燃烧室 600~800℃,第二燃烧室 800~1000℃
垃圾停留时间	固体垃圾在炉中停留 1~3h,气体在炉中约几秒钟	固体垃圾在回转窑内停留 2~4h,气体在燃尽室约几秒钟	固体垃圾在炉中停留 1~2h,气体在炉中约几秒钟	固体垃圾在第一燃烧室 3~6h、气体在第二燃烧室约几秒钟
垃圾运动方式	取决于炉排的运动	回转窑内回转滚动	炉内翻滚运动	推进器推动
对高温腐蚀的防治	较难,尚无有效方法	较难,尚无有效方法	较难,尚无有效方法	较难,尚无有效方法
对污染的防治	较易	较难	较难	较易
设备占地	大	中	小	较大
运行费用	低	较高	低	—
飞灰产生量	较少	较少	较多	少
维修工作量	一般	较少	较多	—
初投资	大	较大	大	较大
市场业绩	约 80%市场份额	较多	较多	少
存在缺点	操作运转技术高,炉排易损坏	连接传动装置复杂,炉内耐火材料易损坏,焚烧热值较低、含水分高的垃圾时有难度	操作运转技术高、单位处理量所需动力高、需添加流动媒介、进料颗粒较小、炉床材料易损坏	对氧量、炉温控制有较高要求、对于高水分的垃圾在无油助燃时不能稳定燃烧

25.5.1.2 炉排炉及其耐火材料

炉排炉可视作是以生活垃圾为燃料、主要以层燃方式燃烧并能实现能源回收利用的锅炉。炉排炉是当前城市生活垃圾焚烧采用最多的炉型,市场占比约 80%,单炉日处理垃圾量现最高 1200t。机械炉排是炉排炉的最关键设备,可根据炉排的类型对炉排炉进行分类。机械炉排有固定炉排、链条炉排、滚动炉排、倾斜顺推往复炉排、倾斜逆推往复炉排等,国外较为著名的有德国马丁(MARTIN)炉排、比利时希格斯(SEGHERS)炉排、日本田熊 SN 炉排、瑞士伟伦(VonRoll)R-I0540 炉排等,国内光大国际、绿色动力、浙江伟明、杭州新世纪等公司已开发出自主知识产权的炉排[8~10]。

图 25-36 是现在典型炉排炉的结构示意图,垃圾投入炉膛下部的炉排上,在炉排上完成干燥和燃烧,燃尽的灰渣落下并收集,热烟气在经过炉膛上方第一烟道(烟道也称通道)及后面多个烟道的过程中将热量传递给锅炉水管,产生蒸汽发电或供热,烟气中二噁英等有害成分在经第一烟道上升过程中被高温有效分解。

炉排炉炉膛正常最高温度一般不超过1200℃(异常情况下可超 1300℃),第一烟道内温度一般不超过 1100℃,后续第二、三等烟道温度依次降低。传统思想认为炉排炉的炉衬工作温度不高,耐火材料受物理化学侵蚀作用不严重,材料选择可很宽泛,但国内炉排炉耐火材料

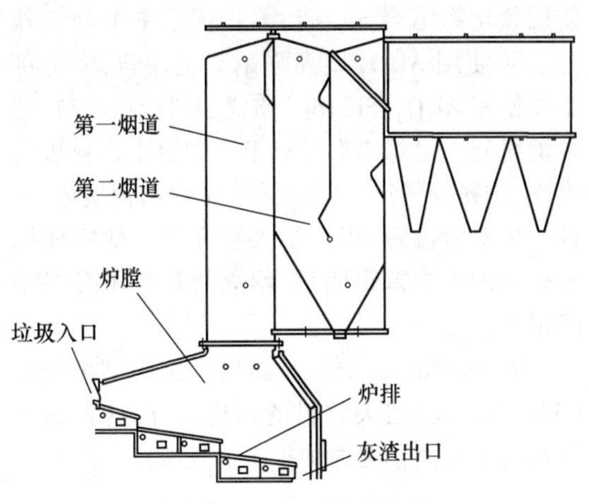

图 25-36 炉排炉结构示意图

普遍存在维修频繁问题。随着对炉排炉寿命、稳定性和发电效率等的重视,炉排炉用耐火材料的技术理念已发生重大转变,关键部位耐火材料兼具传热和保护锅炉水管的双重作用,应视为关键功能耐火材料,炉排炉用耐火材料选择、配置、结构设计、施工和维修是一项技术复杂度较高的集成技术。炉排炉用耐火材料包括耐火制品、不定形耐火材料、陶瓷纤维、纳米绝热板、硅酸钙板等,耐火制品包括 SiC 砖、半 SiC 砖、高铝砖、莫来石砖、刚玉-莫来石砖、黏土砖等;不定形耐火材料包括 SiC 质、Al_2O_3-SiC 质、Al_2O_3 质、Al_2O_3-SiO_2 质、SiO_2 质浇注料或可塑料等重质和轻质不定形材料;陶瓷纤维材料主要包括陶瓷纤维板、纤维毡和纤维棉,用于保温隔热。

炉排炉不同部位应根据工况合理选用耐火材料。垃圾投入口温度一般 500~600℃,主要受垃圾的冲击磨损,工作衬一般使用强度较高的 Al_2O_3 质耐磨浇注料,非工作衬通常使用 SiO_2 质轻质隔热浇注料和陶瓷纤维材料。炉膛两边侧墙国内现多采用风冷隔墙结构,风冷区域隔墙和炉排两边侧墙多数使用氧化物结合 SiC 砖,少数使用氮化物结合 SiC 砖;非风冷区域工作衬多数采用高铝砖和黏土砖,少数采用 Al_2O_3 质浇注料。炉膛前拱、后拱受高温火焰和烟气的物理化学作用后容易剥落,是炉衬的薄弱区域,其工作衬常采用莫来石质锚固砖与 Al_2O_3 质浇注料组合的炉衬方式,这种衬体实际使用效果普遍偏差,该部位现越来越多采用 SiC 质浇注料,后面配置水冷系统,使用效果明显优于无水冷系统的炉衬。灰渣出口部位的温度一般 400~500℃,主要受残余物的磨损,工作衬多数采用 Al_2O_3 质耐磨浇注料。第一烟道是热烟气(N_2、水蒸气、O_2、CO_2、含硫气体、含氯气体等)上升、有效分解二噁英的区域,是炉排炉的最关键部位,现基本上都采用水膜壁结构,工作衬为耐火材料,外围密布锅炉水管,水管与炉壳之间砌筑轻质隔热耐火材料。现在,第一烟道中下部工作衬国内主要采用 Al_2O_3 和 Al_2O_3-SiC 质浇注料或可塑料,中上部及顶部主要采用 SiC 质浇注料或可塑料;欧美国家第一烟道主要采用 SiC 砖和 SiC 填补料组合的衬体,其结构如图 25-37 所示,图中 SiC 砖为小块复杂异型制品,称为挂砖或挂板,每块挂砖都采用不锈钢挂钩固定位置,挂砖与锅炉水管之间(间隙一般 5~8mm)采用 SiC 质自流浇注料填充,挂砖形状、固定方式、炉墙结构、维修方法等专有技术一般都涉及相关知识产权。第二、三烟道及其他区域温度均低于 850℃,工作衬通常采用 SiO_2-Al_2O_3 质浇注料或可塑料。大量实践表明,炉膛前拱和后拱、第一烟道工作衬是影响炉排炉寿命的关键部位,这些区域耐火材料在很大程度上决定了炉排炉的寿命和发电效率。

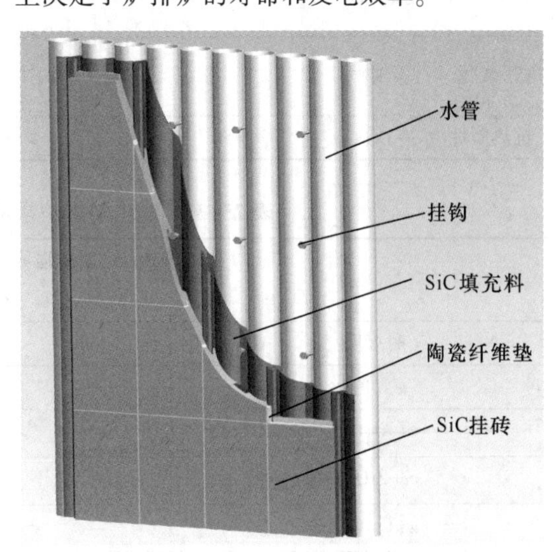

图 25-37 国外炉排炉水膜壁 SiC 质耐火材料使用示意图

目前,国内外炉排炉在耐火材料使用上存在明显不同。欧美国家的先进炉排炉用耐火材料以 SiC 质耐火制品为主、不定形耐火材料为辅,不定形耐火材料中 SiC 质浇注料占比高,其中炉膛燃烧室及炉排两侧主要使用氮化物结合 SiC 砖,第一烟道工作衬多数采用 SiC 挂砖(图 25-37),这种炉体检修周期长,维修快捷,平均寿命一般可达 6 年。国内炉排炉耐火材料使用方式与欧美国家 20 世纪 90 年代炉排炉相近,主要使用 Al_2O_3 质、SiC 质和 Al_2O_3-SiC 系浇注料或可塑料,其中炉膛燃烧室及炉排两侧主要使用氧化物结合 SiC 砖,第一烟道中下部工作衬主要使用 Al_2O_3 质高强耐磨浇注料,中上部主要使用 Al_2O_3-SiC、SiC 质浇注料或可塑料,这种炉衬基本上每年都要对第一烟道工作衬进行维修,炉衬损毁严重时会导致锅炉水管损坏,这种炉体寿命偏短,年运行天数和发电效率较国外先进炉排炉差距明显,耐火材料技术升级空间很大。

表 25-36~表 25-38 给出了国内某炉排炉(500t/d)全套耐火材料的理化指标,这种耐火材料使用方式在国内炉排炉上具有代表性。

表 25-36 国内炉排炉常用耐火制品的技术指标

项目	SiC 砖	SiC 预制异形砖	Al_2O_3 质炉顶吊挂锚固砖	轻质隔热砖
耐火度/℃	>1700	>1700	>1790	>1300
w(SiC)/%	≥80	≥80	—	—
$w(Al_2O_3)$/%	—	—	≥85	≥42
$w(Fe_2O_3)$/%	—	—	≤1.2	≤2.0
体积密度/g·cm^{-3}	2.60	2.60	3.00(110℃×24h)	0.60
显气孔率/%	<18	<18	<16(110℃×24h)	—
常温耐压强度/MPa	110	100	≥120(110℃×24h) ≥150(1000℃×3h)	≥1.5
常温抗折强度/MPa	—	—	≥12(110℃×24h) ≥15(1000℃×3h)	≥1.5
加热永久线变化/%	—	—	-0.3~+0.3 (1000℃)	-0.1~0(1260℃×24h)
热导率/W·(m·K)$^{-1}$	—	—	1.5(1000℃)	≤0.16(350℃) ≤0.19(600℃)
抗热震性(水冷)/次	≥50	≥40	≥25	—

表 25-37 国内炉排炉常用不定形耐火材料的技术指标

项目	Al_2O_3 质高强耐磨浇注料	高强铬锆刚玉耐磨浇注料	Al_2O_3 质可塑料	SiC 质耐磨耐火可塑料	轻质浇注料
耐火度/℃	>1600	>1700	>1700	>1600	>1350
w(SiC)/%	—	—	—	≥75	—
$w(Al_2O_3)$/%	≥75	≥80	≥75	>14	—
$w(ZrO_2)$/%	—	≥2	—	—	—
$w(Cr_2O_3)$/%	—	≥3	—	—	—
$w(Fe_2O_3)$/%	≤1.5	—	≤1.5	≤1.5	—

续表 25-37

项目		Al_2O_3 质高强耐磨浇注料	高强铬锆刚玉耐磨浇注料	Al_2O_3 质可塑料	SiC 质耐磨耐火可塑料	轻质浇注料
体积密度(110℃×24h)/g·cm^{-3}		2.70	2.70	2.70	2.60	0.80
显气孔率/%		—	—	—	<16	—
常温耐压强度/MPa	110℃×24h	≥65	≥75	≥65	—	—
	1100℃×3h	≥100	≥110	≥80	≥80(1000℃)	≥10
常温抗折强度/MPa	110℃×24h	≥9	≥9	≥9	≥9	—
	1100℃×3h	≥13	≥14	≥14	≥14	≥3.5
加热永久线变化(1100℃×3h)/%		-0.3~+0.3	-0.3~+0.3	-0.5~0	-0.6~0(1000℃)	-0.1~+0.5(1100℃)
常温耐磨性/cm^3		≤6	≤5	≤6.0	≤5.0(1000℃×3h)	—
热导率(1000℃)/W·(m·K)$^{-1}$		1.5	1.6	1.5	>10	<0.25
抗热震性(水冷)/次		≥25	≥25	≥30	≥40	—
可塑性指数/%		—	—	—	20~30	—

表 25-38 国内炉排炉常用隔热材料的技术指标

项目	硅酸铝纤维毯	硅酸铝纤维板	无石棉微孔硅酸钙板 1	无石棉微孔硅酸钙板 2
耐火度/℃	>1260	>1790	>1260	—
密度/g·cm^{-3}	2.60	0.13~0.2	—	0.17
耐压强度/MPa	0.07~0.12	—	0.4	0.5
常温抗折强度/MPa	—	—	0.2	0.25
烧后线变化率(1000℃×24h)/%	3	—	3	—
线收缩率/%	—	—	2	2
压缩恢复率/%	—	60~80	—	—
热导率/W·(m·K)$^{-1}$	0.085(400℃) 0.18(1000℃)	0.035	≤0.049(70℃)	≤0.055(70℃)
渣球含量(<0.25μm)/%	< 8	—	—	—
最高使用温度/℃	—	900~1000	1000	650

表 25-39 给出了国内外炉排炉用 SiC 质耐火制品及配套 SiC 填充料的理化性能，技术指标中 SiC 砖抗高温水蒸气氧化性能作为关键指标。

表 25-40 给出了国外某小型炉排炉(300t/d)用不定形耐火材料的理化性能。该炉排炉第一烟道中下部工作衬采用 SiC 含量约 30% 的 Al_2O_3-SiC 质可塑料，中上部采用 SiC 含量约 60% 和 80% 的较高热导率的浇注料，耐火材料配置上注重热导率的调控。

表 25-39 国内外炉排炉用 SiC 质耐火材料的理化性能

项目	挂砖 1（法国）	挂砖 2（法国）	挂砖 3（美国）	挂砖 4（中国）	挂砖 5（中国）	氮化物结合 SiC 砖	氧化物结合 SiC 砖	SiC 填充料（法国）
$w(SiC)$/%	75	75	69.20	71.32	82.51	74.53	86.70	70.4
$w(Si_2N_2O+Si_3N_4)$/%	22	21	—	—	—	—	—	—
$w(N)$/%	—	—	7.56	6.50	3.22	8.53	—	1.6(CaO)
$w(SiO_2)$/%	—	1	—	—	—	—	7.60	6.0
$w(Al_2O_3)$/%	—	—	—	—	—	—	—	21.0
$w(Fe_2O_3)$/%	—	—	0.35	0.32	0.27	0.30	0.23	0.5
体积密度 /$g\cdot cm^{-3}$	2.70	2.70	2.63	2.72	2.73	2.71	2.72	2.67
显气孔率/%	13	12	14.3	12.0	11.5	14.1	13	—
常温耐压强度 /MPa	>140	>140	—	170	170	190	165	35(110℃) 72(800℃)
常温抗折强度 /MPa	>40	>40	42	45	45	50	40	—
热导率(1000℃) /$W\cdot(m\cdot K)^{-1}$	16	18	—	15	18	16	12	5.7(1000℃煅烧)
抗热震性/次	>30	>30	—	>30	>30	>30	>30	—
抗氧化性(体积变化率)*/%	≤0.8	≤0.4	0.5	0.6	0.6	2.8	—	—

* 测试方法:ASTM C863(1000℃)。

表 25-40 国外炉排炉用不定形耐火材料的理化指标

项目	SiC 质浇注料 1	SiC 质浇注料 2	Al_2O_3-SiC 浇注料	含 SiC 可塑料	Al_2O_3 质可塑料	硅铝浇注料 1	硅铝浇注料 2	轻质浇注料	隔热料
最高使用温度/℃	—	1300	1500	1400	1600	1400	1450	1050	1350
$w(SiC)$/%	80	59	28	32	—	—	—	—	—
$w(Al_2O_3)$/%	10	20	54	36	67	37	45	30	37
$w(SiO_2)$/%	6	—	11	—	25	50	43	40	51
$w(Fe_2O_3)$/%	—	—	—	—	—	2	—	—	—
体积密度/$g\cdot cm^{-3}$	2.62	2.30	2.60	2.35	2.47	2.00	2.05	0.88	1.35
高温抗折强度(1000℃)/MPa	>14	>12.0	>10.0	>5.0	>2	>5.0	>3.5	0.7	>1.0
热导率(500℃) /$W\cdot(m\cdot K)^{-1}$	10	6.0	3.2	2.9	0.9	0.6	<1	0.15	<0.4

目前,我国是世界上炉排炉最多的国家(约1000台),数量还在快速增加,炉排炉设计单位和用户对耐火材料的重视程度正在加强。基于国内先进耐火材料,集成耐火材料结构设计、配置、施工和维修等各项技术是当前我国炉排炉耐火材料的发展方向。

25.5.1.3　流化床焚烧炉及其耐火材料

流化床焚烧炉包括鼓泡床和循环流化床焚烧炉[11],炉体由垃圾投入口、风箱、空气扩散板、砂槽、烧嘴、熔化室、除灰口等构成,结构如图25-38所示[8]。通常床料采用硅砂,运行时鼓风机向炉内连续大量输入高温气流,使硅砂产生沸腾,烧嘴将沸腾的硅砂加热到600~800℃,而后将破碎成10~30cm的垃圾投入,利用炉内高温气体和沸腾硅砂的搅拌作用对入炉的垃圾进行干燥、预热、点火与燃烧,炉床内燃烧温度一般控制在800~900℃,硅砂温度一般控制为不超过1000℃。

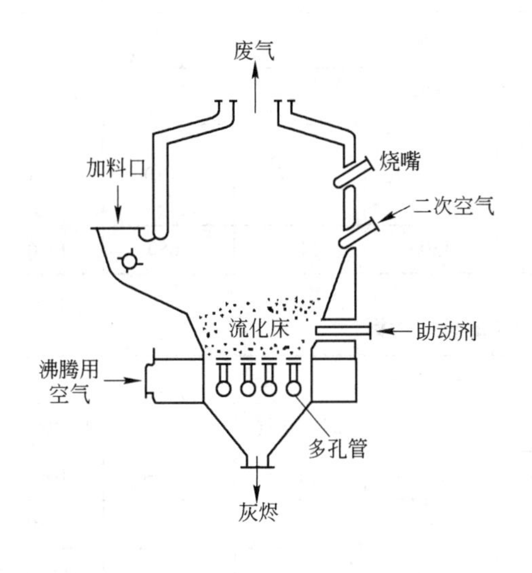

图25-38　流化床焚烧炉结构示意图

由于床料的蓄热性能,流化床焚烧炉具有可频繁启停的优点,对垃圾热值适应性广,多用于污泥等含水分较高物质的焚烧,可作为中小城市和城镇的垃圾焚烧炉处理下水道污泥、普通工业废弃物、农村垃圾和高热值工业塑料等废弃物[8,10]。流化床焚烧炉主要存在:(1)垃圾需预处理;(2)CO排放超标;(3)飞灰量是炉排炉的5倍,危废处理成本高;(4)运行需掺煤等问题,现在我国新建垃圾焚烧发电厂基本上不再采用流化床焚烧炉[11]。

流化床焚烧炉用耐火材料可参照火力发电循环流化床锅炉用耐火材料技术方案选配,耐火制品常采用高铝砖、硅线石砖和黏土砖,不定形耐火材料包括钢纤维耐磨浇注料、高铝质浇注料或可塑料、黏土质浇注料等,隔热材料包括蛭石保温混凝土、硅钙板、硅酸铝耐火纤维(棉、毡、板)等,其中用量最多最关键的是耐磨耐火浇注料和可塑料,耐火材料具体选用可参照GB/T 23294《耐磨耐火材料》,耐火耐磨浇注料和可塑料技术指标可参照表25-41和表25-42。

25.5.1.4　回转窑焚烧炉及其耐火材料

回转窑焚烧炉是一种钢板筒体内砌筑耐火材料缓慢旋转的倾斜式(倾角为2°~5°)窑体,一般直径为4~6m,长度为10~20m[6]。废弃物送入炉内后,在窑体旋转力和自身重力的共同作用下,物料充分翻转混合,从低温段向高温段移动,窑内产生的热量对物料进行干燥、加热、点火和燃烧。根据回转窑内温度的不同,基本可分为三种[12]:灰渣式焚烧炉(800~900℃)、熔渣式焚烧炉(通常高于1500℃)和热解式焚烧炉(回转窑后部温度为700~800℃,尾部有二燃室,二燃室温度为1100~1200℃)。熔渣式焚烧炉主要用于处理一些单一的、毒性较强的危

表25-41　耐磨耐火浇注料的理化指标

项目	指标						
	硅酸铝质				碳化硅质		锆铬刚玉质
	ARC-1	ARC-2	ARC-3	ARC-4	ARC-5	ARC-6	ARC-7
$w(Al_2O_3)$/%	60(SiO_2)	≥60	≥65	≥70	—	—	≥75
$w(SiC)$/%	≥55(熔融石英)	—	—	—	≥40	≥80	≥3(Cr_2O_3) ≥2(ZrO_2)

续表 25-41

项目		指标						
		硅酸铝质				碳化硅质		锆铬刚玉质
		ARC-1	ARC-2	ARC-3	ARC-4	ARC-5	ARC-6	ARC-7
体积密度 /g·cm^{-3}	110℃×24h	≥1.90	≥2.40	≥2.60	≥2.80	≥2.50	≥2.60	≥2.85
常温耐压强度/MPa	110℃×24h	≥45	≥55	≥60	≥65	≥70	≥75	≥75
	1000℃×3h	≥60	≥80	≥90	≥100	≥100	≥110	≥110
常温抗折强度/MPa	110℃×24h	≥6	≥7	≥8	≥9	≥9	≥9	≥9
	1000℃×3h	≥8	≥9	≥11	≥13	≥13	≥14	≥13
加热永久线变化率/%	1000℃×3h	-0.3~+0.2	-0.3~+0.3	-0.3~+0.3	-0.3~+0.3	-0.3~+0.2（埋碳）	-0.3~+0.2（埋碳）	-0.3~+0.3
抗热震性（1000℃，水冷）/次	1000℃×3h	≥30	≥20	≥20	≥25	≥30	≥35	≥25
常温耐磨性 /cm^3	1000℃×3h	10.0	9.0	8.0	7.0	6.0	5.0	6.0
初凝时间/min		≥45						
终凝时间/min		≤240						
热导率（1000℃参考值）/W·(m·K)$^{-1}$		0.6~0.9	1.2~1.6	1.3~1.7	1.4~1.8	3~6	7~10	2~3
推荐最高使用温度/℃		1200	1400	1450	1500	1450	1650	1650

表 25-42 耐磨耐火可塑料的理化指标

项目		指标						
		硅酸铝质			碳化硅质			锆铬刚玉质
		ARP-1	ARP-2	ARP-3	ARP-4	ARP-5	ARP-6	ARP-7
$w(Al_2O_3)$/%		≥65	≥75	≥85	—	—	—	≥80
$w(SiC)$/%		—	—	—	≥40	≥60	≥70	≥3(Cr_2O_3) ≥2(ZrO_2)
体积密度 /g·cm^{-3}	110℃×24h	≥2.50	≥2.70	≥2.80	≥2.40	≥2.50	≥2.60	≥2.80
加热永久线变化率/%	1000℃×3h	-0.4~0	-0.5~0	-0.5~0	-0.4~0（埋碳）	-0.5~0（埋碳）	-0.6~0（埋碳）	-0.6~0
常温耐压强度/MPa	1000℃×3h	≥70	≥80	≥90	≥60	≥70	≥80	≥90

续表 25-42

项目		指标						
		硅酸铝质			碳化硅质			锆铬刚玉质
		ARP-1	ARP-2	ARP-3	ARP-4	ARP-5	ARP-6	ARP-7
抗热震性(1000℃,水冷)/次	1000℃×3h	≥30	≥30	≥25	≥30	≥35	≥40	≥30
常温耐磨性/cm^3		≤7.0	≤6.0	≤5.0	≤7.0	≤6.0	≤5.0	≤5.0
可塑性指数/%		15~40						
热导率(1000℃参考值)/$W\cdot(m\cdot K)^{-1}$		1.1~1.6		1.6~2.0	3~5	5~7	6~8	2~3
推荐最高使用温度/℃		1400	1500	1600	1400	1500	1600	1600

险废物。回转窑焚烧炉中热解式炉应用最多,其结构如图 25-39 所示,由窑体、废弃物供给装置、驱动装置、烧嘴、一次和二次空气供给装置、二次燃烧炉等构成,后部设有炉箅进行二次焚烧,并配有出灰运输机,顶部有二次燃烧气体鼓入装置[9,12]。回转窑焚烧炉主要是为了处理某些大型垃圾和工业废弃物而开发设计的一种炉型,日处理能力多数大于 200t,一般不需要对垃圾进行分类破碎,对垃圾的变化适应强,可焚烧处理各类废弃物,如下水道污染物、燃油、焦油、沥青、涂料渣等黏稠物、塑料等。目前,我国各类危废主要采用回转窑进行焚烧处理[10~15]。

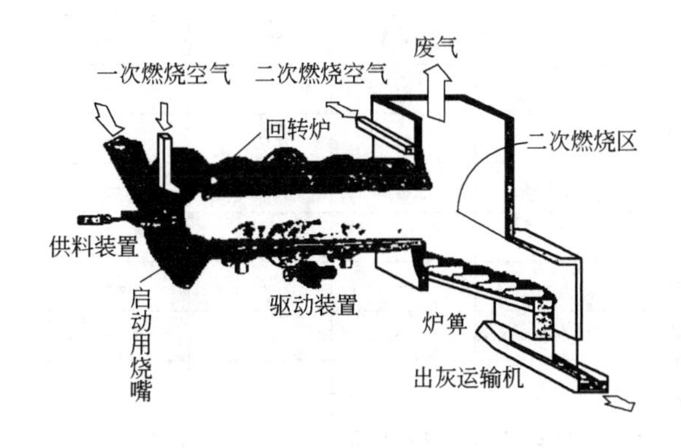

图 25-39 回转窑焚烧炉结构示意图

近年来,采用水泥回转窑协同处理垃圾在我国得到快速发展,垃圾焚烧产生的灰渣可作为水泥原料,垃圾中有害毒气体可在窑内高温气氛中得到分解[6,10],中材、海螺、华新、金隅、华润等水泥企业已形成了较为成熟的技术,发展潜力很大[10,14]。

回转窑焚烧炉用耐火材料包括耐火制品、不定形耐火材料及陶瓷纤维等。窑体转动过程中,耐火材料受机械应力、高温物料的滚动冲击、摩擦、化学侵蚀等作用。不同炉型炉内温度不同(700~1650℃),炉衬材料应根据炉型、垃圾种类和组成等进行配置。耐火制品中最常用的是高铝砖、黏土砖,少数还采用含 ZrO_2 和 Cr_2O_3 的刚玉质制品和镁铝质制品,表 25-43 给出了回转窑焚烧炉常用耐火制品的技术指标[9~11],表 25-44 给出了某钢厂回转窑焚烧炉用不定形耐火材料的技术指标。

25.5.1.5 热解气化焚烧炉及其耐火材料

垃圾热解气化是将垃圾中有机成分(主要是碳)在缺氧还原气氛(通常 450~700℃)下与气化剂反应生成可燃气体(CO、CH_4、H_2 等)的过程,一般通过部分燃烧反应放热提供制气反应的吸热,气化反应的产物为燃气和灰分,该技术的优点是:可迅速、大量地处理城市生活垃圾,在达到无害化和减量化的同时,还可生产低热值的燃气[16]。根据气化反应器的不同,垃圾热解气化炉分为固定床、气流床、流化床、回转窑等类型[17]。

表 25-43 回转窑焚烧炉常用耐火制品的技术指标

项目	高铝砖	硅莫砖	镁铝尖晶石砖	黏土砖	铝铬砖	铝铬锆砖	镁铝铬砖
$w(Al_2O_3)$/%	>70	63	10~14	≥48	64	82.25	9.5
$w(SiO_2)$/%	—	—	0.9	≤52	—	—	—
$w(ZrO_2)$/%	—	—	—	—	—	4.37	—
$w(MgO)$/%	—	—	82~87	—	—	—	82.4
$w(Cr_2O_3)$/%	—	—	—	—	23	5.09	3.08
$w(Fe_2O_3)$/%	≤1.8	—	0.8	≤1.1	—	—	—
体积密度/g·cm^{-3}	2.60	≥2.65	2.85~3.00	≥2.2	3.5	3.39	3.08
显气孔率/%	<20	16~18	15~17	≤17	12.8	12.1	17.0
常温耐压强度/MPa	≥50	90	65	≥45	140	201	59
线膨胀率(1200℃)/%	0.4~0.5	—	1.5	—	—	—	—
荷重软化开始温度(0.2MPa)/℃	1470	1650	≥1700	≥1400			1770
热导率(1000℃)/W·(m·K)$^{-1}$	1.4	1.7(700℃)	2.8	1.3(600℃)	—	—	—
抗热震性(1100℃,水冷)/次	30	12	≥12	—	—	>30(950℃)	≥10

表 25-44 回转窑焚烧炉用耐火浇注料的技术指标

项目		KRC-160	KPC-130	PTC-130	PT-130	PBC-130	LC-0.9
$w(Al_2O_3)$/%		≥50	≥50	≥47	≥45	≥50	—
$w(SiO_2)$/%		≤45	≤45	≤45	≤45	≤40	—
体积密度/g·cm^{-3}		2.36	2.43	2.13	2.21	2.28	0.83
耐压强度/MPa	110℃×24h	70.5	76.6	44.3	56.3	72.9	3.83
	1000℃×3h	75.3	70.8	—	—	—	—
	1300℃×3h	—	—	57.5	69.3	58.4	3.44
	1600℃×3h	91.9	—	—	—	—	—
加热永久线变化率/%	1100℃×3h	-0.3	-0.2	—	—	-0.2	—
	1300℃×3h	—	-0.3	-1.1	-0.8	-1.1	—
	1600℃×3h	+0.4	—	—	—	—	—
抗热震性(950℃,水冷)/次		> 30	> 30	—	—	—	—
抗CO侵蚀(500℃×200h)		良好	良好	—	—	—	—
使用部位		回转窑还原段,出料端挡坝	回转窑预热段、中间挡坝,进、出料端头罩	回转窑进、出料端头罩	冷却筒进料端头罩内衬	烟道内衬	烟囱

热解气化焚烧炉中商业化最成功的是加拿大瑞威环保公司开发的垃圾控制气氛氧化焚烧技术 CAO（Controlled Air Oxidation），CAO 焚烧炉结构如图 25-40 所示，炉体分为加热干燥、热解气化、残碳燃烧、可燃气燃烧四个区域，有两个燃烧室，固体垃圾在第一燃室（温度 600～800℃），垃圾部分气化、分解、燃烧，停留时间 3～6h，灰渣和不能热分解的物体（如金属、玻璃等）经过自动清灰系统排出炉外；气体在第二燃室（温度 800～1000℃），停留时间为 1～3s，第一燃室产生的可燃烟气进入上部的第二燃室，再配以空气，在超过 1000℃的高温下经过 2s 的充分燃烧后排出，高温烟气体可引入余热锅炉回收热量[18]。CAO 系统结构紧凑，占地面积小，炉排固定，造价较低，垃圾不用分选就可充分地分解和燃烧，但对于水分超过 50%的垃圾，在不投油助燃时则不能稳定燃烧。

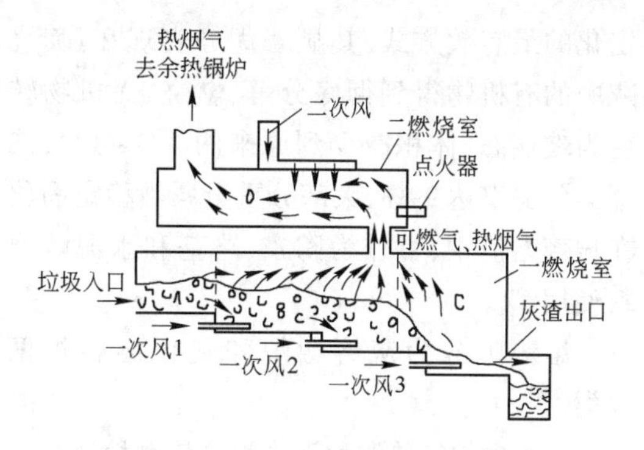

图 25-40　CAO 焚烧炉结构示意图

深圳龙岗于 1999 年引进了 CAO 焚烧炉，焚烧炉采用了低水泥耐火浇注料与高铝纤维模块的复合炉衬结构，炉衬结构整体性能好、强度高、耐磨性和耐酸性好、施工简便、维修方便，运行效果良好，所用耐火浇注料的理化指标见表 25-45。

表 25-45　CAO 焚烧炉用耐火浇注料的理化指标

项目		FLC120-Ⅰ	FLC120-Ⅱ
$w(Al_2O_3)$/%		≥48	≥60
$w(SiO_2)$/%		≤45	≤35
体积密度/$g\cdot cm^{-3}$		≥2.4	≥2.8
抗折强度/MPa	110℃×24h	≥10	≥10
	高温热处理	≥10（1200℃）	≥12（1500℃）
耐压强度/MPa	110℃×24h	≥60	≥75
	高温热处理	≥60（1200℃×3h）	≥80（1500℃×3h）
加热永久线变化率/%		-0.5～+0.5（1200℃×5h）	-0.5～+0.5（1500℃×3h）
荷重软化温度（0.2MPa，2%）/℃		≥1500	≥1500
耐磨性（1200℃×5h，质量损失）/%		≤1.8	≤1.8
耐酸性（30%HCl 浸泡 15d）	质量损失率/%	≤2	≤2
	强度损失率/%	≤3	≤3
使用部位		一燃室炉墙、炉顶和二燃室非风口部位	一燃室炉底，连接一、二燃烧室的喉管和二燃室燃油烧嘴及风口

目前，与其他垃圾焚烧技术相比，单独采用垃圾热解气化技术的不多，而将垃圾热解气化与熔融工艺相结合的气化熔融技术越来越受到世界各国的关注和重视[17]。

25.5.2　废弃物熔融炉及其耐火材料

25.5.2.1　熔融炉分类及特点

垃圾经焚烧炉热处理后还有部分残余物，另外还有从除尘器收集来的飞灰，焚烧残余物中常含有较多有害重金属，飞灰中含有大量二噁英等有害物质，焚烧残余物和飞灰需再经无害化处理后才能掩埋。欧洲一些国家对焚烧残余物和飞灰采用单独熔融处理的方式，日本则倾向将飞灰与焚烧残余物混合后一起进行熔融处理。采用熔融炉对飞灰和焚烧残余物进行最后的熔融处理是实现废弃物无害化和稳定化的最有效方式，其显著优势表现在：焚烧灰中的有机物得到彻底分解、燃烧，无机物转变为玻璃态，体积减少到原来的1/3～1/2，二噁英分解率达99%，大部分重金属被稳定固化在玻璃熔渣中，可作为陶瓷、路基和水泥等原料使用[20]。

熔融炉分为灰熔融炉和气化熔融炉两大类[1,4]。

灰熔融炉按热源种类分为电热型熔融炉和燃料型熔融炉（即烧嘴熔融炉）。电热型熔融炉可分为电弧熔融炉、电阻熔融炉（即矿热熔融炉）、等离子体熔融炉、感应熔融炉等；燃料型熔融炉采用油、天然气或焦炭作为辅助燃料，包括表面熔融炉（含固定式和回转式）、内部熔融炉、涡流（旋涡、旋流）熔融炉、焦炭床（残余炭）熔融炉等[5,8,11,19,20]。

图25-41和图25-42示出了两种常用的电热型熔融炉[20]，图25-43示出了电弧熔融炉处理废弃物的工艺流程[21]。

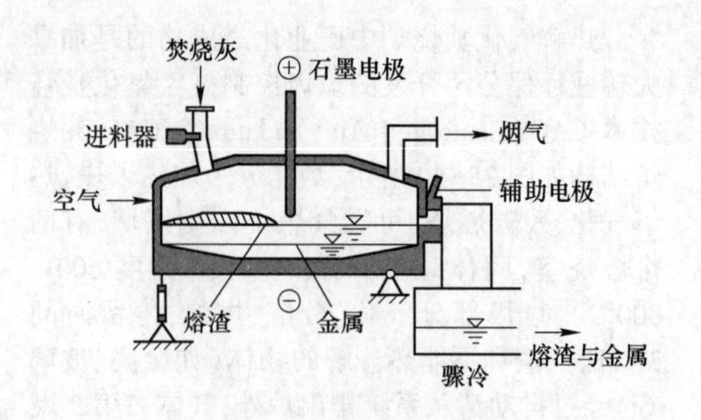

图25-41 电弧熔融炉示意图

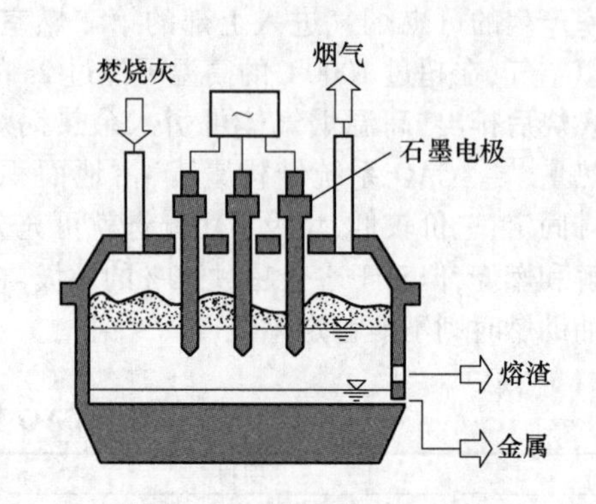

图25-42 电阻熔融炉示意图

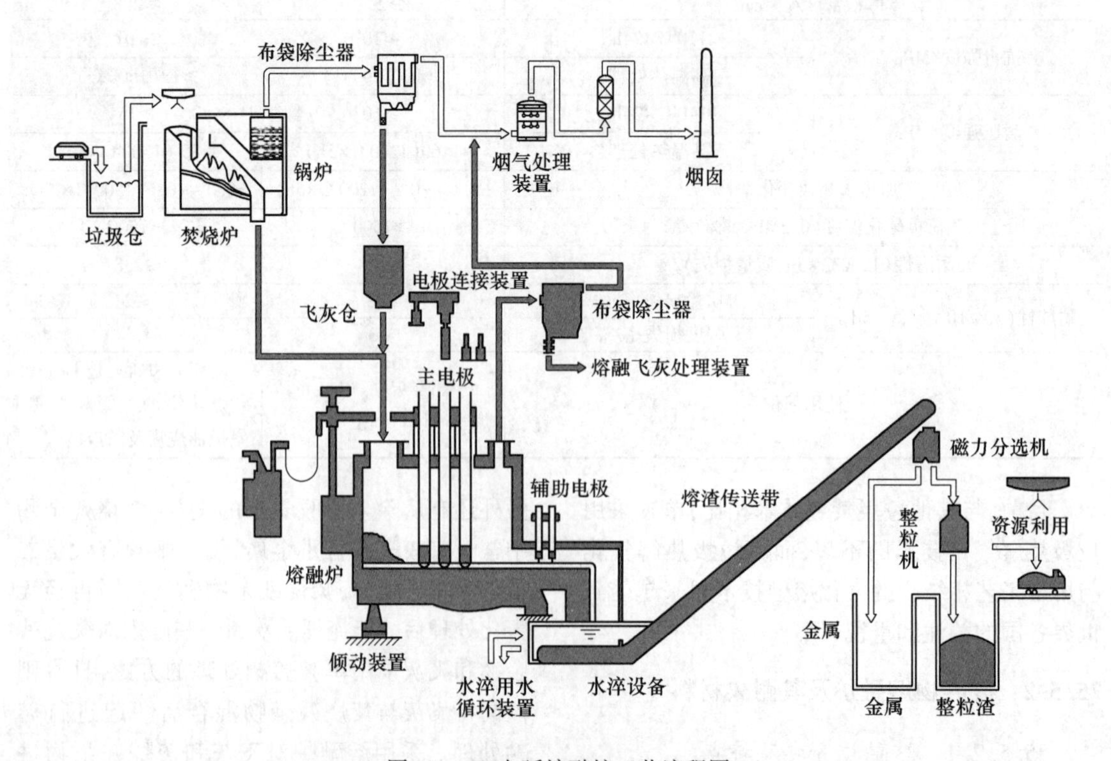

图25-43 电弧熔融炉工艺流程图

图 25-44 和图 25-45 分别示出了两种典型燃料型熔融炉[20]。

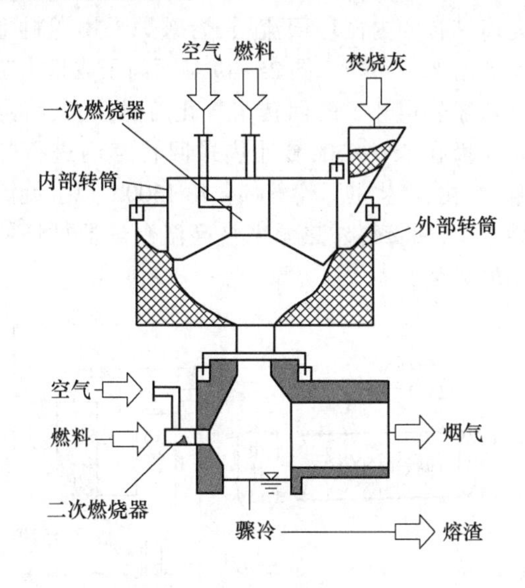

图 25-44　旋转面熔融炉示意图

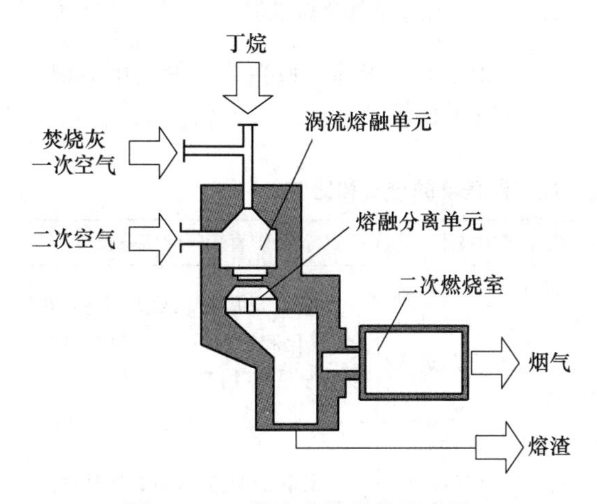

图 25-45　涡流式熔融炉示意图

气化熔融炉由气化炉和熔融炉两大部分组成,按炉体结构分为气化-熔融一体型和气化-熔融分离型两类,按熔融过程又可分为热解气化熔融炉和直接气化熔融炉[5,8,16,22]。气化熔融技术主要包括气化和熔融两个阶段,充分结合了垃圾气化技术和灰渣熔融技术的优点,与传统焚烧组合熔融工艺相比,该工艺具有二噁英趋零排放、金属稳定化和资源化、显著减容性和高效能源回收率等优势,发展潜力巨大[11,16,17]。其工作原理为:垃圾在 450~700℃ 缺氧还原性气氛的一次气化炉内进行热解气化,生成可燃气体(含 CO、CH_4、H_2)和少量残炭,从金属分选出的炭和燃气、飞灰一道进入二次熔融炉进行 1300℃ 以上的高温燃烧,最后生成玻璃态熔渣、不可燃物(含低价金属体 Fe、Cu、Al 等)经分离后排出[16]。

图 25-46 和图 25-47 示出了两种常见的一体型直接气化熔融炉[5,16,21,23],其特点是废弃物在一个炉体内完成干燥、热解气化、燃烧和熔融。

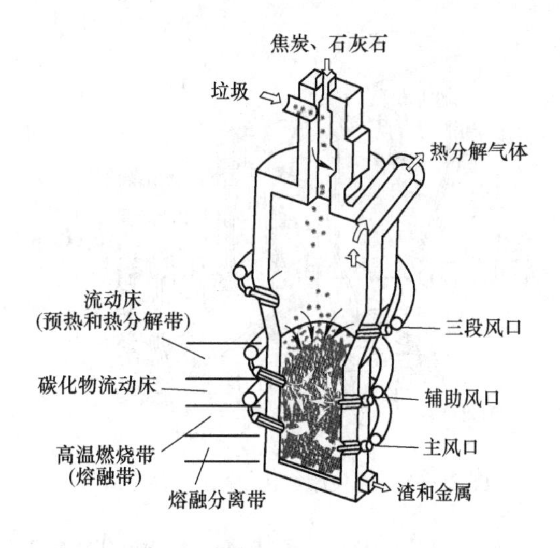

图 25-46　新日铁高/竖炉直接气化熔融炉示意图

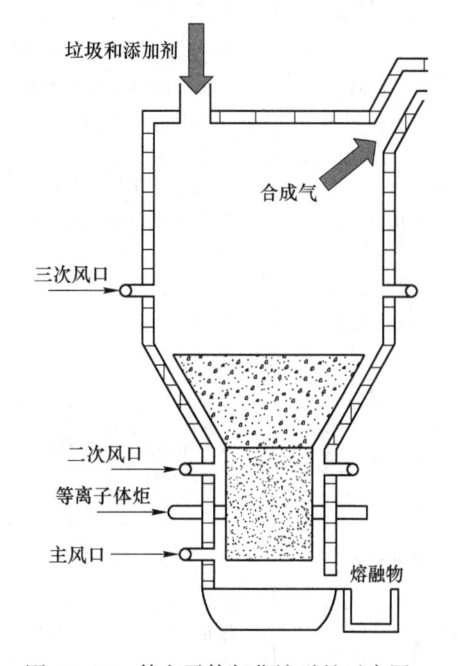

图 25-47　等离子体气化熔融炉示意图

热解气化熔融炉多为气化-熔融分离型，气化炉是垃圾气化的反应器，现投入商业运行的气化炉主要有气流床、流化床和固定床（含回转窑、炉排炉和高炉/竖炉）反应器，熔融炉多采用燃料型熔融炉[16,17]，近年来等离子熔融炉受到很大关注[22]。

图 25-48 和图 25-49 示出了国外开发的两种最典型的气化熔融炉。图 25-48 是日本荏原公司开发的流化床气化熔融炉，其特点是气化炉采用一种特殊的可实现内部循环的流化床结构，床层下部密相区颗粒形成近似移动床和流化床结合的内循环回流层，熔融炉采用燃料型旋流熔融炉[11,16]。图 25-49 是西门子或日本三井造船公司开发的回转窑气化熔融炉，其特点是垃圾在 450~500℃ 外热式回转窑内进行热解、气化，产生的可燃气体供给 1300℃ 以上旋流熔融炉，回转窑外热源来自高温余热器循环使用的热空气[11,16]。

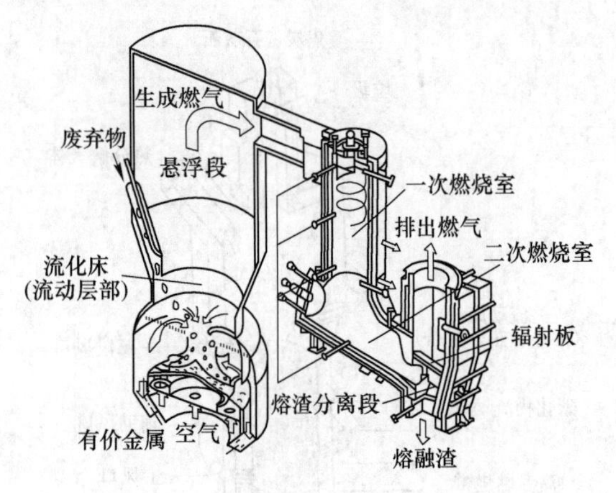

图 25-48 流化床气化熔融炉（荏原式）

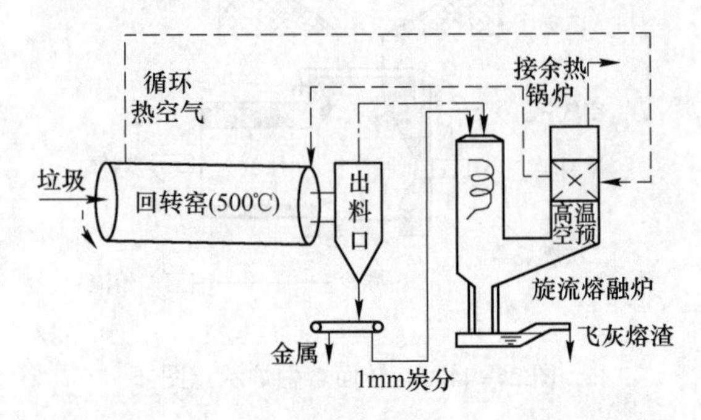

图 25-49 回转窑气化熔融炉（西门子或三井式）

表 25-46 对当前最典型的三种气化熔融炉工艺进行了比较[16]。

表 25-46 垃圾气化熔融工艺基于反应器角度的分析和比较

工艺	流化床气化熔融技术	回转窑气化熔融技术	高/竖炉直接气化熔融技术
工作原理	流化床直接气化+飞灰熔融（不燃物从炉底排出，热解气、飞灰等高温熔融）	流化床间接气化+飞灰熔融（不燃物和炭分排出后筛选分离，热解气、炭分和飞灰进入熔融炉高温熔融）	垃圾在反应炉内经历干燥、热解、气化和燃烧后，注入氧气进行灰分全量熔融，产品是燃气
反应器类型	气化炉：回流内循环床 熔融炉：气流床（旋流式熔融）	气化炉：间接加热回转窑 熔融炉：气流床（旋流式）、固定床（表面式）	一体化炉型：筒状高炉（竖炉）
垃圾限制	>7.5MJ/kg	>6MJ/kg	>5MJ/kg 加辅助炭、石灰石熔融
总空气系数	1.2~1.4	1.2~1.3	较大
环保性（废物无害化）	<0.01ng-TEQ/m³（标态） 熔渣对环境无害	0.002 ~ 0.01ng - TEQ/m³（标态） 熔渣对环境无害	约 0.0058ng-TEQ/m³（标态） 熔渣对环境无害
废物减容比	仅飞灰熔融约 1/200	残炭灰分和飞灰共熔融≤1/200	全量熔融 1/200~1/250
废物能源化	热回收率 75% 并回收金属	热回收率 75%并回收金属	热回收率 70%并回收金属

续表 25-46

工艺	流化床气化熔融技术	回转窑气化熔融技术	高/竖炉直接气化熔融技术
投资、运行和维护经济性	双工艺炉型,投资较高,但设备维护相对容易	双工艺炉型,投资较高,但设备维护相对容易	单工艺炉型,投资较低,全量熔渣造成设备易损耗
研发单位	日本荏原、神户制铁、川崎重工、日立造船、栗本制作、三菱重工、住友重工、三机、石川岛播磨重工	西门子、三井造船、日立造船、三菱重工、日铁化工、Kubota 会社、Kuma 会社、Noell 东芝	日本钢管(NKK)、新日铁、美国 EPA、美国 UUC、德国 FLK

25.5.2.2 熔融炉用耐火材料

灰熔融炉内的温度通常在 1400~1700℃,有时高达 1800℃,熔渣、气氛等对炉衬具有明显的侵蚀作用,耐火材料对熔融炉运行非常关键[5,8]。日本在熔融炉用耐火材料方面开展了大量研究工作,相关成果具有重要的参考价值。表 25-47 对日本灰熔融炉用耐火材料应用概况进行了总结,表 25-48 给出了日本多家灰熔融炉单位使用耐火材料的情况[24]。

表 25-47 灰熔融炉耐火材料应用概况

炉型	热源方式	使用气氛	耐火材料种类
电热型	电弧加热	弱氧化	$Al_2O_3-Cr_2O_3$、Al_2O_3-SiC、SiC
	电阻加热	还原	C-SiC、SiC
	等离子加热	氧化	$Al_2O_3-Cr_2O_3$、$Al_2O_3-Cr_2O_3-ZrO_2$、$MgO-Cr_2O_3$、SiC
		还原	C-SiC、SiC
燃料型	表面熔融	氧化	$Al_2O_3-Cr_2O_3$、$Al_2O_3-Cr_2O_3-ZrO_2$、SiC
	旋转熔融	氧化	$Al_2O_3-Cr_2O_3$、$Al_2O_3-Cr_2O_3-ZrO_2$、SiC
	回转炉	氧化	$Al_2O_3-Cr_2O_3$、$Al_2O_3-Cr_2O_3-ZrO_2$、SiC

表 25-48 不同厂家灰熔融炉耐火材料的应用情况

单位	废弃物种类	炉型	选用的耐火材料
A	焚烧炉残渣	电热型	Al_2O_3-SiC 砖、高铝砖、$Al_2O_3-Cr_2O_3$ 浇注料
	污泥	电热型	$MgO-Cr_2O_3$ 砖
B	污泥	燃料型	$MgO-Cr_2O_3$ 砖、$MgO-Cr_2O_3$ 浇注料
C	污泥	燃料型	SiC 砖
D	焚烧炉残渣	燃料型	$MgO-Cr_2O_3$ 浇注料、$MgO-Cr_2O_3$ 砖
E	污泥、焚烧炉残渣	燃料型	Al_2O_3 浇注料、$Al_2O_3-Cr_2O_3$ 浇注料
F	焚烧炉残渣	燃料型	Al_2O_3-SiC 浇注料
G	废弃物	高炉	高铝砖、$MgO-Cr_2O_3$ 砖
H	飞灰、污泥	电热型	氧化锆砖
I	污泥	高炉	高铝砖、$MgO-Cr_2O_3$ 砖
J	焚烧炉残渣	电热炉	刚玉砖、Al_2O_3-SiC 砖
K	焚烧炉残渣	电热炉	Al_2O_3-SiC 砖

熔融炉工作衬耐火材料配置应充分考虑工作区域的气氛、使用温度特别是最高工作温度、熔渣组成和碱度(CaO/SiO_2)等因素。目前,熔融炉关键部位多数使用含 Cr_2O_3 耐火材料,实现熔融炉用耐火材料的无铬化和低铬化仍需要进行深入系统的研究。熔融炉常用耐火材料的技术指标详见表 25-49~表 25-52[5,8,13,23,24]。

表 25-49　熔融炉用耐火制品(无 Cr_2O_3)的理化性能

项目	SiC 砖	SiC 砖	$SiC-Al_2O_3$ 砖	SiC-C 砖	SiC-C 砖	Al_2O_3-MgO 砖	Al_2O_3-MgO 砖
$w(SiC)$/%	95	90	35	86 (SiC+C)	88 (SiC+C)	—	—
$w(Al_2O_3)$/%	—	—	55	7	4	91	10
$w(MgO)$/%	—	—	—	—	—	5	87
体积密度/$g \cdot cm^{-3}$	2.75	2.75	3.00	1.88	1.83	3.25	3.10
显气孔率/%	11.0	11.5	11.0	17.5	18.0	14.5	13.0
常温耐压强度/MPa	120	140	108	30	20	115	35
常温抗折强度/MPa	44.0	30.0	20.0	10.0	6.0	17.0	12.5
线膨胀率(1000℃)/%	0.45	0.7	0.5	0.4	0.4	0.7	0.95
热导率(1000℃)/$W \cdot (m \cdot K)^{-1}$	28 (350℃)	14	8	26.5	28	3.2	5.5

表 25-50　熔融炉用耐火制品(含 Cr_2O_3)的理化性能

项目	$Al_2O_3-Cr_2O_3$ 砖	$Al_2O_3-Cr_2O_3$ 砖	$MgO-Cr_2O_3$ 砖	$MgO-Cr_2O_3$ 砖	$MgO-Cr_2O_3$ 砖	$Al_2O_3-Cr_2O_3-ZrO_2$ 砖	$Al_2O_3-Cr_2O_3-ZrO_2$ 砖
$w(Al_2O_3)$/%	78	87	—	—	—	69	72
$w(Cr_2O_3)$/%	12	10	23.5	31	28	19	18
$w(MgO)$/%	—	—	65	60	52	—	—
$w(ZrO_2)$/%	—	—	—	—	—	10	3
体积密度/$g \cdot cm^{-3}$	3.15	3.00	3.21	3.42	3.38	3.55	3.45
显气孔率/%	17.0	18.0	15.5	12.4	13.0	16.5	15.5
常温耐压强度/MPa	75	78	55	91	58	150	120
常温抗折强度/MPa	14.5	15.0	—	—	—	23.0	19.5
线膨胀率(1000℃)/%	0.6	0.6	0.95	0.9	0.9	0.8	0.8
热导率(1000℃)/$W \cdot (m \cdot K)^{-1}$	3.0	2.7	5.25	7.4	7.0	3.6	3.6

表 25-51　熔融炉用浇注料(无 Cr_2O_3)的理化性能

项目		浇注料 1	浇注料 2	浇注料 3	浇注料 4	浇注料 5	浇注料 6	浇注料 7
最高使用温度/℃		1500	1500	1500	1500	1500	1800	1800
施工用量/$t \cdot m^{-3}$		3.15	2.70	2.60	2.65	2.40	3.05	2.95
线变化率/%	110℃×24h	-0.03	0	-0.03	-0.03	-0.05	-0.02	-0.03
	1000℃×3h	-0.12	-0.19	-0.18	-0.03	-0.20	-0.08	-0.03
	1300℃×3h	+0.43 (1400℃)	-0.20	-0.12 (1500℃)	+0.15	-0.30	+1.50 (1500℃)	+0.09 (1500℃)
常温抗折强度/MPa	110℃×24h	9.1	14.7	11.0	4.9	6.0	5.2	4.2
	1000℃×3h	19.7	24.5	20.0	13.7	9.5	5.0	3.1
	1500℃×3h	12.1 (1400℃)	29.4 (1400℃)	25.0 (1500℃)	27.4	18.5	12.3	8.5
热导率/$W \cdot (m \cdot K)^{-1}$	500℃	—	13.3	8	9.9 (750℃)	2.6	—	—
	1000℃	4.0	9.1	5.5 (750℃)	9.4	3.7 (750℃)	—	—
$w(SiC)$/%		15	84	89	—	49	—	—
$w(Al_2O_3)$/%		80	9	4	—	25	73	55
$w(SiO_2)$/%		—	—	—	—	22	—	—
$w(MgO)$/%		—	—	—	—	—	19	39
加水量/%		4.2	5.5	7.0	—	8.0	6.5	6.5

表 25-52　熔融炉用浇注料(含 Cr_2O_3)的理化性能

项目		浇注料 8	浇注料 9	浇注料 10	浇注料 11	浇注料 12	浇注料 13	浇注料 14
最高使用温度/℃		1800	1700	1700	1800	1600	1800	1800
施工用量/$t \cdot m^{-3}$		3.25	3.00	3.05	3.50	2.60	3.05	3.25
线变化率/%	110℃×24h	-0.03	0	0	-0.03	-0.03	-0.09	0
	1000℃×3h	-0.06	-0.03	-0.02	-0.03	-0.09	-0.34	+0.43
	1500℃×3h	-0.25	+0.20	+0.30	+0.28	+0.21	-0.13	+1.59
常温抗折强度/MPa	110℃×24h	14.5	4.3	4.1	4.8	5.3	7.8	2.1
	1000℃×3h	24.0	9.2	8.1	13.2	12.0	6.9	4.3
	1500℃×3h	28.0	9.5	8.5	30.3	14.1	10.3	4.8
热导率/$W \cdot (m \cdot K)^{-1}$	500℃	3.1	2.5	2.4	2.2 (800℃)	1.85	2.7	2.7
	1000℃	2.9	2.3	2.2	2.32	1.84	3.2	2.8
$w(Al_2O_3)$/%		88	67	59	18	68	—	—
$w(Cr_2O_3)$/%		10	20	30	80	—	16	38
$w(MgO)$/%		—	—	—	—	—	66	42
$w(SiO_2)$/%		—	10	10	—	28	—	—
加水量/%		5.5	5.5	6.5	6.5	4.5	6.5	5.0

25.6 锅炉用耐火材料

锅炉作为热能动力设备已有二百多年的历史,它是一种把煤炭、石油或天然气等能源所储藏的化学能转变为高温水或蒸汽热能的重要设备。高温水和蒸汽的热能可以直接应用在生活和生产中,如空气调节、纺织、化工、造纸等领域;也可以再转换成其他形式的能,如电能、机械能等,锅炉逐渐成为人类社会生产和生活各个领域不可缺少的动力装置。物质生产的飞速发展,能源消耗的日益增加,人类社会就需要更多、更先进的能源转换设备,锅炉在国民经济中的作用和地位也就越来越重要。

现代锅炉可视为一个蒸汽发生器。天然气、石油或煤炭等燃料送入锅炉后,通过燃烧的物理化学作用,燃料的化学能转变为热能,通过多种传热方式把热能传递给水,水以蒸汽或热水的形式将热能供给工农业生产和人类的生活,或用来发电和作为驱动机械运动的动力。

发电用的锅炉一般称为电站锅炉,直接供给社会生活领域的锅炉则称为工业锅炉或普通锅炉。

25.6.1 普通锅炉用耐火材料

随着锅炉工业的发展和技术进步,单台工业锅炉或普通锅炉的容量从每小时生产几百千克蒸汽发展到每小时生产几十吨蒸汽,而且锅炉的性能也有了本质的变化。燃煤工业锅炉的效率已从20%~30%提高到70%~80%,而燃油燃气锅炉热效率高于92%,实现了机械化和自动化。

国外的工业锅炉多以燃用石油和天然气为主。为防止环境污染,燃煤锅炉在烟气及环保技术方面也进步明显。同时其平均单机容量大、热效率高、自动化程度高,锅炉机组向快装或组装方向发展,结构紧凑,现场安装方便;制造厂多采用先进的制造工艺、装备及流水线,专业化程度和生产效率都比较高。

我国的工业锅炉一直以燃用各种原煤为主,煤种的供应变化较大,因此锅炉实际运行热效率偏低,且在发展初期存在燃煤锅炉单机容量低和自动化控制程度低等问题。近年来随着环保压力和我国能源结构的变化,在吸收国外先进技术的同时,我国在锅炉的设计方面取得了很大进展,制造工艺也在不断地更新,锅炉制造标准已基本符合国际标准,达到或接近了世界水平。

25.6.1.1 普通锅炉结构

普通锅炉是由锅炉管系统、燃烧室、烟道及除尘器等部分组成。锅炉的工作过程是由燃烧过程和传热过程组成,如图25-50所示的燃煤锅炉,由锅筒、链条炉排、蒸汽过热器、省煤器、空气预热器、除尘器、引风机、烟囱、送风机、给水泵、运煤皮带运输机、煤仓和灰车等组成。

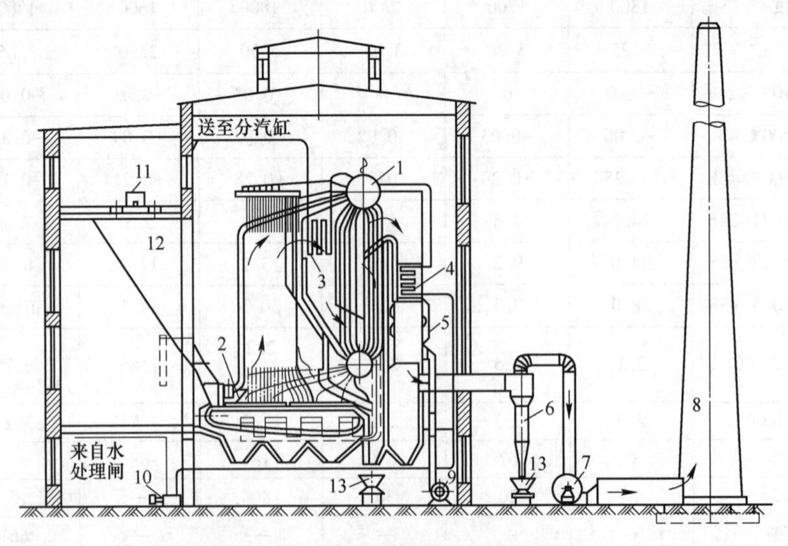

图25-50 普通燃煤锅炉房设备简图

1—锅筒;2—链条炉排;3—蒸汽过热器;4—省煤器;5—空气预热器;6—除尘器;7—引风机;8—烟囱;9—送风机;10—给水泵;11—运煤皮带运输机;12—煤仓;13—灰车

锅炉本体包括锅筒、链条炉排、蒸汽过热器、省煤器以及空气预热器等,这些部位都是受热面,需具有良好的传热性能。烟气的热能通过这些受热面传递给工作介质。锅炉本体的一侧处在高温烟气条件下,因此要求其结构和材料要承受高温和抵抗烟气的腐蚀和冲刷;另一侧是工作介质——水、蒸汽或空气,介质工作时都具有较高压力,所以锅炉本体主要部件还需要具有承受应力的能力。

燃煤锅炉其主体部件是煤燃烧设备,作用是将燃料送入燃烧室,提供燃烧所需要的条件,完成燃料的燃烧过程。燃烧设备要能适用于不同煤种的燃烧,保证燃料及时着火和燃尽,还应有一定燃烧强度,给锅炉提供足够的可利用热能。燃油或燃气(天然气或煤气)锅炉主要是在燃烧设备部分和燃煤锅炉不同,其结构根据使用燃料的特点,强化燃烧过程,以保障燃料充分燃尽,尽可能获得燃料的化学能[25]。

锅炉燃烧过程,如煤为燃料的层燃炉式工业锅炉的过程是:由运煤皮带运输机将原煤送入缓缓向前移动的链条炉排上,进入燃烧室;在燃烧室中空气由炉排下风室供给。燃料燃烧产生的高温烟气以辐射放热方式向燃烧室四周的水冷壁传递热量,经防渣管进入对流烟道。对流烟道是由烟墙隔成,烟道中布置有过热器和管束等受热面。过热器的作用是把饱和蒸汽加热成过热蒸汽。过热器一般是由成排弯制成蛇形管的碳素钢或合金钢管组成,管束内部水吸收烟气的热量而蒸发,产生的蒸汽在上锅筒中分离出来送至过热器,而未汽化的水继续在锅管的管束中循环。烟气在烟道中冲刷过热器和锅炉管束放出热量后,进入尾部烟道。尾部烟道内布置有省煤器和空气预热器等受热面。进入尾部烟道的烟气温度一般有400~500℃,省煤器和空气预热器是用来吸收这部分烟气热量的,以降低其温度。放出热量后烟气经引风机和烟囱排入大气。排入大气的烟气温度越低,烟气热量被吸收得越充分,燃料热能利用率越高,锅炉的热效率就越高。

25.6.1.2 普通锅炉炉墙的作用和结构

在普通锅炉中,耐火材料主要用在锅炉燃烧室的炉墙。炉墙用来将锅炉受热面和炉内燃烧产物与外界隔绝并形成烟气通道,起着防漏、绝热以保证安全运行的作用,是锅炉结构中不可或缺的重要组成部分。当锅炉负压运行时,炉墙还需防止炉外冷空气漏入炉膛和烟道内,提高锅炉经济性;当锅炉微正压运行或炉内燃烧不稳定出现正压时,炉墙能阻挡炉内和烟道内的烟气外泄,防止污染环境、减少热损失以及保障设备和人身安全。

炉墙结构如图25-51所示,根据锅炉生产和安全的需要,其使用耐火材料应具有如下特点[26]:

(1)耐热性及热稳定性:锅炉炉墙内面与高温烟气接触及受炉内辐射,工作温度较高,通常可达1000~1350℃。炉墙长期处于高温火焰或高温烟气的辐射下,部分炉墙的工作温度还随炉内燃烧工况的变动而经常发生波动(如锅炉启停过程中,炉内发生急剧温度变化);同时工作时受炉渣的化学侵蚀。所以锅炉炉墙,特别是工业锅炉炉膛部分炉墙必须具有足够的耐热性和热稳定性。

(2)保温性和密封性:炉墙内壁温度高,外壁温度和大气接触,一般不超过70℃,需要借助炉墙良好的保温性能来实现。如果炉墙密封性差,负压运行的锅炉发生冷空气从炉墙漏入,会破坏生产中有组织的合理配风,使燃烧恶化,增大排烟的热损失,降低锅炉效率;炉内出现正压时,会向外冒烟、漏灰,甚至喷火,造成设备损

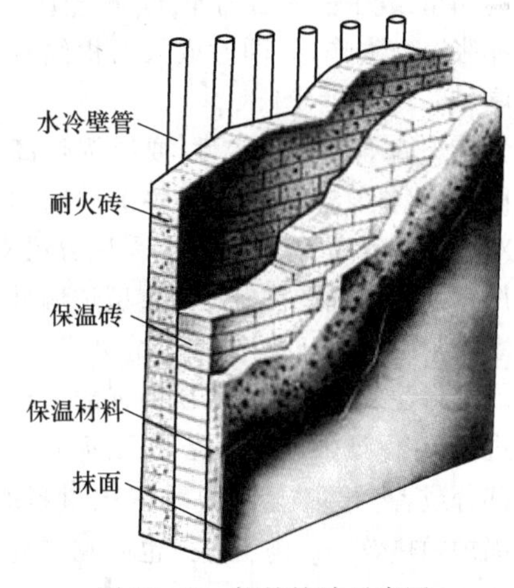

图25-51 锅炉炉墙示意图

坏和人身事故，锅炉安全运行受到威胁。因此，保证炉墙的严密性是设计、施工、运行和维修工作的基本要求。

(3)结构可靠性和足够机械强度：炉墙热膨胀受阻时，会使炉墙产生裂缝、凸起、倾斜或塌落，要求炉墙预留合适的膨胀间隙。同时，锅炉运行中，炉内存在因燃烧不稳定而引起的压力波动，甚至发生爆燃，瞬间给炉墙以相当大的额外压力。因此，炉墙必须具有足够的机械强度和刚性，以免产生过大变形，使炉墙开裂。另外，需要其结构简单、质量轻、施工方便、造价低等。

具有上述特点的锅炉炉墙由垂直墙、炉顶、炉拱和门孔等组成，其主要特点和所用材料如下[25,27~29]：

(1)垂直墙：垂直墙是锅炉炉墙的主要部分，按照支承方式和所使用的材料有如下三种类型。

1)重型炉墙：锅炉炉墙砌筑是将耐火材料直接砌筑在地基上而成，其结构简单，砌筑和检修方便，用材价廉易得。炉墙高度受到炉墙稳定性及高温下材料耐压强度和高温蠕变强度等因素的限制，不宜超过12m。为了保证炉墙的稳固，当炉墙高度超过1.5m时，内层耐火砖与外层红砖相互牵联。为了防止炉墙受热膨胀而使炉墙开裂，重型炉墙沿垂直方向应留出膨胀缝，一般膨胀缝宽度约为25mm，每隔5m炉墙宽度就应布设一道膨胀缝。膨胀缝优先布置在炉墙的四角，缝中嵌入石棉绳，以防止炉渣进入而使膨胀缝失去作用，同时嵌入石棉绳有利于防止漏风。

为使炉墙不失去稳定性，要沿锅炉高度方向分段减载(图25-52)，加强整个炉墙的稳定性。对于墙体较高的炉墙，还要采用分段支承，上段用钢架或混凝土柱支吊。重型炉墙外壁一般不装密封层，施工时对外层勾缝处理，以保持炉墙的密封性。现在随着轻质高强耐火材料的技术进步，在保证强度的前提下，耐火砖和红砖可以部分或者全部被轻质高强耐火材料取代，提高锅炉的热效率。施工方式也由砌筑变成预制或者浇注。

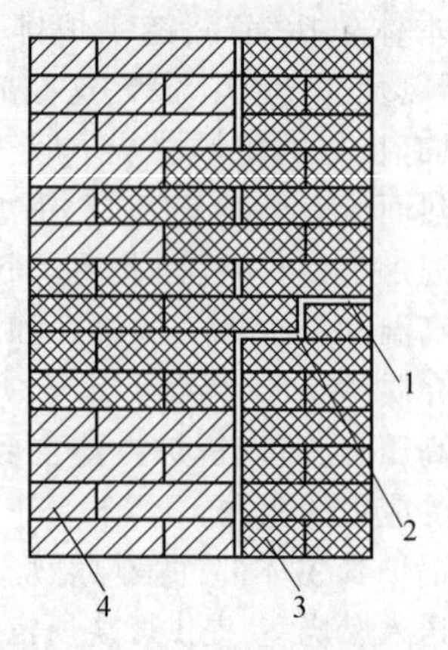

图25-52 重型炉墙的卸载结构

1—水平膨胀线；2—耐火绳索；3—耐火砖；4—机制红砖

2)轻型炉墙：轻型炉墙广泛地使用在我国中小锅炉中，特点是将炉墙质量沿高度分段均匀地传递给专门设置的锅炉构架上，因此，轻型炉墙不受高度限制。炉墙荷重均匀地传递给构架的方式有两种：一是在护板上分层安装铸铁托架承载，二是直接安装在构架横梁上的金属托架承载。炉墙膨胀也是沿锅炉高度分段预留在各支承点处。轻型炉墙属于分段支承、分段膨胀结构。炉墙由耐火层、保温层及密封层组成。各层材料随炉墙形式不同而异。

砌砖式轻型炉墙由耐火层、绝热层和外部密封皮组成。耐火层一般采用耐火砖，烟气温度低于600℃的烟道炉墙也可采用红砖。绝热层一般采用硅藻土材料或者硅藻土砖加石棉板或矿渣棉板，也有用珍珠岩板或蛭石板。最外层是密封层，由钢板焊于护板框架上构成。沿锅炉高度方向，炉墙每隔3.5m左右进行分段，每一段炉墙用铸铁托架支承质量，铸铁托架将质量传递到锅炉钢架。为了使炉墙能形成一个整体，在炉墙上布置铸铁拉钩，拉钩一端嵌入耐火砖内，另一端挂在固定于护板框架上的拉砖管上，炉墙能够抵抗在高温下所产生的温度应力以及抵抗由于爆燃或地震而产生的水平力。每层铸铁拉钩之间的距离通常用砖计算：自托砖架起第一层为402mm，其后各层均为67的倍数。炉墙的膨胀是靠每层托砖架留有16mm水平膨胀缝，在炉墙角部和沿炉宽每隔5m左右布置一条垂直膨胀缝。轻型砖结构炉墙的厚度视炉墙内温度而定。这种炉墙尽管可以采用分段平行施工,但由于砌体工作量大,又加之因结构需要而采用大量异形砖,使炉墙不仅造价高,而且建造速度缓慢。为此,发展了能在地面上预制的混凝土结构炉墙。

轻型混凝土结构炉墙用耐火混凝土作为耐火层,用绝热混凝土加珍珠岩板或蛭石板之类作为保温层,用密封涂料代替金属护板。耐火混凝土中布置 φ6mm 圆钢制成的钢筋网,钢筋两端与护板框架焊在一起。由于耐火混凝土受热膨胀,将大面积的预制体划分为 $1m^2$ 左右的方块,方块之间是耐火混凝土的膨胀缝。方块下边装有铸铁托架,上边装有铸铁拉钩。铸铁托架连接到槽钢上,槽钢再与护板框架焊在一起。铸铁拉钩与固定圆钢相连,固定圆钢再与护板框架相焊。通过铸铁托架将质量传递到锅炉构架。耐火混凝土炉墙进行浇注组合后,以装配组件的形式吊装。装配组件的尺寸与护板相适应。待全部炉墙吊装完毕后,两块炉墙之间的结合缝再用耐火可塑料和绝热混凝土补浇。

轻型混凝土结构炉墙的最显著优点是将工作量很大的砌筑体改变为大面积浇注预制块,有利于机械化施工,加快安装速度,省去异形砖,降低炉墙成本。由于混凝土板式轻型炉墙是用耐火混凝土预制板代替耐火砖,因此轻型炉墙具有整体性强、制作工作量小、安装快、造价低等特点。

3)敷管炉墙:敷管炉墙用于 65t/h 以上大型锅炉上,其炉墙直接敷设在水冷壁管或包墙壁管上,靠管子支承,膨胀也随着管子一起。这类炉墙只能用于密布光管水冷壁或鳍片管水冷壁,管子节距要小,或者用于膜式水冷壁上。

(2)炉顶:包括拱形炉顶、铺砌式炉顶和悬吊式炉顶。图 25-53 是整体拱形炉顶示意图。

1)拱形炉顶是由楔形砖砌成的,这种炉顶的支承是依靠楔形砖相互挤压实现的。炉顶跨度越大,楔形砖间的挤压力越大。当挤压力达到材料的临界强度时,炉顶的跨度达到最大容许值。随着炉顶的温度增高,由于材料强度降低,所容许的跨度值减小。在炉顶跨度超过容许的最大值时,必须用金属梁来分段支承,此时炉顶成为由几个跨度较小拱形组成的多跨拱顶。多跨拱形的金属梁不宜承受高温,适宜用于低温区或作为外层拱。

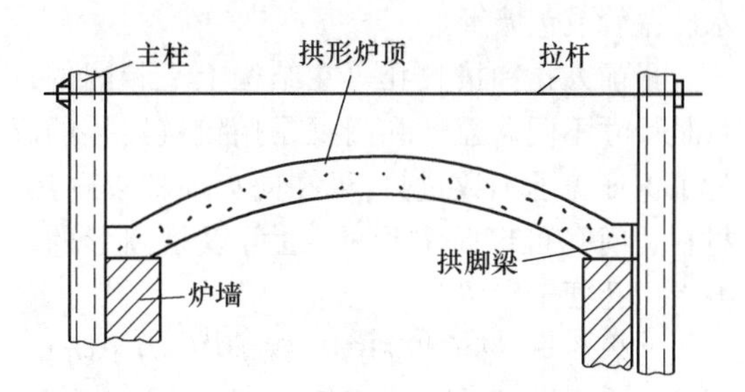

图 25-53 整体拱形炉顶示意图

2)铺砌式炉顶是将砖块或耐火混凝土板直接铺砌在炉顶受热面管子上。这种炉顶的支承最为简单,承受高温,适宜于高温区,或作为内层炉顶。由于目前的工业锅炉一般都装有炉顶水冷壁管,而且支承跨度也不大,所以优先采用这种炉顶结构。在采用普通耐火砖铺砌炉顶时,由于管子支承面不易平整,砖和管子不易密合,影响炉顶质量,因此可在炉顶管上先铺一层石棉板,再铺砌耐火砖。在炉顶面积较大时,宜在炉顶管上现场浇灌耐火混凝土。整体浇灌耐火混凝土时,须沿纵向和横向每隔 1~1.5m 留出 5~6mm 的膨胀缝。

3)悬吊式炉顶是通过悬吊件支吊在构架上,由异形悬吊砖组成,也可用带钢筋的耐火混凝土板构成。这种炉顶结构由于结构复杂、工作可靠性不强、造价较贵,已很少采用。悬吊式耐火混凝土炉顶,宜用于较大的炉顶,故一般多用于中、大容量的锅炉中。

(3)门孔:为了保证锅炉的运行和检修,必须在锅炉炉墙上专设各种门孔:人孔、看火孔、加煤孔、拨火孔、吹灰孔、防爆孔及测量仪表孔。这类门孔装置一般由铸铁制成。炉墙门孔装置的结构不良、制造质量差和受热后变形所造成的密封的不严密往往会引起剧烈的漏风。在重型炉墙中,门孔装置随墙一体砌入;对于较大的门孔,用埋入炉墙内的型钢加以固定。在轻型炉墙中,门孔装置是预制在金属护板框架上。在敷管炉墙中,则将所有炉墙附件直接固定在水冷壁管或包墙管上。

目前人孔和拨火孔等在结构上是相同的,只是尺寸不同。盖子和门框是用铰链连接的。为了保证盖子不致过热,可在向火面覆以耐热材料。门孔可以是方形的,也可以是圆形的。方形门孔便于砌砖。

在煤粉炉、燃油炉和煤气锅炉中,为了防止因炉膛内爆燃而造成炉墙倒塌,须在炉墙的合适部位装设有足够面积的防爆门。防爆门有翻板式和爆破式等。翻板式防爆门的翻板平时依靠其重力压盖在门框上,当炉内爆燃、内部压力超过重力分力时,翻板即自动打开,将压力泄放掉。爆破膜式防爆门利用爆破膜本身强度的薄弱,在内部压力增高到一定程度后即自行破裂而将压力泄放掉。

防爆门的装置应符合:燃烧室、锅炉出口烟道、省煤器烟道及引风机前的烟道和引风机后的水平或倾斜小于30°的烟道上,应装置防爆门。煤粉制备系统的有关部位也应装设防爆门。防爆门应装在不威胁操作人员安全的地方,并设有导出管。导出管周围不应存放易燃、易爆等物品。防爆门应严密不漏,门盖不应过重。

25.6.1.3 *普通锅炉炉墙用耐火材料*

将炉墙从内到外沿厚度分成耐热、绝热和密封三层,但层次的划分是相对的。对于低温区的炉墙可取消耐热层,也可将绝热层和密封层合并使用一种材料。

锅炉炉墙常用耐火砖、耐火混凝土、耐火可塑料等,保温材料有保温砖、保温板、保温瓦、绝热混凝土和纤维状(玻璃棉、矿渣棉、石棉等)保温材料,密封材料有各种密封涂料和抹面材料[26]。

(1)耐火砖:

1)重质耐火砖,具有一定的抗酸、抗碱作用的高铝或黏土砖,常用黏土砖,砖中含有30%~45%的 Al_2O_3 和 50%~65%的 SiO_2。它属于弱酸性耐火材料,能抵抗酸性渣的侵蚀作用,但对碱性渣的抵抗能力稍差。按理化指标分为(G_0N)-40及(G_0N)-35两种牌号,前者用于高压蒸汽锅炉炉墙,后者用于工作温度1350℃以下的中、低压蒸汽锅炉炉墙。这两个牌号锅炉用黏土质耐火制品的理化指标见表25-53。

表 25-53 锅炉用黏土质耐火制品的理化指标

指标		牌号及数值	
		(G_0N)-40	(G_0N)-35
$w(Al_2O_3)$/%		≥40	≥35
耐火度/℃		≥1730	≥1690
重烧线收缩率/%	1400℃×2h	≤0.5	—
	1350℃×2h	—	≤0.5
显气孔率/%		≤26	≤26
常温耐压强度/MPa		≥40	≥35
1100℃水冷的热震稳定性/次		≥15	≥10

2)轻质耐火砖,具有质量轻、导热系数小和耐火度高等优点,其缺点是透气率大、组织结构疏松、机械强度低、抗渣及抗有害气体侵蚀能力差,长期使用易损坏,高温绝热材料的容重一般为(0.4~0.8)×10^3kg/m^3,管子之间的隔热墙容重为(1.0~1.3)×10^3kg/m^3。轻质耐火砖按原料不同,有轻质硅砖、轻质高铝砖和轻质黏土砖等。炉墙常用轻质黏土耐火制品有五种牌号,见表25-54。

表 25-54 轻质黏土耐火制品的理化指标

指标		牌号				
		QN-1.3a	QN-1.3b	QN-1.0	QN-0.8	QN-0.4
密度/kg·m^{-3}		≤1.3×10^3	≤1.3×10^3	≤1.0×10^3	≤0.8×10^3	≤0.4×10^3
耐火度/℃		≥1710	≥1670	≥1670	≥1670	≥1670
重烧线收缩率/%	1400℃×2h	≤1.0	—	—	—	—
	1300℃×2h	—	≤1.0	≤1.0	—	—
	1250℃×2h	—	—	—	≤1.0	—
	1150℃×2h	—	—	—	—	≤1.0
最高使用温度/℃		1400	1300	1300	1250	1150

(2)耐火混凝土和浇注料:具有工艺简单、施工方便、整体性好等优点,高温下具有较小的残余收缩性能,在锅炉炉墙上得到了广泛应用。最常用的黏合剂有矾土水泥和硅酸盐水泥,其物理性能见表25-55和表25-56。

表 25-55　耐火混凝土的物理性能

结合类型	密度/kg·m^{-3}	耐压强度/MPa	荷重软化温度/℃	热震稳定性/次	线膨胀系数/K^{-1}	最高使用温度/℃
矾土水泥	$(1.80\sim1.90)\times10^3$	100~150	1300~1420	20~25	$\leqslant7.5\times10^{-6}$	1200~1300
硅酸盐水泥	$(1.80\sim1.90)\times10^3$	100~150	1200~1350	20~25	$\leqslant6\times10^{-6}$	1200

表 25-56　耐火浇注料的物理性能

结合类型	密度/kg·m^{-3}	耐压强度/MPa	线膨胀系数/K^{-1}	荷重软化温度/℃	最高使用温度/℃
矾土水泥	$\leqslant2.00\times10^3$	120~150	$\leqslant7.5\times10^{-6}$	1200~1300	1200
硅酸盐水泥	$\leqslant2.00\times10^3$	120~150	$\leqslant7.5\times10^{-6}$	1150~1200	1100

(3)保温材料：

1)硅藻土材料，包括硅藻土砖、硅藻土板和硅藻土瓦，用水生的藻类植物腐败以后经地壳变迁形成的生物化学沉积岩-硅藻土制成的，其成分为：SiO_2 80%~83%；Al_2O_3 5%~6%。硅藻土材料最高允许工作温度为900℃，常紧靠耐火层。硅藻土砖的性能见表25-57。在炉墙上多采用容重为$0.60\times10^3kg/m^3$的硅藻土砖，在热管道保温中常用容重$0.45\times10^3kg/m^3$的硅藻土砖。

表 25-57　硅藻土砖的主要性能

指标	密度/kg·m^{-3}	耐压强度/MPa	线膨胀系数/K^{-1}	显气孔率/%	耐火度/℃	导热系数/W·(m·K)$^{-1}$	最高使用温度/℃
A	$(0.50\pm0.05)\times10^3$	≥5	$\leqslant0.90\times10^{-6}$	≥78	1280	≤0.15	900
B	$(0.55\pm0.05)\times10^3$	≥7	$\leqslant0.94\times10^{-6}$	≥50	≥1280	≤0.16	900
C	$(0.65\pm0.05)\times10^3$	≥11	$\leqslant0.97\times10^{-6}$	≥50	≥1280	≤0.17	900

2)膨胀珍珠岩及其制品，具有容重小、导热系数小、无味、无毒、不燃烧、不腐蚀等优点，得到广泛应用。膨胀珍珠岩可直接作保温材料，填充在设备夹层中，也可用水泥、水玻璃作黏合剂制成珍珠岩砖、珍珠岩板、珍珠岩瓦等制品。相关珍珠岩制品的主要性能见表25-58。

表 25-58　珍珠岩制品的主要性能

名称	水泥珍珠岩制品	水玻璃珍珠岩制品	磷酸盐珍珠岩制品
密度/kg·m^{-3}	$(0.35\sim0.40)\times10^3$	$(0.25\sim0.30)\times10^3$	$(0.20\sim0.25)\times10^3$
耐压强度/MPa	5~10	6~12	6~10
最高使用温度/℃	600	600	800~1000

3)膨胀蛭石及其制品，具有密度小、导热系数小的优点，直接填充作为保温材料，也可用水泥、水玻璃作黏合剂，制成蛭石制品。锅炉炉墙上常用以容重为$(0.15\sim0.20)\times10^3kg/m^3$的膨胀蛭石作骨料，以适量水泥或水玻璃为黏合剂所制成的蛭石砖、蛭石板、蛭石瓦等制品，其主要性能见表25-59。

表 25-59　蛭石制品的主要性能

名称	水泥蛭石制品	水玻璃蛭石制品
密度/kg·m^{-3}	$(0.43\sim0.50)\times10^3$	$(0.40\sim0.45)\times10^3$
耐压强度/MPa	≥2.5	≥5
最高使用温度/℃	600	800

4)微孔硅酸钙制品，密度较小，可制成容重在$0.18\times10^3kg/m^3$以下的制品，耐压强度大于5MPa，目前国内生产的微孔硅酸钙制品的性能见表25-60。

表 25-60 微孔硅酸钙制品的性能

密度/kg·m^{-3}	显气孔率/%	耐压强度/MPa	最高使用温度/℃
(0.20~0.25)×10^3	≥90	≥5	650

5)绝热混凝土,以硅藻土、膨胀珍珠岩、膨胀蛭石作骨料,用硅酸盐水泥作黏合剂加水配制而成。可作炉墙高温区的绝热材料,与耐火混凝土层紧紧相贴。几种绝热混凝土的配比和性能见表 25-61。

表 25-61 几种绝热混凝土的配比和性能

名称	硅藻土绝热混凝土	珍珠岩绝热混凝土	蛭石绝热混凝土
密度/kg·m^{-3}	(0.80~1.00)×10^3	0.40×10^3	(0.45~0.80)×10^3
最高使用温度/℃	800~900	600	600
耐压强度/MPa	8~12	10~11.5	6~10
黏合剂	400 号以上硅酸盐水泥	500 号以上硅酸盐水泥	500 号以上硅酸盐水泥
骨料	硅藻土砖粒	密度(0.12~0.16)×10^{3}kg/m^3 的膨胀珍珠岩	密度≤0.18×10^{3}kg/m^3 的膨胀蛭石
掺和料	5~6 级石棉纤维	—	—

6)纤维状保温材料,具有密度小、导热系数小、不易燃烧等优点,是炉墙保温和热管道保温的理想材料,这类制品的主要缺点是耐温性能差,施工时对人体皮肤稍有刺激作用。矿渣棉制品的性能见表 25-62。

表 25-62 矿渣棉制品的性能

产品	密度/kg·m^{-3}	胶结剂及加入量/%	最高使用温度/℃
沥青矿渣棉毡	≤0.10×10^3	沥青,3~5	250
酚醛矿渣棉板	<0.10×10^3	酚醛树脂,3	300

7)硅酸铝耐火纤维,使用温度可达1000℃,常用于高温管道的保温。硅酸铝耐火纤维性能见表 25-63。

(4)密封材料:密封材料分为用于高温区的"耐热密封涂料"和用于低温区的"密封涂料"两类,主要用作轻型混凝土炉墙和敷管炉墙保温层密封、轻型砖结构水平顶板和斜顶板密封、重型炉墙外层抹面等。

25.6.2 发电锅炉用耐火材料

我国火力发电量一般占整个发电量的 70%~80%,发电锅炉技术进步向大型化发展,其炉衬寿命已达到 10~20 年,而且单位电量标准煤耗等价折算系数大幅度降低。

发电锅炉也是采用煤、重油或天然气作燃料,使锅炉产生过热高压蒸汽,通过驱动发电机进行发电,包括如下三个过程:(1)在锅炉中,将各种燃料通过燃烧转换成化学能,再通过热交换转变为蒸汽热能;(2)在汽轮机中,将前面

表 25-63 硅酸铝耐火纤维的性能

密度/kg·m^{-3}	导热系数/W·(m·K)$^{-1}$				纤维直径/mm	纤维长度/mm	耐火度/℃	最高使用温度/℃
	100℃	400℃	700℃	1000℃				
≤0.10×10^3	≤0.58	≤0.12	≤0.21	≤0.34	2~7	70~250	≥1790	1100
≤0.25×10^3	≤0.064	≤0.093	≤0.14	≤0.21				
≤0.35×10^3	≤0.071	≤0.081	≤0.12	≤0.12				

获得的蒸汽热能转换成机械能;(3)在发电机中,将获得的机械能转换为电能。这样的转换过程主要是由锅炉、汽轮机、发电机来完成的[27,29]。耐火材料的应用主要是在发电锅炉中。

发电锅炉和前面介绍的普通锅炉相同,一般也由燃烧室、水冷管壁、过热器、省煤器、预热器和汽包等部分组成,如图25-54所示。现代发电锅炉燃烧室的工作温度一般为1550℃左右,由于紧靠炉墙密布着水冷管,高温烟道中也敷设了汽冷壁(如过热器),因此炉墙内表面温度通常不超过900℃。对于膜式水冷壁构造的炉墙,工作面的温度一般只有500~600℃,或者更低一些。

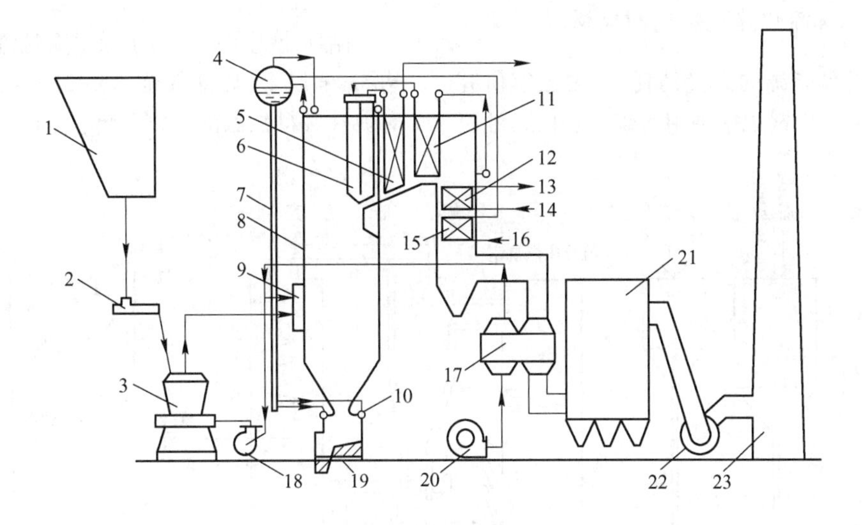

图25-54　煤粉发电锅炉及其辅助系统示意图

1—原煤斗;2—给煤机;3—磨煤机;4—汽包;5—高温过热器;6—屏式过热器;7—下降管;8—炉膛水冷壁;9—燃烧器;10—下联箱;11—低温过热器;12—再热器;13—再热蒸汽出口;14—再热蒸汽进口;15—省煤器;16—给水;17—空气预热器;18—排粉风机;19—排渣装置;20—送风机;21—除尘器;22—引风机;23—烟囱

发电锅炉炉衬包括垂直墙、炉顶、悬挂拱和炉底等,也可分为重型炉衬、轻型炉衬和敷管式炉衬等,所用耐火材料和前面锅炉基本相同。在粉煤喷燃器或烧嘴、烟道等部位,使用过程中具有温度高、粉煤颗粒及气流等冲刷,常用黏土质耐火浇注料、高铝质耐火可塑料、磷酸铝刚玉或碳化硅质耐火浇注料、耐酸浇注料等,延长其使用寿命。

现代发电采用煤燃烧的动力锅炉的发展趋势之一是:减少使用炉排燃烧方式,采用粒状除渣的粉煤燃烧方式。大型锅炉机组向液态排渣及旋风燃烧方式发展,因而对与之配套的耐火材料的要求也越来越严格。高温液态排渣式锅炉采用粉煤在高温气化室内转化可燃气提供给锅炉。气化室下面的锥形部位的温度可高达1700℃,上部约1200℃。气化室上部炉衬受到碱金属蒸汽、氧化铁、SiO_2和飞溅灰渣的侵蚀作用;下部炉衬特别是锥形部位的使用条件恶劣,受到高温熔融煤渣的侵蚀作用。因此,高温气化室内衬需要耐火材料具备下列性能:由于使用温度可高达1700℃,耐火度必须高;导热系数高,以便形成保护渣层;在熔融煤渣中的溶解度应尽可能小;不被熔渣润湿和热稳定性好。不定形碳化硅耐火材料因其优良导热性能和抗侵蚀性能作为气化室内衬使用效果较好,水冷条件下,熔渣-耐火材料界面之间形成凝固渣层,保护耐火材料免遭破坏。

发电锅炉在用燃油作燃料时,由于火焰辐射能力高,从火焰辐射传给水冷管壁的热量多,烟气温度下降,从而影响蒸汽的过热程度。为减少水冷管壁吸收和带走过多的热量,在燃烧室四周的水冷管壁上需设置燃烧带,同时防止水冷管壁受到燃油杂质的腐蚀。燃烧带通常在现场用高铝、莫来石、刚玉等材质的可塑料和耐火混凝土以喷射法和捣打法施工，用焊接在水冷管壁上的耐热钢螺栓锚固。也有为了进一步减少燃烧带的热量损失，在距离底排烧嘴中心线以下约1.2m安装由隔热砖和黏土砖砌筑而成活动耐火材料护板。

25.6.3 循环流化床锅炉用耐火材料

由于世界能源的大量消耗，许多国家研究使用循环流化床锅炉来利用石煤、煤矸石、油页煤、褐煤及劣质无烟煤等难以燃烧的燃料。循环流化床锅炉的工作原理是把低发热值的煤矸石等燃料粉碎后送入燃烧室，通过炉底鼓风使之沸腾，处于流化床状态而达到燃烧，如图25-55所示。这种锅炉对煤质适应性强，煤粉循环次数多、燃烧率达98%，热效率高、脱硫效果好、环境污染小，是理想的供汽、供热和发电锅炉设备。

循环流化床锅炉由于燃煤颗粒流化速度高达5m/s以上，局部甚至达到21m/s，使用过程对炉衬材料强烈的冲刷和磨损，加之高温下煤

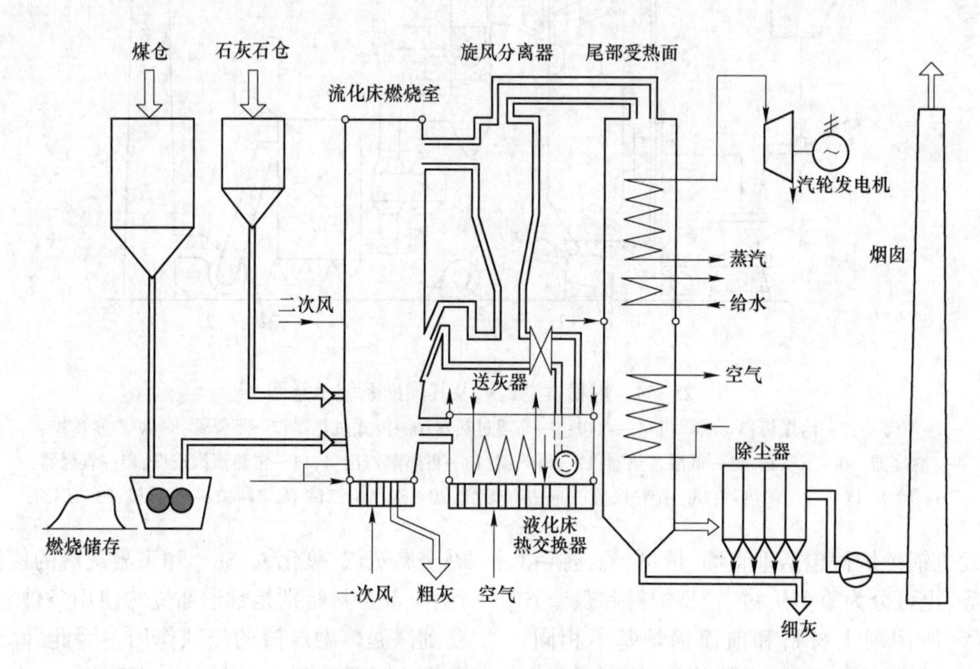

图25-55 循环流化床锅炉系统

粉中杂质与炉衬之间化学反应和频繁的热交换，导致炉衬磨损、冲蚀、剥落，甚至倒塌，不得不停炉检修，严重影响锅炉的正常运行和生产。因此，需要采用高强度、高耐磨性、高抗侵蚀性、良好热震稳定性的耐火材料。循环流化床锅炉内衬用耐火材料先后经历四个阶段：第一阶段是定型制品耐火材料。第二阶段是黏土结合浇注料。第三阶段是以磷酸、聚合磷酸盐、水玻璃、纯铝酸钙水泥等为结合剂的高铝质耐火浇注料。这个阶段的耐火材料虽然比前两个阶段耐火材料的使用性能有所提高，但由于结合剂中CaO含量高，高铝原料中杂质成分多，施工性能难以保证，导致在高温状态下耐材气孔率高、强度低、耐磨性也差。第四阶段是低水泥、超低水泥和无水泥结合系列耐磨耐火浇注料[27~29]。

循环流化床锅炉的主要使用部位常用炉衬材料一般具有如下特点和性能指标[26]：

(1)耐火内衬，用在循环流化床锅炉的返料器、省煤器炉墙、混合室内墙、烟道、烟囱内衬等部位，特点是高温体积稳定、耐磨损和抗熔渣侵蚀，主要性能指标见表25-64。

表 25-64 循环流化床锅炉用耐火砖的主要性能指标

项目	高铝砖			黏土砖		耐酸砖
$w(Al_2O_3)/\%$	≥70	≥80	≥90	≥40	≥45	—
$w(SiO_2)/\%$	≤25	≤15	≤5	—	—	≥65
常温耐压强度/MPa	≥60	≥80	≥100	≥25	≥30	≥15
常温抗折强度/MPa	≥10	≥12	≥14	—	—	—
荷重软化开始温度/℃	≥1450	≥1550	≥1650	≥1350	≥1400	—
900℃水冷的热震稳定性/次	≥15	≥20	≥30	—	—	—
抗耐磨性/cm^3	≤10	≤8	≤6	—	—	—
1000℃以下导热系数/$W\cdot(m\cdot K)^{-1}$	≤1.5	≤1.5	≤1.5	—	—	—
最高使用温度/℃	1400	1500	1600	—	—	1000
使用性能	高温体积稳定、耐磨损、抗熔渣侵蚀					耐酸好
使用部位	返料器、省煤器炉墙、混合室内墙等部位					烟道、烟囱内衬

(2)钢纤维增强浇注料,循环流化床发电锅炉高温耐磨部位内煤粉流速高,流量大,要求内衬用强度高、耐磨性好、优良施工性的钢纤维增强浇注料,其主要性能指标见表 25-65。循环流化床锅炉的旋风分离器、炉膛密相区、炉膛出口、水冷风室、冷渣器、回料器、点火风道等冲刷磨损严重部位使用不加钢纤维耐磨耐火浇注料,具有体积稳定性好、强度大、耐磨性能好、抗热震、耐侵蚀、不开裂、不剥落等特点,其主要性能指标见表 25-66。

表 25-65 钢纤维增强浇注料的主要性能指标

项目		1	2	3	4	5	6	7
$w(Al_2O_3)/\%$		≥60	≥68	≥75	≥78	≥75	≥85	≥95
$w(SiO_2)/\%$		—	—	—	—	≤20	≤10	≤2
$w(CaO)/\%$		—	—	—	—	≤2.5	≤1.5	≤1.2
体积密度/$kg\cdot m^{-3}$	110℃	≥2.4×10^3	≥2.5×10^3	≥2.6×10^3	≥2.7×10^3	≥2.75×10^3	≥2.85×10^3	≥2.95×10^3
	815℃	—	—	—	—	≥2.75×10^3	≥2.85×10^3	≥3.00×10^3
	1100℃	—	—	—	—	≥2.80×10^3	≥2.90×10^3	≥3.10×10^3
耐压强度/MPa	110℃	≥80	≥90	≥100	≥100	≥60	≥140	≥140
	815℃	—	—	—	—	≥65	≥145	≥135
	1100℃	≥80	≥90	≥100	≥100	≥70	≥150	≥130
抗折强度/MPa	110℃	≥10	≥11	≥12	≥14	≥8	≥21	≥22
	815℃	—	—	—	—	≥9	≥22	≥23
	1100℃	≥10	≥11	≥12	≥14	≥12	≥22	≥23
常温磨损量/cm^3		—	—	—	—	≤7.5	≤4.2	≤5.5
900℃水冷的热震稳定性/次		—	—	—	—	≥20	≥20	≥20
性能特点		耐磨损、抗侵蚀、使用温度高、寿命长、施工方便						
使用部位		返料器、混合室顶部						

表 25-66 耐磨耐火浇注料的主要性能指标

牌号		J60	J65	J70	J75	J80	J85
$w(Al_2O_3)$/%		≥60	≥65	≥70	≥75	≥80	≥85
体积密度/$kg \cdot m^{-3}$	110℃×24h	≥2.4×10^3	≥2.5×10^3	≥2.6×10^3	≥2.7×10^3	≥2.8×10^3	≥2.9×10^3
抗折强度/MPa	110℃×24h	≥7	≥8	≥9	≥10	≥11	≥12
	1000℃×3h	≥9	≥11	≥13	≥13	≥14	≥14
耐压强度/MPa	110℃×24h	≥55	≥60	≥65	≥80	≥90	≥100
	1000℃×3h	≥80	≥90	≥100	≥100	≥100	≥110
线变化率/%	1000℃×3h	±0.3	±0.3	±0.3	±0.3	±0.3	±0.3
常温磨损量/cm^3	1000℃×3h	≤9	≤8	≤7	≤7	≤7	≤7
1000℃水冷的热震稳定性/次		≥20	≥20	≥20	≥18	≥18	≥18
最高使用温度/℃		1400	1450	1500	1550	1600	1650

(3)耐磨可塑料,用于流化床锅炉的修补和局部捣打,采用高铝、刚玉和莫来石为主要原料,高温无机液体作结合剂,材料具有塑性好、施工方便、修补迅速、高强耐磨、热震性能良好、不龟裂、密封性好等特点,其技术性能指标见表25-67。

表 25-67 耐磨可塑料的主要性能指标

项目		YH-SG48	YH-SG60	YH-SG70	YH-SG75	BRNK-A	BRNK-B
$w(Al_2O_3)$/%		≥48	≥60	≥70	≥75	≥75	≥90
耐火度/℃		≥1760	≥1780	≥1790	≥1790	≥1790	≥1790
耐压强度/MPa	110℃	≥50	≥50	≥50	≥50	≥50	≥60
	815℃	—	—	—	—	≥60	≥65
抗折强度/MPa	110℃×24h	≥12	≥12	≥12	≥12	≥8	≥10
	815℃	—	—	—	—	≥10	≥12
900℃水冷的热震稳定性/次		—	—	—	—	—	≥40
可塑性指数/%		15~40	15~40	15~40	15~40	20~40	20~30
常温磨损值/cm^3		—	—	—	—	≤8	≤7
胶结材料性质		气硬性					
使用部位		旋风分离器、进、出口烟道等部位					

(4)微膨胀可塑料,具有常温塑性强、附着力大、自然干燥后强度高、高温下微膨胀、耐火度高、密封性能好、施工方便等优点,其技术性能指标见表25-68。

表 25-68 微膨胀可塑料的主要性能指标

项目	试验条件	数值
体积密度/$kg \cdot m^{-3}$	110℃×24h	≤2.1×10^3
	1000℃×3h	≤1.8×10^3
	1400℃×3h	≤1.6×10^3

续表 25-68

项目	试验条件	数值
耐压强度/MPa	110℃×24h	≥15
	1000℃×3h	≥20
	1400℃×3h	≥15
抗折强度/MPa	110℃×24h	≥10
	1000℃×3h	≥8
	1400℃×3h	≥10
耐火度/℃	—	≥1710

续表 25-68

项目	试验条件	数值
可塑性指数/%	20~40	15~40
烧后线变化率/%	1000℃×3h	0.5~1.5
	1400℃×3h	2~2.5
荷重软化点/℃	0.6%	≥900
导热系数 /W·(m·K)$^{-1}$	常温	≤0.908
	350℃	≤1.08

(5)抗蚀耐磨捣打料，主要特点是硬度高、抗固体颗粒及液态渣的磨蚀，抗渣性好。材料中 SiC 含量高，导热性好，用于循环流化床炉耐磨耐蚀的部位，其技术性能指标见表 25-69。

表 25-69　抗蚀耐磨捣打料的主要性能指标

项目	试验条件	数值
体积密度/kg·m^{-3}	110℃×24h	(2.4~2.7)×10^3
耐压强度/MPa	110℃×24h	≥28
	1200℃×3h	≥35
抗折强度/MPa	110℃×24h	≥12
	1200℃×3h	≥14
耐火度/℃		≥1750
烧后线变化率/%	110℃×24h	≤-0.2
	1200℃×3h	≤+2.0
化学成分（质量分数）/%	SiC	65~80
	Fe_2O_3	92.0

(6)高铝浇注料，其抗渗透、耐侵蚀、抗冲击、耐磨损、力学性能优良，用于锅炉折焰角、风室、省煤器护板、火门等部位，其技术性能指标见表 25-70。

表 25-70　高铝浇注料的主要性能指标

项目		矾土水泥浇注料	磷酸盐浇注料	铝酸盐浇注料
$w(Al_2O_3)$/%		≥75	≥65	≥75
耐火度/℃		≥1730	≥1750	≥1770
烧后线变化率/%		≤-0.3	≤-0.02	≤-0.3

续表 25-70

项目		矾土水泥浇注料	磷酸盐浇注料	铝酸盐浇注料
耐压强度/MPa	110℃×24h	≥60	≥80	≥70
	1100℃×4h	≥50	≥60	≥65
抗折强度/MPa	110℃×24h	≥8	≥10	≥12
	1100℃×4h	≥6	≥8	≥10
胶结材料性质		水硬性	气硬性	水硬性
最高使用温度/℃		1300	1200	1400
性能特点		脱模快、强度高	耐磨损、抗热震	施工方便、寿命长
使用部位		折焰角、风室、省煤器护板、火门等部位		

(7)轻质保温砖，其优点是抗蠕变性良好、抗折强度较高、重烧线变化率较小、导热率较低及保温性能良好，其各项性能指标见表 25-71。

表 25-71　轻质保温砖的主要性能指标

项目	超轻微珠保温砖		水泥珍珠岩保温砖		硅藻土保温砖	
体积密度/kg·m^{-3}	0.4×10^3	0.6×10^3	0.4×10^3	0.6×10^3	0.4×10^3	0.6×10^3
常温耐压强度/MPa	≥1	≥1.5	≥0.5	≥0.8	≥0.6	≥0.8
900℃线变化率/%	≤1	≤1	≤2	≤2	≤2	≤2
350℃导热系数/W·(m·K)$^{-1}$	≤0.15	≤0.20	≤0.06	≤0.08	≤0.13	≤0.17
$w(Al_2O_3)$/%	35~40	35~40	10~15	10~15	≥25	≥25
最高使用温度/℃	500	600	200	200	300	300

(8)轻质隔热浇注料，具有容重小、强度适中、保温隔热性能好、施工方便、整体性好等特点，应用于锅炉炉顶、炉墙保温部位，其性能指标见表 25-72。

表 25-72 轻质隔热浇注料的主要性能指标

项目		黏土轻质浇注料	珍珠岩保温混凝土	硅藻土保温混凝土
$w(Al_2O_3)$/%		≥30	≥20	≥15
密度/$kg \cdot m^{-3}$		0.5×10^3	0.4×10^3	0.4×10^3
抗压强度/MPa	110℃	≥2.5	≥2	≥1.5
	500℃	≥0.6	≥1.0	≥0.5
	900℃	≥0.8	—	—
导热系数/$W \cdot (m \cdot K)^{-1}$		≤0.20	≤0.10	≤0.06
最高使用温度/℃		900	600	600

(9)硅酸铝纤维保温材料，主要用于锅炉密封隔热保温部位，如锅炉水冷壁、各种热气管道及各种工业炉墙表面，其各项指标应符合表25-73要求的主要性能指标。

表 25-73 硅酸铝纤维保温材料的主要性能指标

指标	普通硅酸铝纤维毡	优质硅酸铝纤维毡	高铝纤维毡	干法针刺毡	含锆硅酸铝纤维毡	硅酸铝纤维板	硅酸铝纤维绳	岩棉板	复合硅酸盐板
$w(Al_2O_3)$/%	46~50	50~54	60~64	—	≥38	—	—	—	—
$w(SiO_2)$/%	48~53	44~48	34~38	—	≥15(ZrO_2)	—	—	—	—
$w(Fe_2O_3)$/%	≤1.2	≤1.0	≤1.0	—	≤1.0	—	—	—	—
纤维直径/μm	1~4	1~4	1~4	2~4	—	—	—	—	—
密度/$kg \cdot m^{-3}$	$(150\sim250)\times10^3$	$(150\sim250)\times10^3$	$(200\sim300)\times10^3$	$(90\sim128)\times10^3$	$(95\sim150)\times10^3$	130×10^3	$(200\sim300)\times10^3$	$(100\sim160)\times10^3$	50×10^3
渣球含量/%	≤4	≤4	≤4	—	≤10	—	—	—	—
显气孔率/%	≥80	≥80	≥80	—	—	—	—	—	—
加热收缩率/%	≤4	≤4	≤4	≤4	≤3	—	—	—	—
导热系数/$W \cdot (m \cdot K)^{-1}$	≤0.045	≤0.040	≤0.045	≤0.04	≤0.055	≤0.035	≤0.051	≤0.04	≤0.045
最高使用温度/℃	1100	1000	1000	1200	1250	900	600	400	600

(10)膨胀珍珠岩绝热制品，其使用温度为50~900℃，用于锅炉的密封和保温，其各项指标应符合表25-74的要求。

表 25-74 膨胀珍珠岩绝热制品的主要性能指标

项目	指标			
密度/$kg \cdot m^{-3}$	0.2×10^3	0.25×10^3	0.3×10^3	0.35×10^3
250℃导热系数/$W \cdot (m \cdot K)^{-1}$	≤0.056	≤0.064	≤0.072	≤0.080
抗压强度/MPa	≥4	≥5	≥5	≥5
含水量/%	≤2	≤2	≤3	≤4
最高使用温度/℃	900			

(11)各类胶泥、泥浆和涂料，以不同结合剂结合，其黏结力强、不沉淀、不流淌和使用性良好，同时砌缝饱满，隔热密封性强，具有防潮防水性能良好和干燥后不产生收缩等特点，用于锅炉、烟囱内衬与相应的材料匹配，其性能指标分布见表25-75和表25-76。

25.7 矿热电炉用耐火材料

矿热电炉是靠电极的埋弧电热和物料的电阻电热来熔炼物料的一种电炉。电极埋入料层或渣层中，在端部形成无数微弧；电流由一根电极经过物料或炉渣到另一根电极时，在物料或

表 25-75　锅炉用各类胶泥、泥浆和涂料的主要性能指标

项目		耐酸胶泥	磷酸盐泥浆	黏土泥浆	耐磨泥浆	酸性黏合剂	碱性黏合剂	防腐涂料	硅酸盐涂料
$w(Al_2O_3)$/%		≤25	≥65	≥40	≥80	—	—	—	—
$w(SiO_2)$/%		≥65	≤30	≤50	≤15	—	—	—	—
密度/$kg \cdot m^{-3}$		1.7×10^3	2.4×10^3	1.8×10^3	2.8×10^3	2.1×10^3	1.6×10^3	1.6×10^3	1.8×10^3
抗压强度/MPa		≥25	≥40	≥15	≥60	≥20	≥30	≥20	≥20
抗折强度/MPa		≥4	≥10	≥5	≥12	—	—	—	—
时间/h	初凝	4	8	4	—	—	—	—	—
	终凝	≤48	≤24	≤48	—	—	—	—	—
最高使用温度/℃		1000	1300	1200	1600	1450	1200	600	200

表 25-76　锅炉用泥浆的主要性能指标

项目	黏土、高铝质						铝锆质	碳化硅-莫来石质	高铝隔热质	镁质
$w(Al_2O_3)$/%	≥38	≥42	≥45	≥55	≥65	≥75	ZrO_2≥6	(Al_2O_3+SiC)≥80	Al_2O_3≥48	MgO≥82
耐火度/℃	≥1630	≥1690	≥1710	≥1770	≥1770	≥1790	≥1790	≥1790	—	≥1790
110℃×24h 抗折黏结强度/MPa	≥1	≥1	≥1	≥1	≥1	≥1	≥1	≥1	≥1	≥1
不同温度 3h 烧后抗折黏结强度	≥3 (1200℃)	≥3 (1200℃)	≥3 (1200℃)	≥5 (1400℃)	≥5 (1400℃)	≥4 (1400℃)	≥4 (1400℃)	≥2 (1000℃)	≥3 (1500℃)	≥3 (1500℃)
烧结时间/min	1~3									

炉渣中产生电阻电热；多数矿热电炉以电弧电热为主，两者的比例随生产条件而变化，因此这种电炉又叫埋弧电炉或电弧电阻炉。矿热电炉基本是交流三相电炉，直流矿热炉尚在开发中[30]。

按照冶炼工艺方法，矿热电炉可分为还原炉和精炼炉；按照其结构形式可分为敞口电炉、半封闭电炉和封闭电炉等；按照生产的产品种类可分为铁合金炉、电石炉、冰铜炉、黄磷炉等[31,32]。主要类型矿热电炉的运行参数见表 25-77。

表 25-77　主要类型矿热电炉的运行参数

类型		主要原料	产品	反应温度/℃	炉衬耐火材料
铁合金炉	硅铁炉(75%硅)	硅石、废铁、焦炭	硅铁	1550~1700	自焙炭块、高铝砖、黏土砖
	硅锰炉	锰矿、富锰渣、硅石、焦炭、石灰石、萤石	硅锰合金	1400~1600	自焙炭块、高铝砖、黏土砖
	锰铁炉		锰铁		
	铬铁炉	铬矿石、硅石、焦炭	铬铁	1600~1750	镁质捣打料、镁砖、高铝砖
	镍铁炉	红土镍矿、石灰石、焦炭	镍铁	1450~1600	镁质捣打料、镁砖、高铝砖
	硅钙炉	石灰、硅石、焦炭	硅钙合金	约 1600	
冰铜炉		铜镍矿石、焦炭、熔剂	冰铜	1200~1600	
电石炉		石灰石、焦炭	电石	1800~2200	自焙炭块、刚玉砖、高铝砖、黏土砖
黄磷炉		磷钙石、磷灰石、硅石、焦炭	磷	1450~1500	
结晶硅炉		硅石、石油焦炭	结晶硅	1550~1700	

矿热电炉是由许多设备组成的生产系统，包括炉体、电极把持及升降设备、变压器及短网、进出料系统、冷却水系统、除尘系统等。以铁合金炉为例，其典型结构及附属设备如图 25-56 所示。

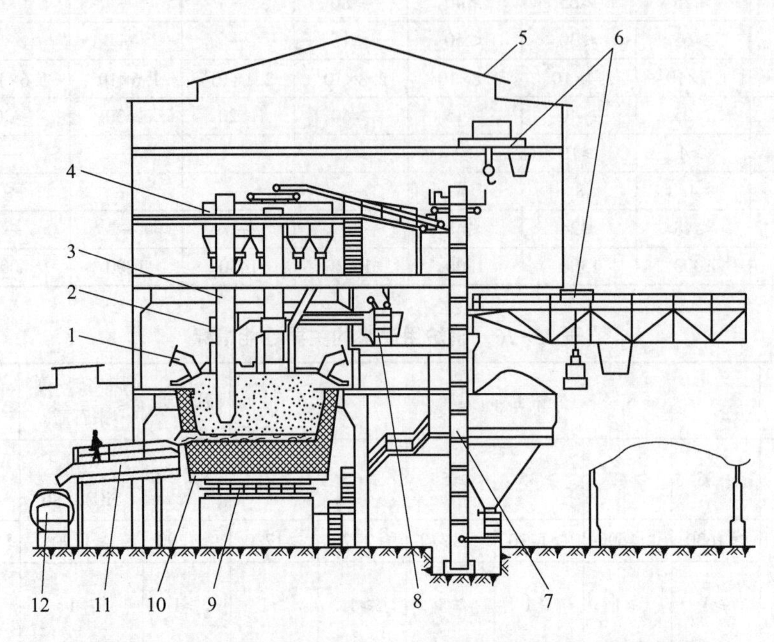

图 25-56 一种连续作业式铁合金炉及其附属设备立面布置图

1—接废气综合利用装置的出气口；2—电极夹头；3—电极；4—料仓；5—厂房；6—行车；7—上料系统；8—电炉变压器；9—炉底结构；10—炉体；11—出料溜槽；12—装料桶

炉体一般呈圆形或矩形。圆形炉结构和炼钢电弧炉相近，三根电极布置成等边三角形；矩形炉有三根或六根电极，呈直线排列。两种炉型的特点对比见表 25-78。

表 25-78 圆形和矩形矿热电炉特点对比

项目	圆形矿热电炉	矩形矿热电炉
电极布置	正三角布置，三相负载和功率较为均衡	直线排列，能配置六根电极，扩大熔炼区
结构及布置	炉体结构及附属设备配置较复杂	炉体结构比较简单，附属设备配置比较方便
熔池温度	高温区集中，炉心区域可达到较高温度	熔池各部位温差较小，不易发生局部过热
操作	熔池单位截面对应的炉墙散热面小，热损失低，允许较长停电时间	电极对物料运动的限制小，排除气体较容易

矿热电炉用炭素电极，按焙烧成型方式，分为预焙电极和自焙电极。预焙电极直径一般不超过 600mm，用于小容量电炉；自焙电极尺寸较大，目前使用的直径在 700~2500mm 范围，用于大容量电炉。

一般使用三台独立的单相变压器供电，分散布置可短网对称，单台变压器故障时不致停产。

产品和烟气温度比较高，出料系统和除尘系统需要内衬耐火材料。部分工艺要求热料入炉的，进料系统也需要内衬耐火材料。

25.7.1 铁合金炉

铁合金是由一种或两种以上的金属或非金属元素与铁元素组成的合金[2]，是冶金业和铸造业重要的工业原料。铁合金在炼钢中作为脱氧剂和合金添加剂，在铸造中用来改善铸件的性能。铁合金的种类很多，其中用量最大的是硅铁、锰铁、镍铁、铬铁，其次是钛铁、钨铁、钼铁、钒铁等。各种铁合金又因合金成分和含碳量的不同,分为许多牌号。所用原料为含合金成分的金属氧化物矿石,以焦炭为还原剂,在高温下将氧化物还原,生成含合金成分的铁合金。

25.7.1.1 炉体结构

炉体主要由钢结构(炉壳、钢梁)、耐火材料衬(炉衬、炉盖或烟罩)、混凝土基础等组成。炉壳由16~25mm厚的钢板焊接而成,承受耐火材料衬、生产物料和钢梁的质量,抵抗耐火材料衬向外的膨胀,保持炉衬外形稳定。耐火材料衬是抵抗高温、实现工艺生产的重要结构,炉衬的使用寿命决定了电炉的大修周期。各种炉型的炉盖或烟罩结构形式不同,敞口炉没有炉盖或烟罩。典型的炉体结构如图25-57所示,风冷干式炉盖结构如图25-58所示。

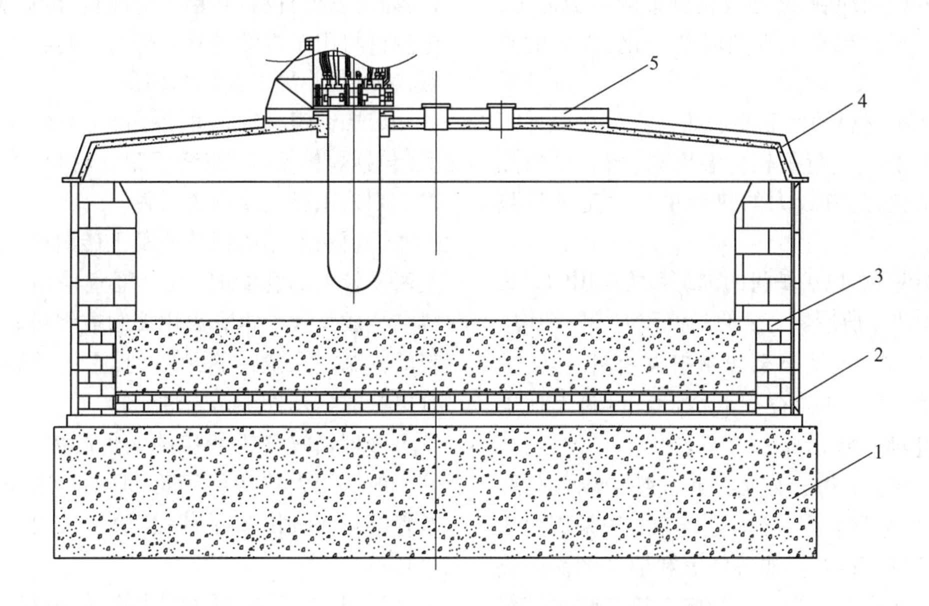

图25-57 炉体结构图

1—混凝土基础;2—炉壳;3—炉衬;4—矮烟罩;5—钢梁

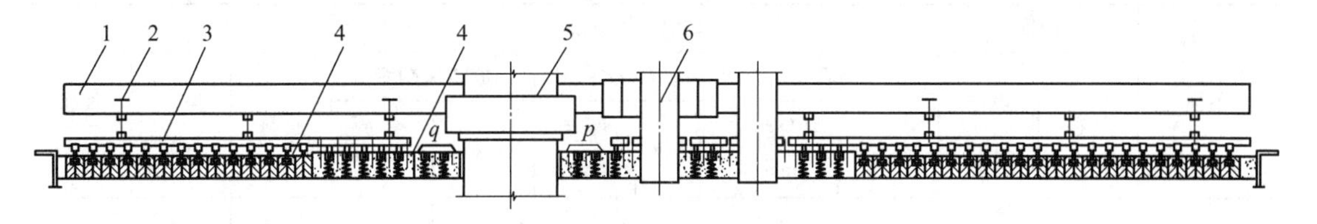

图25-58 风冷干式炉盖结构图

1— 一级梁;2—二级梁;3—三级梁;4—炉盖耐材;5—电极;6—下料管

25.7.1.2 工作条件及对耐火材料的性能要求

铁合金炉中耐火材料的工作条件十分恶劣,许多品种的熔炼温度远远高于钢水温度,炉衬侵蚀非常严重。在冶炼过程中,不同部分的耐火材料衬处于不同的工作状态。

炉顶耐火材料主要承受高温炉气和喷附炉渣的侵蚀冲击作用、加料间歇期间的温度变化及高温弧光的辐射热;塌料时的气流冲击及压力变化;电极的机械撞击也是炉顶耐材损坏的一个重要原因。

炉墙耐火材料主要承受电弧的高温辐射作用和加料间歇期间的温度变化,高温炉气和喷附炉渣的侵蚀冲击作用,固体料和半熔料的冲击磨损作用,渣线附近严重的渣蚀和渣冲击作用。此外,在炉体倾动时,还承受额外的压力。

炉坡和炉底耐火材料主要承受上层炉料或铁水的压力,加料间歇期间的温度变化,炉料冲击和弧光熔损作用,高温铁水和融渣的侵蚀冲击作用。

出渣口、出铁口耐火材料需承受冶炼熔液或熔渣的剧烈冲刷、开堵眼机频繁的机械冲击,以及间歇操作带来的剧烈温度变化、吹氧的高温冲击等。

对耐火材料的性能要求如下:

(1)耐火度、荷重软化温度高;耐急冷急热性和抗渣性好,有较大的热容量和一定的导热性能。

(2)铁合金电炉炉衬的砌筑和所使用的耐火材料均取决于所冶炼合金的品种和炉子的结构。

25.7.1.3 铁合金炉用耐火材料

目前,国内外铁合金电炉炉衬材料大体上有以下几种类型:

(1)炭质炉衬。金属硅和硅铁、高碳锰铁、锰硅合金、硅铬合金、硅钙合金等电炉采用炭质炉衬。西欧、日本、南非等国家和地区的高碳铬铁电炉也采用炭质炉衬。炉膛直接与铁水接触的部位由炭砖或打结炭糊筑成,外部则采用高铝砖或黏土砖。

(2)镁质炉衬。精炼电炉多采用镁质炉衬,中国和苏联的高碳铬铁电炉多采用镁砖砌筑。

(3)高铝质炉衬。真空炉、瑞典的高碳铬铁电炉使用高铝砖或高铝打结料砌筑的炉衬[5]。

铁合金生产还大量使用各种不定形耐火材料,如镁质捣打料、高铝质浇注料、冷捣炭糊等。这些材料用于打结或修补炉衬、炉盖、出铁口等形状不规则、易于损坏的部位。

熔炼铜镍精矿的电炉内衬,一般在渣线以下(包括炉体反拱)用镁质耐火材料,炉顶渣线以上则采用黏土质耐火材料。

炉顶一般用高铝砖或黏土砖湿砌。若炉顶上留设较大的孔洞时,其周围宜采用耐火浇注料浇注成整体。也有采用捣制或埋设有水冷铜管的预制耐火浇注料炉顶的,它比砖砌炉顶具有更好的整体性和密封性。

处理铅锌和锡精矿的电炉的内衬,熔池部分一般采用大块炭砖砌筑,但也有用镁质耐火材料的。渣线以上,外墙和炉顶采用黏土质耐火材料。

某些工厂实际使用的筑炉材料见表25-79[31~33]。

表25-79 某些铁合金电炉使用的耐火材料

名称	炉顶		炉墙渣线下部						炉底		备注
			侧墙		锍口端墙		放渣端端墙				
	材料	厚度/mm	材料	厚度/mm	材料	厚度/mm	材料	厚度/mm	材料	厚度/mm	
30000kVA铜精矿电炉	黏土砖	300	镁砖	690	镁砖	920	镁砖	920	镁砖	920	炉墙渣线采用水冷
									黏土砖	113	
			黏土砖	113	黏土砖	113	黏土砖	113	耐热混凝土	95	
16500kVA镍精矿电炉	耐火浇注料	300	镁砖	690	镁砖	692	镁砖	692	镁砖	760	
			黏土砖	113	黏土砖	348	黏土砖	348	黏土砖	540	
12500kVA镍精矿电炉	黏土砖	300	镁砖	690	镁砖	920	镁砖	920	镁砖	760	炉墙渣线采用水冷
			黏土砖	113	黏土砖	113	黏土砖	113	黏土砖	500	

续表 25-79

名称	炉顶		炉墙渣线下部						炉底		备注
			侧墙		锍口端墙		放渣端端墙				
	材料	厚度/mm	材料	厚度/mm	材料	厚度/mm	材料	厚度/mm	材料	厚度/mm	
6300kVA贫化电炉	耐火浇注料	400	镁砖	600	镁砖	602	镁砖	602	镁砖	760	炉墙渣线以下采用铜砖水套冷却
									黏土砖	500	
$11m^2$ 电热前床	铝镁砖	300	镁砖	690	镁砖	345	镁砖	345	镁砖	460	
			黏土砖	230					黏土砖	230	
	黏土砖	113	填料	53	黏土砖	230	黏土砖	230	耐火混凝土	136	
俄罗斯北方镍公司30000kV·A铜精矿电炉	黏土砖	300	镁砖	690	镁砖	1215	镁砖	920	镁砖	920	炉墙渣线采用水冷
									耐火浇注料		
彼阡克31500kV·A铜精矿电炉	黏土砖	300	镁铬砖	690	镁铬砖	1150	镁铬砖	1150	镁铬砖	1170	
									耐火浇注料		
诺林公司45000kV·A铜精矿电炉	黏土砖	300	镁铬砖	1040	镁铬砖	1150	镁铬砖	1040	镁铬砖	1310	
									黏土砖		
									耐火浇注料		
加拿大汤姆孙18000kV·A铜精矿电炉	黏土砖	450	镁砖		镁砖	1180	镁砖	1260	镁砂打结	1060	

25.7.1.4 铁合金炉的砌筑

对铁合金电炉炉体解剖表明，砖缝是炉渣、金属、碱金属渗入炉衬的通道，渗入物渗入砖缝是导致炉衬损毁的重要原因。因此，炉衬砌筑的基本要求是减少炉衬缝隙，提高其整体性和结构强度。

此外，砌筑电炉时还应注意以下几项内容：

(1)筑炉用的耐火材料和隔热材料，特别是镁质材料要防止受潮。

(2)筑炉耐火砖所用火泥的耐火度和成分应与所用砖的耐火度和成分相同或相近。

(3)耐火砌体应错缝砌筑，砖缝应以泥浆填满；干砌时，应以干耐火粉填满砖缝。

如对于熔炼铜镍精矿的电炉，炉底反拱及熔池侧墙镁砖一般采用干砌，砖缝要求不大于1mm，其余均为湿砌。侧墙和炉底反拱连接处是一个薄弱环节，故必须将砖加工砌筑，并以不留三角缝为宜。在砌筑炉底镁砖反拱时，必须先将下层湿砌的黏土砖炉底烘干。侧墙与炉底反拱连接型式如图 25-59 所示[31~33]。典型的炉衬剖面如图 25-60 所示[31]。

25.7.1.5 铁合金炉的使用和维护

为了延长电炉的使用寿命，降低生产成本，需要正确的使用及维护。

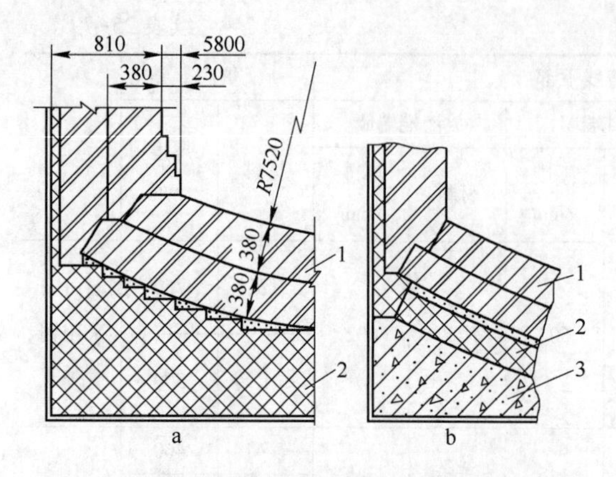

图 25-59 铜镍精矿电炉侧墙与炉底反拱连接型式

a—改进后:墙角压拱;b—原连接形式:墙与反拱直交

1—镁砖;2—黏土砖;3—耐火浇注料

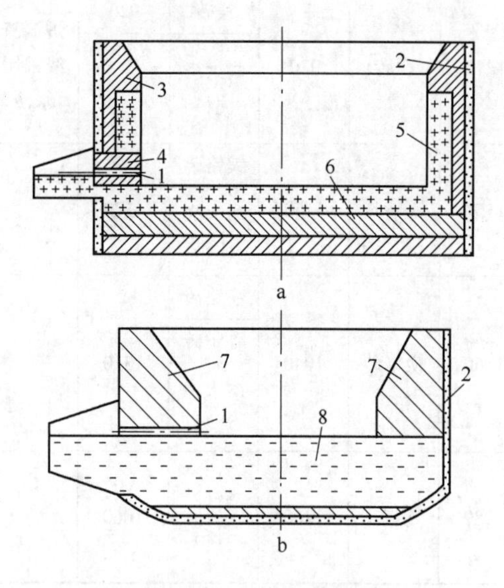

图 25-60 炉衬剖面图

a—碳质炉衬;b—镁质炉衬

1—出铁口;2—弹性层;3—黏土砖;4—碳化硅砖;

5—炭砖或炭质捣打料;6—高铝砖;7—镁砖;

8—镁质捣打料

铁合金炉渣线位置、出料口位置和炉盖极心圆位置的耐材是最容易出现损坏的部位。

渣线部位的炉衬侵蚀情况,决定了整个炉衬的使用寿命。出料口部位的耐材衬,可通过局部更换的方法予以维修。当出料口的堵眼深度太浅以致难以封堵时,可采取热渣修补的办法维持生产。建议此时计划停炉,进行炉衬大修更换。

采用热渣修补炉衬是利用传热原理维护炉衬的修补方法,它的原理与精炼铬铁采用钢包挂衬的方法相同。钢包挂衬是在出炉过程中将液态炉渣放入钢包,待部分炉渣在钢包壁上冷凝,将残余的液态渣放出,挂好渣衬的钢包供下一炉接铁水使用[31]。

生产中遇检修、计划停电导致炉膛温度变化较大时,可采用留铁法操作,减少炉料对炉底的冲击和酸性初渣对碱性耐火材料的作用,减少温度波动对炉衬的影响。

炉盖上覆盖的炉料、粉尘过多时,会导致金属吊挂结构温度过高,在重力作用下金属结构很容易被破坏。及时清理积灰和炉料,对延长炉盖使用寿命很有益处。炉盖耐材的损坏,可以采取吊模的方法进行修补,2~3 天即可恢复正常生产。因局部修补后炉盖升温很快,故使用快修料可以避免炸裂情况的发生。

精炼电炉进行热喷补,有助于延长炉衬寿命。对喷补料的基本要求是:流动性好,易于吸附在高温耐火材料表面,并迅速凝固和硬化;容易烧结并具有足够的强度;耐高温和抗渣侵蚀。

25.7.2 电石炉

电石为工业名称,其化学名称叫碳化钙,分子式为 CaC_2。我们通常称为电石的材料,实际上是由碳化钙和石灰及少量的其他杂质共熔而成的物质。

工业电石是以生石灰和炭素材料(焦炭、无烟煤、石油焦)为原料,在电炉内 1800~2200℃ 的高温条件下,按照如下化学方程式反应而制得的[34]:

$$CaO+3C \longrightarrow CaC_2+CO-111.3\text{kcal}$$

电石炉按照其供电变压器的容量分为小型炉、中型炉、大型炉和超大型炉。一般划分情况为:变压器容量在 10MV·A 以下的电炉为小型炉,容量 10~25MV·A 的为中型炉,容量 25~40MV·A 的为大型炉,容量在 40MV·A 以上的为超大型炉[35,36]。

按照使用电源的性质分为交流电炉和直流电炉。

按照炉体结构和工艺特点,电石炉又可分为

开放式、半封闭式和全封闭式。其主要区别在于加料方式、炉面密封形式和炉气的处理方法等。

随着电石工业的不断发展及国家产业政策的导向，开放式电石炉和半封闭式电石炉因污染大、能耗高、产能低等原因逐步被淘汰，当前电石炉技术的主流是大容量三相交流密闭式电石炉[36~38]。

在开放式电石炉的炉体上方加装炉盖，将炉内与外界大气完全隔绝，料面上不发生明火燃烧现象，产生的一氧化碳气体全部抽出、净化后回收利用，这样的炉子就是密闭式电石炉。回收副产物一氧化碳是密闭炉的显著特征。

密闭式电石炉属于节能环保型电炉，最初从挪威引进技术，在国内进行了消化吸收再创新，它包括组合式把持器、空心电极、计算机控制及监控系统等。空心电极技术可以实现粉料的综合利用，降低生产成本；自动化程度的提高减轻了工人的劳动强度，改善了工厂的操作环境；电石炉的密闭化，可以充分利用炉气作为燃料，提高企业的经济效益的同时，为排放尾气中的粉尘处理达到环保要求，创造了有利条件。

相比于其他炉型，密闭式电石炉具有如下优点[36]：

(1)盖上炉盖后，炉膛与外界空气隔绝，电石反应产生的炉气全部通过烟道抽出，炉面上不发生直接燃烧，无火焰和粉尘，辐射热很小，电炉功率明显提高，极大地改善了操作工的劳动条件和车间环境。

(2)加料系统采用多料管均匀布料，通过计算机系统控制，自动化程度提高，降低了工人的劳动强度。

(3)由于不产生火焰燃烧，有效降低了炉膛内温度，延长了炉面设备的使用寿命，减少了停炉频次，提高了生产效率。

(4)电石炉炉气主要成分为 CO，其经过除尘、降温后可作为燃料或化工原料回收利用，除尘后的粉尘可以用作肥料等，这样使资源得到了综合利用，使电石生产成本显著降低。

(5)采用 PLC 自动控制系统，配套各种电气仪表，使得整个电石生产高效、流畅、准确，工艺无缝对接，机械化程度提高[36]。

25.7.2.1　炉体结构

电石炉炉体与铁合金炉炉体类似，主要由钢结构(炉底、炉壳、钢梁或水冷炉盖)、耐火材料衬(炉衬、炉盖或烟罩耐材)、混凝土基础等组成。炉底板用钢板拼焊而成，下垫工字钢。炉壳分块制作，现场焊接组装。

典型的水冷炉盖结构如图 25-61 和图 25-62 所示[36]。

电石炉内的反应温度高达 2000℃以上，一般耐火材料难以承受[39~41]。所以在反应区外围留存一层炉料，用于保护炉衬，该层炉料又称为“假炉衬”。

25.7.2.2　电石炉用耐火材料

电石炉炉膛是炉料生成电石的反应区。炉衬不仅要承受强烈的高温作用，还要承受炉料的摩擦、高温炉气和熔融电石的侵蚀与冲刷。为了保证电石生产顺利地进行，要求炉衬：

(1)耐高温，保护炉壳不产生严重的热应力变形。

(2)绝热和保温性能好，尽量减少炉内的热损失。

(3)结构牢固，使用寿命长，安全可靠。

炉体不同部位工作条件不同，使用的耐火材料也不相同。

炉衬用石棉板、轻质保温砖和高铝耐火砖砌筑。炉底衬用黏土砖打底找平后，再砌炭砖。

密闭电石炉炉衬结构如图 25-63 所示[41]。

炉膛的中上部由于温度较低，采用黏土质耐火砖砌筑。炉膛中下部温度高，还伴随着高温炉气和液态电石的冲刷，所以采用高铝质耐火砖砌筑。炉膛最下部靠近炉底炭砖层上表面部位的温度最高，液态成品电石的冲刷作用很强，是炉衬最薄弱的部位。在此处增设一圈 500mm 高、300mm 厚的自焙炭砖进行加固，可以有效防止熔体穿透炉墙导致事故。

(1)炉口。出炉时，炉口耐火砖受到了从炉内流出的高温液态电石的剧烈冲刷，以及氧气与碳棒烧穿炉口时的高温侵蚀和出炉工具的频繁冲击，使得此处的耐火砖最容易损坏或脱落。在此处选用耐高温、耐氧化侵蚀、耐冲刷磨损、耐热震性好的白刚玉碳化砖或刚玉砖砌筑[41]。

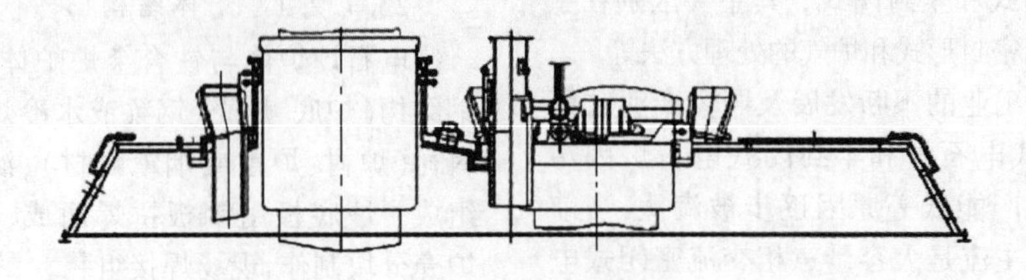

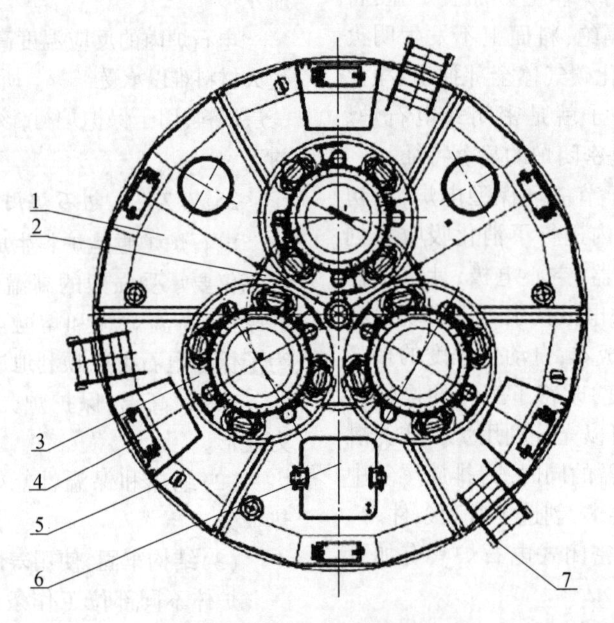

图 25-61　炉盖结构图

1—炉盖边缘段；2—炉盖中心段；3—水冷密封套；4—检修门；5—观察盖；6—检修盖；7—钢梯

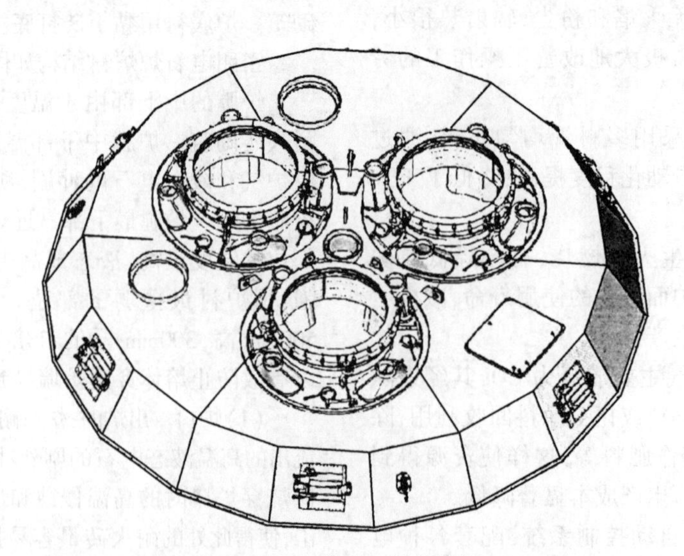

图 25-62　炉盖三维模拟图

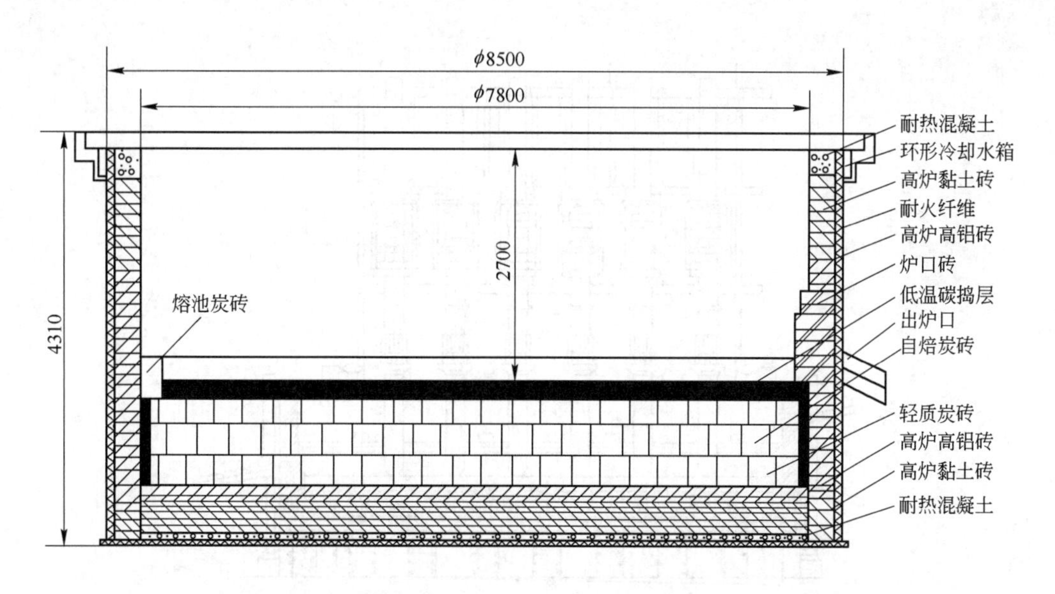

图 25-63　密闭电石炉炉衬结构图

(2) 填充层。炉衬受热膨胀,为了防止炉壳被胀裂,所以在耐火砖与铁壳之间填充一层石棉板,或耐火纤维毡、耐火黏土、矿棉渣、干砂等,这一层叫作填充层,也叫作缓冲层。

(3) 炉底。炉底耐火砖由上向下分别采用炭砖、轻质炭砖和黏土砖砌筑。

(4) 炉盖。炉盖盖在炉膛上面,使电石炉密闭起来。炉盖与炉壳之间密封是用砂封。炉盖上除结构梁之外,都是耐火砖砌筑。水冷炉盖耐材衬使用高铝质浇注料浇注成型。

25.7.2.3　电石炉的砌筑

炉衬的砌筑:在炉壳内粘贴一层填充层材料,再湿砌两层约 500mm 厚耐火砖形成炉壁。所用耐火砖为楔形高铝砖和质量较好的黏土砖。要求砖缝上下前后交错排列,竖缝为 2mm,平缝为 3mm。环形自焙炭砖采用细缝砌筑,缝内填充炭素胶泥。

炉底的砌筑:在炉底上先铺一层耐热混凝土或黏土颗粒找平,在上干砌三层黏土砖,然后在黏土砖上面干砌三层高铝砖。炉底耐火砖上下层错开 90°砌筑。在高铝砖上面粗缝砌筑三层规格为 400mm×400mm×1200mm 的炭砖,在炭砖之间用熔化的电极底糊灌实。靠底层的炭砖也可采用细缝糊湿砌,砖缝为 1~2mm。炭砖上下层之间用炭素胶泥填充密实。在炭砖上面铺一层经过熔化并配有适量石墨粉的电极糊,在铺的时候要向炉口倾斜 5°~7°,以利于电石流出。电极糊要加温熔化后才能铺上。

炉盖的砌筑:采用耐火砖砌筑的炉盖,砌筑宜采用湿法,砖缝不大于 2mm。现场加工的耐火砖切口应经过研磨,以保证平整。不规则区域采用耐火浇注料浇注成型。水冷炉盖耐材衬应于炉盖安装前先行浇注和养护,待耐火浇注料强度达到 70%后方可吊装水冷炉盖。

25.7.3　冰铜熔炼炉

冰铜也叫铜锍,主要由硫化亚铜和硫化亚铁互相熔解而成的,它的含铜率在 20%~70%之间,含硫率在 15%~25%之间。冰铜较重,沉于下层,可以从冶金炉(熔炼炉)的排铜口流出来,熔炼渣则从上部渣层排渣口排出。它的熔炼方法是:将粉状或颗粒状铜原料(铜精矿)与石英沙(石)混合后,加入熔炼炉进行熔炼,在 1084~1300℃的高温下,石英与铜矿中铁、铝、镁、钙、硅等结合,形成炉渣,其余剩下的即为冰铜,从而达到铜渣分离、铜含量提高的目的。

25.7.3.1　熔炼炉炉体结构

铜镍冰铜熔炼炉炉体一般为长方形,构造如图 25-64 所示。

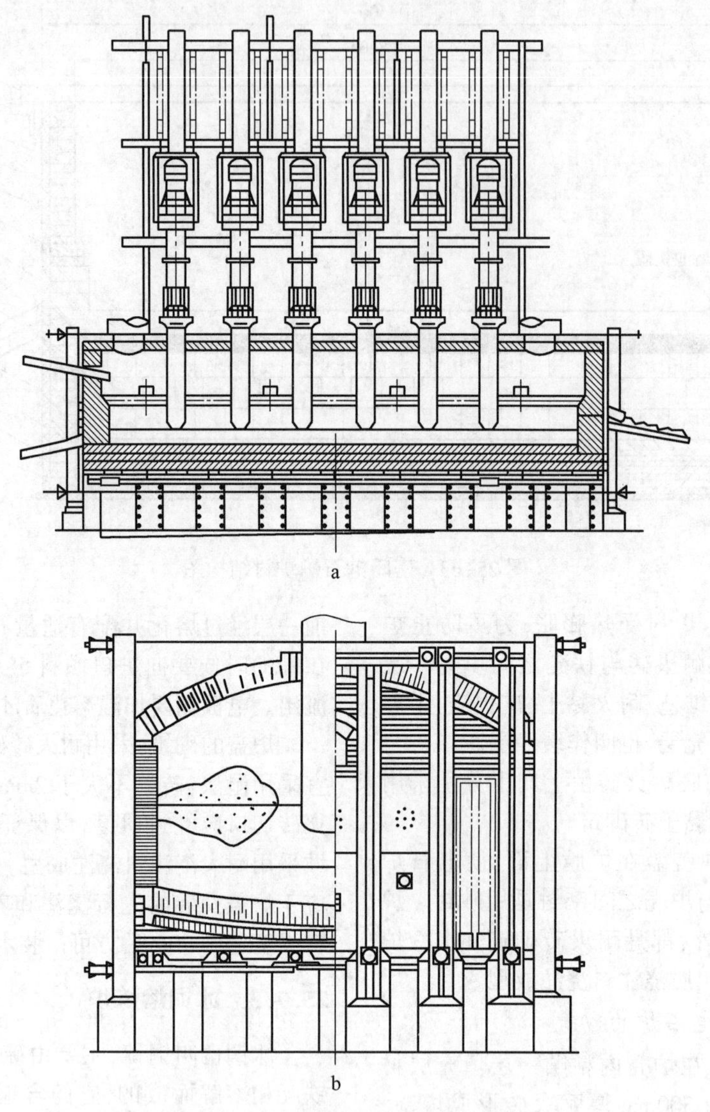

图 25-64 铜镍冰铜炉结构示意图

a—纵剖面；b—横截面

我国 16.5MV·A 的铜镍冶炼炉炉膛长 21.5m、宽 5.5m、高 4m，炉子由基础、炉底、炉墙、炉顶、金属构架、加料装置、熔炼产品放出口、烟道系统、电极升降装置和供电装置组成。基础是由若干钢筋混凝土立柱或混凝土墙组成的架空结构，以便于自然通风或强制冷却。在基础上铺设工字钢、铸铁板，然后用耐热混凝土浇灌。金属构架包括炉壳钢板、拱角架、立柱及拉杆等。

25.7.3.2 熔炼炉用耐火材料及砌筑

冰铜熔炼炉用黏土砖和镁砖砌成反拱形炉底，反拱砖层数为 2~3 层，炉底总厚度为1250~1300mm。由下往上依次为炉底钢板（40mm）、耐火浇注料（95~150mm）、黏土砖（230~300mm）、镁砖（760mm）；也有不用耐火浇注料的，直接砌筑黏土砖（500mm），其上用镁砖（760mm）砌成反拱。炉底用耐火砖多采用侧砌方式，以获得较好的耐压性能。

炉墙渣线以下的内衬一般用镁砖或镁铬砖,渣线以上用黏土砖砌筑。侧墙厚度:镁砖690mm,黏土砖114mm。炉墙用耐火砖多采用平砌,在熔池渣线以下部位留设竖向膨胀缝。两端墙分别开有渣和冰铜放出口,因侵蚀较严重,通常用铜水套冷却。

电炉进行熔炼作业时,炉渣大部分表面被炉料覆盖,因此炉顶的温度不超过600℃,用黏土砖砌成拱形使用情况良好。大型炉顶厚度通常为300~400mm,有时为了减少热量损失,在炉顶上砌一层隔热砖。小型炉顶厚度为230mm。炉顶开有电极孔、加料孔、排烟口及测试孔等,孔洞周围采用耐火浇注料浇注成整体[7]。因拱形炉顶砌筑难度大,目前多用耐火浇注料打结成整体炉顶,密封性较砌筑的炉顶更好。

25.7.3.3 熔炼炉节能环保

冰铜熔炼炉的节能、环保措施如下:

(1)加强入炉物料的管理。稳定炉料的化学成分,提高物料的流散性、透气性和入炉温度,降低水分含量,对稳定炉温、炉气很重要,稳定炉衬的使用环境。

(2)改进布料方式。连续、均匀布料,用炉料覆盖电极周围裸露的液态渣面,减少高温炉渣的辐射热损失,降低烟气和炉顶温度,对延长炉顶使用寿命很有益处。

(3)加强炉体电极孔、测量孔等孔洞的密封,减少废气的溢出和冷空气漏入炉内,降低炉气量和炉气含氧量,减少炉膛中电极的氧化速度。炉体密封后减轻了车间有害气体和粉尘的污染,改善工作环境;并能减少 NO_x 的含量,提高烟气中 SO_2 的含量,有利于下一步的回收处理。

(4)改进自焙电极的结构和焙烧条件。保证电极壳的机械强度,提高电极烧成部分的机械性能,减少电极的断裂和流糊事故,从而减少因电极事故而停电检修的时间,稳定炉况,提高炉子作业率[30]。

25.7.4 贫化电炉和电热前床

贫化电炉也是矿热电炉的一种,它是熔炼铜锍时产生的炉渣再处理设备。如闪速炉炉渣,含铜量在2%~4%之间,达不到弃渣的要求;将其加入贫化电炉内加硫化剂、还原剂、熔剂,使渣中的大部分铜生成铜锍而回收,贫化后的炉渣含铜在0.5%以下。

贫化电炉炉型与熔炼电炉相似,只是一般容量较小,使用三根电极。进入炉内的物料都是炉渣,炉内工作条件比熔炼电炉恶劣。渣线带内衬长期处于高温熔融炉渣和一些固体物料的冲刷摩擦下,要求内衬材料的耐高温、抗渣、抗冲刷性能要好。目前,采用镁铬质的直接结合砖甚至镁铬质电铸砖,同时砌体外部还要设水冷套或喷淋水加以冷却,以提供炉墙的寿命。炉顶多采用耐火浇注料、可塑料等不定形耐火材料施工。炉顶一般用镁砖砌成反拱,镁砖下部砌黏土砖和捣打料。

电热前床也是矿热电炉的一种。它主要是将鼓风炉产出的渣或渣和金属物料的混合物沉淀分离后再分别放出。它的渣线是波动的,因而对内衬的腐蚀较快,渣线是设备的薄弱部位。铅锌鼓风炉电热前床渣线用铬渣制成的铝铬砖效果较好[33]。

25.8 电子工业用窑炉

25.8.1 概述

电子工业是研制和生产电子设备及各种电子元件、器件、仪器、仪表的工业,由广播电视设备、通讯导航设备、雷达设备、电子计算机、电子元器件、电子仪器仪表和其他电子专用设备等生产行业组成。随着行业的快速发展,在电子工业中需要用到窑炉进行热处理的地方也越来越多,也衍生出许多与电子工业相关的窑炉细分行业产品。

例如:与磁电转换相关的磁性材料行业产品,与光电转换相关的LED衬底及窗口材料行业产品,与集成电路相关的陶瓷基片、电阻、电容等行业产品。与通讯导航相关的手机周边产品、先进陶瓷和3D玻璃等相关行业产品;与动力储能等相关的锂电池材料烧结行业产品等。

在相关电子工业产品的生产工艺过程中,

烧结是一个非常重要的环节，与之相配套的烧结设备——窑炉也是该相关行业的核心设备。由于电子产品种类繁多，烧结条件差异变化很大，因此行业内窑炉并没有相应的标准化和系列化产品，基本上均为非标定制化设备。因此对耐火材料的选用也没有相对应的一个标准，需要根据不同产品和工艺环境来进行策略化选择或订制。

诚然，不论电子工业窑炉如何细分，窑炉产品分类都脱离不开两种主要类型，分别为实验型和大规模生产型。实验型一般以箱式炉或罩式炉等间歇式窑炉为主，而大规模生产型一般主要以推板炉、辊道炉、网带炉、钟罩炉等为主。在耐火材料的选用上一般都以硅铝系系列产品为主，但随着电子工业产品的发展越趋向精细化，器件小型化，精密度要求也越来越高，对窑炉炉膛的精细要求和洁净度要求也越来越高，都需要选用对应要求的耐火保温材料，如氮化硼材料、石墨材料等；在热源的选择上也主要以清洁能源"电"为主要能源，部分产品可采用天然气或者天然气结合电作为加热源。

25.8.2　常用窑炉设备用耐火材料

25.8.2.1　推板窑用耐火材料

推板窑是连续烧成，以推板作为坯体运载工具的隧道式窑炉。产品放置在推板上，靠液压驱动的油缸推头推进，使产品从窑头移进并持续运行至窑尾推出。根据烧结产品工艺需要通入不同的工艺气体，通入气体根据不同功能区段要求还可施以调整。

在电子工业上应用最广的大批量生产的窑炉也是推板式隧道窑，俗称推板窑。不同的烧成制品对气氛的要求不同，比如烧结硬磁铁氧体材料、PTC 元件、瓷片电容、电池粉料等材料只需在空气中烧成即可，这样的窑简称空气窑；而锰锌软磁铁氧体磁性材料对气氛比较敏感，需在氮气气氛中烧成，这样的窑炉简称氮窑。

对于氮窑[42,43]来说，由于产品对气氛有严格要求，如图 25-65 所示为氮窑气氛和温度对应曲线关系图，该窑炉内结构也相当复杂，不但要求对炉钢壳体进行全密封焊接处理，并在炉尾甚至炉头均需配置有用于空气置换的清洗仓。如图 25-66 所示为氮窑平面结构示意图，氮窑不但配备有推板运行的循环推进系统，而且有复杂的进排气管道，炉体结构也相对复杂，整个窑体由多节高强度钢板焊接的壳体经法兰连接而成，各节的长度根据温区长短和壳体强度而定。

按照工作流程氮窑一般可分区段为预热区、循环（脱脂）区、升温区、恒温区和冷却区。

炉内耐火材料的使用将根据各区段功能和使用温度及气氛的不同而不同。

在预热区及循环区使用的温度相对较低，一般在 600℃以下。但由于循环区段内部气体搅拌，循环热风在炉内将进行横向循环或者纵向循环运动，材料需具备一定的抗气体冲刷能力；同时考虑到该温度段炉内气体腐蚀程度不大，兼顾成本等因素一般考虑采用密度为 0.6~0.8g/cm^3 的黏土漂珠或聚轻莫来石砖作为炉内衬及烟道用砖。该砖需求的基本参数大致如下：Al_2O_3 含量大于 37%，导热系数在 600℃时小于 0.28W/(m·K)[(350±25)℃]，常温耐压强度不低于 1MPa。

在氮窑的升温区段温度一般设定范围在 600~1400℃之间，该段是产品脱脂完毕和物理化学反应开始且晶粒开始生长的温度区段，需具备有一定的升温速率，且该温度段特别是在 900℃之后将会有大量强腐蚀性的酸碱根离子产生，包括产品中氧化锌等的挥发都对耐火材料的侵蚀非常严重，往往在不出半年的时间内就有拱顶的剥落掉块现象，造成对产品的晶斑污染甚至卡窑等事故的发生。因此，该段的耐火材料的选择尤为关键。需针对腐蚀情况选择不同的耐火材料来分别对待，特别是该区段的拱顶材料选择及结构的设计，这也是该设备设计成功的关键点之一，典型的截面结构及材料用法如图 25-67 所示。

通过近二十年对该区段材料的不断测试和比对，该段腐蚀区材料特别是拱顶材料建议选择相对密度在 3.0~3.1 之间的锆刚玉莫来石材料。该材料特别是拱顶材料的基本参数见表 25-80。

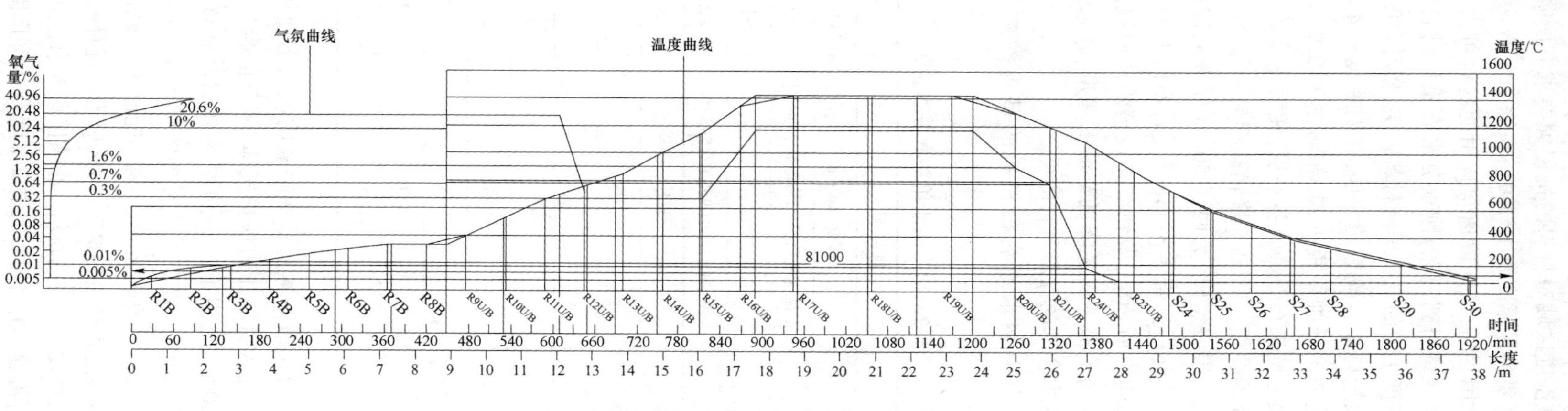

图25-65 氮窑气氛和温度对应曲线关系图

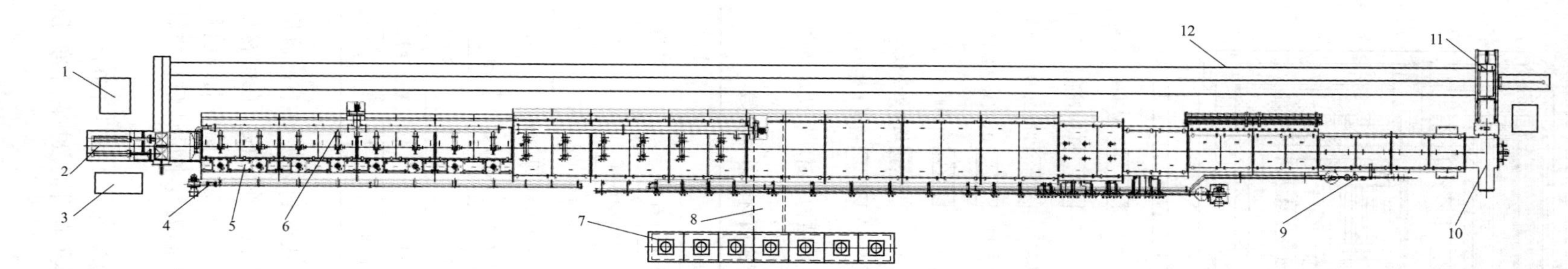

图25-66 氮窑平面结构示意图

1—液压系统；2—主推进系统；3—PC控制柜；4—送气系统；5—炉体；6—抽排气系统；7—电控柜；
8—走线沟；9—氮气气源减压系统；10—清洗仓；11—出口横送系统；12—外循环轨道

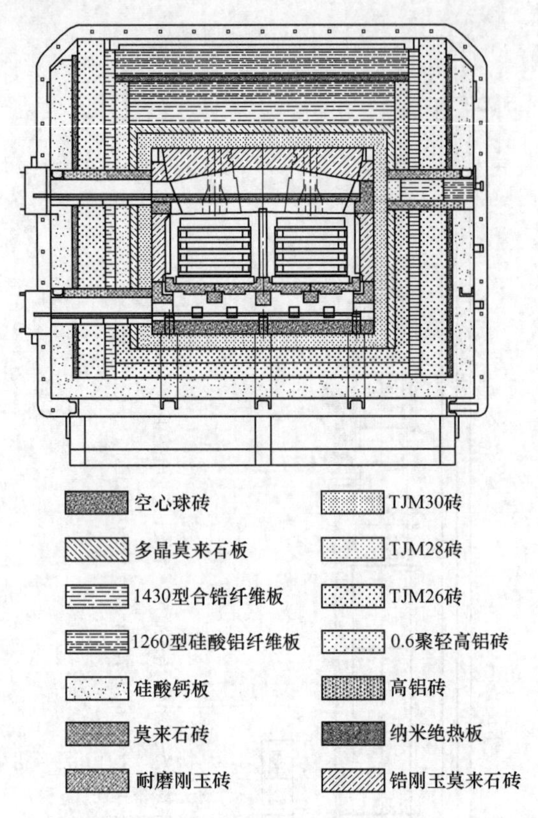

图 25-67 氮窑典型截面结构及材料用法示意图

表 25-80 氮窑拱顶材料基本参数

项目类别		指标
常温性能	密度/kg·m^{-3}	3100
	常温耐压强度/MPa	≥90
高温性能	荷重软化温度(0.2MPa×0.6%)/℃	≥1700
	高温抗折强度(1400℃×0.5h)/MPa	≥12
	重烧线变化(1400℃×5h)/%	≤±0.3
化学成分(质量分数)/%	Al_2O_3	≥60
	ZrO_2	≥15
	Fe_2O_3	≤1

升温段窑内温度从低到高为一个过渡阶段,也是能源消耗最大的一个区段。在耐材设计时需考虑产品烧结工艺特别是温度曲线前移等调整因素,通常以最高温度来设计耐材或针对性分区设计。

高温恒温段一般温度在 1360~1500℃之间,由于腐蚀气体基本上在升温段排除干净,所以该温度区域对材料的抗侵蚀要求有所降低,只需要满足温度要求即可。在综合考虑成本及其他因素后,该区段通常选用的材料可大致分为:(从炉衬到炉壳)刚玉莫来石重质材料或相对密度 1.4 的空心球砖材料一层,相对密度 1.0 的聚轻莫来石隔热砖一层,相对密度 0.4 的多晶莫来石纤维硬板一层,相对密度 0.9 及 0.8 的聚轻莫来石隔热砖各一层,相对密度约 0.32 的纤维硬板一层,0.6 聚轻高铝砖一层、纳米绝热板一层、最外层为两层 50mm 厚普通硅酸钙板。当然根据烧结不同的产品,不同的温度选择上也有所调整,做到在满足窑炉使用温度等要求的前提下尽量降低窑墙的厚度,并采用价格成本合理的保温材料即可。

其中纳米绝热板材料的基本参数见表 25-81。

表 25-81 纳米绝热板基本参数

项目类别		指标
常温性能	密度/kg·m^{-3}	280±10%
	常温抗压强度(压缩 10%)/MPa	>0.35
高温性能	熔点/℃	>1200
	重烧线变化(950℃×5h)/%	≤2.0%
化学成分(质量分数)/%	SiO_2	>80
	ZrO_2	>15
	其他	<5
导热系数/W·(m·K)$^{-1}$	50℃	0.020
	200℃	0.023
	400℃	0.026
	600℃	0.031
	800℃	0.042

降温段基本上是在缺氧的气氛下使用的,窑炉充入氮气作为保护气体,氧气的含量需降到 100mg/L 以下,且由于铁氧体材料在该温度段易氧化,所以在保证窑炉的气密性的前提下对耐火材料的选择必须注意不能选择在该温度段有放氧过程产生的材料,当然更不能选择有与保护气体发生反应的材料。在该区段要求达到一定的降温速率并且窑炉的出口温度要求低于 100℃,

所以在窑炉的设计上一般采用减少窑墙厚度和选择导热系数较高的材料来满足要求。当然,为达到一定的降温速率要求,还要采用风冷和水冷或其他降温手段。综合考虑,通常在该温度段采用以高铝材料和相对密度为1.0以上的黏土漂珠砖作为窑炉的墙体材料即可。

25.8.2.2 辊道窑用耐火材料

辊道窑是连续烧成的,以转动的辊子作为坯体运载工具的隧道式窑炉。产品放置在许多条间隔很密的水平陶瓷辊棒上,靠辊棒的转动使产品从窑头传送到窑尾,在电子工业中应用辊道窑进行大规模生产的主要在永磁磁瓦行业和新能源锂电池材料行业,尤其在锂电池材料行业辊道窑的大规模应用和推陈出新,对窑炉的质量提升和耐火材料的要求也越来越严格。

对于锂电池材料行业来讲,随着电池材料日新月异的发展,锂电池行业自动化的需求也越来越高,无人车间、工业4.0、智能制造等。这些对窑炉的可靠性、自动化程度都提出了新的要求。同时随着锂电池材料从锰酸锂、钴酸锂、三元523、622、811、NCA等的趋势演变的过程,窑炉的烧成气氛也从空气气氛向纯氧气氛进行演变。同时鉴于频繁发生的电池产品爆炸事件已引起人们对锂电产品的安全性更为关注,因此对整个制造过程也都提出了更高的产品要求,工业和信息化部针对《锂离子电池行业规范条件》明确修订并要求企业应具有电池正负极材料中磁性异物及锌、铜等金属杂质的检测能力,检测精度从不低于1mg/L修改为不低于10μg/L。而国内领军企业在采购锂电池材料时对磁性异物等杂质含量更是明确要求小于25μg/L。这些要求对于核心烧结设备辊道窑而言,耐火材料特别是与产品粉体材料可能直接或间接接触的材料,例如窑炉内衬材料、匣钵、辊棒等,它们的材质选型及结构应用直接影响到窑炉的使用寿命和产品品质,是该类型辊道窑的关键材料。

该类型辊道窑一般窑体分预热段、升温排水排碱段、恒温安定段和降温冷却段等。在锂电池材料的制备中窑炉炉内气氛相对单一,除铁锂及石墨负极材料外一般都为氧化性气氛;但总的来说,不管什么气氛该类型窑炉从窑头到窑尾基本上都是相对单一的气氛要求,有别于磁性材料行业有对氧含量的气氛曲线变化。

该类型窑炉使用的温度并不高,从不同材料的反应温度来看,该窑炉常用温度范围设定一般从500~1300℃不等,典型的温度曲线图及外观图如图25-68所示。

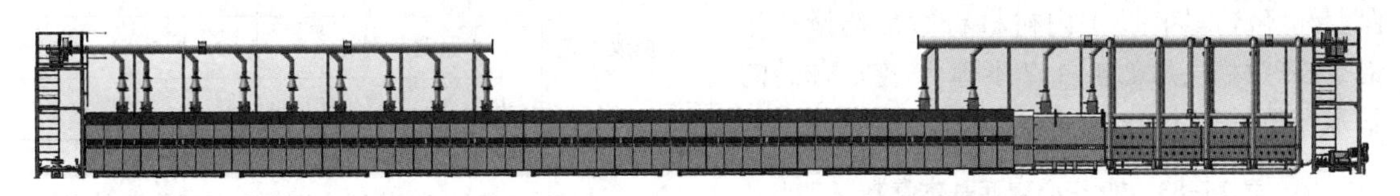

图25-68 典型锂电池材料窑炉外观图

该类型窑炉设置有送气和排气管道,可通过阀门调整和控制炉内气氛及脱碱效果。常用的结构一般采用弧形拱顶结构,根据使用匣钵大小及高度通常采用四列双层排布装载方式。根据承重大小和窑炉跨距一般选用反应烧结碳化硅辊棒。为了便于匣钵走钵整齐,在辊棒的选用时一般考虑按直线度要求在0.8%以内,辊棒直径公差控制到±0.5mm以内。其基本参数见表25-82的要求。

该辊道窑炉截面结构及材料用法示意图如图25-69所示。

表25-82 反应烧结碳化硅辊棒基本参数

项目类别		指标
最高使用温度/℃		1380
密度/kg·m^{-3}		≥3020
抗弯强度/MPa	20℃	≥250
	1200℃	≥280
弹性模量/GPa	20℃	≥330
	1200℃	≥300
化学成分(质量分数)/%	SiC	≥85
	游离硅	≤14
气孔率/%		<0.1

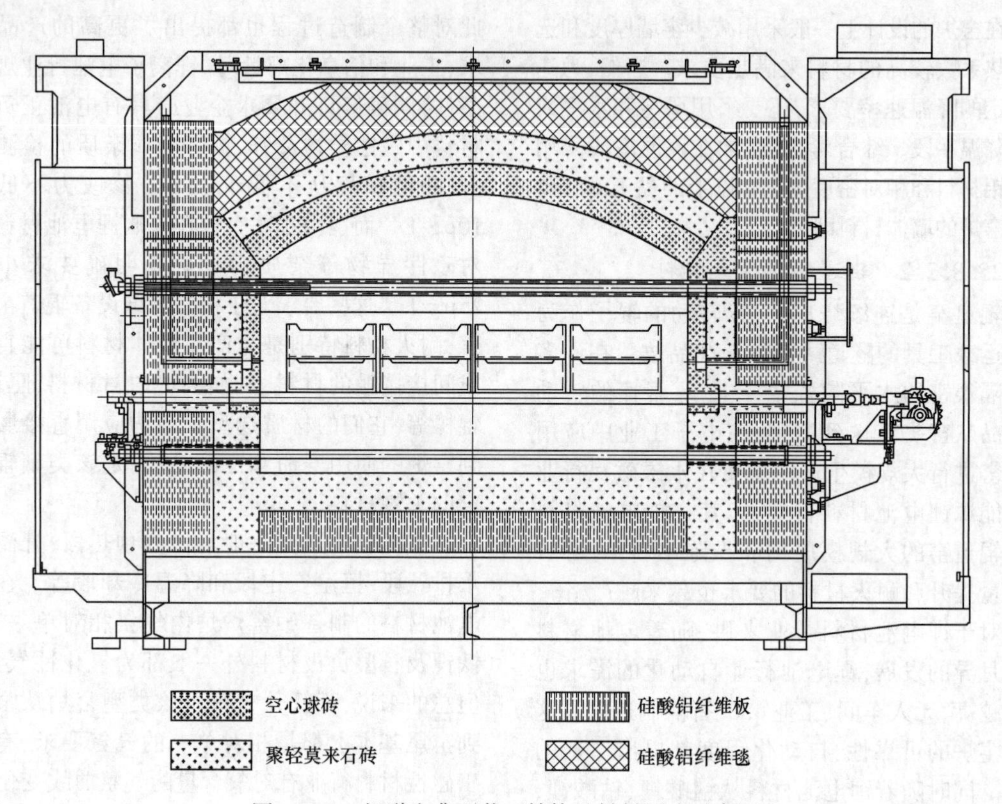

图 25-69 辊道窑典型截面结构及材料用法示意图

由于锂电三元材料的烧结在物理化学反应过程中会存在锂离子、镍离子等的参与，炉内属于强碱性气氛，pH 值可达 10 以上，综合考虑到保温和经济等因素，炉内衬材料通常选择氧化铝空心球材质，从 1.4~1.7 不等，该空心球砖的基本参数见表 25-83 的要求。

表 25-83 99 空心球砖基本参数

项目类别		指标		
常温性能	密度/kg·m^{-3}	1400	1500	1700
	常温耐压强度/MPa	≥10	≥10	≥12
压蠕变（25h 变形量）/%	1200℃，0.2MPa	≤0.2		
化学成分（质量分数）/%	Al_2O_3	≥99		
	SiO_2	≤0.2		
	Fe_2O_3	≤0.1		
	Na_2O+K_2O	≤0.4		

续表 25-83

项目类别		指标
烧成工艺	烧成温度/℃	>1700
	保温时间/h	≥12
	木模具双向振动加压成型	√

由于该窑炉升温段相对较短，通常使用的保温材料与恒温段相同，从炉内衬到炉壳体的材料使用一般为：空心球砖一层（65mm 厚或 114mm 厚），聚轻莫来石砖一层（65mm 厚或 114mm 厚），硅酸铝纤维硬板 4~5 层（50mm 厚）。根据烧成的锂电三元材料的不同，材料组成也有所区别，在外层保温上也可使用硅酸钙板，当然也有部分窑炉厂家在此类窑炉上为考虑节能保温而采用纳米绝热板的，也有绝热板生产厂家推荐使用该材料的。但是在该类型窑炉上建议尽量不用，因纳米绝热板是无机纳米 SiO_2 和陶瓷纤维作为原材料采用单层复合结构经过连续涂布复合压制烘烤工艺而形成，并通

过铝箔或者塑料膜包裹，自身结构强度非常差，且很容易粉化和水化，一旦停窑检修，墙体热胀冷缩后本身很难再保持原有形态；且辊道窑墙体上开孔较多，碱性气氛很容易侵蚀到该材料，锂离子和二氧化硅在高温下将会发生反应生成硅酸锂，造成对该材料的破坏，甚至可能有纳米二氧化硅微粉会沉集到物料中，从而影响物料的品质。

辊道窑中使用最大的易耗品匣钵[44]是承载物料烧结并直接与粉料接触的容器，匣钵材质的选用也至关重要，它将直接影响到产品的性能和设备的使用成本。通常客户对匣钵有如下几点要求：(1)热震稳定性好，不容易开裂，安全性好；(2)烧结过程中匣钵不沾粉料，不起皮掉渣；(3)抗腐蚀、使用次数多等要求。当然匣钵材质的选用关键还是需要看对应的烧结产品，不同的温度和气氛条件将有不同的匣钵材料对应。例如：磷酸铁锂正极材料一般使用石墨匣钵，三元材料一般使用堇青石结合莫来石匣钵或莫来石匣钵。当然根据不同客户需求匣钵的材质及外观尺寸也会有所不同，但匣钵厂家也在逐步统一标准，例如：长宽尺寸标准主要有320mm×320mm或330mm×330mm两种，高度有75mm、85mm、100mm、110mm等；而材质上也逐步往标准化靠拢，例如三元材料匣钵的基本参数可参见表25-84的要求。

表25-84　三元材料匣钵基本参数

项目类别		指标
常温性能	密度/$kg \cdot m^{-3}$	≤2.3
	常温耐压强度/MPa	≥30
高温性能	荷重软化温度(0.2MPa×0.6%)/℃	≥1400
	高温抗折强度(1400℃×0.5h)/MPa	≥4
	重烧线变化(1400℃×5h)/%	≤±0.2
化学成分(质量分数)/%	Al_2O_3	50~58
	MgO	4~6
	Fe_2O_3	≤1
钢模机压成型		√

当然，也有部分厂家开始尝试选用碳化硅材质匣钵，利用重结晶碳化硅材质不易氧化、耐酸碱等特性以便提高匣钵的使用次数，降低单次使用成本，未来也可能会有更多新材料的选用，需要各材料厂家不断创新开发。

25.8.2.3　钟罩炉用耐火材料

钟罩炉是一种先进的软磁铁氧体材料烧结设备，它采用全纤维高温炉衬、分区分组加热、循环强制冷却、计算机全自动控制等技术，具有批次产量大、温度和气氛均匀性好[45,46]，被烧结产品一致性高、成品率高等优越特性。与隧道式推板窑相比，它的操作使用更加灵活，控制精度更高，是该行业高端产品烧结的首选设备。

目前市场上大规模应用的主要有四托、八托、十二托和十六托钟罩炉炉型，其中每一托产品尺寸约为400mm(长)×400mm(宽)×1100mm(高)，根据产品型号大小分层叠放灵活调整。钟罩炉一般有三条曲线要求，分别是压力、温度和氧含量曲线，压力曲线相对要求不高，维持1000~2000Pa之间压力即可，而温度及氧含量为至关重要的曲线，产品好坏与这两条曲线的对应有很大的关系。如图25-70为典型工艺曲线。

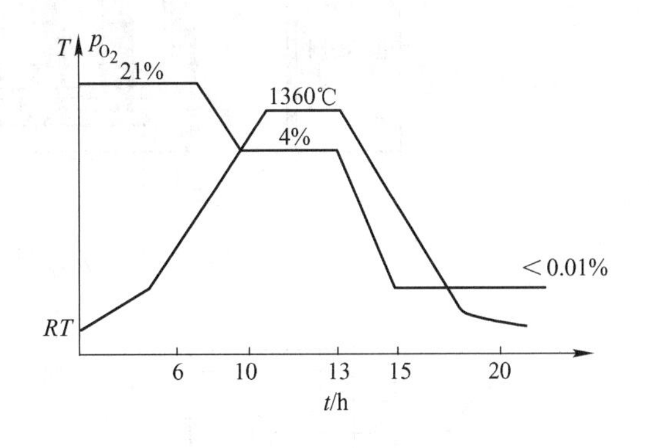

图25-70　典型工艺曲线

典型的钟罩炉结构示意图如图25-71和图25-72所示。

钟罩炉采用全纤维结构，保温层根据温度一般选择1600型或者1700型纤维模块交错叠放而成，如图25-73所示，纤维模块采用锚固件固定在炉壳壁上。

该窑炉在使用过程中，窑顶材料更容易损坏，特别是针对软磁高导材料的烧成时，通常为了提高窑炉的使用寿命，会将窑顶材料替换为耐温更好的1700型纤维模块组件，并采用合理的大模块吊装结构，可有效延长整个窑炉的使用寿命，该两种纤维模块组件的基本参数见表25-85。

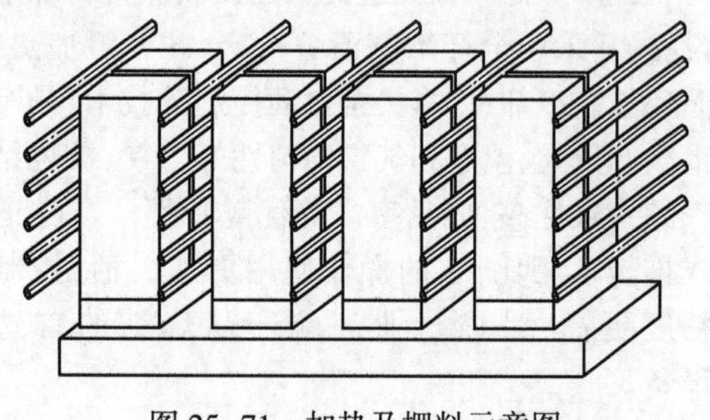

图 25-71 加热及摆料示意图

表 25-85 多晶纤维模块基本参数

项目类别		指标	
		1600 型多晶	1700 型多晶
加热永久线变化/%	1400℃×24h	<-1.5	
密度/kg · m^{-3}		220±10	
化学成分（质量分数）/%	Al_2O_3	>72	>80
	$Al_2O_3+SiO_2$	≥99	
	Fe_2O_3	≤0.2	
	Na_2O+K_2O	≤0.2	

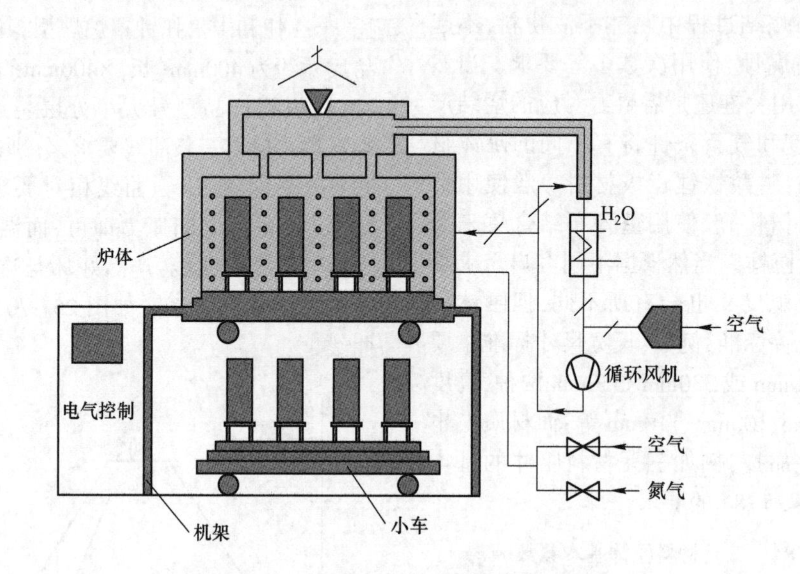

图 25-72 八堆钟罩式气氛炉结构示意图

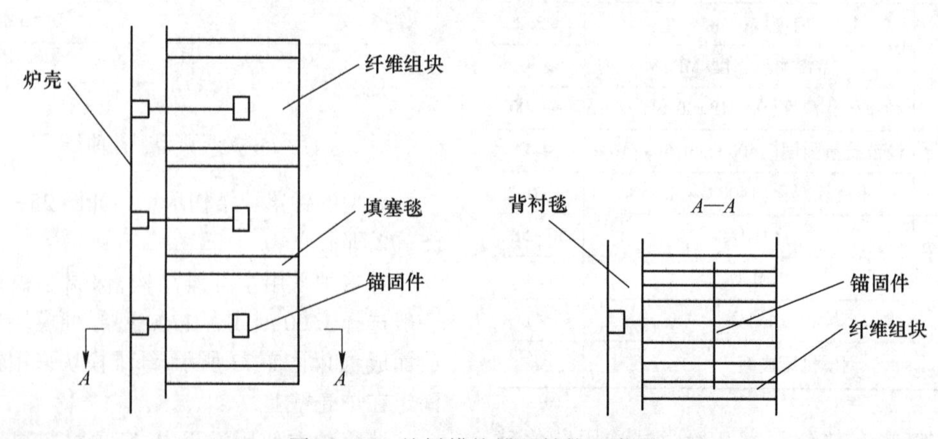

图 25-73 炉衬模块锚固结构示意图

以上介绍的各种耐火材料均在保证符合国家标准的前提下，便于采购，对特殊部位材料例如窑炉的关键横梁、拱顶、耐磨导轨、关键内衬等材料均有更高的要求，如导轨要求耐磨，拱顶要求抗腐蚀和剥落及高的荷重软化点，关键内衬空心球要求高纯度、低铁含量及高抗碱性等。总之，特殊部位材料需特殊对待，保证窑炉的使用寿命和烧结产品的性能是选择窑炉使用耐火材料的最终宗旨。

参考文献

[1] 尹润生，朱德先，耿可明，等．水煤浆气化炉内衬高铬材料的选择[J]．耐火材料，2009，43(1)：73~74.

[2] https://wenku. baidu. com/view/b92d76922c3f57-27a5e9856a561252d380eb20a8. html?fr=search-4-X-income5&fixfr=pjW%2Fk%2BsEP6WmQg-Cr8K4AtA%3D%3D.

[3] 闫波，陈鹏程，石连伟，等．GSP 气化炉水冷壁挂渣影响因素探究[J]．化肥工业，2014，41(5)：69~71，80.

[4] 林凯．碎煤熔渣气化技术在我国的最新应用[J]．煤炭加工与综合利用，2014(6)：14~17.

[5] 戴维，舒莉．铁合金冶金工程[M].北京：冶金工业出版社，1999，5.

[6] 张晓明，王颖.垃圾焚烧技术的发展状况[J].建筑与预算，2017(4)：31~33.

[7] 王美，崔阳，郭利利，等.基于雷达图的垃圾焚烧炉选择探讨[J].山西科技，2014，29(4)：38~40.

[8] 华夏.城市垃圾焚烧炉的结构与炉衬用耐火材料[J].工业加热，2001(3)：28~33.

[9] 杨建楠.生活垃圾焚烧炉发电项目垃圾焚烧炉的选型[J].电力勘测设计，2018(4)：71~74.

[10] 符鑫杰，李涛，班允鹏，等.垃圾焚烧技术发展综述[J].中国环保产业，2018(8)：56~59.

[11] 别如山.垃圾焚烧技术和产品及其在垃圾分类条件下的新进展[J].工业锅炉，2020(3)：1~10.

[12] 沈林华，王海东，李昂.浅析回转窑处理危险废弃物技术[J].中国资源综合利用，2019，37(1)：143~145.

[13] 杨秀丽，李冰，刘会林，等. $Al_2O_3-Cr_2O_3-ZrO_2$ 砖在医疗垃圾焚烧炉上的应用[J].耐火材料，2014，48(2)：143~144.

[14] 郑毅，张国庆，殷世文.5000t/d 新型干法水泥生产线耐火材料的配置问题及优化[J].建材发展导向，2018，16(12)：10~13.

[15] 徐平坤.回转窑用耐火材料的技术进步[J].工业炉，2018，40(3)：1~6.

[16] 李水清，姚强，李润东，等．城市垃圾气化熔融工艺的理论计算和技术分析[J].动力工程，2004，24(1)：125~131.

[17] 徐嘉，严建华，肖刚，等．城市生活垃圾气化处理技术[J].科学通报，2004，20(6)：560~564.

[18] 徐嘉．城市生活垃圾典型组分的流化床气化特性实验研究[D].浙江大学，2004.

[19] 王华，何方，马文会，等．二噁英低减化生活垃圾焚烧灰渣熔融处理技术[J].昆明理工大学学报，2002，27(1)：17~21.

[20] 刘汉桥，蔡九菊，邵春岩，等.我国垃圾焚烧灰熔融炉的应用前景[J].工业炉，2006，28(5)：7~11.

[21] 高术杰，陈德喜，马明生.国内外城市垃圾焚烧飞灰熔融技术综述[J].有色冶金节能，2019(1)：14~18.

[22] 王建华，郑鹏，崔存慧．等离子体气化熔融/垃圾处理系统[J].新能源进展，2020，8(5)：391~395.

[23] 廖建国译.废弃物熔融炉及其所用耐火材料[J].国外耐火材料，2003，28(1)：1~5.

[24] 吕春江译.灰熔融炉用耐火材料[J]. 国外耐火材料，2006，31(5)：13~18.

[25] 金安定，曹子栋，俞建洪．工业锅炉原理[M].西安：西安交通大学出版社，1986.

[26] 韩行禄，刘景林．耐火材料应用[M]．北京：冶金工业出版社，1986.

[27] 张永照，陈听宽，黄祥建，等．工业锅炉[M].北京：机械工业出版社，1982.

[28] 李之光，范柏樟．工业锅炉手册[M]．天津：天津科学技术出版社，1988.

[29] 林育炼，刘盛秋．耐火材料与能源[M]．北京：冶金工业出版社，1993.

[30] 郭茂先．工业电炉[M]．北京：冶金工业出版社，2002.

[31] 戴维，舒莉．铁合金冶金工程[M]．北京：冶金工业出版社，1999.

[32]《有色冶金炉设计手册》编委会．有色冶金炉

设计手册[M]. 北京:冶金工业出版社, 2000.

[33] 刘麟瑞, 林彬荫. 工业窑炉用耐火材料手册[M]. 北京:冶金工业出版社, 2001.

[34] 熊谟远. 电石生产及其深加工[M]. 北京:化学工业出版社, 1989.

[35] 李志敏. 超大型电石炉密闭糊的研究[D]. 长沙: 湖南大学材料科学与工程学院, 2014.

[36] 毛伟. 40. 5MVA 密闭电石炉参数及主要结构设计[D]. 大连:大连理工大学,2015.

[37] 王跃祖. 开放式电石炉的改造[J]. 化工设备与管道,2004(4): 22~25.

[38] 刘瑞明, 赵继红, 李彩霞. 电石密闭炉生产探讨[J]. 内蒙古石油化工, 2007, 33(5): 21~23.

[39] 刘东. 电石炉的生产工艺及其关键设备分析[J]. 科技信息, 2010(35): 915, 946.

[40] 齐琳. 25500kV·A 电石炉炉体设计[J]. 内蒙古石油化工, 2007,4(33): 44.

[41] 吴魏民. 挪威 25. 5MVA 密闭式电石炉的炉体结构[J]. 工业加热, 1998(6): 27~30.

[42] 王石,匡万兵,刘亚红. 电子陶瓷用的几种新型烧结设备[J]. 电子元件与材料,2007(8): 65~66.

[43] 谭俊峰,舒勇东,付晓飞,等. 氮气氛保护推板窑节能设计分析[J]. 湖南有色金属,2007,23(4):14~17.

[44] 翟鹏涛. 耐火材料匣钵与三元电池阳极材料界面反应行为的研究[D]. 郑州:郑州大学, 2018.

[45] 刘杰. 钟罩式氮气氛炉关键技术研究[D]. 长沙:国防科技大学, 2008.

[46] 魏唯,甘和明,刘杰,等. 软磁铁氧体烧结专用设备——钟罩式气氛烧结炉的研制[J]. 磁性材料及器件,2004(4):27~29.

第六篇 检验与检测

26 耐火材料产品质量验收、仲裁和鉴定

26.1 产品质量验收

耐火材料产品质量验收是对特定批耐火产品的每种质量特性对买卖合同或技术协议及相关标准和规范的符合性做出接受还是拒收的过程。质量验收不能确定特定批的耐火产品是否适用于某种用途，或者比较同种用途的不同材料的质量。

26.1.1 产品质量验收条件

产品质量验收条件为：(1)买卖合同或技术协议；(2)明晰地规定了每种质量特性的范围；(3)检测各种质量特性的标准或规范；(4)抽样方法或规范；(5)对每种质量特性符合与否的判定方法；(6)科学的产品验收组批；(7)产品质量检验。

验收判定规则的选用优先次序由强到弱为：(1)合同或技术协议约定；(2)产品标准中《质量评定程序》相关规定；(3)国家或行业关于质量验收的通用标准或规则。

26.1.2 产品质量验收抽样

耐火材料采取随机抽样的方法进行产品质量验收，目前国家标准中分别有：GB/T 10325—2012《定形耐火制品验收抽样检验规则》、GB/T 17617《耐火原料和不定形耐火材料取样》及GB/T 4513.2—2017《不定形耐火材料　第2部分：取样》三项标准。

其中GB/T 10325—2012主要用于定形耐火制品的抽样验收，在国内产品贸易和国家监督抽查中主要采用该标准，主要从验收抽样检验前的准备、抽样检验的实施及检验批产品的接收或拒绝等方面做了具体规定。非等效采用了ISO 5022：1979。

GB/T 10325—2012中规定外观尺寸和理化性能检验均为单次抽样检验方案，并引入了可接收质量限*AQL*的概念，根据确定的可接收质量限*AQL*确定外观和尺寸检查的样本量及接受数。一般外观检查按*AQL*=4.0，尺寸检查按*AQL*=6.5执行；若对外观和尺寸有更严格的要求，外观检查可按*AQL*=1.5，尺寸检查可按*AQL*=4.0执行。产品外观和尺寸抽样方案见表26-1，批产品单项理化质量特性验收抽样方案见表26-2。

表26-1　外观尺寸检查的抽样方案

接收质量限*AQL*	批量(块数)*N*	样本量*n*	接受数*Ac*
1.5	≤31	*N*	剔除不合格品
	32~1200	32	1
	1201~3200	50	2
	3201~10000	80	3
	>10000	125	5
4.0	≤12	*N*	剔除不合格品
	13~280	13	1
	281~500	20	2
	501~1200	32	3
	1201~3200	50	5
	3201~10000	80	7
	>10000	125	10
6.5	≤7	*N*	剔除不合格品
	8~150	8	1
	151~280	13	2
	281~500	20	3
	501~1200	32	5
	1201~3200	50	7
	3201~10000	80	10
	>10000	125	14

表 26-2 批产品单项理化质量特性验收抽样方案

序号	特性	一次抽取样本量 n	第一次测试样品数 n_1	第二次测试样品数 n_2
1	化学分析	3	1	2
2	压蠕变	3	1	2
3	导热系数	3	1	2
4	热膨胀	3	1	2
5	荷重软化温度	3	1	2
6	耐火度	3	1	2
7	耐压强度	9	3	6
8	显气孔率	9	3	6
9	体积密度	9	3	6
10	抗折强度	9	3	6
11	真密度	9	3	6
12	热震稳定性	9	3	6
13	耐磨性	9	3	6
14	加热永久线变化	9	3	6
15	其他	9	3	

注：化学分析、耐火度等需要破碎成细粉测试的，可以使用耐压强度测试后的试样。

26.1.3 产品质量验收外观检查

定形耐火材料制品的主要外观缺陷包括裂纹、飞边、溶洞、缺角、缺楞等，断面主要检查产品的烧结和成型状况，如层裂、颗粒断裂等，尺寸则主要测定产品的规格公差、楔度差、垂直度等。外观尺寸检查采用 GB/T10326—2016，该标准修改采用 ISO12678—1:1996 及 ISO 12678—2:1996。主要测量工具有钢卷尺、卡尺、塞丝 塞尺、测深规、楔形规等。测试方法如图 26-1 所示。

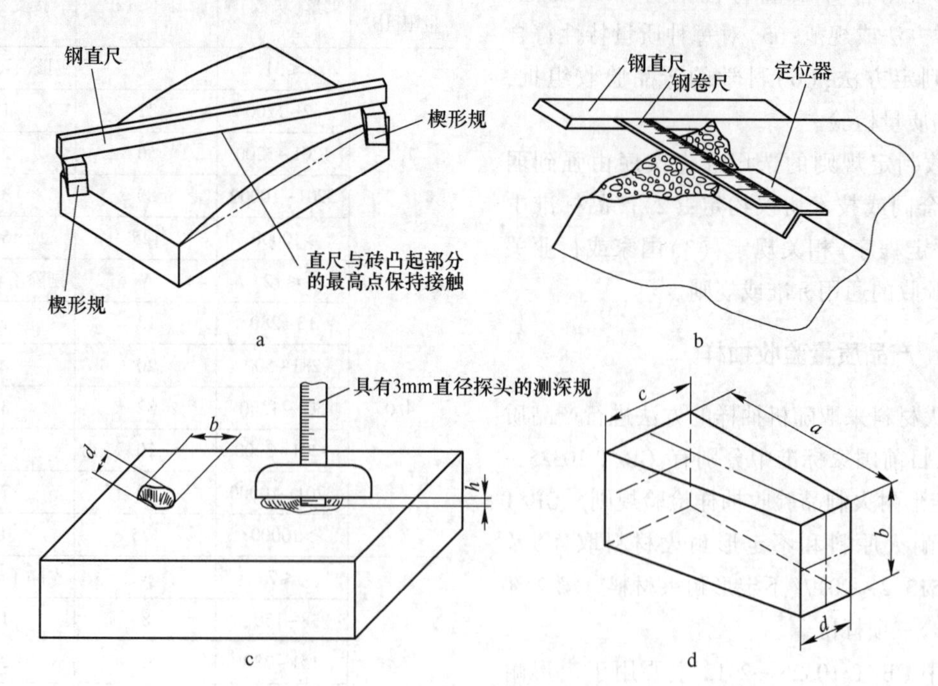

图 26-1 外观尺寸的检查方法示例

a—扭曲的测量；b—缺角的测量；c—溶洞的测量；d—尺寸的测量

不定形耐火材料预制件的外观尺寸检查按照 GB/T 4513.7—2017《不定形耐火材料 第 7 部分：预制件的测定》中第 6 章相关要求执行。

26.1.4 产品质量验收判定

质量判定规则中规定质量特性的测试应按

产品质量标准中指定的检验方法进行，检验结果应给出单位产品测试值（单值）x_i 和样本均值 $\bar{x}$。以均值为质量指标，若最大测试样本量 $n=3$，产品单一质量特性的合格与不合格判定应按表26-3的规定进行；若最大测试样本量 $n=9$，产品单一质量特性的合格与不合格判定应按表26-4的规定进行。以规范限为质量指标，若为单侧规范限，产品单一质量特性的合格与不合格判定应按表26-5的规定进行；若为联合双侧规范限，产品单一质量特性的合格与不合格判定应按表26-6的规定进行。应验收的产品理化质量特性全部合格，判定检验批产品理化质量特性合格，否则判定检验批产品的理化质量特性不合格。

表26-3 以批均值为质量指标的单一质量特征的合格/不合格判定（$n=3$）

质量要求	第一次测试1个样		两次累计测试3个样	
	测试结果	判定	测试结果	判定
低值不适	$x_i \geq \mu_0$	合格		
	$x_i < \mu_0$	继续检验	$\bar{x} \geq \mu_0$	合格
			$\bar{x} < \mu_0$	不合格
高值不适	$x_i \leq \mu_0$	合格		
	$x_i > \mu_0$	继续检验	$\bar{x} \leq \mu_0$	合格
			$\bar{x} > \mu_0$	不合格

表26-4 以批均值为质量指标的单一质量特性的合格/不合格判定（$n=9$）

质量要求	第一次测试3个样		两次累计测试9个样	
	测试结果	判定	测试结果	判定
低值不适	$\bar{x} \geq \mu_0$	合格		
	$\bar{x} < \mu_0 - 1.5\sigma$	不合格		
	$\mu_0 - 1.5\sigma \leq \bar{x} < \mu_0$	继续检验	$\bar{x} \geq \mu_0 - 0.62S$	合格
			$\bar{x} < \mu_0 - 0.62S$	不合格
高值不适	$\bar{x} \leq \mu_0$	合格		
	$\bar{x} > \mu_0 + 1.5\sigma$	不合格		
	$\mu_0 \leq \bar{x} < \mu_0 + 1.5\sigma$	继续检验	$\bar{x} \leq \mu_0 - 0.62S$	合格
			$\bar{x} > \mu_0 - 0.62S$	不合格

注：σ 可以由产品质量标准或技术协议给出，也可根据GB/T 10325—2012附录B计算得到。

表26-5 以单侧规范限为质量指标的单一质量特性的合格/不合格判定（$n=9$）

质量要求	第一次测试3个样		两次累计测试9个样	
	测试结果	判定	测试结果	判定
低值不适	$\bar{x} \geq L + 1.5\sigma$	合格		
	$\bar{x} < L$	不合格		
	$L \leq \bar{x} < L + 1.5\sigma$	继续检验	$\bar{x} \geq L + 1.1S$	合格
			$\bar{x} < L + 1.1S$	不合格
高值不适	$\bar{x} \leq U - 1.5\sigma$	合格		
	$\bar{x} > U$	不合格		
	$U - 1.5\sigma < \bar{x} \leq U$	继续检验	$\bar{x} \leq U - 1.1S$	合格
			$\bar{x} > U - 1.1S$	不合格

注：σ 可以由产品质量标准或技术协议给出，也可根据GB/T 10325—2012附录B计算得到。

表26-6 以联合双侧规范限为质量指标的单一质量特性的合格/不合格判定（$n=9$）

<table>
<tr><th colspan="3">第一次测试3个样</th><th colspan="3">两次累计测试9个样</th></tr>
<tr><th colspan="2">测试结果</th><th>判定</th><th colspan="2">测试结果</th><th>判定</th></tr>
<tr><td colspan="2">$x_{max} - x_{min} > U - L$</td><td>不合格</td><td colspan="2"></td><td></td></tr>
<tr><td rowspan="5">$x_{max} - x_{min} \leq U - L$</td><td>$L + 1.5\sigma \leq \bar{x} \leq U - 1.5\sigma$</td><td>合格</td><td colspan="2"></td><td></td></tr>
<tr><td>$\bar{x} < L$ 或 $\bar{x} > U$</td><td>不合格</td><td colspan="2"></td><td></td></tr>
<tr><td rowspan="3">$L \leq \bar{x} \leq L + 1.5\sigma$ 或 $U - 1.5\sigma \leq \bar{x} \leq U$</td><td rowspan="3">继续检验</td><td colspan="2">$S \geq (U - L)/2.2$</td><td>不合格</td></tr>
<tr><td rowspan="2">$S < (U - L)/2.2$</td><td>$L + 1.1S \leq \bar{x} \leq U - 1.1S$</td><td>合格</td></tr>
<tr><td>$\bar{x} < L + 1.1S$ 或 $\bar{x} > U - 1.1S$</td><td>不合格</td></tr>
</table>

不定形耐火材料抽样按照GB/T 4513.2—2017《不定形耐火材料　第2部分：取样》执行，该标准等同采用ISO 1927-2：2012。首先确定包装单元的平均质量，若包装单元质量小于35kg，可按照ISO 5022取样规则进行，每个包装单元当成一个单砖进行取样；若包装单元质量超过35kg，依据ISO 8656-1来确定组成集样的单体分样量数和质量。根据不定形耐火材料的最大颗粒尺寸来确定最小单体分样量，GB/T

4513.2—2017只给出了最大颗粒尺寸10mm以下的最小单体分样量，超过10mm的可以参照ISO 8656-1执行。根据测试材料性能的变异系数确定变异系数类别，由变异系数最高类别决定单体分样数。抽取的分样量组成集样，混匀后缩分至实验室样品，满足性能测试需要。

耐火材料原料按照GB/T 17617—1998进行抽样验收，该标准非等效采用ISO8656-1：1998，抽样过程与不定形耐火材料抽样基本一致。

26.2　产品质量仲裁

国家耐火材料质量监督检验中心可以根据申请人的委托要求，对质量争议的耐火材料产品进行检验，出具仲裁检验报告，这种检验称为产品质量仲裁检验。

仲裁检验必须由符合规定条件的申请人提出，有权提出仲裁检验的申请人有：(1)司法机关；(2)仲裁机构；(3)质量技术监督行政部门或者其他行政管理部门；(4)处理产品质量纠纷的有关社会团体；(5)产品质量争议双方当事人。

申请人可以直接向国家耐火材料质量监督检验中心提出申请，也可以通过质量技术监督行政部门向国家耐火材料质量监督检验中心提出申请。

不受理如下四种仲裁检验申请：(1)不符合上述五种申请人规定的；(2)没有相应的检验依据的；(3)受科学技术水平限制，无法实施检验的；(4)司法机关、仲裁机构已经对产品质量争议做出生效判决和决定的。

申请人在申请仲裁检验时必须与国家耐火材料质量监督检验中心签订仲裁检验委托书，将双方的义务、责任明确。仲裁检验委托书的内容有：(1)委托仲裁检验产品的名称、规格型号、出厂等级、生产企业名称、生产日期、生产批号；(2)申请人的名称、地址及联系方式；(3)委托仲裁检验的依据和检验项目；(4)批量产品仲裁检验的抽样方式；(5)完成仲裁检验的时间要求；(6)仲裁检验的费用、交付时间；(7)违约责任；(8)申请人和质检中心代表签章和时间；(9)其他必要的约定。

批量产品仲裁检验抽样按争议双方当事人约定进行，若争议双方当事人对抽样方案不能协商一致时，则由质检中心提出抽样方案，经申请人确认后抽取样品。产品抽样、封样由质检中心负责的，应当由申请人通知争议对方当事人到场。争议双方当事人不到场的，应当由申请人到场或者由其提供同意抽样、封样的书面意见。

仲裁检验的检验方法执行生产方出厂检验方法，若生产方没有出厂检验方法或者提供不出检验方法的，执行申请人征求争议双方当事人同意的检验方法和申请人确认的质检中心提供的检验方法。

仲裁检验的质量判定依据应根据《标准化法》《产品质量法》《合同法》制订。当争议双方当事人事先约定有产品标准或有关质量要求时按事先约定的产品标准或质量要求进行判定；当争议双方当事人事先未做约定时，则按照提供产品的一方所明示的质量要求（包括明示的国家标准、行业标准、备案有效的企业标准、广告、产品说明书、图纸等）进行判定。

由质检中心负责对批量抽样的，其对应的仲裁检验报告则对该批产品有效；由申请人送样的，其对应的仲裁检验报告对所送样品有效。申请人或者争议双方当事人任何一方对仲裁检验报告有异议的，应当在收到仲裁报告之日起十五日内向质检中心提出。质检中心应给予说明和答复，对答复不满意仍有异议的，可以通过国家质检总局指定的质检机构复检，并以其出具的仲裁检验报告为最终结论。

国家耐火材料质量监督检验中心依照国家质量技术监督局1999年4月1日发布的第4号令《产品质量仲裁检验和产品质量鉴定管理办法》受理产品质量仲裁检验。

26.3 产品质量鉴定

产品质量鉴定是指由省级以上质量技术监督行政部门指定的鉴定组织单位，根据申请人的委托要求，组织专家对质量争议的产品进行调查、分析、判定并出具质量鉴定报告的过程。质量鉴定的产品状况多是已经磨损、损坏、失去使用性能的产品，此时将鉴定产品的内在质量状况与合同或产品标准技术要求相比较并不能说明产品的质量问题属于什么原因，由哪一方造成。它需要专家组对产品进行调查、分析、判定来诊断产品质量的问题，这是产品质量鉴定区别于仲裁检验的关键所在。

申请人应当向省级质量技术监督部门提出申请，有权提出产品质量鉴定的申请人为：(1)司法机关；(2)仲裁机构；(3)质量技术监督行政部门或者其他行政管理部门；(4)处理产品质量纠纷的有关社会团体；(5)产品质量争议双方当事人。

质量技术监督行政部门不接受下列质量鉴定申请：(1)不符合上述五种申请人规定的；(2)未提供产品质量要求的；(3)产品不具备鉴定条件的（如产品损坏、丢失，现场、现状遭到破坏等客观原因使质量鉴定无法正常进行）；(4)受科学技术水平限制，无法实施鉴定的；(5)司法机关、仲裁机构已经对产品质量争议做出生效判决和决定的。

申请人在申请质量鉴定时必须与鉴定组织单位签订质量鉴定委托书，内容包括：(1)委托质量鉴定产品的名称、规格型号、出厂等级、生产企业名称、生产日期、生产批号；(2)申请人的名称、地址及联系方式；(3)委托质量鉴定的项目和要求；(4)完成质量鉴定的时间要求；(5)质量鉴定的费用、交付方式及交付时间；(6)违约责任；(7)申请人和鉴定组织单位代表签章和时间；(8)其他必要的约定。

由质量鉴定组织单位组织质量鉴定专家组，质量鉴定专家组应由三名以上单数专家组成。专家组的成员应当有高级技术职称，相应的专门知识和实际经验的专业人员中聘任，与产品质量争议当事人有利害关系的应当回避。

专家组可以行使如下权利：(1)要求申请人提供与质量鉴定有关的资料；(2)通过申请人向争议双方当事人了解有关情况；(3)勘查现场；(4)发表质量鉴定意见。

同时专家组也应当履行如下义务：(1)依据鉴定委托书委托的鉴定项目和要求，负责制订质量鉴定实施方案，在规定时间内独立进行质量鉴定；(2)正确、及时地作出质量鉴定报告；(3)解答申请人提出的与质量鉴定报告有关的问题；(4)遵守组织纪律和保守秘密。

当质量鉴定需要查看现场、对实物进行勘验时，申请人及争议双方当事人应当到场，积极配合并提供相应的条件，对不予配合、拒不提供必要条件使质量鉴定无法进行的，终止质量鉴定。

当质量鉴定需要做检验或者试验时，专家组应当选择经省级以上质量技术监督行政部门或者其授权的部门考核合格的质检机构进行，并由其出具检验或者试验报告。

专家组出具的鉴定报告应包括如下内容：(1)申请人的名称、地址和受理质量鉴定的日期；(2)质量鉴定的目的、要求；(3)鉴定产品情况的必要描述；(4)现场勘验情况；(5)质量鉴定检验、试验报告；(6)分析说明；(7)质量鉴定结论；(8)鉴定专家组成员签名表；(9)鉴定报告日期。

质量鉴定组织单位应对专家组出具的质量鉴定报告进行审查并对质量鉴定报告负责；鉴定工作结束后应及时将质量鉴定报告交付申请人，并向接受申请的省级以上质量技术监督部门备案。申请人或者质量争议双方当事人任何一方对质量鉴定报告有异议的，质量鉴定组织单位应当及时处理。

质量鉴定组织单位由于故意或者重大过失

造成质量鉴定报告与事实不符，并对当事人的合法权益造成损害的，应当承担相应的民事责任。有关人员在质量鉴定工作中玩忽职守、以权谋私、收受贿赂的，由其所在单位或者上级主管部门给予处分，构成犯罪的，依法追究刑事责任。

国家耐火材料质量监督检验测试中心依照国家质量技术监督局1999年4月1日发布的第4号令《产品质量仲裁检验和产品质量鉴定管理办法》，在授权检验的产品范围内，积极地接受各地省级以上质量技术监督行政部门委托的承担质量鉴定组织单位的工作和相关的检验测试工作。

27 耐火材料检测试样制备方法

本章介绍了耐火材料检测用试样的制备方法。对定形耐火材料在介绍其制样基本原则的基础上,详细描述了样品粉样如化学分析、真密度、耐火度等样品的破碎和研磨以及块状试样的切割和钻取方法、取样部位;对不定形耐火材料的试样制备,介绍了材料准备、混合、试样尺寸以及试样养护烘干。

27.1 定形耐火材料的试样制备

执行标准 GB/T 7321—2017《定形耐火制品试样制备方法》[1]。

27.1.1 制样基本原则

应在样本质量的薄弱部位或使用的关键部位制取试样。

试样的制取部位应能反映出被检测样本的性能,且具有较好的代表性。

对于形状复杂的大型样本或难以制成试验方法标准要求尺寸试样的特殊样本,应由有关方协商确定或按有关规定制取试样。

试样的制取部位应避开样本外观有裂纹、熔洞等缺陷的部位。

27.1.2 破碎和研磨

化学分析、耐火度、真密度、耐硫酸侵蚀等粉状或颗粒状试样,在每个样本上均匀地切取一定厚度的片状,厚度以制品最大颗粒直径的至少 3 倍确定,但不低于 15mm 厚,破碎、筛分、研磨至规定粒度,如果样本表面有污染,需进行处理。对表皮和内层明显不一致的样本,在制取化学分析试样时应充分考虑试样的代表性。

当样品同时进行耐压强度测试时,通常采取耐压试验后的破碎样,截取的样块或耐压试验后的破碎样采用实验室微型颚式破碎机进行破碎。

破碎机的颚板一般为刚玉质或锰钢质。破碎前首先清洗破碎机,即放入少量的块料进行破碎,并将破碎的料倒掉。在正式破碎时,一般破碎的材料质量不少于 200g,破碎后的料的最大粒径不超过 3mm。

经过破碎后的样品采取四分法进行缩分,再放入研磨机中进行研磨。为防止污染,应选用同材质的硬质研磨设备进行研磨,一般规定刚玉、纯氧化物类采用刚玉研钵,黏土、硅质、碱性材料采用玛瑙研钵,而像氮化硅和碳化硅等硬度较大的材料一般采用碳化物研钵。用于化学分析和耐火度测试的细粉一般应小于 0.076mm,而氮化硅结合碳化硅砖和碳化硅原料一般通过 0.15mm 筛即可。

27.1.3 切割和钻取

致密定形耐火制品的显气孔率、体积密度、耐压强度、加热永久线变化、荷重软化温度及压蠕变用试样均需在样本的角上制取(切取或钻取)。如果样本较小,同一块样品上不能满足制取所有项目要求时,可在不同的样本上制取,但要满足以下条件:常温项目如显气孔率与常温耐压强度试验用试样应在同一个样本上制取;高温项目如荷重软化温度、压蠕变与加热永久线变化试验用试样应在同一样本上制取。

定形隔热耐火制品的体积密度、耐压强度、加热永久线变化试样在样本的端部切取,对于标普型样本,体积密度、抗热震性试样可采用整砖。热导率试样按试验方法标准的要求制取。

常温抗折强度和高温抗折强度试样,通常在样本成型时的加压面上切取,并尽可能保留样本成型时加压方向的原砖面作为试验时的压力面。

耐磨性试样,通常在砖的工作端切取,且保留原砖面作为试验面。

热导率(激光法)、热膨胀等试样的制取部位在距样本边缘 15mm 以上的合适位置制取。

抗渣性及抗铁水熔蚀性:工作端钻取,对回转抗渣性试样根据试验方法标准要求制备。

抗碱性:

(1)碱蒸气法和熔碱坩埚法:尽可能多的保留原砖面。

(2)熔碱埋覆法:在表面和芯部各埋覆3条。

抗一氧化碳破坏性:在样本的合适部位制取,至少保留3个原砖面。

抗热震性:

(1)水急冷法-直形砖试样:标准砖,直接试验,当样本较大时,端部切取,试样加热面应是原砖面。

(2)水急冷法-小试样:合适部位钻取。

(3)空气急冷法:工作端制取,长度沿样本的工作面,若工作面长度不足114mm,可以沿样本的长度方向,样本的工作面为试样的喷吹面和张力面,做好标记。

对于由两种或多种材质组成的复合材料,可按技术标准要求、相关合同文件、图纸要求或有关方协商确定在合适部位制样。

(4)空气自然冷法:标准砖,直接试验。

对需要保留样本的情况,除需整块进行试验的样本外,一般每块样本一切两半,半块作为制样用,另半块作为保留样本。

27.2 不定形耐火材料的试样制备

27.2.1 材料准备

把材料缩分到需要的数量,以便得到希望检测的试料量和制样前充分的混合。试料量的大小取决于制备试样的数量,试样数量根据检测项目确定。

在几种配料单独提供时,首先每种配料要自混合,然后再把它们放在一起充分混合。

混合需要的水或其他液体结合剂数量及搅拌时间由制造商提供。

27.2.2 试样尺寸

试样尺寸有以下几种类型:A形:230mm×114mm×64mm;B形:230mm×64mm×54mm;C形:230mm×64mm×64mm;D形:160mm×40mm×40mm。

试样制备时的宽度作为试验时的高度,偏离应做记录,C、D形试样的成型面应做标记。除了捣打料和干式料、可采用砂捣锤制备直径为50mm和高为(50±1)mm的试样外,各种材料试样尺寸的选择见表27-1。C形试样为实验室仲裁试样尺寸。试样尺寸的选择由相关方协商确定。

表27-1 试样的尺寸类型

			B形或C形或D形*	A形
浇注料	最大颗粒尺寸小于15mm	直接试验**	√	
		其他试验		√
	最大颗粒尺寸大于15mm	直接试验**	√*	
		其他试验		√
捣打料			√	
可塑料			√	

* B形、C形或D形试样可用A形试样切取。

** 没有尺寸限制可直接得出结果的试验项目包括抗折强度、常温耐压强度、加热永久线变化和几何体积密度等。

27.2.3 试样的混合

在几种配料单独提供时,首先每种配料要自混合,然后再把它们放在一起充分混合。液体结合剂的加入量应分次缓慢加入,精确控制加入量。

27.2.4 试样的成型

根据材料的不同采用不同的成型方式。成型方式分为振动成型、自流成型、捣打成型、压机成型,捣打成型又分为气锤成型、人工捣打成型及砂捣锤成型。

27.2.5 试样的养护

由于浇注料的结合剂不同,试样的养护方法应有所不同。一般情况下将成型好的试样带试模置于相对湿度不小于90%,温度(20±3)℃的养护箱中养护24h后脱模,再在相同条件下养护24h。

27.2.6 试样的烘干

养护好的试样放入电热干燥箱中，以(20~30)℃/h速度升温至110℃，在(110±5)℃下烘干至恒量。

对于干燥后试样的存放，一般为随炉自然冷却(或移入干燥器)后，存入干燥处以防止吸收水分，存放时间不超过3d。

对不定形耐火材料品种相对较多，成型、养护、干燥各不相同，在GB/T 4513.5—2017《不定形耐火材料　第5部分　试样制备和预处理》中有详尽的描述，这里不再赘述[2]。

参考文献

[1] 中钢集团洛阳耐火材料研究院有限公司. GB/T 7321—2017 定形耐火制品试样制备方法[S].北京：中国标准出版社，2017.
[2] 中钢集团洛阳耐火材料研究院有限公司. GB/T 4513.5—2017 不定形耐火材料　第5部分　试样制备和预处理[S].北京：中国标准出版社，2017.

28 耐火材料化学分析

耐火材料化学分析方法分为湿法分析和仪器分析两部分,本章介绍了分析方法的原理、试剂、设备、检测步骤、结果的计算,包括分析方法标准的编号和名称及方法的选择。国标和行业等标准是检验工作开展的依据,每个方法标准规定了其所适用的材质、元素、含量等内容,详细介绍了分析的原理、试剂、测定步骤、允许差或重复性限和重现性限。

在化学分析过程中,会产生许多测量数据,如待测试样的称量、滴定溶液的体积、显色溶液的吸光度等。由于受分析方法、测量仪器、所用试剂和其他主客观条件的影响,任何测量都不可能绝对准确,因此,为了保证分析的准确性,一方面必须认真记录测量数据,另一方面应科学处理分析数据,以便更合理地报出试验的正确结果。

28.1 常规湿法分析

湿法分析是以物质的化学反应为基础,根据反应结果直接判定试样中所含成分,并测定含量的分析方法。耐火材料湿法分析适用于几乎所有材质的耐火材料原料和制品的化学组分的测定。

28.1.1 分析实验用水的制备及检验[1]

28.1.1.1 分析实验用水的制备

分析实验用水目视观察应为无色透明的液体,按 GB/T 6682—2008“分析实验室用水规格和试验方法”分为三个级别:一级水、二级水、三级水。一般分析实验用二级水或三级水。

二级水可用多次蒸馏、离子交换或反渗透方法制取,三级水用蒸馏、离子交换方法或反渗透方法制取。

28.1.1.2 分析实验用水技术要求

分析实验用水应符合表 28-1 所列指标。

表 28-1 分析实验用水规格

名称	一级	二级	三级
pH 值范围(25℃)			5.0~7.0
电导率(25℃)/mS·m^{-1}	≤0.01	≤0.10	≤0.50
可氧化物质[以 O 计]/mg·L^{-1}		<0.08	<0.4
吸光度(254nm,1cm 光程)	≤0.001	≤0.01	
蒸发残渣(105±2)℃/mg·L^{-1}		≤1.0	≤2.0
可溶性硅[以(SiO_2)计]/mg·L^{-1}	<0.01	<0.02	

注:1. 由于在一级水、二级水的纯度下,难以测定其真实的 pH 值,因此,对一级水、二级水的 pH 值范围不做规定。
2. 一级水、二级水的电导率需要用新制备的水“在线”测定。
3. 由于在一级水的纯度下,难以测定可以氧化物质和蒸发残渣,对其限量不做规定。可用其他条件和制备方法来保证一级水的质量。

28.1.1.3 分析实验用水检验

分析实验用水的检验按 GB/T 6682—2008《分析实验室用水规格和试验方法》规定的步骤进行。

28.1.2 试剂、标准溶液配制与标定[2~6]

28.1.2.1 一般试剂、溶液的配制

(1)甲基红指示剂(1g/L):称取 0.1g 甲基红溶于 60mL 乙醇中,加水至 100mL。

(2)溴甲酚绿与甲基红混合指示剂:溴甲酚绿(0.1%乙醇溶液)50mL 与甲基红(0.1%乙醇溶液)10mL 混合。

(3)酚酞溶液(10g/L):用乙醇溶液(60%)配制。

(4)溴麝香草酚蓝与酚红混合指示剂:取溴麝香草酚蓝与酚红各 0.05g,用乙醇(20%)100mL 溶解,混匀,滴加氢氧化钠溶液呈紫红色。

(5)2,4-二硝基苯酚溶液(2g/L):用乙醇配制。

(6)邻二氮杂菲($C_{12}H_8N_2 \cdot H_2O$)溶液(10g/L):用乙醇(1+1)配制。

(7)二安替比林甲烷溶液(50g/L):用盐酸(1+23)配制。

(8)铬天青S溶液(0.8g/L):称取0.16g纯度不低于60%的铬天青S试剂,溶于200mL乙醇(1+1)中。配后第二天使用,保证使用期为6天。

(9)硫酸-磷酸混合溶液:在不断搅拌下,将150mL硫酸缓慢注入700mL水中,再加入150mL磷酸混匀。

(10)苯羟乙酸溶液(100g/L):过滤后使用。

(11)苯羟乙酸溶液(10g/L):用盐酸(1+9)配制。

(12)钼酸铵[$(NH_4)_6Mo_7O_{24} \cdot 4H_2O$]溶液(50g/L):过滤后使用。

(13)乙二酸(草酸)—硫酸混合酸:取15g乙二酸($H_2C_2O_4 \cdot 2H_2O$)溶于250mL硫酸(1+8)中,用水稀释至1000mL,混匀。

(14)硫酸亚铁铵[$FeSO_4 \cdot (NH_4)_2SO_4 \cdot 6H_2O$]溶液(40g/L):取4g硫酸亚铁铵溶于水,加5mL硫酸(1+1),用水稀释至100mL,混匀,过滤后使用,用时配制。

(15)抗坏血酸—盐酸羟胺—硝酸铋混合溶液:称取2g硝酸铋[$Bi(NO_3)_3 \cdot 5H_2O$]于20mL盐酸(1+1)中。另称取25g抗坏血酸和25g盐酸羟胺溶于480mL盐酸(1+47)中。将上述两种溶液合并,混匀。

(16)钼酸铵—酒石酸钾钠混合溶液:称取10g钼酸铵、25g酒石酸钾钠溶于500mL水中,混匀。

(17)六次甲基四胺缓冲溶液(pH值为5.5):称取200g六次甲基四胺溶于水中,加盐酸溶液(1+1)80mL,用水稀释至1000mL,混匀。

(18)氨水—氯化铵缓冲溶液:称取67.5g氯化铵溶于570mL氨水,用水稀释至1000mL,混匀。

(19)硫酸锰($MnSO_4 \cdot H_2O$)溶液(10g/L)。

(20)脱模剂:分析纯碘化铵或碘化锂、溴化铵溶液30g/L。

28.1.2.2 标准溶液配制与标定

A 高纯试剂

(1)二氧化硅、氧化锆、氧化铪、氧化铝和氧化镁:使用前在(1200±50)℃下灼烧1h,置于干燥器中冷却至室温。

(2)二氧化钛:使用前在(1000±25)℃下灼烧1h,置于干燥器中冷却至室温。

(3)氧化铁:使用前在(700±25)℃下灼烧30min,放入干燥器中冷却至室温。

(4)碳酸钙、碳酸钾和碳酸钠:使用前在(230±20)℃干燥,放入干燥器中冷却至室温。

(5)磷酸二氢钾:使用前在105℃干燥1h,放入干燥器中冷却至室温。

B 标准溶液配制与标定

(1)氧化铝标准溶液[$c(1/2Al_2O_3)$ = 0.02mol/L]。称取0.5396g金属铝(99.99%)于塑料烧杯中,加约50mL水,10~20mL氢氧化钠溶液(500g/L),使其溶解(必要时在水浴上低温加热溶解),稍冷,移入盛有90mL盐酸溶液的烧杯中,加热煮沸使溶液透明,冷至室温,移入1000mL容量瓶中,用水稀释至刻度,混匀。

(2)乙酸锌标准溶液(0.0125mol/L):称取2.75g乙酸锌溶于水中,用水稀释至1000mL,混匀,用冰乙酸调整溶液pH值为5.5~6.0,混匀。

(3)EDTA标准溶液(0.025 mol/ L):称取9.3g EDTA(乙二胺四乙酸二钠)于烧杯中,加250mL水搅拌至全部溶解(必要时可稍加热),冷却,用水稀释至1000mL,混匀。

标定:移取10.00mL EDTA标准溶液加水至约20mL,加20mL六次甲基四胺缓冲溶液,1滴溴酚蓝指示剂溶液,3~4滴二甲酚橙指示剂溶液,以乙酸锌标准溶液滴定至试液由黄色变为紫红色为终点。

按下列公式计算乙酸锌标准溶液换算成EDTA标准溶液的系数(K值):

$$K=\frac{10.00}{V} \tag{28-1}$$

式中 10.00——移取EDTA标准溶液体积的数值,mL;

V——滴定时所用乙酸锌标准溶液体积数值,mL。

移取 40.00mL 氧化铝标准溶液于烧杯中，加 45mL EDTA 标准溶液，加水至 200mL，加 1 滴溴酚蓝指示剂溶液，用氨水溶液调至试液由黄变蓝，加热煮沸 5~10min，取下，冷却至室温，加 20mL 六次甲基四胺缓冲溶液，2~3 滴二甲酚橙指示剂溶液，以乙酸锌标准溶液滴定至试液由黄色变为紫红色为终点。重复测定三次，将回滴过量 EDTA 标准溶液所用乙酸锌标准溶液体积取平均值。

EDTA 标准溶液的浓度用物质的量浓度 $c(\text{EDTA})$ 计，数值以 mol/L 表示，按下式计算：

$$c(\text{EDTA})=\frac{V_1c}{V_2-V_3K} \quad (28\text{-}2)$$

式中　V_1——移取氧化铝标准溶液体积的数值，mL；

V_2——加入 EDTA 标准溶液体积的数值，mL；

V_3——回滴过量 EDTA 标准溶液所用乙酸锌标准溶液体积的平均值，mL；

c——氧化铝标准溶液浓度的数值，mol/L；

K——乙酸锌标准溶液换算成 EDTA 标准溶液的系数。

（4）氧化镁标准溶液[$c(\text{MgO})=0.025\text{mol/L}$]：称取 0.5039g 预先在 950~1000℃ 灼烧 1h，并于干燥器中冷却至室温的氧化镁（99.99%），置于 250mL 烧杯中，加少量水，盖上表面皿，由杯嘴慢慢加入 10mL 盐酸，加热煮沸溶解，冷至室温，移入 500mL 容量瓶中，用水稀释至刻度，摇匀。

（5）氧化镁标准溶液标定用 EDTA 标准溶液（0.025 mol/L）：用滴定管移取 3 份 25.00mL 氧化镁标准溶液，分别置于 400mL 烧杯中，加水至约 250mL，加 5mL 三乙醇胺溶液，搅拌后加 15mL 氨性溶液及少量铬黑 T 指示剂，用 EDTA 标准溶液滴定至溶液由红色变为纯蓝色为终点。当消耗 EDTA 标准溶液体积的极差不大于 0.05 时，计算其平均体积 V；否则，应重新标定。

EDTA 标准溶液的浓度按下列公式计算：

$$c(\text{EDTA})=\frac{c_1V_1}{V_2} \quad (28\text{-}3)$$

式中　c_1——氧化镁标准溶液浓度的数值，mol/L；

V_1——移取氧化镁标准溶液体积的数值，mL；

V_2——滴定 3 份氧化镁基准溶液所消耗 EDTA 标准溶液平均体积的数值，mL。

（6）氧化钙标准溶液（含 CaO 1.0mg/mL）：称取 1.7848g 已于 140℃ 烘 2h 的碳酸钙（基准试剂）于烧杯中，加约 50mL 水，盖上表面皿，从杯口滴入盐酸，微热使其溶解，再加热微沸 1~2min，取下，冷至室温，移入 1000mL 容量瓶中，用水稀释至刻度，摇匀。

（7）氧化钙标准溶液滴定用 EDTA 标准溶液（0.005mol/L）：称取 1.86gEDTA（乙二胺四乙酸二钠）于烧杯中，分次加水搅拌至全部溶解（必要时可稍加热），冷却，用水稀释至 1000mL，混匀。

标定：移取 10mL 氧化钙标准溶液（含 CaO 1.0mg/mL）于烧杯中，加约 10mL 水，5mL 三乙醇胺缓冲溶液，10mL 氢氧化钾溶液，约 0.04g 钙黄绿素-酚酞配合剂混合指示剂，立即以 EDTA 标准溶液滴定至试液由荧光绿色变为稳定的红色为终点。

EDTA 标准溶液的物质的量浓度 $c(\text{EDTA})$ 按下式计算：

$$c(\text{EDTA})=\frac{V_1c}{V-V_0} \quad (28\text{-}4)$$

式中　V_1——移取氧化钙标准溶液体积的数值，mL；

c——氧化钙标准溶液浓度的数值，mol/L；

V——滴定时所用 EDTA 标准溶液体积的数值，mL；

V_0——滴定空白时所用 EDTA 标准溶液体积的数值，mL。

（8）氧化钙标准溶液[$c(\text{CaO})=0.01\text{mol/L}$]：称取 1.0009g 预先在 105~110℃ 烘 2h 并于干燥器中冷却至室温的碳酸钙（99.99%），置于

400mL 烧杯中，加少量水，盖上表面皿，沿杯嘴慢慢加入 10mL 盐酸，加热溶解并煮沸，冷至室温，移入 1000mL 容量瓶中，用水稀释至刻度，摇匀。

(9) 氧化钙标准溶液滴定用 EDTA 标准溶液[c(EDTA)= 0.01mol/L]：称取乙二胺四乙酸二钠(EDTA) 3.72g 于烧杯中，加水加热溶解，冷却，用水稀释至 1000mL，混匀。

标定：用滴定管移取 3 份 25.00mL 氧化钙标准溶液，分别置于 400mL 烧杯中，加 3～4 滴氧化镁溶液，加水至约 250mL，加 5mL 三乙醇胺溶液，搅拌后加 20mL 氢氧化钠溶液及少量钙指示剂，用 EDTA 标准溶液滴定至溶液由红色变为纯蓝色为终点。当消耗 EDTA 标准溶液体积的极差不大于 0.10 时，计算其平均体积 V；否则，应重新标定。

EDTA 标准溶液的浓度按式 28-3 计算。

(10) 重铬酸钾标准溶液[$c(1/6\ K_2Cr_2O_7)$= 0.05mol/L]：称取 2.4515g 预先在 150～170℃ 烘 2h 并于干燥器中冷却至室温的重铬酸钾(99.99%)，溶于 500mL 水中，移入 1000mL 容量瓶中，用水稀释至刻度，摇匀。

(11) 硫酸亚铁铵标准溶液{$c[(NH_4)_2Fe(SO_4)_2]$ = 0.05mol/L}：称取 20g 硫酸亚铁铵[$FeSO_4 \cdot (NH_4)_2SO_4 \cdot 6H_2O$]，溶于含有 100mL 硫酸的水中，用水稀释至 1000mL，混匀，用时现标定。

标定：用滴定管移取 3 份 25.00mL 硫酸亚铁铵标准溶液，分别置于 400mL 烧杯中，加入 200mL 水、20mL 硫酸、15mL 硫酸-磷酸混合溶液、0.5mL 二苯胺磺酸钠溶液，立即用重铬酸钾标准溶液滴定至试液呈现稳定的紫红色即为终点，记下所消耗重铬酸钾标准溶液的体积。当消耗重铬酸钾标准溶液体积(mL)的极差不大于 0.10 时，计算其平均体积 V；否则，应重新标定。

用滴定管移取 5.00mL 硫酸亚铁铵标准溶液，置于 400mL 烧杯中，加入 200mL 水、20mL 硫酸、15mL 硫酸-磷酸混合溶液、0.5mL 二苯胺磺酸钠溶液，用 10mL 半微量滴定管立即以重铬酸钾标准溶液滴定至试液呈现稳定的紫红色即为终点。记下所消耗重铬酸钾标准溶液的体积(A)。

加入 5.00mL 硫酸亚铁铵标准溶液，用重铬酸钾标准溶液滴定至试液呈现稳定的紫红色即为终点。重复上述操作，直至所消耗的重铬酸钾标准溶液的体积为恒定值(B)时，则空白所消耗的重铬酸钾标准溶液的体积 V_0 为 A 值与 B 值之差。

硫酸亚铁铵标准溶液的浓度，按下列公式计算：

$$c[(NH_4)_2Fe(SO_4)_2] = \frac{c_1(V_1 - V_0)}{V_2} \tag{28-5}$$

式中 c_1——重铬酸钾标准溶液的浓度的数值，mol/L；

V_1——所消耗重铬酸钾标准溶液的平均体积的数值，mL；

V_0——滴定空白所用重铬酸钾标准溶液的体积的数值，mL；

V_2——移取硫酸亚铁铵标准溶液的体积的数值，mL。

(12) 氧化锆标准溶液(0.01mol/L)：称取 0.3081g 预先在 1000～1100℃ 灼烧 1h 并于干燥器中冷却至室温的氧化锆(99.99%)，均分至 3 个分别盛有 4g 混合熔剂铂坩埚中，混匀，再覆盖 1g 混合熔剂(2+1)，盖上坩埚盖，置于逐渐升温至 1000～1100℃ 的高温炉中，熔融 30min，取出，旋转坩埚使熔融物均匀附着于坩埚内壁，冷却。依次将 3 个坩埚放入盛有煮沸的 25mL 盐酸、50mL 水的 250mL 烧杯中，加热浸出熔融物至溶液清亮，用水洗出坩埚及盖，冷却至室温，移入 250mL 容量瓶中，用水稀释至刻度，摇匀。

(13) 氧化锆基准溶液滴定用 EDTA 标准溶液(0.015mol/L)：称取 5.58g EDTA 于 250mL 烧杯中，加水搅拌使其溶解(必要时可稍加热)，用水稀释至 1000mL，混匀。

标定：用滴定管移取 3 份 50mL 氧化锆基准溶液(0.01mol/L)，分别置于 200mL 烧杯中，补加 5mL 盐酸，加水至 100mL，加热煮沸，加 1 滴二甲酚橙作指示剂，用 EDTA 标准溶液滴定至试液由紫红色变为黄色，再加热煮沸，反复滴定至稳定的黄色即为终点。

EDTA 标准溶液的浓度按式 28-3 计算。

（14）盐酸标准溶液（0.1mol/L）：取 8.40mL 盐酸溶于水中，用水稀释至 1000mL。

（15）氢氧化钠标准溶液（0.05mol/L）：称取 2.00g 氢氧化钠溶于 1000mL 预先煮沸除去 CO_2 的冷却水中，置于塑料瓶中。加入氯化钡 0.1~0.2g，用橡皮塞塞紧，摇匀，静置。待碳酸钡沉淀后，将澄清后的清液移入另一塑料瓶中，此瓶带有两孔的橡皮塞，一孔插有装钠石棉的球形管，另一孔插有弯曲的玻璃管，此管在瓶内的一端离开瓶底 2~3cm，另一端套有弹簧夹的胶皮管。

氢氧化钠标准溶液（0.05 mol/L）的标定：准确称取苯二甲酸氢钾 0.4000~0.5000g 于 300mL 烧杯中，加入新煮沸过的冷却中性水 100mL，搅拌使其溶解，然后加入溴甲酚绿与甲基红混合指示剂 2~3 滴，用 0.05 mol/L 氢氧化钠标准溶液滴定至紫红色为终点。按下式计算氢氧化钠标准溶液的浓度。

$$c(\mathrm{NaOH}) = \frac{1000m}{204.2V} \qquad (28-6)$$

式中 $c(\mathrm{NaOH})$——氢氧化钠标准溶液的浓度，mol/L；

m——苯二甲酸氢钾的质量，g；

V——滴定时所耗氢氧化钠溶液的体积，mL。

（16）盐酸标准溶液（0.1mol/L）的标定：准确称取盐酸标准溶液（0.1mol/L）10.00mL 于 300mL 烧杯中，加 2 滴溴麝香草酚蓝与酚红混合指示剂，用氢氧化钠标准溶液（0.05mol/L）滴定至红色变成蓝紫色即为终点。按下式计算盐酸标准溶液的浓度。

$$c(\mathrm{HCl}) = \frac{c(\mathrm{NaOH})V(\mathrm{NaOH})}{V(\mathrm{HCl})} \qquad (28-7)$$

式中 $c(\mathrm{NaOH})$——氢氧化钠标准溶液的浓度，mol/L；

$c(\mathrm{HCl})$——盐酸标准溶液的浓度，mol/L；

$V(\mathrm{NaOH})$——滴定时所耗氢氧化钠标准溶液的体积，mL；

$V(\mathrm{HCl})$——滴定时所耗盐酸标准溶液的体积，mL。

0.1mol/L 盐酸标准溶液对氮化硅的滴定度 T 可按下式计算：

$$T = \frac{14c(\mathrm{HCl}) \times 2.5051}{1000} \qquad (28-8)$$

式中 $c(\mathrm{HCl})$——盐酸标准溶液的浓度，mol/L。

（17）二氧化硅标准溶液（含 SiO_2 0.5mg/mL）：称取 0.1000g 预先在 1000℃灼烧 2h 并冷至室温的二氧化硅（99.99%）于铂坩埚中，加入 2~3g 无水碳酸钠，盖上坩埚盖并稍留缝隙，置于 1000℃高温炉中熔融 5~10min，取出，冷却。置于盛有 100mL 沸水的聚四氟乙烯烧杯中，低温加热浸取熔块至溶液清亮，用热水洗出坩埚及盖，冷至室温。移入 200mL 容量瓶中，用水稀释至刻度，摇匀，贮存于塑料瓶中。

（18）二氧化硅标准溶液（含 SiO_2 0.005mg/mL）：用移液管移取 10.00mL 二氧化硅标准溶液（含 SiO_2 0.5mg/mL）于 1000mL 容量瓶中稀释至刻度，摇匀。

（19）二氧化硅标准贮存溶液（含 SiO_2 0.1mg/mL）：称取 0.1000g 预先在 1000℃灼烧 2h 并冷至室温的二氧化硅（99.99%）于铂坩埚中，加入 2~3g 无水碳酸钠，盖上坩埚盖并稍留缝隙，置于 1000℃高温炉中熔融 5~10min，取出，冷却。置于盛有 100mL 沸水的聚四氟乙烯烧杯中，低温加热浸取熔块至溶液清亮，用热水洗出坩埚及盖，冷至室温。移入 1000mL 容量瓶中，用水稀释至刻度，摇匀，贮存于塑料瓶中。

（20）氧化铁标准溶液（含 Fe_2O_3 1mg/mL）：称取 1.0000g 预先在 105~110℃烘 2h 并于干燥器中冷却至室温的氧化铁（99.99%），置于烧杯中，用少许水润湿，加入 40mL 盐酸（1+1），低温加热溶解至溶液清亮，冷至室温，移入 1000mL 容量瓶中，用水稀释至刻度，摇匀。

（21）氧化铁标准溶液（含 Fe_2O_3 0.1mg/mL）：用移液管移取 50mL 氧化铁标准溶液（含 Fe_2O_3 1mg/mL），置于 500mL 容量瓶中，用水稀释至刻度，摇匀。

(22)氧化铁标准溶液(含 Fe_2O_3 0.01mg/mL):用移液管移取 50mL 氧化铁标准溶液(21),置于 500mL 容量瓶中,用水稀释至刻度,摇匀。

(23)氧化铝标准溶液(含 Al_2O_3 0.5mg/mL):称取 0.2646g 金属铝(99.99%)置于聚四氟乙烯烧杯中,加 20mL 水及 3~5g 氢氧化钠,待溶解完全后,滴加盐酸(1+1)至沉淀出现再溶解,再过加 5mL,加热煮沸使溶液透明,冷至室温,移入 1000mL 容量瓶中,用水稀释至刻度,摇匀。

(24)氧化铝标准溶液(含 Al_2O_3 5μg/mL):用移液管移取 10mL 氧化铝标准溶液(含 Al_2O_3 0.5mg/mL),置于 1000mL 容量瓶中,加 5mL 盐酸(1+1),用水稀释至刻度,摇匀。

(25)二氧化钛标准溶液(含 TiO_2 0.1mg/mL):称取 0.1000g 预先在 1000℃灼烧 1h 并于干燥器中冷却至室温的二氧化钛(99.99%),置于铂坩埚中,加入 5~8g 焦硫酸钾,置于高温炉中,逐渐升温至 700~800℃熔融,熔融物用 200mL 硫酸(1+9)加热溶解,冷至室温后移入 1000mL 容量瓶中,用硫酸(5+95)稀释至刻度,摇匀。

(26)二氧化钛标准溶液(含 TiO_2 10μg/mL):用移液管移取 50mL 二氧化钛标准溶液(含 TiO_2 0.1mg/mL)置于 500mL 容量瓶中,用水稀释至刻度,摇匀。

(27)五氧化二磷标准溶液(含 P_2O_5 0.1mg/mL):称取 0.1918g 预先在 105~110℃烘干 2h 并于干燥器中冷却至室温的磷酸二氢钾(99.99%),置于烧杯中,加水溶解,移入 1000mL 容量瓶中,用水稀释至刻度,摇匀。

(28)五氧化二磷标准溶液(含 P_2O_5 10μg/mL):用移液管移取 100mL 五氧化二磷标准溶液(含 P_2O_5 0.1mg/mL),置于 1000mL 容量瓶中,用水稀释至刻度,摇匀。

(29)氟标准溶液(含氟 2.0mg/mL):称取在 100~105℃烘干 2h 的纯氟化钠 4.4202g,用水溶解,移入 1000mL 容量瓶中,用水稀释至刻度,摇匀。储存于塑料瓶中。所需其他稀浓度的氟标准溶液均由此溶液稀释而得。

28.1.3　常用耐火原料分析

28.1.3.1　碳化硅原料的分析[7]

碳化硅原料的参考标准是 GB/T 3045—2017《普通磨料　碳化硅化学分析方法》,该标准适用于碳化硅含量不小于 95%的磨料及结晶块的化学成分测定。杂质含量较多的碳化硅原料的碳化硅含量应采用 GB/T 3045—2017《普通磨料　碳化硅化学分析方法》中的间接法,也可参考 GB/T 16555—2017《含碳、碳化硅、氮化物耐火材料化学分析方法》中碳化硅的检测章节。

A　碳化硅的测定

(1)方法原理:试样经氢氟酸—硝酸—硫酸处理,使游离硅和二氧化硅生成挥发性的四氟化硅逸出,盐酸浸取使表面杂质溶解,测定残留物量即为碳化硅的含量。或由测定的总碳及游离碳的量计算而得。

(2)操作步骤:准确称取 1g 试样于铂皿中,加入氟酸、硝酸和硫酸置于低温电炉盘上蒸发至白烟冒尽,稍冷后,加盐酸于电炉盘上加热,用中速定量滤纸过滤,用稀盐酸洗涤铂皿及残留物,滤液及洗液收集于 250mL 容量瓶中,留作测氧化铁。将残留物及滤纸放入已灼烧至恒重的铂皿中,灰化滤纸后于 750℃灼烧至恒重,冷却,称量。

B　氧化铁的测定

移取上述滤液,用邻二氮杂菲光度法测定(见 28.2 节)。

28.1.3.2　白刚玉、铬刚玉、棕刚玉的分析[8,9]

白刚玉、铬刚玉和棕刚玉中的氧化铝测定,测定杂质含量后,以差减法求得氧化铝量。也可以采用 X-荧光分析法,见 28.2.1 节。

白刚玉中氧化铝的含量按下式计算:

$$w(Al_2O_3) = 100\% - [w(SiO_2) + w(Fe_2O_3) + w(Na_2O) + w(\text{灼减})] \qquad (28-9)$$

铬刚玉中氧化铝的含量按下式计算:

$$w(Al_2O_3) = 100\% - [w(SiO_2) + w(Fe_2O_3) + w(Na_2O) + w(Cr_2O_3) + w(\text{灼减})] \qquad (28-10)$$

棕刚玉中氧化铝的含量按下式计算：

$$w(Al_2O_3) = 100\% - [w(SiO_2) + w(Fe_2O_3) + w(TiO_2) + w(CaO) + w(MgO) + w(ZrO_2) + w(Na_2O) + w(Cr_2O_3) + w(\text{灼减})] \quad (28\text{-}11)$$

杂质的测定参见 GB/T 3043—2017《普通磨料　棕刚玉化学分析方法》，GB/T 3044—2020《白刚玉、铬刚玉　化学分析方法》，GB/T 34333—2017《耐火材料　电感耦合等离子体原子发射光谱(ICP-AES)分析方法》等相关标准方法的规定。

28.1.3.3　石墨的分析[10]

石墨化学分析的参考标准 GB/T 3521—2008《石墨化学分析方法》，通常检测水分、灰分、挥发分，通过计算间接得到固定碳含量。

A　水分的测定

(1)分析原理：试样在 105~110℃烘干至恒重，损失的质量即为水分。

(2)分析步骤：称取 1~2g 未经干燥的试样，放入已烘干至恒重的磨口称量瓶中，置于 105~110℃的烘箱中烘 1~2h，取出，加盖，置于干燥器中冷却至室温，称量，再放入烘箱中烘 30min，取出，冷却，称量。如此反复，直至恒重。

水分含量用 $w(H_2O)$ 表示，按式 28-12 计算：

$$w(H_2O) = \frac{m - m_1}{m} \quad (28\text{-}12)$$

式中　$w(H_2O)$——样品中水分的质量分数；

m——干燥前试样质量的数值，g；

m_1——干燥后试样质量的数值，g。

B　挥发分的测定

a　氮气保护法(仲裁法)

(1)方法提要：试样处于氮气流中，经高温灼烧，使其中的挥发性物质分解逸出，该灼烧失量即为挥发分的量。

(2)仪器设备及材料：

1)天平：感量 0.1mg。

2)热解炉：带气路系统的方管炉，工作温度(950±20)℃。

3)石英舟：装样量为 0.5~1g。

4)氮气：高纯氮(99.995%)可直接使用，纯氮(99.9%)需经净化后使用。

(3)分析步骤：称取 0.5~1.0g 试样于已恒重的石英舟置于托盘中，放入已升温至 950℃并已通入稳定氮气流(约 200mL/min)的热解炉炉口处，关上炉门，预热 1~2min，将托盘推入高温带，开始计时。灼烧 7min 后将托盘移至炉口，冷却约 2mim 后取出，置于干燥器中冷至室温，称量。挥发分的量用 w(挥发分)表示，按照式 28-13 计算。

$$w(\text{挥发分}) = \frac{m - m_1}{m} \times 100\% \quad (28\text{-}13)$$

式中　w(挥发分)——样品中挥发分的质量分数；

m——灼烧前试样的质量，g；

m_1——灼烧后试样的质量，g。

b　箱式高温炉法

称取 1g 试样品，将试样平铺于已恒重的坩埚底部，将坩埚盖上双盖，置于炉内，固定碳含量不小于 98%的样品，于 400℃下灼烧 1h，固定碳含量小于 98%的样品于 950℃灼烧 7min，样品入炉后应 3min 内升至 950℃。灼烧后，移入干燥器中冷至室温，称重。挥发分的量用 w(挥发分)表示，按照式 28-13 计算。

C　灰分的测定

称取 0.3~1g 样品，将试样平铺于已恒重的样舟，置于升温至 900~1000℃的热解炉内，预热 1min 推入高温带，引入氧气流或空气流，灼烧至无黑色斑点，移入干燥器中冷至室温，称量。再放入炉中灼烧 30min，冷却，称量，反复至恒重。灰分的量用 w(灰分)表示，按照式 28-14 计算。

$$w(\text{灰分}) = \frac{m_1}{m} \times 100\% \quad (28\text{-}14)$$

式中　w(灰分)——样品中灰分的质量分数；

m——灼烧前试样的质量，g；

m_1——灼烧后试样的质量，g。

D　固定碳的测定

总含量减去挥发分和灰分即得固定碳的含量。高、中、低碳石墨固定碳百分含量按式 28-15 计算：

w(固定碳) = 100% - w(灰分) - w(挥发分)　　(28-15)

高纯石墨固定碳百分含量按式 28-16 计算：

w(固定碳) = 100% - w(灰分)　　(28-16)

E　硫的测定

红外定硫，参见 28.2 节。

28.1.3.4　优质镁砂的分析

优质镁砂化学分析见标准 GB/T 5069—2015《镁铝系耐火材料化学分析方法》。杂质的测定可参照 GB/T 5069—2015《镁铝系耐火材料化学分析方法》及 28.2 节，测定杂质含量后，以差减法求氧化镁的含量。

$$w(\mathrm{MgO}) = 100\% - [w(\mathrm{SiO_2}) + w(\mathrm{Fe_2O_3}) + w(\mathrm{TiO_2}) + w(\mathrm{CaO}) + w(\mathrm{MnO}) + w(\mathrm{P_2O_5}) + w(\mathrm{Al_2O_3}) + w(\text{灼减})] \quad (28\text{-}17)$$

28.1.3.5　金属硅的分析

金属硅的杂质分析方法参考标准 GB/T 14849《工业硅化学分析方法》中的第 1~11 部分，主量硅含量的计算见产品标准 GB/T 2881—2014《工业硅》的规定，若样品中存在标准未规定的杂质，比如镁、氧、酸不溶物等，也应减去。耐火材料用低纯度的金属硅可参照标准 YB/T 4766—2019《耐火材料用工业硅中单质硅和二氧化硅的测定方法》。

纯金属硅的常规测定方法：称取 1.0000g 试样，置入 100mL 铂皿内，加入 0.5mL 硫酸(1+1)，20mL 氢氟酸，分次滴加硝酸(1+1)，直至试样大部分溶解，低温加热至试样完全溶解，取下铂皿，将铂皿放入(450±25)℃高温炉中，灼烧冒尽硫酸烟，取出冷至室温。加 5.0mL 盐酸(1+1)，25mL 水，低温加热至残渣完全溶解，过滤，滤液用 28.1.5.3 节、28.1.5.4 节、28.1.5.6 节的方法测定铁、铝、钙含量。

$$w(\mathrm{Si}) = 100\% - [w(\mathrm{Fe}) + w(\mathrm{Ca}) + w(\mathrm{Al}) + w(\text{残渣})] \quad (28\text{-}18)$$

28.1.4　黏土、高铝质耐火材料化学分析[2]

黏土、高铝质原料及其制品属于铝硅系材料，其主要分析项目是 Al_2O_3、SiO_2，其次是 Fe_2O_3、TiO_2、CaO、MgO、Na_2O、K_2O 等。灼烧减量为生料的必测项目。黏土、高铝质耐火材料分析参考标准 GB/T 6900《铝硅系耐火材料化学分析方法》。

28.1.4.1　灼烧减量的测定

(1)方法原理：试样在 1000~1100℃灼烧至恒重，其损失的质量为灼烧减量。

(2)分析步骤：在已恒重的瓷坩埚或铂坩埚内，称取 1.0000~2.0000g 试样，放入高温炉内，从室温开始逐渐升温至 1000~1100℃灼烧 1h，然后置于干燥器中，冷至室温，称量。如此反复操作(每次灼烧 15min)，直至恒重。

灼烧减量用 w(灼减)表示，按式 28-19 计算：

$$w(\text{灼减}) = \frac{m_1 - m_2}{m} \times 100\% \quad (28\text{-}19)$$

式中　w(灼减)——试样中灼烧减量的质量分数；

m_1——灼烧前试样与铂(或瓷)坩埚质量，g；

m_2——灼烧后试样与铂(或瓷)坩埚质量，g；

m——试样质量，g。

28.1.4.2　氧化铝的测定

A　强碱分离 EDTA 配合滴定法

(1)方法原理：试样用混合熔剂熔融，稀盐酸浸取，氢氧化钠分离铁、钛后(铁、钛与氢氧化钠生成相应的氢氧化物沉淀，可过滤除去)，铝呈铝酸钠状态进入溶液，加过量 EDTA 标准溶液，在弱酸性溶液中与铝配合，用二甲酚橙作指示剂，用乙酸锌标准溶液回滴过量的 EDTA，借以求得氧化铝的量。

(2)分析步骤：

1)称取 0.5000g 试样，置于盛有 3~4g 无水碳酸钠：硼酸(2+1)混合熔剂的铂坩埚中，混匀，再覆盖 1~2g 混合熔剂，盖上坩埚盖，并稍留缝隙，置于 800~900℃高温炉中，升温至 1000~1100℃熔融 5~15min，取出，旋转坩埚，使熔融物均匀附着于坩埚内壁，冷却后，将坩埚放入盛有煮沸的含30mL盐酸(1+1)和50mL水的烧杯中,加热浸出熔融物,用水洗出坩埚及盖,冷至室温,移入250mL容量瓶中,用水稀释至刻度,混匀。此试液为“待测试液A”(此溶液可供铁、钛、钙、镁测定用)。

2)移取50.00mL“待测试液A”于200mL容量瓶中,稀释至150mL左右,加1~2滴酚酞溶液(10g/L),用氢氧化钠溶液(500g/L)中和至试液恰呈红色后再过加8mL,在60~70℃水浴保温30min,取下,冷至室温,用水稀释至刻度,混匀,放置10min,用中速滤纸干过滤,滤液用干烧杯承接,弃去最初15~20mL滤液。

3)移取100.00mL滤液,加入20.00~40.00mL EDTA标准溶液(0.025mol/L)(视含量而定,一般过量5~10mL),用盐酸(1+1)中和溶液至红色消失,并过量使其酸化,加入1滴溴酚蓝指示剂溶液(1g/L),用氨水(1+1)调至溶液由黄变蓝,加热煮沸5~10min,取下,冷至室温,加20mL六次甲基四胺缓冲溶液(pH值为5.5),3~4滴二甲酚橙指示剂溶液(5g/L),以乙酸锌标准溶液滴定至试液由黄色变为紫红色为终点。

氧化铝的含量用w表示,按式28-20计算:

$$w=\frac{c[(V_1-V_2k)/1000]M_{Al_2O_3}}{2m}\times 100\% \tag{28-20}$$

式中　w——样品中氧化铝的质量分数;

c——EDTA标准溶液浓度的数值,mol/L;

V_1——加入EDTA标准溶液体积的数值,mL;

V_2——回滴过量EDTA标准溶液所用乙酸锌标准溶液体积的数值,mL;

$M_{Al_2O_3}$——单位物质的量Al_2O_3的质量,$M_{Al_2O_3}=101.961$g/mol;

k——乙酸锌标准滴定溶液换算成EDTA标准溶液的系数;

m——试料的质量的数值,g。

B　氟盐置换EDTA配合滴定法

(1)方法原理:试样用混合熔剂熔融,稀盐酸浸取。用苯羟乙酸(苦杏仁酸)掩蔽钛。在过量EDTA存在下,调pH值为3~4,加热使铝、铁等离子与EDTA配合,加入pH值为5.5的六次甲基四胺缓冲溶液,以二甲酚橙为指示剂,先用乙酸锌标准溶液滴定过量的EDTA,再用氟盐取代与铝配合的EDTA,最后用乙酸锌标准溶液滴定取代出的EDTA,求得氧化铝量。

(2)分析步骤:

1)称取0.5000g试样,置于盛有3~4g无水碳酸钠:硼酸(2+1)混合熔剂的铂坩埚中,混匀,再覆盖1~2g混合熔剂,盖上坩埚盖,并稍留缝隙,置于800~900℃高温炉中,升温至1000~1100℃熔融5~15min,取出,旋转坩埚,使熔融物均匀附着于坩埚内壁。冷却后,将坩埚放入盛有煮沸的含30mL盐酸(1+1)和50mL水的烧杯中,加热浸出熔融物,用水洗出坩埚及盖,冷至室温,移入250mL容量瓶中,用水稀释至刻度,混匀。此试液为“待测试液A”(此溶液可供铁、钛、钙、镁测定用)。

2)移取50.00mL“待测试液A”置于400mL烧杯中,再加水至约150mL。加10mL苯羟乙酸溶液(100g/L),搅拌后加足量EDTA溶液(10g/L),并过量5~10mL,加热至70~80℃,加2滴溴酚蓝溶液(1g/L),用氨水调至溶液刚呈蓝色,加热煮沸3~5min,取下冷至室温。

3)加15mL六次甲基四胺缓冲溶液(pH值为5.5),加3滴二甲酚橙溶液(5g/L),用乙酸锌标准溶液滴至试液由黄色变为红色为终点(不记读数)。

4)加10mL氟化铵溶液(100g/L),搅匀,煮沸3~5min,冷至室温,补加2滴二甲酚橙溶液(5g/L),用乙酸锌标准溶液(0.02mol/L)滴定至试液变为红色即为终点。

(3)分析结果的计算:氧化铝量用质量分数$w(Al_2O_3)$计,按式28-21计算:

$$w=\frac{c[(V_1-V_0)/1000]M_{Al_2O_3}}{2m}\times 100\% \tag{28-21}$$

式中　w——样品中氧化铝的质量分数;

V_1——滴定试液所消耗乙酸锌标准溶液体积的数值,mL;

V_0——滴定空白所消耗乙酸锌标准溶液

体积的数值,mL;

c——乙酸锌标准溶液浓度的准确数值,mol/L;

$M_{Al_2O_3}$——单位物质的量 Al_2O_3 的质量,$M_{Al_2O_3}$ = 101.961g/mol;

m——分取试料的质量的数值,g。

28.1.4.3 二氧化硅的测定

A 凝聚重量-钼蓝光度法

(1)方法原理:试样用碳酸钠-硼酸混合熔剂熔融,盐酸浸取,蒸至湿盐状,用聚氧化乙烯作凝聚剂凝聚硅酸,经过滤并灼烧成二氧化硅;然后用氢氟酸处理,使硅以四氟化硅的形式除去。氢氟酸处理前后的质量之差即为二氧化硅的主量。再用熔剂处理残渣,稀盐酸浸取,以钼蓝光度法测定滤液中残余的二氧化硅量,两者之和即为试样中二氧化硅的量。

(2)测定步骤:

1)称取 0.3000~0.5000g 试样,将试料置于盛有 4g 无水碳酸钠∶硼酸(2+1)混合熔剂的铂皿或铂坩埚中,混匀,置于 800~900℃ 高温炉中,升温至 1000~1100℃ 熔融 10~15min,待试样完全熔解。取出,旋转坩埚,使熔融物均匀附着于坩埚内壁,冷却后,将坩埚放入盛有煮沸的含 30mL 盐酸(1+1)和 50mL 水的烧杯中,加热浸出熔融物,用水洗出坩埚及盖,冷至室温。

2)加适量纸浆,搅匀,加 10.0mL 聚氧化乙烯溶液(0.5g/L),搅匀,放置 5min,用短颈漏斗、中速滤纸过滤,滤液用 250mL 容量瓶盛接。将沉淀全部转移到滤纸上,并用热盐酸(1+50)洗涤沉淀 2 次,再用热水洗至无氯离子[用硝酸银(10g/L)检查],此为滤液(b)。

3)将沉淀连同滤纸放到铂坩埚中,加 1 滴硫酸(1+1)放到 700℃ 以下高温炉中,敞开炉门低温灰化,待沉淀完全变白后,开始升温,升至 1000~1050℃ 后保温 1h 取出稍冷,即放入干燥器中,冷至室温,称量。重复灼烧(每次 15min),称量,直至恒重(m_1)(当两次称量的差值小于等于 0.4mg 时,即为恒重)。

4)加数滴水润湿沉淀,加 4 滴硫酸(1+1)、10mL 氢氟酸,低温蒸发至冒尽白烟。将坩埚置于 1000~1050℃ 高温炉中灼烧 15min 取出稍冷,即放入干燥器中,冷至室温,称量。重复灼烧(每次 15min),称量,直至恒重(m_2)。

5)加约 1g 无水碳酸钠∶硼酸(2+1)混合熔剂到灼烧后的坩埚中,置于 1000~1050℃ 高温炉中熔融 5min,取出冷却。加 5mL 盐酸(1+1)浸取,合并到原滤液(b)中,用水稀释到刻度,摇匀。此溶液为试液 A,用于测定残余二氧化硅、氧化铝、氧化铁和二氧化钛。

6)用移液管移取 10mL 试液 A 于 100mL 容量瓶中,加入 10mL 水、5mL 钼酸铵溶液(50g/L),摇匀,于室温下放置 20min(室温低于 15℃ 则在约 30℃ 的温水浴中进行)。

7)以下操作参见仪器分析 28.2.6.5。

(3)分析结果的计算:二氧化硅量用质量分数 $w(SiO_2)$ 计,按下列公式计算:

$$w(SiO_2) = \frac{m_1 - m_2 + m_3(V/V_1) - (m_4 - m_5)}{m} \times 100\% \qquad (28\text{-}22)$$

式中 $w(SiO_2)$——样品中二氧化硅的质量分数;

m_1——氢氟酸处理前沉淀与坩埚质量的数值,g;

m_2——氢氟酸处理后沉淀与坩埚质量的数值,g;

m_3——由工作曲线查得二氧化硅量的数值,g;

m_4——氢氟酸处理前空白与坩埚质量的数值,g;

m_5——氢氟酸处理后空白与坩埚质量的数值,g;

V_1——分取试液体积的数值,mL;

V——试液总体积的数值,mL;

m——试料质量的数值,g。

B 钼蓝光度法

钼蓝光度法($w(SiO_2) < 10\%$),参见 28.2 节。

28.1.4.4 氧化铁的测定

(1)邻二氮杂菲光度法,参见 28.2.6.1 节。

(2)原子吸收分光光度法,参见 28.2.2 节。

28.1.4.5 二氧化钛的测定

二氧化钛的测定(过氧化氢光度法),参见28.2.6.3节。

28.1.4.6 氧化钙的测定

(1)EDTA配合滴定法,参见28.1.6.2节。

(2)原子吸收分光光度法,参见28.2.2节。

28.1.4.7 氧化镁的测定

氧化镁的测定用原子吸收分光光度法,参见28.2.2节。

28.1.4.8 氧化钾、氧化钠的测定

(1)火焰光度法,参见28.2.7节。

(2)原子吸收分光光度法,参见28.2.2节。

28.1.4.9 氧化锰的测定

原子吸收分光光度法,参见28.2.2节。

28.1.4.10 五氧化二磷的测定

钼蓝光度法,参见28.2.6.4节。

28.1.5 硅质耐火材料的分析[3]

硅质耐火材料的分析项目主要是SiO_2,其次是Fe_2O_3、Al_2O_3、CaO、MgO。全分析时包括灼烧减量。特殊情况下,还要求分析TiO_2、K_2O和Na_2O。硅质耐火材料的分析见标准GB/T 6901—2017《硅质耐火材料化学分析方法》。

28.1.5.1 灼烧减量的测定

方法原理和分析步骤同28.1.4.1节。

28.1.5.2 二氧化硅的测定

A 氢氟酸重量法(本方法适用于SiO_2含量大于95%的试样)

(1)方法原理:试样经灼烧至恒重后,用氢氟酸、硝酸溶解,蒸干挥散除硅(二氧化硅生成四氟化硅气体),再以硝酸赶氟。于1000~1100℃灼烧至恒重。两次称量之差,即为二氧化硅的质量。

(2)分析步骤:称取0.5000g试样,按做灼减的方法处理试样后,将坩埚置于通风橱内,沿坩埚壁缓缓加入3mL硝酸、7mL氢氟酸,加盖并稍留缝隙,置于低温电炉上,在不沸腾的情况下,加热约30min(此时试液应清澈)。用少量水洗净坩埚盖,去盖,继续加热蒸干。取下冷却,再加5mL硝酸、10mL氢氟酸重新蒸发至干。

沿坩埚壁缓缓加入5mL硝酸蒸发至干,同样再用硝酸处理两次,然后升温至冒尽黄烟。将坩埚置于高温炉内,初以低温,然后升温至1000~1100℃灼烧30min,取出,稍冷,放入干燥器中冷至室温,称量。重复灼烧(每次15min),称量,直至恒重(两次灼烧称量的差值不大于0.2mg即为恒重)。

二氧化硅的含量用$w(SiO_2)$表示,按式28-23计算:

$$w(SiO_2)=\frac{(m_1-m_2)-(m_3-m_4)}{m}\times 100\% \tag{28-23}$$

式中 $w(SiO_2)$——试样中二氧化硅的质量分数;

m_1——试料与坩埚灼烧后质量的数值,g;

m_2——氢氟酸处理并灼烧后残渣与铂坩埚质量的数值,g;

m_3——试剂空白与铂坩埚质量的数值,g;

m_4——测定试剂空白用铂坩埚质量的数值,g;

m——试料质量的数值,g。

B 凝聚重量—钼蓝光度比色法

(1)方法原理同28.1.4.3节;

(2)分析步骤:称取0.2500g试样,其他同28.1.4.3节。

28.1.5.3 氧化铁的测定

(1)邻二氮杂菲光度法,参见28.2节。

(2)原子吸收分光光度法,参见28.2节。

28.1.5.4 氧化铝的测定

A 氟盐置换EDTA容量法

(1)方法原理:试样用硫酸-氢氟酸除硅,混合熔剂熔融,稀盐酸浸取。钛用苯羟乙酸掩蔽。在过量EDTA存在下,调pH值为3~4,加热使铝、铁等离子与EDTA配合,加入pH值为5.5的六次甲基四胺缓冲溶液。以二甲酚橙为指示剂,先用乙酸锌标准溶液滴定过量的EDTA,再用氟盐取代与铝配合的EDTA,最后用乙酸锌标准溶液滴定取代出的 EDTA,求得氧化铝量。

(2)分析步骤:称取 0.10g 试样,将试料置于铂坩埚中,用几滴水润湿试料,加 8~10mL 氢氟酸、4 滴硫酸,置于电炉上加热,直至冒尽白烟。以下操作同 28.1.4.2 节中的(2)。

B 铬天青 S 光度法

参见 28.2 节。

28.1.5.5 二氧化钛的测定

二安替比林甲烷光度法,参见 28.2 节。

28.1.5.6 氧化钙的测定

(1)EDTA 配合滴定法:称取 0.10g 试样,将试料置于铂坩埚中,用几滴水润湿试料,加 8~10mL 氢氟酸、4 滴硫酸,置于电炉上加热,直至冒尽白烟。以下操作同 28.1.6.2。

(2)原子吸收光谱法,参见 28.2 节。

28.1.5.7 氧化镁的测定

(1)EDTA 配合滴定法;参见 28.1.6.3 节。

(2)原子吸收光谱法,参见 28.2 节。

28.1.5.8 氧化钾、氧化钠的测定

(1)火焰光度法,参见 28.2 节。

(2)原子吸收分光光度法,参见 28.2 节。

28.1.5.9 氧化锰的测定

原子吸收分光光度法,参见 28.2 节。

28.1.6 镁(镁铝)质及白云石质耐火材料的分析[4]

镁质及白云石质耐火材料的分析见标准 GB/T 5069—2015《镁铝系耐火材料化学分析方法》,分析项目主要是 CaO、MgO,其次是 SiO_2、Fe_2O_3,全分析时包括灼烧减量。由于镁铝质铝、钛含量较高,还要求分析 Al_2O_3、TiO_2。

28.1.6.1 灼烧减量的测定

方法原理和分析步骤同 28.1.4.1 节。

28.1.6.2 氧化钙的测定

A EDTA 配合滴定法

(1)方法原理:试样用混合熔剂熔融,稀盐酸浸取,用氨水分离铝、铁、钛等,取部分滤液,用三乙醇胺掩蔽干扰,加氢氧化钠使试液 pH 值约为 13,以钙指示剂指示,用 EDTA 标准溶液滴定氧化钙量。

(2)分析步骤:

1)称取 0.500g 试样,置于盛有 3~4g 无水碳酸钠:硼酸(2+1)混合熔剂的铂坩埚中,混匀,再覆盖 1g 混合熔剂,盖上坩埚盖并稍留缝隙,置于 800~900℃ 高温炉中,升温至 1000~1100℃ 熔融 15~30min,取出,旋转坩埚,使熔融物均匀附着于坩埚内壁,冷却。置于盛有 30mL 盐酸和 60mL 水的烧杯中,盖上表面皿,加热浸出熔融物至溶液清亮,用热稀盐酸洗出坩埚及盖,冷却后,移入 250mL 容量瓶中,稀释至刻度,摇匀。此为"待测试液 A"供测硅、铁、钛、钙、镁用。

2)移取 100.00mL"待测试液 A"于 200mL 烧杯中,加 50mL 水,10mL 饱和氯化铵溶液,加热煮沸,加 1~2 滴甲基红(1g/L)指示剂,在搅拌下加氨水至溶液呈黄色后,过加 1~2 滴,加热至刚沸,取下,静置片刻,待沉淀后立即用快速或中速滤纸过滤于 250mL 容量瓶中,用热硝酸铵溶液充分洗涤烧杯及沉淀,冷至室温,用水稀释至刻度,摇匀。

3)移取 100.00mL 分离后的试液于 400mL 烧杯中,加水至约 250mL,加 5mL 三乙醇胺(1+10),20mL 氢氧化钠溶液(200g/L)及少量钙指示剂,用 EDTA 标准溶液 0.015mol/L(对白云石质可采用 0.025mol/LDETA 标准溶液)滴定至溶液由红色变为纯蓝色即为终点。

氧化钙的含量用 $w(\mathrm{CaO})$ 表示,按式 28-24 计算:

$$w(\mathrm{CaO}) = \frac{c[(V_1 - V_0)/1000]M_{\mathrm{CaO}}}{m} \times 100\% \tag{28-24}$$

式中 $w(\mathrm{CaO})$——试样中氧化钙的质量分数;

V_1——滴定试液所消耗 EDTA 标准溶液的体积,mL;

V_0——滴定空白试液所消耗 EDTA 标准溶液的体积,mL;

c——EDTA 标准溶液的浓度的准确数值,mol/L;

M_{CaO}——单位物质的量 CaO 的质量,M_{CaO} 为 56.079g/moL;

m——分取试料的质量的数值,g。

B 原子吸收光谱法

原子吸收光谱法参见28.2节。

28.1.6.3 氧化镁的测定

(1)方法原理:试样用混合熔剂熔融,稀盐酸浸取,用氨水分离铝、铁、钛等,取部分滤液,用三乙醇胺掩蔽干扰,加氨性缓冲溶液(pH值为10),以铬黑T指示,用EDTA标准溶液滴定氧化钙、氧化镁合量。

(2)分析步骤:用移液管移取100.00mL 28.1.6.2节A中的(2)1)的"待测试液A",置于400mL烧杯中,加水至约250mL,加5mL三乙醇胺溶液(1+10),搅拌后加15mL氨性缓冲溶液(pH值为10)及少许铬黑T指示剂,用EDTA标准溶液(0.015mol/L)滴定至试液由红色变为蓝色即为终点。

氧化镁的含量用$w(\mathrm{MgO})$表示,按式28-25计算:

$$w(\mathrm{MgO}) = \frac{c[(V_1 - V_0)/1000]M_{\mathrm{MgO}}}{m} - w(\mathrm{CaO}) \times 0.7187 \times 100\% \quad (28\text{-}25)$$

式中 $w(\mathrm{MgO})$——试样中氧化镁的质量分数;

V_1——滴定钙镁合量所消耗的EDTA标准溶液的体积,mL;

V_0——滴定空白所消耗的EDTA标准溶液的体积,mL;

c——EDTA标准溶液的浓度的准确数值,mol/L;

m——分取试料的质量的数值,g;

M_{MgO}——单位物质的量MgO的质量,$M_{\mathrm{MgO}}=40.311\mathrm{g/mol}$。

28.1.6.4 二氧化硅的测定

钼蓝光度比色法,参见28.2节。

28.1.6.5 氧化铝的测定

(1)氟盐置换EDTA容量法,方法原理及操作步骤28.1.4.2 B。

(2)铬天青S比色法,参见28.2节。

28.1.6.6 氧化铁的测定

(1)邻二氮杂菲光度法,参见28.2节。

(2)原子吸收分光光度法,参见28.2节。

28.1.6.7 二氧化钛的测定

二安替比林法,参见28.2节。

28.1.6.8 氧化钾、氧化钠的测定

(1)火焰光度法,参见28.2节。

(2)原子吸收分光光度法,参见28.2节。

28.1.6.9 氧化锰的测定

原子吸收分光光度法,参见28.2节。

28.1.7 含铬质耐火材料的分析[5]

含铬耐火材料化学分析见标准GB/T 5070—2015《含铬耐火材料化学分析方法》,包括以铬铁矿为主要原料,以镁铬质、高铬砖等为代表的含铬质耐火材料的分析。其主要分析项目是Cr_2O_3、MgO、Al_2O_3、Fe_2O_3,其次是SiO、CaO、TiO_2、灼烧减量及K_2O、Na_2O等。

28.1.7.1 灼烧减量的测定

方法原理和分析步骤同28.1.4.1节。

28.1.7.2 三氧化二铬的分析

A 方法原理

试样用碳酸钠-硼酸混合熔剂熔融,稀硫酸浸取,在硝酸银存在下,用过硫酸铵将铬氧化,加入过量的硫酸亚铁铵标准溶液,以二苯胺磺酸钠作指示剂,用重铬酸钾基准溶液滴定至终点。

B 分析步骤

(1)称取0.10g试样,放入盛有4g无水碳酸钠:硼酸(2+1)混合熔剂的铂坩埚中,混匀,再覆盖1g混合熔剂,盖上坩埚盖,置于逐渐升温至1000~1100℃的高温炉中,待试样完全熔解,旋转坩埚使熔融物均匀附着于坩埚内壁,冷却。放入盛有煮沸的20mL硫酸(1+1)、50mL水的400mL烧杯中,加热浸出熔融物至溶液清亮,用水洗出坩埚及盖,加水至约200mL。

(2)加入5mL硝酸银溶液(10g/L)、1mL硫酸锰溶液(10g/L),加热煮沸,分次加入10mL过硫酸铵溶液(250g/L),待溶液呈现紫红色再煮沸5~10min,加入氯化钠溶液(100g/L),煮沸至溶液的紫红色消失,取下,冷至室温。加入15mL硫酸-磷酸混合溶液,滴加硫酸亚铁铵标准溶液$c[(NH_4)_2Fe(SO_4)_2]=0.05\mathrm{mol/L}$至试液的黄色消失，并过加 15.00mL。加入 0.5mL 二苯胺磺酸钠溶液（1g/L），立即用重铬酸钾基准溶液 $c(1/6K_2Cr_2O_7)=0.05mol/L$ 滴定至试液呈现稳定的紫红色即为终点。

（3）空白的测定：将 5g 无水碳酸钠：硼酸（2+1）混合熔剂放入铂坩埚中，盖上坩埚盖，置于逐渐升温至 1000～1100℃ 的高温炉中，熔融 5min，取出，旋转坩埚使熔融物均匀附着于坩埚内壁，冷却。放入盛有煮沸的 20mL 硫酸、50mL 水的烧杯中，加热浸出熔融物至溶液清亮，用水洗出坩埚及盖，加水至约 200mL。加入 5mL 硝酸银溶液（10g/L）、1mL 硫酸锰溶液（10g/L），加热煮沸，分次加入 10mL 过硫酸铵溶液（250g/L），待溶液呈现紫红色再煮沸 5～10min，加入氯化钠溶液（100g/L），煮沸至溶液的紫红色消失，取下，冷至室温。

（4）加入 5.00mL 硫酸亚铁铵标准溶液 $c[(NH_4)_2Fe(SO_4)_2]=0.05mol/L$、15mL 硫酸-磷酸混合溶液及 0.5mL 二苯胺磺酸钠溶液（1g/L），用 10mL 半微量滴定管，立即以重铬酸钾基准溶液 $c(1/6\ K_2Cr_2O_7)=0.05mol/L$ 滴定至试液呈现稳定的紫红色。记下读数（c）。加入 5.00mL 硫酸亚铁铵标准溶液 $c[(NH_4)_2Fe(SO_4)_2]=0.05mol/L$，用重铬酸钾基准溶液 $c(1/6\ K_2Cr_2O_7)=0.05mol/L$ 滴定至试液呈现稳定的紫红色即为终点。

（5）加入 5.00mL 硫酸亚铁铵标准溶液 $c[(NH_4)_2Fe(SO_4)_2]=0.05mol/L$，用重铬酸钾基准溶液 $c(1/6\ K_2Cr_2O_7)=0.05mol/L$ 滴定至试液呈现稳定的紫红色即为终点。直至所消耗的重铬酸钾基准溶液的毫升数为稳定值（D）时，则空白试液所消耗的重铬酸钾基准溶液的体积 V_0 为 c 值与 D 值之差。

三氧化二铬的含量按下列公式计算：

$$w(Cr_2O_3)=\frac{[c_2V_1/1000-c_1(V_2-V_0)/1000]M_{Cr_2O_3}}{6m}\times 100\% \quad (28\text{-}26)$$

式中 $w(Cr_2O_3)$——试样中三氧化二铬的质量分数；

V_1——加入硫酸亚铁铵标准溶液的体积，mL；

V_2——滴定过量硫酸亚铁铵所用重铬酸钾标准溶液的体积，mL；

V_0——空白试液所用重铬酸钾标准溶液的体积，mL；

c_1——重铬酸钾标准溶液的浓度，mol/L；

c_2——硫酸亚铁铵标准溶液的准确浓度，mol/L；

m——试料的质量，g。

$M_{Cr_2O_3}$——单位物质的量 Cr_2O_3 的质量，$M_{Cr_2O_3}=151.992g/mol$。

28.1.7.3 二氧化硅的测定

（1）凝聚重量—钼蓝光度比色法，方法原理及操作步骤同 28.1.4.3 节中的（1）。

（2）钼蓝光度法，参见 28.2 节。

28.1.7.4 氧化钙的测定

A EDTA 配合滴定法

（1）方法原理：试样用碳酸钠-硼酸混合熔剂熔融，稀盐酸浸取，用乙醇还原高价铬，以六次甲基四胺二次分离铁、铝、铬、钛等。取部分滤液，用三乙醇胺掩蔽干扰元素，加氢氧化钠使试液 pH 值约为 13，以钙指示剂指示，用 EDTA 标准溶液滴定氧化钙量。

（2）分析步骤：

1）称取 0.20g 试样，置于盛有 3～4g 无水碳酸钠：硼酸（2+1）混合熔剂的铂坩埚中，混匀，再覆盖 1g 混合熔剂，盖上坩埚盖并稍留缝隙，置于 800～900℃ 高温炉中，升温至 1000～1100℃熔融 15～30min，取出，旋转坩埚，使熔融物均匀附着于坩埚内壁，冷却。置于盛有 30mL 盐酸（1+1）、60mL 水的烧杯中，盖上表面皿，加热浸出熔融物至溶液清亮，用热稀盐酸洗出坩埚及盖，加 20mL 乙醇，煮沸 5min，冷至室温。

2）向溶液中投入一小块刚果红试纸用氢氧化钾溶液（300g/L）中和大部分酸（刚果红试纸变为蓝紫色），加六次甲基四胺溶液（300g/L）至沉淀刚出现（刚果红试纸呈红色），过量 20mL，在约 70℃ 保温 5～10min。

3）氢氧化物沉淀用中速定性滤纸过滤，用

热稀六次甲基四胺溶液(10g/L)洗烧杯2~3次,沉淀5~6次,滤液用500mL容量瓶承接。打开滤纸将其贴于原烧杯壁上,以10mL盐酸(1+1)将沉淀溶解,用热的稀盐酸(2+98)将滤纸冲洗干净,用水稀释至体积约150mL,溶液煮沸,取下,冷至室温。

4)用氢氧化钾溶液(300g/L)中和大部分酸,再加六次甲基四胺溶液(300g/L)至沉淀产生,过量15mL,在约70℃保温10min。再次用中速滤纸过滤,洗涤,两次滤液合并。冷至室温,用水稀释至刻度,摇匀。此溶液为试液A(该试液可供钙、镁分析之用)。

5)用移液管移取100.00mL试液A,置于400mL烧杯中,加水至250mL,加5mL三乙醇胺(1+10),搅拌后加20mL氢氧化钠溶液(200g/L)及少量钙指示剂,用EDTA标准溶液(0.010mol/L)滴定至试液由红色变为纯蓝色即为终点。

氧化钙的含量按式28-24计算。

B 原子吸收分光光度法

参见28.2节。

28.1.7.5 氧化镁的测定

(1)方法原理:试样用碳酸钠-硼酸混合熔剂熔融,稀盐酸浸取,用乙醇还原高价铬,以六次甲基四胺二次分离铁、铝、铬、钛等。取部分滤液,用三乙醇胺掩蔽干扰元素,加氨性缓冲溶液(pH值为10),以铬黑T指示,用EDTA标准溶液滴定氧化钙、氧化镁合量,计算出氧化镁量。

(2)分析步骤:用移液管移取100.00mL[参见28.1.7.4节中的A(2)4)]的试液A,置于400mL烧杯中,加水至约250mL,加5mL三乙醇胺溶液(1+10),搅拌后加15mL氨性缓冲溶液(pH值为10)及少许铬黑T指示剂,用EDTA标准溶液(0.025 moL/L)滴定至试液由红色变为蓝色即为终点。

氧化镁的含量按式28-25计算。

28.1.7.6 氧化铝的测定

氧化铝的测定采用氟盐置换EDTA容量法。

(1)方法原理:试样用碳酸钠-硼酸混合熔剂熔融,稀盐酸浸取,经717强碱性阴离子交换树脂静态交换,铬(Ⅵ)以$Cr_2O_7^{2-}$形式吸附于树脂上,过滤后被分离。钛用苦杏仁酸掩蔽。在过量EDTA存在下,调pH值为3~4,加热使铝、铁等离子与EDTA配合,加入pH值为5.5的六次甲基四胺缓冲溶液,以二甲酚橙为指示剂,先用乙酸锌标准溶液滴定过量的EDTA,再用氟盐取代与铝配合的EDTA,最后用乙酸锌标准溶液滴定取代出的EDTA,求得氧化铝量。

(2)分析步骤:称取0.25g试样,放入盛有4g无水碳酸钠:硼酸(2+1)混合熔剂的铂坩埚中,混匀,再覆盖1g混合熔剂,盖上坩埚盖,置于逐渐升温至1000~1100℃的高温炉中熔融15~30min,取出,旋转坩埚使熔融物均匀附着于坩埚内壁,冷却。放入盛有煮沸的含10mL硫酸(1+1)和100mL水的250mL烧杯中,加热浸出熔融物至溶液清亮,用水洗出坩埚及盖,冷至室温,用水稀释至约150mL。加入10~15g 717强碱性阴离子交换树脂,搅拌3~5min,立即过滤,滤液承接于250mL容量瓶中,用硫酸(0.5+99.5)洗烧杯3次,洗树脂8~10次,然后用水稀释至刻度,摇匀。此滤液作为试液B,供测Al_2O_3、Fe_2O_3、TiO_2之用。以下按28.1.4.2节中的B(2)2)操作。

28.1.7.7 氧化铁的测定

(1)邻二氮杂菲光度法,参见28.2节。

(2)原子吸收分光光度法,参见28.2节。

28.1.7.8 二氧化钛的测定

二安替比林法,参见28.2节。

28.1.7.9 氧化钾、氧化钠的测定

(1)火焰光度法,参见28.2节。

(2)原子吸收分光光度法,参见28.2节。

28.1.7.10 氧化锰的测定

原子吸收分光光度法,参见28.2节。

28.1.8 稳定氧化锆及含锆质耐火材料的分析[6]

纯氧化锆的晶型转变带来较大的体积膨胀,不能直接当作耐火材料来使用。目前主要有用氧化钙、氧化镁和三氧化二钇稳定的氧化锆。含锆耐火材料主要是以锆英石或斜锆石等矿物为原料制成的硅酸铝锆耐火材料。稳定氧化锆主要分析项目是 ZrO_2、CaO、MgO、和 Y_2O_3。含锆耐火材料主要分析项目是 ZrO_2、SiO_2、Al_2O_3，其次是 CaO、MgO、Fe_2O_3、TiO_2。锆质材料分析方法见 GB/T 4984—2007《含锆耐火材料化学分析方法》，杂质测定也可参考 GB/T 34333—2017《耐火材料　电感耦合等离子体原子发射光谱(ICP-AES)分析方法》。

28.1.8.1　氧化锆的测定

A　EDTA 配合滴定法

(1)方法原理：试样用碳酸钠-硼酸混合熔剂熔融，稀盐酸浸取，锆呈氧氯化锆进入溶液，锆氧离子二甲酚橙形成红色配合物，在 1.0~1.2mol/L 盐酸酸度下，于近沸温度，用 EDTA 标准溶液滴定至试液由紫红色变为稳定的黄色即为终点。

(2)分析步骤：

1)称取 0.25g 试样放入盛有 4g 无水碳酸钠∶硼酸(2+1)混合熔剂的铂坩埚中(若试样含磷应先将试样放入盛有 2g 无水碳酸钠的铂坩埚中，混匀，盖上坩埚盖，置于 800~900℃ 高温炉中，逐渐升温至 1000~1100℃，熔融 10~20min，取出，用水浸取，中速滤纸过滤，用水洗涤 5~6 次，将不熔残渣连同滤纸放到原坩埚中，低温灰化)，混匀，再覆盖 1g 混合熔剂，盖上坩埚盖并稍留缝隙，置于 800~900℃ 高温炉中，逐渐升温至 1000~1100℃，熔融 20~30min，取出，旋转坩埚使熔融物均匀附着于坩埚内壁，冷却。放入盛有煮沸的 20mL 盐酸、50mL 水的 200mL 烧杯中，加热浸出熔融物至溶液清亮，用水洗出坩埚及盖，冷却至室温，移入 250mL 容量瓶中，用水稀释至刻度，摇匀，此为“待测试液 A”。

2)用移液管移取 100mL“试液 A”，置于 200mL 烧杯中，加热煮沸，加 1 滴二甲酚橙(5g/L)，用 EDTA 标准溶液(0.015 mol/L)滴定至试液由紫红色变为黄色，再加热煮沸，反复滴定至稳定的黄色即为终点。

氧化锆含量按下式计算：

$$w(ZrO_2) = \frac{c[(V_1 - V_0)/1000]M_{ZrO_2}}{m} \times 100\% \tag{28-27}$$

式中　$w(ZrO_2)$——试样中氧化锆的质量分数；

V_1——滴定试液所消耗 EDTA 标准溶液的体积，mL；

V_0——滴定空白试液所消耗 EDTA 标准溶液的体积，mL；

c——EDTA 标准溶液浓度的准确数值，mol/L；

m——分取试料质量的数值，g；

M_{ZrO_2}——单位物质的量 ZrO_2 的质量，M_{ZrO_2} = 123.222g/mol。

B　苯羟乙酸(苦杏仁酸)重量法

(1)方法原理：试样用氟化氢钾熔融，加入硫酸冒烟赶尽氟后，用氨水分离碱金属硫酸盐，沉淀用盐酸溶解，于 2mol/L 的热盐酸介质中，加入苯羟乙酸使其生成苯羟乙酸锆(铪)白色絮状沉淀，保温陈化后，转变为晶形沉淀，于 950℃ 灼烧，以氧化物形式称量。

(2)分析步骤：

1)称取 0.20g 试样置于铂皿中，覆盖 2~3g 氟化氢钾，于电炉上加热至熔融物完全固化后，立即移入 900℃ 高温炉中熔融 3~5min，取出，冷却。加入 10mL 硫酸(1+1)，低温加热待反应停止后，提高温度蒸发至冒浓白烟 5min，取下冷却，用少许水吹洗皿壁，继续加热至冒浓白烟 5~20min 以赶尽氟离子，取下，冷却。

2)加入 20mL 盐酸(1+1)加热溶解，用热水移入盛有 2g 氯化铵的 300mL 烧杯中，并稀释至 150mL，加热至 50~60℃。加 2 滴甲基红(1g/L)指示剂，用氨水中和至试液呈黄色并过加 10 滴，加热煮沸 1~2min，取下。待沉淀沉降后趁热用中速定量滤纸过滤，用热氯化铵溶液(20g/L)洗烧杯及沉淀 5~6 次。

3)将沉淀连同滤纸放回原烧杯中，加入 40mL 盐酸(1+1)，加热溶解沉淀并捣碎滤纸，加水至试液体积约 80mL，将烧杯置于约 85℃ 恒温水浴中，边搅拌边缓缓加入 40mL 苯羟乙酸溶液(100g/L),保温30min,并不时搅拌,取出,静置1h。

用慢速定量滤纸过滤,用苯羟乙酸溶液将沉淀转移到滤纸上,洗净烧杯,洗涤沉淀10次,最后用乙醇洗沉淀2次,待滤干后,将沉淀连同滤纸置于已恒重(两次灼烧称量的差值不大于0.2mg)的坩埚中,烘干,灰化,于950℃高温炉中灼烧30~45min,取出稍冷,即放入干燥器中,冷至室温,称量。重复灼烧(每次15min),称量,直至恒重(两次灼烧称量的差值不大于0.4mg,即为恒重)。

氧化锆(铪)含量按下式计算:

$$w = \frac{m_1 - m_0}{m} \times 100\% \qquad (28\text{-}28)$$

式中　w——试样中氧化锆的质量分数;

m_1——沉淀质量的数值,g;

m_0——空白质量的数值,g;

m——试料质量的数值,g。

由于锆、铪化学性质十分接近,铪具有锆一切的化学反应,上述两种方法测得的是氧化锆和氧化铪的合量,准确区分氧化铪和氧锆含量可以采用X-荧光法和等离子发射光谱法。

28.1.8.2　氧化钙和氧化镁的测定

A　EDTA配合滴定法

移取28.1.8.1节中的A"待测试液A"100mL,用水稀释至150mL后,用甲基红作指示剂,用氨水中和至试液呈黄色并过加5滴,煮沸后静置片刻,用快速定量滤纸过滤,滤液以250mL容量瓶承接,稀释至刻度,摇匀。以下按28.1.6.2节和28.1.6.3节分别测定氧化钙和氧化镁。

B　原子吸收分光光度法

原子吸收分光光度法见28.2.2节。

28.1.8.3　二氧化硅的测定

A　凝聚重量-钼蓝光度法(SiO_2大于8%)

(1)方法原理同28.1.4.3二氧化硅的测定。

(2)分析步骤:称取0.2500g试样,其他同28.1.4.3节。

B　钼蓝光度法(SiO_2小于8%)

参见28.2.6.5节。

28.1.8.4　氧化铝的测定

(1)EDTA配合滴定法:移取28.1.8.1 A"待测试液A"100mL,按28.1.4.2 A操作。

(2)铬天青S光度法参见28.2.6.2节。

28.1.8.5　氧化铁的测定

(1)邻二氮杂菲光度法参见28.2.6.1节。

(2)原子吸收分光光度法参见28.2.2节。

28.1.8.6　氧化钛的测定

二安替比林光度法参见28.2.6.3节。

28.1.8.7　氧化钾、氧化钠的测定

(1)火焰光度法参见28.2.7节。

(2)原子吸收分光光度法参见28.2.2节。

28.1.8.8　五氧化二磷的测定

钼蓝光度法参见28.2.6.4节。

28.1.9　碳质及含碳耐火材料的分析[7,11]

碳质耐火材料是指以碳为主所制成的耐火制品,炭素制品的检测见YB/T 5189—2007《炭素材料挥发分的测定》、GB/T 1429—2009《炭素材料灰分含量的测定方法》;含碳耐火材料是指含碳及碳化硅的原料和制品,检测参考标准GB/T 16555—2017《含碳、碳化硅、氮化物耐火材料化学分析方法》,测定项目是:水分、灼烧减量、总碳、游离碳、碳化硅、总SiO_2、Al_2O_3、Fe_2O_3、TiO_2、CaO、MgO、游离SiO_2、金属硅、金属铝等。

28.1.9.1　水分的测定

A　分析原理

试样在105~110℃烘至恒重,损失的质量即为水分。

B　分析步骤

称取1~2g未经干燥的试样,放入已烘至恒重的磨口称量瓶中,置于105~110℃的烘箱中烘1~2h,取出,加盖,置于干燥器中冷至室温,称量。再放入烘箱中烘30min,取出,冷却,称量。如此反复,直至恒重。

水分含量用$w(H_2O)$表示,按式28-29计算:

$$w(H_2O) = \frac{m - m_1}{m} \times 100\% \qquad (28\text{-}29)$$

式中　$w(H_2O)$——样品中水分的质量分数;

m——干燥前试样质量的数值,g;

m_1——干燥后试样质量的数值，g。

28.1.9.2 灼烧减量的测定

方法原理、分析步骤同28.1.4.1节。

28.1.9.3 总碳、游离碳、碳化硅的测定

A 气体容量法

方法原理：试样在高温管式炉中于氧气流中燃烧，碳被氧化成二氧化碳，生成的二氧化碳随氧气进入量气管，定容后将气体压入装有氢氧化钾的吸收器内，二氧化碳被氢氧化钾吸收，剩余的氧气再返回量气筒内，根据吸收前后体积之差求得总碳、游离碳的含量。

B 燃烧重量法

(1)方法原理：试样在高温氧气流中燃烧，碳被氧化成二氧化碳，生成的二氧化碳用烧碱石棉吸收。根据烧碱石棉的增重，借以计算出试样中总碳、游离碳的含量。

(2)分析步骤：将各部分连接好，断开吸收部分，先通氧5min以排除空气，然后再接吸收系统，检查整个装置是否漏气，直到每一部分都不漏气，方可开始通电升温；直至炉温到1000℃以上(游离碳850℃)，氧气流速保持120~140气泡/min，40min后切断氧气，关闭全部活塞，取下吸收管，用绸布擦净置于干燥器中，冷至室温称量，反复进行到吸收管两次称量之差不超过0.2mg为止。称取0.1g试样，均匀置于瓷舟中，覆盖1.5g氧化铜，将瓷舟送入瓷管的最高处，塞好塞子，将吸收系统的活塞全部打开，氧气流速保持120~140气泡/min，使试样充分燃烧、分解，吸收40min。关闭全部活塞，取下吸收管，用绸布擦净置于干燥器中，冷至室温称量。

总碳或游离碳用质量分数$w(C)$计，按下式计算：

$$w(C)=\frac{m_1\times 0.2729}{m_0}\times 100\% \tag{28-30}$$

式中 $w(C)$——试样中总碳或游离碳的质量分数；

m_0——试样质量的数值，g；

m_1——碱石棉吸收二氧化碳后的增重，g。

碳化硅用质量分数$w(SiC)$计，数值以%表示，按下式计算：

$$w(SiC)=[w(T.C)-w(F.C)]\times 3.3384 \tag{28-31}$$

式中 $w(SiC)$——试样中碳化硅的质量分数，%；

$w(T.C)$——试样的总碳质量分数，%；

$w(F.C)$——试样的游离碳质量分数，%；

3.3384——化学结合碳量换算成碳化硅量的系数。

C 红外定总碳(见仪器分析)

红外吸收测定总碳见28.2节。

28.1.9.4 总二氧化硅的测定

总二氧化硅的测定采用凝聚重量-钼蓝光度比色法。称取0.5000g试样置于铂坩埚中，先灼烧除去游离碳，然后用混合熔剂熔融，其余操作步骤同28.1.4.3节中的A。

28.1.9.5 铝、铁、钛、钙和镁的测定

称取0.5000g试样置于坩埚中，于高温炉中在1050~1100℃灼烧至试样中游离碳除尽，加无水碳酸钠：硼酸(2+1)混合熔剂4g，搅匀，再覆盖1g熔剂，置于高温炉中。从低温开始逐渐升温至1050~1100℃，待试样完全分解，旋转坩埚使熔融物均匀附着于坩埚内壁，冷却。放入盛有煮沸的含10mL盐酸和100mL水的烧杯中，加热浸出熔融物至溶液清亮，用水洗出坩埚及盖，冷至室温。将试液移入250mL容量瓶中(试液中若有碳化硅颗粒则需过滤，然后用热水洗涤8~10次)冷至室温，用水稀释至刻度，摇匀，即为“待测试液”，供测定铝、铁、钛、钙和镁使用。分别移取“待测试液”，按28.1.4.2节、28.1.6.3节和有关部分测定铝、铁、钛、钙和镁。

28.1.9.6 游离二氧化硅

游离二氧化硅含量按下式计算：

$$w(\text{游离}\ SiO_2)=w(\text{总}\ SiO_2)-w(SiC)\times 1.4985-w(Si)\times 2.1393 \tag{28-32}$$

28.1.10　氮化硅结合碳化硅制品的分析

氮化硅结合碳化硅制品主要的分析项目是Si_3N_4、SiC、游离 Si 和 Fe_2O_3，检测方法参考标准 GB/T 16555—2017《含碳、碳化硅、氮化物耐火材料化学分析方法》。

28.1.10.1　氮化硅的测定

A　高压溶样法

(1)方法原理：试样用高压溶样法分解，生成铵盐，分离碳化硅后，滤液在氢氧化钠作用下以蒸馏法使氮逸出，用硼酸溶液吸收，然后用酸、碱中和法测定氮的含量，再换算成Si_3N_4量。

(2)分析步骤：称取 0.2000g 试样，置于高压溶样器中，加盐酸 5mL，氢氟酸 5mL，在 160℃的烘箱中分解 12h，温热时取出，冷却。用热水将试样洗涤至盛有 1g 硼酸的聚四氟乙烯烧杯中，用小片滤纸擦洗高压溶样器的内杯，使沉淀全部转移至烧杯中，控制溶液的体积约 75mL。用慢速定量滤纸过滤，滤液承接于烧瓶中，用热酸洗涤烧杯和搅棒，用小片滤纸擦洗烧杯，使沉淀全部转移至漏斗中，分别用热盐酸和热水洗涤沉淀，控制滤液体积约 200mL，滤液供测量Si_3N_4用，沉淀供测量 SiC 用。

滤液中加入氢氧化钠溶液(500g/L)50mL，加入 3 粒小玻璃球，接通蒸馏装置。用量杯量取 100mL 硼酸溶液(10g/L)于 250mL 锥形瓶中，加 2 滴溴钾酚绿与甲基红混合指示剂，用盐酸标准溶液(0.1mol/L)滴定至红色，直到红色在 5min 内不褪色即为终点。

氮化硅含量质量分数 $w(Si_3N_4)$ 按下式计算：

$$w(Si_3N_4)=\frac{TV}{m}\times100\% \qquad (28-33)$$

式中　$w(Si_3N_4)$——试样中氮化硅的质量分数；

T——盐酸标准溶液对氮化硅的滴定度，g/mL；

V——滴定时所耗盐酸标准溶液的体积，mL；

m——试样的质量，g。

B　惰性气体保护熔融热导法测定总氮量

惰性气体保护熔融热导法测定总氮量见28.2.5节。

28.1.10.2　碳化硅的测定

A　高压溶样法

(1)分析原理：试样用高压溶样法分解，氮化硅以铵盐的形式转入溶液中，用硝酸、硫酸、氢氟酸处理试样，使游离硅和硅酸从试样中挥发除去，用重量差减法求得碳化硅量。

(2)分析步骤：将 28.1.10.1 节的 A(2)中得到的沉淀连同滤纸包好，置于已恒重的坩埚中，烘干，灰化，置于高温炉中，逐渐升温至750℃，烧成粉末状，取出冷却，用水湿润，加 4 滴硝酸，4 滴硫酸，约 10mL 氢氟酸；于电炉上低温蒸发至干，升温冒尽白烟，于 750℃ 灼烧40min，取出，置于干燥器中冷却至室温，称量，反复灼烧至恒重。

若试样中氧化铝含量高(大于 0.50%)，则应向测定后的装有碳化硅的坩埚中加入 2~3g 熔剂，搅匀，放入高温炉内熔融，浸出试样，按凝聚重量-钼蓝光度法操作，吸取滤液用铬天青 S 光度法测铝，然后从对应的 SiC 量中扣除铝量，即得碳化硅含量。

碳化硅量用 $w(SiC)$ 表示，按式 28-34 计算：

$$w(SiC)=\frac{m_1-m_0}{m}\times100\% \qquad (28-34)$$

式中　$w(SiC)$——样品中碳化硅质量分数；

m_0——空坩埚质量的数值，g；

m_1——坩埚与沉淀质量的数值，g；

m——试样的质量，g。

B　间接法

$$w(SiC)=[w(C_T)-w(C_F)]\times3.338 \qquad (28-35)$$

式中　$w(SiC)$——样品中碳化硅质量分数，%；

$w(C_T)$——用红外碳硫仪分析或碱石棉重量法测定的总石灰的质量分数，%；

$w(C_F)$——用红外碳硫仪分析或碱石棉重量法测定的游离硅的质量分数，%。

28.1.10.3 游离硅的测定

用氢氧化钠蒸煮试样,分离不溶物,采用钼蓝光度法测定游离硅的量。

A 方法原理

用氢氧化钠蒸煮试样,使试样中的游离硅转化成可溶性的硅酸盐而溶解,碳化硅、氮化硅不溶解,分离沉淀后,用钼蓝光度法测得滤液中的二氧化硅,再换算成游离硅。

B 分析步骤

称取 0.2500g 试样,置于塑料杯中,加 100mL 氢氧化钠溶液(10g/L),盖上表面皿,于沸水浴上浸煮 1h,不断搅拌,取下,冷却后用慢速定量滤纸过滤,滤液承接于烧杯中,用氢氧化钠溶液(10g/L)洗烧杯及沉淀 4~6 次,再用热水洗沉淀 4~5 次。滤液中加入 2 滴 2,4-二硝基酚(10g/L)指示剂,用盐酸(1+1)调至无色,在电炉盘上浓缩体积至 150mL,再加 25mL 盐酸,移入 250mL 容量瓶中,冷至室温,稀释至刻度,摇匀。移取 5.00mL 于 100mL 容量瓶中,以下按钼蓝光度法测硅操作,参见 28.2 节。

28.1.10.4 氧化铁的测定

用邻二氮杂菲光度法测定氧化铁含量。

A 分析原理

试样用氢氟酸、硝酸、硫酸处理后,盐酸溶解过滤,滤液供测主氧化铁量,残渣用混合熔剂熔融,盐酸浸取,试液供测残余氧化铁量。

B 分析步骤

称取 0.2500g 试样置于铂皿中,加少许水润湿,加氢氟酸约 10mL、硝酸 1mL、硫酸 4~6 滴,于电炉盘上低温蒸发至干,升温至白烟冒尽,取下稍冷。加盐酸(1+1)25mL,微热 10~15min,取下,稍冷,用慢速定量滤纸过滤,滤液承接于 250mL 容量瓶中,用热盐酸(5+95)洗铂皿及残渣数次,用一小片滤纸擦洗铂皿,再用热水洗残渣 5 次,滤液冷至室温,稀释至刻度,混匀,供测主氧化铁。

将残渣及滤纸转移至铂坩埚中低温灰化,然后置于高温炉中烧成粉状,加熔剂熔融,再用盐酸将试样浸出进入 250mL 容量瓶中,此溶液供测残余氧化铁。

分别移取上述两种溶液按邻二氮杂菲光度法测定氧化铁量,参照 28.2.6.1 节,主氧化铁量和残余氧化铁量之和即为氧化铁量。

28.2 仪器分析

仪器分析法是使用较特殊仪器的分析方法,是以物质的物理或物理化学性质为基础的分析方法。耐火材料涉及的分析仪器有分光光度仪、原子吸收分光仪、电感耦合等离子体发射光谱仪、高频红外碳硫仪、惰气保护熔融氧氮仪、X 荧光光谱仪等,可根据耐火材料的材质特点和所测元素的性质,选择相应的仪器进行测定。

28.2.1 X 射线荧光光谱分析

28.2.1.1 概述

物质受高能 X 射线照射时,内层电子受激发后出现空位,原子处于激发态,外层电子跃迁到内层电子空穴时,放出与这两个电子层能级差有关的光量子,即该元素的特征 X 射线,一般称为荧光 X 射线。各种元素所发射出来的 X 射线的波长决定于它们的原子序数。原子序数越高,所发射出来的 X 射线波长越短。通常根据特征 X 射线的波长进行定性分析,根据谱线的强度进行定量分析。

荧光 X 射线的谱线简单,且易于鉴别,干扰也较少,所以 X 射线荧光光谱分析法的选择性高。方法不仅适用于微量组分的测定,也适用于高含量组分的测定。此法具有相当高的准确度,分析速度快,测定时不损坏试样,对同一试样可重复进行分析,标准试样易于保存。目前 X 射线荧光光谱分析已成为通用性强的有效分析手段。

X 射线荧光光谱法适用于纯氧化物耐火原料和制品的分析,通常用来测定原子序数大于等于 11(钠)以后的金属氧化物的定量、定性分析,也测氟、氯、碳、氮、硫等部分非金属元素,但常见定性半定量分析。耐火材料参考标准为 GB/T 21114—2019《耐火材料 X 射线荧光光谱化学分析 熔铸玻璃片法》,检测元素的含量范围为 0.01%~99.9%,具有一次熔片,同时测出多个元素的优点。但特征X射线来源于样品中的各元素的原子，该检测方法无法区分元素的化学结合形态，不适合同一元素有多种化合形态的材料的定量分析。

28.2.1.2 X射线荧光光谱仪

现代X射线荧光光谱仪通常由高压发生器、X射线发生器、分光系统、探测系统、数据处理系统等部分组成。

28.2.1.3 X射线荧光光谱分析方法

A X射线荧光光谱定性半定量分析法

X射线荧光光谱定性半定量分析，主要有两种情况：一种是样品可直接根据分析上的具体要求，拟定单项测定条件；另一种是需要对样品作全面定性半定量分析。标准分析方法见GB/T 21114—2019《耐火材料 X射线荧光光谱化学分析 熔铸玻璃片法》。

a 样品制备

定性半定量分析的样品制备要求一般与定量分析一样，但由于分析目的和精密度、准确度要求的不同，所以在制备样品时，可根据要求及来样情况，尽量采用更为简便、快速的方法，最好采用与来样的物理化学形态趋于相同的制样方法。根据来样的状态，可以制成液体试样、松散的粉末试样、压制成块的粉末样片、坚固块状样的简单表面研磨抛光样块、加熔剂简单破坏结构后的粉末压片样片、熔融浇注的玻璃样片等。

样品制备的要求是不能在制样过程中带进待定性半定量分析的成分，其次是力求样品的制备尽可能不使测定的灵敏度降低。

b 激发条件的选择

要求全部元素都能测出（对全定性分析而言），则外加于X光管的管压必须要提高到作为对照的最重元素的K系线或L系线能完全激发的程度。各元素都有其相应的最低激发电位，在X光管的输出功率允许的条件下管流越大越好，X光管通常选择3kW以上铑靶X光管，V_E（管压）为40kV、管流75mA就足够了。

c 分光系统

选定反射强度比高、分辨能力强的作为定性分析用的分光晶体。在一般实验室条件下，对于重元素（原子序数大于等于22），使用LiF（200）晶体、LiF（220）晶体或PET（002）晶体；对于轻元素（原子序数小于22），使用TAP晶体。

d 探测系统

一般情况下，20号元素Ca以下的轻元素K系谱线采用流气正比计数管，20号元素Ca以上重元素K系谱线采用闪烁计数管，对重元素的L系谱线也采用闪烁计数管。

e 计数系统

波高分析器的测定条件选择：通常是用待测元素中原子序数小的元素（最低能量、波长长、在高角度测）来测出所有待测元素的脉冲，并且将没有出现干扰的地方确定为基线（过分降低基线或过分提高比例放大器增益，则干扰增多）。对于有自动积分、微分调整装置则不必如此考虑。

f 数据分析处理

计算机软件自动处理测量参数计算出定性半定量分析结果。

B X射线荧光光谱定量分析法

a 直接粉末压片法

（1）试样制备：分析试样均为粉末试样，粒度全部小于0.045mm，熔剂的粒度应全部小于0.045mm。分析试样前应于105～110℃烘干1h，然后置于干燥器中保存。

（2）分析样片的制备：称取试样4.0000g，按质量比1∶1加入分析纯硼酸或者低压聚乙烯混匀（约混20min），取混匀的试样7～7.5g在压样机上压制成圆片（压力大于250MPa），圆片外套塑料环，直径为3.5cm，厚度为3mm左右。

b 熔融铸片法

（1）试样制备：分析试样均为粉末试样，粒度全部小于0.088mm，熔剂的粒度应全部小于2mm。分析试样前应于105～110℃烘干1h，然后置于干燥器中保存。

（2）熔样方法：熔样前，要预先测定分析试样的灼烧减量。为保证熔剂与试样比值固定，对灼减大于1%的试样要进行称量校正。测量出不含灼减试样的元素百分含量，再换算成含有灼减试样的元素百分含量。

校正及换算公式如下：

$$m_1=\frac{m}{1-w(\text{灼减})} \qquad (28\text{-}36)$$

$$w(\text{校正})=w(\text{测量})\times[1-w(\text{灼减})] \qquad (28\text{-}37)$$

式中　m_1——含有灼减量的试样实际称样量，g；

m——不含灼减的试样称样量，g；

w(灼减)——试样的灼烧减量，%；

w(测量)——不含灼减的元素百分含量(测量的)，%；

w(校正)——含有灼减的元素百分含量(校正的)，%。

熔样采用的熔剂有四硼酸锂、偏硼酸锂，根据材质选择以下合适的熔剂熔样。

1)黏土高铝质、刚玉质、镁质、镁铝-铝镁质、硅质耐火材料采用四硼酸锂为熔剂，溴化铵、溴化锂或碘化铵为脱模剂，熔剂：试样＝10：1，于1050℃熔融试样15～25min。

2)氧化锆质、锆英石质、锆刚玉质耐火材料选用四硼酸锂：偏硼酸锂＝1：1的混合熔剂，熔剂：试样＝10：1，溴化铵、溴化锂或碘化铵作为脱模剂，于1050～1100℃熔融试样15～25min。

3)镁铬质耐火材料选用四硼酸锂：偏硼酸锂＝1：1混合熔剂，硝酸铵作为氧化剂，试样：混合熔剂：硝酸铵＝1：20：10，溴化铵、溴化锂或碘化铵作为脱模剂，1100℃熔融试样20～30min。

4)含碳化硅耐火材料先用$KNaCO_3$、$NaNO_3$、四硼酸锂混合物于500℃预处理试样30min，溴化铵、溴化锂或碘化铵作为脱模剂，再加四硼酸锂于1100～1150℃熔融试样20～30min。于仪器上测定总SiO_2，用总碳减游离碳间接测定SiC，以区别SiO_2、SiC。

准确称取$Li_2B_4O_7$ 6.0000g，试样0.6000g(烧去灼减后试样量)于铂铸型皿中，稍加混合后，加入脱模剂溴化铵水溶液(0.20g/mL)1mL，置于1100℃高温自动熔样机中熔融20～30min，然后将皿放置在一水平台上，自然冷却至室温，即可将自动剥离的样片倒出。必要时经磨平、抛光，编号后放入干燥器内待测。

c　标准样品的制备和工作曲线的建立

(1)标准样品的来源和制备：标准样品来源主要有三大类别：天然标样、人工合成标样，及天然标样作某些人工合成处理的混合型标样。

天然标样主要是商品标样。人工合成标样是采用光谱纯氧化物互相研磨、配制而成的样品。混合型标样是：采用在天然标样中掺入某些个别成分的氧化物而制得新的标样点；将两种成分不相同的天然标样按不同比例相混合成新标样。

(2)工作曲线的建立：选取几个到十几个与分析试样成分相近的人工合成标样、天然标样或内控样，按定量分析方法中所规定的“一般分析条件选择”测得所选标样、内控样中各元素的荧光X射线强度。根据标样情况选择分析方法，由计算机软件自动建立工作曲线并计算出分析结果。

d　分析方法

分析方法有工作曲线法、基本参数法、标准加入法。

e　黏土质耐火材料X射线荧光光谱分析

(1)样片的制备：称取(6.0000±0.0005)g熔剂四硼酸锂和试样(0.6000±0.0001)g置于铂金坩埚中混匀，加1mL溴化铵或碘化锂、碘化铵溶液后于电热板上烘干。将铂金坩埚放入熔样装置内，在1100℃熔融温度下，熔融一定时间(如硅碳棒高温熔样机，熔融时间为15～25min)。从熔样装置中取出铂金坩埚，置于耐火板上，冷却至室温时取出玻璃样片，编号，并置于干燥器中。

(2)样片制备的均匀性：按(1)同一标样熔制6个样片，以建立工作曲线的分析条件进行连续测定。样片制备的重复性按式28-38和式28-39计算，其结果应满足：当$Y_i>40$时，$\sigma_i<0.15$；并且当$8\leq Y_i\leq 40$时，$\sigma_i<0.1$。

$$\sigma_i=\frac{\sqrt{\dfrac{\sum(x_{ij}-\bar{x}_i)^2}{6-1}}}{\bar{x}_i}\times y_i \qquad (28\text{-}38)$$

$$\bar{x}_i = \frac{\sum x_{ij}}{6} \quad (28\text{-}39)$$

式中 $\bar{x}_i$——i 组分的平均测定值,cps;

x_{ij}——i 组分的 j 玻璃片的测定值,cps;

σ_i——i 组分的分析精度;

y_i——i 组分的含量,%。

(3)标准化样片的制备:选择被测元素含量合适均匀稳定的系列标准样品作为标准化试样,或按(1)步骤制成标准化样片。标准化试样选择低点含量时应保证测量的计数统计误差达到不显著的水平,在选择高点时含量时应大于最高浓度的0.8倍来制备标准化试样。

选用黏土高铝质耐火材料标准试样绘制工作曲线时,每种元素具有足够的含量范围又有一定梯度。按(1)步骤制成标准样片。标准样片制备尽可能采用标准试样,如无法满足分析范围要求,则添加纯试剂,或其他类型标准试样。如标准试样具有灼烧值,配制时应进行换算。

(4)测量条件:X射线光源电压40kV、电源60mA时,不同元素的典型测量条件见表28-2。

表28-2 测量条件

元素	分析线	分析晶体	2θ/(°)	探测器
			峰值	
Na	Kα	TAP	55.10	FPC
Mg	Kα	TAP	45.01	FPC
Al	Kα	PET	144.65	FPC
Si	Kα	PET	108.97	FPC
P	Kα	Ge	140.97	FPC
K	Kα	LiF200	136.68	FPC
Ca	Kα	LiF200	113.09	FPC
Ti	Kα	LiF200	86.14	SC
Fe	Kα	LiF200	57.52	SC

注:各实验室可根据X射线荧光光谱仪配置确定实际测量条件。

(5)检出限:

$$D(\text{检出限}) = 3\frac{\sqrt{2R_b}}{S} \quad (28\text{-}40)$$

式中 R_b——100%二氧化硅基体得到的待测元素的背景计数;

S——灵敏度。

可用100%氧化铝基体得到二氧化硅检出限。

X射线荧光光谱仪测定黏土试样中各组分检出限应满足表28-3的要求。

表28-3 各组分检出限 (%)

组分	检出限	组分	检出限
Al_2O_3	<0.05	Na_2O	<0.05
SiO_2	<0.05	TiO_2	<0.01
CaO	<0.05	P_2O_5	<0.01
Fe_2O_3	<0.05	K_2O	<0.05
MgO	<0.05		

(6)背景校正:采用一点法扣背景,计算公式为:

$$I_N = I_P - I_\beta \quad (28\text{-}41)$$

式中 I_N——扣除背景的分析线强度,cps;

I_P——峰值强度,cps;

I_β——背景强度,cps。

(7)绘制工作曲线:初始测量标准化样片,测量标准样片。根据已知标样的含量和测量强度,进行基体校正、谱线重叠干扰校正的回归计算,回归计算公式为:

$$W_i = (aI_i^2 + bI_i + c)(1 + \Sigma a_{ij}W_j) + \Sigma B_{ik}W_k \quad (28\text{-}42)$$

式中 W_i——标准样品中分析元素 i 的推荐值(或未知样品中分析元素 i 的基体校正含量);

a,b,c——分析元素工作曲线常数;

I_i——标准样品(或未知样品)中分析元素 i 的X射线强度(或内标强度比);

a_{ij}——元素 j 对分析元素 i 的影响系数(理论系数 a);

W_j——共存元素 j 的含量;

B_{ik}——干扰元素 k 对分析元素 i 的谱线重叠干扰校正系数;

W_k——干扰元素 k 的含量(或X射线强度)。

标准样品分析元素 i 的推荐值经理论系数 a 校正基体效应的表观含量。分析元素的测量强度和表观含量,用公式 28-42 回归计算求得校准曲线常数 a、b、c。对有谱线重叠干扰的元素,则须进行谱线重叠干扰校正。鉴定校正曲线准确度用下列方程,如果超过要求的分析误差必须用共存元素校正系数。

$$\sigma_i = \sqrt{\frac{\sum (W_i - W_i')^2}{n - k}} \qquad (28-43)$$

式中　σ_i——组分 i 的准确度;

n——用作工作曲线的熔融片数;

k——工作曲线常数的个数(一次线 2,二次线 3);

W_i——组分 i 的浓度,%;

W_i'——组分 i 从校正曲线上求得的浓度,%。

(8)未知试样测量:

1)标准化试样测量:通过标准化样品测量对仪器进行漂移校正,其计算公式为:

$$R_i = d \times R_i' + b \qquad (28-44)$$

$$d = (R_{OH} - R_{OL})/(R_H - R_L) \qquad (28-45)$$

$$b = R_{OH} - d \times R_H \qquad (28-46)$$

式中　R_i——i 元素的校正强度,cps;

R_i'——i 元素的测量强度,cps;

R_{OH}——高标准化样品原始测量强度比值,cps;

R_{OL}——低标准化样品原始测量强度比值,cps;

R_H——高标准化样品测量强度,cps;

R_L——低标准化样品测量强度,cps;

d——曲线斜率;

b——曲线截距。

2)未知样片的测量:输入试样名称(样片)、灼烧值等,在 X 射线荧光光谱仪上进行样片的测量。

3)测量结果的处理:根据用标准试样制作的工作曲线,求出样品分析元素的含量。

(9)质量控制:

1)每批样品分析时需测定与委托样品化学成分基本相近的标样或控制样品,其分析值与标准值之差应小于标准中再现性 R。

2)每个试样熔制的两个玻璃片,其平行差应小于标准中重复性 r。

3)测定总量(各化学成分之和控制在(100±0.5)%范围内)可作为检查准确性的依据之一。

28.2.2　原子吸收分光光度分析

28.2.2.1　概述

原子吸收分光光度法是 20 世纪 50 年代出现的一种仪器分析方法,它能测定几乎全部金属元素和一些半金属元素。原子吸收分光光度法准确、迅速,已成为分析化学领域中的重要手段。其主要原因取决于其一系列特点。

(1)灵敏度高。对火焰原子吸收法大部分金属元素的灵敏度为 $10^{-8} \sim 10^{-10}$g/mL(一般在 10^{-6}g/mL 级以上,少数元素可达 10^{-9}g/mL 级);对非火焰原子吸收法如锌、镉、镁等元素的绝对灵敏度可达 $10^{-10} \sim 10^{-14}$g/mL 之间。

(2)选择性好。在大多数情况下共存元素间干扰很小,且容易克服。对许多试样不必分离可直接进行测定,对某些元素产生的干扰作用可利用加入掩蔽剂、保护剂、释放剂或改变火焰等条件加以消除。

(3)重现性好。一般相对偏差可控制在 2%以内,其变动系数可控制在千分之几。

(4)测定元素广泛。原则上讲,凡能够有效地转化成自由基态原子,并能获得其共振辐射线光源的元素,都可应用原子吸收分光光度法来直接测定。据统计,目前该法可测 70 多种元素。

28.2.2.2　基本原理

当基态原子受到外界一定能量的作用时,原子中外层电子就会发生从基态跃迁到更高的能级上,此时原子处于激发态。处于激发态的原子是很不稳定的,当回到基态时,将释放出多余的能量,并以一定波长的电磁波发射出来,即产生特征谱线。

每种元素的原子不仅可以发射一系列特征谱线,而且也可以吸收与发射线波长相同的特征谱线。当光源发射的某一特征波长的光通过原子蒸气时,原子中的外层电子将选择性地吸

收其同种元素发射的特征谱线,使入射光减弱。在此过程中,原子蒸气对入射光吸收的程度如同分光光度法一样,是符合比耳定律的:

$$A = \lg \frac{I_o}{I} = Kcl \qquad (28-47)$$

式中　A——吸光度;

I_o——入射光强度;

I——透射光强度;

K——吸收系数;

c——待测物质物质的量浓度;

l——光路长度。

由式 28-47 可以看出:当试验条件一定时,吸光度与基态原子的浓度成正比。利用这一线性关系即可绘制工作曲线,从而测定出试样中被测元素的含量。

28.2.2.3　仪器装置

原子吸收分光光度计主要由辐射源(光源)、原子化系统、单色器(分光系统)、检测系统和计算机控制系统五部分组成。

28.2.2.4　测定方法

测定方法一般有标准曲线法、紧密内插法、标准加入法、浓度直读法等。

A　标准曲线法

先用纯试剂或与被测试样有相似组分的标准物质配制成的一系列不同浓度的标准溶液,然后测量其吸光度 A,绘制吸光度-浓度曲线,最后采用同样条件测定试样溶液的吸光度,由标准曲线上求得试液中被测元素的浓度。

标准溶液与试样溶液测定条件不同时会引起较大的测量误差;另外,必须尽量消除试样溶液中的干扰,保证标准溶液与试样溶液的基体一致。通常标准溶液应在开始、中间和终了过程中定期喷雾测定以检查其稳定性。此外,每次分析都应重新绘制标准曲线。

B　紧密内插法

该法属于工作曲线法的一种。先由标准曲线法粗测被测元素的含量,再分别取大于和小于该元素粗测量约 10%两份标准溶液,然后与试样溶液同时进行测定,以两点标准的连线作为标准曲线(在标准曲线的弯曲很接近的两点可近似于直线),按下式计算试样溶液的浓度:

$$c_x = c_1 + \frac{(A_x - A_1) \times (c_2 - c_1)}{A_2 - A_1} \qquad (28-48)$$

式中　c_x——被测试样溶液的浓度,μg/mL;

c_1——低标准溶液的浓度,μg/mL;

c_2——高标准溶液的浓度,μg/mL;

A_x——测得样品溶液的吸光度;

A_1——测得低标准溶液的吸光度;

A_2——测得高标准溶液的吸光度。

如果准确度要求更高时,可在标准溶液中配入基体并模拟试液的组成,则不但可以校正标准曲线弯曲所造成误差,同时也可基本上消除了干扰的影响,这样可以获得较高的准确度和精密度。

C　标准加入法

标准加入法又称增量法,主要是利用标准曲线外推求出试样溶液的浓度。因此,在测定条件下,该元素的标准曲线应为通过零点的直线是必要的前提条件。

具体操作是移取 4 份等量的试样溶液于 4 个等体积容量瓶中,将第一份用水稀释至刻度,预测其被测元素的大致含量,然后于第二份、第三份、第四份中分别加入近似于试液中被测元素 1 倍量、2 倍量、3 倍量的标准溶液,用水稀释至刻度,依次测定其吸光度。以吸光度对元素的加入量浓度作图,连接各坐标点并外推与浓度轴相交,浓度轴的截距即为试样中被测元素的浓度。

当试样的基体效应对测定有影响或干扰不易消除,标准溶液仿制麻烦,分析样品数量少时,采用该法较好。由于每个待测试样溶液都含有相同量的试样溶液,因此试样中的干扰元素和其他干扰均被校正,所以该法的精度较高。但须注意:标准溶液的加入量应当适中,过高的加入量容易落入标准曲线的弯曲范围,过低的加入量引起外推的误差较大。

28.2.2.5　干扰及其抑制

尽管与火焰分光、发射光谱等仪器分析方法相比,原子吸收分光光度法的干扰比较少,但在实际分析中,由于试样的复杂性、试验条件的变化也会遇到各种干扰,发生干扰的原因大致有下列几种情况。

(1)光谱干扰。这种干扰主要与仪器和光源有关,有时也与共存元素有关。

(2)电离干扰。这种干扰是某些元素所特有的,在火焰中部分基态原子电离,生成的离子不参与吸收,因此电离的结果使有效基态原子数减少,从而使原子吸收的灵敏度降低。当有大量的更易电离的元素共存时,待测元素的电离可以被抑制。所以,当共存元素有电离干扰时,可以用加入过量该干扰元素的办法来缓冲,从而使待测元素的吸收保持恒定,不受试样中共存元素浓度变化的影响。另外,为了抑制待测元素本身的电离,也可以加入大量的易电离的其他元素,以提高待测元素的分析灵敏度,例如在测定钾时,常加入一定浓度的钠或铯。

(3)化学干扰。化学干扰是原子吸收分光光度分析中经常遇到的主要干扰,其产生的原因主要是待测元素不能全部从它的化合物中解离出来,从而使参与吸收的基态原子数减小。例如碱土金属与铝、磷和硅共存时,碱土金属的吸收下降。

当有阴离子或其他大量共存元素时,干扰情况进一步复杂化,例如硫酸根离子的存在使铝对镁的干扰加剧,大量镍的存在可显著抑制铝、硅对镁的干扰。总之,化学干扰比较复杂,目前消除化学干扰常用的方法有:加入释放剂、配合剂、干扰缓冲剂,当化学干扰情况复杂、上述方法不能克服时,可采用预先分离(如萃取、离子交换、沉淀等)来除去干扰元素,也可依照试样成分来配制标准溶液。

(4)其他物理因素的干扰。灯电流的大小对光源辐射的强度、共振线轮廓和灯的寿命都有很大的影响,同时灯电流的稳定性也直接影响测定的准确度和重现性。在保证足够高灵敏度和准确度的前提出下,一般都是选择一个尽量低的稳定电流。

喷雾量和雾化效率的变动对准确度和重现性有影响,因此必须控制燃气和助燃气体的压力及固定试验条件。

除此而外,酸的影响也较复杂。酸的浓度越高,一般使吸光度降低得也越大。有些酸即使在低浓度时也有影响,不同元素受酸的影响各不相同,同一种元素受不同酸的影响也不尽相同。

一些有机溶剂可以提高火焰原子吸收法的灵敏度,其原因是:有机溶剂使试液的表面张力和黏度降低,有利于提高雾化效率;另外,有机溶剂参加燃烧使火焰温度较水溶液喷雾的火焰温度高,同时使火焰碳氢比增加,火焰呈还原性,可以加速氧化物的解离。但有的有机溶剂会降低某些元素的灵敏度,可能是由于形成的配合物较难解离造成的。

总之应分清干扰的主要来源,采用相应措施,对干扰加以有效抑制。

28.2.2.6 仪器工作条件的选择

原子吸收分光光度分析的灵敏度、准确度,在很大程度上取决于仪器工作条件,因此,实际分析时,应通过条件试验严格地选择和控制仪器的最佳工作条件。其中包括:灯电流的选择、燃烧器高度(吸收高度)选择、助燃气体与燃料气体流量比、光谱通带的选择、谱线的选择。

通带与狭缝宽度的关系为

$$\text{通带}=PS\times10^{-4}\text{nm} \qquad (28\text{-}49)$$

式中 P——单色器棱镜的色散率,nm/mm;

S——狭缝宽度,μm。

28.2.2.7 耐火材料中钙、镁、铁、钾、钠、铬、锰等元素的测定[2~6]

原子吸收分光光度法具体步骤可参照 GB/T 4984—2007《含锆耐火材料化学分析方法》、GB/T 5069—2015《镁铝系耐火材料化学分析方法》、GB/T 5070—2015《含铬耐火材料化学分析方法》、GB/T 6900《铝硅系耐火材料化学分析方法》、GB/T 6901—2017《硅质耐火材料化学分析方法》、GB/T 16555—2017《含碳、碳化硅、氮化物耐火材料化学分析方法》等标准的相关章节,可测耐火材料中氧化铁、氧化钾、氧化钠、氧化钙、氧化镁、三氧化二铬、氧化锰等元素的含量,样品的前处理分酸溶法和碱熔法,根据待测样品的材质进行选择。

A 方法提要

试样经氢氟酸—高氯酸分解除硅后,用稀盐酸(硝酸)溶解残渣(或将试样用碳酸锂—硼酸、偏硼酸锂、碳酸钠—硼砂作熔剂熔融分解,用稀酸浸取熔块;或用稀酸直接溶解试样),然后加入氯化锶等消除铝、钛、锆等元素对钙、镁的干扰;或加入硫酸钠、硫酸钠—8 羟基喹啉等消除诸元素对铬的影响;或采用依照试液成分(待测元素除外)配制标准溶液的底液等相应措施,最后采用空气—乙炔火焰,按照标准曲线法、标准加入法或紧密内插法,在原子吸收分光光度计上测定钙、镁、铁、钾、钠、铬、锰的吸光度,并计算其含量。

B 试剂与仪器工作条件

根据试验确定原子吸收分光光度计工作条件。

C 分析步骤

(1)酸溶法:

1)黏土质、半硅质、硅质、炉渣及能被酸分解的高铝、锆英石等试样中铁、钙、镁、钾、钠、锰的测定。称取 0.1000g 试样置于铂皿中,用水润湿,加高氯酸 5mL、氢氟酸 10mL,低温加热分解直至冒浓厚白烟并蒸干。将其取下稍冷,用水冲洗铂皿内壁,再加高氯酸 3mL,继续加热直至白烟冒尽,取下稍冷,加盐酸(1+1)4mL,加水少许,然后加热使盐类溶解,冷却至室温后移入 100mL 容量瓶中,加二氯化锶溶液(200g/L)5mL,用水稀释至刻度,摇匀(同时带空白)。

如试样中待测元素含量较高时,可移取上述制备的部分试液于 100mL 容量瓶中,用含有二氯化锶(10g/L)、盐酸(2%)的溶液稀释至刻度,摇匀。或者采用转动燃烧器光轴的位置,直接进行测定(若不需测定钙、镁时,则可不加二氯化锶)。

按照选定的仪器工作条件调整仪器,空心阴极灯预热 20~30min 后,点燃火焰,等到燃烧正常时,调节空气和乙炔流量。用水喷雾调整零点,然后分别用试液和与待测元素浓度相近的标准溶液系列进行喷雾,读取相应的吸光度。同一份试液反复测定两次,取其平均值。从标准曲线上查得相应的微克数。试样中诸元素氧化物的质量分数按下式计算:

$$W = \frac{cV/10^6}{m \times (V_1/100)} \tag{28-50}$$

式中 c——从标准曲线上查得试样中被测元素氧化物浓度,μg/mL;

V——测定时被测试液的体积,mL;

V_1——分取试液的体积(不分取时,V_1/100 此项省略),mL;

m——试样质量,g。

标准曲线的绘制:于一系列 100mL 容量瓶中,用半微量滴定管(或滴定管)分别移取:

钙标准溶液(100μg/mL 氧化钙)0.00mL、0.50mL、1.00mL、…、20.00mL。

镁标准溶液(50μg/mL 氧化镁)0.00mL、0.20mL、0.40mL、…、5.00mL。

钾标准溶液(50μg/mL 氧化钾)0.00mL、0.20mL、0.40mL、…、10.00mL。

钠标准溶液(50μg/mL 氧化钠)0.00mL、0.20mL、0.40mL、…、10.00mL。

铁标准溶液(100μg/mL 氧化铁)0.00mL、0.20mL、0.40mL、…、10.00mL。

锰标准溶液(100μg/mL 氧化铁)0.00mL、0.20mL、0.40mL、…、10.00mL。

再分别加盐酸(1+1)4mL、二氯化锶溶液(200g/L)5mL,然后用水稀释至刻度,摇匀。然后按设备要求进行试液吸光度的测定。以测得的吸光度为纵坐标、相应浓度为横坐标,分别绘制铁、钙、镁、钾、钠、锰的标准曲线。

2)重烧镁砂、轻烧镁砂、镁质(能被酸分解的试样)中钙、铁的测定。称取 0.5000g 试样加盐酸(1+1)20mL,低温稍加热溶解,冷却至室温后移入 250mL 容量瓶中,用水稀释至刻度,摇匀,此为“待测试液 A”。

移取“待测试液 A”(或使用全分析时酸溶制备的试液)5.0~50.0mL(依含量而定)于 100mL 容量瓶中,补加盐酸(1+1)以保持试液中酸度为 2%,再加二氯化锶溶液(200g/L)5mL,然后用水稀释至刻度,摇匀(同时带空白)。

按照选定的仪器工作条件调整仪器,空心

阴极灯预热20~30min后，点燃火焰，待燃烧正常时，调节空气和乙炔流量。用水喷雾调整零点，然后分别用试液和与待测元素浓度相近的标准溶进行喷雾，读取相应的吸光度。同一份试液反复测定两次，取其平均值。从标准曲线上查得相应微克数。

氧化钙、氧化铁的质量分数按下式计算：

$$w = \frac{cV/10^6}{m(V_1/250)} \qquad (28-51)$$

式中 c——从标准曲线上查得试样中被测元素氧化物浓度，μg/mL；

V——测定时被测试液的体积，mL；

V_1——分取试液的毫升数（不分取时，$V_1/250$此项省略）；

m——试样质量，g。

标准曲线的绘制：于一系列100mL容量瓶中，用半微量滴定管分别移取：

钙标准溶液（1mL含100μg氧化钙）0.00mL、0.20mL、0.40mL、…、10.00mL。

铁标准溶液（1mL含100μg氧化铁）0.00mL、0.20mL、0.40mL、…、10.00mL。

再分别加盐酸（1：1）4mL，二氯化锶溶液（200g/L）5mL，然后用水稀释至刻度，摇匀。然后按设备要求进行试液吸光度的测定。以测得的吸光度为纵坐标，相应浓度为横坐标，分别绘制钙、铁标准曲线。

3）铝土矿中钾、钠的测定。称取0.1000g试样置于铂皿中，用少许水润湿，加高氯酸2mL，氢氟酸10mL，低温加热分解至冒浓厚白烟并蒸干，取下稍冷，加高氯酸3mL，继续加热至白烟冒尽。取下，加硝酸（1：1）4mL，水少许，加热使盐类溶解，然后移入100mL容量瓶中，待其冷却至室温后，用水稀释至刻度，摇均。

按照选定的工作条件调整仪器，然后分别将试液和与待测元素浓度相近的标准溶液系列进行喷雾（用水喷雾调整零点），读取相应的吸光度。从标准曲线上查得试样中氧化钾、氧化钠的微克数。

试样中氧化钾、氧化钠的含量按公式28-50计算。

标准曲线的绘制：于9个100mL容量瓶中，分别加入0.00mL、1.00mL、2.00mL、3.00mL、4.00mL、5.00mL、6.00mL、7.00mL、8.00mL钾、钠混合标准溶液（1mL含20μg氧化钾、10μg氧化钠），然后按设备要求进行试液吸光度的测定。以测得的吸光度为纵坐标，相应浓度为横坐标，绘制标准曲线。

（2）碱熔法：

1）硅铝纤维中铬的测定。称取0.5000g试样置于盛有碳酸钠-硼砂混合熔剂（1+1）4g的铂坩中，混匀，另取混合熔剂1g覆盖其上，盖上埚盖。置于高温炉内，初以低温，然后再逐渐升温至1000~1050℃熔融，待试样完全分解（10~20min），旋转坩埚，使熔融物附着于坩埚内壁上，冷却。将坩埚及盖置于盛有沸水5~80mL、盐酸25mL或硫酸（1+1）20mL的烧杯中，加热浸取，等熔块全部溶解，用水洗净坩埚及盖取出。待试液冷却至室温，移入250mL容量瓶中，用水稀释至刻度，摇匀。

从上述250mL容量瓶中，盐酸介质分取10.0~25.0mL，硫酸介质分取10.0mL于50mL容量瓶中，盐酸介质加硫酸钠（100g/L）或硫酸钠与8羟基喹啉溶液（3+1）10mL、硫酸介质加硫酸钠溶液（100g/L）10mL，用水稀释至刻度，摇匀（同时带空白）。

按照选定的仪器工作条件调整好仪器，将铬空心阴极灯预热10~30min后，点燃火焰，待燃烧正常时，调节空气和乙炔流量，用水喷雾调整零点，然后分别将试液和与待测元素浓度相近的标准溶液系列进行喷雾，读取相应的吸光度。同一份试液反复测定两次，取其平均值。从标准曲线上查得相应的毫克数。

三氧化二铬的含量按公式28-51计算。

标准曲线的绘制：分别移取铬标准溶液（1mL含0.5mg三氧化二铬）0.00mL、1.00mL、2.00mL、3.00mL、4.00mL、5.00mL、6.00mL（对于盐酸介质，若移取25mL试液时，标液应取到8mL三氧化二铬），于7个含有空白试液（其量与试液移取量相同，介质也相同）的50mL容量瓶中，用水稀释至约10mL，稀释至刻度、摇匀。然后按设备要求进行试液吸光度的测定。以测得的吸光度为纵坐标，相应浓度为横坐标，绘制标准曲线。本法适用于 3%~6% Cr_2O_3 含量的含铬硅酸铝纤维。

2)氧化锆制品中高钙、低镁的测定。称取 0.100g 试样置于铂坩埚中,加入碳酸钠–硼砂混合熔剂(1+1)2.00g,混匀,再用混合熔剂 1.00g 覆盖其上,盖上埚盖。将其置于逐渐升温至 1000~1050℃ 高温炉中熔融,待试样完全分解后,旋转坩埚,使熔融物附着于坩埚内壁,冷却后,将坩埚置于盛有热盐酸(1+1)29mL、沸水 30mL 的 200mL 烧杯中,低温加热盐酸洗出坩埚及盖,冷却后移入 100mL 容量瓶中,然后用水稀释至刻度,摇匀。移取上述试液 10.0mL 于 100mL 容量瓶中,加入二氯化锶溶液(200g/L)5mL,然后用水稀释至刻度,摇匀(同时带空白)。

按选定的工作条件,在调整好的原子吸收分光光度计上,将试液和与待测元素浓度相近的标准溶液分别喷雾,记取相应的吸光度。从标准曲线上查得氧化钙、氧化镁的微克数。

氧化钙、氧化镁的质量分数按下式计算:

$$w = \frac{cV/10^6}{m(10/100)} \tag{28-52}$$

式中 c——从标准曲线上查得氧化钙(或氧化镁)的浓度,μg/mL;

V——测定时被测试液的体积,mL;

m——试样质量,g。

标准曲线的绘制:于一系列 100mL 容量瓶中,用半微量滴定管分别移取:

钙标准溶液(1mL 含 100μg 氧化钙)0.00mL、0.50mL、1.00mL、…、8.00mL;

镁标准溶液(1mL 含 50μg 氧化镁)0.00mL、0.10mL、0.20mL、…、2.00mL。

再分别加锆标准溶液 10.0mL、二氯化锶溶液(200g/L)5mL,然后用水稀释至刻度,摇匀,然后按设备要求进行试液吸光度的测定。以测得的吸光度为纵坐标、相应浓度为横坐标,绘制标准曲线。

3)其他酸不溶耐火材料中钙、镁、铁、锰的测定。称取 0.2500~0.5000g 试样置于铂坩埚中,加碳酸钠–硼砂混合熔剂(1+1)8g,于逐渐升温至 1000~1100℃ 高温炉中熔融至试样分解完全,旋转坩埚使熔融物附着于坩埚内壁。将冷却后的坩埚及盖置于盛有沸水 100mL、盐酸 25mL 的烧杯,加热浸取熔块,然后用热水洗出坩埚及盖,待其冷却至室温后,移入 250mL 容量瓶中,用水稀释至刻度,摇匀,此为“待测试液 B”

移取“待测试液 B”25.0~50.0mL 4 份,分别置于 100mL 容量瓶中,分别加入二氯化锶溶液(200g/L)5.0mL(若仅测定铁、锰时,可不加二氯化锶)。先将第一个容量瓶用水稀释至刻度,摇匀。于原子吸收分光光度计上预测其被测元素的大致含量,然后于第二、第三、第四个容量瓶中,分别加入被测元素含量的 1 倍量、2 倍量、3 倍量的钙、镁、铁、锰标准溶液,用水稀释至刻度,摇匀。

按选定的工作条件,在调整好的原子吸收分光光度计上,采用标准加入法测定钙、镁、铁、锰的吸光度。

28.2.3 电感耦合等离子发射光谱分析

28.2.3.1 等离子体的基本概念

等离子体(ICP)一般是指电离的气体,这种气体不仅含有中性原子和分子,而且含有大量的电子和离子。等离子体是电的良导体,因其中正、负电荷密度几乎相等,故从整体来看是电中性的。

等离子体可以按其温度分为高温等离子体和低温等离子体两大类。当温度达到 10^6~10^9K 的范围时,所有的气体分子和原子完全离解和电离,称为高温等离子体;当温度低于 10^5K 时,气体只是部分电离,称为低温等离子体。电感耦合等离子(ICP)放电所产生的等离子体是低温等离子体。

在实际应用中又把低温等离子体分为热等离子体和冷等离子体。作为光谱分析光源的直流等离子体喷焰、电感耦合等离子(ICP)光源等,都是热等离子体。作为光谱分析光源的辉光放电灯、空心阴极灯等,都是冷等离子体。

28.2.3.2 等离子体的形成

ICP 的形成过程就是气体的电离过程。为了形成稳定的 ICP,火焰必须要有三个条件:高频电磁场、工作气体及能维持气体稳定放电的石英炬管。高频发生器(频率7~50MHz,功率1~10kW)通过感应线圈把能量耦合给等离子体。石英炬管是由三层石英制成的同心型结构,有三股氩气流分别进入炬管,最外层的气流,称为外管气流,它的作用是把离子体和石英管隔离开,以免烧熔石英管。中间管气流是点燃等离子体时通入的,作为工作气体,称为辅助气流,形成等离子体火焰后可以断掉。内管气流是载带试样气溶胶之用,称为载气或进样气。

28.2.3.3 电感耦合等离子(ICP)发射光谱

ICP火焰的光谱主要是由工作气体(一般为氩气)产生的光谱、分子谱带及连续光谱三部分所组成。当通入试液时,还要出现试样中含有的元素的光谱。

28.2.3.4 电感耦合等离子(ICP)光谱仪

电感耦合等离子(ICP)光谱仪主要由高频电源、进样装置、ICP炬管及工作气体、分光装置、探测器和计算机控制系统等部分组成。

28.2.3.5 分析原理

电感耦合等离子(ICP)光谱分析是利用ICP光源激发被测试样中待测元素产生原子光谱,不同元素由于其原子结构不同产生的原子光谱波长也不同,浓度与原子光谱检测波长的强度成正比,据此来进行试样的定性分析或定量分析。

28.2.3.6 电感耦合等离子(ICP)光谱分析特点

电感耦合等离子光谱分析技术具有以下特点:周期表中多数元素有较好的检测限,平均值比火焰原子吸收好5~10倍;精密度好;基体干扰少;动态范围宽,工作曲线的直线范围可达10^5~10^8倍;可进行多元素同时测定,并可同时测试主含量、次含量及微量成分。

28.2.3.7 耐火材料中氧化钙、氧化镁、氧化铁、氧化钾、氧化钠、三氧化二铬、氧化锰、二氧化硅、氧化铝、二氧化钛、氧化硼等元素的测定[2~5,12]

不同材质的具体分析方法见GB/T 5069—2015《镁铝系耐火材料化学分析方法》、GB/T 5070—2015《含铬耐火材料化学分析方法》、GB/T GB/T 6900—2016《铝硅系耐火材料化学分析方法》、GB/T 6901—2017《硅质耐火材料化学分析方法》、GB/T 16555—2017《含碳、碳化硅、氮化物耐火材料化学分析方法》、GB/T 34333—2017《耐火材料 电感耦合等离子体原子发射光谱(ICP-AES)》等标准的相关章节。

A 试样溶解方法

通常采用混合酸高压溶样法、碱溶法、四硼酸锂或偏硼酸锂熔样法及混合酸微波高压溶样法,用稀酸浸取熔块或用稀酸直接溶解试样制备成酸性试液。各种材质溶样方法如下:

(1)碱性试样如镁质、镁钙质采用混合酸高压溶样法或混合酸微波高压溶样法,或用稀酸直接溶解试样。

(2)氧化铝质试样适宜采用混合酸高压溶样法、碱溶法或混合酸微波高压溶样法,用稀酸直接溶解试样。

(3)硅质试样经氢氟酸-高氯酸分解除硅后,用碱溶法、四硼酸锂或偏硼酸锂熔样,用稀酸浸取熔块或用稀酸直接溶解试样。

(4)其他材质试样适宜采用混合酸高压溶样法、碱溶法、四硼酸锂或偏硼酸锂熔样法,用稀酸浸取熔块。

B 分析步骤

(1)标准溶液的配制。采用和试样基本一致的标样或纯物质加入和试样一致的基体元素配制系列标准溶液。

(2)测定方法。测定方法一般有标准曲线法、紧密内插法、标准加入法、浓度直读法等,见28.2.2.4节。

C 谱线的选择

选择灵敏度高的分析谱线或干扰谱线干扰少的分析谱线,各元素选择的测量谱线见表28-4。

表28-4 元素选择的测量谱线 (nm)

分析元素	分析波长	分析元素	分析波长
Al	396.152	Fe	259.94
Mn	259.373	Zr	343.823
Na_2O	589.59	Cr	267.716
K_2O	766.49	Si	251.6

续表 28-4

分析元素	分析波长	分析元素	分析波长
B	249.68	Ca	393.36
Mg	279.553	Hf	277.336
Ti	334.94	P	214.914

D　光谱干扰的消除

(1)背景干扰。谱线的总强度指谱线的总强度与背景强度和。光谱背景的扣除就是从总强度中减去背景强度。

$$I_{\alpha}=I_{\alpha+b}-I_{b} \quad (28-53)$$

式中　I_{α}——纯分析线强度；

$I_{\alpha+b}$——有背景存在时的分析线强度，即总强度；

I_{b}——背景强度。

(2)基体干扰。基体干扰可通过配制和试样一致的基体元素配制系列标准溶液消除。

试样中诸元素氧化的含量按式 28-50 计算。

28.2.4　红外碳硫分析[11]

用于直接燃烧红外吸收法测定总碳及硫量。相关材质的分析方法见 GB/T 16555—2017《含碳、碳化硅、氮化物耐火材料化学分析方法》等标准。

28.2.4.1　分析原理

碳在氧气流中燃烧转化成二氧化碳，硫在氧气流中燃烧转化成二氧化硫，通过红外(IR)吸收法测定二氧化碳的量及二氧化硫的量。

28.2.4.2　仪器

碳硫分析仪；仪器可自动操作完成用已知碳含量的标样进行标定。

28.2.4.3　试剂和材料

(1)坩埚：由制造商指定的一次性陶瓷坩埚(氧化铝质)或类似的耐火材料坩埚。坩埚及盖在使用前必须按仪器制造商推荐的预烧程序进行充分的预烧，以达到恒定的空白值。

(2)坩埚钳：根据坩埚的尺寸、形状和使用温度而定，便于操作即可。

(3)助熔剂：可选用无碳(或已知含碳量)的粒状钨/锡和碎铁片作助熔剂。

(4)碳、硫标样：使用与待测样品中碳、硫含量接近的标样。

(5)氧气：使用超高纯氧(纯度大于 99.95%)，或经过过热 CuO 和 CO_2/H_2O 吸收剂纯化的标准氧(99.5%)(当分析仪装有纯化器时，可选用标准级的氧)。

(6)氮气：动力气。

28.2.4.4　仪器的预备

按仪器使用说明书进行操作。在恰当的设置仪器系统操作控制条件后，通过试烧几个空白试样(即盛有规定量催化剂的坩埚)来稳定仪器条件。在连续测定几个空白试样后，仪器将达到稳定状态。

28.2.4.5　空白的测定

(1)预烧坩埚在马弗炉或管式炉中进行，在 1350℃保温不少于 15min 或在 1000℃保温不少于 40min。从炉子中取出坩埚，冷却 1~2min 后放入干燥器中保存。如果预烧后的坩埚在 4h 内未使用，必须重新焙烧。预烧的目的是为了烧掉所有的有机污染物。

(2)按仪器操作指南预备仪器。

(3)测定仪器空白。输入 1.000g 质量作为质量基准；加(1.000±0.005)g 钨/锡助熔剂和(1.000±0.005)g 铁屑助熔剂；将坩埚放入炉内支架上并分析。重复测定至少 3 次。按照仪器操作指南输入空白值。

28.2.4.6　仪器校正方法

本方法是专门为碳硫分析仪所制定。加入催化剂的种类和量依照不同的仪器有所不同。

称取 0.1~0.5g 校正样品(精确到毫克)置于已预烧的坩埚中，并将称样量输入仪器。加入(1.0±0.005)g 钨/锡助熔剂和(1.0±0.005)g 铁屑助熔剂。将坩埚放在仪器的支架上进行分析。每个校正样品重复测定至少 3 次，校正仪器按仪器操作指南中给定的程序自动进行。

通过分析标样以检验仪器校正结果是否正确。如果超差，则重复进行标样测定操作。

28.2.4.7　试样分析

称取 0.1~0.5g 试样(精确到毫克)，置于已预烧的坩埚中，并将称样量输入仪器。加入

(1.0±0.005)g钨/锡助熔剂和(1.0±0.005)g铁屑助熔剂。将坩埚放在仪器的支架上进行分析。每个试样要平行测定3次，记录样品测试的所有积分值。

28.2.4.8 结果计算

大部分商用仪器都能直接计算出百分浓度。如果仪器不能给出百分浓度，请根据仪器制造商的说明，获取计算分析结果所必须的基本参数，按下面的公式计算出百分浓度(质量%)：

(1)校正常数计算：

$$K = \frac{mw(C/S)/100}{A_c - A_b} \qquad (28-54)$$

式中 K——校正常数，单位积为代表的碳的质量；

m——校正样品的质量，g；

$w(C/S)$——校正样品的总碳(硫)的质量分数；

A_c——校正样品的积分值；

A_b——空白的积分值。

(2)总碳含量的计算：

$$w(C/S) = \frac{(A_s - A_b)K \times 100}{m} \times 100\% \qquad (28-55)$$

式中 $w(C/S)$——碳(硫)的质量分数；

A_s——试样的积分值；

A_b——空白的积分值；

K——校正常数，单位积为代表的碳的质量；

m——称样量，g。

28.2.5 氮氧分析[11]

分析方法见标准GB/T 16555—2017《含碳、碳化硅、氮化物耐火材料化学分析方法》，规定了惰性气体保护熔融热导法测定总氮量和红外吸收法测定氧量。

28.2.5.1 分析原理

将试样放入一次性使用的小石墨坩埚中，于氦气流中在高于1900℃熔融，使氧、氮和氢从样品中充分释放出来。氧与坩埚的碳结合形成一氧化碳(CO)，样品中的氮以分子氮的形式被释放出来进入氦气流中，一氧化碳通过CuO转换二氧化碳，通过红外(IR)吸收法测定二氧化碳的量求得氧量。氮与释放出来的氢和一氧化碳分离，最后在热导池中测定总氮量。

28.2.5.2 仪器

氮/氧分析仪可自动进行分析操作，并可用已知氮/氧含量的标样校正。

28.2.5.3 材料

(1)高温石墨坩埚(耐热型)，由仪器制造商推荐。

(2)石墨坩埚(热损耗型)，由仪器制造商推荐。

(3)坩埚钳：根据坩埚和锡皿的尺寸、形状和使用温度而定，便于操作即可。

(4)锡皿：由仪器的制造商推荐。

(5)镍筐(助熔剂)：由仪器的制造商推荐。

(6)惰性气体(氦、氮或氩等压缩气体)：所用的种类和纯度由仪器的制造商推荐。

28.2.5.4 校正标样

选择氧和氮浓度合适的标样，比如NIST RM 8983氮化硅粉等。

28.2.5.5 准备仪器和样品制备

(1)按仪器使用说明书进行操作。在恰当的设置仪器系统操作控制条件后，通过试烧几个空白试样(即盛有规定量催化剂的坩埚)来稳定仪器条件。在连续测定几个空白试样后，仪器将达到稳定状态，允许正常的统计学的波动。

(2)粉末样品应干燥，且粒度不大于0.15mm。如果样品是块状，在制样时不能带入氧。避免用玛瑙类设备，这将会以二氧化硅的形式增加氧的量。样品和校正标准都应存放在干燥器内。

28.2.5.6 仪器校正

校正方法是针对商用氮/氧分析仪所制定，仪器装备有自动分析操作系统，能用已知氮和氧浓度的氮化硅粉进行仪器校正。因此，请按制造商的说明，调整助熔剂类型和加入量。

(1)按照如下方法测定坩埚、锡皿和镍筐的空白值。输入1.0g质量作为质量基准：将一个锡皿放入镍筐内；用镊子将镍筐夹合在一起，放进样品室。将高温石墨坩埚放置到下电极上,关上炉门开始分析。重复测定至少3次,如果没有获得稳定的值,检查并调整仪器。

按照仪器操作指南中所叙述的“空白测定操作过程”输入平均空白值作为分析常数。

(2)按下面程序校正仪器。称取适量的标样(参照仪器制造商的推荐)精确到0.1mg,放入锡皿中,并将称量输入仪器。封闭锡皿并放入镍筐内。用镊子将镍筐夹合在一起,放进样品室,将高温石墨坩埚放置到下电极上,关上炉门开始分析。重复测定至少3次。

按照仪器操作指南中所叙述的校正方法输入新标样校正值作为分析常数。

28.2.5.7 样品分析

称取0.02~0.15g试样精确到0.1mg,放入锡皿中,并将称样量输入仪器。封闭锡皿并放入镍筐内。用镊子将镍夹合在一起,放进样品室。将高温石墨坩埚放置到下电极上,关上炉门开始分析。每个试样要平行测定3份,记录样品测试的积分值。

28.2.5.8 计算

大部分商用仪器都能直接计算出百分浓度。如果仪器不能给出百分浓度,请根据仪器制造商的说明,获取计算分析结果所必需的基本参数,按式28-56计算出百分浓度:

(1)校正常数(K)按式28-54计算。

(2)样品中的总氮或总氧:

$$w(\mathrm{N/O}) = \frac{(A_s - A_b)K \times 100}{m} \times 100\% \tag{28-56}$$

式中 $w(\mathrm{N/O})$——总氮或氧的质量分数;

A_s——试样的积分值;

A_b——空白的积分值;

K——氮或氧的校正系数(m/积分值);

m——称样量,g。

28.2.6 分光光度分析[2~6]

不同材质的具体分析方法见GB/T 4984—2007《含锆耐火材料化学分析方法》、GB/T 5069—2015《镁铝系耐火材料化学分析方法》、GB/T 5070—2015《含铬耐火材料化学分析方法》、GB/T 6900—2016《铝硅系耐火材料化学分析方法》、GB/T 6901—2017《硅质耐火材料化学分析方法》、GB/T 16555—2017《含碳、碳化硅、氮化物耐火材料化学分析方法》等标准的相关章节。

28.2.6.1 邻二氮杂菲光度法测定氧化铁

A 原理

试样用硫酸-氢氟酸挥散除硅后,残渣用混合熔剂熔融,盐酸浸取。用盐酸羟胺将Fe(Ⅲ)还原为Fe(Ⅱ),在弱酸性溶液中,Fe(Ⅱ)与邻二氮杂菲形成橙红色配合物,于分光光度计波长510nm处测量其吸光度。

B 分析步骤

(1)称取0.10~0.50g试样,精确到0.1mg,将试料置于铂坩埚中,用少量水润湿,加1mL硫酸、10mL氢氟酸,于低温电炉上加热至冒尽白烟,将坩埚置于600℃高温炉中,逐渐升温至1000℃灼烧,取出冷却。加1~2g无水碳酸钠:硼酸(2+1)混合熔剂,盖上坩埚盖并稍留缝隙,置于1000~1050℃高温炉中使其完全熔融,取出,冷却。

(2)用滤纸擦净坩埚外壁,放入盛有煮沸的含10mL盐酸(1+1)和50mL水的250mL烧杯中,加热浸出熔融物至溶液清亮,用水洗出坩埚及盖,冷至室温,移入100mL容量瓶中,用水稀释至刻度,混匀(此溶液作为试液A可供铁、钛比色测定用)。

(3)用移液管移取表28-5规定量的试液A,置于100mL容量瓶中,用水稀释至约50mL。

(4)加入5mL盐酸羟胺溶液(100g/L),5mL邻二氮杂菲溶液(10g/L),10mL乙酸铵溶液(200g/L),用水稀释至刻度,摇匀,放置30min。

(5)用合适吸收皿(表28-5),于分光光度计波长510nm处,以空白试验溶液为参比测量其吸光度。

表28-5 吸收皿的选择

氧化铁量/%	0.050~0.25	0.251~2.00	2.01~5.00
吸收皿直径/mm	30	5	5
标准曲线	C(1)	C(2)	C(2)
试液A量/mL	20	20	10

C 工作曲线的绘制

工作曲线的绘制方法如下：

(1)用滴定管移取0、2mL、4mL、6mL、8mL、10mL、12mL氧化铁标准溶液(0.01mg/mL)，分别置于一组100mL容量瓶中，用水稀释至50mL。以下按B (4)进行，用30mm吸收皿，于分光光度计波长510nm处，以试剂空白为参比测量其吸光度，绘制工作曲线。

(2)用滴定管移取0mL、2mL、4mL、6mL、8mL、10mL、12mL氧化铁标准溶液(0.1mg/mL)，分别置于一组100mL容量瓶中，用水稀释至50mL。以下按B (4)进行，用5mm吸收皿，于分光光度计波长510nm处，以试剂空白为参比测量其吸光度，绘制工作曲线。

D 分析结果的计算

氧化铁的质量分数$w(Fe_2O_3)$按下列公式计算：

$$w(Fe_2O_3)=\frac{m_1/1000}{m(V_1/V)}\times 100\% \tag{28-57}$$

式中 $w(Fe_2O_3)$——氧化铁的质量分数；
m_1——由工作曲线查得分取试液中氧化铁质量的数值，mg；
V_1——分取试液体积的数值，mL；
V——试液总体积的数值，mL；
m——试料质量的数值，g。

28.2.6.2 铬天青S光度法测定氧化铝量

A 原理

试样用氢氟酸-硫酸挥散除硅，残渣用混合熔剂熔融，稀盐酸浸取。三价铁的干扰，加入抗坏血酸将其消除；四价钛的干扰，加苯羟乙酸掩蔽。在pH值为5.5六次甲基四胺缓冲条件下，铝与铬天青S生成紫红色配合物，于分光光度计波长550nm处，测量其吸光度。

B 分析步骤

(1)称取0.10~0.50g试样，精确到0.1mg，将试料置于铂坩埚中，用少量水润湿，加0.5mL硫酸、5~7mL氢氟酸，放置5min，于低温电炉上加热至冒尽白烟，取下。将坩埚放入600℃高温炉中，逐渐升温至1000℃灼烧，取出冷却。加入1~2g无水碳酸钠：硼酸(2+1)混合熔剂，加盖，置于1000~1100℃高温炉中使其完全熔融，取出冷却。

(2)用滤纸擦净坩埚外壁，放入盛有煮沸的含10mL盐酸(1+1)和50mL水的250mL烧杯中，加热浸出熔融物至溶液清亮，用水洗出坩埚及盖，冷至室温，移入100mL容量瓶中，用水稀释至刻度，混匀。

(3)用移液管移取10~20mL试液(2)置于100mL容量瓶中，用水稀释至约40mL。加1~2滴2,4-二硝基苯酚溶液(2g/L)、1mL抗坏血酸溶液(10g/L)，滴加氨水(1+5)至溶液呈现黄色，立即滴加盐酸(1+30)，至溶液黄色刚退去，再过加3mL盐酸(1+30)。加2mL苯羟乙酸溶液(10g/L)，混匀，放置5min，加8.0mL铬天青S溶液(0.8g/L)，8.0mL六次甲基四胺缓冲溶液(200g/L)，用水稀释至刻度，混匀。放置5min。

(4)用5mm吸收皿，于分光光度计波长550nm处，以空白试验溶液参比于40min内测量其吸光度。

C 工作曲线的绘制

用滴定管移取0mL、2mL、4mL、6mL、8mL、10mL、12mL氧化铝标准溶液(5μg/L)，分别置于一组100mL容量瓶中，用水稀释至40mL。以下按(3)进行，用5mm吸收皿，于分光光度计波长550nm处，以试剂空白为参比于40min内测量其吸光度，绘制工作曲线。

D 分析结果的计算

氧化铝量用质量分数$w(Al_2O_3)$计，按下列公式计算：

$$w(Al_2O_3)=\frac{m_1/10^6}{m(V_1/V)}\times 100\% \tag{28-58}$$

式中 $w(Al_2O_3)$——氧化铝的质量分数；
m_1——由工作曲线查得的分取试液中氧化铝质量的数值，μg；
V_1——分取试液体积的数值，mL；
V——试液总体积的数值，mL；
m——试料质量的数值，g。

28.2.6.3 二安替比林甲烷光度法测定二氧化钛量

A 原理

试样用硫酸-氢氟酸挥散除硅后,残渣用混合熔剂熔融,盐酸浸取。在强酸性介质中钛与二安替比林甲烷形成黄色配合物,于分光光度计波长390nm处测量其吸光度。

B 分析步骤

(1)称取约0.20g试样,精确至0.1mg,将试料置于铂坩埚中,用少量水润湿,加1mL硫酸、10mL氢氟酸,于低温电炉上加热至冒尽白烟,将坩埚置于600℃高温炉中,逐渐升温至1000℃灼烧,取出冷却。加1~2g无水碳酸钠:硼酸(2+1)混合熔剂,盖上坩埚盖并稍留缝隙,置于1000~1100℃高温炉中使其完全熔融,取出,冷却。

(2)用滤纸擦净坩埚外壁,放入盛有煮沸的含10mL盐酸(1+1)和50mL水的250mL烧杯中,加热浸出熔融物至溶液清亮,用水洗出坩埚及盖,冷至室温,移入100mL容量瓶中,用水稀释至刻度,混匀(此溶液作为试液A可供铁、钛比色测定用)。

(3)用移液管移取10~25mL试液于50mL容量瓶中,加入5mL抗坏血酸溶液(20g/L),混匀,放置3~5min,再加入6mL二安替比林甲烷溶液(50g/L)、12mL盐酸(1+1),用水稀释至刻度,摇匀,放置40min。

(4)用30mm吸收皿,于分光光度计波长390nm处,以空白试验溶液为参比测量其吸光度。

C 工作曲线的绘制

用滴定管移取0、0.5mL、1mL、2mL、4mL、6mL、8mL二氧化钛标准溶液(10μg/L),分别置于一组50mL容量瓶中,加入5mL抗坏血酸溶液(20g/L),混匀,放置3~5min,再加入6mL二安替比林甲烷溶液(50g/L)、12mL盐酸(1+1),用水稀释至刻度,摇匀,放置40min。用30mm吸收皿,于分光光度计波长390nm处,以试剂空白为参比测量其吸光度,绘制工作曲线。

D 分析结果的计算

二氧化钛量用质量分数$w(TiO_2)$计,按下列公式计算:

$$w(TiO_2)=\frac{m_1/10^6}{m(V_1/V)}\times 100\% \quad (28\text{-}59)$$

式中 $w(TiO_2)$——二氧化钛的质量分数;

m_1——由工作曲线查得分取试液中二氧化钛质量的数值,μg;

V_1——分取试液体积的数值,mL;

V——试液总体积的数值,mL;

m——试料质量的数值,g。

28.2.6.4 钼蓝光度法测定五氧化二磷量

A 原理

试样用盐酸-氢氟酸挥散除硅后,以高氯酸赶氟,再用焦硫酸钾熔融分解不溶物,盐酸浸取。加抗坏血酸、盐酸羟胺及铋盐混合溶液,再加钼酸铵与酒石酸钾钠混合溶液显色,于分光光度计波长740nm处测量其吸光度。

B 分析步骤

(1)称取0.10~0.50g试样,精确至0.1mg。将试料置于铂坩埚中,用少量水润湿,加10mL盐酸、5mL氢氟酸、1mL高氯酸于低温电炉上加热至冒尽白烟,取下,再加5mL盐酸、5mL氢氟酸,继续加热至冒尽白烟并蒸干,取下。将坩埚置于600℃高温炉中灼烧,取出冷却。加2g焦硫酸钾,置于高温炉中,在约700℃熔融15~20min,取出,冷却。

(2)用滤纸擦净坩埚外壁,放入盛有煮沸的含10mL盐酸(1+1)和50mL水的250mL烧杯中,加热浸出熔融物至溶液清亮,用水洗出坩埚及盖,冷至室温,移入100mL容量瓶中,用水稀释至刻度,混匀。

(3)用移液管移取20mL试液置于50mL容量瓶中,加5mL抗坏血酸-盐酸羟胺-硝酸铋混合溶液,5mL钼酸铵-酒石酸钾钠混合溶液,用水稀释至刻度,摇匀,放置20~30min。

(4)用30mm吸收皿,于分光光度计波长740nm或700nm处,以空白试验溶液为参比测量其吸光度。

C 工作曲线的绘制

用滴定管移取0、0.5mL、1mL、2mL、3mL、

4mL 五氧化二磷标准溶液(10μg),分别置于一组 50mL 容量瓶中,加 5mL 盐酸(4+96)。以下按(3)进行,用 30mm 吸收皿,于分光光度计波长 740nm 或 700nm 处,以试剂空白为参比测量其吸光度,绘制工作曲线。

D 分析结果的计算

五氧化二磷量用质量分数 $w(P_2O_5)$ 计,按下列公式计算:

$$w(P_2O_5)=\frac{m_1/10^6}{m(V_1/V)}\times 100\% \tag{28-60}$$

式中 $w(P_2O_5)$——五氧化二磷的质量分数;

m_1——由工作曲线查得分取试液中五氧化二磷质量的数值,μg;

V_1——分取试液体积的数值,mL;

V——试液总体积的数值,mL;

m——试料质量的数值,g。

28.2.6.5 钼蓝光度法测定二氧化硅

A 原理

试样用碳酸钠-硼酸混合熔剂熔融,稀盐酸浸取。加入过量的氟化钾,使高聚合状态的硅酸生成 SiF_6^{2-},过量的 F^- 加入硼酸配合,在约 0.2mol/L 盐酸介质中,单硅酸与钼酸铵形成硅钼杂多酸,加入乙二酸-硫酸混合酸,消除磷、砷的干扰,然后用硫酸亚铁铵将其还原为硅钼蓝,于分光光度计波长 690nm 处,测其吸光度。

B 分析步骤

(1)称取 0.10~0.50g 试样,精确至 0.0001g。将试料置于盛有 4g 混合熔剂无水碳酸钠:硼酸(2+1)混合熔剂的铂坩埚中,混匀,再覆盖 1g 混合熔剂,盖上坩埚盖并稍留缝隙,置于 800~900℃ 高温炉中,升温至 1000~1100℃熔融 5~10min,待试样完全熔解。取出铂坩埚,旋转坩埚,使熔融物均匀附着于坩埚内壁,冷却。

(2)用滤纸擦净坩埚外壁,放入盛有 20mL 盐酸(1+1)和 20mL 水的 200mL 烧杯中,低温加热浸出熔融物至溶液清亮,用水洗出坩埚及盖,冷却至室温,移入 200mL 容量瓶中,用水稀释至刻度,摇匀。

(3)用移液管移取 5.00~10.00mL 试液(2)(二氧化硅含量大于 20% 时,则移取 5.00mL 试液,加 5.00mL 空白试液)于 100mL 塑料烧杯中,加入 5.00mL 氟化钾溶液(20g/L),摇匀,静置 10min。然后加入 7.50mL 硼酸溶液(20g/L),加 1 滴对-硝基苯酚溶液(5g/L),用氢氧化钠溶液(200g/L)调至恰呈黄色,再加入 2.5mL 盐酸(1+5)。以下按(5)操作。

(4)用移液管移取 5.00~10.00mL 试液(2)(二氧化硅含量小于 5%时不加氟化钾)于 100mL 容量瓶中加 1 滴对-硝基苯酚溶液(5g/L),用氢氧化钠溶液(200g/L)调至恰呈黄色,再加入 2.5mL 盐酸(1+5)。以下按(5)操作。

(5)加入 5mL 钼酸铵溶液(50g/L),摇匀,于室温下放置 20min(室温低于 15℃ 则在约 30℃的 温水浴中进行)。加入 30mL 乙二酸(草酸)-硫酸混合酸,立即加入 5mL 硫酸亚铁铵溶液(40g/L),将溶液转移至 100mL 容量瓶中,用水稀释至刻度,摇匀。用 5mm 或 30mm 吸收皿,于分光光度计 690nm 处,以空白试验溶液为参比测量其吸光度。

C 工作曲线的绘制

用滴定管移取 0、1.00mL、2.00mL、4.00mL、6.00mL、8.00mL、10.00mL 二氧化硅标准溶液(0.1 mg/mL)分别置于一组 100mL 的塑料烧杯中。以下按(3)~(5)操作,用 5mm 吸收皿,于分光光度计 690nm 处,以试剂空白为参比测量其吸光度,绘制工作曲线。

用滴定管移取 0、1.00mL、2.00mL、4.00mL、6.00mL、8.00mL、10.00mL 二氧化硅标准溶液(0.01 mg/mL)分别置于一组 100mL 容量瓶中。以下按(3)~(5)操作,用 30mm 吸收皿,于分光光度计 690nm 处,以试剂空白为参比测量其吸光度,绘制工作曲线。

D 分析结果的计算

二氧化硅量用质量分数 $w(SiO_2)$ 计,按下列公式计算:

$$w(SiO_2)=\frac{m_1}{m(V_1/V)} \tag{28-61}$$

式中　m_1——由工作曲线查得的二氧化硅量的数值,g;

V_1——分取试液的体积的数值,mL;

V——试液总体积的数值,mL;

m——试料的质量的数值,g。

28.2.7　火焰光度分析[2~6]

氧化钾、氧化钠的测定,不同材质的具体分析方法见 GB/T 4984—2007《含锆耐火材料化学分析方法》、GB/T 5069—2015《镁铝系耐火材料化学分析方法》、GB/T 5070—2015《含铬耐火材料化学分析方法》、GB/T 6900—2016《铝硅系耐火材料化学分析方法》、GB/T 6901—2017《硅质耐火材料化学分析方法》、GB/T 16555—2017《含碳、碳化硅、氮化物耐火材料化学分析方法》等标准的相关章节。

28.2.7.1　方法提要

试样用硫酸-氢氟酸(或高氯酸-氢氟酸)分解后,制备成硫酸(或硝酸)介质,直接用火焰光度法测定钾、钠。该法的基本依据是:能被火焰激发的碱金属和碱土金属等被测元素,在火焰中被激发而产生光谱,经单色器(滤光片、棱镜或光栅)使被测元素的辐射线投射在光电池上,所产生的光电流的大小,取决于辐射线强度,而辐射线强度又与被测元素的含量成正比,从而测得被测元素的含量。

28.2.7.2　仪器

火焰光度计。

28.2.7.3　分析步骤

A　酸溶法

(1)硫酸介质。称取试样 0.1000~0.3000g(视钾、钠含量而定)置于铂皿或铂坩埚中,以数滴水润湿,加硫酸 1mL、氢氟酸 10mL,在低温电炉上蒸发至近干,取下冷却,再加入氢氟酸 5mL,继续蒸发至干(在蒸发过程中要经常摇动,以防不溶物结块),然后稍升高电炉温度以除尽硫酸白烟。待冷却后,加水约 40mL,滴加硫酸 1mL,用玻璃棒压碎结块,再加热至近沸,移入 100mL 容量瓶中(必要时可采用带有少许滤纸浆的快速滤纸过滤,然后用水洗涤沉淀6~8 次),冷却至室温后,用水稀释至刻度,摇匀备用。

(2)硝酸介质。称取 0.2000g 试样置于铂皿中,以数滴水润湿,加高氯酸 5mL、氢氟酸 10mL,在低温电炉上加热至冒浓厚白烟并蒸干,取下后稍冷,用水冲洗铂皿内壁,再加高氯酸 3mL,继续蒸发至干,将其取下加水 20~30mL,加硝酸(1+1)8mL,加热待盐类溶解后,试液移入 100mL 容量瓶中,冷却至室温,用水稀释至刻度,摇匀备用。

将上述制备好的钾、钠待测试液与标准系列同时在火焰光度计上分别测定氧化钾、氧化钠的电流强度,从相应介质的标准曲线上查得氧化钾、氧化钠的毫克数。

氧化钾、氧化钠的含量按下列计算:

$$w = \frac{m_1}{m \times 1000} \tag{28-62}$$

式中　m_1——从标准曲线上查得氧化钾、氧化钠的毫克数;

m——试样质量,g。

(3)标准曲线的绘制。在 14 个 100mL 容量瓶中,用半微量滴定管分别准确加入钾、钠标准溶液(1mL 含 1mg 氧化钾、1mg 氧化钠)0.00、0.30mL、0.70mL、1.00mL、1.50mL、2.00mL、3.00mL、4.00mL、5.00mL、6.00mL、7.00mL、8.00mL、9.00mL、10.00mL,然后分别加水 50~60mL,滴加硫酸 1mL(或加硝酸(1+1)8mL),冷却至室温后,用水稀释至刻度,摇匀。在火焰光度计上分别测定氧化钾、氧化钠的电流强度。以电流强度读数为纵坐标,氧化钾或氧化钠的含量(毫克数)为横坐标,绘制标准曲线。

B　碱熔法

(1)称取 0.1000g 试样置于铂坩埚中,加碳酸锂-硼酸混合熔剂(1+1)1.00g,充分混匀后,置于 850~950℃ 的高温炉中熔融 15min 左右,取出冷却后,在铂坩埚内加盐酸(1+1)6mL 及适量水,加热待盐类溶解后,冷却至室温,移入 250mL 容量瓶中,用水稀释至刻度,摇匀备用。

(2)将上述制备好的钾、钠待测试液与标准系列同时在火焰光度计上分别测定氧化钾、氧化钠的电流强度,从标准曲线上查得氧化钾、氧化钠的毫克数。

氧化钾、氧化钠的含量按式28-62计算。

28.2.8 离子选择电极分析应用

28.2.8.1 概论

离子选择性电极分析是根据物理化学原理直接测定分析组分的分析方法。由于它具有结构和配套设备简单，电极能自行制备、操作简便快速、试样无须复杂的预先分离，能连续、自动地进行测量等一系列优点，受到人们的普遍重视，成为分析化学中一个比较活跃的领域。

A 离子选择性电极的基本原理

离子选择性电极的关键部分是称为选择性膜的敏感元件，电极膜内填充有与内参比电极进行可逆反应的离子的内参比溶液，膜电位通过内参比溶液、内参比电极，由引线传输到具有高输入阻抗的电位计。电位计测量的是被测离子的活度与电池电动势，电动势和浓度的对数呈线性关系，由 E-lg$C$ 工作曲线，就可求出被测离子的浓度。

B 分析测量技术

离子选择性电极用于分析测定，都是能斯特公式在不同条件下的应用，大致可分为直接电位法和电位滴定法两大类，分别简述如下：

(1)直接电位法。该法基于电极电位和离子浓度之间的能斯特对数关系，通过测定电位值求算浓度。

(2)电位滴定法。该法是应用离子选择性电极作为滴定终点的指示电极，进行电位滴定。

28.2.8.2 含氟材料中氟的测定[13]

A 方法提要

试样经碱熔，以水浸取然后酸化。移取部分试液，在pH值为6.5的条件下，控制总离子强度，采用加入标准格氏作图法进行氟的测定。

B 仪器与材料

(1)氟离子选择电极。

(2)饱和甘汞电极。

(3)滴定装置。

(4)数字电压表。

(5)酸度计。

(6)格氏坐标纸。

C 分析步骤

(1)称取0.2000g试样于镍坩埚中，加入氢氧化钠4g及过氧化钠1g，放入高温炉中，从低温开始，逐渐升温至650~700℃熔融，待试样分解完全后，取出冷却。用热水将熔块浸取于250mL烧杯中，加盐酸20mL，于低温电炉上加热并煮沸，取下冷却至室温后，移入100mL容量瓶中，用水稀释至刻度，摇匀，此为“待测试液A”。

(2)移取“待测试液A”10.0mL于150mL烧杯中，加抗坏血酸溶液(100g/L)1mL(若黄色不退可适当增加)，加缓冲溶液Ⅱ(pH值为6.5)5mL，用水稀释至约70mL，借助pH计，用氢氧化钠溶液(100g/L)及盐酸(1+4)调节pH值为6.5，然后移入100mL容量瓶中，用水稀释至刻度，摇匀。将其全部倾出于原烧杯中，置烧杯于DZ-1型滴定装置上，插入与PZ8型直流数字电压表相连接的氟电极和饱和甘汞电极，配以10mL半微量滴定管，选用“手动”滴定开关，在不断搅拌下，向试液中准确加入氟标准溶液(其浓度为试液中氟浓度40~100倍为宜)，每次加入1.00mL并读取其平衡电位值，共加4~5次。最后在格氏作图纸上作图，所得 E-V 直线与横轴相交点为 $A_{待测}$，按同样手续进行空白试验，作图并得出直线与横轴相交点为 $A_{空}$。

(3)氟的质量分数按下式计算：

$$w(\mathrm{F}) = \frac{(A_{待测} - A_{空}) \times c_{\mathrm{F}}}{m \times \dfrac{10}{100} \times 1000} \qquad (28\text{-}63)$$

式中 $A_{待测}$——待测液直线在横轴上的截距，mL；

$A_{空}$——空白液直线在横轴上的截距，mL；

c_{F}——氟标准溶液的浓度，mg/mL；

m——试样质量，g。

28.3 分析数据的处理

在化学分析过程中，会产生许多测量数据，如待测试样的称量、滴定溶液的体积、显色溶液的吸光度等。由于受分析方法、测量仪器、所用试剂和其他主客观条件的影响,任何测量都不可能绝对准确,即使操作十分小心,采用最可靠的分析方法和精密的分析仪器,对同一试样重复多次测定,其结果也不会完全一致。因此,为了保证分析的准确性,一方面必须认真记录测量数据,另一方面应科学处理分析数据,以便更合理地报出试验的正确结果。

28.3.1　误差的定义及来源

误差一般定义为测量值与真实值之差。对于待测试样,所谓真实值实际上是不存在的,经过多次分析测定,用数据统计的方法可以得到相当接近真实的结果。通常,可把经过国家标准局认可的标准物质的定值结果看作为真实值。

从误差产生的原因及其性质分析,将误差分为系统误差和偶然误差。所谓的过失误差,则是由人为操作失误而引起的,应当避免发生。

28.3.1.1　系统误差

系统误差是在分析过程中,由某些固定因素引起的误差。在重复测定时,它会重复表现出来。系统误差主要来自仪器未经校正带来的误差,方法本身的系统偏差,试剂、容器、环境引入空白造成的误差,不准确的操作习惯造成的误差等几个方面。因此,这种误差可以通过查找原因,采取校正的方法予以消除。而增加测定次数不能使系统误差减小。

28.3.1.2　偶然误差

偶然误差,又称为随机误差。它是由分析操作中的不确定因素或无法控制的条件波动所造成的,例如加入试剂量的多少、加热温度的高低、放置时间的长短、仪器波动等。正误差和负误差出现的概率相等。绝对值大的误差出现的机会少,绝对值小的误差出现的机会多。偶然误差无法校正,但增加测定次数可以使其减小。

28.3.2　准确度和精密度

28.3.2.1　一般概念

分析测试数据的质量,可用准确度和精密度来衡量。准确度,是指测量值与真实值的符合程度;它说明测量的可靠性,用误差来表示;误差越小,准确度越高。精密度,是指相同条件下或不同条件下重复测定结果之间相接近的程度,精密度是偶然误差的量度;偶然误差小,精密度就高。准确度是偶然误差和系统误差的综合评价。

准确度和精密度是两个既有联系又有区别的概念。精密度高不等于准确度好,但精密度高是准确度好的必备条件,只有精密度高,系统误差小,甚至为零,准确度才好。

28.3.2.2　绝对误差与相对误差

误差有绝对误差和相对误差两种表示方法。

绝对误差(E)=测量值(X_a)-真实值(μ);

相对误差=绝对误差/真实值。

$$X_a = \frac{\sum X_i}{n} \quad (28\text{-}64)$$

式中　X_a——测量值;

n——测量次数;

X_i——单次测量值。

绝对误差和相对误差有正负之分,正值表示结果偏高,负值表示结果偏低。在比较各种情况下的准确度高低时,用相对误差衡量更合理些。

28.3.2.3　精密度表示方法

精密度一般又分重复精度和再现精度,又称重复性和再现性。精密度通常用下列几种方法表示。

A　平均偏差和相对平均偏差

对同一分析试样,在相同条件下重复测定 n 次,测得的结果分别为:$X_1, X_2, X_3, \cdots, X_n$。

单次测量值(X_i)与平均值(X_a)之差,称为偏差(d_i)。

$$d_i = X_i - X_a \quad (28\text{-}65)$$

$$平均偏差\ d = \frac{|X_1 - X_a| + |X_2 - X_a| + \cdots + |X_n - X_a|}{n}$$

$$d = \frac{\sum d_i}{n} \quad (28\text{-}66)$$

$$相对平均偏差 = \frac{d}{X_a} \times 100\% \quad (28\text{-}67)$$

用平均偏差表示精密度，方法虽简单，但不够严密。

B 标准偏差

在数理统计中，把所研究的对象的全体称为总体（或母体）。自总体中随机抽出的一部分样品称为样本（或子样）。样本中所含测量值的个数称为样本容量。在实际工作中，要测定无限次是不可能的，常把样本容量大到一定的程度（$n \geqslant 64$）就可以看作为总体（一般地 $n \geqslant 20$ 次也就可以了），而把有限次测定（$n<20$）看作为样本。总体标准偏差（σ）和样本标准偏差（S）计算公式如下：

$$\sigma_i = \sqrt{\frac{\sum (X_i - \mu)^2}{n}} \qquad (28-68)$$

$$S = \sqrt{\frac{\sum (X_i - X)^2}{n - 1}} \qquad (28-69)$$

样本标准偏差是总体标准偏差的估计值。当 n 足够大时，$n-1$ 与 n 无大区别。这时 X_a 趋近于 μ，而 S 趋近于 σ。

通过统计软件可以很方便地计算得到一组测定数据的平均值、总体标准差和样本标准偏差。

C 相对标准偏差

相对标准偏差（RSD）又称为变异系数（C_V），也常用来表示数据的精密度。

$$RSD = (S/X_a) \times 100\% \qquad (28-70)$$

D 极差

在一组测定数据中，最大值（X_{max}）与最小值（X_{min}）之差，称为极差（R）。

$$R = X_{max} - X_{min} \qquad (28-71)$$

极差大，则表示精密度差；极差小，则表示精密度好。

28.3.3 化学分析允许差的应用

28.3.3.1 允许差的概念

化学分析允许差，是化验室判定分析结果准确性和一致性的控制界限。分为重复性和再现性两种精密度指标。重复性和再现性的定量定义如下：

（1）重复性：指同一个操作者、同一台设备、同一个实验室和短暂的时间间隔得到的两次分析结果之差的绝对值，以某个指定概率（通常按 95%），应低于的数值。

（2）再现性：指不同的操作者、不同的设备、不同的实验室、不同或相同时间得到的两次分析结果之差的绝对值，以某个指定概率（通常按 95%），应低于的数值。

国家标准方法中所列的允许差，是通过实验室间共同试验得到的该方法的精密度指标。

28.3.3.2 允许差的应用

在日常分析中，采用法定的允许差对分析结果进行比较和判定。但允许差并非每个测量值的真实误差，不能将它作为误差来修正测定值。

（1）标样允许差：用于判断分析有效性，与试样分析的同时作标样分析，其测得值与标准值之差不得超过允许差，则本次分析有效；否则，整批分析应予以重做。在作新方法研究试验时，常用标样允许差来判断新方法的准确度。标样允许差还可用于对分析人员的操作情况作技术考核。

（2）室内允许差（重复性）：用于平行分析结果之间一致性的判定，两次测定结果不超过允许差（重复性），则可以按平均值报出结果。如果超差应予以重做。3 次结果比较。如果超差，则应查明原因，经纠正后重新分析，或剔除异常数据。若为均匀离散，可以是试样问题。若不能重新取样时，可用中位值报出结果。

在分析质量抽查中，可用允许差判定新老结果的一致性。实验室间允许差（再现性）主要用于仲裁分析结果的判定。

除此以外，用不确定度评定分析结果的重复性和再现性更加科学严谨。不确定度是利用可获得的信息，表征赋予被测量值分散性的非负参数。不确定度的评定可参考标准 GB/T 27418—2017《测量不确定度评定和表示》、JJF 1135—2005《化学分析测量不确定度评定》。

参考文献

[1] 国药集团化学试剂有限公司．GB/T 6682—2008 分析实验室用水规格和试验方法[S].北京：中国标准出版社，2008.

[2] 中钢集团洛阳耐火材料研究院有限公司 . GB/T 6900—2016 铝硅系耐火材料化学分析方法[S].北京:中国标准出版社,2017.
[3] 中钢集团洛阳耐火材料研究院有限公司 . GB/T 6901—201 硅质耐火材料化学分析方法[S].北京:中国标准出版社,2018.
[4] 中钢集团洛阳耐火材料研究院有限公司 . GB/T 5069—2015 镁铝系耐火材料化学分析方法[S].北京:中国标准出版社,2016.
[5] 中钢集团洛阳耐火材料研究院有限公司 . GB/T 5070—2015 含铬耐火材料化学分析方法[S].北京:中国标准出版社,2017.
[6] 中国建筑材料科学研究院 . GB/T 4984—2007 含锆耐火材料化学分析方法[S].北京:中国标准出版社,2007.
[7] 郑州磨料磨具磨削研究所有限公司 . GB/T 3045—2017 普通磨料 碳化硅化学分析方法[S].北京:中国标准出版社,2017.
[8] 郑州磨料磨具磨削研究所有限公司 . GB/T3043—2017 普通磨料 棕刚玉化学分析方法[S].北京:中国标准出版社,2017.
[9] 郑州磨料磨具磨削研究所有限公司 . GB/T3044—2007 白刚玉、铬刚玉 化学分析方法[S].北京:中国标准出版社,2007.
[10] 咸阳非金属矿研究设计院等 . GB/T 3521—2008 石墨化学分析方法[S].北京:中国标准出版社,2009.
[11] 中钢集团洛阳耐火材料研究院有限公司 . GB/T 16555—2017 含碳、碳化硅、氮化物耐火材料化学分析方法[S].北京:中国标准出版社,2017.
[12] 中钢集团洛阳耐火材料研究院有限公司 . GB/T34333—2017 耐火材料 电感耦合等离子体原子发射光谱(ICP-AES)分析方法[S].北京:中国标准出版社,2017.
[13] 冶金工业信息标准研究院 . YB/T 190.10-2014 连铸保护渣 氟含量的测定 离子选择电极法[S].北京:冶金工业出版社,2015.

29 耐火材料制品物理性能检测方法

耐火材料物理性能检测方法主要可分为五类，分别是结构性能、力学性能、使用性能、热学性能和施工性能。耐火材料的质量取决于其性能，为了保证热工设备的正常运行，所选用的耐火材料必须具备能够满足和适用各种使用环境和操作条件。根据这种性能的测定结果可以预测耐火材料在高温环境下的使用情况，耐火材料所具有的各种性能是热工设备选择结构材料的重要依据，所以耐火材料的物理性能测定非常重要。本章系统介绍了耐火材料物理性能的国内外的标准测定方法，为使用者提供良好的指导和借鉴之用。

29.1 结构性能

29.1.1 气孔率、吸水率和体积密度试验方法

气孔率、体积密度是评价耐火材料质量的重要指标，也是所有耐火原料和耐火材料制品质量标准中的基本技术指标之一。

吸水率是耐火材料开口气孔所吸收的水的质量与材料干燥时质量的百分比，它是反映制品或原料中开口气孔数量的一个技术指标。

上述物理性质只表征制品气孔体积的多少，但不能反映气孔的大小、形状和分布。

29.1.1.1 测试原理

称量试样的质量，再用液体静力称量法测定其体积，计算气孔率、体积密度，或根据试样的真密度（按 GB/T 5071 测定）计算真气孔率。

29.1.1.2 测试方法

对于致密耐火制品，显气孔率及体积密度测定按照中国标准 GB/T 2997—2015（修改采用国际标准 ISO 5017），其方法是：用体积为 $50 \sim 200cm^3$ 的棱柱体或圆柱体试样，先称量干燥后的试样质量，然后让试样在容器中抽真空，再加入液体充分饱和试样，称量饱和试样在空气中的质量和饱和试样悬浮在液体中的质量，同时测定在试验温度下液体密度 ρ_{mg}。

（1）显气孔率 π_a 按下式计算：

$$\pi_a = \frac{m_3 - m_1}{m_3 - m_2} \times 100\% \tag{29-1}$$

（2）体积密度 ρ_b 按下式计算：

$$\rho_b = \frac{m_1}{m_3 - m_2} \times \rho_{mg} \tag{29-2}$$

（3）真气孔率 π_t 按下式计算：

$$\pi_t(\%) = \frac{\rho_t - \rho_b}{\rho_t} \times 100\% \tag{29-3}$$

（4）闭口气孔率 π_f 按下式计算：

$$\pi_f = \pi_t - \pi_a \tag{29-4}$$

式中 m_1——干燥试样的质量，g；

m_2——饱和试样悬浮在液体中的质量，g；

m_3——饱和试样在空气中的质量，g；

ρ_t——真密度，g/cm^3；

ρ_b——体积密度，g/cm^3。

对于高气孔率的定形隔热耐火制品体积密度，按照国家标准 GB/T 2998—2015 和国际标准 ISO 2477 测定，其方法是：采用体积不小于 $500cm^3$，棱长或直径最短不小于 50mm 的长方体或圆柱体试样，精确测量其质量和三维尺寸，体积密度按下式计算：

$$\rho_b = \frac{M}{Lbd} \tag{29-5}$$

在已知真密度情况下，按式 29-3 计算真气孔率。

对于粒状耐火材料体积密度测定，按照中国标准 GB/T 2999—2016 测定方法有两种，一种是称量法，一种是滴定管法，两种方法均采用 2.0～5.6mm 的粒状试样。

称量法的测定方法是：用抽真空的方法将试样制成饱和试样，分别称量干燥后的试样质量、饱和试样悬浮在液体中的质量和在空气中的质量。

（1）试样体积密度按下式计算：

$$\rho_R = \frac{m_1}{m_3 - m_2} \times \rho_t \quad (29-6)$$

（2）显气孔率 π_a 按式 29-1 计算。

（3）吸水率按下式计算：

$$\omega_a = \frac{m_3 - m_1}{m_1} \times 100\% \quad (29-7)$$

式中　ρ_R——试样体积密度，g/cm³；

m_1——干燥试样的质量，g；

m_2——饱和试样悬浮在液体中的质量，g；

m_3——饱和试样在空气中的质量，g；

ρ_t——试验温度下浸液密度，g/cm³。

滴定管法的测定方法是：采用已标定的滴定管来测量试样体积。称量干燥后的试样质量，将试样置于烧杯内，加水淹没使其充分吸水，然后取出试样并用湿毛巾吸去颗粒表面上的水，再将吸水试样装进已加定量水的滴定管中，用放大镜读取装试样前后的读数。该读数差即为试样体积，试样体积密度按下式计算：

$$\rho_R = \frac{m}{V_R} \quad (29-8)$$

式中　ρ_R——试样体积密度，g/cm³；

m——干燥后试样质量，g；

V_R——试样体积，cm³。

GB/T 2999—2016 修改采用国际标准 ISO 8840，国际标准 ISO 8840 颗粒体积密度的测定方法中有水银法和吸水法两种，前者再现性好，为仲裁方法，后者为常规测定方法。试样粒度为 2.0～5.6mm。水银法中，采用真空比重瓶，以抽真空吸入充满水银，称量充水银后比重瓶的质量。称量干燥试样质量和将试样装入比重瓶再充水银后比重瓶的质量，按下式计算试样体积 V_R：

$$V_R = \frac{m_G + m_P - m_T}{\rho} \quad (29-9)$$

试样体积密度：

$$D_b = \frac{m_P}{V_R} \quad (29-10)$$

式中　m_G——充水银后比重瓶的质量，g；

m_P——干燥试样质量，g；

m_T——装试样再充水银后比重瓶的质量，g；

ρ——水银密度，g/cm³；

V_R——试样体积，cm³；

D_b——试样体积密度，g/cm³。

29.1.2　真密度试验方法

真密度是指不包括气孔在内的单位体积耐火材料的质量。

29.1.2.1　测试原理

把试样破碎，磨细，使之尽可能不存在有封闭气孔，测量其干燥的质量和真体积，从而测得真密度。细料的体积用比重瓶和已知密度的液体测定，所用液体温度必须控制或仔细地测量。

29.1.2.2　测试方法

中国标准（GB/T 5071）和国际标准（ISO 5018）耐火材料真密度测定方法规定，把材料破碎、磨细到尽可能无封闭气孔存在的粉末试样（通过 0.063mm 筛孔）。称量比重瓶质量和装有试样的比重瓶质量，两者之差即为试样的干燥质量。选用蒸馏水或其他已知密度的液体装满装有试样的比重瓶，称量质量。选用同一液体装满已倒空试样和洗净的同一比重瓶，称量质量。由于装满液体是在恒温条件下，比重瓶容积是精确恒容积的，因此可按下式计算真密度：

$$\rho = \frac{m_1}{m_3 + m_1 - m_2} \times \rho_1 \quad (29-11)$$

式中　m_1——试样的干燥质量，g；

m_2——装有试样和选用液体的比重瓶质量，g；

m_3——装有选用液体的比重瓶质量，g；

ρ_1——所选用液体在试验温度下的密度，g/cm³。

29.1.3　气孔孔径分布试验方法

所谓孔径分布即不同孔径下的孔容积分布频率。耐火制品中的气孔绝大多数具有椭圆或不规则开口的断面，孔径是指相应的圆柱形气孔的当量直径。大于 1mm 的气孔主要存在于熔铸或隔热耐火制品中，称为缩孔或大气孔。致密耐火制品中的气孔主要为毛细孔，孔径多为1~30μm，最大可达100μm左右。而气孔微细化的铝碳制品和致密高铝砖的平均孔径小于1μm。

29.1.3.1 测试原理

汞在给定的压力下会浸入多孔物质的开口气孔，当均衡地增加压力时能使汞浸入样品的细孔，被浸入的细孔大小和所加的压力成反比。

29.1.3.2 测试方法

测定耐火制品孔径分布的常用方法是压汞法。当汞与毛细孔接触时，由于表面张力作用，不能渗入，必须施加外压，才能把汞压入气孔中。根据毛细管法则公式：$d=-4\sigma\cos\theta/p$，式中汞的表面张力 σ 约为0.48N/m，汞与耐火材料的润湿角 θ 约为140°，当压力 p 采用单位MPa、气孔当量直径 d 采用单位μm时，则 $d=1.5/p$。当 $p=0.1$MPa时，对应的 $d=15$μm；$p=100$MPa时，对应的 $d=0.015$μm。在仪器从低压升至高压的加压过程中，对应越来越细小的气孔被汞渗入。

按照YB/T 118—2020耐火材料气孔孔径分布测试方法是：将烘干后尺寸为4~8mm的待测试样置于容器中，抽真空并充满汞，进而对汞逐渐加压，汞不断渗入越来越细小的气孔中，容积减少。根据不同压力下渗入的汞的容积，计算对应孔径气孔的体积，便得到孔径分布。压汞法的孔径测量范围为0.005~1000μm。同样是利用毛细管法则的另一种测量孔径分布方法是水—空气置换法：首先将试样制成完全被水充满的饱和试样，将其置于透气度测定仪中。在空气压力作用下，低压时孔径较大的贯通气孔中水被挤出，气流导通，随着压力升高，对应孔径较小的贯通气孔逐渐导通，流量增加。根据压力-流量变化曲线，可以计算相应孔径的气孔体积，得到孔径分布。利用光学显微镜可以直接观察试样中气孔的大小和形态，再人工测量或通过图像分析仪进行定量分析。该法的孔径测量范围为1~100μm，适合测量球形封闭气孔。利用扫描电子显微镜可将观察和测量范围扩大到0.01~100μm。透射电子显微镜的测量范围是0.001~5μm。此外，还有吸附毛细管凝聚法（测量范围0.0005~0.04μm）、X射线小角度散射法（测量范围小于0.05μm）和不相容色层分析法（测量范围0.001~0.4μm）等可以测量微小孔径的分布。

平均孔径按下式计算：

$$\overline{D}=\frac{\int_0^{V_{总}} D\mathrm{d}V}{V_{总}} \tag{29-12}$$

式中 $\overline{D}$——平均孔径，μm；

D——某一压力所对应的孔直径，μm；

$V_{总}$——开口气孔的总容积，cm^3；

$\mathrm{d}V$——孔容积微分值，cm^3。

小于1μm孔容积百分率按下式计算：

$$V'=\frac{V_{总}-V_1}{V_{总}}\times 100\% \tag{29-13}$$

式中 V'——小于1μm的孔容积百分率；

$V_{总}$——汞压入总量，cm^3；

V_1——大于1μm孔径的汞压入量，cm^3。

29.1.4 透气度试验方法

透气度是在一定压差下，气体透过耐火制品难易程度的特征值。透气度的单位有若干种，中国采用国际统一单位制 m^2，常用单位 $μm^2$。在1Pa的压差下，动力黏度为1Pa·s的气体，通过面积为 $1m^2$、厚度为1m的制品的体积流量为 $1m^3/s$ 时，透气度为 $1m^2$。

29.1.4.1 测试原理

干燥的气体通过试样，记录试样两端至少在三个不同压差下的流量，由这些数值以及试样的大小和形状，通过计算确定材料的透气度。

29.1.4.2 测试方法

根据中国标准GB/T 3000—2016致密定形耐火制品透气度测试方法是：根据透气度定义，测定直径50mm、高50mm的圆柱体试样，在三个不同压差下，流过试样两端面的干燥空气、氮气的流量，按下式计算试样的透气度 μ：

$$u=\frac{V}{t}\times\eta\times\frac{\delta}{A}\times\frac{1}{p_1-p_2}\times\frac{2p}{p_1+p_2} \tag{29-14}$$

式中 V——通过试样的气体体积，m^3；

t——气体通过试样的时间，s；

η——试验温度下气体的动力黏度，Pa·s；

δ——试样高度，m；

A——试样的横截面积，m^2；

p——气体的绝对压力，Pa；

p_1——气体进入试样端的绝对压力，Pa；

p_2——气体逸出试样端的绝对压力，Pa。

29.2　力学性能

29.2.1　弹性模量试验方法

材料在其弹性限度内受外力作用产生变形，当外力除去后，仍恢复到原来的形状，此时应力和应变的比例称为弹性模量。它表示材料抵抗变形的能力，这种关系可以表示为：

$$E = \rho \frac{l}{\Delta l} \tag{29-15}$$

式中　E——弹性模量，kg/cm^2；

ρ——材料所受应力，kg/cm^2；

$\Delta l/l$——材料的相对长度变化，%。

可以看出，弹性模量 E 值越大，则在相同的应力下，变形越小。其物理意义是将截面积为 $1cm^2$ 的单位长度的试样拉伸长 1 倍时所发生的应力。它表征材料抵抗变形的能力，与材料的强度、变形、断裂等性能均有关系，是材料的重要力学参数之一。

弹性模量的测定方法，包括静态法和动态法。静态法又包括直接拉伸法（又称静荷重法）、电阻应变法、弯曲挠度法、柔度修正法等。动态法包括超声法、共振法、声频法（敲击法）等。最常用的是声频法，声频法的原理是：已知弹性体的固有振动频率取决于它的形状、体积密度和弹性模量，则对于形状和体积密度已知的试样，如测定其固有振动频率，则可求得弹性模量。声频法的测定方法是用一个可以连续变化频率的声频振荡器激发试样一端，测量材料的固有振动频率，按下式计算：

$$E = KWN^2 \tag{29-16}$$

式中　E——弹性模量，Pa；

W——试样质量，kg；

N——试样以基波振动的固有振动频率，Hz；

K——系数，与试样的形状、大小以及振动方式、泊松比有关。

静荷重法是在试样上施加一恒定的应力，观察其弹性变形量。这种方法也就是上述各种机械强度的测定方法中在其破坏点以下的弹性范围内进行测定。由于耐火制品在常温下很脆，弹性模量也较大，变形量不易测准，故多采用动力法——声频法测定。

29.2.2　耐压强度试验方法

耐火材料的耐压强度包括常温耐压强度和高温耐压强度，分别是指常温和高温条件下，耐火材料单位面积上所能承受的最大压力，如果超过此值，材料被破坏，以 MPa 表示。

29.2.2.1　常温耐压强度测试原理

室温下，用压力试验机以规定的速率，对规定尺寸的试样加荷，直至试样破碎或压缩到原来尺寸的 90%。根据所记录的最大载荷和试样承受载荷的面积，计算常温耐压强度。

29.2.2.2　测试方法

对致密定形耐火制品，按照 GB/T 5072—2008，常温耐压强度的测试方法有两种，一种是有衬垫试验方法，一种是无衬垫仲裁试验方法。

有衬垫试验方法的测试方法是：由砖体的一角切厚度立方体试样或钻取 ϕ50mm×50mm 的圆柱体试样，测量干燥后试样上下受压面的长度、宽度或直径，计算上下受压面面积；然后将试样置于压板中心，并在试样上、下受压面与压板之间垫一层厚约 2mm 的草纸板，在试验机上以一定加荷速率连续均匀地加荷，直至试样破碎为止。记录试验机此时指示的最大载荷。

无衬垫仲裁试验方法的测试方法是：由砖体的一角钻取 ϕ50mm×50mm 或 ϕ36mm×36mm 的圆柱体试样，将试样两端的受压面研磨平整，并保持相互平行。检查受压面是否研磨平整的方法是：将每个端面以（3±1）kN 的压力逐一按压在有碳粉或印蓝纸和硬填充纸衬垫的水平板上，压面印痕不完整、不清晰的重磨。测量干燥后试样上下受压面的直径,然后将试样或装好试样的适配器安装在试验机上下压板的中心位置,以一定加荷速率连续均匀地加荷,直至试样破碎为止。记录试验机此时指示的最大载荷。

对定形隔热耐火制品,常温耐压强度的测定的基本原理与致密定形耐火制品常温耐压强度的测定一致,具体方法是:试样通常取半块标砖,测量试样每个承载面的长和宽,在四条边的中心处测量试样的高度。将试样置于下压板的中心位置,以规定的速率加荷直到试样破坏或压缩到原高度的90%,记录试验期间的最大载荷。

试样的常温耐压强度按下式计算:

$$\sigma = \frac{F_{max}}{A_0} \qquad (29-17)$$

式中 σ——常温耐压强度,MPa;

F_{max}——试样破碎时的最大载荷,N;

A_0——试样的面积,mm^2。

GB/T 34218—2017《耐火材料高温耐压强度试验方法》采用的试验方法是常温耐压强度试验方法中的无衬垫仲裁法。试样以一定的升温速率升至试验温度,试验温度由相关方协商确定。保温时间的规定是:对于致密耐火材料,试验温度在1000℃以下保温30min,1000℃以上保温5min;对于隔热耐火制品,保温时间为30min。

29.2.3 抗折强度试验方法

29.2.3.1 *测试原理*

规定尺寸的长方体试样在三点弯曲装置上能够承受的最大应力,即为抗折强度。

室温下测定的抗折强度称为常温抗折强度。对材料预先加热至某一温度并保温一定时间(通常为30min)进行抗折试验,所得强度值称为该温度下的高温抗折强度。

在规定温度下,以恒定的加荷速率对试样施加应力直至断裂,如图29-1所示。定形制品和不定形耐火材料标准试样的尺寸见表29-1和表29-2。

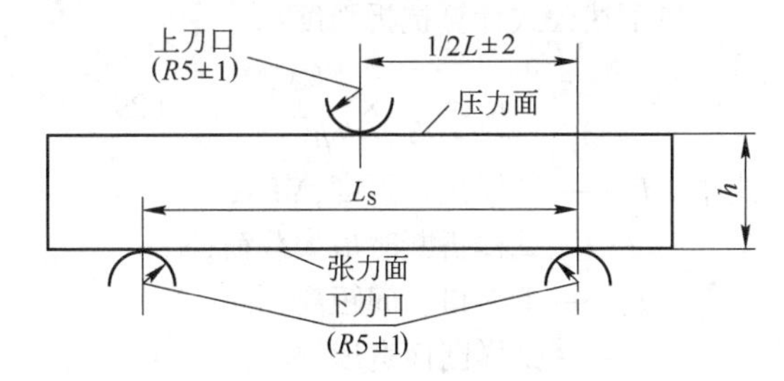

图29-1 三点弯曲抗折试验方法示意图

表29-1 定形制品试样尺寸、允许偏差和刀口的规定 (mm)

试样尺寸 $l \times b \times h$	宽度 b 和高度 h 的允许偏差	横截面对边之间的平行度允许偏差	顶面与底面之间的平行度允许偏差	下刀口之间距离 L_S	上下刀口的曲率半径
230×114×65				180±1	15±0.5
230×114×75					
200×40×40	±1	±0.15	±0.25	180±1	15±0.5
150×25×25	±1	±0.1	±0.2	125±1	5±0.5

注:隔热制品推荐采用标形砖。

表29-2 不定形耐火材料试样尺寸、允许偏差和刀口的规定 (mm)

试样尺寸 $l \times b \times h$	宽度 b 和高度 h 的允许偏差	横截面对边之间的平行度允许偏差	顶面与底面之间的平行度允许偏差	下刀口之间距离 L_S	上下刀口的曲率半径
230×114×64	±0.5	±0.2	±0.3	180±1	15±0.5
230×64×64	±0.5	±0.2	±0.3	180±1	15±0.5
230×64×54	±0.5	±0.2	±0.3	180±1	15±0.5
160×40×40	±0.5	±0.2	±0.3	125±1	5±0.5

29.2.3.2　测试方法

按照 GB/T 3001—2017 耐火制品常温抗折强度测试方法是:从被测制品上切取断面为正方形的长条试样,测量干燥后试样中部的宽度和高度;将试样对称地放在加荷装置的下刀口上,对试样垂直施加载荷直至断裂,记录试样断裂时的载荷和试验时的温度。

对高温抗折强度的测定,按 GB/T 3002—2017 其测定方法与常温抗折强度的测定方法一致,只是需将试样放入试验炉的均温带,以规定的升温速率加热试样至试验温度,并在试验温度下保温(一般保温时间为 30min)。

测定易氧化材料的高温抗折强度时,还应在加热炉内放置匣钵,用石墨粉埋覆试样,以避免试样氧化。

按下述公式计算抗折强度:

$$R_e = \frac{3}{2} \times \frac{FL_S}{bh^2} \tag{29-18}$$

式中　R_e——试样抗折强度,MPa;

F——试样折断时最大载荷,N;

L_S——下刀口之间距离,mm;

b——试样断面宽度,mm;

h——试样断面高度,mm。

29.2.4　耐磨性试验方法

耐磨性即耐火材料抵抗坚硬物料或气体(如含有固体颗粒的)磨损作用(研磨、摩擦、冲击力作用)的能力,在许多情况下也决定着它的使用寿命。

耐磨性通常用在一定的研磨条件和研磨时间下制品的质量损失或体积损失来表示。即在水平回转盘上加入一定量的标准粒度的研磨材料同时回转,比较耐火材料的质量损失或体积损失,损失越大,其耐磨性越差。目前多采用吹砂法,即在一定时间内将压缩空气和研磨料喷吹于试样表面,测定其减量。这样测得的数值不能表明在高温下耐火材料的耐磨性,目前还缺少在使用条件下测定耐火材料的耐磨性的方法。

29.2.4.1　测试原理

将规定形状尺寸试样的试验面垂直对着喷砂管,用压缩空气将磨损介质通过喷砂管喷吹到试样上,测量试样的磨损体积。

29.2.4.2　测试方法

按照 GB/T 18301—2012 耐火材料常温耐磨性测试方法是:切取(100~114)mm×(100~114)mm×(25~65)mm 尺寸大小的试样,称量干燥试样的质量,并按照 GB/T 2998—2015 计算试样的体积,将试样的试验面与喷砂管成垂直方向,接通压缩空气,并调整压力,将(1000±5)g 磨损介质(P36 号 SiC 砂)在(450±15)s 内送出,然后称量磨损后的试样质量,按下式计算试样的磨损量:

$$A = \frac{M_1 - M_2}{\rho} \tag{29-19}$$

式中　A——试样磨损量,cm^3;

M_1——试验前试样质量,g;

M_2——试验后试样质量,g;

ρ——试样体积密度,g/cm^3。

29.2.5　高温扭转强度试验方法

在高温下试样被扭断时的极限剪切应力,称为高温扭转强度。高温扭转强度是材料的高温力学性能之一,它表征材料在高温下抵抗剪应力的能力。砌筑窑炉的耐火制品,在加热或冷却时,承受着复杂的剪应力,因而制品的高温扭转强度是重要的性质。

扭转变形对温度升高是比较敏感的,因此扭转软化变形试验在耐火材料的研究工作中已逐渐推广。试样是在持续升温的条件下受固定扭力的作用测定扭转变形情况。

测定时将试样一端固定,另一端施以力矩作用,试样发生扭转变形。当试样被扭转时,试样内各横截面上产生剪切应力,当应力超过一定限度时,试样发生断裂。

29.2.5.1　测试原理

在规定的温度下,对规定尺寸的试样以恒定的速率施加扭矩直至断裂,即试样不能再承受进一步增大的剪切应力。根据试样断裂时所承受的扭矩和截面尺寸计算出高温抗扭强度。如果对试样预先施加恒定的扭矩,可以在升温过程中记录试样的扭转温度,或者预先施加恒定的扭矩后,也可以在升温至某一温度时,开始保温并记录试样发生的扭转角度，以在一定时间内，例如 50h，100h 或 200h 时试样发生的扭转角度来表示试样的高温扭转蠕变。

29.2.5.2 测试方法

GB/T 34217—2017《耐火材料高温抗扭强度试验方法》中规定：将试样制成尺寸 40mm×40mm×230mm 长条样，数量为 3 个，加热其至设定温度进行保温，开启扭转试验机，以(0.15±0.015) MPa/s 的速率均匀施加扭矩，直至试样断裂，记录最大扭矩。按下式计算高温抗扭强度：

$$\tau = \frac{M}{0.208a^3} \tag{29-20}$$

式中 τ——高温抗扭强度，MPa；

M——发生断裂时作用在试样上的扭矩，N·mm；

a——试样加热段中部截面边长的平均值，mm；

0.208——与试样形状（正方形截面）有关的形状因子参数。

29.3 使用性能

29.3.1 耐火度试验方法

29.3.1.1 测试原理

耐火材料在无荷重时抵抗高温作用而不熔化的性质称为耐火度。对于耐火材料而言，耐火度所表示的意义与熔点不同。熔点是纯物质的结晶相与其液相处于平衡状态下的温度。如氧化铝(Al_2O_3)的熔点为 2050℃，氧化硅(SiO_2)熔点为 1713℃，方镁石(MgO)的熔点为 2800℃ 等。但一般耐火材料是由各种矿物组成的多相固体混合物，并非单相的纯物质，故无一定的熔点，其熔融是在一定的温度范围内进行的，即只有一个固定的开始熔融温度和一个固定的熔融终了温度，在这个温度范围内液相和固相同时存在。

耐火度的测定方法是：通过在一定升温速度下具有固定弯倒温度的标准锥与被测锥弯倒情况的比较来测定。在一定升温速度下加热时，由于其自重的影响而逐渐变形弯倒，在其弯倒直至顶点与底盘相接触的温度，即为试样的耐火度。

我国测温锥用字母“WZ”和锥体弯倒温度的十分之一来标号。苏联用“пK”，英、日等国则用“SK”。测温三角锥上底每边长 2mm，下底每边长 8mm，高 30mm，截面成等边三角形。

29.3.1.2 测试方法

A 试锥的制备

在可能条件下对于砖和预烧过的不定形制品的试锥应进行切割。对于不能切割的试样(包括粉状试样)则应由磨成的粉料模制。应从砖或制品上用锯片切取试锥并用磨轮修磨，再去掉烧成制品的表皮。

不定形材料的试样，如可塑料、捣打料、耐火水泥和耐火浇注料，应根据其使用状况来成型和预烧，预烧温度应在试验报告中说明。然后对试样用锯片切取试锥，再用磨轮修磨。烧后试样应退去表皮。

当切取试锥时，首先切割一个合适尺寸的长方条(通常为 15mm×15mm×40mm)，倘若试样材质结构是粗糙的或松脆的，可用灰分小于 0.5%的树脂浸渍(如用环氧树脂配制成的固化剂)，使长方条试样固化，然后切割，并用磨轮修磨。

对于原料，不定形耐火材料和不能按照规定切割的定形耐火制品的试样，应当根据规定成型试锥。

抽取有代表性的样品，集成总质量约 150g，并粉碎至 2mm 以下，混合均匀后，用四分法或多点取样法缩减至 15～20g；在玛瑙乳钵中粉碎，至通过标准孔径为 180μm 的试验筛，在磨碎过程中应经常筛样，以免产生过细的颗粒。

对耐火生料，应经约 1000℃ 预烧，然后按规定成型试锥。

B 标准测温锥的选择

按照下列数量来选择标准测温锥：

	圆形锥台	矩形锥台
a) 估计或预测相当于试样耐火度的标准测温锥的个数(N)	2	2
b) 比 a) 中低一号的标准测温锥个数($N-1$)	1	2
c) 比 a) 中高一号的标准测温锥个数($N+1$)	1	2

C 锥台的配备

将两个试锥和选择的标准测温锥置于锥台上,并根据图 29-2 中所示(圆形或矩形锥台)来排列它们的顺序。锥与锥之间应留有足够的空间,以使锥弯倒时不受障碍。试锥和标准测温锥底部插入锥台深度为 2~3mm 预留的孔穴中,并用耐火泥固定。

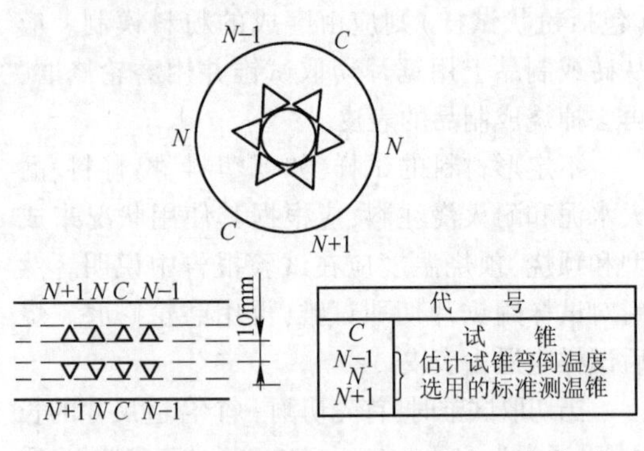

图 29-2 标准测温锥和试锥在锥台上的排列

插锥时,必须使标准测温锥的标号面和试锥的相应面均面向中心排列,且使该面相对的棱向外倾斜,与垂线的夹角成 8°±1°(图 29-3)。

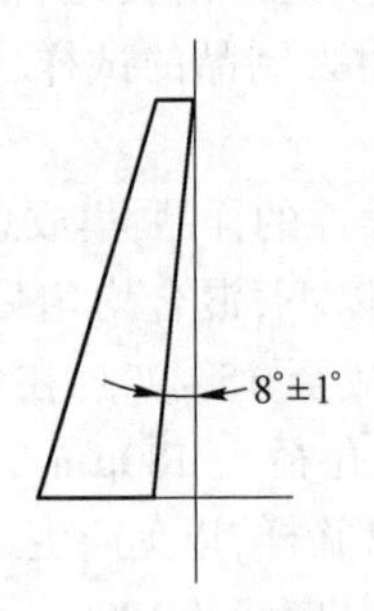

图 29-3 锥棱与垂线的夹角

29.3.1.3 试验步骤

把装有试锥和标准测温锥的锥台放入炉子均温带。在 1.5~2h 内,把炉温升至比估计试样的耐火度低 200℃的温度,再按平均 2.5℃/min 匀速升温(相当于两个相邻的 CN 标准测温锥大约 8min 时间间隔里先后弯倒),在任何时刻与规定的升温曲线的偏差应小于 10℃,直至试验结束。

当试锥弯倒至其尖端接触锥台时,应立即观察标准测温锥的弯倒程度,直至最末一个标准测温锥或试锥弯倒至其尖端接触锥台时,即停止试验。

从炉中取出锥台,并记录每个试锥与标准测温锥的弯倒情况,以观察试锥与标准测温锥的尖端同时接触台的标准测温锥的锥号表示试锥的耐火度;当试锥的弯倒介于两个相邻标准测温锥之间时,则用这两个标准测温锥号表示试锥的耐火度,即顺次记录相邻的两个锥号,如 CN168-170。

凡出现下列情况:有任一试锥或标准测温锥弯倒不正常或者两个试锥的弯倒偏差大于半个标准测温锥的号数时,试验必须重做。试验误差:对同一试样的复验误差,不得超过半号标准测温锥(1/2CN)。

耐火材料作成的三角试锥加热时的变形和弯倒可以大致看成其中液相的生成及固相在液相中的溶解所致,因而三角试锥在不同阶段中的变形和弯倒程度主要取决于其中固相与液相的数量比、液相黏度和材料的分散度。通常锥体弯倒时约含液相 70%~80%,其黏度为 10~50Pa·s,并随材料不同而异。锥体软化程度不仅与温度有关,同时也是高温下作用时间的函数。由于三角试锥是在材料的一定黏度值的范围内发生弯倒,所以即使对纯晶态材料来说,被测得的耐火度也不会和它的熔点相符合。

应该指出耐火度无疑是判定耐火材料质量的一个指标,但在该温度下,材料不再有机械强度和不耐侵蚀,所以认为“耐火度越高砖越好”是不适宜的。耐火材料在使用中经受高温作用的同时,通常还伴有荷重和外物的熔剂作用,因而制品的耐火度不能视为制品使用温度的上限,可作为合理选用耐火材料时的参考,只有在综合考虑其他性质之后,才能判断耐火材料的价值。在生产中通过原料耐火度的测定,可以相对地评定其纯度。一些常见的耐火原料及耐火制品的耐火度指标如下:结晶硅石为 1730~1770℃,铝砖为 1770~2000℃,硅砖为 1690~1730℃,镁砖高于 2000℃,硬质黏土为 1750~1770℃,白云石砖高于 2000℃,黏土砖为1610~1750℃。

29.3.1.4 耐火度的测试设备

目前常用的耐火度测试设备有两种,即炭

粒炉、燃气炉或电炉。

A 炭粒炉

炭粒炉采用立式炉身，以低电压大电流利用炭粒为发热体，其工作衬一般采用烧结镁质材料，以刚玉棒作锥台支撑棒并以电机带动使其旋转。其最高检测温度可达1820℃；缺点是炉衬寿命低，且更换比较麻烦。

B 燃气炉

燃气炉利用气体燃烧产生热量来升温，炉身小巧，升温快，干净卫生；缺点是燃烧产生大量废气，对检测人员不利，炉温升温速率不易控制。

C 电炉

用硅钼棒作为发热体，升温容易控制，操作简单，通过相机观察锥弯倒情况，过程直观，结果准确；缺点是升温和降温较慢，影响检测效率。

29.3.2 荷重软化温度试验方法

耐火材料在高温下的荷重变形量表示它对高温和荷重同时作用的抵抗能力，在一定程度上表明制品在与其使用情况相似条件下的结构强度。

29.3.2.1 测试原理

耐火材料高温荷重变形温度的测定方法是固定试样承受的压力，不断升高温度，测定试样在发生一定变形量和坍塌时的温度，称为高温荷重变形温度。这种方法的优点在于能在较大的温度范围内把材料的结构性能明显地表示出来，因而可以对材料作出较全面的估价。

29.3.2.2 测试方法

方法一：非示差-升温法，是常用的方法，我们见到的荷重软化温度数值，除非特别注明，都是非示差-升温法检测的结果。

根据YB/T 370—2016，在制品上切取高50mm、直径36mm，上下底面平行的直圆柱体作为被测试样，将试样放在高温电阻炉内在恒定的静压力下（对致密定形耐火材料加荷0.2MPa，对定形隔热耐火材料加荷0.05MPa），按规定的升温速度连续均匀加热，测定试样从膨胀至最高点开始压缩至试样原高度的0.6%（即试样高度压缩0.3mm）、4%（压缩2mm）和40%（压缩20mm）时的温度，以压缩0.6%时的温度作为被测试样的荷重软化开始温度，即通称的荷重软化点，试样荷重变形情况的结果，通常用温度-变形曲线来表示。

由于该类设备无示差机构未将加荷系统的变形扣除，因此测得的是试样和加荷系统变形的总和。但YB/T 370—2016规定，整个加荷系统从室温加热到实验炉最高温度不得有压缩变形，且其膨胀量每100℃不得大于0.2mm。

方法二：示差-升温法，GB/T 5989—2008规定的示差—升温法，采用ϕ50mm×50mm、中心孔径12～13mm的带中心孔的圆柱体试样来检测荷重软化温度。对致密定形耐火材料加荷0.2MPa，对定形隔热耐火材料加荷0.05 MPa。该方法采用一套示差机构，将加荷系统的变形扣除，测得的是试样本身的变形。其控温和测温采用两支独立的热电偶，测温热电偶在试样几何中心，控温热电偶在试样高度的中间紧挨试样外侧壁，以控温热电偶控制炉子升温速率，以测温热电偶测得的温度为实验结果。

该设备同时可用于检测耐火材料的高温蠕变率。

29.3.2.3 某些耐火材料的荷重变形温度

各种类型耐火制品的荷重变形曲线的形状是不同的，黏土砖的荷重变形曲线比较平坦，开始变形温度较低，与40%变形温度间相差达200～250℃。硅砖和镁砖的荷重变形曲线则是另一种情况，硅砖达到变形的温度立刻破坏，镁砖在达到40%变形前即溃裂。因而它们的开始变形温度与40%变形温度相差很小，大致相近。但它们的开始变形温度和其耐火度之间的差数不同，硅砖只差几十摄氏度，而镁砖却差近千摄氏度。几种耐火材料制品的荷重变形温度见表29-3。

表29-3 几种耐火材料制品的0.2MPa荷重变形温度

砖种	开始变形温度，T_H/℃	4%变形温度/℃	40%变形温度，T_K/℃	T_K-T_H/℃
硅砖（耐火度1730℃）	1650	—	1670	20

续表 29-3

砖种	开始变形温度, T_H/℃	4%变形温度/℃	40%变形温度, T_K/℃	T_K-T_H/℃
一级黏土砖(Al_2O_3 40%)	1400	1470	1600	200
三级黏土砖	1250	1320	1500	250
莫来石砖(Al_2O_3 70%)	1600	1660	1800	200
刚玉砖(Al_2O_3 90%)	1870	1900	—	—
镁砖(耐火度>2000℃)	1550	—	1580	30

29.3.3 加热永久线变化试验方法

耐火材料在高温下长期使用时,其外形体积保持稳定不发生变化(收缩或膨胀)的性能称为高温体积稳定性。它通常采用加热永久线变化率(通常也称为重烧线变化率)或体积变化率来表示。

29.3.3.1 测试原理

从耐火材料制品上切取一定尺寸的长方体或圆柱体试样,经干燥后测定其线性尺寸或体积,然后把试样置于氧化气氛炉中,按规定的加热速率加热到试验温度,并保温一定的时间,冷却至室温后,重复测量其线性尺寸或体积,计算线变化率或体积变化率。

29.3.3.2 测试方法

对于致密定形耐火材料制品,按照 GB/T 5988—2007,有两种测量方法。

试样尺寸:长方体试样 50mm×50mm×(65±2)mm;圆柱体试样直径 50mm,高(65±2)mm。试样的长轴应与制品的成型加压方向一致。

A 方法一:长度测量法

采用专用的长度测量装置,对于长方体试样,在试样顶面对角线上距离每个角 20~25mm 处作为测量点;对于圆柱体试样,在试样顶面相互垂直的两条直径上距离圆周 10~15mm 处作为测量点,并分别测量两个对角线(或两条直径)上两点间的长度作为原始尺寸 L_0,热处理后重复测量两点间的距离 L_1,按下式计算线变化率。

$$L_c = \frac{L_1 - L_0}{L_0} \times 100\% \qquad (29\text{-}21)$$

B 方法二:体积测量法

根据 GB/T 2997—2015 的方法,测量试样热处理前的体积(V_0)和热处理后的体积(V_1),计算体积变化率,按下式计算线变化率。

$$L_c = \frac{1}{3} \times \frac{L_1 - L_0}{L_0} \times 100\% \qquad (29\text{-}22)$$

$$V_c = \frac{V_1 - V_0}{V_0} \times 100\% \qquad (29\text{-}23)$$

式中 L_c——试样加热永久线变化率,%;
V_c——试样加热永久体积变化率,%;
L_0, L_1——加热前后试样的长度,mm;
V_0, V_1——加热前后试样的体积,cm^3。

按上面两式计算的结果为正值表明膨胀,为负值表明收缩。当重烧体积变化很小时,可以认为 $V_c = 3L_c$。重烧体积变化的测定,通常是将试样在高于使用温度以上(根据制品的要求和使用条件来定),保温 2~3h,然后测其体积变化,以百分率表示。各种耐火制品允许的重烧体积变化取决于制品的使用条件和要求,一般不超过 0.5%~1.0%。

多数耐火材料在重烧时产生收缩,少数制品产生膨胀,如炭砖。因此,为了降低制品的重烧收缩或重烧膨胀,适当提高烧成温度和延长保温时间是有效的措施。但也不宜过高,否则会引起制品的变形,组织玻璃化,降低热震稳定性。

耐火制品的这一指标对于使用有重要意义,如砌筑在炉顶的制品,若重烧收缩过大,则有发生砌砖脱落以致引起整体结构破坏的危险。对于其他砌筑体也会使砌缝开裂,降低砌体的整体性和抵抗物料的侵蚀能力,从而显著地加速砌体的损坏。此外,通过此项指标也可衡量制品在烧成过程中的烧结程度。烧结不良的制品,此项指标必然较大。

29.3.4 抗渣性试验方法

29.3.4.1 渣蚀机理

熔渣侵蚀过程主要是熔渣对耐火材料内部的侵入(渗透)过程,包括以下几个方面:

(1)单纯溶解耐火材料与熔渣不发生化学反应的物理溶解作用。

(2)反应溶解耐火材料与熔渣在其界面处发生化学反应,使耐火材料的工作面部分转变为低熔物(反应产物)而溶于渣中,同时改变了熔渣和制品的化学组成。

(3)侵入变质溶解作用,高温溶液或熔渣通过气孔侵入耐火材料内部深处,或通过耐火材料的液相扩散和向耐火材料的固相中扩散,使制品的组织结构发生质变而溶解。

高炉炉底炭砖向铁水中的溶解即属于单纯溶解作用。硅酸铝质耐火材料中的黏土制品在熔渣中的溶解过程主要是发生在界面处的反应溶解过程。由于黏土制品在高温下的液相黏度仍很大,熔渣氧化物不易渗入液相中并在其中扩散,加上玻璃相和均匀分布在玻璃中的莫来石细晶粒的化学性质差别不大,从而使它们溶解速度的差别不显著,使溶解过程主要发生在接触界面上。碱性耐火材料的熔渣侵蚀过程是典型的侵入变质溶解过程,如普通镁质制品中处于软化状态的、化学稳定性小的镁质基质与熔渣相互作用后,使其中的氧化物富集起来,高温下随着液相的组成、黏度和数量的变化,可使液相通过气孔向耐火材料内部的较冷部分移动,从而改变了耐火材料的化学矿物组成和组织结构,并在制品表面附近形成化学矿物组成和组织结构不同的变质层段带,从而加速制品的损坏。

29.3.4.2 常用耐火材料抗渣侵蚀性能的测定与评价的试验方法

耐火材料抗渣性的测定方法有熔锥法、坩埚法、回转渣蚀法、静止浸渍法、动态浸渍法、撒渣法等。

A 熔锥法,也称三角锥法

将耐火材料和炉渣分别磨成细粉,按不同比例混合,然后按耐火度检验方法进行测试,以耐火度降低程度来表示耐火材料的抗渣性能。它只反映化学矿物组成对抗渣性的影响,而制品组织结构的影响,则显示不出来。

B 静态坩埚试验法

a 实验装置和实验过程

静态坩埚试验法所用的加热装置一般以电阻炉为主。渣侵蚀实验用坩埚通常使用耐火砖切割加工而成,或由耐火原料直接压制成型。渣侵蚀实验用坩埚尺寸的大小,最好应根据实际情况,特别是材质、渣剂的性质以及加热温度等综合因素来确定和加工制作。

实验时,首先将侵蚀用渣剂装入坩埚,然后将坩埚放入电炉的恒温区内,加热至预定的实验温度并保温一定时间。降温后,将冷却到室温的坩埚从电炉中取出,并沿其中心面剖开,观察并测量其侵蚀情况。耐火材料的抗渣侵蚀性能,一般常用耐火材料试样的侵蚀量(或侵蚀深度)和炉渣在耐火材料试样中的渗透深度来分别表示。

b 静态坩埚实验法的特点

静态坩埚实验法是目前最为常见的一种评价耐火材料抗渣侵蚀性实验方法,其主要特点如下:

(1)实验方法简单,容易实现。

(2)坩埚内装入的渣剂量较少,在实验过程中随着耐火材料侵蚀量的增加,炉渣的化学成分将发生较大变化。

(3)耐火材料试样内部不存在温度梯度,加之熔渣和耐火材料试样之间处于相对静止状态,所以炉渣向耐火材料试样内部的渗透行为以及熔渣对耐火材料试样的侵蚀过程与实际炉内的耐火材料的侵蚀状况存在着较大的差异。

(4)渣的成分发生变化和渣不流动,炉渣和试样的接触面不能更新,只发生静态的溶解和渗透作用。随着反应的进行,产物阻碍了渣与砖的反应,当达到化学平衡后,这种侵蚀反应实际上已不再进行,故只能反映化学矿物组成和制品组织结构的影响。

C 回转渣蚀法

a 实验装置和实验过程

回转炉实验法的实验装置主要由回转炉和加热装置两个部分组成。

根据 GB/T 8931—2007,实验时,首先根据回转炉的大小(直径一般为 400~500mm,最大也有在 1000mm 以上的),将耐火材料加工制作成数种(一般为 6 种以上)断面为梯形的试样,并将其砌筑在金属炉壳的内侧;然后在砌筑好的回转炉内装入渣剂,加热使其熔化,同时转动炉体使耐火材料与熔渣接触并反应。在实验过程中,可根据需要向炉内补加渣剂。炉体的旋转速度为 3~5r/min。回转炉的热源通常采用氧气和天然气(或煤气)的混合气体,但也有用电弧加热的。实验结束后,从回转炉内拆下耐火材料试样,测量各试样的侵蚀量和侵蚀深度。

为提高回转炉实验法评价耐火材料抗渣侵蚀性能的精度和效率,有的对回转炉内砌筑的耐火材料试样的形状以及砌筑方法进行了改进。即将渣侵蚀用耐火材料试样突出 4mm 以上,加强熔渣和耐火材料试样间的相对运动,提高反应速度。采用这一方法,不但可以增加耐火材料试样的侵蚀速度,缩短实验时间,提高实验效率,而且还可以减少炉内砌筑的耐火材料试样的数量对实验结果的影响,提高实验结果的精度和可靠性。

b 回转炉实验法的特点

回转炉实验法的应用范围很广,一般不受耐火材料的种类、尺寸大小以及加热温度等条件的限制,其主要特点如下:

(1)多种耐火材料试样的抗渣侵蚀试验可以同时进行。

(2)砌炉和拆炉比较容易,设备的制作也比较简单。

(3)由于炉壳和耐火材料试样之间可砌筑一层绝热材料,因此在耐火材料试样的内部可以形成与实际炉内相近的温度梯度。

(4)通过调节氧气和天然气的比例以及采用惰性气体保护等方式,可以在一定范围内控制炉内的气氛。

(5)如果回转炉内同时砌筑材质和化学成分不同的耐火材料试样,相邻试样会相互影响。

(6)通过控制加热使耐火材料试样产生急冷和急热,可同时评价耐火材料的抗渣侵蚀性能和抗热震性能。

(7)对于含碳耐火材料,耐火材料中炭素成分的氧化不能忽视。

D 静止浸渍法

在规定温度下,将切出圆棒状的耐火制品试样,浸入熔融的熔渣中浸渍,进行一定时间后,再将试样取出,将被覆上的熔渣去掉,观察侵蚀情况,测定其体积变化或质量变化,计算侵蚀百分率。

E 动态浸渍法

我国根据高炉用耐火材料的特点,制定了动态浸渍抗渣试验方法。试验时将一定形状、大小的试样浸入置于装有炉渣溶液的坩埚中,试验温度一般为(1490±10)℃,试验时间一般为 40min,并通入氮气进行搅动,有时还可以同时转动试样。实验结果采用试样被炉渣侵蚀后的质量百分率表示。炉渣可以采用化学试剂配制,也可以从实际炉渣中获取。

该方法模拟材料的使用环境,比较客观地测定出材料的抗渣性能,得到了较为广泛的应用。

29.3.5 抗酸碱性试验方法

29.3.5.1 抗酸性

抗酸性是耐火材料抵抗酸侵蚀的能力。

测定耐火制品抗酸性的方法一般选用硫酸作为侵蚀剂,根据国家标准 GB/T 17601—2008《耐火材料耐硫酸侵蚀试验方法》(修改采用 ISO 8890:1988)和 PRE/R22 标准,两种测定方法都是规定将耐火制品破碎,磨细到 0.63~0.80mm 的颗粒,放入质量分数为 70% 的硫酸中,煮沸 6h,然后测定其质量损失,以原干料的质量分数表示耐酸性。

根据《致密耐火制品耐酸性的测定》(ISO 8890—1988)失重量分成三组:第一组失重量不大于 2%;第二组失重量大于 2%,但不大于 4%;第三组失重量大于 4%,但不大于 7%,根据这三组失重量,按显气孔率分两级:A 级显气孔率不大于 15%;B 级显气孔率大于 15%。耐酸耐火制品牌号的表示方法,是用失重量的组别号数表示级别的字母。例如高铝耐酸制品 1A,表示该制品按 PRE/R22 规定的耐酸性试验中失重量不大于 2%,其显气孔率不大于 15%。

29.3.5.2 抗碱性

抗碱性是耐火材料在高温下抵抗碱金属蒸气化学侵蚀的能力。耐火材料在使用中会受到碱的侵蚀,例如在高炉冶炼过程中,随着加入原料带入含碱的矿物,这些含碱矿物对铝硅系及碳质耐火材料炉衬的侵蚀受碱的浓度、温度和水蒸气的影响,它关系到高铝炉衬的使用寿命,提高耐火制品的抗碱性,可以延长高炉的使用寿命。

测定耐火材料抗碱性的方法,通常以无水K_2CO_3为侵蚀介质,有混合侵蚀法和直接接触熔融侵蚀法两种。

(1)混合侵蚀法。用焦炭颗粒与无水K_2CO_3混合,把试块埋置其中,在高温密封条件下,对试块进行侵蚀反应,测定试块被侵蚀前后的尺寸变化或强度下降率。

(2)直接接触熔融侵蚀法。在高温密封条件下,以熔融的K_2CO_3与试块直接进行侵蚀反应,测定试样被侵蚀前后各种性能的变化,两种方法都是以变化量越小表示抗碱性越好。

美国《炭质耐火材料受碱侵蚀崩解标准规程》(ASTMC454)中规定,从被测的每块制品的一角,切取边长51mm的立方体试块,10块组成一组试样,在每个试块一个面的中心,钻一个直径22mm、深25mm的洞,在洞中装入8g粒状K_2CO_3,加上6mm厚同材质的盖片,整个匣钵置于加热炉中,加热到995℃,保温5h,冷却后取出试样,观察是否有开裂或崩解现象。分为四个等级:未受影响(U)组,未见到裂纹;轻微开裂(LC)组,毛细裂纹;开裂级(C)组,裂纹宽度大于0.4mm;崩解(D)组,碎成两块或两块以上。

国家标准(GB/T 14983—2008)规定了耐火材料抗碱性试验方法。其原理是:在1100℃下,K_2CO_3与木炭反应生成碱蒸气,对耐火材料试样发生侵蚀作用,生成新的碱金属的硅酸盐和碳酸盐化合物,使耐火材料性能发生变化。

测定结果用目测判定、显微结构判定和强度判定。

用目测判定分为三类:

(1)一类,表面黑色无缺损,断口仅侵蚀1~4mm。

(2)二类,表面黑色边角缺损严重,有细小裂缝,整个断口为炭黑色,只有核心少量未侵蚀。

(3)三类,表面黑色且有明显裂缝,边角缺损严重,整个断口黑色。

显微结构判定分为三类,见表29-4。

表29-4 显微结构判定

显微结构	等级
空隙多被无定形碳充填,砖多被碱侵蚀生成含钾的硅酸盐或碳酸盐化合物(砖保持原状,裂纹较小)	一类
空隙多被无定形碳、K_2CO_3充填,砖局部和颗粒料周边被碱侵蚀生成钾霞石和石榴子石化合物(砖裂缝较大)	二类
空隙多被无定形碳、K_2CO_3铝酸钾充填,砖几乎完全被碱侵蚀生成钾霞石和石榴子石化合物(砖破裂)	三类

注:显微结构检验根据用户要求作判断参考。

结果计算如下:强度判定是测定强度下降率,按下式计算,以百分率表示。

$$P_r = \frac{P_0 - P_1}{P_0} \times 100\% \qquad (29-24)$$

式中 P_r——强度下降率,%;

P_0——试样抗碱试验前的常温耐压强度,MPa;

P_1——试样抗碱试验后的常温耐压强度,MPa。

29.3.6 抗热震性试验方法

耐火材料在使用过程中,经常会受到环境温度的急剧变化作用,耐火材料抵抗温度的急剧变化而不破坏的性能称为热震稳定性,也称为抗热震性或温度急变抵抗性。

耐火材料在有温度波动的环境下,特别是在急冷急热的条件下使用时,由于耐火材料表面和内部的温度差而产生应力,使耐火材料的组织产生劣化或破坏,进而造成剥落损伤。可见,与炉渣侵蚀所引起的耐火材料损耗相比,由于组织劣化或破坏所引起的剥落损伤具有非渐进性,即突发性,因此耐火材料的抗热剥落损伤性能,即耐火材料的抗热冲击性能的优劣不但直接影响耐火材料的使用寿命,同时也关系到生产安全。

29.3.6.1 热震稳定性的试验和评价方法

耐火材料抗热震试验包括两个步骤,一是对试样进行冷热试验,二是对试样的破坏情况进行描述和评价。试验采用电炉加热,试样的冷却方法通常采用水急冷、空气急冷、自然冷却等方式。评价方法包括断面面积损失、质量损失、裂纹的大小和长度等。

A　水急冷法

根据 GB/T 30873—2014，采用电炉加热，实验时，首先将电炉加热到预定的实验温度并保温一定时间，然后将耐火材料试样（一般为整块耐火砖）从加热面 114mm×65mm 沿长度方向插入炉内 50mm，其余裸露于炉外。加热 15 min 后，从炉内取出试样浸入水槽中水冷。

采用水冷方法时，冷却水应充分流动，注入水槽的冷却水温度控制在 30℃以下。试样在水中冷却 3min，随后将试样从水槽中取出，在空气中放置不少于 5min。然后记录耐火材料试样受热端面的面积破损情况，上述加热和冷却过程反复进行，直到耐火材料试样的加热面面积 114mm×65mm 剥落到 1/2 以上为止。在相同的实验条件下，耐火材料试样产生剥落时所需的加热和冷却次数越多，或在一定的加热和冷却次数内，耐火材料试样产生的剥落量越少，则耐火材料的抗热冲击性能越好。

B　空气自然冷或急冷

采用空气自然冷方法时，将耐火材料试样在试验温度保温 20 min 后从炉内取出冷却 5min。上述加热和冷却过程反复进行，直到试样的质量损失达到 20%为止。对于与水容易发生化学反应的碱性耐火材料，极易发生剥落的硅质耐火材料和电熔耐火材料以及气孔率小于 45%的绝热耐火材料，一般适于采用空气自然方法。

采用空气急冷法时，用 0.1MPa 压缩空气作为急冷介质进行冷却，该方法等效采用 PRE/R5.2 标准。试样在炉内保温 30min，取出后将试样固定用压缩空气喷吹 5min，并在三点弯曲装置上作抗折试验，直至试样断裂为止。

29.3.6.2　实验方法的特点

电炉加热试验法是评价耐火材料抗热冲击性能时常用的实验方法之一，其主要特点如下：

（1）实验方法方便、简捷，易于实现。

（2）耐火材料试样所受的热冲击强度较大。

（3）实验受到耐火材料尺寸大小的限制。

（4）不适用于易氧化的耐火材料，特别是含碳耐火材料的实验。

29.3.7　抗氧化性试验方法

耐火材料的氧化，一般分为气相氧化（耐火材料与空气、二氧化碳气体以及水蒸气等的反应），固相氧化（耐火材料中各组分之间的反应，如氧化镁-碳系耐火材料中 MgO 和 C 的反应）和液相氧化（耐火材料与炉渣中的 FeO 和 MnO 的反应）等三种。

耐火材料抗氧化性能的测定与评价方法有：电炉加热实验法、炉床旋转式电炉加热实验法、热天平实验法、差热分析实验法、气体质量分析实验法、回转炉加热实验法等。

中国标准 GB/T 17732—2008 规定了含碳耐火材料抗氧化性试验方法。对含氧化抑制剂的含碳耐火材料，将试样置于炉内，在氧化气氛中按规定的加热速率加热至试验温度，并在该温度下保持一定时间，冷却至室温后切成两半，测量其脱碳层厚度。试样为边长 50mm 的立方体或直径与高度为 50mm 的圆柱体。升温速率从室温至 1000℃为（8～10）℃/min，在 1000～1400℃为（4～5）℃/min。以 4L/min 的流量向炉内通空气，保温时间为 2h。

每个试样的脱碳层厚度按下式计算：

$$L = \frac{(l_1 + l_2 + l_3 + l_4) + (l'_1 + l'_2 + l'_3 + l'_4)}{8} \tag{29-25}$$

式中　L——脱碳层厚度，mm；

$l_1+l_2+l_3+l_4$——自试样一个切面四边测量的脱碳层厚度，mm；

$l'_1+l'_2+l'_3+l'_4$——自试样另一个切面四边测量的脱碳层厚度，mm。

对不含氧化抑制的含碳耐火材料，将边长 50mm 的立方体试样首先进行碳化，测定残存碳含量，称量碳化后的质量。然后置于炉内，在氧化气氛中以不超过 250℃/h 的速率升温至 1000℃，在该温度下保温 12h。冷却至室温后，称量氧化后的质量，利用所测数据，计算其失碳率。

残存碳含量按下式计算：

$$C = \frac{m_1 - m_2}{m} \times 100\% \tag{29-26}$$

式中　C——残存碳含量,%;

m_1——灼烧前试样与坩埚的质量,g;

m_2——灼烧后试样与坩埚的质量,g;

m——试样质量,g。

每个试样的失碳率按下式计算:

$$C_L = \frac{M_1 - M_2}{M_1 C} \times 100\% \qquad (29-27)$$

式中　C_L——失碳率,%;

M_1——试样碳化后的质量,g;

M_2——试样氧化后的质量,g;

C——试样的残存碳含量,%。

含有非氧化物组分的耐火材料,如含碳耐火材料以及含碳化硅和氮化硅系耐火材料等,其抗氧化性能的优劣,即耐火材料中非氧化物组分的氧化速度的快慢,对于耐火材料的使用寿命具有相当大的影响。要提高含碳耐火材料的抗氧化性,可选择抗氧化能力强的炭素材料;改善制品的结构特征,增强制品致密程度,降低气孔率;使用微量添加剂,如Si、Al、Mg、Zr、SiC、B_4C等。

对于耐火材料的抗氧化性能,通常采用氧化实验前后或实验过程中试样的质量变化,以及试样的氧化层厚度(对于合碳耐火材料,为脱碳层厚度)进行评价。但是这对于有多种非氧化物组分同时存在的情况下,有时会使实验结果产生误差,甚至会出现相反的结果。例如,为了提高MgO-C系和Al_2O_3-C系等含碳耐火材料的抗氧化性能,在生产这些耐火材料时,作为抗氧化添加剂常常加入一定量的金属铝、硅、镁及其合金,以及一些金属碳化物等非氧化物。这些抗氧化添加剂在碳组分氧化的同时,也将发生氧化使耐火材料组织致密化,抑制耐火材料的进一步氧化。由于碳组分的氧化使耐火材料试样产生的是减重,而抗氧化添加剂的氧化使耐火材料产生的却是增重。因此,氧化实验前后或氧化实验过程中耐火材料试样的质量变化率,不仅取决于耐火材料含碳量以及抗氧化添加剂加入量的多少,而且还与所使用的抗氧化添加剂的种类有关。例如,对于分别添加了5%Al和5%SiC的MgO-C系耐火材料试样,如果假设两个耐火材料试样中碳的氧化量相同(10%);同时,假设脱碳层中的Al和SiC也已经完全氧化并转化为相应的氧化物,那么,此时两个耐火材料试样的质量变化率是不一样的。所以,对于有多种非氧化物组分同时存在的耐火材料,特别是在比较不同非氧化物添加剂对含碳耐火材料抗氧化性能的影响时,采用比较试样的氧化层厚度变化的方法可能更为合适。

29.3.8　压缩蠕变试验方法

制品在高温下,受应力作用随着时间变化而发生的等温形变。由于施加外力的方式不同,可分为压缩蠕变、拉伸蠕变、弯曲蠕变和扭转蠕变等。但主要应用的是压缩蠕变。

29.3.8.1　*测试原理*

在恒压下,以一定的升温速率,加热规定尺寸的试样,在指定的试验温度下恒温,记录试样随时间变化而发生的变形。

29.3.8.2　*测试方法*

根据GB/T 5073—2005耐火制品压缩蠕变试验方法是:按规定从制品上钻取ϕ50mm×50mm,中心孔为ϕ(12~13)mm的圆柱体试样,将试样安装在支撑棒上并施以压负荷,按规定曲线升温。到达规定温度后长时间保温,每5h记录一次试样在高度方向的变形量,直至保温结束,按下式计算蠕变率:

$$P = \frac{L_n - L_0}{L_i} \times 100\% \qquad (29-28)$$

式中　P——蠕变率,%;

L_n——试样恒温nh后的高度,mm;

L_0——试样恒温开始时的高度,mm;

L_i——试样原始高度,mm。

报告中注明单位面积荷重、试验温度和保温时间。

29.3.9　抗爆裂性试验方法

抗爆裂性是指耐火浇注料在快速升温过程中,抵抗由于内部产生的气体无法及时排出而产生的粉碎性破坏或崩裂,以抗爆裂温度表示。

根据GB/T 36134—2018,抗爆裂试验炉炉膛内部温度差不高于10℃,试验炉应保证试样与炉膛表面的间距不小于50 mm,并能抵抗试样爆裂时产生的冲击。试样尺寸为ϕ(80±1) mm×(80±1)mm，也可由相关方协商决定，如50mm×50mm×50mm。

测定时，先将试验炉升温至600℃（或相关方协商），保温30min。将脱模后的两个试样成型面朝上，迅速放入设定温度的试验炉里的防护罩内，开始计时并关闭炉门。此时炉温降低应不低于40℃，并在5min内恢复至设定温度。试样在此温度下保温30min，观察试样是否爆裂并记录。判断试样是否爆裂的标准是：试样开裂（裂纹宽度超过2mm或贯通性裂纹）、崩裂或粉碎性破坏。如果两个试样都没有爆裂，认为该温度下没有爆裂，将炉温升高50℃；如果两个试样至少有一个爆裂，认为该温度下爆裂，将炉温降低50℃。在新设定的温度下保温30 min。

重复上述步骤，直至测出抗爆裂温度或炉温达到1000℃为止。抗爆裂温度以50℃为间隔。

29.3.10 抗熔融冰晶石试验方法

对于铝电解槽用干式防渗料，通常进行抗熔融冰晶石试验，测定其抗渗透性。目前国内还没有独立的试验方法标准，YS/T 456—2014《铝电解槽用干式防渗料》标准附录中规定了干式防渗料阻止电解质渗透能力的测试方法。采用石墨坩埚底部放置一直径为60mm的耐火砖，石墨坩埚的尺寸为内径60mm、内高200mm，将试料分次放置于石墨坩埚内，每次放料后均用不锈钢圆棒捣实，直至试料的厚度达到25mm。称取270g电解质放置于试料上，盖好石墨坩锅盖，在950℃下保温96h后取出，观察电解质是否渗入防渗料下面的耐火砖，以判断铝电解槽干式防渗料是否具有阻止电解质继续渗透的能力。YB/T 4161—2007制定了一种耐火材料抗熔融冰晶石电解液侵蚀的试验方法，比较详细地规定了制品、泥浆和防渗料的试验方法，试样和坩埚尺寸分别如图29-4所示。方法规定：采用电阻炉加热，如需要还原气氛试验，可将试样埋入碳粉中进行气氛保护。热处理温度为950℃，保温48h。实验结束后，将试样剖开，测量相应的侵蚀参数即面积侵蚀率、水平侵蚀最大宽度和垂直方向的最大侵蚀深度，可按照侵蚀参数计算侵蚀判据（CRC）。

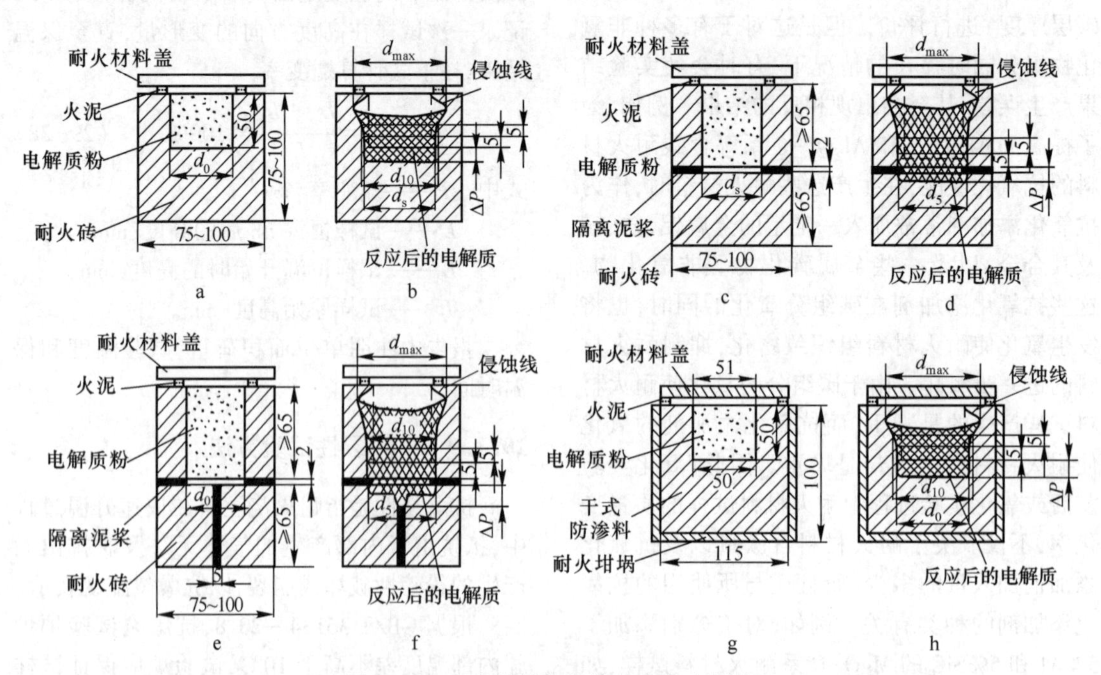

图29-4 耐火材料抗冰晶石试验示意图

a,c,e,g—试验前；b,d,f,h—试验后

29.3.11　抗水化性试验方法

抗水化性是碱性耐火材料在大气中抵抗水化的能力。它是表征碱性耐火材料是否烧结良好的重要指标之一。碱性耐火材料烧结不良时,其中的 CaO、MgO,特别是 CaO,在大气中极易吸潮水化,生成氢氧化物,使制品疏松损坏。

为了提高碱性耐火材料的抗水化性,通常采用下列三种方法:(1)提高烧成温度使其死烧;(2)使 CaO、MgO 生成稳定的化合物;(3)加保护层减少与大气接触。其目的是使制品能较长时间的存放,而不致水化损坏。

测定耐火材料抗水化性方法,分为测定熟料颗粒和测定制品的两类方法,测定熟料颗粒水化的方法一般采用美国标准 ASTM C492《死烧粒状白云石水化性试验方法》,其中规定大于 425μm 的颗粒料 100g 作为试样,经 105～110℃烘干后,置入恒温恒湿箱中,在 71℃、83%的相对湿度条件下,保持 24h,冷却后,过 425μm 筛,称量 425μm 筛的筛下料,以此筛下料的质量作为试样水化的百分率。ASTM C544《镁砂或方镁石颗粒水化性试验方法》规定全部筛之间的颗粒料 100g(3.35～1.70mm,1.70～850μm,850～425μm 三部分相等),放入瓷坩埚内,置于高压釜中,在 162℃、552kPa 条件下,保持 5h,冷却卸压后,取出放入鼓风干燥箱中干燥至恒重,称量记录水化后试样的干重 G,再将其过 300μm 筛,记录试样水化后 300μm 筛的筛上料为 H,其水化百分率 H_d 计算式如下:

$$H_d = \frac{G - H}{C} \times 100\% \qquad (29\text{-}29)$$

测定制品水化的方法一般使用美国标准 ASTM C456《碱性砖抗水化试验方法》,其中规定,从 5 块制品上切取不带原制品表皮的边长 25mm 的立方体试块 5 块,烘干后,放入瓷坩埚内,置于高压釜中,在 160℃、552kPa 条件下,连续保持 5h,卸压后,观察到 30h 为止。试块经水化后的状况分为 4 级,1 级:未受影响;2 级:表面水化;3 级:开裂或破碎;4 级:崩解。

29.4　热学性能

29.4.1　热膨胀性试验方法

耐火材料在使用过程中往往伴随着温度的变化,这就不可避免地涉及材料的热膨胀。材料的热膨胀性能是窑炉设计的关键参数,耐火材料热震稳定性的好坏,与材料本身的热膨胀性密切相关,复合材料和多相材料中各种组分物质的热膨胀性是否匹配,是复合材料能否达到设计性能的关键;材料的热膨胀性能同时也是材料特性、内部结构、相变、缺陷等的外在反映。

热膨胀是指耐火制品体积或长度随温度升高而增大的性质,以线膨胀率或线膨胀系数表示。线膨胀率是指室温至试验温度间试样长度的相对变化率,用%表示。

$$\rho = \frac{L_t - L_0}{L_0} \times 100\% \qquad (29\text{-}30)$$

式中　ρ——试样的线膨胀率,%;

L_t——试样在试验温度 t 的长度,mm;

L_0——试样在室温的长度,mm。

平均线膨胀系数是室温至试验温度间温度每升高 1℃试样长度的相对变化率,单位为℃$^{-1}$。

$$\alpha = \frac{\rho}{t - t_0} \qquad (29\text{-}31)$$

式中　α——试样的平均线膨胀系数,℃$^{-1}$;

ρ——试样的线膨胀率;

t——试验温度,℃;

t_0——室温,℃。

耐火材料线膨胀取决于晶格结构、晶格结构各部分之间的结合力,而在某些情况下还与组织结构有关。由于热膨胀性能的重要性,世界许多国家都建立了相应的测试方法。如英国标准 ISO 16835,英国 BS 1902-5.3,日本的 JIS R2207,德国 DIN51045,国家标准 GB/T 7320—2018 于 2019 年 4 月开始实施,根据国内外标准,常见的测试方法主要有顶杆法、示差法和望远镜法。

29.4.1.1　顶杆法

顶杆法是国内普遍采用的测量耐火材料热

膨胀的测试方法，试样采用直径为10mm或20mm，长度为50mm或100mm的圆柱体，在室温下，将试样装入管状炉内，用顶杆顶住试样的一端，以规定的不变速率将试样加热到指定的试验温度，测定试样随温度的长度变化，计算出试样随温度升高的线膨胀率和指定温度范围的平均线膨胀系数。图29-5为典型的机械式热膨胀测试装置。

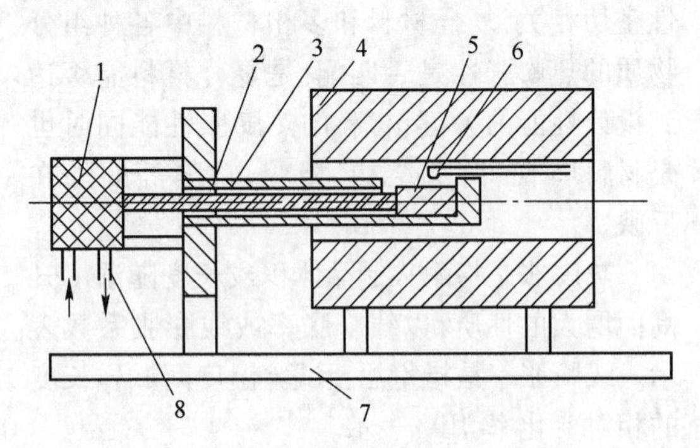

图29-5 顶杆式热膨胀仪示意图
1—位移传感器；2—装样管；3—顶杆；4—炉体；5—试样；6—热电偶；7—底座；8—冷却水系统

一般来讲，由熔融石英制成的顶杆可测试到700℃，刚玉顶杆可测试到1650℃，更高的温度可以采用石墨。位移的测量采用机械式的膨胀测试法。试样在炉体以一定的速率加热，位移通过顶杆机械地被传送给位移传感器，测量到的位移是包含系统膨胀的位移，因此需要校正。先用标准样来求得仪器的校正函数，然后对测试结果进行校准，得到待测试样的膨胀值。

29.4.1.2 示差法

试样为中心带通孔的圆柱体，外径为(50±2)mm，高度为(50±0.5)mm，中心通孔直径为(12±1)mm，并与圆柱体同轴。在室温下测量试样的外径、内径和高度(精确至0.1mm)，将试样放置在加压棒和支撑棒之间，并用垫片隔开，热膨胀测试仪的加压棒、试样和支撑棒同轴垂直放置在加热炉内，在整个试验过程中都要保持同轴垂直状态，如图29-6所示。

在中心轴方向对样品施加0.01MPa的载荷，升温时试样产生的线膨胀可以通过内示差管和外示差管的相对长度变化量计算得出。示差管分别与上垫片和下垫片相接触，上下垫片

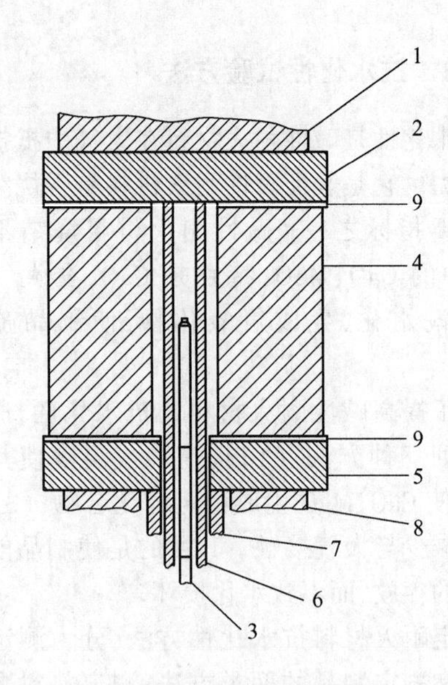

图29-6 热膨胀测试仪的局部安装示意图
1—加压棒；2—上垫片；3—测温热电偶；4—试样；5—下垫片；6—内示差管；7—外示差管；8—支撑棒；9—铂或者铂铑垫片

与试样的上下表面相接触。按规定的升温速率将加热炉升至试验温度，利用测温热电偶测量试样中心的温度，并在一定的温度间隔记录试样高度上的变化量，直至试验结束。

示差膨胀法适用普通耐火材料和较大颗粒骨料的耐火材料，顶杆法适用于较小颗粒骨料、较小尺寸样品的耐火材料热膨胀检测。此两种方法在世界范围内得到广泛认可与应用。

29.4.1.3 望远镜法

望远镜法是一种测量装置不接触试样的一种测量方法。用望远镜测微仪直接观察测量试样受热长度变化值。试样直径(或边长)为20~25mm、长度为80~100mm的圆柱体或长方体，两端呈刀刃状，试样形状如图29-7所示。

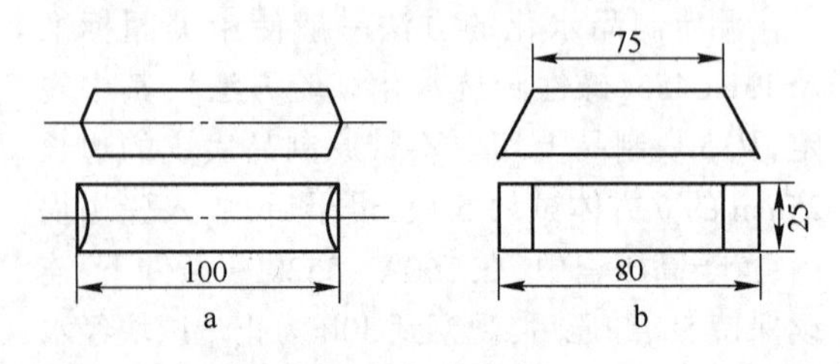

图29-7 试样形状
a—圆柱体试样；b—长方体试样

基本测试方法如下:将试样放入炉内装样区使其刀刃垂直于水平面,并位于两测试孔视域之中。热电偶的热端位于试样长度的中心处。打开照明灯,调节望远镜位置,使其成像清晰,在试样两端刀刃上各取一个观测点(或线段),使其与望远镜内的十字丝相切。在刀刃中心处测量试样在室温下的长度,调整千分表的零点,记下千分表的读数作为测量长度变化的起点。以规定的升温速率将试样加热到指定的试验温度,每隔 50℃ 须分别移动左右望远镜,使其十字丝与原观测点相切,并记录一次千分表读数。测定随温度升高试样长度的变化值,计算出试样随温度升高的线膨胀率和指定温度范围的平均线膨胀系数,并绘制出膨胀曲线。测量装置如图 29-8 所示。

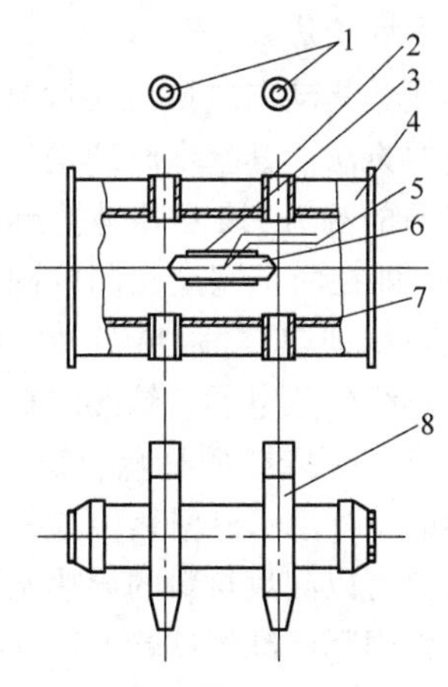

图 29-8　测量装置示意图

1—照明灯;2—测量管;3—垫片;4—加热炉;
5—热电偶;6—试样;7—炉管;8—显微望远镜

29.4.2　导热系数试验方法

导热系数是反映物质热传导能力的重要物性参数,是指单位温度梯度下单位时间内通过单位垂直面积的热量。测定导热系数一般是在被测材料试样中人为地造成某种温度场,测定若干温度信息,或其他所需的物理量,然后按照一定的方法反算出材料的导热系数。常见的有水流量平板法、沸腾换热平板法、十字热线法、平行热线法和闪光法。

导热系数的测试原理是傅里叶的分子传热基本定律,即通过某点的热流速率$\frac{dQ}{dt}$正比于其截面 S 以及在该点垂直方向上的温度梯度$\frac{dT}{dx}$。

$$\frac{dQ}{dt} = \lambda S \frac{dT}{dx} \tag{29-32}$$

上式中比例因子 λ 为导热系数,在非稳定热流条件下,当每一点的温度随时间的推移而变化时,还要使用其他的材料常数,如热扩散率 α、比热容 c。

29.4.2.1　*水流量平板法*

水流量平板法是在保证一维稳态传热模型的前提下,将已知厚度的平板试样置于试验装置内,使热量由试样的热面流至冷面,量热器内水受热,根据在单位时间内流经中心量热器水的温升和水流量而测量导热系数的一种方法。

其计算公式为

$$\lambda = \frac{Q \cdot \delta}{S(T_2 - T_1)} \tag{29-33}$$

式中　λ——导热系数,W/(m·K);
δ——试样厚度,m;
T_1——热面温度,K;
T_2——冷面温度,K;
S——试样面积,m^2;
Q——流经试样热量,W。

测量装置由加热炉、测量系统和给水系统组成。

加热炉是保证一维稳态模型实现的前提,通过发热体的布局和排列能得到均匀的温度场。试样的热面是均匀的温度场,冷面是高导热材料制成的采用双回路水流方式的量热器,也能较好保证量热器表面的温度场。试样的周围采用绝热良好的纤维保温,保证一维稳态热流的温度场。用 8 对铜-康铜热电偶丝堆测量中心量热器与第一保护量热器之间的温差,采用 10 对铜-康铜热电偶丝热电堆测量流经中心量热器进出口水流的温升。中心量热器的水流量采用天平准确测量。

测量过程按照标准 YB/T 4130—2005(2012),通过测量水流量、冷、热面温度计算出导热系数。

29.4.2.2 沸腾换热平板法

沸腾换热平板法是在保证一维稳态模型的前提下,利用水的汽化热,从而进行测量的一种方法。

将已知厚度的平板试样置于试验装置内,使其热面与冷面之间保持一个恒定温差,热流从试样的热面通过,流至冷面后将热量传递给量热器,使筒内水受热,水通过沸腾换热再将蒸汽冷凝成水。通过测定冷凝水量,利用汽化热可以求出流经试样的热量。

由下式可以求出导热系数:

$$\lambda = \frac{Q\delta}{S(T_2 - T_1)} \tag{29-34}$$

式中 λ——导热系数;

δ——试样厚度;

T_1——热面温度;

T_2——冷面温度;

Q——流经试样热量。

在试验过程中测定 Q、T_1、T_2,并已知试样厚度和测量面积,则试样导热系数便可测定出来。该设备由测控系统、量热器和加热炉组成。测量的核心是量热器,量热器由中心量热器、辅助量热器和保护量热器构成。各个量热器在壁底面都作均匀的微小空穴,焊缝处圆滑过渡,保证大容器池沸腾的实现;通过量热器的液体沸腾实现换热,当量热器的水进入饱和沸腾时,加热壁表面温度也就是试样的冷面温度可按理论公式计算,根据试验测定的接水量计算出加热壁的表面温度,进一步求出量热器底面与试样接触面的温度。

29.4.2.3 热线法

热线法是动态测量耐火材料导热系数的一种重要方法,其基本原理是测量埋在试样中线形热源的温升,该温升是被测试样导热系数的函数。热线法的核心问题是热线及物体内的温度分布。热线持续地发热,造成物体内部温度分布的不均匀,引起物体内不稳态导热,即温度随时间变化的热传导系统。

A 十字热线法

是采用一种金属丝作为热线,热电偶焊接在热线的中央。此方法是我国的国家标准 GB/T 5990—2006 的其中一种方法,该方法修改采用 ISO 8894-1。在这种方法里,由于热线有稳定的电阻,因而也有稳定的热流,但由于热电偶焊接在热线上使得热流沿热电偶传送,影响测试精度。

导热系数按下式计算:

$$\lambda = \frac{VI}{4\pi L} \times \frac{\ln(t_2/t_1)}{\Delta\theta} \tag{29-35}$$

式中 λ——导热系数,W/(m·K);

I——电流,A;

V——电压,V;

L——热线长度,m;

$\Delta\theta$——测量热电偶和示差热电偶之间的温差,K;

t_1,t_2——测量时间,s。

B 平行热线法

平行热线法是动态测量耐火材料高导热系数的一种重要方法。其基本原理是测量埋在试样中线性热源的温升,该温升是被测材料导热系数的函数,即在两个完全相同的固体试样中夹一线形电阻线即热线,距热线一定距离处埋设一平行于热线的热电偶。给热线输入恒定的电流,使其产生一持续的热量,该热量传导到与热线接触的试样上,根据热传导速度与材料特性的关系就可以测量材料的导热系数。

此方法为国际标准的试验方法,GB/T 5990 中规定的另外一种方法,即 ISO 8894-2《耐火材料导热系数的测量——平行热线法》,我国标准修改采用 ISO 8894-2。

每组成套试样应包括两个相同的样块,尺寸不小于 200mm×100mm×50mm。需在样块的两个接触面或仅在下样块的砖面上加工能容纳热线和热电偶的沟槽。

导热系数按下式计算:

$$\lambda = \frac{VI}{4\pi L} \times \frac{-E_i\,\frac{-r^2}{4\alpha t}}{\Delta\theta(t)} \tag{29-36}$$

式中 λ——导热系数,W/(m·K);

I——电流,A;

V——电压,V;

L——热线长度,m;

$\Delta\theta(t)$——在 t 时间测量热电偶和示差热电偶之间的温差，K；

t——在接通和切断热线回路间的时间，s；

r——热线和测量热电偶间距，m；

α——热扩散系数，m^2/s；

$-E_i\frac{-r^2}{4\alpha t}$——指数积分。

指数积分 $-E_i(-x)$ 和 $\Delta\theta(2t)/\Delta\theta(t)$ 的关系可以从文献中找到或通过计算机求得，见表 29-5。

表 29-5　$-E_i(-x)$ 和 $\Delta\theta(2t)/\Delta\theta(t)$ 的关系

$\Delta\theta(2t)/\Delta\theta(t)$	$-E_i(-x)$	$\Delta\theta(2t)/\Delta\theta(t)$	$-E_i(-x)$
1.5	1.195	2.0	0.450
1.6	0.940	2.1	0.387
1.7	0.761	2.2	0.337
1.8	0.629	2.3	0.296
1.9	0.528	2.4	0.261

该装置主要有加热炉、测量及控温系统组成。加热炉为底开门式炉(活底结构)，升降机构采用剪刀式杠杆机构，测量及控制系统由热线和导线组成，热线采用 Pt 或 Pt-Rh(10)大约 200mm 长，直径为 0.3mm，长度允许误差为 ±0.5mm，热线的一端与供给热流的导线连结，这可看作热线的延续。在试样组合件无论如何也和热线相同，热线另一端连结到测量电压的导线，在试样组合件外面的导线由两股 0.3mm 紧紧绞成，且与热线同材质，它在试样组合件里直径不大于热线直径。

为了保证测量的准确性，提高测试精度，采用示差热电偶(带有反接参比热电偶)测量温升。电炉温度控制主电路采用可控硅变流技术。

29.4.2.4　*闪光法*

1961 年，Parker 等开始了利用激光脉冲技术测量材料的热物理性能的研究，由于这种技术具有测量精度高、测试周期短和测试温度范围宽等优点，得到广泛的研究和应用。经过不断发展和完善，目前激光闪射法已经成为一种成熟的材料热物理性能测试方法。

GB/T 22588—2008《闪光法测量热扩散系数或导热系数》是等同采用美国标准 ASTME 1461《闪光法测定热扩散系数试验方法》，其测试原理是：根据导热系数与热扩散系数、比热容和体积密度三者之间的关系，首先测出试样的体积密度，然后分别或者同时测量出材料的热扩散系数和比热容，根据下面公式计算出材料的导热系数：

$$\lambda = \alpha\rho c_p \tag{29-37}$$

式中　λ——导热系数，W/(m·K)；

α——热扩散系数，m^2/s；

ρ——体积密度，kg/m^3；

c_p——比热容，J/(kg·K)。

测试方法为小的薄圆片试样受高强度短时能量脉冲辐射，试样正面吸收脉冲能量时背面温度升高，记录试样背面温度的变化。根据试样厚度和背面温度达到最大值的某一百分率所需时间计算出试样的热扩散系数。比热容在测量中使用比较法与热扩散系数同时测得，即进行参比物质和待测样品的比较得出待测样品的比热容。

由于耐火材料多为含颗粒原料的材料，具有明显的非均质性和方向性，因此试样的制备对测定结果影响很大，要严格控制试样的直径、厚度和两个端面的平行度。典型试样为直径 12.7mm 或者 25.4mm 的圆形试样。为了减少耐火材料对激光脉冲的反射，并增加试样表面对激光脉冲能量的吸收，测试前可以在待测试样的两端面均匀喷涂石墨涂层。石墨涂层可以阻止激光射线和可观察波长段热辐射的穿透，在高温阶段能够抵抗激光脉冲的加热而不融化和蒸发，并且不与试样产生反应。

29.5　施工性能

29.5.1　稠度试验方法

耐火泥浆的稠度是表征其加入水或其他结

合液体后流动性的度量。耐火泥浆的稠度测量有两种方法，锥入度法和跳桌法。常用的方法是锥入度法，采用锥入度仪进行测定。以规定质量和规格的圆锥体沉入泥浆的深度表示，以0.1mm为计量单位。

测定时，依据GB/T 22459.1—2008，通常每次称样1.0~1.2kg，采用水泥胶砂搅拌机进行搅拌，搅拌时间一般为10min，以达到拌和均匀。重复测量时应将圆锥体擦拭干净，报告两次测定结果的平均值。在实际应用中，耐火泥浆的稠度控制在32~38。

29.5.2　黏结时间试验方法

黏结时间是指在不破坏泥浆接缝的情况下，用耐火泥浆黏结耐火砖时，耐火泥浆失水干涸前可揉动的时间。以s为计量单位。耐火泥浆的黏结时间一般为1~3min。

根据GB/T 22459.3—2008，对于干状泥浆，在试验前应加水（或其他规定的结合剂），放入搅拌机中搅拌，测定其稠度，使其达到32~38。对于预搅拌好的成品泥浆，测定并记录其稠度。试验时应先将待试验用的四块同材质的耐火砖表面清洁干净，并放入干燥箱中在(110±5)℃至少烘干24h，然后自然冷却至室温。

在耐火砖的230mm×114mm面上涂敷搅拌好的耐火泥浆，平行于114mm的棱放置两根直径为(3±0.1)mm隔棒，且距两棱各30mm，如图29-9所示。

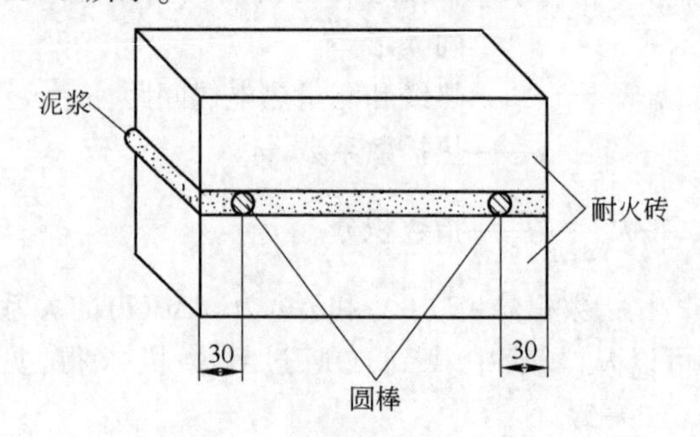

图29-9　黏结时间测试方法

沿230mm长度方向轻压上面一块砖，并来回揉动直到砖缝达到3mm时抽出隔棒，继续揉动，并记录开始时间；到砖不能再揉动时停止，记录所用时间，即为黏结时间。

29.5.3　黏结强度

黏结强度是指耐火泥浆在三点弯曲装置上受压时黏结面所能承受的最大应力。一般测试110℃烘干24h和1400℃或1500℃保温3h的黏结抗折强度。根据GB/T 22459.4—2008，在试验时，应制备合适的试件，并按规定的稠度搅拌好泥浆进行黏结。试件尺寸、允许偏差和加荷速率见表29-6。

表29-6　试件尺寸、允许偏差和加荷速率

试件尺寸：长×宽×高 $(l{\times}b{\times}h)$/mm×mm×mm	宽高允许偏差/mm	横断面平行度允许偏差/mm	上下表面平行度允许偏差/mm	支撑点间距 L_S/mm	加荷刀口、支撑刀口曲率半径 R/mm	加荷速率 N/S	
						致密型	隔热型
115×114×75	—	—	—	180±1	15±0.5	370±37	120±12
115×114×65	—	—	—	180±1	15±0.5	260±26	86±8.6
100×40×40	±1	±0.15	±0.25	100±1	5±0.5	36±3.6	12±1.2
57.5×25×25	±1	±0.10	±0.20	100±1	5±0.5	13±1.3	4.2±0.42
57×40×40	±1	±0.15	±0.25	100±1	4±0.5	64±6.4	21±2.1

试件加热时应直立，试件与发热体之间的距离不应小于20mm。加热炉内应保持氧化气氛，升温速度一般为5℃/min（硅质泥浆3℃/min），通常保温时间为3h（硅质泥浆5h）。保温结束后应随炉冷却至室温。测量试件的尺寸，并在三点弯曲装置上进行抗折试验。耐火黏结抗折强度一般为：110℃，24h，大于1MPa；1400℃或1500℃保温3h大于3MPa。

29.5.4 流动性试验方法

流动性是指耐火浇注料加水或其他液体结合剂后，在自重和外力作用下流动性的度量。根据 GB/T 4513.4—2017《浇注料流动性的测定》，耐火浇注料流动性的表示方法可以分为：敲击振动法、跳桌法、振动台法、自流法等。具体表示方法如下：

敲击振动法：称取足够的试样，放入金属锅内，加入适量的水刚好能完全润湿浇注料。将浇注料混合均匀，再多次连续的少量加水，直至浇注料黏成一团。完成添加后，在金属锅外壁敲打 6 次后，如有必要继续加水后敲击金属锅，直至浇注料达到适宜的流动性即容易流动且有亮湿的表面。自首次加水至获得适宜的流动性的时间不能超过 20min。记录获得适宜的流动性时的加水总量，它与试验干料质量的百分比表示试料的流动性。

跳桌法：将搅拌好的浇注料采用捣固方法填满一截锥形漏斗中（顶部直径 70mm，底部直径 100mm，高度 50mm），然后将漏斗移到跳桌中心，将模具表面刮平，移去漏斗，以 1Hz 的频率振动 14 次，测量浇注料的两个方向的铺展直径，计算塌落度即铺展直径的平均值。

振动台法：将搅拌好的浇注料填满一截顶部直径 70mm、底部直径 100mm、高度 50mm 锥形漏斗中（当浇注料最大粒径大于 6.3mm 时，采用顶部直径 70mm、底部直径 100mm、高度 80mm 锥形漏斗），将模具表面刮平，移去漏斗，在振幅 0.5mm、频率 50Hz 的振动台上振动 30s，垂直提起模具，再振动 20s，测量相互垂直的两个方向的铺展直径，取其平均直径。以平均直径与样品原始底端直径的变化百分率来表示浇注料的流动性。

自流法：将混好的湿料迅速倒入锥形模具（直径较大的一端朝下）中，直到与顶端水平，静置 15s，然后垂直提起模具，让浇注料自由流动 2min，测量相互垂直的两个方向的铺展直径，取其平均直径。以平均直径与样品原始底端直径的变化百分率来表示浇注料的流动性。

敲击振动法适用于隔热浇注料流动性的测定，该类产品含有大量轻质骨料如蛭石或珍珠岩，通常采用浇注、捣打、夯实的施工方法；跳桌法适用于流动性较好的浇注料流动性的测定；振动台法适用于需要振动台振实的浇注料的测定；自流法适用于自流浇注料的测定。

29.5.5 可塑性指数试验方法

可塑性指数是指耐火可塑料（或捣打料）成型或施工时难易程度的度量。以规定尺寸的圆柱体试样在规定的重力打击下高度的变化率表示。耐火可塑料的可塑性指数一般为大于 15%，耐火捣打料的可塑性指数小于 15%。可塑性指数随着材料保存时间的延长，材料中的水分损失、其他成分对水分的吸收，以及其他的物理和化学变化而降低。这种变化随着环境温度和湿度的变化而加剧。

测定时，称取 2kg 试料，在不吸水的容器中混合均匀。利用锤击式制样机，使重锤每 5s 冲击一次的速率冲击试样 10 次，然后立即从成型筒中顶出试样，放在刚性平板上，用钢板尺测量试样的高度，试样高度应为（50±2）mm，否则应弃去重作。将试样放在垫座上，静置 1min 后，测量试样高度（L_0），随后转动凸轮手柄，用重锤冲击试样 3 次（对于捣打料，通常重锤冲击次数为 2 次），测量冲击后试样的高度（L_1）。计算可塑性指数 $W_a=(L_0-L_1)/L_0\times100\%$，并记录冲击后试样的变形状态（如开裂、破碎等）。

以每次 3 个试样的平均值作为可塑性指数，试验结果保留至整数。

30 耐火纤维制品物理性能检测方法

耐火纤维是纤维状隔热耐火材料，一般分为非晶质和晶质两大类，可以加工成纸、线、绳、板、毯、毡等耐火纤维制品。对于耐火纤维制品的性能检测，我国修改采用了 ISO 10635：1999《耐火制品—陶瓷纤维制品试验方法》，制定了 GB/T 17911—2018《耐火纤维制品试验方法》，主要包括试样制备方法，以及厚度、体积密度、加热永久线变化、抗拉强度、渣球含量、回弹性和导热系数等试验方法。

30.1 耐火纤维制品试样制备方法

耐火纤维的试样制备采用刀、锯、钢板尺等切样工具，切样时应将周边受压部分除去，并垂直其长度方向横跨宽度切割试样，切样时不要用力过大，以免压实纤维。不同检验项目的样品数量见表 30-1。

表 30-1 试验项目适用的制品类型和试样尺寸与数量

试验项目	制品类型	试样要求 /mm	试样数量
厚度	毯、毡、编织物、板、纸	长不小于 100，宽不小于 100，制品厚度	3
体积密度	毯、毡、编织物、板、纸	长不小于 100，宽不小于 100，制品厚度	3
回弹性	毯、毡、编织物	100×100×制品厚度	3
加热永久线变化	毯、毡、编织物、板、纸、预成型制品	100×100×制品厚度	3
导热系数	毯、毡、编织物、板	长不小于 230，宽不小于 230，厚 45~100	1
抗拉强度	毯、毡、纸	(230±5)×(75±2)×制品厚度	5
渣球含量	棉、毯、毡、编织物、纸	至少 20g	3

注：1. 对抗拉强度试样，应沿制品的制造方向并排地制取，其长度（230mm）方向应与制品的制造方向平行。
2. 经有关方商定，其长度方向也可与制品的制造方向垂直，但应在试验报告中注明。

30.2 厚度试验方法

耐火纤维制品的厚度是指在规定的压应力下，按照一定的方法测定的厚度。通常有两种方法：比较计法和针刺法，其中比较计法为仲裁方法，而且是用于纤维纸的唯一方法。

测厚比较计和针型测厚仪的结构如图 30-1 所示。对于体积密度低于 $96kg/m^3$ 的制品，测定时施加的压应力为（350±7）Pa；体积密度等于或大于 $96kg/m^3$ 的制品，施加的压应力为（725±15）Pa。

采用比较计测定时，将试样放置在基准板上，缓慢放下圆盘，记录读数，精确至 0.1mm。采用针刺测厚仪测定时，将试样放置在玻璃板上，使针垂直于玻璃板穿透试样，记录读数，精确至 0.5mm。报告每一块试样的单值和平均值。

30.3 体积密度试验方法

用钢尺或卡尺沿试样的中线测量其长度和宽度，精确至 0.5 mm，计算面积。按 30.2 节的规定测定试样的厚度。

称量试样，精确至 0.1g。

计算试样的体积密度 ρ，见式 30-1，数值以 kg/m^3 为单位，结果按 GB/T 8170—2016《数值修约规则与极限数值的表示和判定》修约至整数。

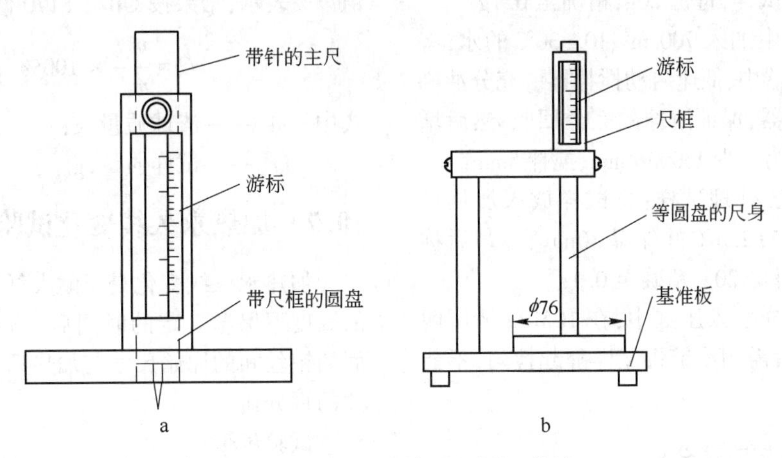

图 30-1 针型测厚仪和测厚比较计

a—针型测厚仪；b—测厚比较计

$$\rho = \frac{m}{abt} \times 10^6 \quad (30-1)$$

式中 m——试样的干燥质量，g；

a——试样的长度，mm；

b——试样的宽度，mm；

t——试样的厚度，mm。

30.4 回弹性试验方法

回弹性是指耐火纤维制品被压缩到起始厚度50%的复原性能，一般用试样卸载复原后的厚度与起始厚度比表示。

按照厚度测定方法测定起始厚度，将试样放置在压力机上，按 2mm/min 的恒定位移速率对试样施加压力，直至厚度被压缩到50%，并保持5min，卸载后立即测定厚度，计算回弹性，见式 30-2，精确至 0.5%。

$$R = \frac{d_f}{d_0} \quad (30-2)$$

计算永久性变形 PD，见式 30-3，以%表示，结果按 GB/T 8170 修约至 0.5%。

$$PD = \left(1 - \frac{d_f}{d_0}\right) \times 100\% \quad (30-3)$$

式中 d_f——试样压缩回弹后的厚度，mm；

d_0——试样的原始厚度，mm。

30.5 抗拉强度试验方法

抗拉强度是指耐火纤维制品在断裂前所能承受的最大拉应力，用 Pa 表示。

试样应在(110±5)℃烘干 2h，测量试样受拉部分的厚度，并用钢直尺测量宽度，精确到 0.5mm，用夹具夹紧试样两端，所夹试样面积至少 75mm×40mm。试样在整个拉伸过程中以 100mm/min 的恒定位移速率变形，直至断裂，记录最大拉应力。

计算抗拉强度 R_m，见式 30-4，数值以 kPa 表示，结果按 GB/T 8170 修约至整数位。

$$R_m = \frac{F}{wt} \times 10^3 \quad (30-4)$$

式中 F——试样断裂时的最大拉力，N；

w——试样受拉部分的原始宽度，mm；

t——试样受拉部分的原始厚度，mm。

30.6 渣球含量试验方法

渣球含量是指耐火纤维经过热处理、加压搅拌、淘洗等，用 75μm 的标准筛进行筛分，使纤维与渣球分离，渣球的质量占试样质量的百分比。

30.6.1 试样处理

测定时的试样处理方法包括：搅拌法和压碎法，其中搅拌法为仲裁法。

(1)搅拌法处理试样：将试样在氧化气氛中烧至其最高使用温度(或供需方协商一致的热处理温度)并保温 30min，使其充分脆化。冷却后称取3份试样,每份20g,精确至0.1g。

在搅拌器中加入700cm³、10~30℃的水,将试样移入搅拌器中,低速启动搅拌器。充分冲刷盛装试样的容器,保证渣球的完全回收;然后增大搅拌器转速为至少15000r/min,搅拌5min。

(2)压碎法处理试样:将试样放入加热炉中,加热至(925±25)℃并保温30min,冷却后称取3份试样,每份20g,精确至0.1g。

将每份试样装入压缸中,在10MPa下压两次,每次施压后需用小铲将试样翻起搅匀,不能有团块出现。

30.6.2　纤维与渣球分离

纤维与渣球分离有两种方法:淘洗法和负压筛析法,其中负压筛析法仅适用于压碎法处理的试样。

(1)淘洗法:将试样全部转移至淘洗器分离室中,通入10~30℃的水,使其以公式计算的流量流过淘洗柱,淘洗15min。淘洗结束后,用标准筛(筛网孔径0.075mm或0.212mm,也可按供需方协商一致的筛网孔径)回收渣球。

将渣球在(110±5)℃干燥至恒量,试样在电热干燥箱中至少干燥1h,前后两次连续称量之差不大于其前一次的0.1%即达到恒量。冷却后称量渣球,精确至0.1g。

按照淘洗柱的直径计算水流量,见式30-5。

$$q_v = 0.689D^2 \quad (30\text{-}5)$$

式中　q_v——流量,cm³/min;

D——淘洗柱内径或圆锥形淘洗室的平均直径,mm。

(2)负压筛析法:将压碎后的试样置于洁净的负压筛中,放在筛座上,盖上筛盖,接通电源,启动筛析仪,调节负压至4~6kPa范围内。筛分时间按标准筛筛网孔径确定。筛网孔径0.075mm筛分3min,筛网孔径0.212mm筛分2min,在此期间如有试样附着在筛盖和筛周内,可轻轻地敲击筛盖使试样落下。筛毕,用天平称量全部筛余物,精确至0.1g。

30.6.3　结果计算

按下式计算渣球含量C,见式30-6。其数值以%表示,结果按GB/T 8170修约至整数位。

$$C = \frac{m_{sh}}{m_{ini}} \times 100\% \quad (30\text{-}6)$$

式中　m_{sh}——渣球质量,g;

m_{ini}——试样质量,g。

30.7　加热永久线变化试验方法

加热永久线变化是指耐火纤维制品在规定的温度下保温一定的时间后,测定插在试样表面的铂丝间的原始尺寸与加热后之差与原始尺寸的百分比。

试验步骤:

在每块试样的上表面100mm×100mm的对角线上,离边缘10~15mm,插4根铂丝作标志,间距约75mm。铂丝直径约0.5mm。用光学显微镜测量铂丝之间的距离,精确至0.05mm。

在进行热处理时,将每块试样放在同一材料切取的样垫上(样垫只能用一次),并把样垫放在10~15mm厚的定形耐火材料托板上。加热时可以采用热炉法和慢热法,但仲裁法为慢热法,即将试样放入炉中后再按一定的升温速率进行升温,并保温24h。

测定处理后的试样上铂丝的间距。

对每一块试样,计算两个不同方向测量线变化的平均值,以测量铂丝标记之间原始长度的百分率表示。报告试样每一方向测量值的平均值,结果按GB/T 8170修约至一位小数。

30.8　导热系数试验方法

导热系数是指在单位温度梯度下,沿热流方向通过材料单位面积传递的热量,用W/(m·K)表示。是根据傅里叶一维平板稳定传热过程的基本原理,测定稳态时一维热流垂直通过试样热面流至冷面后被中心量热器的水流吸收的热量。该热量(Q)与试样的导热系数(λ)、冷热面温差(Δt)、试样面积(A)成正比,与试样厚度(L)成反比,见式30-7。

$$Q = \lambda A \Delta t / L \quad (30\text{-}7)$$

与其他隔热制品的测试方法不同,耐火纤维导热系数的测定采用有一层或多层试样组成的试样组进行测定。每层试样长宽至少为230mm×

230mm，试样组的厚度为45~100mm。每层试样用隔热砖制备的支柱支撑，并在每层试样之间的中间部位放置一支热电偶，并用尺寸相同的碳化硅板压在最后一层试样和热电偶上面。导热系数测定设备的加热室剖面图如图30-2所示。

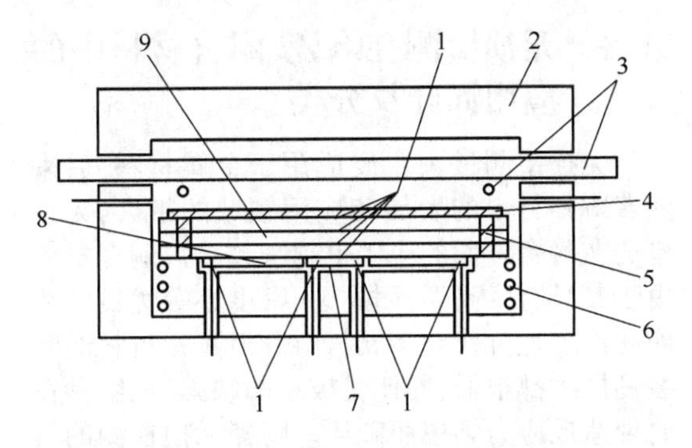

图30-2 导热系数测定设备的加热室剖面图
1—热电偶；2—可动炉顶；3—加热元件；4—碳化硅板；
5—隔热支柱；6—外保护装置；7—中心量热器；
8—内保护装置；9—多层试样组

最上面和最下面的两只热电偶测出试样组热面和冷面的温度，其余热电偶每支均测出试样相邻两层的热面和冷面的温度。试样组的热面应加热到制品使用的极限温度，而对高温制品，则应加热到所用设备的操作极限温度，至少保温24h。在该温度下，保持热面温度在2h内变化不大于5℃，同时量热器测量的热流量变化不大于2%。保持中心量热器的水流量在120~200mL/min，变化不大于1%。

调节内保护装置的水流量，以保证该装置和中心量热器的出水温度基本相同。在30min间隔内进行3~5次测量，包括测量每层试样的热面温度和冷面温度以及水温升高和中心量热器的水流量，计算导热系数的平均值，见式30-8。

$$\lambda = \frac{m(t_2 - t_1)CL}{A(T_2 - T_1)} \tag{30-8}$$

式中 m——通过中心量热器的水的平均流量，kg/s；
t_1——进水温度，℃；
t_2——出水温度，℃；
T_1——试样层的冷面温度，℃；
T_2——试样层的相应的热面温度，℃；
L——测量 T_1 和 T_2 所用的热电偶之间的距离，m；
A——中心量热器的有效面积，m^2；
C——在量热器进、出水平均温度下的比热容，J/(kg·K)。

参 考 文 献

[1] 中钢集团洛阳耐火材料研究院有限公司. GB/T 17911—2018 耐火纤维制品试验方法[S]. 北京：中国标准出版社，2018.

31 无损检测在耐火材料中的应用

无损检测技术是在不损伤被检材料的情况下，应用某些物理方法来测定材料的物理性能、状态和内部结构。无损检测对于控制和改进生产过程中的产品质量，保证材料和产品的可靠性及提高生产效率等都起着关键性作用，是一种既经济又能使产品达到性能要求的技术[1]。无损检测在金属材料领域已广泛应用。随着高品质耐火材料的增多，无损检测也开始应用于耐火材料制品的质量控制和物理性能检测。本章简单介绍了超声波检测法、X射线检测法的原理及在耐火材料中的应用。

31.1 无损检测在陶瓷、耐火材料中的应用简介及分类

无损检测过去主要应用于金属材料，后来随着陶瓷材料的发展和应用领域的扩大，无损检测在陶瓷方面的应用也越来越多。陶瓷材料由于其具有耐高温、耐腐蚀、密度小等优良性能而在许多地方代替金属材料。但陶瓷材料的断裂韧性大都很低，即使是极小的缺陷，也容易在此处造成应力集中而破坏。陶瓷无损检测的具体目标是检出裂纹、气孔、烧块、夹杂等缺陷，这些缺陷或直接影响了构件的使用，或作为应力集中源出现[2]。图31-1为岸辉雄总结的适用于陶瓷的无损检测法[3]。

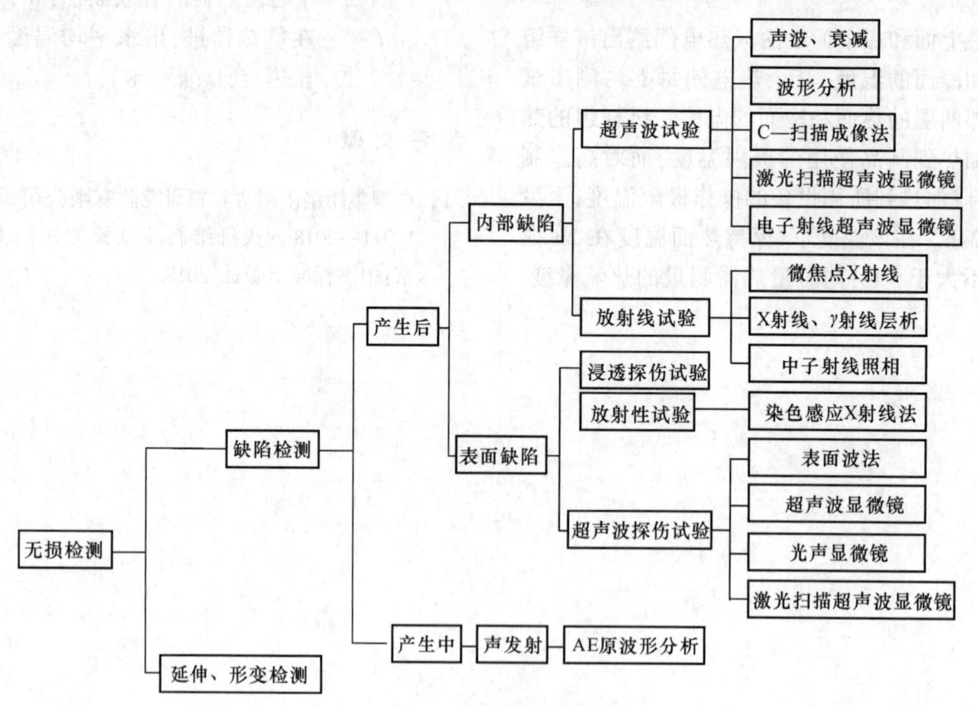

图 31-1 陶瓷的无损检测

随着各种窑炉对耐火材料的要求越来越高，制造性能可靠稳定的耐火制品成为耐火材料的一个关键问题。除了对产品原料和工艺进行严格控制外，无损检测也用于一些大尺寸、高密度产品的监测中。另外，无损检测也用于一些理化性能的检验中。表 31-1 比较了各种耐火材料的无损检测技术及各自的应用特点[4]。

表 31-1 耐火材料的无损检测方法

方法	概述	应用
超声波法	使用超声频率在 20kHz 以上,分为穿透法和反射法;主要检测波幅和声时	很可能是使用最广泛的检测方法;用于裂纹定位、强度估测、计算杨氏模量和其他弹性模量,可用于烧成品和生坯
染色渗透法	将染料涂于表面,可见其渗透入裂纹,有时需借助紫外线照明	可用于表面裂纹的定位,不常用于耐火材料
X 射线法	X 射线束射入产品,并在底片上成像	可用于测量密度,裂纹、孔洞和夹杂物的定位。有时用于已砌筑的不定形耐火材料的检测。结果可靠,但过于昂贵且耗费时间,须加强安全措施
称重和测量法	用于测量较小尺寸试件的密度	结果非常可靠
回声锤法	用一只带有接线的锤敲击表面,测量反射能量	检测结果与浇注耐火材料和混凝土的强度有关,不适用于烧成品。简便迅速,但需谨慎的解释,否则精确度较差
磨损试验法	去除表面材料层,称量磨损量	用于测量抗磨性能,检测结果与强度有关。工作繁重,且重复性较差
振动试验法	远距离运用测速仪记录内部结构受既定力或振动的影响情况	是一种可以很快检查大量耐火材料结构的有效方法,可用于估测强度和裂纹定位。也可用于高温状态下,需要做大量复杂的测试预分析
γ 射线背散射探测法	γ 射线在表面的反射和散射	可用于测量密度,但需谨慎的解释,须加强安全措施
表面渗透测量法	测量表面指定区域流动空气的渗透量	结果不够可靠,且工作繁重。检测结果与强度、气孔率和密度有关
声发射法	运用灵敏的超声波检测装置记录裂纹和其他内部结构变化的发生	这种方法与上述方法不同,无明确针对目的。最常用于监测内部结构和元器件。可得到很有用的检测结果,但解释复杂

在无损检测中,超声法应用最为普遍,X 射线法在耐火材料行业也有成功应用。下面重点介绍超声法和 X 射线法在耐火材料产品缺陷检测方面的应用。

31.2 超声法在耐火材料中的应用

31.2.1 超声法介绍

超声波检测法的特点是设备简单、便于携带、使用灵活,适用于现场操作和大规格制品的内部质量检测,检测费用低,检测灵敏度高,对环境不构成危害,已发展成为在材料无损检测中应用最活跃的方法之一[1]。

超声波在同一种介质中传播时不会改变方向而一直传播,但是当其垂直入射到声阻抗差别比较大的两种介质平面时就会出现透射和反射,按照检测超声波与材料相互作用可将超声波检测分为穿透法、脉冲反射法和共振法等。超声波检测的主要过程包括向被检测试件中引入超声波、超声波与试件相互作用发生改变、通过检测设备对超声波进行检测、最后根据所接收到的超声波特征对材料进行缺陷识别与评估[5]。

超声波在传播过程中如果遇到一个障碍物,就可能产生若干现象,这些现象与障碍物的大小有关。如果障碍物的尺寸比超声波的波长小得多,则它们对超声波的传播几乎没有影响;

如果障碍物的尺寸小于超声波的波长,则超声波到达障碍物后将使其成为新的波源发射超声波;如果障碍物的尺寸与超声波的波长近似,其声阻抗与周围介质不同,则超声波将发生不规则反射、折射和透射,即波的散射[1]。散射是超声波衰减的主要因素之一。尤其像陶瓷材料和耐火材料等多晶体材料,散射是衰减的主要原因。超声波波长的选择直接影响检测效果,波长越长,其穿透力越强;但相应的探伤灵敏度就降低,小的缺陷能让声波绕过去,而不易被发现。而高频短波长超声波因散射而造成的衰减较大。因此,波长应根据被测物体的具体特点进行选择[1]。耐火材料由于颗粒粗大、界面多,声衰大,只能用低频超声波探伤。比较理想的方法是采用横波探伤,与普通纵波相比,横波生成能较大,在密度不均匀的耐火材料中不乱反射。由于超声波在固体中的衰减随频率的上升而增大,在选择探头时要使用宽频带探头[6]。

31.2.2 超声法在耐火材料制品质量控制方面的应用

熔铸 AZS 砖使用于玻璃窑熔池壁,要求致密。而熔铸砖在冷却过程中极易产生缩孔和裂纹等缺陷,这些缺陷有可能引起玻璃液渗入,造成池壁材料的损坏和玻璃液的污染。由于很难用眼睛观察检出这些缺陷,同时电熔耐火材料的价格较高,使用无损检测中的超声检测就成为一种较为合适的方法。

法国西普公司是一家主要从事玻璃窑用耐火材料生产的公司,它将超声检测应用于电熔 AZS 砖的品质检验方面。西普公司生产的每一块电熔砖都附有一张反映内部结构情况的检测图片。根据西普公司的产品介绍,该检测是在水池中进行的,采用水浸探头,透射法探伤。探头固定在一个可以移动的矩形梁上,通过移动探头,声波扫过电熔砖的表面,就可以从探头得到透射波信号,把信号输入计算机,通过处理最后能够得到反映耐火砖内部结构情况的图片[6]。国内电熔耐火材料无损检测的研究最早是由华东理工大学开始的[6,7],他们借鉴了超声检测在金属无损检测的理论和混凝土无损检测的经验,结合电熔耐火材料的微观结构,尝试了穿透法和反射法检测。利用国产 CTS-35A 型超声波探伤仪,测试频率为 250kHz,探头半径为 25mm,采用黄油作耦合剂,利用超声穿透法对缩孔和裂纹、结构均匀性进行了检测。另外,采用平测法对电熔耐火材料残余厚度和开口裂纹深度进行了检测。

日本使用超声波对炼钢电炉用人造石墨电极做过超声波检测,如材质的均匀性和裂纹等缺陷都可能导致故障的产生而招致大的损失。他们对 $\phi150\sim500$mm、长 1.5~1.8m 的石墨电极做过许多实验,结果发现与金属材料相比超声波在石墨中的衰减大,不适应高频率,可用较低频率,并设定了人工缺陷进行检测,收到了较好效果[8]。耐火材料中含碳材料占有很大一部分比例,可借鉴碳石墨制品的无损检测经验。国内有部分生产镁碳砖和含碳水口的厂家采用超声法进行制品的无损检测,对其产品质量进行控制,大大减少因裂纹和大气孔而造成的事故率,提高产品的质量和可靠性。多采用发射功率强、频率低、具有较高信噪比的超声波检测。

31.3 X 射线法在耐火材料方面的应用

31.3.1 X 射线法原理[9]

图 31-2 是 X 射线检测原理示意图[9],强度为 I_0 的 X 射线透过厚度为 x 的物体后,其强度(不考虑散射的影响)可由比尔定律计算[10]:

$$I = I_0^{e^{-\mu x}} \quad (31-1)$$

如途中遇有厚度为 Δx 的缺陷,射线强度变为:

$$\Delta I = I' - I = I_0^{e^{-\mu x}}(x-\Delta x) - \mu' \Delta x - I_0^{e^{-\mu x}} \quad (31-2)$$

式中 μ,μ' ——无缺陷与有缺陷处的衰减系数(线吸收系数)。

当 Δx 较小时,取一阶近似:

$$I = I_0^{e^{-\mu x}}(\mu-\mu')\Delta x \quad (31-3)$$

从上式可见,$(\mu-\mu')$ 值决定 $\Delta I / I$ 值,由此造成胶片上对应的各部分由于感光程度不同,形成影像,通过影像可对被检测件进行评价。因为胶片乳剂的摄影作用与感受的射线强度有直接关系，经过暗室处理后就会得到投照影像，即可以根据影像的形状和黑度评定材料中有无缺陷或缺陷形状、大小和位置。现在也有射线检测方法没有采用底片评定的方式，而是通过图像增强器把检测到的信号直接传输到显示屏上，通过分析图像得出结论。

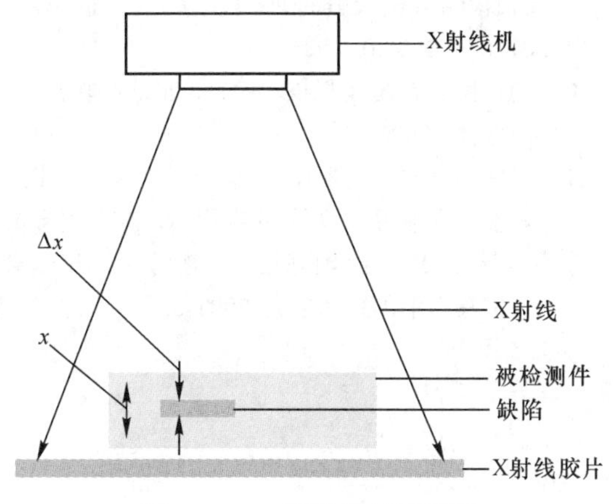

图 31-2　X 射线照相原理图

工业射线检测中使用的 X 射线机主要由四部分组成：射线发生器（X 射线管）、控制系统、高压发生器、冷却系统。X 射线管是 X 射线探伤装置的核心部位，它决定着 X 射线探伤机的穿透能力、透照清晰度、使用寿命等。

31.3.2　X 射线法在耐火材料生产中的应用

宋富申等将工业电视系统与 X 射线探伤仪组合而成工业电视 X 射线无损探伤设备，应用于熔融石英浸入式长水口的无损检测。其原理是 X 射线探伤机所产生的 X 射线穿过被检试样后，不同的衰减辐射使在 X 射线图像增强的输入荧光屏上激发出相应的光子，这些光子经过光电阴极时便立即产生电子。经加速、放大、聚焦后的电子射到输出荧光屏上，致使该屏发出不同的亮度。当摄像机内的摄像管接收到该图像的光信号时，摄像管内的透明导电层引起光电作用立即转换为视频电信号。该信号经中心控制器处理后送至监视器，于是就可以在监视器的荧光屏上观察试样内部缺陷的变化情况。他们进行了三次使用试验，结果表明工业电视 X 射线无损探伤仪的应用可降低事故率，促进工艺改进，从而提高产品质量，提高水口的使用寿命。

钢铁行业中使用的连铸用耐火材料如浸入式水口、整体塞棒和长水口等，是很重要的功能材料，使用条件极其苛刻，在使用过程中需经受高温钢水的侵蚀、冲刷和冷热交替的热震作用，必须保证万无一失。中钢洛耐院购置的 XG-320X 型无损探伤仪对连铸功能材料实施在线无损检测，产品的检测率可以达到 100%，从而保证了产品质量的稳定和可靠[11]。仪器在检测的过程中，工作盘可以 360°旋转，并且 X 射线管可以上下移动，从而可以对制品进行全方位检测。图 31-3 为产品中典型缺陷的图像。

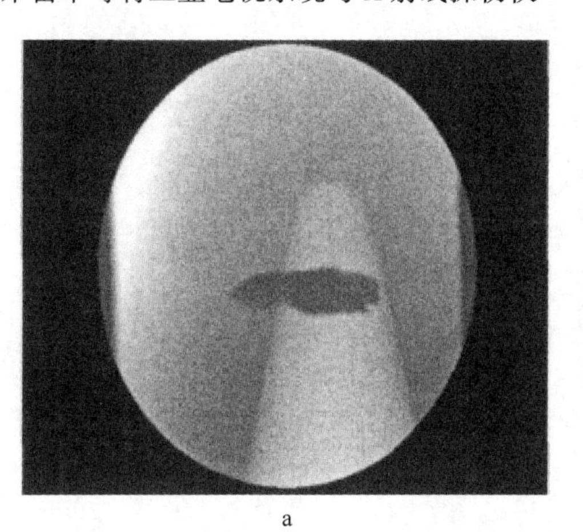

a

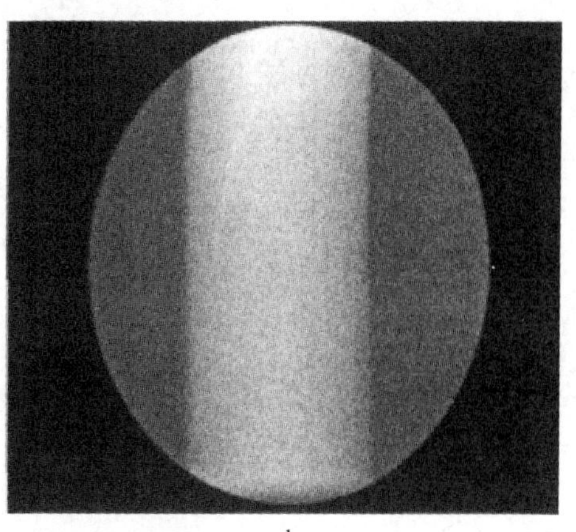

b

图 31-3　X 射线无损探伤仪检出的水口中典型缺陷图像

a—高密度杂质；b—纵向裂纹

参考文献

[1] 胡春亮．无损检测概论[M]．北京:机械工业出版社,1993.

[2] 陈建州,史耀武．陶瓷材料超声无损检测进展[J]．无损探伤,1999(12):25.

[3] 岸辉雄．陶瓷材料的无损评价[J]．无损检测,1987(7):202~206.

[4] 孙志国,孙承绪．陶瓷耐火材料的超声检测[J].中国陶瓷,2000(4):36~40.

[5] 李国华,吴淼．现代无损检测与评价[M]．北京:化学工业出版社,2009.

[6] 张景贤,孙承绪．电熔耐火材料的无损检测[J].玻璃与搪瓷,1998(6):20.

[7] 孙志国,孙承绪,于衍宏,等．电熔耐火材料的超声检测技术应用研究[J]．耐火材料,2000,34(6):350~352.

[8] 李平,陆玉峻,李婉秋．X射线和超声波检测法在碳石墨制品中的应用[J]．无损探伤,1999(6):25.

[9] 梅辉,张鼎,夏俊超,等．浅谈陶瓷基复合材料无损检测方法及其进展[J]．航空制造技术,2017(5):24~30.

[10] 刘贵民．无损检测技术[M]．北京:国防工业出版社, 2006.

[11] 俱彦国,杨德安,张晖．X射线无损探伤技术及其在耐火制品检测中的应用[C]//中国金属学会．2008年全国炼钢——连铸生产技术会议文集．中国金属学会,2008:5.

附　　录

附表 1　金属的物理性能(个别者除外为 20℃的值)

序号	金属材料	元素符号	元素序号	相对原子质量	密度/g · cm^{-3}	熔点/℃
1	锂	Li	3	6. 94	0. 534	180
2	铍	Be	4	9. 01	1. 57	1350
3	石墨	C	6	12. 01	2. 26	>3500
4	碳(金刚石)	C	6	12. 01	3. 51	>3500
5	钠	Na	11	22. 99	0. 971	97. 9
6	镁	Mg	12	24. 31	1. 741	650
7	铝	Al	13	26. 98	2. 70	660
8	硅	Si	14	28. 06	2. 33	1420
9	钾	K	19	39. 098	0. 8621	63. 6
10	钙	Ca	20	40. 08	1. 55	851
11	钛	Ti	22	47. 90	4. 32	1800
12	钒	V	23	50. 95	6. 11	1710
13	铬	Cr	24	51. 996	6. 92	1860
14	锰	Mn	25	54. 94	7. 21	1247
15	铁	Fe	26	55. 85	7. 86	1530
16	钴	Co	27	58. 93	8. 8	1490
17	镍	Ni	28	58. 70	8. 845	1455
18	铜	Cu	29	63. 55	8. 93	1083
19	锌	Zn	30	65. 38	7. 14	419. 4
20	镓	Ga	31	69. 72	5. 913(25℃)	29. 78
21	锗	Ge	32	72. 59	5. 35	958. 5
22	钇	Y	39	88. 92		1526
23	锆	Zr	40	91. 22	6. 52	1700
24	铌	Nb	41	92. 91	8. 57	1950
25	钼	Mo	42	95. 94	10. 23	2620
26	铑	Rh	45	102. 91		1960
27	钯	Pd	46	106. 40	12. 03	1555
28	银	Ag	47	107. 88	10. 50	960. 5
29	铟	In	49	114. 82	7. 28(24℃)	156. 4
30	锡	Sn	50	118. 69	7. 285	231. 84
31	锑	Sb	51	121. 75	6. 69(17℃)	630. 5
32	钡	Ba	56	137. 33	3. 74	710
33	铪	Hf	72	178. 49	13. 08	2207
34	钽	Ta	73	180. 95	16. 64	2850

续附表 1

序号	金属材料	元素符号	元素序号	相对原子质量	密度/g·cm^{-3}	熔点/℃
35	钨	W	74	183.85	19.24	3400±50
36	铼	Re	75	186.31		3180
37	铱	Ir	77	192.22	22.4	2454±3
38	铂	Pt	78	195.09	21.45	1755
39	金	Au	79	196.96	19.3	1063
40	汞	Hg	80	200.59	13.546	-38.382
41	铊	Tl	81	204.37	11.85	302.5
42	铅	Pb	82	207.2	11.34	327.5
43	钍	Th	90	232.04	11.5	1845
44	铀	U	92	238.03	18.9	1150

序号	金属材料	比热容 /J·(℃·g)$^{-1}$	热导率/cal·(cm·s·K)$^{-1}$*	线膨胀系数 α/K^{-1}	电阻率 /mΩ·cm^{-3}	电阻率温度系数/℃$^{-1}$
1	锂	0.79(0℃)	0.155		(9.4)	
2	铍	0.425	0.38		5.9	
3	石墨	0.167	0.34	0.540×10^{-5}	800(0℃)	0.004(0℃)
4	碳(金刚石)	0.121	0.02	0.118×10^{-5}	3500(0℃)	
5	钠	0.288	0.315	2.26×10^{-5}	4.3(0℃)	0.0039
6	镁	0.246	0.370	2.694×10^{-5}	4.46	0.004
7	铝	0.214	0.487	2.313×10^{-5}	2.688	0.00403
8	硅					
9	钾	0.187	0.232	8.3×10^{-5}	6.1(0℃)	0.00346 (0~600℃)
10	钙	0.157	0.30	2.2×10^{-5}	4.59	
11	钛	0.1642				0.0065 (0~100℃)
12	钒					
13	铬	0.11	0.16	0.84×10^{-5}	13.0	
14	锰	0.116		2.28×10^{-5}	185.0	
15	铁	0.107	0.10~0.15	1.15×10^{-5}	9.8	0.00393
16	钴	0.093	0.165	1.236×10^{-5}	6.3	
17	镍	0.1065	0.201(0℃)	1.279×10^{-5}	7.8	
18	铜	0.919	0.923	1.678×10^{-5}	1.724	
19	锌	0.0925	0.269	3.12×10^{-5}	5.75(0℃)	0.0037
20	镓	0.079		1.8×10^{-5}		0.0034
21	锗			6.6×10^{-5}		0.00658 (0~100℃)
22	钇					
23	锆	0.066		1.4×10^{-5}		0.00089
24	铌					

续附表 1

序号	金属材料	比热容 /J·(℃·g)$^{-1}$	热导率/cal·(cm·s·K)$^{-1}$*	线膨胀系数 α/K^{-1}	电阻率 /mΩ·cm^{-3}	电阻率温度系数/℃$^{-1}$
25	钼	0.061	0.328	0.52×10^{-5}	5.08(0℃)	0.00435 (0~100℃)
26	铑					
27	钯	0.058	0.163	1.176×10^{-5}		0.0033
28	银	0.0556	0.998	1.921×10^{-5}	1.629(18℃)	
29	铟	0.057		3.3×10^{-5}		
30	锡	0.0541	0.155	2.70×10^{-5}	11.5	$(0.2\sim0.4)\times10^{-3}$
31	锑	0.0496		0.84×10^{-5}		
32	钡	0.068			9.8	
33	铪					
34	钽	0.036	0.130		15.5	0.0009
35	钨	0.0321	0.382	0.444×10^{-5}	5.5	0.00347
36	铼					
37	铱	0.0323	0.141	0.708×10^{-5}(50℃)		
38	铂	0.0316	0.166	1.021×10^{-5}	10.6	0.003
39	金	0.0309	0.708	1.443×10^{-5}	2.44	0.0038
40	汞	0.033	0.0201(15.5℃)	$\beta=1.826\times10^{-4}$	95.8	0.0042
41	铊	0.0316	0.0936		17.6(0℃)	0.0047 (0~100℃)
42	铅	0.0309	0.0838		22.0	0.00537 (20~100℃)
43	钍	0.0276		11.1%	12	0.0053
44	铀	0.028	0.06~0.065	4.4×10^{-5}		0.0055(0℃)

* 1cal/(cm·s·K)=418.68W/(m·K)。

附表 2　单一的纯耐火氧化物的性质

材料	分子式	相对分子质量	熔点/℃	沸点/℃	密度 /g·cm^{-3}	硬度(莫氏)	应用上的主要局限	地壳中金属元素含量/%
氧化铝(刚玉)	Al_2O_3	101.92	2015	2980	3.97	9	—	7
氧化钡(重金石)	BaO	153.37	1917	2200	5.72	3.3	水化,有毒	0.08
氧化铍(铍石)	BeO	25.02	2550	4260	3.03	9	价贵,有毒	0.47
氧化钙(石灰)	CaO	56.08	2600	2850	3.32	4.5	水化	3.47
氧化铈	CeO_2	172.13	2600	—	7.13	6	价贵,还原	—
氧化铬	Cr_2O_3	152.02	2265	3000	5.21	—	还原	0.062
氧化钴	CoO	74.94	1805	—	6.46	—	价贵,还原	0.001
氧化镓	Ga_2O_3	187.44	1740	—	5.88	—	价贵,还原	10^{-8}

续附表 2

材料	分子式	相对分子质量	熔点/℃	沸点/℃	密度/g·cm^{-3}	硬度（莫氏）	应用上的主要局限	地壳中金属元素含量/%
氧化铪	HfO_2	210.6	2777	—	9.68	—	价贵	0.002
氧化镧	La_2O_3	325.84	2305	4200	6.51	—	价贵，水化	—
氧化镁（方镁石）	MgO	40.32	2800	2825	3.58	6	—	2.24
氧化锰（锰矿岩）	MnO	70.93	1780	4050	5.40	5.6	氧化	0.10
氧化镍（绿镍矿）	NiO	74.69	1950	—	6.8	5.5	还原	0.02
氧化铌	Nb_2O_3	293.82	1772	—	—	6.5	价贵，氧化	0.002
氧化硅（方石英）	SiO_2	60.06	1728	2950	2.32	6.7	—	25.30
氧化锶	SrO	103.63	2415	3000	4.7	3.5	—	25.8
氧化钽	Ta_2O_3	441.78	1890	—	8.02	—	价贵	0.001
氧化钍（方钍石）	ThO_2	264.12	3300	4400	9.69	6.5	价贵，放射	0.002
氧化锡（铁锡石）	SnO_2	150.70	1900	—	7.00	6.7	价贵，氧化	10^{-5}
氧化钛（金钛石）	TiO_2	79.90	1840	2227	4.24	5.5~6	还原	0.46
氧化铀	UO_2	270.07	2280	4100	10.96	—	价贵，放射	8×10^{-5}
氧化钒	V_2O_3	149.90	1977	3000	4.87	—	价贵，氧化	0.038
氧化钇	Y_2O_3	225.84	2410	4300	4.84	—	价贵	—
氧化锌（红锌矿）	ZnO	81.38	1975	1950	5.66	4~4.5	挥发	—
氧化锆	ZrO_2	123.22	2677	4300	5.56	6.5	价贵	0.017

附表 3　复合氧化物的性质

材料	分子式	熔点/℃	密度/g·cm^{-3}
硅酸铝（莫来石）	$3Al_2O_3\cdot2SiO_2$	1830*	3.16
钛酸铝	$Al_2O_3\cdot TiO_2$	1855	—
钛酸铝	$Al_2O_3\cdot2TiO_2$	1895	—
铝酸钡	$BaO\cdot Al_2O_3$	2000	3.99
铝酸钡	$BaO\cdot6Al_2O_3$	1860	3.64
硅酸钡（正硅酸盐）	$2BaO\cdot SiO_2$	>1775	5.2
锆酸钡	$BaO\cdot ZrO_2$	>2700	6.26
铝酸铍（金绿宝石）	$BeO\cdot Al_2O_3$	1870	3.76
硅酸铍（偏硅酸盐）	$BeO\cdot SiO_2$	>1775	2.35
硅酸铍（硅铍石）	$2BeO\cdot SiO_2$	>1750	2.99
钛酸铍	$2BeO\cdot TiO_2$	>1800	—
锆酸铍	$3BeO\cdot2ZrO_2$	2535	—
铬酸钙	$CaO\cdot CrO_3$	2160	3.22
亚铬酸钙	$CaO\cdot Cr_2O_3$	2170	4.8
磷酸钙（正硅酸盐）	$3CaO\cdot P_2O_5$	1730	3.14

续附表 3

材料	分子式	熔点/℃	密度/g · cm^{-3}
硅酸钙	$3CaO \cdot SiO_2$	1900*	2.91
硅酸钙(正硅酸盐)	$2CaO \cdot SiO_2$	2120*	3.28
磷酸钙硅	$5CaO \cdot SiO_2 \cdot P_2O_5$	1760	3.01
钛酸钙(钙钛矿)	$CaO \cdot TiO_2$	1975	4.10
钛酸钙	$2CaO \cdot TiO_2$	1800	—
钛酸钙	$3CaO \cdot TiO_2$	2135	—
锆酸钙	$CaO \cdot ZrO_2$	2345	4.78
铝酸钴(钴蓝)	$CoO \cdot Al_2O_3$	1955	4.37
铝酸镁(尖晶石)	$MgO \cdot Al_2O_3$	2135	3.58
亚铬酸镁	$MgO \cdot Cr_2O_3$	2000	4.39
铁酸镁(镁铁矿)	$MgO \cdot Fe_2O_3$	1760	4.48
镧酸镁	$MgO \cdot La_2O_3$	2030	—
硅酸镁(橄榄石)	$2MgO \cdot SiO_2$	1890	3.22
钛酸镁	$2MgO \cdot TiO_2$	1835	3.52
锆酸镁	$MgO \cdot ZrO_2$	2120	—
硅酸镁锆	$MgO \cdot ZrO_2 \cdot SiO_2$	1793	—
铝酸镍	$NiO \cdot Al_2O_3$	2015	4.45
硅酸钾铝(钾霞石)	$K_2O \cdot Al_2O_3 \cdot 2SiO_2$	1800	—
铝酸锶	$SrO \cdot Al_2O_3$	2010	—
磷酸锶(正磷酸盐)	$3SrO \cdot P_2O_5$	1767	4.53
锆酸锶	$SrO \cdot ZrO_2$	>2700	5.48
锆酸钍	$ThO_2 \cdot ZrO_2$	>2800	—
铝酸锌(锌尖晶石)	$ZnO \cdot Al_2O_3$	1950	4.58
硅酸锌锆	$ZnO \cdot ZrO_2 \cdot SiO_2$	2078	—
硅酸锆(锆英石)	$ZnO_2 \cdot SiO_2$	2420*	4.60

* 异成分熔融。

附表 4　难熔性碳化物、氮化物、硼化物

元素	熔点/℃	碳化物	氮化物	硼化物
B	2300	B_4C $\alpha=4.5\times10^{-6}$ $M=2350$℃, $d=2.51$	BN $S=2730$℃, $d=2.25$	
Be	1350	Be_2C $D=2100$℃, $d=2.44$	Be_3N_2 $M=2200$℃	
Cr	1860	$Cr_3C_2(Cr_4C)$ $H>6$ $M=1800$℃	CrN $D=1400$℃	$CrB(Cr_3B_4)$ $H=8$

续附表 4

元素	熔点/℃	碳化物	氮化物	硼化物
Hf	2207	HfC $R=1.09\times10^{-4}$ $M=3800$℃, $d=12.7$	HfN $M=3307$℃	HfB $R=0.10\times10^{-4}$ $M=3060$℃
Mo	2620	MoC(Mo_2C) $H=7\sim8(7\sim9)$ $M=2570$℃, $d=8.78$		Mo_3B_4 $H>9$
Nb	1950	NbC $\alpha=4.7\times10^{-6}$ $M=3500$℃, $d=7.82$	NbN $H>8$ $M=2050$℃, $d=8.4$	NbB_2 $H>9$ $M=2900$℃, $d=6.97$
Si	1420	SiC $\alpha=4.7\times10^{-6}$ $S=2600$℃, $d=3.217$	SiN $M=1900$℃	
Ta	2850	TaC $H=9$, $R=0.17\times10^{-4}$ $M=3880$℃, $d=14.65$	TaN $H=8$ $M=3360$℃, $d=16.30$	TaB_2 $H>9$ $M=3000$℃, $d=12.38$
Th	1845	ThC_2 $M=2773$℃	ThN $M=2650$℃, $d=11.57$	ThB_4(ThB_6)
Ti	1800	TiC $H=8\sim9$, $\alpha=7.4\times10^{-6}$ $M=3140$℃, $d=4.93$	TiN $H=8\sim9$ $M=2950$℃, $d=5.43$	TiB_2 $H>9$, $R=0.152\times10^{-4}$ $M=2600$℃, $d=4.5$
U	1150	UC, (UC_2) $d=13.63$ $M=3532$℃ (2260℃)	UN $M=2650$℃, $d=14.32$	UB_2(UB_4)
V	1710	VC $R=1.56\times10^{-6}$, $H=9\sim10$ $M=2830$℃, $d=5.77$	VN $M=2320$℃, $d=5.75$	VB_2 $H>9$ $R=0.16\times10^{-4}$
W	3370	WC(W_2C) $H>9$, $\alpha=6.2\times10^{-6}$ $M=2870$℃, $d=15.63$		WB $H>9$ $M=2922$
Zr	1700	ZrC $H=8\sim9$, $R=0.634\times10^{-4}$ $M=3530$℃, $d=6.62$	ZrN $H=8$, $R=0.136\times10^{-4}$ $M=2980$℃, $d=7.09$	ZrB_2 $H>9$, $R=0.092\times10^{-4}$ $M=2920$℃, $d=6.08$

注：H—硬度（莫氏）；M—熔点；S—挥发；D—分解温度；d—密度；α—线膨胀系数；R—电阻。